阀门选用手册

第3版

陆培文　孙晓霞　杨炯良　主编

机械工业出版社

本书是《阀门选用手册　第2版》(2009版）的修订版。

本书主要介绍了阀门选用所需的基础知识（如用途、分类、参数、型号编制等)、选用阀门的基本原则（如密封性、材质、流量等)、各种驱动阀门的选择（如闸阀、蝶阀、球阀、截止阀、旋塞阀、隔膜阀、核电阀)、各种自动阀门的选择（如安全阀、蒸汽疏水阀、减压阀、止回阀、调节阀、水力控制阀、油气管道关键阀）等，以及相关技术资料（如国内外现行标准、阀门垫片及填料参数、阀门材料化学及力学性能、阀门涂料等)。

本书可供阀门行业设计、配套、使用及购销人员参考。

图书在版编目（CIP）数据

阀门选用手册/陆培文，孙晓霞，杨炯良主编．—3版．—北京：机械工业出版社，2016.1（2025.2重印）

ISBN 978-7-111-52219-5

Ⅰ.①阀…　Ⅱ.①陆…②孙…③杨…　Ⅲ.①阀门—技术手册
Ⅳ.①TH134-62

中国版本图书馆CIP数据核字（2015）第280592号

机械工业出版社（北京市百万庄大街22号　邮政编码100037）
策划编辑：沈　红　责任编辑：沈　红
版式设计：霍永明　责任校对：陈延翔　闫玥红
封面设计：马精明　责任印制：邓　博
北京盛通数码印刷有限公司印刷
2025年2月第3版第4次印刷
184mm×260mm・66.75印张・1743千字
标准书号：ISBN 978-7-111-52219-5
定价：239.00元

电话服务　　网络服务
客服电话：010-88361066　机　工　官　网：www.cmpbook.com
010-88379833　机　工　官　博：weibo.com/cmp1952
010-68326294　金　书　网：www.golden-book.com

机工教育服务网：www.cmpedu.com

《阀门选用手册》

第3版

主　　编　陆培文　孙晓霞　杨炯良

编写人员　王汉洲　张晓忠　黄健民　程兴炎　王正权
李东明　吴奈勋　黄春来　李国华　刘维洲
陈　燕　袁永红　张翔宇　王志文　朱冠生
汪裕凯　李　彬　李　伟　律光照　南海军
李　翔　卓桂朝　许欣荣　杨海军

第3版 前 言

《阀门选用手册》第2版自2009年7月出版发行以来，受到广大读者的欢迎，先后印刷4次，达10000余册。但随着时间的推移，各国的阀门基础标准、材料标准、产品标准和试验与检验标准都在不断修订，且有的产品标准和试验与检验标准变化很大，对阀门产品质量的要求也有很大提高；还有许多标准已被新颁布的标准替代，并在内容上有着不同程度的更新。如有些美国国家标准（ANSI）已过渡到美国机械工程师学会标准（ASME）；美国石油学会标准（API）部分标准又从国际标准（ISO）独立出来；特别是德、英、法、意等欧洲国家现在已采用统一的欧洲标准（EN），以全新的面貌脱离本国旧的标准体系。同时，随着我国经济体制改革的不断深入，阀门行业很多国有阀门企业已改制为股份制企业和民营企业。阀门行业的结构有了较大变化，如江苏的阀门生产厂家已逐步超过温州的阀门生产厂家，且产品结构也有很大的提高。经过国家发改委及机械工业联合会的组织，阀门行业先后研发、生产了核电阀门、超超临界火电机组关键阀门、油气管道关键阀门、石油天然气工业输送系统管线阀门，并使其国产化，故产品品种增加许多。以往技术含量较高的阀门，现在许多国内企业都已能制造，并且能为石油和天然气的开采和输送、500万~1000万t/a炼油厂、30万~66万t/a乙烯装置、30万~52万t/a化肥、300~1000MW火力发电、3万m^3/a空分等大型装置配套生产阀门。我国社会主义市场经济越是发展壮大，就越需要及时了解和掌握国内外阀门品种的发展状况，尤其是世界各主要生产阀门国家和地区与阀门供需关系密切相关的标准变化情况。

鉴于上述国内、外形势的新变化，考虑到本手册第2版的出版发行已经六年多了，故需进行全面修订，以适应阀门市场与科技的发展，并进一步满足广大读者的需要。本手册增添的主要新内容有：对各类阀门的流量系数K_v值进行修正；对各类阀门的启闭力矩值进行修正；油气管道关键阀门；调压装置——工作调压阀、监控调压阀、安全切断阀的选择；阀门的试验与检验标准ISO 5208：2008、API 598—2009、EN 12266-2：2012、MSS SP-61—2013、API 6A—2014、API 6D—2014、API 600—2015、IEC 60534、ANSI/FCI 70-2—2013对阀门壳体试验与密封性能的要求；给出了主要材料在不同压力级时的壳体试验压力与密封试验压力；给出了API 6A—2010、API 6D—2014、API 600—2015、API 623—2015、API 609—2009阀门产品的成品检验规范；增加了ISO 10497：2010阀门耐火试验规程；增加了ISO 15848-2：2010阀门逸散性检漏；增加核电用阀门及核动力系统对阀门的要求；增加了调节阀的性能曲线及如何选择调节阀等。另外，对一些内容作了删减，如已被新标准代替的旧标准；虽仍在沿用且变化不大，但考虑全书篇幅有限，此次删去后，仍可以从本手册第1、2版中查阅。

在修订过程中，参考了国内外几种优秀的有关工具书和相关的最新版本的标准，但在内容上仍然以引用各国的技术标准原文为主，因此未将标准目录一一列出。另外，对于某些存在疑问的数据，采用“宁缺勿滥”的严谨态度。此次修订，力求全书体例统一，但亦不强求绝对化，主要考虑以实用为主和以读者方便为主两个原则，采取以阀类为主来分节或分段。改变原书以介绍各厂产品的方法，这样更清晰，便于用户选用。

本版仍由陆培文高级工程师、孙晓霞高级工程师、杨炯良高级工程师主编，黄春来、吴奈勋参编。在修订过程中得到海内外专家与友人的热情支持和帮助。参与此次修订、审核、汇编、外文翻译及校对工作的单位和个人有中核核电运行管理有限公司、浙江（杭州）万龙机械有限公司、成都迈可森流体控制设备有限公司、中国·保一集团有限公司、超达阀门集团股份有限公司、成都蜀封机电有限公司、四川卡亘贝森机械有限公司、天津贝特尔流体控制阀门有限公司、北京首高高压阀门制造有限公司、北京竺港阀业有限公司、浙江福瑞科流控机械有限公司、沃福控制科技（杭州）有限公司、圣博莱阀门有限公司、威梯流体设备（上海）有限公司等，在此一并表示衷心的感谢。

由于编者水平有限，错误和不妥之处在所难免，真诚希望广大读者批评指正。

编 者

第2版 前 言

《阀门选用手册》第1版自2001年4月出版发行以来，受到广大读者的欢迎，先后印刷四次，达10000余册。但随着时间的推移，各国的阀门基础标准、材料标准、产品标准和试验与检验标准在不断修订，有许多标准已被新颁布的标准替代，其内容有着不同程度的更新。有些美国国家标准已过渡到美国机械工程师学会标准；美国石油学会标准（API）部分已采用国际标准（ISO）；特别是德、英、法等欧洲诸国正在逐步采用统一的欧共体标准（EN），以全新的面貌脱离本国旧的标准体系。另一方面，随着我国经济体制改革的不断深入，一些老的国有阀门企业，已逐步改制为股份制企业和民营企业。老的民营企业有较快的发展，改制成较大型的股份制企业和民营企业。产品结构有很大的提高，产品品种增加许多，过去技术含量较高的阀门，现在有许多企业都能制造。并能为石油和天然气的开采和输送、500万～800万t/a炼油厂、30万～45万t/a乙烯装置、30万～52万t/a化肥、300～600MW火力发电、3万m^3/a空分等大型装置配套生产阀门。我国社会主义市场经济越是发展壮大，就更需要及时了解和掌握国内外阀门品种的发展状况，尤其是世界各主要生产阀门国家与阀门供需关系密切相关的标准变化情况。

鉴于上述国内外的新变化，考虑到本手册第1版的出版发行已经六年多了，故需进行全面修订，以适应阀门市场与科技的发展，并进一步满足广大读者的需要。本手册修订面约达全书篇幅的4/5。增添的新内容有：新增各类阀门的流量系数K_v值；各类阀门的启闭力矩；阀门的试验与检验标准ISO 5208:2008、API 598—2004、EN 12266.1:2003、MSS SP61—2003、API 6Aidt ISO 10423:1999、API 6Didt ISO 14313:2007、API 600idt ISO 10434、ASME B16.104idt FCI-70-2:2006对阀门壳体试验与密封性能的要求；给出了主要材料在不同压力级时的壳体试验压力与密封试验压力；给出了API 6A—2004、API 6D—2008、API 600—2009、API 609—2004阀门产品的成品检验规范；增加了ISO 10497:2005阀门耐火试验规程增加核电用阀门、调节阀以及水利控制阀的选择等。对一些内容作了删减。有些是属于已被新标准代替的旧标准；有些虽仍在沿用且变化不大，但考虑全书篇幅有限，此次删去后，仍可以从本手册第1版中查阅。

在修订过程中，参考了国内外几种优秀的有关工具书和相关的最新版本的标准，并将它们作为导向，但在内容上仍然以引用各国的技术标准原文为主，因此未将标准目录一一列出。另外，对于某些存在疑问的数据，采取"宁缺勿滥"的严谨态度。此次修订，力求全书体例的统一，但亦不强求绝对化，主要考虑以实用为主和以读者方便为主两个原则，采取以阀类为主来分节或分段，改变原书以介绍各厂产品的方法，这样更清晰明了便于用户选用。

本版由陆培文高级工程师、孙晓霞高级工程师、杨炯良高级工程师主编。在修订过程中得到海内外专家与友人的热情支持和帮助。参与此次修订、审核、汇编、外文翻译及校对工作的单位和个人还有中国环球阀门集团吴光华、中国开维喜阀门集团林炳春、四川省自贡阀门厂蔡淡水、雷蒙德（北京）阀门制造有限公司付京华、保一集团有限公司张晓忠、浙江克里特阀门有限公司邹兴格、五洲阀门有限公司陈锦法，在此一并表示感谢。

编　者

第1版 前 言

阀门在国民经济各个部门中广泛地应用着。在石油、天然气、煤炭和矿石的开采、提炼加工和管道输送系统中，在化工产品、医药和食品生产系统中，在水电、火电和核电的电力生产系统中，在城市和工业企业的给排水、供热和供气系统中，在冶金生产系统中，在船舶、车辆、飞机以及各种运动机械的流体系统中，在农田的排灌系统中，都大量地使用各种类型的阀门。此外，在国防和航天等新技术领域里，也使用着各种性能特殊的阀门。因此，阀门是我国实现四个现代化不可缺少的产品。它与生产建设、国防建设和人民生活都有着密切的联系。

阀门安装在各种管路系统中，用于控制流体的压力、流量和流向。由于流体的压力、流量、温度和物理化学性质的不同，对流体系统的控制要求和使用要求也不同，所以阀门的种类和品种规格非常多。因此，如何正确地选用阀门，是实现阀门的密封性能、强度性能、调节性能、动作性能和流通性能的关键所在。对大多数阀门来说，阀门密封问题是首要问题。由于密封性能差或密封寿命短而产生流体的外漏或内漏，会造成环境污染和经济损失；有毒有害的流体、腐蚀性流体、放射性流体和易燃易爆流体的泄漏有可能产生重大的经济损失，甚至造成人身伤亡。对于高中压气体阀门和安全阀等，阀门的安全可靠是非常重要的。因此，必须十分重视阀门的正确选用问题。

本书就是从选用阀门所需的基础知识入手，重点介绍阀门的密封性能、泄漏标准以及流体的相关性质，金属和非金属密封面以及垫片形式、填料种类，此外还对流经阀门的压力损失、流量系数等进行了系统说明。

本书还结合闸阀（楔式闸阀与平板闸阀）、截止阀、蝶阀、球阀、旋塞阀、隔膜阀、减压阀、安全阀、蒸汽疏水阀、止回阀等的密封原理和动作原理，以及适用场合，对各种阀类的选用原则进行了详细的说明。此外，还给出了各种阀类的产品样本，并推荐了部分生产厂家。这些厂家的产品，质量可靠，在阀门行业有一定知名度，用户可以放心选用本手册推荐的产品。

本书在编写过程中尽量考虑阀门选用者的需求，把可能用到的各种数据资料尽量提供清楚；在正文中无法提供的，则在相关技术资料中予以补充，力求全面。

在本手册编写过程中，得到许多单位领导及同志的指导和帮助。为本手册提供技术资料和协助出版工作的有，上海阀门厂黄光禹高级工程师，成都华西化工研究所李东林所长，成都乘风阀门有限责任公司丁琪总经理、史利民总工程师、蔡富东高级工程师，浙江方正阀门厂方存正厂长，浙江超达阀门有限公司王汉洲总经理，北京蝶阀厂周清厂长，上海耐莱斯—詹姆斯伯雷阀门有限责任公司宋永生高级工程师，北京八达高科技有限责任公司赵全总经理，江苏金湖机械厂汤学耕副总工程师，以及中国通用机械协会洪勉成高级工程师等，在此一并表示衷心的感谢。

由于编者水平有限，错误和不妥之处在所难免，真诚希望广大读者批评指正。

编者

2000年11月

目　录

第 1 章　阀门的基础知识

1.1　概述

阀门是流体输送系统中的控制部件，具有截断、调节、导流、防止逆流、稳压、分流或溢流泄压等功能。

用于流体控制系统的阀门，从最简单的截止阀到极为复杂的自控系统中所用的各种阀门，其品种和规格相当繁多。阀门可用于控制空气、水、蒸汽、各种腐蚀性介质、泥浆、油品、液态金属和放射性介质等各种类型流体的流动。阀门的公称尺寸从几毫米的仪表阀到 10m 的工业管路用阀。阀门的工作压力可从 1.3×10^{-3}MPa 到 1000MPa 的超高压。工作温度从 -269℃的超低温到 1430℃的高温。阀门的启闭可采用多种控制方式，如手动、电动、气动、液动、电-气或电-液联动及电磁驱动等；也可在压力、温度或其他形式传感信号的作用下，按预定的要求动作，或者只进行简单的开启或关闭。

阀门的用途极为广泛。无论是工业、农业、国防、航天，还是交通运输、城市建设、人民生活等部门都需要大量的、各种类型的阀门。近年来，我国制造的各类阀门不仅用于国内，而且也大量出口，几乎世界各国都有我国制造的阀门。然而，随着阀门类型和品种规格的不断增加，如何选用阀门就成为广大用户迫在眉捷的问题。

1.2　阀门的用途

阀门是一种管路附件。它是用来改变通路断面和介质流动方向，控制输送介质流动的一种装置。具体来讲，阀门有以下几种用途。

1）接通或截断管路中的介质，如闸阀、截止阀、球阀、旋塞阀、隔膜阀、蝶阀等。

2）调节、控制管路中介质的流量和压力，如节流阀、调节阀、减压阀、安全阀等。

3）改变管路中介质流动的方向，如分配阀、三通旋塞、三通或四通球阀等。

4）阻止管路中的介质倒流，如各种不同结构的止回阀、底阀等。

5）分离介质，如各种不同结构的蒸汽疏水阀、空气疏水阀等。

6）指示和调节液面高度，如液面指示器、液面调节器等。

7）其他特殊用途，如温度调节阀、过流保护紧急切断阀等。

在上述的各种通用阀门中，用于接通和截断管路中介质流动的阀门，其使用数量约占全部阀门总数的 80%。

1.3　阀门的分类

阀门的种类繁多，随着各类成套设备工艺流程的不断改进，阀门的种类还在不断增加。但总的来说可分为两大类。

1）自动阀门　依靠介质（液体、空气、蒸汽等）本身的能力而自行动作的阀门。如安全阀、减压阀、止回阀、蒸汽疏水阀、空气疏水阀、紧急切断阀、调节阀、温度调节阀等。

2）驱动阀门　借助手动、电力、液力或气力来操纵启闭的阀门。如闸阀、截止阀、节流阀、调节阀、蝶阀、球阀、旋塞阀等。

阀门依靠自动或驱动机构使启闭件作升降、滑移、旋摆或回转运动，从而改变其流道面积的大小，以实现启闭、控制功能。

此外，阀门还有以下几种分类方法。

（1）按结构特征 即根据关闭件相对于阀座的移动方向可分为：

1）截门形：关闭件沿着阀座的中心线移动，如图 1-1 所示。

2）闸门形：关闭件沿着垂直于阀座中心线的方向移动，如图 1-2 所示。

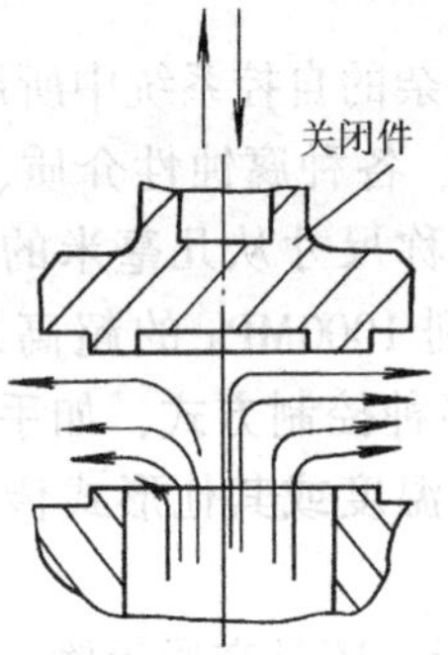

图 1-1 截门形

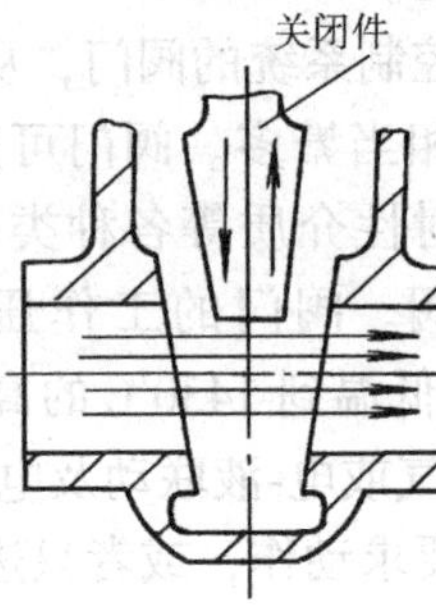

图 1-2 闸门形

3）球形：关闭件是球体，围绕本身的轴线旋转，如图 1-3 所示。

4）旋启形：关闭件围绕阀座外的轴线旋转，如图 1-4 所示。

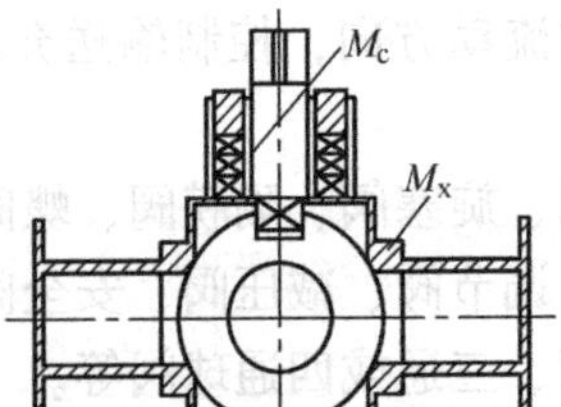

图 1-3 球形

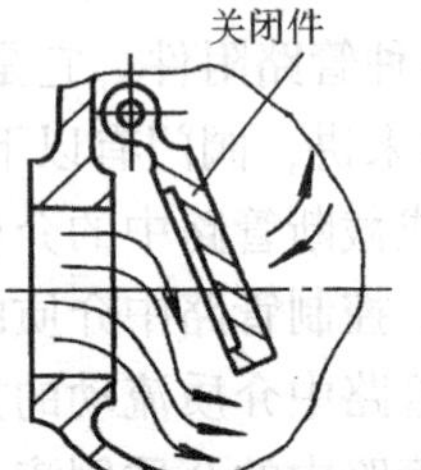

图 1-4 旋启形

5）蝶形：关闭件为一圆盘，围绕阀座内的轴线旋转（中心式）或阀座外的轴线旋转（偏心式），如图 1-5 所示。

6）滑阀形：关闭件在垂直于通道的方向上滑动，如图 1-6 所示。

7）旋塞形：关闭件是柱塞或锥塞，围绕本身的轴线旋转，如图 1-7 所示。

（2）按阀门的用途不同 可分为：

1）切断用：用来切断（或接通）管路中的介质，如闸阀、截止阀、球阀、旋塞阀、蝶阀等。

2）止回用：用来防止介质倒流，如止回阀。

3）调节用：用来调节管路中介质的压力和流量，如调节阀、减压阀、节流阀、蝶阀、V 形开口球阀、平衡阀等。

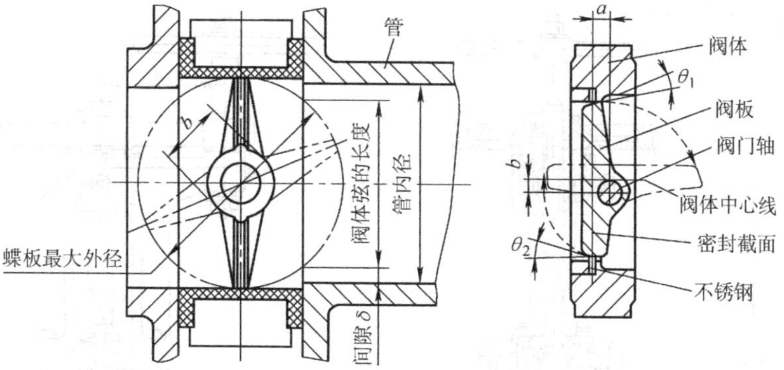

图 1-5　蝶形

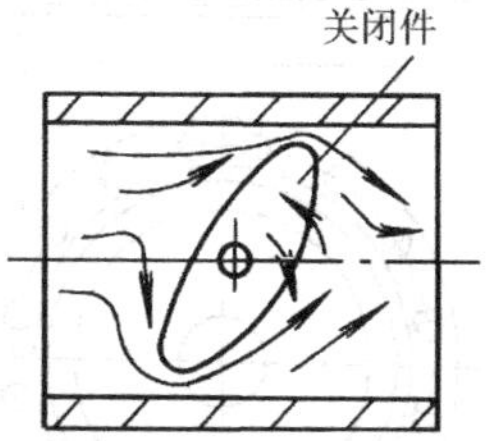

图 1-6　滑阀形

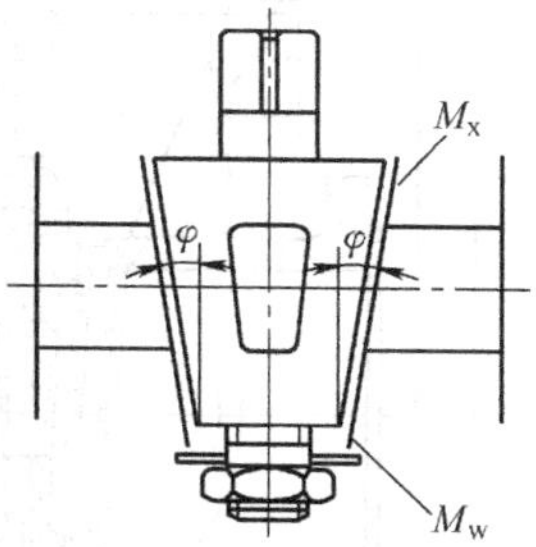

图 1-7　旋塞形

4）分配用：用来改变管路中介质流动的方向，起分配介质的作用，如分配阀、三通或四通旋塞阀、三通或四通球阀等。

5）安全用：用于超压安全保护，排放多余介质，防止压力超过规定数值，如安全阀、溢流阀等。

6）其他特殊用途，如蒸汽疏水阀、空气疏水阀、排污阀、放空阀、呼吸阀、排渣阀、温度调节阀等。

（3）按操纵方式　即根据启闭、调节时不同的操纵方法可分为：

1）手动：借助手轮、手柄、杠杆或链轮等，由人力来操纵的阀门。当需传递较大的力矩时，可装有圆柱直齿轮、锥齿轮、蜗杆等减速装置。图 1-8 为手轮操纵的截止阀，图 1-9 为圆柱直齿轮传动的闸阀，图 1-10 为锥齿轮传动的截止阀，图 1-11为蜗杆传动的球阀，图 1-12 为应用万向联轴器，可远距离操纵的闸阀。

2）电动：用电动机、电磁或其他电气装置操纵的阀门。图 1-13 为电动闸阀，图 1-14 为电磁阀。

3）液压或气压传动：借助液体（水、油等液体介质）或空气操纵的阀门，图 1-15 为气动球阀，图 1-16 为液动蝶阀。

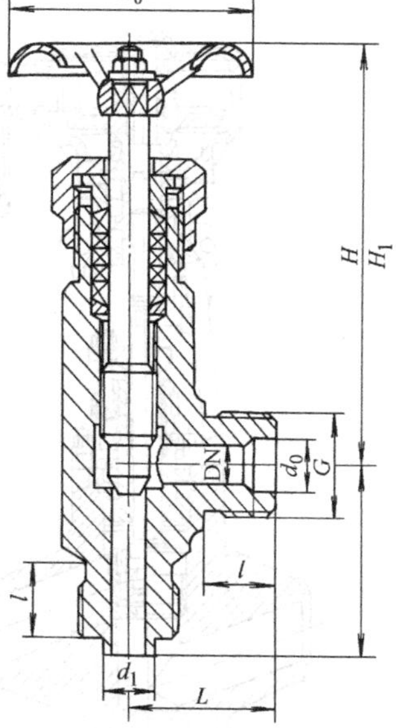

图 1-8　外螺纹连接手动截止阀

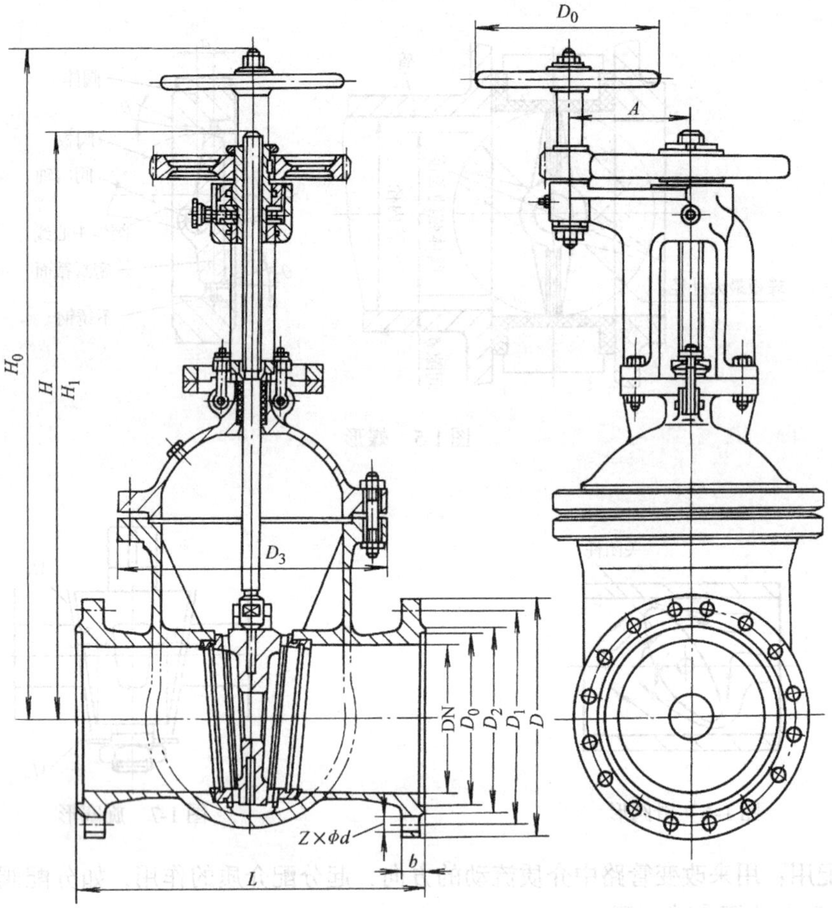

图 1-9 圆柱直齿轮传动的闸阀

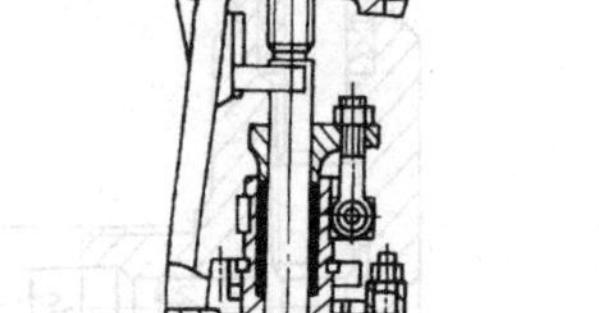

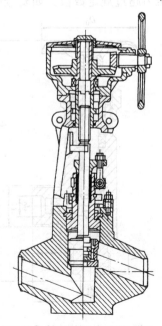

图 1-10 锥齿轮传动的截止阀

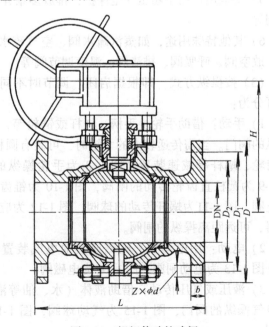

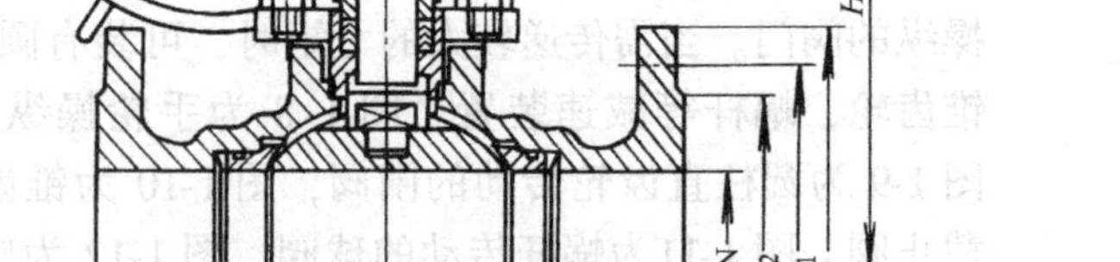

图 1-11 蜗杆传动的球阀

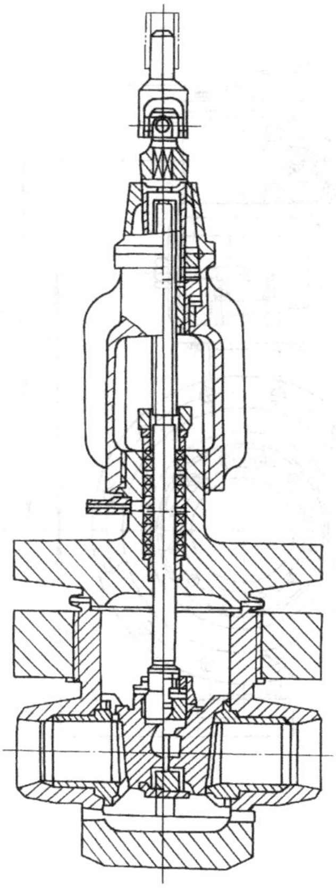

图 1-12　万向联轴器传动的闸阀

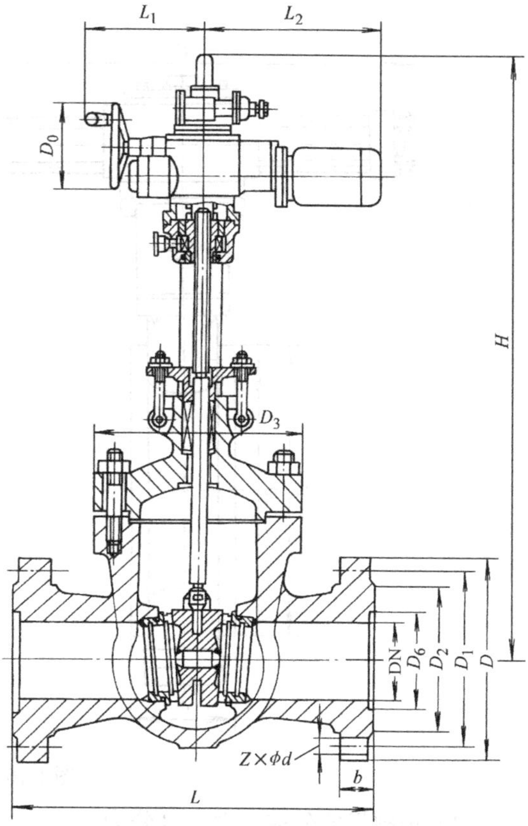

图 1-13　电动闸阀

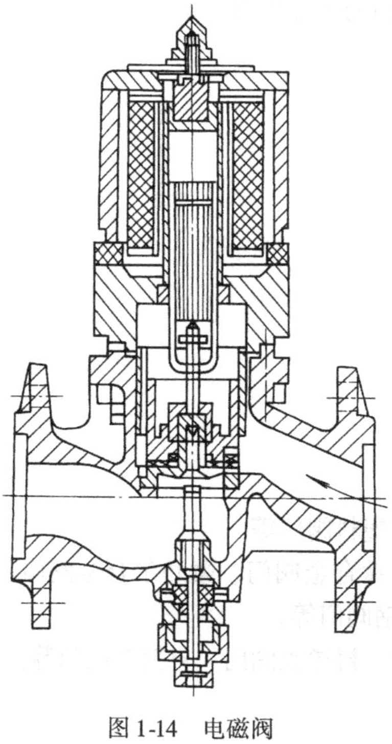

图 1-14　电磁阀

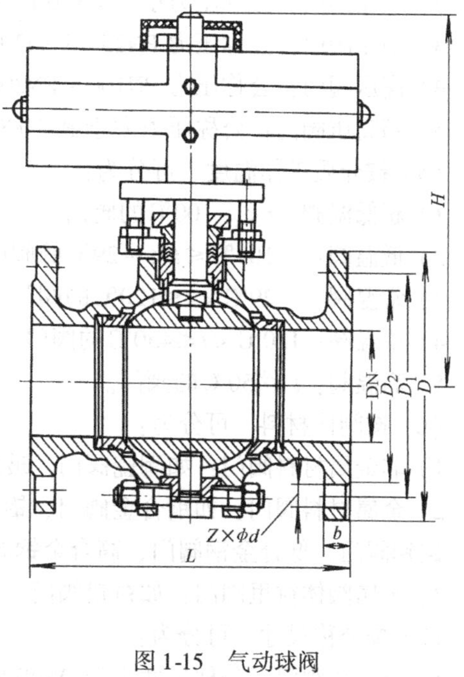

图 1-15　气动球阀

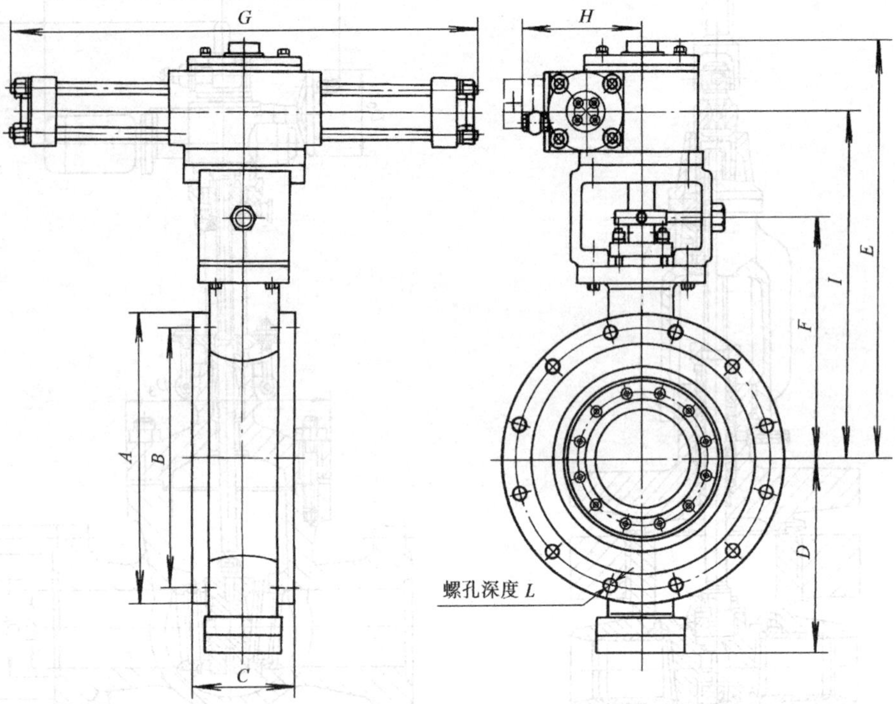

图 1-16　液动蝶阀

(4) 按阀门的公称压力　可分为：

1) 真空阀：公称压力低于标准大气压的阀门。绝对压力小于 0.1MPa 的阀门，习惯上常用毫米水柱（mmH_2O）或毫米汞柱（mmHg）表示阀门的公称压力。

2) 低压阀门：公称压力小于 PN16 的阀门。

3) 中压阀门：公称压力 PN25 ~ PN63 的阀门。

4) 高压阀门：公称压力 PN100 ~ PN800 的阀门。

5) 超高压阀门：公称压力大于 PN1000 的阀门。

(5) 按介质工作温度　可分为：

1) 超低温阀：$t < -100$℃的阀门。

2) 低温阀：-100℃$\leq t < -29$℃的阀门。

3) 常温阀：-29℃$< t \leq 120$℃的阀门。

4) 中温阀：120℃$< t \leq 450$℃的阀门。

5) 高温阀：$t > 450$℃的阀门。

(6) 按阀体材料　可分为：

1) 非金属材料阀门：如陶瓷阀门、玻璃钢阀门、塑料阀门等。

2) 金属材料阀门：如铜合金阀门、铝合金阀门、钛合金阀门、蒙乃尔合金阀门、铸铁阀门、碳钢阀门、低合金钢阀门、高合金钢阀门、不锈钢阀门等。

3) 金属阀体衬里阀门：如衬铅阀门、衬塑料阀门、衬橡胶阀门、衬搪瓷阀门等。

(7) 按公称尺寸　可分为：

1) 小口径阀门：公称尺寸小于 DN40 的阀门。

2）中口径阀门：公称尺寸 DN50 ~ DN300 的阀门。

3）大口径阀门：公称尺寸 DN350 ~ DN1200 的阀门。

4）特大口径阀门：公称尺寸大于 DN1400 的阀门。

（8）按与管道连接的方式　可分为：

1）法兰连接阀门：阀体上带有法兰，与管道采用法兰连接的阀门，如图 1-9 所示。

2）螺纹连接阀门：阀体上带有内螺纹或外螺纹，与管道采用螺纹连接的阀门，如图 1-8 所示。

3）焊接连接阀门：该种连接方式分承插焊连接与对接焊连接。阀体上带有焊口与坡口，与管道采用焊接连接的阀门，如图 1-12 所示为对接焊连接的阀门。

4）夹箍连接阀门：阀体上带有夹口，与管道采用夹箍连接的阀门，如图 1-17 所示。

5）卡套连接阀门：采用卡套与管道连接的阀门，如图 1-18 所示。

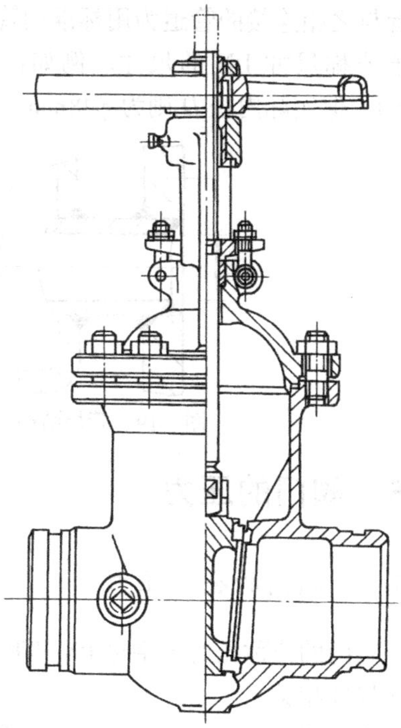

图 1-17　夹箍连接阀门

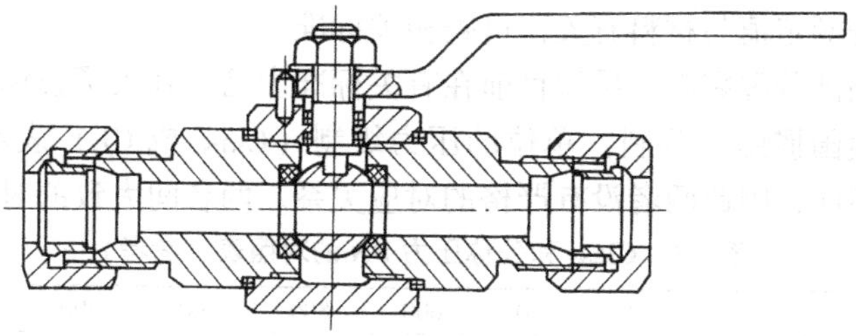

图 1-18　卡套连接阀门

1.4　阀门的公称尺寸

阀门的公称尺寸 DN 是用于管道系统元件的字母和数字的组合的尺寸标识，这个数字与端部的连接件的孔径或外径等特征尺寸直接相关。

公称尺寸是用字母 DN 后面紧跟一个整数数字组成，如公称尺寸 250mm 应标志为 DN250。

阀门的公称尺寸系列按表 1-1 的规定。

表 1-1　公称尺寸系列（GB/T 1047—2005）

DN6	DN40	DN200	DN600	DN1400	DN2600	DN4000
DN8	DN50	DN250	DN700	DN1500	DN2800	
DN10	DN65	DN300	DN800	DN1600	DN3000	
DN15	DN80	DN350	DN900	DN1800	DN3200	
DN20	DN100	DN400	DN1000	DN2000	DN3400	
DN25	DN125	DN450	DN1100	DN2200	DN3600	
DN32	DN150	DN500	DN1200	DN2400	DN3800	

注：1. 除在相关标准中另有规定，字母 DN 后面的数字不代表测量值，也不能用于计算目的。

2. 采用 DN 标识系统的那些标准，应给出 DN 与管道元件的尺寸关系，例如 DN/OD 或 DN/ID（OD 为外径，ID 为内径）。

在通常情况下，阀门的通道直径与公称尺寸是不一样的，通道直径尺寸与压力级有关，通常压力级越高通道直径尺寸越小，具体数值可查相关标准。但当阀体采用焊接结构（图 1-19）

或者与之相连接的管道为用标准钢管法兰连接的情况下（图1-20），阀门的实际通道直径并不等于公称尺寸 DN 的尺寸。例如：采用 ϕ54mm × 3mm 的无缝钢管时，阀门的公称尺寸为 DN50，但实际内径 D 则为 ϕ48mm。这种情况在高压化工、石油用锻钢阀门上是比较普遍的。

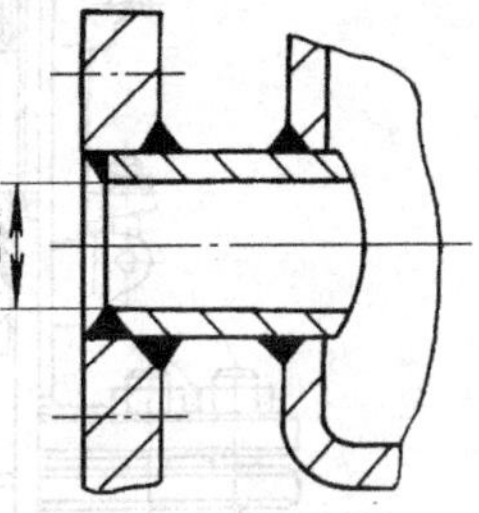

图 1-19 管焊结构

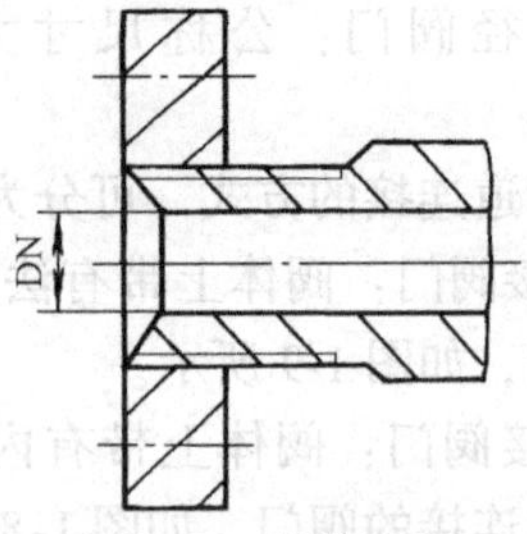

图 1-20 螺纹法兰

1.5 阀门的压力

1.5.1 阀门的公称压力

阀门的公称压力由字母 PN 和其后紧跟的整数数字组成。它与管道系统元件的力学性能和尺寸特性相关。

在我国，涉及公称压力时，通常按 GB/T 1048—2005 的规定。该公称压力数值是无量纲的，每个公称压力的额定值与材料有关，可查相关标准。

在美、英及欧洲部分国家中，尽管目前在有关标准中已经列入了公称压力 PN 的概念，但实际应用中仍采用美国惯用（英制）单位的压力级制（Class 或 CL）表示。由于公称压力和压力级的温度基准不同，因此两者没有严格的对应关系。两者间大致的对应关系参见表 1-2。

表 1-2 Class 和公称压力 PN 的对照表（参考）

Class	150	300	400	600	800	900	1500	2500	3500	4500
公称压力 PN	20	50	68	110	130	150	260	420	560	760

日本标准中使用一种"K"级制，如 10K、20K、30K、45K 等，这种压力级制的概念与美国惯用（英制）压力级制的概念相同，但计量单位采用米制，"K"级制与"Class"之间的关系，可参考表 1-3。

表 1-3 "K"与"Class"对照表（参考）

Class	150	300	400	600	900	1500	2000	2500	3500	4500
K 级	10	20	30	45	65	110	140	180	250	320

阀门的公称压力系列见表 1-4。

表 1-4 阀门的公称压力系列（GB/T 1048—2005）

DIN 系列	ANSI 系列	DIN 系列	ANSI 系列
PN2.5	PN20	PN25	PN260
PN6	PN50	PN40	PN420
PN10	PN110	PN63	
PN16	PN150	PN100	

注：1. 字母 PN 后紧跟的数字不代表测量值，不应用于计算目的，除非在有关标准中另有规定。
2. 除与相关的管道元件标准有关外，术语 PN 不具有意义。
3. 管道元件允许压力取决于元件的 PN 数值、材料和设计，以及允许工作温度等，允许压力在相应标准的压力-温度等级表中给出。
4. 具有同样 PN 和 DN 数值的所有管道元件，同与其相配的法兰应具有相同的配合尺寸。

1.5.2 压力-温度额定值

阀门的压力-温度额定值，是在指示温度下，用表压表示的最大允许工作压力。当温度升高时，最大允许工作压力随之降低。压力-温度额定值数据是在不同工作温度和工作压力下，正确选用法兰、阀门及管件的主要依据，也是工程设计和生产制造中的基本参数。

许多国家都制定了阀门、管件、法兰的压力-温度额定值标准。各种材料的压力-温度额定值数据见相应的标准。

（1）美国标准　在美国标准中，钢制阀门的压力-温度额定值按 ASME B16.5—2013、ASME B16.34—2013 的规定；铸铁阀门的压力-温度额定值按 ASME B16.1 ~ B16.4—2011、ASME B16.42—2011 的规定；青铜阀门的压力-温度额定值按 ASME B16.5—2013、ASME B16.24—2011 的规定。

1）美国 ASME B16.5—2013 规定了米制单位和英制单位两种法兰尺寸系列，同时分别列出了适用于两种单位制的法兰压力-温度额定值。在该标准附录 B 中，给出了 CL300 和更高压力级压力-温度额定值的确定公式。

确定不同材料压力-温度额定值的公式为

$$p_t = \frac{C_1 S_1}{8750} p_r \leqslant p_c$$

式中 p_t——在温度为 T 时，某材料的额定工作压力［bar（psi），1bar = 0.1MPa，145psi = 1MPa，下同］；

p_c——在温度为 T 时，规定的最大压力［bar（psi）］；

S_1——在温度为 T 时，某材料的选定应力值（MPa）；

p_r——Class 数值，对于所有≥CL300，p_r 等于 CL 数值（如 CL300，p_r = 300）；

C_1——当 S_1 用 MPa 单位表示时为 10，p_{st}的最终单位为 bar（当 S_1，用 psi 单位表示时，C_1 = 1，p_{st}的最终单位为 psi）。

该标准中列入的法兰材料多达 100 种，按化学元素质量分数和力学性能相近的材料进行了分组。美国石油学会、日本石油学会、法国石油学会以及英国 BS 1560：3.1 的法兰压力-温度额定值均按照美国 ASME B 16.5 中的压力-温度等级制定。

2）美国 ASME B 16.42—2011《球墨铸铁管法兰及法兰管件》标准规定了 CL150 和 CL300（PN20 和 PN50）球墨铸铁法兰压力-温度额定值。在标准附录中，又规定了压力-温度额定值的制订方法。其基本原理、使用范围、限制条件及制订程序与 ASME B 16.5 基本一致。

3）美国 ASME B 16.34—2013 纳入了 ASME B 16.5—2013 中法兰连接阀门的压力-温度额定值数据。该标准中，法兰连接阀门的压力-温度额定值采用了 ASME B 16.5—2013 标准的制定方法。该标准列出了法兰连接和对焊连接的标准级阀门，以及对焊连接特殊级阀门的压力-温度额定值数据表。标准中所列的阀门材料有 392 种，共划分为 27 组。

（2）德国标准　DIN 2401 第二分册《管道压力级、钢和铸铁管道部件的允许工作压力》，是一个比较综合的压力-温度额定值标准。其中，列出了无缝钢管、焊接钢管、法兰、阀门、管件及螺栓在不同材料，不同温度条件下的允许工作压力。该标准包括法兰材料六种，法兰连接铸铁阀门材料四种，铸钢五种，锻钢五种。这些均为原始材料。钢材均为碳钢和低合金钢，未包括不锈钢。

标准中明确规定，当选用与原始材料不同的其他材料时，其允许工作压力根据使用材料的强度特性值，与标准中规定的原始材料在20℃时的强度值之间的比值进行计算。

对于不锈钢材料的压力-温度额定值，ISO/DIS 70651《钢法兰》中进行了补充说明。确定不锈钢材料的压力-温度额定值公式为

$$p_t = \frac{R_{eL}}{205}PN$$

式中 p_t——新规定的材料在温度 t 时的允许工作压力（MPa）；

PN——公称压力数值；

R_{eL}——材料在温度 t 时的屈服强度（MPa）；

205——基准应力系数，是指 Cr18Ni8Mo 钢在20℃时的屈服强度值。

（3）苏联　ГОСТ 356—1980《阀门与管路附件的公称压力、试验压力和工作压力系列》，全部符合 ДТЭВ 253—1976。

工作压力与公称压力的关系用下式表示为

$$p_t = \frac{[R_m]}{[R_{m20}]}PN$$

式中 p_t——所规定材料在温度 t 时的工作压力（MPa）；

PN——公称压力（MPa）；

$[R_m]$——温度 t 时材料的许用应力（MPa）；

$[R_{m20}]$——温度200℃时材料的许用应力（MPa）。

ГОСТ 356—1980 中，对材料进行了分组。在该标准中，将 200℃以下的最大允许工作压力值，均视为常温下的工作压力，并等于公称压力。

（4）国际标准　ISO 7005-1《金属法兰—第 1 部分钢法兰》是将 ASME B 16.5 和德国标准中公称压力级的法兰标准合并在一起。因此，压力-温度额定值标准，也分别采用了美国和德国两个国家的法兰压力-温度额定值标准的制定方法及相应数据。

ISO 7005-1 中的公称压力等级 PN2.5、PN6、PN10、PN16、PN25、PN40 属于德国法兰体系；PN20、PN50、PN100、PN150、PN250、PN420 属于美国法兰体系。每一体系的压力-温度额定值标准，只适用于各自体系的法兰标准。

（5）中国标准　GB/T 9124—2010《钢制管法兰　技术条件》，参考了 DIN 2401—1977 和 ASME B 16.5—2013 中压力-温度额定值的制定原则及方法，利用我国常用的法兰材料，参照 ISO 7005-1，分别制定了适用于两个公称压力系列（PN2.5~PN40、PN20~PN420）的法兰压力-温度额定值。标准中规定了 13 种法兰材料，在 12 个公称压力等级下，工作温度为 20~530℃的最大允许工作压力。

我国行业标准 NB/T 47044—2014《电站阀门》给出了壳体材料为 25、ZG230-450、15CrMo、ZG20CrMo、12Cr5Mo、15Cr1Mo1V、ZG20CrMoV、ZG15Cr1Mo1V、ZG1Cr5Mo、12Cr1MoV 的阀门，其公称压力分别为 PN16、PN25、PN40、PN63、PN100、PN160、PN200、PN250、PN320、PN420、PN500、PN630、PN760、PN800 时的压力-温度额定值。也分别给出了壳体材料为 WCB、WC1、A105、WCC、F36、WB36、F11、WC6、F22、F5a、C5、F91、C12A、F92、F304、CF8、F304H、CF10、F316、CF8M、F316H、CF10M、F321H、F347H、F310H、CH20、N06022、N06625、N08825、WC9 的阀门，其压力级为 CL150、CL300、CL600、CL900、CL1500、CL2000、CL2500、CL4500 的压力-温度额定值。同时推荐了壳体承压件材料的最高使用温度，见表 1-5。

表 1-5　壳体承压件材料的最高使用温度

壳体承压件使用材料	标　准　号	最高使用温度/℃	壳体承压件使用材料	标　准　号	最高使用温度/℃
20、25	JB/T 9626—1999	450	ZG20CrMoV	JB/T 9625—1999	540
ZG230-450	JB/T 9625—1999	430	ZG15Cr1Mo1V		570
WCB	GB/T 12229	425	WC9	JB/T 5263—2005	593
WC1	JB/T 5263—2005	480	ZG20CrMo	JB/T 9625—1999	510
15CrMo	NB/T 47044	550	ZG1Cr5Mo	JB/T 9625—1999	700
ZG20CrMo	JB/T 9625—1999	510	12Cr18Ni9	GB/T 1220	816
WC6	JB/T 5263—2005	593	ZG12Cr18Ni9Ti	GB/T 12230—2005	816
12Cr1MoV、15Cr1Mo1V	NB/T 47044	570	CF8	GB/T 12230—2005	816

1.5.3　阀门的试验压力

1）阀门的壳体试验压力是指对阀门的阀体和阀盖等连接而成的整个阀门外壳进行试验的压力，其目的是检验阀体和阀盖的致密性及包括阀体与阀盖连接处在内的整个壳体的耐压能力。ASME B 16.34—2013 规定，应不低于阀门在 38℃时材料相应的压力额定值的 1.5 倍。标准压力级的阀门见表 1-6，专用压力级的阀门见表 1-7。

当阀门的壳体试验有特殊要求时，应按相应的产品技术条件或订货协议的规定。

API 6A—2014（idt ISO 10423：2010）《石油和天然气工业—钻探和生产设备—井口装置和采油树设备》的壳体试验压力见表 1-8。

2）阀门的密封和上密封试验压力是检验启闭件和阀体密封面间密封性能和阀杆与阀盖密封副密封性能的试验压力。美国 ASME B 16.34—2013 规定，应不低于阀门在 38℃时材料相应的压力额定值的 1.1 倍。

表 1-6　ASME B 16.34—2013 规定的标准压力级阀门（常用材料）额定工作压力和试验压力

（单位：MPa（bar））

CL	材料 / 项目	A105 WCB LF2 LF3	WCC、LF6 LCC、WC4 LC2、LC3 WC5、WC6 F11、F22 WC9、F12 F5、F2 CM75、B11	F1 CM-70	F21、F5a C5、F9 C12、F91 C12A、P91 F92、P92 FP92、F44 F51、F53、F55 CK3MCuN CE8MN	F304、F304H CF3、CF8、F316 F316H、F317 CF3A、CF8M、CF3M CF8A、CG8M F321、F321H、F347 F347H、F348 F348H、F310、CF8C	F304L F316L F317L 304L 316L
150	额定工作压力	1.96 (19.6)	1.98 (19.8)	1.84 (18.4)	2.0 (20.0)	1.9 (19.0)	1.59 (15.9)
	高压密封和高压上密封试验压力	2.16 (21.6)	2.18 (21.8)	2.03 (20.3)	2.2 (22.0)	2.09 (20.9)	1.75 (17.5)
	壳体试验压力	2.94 (29.4)	2.97 (29.7)	2.76 (27.6)	3.0 (30.0)	2.85 (28.5)	2.39 (23.9)
300	额定工作压力	5.11 (51.1)	5.17 (51.7)	4.80 (48.0)	5.17 (51.7)	4.96 (49.6)	4.14 (41.4)
	高压密封和高压上密封试验压力	5.63 (56.3)	5.69 (56.9)	5.28 (52.8)	5.69 (56.9)	5.46 (54.6)	4.56 (45.6)
	壳体试验压力	7.67 (76.7)	7.76 (77.6)	7.20 (72.0)	7.76 (77.6)	7.44 (74.4)	6.21 (62.1)

（续）

CL \ 项目 \ 材料		A105 WCB LF2 LF3	WCC、LF6 LCC、WC4 LC2、LC3 WC5、WC6 F11、F22 WC9、F12 F5、F2 CM75、B11	F1 CM-70	F21、F5a、C5 F9、C12、F91 C12A、P91 F92、P92 FP92、F44 F51、F53、F55 CK3MCuN CE8MN	F304、F304H CF3、CF8、F316 F316H、F317 CF3A、CF8M、CF3M CF8A、CG8M F321、F321H、F347 F347H、F348 F348H、F310、CF8C	F304L F316L F317L 304L 316L
600	额定工作压力	10.21 (102.1)	10.34 (103.4)	9.60 (96.0)	10.34 (103.4)	9.93 (99.3)	8.27 (82.7)
	高压密封和高压上密封试验压力	11.24 (112.4)	11.38 (113.8)	10.56 (105.6)	11.38 (113.8)	10.93 (109.3)	9.10 (91.0)
	壳体试验压力	15.32 (153.2)	15.51 (155.1)	14.40 (144.0)	15.51 (155.1)	14.9 (149.0)	12.41 (124.1)
900	额定工作压力	15.32 (153.2)	15.51 (155.1)	14.41 (144.1)	15.51 (155.1)	14.89 (148.9)	12.41 (124.1)
	高压密封和高压上密封试验压力	16.86 (168.6)	17.07 (170.7)	15.86 (158.6)	17.07 (170.7)	16.38 (163.8)	13.66 (136.6)
	壳体试验压力	22.98 (229.8)	23.27 (232.7)	21.62 (216.2)	23.27 (232.7)	22.34 (223.4)	18.62 (186.2)
1500	额定工作压力	25.53 (255.3)	25.86 (258.6)	24.01 (240.1)	25.86 (258.6)	24.82 (248.2)	20.68 (206.8)
	高压密封和高压上密封试验压力	28.09 (280.9)	28.45 (284.5)	26.42 (264.2)	28.45 (284.5)	27.31 (273.1)	22.75 (227.5)
	壳体试验压力	38.3 (383.0)	38.79 (387.9)	36.02 (360.2)	38.79 (387.9)	37.23 (372.3)	31.02 (310.2)
2500	额定工作压力	42.55 (425.5)	43.09 (430.9)	40.01 (400.1)	43.09 (430.9)	41.37 (413.7)	34.47 (344.7)
	高压密封和高压上密封试验压力	46.81 (468.1)	47.4 (474.0)	44.02 (440.2)	47.4 (474.0)	45.51 (455.1)	37.92 (379.2)
	壳体试验压力	63.83 (638.3)	64.64 (646.4)	60.02 (600.2)	64.64 (646.4)	62.06 (620.6)	51.71 (517.1)

表 1-7　ASME B 16.34—2013 规定的专用压力级阀门（螺纹端和焊接端阀门材料）额定工作压力和试验压力

（单位：MPa（bar））

CL \ 项目 \ 材料		A105、WCB、LF2、LF3 LF6、F2、WC4、WC5、F316 F11、WC6、F22、WC9、F5 F12、F304、F304H、CF3 CF8、F316H、F317、CF3A CF3M、CF8A、CF8M、CM-75 CG8M、F321、CF8C、F321H	WCC、LF6、LC2、LC3 LCC、F21、C5、F5a F9、C12、F91、C12A、F92 F347、F347H、F348、F348H F310、F44、F51、F53 F55、CE8MN、CD3MCuN CK3MCuN	CH8 CH20 CK20	F304L F316L F317L 304L 316L
150	额定工作压力	1.98(19.8)	2.0(20.0)	1.84(18.4)	1.77(17.7)
	高压密封和高压上密封试验压力	2.18(21.8)	2.2(22.0)	2.03(20.3)	1.95(19.5)
	壳体试验压力	2.97(29.7)	3.0(30.0)	2.76(27.6)	2.66(26.6)
300	额定工作压力	5.17(51.7)	5.17(51.7)	4.8(48.0)	4.62(46.2)
	高压密封和高压上密封试验压力	5.69(56.9)	5.69(56.9)	5.28(52.8)	5.09(50.9)
	壳体试验压力	7.76(77.6)	7.76(77.6)	7.2(72.0)	6.93(69.3)

（续）

CL	项目＼材料	A105、WCB、LF2、LF3 LF6、F2、WC4、WC5、F316 F11、WC6、F22、WC9、F5 F12、F304、F304H、CF3 CF8、F316H、F317、CF3A CF3M、CF8A、CF8M、CM-75 CG8M、F321、CF8C、F321H	WCC、LF6、LC2、LC3 LCC、F21、C5、F5a F9、C12、F91、C12A、F92 F347、F347H、F348、F348H F310、F44、F51、F53 F55、CE8MN、CD3MCuN CK3MCuN	CH8 CH20 CK20	F304L F316L F317L 304L 316L
600	额定工作压力	10.34(103.4)	10.34(103.4)	9.6(96.0)	9.23(92.3)
	高压密封和高压上密封试验压力	11.38(113.8)	11.38(113.8)	10.56(105.6)	10.16(101.6)
	壳体试验压力	15.51(155.1)	15.51(155.1)	14.4(144.0)	13.85(138.5)
900	额定工作压力	15.51(155.1)	15.51(155.1)	14.41(144.1)	13.85(138.5)
	高压密封和高压上密封试验压力	17.07(170.7)	17.07(170.7)	15.86(158.6)	15.24(152.4)
	壳体试验压力	23.27(232.7)	23.27(232.7)	21.62(216.2)	20.78(207.8)
1500	额定工作压力	25.86(258.6)	25.86(258.6)	24.01(240.1)	23.09(230.9)
	高压密封和高压上密封试验压力	28.45(284.5)	28.45(284.5)	26.42(264.2)	25.40(254.0)
	壳体试验压力	38.79(387.9)	38.79(387.9)	36.02(360.2)	34.64(346.4)
2500	额定工作压力	43.09(430.9)	43.09(430.9)	40.01(400.1)	38.48(384.8)
	高压密封和高压上密封试验压力	47.40(474.0)	47.40(474.0)	44.02(440.2)	42.33(423.3)
	壳体试验压力	64.64(646.4)	64.64(646.4)	60.02(600.2)	57.72(577.2)

表 1-8　API 6A idt ISO 10423:2010《井口装置和采油树设备规范》阀门壳体试验压力

额定工作压力/MPa(psi)	试验压力/MPa(psi)	
	法兰公称尺寸	
	≤346mm	≥425mm
13.8(2000)	27.6(4000)	20.7(3000)
20.7(3000)	41.5(6000)	31.0(4500)
34.5(5000)	51.7(7500)	51.7(7500)
69.0(10000)	103.5(15000)	103.5(15000)
103.5(15000)	155.0(22500)	155.0(22500)
138.0(20000)	207(30000)	—

注：PSL3G、PSL4 气体试验压力为额定工作压力。

1.5.4　各试验与检验标准要求简介

目前各国阀门的试验与检验标准对试验介质、试验介质的温度、试验压力、试验最短持续时间的要求各异，其允许泄漏量也各有不同，现把 GB/T 13927—2008、GB/T 26480—2011、ISO 5208：2008、API 598—2009、EN 12266-1：2003、MSS SP 61—2013、API 6A idt ISO 10423：2010、API 6D—2014、ISO 10434：2013、ASME B16.104 idt FCI 70-2：2013 共 10 个标准的壳体试验(表 1-9)、上密封试验（表 1-10)、高压密封试验（表 1-11)、低压密封试验（表 1-12）控制阀阀座泄漏量（表 1-13）介绍如下。

表 1-9　壳体试验

<table>
<tr><td>项目 \ 标准</td><td colspan="2">GB/T 13927—2008</td><td colspan="3">GB/T 26480—2011</td></tr>
<tr><td>试验介质温度/℃</td><td colspan="2">5~40</td><td colspan="3">≤52</td></tr>
<tr><td>试验介质</td><td colspan="2">液体:水(可以加入防锈剂)、煤油或黏度不大于水的其他适宜液体
气体:空气或其他适宜的气体</td><td colspan="3">水、空气、煤油或黏度不高于水的非腐蚀性液体
奥氏体不锈钢阀门试验用水的氯化物含量不应超过100mg/L</td></tr>
<tr><td rowspan="3">试验压力</td><td>PN</td><td>试验压力</td><td colspan="3" rowspan="3">38℃时最大允许工作压力的1.5倍
高压气体的壳体试验压力为38℃时最大允许工作压力的1.1倍或合同规定高压气体试验应在壳体液体试验后进行</td></tr>
<tr><td>≤2.5</td><td>0.1MPa,20℃下最大允许工作压力</td></tr>
<tr><td>>2.5</td><td>20℃下最大允许工作压力的1.5倍</td></tr>
<tr><td rowspan="6">试验最短持续时间</td><td rowspan="2">公称尺寸 DN</td><td rowspan="2">最短持续时间/s</td><td rowspan="2">公称尺寸 DN</td><td colspan="2">最短持续时间/s</td></tr>
<tr><td>止回阀</td><td>其他阀门</td></tr>
<tr><td>≤50</td><td>15</td><td>≤50</td><td>60</td><td>15</td></tr>
<tr><td>65~200</td><td>60</td><td>65~150</td><td>60</td><td>60</td></tr>
<tr><td rowspan="2">≥250</td><td rowspan="2">180</td><td>200~300</td><td>60</td><td>120</td></tr>
<tr><td>≥350</td><td>120</td><td>300</td></tr>
<tr><td>判定</td><td colspan="2">壳体试验时,承压壁及阀体与阀盖连接处不得有可见渗漏,壳体(包括填料函及阀体与阀盖连接处)不应有结构损伤</td><td colspan="3">壳体试验时,不允许有可见的泄漏,如果试验介质为液体,则不得有明显可见的液滴或表面湿潮。如果试验介质是空气,应无气泡漏出,试验时应无结构损伤</td></tr>
</table>

<table>
<tr><td>项目 \ 标准</td><td>ISO 5208：2008</td><td colspan="4">API 598—2009</td></tr>
<tr><td>试验介质温度/℃(°F)</td><td>5~40</td><td colspan="4">5~50(41~122)</td></tr>
<tr><td>试验介质</td><td>液体:水(可含有防锈剂),煤油或黏度不大于水的其他适宜液体
气体:空气或其他适宜气体</td><td colspan="4">空气、惰性气体、煤油、水或黏度不高于水的非腐蚀性液体</td></tr>
<tr><td rowspan="15">试验压力</td><td rowspan="15">20℃时最大允许工作压力的1.5倍。对于≤DN50,≤PN50的阀门,也可以用6bar±1bar(0.6MPa±0.1MPa)的气体</td><td rowspan="2">阀门类型</td><td rowspan="2">CL</td><td colspan="2">试验压力/min</td></tr>
<tr><td>lbf/in²①</td><td>bar②</td></tr>
<tr><td rowspan="2">球墨铸铁</td><td>150</td><td>400</td><td>26</td></tr>
<tr><td>300</td><td>975</td><td>65</td></tr>
<tr><td>铸铁</td><td></td><td></td><td></td></tr>
<tr><td>2~12in③</td><td rowspan="2">125</td><td>350</td><td>25</td></tr>
<tr><td>14~48in</td><td>265</td><td>19</td></tr>
<tr><td>铸铁</td><td></td><td></td><td></td></tr>
<tr><td>2~12in</td><td rowspan="2">250</td><td>875</td><td>61</td></tr>
<tr><td>14~48in</td><td>525</td><td>37</td></tr>
<tr><td>钢</td><td></td><td></td><td></td></tr>
<tr><td>法兰</td><td>150~2500</td><td colspan="2" rowspan="2">38℃时最大额定压力的1.5倍</td></tr>
<tr><td>对焊</td><td>150~4500</td></tr>
<tr><td rowspan="2">螺纹和承插焊</td><td>800</td><td colspan="2" rowspan="2">38℃时最大额定压力的1.5倍</td></tr>
<tr><td>150~4500</td></tr>
</table>

（续）

标准 项目	ISO 5208:2008		API 598—2009		
试验最短持续时间	公称尺寸 DN	最短持续时间/s	公称尺寸 DN	最短持续时间/s	
				止回阀	其他阀门
	≤50	15	≤50	60	15
	65～200	60	65～150	60	60
	≥250	180	200～300	60	120
			≥350	120	300
判定	不允许有可见的渗漏		对于壳体试验，不允许有可见的泄漏通过壳体壁和任何固定的阀体连接处		

标准 项目	EN 12266-1:2003			MSS SP 61—2013	
试验介质温度/℃(°F)	5～40			≤52(125)	
试验介质	液体：水（可以含有防锈剂）或黏度不大于水的其他适宜液体 气体：空气或其他适宜气体			空气、惰性气体或液体如水（可以含有防腐剂），煤油或黏度不大于水的其他液体	
试验压力	常温下最大额定压力的 1.5 倍，其值向大圆整到下一个 25psi[4]（1bar）			38℃时最大额定压力的 1.5 倍，其值向大圆整到下一个 25psi（1bar）	
试验最短持续时间	公称尺寸 DN	最短持续时间/s		公称尺寸 DN	最短持续时间/s
		生产、验收	型式试验		
	≤50	15	600	≤50	15
	65～200	60	600	65～200	60
	≥250	180	600	≥250	180
判定	如试验介质是液体，不允许壳体外表面能目测到任何渗漏 如试验介质是气体，当阀浸没在水中 50mm 以下，不允许水平面有任何气泡冒出 如果试验介质是气体，当阀门涂有防泄漏介质，不允许有连串气泡出现			通过承压壁有可见的泄漏为不合格	

标准 项目	API 6A—2014（idt ISO 10423：2010）	API 6D—2014
试验介质温度/℃	常温	5～40
试验介质	液体：水或含有防锈剂的水 气体：氮气	含有缓蚀剂和经同意含有防冻剂的清洁水，对于奥氏体和铁素体-奥氏体（双相）不锈钢阀门的阀体及阀盖的试验用水其氯化物含量不应超过 30μg/g（3×10^{-3}%）（质量分数） 高压气体壳体试验，试验应用 99% 氮气 +1% 的氦气

（续）

<table>
<tr><td>标　准
项　目</td><td colspan="3">API 6A—2014（idt ISO 10423：2010）</td><td colspan="2">API 6D—2014</td></tr>
<tr><td rowspan="10">试验压力</td><td rowspan="2">额定工作压力/MPa（psi）</td><td colspan="2">法兰公称尺寸</td><td colspan="2" rowspan="10">大于或等于材料在 38℃时规定的额定压力值的 1.5 倍</td></tr>
<tr><td>≤346mm</td><td>≥425mm</td></tr>
<tr><td>13.8
（2000）</td><td>27.6
（4000）</td><td>20.7
（3000）</td></tr>
<tr><td>20.7
（3000）</td><td>41.5
（6000）</td><td>31.0
（4500）</td></tr>
<tr><td>34.5
（5000）</td><td>51.7
（7500）</td><td>51.7
（7500）</td></tr>
<tr><td>69.0
（10000）</td><td>103.5
（15000）</td><td>103.5
（15000）</td></tr>
<tr><td>103.5
（15000）</td><td>155.0
（22500）</td><td>155.0
（22500）</td></tr>
<tr><td>138.0
（20000）</td><td>207.0
（30000）</td><td></td></tr>
<tr><td colspan="3">PSL3G、PSL4 气体试验压为额定工作压力</td></tr>
<tr><td colspan="3"></td></tr>
<tr><td rowspan="13">试验最短持续时间</td><td>产品规范等级</td><td colspan="2">最短持续时间/min</td><td>公称尺寸 DN</td><td>试验保压时间/min</td></tr>
<tr><td rowspan="2">PSL1</td><td>第一次</td><td>3</td><td rowspan="2">15～100</td><td rowspan="2">2</td></tr>
<tr><td>第二次</td><td>3</td></tr>
<tr><td rowspan="2">PSL2</td><td>第一次</td><td>3</td><td rowspan="3">150～250</td><td rowspan="3">5</td></tr>
<tr><td>第二次</td><td>3</td></tr>
<tr><td rowspan="2">PSL3</td><td>第一次</td><td>3</td></tr>
<tr><td>第二次</td><td>15</td><td rowspan="4">300～450</td><td rowspan="4">15</td></tr>
<tr><td rowspan="3">PSL3G</td><td>第一次</td><td>3</td></tr>
<tr><td>第二次</td><td>15</td></tr>
<tr><td>气压</td><td>15</td></tr>
<tr><td rowspan="3">PSL4</td><td>第一次</td><td>3</td><td rowspan="3">≥500</td><td rowspan="3">30</td></tr>
<tr><td>第二次</td><td>15</td></tr>
<tr><td>气压</td><td>15</td></tr>
<tr><td>判定</td><td colspan="3">PSL1：在试验压力下，不应有可见的渗漏
PSL2：同 PSL1
PSL3：所有的静水压试验中应采用图形记录仪，记录应标明记录装置，日期和签名。不应有可见的渗漏
PSL3G：在保压期间，水槽中不应有可见气泡，最大 2.0MPa 的气体压力降低是可以接受的，只要在保压周期内无可见气泡
PSL4：同 PSL3G</td><td colspan="2">静压壳体试验中不允许有任何可见泄漏。试验之后应将泄压阀回装到阀门上，公称尺寸≤DN100 的阀体连接处应在泄压阀整定压力的 95% 试验 2min。公称尺寸≥DN150 的阀体连接处应在泄压阀整定压力的 95% 的试验 5min 试验期间，泄压阀连接处应无任何可见泄漏，当设置泄压阀时，泄压阀整定至规定压力并进行试验，泄压阀整定压力应按材料在 38℃时规定的额定压力值的 1.1～1.33 倍</td></tr>
</table>

（续）

<table>
<tr><th>标　准
项　目</th><th colspan="2">ISO 10434:2013</th></tr>
<tr><td>试验介质温度/℃(°F)</td><td colspan="2">5 ~ 40</td></tr>
<tr><td>试验介质</td><td colspan="2">液体：水（可含有防锈剂），煤油或黏度不大于水的其他适宜液体
气体：空气或其他适宜气体</td></tr>
<tr><td>试验压力</td><td colspan="2">不低于阀门在 38℃时相应的压力额定值的 1.5 倍</td></tr>
<tr><td rowspan="5">试验最短持续时间</td><td>公称尺寸 DN</td><td>试验持续时间/s</td></tr>
<tr><td>≤50</td><td>15</td></tr>
<tr><td>65 ~ 150</td><td>60</td></tr>
<tr><td>200 ~ 300</td><td>120</td></tr>
<tr><td>≥350</td><td>300</td></tr>
<tr><td>判定</td><td colspan="2">在整个壳体试验持续时间内不应有可目测观查到通过壳壁或在阀盖垫片处的渗漏</td></tr>
</table>

①1lbf/in^2 = 6894.76Pa。②1bar = 0.1MPa。③1in = 25.4mm。④145psi = 1MPa。全书同。

表 1-10　上密封试验

<table>
<tr><th>标　准
项　目</th><th colspan="3">GB/T 13927—2008</th><th colspan="2">GB/T 26480—2011</th></tr>
<tr><td>试验介质温度/℃(°F)</td><td colspan="3">5 ~ 40</td><td colspan="2">≤52(125)</td></tr>
<tr><td>试验介质</td><td colspan="3">液体：水（可以加入防锈剂），煤油或黏度不大于水的其他适宜气体
气体：空气或其他适宜气体</td><td colspan="2">高压上密封试验其试验介质应是水、空气、煤油或黏度不高于水的非腐蚀性液体
低压上密封试验其试验介质应是空气或惰性气体</td></tr>
<tr><td rowspan="5">试验压力</td><td>公称尺寸 DN</td><td>公称压力 PN</td><td>试验压力</td><td colspan="2" rowspan="5">高压上密封试验其试验压力为 38℃时最大允许工作压力的1.1倍
低压上密封试验其试验压力为 0.4 ~ 0.7MPa</td></tr>
<tr><td>≤80</td><td>所有压力</td><td rowspan="2">20℃下最大允许工作压力的1.1倍（液体）0.6MPa（气体）</td></tr>
<tr><td rowspan="2">100 ~ 200</td><td>≤50</td></tr>
<tr><td>>50</td><td rowspan="2">20℃下最大允许工作压力的1.1倍</td></tr>
<tr><td>≥250</td><td>所有压力</td></tr>
<tr><td rowspan="5">试验最短持续时间</td><td>公称尺寸 DN</td><td colspan="2">最短持续时间/s</td><td>公称尺寸 DN</td><td>最短持续时间/s</td></tr>
<tr><td>≤50</td><td colspan="2">10</td><td>≤50</td><td>15</td></tr>
<tr><td>65 ~ 200</td><td colspan="2">15</td><td rowspan="3">≥65</td><td rowspan="3">60</td></tr>
<tr><td>250 ~ 450</td><td colspan="2">20</td></tr>
<tr><td>≥500</td><td colspan="2">30</td></tr>
<tr><td>判定</td><td colspan="3">在试验持续时间内无可见泄漏</td><td colspan="2">不允许有可见的泄漏
如果试验介质为液体则不得有明显的可见液滴和表面湿潮。如果试验介质是空气或其他气体，应无气泡漏出</td></tr>
</table>

（续）

<table>
<tr><td>项目 \ 标准</td><td colspan="4">ISO 5208:2008</td><td colspan="2">API 598—2009</td></tr>
<tr><td>试验介质温度/℃(°F)</td><td colspan="4">5～40</td><td colspan="2">5～50(41～122)</td></tr>
<tr><td>试验介质</td><td colspan="4">液体:水(可以加入防锈剂),煤油或黏度不大于水的其他适宜液体
气体:空气或其他适宜气体</td><td colspan="2">高压上密封试验其试验介质是水、空气、煤油或黏度不大于水的非腐蚀性液体
低压上密封试验其试验介质应是空气或惰性气体</td></tr>
<tr><td rowspan="5">试验压力</td><td>公称尺寸 DN</td><td>公称压力 PN</td><td colspan="2">试验压力</td><td colspan="2" rowspan="5">高压上密封试验其试验压力为38℃时最大允许工作压力的1.1倍
低压上密封试验其试验压力为0.4～0.7MPa</td></tr>
<tr><td>≤80</td><td>所有压力</td><td colspan="2" rowspan="2">20℃下最大允许工作压力的1.1倍(液体)0.6MPa(气体)</td></tr>
<tr><td rowspan="2">100～200</td><td>≤5.0</td></tr>
<tr><td>≥11.0</td><td colspan="2" rowspan="2">20℃下最大允许工作压力的1.1倍(液体)</td></tr>
<tr><td>≥250</td><td>所有压力</td></tr>
<tr><td rowspan="5">试验最短持续时间</td><td colspan="2">公称尺寸 DN</td><td colspan="2">最短持续时间/s</td><td>公称尺寸 DN</td><td>最短持续时间/s</td></tr>
<tr><td colspan="2">≤50</td><td colspan="2">15</td><td>≤50</td><td>15</td></tr>
<tr><td colspan="2">65～200</td><td colspan="2">30</td><td rowspan="3">≥65</td><td rowspan="3">60</td></tr>
<tr><td colspan="2">250～450</td><td colspan="2">60</td></tr>
<tr><td colspan="2">≥500</td><td colspan="2">120</td></tr>
<tr><td>判定</td><td colspan="4">在试验持续时间内无可见泄漏</td><td colspan="2">不允许有可见的泄漏</td></tr>
</table>

<table>
<tr><td>项目 \ 标准</td><td colspan="6">EN 12266-1:2003</td><td colspan="4">MSS SP 61—2013</td></tr>
<tr><td>试验介质温度/℃(°F)</td><td colspan="6">5～40</td><td colspan="4">≤52(125)</td></tr>
<tr><td>试验介质</td><td colspan="6">液体:水(可以含有防锈剂)或黏度不大于水的其他适宜液体
气体:空气或其他适宜气体</td><td colspan="4">空气、惰性气体或液体,如水(可以含有防锈剂)、煤油或黏度不大于水的其他液体</td></tr>
<tr><td rowspan="4">试验压力</td><td>公称尺寸 DN</td><td colspan="2">公称压力 PN</td><td colspan="3">试验压力</td><td colspan="4">高压上密封试验其试验压力为38℃时材料额定值的1.1倍
低压上密封试验的试验压力</td></tr>
<tr><td>≤80</td><td colspan="2">所有压力</td><td colspan="3" rowspan="3">室温下最小为允许压差的1.1倍(液体)0.6MPa±0.1MPa(气体)</td><td>公称尺寸 DN</td><td colspan="2">公称压力 PN</td><td>试验压力</td></tr>
<tr><td rowspan="2">100～200</td><td colspan="2">≤4.0</td><td>≤300</td><td colspan="2">≤400</td><td rowspan="2">0.56MPa</td></tr>
<tr><td colspan="2">≤CL300</td><td>≤100</td><td colspan="2">所有压力</td></tr>
<tr><td rowspan="8">试验最短持续时间</td><td rowspan="4">公称尺寸 DN</td><td colspan="5">最短持续时间/s</td><td colspan="2" rowspan="4">公称尺寸 DN</td><td colspan="2" rowspan="4">试验持续时间 /s</td></tr>
<tr><td colspan="4">生产或验收</td><td>形式</td></tr>
<tr><td colspan="2">金属座</td><td colspan="2">软座</td><td>所有</td></tr>
<tr><td>液体</td><td>气体</td><td colspan="2">液、气</td><td>液、气</td></tr>
<tr><td>≤50</td><td>15</td><td>15</td><td colspan="2">15</td><td>600</td><td colspan="2">≤50</td><td colspan="2">15</td></tr>
<tr><td>65～200</td><td>30</td><td>15</td><td colspan="2">15</td><td>600</td><td colspan="2">65～200</td><td colspan="2">30</td></tr>
<tr><td>250～450</td><td>60</td><td>30</td><td colspan="2">30</td><td>600</td><td colspan="2">250～450</td><td colspan="2">60</td></tr>
<tr><td>≥500</td><td>120</td><td>30</td><td colspan="2">60</td><td>600</td><td colspan="2">≥500</td><td colspan="2">120</td></tr>
<tr><td>判定</td><td colspan="6">在规定的测试持续时间内,无可见渗漏</td><td colspan="4">应保持试验压力而无可见泄漏</td></tr>
</table>

（续）

项目＼标准	API 6A—2014idt ISO 10423：2010	API 6D—2014	
试验介质温度/℃(°F)	常温	5～40	
试验介质	试验介质为氮气	含有缓蚀剂和经同意含有防冻剂的清洁水 对于奥氏体和铁素体-奥氏体(双相)不锈钢阀门的阀体及阀盖的试验用水其氯化物含量不应超过 30μg/g ($3\times10^{-3}\%$)(质量分数)试验水中的氯化物含量最少每年检验一次 低压上密封试验其试验介质为空气或氮气 高压上密封试验其试验介质为气体	
试验压力	PSL3：额定工作压力 PSL3G：第一次：额定工作压力 第二次：额定工作压力的5%～10% PSL4：第一次：额定工作压力 第二次：额定工作压力的5%～10%	其试验压力不低于材料在 38℃时规定的额定压力值的 1.1 倍 低压气密封试验 Ⅰ型：0.034～0.1MPa Ⅱ型：(0.55～0.69)MPa	
试验最短持续时间	PSL3：保压时间 15min PSL3G：第一次：60min 第二次：60min PSL4：第一次：60min 第二次：60min	公称尺寸 DN	试验保压时间/min
		≤100	2
		≥150	5
判定	保压期间在水池中无可见气泡	在上密封试验中不允许有任何可见的泄漏	

项目＼标准	ISO 10434：2013	
试验介质温度/℃(°F)	5～40	
试验介质	对于≤DN100，≤CL1500 的阀门和＞DN100，≤CL600 的阀门用气体试验 对于≤DN100，＞CL1500 的阀门和＞DN100，＞CL600 的阀门用液体试验	
试验压力	液体试验压力为不低于阀门在 38℃时最大允许压力额定值的 1.1 倍 气体试验压力在 0.4～0.7MPa 之间	
试验最短持续时间	公称尺寸 DN	试验持续时间/s
	≤50	15
	65～150	60
	≥200	120
判定	在试验持续时间内无允许有可见的上密封渗漏	

表 1-11　高压密封试验

项目＼标准	GB/T 13927—2008	GB/T 26480—2011
试验介质温度/℃(°F)	5～40	≤52(125)
试验介质	液体：水(可以加入防锈剂)，煤油或黏度不大于水的其他适宜液体 气体：空气或其他适宜气体	水、空气、煤油或黏度不高于水的非腐蚀性液体：奥氏体不锈钢阀门试验时所使用的水氯化物含量不应超过 100mg/L

（续）

<table>
<tr><th>项目 \ 标准</th><th>GB/T 13927—2008</th><th>GB/T 26480—2011</th></tr>
<tr><td>试验压力</td><td>
<table>
<tr><th>公称尺寸 DN</th><th>公称压力 PN</th><th>试验压力</th></tr>
<tr><td>≤80</td><td>所有压力</td><td rowspan="2">20℃下最大允许工作压力的1.1倍(液体),0.6MPa(气体)</td></tr>
<tr><td rowspan="2">100～200</td><td>≤5.0</td></tr>
<tr><td>>5.0</td><td rowspan="2">20℃下最大允许工作压力的1.1倍(液体)</td></tr>
<tr><td>≥250</td><td>所有压力</td></tr>
</table>
</td><td>高压密封试验其试验压力为38℃时最大允许工作压力的1.1倍
蝶阀密封试验压力为设计压差的1.1倍
止回阀密封试验压力为38℃时的公称压力</td></tr>
<tr><td>试验最短持续时间</td><td>
<table>
<tr><th rowspan="2">公称尺寸 DN</th><th colspan="2">试验最短持续时间/s</th></tr>
<tr><th>金属</th><th>非金属</th></tr>
<tr><td>≤50</td><td>15</td><td>15</td></tr>
<tr><td>65～200</td><td>30</td><td>15</td></tr>
<tr><td>250～450</td><td>60</td><td>30</td></tr>
<tr><td>≥500</td><td>120</td><td>60</td></tr>
</table>
</td><td>
<table>
<tr><th rowspan="2">公称尺寸 DN</th><th colspan="2">试验最短持续时间/s</th></tr>
<tr><th>止回阀</th><th>其他阀门</th></tr>
<tr><td>≤50</td><td>60</td><td>15</td></tr>
<tr><td>65～150</td><td>60</td><td>60</td></tr>
<tr><td>200～300</td><td>60</td><td>120</td></tr>
<tr><td>≥350</td><td>120</td><td>120</td></tr>
</table>
</td></tr>
<tr><td>判定</td><td>
<table>
<tr><th rowspan="2">级别 \ 试验介质</th><th colspan="2">泄漏率/(mm^3/s)</th></tr>
<tr><th>液体</th><th>气体</th></tr>
<tr><td>A级</td><td colspan="2">在试验持续时间内无可见泄漏</td></tr>
<tr><td>AA级</td><td>0.006DN</td><td>0.18DN</td></tr>
<tr><td>B级</td><td>0.01DN</td><td>0.3DN</td></tr>
<tr><td>C级</td><td>0.03DN</td><td>3DN</td></tr>
<tr><td>CC级</td><td>0.08DN</td><td>22.3DN</td></tr>
<tr><td>D级</td><td>0.1DN</td><td>30DN</td></tr>
<tr><td>E级</td><td>0.3DN</td><td>300DN</td></tr>
<tr><td>EE级</td><td>0.39DN</td><td>470DN</td></tr>
<tr><td>F级</td><td>1DN</td><td>3000DN</td></tr>
<tr><td>G级</td><td>2DN</td><td>6000DN</td></tr>
</table>
</td><td>
<table>
<tr><th colspan="2" rowspan="2">所有弹性密封阀门</th><th colspan="4">公称尺寸 DN</th></tr>
<tr><th>≤50</th><th>65～150</th><th>200～300</th><th>≥350</th></tr>
<tr><td colspan="2"></td><td>0</td><td>0</td><td>0</td><td>0</td></tr>
<tr><td rowspan="2">除止回阀外的所有金属密封阀门</td><td>液体/(滴/min)</td><td>0</td><td>12</td><td>20</td><td>28</td></tr>
<tr><td>气体/(气泡/min)</td><td>0</td><td>24</td><td>40</td><td>56</td></tr>
<tr><td rowspan="2">金属密封副止回阀</td><td>液体/(mL/min)</td><td colspan="4">$\frac{DN}{25}\times 3$</td></tr>
<tr><td>气体/(m^3/h)</td><td colspan="4">$\frac{DN}{25}\times 0.042$</td></tr>
</table>
</td></tr>
</table>

<table>
<tr><th>项目 \ 标准</th><th>ISO 5208:2008</th><th>API 598—2009</th></tr>
<tr><td>试验介质温度/℃(°F)</td><td>5～40</td><td>5～50(41～122)</td></tr>
<tr><td>试验介质</td><td>液体:水(可以含有防腐剂),煤油或黏度不大于水的其他适宜液体
气体:空气或其他适宜气体</td><td>高压密封试验的试验介质应是空气、惰性气体、煤油或黏度不高于水的非腐性液体;奥氏体不锈钢阀门试验时,所使用的水,其氯含量不得超过1×10^{-2}%</td></tr>
</table>

（续）

<table>
<tr><th>项目 \ 标准</th><th colspan="3">ISO 5208:2008</th><th>API 598—2009</th></tr>
<tr><td rowspan="5">试验压力</td><td>公称尺寸 DN</td><td>公称压力 PN</td><td>试验压力</td><td rowspan="5">碳钢、合金钢、不锈钢和特殊合金钢阀门:38℃时最大许用压力的 110%
蝶阀:38℃时设计压差的 110%
止回阀:
铸铁 CL125 NPS 2 ~ NPS 12　1.4MPa
NPS 14 ~ NPS 42　1.1MPa
CL250 NPS 2 ~ NPS 12　3.5MPa
NPS 14 ~ NPS 24　2.1MPa
球墨铸铁 CL150　试验压力 1.7MPa
CL300　试验压力 4.4MPa</td></tr>
<tr><td>≤80</td><td>所有压力</td><td rowspan="2">20℃下最大允许工作压力的1.1倍(液体),0.6MPa ±0.1MPa(气体)</td></tr>
<tr><td rowspan="2">100 ~ 200</td><td>≤5.0</td></tr>
<tr><td>≥11.0</td><td rowspan="2">20℃下最大允许工作压力的1.1倍(液体)</td></tr>
<tr><td>≥250</td><td>所有压力</td></tr>
</table>

<table>
<tr><td rowspan="6">最短试验持续时间</td><td rowspan="2">公称尺寸 DN</td><td colspan="2">最短持续时间/s</td><td rowspan="2">公称尺寸 DN</td><td colspan="2">最短持续时间/s</td></tr>
<tr><td>金属密封</td><td>软密封</td><td>止回阀</td><td>其他阀门</td></tr>
<tr><td>≤50</td><td>15</td><td>15</td><td>≤50</td><td>60</td><td>15</td></tr>
<tr><td>65 ~ 200</td><td>30</td><td>15</td><td>65 ~ 150</td><td>60</td><td>60</td></tr>
<tr><td>250 ~ 450</td><td>60</td><td>30</td><td>200 ~ 300</td><td>60</td><td>120</td></tr>
<tr><td>≥500</td><td>120</td><td>60</td><td>≥350</td><td>120</td><td>120</td></tr>
</table>

判定（ISO 5208:2008）

<table>
<tr><td rowspan="2">级别 \ 试验介质</td><td colspan="2">最大允许泄漏率/(mm^3/s)</td></tr>
<tr><td>液体</td><td>气体</td></tr>
<tr><td>A 级</td><td colspan="2">在试验持续时间内无可见泄漏</td></tr>
<tr><td>AA 级</td><td>0.006DN</td><td>0.18DN</td></tr>
<tr><td>B 级</td><td>0.01DN</td><td>0.3DN</td></tr>
<tr><td>C 级</td><td>0.03DN</td><td>3DN</td></tr>
<tr><td>CC 级</td><td>0.08DN</td><td>22.3DN</td></tr>
<tr><td>D 级</td><td>0.1DN</td><td>30DN</td></tr>
<tr><td>E 级</td><td>0.3DN</td><td>300DN</td></tr>
<tr><td>EE 级</td><td>0.39DN</td><td>470DN</td></tr>
<tr><td>F 级</td><td>1DN</td><td>3000DN</td></tr>
<tr><td>G 级</td><td>2DN</td><td>6000DN</td></tr>
</table>

判定（API 598—2009）

<table>
<tr><td colspan="2" rowspan="2"></td><td colspan="4">公称尺寸 DN</td></tr>
<tr><td>≤50</td><td>65 ~ 150</td><td>200 ~ 300</td><td>≥350</td></tr>
<tr><td colspan="2">所有弹性密封阀门</td><td>0</td><td>0</td><td>0</td><td>0</td></tr>
<tr><td rowspan="2">除止回阀外的所有金属密封阀门</td><td>液体/(滴/min)</td><td>0</td><td>12</td><td>20</td><td>2 滴/in · min</td></tr>
<tr><td>气体/(气泡/min)</td><td>0</td><td>24</td><td>40</td><td>4 气泡/in · min</td></tr>
<tr><td rowspan="2">金属密封止回阀</td><td>液体/(cm^3/in · min)</td><td colspan="4">3</td></tr>
<tr><td>气体/(m^3/in · h)</td><td colspan="4">0.042</td></tr>
</table>

项目 \ 标准	EN 12266-1:2003	MSS SP 61—2013
试验介质温度/℃(°F)	5 ~ 40	≤52(125)
试验介质	液体:水(可以含有防腐剂)或黏度不大于水的其他适宜液体 气体:空气或其他适宜气体	空气、惰性气体或液体,如水(可以含有防腐剂)、煤油或黏度不大于水的其他液体

（续）

<table>
<tr><td>标准
项目</td><td colspan="5">EN 12266-1:2003</td><td colspan="2">MSS SP61—2013</td></tr>
<tr><td rowspan="4">试验压力</td><td>公称尺寸
DN</td><td>公称压力
PN</td><td colspan="3">试验压力</td><td colspan="2" rowspan="4">密封试验压力不小于1.1倍的38℃时的额定压力。对于≤DN300、≤PN400或≤DN100、全部压力级，密封试验压力可为0.56MPa(气压)</td></tr>
<tr><td>≤80</td><td>所有压力</td><td colspan="3" rowspan="2">室温下最少为允许压力的1.1倍(液体)</td></tr>
<tr><td rowspan="2">100~200</td><td>≤4.0</td></tr>
<tr><td>≤CL300</td><td colspan="3">气体:0.6MPa±0.1MPa</td></tr>
<tr><td rowspan="8">试验最短持续时间</td><td rowspan="4">公称尺寸
DN</td><td colspan="4">最短持续时间/s</td><td rowspan="4">公称尺寸
DN</td><td rowspan="4">最短持续时间
/s</td></tr>
<tr><td colspan="3">生产或验收</td><td>形式</td></tr>
<tr><td colspan="2">金属座</td><td>软座</td><td>所有</td></tr>
<tr><td>液体</td><td>气体</td><td>液、气</td><td>液、气</td></tr>
<tr><td>≤50</td><td>15</td><td>15</td><td>15</td><td>600</td><td>≤50</td><td>15</td></tr>
<tr><td>65~200</td><td>30</td><td>15</td><td>15</td><td>600</td><td>65~200</td><td>30</td></tr>
<tr><td>250~450</td><td>60</td><td>30</td><td>30</td><td>600</td><td>25~450</td><td>60</td></tr>
<tr><td>≥500</td><td>120</td><td>30</td><td>60</td><td>600</td><td>≥500</td><td>120</td></tr>
<tr><td rowspan="9">判定</td><td rowspan="2">试验介质
等级</td><td colspan="4">最大允许泄漏量
/(mm³/s)</td><td colspan="2" rowspan="9">关闭时每一侧密封的最大允许泄漏量为:
液体:0.4mL/DN/mm·h(10mL/NPS/in·h)
气体:120mL/DN/mm·h(0.1ft³/NPS/in·h)</td></tr>
<tr><td colspan="2">液体</td><td colspan="2">气体</td></tr>
<tr><td>A级</td><td colspan="4">在试验持续时间内无可见泄漏</td></tr>
<tr><td>B级</td><td colspan="2">0.01DN</td><td colspan="2">0.3DN</td></tr>
<tr><td>C级</td><td colspan="2">0.03DN</td><td colspan="2">3.0DN</td></tr>
<tr><td>D级</td><td colspan="2">0.1DN</td><td colspan="2">30DN</td></tr>
<tr><td>E级</td><td colspan="2">0.3DN</td><td colspan="2">300DN</td></tr>
<tr><td>F级</td><td colspan="2">1.0DN</td><td colspan="2">3000DN</td></tr>
<tr><td>G级</td><td colspan="2">2.0DN</td><td colspan="2">6000DN</td></tr>
</table>

标准 项目	API 6A—2014(idt ISO 10423:2010)	API 6D—2014
试验介质温度/℃(°F)	常温	5~40
试验介质	液体:水或含防腐剂的水 气体:氮气	含有缓蚀剂和经同意含有防冻剂的清洁水 对于奥氏体和铁素体-奥氏体(双相)不锈钢阀门的阀体及阀盖的试验用水其氯化物含量不应超过30μg/g(3×10⁻³%)，试验用水中的氯化物含量最少每年检验一次 高压气体密封试验:气体
试验压力	PSL1:额定压力 PSL2:额定压力 PSL3:额定压力 PSL3G:静水压:额定压力 气压:第一次:额定压力 第二次:2.0MPa±10% PSL4:静水压:额定压力 气压:第一次:额定压力 第二次:2.0MPa±10%	所有密封试验的试验压力应不低于材料在38℃时规定的额定压力值的1.1倍

（续）

项目 \ 标准	API 6A—2014(idt ISO 10423：2010)	API 6D—2014	
试验最短持续时间	PSL1：每一侧两次 每次 3min PSL2：每一侧三次 每次 3min PSL3：每一侧三次 第 1 次 3min，第 2 次 15min，第 3 次 15min PSL3G：液体试验同 PSL3，气体试验初始 15min，第二次 15min PSL4：液体试验同 PSL3，气体试验：初始 60min，第二次 60min	公称尺寸 DN	试验保压时间 /min
		≤100	2
		150～450	5
		≥500	10
判定	PSL1：在每一保压期间无任何可见的渗漏 PSL2：在每一保压期间无任何可见的渗漏 PSL3：在所有的静水压试验中应采用图记录仪，在每一保压期内无任何可见的渗漏 PSL3G：同 PSL3 气压试验：保压期间水槽中无可见气泡，最大 2.0MPa 的气体试验压力降低是可以接受的，只要在保压周期内水槽中无可见气泡 PSL4：同 PSL3G	软密封阀门和油密封式旋塞阀的泄漏量不得超过 ISO 5208 的 A 级（无可见渗漏）。金属对金属密封的双截断排放阀试验期间的渗漏量不应超过 ISO 5208D 级的 2 倍 金属密封阀门的渗漏量不得超过 ISO 5208 的 D 级 金属密封止回阀的泄漏率不得超过 ISO 5208 的 G 级	

项目 \ 标准	ISO 10434：2013		ASME B16.104 idt FCI 70-2—2013
试验介质温度/℃（°F）	5～40		10～52(50～125)
试验介质	对于≤DN100，≤CL1500 的阀门和对于＞DN100，≤CL600 的阀门用气体试验对于≤DN100，＞CL1500 的阀门和对于＞DN100，＞CL600 的阀门用液体试验		A 型：干净的空气或水 B 型：干净的水 C 型：空气或氮气
试验压力	液体试验压力为不低于阀门在 38℃时最大许用压力额定值的 1.1 倍 气体试验压力在 0.4～0.7MPa 之间		A 型试验方法：为 0.3～0.4MPa 或最大工作压差 B 型试验方法：最大工作压差（即 ASME B 16.34 在常温时的最大工作压力）或 0.7MPa C 型试验方法：最大额定压差或 0.35MPa
试验最短持续时间	公称尺寸 DN	试验持续时间/s	
	≤50	15	
	65～150	60	
	200～300	120	
	≥350	120	

（续）

项目 \ 标准	ISO 10434：2013				
判定	公称尺寸 DN	允许最大渗漏量			
		液体		气体	
		mm^3/s	滴/s	mm^3/s	气泡/s
	≤50	0	0	0	0
	65～150	12.5	0.2	25	0.4
	200～300	20.8	0.4	42	0.7
	≥350	29.2	0.5	58	0.9

项目 \ 标准	ASME B16.104 idt FCI 70-2—2013		
判定	泄漏等级	最大泄漏量	试验方法
	Ⅰ		无
	Ⅱ	阀门额定容量的0.5%	A型
	Ⅲ	阀门额定容量的0.1%	A型
	Ⅳ	阀门额定容量的0.01%	A型
	Ⅴ	水 5×10^{-4} mL/min · in 管孔径，lbf/in²（压差） 5×10^{-12} m^3/s（阀座孔径 · bar（压 · 差））	B型
	Ⅵ	见表1-13	C型

表1-12　低压密封试验

项目 \ 标准	GB/T 13927—2008			GB/T 26480—2011		
试验介质温度/℃（°F）	5～40			≤52(125)		
试验介质	空气和其他适宜的气体			空气或惰性气体		
试验压力	0.4～0.7MPa			0.4～0.7MPa		
试验最短持续时间	公称尺寸 DN	最短持续时间/s		公称尺寸 DN	最短持续时间/s	
		金属	非金属		止回阀	其他阀门
	≤50	15	15	≤50	60	15
	65～200	30	15	65～150	60	60
	250～450	60	30	200～300	60	120
	≥500	120	60	≥350	120	120

项目 \ 标准	GB/T 13927—2008	
判定	等级	允许最大泄漏量/（mm^3/s）
	A级	在试验持续时间内无可见泄漏
	B级	0.3DN
	C级	3DN
	D级	30DN

项目 \ 标准	GB/T 26480—2011				
判定		公称尺寸 DN			
		≤50	65～150	200～300	≥350
	所有弹性密封阀门	0	0	0	0
	除止回阀外的所有金属密封阀门/（气泡/min）	0	24	40	56
	金属密封副止回阀/（m^3/h）	$\frac{DN}{25}\times0.042$			

项目 \ 标准	ISO 5208:2008	API 598—2009
试验介质温度/℃（°F）	5～40	5～50(41～122)
试验介质	空气和其他适宜气体	空气或惰性气体
试验压力	0.6MPa±0.1MPa	0.4～0.7MPa

（续）

项目 \ 标准	ISO 5208：2008			API 598—2009		
试验最短持续时间	公称尺寸 DN	最短持续时间/s		公称尺寸 DN	最短持续时间/s	
		金属密封	非金属密封		止回阀	其他阀门
	≤50	15	15	≤50	60	15
	65～200	30	15	65～150	60	60
	250～450	60	30	200～300	60	120
	≥500	120	60	≥350	120	120

项目 \ 标准	ISO 5208：2008		API 598—2009				
判定	等级	允许最大泄漏量/（mm^3/s）	所有弹性密封阀门	公称尺寸 DN			
		气体		≤50	65～150	200～300	≥350
	A 级	在试验持续时间内无可见泄漏		0	0	0	0
	B 级	0.3DN	除止回阀外的所有金属密封阀门/（气泡/min）	0	24	40	4 气泡/in·min
	C 级	3DN	金属密封止回阀/（m^3/in·h）	0.042			
	D 级	30DN					

项目 \ 标准	EN 12266-1：2003	MSS SP 61—2013
试验介质温度/℃（°F）	5～40	≤52（125）
试验介质	空气或其他适宜气体	空气或惰性气体
试验压力	0.6MPa ±0.1MPa	≤DN300、≤PN400 ≤DN100、全部压力级 低压密封试验压力为 0.56MPa

项目	EN 12266-1：2003				MSS SP 61—2013	
最短持续时间	公称尺寸 DN	最短持续时间/s			公称尺寸 DN	最短持续时间/s
		生产或验收		形式		
		金属座	软座	所有		
		气	气	气		
	≤50	15	15	600	≤50	15
	65～200	15	15	600	65～200	30
	250～450	30	30	600	250～450	60
	≥500	30			≥500	120

项目	EN 12266-1：2003		MSS SP 61—2013
判定	等级	最大允许泄漏量/（mm^3/s）	关闭时每一侧密封的最大泄漏量为：120mL/DN/mm·h（0.1ft^3/in·h）
		气体	
	A 级	在试验持续时间内无可见泄漏	
	B 级	0.3DN	
	C 级	3DN	
	D 级	30DN	
	E 级	300DN	
	F 级	3000DN	
	G 级	6000DN	

（续）

标准 项目	API 6A—2014idt ISO 10423：2010	API 6D—2014	
试验介质温度/℃(°F)	常温	5~40	
试验介质	氮气	空气或氮气	
试验压力	PSL3G:第一次:额定压力 第二次:2.0MPa±10% PSL4:第一次:额定压力 第二次:2.0MPa±10%	Ⅰ型:0.034~0.1MPa Ⅱ型:0.55~0.69MPa	
试验最短持续时间	PSL3G:初始:15min 第二次:15min PSL4:初始:60min 第二次:60min	公称尺寸 DN	试验保压时间/min
		15~100	2
		≥150	5
判定	保压期间水槽中无可见气泡。最大2.0MPa的气体试验压力降低是可以接受的,只要在保压周期内水槽中无可见气泡	软密封阀门,按 ISO 5208A 级(无可见泄漏) 金属密封阀门,按 ISO 5208D 级	

标准 项目	API 600—2015、ISO 10434：2013		
试验介质温度/℃(°F)	5~40		
试验介质	空气和其他适宜气体		
试验压力	0.4~0.7MPa		
试验最短持续时间	公称尺寸 DN	试验持续时间/s	
	≤50	15	
	65~150	60	
	200~300	120	
	≥350	120	
	公称尺寸 DN	最大允许渗漏量	
		mm^3/s	气泡/s
	≤50	0	0
	65~150	25	0.4
	200~300	42	0.7
	≥350	58	0.9

表 1-13　ASME B16.104 idt FCI 70-2—2013Ⅵ级的泄漏量

公称尺寸	泄漏量		公称尺寸	泄漏量	
DN（NPS/in）	mL/min	气泡/min①	DN（NPS/in）	mL/min	气泡/min①
≤25（1）	0.15	1②	152（6）	4.00	27
38（1½）	0.30	2	203（8）	6.75	45
51（2）	0.45	3	250（10）	11.1	—
64（2½）	0.60	4	300（12）	16.0	—
76（3）	0.90	6	350（14）	21.6	—
102（4）	1.70	11	400（16）	28.4	—

注：NPS 单位为 in，全书同。

① 表中所列每分钟气泡数，是以一个合适的计量装置测得的，仅供参考。把一个外径 6.42mm（0.25in）×壁厚 0.8mm（0.032in）的管子，浸入深为 3.2~6.4mm（0.125~0.25in）的水中，管子轴心垂直于水平面。也可采用其他结构的装置，每分钟气泡数可能与表中所列数字不同，只要能正确显示每分钟公称直径的泄漏数值亦可。

② 如果阀门公称尺寸与上表所列的相差大于 2mm（0.08in），泄漏值的测定将采用内插法，看作其泄漏量和阀门的通径平方成正比。

1.6 阀门的流量系数

阀门的流量系数是衡量阀门流通能力的指标。流量系数值越大说明流体流过阀门时的压力损失越小。API 6D—2014、ISO 14313：2007《石油天然气工业——管线输送系统——管线阀门》标准中说明，流量系数 K_v 的定义是：水在 5（40°F）~40℃（104°F）之间流经阀门产生 1bar（14.7psi）压力损失的体积流量，用每小时立方米表示。

$$即\quad K_v = q_V \sqrt{\frac{\rho}{\Delta p}}$$

式中 K_v——流量系数（m^3/h）；

q_V——体积流量（m^3/h）；

ρ——流体密度（t/m^3）；

Δp——阀门的压力损失（bar）。

在美国流量系数用 C_v 表示，即水在 15.6℃（60°F）时流经阀门产生 1psi 压力损失的体积流量，用加仑/分（USgal/min，1USgal = 3.7854dm^3，全书同）表示。

流量系数 K_v 与 C_v 的换算式如下：$K_v = C_v/1.156$。

以 PN 表示的螺栓连接阀盖的楔式铸钢闸阀的流量系数 K_v 值见表 1-14。以 CL 表示的螺栓连接阀盖的楔式铸钢闸阀的流量系数 K_v 值见表 1-15。压力自密封式阀盖的楔式铸钢闸阀的流量系数 K_v 值见表 1-16。带导流孔单闸板平行式闸阀的流量系数 K_v 值见表 1-17。以公称压力 PN 表示的截止阀的流量系数 K_v 值见表 1-18。以 CL 表示的 BS 标准截止阀的流量系数 K_v 值见

表 1-14 以 PN 表示的螺栓连接阀盖的楔式铸钢闸阀的流量系数 K_v 值

公称尺寸		公称压力 PN						
		16	25	40	63	100	160	200
DN	NPS①	K_v 值						
80	3	94	94	94	94	94	84.4	77.5
100	4	162.8	162.8	162.8	162.8	162.8	156.3	137.8
125	5	254.4	254.4	254.4	254.4	254.4	242.3	215.3
150	6	366.3	366.3	366.3	366.3	366.3	347	301
200	8	651.1	651.1	651.1	651.1	644.6	587.6	510
250	10	1017.4	1017.4	1017.4	1017.4	993	922	802
300	12	1465	1465	1465	1465	1445.5	1294.5	1125.9
350	14	1837.7	1837.7	1837.7	1837.7	1730	1574.4	1350
400	16	2437.9	2437.9	2437.9	2437.9	2276.9	2051.4	1772.7
450	18	3122.8	3122.8	3122.8	3023.8	2857.8	2604.4	—
500	20	3876.5	3876.5	3781.7	3781.7	3489.5	3208.9	—
600	24	5666.3	5666.3	5551.6	5551.6	5068.3	4624.3	—
700	28	7307	7307	6877.4	6877.4	6709.1	—	—
800	32	9651	9651	9402	9402	9156.2	—	—
900	36	12320.6	12320.6	—	—	—	—	—
1000	40	15315.7	15315.7	—	—	—	—	—

① NPS 单位为 in，1in = 25.4mm，全书同。

表1-19。以压力级CL表示的旋启式止回阀的流量系数 K_v 值见表1-20。以公称压力PN表示的旋启式止回阀的流量系数 K_v 值见表1-21。以公称压力PN表示的升降式止回阀的流量系数 K_v 值见表1-22。以公称压力PN表示的双瓣对夹式止回阀的流量系数 K_v 值见表1-23。以压力级CL表示的对夹双瓣式止回阀的流量系数 K_v 值见表1-24。以压力级CL表示的斜盘式止回阀的流量系数 K_v 值见表1-25。柱塞阀的流量系数 K_v 值见表1-26。中线蝶阀——半轴无销型流量系数 K_v 值见表1-27。中线蝶阀——锥销连接蝶板、整轴无销蝶板的流量系数 K_v 值见表1-28。单偏心蝶阀的流量系数 K_v 值见表1-29。双偏心高性能蝶阀的流量系数 K_v 值见表1-30。非金属密封双偏心蝶阀的流量系数 K_v 值见表1-31。多层次密封双偏心蝶阀的流量系数 K_v 值见表1-32。三偏心蝶阀的流量系数 K_v 值见表1-33。浮动球球阀的流量系数 K_v 值见表1-34。固定球球阀的流量系数 K_v 值见表1-35。

表1-15 以CL表示的螺栓连接阀盖的楔式铸钢闸阀的流量系数 K_v 值

公称尺寸		CL					
		150	300	400	600	900	1500
DN	NPS	K_v 值					
65	2½	64.6	64.6	64.6	64.6	52.9	52.9
80	3	94	94	94	94	84.4	77.5
100	4	162.8	162.8	162.8	162.8	156.3	137.8
150	6	366.3	366.3	366.3	366.3	347	301
200	8	651.1	651.1	651.1	644.6	587.6	510
250	10	1017.4	1017.4	1017.4	993	922	802
300	12	1456	1456	1456	1445.5	1294.5	1125.9
350	14	1837.7	1837.7	1837.7	1730	1574.4	1350
400	16	2437.9	2437.9	2437.9	2276.9	2051.4	1772.7
450	18	3122.8	3122.8	3122.8	2857.8	2604.4	2440.4
500	20	3876.5	3876.5	3781.7	3489.5	3208.9	2803.4
600	24	5666.3	5666.3	5551.6	5068.3	4624.3	4036.9
650	26	6399.3	6257.2	6257.2	6156.7	—	—
700	28	7307	6877.4	6877.4	6709.1	—	—
750	30	8603.3	8439.4	8439.4	8321.6	—	—
800	32	9651	9402	9156.2	8913.7	—	—
900	36	12320.6	12039	12039	11760.7	—	—
1000	40	15015.7	15001.6	15001.6	14690.7	—	—
1050	42	17269	16935.4	16935.4	16604.9	—	—
1150	46	20418.8	20055.8	20055.8	19696	—	—
1200	48	21903.4	21527.4	21527.4	21154.6	—	—
1400	56	30107.3	—	—	—	—	—
1500	60	34697.7	—	—	—	—	—

表1-16 压力自密封式阀盖的楔式铸钢闸阀的流量系数 K_v 值

公称尺寸		CL			
		600	900	1500	2500
DN	NPS	K_v 值			
80	3	94	84.4	77.5	52.9
100	4	162.8	156.3	137.8	77.5
150	6	366.3	347	301	200.6

(续)

公称尺寸		CL			
		600	900	1500	2500
DN	NPS	K_v 值			
200	8	644.6	587.6	510	347
250	10	993	922	802	551.1
300	12	1445.5	1294.5	1125.9	773.6
350	14	1730	1574.4	1350	945.4
400	16	2276.9	2051.4	1772.7	1240
450	18	2857.8	2604.4	2440.4	1574.4
500	20	3489.5	3208.9	2803.4	1903.9
600	24	5068.3	4624.3	4036.9	2763.1
650	26	6156.7	—	—	—
700	28	6709.1	—	—	—
750	30	8321.6	—	—	—
800	32	8913.7	—	—	—
900	36	11760.7	—	—	—

表 1-17　带导流孔单闸板平行式闸阀的流量系数 K_v 值

公称尺寸		公称压力 PN(CL)					
		16、25(150)	50(300)	63(400)	100(600)	160(900)	250(1500)
DN	NPS	K_v 值					
40	1½	25	25	25	25	25	25
50	2	40.7	40.7	40.7	40.7	40.7	40.7
65	2½	65.2	65.2	65.2	65.2	65.2	65.2
80	3	92.9	92.9	92.9	92.9	92.9	92.9
100	4	169.6	169.6	169.6	169.6	169.6	169.6
150	6	381.5	381.5	381.5	381.5	381.5	351.6
200	8	685	685	685	685	685	625
250	10	1076.8	1076.8	1076.8	1076.8	1076.8	968.5
300	12	1556.7	1556.7	1556.7	1556.7	1556.7	1396.6
350	14	1891.5	1891.5	1891.5	1891.5	1758	1682.5
400	16	2513.3	2513.3	2513.3	2513.3	2359	2197.5
450	18	3223.3	3223.3	3223.3	3223.3	3033.9	3033.9
500	20	4021.4	4021.4	4021.4	4021.4	3761.5	3761.5
600	24	2882.4	2882.4	2882.4	2882.4	5509	5509
650	26	6794	6794	6794	6794	6455	—
700	28	7933	7933	7933	7933	7498.4	—
750	30	9160	9160	9160	9160	8595.7	—
800	32	10289.6	10289.6	10289.6	10289.6	9793.8	—
900	36	12952.3	12952.3	12952.3	12952.3	12395.3	—
1000	40	16151.9	16151.9	16151.9	16151.9	—	—
1050	42	17641	17641	17641	17641	—	—
1150	46	21269.6	21269.6	21269.6	21269.6	—	—
1200	48	23052.6	23052.6	23052.6	23052.6	—	—

表 1-18 以公称压力 PN 表示的截止阀的流量系数 K_v 值

公称尺寸		公称压力 PN					
		16	25	40	63	100	160
DN	NPS	K_v 值					
15	1/2	3.4	3.4	3.4	3.4	3.4	3.4
20	3/4	6.1	6.1	6.1	6.1	6.1	6.1
25	1	9.5	9.5	9.5	9.5	9.5	9.5
32	1¼	15.6	15.6	15.6	15.6	15.6	15.6
40	1½	24.4	24.4	24.4	24.4	22	22
50	2	38.1	38.1	38.1	38.1	36.6	36.6
65	2½	64.5	64.5	64.5	64.5	58.7	58.7
80	3	97.7	97.7	97.7	97.7	83.6	83.6
100	4	152.6	152.6	152.6	152.6	115.5	115.5
125	5	238.4	238.4	238.4	238.4	227.1	227.1
150	6	343.4	343.4	343.4	343.4	316.4	316.4
200	9	610.4	610.4	610.4	610.4	562.6	562.6
250	10	953.8	953.8	953.8	—	—	—
300	12	1373.4	1373.4	1373.4	—	—	—
350	14	1072.4	1072.4	—	—	—	—
400	16	2262	2262	—	—	—	—

表 1-19 以 CL 表示的 BS 标准截止阀的流量系数 K_v 值

公称尺寸		CL					
		150	300	400	600	900	1500
DN	NPS	K_v 值					
32	1¼	16	16	16	16	16	16
40	1½	25	25	25	25	22.5	22.5
50	2	39	39	39	39	37.5	37.5
65	2½	65.9	65.9	65.9	65.9	60	60
80	3	99.8	99.8	99.8	99.8	85.4	85.4
100	4	156	156	156	156	118	118
125	5	243.7	234.7	234.7	234.7	232.2	232.2
150	6	351	351	351	351	323.5	323.5
200	8	624	624	624	624	575	575
250	10	975	975	975	975	891	891
300	12	1404	1404	1404	1404	—	—
350	14	1740	1740	—	—	—	—
400	16	2312.2	2312.2	—	—	—	—
450	18	2965.4	2965.4	—	—	—	—
500	20	3700	3700	—	—	—	—
600	24	5294	5294	—	—	—	—

表 1-20 以压力级 CL 表示的旋启式止回阀的流量系数 K_v 值

公称尺寸		CL					
		150	300	600	900	1500	2500
DN	NPS	K_v 值					
20	3/4	—	—	—	—	—	—
25	1	—	—	—	—	—	—
32	1¼	—	—	—	—	—	—
40	1½	—	—	—	—	—	—
50	2	40.7	40.7	40.7	40.7	40.7	41.7
65	2½	65.2	65.2	65.2	65.2	65.2	45.9
80	3	92.9	92.9	92.9	92.9	92.9	65.2
100	4	169.6	169.6	169.6	169.6	169.6	128.3
125	5	265	265	265	265	265	212.7
150	6	381.5	381.5	381.5	381.5	315.6	291
200	8	685	685	685	685	625	543.3
250	10	1076.8	1076.8	1076.8	1076.8	968.5	843.2
300	12	1556.7	1556.7	1556.7	1556.7	1396.6	—
350	14	1891.5	1891.5	1891.5	1758	1682.5	—
400	16	2513.3	2513.3	2513.3	2359	2197.5	—
450	18	3223.3	3223.3	3223.3	3033.9	—	—
500	20	4012.4	4012.4	4012.4	3761.5	—	—
600	24	5882.4	5882.4	5882.4	5509	—	—
650	26	6794	6794	6794	6455	—	—
700	28	7933	7933	7933	7498.4	—	—
750	30	9088.6	9088.6	9088.6	8595.7	—	—
800	32	10289.6	10289.6	10289.6	9793.8	—	—
900	36	12952.3	12952.3	12952.3	12395.3	—	—

表 1-21 以公称压力 PN 表示的旋启式止回阀的流量系数 K_v 值

公称尺寸		公称压力 PN						
		16	25	40	63	100	160	250
DN	NPS	K_v 值						
25	1	10.6	10.6	10.6	10.6	10.6	10.6	10.6
32	1¼	17.4	17.4	17.4	17.4	17.4	17.4	17.4
40	1½	24.5	24.5	24.5	24.5	24.5	24.5	24.5
50	2	40.7	40.7	40.7	40.7	40.7	40.7	40.7
65	2½	65.2	65.2	65.2	65.2	65.2	65.2	65.2
80	3	92.9	92.9	92.9	92.9	92.9	92.9	92.9
100	4	169.6	169.6	169.6	169.6	169.6	169.6	169.6
125	5	265	265	265	265	265	265	265
150	6	381.5	381.5	381.5	381.5	381.5	381.5	351.6
200	8	685	685	685	685	685	685	625
250	10	1076.8	1076.8	1076.8	1076.8	1076.8	1076.8	968.5
300	12	1556.7	1556.7	1556.7	1556.7	—	—	—
350	14	1891.5	1891.5	1891.5	1891.5	—	—	—
400	16	2513.3	2513.3	2513.3	2513.3	—	—	—
450	18	3223.3	3223.3	3223.3	3223.3	—	—	—
500	20	4012.4	4012.4	4012.4	4012.4	—	—	—

表 1-22 以公称压力 PN 表示的升降式止回阀的流量系数 K_v 值

公称尺寸		公称压力 PN					
		16	25	40	63	100	160
DN	NPS	K_v 值					
—	—	—	—	—	—	—	—
—	—	—	—	—	—	—	—
15	1/2	4	4	4	4	4	4
20	3/4	6	6	6	6	6	6
25	1	10	10	10	10	10	10
32	1¼	15	15	15	15	15	15
40	1½	23	23	23	23	23	23
50	2	35	35	35	35	35	28
65	2½	60	60	60	60	60	50
80	3	90	90	90	90	90	75
100	4	162	162	162	162	162	118
125	5	326	326	326	326	326	184
150	6	367	367	367	367	367	265
200	8	684	684	684	684	684	—
250	10	1080	1080	1080	1080	1080	—

表 1-23 以公称压力 PN 表示的双瓣对夹式止回阀的流量系数 K_v 值

公称尺寸		公称压力 PN								
		10	16	25	40	63	100	160	200	250
DN	NPS	K_v 值								
50	2	36.6	36.6	36.6	36.6	36.6	36.6	36.6	36.6	36.6
65	2½	58.7	58.7	58.7	58.7	58.7	58.7	58.7	58.7	58.7
80	3	83.6	83.6	83.6	83.6	83.6	83.6	83.6	83.6	83.6
100	4	152.6	152.6	152.6	152.6	152.6	152.6	152.6	152.6	152.6
125	5	238.5	238.5	238.5	238.5	238.5	238.5	238.5	238.5	238.5
150	6	343.4	343.4	343.4	343.4	343.4	343.4	343.4	343.4	316.4
200	8	616.5	616.5	616.5	616.5	616.5	616.5	616.5	616.5	562.5
250	10	969.1	969.1	969.1	969.1	969.1	969.1	969.1	969.1	871.7
300	12	1401	1401	1401	1401	1401	1401	1401	1401	1257
350	14	1702.4	1702.4	1702.4	1702.4	1702.4	1702.4	1582.3	1582.3	1514.2
400	16	2262	2262	2262	2262	2262	2262	2123.2	2123.2	1977.7
450	18	2901	2901	2901	2901	2901	2901	2730.5	—	—
500	20	3619.3	3619.3	3619.3	3619.3	3619.3	3619.3	3385.4	—	—
600	24	5294.2	5294.2	5294.2	5294.2	5294.2	5294.2	4958.1	—	—
650	26	6114.6	6114.6	6114.6	6114.6	6114.6	6114.6	5809.5	—	—
700	28	7139.7	7139.7	7139.7	7139.7	7139.7	7139.7	6748.1	—	—
750	30	8179.7	8179.7	8179.7	8179.7	8179.7	8179.7	7736.1	—	—
800	32	9260.6	9260.6	9260.6	9260.6	9260.6	9260.6	8814.4	—	—
900	36	11657	11657	11657	11657	11657	11657	11155.8	—	—
1000	40	14535.7	14535.7	14535.7	14535.7	14535.7	14535.7	—	—	—
1050	42	15877	15877	15877	15877	15877	15877	—	—	—
1150	46	19142.6	19142.6	19142.6	19142.6	19142.6	19142.6	—	—	—
1200	48	20747.4	20747.4	20747.4	20747.4	20747.4	20747.4	—	—	—

表 1-24　以压力级 CL 表示的对夹双瓣式止回阀的流量系数 K_v 值

公称尺寸		CL					
		150	300	600	900	1500	2500
DN	NPS	K_v 值					
50	2	36.6	36.6	36.6	36.6	36.6	26.9
65	2½	58.7	58.7	58.7	58.7	58.7	41.3
80	3	83.6	83.6	83.6	83.6	83.6	115.5
100	4	152.6	152.6	152.6	152.6	152.6	193.9
125	5	238.5	238.5	238.5	238.5	238.5	261.9
150	6	343.4	343.4	343.4	343.4	316.4	489
200	8	616.5	616.5	616.5	616.5	562.5	758.9
250	10	969.1	969.1	969.1	969.1	871.7	1071.7
300	12	1401	1401	1401	1401	1257	—
350	14	1702.4	1702.4	1702.4	1582.3	1514.2	—
400	16	2262	2262	2262	2123.2	1977.7	—
450	18	2901	2901	2901	2730.5	—	—
500	20	3619.3	3619.3	3619.3	3385.4	—	—
600	24	5294.2	5294.2	5294.2	4958.1	—	—
650	26	6114.6	6114.6	6114.6	5809.5	—	—
700	28	7139.7	7139.7	7139.7	6748.6	—	—
750	30	8179.7	8179.7	8179.7	7736.1	—	—
800	32	9260.6	9260.6	9260.6	8814.4	—	—
900	36	11657	11657	11657	11155.8	—	—
1000	40	14535.7	14535.7	14535.7	—	—	—
1050	42	15877	15877	15877	—	—	—
1150	46	19142.6	19142.6	19142.6	—	—	—
1200	48	20747.4	20747.4	20747.4	—	—	—

表 1-25　以压力级 CL 表示的斜盘式止回阀的流量系数 K_v 值

公称尺寸		CL				
		150	300	600	900	1500
DN	NPS	K_v 值				
80	3	88.2	88.2	88.2	88.2	88.2
100	4	161.2	161.2	161.2	161.2	161.2
125	5	251.8	251.8	251.8	251.8	251.8
150	6	362.4	362.4	362.4	362.4	299.8
200	8	650.8	650.8	650.8	650.8	593.8
250	10	1023	1023	1023	1023	920
300	12	1478.9	1478.9	1478.9	1478.9	1326.8
350	14	1797	1797	1797	1670.1	1598.4
400	16	2387.6	2387.6	2387.6	2241	2087.6
450	18	3062.1	3062.1	3062.1	2882.2	—
500	20	3820.3	3820.3	3820.3	3573.4	—
600	24	5588.3	5588.3	5588.3	5233.6	—
700	28	7536.4	7536.4	7536.4	7123.5	—
750	30	8634.2	8634.2	8634.2	8166	—
800	32	9775.1	9775.1	9775.1	9304.1	—
900	36	12304.7	12304.7	12304.7	11775.5	—

表 1-26 柱塞阀的流量系数 K_v 值

公称尺寸		公称压力 PN						CL	
		16	25	40	63	100	160	150	300
DN	NPS	K_v 值							
50	2	37	37	37	37	37	37	37	37
65	2½	62.6	62.6	62.6	62.6	62.6	62.6	62.6	62.6
80	3	94.8	94.8	94.8	94.8	94.8	94.8	94.8	94.8
100	4	148.2	148.2	148.2	148.2	148.2	112.1	148.2	148.2
125	5	231.5	231.5	231.5	231.5	231.5	220.6	231.5	231.5
150	6	333.5	333.5	333.5	333.5	333.5	307.3	333.5	333.5
200	8	592.8	592.8	592.8	592.8	592.8	546.3	592.8	592.8
250	10	926.3	926.3	926.3	926.3	—	—	926.3	926.3
300	12	1333.8	1333.8	1333.8	1333.8	—	—	1333.8	1333.8
350	14	1653	1653	1653	—	—	—	1653	1653
400	16	2196.6	2196.6	2196.6	—	—	—	2196.6	2196.6

表 1-27 中线蝶阀——半轴无销型流量系数 K_v 值

公称压力 PN		10、16								
公称尺寸		蝶阀开度(°)								
DN	NPS	10	20	30	40	50	60	70	80	90
50	2	0.2	0.9	1.6	3.1	4.9	9.6	12.7	20.9	26.3
65	2½	0.4	1.7	3.1	5.5	8.8	17.4	22	36.7	47.2
80	3	0.6	2.7	5	8.7	14.4	28.6	36.6	59.5	74.3
100	4	0.8	3.4	8.5	14.8	24.4	47.8	62	103.7	120
125	5	1	7.7	15	26.5	42.7	83.6	106.7	170.7	192
150	6	1.5	12.8	20.9	36	59.1	115.4	148.6	238	281.3
200	8	2	22.3	37.7	63.3	105.5	196	263.8	410	490
250	10	2.5	33.3	56	96	165	308.6	394.7	617	717.6
300	12	3	48.2	78.2	141.8	227	439.6	574.3	709	1063.5

表 1-28 中线蝶阀——锥销连接蝶板、整轴无销蝶板的流量系数 K_v 值

公称压力 PN		10								
公称尺寸		阀门开度(°)								
DN	NPS	10	20	30	40	50	60	70	80	90
50	2	0.06	0.65	1.5	3.3	5.9	9.6	15.2	22.8	25
65	2½	0.1	1.4	2.8	5.7	10.3	17.2	27.3	40.9	45
80	3	0.2	2	4.2	9	16.2	26.9	42.4	63.7	70
100	4	0.3	3.1	6.6	14.3	25.5	42.2	66.7	100	110
125	5	0.5	5.1	10.7	23.4	41.7	69	109	163.8	180
150	6	0.8	5.6	15.6	25.2	42.3	69.5	116.3	190	260
200	8	1.5	11.9	32.7	53.3	89.7	147.2	246	402	460
250	10	2	17.4	47.6	77	130.7	214.4	358.5	585.7	670
300	12	2.5	26.1	71.2	116.3	195.5	321	536.5	876.3	995

（续）

公称压力 PN		10								
公称尺寸		阀门开度(°)								
DN	NPS	10	20	30	40	50	60	70	80	90
350	14	3	34.8	95.2	155.4	261.3	428.8	717	1171	1340
400	16	3.5	46.5	127	207.4	348.6	572	956.7	1562.8	1788
450	18	4	59.8	163	266.5	448	735	1228.9	2007.6	2297
500	20	5	74.6	203.8	332.9	559.6	929.8	1535.4	2508.3	2870
600	24	6	109	298.6	487.8	820	1345.6	2250	3675.3	4205
700	28	8	209.1	419.8	765.5	1153.5	2243.5	2626.4	4025.6	5710
750	30	10	186.7	395.4	856.8	1526.7	2526	3998	5997	6590
800	32	12	309	620	1130.8	1784.7	2668	4016	6228.4	7540
900	36	28.6	335.5	740.3	1401.4	2222	3575	5775	8756	9625
1000	40	28.6	418	839.5	1530	2415	3613.5	5504	8435.5	11965
1050	42	39.4	461	1018	1926	3057	4914	7938	12035	13230
1150	46	47	555.7	1226.3	2320	3169.3	5303	9570	14500	15950
1200	48	50.6	596	1315.5	2488.7	3422	5688.5	10266	15554	17110
1400	56	69.5	819.4	1808.3	3421	4704	7819.6	14112	21380	23520

表 1-29　单偏心蝶阀的流量系数 K_v 值

公称尺寸		CL	阀门开度(°)							
DN	NPS		20	30	40	50	60	70	80	90
65	2½	150 300	1.4	2.8	5.7	10.3	17.2	27.3	40.9	45
80	3	150 300	2	4.2	9	16.2	26.9	42.4	63.7	70
100	4	150 300	3.1	6.6	14.3	25.5	42.2	66.7	100	110
125	5	150 300	5.1	10.7	23.4	41.7	69	109	163.8	180
150	6	150 300	7.6	15.6	28.2	46.8	84	116.3	190	260
200	8	150 300	11.9	32.7	53.3	89.7	147.2	246	402	460
250	10	150 300	17	45	75	130	215	355	585	670
300	12	150 300	26	70	115	195	320	535	875	995
350	14	150 300	35	95	155	260	425	715	1170	1340
400	16	150 300	45	125	205	345	570	955	1560	1788
450	18	150 300	60	160	265	445	735	1225	2005	2297
500	20	150 300	75	200	330	555	925	1530	2500	2780
600	24	150 300	105	295	485	820	1345	2250	3675	4205

表 1-30 双偏心高性能蝶阀的流量系数 K_v 值

公称尺寸		CL	阀门开度(°)								
DN	NPS		10	20	30	40	50	60	70	80	90
50	2	150	0.065	0.7	1.58	3.5	6.2	10	16	24	27
		300									
65	2 ½	150	0.15	1.5	2.95	6	10.8	18	28.7	43	47
		300									
80	3	150	0.25	2.5	4.4	9.5	17	28.2	44.5	66.7	73.5
		300									
100	4	150	0.35	3.3	6.93	15	26.8	44.3	70	105	115.5
		300									
125	5	150	0.55	5.4	11.2	24.6	43.8	72.5	114.5	172	189
		300									
150	6	150	0.9	8	16.4	29.6	49	85	122	199.5	273
		300									
200	8	150	1.8	12.5	34.3	56	94	154.6	258	422	483
		300									
250	10	150	2.5	18.3	50	81	137	225	376	615	703.5
		300									
300	12	150	3	27.4	75	122	205	337	563	920	1045
		300									
350	140	150	3.5	36.5	100	163	274.4	450	753	1230	1407
		300									
400	16	150	4	48.8	133.4	218	366	600.6	1004.5	1640.5	1878
		300									
450	18	150	4.5	62.8	171	279.8	470.4	771.8	1290	2108	2412
		300									
500	20	150	5.5	78.3	214	349.5	587.6	976.3	1612	2633.7	2919
		300									
600	24	150	6.5	114.5	313.5	512	861	1412.9	2362.5	4226.9	4415
		300									
750	30	150	12	196	415	900	1603	2652	4198	6279	6920
		300									
900	36	150	30	352	777	1471.5	2333	3754	6064	9194	10105
1050	42		41.4	484	1069	2022	3210	5160	8335	12636.8	13890
1200	48		53	626	1381	2613	3593	5923	10779	16332	17965

表 1-31 非金属密封双偏心蝶阀的流量系数 K_v 值

公称尺寸		公称压力 PN						CL
		2.5	6	10	16	25	40	150
DN	NPS	K_v 值						
80	3	—	—	67	67	67	—	67
100	4	—	—	108	108	108	—	108
125	5	—	—	173	173	173	—	173
150	6	—	—	253	253	253	—	253
200	8	—	—	440	440	440	440	440
250	10	—	—	646	646	646	646	646
300	12	—	—	957	957	957	957	957
350	14	—	—	1290	1290	1290	1290	1290

（续）

公称尺寸		公称压力 PN						CL
		2.5	6	10	16	25	40	150
DN	NPS	K_v 值						
400	16	—	717	717	717	717	717	717
450	18	—	2205	2205	2205	2205	2205	2205
500	20	—	2755	2755	2755	2755	2755	2755
600	24	—	4594	4594	4594	4594	4594	4594
700	28	5480	5480	5480	5480	5480	5480	5480
750	30	6329	6329	6329	6329	6329	6329	6329
800	32	7238	7238	7238	7238	7238	7238	7238
900	36	9240	9240	9240	9240	9240	—	9240
1000	40	11487	11487	11487	11487	11487	—	11487
1100	44	14772	14772	14772	—	—	—	—
1200	48	16428	16428	16428	—	—	—	—
1300	52	20632	20632	20632	—	—	—	—
1400	56	22580	22580	22580	—	—	—	—
1500	60	26380	26380	26380	—	—	—	—
1600	64	29710	29710	29710	—	—	—	—
1800	72	37819	37819	37819	—	—	—	—
2000	80	46900	46900	46900	—	—	—	—
2200	88	55909	55909	55909	—	—	—	—
2400	96	66848	66848	66848	—	—	—	—
2600	104	78764	78764	—	—	—	—	—
2800	112	91655	91655	—	—	—	—	—
3000	120	105524	105524	—	—	—	—	—
3200	128	118840	—	—	—	—	—	—
3400	136	134565	—	—	—	—	—	—
3600	144	144268	—	—	—	—	—	—
3800	152	168944	—	—	—	—	—	—
4000	160	187598	—	—	—	—	—	—

表 1-32　多层次密封双偏心蝶阀的流量系数 K_v 值

公称尺寸		公称压力 PN				
		2.5	6	10	16	25
DN	NPS	K_v 值				
150	6	—	246	246	246	246
200	8	—	428	428	428	428
250	10	—	628	628	628	628
300	12	—	930	930	930	930
350	14	1254	1254	1254	1254	1254
400	16	1669	1669	1669	1669	1669
450	18	2144	2144	2144	2144	2144
500	20	2678	2678	2678	2678	2678

（续）

公称尺寸		公称压力 PN				
		2.5	6	10	16	25
DN	NPS	K_v 值				
600	24	4466	4466	4466	4466	4466
700	28	5328	5328	5328	5328	5328
750	30	6153	6153	6153	6153	6153
800	32	7073	7073	7073	7073	7073
900	36	8988	8988	8988	8988	8988
1000	40	11168	11168	11168	11168	11168
1100	44	13589	13589	13589	13589	13589
1200	48	15971	15971	15971	15971	15971
1300	52	19144	19144	19144	19144	—
1400	56	21953	21953	21953	21953	—
1500	60	25300	25300	25300	25300	—
1600	64	28885	28885	28885	—	—
1800	72	36766	36766	36766	—	—
2000	80	45597	45597	45597	—	—
2200	88	54356	54356	—	—	—
2400	95	64991	64991	—	—	—
2500	104	76575	—	—	—	—
2800	112	89109	—	—	—	—
3000	120	102593	—	—	—	—

表 1-33 三偏心蝶阀的流量系数 K_v 值

公称尺寸		公称压力 PN						CL		
		6	10	16	25	40	63	150	300	600
DN	NPS	K_v 值								
50	2	24.3	24.3	24.3	24.3	24.3	24.3	24.3	24.3	24.3
65	2½	43.7	43.7	43.7	43.7	43.7	43.7	43.7	43.7	43.7
80	3	68.7	68.7	68.7	68.7	68.7	68.7	68.7	68.7	68.7
100	4	110.8	110.8	110.8	110.8	110.8	110.8	110.8	110.8	110.8
125	5	177.7	177.7	177.7	177.7	177.7	177.7	177.7	177.7	177.7
150	6	260.2	260.2	260.2	260.2	260.2	260.2	260.2	260.2	260.2
200	8	453	453	453	453	453	453	453	453	453
250	10	663.8	663.8	663.8	663.8	663.8	663.8	663.8	663.8	663.8
300	12	983.7	983.7	983.7	983.7	983.7	983.7	983.7	983.7	983.7
350	14	1325.3	1325.3	1325.3	1325.3	1325.3	1325.3	1325.3	1325.3	1325.3
400	16	1764.5	1764.5	1764.5	1764.5	1764.5	1764.5	1764.5	1764.5	1764.5
450	18	2266.4	2266.4	2266.4	2266.4	2266.4	2266.4	2266.4	2266.4	2266.4
500	20	2831	2831	2831	2831	2831	2831	2831	2831	2831
600	24	4721.8	4721.8	4721.8	4721.8	4721.8	4721.8	4721.8	4721.8	4721.8
700	28	5622.56	5622.56	5622.56	5622.56	5622.56	5622.56	5622.56	5622.56	5622.56

（续）

公称尺寸		公称压力 PN						CL		
		6	10	16	25	40	63	150	300	600
DN	NPS	K_v 值								
750	30	6504.6	6504.6	6504.6	6504.6	6504.6	6504.6	6504.6	6504.6	6504.6
800	32	7439.4	7439.4	7439.4	7439.4	7439.4	7439.4	7439.4	7439.4	7439.4
900	36	9497	9497	9497	9497	9497	9497	9497	9497	9497
1000	40	11806	11806	11806	11806	11806	11806	11806	11806	11806
1050	42	13055	13055	13055	13055	13055	13055	13055	13055	13055
1200	48	16884	16884	16884	16884	16884	16884	16884	16884	16884
1350	54	21533	21533	21533	21533	21533	21533	21533	21533	21533
1400	56	23208	23208	23208	23208	23208	23208	23208	23208	23208
1500	60	26746	26746	26746	26746	26746	26746	26746	26746	26746

表 1-34　浮动球球阀的流量系数 K_v 值

公称尺寸		公称压力 PN							CL	
		16	25	40	63	100	150	300	400	600
DN	NPS	K_v 值								
15×10	1/2×1/4	1.7	1.7	1.7	1.7	1.7	1.7	1.7	1.7	1.7
15	1/2	2.86	2.86	2.86	2.86	2.86	2.86	2.86	2.86	2.86
20×15	3/4×1/2	2.72	2.72	2.72	2.72	2.72	2.72	2.72	2.72	2.72
20	3/4	6.12	6.12	6.12	6.12	6.12	6.12	6.12	6.12	6.12
25×20	1×3/4	5.8	5.8	5.8	5.8	5.8	5.8	5.8	5.8	5.8
25	1	10.6	10.6	10.6	10.6	10.6	10.6	10.6	10.6	10.6
32	1¼	17.36	17.36	17.36	17.36	17.36	17.36	17.36	17.36	17.36
40×32	1½×1¼	16.5	16.5	16.5	16.5	16.5	16.5	16.5	16.5	16.5
40	1½	24.48	24.48	24.48	24.48	24.48	24.48	24.48	24.48	24.48
50×40	2×1½	23.26	23.26	23.26	23.26	23.26	23.26	23.26	23.26	23.26
50	2	40.7	40.7	40.7	40.7	40.7	40.7	40.7	40.7	40.7
65×50	2½×2	38.7	38.7	38.7	38.7	38.7	38.7	38.7	38.7	38.7
65	2½	65.2	65.2	65.2	65.2	65.2	65.2	65.2	65.2	65.2
80×65	3×2½	61.94	61.94	61.94	61.94	61.94	61.94	61.94	61.94	61.94
80	3	92.85	92.85	92.85	92.85	92.85	92.85	92.85	92.85	92.85
100×80	4×3	88.2	88.2	88.2	88.2	88.2	88.2	88.2	88.2	88.2
100	4	169.56	169.56	169.56	169.56	169.56	169.56	169.56	169.56	169.56
125×100	5×4	161	161	161	161	161	161	161	161	161
125	5	264.94	264.94	264.94	264.94	264.94	264.94	264.94	264.94	264.94
150×125	6×5	251.7	251.7	251.7	251.7	251.7	251.7	251.7	251.7	251.7
150	6	381.51	381.51	381.51	381.51	381.51	381.51	381.51	381.51	381.51
200×150	8×6	362.4	362.4	362.4	362.4	362.4	362.4	362.4	362.4	362.4
200	8	685	685	685	685	685	685	685	685	685

表 1-35 固定球球阀的流量系数 K_v 值

公称尺寸		CL					
		150	300	600	900	1500	2500
DN	NPS	K_v 值					
50	2	40.7	40.7	40.7	40.7	40.7	29.9
80×50	3×2	38.7	38.7	38.7	38.7	38.7	28.4
80	3	92.85	92.85	92.85	92.85	92.85	65.2
100×80	4×3	88.2	88.2	88.2	88.2	88.2	62
100	4	169.56	169.56	169.56	169.56	169.56	128.34
150×100	6×4	161	161	161	161	161	122
150	6	381.51	381.51	381.51	381.51	351.6	291
200×150	8×6	362.4	362.4	362.4	362.4	334	276.5
200	8	685	685	685	685	625.1	543.3
250×200	10×8	650.8	650.8	650.8	650.8	593.9	516.1
250	10	1076.8	1076.8	1076.8	1076.8	968.5	843.2
300×250	12×10	1023	1023	1023	1023	920	801
300	12	1556.7	1556.7	1556.7	1556.7	1396.6	1190.7
350×300	14×12	1478.9	1478.9	1478.9	1478.9	1326.8	1131.2
350	140	1891.5	1891.5	1891.5	1758	1682.5	—
400×300	16×12	1478.9	1478.9	1478.9	1478.9	1326.8	—
400	16	2513.3	2513.3	2513.3	2359.1	2197.5	—
450×400	18×16	2387.6	2387.6	2387.6	2241.2	—	—
450	18	3223.3	3223.3	3223.3	3033.9	—	—
500×400	20×16	2387.6	2387.6	2387.6	2241.2	—	—
500	20	4021.4	4021.4	4021.4	3761.5	—	—
550	22	4907.8	4907.8	4907.8	4620.2	—	—
600×500	24×20	3820.3	3820.3	3820.3	3573.4	—	—
600	24	5882.4	5882.4	5882.4	5509	—	—
650	26	6794	6794	6794	6455	—	—
700	28	7933	7933	7933	74984	—	—
750×600	30×24	5588.3	5588.3	5588.3	5233.6	—	—
750	30	9160	9160	9160	8595.7	—	—
800	32	10289.6	10289.6	10289.6	9793.8	—	—
850	34	11681	11681	11681	11070	—	—
900×750	36×30	8702	8702	8702	8165.9	—	—
900	36	12952.3	12952.3	12952.3	12395.3	—	—
1000	40	16151.9	16151.9	16151.9	—	—	—
1050	42	17641	17641	17641	—	—	—
1200	48	23052.6	23052.6	23052.6	—	—	—

1.7　阀门的操作力矩

阀门的操作力矩是选择阀门驱动装置的最主要参数。驱动装置输出力矩应大于阀门在全压差下操作过程中所需的最大力矩。一般应为阀门在全压差下操作过程中所需的最大力矩的 1.2～1.5 倍。因此，准确地掌握阀门在全压差下的启闭力矩是选择阀门驱动装置的关键。然而，由于实际生产过程中的加工精度不一定都能达到设计要求，因此，计算出的阀门启闭力矩，误差往往都比较大；采用试验方法实测阀门在全压差下的最大启闭力矩，又受到阀门制造精度不一和试验系统条件和设备的限制，很难取得典型的数据。从目前的情况看，可采用计算和实测相结合的方法取得近似结果，在选择驱动装置时乘以一定的安全系数。

1.7.1　闸阀的操作特性和启闭力矩

楔式闸阀的启闭力矩特性如图 1-21 所示。从图中曲线可以看出，当阀门的开度在 10% 以上时，闸阀的轴向力，即闸阀在全压差下的启闭力矩变化不大。当闸阀的开度小于 10% 时，由于节流，使闸阀前后压差增大。这个压差作用在闸板上，使阀杆需较大的轴向力才能带动闸板启闭。因此，在有些范围内，闸阀的启闭力矩变化比较大。图中，实线表示刚性闸板闸阀的启闭力矩特性；虚线表示弹性闸板的闸阀的启闭力矩特性。从曲线看出，弹性闸板的闸阀，在接近关闭时所需的启闭力矩比刚性闸板要大些。

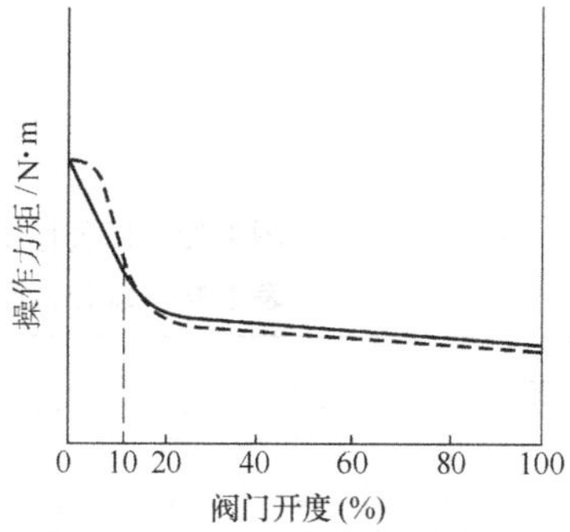

图 1-21　楔式闸阀的启闭力矩特性

闸阀的闸板关闭时，必须使闸板向阀座施加密封力，该力包括密封预紧力和介质压力，此密封力可以保证闸板和阀座之间的密封面严格的密封。这个密封力由于阀杆螺纹的自锁和介质压力将会继续作用。显然，为了向闸板提供密封力，阀杆螺母传递的力矩比闸阀的启闭力矩要大，由此可见，闸阀的关闭位置是按阀杆螺母所受力矩大小来确定的。

闸阀关闭后，由于介质温度或环境温度的变化，闸阀零部件的热膨胀会使闸板和阀座之间的密封力变大，反映到阀杆螺母上，就为再次开启闸阀带来困难。所以，开启闸阀所需的力矩比关闭闸阀所需的力矩大。此外，对于一对相互接触的密封面来说，它们之间的静摩擦因数也比动摩擦因数大，要使它们从静止状态产生相对运动时，同样需施加较大的力以克服静摩擦力；由于温度变化，使密封面间的压力变大，需要克服的静摩擦力也随之变大，从而使开启阀门时，对阀杆螺母上需加的力矩有时会增大很多。

以公称压力 PN 表示的螺栓连接阀盖的楔式闸阀结构及力矩如图 1-22 所示及见表 1-36。以公称压力级 CL 表示的螺栓连接阀盖的楔式闸阀结构及力矩如图 1-23 所示和见表 1-37。以公称压力级 CL 表示的压力自密封阀盖的楔式闸阀力矩见表 1-38。平行式单闸板闸阀结构及力矩如图 1-24 所示和见表 1-39。平行式双闸板闸阀结构及力矩如图 1-25 所示和见表 1-40。

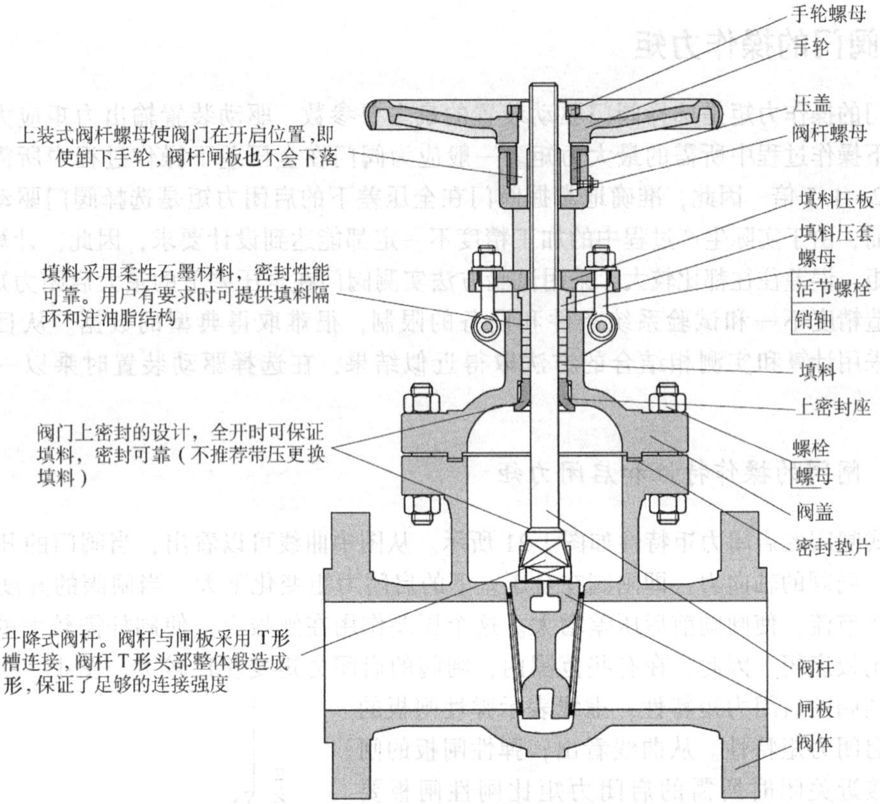

图1-22　以公称压力PN表示的螺栓连接阀盖的楔式闸阀结构

表1-36　以公称压力PN表示的螺栓连接阀盖的楔式闸阀力矩

公称尺寸		公称压力PN										
		2.5	6	10	16	25	40	63	100	160	200	320
DN	NPS	力矩/(N·m)										
50	2	25	25	25	30	33	37	48	60	107	134	200
65	2½	25	50	55	63	68	76	103	135	203	250	600
80	3	50	50	68	77	86	107	132	180	230	284	900
100	4	50	50	80	92	107	139	181	257	278	300	1200
125	5	50	50	102	119	145	166	237	364	440	480	—
150	6	50	100	120	139	176	189	312	490	636	768	—
200	8	100	200	201	220	243	284	457	735	1181	1312	—
250	10	100	200	298	324	387	448	735	1313	1569	2414	—
300	12	200	300	412	444	491	563	1179	1976	2493	—	—
350	14	300	300	576	616	651	887	1261	2237	—	—	—
400	16	300	450	785	885	947	1138	1754	3235	—	—	—
450	18	450	450	486	1123	1213	1516	1896	3790	—	—	—
500	20	450	600	1120	1403	1526	1913	2416	5614	—	—	—
600	24	500	900	1865	2023	2325	3053	4317	—	—	—	—
700	28	600	1200	2635	3035	3327	4602	—	—	—	—	—
800	32	900	1200	3775	4373	4573	6344	—	—	—	—	—
900	36	1000	1800	4720	5821	6085	—	—	—	—	—	—
1000	40	1200	1800	6755	7957	8580	—	—	—	—	—	—
1200	48	1800	2500	7957	—	—	—	—	—	—	—	—
1400	56	2500	3500	—	—	—	—	—	—	—	—	—

注：1. 表中提供的闸阀操作力矩未经实物测定，只是一般使用条件下的经验数据，仅供参考。

2. 被选用的驱动装置力矩值应为表中查得的阀门操作力矩值乘以1.1～1.3倍。

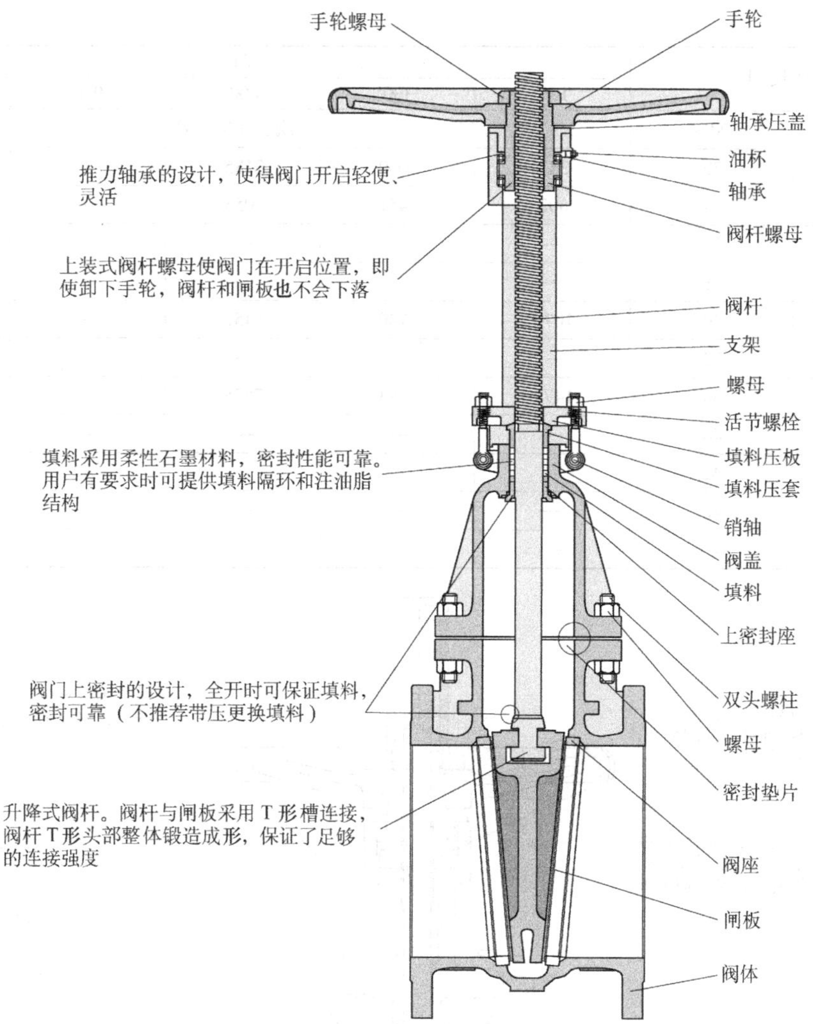

图 1-23 以公称压力级 CL 表示的螺栓连接阀盖的楔式闸阀结构

表 1-37 以 CL 表示的螺栓连接阀盖的楔式闸阀力矩

公称尺寸		CL				
		150	300	600	900	1500
DN	NPS	力矩/（N · m）				
40	1½	12	15	20	24	32
50	2	13	16	23	39	54
65	2½	13	18	—	56	76
80	3	15	21	50	64	108
100	4	27	42	68	118	167
150	6	36	86	183	243	426
200	8	63	128	270	427	801
250	10	84	215	479	783	1268
300	12	131	289	650	1163	2078
350	14	151	423	988	1331	2392
400	16	235	537	1243	—	—
450	18	285	649	1512	—	—

（续）

公称尺寸		CL				
		150	300	600	900	1500
DN	NPS	力矩/（N·m）				
500	20	341	1009	2185	—	—
600	24	602	1451	3053	—	—
650	26	—	—	—	—	—
700	28	—	—	—	—	—
750	30	1079	3140	5452	—	—
800	32	—	—	—	—	—
900	36	1479	4293	7675	—	—
1000	40	—	—	—	—	—
1050	42	—	—	—	—	—
1150	46	—	—	—	—	—
1200	48	—	—	—	—	—

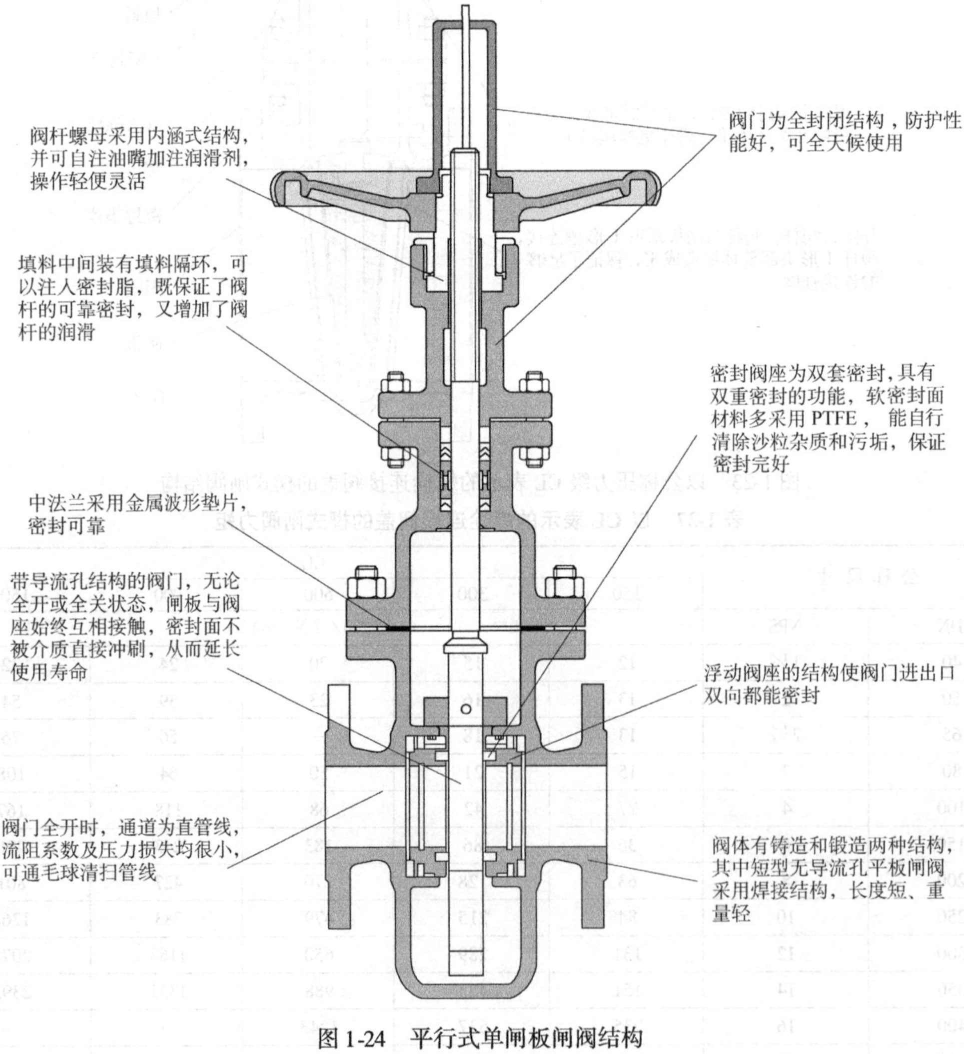

阀杆螺母采用内涵式结构，并可自注油嘴加注润滑剂，操作轻便灵活
阀门为全封闭结构，防护性能好，可全天候使用
填料中间装有填料隔环，可以注入密封脂，既保证了阀杆的可靠密封，又增加了阀杆的润滑
密封阀座为双套密封，具有双重密封的功能，软密封面材料多采用PTFE， 能自行清除沙粒杂质和污垢，保证密封完好
中法兰采用金属波形垫片，密封可靠
带导流孔结构的阀门，无论全开或全关状态，闸板与阀座始终互相接触，密封面不被介质直接冲刷，从而延长使用寿命
浮动阀座的结构使阀门进出口双向都能密封
阀门全开时，通道为直管线，流阻系数及压力损失均很小，可通毛球清扫管线
阀体有铸造和锻造两种结构，其中短型无导流孔平板闸阀采用焊接结构，长度短、重量轻

图 1-24 平行式单闸板闸阀结构

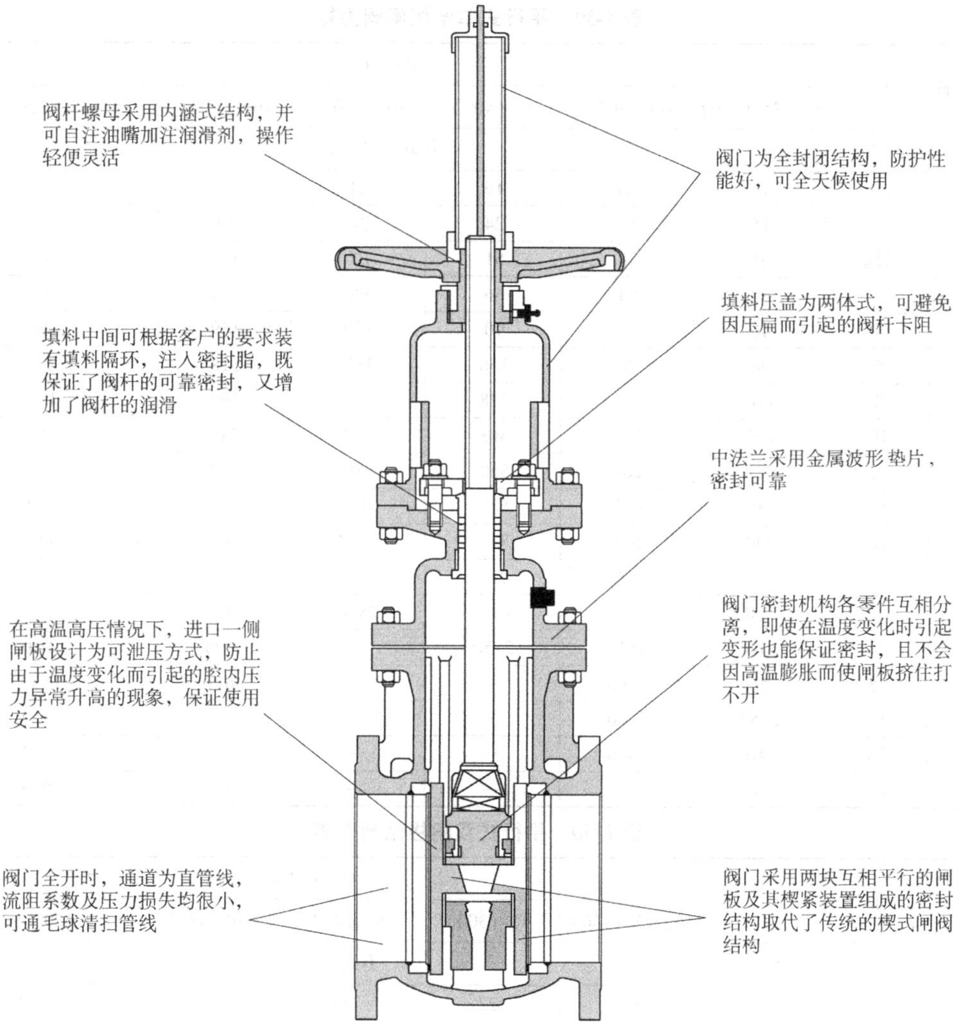

阀杆螺母采用内涵式结构，并可自注油嘴加注润滑剂，操作轻便灵活
阀门为全封闭结构，防护性能好，可全天候使用
填料压盖为两体式，可避免因压扁而引起的阀杆卡阻
填料中间可根据客户的要求装有填料隔环，注入密封脂，既保证了阀杆的可靠密封，又增加了阀杆的润滑
中法兰采用金属波形垫片，密封可靠
阀门密封机构各零件互相分离，即使在温度变化时引起变形也能保证密封，且不会因高温膨胀而使闸板挤住打不开
在高温高压情况下，进口一侧闸板设计为可泄压方式，防止由于温度变化而引起的腔内压力异常升高的现象，保证使用安全
阀门全开时，通道为直管线，流阻系数及压力损失均很小，可通毛球清扫管线
阀门采用两块互相平行的闸板及其楔紧装置组成的密封结构取代了传统的楔式闸阀结构

图 1-25　平行式双闸板闸阀结构

表 1-38　以公称压力级 CL 表示的压力自密封阀盖的楔式闸阀力矩

公称尺寸		CL			
		600	900	1500	2500
DN	NPS	力矩/（N·m）			
80	3	29	40	69	110
100	4	50	71	111	194
150	6	129	174	307	381
200	8	232	319	537	727
250	10	379	530	948	1398
300	12	550	740	1409	1980
350	14	—	1008	1823	2593
400	16	—	1400	2516	3952
450	18	—	1696	3767	5735
500	20	—	2302	5283	7804
600	24	—	4224	8228	11798
700	28	—	—	—	—

表 1-39 平行式单闸板闸阀力矩

公称尺寸		PN（CL）					
		16、25（150）	40（300）	63（400）	100（600）	160（900）	16、25（150）短型
DN	NPS	力矩/（N·m）					
40	1½	14	16	19	24	33	—
50	2	15	18	24	30	54	—
65	2½	31	38	51	67	102	—
80	3	38	54	66	90	115	—
100	4	46	73	90	130	139	46
150	6	60	90	156	182	318	60
200	8	110	142	228	245	590	110
250	10	162	224	368	567	785	162
300	12	222	281	550	980	997	222
350	14	310	443	630	1118	1140	310
400	16	440	565	870	1618	1645	440
450	18	560	760	980	2160	2245	560
500	20	700	950	1208	2810	3451	700
600	24	1010	1510	2150	—	3996	1010
700	28	1560	2300	—	—	4611	1560
800	32	2150	3170	—	—	—	2150
900	36	2910	4450	—	—	—	2190
1000	40	3920	—	—	—	—	3920

表 1-40 平行式双闸板闸阀力矩

公称尺寸		PN（CL）				
		16、25（150）	40（300）	63（400）	100（600）	160（900）
DN	NPS	力矩/（N·m）				
50	2	18	22	29	30	54
65	2½	37	46	61	67	102
80	3	46	65	79	90	115
100	4	55	88	108	130	169
150	6	72	108	187	282	338
200	8	132	170	274	345	590
250	10	194	269	442	567	785
300	12	266	337	660	980	1080
350	14	372	532	756	1118	1440
400	16	528	678	1044	1618	2245
450	18	672	912	1176	2160	2951
500	20	840	1140	1450	2810	3966
600	24	1212	1812	2850	—	—
700	28	1872	2760	—	—	—
800	32	2580	3804	—	—	—
900	36	3492	5340	—	—	—
1000	40	—	—	—	—	—

1.7.2　截止阀的操作特性和启闭力矩

截止阀的操作力矩特性如图 1-26 所示。图中的曲线是介质由阀瓣下部进入阀体内腔的关阀操作力矩特性。在阀门由全开位置开始关闭的阶段，随着阀瓣的下降，介质在阀瓣前后形成压差，以阻止阀瓣下降，而且这个阻力随阀瓣下降而迅速增加。当阀门全关时，阀瓣前后压差等于介质工作压力，再加以强制的密封力，使阀门关闭瞬间的操作力矩增加很快。在阀门开启过程中，由于介质压力或阀瓣前后压差产生的推力都是帮助开启阀门的力，所以开阀特性曲线的形状与图中曲线相似，但位于图中曲线的下方。应该指出的是，在开阀的瞬间力矩有可能超过关阀时的力矩，因为此时要克服较大的静摩擦力。

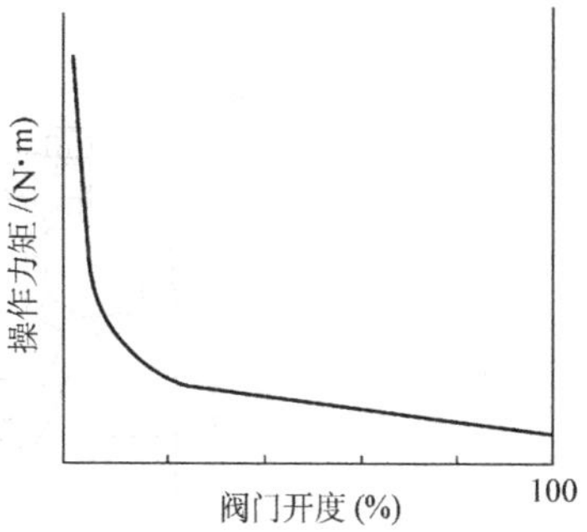

图 1-26　截止阀操作力矩特性

截止阀开启时，阀瓣的开启高度达到阀座密封面内径的 25% ~30% 时，这时与阀座形成的环形面积就等于或大于流道面积，即表明阀门已达到全开位置，所以截止阀的全开位置应用阀瓣行程来确定。截止阀关闭时的情况和密封后再次开启的情况与进口密封的闸阀相似，因此，截止阀的关闭密封位置应按操作力矩增加到规定值来确定。

以公称压力 PN 表示的截止阀力矩如图 1-27 所示和见表 1-41。以公称压力级 CL 表示的 API 铸钢截止阀力矩如图 1-28 所示和见表 1-42。

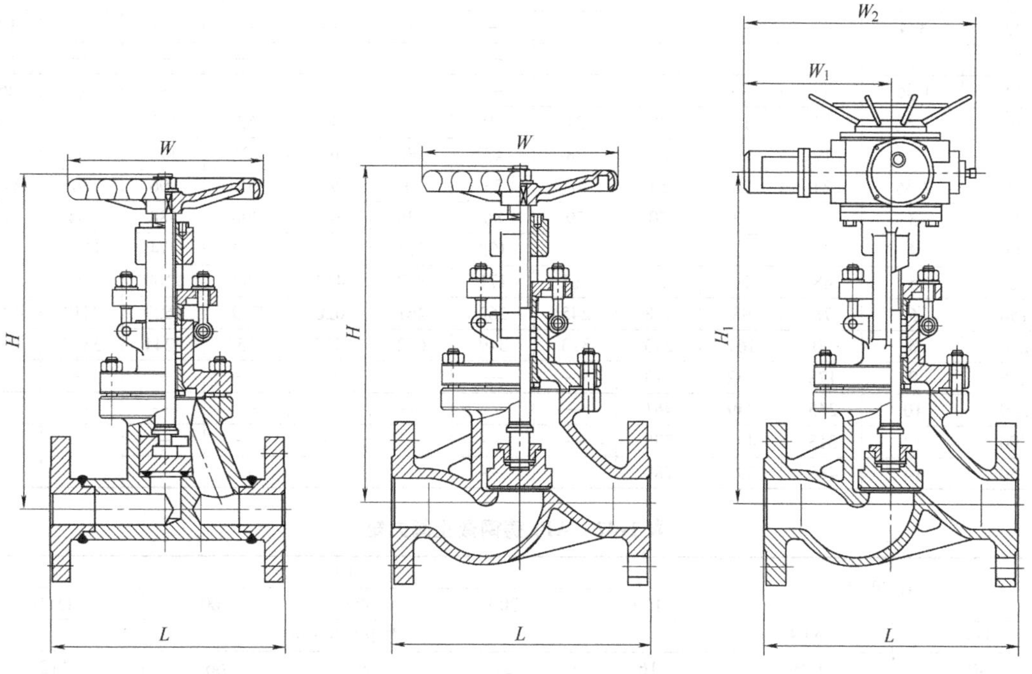

图 1-27　以公称压力 PN 表示的截止阀结构图

a) 锻焊法兰结构　b) 手动截止阀　c) 电动截止阀

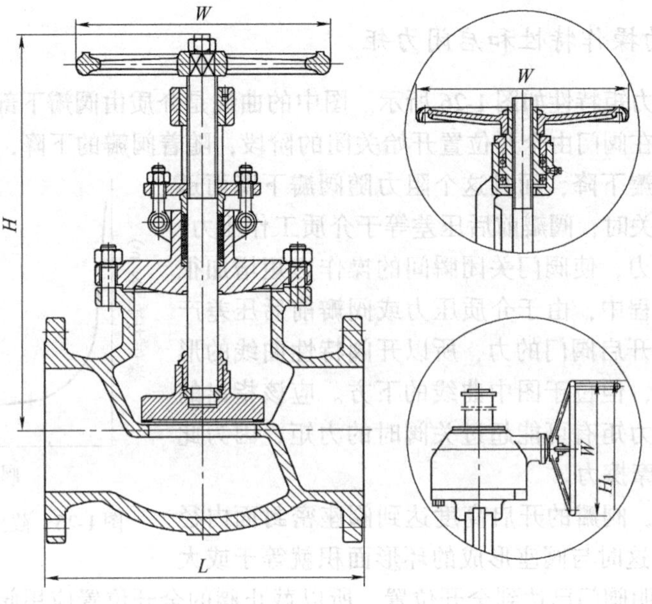

图 1-28 API 铸钢截止阀结构

表 1-41 公称压力 PN 表示的截止阀力矩

公称尺寸		公称压力 PN										
		2.5	6	10	16	25	40	63	100	160	200	320
DN	NPS	力矩/(N·m)										
15	1/2	—	—	—	—	—	—	—	—	—	—	65
20	3/4	—	—	—	—	—	—	—	—	—	—	122
25	1	—	—	—	—	—	—	—	—	—	—	194
32	1¼	—	—	—	—	—	—	—	—	—	—	264
40	1½	15	18	20	24	29	35	46	63	102	162	364
50	2	19	24	29	38	43	60	66	125	196	266	462
65	2½	24	38	53	48	53	71	97	201	296	392	688
80	3	29	53	70	79	86	138	207	296	588	884	1472
100	4	38	62	86	98	108	214	310	394	774	1168	1942
125	5	48	79	98	161	171	322	414	592	1169	1761	2930
150	6	78	98	158	245	262	461	620	789	1623	2412	4035
200	8	90	161	245	313	349	642	827	1154	2244	3398	5640
225	9	178	262	313	—	—	—	—	—	—	—	—
250	10	245	349	461	—	—	—	—	—	—	—	—
300	12	313	462	588	—	—	—	—	—	—	—	—
350	14	460	592	789	—	—	—	—	—	—	—	—

表 1-42 API 铸钢截止阀力矩

公称尺寸		CL				
		150	300	600	900	1500
DN	NPS	力矩/(N·m)				
40	1½	16	24	30	66	112
50	2	19	30	66	108	332
65	2½	29	51	103	212	617
80	3	45	84	175	598	1208
100	4	67	145	332	1960	3122
150	6	129	319	819	3266	4112

（续）

公称尺寸		CL				
		150	300	600	900	1500
DN	NPS	力矩/（N·m）				
200	8	245	617	1208	4122	5246
250	10	385	1126	2266	5145	8445
300	12	601	1988	4140	—	—
350	14	649	—	—	—	—
400	16	1982	—	—	—	—

1.7.3　蝶阀的启闭力矩特性

蝶阀的启闭力矩特性如图 1-29 所示。图中的虚线部分是密封型蝶阀的特性。蝶阀的操作力矩特性曲线是中间高、两端低。造成这种现象的原因是蝶阀的蝶板在中间位置时，介质受蝶板的阻碍，绕过蝶板流动在蝶板两侧形成旋流，对蝶板形成一动水力矩，此力矩迫使蝶板关闭。随着蝶板的开启或关闭，介质在蝶板两侧造成的涡流的影响越来越小，直到涡流消失，这时蝶板受到的阻力也越来越小。因此形成中间高、两端低的特性曲线。至于阀门开启过程中的操作力矩比关闭过程中的大，其原因则是由于介质对蝶板造成的动水力矩始终是向着关阀方向的。非密封型蝶阀的最大操作力矩出现在中间位置，而密封型蝶阀的最大操作力矩出现在蝶阀关闭时，这是因为要附加上强制密封力矩的缘故。

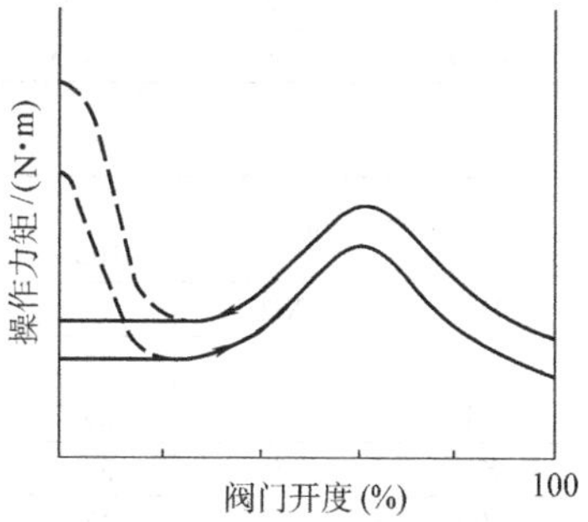

图 1-29　蝶阀的启闭力矩特性

蝶阀的阀杆只做旋转运动，它的蝶板和阀杆本身是没有自锁能力的，为了使蝶板定位（停止在指定位置上），一种办法是在阀杆上附加一个具有自锁能力的减速器，在附加蜗杆减速器之后，可以使角位移增加到几十圈，而操作力矩却相应降低，这样可以使蝶阀的某些操作性能（如总转数和操作力矩）与其他阀门相接近，便于配用驱动装置。

对于强制性密封的蝶阀，它的关闭位置应该按操作力矩升高到规定值来确定。中线密封蝶阀的启闭力矩见表 1-43，单偏心蝶阀的启闭力矩见表 1-44，高性能防火蝶阀的启闭力矩见表 1-45，PTFE 阀座蝶阀的启闭力矩见表 1-46，三偏心蝶阀的启闭力矩见表 1-47。

表 1-43　中线密封蝶阀的启闭力矩

公称尺寸		PN			psi				
		10	16	20	50	100	150	200	285
DN	NPS	力矩/（N·m）							
50	2	12	13	18	16	17	18	19	20
65	2½	15	17	21	22	24	25	26	28
80	3	22	23	28	30	31	33	35	37
100	4	37	40	50	42	45	49	52	58
125	5	58	62	88	65	71	76	82	91
150	6	94	102	136	99	107	115	123	136
200	8	173	192	211	167	176	186	195	211
250	10	286	323	363	277	295	313	331	363
300	12	429	490	553	440	464	488	512	553

（续）

公称尺寸		PN			psi				
		10	16	20	50	100	150	200	285
DN	NPS	力矩/(N·m)							
350	14	550	625	734	586	618	649	680	734
400	16	755	846	1551	1241	1307	1373	1439	1551
450	18	1012	1131	1969	1576	1660	1744	1827	1970
500	20	1350	1431	2077	1660	1749	1837	1926	2076
600	24	2111	2300	4200	3360	3539	3718	3896	4200
700	28	3272	—	—	3752	4213	4581	—	—
750	30	3766	—	—	4488	4903	5317	—	—
800	32	4307	—	—	5128	5548	6031	—	—
900	36	5257	—	—	6426	6878	7360	—	—
1000	40	8925	—	—	7787	8366	8925	—	—
1050	42	9023	—	—	7880	8432	9023	—	—
1200	48	12553	—	—	10801	11732	12554	—	—

表1-44 单偏心蝶阀的启闭力矩

公称尺寸		psi								
		100	200	285	300	400	500	600	700	740
DN	NPS	力矩/(N·m)								
50	2	25	27	29	31	33	36	39	42	45
65	2½	29	31	33	34	36	41	45	47	49
80	3	34	37	39	42	46	51	55	60	62
100	4	47	53	58	70	79	88	97	106	110
125	5	65	76	86	115	132	151	169	186	193
150	6	97	113	126	161	188	214	241	287	278
200	8	164	193	217	313	368	422	477	532	554
250	10	222	274	318	480	572	664	756	848	885
300	12	290	390	475	667	790	913	1035	1158	1207
350	14	491	684	849	1117	1372	1627	1882	2137	2239
400	16	628	876	1087	1340	1643	1946	2248	2550	2671
450	18	816	1142	1423	1734	2118	2502	2885	3269	3422
500	20	1098	1544	1926	2314	2842	3369	3897	4424	4635
600	24	1673	2384	2983	3131	3840	4549	5258	5967	6251
750	30	2942	3986	4873	5708	6888	8067	9347	10426	10898
900	36	4786	6589	8121	9789	11877	13965	16052	18141	18976
1050	42	7837	10928	13558	—	—	—	—	—	—
1200	48	12433	17409	21638	—	—	—	—	—	—
1350	54	17558	24269	29977	—	—	—	—	—	—
1500	60	25790	35310	43397	—	—	—	—	—	—

表1-45 高性能防火蝶阀的启闭力矩

公称尺寸		psi									
		100	150	200	285	400	600	740	1000	1200	1480
DN	NPS	力矩/(N·m)									
50	2	42	51	64	75	88	99	118	129	153	177
65	2½	56	65	76	86	106	118	131	152	181	196
80	3	67	77	87	107	116	134	147	179	215	256
100	4	71	81	92	113	130	167	198	258	302	371
125	5	130	147	169	228	329	457	512	553	608	696
150	6	198	248	297	424	453	511	559	606	698	856

（续）

公称尺寸		psi									
		100	150	200	285	400	600	740	1000	1200	1480
DN	NPS	力矩/（N·m）									
200	8	463	497	531	593	680	870	1039	1314	1621	1909
250	10	610	712	815	1037	1129	1297	1424	2271	2700	3175
300	12	936	1087	1328	1780	1907	2121	2288	3576	4221	5011
350	14	1644	1698	1743	1829	2754	3841	4604	5566	6335	7048
400	16	1896	2020	2145	2306	4576	6498	7828	9457	10767	11976
450	18	2813	2915	3017	3220	5491	7813	9439	11411	12993	14451
500	20	3603	3746	3888	4180	7698	11025	13355	16157	18383	20450
600	24	5722	5945	6168	6547	11784	16948	20495	24766	28190	31365
700	28	6542	8022	10736	11629	18272	25672	37128	—	—	—
750	30	11570	10813	12349	13118	25376	37002	45137	—	—	—
800	32	12896	13929	14962	16112	—	—	—	—	—	—
900	36	16213	16818	17422	18292	—	—	—	—	—	—
1000	40	17878	20636	23617	27318	—	—	—	—	—	—
1050	42	18869	23727	34132	36407	—	—	—	—	—	—
1200	48	33251	34121	36505	38618	—	—	—	—	—	—
1350	54	36432	39375	41232	—	—	—	—	—	—	—

表 1-46　PTFE 阀座蝶阀的启闭力矩

公称尺寸		psi								
		100	200	285	300	400	600	740	1200	1480
DN	NPS	力矩/（N·m）								
50	2	27	33	37	40	48	59	70	83	130
65	2½	31	39	46	47	55	71	82	95	142
80	3	43	54	64	66	77	100	115	133	199
100	4	83	111	134	138	166	222	261	305	333
125	5	125	167	202	208	250	333	391	458	700
150	6	188	250	304	313	375	500	588	687	778
200	8	363	476	572	589	702	929	1087	1268	1409
250	10	602	806	980	1010	1215	1623	1909	2236	2862
300	12	910	1250	1538	1589	1929	2609	3084	3628	4579
350	14	1052	1411	1715	1767	2127	2844	3346	4824	5357
400	16	1317	1758	2133	2199	2640	3522	4139	8202	9124
450	18	1817	2488	3058	3159	3830	5172	6111	9893	11005
500	20	2501	3346	4064	4191	5037	6726	7910	13999	15569
600	24	3496	4698	5719	5900	7102	9505	11188	21467	23885
700	28	4130	6018	6870	8079	10668	15273	18500	—	—
750	30	4949	6678	8021	9169	12451	18157	22156	—	—
800	32	5292	7254	8731	—	—	—	—	—	—
900	36	5982	8406	10151	—	—	—	—	—	—
1000	40	8344	11208	14515	—	—	—	—	—	—
1050	42	9525	12609	16698	—	—	—	—	—	—
1200	48	14914	20506	25260	—	—	—	—	—	—

表 1-47 三偏心蝶阀的启闭力矩

公称尺寸		PN						psi		
		6	10	16	25	40	63	285	740	1480
DN	NPS	力矩/（N·m）								
50	2	25	29	37	59	83	127	42	92	182
65	2½	29	35	60	82	106	142	69	123	213
80	3	34	57	81	102	148	290	174	271	460
100	4	61	102	141	180	256	526	250	395	834
125	5	104	165	228	289	412	641	283	548	979
150	6	178	250	450	564	790	1060	473	825	2938
200	8	201	400	601	800	1202	1567	694	1503	3616
250	10	353	518	956	1250	1862	2697	983	1887	5649
300	12	635	992	1352	1711	2428	3147	2022	2508	11863
350	14	819	1623	2234	2844	4067	4855	2520	4158	14123
400	16	1047	1944	2842	3738	5533	6473	3175	6271	17061
450	18	1451	2451	3452	4412	6454	13450	4239	7864	21015
500	20	2043	3285	4527	5769	8253	16943	5531	10361	26551
600	24	2779	5548	6018	9495	13443	24586	6011	17559	38415
700	28	3080	6331	6890	14200	22720	—	10440	27923	—
750	30	3230	6723	7700	16552	26483	—	12654	33105	—
800	32	3912	7307	8760	19847	31755	—	14462	39696	—
900	36	5275	8474	9750	26438	36188	—	18078	52877	—
1000	40	6915	11717	13560	35553	44113	—	24179	71105	—
1050	42	8135	15253	16270	40110	51827	—	24587	80219	—
1200	48	12540	20563	22360	38900	61963	—	36155	—	—
1350	54	18300	21806	29977	—	—	—	—	—	—
1400	56	24650	26589	34900	—	—	—	—	—	—
1500	60	26440	36155	43397	—	—	—	—	—	—
1600	64	40850	43375	48600	—	—	—	—	—	—
1800	72	—	—	—	—	—	—	—	—	—
2000	80	—	—	—	—	—	—	—	—	—
2200	88	—	—	—	—	—	—	—	—	—
2400	96	—	—	—	—	—	—	—	—	—
2600	104	—	—	—	—	—	—	—	—	—
2800	112	—	—	—	—	—	—	—	—	—
3000	120	—	—	—	—	—	—	—	—	—

1.7.4 球阀的启闭力矩特性

球阀的启闭力矩特性如图 1-30 所示。从图中可以看出，球阀的操作力矩特性曲线与蝶阀很相似，其原因也是由于介质在球体中流向改变时形成旋流的影响，旋流的影响随阀门的开启或关闭逐渐减小。

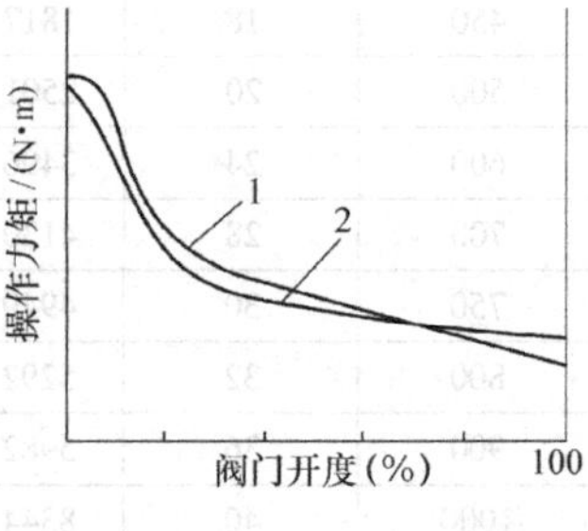

图 1-30 球阀的启闭力矩特性
1—开启 2—关闭

球阀由全开到全关，阀杆旋转角度为 90°，球阀要设机械限位。球阀的开启位置和关闭位置都应按阀杆旋转角度来确定，故球阀是按行程定位的。浮动球阀的启闭力矩见表 1-48，固定球阀的启闭力矩见表 1-49，顶装式球阀的启闭力矩见表 1-50。

表 1-48　浮动球阀的启闭力矩

公称尺寸		PN					CL			
		16	25	40	63	100	150	300	400	600
DN	NPS	力矩/（N·m）								
15	1/2	3	3	5	15	19	3	7	15	19
20	3/4	5	5	10	30	35	5	12	30	35
25	1	10	11	24	50	68	11	26	50	68
40	1½	16	18	35	80	130	16	38	90	130
50	2	25	30	50	100	190	25	60	140	190
65	2½	50	60	100	200	360	50	120	240	360
80	3	65	80	150	300	460	65	160	350	460
100	4	125	140	250	400	770	125	280	540	770
125	5	250	300	450	—	—	250	600	—	—
150	6	340	400	585	—	—	410	950	—	—
200	8	485	680	996	—	—	700	1550	—	—

表 1-49　固定球阀的启闭力矩

公称尺寸		PN					CL						
		16	25	40	63	100	150	300	400	600	900	1500	2500
DN	NPS	力矩/（N·m）											
50	2	30	40	50	100	190	57	99	124	168	228	390	589
65	2½	50	60	100	200	360	71	124	155	210	263	488	736
80	3	65	80	150	300	460	95	212	265	360	512	831	1577
100	4	125	140	250	400	770	192	335	467	572	946	1524	1965
125	5	250	300	450	650	1050	240	419	524	655	1048	1905	2456
150	6	340	400	585	890	1980	495	544	650	912	1784	2934	5501
200	8	485	680	996	1500	3280	832	1250	1806	2177	4116	7215	11785
250	10	810	1140	1690	2560	5250	1105	1736	2638	3093	5910	11128	13222
300	12	1310	1870	2800	4290	7200	1655	2388	2929	4282	10137	16103	20075
350	14	1910	2740	4110	6320	9860	2695	3224	3971	7458	14141	24518	—
400	16	2860	4150	6300	9750	12500	3164	5139	6307	9310	18866	29630	—
450	18	4500	6500	8900	13500	16900	3793	7970	9165	14639	22400	34392	—
500	20	5860	7800	12000	17660	19000	5500	10570	12155	20011	28544	40918	—
550	22	7325	9750	15000	22075	23750	6650	12140	15175	24785	42427	46075	—
600	24	8920	13210	20380	31820	42500	7529	17240	21550	31226	43276	65351	—
650	26	11150	16512	25475	39775	53125	8693	20340	25425	35184	47580	—	—
700	28	13320	19380	30670	48020	58000	10770	25069	31336	38987	59410	—	—
750	30	16650	24225	38338	60025	72500	12365	27640	34550	41832	76000	—	—
800	32	24000	35420	55200	68830	82000	14070	29550	36937	63865	90195	—	—
850	34	30000	44275	69000	86038	102500	21148	31558	39447	71720	100430	—	—
900	36	34960	52870	82700	134000	—	22987	35170	43962	89020	131675	—	—
1000	40	43420	66700	102820	162210	—	26059	39115	48894	109900	—	—	—
1050	42	—	—	—	—	—	28149	42414	50300	121165	—	—	—
1200	48	—	—	—	—	—	42776	71868	80302	145345	—	—	—
1350	54	—	—	—	—	—	50276	91238	116000	158255	—	—	—
1400	56	—	—	—	—	—	65654	108550	129900	169230	—	—	—
1500	60	—	—	—	—	—	85654	122820	178200	216270	—	—	—

表 1-50 顶装式球阀的启闭力矩

公称尺寸		CL						
		150	300	400	600	900	1500	2500
DN	NPS	力矩/（N·m）						
50×40	1½	60	81	85	102	149	238	382
50	2	68	108	138	177	203	333	562
80×50	3×2	68	108	138	177	203	333	562
80	3	149	244	312	399	422	811	1460
100×80	4×3	149	244	312	399	422	811	1460
100	4	244	407	422	453	583	1505	1923
150×100	6×4	244	407	422	453	583	1505	1923
150	6	323	544	647	1006	1299	2904	5840
200×150	8×6	323	544	647	1006	1299	2904	5840
200	8	647	955	1157	2532	2766	6489	12181
250×200	10×8	647	955	1157	2532	2766	6489	12181
250	10	882	1822	2178	3941	5446	12181	15281
300×250	12×10	882	1822	2178	3941	5446	12181	15281
350×250	14×10	882	1822	2178	3941	5446	12181	15281
300	12	1577	2591	3064	6893	7909	15564	19834
350×300	14×12	1577	2591	3064	6893	7909	15564	—
400×300	16×12	1577	2591	3064	6893	7909	15564	—
350	14	1837	3224	3853	7205	10948	23512	—
400×350	16×14	1837	3224	3853	7205	10948	23512	—
400	16	3050	5447	6529	8817	13682	27039	—
450×400	18×16	3050	5447	6529	8817	13682	27039	—
500×400	20×16	3050	5447	6529	8817	13682	27039	—
450	18	3819	6197	7461	112231	17705	37085	—
500	20	4508	7830	9348	14919	29866	40309	—
550	22	5490	9453	11302	16058	39324	50386	—
600×500	24×20	4508	7830	9348	14919	29866	40309	—
600	24	6723	11547	15535	21840	40810	64671	—
650	26	9289	15139	17869	24889	51322	—	—
700	28	11647	18067	21063	28767	53515	—	—
750×600	30×24	6723	11457	15535	21840	10810	—	—
750	30	13558	19207	24966	34398	57057	—	—
800	32	15224	24095	282354	38880	61123	—	—
850	34	17846	30249	33291	41789	70277	—	—
900×750	36×30	13558	19207	24966	34398	57057	—	—
900	36	22032	33331	36227	51521	81349	—	—
1000	40	25972	36490	45269	60368	—	—	—
1050	42	27034	404253	53515	70277	—	—	—
1200	48	42606	64985	79311	112293	—	—	—

1.7.5 压力平衡式旋塞阀的启闭力矩

压力平衡式旋塞阀的启闭力矩特性曲线与球阀启闭力矩特性曲线很相似。其原因也是由于介质在旋塞体中流向改变时造成旋流的影响，旋流的影响随阀门的开启或关闭逐渐减小。

旋塞阀由全开到全关，旋塞体的旋转角度为90°，旋塞阀要设机械限位。旋塞阀的开启位置和关闭位置都应按阀杆旋转角度来确定，故旋塞阀也是按行程定位的。

压力平衡式旋塞阀的结构及启闭力矩如图 1-31 所示和见表 1-51。

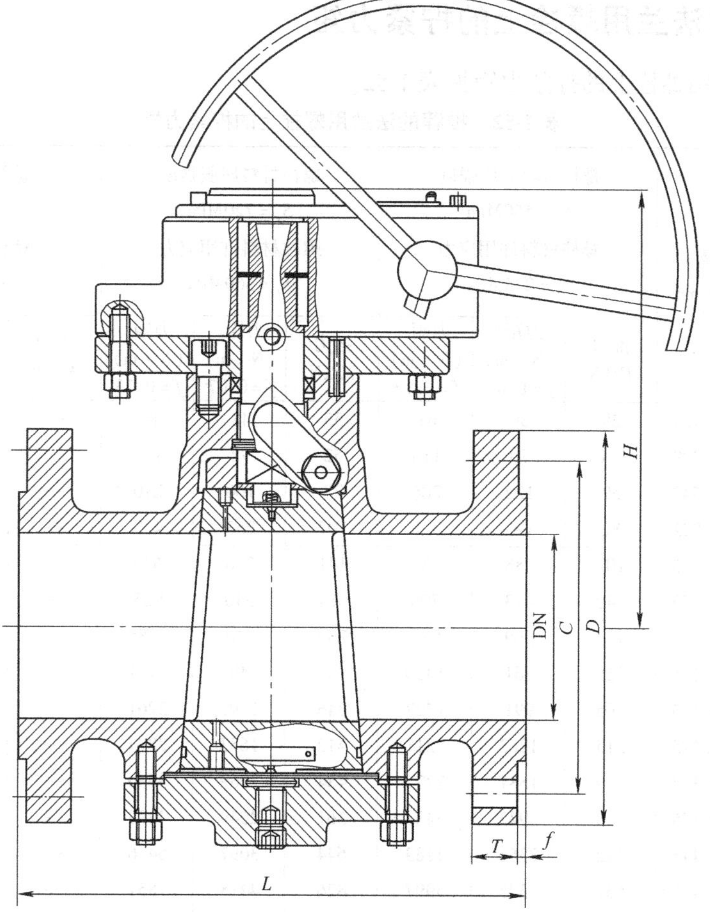

图 1-31　压力平衡式旋塞阀的结构

表 1-51　压力平衡式旋塞阀的启闭力矩

公称尺寸		CL				
		150	300	600	900	1500
DN	NPS	力矩/（N·m）				
50	2	98	172	292	417	654
80	3	120	218	380	540	862
100	4	302	536	918	1258	2064
150	6	628	1080	1814	2548	4022
200	8	2032	3208	5114	7022	10848
250	10	2166	3258	6088	8516	13388
300	12	3119	5202	8594	11986	18792
350	14	4846	8486	14406	20326	—
400	16	6032	10696	18242	—	—
450	18	9142	15940	26998	—	—
500	20	12022	21040	35972	—	—
550	22	13866	24282	41220	—	—
600	24	19424	34478	58962	—	—

1.8 推荐的法兰用螺栓上的拧紧力矩

推荐的法兰用螺栓上的拧紧力矩见表 1-52。

表 1-52 推荐的法兰用螺柱上的拧紧力矩 （单位：N·m）

螺栓直径 D		螺矩 P/mm	螺柱材料屈服强度 $S_y=550MPa$ 螺柱材料许用应力 $S_t=275MPa$			螺柱材料屈服强度 $S_y=720MPa$ 螺柱材料许用应力 $S_t=360MPa$			螺柱材料屈服强度 $S_y=665MPa$ 螺柱材料许用应力 $S_t=327.5MPa$		
in	mm		推力 F/kN	力矩/(N·m) f=0.07	力矩/(N·m) f=0.13	推力 F/kN	力矩/(N·m) f=0.07	力矩/(N·m) f=0.13	推力 F/kN	力矩/(N·m) f=0.07	力矩/(N·m) f=0.13
0.500	12.70	1.954	25	36	61	33	48	80	—	—	—
0.625	15.88	2.309	40	70	118	52	92	155	—	—	—
0.750	19.05	2.540	59	122	206	78	160	270	—	—	—
0.875	22.23	2.822	82	193	328	107	253	429	—	—	
1.000	25.40	3.175	107	288	488	141	376	639	—	—	—
1.125	28.58	3.175	140	413	706	184	540	925	—	—	—
1.250	31.75	3.175	177	569	981	232	745	1285	—	—	—
1.375	34.93	3.175	219	761	1320	286	996	1727	—	—	—
1.500	38.10	3.175	265	991	1727	346	1297	2261	—	—	—
1.625	41.28	3.175	315	1263	2211	412	1653	2894	—	—	—
1.750	44.45	3.175	369	1581	2777	484	2069	3636	—	—	—
1.875	47.63	3.175	428	1947	3433	561	2549	4493	—	—	—
2.000	50.80	3.175	492	2366	4183	644	3097	5476	—	—	—
2.250	57.15	3.175	631	3375	5997	826	4418	7851	—	—	—
2.500	63.50	3.175	788	4635	8271	1032	6069	10828	—	—	—
2.625	66.68	3.175	—	—	—	—	—	—	1040	6394	11429
2.750	69.85	3.175	—	—	—	—	—	—	1146	7354	13168
3.000	76.20	3.175	—	—	—	—	—	—	1375	9555	17156
3.250	82.55	3.175	—	—	—	—	—	—	1624	12154	21878
3.750	95.25	3.175	—	—	—	—	—	—	2185	18685	33766
3.875	98.43	3.175	—	—	—	—	—	—	2338	20620	37293
4.000	101.60	3.175	—	—	—	—	—	—	2496	22683	41057

1.9 阀门的结构长度及法兰尺寸

1.9.1 阀门的结构长度

阀门的结构长度是与管道连接的两个端面（或中心线）之间的距离，常用字母 l 表示，其单位为 mm。

阀门的结构长度对用户的维修有直接的影响，特别是在已经固定的管线上，要使同类型、相同公称压力 PN、相同公称尺寸 DN 的阀门能够互换，结构长度必须是标准的。

1. 中国数据

直通式阀门的结构长度如图 1-32 所示，角式阀门结构长度如图 1-33 所示，对夹连接阀门结构长度如图 1-34 所示。

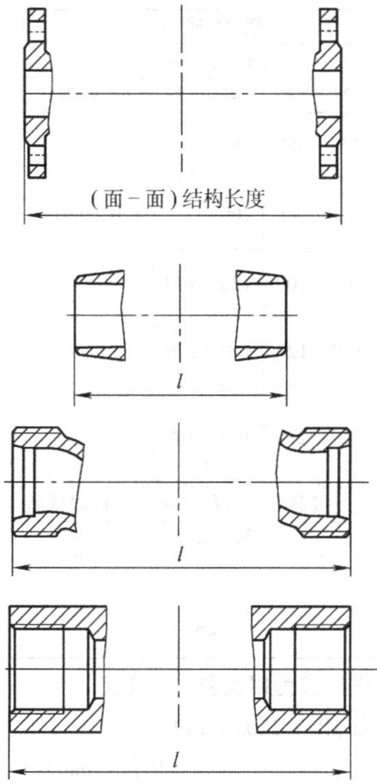

图 1-32　直通式阀门结构长度

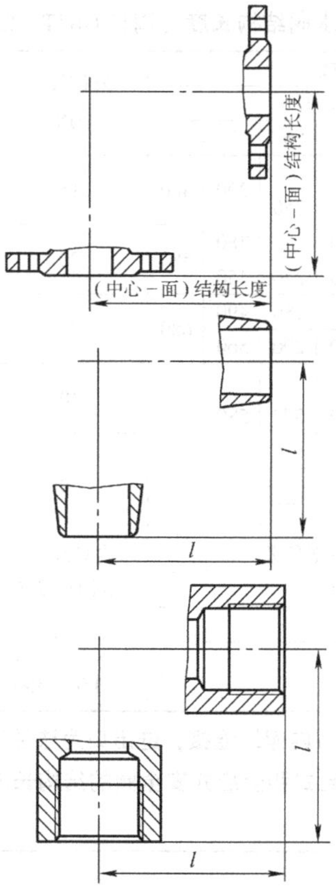

图 1-33　角式阀门结构长度

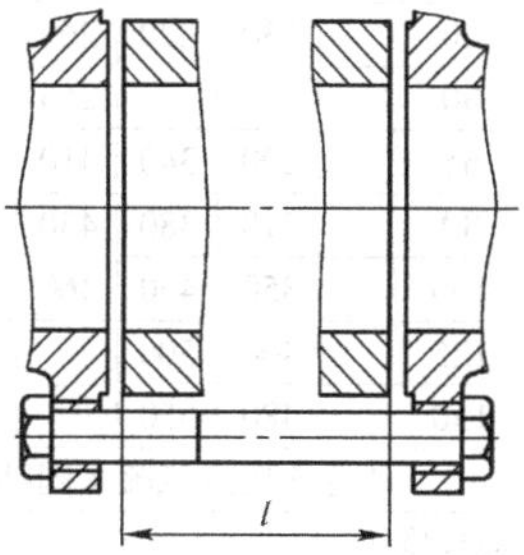

图 1-34　对夹连接阀门结构长度

法兰连接阀门结构长度基本系列见 GB/T 12221—2005《金属阀门　结构长度》中表 1、直通式焊接端阀门结构长度基本系列见 GB/T 12221—2005 中表 2、角式焊接端阀门结构长度基本系列见 GB/T 12221—2005 中表 3、对夹连接阀门结构长度基本系列见 GB/T 12221—2005 中表 4、内螺纹联接阀门结构长度基本系列见 GB/T 12221—2005 中表 5、外螺纹联接阀门结构长度基本系列见 GB/T 12221—2005 中表 6、法兰连接闸阀结构长度见 GB/T 12221—2005 中表 7、对夹连接刀形闸阀结构长度见 GB/T 12221—2005 中表 8、焊接端闸阀结构长度见 GB/T 12221—2005 中表 9、蝶阀和蝶式止回阀结构长度见 GB/T 12221—2005 中表 10、法兰连接球阀和旋塞阀结构长度见 GB/T 12221—2005 中表 11、焊接端球阀结构长度见 GB/T 12221—2005 中表 12、焊接端旋塞阀结构长度见 GB/T 12221—2005 中表 13、法兰连接截止阀、节流阀及止回阀结构长度见 GB/T 12221—2005 中表 14、焊接端直通式截止阀、节流阀及止回阀结构长度见 GB/T 12221—2005 中表 15、焊接端角式截止阀、节流阀及止回阀结构长度见 GB/T 12221—2005 中表 16、对夹连接旋启式止回阀结构长度见 GB/T 12221—2005 中表 17、对夹连接升降式止回阀结构长度见 GB/T 12221—2005 中表 18、法兰连接隔膜阀结构长度见 GB/T 12221—2005 中表 19、法兰连接铜合金的闸阀、截止阀及止回阀结构长度见 GB/T 12221—2005 中表 20、法兰连接阀门结构长度公差见 GB/T 12221—2005 中表 21、焊接端阀门结构长度公差见 GB/T 12221—2005 中表 22。蒸汽疏水阀结构长度见表 1-53。进口为法兰、出口为内螺纹连接，进出口为法兰连接，进出口为螺纹和法兰连接的微启式、双联弹簧微启式和全启式安全阀的结构长度见表 1-54。锻造高压角式截止阀、节流阀结构长度见表 1-55。减压阀结构长度见 JB/T 2205—2013。

表1-53　蒸汽疏水阀结构长度（摘自GB/T 12250—2005）　　（单位：mm）

公称尺寸 DN	法兰连接 结构长度系列 1	2	3	4	5	6	7	8
15	150	170	175	210	230	250	290	480
20			195					
25	160	210	215	230	310		380	580
32	230	270	245	320	350	270	450	
40			260		420	280	490	680
50			265		500	290	560	
65	290	340	410	450	550	572	580	—
80	310	380	430					
100	350	430	460	520				
125	400	500	—	600	—	—	—	
150	480	550		700				

公称尺寸 DN	螺纹连接 结构长度系列 1	2	3	4	5	6	7	8
15	65	75	80	90	110	120	130	150
20	75	85	90	100				
25	85	95	100	120	120			
40	110	130	120	140	270	—		
50	120	140	130	160	300			

法兰连接蒸汽疏水阀结构长度极限偏差

结构长度 L	极限偏差
≤250	±2
>250～500	±3
>500～800	±4

内螺纹连接和承插焊连接蒸汽疏水阀结构长度极限偏差

结构长度 L	极限偏差
≤150	±1.6
>150～300	±2

表1-54　进口为法兰、出口为内螺纹连接，进出口为法兰连接，进出口为螺纹和法兰连接的微启式、双联弹簧微启式和全启式安全阀的结构长度（摘自JB/T 2203—1999）

（单位：mm）

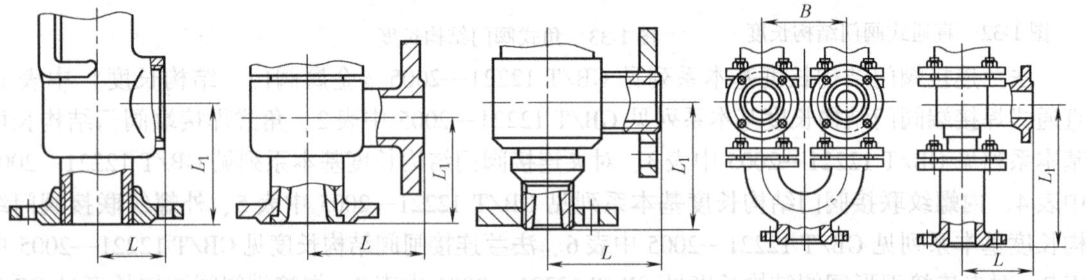

形式	微启式										双联微启式			全启式					
公称压力 PN	10		16、40		100		160		320		16、40			16、40		100		160、320	
公称尺寸	结构长度																		
DN	L	L_1	L	L_1	L	L_1	L	L_1	L	L_1	L	L_1	B	L	L_1	L	L_1	L	L_1
15	—	—	—	—	—	—	42	75	95	95	—	—	—	—	—	—	—	95	95
25	—	—	100	85	125	100	—	—	—	—	—	—	—	—	—	—	—	—	—
32	—	—	115	100	140	110	130	130	130	130	—	—	—	—	—	—	—	150	150
40	—	—	120	110	135	120	—	—	—	—	—	—	—	120	110	135	120	180	180
50	65	130	135	120	160	130	—	—	—	—	—	—	—	135	120	160	130	165	155
80	90	150	170	135	—	—	—	—	—	—	145	310	205	170	135	175	160	195	185
100	—	—	—	—	—	—	—	—	—	—	160	355	255	205	160	220	200	—	—
150	—	—	—	—	—	—	—	—	—	—	—	—	—	250	210	—	—	—	—
200	—	—	—	—	—	—	—	—	—	—	—	—	—	305	260	—	—	—	—

表 1-55　锻造高压角式截止阀、节流阀结构长度（摘自 JB/T 2766—1992）

公称尺寸 DN	公称压力 PN			
	160、220		250、320	
	结构长度/mm			
	L	L_1	L	L_1
3、6	—	—	80	—
10	130	90	—	90
15	140	105	—	105
25	165	120	—	120
32	—	135	—	135
40	—	165	—	165
50	—	190	—	190
65	—	215	—	215
80	—	260	—	260
100	—	290	—	290
125	—	320	—	320
150	—	350	—	350

2. 美国数据

美国 ASME B 16. 10—2009 适用于法兰端和对焊端阀门，但不适用于螺纹端和承插焊端阀门。法兰端面及其关系如图 1-35 所示，焊接端如图 1-36 所示。各类法兰连接和对焊连接阀门的结构长度见表 1-56 ~ 表 1-64。

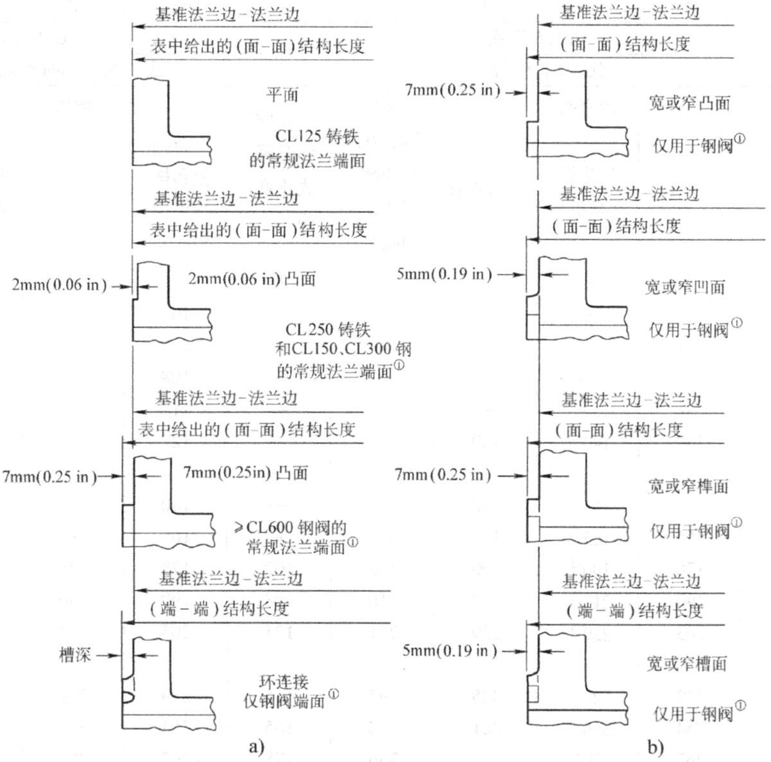

图 1-35　法兰端面及其关系

a）常规标准端面　b）其他标准端面

① 钢阀包括 ASME B16. 34—2013 中的镍基合金材料。

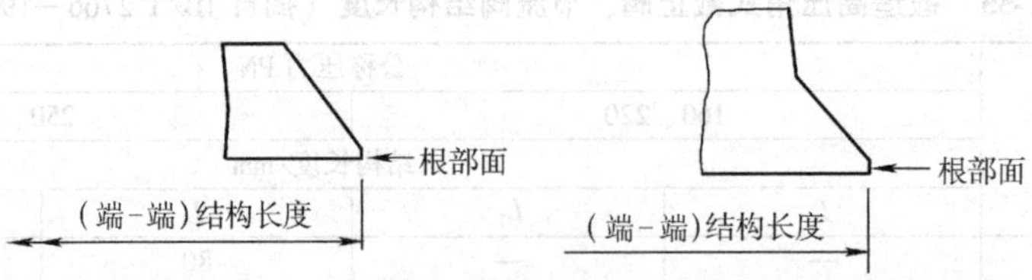

图 1-36 焊接端

a) 单面坡口 b) 复合坡口

注：图中给出典型坡口仅作为图例。

表 1-56 CL125 法兰连接铸铁阀门和 CL150 法兰连接和对焊连接钢制阀门的（面-面和端-端）结构长度⑩ （单位：mm）

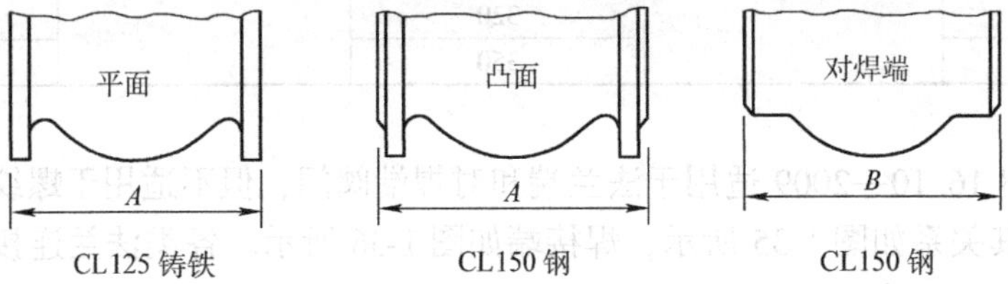

公称尺寸		1	2	3	4	5	6	7	8	9	10
		CL125 铸铁						CL150 钢			
		法兰端（平面）						法兰端（2mm 凸面）和对焊端			
		双闸板和楔式单闸板闸阀	旋塞阀			截止阀、升降式和旋启式止回阀①	角阀和升降式止回阀	闸阀			旋塞阀
			短型	常规型、文丘里型	圆口全径			双闸板和楔式单闸板	水道	双闸板和楔式单闸板	短型
NPS	DN	*A*	*A*	*A*	*A*	*A*	*D*	*A*	*A*	*B*	*A*
¼	8	—	—	—	—	—	—	102	—	102	—
⅜	10	—	—	—	—	—	—	102	—	102	—
½	15	—	—	—	—	—	—	108	—	108	—
¾	20	—	—	—	—	—	—	117	—	117	—
1	25	—	140	140③	140	—	—	127	—	127	140
1¼	32	—	—	165③	152	—	—	140	—	140	—
1½	40	—	165	165③	165	—	—	165	—	165	165
2	50	178	178	190③	190	203	102	178	178	216	178
2½	65	190	190	210③	210	216	108	190	190	241	190
3	80	203	203	229③	229	241	121	203	203	282	203
4	100	229	229	229③	305	292	146	229	229	305	229
5	125	254	254	356③	381	330	165	254	—	381	254
6	150	267	267	394	457	356	178	267	267	403	267
8	200	292	292	457	559	495	248	292	292	419	292
10	250	330	330	533	660	622	311	330	330	457	330
12	300	356	356	610	762	698	349	356	356	502	356

（续）

公称尺寸		1	2	3	4	5	6	7	8	9	10
		CL125 铸铁						CL150 钢			
		法兰端（平面）						法兰端（2mm 凸面）和对焊端			
		双闸板和楔式单闸板闸阀	旋塞阀			截止阀、升降式和旋启式止回阀①	角阀和升降式止回阀	闸阀			旋塞阀
			短型	常规型、文丘型	圆口全径			双闸板和楔式单闸板	水道	双闸板和楔式单闸板	短型
NPS	DN	A	A	A	A	A	D	A	A	B	A
14	350	381②	—	686	—	787	394	381	381	572	—
16	400	406②	—	762	—	914⑤	457	406	406	610	—
18	450	432②	—	864	—	—	—	432	432	660	—
20	500	457②	—	914	—	—	—	457	457	711	—
22	550	—	—	—	—	—	—	—	508	762	—
24	600	508②	—	1067④	—	—	—	508	508	813	—
26	650	—	—	—	—	—	—	559	559	864⑥	—
28	700	—	—	—	—	—	—	610	610	914⑥	—
30	750	—	—	1295④	—	—	—	610	660	914⑥	—
32	800	—	—	—	—	—	—	—	711	965⑥	—
34	850	—	—	—	—	—	—	—	762	1016⑥	1016
36	900	—	—	1600④	—	—	—	711	813	1016⑥	—

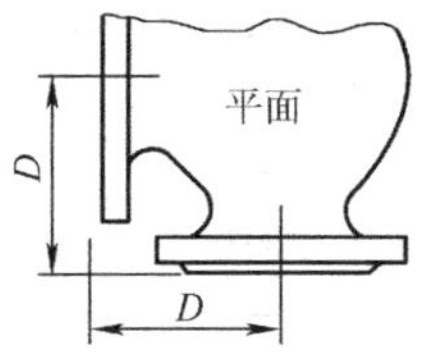

CL125 铸铁

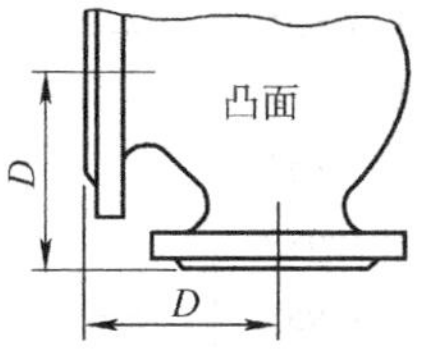

CL150 钢

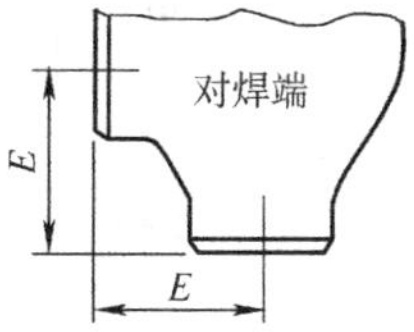

CL150 钢

公称尺寸		11	12	13	14	15	16	17	18	19	20	21
		CL150 钢										
		法兰端（2mm 凸面）和对焊端							法兰端		对焊端	
		旋塞阀				截止阀、升降式和旋启式止回阀①	角阀、升降式止回阀	Y 形截止阀 Y 形旋启式止回阀	球阀			
		常规型	短型、常规型	文丘里型	圆口全径				长型	短型	长型	短型
NPS	DN	A	B	A	A	A　B	D　E	A　B	A	A	B	B
¼	8	—	—	—	—	102	51	—	—	—	—	—
⅜	10	—	—	—	—	102	51	—	—	—	—	—
½	15	—	—	—	—	108	57	140	108	108	—	140
¾	20	—	—	—	—	117	64	152	117	117	—	152
1	25	—	—	—	176	127	70	165	127	127	—	165
1¼	32	—	—	—	—	140	76	184	140	140	—	178
1½	40	—	—	—	222	165	83	203	165	165	190	190
2	50	—	267	178	267	203	102	229	178	178	216	216

（续）

公称尺寸		11	12	13	14	15	16	17	18	19	20	21
		CL150 钢										
		法兰端（2mm 凸面）和对焊端							法兰端		对焊端	
		旋塞阀				截止阀、升降式和旋启式止回阀①	角阀、升降式止回阀	Y 形截止阀 Y 形旋启式止回阀	球阀			
		常规型	短型、常规型	文丘里型	圆口全径				长型	短型	长型	短型
NPS	DN	*A*	*B*	*A*	*A*	*A* *B*	*D* *E*	*A* *B*	*A*	*A*	*B*	*B*
2½	65	—	305	—	298	216	108	279	190	190	241	241
3	80	—	330	203	343	241	121	318	203	203	282	282
4	100	305	356	229	432	292	146	368	229	229	305	305
5	125	381	381	—	—	356⑦	178	—	—	—	—	—
6	150	394	457	394	—	406⑦	203	470	394	267	457	403
8	200	457	521	457	—	495	248	597	457	292	521	419
10	250	533	559	533	—	622	311	673	533	330	559	457
12	300	610	635	610	—	698	349	775	610	356	635	502
14	350	686	—	686	—	787	394	—	686	381	762	572
16	400	762	—	762	—	914⑧	457	—	762	406	838	610
18	450	846	—	846	—	978⑨	—	—	864	—	914	660
20	500	914	—	914	—	978⑨	—	—	914	—	991	711
22	550	—	—	—	—	1067⑨	—	—	—	—	1092	—
24	600	1067	—	1067	—	1295⑨	—	—	1067	—	1143	813
26	650	—	—	—	—	1295⑨	—	—	—	—	1245	—
28	700	—	—	—	—	1448⑨	—	—	—	—	1346	—
30	750	—	—	—	—	1524⑨	—	—	—	—	1397	—
32	800	—	—	—	—	—	—	—	—	—	1524	—
34	850	—	—	—	—	—	—	—	—	—	1626	—
36	900	—	—	—	—	1956⑨	—	—	—	—	1727	—

注：NPS 单位为 in。全书同。

① 这些结构长度不适用于下述止回阀：阀座与阀门通道大约成45°，“保险器型”或要求大间距的其他类型。

② 仅用于楔式单闸板闸阀。

③ 仅用于常规型。按制造厂选择 NPS4（DN100）阀门的（面-面）结构长度可为305mm。

④ 仅用于文丘里型。

⑤ 仅用于截止阀和水平安装的升降式止回阀。

⑥ 仅用于双闸板闸阀和水道闸阀。

⑦ 仅用于截止阀和水平的升降式止回阀。CL150 钢制法兰连接和对焊连接的旋启式止回阀，对于 NPS5（DN125）的其（面-面和端-端）的结构长度为330mm，对于 NPS6（DN150）其结构长度为356mm。

⑧ 仅用于截止阀和水平的升降式止回阀。CL150 钢制法兰连接和对焊连接的旋启式止回阀对于 NPS16（DN400），其（面-面和端-端）结构长度为864mm。

⑨ 仅用于旋启式止回阀。

⑩ 对于某些法兰端面所要求表列结构长度的调整值见表 1-64。

表 1-57　CL250 法兰连接铸铁阀门和 CL300 法兰连接和对焊连接钢制阀门的（面-面和端-端）结构长度[4]　（单位：mm）

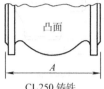

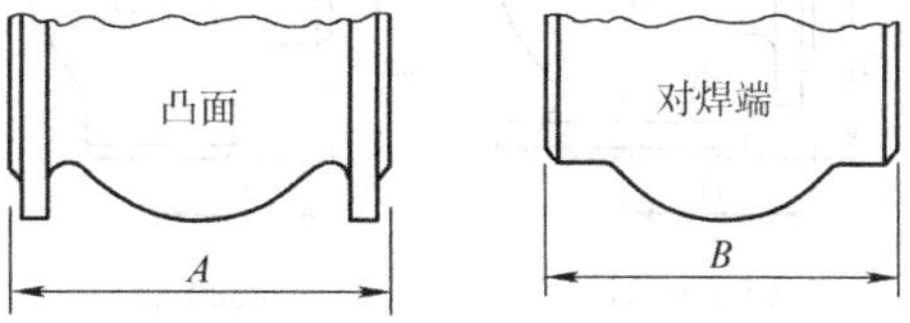

CL250 铸铁和CL300 钢　　CL300 钢

公称尺寸		1	2	3	4	5	6	7	8	9
		CL250 铸铁						CL300 钢		
		法兰端（2mm 凸面）						法兰端和对焊端		
		双闸板和楔式单闸板闸阀	旋塞阀			截止阀、升降式和旋启式止回阀	角阀、升降式止回阀	球阀		
			短型	常规型	文丘里型			长型	短型	长型
NPS	DN	*A*	*A*	*A*	*A*	*A*	*D*	*A*	*A*、*B*	*B*
½	15	—	—	—	—	—	—	140	140	—
¾	20	—	—	—	—	—	—	152	152	—
1	25	—	—	159	—	—	—	165	165	—
1¼	32	—	—	—	—	—	—	178	178	—
1½	40	—	—	190	—	—	—	190	190	190
2	50	216	184	216	—	267	133	216	216	216
2½	65	241	203	241	—	292	146	241	241	241
3	80	282	235	282	—	318	159	282	282	282
4	100	305	267	305	—	356	178	305	305	305
5	125	381	—	387	—	400	200	—	—	—
6	150	403	378	425	403	444	222	403	403	457
8	200	419	—	502	419	533	267	502	419	521
10	250	457	568	597	457	622	311	568	457	559
12	300	502	648	711	502	711	356	648	502	635
14	350	572	—	—	762	—	—	762	572	762
16	400	610	—	—	838	—	—	838	610	838
18	450	660	—	—	914	—	—	914	660	914
20	500	711	—	—	991	—	—	991	711	991
22	550	—	—	—	1118	—	—	1092	—	1092
24	600	787	—	—	1143	—	—	1143	813	1143
26	650	—	—	—	—	—	—	1245	—	1245
28	700	—	—	—	—	—	—	1346	—	1346
30	750	—	—	—	—	—	—	1397	—	1397
32	800	—	—	—	—	—	—	1524	—	1524
34	850	—	—	—	—	—	—	1626	—	1626
36	900	—	—	—	—	—	—	1727	—	1727

(续)

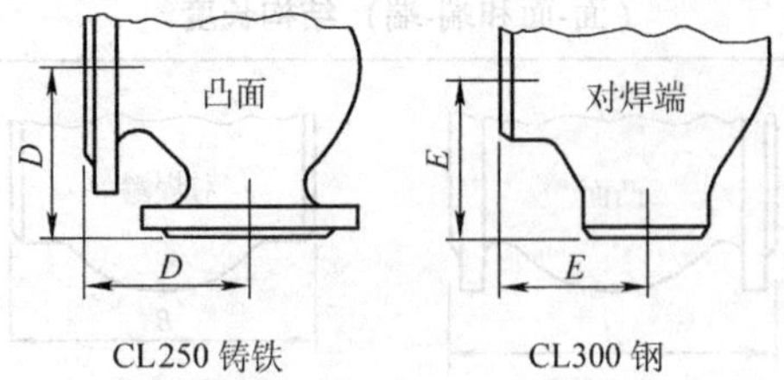

CL250 铸铁和CL300 钢　　CL300 钢

		10	11	12	13	14	15	16	17
		CL300 钢 法兰端（2mm 凸面）和对焊端							
公称尺寸		双闸板和楔式单闸板闸阀、水道阀	旋塞阀				截止阀、升降式止回阀	角阀、升降式止回阀	旋启式止回阀
			短型、文丘里型	短型、文丘里型	常规型	圆口全径			
NPS	DN	A、B	A	B	A	A、B	A、B	D、E	A、B
½	15	140①	—	—	—	—	152	76	—
¾	20	152①	—	—	—	—	178	89	—
1	25	165①	159②	—	—	190	203	102	216
1¼	32	178①	—	—	—	—	216	108	229
1½	40	190	190②	—	—	241	229	114	241
2	50	216	216	267②	—	282	267	133	267
2½	65	241	241	305②	—	330	292	146	292
3	80	282	282	330②	—	387	318	159	318
4	100	305	305	356②	—	457	356	178	356
5	125	381	—	—	—	—	400	200	400
6	150	403	403	457	403	559	444	222	444
8	200	419	419	521	502	686	559	279	533
10	250	457	457	559	568	826	622	311	622
12	300	502	502	635	711	965	711	356	711
14	350	762	762③	762③	762	—	—	—	838
16	400	838	838③	838③	838	—	—	—	864
18	450	914	914③	914③	914	—	—	—	978
20	500	991	991③	991③	991	—	—	—	1016
22	550	1092	1092③	1092③	1092	—	—	—	1118
24	600	1143	1143③	1143③	1143	—	—	—	1346
26	650	1245	1245③	1245③	1245	—	—	—	1346
28	700	1346	1346③	1346③	1346	—	—	—	1499
30	750	1397	1397③	1397③	1397	—	—	—	1594
32	800	1524	1524③	1524③	1524	—	—	—	—
34	850	1626	1626③	1626③	1626	—	—	—	—
36	900	1727	1727③	1727③	1727	—	—	—	2083

① 仅用于楔式单闸板闸阀。

② 仅用于短型旋塞阀。

③ 仅用于文丘里型。

④ 对于某些法兰端面所要求表列结构长度的调整值见表 1-64。

表 1-58　CL600 法兰连接和对焊连接钢制阀门的（面-面和端-端）结构长度⑦

（单位：mm）

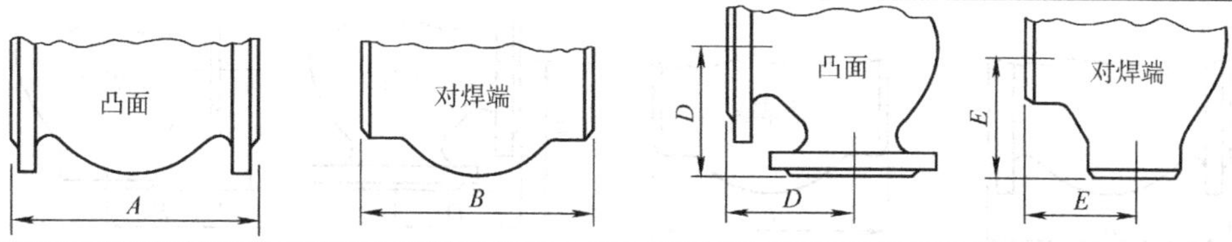

公称尺寸		1	2	3	4	5	6	7	8	9	10
		CL600 钢									
		法兰端（7mm 凸面）和对焊端									
		球　阀	闸　阀		旋　塞　阀			截止阀、升降式和旋启式止回阀长型	截止阀、升降式和旋启式止回阀短型	角阀、升降式止回阀长型	角阀、升降式止回阀短型
		长型	双闸板和楔式单闸板、水道阀长型	短型①	常规型、文丘里型	圆口全径	圆口全径				
NPS	DN	A　B	A、B	B	A、B	A	B	A、B	B①	D、E	E①
½	15	165	165②	—	—	—	—	165	—	83	—
¾	20	190	190②	—	—	—	—	190	—	95	—
1	25	216	216	133	216④	254	—	216	133	108	—
1¼	32	229	229	146	229④	—	—	229	146	114	—
1½	40	241	241	152	241	318	—	241	152	121	—
2	50	292	292	178	292	330	—	292	178	146	108
2½	65	330	330	216	330	381	—	330	216	165	127
3	80	356	356	254	356	444	—	356	254	178	152
4	100	432	432	305	432	508	559	432	305	216	178
5	125	—	508	381	—	—	—	508	381	254	216
6	150	559	559	457	559	660	711	559	457	279	254
8	200	660	660	584	660	794	845	660	584	330	—
10	250	787	787	711	787	940	1016	787	711	394	—
12	300	838	838	813	838	1067	1067	838	813	419	—
14	350	889	889	889	889	—	—	889⑥	—	—	—
16	400	991	991	991	991	—	—	991⑥	—	—	—
18	450	1092	1092	1092	1092⑤	—	—	1092⑥	—	—	—
20	500	1194	1194	1194	1194⑤	—	—	1194⑥	—	—	—
22	550	1295	1295	—	1295⑤	—	—	1295⑥	—	—	—
24	600	1397	1397	1397	1397⑤	—	—	1397⑥	—	—	—
26	650	1448	1448	—	1448⑤	—	—	1448⑥	—	—	—
28	700	1549	1549	—	—	—	—	1600⑥	—	—	—
30	750	1651	1651	—	1651⑤	—	—	1651⑥	—	—	—
32	800	1778	1778③	—	1778⑤	—	—	—	—	—	—
34	850	1930	1930③	—	1930⑤	—	—	—	—	—	—
36	900	2083	2083③	—	2083⑤	—	—	2083⑥	—	—	—

① 这些长度仅用于自紧密封或无法兰阀盖的阀门。按制造厂的选择，它们也可用在带法兰阀盖的阀门上。

② 仅用于楔式单闸板闸阀。

③ 仅用于常规型。

④ 仅用于双闸板闸阀和水道闸阀。

⑤ 仅用于文丘里型。

⑥ 仅用于旋启式止回阀。

⑦ 对于某些法兰端面所要求表列结构长度的调整值见表 1-64。

表 1-59 CL900 法兰连接和对焊连接钢制阀门的（面-面和端-端）结构长度⑦

（单位：mm）

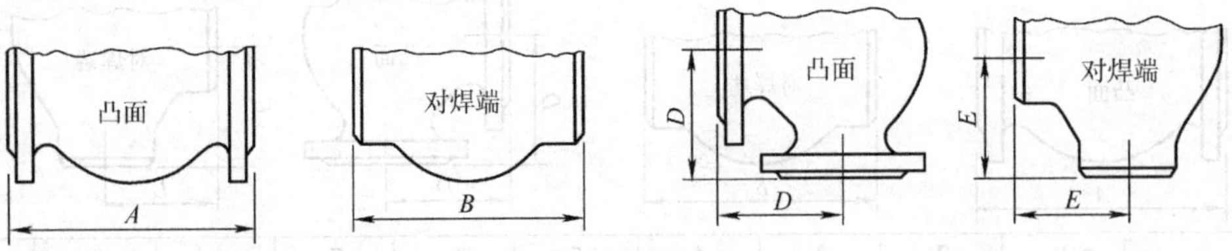

公称尺寸		1	2	3	4	5	6	7	8	9
		CL900 钢								
		法兰端（7mm 凸面）和对焊端								
		闸阀		旋塞阀		截止阀、升降式和旋启式止回阀	截止阀、升降式和旋启式止回阀	角阀、升降式止回阀	角阀、升降式止回阀	球阀
		双闸板和楔式单闸板、水道阀 长型	短型	常规型、文丘里型	圆型全径	长型	短型	长型	短型	长型
NPS	DN	A、B	B①	A、B	A	A、B	B①	D、E	E①	A、B
¾	20②	—	—	—	—	229	—	114	—	—
1	25②	254③	140	254④	—	254	—	127	—	254
1¼	32②	279③	165	279④	—	279	—	140	—	279
1½	40②	305③	178	305④	356	305	—	152	—	305
2	50②	368	216	368④	381	368	—	184	—	368
2½	65②	419	254	419④	432	419	254	210	—	419
3	80	381	305	381④	470	381	305	190	152	381
4	100	457	356	457⑤	559	457	356	229	178	457
5	125	559	432	—	—	559	432	279	216	—
6	150	610	508	610	737	610	508	305	254	610
8	200	737	660	737	813	737	660	368	330	737
10	250	838	787	838	965	838	787	419	394	838
12	300	965	914	965	1118	965	914	483	457	965
14	350	1029	991	—	—	1029	991	514	495	1029
16	400	1130	1092	1130⑤	—	1130⑥	1092	660	—	1130
18	450	1219	—	—	—	1219⑥	—	737	—	1219
20	500	1321	—	1321⑤	—	1321⑥	—	826	—	1321
22	550	—	—	—	—	—	—	—	—	—
24	600	1549	—	—	—	1549⑥	—	991	—	1549

① 这些长度仅用于自紧密封或无法兰阀盖的阀门上。按制造厂的选择，它们也可用在带法兰阀盖的阀门上。

② CL900、≤NPS2½（DN65）阀门的连接端法兰端面与 CL1500 阀门相同。CL900、≤NPS2½（DN65）阀门的（面-面）结构长度与 CL1500 的阀门相同，圆口全径旋塞阀（第 4 栏）除外。

③ 仅用于楔式单闸板闸阀。

④ 仅用于常规型。

⑤ 仅用于文丘里型。

⑥ 仅用于旋启式止回阀。

⑦ 对于某些法兰端面所要求表列结构长度的调整值见表 1-64。

表1-60 CL1500法兰连接和对焊连接钢制阀门（面-面和端-端）结构长度⑦

（单位：mm）

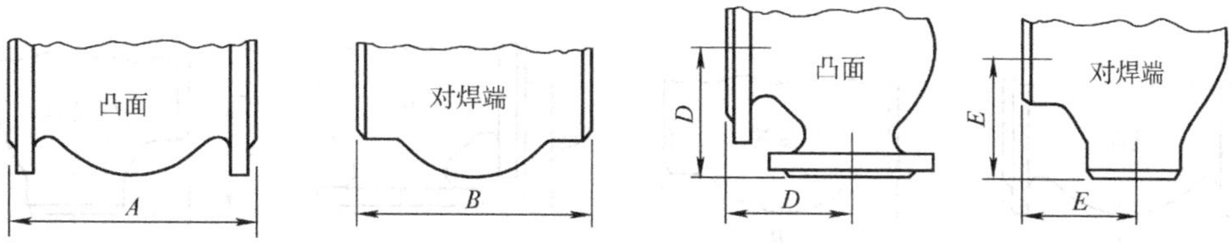

公称尺寸		1	2	3	4	5	6	7	8
		CL1500钢							
		法兰端（7mm凸面）和对焊端							
		闸阀		旋塞阀		截止阀、升降式和旋启式止回阀 长型	截止阀、升降式和旋启式止回阀 短型	角阀、升降式止回阀 长型	球阀
		双闸板和楔式单闸板、水道阀 长型	短型	常规型、文丘里型	圆口全径				长型
NPS	DN	A、B	B①	A、B	A	A、B	B①	D、E	A、B
½	15	—	—	—	—	216⑤	—	108	—
¾	20	—	—	—	—	229	—	114	—
1	25	254②	140	254③	—	254	—	127	—
1¼	32	279②	165	279③	—	279	—	140	—
1½	40	305②	178	305③	—	305	—	152	—
2	50	368	216	368③	391	368	216	184	368
2½	65	419	254	419③	454	419	254	210	419
3	80	470	305	470③	524	470	305	235	470
4	100	546	406	546③	625	546	406	273	546
5	125	673	483	—	—	673	483	337	—
6	150	705	559	705	787	705	559	353	705
8	200	832	711	832	889	832	711	416	832
10	250	991	864	991	1067	991	864	495	991
12	300	1130	991	1130	1219	1130	991	565	1130
14	350	1257	1067	—	—	1257	1067	629	1257
16	400	1384	1194	1384④	—	1384⑥	1194	—	1384
18	450	1537	1346	—	—	1537⑥	—	—	—
20	500	1664	1473	—	—	1664⑥	—	—	—
22	550	—	—	—	—	—	—	—	—
24	600	1943	—	—	—	1943⑥	—	—	—

① 这些长度仅用于自紧密封或无法兰阀盖的阀门。按制造厂的选择，它们也可用在带法兰阀盖的阀门上。
② 仅用于楔式单闸板闸阀。
③ 仅用于常规型。
④ 仅用于文丘里型。
⑤ 仅用于截止阀和升降式止回阀。
⑥ 仅用于旋启式止回阀。
⑦ 对于某些法兰端面所要求表列结构长度的调整值见表1-64。

表 1-61 CL2500 法兰连接和对焊连接钢制阀门的（面-面和端-端）结构长度③

（单位：mm）

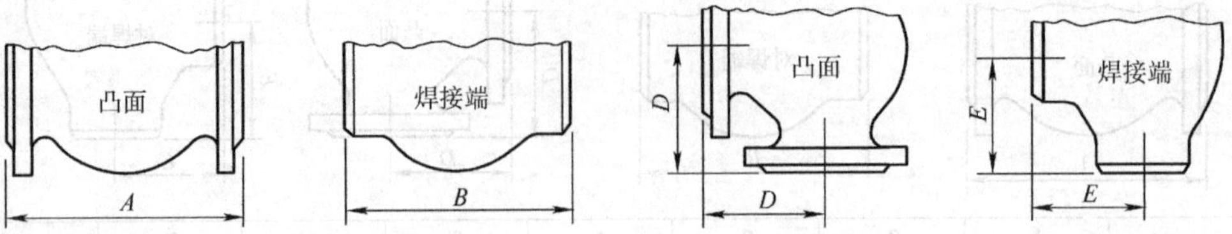

公称尺寸		1	2	3	4	5	6	7
		CL2500 钢						
		法兰端（7mm 凸面）和对焊端						
		闸 阀						球阀
		双闸板和楔式单闸板 长型	短型	常规型旋塞阀	截止阀、升降式和旋启式止回阀 长型	截止阀、升降式和旋启式止回阀 短型	角阀、升降式止回阀 长型	长型
NPS	DN	A、B	B①	A、B	A、B	B①	D、E	A、B
½	15	264②	—	—	264	—	132	—
¾	20	273②	—	—	273	—	137	—
1	25	308②	186	308	308	—	154	—
1¼	32	349②	232	—	349	—	175	—
1½	40	384②	232	384	384	—	192	—
2	50	451	279	451	451	279	226	451
2½	65	508	330	508	508	330	254	508
3	80	578	368	578	578	368	289	578
4	100	673	457	673	673	457	337	673
5	125	794	533	794	794	533	397	—
6	150	914	610	914	914	610	457	914
8	200	1022	762	1022	1022	762	511	1022
10	250	1270	914	1270	1270	914	635	1270
12	300	1422	1041	1422	1422	1041	711	1422
14	350	—	1118	—	—	—	—	—
16	400	—	1245	—	—	—	—	—
18	450	—	1397	—	—	—	—	—

① 对这些长度仅用于自紧密封或无法兰阀盖的阀门。按制造厂的选择，它们也可用在带法兰阀盖的阀门上。

② 仅用于楔式单闸板闸阀。

③ 对于某些法兰端面所要求表列结构长度的调整值见表 1-64。

表 1-62　CL125 和 CL250 铸铁阀门和 CL150 ~ CL2500 对夹式钢制阀门（面-面）的结构长度⑥

（单位：mm）

公称尺寸		1	2	3	4	5	6	7	8	9	10	11	12	13	14
		钢①	铸铁②		安装在 ANSI 法兰间的单瓣和双瓣对夹式止回阀③										
		CL150 法兰连接无阀盖刀闸阀	安装在 ANSI 法兰间的单瓣和双瓣旋启式止回阀		CL						CL				
			CL		150	300	600	900	1500	2500	150	300	600	900	1500
NPS	DN		125	250	长　型④						短　型⑤				
2	50	48	54	54	60	60	60	70	70	70	19	19	19	19	19
2½	65	—	60	60	67	67	67	83	83	83	19	19	19	19	19
3	80	51	67	67	73	73	73	83	83	86	19	19	19	19	22
4	100	51	67	67	73	73	79	102	102	105	19	19	22	22	32
5	125	57	83	83	—	—	—	—	—	—	—	—	—	—	—
6	150	57	95	95	99	99	137	159	159	159	19	22	28	35	44
8	200	70	127	127	127	127	165	206	206	206	28	28	38	44	57
10	250	70	140	140	146	146	213	241	248	254	28	38	57	57	73
12	300	76	181	181	181	181	229	292	305	305	38	51	60	—	—
14	350	76	184	222	184	222	273	356	356	—	44	51	67	—	—
16	400	89	190	232	190	232	305	384	384	—	51	51	73	—	—
18	450	89	203	264	203	264	362	451	468	—	60	76	83	—	—
20	500	114	213	292	219	292	368	451	533	—	64	83	92	—	—
24	600	114	222	318	222	318	438	495	559	—	—	—	—	—	—
30	750	—	305	368	305	368	505	—	—	—	—	—	—	—	—
36	900	—	368	483	368	483	635	—	—	—	—	—	—	—	—
42	1050	—	432	568	432	568	702	—	—	—	—	—	—	—	—
48	1200	—	524	629	524	629	—	—	—	—	—	—	—	—	

① 刀闸阀的这些数据取自 TAPPI TIS405-8 和 MSS SP-81。

② 铸铁旋启式止回阀数据取自 API-594。

③ CL150、CL300 和 CL600，尺寸≥NPS30（DN750）的阀门，其阀体外径和垫片表面尺寸应与订单中规定的法兰标准如 API 605 或 MSS SP44。

④ 尺寸≤NPS24（DN600）的长型钢制旋启式止回阀数据取自 API 6D 和 API 594。较大规格阀门数据取自 API 594。

⑤ 短型钢制对夹式止回阀数据取自 API 6D。

⑥ 公称尺寸≤NPS10（DN250）的阀门（面-面和端-端）结构长度极限偏差为 ±2mm。公称尺寸≥NPS12（DN300）阀门的（面-面和端-端）结构长度极限偏差为 ±3mm；但对夹式阀门和蝶阀除外，只适用于尺寸≤NPS24（DN600）的阀门，尺寸≥NPS30（DN750）的阀门其结构长度极限偏差为 ±6mm。

表 1-63　CL25 和 CL125 铸铁和 CL150 ~ CL600 钢制蝶阀的（面-面）结构长度

（单位：mm）

公称尺寸		1	2	3	4	5	6	7	8	9
		CL150 铸铁和钢②③④					横端②④	偏心阀座凸耳和对夹式钢⑤⑥		
		法兰端		凸耳和对夹式①			CL150	CL150	CL300	CL600
NPS	DN	窄	宽	窄	宽	超宽				
1½	40	—	—	33	37	38	86	—	—	—
2	50	—	—	43	44	46	81	—	—	—
2½	65	—	—	46	49	51	97	—	—	—
3	80	127	127	46	49	51	97	48	48	54
4	100	127	178	52	56	57	116	54	54	64

（续）

公称尺寸		1	2	3	4	5	6	7	8	9
		CL150 铸铁和钢②③④					横端②④	偏心阀座凸耳和对夹式钢⑤⑥		
		法兰端		凸耳和对夹式①			CL150	CL150	CL300	CL600
NPS	DN	窄	宽	窄	宽	超宽				
5	125	127	190	56	64	65	148	—	—	—
6	150	127	203	56	70	71	148	57	59	78
8	200	152	216	60	71	75	133	64	73	102
10	250	203	381	68	76	79	159	71	83	117
12	300	203	381	78	83	86	165	81	92	140
14	350	203	406	78	92	95	178	92	117	155
16	400	203	406	79	102	105	178	102	133	178
18	450	203	406	102	114	117	203	114	149	200
20	500	203	457	111	127	130	216	127	159	216
24	600	203	457	—	154	157	254	154	181	232
30	750	305	559	—	165	—	—	—	—	—
36	900	305	559	—	200	—	—	—	—	—
42	1050	305	610	—	251	—	—	—	—	—
48	1200	381	660	—	276	—	—	—	—	—
54	1350	381	711	—	—	—	—	—	—	—
60	1500	381	762	—	—	—	—	—	—	—
66	1650	457	864	—	—	—	—	—	—	—
72	1800	457	914	—	—	—	—	—	—	—

① 安装的（面-面）结构长度是指阀门安装到管线后阀门的面-面尺寸，它不包括所使用的单垫片的厚度。但它包括已压缩的（安装的）垫片或密封圈的厚度。它们属于阀门的整体部分。

② 这些蝶阀的常规结构是蝶板和阀座设计为一同心位置，其数据取自 MSS SP-67。

③ 这些阀门在尺寸上符合 ASME B16.1 的 CL25 或 CL125，ASME B16.5、CL150，ASME B16.24 CL150，ASME B16.42、CL150 或 AWWA C-207 中的法兰相一致。

④ 对于这些蝶阀，尺寸≤NPS6（DN150）的其（面-面）结构长度的极限偏差为 ±2mm，尺寸≥NPS8（DN200）的其（面-面）结构长度极限偏差为 ±3mm，但允许尺寸≥NPS30（DN750）的单法兰和无法兰阀门的结构长极限偏差为 ±6mm。

⑤ 对于这些阀门，所有尺寸和压力级的阀门其（面-面）结构长度极限偏差为 ±3mm。

⑥ 偏心阀座阀门的数据，7~9 栏取自 MSS SP-68 和 API 609［NPS16~NPS24（DN400~DN600），CL600，仅取自 MSS SP-68］。

表 1-64 各种法兰端面的法兰连接阀门的（面-面和端-端）结构长度的确定 （单位：mm）

材料	CL	面-面①②						端-端	
		平面	2mm 凸面	7mm 凸面	宽或窄		环连接	凹面	槽面
					凸面	榫面			
铸铁	125	③	—	—	—	—	—	—	—
	250	—	③	—	—	—	—	—	—
钢	125	④	③	—	+13	+13	⑥	+10	+10
	300	④	③	—	+13	+13	⑥	+10	+10
	600~2500	—	—	③	⑤	⑤	⑥	−3	−3

① 为确定本表所列两端均为法兰的阀门（面-面或端-端）结构长度对于表 1-58~表 1-61 的阀门类型（闸阀、截止阀等）材料，压力级和尺寸所列的（面-面）结构长度按本表所示值调整。

② 对于角阀的（中心-面或中心-端）结构长度，使用本表所示值的½。

③ 这些（面-面）结构长度见表 1-58~表 1-61（见所需压力级 CL 的表）。

④ 带平面法兰的 CL150 和 CL300 钢制阀门，除另有规定外，可提供法兰的全厚度或切去 2mm 凸面后的厚度，对于法兰的全厚度，采用 2mm 凸面所列的（面-面）结构长度。使用者要切记，切去 2mm 凸面后的法兰其（面-面）结构长度为非标准的。

⑤ 这些（面-面）结构长度为表 1-58~表 1-61 中 7mm 凸面所列。

⑥ 表 1-65 中规定的 X 尺寸加到表 1-56~表 1-61 相应的凸面法兰的（面-面）结构长度后确定出带有环连接端面法兰钢制阀门的（端-端）结构长度。

表 1-65 CL2500 法兰连接和对焊连接钢制阀门的（面-面和端-端）结构长度

（单位：mm）

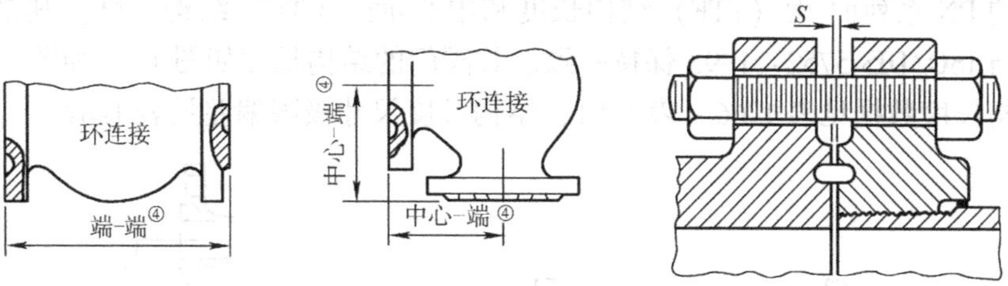

公称尺寸		1	2	3	4	5	6	7	8	9	10	11	12
		CL150⑤		CL300		CL600		CL900		CL1500		CL2500	
NPS	DN	*X*	*S*	*X*	*S*	*X*	*S*	*X*	*S*	*X*	*S*	*X*	*S*
½	15	—	—	11	3	−2③	3	0	4	0	4	0	4
¾	20	—	—	13	4	0	4	0	4	0	4	0	4
1	25	13	4	13	4	0	4	0	4	0	4	0	4
1¼	32	13	4	13	4	0	4	0	4	0	4	3	3
1½	40	13	4	13	4	0	4	0	4	0	4	3	3
2	50	13	4	16	6	3	5	3	3	3	3	3	3
2½	65	13	4	16	6	3	5	3	3	3	3	6	3
3	80	13	4	16	6	3	5	3	4	3	3	6	3
4	100	13	4	16	6	3	5	3	4	3	3	10	4
5	125	13	4	16	6	3	5	3	4	3	3	13	4
6	150	13	4	16	6	3	5	3	4	6	3	13	4
8	200	13	4	16	6	3	5	3	4	10	4	16	5
10	250	13	4	16	6	3	5	3	4	10	4	22	6
12	300	13	4	16	6	3	5	3	4	16	5	22	8
14	350	13	3	16	6	3	5	10	4	19	6	—	—
16	400	13	3	16	6	3	5	10	4	22	8	—	—
18	450	13	3	16	6	3	5	13	5	22	8	—	—
20	500	13	3	19	6	6	5	13	5	22	10	—	—
22	550	13①	②	22①	6	10①	6	—	—	—	—	—	—
24	600	13	3	22	6	10	6	19	6	28	11	—	—
26	650	—	—	25①	6	13①	6	—	—	—	—	—	—
28	700	—	—	25①	6	13①	6	—	—	—	—	—	—
30	750	—	—	25①	6	13①	6	—	—	—	—	—	—
32	800	—	—	28①	②	16①	②	—	—	—	—	—	—
34	850	—	—	28①	②	16①	②	—	—	—	—	—	—
36	900	—	—	28①	②	16①	②	—	—	—	—	—	—

① 尺寸为 NPS22（DN550）和尺寸≥NPS26（DN650）的法兰应符合 MSS SP-44 和 ASME B16.47*A* 系列相应尺寸和压力级的法兰。

② *S* 为不规定尺寸。

③ 该尺寸为负值，因为采用的环连接面比凸面高度小 1mm。

④ 为确定带环连接端面法兰阀门的（端-端）结构长度，尺寸 *X* 必须加到表 1-78 ~ 表 1-83 普通凸面法兰的（面-面）结构长度上。对角阀和角型升降式止回阀，应将表中所列尺寸 *X* 之半加到（中心-端）结构长度上；对于带八角形或椭圆形连接环垫的法兰端面间大约距离，当环垫被压缩时，应使用所列的尺寸 *S*。

⑤ 法兰应符合 ASME B16.5 相应的尺寸和压力级要求，尺寸为 NPS22（DN550），尺寸≥NPS26（DN650）除外，见注①。

3. 欧洲数据

欧洲 EN558—2008《工业阀门　法兰连接金属阀门结构长度》规定了法兰连接管道系统用金属阀门的 PN 系列面-面（FTF）结构长度和中心-面（CTF）结构长度。其结构长度基本系列的编号与 ISO/DIS 5752：1993 保持一致。其阀门的结构长度如图 1-37 和图 1-38 所示，各类阀门的结构长度数据见表 1-66 ~ 表 1-81，结构长度尺寸极限偏差见表 1-82。

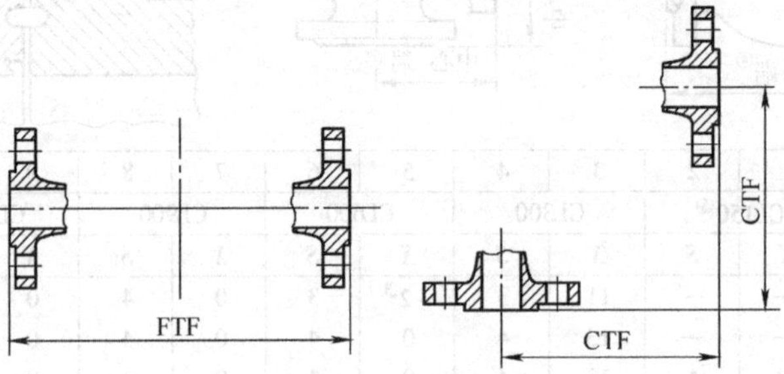

图 1-37　面-面/中心-面结构长度（之一）

注：1. 对于用垫片连接相配法兰的弹性衬里阀门，其面-面（FTF）和中心-面（CTF）结构长度，应是安装条件下，阀门两末端之间的距离。

2. 作为常见的弹性衬里或硬质衬里阀门，在相配表面上的衬里厚度应包括在其面-面（FTF）和中心-面（CTF）结构长度之内，除非阀门设计不包含此部分。

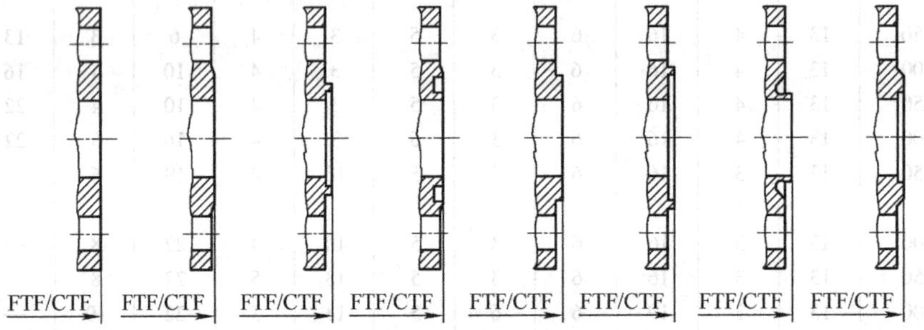

图 1-38　面-面/中心-面结构长度（之二）

注：1. 对用于用垫片连接相配法兰的弹性衬里阀门，其面-面（FTF）和中心-面（CTF）结构长度，应是安装条件下，阀门两末端之间的距离。

2. 作为常见的弹性衬里或硬质衬里阀门，在相配表面上的衬里厚度，应包括在其面-面（FTF）和中心-面（CTF）结构长度之内，除非阀门设计不包含此部分。

表 1-66　结构长度基本系列　（单位：mm）

DN	基本系列																					
	1	2	3	4	5	7	8①	9①	10	11①	12	13	14	15	16	18	19	20	21	22①	23①	25
10	130	210	102	—	—	108	90	105	—	—	130	—	115	—	—	80	—	—	—	65	70	—
15	130	210	108	140	165	108	90	105	108	57	130	—	115	—	—	80	140	—	152	65	70	—
20	150	230	117	152	190	117	95	115	117	64	130	—	120	—	—	90	152	—	178	70	75	—
25	160	230	127	165	216	127	100	115	127	70	140	—	125	120	—	100	165	—	216	80	85	—
32	180	260	140	178	229	146	105	130	140	76	165	—	130	140	—	110	178	—	229	90	95	—
40	200	260	165	190	241	159	115	130	165	83	165	106	140	240	33	120	190	33	241	95	100	—
50	230	300	178	216	292	190	125	150	203	102	203	108	150	250	43	135	216	43	267	105	115	—
65	290	340	190	241	330	216	145	170	216	108	222	112	170	270	46	165	241	46	292	115	125	—

（续）

DN	基本系列																					
	1	2	3	4	5	7	8①	9①	10	11①	12	13	14	15	16	18	19	20	21	22①	23①	25
80	310	380	203	283	356	254	155	190	241	121	241	114	180	280	64	185	283	46	318	125	135	49
100	350	430	229	305	432	305	175	215	292	146	305	127	190	300	64	229	305	52	356	135	146	56
125	400	500	254	381	508	356	200	250	330	178	356	140	200	325	70	—	381	56	400	—	—	64
150	480	550	267	403	559	406	225	275	356	203	394	140	210	350	76	—	403	56	444	—	—	70
200	600	650	292	419	660	521	275	325	495	248	457	152	230	400	89	—	419	60	533	—	—	71
250	730	775	330	457	787	635	325	—	622	311	533	165	250	450	114	—	457	68	622	—	—	76
300	850	900	356	502	838	749	375	—	698	349	610	178	270	500	114	—	502	78	711	—	—	83
350	980	1025	381	762	889	—	425	—	787	394	686	190	290	550	127	—	572	78	838	—	—	92
400	1100	1150	406	838	991	—	475	—	914	457	762	216	310	600	140	—	610	102	864	—	—	102
450	1200	1275	432	914	1092	—	500	—	978	483	864	222	330	650	152	—	660	114	978	—	—	114
500	1250	1400	457	991	1194	—	—	—	978	—	914	229	350	700	152	—	711	127	1016	—	—	127
600	1450	1600	508	1143	1397	—	—	—	1295	—	1067	267	390	800	178	—	787	154	1346	—	—	154
700	1650	—	610	—	—	—	—	—	1448	—	—	292	430	900	229	—	—	165	1499	—	—	—
800	1850	—	660	—	—	—	—	—	1676	—	—	318	470	1000	241	—	—	190	1778	—	—	—
900	2050	—	711	—	—	—	—	—	1956	—	—	330	510	1100	241	—	—	203	2083	—	—	—
1000	2250	—	813	—	—	—	—	—	—	—	—	410	550	1200	300	—	—	216	—	—	—	—
1200	—	—	—	—	—	—	—	—	—	—	—	470	630	—	350	—	—	254	—	—	—	—
1400	—	—	—	—	—	—	—	—	—	—	—	530	710	—	390	—	—	279	—	—	—	—
1600	—	—	—	—	—	—	—	—	—	—	—	600	790	—	440	—	—	318	—	—	—	—
1800	—	—	—	—	—	—	—	—	—	—	—	670	870	—	490	—	—	356	—	—	—	—
2000	—	—	—	—	—	—	—	—	—	—	—	760	950	—	540	—	—	406	—	—	—	—

DN	基本系列																					
	26	27	28	29	30	36	37	38	39	40①	41①	42①	43	44	45	46	47	48	49	50	51	53
10	—	115	130	108	—	—	—	—	—	—	—	—	—	—	—	—	—	—	—	—	—	—
15	—	115	130	108	150	—	—	—	—	—	—	—	90	—	140	165	—	—	16	—	—	—
20	—	120	150	117.5	160	76	—	—	—	—	—	—	100	—	152	250	75	—	19	—	—	—
25	—	125	160	127	160	102	184	197	210	92	98	105	115	—	210	255	80	—	22	—	—	—
32	—	130	180	127	180	—	—	—	—	—	—	—	130	36	230	265	90	—	28	—	—	—
40	240	140	200	136	190	114	222	235	251	111	117	125	150	38	240	280	100	180	31.5	—	—	38
50	250	150	230	142	200	124	254	267	286	127	133	143	170	40	250	300	110	200	40	54	54	40
65	290	170	290	154	215	—	—	—	—	—	—	—	—	42	270	340	130	240	46	54	60	42
80	310	180	310	160	230	165	298	317	337	149	159	168	—	44	280	360	150	260	50	57	67	44
100	350	190	350	172	250	194	352	368	394	176	184	197	—	46	300	400	160	300	60	64	67	46
125	400	325	400	186	275	—	—	—	—	—	—	—	—	48	350	450	200	350	90	70	83	48
150	450	350	450	200	300	229	451	473	508	225	236	254	—	50	375	500	210	400	106	76	95	50
200	550	400	550	228	350	243	543	568	610	272	284	305	—	60	425	600	—	500	140	95	127	60
250	650	450	650	255	400	297	673	708	752	337	354	376	—	65	450	700	—	600	—	108	140	65
300	750	500	750	285	425	338	737	775	819	368	387	410	—	75	500	800	—	700	—	143	181	75
350	850	550	850	315	475	—	889	927	972	445	464	486	—	80	550	—	—	800	—	184	222	80
400	950	762	950	340	525	400	1016	1057	1108	508	529	554	—	95	600	—	—	900	—	191	232	95
450	1050	—	—	360	575	—	—	—	—	—	—	—	—	107	—	—	—	1000	—	203	264	107
500	1150	914	1150	380	625	—	—	—	—	—	—	—	—	120	—	—	—	1100	—	213	292	120
600	1350	—	—	425	725	—	—	—	—	—	—	—	—	144	—	—	—	1300	—	222	318	144
700	1550	—	—	470	825	—	—	—	—	—	—	—	—	160	—	—	—	1500	—	321	381	160
800	1750	—	—	510	925	—	—	—	—	—	—	—	—	180	—	—	—	1700	—	356	—	180
900	1950	—	—	555	1025	—	—	—	—	—	—	—	—	195	—	—	—	1900	—	368	489	195
1000	2150	—	—	600	1125	—	—	—	—	—	—	—	—	210	—	—	—	2100	—	419	—	210
1200	—	—	—	—	—	—	—	—	—	—	—	—	—	—	—	—	—	—	—	—	—	—
1400	—	—	—	—	—	—	—	—	—	—	—	—	—	—	—	—	—	—	—	—	—	—
1600	—	—	—	—	—	—	—	—	—	—	—	—	—	—	—	—	—	—	—	—	—	—
1800	—	—	—	—	—	—	—	—	—	—	—	—	—	—	—	—	—	—	—	—	—	—
2000	—	—	—	—	—	—	—	—	—	—	—	—	—	—	—	—	—	—	—	—	—	—

注：1. 本表给出了全部系列。
　　2. 允许某些尺寸/类型阀门有可供选择的尺寸，并适当地在表 1-67 ~ 表 1-81 中给予规定。
　　3. 引用标准的附录中给出了这些基本系列的来源。

① CTF—角式阀门的（中心-面）结构长度。

表 1-67 闸阀结构长度 （单位：mm）

DN	FTF：面-面结构长度																	
	PN6 ~ PN16								PN25 ~ PN40								PN63 ~ PN100	
10	—	80	—	102	108	—	108	—	—	80	108	—	—	—	—	—	—	—
15	—	80	—	108	108	—	108	150	—	80	108	140	140	—	—	140	—	165
20	75	90	—	117	117	—	117	160	75	90	117	152	152	—	—	152	—	250
25	80	100	125	127	127	120	127	160	80	100	127	165	165	120	—	210	—	255
32	90	110	130	140	146	140	127	180	90	110	146	178	178	140	—	230	—	256
40	100	120	140	165	159	240	136	190	100	120	159	190	190	240	240	240	240	280
50	110	135	150	178	190	250	142	200	110	135	190	216	216	250	250	250	250	300
65	130	165	170	190	216	270	154	215	130	165	216	241	241	270	290	270	290	340
80	150	185	180	203	254	280	160	230	150	185	254	283	283	280	310	280	310	360
100	160	229	190	229	305	300	172	250	160	229	305	305	305	300	350	300	350	400
125	200	—	200	254	—	325	186	275	200	—	—	381	381	325	400	350	400	450
150	210	—	210	267	—	350	200	300	210	—	—	403	403	350	450	375	450	500
200	—	—	230	292	—	400	228	350	—	—	—	419	419	400	550	425	550	600
250	—	—	250	330	—	450	255	400	—	—	—	457	457	450	650	450	650	700
300	—	—	270	356	—	500	285	425	—	—	—	502	502	500	750	500	750	800
350	—	—	290	381	—	550	315	475	—	—	—	572	762	550	850	550	850	—
400	—	—	310	406	—	600	340	525	—	—	—	610	838	600	950	600	950	—
450	—	—	330	432	—	650	360	575	—	—	—	660	914	650	1050	—	1050	—
500	—	—	350	457	—	700	380	625	—	—	—	711	991	700	1150	—	1150	—
600	—	—	390	508	—	800	425	725	—	—	—	787	1143	800	1350	—	1350	—
700	—	—	430	610	—	900	470	825	—	—	—	—	—	—	—	—	—	—
800	—	—	470	660	—	1000	510	925	—	—	—	—	—	—	—	—	—	—
900	—	—	510	711	—	1100	555	1025	—	—	—	—	—	—	—	—	—	—
1000	—	—	550	813	—	1200	600	1125	—	—	—	—	—	—	—	—	—	—
基本系列	47③	18③	14①	3	7③	15	29	30	47③	18③	7③	19	4	15	26	45	26	46②

① 这系列用于灰铸铁闸阀同型系列（详细见相关的产品标准）。

② 这系列仅用于 PN63。

③ 这系列仅用于铜合金阀门，不能用于铸铁阀或钢制阀门。

表 1-68 法兰蝶阀结构长度 （单位：mm）

DN	FTF：面-面结构长度		
	PN2.5、PN6、PN10、PN16、PN25		PN40
40	106	140	140
50	108	150	150
65	112	170	170
80	114	180	180
100	127	190	190
125	140	200	200
150	140	210	210
200	152	230	230
250	165	250	250
300	178	270	270
350	190	290	290
400	216	310	310
450	222	330	330
500	229	350	350
600	267	390	390

（续）

DN	FTF：面-面结构长度		
	PN2.5、PN6、PN10、PN16、PN25		PN40
700	292	430	430
800	318	470	470
900	330	510	510
1000	410	550	550
1200	470	630	630
1400	530	710	710
1600	600	790	790
1800	670	870	870
2000	760	950	950
基本系列	13	14	14

表 1-69　对夹式蝶阀结构长度　（单位：mm）

DN	FTF：面-面结构长度				
	PN2.5、PN6、PN10、PN16、PN25				PN40
40	38	33	—	33	33
50	40	43	—	43	43
65	42	46	—	46	46
80	44	46	49	64	64
100	46	52	56	64	64
125	48	56	64	70	70
150	50	56	70	76	76
200	60	60	71	89	89
250	65	68	76	114	114
300	75	78	83	114	114
350	80	92[②]	92	127	127
400	95	102	102	140	140
450	107	114	114	152	152
500	120	127	127	152	152
600	144	154	154	178	178
700	160	165	—	229	—
800	180	190	—	241	—
900	195	203	—	241	—
1000	210	216	—	300	—
1200	—	254	—	350	—
1400	—	279	—	390	—
1600	—	318	—	440	—
1800	—	356	—	490	—
2000	—	406	—	540	—
基本系列	53[①]	20	25[③]	16	16

① 仅用于 PN2.5、PN6 和 PN10。

② 或者为 78mm，直到删去基本系列（见脚注③）。

③ 在该标准第一次出版五年后，基本系列 25 被删除。

表 1-70　旋塞阀和球阀结构长度　（单位：mm）

DN	FTF：面-面结构长度										
	PN6、PN10、PN16					PN25、PN40				PN63、PN100	
10	—	102	115	130	130	110	—	130	130	130	130
15	90	108	115	130	130	115	140	130	130	130	130
20	100	117	120	130	150	120	152	150	150	150	150
25	115	127	125	140	160	125	165	160	160	160	160
32	130	140	130	165	180	130	178	180	180	180	180
40	150	165	140	165	200	140	190	200	200	200	200

（续）

DN	FTF：面-面结构长度										
	PN6、PN10、PN16					PN25、PN40				PN63、PN100	
50	170	178	150	203	230	150	216	230	230	230	230
65	—	190	170	222	290	170	241	290	290	290	290
80	—	203	180	241	310	180	283	310	310	310	310
100	—	229	190	305	350	190	305	350	350	350	350
125	—	254	325	356	400	325	381	400	400	400	400
150	—	267	350	394	480	350	403	450	480	450	480
200	—	292	400	457	600	400	419②	550	600	550	600
250	—	330	450	533	730	450	457②	650	730	650	730
300	—	356	500	610	850	500	502②	750	850	750	850
350	—	381	550	686	980	550	762	850	980	850	980
400	—	406	762	762	1100	762	838	950	1100	950	1100
450	—	432	—	864	1200	—	914	—	1200	—	1200
500	—	457	914	914	1250	914	991	1150	1250	1150	1250
600	—	508	—	1067	1450	—	1143	—	1450	—	—
基本系列	43③	3①	27	12	1	27	4	28	1	28	1

① 这个系列不能用于 DN40 以上顶装式全通径球阀。这系列不能用于 DN300 以上全通径球阀和旋塞阀。

② 球阀 FTF 结构长度尺寸用 502（DN200）；568（DN250）；648（DN300）替换。

③ 这系列仅用于 PN10 球阀。

表 1-71　隔膜阀结构长度　（单位：mm）

DN	FTF：面-面结构长度			
	PN6	PN10、PN16		PN25、PN40
10	108	108	130	130
15	108	108	130	130
20	117	117	150	150
25	127	127	160	160
32	146	146	180	180
40	159	159	200	200
50	190	190	230	230
65	216	216	290	290
80	254	254	310	310
100	305	305	350	350
125	356	356	400	400
150	406	406	480	480
200	521	521	600	600
250	635	635	730	730
300	749	749	850	850
基本系列	7	7		1

表 1-72　直通式和直流式截止阀结构长度　（单位：mm）

DN	FTF：面-面结构长度										
	PN6、PN10、PN16					PN25、PN40					PN63、PN100
10	80	108	115	—	130	80	108	115	—	130	210
15	80	108	115	108	130	80	108	115	152	130	210
20	90	117	120	117	150	90	117	120	178	150	230
25	100	127	125	127	160	100	127	125	216③	160	230
32	110	146	130	140	180	110	146	130	229③	180	260
40	120	159	140	165	200	120	159	140	241③	200	260

（续）

DN	FTF：面-面结构长度										
	PN6、PN10、PN16					PN25、PN40					PN63、PN100
50	135	190	150	203	230	135	190	150	267	230	300
65	165	216	170	216	290	165	216	170	292	290	340
80	185	254	180	241	310	185	254	180	318	310	380
100	229	305	190	292	350	229	305	190	356	350	430
125	—	—	200	330①	400	—	—	200	400	400	500
150	—	—	210	356①	480	—	—	210	444	480	550
200	—	—	230	495	600	—	—	230	533③	600	650
250	—	—	250	622	730	—	—	250	622	730	775
300	—	—	270	698	850	—	—	270	711	850	900
350	—	—	—	787	980	—	—	—	838	980	1025
400	—	—	—	914	1100	—	—	—	864	1100	1150
450	—	—	—	978②	1200	—	—	—	978	1200	1275
基本系列	18④	7④	14	10	1	18④	7④	14	21	1	2

① PN10 和 PN16 钢制直通式和直流式截止阀用 356（DN125）；406（DN150）。

② PN10 和 PN16 铸铁直通式和直流式截止阀用 965（DN450）。

③ PN25 和 PN40 钢制直通式和直流式截止阀用 203（DN25）、216（DN32）、229（DN40）、559（DN200）。

④ 这系列仅用于铜合金直通式和直流式截止阀，不能用于铸铁或钢制直通式和直流式截止阀。

表 1-73 角式截止阀和升降式止回阀结构长度 （单位：mm）

DN	CTF：中心-面结构长度									
	PN6		PN10、PN16				PN25、PN40			PN63、PN100
10	65	70	—	65	70	90	65	70	90	105
15	65	70	57	65	70	90	65	70	90	105
20	70	75	64	70	75	95	70	75	95	115
25	80	85	70	80	85	100	80	85	100	115
32	90	95	76	90	95	105	90	95	105	130
40	95	100	83	95	100	115	95	100	115	130
50	105	115	102	105	115	125	105	115	125	150
65	115	125	108	115	125	145	115	125	145	170
80	125	135	121	125	135	155	125	135	155	190
100	135	146	146	135	146	175	135	146	175	215
125	—	—	178②	—	—	200	—	—	200	250
150	—	—	203②	—	—	225	—	—	225	275
200	—	—	248	—	—	275	—	—	275	325
250	—	—	311	—	—	325	—	—	325	—
300	—	—	349	—	—	375	—	—	375	—
350	—	—	394	—	—	425	—	—	425	—
400	—	—	457	—	—	475	—	—	475	—
450	—	—	483	—	—	500	—	—	500	—
基本系列	22①	23①	11	22①	23①	8	22①	23①	8	9

① 这系列仅用于铜合金角式截止阀和升降式止回阀；不能用于铸铁和钢制角式截止阀和升降式止回阀。

② PN10 和 PN16 铸铁制角式截止阀和升降式止回阀用 165（DN125）、178（DN150）。

表 1-74 法兰连接止回阀结构长度① （单位：mm）

DN	FTF：面-面结构长度										
	PN6、PN10、PN16						PN25、PN40				PN63、PN100
10	80	108	—	—	—	130	80	108	130	—	210
15	80	108	—	108	—	130	80	108	130	152	210
20	90	117	—	117	—	150	90	117	150	178	230
25	100	—	127	127	—	160	100	127	160	216④	230
32	110	—	146	140	—	180	110	146	180	229④	260
40	120	140	159	165	180	200	120	159	200	241④	260
50	135	150	190	203	200	230	135	190	230	267	300
65	165	170	216	216	240	290	165	216	290	292	340
80	185	180	254	241	260	310	185	254	310	318	380
100	229	190	305	292	300	350	229	305	350	356	430
125	—	200	—	330③	350	400	—	—	400	400	500
150	—	210	—	356③	400	480	—	—	480	444	550
200	—	230	—	495	500	600	—	—	600	533④	650
250	—	250	—	622	600	730	—	—	730	622	775
300	—	270	—	698	700	850	—	—	850	711	900
350	—	290	—	787	800	980	—	—	980	838	1025
400	—	310	—	914⑥	900	1100	—	—	1100	864	1150
450	—	330	—	978⑤	1000	1200	—	—	1200	978	1275
500	—	350	—	978	1100	1250	—	—	1250	1016	1400
600	—	390	—	1295	1300	1450	—	—	1450	1346	1600
700	—	430	—	1448	1500	1650	—	—	1650	1499	—
800	—	470	—	1676	1700	1850	—	—	1850	1778	—
900	—	510	—	1956	1900	2050	—	—	2050	2083	—
1000	—	550	—	—	2100	2250	—	—	2250	—	—
基本系列	18②	14	7②	10	48	1	18②	7②	1	21	2

① 角型升降式止回阀的结构长度用表 1-73。

② 这系列仅用于铜合金止回阀，不能用于铸铁或钢制止回阀。

③ 钢制 PN16 升降式止回阀用 356（DN125）；406（DN150）。

④ 钢制 PN40 升降式止回阀用 203（DN25）；216（DN32）；229（DN40）；559（DN200）。

⑤ 铸铁制 PN16 法兰连接止回阀用 965（DN450）。

⑥ 钢制 PN6 法兰连接旋启式止回阀用 864（DN400）。

表 1-75 对夹式止回阀结构长度 （单位：mm）

DN	FTF：面-面结构长度			
	PN6、PN10、PN16、PN25、PN40			
10	—	—	—	—
15	16	—	—	—
20	19	—	—	—
25	22	—	—	—
32	28	—	—	—
40	31，5	33	—	—
50	40	43	54	54
65	46	46	54	60
80	50	64	57	67
100	60	64	64	67
125	90	70	70	83
150	106	76	76	95

（续）

DN	FTF：面-面结构长度			
	PN6、PN10、PN16、PN25、PN40			
200	140	89	95	127
250	—	114	108	140
300	—	114	143	181
350	—	127	184	222
400	—	140	191	232
450	—	152	203	264
500	—	152	213	292
600	—	178	222	318
700	—	229	321	381
800	—	241	356	—
900	—	241	368	489
1000	—	300	419	—
基本系列	49	16	50	51

表 1-76　直通式截止型调节阀结构长度　（单位：mm）

DN	FTF：面-面结构长度					
	PN10、PN16		PN25、PN40		PN63、PN100	
15	130	—	130	—	—	210
20	150	—	150	—	—	230
25	160	184	160	197	210	230
32	180	—	180	—	—	260
40	200	222	200	235	251	260
50	230	254	230	267	286	300
65	290	—	290	—	—	340
80	310	298	310	317	337	380
100	350	352	350	368	394	430
125	400	—	400	—	—	500
150	480	451	480	473	508	550
200	600	543	600	568	610	650
250	730	673	730	708	752	775
300	850	737	850	775	819	900
350	980	889	980	927	972	1025
400	1100	1016	1100	1057	1108	1150
基本系列	1	37	1	38	39	2

表 1-77　角式截止型调节阀结构长度　（单位：mm）

DN	CTF：中心-面结构长度					
	PN10、PN16		PN25、PN40		PN63、PN100	
25	100	92	100	98	105	115
40	115	111	115	117	125	130
50	125	127	125	133	143	150
80	155	149	155	159	168	190
100	175	176	175	184	197	215
150	225	225	225	236	254	275
200	275	272	275	284	305	325
250	325	337	325	354	376	—
300	375	368	375	387	410	—
350	425	445	425	464	486	—
400	475	508	475	529	554	—
基本系列	8	40	8	41	42	9

表 1-78　法兰连接蝶式调节阀结构长度　（单位：mm）

DN	FTF：面-面结构长度		
	PN2.5、PN6、PN10、PN16		PN25、PN40
40	106	140	140
50	108	150	150
65	112	170	170
80	114	180	180
100	127	190	190
125	140	200	200
150	140	210	210
200	152	230	230
250	165	250	250
300	178	270	270
350	190	290	290
400	216	310	310
450	222	330	330
500	229	350	350
600	267	390	390
700	292	430	430
800	318	470	470
900	330	510	510
1000	410	550	550
1200	470	630	630
1400	530	710	710
1600	600	790	790
1800	670	870	870
2000	760	950	950
基本系列	13	14	14

表 1-79　对夹式蝶型调节阀结构长度　（单位：mm）

DN	FTF：面-面结构长度		
	PN10、PN16、PN25、PN40		
40	33	—	33
50	43	—	43
65	46	—	46
80	46	49	64
100	52	56	64
125	56	64	70
150	56	70	76
200	60	71	89
250	68	76	114
300	78	83	114
350	92①	92	127
400	102	102	140
450	114	114	152
500	127	127	152
600	154	154	178
700	165	—	229
800	190	—	241
900	203	—	241
1000	216	—	300
1200	254	—	350
1400	279	—	390
1600	318	—	440
1800	356	—	490
2000	406	—	540
基本系列	20	25	16

① 或者为 78mm，直至删去基本系列 25。

表 1-80　对夹式和法兰连接-偏转旋塞调节阀和组合式球型调节阀结构长度　（单位：mm）

DN	FTF：面-面结构长度			
	PN10、PN16、PN25、PN40		PN63、PN100	
20	76	150	76	150
25	102	160	102	160
40	114	200	114	200
50	124	230	124	230
80	165	310	165	310
100	194	350	194	350
150	229	480	229	480
200	243	600	243	600
250	297	730	297	730
300	338	850	338	850
400	400	1100	400	1000
基本系列	36	1	36	1①

① 只适用于偏转旋塞调节阀。

表 1-81　球型调节阀结构长度　（单位：mm）

DN	FTF：面-面结构长度								
	PN10、PN16			PN25、PN40			PN63、PN100		
10	102	—	130	—	—	130	130	—	—
15	108	—	130	140	—	130	130	165	—
20	117	—	150	152	—	150	150	190	—
25	127	—	160	165	197	160	160	216	210
32	140	—	180	178	—	180	180	229	—
40	165	—	200	190	235	200	200	241	251
50	178	—	230	216	267	230	230	292	286
65	190	—	290	241	—	290	290	330	—
80	203	—	310	283	317	310	310	356	337
100	229	—	350	305	368	350	350	432	394
125	—	—	400	381	—	400	400	508	—
150	—	394	480	403	473	480	480	559	508
200	—	457	600	502①	568	600	600	660	610
250	—	533	730	568①	708	730	730	787	752
300	—	610	850	648①	775	850	850	838	819
350	—	686	980	762	927	980	980	889	972
400	—	762	1100	838	1057	1100	1100	991	1108
450	—	864	1200	914	—	1200	1200	1092	—
500	—	914	1250	991	—	1250	1250	1194	—
600	—	1067	1450	1143	—	1450	1450	1397	—
基本系列	3	12	1	4	38	1	1	5	39

① 该尺寸与表 1-66 给出的值不同。

表 1-82　结构长度尺寸极限偏差　（单位：mm）

FTF 或 CTF：面-面或中心-面结构长度		极限偏差
>	≤	
0	250	±2
250	500	±3
500	800	±4
800	1000	±5
1000	1600	±6
1600	2250	±8

欧洲 EN 558—2008《工业阀门 法兰连接管道系统用金属阀门结构长度》规定了法兰连接管道系统用金属阀门的 CLass 系列面-面（FTF）结构长度和中心-面（CTF）结构长度。该结构长度基本系列的编号与 ISO/DIS 5752：1993 保持一致。其阀门的结构长度如图 1-39 ~ 图 1-43所示，各类阀门结构长度数据见表 1-83 ~ 表 1-98，结构长度尺寸极限偏差见表 1-99。

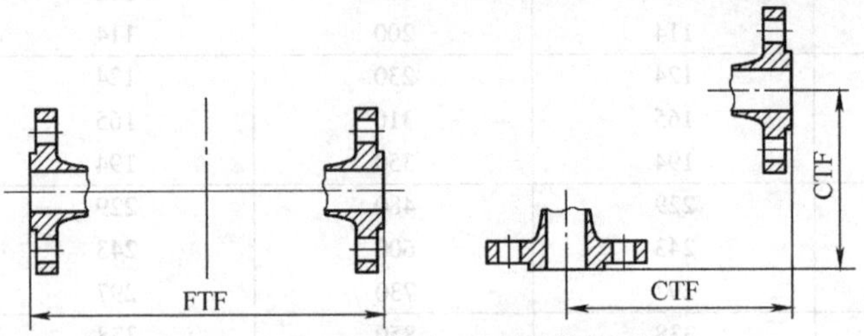

图 1-39　面-面/中心-面结构长度

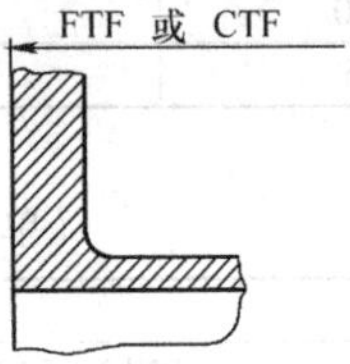

图 1-40　平面法兰面-面/中心-面结构长度

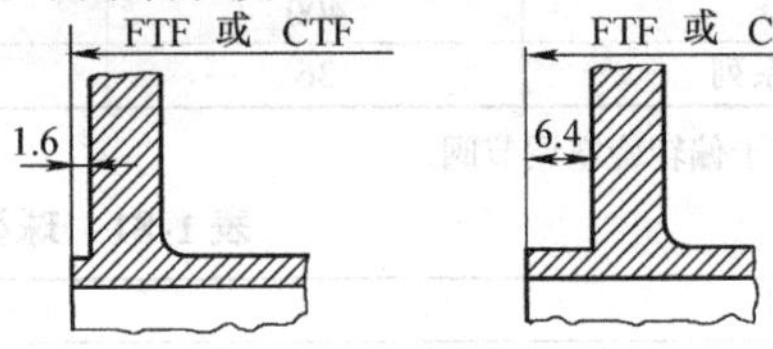

图 1-41　凸面法兰面-面/中心-面结构长度

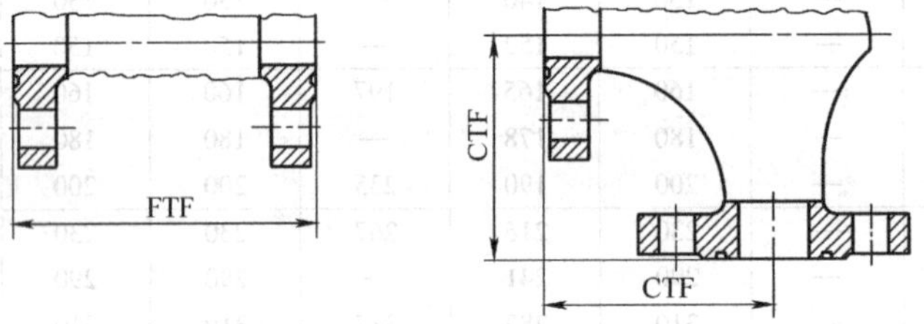

图 1-42　环连接法兰面-面/中心-面结构长度

结构长度附加尺寸　（单位：mm）

公称尺寸 DN	环连接法兰的补充长度 X		
	CL150	CL300	CL600
15	11.1	11.1	-1.6
20 25 32 40	12.7	12.7	0
50 65 80 100 125 150 200 250 300 350 400 450		15.9	3.2
500		19.1	6.4
600		22.2	9.5
700 750		25.4	12.7
800 900 1000		28.6	15.9

注：FTF：（面-面）结构长度 = 表 1-83 + X；
CTF：（中心-面）结构长度 = 表 1-83 + 0.5X。

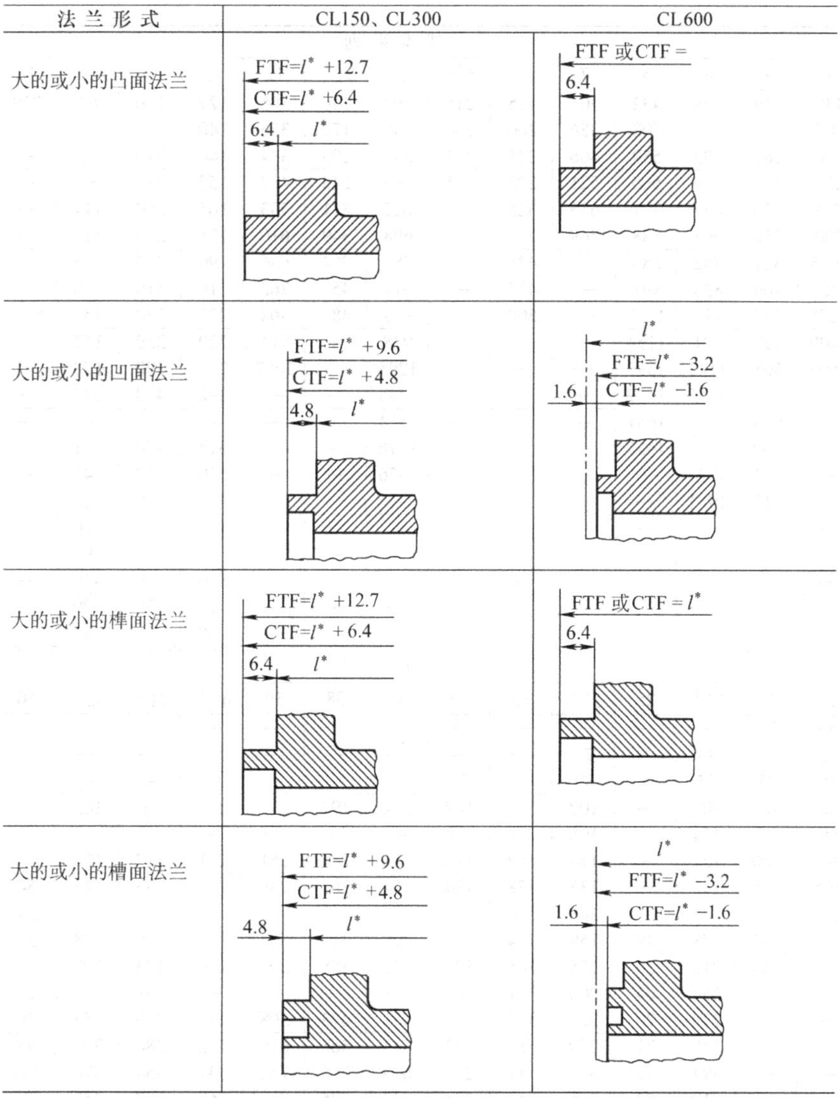

图 1-43　凹凸法兰、榫横法兰面-面/中心-面结构长度

注：1. FTF：（面-面）结构长度；CTF：（中心-面）结构长度。

2. l^* 为表 1-83 中的结构长度尺寸。

表 1-83　结构长度基本系列　　（单位：mm）

DN	基本系列															
	1	2	3	4	5	7	8①	9①	10	11①	12	13	14	16	18	19	20
10	130	210	102	—	—	108	90	105	—	—	130	—	115	—	80	—	—
15	130	210	108	140	165	108	90	105	108	57	130	—	115	—	80	140	—
20	150	230	117	152	190	117	95	115	117	64	130	—	120	—	90	152	—
25	160	230	127	165	216	127	100	115	127	70	140	—	125	—	100	165	—
32	180	260	140	178	229	146	105	130	140	76	165	—	130	—	110	178	—
40	200	260	165	190	241	159	115	130	165	83	165	106	140	33	120	190	33
50	230	300	178	216	292	190	125	150	203	102	203	108	150	43	135	216	43
65	290	340	190	241	330	216	145	170	216	108	222	112	170	46	165	241	46
80	310	380	203	283	356	254	155	190	241	121	241	114	180	64	185	283	46

（续）

DN	基本系列																
	1	2	3	4	5	7	8①	9①	10	11①	12	13	14	16	18	19	20
100	350	430	229	305	432	305	175	215	292	146	305	127	190	64	229	305	52
125	400	500	254	381	508	356	200	250	330	178	356	140	200	70	—	381	56
150	480	550	267	403	559	406	225	275	356	203	394	140	210	76	—	403	56
200	600	650	292	419	660	521	275	325	495	248	457	152	230	89	—	419	60
250	730	775	330	457	787	635	325	—	622	311	533	165	250	114	—	457	68
300	850	900	356	502	838	749	375	—	698	349	610	178	270	114	—	502	78
350	980	1025	381	762	889	—	425	—	787	394	686	190	290	127	—	572	78
400	1100	1150	406	838	991	—	475	—	914	457	762	216	310	140	—	610	102
450	1200	1275	432	914	1092	—	500	—	978	483	864	222	330	152	—	660	114
500	1250	1400	457	991	1194	—	—	—	978	—	914	229	350	152	—	711	127
600	1450	1600	508	1143	1397	—	—	—	1295	—	1067	267	390	178	—	787	154
700	1650	—	610	1346	1549	—	—	—	1448	—	—	292	430	229	—	—	165
750	—	—	610	1397	1651	—	—	—	1524	—	—	—	—	—	—	—	190
800	1850	—	660	—	1651	—	—	—	1676	—	—	318	470	241	—	—	190
900	2050	—	711	1727	—	—	—	—	1956	—	—	330	510	241	—	—	203
1000	2250	—	813	1981	—	—	—	—	—	—	—	410	550	300	—	—	216
1200	—	—	—	—	—	—	—	—	—	—	—	470	630	350	—	—	254
1400	—	—	—	—	—	—	—	—	—	—	—	530	710	390	—	—	279
1600	—	—	—	—	—	—	—	—	—	—	—	600	790	440	—	—	318
1800	—	—	—	—	—	—	—	—	—	—	—	670	870	490	—	—	356
2000	—	—	—	—	—	—	—	—	—	—	—	760	950	540	—	—	406

DN	基本系列																
	21	22①	23①	24①	25	32①	33	36	37	38	39	40①	41①	42①	50	51	52
10	—	65	70	—	—	—	—	—	—	—	—	—	—	—	—	—	—
15	152	65	70	83	—	76	—	—	—	—	—	—	—	—	—	—	25
20	178	70	75	95	—	89	—	76	—	—	—	—	—	—	—	—	31, 5
25	216	80	85	108	—	102	—	102	184	197	210	92	98	105	—	—	35, 5
32	229	90	95	114	—	108	—	—	—	—	—	—	—	—	—	—	40
40	241	95	100	121	—	114	152	114	222	235	251	111	117	125	—	—	45
50	267	105	115	146	—	133	178	124	254	267	286	127	133	143	54	54	56
65	292	115	125	165	—	146	216	—	—	—	—	—	—	—	54	60	63
80	318	125	135	178	49	159	254	165	298	317	337	149	159	168	57	67	71
100	356	135	146	216	56	178	305	194	352	368	394	176	184	197	64	67	80
125	400	—	—	254	64	200	381	—	—	—	—	—	—	—	70	83	110
150	444	—	—	279	70	222	457	229	451	473	508	225	236	254	76	95	125
200	533	—	—	330	71	279	584	243	543	568	610	272	284	305	95	127	160
250	622	—	—	394	76	311	711	297	673	708	752	337	354	376	108	140	200
300	711	—	—	419	83	356	813	338	737	775	819	368	387	410	143	181	250
350	838	—	—	—	92	—	889	—	889	927	972	445	464	486	184	222	280
400	864	—	—	—	102	—	991	400	1016	1057	1108	508	529	554	191	232	—
450	978	—	—	—	114	—	1092								203	264	—
500	1016	—	—	—	127	—	1194	—	—	—	—	—	—	—	213	292	—
600	1346	—	—	—	154	—	1397	—	—	—	—	—	—	—	222	318	—
700	1499	—	—	—	—	—	1549	—	—	—	—	—	—	—	321	381	—
750	1594	—	—	—	—	—	—	—	—	—	—	—	—	—	—	—	—
800	1778	—	—	—	—	—	—	—	—	—	—	—	—	—	356	—	—
900	2083	—	—	—	—	—	—	—	—	—	—	—	—	—	368	489	—
1000	—	—	—	—	—	—	—	—	—	—	—	—	—	—	419	—	—
1200	—	—	—	—	—	—	—	—	—	—	—	—	—	—	—	—	—
1400	—	—	—	—	—	—	—	—	—	—	—	—	—	—	—	—	—
1600	—	—	—	—	—	—	—	—	—	—	—	—	—	—	—	—	—
1800	—	—	—	—	—	—	—	—	—	—	—	—	—	—	—	—	—
2000	—	—	—	—	—	—	—	—	—	—	—	—	—	—	—	—	—

注：1. 本表给出的是全部系列，表 1-84 ~ 表 1-98 中的系列是不全的。
2. 允许某些类型的阀有选择性的尺寸，并适当地在表 1-83 ~ 表 1-98 中给予规定。
3. 引用标准的附录给出了这些基本系列的来源。
4. 引用标准的附录给出了 DN 和 NPS 的关系。

① CTF 尺寸为角式阀门（中心-面）的结构长度。

表 1-84　闸阀结构长度　（单位：mm）

DN	FTF：面-面结构长度								
	CL125/CL150			CL250/CL300				CL600	
10	80	102	108	80	108	—	—	—	—
15	80	108	108	80	108	140	140	—	165
20	90	117	117	90	117	152	152	—	190
25	100	127	127	100	127	165	165	—	216
32	110	140	146	110	146	178	178	—	229
40	120	165	159	120	159	190	190	152	241
50	135	178	190	135	190	216	216	178	292
65	165	190	216	165	216	241	241	216	330
80	185	203	254	185	254	283	283	254	356
100	229	229	305	229	305	305	305	305	432
125	—	254	—	—	—	381	381	381	508
150	—	267	—	—	—	403	403	457	559
200	—	292	—	—	—	419	419	584	660
250	—	330	—	—	—	457	457	711	787
300	—	356	—	—	—	502	502	813	838
350	—	381	—	—	—	572	762	889	889
400	—	406	—	—	—	610	838	991	991
450	—	432	—	—	—	660	914	1092	1092
500	—	457	—	—	—	711	991	1194	1194
600	—	508	—	—	—	787	1143	1397	1397
700	—	610	—	—	—	—	1346	1549	1549
750	—	610	—	—	—	—	1397	—	1651
800	—	660	—	—	—	—	—	—	—
900	—	711	—	—	—	—	1727	—	—
1000	—	813	—	—	—	—	1981	—	—
基本系列	18③	3	7③	18③	7③	19	4②	33①	5

① 这些长度仅用于自密封或无法兰阀盖的阀门，按制造厂选择它们也可用在带法兰阀盖的阀门。

② 这个系列仅用于 CL300 钢制阀门。

③ 这些系列仅用于铜合金阀，不能用于铸铁或钢制阀门。

表 1-85　法兰连接蝶阀结构长度　（单位：mm）

DN	FTF：面-面结构长度	
	CL125/CL150	CL300
40	106	140
50	108	150
65	112	170
80	114	180
100	127	190
125	140	200
150	140	210
200	152	230
250	165	250
300	178	270
350	190	290
400	216	310
450	222	330
500	229	350
600	267	390

（续）

DN	FTF：面-面结构长度	
	CL125/CL150	CL300
700	292	430
800	318	470
900	330	510
1000	410	550
1200	470	630
1400	530	710
1600	600	790
1800	670	870
2000	760	950
基本系列	13	14

表 1-86 对夹式蝶阀结构长度（单位：mm）

DN	FTF：面-面结构长度			
	CL125/CL150			CL300
40	33	—	33	33
50	43	—	43	43
65	46	—	46	46
80	46	49	64	64
100	52	56	64	64
125	56	64	70	70
150	56	70	76	76
200	60	71	89	89
250	68	76	114	114
300	78	83	114	114
350	92①	92	127	127
400	102	102	140	140
450	114	114	152	152
500	127	127	152	152
600	154	154	178	178
700	165	—	229	—
800	190	—	241	—
900	203	—	241	—
1000	216	—	300	—
1200	254	—	350	—
1400	279	—	390	—
1600	318	—	440	—
1800	356	—	490	—
2000	406	—	540	—
基本系列	20	25	16	16

① 或者为78mm，直至删去基本系列25。

表 1-87 旋塞阀和球阀结构长度 （单位：mm）

DN	FTF：面-面结构长度						
	CL125、CL150			CL250		CL300	
10	102	130	130	—	130	130	—
15	108	130	130	140	130	130	165
20	117	130	150	152	150	150	190
25	127	140	160	165	160	160	216
32	140	165	180	178	180	180	229
40	165	165	200	190	200	200	241
50	178	203	230	216	230	230	292
65	190	222	290	241	290	290	330
80	203	241	310	283	310	310	356
100	229	305	350	305	350	350	432
125	254	356	400	381	400	400	508
150	267	394	480	403	480	480	559
200	292	457	600	419②	600	600	660
250	330	533	730	457②	730	730	787
300	356	610	850	502②	850	850	838
350	381	686	980	762	980	980	889
400	406	762	1100	838	1100	1100	991
450	432	864	1200	914	1200	1200	1092
500	457	914	1250	991	1250	1250	1194
600	508	1067	1450	1143	1450	1450	1397
基本系列	3①	12	1	4	1	1	5

① 这个系列不能用于 DN40 以上上装式全通径球阀；这个系列也不能用于 DN300 以上全通径球阀和旋塞阀。

② 球阀的 FTF 尺寸用 502（DN200）、568（DN250）、648（DN300）。

表 1-88 隔膜阀结构长度 （单位：mm）

DN	FTF：面-面结构长度	
	CL125、CL150	
10	108	130
15	108	130
20	117	150
25	127	160
32	146	180
40	159	200
50	190	230
65	216	290
80	254	310
100	305	350
125	356	400
150	406	480
200	521	600
250	635	730
300	749	850
基本系列	7	1

表 1-89 直通式和直流式截止阀结构长度 （单位：mm）

DN	FTF：面-面结构长度								
	CL125、CL150				CL250、CL300				CL600
10	80	108	—	130	80	108	—	130	—
15	80	108	108	130	80	108	152	130	165
20	90	117	117	150	90	117	178	150	190
25	100	127	127	160	100	127	216③	160	216
32	110	146	140	180	110	146	229③	180	229
40	120	159	165	200	120	159	241③	200	241
50	135	190	203	230	135	190	267	230	292
65	165	216	216	290	165	216	292	290	330
80	185	254	241	310	185	254	318	310	356
100	229	305	292	350	229	305	356	350	432
125	—	—	330①	400	—	—	400	400	508
150	—	—	356①	480	—	—	444	480	559
200	—	—	495	600	—	—	533③	600	660
250	—	—	622	730	—	—	622	730	787
300	—	—	698	850	—	—	711	850	838
350	—	—	787	980	—	—	838	980	889
400	—	—	914	1100	—	—	864	1100	991
450	—	—	978②	1200	—	—	978	1200	1092
基本系列	18④	7④	10	1	18④	7④	21	1	5

① 钢制 CL150 阀门用 356（DN125）、406（DN150）；

② 铸铁制 CL125 的阀门用 965（DN450）；

③ CL300 钢制阀门用 203（DN25）；216（DN32）；229（DN40）；559（DN200）；

④ 这个系列仅用于铜合金阀门，不能用于铸铁或钢制阀门。

表 1-90 角式截止阀和升降式止回阀 （单位：mm）

DN	CTF：中心-面结构长度								
	CL125、CL150					CL250、CL300			CL600
10	—	65	70	65	70	—	90	—	105
15	57	65	70	65	70	76	90	83	105
20	64	70	75	70	75	89	95	95	115
25	70	80	85	80	85	102	100	108	115
32	76	90	95	90	95	108	105	114	130
40	83	95	100	95	100	114	115	121	130
50	102	105	115	105	115	133	125	146	150
65	108	115	125	115	125	146	145	165	170
80	121	125	135	125	135	159	155	178	190
100	146	135	146	135	146	178	175	216	215
125	178	—	—	—	—	200	200	254	250
150	203	—	—	—	—	222	225	279	275
200	248	—	—	—	—	279	275	330	325
250	311	—	—	—	—	311	325	394	—
300	349	—	—	—	—	356	375	419	—
350	394	—	—	—	—	—	425	—	—
400	457	—	—	—	—	—	475	—	—
450	483	—	—	—	—	—	500	—	—
基本系列	11	22①	23①	22①	23①	32	8	24	9

① 这些系列仅用于铜合金角式截止阀和升降式止回阀；不能用于铸铁或钢制角式截止阀和升降式止回阀。

表 1-91　法兰止回阀结构长度①　（单位：mm）

DN	FTF：面-面结构长度									
	CL125、CL150					CL250、CL300				CL600
10	80	—	108	—	130	80	108	130	—	—
15	80	—	108	108	130	80	108	130	152	165
20	90	—	117	117	150	90	117	150	178	190
25	100	—	127	127	160	100	127	160	216④	216
32	110	—	146	140	180	110	146	180	229④	229
40	120	140	159	165	200	120	159	200	241④	241
50	135	150	190	203	230	135	190	230	267	292
65	165	170	216	216	290	165	216	290	292	330
80	185	180	254	241	310	185	254	310	318	356
100	229	190	305	292	350	229	305	350	356	432
125	—	200	—	330③	400	—	—	400	400	508
150	—	210	—	356③	480	—	—	480	444	559
200	—	230	—	495	600	—	—	600	533④	660
250	—	250	—	622	730	—	—	730	622	787
300	—	270	—	698	850	—	—	850	711	838
350	—	290	—	787	980	—	—	980	838	889
400	—	310	—	914⑤⑥	1100	—	—	1100	864	991
450	—	330	—	978⑤	1200	—	—	1200	918	1092
500	—	350	—	978	1250	—	—	1250	1016	1194
600	—	390	—	1295	1450	—	—	1450	1346	1397
700	—	430	—	1448	1650	—	—	1650	1499	1549
800	—	470	—	1676	1850	—	—	1850	1778	—
900	—	510	—	1956	2050	—	—	2050	2083	—
1000	—	550	—	—	2250	—	—	2250	—	—
基本系列	18②	14	7②	10	1	18②	7②	1	21	5

① 角式升降式止回阀的结构长度用表 1-90。

② 这些系列仅用于铜合金阀；不能用于铸铁或钢制阀门。

③ 钢制 CL150 升降式止回阀用 356（DN125）；406（DN150）；

④ 钢制 CL300 升降式止回阀用 203（DN25）；216（DN32）；229（DN40）；559（DN200）。

⑤ 铸铁 CL125 法兰连接止回阀用 965（DN450）。

⑥ 钢制 CL150 旋启式止回阀用 864（DN400）。

表 1-92　对夹式止回阀结构长度　（单位：mm）

DN	FTF：面-面结构长度			
	CL125、CL150、CL300			
10	—	—	—	—
15	—	—	—	25
20	—	—	—	31.5
25	—	—	—	35.5
32	—	—	—	40
40	33	—	—	45
50	43	54	54	56
65	46	54	60	63
80	64	57	67	71
100	64	64	67	80
125	70	70	83	110
150	76	76	95	125

（续）

DN	FTF：面-面结构长度			
	CL125、CL150、CL300			
200	89	95	127	160
250	114	108	140	200
300	114	143	181	250
350	127	184	222	280
400	140	191	232	—
450	152	203	264	—
500	152	213	292	—
600	178	222	318	—
700	229	321	381	—
800	241	356	—	—
900	241	368	489	—
1000	300	419	—	—
基本系列	16	50	51	52

表 1-93　直通式截止型调节阀结构长度　（单位：mm）

DN	FTF：面-面结构长度					
	CL150		CL300		CL600	
25	160	184	160	197	210	230
40	200	222	200	235	251	260
50	230	254	230	267	286	300
80	310	298	310	317	337	380
100	350	352	350	368	394	430
150	480	451	480	473	508	550
200	600	543	600	568	610	650
250	730	673	730	708	752	775
300	850	737	850	775	819	900
350	980	889	980	927	972	1025
400	1100	1016	1100	1057	1108	1150
基本系列	1	37	1	38	39	2

表 1-94　角式截止型调节阀结构长度　（单位：mm）

DN	CTF：面-面结构长度					
	CL150		CL300		CL600	
25	70	92	98	102	105	108
40	83	111	117	114	125	121
50	102	127	133	133	143	146
80	121	149	159	159	168	178
100	146	176	184	178	197	216
150	203	225	236	222	254	279
200	248	272	284	279	305	330
250	311	337	354	311	376	394
300	349	368	387	356	410	419
350	394	445	464	—	486	—
400	457	508	529	—	554	—
基本系列	11	40	41	32	42	24

表 1-95　法兰连接蝶型调节阀结构长度　（单位：mm）

DN	FTF：面-面结构长度		
	CL160		CL300
40	106	140	140
50	108	150	150
65	112	170	170
80	114	180	180
100	127	190	190
125	140	200	200
150	140	210	210
200	152	230	230
250	165	250	250
300	178	270	270
350	190	290	290
400	216	310	310
450	222	330	330
500	229	350	350
600	267	390	390
700	292	430	430
800	318	470	470
900	330	510	510
1000	410	550	550
1200	470	630	630
1400	530	710	710
1600	600	790	790
1800	670	870	870
2000	760	950	950
基本系列	13	14	14

表 1-96　对夹式蝶型调节阀结构长度　（单位：mm）

DN	FTF：面-面结构长度				
	CL150			CL300	
40	33	—	33	33	—
50	43	—	43	43	—
65	46	—	46	46	—
80	46	49	64	64	49
100	52	56	64	64	56
125	56	64	70	70	64
150	56	70	76	76	70
200	60	71	89	89	71
250	68	76	114	114	76
300	78	83	114	114	83
350	92①	92	127	127	92
400	102	102	140	140	102
450	114	114	152	152	114
500	127	127	152	152	127
600	154	154	178	178	154
700	165	—	229	229	—
800	190	—	241	241	—
900	203	—	241	241	—
1000	216	—	300	300	—
1200	254	—	350	350	—
1400	279	—	390	390	—
1600	318	—	440	440	—
1800	356	—	490	490	—
2000	406	—	540	540	—
基本系列	20	25	16	16	25

① 或者为 78mm，直至删去基本系列 25。

表 1-97 对夹式和法兰式-偏转旋塞调节阀和组合式球型调节阀结构长度（单位：mm）

DN	FTF：面-面结构长度
	CL150、CL300、CL600
20	76
25	102
40	114
50	124
80	165
100	194
150	229
200	243
250	297
300	338
400	400
基本系列	36

表 1-98 球形调节阀结构长度 （单位：mm）

DN	FTF：面-面结构长度					
	CL150		CL300		CL600	
10	102	—	—	—	—	—
15	108	—	140	—	165	—
20	117	—	152	—	190	—
25	127	—	165	197	216	210
32	140	—	178	—	229	—
40	165	—	190	235	241	251
50	178	—	216	267	292	286
65	190	—	241	—	330	—
80	203	—	283	317	356	337
100	229	—	305	368	432	394
125	—	—	381	—	508	—
150	—	394	403	473	559	508
200	—	457	502①	568	660	610
250	—	533	568①	708	787	752
300	—	610	648①	775	838	819
350	—	686	762	927	889	972
400	—	762	838	1057	991	1108
450	—	864	914	—	1092	—
500	—	914	991	—	1194	—
600	—	1067	1143	—	1397	—
基本系列	3	12	4	38	5	39

① 该尺寸与表 1-83 中给出的值不同。

表 1-99 结构长度尺寸极限偏差 （单位：mm）

FTF 或 CTF：面-面或中心-面结构长度		极限偏差
>	≤	
0	250	±2
250	500	±3
500	800	±4
800	1000	±5
1000	1600	±6
1600	2250	±8

4. 德国数据

德国 DIN3202 标准规定法兰连接阀门的结构长度基本系列见表 1-100 和表 1-101。

表 1-100　法兰连接直通型阀门的结构长度　(单位：mm)

公称尺寸	结构长度 *l* 系列													
DN	F1	F2	F3	F4	F5	F6	F7	F8	F9	F15	F16	F17	F18	F19
10	130[①]	210	230	110[②]	—	—	—	—	—	—	—	130	110	—
15	130[①]	210	230	115[②]	—	—	—	—	—	—	—	130	115	—
20	150	230	260	120[②]	—	—	—	—	—	—	—	150	120	75
25	160	230	260	125[②]	120	—	—	—	—	—	—	160	125	80
32	180	260	300	130[②]	140	—	—	—	—	—	—	180	130	90
40	200	260	300	140	240	180	240	270	310	240	106	200	140	100
50	230	300	350	150	250	200	250	300	350	250	108	230	150	110
65	290	340	400	170	270	240	290	360	425	270	112	290	170	150
80	310	380	450	180	280	260	310	390	470	280	114	310	180	150
100	350	430	520	190	300	300	350	450	550	330	127	350	190	160
125	400	500	600	200	325	350	400	525	650	360	140	400	325	200
150	480	550	700	210	350	400	450	600	750	390	140	450	350	210
(175)	550	—	—	220	375	450	—	—	—	430	140	—	—	—
200	600	650	800	230	400	500	550	750	950	460	152	550	400	—
250	730	775	900	250	450	600	650	900	1150	530	165	650	450	—
300	850	900	1050	270	500	700	750	1050	1350	630	178	750	500	—
350	980	1025	—	290	550	800	850	1200	1550	690	190	850	550	—
400	1100	1150	—	310	600	900	950	1350	1750	750	216	950	762	—
450	1200	1275	—	330	650	1000	—	—	—	810	222	—	—	—
500	1250	1400	—	350	700	1100	1150	1650	—	880	229	1150	914	—
600	1450	1600	—	390	800	1300	1350	—	—	1000	267	—	—	—
700	1650	—	—	430	900	1500	1550	—	—	1130	292	—	—	—
800	1850	—	—	470	1000	1700	1750	—	—	1250	318	—	—	—
900	2050	—	—	510	1100	1900	1950	—	—	1380	330	—	—	—
1000	2250	—	—	550	1200	2100	2150	—	—	1500	410	—	—	—
1200	—	—	—	630	1400[②]	—	—	—	—	1800	470	—	—	—
1400	—	—	—	710	—	—	—	—	—	—	530	—	—	—
1600	—	—	—	790	—	—	—	—	—	—	600	—	—	—
1800	—	—	—	870	—	—	—	—	—	—	670	—	—	—
2000	—	—	—	950	—	—	—	—	—	—	760	—	—	—
2200	—	—	—	1030[②]	—	—	—	—	—	—	—	—	—	—
2400	—	—	—	1110[②]	—	—	—	—	—	—	—	—	—	—
2600	—	—	—	1190[②]	—	—	—	—	—	—	—	—	—	—
2800	—	—	—	1270[②]	—	—	—	—	—	—	—	—	—	—
3000	—	—	—	1350[②]	—	—	—	—	—	—	—	—	—	—
相当 ISO 5752 的基本系列	1	2	—	14	15	—	—	—	—	—	13	—	—	—

① 阀门具有用塑料 120 做成的壳体。

② ISO 5752：1982 不包括这种公称尺寸。

表 1-101　法兰连接角式阀门的结构长度　　（单位：mm）

公称尺寸	结构长度 l 系列			公称尺寸	结构长度 l 系列		
DN	F32	F33	F34	DN	F32	F33	F34
10	85	105	115	（175）	250	300	—
15	90	105	115	200	275	325	400
20	95	115	130	250	325	390①	—
25	100	115	130	300	375	450①	—
32	105	130	150	350	425	515①	—
40	115	130	150	400	475	575①	—
50	125	150	175	450	500	—	—
65	145	170	200	500	575①	700①	—
80	155	190	225	600	675①	—	—
100	175	215	260	700	775①	—	—
125	200	250	300	800	875①	—	—
150	225	275	350	900	975①	—	—
				1000	1075①	—	—
				相当 ISO 5752 的基本系列	8	9	—

注：1. 允许偏差为 ±0.5%，最小值为 ±1mm。

2. 表内各个 F 系列中的“—”横线表示该公称通径相应系列的阀门目前尚未标准化，也没有投入生产，因此，确定一项结构长度是没有意义的。加括号的公称尺寸是船用的。

① ISO 5752：1982 不包括这种公称尺寸。

德国 DIN 3202 规定对焊连接阀门结构长度的基本系列见表 1-102 和表 1-103。

表 1-102　对焊连接直通型阀门的结构长度　　（单位：mm）

公称尺寸	结构长度 l 系列								
DN	S_2	S_3	S_5	S_7	S_8	S_9	S_{10}	S_{12}	S_{13}	S_{14}
10	130	150	65	130	—	—	270	—	70	270
15	130	150	65	130	—	—	270	165	75	270
20	130	150	75	150	—	—	270	190	90	270
25	130	160	85	160	—	—	270	216	100	270
32	160	180	100	180	—	—	270	229	110	270
40	180	210	140	200	240	240	270	241	125	270
50	210	250	150	230	250	250	300	292	150	300
65	290	340	170	290	270	290	360	330	190	360
80	310	380	180	310	280	310	390	356	220	390
100	350	430	190	350	300	350	450	432	270	450
125	400	500	200	400	325	400	525	508	330	525
150	480	550	210	480	350	450	600	559	430	600
（175）	—	—	220	—	375	—	—	—	—	—
200	600	650	430	600	400	550	750	660	460	600
250	730	775	450	730	450	650	900	787	—	730
300	850	900	470	850	500	750	1050	838	—	850
350	—	1025	490	980	550	850	1200	889	—	980
400	—	1150	510	1100	600	950	1350	991	—	1100
（450）	—	—	—	—	—	—	—	1092	—	—
500	—	1400	550	1250	700	1150	1650	1194	—	1250
600	—	—	590	1450	800	1350	—	1397	—	—
700	—	—	630	1650	900	1550	—	1549	—	—
800	—	—	670	1850	1000	1750	—	1651	—	—
900	—	—	710	2050	1100	1950	—	—	—	—
1000	—	—	750	2250	1200	2150	—	—	—	—
1200	—	—	830	—	1400	—	—	—	—	—

注：1. 表内各个 S 系列中的“—”横线，表示该公称尺寸相应系列的阀门目前尚未标准化、也没有投入生产，因此，确定一项结构长度是没有意义的。加括号的公称尺寸是船用的。

2. 极限偏差为 ±0.5%，最小值为 ±3mm。

图 1-44 中的长度 l 就是阀门的结构长度。这一结构长度对于未加衬和加衬的阀门都是一样的。如果加衬省去了专用密封，则尺寸 l 可以超出 2mm。德国 DIN 3202 规定的对夹式阀门结构长度基本系列见表 1-104。

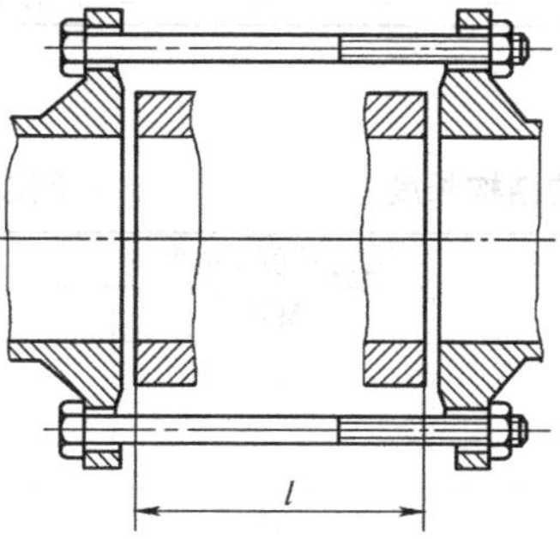

图 1-44　对夹式阀门的结构长度

表 1-103　对焊连接角式阀门的结构长度

（单位：mm）

公称尺寸 DN	结构长度 l 系列 S_{31}
10	90
15	90
20	90
25	90
32	105
40	105
50	115
65	145
80	155
100	175
125	200
150	225
200	275
250	325
300	375

表 1-104　对夹式阀门的结构长度①②

（单位：mm）

公称尺寸	结构长度 l 系列					公称尺寸	结构长度 l 系列				
DN	K1①	K2①	K3①	K4	K5	DN	K1①	K2①	K3①	K4	K5
15	—	—	—	16	25	250	68	76	114	—	200
20	—	—	—	19	31.5	300	78	83	114	—	250
25	—	—	—	22	35.5	350	78	92	127	—	280
32	—	—	—	28	40	400	102	102	140	—	—
40	33	33	33	31.5	45	(450)②	114	114	152	—	—
50	43	43	43	40	56	500	127	127	152	—	—
65	46	46	46	46	63	600	154	154	178	—	—
80	46	49	64	50	71	700	165	—	229	—	—
100	52	56	64	60	80	800	190	—	241	—	—
125	56	64	70	90	110	900	203	—	241	—	—
150	56	70	76	106	125	1000	216	—	300	—	—
200	60	71	89	140	160	1200	254	—	350	—	—

注：1. 极限偏差：200mm 以内为 ±1mm；200mm 以上为 ±0.5%。

2. 表内各个 K 系列中的“—”横线表示该公称尺寸相应系列的阀门目前尚未标准化，也没有投入生产，因此，确定一项结构长度是没有意义的。

① 这些尺寸（K2 系列中的尺寸 33、43、46 除外）与 ISO 5752“法兰管路系统中金属阀门的结构长度”中的尺寸是一致的。

② 加括号的公称尺寸是船用的。

德国 DIN 3202 规定的内螺纹连接阀门的结构长度见表 1-105 和表 1-106。

表 1-105　内螺纹连接直通型阀门的结构长度

（单位：mm）

公称尺寸	相应的内螺纹/in		结构长度 l 系列										
DN	①	②	M2	M3	M4	M5	M6	M8	M9	M10	M11	M14	M15
4	R1/8	G1/8	—	50	70	50	80	—	—	—	—	—	—
6	R1/4	G1/4	—	50	70	50	80	—	—	—	—	—	—
8	R3/8	G3/8	—	55	70	55	80	—	—	—	—	—	
10	R3/8	G3/8	70	60	75	55	100	65	85	130	150	48	45
15	R1/2	G1/2	85	75	85	65	130	65	100	130	150	55	51
20	R3/4	G3/4	100	80	95	75	130	75	120	130	150	60	56
25	R1	G1	115	90	105	90	160	90	135	130	160	68	64
32	R1 $\frac{1}{4}$	G1 $\frac{1}{4}$	130	110	120	95	160	110	160	160	180	76	72
40	R1 $\frac{1}{2}$	G1 $\frac{1}{2}$	150	120	130	100	168	120	185	180	210	80	76

（续）

公称尺寸 DN	相应的内螺纹/in ①	相应的内螺纹/in ②	结构长度 l 系列 M2	M3	M4	M5	M6	M8	M9	M10	M11	M14	M15
50	R2	G2	180	140	150	112	185	150	220	210	250	93	88
65	R2 $\frac{1}{2}$	G2 $\frac{1}{2}$	—	185	185	132	220	190	—	—	—	110	100
80	R3	G3	—	205	205	160	—	220	—	—	—	120	112
100	R4	G4	—	240	240	180	—	—	—	—	—	160	130

① 参照 DIN 2999 第一部分。

② 参照 DIN/ISO 228 第一部分。

表 1-106 内螺纹连接角式阀门的结构长度 （单位：mm）

公称尺寸 DN	相应的内螺纹/in ①	相应的内螺纹/in ②	结构长度 l 系列 M32	M33	M36
6	R $\frac{1}{4}$	G $\frac{1}{4}$	—	—	40
8	R $\frac{3}{8}$	G $\frac{3}{8}$	—	—	40
10	R $\frac{3}{8}$	G $\frac{3}{8}$	—	35	50
15	R $\frac{1}{2}$	G $\frac{1}{2}$	—	40	50
20	R $\frac{3}{4}$	G $\frac{3}{4}$	55	50	—
25	R1	G1	65	60	—
32	R1 $\frac{1}{4}$	G1 $\frac{1}{4}$	80	70	—
40	R1 $\frac{1}{2}$	G1 $\frac{1}{2}$	—	75	—
50	R2	G2	—	85	—
65	R2 $\frac{1}{2}$	G2 $\frac{1}{2}$	—	—	—
80	R3	G3	—	—	—

注：1. 表内各个 M 系列中的"—"横线表示该公称尺寸相应系列的阀门目前尚未标准化，也没有投入生产。因此，确定一项结构长度是没有意义的。

2. 极限偏差：螺纹密封连接的阀门为 ±2mm；端部密封连接的阀门的极限偏差需经协商确定。

① 参照 DIN 2999 第一部分。

② 参照 DIN/ISO 228 第一部分。

调节阀的结构长度见表 1-107。

表 1-107 调节阀的结构长度（DIN 系列） （单位：mm）

类别		二通球形调节阀		
连接形式		法兰式	法兰式	法兰式
阀体材料		A	A	A
公称压力 PN	DIN	10、16、25、40	63、100、160	250
公称尺寸 DN	20	(150)	(230)	(260)
	25	160	230	260
	32	(180)	(260)	(300)
	40	200	260	300
	50	230	300	350
	65	(290)	(340)	(400)
	80	310	380	450
	100	350	430	520
	125	(400)	(500)	(600)
	150	480	550	700
	200	600	650	800
	250	730	775	—
	300	850	900	—
	400	1100	1150	—

注：括号内的结构长度尽量不采用。

5. 法国数据

法国 NF E29-305 规定的法兰连接钢制截止阀、蝶阀、球阀的结构长度，与 ISO/DIS 5752：1993 及 GB/T 12221—2005 数据相同。其余法兰连接阀门的结构长度见表 1-108、表1-109。

表 1-108 法兰连接阀门结构长度基本系列 （单位：mm）

公称尺寸 DN	结构长度系列																								
	1	2	3	4	5	6	7	8①	9①	10	11①	12	13	14	15	16	17	18	19	20	21	22	23	24①	25
10	130	210	102	—	—		108	85	105	—	—	102					—	80	—		—			—	
15	130	210	108	140	165		108	90	105	108	57	108					140	80	140		152			83	
20	150	230	117	152	190		117	95	115	117	64	117	—	—	—	—	152	90	152	—	178			95	
25	160	230	127	165	216		127	100	115	127	70	127					165	100	165		216			108	
32	180	260	140	178	229		146	105	130	140	76	140					178	110	178		229			114	—
40	200	260	165	190	241		159	115	130	165	82	165	106	140	240	33	190	120	190	33	241			121	
50	230	300	178	216	292		190	125	150	203	102	203	108	150	250	43	216	135	216	43	267			146	
65	290	340	190	241	330		216	145	170	216	108	222	112	170	270	46	241	165	241	46	292			165	
80	310	380	203	283	356		254	155	190	241	121	241	114	180	280	64	283	185	283	46	318			178	49
100	350	430	229	305	432		305	175	215	292	146	305	127	190	300	64	305		305	52	356			216	56
125	400	500	254	381	508		356	200	250	356	178	356	140	200	325	70	381		381	56	400			254	64
150	480	550	267	403	559		406	225	275	406	203	394	140	210	350	76	403		403	56	444			279	70
200	600	650	292	419	660		521	275	325	495	248	457	152	230	400	89	502		419	60	559			330	71
250	730	775	330	457	787		635	325		622	311	533	165	250	450	114	568		457	66	622			394	76
300	850	900	356	502	838		749	375		698	350	610	178	270	500	114	648		502	78	711	—	—	419	83
350	980	1025	381	762	889			425		787	394	686	190	290	550	127	762		572	78	838				92
400	1100	1150	406	838	991			475		914	457	762	216	310	600	140	838		610	102	864				102
450	1200	1275	432	914	1092			500		978	483	864	222	330	650	152	914		660	114	978				114
500	1250	1400	457	991	1194					978		914	229	350	700	152	991		711	127	1016				127
600	1450	1650	508	1143	1397					1295		1067	267	390	800	178	1143	—	787	154	1346				154
700	1650		610							1448			292	430	900	229				165	1499				
800	1850		660							—			318	470	1000	241				190	—				
900	2050		711				—			1956			330	510	1100	241				203	2083			—	
1000	2250		811										410	550	1200	300				216					
1200		—		—	—								470	630		350	—			254					—
1400													530	710							—				
1600	—		—										600	790	—	—				—					
1800													670	870											
2000													760	950											

① 角式阀门的结构长度。

表 1-109 对夹式蝶阀和对夹式碟式单向阀的结构长度（仅适用于灰铸铁）

公称尺寸 DN	结构长度/mm	公称尺寸 DN	结构长度/mm
	<PN16 CL125、CL150		<PN16 CL125、CL150
基本系列	20	350	78
40	33	400	102
50	43	450	114
65	46	500	127
80	46	600	154
100	52	700	165
125	56	800	190
150	56	900	203
200	60	1000	216
250	68	1200	254
300	78		

6. 日本数据

日本 JIS B 2002 规定的阀门结构长度系列代号见表 1-110 和表 1-111。各类阀门的结构长度见表 1-112 ~ 表 1-116。法兰密封面形式不同时，其结构长度需要调整。当阀门密封面采用凹凸式或榫槽式，且为 K 级公称压力时，对表 1-112 ~ 表 1-116 中的结构长度，按表 1-117 的调整尺寸修正；当法兰密封面采用凹凸式和榫槽式，且公称压力为 PN20、PN50、PN100 的法兰时，对表 1-112 ~ 表 1-116 中的结构长度按表 1-118 的调整尺寸进行修正；当法兰密封面采用梯形槽式，且公称压力为 PN20、PN50、PN100 的法兰时，对表1-112 ~ 表 1-116 中的结构长度按表 1-119 的调整尺寸修正。

表 1-110 通用阀门的结构长度系列代号

类别	连接形式	阀体材料①	K级公称压力系列									公称压力 PN 系列								
			2K	5K	10K	16K	20K	30K	40K	63K	100K	同型系列	0.1 ~ 0.6	1.0	1.6	2.0	2.5	4.0	5.0	10.0
闸阀	法兰式	A	—	—	6	—	10	12	13	14	—	1	—	6 7			10 7	10	10	13
闸阀	法兰式	B	—	—	4	—	—	—	—	—	—	—	—	3 8③				8	8	—
闸阀	法兰式	F	—	2	5	9	—	—	—	—	—	—	—	—	—	—	—	—	11	—
闸阀	对焊式	S	—	—	15	—	10	12	13	14	17	—	—	—	—	15	—	—	10	13 16①
截止阀及旋启式单向阀	法兰式	A	—	—	20	—	23 24	12	13	14	—	—	—	20 21			21 24			13 25
截止阀及旋启式单向阀	法兰式	B	—	—	18	—	—	—	—	—	—	—	—	— —	— —	3 8③	— —	—	8	—
截止阀及旋启式单向阀	法兰式	F	—	—	19	22②	—	—	—	—	—	—	—	—	—	—	—	—	—	—
截止阀及旋启式单向阀	对焊式	S	—	—	20	—	24	12	13	14	17	—	—	—	—	20	—	—	24	13 16④
角式截止阀	法兰式	A	—	—	27	—	31 32	33	34	36	—	—	—	28 29			—	29	—	34 35
角式截止阀	法兰式	B	—	—	26	—	—	—	—	—	—	—	—	—	—	—	—	—	—	—
角式截止阀	法兰式	F	—	—	—	30	—	—	—	—	—	—	—	—	—	—	—	—	—	—
角式截止阀	对焊式	S	—	—	28	—	32	33	34	36	38	—	—	—	—	28	—	—	29	34 37④
球阀及旋塞阀	法兰式	A	—	—	6 39⑤	—	10	12⑥	13⑥	14⑥	—	—	—	61 21 39			10 21			13
球阀及旋塞阀	法兰式	F	—	—	5	—	—	—	—	—	—	—	—	—	—	—	—	—	—	—
球阀及旋塞阀	对焊式	S	—	—	—	—	40⑥	12⑥	13⑥	14⑥	17⑥	—	—	—	—	40 41	—	—	40 41	13
蝶阀①⑦	法兰式	A	—	—	—	—	—	—	—	—	—	—	1 42				1	—	—	—
蝶阀①⑦	对夹式	A	—	43⑧ 44⑧ 45⑧ 46 47 48			—	—	—	—	—	—	46 47 48				—	—	—	—

① 阀体材料代号：A 适用于一切材料；S 主要适用于钢材；B 主要适用于青铜，也可以采用建筑设备用的不锈钢；F 主要适用于铸铁（灰铸铁、球墨铸铁、黑心可锻铸铁）。

② 不适用于旋启式单向阀。

③ 适用于以下各种形式：平行阀及双闸板闸阀；具有阀体副阀座的阀门；带阀帽的或球形帽状阀。

④ 适用于压力密封阀帽或无阀帽。

⑤ 用于球阀。

⑥ 用于旋塞阀。

⑦ 用于 K 级公称压力系列，不适用于蝶式单向阀。

⑧ 此系列规定用至 1992 年 5 月 1 日。

表 1-111　调节阀的结构长度系列代号

类　别	连接形式	阀体材料①	K 级公称压力系列						公称压力 PN 系列						
			5K	10K	16K	20K	30K	40K	10	16	20	25	40	50	100
二通球形调节阀	法兰式	A	—	301	—	302	—	303	301			302			303
无法兰式调节阀	法兰式	A	—						304						

① 阀体材料代号 A 适用于一切材料。

表 1-112　通用截止阀及单向阀的结构长度　　（单位：mm）

用　途		一般用途										
类　别		截止阀及单向阀										
系列代号		3	18	19	20	21	8	22	23	24	12	13
连接形式		法兰式	法兰式	法兰式	法兰式	法兰式	法兰式	法兰式	法兰式	法兰式	法兰式	法兰式
阀体材料		B	B	F	A	A	B	F	A	A	A	A
公称压力	K	—	10K	10K	10K	—	—	16K	20K	20K	30K	40K
	PN	10、16、20、25	—	—	10、16、20	10、16、20、25、40、50	10、16、20、25、40、50	—	—	25、40、50	—	100
公称尺寸 DN	10	80	—	—	—	130	108	—	100	—	—	—
	15	80	85	—	108	130	108	—	110	152	—	165
	20	90	95	—	117	150	117	—	120	178	—	190
	25	100	110	—	127	160	127	—	130	216 203①	—	216
	32	110	130	140	140	180	146	—	160	229 216①	—	229
	40	120	150	190	165	200	159	—	180	241 229①	—	241
	50	135	180	200	203	230	190	220	230	267	—	292
	65	165	210	220	216	290	216	270	—	292	—	330
	80	185	240	240	241	310	254	300	—	318	—	356
	90	—	260	270	270	—	—	320	—	335	—	400
	100	—	280	290	292	350	—	350	—	356	406	432
	125	—	—	360	330 356①	400	—	430	—	400	457	508
	150	—	—	410	356 406①	480	—	500	—	444	495	559
	175	—	—	—	—	—	—	—	—	—	—	—
	200	—	—	500	495	600	—	570	—	533 559①	597	660
	225	—	—	—	—	—	—	—	—	—	—	—
	250	—	—	620	622	730	—	—	—	622	673	787
	300	—	—	700	698	850	—	—	—	711	762	838
	350	—	—	787	787	980	—	—	—	838	—	889
	400	—	—	—	914 864②	1100	—	—	—	864	—	991
	450	—	—	—	978	1200	—	—	—	978	—	1092
	500	—	—	—	978	1250	—	—	—	1016	—	1194
	550	—	—	—	1067	1350	—	—	—	1118	—	1295
	600	—	—	—	1295	1450	—	—	—	1346	—	1397
	650	—	—	—	1295	1550	—	—	—	1346	—	1448
	700	—	—	—	1448	1650	—	—	—	1499	—	—
	750	—	—	—	1524	1750	—	—	—	1594	—	1651
	800	—	—	—	—	1850	—	—	—	—	—	—
	850	—	—	—	—	—	—	—	—	—	—	—
	900	—	—	—	1956	2050	—	—	—	2083	—	—
	1000	—	—	—	—	2250	—	—	—	—	—	—
ISO 的基本系列代号（参考）		18	—	—	10	1	7	—	—	21	—	5

（续）

用途		一般用途								
类别		截止阀及单向阀								
系列代号		25	14	20	24	12	13	16	14	17
连接形式		法兰式	法兰式	对焊式	对焊式	对焊式	对焊式	对焊式	对焊式	对焊式
阀体材料		A	A	S	S	S	S	S	S	S
公称压力	K		63K	10K	20K	30K	40K	—	63K	100K
	PN	10	—	20	50	—	100	100	—	—
公称尺寸DN	10	210	—	—	—	—	—	—	—	—
	15	210	—	108	152	—	165	—	—	—
	20	230	—	117	178	—	190	—	—	—
	25	230	—	127	203 216②	—	216	133	—	—
	32	260	279	140	216 229②	—	229	146	279	279
	40	260	305	165	229 241②	—	241	152	305	305
	50	300	368	203	267	—	292	178	368	368
	65	340	419	216	292	—	330	216	419	419
	80	380	381	241	318	—	356	254	381	470
	90	—	—	—	335	—	400	—	—	—
	100	430	457	292	356	406	432	305	457	546
	125	500	559	356 330②	400	457	508	381	559	673
	150	550	610	406 356②	444	495	559	457	610	705
	175	—	—	—	—	—	—	—	—	—
	200	650	737	495	559 533②	597	660	584	737	832
	225	—	—	—	—	—	—	—	—	—
	250	775	838	622	622	673	787	711	838	991
	300	900	965	698	711	762	838	813	965	1130
	350	1025	1029	787	838	—	889	—	1029	1257
	400	1150	—	914 864②	864	—	991	—	—	—
	450	1275	—	978	978	—	1092	—	—	—
	500	1400	—	978	1016	—	1194	—	—	—
	550	—	—	1067	1118	—	1295	—	—	—
	600	1650	—	1295	1346	—	1397	—	—	—
	650	—	—	1295	1346	—	1448	—	—	—
	700	—	—	1448	1499	—	—	—	—	—
	750	—	—	1524	1594	—	1651	—	—	—
	800	—	—	—	—	—	—	—	—	—
	850	—	—	—	—	—	—	—	—	—
	900	—	—	1956	2083	—	—	—	—	—
	1000	—	—	—	—	—	—	—	—	—
ISO的基本系列代号		2	—	10	21	—	5	—	—	—

① 适用于钢制截止阀。

② 适用于旋启式单向阀。

表 1-113　通用角式截止阀的结构长度　（单位：mm）

用途		一般用途										
类别		角式截止阀										
系列代号		26	27	28	29	30	31	32	33	34	35	36
连接形式		法兰式	法兰式	法兰式	法兰式	法兰式	法兰式	法兰式	法兰式	法兰式	法兰式	法兰式
阀体材料		B	A	A	A	F	A	A	A	A	A	A
公称压力	K	10K	10K	—	—	16K	20K	20K	30K	40K	—	63K
	PN	—	—	10、16、20	10、16、20、25、40、50	—	—	—	—	100	100	—
公称尺寸 DN	10	—	—	—	85	—	70	—	—	—	105	—
	15	62	—	57	90	—	70	—	—	83	105	—
	20	65	—	64	95	—	75	—	—	95	115	—
	25	80	—	70	100	—	85	—	—	108	115	—
	32	85	—	76	105	—	95	—	—	114	130	—
	40	90	100	82	115	—	100	114	—	121	130	—
	50	100	105	102	125	120	120	133	—	146	150	—
	65	—	115	108	145	130	—	146	—	165	170	—
	80	—	135	121	155	150	—	159	—	178	190	190
	90	—	145	—	—	160	—	168	—	200	—	—
	100	—	155	146	175	170	—	178	203	216	215	229
	125	—	180	178	200	200	—	200	228	254	250	279
	150	—	205	203	225	225	—	222	248	279	275	305
	175	—	—	—	—	—	—	—	—	—	—	—
	200	—	230	248	275	250	—	279	—	330	325	368
	225	—	—	—	—	—	—	—	—	—	—	—
	250	—	—	311	325	—	—	—	—	394	—	419
	300	—	—	350	375	—	—	—	—	419	—	483
	350	—	—	394	425	—	—	—	—	—	—	—
	400	—	—	457	475	—	—	—	—	—	—	—
	450	—	—	483	500	—	—	—	—	—	—	—
	500	—	—	—	—	—	—	—	—	—	—	—
	550	—	—	—	—	—	—	—	—	—	—	—
	600	—	—	—	—	—	—	—	—	—	—	—
	650	—	—	—	—	—	—	—	—	—	—	—
	700	—	—	—	—	—	—	—	—	—	—	—
	750	—	—	—	—	—	—	—	—	—	—	—
	800	—	—	—	—	—	—	—	—	—	—	—
	850	—	—	—	—	—	—	—	—	—	—	—
	900	—	—	—	—	—	—	—	—	—	—	—
	1000	—	—	—	—	—	—	—	—	—	—	—
ISO 的基本系列代号（参考）		—	—	11	8	—	—	—	—	24	9	—

(续)

用途		一般用途							
类别		角式截止阀							
系列代号		28	32	29	33	34	37	36	38
连接形式		对焊式	对焊式	对焊式	对焊式	对焊式	对焊式	对焊式	对焊式
阀体材料		S	S	S	S	S	S	S	S
公称压力	K	10K	20K	—	30K	40K	—	63K	100K
	PN	20	—	50	—	100	100	—	—
公称尺寸DN	10	—	—	85	—	—	—	—	—
	15	57	—	90	—	83	—	—	—
	20	64	—	95	—	95	—	—	—
	25	70	—	100	—	108	—	—	127
	32	76	—	105	—	114	—	—	140
	40	82	114	115	—	121	—	—	152
	50	102	133	125	—	146	108	—	184
	65	108	146	145	—	165	127	—	210
	80	121	159	155	—	178	152	190	235
	90	—	168	—	—	200	—	—	—
	100	146	178	175	203	216	178	229	273
	125	178	200	200	228	254	216	279	336
	150	203	222	225	248	279	254	305	352
	175	—	—	—	—	—	—	—	—
	200	248	279	275	—	330	—	368	416
	225	—	—	—	—	—	—	—	—
	250	311	—	325	—	394	—	419	495
	300	350	—	375	—	419	—	483	565
	350	394	—	425	—	—	—	—	—
	400	457	—	475	—	—	—	—	—
	450	483	—	500	—	—	—	—	—
ISO 的基本系列代号（参考）		11	—	8	—	24	—	—	—

表 1-114　通用球阀及旋塞阀的结构长度　（单位：mm）

用途		一般用途													
类别		球阀及旋塞阀													
系列代号		5	6	39	21	10	12	13	14	40	41	12	13	14	17
连接形式		法兰式	法兰式	法兰式	法兰式	法兰式	法兰式	法兰式	法兰式	对焊式	对焊式	对焊式	对焊式	对焊式	对焊式
阀体材料		F	A	A	A	A	A	A	A	S	S	S	S	S	S
公称压力	K	10K	10K	10K	—	20K	30K	40K	63K	20K	—	30K	40K	63K	100K
	PN	—	10、16、20	10、16、20	10、16、20、25、40、50	25、40、50	—	100	—	20、50	20、50	—	100	—	—
公称尺寸 DN	10	—	102	130	130	—	—	—	—	—	—	—	—	—	—
	15	—	108	130	130	140	—	165	—	—	—	—	165	—	—
	20	—	117	130	150	152	—	190	—	—	—	—	190	—	—
	25	—	127	140	160	165	—	216	—	—	—	—	216	—	—
	32	—	140	165	180	178	—	229	—	—	—	—	229	—	—
	40	165	165	165	200	190	—	241	305	190	190	—	241	305	305
	50	180	178	203	230	216	—	292	368	216	216	—	292	368	368
	65	190	190	222	290	241	—	330	419	241	241	—	330	419	419
	80	200	203	241	310	283	—	356	381	283	283	—	356	381	470
	90	—	216	—	—	300	—	—	—	300	—	—	—	—	—
	100	230	229	305	350	305	406	432	437	305	305	406	432	457	546
	125	—	254	356	400	381	457	508	559	381	—	457	508	559	673
	150	270	267	394	480	403	495	559	610	403	457	495	559	610	705
	175	—	—	—	—	—	—	—	—	—	—	—	—	—	—
	200	290	292	457	600	419、502①	597	660	737	419	521	597	660	737	832
	225	—	—	—	—	—	—	—	—	—	—	—	—	—	—
	250	330	330	533	730	457、568①	673	787	838	457	559	673	787	838	991
	300	350	356	610	850	502、648①	762	838	965	502	635	762	838	965	1130
	350	—	381	686	980	762	—	889	—	572	762	—	889	—	—
	400	—	406	762	1100	838	—	991	—	610	838	—	991	—	—
	450	—	432	864	1200	914	—	1092	—	660	914	—	1092	—	—
	500	—	457	914	1250	991	—	1194	—	711	991	—	1194	—	—
	550	—	—	1016	—	1092	—	1295	—	—	1092	—	1295	—	—
	600	—	508	1067	1450	1143	—	1397	—	813	1143	—	1397	—	—
ISO 的基本系列代号(参考)		—	3	12	1	4	—	5	—	—	4	—	5	—	—

① 适用于非缩径球阀。

表 1-115 通用蝶阀的结构长度 （单位：mm）

用途		一般用途							
类别		蝶阀							
系列代号		42	1	43	44	45	46	47	48
连接形式		法兰式	法兰式	对夹式	对夹式	对夹式	对夹式	对夹式	对夹式
阀体材料		A	A	A	A	A	A	A	A
公称压力	K	—	—	5K、10K 16K	5K、10K 16K	5K、10K 16K	5K、10K 16K	5K、10K 16K	5K、10K 16K
	PN	1~6、10、16、20	1~6、10、16、20、25	—	—	—	1~6、10、16、20	1~6、10、16、20	1~6、10、16、20
公称尺寸 DN	40	106	140	—	—	—	33	—	33
	50	108	150	40	45	—	43	—	43
	65	112	170	40	45	—	46	—	46
	80	114	180	60	50	—	46	49	64
	90	—	—	—	—	—	—	—	—
	100	127	190	60	50	65	52	56	64
	125	140	200	60	55	70	56	64	70
	150	140	210	70	60	90	56	70	76
	175	—	—	—	—	—	—	—	—
	200	152	230	80	65	100	60	71	89
	225	—	—	—	—	—	—	—	—
	250	165	250	90	80	110	68	76	114
	300	178	270	90	90	110	78	83	114
	350	190	290	100	100	120	78	92	127
	400	216	310	110	110	130	102	102	140
	450	222	330	130	120	150	111	114	152
	500	229	350	140	140	160	127	127	152
	550	—	—	150	150	170	154	—	170
	600	267	390	160	160	200	154	154	178
	650	—	—	170	170	210	165	—	210
	700	292	430	180	180	220	165	—	229
	750	—	—	190	190	230	190	—	230
	800	318	470	200	200	240	190	—	241
	850	—	—	—	—	—	—	—	—
	900	330	510	—	—	—	203	—	241
	1000	410	550	—	—	—	216	—	300
	1100	—	—	—	—	—	—	—	—
	1200	470	630	—	—	—	254	—	350
	1300	—	—	—	—	—	—	—	—
	1350	—	—	—	—	—	—	—	—
	1400	530	710	—	—	—	—	—	390
	1500	—	—	—	—	—	—	—	—
	1600	600	790	—	—	—	—	—	440
	1800	670	870	—	—	—	—	—	490
	2000	760	950	—	—	—	—	—	540
ISO 的基本系列代号（参考）		13	14	—	—	—	20	25	16

表 1-116 调节阀的结构长度 （单位：mm）

类别		二通球形调节阀			无法兰式调节阀
系列代号		301	302	303	304
连接形式		法兰式	法兰式	法兰式	无法兰式
阀体材料		A	A	A	A
公称压力	K	10K	20K	40K	—
	PN	10、16、20	25、40、50	100	10、16、20、25、40、50、100
公称尺寸 DN	20	(187)	(194)	(206)	76
	25	184	197	210	102
	40	222	235	251	114
	50	254	267	286	124
	65	(276)	(292)	(311)	—
	80	298	317	337	165
	100	352	368	394	194
	150	451	473	508	229
	200	543	568	610	243
	250	673	708	752	297
	300	737	775	819	338
	350	889	927	972	—
	400	1016	1057	1108	400

注：括号内的结构长度尽量不采用。

表 1-117 调整尺寸（K 公称压力系列的凹凸式及榫槽式法兰） （单位：mm）

法兰密封面形式 \ 阀体形式	直通式	角式
凹凸式	+12	+6
榫槽式	+10	+5

表 1-118 调整尺寸（PN 公称压力系列的凹凸式及榫槽式法兰） （单位：mm）

法兰密封面形式 \ 公称压力 PN		20		50		100	
阀体形式		直通式	角式	直通式	角式	直通式	角式
凹凸式	凸形	+13	+7	+13	+7	0	0
榫槽式	槽形	+10	+5	+10	+5	−3	−2

表 1-119 调节尺寸（PN公称压力系列的梯形槽密封面的法兰） （单位：mm）

<table>
<tr><th rowspan="2">公称尺寸 DN ＼ 阀体形式 ＼ 公称压力 PN</th><th colspan="2">20</th><th colspan="2">50</th><th colspan="2">100</th></tr>
<tr><th>直通式</th><th>角式</th><th>直通式</th><th>角式</th><th>直通式</th><th>角式</th></tr>
<tr><td>15</td><td rowspan="3">—</td><td rowspan="3">—</td><td rowspan="2">+11</td><td rowspan="2">+6</td><td rowspan="2">-2</td><td rowspan="2">-1</td></tr>
<tr><td>20</td></tr>
<tr><td>25</td><td rowspan="3">+13</td><td rowspan="3">+7</td><td rowspan="3">0</td><td rowspan="3">0</td></tr>
<tr><td>32</td><td rowspan="22">+13</td><td rowspan="22">+7</td></tr>
<tr><td>40</td></tr>
<tr><td>50</td><td rowspan="12">+16</td><td rowspan="12">+8</td><td rowspan="12">+3</td><td rowspan="12">+2</td></tr>
<tr><td>65</td></tr>
<tr><td>80</td></tr>
<tr><td>100</td></tr>
<tr><td>125</td></tr>
<tr><td>150</td></tr>
<tr><td>200</td></tr>
<tr><td>250</td></tr>
<tr><td>300</td></tr>
<tr><td>350</td></tr>
<tr><td>400</td></tr>
<tr><td>450</td></tr>
<tr><td>500</td><td>+19</td><td>+10</td><td>+6</td><td>+3</td></tr>
<tr><td>600</td><td>+22</td><td>+11</td><td>+10</td><td>+5</td></tr>
<tr><td>650</td><td rowspan="3">—</td><td rowspan="3">—</td><td rowspan="3">+25</td><td rowspan="3">+13</td></tr>
<tr><td>700</td></tr>
<tr><td>750</td></tr>
<tr><td>800</td><td rowspan="3">+13</td><td rowspan="3">+7</td><td rowspan="3">+29</td><td rowspan="3">+15</td></tr>
<tr><td>850</td></tr>
<tr><td>900</td></tr>
</table>

法兰连接和对夹连接、公称压力在40K以下和公称压力PN系列的阀门。结构长度极限偏差见表1-120。对焊接和公称压力在63K以上的阀门，结构长度极限偏差见表1-121。

表 1-120 结构长度极限偏差 （单位：mm）

结构长度	尺寸极限偏差	结构长度	尺寸极限偏差
<250	±2	>800~1000	±5
>250~500	±3	>1000~1600	±6
>500~800	±4	>1600~2250	±8

表 1-121 结构长度极限偏差（对焊连接等） （单位：mm）

公称尺寸 ＼ 阀体形式	直通式	角式
≤250	±1.5	±0.8
≥300	±3.0	±1.5

7. 国际标准化组织（ISO）数据

ISO 5752中基本系列结构长度见表1-122，旋转杆闸阀系列结构长度见表1-123，闸阀的结构长度见表1-124，双法兰式蝶阀及双法兰蝶式止回阀的结构长度见表1-125，对夹式蝶阀与

表 1-122　基本系列　　（单位：mm）

公称尺寸 DN	1	2	3	4	5	6	7	8①	9①	10	11①	12	13	14	15	16	17	18	19	20	21	22	23	24①	25
基本系列依据	DIN 3202/F1	DIN 3203/F	ASME B16.10	ASME B16.10	ASME B16.10		BS 5156	DIN 3202/F32	DIN 3202/F33	ASME B16.10 BS 1868	ASME B16.10	ASME B16.10 BS 5353	BS 5156	DIN 3202/F4	DIN 3202/F5	API 609 BS 5156	API 600	BS 5154	ASME B16.10	API 609 BS 5155	ASME B16.10			ASME B16.10	MSS SP 67
公称尺寸 DN 的范围		15～200 250～500								15～150 200～600		10～40 50～600				40～65 80～900				40～600 700～1200					
10	130	210	102	—	—		108	85	105	—	—	130	—	—	—	—	—	80	—	—	—			—	—
15	130	210	108	140	165		108	90	105	108	57	130	—	—	—	—	140	80	140	—	152			83	—
20	150	230	117	152	190		117	95	115	117	64	130	—	—	—	—	152	90	152	—	178			95	—
25	160	230	127	165	216		127	100	115	127	70	140	—	—	—	—	165	100	165	—	216			108	—
32	180	260	140	178	229		146	105	130	140	76	165	—	—	—	—	178	110	178	—	229			114	—
40	200	260	165	190	241		159	115	130	165	82	165	106	140	240	33	190	120	190	33	241			121	—
50	230	300	178	216	292		190	125	150	203	102	203	108	150	250	43	216	135	216	43	267			146	—
65	290	340	190	241	330		216	145	170	216	108	222	112	170	270	46	241	165	241	46	292			165	—
80	310	380	203	283	356		254	155	190	241	121	241	114	180	280	64	283	185	283	46	318			178	49
100	350	430	229	305	432		305	175	215	292	146	305	127	190	300	64	305		305	52	356			216	56
125	400	500	254	381	508		356	200	250	330	178	356	140	200	325	70	381		381	56	400			254	64
150	480	550	267	403	559		406	225	275	356	203	394	140	210	350	76	403		403	56	444			279	70
200	600	650	292	419	660		521	275	325	495	248	457	152	230	400	89	502		419	60	533			330	71
250	730	775	330	457	787		635	325		622	311	533	165	250	450	114	568		457	68	622			394	76
300	850	900	356	502	838		749	375		698	350	610	178	270	500	114	648		502	78	711			419	83
350	980	1025	381	762	889			425		787	394	686	190	290	550	127	572		572	78	838				92
400	1100	1150	406	838	991			475		914	457	762	216	310	600	140	838		610	102	864				102
450	1200	1275	432	914	1092			500		978	483	864	222	330	650	152	914		660	114	978				114
500	1250	1400	457	991	1194					978		914	229	350	700	152	991		711	127	1016				127
(550)	1350	—	483	1092	1295					1067		1016	—	—	750	170	—		749	154	1118				—
600	1450	1650	508	1143	1397					1295		1067	267	390	800	178	1143		787	154	1346				154
(650)	1550		559	1245	1448					1295			—	—	850	210				165	1346				
700	1650		610	—	—					1448			292	430	900	229				165	1499				
750	1750		610	1397	1651					1524			—	—	950	230				190	1594				
800	1850		660							—			318	470	1000	241				190	—				
900	2050		711							1956			330	510	1100	241				203	2083				
1000	2250		811										410	550	1200	300				216					
1200													470	630		350				254					
1400													530	710		390									
1600													600	790		440									
1800													670	870		490									
2000													760	950		540									

注：括号内的公称尺寸尽量不使用。

① 角式阀的结构长度。

对夹式蝶式止回阀的结构长度见表1-126，旋塞阀与球阀的结构长度见表1-127，隔膜阀的结构长度见表1-128，截止阀与止回阀（直通式）的结构长度见表1-129，角式截止阀与角式升降式止回阀的结构长度见表1-130，铜合金闸阀、截止阀与止回阀的结构长度见表1-131，结构长度尺寸极限偏差见表1-132，环形连接法兰的附加长度见表1-133。

表1-123 旋转杆闸阀系列结构长度

公称尺寸DN	结构长度/mm	灰铸铁在20℃下的最高使用压力/MPa
40	140	1.0
50	150	
65	170	
80	180	
100	190	
125	200	
150	210	
200	230	0.6
250	250	
300	270	
350	290	0.4
400	310	
450	330	
500	350	
600	390	0.25
700	430	
800	470	0.16
900	510	0.1
1000	550	
基本系列	14	—

表1-124 闸阀的结构长度 （单位：mm）

公称尺寸DN	结构长度					
	PN10、PN16		PN25、PN40	仅适用于	CL250	CL600
	短结构	长结构	CL300	PN25	铸铁	
10	102	—	—	—	—	—
15	106	—	140	—	140	165
20	117	—	152	—	152	190
25	127	—	165	—	165	216
32	140	—	178	—	178	229
40	165	240	190	240	190	241
50	178	250	216	250	216	292
65	190	270	241	270	241	330
80	203	280	283	280	283	356
100	229	300	305	300	305	432
125	254	325	381	325	381	508
150	267	350	403	350	403	559
200	292	400	419	400	419	660
250	330	450	457	450	457	787
300	356	500	502	500	502	838
350	381	550	762	550	572	889
400	406	600	838	600	610	991
450	432	650	914	650	660	1092
500	457	700	991	700	711	1194
(550)	483	750	1092	750	749	1295
600	508	800	1143	800	787	1397
(650)	559	850	1245	—	—	1448
700	610	900	—	—	—	—
750	610	950	1397	—	—	1651
800	660	1000	—	—	—	—
900	711	1100	—	—	—	—
1000	811	1200	—	—	—	—
	3	15	4	15	19	9

注：括号内的公称尺寸尽量不使用。

表 1-125　双法兰式蝶阀及双法兰蝶式止回阀结构长度　（单位：mm）

公称尺寸 DN	结构长度 ≤PN16 及 CL125、CL150 短系列	结构长度 ≤PN25 及 CL125、CL150 长系列	公称尺寸 DN	结构长度 ≤PN16 及 CL125、CL150 短系列	结构长度 ≤PN25 及 CL125、CL150 长系列
40	106	140	500	229	350
50	108	150	600	267	390
65	112	170	700	292	430
80	114	180	800	318	470
100	127	190	900	330	510
125	140	200	1000	410	550
150	140	210	1200	470	630
200	152	230	1400	530	710
250	165	250	1600	600	790
300	178	270	1800	670	870
350	190	290	2000	760	950
400	216	310	基本系列	13	14
450	222	330			

表 1-126　对夹式蝶阀与对夹式蝶式止回阀结构长度　（单位：mm）

公称尺寸 DN	结构长度 ≤PN16 及 CL125、CL150 短系列	中系列	长系列
40	33	—	33
50	43	—	43
65	46	—	46
80	46	49	64
100	52	56	64
125	56	64	70
150	56	70	76
200	60	71	89
250	68	76	114
300	78	83	114
350	78	92	127
400	102	102	140
450	114	114	152
500	127	127	152
(550)	154	—	170
600	154	154	178
(650)	165	—	210
700	165	—	229
750	190	—	230
800	190	—	241
900	203	—	241
1000	216	—	300
1200	254	—	350
1400	—	—	390
1600	—	—	440
1800	—	—	490
2000	—	—	540
基本系列	20	25	16

注：括号内的公称尺寸尽量不使用。

表 1-127　旋塞阀与球阀的结构长度　（单位：mm）

公称尺寸 DN	结构长度					
	PN10、PN16 及 CL125、CL150			PN25、PN40 及 CL250、CL300		CL600
	短系列①	中系列	长系列	短系列	长系列	
10	102	130	130	—	130	—
15	108	130	130	140	130	165

（续）

公称尺寸 DN	结构长度					
	PN10、PN16及CL125、CL150			PN25、PN40及CL250、CL300		CL600
	短系列①	中系列	长系列	短系列	长系列	
20	117	130	150	152	150	190
25	127	140	160	165	160	216
32	140	165	180	178	180	229
40	165	165	200	190	200	241
50	178	203	230	216	230	292
65	190	222	290	241	290	330
80	203	241	310	283	310	356
100	229	305	350	305	350	432
125	254	356	400	381	400	508
150	267	394	480	403	480	559
200	292	457	600	419②	600	660
250	330	533	730	457②	730	787
300	356	610	850	502②	850	838
350	381	666	980	762	980	889
400	406	762	1100	838	1100	991
450	432	864	1200	914	1200	1092
500	457	914	1250	991	1250	1194
（550）	—	1016	—	1092	—	1295
600	508	1067	1450	1143	1450	1397
基本系列	3	12	1	4	1	5

① 下列形式及公称尺寸的阀门不适用：a）公称尺寸超过DN40的第一行表列数值的阀门；b）公称尺寸超过DN300的旋塞及全通径球阀。

② 全通径阀门使用下列数值：DN200的结构长度为502mm；DN250的结构长度为568mm；DN300的结构长度为648mm。

表1-128　隔膜阀的结构长度　（单位：mm）

公称尺寸 DN	结构长度			
	PN6	PN10、PN16及CL125、CL150		PN25、PN40及CL300
		短系列	长系列	
10	108	108	130	130
15	108	108	130	130
20	117	117	150	150
25	127	127	160	160
32	146	146	180	180
40	159	159	200	200
50	190	190	230	230
65	216	216	290	290
80	254	254	310	310
100	305	305	350	350
125	356	356	400	400
150	406	406	480	480
200	521	521	600	600
250	635	635	730	730
300	749	749	850	850
基本系列	7	7	1	1

表1-129　截止阀与止回阀的（直通式）的结构长度　（单位：mm）

公称尺寸 DN	结构长度					
	PN10、PN16及CL125、CL150		PN25、PN40及CL250、CL300		CL600	
	短系列	长系列	短系列	长系列	短系列	长系列
10	—	130	—	130	—	210
15	108	130	152	130	165	210
20	117	150	178	150	190	230
25	127	160	216	160	216	230

（续）

公称尺寸 DN	结构长度					
	PN10、PN16 及 CL125、CL150		PN25、PN40 及 CL250、CL300		CL600	
	短系列	长系列	短系列	长系列	短系列	长系列
32	140	180	229	180	229	260
40	165	200	241	200	241	260
50	203	230	267	230	292	300
65	216	290	292	290	330	340
80	241	310	318	310	356	380
100	292	350	356	350	432	430
125	330	400	400	400	508	500
150	356	480	444	480	559	550
200	495	600	533	600	660	650
250	622	730	622	730	787	775
300	698	850	711	850	838	900
350	787	980	838	980	889	1025
400	914①	1100	864	1100	991	1150
450	978	1200	978	1200	1092	1275
500	978	1250	1016	1250	1194	1400
(550)	1067	1350	1118	1350	1295	—
600	1295	1450	1346	1450	1397	1600
(650)	1295	1550	1346	1550	1448	—
700	1448	1650	1499	1650	—	—
750	1524	1750	1594	1750	1651	—
800	—	1850	—	1850	—	—
900	1956	2050	2083	2050	—	—
1000	—	2250	—	2250	—	—
基本系列	10	1	21	1	5	2

① 旋启式阀 DN400 可采用 864mm 替代 914mm。

表 1-130 角式截止阀与角式升降式止回阀结构长度 （单位：mm）

公称尺寸 DN	结构长度				
	PN10、PN16 及 CL125、CL150		PN25、PN40 及 CL250、CL300	CL600	
	短系列	长系列		短系列	长系列
10	—	85	85	—	105
15	57	90	90	83	105
20	64	95	95	95	115
25	70	100	100	108	115
32	76	105	105	114	130
40	82	115	115	121	130
50	102	125	125	146	150
65	108	145	145	165	170
80	121	155	155	178	190
100	146	175	175	216	215
125	178	200	200	254	250
150	203	225	225	279	275
200	248	275	275	330	325
250	311	325	325	394	—
300	350	375	375	419	—
350	394	425	425	—	—
400	457	475	475	—	—
450	483	500	500	—	—
基本系列	11	8	8	24	9

表 1-131 铜合金闸阀、截止阀与止回阀的结构长度 （单位：mm）

公称尺寸 DN	结构长度 PN10、PN16、PN25、PN40 及 CL150、CL300 短系列①	结构长度 PN10、PN16、PN25、PN40 及 CL150、CL300 长系列②	公称尺寸 DN	结构长度 PN10、PN16、PN25、PN40 及 CL150、CL300 短系列①	结构长度 PN10、PN16、PN25、PN40 及 CL150、CL300 长系列②
10	80	108	40	120	159
15	80	108	50	135	190
20	90	117	65	165	216
25	100	127	80	185	254
32	110	146	基本系列	18	7

① 短系列结构长度适用于所有 PN160 以下的阀门和 PN250 阀体中口为螺纹连接一体式阀座的阀门。

② 长系列结构长度适用于下列阀门：40MPa 的所有阀门；平行式双闸板闸阀；可更换阀座的阀门；活接头式及法兰式阀体中口的阀门。

表 1-132 结构长度尺寸极限偏差 （单位：mm）

法兰连接非衬里阀门的结构长度	尺寸极限偏差	法兰连接非衬里阀门的结构长度	尺寸极限偏差
0 ~ 250	±2	>800 ~ 1000	±5
>250 ~ 500	±3	>1000 ~ 1600	±6
>500 ~ 800	±4	>1600 ~ 2250	±8

表 1-133 环形连接法兰的附加长度 （单位：mm）

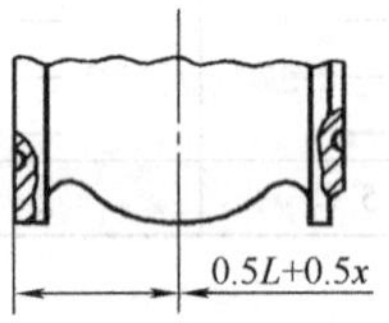

注：1. L 为平面法兰的结构长度。

2. 采用八角形或椭圆形截面的金属密封环法兰时，其结构长度采用平面法兰的结构长度加上 x 值，角式阀门的结构长度则应加 $s/2$ 位。

公称尺寸 DN	CL150 x	CL300 x	CL600 x
15	11	11	-2
20	13	13	0
25	13	13	0
32	13	13	0
40	13	13	0
50	13	16	3
65	13	16	3
80	13	16	3
100	13	16	3
125	13	16	3
150	13	16	3
200	13	16	3
250	13	16	3
300	13	16	3
350	13	16	3
400	13	16	3
450	13	16	3
500	13	19	6
600	13	22	10
700	—	25	13

1.9.2　法兰尺寸

阀门的法兰连接尺寸是保证阀门能够在安装管路上互换的重要条件之一。为此，各国都颁布相应的法兰连接尺寸标准。

标 准 号	标 准 名 称	标 准 号	标 准 名 称
中国管法兰有关标准			
GB/T 9112—2010	钢制管法兰 类型与参数	GB/T 17241.4—1998	带颈平焊和带颈承插焊铸铁管法兰
GB/T 9113—2010	整体钢制管法兰	GB/T 17241.5—1998	管端翻边带颈松套铸铁管法兰
GB/T 9114—2010	带颈螺纹钢制管法兰	GB/T 17241.6—2008/XG1—2011	《整体铸铁法兰》第 1 号修改单
GB/T 9115—2010	对焊钢制管法兰	GB/T 17241.7—1998	铸铁管法兰　技术条件
GB/T 9116—2010	平焊钢制管法兰	JB/T 74—1994①	管路法兰　技术条件
GB/T 9117—2010	带颈承插焊钢制管法兰	JB/T 75—1994①	管路法兰　类型
GB/T 9118—2010	对焊环带颈松套钢制管法兰	JB/T 79.1～.4—1994①	凸面、凹凸面、榫槽面、环连接面整体铸钢管法兰
GB/T 9119—2010	板式平焊钢制管法兰	JB/T 81—1994①	凸面板式平焊钢制管法兰
GB/T 9120—2010	对焊环板式松套钢制管法兰	JB/T 82.1～.4—1994①	凸面、凹凸面、榫槽面、环连接面对焊钢制管法兰
GB/T 9121—2010	平焊环板式松套钢制管法兰	JB/T 83—1994①	平焊环板式松套钢制管法兰
GB/T 9122—2010	平焊环板式松套钢制管法兰	JB/T 84—1994①	凹凸面对焊环板式松套钢制管法兰
GB/T 9123—2010	钢制管法兰盖	JB/T 85—1994①	翻边板式松套钢制管法兰
GB/T 9124—2010	钢制管法兰　技术条件	JB/T 86.1—1994①	凸面钢制管法兰盖
GB/T 13402—2010	大直径钢制管法兰	JB/T 86.2—1994①	凹凸面钢制管法兰盖
GB/T 15530.1—2008	铜合金整体铸造法兰	JB/T 1308.13—2011	PN2500 超高压阀门和管件　第 13 部分：法兰
GB/T 15530.2—1995	铜合金对焊法兰	JB/T 2001.13—1999	水系统 方附接法兰　型式与尺寸（PN=4.0MPa）
GB/T 15530.3—1995	铜合金板式平焊法兰	JB/T 2001.14—1999	水系统 椭圆连接法兰　型式与尺寸（PN=31.5MPa）
GB/T 15530.4—2008	铜合金带颈平焊法兰	JB/T 2001.15—1999	水系统 方连接法兰　型式与尺寸（PN=31.5MPa）
GB/T 15530.5—2008	铜合金平焊环松套钢法兰	JB/T 2001.16—1999	水系统圆连接法兰　型式与尺寸（PN=31.5MPa）
GB/T 15530.6—2008	铜管折边铜合金对焊环松套板式钢法兰	JB/T 2001.17—1999	水系统方连接法兰　型式与尺寸（PN=20MPa）
GB/T 15530.7—1995	铜合金法兰盖	JB/T 2001.18—1999	水系统圆连接法兰　型式与尺寸（PN=20MPa）
GB/T 15530.8—1995	铜合金及复合法兰　技术条件	HG/T 20592～20635—2009	钢制管法兰、垫片、紧固件
GB/T 17185—2012	钢制法兰管件	SH/T 3406—2013	石油化工钢制管法兰
GB/T 17241.1—1998	铸铁管法兰　类型	SHJ 501—1997	石化钢制夹套管法兰通用图
GB/T 17241.2—1998	铸铁管法兰盖		
GB/T 17241.3—1998	带颈螺纹铸铁管法兰		

（续）

标 准 号	标 准 名 称	标 准 号	标 准 名 称
中国管法兰有关标准			
CB/T 45—2011	船用铸铜法兰	CB/T 4196—2011	船用法兰 连接尺寸和密封面
CB/T 47—1999	船用对焊钢法兰	CB/T 4210—2013	A 类盲板法兰
CB/T 48—2007	船用焊接铜法兰	CB/T 4211—2013	A 类带颈搭焊钢法兰
CB/T 49—2007	船用搭焊钢环松套钢法兰	CB/T 4212—2013	A 类松套法兰
CB/T 51—2007	船用焊接铜环松套钢法兰	CB/T 4213—2013	A 类承插焊法兰
CB/T 52—2007	船用铜管折边松套钢法兰	CB/T 4325—2013	船用铸铁法兰
CB/T 64—2007	船用焊接通风法兰	CB/T 4326—2013	船用铸钢法兰
CB/T 4194—2011	船用法兰 类型	CB/T 4327—2013	船用对焊钢法兰
美国管法兰有关标准			
ASME B16.1—2010	铸铁管法兰和法兰管件	API 605	大直径碳钢法兰
ASME B16.5—2013	管法兰及法兰管件	MSS SP 44—2010	钢制管道法兰
ASME B16.42—2011	球墨铸铁管法兰及法兰配件 等级 CL150 和 CL300	MSS SP 51	CL150 耐蚀铸造法兰和管件
ASME B16.47—2011	大直径管钢制法兰	ANSI/AWWA C207	给水工程用钢制管法兰
国际标准化组织有关标准			
ISO 7005-1：2011	管道法兰．工业和一般用途管道系统用钢法兰	ISO 7005-2，7005-3	金属法兰 铸铁法兰，铜合金和复合法兰
欧共体标准			
EN 1092.1—2007	法兰及其连接件——管道、阀门、管配件及附件用圆形法兰，PN 标示 第 1 部分 钢制法兰	EN 1092.6—1997	法兰及其连接件——管道、阀门、管配件及附件用圆形法兰，PN 标示 第 6 部分 非金属法兰
EN 1092.2—1997	法兰及其连接件——管道、阀门、管配件及附件用圆形法兰，PN 标示 第 2 部分 铸铁法兰	EN 1759.1—2004	法兰及其连接件——Class 标识的管道、阀门、管件和附件用圆形法兰 第 1 部分：钢法兰 NPS 1/2 ~ NPS24
EN 1092.3—2007	法兰及其连接件——管道、阀门、管配件及附件用圆形法兰，PN 标示 第 3 部分 铜合金法兰	EN 1759.2—2004	法兰及其连接件——Class 标识的管道、阀门和附件用圆形法兰 第 2 部分：铸铁法兰
EN 1092.4—1997	法兰及其连接件——管道、阀门、管配件及附件用圆形法兰，PN 标示 第 4 部分 铝合金法兰	EN1759.3—2004	法兰及其连接件——Class 标识的管道、阀门、管件和附件用圆形法兰 第 3 部分：铜合金法兰
EN 1092.5—1997	法兰及其连接件——管道、阀门、管配件及附件用圆形法兰，PN 标示 第 5 部分 用其他金属制造的法兰	EN1759.4—2003	法兰及其连接件——Class 标识的管道、阀门、管件和附件用圆形法兰 第 4 部分：铝合金法兰
日本管法兰有关标准			
JIS B 2210 ~ 2214—1999	0.2MPa、0.5MPa、1.0MPa、1.6MPa、2.0MPa 钢铁管法兰基本尺寸	JIS B 2215 ~ 2217—1999	3.0MPa、4.0MPa、6.3MPa 钢制管法兰基本尺寸
俄罗斯管法兰有关标准			
ГОСТ 9399—1999	PN20 ~ PN100 螺纹钢法兰	ГОСТ 12815—1999	PN1 ~ PN2 阀门管道法兰形式和密封尺寸

1.9.3 管法兰用垫片

标 准 号	标准名称	标 准 号	标准名称
中国管法兰用垫片有关标准			
GB/T 4622.1—2009	缠绕式垫片 分类	GB/T 19675.1—2005	管法兰用金属冲齿板柔性石墨复合垫片 尺寸
GB/T 4622.2—2008	缠绕式垫片 管法兰用垫片尺寸		
GB/T 4622.3—2007	缠绕式垫片 技术条件	GB/T 19675.2—2005	管法兰用金属冲齿板柔性石墨复合垫片 技术条件
GB/T 9126—2008	管法兰用非金属垫片 尺寸		
GB/T 9128—2003	钢制管法兰用金属环垫 尺寸	JB/T 87—1994①	管路法兰用石棉橡胶垫片
GB/T 9129—2003	钢制管法兰用非金属垫片 技术条件	JB/T 88—1994①	管路法兰用金属齿形垫片
		JB/T 89—1994①	管路法兰用金属环垫
GB/T 9130—2007	钢制管法兰连接用金属环垫技术条件	JB/T 90—1994①	管路法兰用缠绕式垫片
		JB/T 6369—2005	柔性石墨金属缠绕垫片 技术条件
GB/T 13403—2008	大直径钢制管法兰用垫片	JB/T 8559—2014	金属包覆垫片
GB/T 13404—2008	管法兰用非金属聚四氟乙烯包覆垫片	HG/T 20592 ~ 20635—2009	钢制管法兰、垫片、紧固件
		SH/T 3401—2013	石油化工钢制管法兰用非金属平垫片
GB/T 15601—2013	管法兰用金属包覆垫片	SH/T 3402—2013	石油化工钢制管法兰用聚四氟乙烯包覆垫片
GB/T 19066.1—2008	柔性石墨金属波齿复合垫片 尺寸		
		SH/T 3403—2013	石油化工钢制管法兰用金属环垫片
GB/T 19066.3—2003	柔性石墨金属波齿复合垫片 技术条件	SH/T 3407—2013	石油化工钢制管法兰用缠绕式垫片
		CB/T 3589—1994	船用阀门非石棉材料垫片及填料
美国管法兰用垫片有关标准			
ASME B16.20—2012	管法兰用环垫式、螺旋缠绕式和夹层式金属垫片	API 601—1998	用于凸面管法兰和法兰连接的金属垫片（包覆式和缠绕式）
ASME B16.21—2011	管法兰用非金属平垫片		
欧共体管法兰用垫片有关标准			
EN 12560.1—2001	法兰及其连接件——法兰用垫片（英制）第1篇 带或不带填充物的非金属垫片	EN 12560.4—2001	法兰及其连接件——法兰用垫片（英制）第4篇 钢制法兰用带填充物的波形、平形或齿形金属垫片
EN 12560.2—2013	法兰及其接头——尺寸垫圈类指定的法兰（英制）第2部分：缠绕垫片适用于钢法兰	EN 12560.5—2001	法兰及其连接件——法兰用垫片（英制）第5篇 钢制法兰用金属环连接垫片
EN 12560.3—2001	法兰及其连接件——法兰用垫片（英制）第3篇 非金属聚四氟乙烯（PTFE）包覆垫片		

① 均有2015版，标准名称略有变化，于2016年3月实施。

1.9.4 对接焊端

1. 对接焊端中国有关标准规定

（1）GB/T 9124—2010《钢制管法兰　技术条件》规定

1）板式平焊法兰和平焊环松套式法兰与钢管连接的焊接接头形式和坡口尺寸应符合图1-45和表1-134。

2）小于或等于 PN25 的带颈平焊法兰与钢管连接的焊接接头形式和坡口尺寸应符合图1-46和表1-135。大于或等于 PN40 的带颈平焊法兰与钢管连接的焊接接头形式和坡口尺寸应符合图1-46 和表1-136。

表1-134　板式平焊法兰和平焊环松套板式法兰与钢管连接的焊接头尺寸

公称尺寸 DN	10~20	25~50	85~150	200	250~300	350~600	700~1200	1400	1600	1800	2000
坡口宽度 b/mm	4	5	6	8	10	12	13	14	16	18	20

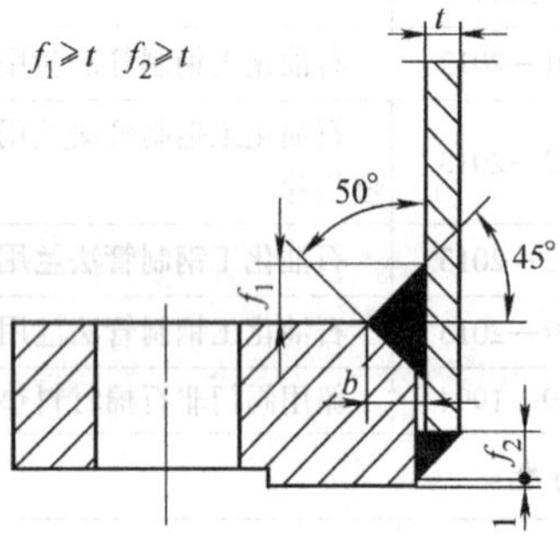

图1-45　板式平焊法兰和平焊环松套式法兰与钢管连接的焊接接头形式

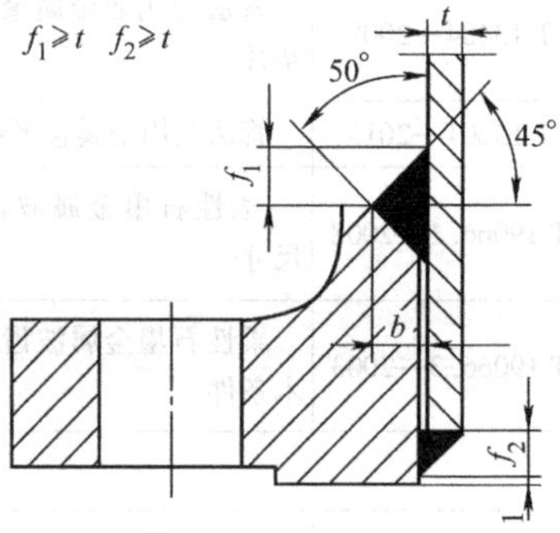

图1-46　带颈平焊法兰与钢管连接的焊接接头形式

表1-135　≤PN25 的带颈平焊法兰与钢管连接的焊接接头坡口尺寸

公称尺寸 DN	10~20	25~50	85~150	200	250~300	350~600
坡口宽度 b/mm	4	5	6	8	10	12

表1-136　≥PN40 的带颈平焊法兰与钢管连接的焊接接头坡口尺寸

公称尺寸 DN	10~20	25~50	85~100	125~150	200~250	300~350	400	450	500	600
坡口宽度 b/mm	4	5	6	8	10	14	14	16	18	200

3）对焊法兰的焊接坡口形式及尺寸应符合图1-47 的规定。

4）当法兰与薄壁、高强度管子连接时，其焊接坡口形式及尺寸应符合图1-48 的规定。

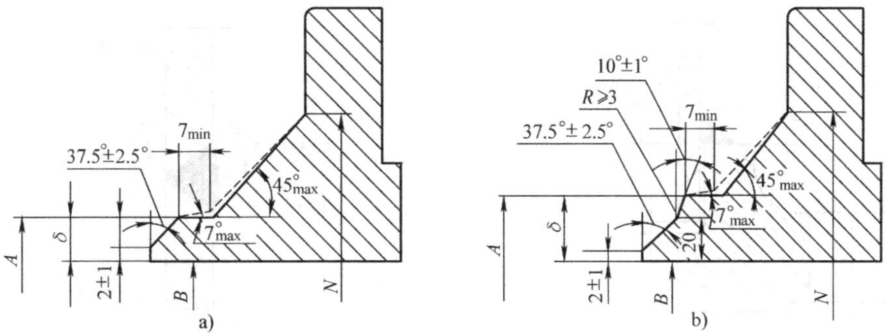

图 1-47　对焊法兰的焊接坡口形式及尺寸

a) $5<\delta\leq22$　b) $\delta>22$

A—焊颈端部外径（管子外径）

B—法兰内径（等于管子的公称内径）

δ—法兰焊端壁厚（等于管子的公称壁厚）

注：1. 当法兰与公称壁厚小于 4.8mm 的铁素体钢管连接时，根据制造厂的选择，焊端可加工成略有切边或直角坡口。

2. 当法兰与公称壁厚为 3.2mm 或小于 3.2mm 的奥氏体不锈钢管连接时，焊端应加工成略有切边坡口。

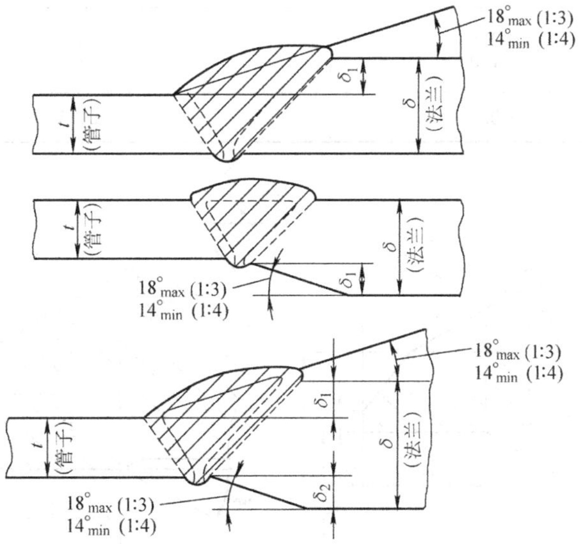

图 1-48　法兰与薄壁、高强度管子连接时的焊接坡口形式及尺寸

注：1. 当相连材料具有相同的屈服强度时，应取消最小值限制。

2. $\delta_1+\delta_2$、δ_1、δ_2 不应超过 $0.5t$。

3. 当相连材料屈服强度不同时，焊缝的力学性能应等于或大于两屈服强度的较大值，同时 δ 值至少应等于管子壁厚 t 乘以管子和法兰的屈服强度之比，但应不大于 $1.5t$。

5）承插焊法兰与钢管连接的焊接坡口形式及尺寸应符合图 1-49 的规定。

6）对焊环松套法兰和翻边环板式松套法兰的翻边环与钢管连接的焊接坡口形式及尺寸应符合图 1-50 的规定。

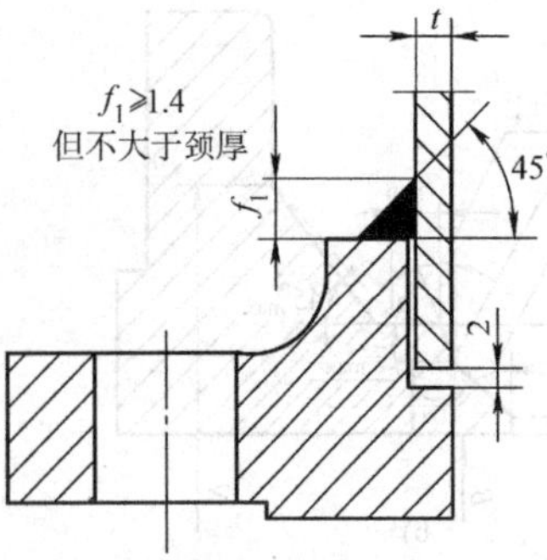

图 1-49 承插焊法兰与钢管连接的焊接坡口形式及尺寸

t—管子公称壁厚

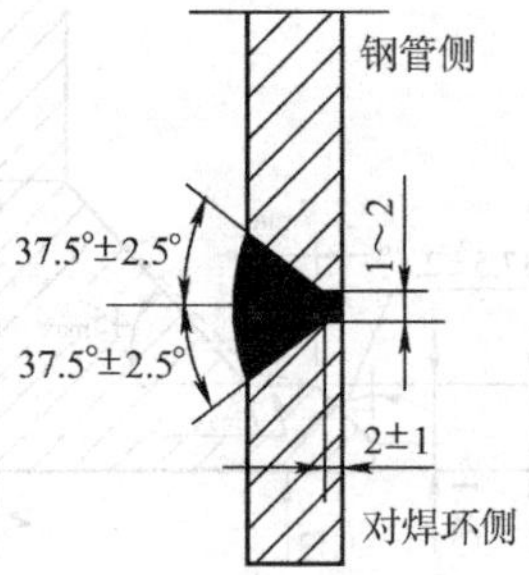

图 1-50 对焊环松套法兰和翻边环板式松套法兰的翻边环与钢管连接的焊接坡口形式及尺寸

注：当对焊环与公称壁厚≤3.2mm 奥氏体钢管连接时，钝边可取消。

（2）GB/T 12224—2005《钢制阀门 一般要求》规定 如果用户没有特殊规定，焊接端外表面应全部进行机加工，外焊层的外形轮廓可由制造厂选定，相交处应稍稍倒角，图中虚线表示焊接坡口处最大外形。焊接端应符合图 1-51 和表 1-137 的规定。

表 1-137 焊接端部尺寸 （单位：mm）

公称尺寸 DN	50	65	80	100	150	200	250	300	350	400	≥500
A	62	75	91	117	172	223	278	329	360	413	—
A 的偏差	+2.5 −1.0				+4.0 −7.0						—
B 的偏差	±0.8				±1.5						±3.0

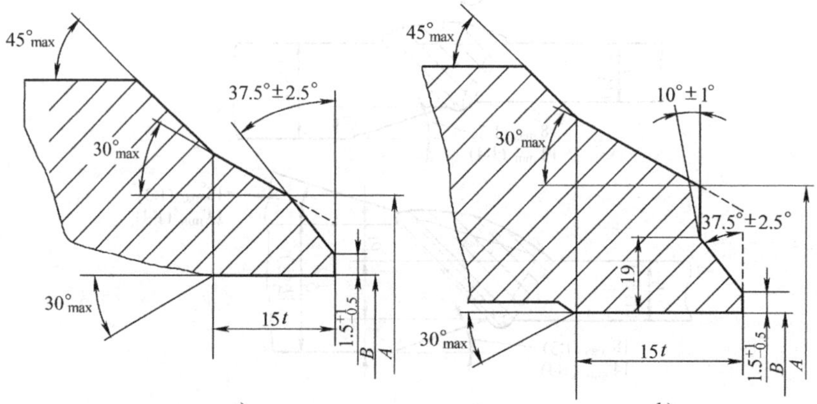

图 1-51 焊接端坡口

a）管子壁厚 t≤22mm 的焊接端 b）管子壁厚 t>22mm 的焊接端

A—焊接端的公称外径 *B*—管子的公称内径 t—管子的公称壁厚

2. 美国对焊接端有关标准规定

（1）ASME B16.5—2013《管法兰和法兰管件》 无背环对焊法兰的焊接端如图 1-52 所示。对焊法兰焊端用于矩形背环的内侧形状如图 1-53 所示。对焊法兰焊端用于锥形背环的内侧形状如图 1-54 所示。

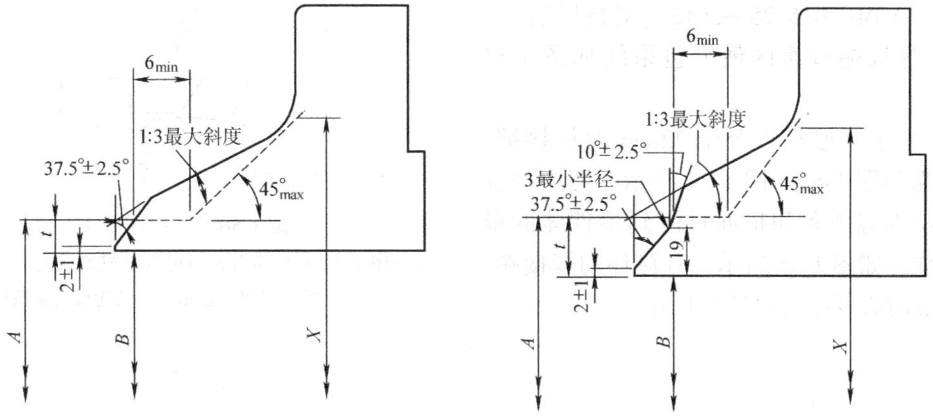

图 1-52　无背环对焊法兰的焊接端

a）管子壁厚 $t=5\sim22$mm 的焊接端　b）管子壁厚 $t>22$mm 的焊接端

A—管子公称外径　B—管公称内径　t—管公称壁厚

注：1. 当坡口处的颈部厚度大于与法兰相连接的管壁厚度，且在外径上提供了附加的厚度时，可采用带斜坡的焊缝，其斜度不大于1∶3；或者从焊接坡口上等于配接管外径的那点，以同样的最大斜度或稍小一点的斜度，在较大外径上斜削。同样，当法兰内侧提供较大厚度时，则应以不超过1∶3的斜度自焊端处制成锥形孔。当本标准所规定的法兰要求使用在薄壁高强度管道上时，其坡口处的颈部厚度可以大于法兰所连接的管子厚度，此时，可以规定单锥形颈，也可以改变在颈底处（尺寸 X）颈部的外径。附加壁厚可提供在内侧或外侧，或每侧部分地加厚，但是总厚度不得超过配接管子公称壁厚的 0.5 倍。

2. 从直径 A 至直径 X 的过渡应以1∶3最大斜度和虚线规定的最大和最小包络线内。

3. 对焊端尺寸见 ASME B16.25。

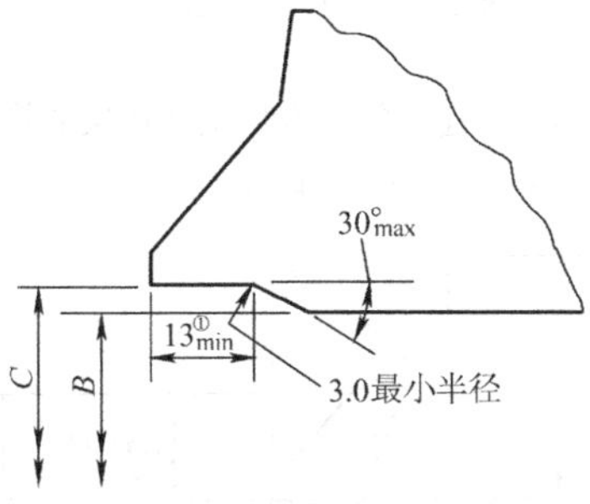

图 1-53　用于矩形背环的内侧形状

A—焊端的公称外径（mm）

B—管子的公称内径（mm），$A-2t$

C—$A-0.79-1.75t-0.25$（mm）

t—管子公称壁厚（mm）

0.79mm—管子外径的负公差

$1.75t$—公称壁厚的 87.5% ×2，换算为直径项

0.25mm—直径 C 的正公差（mm）

① 13mm 深，基于使用背环的宽度为 19mm。

注：1. 所有尺寸见 ASME B16.25。

2. 外径 A 公差为≤NPS5 $^{+2.0}_{-1.0}$mm，≥NPS6 $^{+4.0}_{-1.0}$mm。

3. 内径 B 公差为≤NPS8 ±1.0mm，>NPS8、≤NPS12（±1.5mm）

≥NPS20 $^{+3.0}_{-1.5}$mm

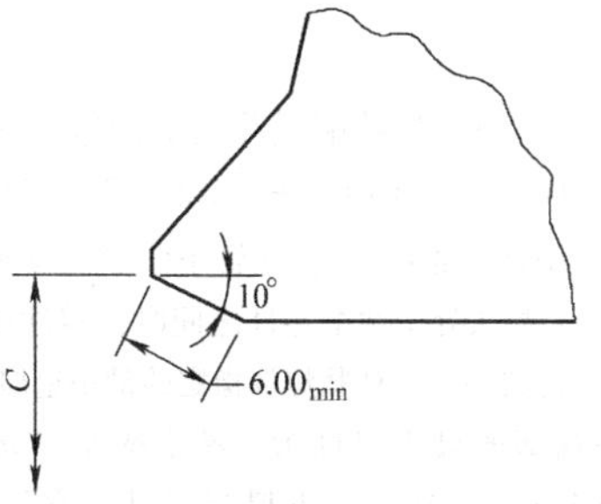

图 1-54　用于锥形背环的内侧形状

（2）ASME B16.25—2012《对接焊端》

1）焊接端过渡区最大包络线如图1-55所示。

2）用于壁厚小于等于22mm的焊接端。其焊接端如图1-56～图1-59所示。图中的虚线代表从焊缝斜角和根面过渡到零件体的最大包络线，如图1-55所示，有衬环的焊接端。用户订货时必须给定衬环的尺寸。

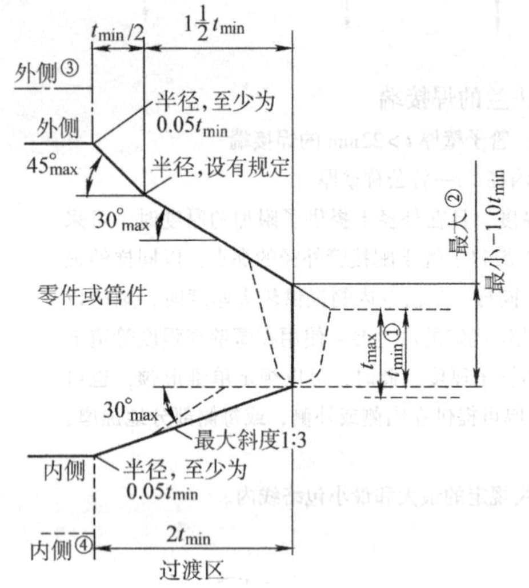

图1-55 焊接端过渡区最大包络线

① t_{min}可以取以下各值中的任一个值：指定的管子最小壁厚；管子厚度的0.875，即管子壁厚的下极限偏差为12.5%；接头处于两个零件之间时，零件或接头（或两个较薄的一个）柱状焊端指定的最小壁厚。

② 零件端部的最大厚度为：最小壁厚指定时，等于t_{min}+4mm或$1.15t_{min}$；壁厚指定时，等于t_{min}+4mm或$1.10t_{公称}$。

③、④ 用最大斜率的过渡区，内、外表面不得交叉。虚线表示的轮廓线最大斜率交叉是不允许的。可用变更半径的办法予以避免。

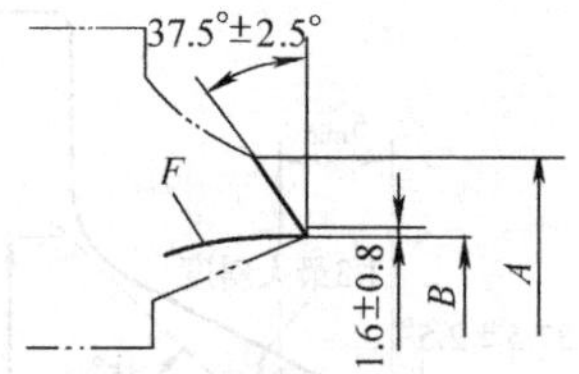

图1-56 无衬环接头

注：根面的尺寸B其内表面可以是成的或是经过机加工的。如无特殊规定，包络线内的轮廓由制造厂决定。

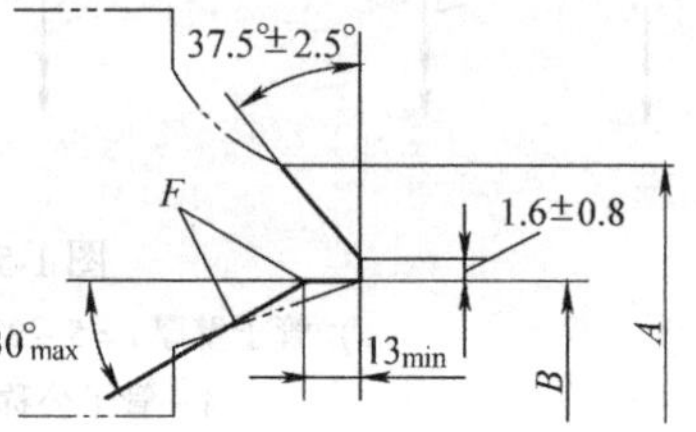

图1-57 带拼合的长方形垫环连接的焊接端

注：F处的交叉截面应略微倒圆。

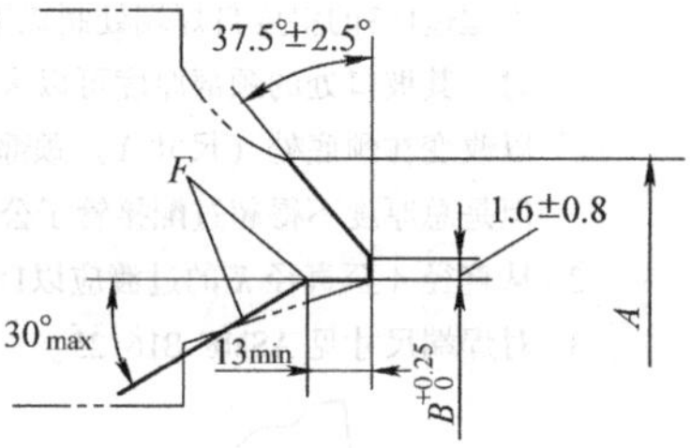

图1-58 带连续的长方形垫环连接的焊接端

注：F处的交叉截面应略微倒圆。

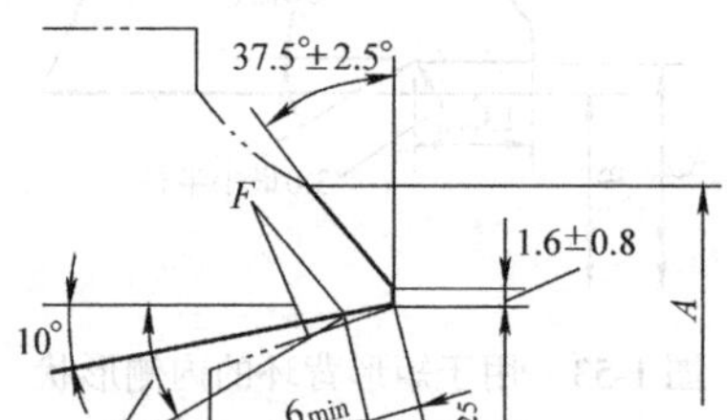

图1-59 有连续锥形垫环连接的焊接端

注：F处的交叉截面应略微倒圆。

3）用于壁厚大于22mm的焊接端。焊接端如图1-60～图1-63所示。图中的双点画线代表从焊缝斜角和根面过渡到零件体的最大包络线，如图1-55所示。有衬环的焊接端，用户订货时必须给定衬环的尺寸。

4）壁厚大于3～10mm钨极弧焊根部焊道的焊缝斜角。其根部焊道的焊缝斜角如图1-64所示。图1-65中双点画线表示从焊槽和棱面过渡到零件体的最大包络线。

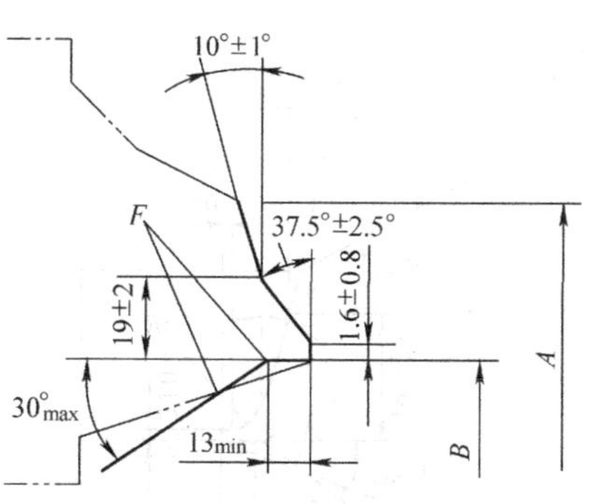

图 1-60 无衬环连接的焊接端

注：F 处根面的尺寸 B 其内表面可以是成形的或是经过机加工的。如无特殊规定，包络线的轮廓由制造厂决定。

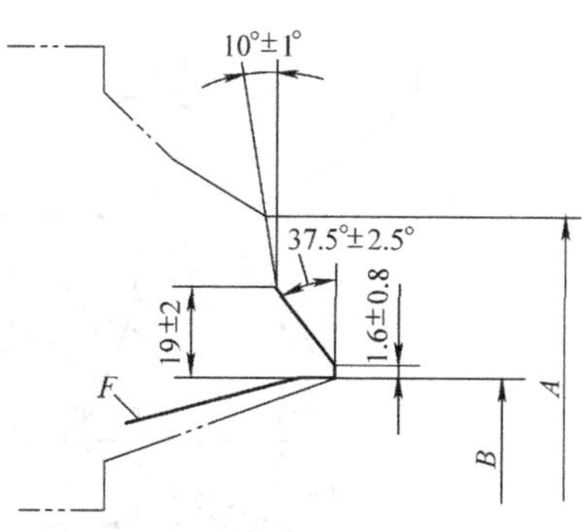

图 1-61 带拼合的长方形垫环连接的焊接端

注：F 处的交叉截面应略微倒圆。

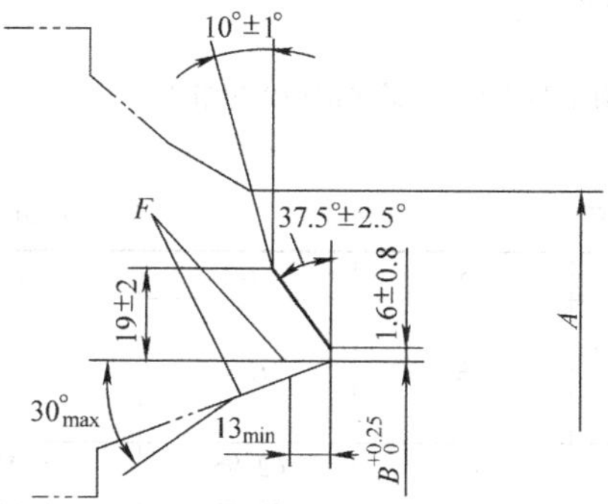

图 1-62 有连续的长方形垫环连接的焊接端

注：F 处的交叉截面应略微倒圆。

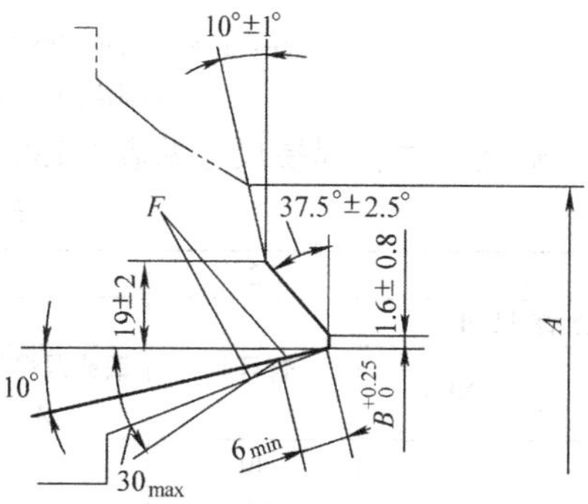

图 1-63 带连续锥形垫环连接的焊接端

注：F 处的交叉截面应略微倒圆。

5）壁厚大于 10～25mm 钨极弧焊根部焊道的焊接端。其根部焊道的焊接端如图 1-65 所示，图中双点画线表示从焊槽和棱面过渡到零件体的最大包络线。

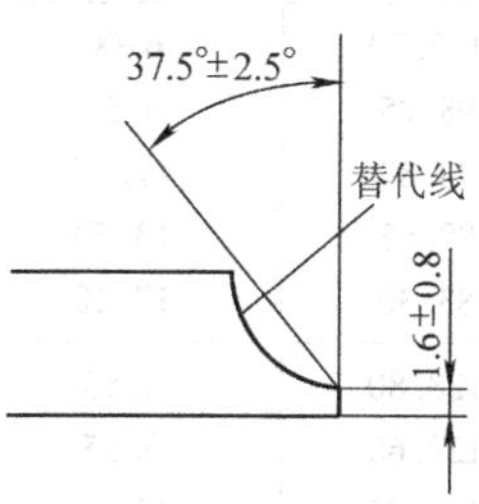

图 1-64 钨极弧焊根部焊道的焊缝坡口

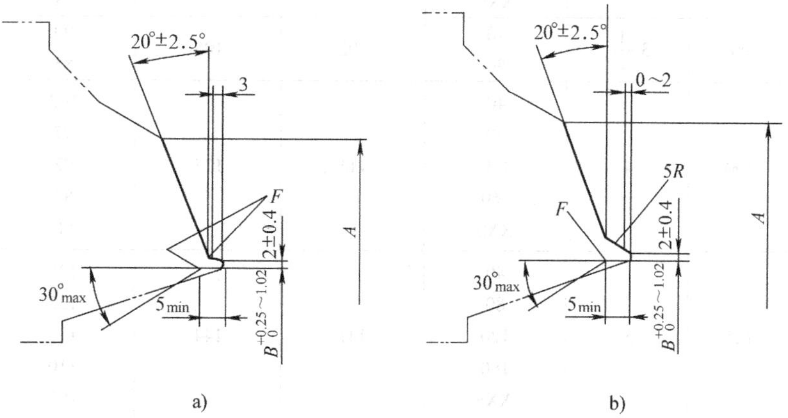

图 1-65 钨极弧焊根部焊道的焊接端

a）形式 A b）形式 B

注：F 处的内角应略微倒圆。

6）壁厚大于 25mm 气体钨极焊根部焊道的焊接端其根部焊道的焊接端如图 1-66 所示。

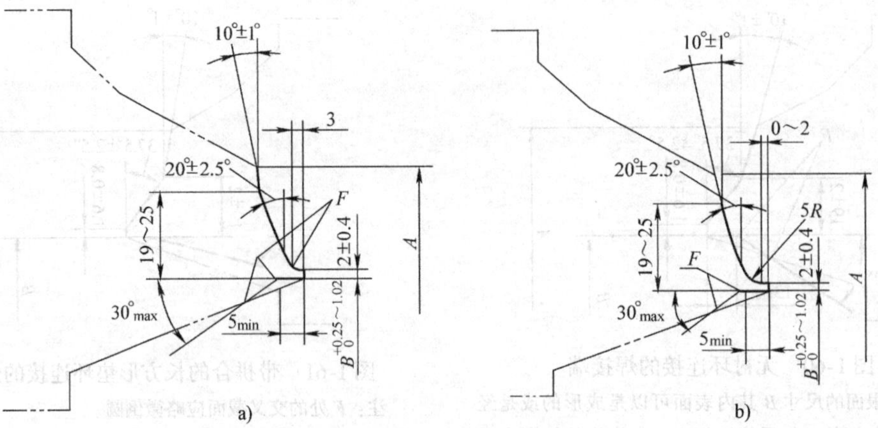

图 1-66　气体钨极弧焊根部焊道的焊接端

a）形式 A　b）形式 B

注：1. *F* 处内角应略微倒圆。

2. 双点画线表示从焊接坡口和根部面至部件本体过渡区的最大包络线。

7）焊端尺寸：焊端尺寸见表 1-138。

表 1-138　焊端尺寸　（单位：mm）

1		2	3	4	5	6	7
公称尺寸		管号①	焊端外径		*B*	*C*③	*t*
DN	NPS		锻或锻焊零件 *A*	铸钢阀② *A*			
65	$2\frac{1}{2}$	40	73	75	63	62.95	5.15
		80			59	59.70	7.00
		160			54	55.30	9.55
		XXS			45	47.45	14.00
80	3	40	89	91	78	78.25	5.50
		80			74	74.50	7.60
		160			67	68.40	11.15
		XXS			58	61.20	15.25
(90)	$3\frac{1}{2}$	40	102	105	90	90.55	5.75
		80			85	86.40	8.10
100	4	40	114	117	102	102.70	6.00
		80			97	98.25	8.55
		120			92	93.80	11.15
		160			87	89.65	13.50
		XXS			80	83.30	17.10
125	5	40	141	144	128	128.80	6.55
		80			122	123.60	9.55
		120			116	118.05	12.70
		160			110	112.45	15.90
		XXS			103	106.90	19.05
150	6	40	168	172	154	154.80	7.10
		80			146	148.05	10.95
		120			140	142.25	14.25
		160			132	135.30	18.25
		XXS			124	128.85	21.95

（续）

1		2	3	4	5	6	7
公称尺寸		管号①	焊端外径		B	C③	t
DN	NPS		锻或锻焊零件 A	铸钢阀② A			
200	8	40	219	223	203	203.70	8.20
		60			198	199.95	10.30
		80			194	195.80	12.70
		100			189	191.60	15.10
		120			183	186.10	18.25
		140			178	181.95	20.60
		XXS			175	179.15	22.25
		160			173	177.75	23.00
250	10	40	273	278	255	255.80	9.25
		60			248	249.80	12.70
		80			243	245.60	15.10
		100			237	240.05	18.25
		120			230	234.50	21.45
		140			222	227.55	25.40
		160			216	222.00	28.60
300	12	STD	324	329	305	306.15	9.55
		40			303	304.75	10.30
		XS			298	300.60	12.70
		60			295	297.80	14.25
		80			289	292.25	17.50
		100			281	285.30	21.45
		120			273	278.35	25.40
		140			267	272.80	28.60
		160			257	264.50	33.30
350	14	STD	356	362	337	337.90	9.55
		40			333	335.10	11.15
		XS			330	332.35	12.70
		60			325	328.15	15.10
		80			318	321.20	19.05
		100			308	312.90	23.85
		120			300	305.90	27.80
		140			292	299.00	31.75
		160			284	292.05	35.70
400	16	STD	406	413	387	388.70	9.55
		40			381	383.15	12.70
		60			373	376.20	16.65
		80			364	367.85	21.45
		100			354	359.55	26.20
		120			344	351.20	30.95
		140			333	341.45	36.55
		160			325	334.50	40.50

（续）

1		2	3	4	5	6	7
公称尺寸		管号①	焊端外径		B	C③	t
DN	NPS		锻或锻焊零件 A	铸钢阀② A			
450	18	STD	457	464	438	439.50	9.55
		XS			432	433.95	12.70
		40			429	431.15	14.25
		60			419	422.80	19.05
		80			410	414.50	23.85
		100			398	404.75	29.35
		120			387	395.05	34.95
		140			378	386.70	39.65
		160			367	377.00	45.25
500	20	STD	508	516	489	490.30	9.55
		XS			483	484.75	12.70
		40			478	480.55	15.10
		60			467	470.85	20.60
		80			456	461.15	26.20
		100			443	450.00	32.55
		120			432	440.30	38.10
		140			419	429.15	44.45
		160			408	419.45	50.00
550	22	STD	559	567	540	541.10	9.55
		XS			533	535.55	12.70
		60			514	518.85	22.25
		80			502	507.75	28.60
		100			489	496.65	34.95
		120			476	485.50	41.30
		140			464	474.40	47.65
		160			451	463.30	54.00
600	24	STD	610	619	591	591.90	9.55
		XS			584	586.35	12.70
		30			581	583.55	14.25
		40			575	578.00	17.50
		60			560	565.50	24.60
		80			548	554.40	30.95
		100			532	540.50	38.90
		120			518	528.00	46.00
		140			505	516.90	52.35
		160			491	504.35	59.55
650	26	10	660	670	645	645.50	7.90
		20			635	637.15	12.70
700	28	10	711	721	695	696.30	7.90
		20			686	687.95	12.70
		30			679	682.35	15.90
750	30	10	762	772	746	747.10	7.90
		20			737	738.75	12.70
		30			730	733.15	15.90
800	32	10	813	825	797	797.90	7.90
		20			787	789.55	12.70
		30			781	783.95	15.90
		40			778	781.20	17.50
850	34	10	864	876	848	848.70	7.90
		20			838	840.35	12.70
		30			832	834.75	15.90
		40			829	832.00	17.50

（续）

1		2	3	4	5	6	7
公称尺寸		管号①	焊端外径		B	C③	t
DN	NPS		锻或锻焊零件 A	铸钢阀② A			
900	36	10	914	927	899	899.50	7.90
		20			889	891.15	12.70
		30			883	885.55	15.90
		40			876	880.00	19.05

注：NPS 单位为 in。

① 按 ASME B 36.10 的尺寸：STD—标准壁厚；XS—超强壁厚；XXS—双倍超强壁厚。

② 列出的直径没有强制性，只是为了方便使用者。

③ 尺寸 NPS2 或小于 NPS2 的连续衬环的内部机加工没有仔细加以考虑。

3. 欧盟对焊接端有关标准的规定

欧盟钢制法兰标准 EN 1092-1：2007 对焊接端的规定如图 1-67 所示。

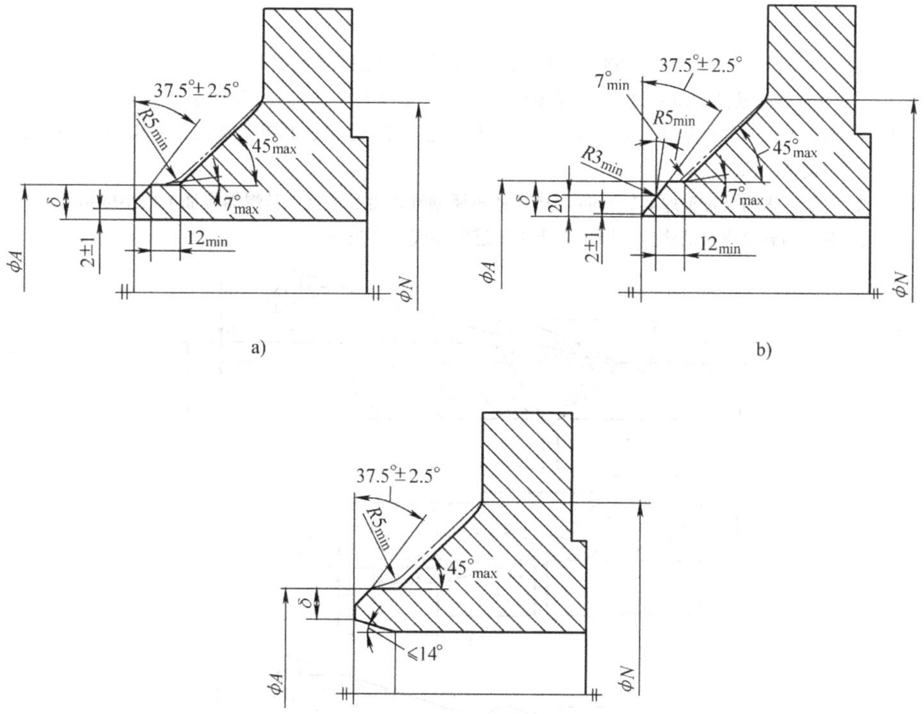

图 1-67　焊接端

a）与壁厚 $t=5\sim22$mm 的管子相连接的焊接端

b）与壁厚 $t\geqslant22$mm 的管子相连接的焊接端　c）容许的不等壁厚斜面设计

注：1. 法兰需要和壁厚小于 4.8mm 的铁素体钢管连接的焊接端，应当加工成小的斜面或成直角，由制造厂选择。

2. 法兰需要和壁厚小于或等于 3.2mm 的奥氏体不锈钢管连接的焊接端，应当加工成小的斜面。

3. 和管子连接的法兰焊端的壁厚，不能小于管子的壁厚或不能小于 3mm。

A—管子外径　δ—管壁厚　N—法兰背面根部直径

4. 国际标准化组织对焊接端有关标准规定

ISO 7005-1：2011 钢制法兰标准对焊接端的规定：

壁厚从 5 ~ 22mm 和大于 22mm 的焊接端坡口形式及尺寸应符合图 1-68 的规定。
当法兰与薄壁、高强度管子焊接时，其焊接坡口形式及尺寸应符合图 1-69 的规定。
在法兰端部与管子有相等的壁厚 t，推荐的焊端坡口形式及尺寸应符合图 1-70 的规定。

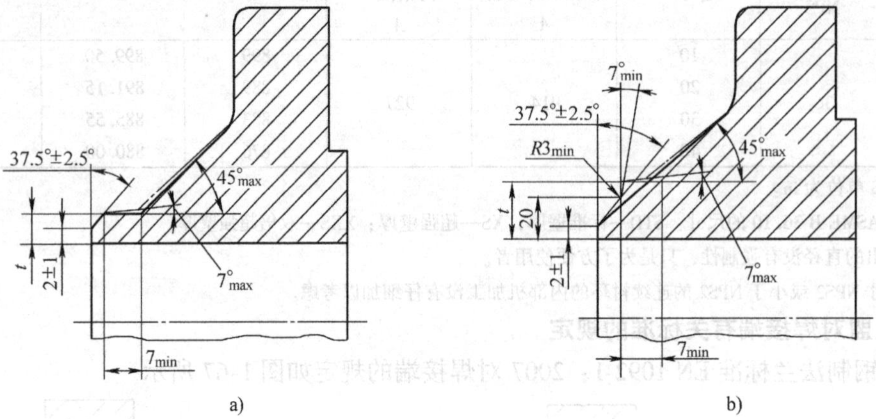

图 1-68　对焊法兰不同壁厚 t 的焊接坡口

a）壁厚从 5 ~ 22mm 的焊接端坡口　b）壁厚大于 22mm 的焊接端坡口

注：1. 对于要求与公称壁厚小于 4. 8mm 的铁素体钢管连接的法兰，其焊端应加工成小倒角或直角，由制造厂选定。

2. 对于要求与公称壁厚≤3. 2mm 的奥氏体不锈钢管连接的法兰，其焊端应加工成小倒角。

3. 对于与管道连接的法兰壁厚不应小于管道壁厚或小于 3mm。

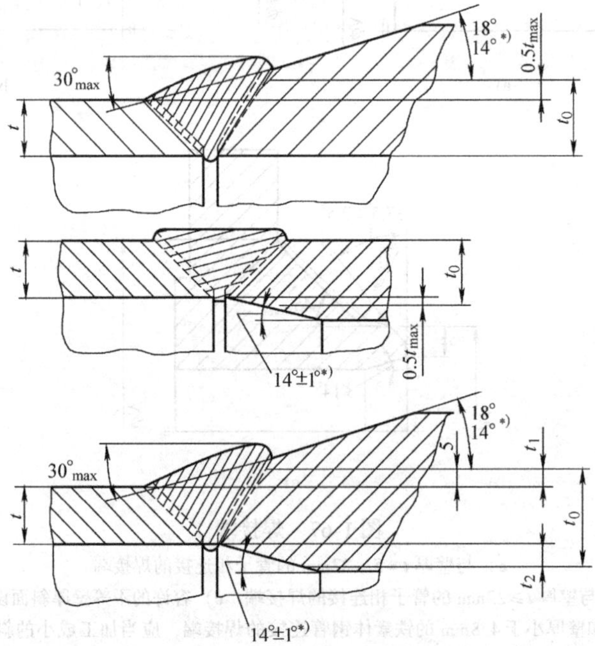

图 1-69　法兰与薄壁、高强度管子连接时，其焊接坡口的形式及尺寸

注：1. 当连接材料具有相同的屈服强度时，应取消最小值限制。

2. t_1、t_2 或 t_1+t_2 不应超过 0. 5t。

3. 当相连材料屈服强度不同时，焊缝的力学性能应等于或大于两屈服强度的较大值，同时 t_0 值至少应等于管子壁厚 t 乘以管子和法兰的屈服强度之比，但不应大于 1. 5t。

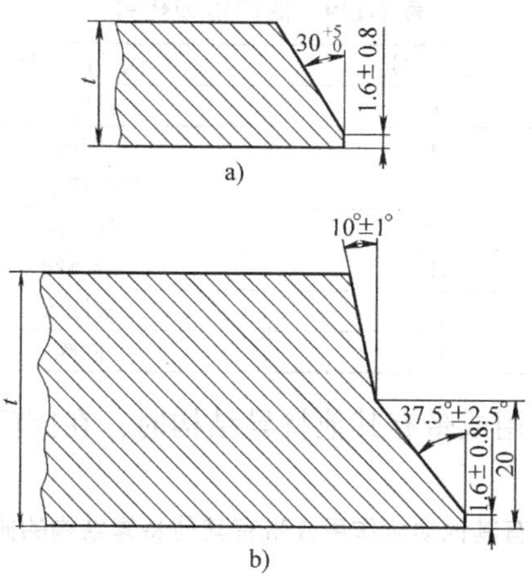

图1-70　法兰端部与管子有相等的壁厚 t，推荐的焊端坡口形式及尺寸

a）壁厚 t 从5～22mm　b）壁厚大于22mm

1.10　阀门型号编制方法和阀门的标志、涂漆

阀门型号通常应表示出阀门类型、驱动方式、连接形式、结构型式、密封面材料或衬里材料、压力代号或工作温度下的工作压力、阀体材料等。阀门型号的标准化对阀门的设计、制造、选用、销售提供了方便。

阀门的标志和涂漆对于阀门用户来说非常重要。使用户能全面了解阀门的公称压力、公称尺寸、受压部件的材料、介质流向、极限温度、制造厂等相关信息。对阀门的选择、正确安装与使用起到指导作用。因此必须按相关标准要求正确的标志阀门与涂漆。

1.10.1　阀门型号编制方法

JB/T 308—2004《阀门　型号编制方法》适用于通用的闸阀、截止阀、节流阀、蝶阀、球阀、隔膜阀、旋塞阀、止回阀、安全阀、减压阀、蒸汽疏水阀、排污阀、柱塞阀的型号编制。

1. 阀门的型号编制方法

阀门型号由阀门类型、驱动方式、连接形式、结构型式、密封面材料或衬里材料类型、压力代号或工作温度下的工作压力、阀体材料七部分组成。其编制顺序如下：

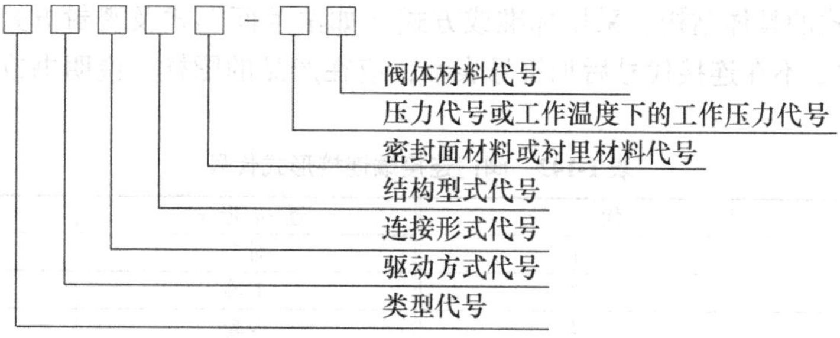

2. 阀门类型代号

阀门类型代号用汉语拼音字母表示，按表1-139的规定。

表 1-139　阀门类型代号

阀门类型	代　号	阀门类型	代　号
弹簧载荷安全阀	A	排污阀	P
蝶阀	D	球阀	Q
隔膜阀	G	蒸汽疏水阀	S
杠杆式安全阀	GA	柱塞阀	U
止回阀和底阀	H	旋塞阀	X
截止阀	J	减压阀	Y
节流阀	L	闸阀	Z

当阀门还具有其他功能作用或带有其他特异结构时，在阀门类型代号前再加注一个汉语拼音字母，按表 1-140 的规定。

表 1-140　具有其他功能作用或带有其他特异结构的阀门表示代号

第二功能作用名称	代　号	第二功能作用名称	代　号
保温型	B	排渣型	P
低温型	D①	快开型	Q
防火型	F	（阀杆密封）波纹管型	W
缓闭型	H	—	—

① 低温型指允许使用温度低于 −46℃以下的阀门。

3. 驱动方式代号

驱动方式代号用阿拉伯数字表示，按表 1-141 的规定。

表 1-141　阀门驱动方式代号

驱动方式	代　号	驱动方式	代　号
电磁动	0	锥齿轮	5
电磁-液动	1	气动	6
电-液动	2	液动	7
蜗杆	3	气-液动	8
正齿轮	4	电动	9

注：1. 代号 1、代号 2、代号 8 是用在阀门启闭时，需有两种动力源同时对阀门进行操作。
2. 安全阀、减压阀、疏水阀、手轮直接连接阀杆操作结构型式的阀门，本代号省略，不表示。
3. 对于气动或液动机构操作的阀门：常开式用 6K、7K 表示；常闭式用 6B、7B 表示。
4. 防爆电动装置的阀门用 9B 表示。

4. 连接形式代号

连接形式代号用阿拉伯数字表示，按表 1-142 的规定。

各种连接形式的具体结构、采用标准或方式（如法兰面形式及密封方式、焊接形式、螺纹形式及标准等），不在连接代号后加符号表示，应在产品的图样、说明书或订货合同等文件中予以详细说明。

表 1-142　阀门连接端连接形式代号

连接形式	代　号	连接形式	代　号
内螺纹	1	对夹	7
外螺纹	2	卡箍	8
法兰式	4	卡套	9
焊接式	6	—	—

5. 阀门结构型式代号

阀门结构型式用阿拉伯数字表示，按表 1-143 ~ 表 1-153 的规定。

表 1-143　闸阀结构型式代号

结构型式				代号
阀杆升降式（明焊）	楔式闸板	弹性闸板		0
		刚性闸板	单闸板	1
			双闸板	2
	平行式闸板		单闸板	3
			双闸板	4
阀杆非升降式（暗杆）	楔式闸板		单闸板	5
			双闸板	6
	平行式闸板		单闸板	7
			双闸板	8

表 1-144　截止阀、节流阀和柱塞阀结构型式代号

结构型式		代号	结构型式		代号
阀瓣非平衡式	直通流道	1	阀瓣平衡式	直通流道	6
	Z 形流道	2		角式流道	7
	三通流道	3		—	—
	角式流道	4		—	—
	直流流道	5		—	—

表 1-145　球阀结构型式代号

结构型式		代号	结构型式		代号
浮动球	直通流道	1	固定球	直通流道	7
	Y 形三通流道	2		四通流道	6
	L 形三通流道	4		T 形三通流道	8
	T 形三通流道	5		L 形三通流道	9
	—	—		半球直通	0

表 1-146　蝶阀结构型式代号

结构型式		代号	结构型式		代号
密封型	单偏心	0	非密封型	单偏心	5
	中心垂直板	1		中心垂直板	6
	双偏心	2		双偏心	7
	三偏心	3		三偏心	8
	连杆机构	4		连杆机构	9

表 1-147　隔膜阀结构型式代号

结构型式	代号	结构型式	代号
屋脊流道	1	直通流道	6
直流流道	5	Y 形角式流道	8

表 1-148　旋塞阀结构型式代号

结构型式		代号	结构型式		代号
填料密封	直通流道	3	油密封	直通流道	7
	T 形三通流道	4		T 形三通流道	8
	四通流道	5		—	—

表 1-149　止回阀结构型式代号

结构型式		代号	结构型式		代号
升降式阀瓣	直通流道	1	旋启式阀瓣	单瓣结构	4
	立式结构	2		多瓣结构	5
	角式流道	3		双瓣结构	6
—	—	—	蝶式止回式		7

表 1-150 安全阀结构型式代号

结构型式		代号	结构型式		代号
弹簧载荷弹簧封闭结构	带散热片全启式	0	弹簧载荷弹簧不封闭且带扳手结构	微启式、双联阀	3
	微启式	1		微启式	7
	全启式	2		全启式	8
	带扳手全启式	4		—	—
杠杆式	单杠杆	2	带控制机构全启式		6
	双杠杆	4	脉冲式		9

表 1-151 减压阀结构型式代号

结构型式	代号	结构型式	代号
薄膜式	1	波纹管式	4
弹簧薄膜式	2	杠杆式	5
活塞式	3	—	—

表 1-152 蒸汽疏阀结构型式代号

结构型式	代号	结构型式	代号
浮球式	1	蒸汽压力式或膜盒式	6
浮桶式	3	双金属片式	7
液体或固体膨胀式	4	脉冲式	8
钟形浮子式	5	圆盘热动力式	9

表 1-153 排污阀结构型式代号

结构型式		代号	结构型式		代号
液面连接排放	截止型直通式	1	液体间断排放	截止型直流式	5
	截止型角式	2		截止型直通式	6
	—	—		截止型角式	7
	—			浮动闸板型直通式	8

6. 密封面或衬里材料代号

除隔膜阀外，当密封副的密封面材料不同时，以硬度低的材料表示，阀座密封面或衬里材料代号按表 1-154 规定的字母表示。

表 1-154 密封面或衬里材料代号

密封面或衬里材料	代号	密封面或衬里材料	代号
锡基轴承合金（巴氏合金）	B	尼龙塑料	N
搪瓷	C	渗硼钢	P
渗氮钢	D	衬铅	Q
氟塑料	F	奥氏体不锈钢	R
陶瓷	G	塑料	S
Cr13 系不锈钢	H	铜合金	T
衬胶	J	橡胶	X
蒙乃尔合金	M	硬质合金	Y

注：1. 隔膜阀以阀体表面材料代号表示。

2. 阀门密封副材料均为阀门的本体材料时，密封面材料代号用“W”表示。

7. 压力代号

阀门使用的压力级符合 GB/T 1048 的规定时，采用 10 倍的兆帕单位（MPa）数值表示。

当介质最高温度超过 425℃时，标注最高工作温度下的工作压力代号。

压力级采用 CL 或 K 级单位的阀门，在型号编制时，应在压力代号数值前有 CL 和在压力代号数值后有 K。

8. 阀体材料代号

阀体材料代号用表 1-155 的规定字母表示。

表 1-155 阀体材料代号

阀体材料	代号	阀体材料	代号
碳钢	C	铬镍钼系不锈钢	R
Cr13 系不锈钢	H	塑料	S
铬钼系钢	I	铜及铜合金	T
可锻铸铁	K	钛及钛合金	Ti
铝合金	L	铬钼钒钢	V
铬镍系不锈钢	P	灰铸铁	Z
球墨铸铁	Q	—	—

注：1. CF3、CF8、CF3M、CF8M 等材料牌号可直标注在阀体上。

2. 公称压力小于等于 1.6MPa 的灰铸铁阀门的阀体材料代号在型号编制时予以省略。

3. 公称压力大于等于 2.5MPa 的碳素钢阀门的阀体材料代号在型号编制时予以省略。

9. 命名

对于连接形式为“法兰”、结构型式为：闸阀的“明杆”“弹性”“刚性”和“单闸板”；截止阀、节流阀的“直通式”；球阀的“浮球式”“固定式”和“直通式”；蝶阀的“垂直板式”；隔膜阀的“屋脊式”；旋塞阀的“填料”和“直通式”；止回阀的“直通式”和“单瓣式”；安全阀的“不封闭式”“阀座密封面材料”在命名中均予省略。

10. 型号和名称编制方法示例

1）电动，法兰连接，明杆楔式双闸板，阀座密封面材料由阀体直接加工，公称压力 PN1，阀体材料为灰铸铁的闸阀：

Z942W-1 电动楔式双闸板闸阀

2）手动，外螺纹连接，浮动直通式，阀座密封面材料为氟塑料、公称压力 PN40，阀体材料为 1Cr18Ni9Ti 的球阀：

Q21F-40P 外螺纹球阀

3）气动常开式，法兰连接，屋脊式结构并衬胶、公称压力 PN6，阀体材料为灰铸铁的隔膜阀：

G6K41J-6 气动常开式衬胶隔膜阀

4）液动、法兰连接、垂直板式、阀座密封面材料为铸铜、蝶板密封面材料为橡胶，公称压力 PN2.5，阀体材料为灰铸铁的蝶阀：

D741X-2.5 液动蝶阀

5）电动驱动对焊连接、直通式，阀座密封面材料为堆焊硬质合金、工作温度 540℃时工作压力 17.0MPa，阀体材料为铬钼钒钢的截止阀：

J961Y-P_{54}170V 电动焊接闸阀

1.10.2 阀门标志

通用阀门必须使用的和可选择使用的标志项目见表 1-156，对于手动阀门，如果手轮尺寸足够大，则手轮上应设有指示阀门关闭方向的箭头或附加“关”字。

通用阀门的具体标志规定如下：

1）表 1-156 中 1～4 项是必须使用的标志，对于≥DN50 的阀门，应标记在阀体上；对于<DN50 的阀门，标记在阀体上还是标牌上，由产品设计者规定。

2）表 1-156 中 5 和 6 项只有当某类阀门标准中有此规定时才是必须使用的标志，它们应分别标记在阀体及法兰上。

3）如果各类阀门标准中没有特殊规定，则表 1-156 中 7～19 项是按需要选择的标志。当需要时，可标记在阀体或标牌上。

4）对于减压阀，在阀体上的标志除按表 1-156 的规定外，还当有出厂日期，适用介质，出口压力。

表 1-156 通用阀门的标志项目（GB/T 12220）

项目	标志	项目	标志
1	公称尺寸（DN）	11	标准号
2	公称压力（PN）	12	熔炼炉口
3	受压部件材料代号	13	内件材料代号
4	制造厂名称或商标	14	2 位号
5	介质流向的箭头	15	衬里材料代号
6	密封环（垫）代号	16	质量和检验标记
7	极限温度/℃	17	检验人员印记
8	螺纹代号	18	制造年、月
9	极限压力	19	动动特性
10	生产厂编号		

注：阀体上的公称压力铸字标示值等于 10 倍的兆帕（MPa）数，设置在公称尺寸数值的下方时，其前不冠以代号“PN”。

5）蒸汽疏水阀的标志按表 1-157 的规定。标志可设在阀体上，也可标在标牌上，标牌必须与阀体或阀盖牢固固定。

表 1-157 蒸汽疏水阀的标志（GB/T 12250—2005）

项目	必须使用的标志	项目	可选择使用的标志
1	产品型号	1	阀体材料
2	公称尺寸	2	最高允许压力
3	公称压力	3	最高允许温度
4	制造厂名称和商标	4	最高排水温度
5	介质流方向的指示箭头	5	出厂编号、日期
6	最高工作压力	—	—
7	最高工作温度	—	—

注：1. 可选择使用的标志若已标在阀体上，也可以重复标在标牌上。
2. 只要不与上述标志混淆，还可以附加其他标志。

6）安全阀的标志按表 1-158 的规定。

表 1-158 安全阀的标志（GB/T 12241—2005）

项目	阀体上的标志	项目	标牌上的标志
1	进口通径（DN）	1	阀门设计的极限工作温度/℃
2	阀体材料代号	2	整定压力/MPa
3	制造厂名或商标	3	制造厂的产品型号
4	指明介质流向的箭头	4	标明基准流体（空气用 G，蒸汽用 S，水用 L 表示）的额定排量系数或额定排量（标明单位）。流体代号可置于额定排量系数或额定排量之前或之后。例如：G-0.815 或 G-100000kg/h
—	—	5	流道面积/mm^2 或流道直径/mm
		6	最小开启高度/mm；以及相应的超过压力（以整定压力的百分数表示）

7）标志的标记式样：公称尺寸数值标注、压力代号或工作压力代号、流向标志，应按表 1-159规定的组合试样，公称尺寸数值标注在压力代号上方。

表 1-159　标记式样

阀 体 形 式	介质流动方向	公称尺寸和公称压力	公称尺寸和公称压力	公称尺寸 NPS 公称压力 CL
直通式或角式	介质由一个进口方向单向流向另一个出口	DN50 16	DN50 $P_{54}140$	2 150
三通式	介质由一个进口向两个出口流动（三通分流）	DN100 16	—	4 300
	介质由两个进口向一个出口流动（三通合流）	DN125 16	—	6 600

注：1. 介质可从任一方向流动的阀门，可不标记箭头。
2. 式样中箭头下方为公称压力代号，其数值为公称压力值（MPa）的 10 倍。
3. 式样中采用英制单位的，上边表示阀门公称尺寸 NPS（in）下边表示压力级 CL。

8）标志的标记位置：

① 标志内容，应标注在阀体容易观看的部位。标记应尽可能标注在阀体垂直中心线的中腔位置。

② 当标志内容在阀体的一个面上标注位置不够时，可标注在阀体中腔对称位的另一面上。

③ 标志应明显，清晰，排列整齐，匀称。

9）标志标记尺寸：

① 铸造标志标记尺寸，字体及箭头的排布按图 1-71 的式样，字体及箭头的尺寸按表 1-160 的规定，并应制成凸出的方面。

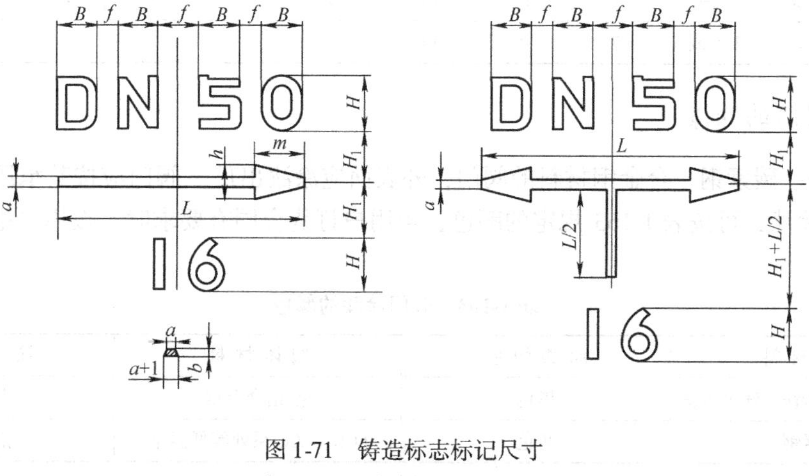

图 1-71　铸造标志标记尺寸

表 1-160　铸造标志标记尺寸　（单位：mm）

字 体 号	箭 头							剖 面	
	H	H_1	h	B	f	m	L	a	b
7	7	5	3	5	3	7	30	1.5	2
10	10	7	5	7		9	40		
14	14	10	7	10	5	12	65	2	2
20	20	14	10	14	7	16	90		

（续）

字体号	箭头							剖面	
	H	H_1	h	B	f	m	L	a	b
26	26	16	13	20	10	20	120	3	3
32	32	18	16	24	12	25	150		
40	40	22	20	30	15	22	150		
48	48	27	24	36	18	25	210	4	4
60	60	34	30	45	22	32	260	5	5

② 压印标志尺寸，按表1-161的规定，箭头尺寸由设计图样规定。

表1-161 压印标志尺寸 （单位：mm）

字体号		3.5	5	7	10	14
数字和字母	高度	3.5	5	7	10	14
	宽度（除M、W字母外）	2.5	3.5	5	7	10
	字间距	1.5	2	2	3	5
字母（M、W）的宽度		3.5	5	7	10	14
压印的深度		≥0.5				

③ 每一产品标志的字体号，可按表1-162选用，也可根据具体产品外形大小由设计图样规定。

表1-162 字体号 （单位：mm）

公称尺寸DN		≤10	15～25	32～50	65～100	125～200	250～300	350～450	500～700	800～1000	≥1200
字体号	铸造	—	7	10	14	20	26	32	40	48	60
	压印	3.5或5	7	10	14	—					

1.10.3 阀门的涂漆

1）铸铁、碳素钢、合金钢材料的阀门，外表面应涂漆出厂。阀门应按其承压壳体材料区分颜色进行涂漆，可按表1-163规定的颜色，当用户订货合同有要求时，按用户指定的颜色进行涂漆。

表1-163 阀门涂漆的颜色

阀体材料	涂漆颜色	阀体材料	涂漆颜色
灰铸铁、可锻铸铁、球墨铸铁	黑色	铬-钼合金钢	中蓝色
碳素钢	灰色	LCB、LCC系列等低温钢	银灰色

注：1. 阀门内外表面可使用满足喷塑工艺代替。

2. 铁制阀门内表面，应涂满足使用温度范围、无毒、无污染的防锈漆，钢制阀门内表面不涂漆。

2）涂漆层应耐久、美观，并保证标志明显清晰，使用满足温度、无毒、无污染的漆。

3）手轮零件的涂漆按企业标准。

4）铜合金材质阀门的承压壳体表面不涂漆。

5）除非用户要求，耐酸钢、不锈钢阀门材质阀门承压壳体表面不涂漆。

1.10.4　阀门驱动装置的涂漆

1）手动齿轮传机构，其表面涂漆颜色同阀门表面的颜色。

2）阀门驱动装置（气动、液动、电动等）涂漆的颜色一般按企业标准规定，应用户订货合同有要求时，按用户指定的颜色。

1.10.5　国内个别阀门生产厂家的型号编制方法

国内个别阀门生产厂家不采用 JB/T 308—2004 的阀门型号编制方法，而自己另外采用一种方法编制阀门型号，这样既可以弥补 JB/T 308—2004 不能把各种阀门结构都表达全的缺点，又可以保护本公司的利益。

成都华科阀门制造有限公司蝶阀产品代号　采用以下代码表示。

HTA 压力级/公称尺寸—连接方式 驱动方式 工作温度

HTA：表示“成都华科阀门制造有限公司三偏心金属密封蝶阀 A 次设计”

压力级（CL）：150、300、600、900、1500。

公称尺寸（DN）：50、65、80、100、125、150、200、250、300、350、400、450、500、600、700、800、900、1000、1100、1200、1400、1600、1800、2000。

连接方式：1：法兰；2：对夹式；3：支耳式。

驱动方式：1：电动；2：液动；3：气动；4：手动；5：手动 + 电动；6：手动 + 液动；7：手动 + 气动。

工作温度：L：低温；C：常温；M：中温（≤425℃）；H：高温（>450℃）。

例如 HTA150/300-12C，表示 CL150、DN300、法兰式、液动、常温、金属密封蝶阀。

1.10.6　国外部分厂家阀门产品代码

（1）日本平田（Hirata）　阀门株式会社产品代码采用四组代码表示。

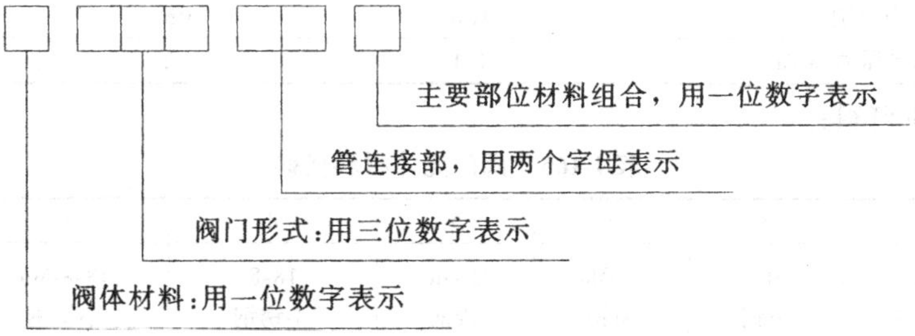

1）阀体材料：

1　锡铜合金及铅铜合金；2　铸铁；3　铸钢；4　不锈钢铸钢及锻造钢；5　锻钢（碳素钢）。

2）阀门形式：

000～200　截止阀；300～500　闸阀；600～700　单向阀；800　球阀、旋塞；900　其他阀门。

3）管连接部：

SW：套筒焊接；BW：对线焊接；RJ：法兰环接。

4）主要部位材料组合：

组合型号	阀杆	主阀	阀座
1	13% Cr	13% Cr	13% Cr
2	13% Cr	13% Cr	钨铬钴熔敷
3	13% Cr	13% Cr	蒙乃尔合金
4	13% Cr	钨铬钴熔敷	钨铬钴熔敷
5		蒙乃尔合金	
6		304SS 钨铬钴熔敷	
7		316SS 钨铬钴熔敷	
8		321SS 钨铬钴熔敷	
9		合金 20	
10		304SS 钨铬钴熔敷	
11		316SS 钨铬钴熔敷	
12		321SS 钨铬钴熔敷	
13		347SS 钨铬钴熔敷	

（2）日本东亚（TOA）阀门株式会社安全阀代码　采用5组代码表示。

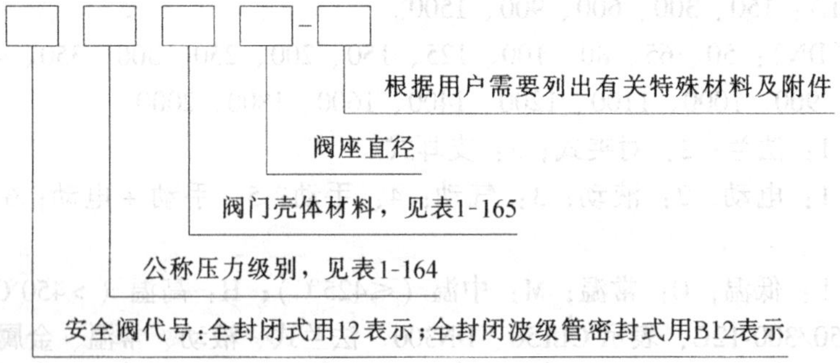

1）公称压力级别：

表 1-164　公称压力级别代码

代　码	1	2	3
压力级别	10K	20K	45K
最大承受压力/MPa	1.1	2.2	5.0

2）阀门壳体材料：

表 1-165　阀门壳体材料代码

代　码	2	3	4	5	8	8	8
材料 JIS ASTM （AISI）	C- 铸钢 SC49 （WCB）	Mo- 铸钢 SCA 41 （WC1）	Cr-Mo 铸钢 SCA 51 （WC6）	Cr-Mo 铸钢 — （WC9）	18-8 不锈钢 SCS 13 （CF-8-304）	18-8-Mo 不锈钢 SCS 14 （CF8M-316）	18-8-Mo ELC 不锈钢 SCS 16 CF3M-316ELC
适用范围	425℃以下	426～468℃	469～565℃	566～593℃	用于腐蚀性介质 -100℃以下低温		

代码	0	0	0	0	
材料 JIS ASTM AISI	5% Cr-Mo 铸钢 SCA 52 （C5）	C- 铸钢 — （LCB）	Mo- 铸钢 — （LC1）	$3\frac{1}{2}$镍 铸钢 — （LC3）	
适用范围	用于腐蚀性介质	-45℃以下	-46～60℃	-61～-100℃	

注：螺栓和螺钉是直接拧入到壳体中的，故而要根据使用情况和壳体材料合理选用。

（3）日本北村（KTM）阀门制造株式会社球阀代码　采用以下代码表示。

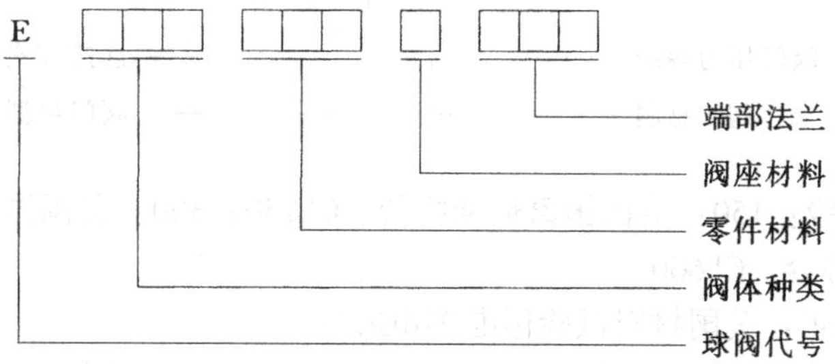

1）阀体种类：按照下面型号数字，如 E0105 表示完整的通道、浮动球、对开阀体、防火、CL150 球阀。

型　号	设 计 性 能	口径/mm
E0101	全通道、浮动球、对开阀体、防火、DIN3300 长系列、压力 10K、16K	15～50
E0103	除 DIN 3024、3229 短系列，压力 10K、16K 外同上相同	40～200
E0105	API 标准全通道、浮动球、对开阀体、防火、压力级 CL150	15～200
E0106	同上，压力级 CL300	15～200
E0801	同上，缩口通道、防火、压力级 CL150	80～250
E0802	同上，压力级 CL300	80～250
E0105-	全通道、球体上装有固定轴、齿轮传动、压力级 CL125	250～350
E0105-	同上，压力级 CL150	250～500
E0106-	同上，压力级 CL300	250～500
E0801-	缩口通道、固定球，齿轮传动、压力级 CL125	300～400
E0801-	同上，压力级 CL150	300～500
E0802-	同上，压力级 CL300	300～500
E7101	夹套保温球阀、全通道、侧装球阀、超大法兰、压力级 CL150	20～200
E7102	同上，压力级 CL300	20～50
E7201	夹套保温球阀、缩口通道、侧装球阀、超大法兰、压力级 CL150	80～200
E7202	同上，压力级 CL300	80～200

2）阀体材料：

11.1：铸铁（ASTM　A126-A）；31.1：不锈钢（ASTM　304）；32.1：不锈钢（ASTM　316）；62.1：碳钢（ASTM　A126-WCB）。

3）阀座材料：

T：四氟乙烯（用于一般工况）；D：增强四氟乙烯（用于高压高温工况，食品工业除外）；G：特制增强四氟乙烯（用于 280℃高温工况）。

4）端部法兰尺寸：

代　码	法 兰 尺 寸	代　码	法 兰 尺 寸
A12	ANSI CL125　标准法兰	D16	DJN　16K　标准法兰
A15	ANSI CL150　标准法兰	J10	JIS　10K　标准法兰
A30	ANSI CL300　标准法兰	J20	JIS　16K　标准法兰
D10	DJN 10K　标准法兰		

（4）日本北泽（KITZ）阀门株式会社产品代码　采用以下代码表示。

1）铸钢阀门指 CL150/CL300/CL600 级闸阀、截止阀和止回阀。

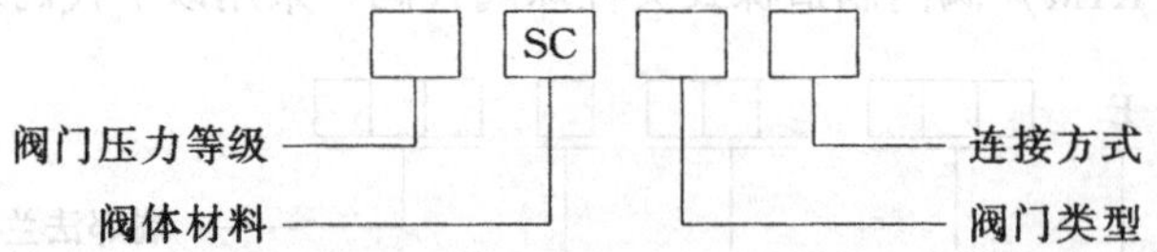

① 阀门压力等级：150：美国国家标准协会 CL150；300：美国国家标准协会 CL300；600：美国国家标准协会 CL600。

② 阀体材料：SC：美国材料试验标准 216Gr. WC。

③ 阀门类型和阀体阀瓣阀座代号：L：闸阀，F6 闸板和 F6 阀座；LS：闸阀，F6 阀板和 1025 型钴铬钨硬质合金表面的阀座；LSY：闸阀，1025 型钴铬钨硬质合金表面的闸板和阀座；J：截止阀，F6 阀瓣和 F6 阀座；JY：截止阀，1025 型钴铬钨硬质合金表面的阀瓣和阀座；O：止回阀，F6 阀瓣和 F6 阀座；OY：止回阀，1025 型钴铬钨硬质合金表面的阀瓣和阀座。

④ 连接方式：W：对焊连接；不标注：法兰连接。

2）球阀：采用 6 位代码表示。

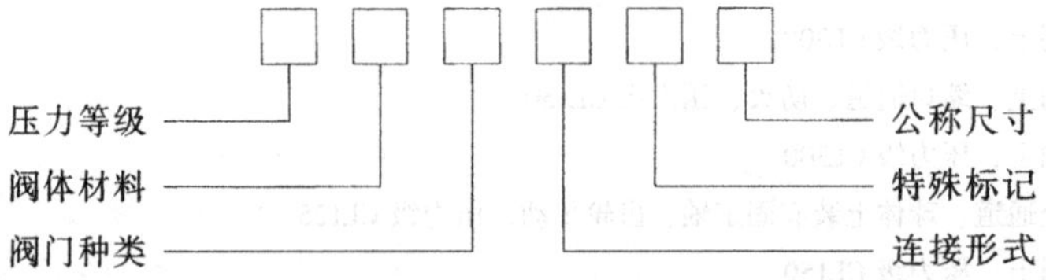

① 压力等级：标注数字：如 150 表示 CL150；不标注：10K。

② 阀体材料：U：铸造不锈钢；SC：铸钢；FC：铸铁；不标注：青铜或黄铜。

③ 阀门种类：T：球阀。

④ 连接形式：B：法兰连接；不标注：螺纹连接。

⑤ 特殊标记：F：防火型；J：带防护罩；M：SCS 14；P：袖珍型；R：缩颈型通道。

⑥ 公称尺寸：$\frac{1}{4}$ ~ 14in；10 ~ 350mm。

3）闸阀、截止阀、止回阀：采用 6 位代码表示。

例：

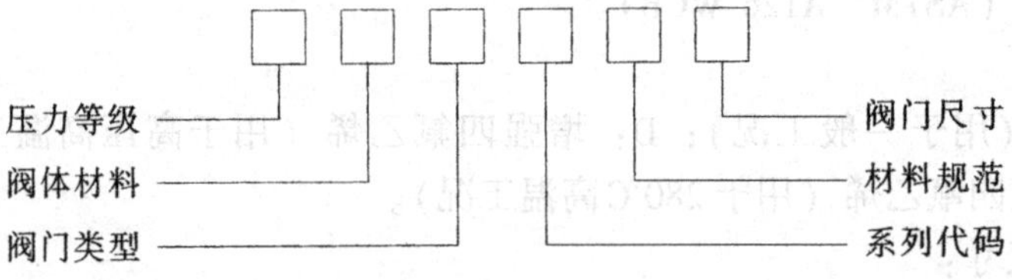

① 压力等级：标注数字：如 150 表示 CL150，300 表示 CL300；不标注：10K。

② 阀体材料：U：不锈钢；SC：铸钢；FC：铸铁。

③ 阀门类型：M：闸阀；P：截止阀；O：旋启式止回阀；N：升降式止回阀。

④ 系列代码：A：A 系列产品，标准壁厚，符合 ASME B16.34，见表 1-166；B：B 系列产品，见表 1-167；C：C 系列产品，加重壁厚，符合 API 600，见表 1-168；D：D 系列产品，见表 1-169。

表 1-166　A 系列产品

压力等级	CL150				CL300				CL600		
压力温度标准	ASME B 16·34										
端部连接及其标准	法兰连接 ASME B16·5										
壁厚标准	ASME B16·34										
阀体材料	CF-8（CF-8M）								CF-8M		
阀类	闸阀	截止阀	旋启式止回阀	升降式止回阀	闸阀	截止阀	旋启式止回阀	升降式止回阀	闸阀	截止阀	旋启式止回阀
代码	UMA（UMAM）	UPA（UPAM）	UOA（UOAM）	UNA（UNAM）	UMA（UMAM）	UPA（UPAM）	UOA（UOAM）	UNA（UNAM）	UMAM	UPAM	UOAM

表 1-167　B 系列产品

压力等级	200 lbf/in²			
压力温度标准	200lbf/in²　WSP①　177℃			
端部连接	螺纹连接			
阀体材料	CF8M			
阀类	暗杆闸阀	闸阀	截止阀	旋启式止回阀
代码	UEM	ULM	UJM	UOM

① 工作温度。

注：1lbf/in² = 6894.76Pa，全书同。

表 1-168　C 系列产品

压力等级	CL150			CL300		
压力温度标准	ASME　B　16·34					
端部连接	法兰连接按 ASME B16·5					
壁厚标准	API600					
阀体材料	CF8M					
阀类	闸阀	截止阀	旋启式止回阀	闸阀	截止阀	旋启式止回阀
代码	UMCM	UPCM	UOCM	UMCM	UPCM	UOCM

表 1-169　D 系列产品

压力等级	CL150			CL300			CL600
压力温度标准	ASME　B　16·34						
端部连接	螺纹连接			螺纹或插焊连接			
壁厚标准	ASME　B　16·34						
阀体材料	CF8M						
阀类	闸阀	截止阀	旋启式止回阀	闸阀	截止阀	旋启式止回阀	闸阀
代码	UMM	UPM	UOM	UMM	UPM	UOM	UMM

⑤　材料规范：M：CF-8M；空白：CF-8。

⑥　阀门尺寸：单位为 in（1in = 25.4mm，全书同）。

上述代码不适用于 B 和 D 系列阀门产品。

（5）美国梅索尼兰（MasoneiLan）阀门公司产品代码　用 4 位数字表示，分三大部分。

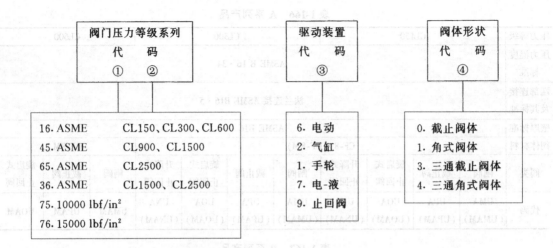

阀门压力等级系列代码 ① ②	驱动装置代码 ③	阀体形状代码 ④
16. ASME CL150、CL300、CL600 45. ASME CL900、CL1500 65. ASME CL2500 36. ASME CL1500、CL2500 75. 10000 lbf/in^2 76. 15000 lbf/in^2	6. 电动 2. 气缸 1. 手轮 7. 电-液 9. 止回阀	0. 截止阀体 1. 角式阀体 3. 三通截止阀体 4. 三通角式阀体

1）29000 系列（低流量、高性能控制阀）：

2 9	驱动装置安装位置和作用	流量系数	控制方式和范围
阀门系列	用一位数字表示	用规定的 q_v 值表示	用一位数字表示
29：截止阀	1：与管线平行，气闭，故障开启 2：与管线平行，气开，故障关闭 3：与管线垂直，气闭，故障开启 4：与管线垂直，气开，故障关闭 5：与管线平行，气闭，故障开启 6：与管线平行，气开，故障关闭 7：与管线垂直，气闭，故障开启 8：与管线垂直，气开，故障关闭	1：2.3 2：1.2 3：0.60 4：0.25 5：0.10 6：0.04	0：开-关（无定位器） 1：节流 12lbf/in^2（全程控制） 2：节流 6lbf/in^2（分段控制） 3：节流 6lbf/in^2（全程控制） 4：节流 24lbf/in^2（分段控制） 5：节流 24lbf/in^2（全程控制）

2）37002 系列（重型、自动节流控制蝶阀）：

驱动装置	阀门系列	驱动装置的安装位置	结构型式	设计次序
用两位数字表示	用两位数字表示	用一位数字表示	用一位数字表示	用一位数字表示
33：弹性膜片（带或不带手动）的气动装置（其他形式的控制不表示）	37：重型、自动节流控制蝶阀	0：不确定 1：卧式 气闭 2：卧式 气开 3：立式 气闭 4：立式 气开	0：无衬里 1：合成橡胶衬里	2：第二次设计

3）10000 系列（使用 37 型弹簧膜片驱动装置，双通道带上下导向控制阀）：

驱动装置	阀门系列	结构型式	控制特性	阀座类型
用两位数字表示	用两位数字表示	用一位数字表示	用一位数字表示	用一位数字表示
37：弹簧膜片（其他控制形式不表示）	10：用 37 型弹簧膜片驱动装置，双通道带上下导向控制阀	0：未确定 1：双座式	0：未确定 3：等百分比 6：快速开启 7：直线型	0：未确定 2：阀座向下（气闭） 4：阀座向上（气开）

4）35002 系列（第二代通用自动控制阀）：

驱动装置	阀门系列	驱动装置安装位置	阀座类型	设计次序
用两位数字表示	用两位数字表示	用一位数字表示	用一位数字表示	用一位数字表示
20：手动驱动装置 35：反向弹簧滚筒形膜片 70：双作用气缸（现有气缸仅在两个位置规定气开或气闭）	35：通用自动控制阀	1：与管线平行，在推杆延伸时阀门关闭 2：与管线平行，在推杆延伸时阀门开启 3：与管线垂直，在推杆延伸时阀门关闭 4：与管线垂直，在推杆延伸时阀门开启 5：与管线平行，在推杆延伸时阀门关闭 6：与管线平行，在推杆延伸时阀门开启 7：与管线垂直，在推杆延伸时阀门关闭 8：与管线垂直，在推杆延伸时阀门开启	0：金属阀座 1：软阀座	2：第二代设计

5）41000 系列：

驱动装置	阀门系列	结构型式	控制特点	阀座类型
用两位数字表示	用两位数字表示	用一位数字表示	用一位数字表示	用一位数字表示
47：气闭 48：气开	41：平衡式阀瓣控制阀	0：未确定 4：具有附加切断塞体的平衡式塞体 5：具有金属密封圈的平衡式塞体 6：具有聚四氟乙烯密封圈的平衡式塞体 9：具有石墨密封圈的平衡式塞体	0：未确定 1：直线式 2：等百分比	0：未确定 1：标准阀瓣套 4：缩口

6）7400 系列：

阀门系列	控制器额定输出间隔	定位器供给量	阀门驱动装置的作用力方向	行程有效范围	导向作用力和通过能力
用两位数字表示	用一位数字表示	用一位数字表示	用一位数字表示	用一位数字表示	用一位数字表示
74：带定位器的控制阀	0：12 lbf/in^2（3～15 连续） 1：24 lbf/in^2（6～30 连续） 3：6 lbf/in^2（3～15 分隔） 8：特殊范围	0：20 lbf/in^2 1：21～40 lbf/in^2 2：41～80 lbf/in^2	7：正向 8：反向	0：3/8～3in 1：3～4in	0：正向标准 1：反向标准 2：正向大容量 3：反向大容量 4：正向缩口 5：反向缩口

（6）美国 L. A 公司阀门产品代码　采用以下代码表示。

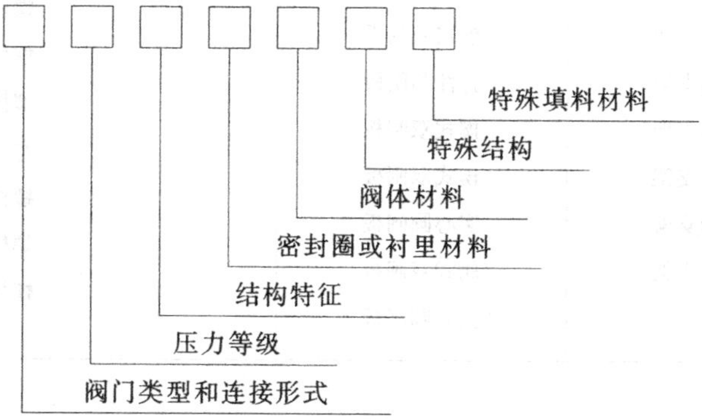

1）阀门类型和连接形式：

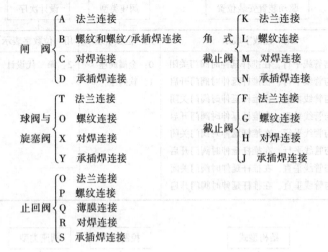

闸　阀	A	法兰连接	角　式截止阀	K	法兰连接
	B	螺纹和螺纹/承插焊连接		L	螺纹连接
	C	对焊连接		M	对焊连接
	D	承插焊连接		N	承插焊连接
球阀与旋塞阀	T	法兰连接	截止阀	F	法兰连接
	O	螺纹连接		G	螺纹连接
	X	对焊连接		H	对焊连接
	Y	承插焊连接		J	承插焊连接
止回阀	O	法兰连接			
	P	螺纹连接			
	Q	薄膜连接			
	R	对焊连接			
	S	承插焊连接			

2）压力等级：

A	CL150	ASME 标准（美国机械工程师学会）	M	100 lbf/in²	制造厂家指定材质
B	CL300		N	125 lbf/in²	
C	CL400		O	150 lbf/in²	
D	CL600		P	150 lbf/in²	
E	CL900		Q	150 lbf/in²	
F	CL1500		R	200 lbf/in²	
G	CL2500		S	300 lbf/in²	
K	125 lbf/in²	铸铁	T	600 lbf/in²	
L	250 lbf/in²		U	1500 lbf/in²	
			V	2000 lbf/in²	
			W	2500 lbf/in²	
			X	3000 lbf/in²	
			Y	7500 lbf/in²	

3）结构特征：

闸阀

代　码	阀杆形式及结构	闸　板	阀盖连接方式
A	明杆带支架	弹性圆闸板	螺栓连接
B	明杆带支架	实心圆闸板	螺栓连接
C	明杆带支架	楔式双闸板	螺栓连接
D	明杆带支架	弹性圆闸板	螺栓连接
E	明杆带支架	楔式双闸板	螺栓连接
F	明杆带支架	楔式双闸板	螺栓连接
G	明杆带支架	实心圆闸板	螺栓连接
H	明杆带支架	阀式双闸板（实心圆闸板）	螺栓连接

（续）

代　码	阀杆形式及结构	闸　板	阀盖连接方式
J	明杆带支架	楔式双闸板（实心圆闸板）	螺栓连接
K	内螺纹	实心圆闸板	螺栓连接
L	内螺纹	实心圆闸板	U 形螺栓
M	内螺纹	实心圆闸板	研磨组合连接
N	明杆带支架	实心圆闸板	螺栓连接或管接头结合
O	明杆带支架	实心圆闸板	管接头结合、研磨组合连接
Q	明杆带支架	实心圆闸板	管接头结合、研磨组合连接
R	明杆带支架	弹性圆闸板	整体焊接或压力密封
S	明杆带支架	弹性圆闸板	整体焊接或压力密封
T	明杆带支架	弹性圆闸板	整体焊接或压力密封
U	明杆带支架	弹性圆闸板	整体焊接或压力密封
V	明杆带支架	弹性圆闸板	螺栓连接、整体焊接或压力密封
W	明杆带支架	弹性圆闸板	螺栓连接、整体焊接或压力密封
X	明杆带支架	实心圆闸板	螺栓连接、压力密封
Y	明杆带支架	实心圆闸板	焊接、管接

截止阀

代　码	阀杆形式及结构	阀　芯	阀盖连接方式
A	明杆带支架	圆盘	螺栓连接
B	明杆带支架	圆盘	螺栓连接
C	明杆带支架	圆盘	螺栓连接
D	明杆带支架	圆盘	螺栓连接、焊接或平装式密封
E	明杆带支架	圆盘	螺栓连接、焊接或平装式密封
F	明杆带支架	圆盘	螺栓连接、焊接或平装式密封
G	明杆带支架	圆盘	螺栓连接、焊接或压力密封
H	明杆带支架	圆盘	螺栓连接、焊接或压力密封
J	明杆带支架	圆盘	螺栓、垫片连接
K	明杆带支架	圆盘	螺栓、垫片连接
L	内螺纹	针形	丝扣连接
M	内螺纹	圆盘	磨口连接
N	明杆带支架	圆盘	焊接
O	明杆带支架	圆盘	焊接
Q	明杆带支架	针形	焊接
R	明杆带支架	针形	焊接或压力密封
S	明杆带支架	圆盘	焊接或压力密封
T	明杆带支架	圆盘	焊接或压力密封
U	明杆带支架	圆盘	焊接或压力密封
V	明杆带支架	针形	螺栓连接、专用垫片
W	明杆带支架	圆盘	螺栓连接、专用垫片
X	明杆带支架	圆盘	螺栓连接、专用垫片
Y	明杆带支架	针形	丝扣连接、焊接或压力密封

球阀

代　码	阀　口	操作方式	形　式
A	法兰连接、对焊连接	扳手	浮球式、防爆形
B	螺纹连接	扳手	浮球式、防爆形
C	法兰连接、对焊连接	齿轮或手轮	浮球式、防爆形
D	螺纹连接	齿轮或手轮	浮球式、防爆形
E	法兰连接、对焊连接	扳手	装有耳轴的球、防爆形
F	螺纹连接	扳手	装有耳轴的球、防爆形
G	法兰连接、对焊连接	齿轮或手轮	装有耳轴的球、防爆形
H	螺纹连接	齿轮或手轮	装有耳轴的球、防爆形
J	法兰连接、对焊连接	扳手	浮球式、消火形
K	螺纹连接	扳手	浮球式、消火形
L	法兰连接、对焊连接	齿轮或手轮	浮球式、消火形
M	螺纹连接	齿轮扳手轮	浮球式、消火形
N	法兰连接、对焊连接	扳手	装有耳轴的球、消火形
O	螺纹连接	扳手	装有耳轴的球、消火形
Q	法兰连接、对焊连接	齿轮或手轮	装有耳轴的球、消火形
R	螺纹连接	齿轮或手轮	装有耳轴的球、消火形

4）密封圈或衬里材料：

1　AISI　410 型 13Cr；2　渗氮钢；3　铁件；4　青铜镍合金，不锈钢与淬火材料；5　蒙乃尔合金；6　AISI 316 型不锈钢；7　AISI 304、316、321、347 型不锈钢；8　钨、铬、钴合金；9　表面加钨、铬、钴合金；10　在一个材料内装聚四氟乙烯；11　AISI 320、347 型不锈钢；12、13、14　按指定的制造。

5）阀体材料：

A　碳钢；B　低温碳钢；C　合金钢；D　$1\frac{1}{4}$Cr-$\frac{1}{2}$Mo；E　$2\frac{1}{4}$Cr-$\frac{1}{2}$Mo；F　5Cr-$\frac{1}{2}$Mo；G　镍；H　$3\frac{1}{2}$Ni；J　AISI 304 型；JH　AISI 304H 型；JL　AISI 304L 型；K　AISI 316；KH　AISI 316H；KL　AISI 316L；L　AISI 321 或 347；LC　AISI 347；LT　AISI 321；M　20 号合金；N　可锻球墨铸铁；P　蒙乃尔合金；R　铝；S　青铜；T　铸铁或韧性铸铁；U　碳钢 AISI；V　$1\frac{1}{4}$Cr-$\frac{1}{2}$Mo。

6）特殊结构：

1　制造厂标准结构；2　不含铜基材料；3　有扳手和自动释放装置；4　攻螺纹位置指定；5　非铜基材料　攻螺纹位置指定；6　无润滑脂密封的填料函；7　有润滑脂密封的填料函；8　法兰连接；9　螺纹/承插焊连接；10　特定；11　特定。

7）特殊盘根材料：

A　JOHN　CRANE187-1；B　聚四氟乙烯；C　石棉；D　云母石棉；E　白色纯石棉；F　KEL—F；G　特定。

（7）美国坎特（Kent）加工控制公司阀门产品代码　采用以下代码表示。

1）驱动装置：前标字母和第一个数位表示驱动装置的类型。

①　膜片-弹簧对置式：A1　正向作用，无定位器；A2　反向作用，无定位器；A3　正向

作用，有定位器；A4　反向作用，有定位器。

② 膜片-无弹簧式：B1　正向作用，无定位器；B2　反向作用，无定位器；B3　正向作用，有定位器；B4　反向作用，有定位器；B5　双向作用，无定位器。

③ 活塞-弹簧对置式：C1　正向作用，无定位器；C2　反向作用，无定位器；C3　正向作用，有定位器；C4　反向作用，有定位器。

④ 活塞-无弹簧式：D1　正向作用，无定位器；D2　反向作用，无定位器；D3　正向作用，有定位器；D4　反向作用，有定位器；D5　双向作用，无定位器；D6　双向作用，有定位器。

⑤ 膜片连杆电动机与弹簧对置式：L1　正向作用，无定位器；L2　反向作用，无定位器；L3　正向作用，有定位器；L4　反向作用，有定位器。

⑥ 特殊的：E1　电动机；E2　预定的；F1　电动液压驱动装置；F2　预定的。

2）截止止回阀：见表 1-170。

表 1-170　截止止回阀代码及参数

代　码	压力等级	口径/in	连接方式
28	CL300	3~10	法兰
28½	CL300	3~10	对焊
30	CL300	3~10	法兰
30½	CL300	3~10	对焊
179	CL600	2½~12	法兰
179½	CL600	2½~12	对焊
180	CL600	2½~12	法兰
180½	CL600	2½~12	对焊

（8）美国马克（MARK）控制公司蝶阀代码　采用以下代码表示。

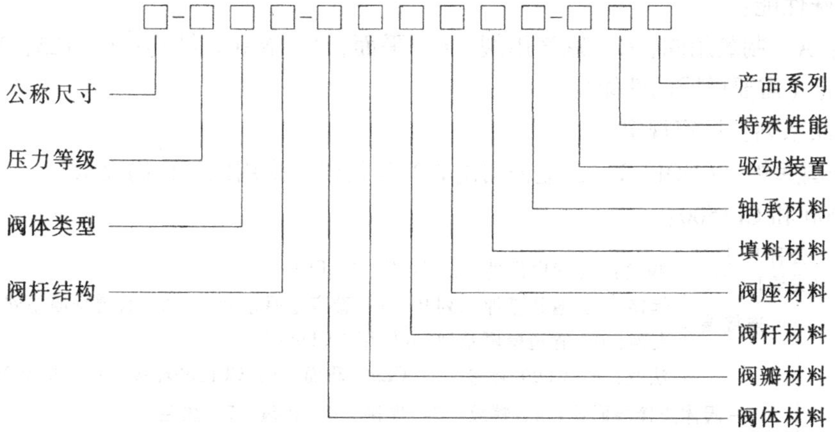

1）公称尺寸：

03　NPS3；04　NPS4；06　NPS6；…；48　NPS48。

2）压力等级：

1　CL150　ASME；3　CL300　ASME；6　CL600　ASME；9　CL900　ASME。

3）阀体类型：

W　对夹式；L　夹套式。

4）阀杆结构：

A　直线式；B　台阶式；C　平衡式。

5）阀体材料：

1　碳钢；2　316 不锈钢；3　蒙乃尔合金；4　20 合金；5　铝青铜；6　碳钢—ENP；X　特殊要求。

6）阀瓣材料：

2　316 不锈钢；3　蒙乃尔合金；4　20 合金；5　铝青铜；6　碳钢—ENP；7　316 不锈钢—表面氮化处理；8　碳钢—钴铬钨涂层；9　316 不锈钢—ENP；0　316 不锈钢—钴铬钨涂层；X　特殊要求。

7）阀杆材料：

1　17—4PH 不锈钢；2　316 不锈钢；3　蒙乃尔合金；4　20 合金；6　铬镍铁合金—750；0　50 渗氮钢；X　特殊要求。

8）阀座材料：

T　聚四氟乙烯；R　增强四氟乙烯；L　聚乙烯；F　耐火四氟乙烯；B　耐火增强四氟乙烯；M　铬镍铁合金 718；X　特殊阀座或 O 形圈。

9）填料材料：

T　聚四氟乙烯；A　石棉；G　石墨；F　防火；X　特殊要求。

10）轴承材料：

G　玻璃衬四氟乙烯；H　316 不锈钢衬四氟乙烯；F　防火；M　碳钢渗氮；S　不锈钢；X　特殊要求。

11）驱动装置：

B　裸露阀杆；H　棘轮手柄；L　棘轮手柄；2　蜗杆；3　蜗杆；4　双作用气缸；5　遇故障关闭气缸；6　遇故障开启气缸；7　液压缸；8　电动；X　其他。

12）特殊性能：

O　无；A　制氧用阀；C　氯气用阀；F　平面；N　NACE 结构；S　125；V　真空阀；X　特殊性能（需要说明的性能）。

13）产品系列：厂家规定。

（9）美国库柏（COOPER）工业公司闸阀产品代码　采用以下代码表示。

1）CL900 和 CL1500：

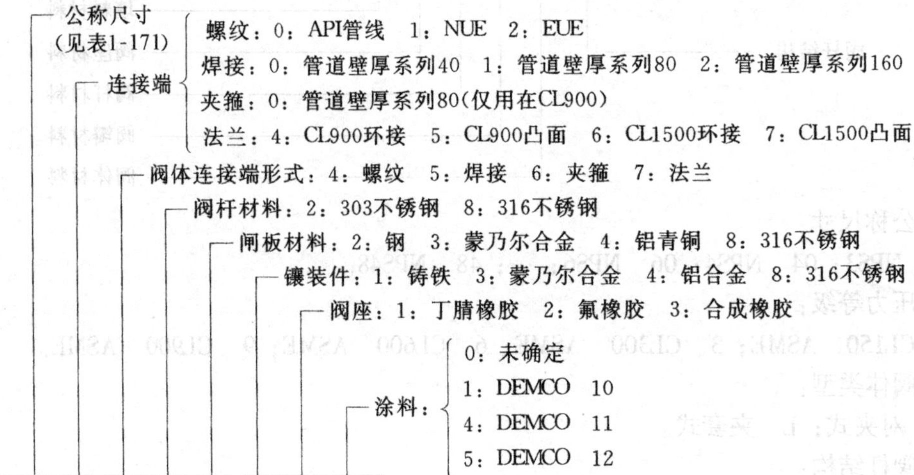

表 1-171　CL900、CL1500 公称尺寸代号

标准材料：铸钢阀体和阀盖，丁腈橡胶阀座和密封面，镶装球铁阀座，303 不锈钢阀杆，钢闸板									
公称尺寸　NPS	2	2½	3	4	6	2	2½	3	4
螺纹和夹箍连接端主体代码	3947	3951	3953	3955	—	3948	3952	3957	3010
	除另有规定，螺纹连接端阀门适用于 API 管线，EUE8 圈用于 2 和 2½in 的阀门，NUE10 圈用于 3in，NUE8 圈用于 4in；夹箍端仅用于 CL900								
焊接端主体代码	3947	3951	3953	3955	3999	3948	3952	3957	3010
	焊接端适用于管道壁厚系列 40 和 80、压力级 CL900，管道壁厚系列 40、80 和 160、压力级 CL1500								
法兰端（凸面或环接）主体代码	3947	3951	3953	3955	3999	3948	3952	3957	3010
	凸面法兰适用于除非另有规定的阀门								

2）CL400 和 CL600：

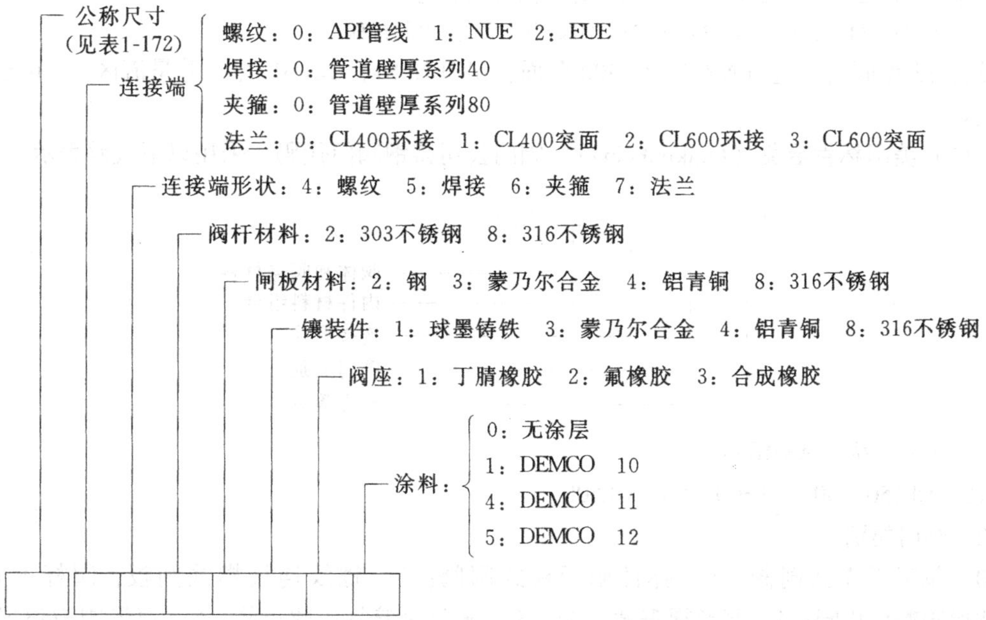

表 1-172　CL400、CL600 公称尺寸代号

公称尺寸　NPS	3×2	—	4×3	—	—	2×1½	3×2	—	4×3	6×4	8×6
螺纹连接端立体代码	3934	—	3935	—	—	3939	3942	—	3943	—	—
法兰连接端主体代码	—	—	—	—	—	3939	3942	—	3943	3944	3945

（10）美国安德森格林伍德（ANDERSON GREENWOOD）阀门公司产品代码　采用以下代码表示。

20/30、220/230、320/330 系列：

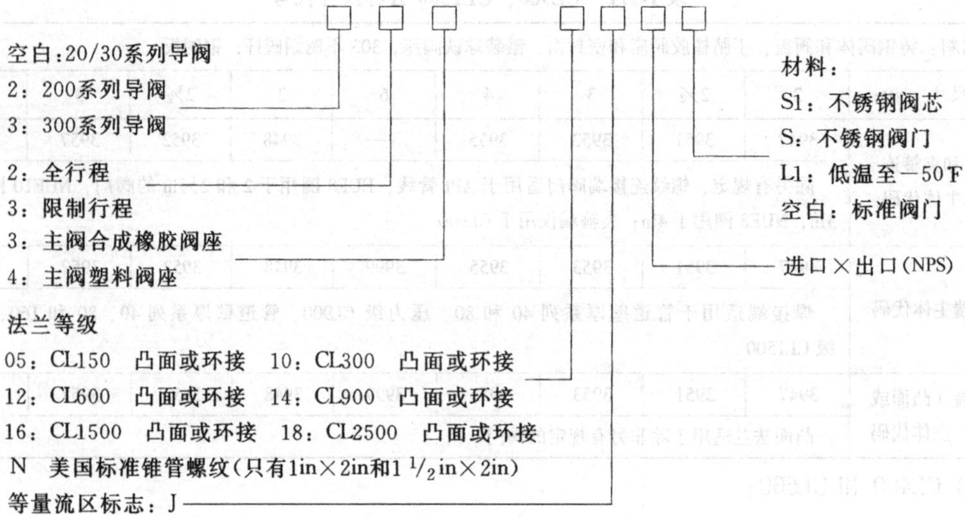

注：1. 23，24，223，224，233 和 324 型阀门是全行程阀门。

2. 33，34，233，234，333 和 334 型阀门的行程是限制行程。

例：33 型阀门：进口 NPS3，CL300 凸面：出口 NPS4，CL150 “J” 等量流区；316 号不锈钢阀芯。

（11）美国林肯哈莫（Lunkenheimer）阀门公司铸钢阀门代码 采用以下代码表示。

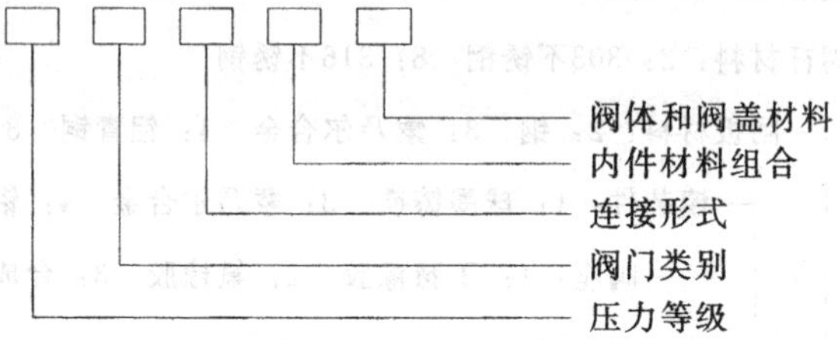

1）压力等级（ASME）：

15 CL150；30 CL300；60 CL600。

2）阀门类别：

0 单闸板楔式闸阀；1 弹性闸板楔式闸阀；2 螺纹连接楔式闸板，阀杆不升起；3 球形阀瓣截止阀；4 塞形阀瓣截止阀；5 球形阀瓣角式截止阀；6 塞形阀瓣角式截止阀；7 旋启式止回阀。

3）连接形式：

2 法兰连接，凸面；3 对焊连接；4 夹箍连接。

4）内件材料组合：见表 1-173。

表 1-173 内件材料组合

代 码	阀 杆	阀瓣表面	阀座表面
C	Cr13	Cr13	Cr13
空白	Cr13	Cr13	硬质合金表面
A	18-8-Cr Ni	18-8-Cr Ni	硬质合金表面
B	青铜	青铜	硬质合金表面
M	Ni Cu	Ni Cu	Ni Cu
U	Cr13	硬质合金表面	硬质合金表面

5）阀体和阀盖材料：

（空白）：A 216 Gr WCB；578：A 217 Gr WC6；580：A 217 Gr WC9；579：A 217 Gr C5；582：A 352 Gr LCB。

（12）意大利 Vanessa 公司蝶阀产品代码　采用以下代码表示。

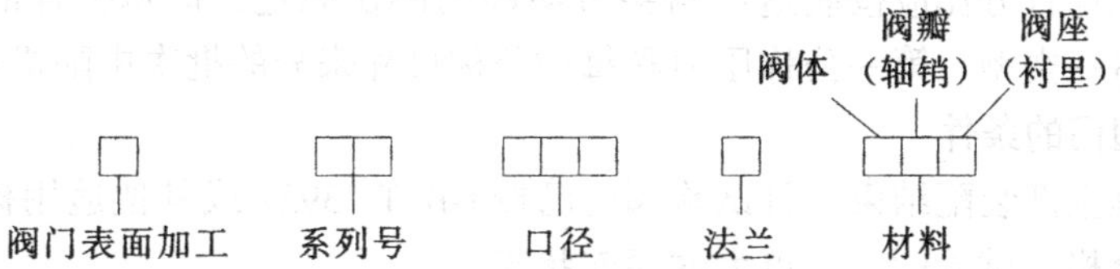

例：

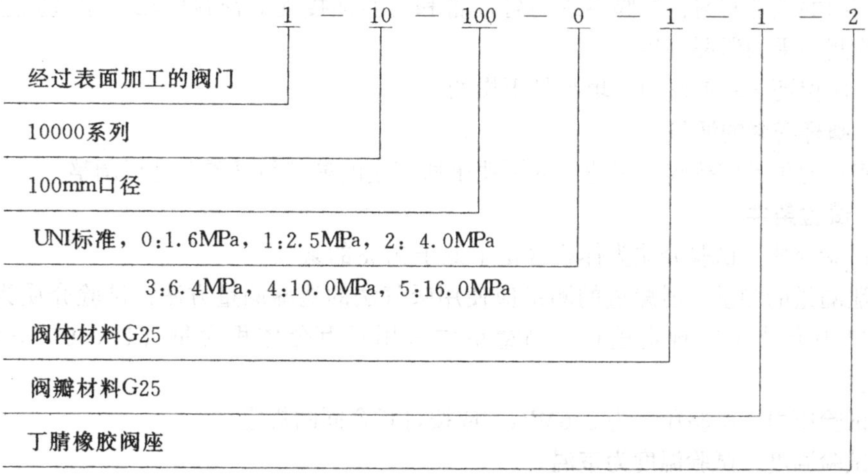

材料代码：见表 1-174。

表 1-174　材料代码

阀　体	代码	阀　瓣	（轴销）	代码	阀　座	代码
G25	1	G25	3　Cr13	1	氯丁橡胶	1
GS 42/10	2	GS42/10 + 表面硬化	3　Cr13	2	丁腈橡胶	2
FeG 45	3	FeG45 + 表面硬化	3　Cr13	3	氟化橡胶	3
G-CuSn10Zn2	4	G-CuSn10Zn2	ASTM A276 316	4	食用氯丁橡胶	4
ASTM A276 304	5	ASTM A276 304	ASTM A276 316	5	天然橡胶	5
ASTM A276 316	6	ASTM A276 316	ASTM A276 316	6		

1.11　阀门的逸散性试验

当管道内或装置内的介质产生挥发性污染气体或危险性气体时，气体逸散到空气中会造成环境污染或对人造成伤害或有产生火灾的危险，因此应对切断阀和控制的阀杆（轴）和阀体连接处外漏进行评定、进行试验。

1.11.1　逸散性

任何物理形态的任意化学品或化学品的混合物，其从工业场所的设备中发生的非预期的或隐蔽的泄漏现象。

1.11.2　逸散性试验

1.11.2.1　试验阀门的抽样

试验阀门的抽样百分比应按制造厂与买方明确的协议规定，但每批样品不少于1台，并从阀门产品中按每一类型、第一公称压力和每一公称尺寸来分的批次中随机选择。

1.11.2.2　试验阀门的条件

试验阀门应是全部装配结束，且试验阀门已按GB/T 13927或其他适用标准及买方的规定进行检验和试验合格，试验阀门也可为油漆前状态。

试验阀门内腔应干燥、无润滑剂，阀门和试验设备应干净和不含水分、油、灰尘等。

试验阀门的端部密封，试验系统的各设备和管路连接处应密封可靠，在试验过程中不允许有影响检测结果的泄漏发生。

制造厂应保证试验前阀门的填料是干燥的。

1.11.2.3　阀杆密封的调整

阀杆密封的预紧应按阀门制造厂的说明书所规定的最初预紧要求进行调整。

1.11.2.4　试验条件

（1）试验介质　试验介质为体积含量不低于97%的氦气。

（2）泄漏量的测量　泄漏量的测量应使用吸气法的泄漏测量方法，试验介质为氦气，按GB/T 13927中附录A的规定进行。测量单位采用百万分体积含量（$1\times10^{-6}=1mL/m^3=1cm^3/m^3$）。

（3）试验压力　试验压力为0.6MPa，或按订货合同的规定。

（4）试验温度　试验温度为室温。

1.11.2.5　试验程序和试验结果的评定

（1）阀杆密封泄漏量的测量　阀杆密封泄漏量测量的程序如下：

1）使阀门处于半开时加压到1.11.2.4（3）所述的试验压力，用按1.11.3所述吸气法测量阀杆密封处的泄漏量。

2）然后全开和全关带试验压力的阀门5次。

3）以上机械循环后再半开阀门，并按1）测量阀杆密封处的泄漏量。

4）如仪表的读数超过表1-175规定的相应要求的性能等级的百万分体积含量（$1\times10^{-6}=1mL/m^3=1cm^3/m^3$）量值，则认为试验不通过，该批阀门（见1.11.2.2）将被拒收。

表1-175　阀杆密封处的密封等级

等　级	量值/10^{-6}	备　注
A	≤50	典型结构为波纹管密封或具有相同阀杆密封的部分回转阀门
B	≤100	典型结构为PTFE填料或橡胶密封
C	≤1 000	典型结构为柔性石墨填料

（2）阀体密封泄漏量的测量　阀体密封泄漏量测量的程序如下：

1）使阀门处于半开时加压到1.11.2.4中3）规定的试验压力，试验压力稳定后，按1.11.3规定的吸气法测量阀体密封处的渗漏量。

2）如仪表的读数超过50×10^{-6}，则认为试验不通过，该批阀门（见1.11.2.2）将被拒收。

1.11.3　使用吸气法的泄漏测量方法

1.11.3.1　原理

采用便携式仪器来探测阀门的泄漏，仪器探测器的类型不作规定，但选择探测器和其灵敏度时应能够满足最高密封等级要求。本方法只对泄漏做出定位和分级，不能用于某一泄漏源的质量逸散速率的直接测量。

探测器探针（吸气）方法（图 1-72 和图 1-73）可以测量从阀杆密封系统（产品试验）和阀体密封处的局部逸散。

测量浓度单位为百万分体积含量。

一些氦质谱仪能测量局部体积漏率，其单位为毫巴每升每秒或相当的大气压每立方厘米每秒。

为了避免在局部和整体的测量之间的任何相关性，用吸气法测量的单位为百万分体积含量。

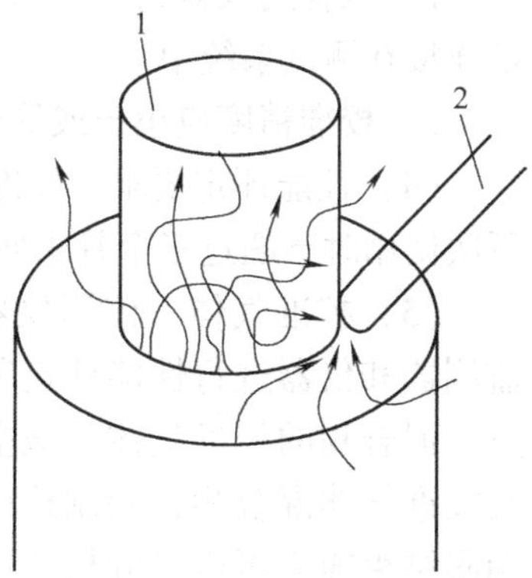

图 1-72　局部测量法吸气
1—阀杆　2—探测器

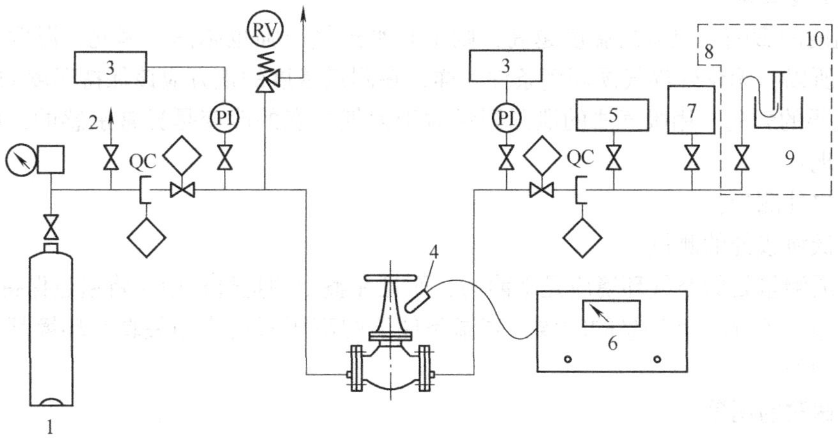

图 1-73　用吸气法的局部测量法
QC—快速接头　1—氦气源　2—放泄阀　3—压力记录仪　4—探针　5—气体流量计
6—质量分光计　7—转子流量计　8—软管　9—测量容器　10—安全区域（外面的）

1.11.3.2　设备

（1）监测仪器

（2）规范

1）氦气仪器的探测器类型可包括但不限于质谱分析式、红外吸收式和分子筛选式。

2）仪器的线性响应范围和测量范围都应覆盖相应规范规定的泄漏定义浓度范围。使用稀释探针组件可能会使氦气浓度满足该范围，但应满足氦气取样探针孔径规范的规定。

3）在进行不可察觉逸散测量时，仪器仪表的分辨率应在规定的泄漏定义浓度范围的 ±2.5% 内可读。

4）仪器应配备有电动泵以保证探测仪能以恒定流量进行采样，探针流量速率范围应为 0.5 ~ 1.5L/min。

5）仪器应配备有取样用探针或探针延伸器，探针或探针延伸器的外径不超过1/4in，其端部只有一个允许样品进入的孔口。

（3）性能标准

1）试验用仪器的泵、稀释探针（如有）、取样探针和探针过滤器，在响应时间测定中应都连接在测试系统中。

2）校准精度应小于或等于10%的校准气体量值。

（4）性能评定要求 校准精度试验应在仪器投入使用前完成，并且其后每隔三个月或在下次使用时已超过三个月未使用，则都应再进行校准精度试验。

（5）校准气体 监测仪器按适用规范上规定的氦气的百万分体积含量进行定期校准，监测器和仪器进行性能评定所需的校准气体是校零气体（空气，含氦气不超过10ppmv）和空气混合物的校准气体，该空气混合物应约等于相应规范规定的泄漏定义浓度。如采用瓶装校准气体混合物，则制造厂应进行分析和鉴定，确认其误差在±2%以内，并且在其保存期限结束前应再进行分析或更换。或者操作人员按公认的气体标样生产程序生产满足误差在±2%以内的校准气体。生产的标样在使用时应每日更换，除非标样能被证明在储存期间精确度不发生变化。

1.11.3.3 试验要求

（1）温度的影响 组分的温度越高，则饱和水蒸气压强也越高。因此，温度可能影响浓度的测量。所以，无论外界气候环境条件怎样，在测量浓度的地方应该保持温度的稳定。

（2）气候的影响 用吸气法的泄漏测量对于大气气态的改变是异常敏感的，以下情况下将有明显表现：

——在户外测量；

——在低海拔处的测量。

室内泄漏测量处的空气环境应是平静的，而且在整个测量过程中应将通道保持关闭。

（3）安全 在试验和测量的时候，高温条件下的高压氦气或相关真空环境都要求操作者按安全规则操作。

1.11.3.4 逸散的测量

（1）校准程序 应按制造厂的使用说明书对氦分析仪进行组装、启动。在适当的预热时间和仪器自动校零程序后，将校准气体导入仪器取样探针，调节仪器仪表读数值符合校准气体值。

注：如果仪表读数不能被调节到固有值，则预示分析仪出现故障。

（2）测量 按制造厂的使用说明书启动氦质谱仪和电加热器：

1）校准。

2）本底噪声测量：每次测量前，探测源周围的环境氦浓度可用探针在距离探测源1～2m的任意地方测出。当附近有泄漏干扰测量时，环境浓度可在靠近探测源的地方测出，但离探测源绝不能小于25cm。

3）探针应尽可能靠近可能的泄漏点，即

——阀杆和填料的分界面；

——阀体密封处外边缘。

4）将探针沿着分界面周围移动，同时注意观察仪表读数。

5）如果观察到仪表读数有增加，那么在泄漏显示的分界面处缓慢移动取样，直到读到渗漏量的最大读数。

6）将探头吸口移开该最大读数位置约 2 倍的仪器响应时间。

7）然后操作者将探头保持在该同一位置约 2 倍的仪器响应时间后再读出和记录该最大值（如对 5m 标准探头为几秒）。

8）该测量值与不管是否有不可察觉的逸散所确定的本底噪声的差值。

9）逸散源处可发觉的逸散值扣除本底噪声应低于允许逸散等级。

第2章　选用阀门的基本原则

2.1　阀门的密封性能

阀门的密封性能是考核阀门质量优劣的主要指标之一。阀门的密封性能主要包括两个方面，即内漏和外漏。内漏是指阀座与关闭件之间对介质达到的密封程度，考核内漏的标准我国有两个。一个是国家技术监督局于2008年12月发布的，2009年7月1日开始实施的国家标准GB/T 13927—2008《通用阀门　压力试验》。这个标准是参照采用国际标准ISO 5208：2008《工业用阀门　阀门的压力试验》制订的；另一个国家标准是GB/T 26480—2011《阀门的检验与试验》，这个标准是参照API 598—2009《阀门的检查和试验》制订的。GB/T 13927—2008适用于一般工业用阀门的检验；GB/T 26480—2011适用于石油工业用阀门的检验。外漏是指阀杆填料部位的泄漏、中法垫片部位的泄漏及阀体因铸造缺陷造成的渗漏，外漏是根本不允许的。如果介质不允许排入大气，则外漏的密封比内漏的密封更为重要。因此，阀门的密封结构对阀门的选用影响很大。

2.1.1　泄漏标准

如果没有发现阀门泄漏，或者发现阀门的泄漏量是在允许值范围内，则该阀门被认为对介质是达到密封。对于某一用途的阀门的最大允许泄漏量即作为阀门的泄漏标准。

（1）GB/T 13927—2008中的密封试验要求　密封试验的最大允许泄漏量见表2-1的规定。表2-1中的泄漏量只适用于向大气排放的情况。A级适用于非金属弹性密封阀门，AA、B、C、CC、D、E、EE、F、G级适用于金属密封阀门。其中，B级适用于比较关键的阀门，D级适用于一般的阀门。各类阀门的最大允许泄漏量（等级）应按有关产品标准的规定。如果有关标准未作具体规定，则非金属弹性密封阀门按A级要求，金属密封阀门按D级要求。

表2-1　最大允许泄漏量

试验介质	最大允许泄漏量/（mm^3/s）									
	A级	AA级	B级	C级	CC级	D级	E级	EE级	F级	G级
液体	在试验压力持续时间内无可见泄漏	0.006×DN	0.01×DN	0.03×DN	0.08×DN	0.1×DN	0.3×DN	0.39×DN	1×DN	2×DN
气体		0.18×DN	0.3×DN	3×DN	22.3×DN	30×DN	300×DN	470×DN	3000×DN	6000×DN

（2）GB/T 26480—2011中的密封试验要求　对于壳体试验和上密封试验，不允许有可见的渗漏。如果试验介质为液体，则不允许有明显可见的液滴或表面潮湿。如果试验介质是空气或其他气体，则按所制订的试验检漏，应无气泡漏出。试验时应无结构损伤。

对于低压密封试验和高压密封试验，不允许明显可见的泄漏通过阀瓣、阀座与阀体接触面等处，并无结构上的损坏。在试验持续时间内，试验介质通过密封面的允许泄漏量见表2-2。

表 2-2 最大允许泄漏量

公称尺寸 DN	所有弹性密封阀门 /(液滴/min)	除止回阀外的所有金属密封阀门		金属密封止回阀	
		液体试验①	气体试验 /(气泡/min)	液体试验 /(mL/min)	气体试验 /($m^3 \cdot h$)
≤50	0	0	0	$\frac{DN}{25} \times 3$	$\frac{DN}{25} \times 0.042$
65 ~ 150		0.75	24		
200 ~ 300		1.25	40		
≥350		2 × DN/25	4 × DN/25		

① 对于试验介质，1mL（$1cm^3$）相当于 16 滴。

2.1.2 阀门的密封面

阀门的密封面是指阀座与关闭件互相接触而进行关闭的部分。由于阀门在使用过程中密封面在进行密封中要受到冲刷和磨损，所以阀门的密封性能随着使用时间而减低。

（1）金属密封面 金属密封面易受夹入介质颗粒的影响而变形。同时，它受介质的腐蚀、冲刷和磨蚀的损害。如果磨损颗粒比表面的不平整度大，在密封面磨合时其表面粗糙度值就会变坏。相反，如果磨损颗粒比表面的不平度小，则在密封面磨合时，其表面粗糙度值就会得到改善。因此，密封面必须选用耐腐蚀、耐冲刷和抗磨蚀的材料。如果不能满足其中的一个要求，那么这种材料就不适于做密封面。例如介质的腐蚀作用会大大加速冲蚀。同样，具有较好耐腐蚀和耐冲刷的材料，由于抗擦伤性差也会完全不适用。但是，如果把耐腐蚀、耐冲刷、抗磨蚀和抗擦伤性能较好的材料用于普通阀门的密封面，价格又太高，故必须兼顾。

表 2-3 列出了各种密封面材料对蒸汽喷射耐冲刷的冲蚀程度。

表 2-3 冲蚀程度

级 别	钢 种
第一级：冲蚀深度小于 0.00127mm 的金属	ASTM A182/A182M F6a 型锻造和热处理不锈钢棒材（铬 13 钢） 德理硬合金钢（铬 17 钢） 司太立 6 号 ASTM A351/A351M CF3（铬 18 镍 10）铸造不锈钢
第二级：冲蚀深度在 0.0127 ~ 0.0254mm 之间的金属	ASTM A351/A351M CF8（铬 18 镍 10）铸造不锈钢 ASTM A351/A351M CF8M（铬 18、镍 12、钼 2.5）电弧堆焊不锈钢 司太立 6 号气距堆焊钢
第三级：冲蚀深度在 0.0254 ~ 0.0508mm 之间的金属	ASTM A182/A182M F6a 型（铬 13）锻造淬硬（布氏硬度 444）的不锈钢 镀铬 No.4 黄铜
第四级：冲蚀深度在 0.0508 ~ 0.1016mm 之间的金属	黄铜轧件 含有质量分数 2.5% 镍的氮化合金钢 高碳高铬氮化合金钢 Cr-V 索氏体-铁素体沉淀结构氮化合金钢，950HBW Cr-V 索氏体结构氮化合金钢，770HBW Cr-AL 铁素体氮化合金钢，758HBW 蒙乃尔变形钢
第五级：冲蚀深度在 0.1016 ~ 0.2032mm 之间的金属	黄铜 No.4、No.5、No.22、No.24 1150HBW 的 Cr-AL 索氏体氮化合金钢 739HBW 的 Cr-V 铁素体沉淀结构氮化合金钢 蒙乃尔合金铸件

（续）

级　别	钢　种
第六级：冲蚀深度在 0.2032 ~ 0.4064mm 之间的金属	低合金钢 w_C0.10%，w_{Mo}0.27%，w_{Si}0.19%，w_{Mn}0.96% 低合金钢 w_{Cu}0.61%，w_{Si}1.37%，w_{Mn}1.42% 钢性铸铁
第七级：冲蚀深度在 0.4064 ~ 0.8128mm 之间的金属	轧制红铜 灰铸铁 可锻铸铁 碳钢（含 w_C0.40%）

注：1. 表中数值是由直径为 1.59mm 喷射器，以 2.41MPa 压力的饱和蒸汽向距喷口 0.13mm 的试样冲蚀 100h 所得到的结果。

2. 表中 w_C 指 C 的质量分数，其他成分类同。

(2) 用密封剂密封　金属密封面间的泄漏通径，可以通过在阀门关闭后向密封面间注射密封脂来达到密封。油润滑旋塞阀就是用这种密封方法的一种金属密封阀门。其他一些金属密封阀门在原来的密封失效后，为了进行紧急密封，也可采用注射密封脂进行密封。

(3) 软密封面　在使用软密封面中，接触的两密封面可以单独，也可全部使用如塑料、橡胶这样的软质材料。由于这种材料性能，使接触面容易配合，故软质密封的阀门能达到极高程度的密封性。而且这种密封性可以重复达到。缺点是这种材料受到介质适应性及使用温度的限制。

软质密封材料有时会受到异常升压的限制，压缩产生的热量足以使软质密封材料脱落。

表 2-4 列出可能产生温度升高的范围。该表是开始处在大气压下 15℃的氧气受到突然压缩后试验确定的温度升值。

表 2-4　温度升高的范围

压力突然升高值/MPa	温度升值/℃	压力突然升高值/MPa	温度升值/℃
2.5	375	15	730
5	490	20	790
10	630		

2.1.3　垫片

垫片是阀门产生外漏的关键因素之一。因此，对于不同的介质，不同的工作温度和不同的工作压力应选择不同的垫片。

(1) 金属平垫片　金属平垫片以其弹性和塑性变形来适应法兰面的不平整度。为了防止法兰面的塑性变形，垫片材料的屈服强度必须大大低于法兰面材料的屈服强度。金属平垫片的材料通常有 08 钢，阴极铜、06Cr19Ni10 和 06Cr18Ni12Mo2。

在蒸汽介质的密封中，带有顶角为 90°、深度为 0.1mm 或深度为 0.01mm 螺旋槽的法兰密封面，使用金属平垫片密封性能会更好。

(2) 压缩石棉纤维垫片　压缩的石棉纤维垫片综合了橡胶与石棉的特性。橡胶具有能很容易随附法兰表面的不平整度的特性，但是它在平面应变上不能承受高的负荷，不耐较高的温度。为了提高橡胶的负载能力和承受温度，同时又保持其固有的特性以适应与它相配的表面，橡胶利用石棉纤维进行加固，同时在材料中加入粘接剂、填充剂和颜色。有的还在石棉纤维垫片中填加加强钢丝，旨在增加垫片的强度。压缩石棉纤维垫片适用于 PN64 以下的中压阀门，介质的工作温度一般在 450℃以下。

(3) 缠绕式垫片　缠绕式垫片是由旋绕在外层的 V 形金属带和叠层之间镶嵌的软质材料组成。金属带始末端的数圈用点焊焊牢，以避免垫片松开。金属带使垫片具有一定程度的弹性，以补偿法兰的微小变形。而镶嵌的软质材料进入法兰密封面不平整度空隙中作为密封介质用。

一般制造厂规定安装垫片的压缩值，以保证垫片承受恰当的应力和保持需要的弹性。垫片的最后工作厚度必须由螺栓的负荷量、法兰中安装垫片凹槽的深度或内外圈来控制。内压圈另一个作用是保护垫片免受介质浸蚀，而外压圈还要保持垫片处于螺栓直径之内。

垫片的承载能力是由缠绕的圈数所决定。因此，缠绕式垫片可根据所需的压力进行定制。

金属带通常用不锈钢或镍基合金，如果是腐蚀性介质或温度较高时，必须选用耐晶间腐蚀的材料。垫片的填充材料可用石棉、聚四氟乙烯、柔性石墨等。

2.1.4　阀杆密封

阀杆是带动启闭件使阀门开启和关闭的重要部件，因为阀杆是可动件。所以是最易产生外漏的部位。因此，阀杆密封对于阀门来讲是非常重要的。

阀杆的密封通常用压缩填料。压缩填料是指压入填料函内使阀杆周围密封的软质材料。填料作用于横向支撑面上的压力如果等于或高于介质压力，而且也足以能使在横向面上的泄漏沟闭合，则填料就能对介质起到密封。

压紧填料压盖所产生的密封压力使填料向横向扩张。如果填料传递压力的方式与介质相同，是施加于填料端面的压力就在横向支撑面上产生相同的压力。因此，填料受到填料压盖的压紧，填料横向的压力经常要比介质压力高出由填料压盖施加的一个压力值，这时就会自动起到密封作用。

(1) 压缩填料的结构　大部分压缩填料由于考虑到石棉的性能故都采用它的纤维作基料。它基本上不受多数介质、温度和时间的影响，是一种好的导热体。石棉的缺点就是润滑性差，因此必须填加不妨碍石棉性能的润滑剂，如石墨粉和云母粉。由于这种混合物仍具有渗透性，故还要加注液体润滑剂。

聚四氟乙烯具有皱缩率最小、缩水率最低，且具有摩擦系数小的特性。对于大部分的腐蚀性介质具有较高的抗腐性能。聚四氟乙烯填料在填料处的工作温度在 -150 ~260℃之间。在这一温度范围内，它是一种高性能、多用途的阀杆填料。

柔性石墨具有耐高温的特性，它还具有摩擦系数小且耐大部分腐蚀性介质，在填料处的工作温度可达 600℃，故电站、石化等部门高温处的阀门都使用柔性石墨填料。

(2) 填料对不锈钢阀杆的腐蚀　不锈钢阀杆，特别是用铬 13 系钢做的阀杆，与填料接触的表面经常受到腐蚀。这种腐蚀常发生在使用前的贮存阶段，这是由于经过水压试验后的填料被水饱和的缘故。如果在水压试验后立即投入使用就不会发生腐蚀。从理论上讲，处于湿润填料之中的不锈钢阀杆其所以被腐蚀，是由于被填料所包围的阀杆表面处在脱氧环境之中的结果。这种环境影响了金属的活化与钝化特性。不锈钢氧化保护层表面的缺氧敏感点上产生了许多小的阳极，这些阳极与发生阳极作用的大量残留的钝性金属一起，就使金属内部产生原电池的作用。通常用于填料中的石墨作为阳极材料作用于阀杆钢的阴极场增强了原电池电流强度，从而大大加剧了对原始腐蚀点的腐蚀。

(3) 阀杆密封填料的形式

1) 唇形填料。唇形填料由于其唇片柔软，在介质压力作用下会横向扩张紧贴在挡壁上，这种扩展型填料可以使用在压缩填料中，不能用相对较硬的材料。唇形填料的缺点是其密封作用只是单方向的。

大部分用于阀杆的唇形填料是用纯聚四氟乙烯或填充聚四氟乙烯制造的。但也有使用纤维加固的橡胶或皮革制做的，主要是用在液压方面。大部分用做阀杆的唇形填料做成V形。这种既便于安装又便于扩充。

2）挤压式填料。挤压式填料的名称适用于O形圈一类的填料。这种填料安装后其侧面受到挤压，借助材料的弹性变形保持其侧向的预负荷力。当介质从底部进入填料腔时，填料就向阀杆与支撑座之间的空隙运动，从而堵塞了泄漏通路。当填料腔压力重新下降时，填料又重新恢复其原先形状。

3）止推填料。止推填料由填料环或由装在阀盖和阀杆台肩间的垫圈组成，阀杆可以相对填料环作自由的轴向移动。起始的阀杆密封可由辅助轴封如活缩填料来提供，也可由弹簧来提供，该弹簧迫使阀杆台肩顶住止推填料，尔后的介质压力就可迫使阀杆台肩更紧密地与填料接触。

4）隔膜阀阀杆的密封 隔膜阀阀杆是由柔性且承压的阀盖来密封，该阀盖使阀杆与关闭件相连。这种密封只要隔膜不失效，就能避免任何介质通过阀杆向大气泄出。隔膜的材料依阀门的用途不同而不同，可用不锈钢、塑料或橡胶等。

2.2 阀门的类型

阀门类型的选择，是以对整个生产工艺流程需要的综合估计为先决条件的。在选择阀门类型的同时，应首先了解每种类型阀门的结构特点和它的性能。

阀门启闭件有四种运动方式，即闭合式、滑动式、旋转式、夹紧式，每种运动方式都有其优缺点。各种运动方式的优缺点见表2-5。

表2-5 运动方式的优缺点

类别	图示	优点	缺点
闭合式	截止 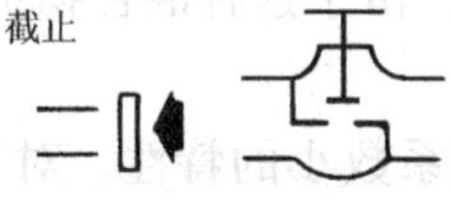	切断和调节性能最佳	压头损失大
滑动式	闸板 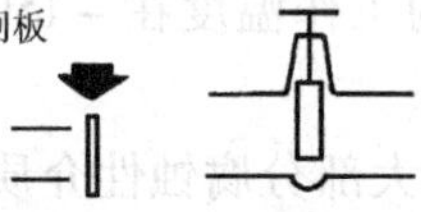	直流	动作缓慢 体积大
旋转式	旋塞 锥形 	快速动作 直流	温度受聚四氟乙烯阀门衬套的限制，而且需要注意带润滑的阀门的“润滑”
	球 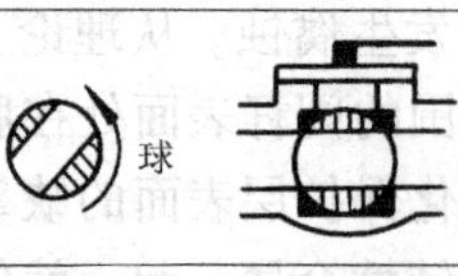	快速动作 直流 易于操作	温度受阀座材料的限制
	蝶板 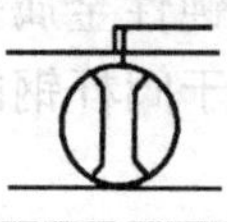	快速动作 切断性能良好 结构紧凑	金属对金属密封型阀，切断时不能严密断流。弹性阀座的阀门，工作温度受阀座材料的限制
夹紧式	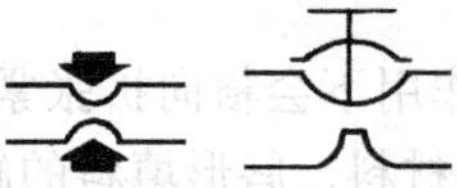	无填料 对污液断流可靠	压力和温度受隔膜材料的限制

(1) 截止和开放介质用的阀门　截止和开放介质用的阀门通常应选择截止后密封性能好，开启后流阻较小的阀门。流道为直通式的阀门作为截止和开放介质用最适宜。截止阀由于流道曲折、流阻比其他阀门高，故较少选用。但若允许有较高流阻的场合，则选用截止阀也未尝不可。对流阻要求严格的工况可选用闸阀、全通径球阀、旋塞阀等；对于有些需清管的石油、天然气管道需选用带导流孔的平板闸阀和全通径球阀；对于受安装位置限制，如热力工程、自来水工程等对流阻要求不严格的地方可选用蝶阀、缩径球阀等。

(2) 控制流量用的阀门　控制流量用的阀门通常选择易于调节流量的阀门。调节阀、节流阀适于这一用途。因为它的阀座尺寸与关闭件的行程之间成正比例关系，旋转式和夹紧式阀门也可以用于节流控制，但通常只能在有限的阀门口径范围内才适用。闸阀是以圆形闸板对圆形阀座口做横切运动，它只有在接近关闭位置时才能较好地控制流量，故通常不用于控制流量。V 形开口的球阀和蝶阀有较好的控制流量特性，一般粗调时可以选用。对于要求流量和开启高度成正比例关系的严格场合，应选用专用的调节阀。

(3) 换向分流用的阀门　换向分流用的阀门根据换向分流需要，这种阀门可有三个或更多的通道。旋塞阀和球阀较适用于这一目的，因此，大部分换向分流用的阀门都是取这类阀门中的一种。但是在有些情况下，其他类型的阀门，只要把两只或更多的这种阀门适当地互相连接起来，也可以作为换向分流用。

(4) 带有悬浮颗粒的介质用的阀门　如果介质中带有悬浮颗粒，最适用于这种介质的是其关闭件沿密封面的滑动带有擦拭作用的阀门。如果关闭件对阀座来回运动是笔直的，那么就可能夹持颗粒，因此，这种阀门除非密封面材料可以允许嵌入颗粒，否则只适用于基本清洁的介质。适用于这类介质的阀门有刀形平板闸阀、直流式泥浆用截止阀、球阀等。

(5) 气体管路排除凝结水用的阀门　气体管路分蒸汽管路与压缩空气管路。蒸汽管路排除凝结水用各种类型的蒸汽疏水阀；压缩空气管路用空气疏水阀。

(6) 超压保护用的阀门　此类阀门常用于各类压力容器和压力管路。如果压力突然增高，若不能及时排放压力，压力容器和压力管路会有破裂的危险，这时需安装各种类型的安全阀。若是气体管路，需安装全启式安全阀（因为气体有可压缩性）。若是液体压力容器和液体管路可安装微启式安全阀。若液体介质的工作温较低，在 80℃以下，可安装先导式安全阀。

(7) 稳定容器和管道内的压力用的阀门　为了稳定容器和管道内的压力在容器和管道的前方应安装各种形式的减压阀。当进口压力和流量变动时，利用介质本身的能量保持出口压力基本保持不变。

2.3　阀门端部的连接

阀门可用各种形式的端部与管路相连接。其中最主要的连接方法有螺纹、法兰及焊接连接。

(1) 螺纹连接　螺纹连接通常分内螺纹连接和外螺纹连接两种。内螺纹连接通常是将阀体上加工成锥管或直管的阴螺纹，管子上加工成锥管或直管的阳螺纹，使之旋入阀体上。由于这种连接可能会出现较大的泄漏沟道，故可用密封带来填塞这些沟道。如果阀体的材料是可焊接的，则可在螺纹连接后还可进行密封焊。如果连接部件的材料是允许焊接但膨胀系数差异很大，或者工作温度的幅度范围较大，则螺纹连接部必须进行密封焊。外螺纹连接是为了便于安装和拆卸螺纹端部的阀门，在阀体的管端用外螺纹与管接头连接，管接头再与管路焊接连接。

(2) 法兰连接　法兰连接的阀门，安装和拆卸都比较方便。但比螺纹连接显得较笨重。

由于法兰连接是由若干条螺栓来紧固的，而单个螺栓所需的紧固力矩要比相应的螺纹连接小，故适用的公称尺寸和公称压力范围广。但是当温度超过350℃（660℉）时，由于螺栓、垫片和法兰蠕变松弛，随时会明显降低螺栓的负荷，这时应选择耐高温的螺栓材料。

各国法兰标准可提供各种法兰的设计结构，并给出相应法兰密封面的形式和表面粗糙度值，根据工作压力高低可以选择法兰密封面的形式。细齿状法兰密封面对软质垫片效果较好。金属垫片需要表面粗糙度值较低的法兰密封面才能获得较好的效果。金属环连接适用于较高的工作压力。

(3) 焊接端部连接　焊接连接适用于各种压力和温度。在较高温度下和较苛刻的条件下使用时，比法兰更为可靠。但是焊接连接阀门的拆卸和重新更换安装是较困难的，所以它的使用仅限于通常能长期可靠地运行，或使用条件苛刻温度较高的场合。

公称尺寸在DN50（NPS2）以下的焊接连接的阀门通常具有焊接插口来承接带平面端的管道。由于承插焊接在插口与管道间形成缝隙，因而有可能使缝隙受到某些介质的腐蚀。同时，管道的振动会使连接部疲劳。因此，承插焊连接的使用受到规范的限制。

2.4 阀门的材质

选择阀门主要零件的材质，首先应考虑到工作介质的物理性能（温度、压力）和化学性能（腐蚀性）等。同时，还应了解介质的清洁程度（有无固体颗粒）。除此之外，还要参照国家和使用部门的有关规定和要求。

许多种材料可以满足阀门在多种不同工况的使用要求。但是，正确、合理地选择阀门的材料，可以获得阀门最经济的使用寿命和最佳的性能。

阀门的材质，种类繁多，适用于各种不同工况。现把常用的壳体材质、内件材质和密封面材质介绍如下。

每一种材料应按建议使用的温度和工作条件，从上述列举的力学性能 R_m、R_{eL}、A、Z 应从20℃到比建议采用的工作温度高50℃的温度范围内进行测试，对于冲击韧性应从材料脆性临界温度到上述的温度范围内进行测试。

在高温下工作的材料应具有蠕变和持久强度的实验数据，并能按曲线外推到10^5h。

对于必须焊接的材料，应提供焊接工艺评定的数据，并要经过同母材一样的试验。对焊接件的力学性能试验，应根据相应标准的要求进行。

同样应提供有关材料的物理力学性能方面的资料：各种温度下的弹性模量，在相应的温度间隔内的平均热膨胀系数，在相应温度下的热导率。

当根据技术要求需采用合金钢铸件时，应检验其力学性能和化学成分，还应进行金相分析并检验抗晶间腐蚀能力。

用奥氏体钢制成的紧固件（螺栓、双头螺柱、螺母）也应当用与法兰同样等级的奥氏体钢来制造。当工作温度不高于50℃时，或者当结构的工作能力由计算或实验数据得到证实时，容许采用不同线胀系数的材料来制做紧固件。螺母和双头螺栓（螺栓）应具有不同的硬度。用来做紧固件的合金钢应经过热处理。

1）碳素结构钢：原称普通碳素钢。过去其钢号按GB/T 221—2008的规定分为甲、乙、特三类钢。现在改为以钢材屈服点命名，在GB/T 700—2006中的钢号表示如下：

① 钢号冠以“Q”，后面的数字表示屈服强度值（MPa）。例如：Q235，其 R_{eL} 为235MPa。

② 必要时钢号后面可以标出表示质量等级和脱氧方法的符号。质量等级的符号分为：A、B、C、D。脱氧方法符号：F—沸腾钢；b—半镇静钢；Z—镇静钢；TZ—特殊镇静钢。例如：Q235AF，表示A级沸腾钢；又如：Q235CZ和Q235DTZ，分别表示C级镇静钢和D级特殊镇静钢，在实际应用时可省略为Q235C和Q235D。

2）优质碳素结构钢：

① 钢号开头的两位数字表示钢的含碳量，以平均碳含量×100表示，如平均碳含量为0.45%的钢，钢号为45。

② 锰含量较高的［w（Mn）0.70%～1.00%］优质碳素结构钢，应标出Mn，如50Mn。用AL脱氧的镇静钢应标出AL，如08AL。

③ 镇静钢不加“Z”，沸腾钢、半镇静钢及专门用途的优质碳素结构钢应在钢号最后特别标出。如平均碳含量为w（C）0.10%的半镇静钢，其钢号为10b。

④ 高级优质碳素结构钢在钢号后加“A”，特级优质碳素结构钢在钢号后加“E”。

3）低合金高强度钢：

① 钢号冠以“Q”，和碳素结构钢的现行钢号相统一。后面的数字表示R_{eL}值，分为五个强度等级。

② 在强度等级系列中又有A、B、C、D、E五个质量等级。如原16Mn钢，现称为Q345；如属D级，则新钢号为Q345-D。又如原15MnTi钢，新钢号为Q390。

③ 对于专业用低合金高强度钢，在标准未修订以前，仍沿用旧钢号加后缀。如16Mn钢，用于汽车大梁的专用钢种为“16MnL”，压力容器的专用钢种为“16MnR”，而用于桥梁的专用钢种，在GB/T 714—2000中钢号为“Q345q”，即旧钢号16Mnq。

4）合金结构钢：

① 钢号开头的两位数字表示钢的含碳量，以平均碳含量×100表示。

② 钢中主要合金元素含量（质量分数），除个别微量元素外，一般以百分之几表示。当平均含量<1.5%时，钢号中一般只标出元素符号，而不标明含量，但在特殊情况下易至混淆者，在元素符号后亦可以标数字“1”，如钢号“12CrMoV”和“12Cr1MoV”，前者铬含量为0.4%～1.6%，后者为0.9%～1.2%，其余成分全部相同。当合金元素平均含量≥1.5%、≥2.5%、≥3.5%、…时，在元素符号后面应标明含量，可相应表示为2、3、4、…等，如36Mn2Si。

③ 钢中的钒、钛、铝、硼、稀土等合金元素，均属微量合金元素，虽然含量很低，仍应在钢中表示出。如20MnVB钢中，钒为0.07%～0.12%，硼为0.001%～0.005%。

④ 高级优质钢应在钢号最后加“A”，以区别于一般优质钢。钢号举例如18Cr2Ni4W A。

⑤ 专门用途的合金结构钢，钢号冠以（或后缀）代表该钢种用途的符号。例如：铆螺专用的30CrMnSi钢，钢号表示为ML30CrMnSi。又如：保证淬透性钢，在钢号后缀标出“H”。

5）不锈钢和耐热钢：

① 不锈钢和耐热钢钢号由合金元素符合和数字组成。对钢中主要合金元素含量以百分之几表示，而对钛、铌、锆、氮、……等，则按照合金结构钢对微量合金元素的表示方法标出。

② 对钢号中的碳含量的表示方法，在新的牌号表示方法中作了修订，一般用二位数字表示平均碳含量的千分之几；当碳含量上限小于0.1%时，以“06”表示。例如：平均碳含量w（C）为0.20%，铬含量w（Cr）为13%的不锈钢，其钢号为20Cr13；碳含量w（C）≤0.08%，平均铬含量w（Cr）为19%，镍含量w（Ni）为10%的不锈钢，其钢号为06Cr19Ni10。

③ 当钢中平均碳含量w（C）≥1.00%时采用二位数字表示；当碳含量w_C上限不大于

0.03%而大于0.01%时，以“03”表示（超低碳）；当碳含量 w_C 上限不大于0.01%时，以“01”表示（极低碳）。例如：平均碳含量 w_C 为1.10%，铬含量 w_{Cr} 为17%的高铬不锈钢，其钢号为11Cr17；碳含量 w_C 上限为0.03%，平均铬含量 w_{Cr} 为19%，镍含量 w_{Ni} 为10%的超低碳不锈钢，其钢号为03Cr19Ni10；碳含量 w_C 上限为0.01%，平均铬含量 w_{Cr} 为19%，镍含量 w_{Ni} 为11%的极低碳不锈钢，其牌号为01Cr19Ni11。

④ 耐热钢钢号的表示方法和不锈钢相同。

⑤ 易切削不锈钢和易切削耐热钢钢号冠以字母“Y”，字母后面的钢号表示方法和不锈钢相同。

6）焊接用钢：

① 焊接用钢包括焊接用碳素钢、焊接用低合金钢、焊接用合金结构钢、焊接用不锈钢等，其钢号均沿用各自钢类的钢号表示方法，同时需在钢号前冠以字母“H”，以示区别。如H08、H08MnZSi、H1Cr18Ni9。

② 某些焊丝在按硫、磷含量分等级时，用钢号后缀表示，例如：H08A、H08E、H08C。后缀A—w_S，$w_P \leqslant 0.03\%$；E—w_S，$w_P \leqslant 0.02\%$；C—w_S；$w_P \leqslant 0.015\%$；未加后缀者—w_S；$w_P \leqslant 0.035\%$。

7）高温合金：

① 变形高温合金的牌号采用字母“GH”加4位数字组成。第1位数字表示分类号，其中：1—固溶强化型铁基合金；2—时效硬化型铁基合金；3—固溶强化型镍基合金；4—时效硬化型镍基合金。第2~4位数字表示合金的编号，与旧牌号（GH+2或3位数字）的编号一致。

② 铸造高温合金的牌号采用字母“K”加3位数字组成。第1位数字表示分类号，其含意同上。第2~3位数字表示合金的编号，与旧牌号（K+2位数字）的编号一致。

8）耐蚀合金：

① 耐蚀合金牌号采用前缀字母加三位数字组成。NS—变形耐蚀合金，如NS312；HNS—焊接用耐蚀合金，如HNS112；ZNS—铸造耐蚀合金，如ZNS113。

② 牌号前缀字母后的三位数字涵义如下：第1位数字表示分类号，与变形高温合金相同；第2位数字表示合金系列，其中：1—NiCr系合金；2—NiMo系合金；3—NiCrMo系合金；4—NiCrMoCu系合金。第3位数字为合金序号。

9）铸钢：

① 主要以力学性能表示的牌号。这类牌号的主体结构为：前缀字母“ZG”＋两组力学性能值（数字）。需要时可附加后缀字母或补充前缀字母。a. 一般工程用碳素铸钢的牌号，如ZG200-400；b. 焊接结构用碳素铸钢的牌号，如ZG200-400H；c. 一般工程与结构用低合金铸钢的牌号，如ZGD345-570。

② 以化学成分表示的牌号。这类牌号的主体结构为前缀字母“ZG”＋化学元素符号及其含量。需要时可符加后缀符号（数字或字母）。a. 工程结构用中、高强度不锈铸钢的牌号，如ZG20Cr13；b. 不锈耐蚀铸钢的牌号，如ZG1Cr18Ni9；应当注意：不锈铸钢碳含量的表示方法有所不同，这可能与两个标准颁布的年份不同有关，有待今后调整；c. 耐热铸钢的牌号，如ZG40Cr9Si2；d. 高锰铸钢的牌号，如ZGMn13-1；使用时应注意：我国高锰钢的三个标准（GB、JB、YB）中，有些看似相同的牌号，其实化学成分不完全相同，如行业标准（YB）的ZGMn13-4虽与行业标准（JB）的ZGMn13-4相当，但确不同于国标（GB）的ZGMn13-4。而

国标（GB）的ZGMn13-4相当于行业标准（YB）的ZGMn13-5，又相当于行业标准（JB）的ZGMn13Cr2。这种暂时不协调的情况，有待今后调整；e. 承压铸钢的牌号，包括碳素铸钢、合金铸钢和不锈铸钢，其牌号主体结构与有关的各类铸钢相同；牌号的后缀字母："A"和"B"表示不同级别，"G"为高温用铸钢，"D"为低温用铸钢，如ZG240-450BG、ZG20Cr2Mo1D。

另外，GB/T 12229—2005《通用阀门 碳素钢铸件技术条件》、GB/T 12230—2005《通用阀门 不锈钢铸件技术条件》规定了用阀门的碳素钢和不锈钢铸件的钢号。这些钢号参考美国材料试验学会标准ASTM A216/A216M—2004、ASTM A351/A351M—2004而制订的。在JB/T 5263—1991《电站阀门铸钢件 技术条件》中，规定了电站阀门用铸钢件的钢号，这些钢号是参照美国材料试验学会标准ASTM A217/A217M而制定的。

以上这些钢的牌号和力学性能见表2-6。

表2-6 阀门用铸钢的牌号和力学性能

牌号	标准号	力学性能			
		R_m/MPa	R_{eL}/MPa	A（%）	Z（%）
WCA	GB/T 12229—2005	415	205	24	35
WCB	GB/T 12229—2005	485	250	22	35
WCC	GB/T 12229—2005	485	275	22	35
CF3	GB/T 12230—2005	485	205	35	—
CF8	GB/T 12230—2005	485	205	35	—
CF3M	GB/T 12230—2005	485	205	30	—
CF8M	GB/T 12230—2005	485	205	30	—
CF8C	GB/T 12230—2005	485	205	30	—
WC1	JB/T 5263—1991				
WC6	JB/T 5263—1991				
WC9	JB/T 5263—1991				

③ 专门用途的铸钢牌号。熔模铸造用碳素铸钢的牌号，如RZG200-400。其中：前缀字母"RZG"表示熔模铸造用；后面两组数字分别表示屈服强度（MPa）和抗拉强度（MPa）。

10）铸铁：在GB/T 5612—2008《铸铁牌号表示方法》中，对铸铁规定了几种牌号表示方法，如主要以力学性能表示的牌号和以化学成分表示的牌号，或以两种表示方法组合的牌号等，铸铁牌号的主体结构为：前缀字母+力学性能，或者前缀字母+化学成分。各种铸铁的前缀字母（代号）及牌号表示方法实例如表2-7所示。

表2-7 各种铸铁的前缀字母（代号）及牌号表示方法实例

铸铁名称	前缀字母（代号）	牌号表示方法实例
灰铸铁	HT	HT150
蠕墨铸铁	RuT	RuT380
球墨铸铁	QT	QT450—10
墨心可锻铸铁	KTH	KTH330—08
白心可锻铸铁	KTB	KTB380—12
珠光体可锻铸铁	KTZ	KTZ450—06
耐磨铸铁	MT	MTCuMo—175

（续）

铸铁名称	前缀字母（代号）	牌号表示方法实例
抗磨白口铸铁	K_mTB	K_mTBW5Cr4
抗磨球墨铸铁	MQT	MQTMn8
冷硬铸铁	LT	LTCrMoRE
耐蚀铸铁	ST	STSi15Cr4RE
耐热铸铁	RT	RTCr2
耐热球墨铸铁	RQT	RQTAL5SiS
奥氏体铸铁	AT	—

对表中各种铸铁牌号表示方法实例再分类说明如下：

① 主要以抗拉强度表示的牌号，有灰铸铁和蠕墨铸铁，如 HT150。

② 主要以抗拉强度和伸长率组合表示的牌号，有球墨铸铁和三种可锻铸铁，如 QT400-10。

③ 主要以化学成分和抗拉强度组合表示的牌号，有耐磨铸铁，如 MTCuMo-175。

④ 主要以化学成分表示的牌号，除了上述各种铸铁以外的其铸铁，如 STSi15Cr4RE。

铸铁具有很好的铸造性能，但与钢相比，强度较低，又由于它是脆性材料，它的使用仅局限于低压和较低的温度领域内。

2.4.1 壳体常用的材质

（1）灰铸铁　适用于工作温度在 -15 ~ 200℃之间，公称压力≤PN16 的低压阀门。适用介质为水、煤气等。

（2）黑心可锻铸铁　适用于工作温度在 -15 ~ 300℃之间。公称压力≤PN25 的中低压阀门。适用介质为水、海水、煤气、氨等。

（3）球墨铸铁　适用于工作温度在 -30 ~ 350℃之间。公称压力≤PN40 的中低压阀门。适用介质为水、海水、蒸汽、空气、煤气、油品等。

（4）碳素钢（WCA、WCB、WCC）　适用于工作温度在 -29 ~ 425℃之间的中高压阀门。其中 Q345（16Mn）、30Mn 工作温度为 -40 ~ 450℃之间，常用来替代 ASTM A105。适用介质为饱和蒸汽和过热蒸汽、高温和低温油品、液化气体、压缩空气、水、天然气等。

（5）低温碳钢（LCB）　适用于工作温度在 -46 ~ 345℃之间的低温阀门。

（6）合金钢　WC6、WC9 适用于工作温度在 -29 ~ 593℃之间的非腐蚀性介质的高温高压阀门；C5、C12 适用于工作温度在 -29 ~ 650℃之间的腐蚀性介质的高温高压阀门。

（7）奥氏体不锈钢　适用于工作温度在 -196 ~ 816℃之间的腐蚀性介质的阀门。

（8）蒙乃尔合金　主要适用于含氢氟酸介质的阀门中。

（9）哈氏合金　主要适用于稀硫酸等的强腐蚀性介质的阀门中。

（10）钛合金　主要适用于各种强腐蚀介质的阀门中。

（11）铸造铜合金　主要适用于工作温度在 -273 ~ 200℃之间氧气管路和海水管路用的阀门中。

（12）塑料、陶瓷　这两材料都属于非金属材料。非金属材料阀门的最大特点是耐腐蚀性强，甚至有金属材料阀门所不能具备的优点。一般适用于公称压力≤PN16，工作温度不超过 60℃的腐蚀性介质中，无毒塑料阀也适用于给水工业中。

2.4.2　阀门内件常用的材质

阀门内件常用的材质及使用温度范围见表 2-8，也可参照 JB/T 5300—1995。

表 2-8　阀门内件常用的材质及使用温度

阀门内件材质	使用温度下限/℃（℉）	使用温度上限/℃（℉）	阀门内件材质	使用温度下限/℃（℉）	使用温度上限/℃（℉）
304 型不锈钢	-268（-450）	816（1500）	440 型不锈钢 60RC	-29（-20）	427（800）
316 型不锈钢	-268（-450）	816（1500）	17-4PH	-40（-40）	427（800）
青铜	-273（-460）	232（450）	司太立合金 6 号	-273（-460）	816（1500）
因科镍尔合金	-240（-400）	649（1200）	化学镀镍	-268（-450）	427（800）
K 蒙乃尔合金	-240（-400）	482（900）	镀铬	-273（-460）	316（600）
蒙乃尔合金	-240（-400）	482（900）	丁腈橡胶	-40（-40）	93（200）
哈斯特洛依合金 B	-198（-325）	371（700）	氟橡胶	-23（-10）	204（400）
哈斯特洛依合金 C	-198（-325）	538（1000）	聚四氟乙烯	-268（-450）	232（450）
钛合金	-29（-20）	316（600）	尼龙	-73（-100）	93（200）
镍基合金	-198（-325）	316（600）	聚乙烯	-73（-100）	93（200）
20Cr-29Ni	-46（-50）	316（600）	氯丁橡胶	-40（-40）	82（180）
416 型不锈钢 40RC	-29（-20）	427（800）			

2.4.3　阀门密封面常用材料及适用介质

阀门密封面常用材料及适用介质和允许使用的温度范围见表 2-9。

表 2-9　阀门密封面常用材料及适用介质

密封面材料	使用温度/℃	硬　度	适　用　介　质
青铜	-273～232		水、海水、空气、氧气、饱和蒸汽等
316L	-268～316	14HRC	蒸汽、水、油品、气体、液化气体、等轻微腐蚀且无冲蚀的介质
17-4PH	-40～400	40～45HRC	具有轻微腐蚀但有冲蚀的介质
Cr13	-101～400	37～42HRC	具有轻微腐蚀但有冲蚀的介质
司太立合金	-268～650	40～45HRC（常温） 38HRC（650℃）	具有冲蚀和腐蚀性的介质
蒙乃尔合金 K S	-240～482	27～35HRC 30～38HRC	碱、盐、食品，不含空气的酸溶剂等
哈氏合金 B C	371 538	14HRC 23HRC	腐蚀性矿酸、硫酸、磷酸、湿盐酸气、无氯酸溶液、强氧化性介质
20Cr-29Ni	-45.6～316 -253～427		氧化性介质和各种浓度的硫酸

2.5　流经阀门的流量

2.5.1　阀门中的压力损失

管道中由阀门所造成的压力损失可表示为

$$\Delta p = K\frac{v^2\rho}{2g} \tag{2-1}$$

相应的流动介质的压头损失为

$$\Delta h = K\frac{v^2}{2g} \tag{2-2}$$

式中 Δp——管道中阀门造成的压力损失（10Pa）；

v——介质流速（m/s）；

ρ——介质密度（kg/m^3）；

g——重力加速度，米制为9.8m/s^2，英制为32.174ft/s^2；

Δh——流动介质的压头损失（m）；

K——阀门的压力损失系数或压头损失系数。

阀门的压头损失系数值随阀门的种类、类型、规格和阀门的结构不同而不同。下面给出了阀门在全湍流状态下全开启时的压力损失系数的近似平均范围值。

截止阀（标准型）

全通径阀座，铸造 $K=4.0\sim10.0$

全通径阀座，锻造（只对小尺寸） $K=5.0\sim13.0$

（直流式45°倾角型）

全通径阀座，铸造 $K=1.0\sim3.0$

（角式）

全通径阀座，铸造 $K=2.0\sim5.0$

全通径阀座，锻造（只对小尺寸） $K=1.5\sim3.0$

闸阀

全通径 $K=0.1\sim0.3$

球阀

全通径 $K=0.1$

旋塞阀（矩形通道）

全流道面积 $K=0.3\sim0.5$

80%流道面积 $K=0.7\sim1.2$

60%流道面积 $K=0.7\sim2.0$

旋塞阀（圆形通道）

全通径 $K=0.2\sim0.3$

蝶阀（根据蝶板厚度） $K=0.2\sim1.5$

隔膜阀

堰式 $K=2.0\sim3.5$

直通式 $K=0.6\sim0.9$

升降式止回阀 （同截止阀）

旋启式止回阀 $K=1.0$

斜瓣式止回阀 $K=1.0$

对于部分开启的截止阀、闸阀、蝶阀和隔膜阀的压头损失系数，可由上述 K 值乘以图2-1～图2-4读出的 K_1 值而得。

用压头损失系数与阀门开启位置的关系来表示通过阀门的流量与阀门开启位置的关系是以阀中的恒定压头损失为基础的。以这一关系为基础的流量特性是指内在流量特

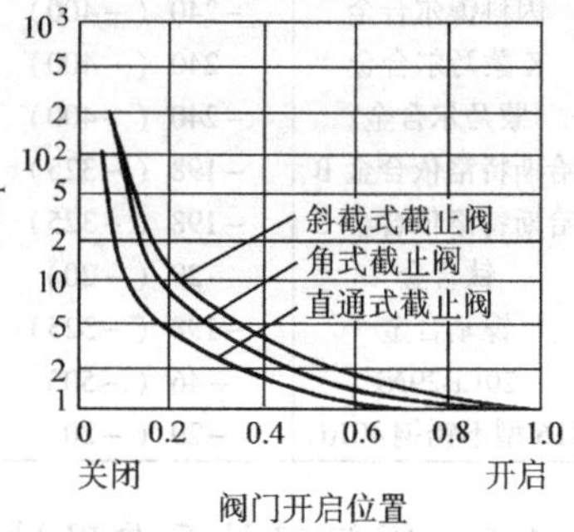

图2-1 部分开启截止阀压力损失系数的近似结果

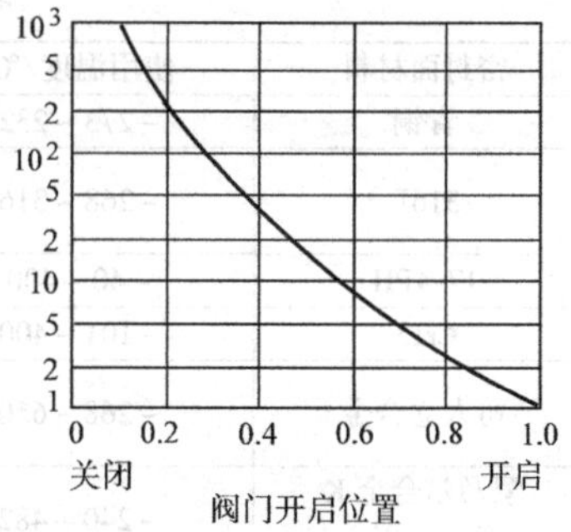

图2-2 部分开启闸阀压力损失系数的近似结果

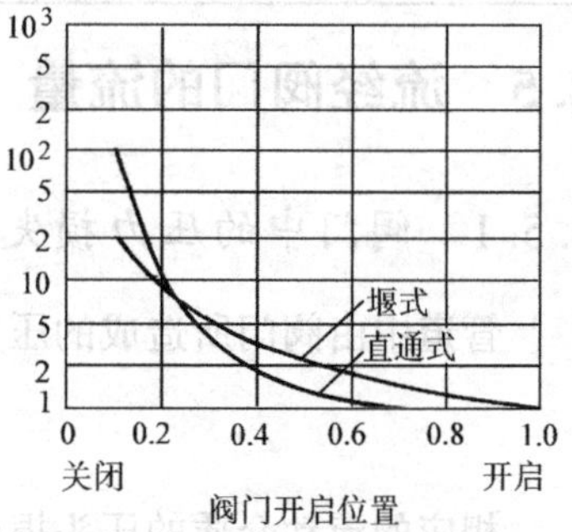

图2-3 部分开启蝶阀压力损失系数的近似结果

性。在流量控制阀中，阀门的关闭件和（或）阀座孔口常常加工成特殊的内在流量特性的形状。其中一些较常见的流量特性示于图 2-5 中。

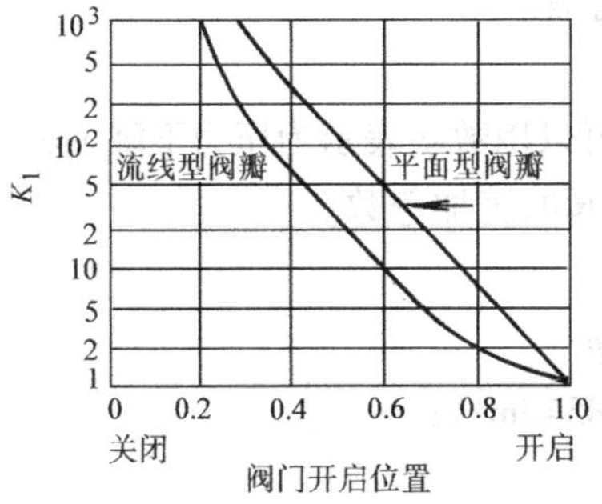

图 2-4　部分开启隔膜阀压力损失系数的近似结果

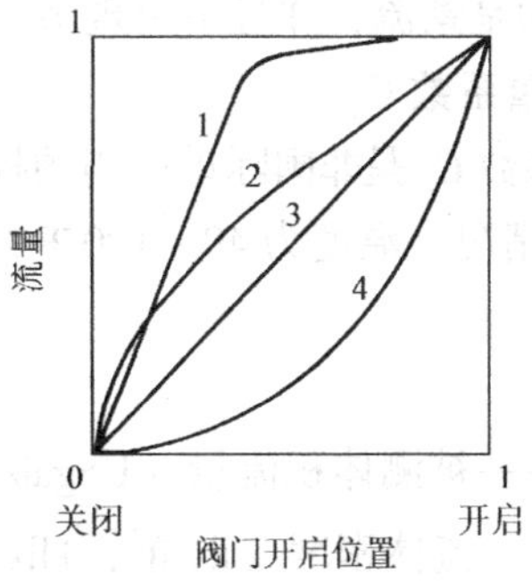

图 2-5　阀门内在流量特性
1—快速开启　2—平方根
3—线性　4—等百分比

在实际应用中，阀门的压力损失是随阀门开启位置而变化。这在泵系统中常可见到，如图 2-6 所示。该图上半部显示了流量相对于泵压力和管路压力损失的关系曲线；下半部显示了流量相对于阀门开启位置的曲线，其后者的流量特性称为系统流量特性，它是每个阀门系统所独有的。由于在安装的阀门上的压降是随着流量的上升而减小的，阀门开启要求的流量与上升的流量要比所示的内在流束特性高。

为了防止流动介质损坏阀座，所以控制流量的阀门在节流部分的尺寸不得发生在接近的阀门的关闭位置。为此，通常趋向于选择比连接管路较小尺寸的阀门。

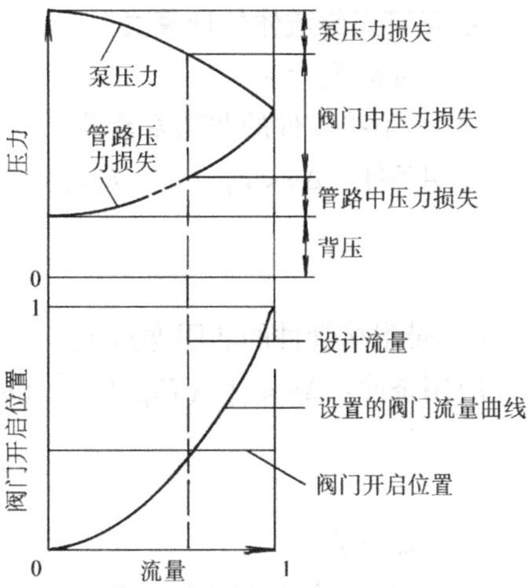

图 2-6　在泵系统中流量、阀门开启位置和压力损失之间的相互关系

2.5.2　阀门流量系数

阀门流量系数是指在规定条件下一定开启位置上阀门的流通能力。IEC 60534-2-1《工业过程控制阀》第 2-1 部分：流通能力安装条件下流体流量的计算公式，对阀门流量系数计算如下：

1. 流量系数 K_v

流量系数 K_v（m^3/h）是在下列条件下和规定的行程下流过阀的特定体积流量。阀两端的静压损失（Δp_{K_v}）为 1bar（0.1MPa）；流体是 278 ~ 313K（5 ~ 40℃）温度范围内的水；体积流量的单位为 m^3/h。

$$K_v = q_V \cdot \sqrt{\frac{\Delta p_{K_v}}{\Delta p} \cdot \frac{\rho}{\rho_w}} \tag{2-3}$$

式中　q_V——被测体积流量（m^3/h）；

Δp_{K_v}——静压损失（1bar）；

Δp——阀两端测出的静压损失（bar，1bar = 0.1MPa）；

ρ——流体密度（kg/m^3）；

ρ_w——水的密度（kg/m^3）。

当流动是紊流，并且不出现溶化或闪蒸时，上式有效。

2. 流量系数 C_v

流量系数 C_v 是非国际单位制的控制流量系数，C_v 可以用数字表示为压力下降 1psi（145psi = 1MPa）的情况，温度为 40～100℉的水在 1min 内流过阀的美加仑数。

$$C_v = q_V\sqrt{\frac{\rho}{\rho_w}\cdot\frac{1}{\Delta p}} \tag{2-4}$$

式中 q_V——被测体积流量（USgal/min，1USgal = 3.7854dm^3）；

ρ——流体密度（lb/ft^3，1lb/ft^3 = 16kg/m^3）；

ρ_w——40～100℉（4～38℃）水的密度（lb/ft^3）；

Δp——阀两端测出的静压损失（psi）。

当流动是紊流，并且不出现容化或闪蒸时，上式有效。

3. 不可压缩流体的计算式

（1）非阻塞紊流

1）无附接管件的非阻塞紊流。

应用条件：$\Delta p < F_L^2\ (p_1 - F_F p_v)$

$$C = \frac{q_V}{N_1}\sqrt{\frac{\rho_1/\rho_0}{\Delta p}} \tag{2-5}$$

2）带附接管件的非阻塞紊流。

应用条件：$\Delta p <\ [\ (F_{LP}/F_P)^2\ (p_1 - F_F p_v)]$

$$C = \frac{q_V}{N_1 F_P}\cdot\sqrt{\frac{\rho_1/\rho_0}{\Delta p}} \tag{2-6}$$

（2）阻塞紊流

1）无附接管件的阻塞紊流。

应用条件：$\Delta p \geqslant F_L^2\ (p_1 - F_F p_v)$

$$C = \frac{q_V}{N_1 F_L}\cdot\sqrt{\frac{\rho_1/\rho_0}{p_1 - F_F p_v}} \tag{2-7}$$

2）带附接管件的阻塞紊流。

应用条件：$\Delta p \geqslant\ (F_{LP}/F_P)^2\ (p_1 - F_F p_v)$

$$C = \frac{q_V}{N_1 F_{LP}}\sqrt{\frac{\rho_1/\rho_0}{p_1 - F_F p_v}} \tag{2-8}$$

（3）非紊流（层流和过渡流）

无附接管件的非紊流。

$$C = \frac{q_V}{N_1 F_R}\sqrt{\frac{\rho_1/\rho_0}{\Delta p}} \tag{2-9}$$

4. 可压缩流体的计算式

（1）非阻塞紊流

1）无附接管件的非阻塞紊流。

应用条件：$x < F_\gamma x_T$

$$C = \frac{W}{N_6 Y \sqrt{x p_1 \rho_1}} \tag{2-10}$$

$$C = \frac{W}{N_8 p_1 Y}\sqrt{\frac{T_1 Z}{xM}} \tag{2-11}$$

$$C = \frac{q_V}{N_q p_1 Y}\sqrt{\frac{M T_1 Z}{x}} \tag{2-12}$$

2）带附接管件的非阻塞流。

应用条件：$x < F_\gamma x_{TP}$

$$C = \frac{W}{N_6 F_p Y \sqrt{x p_1 \rho_1}} \tag{2-13}$$

$$C = \frac{W}{N_8 F_p p_1 Y}\sqrt{\frac{T_1 Z}{xM}} \tag{2-14}$$

$$C = \frac{q_V}{N_9 F_p p_1 Y}\sqrt{\frac{M T_1 Z}{x}} \tag{2-15}$$

（2）阻塞紊流

1）无附接管件的阻塞紊流。

应用条件：$x \geqslant F_\gamma x_T$

$$C = \frac{W}{0.667 N_6 \sqrt{F_\gamma x_T p_1 \rho_1}} \tag{2-16}$$

$$C = \frac{W}{0.667 N_8 p_1}\sqrt{\frac{T_1 Z}{F_\gamma x_T M}} \tag{2-17}$$

$$C = \frac{q_V}{0.667 N_q p_1}\sqrt{\frac{M T_1 Z}{F_\gamma x_T}} \tag{2-18}$$

2）常附接管件的阻塞紊流。

应用条件：$x \geqslant F_\gamma x_{TP}$

$$C = \frac{W}{0.667 N_6 F_P \sqrt{F_\gamma x_{TP} p_1 \rho_1}} \tag{2-19}$$

$$C = \frac{W}{0.667 N_8 F_P p_1}\sqrt{\frac{T_1 Z}{F_\gamma x_{TP} M}} \tag{2-20}$$

$$C = \frac{q_V}{0.667 N_9 F_P P_1}\sqrt{\frac{M T_1 Z}{F_\gamma x_{TP}}} \tag{2-21}$$

（3）非紊流（层流和过渡流）

无附接管件的非紊流：

$$C = \frac{W}{N_{27} F_R}\sqrt{\frac{T_1}{\Delta p (p_1 + p_2) M}} \tag{2-22}$$

$$C = \frac{q_V}{N_{22} F_R}\sqrt{\frac{M T_1}{\Delta p (p_1 + p_2)}} \tag{2-23}$$

5. 数字常数 *N*

数字常数 N 见表 2-10。

表 2-10 数字常数 N

常数	流量系数 C		公式的单位						
	K_v	C_v	W	Q	p，Δp	ρ	T	d，D	v
N_1	1×10^{-1}	8.65×10^{-2}	—	m^3/h	kPa	kg/m^3	—	—	—
	1	8.65×10^{-1}	—	m^3/h	bar	kg/m^3	—	—	—
N_2	1.6×10^{-3}	2.14×10^{-3}	—	—	—	—	—	mm	—
N_4	7.07×10^{-2}	7.60×10^{-2}	—	m^3/h	—	—	—	—	m^2/s
N_5	1.80×10^{3}	2.41×10^{-3}	—	—	—	—	—	mm	—
N_6	3.16	2.73	kg/h	—	kPa	kg/m^3	—	—	—
	3.16×10^{1}	2.73×10^{1}	kg/h	—	bar	kg/m^3	—	—	—
N_8	1.10	9.48×10^{-1}	kg/h	—	kPa	—	K	—	—
	1.1×10^{2}	9.48×10^{1}	kg/h	—	bar	—	K	—	—
N_9（$t_s=0℃$）	2.46×10^{1}	2.12×10^{1}	—	m^3/h	kPa	—	K	—	—
	2.46×10^{3}	2.12×10^{3}	—	m^3/h	bar	—	K	—	—
N_9（$t_s=15℃$）	2.60×10^{1}	2.25×10^{1}	—	m^3/h	kPa	—	K	—	—
	2.60×10^{3}	2.25×10^{3}	—	m^3/h	bar	—	K	—	—
N_{17}	1.05×10^{-3}	1.21×10^{3}	—	—	—	—	—	mm	
N_{18}	8.65×10^{-1}	1.00	—	—	—	—	—	mm	
N_{19}	2.5	2.3	—	—	—	—	—	mm	
N_{22}（$t_s=0℃$）	1.73×10^{3}	1.50×10^{1}	—	m^3/h	kPa	—	K	—	—
	1.73×10^{3}	1.50×10^{3}	—	m^3/h	bar	—	K	—	—
N_{22}（$t_s=15℃$）	1.84×10^{1}	1.59×10^{1}	—	m^3/h	kPa	—	K	—	—
	1.84×10^{3}	1.59×10^{3}	—	m^3/h	bar	—	K	—	—
N_{27}	7.75×10^{-1}	6.70×10^{1}	kg/h	—	kPa	—	K	—	—
	7.75×10^{1}	6.70×10^{1}	kg/h	—	bar	—	K	—	—
N_{32}	1.40×10^{2}	1.27×10^{2}	—	—	—	—		mm	—

注：使用表中提供的数字常数和表中规定的实际公制单位就能得出规定单位的流量系数。

6. 符号

符号、说明和单位见表 2-11。

表 2-11 符号、说明和单位

符 号	说 明	单 位
C	流量系数（K_v、C_v）	各不相同（注 4）①
C_1	用于反复计算的假定流量系数	各不相同（注 4）①
d	控制阀公称尺寸（DN）	
D	管道内径	mm
D_1	上游管道内径	mm
D_2	下游管道内径	mm
D_0	节流孔直径	mm
F_d	控制阀类型修正系数（附录 A）①	量纲为一的量（注 4）①
F_F	液体临界压力比系数	量纲为一的量

（续）

符　号	说　明	单　位
F_L	无附接管件控制阀的液体压力恢复系数	量纲为一的量（注 4）①
F_{LP}	带附接管件控制阀的液体压力恢复系数和管道几何形状系数的复合系数	量纲为一的量（注 4）①
F_P	管道几何形状系数	量纲为一的量
F_R	雷诺数系数	量纲为一的量
F_γ	比热容比系数	量纲为一的量
M	流体分子量	kg/kmol
N	数字常数（表 1）①	各不相同（注 1）①
p_1	上游取压口测得的入口绝对静压力（图 1）①	kPa 或 bar（注 2）①
p_2	下游取压口测得的出口绝对静压力（图 1）①	kPa 或 bar
p_c	绝对热力学临界压力	kPa 或 bar
p_r	对比压力（p_1/p_c）	量纲为一的量
p_v	入口温度下液体蒸汽的绝对压力	kPa 或 bar
Δp	上、下游取压口的压力差（p_1-p_2）	kPa 或 bar
q_V	体积流量（注 5）①	m^3/h
Rev	控制阀的雷诺数	量纲为一的量
T_1	入口绝对温度	K
T_C	绝对热力学临界温度	K
T_r	对比温度（T_1/T_C）	量纲为一的量
t_a	标准条件下的绝对参比温度	K
W	质量流量	kg/h
x	压差与入口绝对压力之比（$\Delta p/p_1$）	量纲为一的量
x_T	阻塞流条件下无附接管件控制阀的压差比系数	量纲为一的量（注 4）①
x_{TP}	阻塞流条件下带附接管件控制阀的压差比系数	量纲为一的量（注 4）①
Y	膨胀系数	量纲为一的量
Z	压缩系数	量纲为一的量
v	运动黏度	m^2/s（注 3）①
ρ_1	在 p_1 和 T_1 时的流体密度	kg/m^3
ρ_1/ρ_0	相对密度（对于 15℃的水，$\rho_1/\rho_0=1.0$）	量纲为一的量
γ	比热容比	量纲为一的量
ζ	控制阀或阀内件附接渐缩管、渐扩管或其他管件时的速度头损失系数	量纲为一的量
ζ_1	管件上游速度头损失系数	量纲为一的量
ζ_2	管件下游速度头损失系数	量纲为一的量
ζ_{B1}	入口的伯努利系数	量纲为一的量
ζ_{B2}	出口的伯努利系数	量纲为一的量

注：1. 为确定常数的单位，应使用表 1 给出的单位对相应的公式进行量纲分析。

2. $1bar=10^2kPa=10^5Pa$。

3. 1 厘斯 $=10^{-6}m^2/s$。

4. 这些值与行程有关，由制造商发布。

5. 体积流量以立方米每小时为单位，由符号 q_V 表示指的是标准条件，标准立方米每小时是在 101.325kPa（1013.25mbar）和 273K 或 288K 下的值（见表 1）。

① 均为 IEC 60534-2-1 中的表、图、注。

7. 控制阀类型修正系数 F_d、液体压力恢复系数 F_L、额定行程下的压差比系数 x_T 的典型值

F_d、F_L、x_T 的典型值见表2-12。

表2-12 控制阀类型修正系数 F_d、液体压力恢复系数 F_L、额定行程下的压差比系数 x_T 的典型值①

控制阀类型	阀内件类型	流向②	F_L	x_T	F_d
球形阀，单孔	3V孔阀芯	流开或流关	0.9	0.70	0.48
	4V孔阀芯	流开或流关	0.9	0.70	0.41
	6V孔阀芯	流开或流关	0.9	0.70	0.30
	柱塞型阀芯（直线和等百分比）	流开	0.9	0.72	0.46
		流关	0.8	0.55	1.00
	60个等直径孔的套筒	向外或向内③	0.9	0.68	0.13
	120个等直径孔的套筒	向外或向内③	0.9	0.68	0.09
	特殊套筒，4孔	向外③	0.9	0.75	0.41
		向内③	0.85	0.70	0.41
球形阀，双孔	开口阀芯	阀座间流入	0.9	0.75	0.28
	柱塞形阀芯	任意流向	0.85	0.70	0.32
球形阀，角阀	柱塞形阀芯（直线和等百分比）	流开	0.9	0.72	0.46
		流关	0.8	0.65	1.00
	特殊套筒，4孔	向外③	0.9	0.65	0.41
		向内③	0.85	0.60	0.41
	文丘利阀	流关	0.5	0.20	1.00
球形阀，小流量阀内件	V形切口	流开	0.98	0.84	0.70
	平面阀座（短行程）	流关	0.85	0.70	0.30
	锥形针状	流开	0.95	0.84	$\frac{N_{19}\sqrt{C\times F_L}}{D_0}$
角行程阀	偏心球形阀芯	流开	0.85	0.60	0.42
		流关	0.68	0.40	0.42
	偏心锥形阀芯	流开	0.77	0.54	0.44
		流关	0.79	0.55	0.44
蝶阀（中心轴式）	70°转角	任意	0.62	0.35	0.57
	60°转角	任意	0.70	0.42	0.50
	带凹槽蝶板（70°）	任意	0.67	0.38	0.30
蝶阀（偏心轴式）	偏心阀座（70°）	任意	0.67	0.35	0.57
球阀	全球体（70°）	任意	0.74	0.42	0.99
	部分球体	任意	0.60	0.30	0.98

① 这些值仅为典型值，实际值应由制造商规定。

② 趋于阀开或阀关的流体流向，即将截流件推离或推向阀座。

③ 向外的意思是流体从套筒中央向外流，向内的意思是流体从套筒外向中央流。

2.5.3　带收敛-扩张通道的阀门中压力的恢复

流经带有收敛-扩张通道阀门的介质，在达到通道的喉部前其部分静势能转换成动能，而后在流到阀门的扩张部位时，转换成动能的那部分静势能要重恢复静势能。静势能的恢复数要根据流道直径比（d^2/D^2）、扩张管的退拔角（$\alpha/2$）及与管径（d = 阀门的喉部直径；D = 管径）相关的阀门节流部后的直管长度（L）来决定。

如果扩散管的退拔角等于或大于 30°，阀门节流部后的直管长度等于或大于 12D，则压力损失就等于波达-卡诺特损失。

$$\Delta p = (v_d - v_D)^2 \frac{\rho}{2g} \tag{2-24}$$

式中　v_d——阀门节流部的流速；

v_D——管路中的流速；

ρ——流体密度；

g——重力加速度。

当退拔角减小时，压力损失也减小；当退拔角等于或小于 4°时，压力损失就降到最低值。如果将带有收敛-扩张通道的阀门直接装在集箱上，则压力损失可达到最大值。图 2-7 表明了闸阀压力损失系数的相互关系，这种闸阀带有收敛-扩张通道，且闸板带有导流孔。

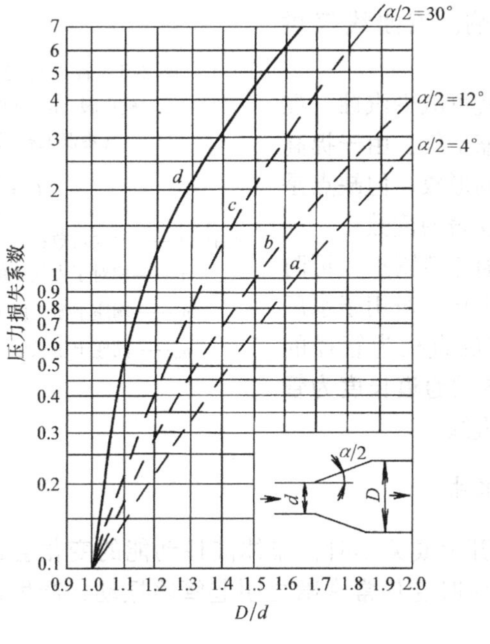

图 2-7　带有收敛-扩张通道且闸板带有导流孔的气体阀门全启时的压力损失系数

曲线 a 到 c：$L \geqslant 12D$；曲线 d：$L=0$。L 为文丘里管下游的直管长度（由 VDI Vevag GmHb，Dusseldorf 提供）。

2.5.4　阀门中的汽蚀

当液体经过部分开启的阀门时，在速度增大区域和在关闭之后的静压降低，可能会达到液体的汽化压力。这时，在低压区的液体就开始汽化，并产生充气空穴，形成小的气泡并吸附液体中的杂质。当气泡被液流再次带到静压较高的区域时，气泡就突然破裂或爆破。这一过程就叫汽蚀。

当破裂的气泡的液体粒子互相冲撞时，在局部地区产生瞬间高压。如果气泡爆破发生在阀体周介或管壁，则压力能胜过这些部位的抗张强度，在表面上快速交变应力及周介表面毛细孔中受到的压力冲击最后会导致局部的疲劳损伤，使周介表面粗糙，最终造成十分大的气穴。

对某种特殊类型的阀门其汽蚀特性是很典型的。因此，这种阀门通常规定有表面汽蚀程度和发生汽蚀倾向的汽蚀指数。这一指数在文献中以不同方式提出。

图 2-8 所示的是以水为介质的蝶阀、闸阀、截止阀和球阀的起始汽蚀曲线[7]。这些曲线是由西奈城市污水排放局编制并根据实验室观察和公布的数据得到。由于试验结果受温度、进入的空气、杂质、模型误差和观察者的判读误差的影响，该曲线仅供参考。

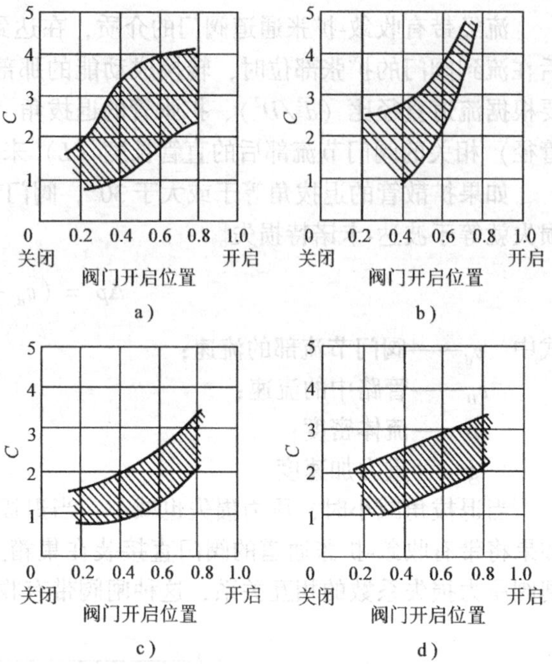

图 2-8 各种直通阀门的初始汽蚀曲线

a) 截止阀 b) 球阀 c) 闸阀 d) 蝶阀

(由澳大利亚工程学院提供)

$$C = \frac{p_d - p_v}{p_u - p_d}$$

式中 C——汽蚀指数；

p_v——相对于大气压的气化压力（负值）；

p_d——阀座下游长度为管径 12 倍处的管路中的压力；

p_u——阀座上游长度为管径 3 倍处的管路中的压力。

如果使压降分段发生就可减少汽蚀。在紧挨阀门的出口处注入压缩空气，由于提高了周围压力也可减少气泡的形成。但缺点是输入的空气会影响出口端仪表的读数。

使紧接阀座出口端的通道急剧扩大可防止阀体壁和管壁遭受汽蚀损坏，对用于水厂中的针形阀，其扩大腔室的直径为管径的 1.5 倍，包括出口退拔在内的通道长度为管径的 8 倍时，可避免遭受汽蚀。

2.5.5 阀门运行时的水击

当阀门为改变流量而开大或关小时，流体液柱动能的变化会造成管路中静压的瞬时变化。在液体中这种静压的瞬时变化常常随之引起管路振动，产生像锤击的声音，因而得名为水击。

这种压力的瞬时变化不是沿着整个管路同时立即发生的，而是从变化的起始点逐渐扩散开的。例如：当在管路一端的阀门快速关闭时，只有阀门部位的液体分子能立即感受到阀门的关闭。然后，液体分子中积聚的动能压缩液体分子并使相邻的管壁胀大，其部分的液柱仍以原来的速度流动一直到液柱平静为止。

压缩区向管路进口端扩张的速度是均匀的，并且等于管路内液体的声速。当压缩区到达进口管路末端时，所有液体就处于静止状态，但压力高于正常的静压。这个压差在这时产生了一个向相反方向的液流，从而解除了静压的升高和管壁的胀大。当这一压降波到达阀门时，整个液柱又重新处于正常静压之下，但液柱继续向进口管末端流动，从而从阀门处开始产生了一个低于正常压力的压力波。当这个压力波往返一周后，就恢复了正常的压力和起始的液体流动方向。这种往返一直要重复到由于摩擦和其他原因使液体动能耗尽为止。

儒可夫斯基确定的阀门快速关闭时管路静压力升为

$$\Delta p = av\rho$$

$$a = \frac{K}{\rho\left(1 + \frac{KDC}{Ee}\right)} \tag{2-25}$$

式中　Δp——相对于正常压力的压力升值；

v——中断流束的速度；

a——压力波传递速度；

ρ——液体密度；

K——液体弹性模量；

E——管壁材料的弹性模量；

D——管路内径；

e——管壁厚；

C——管路限流系数（对非限流管路 $C=1.0$）。

在使用 D/e 之比为 35 的钢管和水介质时，压力波速度约为 1200m/s（约 4000ft/s）。当瞬时速度变化为 1m/s 时，静压的增量为 1.2MPa；如果是英制 1ft/s 时，约为 50lbf/in^2。

当阀门不是快速关闭，但其关闭时间是在压力波往返一次所需的时间 $2L/a$ 之内时（L 为管路的长度），第一次返回的压力波不能抵消紧接着流出的压力波，这时的压力升值类似阀门快速关闭时的压力升值，这种速度的关闭叫快速关闭。

如果阀门关闭时间大于 $2L/a$，返回的压力波抵消了一部分流出的压力波，最大的压力上升就减小，这种速度的关闭称为慢速关闭。

如果是由于泵停止运转而引起的冲击压力，那么在计算该冲击压力时，必须把泵的性能参数和电流切断后泵速度的变化量考虑进去。

数学运算只能计算出简单情况的冲击压力值。较复杂的水击问题过去是使用压头速度曲线的图解方法来解决。由于这一问题变得更为复杂，图解就更麻烦，而且又很难保证精度。但是利用计算机就可较方便地解决这个复杂问题，而且精度很高。

更慢地关闭阀门可以避免由关闭阀门所造成的过高的冲击压力。为了达到最高的阀门关闭速度，同时又不致造成过分的冲击压力，就必须使阀门关闭时产生均匀的流速变化率。

在泵设施中，止回阀关闭时的冲击压力不像关断阀关闭时的冲击压力那样容易控制。止回阀是靠流动介质来操作，关闭速度要由阀门结构和滞止液柱的减速特性来决定。如果介质向前的流速为零时阀门仍是部分开启，则回流的流束会将阀门使劲关上。由于回流造成的阀门突然关闭就产生了一个冲击压力，这个冲击压力就加在由正向流束的减速早已产生的冲击压力上。

泵停止后，在液柱开始停滞之前，压力波必须传递到折回点，然后根据这一点的压力和液位来确定介质停滞的速度。因此，当止回阀与折回点间的距离较长，而折回点上的液位和压力较低时，该系统就可使用关闭较慢的止回阀。相反，如果止回阀与折回点间的距离较短，折回点压力较高，回流几乎是立即产生，则需要使用关闭速度极快的止回阀。在安装有多只泵的系统中，当有一只泵突然失效，就会产生立即回流的情况。

2.5.6 阀门噪声的衰减

用阀门节流使高压气体变为低压气体时，有时会产生令人难以忍受的噪声。大部分的噪声是由于高压喷射产生的湍流剪切阀门下游相对静止的介质所引起的。穿孔的扩散器对防止噪声是有效的，在这种扩散器中气体流过无数小孔，这种消声器可以是平板式、喇叭式或桶式。

该扩散器可消除阀门噪声中的低频和中频噪声，然而在小孔中又产生了高频噪声，但这种噪声在管路的流通过程中和在空气中比低频噪声更容易消除。此外，它的另一个好处是可以使流束均匀地分布在管路的横截面上。

因葛特证明，装在管路中的穿孔平板其标准的声阻是与通过小孔的流束的马赫数及系数 $\left(\frac{1-\partial}{\partial}\right)^2$ 成正比。式中∂ 为孔板开孔面积密度。从这里可以看出，马赫数应尽可能大，或者使∂ 尽可能小。在实际应用中，建议使用的最大马赫数为0.9。如果扩散器两端压降受限制，只好选择较低的马赫数。孔板的开孔密度的实用值常取0.1～0.3。如果低于0.1可能使扩散器太大，而大于0.3就可能使衰减太大。

喷嘴噪声的最高频率与喷嘴直径成反比。从衰减噪声的角度看，孔的直径应尽量小。为了防止喷口堵塞，通常使用的喷口口径最小为5mm。

如果消声器管路出口端的流速较高，沿管路的边界层的湍流可能产生与衰减阀门噪声相仿的噪声。经验表明：如果管路中流束的马赫数保持在0.3以下时，就不会引起麻烦。

预示阀门噪声和消声器的性能是一个较复杂的问题。有关这些问题的讨论，包括消声器的结构，这里不作详细研究。

第 3 章　各种驱动阀门的选择

驱动阀门是借助手动、电力、气力、液力来操纵开启和关闭的阀门。驱动阀在介质输送系统中起三个作用，即切断和接通介质、控制流量和换向分流。用来切断和接通介质的阀门常常也用于控制介质的流量，但用来换向分流的阀门却只能用于换向分流。

3.1　闸阀

在各种类型的阀门中，闸阀是应用最广泛的一种。

闸阀是指关闭件（闸板）沿通道轴线的垂直方向移动的阀门，在管路上主要作为切断介质用，即全开或全关使用。一般闸阀不可作为调节流量使用。它可以适用低温低压也可以适用于高温高压，并可根据阀门的不同材质用于各种不同的介质。但闸阀一般不用于输送泥浆等介质的管路中。

闸阀具有如下优点：①流体阻力小。②启、闭所需力矩较小。③可以使用在介质向两方向流动的环网管路上，也就是说介质的流向不受限制。④全开时，密封面受工作介质的冲蚀比截止阀小。⑤形体结构比较简单，制造工艺性较好。⑥结构长度比较短。

由于闸阀具有许多优点，因此使用范围很广。通常≥DN50 的管路作为切断介质的装置都选用闸阀，甚至在某些小口径的管路上（如 DN15 ~ DN40），目前仍保留了一部分闸阀。

闸阀也有一些缺点，主要是：①外形尺寸和开启高度都较大，所需安装的空间也较大。②在启闭过程中，密封面间有相对摩擦，磨损较大，甚至在高温时容易引起擦伤现象。③一般闸阀都有两个密封副，给加工、研磨和维修增加了一些困难。④启、闭时间长。

闸阀有各种不同的结构型式，其主要区别是所采用的密封元件结构型式不同。根据密封元件的结构，常常把闸阀分成几种不同的类型，而最常见的形式是平行式闸阀和楔式闸阀；根据阀杆的结构，还可分为升降杆（明杆）和旋转杆（暗杆）闸阀。

3.1.1　平行式闸阀

1. 概述

平行式闸阀是一种关闭件为平行闸板的滑动阀。其关闭件可以是单闸板或是其间带有撑开机构的双闸板。其典型结构如图 3-1 ~ 图 3-6 所示。

闸板向阀座的压紧力是由作用于浮动闸板或浮动阀座的介质压力来控制。如果是双闸板平行式闸阀，则两闸板间的撑开机构可以补充这一压紧力。

平行式闸阀的优点是流阻小，不缩口的其流阻与短直管的流阻相仿。带导流孔的平行式闸阀安装在管路上还可直接用清管器进行清管。由于闸板是在两阀座面上滑动，因此平行式闸阀也能适用于带悬浮颗粒的介质，平行式闸阀的密封面实际上是自动定位的。阀座密封面不会受到阀体热变形的损坏。而且即使阀门在冷状态下关闭，阀杆的热伸长也不会使密封面受到过载。同时当阀门关闭时，无导流孔的平行式闸阀亦不要求闸板的关闭位置有较高的精度，因此电动平板阀可用行程来控制启闭位置。

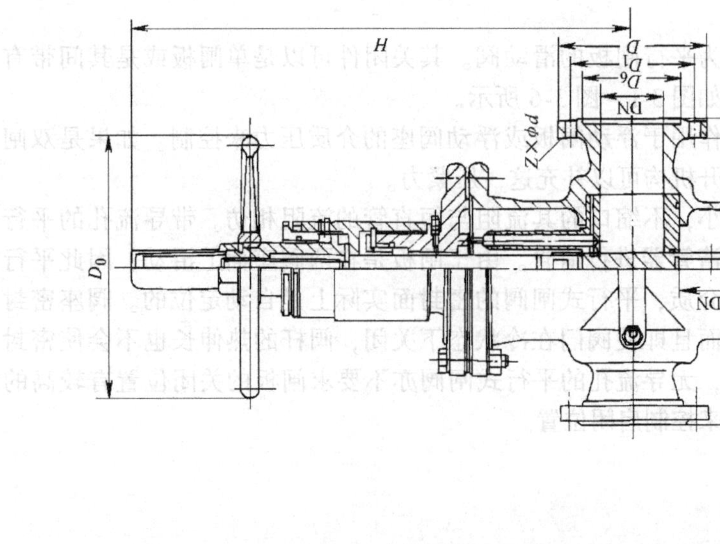

图 3-1 有导流孔升降杆平行式闸阀

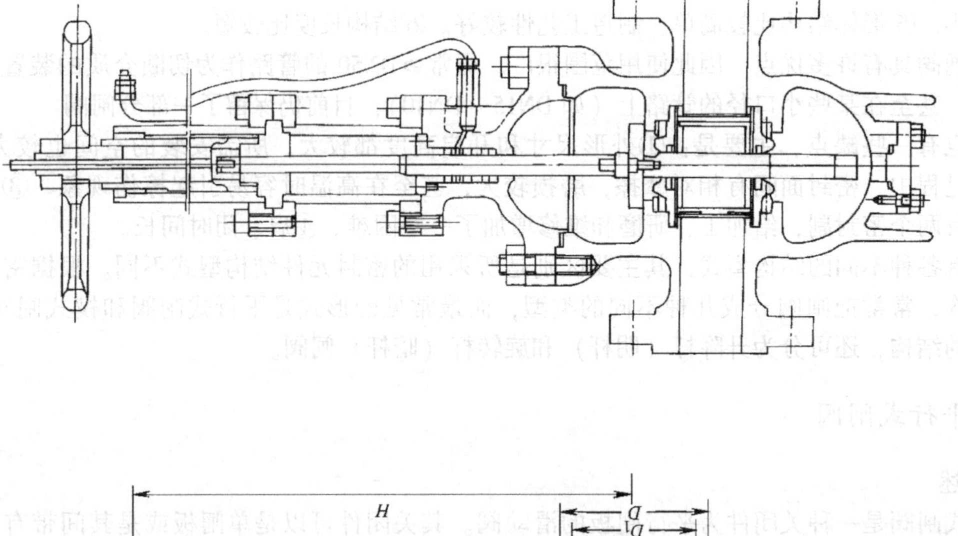

图 3-2 带浮动阀座有导流孔升降
板单板平行式闸阀

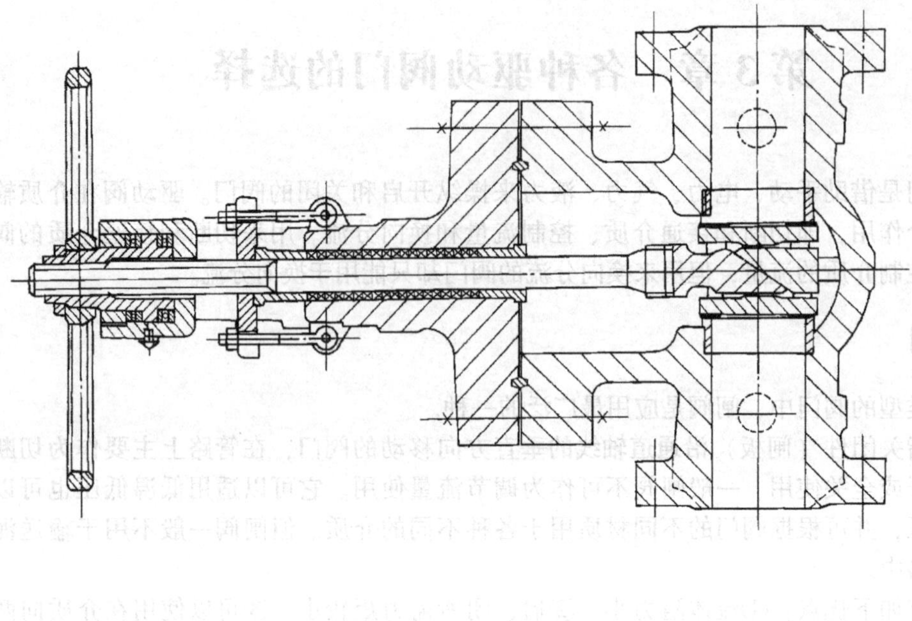

图 3-3 手动楔式双闸板平行式闸阀

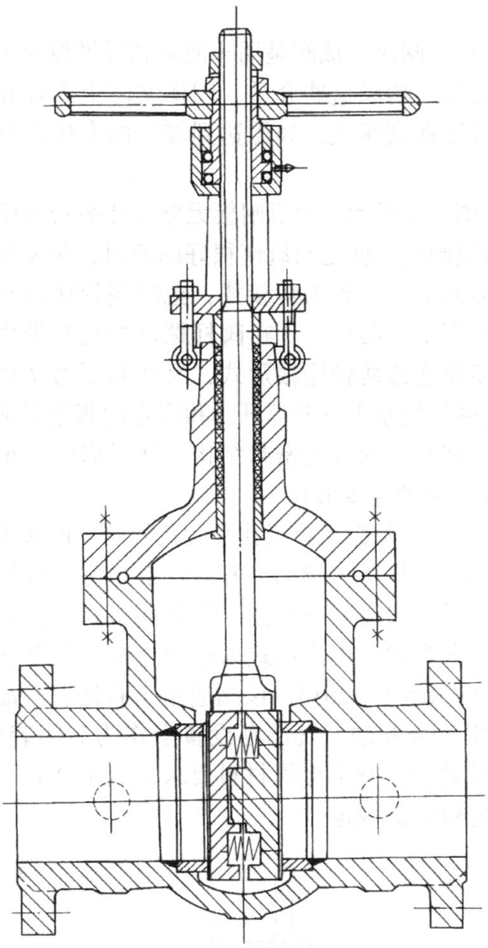

图 3-4　手动弹簧撑开式双闸板平行式闸阀

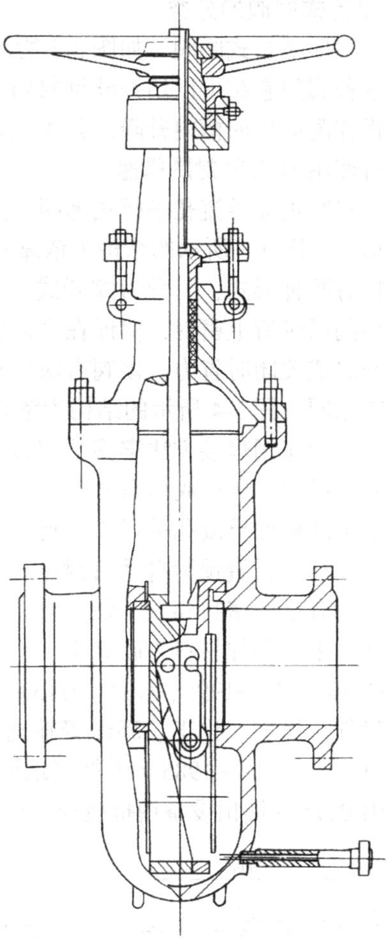

图 3-5　手动双闸板带导流孔升降杆平行式闸阀

平行式闸阀的缺点是当介质压力低时，金属密封面的密封力不足以达到满意的密封。相反当介质压力高时，如果密封面不用系统介质或外来介质润滑时，经常启闭就可能使密封面磨损过大。另一个不足是，在圆形流道上横向运动的圆形闸板只有当它处在阀门关闭位置的50%时，这种阀门对流量的控制才较敏感。而且，闸板在切断高速和高密度介质流时，会产生剧烈振动。如果将阀座做成V形通口并和闸板紧密的导向，则它也可用作节流。

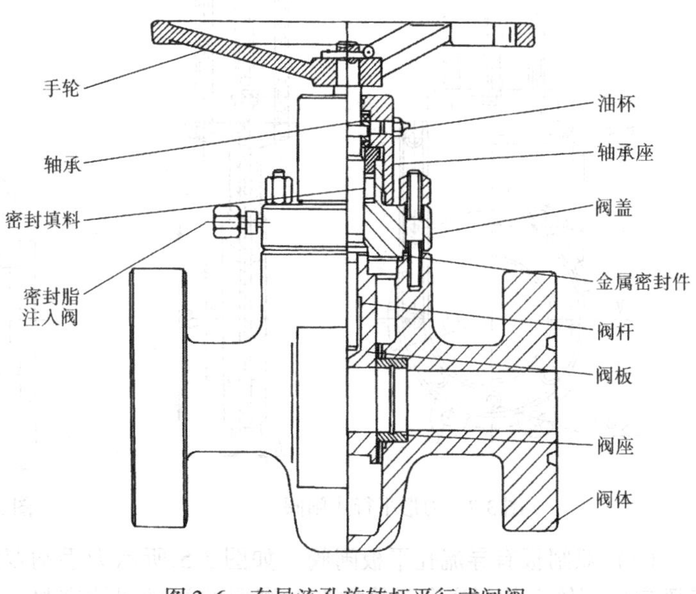

图 3-6　有导流孔旋转杆平行式闸阀

2. 平行式闸阀的分类

(1) 刀形平行式闸阀　如图3-7所示为刀形平行式闸阀。该阀是用于泥浆和纤维材料等介质中。这种阀门它靠可以切割纤维材料的刀刃形闸板来切断这些介质，阀体实际上不存在腔室，闸板在侧面导向槽内升降，并由底部的凸耳紧压在阀座上，如需达到较高的介质密封性时，也可使用O形密封圈阀座。

(2) 双闸板无导流孔平行式闸阀　如图3-3和图3-4所示，为双闸板无导流孔平行式闸阀的两种形式。图3-3所示的结构为依靠楔面撑开两块闸板，使之与阀座很好的密封，阀座与阀体的连接有两种形式，一种为撑开式，靠胀开的力固接；一种为焊接式，把阀座焊接在阀体上。该种阀门带有上密封，保证在开启状态下填料不受介质压力。在阀杆螺母处装有推力轴承，使开启或关闭时省力。该阀有法兰连接和对接焊连接两种连接形式，尺寸和压力系列与标准闸阀相同。图3-4所示的结构为依靠弹簧把两闸板沿水平方向撑开，和固定的阀座保证阀门的密封，阀座用焊接方法牢固地焊接在阀体上。该阀门带有上密封结构，使开启状态填料不承受介质压力。该种阀门有法兰连接与对接焊连接两种连接形式。

(3) 单闸板无导流孔平行式闸阀　如图3-8所示为单闸板无导流孔平行式闸阀。该阀采用阀座顺流浮动。弹簧预紧自动密封结构，启闭力小，工作压力越高、密封性能越好，闸板与阀座的密封有金属密封和软、硬双重密封两种，金属密封设有自动注入密封脂机构，介质可双向流动。主要零件材料为碳素钢、不锈耐酸钢、合金钢。连接形式为法兰连接，法兰连接尺寸可按JB/T 79—1994、GB/T 9113—2010、ASME B16. 5—2013。该阀适用于石油、石油产品、天然气、煤气、化工、环保等输送管线及放空系统和油、气储存设备上作为启闭装置。抗硫型符合SY J 12—1985《天然气地面设施抗硫化物应力开裂金属材料要求》和ISO 15156/NACE MR0175《油田设备用抗硫应力裂纹的金属材料》的规定。

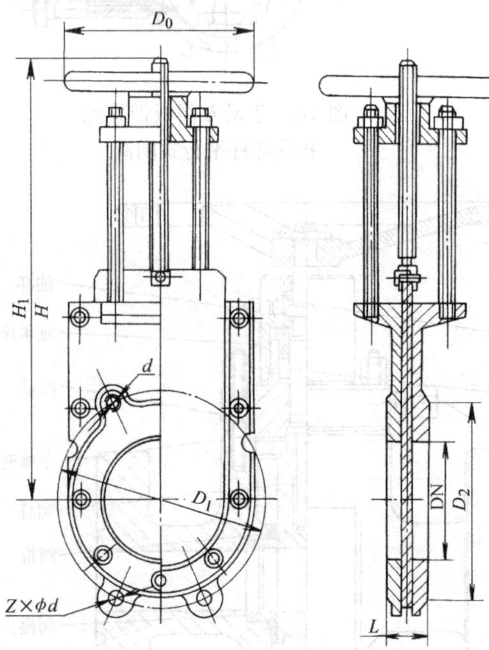

图3-7　刀形平行式闸阀

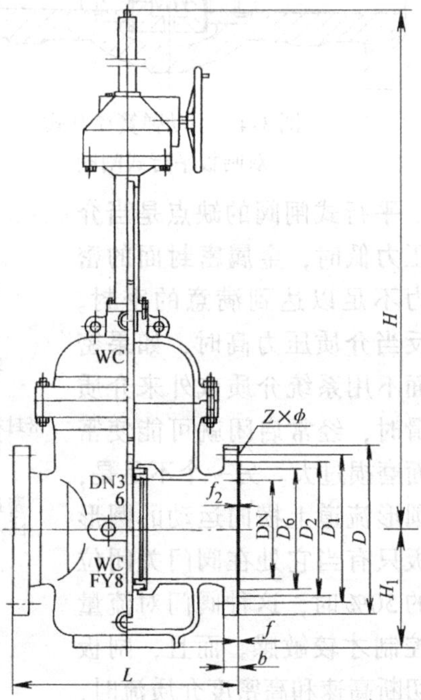

图3-8　单闸板无导流孔平行式闸阀

(4) 双闸板有导流孔平板闸阀　如图3-5所示为手动双闸板带导流孔平行式闸阀。它依靠固定在阀体上的阀座和两块楔形对楔形的闸板保持密封。在整个启闭过程中闸板始终不脱开阀座密封面，使介质不致掉入阀体下腔内。吹扫管可清除阀体内的脏物。两块楔式闸板依靠其上的三个销钉和挂钩连接在一起。该阀的阀座靠压合牢固地固定在阀体上。该阀门的连接形式为法兰连接，法兰连接尺寸可按 JB/T 79—1994、GB/T 9113—2010、ASME B16.5—2013。本阀门可适用在石油、天然气管线上，亦可在全开状态下进行清扫管线。

(5) 单闸板有导流孔平行式闸阀　如图 3-1、图 3-2 所示为有导流孔平行式闸阀的结构图。该种平行式闸阀的阀座是浮动的，有两种不同的材料，一种是高弹性体的合成橡胶或聚四氟乙烯，另一种是不锈钢。闸板采用不锈钢制成，闸板的下部有一个和公称尺寸相等的圆孔，当阀门全启时，闸板上的圆孔就与阀座孔相合，这样闸板就密封了阀体的腔室而防止固体颗粒进入。浮动阀座的密封作用亦允许用作双重截断与泄放。如果阀座密封在使用中失效，则可向密封面注入密封脂可进行暂时密封。在阀体的下部有的还设有端盖，打开端盖可以清除体腔内的污垢，填料部分可以通入密封脂，这样既可以保证阀杆可靠密封，又增加了阀杆的润滑。该阀门密封性能良好，操作方便、灵活、省力，流阻系数小，便于清扫管道，使用寿命长。本类阀门适用于石油、石油产品、天然气、煤气、水等介质，抗硫型符合 SYJ 12—1985《天然气地面设施抗硫化物应力开裂金属材料要求》和 ISO 15156/NACE MR 0175《油田设备用抗硫应力裂纹的金属材料》的规定。

(6) 单闸板旋转杆有导流孔平行式闸阀　如图 3-6 所示为单闸板旋转杆有导流孔平行式闸阀。本阀门的设计符合 API 6A 标准。阀体与阀盖采用金属与金属密封。闸板和阀座可根据用户需要采用金属密封或非金属密封。阀杆和阀盖设有上密封，使阀门开启后填料不承受介质压力。平行闸板和弹簧预加载阀座，使密封可靠，闸板上有导流孔，使开启后便于清扫管线。本阀适用石油、天然气的井口装置、抗硫型符合 SYJ 12—1985《天然气地面设施抗硫化物应力开裂金属材料要求》和 ISO 15156/NACE MR 0175《油田设备用抗硫应力裂纹的金属材料》规范。

3. 平板闸阀的密封原理

(1) 双闸板平行式闸阀　双闸板平行式闸阀的关闭件由两块闸板组成，中间装有弹簧或楔式机构。这些弹簧和楔式机构的作用是保持与进出口处的两密封面滑动接触并产生密封比压，以保证进出口端都能密封，属于双面强制密封。不过，中间装有弹簧的双闸板平行式闸阀，在低压时介质压力不足以克服弹簧力，是双面强制密封；但在高压时，介质压力可克服弹簧力，推动闸板向出口端，就成了单面强制密封。两闸板间装有楔式机构的，当关闭时，楔式机构就将两闸板撑开，压紧密封面，产生密封比压，关闭越紧密封比压越大，因此属双面强制密封。

(2) 单闸板平行式闸阀　单闸板平行式闸阀有浮动阀座与固定阀座两种。浮动阀座的平行式闸阀，靠介质压力将其推向闸板，保证密封。还有的浮动阀座平行式闸阀的密封作用是靠每次操作时向出口的阀座面添加密封剂来达到的。为此，浮动阀座带有一贮槽，其中加有密封剂并在其上部有一浮动活塞，而且整个阀腔注有油脂，并由油脂将介质压力传给出口储槽活塞的顶部。阀门在使用时，密封剂和油脂可从外添加。每一储槽的剂量约可操作 100 次。这种密封形式在介质压力高时，可达到较高的密封性能。固定式阀座的平行式闸阀，靠介质压力把闸板推向出口密封面，达到密封，介质工作压力越高，密封性能越好，当然阀座和闸板密封面的表面粗糙度值一定要小。这种平行式闸阀属单面强制密封。

4. 平行式闸阀所适用的场合

平行式闸阀适用于以下场合：

1) 石油、天然气输送管线。带导流孔的平行式闸阀还便于清扫管线。

2) 成品油的输送管线和贮存设备。

3) 石油、天然气的开采井口装置，也就是采油树用阀。

4）带有悬浮颗粒介质的管道。

5）城市煤气输送管线。

6）自来水工程。

5. 平行式闸阀的选用原则

1）石油、天然气的输送管线，选用单闸板或双闸板的平行式闸阀。如需清扫管线的，选用单闸板或双闸板带导流孔的明杆平行式闸阀。

2）成品油的输送管线和贮存设备，选用无导流孔的单闸板或双闸板的平行式闸阀。

3）石油、天然气的开采井口装置，选用暗杆浮动阀座带导流孔的单闸板或双闸板的平行式闸阀，大多为 API 6A 标准，压力等级为 API 2000、API 3000、API 5000、API 10000、API 15000、API 20000。

4）带有悬浮颗粒介质的管道，选用刀形平行式闸阀。

5）城市煤气输送管线，选用单闸板或双闸板软密封明杆平行式闸阀。

6）城市自来水工程，选用单闸板或双闸板无导流孔明杆平行式闸阀。

6. 平行式闸阀的结构特征

1）平行式单闸板闸阀的结构特征如图 3-9 所示。

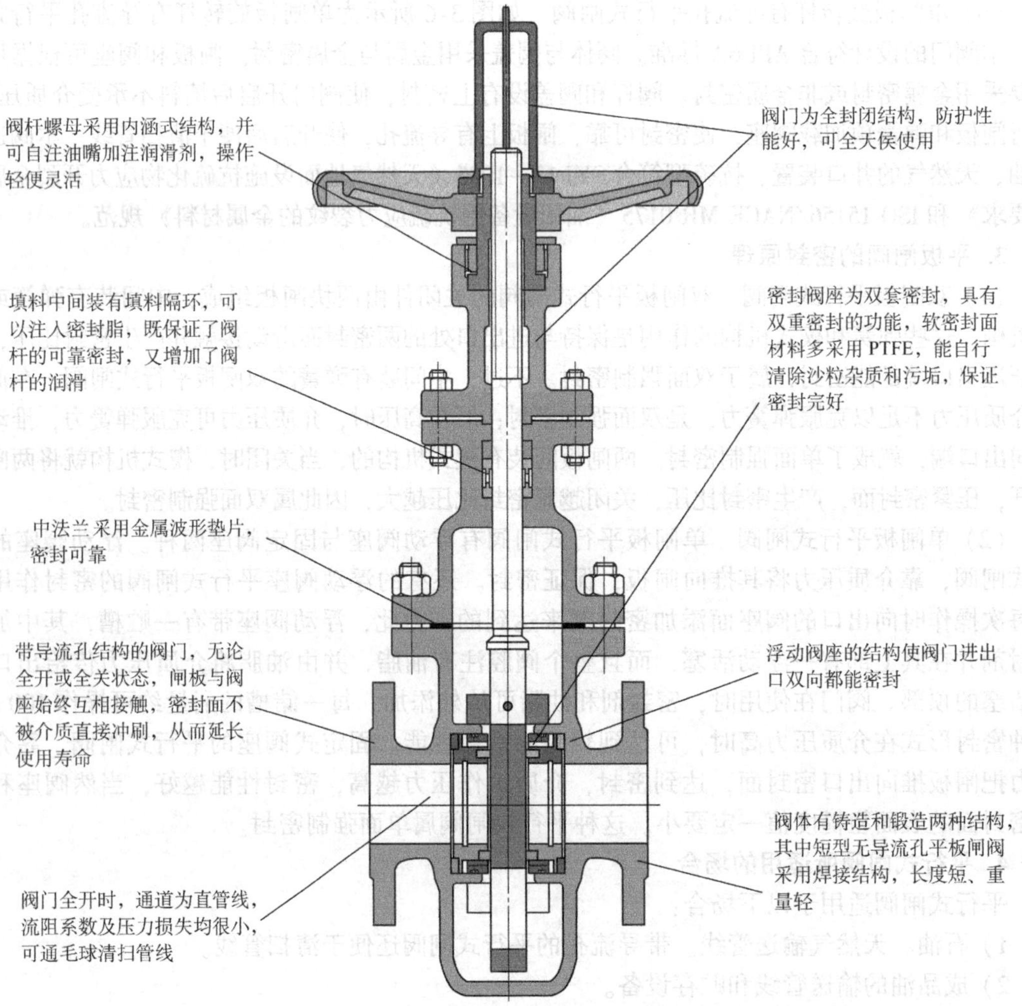
阀杆螺母采用内涵式结构，并可自注油嘴加注润滑剂，操作轻便灵活
阀门为全封闭结构，防护性能好，可全天侯使用
填料中间装有填料隔环，可以注入密封脂，既保证了阀杆的可靠密封，又增加了阀杆的润滑
密封阀座为双套密封，具有双重密封的功能，软密封面材料多采用 PTFE，能自行清除沙粒杂质和污垢，保证密封完好
中法兰采用金属波形垫片，密封可靠
带导流孔结构的阀门，无论全开或全关状态，闸板与阀座始终互相接触，密封面不被介质直接冲刷，从而延长使用寿命
浮动阀座的结构使阀门进出口双向都能密封
阀体有铸造和锻造两种结构，其中短型无导流孔平板闸阀采用焊接结构，长度短、重量轻
阀门全开时，通道为直管线，流阻系数及压力损失均很小，可通毛球清扫管线

图 3-9 平行式单闸板闸阀的结构特征

2）平行式双闸板闸阀的结构特征如图 3-10 所示。

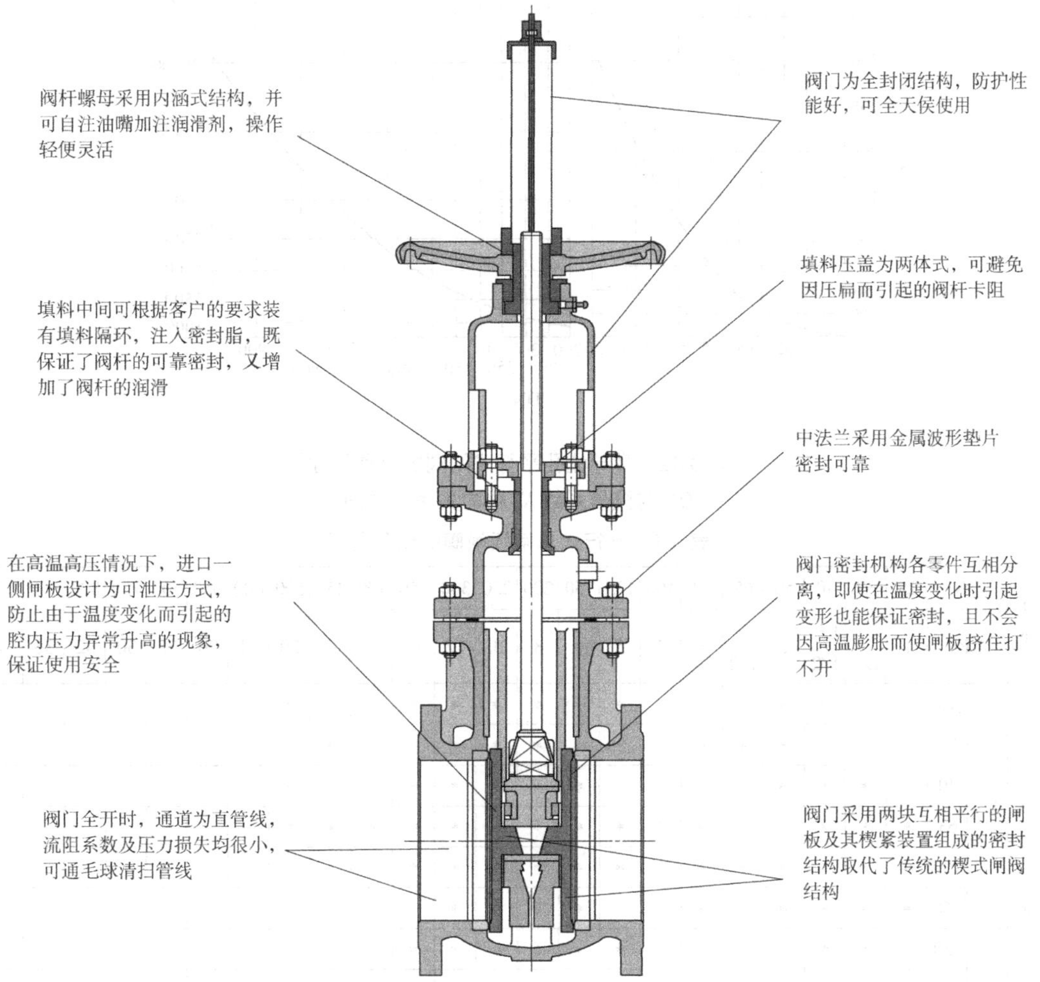
阀杆螺母采用内涵式结构，并可自注油嘴加注润滑剂，操作轻便灵活
阀门为全封闭结构，防护性能好，可全天侯使用
填料压盖为两体式，可避免因压扁而引起的阀杆卡阻
填料中间可根据客户的要求装有填料隔环，注入密封脂，既保证了阀杆的可靠密封，又增加了阀杆的润滑
中法兰采用金属波形垫片密封可靠
在高温高压情况下，进口一侧闸板设计为可泄压方式，防止由于温度变化而引起的腔内压力异常升高的现象，保证使用安全
阀门密封机构各零件互相分离，即使在温度变化时引起变形也能保证密封，且不会因高温膨胀而使闸板挤住打不开
阀门全开时，通道为直管线，流阻系数及压力损失均很小，可通毛球清扫管线
阀门采用两块互相平行的闸板及其楔紧装置组成的密封结构取代了传统的楔式闸阀结构

图 3-10　平行式双闸板闸阀的结构特征

7. 平行式闸阀的流量特性分析

带导流孔的平行式闸阀，其流量特性等同于同公称尺寸的管道，呈等百分比特性；不带导流孔的平行式闸阀，其中腔开档宽度较楔式闸阀小，且属于规则的圆柱体，所以基本上除了压力损失较带导流孔的大外，其余特性基本相近。不带导流孔调节型的平行式闸阀其对流量的调节特性优于普通不带导流孔的平行式闸阀。平行式闸阀的阀门开度与流量系数 C_v 值的关系如图 3-11 所示。带导流孔平行式闸阀的公称尺寸 DN 与流量系数 K_v 值的关系曲线图如图 3-12 所示。

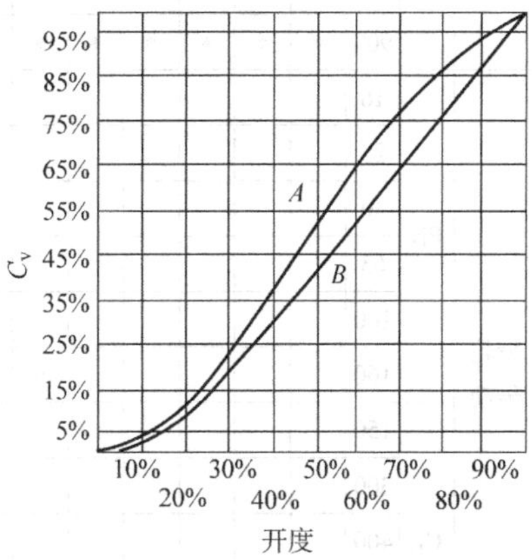

图 3-11　阀门开度-C_v 特性曲线表

A—有导流孔　*B*—无导流孔

8. 平行式单闸板闸阀

1）平行式单闸板闸阀闸板的结构如图 3-13 所示。

2）平行式单闸板闸阀的供货范围见表 3-1。

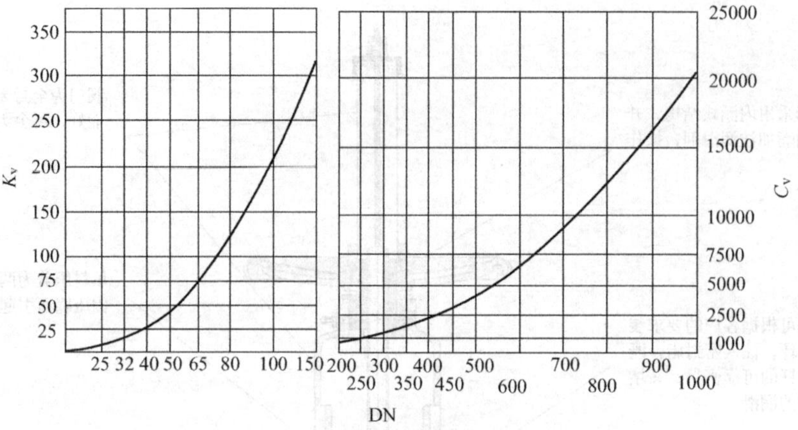

图 3-12 带导流孔平行式闸阀的公称尺寸 DN 与流量系数 K_v 值的关系曲线图

表 3-1 平行式单闸板闸阀的供货范围

驱动方式	DN		25	32	40	50	65	80	100	125	150	200	250	300	350	400	450	500	600	650	700	750	800	900	1000
	NPS		1	1 ~ 1/4	1 ~ 1/2	2	2 ~ 1/2	3	4	5	6	8	10	12	14	16	18	20	24	26	28	30	32	36	40
手动	PN	16	*	*	*	*	*	*	*	*	*	*	*	*	*	*	*	*	*						
		25	*	*	*	*	*	*	*	*	*	*	*	*	*	*	*	*	*						
		40	*	*	*	*	*	*	*	*	*	*	*	*	*	*	*	*	*						
		63	*	*	*	*	*	*	*	*	*	*	*	*	*	*	*	*							
		100	*	*	*	*	*	*	*	*	*	*	*	*	*	*									
		160	*	*	*	*	*	*	*	*	*	*	*	*											
	CL	150	*	*	*	*	*	*	*	*	*	*	*	*	*	*	*	*	*						
		300	*	*	*	*	*	*	*	*	*	*	*	*	*	*	*	*	*						
		400	*	*	*	*	*	*	*	*	*	*	*	*	*	*	*	*	*						
		600	*	*	*	*	*	*	*	*	*	*	*	*	*	*									
		900	*	*	*	*	*	*	*	*	*	*	*	*											
齿轮传动	PN	16										*	*	*	*	*	*	*	*						
		25										*	*	*	*	*	*	*	*						
		40										*	*	*	*	*	*	*	*						
		63									*	*	*	*	*	*	*	*	*						
		100							*	*	*	*	*	*	*	*	*								
		160						*	*	*	*	*	*	*	*										
	CL	150										*	*	*	*	*	*	*	*	*	*	*	*	*	*
		300										*	*	*	*	*	*	*	*	*	*	*	*	*	*
		400									*	*	*	*	*	*	*	*	*						
		600							*	*	*	*	*	*	*	*	*	*	*	*	*	*	*	*	*
		900						*	*	*	*	*	*	*	*	*	*	*	*						

（续）

驱动方式		DN	25	32	40	50	65	80	100	125	150	200	250	300	350	400	450	500	600	650	700	750	800	900	1000
		NPS	1	1 ~ 1/4	1 ~ 1/2	2	2 ~ 1/2	3	4	5	6	8	10	12	14	16	18	20	24	26	28	30	32	36	40
电动	PN	16				*	*	*	*	*	*	*	*	*	*	*	*	*	*	*	*	*	*	*	*
		25				*	*	*	*	*	*	*	*	*	*	*	*	*	*	*	*	*	*	*	*
		40				*	*	*	*	*	*	*	*	*	*	*	*	*	*	*	*	*	*	*	
		63				*	*	*	*	*	*	*	*	*	*	*	*	*	*	*	*	*	*	*	
		100				*	*	*	*	*	*	*	*	*	*	*	*	*	*	*	*	*			
		160				*	*	*	*	*	*	*	*	*	*	*	*	*	*						
	CL	150				*	*	*	*	*	*	*	*	*	*	*	*	*	*	*	*	*	*	*	*
		300				*	*	*	*	*	*	*	*	*	*	*	*	*	*	*	*	*	*	*	*
		400				*	*	*	*	*	*	*	*	*	*	*	*	*	*	*	*	*	*	*	
		600				*	*	*	*	*	*	*	*	*	*	*	*	*	*	*	*	*	*	*	*
		900				*	*	*	*	*	*	*	*	*	*	*	*	*	*						

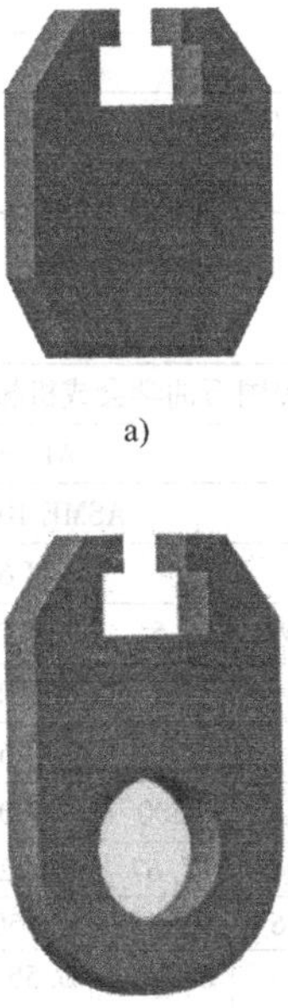

图 3-13　平行式单闸板闸阀闸板的结构

a）无导流孔闸板　b）有导流孔闸板

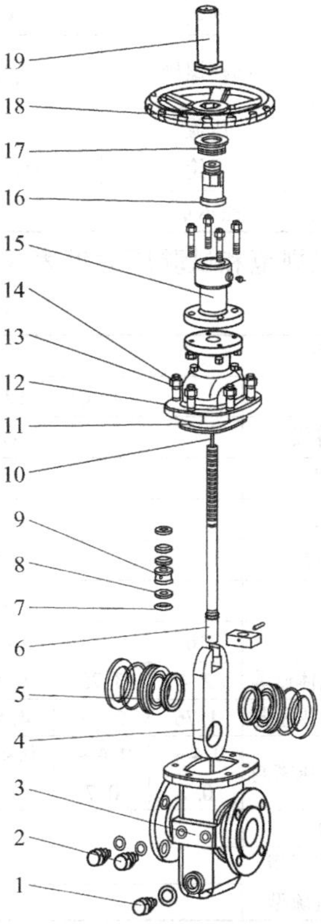

图 3-14　平行式单闸板闸阀的结构图（图中序号见表 3-2）

3）平行式单闸板闸阀的材料明细如图 3-14 所示和见表 3-2。

表 3-2　平行式单闸板闸阀的材料明细

序　号	零件名称	普通型		抗硫型	
		GB/T	ASTM	GB/T	ASTM
1	排污堵头	20Cr13	A276-420	06Cr 19Ni10	A276-304
2	注脂接头	25	A105	25	A105

（续）

序号	零件名称	普通型		抗硫型	
		GB/T	ASTM	GB/T	ASTM
3	阀体	WCB	A216-WCB	WCB	A216-WCB
4	闸板	12Cr13	A182-F6a	12Cr18Ni9	A182-F304
5	阀座	25 + F4 + NBR	A105 + F4 + NBR	12Cr18Ni9 + F4 + FPM	A182-F304 + F4 + FPM
6	阀杆	12Cr13	A276-410	12Cr18Ni9	A276-304
7	下填料	F4	F4	F4	F4
8	隔环	20Cr13	A276-420	20Cr13	A276-420
9	上填料	F4	F4	F4	F4
10	指示针	20Cr13	A276-420	20Cr13	A276-420
11	密封垫片	柔性石墨 + 不锈钢			
12	阀盖	WCB	A216-WCB	WCB	A216-WCB
13	双头螺柱	35CrMoA	A193-B7	35CrMoA	A193-B7
14	六角螺母	35	A194-2H	35	A194-2H
15	支架	WCB	A216-WCB	WCB	A216-WCB
16	阀杆螺母	ZQAL9-4	B148 C95600	ZCuAl10Fe3	B148 C95600
17	压盖	25	A108 1020	25	A108 1020
18	手轮	QT400-18	A197	QT400-18	A197
19	指示罩	25	A108 1020	25	A108 1020

4）性能规范和试验压力见表 3-3。

表 3-3 性能规范和试验压力

设计依据		国家标准						美国石油学会或机械工程师学会标准				
设计标准		GB/T 19672、GB/T 20173						API 6D				
压力温度等级		GB/T 12224						ASME B16. 34				
结构长度		GB/T 12221						API 6D				
法兰形式尺寸		GB/T 9113						ASME B16. 5、ASME B16. 47、MSS SP-44				
对焊端连接		GB/T 12224						ASME B16. 25				
检验与试验		GB/T 26480						API 6D				
公称压力		16	25	40	63	100	160	150	300	400	600	900
试验压力/MPa 对于壳体材料 WCB	壳体试验	2. 4	3. 75	6. 15	9. 75	14. 4	24. 75	2. 94	7. 67	10. 22	15. 32	22. 98
	高压密封	1. 76	2. 75	4. 51	7. 15	10. 56	18. 15	2. 16	5. 62	7. 50	11. 24	16. 86
	低压密封	0. 4 ~ 0. 7	0. 4 ~ 0. 7	0. 4 ~ 0. 7	0. 4 ~ 0. 7	0. 4 ~ 0. 7	0. 4 ~ 0. 7	0. 55 ~ 0. 69	0. 55 ~ 0. 69	0. 55 ~ 0. 69	0. 55 ~ 0. 69	0. 55 ~ 0. 69
适用温度		-196 ~ 550℃（不同的工况温度选用不同材质）										
适用介质	普通型	石油、天然气、成品油等										
	抗硫型	含 H2S、CO 的天然气、石油等										

5）平行式单闸板闸阀的主要外形尺寸、转矩和重量如图 3-15 所示和见表 3-4 ~ 表 3-9。

表 3-4 PN16、PN25、CL150 主要外形尺寸、转矩和重量 （单位：mm）

公称尺寸		L	L	手动			齿轮传动			电动③			X	Y	重量④/kg		转矩/(N·m)
DN	NPS	(RF)	(BW)	M	M_1	M_0	B	B_1	B_0	H	H_1	H_0			BW	RF	
25	1	127	127	278	220	200	—	—	—	—	—	—	60	90	—	—	—
32	1 ~ 1/4	140	140	350	270	200	—	—	—	—	—	—	70	105	—	—	—
40	1 ~ 1/2	165	165	435	335	250	—	—	—	—	—	—	75	115	—	—	14
50	2	178	216	475	360	250	—	—	—	690	572	200	80	122	48	54	15

（续）

公称尺寸		L	L	手动			齿轮传动			电动③			X	Y	重量④/kg		转矩/
DN	NPS	(RF)	(BW)	M	M_1	M_0	B	B_1	B_0	H	H_1	H_0			BW	RF	(N·m)
65	2~1/2	535	425	300	—	—	—	—	—	747	637	200	90	152	59	70	31
80	3	203	283	600	460	300	—	—	—	812	672	200	100	178	63	73	38
100	4	229	305	700	535	350	—	—	—	960	795	508	110	220	73	85	46
150	6	267	403	910	685	350	—	—	—	1170	945	508	145	345	158	180	60
200	8	292	419	1095	815	350	1235	900	305	1355	1075	508	170	420	264	300	110
250	10	330	457	1370	965	450	1510	1050	305	1630	1095	305	210	495	290	329	162
300	12	356	502	1470	1100	500	1610	1185	305	1730	1230	305	240	600	400	455	222
350	14	381	572	1730	1250	600	1890	1345	458	2020	1417	305	265	640	619	704	310
400	16	406	610	1870	1375	650	2030	1470	458	2160	1532	305	290	720	869	987	440
450	18	432	660	2185	1485	700	2415	1625	458	2500	1651	305	325	798	1115	1267	560
500	20	457	711	2335	1575	800	2565	1715	458	2650	1741	305	360	875	1435	1631	700
600	24	508	813	2815	1995	1000	3045	2135	458	3130	2161	457	425	1250	2310	2625	1010
700	28	610	914	—	—	—	—	—	—	3630	2470	457	455	1250	3203	3640	1560
800	32	660	965	—	—	—	—	—	—	4135	2933	610	505	1370	4540	5159	2150
900	36	711/813①	1016	—	—	—	—	—	—	4605	3260	610	545	1500	6209	7056	2910
1000②	40	811	—	—	—	—	—	—	—	5140	3645	610	610	1670	7293	8288	3920

① 尺寸 813 仅为 CL150 的结构长度。

② CL150 的管道阀门无此规格。

③ 电动装置可根据客户需要选型。

④ 表中所列重量为光杆阀不包括驱动装置。

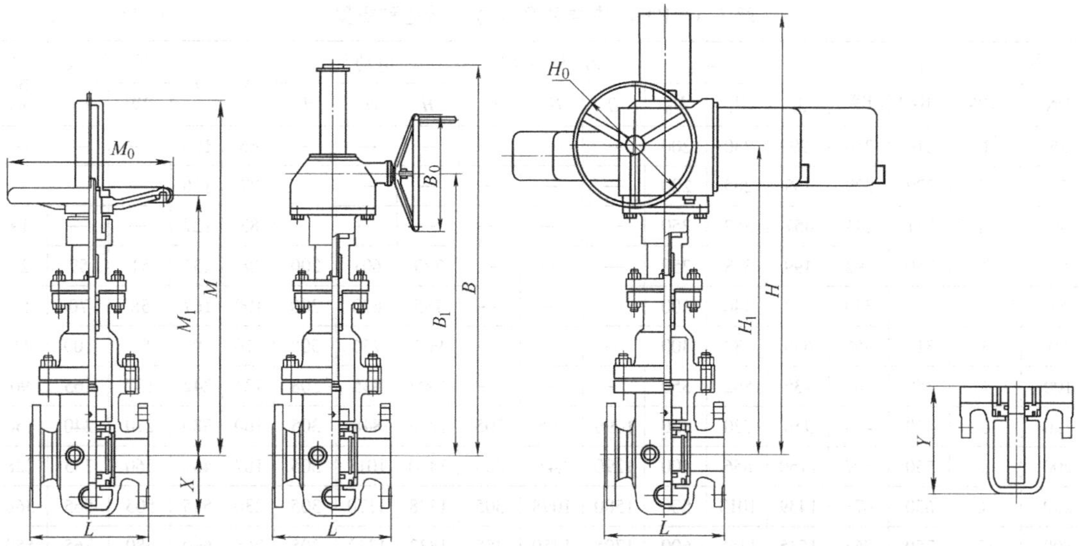

图 3-15　平行式单闸板闸阀

a) 手动结构　b) 齿轮驱动结构　c) 电动驱动结构　d) 有导流孔型结构

表 3-5 PN40、CL300 主要外形尺寸、转矩和重量 (单位：mm)

公称尺寸		L	L	手动			齿轮传动			电动①			X	Y	重量②/kg		转矩/(N·m)
DN	NPS	(RF)	(BW)	M	M_1	M_0	B	B_1	B_0	H	H_1	H_0			BW	RF	
25	1	165	165	280	220	200	—	—	—	—	—	—	60	90	—	—	—
32	1~1/4	178	178	350	270	200	—	—	—	—	—	—	70	105	—	—	—
40	1~1/2	190	190	435	335	250	—	—	—	—	—	—	75	115	—	—	16
50	2	216	216	475	360	250	—	—	—	690	572	200	80	122	51	54	18
65	2~1/2	535	535	300	—	—	—	—	—	747	637	200	90	152	62	70	38
80	3	283	283	600	460	300	—	—	—	860	720	508	100	178	66	73	54
100	4	305	305	700	535	350	—	—	—	960	795	508	110	220	78	90	73
150	6	403	403	910	685	350	—	—	—	1170	945	508	145	345	159	180	90
200	8	419	419	1095	815	350	1235	900	305	1355	945	305	170	420	266	300	142
250	10	457	457	1370	965	450	1510	1050	305	1630	1095	305	210	495	416	470	224
300	12	502	502	1470	1100	500	1610	1185	305	1760	1257	305	240	600	576	650	281
350	14	762	762	1730	1250	600	1890	1345	458	2020	1407	305	265	640	890	1005	443
400	16	838	838	1870	1375	650	2030	1470	458	2185	1541	305	290	720	1260	1410	565
450	18	914	914	2185	1485	700	2415	1625	458	2500	1651	305	325	798	1620	1810	760
500	20	991	991	2335	1575	800	2545	1715	458	2695	1757	457	360	875	2110	2330	950
600	24	1143	1143	2815	1995	1000	3045	2135	458	3175	2177	457	425	1170	3410	3750	1510
700	28	1346	1346	—	—	—	—	—	—	3670	2606	610	455	1250	4715	5200	2300
800	32	1524	1524	—	—	—	—	—	—	4136	2933	610	505	1370	6690	7370	3170
900	36	1727	1727	—	—	—	—	—	—	4673	3317	610	545	1500	9230	10080	4450

① 电动装置可根据用户需要选型。

② 表中所列重量为光杆重量，不包括驱动装置。

表 3-6 PN63 主要外形尺寸、转矩和重量 (单位：mm)

公称尺寸		L	L	手动			齿轮传动			电动①			X	Y	重量②/kg		转矩/(N·m)
DN	NPS	(RF)	(BW)	M	M_1	M_0	B	B_1	B_0	H	H_1	H_0			BW	RF	
25	1	216	216	29	230	200	—	—	—	—	—	—	66	100	—	—	—
32	1~1/4	229	229	368	285	200	—	—	—	—	—	—	77	116	—	—	—
40	1~1/2	241	241	457	352	250	—	—	—	—	—	—	83	127	—	—	19
50	2	250	292	499	378	250	—	—	—	723	601	200	88	135	51	59	24
65	2~1/2	280	330	562	446	300	—	—	—	785	670	200	100	167	58	70	51
80	3	310	356	630	483	300	—	—	—	902	756	508	110	196	84	100	66
100	4	350	406	735	562	350	—	—	—	1007	835	508	121	242	137	165	90
150	6	450	495	956	720	350	1096	805	305	1216	848	305	160	380	210	240	156
200	8	550	597	1150	856	400	1290	941	305	1440	1013	305	187	462	360	385	228
250	10	650	673	1439	1013	500	1580	1098	305	1728	1170	305	230	545	505	565	368
300	12	750	762	1545	1155	600	1705	1250	458	1833	1312	305	265	660	680	765	550
350	14	850	826	1817	1313	650	1977	1408	458	2131	1480	305	292	705	1010	1130	630
400	16	950	902	1965	1445	700	2125	1540	458	2278	1610	305	320	792	1430	1580	870
450	18	1050	978	2295	1560	800	2525	1700	458	2655	1741	457	358	878	1940	2120	980

（续）

公称尺寸		L (RF)	L (BW)	手动			齿轮传动			电动①			X	Y	重量②/kg		转矩/(N·m)
DN	NPS			M	M_1	M_0	B	B_1	B_0	H	H_1	H_0			BW	RF	
500	20	1150	1054	2452	1655	1000	2682	1795	458	2812	1936	457	396	963	2500	2750	1208
600	24	1350	1232	—	—	—	3186	2235	458	3356	2413	610	468	1287	3710	4050	2150
700	28	1450	1397	—	—	—	—	—	—	3902	2777	610	500	1375	5100	5700	—
800	32	1650	1651	—	—	—	—	—	—	4393	3121	610	556	1507	6920	7547	—
900	36	1880	1880	—	—	—	—	—	—	4863	3428	760	600	1650	9800	10600	—

① 电动装置可根据用户需要选型。

② 表中所列重量为光杆重量，不包括驱动装置。

表3-7 CL400主要外形尺寸、转矩和重量 （单位：mm）

公称尺寸		L (RF)	L (BW)	手动			齿轮传动			电动①			X	Y	重量②/kg		转矩/(N·m)
DN	NPS			M	M_1	M_0	B	B_1	B_0	H	H_1	H_0			BW	RF	
25	1	216	216	295	230	200	—	—	—	—	—	—	66	100	—	—	—
32	1~1/4	229	229	368	285	200	—	—	—	—	—	—	77	116	—	—	—
40	1~1/2	241	241	457	352	250	—	—	—	—	—	—	83	127	—	—	19
50	2	292	292	499	378	250	—	—	—	723	601	200	88	135	51	59	24
65	2~1/2	330	330	562	446	300	—	—	—	785	670	200	100	167	58	70	51
80	3	356	356	630	483	300	—	—	—	902	756	508	110	196	84	100	66
100	4	406	406	735	562	350	—	—	—	1007	835	508	121	242	137	165	90
150	6	495	495	956	720	350	1096	805	305	1216	848	305	160	380	210	240	156
200	8	597	597	1150	856	400	1290	941	305	1440	1013	305	187	462	340	385	228
250	10	673	673	1439	1013	500	1580	1098	305	1728	1170	305	230	545	505	565	368
300	12	762	762	1545	1155	600	1705	1250	458	1833	1312	305	265	660	680	765	550
350	14	826	826	1818	1313	650	1977	1408	458	2131	1480	305	292	705	1010	1130	630
400	16	902	902	1965	1445	700	2125	1540	458	2278	1610	305	320	792	1430	1580	870
450	18	978	978	2295	1560	800	2525	1700	458	2655	1741	457	358	878	1940	2120	980
500	20	1054	1054	2452	1655	1000	2682	1795	458	2812	1936	610	396	963	2500	2750	1208
600	24	1232	1232	—	—	—	3186	2235	458	3356	2413	610	468	1287	3710	4050	2150
700	28	1397	1397	—	—	—	—	—	—	3902	2777	610	500	1375	5100	5700	—
800	32	1650	1650	—	—	—	—	—	—	4393	3121	610	556	1507	6920	7547	—
900	36	1880	1880	—	—	—	—	—	—	4863	3428	760	600	1650	9800	10600	—

① 电动装置可根据客户需要选型。

② 表中所列重量为光杆重量不包含驱动装置。

表3-8 PN100、CL600主要外形尺寸、转矩和重量 （单位：mm）

公称尺寸		L (RF)	L (BW)	手动			齿轮传动			电动①			X	Y	重量②/kg		转矩/(N·m)
DN	NPS			M	M_1	M_0	B	B_1	B_0	H	H_1	H_0			BW	RF	
25	1	216	216	295	230	200	—	—	—	—	—	—	66	100	—	—	—
32	1~1/4	229	229	368	285	250	—	—	—	—	—	—	77	116	—	—	—
40	1~1/2	241	241	457	352	250	—	—	—	—	—	—	83	127	—	—	24
50	2	292	292	499	378	300	—	—	—	723	600	200	88	135	59	68	30
65	2~1/2	330	330	562	446	350	—	—	—	821	705	508	100	167	78	90	67

（续）

公称尺寸		L	L	手动			齿轮传动			电动①			X	Y	重量②/kg		转矩/(N·m)
DN	NPS	(RF)	(BW)	M	M_1	M_0	B	B_1	B_0	H	H_1	H_0			BW	RF	
80	3	356	356	630	483	350	—	—	—	890	742	508	100	196	106	122	90
100	4	432	432	735	562	400	—	—	—	995	690	305	121	242	134	167	130
150	6	559	559	956	720	500	1096	805	305	1245	876	305	160	380	212	260	182
200	8	660	660	1150	856	600	1290	941	305	1444	1013	305	187	462	384	484	245
250	10	787	787	1439	1013	650	1580	1098	458	1753	1199	305	230	545	540	720	367
300	12	838	838	1545	1155	700	1705	1250	458	1858	132	305	265	660	965	1160	980
350	14	889	889	1817	1313	800	1977	1408	458	2177	1495	457	292	705	1305	1620	1118
400	16	991	991	1965	1445	1000	2125	1540	458	2365	1762	610	320	792	1350	1800	1618
450	18	1092	1092	—	—	—	2525	1700	458	2695	1877	610	358	878	1950	2440	2160
500	20	1194	1194	—	—	—	2682	1795	458	2922	2030	610	396	963	2365	2985	2810
600	24	1397	1397	—	—	—	—	—	—	3426	2470	610	468	1287	3800	4740	—
700	28	1549	1549	—	—	—	—	—	—	3983	2835	760	500	1375	5930	6800	—
800	32	1778	1778	—	—	—	—	—	—	4485	3186	760	556	1507	8333	9410	—

① 电动装置可根据用户需要选型。

② 表中所列重量为光杆阀重量，不包含驱动装置。

表 3-9 PN160、CL900 主要外形尺寸、转矩和重量 （单位：mm）

公称尺寸		L	L	手动			齿轮传动			电动①			X	Y	重量②//kg		转矩/(N·m)
DN	NPS	(RF)	(BW)	M	M_1	M_0	B	B_1	B_0	H	H_1	H_0			BW	RF	
25	1	254	254	325	253	250	—	—	—	—	—	—	73	100	—	—	—
32	1~1/4	279	279	405	312	300	—	—	—	—	—	—	85	128	—	—	—
40	1~1/2	305	305	503	387	300	—	—	—	—	—	—	91	140	—	—	33
50	2	368	368	550	416	350	—	—	—	809	545	305	97	147	—	—	54
65	2~1/2	419	419	618	491	400	—	—	—	8778	620	305	110	184	—	—	102
80	3	381	381	693	531	500	833	616	305	982	688	305	121	216	—	—	115
100	4	457	457	810	618	600	950	703	305	1098	775	305	133	266	—	—	139
150	6	610	610	1052	791	650	1212	886	458	1366	957	305	176	418	421	443	318
200	8	737	737	1263	942	700	1423	1037	458	1577	1108	305	206	508	672	707	590
250	10	838	838	1583	1136	800	1813	1276	458	1943	1318	457	255	600	983	1034	785
300	12	965	965	1698	1271	1000	1928	1411	458	2058	1453	457	290	726	1634	1720	997
350	14	1029	1029	—	—	—	2230	1585	458	2400	1762	610	321	775	2353	2476	1040
400	16	1130	1130	—	—	—	—	—	—	2630	1963	610	351	871	2613	2750	1245
450	18	1219	1219	—	—	—	—	—	—	2993	2090	610	395	966	3575	3763	1451
500	20	1321	1321	—	—	—	—	—	—	3147	2168	760	436	1060	4331	4559	1966
600	24	1549	1549	—	—	—	—	—	—	3706	2655	760	515	1416	6954	7320	3611

① 电动装置可根据用户需要选型。

② 表中所列重量为光杆阀重量，不包含驱动装置。

6）主要生产厂家：中国·保一集团有限公司。

9. 短结构轻型平行式单闸板无导流孔闸阀

1）短结构轻型平行式单闸板无导流孔闸阀的主要外形尺寸、转矩和重量如图 3-16 所示和见表 3-10。

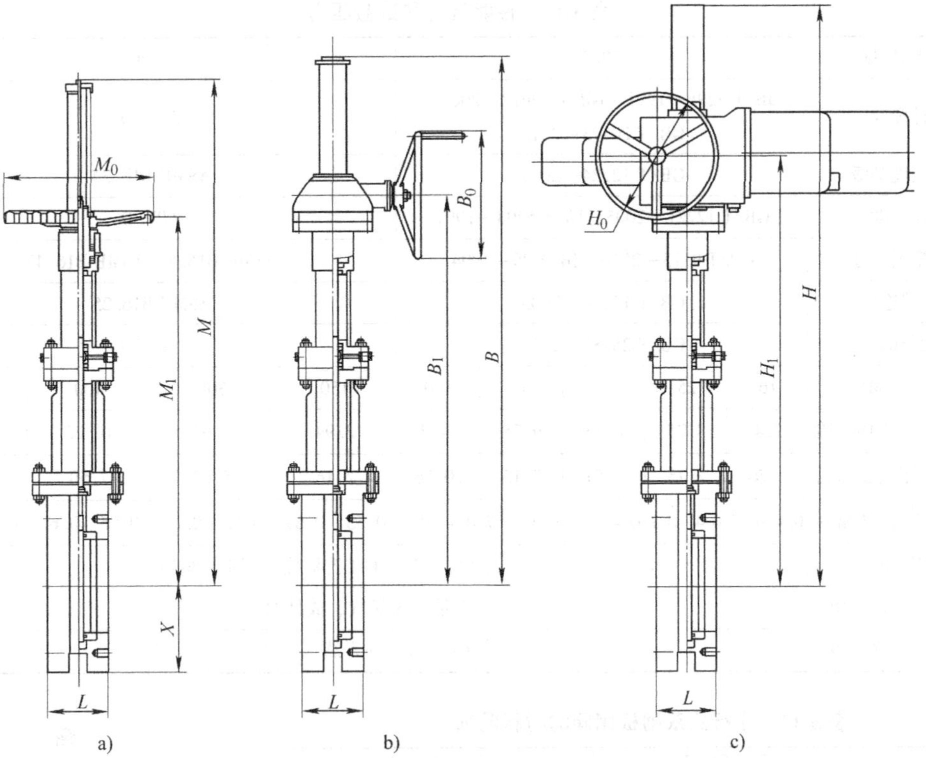

图 3-16　短结构轻型平行式单闸板无导流孔闸阀

a）手动驱动结构　b）齿轮驱动结构　c）电动驱动结构

表 3-10　PN16、PN25、CL150 主要外形尺寸、转矩和重量　　（单位：mm）

公称尺寸		L（RF）	手动			齿轮传动			电动①			X	重量②	转矩
DN	NPS		M	M_1	M_0	B	B_1	B_0	H	H_1	H_0		/kg	/（N·m）
100	4	150	700	535	350	—	—	—	960	795	508	110	16	46
150	6	150	910	685	350	—	—	—	1170	945	508	145	32	60
200	8	180	1095	815	350	1235	900	305	1355	1075	508	170	37	110
250	10	180	1370	965	450	1510	1050	305	1630	1095	305	210	76	162
300	12	200	1470	1100	500	1610	1185	305	1730	1230	305	240	105	222
350	14	206	1730	1250	600	1890	1345	458	2020	1417	305	265	150	310
400	16	218	1870	1375	650	2030	1470	458	2160	1532	305	290	288	440
450	18	218	2185	1485	700	2415	1625	458	2500	1651	305	325	328	560
500	20	229	2335	1575	800	2565	1715	458	2650	1741	305	360	425	700
600	24	248	2815	1995	1000	3045	2135	458	3130	2161	457	425	491	1010
700	28	286	—	—	—	—	—	—	3660	2470	457	455	—	1560
800	32	286	—	—	—	—	—	—	4135	2933	610	505	—	2150
900	36	286	—	—	—	—	—	—	4605	3260	610	454	—	2910
1000	40	324	—	—	—	—	—	—	5140	3645	610	610	—	3920

①　电动装置可根据用户需要选型。

②　表中所列重量为光杆重量不包括驱动装置。

2）主要生产厂家：威梯流体设备（上海）有限公司。

10. 平行式双闸板闸阀

1）平行式双闸板闸阀的性能规范和试验压力见表 3-11。

2）平行式双闸板闸阀的材料明细如图 3-17 所示和见表 3-12。

表 3-11 性能规范和试验压力

设计依据		GB/T					API			
设计标准		JB/T 5298—1991、GB/T 19672—2005、GB/T 20173—2013					API 6D			
压力温度等级		GB/T 12224—2005					ASME B16.34			
结构长度		GB/T 12221—2005、JB/T 5298—1991					API 6D			
法兰型式尺寸		GB/T 9113—2010、JB/T 79—1994					ASME B16.5、ASME B16.47			
对焊端连接		GB/T 12224—2005					ASME B16.25			
检验与试验		GB/T 26480—2011					API 6D			
公称压力/MPa		16	25	40	63	100	150	300	400	600
试验压力/MPa(对于壳体材料WCB)	壳体试验	2.4	3.75	6.15	9.75	14.4	2.94	7.67	10.22	15.32
	高压密封	1.76	2.75	4.51	7.15	10.56	2.16	5.62	7.50	11.24
	低压密封	0.4~0.7	0.4~0.7	0.4~0.7	0.4~0.7	0.4~0.7	0.55~0.69	0.55~0.69	0.55~0.69	0.55~0.69
适用温度		-196~550℃（不同的工况温度选用不同材质）								
适用介质	普通型	石油、天然气、成品油等								
	抗硫型	含 H_2S、CO 的天然气、石油等								

表 3-12 平行式双闸板闸阀的材料明细

序号	零件名称	普通型		抗硫型	
		GB/T	ASTM	GB/T	ASTM
1	阀体	WCB	A216-WCB	WCB	A216-WCB
2	闸板架	WCB	A216-WCB	WCB	A216-WCB
3	楔块	WCB + STL	A216-WCB + SLT	WCB + STL	A216-WCB + STL
4	闸板	25 + SLT	A105 + STL	12Cr18Ni9 + STL	A182-F304 + STL
5	阀座	25 + SLT	A105 + STL	12Cr18Ni9 + STL	A182-F304 + STL
6	阀杆	20Cr13	A276-410	12Cr18Ni9	A276-304
7	上密封座	20Cr13	A276-410	12Cr18Ni9	A276-304
8	填料	柔性石墨			
9	密封垫片	柔性石墨 + 不锈钢			
10	阀盖	WCB	A216-WCB	WCB	A216-WCB
11	双头螺柱	35CrMoA	A193-B7	35CrMoA	A193-B7
12	六角螺母	35	A194-2H	35	A194-2H
13	指示针	20Cr13	A276-420	20Cr13	A276-420
14	填料压套	20Cr13	A276-420	20Cr13	A276-420
15	填料压盖	WCB	A216-WCB	WCB	A216-WCB
16	支架	WCB	A216-WCB	WCB	A216-WCB
17	阀杆螺母	ZQAL9-4	B148 C95600	ZCuAl10Fe3	B148 C95600
18	压盖	25	A108 1020	25	A108 1020
19	手轮	QT400-18	A197	QT400-18	A197
20	指示罩	25	A108 1020	25	A108 1020

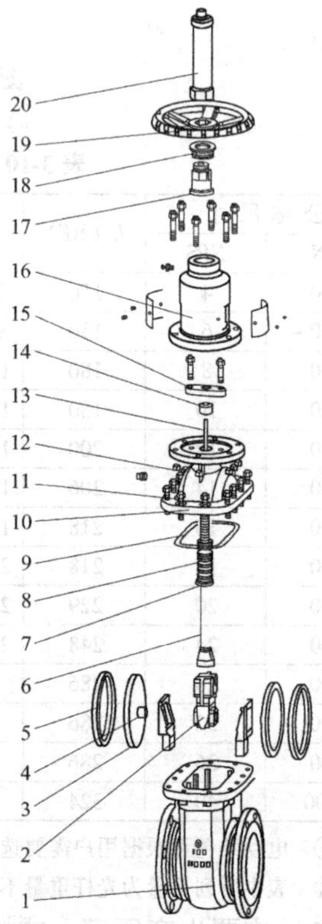

图 3-17 平行式双闸板闸阀的立体组装结构图（图中序号见表 3-12）

3）平行式双闸板闸阀的供货范围见表 3-13。

表 3-13　平行式双闸板闸阀的供货范围

驱动方式	DN		50	65	80	100	125	150	200	250	300	350	400	450	500	600	650	700	750	800	900
	NPS		2	2 ~ 1/2	3	4	5	6	8	10	12	14	16	18	20	24	26	28	30	32	36
手动	PN	16	*	*	*	*	*	*	*	*	*	*	*	*	*	*					
		25	*	*	*	*	*	*	*	*	*	*	*	*	*	*					
		40	*	*	*	*	*	*	*	*	*	*	*	*	*	*					
		63	*	*	*	*	*	*	*	*	*	*	*	*	*						
		100	*	*	*	*	*	*	*	*	*	*	*								
	CL	150	*	*	*	*	*	*	*	*	*	*	*	*	*	*					
		300	*	*	*	*	*	*	*	*	*	*	*	*	*	*					
		400	*	*	*	*	*	*	*	*	*	*	*	*	*	*					
		600	*	*	*	*	*	*	*	*	*	*	*								
齿轮传动	PN	16							*	*	*	*	*	*	*	*					
		25							*	*	*	*	*	*	*	*					
		40							*	*	*	*	*	*	*	*					
		63						*	*	*	*	*	*	*	*	*					
		100						*	*	*	*	*	*	*	*						
	CL	150							*	*	*	*	*	*	*	*					
		300							*	*	*	*	*	*	*	*					
		400						*	*	*	*	*	*	*	*	*					
		600						*	*	*	*	*	*	*	*						
电动	PN	16	*	*	*	*	*	*	*	*	*	*	*	*	*	*	*	*	*	*	*
		25	*	*	*	*	*	*	*	*	*	*	*	*	*	*	*	*	*	*	*
		40	*	*	*	*	*	*	*	*	*	*	*	*	*	*	*	*	*	*	*
		63	*	*	*	*	*	*	*	*	*	*	*	*	*	*	*	*	*	*	*
		100	*	*	*	*	*	*	*	*	*	*	*	*	*	*	*	*	*	*	
	CL	150	*	*	*	*	*	*	*	*	*	*	*	*	*	*	*	*	*	*	*
		300	*	*	*	*	*	*	*	*	*	*	*	*	*	*	*	*	*	*	*
		400	*	*	*	*	*	*	*	*	*	*	*	*	*	*	*	*	*	*	*
		600	*	*	*	*	*	*	*	*	*	*	*	*	*	*	*	*	*	*	

4）平行式双闸板闸阀的主要外形尺寸、转矩和重量如图 3-18 所示和见表 3-14 ~ 表 3-18。

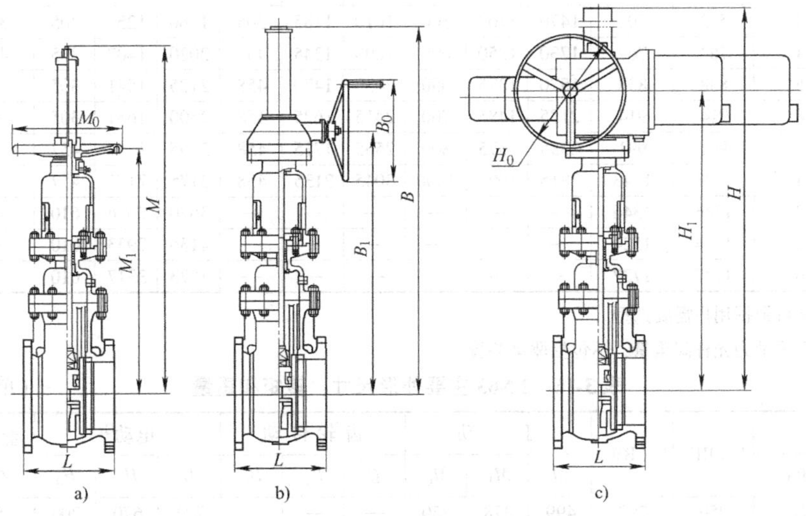

图 3-18　平行式双闸板闸阀

a）手动结构　b）锥齿轮驱动结构　c）电动驱动结构

表 3-14　PN16、PN25、CL150 主要外形尺寸、转矩和重量　（单位：mm）

公称尺寸		L（RF）	L（BW）	手动			齿轮传动			电动①			重量②	转矩
DN	NPS			M	M_1	M_0	B	B_1	B_0	H	H_1	H_0	/kg	/(N·m)
50	2	178	216	475	360	250	—	—	—	690	572	200	23	18
65	2～1/2	190	241	535	425	300	—	—	—	747	637	200	29	37
80	3	203	283	600	460	300	—	—	—	8112	672	200	38	46
100	4	229	305	700	535	350	—	—	—	960	795	508	50	55
150	6	267	403	910	685	350	—	—	—	1170	945	508	105	72
200	8	292	419	1095	815	350	1235	900	305	1355	1075	508	176	132
250	10	330	457	1370	965	450	1510	1050	305	1630	1095	305	250	194
300	12	356	502	1470	1100	500	1610	1185	305	1730	1230	305	286	266
350	14	381	572	1730	1250	600	1890	1345	458	2020	1417	305	525	372
400	16	406	610	1870	1375	650	2030	1470	458	2160	1532	305	750	528
450	18	432	660	2185	1485	700	2415	1625	458	2500	1651	305	860	672
500	20	457	711	2335	1575	800	2565	1715	458	2650	1741	305	1070	840
600	24	508	813	2815	1995	1000	3045	2135	458	3130	2161	457	1460	1212
700	28	610	914	—	—	—	—	—	—	3630	2470	457	2160	1872
800	32	660	965	—	—	—	—	—	—	4135	2933	610	2615	2580
900	36	813	1016	—	—	—	—	—	—	4605	3260	610	—	3492

① 电动装置可根据用户需要选型。

② 表中所列重量为光杆阀重量，不包括驱动装置。

表 3-15　PN40、CL300 主要外形尺寸、转矩和重量　（单位：mm）

公称尺寸		L（RF）	L（BW）	手动			齿轮传动			电动①			重量②	转矩
DN	NPS			M	M_1	M_0	B	B_1	B_0	H	H_1	H_0	/kg	/(N·m)
50	2	216	216	475	360	200	—	—	—	690	572	200	55	22
65	2～1/2	241	241	535	425	300	—	—	—	747	637	200	—	46
80	3	283	283	600	460	300	—	—	—	860	720	508	68	65
100	4	305	305	700	535	350	—	—	—	960	795	508	88	88
150	6	403	403	910	685	350	—	—	—	1170	945	508	110	108
200	8	419	419	1095	815	350	1235	900	305	1355	945	305	205	170
250	10	457	457	1370	965	450	1510	1050	305	1630	1095	305	280	269
300	12	502	502	1470	1100	500	1610	1185	305	1760	1257	305	385	337
350	14	762	762	1730	1250	600	1890	1345	458	2020	1407	305	485	532
400	16	838	838	1870	1375	650	2030	1470	458	2185	1541	305	—	678
450	18	914	914	2185	1485	700	2415	1625	458	2500	1651	305	—	912
500	20	991	991	2335	1575	800	2565	1715	458	2695	1757	457	—	1140
600	24	1143	1143	2815	1995	1000	3045	2135	458	3175	2177	457	—	1812
700	28	1346	1346	—	—	—	—	—	—	3670	2606	610	—	2760
800	32	1524	1524	—	—	—	—	—	—	4136	2933	610	—	3804
900	36	1727	1727	—	—	—	—	—	—	4673	3317	610	—	5340

① 电动装置可根据用户需要选型。

② 表中所列重量为光杆阀重量，不包括驱动装置。

表 3-16　PN63 主要外形尺寸、转矩和重量　（单位：mm）

公称尺寸		L（RF）	L（BW）	手动			齿轮传动			电动①			重量②	转矩
DN	NPS			M	M_1	M_0	B	B_1	B_0	H	H_1	H_0	/kg	/(N·m)
50	2	250	292	499	378	250	—	—	—	723	670	200	58	29
65	2～1/2	280	330	562	446	300	—	—	—	785	670	200	—	61
80	3	310	356	630	483	300	—	—	—	902	756	508	72	79

（续）

公称尺寸		L（RF）	L（BW）	手动			齿轮传动			电动①			重量②	转矩
DN	NPS			M	M_1	M_0	B	B_1	B_0	H	H_1	H_0	/kg	/(N·m)
100	4	350	406	735	562	350	—	—	—	1007	838	508	95	108
150	6	450	495	956	720	350	1096	805	305	1216	848	305	115	187
200	8	550	597	1150	856	400	1290	941	305	1440	1013	305	210	274
250	10	650	673	1439	1013	500	1580	1098	305	1728	1170	305	285	442
300	12	750	762	1545	1155	600	1705	1250	458	1833	1312	305	392	660
350	14	850	826	1817	1313	650	1977	1408	458	2131	1480	305	495	756
400	16	950	902	1965	1445	700	2125	1540	458	2278	1610	305	—	1044
450	18	1050	978	2295	1560	800	2525	1700	458	2655	1741	457	—	1176
500	20	1150	1054	2452	1655	1000	2682	1795	458	2812	1836	610	—	1450
600	24	1350	1232	—	—	—	3186	2235	458	3356	2413	610	—	2580
700	28	1450	1397	—	—	—	—	—	—	3902	2777	610	—	—
800	32	1650	1651	—	—	—	—	—	—	4393	3121	610	—	—
900	36	1880	1880	—	—	—	—	—	—	4683	3428	760	—	—

① 电动装置可根据用户需要选型。

② 表中所列重量为光杆阀重量，不包括驱动装置。

表 3-17 CL400 主要外形尺寸、转矩和重量 （单位：mm）

公称尺寸		L（RF）	L（BW）	手动			齿轮传动			电动①			重量②	转矩
DN	NPS			M	M_1	M_0	B	B_1	B_0	H	H_1	H_0	/kg	/(N·m)
50	2	292	292	499	378	250	—	—	—	723	601	200	58	29
65	2~1/2	330	330	562	446	300	—	—	—	785	670	200	—	61
80	3	356	356	630	4833	300	—	—	—	902	756	508	72	79
100	4	406	406	735	562	350	—	—	—	1007	838	508	95	108
150	6	495	495	956	720	350	1096	805	305	1216	848	305	115	187
200	8	597	597	1150	856	400	1290	941	305	1440	1013	305	210	274
250	10	673	673	1439	1013	500	1580	1098	305	1728	1170	305	285	442
300	12	762	762	1545	1155	600	1705	1250	458	1833	1312	305	392	660
350	14	826	826	1817	1313	650	1977	1408	458	2131	1480	305	495	756
400	16	902	902	1965	1445	700	2125	1540	458	2278	1610	305	—	1044
450	18	978	978	2295	1560	800	2525	1700	458	2655	1741	457	—	1176
500	20	1054	1054	2452	1655	1000	2682	1795	458	2812	1836	610	—	1450
600	24	1232	1232	—	—	—	3186	2235	458	3356	2413	610	—	2580
700	28	1397	1397	—	—	—	—	—	—	3902	2777	610	—	—
800	32	1650	1650	—	—	—	—	—	—	4393	3121	610	—	—
900	36	1880	1880	—	—	—	—	—	—	4863	3428	760	—	—

① 电动装置可根据用户需要选型。

② 表中所列重量为光杆阀重量，不包括驱动装置。

表 3-18 PN100、CL600 主要外形尺寸、转矩和重量 （单位：mm）

公称尺寸		L（RF）	L（BW）	手动			齿轮传动			电动①			重量②	转矩
DN	NPS			M	M_1	M_0	B	B_1	B_0	H	H_1	H_0	/kg	/(N·m)
50	2	292	292	499	378	300	—	—	—	723	600	200	—	30
65	2~1/2	330	330	562	446	350	—	—	—	821	705	508	—	67
80	3	356	356	630	483	350	—	—	—	890	742	508	—	90
100	4	432	432	735	562	400	—	—	—	995	690	305	—	130
150	6	559	559	956	720	500	1096	805	305	1245	876	305	—	182
200	8	660	660	1150	856	600	1290	941	305	1440	1013	305	—	245

（续）

公称尺寸		L（RF）	L（BW）	手动			齿轮传动			电动①			重量②	转矩
DN	NPS			M	M_1	M_0	B	B_1	B_0	H	H_1	H_0	/kg	/（N·m）
250	10	787	787	1439	1013	650	1580	1098	458	1753	1199	305	—	367
300	12	838	838	1545	1155	700	1705	1250	458	1858	1321	305	—	980
350	14	889	889	1817	1313	800	1977	1408	458	2177	1495	457	—	1118
400	16	991	991	1965	1445	1000	2125	1540	458	2365	1762	610	—	1618
450	18	1092	1092	—	—	—	2525	1700	458	2695	1877	610	—	2160
500	20	1194	1194	—	—	—	2682	1795	458	2922	2030	610	—	2810
600	24	1397	1397	—	—	—	—	—	—	3426	2470	610	—	—
700	28	1549	1549	—	—	—	—	—	—	3983	2835	760	—	—
800	32	1778	1778	—	—	—	—	—	—	4485	3186	760	—	—

① 电动装置可根据用户需要选型。

② 表中所列重量为光杆阀重量，不包括驱动装置。

5）主要生产厂家：中国·保一集团有限公司。

11. API 6A 井口装置和采油树设备用平行式闸阀

1）公称压力级别见表 3-19。

表 3-19 API 6A 平行式闸阀公称压力级别

PN	（API/psi①）	PN	（API/psi①）
138	2000	690	10000
207	3000	1035	15000
345	5000	1380	20000

① 1psi≈6.9kPa。

2）额定温度级别见表 3-20。

表 3-20 额定温度级别

温度级别	使用范围			
	温度/℃		温度/°F	
	min.①	max.②	min.①	max.②
K	-60	82	-75	180
L	-46	82	-50	180
N	-46	60	-50	140
P	-29	82	-20	180
R	室温	室温	室温	室温
S	-18	66	0	150
T	-18	82	0	180
U	-18	121	0	250
V	2	121	35	250

① 最低温度是指设备可能达到的最低环境温度。

② 最高温度是指可能与设备直接接触的流体的最高温度。

3）额定材料级别见表 3-21。

表 3-21 材料要求

材料级别	材料最低要求	
	体、盖、端部和出口连接	控压件、阀杆和心轴悬挂器
AA——一般运行	碳钢或低合金钢	碳钢或低合金钢
BB——一般运行	碳钢或低合金钢	不锈钢
CC——一般运行	不锈钢	不锈钢
DD—酸性运行①	碳钢或低合金钢②	碳钢或低合金钢②

（续）

材料级别	材料最低要求	
	体、盖、端部和出口连接	控压件、阀杆和心轴悬挂器
EE—酸性运行①	碳钢或低合金钢②	不锈钢②
FF—酸性运行①	不锈钢②	不锈钢②
HH—酸性运行①	抗腐蚀合金（CRA）②③④	抗腐蚀合金②③④

① 应按照 NACE MR0175/ISO 15156 的定义，符合 NACE MR0175/ISO 15156。

② 应符合 NACE MR0175/ISO 15156 标准。

③ 仅在被残留液体湿润的表面上要求 CRA。

④ 其定义为含有特定合金元素钛、镍、钴、铬和钼中的任一种或其非铁基合金总含量超过 50% 的合金；NACE MR0175/ISO 15156 的定义不适用。

4）平行式闸阀和旋塞阀的结构长度

① 额定工作压力 13.8MPa（2000psi）法兰连接旋塞阀和闸阀见表 3-22。

表 3-22　额定工作压力 13.8MPa（2000psi）**法兰连接旋塞阀和闸阀**　（单位：mm）

公称尺寸		全孔阀孔	结构长度 ±2			
DN	NPS	$^{+0.8}_{0}$	全孔闸阀	旋塞阀		全径和缩径球阀
				全孔旋塞阀	缩径旋塞阀	
52×46	$2\,^1/_{16}\times1\,^{13}/_{16}$	46.0	295	—	295	—
52	$2\,^1/_{16}$	52.4	295	333	295	295
65	$2\,^9/_{16}$	65.1	333	384	333	333
79	$3\,^1/_8$	79.4	359	448	359	359
79×81	$3\,^1/_8\times3\,^3/_{16}$	81.0	359	448	359	—
103	$4\,^1/_{16}$	103.2	435	511	435	435
103×105	$4\,^1/_{16}\times4\,^1/_8$	104.8	435	511	435	—
103×108	$4\,^1/_{16}\times4\,^1/_4$	108.0	435	511	435	—
130	$5\,^1/_8$	130.2	562	638	—	—
179×152	$7\,^1/_{16}\times6$	152.4	562	727	562	562
179×162	$7\,^1/_{16}\times6\,^3/_8$	161.9	562	—	—	—
179×168	$7\,^1/_{16}\times6\,^5/_8$	168.3	—	—	—	—
179	$7\,^1/_{16}$	179.4	664	740	—	—
179×181	$7\,^1/_{16}\times7\,^1/_8$	181.0	664	740	—	—

② 额定工作压力 20.7MPa（3000psi）法兰连接旋塞阀和闸阀见表 3-23。

表 3-23　额定工作压力 20.7MPa（3000psi）**法兰连接旋塞阀和闸阀**　（单位：mm）

公称尺寸		全孔阀孔	结构长度 ±2			
DN	NPS	$^{+0.8}_{0}$	全孔闸阀	旋塞阀		全径和缩径球阀
				全　径	缩　径	
52×46	$2\,^1/_{16}\times1\,^{13}/_{16}$	46.0	371	—	371	—
52	$2\,^1/_{16}$	52.4	371	384	371	371
65	$2\,^9/_{16}$	65.1	422	435	422	422
79	$3\,^1/_8$	79.4	435	473	384	384
79×81	$3\,^1/_8\times3\,^3/_{16}$	81.0	435	473	384	—
103	$4\,^1/_{16}$	103.2	511	562	460	460
103×105	$4\,^1/_{16}\times4\,^1/_8$	104.8	511	562	460	—

（续）

公称尺寸		全孔阀孔	结构长度±2			
DN	NPS	+0.8 0	全孔闸阀	旋塞阀		全径和缩径球阀
				全　径	缩　径	
103×108	$4\frac{1}{16}\times4\frac{1}{4}$	108.0	511	562	460	—
130	$5\frac{1}{8}$	130.2	613	664	—	—
179×152	$7\frac{1}{16}\times6$	152.4	613	765	613	613
179×162	$7\frac{1}{16}\times6\frac{3}{8}$	161.9	613	—	—	—
179×168	$7\frac{1}{16}\times6\frac{5}{8}$	168.3	—	—	—	—
179	$7\frac{1}{16}$	179.4	714	803	—	—
179×181	$7\frac{1}{16}\times7\frac{1}{8}$	181.0	714	803	—	—

③　额定工作压力34.5MPa（5000psi）法兰连接旋塞阀和闸阀见表3-24。

表3-24　额定工作压力34.5MPa（5000psi）法兰连接旋塞阀和闸阀　（单位：mm）

公称尺寸		全孔阀孔	结构长度±2			
DN	NPS	+0.8 0	全孔闸阀	旋塞阀		全径和缩径球阀
				全　径	缩　径	
52×46	$2\frac{1}{16}\times1\frac{13}{16}$	46.0	371	—	371	—
52	$2\frac{1}{16}$	52.4	371	394	371	371
65	$2\frac{9}{16}$	65.1	422	457	422	473
79	$3\frac{1}{8}$	79.4	473	527	473	473
79×81	$3\frac{1}{8}\times3\frac{3}{16}$	81.0	473	527	473	—
103	$4\frac{1}{16}$	103.2	549	629	549	549
103×105	$4\frac{1}{16}\times4\frac{1}{8}$	104.8	549	629	549	—
103×108	$4\frac{1}{16}\times4\frac{1}{4}$	108.0	549	629	549	—
130	$5\frac{1}{8}$	130.2	727	—	—	—
179×130	$7\frac{1}{16}\times5\frac{1}{8}$	130.2	737	—	—	—
179×152	$7\frac{1}{16}\times6$	152.4	737	—	—	711
179×155	$7\frac{1}{16}\times6\frac{1}{8}$	155.6	737	—	—	—
179×162	$7\frac{1}{16}\times6\frac{3}{8}$	161.9	737	—	—	—
179×168	$7\frac{1}{16}\times6\frac{5}{8}$	168.3	737	—	—	—
179	$7\frac{1}{16}$	179.4	813	978	—	—
179×181	$7\frac{1}{16}\times7\frac{1}{8}$	181.0	813	978	—	—
228	9	228.6	1041	—	—	—

④　额定工作压力69.0MPa（10000psi）法兰连接旋塞阀和闸阀见表3-25。

表3-25　额定工作压力69.0MPa（10000psi）法兰连接旋塞阀和闸阀　（单位：mm）

公称尺寸		全孔阀	
DN	NPS	孔 +0.8 0	结构长度±2
46	$1\frac{13}{16}$	46.0	464
52	$2\frac{1}{16}$	52.4	521
65	$2\frac{9}{16}$	65.1	565
78	$3\frac{1}{16}$	77.8	619
103	$4\frac{1}{16}$	103.2	670

（续）

公称尺寸		全孔阀	
DN	NPS	孔 $^{+0.8}_{0}$	结构长度 ±2
130	$5\,^1/_8$	130.2	737
179×162	$7\,^1/_{16}\times6\,^3/_8$	161.9	889
179	$7\,^1/_{16}$	179.4	889

⑤　额定工作压力 103.5MPa（15000psi）法兰连接旋塞阀和闸阀见表 3-26。

表 3-26　额定工作压力 103.5MPa（15000psi）**法兰连接旋塞阀和闸阀**　（单位：mm）

公称尺寸		全孔阀		
DN	NPS	孔 $^{+0.8}_{0}$	结构长度 ±2	
			短型	长型
46	$1\,^{13}/_{16}$	46.0	457	—
52	$2\,^1/_{16}$	52.4	483	597
65	$2\,^9/_{16}$	65.1	533	635
78	$3\,^1/_{16}$	77.8	598	—
103	$4\,^1/_{16}$	103.2	737	—
130	$5\,^1/_8$	130.2①	889	—

① 孔的公差为 $^{+1.0}_{0}$。

⑥　额定工作压力 138.0MPa（20000psi）法兰连接旋塞阀和闸阀见表 3-27。

表 3-27　额定工作压力 138.0MPa（20000psi）**法兰连接旋塞阀和闸阀**　（单位：mm）

公称尺寸		全孔阀	
DN	NPS	孔 $^{+0.8}_{0}$	结构长度 ±2
46	$1\,^{13}/_{16}$	46.0	533
52	$2\,^1/_{16}$	52.4	584
65	$2\,^9/_{16}$	65.1	673
78	$3\,^1/_{16}$	77.8	775

5）各种类型平行式闸阀（井口阀）的主要外形尺寸和连接尺寸

①　PFFA 型手动暗杆法兰连接平行式闸阀（图 3-19、图 3-20、表 3-28）

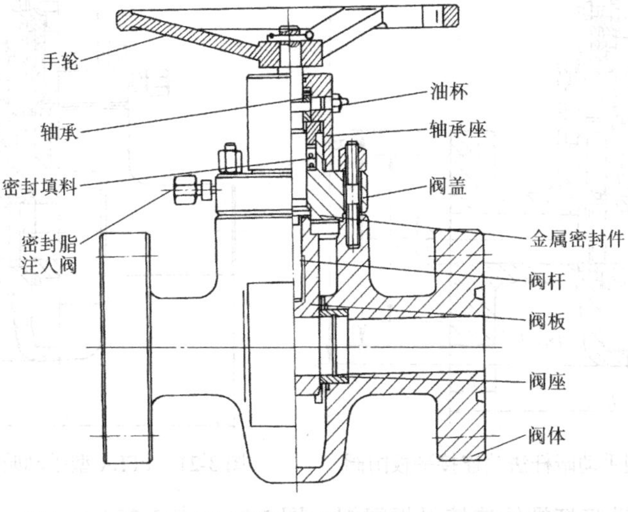

图 3-19　PFFA 型手动暗杆法兰连接平行式闸阀主要结构

表 3-28　法兰式平板阀尺寸　（单位：mm）

额定工作压力	公称尺寸/in	法兰外径 D	法兰厚度 b	螺栓孔中心距 D_1	螺栓孔直径 d	螺栓孔数 n	结构长度 L	阀门高度 H		
								明杆	暗杆	液动
13.8MPa (2000lbf/in²)	$2\frac{1}{16}$	165	33	127.0	20	8	295		420	
	$2\frac{9}{16}$	190	36.5	149.2	23	8	333		500	
	$3\frac{1}{8}$	210	39.7	168.5	23	8	359		540	
20.7MPa (3000lbf/in²)	$2\frac{1}{16}$	215	46	165.1	26	8	371		420	
	$2\frac{9}{16}$	245	46	190.5	30	8	422		500	
	$3\frac{1}{8}$	240	49	190.5	26	8	435		550	
	$4\frac{1}{16}$	295	52.4	235.0	33	8	511		615	
34.5MPa (5000lbf/in²)	$2\frac{1}{16}$	215	46	165.1	26	8	371		420	
	$2\frac{9}{16}$	245	49	190.5	30	8	422	760	510	
	$3\frac{1}{8}$	270	56	203.2	33	8	473	760	565	
	$4\frac{1}{16}$	310	62	241.3	36	8	549	980	625	1170
69.0MPa (10000lbf/in²)	$2\frac{13}{16}$	190	42	146.1	23	8	464		500	
	$2\frac{1}{16}$	200	44	158.8	23	8	520	690	470	920
	$2\frac{9}{16}$	230	51.2	184.2	26	8	565	830	560	1010
	$3\frac{1}{8}$	270	58.4	215.9	30	8	619	860	580	1070
	$4\frac{1}{16}$	315	70.3	258.8	33	8	669	970	710	1180
103.5MPa (15000lbf/in²)	$2\frac{1}{16}$	220	50.8	174.6	26	8	483	730	530	
	$2\frac{9}{16}$	250	57.1	200.0	30	8	533	880	580	
	$3\frac{1}{8}$	290	64.3	230.2	33	8	598	900	670	
	$4\frac{1}{16}$	360	78.6	290.5	40	8	737		716	

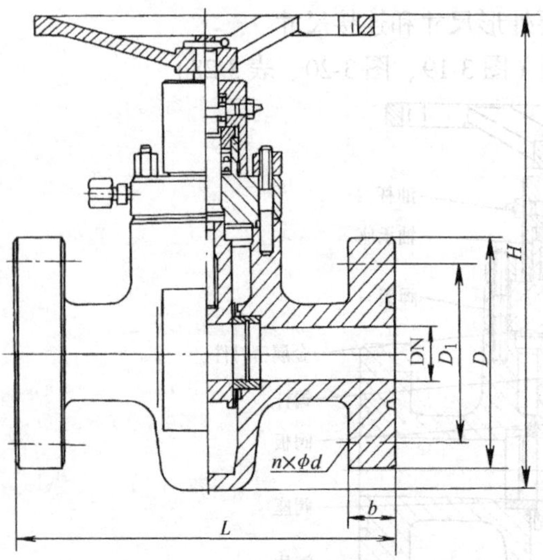

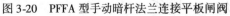

图 3-20　PFFA 型手动暗杆法兰连接平板闸阀

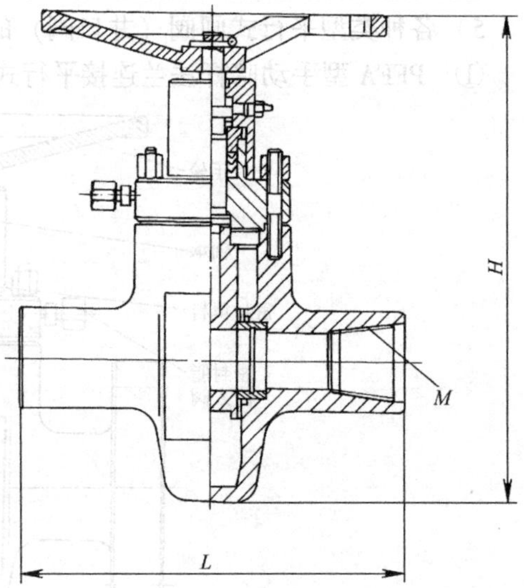

图 3-21　PFLA 型手动暗杆螺纹连接平板闸阀

② PFLA 型手动暗杆螺纹连接平板闸阀（图 3-21、表 3-29）。

表 3-29　螺纹式平板阀尺寸　（单位：mm）

额定工作压力	公称尺寸/in	结构长度 L	螺纹尺寸 M	阀门高度 H
13.8MPa (2000lbf/in²)	2⅟₁₆	295	2LP①	420
20.7MPa (3000lbf/in²)	2⁹⁄₁₆	422	27/8UPTBG②	500
34.5MPa (5000lbf/in²)	2⅟₁₆	371	2LP	420
	2⁹⁄₁₆	422	27/8UP TBG	500
	3⅛	300	31/2UP TBG	565

① LP——管线管螺纹。

② UP TBG——外加厚油管螺纹。

③ PFF 型手动明杆法兰连接平板闸阀（图 3-22、表 3-30）。

④ PFFY 型液动法兰连接平板闸阀（图 3-23、表 3-31）。

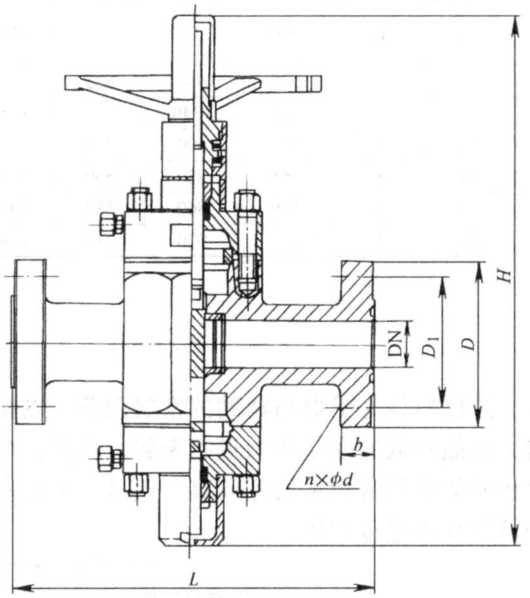

图 3-22　PFF 型手动明杆法兰连接平板闸阀

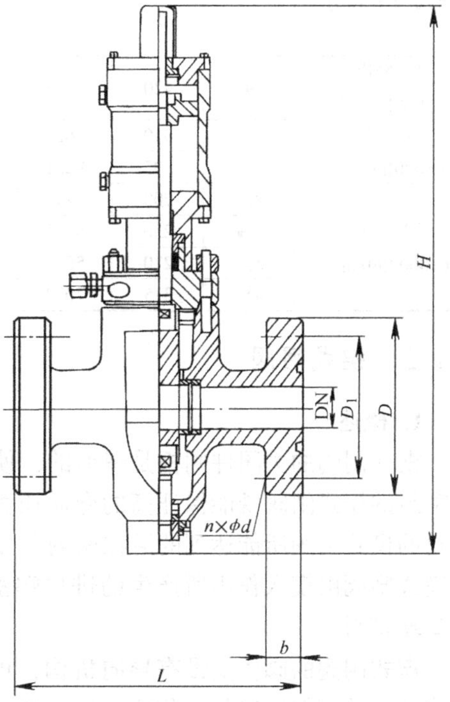

图 3-23　PFFY 型液动法兰连接平板闸阀

表 3-30　法兰式平板阀尺寸　（单位：mm）

额定工作压力	公称尺寸 /in	法兰外径 D	法兰厚度 b	螺栓孔中心距 D_1	螺栓孔直径 d	螺栓孔数 n	结构长度 L	阀门高度 H		
								明杆	暗杆	液动
13.8MPa (2000lbf/in²)	9	420	63.5	349.2	33	12	790	1580		1730
20.7MPa (3000lbf/in²)	7⅟₁₆	380	63.5	317.5	32	12	714	1340		
	9	470	71.4	393.7	39	12	841	1590		
34.5MPa (5000lbf/in²)	2⁹⁄₁₆	245	49	190.5	30	8	422	760	510	
	3⅛	270	56	203.2	33	8	473	760	565	
	4⅟₁₆	310	62	241.3	36	8	549	980	625	1170
	7⅟₁₆	395	92.1	317.5	39	12	812	1340		1540

（续）

额定工作压力	公称尺寸 /in	法兰外径 D	法兰厚度 b	螺栓孔中心距 D_1	螺栓孔直径 d	螺栓孔数 n	结构长度 L	阀门高度 H		
								明杆	暗杆	液动
69.0MPa (10000lbf/in²)	$2\frac{1}{16}$	200	44	158.8	23	8	520	690	470	920
	$2\frac{9}{16}$	230	51.2	184.2	26	8	565	830	560	1010
	$3\frac{1}{8}$	270	58.4	215.9	30	8	619	860	580	1070
	$4\frac{1}{16}$	315	70.3	258.8	33	8	669	970	710	1180
103.5MPa (15000lbf/in²)	$2\frac{1}{16}$	220	50.8	174.6	26	8	483	730	530	
	$2\frac{9}{16}$	250	57.1	200.0	30	8	533	880	580	
	$3\frac{1}{8}$	290	64.3	230.2	33	8	598	900	670	

表 3-31 法兰式平板阀尺寸 （单位：mm）

额定工作压力	公称尺寸 /in	法兰外径 D	法兰厚度 b	螺栓孔中心距 D_1	螺栓孔直径 d	螺栓孔数 n	结构长度 L	阀门高度 H		
								明杆	暗杆	液动
13.8MPa (2000lbf/in²)	9	420	63.5	349.2	33	12	790	1580		1730
34.5MPa (5000lbf/in²)	$4\frac{1}{16}$	310	62	241.3	36	8	549	980	625	1170
	$7\frac{1}{16}$	395	92.1	317.5	39	12	813	1340		1540
69.0MPa (10000lbf/in²)	$2\frac{1}{16}$	200	44	158.8	23	8	520	690	470	920
	$2\frac{9}{16}$	230	51.2	184.2	26	8	565	830	560	1010
	$3\frac{1}{8}$	270	58.4	215.9	30	8	619	860	580	1070
	$4\frac{1}{16}$	315	70.3	258.8	33	8	669	970	710	1180

3.1.2 楔式闸阀

1. 概述

楔式闸阀的关闭件闸板是楔形的，使用楔形的目的是为了提高辅助的密封载荷，以使金属密封的楔式闸阀既能保证高的介质压力密封，也能对低的介质压力进行密封。这样，金属密封的楔式闸阀所能达到的潜在密封程度就比普通的金属密封平行闸阀高。但是，金属密封的楔式闸阀由楔入作用所产生的进口端密封载荷往往不足以达到进口端密封。

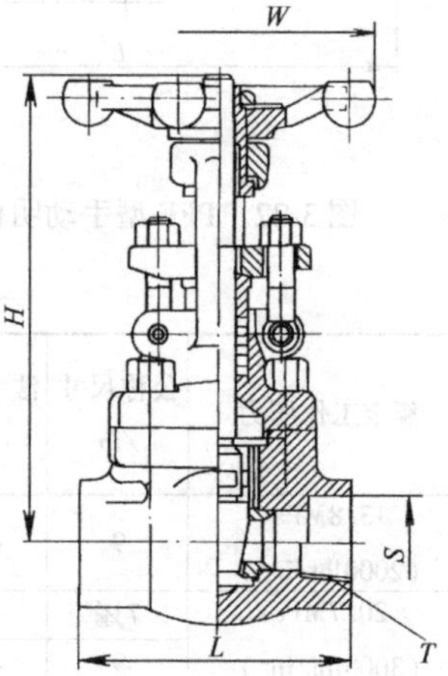

图 3-24 锻钢螺栓连接阀盖明杆螺纹连接和承插焊连接闸阀

楔式闸阀的阀体上设有导向机构，可防止闸板在开启或关闭时旋转，从而保证密封面相应对准，并使闸板在未达到关闭位置之前不与阀座摩擦，从而减少密封面的磨损。

其缺点是楔式闸阀不能像带导流孔的平行式闸阀那样能设置导流孔，且阀杆的热膨胀也会使密封面过载。而且楔式闸阀的密封面比平行式闸阀更容易夹杂流动介质所带的固体颗粒。但如图 3-35所示的橡胶密封的楔式闸阀能对带微小颗粒的介质进行密封。像平行式闸阀一样，楔式闸阀也不适用于进行节流。主要是用于开关次数较少的场合。

与平行式闸阀相比，楔式闸阀使用的电动驱动装置较为复杂，因为电动驱动装置限制的不是行程，而是转矩。楔式闸阀必须有足够大的关闭力矩，才能在阀门关闭时，使闸板楔入阀座达到密封。为了能在全压差下开启，并允许因阀门的零部件的热膨胀而增加的启闭力矩，驱动装置必须有足够的力矩裕量。

2. 楔式闸阀的类型

(1) 锻钢螺栓连接阀盖明杆闸阀　如图 3-24 ~ 图 3-26 所示，为螺纹连接、承插焊连接、对接焊连接和法兰连接的锻钢螺栓连接阀盖明杆闸阀（代号 B. B；OS&Y）。

(2) 锻钢螺纹焊接连接阀盖明杆闸阀　如图 3-27 和图 3-28 所示，为螺纹连接、承插焊连接和法兰连接的锻钢螺纹焊接连接阀盖明杆闸阀（代号 W. B；OS&Y）。

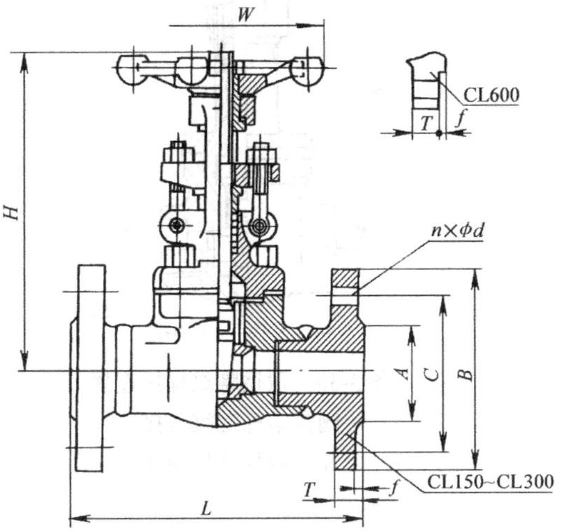

图 3-25　锻钢螺栓连接阀盖明杆法兰连接闸阀

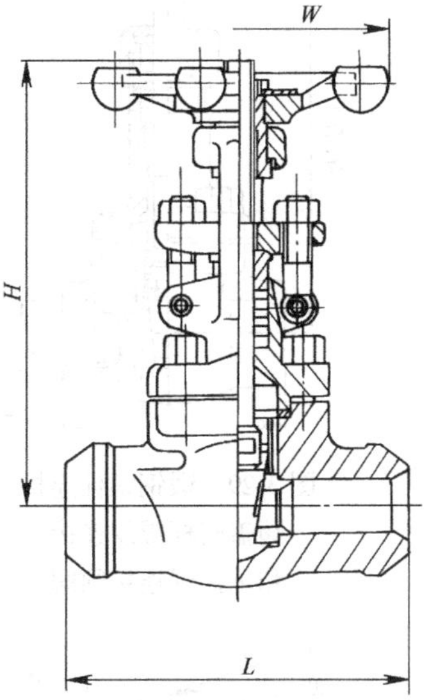

图 3-26　锻钢螺栓连接阀盖明杆对接焊连接闸阀

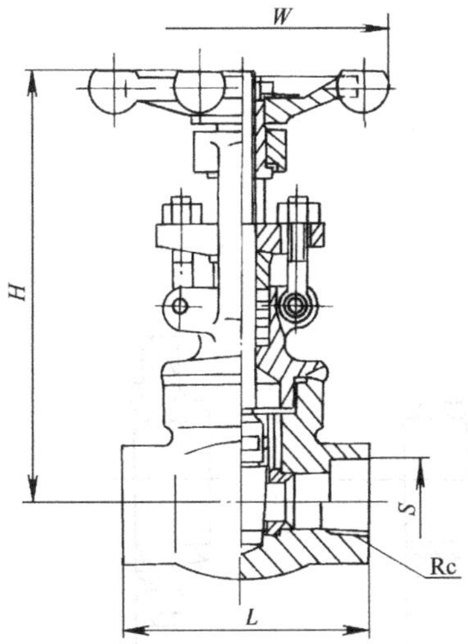

图 3-27　锻钢螺纹焊接连接阀盖明杆螺纹连接和承插焊连接闸阀

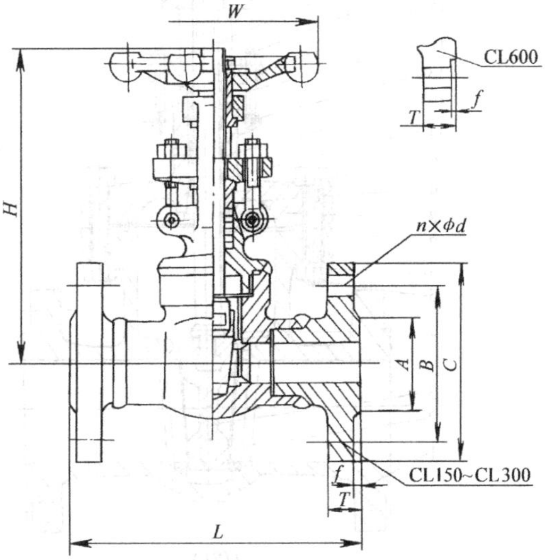

图 3-28　锻钢螺纹焊接连接阀盖明杆法兰连接闸阀

(3) 锻钢螺栓连接阀盖暗杆闸阀　如图 3-29 所示，为螺纹连接和承插焊连接的锻钢螺栓连接阀盖暗杆闸阀。

（4）锻钢螺纹焊接连接阀盖暗杆闸阀 如图 3-30 所示，为螺纹连接和承插焊连接的锻钢螺纹焊接连接阀盖暗杆闸阀。

（5）铸钢明杆楔式单闸板闸阀 如图 3-31 所示，为平法兰连接（RF）、环连接（RTJ）和焊接连接（BW）的铸钢明杆楔式单闸板闸阀。

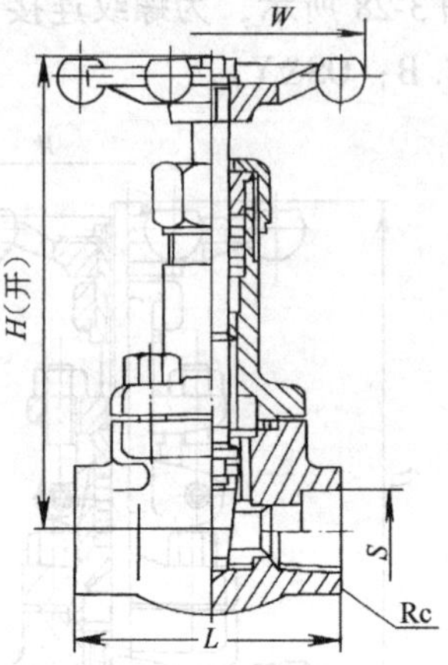

图 3-29 锻钢螺栓连接阀盖暗杆螺纹连接和承插焊连接闸阀

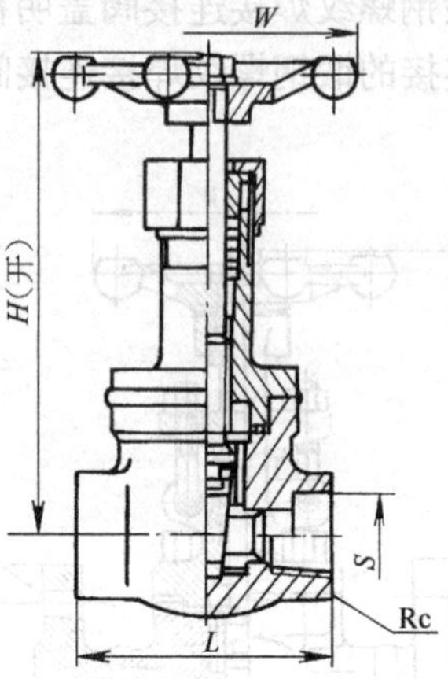

图 3-30 锻钢螺纹焊接连接阀盖暗杆螺纹连接和承插焊连接闸阀

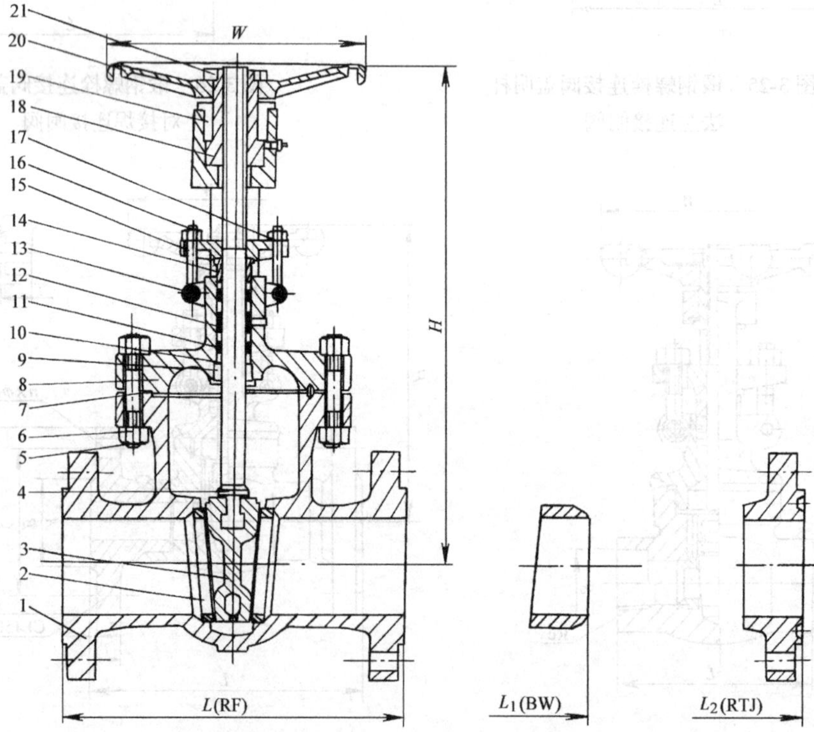

图 3-31 铸钢明杆楔式单闸板平法兰连接、环连接和焊接连接的闸阀

1—阀体 2—阀座 3—闸板 4—阀杆 5—双头螺柱 6—螺母 7—垫片 8—阀盖 9—上密封座 10—填料垫 11—填料 12—隔环 13—销轴 14—填料压套 15—活节螺栓 16—螺母 17—填料压板 18—阀杆螺母 19—压环 20—手轮 21—锁紧螺母

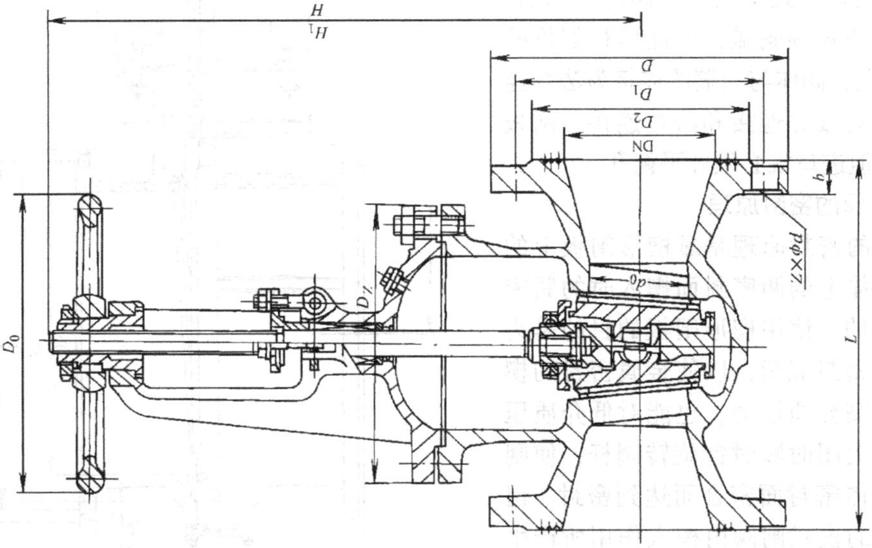

图 3-32　铸钢明杆楔式双闸板平法兰连接闸阀

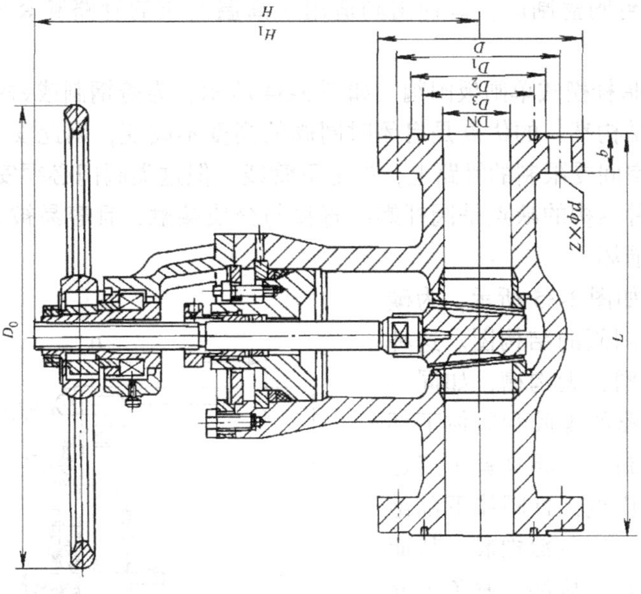

图 3-33　铸钢明杆楔式单闸板自压密封阀盖环连接闸阀

（6）铸钢明杆楔式双闸板闸阀　如图 3-32 所示，为平法兰连接（RF）的铸钢明杆楔式双闸板闸阀。

（7）铸钢明杆楔式单闸板自压密封阀盖闸阀　如图 3-33 所示，为环连接（RTJ）的铸钢明杆楔式单闸板自压密封阀盖闸阀。这种闸阀适用于高温高压的管路和装置上，作为启闭装置。

（8）铸钢制或铁制暗杆楔式单闸板闸阀　如图 3-34 所示，为铸钢制或铁制暗杆楔式单闸板闸阀的结构图。这种结构唯一的优点是启闭时闸阀的高度不改变，因此安装空间较小，适用于大口径阀门和安装空间受限制的管路上，如地下管线。但这类阀门必须安装启闭指示器，以显示阀门的开度。这种结构的缺点是阀杆螺纹直接与介质接触，且容易被介质腐蚀，同时又无法润滑，因此容易损坏。

（9）软密封闸阀　如图 3-35 所示，为碳钢制或铁制软密封楔式闸阀的结构图。这种闸阀的阀体通道下部圆滑，无沟槽，如同一段管道；靠闸板表面包覆的橡胶和阀体下部的圆形管道接触挤压密封。该阀具备了流道面积大、流阻系数小的优点，且阀体下部绝不藏污垢。闸板密封件整体包覆橡胶，从而有效隔绝金属与介质的直接接触，避免了介质经过阀门时阀门内件锈蚀而产生污染。该阀还可以通过改变闸板表面的包覆层、阀体内腔涂层或包覆材料，使阀门具有耐各种腐蚀性介质的能力。

（10）低温明杆楔式单闸板闸阀　如图 3-36 所示，为低温明杆楔式单闸板闸阀的结构图。该阀特点主要为长颈阀盖，保证填料部位的温度在 0℃以上，阀体与阀盖的连接为法兰连接，连接端为对接焊连接和法兰连接。闸板为弹性闸板，但进口端必须开平衡孔。

3. 楔式闸阀的密封原理

楔式闸阀的密封原理是靠楔形闸板上的两密封面和阀体上的两密封面楔入时的紧密结合来达密封的。使用楔形闸板的目的是为了提高辅助的密封载荷，以使金属密封的楔式闸阀既能对高介质压力，也能对低介质压力进行密封。关闭时顺时针旋转阀杆，使闸板密封面和阀体密封面密合而达到密封。但是，金属密封的楔式闸阀由楔入作用所产生的进口端密封比压受到介质的作用力往往不足以达到进口端密封。所以说金属密封楔式闸阀属单面强制密封。

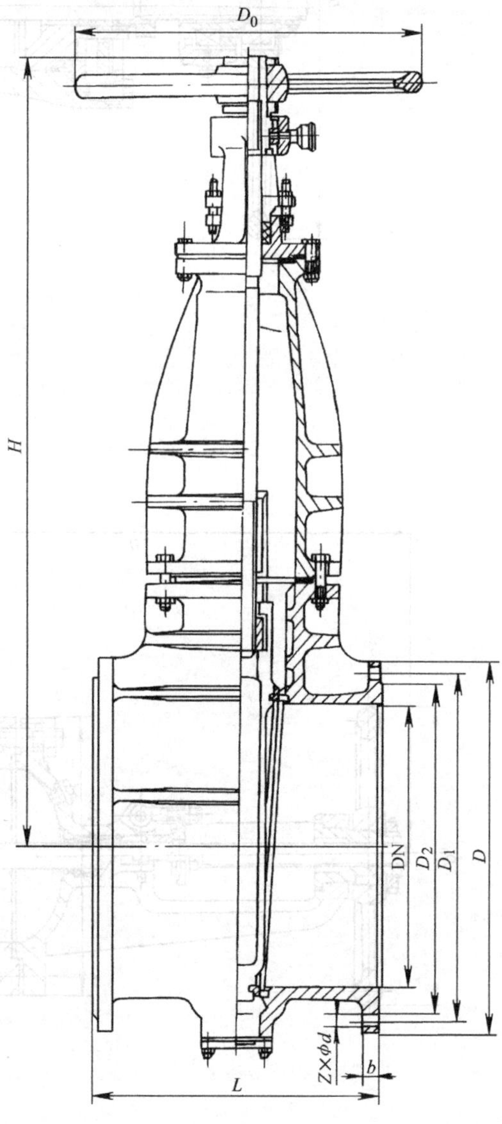

图 3-34　铸钢制或铁制暗杆楔式单闸板闸阀

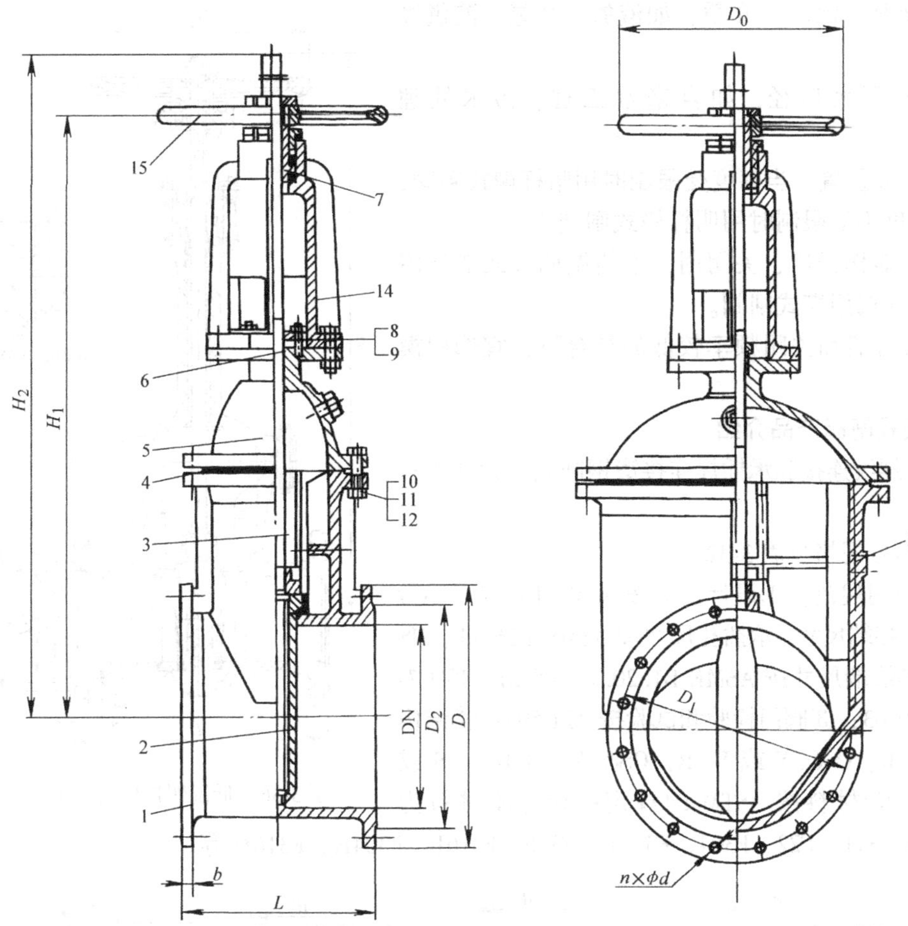

图 3-35　碳钢制或铁制楔式软密封闸阀

1—阀体　2—闸板　3—阀杆　4—中法兰垫片　5—阀盖　6—填料　7—阀杆螺母　8、10—螺栓　9、11—螺母　12—垫圈　13—标牌　14—支架　15—导轮

4. 楔式闸阀所适用的场合

在各种类型的阀门中，闸阀是应用最广泛的一种。它一般只适用于全开或全闭，不能做调节和节流使用。

楔式闸阀一般用在对阀门的外形尺寸没有严格要求，而且使用条件又比较苛刻的场合。如高温高压的工作介质，要求关闭件要保证长期密封的情况下等。

通常，使用条件或要求密封性能可靠，高压、高压截止（压差大）、低压截止（压差小）、低噪声、有气穴和汽化现象、高温介质、低温（深冷）时，推荐使用楔式闸阀。如电力工业、石油炼制、石油化工、海洋石油、城市建设中的自来水工程和污水处理工程，化工等领域中应用较多。

5. 楔式闸阀的选用原则

选择楔式闸阀一般依据下面的原则：

1）对阀门流体特性的要求。流阻小、流通能力强、流量特性好、密封要求严的工况选用闸阀。

2）高温、高压介质，如高压蒸汽、高温高压油品。

3）低温（深冷）介质，如液氮、液氢、液氧等介质。

4）低压大口径，如自来水工程、污水处理工程。

5）安装位置。当高度受限制时用暗杆楔式闸阀；当安装高度不受限制时用明杆楔式闸阀。

6）只能作开启、关闭用，不能做调节或节流用的场合，才选用楔式闸阀。

7）在开启和关闭频率较低的场合下，宜选用楔式闸阀。

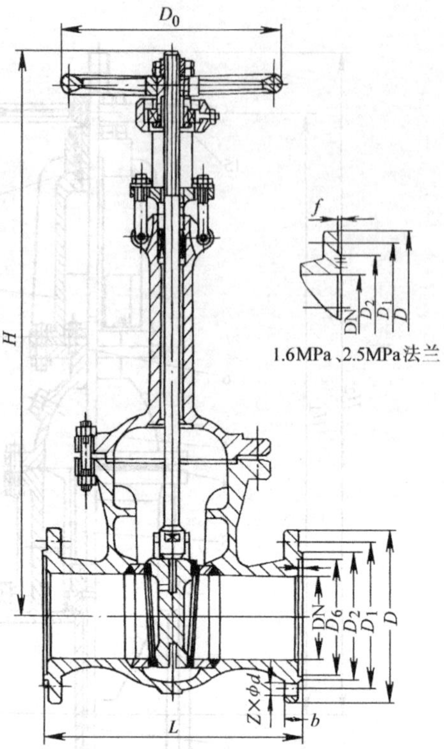

图 3-36　低温明杆楔式单闸板闸阀

6. 楔式闸阀产品介绍

（1）螺纹连接和承插焊连接锻钢闸阀　如图 3-37 所示。

1）型号规格见表 3-32。

2）应用规范：①设计制造按 ASME B16. 34、API 602；②连接端尺寸：承插孔尺寸按 ASME B16. 11、JIS B2306，螺纹端尺寸按 ASME B1. 20. 1、BS 21、ISO 7-1、JIS B 0203；③阀门检验和试验按 API 598；④结构特征为 B. B、OS&. Y 或 W. B，OS&. Y、B. B、I. S 或 W. B I. S；⑤材料按 ASTM 的规定；⑥主体材料为 A105、F5、F11、F22、F304、F304L、F316、F316L、F304H、F316H 等。

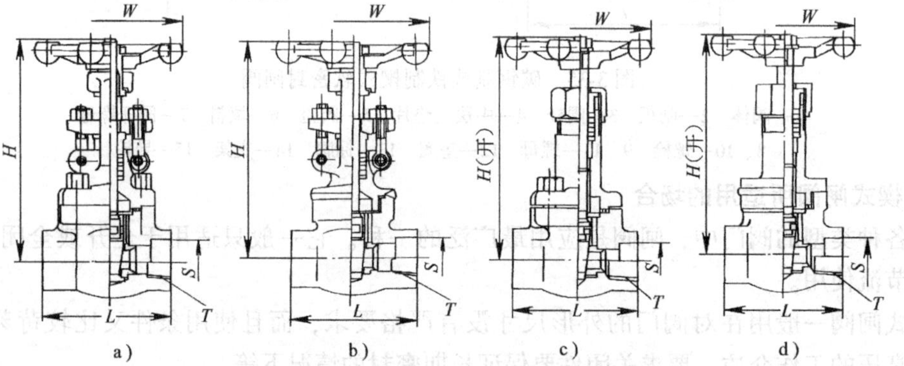

图 3-37　螺纹连接和承插焊连接锻钢闸阀产品结构

a）Z8　b）HZ8　c）IZ8　d）HIZ8

表 3-32　螺纹连接和承插焊连接锻钢闸阀产品型号规格表

型　号	压力等级	公称尺寸　NPS							
		1/4	3/8	1/2	3/4	1	1½	1¼	2
Z8	CL150	*	*	*	*	*	*	*	*
	CL300	*	*	*	*	*	*	*	*
	CL600	*	*	*	*	*	*	*	*
	CL800	*	*	*	*	*	*	*	*

（续）

型　号	压力等级	公称尺寸　NPS							
		1/4	3/8	1/2	3/4	1	1½	1¼	2
HZ8	CL150	*	*	*	*	*	*	*	*
	CL300	*	*	*	*	*	*	*	*
	CL600	*	*	*	*	*	*	*	*
	CL800	*	*	*	*	*	*	*	*
IZ8	CL150	*	*	*	*	*	*	*	*
	CL300	*	*	*	*	*	*	*	*
	CL600	*	*	*	*	*	*	*	*
	CL800	*	*	*	*	*	*	*	*
HIZ8	CL150	*	*	*	*	*	*	*	*
	CL300	*	*	*	*	*	*	*	*
	CL600	*	*	*	*	*	*	*	*
	CL800	*	*	*	*	*	*	*	*

注：* 表示有此规格。

3）主要外形尺寸和连接尺寸见表 3-33。

表 3-33　螺纹连接和承插焊连接锻钢闸阀主要外形尺寸、连接尺寸和重量

型号	公称尺寸				S/mm				L/mm	T/in				W/mm	H/mm	重量/kg	
	NPS		DN		ANSI		JIS			ANSI 牙形 60°		JIS、ISO、BS 牙形 55°					
	缩径	全径	缩径	全径	缩径	全径	缩径	全径		缩径	全径	缩径	全径			缩径	全径
Z8 HZ8	1/4		8		14.2		14.3		79	1/4		1/4		100	166	2.2	
	3/8	1/4	10	8	17.6	14.2	17.9	14.3	79	3/8	1/4	3/8	1/4	100	166	2.2	2.2
	1/2	3/8	15	10	21.8	17.6	22.2	17.9	79	1/2	3/8	1/2	3/8	100	166	2.2	2.2
	3/4	1/2	20	15	27.1	21.8	27.7	22.2	92	3/4	1/2	3/4	1/2	100	169	2.2	2.2
	1	3/4	25	20	33.8	27.1	34.5	27.7	111	1	3/4	1	3/4	125	193	4.7	4.3
	1¼	1	32	25	42.6	33.8	43.2	34.5	120	1¼	1	1¼	1	160	236	5.9	5.9
	1½	1¼	40	32	48.7	42.6	49.1	43.2	120	1½	1¼	1½	1¼	160	246	6.9	6.9
	2	1½	50	40	61.1	48.7	61.1	49.1	140	2	1½	2	1½	180	283	11.1	11.1
		2		50		61.1		61.1	178		2		2	200	330		15.2
IZ8 HIZ8	1/4		8		14.2		14.3		79	1/4		1/4		100	169	2.2	
	3/8	1/4	10	8	17.6	14.2	17.9	14.3	79	3/8	1/4	3/8	1/4	100	169	2.2	2.4
	1/2	3/8	15	10	21.8	17.6	22.2	17.9	79	1/2	3/8	1/2	3/8	100	169	2.2	2.4
	3/4	1/2	20	15	27.1	21.8	27.7	22.2	92	3/4	1/2	3/4	1/2	100	182	2.2	2.3
	1	3/4	25	20	33.8	27.1	34.5	27.7	111	1	3/4	1	3/4	125	208	4.6	4.8
	1¼	1	32	25	42.6	33.8	43.2	34.5	120	1¼	1	1¼	1	160	254	5.9	6.1
	1½	1¼	40	32	48.7	42.6	49.1	43.2	120	1½	1¼	1½	1¼	160	290	6.9	7.2
	2	1½	50	40	61.1	48.7	61.1	49.1	140	2	1½	2	1½	180	330	11.1	11.2
		2		50		61.1		61.1	178		2		2	200	372		14.1

（2）对接焊连接锻钢闸阀　如图 3-38 所示。

1）型号规格见表 3-34。

表 3-34　对接焊连接锻钢闸阀产品型号规格表

型　号	压力等级	公称尺寸　NPS							
		1/4	3/8	1/2	3/4	1	1¼	1½	2
Z3W	CL150	*	*	*	*	*	*	*	*
	CL300	*	*	*	*	*	*	*	*
	CL600	*	*	*	*	*	*	*	*

注：* 表示有此规格。

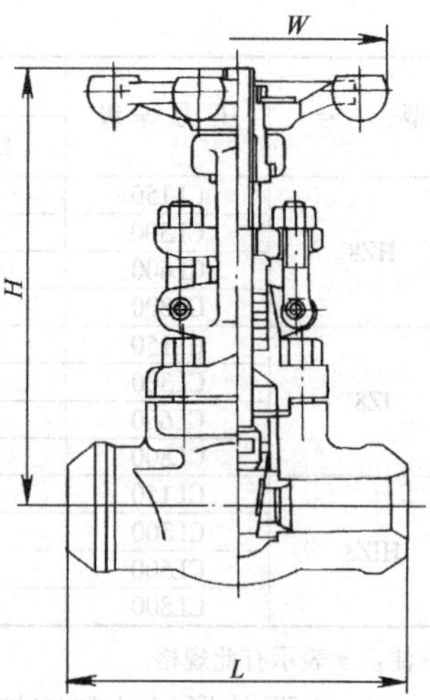

图3-38 对接焊连接锻钢闸阀

2)应用规范:①设计制造按 ASME B16. 34、API 602;②结构长度按 ASME B16. 10;③连接端尺寸按 ASME B16. 25(B. W);④阀门检验和试验按 API598;⑤结构特征为 B. B、OS&Y;⑥主体材料为 A105、F5、F11、F22、304、304L、316、316L、F304H、F316H 等。

3) 主要外形尺寸与连接尺寸见表3-35。

(3) 法兰连接锻钢闸阀 如图3-39 所示。

1) 型号规格见表3-36。

2) 应用规范:①设计制造按 ASME B16. 34、API 602;②结构长度按 ASME B16. 10、JIS B2002;③连接端法兰尺寸:a. CL150、CL300 和 CL600 按 ASME B16. 5(RF),b. 10K 按 JIS B2214,20K 按 JIS B2214,30K 和 40K 按 JIS B2215;④阀门检验和试验按 API 598;⑤结构特征:a. B. B;OS&Y 或 W. B;OS&Y,b. 缩径(R. P)或全径(F. P);⑥材料按 ASTM 的规定;⑦主体材料为 A105、F5、F11、F22、304、304L、316、316L、F304H、F316H 等。

3) 主要外形尺寸与连接尺寸见表3-37、表3-38。

表3-35 对接焊连接锻钢闸阀主要外形尺寸、连接尺寸和重量

公称尺寸		L/mm			W /mm	H(开) /mm	重量/kg		
NPS	DN	CL150	CL300	CL600			CL150	CL300	CL600
1/4	8	102	—	—	100	151	2.8	—	—
3/8	10	102	—	—	100	151	2.8	—	—
1/2	15	108	140	165	100	151	2.8	3.5	4.5
3/4	20	117	152	191	100	158	3.3	4.4	5.1
1	25	127	165	216	120	190	5.4	6.8	8.2
1¼	32	138	178	229	160	219	7.1	8.1	10.5
1½	40	165	191	241	160	246	8.2	9.2	12.4
2	50	178	216	292	180	283	12.5	15.4	20.1

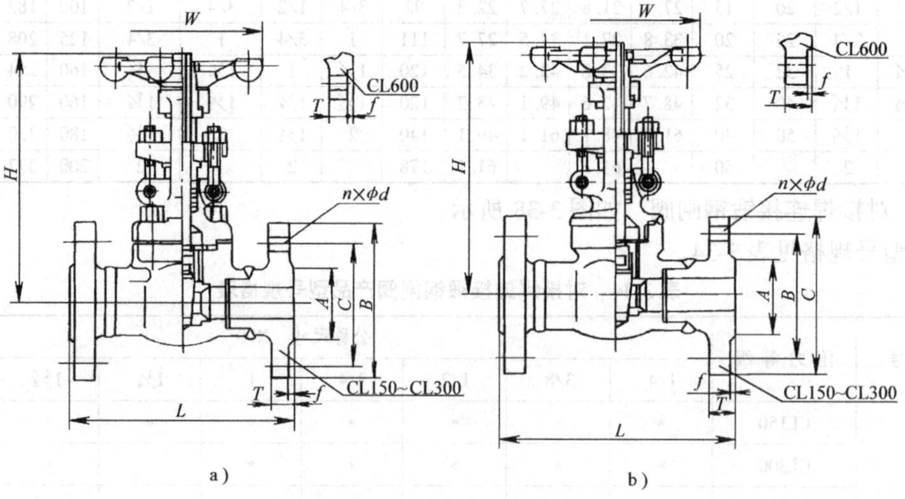

图3-39 法兰连接锻钢闸阀

a) Z3F b) HZ3F

表 3-36　法兰连接锻钢闸阀产品型号规格表

型　号	压力等级	公称尺寸　NPS					
		1/2	3/4	1	1¼	1½	2
Z3F	10K	*	*	*	*	*	*
	20K	*	*	*	*	*	*
	40K	*	*	*	*	*	*
	CL150	*	*	*	*	*	*
	CL300	*	*	*	*	*	*
	CL600	*	*	*	*	*	*
HZ3F	10K	*	*	*	*	*	*
	20K	*	*	*	*	*	*
	40K	*	*	*	*	*	*
	CL150	*	*	*	*	*	*
	CL300	*	*	*	*	*	*
	CL600	*	*	*	*	*	*

注：* 表示有此规格。

表 3-37　法兰连接锻钢闸阀主要外形尺寸、连接尺寸和重量(一)　　(单位：mm)

公称尺寸		压力等级	L	H(开)		W		A	B	C	T	f	n×ϕd	重量/kg	
NPS	DN			缩径	全径	缩径	全径							缩径	全径
1/2	15	10K	108	166	169	100	100	52	70	95	12	1	4×ϕ15	4.8	5
		20K	140						70	95	14		4×ϕ15	5.2	5.2
		40K	165					55	80	115	20		4×ϕ19	6.4	6.5
3/4	20	10K	117	169	193	100	125	58	75	100	14	1	4×ϕ15	5.4	5.5
		20K	152						75	100	16		4×ϕ15	6.5	6.6
		40K	190					60	85	120	20		4×ϕ19	7.8	8
1	25	10K	127	193	230	125	160	70	90	125	14	1	4×ϕ19	8.6	8.8
		20K	165						90	125	16		4×ϕ19	9.7	10.6
		40K	216					70	95	130	22		4×ϕ19	11.5	12.2
1¼	32	10K	140	230	246	160	160	80	100	135	16	2	4×ϕ19	13.2	14.3
		20K	178						100	135	18		4×ϕ19	14.5	14.5
		40K	229					80	105	140	24		4×ϕ19	17.8	18
1½	40	10K	165	246	283	160	180	85	105	140	16	2	4×ϕ19	14.8	15.8
		20K	190						105	140	18		4×ϕ19	15.9	16.2
		40K	241					90	120	160	24		4×ϕ23	18.8	19
2	50	10K	178	283	330	180	200	100	120	155	16	2	4×ϕ19	21	22.7
		20K	216						120	155	18		4×ϕ19	25	26
		40K	292					105	130	165	26		8×ϕ19	29.5	30

表 3-38 法兰连接锻钢闸阀主要外形尺寸、连接尺寸和重量(二) (单位:mm)

公称尺寸		压力等级	L	H(开)		W		A	B	C	T	f	n×φd	重量/kg	
NPS	DN			缩径	全径	缩径	全径							缩径	全径
		CL150	108						60.5	89	11.5	1.6	4×φ16	4.5	5
1/2	15	CL300	140	166	169	100	100	35	66.5	95	14.5	1.6	4×φ16	4.8	5.2
		CL600	165						66.5	95	14.5	6.4	4×φ16	5.9	5.9
		CL150	117						70	98	13	1.6	4×φ16	5.2	6.1
3/4	20	CL300	152	169	193	100	125	43	82.5	118	16	1.6	4×φ19	6.2	6.3
		CL600	190						82.5	118	16	6.4	4×φ19	7.4	7.5
		CL150	127						79.5	108	14.5	1.6	4×φ16	8.2	8.4
1	25	CL300	165	193	230	125	160	51	89	124	17.5	1.6	4×φ19	9.3	8.6
		CL600	216						89	124	17.5	6.4	4×φ19	10.4	10.2
		CL150	140						89	118	16	1.6	4×φ16	11.5	14.3
1¼	32	CL300	178	230	246	160	160	63	98.5	133	19.5	1.6	4×φ19	14	14.5
		CL600	229						98.5	133	21	6.4	4×φ19	16.2	16.7
		CL150	165						98.5	127	17.5	1.6	4×φ16	12.5	15.4
1½	40	CL300	190	246	283	160	180	73	114.5	156	21	1.6	4×φ22.5	15.5	15.6
		CL600	241						114.5	156	22.5	6.4	4×φ22.5	17.5	17.4
		CL150	178						120.5	152	19.5	1.6	4×φ19	20.3	22.7
2	50	CL300	216	283	330	180	200	92	127	165	22.5	1.6	8×φ19	23.4	22.8
		CL600	292						127	165	25.5	6.4	8×φ19	28.3	28.7

4）主要零件材料见表 3-39。

表 3-39 法兰连接锻钢闸阀主要零件材料

零件名称	ASTM									ISO/NACE
	A105	A350/A350M	A182/A182M							
		LF2	F5	F11	F22	304	304L	316	316L	
阀体	A105	LF2	F5	F11	F22	304	304L	316	316L	15156/MR-01-75
阀盖	A105	LF2	F5	F11	F22	304	304L	316	316L	
阀杆	A276/A276M 410					A276/A276M 304	A276/A276M 304L	A276/A276M 316	A276/276M 316L	
闸板或阀瓣	A276/A276M 420					304(+STL)	304L(+STL)	316(+STL)	316L(+STL)	
密封圈	A276/A276M 410+STL					304(+STL)	304L(+STL)	316(+STL)	316L(+STL)	
阀盖螺栓	A193/A193M B7	A320/A320M L7	A193/A193M B16			A193/A193M B8、A193/A193M B8M				
垫片	304+柔性石墨					316+柔性石墨				
填料压套	A276/A276M 410					A276/A276M 304		A276/276M 316		
填料	柔性石墨					PTFE				
填料压板	A216/216M WCB					CF8				
环头螺栓	A276/A276M 410					A276/A276M 304				≤22HRC
螺母	A194/A194M 2H					A194/A194M 8				

（续）

零件名称	ASTM									ISO/NACE
	A105	A350/A350M	A182/A182M							
		LF2	F5	F11	F22	304	304L	316	316L	
铆钉	A276/A276M 410					A276/A276M 304				15156/MR-01-75
阀杆螺母	A276/A276M 410									
垫	A276/A276M 410									
手轮	A197/A197M									
铭牌	奥氏体不锈钢					A276/A276M 304				≤22HRC
锁紧螺母	A108/A108M 1020									

注：1. STL 为司太立特 stellite 硬质合金。

2. 密封副构成：闸阀（闸板/密封圈）、截止阀、节流阀、止回阀（阀瓣/阀座）。

3. 特别含硫油气管路专用阀门（抗硫阀）阀体与内件均经严格监控硬度，完全符合美国防腐工程学会 NACEMR-01-75 规范。

5）主要生产厂家：超达阀门集团股份有限公司、北京首高高压阀门制造有限公司。

（4）钢制楔式闸阀　如图 3-40 所示及见表 3-40～表 3-43。

表 3-40　钢制楔式闸阀主要性能规范

型　号	公称压力 PN	试验压力/MPa（对壳体材料 A105）壳体	密封（液）	低压密封（气）
Z40Y-16 C P R I	16	2.4	1.76	0.4～0.7
Z40Y-25 C P R I	25	3.75	2.75	

型号	适用介质	适用温度/℃
Z40Y-(16/25)C	水、蒸汽、油品	≤425
Z40Y-(16/25)P	硝酸类	≤200
Z40Y-(16/25)R	醋酸类	≤200
Z40Y-(16/25)I	水、蒸汽、油品	≤550

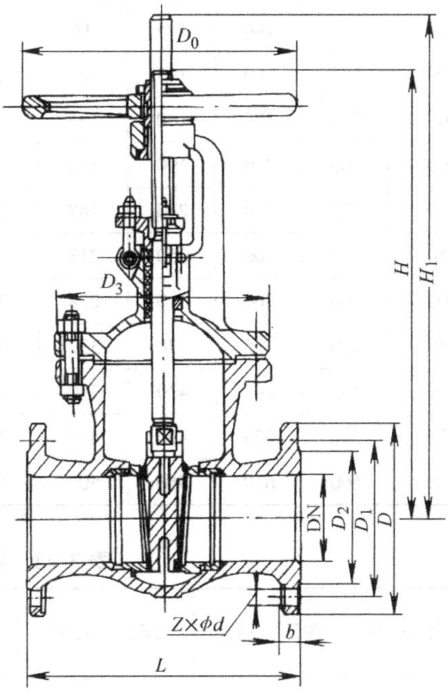

图 3-40　钢制楔式闸阀

表 3-41　钢制楔式闸阀主要尺寸及重量

Z40Y-16C、Z40Y-16P、Z40Y-16R、Z40Y-16I										重量/kg
公称尺寸 DN	尺寸/mm L	D	D_1	D_2	b	$Z\times\phi d$	D_3	H	H_1	D_0	
40	230	145	110	85	16	4×φ18	—	325	385	200	24
50	250	160	125	100	16	4×φ18	180	358	438	240	29
65	265	180	145	120	18	4×φ18	190	393	473	240	33

（续）

Z40Y-16C、Z40Y-16P、Z40Y-16R、Z40Y-16I											重量/kg
公称尺寸	尺寸/mm										
DN	L	D	D_1	D_2	b	$Z\times\phi d$	D_3	H	H_1	D_0	
80	280	195	160	135	20	$8\times\phi18$	220	435	530	280	46
100	300	215	180	155	20	$8\times\phi18$	260	500	620	320	63
125	325	245	210	185	22	$8\times\phi18$	295	614	756	360	108
150	350	280	240	210	24	$8\times\phi23$	335	674	845	400	134
200	400	335	295	265	26	$12\times\phi23$	400	844	1060	400	192
250	450	405	355	320	30	$12\times\phi25$	475	969	1240	450	280
300	500	460	410	375	30	$12\times\phi25$	530	1145	1474	560	380
350	550	520	470	435	34	$16\times\phi25$	610	1280	1663	640	590
400	600	580	525	485	36	$16\times\phi30$	710	1450	1886	720	850

Z40Y-25、Z40Y-25P、Z40Y-25R、Z40Y-25I											重量/kg
公称尺寸	尺　寸/mm										
DN	L	D	D_1	D_2	b	$Z\times\phi d$	D_3	H	H_1	D_0	
25	160	115	85	65	16	$4\times\phi14$	—	303	—	—	8
32	180	135	100	78	18	$4\times\phi18$	—	315	—	—	10
40	240	145	110	85	18	$4\times\phi18$	—	340	—	—	32
50	250	160	125	100	20	$4\times\phi18$	180	371	438	240	29
65	265	180	145	120	22	$8\times\phi18$	190	393	473	240	33
80	280	195	160	135	22	$8\times\phi18$	220	430	530	280	46
100	300	230	190	160	24	$8\times\phi23$	260	500	620	320	64
125	325	270	220	188	28	$8\times\phi25$	295	614	756	360	105
150	350	300	250	218	30	$8\times\phi25$	335	674	845	360	134
200	400	360	310	278	34	$12\times\phi25$	400	864	1080	400	213
250	450	425	370	332	36	$12\times\phi30$	475	969	1244	450	294
300	500	485	430	390	40	$16\times\phi30$	530	1145	1474	560	402
350	550	550	490	448	44	$16\times\phi34$	610	1300	1682	640	634
400	600	610	550	505	48	$16\times\phi34$	710	1450	1886	720	900

表 3-42　钢制楔式闸阀主要零件材料

零件名称	阀体、阀盖	闸板、阀座	阀　杆	阀杆螺母	填　料	手　轮
Z40Y-$\frac{16}{25}$C	碳钢	碳钢+硬质合金	铬不锈钢	铝铁青铜	石墨石棉	可锻铸铁、球墨铸铁
Z40Y-$\frac{16}{25}$P	铬镍钛钢	不锈钢+硬质合金	铬镍钛不锈钢		浸聚四氟乙烯石棉	
Z40Y-$\frac{16}{25}$R	铬镍钼钛钢		铬镍钼钛不锈钢			
Z40Y-$\frac{16}{25}$I	铬钼钢	合金钢+硬质合金	铬钼铝钢		柔性石墨	

表 3-43　钢制楔式闸阀产品主要生产厂家

厂　　名	型　　号	公称尺寸范围 DN
浙江（杭州）万龙机械有限公司、中国·保一集团有限公司	Z40Y-$^{16}_{25}$C	40～500
	Z40Y-16$\begin{smallmatrix}P\\R\\I\end{smallmatrix}$	50～500
	Z40Y-25$\begin{smallmatrix}P\\R\\I\end{smallmatrix}$	50～500
北京首高高压阀门制造有限公司	Z40Y-$^{16}_{25}$C	40～400
中国·保一集团有限公司	Z40Y-$^{16}_{25}$$\begin{smallmatrix}P\\R\\I\end{smallmatrix}$	50～400
北京首高高压阀门制造有限公司	Z40Y-$^{16}_{25}$I	25～400
超达阀门集团股份有限公司	Z40Y-16$\begin{smallmatrix}C\\P\\R\\I\end{smallmatrix}$	200～350
	Z40Y-25$\begin{smallmatrix}C\\P\\R\\I\end{smallmatrix}$	300～350
超达阀门集团股份有限公司	Z40Y-$^{16}_{25}$C	50～400
	Z40Y-16$\begin{smallmatrix}P\\R\end{smallmatrix}$	50～200
	Z40Y-25$\begin{smallmatrix}P\\R\end{smallmatrix}$	50～300
浙江福瑞科流控机械有限公司	Z40Y-25$\begin{smallmatrix}P\\R\\I\end{smallmatrix}$	50～300

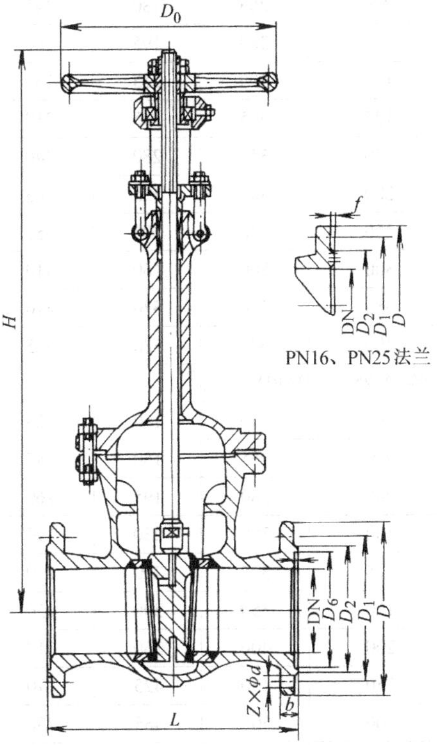

图 3-41　低温楔式闸阀

（5）低温楔式闸阀　如图 3-41 所示及见表 3-44～表 3-47。

表 3-44　低温楔式闸阀主要性能规范

公称压力 PN	试验压力 p_s/MPa（壳体材料为 CF8）				适用介质	适用温度 /℃	试验温度 /℃
	壳体	密封（液）	密封（气）	上密封			
16	2.25	1.65	0.4～0.7	1.65	丙烷、丙烯、甲醇、乙烷、煤气等非腐蚀性介质	-46～-196	20
25	3.6	2.76		2.76			
40	6.0	4.4		4.4			
63	9.45	6.93		6.93			

表 3-45 低温楔式闸阀主要尺寸及重量

公称尺寸 DN	尺寸/mm								重量/kg
	L	D	D_1	D_2	b	$Z\times\phi d$	H	D_0	
DZ40Y-16$C_3$①									
50	250	160	125	100	16	$4\times\phi18$	525	240	24
65	265	180	145	120	18	$4\times\phi18$	570	280	32
80	280	195	160	135	20	$8\times\phi18$	647	280	40
100	300	215	180	155	20	$8\times\phi18$	779	320	55
125	325	245	210	185	22	$8\times\phi18$	779	320	58
150	350	280	240	210	24	$8\times\phi23$	866	320	81
200	400	335	295	265	26	$12\times\phi23$	1208	400	220
250	450	405	355	320	30	$12\times\phi25$	1422	450	302
300	500	460	410	375	30	$12\times\phi25$	1652	560	452
350	550	520	470	435	34	$16\times\phi25$	1842	640	618
400	600	580	525	485	36	$16\times\phi30$	2075	720	863
DZ40Y-25C_3、DZ40Y-25C_{10}②									
50	250	160	125	100	20	$4\times\phi18$	550	240	27
65	265	180	145	120	22	$8\times\phi18$	590	280	41
80	280	195	160	135	22	$8\times\phi18$	680	280	56
100	300	230	190	160	24	$8\times\phi23$	810	320	75
125	325	270	220	188	28	$8\times\phi25$	810	320	79
150	350	300	250	218	30	$8\times\phi25$	1015	360	145
200	400	360	310	278	34	$12\times\phi25$	1240	400	242
250	450	425	370	332	36	$12\times\phi30$	1452	450	307
300	500	485	430	390	40	$16\times\phi30$	1682	560	500
350	550	550	490	448	44	$16\times\phi34$	1872	640	670
400	600	610	550	505	48	$16\times\phi34$	2105	720	916

DZ40Y-40C_3

公称尺寸 DN	尺寸/mm									重量/kg
	L	D	D_1	D_2	D_6	b	$Z\times\phi d$	H	D_0	
50	250	160	125	100	88	20	$4\times\phi18$	570	280	28
65	280	180	145	120	110	22	$8\times\phi18$	610	280	42
80	310	195	160	135	121	22	$8\times\phi18$	700	320	58
100	350	230	190	160	150	24	$8\times\phi23$	830	360	78
125	400	270	220	188	176	28	$8\times\phi25$	922	360	110
150	450	300	250	218	204	30	$8\times\phi25$	1050	400	171
200	550	375	320	282	260	38	$12\times\phi30$	1252	450	291
250	650	445	385	345	313	42	$12\times\phi34$	1470	560	399
300	750	510	450	408	364	46	$16\times\phi34$	1700	640	574
350	850	570	510	465	422	52	$16\times\phi34$	1890	720	740
400	950	655	585	535	474	58	$16\times\phi41$	2125		920

① 产品型号中的 C_3 表示阀体材料为 ASTM A352/A352M LCB。

② 产品型号中的 C_{10} 表示阀体材料为 ASTM A352/A352M LC3。

表3-46 低温楔式闸阀主要零件材料

零件名称	阀体、阀盖、支架	阀　杆	闸板密封面	阀杆螺母	填　料	垫　片	手　轮
材料	根据最低使用温度确定材料牌号	12Cr18Ni9	堆焊硬质合金	ZHAl66-6-32、ZQAl9-4	浸聚四氟乙烯石棉	低温石棉	QT450-10

表3-47 低温楔式闸阀低温壳体材料及最低使用温度

最低使用温度等级/℃	材料名称	ASTM 牌号		JIS 牌号	
		铸　件	锻　件	铸　件	锻　件
-46	碳钢	A352/A352M LCB	A350/A350M LF1	G5152SCPL1	—
-60	0.5Mo 钢	A352/A352M LC1	—	G5152SCPL11	—
-73	2.5Ni 钢	A352/A352M LC2	A350/A350M LF2	G5152SCPL21	—
-101	3.5Ni 钢	A352/A352M LC3	A350/A350M LF3	G5152SCPL31	—
-115	4.5Ni 钢	A352/A352M LC4	—	—	—
-196	18-8 耐酸钢	A351/A351M CF8	A182/A182M F304	G5121SCS13	G4340 SUS304

（6）美标弹性闸板楔式闸阀　如图3-42所示及见表3-48、表3-49。

（7）国标弹性闸板楔式闸阀　如图3-43所示及见表3-50～表3-52。

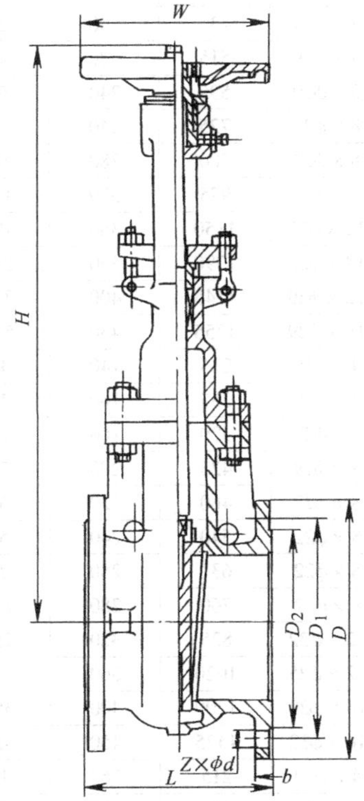

图3-42　美标弹性闸板楔式闸阀

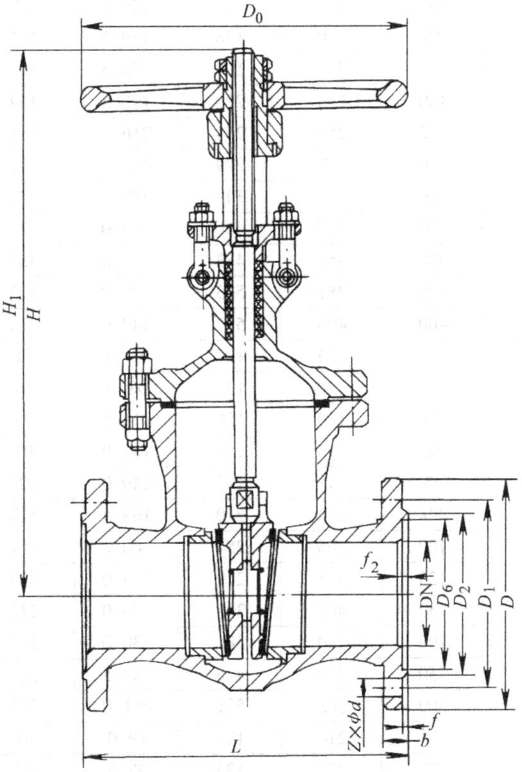

图3-43　国标弹性闸板楔式闸阀

表3-48 美标弹性闸板楔式闸阀主要性能规范

公称压力 PN	产品型号						
20	CZ40H-20-G	CZ40W-20P-G	CZ40W-20P$_8$-G	CZ40W-20P$_3$-G	CZ40W-20R-G	CZ40W-20R$_8$-G	CZ40W-20R$_3$-G
50	CZ40H-50-G	CZ40W-50P-G	CZ40W-50P$_8$-G	CZ40W-50P$_3$-G	CZ40W-50R-G	CZ40W-50R$_8$-G	CZ40W-50R$_3$-G
100	CZ40Y-100-G	CZ40Y-100P-G	CZ40Y-100P$_8$-G	CZ40Y-100P$_3$-G	CZ40Y-100R-G	CZ40Y-100R$_8$-G	CZ40Y-100R$_3$-G

（续）

公称压力 PN		产品型号						
主要零件材料	阀体、阀盖、闸板	WCB	ZG 1Cr18Ni9Ti	CF8	CF3	ZG 1Cr18Ni-12Mo2Ti	CF8M	CF3M
	阀杆及内件	20Cr13	12Cr18Ni9	06Cr19Ni10 (304)	022Cr19Ni10 (304L)	12Cr17Ni12-Mo2	06Cr17Ni12Mo2 (316)	022Cr17Ni12Mo2 (316L)
适用工况	适用介质	水、蒸汽、油品等	硝酸等腐蚀性介质		强氧化性介质	醋酸等腐蚀性介质		尿素等腐蚀性介质
	工作温度/℃	≤450	≤200					
试验与检验		按 API 598—2009 和 ISO 5208：2008 执行						

表 3-49 美标弹性闸板楔式闸阀主要尺寸及重量

公称压力 PN	公称尺寸 DN	尺寸/mm								重量/kg
		L	D	D_1	D_2	b	$Z\times\phi d$	H	W	
20	25	127	108	79.5	51	12	$4\times\phi15$	200	120	8
	32	140	117	89.0	64	13	$4\times\phi15$	235	140	11
	40	165	127	98.5	73	15	$4\times\phi15$	285	160	16
	50	178	152	120.5	92	16	$4\times\phi19$	390	180	24
	65	190	178	139.5	105	18	$4\times\phi19$	435	200	28
	80	203	190	152.5	127	19	$4\times\phi19$	515	220	43
	100	229	229	190.5	157	24	$8\times\phi19$	595	240	52
	125	254	254	216.0	186	24	$8\times\phi22$	725	240	76
	150	267	279	241.5	216	26	$8\times\phi22$	780	280	98
	200	292	343	298.5	270	29	$8\times\phi22$	975	320	148
	250	330	406	362.0	324	31	$12\times\phi25$	1150	360	196
	300	356	483	432.0	381	32	$12\times\phi25$	1390	360	290
	350	381	533	476.0	413	35	$12\times\phi29$	1545	400	395
	400	406	597	540.0	470	37	$16\times\phi29$	1755	450	530
50	25	165	124	89.0	51	18	$4\times\phi19$	215	140	10
	32	178	133	98.5	64	19	$4\times\phi19$	255	160	16
	40	190	156	114.5	73	21	$4\times\phi22$	320	180	23
	50	216	165	127.0	92	23	$8\times\phi19$	425	200	32
	65	241	190	149.0	105	26	$8\times\phi22$	460	220	38
	80	283	210	168.5	127	29	$8\times\phi22$	540	240	54
	100	305	254	200.0	157	32	$8\times\phi22$	630	280	76
	125	381	279	235.0	186	35	$8\times\phi22$	760	280	112
	150	403	318	270.0	216	37	$12\times\phi22$	825	320	158
	200	419	381	330.0	270	42	$12\times\phi25$	1020	360	220
	250	457	445	387.5	324	48	$16\times\phi29$	1200	400	350
	300	502	521	451.0	381	51	$16\times\phi32$	1425	450	520
100	25	216	124	89.0	51	25	$4\times\phi19$	215	160	18
	32	229	133	98.5	64	28	$4\times\phi19$	270	180	25
	40	241	156	114.5	73	30	$4\times\phi22$	345	200	30
	50	292	165	127.0	92	33	$8\times\phi19$	470	240	42
	65	330	190	149.0	100	36	$8\times\phi22$	520	280	53
	80	356	210	168.5	127	39	$8\times\phi22$	570	320	70
	100	432	273	216.0	157	45	$8\times\phi25$	700	360	120
	125	508	330	267.0	186	52	$8\times\phi29$	780	400	175
	150	559	356	292.0	216	55	$12\times\phi29$	850	450	250

表 3-50　国标弹性闸板楔式闸阀主要性能规范

型　号	公称压力 PN	试验压力/MPa（对壳体材料 WCB）		适用介质	工作温度/℃
		密　封	壳　体		
Z40H-40 Z40H-40Q	40	4. 51	6. 15	水、蒸汽、油品	≤425
Z40H-63	63	7. 15	9. 75		

表 3-51　国标弹性闸板楔式闸阀主要尺寸及重量

公称尺寸 DN	尺　寸/mm										重量 /kg
	L	D	D_1	D_2	D_6	b	$Z\times\phi d$	H	H_1	D_0	
Z40H-40、Z40H-40Q											
20	150	105	75	55	51	16	$4\times\phi14$	256	285	140	8
25	160	115	85	65	58	16	$4\times\phi14$	275	305	160	9
32	180	135	100	78	66	18	$4\times\phi18$	285	320	180	12
40	200	145	110	85	76	18	$4\times\phi18$	320	365	200	16
50	250	160	125	100	88	20	$4\times\phi18$	371	438	280	29
65	280	180	145	120	110	22	$8\times\phi18$	393	473	280	38
80	310	195	160	135	121	22	$8\times\phi18$	455	550	320	51
100	350	230	190	160	150	24	$8\times\phi23$	551	669	360	81
125	400	270	220	188	176	28	$8\times\phi25$	634	776	400	128
150	450	300	250	218	204	30	$8\times\phi25$	708	883	400	155
200	550	375	320	282	260	38	$12\times\phi30$	858	1086	450	265
250	650	445	385	345	313	42	$12\times\phi34$	1015	1298	560	370
300	750	510	450	408	364	46	$16\times\phi34$	1201	1531	640	550
350	850	570	510	465	422	52	$16\times\phi34$	—	—	—	—
400	950	655	585	535	474	58	$16\times\phi41$	—	—	—	—
Z41H-63											
25	210	135	100	78	58	22	$4\times\phi18$	310	—	—	10
32	230	150	110	82	66	24	$4\times\phi23$	320	—	—	14
40	240	165	125	95	76	24	$4\times\phi23$	360	—	—	37
50	250	175	135	105	88	26	$4\times\phi23$	371	438	280	34
65	280	200	160	130	110	28	$8\times\phi23$	393	473	280	43
80	310	210	170	140	121	30	$8\times\phi23$	455	550	320	60

（续）

Z41H-63

公称尺寸 DN	尺寸/mm										重量 /kg
	L	D	D_1	D_2	D_6	b	$Z\times\phi d$	H	H_1	D_0	
100	350	250	200	168	150	32	$8\times\phi25$	551	669	360	89
125	400	295	240	202	176	36	$8\times\phi30$	628	772	400	140
150	450	340	280	240	204	38	$8\times\phi34$	718	893	450	207
200	550	405	345	300	260	44	$12\times\phi34$	873	1100	560	327
250	650	470	400	352	313	48	$12\times\phi41$	1050	1332	640	467
300	750	530	460	412	364	54	$16\times\phi41$	1470	1804	640	590
350	850	595	525	475	474	60	$16\times\phi41$	—	—	—	—

表 3-52　国标弹性闸板楔式闸阀主要零件材料

零件名称	阀体、阀盖	闸板	阀杆	阀杆螺母	填料	手轮
Z40H-40 Z40H-63	碳钢	碳钢+铬不锈钢	铬不锈钢	铝铁青铜	石墨石棉、柔性石墨	可锻铸铁、球墨铸铁
Z40H-40Q	球墨铸铁	球墨铸铁			石墨石棉	

（8）中压国标弹性闸板楔式闸阀　如图 3-44 所示及见表 3-53 ~ 表 3-55。

表 3-53　中压国标弹性闸板楔式闸阀主要性能规范

型号	公称压力 PN	试验压力/MPa（对壳体材料 WCB）		
		壳体	密封（液）	低压密封（气）
Z40Y-40 C P R I	40	6.15	4.51	0.4 ~ 0.7
Z40Y-63 C I	63	9.75	7.15	

型号	适用介质	适用温度/℃
Z40Y-40/64	水、蒸汽、油品	≤425
Z40Y-40P	硝酸类	≤200
Z40Y-40R	醋酸类	≤200
Z40Y-40/63 I	水、蒸汽、油品	≤550

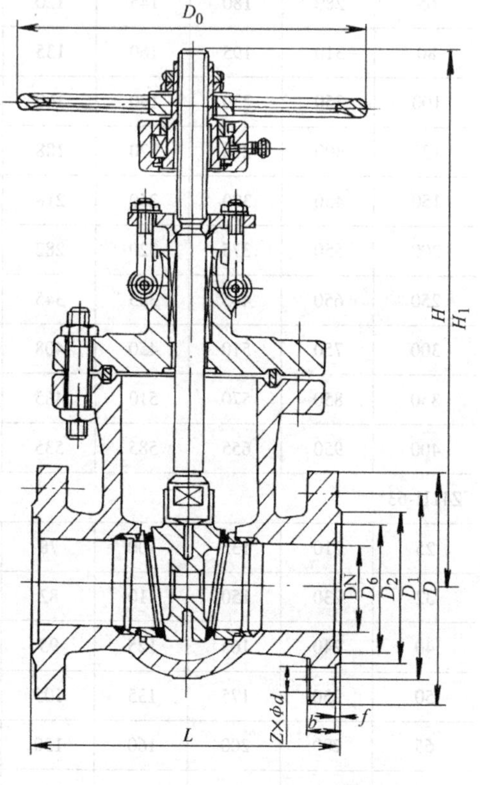

图 3-44　中压国标弹性闸板楔式闸阀

表 3-54　中压国标弹性闸板楔式闸阀主要尺寸及重量

公称尺寸 DN	尺寸/mm										重量 /kg
	L	D	D_1	D_2	D_6	b	$Z \times \phi d$	H	H_1	D_0	
Z40Y-40、Z40Y-40P、Z40Y-40R、Z40Y-40I											
25	160	115	85	65	58	16	$4 \times \phi 14$	303	—	—	9
32	180	135	100	78	66	16	$4 \times \phi 14$	315	—	—	11
40	240	145	110	85	76	16	$4 \times \phi 14$	340	—	—	35
50	250	160	125	100	88	20	$4 \times \phi 18$	386	454	280	29
65	280	180	145	120	110	22	$8 \times \phi 18$	393	473	280	38
80	310	195	160	135	121	22	$8 \times \phi 18$	498	600	320	49
100	350	230	190	160	150	24	$8 \times \phi 23$	558	681	380	72
125	400	270	220	188	176	28	$8 \times \phi 25$	634	776	400	128
150	450	300	250	218	204	30	$8 \times \phi 25$	720	900	400	162
200	550	375	320	282	260	38	$12 \times \phi 30$	876	1110	450	228
250	650	445	385	345	313	42	$12 \times \phi 34$	1059	1348	560	469
300	750	510	450	408	364	46	$16 \times \phi 34$	1201	1531	640	550
350	850	570	510	465	422	52	$16 \times \phi 34$	—	—	—	640
400	950	655	585	535	474	58	$16 \times \phi 41$	—	—	—	780
Z40Y-63、Z40Y-63I											
25	210	135	100	78	58	22	$4 \times \phi 18$	310	—	—	10
32	230	150	110	82	66	24	$4 \times \phi 23$	320	—	—	14
40	240	165	125	95	76	24	$4 \times \phi 23$	360	—	—	37
50	250	175	135	105	88	26	$4 \times \phi 23$	371	438	280	34
65	280	200	160	130	110	28	$8 \times \phi 23$	393	473	280	43
80	310	210	170	140	121	30	$8 \times \phi 23$	455	550	320	60
100	350	250	200	168	150	32	$8 \times \phi 25$	551	609	360	89
125	400	295	240	202	176	36	$8 \times \phi 30$	628	772	400	140
150	450	340	280	240	204	38	$8 \times \phi 34$	718	893	450	207
200	550	405	345	300	260	44	$12 \times \phi 34$	873	1100	560	325
250	650	470	400	352	313	48	$12 \times \phi 41$	1050	1332	640	467
300	750	530	460	412	364	54	$16 \times \phi 41$	1470	1804	640	590

表 3-55　中压国标弹性闸板楔式闸阀主要零件材料

零件名称	阀体、阀盖	闸板、阀座	阀　杆	阀杆螺母	填　料	手　轮
Z40Y-$\frac{40}{63}$	碳钢	碳钢+硬质合金	铬不锈钢	铝铁青铜	石墨石棉	可锻铸铁 球墨铸铁
Z40Y-40P	铬镍钛钢	不锈钢+硬质合金	铬镍钛不锈钢		浸聚四氟乙烯石棉	
Z40Y-40R	铬镍钼钛钢		铬镍钼钛不锈钢			
Z40Y-$\frac{40}{63}$I	铬钼钢	合金钢+硬质合金	铬钼铝钢		柔性石墨	

（9）高压国标弹性闸板楔式闸阀　如图 3-45 所示及见表 3-56 ~ 表 3-58。

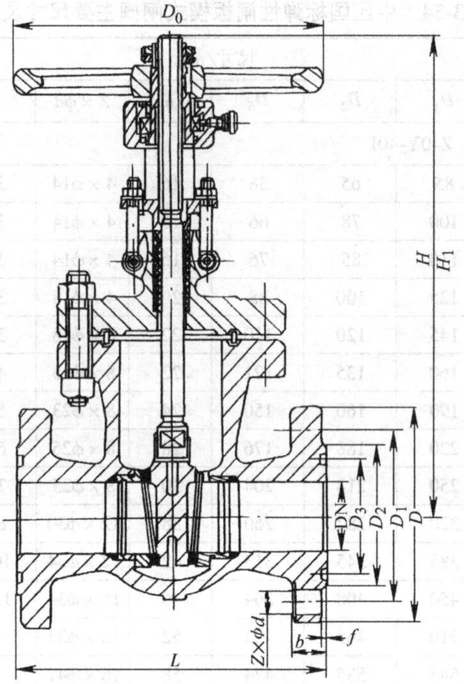

图 3-45　高压国标弹性闸板楔式闸阀

表 3-56　高压国标弹性闸板楔式闸阀主要性能规范

型　号	公称压力 PN	试验压力/MPa（对壳体材料 WCB）密　封	壳　体	适 用 介 质	工作温度/℃
Z40H-100	100	10.56	14.4	水、蒸汽、油品	≤450
Z40H-160	160	18.15	24.75		

表 3-57　高压国标弹性闸板楔式闸阀主要尺寸及重量

公称尺寸 DN	尺寸/mm L	D	D_1	D_2	D_8	b	$Z\times\phi d$	H	H_1	D_0	重量 /kg
Z40H-100											
25	210	135	100	78	50	24	$4\times\phi18$	310	—	—	13
32	230	150	110	82	65	24	$4\times\phi23$	320	—	—	20
40	240	165	125	95	75	26	$4\times\phi23$	360	—	—	60
50	250	195	145	112	85	28	$4\times\phi25$	490	558	360	50
65	280	220	170	138	110	32	$8\times\phi25$	540	622	400	70
80	310	230	180	148	115	34	$8\times\phi25$	572	671	400	100
100	350	265	210	172	145	38	$8\times\phi30$	573	671	400	110
125	400	310	250	210	175	42	$8\times\phi34$	744	892	560	180
150	450	350	290	250	205	46	$12\times\phi34$	800	972	560	250
200	550	430	360	312	265	54	$12\times\phi41$	800	972	560	360
250	650	500	430	382	320	60	$12\times\phi41$	1050	1305	—	—
300	750	585	500	442	375	70	$16\times\phi48$	1200	1505	—	—
Z40H-160											
15	170	110	75	52	35	24	$4\times\phi18$	230	250	200	7
20	190	130	90	62	45	26	$4\times\phi23$	260	288	200	10
25	210	140	100	72	50	28	$4\times\phi23$	280	310	280	14
32	230	165	115	85	65	30	$4\times\phi25$	312	350	320	21
40	260	175	125	92	75	32	$4\times\phi27$	350	395	320	26

（续）

公称尺寸 DN	尺寸/mm										重量 /kg
	L	D	D_1	D_2	D_8	b	$Z\times\phi d$	H	H_1	D_0	
Z40H-160											
50	300	215	165	132	95	36	$8\times\phi25$	512	612	360	73
65	340	245	190	152	110	44	$8\times\phi30$	560	677	360	110
80	390	260	205	168	130	46	$8\times\phi30$	585	686	400	141
100	450	300	240	200	160	48	$8\times\phi34$	631	751	450	185
125	525	355	285	238	190	60	$8\times\phi41$	723	868	560	320
150	600	390	318	270	205	66	$12\times\phi41$	820	997	640	462
200	750	480	400	345	265	78	$12\times\phi48$	990	1224	720	711

表 3-58　高压国标弹性闸板楔式闸阀主要零件材料

零件名称	阀体、阀盖	闸板	阀杆	阀杆螺母	填料	手轮
Z40H-100 Z40H-160	碳钢	碳钢 + 铬不锈钢	铬不锈钢	铝铁青铜	石墨石棉	可锻铸铁、球墨铸铁

（10）高压硬质合金密封弹性闸板楔式闸阀　如图 3-46 所示及见表 3-59 ~ 表 3-61。

表 3-59　高压硬质合金密封弹性闸板楔式闸阀主要性能规范

型号	公称压力 PN	试验压力/MPa（对壳体材料 WCB）		
		壳体	密封（液）	低压密封（气）
Z40Y-100 C/I	100	14.4	10.56	0.4 ~ 0.7
Z40Y-160 C/I	160	24.75	18.15	

型号	适用介质	适用温度/℃
Z40Y-100/160	水、蒸汽、油品	≤425
Z40Y-100/160 I		≤550

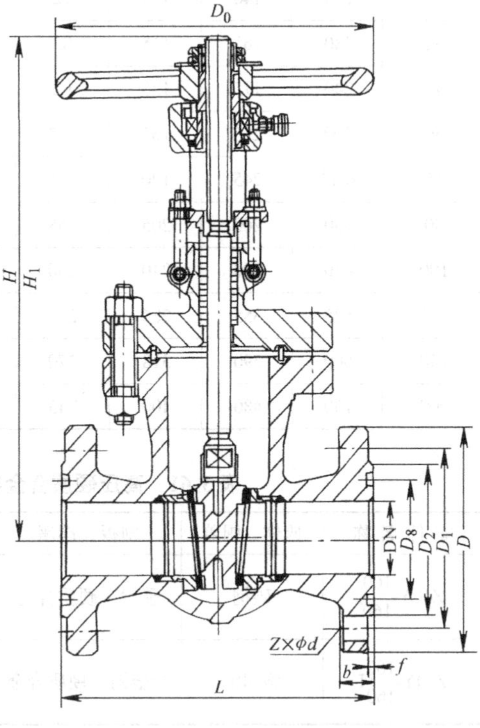

图 3-46　高压硬质合金密封弹性闸板楔式闸阀

表 3-60 高压硬质合金密封弹性闸板楔式闸阀主要尺寸及重量

公称尺寸 DN	尺寸/mm										重量/kg
	L	D	D_1	D_2	D_8	$Z\times\phi d$	D_0	b	H	H_1	
Z40Y-100、Z40Y-100I											
25	210	135	100	78	50	4×φ18	—	24	310	—	13
32	230	150	110	82	65	4×φ23	—	24	320	—	20
40	240	165	125	95	75	4×φ23	—	26	360	—	60
50	250	195	145	112	85	4×φ25	360	28	490	558	50
65	280	220	170	138	110	8×φ25	400	32	540	622	70
80	310	230	180	148	115	8×φ25	400	34	573	671	100
100	350	265	210	172	145	8×φ30	400	38	573	671	110
125	400	310	250	220	175	8×φ34	560	42	744	892	180
150	450	350	290	250	205	12×φ34	560	46	800	972	250
200	550	430	360	312	265	12×φ41	560	54	800	972	360
250	650	500	430	382	320	12×φ41	640	60	—	—	—
300	750	585	500	442	375	16×φ48	640	70	—	—	—
Z40Y-160、Z40Y-160I											
15	170	110	75	52	35	4×φ18	200	24	230	250	7
20	190	130	90	62	45	4×φ23	200	28	260	288	10
25	210	140	100	72	50	4×φ23	280	30	280	310	14
32	230	165	115	85	65	4×φ25	320	30	312	350	21
40	240	175	125	92	75	4×φ27	320	32	350	395	26
50	300	215	165	132	95	8×φ25	360	36	512	612	73
65	340①	245	190	152	110	8×φ30	360	44	560	677	110
80	390	260	205	168	130	8×φ30	400	46	585	686	141
100	450	300	240	200	160	8×φ34	450	48	631	751	185
125	525	355	285	238	190	8×φ41	560	60	723	868	320
150	600	390	318	270	205	12×φ41	640	66	820	997	462
200	750	480	400	345	265	12×φ48	720	78	990	1224	711

表 3-61 高压硬质合金密封弹性闸板楔式闸阀主要零件材料

零件名称	阀体、阀盖	闸板、阀座	阀杆	阀杆螺母	填料	手轮
Z40Y-$\frac{100}{160}$	碳钢	碳钢+硬质合金	铬不锈钢	铝铁青铜	石墨石棉	可锻铸铁、球墨铸铁
Z40Y-$\frac{100}{160}$I	铬钼钢	合金钢+硬质合金	铬钼铝钢		柔性石墨	

（11）Z40Y-200、Z40Y-250 型楔式闸阀　如图 3-47 所示及见表 3-62～表 3-64。

表 3-62　弹性闸板楔式闸阀主要性能规范

型　号	公称压力 PN	试验压力/MPa（对壳体材料 WCB）		
		壳体	密封（液）	低压密封（气）
Z40Y-200	200	30.81	22.6	0.4～0.7
Z40Y-250	250	39.45	28.93	

型　号	适用介质	适用温度/℃
Z40Y-200	水、气体、油品	≤200
Z40Y-250		

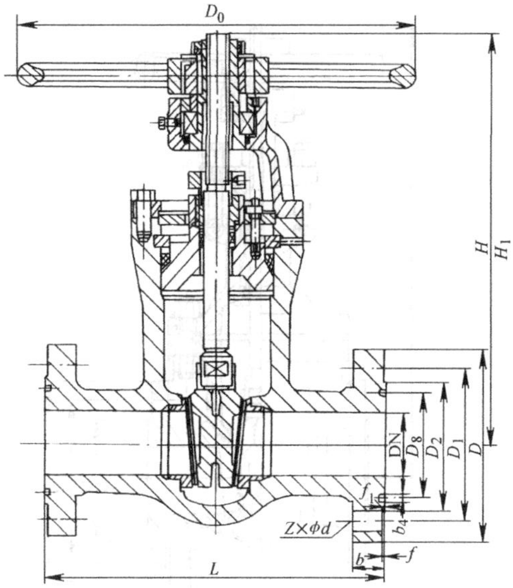

图 3-47　弹性闸板楔式闸阀

表 3-63　弹性闸板楔式闸阀主要尺寸及重量

公称尺寸 DN	尺寸/mm										重量/kg
	L	D	D_1	D_2	D_8	b	$Z\times\phi d$	H	H_1	D_0	
50	350	210	160	128	95	40	8×ϕ25	493	559	360	66
65	410	260	203	165	110	48	8×ϕ30	535	621	400	89
80	470	290	230	190	160	54	8×ϕ34	576	681	400	123
100	550	360	292	245	190	66	8×ϕ41	659	779	560	237

表 3-64　弹性闸板楔式闸阀主要零件材料

零件名称	阀体、阀盖	闸板、阀座	阀　杆	阀杆螺母	填　料
Z40Y-200 Z40Y-250	碳钢	不锈钢 （堆焊硬质合金）	不锈钢	优质碳钢	夹铜丝石墨石棉

注：主要阀门生产厂家：超达阀门集团股份有限公司、浙江福瑞科流控机械有限公司。

（12）CL150～CL2500 铸钢楔式闸阀　如图 3-48 所示及见表 3-65～表 3-68。

表 3-65　API 标准铸钢楔式闸阀执行标准

项　目	设　计	压力-温度基准	结构长度	法兰连接尺寸	试验与检验
标准	ASME B16.34、API 600	ASME B16.34	ASME B16.10	ASME B16.5	API 598、ISO 5208

表 3-66　API 标准铸钢楔式闸阀试验压力（壳体材料 WCB）

试验项目		壳体试验		高压密封试验		上密封试验		低压密封试验	
介质		水						空气	
单位		MPa	lbf/in^2	MPa	lbf/in^2	MPa	lbf/in^2	MPa	lbf/in^2
压力等级	CL150	2.94	450	2.16	315	2.16	315	0.4～0.7	60～100
	CL300	7.67	1125	5.63	815	5.63	815		
	CL400	10.22	1500	7.5	1100	7.5	1100		
	CL600	15.32	2225	11.24	1630	11.24	1630		
	CL900	22.98	3350	16.86	2440	16.86	2440		
	CL1500	38.3	5575	28.09	4080	28.09	4080		
	CL2500	63.83	9367	46.81	6873	46.81	6873		

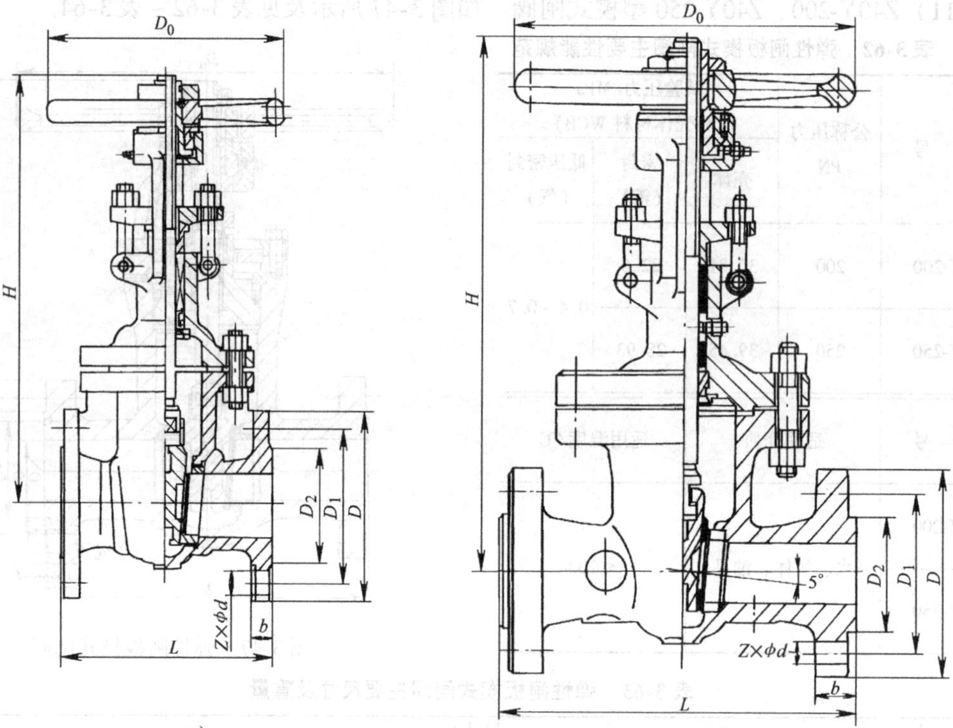

a)　　　　　　　　　　b)

图 3-48　API 标准铸钢楔式闸阀

表 3-67　API 标准铸钢楔式闸阀主要尺寸及重量

公称尺寸		尺寸/mm								重量
DN	NPS	L	D	D_1	D_2	b	$Z\times\phi d$	H ≈	D_0 ≈	/kg
CL150										
15	½	108	89	60.5	35	12	4×ϕ15	188	90	—
20	¾	117	98	70	43	12	4×ϕ15	202	90	—
25	1	127	108	79.5	51	12	4×ϕ15	225	100	—
32	1¼	140	117	89	64	13	4×ϕ15	252	100	—
40	1½	165	127	98.5	98.5	15	4×ϕ15	277	140	—
50	2	178	152	120.5	120.5	16	4×ϕ19	323	200	23
65	2½	190	178	139.5	139.5	18	4×ϕ19	347	250	32
80	3	203	190	152.5	152.5	19	4×ϕ19	383	250	40
100	4	229	229	190.5	190.5	24	8×ϕ19	457	300	63
125	5	254	254	216	216	24	8×ϕ22	632	300	66
150	6	267	279	241.5	241.5	26	8×ϕ22	632	350	108
200	8	292	343	298.5	298.5	29	8×ϕ22	762	350	171
250	10	330	406	362	362	31	12×ϕ25	895	400	263
300	12	356	483	432	432	32	12×ϕ25	1080	500	346
350	14	381	533	476	476	35	12×ϕ29	1295	600	488
400	16	406	597	540	540	37	16×ϕ29	1435	600	621
450	18	432	635	578	578	40	16×ϕ32	1626	650	814
500	20	457	698	635	635	43	20×ϕ32	1829	650	992
600	24	508	813	749.5	749.5	48	20×ϕ35	2175	700	1492
750	30	610	984	914.5	914.5	75	28×ϕ35	2692	700	2272

（续）

公称尺寸		尺寸/mm								重量/kg
DN	NPS	L	D	D_1	D_2	b	$Z\times\phi d$	H ≈	D_0 ≈	
CL300										
15	½	140	95	66.5	35	15	$4\times\phi15$	155	100	3.7
20	¾	152	117	82.5	43	16	$4\times\phi19$	160	100	4.3
25	1	165	124	89	51	18	$4\times\phi19$	186	125	7.1
32	1¼	178	133	98.5	63	19	$4\times\phi19$	216	160	—
40	1½	190	156	114.5	73	21	$4\times\phi22$	250	160	13.1
50	2	216	165	127	92	22	$8\times\phi19$	330	250	30
65	2½	241	190	149	105	25	$8\times\phi22$	368	250	36
80	3	283	210	168.5	127	29	$8\times\phi22$	394	300	61
100	4	305	254	200	157	32	$8\times\phi22$	473	300	77
125	5	381	279	235	186	35	$8\times\phi22$	660	350	106
150	6	403	318	270	216	37	$12\times\phi22$	711	350	153
200	8	419	381	330	270	41	$12\times\phi25$	813	400	286
250	10	457	444	387.5	324	48	$16\times\phi29$	1003	500	412
300	12	502	521	451	381	51	$16\times\phi32$	1137	600	576
350	14	762	584	514.5	413	54	$20\times\phi32$	1489	600	886
400	16	838	648	571.5	470	57	$20\times\phi35$	1581	650	1175
450	18	914	711	628.5	533	60	$24\times\phi35$	2017	838	1301
500	20	991	775	686	584	64	$24\times\phi35$	2228	889	1672
600	24	1143	914	813	692	70	$24\times\phi41$	2650	1092	2562
CL400										
50	2	292	165	127	92	25	$8\times\phi19$	368	250	35
65	2½	330	190	149.4	105	29	$8\times\phi22$	394	300	47
80	3	356	210	168.1	127	32	$8\times\phi22$	473	300	65
100	4	406	254	200.2	157	35	$8\times\phi25$	622	350	90
125	5	457	279	235.0	186	38	$8\times\phi25$	686	400	153
150	6	495	318	269.7	216	41	$12\times\phi25$	750	400	250
200	8	597	381	330.2	270	48	$12\times\phi29$	876	500	390
250	10	673	444	387.4	324	54	$16\times\phi32$	1041	600	535
300	12	762	521	450.8	381	57	$16\times\phi35$	1181	650	886
350	14	826	584	514.4	413	60	$20\times\phi35$	1588	700	960
400	16	902	648	571.5	470	64	$20\times\phi38$	1803	700	1424
CL600										
15	½	165	95	66.5	35	22	$4\times\phi15$	155	100	3.8
20	¾	190	118	82.5	43	23	$4\times\phi19$	160	100	5.4
25	1	216	124	89	51	25	$4\times\phi19$	186	125	7.6
32	1¼	229	133	98.5	63	28	$4\times\phi19$	216	160	10
40	1½	241	156	114.5	73	30	$4\times\phi22$	250	160	15
50	2	292	165	127	92	33	$8\times\phi19$	510	254	44
65	2½	330	190	149	100	36	$8\times\phi22$	554	254	60
80	3	356	210	168	127	39	$8\times\phi22$	595	305	80
100	4	432	273	216	157	45	$8\times\phi25$	712	356	145
125	5	508	330	266.5	186	52	$8\times\phi29$	826	406	236
150	6	559	356	292	216	55	$12\times\phi29$	995	508	309
200	8	660	419	349	270	63	$12\times\phi32$	1157	610	522

（续）

公称尺寸		尺寸/mm								重量
DN	NPS	L	D	D_1	D_2	b	$Z\times\phi d$	$H\approx$	$D_0\approx$	/kg
CL600										
250	10	787	508	432	324	71	$16\times\phi35$	1373	686	779
300	12	838	559	489	381	74	$20\times\phi35$	1603	686	1108
350	14	889	603	527	413	77	$20\times\phi38$	1930	762	1503
400	16	991	686	603	470	84	$20\times\phi41$	2032	889	1939
450	18	1092	743	654	533	90	$20\times\phi44$	2286	889	2733
500	20	1194	813	724	584	96	$24\times\phi44$	2591	1118	3214
600	24	1397	940	838	692	109	$24\times\phi52$	3124	1118	4177

CL600①

公称尺寸		尺寸/mm									重量
DN	NPS	L	D	D_1	D_2	D_8	b	$Z\times\phi d$	$H\approx$	$D_0\approx$	/kg
50	2	295	165	127	108	82.55	34	$8\times\phi19$	413	250	44
65	2½	334	190	149	127	101.60	37	$8\times\phi22$	502	300	59
80	3	359	210	168	146	123.825	40	$8\times\phi22$	578	300	79
100	4	435	273	216	175	149.225	46	$8\times\phi25$	698	400	144
125	5	511	330	266.5	210	180.975	53	$8\times\phi29$	778	400	234
150	6	562	356	292	241	211.138	56	$12\times\phi29$	927	500	306
200	8	664	419	349	302	269.876	64	$12\times\phi32$	1111	600	518
250	10	791	508	432	356	323.851	72	$16\times\phi35$	1295	600	772
300	12	842	559	489	413	381.001	75	$20\times\phi35$	1435	650	1098

CL600②

公称尺寸 NPS		2	2½	3	4	6	8	10	12	14	16
L（RF）L_1（BW）		292	330	356	432	559	660	787	838	889	991
L_2（RTJ）		295	333	359	435	562	663	790	841	892	994
H（开）		400	510	539	744	979	1210	1560	1600	1750	1932
D_0		250	250	300	350	500	560	720	800	610*	610*
重量/kg	RF	38	55	80	130	270	450	690	980	1340	1820
	BW	32	47	63	102	218	368	550	810	1008	1405

CL900

公称尺寸		尺寸/mm							
DN	NPS	L	D	D_1	D_2	b	$Z\times\phi d$	H	D_0
50	2	368	216	165.1	92	46	$8\times\phi26$	523	250
65	2½	419	244	190.5	105	49	$8\times\phi29$	635	250
80	3	381	241	190.5	127	46	$8\times\phi26$	620	300
100	4	457	292	234.9	157	52	$8\times\phi32$	688	350
150	6	610	381	317.5	216	63	$12\times\phi32$	916	500
200	8	737	470	393.7	270	71	$12\times\phi39$	1107	600
250	10	838	545	469.9	324	77	$16\times\phi39$	1313	680
300	12	965	610	533.4	381	87	$20\times\phi39$	1528	760
350	14	1029	640	559	413	93	$20\times\phi42$	2216	864

CL900①

公称尺寸		尺寸/mm									重量
DN	NPS	L	D	D_1	D_2	D_8	b	$Z\times\phi d$	H	D_0	/kg
50	2	372	216	165.1	124	95.2	46	$8\times\phi25$	521	300	59
65	2½	422	244	190.5	137	108.0	49	$8\times\phi29$	584	350	79
80	3	384	241	190.5	156	123.8	46	$8\times\phi25$	648	350	115
100	4	461	292	235.0	181	149.2	52	$8\times\phi32$	750	400	198
125	5	562	349	279.4	216	181.0	59	$8\times\phi35$	800	500	303

（续）

CL900①

公称尺寸		尺寸/mm									重量/kg
DN	NPS	L	D	D_1	D_2	D_8	b	$Z\times\phi d$	H	D_0	
150	6	613	381	317.5	241	211.1	64	12×ϕ32	940	600	407
200	8	740	470	393.7	308	269.9	72	12×ϕ38	1130	600	725
250	10	842	546	469.9	362	323.8	78	16×ϕ38	1340	650	1091
300	12	969	610	533.4	419	381.0	87	20×ϕ38	1543	700	1629

CL900③

公称尺寸 NPS		2	2½	3	4	6	8	10	12	14	16
L（RF）L_1（BW）		368	419	381	457	610	737	838	965	1029	1130
L_2（RTJ）		371	422	384	460	613	740	841	968	1038	1140
H（开）		590	700	715	860	1120	1390	1590	1795	2025	2170
D_0		300	355	355	400	560	460	610	610	760	760
重量/kg	RF	50	68	86	215	450	780	1160	1700	2300	3030
	BW	46	64	80	175	370	650	980	1450	2000	2750

公称尺寸		尺寸/mm								重量/kg
DN	NPS	L	D	D_1	D_2	b	$Z\times\phi d$	$H\approx$	$D_0\approx$	
CL1500										
50	2	368	216	165	92	47	8×ϕ26	614	254	116
65	2½	419	244	191	105	50	8×ϕ29	705	356	166
80	3	470	267	203	127	56	8×ϕ32	705	356	209
100	4	546	311	241	157	62	8×ϕ35	927	457	296
125	5	673	375	292	186	82	8×ϕ42	1120	610	508
150	6	705	394	318	216	93	12×ϕ39	1191	610	720
200	8	832	483	394	270	104	12×ϕ45	1524	711	1275
250	10	991	585	483	324	120	12×ϕ51	1854	864	2092
300	12	1130	675	572	381	139	16×ϕ54	2184	864	2951
350	14	1257	750	635	413	150	16×ϕ61	2216	864	4382
CL2500										
65	2½	330	267	196.8	105	65	8×ϕ32	631	350	95
80	3	368	305	228.6	127	74	8×ϕ35	735	450	115
100	4	457	356	273.0	157	84	8×ϕ42	891	600	215
125	5	533	419	323.8	186	100	8×ϕ48	1047	800	310
150	6	610	483	368.3	216	115	8×ϕ54	1144	500	580
200	8	761	550	438.1	270	134	12×ϕ54	1392	600	900
250	10	914	675	539.7	324	173	12×ϕ67	1614	700	1600

①采用环连接面法兰。②采用环连接面法兰和焊接连接端。③采用环连接面法兰（RTJ）和焊接连接端。

表 3-68 API 标准铸钢楔式闸阀主要零件材料及适用温度与介质

阀体、阀盖	碳钢	铬镍钛不锈钢	铬镍钼钛不锈钢	超低碳不锈钢	铬钼合金钢	LCB	球墨铸铁
闸板、阀座	碳钢堆焊硬质合金或铬不锈钢	铬镍钛不锈钢堆焊硬质合金	铬镍钼钛不锈钢堆焊硬质合金	超低碳不锈钢	铬钼合金钢堆焊硬质合金	不锈钢堆焊硬质合金	碳钢
阀杆	铬不锈钢	铬镍钛不锈钢	铬镍钼钛不锈钢	超低碳不锈钢	铬钼合金钢	不锈钢	铬不锈钢
填料	石墨石棉	浸聚四氟乙烯石棉			柔性石墨石绳	浸聚四氟乙烯石棉	柔性石墨
垫片	石棉垫片	不锈钢带石棉缠绕垫片			耐高温石棉+不锈钢	聚四氟乙烯	金属包覆式垫片
阀杆螺母	铝青铜						
手轮	球墨铸铁、可锻铸铁						
适用温度/℃	≤425	≤200	≤200	≤200	≤540	-45 ~ +150	≤350
适用介质	水、蒸汽、油品	硝酸类	醋酸类	尿素、甲铵液等	水、蒸汽、石油及石油产品	氨气、液氨	水、蒸汽、油品

注：主要阀门生产厂家为超达阀门集团股份有限公司。

(13) API 标准低温楔式闸阀

如图 3-49 所示，见表 3-69 ~ 表 3-72。

表 3-69 API 标准低温楔式闸阀主要性能规范

型号	压力级 CL	常温试验压力/MPa（对于壳体材料 CF8） 壳体	密封（气）	上密封	低温密封试验压力 p_s/MPa
DZ40Y-CL150	150	2.85	2.09	2.09	0.4 ~ 0.7
DZ40Y-CL300	300	7.44	5.46	5.46	0.4 ~ 0.7
DZ40Y-CL600	600	14.9	10.93	10.93	0.4 ~ 0.7

型号	工作温度及适用介质		
DZ40Y-CL150	-46℃，氨、液氮、丙烷	-101℃，乙烯、二氧化碳	-196℃，甲烷、液化天然气
DZ40Y-CL300			
DZ40Y-CL600			

表 3-70 API 标准低温楔式闸阀执行标准

项目	结构长度	连接法兰尺寸
标准	ASME B16.10	ASME B16.5

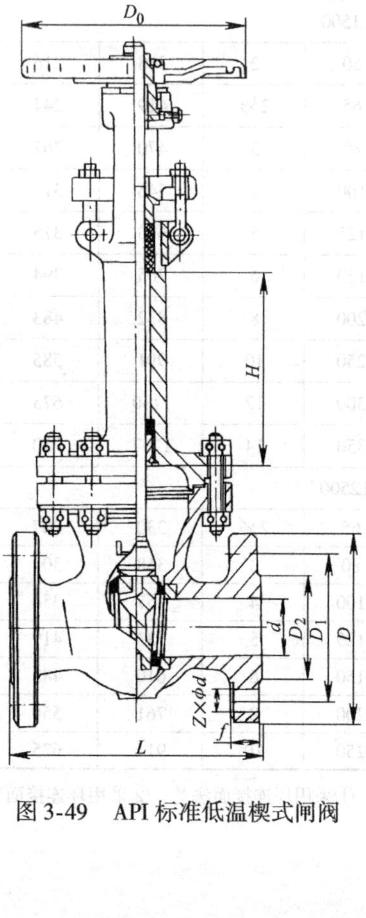

图 3-49 API 标准低温楔式闸阀

表 3-71　API 标准低温楔式闸阀主要尺寸

公称尺寸		尺寸/mm								
NPS	DN	L	D	D_1	D_2	$Z\times\phi d$	D_0	H		
								-46℃	-101℃	-196℃
CL150										
2	50	178	152	120.6	92.1	$4\times\phi19$	200	110	130	170
3	80	203	191	152.4	127	$4\times\phi19$	250	120	150	190
4	100	229	229	190.5	157.2	$8\times\phi19$	250	130	160	200
5	125	254	254	215.9	185.7	$8\times\phi22$	300	140	170	220
6	150	267	279	241.3	215.9	$8\times\phi22$	300	140	170	220
8	200	292	342	298.4	269.9	$8\times\phi22$	350	140	170	220
10	250	330	406	361.9	323.8	$12\times\phi25$	400	150	180	240
12	300	356	483	432	381	$12\times\phi25$	400	150	180	240
CL300										
2	50	216	165	127	92.1	$8\times\phi19$	200	110	130	170
3	80	283	210	168.3	127	$8\times\phi22$	250	120	150	190
4	100	305	254	200	157.2	$8\times\phi22$	300	130	160	200
5	125	381	279	234.9	185.7	$8\times\phi22$	350	140	170	220
6	150	403	318	269.9	215.9	$12\times\phi22$	350	140	170	220
8	200	419	381	330.2	269.9	$12\times\phi25$	400	140	170	220
10	250	451	445	387.5	323.8	$16\times\phi29$	450	150	180	240
12	300	502	521	451	381	$16\times\phi32$	500	150	180	240
2	50	292	165	127	92.1	$8\times\phi19$	250	110	130	170
3	80	356	210	168.3	127	$8\times\phi22$	250	120	150	190
4	100	432	273	215.9	157.2	$8\times\phi25$	350	130	160	200
5	125	508	330	266.7	185.7	$8\times\phi29$	400	140	170	220
6	150	559	356	292.1	215.9	$12\times\phi29$	450	140	170	220
8	200	660	419	349.2	269.9	$12\times\phi32$	500	140	170	220
10	250	787	510	431.8	323.8	$16\times\phi35$	600	150	180	240
12	300	838	559	489	381	$20\times\phi35$	685	150	180	240

表 3-72　API 标准低温楔式闸阀主要零件材料

零件名称	阀体、阀盖	闸板、阀座、阀杆	填　料	支　架
材料	A352/A352M LCB、LC3；A351/A351M CF8	A182/A182M F304	聚四氟乙烯	A216/A216M WCB

注：主要生产厂家为圣博莱阀门有限公司。

（14）API 标准楔式闸阀　如图 3-50 所示及见表 3-73 ~ 表 3-76。

（15）JIS K 级铸钢楔式闸阀　如图 3-51 所示及见表 3-77 ~ 表 3-80。

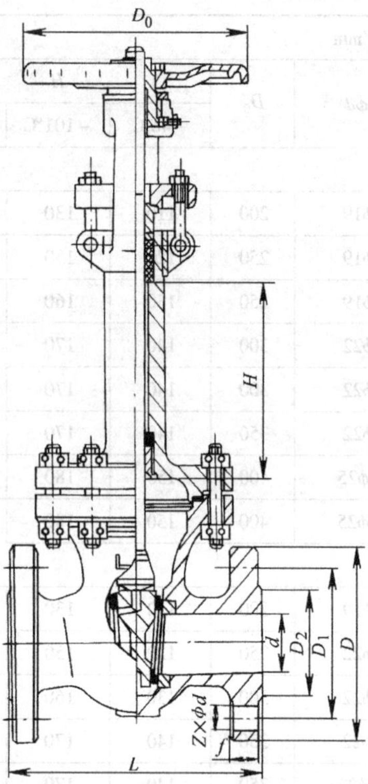

图 3-50 API 标准楔式闸阀

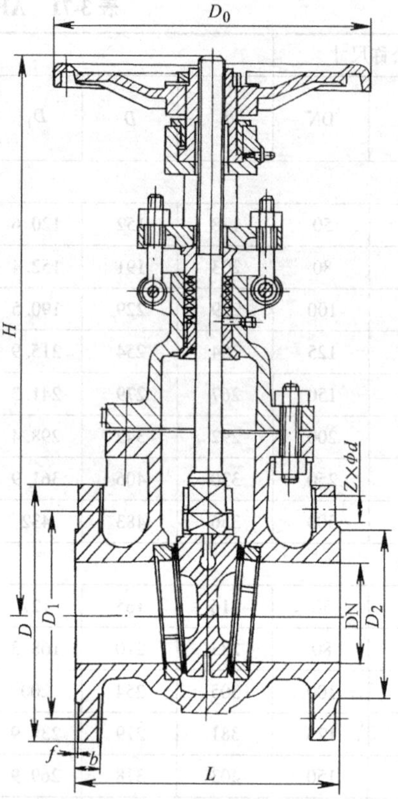

图 3-51 JIS K 级铸钢楔式闸阀

表 3-73 API 标准楔式闸阀执行标准

项目	结构设计	结构长度	法兰尺寸	检查和试验
标准	API 600	ASME B16.10	ASME B16.5	API 598

表 3-74 API 标准楔式闸阀主要性能规范

型号	压力级 CL	试验压力 p_s/MPa（壳体材料 WCB）			适用介质	
		壳体	低压密封（气）	上密封（液）	≤150℃	≤450℃
Z40M-CL150	150	2.94	0.4～0.7	2.16	蒸汽、水、油品	烃类（C_1-C_6）、芳香烃类（二甲苯）等
Z40M-CL300	350	7.67	0.4～0.7	5.63		
Z40M-CL600	600	15.32	0.4～0.7	11.24		

表 3-75 API 标准楔式闸阀主要尺寸

公称尺寸		尺寸/mm								
NPS	DN	L	D	D_1	D_2	b	$Z\times\phi d$	D_0	H	H_1
Z40M-CL150										
2	50	178	152	120.5	92	16	4×φ19	200	335	400
3	80	203	190	152.5	127	19	4×φ19	250	415	505
4	100	229	229	190.5	157	24	8×φ19	250	476	590
5	125	254	254	216	186	24	8×φ22	300	565	705
6	150	267	279	241.5	216	26	8×φ22	300	595	765

（续）

公称尺寸		尺寸/mm								
NPS	DN	L	D	D_1	D_2	b	$Z \times \phi d$	D_0	H	H_1
Z40M-CL150										
8	200	292	343	298.5	270	29	$8 \times \phi 22$	350	730	960
10	250	330	406	362	324	31	$12 \times \phi 25$	400	880	1164
12	300	356	483	432	381	32	$12 \times \phi 25$	400	1035	1370
Z40M-CL300										
2	50	216	165	127	92	23	$8 \times \phi 19$	200	355	424
3	80	283	210	168.5	127	29	$8 \times \phi 22$	250	440	535
4	100	305	254	200	157	32	$8 \times \phi 22$	300	500	620
5	125	381	279	235	186	35	$8 \times \phi 22$	350	605	750
6	150	403	318	270	216	37	$12 \times \phi 22$	350	630	795
8	200	419	381	330	270	42	$12 \times \phi 25$	400	790	1020
10	250	457	445	387.5	324	48	$16 \times \phi 29$	450	920	1260
12	300	502	521	451	381	51	$16 \times \phi 32$	500	1125	1420
Z40M-CL600										
2	50	292	165	127	92	26	$8 \times \phi 19$	250	395	460
3	80	356	210	168	127	32	$8 \times \phi 22$	250	465	560
4	100	432	273	216	157	38	$8 \times \phi 25$	350	570	690
5	125	508	330	266.5	186	45	$8 \times \phi 29$	400	680	825
6	150	559	356	292	216	48	$12 \times \phi 29$	450	740	910
8	200	660	419	349	270	56	$12 \times \phi 32$	500	920	1160
10	250	787	508	432	324	64	$16 \times \phi 35$	600	1065	1350
12	300	838	559	489	381	67	$20 \times \phi 35$	685	1225	1570

表 3-76　API 标准楔式闸阀主要零件材料

零件名称	阀体、填料压盖	阀杆、上密封座、填料压套、闸板密封面	阀座密封面
材料	WCB、CF8、CF8M CF3M、Monel	蒙乃尔合金	蒙乃尔合金镶 聚四氟乙烯

注：主要生产厂家：超达阀门集团股份有限公司、浙江福瑞科流控机械有限公司。

表 3-77　JIS K 级铸钢楔式闸阀执行标准

项　目	设　计	压力-温度基准	结构长度	法兰尺寸	检查验收
标　准	JIS B2073 JIS B2083	JIS B2073 JIS B2083	JIS B2002	JIS B2212	JIS B2003 API 598

表 3-78 JIS K 级铸钢楔式闸阀试验压力

试验项目		壳体试验	高压密封试验	上密封试验	低压密封试验
试验介质		水			空气
试验压力/MPa	10K	2.4	1.5	1.5	0.4~0.7
	20K	5.8	4.0	4.0	
	63K	16.0	11.8	11.8	

表 3-79 JIS K 级铸钢楔式闸阀主要尺寸及重量

公称尺寸		尺寸/mm								重量/kg ≈
DN	NPS	L	D	D_1	D_2	b	$Z\times\phi d$	H ≈	D_0 ≈	
10K										
40	1½	165	140	105	85	16	4×φ19	315	160	
50	2	178	155	120	100	16	4×φ19	435	200	24
65	2½	190	175	140	120	18	4×φ19	435	200	31
80	3	203	185	150	130	18	8×φ19	520	250	40
100	4	229	210	175	155	18	8×φ19	630	250	55
125	5	254	250	210	185	20	8×φ23	785	300	
150	6	267	280	240	215	22	8×φ23	850	300	90
200	8	292	330	290	265	22	12×φ23	1060	355	145
250	10	330	400	355	325	24	12×φ25	1295	400	230
300	12	356	445	400	370	24	16×φ25	1485	500	330
350	14	381	490	445	415	26	16×φ25	1685	560	—
400	16	406	560	510	475	28	16×φ27	1830	600	—
450	18	432	620	565	530	30	20×φ27	—	—	—
500	20	457	675	620	580	30	20×φ27	—	—	—
600	24	508	795	730	690	32	24×φ33	—	—	—
20K										
50	2	216	155	120	100	22	8×φ19	480	200	32
65	2½	241	175	140	120	24	8×φ19	510	200	39
80	3	283	200	160	135	26	8×φ23	580	250	55
100	4	305	225	185	160	28	8×φ23	700	250	80
125	5	381	270	225	195	30	8×φ25	830	300	
150	6	403	305	260	230	32	12×φ25	940	355	160
200	8	419	350	305	275	34	12×φ25	1190	450	250
250	10	457	430	380	345	38	12×φ27	1390	560	370
300	12	502	480	430	395	40	16×φ27	1600	600	560
350	14	762	540	480	440	44	16×φ33	1750	685	—
400	16	838	605	540	495	46	16×φ33	—	—	—
450	18	914	675	605	560	48	20×φ33	—	—	—
500	20	991	730	660	615	50	20×φ33	—	—	—
600	24	1143	845	770	720	54	24×φ39	—	—	—
63K										
80	3	381	230	185	140	40	8×φ25	514	607	95
200	8	737	425	360	290	62	12×φ33	1010	1125	489
250	10	838	500	430	355	70	12×φ39	1010	1125	541

表 3-80 JIS K 级铸钢楔式闸阀主要零件材料及适用温度与介质

阀体、阀盖	SCPH2、WCB	铬钼钢、SCPH21、SCPH32	SCPL1、CF8	SCS13A	SCS14A、CF8M	SCS19A	SCS16A、CF3M
闸板	SCPH2 或 ZG2Cr13 堆焊硬质合金	ZG20CrMoV、ZG15Cr1Mo1V 堆焊硬质合金	ZG0Cr18Ni9Ti 堆焊硬质合金	ZG06Cr19Ni10 堆焊硬质合金	ZG06Cr17Ni12Mo2Ti 堆焊硬质合金	ZG00Cr18Ni10 堆焊硬质合金	022Cr17Ni14Mo2 堆焊硬质合金
阀座	25 钢或 12Cr13 堆焊硬质合金	20CrMoV、15Cr1Mo1V 堆焊硬质合金	06Cr19Ni10 堆焊硬质合金	本体堆焊硬质合金	本体堆焊硬质合金	022Cr19Ni10	06Cr17Ni12Mo2 堆焊硬质合金
阀杆	20Cr13	20Cr1Mo1V1A	06Cr19Ni10	06Cr19Ni10	06Cr17Ni12Mo2	022Cr19Ni10	06Cr17Mn13Mo2V
垫片	XB450	耐高温石棉 + 不锈钢	聚甲氟乙烯	耐酸石棉 + Ni 丝	耐酸石棉 + Ni 丝	耐酸石棉 + Ni 丝	聚四氟乙烯
填料	石墨石棉	柔性石墨石棉	浸聚四氟乙烯石墨石棉	浸聚四氟乙烯石墨石棉	浸聚四氟乙烯石墨石棉	浸聚四氟乙烯石墨石棉	柔性石墨石棉
螺柱	35CrMoA	25Cr2Mo1V	12Cr18Ni9	14Cr17Ni2	14Cr17Ni2	14Cr17Ni2	14Cr17Ni2
螺母	35	35CrMoA	20Cr13	20Cr13	20Cr13	20Cr13	20Cr13
适用温度/℃	≤425	≤540	-45~150	≤275	≤275	≤200	-30~200
适用介质	水、蒸汽、油品等	水、蒸汽、石油及石油制品	氨气、液氨等	工艺气、酸类等	硝酸、尿素等	酸、碱类等	尿素、甲铵液等还原性介质

（16）API 标准压力级压力密封高压闸阀　如图 3-52 所示及见表 3-81 ~ 表 3-84。

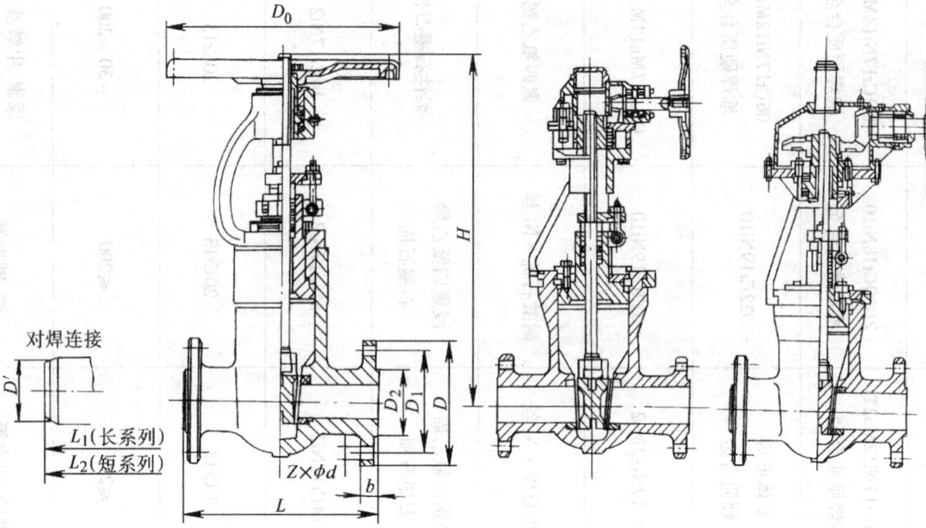

图 3-52　API 标准压力密封高压闸阀

表 3-81　API 标准压力密封高压闸阀执行标准

项　　目	设　　计	压力-温度基准	结构长度	法兰连接尺寸	焊接端尺寸
标准	API 600	ASME B16.34	ASME B16.10	ASME B16.5	ASME B16.25

表 3-82　API 标准压力密封高压闸阀试验压力　（单位：MPa）

项　　目		CL900					CL1500					CL2500				
		WCB	WC6	WC9	CF8	CF8M	WCB	WC6	WC9	CF8	CF8M	WCB	WC6	WC9	CF8	CF8M
壳体试验压力（水）		23.0	23.3	23.3	22.3	22.3	38.3	38.8	38.8	37.2	37.2	63.8	64.7	64.7	62.0	62.0
密封试验压力	水	16.9	17.1	17.1	16.4	16.4	28.1	28.4	28.4	27.3	27.3	46.8	47.4	47.4	45.4	45.4
	空气	0.4 ~ 0.7														

表 3-83　API 标准压力密封高压闸阀主要尺寸

公称尺寸		尺寸/mm										
DN	NPS	L	L_1	L_2	D	D_1	D_2	b	$Z\times\phi d$	D'	H	D_0
CL900												
50	2	368	368	216	216	165.1	92	44.4	8×φ25.5	60.5	465	250
80	3	381	381	305	241.5	190.5	127	44.4	8×φ25.5	89.1	625	300
100	4	457	457	356	292	235	157	50.9	8×φ32	114.3	855	350
150	6	610	610	508	381	317.5	216	62.4	12×φ32	168.4	1195	450
200	8	737	737	660.5	470	393.7	270	69.9	12×φ38	218.4	1220	500
250	10	838	838	787.5	546	469.9	324	76.4	16×φ38	273	1440	550
300	12	965	965	914.5	610	533.4	381	85.4	20×φ38	324	1662	600

（续）

公称尺寸		尺寸/mm										
DN	NPS	L	L_1	L_2	D	D_1	D_2	b	$Z\times\phi d$	D'	H	D_0
CL1500												
50	2	368.5	368.5	216	216	165.1	92	44.9	8×ϕ25.5	60.5	465	350
80	3	470	470	305	267	203.2	127	54.4	8×ϕ32	89.1	625	450
100	4	546	546	406	311	241.3	157	60.4	8×ϕ35	114.3	800	500
150	6	705	705	559	394	317.5	216	89.4	12×ϕ38	168	1200	450
200	8	832	832	711	483	393.7	270	98.4	12×ϕ45	216	1220	500
250	10	991	991	864	584	482.6	324	114.4	12×ϕ51	260	1440	550
300	12	1130.5	1130.5	990.5	673	571.5	381	130.4	16×ϕ54	323.5	1622	600
CL2500												
50	2	451	451	279.5	235	171.5	92	57.2	8×ϕ28.5	60.5	523	350
80	3	578	578	368.5	305	228.6	127	72.9	8×ϕ35	89.1	715	500
100	4	673	673	457	356	273	157	82.6	8×ϕ41.5	114.3	861	600
150	6	914.5	914.5	609.5	483	368.3	216	114.4	8×ϕ54	168	1105	600

表 3-84　API 标准压力密封高压闸阀主要零件材料

名　称	材　料				
阀体	WCB	WC6	WC9	CF8	CF8M
阀座	25/HF	12Cr18Ni9/HF		F304/HF	F316/HF
闸板	WCB/HF	WC6/HF	WC9/HF	CF8/HF	CF8M/HF
阀杆	12Cr13	20Cr1Mo1V1		F304	F316
填料箱	WCB	WC6	WC6	CF8	CF8M
密封环	10	12Cr18Ni9		F304	F316
垫环	25	25Cr2MoV		F304	F316
四合环	25Cr2MoV			F304	F316
填料	柔性石墨				
支架	WCB				
阀杆螺母	ZQAl9-4				
手轮	KT330-08				

（17）法兰连接波纹管闸阀

法兰连接波纹管闸阀如图 3-53 所示及见表 3-85 ~ 表 3-87。

表 3-85　设计、制造、检验标准

设计制造	结构长度	连接法兰	试验检验	逸散性检验
JB/T 7746—2006（DN15 ~ DN50） GB/T 12234—2007（≥DN65）	GB/T 12221—2005	GB/T 9113—2010	GB/T 26480—2011	GB/T 26481—2011

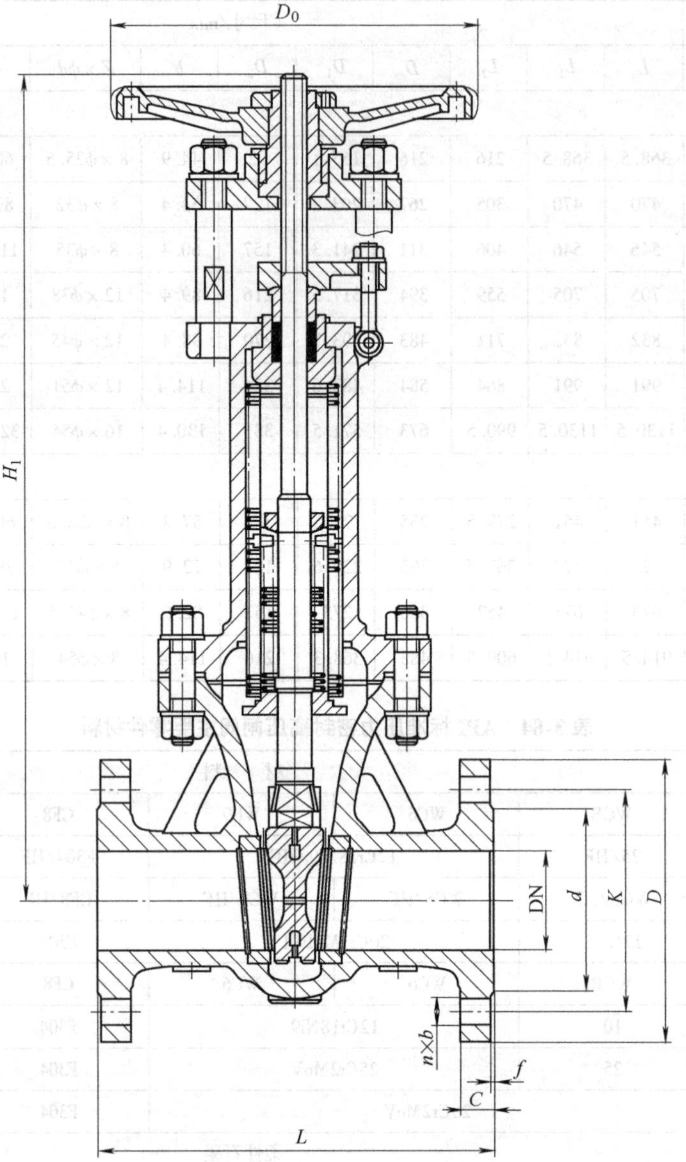

图 3-53　法兰连接波纹管闸阀

表 3-86　主要外形尺寸与连接尺寸

公称压力 PN	公称尺寸 DN	L	D_0	H ≈	H_1 ≈	D	K	b	n	d	f	C
16 ~ 25	15	140	130	217	233	95	65	14	4	46	2	14
	20	152	130	217	233	105	75	14	4	56	2	16
	25	165	130	230	251	115	85	14	4	65	2	16
	32	178	160	283	310	140	100	18	4	76	2	18
	40	196	200	325	357	150	110	18	4	84	2	18
	50	216	200	348	390	165	125	18	4	99	2	20

（续）

公称压力 PN	公称尺寸 DN	L	D_0	H ≈	H_1 ≈	D	K	b	n	d	f	C
16	65	270	250	537	610	185	145	18	4	118	2	20
	80	280	250	585	670	200	160	18	8	132	2	20
	100	300	300	720	831	220	180	18	8	156	2	22
	150	350	350	961	1126	285	240	22	8	211	2	24
	200	400	400	1122	1336	340	295	22	12	266	2	24
	250	450	500	1377	1643	405	355	26	12	319	2	26
	300	500	600	1473	1786	460	410	26	12	370	2	28
	350	550	500	1710	1710	520	470	26	16	429	2	30
	400	600	500	1942	1942	580	525	30	16	480	2	32
	450	650	500	2247	2247	640	585	30	20	548	2	40
	500	700	500	2379	2379	715	650	33	20	609	2	44
25	65	270	250	537	610	185	145	18	8	118	2	22
	80	280	250	585	670	200	160	18	8	132	2	24
	100	300	300	720	831	235	190	22	8	156	2	24
	150	350	350	961	1126	300	250	26	8	211	2	28
	200	400	400	1122	1336	360	310	26	12	274	2	30
	250	450	500	1377	1643	425	370	30	12	330	2	32
	300	500	600	1473	1786	485	430	30	16	389	2	34
	350	550	500	1710	1710	555	490	33	16	448	2	38
	400	600	500	1942	1942	620	550	36	16	503	2	40
	450	650	500	2247	2247	670	600	36	20	548	2	46
	500	700	500	2379	2379	730	660	36	20	609	2	48

表 3-87　主要零件材料

壳体		密封面			波纹管	
锻件	铸件	公称尺寸	闸板	阀座		
A105	A216-WCB	DN15 ~ DN50	30Cr13	20Cr13	A312	TP304
A182-F304	A351-CF8		司太立	司太立	A312	TP316
A182-F316	A351-CF8M	≥DN65	D507Mo	D577	A312	TP316L
A182-F316L	A351-CF3M		司太立	司太立	B622	HAC-276

波纹管闸阀生产厂家：浙江（杭州）万龙机械有限公司。

3.2 蝶阀

3.2.1 概述

蝶阀是用圆盘式启闭件往复回转90°左右来开启、关闭和调节流体通道的一种阀门。

蝶阀不仅结构简单、体积小、重量轻、材料耗用省，安装尺寸小，而且驱动力矩小，操作简便、迅速，并且还可同时具有良好的流量调节功能和关闭密封特性，是近十几年来发展最快的阀门品种之一。特别是在美、日、德、法、意等工业发达国家，蝶阀的使用非常广泛，其使用的品种和数量仍在继续扩大，并向高温、高压、大口径、高密封性、长寿命、优良的调节特性及一阀多功能方向发展，其可靠性及其他性能指标均达较高水平，并已部分取代截止阀、闸阀和球阀。随着蝶阀技术的进步，在可以预见的短时间内，特别是在大中型口径、中低压力的使用领域，蝶阀将会成为主导的阀门形式。

原始的蝶阀是一种简单的，且关闭不严的挡板阀，通常在水管路系统中作为流量调节阀和阻尼阀使用。

随着防化学腐蚀的合成橡胶在蝶阀上的应用，蝶阀的性能得以提高。由于合成橡胶具有耐腐蚀、抗冲蚀、尺寸稳定、回弹性好、易于成形、成本低廉等特点，并可根据不同的使用要求选择不同性能的合成橡胶，以满足蝶阀的使用工况条件，因而被广泛用于制造蝶阀的衬里和弹性阀座。

由于聚四氟乙烯（PTFE）具有耐腐蚀性强、性能稳定、不易老化、摩擦系数低、易于成形、尺寸稳定，并且还可通过填充、添加适当材料以改善其综合性能，得到强度更好、摩擦系数更低的蝶阀密封材料，克服了合成橡胶的部分局限性，因而以聚四氟乙烯为代表的高分子聚合材料及其填充改性材料在蝶阀上得到了广泛的应用，从而使蝶阀的性能得到更进一步的提高，出现了温度、压力范围更广，密封性能、使用寿命更长的蝶阀。

为满足高低温度、强冲蚀、长寿命等工业应用的使用要求，近十几年来，金属密封蝶阀得到了很大的发展。随着耐高温、耐低温、耐强腐蚀、耐强冲蚀、高强度合金材料在蝶阀中的应用，使金属密封蝶阀在高低温度、强冲蚀、长寿命等工业领域得到了广泛的应用，出现了大口径（9750mm）、高压力（$2.2kN/cm^2$）、宽温度范围（$-102 \sim 606$℃）的蝶阀，从而使蝶阀的技术达到一个全新的水平。

由于计算机辅助设计（CAD）和计算机辅助制造（CAM）及柔性制造系统（FMS）在阀门行业的应用，使蝶阀的设计与制造达到了一个全新的水平。不但全面革新了阀门的设计计算方式，减轻了专业技术人员繁重的重复性常规设计工作，使技术人员有更多的精力用于改进产品的技术性能和新产品的研究开发，缩短了周期、提高了劳动生产率。特别是在金属密封蝶阀领域，由于CAD/CAM的应用，出现了由CAD设计，并由CAM数控加工制造的三维密封副，使阀门在启闭过程中密封面无任何挤压、擦伤、磨损，从而使蝶阀的密封性和使用寿命成数量级提高。

蝶阀在完全开启时，具有较小的流阻，当开启在大约15°~70°之间时，又能进行灵敏的流量控制，因而在大口径的调节领域，蝶阀的应用非常普遍，并将逐步成为主导阀型。

由于蝶阀阀板的运动带有擦拭性，故大多数蝶阀可用于带悬浮固体颗粒的介质，依据密封件的强度也可用于粉状和颗粒状介质。

3.2.2 蝶阀的分类

蝶阀的种类很多，并且有多种分类方法。

1）按结构型式分：中心密封蝶阀、单偏心密封蝶阀、双偏心密封蝶阀、三偏心密封蝶阀。

2）按密封面材质分：① 软密封蝶阀，其密封副由非金属软质材料对非金属软质材料构成及金属硬质材料对非金属软质材料构成两种。② 金属硬密封蝶阀，其密封副由金属硬质材料对金属硬质材料构成。

3）按密封形式分：① 强制密封蝶阀又分弹性密封蝶阀，密封比压由阀门关闭时阀板挤压阀座，阀座或阀板的弹性产生；外加转矩密封蝶阀，密封比压由外加于阀门轴上的转矩产生。② 充压密封蝶阀，密封比压由阀座或阀板上的弹性密封元件充压产生。③ 自动密封蝶阀，密封比压由介质压力自动产生。

4）按工作压力分：①真空蝶阀，工作压力低于标准大气压的蝶阀。②低压蝶阀，公称压力≤PN16 的蝶阀。③中压蝶阀，公称压力为 PN25 ~ PN63 的蝶阀。④高压蝶阀。公称压力为 PN100 ~ PN800 的蝶阀。

5）按工作温度分：①高温蝶阀，$t>450℃$ 的蝶阀。②中温蝶阀，$120℃<t\leq450℃$ 的蝶阀。③常温蝶阀，$-29℃\leq t\leq120℃$ 的蝶阀。④低温蝶阀，$-100℃<t<-29℃$ 的蝶阀。⑤超低温蝶阀，$t\leq-100℃$ 的蝶阀。

6）按连接方式分：对夹式蝶阀、法兰式蝶阀、支耳式蝶阀、焊接式蝶阀。

3.2.3　蝶阀的密封原理

（1）中线蝶阀的密封原理　中线蝶阀的典型密封结构如图 3-54 所示。

其密封原理为，阀板加工时保证其密封面具有合适的表面粗糙度值，合成橡胶阀座在模压成形时形成密封面合适的表面粗糙度值。阀门关闭时，通过阀板的转动，阀板的外圆密封面挤压合成橡胶阀座，使合成橡胶阀座产生弹性变形而形成弹性力作为密封比压保证阀门的密封。

图 3-55 所示密封结构采用了聚四氟乙烯、合成橡胶构成复合阀座。其特点在于阀座的弹性仍然由合成橡胶提供并利用聚四氟乙烯的摩擦因数低、不易磨损、不易老化等特性，采用聚四氟乙烯作为阀座密封面材料，从而使蝶阀的寿命得以提高。

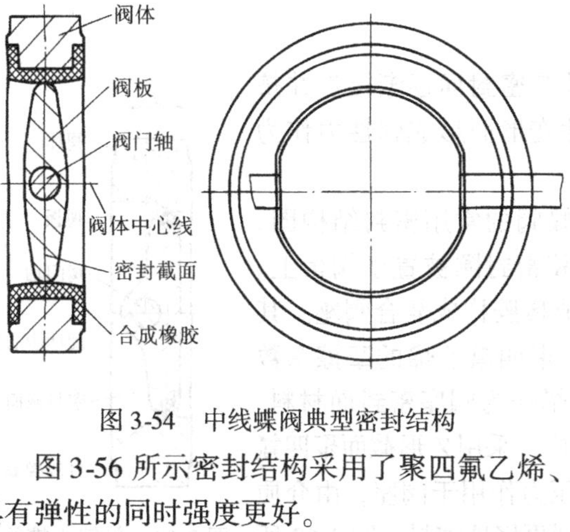

图 3-54　中线蝶阀典型密封结构

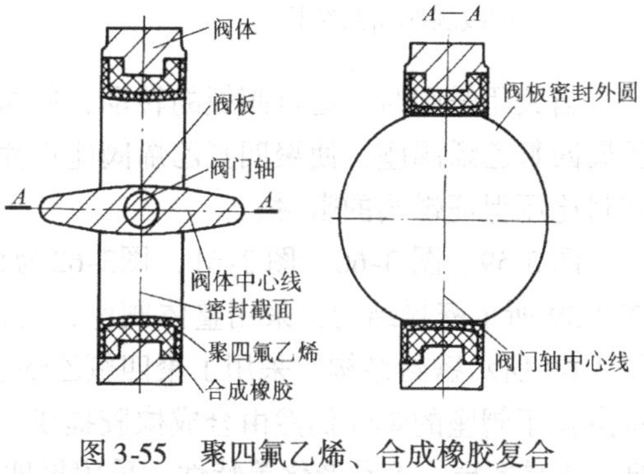

图 3-55　聚四氟乙烯、合成橡胶复合阀座的中线蝶阀密封结构

图 3-56 所示密封结构采用了聚四氟乙烯、合成橡胶和酚醛树脂构成复合阀座，使阀座在具有弹性的同时强度更好。

图 3-57 所示密封结构，为在图 3-55 密封结构基础上将阀板用聚四氟乙烯全包覆，使蝶阀具有抗腐蚀性。

(2) 单偏心密封蝶阀的密封原理 图3-58所示为一种典型的单偏心密封蝶阀密封结构。

1) 结构特征。阀板的回转中心（即阀门轴中心）位于阀体的中心线上，且与阀板密封截面形成一个 a 尺寸偏置。

2) 密封原理。由于阀板的回转中心（即阀门轴中心）与阀板密封截面按 a 偏心设置，使阀板与阀座上的密封面形成一个完整的整圆，因而在加工时更易保证阀板与阀座密封面的表面粗糙度值。

由图3-58的A—A剖视图可见，当单偏心密封蝶阀处于完全开启状态时，其阀板密封面会完全脱离阀座密封面，在阀板密封面与阀座密封面之间形成一个间隙 x，该类蝶阀的阀板从0°~90°开启时，阀板的密封面会逐渐脱离阀座的密封面。通常的设计，当阀板从0°转动至20°~25°时阀板密封面即可完全脱离阀座密封面，从而使蝶阀启闭过程中，阀板与阀座的密封面之间相对机械磨损、挤压大为降低，蝶阀的密封性能得以提高。

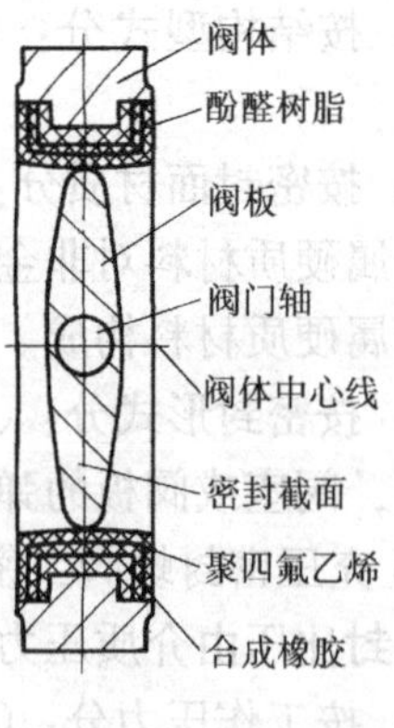

图3-56 聚四氟乙烯、合成橡胶和酚醛树脂复合阀座的中线蝶阀密封结构

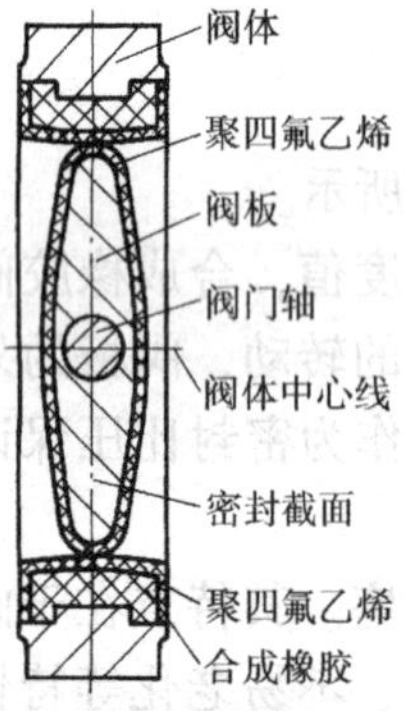

图3-57 聚四氟乙烯全包覆中线蝶阀密封结构

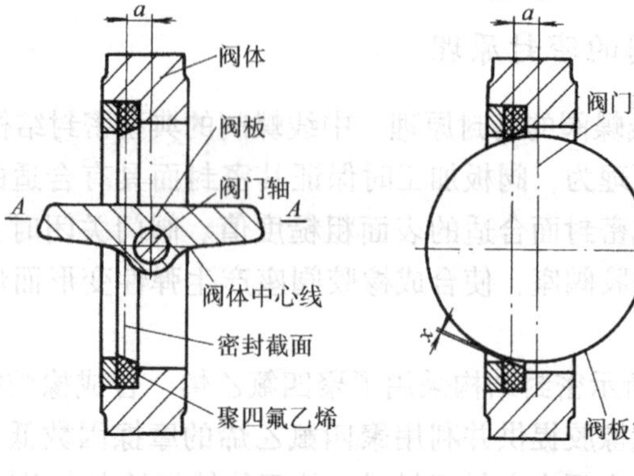

图3-58 单偏心密封蝶阀密封结构

当关闭蝶阀时，通过阀板的转动，阀板的外圆密封面逐渐接近并挤压聚四氟乙烯阀座，使聚四氟乙烯阀座产生弹性变形而形成弹性力作为密封比压保证蝶阀的密封。

图3-59、图3-60、图3-61、图3-62为该类蝶阀的常用密封结构图。图3-59所示密封结构，采用整体阀座，合成橡胶密封圈被置于阀板上。图3-60所示密封结构，采用了聚四氟乙烯、合成橡胶构成复合阀座。其特点在于阀座的弹性仍然由合成橡胶提供并利用聚四氟乙烯的摩擦系数低、不易磨损、不易老化等特性，采用聚四氟乙烯作为阀座密封面材料，从而使蝶阀的寿命得以提高。图3-61所示密封结构，采用Z形截面聚四氟乙烯阀座，Z形截面形状可使蝶阀关闭时，介质压力作用于阀座，由介质压力在密封面间产生一定的密封比压，帮助密封副更好地密封。图3-62所示密封结构，采用不锈钢金属密封阀座，使蝶阀可在高温状态下使用。

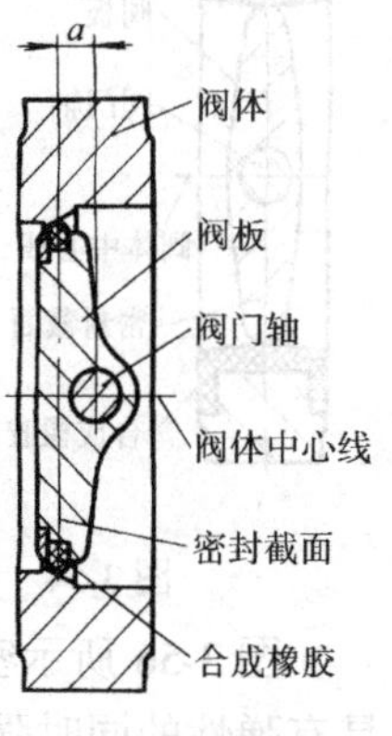

图3-59 单偏心蝶阀合成橡胶密封的结构

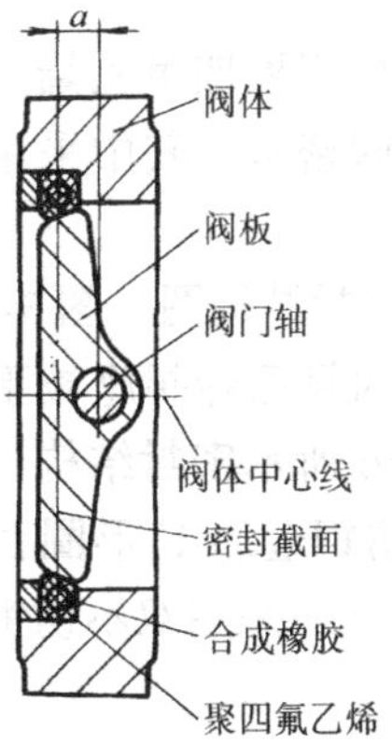

图 3-60　单偏心蝶阀聚四氟乙烯合成橡胶复合阀座密封结构

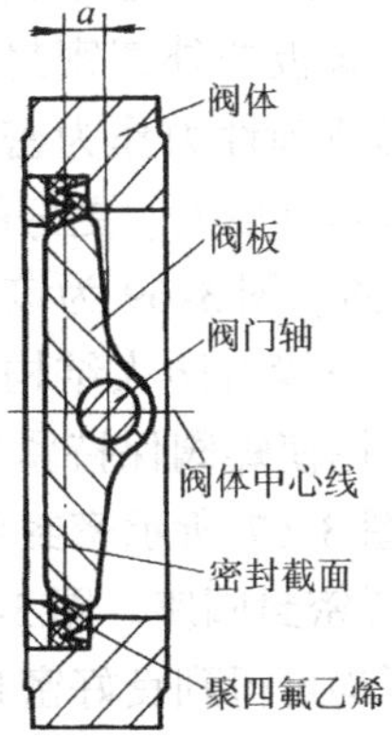

图 3-61　单偏心蝶阀 Z 形聚四氟乙烯阀座密封结构

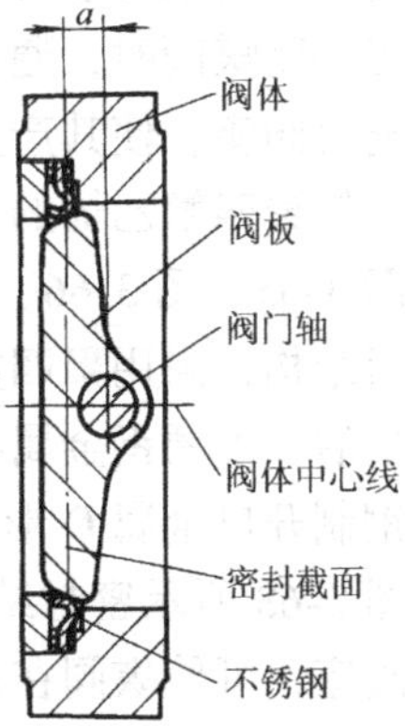

图 3-62　单偏心蝶阀不锈钢金属密封阀座结构

3）密封副密封性能失效的主要原因。①在蝶阀启闭过程中，阀板转动挤压弹性软质阀座时，阀板与阀座发生机械磨损、擦伤等现象；②阀板挤压弹性阀座后，弹性阀座或阀板弹性层产生永久塑性变形及冷流、弹性失效等；③弹性阀座或阀板弹性层的材质老化失效等；④介质汽蚀、冲蚀密封面。

4）单偏心密封蝶阀的特点。①结构较中式密封蝶阀复杂，成本稍高；②密封性能较中线密封蝶阀更好；③使用寿命较中式密封蝶阀更长，使用压力也较高。

（3）双偏心密封蝶阀的密封原理　图 3-63 所示为一种典型的双偏心密封蝶阀密封副结构。该类蝶阀通常被称为高性能蝶阀。

1）结构特征。阀板回转中心（即阀门轴中心）与阀板密封截面形成一个尺寸 a 偏置，并与阀体中心线形成一个尺寸 b 偏置。

2）密封原理。由于在单偏心密封蝶阀的基础上将阀板回转中心（即阀门轴中心）再与阀体中心线形成一个尺寸 b 偏置，其偏置后的结果由图 3-63 的 A—A 剖视图可见，当双偏心密封蝶阀处于完全开启状态时，其阀板密封面会完全脱离阀座密封面，并且在阀板密封面与阀座密封面之间形成一个比单偏心密封蝶阀中 x 间隙更大的间隙 y。而由图 3-64 可见，由于尺寸 b 偏置的出现，还会使阀板的转动半径分为长半径转动和短半径转动，在长半径转动的阀板大半圆上，阀板密封面转动轨迹的切线会与阀座密封面形成一个 θ 角，使阀板启闭时阀板密封面相对阀座密封面在一个渐出脱离和渐入挤压的作用，从而更为降低阀板启闭时蝶阀密封副两密封面之间的机械磨损和擦伤。

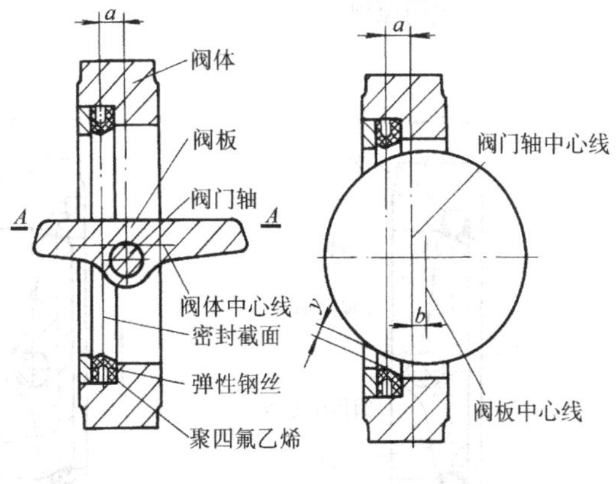

图 3-63　双偏心密封蝶阀密封副结构

该类蝶阀的阀板从 0°～90°开启时，阀板的密封面会比单偏心密封蝶阀更快地脱离阀座密封面。通常的设计，当阀板从 0°转动至 8°～12°时阀板密封面即可完全脱离阀座密封面，从而使蝶阀在启闭过程中，阀板与阀座的密封面之间相对机械磨损、挤压转角行程更短，从而使机械磨损、挤压变形更为降低，蝶阀的密封性能更为提高。

当关闭蝶阀时，通过阀板的转动，阀板的外圆密封面逐渐接近并挤压聚四氟乙烯、弹簧钢丝复合阀座，使其产生弹性变形而形成弹性力作为密封比压保证蝶阀密封。其中采用弹簧钢丝缠绕聚四氟乙烯的作用在于使阀座具有更大、更好的弹性。

图 3-65、图 3-66、图 3-67、图 3-68、图 3-69 为该类蝶阀的常用密封结构图。图 3-65 所示密封结构，采用聚四氟乙烯阀座，并设置有防火结构，当蝶阀的聚四氟乙烯阀座被事故着火烧损后，不锈钢金属密封圈便发挥作用使蝶阀保持紧急密封。图 3-66 所示密封结构，采用不锈钢制开口金属 O 形圈密封阀座。图 3-67 所示密封结构，采用不锈钢金属 U 形圈密封阀座。图 3-68 所示密封结构，采用聚甲醛密封阀座。图 3-69 所示密封结构，采用双不锈钢金属密封阀座，可使蝶阀在双向压力作用下均可得到良好密封性。

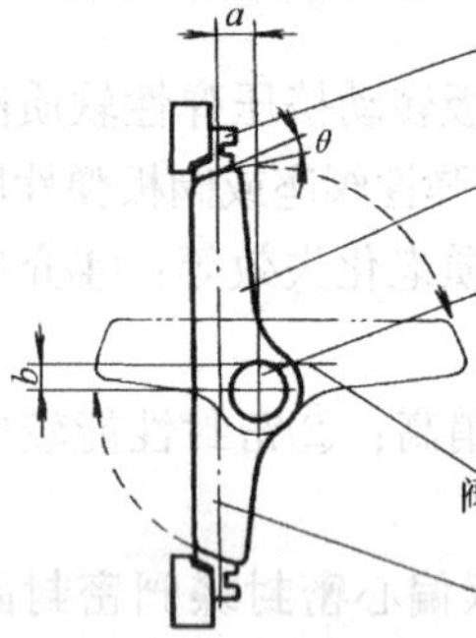

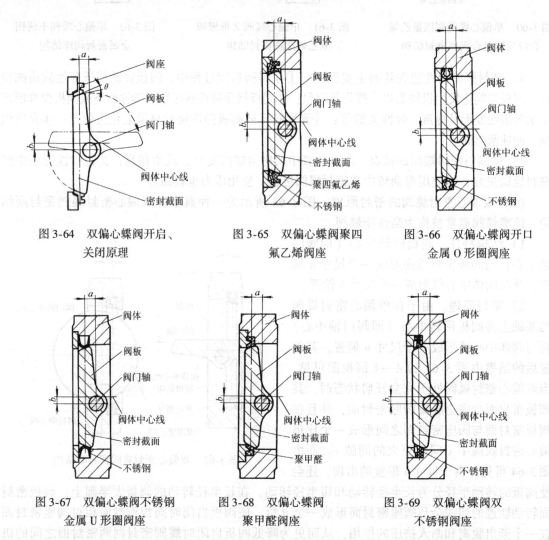

图 3-64 双偏心蝶阀开启、关闭原理

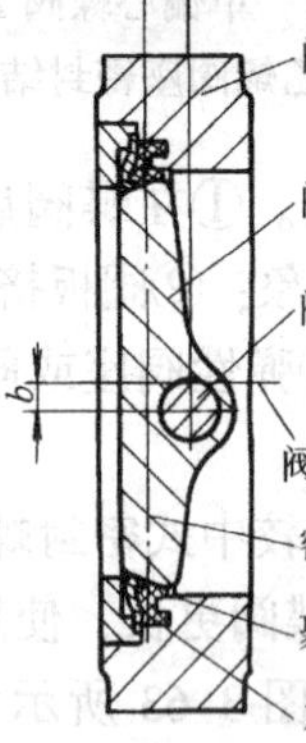

图 3-65 双偏心蝶阀聚四氟乙烯阀座

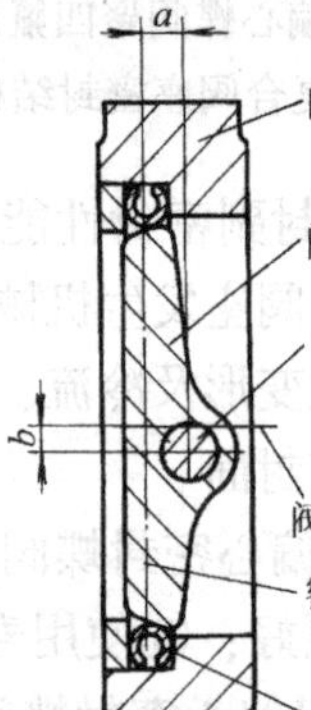

图 3-66 双偏心蝶阀开口金属 O 形圈阀座

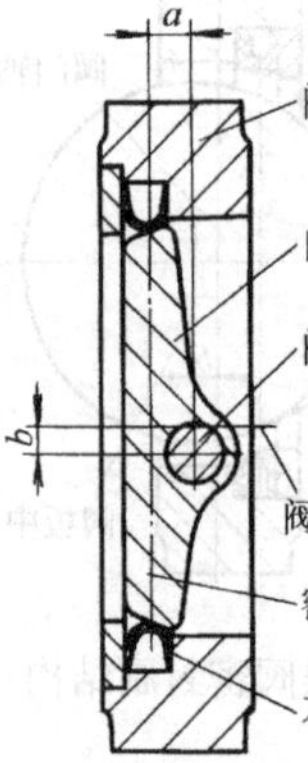

图 3-67 双偏心蝶阀不锈钢金属 U 形圈阀座

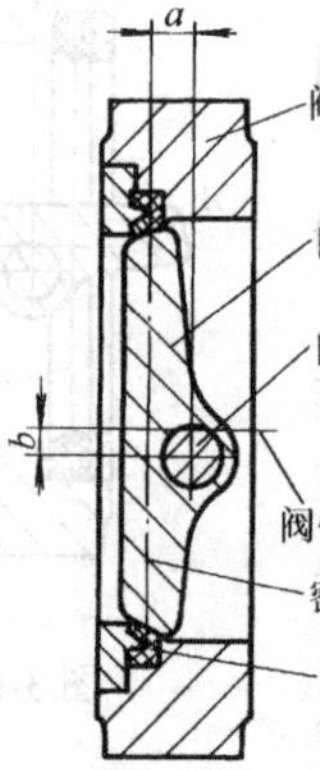

图 3-68 双偏心蝶阀聚甲醛阀座

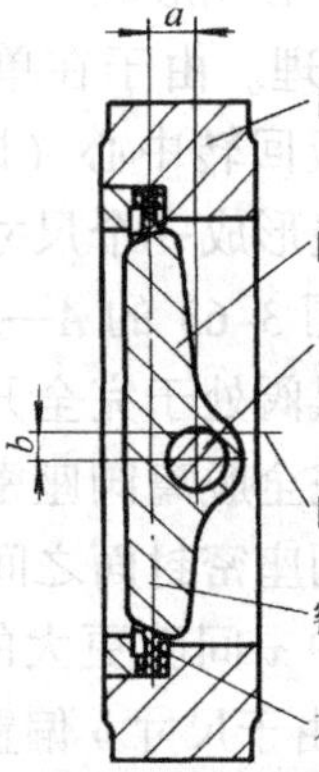

图 3-69 双偏心蝶阀双不锈钢阀座

3）密封副密封性能失效的主要原因。①在蝶阀启闭过程中，阀板转动挤压弹性软质阀座时，阀板与阀座发生机械磨损、擦伤等现象；②阀板挤压弹性阀座后，弹性阀座或阀板弹性层产生永久塑性变形及冷流、弹性失效等；③弹性阀座或阀板弹性层的材质老化失效等；④介质汽蚀、冲蚀密封面。

4）双偏心密封蝶阀的特点。①结构较单偏心密封蝶阀复杂，成本稍高；②密封性能较单偏心密封蝶阀更好；③使用寿命较单偏心密封蝶阀更长，使用压力也较高。

（4）三偏心密封蝶阀的密封原理　图 3-70 为一种典型的三偏心密封蝶阀密封副结构简图。

1）结构特征。阀板回转中心（即阀门轴中心）与阀板密封面形成一个尺寸 a 偏置，并与阀体中心线形成一个 b 偏置；阀体密封面中心线与阀座中心线（即阀体中心线）形成一个角度为 β 的角偏置。

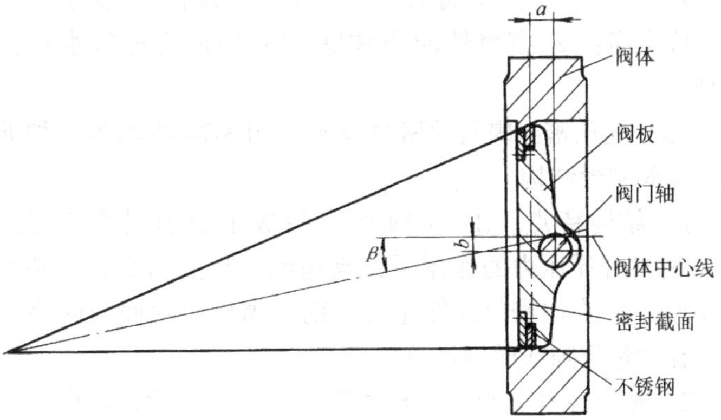

图 3-70　三偏心金属密封蝶阀密封副结构简图

2）密封原理。由于在双偏心密封蝶阀的基础上，将阀座中心线再与阀体中心线形成一个 β 角偏置，其偏置后的结果由图 3-71 的 A—A 剖视图可见，当三偏心密封蝶阀处于完全开启状态时，其阀板密封面会完全脱离阀座密封面，并且在阀板密封面与阀体密封面之间形成一个与双偏心密封蝶阀相同的间隙 γ，而由图 3-72 可见，由于 β 角偏置的形成会使长、短半径转动的阀板大、小半圆上，阀板密封面转动轨迹的切线与阀座密封面形成一个 θ_1 角和 θ_2 角。

使阀板启闭时阀板密封面相对于阀座密封面渐出脱离和渐入压紧，从而彻底消除了阀板启闭时蝶阀密封副两密封面之间的机械磨损和擦伤。

该类蝶阀从 0°~90°开启时，阀板的密封面会在开启的瞬间立即脱离阀座密封面，在其 90°~0°关闭时，只有在关闭的瞬间，其阀板密封面才会接触并压紧阀座密封面。

由图 3-72 可见，由于 θ_1、θ_2 角的形成，使蝶阀关闭时，其密封副两密封面之间的密封比压可以由常规蝶阀的阀座弹性产生改为外加于阀门轴的驱动转矩产生，不仅消除了常规蝶阀中弹性阀座弹性材料老化、冷流、弹性失效等因素造成的密封副两密封面之间的密封比压降低和消失，而且可以通过对外加驱动转矩的改变实现对其密封比压的任意调整，从而使三偏心密封蝶阀的密封性能和使用寿命得到大大的提高。

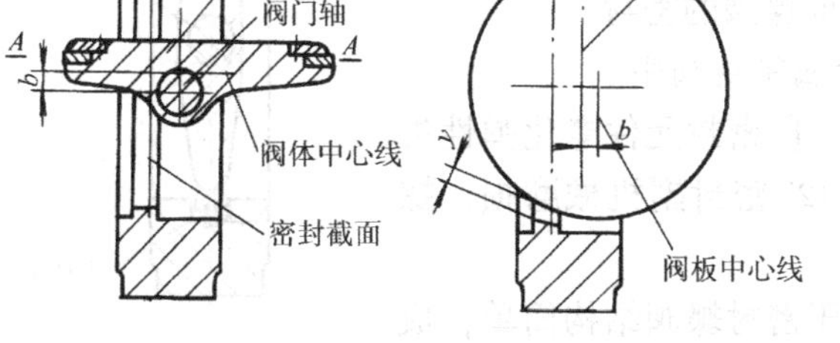

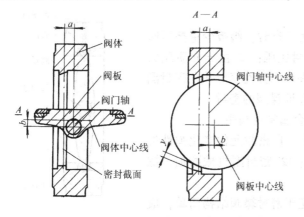

图 3-71　三偏心金属密封蝶阀开启状态图

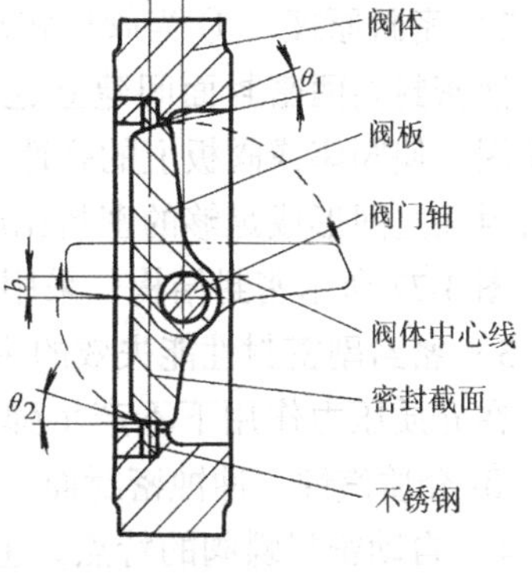

图 3-72　垂直板三偏心金属密封蝶阀关闭状态图

图 3-73 为采用斜置阀板关闭的一种结构。

3）密封副密封性能失效的主要原因。介质对密封副两密封面的汽蚀、冲蚀。

4）三偏心密封蝶阀的特点。① 密封副设计复杂，制造难度大，成本高；② 密封性能非常好；③ 使用寿命特别长，使用压力高。

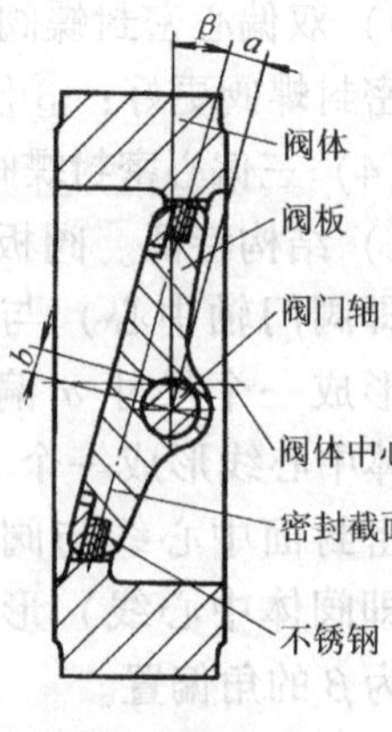

图 3-73 斜板三偏心金属密封蝶阀关闭状态图

（5）充压密封蝶阀的密封原理 图 3-74 所示为一种典型充压密封蝶阀密封结构。

1）结构特点。① 在阀座或阀板上设有外部介质充压腔；② 在外部介质压力的作用下，阀座或阀板上的密封元件可产生弹性变形；③ 在向密封元件充压之前，阀板密封面与阀座密封面之间存在少量间隙或微量过盈。

2）密封原理。当阀板转动至关闭位置以后，向设置于阀座或阀板上的密封元件充压，使密封副紧密接触并形成密封比压，保证蝶阀密封。在蝶阀开启之前，卸去对密封元件的充压，因而大大降低了蝶阀的启闭力矩，其操作轻便、灵活。

图 3-75 所示密封结构，采用不锈钢金属阀座。

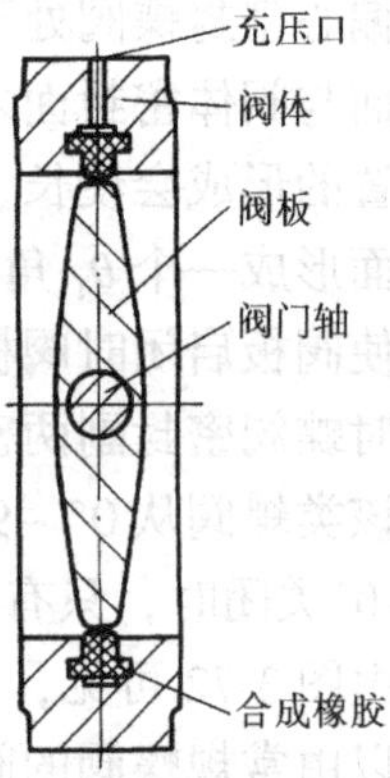

图 3-74 充压密封蝶阀密封结构

3）密封副密封性能失效的主要原因。① 密封元件的充、卸压与蝶板启闭状态联锁失效；② 密封元件老化弹性失效，充压时不产生变形；③ 密封副机械磨损、擦伤；④ 介质汽蚀、冲蚀密封面。

4）充压密封蝶阀的特点。① 对密封元件的充压、卸压应与蝶阀的启闭状态实现联锁，因而结构复杂、成本高；② 密封性能好；③ 使用寿命长，使用压力也较高。

（6）自动密封蝶阀的密封原理 图 3-76 所示为一种自动密封蝶阀的密封结构。

1）结构特点。① 当阀座或阀板上的密封元件设计时，保证阀板处于关闭位置后，密封元件在介质压力的作用下可产生弹性变形；② 在阀板处于关闭位置时，密封副两密封面间有少量的过盈。

2）密封原理。① 当阀板转动至关闭状态时，阀板少量挤压阀座，使密封副两密封面间建立起初始密封比压；② 由于介质压力的作用，使阀座或阀板上的弹性密封元件产生弹性变形并在密封副两密封面之间形成足够的密封比压，以保证蝶阀的密封。

图 3-77 所示密封结构，采用勾形圈金属密封阀座。

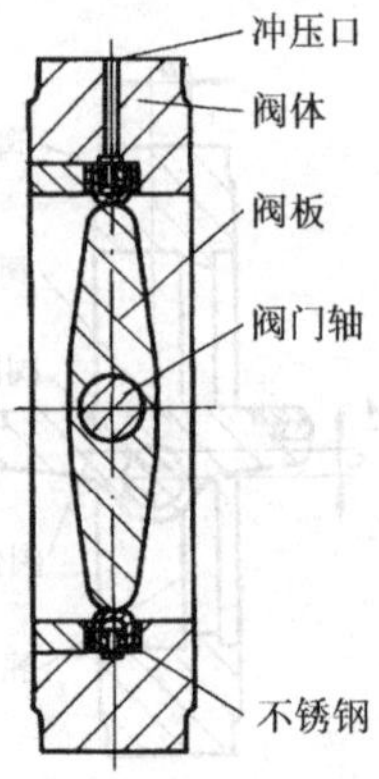

图 3-75 充压密封蝶阀不锈钢金属阀座密封结构

3）密封副密封性能失效的主要原因。① 密封元件老化弹性失效，在介质压力作用下不产生弹性变形；② 密封副机械磨损、擦伤；③ 介质汽蚀、冲蚀密封面。

4）自动密封蝶阀的特点。① 相对充压密封蝶阀结构简单，成本低；② 密封性能受介质压力变化影响大；③ 当介质压力降低时，很难密封；④ 可根据使用需要设计成单向或双向密封。

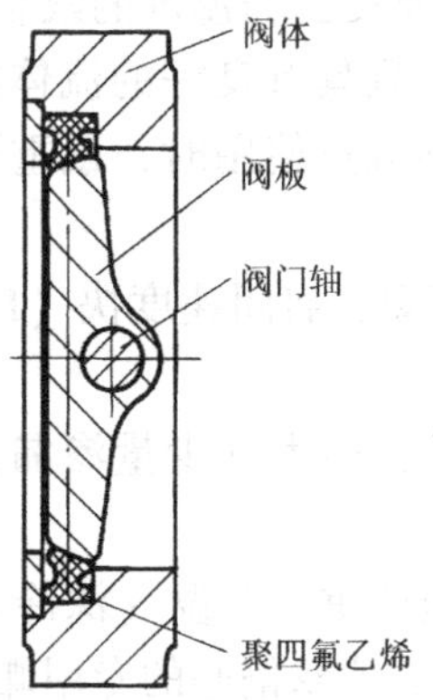

图3-76 自动密封蝶阀的密封结构

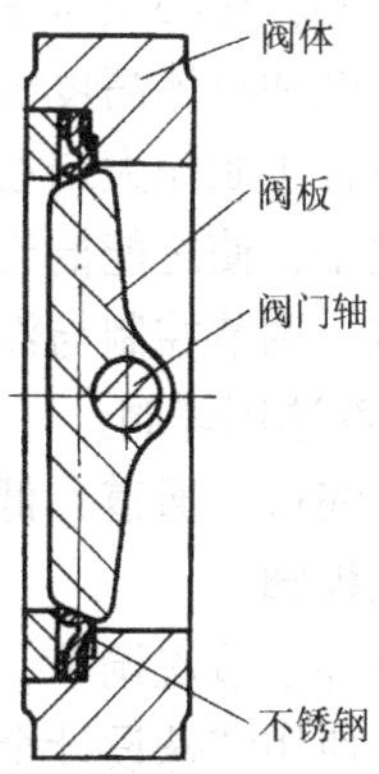

图3-77 勾形圈金属密封阀座密封结构

3.2.4 蝶阀空载启闭时所需的操作转矩

由于蝶阀空载启闭时，其操作转矩需克服阀门轴与轴承、填料等的摩擦阻力，并使阀板挤压或压紧阀座，从而在其密封副两密封面之间形成一定的密封比压，以保证蝶阀完全密封或初始密封。

中线密封蝶阀的空载转矩特性如图3-78所示。单偏心密封蝶阀的空载转矩特性如图3-79所示。双偏心密封蝶阀的空载转矩特性如图3-80所示。三偏心密封蝶阀的空载转矩特性如图3-81所示。

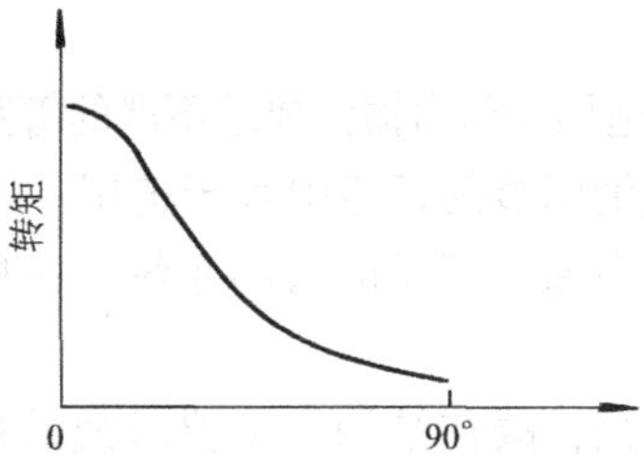

图3-78 中线密封蝶阀的空载转矩特性

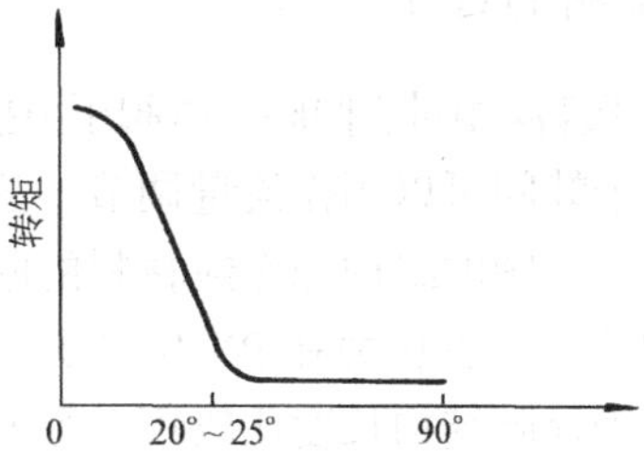

图3-79 单偏心密封蝶阀的空载转矩特性

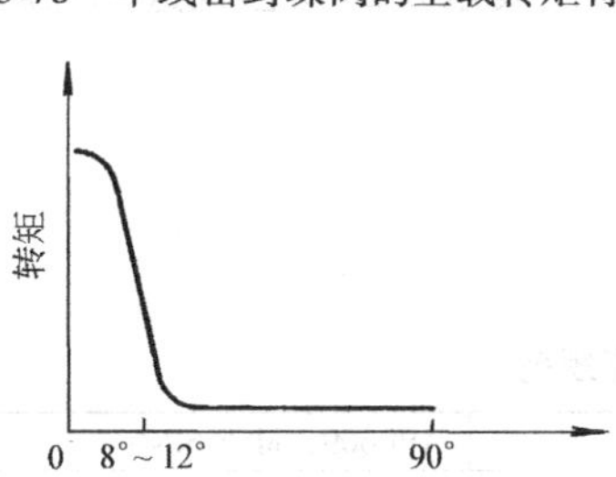

图3-80 双偏心密封蝶阀的空载转矩特性

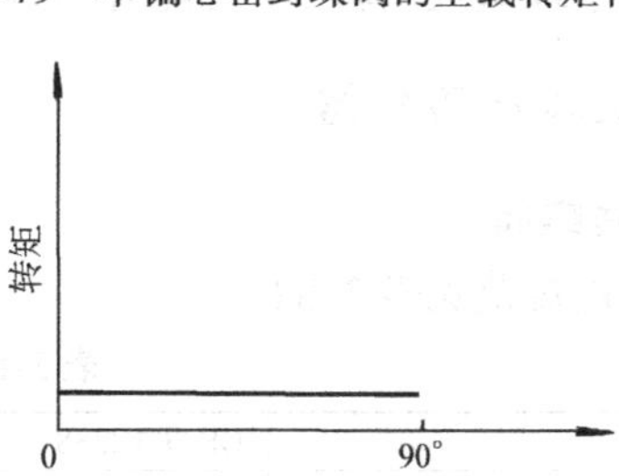

图3-81 三偏心密封蝶阀的空载转矩特性

3.2.5 蝶阀所适用的场合

蝶阀适用于流量调节。由于蝶阀在管路中的压力损失比较大，大约是闸阀的三倍，因此在选择蝶阀时，应充分考虑管路系统受压力损失的影响，还应考虑关闭时蝶板承受管道介质压力的坚固性。此外，还必须考虑在高温下弹性阀座材料所承受工作温度的限制。

蝶阀的结构长度和总体高度较小，开启和关闭速度快，且具有良好的流体控制特性，蝶阀的结构原理最适合于制作大口径阀门。当要求蝶阀作控制流量使用时，最重要的是正确选择蝶阀的尺寸和类型，使之能恰当地、有效地工作。

通常，在节流、调节控制与泥浆介质中，要求结构长度短，启闭速度快（1/4r）。低压截止（压差小），推荐选用蝶阀。

在双位调节、缩口的通道、低噪声、有气穴和气化现象，向大气少量渗漏，具有磨蚀性介质时，可以选用蝶阀。

在特殊工况条件下节流调节，或要求密封严格，或磨损严重、低温（深冷）等工况条件下使用蝶阀时，需使用特殊设计金属密封带调节装置的三偏心或双偏心的专用蝶阀。

中线蝶阀适用于要求达到完全密封、气体试验泄漏为零、寿命要求较高、工作温度在 -10～150℃的淡水、污水、海水、盐水、蒸汽、天然气、食品、药品、油品和各种酸碱及其他管路上。

软密封偏心蝶阀适用于通风除尘管路的双向启闭及调节，广泛用于冶金、轻工、电力、石油化工系统的煤气管道及水道等。

金属对金属线密封双偏心蝶阀适用于城市供热、供汽、供水及煤气、油品、酸碱等管路，作为调节和截流装置。

金属对金属面密封三偏心蝶阀除作为大型变压吸附（PSA）气体分离装置程序控制阀使用外，还可广泛用于石油、石化、化工、冶金、电力等领域，是闸阀、截止阀等的良好替代产品。

3.2.6 蝶阀的选用原则

1）由于蝶阀相对于闸阀、球阀压力损失比较大，故适用于压力损失要求不严的管路系统中。

2）由于蝶阀可以用作流量调节，故在需要进行流量调节的管路中宜于选用。

3）由于蝶阀的结构和密封材料的限制，不宜用于高温、高压的管路系统。一般工作温度在300℃以下，公称压力在PN40以下。

4）由于蝶阀结构长度比较短，且又可以做成大口径，故在结构长度要求短的场合或是大口径阀门（如DN1000以上），宜选用蝶阀。

5）由于蝶阀仅旋转90°就能开启或关闭，因此在启闭要求快的场合宜选用蝶阀。

3.2.7 蝶阀产品介绍

1. 中线蝶阀

1）性能规范见表3-88。

表3-88 中线蝶阀性能规范

设计标准		GB/T 12238			API 609，MSS SP-67		
压力-温度额定值		GB/T 12224			API 609		
结构长度		GB/T 12221			API 609		
法兰形式尺寸		GB/T 9113、JB/T 79			ASME B 16.1、B 16.5、B 16.47、BS 4504		
检验与试验		GB/T 26480、GB/T 13927			API 598		
公称压力 PN		10	16	20	CL125	CL150	CL250
试验压力/MPa 壳体材料 WCB	壳体试验	1.5	2.4	3.0	1.55	2.94	3.11
	高压密封	1.1	1.76	2.2	1.13	2.16	2.28
	低压密封	0.4～0.7	0.4～0.7	0.4～0.7	0.4～0.7	0.4～0.7	0.4～0.7

（续）

适用温度	−10～120℃（不同的工况温度选用不同材质）
适用介质	水、油、气及各类腐蚀性介质（不同的介质选用不同材质）

2）主要零件材料见表3-89。

表3-89　中线蝶阀主要零件材料

序号	零件名称	材　　料	可选材料	序号	零件名称	材　　料	可选材料
1	阀体	铸铁	球铁	8	填料垫	F6a	/
2	阀座	丁腈橡胶或三元乙丙橡胶	氯丁橡胶、氟橡胶、聚四氟乙烯	9	填料	柔性石墨	
				10	填料压套	F6a	不锈钢
3	蝶板	可锻铸铁	铝青铜、不锈钢、蒙乃尔	11	填料压板	碳钢	不锈钢
				12	连接支架	碳钢	/
4	下轴套	聚四氟乙烯	自润滑黄铜	13	螺栓	ASTM A193-B7	不锈钢
5	销轴	316	蒙乃尔	14	垫圈	碳钢	不锈钢
6	上轴套	聚四氟乙烯	自润滑黄铜	15	双头螺柱	ASTM A193-B7	不锈钢
7	阀杆	416	不锈钢、蒙乃尔	16	六角螺母	2H	不锈钢

3）中线密封蝶阀结构如图3-82所示。

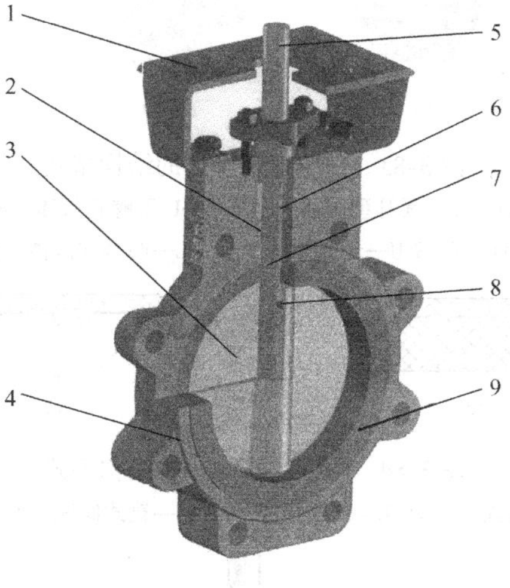

图3-82　中线密封蝶阀结构

1—驱动器连接法兰：适用于手动、蜗杆、电动、气动连接装置，尺寸按ISO 5211、适用于公称尺寸NPS 2～NPS 24
2—轴承：为阀杆提供支撑，阀杆两端采用摩擦系数较小的含油轴承，可减小阀杆的摩擦力和启闭转矩
3—蝶板：采用流线型设计，上下阀杆端与阀座紧密接触，保证介质不从上下端泄漏。精确的蝶板外圆与阀座严密配合，在保证密封比压的前提下，使蝶阀的启闭转矩小，阀座使用寿命长　4—阀体：根据结构型式可分为：
①WS—四耳阀体，适用于DN50～DN600　②WL—无耳型阀体，适用于DN50～DN300
③WF—单筋型阀体，适用于DN550～DN1200　④WU—光孔阀体，适用于DN700～DN1200
⑤LL—凸耳式阀体，适用于DN50～DN600　⑥LU—U形螺孔阀体，适用于DN700～DN1200
⑦TH—螺纹联接阀体，适用于DN50～DN150　⑧GR—卡箍连接阀体，适用于DN50～DN300
5—阀杆头部连接：根据驱动机构不同，有键连接、对边扁或四方连接　6—填料：根据工况和介质，填料可选柔性石墨、PTFE或橡胶（O形圈）　7—阀杆：≤NPS 24，阀杆采用-通轴式、>NPS24阀杆采用分段式（上下轴）结构，阀杆与蝶板通过销和键连接，销起定位作用、键起传递转矩作用　8—销：确保防振，阀杆与蝶板连接有：①锥销连接：适用于DN50～DN1200；②半轴无销连接：适用于DN50～DN600；③整轴无销连接：适用于DN50～DN300
9—阀座：采用软密封材料，由模具压制成形，阀座上的燕尾槽与阀体接触，保证阀座与阀体的密封；同时可省略与法兰连接的垫片，蝶阀的阀座结构型式有：①燕尾式阀座；②筒式阀座；③靴式阀座；④V—硫化阀座

4）中线蝶阀阀体的结构型式如图3-83所示。

5）中线蝶阀阀座的结构型式如图3-84所示。

6）中线蝶阀蝶板与阀杆的连接结构型式如图3-85所示。

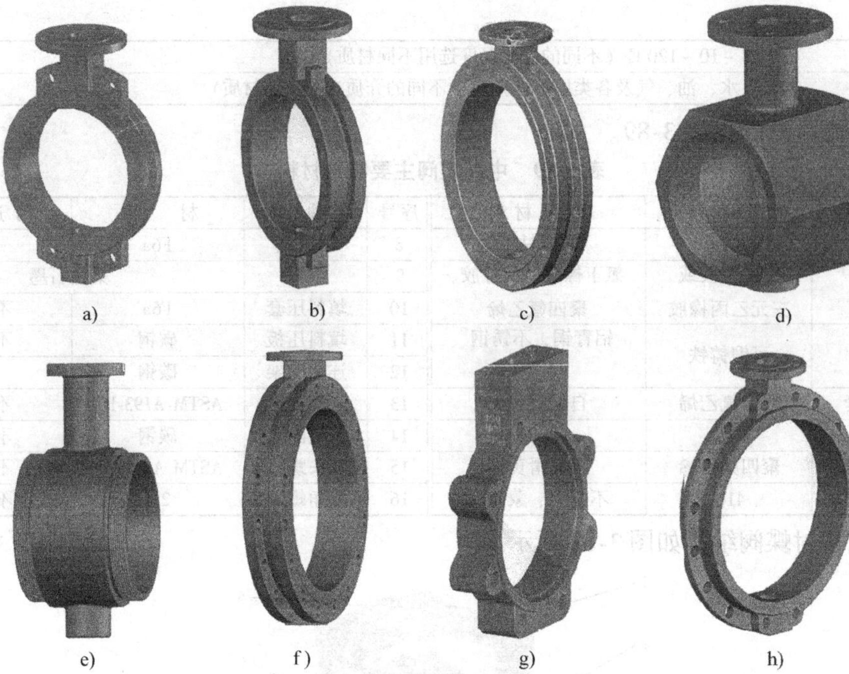

图 3-83 中线蝶阀阀体的结构型式

a）WS—四耳阀体 b）WL—无耳型阀体 c）LU—U 形螺孔阀体 d）TH—螺纹连接阀体
e）GR—卡箍连接阀体 f）WU—光孔阀体 g）LL—凸耳式阀体 h）WF—单筋型阀体

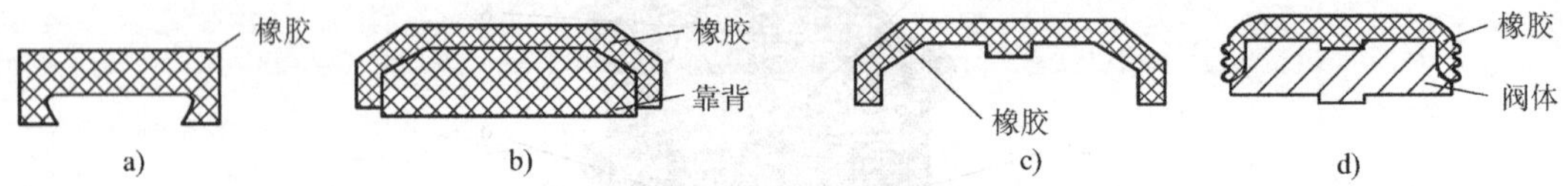

图 3-84 中线蝶阀阀座的结构型式

a）Y—燕尾式阀座 b）L—筒式阀座 c）B—靴式阀座 d）V—硫化阀座

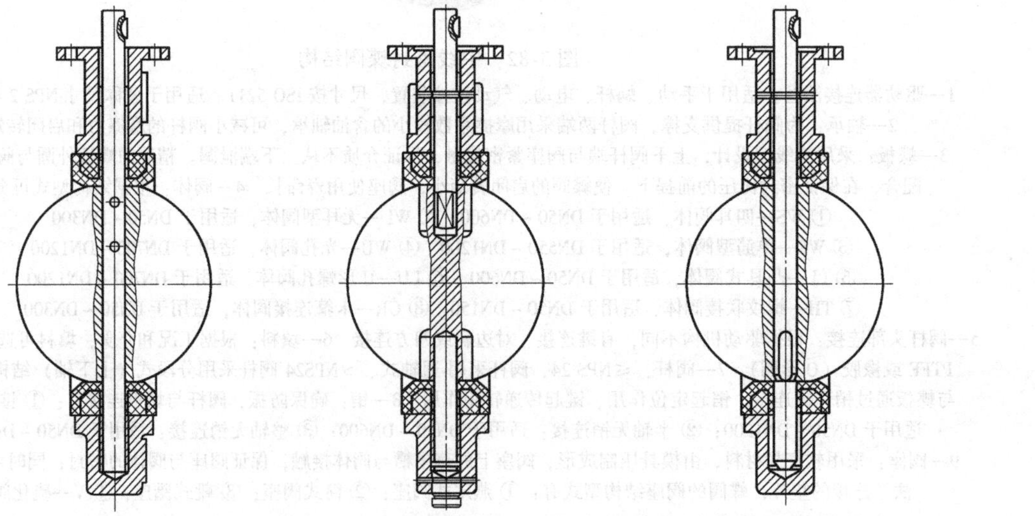

图 3-85 中线蝶阀蝶板与阀杆的连接结构型式

a）C—锥销连接 b）S—半轴无销连接 c）T—整轴无销连接

7）中线蝶阀结构如图 3-86 所示。

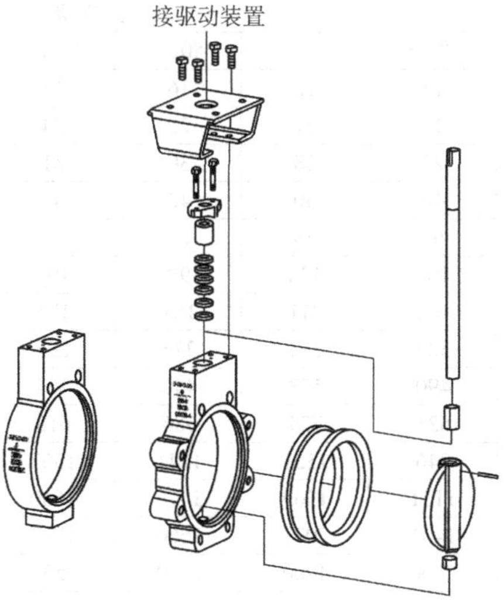

图 3-86　中线蝶阀结构

8）中线密封蝶阀的供货范围见表 3-90。

表 3-90　中线密封蝶阀的供货范围

公称尺寸		压力等级					
DN	NPS	PN10	PN16	PN20	CL125	CL150	CL250
50	2	●/△/★/☆	●/△/★/☆	●/△/★/☆	●/△/★/☆	●/△/★/☆	●/△/★/☆
65	2～½	●/△/★/☆	●/△/★/☆	●/△/★/☆	●/△/★/☆	●/△/★/☆	●/△/★/☆
80	3	●/△/★/☆	●/△/★/☆	●/△/★/☆	●/△/★/☆	●/△/★/☆	●/△/★/☆
100	4	●/△/★/☆	●/△/★/☆	●/△/★/☆	●/△/★/☆	●/△/★/☆	●/△/★/☆
125	5	●/△/★/☆	●/△/★/☆	●/△/★/☆	●/△/★/☆	●/△/★/☆	●/△/★/☆
150	6	●/△/★/☆	●/△/★/☆	●/△/★/☆	●/△/★/☆	●/△/★/☆	●/△/★/☆
200	8	△/★/☆	△/★/☆	△/★/☆	△/★/☆	△/★/☆	△/★/☆
250	10	△/★/☆	△/★/☆	△/★/☆	△/★/☆	△/★/☆	△/★/☆
300	12	△/★/☆	△/★/☆	△/★/☆	△/★/☆	△/★/☆	△/★/☆
350	14	△/★/☆	△/★/☆	△/★/☆	△/★/☆	△/★/☆	△/★/☆
400	16	△/★/☆	△/★/☆	△/★/☆	△/★/☆	△/★/☆	△/★/☆
450	18	△/★/☆	△/★/☆	△/★/☆	△/★/☆	△/★/☆	△/★/☆
500	20	△/★/☆	△/★/☆	△/★/☆	△/★/☆	△/★/☆	△/★/☆
600	24	△/★/☆	△/★/☆	△/★/☆	△/★/☆	△/★/☆	△/★/☆
700	28	△/★/☆	—	—	△/★/☆	—	—
750	30	△/★/☆	—	—	△/★/☆	—	—
800	32	△/★/☆	—	—	△/★/☆	—	—
900	36	△/★/☆	—	—	△/★/☆	—	—
1000	40	△/★/☆	—	—	△/★/☆	—	—
1050	42	△/★/☆	—	—	△/★/☆	—	—
1200	48	△/★/☆	—	—	△/★/☆	—	—

注：● 表示手柄操作阀门；☆ 表示齿轮箱操作阀门；△ 表示气动操作阀门；★ 表示电动操作阀门；—表示没有此选项。表中未涉及的可按用户的要求制造。

9）中线密封蝶阀启闭转矩值见表 3-91。

10）中线密封蝶阀的流量系数：

① 半轴无销蝶阀的流量系数 K_v 值见表 3-92。

表 3-91 中线密封蝶阀的启闭转矩 （单位：N·m）

公称尺寸		压力等级							
DN	NPS	PN10	PN16	PN20	50psi	100psi	150psi	200psi	285psi
50	2	12	13	18	16	17	18	19	20
65	2~½	15	17	21	22	24	25	26	28
80	3	22	23	28	30	31	33	35	37
100	4	37	40	50	42	45	49	52	58
125	5	58	62	88	65	71	76	82	91
150	6	94	102	136	99	107	115	123	136
200	8	173	192	211	167	176	186	195	211
250	10	286	323	363	277	295	313	331	363
300	12	429	490	553	440	464	488	512	553
350	14	550	625	734	586	618	649	680	734
400	16	755	846	1551	1241	1307	1373	1439	1551
450	18	1012	1131	1969	1576	1660	1744	1827	1970
500	20	1350	1431	2077	1660	1749	1837	1926	2076
600	24	2111	2300	4200	3360	3539	3718	3896	4200
700	28	3272	—	—	3752	4213	4581	—	—
750	30	3766	—	—	4488	4903	5317	—	—
800	32	4307	—	—	5128	5548	6031	—	—
900	36	5257	—	—	6426	6878	7360	—	—
1000	40	8925	—	—	7787	8366	8925	—	—
1050	42	9023	—	—	7880	8432	9023	—	—
1200	48	12553	—	—	10801	11732	12554	—	—

表 3-92 半轴无销蝶阀的流量系数 K_v 值 （单位：m^3/h）

公称尺寸		开启角度								
DN	NPS	10°	20°	30°	40°	50°	60°	70°	80°	90°
50	2	0.2	5	9	17	27	53	70	115	145
65	2~½	0.4	8	15	26	42	83	105	175	225
80	3	0.6	12	22	38	63	125	160	260	325
100	4	0.8	17	42	73	120	235	305	510	590
125	5	2	45	88	155	250	490	625	1000	1125
150	6	3	89	145	250	410	800	1030	1650	1950
200	8	4	148	250	420	700	1300	1750	2725	3250
250	10	5	232	390	670	1150	2150	2750	4300	5000
300	12	6	342	550	1000	1600	3100	4050	5000	7500

② 锥销连接蝶板、整轴无销连接蝶板的蝶阀流量系数 K_v 值见表 3-93。

表 3-93 锥销连接蝶板、整轴无销连接蝶板的蝶阀流量系数 K_v 值 （单位：m^3/h）

公称尺寸		开启角度								
DN	NPS	10°	20°	30°	40°	50°	60°	70°	80°	90°
50	2	0.06	3	7	15	27	44	70	105	115
65	2~½	0.10	6	12	25	45	75	119	178	196
80	3	0.20	9	18	39	70	116	183	275	302
100	4	0.30	17	36	78	139	230	364	546	600
125	5	0.50	29	61	133	237	392	620	930	1022
150	6	0.80	34	95	153	257	422	706	1154	1579
200	8	2	56	154	251	422	693	1158	1892	2165
250	10	3	87	238	385	654	1073	1794	2931	3353
300	12	4	153	417	681	1145	1879	3142	5132	5827

（续）

公称尺寸		开启角度								
DN	NPS	10°	20°	30°	40°	50°	60°	70°	80°	90°
350	14	6	183	500	816	1372	2252	3765	6150	7037
400	16	8	271	740	1208	2031	3333	5573	9104	10416
450	18	11	318	867	1417	2382	3909	6535	10676	12215
500	20	14	415	1133	1851	3112	5107	8538	13948	15959
600	24	22	541	1482	2421	4069	6678	11165	18240	20869
700	28	36	1813	3639	6636	10000	19449	22768	34898	49500
750	30	37	2080	4406	9546	17010	28147	44545	66818	73426
800	32	45	2387	4791	8736	13788	20613	31395	48117	38250
900	36	260	3050	6730	12740	20220	32500	52500	79600	87500
1000	40	284	4183	8395	15307	24159	36166	55084	84425	119750
1050	42	350	4095	9040	17108	27150	43640	70500	106890	117500
1200	48	455	5365	11840	22400	30600	51200	92300	140000	154000

11）中线蝶阀主要外形尺寸及连接尺寸：

① DN50～DN300 半轴无销连接蝶阀、锥销连接蝶板蝶阀、整轴无销连接蝶板蝶阀的主要外形尺寸和连接尺寸如图 3-87～图 3-89 所示及见表 3-94。

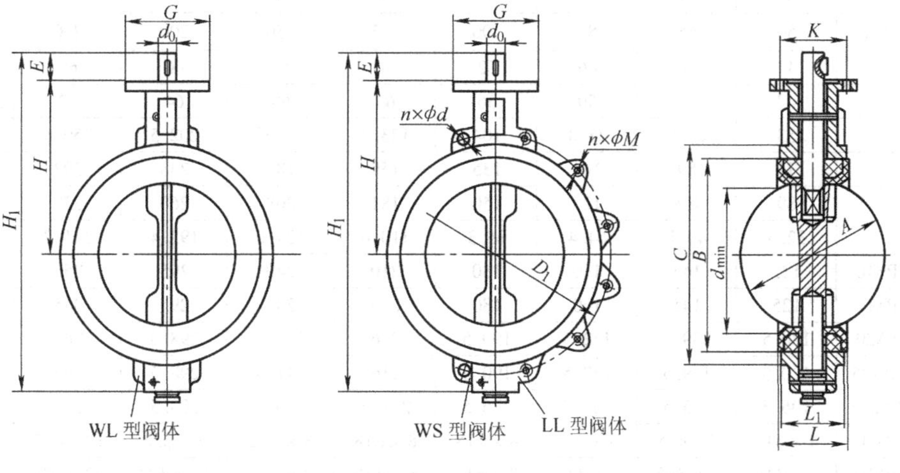

图 3-87　DN50～DN300 半轴无销连接蝶板的蝶阀结构

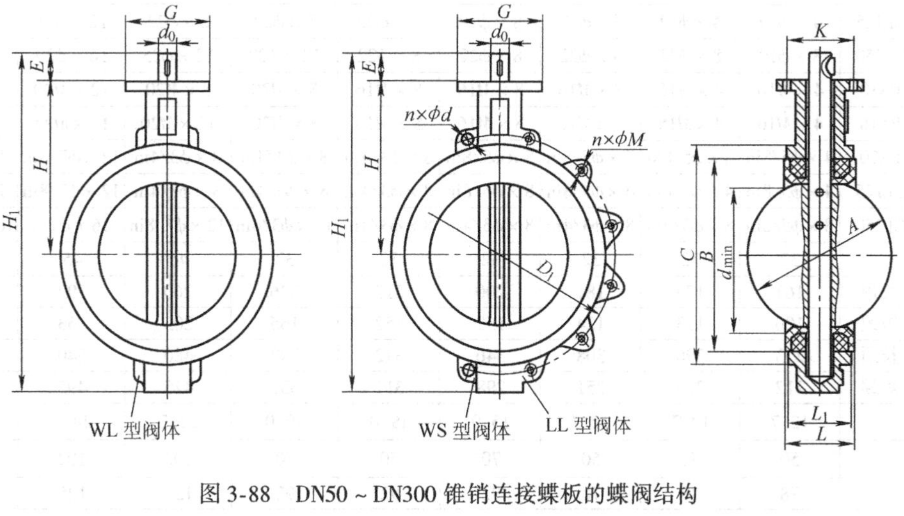

图 3-88　DN50～DN300 锥销连接蝶板的蝶阀结构

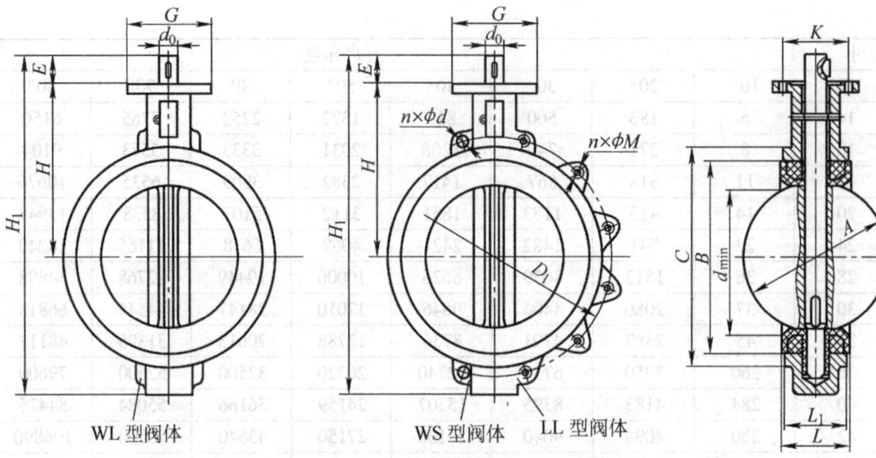

图 3-89　DN50 ~ DN300 整轴无销连接蝶板的蝶阀结构

表 3-94　DN50 ~ DN300 半轴无销连接蝶阀、锥销连接蝶板蝶阀、整轴无销连接蝶板蝶阀主要外形尺寸和连接尺寸　（单位：mm）

公称尺寸	NPS	2	2½	3	4	5	6	8	10	12
	DN	50	65	80	100	125	150	200	250	300
L_1		43	46	46	52	56	56	60	68	78
L		47	50	50	56	60	60	64	72	82
A		53	64.5	78.8	104	123.3	156	202.5	250.5	301.6
B		76	89	104	135	159	189	238	292	345
C		89	108	120	150	181	208	260	320	375
d_{min}		32.3	46.1	64.4	86.3	110.6	134.8	192.4	241.7	291.8
D_1	PN10	125	145	160	180	210	240	295	350	400
	PN16	125	145	160	180	210	240	295	355	410
	PN20	120.5	139.5	152.5	190.5	216	241.5	298.5	362	432
	CL125	120.5	139.5	152.5	190.5	216	241.5	298.5	362	432
	CL250	106.5	125.5	144.5	176.5	211.5	246.5	303.5	357.5	418
$n \times \phi d$	PN10	$4 \times \phi 18$	$4 \times \phi 18$	$8 \times \phi 18$	$8 \times \phi 18$	$8 \times \phi 18$	$8 \times \phi 22$	$8 \times \phi 22$	$12 \times \phi 22$	$12 \times \phi 22$
	PN16	$4 \times \phi 18$	$4 \times \phi 18$	$8 \times \phi 18$	$8 \times \phi 18$	$8 \times \phi 18$	$8 \times \phi 22$	$12 \times \phi 22$	$12 \times \phi 26$	$12 \times \phi 26$
	PN20	$4 \times \phi 19$	$4 \times \phi 19$	$4 \times \phi 19$	$8 \times \phi 19$	$8 \times \phi 22$	$8 \times \phi 22$	$8 \times \phi 22$	$12 \times \phi 25$	$12 \times \phi 25$
	CL125	$4 \times \phi 19$	$4 \times \phi 19$	$4 \times \phi 19$	$8 \times \phi 19$	$8 \times \phi 22$	$8 \times \phi 22$	$8 \times \phi 22$	$12 \times \phi 25$	$12 \times \phi 25$
	CL250	$8 \times \phi 19$	$8 \times \phi 22$	$8 \times \phi 22$	$8 \times \phi 22$	$8 \times \phi 22$	$12 \times \phi 22$	$12 \times \phi 25$	$16 \times \phi 29$	$16 \times \phi 32$
$n \times \phi M$	PN10	$4 \times M16$	$4 \times M16$	$8 \times M16$	$8 \times M16$	$8 \times M16$	$8 \times M20$	$8 \times M20$	$12 \times M20$	$12 \times M20$
	PN16	$4 \times M16$	$4 \times M16$	$8 \times M16$	$8 \times M16$	$8 \times M16$	$8 \times M20$	$12 \times M20$	$12 \times M24$	$12 \times M24$
	PN20	$4 \times \phi 5/8$in	$4 \times \phi 5/8$in	$4 \times \phi 5/8$in	$8 \times \phi 5/8$in	$8 \times \phi 3/4$in	$8 \times \phi 3/4$in	$8 \times \phi 3/4$in	$12 \times \phi 7/8$in	$12 \times \phi 7/8$in
	CL125	$4 \times \phi 5/8$in	$4 \times \phi 5/8$in	$4 \times \phi 5/8$in	$8 \times \phi 5/8$in	$8 \times \phi 3/4$in	$8 \times \phi 3/4$in	$8 \times \phi 3/4$in	$12 \times \phi 7/8$in	$12 \times \phi 7/8$in
	CL250	$8 \times \phi 5/8$in	$8 \times \phi 3/4$in	$8 \times \phi 3/4$in	$8 \times \phi 5/8$in	$8 \times \phi 3/4$in	$12 \times \phi 3/4$in	$12 \times \phi 7/8$in	$16 \times \phi 1$in	$16 \times \phi 1\ 1/8$in
E		32	32	32	32	32	32	45	45	45
H	长颈	161	175	181	200	213	226	260	292	337
	短颈	100	113	124	152	152	165	205	253	277
H_1	长颈	273	296	308	346	372	397	480	540	624
	短颈	212	234	251	298	311	336	425	495	564
d_0		12.7	12.7	12.7	15.9	19.0	19.0	22.2	28.6	31.7
K		50	50	50	70	70	70	102	102	102
G		78	78	78	92	92	92	125	125	140

（续）

公称尺寸	NPS	2	2 ½	3	4	5	6	8	10	12
	DN	50	65	80	100	125	150	200	250	300
重量/kg PN10 PN16	WL	2.3	3.0	3.4	4.7	6.8	7.7	13.2	20.6	28.2
	$WL_{短颈}$	2.0	2.6	2.8	4.5	6.5	7.4	13.0	19.5	24.9
	WS	2.5	3.2	3.6	4.9	7.0	7.8	13.2	21.0	32.5
	$WS_{短颈}$	2.2	3.0	3.4	4.6	7.3	7.6	13.1	19.0	29.2
	LL	3.8	4.2	4.7	8.5	10.9	14.2	19.5	32.0	40.0
	$LL_{短颈}$	3.2	4.0	4.2	7.2	9.7	12.4	18.8	29.0	36.7
重量/kg PN20	WL	2.3	3.0	3.4	4.7	6.8	9.7	16.3	26.1	34.9
	$WL_{短颈}$	2.0	2.6	2.8	4.5	6.5	9.4	16.1	25.0	31.6
	WS	2.5	3.2	3.6	4.9	7.0	9.8	16.3	26.5	39.2
	$WS_{短颈}$	2.2	3.0	3.4	4.6	7.3	9.6	16.2	24.5	35.9
	LL	3.8	4.2	4.7	8.5	10.9	16.2	22.6	37.5	46.7
	$LL_{短颈}$	3.2	4.0	4.2	7.2	9.7	11.4	21.9	34.5	43.4

注：表中蝶阀法兰尺寸按 BS4504，传动装置连接尺寸符合 ISO 5211。还可满足其他法兰连接标准，并按客户要求的特殊连接尺寸。

② DN350～DN600 半轴无销连接蝶板蝶阀及锥销连接蝶板蝶阀的主要外形尺寸和连接尺寸如图 3-90、图 3-91 所示及见表 3-95。

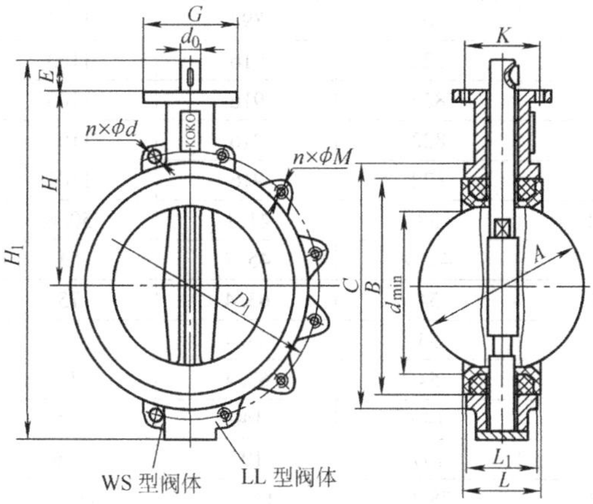

图 3-90 DN350～DN600 半轴无销连接蝶板的蝶阀结构

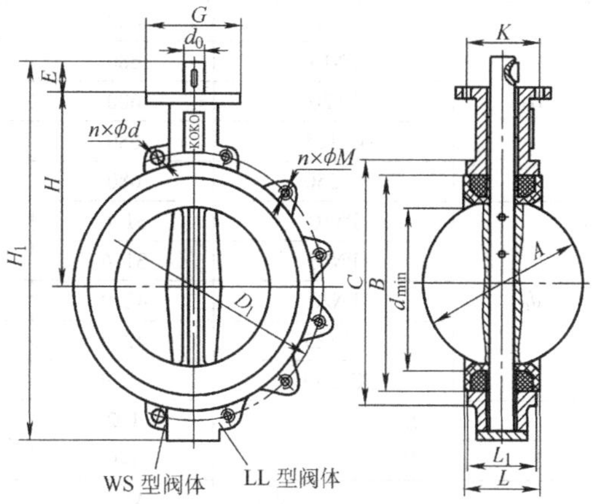

图 3-91 DN350～DN600 锥销连接蝶板的蝶阀结构

表 3-95 DN350～DN600 半轴无销连接蝶阀、锥销连接蝶板蝶阀主要外形尺寸和连接尺寸

（单位：mm）

公称尺寸	NPS	14	16	18	20	24
	DN	350	400	450	500	600
L_1		76.5	85.7	104.6	130.3	151.4
L		80	90	109	135	156
A		333.3	389.6	440.5	491.6	592.5
B		375.1	439.5	490.5	535.4	654
C		405	470	521	565	693
d_{min}		322	379.1	426.8	472.7	571.6
D_1	PN10	460	515	565	620	725
	PN16	470	525	585	650	770
	PN20	476	540	578	635	749.5
	CL125	476	540	578	635	749.5
	CL250	481.5	535	592.5	649.5	768.5

（续）

公称尺寸	NPS		14	16	18	20	24
	DN		350	400	450	500	600
$n\times\phi d$	PN10		$16\times\phi22$	$16\times\phi26$	$20\times\phi26$	$20\times\phi26$	$20\times\phi30$
	PN16		$16\times\phi26$	$16\times\phi30$	$20\times\phi30$	$20\times\phi33$	$20\times\phi36$
	PN20		$12\times\phi29$	$16\times\phi29$	$16\times\phi32$	$20\times\phi32$	$20\times\phi35$
	CL125		$12\times\phi29$	$16\times\phi29$	$16\times\phi32$	$20\times\phi32$	$20\times\phi35$
	CL250		$20\times\phi32$	$20\times\phi35$	$24\times\phi35$	$24\times\phi35$	$24\times\phi41$
$n\times\phi M$	PN10		$16\times\phi M20$	$16\times\phi M24$	$20\times\phi M24$	$20\times\phi M24$	$20\times\phi M27$
	PN16		$16\times\phi M24$	$16\times\phi M27$	$20\times\phi M27$	$20\times\phi M30$	$20\times\phi M33$
	PN20		$12\times\phi1$in	$16\times\phi1$in	$16\times\phi1\ 1/8$in	$20\times\phi1\ 1/8$in	$20\times\phi1\ 1/4$in
	CL125		$12\times\phi1$in	$16\times\phi1$in	$16\times\phi1\ 1/8$in	$20\times\phi1\ 1/8$in	$20\times\phi1\ 1/4$in
	CL250		$20\times\phi1\ 1/8$in	$20\times\phi1\ 1/4$in	$24\times\phi1\ 1/4$in	$24\times\phi1\ 1/4$in	$24\times\phi1\ 1/2$in
E	PN10		45	51	51	64	70
	PN16		45	72	72	82	82
	PN20		45	72	72	82	82
	CL125		45	72	72	82	82
	CL250		45	72	72	82	82
H			368	400	422	480	562
H_1	PN10		680	760	801	898	1091
	PN16		680	781	822	916	1103
	PN20		680	781	822	916	1103
	CL125		680	781	822	916	1103
	CL250		680	781	822	916	1103
d_0	PN10		31.6	33.2	38	41.1	50.6
	PN16		31.6	38	42.9	45.7	54
	PN20		42.9	50.6	54	63.4	75
	CL125		42.9	50.6	54	63.4	75
	CL250		42.9	50.6	54	63.4	75
K			102	140	140	140	165
G			140	197	197	197	276
重量/kg	PN10	WS	41.3	61.3	78.9	128.1	188.1
		LL	56	96	122.0	202	270
	PN16	WS	41.5	63	80.7	130	192
		LL	56	97.7	123.8	204	273.5
	PN20	WS	53.9	76.7	96	147	223
		LL	68.6	111.4	139	221	305

注：表中蝶阀法兰尺寸按 BS4504，传动装置连接法兰尺寸符合 ISO 5211，还可满足其他国家法兰标准及客户要求的特殊连接尺寸。

③ DN550 ~ DN1000 单法兰蝶阀主要外形尺寸和连接尺寸如图 3-92 所示和见表 3-96。

表 3-96 单法兰蝶阀主要外形尺寸和连接尺寸 （单位：mm）

公称尺寸 NPS	公称尺寸 DN	L	L_1	D	D_1	d_{min}	$n\times\phi d$	G	K	$n\times\phi d_1$	d_0	T	H	H_1	E	重量/kg
22	550	156	151.4	745	680	529.9	$20\times\phi33$	276	165	$4\times\phi22$	51	30	537	972	66	175
24	600	156	151.4	824	725	571.6	$20\times\phi31$	276	165	$4\times\phi22$	51	30	562	1021	66	188
26	650	171	165	845	780	625.9	$24\times\phi33$	300	254	$8\times\phi18$	64	30	591	1063	66	271
28	700	169	163	895	840	675.6	$24\times\phi31$	300	254	$8\times\phi18$	64	30	624	1144	66	284
32	800	195	188	1015	950	772.1	$24\times\phi34$	300	254	$8\times\phi18$	64	30	672	1263	66	368

（续）

公称尺寸		L	L_1	D	D_1	d_{min}	$n\times\phi d$	G	K	$n\times\phi d_1$	d_0	T	H	H_1	E	重量/kg
NPS	DN															
34	850	211	203	1070	1000	796.2	28×ϕ33	300	254	8×ϕ18	75	47	695	1294	118	685
40	1000	224	216	1230	1160	940.5	28×ϕ37	300	254	8×ϕ18	85	50	800	1521	141	864

注：表中蝶阀法兰连接尺寸按照BS4504*PN*10，传动装置连接法兰尺寸符合ISO 5211；此外，还可满足其他国家法兰连接标准，以及满足客户要求的特殊连接尺寸。

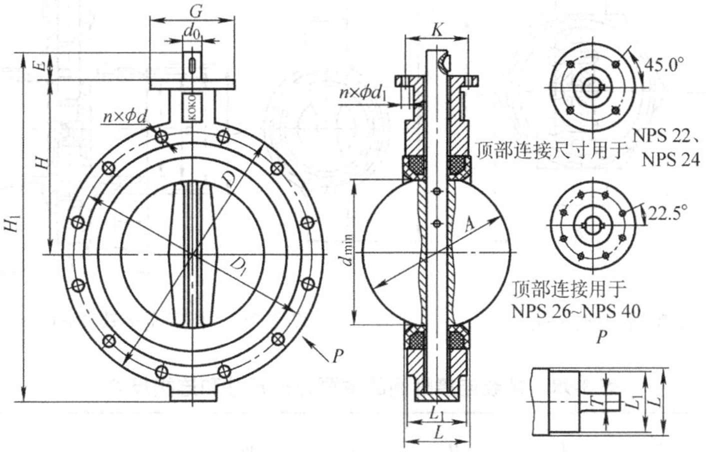

图3-92　DN550～DN1000单法兰蝶阀结构

④ DN750～DN1200 U形蝶阀的主要外形尺寸和连接尺寸如图3-93所示和见表3-97。

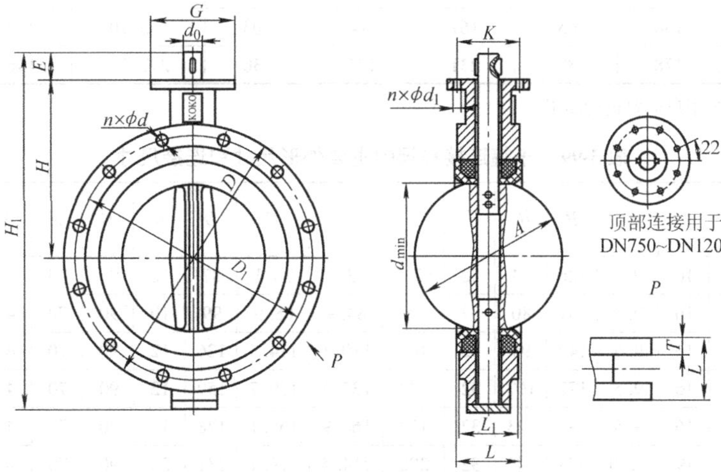

图3-93　DN750～DN1200 U形蝶阀结构

表3-97　U形蝶阀主要外形尺寸和连接尺寸　（单位：mm）

公称尺寸		L	L_1	D	D_1	d_{min}	$n\times\phi d$	G	K	$n\times\phi d_1$	d_0	T	H	H_1	E	重量/kg
NPS	DN															
30	750	173	167	984	914.4	725.5	28×ϕ1 1/4in	300	200	8×ϕ18	64	54	660	1286	66	367
36	900	211	203	1168	1085.8	840.5	32×ϕ1 1/2in	300	200	8×ϕ18	75	61	720	1494	118	591
42	1050	261	251	1346	1257.3	999	36×ϕ1 1/2in	300	200	8×ϕ18	95	67	858	1785	150	811
48	1200	266	276	1511	1422.4	1126.6	44×ϕ1 1/2in	350	200	8×ϕ22	105	70	941	1955	150	1823

注：表中蝶阀法兰连接尺寸按照ASME B16.1 CL125，传动装置连接法兰尺寸符合ISO 5211；此外，还可满足其他国家法兰连接标准，以及满足客户要求的特殊连接尺寸。

⑤ 螺纹连接蝶阀的主要外形尺寸和连接尺寸如图 3-94 所示及见表 3-98。

⑥ 卡箍连接蝶阀的主要外形尺寸和连接尺寸如图 3-95 所示及见表 3-99。

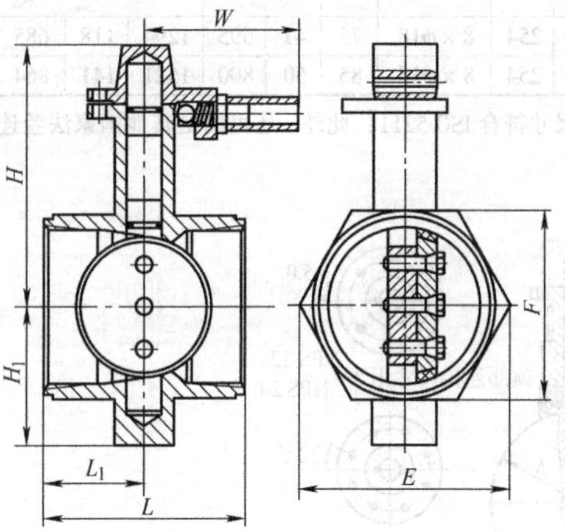

图 3-94　螺纹连接蝶阀的结构型式

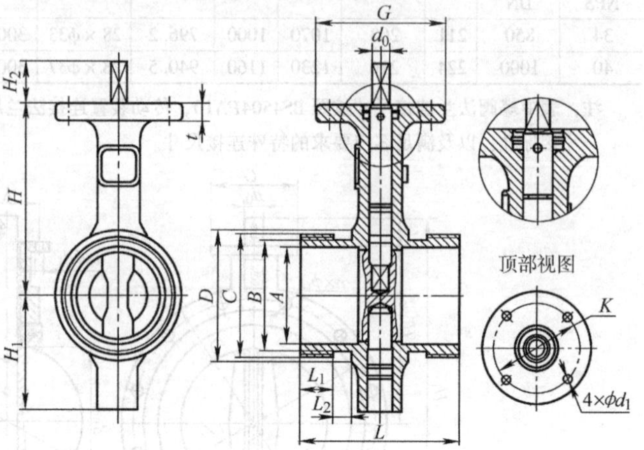

图 3-95　卡箍连接蝶阀的结构型式

表 3-98　螺纹连接蝶阀的主要外形尺寸和连接尺寸　　（单位：mm）

公称尺寸		L	L_1	H	H_1	W	E	F	重量/kg
NPS	DN								
2	50	108	54	105	57	203	87.88	76.20	4.8
3	80	124	62	153	70	203	119.13	103.12	7.1
4	100	130	65	161	94	203	155.70	134.87	10.1
6	150	178	89	231	121	330	277.33	196.85	21.8

注：连接螺纹可按用户需要进行加工。

表 3-99　卡箍连接蝶阀的主要外形尺寸和连接尺寸　　（单位：mm）

公称尺寸		L	L_1	L_2	H	H_1	H_2	A	B	C	D	d_0	G	K	$4\times d_1$	t	重量/kg
NPS	DN																
2½	65	97	16	9.5	126	74	32	62.5	72.3	76.1	87	10	90	70	$4\times\phi9$	12	3.4
3	80	97	16	9.5	131	80	32	76	84.9	88.9	99	10	90	70	$4\times\phi9$	12	3.9
4	100	116	16	9.5	149	94	32	101	110.1	114.3	126	12	90	70	$4\times\phi9$	12	5.4
5	125	134	16	9.5	172	107	32	127	135.5	139.7	159	12	90	70	$4\times\phi9$	12	10.5
6	150	134	16	9.5	183	123	32	150	160.9	165.1	178	16	90	70	$4\times\phi9$	14	11.8
8	200	148	19	11.0	205	149	32	202	214.4	219.1	231	26	90	70	$4\times\phi9$	14	16.0
10	250	160	19	12.7	260	186	45	253	268.3	273	283	24	125	102	$4\times\phi11$	18	32.6
12	300	166	19	12.7	285	213	45	303	318.3	324	334	24	125	102	$4\times\phi11$	18	41.5

注：本表中卡箍连接尺寸符合 ANSI/AWWAC606 标准，传动装置连接尺寸符合 ISO 5211。除此之外，卡箍的连接尺寸还可满足其他国家标准。

2. 单偏心蝶阀

（1）单偏心蝶阀的结构特点

1）弹性密封结构如图 3-96 所示及见表 3-100。

2）多层次密封结构如图 3-97 所示及见表 3-100。

3）弹性密封防火结构如图 3-98 所示及见表 3-100。

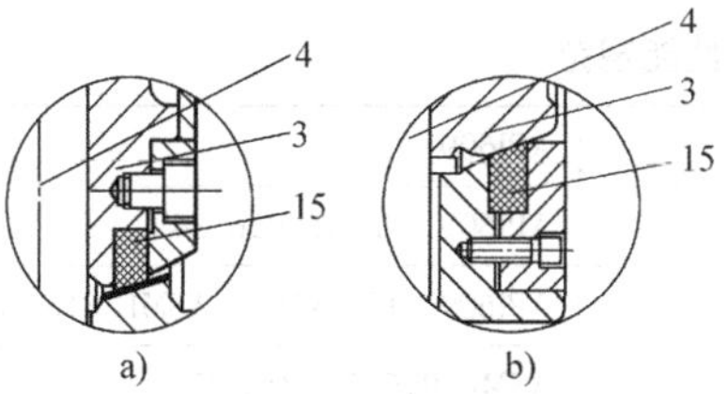

图 3-96　弹性密封结构

a）密封圈在蝶板上　b）密封圈在阀体上

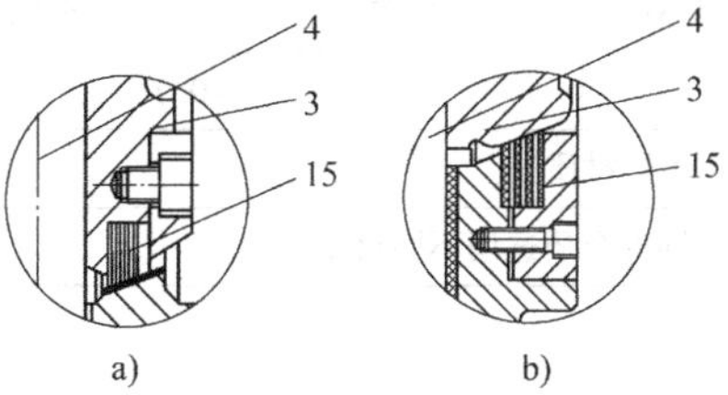

图 3-97　多层次密封结构

a）密封圈在蝶板上　b）密封圈在阀体上

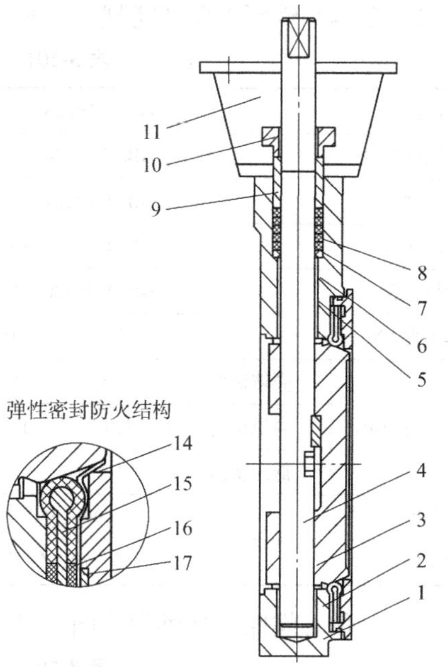

图 3-98　弹性密封防火结构

4）蝶板与阀杆的连接结构如图 3-99 所示及见表 3-100。

5）阀杆底端的连接结构如图 3-100 所示及见表 3-100。

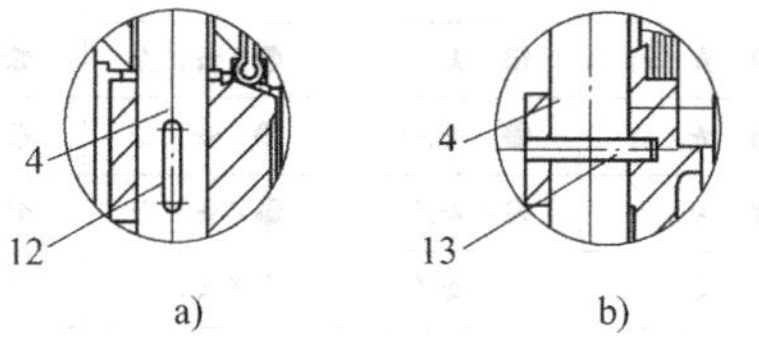

图 3-99　蝶板与阀杆的连接结构

a）键连接　b）销连接

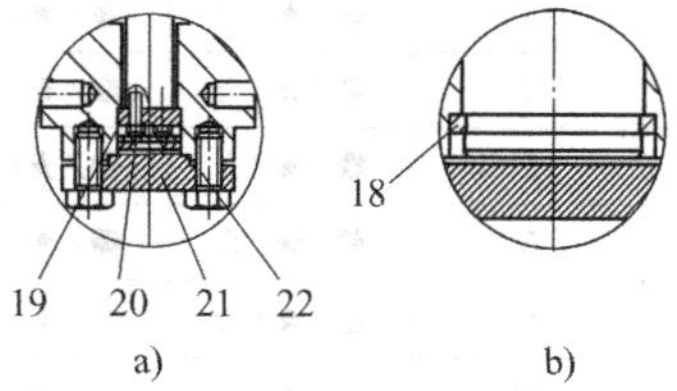

图 3-100　阀杆底端的连接结构

a）螺栓连接　b）对开环连接

（2）单偏心蝶阀主要零件及材料　见表 3-100。

表 3-100　单偏心蝶阀主要零件材料

序号	零件名称	材　料	可选材料	序号	零件名称	材　料	可选材料
1	阀体	铸钢	不锈钢、蒙乃尔	12	键	不锈钢	不锈钢、蒙乃尔
2	下轴套	聚四氟乙烯 + 黄铜	自润滑黄铜	13	销轴	不锈钢	蒙乃尔
3	蝶板	铸钢	不锈钢、蒙乃尔	14	防火圈	不锈钢	不锈钢
4	阀杆	不锈钢	不锈钢、蒙乃尔	15	密封圈	PTFE + SS	NBR/SS + Graphite
5	压板圈	碳钢	不锈钢、蒙乃尔	16、17	垫片	柔性石墨	
6	上轴套	聚四氟乙烯 + 黄铜	自润滑黄铜	18	对开圆环	不锈钢	不锈钢、蒙乃尔
7	填料垫	不锈钢	不锈钢、蒙乃尔	19	限位块	—	—
8	填料	柔性石墨	PTFE	20	螺栓	B7	不锈钢
9	填料压套	不锈钢	不锈钢	21	底盖	碳钢	不锈钢、蒙乃尔
10	填料压板	碳钢	不锈钢	22	垫片	柔性石墨 + SS	—
11	连接支架	碳钢	—				

（3）单偏心蝶阀主要性能规范　见表 3-101。

表 3-101　单偏心蝶阀主要性能规范

设计标准		GB/T 12238				API609	
压力温度等级		GB/T 12224				API609、ASME B16.34	
结构长度		GB/T 12221				API609、ISO 5752、ASME B16.10	
法兰形式尺寸		GB/T 9113、JB/T 79				ASME B16.5、B16.47	
检验与试验		GB/T 26480、GB/T 13927				API598	
公称压力 PN		10	16	25	40	CL150	CL300
试验压力/MPa	壳体试验	1.5	2.4	3.75	6.15	2.93	7.58
	高压密封	1.1	1.76	2.75	4.51	2.07	5.52
	低压密封	0.4～0.7				0.4～0.7	
适用温度/℃		-196～550（不同的工况温度选用不同材质）					
适用介质		水、油、气及各类腐蚀性介质（不同的介质选用不同材质）					

（4）单偏心蝶阀产品供货范围　见表 3-102。

表 3-102　单偏心蝶阀产品供货范围

公称尺寸		压力等级						
DN	NPS	PN6	PN10	PN16	PN25	PN40	CL150	CL300
50	2	●/☆	●/☆	●/☆	●/☆	●/☆	●/☆	●/☆
65	2～1/2	●/☆	●/☆	●/☆	●/☆	●/☆	●/☆	●/☆
80	3	●/★/☆	●/★/☆	●/★/☆	●/★/☆	●/★/☆	●/★/☆	●/★/☆
100	4	●/★/☆	●/★/☆	●/★/☆	●/★/☆	●/★/☆	●/★/☆	●/★/☆
125	5	●/★/☆	●/★/☆	●/★/☆	●/★/☆	●/★/☆	●/★/☆	●/★/☆
150	6	●/★/☆	●/★/☆	●/★/☆	●/★/☆	●/★/☆	●/★/☆	●/★/☆
200	8	△/★/☆	△/★/☆	△/★/☆	△/★/☆	△/★/☆	△/★/☆	△/★/☆
250	10	△/★/☆	△/★/☆	△/★/☆	△/★/☆	△/★/☆	△/★/☆	△/★/☆
300	12	△/★/☆	△/★/☆	△/★/☆	△/★/☆	△/★/☆	△/★/☆	△/★/☆
350	14	△/★/☆	△/★/☆	△/★/☆	△/★/☆	△/★/☆	△/★/☆	△/★/☆
400	16	△/★/☆	△/★/☆	△/★/☆	△/★/☆	△/★/☆	△/★/☆	△/★/☆
450	18	△/★/☆	△/★/☆	△/★/☆	△/★/☆	△/★/☆	△/★/☆	△/★/☆
500	20	△/★/☆	△/★/☆	△/★/☆	△/★/☆	△/★/☆	△/★/☆	△/★/☆
600	24	△/★/☆	△/★/☆	△/★/☆	△/★/☆	★/☆	△/★/☆	△/★/☆
700	28	△/★/☆	△/★/☆	△/★/☆	△/★/☆	★/☆	—	—
750	30	—	—	—	—	—	△/★/☆	—
800	32	△/★/☆	△/★/☆	△/★/☆	△/★/☆	★/☆	—	—
900	36	△/★/☆	△/★/☆	△/★/☆	★/☆	—	△/★/☆	—
1000	40	★/☆	★/☆	★/☆	★/☆	—	—	—
1050	42	—	—	—	—	—	△/★/☆	—
1200	48	△/★/☆	△/★/☆	△/★/☆	★/☆	—	△/★/☆	—

注：● 表示手柄操作阀门；☆ 表示齿轮箱操作阀门；△ 表示气动操作阀门；★ 表示电动操作阀门；—表示没有此选项。表中未涉及的可按用户的要求制造。

（5）单偏心蝶阀的转矩值　见表 3-103。

表 3-103　单偏心蝶阀的转矩值　（单位：N · m）

公称尺寸		压力等级								
DN	NPS	100psi	200psi	285psi	300psi	400psi	500psi	600psi	700psi	740psi
50	2	—	—	29	—	—	—	—	—	—
65	2 ~ 1/2	29	31	33	34	36	41	45	47	49
80	3	34	37	39	42	46	51	55	60	62
100	4	47	53	58	70	79	88	97	106	110
125	5	65	76	86	115	132	151	169	186	193
150	6	97	113	126	161	188	214	241	287	278
200	8	164	193	217	313	368	422	477	532	554
250	10	222	274	318	480	572	664	756	848	885
300	12	290	390	475	667	790	913	1035	1158	1207
350	14	491	684	849	1117	1372	1627	1882	2137	2239
400	16	628	876	1087	1340	1643	1946	2248	2550	2671
450	18	816	1142	1423	1734	2118	2502	2885	3269	3422
500	20	1098	1544	1926	2314	2842	3369	3897	4424	4635
600	24	1673	2384	2983	3131	3840	4549	5258	5967	6251
750	30	2942	3986	4873	5708	6888	8067	9347	10426	10898
900	36	4786	6589	8121	9789	11877	13965	16052	18141	18976
1050	42	7837	10928	13558	—	—	—	—	—	—
1200	48	12433	17409	21638	—	—	—	—	—	—
1350	54	17558	24269	29977	—	—	—	—	—	—
1500	60	25790	35310	43397	—	—	—	—	—	—

（6）单偏心蝶阀的流量系数　见表 3-104。

表 3-104　单偏心蝶阀的流量系数 K_v 值　（单位：m^3/h）

公称尺寸		蝶板开度（CL150）							
DN	NPS	20°	30°	40°	50°	60°	70°	80°	90°
65	2 ~ 1/2	8	17	31	46	66	82	97	103
80	3	14	31	54	81	115	144	169	180
100	4	31	66	117	175	250	312	367	400
125	5	54	114	201	302	429	536	630	670
150	6	85	180	317	476	677	846	995	1058
200	8	174	371	654	981	1395	1744	2049	2180
250	10	300	638	1125	1688	2401	3001	3526	3751
300	12	440	936	1651	2477	3523	4403	5174	5504
350	14	523	1110	1959	2939	4180	5225	6139	6531
400	16	659	1401	2473	3709	5276	6594	7748	8243
450	18	886	1883	3323	4985	7089	8862	10412	11077
500	20	1066	2266	3998	5998	8530	10662	12528	13328
600	24	1554	3302	5828	8741	12432	15540	18260	19425
公称尺寸		蝶板开度（CL300）							
DN	NPS	20°	30°	40°	50°	60°	70°	80°	90°
65	2 ~ 1/2	8	17	31	46	66	82	97	103

（续）

公称尺寸		蝶板开度（CL300）							
DN	NPS	20°	30°	40°	50°	60°	70°	80°	90°
80	3	14	31	54	81	115	144	169	180
100	4	31	66	117	176	250	312	367	400
125	5	54	114	201	302	429	536	630	670
150	6	85	180	317	476	677	846	995	1058
200	8	174	371	654	981	1395	1744	2049	2180
250	10	268	570	1005	1508	2145	2681	3150	3351
300	12	399	849	1498	2247	3196	3995	4693	4993
350	14	428	910	1606	2409	3426	4282	5032	5353
400	16	609	1295	2285	3428	4876	6094	7161	7618
450	18	848	1730	2983	4504	6303	7594	8379	8855
500	20	1029	2175	3658	5580	7730	9090	9597	11300
600	24	1290	2629	4534	6847	9580	11542	12738	15520

（7）单偏心蝶阀主要外形尺寸　如图 3-101 所示和见表 3-105。

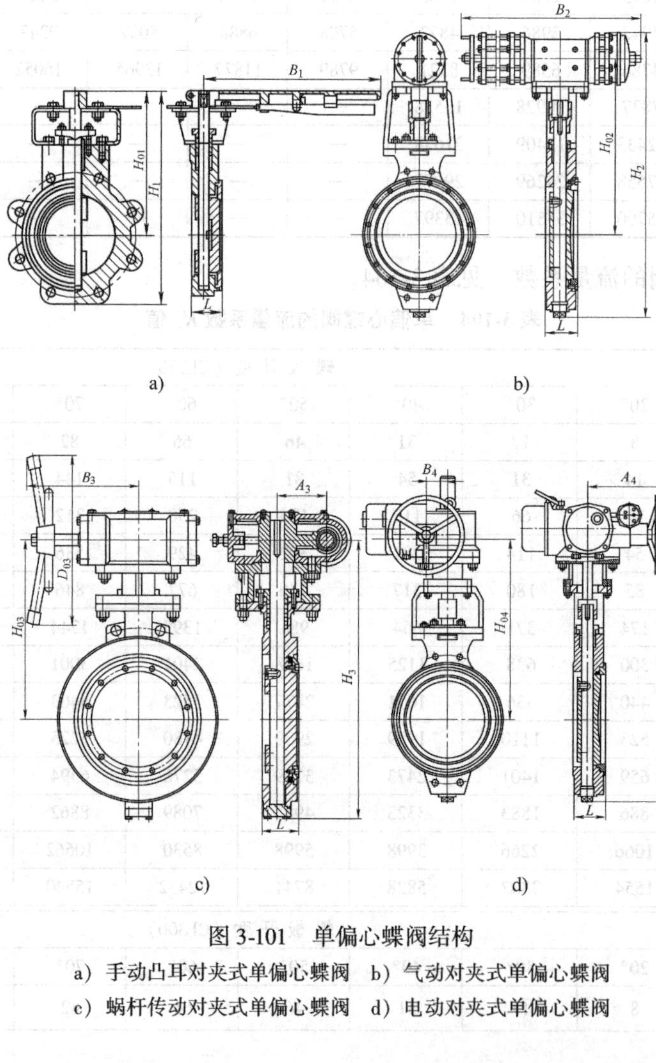

图 3-101　单偏心蝶阀结构

a）手动凸耳对夹式单偏心蝶阀　b）气动对夹式单偏心蝶阀

c）蜗杆传动对夹式单偏心蝶阀　d）电动对夹式单偏心蝶阀

表 3-105　单偏心对夹式蝶阀主要外形尺寸　　（单位：mm）

DN	L	手动			气动			蜗杆传动					电动				重量/kg	
		H_1	H_{01}	B_1	H_2	H_{02}	B_2	H_3	H_{03}	B_3	A_3	D_{03}	H_4	H_{04}	B_4	A_4	WF	WL
PN6																		
50	43	233	160	200	—	—	—	266	143	106	50	160	—	—	—	—	4.5	5.5
65	46	275	179	230	—	—	—	290	178	140	63	180	—	—	—	—	5	7
80	49	316	198	250	—	—	—	320	185	140	63	180	320	185	178	180	6	9
100	56	341	211	270	—	—	—	342	193	140	63	240	340	198	178	180	8	11.5
125	64	362	217	300	—	—	—	378	219	140	63	240	340	205	178	180	12	17
150	70	384	235	350	—	—	—	415	245	140	63	240	415	241	178	180	13	22
200	71	—	—	—	695	325	275	470	298	170	84	300	512	263	235	370	20	39
250	76	—	—	—	750	355	275	535	328	170	84	300	570	292	235	370	30	47
300	83	—	—	—	935	475	378	606	365	200	108	400	668	340	235	370	51	68
350	92	—	—	—	1000	510	378	695	408	200	108	400	745	385	235	370	82	135
400	102	—	—	—	1145	590	378	755	446	240	128	400	827	425	235	370	115	187
450	114	—	—	—	1205	632	530	815	475	330	144	600	915	462	235	370	156	225
500	127	—	—	—	1256	665	530	905	525	370	220	600	995	500	235	370	199	260
600	154	—	—	—	1526	830	530	1050	610	370	220	600	1183	605	245	515	333	383
700	165	—	—	—	1640	903	530	1276	795	515	279	800	1460	734	245	515	462	510
800	190	—	—	—	1786	972	680	1384	837	515	279	800	1589	803	245	515	740	920
900	203	—	—	—	1917	1052	680	1505	885	515	279	800	1856	990	360	540	701	1189
1000	216	—	—	—	2600	1170	680	1620	946	570	368	600	1958	1050	360	540	786	1220
1200	254	—	—	—	—	—	—	2185	1165	570	378	600	2013	1165	360	540	907	1660
PN10																		
50	43	233	160	200	—	—	—	266	143	106	50	160	—	—	—	—	4.5	5.5
65	46	275	179	230	—	—	—	290	178	140	63	180	—	—	—	—	5	7
80	49	316	198	250	—	—	—	320	185	140	63	180	320	185	178	180	6	9
100	56	341	211	270	—	—	—	342	193	140	63	240	340	198	178	180	8	11.5
125	64	362	217	300	—	—	—	378	219	140	63	240	340	205	178	180	12	17
150	70	384	235	350	—	—	—	415	245	140	63	240	415	241	178	180	13	22
200	71	—	—	—	695	325	275	470	298	170	84	300	512	263	235	370	20	39
250	76	—	—	—	750	355	275	535	328	170	84	300	570	292	235	370	30	47
300	83	—	—	—	935	475	378	606	365	200	108	400	668	340	235	370	51	68
350	92	—	—	—	1000	510	378	695	408	200	108	400	745	385	235	370	82	135
400	102	—	—	—	1145	590	378	755	446	330	144	400	827	425	235	370	115	187
450	114	—	—	—	1205	632	530	815	475	330	144	600	915	462	235	370	156	225
500	127	—	—	—	1256	665	530	905	525	370	220	600	995	500	235	370	199	260
600	154	—	—	—	1526	830	530	1050	610	370	220	600	1183	605	245	515	333	383
700	165	—	—	—	1640	903	530	1276	795	515	279	800	1460	734	245	515	462	510
800	190	—	—	—	1786	972	680	1384	837	515	279	800	1589	803	245	515	740	920
900	203	—	—	—	1917	1052	680	1505	885	515	279	800	1856	990	360	540	701	1189
1000	216	—	—	—	2600	1170	680	1620	946	570	368	600	1958	1050	360	540	786	1220
1200	254	—	—	—	—	—	—	2185	1165	570	378	600	2013	1165	360	540	907	1660
PN16																		
50	43	225	160	200	—	—	—	266	143	160	106	50	—	—	—	—	4.5	5.5
65	46	250	175	230	—	—	—	290	175	160	140	63	—	—	—	—	7	7
80	49	260	190	250	—	—	—	320	185	160	140	63	513	265	178	180	9	9

（续）

DN	L	手动			气动			蜗杆传动					电动				重量/kg	
		H_1	H_{01}	B_1	H_2	H_{02}	B_2	H_3	H_{03}	B_3	A_3	D_{03}	H_4	H_{04}	B_4	A_4	WF	WL
PN16																		
100	56	295	195	270	—	—	—	342	195	160	140	63	538	282	178	180	20	11.5
125	64	330	215	300	—	—	—	365	209	300	140	63	560	295	178	180	23	17
150	70	356	225	350	—	—	—	415	243	300	140	63	605	300	178	180	29	22
200	71	—	—	—	695	327	275	510	263	400	150	84	749	321	235	370	40	39
250	76	—	—	—	750	355	275	567	295	400	150	84	803	330	235	370	50	47
300	83	—	—	—	955	472	378	665	342	600	200	108	880	365	235	370	68	68
350	92	—	—	—	1033	515	378	739	385	600	200	108	960	410	235	370	105	138
400	102	—	—	—	1185	595	530	825	430	600	240	152	1032	445	235	370	163	190
450	114	—	—	—	1270	632	530	910	469	330	144	600	1118	487	235	370	205	230
500	127	—	—	—	1335	665	530	990	500	370	220	600	1190	520	235	370	270	265
600	154	—	—	—	1642	829	680	1210	618	370	220	600	1380	625	235	370	390	437
700	165	—	—	—	1785	905	680	1475	746	515	279	800	1582	745	245	515	465	740
800	190	—	—	—	1915	970	680	1600	810	515	279	800	1713	810	245	515	570	920
900	203	—	—	—	—	—	—	1870	1000	515	279	800	1870	875	360	540	701	1189
1000	216	—	—	—	—	—	—	2000	1065	570	368	600	2000	940	360	540	800	1220
1200	254	—	—	—	—	—	—	2215	1170	570	378	600	2118	1060	360	540	922	1680
PN25																		
50	43	225	160	200	—	—	—	266	143	106	50	160	—	—	—	—	6.3	6.3
65	46	250	175	230	—	—	—	290	175	140	63	160	—	—	—	—	9	9.2
80	49	260	190	250	—	—	—	513	265	63	140	160	552	265	178	180	11	11
100	56	295	195	270	—	—	—	538	282	63	140	300	585	290	178	180	25	15
125	64	330	215	300	—	—	—	560	295	63	140	300	610	305	178	180	33	17
150	70	356	225	350	—	—	—	605	300	63	140	400	765	315	178	180	47	22
200	71	—	—	—	695	327	275	749	321	84	150	400	820	304	235	370	52	39
250	76	—	—	—	750	355	275	803	330	84	150	600	910	336	235	370	65	47
300	83	—	—	—	955	472	378	880	365	108	200	600	1000	386	235	370	68	123
350	92	—	—	—	1033	515	378	960	410	108	240	600	1055	425	235	370	138	190
400	102	—	—	—	1185	595	530	1032	445	128	240	800	1108	456	235	370	190	230
450	114	—	—	—	1270	632	530	1118	487	330	144	600	1140	490	235	370	230	265
500	127	—	—	—	1335	665	530	1190	520	370	220	600	1238	552	235	370	265	390
600	154	—	—	—	1642	829	680	1380	625	370	220	600	1399	635	245	515	437	465
700	165	—	—	—	1785	905	680	1582	745	515	279	800	1611	750	360	540	570	740
800	190	—	—	—	1915	970	680	1713	810	515	279	800	1782	820	360	540	705	920
900	203	—	—	—	—	—	—	1870	875	515	279	800	1915	886	385	565	730	1189
1000	216	—	—	—	—	—	—	2000	940	570	368	600	2040	945	385	565	927	1220
1200	254	—	—	—	—	—	—	2118	1060	570	378	600	2184	1053	400	770	953	1680
PN40																		
50	43	225	160	200	—	—	—	266	143	106	50	200	—	—	—	—	6.3	7.3
65	46	265	175	230	—	—	—	290	175	143	80	250	—	—	—	—	9	9.8
80	49	275	190	270	—	—	—	395	245	143	80	300	530	240	178	180	11	11.5
100	56	310	205	300	—	—	—	356	205	200	108	400	555	205	178	180	25	29
125	64	347	220	350	—	—	—	375	213	200	108	400	582	215	178	180	33	38
150	70	374	235	380	—	—	—	439	260	200	108	600	609	260	235	370	47	51

（续）

DN	L	手动			气动			蜗杆传动					电动				重量/kg	
		H_1	H_{01}	B_1	H_2	H_{02}	B_2	H_3	H_{03}	B_3	A_3	D_{03}	H_4	H_{04}	B_4	A_4	WF	WL
PN40																		
200	71	—	—	—	750	375	275	520	275	330	140	600	755	275	235	370	55	67
250	76	—	—	—	905	445	378	600	315	330	140	600	818	315	235	370	70	70
300	83	—	—	—	1085	538	503	692	365	370	220	800	912	363	245	515	135	142
350	92	—	—	—	1160	576	503	776	408	370	220	800	983	406	245	515	203	227
400	102	—	—	—	1230	609	503	864	443	370	220	800	1058	440	245	515	245	268
450	114	—	—	—	1520	765	680	1128	525	512	279	400	1135	545	360	540	283	333
500	127	—	—	—	1335	665	530	1257	664	512	279	400	1245	600	360	540	405	520
600	154	—	—	—	—	—	—	1380	625	512	279	400	1414	663	360	540	591	645
700	165	—	—	—	—	—	—	1435	712	570	368	600	—	—	—	—	723	785
800	190	—	—	—	—	—	—	1518	782	570	368	600	—	—	—	—	846	935

NPS	L	手动			气动			蜗杆传动					电动				重量/kg	
		H_1	H_{01}	B_1	H_2	H_{02}	B_2	H_3	H_{03}	B_3	A_3	D_{03}	H_4	H_{04}	B_4	A_4	WF	WL
CL150																		
2	45	262	187	180	—	—	—	287	176	106	50	160	—	—	—	—	3.7	5
2～1/2	48	267	193	200	—	—	—	294	179	140	63	160	—	—	—	—	4.3	5.6
3	49	295	218	250	—	—	—	320	185	140	63	160	513	263	178	180	5	6
4	54	329	239	270	—	—	—	342	195	140	63	160	535	282	178	180	7.7	10.9
5	57	369	261	300	—	—	—	365	209	140	63	300	563	293	178	180	9.1	13.6
6	58	398	275	350	—	—	—	415	243	140	63	300	602	322	178	180	13.6	15.9
8	64	—	—	—	690	323	275	510	263	150	84	400	745	296	235	370	20	21.8
10	71	—	—	—	750	355	275	567	295	150	84	400	805	325	235	370	32	41
12	81	—	—	—	955	475	378	665	342	200	108	600	883	365	235	370	50	57.6
14	92	—	—	—	1032	513	378	739	385	200	108	600	965	408	235	370	61	83
16	102	—	—	—	1182	598	530	825	430	240	152	600	1033	443	235	370	83	113
18	114	—	—	—	1265	635	530	910	469	240	152	800	1120	485	235	370	106	138
20	127	—	—	—	1335	667	530	990	500	300	168	800	1186	518	235	370	145	188
24	154	—	—	—	1642	830	680	1210	618	320	192	800	1380	625	235	370	229	318
30	167	—	—	—	1823	1245	680	1453	875	512	279	400	1583	1005	245	515	420	513
36	184	—	—	—	2145	1329	860	1775	939	512	279	400	1905	1089	245	515	739	857
42	222	—	—	—	2360	1456	860	1980	1086	512	279	400	2120	1216	360	540	1123	1225
48	254	—	—	—	2535	1564	1080	2165	1194	570	368	600	2235	1324	360	540	1277	1399
CL300																		
2	45	262	179	230	—	—	—	287	176	106	50	160	—	—	—	—	3.6	5
2～1/2	48	269	193	260	—	—	—	294	179	140	63	160	—	—	—	—	4.2	5.5
3	49	293	198	290	—	—	—	320	185	140	63	160	513	263	178	180	5.4	7.7
4	54	310	203	320	—	—	—	342	195	140	63	160	535	282	178	180	7.7	10.9
5	57	352	225	350	—	—	—	365	209	140	63	300	563	293	178	180	9.1	13.6
6	59	380	235	380	—	—	—	415	243	140	63	300	602	322	178	180	13.6	22.2
8	73	—	—	—	750	368	275	510	263	150	84	400	745	296	235	370	23.6	36
10	83	—	—	—	909	442	378	567	295	150	84	400	805	325	235	370	40	52
12	92	—	—	—	1075	535	530	665	342	200	108	600	883	365	235	370	69.4	90
14	117	—	—	—	1158	572	530	739	385	200	108	600	965	408	235	370	129	147
16	133	—	—	—	1230	610	530	825	430	240	152	600	1033	443	235	370	152	182
18	149	—	—	—	1462	736	680	910	469	240	152	800	1120	485	235	370	178	234.5

（续）

NPS	L	手动			气动			蜗杆传动					电动				重量/kg	
		H_1	H_{01}	B_1	H_2	H_{02}	B_2	H_3	H_{03}	B_3	A_3	D_{03}	H_4	H_{04}	B_4	A_4	WF	WL
CL300																		
20	159	—	—	—	1328	765	680	990	500	300	168	800	1186	518	235	370	231	333
24	181	—	—	—	—	—	—	1210	618	320	192	800	1380	625	235	370	332	463

注：表中为无驱动装置重量。WF 为对夹式蝶阀（WAFER），WL 为凸耳对夹式蝶阀（LUG）。

3. 双偏心蝶阀

（1）对夹式高性能蝶阀　一般高性能蝶阀为双偏心结构，在设计时将阀杆偏离密封面中心线，形成第一个偏心，而后阀杆在稍稍偏离管道中心线，形成第二个偏心；偏心的目的在于使蝶板开至大约20°后，阀座与蝶板密封圈之间脱离，从而减少摩擦。

双偏心高性能蝶阀的结构如图 3-102 所示及见表 3-106。

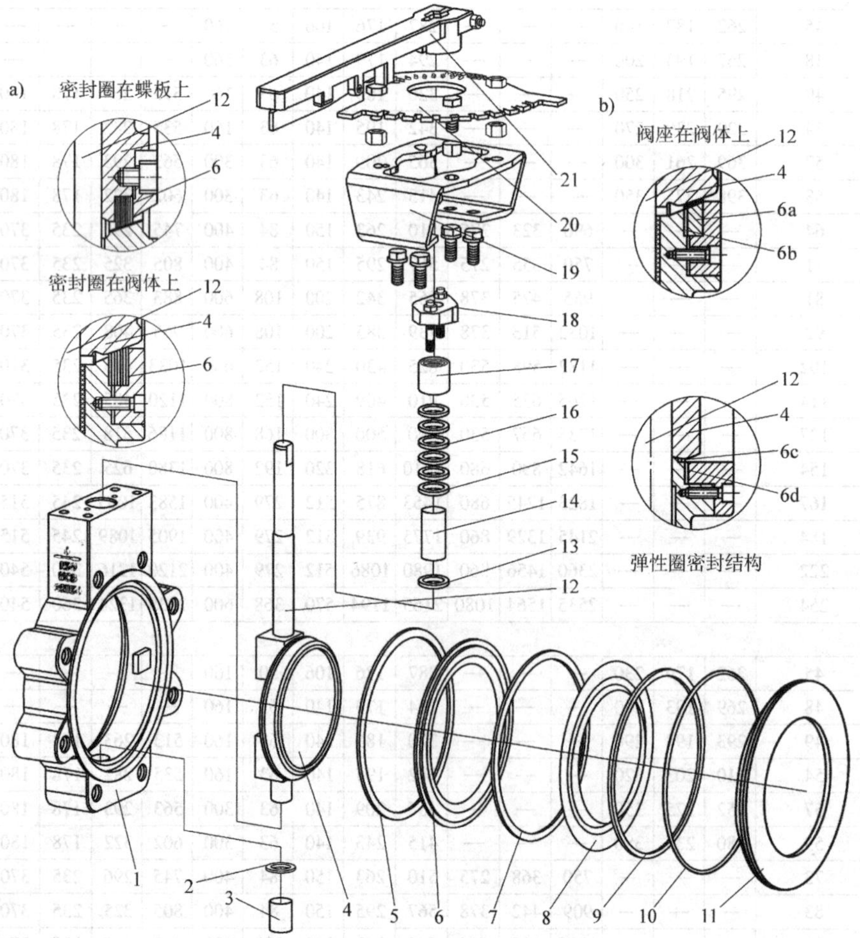

图 3-102　双偏心高性能蝶阀爆炸图

a）多层次密封结构　b）金属密封结构

表 3-106　双偏心高性能蝶阀主要零件材料

序　号	零件名称	材　　料	可选材料
1	阀　体	铸钢	不锈钢、蒙乃尔
2	调整垫	不锈钢	不锈钢、蒙乃尔
3	下轴套	聚四氟乙烯 + 黄铜	自润滑黄铜
4	蝶　板	铸钢	不锈钢、蒙乃尔
5	垫　片	柔性石墨	
6	密封圈	PTFE/PTFE + SS	SS + 柔性石墨
6a	阀　座	碳钢 + 13Cr	不锈钢、蒙乃尔
6b	垫　片	柔性石墨	
6c	密封圈	SS	/
6d	垫　片	柔性石墨	
7	垫　片	柔性石墨	
8	防火圈	不锈钢	/
9	垫　片	柔性石墨	
10	挡　圈	NBR	FPM
11	压板圈	碳钢	不锈钢、蒙乃尔
12	阀　杆	不锈钢	不锈钢、蒙乃尔
13	调整垫	不锈钢	不锈钢、蒙乃尔
14	上轴套	聚四氟乙烯 + 黄铜	自润滑黄铜
15	填料垫	不锈钢	不锈钢、蒙乃尔
16	填　料	柔性石墨	PTFE
17	填料压板	碳钢	不锈钢
18	填料压套	不锈钢	不锈钢
19	连接支架	碳钢	/
20	限位盘	碳钢	不锈钢
21	手　柄	碳钢	/

双偏心高性能蝶阀密封原理如图 3-103 所示，蝶板处于关闭状态，介质从阀座上游进入，在介质的作用下，密封圈紧贴蝶板密封面，由于密封圈的弹性和变形作用，保证密封副密封；当介质从阀座下游进入，在压板圈的挤压下，密封圈克服介质的作用力，紧贴蝶板密封面，保证密封副的密封。

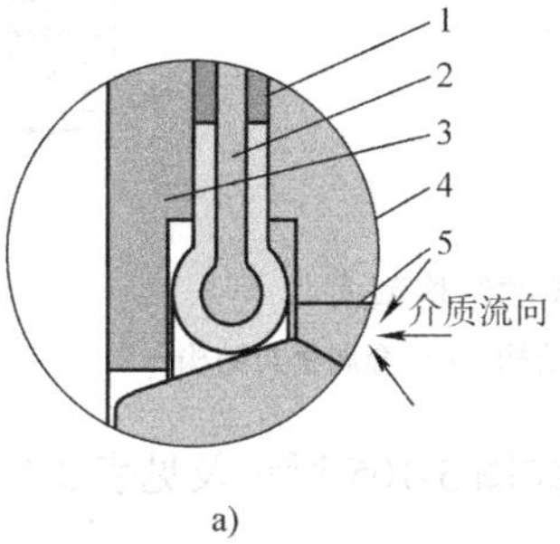

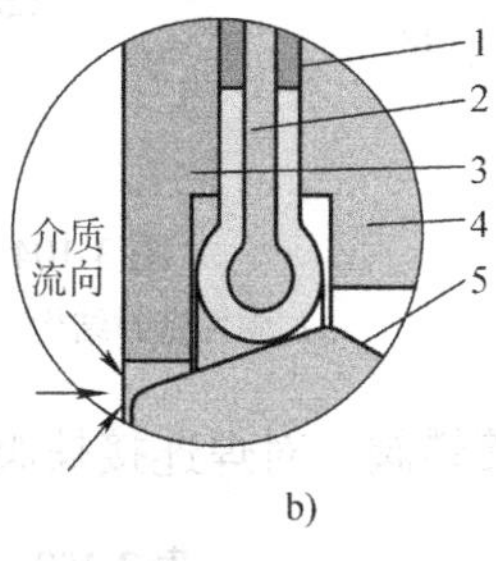

图 3-103　双偏心高性能蝶阀密封原理图
a）介质从阀座上游进入　b）介质从阀座下游进入
1—垫片　2—密封圈　3—压板圈　4—阀体　5—蝶板

（2）法兰连接蝶阀　法兰连接蝶阀的结构型式如图 3-104 所示及见表 3-107。

表 3-107　法兰连接蝶阀主要零件材料

序　号	零 件 名 称	材　　料	可 选 材 料
1	底　盖	碳钢	不锈钢、蒙乃尔
2、15、17	螺　栓	合金钢	不锈钢、蒙乃尔
3	垫　片	柔性石墨	
4	调整垫	不锈钢	不锈钢、蒙乃尔
5	下轴套	聚四氟乙烯 + 黄铜	自润滑黄铜
6	阀　体	铸钢	不锈钢、蒙乃尔
7	阀　杆	不锈钢	不锈钢、蒙乃尔
8	键	不锈钢	不锈钢、蒙乃尔
9	蝶　板	铸钢	不锈钢、蒙乃尔
10	密封圈	PTFE + SS	NBR/SS + 柔性石墨
10a	阀　座	碳钢 + 13Cr	不锈钢、蒙乃尔
11	上轴套	聚四氟乙烯 + 黄铜	自润滑黄铜
12	填料垫	不锈钢	不锈钢、蒙乃尔
13	填　料	柔性石墨	PTFE
14	连接支架	碳钢	—
16	填料压板	碳钢	不锈钢
18	垫　片	柔性石墨	

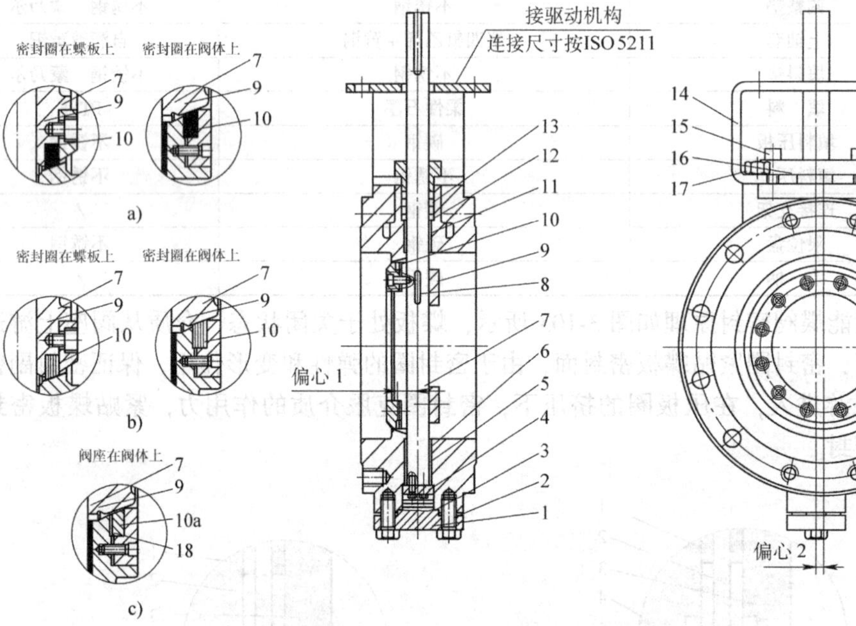

图 3-104　法兰连接蝶阀的结构型式

a）弹性密封结构　b）多层次密封结构　c）金属密封结构

（3）对焊连接蝶阀　对焊连接蝶阀的结构型式如图 3-105 所示及见表 3-108。

表 3-108　对焊连接蝶阀主要零件材料

序　号	零 件 名 称	材　　料	可 选 材 料
1	下轴套	聚四氟乙烯 + 黄铜	自润滑黄铜
2	阀　体	铸钢	不锈钢、蒙乃尔
3	密封圈	PTFE + SS	NBR/SS + 柔性石墨
4	蝶　板	铸钢	不锈钢、蒙乃尔

（续）

序　号	零件名称	材　　料	可选材料
5	阀　杆	不锈钢	不锈钢、蒙乃尔
6	销	不锈钢	不锈钢、蒙乃尔
7	上轴套	聚四氟乙烯 + 黄铜	自润滑黄铜
8	连接支架	碳　钢	—
9	螺　母	碳　钢	合金钢、不锈钢
10、16	螺　栓	合金钢	不锈钢、蒙乃尔
11	填料压板	碳钢	不锈钢
12	填　料	柔性石墨	PTFE
13	填料垫	不锈钢	不锈钢、蒙乃尔
14	上轴套	聚四氟乙烯 + 黄铜	自润滑黄铜
15	对开圆环	不锈钢	不锈钢、蒙乃尔
17	垫　片	柔性石墨	
18	底　盖	碳钢	不锈钢

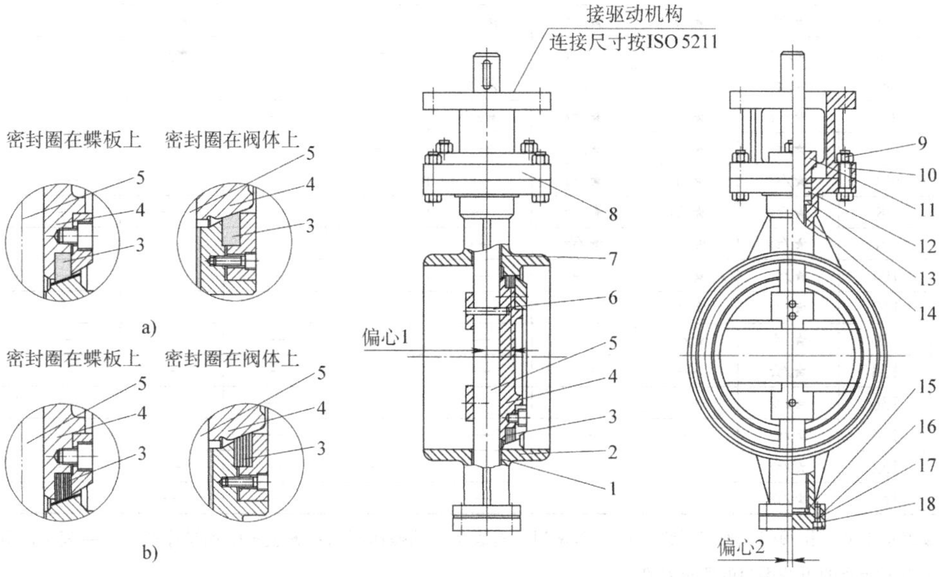

图3-105　对焊连接蝶阀的结构型式

a）弹性密封结构　b）多层次密封结构

（4）双偏心蝶阀的供货范围　见表3-109。

表3-109　双偏心蝶阀的供货范围

公称尺寸		压力等级								
DN	NPS	PN2.5	PN6	PN10	PN16	PN25	PN40	CL150	CL300	CL600
50	2	●/△/★/☆	●/△/★/☆	●/△/★/☆	●/△/★/☆	●/△/★/☆	●/△/★/☆	●/△/★/☆	●/△/★/☆	●/△/★/☆
65	2~1/2	●/△/★/☆	●/△/★/☆	●/△/★/☆	●/△/★/☆	●/△/★/☆	●/△/★/☆	●/△/★/☆	●/△/★/☆	●/△/★/☆
80	3	●/△/★/☆	●/△/★/☆	●/△/★/☆	●/△/★/☆	●/△/★/☆	●/△/★/☆	●/△/★/☆	●/△/★/☆	●/△/★/☆
100	4	●/△/★/☆	●/△/★/☆	●/△/★/☆	●/△/★/☆	●/△/★/☆	●/△/★/☆	●/△/★/☆	●/△/★/☆	●/△/★/☆
125	5	●/△/★/☆	●/△/★/☆	●/△/★/☆	●/△/★/☆	●/△/★/☆	△/★/☆	●/△/★/☆	△/★/☆	△/★/☆
150	6	●/△/★/☆	●/△/★/☆	●/△/★/☆	●/△/★/☆	●/△/★/☆	△/★/☆	●/△/★/☆	△/★/☆	△/★/☆
200	8	△/★/☆	△/★/☆	△/★/☆	△/★/☆	△/★/☆	△/★/☆	△/★/☆	△/★/☆	△/★/☆
250	10	△/★/☆	△/★/☆	△/★/☆	△/★/☆	△/★/☆	△/★/☆	△/★/☆	△/★/☆	△/★/☆
300	12	△/★/☆	△/★/☆	△/★/☆	△/★/☆	△/★/☆	△/★/☆	△/★/☆	△/★/☆	△/★/☆

（续）

公称尺寸		压力等级								
DN	NPS	PN2.5	PN6	PN10	PN16	PN25	PN40	CL150	CL300	CL600
350	14	△/★/☆	△/★/☆	△/★/☆	△/★/☆	△/★/☆	△/★/☆	△/★/☆	△/★/☆	—
400	16	△/★/☆	△/★/☆	△/★/☆	△/★/☆	△/★/☆	△/★/☆	△/★/☆	△/★/☆	—
450	18	△/★/☆	△/★/☆	△/★/☆	△/★/☆	△/★/☆	△/★/☆	△/★/☆	△/★/☆	—
500	20	△/★/☆	△/★/☆	△/★/☆	△/★/☆	△/★/☆	△/★/☆	△/★/☆	△/★/☆	—
600	24	△/★/☆	△/★/☆	△/★/☆	△/★/☆	△/★/☆	△/★/☆	△/★/☆	△/★/☆	—
700	28	△/★/☆	△/★/☆	△/★/☆	△/★/☆	△/★/☆	★/☆	★/☆	—	—
750	30	△/★/☆	△/★/☆	△/★/☆	△/★/☆	△/★/☆	★/☆	★/☆	—	—
800	32	△/★/☆	△/★/☆	△/★/☆	△/★/☆	△/★/☆	★/☆	★/☆	—	—
900	36	△/★/☆	△/★/☆	△/★/☆	△/★/☆	△/★/☆	—	★/☆	—	—
1000	40	△/★/☆	△/★/☆	△/★/☆	★/☆	★/☆	—	★/☆	—	—
1050	42	△/★/☆	△/★/☆	△/★/☆	★/☆	★/☆	—	★/☆	—	—
1100	44	★/☆	★/☆	★/☆	★/☆	★/☆	—	★/☆	—	—
1200	48	★/☆	★/☆	★/☆	★/☆	★/☆	—	★/☆	—	—
1300	52	★/☆	★/☆	★/☆	★/☆	—	—	★/☆	—	—
1400	56	★/☆	★/☆	★/☆	★/☆	—	—	★/☆	—	—
1500	60	★/☆	★/☆	★/☆	★/☆	—	—	—	—	—
1600	64	★/☆	★/☆	★/☆	★/☆	—	—	—	—	—
1800	72	★/☆	★/☆	★/☆	—	—	—	—	—	—
2000	80	★/☆	★/☆	★/☆	—	—	—	—	—	—
2200	88	★/☆	★/☆	★/☆	—	—	—	—	—	—
2400	96	★/☆	★/☆	★/☆	—	—	—	—	—	—
2600	104	★/☆	★/☆	—	—	—	—	—	—	—
2800	112	★/☆	★/☆	—	—	—	—	—	—	—
3000	120	★/☆	★/☆	—	—	—	—	—	—	—
3200	128	★/☆	—	—	—	—	—	—	—	—
3400	136	★/☆	—	—	—	—	—	—	—	—
3600	144	★/☆	—	—	—	—	—	—	—	—
3800	152	★/☆	—	—	—	—	—	—	—	—
4000	160	★/☆	—	—	—	—	—	—	—	—

注：●表示手柄操作阀门；☆表示齿轮箱操作阀门；△表示气动操作阀门；★表示电动操作阀门；—表示没有此选项。表中未涉及的可按用户的要求制造。

（5）双偏心蝶阀的转矩

1）高性能防火蝶阀的转矩值见表3-110。

表3-110　高性能防火蝶阀的转矩值　（单位：N·m）

公称尺寸		压力等级									
DN	NPS	100psi	150psi	200psi	285psi	400psi	600psi	740psi	1000psi	1200psi	1480psi
50	2	—	—	—	—	—	—	—	—	—	—
65	2 ~ 1/2	—	—	—	—	—	—	—	—	—	—
80	3	67	—	87	107	116	134	147	179	215	256
100	4	71	—	92	113	130	167	198	258	302	371
125	5	130	—	169	228	—	—	—	—	—	—
150	6	198	—	297	424	453	511	559	606	698	856
200	8	463	—	531	593	680	870	1039	1314	1621	1909
250	10	610	—	815	1037	1129	1297	1424	2271	2700	3175
300	12	936	—	1328	1780	1907	2121	2288	3576	4221	5011
350	14	1644	—	1743	1829	2754	3841	4604	5566	6335	7048
400	16	1896	—	2145	2306	4576	6489	7828	9457	10767	11976

（续）

公称尺寸		压力等级									
DN	NPS	100psi	150psi	200psi	285psi	400psi	600psi	740psi	1000psi	1200psi	1480psi
450	18	2813	—	3017	3220	5491	7813	9439	11411	12993	14451
500	20	3603	—	3888	4180	7698	11025	13355	16157	18383	20450
600	24	5722	—	6168	6547	11784	16948	20495	24766	28190	31365
700	28	6542	8022	—	—	—	—	—	—	—	—
750	30	11570	10813	12349	13118	25376	37002	45137	—	—	—
800	32	—	—	—	—	—	—	—	—	—	—
900	36	16213	15139	17422	18292	—	—	—	—	—	—
1000	40	—	—	—	—	—	—	—	—	—	—
1050	42	18869	23727	—	—	—	—	—	—	—	—
1200	48	33251	34121	36505	38618	—	—	—	—	—	—
1350	54	—	39375	—	—	—	—	—	—	—	—

2）PTFE 阀座蝶阀转矩值见表 3-111。

表 3-111　PTFE 阀座蝶阀转矩值　（单位：N·m）

公称尺寸		压力等级								
DN	NPS	100psi	200psi	285psi	300psi	400psi	600psi	740psi	1200psi	1480psi
50	2	—	—	37	—	—	—	—	—	—
65	2～1/2	31	39	46	47	55	71	82	95	142
80	3	43	54	64	66	77	100	115	133	199
100	4	83	111	134	138	166	222	261	305	333
125	5	125	167	202	208	250	333	391	458	700
150	6	188	250	304	313	375	500	588	687	778
200	8	363	476	572	589	702	929	1087	1268	1409
250	10	602	806	980	1010	1215	1623	1909	2236	2862
300	12	910	1250	1538	1589	1929	2609	3084	3628	4579
350	14	1052	1411	1715	1767	2127	2844	3346	4824	5357
400	16	1317	1758	2133	2199	2640	3522	4139	8202	9124
450	18	1817	2488	3058	3159	3830	5172	6111	9893	11005
500	20	2501	3346	4064	4191	5037	6726	7910	13999	15569
600	24	3496	4698	5719	5900	7102	9505	11188	21467	23885
700	28	—	—	—	—	—	—	—	—	—
750	30	4949	6678	8021	9169	12451	18157	22156	—	—
800	32	—	—	—	—	—	—	—	—	—
900	36	5982	8406	10151	—	—	—	—	—	—
1000	40	—	—	—	—	—	—	—	—	—
1050	42	9525	12609	16698	—	—	—	—	—	—
1200	48	14914	20506	25260	—	—	—	—	—	—

（6）流量系数　阀门的流量系数是衡量阀门流通能力的指标，流量系数值越大说明介质流过阀门的压力损失越小。流量系数随阀门的尺寸、形式、结构而变化，不同类型和不同规格的阀门都要分别进行试验，才能确定该种阀门的流量系数。高性能蝶阀的流量系数 K_v 值如表 3-112 所示。弹性密封蝶阀、密封圈在蝶板上的蝶阀流量系数 K_v 值见表 3-113。多层式密封蝶阀的流量系数 K_v 值见表 3-114。高性能蝶阀典型特性曲线如图 3-106 所示，双偏心弹性密封蝶阀典型特性曲线如图 3-107 所示，双偏心金属密封蝶阀典型特性曲线如图 3-108 所示。

表 3-112 高性能蝶阀的流量系数 K_v 值 （单位：m^3/h）

公称尺寸 NPS	CL	开度 10°	20°	30°	40°	50°	60°	70°	80°	90°
2	150	1.5	6	14	25	39	56	76	99	102
	300	1.4	6	13	24	36	52	71	95	100
	600	1.4	5	13	23	35	51	70	90	93
2~1/2	150	2.2	9	21	37	56	80	110	142	146
	300	2.1	8	19	34	52	75	102	136	143
	600	2.0	8	19	33	51	73	100	130	133
3	150	3.4	14	32	57	87	125	171	221	228
	300	3.2	13	30	53	81	117	159	212	223
	600	3.1	12	29	52	79	114	156	202	208
4	150	6.8	27	63	114	171	248	338	437	451
	300	6.2	25	58	104	157	228	310	414	435
	600	5.8	23	54	98	147	213	290	375	387
5	150	10.8	43	100	180	271	392	535	692	714
	300	9.8	40	92	165	248	361	491	655	688
6	150	16.5	66	154	278	419	607	827	1070	1103
	300	14.9	60	139	250	377	546	744	992	1041
	600	14.7	59	137	247	372	538	734	950	979
8	150	30.9	124	289	520	784	1135	1584	2002	2064
	300	27.3	109	255	459	692	1001	1365	1820	1911
	600	26.8	107	250	451	679	983	1341	1734	1788
10	150	52.8	211	492	8886	1336	1934	2638	3411	3517
	300	45.6	183	426	767	1156	1673	2282	3042	3194
	600	41.2	165	384	692	1044	1511	2060	2665	2747
12	150	72.6	290	677	1219	1838	2660	3628	4690	4837
	300	63.3	253	590	1063	1602	2319	3163	4217	4428
	600	58.4	233	545	981	1479	2140	2918	3774	3891
14	150	90	392	914	1646	2481	3592	4898	6530	6857
	300	81	326	760	1368	2063	2986	4072	5430	5702
	600	73	292	682	1228	1838	2680	3655	4727	4873
16	150	132	531	1230	2229	3361	4865	6634	8845	9287
	300	109	435	1015	1827	2755	3988	5438	7850	8243
	600	96	385	899	1619	2423	3533	4818	6231	6424
18	150	171	684	1596	3873	4332	6270	8550	11270	11400
	300	139	555	1295	2331	3515	5088	6938	9250	9712
20	150	207	828	1932	3478	5244	7590	10350	13800	14420
	300	158	630	1470	2646	3990	5775	7875	10150	10658
24	150	315	1260	2940	5292	7890	11550	15750	21000	22050
	300	242	966	2254	4057	6118	8855	12075	16100	16205
30	150	491	1965	4585	8253	12445	18012	24563	32750	34388
	300	404	1614	3766	6779	10222	14795	20175	26900	28245
36	150	707	2830	6602	11884	17920	25938	35370	45745	47160
42	150	963	3851	8987	16176	24392	35304	48143	62264	64190
48	150	1258	5030	11738	21128	31859	46111	62881	81324	83840

表 3-113 弹性密封蝶阀、密封圈在蝶板上的蝶阀流量系数 K_v 值 （单位：m^3/h）

公称尺寸 DN	NPS	PN2.5	PN6	PN10	PN16	PN25	PN40	CL150
80	3	—	—	—	291	291	—	291
100	4	—	—	—	413	413	—	413
125	5	—	—	—	903	903	—	903
150	6	—	—	—	1150	1020	—	1020
200	8	—	—	—	2640	1830	1660	1830
250	10	—	—	—	4110	3710	2570	3710
300	12	—	—	—	7030	5620	3710	5620
350	14	—	—	—	9620	7460	5250	7460
400	16	—	16100	14000	12500	9730	7300	9730
450	18	—	20900	18700	15800	12300	9430	12300
500	20	—	26600	24100	19500	15200	11600	15200
600	24	—	38300	34700	28200	21900	16700	21900
700	28	53500	52100	47300	38400	29800	24100	29800
750	30	61400	59800	54300	44000	34200	27600	34200
800	32	69800	68000	61800	50100	39000	32300	39000

（续）

公称尺寸		PN2.5	PN6	PN10	PN16	PN25	PN40	CL150
DN	NPS							
900	36	91000	86100	78300	64400	49700	—	49700
1000	40	119000	106000	96500	79400	68300	—	68300
1100	44	150000	129000	117000	—	—	—	—
1200	48	178000	153000	139000	—	—	—	—
1300	52	209000	179000	163000	—	—	—	—
1400	56	242000	208000	190000	—	—	—	—
1500	60	278000	239000	218000	—	—	—	—
1600	64	317000	271000	247000	—	—	—	—
1800	72	401000	344000	328000	—	—	—	—
2000	80	495000	449000	414000	—	—	—	—
2200	88	621000	560000	515000	—	—	—	—
2400	96	739000	689000	628000	—	—	—	—
2600	104	868000	837000	—	—	—	—	—
2800	112	1010000	970000	—	—	—	—	—
3000	120	1210000	1110000	—	—	—	—	—
3200	128	1370000	—	—	—	—	—	—
3400	136	1540000	—	—	—	—	—	—
3600	144	1810000	—	—	—	—	—	—
3800	152	2010000	—	—	—	—	—	—
4000	160	2230000	—	—	—	—	—	—

表3-114　多层式密封蝶阀的流量系数 K_v 值　（单位：m^3/h）

公称尺寸		PN2.5	PN6	PN10	PN16	PN25
DN	NPS					
150	6	—	739	739	536	454
200	8	—	1860	1440	1100	1040
250	10	—	2930	2350	2350	1840
300	12	—	5070	4390	3730	2880
350	14	8390	7040	6250	5640	4040
400	16	11100	10400	8560	7410	5700
450	18	14900	13300	11600	9490	7420
500	20	18500	16600	14600	11900	9300
600	24	29100	26000	22100	17300	13500
700	28	39800	36000	30300	24000	20100
750	30	46700	41400	34900	27700	23400
800	32	55600	47600	40000	31700	26700
900	36	70400	61200	52200	42400	35300
1000	40	88800	75900	64700	52700	46600
1100	44	108000	92100	78400	67700	58700
1200	48	129000	112000	97500	83300	77300
1300	52	153000	132000	116000	99300	—
1400	56	186000	153000	139000	—	—
1500	60	221000	178000	161000	—	—
1600	64	253000	206000	194000	—	—
1800	72	321000	266000	—	—	—
2000	80	398000	353000	—	—	—
2200	88	501000	435000	—	—	—
2400	96	599000	—	—	—	—
2600	104	718000	—	—	—	—
2800	112	838000	—	—	—	—
3000	120	963000	—	—	—	—

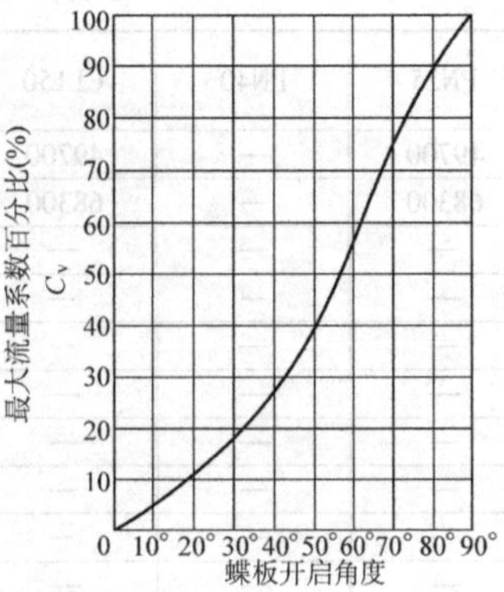

图 3-106　高性能蝶阀典型特性曲线

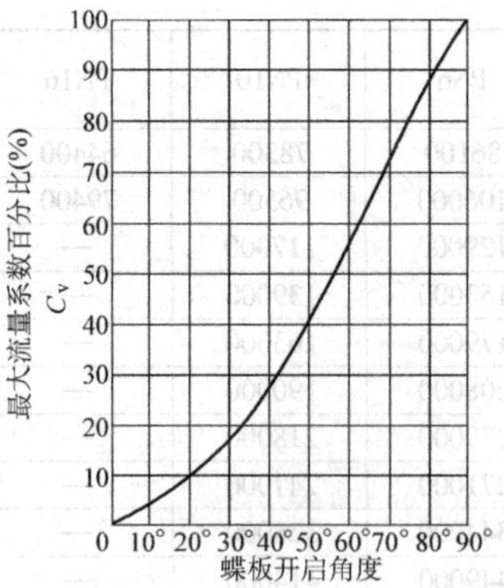

图 3-107　双偏心弹性密封蝶阀典型特性曲线

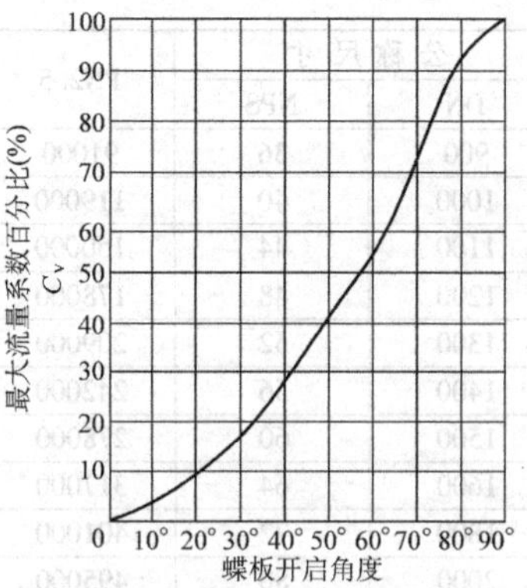

图 3-108　双偏心金属密封蝶阀典型特性曲线

（7）双偏心蝶阀主要外形尺寸

1）对夹式（WF）和凸耳对夹式（LUG）蝶阀主要外形尺寸如图 3-109 ~ 图 3-112 所示及见表 3-115。

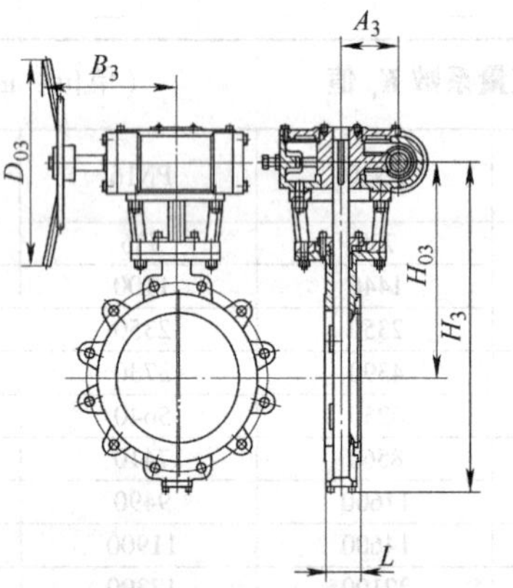

图 3-109　蜗杆传动凸耳对夹式蝶阀

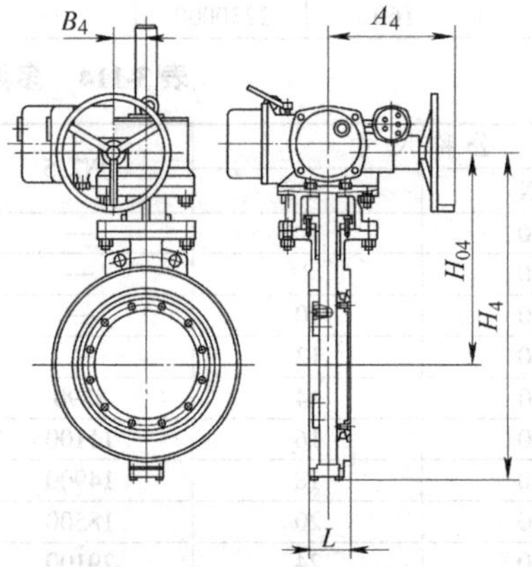

图 3-110　电动对夹式蝶阀

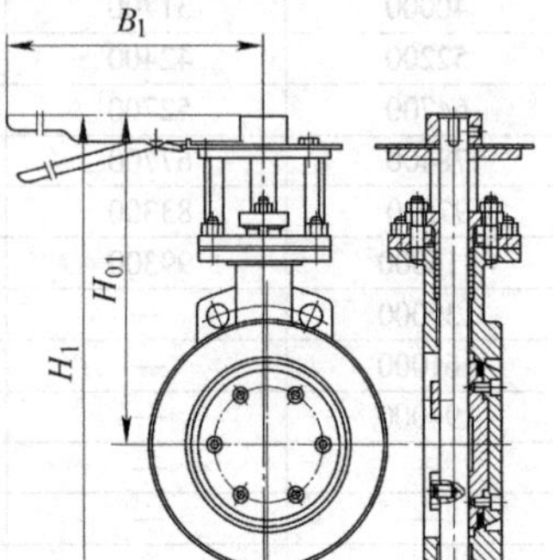

图 3-111　手动对夹式蝶阀

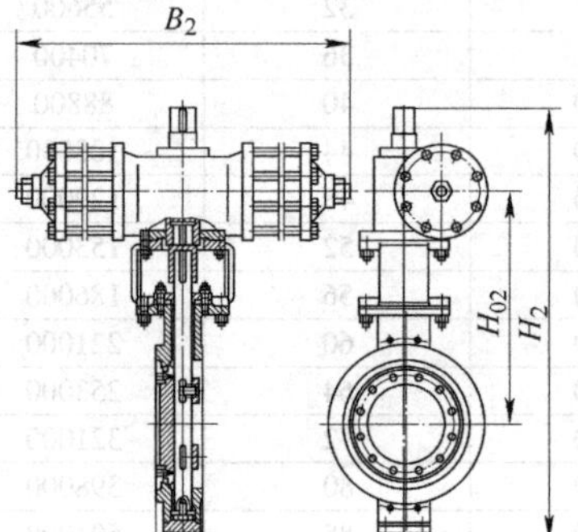

图 3-112　气动对夹式蝶阀

表 3-115　对夹式和凸耳对夹式蝶阀主要外形尺寸　　（单位：mm）

DN	L	手动			气动			蜗杆传动					电动				重量/kg	
		H_1	H_{01}	B_1	H_2	H_{02}	B_2	H_3	H_{03}	B_3	A_3	D_{03}	H_4	H_{04}	B_4	A_4	WF	WL
PN6																		
50	43	233	160	200	—	—	—	266	143	106	50	160	—	—	—	—	4.5	5.5
65	46	275	179	230	—	—	—	290	178	140	63	180	—	—	—	—	5	7
80	49	316	198	250	—	—	—	320	185	140	63	180	320	185	178	180	6	9
100	56	341	211	270	—	—	—	342	193	140	63	240	340	198	178	180	8	11.5
125	64	362	217	300	—	—	—	378	219	140	63	240	340	205	178	180	12	17
150	70	384	235	350	—	—	—	415	246	140	63	240	415	241	178	180	13	22
200	71	—	—	—	695	325	275	470	298	170	84	300	512	263	235	370	20	39
250	76	—	—	—	750	355	275	535	328	170	84	300	570	292	235	370	30	47
300	83	—	—	—	935	475	378	606	365	200	108	400	668	340	235	370	51	68
350	92	—	—	—	1000	510	378	695	408	200	108	400	745	385	235	370	82	135
400	102	—	—	—	1145	590	378	755	446	240	128	400	827	425	235	370	115	187
450	114	—	—	—	1205	632	530	815	475	330	152	600	915	462	235	370	156	225
500	127	—	—	—	1256	665	530	905	525	370	168	600	995	500	235	370	199	260
600	154	—	—	—	1526	830	530	1050	610	370	320	600	1183	605	245	515	333	383
700	165	—	—	—	1640	903	530	1276	795	515	237	800	1460	734	245	515	462	510
800	190	—	—	—	1786	972	680	1384	837	515	237	800	1589	803	245	515	740	920
900	203	—	—	—	1917	1052	680	1500	885	515	237	800	1856	990	360	540	761	1189
1000	216	—	—	—	2600	1170	680	1620	946	570	785	600	1958	1050	360	540	786	1220
1200	254	—	—	—	—	—	—	2185	1165	570	785	600	2013	1165	360	540	907	1660
PN10																		
50	43	233	160	200	—	—	—	266	143	106	50	160	—	—	—	—	4.5	5.5
65	46	275	179	230	—	—	—	290	178	140	63	180	—	—	—	—	5	7
80	49	316	198	250	—	—	—	320	185	140	63	180	320	185	178	180	6	9
100	56	341	211	270	—	—	—	342	193	140	63	240	340	198	178	180	8	11.5
125	64	362	217	300	—	—	—	378	219	140	63	240	340	205	178	180	12	17
150	70	384	235	350	—	—	—	415	245	140	63	240	415	241	178	180	13	22
200	71	—	—	—	695	325	275	470	298	170	84	300	512	263	235	370	20	39
250	76	—	—	—	750	355	275	535	328	170	84	300	570	292	235	370	30	47
300	83	—	—	—	935	475	378	606	365	200	108	400	668	340	235	370	51	68
350	92	—	—	—	1000	510	378	695	408	200	108	400	745	385	235	370	82	135
400	102	—	—	—	1145	590	378	755	446	330	144	400	827	425	235	370	115	187
450	114	—	—	—	1205	632	530	815	475	330	144	600	915	462	235	370	156	225
500	127	—	—	—	1256	665	530	905	525	370	220	600	995	500	235	370	199	260
600	154	—	—	—	1526	830	530	1050	610	370	220	600	1183	605	245	515	333	383
700	165	—	—	—	1640	903	530	1276	795	515	279	800	1460	734	245	515	462	510
800	190	—	—	—	1786	972	680	1384	837	515	279	800	1589	803	245	515	740	920
900	203	—	—	—	1917	1052	680	1505	885	515	279	800	1856	990	360	540	761	1189
1000	216	—	—	—	2600	1170	680	1620	946	570	368	600	1958	1050	360	540	786	1220
1200	254	—	—	—	—	—	—	2185	1165	570	378	600	2013	1165	360	540	907	1660
PN16																		
50	43	225	160	200	—	—	—	266	143	160	106	50	—	—	—	—	4.5	5.5
65	46	250	175	230	—	—	—	290	175	160	140	63	—	—	—	—	7	7

（续）

DN	*L*	手动			气动			蜗杆传动					电动				重量/kg	
		H_1	H_{01}	B_1	H_2	H_{02}	B_2	H_3	H_{03}	B_3	A_3	D_{03}	H_4	H_{04}	B_4	A_4	WF	WL
PN16																		
80	49	260	190	250	—	—	—	320	185	160	140	63	513	265	178	180	9	9
100	56	295	195	270	—	—	—	342	195	160	140	63	538	282	178	180	20	11.5
125	64	330	215	300	—	—	—	365	209	300	140	63	560	295	178	180	23	17
150	70	356	225	350	—	—	—	415	243	300	140	63	605	300	178	180	29	22
200	71	—	—	—	695	327	275	510	263	400	150	84	749	321	235	370	40	39
250	76	—	—	—	750	355	275	567	295	400	150	84	803	330	235	370	50	47
300	83	—	—	—	955	472	378	665	342	600	200	108	880	365	235	370	68	68
350	92	—	—	—	1033	515	378	739	385	600	200	108	960	410	235	370	105	138
400	102	—	—	—	1185	595	530	825	430	600	240	152	1032	445	235	370	163	190
450	114	—	—	—	1270	632	530	910	469	330	144	600	1118	487	235	370	205	230
500	127	—	—	—	1335	665	530	990	500	370	220	600	1190	520	235	370	270	265
600	154	—	—	—	1642	829	680	1210	618	370	220	600	1380	625	235	370	390	437
700	165	—	—	—	1785	905	680	1475	746	515	279	800	1582	745	245	515	465	740
800	190	—	—	—	1915	970	680	1600	810	515	279	800	1713	810	245	515	570	920
900	203	—	—	—	—	—	—	1870	1000	515	279	800	1870	875	360	540	701	1189
1000	216	—	—	—	—	—	—	2000	1065	570	368	600	2000	940	360	540	800	1220
1200	254	—	—	—	—	—	—	2215	1170	570	378	600	2118	1060	360	540	922	1680
PN25																		
50	43	225	160	200	—	—	—	266	143	106	50	160	—	—	—	—	6.3	6.3
65	46	250	175	230	—	—	—	290	175	140	63	160	—	—	—	—	9	9.2
80	49	260	190	250	—	—	—	513	265	63	140	160	552	265	178	180	11	11
100	56	295	195	270	—	—	—	538	282	63	140	300	585	290	178	180	25	15
125	64	330	215	300	—	—	—	560	295	63	140	300	610	305	178	180	33	17
150	70	356	225	350	—	—	—	605	300	63	140	400	765	315	178	180	47	22
200	71	—	—	—	695	327	275	749	321	84	150	400	820	304	235	370	52	39
250	76	—	—	—	750	355	275	803	330	84	150	600	910	336	235	370	65	47
300	83	—	—	—	955	472	378	880	365	108	200	600	1000	386	235	370	68	123
350	92	—	—	—	1033	515	378	960	410	108	240	600	1055	425	235	370	138	190
400	102	—	—	—	1185	595	530	1032	445	128	240	800	1108	456	235	370	190	230
450	114	—	—	—	1270	632	530	1118	487	330	144	600	1140	490	235	370	230	265
500	127	—	—	—	1335	665	530	1190	520	370	220	600	1238	552	235	370	265	390
600	154	—	—	—	1642	829	680	1380	625	370	220	600	1399	635	245	515	437	465
700	165	—	—	—	1785	905	680	1582	745	515	279	800	1611	750	360	540	570	740
800	190	—	—	—	1915	970	680	1713	810	515	279	800	1782	820	360	540	705	920
900	203	—	—	—	—	—	—	1870	875	515	279	800	1915	886	385	565	730	1189
1000	216	—	—	—	—	—	—	2000	940	570	368	600	2040	945	385	565	927	1220
1200	254	—	—	—	—	—	—	2118	1060	570	378	600	2184	1053	400	770	953	1680
PN40																		
50	43	225	160	200	—	—	—	266	143	106	50	200	—	—	—	—	6.3	7.3
65	46	265	175	230	—	—	—	290	175	143	80	250	—	—	—	—	9	9.8
80	49	275	190	270	—	—	—	395	245	143	80	300	530	240	178	180	11	11.5
100	56	310	205	300	—	—	—	356	205	200	108	400	555	205	178	180	25	29
125	64	347	220	350	—	—	—	375	213	200	108	400	582	215	178	180	33	38
150	70	374	235	380	—	—	—	439	260	200	108	600	609	260	235	370	47	51
200	71	—	—	—	750	375	275	520	275	330	140	600	755	275	235	370	55	67
250	76	—	—	—	905	445	378	600	315	330	140	600	818	315	235	370	70	70

（续）

DN	L	手动			气动			蜗杆传动					电动				重量/kg	
		H_1	H_{01}	B_1	H_2	H_{02}	B_2	H_3	H_{03}	B_3	A_3	D_{03}	H_4	H_{04}	B_4	A_4	WF	WL
PN40																		
300	83	—	—	—	1085	538	503	692	365	370	220	800	912	363	245	515	135	142
350	92	—	—	—	1160	576	503	776	408	370	220	800	983	406	245	515	203	227
400	102	—	—	—	1230	609	503	864	443	370	220	800	1058	440	245	515	245	268
450	114	—	—	—	1520	765	680	1128	525	512	279	400	1135	545	360	540	283	333
500	127	—	—	—	1335	665	530	1257	664	512	279	400	1245	600	360	540	405	520
600	154	—	—	—	—	—	—	1380	625	512	279	400	1414	663	360	540	591	645
700	165	—	—	—	—	—	—	1435	712	570	368	600	—	—	—	—	723	785
800	190	—	—	—	—	—	—	1518	782	570	368	600	—	—	—	—	846	935
NPS	L	手动			气动			蜗杆传动					电动				重量/kg	
		H_1	H_{01}	B_1	H_2	H_{H02}	B_2	H_3	H_{03}	B_3	A_3	D_{03}	H_4	H_{04}	B_4	A_4	WF	WL
CL150																		
2	45	262	187	180	—	—	—	287	176	106	50	160	—	—	—	—	3.7	5
2～1/2	48	267	193	200	—	—	—	294	179	140	63	160	—	—	—	—	4.3	5.6
3	49	295	218	250	—	—	—	320	185	140	63	160	513	263	178	180	5	6
4	54	329	239	270	—	—	—	342	195	140	63	160	535	282	178	180	7.7	10.9
5	57	369	261	300	—	—	—	365	209	140	63	300	563	293	178	180	9.1	13.6
6	58	398	275	350	—	—	—	415	243	140	63	300	602	322	178	180	13.6	15.9
8	64	—	—	—	690	323	275	510	263	150	84	400	745	296	235	370	20	21.8
10	71	—	—	—	750	355	275	567	295	150	84	400	805	325	235	370	32	41
12	81	—	—	—	955	475	378	665	342	200	108	600	883	365	235	370	50	57.6
14	92	—	—	—	1032	513	378	739	385	200	108	600	965	408	235	370	61	83
16	102	—	—	—	1182	598	530	825	430	240	152	600	1033	443	235	370	83	113
18	114	—	—	—	1265	635	530	910	469	240	152	800	1120	485	235	370	106	138
20	127	—	—	—	1335	667	530	990	500	300	168	800	1186	518	235	370	145	188
24	154	—	—	—	1642	830	680	1210	618	320	192	800	1380	625	235	370	229	318
30	167	—	—	—	1823	1245	680	1453	875	512	279	400	1583	1005	245	515	420	513
36	184	—	—	—	2145	1329	860	1775	939	512	279	400	1905	1089	245	515	739	857
42	222	—	—	—	2360	1456	860	1980	1086	512	279	400	2120	1216	360	540	1123	1225
48	254	—	—	—	2535	1564	1080	2165	1194	570	368	600	2235	1324	360	540	1277	1399
CL300																		
2	45	262	179	230	—	—	—	287	176	106	50	160	—	—	—	—	3.6	5
2～1/2	48	269	193	260	—	—	—	294	179	140	63	160	—	—	—	—	4.2	5.5
3	49	293	198	290	—	—	—	320	185	140	63	160	513	263	178	180	5.4	7.7
4	54	310	203	320	—	—	—	342	195	140	63	160	535	282	178	180	7.7	10.9
5	57	352	225	350	—	—	—	365	209	140	63	300	563	293	178	180	9.1	13.6
6	59	380	235	380	—	—	—	415	243	140	63	300	602	322	178	180	13.6	22.2
8	73	—	—	—	750	368	275	510	263	150	84	400	745	296	235	370	23.6	36
10	83	—	—	—	909	442	378	567	295	150	84	400	805	325	235	370	40	52
12	92	—	—	—	1075	535	530	665	342	200	108	600	883	365	235	370	69.4	90
14	117	—	—	—	1158	572	530	739	385	200	108	600	965	408	235	370	129	147
16	133	—	—	—	1230	610	530	825	430	240	152	600	1033	443	235	370	152	182
18	149	—	—	—	1462	736	680	910	469	240	152	800	1120	485	235	370	178	234.5
20	159	—	—	—	1328	765	680	990	500	300	168	800	1186	518	235	370	231	333
24	181	—	—	—	—	—	—	1210	618	320	192	800	1380	625	235	370	332	463

（续）

NPS	L	手动			气动			蜗杆传动					电动				重量/kg	
		H_1	H_{01}	B_1	H_2	H_{02}	B_2	H_3	H_{03}	B_3	A_3	D_{03}	H_4	H_{04}	B_4	A_4	WF	WL
CL600																		
2	45	262	179	230	—	—	—	287	176	106	50	160	—	—	—	—	5	5.9
2~1/2	48	269	193	260	—	—	—	294	179	140	63	160	—	—	—	—	5	5.9
3	64	293	198	290	—	—	—	320	185	140	63	160	513	263	178	180	5.9	8.2
4	64	310	203	320	—	—	—	342	195	140	63	160	535	282	178	180	13.6	23.6
5	70	352	225	350	—	—	—	365	209	140	63	300	563	293	178	180	27	40
6	78	380	235	380	—	—	—	415	243	140	63	300	602	322	178	180	32	51
8	102	—	—	—	750	368	275	510	263	150	84	400	745	296	235	370	54	90
10	117	—	—	—	909	442	378	567	295	150	84	400	805	325	235	370	77	105.7
12	140	—	—	—	1075	535	530	665	342	200	108	600	883	365	235	370	111	172
14	155	—	—	—	1158	572	530	739	385	200	108	600	965	408	235	370	200	286
16	178	—	—	—	1230	610	530	825	430	240	152	600	1033	443	235	370	286	381

注：表中为无驱动装置重量。WF 为对夹式蝶阀（WAFER），WL 为凸耳对夹式蝶阀（LUG）。

2）法兰连接弹性密封蝶阀、金属密封蝶阀的主要外形尺寸如图 3-113～图 3-116 所示及见表 3-116。

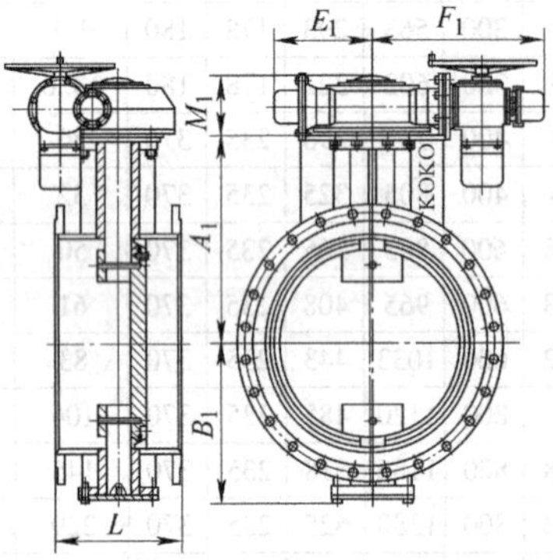

图 3-113　电动法兰连接双偏心弹性密封蝶阀

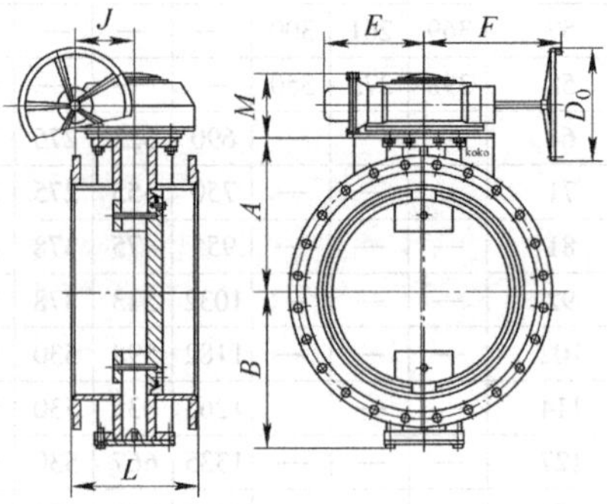

图 3-114　蜗杆传动法兰连接双偏心弹性密封蝶阀

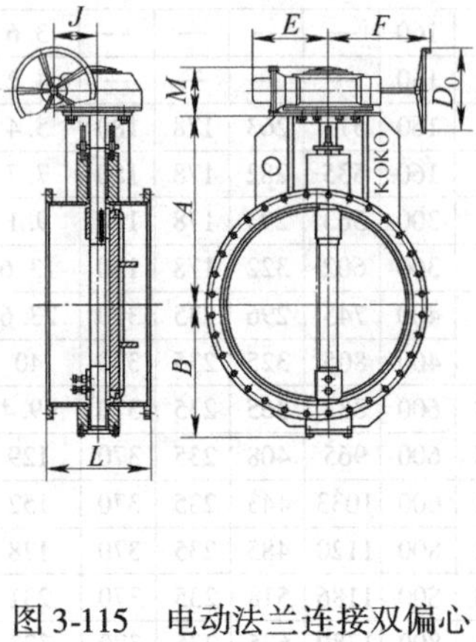

图 3-115　电动法兰连接双偏心金属密封蝶阀

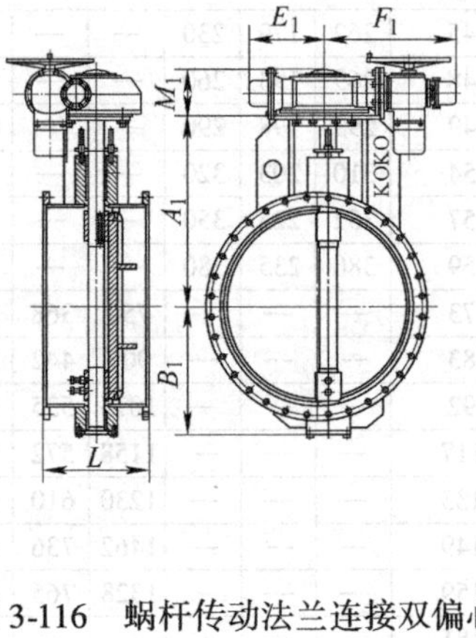

图 3-116　蜗杆传动法兰连接双偏心金属密封蝶阀

表 3-116　法兰连接弹性密封蝶阀、金属密封蝶阀主要外形尺寸　（单位：mm）

DN	L	蜗杆传动							电动					重量/kg	
		A	B	E	F	J	M	D_0	A_1	B_1	E_1	F_1	M_1	蜗杆	电动
PN2. 5															
1100	590	711	690	245	400	145	185	320	711	690	245	575	185	1370	1385
1200	630	785	750	245	400	145	185	320	785	750	245	575	185	1535	1550
1300	670	839	800	245	400	145	185	320	839	800	245	575	185	1690	1705
1400	710	887	850	245	400	145	185	320	887	850	245	575	185	1950	1965
1500	750	939	900	310	460	191	220	400	939	900	310	635	220	2330	2345
1600	790	989	950	310	460	191	220	400	989	950	310	635	220	2660	2675
1800	870	1098	1075	310	460	191	220	400	1098	1075	310	635	220	3430	3445
2000	950	1229	1190	410	555	270	255	400	1229	1190	410	730	255	4430	4445
2200	1030	1327	1290	410	555	270	255	400	1327	1290	410	730	255	5600	5615
2400	1110	1445	1395	410	555	270	255	400	1445	1395	410	730	255	6540	6555
2600	1190	1549	1495	520	640	351	320	400	1549	1495	520	817	320	8600	8615
2800	1270	1668	1625	520	640	351	320	400	1668	1625	520	817	320	9910	9925
3000	1350	1804	1745	520	640	351	320	400	1804	1745	520	817	320	11600	11615
3200	1430	1904	1845	520	640	351	320	400	1904	1845	520	857	320	13530	13575
3400	1510	2024	1965	450	785	440	355	630	2024	1965	450	975	355	15330	15380
3600	1590	2124	2065	450	785	440	355	630	2124	2065	450	975	355	17100	17150
3800	1670	2244	2185	450	785	440	355	630	2244	2185	450	975	355	18700	18750
4000	1750	2374	2315	450	785	440	355	630	2374	2315	450	975	355	20500	20690
PN6															
400	310	316	295	90	205	83	134	250	316	295	90	385	134	185	200
450	330	341	320	90	205	83	134	250	341	320	90	385	134	285	300
500	350	376	350	120	265	141	159	250	376	350	120	446	159	335	350
600	390	426	400	120	265	141	159	250	426	400	120	446	159	415	435
700	430	494	465	185	250	115	163	315	494	465	185	430	163	545	665
750	450	526	500	185	250	115	163	315	526	500	185	430	163	655	675
800	470	551	525	185	250	115	163	315	551	525	185	430	163	685	705
900	510	611	590	245	400	145	185	315	611	590	245	575	185	895	915
1000	550	661	640	245	400	145	185	315	661	640	245	575	185	1265	1285
1100	590	739	700	245	400	145	185	315	739	700	245	575	185	1545	1565
1200	630	789	750	310	460	191	220	400	789	750	310	635	220	1710	1730
1300	670	840	800	310	460	191	220	400	839	800	310	635	220	2350	2370
1400	710	900	875	310	460	191	220	400	899	875	310	635	220	2480	2500
1500	750	979	940	410	555	270	255	400	979	940	410	730	255	3020	3040
1600	790	1030	990	410	555	270	255	400	1029	990	410	730	255	3610	3630
1800	870	1150	1095	520	640	351	320	400	1149	1095	520	817	320	4730	4750
2000	950	1250	1195	520	640	351	320	400	1249	1195	520	817	320	5860	5880
2200	1030	1370	1325	520	640	351	320	400	1369	1325	520	817	320	7210	7230
2400	1110	1505	1445	520	640	351	320	400	1504	1445	520	857	320	9110	9155
2600	1190	1625	1565	450	785	440	335	630	1624	1565	450	973	335	10000	10050
2800	1270	1745	1685	450	785	440	335	630	1744	1685	450	993	335	11600	11680
3000	1350	1875	1815	450	785	440	335	630	1874	1815	450	993	335	13600	13680
PN10															
400	310	326	300	120	265	141	159	250	326	300	120	446	159	215	230
450	330	351	325	120	265	141	159	250	351	325	120	446	159	305	320

（续）

DN	L	蜗杆传动							电动					重量/kg	
		A	B	E	F	J	M	D_0	A_1	B_1	E_1	F_1	M_1	蜗杆	电动
PN10															
500	350	394	365	120	265	141	159	250	394	365	120	446	159	375	395
600	390	461	415	185	250	115	163	315	461	415	185	430	163	475	495
700	430	501	475	185	250	115	163	315	501	475	185	430	163	675	695
750	450	536	515	245	400	145	185	315	536	515	245	575	185	865	885
800	470	561	540	245	400	145	185	315	561	540	245	575	185	935	955
900	510	639	600	245	400	145	185	315	639	600	245	575	185	1205	1225
1000	550	689	650	310	460	191	220	400	689	650	310	635	220	1540	1560
1100	590	749	725	310	460	191	220	400	749	725	310	635	220	1840	1860
1200	630	829	790	410	555	270	255	400	829	790	410	730	255	2470	2490
1300	670	879	840	410	555	270	255	400	879	840	410	730	255	2950	2970
1400	710	949	895	410	555	270	255	400	949	895	410	730	255	3210	3230
1500	750	999	945	520	640	351	320	400	999	945	520	817	320	3750	3770
1600	790	1070	1025	520	640	351	320	400	1070	1025	520	817	320	4370	4390
1800	870	1205	1145	520	640	351	320	400	1205	1145	520	817	320	5310	5330
2000	950	1325	1265	450	785	440	335	630	1325	1265	450	973	335	6400	6450
2200	1030	1445	1385	450	785	440	335	630	1445	1385	450	973	335	8400	8400
2400	1110	1575	1515	450	785	440	335	630	1575	1515	450	973	335	10200	10200
PN16															
80	180	158	125	90	205	83	115	200	158	125	90	385	115	46	62
100	190	163	130	90	205	83	115	200	163	130	90	385	115	51	67
125	200	173	140	90	205	83	115	200	173	140	90	385	115	56	73
150	210	185	155	90	205	83	115	200	185	155	90	385	115	61	78
200	230	209	180	90	205	83	115	200	209	180	90	385	115	81	98
250	250	243	220	90	205	83	134	250	243	220	90	385	134	125	140
300	270	268	245	90	205	83	134	250	268	245	90	385	134	155	170
350	290	301	275	120	265	141	159	250	301	275	120	446	159	205	220
400	310	343	300	120	265	141	159	250	343	300	120	446	159	285	305
450	330	369	340	185	250	115	163	250	369	340	185	430	163	340	365
500	350	401	375	185	250	115	163	315	401	375	185	430	163	465	485
600	390	461	400	245	400	145	185	315	461	400	245	575	185	665	685
700	430	539	500	245	400	145	185	315	539	500	245	575	185	845	865
750	450	564	525	245	400	145	185	315	564	525	245	575	185	985	1005
800	470	589	550	310	460	191	220	315	589	550	310	635	185	1310	1330
900	510	649	625	310	460	191	220	400	649	625	310	635	220	1540	1560
1000	550	729	690	410	555	270	255	400	729	690	410	730	220	1990	2010
1100	590	799	745	410	555	270	255	400	799	745	410	730	255	2330	2350
1200	630	849	795	410	555	270	255	400	849	795	410	730	255	2650	2670
1300	670	919	875	520	640	351	320	400	919	875	520	817	255	3210	3230
1400	710	1005	945	520	640	351	320	400	1005	945	520	817	320	3510	3530
1500	750	1075	1015	520	640	351	320	400	1075	1015	520	817	320	4000	4020
1600	790	1125	1065	520	785	440	335	630	1125	1065	520	973	320	4800	4850

（续）

DN	L	蜗杆传动							电动				重量/kg	
		A	B	E	F	J	M	D_0	A_1	B_1	E_1	F_1	M_1	蜗杆	电动
PN25														
80	180	158	125	90	205	83	115	200	158	125	90	385	115	46	62
100	190	163	130	90	205	83	115	200	163	130	90	385	115	51	67
125	200	173	140	90	205	83	115	200	173	140	90	385	115	56	73
150	210	185	155	90	205	83	115	200	185	155	90	385	115	61	78
200	230	217	195	90	205	83	134	250	217	195	90	385	134	96	110
250	250	260	220	90	205	83	134	250	260	220	90	385	134	140	165
300	270	295	250	120	250	115	159	250	295	250	120	446	159	165	180
350	290	319	290	120	250	115	159	250	319	290	120	446	159	250	270
400	310	368	325	185	265	141	163	315	368	325	185	430	164	325	345
450	330	376	350	185	265	141	163	315	376	350	185	430	164	445	465
500	350	411	390	245	400	145	185	315	411	390	245	575	185	505	525
600	390	489	450	245	400	145	185	315	489	450	245	575	185	735	755
700	430	539	500	310	460	191	220	400	539	500	310	635	220	980	1000
750	450	574	550	310	460	191	220	400	574	550	310	635	220	1170	1190
800	470	629	590	410	555	270	255	400	629	590	410	730	256	1650	1670
900	510	699	645	410	555	270	255	400	699	645	410	730	256	1910	1930
1000	550	749	695	410	555	270	255	400	749	695	410	730	256	2310	2330
1100	590	819	775	520	640	351	320	400	819	775	520	817	320	2910	2930
1200	630	905	845	520	640	351	320	400	905	845	520	817	320	3210	3230
PN40														
200	230	218	195	90	205	83	134	250	218	195	90	385	135	120	135
250	250	253	225	120	265	141	159	250	253	225	120	445	140	225	240
300	270	296	265	120	265	141	159	250	296	265	120	445	140	285	305
350	290	326	300	185	250	115	163	315	326	300	185	430	165	335	355
400	310	362	340	185	250	115	163	315	362	340	185	430	165	545	565
450	330	386	365	245	400	145	185	315	386	365	245	575	185	610	630
500	350	439	400	245	400	145	185	315	439	400	245	575	185	730	750
600	390	500	475	310	460	191	220	400	500	475	310	635	220	1180	1200
700	430	580	540	410	555	270	255	400	580	540	410	730	256	1590	1610
750	450	625	570	410	555	270	255	400	625	570	410	730	256	1960	1980
800	470	650	595	410	555	270	255	400	650	595	410	730	256	2290	2310

注：1. 表中阀门为板焊结构。

2. ≥DN600 的弹性密封蝶阀的阀杆为两段式；金属密封蝶阀的阀杆为整体式。

NPS	L	蜗杆传动							电动				重量/kg	
		A	B	E	F	J	M	D_0	A_1	B_1	E_1	F_1	M_1	蜗杆	电动
CL150														
3	180	158	125	90	205	83	115	200	158	125	90	385	115	48	63
4	190	163	130	90	205	83	115	200	163	130	90	385	115	53	68
5	200	173	140	90	205	83	115	200	173	140	90	385	115	58	75
6	210	185	155	90	205	83	115	200	185	155	90	385	115	65	80
8	230	218	195	90	205	83	115	250	218	195	90	385	115	90	105

（续）

NPS	L	蜗杆传动							电动					重量/kg	
		A	B	E	F	J	M	D_0	A_1	B_1	E_1	F_1	M_1	蜗杆	电动
CL150															
10	250	260	220	90	205	83	115	250	260	220	90	385	115	135	150
12	270	295	250	120	250	141	134	250	295	250	120	446	134	160	175
14	290	336	290	120	250	141	134	250	336	290	120	446	134	230	245
16	310	360	315	185	265	115	159	315	360	315	185	430	159	310	330
18	330	393	350	185	265	115	159	315	393	350	185	430	159	400	420
20	350	428	390	185	265	145	163	315	428	390	185	575	163	490	510
24	390	489	450	245	400	145	163	315	489	450	245	575	163	710	730
28	430	559	500	245	400	145	185	315	559	500	245	636	185	980	1000
30	450	574	550	310	460	191	220	400	574	550	310	636	220	1140	1160
32	470	619	575	310	460	191	220	400	619	575	310	730	220	1550	1570
36	510	680	640	410	555	270	255	400	680	640	410	730	255	1800	1820
40	550	750	695	410	555	270	255	400	750	695	410	730	255	2230	2250
44	590	800	745	410	555	270	255	400	800	745	410	817	255	2700	2720
48	630	870	825	520	640	351	320	400	870	825	520	817	320	3010	3030
52	670	954	895	520	640	351	320	400	954	895	520	817	320	4080	4100
56	710	1024	965	520	640	351	320	400	1024	965	520	817	320	4470	4490
60	750	1095	1035	450	785	440	335	630	1095	1035	450	973	335	5080	5130

注：1. 表中阀门为板焊结构。

2. ≥NPS24 的弹性密封蝶阀的阀杆为两段式；金属密封蝶阀的阀杆为整体式。

3. 表中的蝶阀尺寸按 ASME 16.5 和 ASME B16.47A 系列。

3）双偏心法兰连接蝶阀主要外形尺寸如图 3-117～图 3-119 及见表 3-117。

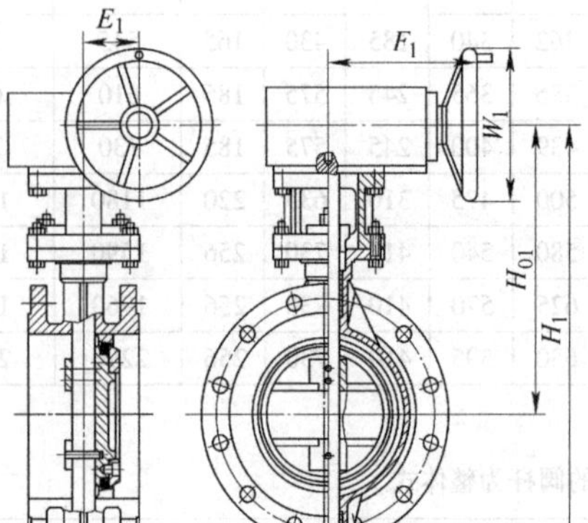

图 3-117　蜗杆传动法兰连接蝶阀

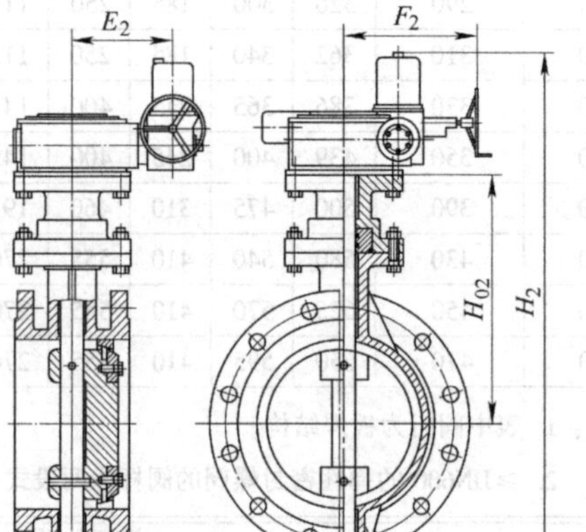

图 3-118　电动法兰连接蝶阀

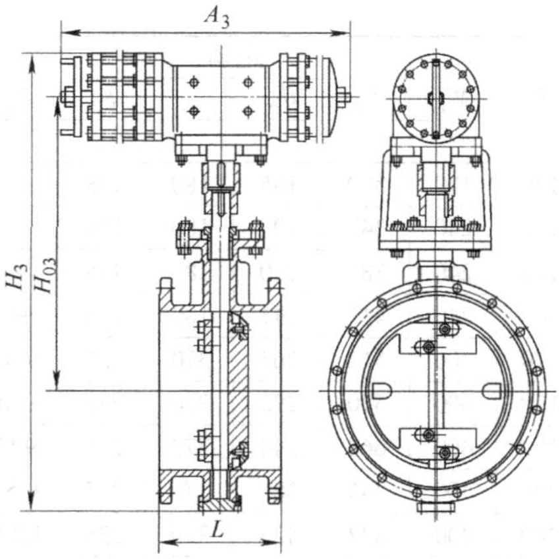

图 3-119　气动法兰连接蝶阀

表 3-117　双偏心法兰连接蝶阀主要外形尺寸　（单位：mm）

DN	L①	蜗杆传动					电动				气动			重量/kg		
		H_1	H_{01}	E_1	F_1	W_1	H_2	H_{02}	E_2	F_2	H_3	H_{03}	A_3	蜗杆	电动	气动
PN6																
50	108	267	172	63	140	180	—	—	—	—	—	—	—	12	42	—
65	112	290	180	63	140	180	—	—	—	—	—	—	—	13	47	—
80	114	320	190	63	140	180	320	185	178	180	—	—	—	14	50	—
100	127	342	198	63	140	240	340	198	178	180	—	—	—	17	60	—
125	140	380	223	63	140	240	380	223	178	180	—	—	—	27	80	—
150	140	415	246	63	140	300	415	241	178	180	—	—	—	29	110	—
200	152	470	298	84	170	300	512	263	235	370	695	325	275	45	130	—
250	165	535	328	84	170	400	570	292	235	370	750	355	275	69	170	—
300	178	606	365	108	200	400	668	340	235	370	935	475	378	86	200	—
350	190	695	408	108	200	400	745	385	235	370	1000	510	378	122	280	—
400	216	755	446	128	240	600	827	425	235	370	1145	590	378	141	320	—
450	222	815	475	152	240	600	915	462	235	370	1205	632	530	191	395	—
500	229	905	525	168	300	600	995	500	235	370	1256	665	530	260	500	—
600	267	1050	610	320	192	350	1183	605	245	515	1526	830	530	380	600	—
700	292	1276	795	237	192	350	1460	734	245	515	1640	903	530	450	800	—
800	318	1384	837	237	168	350	1589	803	245	515	1786	972	680	650	890	—
900	330	1500	885	237	168	450	1856	990	360	540	1917	1052	680	830	1040	—
1000	410	1620	946	785	330	450	1958	1050	360	540	2600	1170	680	1050	1400	—
1200	470	2185	1165	785	330	450	2013	1165	360	540	—	—	—	1400	1850	—
1400	530	2315	1310	785	330	450	2186	1312	360	540	—	—	—	1900	2664	—
1600	600	2675	1440	865	330	600	2531	1438	385	565	—	—	—	2900	3450	—
1800	670	2920	1580	865	550	600	2795	1580	385	565	—	—	—	4000	4450	—
2000	950	3170	1725	865	550	600	3055	1726	300	770	—	—	—	5300	5900	—
2200	1000	3415	1845	865	650	600	3269	1824	520	817	—	—	—	—	6700	—
2400	1100	3670	1972	865	650	600	3524	1959	520	817	—	—	—	—	7500	—
2600	1200	3830	2100	865	650	600	3765	2080	450	973	—	—	—	—	—	—
2800	1300	4100	2235	865	850	600	4025	2210	450	973	—	—	—	—	—	—
3000	1400	4380	2370	865	650	600	4278	2390	450	973	—	—	—	—	—	—
PN10																
50	108	267	172	63	140	180	—	—	—	—	—	—	—	12	42	—
65	112	290	178	63	140	180	—	—	—	—	—	—	—	13	47	—

（续）

DN	L[①]	蜗杆传动					电动				气动			重量/kg		
		H_1	H_{01}	E_1	F_1	W_1	H_2	H_{02}	E_2	F_2	H_3	H_{03}	A_3	蜗杆	电动	气动
PN10																
80	114	325	185	63	140	180	320	185	180	178	—	—	—	14	50	—
100	127	345	193	63	140	240	340	198	180	178	—	—	—	17	60	—
125	140	380	219	63	140	240	382	220	180	178	—	—	—	27	80	—
150	140	415	245	63	140	240	415	241	180	178	—	—	—	29	110	—
200	152	470	298	84	170	300	512	263	370	235	740	367	275	45	130	—
250	165	535	328	84	170	300	570	292	370	235	900	443	378	69	190	—
300	178	606	365	108	200	400	668	340	370	235	990	493	378	86	210	—
350	190	695	408	108	200	400	745	385	370	235	1155	575	378	122	310	—
400	216	755	446	128	240	400	827	425	370	235	1205	600	530	141	380	—
450	222	815	475	152	240	600	915	462	370	235	1290	643	530	191	460	—
500	229	905	525	168	300	600	995	500	370	235	1395	705	530	260	580	—
600	267	1050	610	320	192	600	1183	605	515	245	1665	838	530	380	690	—
700	292	1276	795	237	192	350	1460	734	515	245	1882	942	680	450	850	—
800	318	1384	837	237	168	350	1589	803	515	245	2093	1066	680	650	1000	—
900	330	1500	885	237	168	350	1856	990	540	360	—	—	—	830	1220	—
1000	410	1620	946	785	330	450	1958	1050	540	360	—	—	—	1050	1600	—
1200	470	2185	1165	785	330	450	2013	1165	540	360	—	—	—	1400	2150	—
1400	530	2315	1310	785	330	450	2186	1312	540	360	—	—	—	1900	2610	—
1600	600	2675	1440	785	330	450	2531	1438	565	385	—	—	—	2900	3450	—
1800	670	2920	1580	865	550	600	2795	1580	565	385	—	—	—	4000	4900	—
2000	950	3170	1725	865	550	600	3055	1726	770	300	—	—	—	5300	5900	—
2200	1000	3340	1935	440	650	800	3365	1980	973	450	—	—	—	—	8368	—
2400	1100	3625	2110	440	650	800	3655	2140	973	450	—	—	—	—	11792	—
PN16																
50	108	267	172	63	140	180	—	—	—	—	—	—	—	—	—	—
65	112	290	175	63	140	160	—	—	—	—	—	—	—	—	—	—
80	114	320	185	63	140	160	513	265	180	178	—	—	—	—	—	—
100	127	342	195	63	140	160	538	282	180	178	—	—	—	—	—	—
125	140	365	209	63	140	300	560	295	180	178	—	—	—	—	—	—
150	140	415	243	63	140	300	605	300	180	178	—	—	—	61	105	—
200	152	510	263	84	150	400	749	321	370	235	695	327	275	98	135	—
250	165	567	295	84	150	400	803	330	370	235	750	355	275	135	150	—
300	178	665	342	108	200	600	880	365	370	235	955	472	378	190	260	—
350	190	739	385	108	200	600	960	410	370	235	1033	515	378	225	325	—
400	216	825	430	152	240	600	1032	445	370	235	1185	595	530	340	405	—
450	222	910	469	152	240	800	1118	487	370	235	1270	632	530	465	490	—
500	229	990	500	168	300	800	1190	520	370	235	1335	665	530	685	700	—
600	267	1210	618	192	320	800	1380	625	370	235	1642	829	680	875	855	—
700	292	1475	746	238	237	400	1582	745	515	245	1785	905	680	1150	1150	—
800	318	1600	810	238	237	400	1713	810	515	245	1915	970	680	1365	1370	—
900	330	1870	1000	330	785	400	1870	875	540	360	—	—	—	1550	1610	—
1000	410	2000	1065	430	785	600	2000	940	540	360	—	—	—	1720	1920	—
1200	470	2215	1170	430	785	600	2118	1060	540	360	—	—	—	2260	2510	—
1400	530	2430	1319	550	865	800	2328	1325	565	385	—	—	—	2610	3000	—
1600	600	2700	1443	550	865	800	2550	1450	565	385	—	—	—	3050	4700	—

（续）

DN	L①	蜗杆传动					电动				气动			重量/kg		
		H_1	H_{01}	E_1	F_1	W_1	H_2	H_{02}	E_2	F_2	H_3	H_{03}	A_3	蜗杆	电动	气动
PN16																
1800	670	2938	1595	650	865	800	2816	1598	770	300	—	—	—	5725	6500	—
2000	950	3210	1743	650	865	800	3065	1743	794	684	—	—	—	8040	8700	—
DN	L②	蜗杆传动					电动				气动			重量/kg		
		H_1	H_{01}	E_1	F_1	W_1	H_2	H_{02}	E_2	F_2	H_3	H_{03}	A_3	蜗杆	电动	气动
PN25																
50	108	278	178	63	140	180	—	—	—	—	—	—	—	—	—	—
65	112	305	182	63	140	160	—	—	—	—	—	—	—	—	—	—
80	114	320	185	63	140	160	552	265	180	178	—	—	—	—	—	—
100	127	350	200	63	140	300	585	290	180	178	—	—	—	—	82	—
125	140	375	210	63	140	300	610	305	180	178	—	—	—	—	105	—
150	140	425	245	63	140	400	765	315	180	178	—	—	—	—	120	—
200	152	526	270	84	150	400	820	304	370	235	740	367	275	103	135	—
250	165	590	302	84	150	600	910	336	370	235	890	443	378	128	195	—
300	178	695	360	108	200	600	1000	386	370	235	985	495	378	198	250	—
350	190	789	420	108	240	600	1055	425	370	235	1155	575	530	253	280	—
400	216	848	435	128	240	800	1108	456	370	235	1206	603	530	323	340	—
450	222	943	475	152	300	800	1140	490	370	235	1284	643	530	470	390	—
500	229	1079	550	168	320	800	1238	552	370	235	1390	705	535	600	490	—
600	267	1352	675	192	237	400	1399	635	515	245	1660	835	680	814	570	—
700	292	1495	759	685	237	400	1611	750	540	360	—	—	—	1030	780	—
800	318	1640	835	685	237	400	1782	820	540	360	—	—	—	1320	960	—
900	330	1765	886	730	785	600	1915	886	565	385	—	—	—	1550	1350	—
1000	410	1885	945	730	785	600	2040	945	565	385	—	—	—	1720	1880	—
1200	470	2100	1055	850	865	800	2184	1053	770	300	—	—	—	—	2180	—
1400	530	2325	1163	850	865	800	2375	1164	794	684	—	—	—	—	3200	—
PN40																
50	108	320	185	63	140	160	—	—	—	—	—	—	—	—	—	—
65	112	350	200	63	140	300	—	—	—	—	—	—	—	—	—	—
80	114	395	245	63	140	300	530	240	180	178	—	—	—	—	—	—
100	127	356	205	63	140	400	555	205	180	178	—	—	—	58	76	—
125	140	375	213	63	140	400	582	215	180	178	—	—	—	82	100	—
150	140	439	260	84	150	600	609	260	370	235	—	—	—	142	160	—
200	152	520	275	84	150	600	755	275	370	235	750	375	275	205	225	—
250	165	600	315	108	200	600	818	315	370	235	905	445	378	318	338	—
300	178	692	365	108	200	800	912	363	515	245	1085	538	503	379	399	—
350	190	776	408	152	240	800	983	406	515	245	1160	576	503	537	553	—
400	216	864	443	168	300	800	1058	440	515	245	1230	609	503	628	644	—
450	222	925	525	237	368	400	1111	571	515	245	1375	665	680	869	885	—
500	229	1128	571	237	368	400	1245	600	540	360	1520	765	680	1133	1149	—
600	267	1257	664	237	368	400	1336	663	540	360	—	—	—	—	—	—
700	292	1450	880	410	550	600	1414	796	730	410	—	—	—	—	—	—
800	318	1555	905	410	550	600	1451	851	730	410	—	—	—	—	—	—
NPS	L③	蜗杆传动					电动				气动			重量/kg		
		H_1	H_{01}	E_1	F_1	W_1	H_2	H_{02}	E_2	F_2	H_3	H_{03}	A_3	蜗杆	电动	气动
CL150																
3	180	320	185	63	140	160	513	263	180	178	—	—	—	47	63	—

（续）

NPS	L③	蜗杆传动					电动				气动			重量/kg		
		H_1	H_{01}	E_1	F_1	W_1	H_2	H_{02}	E_2	F_2	H_3	H_{03}	A_3	蜗杆	电动	气动
CL150																
4	190	342	195	63	140	160	535	282	180	178	—	—	—	62	68	—
5	200	365	209	63	140	300	563	293	180	178	—	—	—	71	75	—
6	210	415	243	63	140	300	602	322	180	178	—	—	—	83	80	—
8	230	510	263	84	150	400	745	296	370	235	690	323	275	115	105	115
10	250	567	295	84	150	400	805	325	370	235	750	355	275	158	150	210
12	270	665	342	108	200	600	883	365	370	235	955	475	378	233	175	250
14	290	739	385	108	200	600	965	408	370	235	1032	513	378	265	245	330
16	310	825	430	152	240	600	1033	443	370	235	1182	598	530	387	330	400
18	330	910	469	152	240	800	1120	485	370	235	1265	635	530	454	420	480
20	350	990	500	168	300	800	1186	518	370	235	1335	667	530	503	510	560
24	390	1210	618	192	320	800	1380	625	370	235	1642	830	680	730	745	770
26	410	1341	701	238	437	400	1541	687	515	245	1711	859	680	769	785	845
28	430	1475	746	238	437	400	1587	745	515	245	1782	910	680	831	1000	950
30	450	1572	815	238	437	400	1650	777	515	245	1856	942	680	907	1160	1020
32	470	1600	874	238	437	400	1717	810	515	245	1920	975	680	1190	1570	1100
34	490	1728	899	368	550	400	1874	872	540	360	—	—	—	1299	1700	—
36	510	1823	937	368	550	600	1870	875	540	360	—	—	—	1463	1820	—
40	550	1900	965	368	550	600	2030	965	540	360	—	—	—	2112	2250	—
42	570	1963	1092	430	785	600	2052	987	540	360	—	—	—	2217	2275	—
44	590	2199	1148	430	785	600	2078	1022	540	360	—	—	—	2485	2720	—
46	610	2210	1178	430	785	600	2127	1065	540	360	—	—	—	2558	2600	—
48	630	2275	1213	430	785	600	2188	1100	540	360	—	—	—	2992	3030	—
52	670	2390	1257	430	785	600	2214	1150	565	385	—	—	—	4080	4100	—
54	690	2406	1319	550	865	800	2270	1260	565	385	—	—	—	4275	4300	—
56	710	2430	1355	550	865	800	2328	1325	565	385	—	—	—	4470	4490	—
60	750	2563	1562	550	865	800	2530	1515	565	385	—	—	—	5080	5130	—

NPS	L③	蜗杆传动				电动				气动			重量/kg		
		H_1	H_{01}	E_1	F_1	H_2	H_{02}	E_2	F_2	H_3	H_{03}	A_3	蜗杆	电动	气动
CL300															
3	180	395	241	63	140	530	242	180	178	—	—	—	44	64	—
4	190	355	205	63	140	552	204	180	178	—	—	—	58	76	—
5	200	378	215	63	140	580	214	180	178	—	—	—	72	87	—
6	210	430	260	84	150	610	259	180	178	—	—	—	82	100	—
8	230	523	273	84	150	755	310	370	235	750	368	275	142	160	—
10	250	600	315	108	200	816	340	370	235	909	442	378	205	225	—
12	270	693	362	108	200	912	390	370	235	1075	535	530	318	338	—
14	290	772	405	152	240	980	425	370	235	1158	572	530	379	399	—
16	310	862	440	168	300	1057	460	370	235	1230	610	530	537	553	—
18	330	960	525	192	320	1140	525	370	235	1462	736	680	628	644	—
20	350	1158	603	237	368	1243	556	515	245	1328	765	680	869	885	—
24	390	1320	693	237	368	1420	653	817	351	—	—	—	1133	1149	—
26	410	1447	875	269	559	1642	800	817	351	—	—	—	1506	—	—
28	430	1538	959	351	648	1812	904	817	351	—	—	—	2040	—	—
30	450	1607	1095	351	648	1906	963	817	351	—	—	—	2304	—	—

（续）

NPS	$L^{③}$	蜗杆传动				电动				气动			重量/kg		
		H_1	H_{01}	E_1	F_1	H_2	H_{02}	E_2	F_2	H_3	H_{03}	A_3	蜗杆	电动	气动
CL300															
32	470	1721	1129	351	648	2021	1054	817	351	—	—	—	2636	—	—
34	490	1790	1162	351	648	2089	1087	817	351	—	—	—	2915	—	—
36	510	1862	1261	429	805	2327	1161	973	440	—	—	—	3636	—	—
40	550	1986	1342	429	805	2451	1242	973	440	—	—	—	3797	—	—
42	570	2100	1385	429	805	2515	1285	973	440	—	—	—	4172	—	—
44	590	2175	1436	429	805	2565	1311	973	440	—	—	—	4468	—	
46	610	2219	1506	429	805	2609	1331	973	440	—	—	—	5116	—	—
48	630	2303	1570	399	965	2697	1374	973	440	—	—	—	5403	—	—
CL600															
3	180	500	250	63	140	606	295	180	178	—	—	—	82	79	—
4	190	595	340	63	140	650	358	180	178	—	—	—	125	96	—
5	200	680	395	108	200	695	371	180	178	—	—	—	165	154	—
6	210	730	423	152	240	743	387	180	178	—	—	—	191	172	—
8	230	855	445	168	300	1055	417	370	235	—	—	—	247	248	—
10	250	1002	536	192	320	1172	465	370	235	—	—	—	413	308	—
12	270	1150	614	237	368	1392	546	515	245	—	—	—	576	467	—
14	290	1200	674	237	368	1475	579	515	245	—	—	—	664	585	—
16	310	1345	823	237	368	1557	643	540	360	—	—	—	971	807	—
18	330	1397	841	269	559	1625	673	540	360	—	—	—	1117	1003	—
20	350	1430	978	350	645	1679	701	540	360	—	—	—	1639	1139	—
24	390	1582	1069	350	645	1834	775	540	360	—	—	—	2082	1767	—

① ＜DN2000，按 ISO 5752 的 13 系列；≥DN2000，按 ISO 5752 的 14 系列。

② 按 ISO 5752 的 13 系列。

③ 按 ISO 5752 的 14 系列。

4）双偏心对焊连接蝶阀的主要外形尺寸如图 3-120 ~ 图 3-122 所示及见表 3-118。

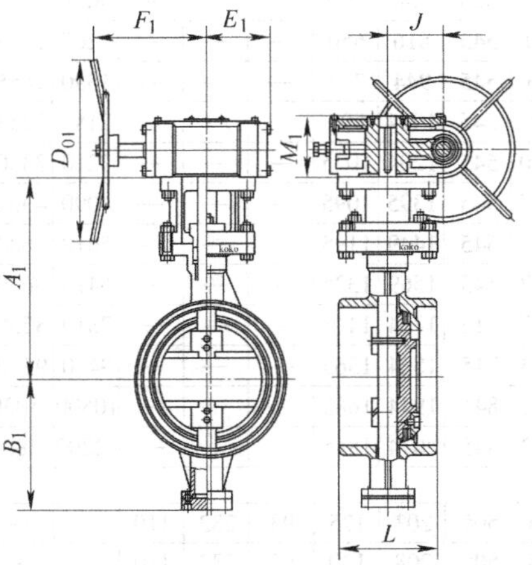

图 3-120 蜗杆传动对焊连接蝶阀

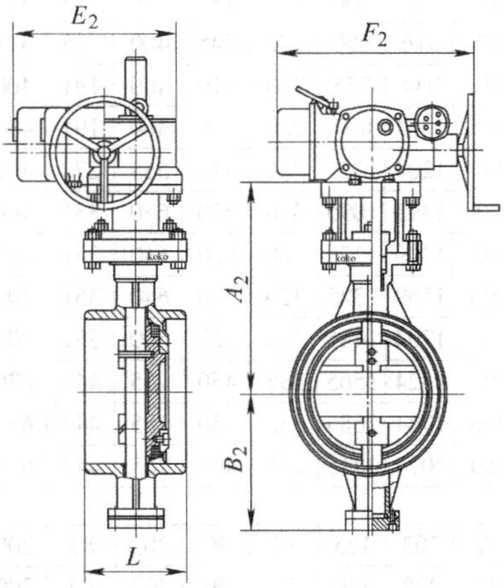

图 3-121 电动对焊连接蝶阀

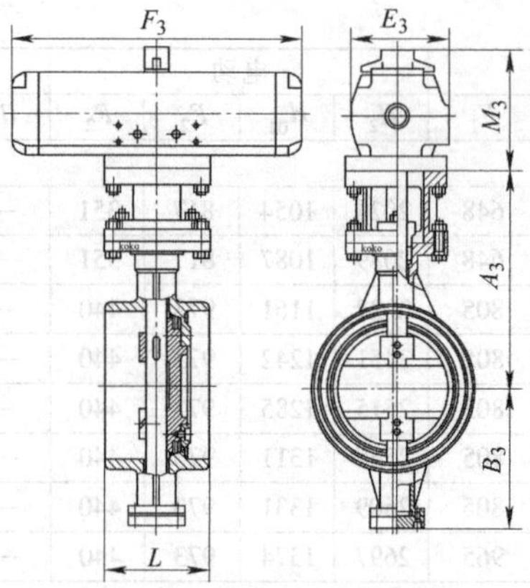

图 3-122 气动对焊连接蝶阀

表 3-118 双偏心对焊连接蝶阀主要外形尺寸 （单位：mm）

DN	L①	蜗杆传动							电动				气动					重量/kg		
		A_1	B_1	M_1	E_1	F_1	J	D_{01}	A_2	B_2	E_2	F_2	A_3	B_3	E_3	F_3	M_3	蜗杆	电动	气动
PN6																				
80	180	203	125	75	90	205	83	200	203	125	475	505	203	125	93	282	110	27	42	29.5
100	190	208	130	75	90	205	83	200	208	130	475	505	208	130	93	282	110	34	46	36
125	200	218	140	75	90	205	83	200	218	140	475	505	218	140	115	344	140	41	48	46
150	210	285	155	95	90	205	83	200	285	155	475	505	285	155	115	344	140	43	53	51
200	230	320	180	95	90	205	83	200	320	180	475	505	320	180	150	450	187	81	84	80
250	250	349	220	95	90	205	83	200	349	220	475	505	349	220	290	762	270	102	124	122
300	270	398	250	115	90	205	83	200	398	250	475	505	398	250	290	762	270	132	138	142
350	290	417	275	115	90	205	83	250	417	275	475	505	417	275	330	900	305	164	176	192
400	310	455	315	134	90	205	83	250	455	315	475	505	455	315	370	1084	350	193	183	270
450	330	480	340	134	90	205	83	250	480	340	475	505	480	340	370	1084	350	238	270	310
500	350	512	375	159	120	265	141	250	512	375	566	505	512	375	405	1182	390	302	315	414
600	390	562	425	159	120	265	141	250	562	425	566	545	562	425	405	1182	390	415	421	484
700	430	636	490	163	185	250	115	315	636	490	615	545	636	490	500	1442	470	660	615	725
800	470	706	550	163	185	250	115	315	706	550	615	545	706	550	630	1865	500	780	705	825
900	510	756	600	185	185	250	115	315	756	600	820	520	756	600	—	—	—	820	825	—
1000	550	816	650	185	245	400	145	315	816	650	820	545	816	650	—	—	—	1265	1285	—
1200	630	944	775	220	310	460	191	400	944	775	945	545	944	775	—	—	—	1590	1655	—
1400	710	1084	895	220	310	460	191	400	1084	895	945	545	1084	895	—	—	—	2185	2255	—
1600	790	1204	1025	220	410	555	270	400	1204	1025	1140	545	1204	1025	—	—	—	3210	3330	—
1800	870	1395	1095	320	520	640	351	400	1395	1095	1337	545	1395	1095	—	—	—	4090	4350	—
2000	950	1449	1195	320	520	640	351	400	1449	1195	1337	545	1449	1195	—	—	—	5610	5680	—
2200	1000	1569	1325	320	520	640	351	400	1569	1325	1337	545	1569	1325	—	—	—	6410	6630	—
2400	1100	1704	1445	320	520	640	351	400	1704	1445	1377	715	1704	1445	—	—	—	7810	8255	—
2600	1190	1824	1565	335	450	785	440	630	1824	1565	1443	715	1824	1565	—	—	—	9450	9550	—
2800	1270	1944	1685	335	450	785	440	630	1944	1685	1443	845	1944	1685	—	—	—	10800	11030	—
3000	1350	2074	1815	335	450	785	440	630	2074	1815	1443	845	2074	1815	—	—	—	12200	12880	—
PN10																				
80	180	203	125	75	90	205	83	200	203	125	475	505	203	125	93	282	110	—	—	—
100	190	208	130	75	90	205	83	200	208	130	475	505	208	130	93	282	110	—	—	—
125	200	218	140	75	90	205	83	200	218	140	475	505	218	140	115	344	140	—	—	—
150	210	285	155	95	90	205	83	200	285	155	475	505	285	155	115	344	140	58	73	—
200	230	320	180	95	90	205	83	200	320	180	475	505	320	180	150	450	187	76	91	—
250	250	349	220	95	90	205	83	200	349	220	475	505	349	220	290	762	270	115	130	—

（续）

DN	L①	蜗杆传动							电动				气动					重量/kg		
		A_1	B_1	M_1	E_1	F_1	J	D_{01}	A_2	B_2	E_2	F_2	A_3	B_3	E_3	F_3	M_3	蜗杆	电动	气动
PN10																				
300	270	398	250	115	90	205	83	200	398	250	475	505	398	250	290	762	270	145	165	—
350	290	417	275	115	90	205	83	250	417	275	475	505	417	275	330	900	305	185	205	—
400	310	455	315	134	90	205	83	250	455	315	566	505	455	315	370	1084	350	245	265	—
450	330	480	340	134	90	205	83	250	480	340	566	545	480	340	370	1084	350	315	335	—
500	350	512	375	159	120	265	141	250	512	375	615	545	512	375	405	1182	390	375	395	—
600	390	562	425	159	120	265	141	250	562	425	615	545	562	425	405	1182	390	510	530	—
700	430	636	490	163	185	250	115	315	636	490	820	520	636	490	500	1442	470	770	790	—
800	470	706	550	163	185	250	115	315	706	550	820	545	706	550	630	1865	500	1070	1090	—
900	510	756	600	185	185	250	115	315	756	600	945	545	756	600	—	—	—	1435	1455	—
1000	550	816	650	185	245	400	145	315	816	650	945	545	816	650	—	—	—	1745	1755	—
1200	630	944	775	220	310	460	191	400	944	775	1140	545	944	775	—	—	—	2725	2745	—
1400	710	1084	895	220	310	460	191	400	1084	895	1337	545	1084	895	—	—	—	3510	3550	—
1600	790	1204	1025	220	410	555	270	400	1204	1025	1337	545	1204	1205	—	—	—	4470	4510	—
1800	870	1395	1095	320	520	640	351	400	1395	1095	1337	545	1395	1095	—	—	—	4945	—	—
2000	950	1449	1195	320	520	640	351	400	1449	1195	1377	715	1449	1195	—	—	—	6230	—	—
2200	1000	1569	1325	320	520	640	351	400	1569	1325	1443	715	1569	1325	—	—	—	—	—	—
2400	1100	1704	1445	320	520	640	351	400	1704	1445	1443	845	1704	1445	—	—	—	—	—	—
PN16																				
80	180	203	125	115	90	205	83	200	203	125	475	505	203	125	115	344	140	27	45	—
100	190	208	130	115	90	205	83	200	208	130	475	505	208	130	115	344	140	34	57	—
125	200	218	140	115	90	205	83	200	218	140	475	505	218	140	150	450	187	41	63	—
150	210	285	155	115	90	205	83	200	285	155	475	505	285	155	290	762	270	43	71	—
200	230	309	180	115	90	205	83	200	309	180	475	505	309	180	290	762	270	81	83	—
250	250	343	220	134	90	205	83	250	343	220	475	505	343	220	330	900	305	102	126	—
300	270	368	245	134	90	205	83	250	368	245	475	505	368	245	370	1084	350	132	151	—
350	290	401	275	159	120	265	141	250	401	275	566	505	401	275	370	1084	350	164	195	—
400	310	443	300	159	120	265	141	250	443	300	566	545	443	300	405	1182	390	193	273	—
450	330	469	340	163	185	250	115	315	469	340	615	545	469	340	405	1182	390	238	290	—
500	350	501	375	163	185	250	115	315	501	375	615	507	501	375	500	1442	470	302	414	—
600	390	606	440	185	245	400	145	315	606	440	820	545	606	440	630	1865	500	457	545	—
700	430	684	500	185	245	400	145	315	684	500	820	545	—	—	—	—	—	810	825	—
800	470	734	550	220	310	460	191	400	734	550	945	545	—	—	—	—	—	1093	1005	—
900	510	794	625	220	310	460	191	400	794	625	945	545	—	—	—	—	—	1410	1560	—
1000	550	874	690	255	410	555	270	400	874	690	1140	545	—	—	—	—	—	1870	1910	—
1200	630	1049	795	255	410	555	270	400	1049	795	1140	545	—	—	—	—	—	2082	2450	—
1400	710	1204	945	320	520	640	351	400	1204	945	1337	545	—	—	—	—	—	2850	3250	—
1600	790	1324	1065	320	520	640	440	630	1324	1065	1423	720	—	—	—	—	—	4235	4400	—
1800	870	1395	1095	335	520	785	440	630	1395	1095	1423	720	—	—	—	—	—	5346	5670	—
2000	950	1449	1195	335	520	785	440	630	1449	1195	1423	720	—	—	—	—	—	7328	7565	—
2200	1000	1569	1325	335	450	785	440	630	1569	1325	1423	720	—	—	—	—	—	—	—	—
2400	1100	1704	1445	335	450	785	440	630	1704	1445	1423	720	—	—	—	—	—	—	—	—
PN25																				
80	180	203	125	115	90	205	83	200	203	125	475	505	203	125	150	450	187	38	54	—
100	190	208	130	115	90	205	83	200	208	130	475	505	208	130	290	762	270	40	55	—
125	200	218	140	115	90	205	83	200	218	140	475	505	218	140	290	762	270	60	64	—
150	210	285	155	115	90	205	83	200	285	155	475	505	285	155	330	900	305	65	71	—
200	230	317	195	134	90	205	83	250	317	195	475	505	317	195	370	1084	350	85	96	—
250	250	360	220	134	90	205	83	250	360	220	475	505	360	220	370	1084	350	135	145	—

（续）

DN	L①	蜗杆传动							电动				气动					重量/kg		
		A_1	B_1	M_1	E_1	F_1	J	D_{01}	A_2	B_2	E_2	F_2	A_3	B_3	E_3	F_3	M_3	蜗杆	电动	气动
PN25																				
300	270	395	250	159	120	265	141	250	395	250	566	505	395	250	405	1182	390	175	167	—
350	290	419	290	159	120	265	141	250	419	290	566	545	419	290	405	1182	390	195	220	—
400	310	468	325	163	185	250	115	315	468	325	615	545	468	325	500	1442	470	295	278	—
450	330	476	350	163	185	250	115	315	476	350	615	545	476	350	630	1865	500	350	380	—
500	350	556	390	185	245	400	145	315	556	390	820	545	556	390	—	—	—	510	496	—
600	390	644	450	185	245	400	145	315	644	450	820	545	644	450	—	—	—	625	705	—
700	430	684	500	220	310	460	191	400	684	500	945	545	684	500	—	—	—	925	1000	—
800	470	774	590	255	410	460	270	400	774	590	1140	545	774	590	—	—	—	1260	1190	—
900	510	844	645	255	410	555	270	400	844	645	1140	545	844	645	—	—	—	1790	1670	—
1000	550	894	695	255	410	555	270	400	894	695	1140	545	894	695	—	—	—	1940	2180	—
1200	630	1049	845	320	520	640	351	400	1049	845	1337	545	1049	845	—	—	—	2810	2980	—
PN40																				
80	180	203	125	115	90	205	83	200	203	125	475	505	203	125	150	450	187	39	—	—
100	190	208	130	115	90	205	83	200	208	130	475	505	208	130	290	762	270	50	—	—
125	200	218	140	115	90	205	83	200	218	140	475	505	218	140	290	762	270	75	—	—
150	210	285	155	115	90	205	83	200	285	155	475	505	285	155	330	900	305	100	—	—
200	230	318	195	134	90	205	83	250	318	195	475	505	318	195	370	1084	350	135	116	—
250	250	353	225	159	120	265	141	250	353	225	566	505	353	225	370	1084	350	190	215	—
300	270	396	265	159	120	265	141	250	396	265	566	545	396	265	405	1182	390	240	263	—
350	290	426	300	162	185	250	115	315	426	300	615	545	426	300	405	1182	390	320	297	—
400	310	461	340	163	185	250	115	315	461	340	615	545	461	340	500	1442	470	450	477	—
450	330	486	365	185	245	400	145	315	486	365	820	545	486	365	630	1865	500	500	524	—
500	350	584	400	185	245	400	145	315	584	400	820	545	584	400	—	—	—	560	585	—
600	390	644	475	220	310	460	191	400	644	475	945	545	644	475	—	—	—	720	1000	—
700	430	724	540	255	410	555	270	400	724	540	1140	545	724	540	—	—	—	1250	1410	—
800	470	794	595	255	410	555	270	400	794	595	1140	545	794	595	—	—	—	1950	2110	—
NPS	L①	蜗杆传动							电动				气动					重量/kg		
		A_1	B_1	M_1	E_1	F_1	J	D_{01}	A_2	B_2	E_2	F_2	A_3	B_3	E_3	F_3	M_3	蜗杆	电动	气动
CL150																				
3	180	295	135	115	84	198	84	200	295	135	513	467	295	135	115	344	140	48	55	—
4	190	305	155	115	84	198	84	200	305	155	513	467	305	155	115	344	140	53	58	—
5	200	322	167	115	84	198	84	200	322	167	513	467	322	167	126	390	175	58	63	—
6	210	366	170	115	94	211	84	250	366	170	525	475	366	170	150	450	187	65	65	—
8	230	396	198	134	117	267	145	250	396	198	580	470	396	198	280	762	270	90	85	—
10	250	429	231	134	175	254	114	315	429	231	635	560	429	231	330	900	305	135	120	—
12	270	483	269	159	175	254	114	315	483	269	705	560	483	269	405	1182	385	160	156	—
14	290	498	297	159	239	404	145	315	498	297	765	615	498	297	405	1182	385	230	212	—
16	310	579	333	163	239	404	145	315	579	333	825	615	579	333	405	1182	385	310	295	—
18	330	630	366	163	239	404	191	315	630	366	875	820	630	366	445	1292	410	400	370	—
20	350	655	394	163	300	465	191	400	655	394	930	820	655	394	445	1292	410	490	460	—
24	390	744	452	185	300	465	191	400	744	452	1040	820	744	452	500	1442	465	710	640	—
26	410	762	462	185	300	465	191	400	762	462	1100	820	762	462	500	1442	465	—	—	—
28	430	790	511	185	300	465	191	400	790	511	1155	945	790	511	630	1865	500	980	1000	—
30	450	815	536	220	300	559	269	400	815	536	1225	945	815	536	630	1865	500	1140	1160	—
32	470	874	577	220	300	559	269	400	874	577	1275	945	874	577	630	1865	500	1550	1570	—
36	510	899	602	255	300	559	269	400	899	602	1375	1145	899	602	—	—	—	1800	1820	—
40	550	1064	696	255	300	559	269	400	1064	696	1490	1145	1064	696	—	—	—	2230	2250	—

（续）

NPS	L①	蜗杆传动							电动				气动					重量/kg		
		A_1	B_1	M_1	E_1	F_1	J	D_{01}	A_2	B_2	E_2	F_2	A_3	B_3	E_3	F_3	M_3	蜗杆	电动	气动
CL150																				
42	570	1092	721	255	300	559	335	400	1092	721	1550	1335	1092	721	—	—	—	2460	2456	—
44	590	1148	731	255	300	572	335	400	1148	731	1600	1335	1148	731	—	—	—	2700	2720	—
46	610	1179	762	320	300	572	335	400	1179	762	1655	1335	1179	762	—	—	—	—	—	—
48	630	1270	800	320	300	572	335	400	1270	800	1715	1370	1270	800	—	—	—	3010	3030	—
52	670	1314	850	320	425	635	365	500	1314	850	1835	1370	1314	850	—	—	—	4080	4100	—
54	690	1355	870	320	425	635	365	500	1355	870	1920	1425	1355	870	—	—	—	—	—	—
56	710	1384	895	320	425	635	365	500	1384	895	2005	1425	1384	895	—	—	—	4470	4490	—
60	750	1504	1025	355	425	635	365	500	1504	1025	2115	1425	1504	1025	—	—	—	5080	5130	—
CL300																				
3	180	295	132	114	84	198	84	200	295	132	467	513	295	132	126	390	175	51	—	—
4	190	358	150	114	84	198	84	200	358	150	467	513	358	150	150	450	187	66	—	—
5	200	365	167	168	117	267	145	250	365	167	467	513	365	167	280	762	270	87	—	—
6	210	389	188	163	175	254	114	315	389	188	564	523	389	188	330	900	305	110	—	—
8	230	417	221	163	175	254	114	315	417	221	615	544	417	221	405	1182	385	198	—	—
10	250	465	252	185	239	404	145	315	465	252	615	544	465	252	405	1182	385	227	—	—
12	270	546	290	185	239	404	145	315	546	290	823	513	546	290	405	1182	385	386	—	—
14	290	579	318	221	300	465	191	400	579	318	823	513	579	318	445	1292	410	429	—	—
16	310	642	368	221	300	465	191	400	642	368	945	513	642	368	445	1292	410	624	—	—
18	330	673	396	221	300	465	191	400	673	396	945	544	673	396	500	1442	465	745	—	—
20	350	701	422	254	300	559	269	400	701	422	945	544	701	422	500	1442	465	856	—	—
24	390	775	495	254	399	559	269	400	775	495	945	544	775	495	630	1865	500	1321	—	—
26	410	800	518	305	399	648	269	400	800	518	945	544	800	518	630	1865	500	1400	—	—
28	430	904	559	305	510	648	351	400	904	559	1158	826	904	559	630	1865	500	1980	—	—
30	450	963	594	305	510	648	351	400	963	594	1158	826	963	594	—	—	—	2217	—	—
32	470	1054	617	305	510	648	351	400	1054	617	1158	826	1054	617	—	—	—	2548	—	—
34	490	1087	653	305	510	648	351	400	1087	653	1158	826	1087	653	—	—	—	2895	—	—
36	510	1161	676	368	615	805	429	630	1161	676	1420	1039	1161	676	—	—	—	3568	—	—
40	550	1242	719	368	615	805	429	630	1242	719	1420	1039	1242	719	—	—	—	3640	—	—
42	570	1285	739	368	615	805	429	630	1285	739	1420	1039	1285	739	—	—	—	4028	—	—
44	590	1310	764	368	615	805	429	630	1310	764	1420	1039	1310	764	—	—	—	4398	—	—
46	610	1331	787	368	615	805	429	630	1331	787	1420	1039	1331	787	—	—	—	5004	—	—
48	630	1374	833	434	765	965	399	630	1374	833	1730	1069	1374	833	—	—	—	5318	—	—
CL600																				
3	180	343	127	135	94	211	81	250	343	127	564	523	343	127	330	900	305	75	—	—
4	190	371	160	170	152	267	145	250	371	160	615	544	371	160	405	1182	385	117	—	—
5	200	388	178	163	175	254	114	315	388	178	615	544	388	178	405	1182	385	154	—	—
6	210	401	196	163	175	254	114	315	401	196	823	513	401	196	405	1182	385	186	—	—
8	230	447	221	163	175	254	114	315	447	221	823	513	447	221	445	1292	410	235	—	—
10	250	544	290	185	239	404	145	315	544	290	945	513	544	290	445	1292	410	398	—	—
12	270	610	307	220	300	465	191	400	610	307	945	544	610	307	500	1442	465	554	—	—
14	290	640	330	220	300	465	191	400	640	330	945	544	640	330	500	1442	465	654	—	—
16	310	701	391	254	400	559	269	400	701	391	945	544	701	391	630	1865	500	935	—	—
18	330	716	406	254	400	559	269	400	716	406	945	544	716	406	630	1865	500	1085	—	—
20	350	828	452	305	510	645	351	400	828	452	1158	826	828	452	630	1865	500	1610	—	—
24	390	920	513	305	510	645	351	400	920	513	1158	826	920	513	—	—	—	1998	—	—

① 结构长度按照 ISO 5752 的 14 系列。

5）双偏心蝶阀主要生产厂家：成都华科阀门制造有限公司、超达阀门集团股份有限公司、北京首高高压阀门制造有限公司、北京竺港阀业有限公司、沃福控制科技（杭州）有限公司。

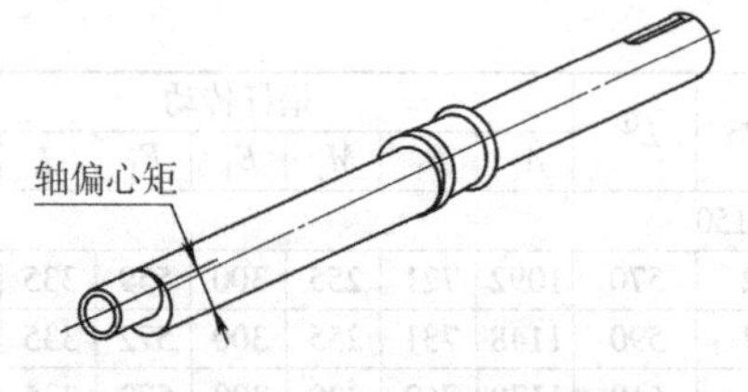

图 3-123　阀杆的三段偏心结构

（8）变偏心蝶阀　变偏心蝶阀的独特之处在于安装蝶板的阀杆是一个三段式偏心轴（图 3-123），此三段偏心轴式阀杆，有两轴同轴。而中间段轴线与两端轴线偏离一个中心距，蝶板就安装于中间轴段上。这样的偏心结构使蝶板在全开位置时成为双偏心状，而在蝶板转动到关闭位置时，则成为单偏心状态。第一个偏心为阀杆偏离密封面，第二个偏心为阀杆偏离管路（蝶阀）轴线。

1）变偏心蝶阀的结构如图 3-124 所示及见表 3-120。

2）变偏心蝶阀的工作原理：由于偏心轴的作用，蝶阀在接近关闭时，蝶板向阀座的密封锥面内移进一个距离，蝶板与阀座密封面相吻合达到可靠的密封。

当使用一定周期时阀座密封面磨损后，可以调整驱动机构，使蝶板的关闭位置前驱，这样可以恢复到新的密封状态。这个角度使垂直于阀杆的蝶板半径上的线位移量不应大于 0.5mm。如调整后，经使用再出现泄漏，仍这样依次调整下去。当调整后仍不能密封时，需拆开蝶阀进行检修。

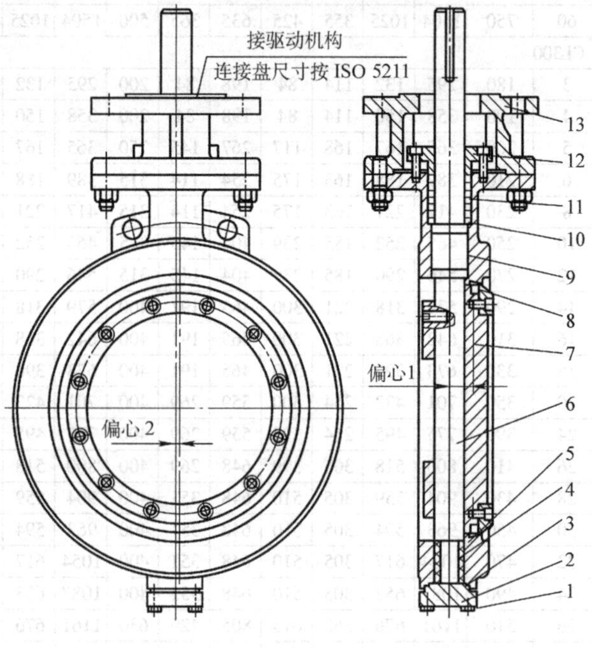

图 3-124　变偏心蝶阀的结构

3）性能规范：变偏心蝶阀的性能规范见表 3-119。

表 3-119　变偏心蝶阀性能规范

设 计 标 准		GB/T 12238					
压力-温度额定值		GB/T 12224					
结构长度		GB/T 12221					
法兰形式尺寸		GB/T 9113、JB/T 79					
检验与试验		GB/T 26480、GB/T 13927					
公称压力 PN		1	2.5	6	10	16	25
试验压力 p_s/MPa	壳体试验	0.2	0.4	0.9	1.5	2.4	3.75
	高压密封	0.11	0.275	0.66	1.1	1.76	2.75
适用温度/℃		-46～550（不同的工况温度选用不同材质）					
适用介质		水、油、气及各类腐蚀性介质（不同的介质选用不同材质）					

注：表中试验压力值是根据 WCB 的压力-温度额定值而定。

表 3-120　主要零件材料

序号	零件名称	材　料	可选材料	序号	零件名称	材　料	可选材料
1	螺栓	碳钢	不锈钢	8	密封圈	PTFE + SS	SS + 柔性石墨/橡胶
2	底盖	碳钢	不锈钢、蒙乃尔	9	上轴套	聚四氟乙烯 + 黄铜	自润滑黄铜
3	垫片	柔性石墨		10	填料垫	不锈钢	不锈钢、蒙乃尔
4	下轴套	聚四氟乙烯 + 黄铜	自润滑黄铜	11	填料	柔性石墨	PTFE
5	阀体	铸钢	不锈钢、蒙乃尔	12	填料压套	不锈钢	不锈钢
6	阀杆	不锈钢	不锈钢、蒙乃尔	13	连接支架	碳钢	—
7	蝶板	铸钢	不锈钢、蒙乃尔				

4）阀体连接形式。变偏心蝶阀阀体与管道的连接形式有：双法兰连接；对夹式连接和凸耳对夹式连接三种形式。

5）变偏心蝶阀的转矩、流量系数 K_v 值和主要外形尺寸请参照双偏心式蝶阀。

6）变偏心蝶阀的供货范围见表 3-121。

表 3-121　变偏心蝶阀的供货范围

公称尺寸		压力等级					
DN	NPS/in	PN1	PN2.5	PN6	PN10	PN16	PN25
50	2	●/△/★/☆	●/△/★/☆	●/△/★/☆	●/△/★/☆	●/△/★/☆	●/△/★/☆
65	2~1/2	●/△/★/☆	●/△/★/☆	●/△/★/☆	●/△/★/☆	●/△/★/☆	●/△/★/☆
80	3	●/△/★/☆	●/△/★/☆	●/△/★/☆	●/△/★/☆	●/△/★/☆	●/△/★/☆
100	4	●/△/★/☆	●/△/★/☆	●/△/★/☆	●/△/★/☆	●/△/★/☆	●/△/★/☆
125	5	●/△/★/☆	●/△/★/☆	●/△/★/☆	●/△/★/☆	●/△/★/☆	●/△/★/☆
150	6	●/△/★/☆	●/△/★/☆	●/△/★/☆	●/△/★/☆	●/△/★/☆	●/△/★/☆
200	8	△/★/☆	△/★/☆	△/★/☆	△/★/☆	△/★/☆	△/★/☆
250	10	△/★/☆	△/★/☆	△/★/☆	△/★/☆	△/★/☆	△/★/☆
300	12	△/★/☆	△/★/☆	△/★/☆	△/★/☆	△/★/☆	△/★/☆
350	14	△/★/☆	△/★/☆	△/★/☆	△/★/☆	△/★/☆	△/★/☆
400	16	△/★/☆	△/★/☆	△/★/☆	△/★/☆	△/★/☆	△/★/☆
450	18	△/★/☆	△/★/☆	△/★/☆	△/★/☆	△/★/☆	—
500	20	△/★/☆	△/★/☆	△/★/☆	△/★/☆	△/★/☆	—
600	24	△/★/☆	△/★/☆	△/★/☆	△/★/☆	△/★/☆	—
700	28	△/★/☆	△/★/☆	△/★/☆	△/★/☆	△/★/☆	—
800	32	△/★/☆	△/★/☆	△/★/☆	△/★/☆	△/★/☆	—
900	36	△/★/☆	△/★/☆	△/★/☆	△/★/☆	△/★/☆	—
1000	40	△/★/☆	△/★/☆	△/★/☆	△/★/☆	△/★/☆	—
1200	48	△/★/☆	△/★/☆	△/★/☆	—	—	—
1400	56	△/★/☆	△/★/☆	△/★/☆	—	—	—
1500	60	△/★/☆	△/★/☆	△/★/☆	—	—	—
1600	64	△/★/☆	△/★/☆	△/★/☆	—	—	—
1800	72	△/★/☆	△/★/☆	△/★/☆	—	—	—
2000	80	△/★/☆	△/★/☆	△/★/☆	—	—	—

注：●表示手柄操作阀门；☆表示齿轮箱操作阀门；△表示气动操作阀门；★表示电动操作阀门；—表示没有此选项。表中未涉及的可按用户的要求制造。

7）变偏心蝶阀主要生产厂家：超达阀门集团股份有限公司。

（9）伸缩蝶阀　伸缩蝶阀为法兰式蝶阀和管道伸缩器两种功能为一体，既能起到截断和调节作用，又能解决温差所产生的内力消除，即起到伸缩作用。该种蝶阀可在电力、冶金、石油、化工、燃气、城市供热、给排水、能源及一切非腐蚀的气体、液体及固体粉末管线上作调节和截断使用，另外可进行两法兰间距的调节。

1）伸缩蝶阀的安装说明：①伸缩蝶阀在安装时必须水平放置。②伸缩蝶阀出厂时为最小结构长度，安装时，拉至安装长度（即设计长度）。③当管道两法兰间长度超过伸缩蝶阀结构长度时，应调整管道两法兰间距离，切勿强行拉伸缩蝶阀，以免损坏伸缩蝶阀。④伸缩蝶阀可任意位置安装，作温度补偿用，在管道安装完成后，需沿管道轴线方向在伸缩蝶阀两法兰的外侧管道上加支架，防止伸缩蝶阀将伸缩管拉出（图 3-125）。支架的支承力 F 按下列公式计算，运行时严禁将支架卸掉。$F>\frac{\pi}{4}p_s\cdot \mathrm{DN}$，$p_s$ 为管道试验压力（MPa），DN 为管道公称尺寸。⑤伸缩蝶阀不做温度补偿时，只做安装更换、维修阀门方便时用，可用通螺柱限位，对称夹紧伸缩蝶阀以防止伸缩管拉出（图 3-126），损坏伸缩蝶阀及管道或建筑物。螺栓直径可根据法兰螺栓直径、其螺栓强度和承受试验压力及管道拉力，按上述公式进行计算。运行时限位螺栓严禁随意拆卸。⑥法兰连接螺栓应对称拧紧，不要单边紧固法兰连接螺栓。⑦伸缩管安装在阀门后。

2）伸缩蝶阀的性能规范见表 3-122。

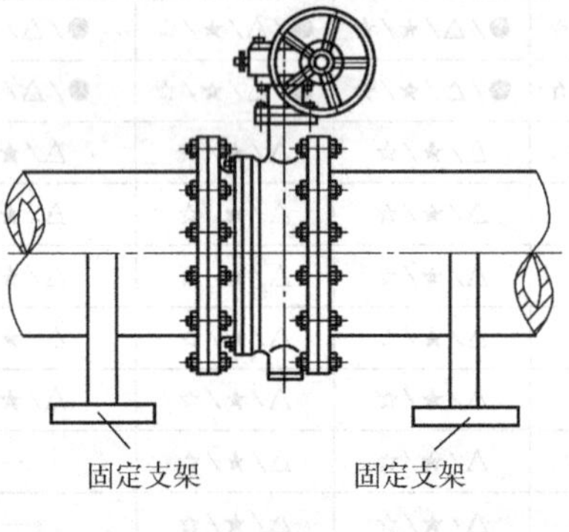

图 3-125　伸缩蝶阀固定支架安装位置

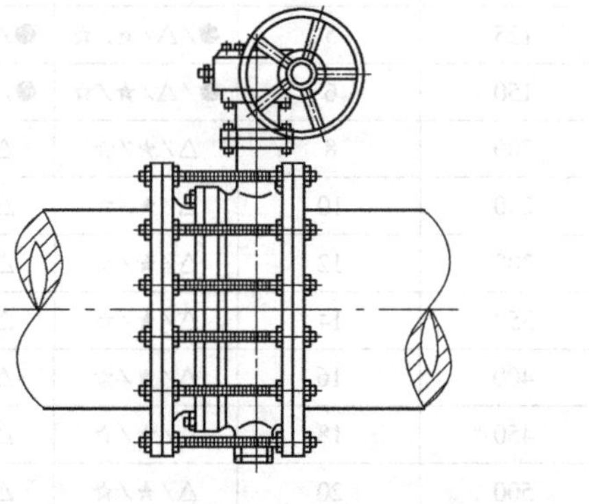

图 3-126　防止伸缩蝶阀拉出的螺栓联接

表 3-122　伸缩蝶阀性能规范

设 计 标 准		GB/T 12238						API 609		
压力温度等级		GB/T 12224						API 609、ASME B16.34		
结构长度		GB/T 12221						API 609、ISO5752、ASME B16.10		
法兰形式尺寸		GB/T 9113、JB/T 79						ASME B16.5 \ B16.47		
检验与试验		GB/T 26480、GB/T 13927						API 598		
公称压力 PN		2.5	6	10	16	25	40	CL150	CL300	CL600
试验压力 /MPa	壳体试验	0.375	0.9	1.5	2.4	3.75	6.15	2.93	7.58	15.0
	高压密封	0.275	0.66	1.1	1.76	2.75	4.51	2.07	5.52	11.03
	低压密封	0.4～0.7						0.4～0.7		
适用温度/℃		－196～550（不同的工况温度选用不同材质）								
适用介质		水、油、气及各类腐蚀性介质（不同的介质选用不同材质）								

注：表中试验压力值是根据 WCB 的压力-温度额定值而定。

3）伸缩蝶阀的主要外形尺寸如图 3-127、图 3-128 所示及见表 3-123。

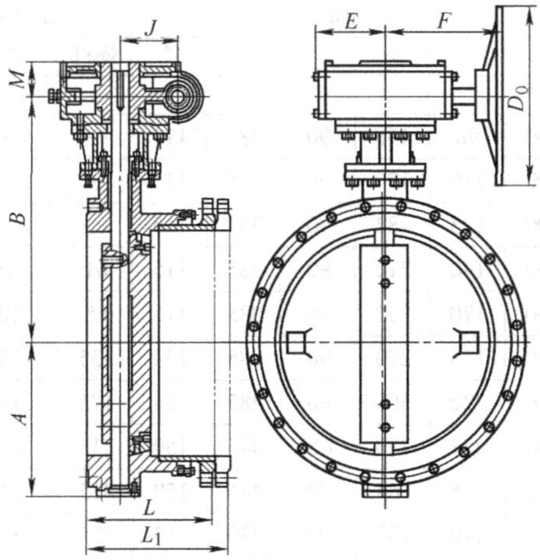

图 3-127　蜗杆传动法兰连接伸缩蝶阀

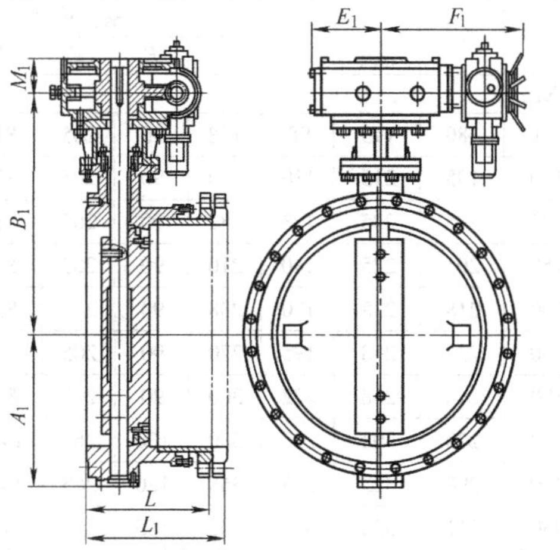

图 3-128　电动法兰连接伸缩蝶阀

表 3-123　双偏心法兰连接伸缩蝶阀主要外形尺寸　（单位：mm）

DN	L	L_1	蜗杆传动							电动					重量/kg	
		max	A	B	E	F	J	M	D_0	A_1	B_1	E_1	F_1	M_1	蜗杆	电动
PN10																
50	160	172	83	120	90	205	83	115	200	83	145	90	385	115	—	—
65	160	172	89	145	90	205	83	115	200	89	150	90	385	115	—	—
80	180	195	98	158	90	205	83	115	200	98	158	90	385	115	—	—
100	195	215	110	170	90	205	83	115	200	110	170	90	385	115	—	—
125	205	225	123	182	90	205	83	115	200	123	182	90	385	115	—	—
150	205	225	140	210	90	205	83	115	200	140	210	90	385	115	58	73
200	218	238	170	238	90	205	83	115	200	170	238	90	385	115	76	91
250	233	258	195	270	90	205	83	134	250	195	270	90	385	134	115	130
300	248	268	222	300	90	205	83	134	250	222	300	90	385	134	145	165
350	278	303	252	330	120	265	141	159	250	252	330	120	446	159	185	205
400	298	323	285	368	120	265	141	159	250	285	368	120	446	159	245	265
450	311	336	310	402	185	250	115	163	250	310	402	185	430	163	315	335
500	330	355	337	438	185	250	115	163	315	337	438	185	430	163	375	395
600	350	375	393	490	245	400	145	185	315	393	490	245	575	185	510	530
700	364	395	450	558	245	400	145	185	315	450	558	245	575	185	770	790
800	415	445	515	625	310	460	191	220	315	515	625	310	635	220	1070	1090
900	435	475	560	685	310	460	191	220	400	560	685	310	635	220	1435	1455
1000	510	550	610	750	410	555	270	255	400	610	750	410	730	255	2725	1755
1200	590	630	825	880	410	555	270	255	400	825	880	410	730	255	3510	2745
1400	590	630	840	987	520	640	351	320	400	840	987	520	817	320	3510	3550
1600	626	660	960	1158	520	785	440	335	630	960	1158	520	817	335	4470	4510
1800	670	710	1060	1258	520	640	351	320	400	1060	1258	520	973	320	—	—
2000	680	720	1165	1365	520	640	351	320	400	1165	1365	520	973	320	—	—
2200	700	740	1325	1470	520	640	351	320	400	1325	1470	520	973	320	—	—
PN16																
50	160	172	83	120	90	205	83	115	200	83	145	90	385	115	—	—
65	160	172	89	145	90	205	83	115	200	89	150	90	385	115	—	—

（续）

DN	L	L_1 max	蜗杆传动							电动					重量/kg	
			A	B	E	F	J	M	D_0	A_1	B_1	E_1	F_1	M_1	蜗杆	电动
PN16																
80	180	195	98	158	90	205	83	115	200	98	158	90	385	115	—	—
100	195	215	110	170	90	205	83	115	200	110	170	90	385	115	—	—
125	205	225	123	182	90	205	83	115	200	123	182	90	385	115	—	—
150	205	225	140	210	90	205	83	115	200	140	210	90	385	115	61	76
200	218	238	170	238	90	205	83	115	200	170	238	90	385	115	85	100
250	233	258	195	270	90	205	83	134	250	195	270	90	385	134	135	155
300	248	268	222	300	90	205	83	134	250	222	300	90	385	134	175	195
350	278	303	252	330	120	265	141	159	250	252	330	120	446	159	215	235
400	298	323	285	368	120	265	141	159	250	285	368	120	446	159	325	345
450	311	336	310	402	185	250	115	163	250	310	402	185	430	163	375	395
500	330	355	337	438	185	250	115	163	315	337	438	185	430	163	500	520
600	350	375	393	490	245	400	145	185	315	393	490	245	575	185	780	800
700	364	395	450	558	245	400	145	185	315	450	558	245	575	185	1015	1035
800	415	445	515	625	310	460	191	220	315	515	625	310	635	220	1390	1410
900	435	475	560	685	310	460	191	220	400	560	685	310	635	220	1935	1955
1000	510	550	610	750	410	555	270	255	400	610	750	410	730	255	2485	2505
1200	590	630	825	880	410	555	270	255	400	825	880	410	730	255	3270	3310
1400	590	630	840	987	520	640	351	320	400	840	987	520	817	320	—	—
1600	626	660	960	1158	520	785	440	335	630	960	1158	520	817	335	—	—
1800	670	710	1060	1258	520	640	351	320	400	1060	1258	520	973	320	—	—
2000	680	720	1165	1365	520	640	351	320	400	1165	1365	520	973	320	—	—
2200	700	740	1325	1470	520	640	351	320	400	1325	1470	520	973	320	—	—

注：表中蝶阀的重量为铸钢蝶阀的重量。

4）主要生产厂家：北京首高高压阀门制造有限公司。

（10）双偏心真空蝶阀　双偏心真空蝶阀适用于无腐蚀的饱和蒸汽低真空管路上，作为启闭装置。该系列蝶阀为密封型蝶阀，蝶阀两端轴封处用 0.6MPa 的压力密封，确保轴封处无泄漏。该蝶阀的主要外形尺寸如图 3-129 ~ 图 3-132 所示和见表 3-124。

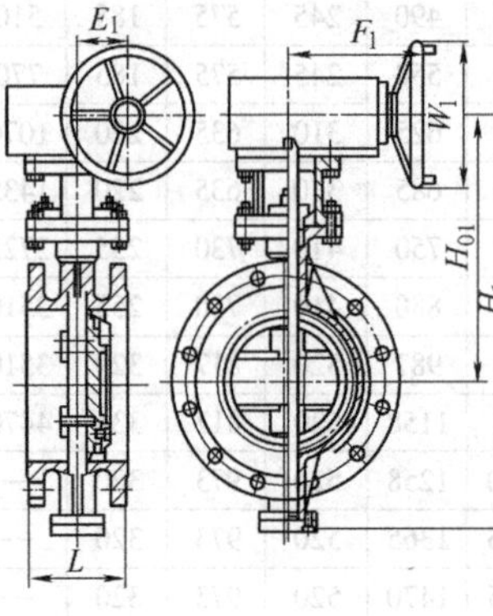

图 3-129　蜗杆传动法兰连接真空蝶阀

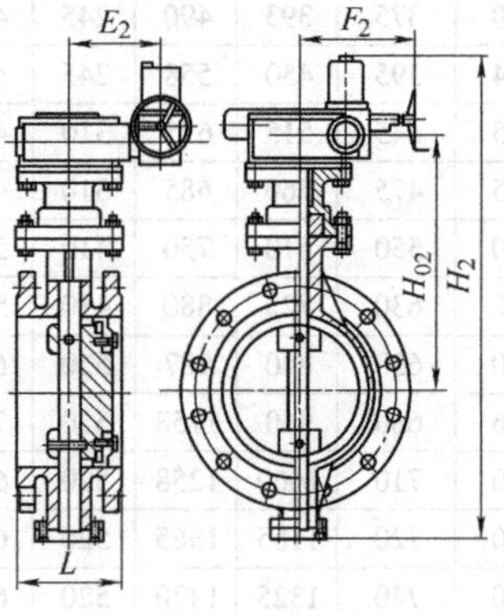

图 3-130　电动法兰连接真空蝶阀

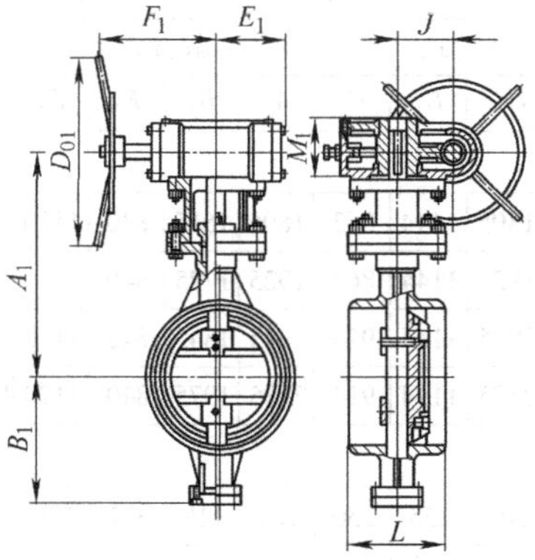

图 3-131　蜗杆传动对接焊连接真空蝶阀

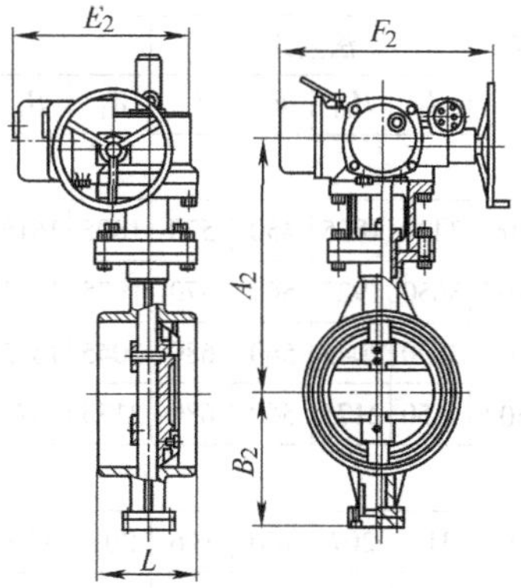

图 3-132　电动对接焊连接真空蝶阀

表 3-124　双偏心真空蝶阀主要外形尺寸　（单位：mm）

DN	L	蜗杆传动									电动								重量（法兰）/kg	
		法兰式				焊接式					法兰式				焊接式					
		H_1	H_{01}	E_1	F_1	A_1	B_1	E_1	F_1	J	H_2	H_{02}	E_2	F_2	A_2	B_2	E_2	F_2	蜗杆	电动
PN2.5																				
50	108	317	207	100	106	207	110	54	106	100	530	207	255	250	207	110	321	570	—	—
65	112	346	230	100	106	230	116	54	106	100	550	230	255	250	230	116	321	570	—	—
80	114	362	234	100	106	234	128	54	106	100	565	234	255	250	234	128	425	590	—	—
100	127	390	250	100	106	250	140	54	106	100	600	250	255	250	250	140	425	590	—	—
125	140	443	283	100	106	283	160	54	106	100	640	283	255	250	283	160	425	590	—	—
150	140	546	356	150	143	356	190	72	143	150	705	356	315	300	356	190	425	590	—	—
200	152	570	360	150	143	360	210	72	143	150	775	360	315	300	360	210	425	590	—	—
250	165	660	415	150	143	415	245	72	143	150	945	415	315	300	415	245	425	590	—	—
300	178	835	545	220	200	545	290	100	200	220	1070	545	315	300	545	290	425	590	—	—
350	190	900	577	220	200	577	323	100	200	220	1140	577	315	300	577	323	425	590	—	—
400	216	978	616	220	200	616	375	100	200	220	1210	616	315	300	616	375	510	810	—	—
450	222	1028	641	300	330	641	390	150	330	300	1335	641	575	714	641	390	510	810	—	—
500	229	1106	676	300	330	676	415	150	330	300	1415	676	575	714	676	415	510	810	—	—
600	267	1206	726	300	330	726	490	150	330	300	1605	726	656	810	726	490	510	810	—	—
700	292	1339	794	300	370	794	530	230	370	300	1844	794	656	810	794	530	685	830	—	—
800	318	1456	851	345	370	851	670	230	370	345	2040	851	656	810	851	670	685	830	—	—
900	330	1594	911	345	515	911	710	105	515	345	2255	911	785	863	911	710	685	830	—	—
1000	410	1694	961	345	515	961	745	105	515	345	2380	961	785	863	961	745	685	830	—	—
1200	470	1949	1089	345	515	1089	860	105	515	345	2640	1089	785	863	1089	860	740	870	1535	1550
1400	530	2185	1200	345	570	1200	930	280	570	345	2370	1200	992	714	1200	930	740	870	1950	1965
1600	600	2450	1330	450	570	1330	1120	280	570	450	2490	1330	992	820	1330	1120	740	870	2660	2675
1800	670	2705	1450	450	570	1450	1255	280	570	450	2787	1450	992	820	1450	1255	740	870	3430	3445
2000	760	2905	1550	450	570	1550	1405	280	570	450	2980	1550	992	863	1550	1405	840	1170	4430	4445
2200	1000	3155	1670	450	570	1670	1485	280	570	450	3207	1670	1144	863	1670	1485	840	1170	5600	5615

（续）

DN	L	蜗杆传动									电动								重量(法兰)/kg	
		法兰式				焊接式					法兰式				焊接式					
		H_1	H_{01}	E_1	F_1	A_1	B_1	E_1	F_1	J	H_2	H_{02}	E_2	F_2	A_2	B_2	E_2	F_2	蜗杆	电动
PN2.5																				
2400	1100	3420	1805	450	570	1805	1615	280	570	450	3487	1805	1144	863	1805	1615	840	1170	6540	6555
2600	1190①	3650	1925	560	570	1925	1725	280	570	560	3703	1925	1144	863	1925	1725	840	1170	8600	8615
2800	1270①	3890	2045	560	680	2045	1845	280	680	560	3995	2045	1144	914	2045	1845	840	1170	9910	9925
3000	1350①	4150	2175	560	680	2175	1975	280	680	560	4230	2175	1144	914	2175	1975	840	1170	11600	11615
PN6																				
50	108	317	207	100	106	207	110	54	106	100	530	207	255	250	207	110	321	570	30	48
65	112	346	230	100	106	230	116	54	106	100	550	230	255	250	230	116	321	570	37	55
80	114	362	234	100	106	234	128	54	106	100	565	234	255	250	234	128	425	590	45	63
100	127	390	250	100	106	250	140	54	106	100	600	250	255	250	250	140	425	590	75	98
125	140	443	283	100	106	283	160	54	106	100	640	283	255	250	283	160	425	590	105	110
150	140	546	356	150	143	356	190	72	143	150	705	356	315	300	356	190	425	590	115	130
200	152	570	360	150	143	360	210	72	143	150	775	360	315	300	360	210	425	590	160	180
250	165	660	415	150	143	415	245	72	143	150	945	415	315	300	415	245	425	590	220	230
300	178	835	545	220	200	545	290	100	200	220	1070	545	315	300	545	290	425	590	260	260
350	190	900	577	220	200	577	323	100	200	220	1140	577	315	300	577	323	425	590	340	330
400	216	978	616	220	200	616	375	100	200	220	1210	616	315	300	616	375	510	810	410	420
450	222	1028	641	300	330	641	390	150	330	300	1335	641	575	714	641	390	510	810	490	530
500	229	1106	676	300	330	676	415	150	330	300	1415	676	575	714	676	415	510	810	605	630
600	267	1206	726	300	330	726	490	150	330	300	1605	726	656	810	726	490	510	810	780	810
700	292	1339	794	300	370	794	530	230	370	300	1844	794	656	810	794	530	685	830	960	990
800	318	1456	851	345	370	851	670	230	370	345	2040	851	656	810	851	670	685	830	1150	1200
900	330	1594	911	345	515	911	710	105	515	345	2255	911	785	863	911	710	685	830	1500	1260
1000	410	1694	961	345	515	961	745	105	515	345	2380	961	785	863	961	745	685	830	1800	1900
1200	470	1949	1089	345	515	1089	860	105	515	345	2640	1089	785	863	1089	860	740	870	2300	2500
1400	530	2185	1200	345	570	1200	930	280	570	345	2370	1200	992	714	1200	930	740	870	3090	3206
1600	600	2450	1330	450	570	1330	1120	280	570	450	2490	1330	992	820	1330	1120	740	870	3493	3607
1800	670	2705	1450	450	570	1450	1255	280	570	450	2787	1450	992	820	1450	1255	740	870	5296	5424
2000	760	2905	1550	450	570	1550	1405	280	570	450	2980	1550	992	863	1550	1405	840	1170	6659	6776
2200	1000	3155	1670	450	570	1670	1485	280	570	450	3207	1670	1144	863	1670	1485	840	1170	7413	7600
2400	1100	3420	1805	450	570	1805	1615	280	570	450	3487	1805	1144	863	1805	1615	840	1170	8624	9010
2600	1190①	3650	1925	560	570	1925	1725	280	570	560	3703	1925	1144	863	1925	1725	840	1170	9819	10370
2800	1270①	3890	2045	560	680	2045	1845	280	680	560	3995	2045	1144	914	2045	1845	840	1170	—	—
3000	1350①	4150	2175	560	680	2175	1975	280	680	560	4230	2175	1144	914	2175	1975	840	1170	—	—

① 结构长度按 ISO 5752。

（11）三偏心蝶阀

1）三偏心蝶阀的结构特点如图 3-133 所示。第一个偏心是阀杆偏离密封面；第二个偏心是阀杆偏离管道及阀门通道的轴线；第三个偏心是阀座锥面与管道轴线的夹角。这种结构使

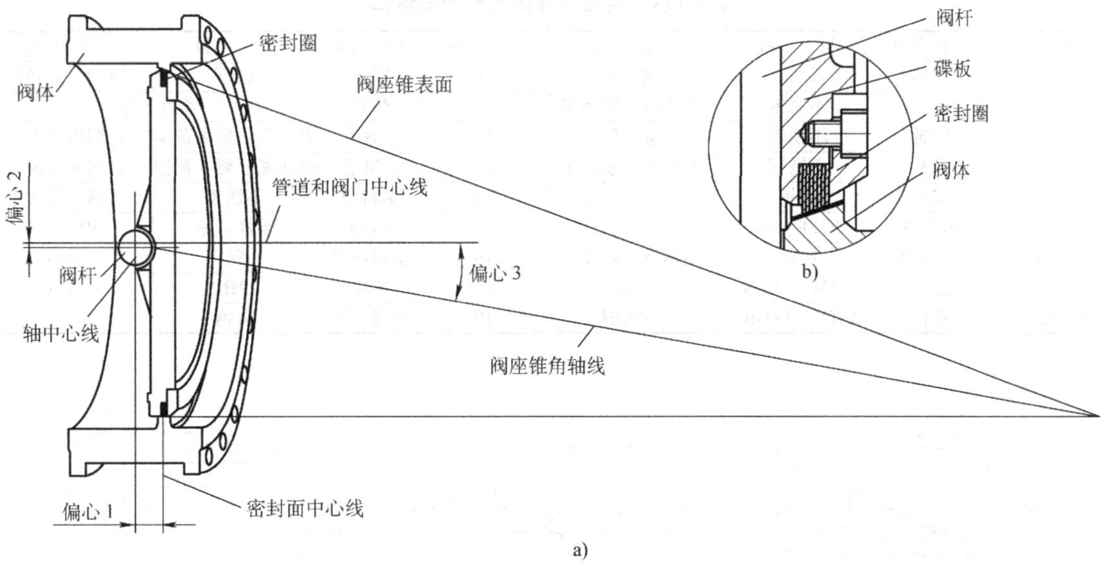

图3-133　三偏心蝶阀的结构特点

a）三偏心的偏心设置　b）密封副

阀座与蝶板密封圈在蝶阀的整个启闭过程中完全脱离，设计过程中使压力角大于摩擦角，这样完全消除了摩擦，属力矩关闭型，有利于密封。如果设法消除阀杆与轴承，轴承与阀体配合中的间隙，则可实现双向密封，密封等级可达FCI 70-2中的Ⅵ级。

2）三偏心蝶阀的结构及材料如图3-134所示及见表3-125。

3）三偏心蝶阀的性能规范见表3-126。

4）三偏心蝶阀与管道的连接方式：对夹式、凸耳对夹式、法兰连接、对接焊连接。

5）三偏心蝶阀的参考力矩。三偏心蝶阀的启闭力矩与介质、内件材料、轴承材料、密封圈材料有关，图3-135给出的参考力矩是按美国石油学会标准API 609—2009设计的B型蝶阀。三偏心蝶阀的力矩值见表3-127。

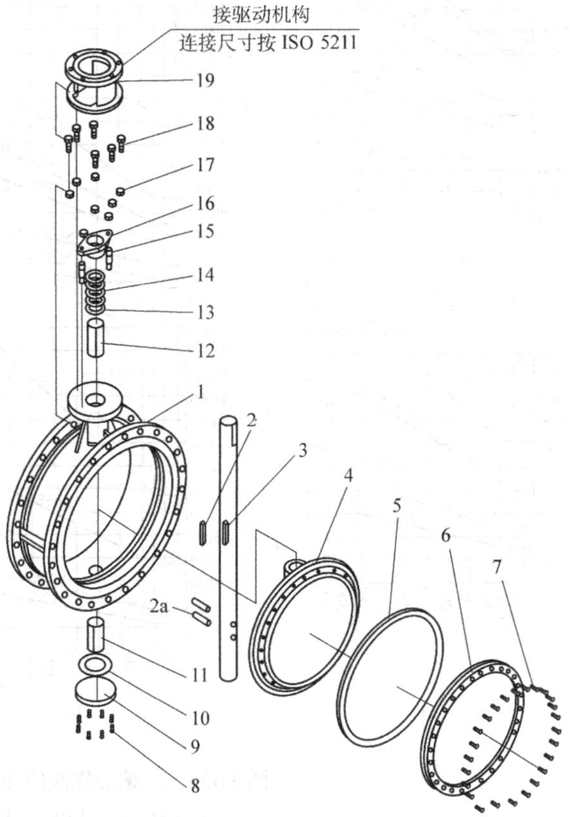

图3-134　三偏心蝶阀的结构爆炸图

表 3-125　三偏心蝶阀主要零件材料

序　　号	零件名称	材　　料	可选材料	序　　号	零件名称	材　　料	可选材料
1	阀体	铸钢	不锈钢、蒙乃尔	9	底盖	碳钢	不锈钢、蒙乃尔
2	键	不锈钢	不锈钢、蒙乃尔	10	垫片	柔性石墨	
2a	销轴	不锈钢	蒙乃尔	11	下轴套	聚四氟乙烯 + 黄铜	自润滑黄铜
3	阀杆	不锈钢	不锈钢、蒙乃尔	12	上轴套	聚四氟乙烯 + 黄铜	自润滑黄铜
4	蝶板	铸钢	不锈钢、蒙乃尔	13	填料垫	不锈钢	不锈钢、蒙乃尔
5	密封圈	PTFE + SS	SS + 柔性石墨	14	填料	柔性石墨	PTFE
6	压板圈	碳钢	不锈钢、蒙乃尔	16	填料压套	不锈钢	不锈钢
7	螺钉	ASTM A193-B7	不锈钢	17	螺母	2H	不锈钢
8、15、18	螺栓	ASTM A193-B7	不锈钢	19	连接支架	碳钢	—

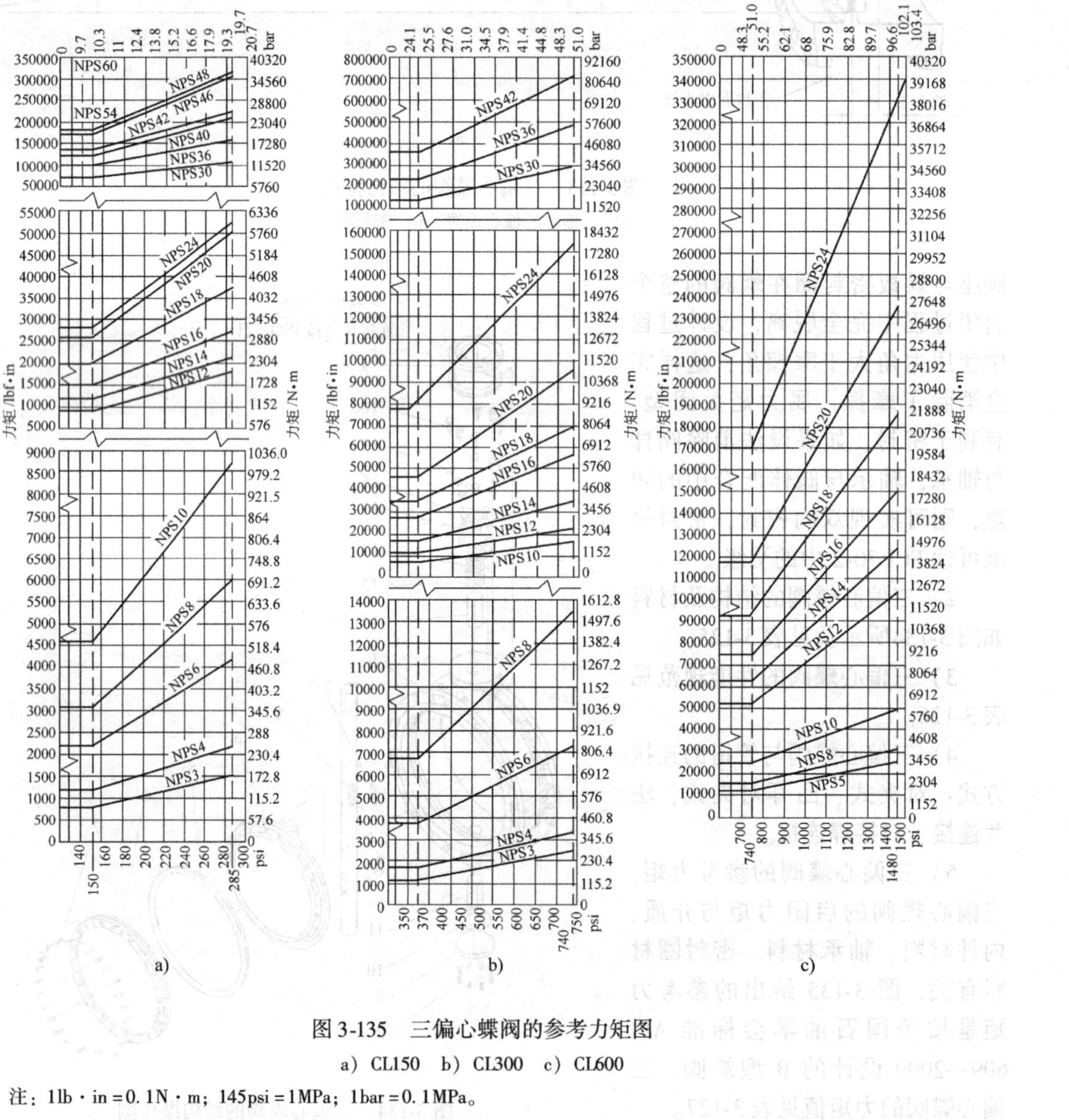

a)　　b)　　c)

图 3-135　三偏心蝶阀的参考力矩图

a）CL150　b）CL300　c）CL600

注：1lb · in = 0. 1N · m；145psi = 1MPa；1bar = 0. 1MPa。

表 3-126　三偏心蝶阀性能规范

设 计 标 准		GB/T 12238					API 609		
压力-温度额定值		GB/T 12224					API 609、ASME B16. 34		
结构长度		GB/T 12221					API 609、ISO 5752、ASME B16. 10		
法兰形式尺寸		GB/T 9113、JB/T 79					ASME B16. 5 \ B16. 47		
检验与试验		GB/T 26480、GB/T 13927					API 598		
公称压力 PN		10	16	25	40	63	CL150	CL300	CL600
试验压力 p_s/MPa	壳体试验	1. 5	2. 4	3. 75	6. 15	9. 75	2. 94	7. 67	15. 32
	高压密封	1. 1	1. 76	2. 75	4. 51	7. 15	2. 16	5. 63	11. 24
	低压密封	0. 4 ~ 0. 7					0. 4 ~ 0. 7		
适用温度/℃		-46 ~ 550（不同的工况温度选用不同材质）							
适用介质		水、油、气及各类腐蚀性介质（不同的介质选用不同材质）							

注：表中压力试验值是根据 WCB 的压力-温度额定值而定。

表 3-127　三偏心蝶阀的力矩值　（单位：N · m）

公称尺寸		压力等级								
DN	NPS	PN6	PN10	PN16	PN25	PN40	PN63	285psi	740psi	1480psi
50	2	—	—	37	—	—	—	—	—	—
65	2 ~ 1/2	29	35	60	82	106	142	69	123	213
80	3	34	57	81	102	148	290	174	271	460
100	4	61	102	141	180	259	526	250	395	834
125	5	104	165	228	289	412	641	283	548	979
150	6	178	250	450	564	790	1060	473	825	2938
200	8	201	400	601	800	1201	1567	674	1503	3616
250	10	353	518	956	1250	1862	2697	983	1887	5649
300	12	635	992	1352	1711	2428	3147	2022	2508	11863
350	14	819	1623	2234	2844	4067	4855	2520	4158	14123
400	16	1047	1944	2842	3738	5533	6473	3175	6271	17061
450	18	1451	2451	3452	4412	6454	—	4239	7864	21015
500	20	2043	3285	4527	5769	8253	—	5531	10361	26551
600	24	2779	5548	6018	9495	13443	—	6011	17559	38415
700	28	—	—	6890	—	—	—	—	—	—
750	30	3230	6723	7700	16552	—	—	12654	33105	—
800	32	—	—	8760	—	—	—	—	—	—
900	36	5275	8474	9750	26438	—	—	18078	52877	—
1000	40	6915	11717	13560	—	—	—	24179	—	—
1050	42	8135	15253	16270	40110	34000	—	24857	80219	—
1200	48	12540	20563	22360	38900	41900	—	36155	—	—
1350	54	18300	21806	29977	—	—	—	—	—	—
1400	56	24650	—	34900	—	—	—	—	—	—
1500	60	26440	36155	43397	—	—	—	—	—	—
1600	64	40850	—	48600	—	—	—	—	—	—
1800	72	—	—	—	——	—	—	—	—	
2000	80	—	—	—	—	—	—	—	—	—
2200	88	—	—	—	—	—	—	—	—	—
2400	96	—	—	—	—	—	—	—	—	—
2600	104	—	—	—	—	—	—	—	—	—
2800	112	—	—	—	—	—	—	—	—	—
3000	120	—	—	—	—	—	—	—	—	—

6）三偏心蝶阀的流量系数 K_v 值。蝶阀的流量系数 K_v 值是衡量蝶阀流通能力的指标。流量系数 K_v 值越大说明介质流过阀门时的压力损失越小，流量系数 K_v 值随蝶阀的尺寸、形式和结构而变化，不同类型和不同公称尺寸的蝶阀都要分别进行试验，才能确定该种蝶阀的流量系数。表 3-128 为三偏心蝶阀的流量系数 K_v 值（仅供参考）。

表 3-128 三偏心蝶阀的流量系数 K_v 值 （单位：m^3/h）

公称尺寸	NPS	2	2~1/2	3	4	5	6	8	10
	DN	50	65	80	100	125	150	200	250
压力等级	CL150	93	133	188	343	400	930	1812	2750
	CL300	93	133	188	343	400	868	1678	2500
	CL600	52	78	120	228	346	744	1450	2125
	PN6	100	133	165	400	510	1050	2200	3300
	PN10	100	133	165	400	510	1050	2200	3300
	PN16	100	133	165	400	510	1050	2200	3300
	PN25	93	133	120	230	400	660	1500	2400
	PN40	93	133	120	230	400	660	1500	2400
	PN63	52	78	120	230	400	660	1500	2400
公称尺寸	NPS	12	14	16	18	20	24	28	30
	DN	300	350	400	450	500	600	700	750
压力等级	CL150	3900	5515	8440	11285	14092	20587	—	33700
	CL300	3510	4942	7596	10394	12965	18962	—	29600
	CL600	2730	4217	6487	8874	11071	16188	—	—
	PN6	5100	5800	9287	11400	14000	21600	30000	34000
	PN10	5100	5800	9287	11400	14000	21600	30000	34000
	PN16	5100	5800	9287	11400	14000	21600	30000	34000
	PN25	3600	5500	7600	10300	13000	20200	—	28245
	PN40	3600	5500	7600	10300	13000	20200	—	28245
	PN63	3600	5500	7600	10300	13000	20200	—	28245
公称尺寸	NPS	32	36	40	42	48	54	56	60
	DN	800	900	1000	1050	1200	1350	1400	1500
压力等级	CL150	—	50470	64000	71100	95740	120750	—	147000
	CL300	—	42700	—	58100	—	—	—	—
	CL600	—	—	—	—	—	—	—	—
	PN6	41000	55500	8000	—	—	—	—	—
	PN10	41000	55500	8000	—	—	—	—	—
	PN16	41000	55500	8000	—	—	—	—	—
	PN25	—	47160	—	64190	83840	—	—	—
	PN40	—	47160	—	64190	83840	—	—	—
	PN63	—	47160	—	64190	83840	—	—	—

7）三偏心蝶阀的供货范围见表 3-129。

表 3-129 三偏心蝶阀的供货范围

公称尺寸		压力等级								
DN	NPS	PN6	PN10	PN16	PN25	PN40	PN63	CL150	CL300	CL600
50	2	△/★/☆	△/★/☆	△/★/☆	△/★/☆	△/★/☆	△/★/☆	△/★/☆	△/★/☆	△/★/☆
65	2~1/2	△/★/☆	△/★/☆	△/★/☆	△/★/☆	△/★/☆	△/★/☆	△/★/☆	△/★/☆	△/★/☆
80	3	△/★/☆	△/★/☆	△/★/☆	△/★/☆	△/★/☆	△/★/☆	△/★/☆	△/★/☆	△/★/☆
100	4	△/★/☆	△/★/☆	△/★/☆	△/★/☆	△/★/☆	△/★/☆	△/★/☆	△/★/☆	△/★/☆
125	5	△/★/☆	△/★/☆	△/★/☆	△/★/☆	△/★/☆	△/★/☆	△/★/☆	△/★/☆	△/★/☆
150	6	△/★/☆	△/★/☆	△/★/☆	△/★/☆	△/★/☆	△/★/☆	△/★/☆	△/★/☆	△/★/☆
200	8	△/★/☆	△/★/☆	△/★/☆	△/★/☆	△/★/☆	△/★/☆	△/★/☆	△/★/☆	△/★/☆
250	10	△/★/☆	△/★/☆	△/★/☆	△/★/☆	△/★/☆	△/★/☆	△/★/☆	△/★/☆	△/★/☆
300	12	△/★/☆	△/★/☆	△/★/☆	△/★/☆	△/★/☆	△/★/☆	△/★/☆	△/★/☆	△/★/☆
350	14	△/★/☆	△/★/☆	△/★/☆	△/★/☆	△/★/☆	△/★/☆	△/★/☆	△/★/☆	△/★/☆
400	16	△/★/☆	△/★/☆	△/★/☆	△/★/☆	△/★/☆	△/★/☆	△/★/☆	△/★/☆	△/★/☆
450	18	△/★/☆	△/★/☆	△/★/☆	△/★/☆	△/★/☆	△/★/☆	△/★/☆	△/★/☆	△/★/☆
500	20	△/★/☆	△/★/☆	△/★/☆	△/★/☆	△/★/☆	△/★/☆	△/★/☆	△/★/☆	△/★/☆
600	24	△/★/☆	△/★/☆	△/★/☆	△/★/☆	△/★/☆	△/★/☆	△/★/☆	△/★/☆	△/★/☆

（续）

公称尺寸		压力等级								
DN	NPS	PN6	PN10	PN16	PN25	PN40	PN63	CL150	CL300	CL600
700	28	△/★/☆	△/★/☆	△/★/☆	△/★/☆	—	—	△/★/☆	—	—
750	30	△/★/☆	△/★/☆	△/★/☆	△/★/☆	—	—	△/★/☆	—	—
800	32	△/★/☆	△/★/☆	△/★/☆	△/★/☆	—	—	△/★/☆	—	—
900	36	△/★/☆	△/★/☆	△/★/☆	△/★/☆	—	—	△/★/☆	—	—
1000	40	△/★/☆	△/★/☆	△/★/☆	△/★/☆	—	—	△/★/☆	—	—
1050	42	△/★/☆	△/★/☆	△/★/☆	△/★/☆	—	—	△/★/☆	—	—
1200	48	△/★/☆	△/★/☆	△/★/☆	△/★/☆	—	—	△/★/☆	—	—
1400	56	△/★/☆	△/★/☆	△/★/☆	△/★/☆	—	—	△/★/☆	—	—
1500	60	△/★/☆	△/★/☆	△/★/☆	△/★/☆	—	—	—	—	—
1600	64	△/★/☆	△/★/☆	△/★/☆	—	—	—	—	—	—
1800	72	△/★/☆	△/★/☆	△/★/☆	—	—	—	—	—	—
2000	80	△/★/☆	△/★/☆	△/★/☆	—	—	—	—	—	—
2200	88	△/★/☆	—	—	—	—	—	—	—	—
2400	96	△/★/☆	—	—	—	—	—	—	—	—
2600	104	△/★/☆	—	—	—	—	—	—	—	—
2800	112	△/★/☆	—	—	—	—	—	—	—	—
3000	120	△/★/☆	—	—	—	—	—	—	—	—

注：△表示气动操作蝶阀；☆表示齿轮传动操作蝶阀；★表示电动操作蝶阀；—表示没有此选项。

8）三偏心蝶阀主要外形尺寸：①对夹式和凸耳对夹式主要外形尺寸如图 3-136 ~ 图 3-138 所示及见表 3-130。②三偏心法兰连接蝶阀的主要外形尺寸如图 3-139 ~ 图 3-141 所示及见表 3-131。

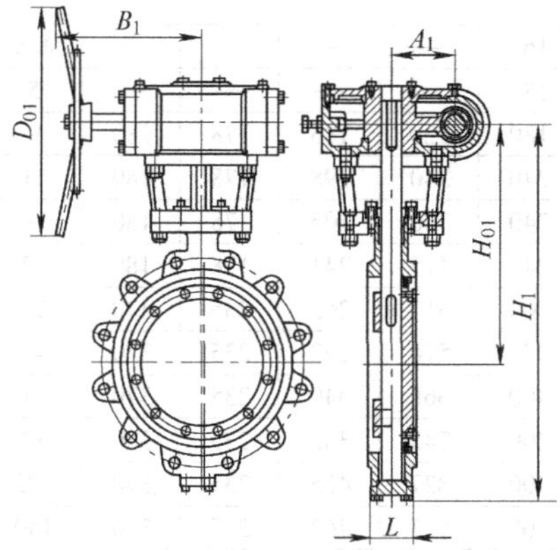

图 3-136　蜗杆传动凸耳对夹式蝶阀

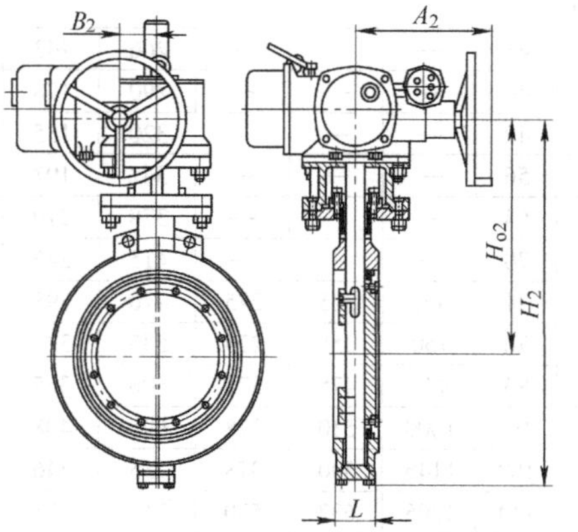

图 3-137　电动对夹式蝶阀

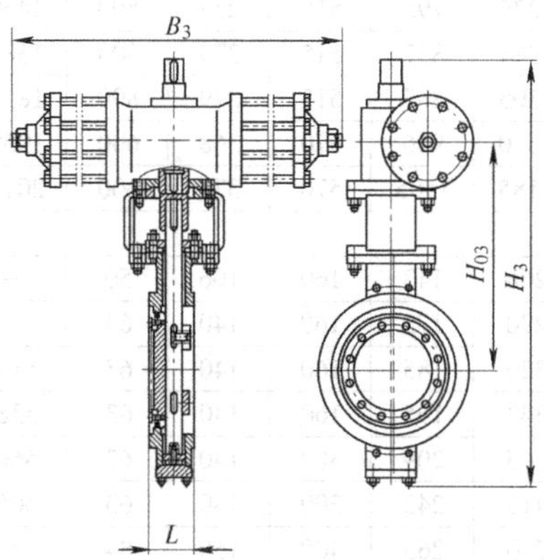

图 3-138　气动对夹式蝶阀

表 3-130 三偏心对夹式和凸耳对夹式蝶阀主要外形尺寸 （单位：mm）

DN	L	气动			蜗杆传动					电动				重量/kg	
		H_3	H_{03}	B_3	H_1	H_{01}	B_1	A_1	D_{01}	H_2	H_{02}	B_2	A_2	WF	WL
PN6															
50	43	—	—	—	266	143	106	50	160	—	—	—	—	4.5	5.5
65	46	—	—	—	290	178	140	63	180	—	—	—	—	5	7
80	49	—	—	—	320	185	140	63	180	320	185	178	180	9	9
100	56	—	—	—	342	193	140	63	240	340	198	178	180	11	14
125	64	—	—	—	378	219	140	63	240	340	205	178	180	—	—
150	70	—	—	—	415	246	140	63	240	415	241	178	180	17	20
200	71	695	325	275	470	298	170	84	300	512	263	235	370	25	31
250	76	750	355	275	535	328	170	84	300	570	292	235	370	40	48
300	83	935	475	378	606	365	200	108	400	668	340	235	370	61	79
350	92	1000	510	378	695	408	200	108	400	745	385	235	370	82	107
400	102	1145	590	378	755	446	240	128	400	827	425	235	370	122	150
450	114	1205	632	530	815	475	330	152	600	915	462	235	370	150	183
500	127	1256	665	530	905	525	370	168	600	995	500	235	370	204	254
600	154	1526	830	530	1050	610	370	320	600	1183	605	245	515	300	398
700	165	1640	903	530	1276	795	515	237	800	1460	734	245	515	462	—
800	190	1786	972	680	1384	837	515	237	800	1589	803	245	515	570	—
900	203	1917	1052	680	1500	885	515	237	800	1856	990	360	540	762	771
1000	216	2600	1170	680	1620	946	570	785	600	1958	1050	360	540	975	1179
1200	254	—	—	—	2185	1165	570	785	600	2013	1165	360	540	1678	1927
PN10															
50	43	—	—	—	266	143	106	50	160	—	—	—	—	4.5	5.5
65	46	—	—	—	290	178	140	63	180	—	—	—	—	5	7
80	49	—	—	—	320	185	140	63	180	320	185	178	180	9	9
100	56	—	—	—	342	193	140	63	240	340	198	178	180	11	14
125	64	—	—	—	378	219	140	63	240	340	205	178	180	—	—
150	70	—	—	—	415	245	140	63	240	415	241	178	180	17	20
200	71	695	325	275	470	298	170	84	300	512	263	235	370	25	31
250	76	750	355	275	535	328	170	84	300	570	292	235	370	40	48
300	83	935	475	378	606	365	200	108	400	668	340	235	370	61	79
350	92	1000	510	378	695	408	200	108	400	745	385	235	370	82	107
400	102	1145	590	378	755	446	330	144	400	827	425	235	370	122	150
450	114	1205	632	530	815	475	330	144	600	915	462	235	370	150	183
500	127	1256	665	530	905	525	370	220	600	995	500	235	370	204	254
600	154	1526	830	530	1050	610	370	220	600	1183	605	245	515	300	398
700	165	1640	903	530	1276	795	515	279	800	1460	734	245	515	462	—
800	190	1786	972	680	1384	837	515	279	800	1589	803	245	515	570	—
900	203	1917	1052	680	1505	885	515	279	800	1856	990	360	540	762	771
1000	216	2600	1170	680	1620	946	570	368	600	1958	1050	360	540	975	1179
1200	254	—	—	—	2185	1165	570	378	600	2013	1165	360	540	1678	1927
PN16															
50	43	—	—	—	266	143	160	106	50	—	—	—	—	4.5	5.5
65	46	—	—	—	290	175	160	140	63	—	—	—	—	7	7
80	49	—	—	—	320	185	160	140	63	513	265	178	180	9	9
100	56	—	—	—	342	195	160	140	63	538	282	178	180	20	11.5
125	64	—	—	—	365	209	300	140	63	560	295	178	180	23	17
150	70	—	—	—	415	243	300	140	63	605	300	178	180	29	22
200	71	695	327	275	510	263	400	150	84	749	321	235	370	40	39

（续）

DN	L	气动			蜗杆传动					电动				重量/kg	
		H_3	H_{03}	B_3	H_1	H_{01}	B_1	A_1	D_{01}	H_2	H_{02}	B_2	A_2	WF	WL
PN16															
250	76	750	355	275	567	295	400	150	84	803	330	235	370	50	47
300	83	955	472	378	665	342	600	200	108	880	365	235	370	68	68
350	92	1033	515	378	739	385	600	200	108	960	410	235	370	105	138
400	102	1185	595	530	825	430	600	240	152	1032	445	235	370	163	190
450	114	1270	632	530	910	469	330	144	600	1118	487	235	370	205	230
500	127	1335	665	530	990	500	370	220	600	1190	520	235	370	270	265
600	154	1642	829	680	1210	618	370	220	600	1380	625	235	370	390	437
700	165	1785	905	680	1475	746	515	279	800	1582	745	245	515	465	740
800	190	1915	970	680	1600	810	515	279	800	1713	810	245	515	570	920
900	203	—	—	—	1870	1000	515	279	800	1870	875	360	540	701	1189
1000	216	—	—	—	2000	1065	570	368	600	2000	940	360	540	800	1220
1200	254	—	—	—	2215	1170	570	378	600	2118	1060	360	540	922	1680
PN25															
50	43	—	—	—	266	143	106	50	160	—	—	—	—	6.3	6.3
65	46	—	—	—	290	175	140	63	160	—	—	—	—	9	9.2
80	49	—	—	—	513	265	63	140	160	552	265	178	180	11	11
100	56	—	—	—	538	282	63	140	300	585	290	178	180	25	15
125	64	—	—	—	560	295	63	140	300	610	305	178	180	33	17
150	70	—	—	—	605	300	63	140	400	765	315	178	180	47	22
200	71	695	327	275	749	321	84	150	400	820	304	235	370	52	39
250	76	750	355	275	803	330	84	150	600	910	336	235	370	65	47
300	83	955	472	378	880	365	108	200	600	1000	386	235	370	68	123
350	92	1033	515	378	960	410	108	240	600	1055	425	235	370	138	190
400	102	1185	595	530	1032	445	128	240	800	1108	456	235	370	190	230
450	114	1270	632	530	1118	487	330	144	600	1140	490	235	370	230	265
500	127	1335	665	530	1190	520	370	220	600	1238	552	235	370	265	390
600	154	1642	829	680	1380	625	370	220	600	1399	635	245	515	437	465
700	165	1785	905	680	1582	745	515	279	800	1611	750	360	540	570	740
800	190	1915	970	680	1713	810	515	279	800	1782	820	360	540	705	920
900	203	—	—	—	1870	875	515	279	800	1915	886	385	565	730	1189
1000	216	—	—	—	2000	940	570	368	600	2040	945	385	565	927	1220
1200	254	—	—	—	2118	1060	570	378	600	2184	1053	400	770	953	1680
PN40															
80	49	—	—	—	395	245	143	80	300	530	240	178	180	11	11.5
100	56	—	—	—	356	205	200	108	400	555	205	178	180	25	29
125	64	—	—	—	375	213	200	108	400	582	215	178	180	33	38
150	70	—	—	—	439	260	200	108	600	609	260	235	370	47	51
200	71	750	375	275	520	275	330	140	600	755	275	235	370	55	67
250	76	905	445	378	600	315	330	140	600	818	315	235	370	70	70
300	83	1085	538	503	692	365	370	220	800	912	363	245	515	135	142
350	92	1160	576	503	776	408	370	220	800	983	406	245	515	203	227
400	102	1230	609	503	864	443	370	220	800	1058	440	245	515	245	268
450	114	1520	765	680	1128	525	512	279	400	1135	545	360	540	283	333
500	127	1335	665	530	1257	664	512	279	400	1245	600	360	540	405	520
600	154	—	—	—	1380	625	512	279	400	1414	663	360	540	591	645
700	165	—	—	—	1435	712	570	368	600	—	—	—	—	723	785

（续）

DN	L	气动			蜗杆传动					电动				重量/kg	
		H_3	H_{03}	B_3	H_1	H_{01}	B_1	A_1	D_{01}	H_2	H_{02}	B_2	A_2	WF	WL
PN40															
800	190	—	—	—	1518	782	570	368	600	—	—	—	—	846	935

DN	L	蜗杆传动					电动				重量/kg	
		H_1	H_{01}	B_1	A_1	D_{01}	H_2	H_{02}	B_2	A_2	WF	WL
PN63												
80	49	388	192	63	140	400	543	242	178	180	11	11.5
100	56	395	205	63	140	400	578	204	178	180	25	29
125	64	420	225	84	150	600	607	214	178	180	33	38
150	70	498	265	108	200	600	659	259	235	370	47	56
200	71	540	292	152	240	600	795	285	235	370	70	94
250	76	638	328	168	300	800	885	325	235	370	103	141
300	83	725	372	192	320	800	1050	375	245	515	149	201
350	92	800	418	237	168	800	825	415	245	515	243	333
400	102	890	450	237	168	400	1205	452	245	515	318	401
450	114	1024	542	237	168	400	1335	545	360	540	431	575
500	127	1158	624	237	168	400	1470	625	360	540	472	708
600	154	1580	678	237	168	400	1582	675	360	540	825	1061
PN100												
80	49	388	192	63	140	400	608	108	178	180	11	11.5
100	56	395	205	63	140	400	648	108	178	180	25	29
125	64	420	225	84	150	600	692	120	178	180	33	38
150	70	498	265	108	200	600	740	135	235	370	47	56
200	71	540	292	152	240	600	1058	445	235	370	70	94
250	76	638	328	168	300	800	1175	536	235	370	103	141
300	83	725	372	192	320	800	1390	615	245	515	149	201
350	92	800	418	237	168	800	1475	675	245	515	243	333
400	102	890	450	237	168	400	1705	820	245	515	318	401
450	114	1024	542	237	168	400	1765	886	360	540	431	575
500	127	1158	624	237	168	400	1806	946	360	540	472	708
600	154	1580	678	237	168	400	1918	998	360	540	825	1061

NPS	L	气动			蜗杆传动					电动				重量/kg	
		H_3	H_{03}	B_3	H_1	H_{01}	B_1	A_1	D_{01}	H_2	H_{02}	B_2	A_2	WF	WL
CL150															
3	49	—	—	—	320	185	140	63	160	513	263	178	180	9	9
4	54	—	—	—	342	195	140	63	160	535	282	178	180	11	14
5	57	—	—	—	365	209	140	63	300	563	293	178	180	15	18
6	58	—	—	—	415	243	140	63	300	602	322	178	180	17	20
8	64	690	323	275	510	263	150	84	400	745	296	235	370	25	31
10	71	750	355	275	567	295	150	84	400	805	325	235	370	40	49
12	81	955	475	378	665	342	200	108	600	883	365	235	370	61	79
14	92	1032	513	378	739	385	200	108	600	965	408	235	370	82	107
16	102	1182	598	530	825	430	240	152	600	1033	443	235	370	123	150
18	114	1265	635	530	910	469	240	152	800	1120	485	235	370	150	182
20	127	1335	667	530	990	500	300	168	800	1186	518	235	370	204	253
24	154	1642	830	680	1210	618	320	192	800	1380	625	235	370	300	398
30	167	1823	1245	680	1453	875	512	279	410	1583	1005	245	515	454	490
36	184	2145	1329	860	1775	939	512	279	400	1905	1089	245	515	762	771
40	217	2235	1488	860	1857	1005	512	279	400	2010	1110	360	540	975	1179

（续）

NPS	L	气动			蜗杆传动					电动				重量/kg	
		H_3	H_{03}	B_3	H_1	H_{01}	B_1	A_1	D_{01}	H_2	H_{02}	B_2	A_2	WF	WL
CL150															
42	222	2360	1456	860	1980	1086	512	279	400	2120	1216	360	540	1234	1338
46	254	2445	1505	1080	2070	1110	570	368	600	2175	1260	360	540	1451	1724
48	254	2535	1564	1080	2165	1194	570	368	600	2235	1324	360	540	1678	1928
54	305	—	—	—	2382	1477	630	425	800	2412	1503	445	628	2223	2631
60	333	—	—	—	2684	1617	630	425	800	2699	1687	445	628	2903	3447
CL300															
3	49	—	—	—	320	185	140	63	160	513	263	178	180	13.5	15.5
4	54	—	—	—	342	195	140	63	160	535	282	178	180	18	21
5	57	—	—	—	365	209	140	63	300	563	293	178	180	24	28
6	59	—	—	—	415	243	140	63	300	602	322	178	180	28	34
8	73	750	368	275	510	263	150	84	400	745	296	235	370	49	60
10	83	909	442	378	567	295	150	84	400	805	325	235	370	68	88
12	92	1075	535	530	665	342	200	108	600	883	365	235	370	109	117
14	117	1158	572	530	739	385	200	108	600	965	408	235	370	186	207
16	133	1230	610	530	825	430	240	152	600	1033	443	235	370	264	308
18	149	1462	736	680	910	469	240	152	800	1120	485	235	370	297	408
20	159	1328	765	680	990	500	300	168	800	1186	518	235	370	363	468
24	181	—	—	—	1210	618	320	192	800	1380	625	235	370	454	748
30	254	—	—	—	1937	1180	512	279	600	1516	716	360	540	816	1338
36	305	—	—	—	2198	1298	570	368	600	1669	794	360	540	1429	2154
42	324	—	—	—	2318	1358	570	368	600	1914	914	360	540	2155	2427
CL600															
6	78	—	—	—	415	243	140	63	300	602	322	178	180	45	56
8	102	750	368	275	510	263	150	84	400	745	296	235	370	70	94
10	117	909	442	378	567	295	150	84	400	805	325	235	370	103	141
12	140	1075	535	530	665	342	200	108	600	883	365	235	370	149	201
14	155	1158	572	530	739	385	200	108	600	965	408	235	370	243	333
16	178	1230	610	530	825	430	240	152	600	1033	443	235	370	318	401
18	200	—	—	—	910	469	240	152	800	1120	485	235	370	431	575
20	216	—	—	—	990	500	300	168	800	1186	518	235	370	472	708
24	232	—	—	—	1210	618	320	192	800	1380	625	235	370	826	1061

注：表中为无驱动装置重量。WF 为对夹式蝶阀（WAFER），WL 为凸耳对夹式蝶阀（LUG）。

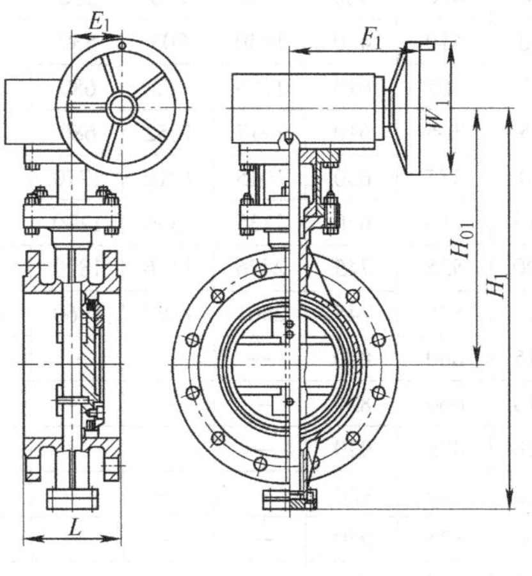

图 3-139　蜗杆传动三偏心法兰连接蝶阀

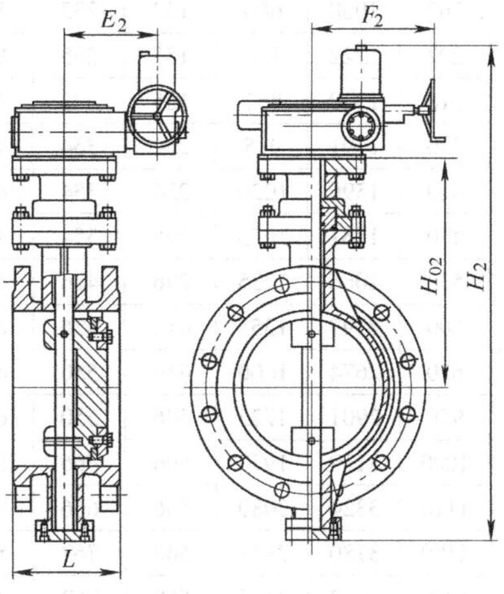

图 3-140　电动三偏心法兰连接蝶阀

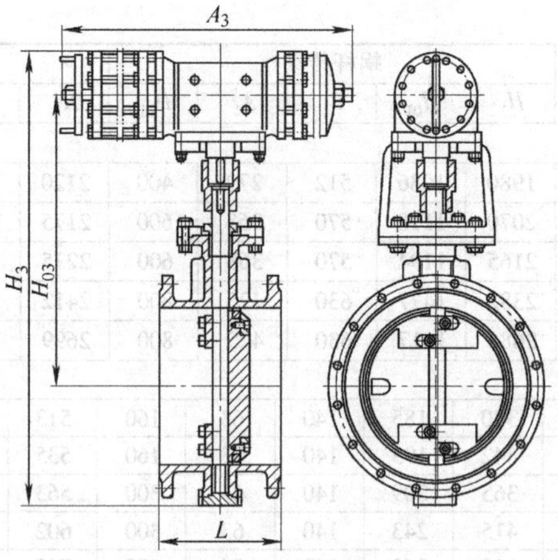

图 3-141 气动三偏心法兰连接蝶阀

表 3-131 三偏心法兰连接蝶阀主要外形尺寸 （单位：mm）

DN	L①	蜗杆传动					电动				气动			重量/kg
		H_1	H_{01}	E_1	F_1	W_1	H_2	H_{02}	E_2	F_2	H_3	H_{03}	A_3	蜗杆传动
PN6														
50	108	293	218	32	130	160	316	195	156	126	—	—	—	12
65	112	313	228	32	130	160	336	205	156	126	—	—	—	13
80	114	333	238	32	130	180	353	215	156	126	—	—	—	15
100	127	345	255	50	150	180	380	220	168	126	—	—	—	17
125	140	370	270	50	150	200	413	235	168	126	—	—	—	27
150	140	425	305	62	150	200	466	275	250	126	—	—	—	29
200	152	488	362	62	150	350	554	310	250	175	695	325	275	45
250	165	575	410	80	160	350	630	365	250	175	750	355	275	69
300	178	642	444	80	160	400	693	400	290	268	935	475	378	86
350	190	731	492	94	185	400	771	460	290	268	1000	510	378	122
400	216	786	522	94	185	600	837	490	290	268	1145	590	378	129
450	222	844	552	94	185	600	892	520	290	268	1205	632	530	200
500	229	945	606	132	232	600	973	590	290	268	1256	665	530	235
600	267	1060	666	132	232	800	1098	650	410	460	1526	830	530	291
700	292	1222	726	185	295	800	1252	750	410	460	1640	903	530	382
800	318	1340	862	185	295	400	1376	810	305	610	1786	972	680	480
900	330	1391	915	234	354	400	1417	905	305	610	1917	1052	680	627
1000	410	1596	1020	234	354	400	1575	960	385	650	2015	1210	1770	886
1200	470	1861	1075	296	354	400	1734	1115	385	650	2235	1360	1770	1197
1400	530	2066	1235	296	426	600	1908	1220	535	745	2476	1476	1890	1736
1600	600	2397	1355	410	426	600	2121	1410	535	745	2601	1599	1960	2527
1800	670	2674	1600	410	550	600	2512	1515	660	820	—	—	—	3311
2000	950	2901	1725	506	550	600	2857	1710	660	820	—	—	—	4102
2200	1000	3119	1970	506	666	800	3124	1820	825	920	—	—	—	5047
2400	1110	3324	2080	506	666	800	3375	1925	825	920	—	—	—	6377
2600	1190	3780	2351	568	762	800	3830	2100	825	920	—	—	—	7000
2800	1270	3933	2425	568	762	800	4100	2235	825	920	—	—	—	8120
3000	1350	4380	2600	568	762	800	4410	2370	825	920	—	—	—	9520

（续）

DN	L①	蜗杆传动					电动				气动			重量/kg
		H_1	H_{01}	E_1	F_1	W_1	H_2	H_{02}	E_2	F_2	H_3	H_{03}	A_3	蜗杆传动
PN10														
50	108	295	195	32	125	160	316	218	156	126	—	—	—	12
65	112	313	205	32	125	180	336	228	156	126	—	—	—	13
80	114	330	215	32	125	180	353	238	156	126	—	—	—	15
100	127	350	225	32	150	200	380	255	168	126	—	—	—	17
125	140	408	265	44	160	200	413	270	168	126	—	—	—	27
150	140	446	285	44	160	350	466	305	250	126	—	—	—	29
200	152	527	345	64	170	350	554	362	250	175	740	367	275	45
250	165	595	375	64	170	400	630	410	250	175	900	443	378	69
300	178	679	430	64	190	400	693	444	290	268	990	493	378	86
350	190	744	465	94	190	600	771	492	290	268	1150	575	378	122
400	216	855	540	94	190	600	837	522	290	268	1205	600	530	150
450	222	910	570	132	230	600	892	552	290	268	1290	643	530	214
500	229	972	605	132	230	800	973	606	290	268	1395	705	530	263
600	267	1137	705	185	275	800	1098	666	410	460	1665	838	530	333
700	292	1255	765	185	275	400	1252	762	410	460	1882	942	680	473
800	318	1425	870	234	320	400	1575	1020	305	610	2093	1066	680	655
900	330	1531	925	234	320	400	1734	1075	305	610	2175	1210	1480	844
1000	410	1708	1035	296	370	400	1908	1235	385	650	2245	1275	1560	1078
1200	470	1941	1155	296	370	600	2121	1355	385	650	2375	1385	1830	1729
1400	530	2263	1350	410	475	600	2512	1600	535	745	2530	1510	1890	2247
1600	600	2507	1475	410	475	600	2857	1725	535	745	2779	1639	1960	3059
1800	670	2824	1670	506	570	600	3124	1970	660	820	—	—	—	3717
2000	950	3075	1780	506	570	800	3375	2080	660	820	—	—	—	4480
2200	1000	3481	2051	636	660	800	3780	2351	825	920	—	—	—	5880
2400	1110	3705	2125	636	660	800	3933	2425	825	920	—	—	—	7140
PN16														
50	108	290	175	32	125	160	316	218	156	126	—	—	—	19
65	112	295	195	63	140	180	336	228	156	126	—	—	—	22
80	114	320	185	63	140	180	513	265	178	180	—	—	—	32
100	127	342	195	63	140	200	538	282	178	180	—	—	—	36
125	140	365	209	63	140	200	560	295	178	180	—	—	—	39
150	140	415	243	63	140	350	605	300	178	180	—	—	—	43
200	152	510	263	84	150	350	749	321	235	370	695	327	275	57
250	165	567	295	84	150	400	803	330	235	370	750	355	275	88
300	178	665	342	108	200	400	880	365	235	370	955	472	378	109
350	190	739	385	108	200	600	960	410	235	370	1033	515	378	144
400	216	825	430	152	240	600	1032	445	235	370	1185	595	530	200
450	222	910	469	152	240	600	1118	487	235	370	1270	632	530	238
500	229	990	500	168	300	800	1190	520	235	370	1335	665	530	326
600	267	1210	618	192	320	800	1380	625	235	370	1642	829	680	466
700	292	1475	746	338	237	400	1582	745	245	515	1785	905	680	592
800	318	1600	810	338	237	400	1713	810	245	515	1915	970	680	917

（续）

DN	L①	蜗杆传动					电动				气动			重量/kg
		H_1	H_{01}	E_1	F_1	W_1	H_2	H_{02}	E_2	F_2	H_3	H_{03}	A_3	蜗杆传动
PN16														
900	330	1870	1000	530	785	400	1870	875	360	540	1964	1239	1480	1078
1000	410	2000	1065	530	785	400	2000	940	360	540	2096	1306	1770	1393
1200	470	2215	1170	530	785	600	2118	1060	360	540	2333	1418	1830	1855
1400	530	2430	1319	650	865	600	2328	1325	385	565	2591	1546	1890	2457
1600	600	2700	1443	650	865	600	2550	1450	385	565	2908	1738	2210	3360
1800	670	2938	1595	650	865	600	2816	1598	300	770	—	—	—	—
2000	950	3210	1743	650	865	800	3065	1743	684	794	—	—	—	—
2200	1000	3481	2051	636	660	800	3780	2351	825	920	—	—	—	—
2400	1110	3705	2125	636	660	800	3933	2425	825	920	—	—	—	—
PN25														
50	108	290	175	63	140	180	316	218	156	126	—	—	—	19
65	112	295	195	63	140	200	336	228	156	126	—	—	—	22
80	114	320	185	63	140	200	552	265	178	180	—	—	—	32
100	127	350	200	63	140	350	585	290	178	180	—	—	—	36
125	140	375	210	63	140	350	610	305	178	180	—	—	—	39
150	140	425	245	84	150	400	765	315	178	180	—	—	—	42
200	152	526	270	84	150	400	820	304	235	370	740	367	275	67
250	165	590	302	108	200	600	910	336	235	370	890	443	378	98
300	178	695	360	108	200	600	1000	386	235	370	985	495	378	116
350	190	789	420	152	240	600	1055	425	235	370	1155	575	530	175
400	216	848	435	152	240	800	1108	456	235	370	1206	603	530	228
450	222	943	475	168	300	800	1140	490	235	370	1284	643	530	312
500	229	1079	550	192	320	400	1238	552	235	370	1390	705	535	354
600	267	1352	675	338	237	400	1399	635	245	515	1660	835	680	515
700	292	1495	759	338	237	400	1611	750	360	540	—	—	—	686
800	318	1640	835	530	785	400	1782	820	360	540	—	—	—	1155
900	330	1765	886	530	785	600	1915	886	385	565	—	—	—	1337
1000	410	1885	945	530	785	600	2040	945	385	565	—	—	—	1617
1200	470	2100	1055	650	865	600	2184	1053	300	770	—	—	—	2247
1400	530	2325	1163	650	865	600	2375	1164	684	794	—	—	—	—
PN40														
50	108	350	238	63	140	350	354	238	178	180	625	513	250	—
65	112	370	255	84	150	400	389	255	178	180	625	510	250	—
80	114	380	260	84	150	400	530	260	235	370	645	525	250	—
100	127	420	298	108	200	600	555	298	235	370	675	537	250	—
125	140	460	325	108	200	600	582	325	235	370	715	551	450	—
150	140	555	380	152	240	600	609	350	235	370	800	625	450	—
200	152	760	460	152	240	800	755	385	235	370	850	650	450	84
250	165	830	587	168	300	800	818	437	235	370	925	682	450	158
300	178	895	645	192	320	400	912	485	235	370	1035	785	650	200
350	190	950	670	338	237	400	983	580	245	515	1070	790	650	235
400	216	1190	810	338	237	400	1058	600	360	540	1190	840	650	382
450	222	1225	850	338	237	400	1245	610	360	540	—	—	—	427

（续）

DN	L①	蜗杆传动					电动				气动			重量/kg
		H_1	H_{01}	E_1	F_1	W_1	H_2	H_{02}	E_2	F_2	H_3	H_{03}	A_3	蜗杆传动
PN40														
500	229	1285	857	530	785	600	1325	660	385	565	—	—	—	511
600	267	1357	885	530	785	600	1414	710	385	565	—	—	—	826
PN63														
80	180	388	263	84	150	400	530	260	235	370	645	525	250	29
100	190	435	302	108	200	600	555	298	235	370	675	537	250	39
125	200	467	329	108	200	600	582	325	235	370	715	551	450	46
150	210	565	388	152	240	600	609	350	235	370	800	625	450	54
200	230	768	469	152	240	800	755	385	235	370	850	650	450	84
250	250	839	602	168	300	800	818	437	235	370	925	682	450	109
300	270	906	649	192	320	400	912	485	235	370	1035	785	650	157
350	290	959	679	338	237	400	983	580	245	515	1070	790	650	214
400	310	1205	816	338	237	400	1058	600	360	540	1190	840	650	276
450	330	1245	858	338	237	400	1245	610	360	540	—	—	—	360
500	350	1305	867	530	785	600	1325	660	385	565	—	—	—	460
600	390	1365	895	530	785	600	1414	710	385	565	—	—	—	670
PN100														
80	180	388	263	84	150	400	530	260	235	370	645	525	250	32
100	190	435	302	108	200	600	555	298	235	370	675	537	250	43
125	200	467	329	108	200	600	582	325	235	370	715	551	450	51
150	210	565	388	152	240	600	609	350	235	370	800	625	450	59
200	230	768	469	152	240	800	755	385	235	370	850	650	450	82
250	250	839	602	168	300	800	818	437	235	370	925	682	450	120
300	270	906	649	192	320	400	912	485	235	370	1035	785	650	172
350	290	959	679	338	237	400	983	580	245	515	1070	790	650	235
400	310	1205	816	338	237	400	1058	600	360	540	1190	840	650	302
450	330	1245	858	338	237	400	1245	610	360	540	—	—	—	396
500	350	1305	867	530	785	600	1325	660	385	565	—	—	—	506
600	390	1365	895	530	785	600	1414	710	385	565	—	—	—	737

NPS	L①	蜗杆传动					电动				气动			重量/kg
		H_1	H_{01}	E_1	F_1	W_1	H_2	H_{02}	E_2	F_2	H_3	H_{03}	A_3	蜗杆传动
CL150														
3	114	472	350	50	203	203	513	263	180	178	—	—	—	15.4
4	127	520	386	60	191	203	535	282	180	178	—	—	—	23
5	140	580	395	60	215	250	563	293	180	178	—	—	—	29
6	140	653	475	67	289	305	602	322	180	178	—	—	—	33
8	152	773	565	67	308	460	745	296	370	235	690	323	275	50
10	165	880	640	86	346	460	805	325	370	235	750	355	275	73
12	178	989	711	111	403	610	883	365	370	235	955	475	378	108
14	190	1044	760	60	601	356	965	408	370	235	1032	513	378	143
16	216	1142	826	60	605	457	1033	443	370	235	1182	598	530	186
18	222	1228	887	60	652	610	1120	485	370	235	1265	635	530	234
20	229	1337	959	60	805	762	1186	518	370	235	1335	667	530	277
24	267	1554	1109	103	763	762	1380	625	370	235	1642	830	680	408

（续）

NPS	L①	蜗杆传动					电动				气动			重量/kg
		H_1	H_{01}	E_1	F_1	W_1	H_2	H_{02}	E_2	F_2	H_3	H_{03}	A_3	蜗杆传动
CL150														
28	292	1456	956	245	400	315	1587	745	515	245	1711	859	680	653
30	308	1541	991	310	460	400	1650	777	515	245	1782	910	680	816
32	318	1611	1036	310	460	400	1717	810	515	245	1856	942	680	914
36	330	1743	1103	410	480	400	1870	875	540	360	1920	975	680	1157
40	410	1868	1173	410	480	400	2030	965	540	360	—	—	—	1610
44	450	1968	1223	410	480	400	2078	1022	540	360	—	—	—	2160
48	470	2145	1320	520	640	400	2188	1100	540	360	—	—	—	2359
52	490	2300	1405	520	640	400	2214	1150	565	385	—	—	—	2720
56	530	2440	1475	520	640	400	2328	1325	565	385	—	—	—	3353
60	570	2594	1559	450	785	630	2530	1515	565	385	—	—	—	3629

NPS	L②	蜗杆传动					电动				气动			重量/kg		
		H_1	H_{01}	E_1	F_1	W_1	H_2	H_{02}	E_2	F_2	H_3	H_{03}	A_3	蜗杆	电动	气动
CL300																
2	108	365	237	35	169	152	407	237	180	178	—	—	—	19	27	—
3	114	378	253	73	229	152	530	253	180	178	—	—	—	29	43	—
4	127	421	274	73	229	305	552	274	180	178	—	—	—	39	51	—
5	140	482	312	73	229	305	580	312	180	178	—	—	—	48	58	—
6	140	543	351	108	254	305	610	351	180	178	—	—	—	54	67	—
8	152	628	392	108	254	305	755	392	370	235	750	368	275	84	107	—
10	165	855	480	133	305	610	816	480	370	235	909	442	378	118	150	—
12	178	812	515	133	305	610	912	515	370	235	1075	535	530	170	225	—
14	191	885	555	194	356	610	980	555	370	235	1158	572	530	231	266	—
16	216	951	590	194	356	356	1057	590	370	235	1230	610	530	299	369	—
18	225	1106	636	194	356	356	1140	636	370	235	1462	736	680	390	429	—
20	229	1308	685	194	356	356	1243	685	515	245	1328	765	680	499	590	—
24	267	1445	934	165	686	686	1420	934	817	351	—	—	—	726	766	—
28	292	1495	1039	165	686	686	1812	1039	817	351	—	—	—	1360	—	—
30	292	1535	1060	165	686	686	1906	1060	817	351	—	—	—	1429	—	—
32	318	1575	1120	165	686	686	2021	1120	817	351	—	—	—	1757	—	—
36	330	1605	1190	165	686	686	2327	1190	973	440	—	—	—	2223	—	—
40	410	1755	1234	165	686	686	2451	1234	973	440	—	—	—	2531	—	—
42	430	2100	1385	429	805	903	2515	1385	973	440	—	—	—	2781	—	—
44	450	2175	1436	429	805	903	2565	1436	973	440	—	—	—	2979	—	—
48	470	2303	1570	399	965	903	2697	1570	973	440	—	—	—	3602	—	—
CL600																
3	180	541	414	63	140	250	606	295	180	178	—	—	—	82	79	—
4	190	607	447	63	140	250	650	358	180	178	—	—	—	125	96	—
5	200	680	395	108	200	250	695	371	180	178	—	—	—	165	154	—
6	210	686	490	152	240	315	743	387	180	178	—	—	—	191	172	—
8	230	757	536	168	300	315	1055	417	370	235	—	—	—	247	248	—
10	250	867	641	192	320	315	1172	465	370	235	—	—	—	413	308	—
12	270	1034	727	237	368	400	1392	546	515	245	—	—	—	576	467	—
14	290	1087	757	237	368	400	1475	579	515	245	—	—	—	664	585	—
16	310	1216	825	237	368	400	1557	643	540	360	—	—	—	971	807	—

（续）

NPS	$L^{②}$	蜗杆传动					电动				气动			重量/kg		
		H_1	H_{01}	E_1	F_1	W_1	H_2	H_{02}	E_2	F_2	H_3	H_{03}	A_3	蜗杆	电动	气动
CL600																
18	330	1240	840	269	559	400	1625	673	540	360	—	—	—	1117	1003	—
20	350	1330	978	350	645	400	1679	701	540	360	—	—	—	1639	1139	—
24	390	1583	1070	350	645	400	1834	775	540	360	—	—	—	2082	1767	—

① ＜DN2000 结构长度按 ISO 5752 的 13 系列；≥DN2000 结构长度按 ISO 5752 的 14 系列。

② CL300 的结构长度按 ISO 5752 的 13 系列；CL600 的结构长度按 ISO 5752 的 14 系列。

三偏心对焊连接蝶阀的主要外形尺寸如图 3-142～图 3-144 所示及见表 3-132。

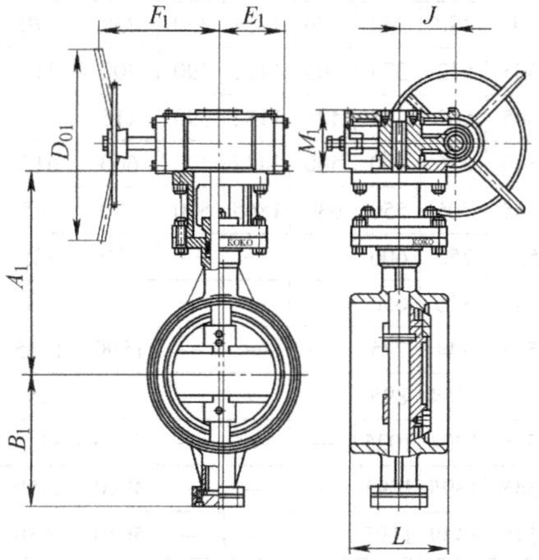

图 3-142 蜗杆传动对焊连接三偏心蝶阀

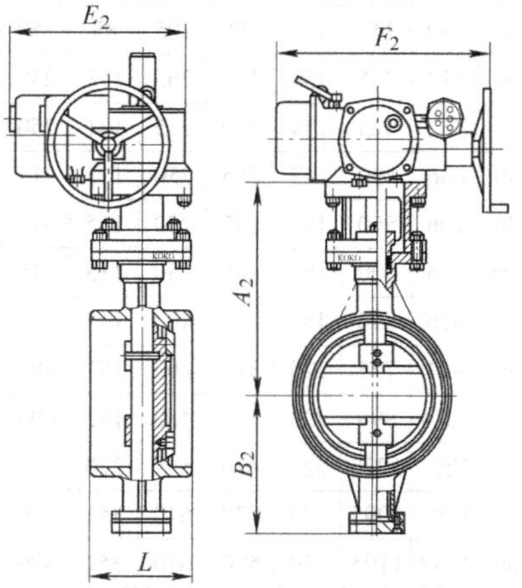

图 3-143 电动对焊连接蝶阀

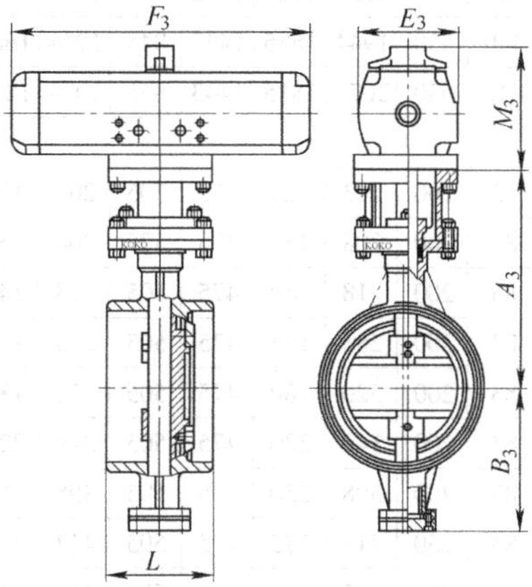

图 3-144 气动对焊连接蝶阀

表 3-132 对焊连接三偏心蝶阀主要外形尺寸 （单位：mm）

DN	$L^{①}$	蜗杆传动							电动				气动					重量/kg		
		A_1	B_1	M_1	E_1	F_1	J	D_{01}	A_2	B_2	E_2	F_2	A_3	B_3	E_3	F_3	M_3	蜗杆	电动	气动
PN6																				
80	180	203	125	75	90	205	83	200	203	125	475	505	203	125	93	282	110	27	42	29.5
100	190	208	130	75	90	205	83	200	208	130	475	505	208	130	93	282	110	34	46	36
125	200	218	140	75	90	205	83	200	218	140	475	505	218	140	115	344	140	41	48	46

（续）

DN	$L^{①}$	蜗杆传动							电动				气动					重量/kg		
		A_1	B_1	M_1	E_1	F_1	J	D_{01}	A_2	B_2	E_2	F_2	A_3	B_3	E_3	F_3	M_3	蜗杆	电动	气动
PN6																				
150	210	285	155	95	90	205	83	200	285	155	475	505	285	155	115	344	140	43	53	51
200	230	320	180	95	90	205	83	200	320	180	475	505	320	180	150	450	187	81	84	80
250	250	349	220	95	90	205	83	200	349	220	475	505	349	220	290	762	270	102	124	122
300	270	398	250	115	90	205	83	200	398	250	475	505	398	250	290	762	270	132	138	142
350	290	417	275	115	90	205	83	250	417	275	475	505	417	275	330	900	305	164	176	192
400	310	455	315	134	90	205	83	250	455	315	475	505	455	315	370	1084	350	193	183	270
450	330	480	340	134	90	205	83	250	480	340	475	505	480	340	370	1084	350	238	270	310
500	350	512	375	159	120	265	141	250	512	375	566	505	512	375	405	1182	390	302	315	414
600	390	562	425	159	120	265	141	250	562	425	566	545	562	425	405	1182	390	415	421	484
700	430	636	490	163	185	250	115	315	636	490	615	545	636	490	500	1442	470	660	615	725
800	470	706	550	163	185	250	115	315	706	550	615	545	706	550	630	1865	500	780	705	825
900	510	756	600	185	185	250	115	315	756	600	820	520	756	600	—	—	—	820	825	—
1000	550	816	650	185	245	400	145	315	816	650	820	545	816	650	—	—	—	1265	1285	—
1200	630	944	775	220	310	460	191	400	944	775	945	545	944	775	—	—	—	1590	1655	—
1400	710	1084	895	220	310	460	191	400	1084	895	945	545	1084	895	—	—	—	2185	2255	—
1600	790	1204	1025	220	410	555	270	400	1204	1025	1140	545	1204	1025	—	—	—	3210	3330	—
1800	870	1395	1095	320	520	640	351	400	1395	1095	1337	545	1395	1095	—	—	—	4090	4350	—
2000	950	1449	1195	320	520	640	351	400	1449	1195	1337	545	1449	1195	—	—	—	5610	5680	—
2200	1000	1569	1325	320	520	640	351	400	1569	1325	1337	545	1569	1325	—	—	—	6410	6630	—
2400	1100	1704	1445	320	520	640	351	400	1704	1445	1377	715	1704	1445	—	—	—	7810	8255	—
2600	1190	1824	1565	335	450	785	440	630	1824	1565	1443	715	1824	1565	—	—	—	9450	9550	—
2800	1270	1944	1685	335	450	785	440	630	1944	1685	1443	845	1944	1685	—	—	—	10800	11030	—
3000	1350	2074	1815	335	450	785	440	630	2074	1815	1443	845	2074	1815	—	—	—	12200	12880	—
PN10																				
80	180	203	125	75	90	205	83	200	203	125	475	505	203	125	93	282	110	—	—	—
100	190	208	130	75	90	205	83	200	208	130	475	505	208	130	93	282	110	—	—	—
125	200	218	140	75	90	205	83	200	218	140	475	505	218	140	115	344	140	—	—	—
150	210	285	155	95	90	205	83	200	285	155	475	505	285	155	115	344	140	58	73	—
200	230	320	180	95	90	205	83	200	320	180	475	505	320	180	150	450	187	76	91	—
250	250	349	220	95	90	205	83	200	349	220	475	505	349	220	290	762	270	115	130	—
300	270	398	250	115	90	205	83	200	398	250	475	505	398	250	290	762	270	145	165	—
350	290	417	275	115	90	205	83	250	417	275	475	505	417	275	330	900	305	185	205	—
400	310	455	315	134	90	205	83	250	455	315	566	505	455	315	370	1084	350	245	265	—
450	330	480	340	134	90	205	83	250	480	340	566	545	480	340	370	1084	350	315	335	—
500	350	512	375	159	120	265	141	250	512	375	615	545	512	375	405	1182	390	375	395	—
600	390	562	425	159	120	265	141	250	562	425	615	545	562	425	405	1182	390	510	530	—
700	430	636	490	163	185	250	115	315	636	490	820	520	636	490	500	1442	470	770	790	—
800	470	706	550	163	185	250	115	315	706	550	820	545	706	550	630	1865	500	1070	1090	—
900	510	756	600	185	185	250	115	315	756	600	945	545	756	600	—	—	—	1435	1455	—
1000	550	816	650	185	245	400	145	315	816	650	945	545	816	650	—	—	—	1745	1755	—
1200	630	944	775	220	310	460	191	400	944	775	1140	545	944	775	—	—	—	2725	2745	—

（续）

DN	L①	蜗杆传动							电动				气动					重量/kg		
		A_1	B_1	M_1	E_1	F_1	J	D_{01}	A_2	B_2	E_2	F_2	A_3	B_3	E_3	F_3	M_3	蜗杆	电动	气动
PN10																				
1400	710	1084	895	220	310	460	191	400	1084	895	1337	545	1084	895	—	—	—	3510	3550	—
1600	790	1204	1025	220	410	555	270	400	1204	1025	1337	545	1204	1025	—	—	—	4470	4510	—
1800	870	1395	1095	320	520	640	351	400	1395	1095	1337	545	1395	1095	—	—	—	4945	—	—
2000	950	1449	1195	320	520	640	351	400	1449	1195	1377	715	1449	1195	—	—	—	6230	—	—
2200	1000	1569	1325	320	520	640	351	400	1569	1325	1443	715	1569	1325	—	—	—	—	—	—
2400	1100	1704	1445	320	520	640	351	400	1704	1445	1443	845	1704	1445	—	—	—	—	—	—
PN16																				
80	180	203	125	115	90	205	83	200	203	125	475	505	203	125	115	344	140	27	45	—
100	190	208	130	115	90	205	83	200	208	130	475	505	208	130	115	344	140	34	57	—
125	200	218	140	115	90	205	83	200	218	140	475	505	218	140	150	450	187	41	63	—
150	210	285	155	115	90	205	83	200	285	155	475	505	285	155	290	762	270	43	71	—
200	230	309	180	115	90	205	83	200	309	180	475	505	309	180	290	762	270	81	83	—
250	250	343	220	134	90	205	83	250	343	220	475	505	343	220	330	900	305	102	126	—
300	270	368	245	134	90	205	83	250	368	245	475	505	368	245	370	1084	350	132	151	—
350	290	401	275	159	120	265	141	250	401	275	566	505	401	275	370	1084	350	164	195	—
400	310	443	300	159	120	265	141	250	443	300	566	545	443	300	405	1182	390	193	273	—
450	330	469	340	163	185	250	115	315	469	340	615	545	469	340	405	1182	390	238	290	—
500	350	501	375	163	185	250	115	315	501	375	615	507	501	375	500	1442	470	302	414	—
600	390	606	440	185	245	400	145	315	606	440	820	545	606	440	630	1865	500	457	545	—
700	430	684	500	185	245	400	145	315	684	500	820	545	—	—	—	—	—	810	825	—
800	470	734	550	220	310	460	191	400	734	550	945	545	—	—	—	—	—	1093	1005	—
900	510	794	625	220	310	460	191	400	794	625	945	545	—	—	—	—	—	1410	1560	—
1000	550	874	690	255	410	555	270	400	874	690	1140	545	—	—	—	—	—	1870	1910	—
1200	630	1049	795	255	410	555	270	400	1049	795	1140	545	—	—	—	—	—	2082	2450	—
1400	710	1204	945	320	520	640	351	400	1204	945	1337	545	—	—	—	—	—	2850	3250	—
1600	790	1324	1065	320	520	640	440	630	1324	1065	1423	720	—	—	—	—	—	4235	4400	—
1800	870	1395	1095	335	520	785	440	630	1395	1095	1423	720	—	—	—	—	—	5346	5670	—
2000	950	1449	1195	335	520	785	440	630	1449	1195	1423	720	—	—	—	—	—	7328	7565	—
2200	1000	1569	1325	335	450	785	440	630	1569	1325	1423	720	—	—	—	—	—	—	—	—
2400	1100	1704	1445	335	450	785	440	630	1704	1445	1423	720	—	—	—	—	—	—	—	—
PN25																				
80	180	203	125	115	90	205	83	200	203	125	475	505	203	125	150	450	187	38	54	—
100	190	208	130	115	90	205	83	200	208	130	475	505	208	130	290	762	270	40	55	—
125	200	218	140	115	90	205	83	200	218	140	475	505	218	140	290	762	270	60	64	—
150	210	285	155	115	90	205	83	200	285	155	475	505	285	155	330	900	305	65	71	—
200	230	317	195	134	90	205	83	250	317	195	475	505	317	195	370	1084	350	85	96	—
250	250	360	220	134	90	205	83	250	360	220	475	505	360	220	370	1084	350	135	145	—
300	270	395	250	159	120	265	141	250	395	250	566	505	395	250	405	1182	390	175	167	—
350	290	419	290	159	120	265	141	250	419	290	566	545	419	290	405	1182	390	195	220	—
400	310	468	325	163	185	250	115	315	468	325	615	545	468	325	500	1442	470	295	278	—
450	330	476	350	163	185	250	115	315	476	350	615	545	476	350	630	1865	500	350	380	—

（续）

DN	L①	蜗杆传动							电动				气动					重量/kg		
		A_1	B_1	M_1	E_1	F_1	J	D_{01}	A_2	B_2	E_2	F_2	A_3	B_3	E_3	F_3	M_3	蜗杆	电动	气动
PN25																				
500	350	556	390	185	245	400	145	315	556	390	820	545	556	390	—	—	—	510	496	—
600	390	644	450	185	245	400	145	315	644	450	820	545	644	450	—	—	—	625	705	—
700	430	684	500	220	310	460	191	400	684	500	945	545	684	500	—	—	—	925	1000	—
800	470	774	590	255	410	460	270	400	774	590	1140	545	774	590	—	—	—	1260	1190	—
900	510	844	645	255	410	555	270	400	844	645	1140	545	844	645	—	—	—	1790	1670	—
1000	550	894	695	255	410	555	270	400	894	695	1140	545	894	695	—	—	—	1940	2180	—
1200	630	1049	845	320	520	640	351	400	1049	845	1337	545	1049	845	—	—	—	2810	2980	—
PN40																				
80	180	203	125	115	90	205	83	200	203	125	475	505	203	125	150	450	187	39	—	—
100	190	208	130	115	90	205	83	200	208	130	475	505	208	130	290	762	270	50	—	—
125	200	218	140	115	90	205	83	200	218	140	475	505	218	140	290	762	270	75	—	—
150	210	285	155	115	90	205	83	200	285	155	475	505	285	155	330	900	305	100	—	—
200	230	318	195	134	90	205	83	250	318	195	475	505	318	195	370	1084	350	135	116	—
250	250	353	225	159	120	265	141	250	353	225	566	505	353	225	370	1084	350	190	215	—
300	270	396	265	159	120	265	141	250	396	265	566	545	396	265	405	1182	390	240	263	—
350	290	426	300	162	185	250	115	315	426	300	615	545	426	300	405	1182	390	320	297	—
400	310	461	340	163	185	250	115	315	461	340	615	545	461	340	500	1442	470	450	477	—
450	330	486	365	185	245	400	145	315	486	365	820	545	486	365	630	1865	500	500	524	—
500	350	584	400	185	245	400	145	315	584	400	820	545	584	400	—	—	—	560	585	—
600	390	644	475	220	310	460	191	400	644	475	945	545	644	475	—	—	—	720	1000	—
700	430	724	540	255	410	555	270	400	724	540	1140	545	724	540	—	—	—	1250	1410	—
800	470	794	595	255	410	555	270	400	794	595	1140	545	794	595	—	—	—	1950	2110	—
NPS	L②	蜗杆传动							电动				气动					重量/kg		
		A_1	B_1	M_1	E_1	F_1	J	D_{01}	A_2	B_2	E_2	F_2	A_3	B_3	E_3	F_3	M_3	蜗杆	电动	气动
CL150																				
3	114	295	135	115	84	198	84	200	295	135	513	467	295	135	115	344	140	32	37	—
4	127	305	155	115	84	198	84	200	305	155	513	467	305	155	115	344	140	35	39	—
5	140	322	167	115	84	198	84	200	322	167	513	467	322	167	126	390	175	39	42	—
6	140	366	170	115	94	211	84	250	366	170	525	475	366	170	150	450	187	43	43	—
8	152	396	198	134	117	267	145	250	396	198	580	470	396	198	280	762	270	60	57	—
10	165	429	231	134	175	254	114	315	429	231	635	560	429	231	330	900	305	90	80	—
12	178	483	269	159	175	254	114	315	483	269	705	560	483	269	405	1182	385	107	104	—
14	190	498	297	159	239	404	145	315	498	297	765	615	498	297	405	1182	385	153	141	—
16	216	579	333	163	239	404	145	315	579	333	825	615	579	333	405	1182	385	207	197	—
18	222	630	366	163	239	404	191	315	630	366	875	820	630	366	445	1292	410	267	247	—
20	229	655	394	163	300	465	191	400	655	394	930	820	655	394	445	1292	410	327	307	—
24	267	744	452	185	300	465	191	400	744	452	1040	820	744	452	500	1442	465	473	427	—
28	292	790	511	185	300	465	191	400	790	511	1155	945	790	511	630	1865	500	653	667	—
30	308	815	536	220	300	559	269	400	815	536	1225	945	815	536	630	1865	500	760	773	—
32	318	874	577	220	300	559	269	400	874	577	1275	945	874	577	630	1865	500	1033	1047	—

（续）

NPS	L②	蜗杆传动							电动				气动					重量/kg		
		A_1	B_1	M_1	E_1	F_1	J	D_{01}	A_2	B_2	E_2	F_2	A_3	B_3	E_3	F_3	M_3	蜗杆	电动	气动
CL150																				
36	330	899	602	255	300	559	269	400	899	602	1375	1145	899	602	—	—	—	1200	1213	—
40	410	1064	696	255	300	559	269	400	1064	696	1490	1145	1064	696	—	—	—	1487	1500	—
42	430	1092	721	255	300	559	335	400	1092	721	1550	1335	1092	721	—	—	—	1640	1637	—
44	450	1148	731	255	300	572	335	400	1148	731	1600	1335	1148	731	—	—	—	1800	1813	—
48	470	1270	800	320	300	572	335	400	1270	800	1715	1370	1270	800	—	—	—	2007	2020	—
52	490	1314	850	320	425	635	365	500	1314	850	1835	1370	1314	850	—	—	—	2720	2733	—
56	530	1384	895	320	425	635	365	500	1384	895	2005	1425	1384	895	—	—	—	2980	2993	—
60	570	1504	1025	355	425	635	365	500	1504	1025	2115	1425	1504	1025	—	—	—	3387	3420	—
CL300																				
3	114	295	132	114	84	198	84	200	295	132	467	513	295	132	126	390	175	34	—	—
4	127	358	150	114	84	198	84	200	358	150	467	513	358	150	150	450	187	44	—	—
5	140	365	167	168	117	267	145	250	365	167	467	513	365	167	280	762	270	58	—	—
6	140	389	188	163	175	254	114	315	389	188	564	523	389	188	330	900	305	73	—	—
8	152	417	221	163	175	254	114	315	417	221	615	544	417	221	405	1182	385	132	—	—
10	165	465	252	185	239	404	145	315	465	252	615	544	465	252	405	1182	385	151	—	—
12	178	546	290	185	239	404	145	315	546	290	823	513	546	290	405	1182	385	257	—	—
14	191	579	318	221	300	465	191	400	579	318	823	513	579	318	445	1292	410	286	—	—
16	216	642	368	221	300	465	191	400	642	368	945	513	642	368	445	1292	410	416	—	—
18	225	673	396	221	300	465	191	400	673	396	945	544	673	396	500	1442	465	497	—	—
20	229	701	422	254	300	559	269	400	701	422	945	544	701	422	500	1442	465	571	—	—
24	267	775	495	254	399	559	269	400	775	495	945	544	775	495	630	1865	500	881	—	—
28	292	904	559	305	510	648	351	400	904	559	1158	826	904	559	630	1865	500	1320	—	—
30	292	963	594	305	510	648	351	400	963	594	1158	826	963	594	—	—	—	1478	—	—
32	318	1054	617	305	510	648	351	400	1054	617	1158	826	1054	617	—	—	—	1699	—	—
36	330	1161	676	368	615	805	429	630	1161	676	1420	1039	1161	676	—	—	—	2379	—	—
40	410	1242	719	368	615	805	429	630	1242	719	1420	1039	1242	719	—	—	—	2427	—	—
42	430	1285	739	368	615	805	429	630	1285	739	1420	1039	1285	739	—	—	—	2685	—	—
44	450	1310	764	368	615	805	429	630	1310	764	1420	1039	1310	764	—	—	—	2932	—	—
48	470	1374	833	434	765	965	399	630	1374	833	1730	1069	1374	833	—	—	—	3545	—	—
CL600																				
3	180	343	127	135	94	211	81	250	343	127	564	523	343	127	330	900	305	75	—	—
4	190	371	160	170	152	267	145	250	371	160	615	544	371	160	405	1182	385	117	—	—
5	200	388	178	163	175	254	114	315	388	178	615	544	388	178	405	1182	385	154	—	—
6	210	401	196	163	175	254	114	315	401	196	823	513	401	196	405	1182	385	186	—	—
8	230	447	221	163	175	254	114	315	447	221	823	513	447	221	445	1292	410	235	—	—
10	250	544	290	185	239	404	145	315	544	290	945	513	544	290	445	1292	410	398	—	—
12	270	610	307	220	300	465	191	400	610	307	945	544	610	307	500	1442	465	554	—	—
14	290	640	330	220	300	465	191	400	640	330	945	544	640	330	500	1442	465	654	—	—
16	310	701	391	254	400	559	269	400	701	391	945	544	701	391	630	1865	500	935	—	—

（续）

NPS	L②	蜗杆传动							电动				气动					重量/kg		
		A_1	B_1	M_1	E_1	F_1	J	D_{01}	A_2	B_2	E_2	F_2	A_3	B_3	E_3	F_3	M_3	蜗杆	电动	气动
CL600																				
18	330	716	406	254	400	559	269	400	716	406	945	544	716	406	630	1865	500	1085	—	—
20	350	828	452	305	510	645	351	400	828	452	1158	826	828	452	630	1865	500	1610	—	—
24	390	920	513	305	510	645	351	400	920	513	1158	826	920	513	—	—	—	1998	—	—

① 蝶阀结构长度按 ISO 5752 的 14 系列；焊接端坡口按 GB/T 12224 的规定。

② 蝶阀结构长度按 ISO 5752 的 13 系列；焊接端坡口按 ASME B16.34 的规定。

9）三偏心蝶阀的主要生产厂家：成都华科阀门制造有限公司、北京竺港阀业有限公司、超达阀门集团股份有限公司、沃福控制科技（杭州）有限公司、浙江（杭州）万龙机械有限公司。

（12）液控蝶阀　液控蝶阀分保压型、锁定型和蓄能型三种。它适用于水泵出口和水轮机的入口管路上，作为闭路阀和止回阀，用来避免和减少管路系统中介质的倒流和产生过大的水击，以保护管路系统。其保压型、锁定型液控蝶阀，靠液压驱动开启，靠重锤势能关闭。该阀安装后，可替代闸阀（蝶阀）和止回阀，且流阻系数小。关阀时分快慢两阶段，前段为快关，后段为慢关，并可根据用户需要调节快、慢关闭时间及角度，保压型液压系统设有开阀自动保压和自动复位功能。锁定型具有自动保压和锁定销锁定双重保护。蓄能器液控蝶阀开启靠水泵，而关阀靠蓄能器。由于采用了蓄能器关阀，从而省掉了重锤，因此占用空间小，安装方便、结构紧凑。电气控制可根据用户需要采用普通型控制与 PLC 控制，实现泵阀联动，并可实现就地远控及与计算机联控。

1）液控蝶阀工作原理：

① 开阀：液控蝶阀开阀时，利用液控站和举升油缸的作用力，通过举臂、重锤杆、阀轴等零件，带动蝶板做90°旋转。与此同时，液控站和举升油缸的作用力也通过举臂和重锤杆将重锤垂直提升，将重锤的重力转换为势能，为关阀作好动力准备。

② 锁定：液控蝶阀的锁定机构由传动油缸、机械锁定轴、电磁锁定轴、电磁铁等零件组成，具有机械电磁联合锁定功能，当阀门全开后，先由传动油缸的作用力驱动机械锁定轴投入到锁定位置进行初锁，后由电磁铁的电磁力驱动电磁锁定轴进行终锁，其锁定过程在一系列行程开关的作用下，完全自动进行，一气呵成。重锤的巨大作用力完全由机械锁定轴承受，机械锁定轴的退出受到电磁锁定轴的约束，而电磁锁定轴的退出则受到电磁铁的电磁力控制，只要电磁铁不失电，其电磁锁定轴和机械锁定轴就被牢牢控制住，不管阀门开启多长时间，不管重锤有多重、重锤（蝶板）决不会下落一丝一毫，确保蝶板开启后始终处于全开状态（最小流阻状态），其间无需任何补油、补压措施。

③ 关阀：关阀有三种情况，A：人为关阀；B：水泵或阀门自身故障失电关阀；C：外线失电关阀。不管哪种情况关阀，只需让电磁铁失电即可按预定程序自动关闭，在电磁铁失电瞬间，电磁力即刻同步消失。电磁锁定轴一旦失去电磁力的作用则即刻开锁，机械锁定轴在市区电磁锁定轴的约束后也即刻开锁，此时重锤的势能即重锤杆、举臂、阀轴等零件带动蝶板按照预先调定的快关、缓冲、慢关程序作关闭运动，整个过程一气呵成。液控蝶阀在关闭过程中，必须排除举升油缸下腔的油液，据此，采取控制并调节举升油缸排油速度的方法，能有效地对阀门的关闭速度进行控制。液控蝶阀的关闭过程有快关、缓冲、慢关三个程序，其快

关时间、慢关时间、快关角度、慢关角度都可以调节。

2）液控蝶阀的性能规范和性能参数：液控蝶阀的性能规范见表 3-133、性能参数见表3-134。

表 3-133　液控蝶阀性能规范

设 计 标 准		GB/T 12238，JB/T 8527			
压力-温度额定值		GB/T 12224			
结构长度		GB/T 12221			
法兰形式尺寸		GB/T 9113、JB/T 79、GB/T 17246.1			
检验与试验		GB/T 26480、GB/T 13927			
公称压力 PN		DN1000 ~ DN3000	DN400 ~ DN3000	DN400 ~ DN2200	DN400 ~ DN900
		6	10	16	25
试验压力 p_s/MPa	壳体试验	0.9	1.5	2.4	3.75
	高压密封	0.66	1.1	1.76	2.75
	低压密封	0.4 ~ 0.7			
适用温度/℃		-10 ~ 80（不同的工况温度选用不同材质）			
适用介质		清水、工艺水、海水			

注：表中压力试验值根据 WCB 的压力-温度额定值而定。

表 3-134　液控蝶阀性能参数

项目 \ 公称尺寸 DN		≤1000	1000 ~ 2000	2100 ~ 3000	≥3000
开阀时间 t（可调）/s		10 ~ 60	20 ~ 90	30 ~ 120	40 ~ 150
关阀时间 t（可调）/s	快关	2 ~ 20	3 ~ 30	4 ~ 40	5 ~ 50
	缓冲	2 ~ 4	3 ~ 6	4 ~ 8	5 ~ 10
	慢关	2 ~ 60	3 ~ 90	4 ~ 120	5 ~ 200
开阀角度		90°			
关阀角度（可调）	快关	50° ~ 70°			
	缓冲	10°			
	慢关	10° ~ 30°			
泄漏量	橡胶密封	无可见泄漏			
	金属密封	根据 GB/T 13927 规定的 D 级精度验收，即泄漏量 < 0.1DN（mm^3/s）			

3）液控蝶阀的结构如图 3-145 所示及见表 3-135。

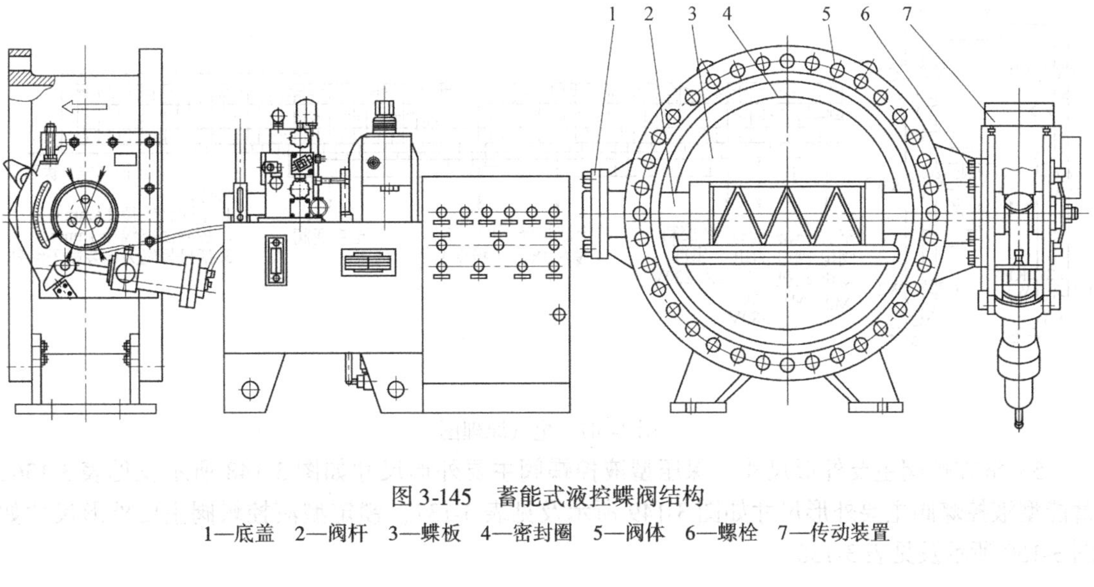

图 3-145　蓄能式液控蝶阀结构

1—底盖　2—阀杆　3—蝶板　4—密封圈　5—阀体　6—螺栓　7—传动装置

表 3-135 液控蝶阀主要零件材料

序号	零件名称	材料	可选材料	序号	零件名称	材料	可选材料
1	底盖	碳钢	铸铁	5	阀体	铸钢	铸铁
2	阀杆	不锈钢	不锈钢	6	螺栓	ASTM A193-B7	ASTM A193-B7
3	蝶板	铸钢	铸铁				
4	密封圈	PTFE + SS	SS + 柔性石墨	7	传动装置	—	—

4）液控蝶阀液压电气原理图：液压原理图如图 3-146 所示，电气原理图如图 3-147 所示。

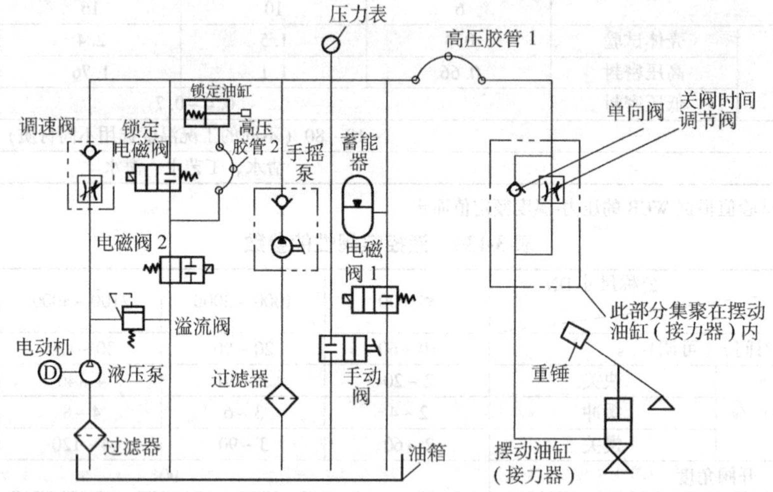

图 3-146 液压原理图

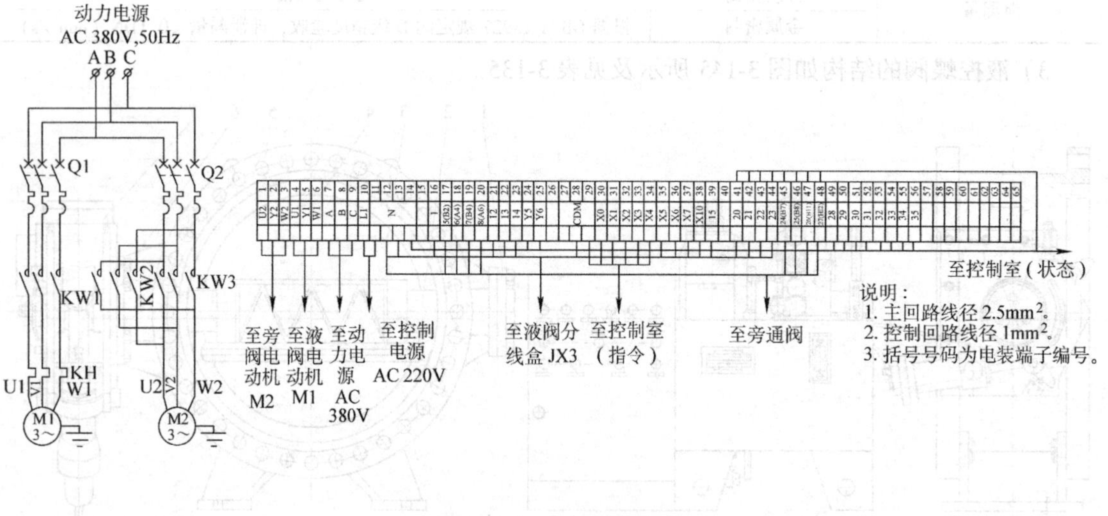

图 3-147 电气原理图

5）液控蝶阀主要外形尺寸：保压型液控蝶阀主要外形尺寸如图 3-148 所示及见表 3-136，蓄能型液控蝶阀主要外形尺寸如图 3-149 所示及见表 3-137，锁定型液控蝶阀主要外形尺寸如图 3-150 所示及见表 3-138。

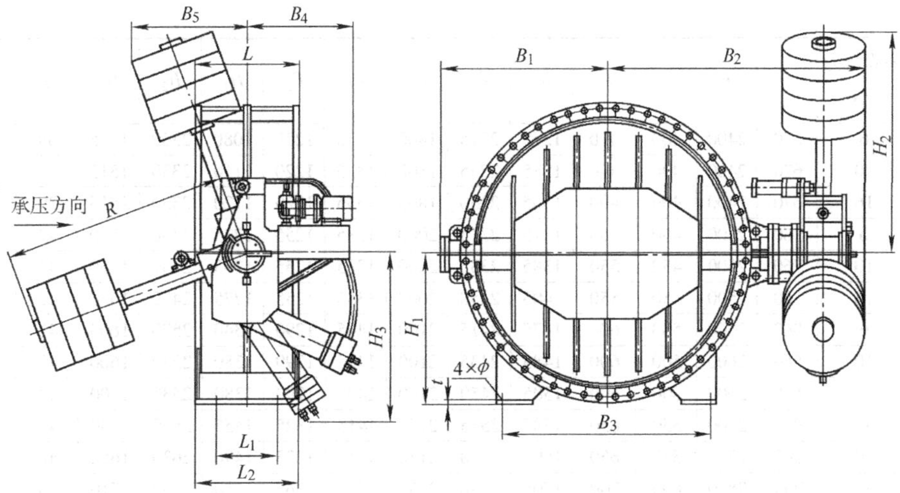

图 3-148　保压型液控蝶阀结构

表 3-136　保压型液控蝶阀主要外形尺寸　（单位：mm）

公称尺寸 DN	公称压力 PN	L	R	L_1	L_2	B_1	B_2	B_3	B_4	B_5	H_1	H_2	H_3	ϕ	t	质量 /kg
400	10	310	1200	150	200	430	1000	500	815	800	380	1120	780	27	25	1000
	16	310	1200	150	200	435	1010	500	815	800	390	1120	780	27	25	1100
	25	310	1200	150	200	440	1020	500	815	820	400	1120	780	27	25	1250
500	10	350	1300	160	210	460	1060	560	885	835	430	1220	855	27	25	1500
	16	350	1300	160	210	465	1065	560	885	835	440	1220	855	27	25	1580
	25	350	1300	160	210	474	1085	560	885	835	450	1220	855	27	25	1920
600	10	390	1400	180	250	525	1160	600	935	870	490	1320	955	30	30	1750
	16	390	1400	180	250	535	1180	600	935	870	500	1320	955	30	30	1880
	25	390	1400	180	250	550	1200	600	935	870	510	1320	955	30	30	2300
700	10	430	1500	200	270	670	1300	700	985	905	540	1420	1055	30	30	1920
	16	430	1500	200	270	680	1330	700	985	905	550	1420	1055	30	30	2300
	25	430	1500	200	270	690	1350	700	985	905	560	1420	1055	30	30	3200
800	10	470	1600	220	290	775	1525	800	1035	940	600	1520	1155	33	30	2500
	16	470	1600	220	290	785	1545	800	1035	940	615	1520	1155	33	30	3400
	25	470	1600	220	290	805	1565	800	1035	940	630	1520	1155	33	30	3650
900	10	510	1800	260	330	815	1675	900	1085	1010	650	1720	1255	33	30	3250
	16	510	1800	260	330	835	1705	900	1085	1010	670	1720	1255	33	30	3850
	25	510	1800	260	330	855	1735	900	1085	1010	690	1720	1255	33	30	—
1000	6	550	2000	300	370	875	1815	1000	1135	1080	690	1920	1355	33	30	—
	10	550	2000	300	370	885	1835	1000	1135	1080	720	1920	1355	33	30	3850
	16	550	2000	300	370	905	1850	1000	1135	1080	730	1920	1355	33	30	4180
1200	6	630	2100	350	420	975	1915	1200	1185	1115	805	2020	1385	33	30	4200
	10	630	2100	350	420	985	1935	1200	1185	1115	830	2020	1385	33	30	4800
	16	630	2100	350	420	1005	1950	1200	1185	1115	845	2020	1385	33	30	5200
1400	6	710	2200	400	480	1075	2015	1400	1235	1150	915	2130	1425	36	35	5900
	10	710	2200	400	480	1085	2035	1400	1235	1150	940	2130	1425	36	35	6700
	16	710	2200	400	480	1105	2050	1400	1235	1150	945	2130	1425	36	35	7100
1600	6	600	2300	350	420	1175	2115	1600	1285	1185	1020	2220	1475	36	35	7500
	10	600	2300	350	420	1185	2135	1600	1285	1185	1060	2220	1475	36	35	8400
	16	600	2300	350	420	1205	2150	1600	1285	1185	1070	2220	1475	36	35	—

（续）

公称尺寸 DN	公称压力 PN	L	R	L_1	L_2	B_1	B_2	B_3	B_4	B_5	H_1	H_2	H_3	ϕ	t	质量 /kg
1800	6	670	2400	400	490	1275	2215	1800	1335	1220	1080	2330	1515	39	35	8600
	10	670	2400	400	490	1285	2235	1800	1335	1220	1110	2330	1515	39	35	9800
	16	670	2400	400	490	1305	2250	1800	1335	1220	1120	2330	1515	39	35	—
2000	6	760	2500	450	550	1375	2315	2000	1385	1255	1235	2430	1550	42	40	11600
	10	760	2500	450	550	1385	2335	2000	1385	1255	1265	2430	1550	42	40	12800
	16	760	2500	450	550	1405	2350	2000	1385	1255	1275	2430	1550	42	40	—
2200	6	860	2600	500	600	1475	2415	2100	1405	1290	1340	2530	1600	42	40	—
	10	860	2600	500	600	1485	2435	2100	1405	1290	1380	2530	1600	42	40	—
	16	860	2600	500	600	1505	2450	2100	1405	1290	1380	2530	1600	42	40	—
2400	6	960	2700	550	650	1585	2535	2150	1415	1325	1455	2630	1650	42	40	—
	10	960	2700	550	650	1605	2550	2150	1415	1325	1490	2630	1650	42	40	—
2600	6	1060	2800	600	700	1705	2630	2250	1475	1360	1550	2730	1710	48	45	—
	10	1060	2800	600	700	1745	2650	2250	1475	1360	1580	2730	1710	48	45	—
2800	6	1160	2900	650	750	1845	2750	2350	1525	1395	1650	2830	1810	48	45	—
	10	1160	2900	650	750	1885	2750	2350	1525	1395	1685	2830	1810	48	45	—
3000	6	1260	3000	700	800	2005	2850	2500	1575	1430	1760	2930	1910	48	45	—
	10	1260	3000	700	800	2045	2850	2500	1575	1430	1805	2930	1910	48	45	—

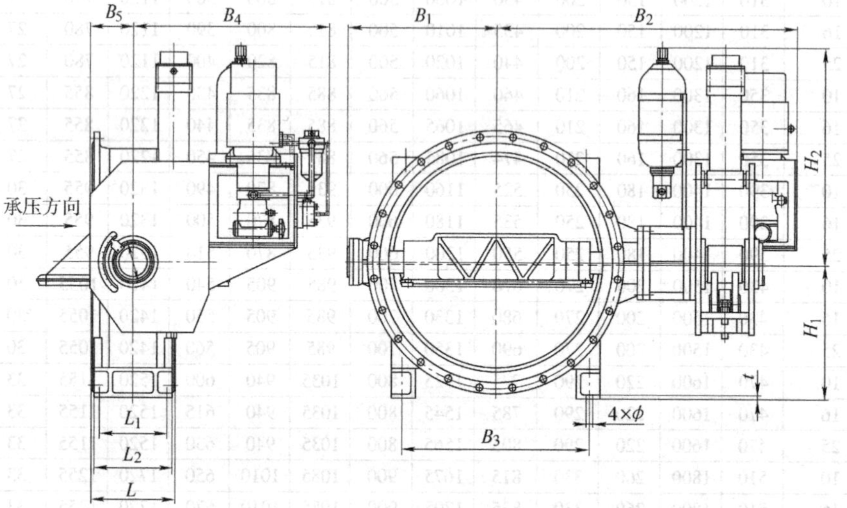

图 3-149　蓄能型液控蝶阀结构

表 3-137　蓄能型液控蝶阀主要外形尺寸　（单位：mm）

公称尺寸 DN	公称压力 PN	L	L_1	L_2	B_1	B_2	B_3	B_4	B_5	H_1	H_2	ϕ	t
400	10	310	150	200	430	1000	500	818	405	380	1120	27	25
	16	310	150	200	435	1010	500	815	405	390	1120	27	25
	25	310	150	200	440	1020	500	815	405	400	1120	27	25
500	10	350	160	210	460	1060	560	885	420	430	1220	27	25
	16	350	160	210	465	1065	560	885	420	440	1220	27	25
	25	350	160	210	474	1085	560	885	420	450	1220	27	25

（续）

公称尺寸 DN	公称压力 PN	L	L_1	L_2	B_1	B_2	B_3	B_4	B_5	H_1	H_2	ϕ	t
600	10	390	180	250	525	1160	600	935	440	490	1320	30	30
	16	390	180	250	535	1180	600	935	440	500	1320	30	30
	25	390	180	250	550	1200	600	935	440	510	1320	30	30
700	10	430	200	270	670	1300	700	985	455	540	1420	30	30
	16	430	200	270	680	1330	700	985	455	550	1420	30	30
	25	430	200	270	690	1350	700	985	455	560	1420	30	30
800	10	470	220	290	775	1525	800	1035	470	600	1520	33	30
	16	470	220	290	785	1545	800	1035	470	615	1520	33	30
	25	470	220	290	805	1565	800	1035	470	630	1520	33	30
900	10	510	260	330	815	1675	900	1085	500	650	1720	33	30
	16	510	260	330	835	1705	900	1085	500	670	1720	33	30
	25	510	260	330	855	1735	900	1085	500	690	1720	33	30
1000	6	550	300	370	875	1815	1000	1135	530	690	1920	33	30
	10	550	300	370	885	1835	1000	1135	530	720	1920	33	30
	16	550	300	370	905	1850	1000	1135	530	730	1920	33	30
1200	6	630	350	420	975	1915	1200	1185	570	805	2020	33	30
	10	630	350	420	985	1935	1200	1185	570	830	2020	33	30
	16	630	350	420	1005	1950	1200	1185	570	845	2020	33	30
1400	6	710	400	480	1075	2015	1400	1235	610	915	2130	36	35
	10	710	400	480	1085	2035	1400	1235	610	940	2130	36	35
	16	710	400	480	1105	2050	1400	1235	610	945	2130	36	35
1600	6	600	350	420	1175	2115	1600	1285	640	1020	2220	36	35
	10	600	350	420	1185	2135	1600	1285	640	1060	2220	36	35
	16	600	350	420	1205	2150	1600	1285	640	1070	2220	36	35
1800	6	670	400	490	1275	2215	1800	1335	670	1080	2330	39	35
	10	670	400	490	1285	2235	1800	1335	670	1110	2330	39	35
	16	670	400	490	1305	2250	1800	1335	670	1120	2330	39	35
2000	6	760	450	550	1375	2315	2000	1385	700	1235	2430	42	40
	10	760	450	550	1385	2335	2000	1385	700	1265	2430	42	40
	16	760	450	550	1405	2350	2000	1385	700	1275	2430	42	40
2200	6	860	500	600	1475	2415	2100	1405	730	1340	2530	42	40
	10	860	500	600	1485	2435	2100	1405	730	1380	2530	42	40
	16	860	500	600	1505	2450	2100	1405	730	1380	2530	42	40
2400	6	960	550	650	1585	2535	2150	1415	760	1455	2630	42	40
	10	960	550	650	1605	2550	2150	1415	760	1490	2630	42	40
2600	6	1060	600	700	1705	2630	2250	1475	790	1550	2730	48	45
	10	1060	600	700	1745	2650	2250	1475	790	1580	2730	48	45
2800	6	1160	650	750	1845	2750	2350	1525	820	1650	2830	48	45
	10	1160	650	750	1885	2750	2350	1525	820	1685	2830	48	45
3000	6	1260	700	800	2005	2850	2500	1575	850	1760	2930	48	45
	10	1260	700	800	2045	2850	2500	1575	850	1805	2930	48	45

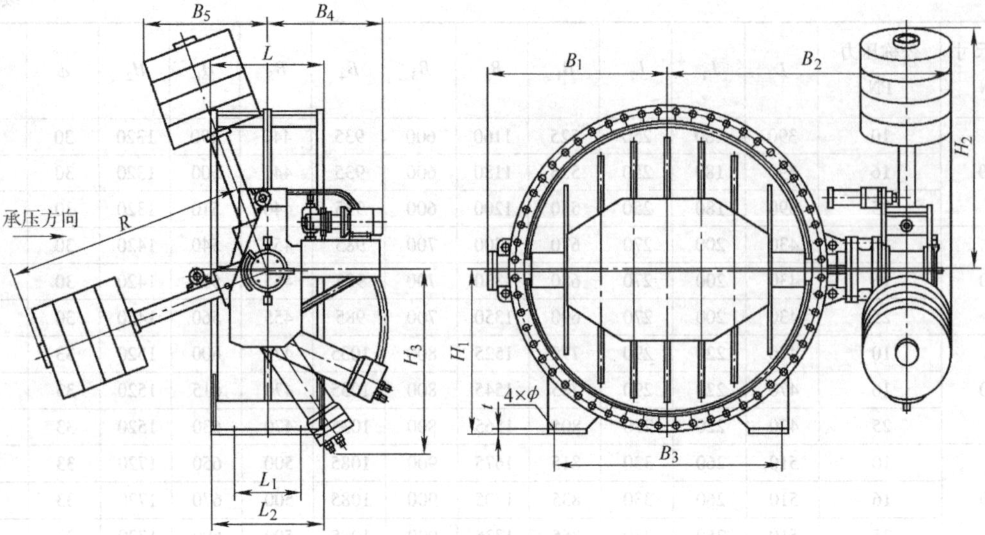

图 3-150 锁定型液控蝶阀结构

表 3-138 锁定型液控蝶阀的主要外形尺寸 （单位：mm）

公称尺寸 DN	公称压力 PN	L	R	L_1	L_2	B_1	B_2	B_3	B_4	B_5	H_1	H_2	H_3	ϕ	t
400	10	310	1200	150	200	430	1000	500	815	800	380	1120	780	27	25
	16	310	1200	150	200	435	1010	500	815	800	390	1120	780	27	25
	25	310	1200	150	200	440	1020	500	815	800	400	1120	780	27	25
500	10	350	1300	160	210	460	1060	560	885	835	430	1220	855	27	25
	16	350	1300	160	210	465	1065	560	885	835	440	1220	855	27	25
	25	350	1300	160	210	474	1085	560	885	835	450	1220	855	27	25
600	10	390	1400	180	250	525	1160	600	935	870	490	1320	955	30	30
	16	390	1400	180	250	535	1180	600	935	870	500	1320	955	30	30
	25	390	1400	180	250	550	1200	600	935	870	510	1320	955	30	30
700	10	430	1500	200	270	670	1300	700	985	905	540	1420	1055	30	30
	16	430	1500	200	270	680	1330	700	985	905	550	1420	1055	30	30
	25	430	1500	200	270	690	1350	700	985	905	560	1420	1055	30	30
800	10	470	1600	220	290	775	1525	800	1035	940	600	1520	1155	33	30
	16	470	1600	220	290	785	1545	800	1035	940	615	1520	1155	33	30
	25	470	1600	220	290	805	1565	800	1035	940	630	1520	1155	33	30
900	10	510	1800	260	330	815	1675	900	1085	1010	650	1720	1255	33	30
	16	510	1800	260	330	835	1705	900	1085	1010	670	1720	1255	33	30
	25	510	1800	260	330	855	1735	900	1085	1010	690	1720	1255	33	30
1000	6	550	2000	300	370	875	1815	1000	1135	1080	690	1920	1355	33	30
	10	550	2000	300	370	885	1835	1000	1135	1080	720	1920	1355	33	30
	16	550	2000	300	370	905	1850	1000	1135	1080	730	1920	1355	33	30
1200	6	630	2100	350	420	975	1915	1200	1185	1115	805	2020	1385	33	30
	10	630	2100	350	420	985	1935	1200	1185	1115	830	2020	1385	33	30
	16	630	2100	350	420	1005	1950	1200	1185	1115	845	2020	1385	33	30

（续）

公称尺寸 DN	公称压力 PN	L	R	L_1	L_2	B_1	B_2	B_3	B_4	B_5	H_1	H_2	H_3	ϕ	t
1400	6	710	2200	400	480	1075	2015	1400	1235	1150	915	2130	1425	36	35
	10	710	2200	400	480	1085	2035	1400	1235	1150	940	2130	1425	36	35
	16	710	2200	400	480	1105	2050	1400	1235	1150	945	2130	1425	36	35
1600	6	600	2300	350	420	1175	2115	1600	1285	1185	1020	2220	1475	36	35
	10	600	2300	350	420	1185	2135	1600	1285	1185	1060	2220	1475	36	35
	16	600	2300	350	420	1205	2150	1600	1285	1185	1070	2220	1475	36	35
1800	6	670	2400	400	490	1275	2215	1800	1335	1220	1080	2330	1515	39	35
	10	670	2400	400	490	1285	2235	1800	1335	1220	1110	2330	1515	39	35
	16	670	2400	400	490	1305	2250	1800	1335	1220	1120	2330	1515	39	35
2000	6	760	2500	450	550	1375	2315	2000	1385	1255	1235	2430	1550	42	40
	10	760	2500	450	550	1385	2335	2000	1385	1255	1265	2430	1550	42	40
	16	760	2500	450	550	1405	2350	2000	1385	1255	1275	2430	1550	42	40
2200	6	860	2600	500	600	1475	2415	2100	1405	1290	1340	2530	1600	42	40
	10	860	2600	500	600	1485	2435	2100	1405	1290	1380	2530	1600	42	40
	16	860	2600	500	600	1505	2450	2100	1405	1290	1380	2530	1600	42	40
2400	6	960	2700	550	650	1585	2535	2150	1415	1325	1455	2630	1650	42	40
	10	960	2700	550	650	1605	2550	2150	1415	1325	1490	2630	1650	42	40
2600	6	1060	2800	600	700	1705	2630	2250	1475	1360	1550	2730	1710	48	45
	10	1060	2800	600	700	1745	2650	2250	1475	1360	1580	2730	1710	48	45
2800	6	1160	2900	650	750	1845	2750	2350	1525	1395	1650	2830	1810	48	45
	10	1160	2900	650	750	1885	2750	2350	1525	1395	1685	2830	1810	48	45
3000	6	1260	3000	700	800	2005	2850	2500	1575	1430	1760	2930	1910	48	45
	10	1260	3000	700	800	2045	2850	2500	1575	1430	1805	2930	1910	48	45

（13）通风蝶阀　该系列产品适用于热力风道的风量调节，采用板焊蝶板结构，能平稳、精确合理地调节风量，使流量特性近似为等百分比，可调比为 100 : 1。

1）主要技术参数：公称压力为 N1；适用介质为空气、烟气；工作温度小于等于 300℃；泄漏率小于等于 1%；蝶阀主体材料为碳素钢、低合金钢；电动装置可为一级、二级两级传动，并可手动操作，可实现现场操作和远程集中控制；连接端法兰按 GB/T 9115 的有关规定。

2）结构简图如图 3-151 所示。

3）主要零件材料见表 3-139。

表 3-139　通风蝶阀主要零件材料

序　号	零件名称	材　料	可选材料	序　号	零件名称	材　料	可选材料
1	下轴承盖	碳钢	不锈钢	8	销轴	不锈钢	不锈钢
2	螺栓	碳钢	不锈钢	9	蝶板	不锈钢	不锈钢
3	下阀杆	不锈钢	不锈钢	10	阀体	碳钢	不锈钢
4	螺栓	碳钢	不锈钢	11	填料压盖	碳钢	不锈钢
5	螺母	碳钢	不锈钢	12	上阀杆	不锈钢	不锈钢
6	填料	柔性石墨	柔性石墨	13	轴承	—	—
7	衬套	碳钢	不锈钢	14	上轴承盖	碳钢	不锈钢

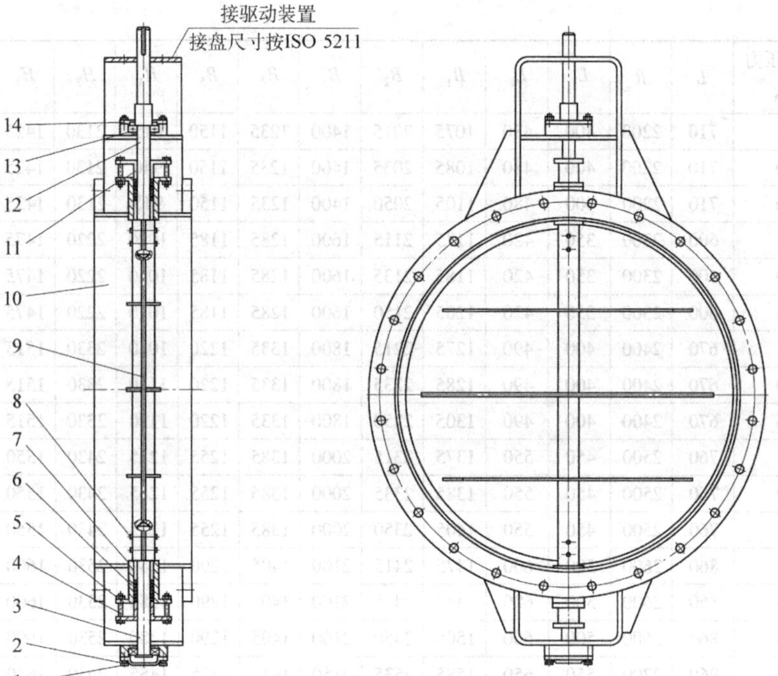

图 3-151　通风蝶阀结构简图

1—下轴承盖　2、4—螺栓　3—下阀杆　5—螺母　6—填料　7—衬套

8—销轴　9—蝶板　10—阀体　11—填料压盖　12—上阀杆　13—轴承　14—上轴承盖

4）调节传动机构简图如图 3-152 所示。

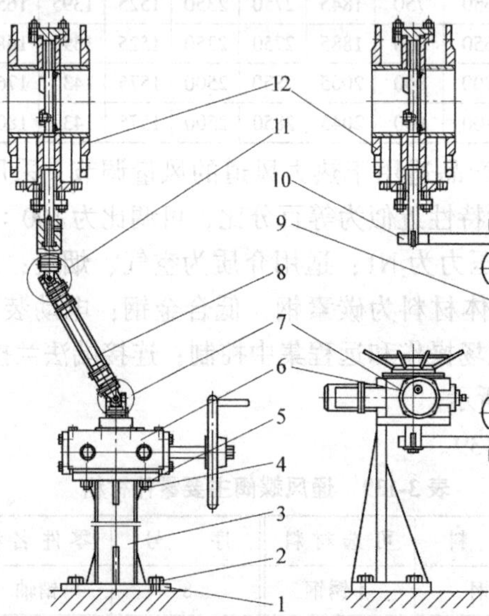

图 3-152　通风蝶阀调节传动机构简图

1—底板　2、4—螺栓　3—操纵支座　5—螺母　6—驱动装置　7—带伸缩节万向接头

8—传动杆　9—球形铰链机构　10—曲柄　11—带伸缩节万向接头　12—通风调节蝶阀

5）通风蝶阀主要外形尺寸：电动通风蝶阀主要外形尺寸如图 3-153 所示，见表 3-140。气动通风蝶阀主要外形尺寸如图 3-154 所示及见表 3-141，轻型通风蝶阀的主要外形尺寸如图 3-155 所示及见表 3-142，自动调节蝶阀的主要外形尺寸如图 3-156 所示及见表 3-143，变偏心落地传动通风蝶阀的主要外形尺寸如图 3-157 所示及见表 3-144。

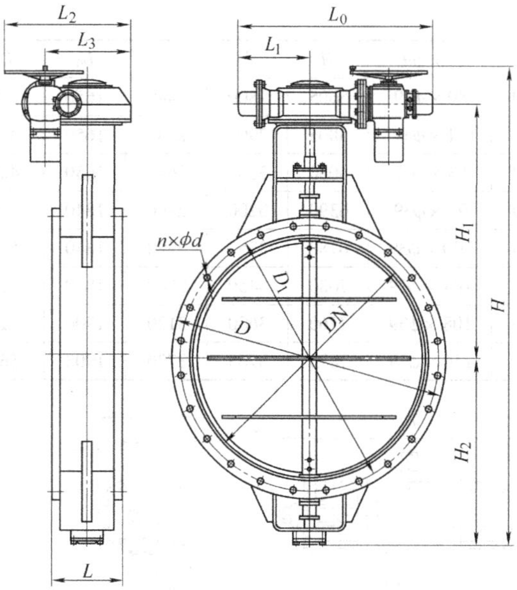

图 3-153　电动通风蝶阀结构

表 3-140　电动通风蝶阀主要外形尺寸　（单位：mm）

DN	L	D	D_1	$n\times\phi d$	H	H_1	H_2	L_0	L_1	L_2	L_3	重量/kg
200	140	320	280	$8\times\phi17.5$	917	530	225	300	140	363	223	70
250	140	375	335	$12\times\phi17.5$	967	550	250	300	140	363	223	81
300	170	440	395	$12\times\phi22$	1027	610	280	300	140	363	223	89
350	170	490	445	$12\times\phi22$	1166	635	320	355	160	460	300	167
400	190	540	495	$16\times\phi22$	1216	670	345	355	160	460	300	176
450	190	595	550	$16\times\phi22$	1276	685	375	355	160	460	300	189
500	190	645	600	$20\times\phi22$	1316	700	395	355	160	460	300	202
600	210	755	705	$20\times\phi26$	1432	752	466	795	160	684	215	351
700	210	860	810	$24\times\phi26$	1532	802	516	795	160	684	215	376
800	210	975	920	$24\times\phi30$	1656	852	580	795	160	684	215	463
900	250	1075	1020	$24\times\phi30$	1756	902	630	795	160	684	215	506
1000	250	1175	1120	$28\times\phi30$	1878	962	695	880	195	738	290	603
1200	250	1375	1320	$32\times\phi30$	2070	1035	795	865	195	738	290	750
1400	300	1575	1520	$36\times\phi30$	2350	1195	915	890	250	701	330	1213
1600	300	1790	1730	$40\times\phi30$	2550	1295	1015	890	250	701	330	1403
1800	300	1900	1930	$44\times\phi30$	2750	1395	1115	890	250	701	330	1710
2000	300	2190	2130	$48\times\phi30$	2950	1495	1215	890	250	701	330	1869
2200	350	2405	2340	$52\times\phi33$	3750	1883	1642	1060	303	840	360	2650
2400	350	2605	2540	$56\times\phi33$	3950	1983	1742	1060	303	840	360	2880
2600	350	2805	2740	$60\times\phi36$	4150	2083	1842	1060	303	840	360	3396
2800	400	3030	2960	$64\times\phi36$	4490	2290	1980	1245	385	860	360	3978
3000	400	3230	3160	$68\times\phi36$	4690	2390	2080	1245	385	860	360	4495
3200	450	3430	3360	$72\times\phi36$	4990	2490	2135	1430	468	870	390	7250
3400	500	3630	3560	$76\times\phi36$	5190	2590	2235	1430	468	870	390	8500
3600	550	3840	3770	$80\times\phi36$	5390	2690	2335	1430	468	870	390	9490

（续）

DN	L	D	D_1	$n\times\phi d$	H	H_1	H_2	L_0	L_1	L_2	L_3	重量/kg
3800	600	4045	3970	80×ϕ39	5605	2800	2440	1650	468	1080	450	10500
4000	600	4245	4170	84×ϕ39	5805	2900	2540	1650	468	1080	450	11660
4200	600	4460	4380	88×ϕ39	6030	3000	2640	1650	468	1080	450	12890
4500	700	4800	4700	96×ϕ39	6390	3200	2800	1840	510	1245	510	15910
4600	700	4900	4800	100×ϕ39	6780	3350	2940	1840	510	1245	510	17680
4800	800	5150	5040	104×ϕ39	7080	3450	3040	1840	510	1908	510	19640
4850	1200	5305	5200	108×ϕ39	7760	3600	3120	1900	510	1908	560	30226
5350	1600	5800	5690	116×ϕ39	7875	3765	3730	1908	560	1908	780	26950

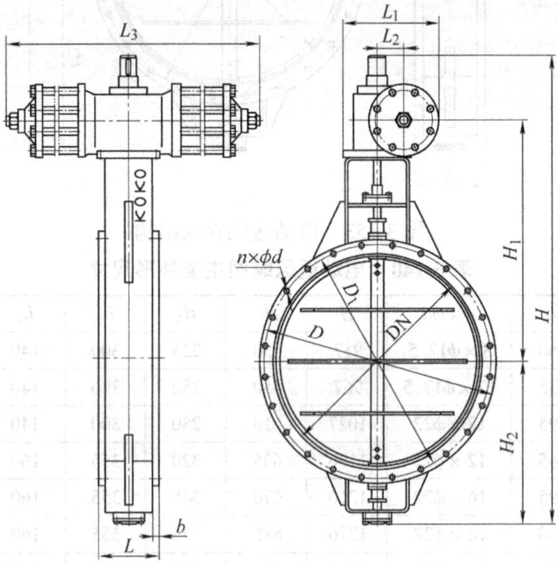

图 3-154 气动通风蝶阀结构

表 3-141 气动通风蝶阀主要外形尺寸 （单位：mm）

DN	L	D	D_1	b	$n\times\phi d$	H	H_1	H_2	L_1	L_2	L_3	重量/kg
200	140	320	280	16	8×ϕ17.5	721	415	225	220	70	450	68
250	140	375	335	16	12×ϕ17.5	771	440	250	220	70	450	78
300	170	440	395	16	12×ϕ22	832	470	280	220	70	450	86
350	170	490	445	16	12×ϕ22	981	515	320	280	100	650	150
400	190	540	495	16	16×ϕ22	1031	545	345	280	100	650	160
450	190	595	550	16	16×ϕ22	1091	570	375	280	100	650	174
500	190	645	600	20	20×ϕ22	1131	590	395	280	100	650	187
600	210	755	705	20	20×ϕ26	1322	716	466	380	120	1250	302
700	210	860	810	20	24×ϕ26	1422	766	516	380	120	1250	407
800	210	975	920	20	24×ϕ30	1565	830	585	260	120	1250	517
900	250	1075	1020	20	24×ϕ30	1615	880	635	260	120	1250	560
1000	250	1175	1120	20	28×ϕ30	1790	950	695	580	290	1500	600
1200	250	1375	1320	20	32×ϕ30	1990	1050	795	580	290	1500	750
1400	300	1575	1520	20	36×ϕ30	2170	1105	915	580	290	1500	980
1600	300	1790	1730	24	40×ϕ30	2370	1205	1015	580	290	1500	1290

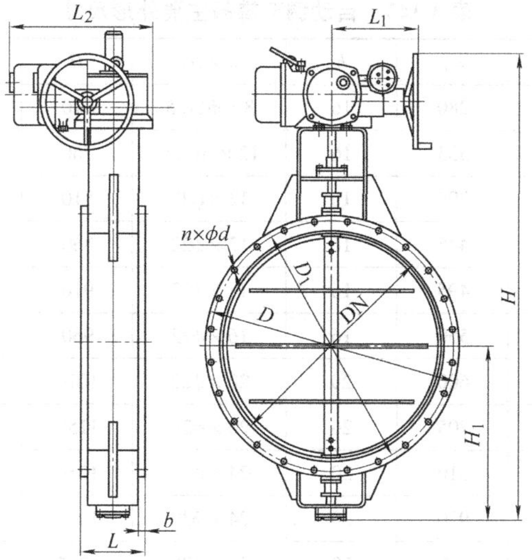

图 3-155　轻型通风蝶阀结构

表 3-142　轻型通风蝶阀主要外形尺寸　（单位：mm）

DN	L	D	D_1	b	$n\times\phi d$	L_1	L_2	H	H_1	电装型号	电动机功率/kW	重量/kg
100	100	176	138	4	8 × ϕ10	66	66	560	90			37
150		226	188	4	8 × ϕ13.5			590	110			38
200		276	238	4	8 × ϕ13.5	190	125	620	135	Q12.5-1	0.03	40
250		326	288	4	12 × ϕ13.5			650	165			45
300		376	338	5	12 × ϕ13.5			787	190			50
350		426	388	5	12 × ϕ13.5			937	210			52
400		476	438	6	16 × ϕ13.5			887	240			59
450		526	488	6	16 × ϕ13.5			937	270			62
500		576	538	6	16 × ϕ13.5			987	290			70
600		676	638	8	20 × ϕ13.5			1105	345	Q25-1	0.05	75
700		776	738	8	24 × ϕ13.5			1205	395			84
800	120	890	850	8	24 × ϕ13.5	170	343	1575	490	Q50-1	0.1	140
900		990	950	12	24 × ϕ13.5			1675	540			153
1000		1090	1050	12	28 × ϕ13.5			1775	590	Q100-1	0.25	170
1100	150	1190	1150	14	32 × ϕ13.5	200		1985	667			260
1200		1290	1250	14	32 × ϕ13.5			2085	717	DQ200	0.37	313
1400		1490	1450	14	36 × ϕ13.5			2285	817			400
1600	200	1720	1670	18	40 × ϕ18			2570	960	DQ400		680
1800		1920	1870	18	40 × ϕ18			2770	1060			816
2000	250	2140	2080	22	48 × ϕ22		399	3090	1190	DQ600	0.55	1200
2200		2340	2280	22	52 × ϕ22			3290	1290			1445
2400		2540	2480	24	56 × ϕ22			3490	1390	DQ800	0.75	1684
2600	300	2740	2680	24	60 × ϕ22			3690	1490			1980
2800		2960	2890	24	64 × ϕ26			3890	1590	DQ1000	1.5	2200
3000		3160	3090	24	68 × ϕ26			4090	1690			2500
3200	350	3380	3310	28	72 × ϕ30	481	230	4550	1790	DQ1600	2.2	2900
3400		3580	3510	28	76 × ϕ30			4750	1890			3400
3600		3780	3710	28	80 × ϕ30			4950	1990	DQ2000		4300

表 3-143　自动调节蝶阀主要外形尺寸　（单位：mm）

DN	L	D	D_1	b	$n\times\phi d$	H	H_1	B	重量/kg
200	140	320	280	16	$8\times\phi17.5$	710	397	595	79
250	140	375	335	16	$12\times\phi17.5$	760	422	595	86
300	170	440	395	16	$12\times\phi22$	810	447	645	93
350	170	490	445	16	$12\times\phi22$	860	472	645	103
400	190	540	495	16	$16\times\phi22$	910	500	745	119
450	190	595	550	16	$16\times\phi22$	960	535	745	126
500	190	645	600	20	$20\times\phi22$	1010	560	745	136
600	210	755	705	20	$20\times\phi26$	1150	610	970	198
700	210	860	810	20	$24\times\phi26$	1250	660	970	223
800	210	975	920	20	$24\times\phi30$	1350	710	1020	298
900	250	1075	1020	20	$24\times\phi30$	1735	855	1220	382
1000	250	1175	1120	20	$28\times\phi30$	1935	905	1220	398
1200	250	1375	1320	20	$32\times\phi30$	2035	1005	1250	564
1400	300	1575	1520	20	$36\times\phi30$	2400	1259	1250	710
1600	300	1790	1730	24	$40\times\phi30$	2830	1405	1460	1617
1800	300	1990	1930	24	$44\times\phi30$	3030	1505	1520	1976
2000	300	2190	2130	24	$48\times\phi30$	3135	1652	1520	2196

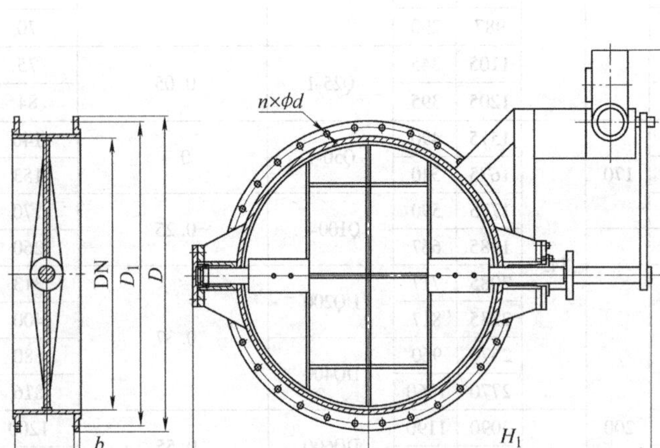

图 3-156　自动调节蝶阀结构

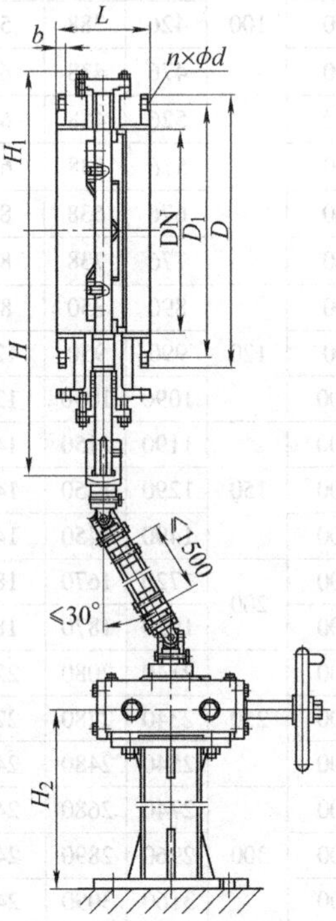

图 3-157　变偏心落地传动通风蝶阀结构

表 3-144　变偏心落地传动通风蝶阀主要外形尺寸　（单位：mm）

DN	L	D	D_1	b	$n\times\phi d$	H	H_1	H_2	蜗杆装置	电动装置	重量（电动）/kg
PN1											
65	110	160	130	10	$4\times\phi14$	161	86	980	O 型	QB20-1	—
80	110	190	150	10	$4\times\phi18$	184	104	980	O 型	QB20-1	—
100	120	210	170	14	$4\times\phi18$	205	118	980	A 型	QB30-1	—
125	120	240	200	14	$8\times\phi18$	235	140	980	A 型	QB30-1	—
150	120	265	225	14	$8\times\phi18$	260	152	980	A 型	QB30-1	—
200	140	320	280	16	$8\times\phi18$	326	184	980	B 型	QB30-1	95
250	140	375	335	16	$12\times\phi18$	390	243	980	B 型	QB60-1	100
300	170	440	395	16	$12\times\phi22$	390	243	980	C 型	QB60-1	108
350	170	490	445	16	$12\times\phi22$	480	288	980	C 型	QB60-1	118
400	190	540	495	16	$16\times\phi22$	495	313	980	C 型	QB90-1	131
450	190	595	550	16	$16\times\phi22$	500	346	980	D 型	QB90-1	139
500	190	645	600	18	$20\times\phi22$	530	383	980	D 型	QB120-1	153
600	210	755	705	20	$20\times\phi26$	620	425	980	D 型	QB120-1	185
700	210	860	810	20	$24\times\phi26$	670	478	980	DA 型	QB120-1	210
800	210	975	920	20	$24\times\phi30$	740	546	980	DA 型	QB250-1	240
900	250	1075	1020	20	$24\times\phi30$	805	596	980	DA 型	QB250-1	313
1000	250	1175	1120	20	$28\times\phi30$	860	630	980	DB 型	QB250-1	361
1100	250	1275	1220	20	$28\times\phi30$	910	380	980	DB 型	TQ4000	—
1200	250	1375	1320	20	$32\times\phi30$	980	740	980	DB 型	TQ4000	438
1400	300	1575	1520	20	$36\times\phi30$	1085	835	980	DB 型	TQ8000	730
1600	300	1790	1730	24	$40\times\phi30$	1195	947	980	DB 型	TQ8000	1023
1800	300	1990	1930	24	$44\times\phi30$	1300	1052	980	DC 型	TQ16000	1152
2000	300	2190	2130	24	$48\times\phi30$	1400	1148	980	DC 型	TQ16000	1523
2100	300	2305	2240	24	$52\times\phi33$	1460	1207	980	DC 型	TQ16000	—
2200	350	2405	2340	24	$52\times\phi33$	1500	1258	980	DC 型	TQ16000	1884
2400	350	2605	2540	30	$56\times\phi33$	1610	1360	980	DC 型	TQ16000	2373
2600	350	2805	2740	30	$60\times\phi33$	1705	1462	980	DD 型	TQ32000	2888
2800	400	3030	2960	30	$64\times\phi36$	1815	1570	980	DD 型	TQ32000	3640
3000	400	3230	3160	30	$68\times\phi36$	1920	1673	980	DD 型	TQ32000	4410

DN	L	D	D_1	b	$n\times\phi d$	H	H_1	H_2	蜗杆装置	电动装置	流量系数 C_v	重量(电动)/kg
PN2.5												
65	112	160	130	16	$4\times\phi14$	161	86	980	O 型	QB20-1	—	—
80	114	190	150	18	$4\times\phi18$	184	104	980	O 型	QB20-1	—	—
100	127	210	170	18	$4\times\phi18$	205	118	980	A 型	QB30-1	—	—
125	140	240	200	20	$8\times\phi18$	235	140	980	A 型	QB30-1	—	—
150	140	265	225	22	$8\times\phi18$	260	152	980	A 型	QB30-1	—	—
200	152	320	280	24	$8\times\phi18$	326	184	980	B 型	QB30-1	1360	120
250	165	375	335	24	$12\times\phi18$	390	243	980	B 型	QB60-1	2130	150
300	178	440	395	24	$12\times\phi22$	390	243	980	C 型	QB60-1	3060	180
350	190	490	445	24	$12\times\phi22$	480	288	980	C 型	QB60-1	4160	210
400	216	540	495	24	$16\times\phi22$	495	313	980	C 型	QB90-1	5450	240
450	222	595	550	26	$16\times\phi22$	500	346	980	D 型	QB90-1	6900	300
500	229	645	600	26	$20\times\phi22$	530	383	980	D 型	QB120-1	8500	320

（续）

DN	L	D	D_1	b	$n\times\phi d$	H	H_1	H_2	蜗杆装置	电动装置	流量系数 C_v	重量（电动）/kg
PN2.5												
600	267	755	705	26	$20\times\phi26$	620	425	980	D 型	QB120-1	12200	400
700	292	860	810	26	$24\times\phi26$	670	478	980	DA 型	QB120-1	16600	590
800	318	975	920	26	$24\times\phi30$	740	546	980	DA 型	QB250-1	21200	680
900	330	1075	1020	26	$24\times\phi30$	805	596	980	DA 型	QB250-1	27000	1140
1000	410	1175	1120	26	$28\times\phi30$	860	630	980	DB 型	QB250-1	34000	1350
1200	470	1375	1320	26	$32\times\phi30$	980	740	980	DB 型	TQ4000	49600	2230
1400	530	1575	1520	26	$36\times\phi30$	1085	835	980	DB 型	TQ8000	66600	2320
1600	600	1790	1730	26	$40\times\phi30$	1195	947	980	DB 型	TQ8000	87000	2500
1800	670	1990	1930	26	$44\times\phi30$	1300	1052	980	DC 型	TQ16000	111000	2820
2000	760	2190	2130	26	$48\times\phi30$	1400	1148	980	DC 型	TQ16000	136000	3460
2200	760	2405	2340	28	$52\times\phi33$	1500	1258	980	DC 型	TQ16000	165000	5200
2400	760	2605	2540	28	$56\times\phi33$	1610	1360	980	DC 型	TQ16000	197000	5800
2600	760	2805	2740	28	$60\times\phi33$	1705	1462	980	DD 型	TQ32000	223000	6200
2800	760	3030	2960	30	$64\times\phi36$	1815	1570	980	DD 型	TQ32000	260000	7000
3000	760	3230	3160	30	$68\times\phi36$	1920	1673	980	DD 型	TQ32000	299000	8500

注：主要生产厂家：沃福控制科技（杭州）有限公司、上海科科阀门有限公司。

3.3 球阀

3.3.1 概述

球阀是由旋塞演变而来的，它的启闭件为一个球体，利用球体绕阀杆的轴线旋转 90°实现开启和关闭的目的。球阀在管道上主要用于切断、分配和改变介质流动方向，设计成 V 形开口的球阀还具有良好的流量调节功能。

球阀不仅结构简单、密封性好，而且在一定的公称尺寸范围内体积较小、重量轻、材料耗用少、安装尺寸小，并且驱动力矩小，操作简便、易实现快速启闭，是近十几年来发展最快的阀门品种之一。特别是在美、日、德、法、意、西、英等工业发达国家，球阀的使用非常广泛，使用品种和数量仍在继续扩大，并向高温、高压、大口径、高密封性、长寿命、优良的调节性能及一阀多功能方向发展，其可靠性及其他性能指标均达到较高水平，并已部分取代闸阀、截止阀、节流阀。随着球阀的技术进步，在可以预见的短时间内，特别是在石油天然气管线上、炼油裂解装置上及核工业上将有更广泛的应用。此外，在其他工业中的大中型口径、中低压力领域，球阀也将会成为主导的阀门类型之一。

球阀的优点是：

1）具有最低的流阻（实际上仅相当于相同公称尺寸的一段圆管）。

2）因在工作时不会卡住（在无润滑剂时），故能可靠地应用于腐蚀性介质和低沸点液体中。

3）在较大的压力和温度范围内，能实现完全密封。

4）可实现快速启闭，某些结构的启闭时间仅为 0.05 ~ 0.1s，以保证能用于试验台的自动化系统中。快速启闭阀门时，操作无冲击。

5）球形关闭件能在边界位置上自动定位。

6）工作介质在进口密封座处就能保证密封可靠。

7）在全开和全闭时，球体和阀座的密封面与介质隔离，因此高速通过阀门的介质不会引起密封面的侵蚀。

8）结构紧凑、重量轻，可以认为它是用于低温介质系统的最合理的阀门结构。

9）阀体对称，尤其是焊接阀体结构，能很好地承受来自管道的应力。

10）关闭件能承受关闭时的高压差。

11）全焊接阀体的球阀，可以直埋于地下，使阀门内件不受侵蚀，最高使用寿命可达 30 年，是石油、天然气管线最理想的阀门。

由于球阀有上述优点，所以适用范围很广，球阀可适用于：

1）公称尺寸从 DN8 到 DN1500。

2）公称压力从真空到 PN420（CL2500）。

3）工作温度从 -196 ~ 815℃。

球阀最主要的阀座密封圈材料就是聚四氟乙烯（PTFF），它对几乎所有的化学物质都是惰性的，且具有摩擦系数小、性能稳定、不易老化、温度适用范围广和密封性能优良的综合性特点。但聚四氟乙烯的物理特性，包括较高的膨胀系数，对冷流的敏感性和不良的热传导性，要求阀座密封的设计必须围绕这些特性进行。阀座密封的塑性材料也包括填充聚四氟乙烯、尼龙、PEEK 和其他许多材料。但是，当密封材料变硬时，密封的可靠性就要受到破坏，特别是在低压差的情况下。此外，像丁腈橡胶、三元乙丙橡胶、氟橡胶、硅橡胶这样的合成橡胶也可用作阀座密封材料，但它所适用的介质和使用的温度范围要受到限制。另外，如果介质不润滑，使用合成橡胶容易卡住球体。

为了满足高温、高压、强冲蚀、长寿命等工业应用的使用要求，近十几年来，金属密封球阀得到了很大的发展。尤其在工业发达国家，如美国、意大利、德国、西班牙、荷兰等，对球阀的结构不断改进，出现全焊接阀体直埋式球阀、升降杆式球阀，使球阀在长输管线、炼油装置等工业领域的应用越来越广泛，出现了大口径（3050mm）、高压力（70MPa）、宽温度范围（-196 ~ 815℃）的球阀，从而使球阀的技术达到一个全新的水平。

由于计算机辅助设计（CAD）和计算机辅助制造（CAM）及柔性制造系统（FMS）在阀门行业的应用，使球阀的设计和制造达到一个全新的水平。不但全面创新了阀门的设计计算方式，减轻了专业技术人员繁重的重复性常规设计工作，使技术人员有更多的精力用于改进、提高产品性能和新产品开发，缩短新产品的研究开发周期、全面提高劳动生产率，而且在升降杆式金属密封球阀的研制开发过程中，由于 CAD/CAM 的应用，出现了由计算机辅助设计、由计算机辅助数控机床加工制造的阀杆螺旋扁，使金属密封球阀在启闭过程中无任何擦伤和磨损，从而使球阀的密封性和使用寿命大大提高。

球阀在完全开启时，流阻很小，几乎等于零，因此全径固定球阀广泛应用于石油天然气管线中，因为容易清扫管线。

由于球阀的球体在启闭过程中带有擦拭性，故大多数球阀可用于带悬浮固体颗粒的介质中，依据密封圈的材料也可用于粉状和颗粒状的介质。

3.3.2　球阀的分类

球阀的种类繁多，且有多种分类方法。

(1) 按结构型式分类

1）浮动球球阀（图3-158）。
2）固定球球阀（图3-159）。
3）带浮动球和弹性活动套筒阀座的球阀（图3-160）。
4）升降杆式球阀（图3-161）。
5）变孔径球阀（图3-162）。

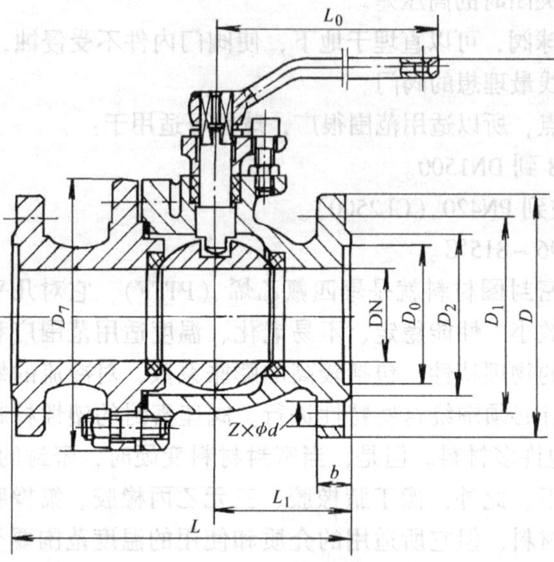

图3-158 浮动球球阀

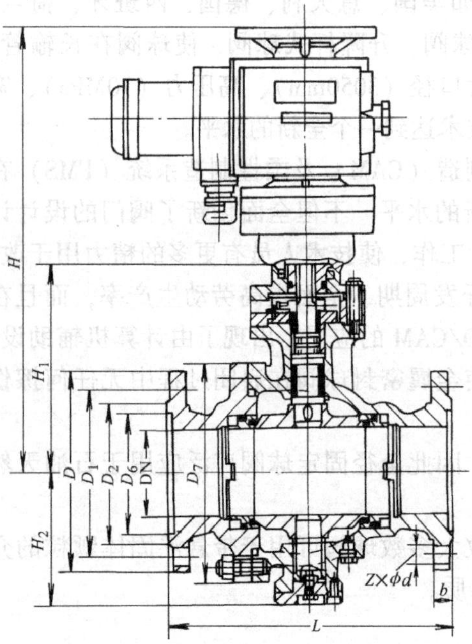

图3-159 固定球球阀

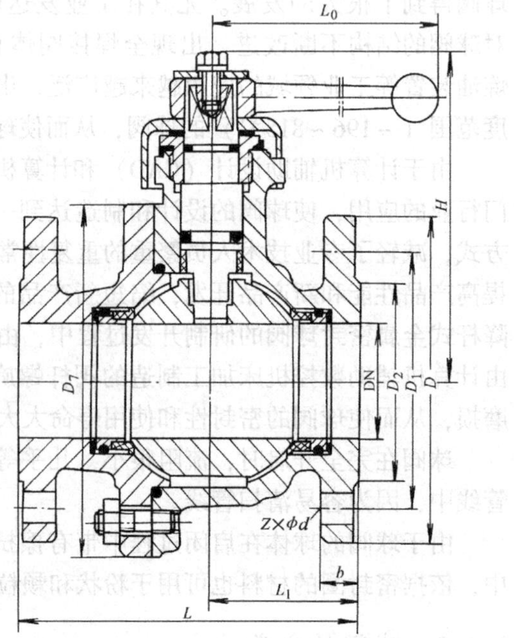

图3-160 带浮动球和弹性活动套筒阀座的球阀

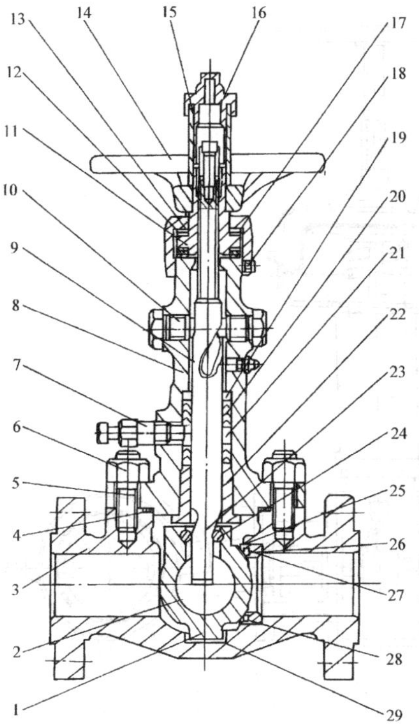

图 3-161　升降杆式球阀

1—耳轴堆焊层　2—阀芯　3—阀体　4—垫片
5—螺栓　6—螺母　7—填料注入件　8—阀盖
9—阀杆　10—阀杆导销(1in/25.4mm 阀门只有一个阀杆导销)
11—阀杆螺母　12—轴承　13—轴承座　14—手轮
15—阀杆保护套　16—开关位置指示器（1/4r）
17—阀盖帽　18—紧定螺钉　19—填料箱
20—密封填料　21—可注入式填料　22—阀杆导向套
23—支承销钉（未显示）　24—阀芯销钉
25—O 形圈（图中未显示）　26—阀座基体
27—阀座密封环　28—阀芯密封面　29—耳轴衬套

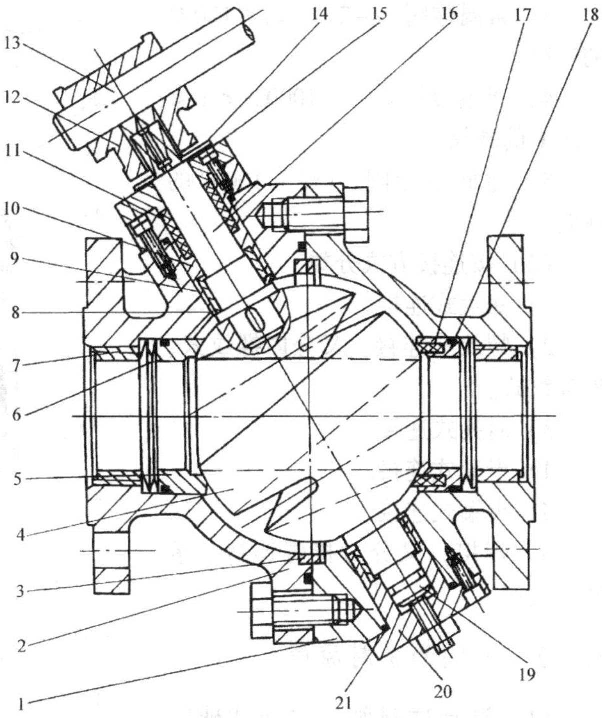

图 3-162　变孔径球阀

1—右阀体　2—左阀体　3—定位环　4—球体
5—左阀座　6—蝶形弹簧　7—调整套
8—调整垫　9—轴套　10—上轴套
11—填料　12—填料压盖　13—手柄
14—指针　15—刻度盘　16—上阀杆
17—密封圈　18—右阀座　19—下阀杆
20—下轴套　21—密封垫

6）气动 V 形球调节球阀（图 3-163）。

（2）按密封副材质分类

1）软密封球阀。密封副由金属材料对非金属软质材料构成。

2）金属密封球阀。密封副由金属材料对金属材料构成。

（3）按工作压力分类

1）真空球阀。工作压力低于标准大气压的球阀。

2）低压球阀。公称压力在 PN16 以下的球阀。

3）中压球阀。公称压力为 PN20 ~ PN63 的球阀。

4）高压球阀。公称压力为 PN100 ~ PN800 的球阀。

（4）按工作温度分类

1）高温球阀。$t > 450$℃的球阀。

2）中温球阀。120℃ $< t \leq 450$℃的球阀。

3）常温球阀。$-29℃ < t \leq 120℃$的球阀。

4）低温球阀。$-100℃ < t < -29℃$的球阀。

5）超低温球阀。$t \leq -100℃$的球阀。

（5）按连接方式分类

1）法兰式连接。

2）螺纹式连接。又分内螺纹式、外螺纹式。

3）对夹式连接。

4）卡套式连接。

5）夹箍式连接。

6）焊接，又分对接焊连接、承插焊连接。

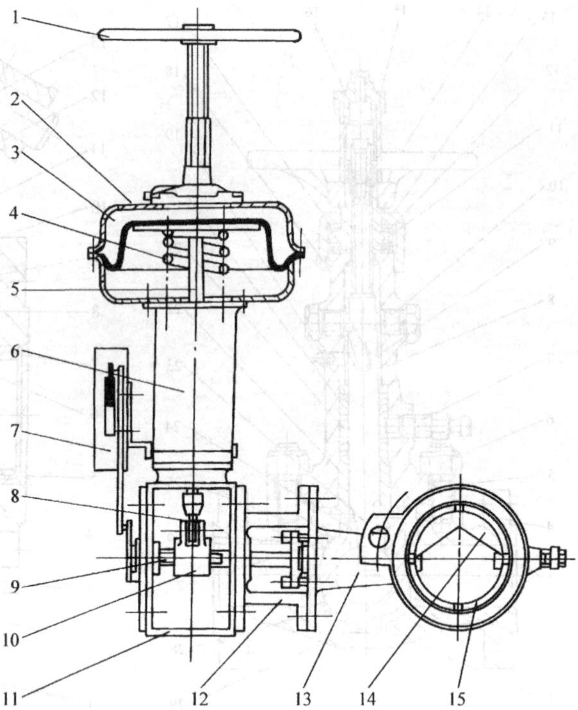

图3-163 气动V形球调节球阀

1—手轮 2—缸体 3—薄膜 4—弹簧 5—连接杆 6—弹簧套筒 7—定位器 8—万向联轴器 9—阀杆 10—驱动轴 11—箱体 12—连接支架 13—阀体 14—球体 15—阀座

3.3.3 球阀的密封原理

（1）浮动球球阀 浮动球球阀的阀体内有两个阀座密封圈，在它们之间夹紧一个球体，球体上有通孔，通孔的直径等于管道的内径，称全径球阀；通孔的直径小于管道的内径，称缩径球阀。球体借助于阀杆可以自由地在阀座密封圈中旋转。在开启时，球孔与管道孔径对准，以保证管道工作介质阻力最小。当阀杆转动1/4圈时，球孔垂直于阀门的通道，靠加给两阀座密封圈的预紧力和介质压力将球体紧紧压在出口端的阀座密封圈上，从而保证阀门完全密封。这种球阀属单面强制密封。

浮动球球阀还应着重考虑其阀座材料能否经得住球体的载荷，因为球体除本身的自重外还承受工作介质的全部载荷并传给阀座。此外，还应考虑大口径的浮球阀在操作时需要较大的力。

为了保证浮动球球阀工作时的密封性和可靠性，必须达到以下几点要求：

1）为了获得密封，在球体和阀座的接触表面上，应有足够高的密封比压，但不得超过阀座材料的许用比压。

2）阀座在凹槽中的配合应是紧密的，否则即使阀座对球体的密封性很好，介质也会沿凹槽端面渗漏。为了满足这一要求，建议在凹槽端面上开几条顶角为60°、深为0.5~1mm的三角形同心槽。

3）球体应有正确的几何形状和低的表面粗糙度值。通常按h8或h9精度制造球体，其表面粗糙度值不大于$Ra0.4\mu m$，为了提高球体表面硬度和耐磨性，对球体表面应进行硬化处理。

4）密封阀座可用塑料制，并应保证紧密贴合，不得损坏球体的密封面。同时，材料应有足够的强度，以便能承受高的密封比压。聚四氟乙烯是制造阀座的一种最常用的材料。

（2）固定球球阀　固定球球阀主要使用于高压大口径的球阀中。此外，支承作用力和介质作用力从阀座密封圈转到阀杆、支承套或支承板上，将大大减少操纵阀门所需的转矩。

在正确选择密封元件的条件下，这种形式的球阀还能保证在两个方向上完全密封。

根据阀座密封圈的安装不同，这种球阀可以有两种结构：单向或双向密封的阀座；双阀座双向密封的阀座。

1）单向或双向密封的阀座。这种球阀的密封原理如下：和阀杆成为一个整体的球体可以在上下滑动轴承或滚动轴承中自由转动，阀座密封圈被安装在活动的套筒内，套筒在阀体中用 O 形圈密封。阀座密封圈由一组安装在套筒中的弹簧预先压紧。进口端的阀座，在球阀关闭时，靠作用在进口端直径 d 和与阀体配合的套筒直径 D_1 的圆周所限定的环形表面上的介质压力把阀座压向球体，从而起到进口密封作用，出口端的阀座不起密封作用。反向加压时，阀座的作用将起变化。

球阀工作的可靠性在很大程度上取决于阀座密封面的平均直径 d_{cp} 和套筒直径 D_1 的比例，如果 D_1 值对 d_{cp} 值相比不够大时，球阀将不能保证可靠的密封。相反，D_1 值过大将引起密封座和密封圈过载，从而使转动阀门所必须的转矩增加。

这种球阀的优点是：①关闭时，填料和大部分阀体不受内压。②关闭时，在加压一侧不形成积液区。这个特点对腐蚀性和低温液体的工作系统尤其重要。

这种球阀的缺点是：球体转动时所需要的转矩大。另外，由于压力作用的有效面积增加，从而使固定轴承上的载荷变大。

2）双阀座双向密封阀座。如图 3-164 所示为球体后密封阀座球阀的结构图。这种球阀关闭件的根本特点在于，在关闭时密封是由安装在介质运动方向的球体后阀座来实现的。这种结构可以减少球体的支承轴承的载荷。

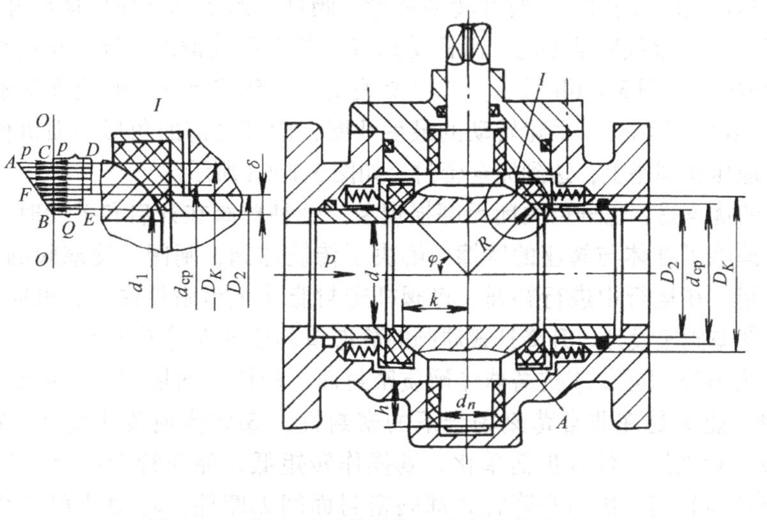

图 3-164　固定球球体结构（密封座在球后）

与单向或双向密封相比，结构上的区别在于它有浮动的套筒，套筒上的密封直径 D_2 小于阀座的平均直径 d_{cp}。为了保证这个条件，阀座的内径应大于球体的通孔直径 d。

当在关闭状态加压时，因为介质压力单向或双向阀座压向球体，故单向或双向阀座也起密封作用。相反，由于介质压力，球后阀座把球体压紧，则保证了球体完全密封。

密封阀座与球接触表面上的工作介质压力和比压的分布如图 3-164 所示。接触面是垂直于图示平面的投影面，直线 O-O 表示这个平面的迹线。研究指出：在密封缝隙中，介质压力通常是按直线 A-B 表示的线性规律变化的。

为了保证球体可靠地工作，必须力求使长方形 $CDEF$ 的面积大于三角形 ABC 的面积。如果在结构中能保持直径 d_1 和 D_2 相等，那么这个条件就能被保证，计算证明：

$$F_{\mathrm{CDEF}}=p\frac{D_{\mathrm{K}}-D_2}{2};\ F_{\mathrm{ABC}}=\frac{1}{2}p\frac{D_{\mathrm{K}}-d_1}{2}$$

当 $d_1=D_2$ 时

$$F_{\mathrm{CDEF}}=2F_{\mathrm{ABC}}$$

在小口径（<DN100）的球阀中，要保证 $d_1=D_2$ 是困难的，因为这将引起通道截面的大大缩小。在这种结构中，可假设 $d_1=(0.9\sim0.95)D_2$。这样，密封座上的压力也减少不多。然而在这种情况下，必须保持 $D_{\mathrm{cp}}>D_2$。同时，应考虑到阀座与球体的线接触宽度越小，则球体工作就越可靠。

双阀座双向密封的球阀有以下优点：①大大地减少固定轴上的载荷；②减少球阀中的总摩擦力矩。

这种球阀的缺点在于，为了保证 $D_2<d_{\mathrm{cp}}$，必须减少它的通道截面。此外，在球阀处于关闭状态时，填料和阀体内腔都处于工作介质压力的作用下。

（3）升降杆式球阀

1）开启过程。①在关闭位置，球体受阀杆的机械施压作用，紧压在阀座上，如图 3-165a 所示。②当逆时针转动手轮时，阀杆则反向运动，其底部角形平面使球体脱开阀座，如图 3-165b 所示。③阀杆继续提升，并与阀杆螺旋槽内的导销相互作用，使球体开始无摩擦旋转，如图 3-165c 所示。④直至到全开位置，阀杆提升到极限位置，球体旋转到全开位置，如图 3-165d 所示。

2）关闭过程。①关阀时，顺时针转动手轮，阀杆开始下降并使球体离开阀座开始旋转。如图 3-166a 所示。②继续转动手轮，阀杆受到嵌于其上螺旋槽内的导向销的作用，使阀杆和球体同时旋转 90°，如图 3-166b 所示。③快要关闭时，球体已在与阀座无接触的情况下旋转了 90°，如图 3-166c 所示。④手轮转动的最后几圈，阀杆底部的角形平面机械地楔向压迫球体，使其紧密地压在阀座上，达到完全密封。如图 3-166d 所示。

这种球阀的优点是：①开启关闭无磨损现象。这种球阀在开启和关闭时，球体先偏离阀座后再转动，消除了球体与阀座的摩擦，解决了传统球阀、闸阀、旋塞阀的阀座磨损问题。②可注入密封脂，在运行中进行补漏。将阀杆密封脂从填料附件注中，可完全控制挥发性，放射性泄漏。③单阀座设计。升降杆式球阀的静态单阀座能保障双向零泄漏，避免了双阀座球阀的内腔压力升高问题。④抗磨球体硬质密封面。球体表面堆焊了一层硬质密封面材料，并经抛光处理，能满足在非常苛刻场合下的密封性。⑤球体顶装式设计。在系统卸压后，可在管线上检查和维修，使维护简单化。⑥操作转矩低。除非特大口径，其余均可配小手动，并无需配备齿轮箱。因为升降杆式球阀密封面间无摩擦，转动特别容易。⑦最佳流动特性。全通径和标准通径球阀都有很高的 K_{V} 值，增强了泵的系统效率，并使磨蚀问题降到最低程度。⑧双阀杆导向销。硬性阀杆导槽与导销控制阀杆的升降与转动。⑨自清洗。当球体倾离阀座时，介质沿密封面 360°将一些外来杂物冲洗干净。⑩机械楔形密封。关闭时，阀杆下端的凸轮斜面提供一个机械的楔紧力，以保证持续的紧密封。⑪ 寿命长。升降杆式球阀可替代易出故障的普通球阀、闸阀、截止阀和旋塞阀。球阀的独特性能将减少装置停

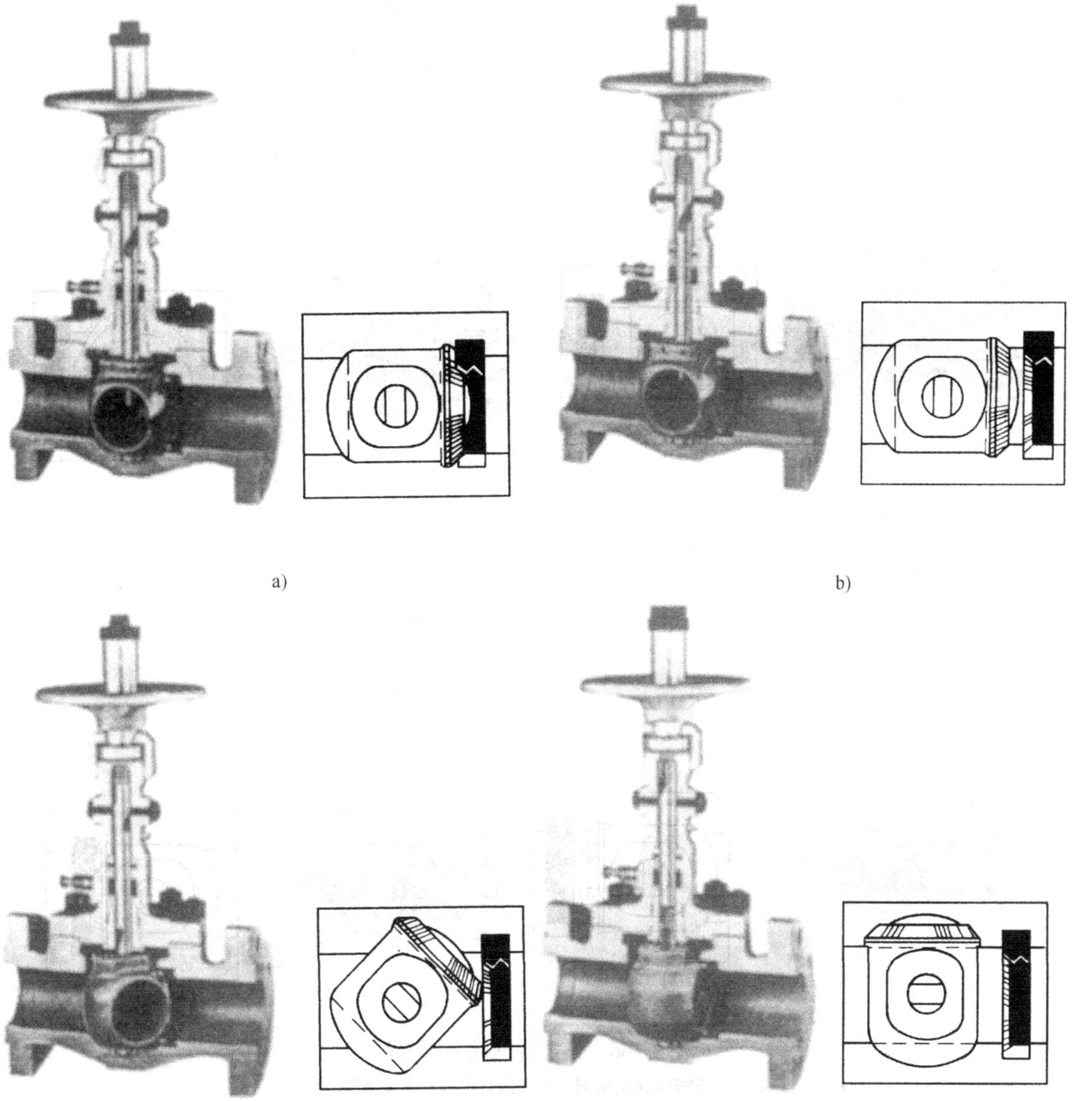

a)　　b)　　c)　　d)

图 3-165　升降杆球阀开启过程

a）关闭位置　b）球体脱开座阀密封面

c）球体开始无摩擦旋转　d）球体旋转到全开位置

车，降低企业成本。⑫工作温度高。可承受温度到 427℃，解决了传统球阀不能用于高温介质的问题。

（4）V 形开口球球阀　V 形开口球球阀属固定球球阀，也属单阀座密封球阀，调节性能是球阀中最佳的，其他类型的球阀基本不做调节用。其密封原理和固定球球阀球体后密封阀座类似，不过采用了板弹簧加预紧力的可动阀座结构。

这种球阀的特点是：①阀座与球体之间不会产生卡阻或脱离等问题，密封可靠、使用寿

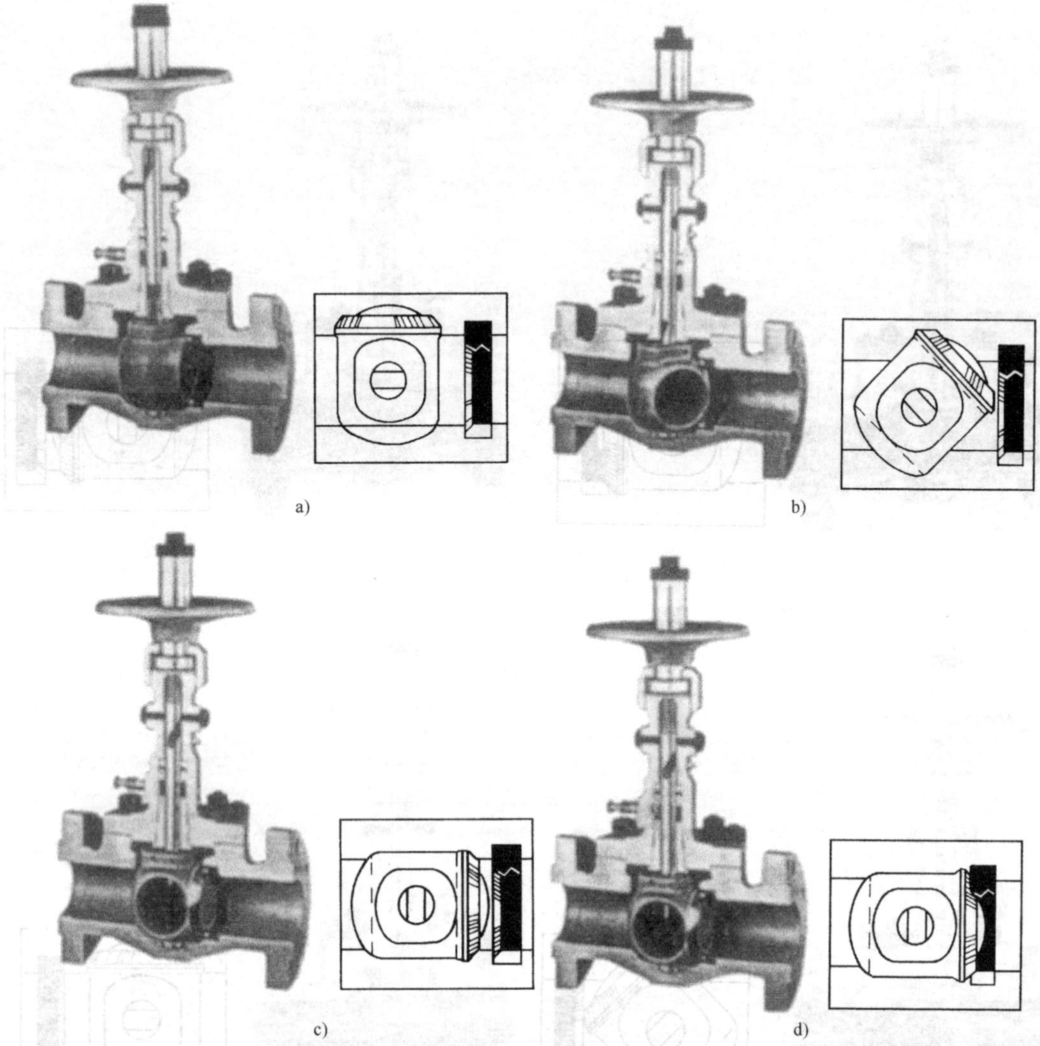

图 3-166 升降杆球阀关闭过程

a）离开阀座开始旋转 b）阀杆和球体同时旋转 90°

c）球体已在与阀座无接触情况下旋转 90° d）压向阀座完全密封

命长。②V 形切口的球体与金属阀座之间具有剪切作用，特别适合于含纤维、微小固体颗粒、料浆等介质。③全开时流通能力大，压力损失小，且介质不会沉积在阀体中腔。④蜗杆传动 V 形开口球体球阀还具有精确调节并可靠定位的功能。流量特性为近似等百分比，可调范围大，最大可调比为 100∶1。调节特性曲线如图 3-167 所示。

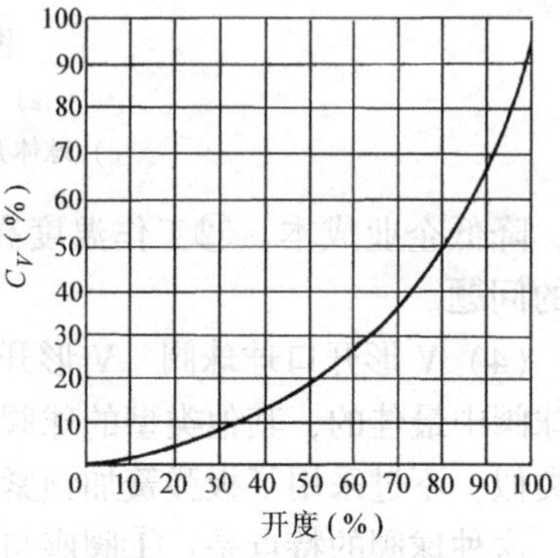

图 3-167 调节特性曲线

3.3.4 球阀所适用的场合

由于球阀通常用橡胶、尼龙和聚四氟乙烯作为阀座密封圈材料，因此它的使用温度受阀座密封圈材料的限制。球阀的截止作用是靠金属球体在介质的作用下，与塑料阀座之间相互压紧来完成的（浮动球球阀）。阀座密封圈在一定的接触压力作用下，局部地区发生弹塑变形。这一变形可以补偿球体的制造精度和表面粗糙度，保证球阀的密封性能。

又由于球阀的阀座密封圈通常采用塑料制成，故在选择球阀的结构和性能上，要考虑球阀的耐火和防静电，特别是在石油、化工、冶金等部门，在易燃、易爆介质的设备和管路系统中使用球阀，更应注意耐火和防静电。

通常，在双位调节、密封性能严格、泥浆、磨损、缩口通道、启闭动作迅速（1/4r 启闭）、高压截止（压差大）、低噪声、有气穴和汽化现象、向大气少量渗漏，操作力矩小、流体阻力小的管路系统中，推荐使用球阀。

球阀也适用于轻型结构、低压截止（压差小）、腐蚀性介质的管路系统中。

在低温（深冷）装置和管路系统中也可选用球阀。

在冶金行业的氧气管路系统中，需使用经过严格脱脂处理的球阀。

在输油管线和输气管线中的主管线、支管线可用三体式、二体式球阀，在需埋设在地下时，需使用全通径焊接式球阀。

在要求具有调节性能时，需选用带 V 形开口的专用结构的球阀。

在石油、石油化工、化工、电力、城市建设中，工作温度在 200℃以上的管路系统可选用金属对金属密封的球阀。

3.3.5　球阀的选用原则

1）石油、天然气的输送主管线，需要清扫管线的，又需埋设在地下的，选用全通径、全焊接结构的球阀；埋设在地上的，选择全通径焊接连接或法兰连接的球阀；支管，选用法兰连接、焊接连接，全通径或缩径的球阀。公称压力 PN100（CL600）以上应选用抗释压爆裂的非金属材料。

2）成品油的输送管线和贮存设备，选用法兰连接的球阀。

3）城市煤气和天然气的管路上，选用法兰连接和内螺纹连接的浮动球球阀，或固定球球阀。

4）冶金系统中的氧气管路系统上，宜选用经过严格脱脂处理，法兰连接的固定球球阀。

5）低温介质的管路系统和装置上，宜选用加长阀盖的低温球阀。

6）炼油装置的催化裂化装置的管路系统上，可选用升降杆式球阀。

7）化工系统的酸碱等腐蚀性介质的装置和管路系统中，宜选用奥氏体不锈钢制造的、聚四氟乙烯为阀座密封圈的全不锈钢球阀。

8）冶金系统、电力系统、石化装置、煤直接液化油装置、城市供热系统中的高温介质的管路系统或装置上，可选用金属对金属密封球阀。

9）需要进行流量调节时，可选用蜗杆传动、气动或电动的带 V 形开口的调节球阀。

3.3.6　球阀产品介绍

（1）固定球球阀

1）锻钢三体式法兰连接固定球球阀结构如图 3-168 所示及见表 3-145。

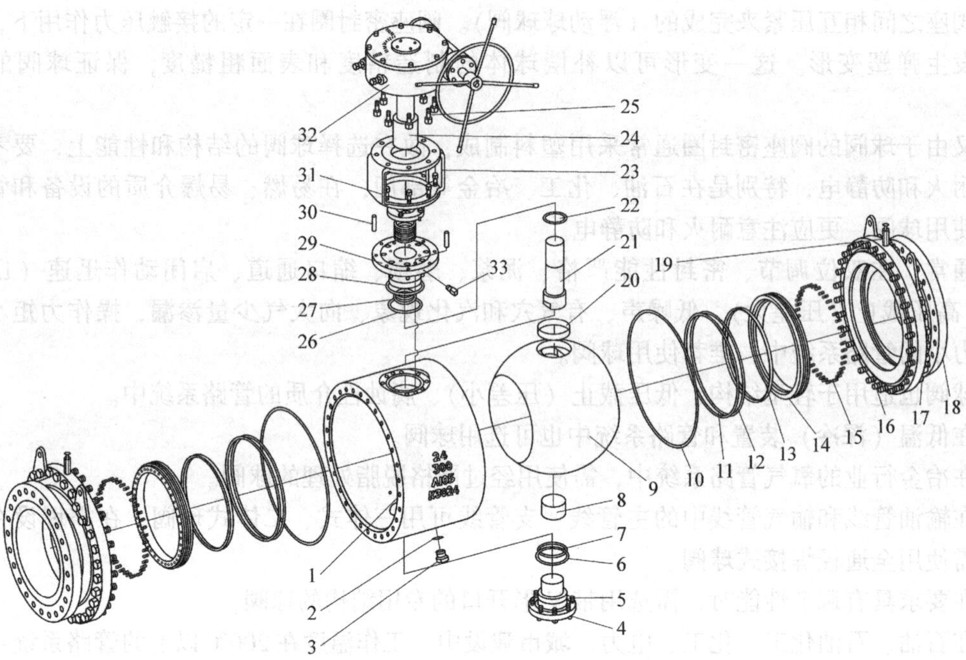

图 3-168　锻钢三体式法兰连接固定球球阀结构

1—阀体　2、6、28—垫片　3—排泄阀　4—底盖　5、16—螺柱　7、11、26、27—O 形圈　8—下轴承　9—球体　10—中法兰垫片　12—防火圈　13—密封圈　14—阀座　15—弹簧　17—螺母　18—阀盖　19—注脂阀　20—上轴承　21—阀杆　22—平面轴承　23—支架　24—连接套　25、31—螺栓　29—上阀杆座　30—定位销　32—蜗杆装置　33—阀杆注脂阀

表 3-145　锻钢三体式法兰连接固定球球阀主要零件材料

序　号	零件名称	材　料			序　号	零件名称	材　料		
		碳钢	不锈钢	低温钢			碳钢	不锈钢	低温钢
1	阀体	ASTM A105	A182 F304	A350 LF2	17	螺母	A194 2H	A194 8	A194 7
2、6、28	垫片	柔性石墨 + SS			18	左右体	ASTM A105	A182 F304	A350 LF2
3	排泄阀	ASTM A105	A182 F304	A350 LF2	19	注脂阀	ASTM A105	A182 F304	A350 LF2
4	底盖	ASTM A105	A182 F304	A350 LF2	20	上轴承	PTFE + CS	PTFE + SS	PTFE + SS
5、16	螺柱	A193 B7	A193 B8	A320 L7	21	阀杆	A182 F6aⅡ	A182 F304	A182 F304
7、11、26、27	O 形圈	氟橡胶			22	平面轴承	PTFE + CS	PTFE + SS	PTFE + SS
8	下轴承	PTFE + CS	PTFE + SS	PTFE + SS	23	支架	A216 WCB		
9	球体	ASTM A105 + ENP	A182 F304	A182 F304	24	连接套	ASTM A29/A29M 1025		
10	中法兰垫片	柔性石墨 + SS			25、31	螺栓	A193 B7		
12	防火圈	柔性石墨			29	上阀杆座	ASTM A105	A182 F304	A350 LF2
13	密封圈	PTEF、NYLON、PEEK、MOLON、PCTFE			30	定位销	A182 F6aⅡ		
14	阀座	ASTM A105 + ENP	A182 F304	A182 F304	32	蜗杆装置	—		
15	弹簧	INCONEL×750			33	阀杆注脂阀	ASTM A105	A182 F304	A350 LF2

注：1. 根据工矿介质温度压力选用不同的密封圈材料。

2. 除了表中列出的材料为，可根据用户要求选材。

2）铸钢三体式法兰连接固定球球阀结构如图 3-169 所示及见表 3-146。

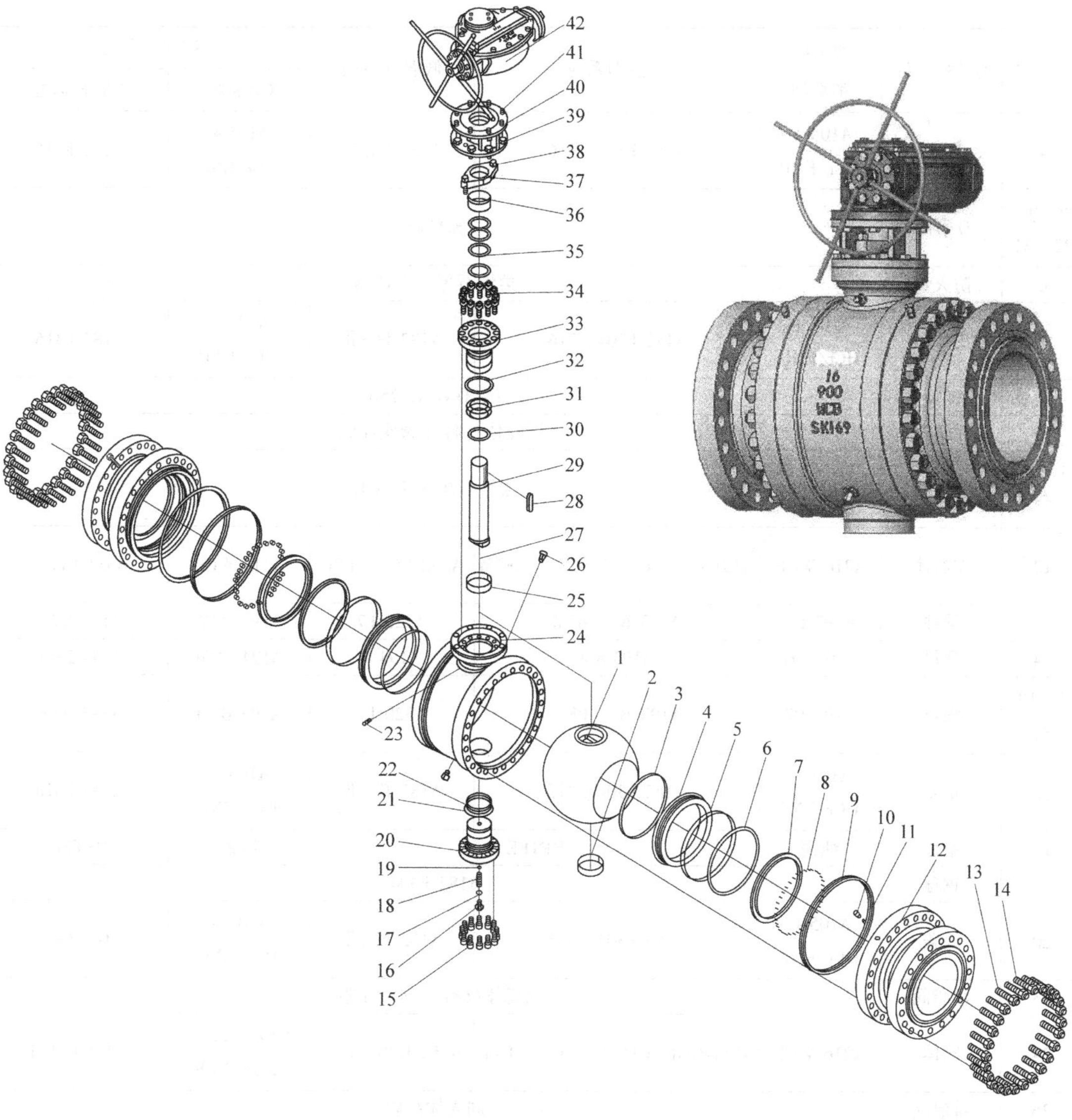

图 3-169　铸钢三体式法兰连接固定球阀结构

1—球体　2、25—轴承　3—密封圈　4—阀座　5、9、22、31—O 形圈　6—防火垫　7—支撑圈　8、27—弹簧　10—注脂阀　11、17、21、32—垫片　12—左右体　13—螺柱　14—螺母　15、18、34—螺钉　16—螺塞　19—钢球　20—底盖　23—注脂阀　24—阀体　26—排泄阀　28—键　29—阀杆　30—推力轴承　33—上阀杆座　35—填料　36—填料压套　37—压板　38、39、41—螺栓　40—支架　42—驱动机构

表 3-146　铸钢三体式法兰连接固定球球阀主要零件材料

序　号	零 件 名 称	普通碳钢系列	不锈钢系列	低温钢系列	抗 硫 系 列	
					GB 标准	NACE 标准
1	球体	A105 + HCr/ENP	A351 CF8、CF8M、CF3、CF3M	A352 LCB、LCC + ENP	A105 + HCr/ENP	A351 CF8M + ENP
2、25	轴承	金属衬 PTFE；烧结碳纤维				
3	密封圈	PTFE、RPTFE、烧结碳纤维、高分子聚合物 NYLON、MOLON、DELRIN 或 PEEK				

（续）

序　号	零件名称	普通碳钢系列	不锈钢系列	低温钢系列	抗硫系列	
					GB 标准	NACE 标准
4	阀座	A105 + HCr/ENP	A182 F304、316	A182 F6aⅡ	A105 + HCr/ENP	A182 F316
5、9、22、31	O 形圈	氟橡胶				
6	防火垫	柔性石墨 + 不锈钢				
7	支撑圈	A105 + HCr/ENP	A182 F304、316	A182 F6aⅡ	A105 + HCr/ENP	A182 F316
8	弹簧	INCONEL × 750				
10	注脂阀	同壳体材料（阀座注脂）				
11、21、32	垫片	柔性石墨 + 不锈钢				
12	左右体	A216 WCB	A351 CF8、CF8M、CF3、CF3M	A352 LCB、LCC	A216 WCB	A351 CF8M
13	螺柱	A193 B7	A193 B8、B8M	A320 L7	A193 B7M	A193 B7M
14	螺母	A194 2H	A194 8M	A194 4	A194 2HM	A194 2HM
15、18、34	螺钉	A193 B7	A193 B8、B8M	A320 L7	A193 B7M	A193 B7M
16	螺塞	A105 + HCr/ENP	A182 F304、316	A182 F6aⅡ	A105 + HCr/ENP	A182 F316
17	垫片	纯铜	RPTFE		纯铜	RPTFE
19	钢球	A182 F304				
20	底盖	A105 + HCr/ENP	A182 F304、316	A182 F6aⅡ	A105 + HCr/ENP	A182 F316
23	注脂阀	同壳体材料（阀杆注脂）				
24	阀体	A216 WCB	A351-CF8、CF8M、CF3、CF3M	A352 LCB、LCC	GB/T 12229 A216 WCB	A351 CF8M
26	排泄阀	同壳体材料				
27	弹簧	A182 F304				
28	键	GB/T 699 45				
29	阀杆	A182 F6aⅡ	A182 F304、316	A182 F6aⅡ	A182 F304	A182 F316
30	推力轴承	金属衬 PTFE；烧结碳纤维				
33	上阀杆座	A105 + HCr/ENP	A182 F304、316	A182 F6aⅡ	A105 + HCr/ENP	A182 F316
35	填料	柔性石墨、PTFE				
36	填料压套	A182 F6Ⅱ	A182 F304、316	A182 F304	A182 F6	A182 F316
37	压板	A216 WCB	A351 CF8、CF8M	A351 CF8	A216 WCB	A351 CF8M
38、39、41	螺栓	A193 B7	A193 B8、B8M	A320 L7	A193 B7M	A193 B7M
40	支架	A216 WCB	A351 CF8	A352 LCB	A216 WCB	A351 CF8
42	驱动机构	蜗杆、电动、气动、电液联动、气液联动				

3）固定球球阀的结构特点：

① 固定球球阀的密封结构：根据 ISO 14313：2007、API 6D—2014、GB/T 19672—2005、GB/T 20173—2013 标准要求，固定球球阀的阀座密封结构可分为五种，即单向密封、双向密封、双阀座双向密封、双阀座一个阀座单向密封一个阀座双向密封、双截断排放阀如图 3-170 所示。

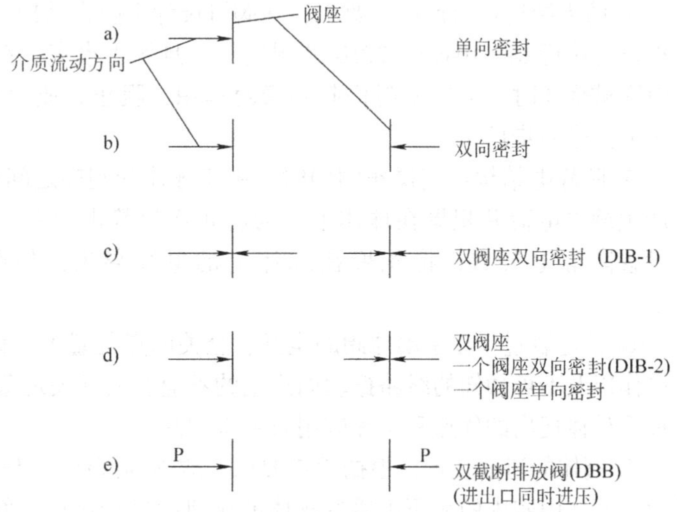

图 3-170　固定球球阀的阀座密封结构示意图

a）单向密封　b）双向密封　c）双阀座双向密封（DIB-1）

d）双阀座一个阀座单向密封一个阀座双向密封（DIB-2）

e）双截断排放阀（进出口端同时进压，不能泄漏到中腔）DBB

单向密封阀座：此阀座具有单向密封和中腔自动泄压功能，如图 3-171 所示。镶嵌有恰当的高分子材料（PTFE、RPTFE、MOLON、DEVLON、PEEK 或 NYLON）的阀座是浮动的、由压缩弹簧预加载荷。无论是开启还是关闭位置、密封面始终与球体紧密接触。在关闭位置，介质在高压差或低压差的作用下，阀座沿球阀通道轴线运动，施加于 D_{JH} 环面上的压力 p 产生一个压在球体上的力 F_1，同样该压力 p 在 D_{MN} 环面上产生一反方向的力 F_2，$F_1 > F_2$，因此在 D_{JH} 环面上的力将阀座压向球体，实现进口密封。

双向密封阀座：此阀座可实现固定球球阀的双向密封。如图 3-172 所示。无论是开启位置还是关闭位置，浮动套筒在压缩弹簧的预加载荷作用下，将阀座密封面始终与球体紧密接触。在关闭位置，中腔的介质压力 p 作用在 D_{HW} 环面上，产生一个压向球体上的力 F_3，同样该压力 p 在 D_{MW} 环面上产生一反方向的力 F_4，$F_3 > F_4$，因此在 D_{HW} 环面上的力将阀座压向球体，实现双向密封。

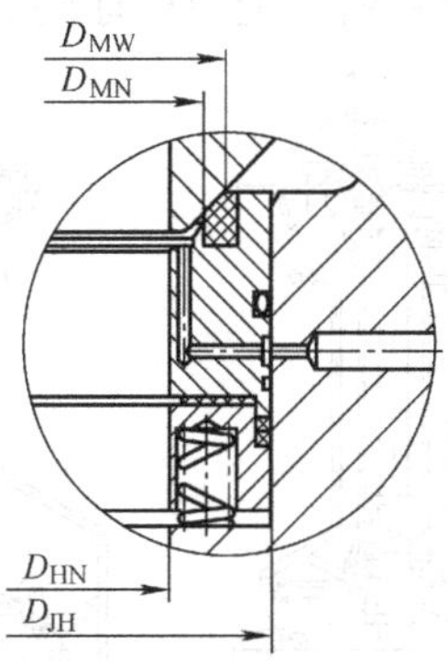

图 3-171　单向密封阀座结构

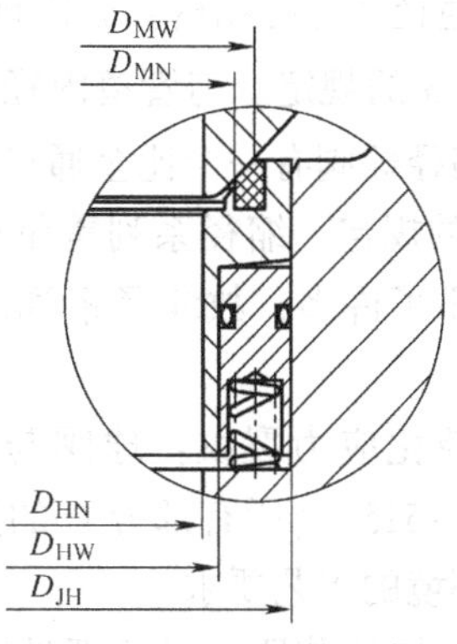

图 3-172　双向密封阀座结构

② 自动泄压结构：当中腔压力出现异常升高，达到球阀额定压力的 1.33 倍时，单向密封阀座则可被推开自动泄压。而双向密封阀座的球阀，则由安装在阀体上的泄压阀进行泄压。

③ 密封面的注脂系统：球阀的设计在阀座密封圈处和阀杆填料处设有紧急密封注脂系统，如图 3-173，一旦密封失效，可通过紧急密封注脂系统加注密封脂，进行紧急密封。

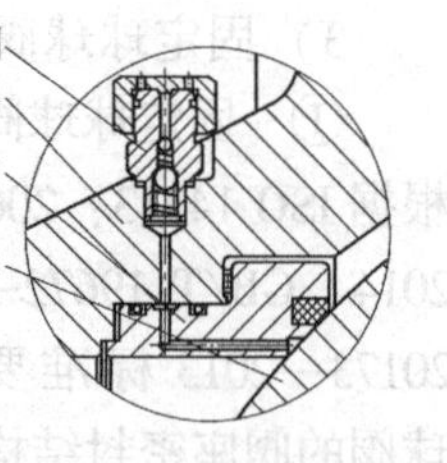

图 3-173 紧急密封注脂系统

④ 防火结构：根据用户要求，球阀可设计带防火结构，球阀的防火设计执行 ISO 10497：2010 的规定，一旦发生火灾，在非金属密封圈被烧坏时，金属密封仍起到密封作用，阻止介质大量泄漏，防止火灾进一步扩大。

⑤ 防静电结构：当操作阀门时，由于球体和阀座之间的摩擦，会产生静电电荷并积聚在球体上。为防止产生静电火花，在球阀上设置防静电装置，将积聚在球体上的电荷导出，如图 3-174 所示。

⑥ 锁定装置：在手动球阀的全开、全关两点位置上，设计可上锁的结构，这样，可防止误操作以及不可预知的线路振动而产生的不应有的开关现象，特别是石油、天然气输送管线，这种设计体现出的优点和实际应用效果特别好。

⑦ 阀体的泄放装置：根据用户要求，球阀的阀体上可安装有排泄阀。一旦阀门的两端被封闭，阀体中腔内的积压可通过阀体的排泄阀进行排放，阀体的泄放阀的另一功能是通过它可对阀体内的长期淤积物进行冲洗与排放，如图 3-175 所示。

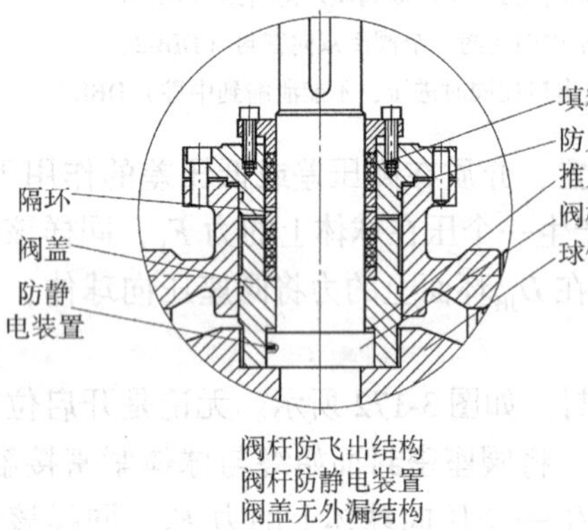

图 3-174 球阀防静电装置

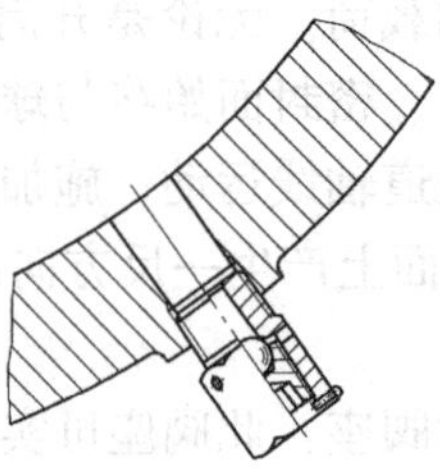
图 3-175 阀体泄放装置

⑧ 全通径及缩径结构：固定球球阀有全通径及缩径两种系列，全通径球阀的通道内径符合 ISO 14313 的规定。与管道内径基本一致，可用于清管，而缩径球阀有一个比全通径小的内径，但符合 ISO 14313 的规定。缩径系列重量较轻，而流量系数 K_V 值又小不了许多，故缩径系列球阀的应用前景较为广阔。

⑨ 抗硫化应力裂纹：球阀与介质接触的材料，应符合 ISO 15156（所有部分）的要求，完全能达到满足硫化环境的工艺要求。

⑩ 阀杆加长装置：对于埋地球阀，可提供阀杆加长装置。阀杆加长装置包括阀杆、支架、注脂阀、排泄阀的加长（图 3-176），用户在订单中应说明加长要求和长度。

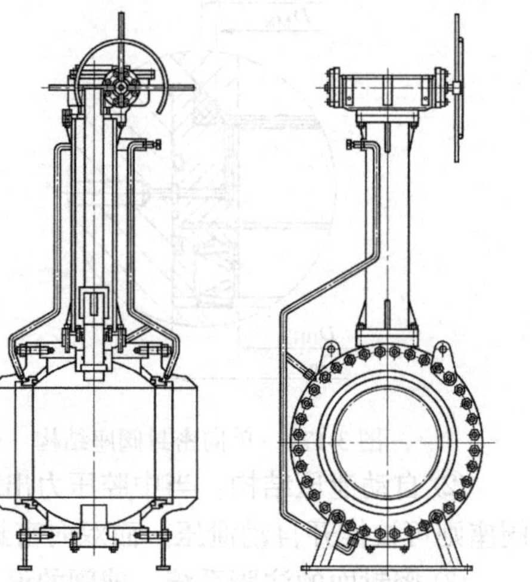
图 3-176 阀杆加长装置结构

4）固定球球阀产品性能规范见表 3-147。

表3-147　锻钢三体式法兰连接固定球球阀产品性能规范

性能规范		公称压力PN					压力等级CL						
		16	25	40	63	100	150	300	400	600	900	1500	2500
试验压力 p_s/MPa（对壳体材料WCB）	壳体试验	2.4	3.75	6.15	9.75	14.4	2.93	7.58	10.0	15.0	22.5	37.5	63.0
	密封试验	1.76	2.75	4.51	7.15	10.56	2.07	5.52	7.31	11.03	16.5	27.5	46.2
	气压试验	0.55~0.69											
适用温度[①]/℃		-196~550											
适用介质	普通型	水、蒸汽、石油、液化气、天然气等											
	抗硫型	含 H_2S、CO的天然气、石油等											

① 不同工况温度，选用不同的材质。

5）阀座密封圈材料性能数据见表3-148。

表3-148　阀座密封圈材料性能数据表

测试标准	测试项目		PEEK	MOLON	德威龙(DEVLON)	PPL	PTFE	PTFE+石墨	PTFE+玻纤	尼龙(NYLON) 66
D638	拉伸强度/MPa (23℃/-40℃)		93.08	75/100	79.92/109.52	72	24.82	25	24.2	60/80
D638	断裂伸长率（%）(23℃)		50	10/30	5.37	6/8	300	150	105	60
D785	硬度	邵氏D	—	78	78/80	80	56	58	65	78
		洛氏R	120	110/120	114	—	—	—	—	118
D790	弯曲强度/MPa		166.71	140	121.55	176	—	—	23.7	117
D621	负荷下变形（%）(24h)		~0	1.2	1.0/2.0	0.78	14/28	8.8	5.5	1.4
E831	线（膨）胀系数/（1/K）		0.48×10^{-4}	0.6×10^{-4}	0.1×10	0.43×10^{-4}	1.2×10^{-4}	1×10^{-4}	1×10^{-4}	0.7×10^{-4}
D648	热变形温度/℃ 1.82MPa/0.46MPa		160	150/190	93	163	55	63	78	90
			—	—	209	—	132	—	—	235
D792	密度/（g/cm^3）		1.34~1.36	1.15	1.14	1.48	2.20	2.22	2.1	1.12
D570	24h吸水率（%）		0.13	0.7	0.1	0.2	0.01	0.015	0.015	1.2
D695	抗拉强度/MPa		142	140	140	117	35	45	52	—
D695	压缩屈服强度/MPa		—	120	88.9	—	11.7	—	—	75.8

6）阀座密封材料的压力-温度特性见表3-149。

表3-149　阀座密封材料的压力-温度特性值

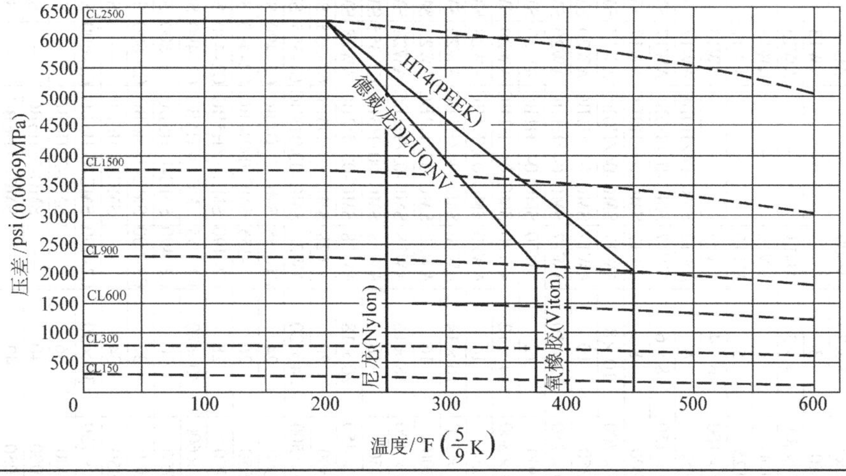

7）球阀驱动装置选配表见表3-150。

表 3-150 球阀驱动装置选配表

公称尺寸		PN16、CL150		PN25、PN40、CL300		PN63、CL400		PN100、CL600		PN150、CL900		CL1500		CL2500	
DN	NPS	气动	电动	气动	电动	气动	电动	气动	电动	气动	电动	气动	电动	气动	电动
50	2	AG09	—	AG13	—	AG13	—	AG13	—	AG13	—	AW13	—	AW13	
65	2½	AG13	—	AG13	—	AG13	—	AW13	—	AG13	—	AW13	—	AW17	
80×50	3×2	AG09	—	AG13	—	AG13	—	AG13	—	AG13	—	AW13	—	AW13	
80	3	AG13	—	AW13	—	AW13	—	AW13	—	AW13	—	AW17	—	AW20	
100×80	4×3	AG13	—	AW13	—	AW13	—	AW13	—	AW13	—	AW17	—	AW20	
100	4	AW13	—	AW13	—	AW13	—	AW13	—	AW17	—	AW20	—	AW20	
125	5	AW13	—	AW17	—	AW17	—	AW17	—	—	—	—	—	AW28	
150×100	6×4	AW13	—	AW13	—	AW13	—	AW13	—	AW17	—	AW20		AW20	
150	6	AW17	SMC-04/H0BC	AW17	SMC-04/H0BC	AW17	SMC-04/H1BC	AW17	SMC-04/H1BC	AW20	SMC-03/H1BC	AW20	SMC-03/H2BC	C1-355	SMC-00/H3BC
200×150	8×6	AW17	SMC-04/H0BC	AW17	SMC-04/H0BC	AW17	SMC-04/H0BC	AW17	SMC-04/H1BC	AW20	SMC-03/H1BC	AW20	SMC-03/H2BC	AW28	SMC-00/H3BC
200	8	AW17	SMC-04/H0BC	AW17	SMC-04/H1BC	AW20	SMC-04/H1BC	AW20	SMC-03/H1BC	AW20	SMC-03/H2BC	AW28	SMC-00/H3BC	C1-355	SMC-0/H4BC
250×200	10×8	AW17	SMC-04/H0BC	AW17	SMC-04/H1BC	AW20	SMC-04/H1BC	AW17	SMC-03/H1BC	AW20	SMC-03/H2BC	AW28	SMC-00/H3BC	C1-355	SMC-0/H4BC
250	10	AW17	SMC-04/H1BC	AW20	SMC-04/H1BC	AW20	SMC-03/H2BC	AW20	SMC-03/H2BC	AW28	SMC-00/H3BC	C1-355	SMC-0/H4BC	C2-490	SMC-0/H4BC
300×250	12×10	AW17	SMC-04/H1BC	AW20	SMC-04/H1BC	AW20	SMC-04/H1BC	AW20	SMC-03/H2BC	AW28	SMC-00/H3BC	C1-355	SMC-0/H4BC	C1-355	SMC-0/H4BC
300	12	AW20	SMC-04/H1BC	AW20	SMC-03/H2BC	AW28	SMC-03/H2BC	AW28	SMC-00/H3BC	C1-355	SMC-0/H4BC	C1-355	SMC-0/H4BC	C1-355	SMC-1/H5BC
350×300	14×12	AW20	SMC-04/H1BC	AW20	SMC-04/H1BC	AW28	SMC-04/H1BC	AW20	SMC-00/H3BC	C1-355	SMC-0/H4BC	C1-355	SMC-0/H4BC	C2-490	SMC-1/H5BC
350	14	AW20	SMC-03/H1BC	AW28	SMC-00/H3BC	AW28	SMC-00/H3BC	C1-355	SMC-00/H3BC	C1-355	SMC-0/H4BC	C2-490	SMC-1/H5BC	C2-490	SMC-2/H6BC
400×350	16×14	AW20	SMC-04/H1BC	AW20	SMC-04/H1BC	AW28	SMC-04/H1BC	AW20	SMC-00/H3BC	C1-355	SMC-0/H4BC	C1-355	SMC-0/H4BC	C2-490	SMC-1/H5BC
400	16	AW28	SMC-03/H2BC	AW28	SMC-00/H3BC	C1-355	SMC-00/H3BC	C1-355	SMC-0/H4BC	C2-490	SMC-1/H5BC	C2-490	SMC-2/H6BC	C3-600	SMC-2/H6BC
450×400	18×16	AW28	SMC-03/H2BC	AW28	SMC-00/H3BC	C1-355	SMC-00/H3BC	C1-355	SMC-0/H4BC	C2-490	SMC-1/H5BC	C2-490	SMC-2/H6BC	C2-490	SMC-2/H6BC
450	18	AW28	SMC-00/H3BC	C1-355	SMC-00/H3BC	C1-355	SMC-00/H3BC	C2-490	SMC-0/H4BC	C2-490	SMC-1/H5BC	C2-490	SMC-2/H6BC	C3-600	SMC-3/H6BC
500×450	20×18	AW28	SMC-03/H2BC	AW28	SMC-00/H3BC	C1-355	SMC-00/H3BC	C1-355	SMC-0/H4BC	C2-490	SMC-1/H5BC	C2-490	SMC-2/H6BC	C2-490	SMC-2/H6BC
500	20	AW28	SMC-00/H3BC	C1-355	SMC-0/H4BC	C1-355	SMC-0/H4BC	C2-490	SMC-1/H5BC	C2-490	SMC-2/H6BC	C3-600	SMC-3/H6BC	—	SMC-3/H6BC
600×500	24×20	AW28	SMC-00/H3BC	C1-355	SMC-0/H4BC	C1-355	SMC-0/H4BC	C2-490	SMC-1/H5BC	C2-490	SMC-2/H6BC	C3-600	SMC-3/H6BC	C3-600	SMC-3/H6BC
600	24	C1-355	SMC-0/H4BC	C2-490	SMC-0/H4BC	C2-490	SMC-1/H5BC	C2-490	SMC-2/H6BC	C3-600	SMC-3/H6BC	C3-600	SMC-3/H6BC	—	SMC-3/H7BC
650	26	C1-355	SMC-0/H4BC	C2-490	SMC-1/H5BC	C2-490	SMC-1/H5BC	C3-600	SMC-2/H6BC	C3-600	SMC-3/H6BC	—	SMC-3/H7BC	—	—
700	28	C2-490	SMC-1/H5BC	C2-490	SMC-1/H5BC	C2-490	SMC-1/H5BC	C3-600	SMC-2/H6BC	C3-600	SMC-3/H6BC	—	SMC-3/H7BC	—	—
750×600	30×20	C1-355	SMC-0/H4BC	C1-490	SMC-0/H4BC	C2-490	SMC-0/H4BC	C2-490	SMC-2/H6BC	C3-600	SMC-3/H6BC	C3-600	SMC-3/H6BC	—	—
750	30	C2-490	SMC-1/H5BC	C3-600	SMC-1/H5BC	C3-600	SMC-1/H5BC	—	SMC-3/H6BC	—	SMC-3/H6BC	—	SMC-3/H10BC	—	—
800	32	C3-600	SMC-2/H6BC	C3-600	SMC-2/H6BC	C3-600	SMC-2/H6BC	—	SMC-3/H6BC	—	SMC-3/H6BC	—	SMC-3/H10BC	—	—
850	34	—	SMC-2/H6BC	—	SMC-2/H6BC	—	SMC-2/H6BC	—	SMC-3/H6BC	—	SMC-3/H7BC	—	SMC-3/H12BC	—	—
900×750	36×30	C2-490	SMC-1/H5BC	C1-600	SMC-1/H5BC	C3-600	SMC-1/H5BC	C3-600	SMC-3/H6BC	—	SMC-3/H7BC	—	SMC-3/H10BC	—	—
900	36	—	SMC-2/H6BC	—	SMC-3/H6BC	—	SMC-3/H6BC	—	SMC-3/H6BC	—	SMC-3/H6BC	—	SMC-3/H12BC	—	—
1000	40	—	SMC-2/H6BC	—	SMC-3/H6BC	—	—	—	SMC-3/H6BC	—	—	—	—	—	—
1050	42	—	SMC-3/H6BC	—	SMC-3/H6BC	—	—	—	SMC-3/H7BC	—	—	—	—	—	—
1200	48	—	SMC-3/H6BC	—	SMC-3/H7BC	—	—	—	SMC-3/H7BC	—	—	—	—	—	—
1350	54	—	SMC-3/H6BC	—	SMC-3/H7BC	—	—	—	—	—	—	—	—	—	—
1400	56	—	SMC-3/H7BC	—	SMC-3/H7BC	—	—	—	SMC-3/H10BC	—	—	—	—	—	—
1500	60	—	SMC-3/H7BC	—	SMC-3/H10BC	—	—	—	SMC-3/H10BC	—	—	—	—	—	—

8）固定球球阀供货范围见表 3-151。

表 3-151　固定球球阀供货范围

公称		公称压力 PN					压力等级 CL						
DN	NPS	1.6	2.5	4.0	6.3	10.0	150	300	400	600	900	1500	2500
50	2	●/△					●/△					☆/△	
65	2 1/2	●/△					●/△					☆/△	
80×50	3×2	●/△					●/△					☆/△	
80	3	●/△					☆/△					☆/△	
100×80	4×3	●/△					●/△					☆/△	
100	4	●/△					●/△				☆/△		
125	5	●/△			●/☆/△	△	●/△		●/☆/△	△	—		
150×100	6×4	●/△					●/△				☆/△		
150	6	●/☆/△/★				☆/△/★	●/☆/△/★			☆/△/★	☆/△/★		
250×150	8×6	☆/△/★			●/☆/△/★		☆/△/★		●/☆/△/★		☆/△/★		
200	8	☆/△/★					☆/△/★						
250×200	10×8	☆/△/★					☆/△/★						
250	10	☆/△/★					☆/△/★						
300×250	12×10	☆/△/★					☆/△/★						
300	12	☆/△/★					☆/△/★						
350×300	14×12	☆/△/★					☆/△/★						
350	14	☆/△/★					☆/△/★						
400×300	16×12	☆/△/★					☆/△/★						
400	16	☆/△/★					☆/△/★						
450	18	☆/△/★					☆/△/★						
500×400	20×16	☆/△/★					☆/△/★						
500	20	☆/△/★					☆/△/★						
600×500	24×20	☆/△/★					☆/△/★						
600	24	☆/△/★					☆/△/★						☆/★
650	26	☆/△/★					☆/△/★					☆/★	—
700	28	☆/△/★					☆/△/★					☆/★	—
750×600	30×24	☆/△/★					☆/△/★						—
750	30	☆/△/★				☆/★	☆/△/★			☆/★			—
800	32	☆/△/★				☆/★	☆/△/★			☆/★			—
850	34	☆/★					☆/★						—
900×750	36×30	☆/△/★					☆/△/★				☆/★		—
900	36	☆/★					☆/★						—
1000	40	☆/★			—	☆/★	☆/★		—	☆/★		—	
1050	42	☆/★			—	☆/★	☆/★		—	☆/★		—	
1200	48	☆/★			—	☆/★	☆/★		—	☆/★		—	
1350	54	—				☆/★	—			☆/★		—	
1400	56	☆/★			—	☆/★	☆/★		—	☆/★		—	
1500	60	☆/★			—	☆/★	☆/★		—	☆/★		—	

注：●—手柄操作；☆—齿轮操作；△—气动操作；★—电动操作。

9）主要外形尺寸：

① 全通径三体式固定球阀主要外形尺寸如图 3-177 所示及见表 3-152。

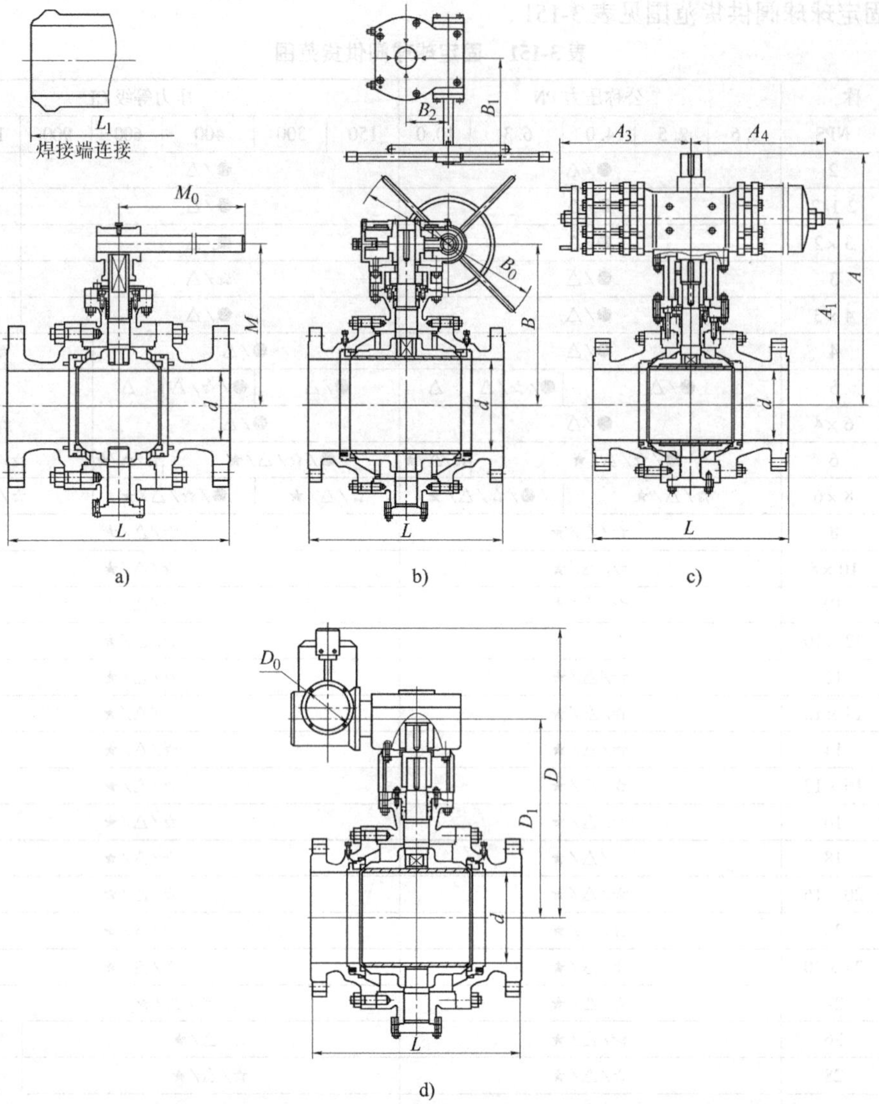

图 3-177　全通径三体式固定球阀主要外形尺寸

a）手柄操作　b）蜗杆操作　c）气动操作　d）电动操作

表 3-152　全通径三体式固定球阀主要外形尺寸　（单位：mm）

公称尺寸		L			d	手动		蜗杆传动				气动				电动			重量/kg	
DN	NPS	RF	WE	RJ		M	M_0	B	B_0	B_1	B_2	A	A_1	A_3	A_4	D	D_1	D_0	RF	WE
PN16、PN20，CL150																				
50	2	178	216	191	49	107	230	—	—	—	—	217	174	89	181	—	—	—	12	11
65	2½	191	241	203	62	125	400	—	—	—	—	308	248	148	257	—	—	—	16	15.3
80	3	203	283	216	74	152	400	—	—	—	—	318	258	148	257	—	—	—	22	21.3
100	4	229	305	241	100	178	650	—	—	—	—	407	322	287	287	—	—	—	35	34
125	5	356	381	—	125	252	1050	—	—	—	—	480	395	287	287	—	—	—	58	55.4
150	6	394	457	406	150	272	1050	378	400	200	106	562	457	378	378	554	337	508	74	72
200	8	457	521	470	201	—	—	421	400	200	108	700	595	378	378	606	421	508	205	201

（续）

公称尺寸		L			d	手动		蜗杆传动				气动				电动			重量/kg	
DN	NPS	RF	WE	RJ		M	M_0	B	B_0	B_1	B_2	A	A_1	A_3	A_4	D	D_1	D_0	RF	WE
PN16、PN20，CL150																				
250	10	533	559	546	252	—	—	482	400	200	108	735	630	378	378	667	482	508	322	310
300	12	610	635	622	303	—	—	549	600	330	144	858	728	530	530	734	549	508	460	447
350	14	686	762	699	334	—	—	582	600	330	144	1013	883	530	530	784	582	508	576	536
400	16	762	838	775	385	—	—	687	800	370	220	1319	1154	680	680	889	687	508	864	814
450	18	864	914	876	436	—	—	730	800	370	220	1389	1224	680	680	981	730	305	1280	1210
500	20	914	991	927	487	—	—	772	800	370	220	1459	1294	680	680	1023	772	305	1600	1500
600	24	1067	1143	1080	589	—	—	995	800	515	279	1060	915	1455	1455	1268	995	305	3540	3000
650	26	1143	1245	—	633	—	—	1022	800	515	279	1234	1089	1455	1455	1334	1071	305	3930	3240
700	28	1245	1346	—	684	—	—	1088	800	515	279	1140	980	1665	1665	1459	1155	305	4500	3710
750	30	1295	1397	—	735	—	—	1153	800	515	279	1195	1035	1665	1665	1515	1211	305	5370	4530
800	32	1372	1524	—	779	—	—	1223	800	570	368	1338	1149	1960	1960	1649	1316	458	5940	4870
850	34	1473	1626	—	830	—	—	1307	800	570	368	—	—	—	—	1694	1361	458	6615	5305
900	36	1524	1727	—	874	—	—	1374	800	570	368	—	—	—	—	1766	1433	458	7540	6010
1000	40	1753	1956	—	976	—	—	1468	960	575	220	—	—	—	—	1854	1521	458	9320	7400
1050	42	1855	2083	—	1020	—	—	1532	960	575	220	—	—	—	—	2036	1586	610	14450	12150
1200	48	2134	2388	—	1166	—	—	1670	960	575	220	—	—	—	—	2185	1735	610	19200	16000
1350	54	—	—	—	1312	—	—	1858	960	575	220	—	—	—	—	2330	1880	610	—	—
1400	56	2388	2388	—	1360	—	—	1920	960	630	295	—	—	—	—	2395	1945	610	29400	24500
1500	60	2540	2540	—	1458	—	—	2070	960	630	295	—	—	—	—	2504	2054	610	36000	30000
PN25、PN40，CL300																				
50	2	216	216	232	49	107	230	—	—	—	—	234	174	148	257	—	—	—	15	11
65	2½	241	241	257	62	125	400	—	—	—	—	308	248	148	257	—	—	—	24	18
80	3	283	283	298	74	152	400	—	—	—	—	343	258	287	287	—	—	—	30	22
100	4	305	305	321	100	178	650	—	—	—	—	407	322	287	287	—	—	—	55	45
125	5	381	381	—	125	252	1050	—	—	—	—	500	395	378	378	—	—	—	87	69
150	6	403	457	419	150	272	1050	378	400	200	106	562	457	378	378	522	337	508	118	98
200	8	502	521	517	201	—	—	421	400	200	108	700	595	378	378	606	421	508	255	225
250	10	568	559	584	252	—	—	482	600	330	144	760	630	530	530	667	482	508	370	330
300	12	648	635	664	303	—	—	549	600	330	144	858	728	530	530	751	549	508	533	493
350	14	762	762	778	334	—	—	582	800	370	220	1048	883	680	680	784	582	305	640	600
400	16	838	838	854	385	—	—	687	800	370	220	1319	1154	680	680	938	687	305	1030	930
450	18	914	914	930	436	—	—	730	800	370	220	1369	1224	1455	1455	981	730	305	1542	1402
500	20	991	991	1010	487	—	—	772	800	515	279	1459	1294	1455	1455	1045	772	305	2100	1900
600	24	1143	1143	1165	589	—	—	995	800	515	279	1075	915	1665	1665	1268	995	305	3430	2860
650	26	1245	1245	1270	633	—	—	1022	800	515	279	1249	1089	1665	1665	1375	1071	305	4340	3620
700	28	1346	1346	1372	684	—	—	1088	800	515	279	1140	980	1665	1665	1459	1155	305	4960	4140
750	30	1397	1397	1422	735	—	—	1153	800	570	368	1195	1035	1960	1960	1515	1211	305	5950	4960
800	32	1524	1524	1553	779	—	—	1223	800	570	368	1338	1149	1960	1960	1649	1316	458	6760	5640
850	34	1626	1626	1654	830	—	—	1307	800	570	368	—	—	—	—	1694	1361	458	8280	6900
900	36	1727	1727	1756	874	—	—	1374	960	575	220	—	—	—	—	1883	1433	458	9640	8040

（续）

公称尺寸		L			d	手动		蜗杆传动				气动				电动			重量/kg	
DN	NPS	RF	WE	RJ		M	M_0	B	B_0	B_1	B_2	A	A_1	A_3	A_4	D	D_1	D_0	RF	WE
PN25、PN40，CL300																				
1000	40	1930	1930	—	976	—	—	1468	960	575	220	—	—	—	—	1971	1521	458	11730	9680
1050	42	2032	2032	—	1020	—	—	1532	960	630	295	—	—	—	—	2036	1586	610	16300	13700
1200	48	2388	2388	—	1166	—	—	1670	960	630	295	—	—	—	—	2255	1735	610	20160	16800
1350	54	—	—	—	1312	—	—	1858	960	630	295	—	—	—	—	2400	1880	610	—	—
1400	56	2642	2642	—	1360	—	—	1920	960	630	295	—	—	—	—	2465	1945	610	30860	25720
1500	60	2946	2946	—	1458	—	—	2070	960	630	295	—	—	—	—	2574	2054	610	37800	31500
PN63，CL400																				
50	2	292	292	295	49	107	400	—	—	—	—	234	174	148	257	—	—	—	23	19
65	2½	330	330	333	62	142	400	—	—	—	—	308	248	148	257	—	—	—	35	27
80	3	356	356	359	74	152	650	—	—	—	—	343	258	287	287	—	—	—	49	39
100	4	406	406	410	100	178	650	—	—	—	—	407	322	287	287	—	—	—	91	71
125	5	457	457	—	125	225	1050	303	400	200	108	500	395	378	378	—	—	—	127	87
150	6	495	495	498	150	272	1050	383	400	200	108	562	457	378	378	522	337	508	192	152
200	8	597	597	600	201	—	—	447	600	330	144	725	595	530	530	606	421	508	355	285
250	10	673	673	676	252	—	—	480	600	330	144	760	630	530	530	684	482	508	640	530
300	12	762	762	765	303	—	—	517	800	370	220	943	728	680	680	751	549	508	880	730
350	14	826	826	829	334	—	—	588	800	370	220	1048	883	680	680	784	582	305	1100	910
400	16	902	902	905	385	—	—	639	800	370	220	1299	1154	1455	1455	938	687	305	1540	1310
450	18	978	978	981	436	—	—	710	800	515	279	1369	1224	1455	1455	981	730	305	1960	1640
500	20	1054	1054	1060	487	—	—	744	800	515	279	1459	1294	1455	1455	1045	772	305	2800	2210
600	24	1232	1232	1241	589	—	—	869	800	515	279	1075	915	1665	1665	1299	995	305	3930	3280
650	26	1308	1308	1321	633	—	—	908	800	515	279	1249	1089	1665	1665	1375	1071	305	4990	4160
700	28	1397	1397	1410	684	—	—	974	800	570	368	1140	980	1665	1665	1459	1155	305	5700	4760
750	30	1524	1524	1537	735	—	—	1013	800	570	368	1195	1035	1960	1960	1515	1211	305	6840	5700
800	32	1651	1651	1667	779	—	—	1079	800	570	368	1338	1149	1960	1960	1649	1316	458	7770	6480
850	34	1778	1778	1794	830	—	—	1164	960	575	220	—	—	—	—	1694	1361	458	9510	7930
900	36	1880	1880	1895	874	—	—	1201	960	575	220	—	—	—	—	1883	1433	458	11080	9240
1000	40	—	—	—	976	—	—	—	—	—	—	—	—	—	—	—	—	—	—	—
1050	42	—	—	—	1020	—	—	—	—	—	—	—	—	—	—	—	—	—	—	—
1200	48	—	—	—	1166	—	—	—	—	—	—	—	—	—	—	—	—	—	—	—
1350	54	—	—	—	1312	—	—	—	—	—	—	—	—	—	—	—	—	—	—	—
1400	56	—	—	—	1360	—	—	—	—	—	—	—	—	—	—	—	—	—	—	—
1500	60	—	—	—	1458	—	—	—	—	—	—	—	—	—	—	—	—	—	—	—
PN100，CL600																				
50	2	292	292	295	49	107	400	—	—	—	—	234	174	148	257	—	—	—	35	29
65	2½	330	330	333	62	125	650	—	—	—	—	333	248	287	287	—	—	—	38	31
80	3	356	356	359	74	152	650	—	—	—	—	343	258	287	287	—	—	—	55	45
100	4	432	432	435	100	178	1050	—	—	—	—	407	322	287	287	—	—	—	102	78
125	5	508	508	—	125	—	—	—	—	—	—	500	395	378	378	—	—	—	160	120
150	6	559	559	562	150	—	—	389	400	200	108	562	457	378	378	522	337	508	232	182

（续）

公称尺寸		L			d	手动		蜗杆传动				气动				电动			重量/kg	
DN	NPS	RF	WE	RJ		M	M_0	B	B_0	B_1	B_2	A	A_1	A_3	A_4	D	D_1	D_0	RF	WE
PN100，CL600																				
200	8	660	660	664	201	—	—	449	600	330	144	725	595	530	530	606	421	508	390	310
250	10	787	787	791	252	—	—	497	600	330	144	760	630	530	530	684	482	508	710	590
300	12	838	838	841	303	—	—	550	800	370	220	893	728	680	680	751	549	508	960	790
350	14	889	889	892	334	—	—	582	800	370	220	1048	883	1455	1455	784	582	305	1700	1490
400	16	991	991	994	385	—	—	687	800	370	220	1319	1154	1455	1455	960	687	305	1970	1720
450	18	1092	1092	1095	436	—	—	730	800	515	279	1384	1224	1665	1665	1003	730	305	2180	1830
500	20	1194	1194	1200	487	—	—	780	800	515	279	1459	1294	1665	1665	1045	772	305	3250	2770
600	24	1397	1397	1407	589	—	—	995	800	515	279	1075	915	1665	1665	1328	995	305	4880	4030
650	26	1448	1448	1461	633	—	—	1038	800	515	279	1249	1089	1960	1960	1375	1071	305	5830	4840
700	28	1549	1549	1562	684	—	—	1088	800	570	368	1140	980	1960	1960	1459	1155	305	6700	5610
750	30	1651	1651	1664	735	—	—	1157	800	570	368	—	—	—	—	1661	1211	305	7450	6210
800	32	1778	1778	1794	779	—	—	1190	800	570	368	—	—	—	—	1766	1316	458	8470	7060
850	34	1930	1930	1946	830	—	—	1246	960	575	220	—	—	—	—	1694	1361	458	10360	8640
900	36	2083	2083	2099	874	—	—	1292	960	575	220	—	—	—	—	1883	1433	458	12080	10070
1000	40	2337	2337	—	976	—	—	1361	960	575	220	—	—	—	—	1971	1521	458	15420	12850
1050	42	2387	2387	—	1020	—	—	1423	960	575	220	—	—	—	—	2036	1586	610	18180	15150
1200	48	2540	2540	—	1166	—	—	1568	960	630	295	—	—	—	—	2255	1735	610	25260	21050
1350	54	—	—	—	1312	—	—	1680	960	630	295	—	—	—	—	2400	1880	610	—	—
1400	56	2667	2667	—	1360	—	—	1730	960	630	295	—	—	—	—	2465	1945	610	38670	32230
1500	60	2950	2950	—	1458	—	—	1866	960	630	295	—	—	—	—	2574	2054	610	47360	39470
PN150，CL900																				
50	2	368	368	371	49	123	650	—	—	—	—	234	174	148	257	—	—	—	50	40
65	2½	419	419	422	62	136	800	—	—	—	—	308	248	148	257	—	—	—	75	60
80	3	381	381	384	74	—	—	185	400	200	106	343	258	287	287	—	—	—	92	70
100	4	457	457	460	100	—	—	225	400	200	108	427	322	378	378	—	—	—	146	109
125	5	—	—	—	—	—	—	—	—	—	—	—	—	—	—	—	—	—	—	—
150	6	610	610	613	150	—	—	389	600	330	144	587	457	530	530	522	337	508	339	264
200	8	737	737	740	201	—	—	449	600	330	144	725	595	530	530	606	421	508	640	540
250	10	838	838	841	252	—	—	497	800	370	220	795	630	680	680	684	482	508	960	800
300	12	965	965	968	303	—	—	550	800	370	220	837	728	1455	1455	822	549	508	1330	1110
350	14	1029	1029	1038	322	—	—	582	800	370	220	1048	883	1455	1455	855	582	305	1640	1370
400	16	1130	1130	1140	373	—	—	687	800	515	279	1314	1154	1665	1665	991	687	305	2240	1910
450	18	1219	1219	1232	423	—	—	730	800	515	279	1384	1224	1665	1665	1003	730	305	2770	2310
500	20	1321	1321	1334	471	—	—	780	800	515	279	1459	1294	1665	1665	1105	772	305	3740	3120
600	24	1549	1549	1568	570	—	—	995	800	515	279	1075	915	1960	1960	1445	995	305	5560	4640
650	26	1651	1651	1674	617	—	—	1038	800	570	368	1249	1089	1960	1960	1521	1071	305	7070	5880
700	28	1753	1753	1775	665	—	—	1088	800	570	368	1140	980	1960	1960	1605	1155	305	8070	6730
750	30	1880	1880	1902	712	—	—	1157	800	570	368	—	—	—	—	1661	1211	305	9680	8070
800	32	2032	2032	2054	760	—	—	1190	960	575	220	—	—	—	—	1766	1316	458	11000	9170
850	34	2159	2159	2188	808	—	—	1246	960	575	220	—	—	—	—	1881	1361	458	13470	11230

（续）

公称尺寸		L			d	手动		蜗杆传动				气动				电动			重量/kg	
DN	NPS	RF	WE	RJ		M	M_0	B	B_0	B_1	B_2	A	A_1	A_3	A_4	D	D_1	D_0	RF	WE
PN150，CL900																				
900	36	2286	2286	2315	855	—	—	1292	960	575	220	—	—	—	—	1953	1433	458	15700	13090
1000	40	2410	2410	2438	959	—	—	1361	960	630	295	—	—	—	—	1971	1521	458	20040	16700
1050	42	2515	2515	2540	1003	—	—	1423	960	630	295	—	—	—	—	2036	1586	610	23620	19690
1200	48	2620	2620	—	1155	—	—	1568	960	630	295	—	—	—	—	2255	1735	610	32830	27360
1350	54	—	—	—	—	—	—	1680	960	630	295	—	—	—	—	2400	1880	610	—	—
1400	56	2820	2820	—	1337	—	—	1730	960	630	295	—	—	—	—	2465	1945	610	44086	28981
1500	60	2930	2930	—	1438	—	—	1866	960	630	295	—	—	—	—	2574	2054	610	55210	46308

公称尺寸		L			d			蜗杆传动				气动				电动			重量/kg	
DN	NPS	RF	WE	RJ		B	B_0	B_1	B_2	A	A_1	A_3	A_4	D	D_1	D_0	RJ	WE		
CL1500																				
50	2	368	368	371	49	154	400	200	106	259	174	287	287	—	—	—	50	40		
65	2½	419	419	422	62	169	400	200	108	333	248	287	287	—	—	—	75	60		
80	3	470	470	473	74	187	600	330	144	363	258	378	378	—	—	—	117	82		
100	4	546	546	549	100	217	600	330	144	452	322	530	530	—	—	—	216	150		
125	5	—	—	—	—	—	—	—	—	—	—	—	—	—	—	—	—	—		
150	6	705	705	711	144	346	800	370	220	587	457	530	530	522	337	508	532	414		
200	8	832	832	841	192	384	800	370	220	760	595	680	680	623	421	508	870	677		
250	10	991	991	1000	239	452	800	370	220	739	630	1455	1455	755	482	508	1467	1132		
300	12	1130	1130	1146	287	512	800	515	279	837	728	1455	1455	822	549	508	2270	1777		
350	14	1257	1257	1276	315	561	800	515	279	1043	883	1665	1665	886	582	305	3240	2589		
400	16	1384	1384	1407	360	601	800	515	279	1314	1154	1665	1665	1020	687	305	4645	3782		
450	18	1537	1537	1559	371	688	800	515	279	1384	1224	1665	1665	1003	730	305	6035	4812		
500	20	1664	1664	1686	416	727	800	570	368	1459	1294	1960	1960	1272	772	305	8077	6555		
600	24	1943	1943	1972	498	803	800	570	368	1075	915	1960	1960	1445	995	305	12357	9900		
650	26	2048	2048	2077	540	853	800	570	368	—	—	—	—	1521	1071	305	14179	11409		
700	28	2148	2148	2176	584	938	960	575	220	—	—	—	—	1605	1155	305	16314	12422		
750	30	2251	2251	2281	625	1070	960	575	220	—	—	—	—	1661	1211	305	19466	14586		
800	32	2346	2346	2380	670	1200	960	575	220	—	—	—	—	1766	1316	458	25728	19993		
850	34	2450	2450	2454	720	1310	960	630	295	—	—	—	—	1881	1361	458	31416	24766		
900	36	2556	2556	2590	762	1430	960	630	295	—	—	—	—	1953	1433	458	38328	30478		
CL2500																				
50	2	451	451	454	42	174	600	330	144	259	174	287	287	—	—	—	93	70		
65	2½	508	508	540	52	198	600	330	144	353	248	378	378	—	—	—	152	115		
80	3	578	578	584	62	224	800	370	220	388	258	530	530	—	—	—	215	162		
100	4	673	673	683	87	268	800	370	220	452	322	530	530	—	—	—	385	322		
150	6	914	914	927	131	371	800	370	220	622	457	680	680	539	337	508	830	755		
200	8	1022	1022	1038	179	420	800	515	279	704	595	1455	1455	694	421	508	1435	1105		
250	10	1270	1270	1292	223	540	800	515	279	739	630	1455	1455	755	482	508	2220	1720		
300	12	1422	1422	1445	265	638	800	515	279	888	728	1665	1665	853	549	305	3050	2370		

（续）

公称尺寸		L			d	蜗杆传动				气动				电动			重量/kg	
DN	NPS	RF	WE	RJ		B	B_0	B_1	B_2	A	A_1	A_3	A_4	D	D_1	D_0	RJ	WE
CL2500																		
350	14	1540	1540	1569	241	663	800	515	279	992	883	1455	1455	886	582	305	3350	2610
400	16	1567	1567	1596	276	764	800	570	368	1314	1154	1665	1665	1020	687	305	5375	4397
450	18	1825	1825	1854	311	847	800	570	368	1384	1224	1960	1960	1003	730	305	5800	4870
500	20	1875	1875	1904	343	867	800	570	368	1459	1294	1960	1960	1272	772	305	8612	7035
600	24	2257	2257	2286	413	1060	960	575	220	—	—	—	—	1445	995	305	12747	10875

② 缩径三体式固定球阀主要外形尺寸如图 3-178 所示及见表 3-153。

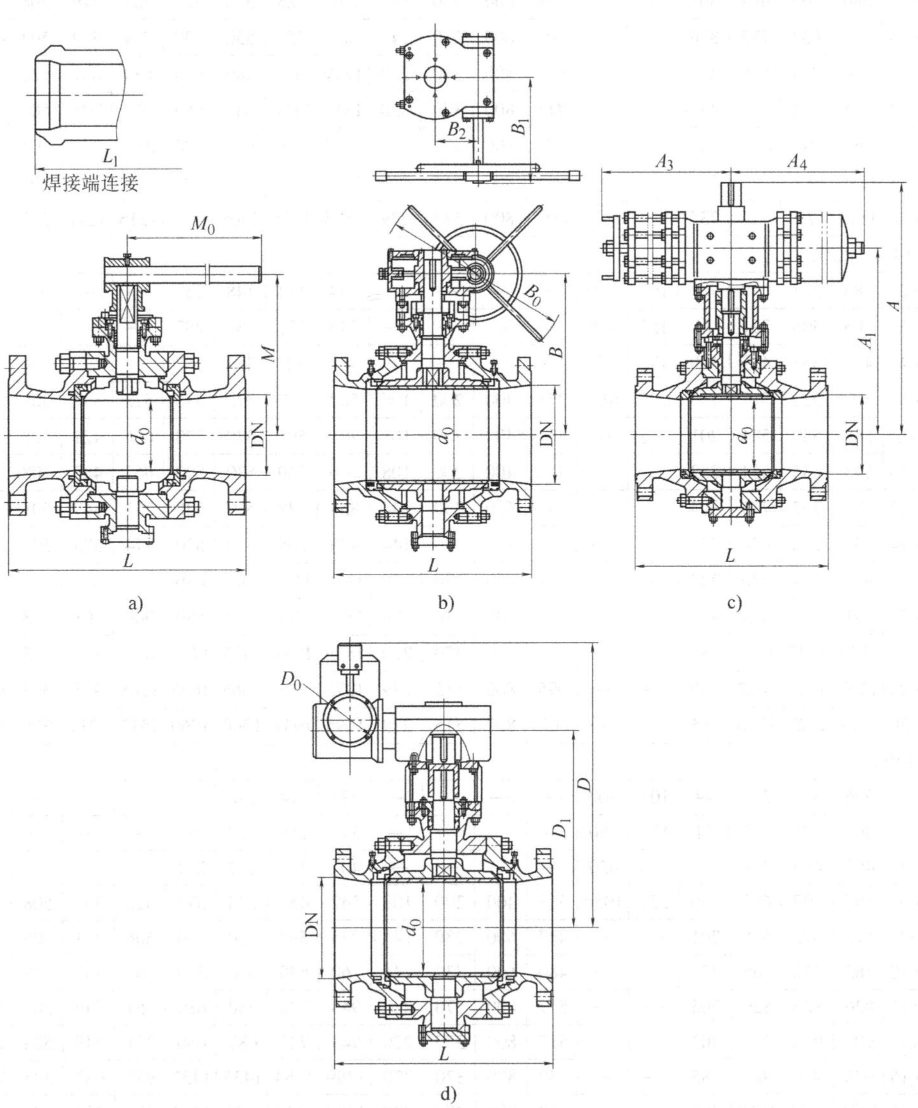

图 3-178　缩径三体式固定球阀主要外形尺寸

a）手柄操作　b）蜗杆操作　c）气动操作　d）电动操作

表 3-153　缩径三体式固定球阀主要外形尺寸　（单位：mm）

公称尺寸		L			d_0	手动		蜗杆传动				气动				电动			重量/kg	
DN	NPS	RF	WE	RJ		M	M_0	B	B_0	B_1	B_2	A	A_1	A_3	A_4	D	D_1	D_0	RF	WE
PN16、PN20，CL150																				
80	3×2	203	283	216	49	107	230	—	—	—	—	217	174	89	181	—	—	—	19	15
100	4×3	229	305	241	74	152	400	—	—	—	—	318	258	148	257	—	—	—	32	24
150	6×4	394	457	406	100	178	650	—	—	—	—	407	322	287	287	—	—	—	55	48
200	8×6	457	521	470	150	272	1050	378	400	200	106	562	457	378	378	554	337	508	73	69
250	10×8	533	559	546	201	—	—	421	400	200	108	700	595	378	378	606	421	508	122	110
300	12×10	610	635	622	252	—	—	482	400	200	108	735	630	378	378	667	482	508	310	297
350	14×12	686	762	699	303	—	—	549	600	330	144	858	728	530	530	734	549	508	470	430
400	16×14	762	838	775	336	—	—	607	600	330	144	888	758	530	530	774	589	508	590	540
450	18×16	864	914	876	385	—	—	687	800	370	220	1319	1154	680	680	889	687	508	830	760
500	20×18	914	991	927	435	—	—	713	800	370	220	1354	1180	680	680	909	708	508	1040	940
600	24×20	1067	1143	1080	487	—	—	772	800	370	220	1459	1294	680	680	1023	772	305	1650	1110
750	30×24	1295	1397	—	589	—	—	995	800	515	279	1060	915	1455	1455	1268	995	305	4100	3170
900	36×30	1524	1727	—	735	—	—	1153	800	515	279	1195	1035	1665	1665	1515	1211	305	6450	4820
PN25、PN40，CL300																				
80	3×2	283	283	298	49	107	230	—	—	—	—	234	174	148	257	—	—	—	28	20
100	4×3	305	305	321	74	152	400	—	—	—	—	343	258	287	287	—	—	—	38	28
150	6×4	403	457	419	100	178	650	—	—	—	—	407	322	287	287	—	—	—	67	54
200	8×6	502	521	517	150	272	1050	378	400	200	106	562	457	378	378	522	337	508	95	83
250	10×8	568	559	584	201	—	—	421	400	200	108	700	595	378	378	606	421	508	144	125
300	12×10	648	635	664	252	—	—	482	400	200	108	760	630	530	530	667	482	508	380	340
350	14×12	762	762	778	303	—	—	549	600	330	144	858	728	530	530	751	549	508	580	540
400	16×14	838	838	854	336	—	—	650	700	330	144	909	808	530	530	774	589	508	780	680
450	18×16	914	914	930	385	—	—	687	800	370	220	1319	1154	680	680	938	687	305	1190	1050
500	20×18	991	991	1010	435	—	—	713	800	370	220	1354	1180	680	680	909	708	508	1880	1690
600	24×20	1143	1143	1165	487	—	—	772	800	370	220	1459	1294	1455	1455	1045	772	305	2750	2180
750	30×24	1397	1397	1422	589	—	—	995	800	515	279	1075	915	1665	1665	1268	995	305	4810	3820
900	36×30	1727	1727	1756	735	—	—	1153	800	515	279	1195	1035	1960	1960	1515	1211	305	8440	6840
PN63，CL400																				
80	3×2	356	356	359	49	107	400	—	—	—	—	234	174	148	257	—	—	—	37	26
100	4×3	406	406	410	74	152	650	—	—	—	—	343	258	287	287	—	—	—	66	47
150	6×4	495	495	498	100	178	650	—	—	—	—	407	322	287	287	—	—	—	128	81
200	8×6	597	597	600	150	272	1050	383	400	200	108	562	457	378	378	522	337	508	296	252
250	10×8	673	673	676	201	—	—	447	600	330	144	725	595	530	530	606	421	508	456	384
300	12×10	762	762	765	252	—	—	480	600	330	144	760	630	530	530	667	482	508	648	544
350	14×12	826	826	829	303	—	—	517	800	370	220	943	728	680	680	751	549	508	950	795
400	16×12	902	902	905	303	—	—	517	800	370	220	943	728	680	680	751	549	508	1053	882
450	18×16	978	978	981	385	—	—	639	800	370	220	1299	1154	1455	1455	938	687	305	1512	1265
500	20×16	1054	1054	1060	385	—	—	639	800	370	220	1299	1154	1455	1455	938	687	305	1925	1605
600	24×20	1232	1232	1241	487	—	—	744	800	515	279	1459	1294	1455	1455	1045	772	305	3125	2610
750	30×24	1524	1524	1537	589	—	—	869	800	515	279	1075	915	1665	1665	1268	995	305	5385	4490
900	36×30	1880	1880	1895	735	—	—	1013	800	570	368	1195	1035	1960	1960	1515	1211	305	8960	7470

（续）

公称尺寸		L			d_0	手动		蜗杆传动				气动				电动			重量/kg	
DN	NPS	RF	WE	RJ		M	M_0	B	B_0	B_1	B_2	A	A_1	A_3	A_4	D	D_1	D_0	RF	WE
PN100，CL600																				
80	3×2	356	356	359	49	107	400	—	—	—	—	234	174	148	257	—	—	—	44	34
100	4×3	432	432	435	74	152	650	—	—	—	—	343	258	287	287	—	—	—	89	65
150	6×4	559	559	562	100	178	1050	—	—	—	—	407	322	287	287	—	—	—	160	110
200	8×6	660	660	664	150	—	—	389	400	200	108	500	395	378	378	522	337	508	310	240
250	10×8	787	787	791	201	—	—	449	600	330	144	562	457	378	378	606	421	508	570	500
300	12×10	838	838	841	252	—	—	497	600	330	144	725	595	530	530	684	482	508	850	680
350	14×12	889	889	892	303	—	—	550	800	370	220	760	630	530	530	751	549	508	1180	970
400	16×12	991	991	994	303	—	—	550	800	370	220	760	630	530	530	751	549	508	1390	1140
450	18×16	1092	1092	1095	385	—	—	687	800	370	220	1319	1154	1455	1455	960	687	305	1765	1415
500	20×16	1194	1194	1200	385	—	—	687	800	370	220	1319	1154	1455	1455	960	687	305	2170	1690
600	24×20	1397	1397	1407	487	—	—	780	800	515	279	1459	1294	1665	1665	1045	772	305	3390	2540
750	30×24	1651	1651	1664	589	—	—	995	800	515	279	1075	915	1665	1665	1328	995	305	5910	4470
900	36×30	2083	2083	2099	735	—	—	1157	800	570	368	1195	1035	1960	1960	1661	1211	305	10560	8460
CL900																				
80	3×2	381	381	384	49	123	650	—	—	—	—	234	174	148	257	—	—	—	58	48
100	4×3	457	457	460	74	—	—	185	400	200	106	343	258	287	287	—	—	—	105	90
150	6×4	610	610	613	100	—	—	225	400	200	108	427	322	378	378	—	—	—	230	162
200	8×6	737	737	740	150	—	—	389	600	330	144	587	457	530	530	522	337	508	470	370
250	10×8	838	838	841	201	—	—	449	600	330	144	725	595	530	530	606	421	508	530	410
300	12×10	965	965	968	252	—	—	497	800	370	220	795	630	680	680	684	482	508	1200	1030
350	14×12	1029	1029	1038	303	—	—	550	800	370	220	837	728	1455	1455	822	549	508	1695	1440
400	16×12	1130	1130	1140	303	—	—	550	800	370	220	837	728	1455	1455	822	549	508	1790	1480
450	18×16	1219	1219	1232	373	—	—	687	800	515	279	1314	1154	1665	1665	991	687	305	2520	2100
500	20×16	1321	1321	1334	373	—	—	687	800	515	279	1314	1154	1665	1665	991	687	305	2970	2430
600	24×20	1549	1549	1568	471	—	—	780	800	515	279	1459	1294	1665	1665	1105	772	305	5580	4520
750	30×24	1880	1880	1902	570	—	—	995	800	515	279	1075	915	1960	1960	1445	995	305	8980	7907
900	36×30	2286	2286	2315	712	—	—	1157	800	570	368	—	—	—	—	1661	1211	305	15650	3910

公称尺寸		L			d_0	蜗杆传动				气动				电动			重量/kg	
DN	NPS	RF	WE	RJ		B	B_0	B_1	B_2	A	A_1	A_3	A_4	D	D_1	D_0	RF	WE
CL1500																		
80	3×2	470	470	473	49	154	400	200	106	259	174	287	287	—	—	—	75	49
100	4×3	546	546	549	74	187	600	330	144	363	258	378	378	—	—	—	130	73
150	6×4	705	705	711	100	217	600	330	144	452	322	530	530	—	—	—	300	181
200	8×6	832	832	841	144	346	800	370	220	587	457	530	530	522	337	508	615	491
250	10×8	991	991	1000	192	384	800	370	220	760	595	680	680	623	421	508	1085	879
300	12×10	1130	1130	1146	239	452	800	370	220	739	630	1455	1455	755	482	508	1850	1547
350	14×12	1257	1257	1276	287	512	800	515	279	837	728	1455	1455	822	549	508	2620	2214
400	16×12	1384	1384	1407	287	512	800	515	279	837	728	1455	1455	822	549	508	2890	2365
450	18×16	1537	1537	1559	360	601	800	515	279	1314	1154	1665	1665	1020	687	305	3856	3156

（续）

公称尺寸		L			d_0	蜗杆传动				气动				电动			重量/kg	
DN	NPS	RF	WE	RJ		B	B_0	B_1	B_2	A	A_1	A_3	A_4	D	D_1	D_0	RF	WE
CL1500																		
500	20×16	1664	1664	1686	360	601	800	515	279	1314	1154	1665	1665	1020	687	305	5005	4105
600	24×20	1943	1943	1972	416	727	800	570	368	1459	1294	1960	1960	1272	772	305	11377	9980
750	30×24	2251	2251	2281	498	803	800	570	368	1075	915	1960	1960	1445	995	305	17914	14660
900	36×30	2556	2556	2590	625	1070	960	575	220	—	—	—	—	1661	1211	305	32976	27743

公称尺寸		L			d_0	蜗杆传动				气动				电动			重量/kg	
DN	NPS	RF	WE	RJ		B	B_0	B_1	B_2	A	A_1	A_3	A_4	D	D_1	D_0	RJ	WE
CL2500																		
80	3×2	578	578	584	42	174	600	330	144	259	174	287	287	—	—	—	165	111
100	4×3	673	673	683	62	224	800	370	220	388	258	530	530	—	—	—	280	166
150	6×4	914	914	927	87	268	800	370	220	452	322	530	530	—	—	—	540	302
200	8×6	1022	1022	1038	131	371	800	370	220	622	457	680	680	539	337	508	990	860
250	10×8	1270	1270	1292	179	420	800	515	279	704	595	1455	1455	694	421	508	1750	1270
300	12×10	1422	1422	1445	223	540	800	515	279	739	630	1455	1455	755	482	508	2650	1920
350	14×12	1540	1540	1569	265	638	800	515	279	888	728	1665	1665	853	549	305	4610	3855
400	16×12	1567	1567	1596	265	638	800	515	279	888	728	1665	1665	853	549	305	5145	4295
450	18×16	1825	1825	1854	276	764	800	570	368	1314	1154	1665	1665	1020	687	305	7395	6170
500	20×16	1875	1875	1904	276	764	800	570	368	1314	1154	1665	1665	1020	687	305	8900	7430
600	24×20	2257	2257	2286	343	867	800	570	368	1459	1294	1960	1960	1272	772	305	12190	10440

10）主要生产厂家：中国·保一集团有限公司、超达阀门集团股份有限公司、北京首高高压阀门制造有限公司、浙江福瑞科流控机械有限公司。

（2）顶装式球阀　顶装式球阀的结构如图 3-179（手动）、图 3-180 所示及见表 3-154，

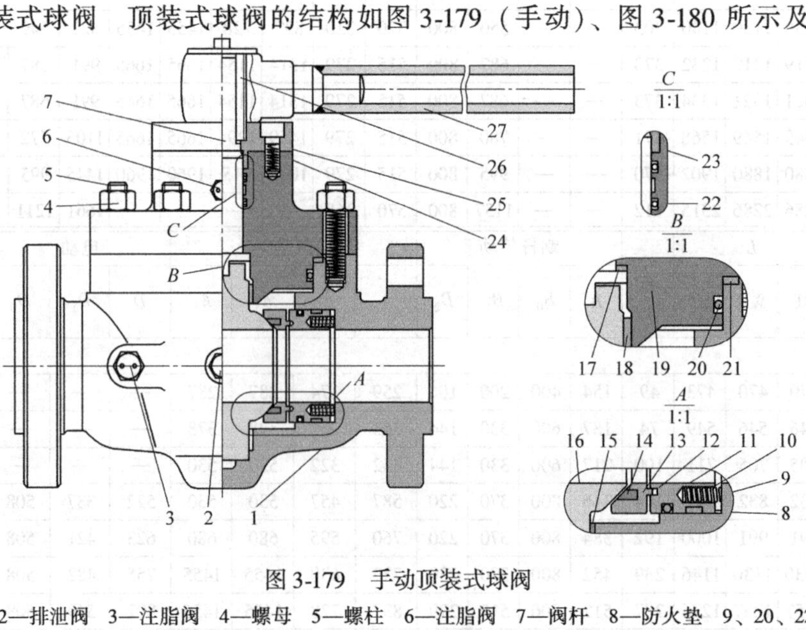

图 3-179　手动顶装式球阀

1—阀体　2—排泄阀　3—注脂阀　4—螺母　5—螺柱　6—注脂阀　7—阀杆　8—防火垫　9、20、22—O 形圈　10—弹簧　11—支撑圈　12、21—垫片　13—阀座　14—密封圈　15—下轴承　16—球体　17—平面轴承　18—上轴承　19—阀盖　23—填料　24—压盖　25—螺钉　26—键　27—手柄

（驱动）所示及见表 3-155。它除了具有侧装固定球阀的特点外，还具有整体式阀体设计，在其上部有阀盖、球体、阀座支承圈、密封圈等均从阀体上部装入。顶装式球阀的特点是在检修时不必将球阀从管线上拆下来，即可在线维修，仅打开阀盖，将阀座圈退到通道内，即可将球体吊出，进行检修。

表 3-154　手动顶装式球阀主要零件材料

序号	零件名称	材料			序号	零件名称	材料		
		碳钢	不锈钢	低温钢			碳钢	不锈钢	低温钢
1	阀体	A216 WCB	A351 CF8M	A352 LCC	13	阀座	A105 + ENP	A182 F316	A350 LF3
2	排泄阀	A105 + ENP	A182 F316	A350 LF3	14	密封圈	PTFE、NYLON、PEEK、PCTFE		
3	注脂阀	A105 + ENP	A182 F316	A350 LF3	15	下轴承	PTFE + CS	PTFE + SS	PTFE + SS
4	螺母	A194 2H	A194 8	A194 7	16	球体	A105 + ENP	A182 F316	A350 LF3
5	螺柱	A193 B7	A193 B8	A320 L7	17	平面轴承	PTFE + CS	PTFE + SS	PTFE + SS
6	注脂阀	A105 + ENP	A182 F316	A350 LF3	18	上轴承	PTFE + CS	PTFE + SS	PTFE + SS
7	阀杆	A182 F6a Ⅱ	A182 F316	A182 F316	19	阀盖	A216 WCB	A351 CF8M	A352 LCC
8	防火垫	柔性石墨			23	填料	柔性石墨		
9、20、22	O 形圈	氟橡胶			24	压盖	A105 + ENP	A182 F316	A350 LF3
10	弹簧	Inconel × 750			25	螺钉	A193 B7	A193 B8	A320 L7
11	支撑圈	A105 + ENP	A182 F316	A350 LF3	26	键	A29 1045	A29 1045	A29 1045
12、21	垫片	柔性石墨 + SS			27	手柄	Q235A		

注：可根据不同工矿和用户要求选用不同的材料。

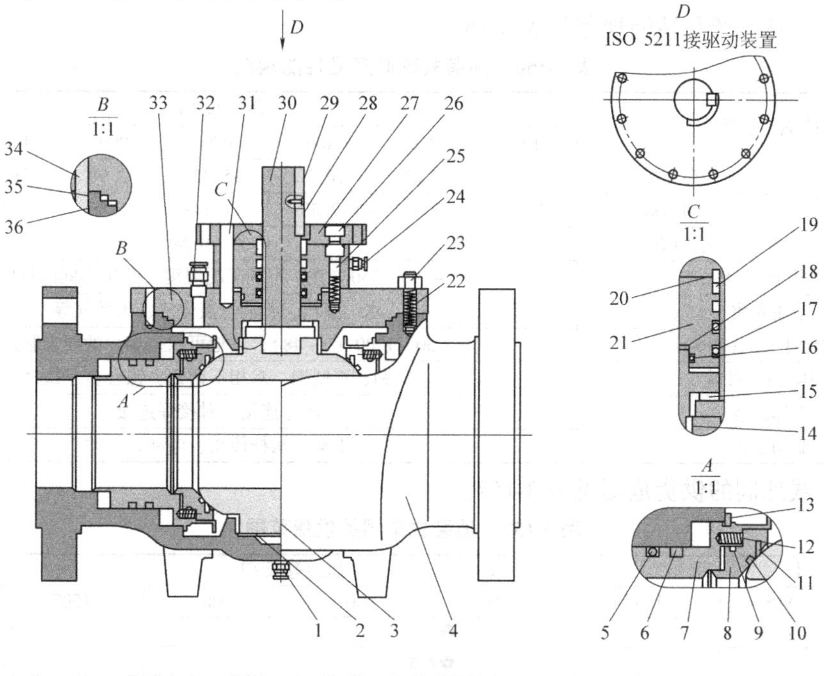

图 3-180　驱动装置驱动顶装式球阀

1—排泄阀　2—下轴承　3—球体　4—阀体　5、9、10、16、17、36—O 形圈　6—防火垫　7—支撑圈　8—阀座　11—密封圈　12—弹簧　13—C 形弹簧　14—上轴承　15—平面轴承　18、35—垫片　19—填料　20—压套　21—上阀杆座　22—螺柱　23—螺母　24—注脂阀　25、26、29—螺钉　27—连接盘　28—键　30—阀杆　31、34—定位销　32—排泄阀　33—阀盖

表 3-155　驱动装置操作的顶装式球阀主要零件材料

序号	零件名称	材料			序号	零件名称	材料		
		碳钢	不锈钢	低温钢			碳钢	不锈钢	低温钢
1	排泄阀	A105 + ENP	A182 F316	A350 LF3	19	填料	柔性石墨		
2	下轴承	PTFE + CS	PTFE + SS	PTFE + SS	20	压套	A182 F6a	A182 F316	A182 F6a
3	球体	A105 + ENP	A182 F316	A350 LF3	21	上阀杆座	A105 + ENP	A182 F316	A350 LF3
4	阀体	A216 WCB	A351 CF8M	A352 LCC	22	螺柱	A193 B7	A193 B8	A320 L7
5、9、10、16、17、36	O 形圈	氟橡胶	氟橡胶	氟橡胶	23	螺母	A194 2H	A194 8	A194 7
6	防火垫	柔性石墨	柔性石墨	柔性石墨	24	注脂阀	A105 + ENP	A182 F316	A350 LF3
7	支撑圈	A105 + ENP	A182 F316	A350 LF3	25、26	螺钉	A193 B7	A193 B8	A320 L7
8	阀座	A105 + ENP	A182 F316	A350 LF3	27	连接盘	A105 + ENP		
11	密封圈	PTFE、NYLON、PEEK、PCTFE、MOLON			28	键	A29 1045		
12	弹簧	Inconel ×750			29	螺钉	A193 B7		
13	C 形弹簧	17-4			30	阀杆	A182 F6a	A182 F316	A182 F316
14	上轴承	PTFE + CS	PTFE + SS	PTFE + SS	31、34	定位销	A182 F6a Ⅱ		
15	平面轴承	PTFE + CS	PTFE + SS	PTFE + SS	32	排泄阀	A105 + ENP	A182 F316	A350 LF3
18、35	垫片	柔性石墨 + SS			33	阀盖	A216 WCB	A351 CF8M	A352 LCC

注：1. 根据工矿介质温度压力选用不同的密封圈材料。

2. 除了表中列出的材料，可根据用户要求选材。

3. 可提供满足 NACE MR-01-75 标准（最新版本）适用于酸性气体工矿的材料。

1）顶装式球阀产品性能规范见表 3-156。

表 3-156　顶装式球阀产品性能规范

性能规范		压力级 CL						
		150	300	400	600	900	1500	2500
试验压力/MPa（对壳体材料 WCB）	壳体试验	2.94	7.67	10.22	15.32	22.98	38.3	63.83
	密封试验	2.16	5.63	7.50	11.24	16.86	28.09	46.81
	气压试验	0.55 ~ 0.69						
适用温度/℃		-196 ~ 550（注：不同工况温度，选用不同的材质）						
适用介质		水、蒸汽、石油、液化气、天然气等						
公称尺寸 DN（NPS）		50 ~ 1200（2 ~ 48），其他可根据客户的要求制造						
主体/内件材料		碳钢、不锈钢、双相不锈钢、镍合金、钛材						
端部连接		法兰连接、对接焊连接						
驱动装置		手动、蜗杆传动、电动、气动						

2）顶装式球阀的供货范围见表 3-157。

表 3-157　顶装式球阀的供货范围

公称尺寸		压力等级 CL					
DN	NPS	150	300	600	900	1500	2500
50 ×40	2 ×2½	●/△				☆/△	
50	2	●/△				☆/△	
80 ×50	3 ×2	●/△				☆/△	
80	3	☆/△				☆/△	
100 ×80	4 ×3	☆/△				☆/△	
100	4	☆/△				☆/△	
150 ×100	6 ×4	☆/△				☆/△	
150	6	●/☆/△/★		☆/△/★		☆/△/★	

（续）

公称尺寸		压力等级 CL					
DN	NPS	150	300	600	900	1500	2500
200×150	8×6	☆/△/★		●/☆/△/★		☆/△/★	
200	8	☆/△/★				☆/★	☆/★
250×200	10×8	☆/△/★				☆/★	☆/★
250	10	☆/△/★				☆/★	☆/★
300×250	12×10	☆/△/★				☆/★	☆/★
350×250	14×10	☆/△/★				☆/★	☆/★
300	12	☆/△/★				☆/★	☆/★
350×300	14×12	☆/△/★				☆/★	—
400×300	16×12	☆/△/★				☆/★	—
350	14	☆/△/★				☆/★	—
400×350	16×14	☆/△/★				☆/★	—
400	16	☆/△/★				☆/★	—
450×400	18×16	☆/△/★				☆/★	—
500×400	20×16	☆/△/★				☆/★	—
450	18	☆/△/★				☆/★	—
500	20	☆/△/★				☆/★	—
550	22	☆/△/★				☆/★	—
600×500	24×20	☆/△/★				☆/★	—
600	24	☆/△/★				☆/★	—
650	26	☆/△/★				—	
700	28	☆/△/★				—	
750×600	30×24	☆/△/★				—	
750	30	☆/△/★				—	
800	32	☆/△/★				—	
850	34	☆/★				—	
900×750	36×30	☆/△/★				—	
900	36	☆/★				—	
1000	40	☆/★			—		
1050	42	☆/★			—		
1200	48	☆/★			—		

注：●—手柄操作；☆—蜗杆操作；△—气动操作；★—电动操作。

3）上装式球阀主要外形尺寸如图 3-181 所示和见表 3-158。

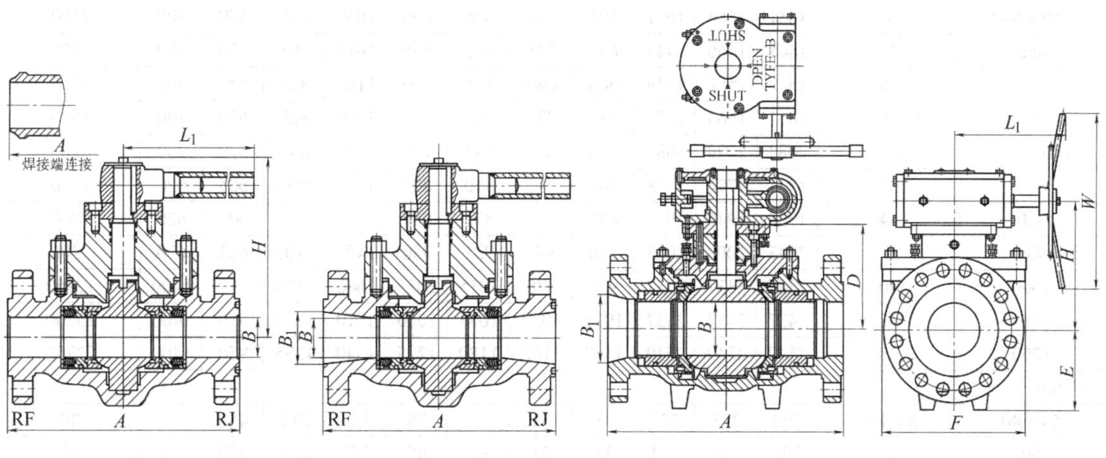

a)　b)　c)　d)

图 3-181　上装式球阀结构

a）手动上装式全通径球阀　b）手动上装式缩径球阀　c）蜗杆传动上装式缩径球阀　d）蜗杆传动上装式全通径球阀

表 3-158 上装式球阀主要外形尺寸 （单位：mm）

DN	NPS	A			B	B_1	D	E	F	H	L_1	W	重量/kg
		RF	RTJ	WE									RF
CL150													
50×40	2×1½	292	295	292	38	51	—	85	180	212	450	—	25
50	2	292	295	292	51	51	—	85	180	212	450	—	28
80×50	3×2	356	359	356	51	77	—	85	180	212	450	—	37
80	3	356	359	356	77	77	—	112	230	228	600	—	55
100×80	4×3	432	435	432	77	102	—	112	230	228	600	—	75
100	4	432	435	432	102	102	—	145	283	272	600	—	105
150×100	6×4	559	562	559	102	152	—	145	283	272	600	—	140
150	6	559	562	559	152	152	281	220	325	333	297	350	235
200×150	8×6	660	664	660	152	203	281	220	325	333	297	350	265
200	8	660	664	660	203	203	320	260	405	384	360	500	430
250×200	10×8	787	791	787	203	254	320	260	405	384	360	500	480
250	10	787	791	787	254	254	360	311	490	424	360	500	475
300×250	12×10	838	841	838	254	305	360	311	490	424	360	500	510
350×250	14×10	889	892	889	254	337	360	311	490	424	360	500	690
300	12	838	841	838	305	305	403	366	570	467	340	700	610
350×300	14×12	889	892	889	305	337	403	366	570	467	340	700	820
400×300	16×12	991	994	991	305	387	403	366	570	467	340	700	970
350	14	889	892	889	337	337	453	428	660	517	340	700	795
400×350	16×14	991	994	991	387	337	453	428	660	517	340	700	955
400	16	991	994	991	387	387	459	450	700	549	545	700	1160
450×400	18×16	1092	1095	1092	387	438	450	450	700	549	545	700	1295
500×400	20×16	1194	1200	1194	387	489	459	450	700	549	545	700	1590
450	18	1092	1095	1092	438	438	502	473	755	577	575	700	1570
500×450	20×18	1194	1200	1194	438	489	502	473	755	577	575	700	1800
500	20	1194	1200	1194	489	489	551	580	870	626	575	700	2000
600×500	24×20	1397	1406	1397	489	591	551	580	870	626	575	700	2440
550	22	1295	1305	1295	540	540	578	590	955	653	575	700	2830
600	24	1397	1406	1397	591	591	606	600	1030	696	579	700	3300
750×600	30×24	1651	1664	1651	591	736	606	600	1030	696	579	700	4100
650	26	1448	1460	1448	635	635	675	635	1075	765	570	700	3970
700	28	1549	1562	1549	686	686	735	700	1165	825	579	700	4755
750	30	1651	1664	1651	736	736	795	775	1250	865	579	700	5820
900×750	36×30	2083	2098	2083	736	876	795	775	1250	865	579	700	7200
800	32	1778	1794	1778	781	781	840	825	1325	1012	605	620	7240
850	34	1930	1946	1930	832	832	875	880	1410	1047	605	620	7960
900	36	2083	2098	2083	876	876	931	930	1475	1103	605	620	9300
1000	40	2337	2337	2337	978	978	1015	1025	1640	1170	950	1400	12950
1050	42	2437	2437	2437	1022	1022	1065	1080	1710	1220	950	1400	15200
1200	48	2540	2540	2540	1168	1168	1180	1225	1940	1335	950	1400	22750
CL300													
50×40	2×1½	292	295	292	38	51	—	85	180	212	450	—	29
50	2	292	295	292	51	51	—	85	180	212	450	—	33
80×50	3×2	356	359	356	51	77	—	85	180	212	450	—	43
80	3	356	359	356	77	77	—	112	230	228	600	—	64
100×80	4×3	432	435	432	77	102	—	112	230	228	600	—	88

（续）

DN	NPS	A			B	B_1	D	E	F	H	L_1	W	重量/kg
		RF	RTJ	WE									RF
CL300													
100	4	432	435	432	102	102	—	145	283	272	1000	—	123
150×100	6×4	559	562	559	102	152	—	145	283	272	1000	—	164
150	6	559	562	559	152	152	281	220	325	345	360	500	275
200×150	8×6	660	664	660	152	203	281	220	325	345	360	500	311
200	8	660	664	660	203	203	330	260	405	385	340	700	505
250×200	10×8	787	791	787	203	254	330	260	405	385	340	700	563
250	10	787	791	787	254	254	371	311	490	426	340	700	557
300×250	12×10	838	841	838	254	305	371	311	490	426	340	700	598
350×250	14×10	889	892	889	254	337	371	311	490	426	340	700	809
300	12	838	841	838	305	305	418	366	570	473	340	700	715
350×300	14×12	889	892	889	305	337	418	366	570	473	340	700	960
400×300	16×12	991	994	991	305	387	418	366	570	473	340	700	1135
350	14	889	892	889	337	337	470	428	660	530	545	700	932
400×350	16×14	991	994	991	387	337	470	428	660	530	545	700	1120
400	16	991	994	991	387	387	477	450	700	537	545	700	1360
450×400	18×16	1092	1095	1092	387	438	477	450	700	537	545	700	1518
500×400	20×16	1194	1200	1194	387	489	477	450	700	537	545	700	1865
450	18	1092	1095	1092	438	438	522	473	755	597	575	700	1840
500×450	20×18	1194	1200	1194	438	489	522	473	755	597	575	700	2110
500	20	1194	1200	1194	489	489	573	580	880	663	579	700	2340
600×500	24×20	1397	1406	1397	489	591	573	580	880	663	579	700	2860
550	22	1295	1305	1295	540	540	600	590	965	690	579	700	3320
600	24	1397	1406	1397	591	591	631	600	1040	721	579	700	3870
750×600	30×24	1651	1664	1651	591	736	631	600	1040	721	579	700	4810
650	26	1448	1460	1448	635	635	702	635	1085	874	605	620	4655
700	28	1549	1562	1549	686	686	764	700	1175	919	950	1400	5575
750	30	1651	1664	1651	736	736	827	775	1265	982	950	1400	6825
900×750	36×30	2083	2098	2083	736	876	827	775	1265	982	950	1400	8440
800	32	1778	1794	1778	781	781	874	825	1340	1029	950	1400	8490
850	34	1930	1946	1930	832	832	910	880	1425	1065	950	1400	9335
900	36	2083	2098	2083	876	876	968	930	1490	1123	950	1400	10900
1000	40	2337	2337	2337	978	978	1056	1025	1655	1211	950	1400	15185
1050	42	2437	2437	2437	1022	1022	1107	1080	1725	1262	950	1400	17820
1200	48	2540	2540	2540	1168	1168	1228	1225	1960	1499	1045	1400	26675
CL600													
50×40	2×1½	292	295	292	38	51	—	85	180	212	450	—	33
50	2	292	295	292	51	51	—	85	180	212	600	—	37
80×50	3×2	356	359	356	51	77	—	85	180	212	600	—	48
80	3	356	359	356	77	77	—	112	230	228	1000	—	72
100×80	4×3	432	435	432	77	102	—	112	230	228	1000	—	97
100	4	432	435	432	102	102	—	145	283	250	1000	—	137
150×100	6×4	559	562	559	102	152	—	145	283	250	1000	—	181
150	6	559	562	559	152	152	281	220	325	336	340	700	302
200×150	8×6	660	664	660	152	203	281	220	325	336	340	700	340
200	8	660	664	660	203	203	340	260	415	395	340	700	560

（续）

DN	NPS	A			B	B_1	D	E	F	H	L_1	W	重量/kg
		RF	RTJ	WE									RF
CL600													
250×200	10×8	787	791	787	203	254	340	260	415	395	340	700	625
250	10	787	791	787	254	254	355	311	505	415	545	700	710
300×250	12×10	838	841	838	254	305	355	311	505	415	545	700	760
350×250	14×10	889	892	889	254	337	355	311	505	415	545	700	1030
300	12	838	841	838	305	305	401	366	585	461	545	700	910
350×300	14×12	889	892	889	305	337	401	366	585	461	545	700	1230
400×300	16×12	991	994	991	305	387	401	366	585	461	545	700	1450
350	14	889	892	889	337	337	451	428	680	526	575	700	1190
400×350	16×14	991	994	991	387	337	451	428	680	526	575	700	1430
400	16	991	994	991	387	387	493	450	730	568	575	700	1735
450×400	18×16	1092	1095	1092	387	438	493	450	730	568	575	700	1940
500×400	20×16	1194	1200	1194	387	489	493	450	730	568	575	700	2380
450	18	1092	1095	1092	438	438	539	473	784	629	579	700	2350
500×450	20×18	1194	1200	1194	438	489	539	473	784	629	579	700	2700
500	20	1194	1200	1194	489	489	592	580	900	682	579	700	3000
600×500	24×20	1397	1406	1397	489	591	592	580	900	682	579	700	3660
550	22	1295	1305	1295	540	540	621	590	890	711	579	700	4240
600	24	1397	1406	1397	591	591	653	600	1070	808	950	1400	4950
750×600	30×24	1651	1664	1651	591	736	653	600	1070	808	950	1400	6150
650	26	1448	1460	1448	635	635	725	635	1115	880	950	1400	5950
700	28	1549	1562	1549	686	686	790	700	1210	945	950	1400	7130
750	30	1651	1664	1651	736	736	850	775	1300	1005	950	1400	8730
900×750	36×30	2083	2098	2083	736	876	850	775	1300	1005	950	1400	10800
800	32	1778	1794	1778	781	781	900	825	1380	1055	950	1400	10850
850	34	1930	1946	1930	832	832	940	880	1460	1095	950	1400	11930
900	36	2083	2098	2083	876	876	1000	930	1535	1155	950	1400	13950
1000	40	2337	2337	2337	978	978	1090	1025	1700	1360	1045	1400	19420
1050	42	2437	2437	2437	1022	1022	1140	1080	1775	1410	1045	1400	22350
1200	48	2540	2540	2540	1168	1168	1270	1225	2015	1570	1080	1400	32340
CL900													
50×40	2×1½	368	371	368	38	51	—	85	195	215	450	—	49
50	2	368	371	368	51	51	—	85	195	215	600	—	52
80×50	3×2	381	384	381	51	77	—	85	195	215	600	—	70
80	3	381	384	381	77	77	—	112	240	193	1000	—	108
100×80	4×3	457	460	457	77	102	—	112	240	193	1000	—	146
100	4	457	460	457	102	102	227	145	295	291	360	500	200
150×100	6×4	610	613	610	102	152	227	145	295	291	360	500	273
150	6	610	613	610	152	152	258	225	330	313	340	700	456
200×150	8×6	737	740	737	152	203	258	225	330	313	340	700	573
200	8	737	740	737	203	203	318	260	425	378	545	700	845
250×200	10×8	838	841	838	203	254	318	260	425	378	545	700	943
250	10	838	841	838	254	254	370	320	525	430	545	700	1070
300×250	12×10	965	968	965	254	305	370	320	525	430	545	700	1150
350×250	14×10	1029	1038	1029	254	324	370	320	525	430	545	700	1550
300	12	965	968	965	305	305	418	375	600	493	575	300	1675

（续）

DN	NPS	*A*			*B*	B_1	*D*	*E*	*F*	*H*	L_1	*W*	重量/kg
		RF	RTJ	WE									RF
CL900													
350×300	14×12	1029	1038	1029	324	305	418	375	600	493	575	700	1855
400×300	16×12	1130	1140	1130	305	375	418	375	600	493	575	700	2185
350	14	1029	1038	1029	324	324	470	440	695	545	575	700	1800
400×350	16×14	1130	1140	1130	324	375	470	440	695	545	575	700	2160
400	16	1130	1140	1130	375	375	515	465	750	605	579	700	2650
450×400	18×16	1219	1232	1219	375	425	515	465	750	605	579	700	2925
500×400	20×16	1321	1334	1321	375	473	515	465	750	605	579	700	3590
450	18	1219	1232	1219	425	425	560	485	800	650	579	700	3550
500×450	20×18	1321	1331	1321	425	473	560	485	800	650	579	700	4100
500	20	1321	1331	1321	473	473	620	600	925	775	950	1400	4530
600×500	24×20	1549	1568	1549	473	571	620	600	925	775	950	1400	5520
600	24	1549	1568	1549	571	571	680	620	1095	835	950	1400	7450
750×600	30×24	1880	1902	1880	571	714	680	620	1095	835	950	1400	9225
650	26	1651	1674	1651	619	619	760	655	1145	915	950	1400	8925
700	28	1753	1775	1753	667	667	824	720	1240	979	950	1400	10695
750	30	1880	1902	1880	714	714	886	800	1335	1157	950	1400	13095
900×750	36×30	2286	2315	2286	714	857	886	800	1335	1157	950	1400	15700
800	32	2032	2054	2032	762	762	938	848	1415	1209	1045	1400	16200
850	34	2159	2188	2159	810	810	980	905	1495	1251	1045	1400	17800
900	36	2286	2315	2286	857	857	1042	957	1570	1313	1045	1400	20930
CL1500													
50×40	2×1½	368	371	368	38	51	—	85	205	179	450	—	49
50	2	368	371	368	51	51	—	85	205	179	600	—	52
80×50	3×2	470	473	470	51	77	—	85	205	179	600	—	98
80	3	470	473	470	77	77	—	120	250	201	1000	—	152
100×80	4×3	546	549	546	77	102	—	120	250	201	1000	—	205
100	4	546	549	546	102	102	240	155	310	295	340	700	280
150×100	6×4	705	711	705	102	146	240	155	310	295	340	700	382
150	6	705	711	705	146	146	273	240	370	333	545	700	640
200×150	8×6	832	841	832	146	194	273	240	370	333	545	700	720
200	8	832	841	832	194	194	335	280	455	410	575	700	1180
250×200	10×8	991	1000	991	194	241	335	280	455	410	575	700	1320
250	10	991	1000	991	241	241	385	340	565	460	575	700	1500
300×250	12×10	1130	1146	1130	241	289	385	340	565	460	575	700	1600
350×250	14×10	1257	1276	1257	241	317	385	340	565	460	575	700	2170
300	12	1130	1146	1130	289	289	436	400	670	511	575	700	2065
350×300	14×12	1257	1276	1257	317	317	436	400	670	511	575	700	2780
400×300	16×12	1384	1406	1384	289	362	436	400	670	511	575	700	3280
350	14	1257	1276	1257	317	317	485	467	730	575	579	700	2700
400×350	16×14	1384	1406	1384	317	362	485	467	730	575	579	700	3240
400	16	1384	1406	1384	362	362	530	495	790	620	579	700	3980
450	18	1537	1559	1537	407	407	585	520	840	740	950	1400	5325
500	20	1664	1686	1664	457	457	640	639	965	795	950	1400	6800
600	24	2043	2071	2043	534	534	708	640	1145	979	1045	1400	11900

（续）

DN	NPS	A			B	B_1	D	E	F	H	L_1	W	重量/kg
		RF	RTJ	WE									RF
CL2500													
50×40	2×1½	451	454	451	38	44.5	—	93	250	150	600	—	80
50	2	451	454	451	44.5	44.5	198	105	270	250	297	300	120
80×50	3×2	578	584	578	44.5	63.5	198	105	270	250	297	300	160
80	3	578	584	578	63.5	63.5	250	127	350	305	340	700	246
100×80	4×3	673	683	673	63.5	89	250	127	350	305	340	700	300
100	4	673	683	673	89	89	305	156	400	360	340	700	470
150×100	6×4	914	927	914	89	133	305	156	400	360	340	700	670
150	6	914	927	914	133	133	355	240	480	430	575	700	937
200×150	8×6	1022	1038	1022	133	181	355	240	480	430	575	700	1150
200	8	1022	1038	1022	181	181	438	280	530	513	575	700	1410
250×200	10×8	1270	1292	1270	181	226	438	280	530	513	575	700	2100
250	10	1270	1292	1270	226	226	530	365	720	620	590	700	2600
300×250	12×10	1422	1445	1422	226	267	530	365	720	620	590	700	3300
300	12	1422	1445	1422	267	267	590	430	860	740	505	620	4200

4）主要生产厂家：超达阀门集团股份有限公司、中国·保一集团有限公司、浙江福瑞科流控机械有限公司、沃福控制科技（杭州）有限公司。

（3）全焊接式球阀 全焊接式固定球球阀的内部结构和三体式固定球球相近，只不过阀体由锻焊或板焊组成，整台阀门没有外漏点，而重量比螺栓联接的三体式要轻20%左右。该阀适用石油、天然气长输管线，具有较长的使用寿命。锻焊结构示意图如图3-182所示及见表3-159，板焊结构的示意图如图3-183所示及见表3-160。

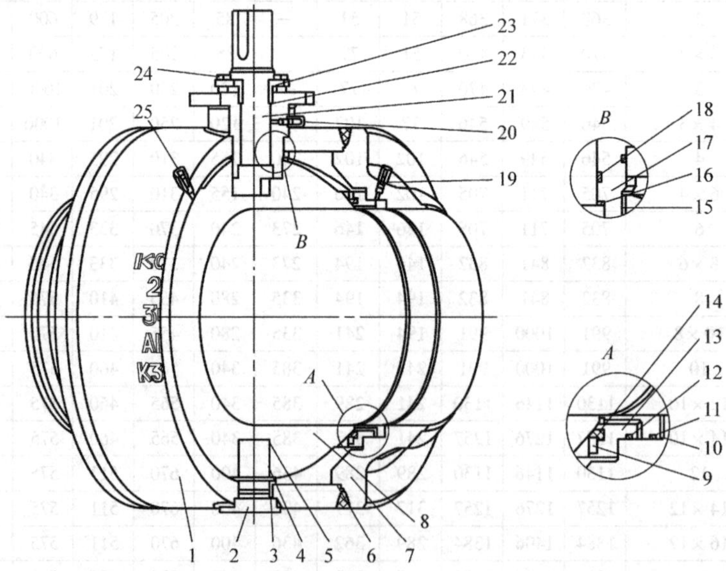

图3-182 锻焊结构的全焊接球阀结构

1—阀体 2—下阀杆座 3、6、12、18—O形圈 4—下轴承 5、16—平面轴承 7—左右体 8—球体 9—压板圈 10—弹簧 11—防火垫 13—阀座 14—密封圈 15—上轴承 17—上阀杆座 19—阀座注脂阀 20—阀杆注脂阀 21—阀杆 22—填料 23—压盖 24—螺钉 25—排泄阀

表3-159　锻焊结构全焊接球阀主要零件材料

序号	零件名称	材料			序号	零件名称	材料		
		碳钢	不锈钢	低温钢			碳钢	不锈钢	低温钢
1	阀体	A105	A182 F316	A350 LF3	13	阀座	A105 + ENP	A182 F316	A350 LF3
2	下阀杆座	A105	A182 F316	A350 LF3	14	密封圈	PTFE、NYLON、PEEK、PCTFE		
3、6、12、18	O形圈	氟橡胶			15	上轴承	PTFE + CS	PTFE + SS	PTFE + SS
					17	上阀杆座	A105	A182 F316	A350 LF3
4	下轴承	PTFE + CS	PTFE + SS	PTFE + SS	19	阀座注脂阀	A105 + ENP	A182 F316	A350 LF3
5、16	平面轴承	PTFE + CS	PTFE + SS	PTFE + SS	20	阀杆注脂阀	A105 + ENP	A182 F316	A350 LF3
7	左右体	A105	A182 F316	A350 LF3	21	阀杆	A182 F6a	A182 F316	A182 F316
8	球体	A105 + ENP	A182 F316	A350 LF3	22	填料	柔性石墨		
9	压板圈	A105 + ENP	A182 F316	A350 LF3	23	压盖	A105 + ENP	A182 F316	A350 LF3
10	弹簧	Incone ×750			24	螺钉	A193 B7	A193 B8	A320 L7
11	防火垫	柔性石墨			25	排泄阀	A105 + ENP	A182 F316	A350 LF3

注：可根据不同工况和用户要求选用不同的材料。

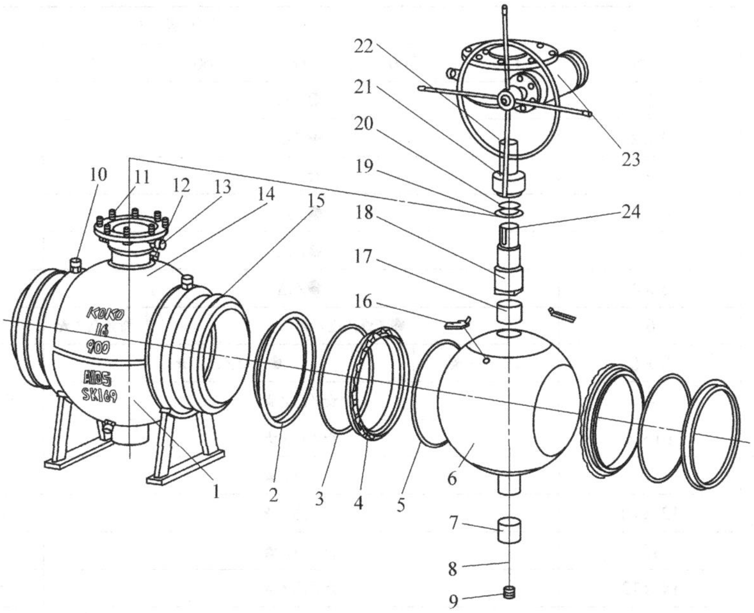

图3-183　板焊或铸焊结构的全焊接球阀

1—下阀体　2—板簧　3—O形圈　4—阀座　5—密封圈　6—球体　7—下轴承　8—弹簧　9—调节螺钉　10—阀座注脂阀　11—螺栓　12—排泄阀　13—阀杆注脂阀　14—上阀体　15—阀盖　16—棘爪机构　17—上轴承　18—阀杆　19—垫片　20—平面轴承　21—连接套　22—键　23—蜗杆装置　24—键

表3-160　板焊或铸焊结构全焊接球阀主要零件材料

序号	零件名称	材料			序号	零件名称	材料		
		碳钢	不锈钢	低温钢			碳钢	不锈钢	低温钢
1	下阀体	A105 /A216 WCB	A182 F316 /A351 CF8M	A350 LF3 /A352 LCB	6	球体	A105 + ENP /A216 WCB + ENP	A182 F316 /A351 CF8M	A350 LF3 /A352 LCB
2	板簧	Incone ×750/17-4PH							
3	O形圈	氟橡胶			7	下轴承	PTFE + CS	PTFE + SS	PTFE + SS
4	阀座	A105 + ENP	A182 F316	A350 LF3	8	弹簧	Inconel ×750		
5	密封圈	PTFE、NYLON、PEEK、PCTFE			9	调节螺钉	A193 B7	A182 F316	A350 LF3

（续）

序号	零件名称	材料			序号	零件名称	材料		
		碳钢	不锈钢	低温钢			碳钢	不锈钢	低温钢
10	阀座注脂阀	A105 + ENP	A182 F316	A350 LF3	16	棘转机构	A105	/	
11	螺栓	A193 B7	A193 B8	A320 L7	17	上轴承	PTFE + CS	PTFE + SS	PTFE + SS
12	排泄阀	A105 + ENP	A182 F316	A350 LF3	18	阀杆	A182 F6a	A182 F316	A182 F316
13	阀杆注脂阀	A105 + ENP	A182 F316	A350 LF3	19	垫片	PTFE		
14	上阀体	A105 /A216 WCB	A182 F316 /A351 CF8M	A350 LF3 /A352 LCB	20	平面轴承	PTFE + SS		
					21	连接套	A29 1045		
15	阀盖	A105 /A216 WCB	A182 F316 /A351 CF8M	A350 LF3 /A352 LCB	22、24	键	A29 1045		
					23	蜗杆装置	/		

注：1. 可根据不同工况和用户要求选用不同的材料。

2. 所有内件装入后，将上阀体、下阀体和阀该进行合拢，试压检验合格后进行焊接。

1）全焊接球阀供货范围见表3-161。

表3-161　全焊接球阀供货范围

公称尺寸		压力等级CL						
DN	NPS	150	300	400	600	900	1500	2500
50	2	●/△					☆/△	
80×50	3×2	●/△					☆/△	
80	3	☆/△					☆/△	
100×80	4×3	●/△					☆/△	
100	4	●/△					☆/△	
150×100	6×4	●/△					☆/△	
150	6	●/☆/△/★				☆/△/★	☆/△/★	
200×150	8×6	☆/△/★	●/☆/△/★				☆/△/★	
200	8	☆/△/★					☆/★	☆/★
250×200	10×8	☆/△/★					☆/★	☆/★
250	10	☆/△/★					☆/★	☆/★
300×250	12×10	☆/△/★					☆/★	☆/★
300	12	☆/△/★					☆/★	☆/★
350×300	14×12	☆/△/★					☆/★	—
350	14	☆/△/★					☆/★	—
400×350	16×14	☆/△/★					☆/★	—
400	16	☆/△/★					☆/★	—
450×400	18×16	☆/△/★					☆/★	—
450	18	☆/△/★					☆/★	—
500×450	20×18	☆/△/★					☆/★	—
500	20	☆/△/★					☆/★	—
550	22	☆/△/★					☆/★	—
600×550	24×22	☆/△/★					☆/★	—
600	24	☆/△/★					☆/★	—
650×600	26×24	☆/△/★					☆/★	—
650	26	☆/△/★					—	
700×650	28×26	☆/△/★					—	

（续）

公称尺寸		压力等级 CL						
DN	NPS	150	300	400	600	900	1500	2500
700	28	☆/△/★					—	
750×700	30×28	☆/△/★					—	
750	30	☆/△/★					—	
800×750	32×30	☆/△/★					—	
800	32	☆/△/★					—	
850	34	☆/★					—	
900×850	36×34	☆/△/★					—	
900	36	☆/★					—	
1000	40	☆/★				—	—	
1050×900	42×36	☆/★				—	—	
1050	42	☆/★				—	—	
1200	48	☆/★				—	—	

注：●—手动操作；☆—蜗轮蜗杆操作；△—气动操作；★—电动操作。

2）全焊接式球阀主要外形尺寸如图 3-184 所示及见表 3-162。

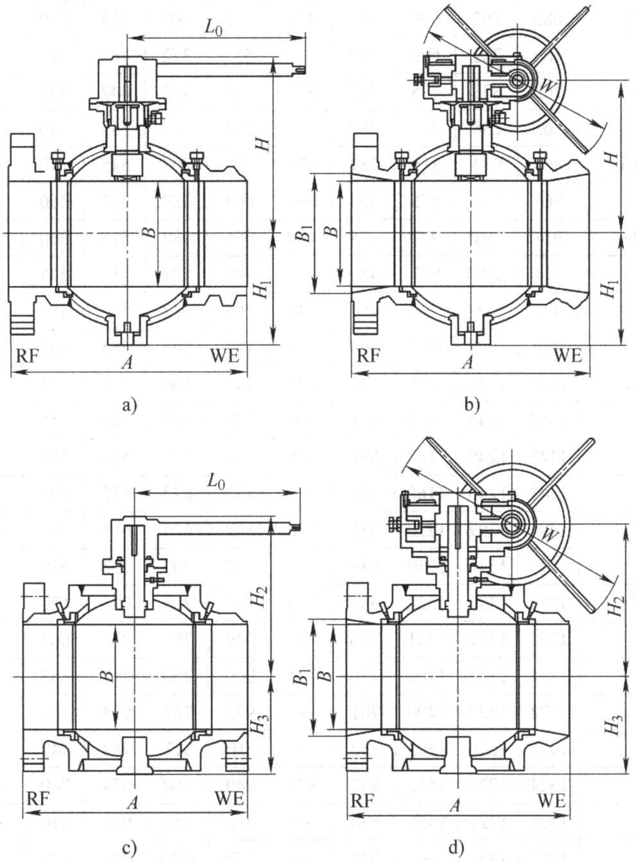

图 3-184　全焊接式球阀的结构

a）手动板焊全焊接式法兰或对焊连接全通径球阀　b）蜗杆传动板焊全焊接式法兰或对焊连接缩径球阀

c）手动锻焊全焊接式法兰或对焊连接全通径球阀　d）蜗杆传动锻焊全焊接式法兰或对焊连接缩径球阀

表 3-162 全焊接式球阀的主要外形尺寸 （单位：mm）

公称尺寸 \ 压力等级		CL150												
DN	NPS	*A*			*B*	B_1	*H*	H_1	H_2	H_3	L_0	*W*	重量/kg	
		RF	WE	RTJ									RF	WE
50	2	178	216	191	51	—	161	100	155	82	600	—	18	20
80×50	3×2	203	283	216	51	77	161	100	155	82	600	—	25	23
80	3	203	283	216	77	—	189	130	195	105	600	—	28	34
100×80	4×3	229	305	241	77	102	189	130	195	105	600	—	45	39
100	4	229	305	241	102	—	214	151	230	130	900	—	52	45
150×100	6×4	394	457	406	102	152	214	151	230	130	900	—	77	68
150	6	394	457	406	152	—	265	201	251	175	900	—	91	102
200×150	8×6	457	521	470	152	203	265	201	251	175	900	—	156	132
200	8	457	521	470	203	—	319	254	337	205	—	450	194	204
250×200	10×8	533	559	546	203	254	319	254	337	205	—	450	281	238
250	10	533	559	546	254	—	369	308	385	245	—	450	320	295
300×250	12×10	610	635	622	254	305	369	308	385	245	—	450	431	381
300	12	610	635	622	305	—	512	368	414	300	—	450	549	499
350×300	14×12	686	762	699	305	337	512	368	414	300	—	450	581	526
350	14	686	762	699	337	—	537	372	447	320	—	600	603	558
400×350	16×14	762	838	775	337	387	537	372	447	320	—	600	658	603
400	16	762	838	775	387	—	572	407	545	340	—	600	748	703
450×400	18×16	864	914	876	387	438	572	407	545	340	—	600	685	771
450	18	864	914	876	438	—	665	489	513	360	—	600	1055	998
500×450	20×18	914	991	927	438	489	665	489	513	360	—	600	1093	1043
500	20	914	991	927	489	—	705	527	553	455	—	450	1501	1252
550×500	22×20	991	1092	1062	489	540	705	527	553	455	—	450	1565	1383
550	22	991	1092	1062	540	—	742	566	585	505	—	450	1758	1592
600×550	24×22	1067	1143	1080	540	591	742	566	585	505	—	450	1950	1656
600	24	1067	1143	1080	591	—	778	602	663	555	—	450	2096	1932
650×600	26×24	1143	1245	1168	591	635	705	527	663	555	—	450	2449	2313
650	26	1143	1245	1168	635	—	872	673	685	595	—	600	2903	2540
700×650	28×26	1295	1397	1270	635	736	872	673	685	595	—	600	3193	2767
700	28	1245	1346	1270	686	—	907	708	723	630	—	600	3266	2948
750×700	30×28	1295	1397	1321	686	736	907	708	723	630	—	600	4037	3447
750	30	1295	1397	1321	736	—	949	750	777	665	—	600	4309	3992
800×750	32×30	1372	1524	1400	736	781	949	750	777	665	—	600	4355	3856
800	32	1372	1524	1400	781	—	973	787	923	700	—	700	4390	—
850	34	1473	1626	1502	832	—	1016	817	954	740	—	750	6124	5443
900×850	36×34	1524	1727	1552	832	876	949	750	954	740	—	750	6350	5670
900	36	1524	1727	1552	876	—	1057	858	986	770	—	900	6872	6577
1000	40	1753	1956	—	978	—	1275	1010	1061	880	—	750	—	—
1050×900	42×36	1855	2083	—	876	1022	1057	858	986	880	—	750	—	—
1050	42	1855	2083	—	1022	—	1318	1062	1093	920	—	1000	—	—
1200	48	2134	2388	—	1168	—	1475	1187	1217	980	—	1000	—	—

（续）

公称尺寸 \ 压力等级		CL300												
DN	NPS	A			B	B_1	H	H_1	H_2	H_3	L_0	W	重量/kg	
		RF	WE	RTJ									RF	WE
50	2	216	216	232	51	—	161	100	155	82	600	—	23	20
80×50	3×2	283	283	298	51	77	161	100	155	82	600	—	29	23
80	3	283	283	298	77	—	189	130	195	105	600	—	36	34
100×80	4×3	305	305	321	77	102	189	130	195	105	600	—	43	39
100	4	305	305	321	102	—	214	151	230	130	900	—	57	45
150×100	6×4	403	403	419	102	152	214	151	230	130	900	—	82	68
150	6	403	403	419	152	—	265	201	251	175	900	—	113	102
200×150	8×6	502	521	518	152	203	265	201	251	175	900	—	166	132
200	8	502	521	518	203	—	319	254	337	205	—	450	206	204
250×200	10×8	568	559	584	203	254	319	254	337	205	—	450	295	238
250	10	568	559	584	254	—	369	308	385	245	—	450	340	295
300×250	12×10	648	635	664	254	305	369	308	385	245	—	450	476	381
300	12	648	635	664	305	—	512	368	414	300	—	450	576	499
350×300	14×12	762	762	778	305	337	512	368	414	300	—	450	583	526
350	14	762	762	778	337	—	537	372	447	320	—	600	621	558
400×350	16×14	838	838	854	337	387	537	372	447	320	—	600	753	603
400	16	838	838	854	387	—	572	407	545	340	—	600	782	703
450×400	18×16	914	914	930	387	438	572	407	545	340	—	600	903	771
450	18	914	914	930	438	—	665	489	513	360	—	600	1225	998
500×450	20×18	991	991	1010	438	489	665	489	513	360	—	600	1406	1043
500	20	991	991	1010	489	—	705	527	553	455	—	450	1542	1252
550×500	22×20	1092	1092	1114	489	540	705	527	553	455	—	450	1633	1383
550	22	1092	1092	1114	540	—	742	566	585	505	—	450	1837	1592
600×550	24×22	1143	1143	1165	540	591	742	566	585	505	—	450	2041	1656
600	24	1143	1143	1165	591	—	778	602	663	555	—	450	2445	1932
650×600	26×24	1245	1245	1270	591	635	705	527	663	555	—	450	2608	2313
650	26	1245	1245	1270	635	—	872	673	685	595	—	600	3005	2540
700×650	28×26	1346	1346	1372	635	686	872	673	685	595	—	600	3293	2767
700	28	1346	1346	1372	686	—	907	708	723	630	—	600	3504	2948
750×700	30×28	1397	1397	1422	686	736	907	708	723	630	—	600	4128	3447
750	30	1397	1397	1422	736	—	949	750	777	665	—	600	4536	3992
800×750	32×30	1524	1524	1553	736	781	949	750	777	665	—	600	4604	3992
800	32	1524	1524	1553	781	—	973	787	923	700	—	700	4900	—
850	34	1626	1626	1654	832	—	1016	817	954	740	—	750	6668	5443
900×850	36×34	1727	1727	1756	832	876	949	750	954	740	—	750	6963	5897
900	36	1727	1727	1756	876	—	1057	858	986	770	—	900	7394	7031
1000	40	1956	1956	—	978	—	1275	1010	1061	880	—	750	—	—
1050×900	42×36	2083	2083	—	876	1022	1057	858	986	880	—	750	7590	—
1050	42	2083	2083	—	1022	—	1318	1062	1093	920	—	1000	8200	—
1200	48	2170	2388	—	1168	—	1475	1187	1217	980	—	1000	—	—

（续）

公称尺寸		压力等级 CL400												
DN	NPS	A			B	B_1	H	H_1	H_2	H_3	L_0	W	重量/kg	
		RF	WE	RTJ									RF	WE
50	2	292	292	295	51	—	161	100	155	105	600	—	27	20
80 × 50	3 × 2	356	356	359	51	77	161	100	155	105	600	—	36	23
80	3	356	356	359	77	—	189	130	195	130	1000	—	39	34
100 × 80	4 × 3	406	406	410	77	102	189	130	195	130	1000	—	57	39
100	4	406	406	410	102	—	214	151	230	164	1000	—	68	45
150 × 100	6 × 4	495	495	498	102	152	214	151	230	164	1000	—	86	68
150	6	495	495	498	152	—	265	201	306	189	—	600	136	102
200 × 150	8 × 6	597	597	600	152	203	265	201	306	189	—	600	192	132
200	8	597	597	600	203	—	319	254	366	245	—	600	249	204
250 × 200	10 × 8	673	673	676	203	254	319	254	366	245	—	600	276	238
250	10	673	673	676	254	—	369	308	385	290	—	600	386	295
300 × 250	12 × 10	762	762	765	254	305	369	308	385	290	—	600	463	381
300	12	762	762	765	305	—	512	368	438	343	—	600	635	499
350 × 300	14 × 12	826	826	829	305	337	512	368	438	343	—	600	676	526
350	14	826	826	829	337	—	537	402	491	403	—	600	748	558
400 × 350	16 × 14	902	902	905	337	387	537	402	491	403	—	600	866	603
400	16	902	902	905	387	—	629	453	541	432	—	800	1009	703
450 × 400	18 × 16	978	978	981	387	438	665	489	541	432	—	800	1089	871
450	18	978	978	981	438	—	665	489	573	488	—	800	1293	998
500 × 450	20 × 18	1054	1054	1060	438	489	665	489	573	488	—	800	1452	1202
500	20	1054	1054	1060	489	—	762	562	650	525	—	800	1701	1361
550 × 500	22 × 20	1143	1143	1153	540	489	762	562	650	525	—	800	1928	1497
550	22	1143	1143	1153	540	—	801	600	737	574	—	800	2155	1792
600 × 550	24 × 22	1232	1232	1241	489	591	801	600	737	574	—	800	2291	1950
600	24	1232	1232	1241	591	—	837	636	759	612	—	800	2540	2155
650 × 600	26 × 24	1308	1308	1321	591	635	837	636	759	612	—	800	2835	2313
650	26	1308	1308	1321	635	—	872	673	793	649	—	800	3221	2540
700 × 650	28 × 26	1397	1397	1410	635	686	872	673	793	649	—	1000	3515	2767
700	28	1397	1397	1410	686	—	1041	784	836	686	—	1000	3883	2948
750 × 700	30 × 28	1524	1524	1537	686	736	907	708	836	686	—	100	4309	3447
750	30	1524	1524	1537	736	—	1083	826	887	726	—	1000	4808	3992
800 × 750	32 × 30	1651	1651	1667	736	781	949	750	887	726	—	1000	5216	4241
800	32	1651	1651	1667	781	—	973	787	915	767	—	1000	6150	4559
850	34	1778	1778	1794	832	—	1151	894	951	804	—	1000	6985	5579
900 × 850	36 × 34	1880	1880	1895	736	876	1151	894	951	804	—	1000	7258	5897
900	36	1880	1880	1895	876	—	1192	935	987	838	—	1000	8165	7031
1000	40	1981	1981	—	978	—	1357	1067	1212	936	—	1000	11567	10093
1050 × 900	42 × 36	2057	2057	—	876	1022	1357	1067	1212	936	—	1000	10300	—
1050	42	2057	2057	—	1022	—	1449	1109	1354	977	—	1000	13041	11227
1200	48	2311	2311	—	1168	—	1681	1300	1555	1113	—	1000	18123	15604

（续）

公称尺寸 \ 压力等级		CL600												
DN	NPS	*A*			*B*	B_1	*H*	H_1	H_2	H_3	L_0	*W*	重量/kg	
		RF	WE	RTJ									RF	WE
50	2	292	292	295	51	—	161	100	155	105	600	—	27	20
80×50	3×2	356	356	359	51	77	161	100	155	105	600	—	36	23
80	3	356	356	359	77	—	189	130	195	130	1000	—	39	34
100×80	4×3	432	432	435	77	102	189	130	195	130	1000	—	68	39
100	4	432	432	435	102	—	214	151	230	164	1000	—	75	45
150×100	6×4	559	559	562	102	152	214	151	230	164	1000	—	113	68
150	6	559	559	562	152	—	265	201	306	189	—	600	163	102
200×150	8×6	660	660	664	152	203	265	201	306	189	—	600	213	132
200	8	660	660	664	203	—	319	254	366	245	—	600	295	204
250×200	10×8	787	787	791	203	254	319	254	366	245	—	600	386	238
250	10	787	787	791	254	—	369	308	385	290	—	600	454	295
300×250	12×10	838	838	841	254	305	369	308	385	290	—	600	522	381
300	12	838	838	841	305	—	512	368	438	343	—	600	685	499
350×300	14×12	889	889	892	305	337	512	368	438	343	—	600	744	526
350	14	889	889	892	337	—	537	402	491	403	—	600	866	558
400×350	16×14	991	991	994	337	387	537	402	491	403	—	600	1009	603
400	16	991	991	994	387	—	629	453	541	432	—	800	1089	703
450×400	18×16	1092	1092	1095	387	438	665	489	541	432	—	800	1179	871
450	18	1092	1092	1095	438	—	665	489	573	488	—	800	1340	998
500×450	20×18	1194	1194	1200	438	489	665	489	573	488	—	800	1588	1202
500	20	1194	1194	1200	489	—	762	562	650	525	—	800	1860	1361
550×500	22×20	1295	1295	1305	540	489	762	562	650	525	—	800	2019	1497
550	22	1295	1295	1305	540	—	801	600	737	574	—	800	2449	1792
600×550	24×22	1397	1397	1407	489	591	801	600	737	574	—	800	2608	1950
600	24	1397	1397	1407	591	—	837	636	759	612	—	800	2971	2155
650×600	26×24	1448	1448	1461	591	635	837	636	759	612	—	800	3175	2313
650	26	1448	1448	1461	635	—	872	673	793	649	—	800	3538	2540
700×650	28×26	1549	1549	1562	635	686	872	673	793	649	—	1000	3901	2767
700	28	1549	1549	1562	686	—	1041	784	836	686	—	1000	4309	3039
750×700	30×28	1651	1651	1664	686	736	907	708	836	686	—	100	4581	3447
750	30	1651	1651	1664	736	—	1083	826	887	726	—	1000	5443	4137
800×750	32×30	1778	1778	1794	736	781	949	750	887	726	—	1000	5806	4241
800	32	1778	1778	1794	781	—	973	787	915	767	—	1000	6840	4559
850	34	1930	1930	1946	832	—	1151	894	951	804	—	1000	7269	5579
900×850	36×34	2083	2083	2098	736	876	1151	894	951	804	—	1000	7983	5897
900	36	2083	2083	2098	876	—	1192	935	987	838	—	1000	8664	7031
1000	40	2337	2337	2337	978	978	1357	1067	1212	936	—	1000	12143	10433
1050×900	42×36	2437	2437	2437	876	1022	1357	1067	1212	936	—	1000	10905	—
1050	42	2437	2437	2437	1022	1022	1449	1109	1354	977	—	1000	13835	11567
1200	48	2540	2540	2540	1168	1168	1681	1300	1555	1113	—	1000	19223	16072

（续）

公称尺寸 \ 压力等级		CL900												
DN	NPS	*A*			*B*	B_1	*H*	H_1	H_2	H_3	L_0	*W*	重量/kg	
		RF	WE	RTJ									RF	WE
50	2	368	368	371	51	—	161	100	162	88	640	—	27	20
80×50	3×2	381	381	384	51	77	161	100	162	88	640	—	54	32
80	3	381	381	384	77	—	189	124	181	114	1050	—	64	54
100×80	4×3	457	457	460	77	102	189	124	181	114	1050	—	86	68
100	4	457	457	460	102	—	248	172	202	150	—	600	113	86
150×100	6×4	610	610	613	102	152	248	172	202	150	—	600	181	118
150	6	610	610	613	152	—	276	213	263	204	—	600	238	186
200×150	8×6	737	737	740	152	203	276	213	263	204	—	600	386	295
200	8	737	737	740	203	—	319	254	312	254	—	600	549	268
250×200	10×8	838	838	841	203	254	319	254	312	254	—	800	585	329
250	10	838	838	841	254	—	470	327	368	306	—	800	601	458
300×250	12×10	965	965	968	254	305	470	327	368	306	—	800	771	503
300	12	965	965	968	305	—	512	368	435	368	—	800	1021	612
350×300	14×12	1029	1029	1038	305	324	512	368	435	368	—	800	1247	762
350	14	1029	1029	1038	324	—	643	442	472	399	—	800	1474	978
400×350	16×14	1130	1130	1140	324	375	643	442	472	399	—	800	1656	1043
400	16	1130	1130	1140	375	—	684	483	547	411	—	1000	1814	1111
450	18	1219	1219	1232	425	—	724	524	571	450	—	1000	2404	1792
500	20	1321	1321	1334	473	—	895	615	608	488	—	1000	3221	2381
600	24	1549	1549	1568	571	—	970	713	749	613	—	1000	4762	2926
650	26	1625	1625	1647	619	—	1027	760	806	665	—	1000	6038	3708
700	28	1727	1727	1749	667	—	1069	810	890	720	—	800	6911	4350
750	30	1803	1803	1825	714	—	1083	826	1020	780	—	800	7938	5216
800	32	1905	1905	1927	762	—	1171	910	1040	820	—	800	9020	5916
850	34	2032	2032	2060	810	—	1207	960	1110	860	—	800	11046	7245
900	36	2182	2182	2213	857	—	1321	1020	1130	938	—	800	11612	7938
1000	40	2410	2410	2438	959	—	1390	1120	1160	1000	—	800	14822	10773
1050	42	2515	2515	2540	1003	—	1480	1200	1200	1080	—	800	17470	12702
1200	48	2620	2620	2850	1155	—	1570	1330	1330	1200	—	800	24282	17650
CL1500														
50	2	368	368	371	51	—	161	100	165	95	800	—	45	20
80×50	3×2	470	470	473	51	77	161	100	165	95	800	—	68	32
80	3	470	470	473	77	—	189	124	182	127	—	600	82	54
100×80	4×3	546	546	549	77	102	189	124	182	127	—	600	109	68
100	4	546	546	549	102	—	248	172	209	158	—	600	136	86
150×100	6×4	705	705	711	102	146	248	172	209	158	—	600	249	118
150	6	705	705	711	146	—	276	213	287	222	—	800	324	186
200×150	8×6	832	832	841	146	194	276	213	287	222	—	800	465	295
200	8	832	832	841	194	—	429	278	332	247	—	800	703	488
250×200	10×8	991	991	1000	194	241	429	278	332	247	—	800	782	544
250	10	991	991	1000	241	—	507	385	426	313	—	1000	907	714
300×250	12×10	1130	1130	1146	241	289	507	385	426	313	—	1000	1275	748
300	12	1130	1130	1146	289	—	554	440	468	353	—	1000	1474	828

（续）

公称尺寸 \ 压力等级		CL1500												
DN	NPS	A			B	B_1	H	H_1	H_2	H_3	L_0	W	重量/kg	
		RF	WE	RTJ									RF	WE
350×300	14×12	1257	1257	1276	317	317	554	440	468	353	—	1000	1701	953
350	14	1257	1257	1276	317	—	643	442	496	380	—	1000	1905	1157
400×350	16×14	1384	1384	1406	317	362	643	442	496	380	—	1000	2336	1236
400	16	1384	1384	1406	362	—	684	484	536	420	—	800	2449	1338
450	18	1537	1537	1559	407	—	856	576	688	560	—	800	2880	2325
500	20	1664	1664	1686	457	—	895	615	727	600	—	800	4200	2733
600	24	1943	1943	1972	534	—	970	713	803	675	—	800	7371	4264
CL2500														
50	2	451	451	454	45	—	184	115	178	120	—	600	52	43
80×50	3×2	578	578	584	45	63	184	115	178	120	—	600	71	59
80	3	578	578	584	63	—	227	144	206	149	—	600	107	85
100×80	4×3	673	673	683	53	89	227	144	206	149	—	600	130	98
100	4	673	673	683	89	—	297	184	258	180	—	800	214	173
150×100	6×4	914	914	927	89	134	297	184	258	180	—	800	289	233
150	6	914	914	927	134	—	334	248	341	275	—	800	428	334
200×150	8×6	1022	1022	1038	134	181	334	248	341	275	—	800	588	461
200	8	1022	1022	1038	181	—	454	326	420	335	—	1000	950	760
250×200	10×8	1270	1270	1292	181	226	454	326	420	335	—	1000	1142	869
250	10	1270	1270	1292	226	—	508	338	540	432	—	1000	1325	983
300×250	12×10	1422	1422	1445	226	267	508	338	540	432	—	1000	1618	1205
300	12	1422	1422	1445	267	—	629	423	638	525	—	1000	2044	1478

3）主要生产厂家：中国·保一集团有限公司、超达阀门集团股份有限公司、浙江福瑞科流控机械有限公司。

（4）升降杆式球阀

1）结构爆炸图如图 3-185 所示及见表 3-163。

表 3-163　升降杆式球阀主要零件材料

序号	零件名称	材料			序号	零件名称	材料		
		碳钢	不锈钢	低温钢			碳钢	不锈钢	低温钢
1	阀座垫片	柔性石墨 + SS			13、20	螺柱	A193 B7	A193 B8	A320 L7
2	阀座	A105 + ENP	A182 F316	A350 LF2	14、21	螺母	A194 2H	A194 8	A194 4
3	球体	A105 + ENP	A182 F316	A350 LF2	15	填料垫	A182 F6aⅡ	A182 F316	A182 F316
4、10	销轴	A182 F6aⅡ			16	填料	柔性石墨		
5	阀杆	A182 F6a	A182 F316	A182 F316	17	填料压盖	A182 F6aⅡ	A182 F316	A350 LF3
6	阀体	A216 WCB	A351 CF8M	A352 LCB	18	压板	A216 WCB		
7	限位螺钉	A193 B7	A193 B8	A320 L7	19	支架	A216 WCB		
8	垫片	柔性石墨 + SS			22	导向螺钉	A193 B7		
9	阀盖	A216 WCB	A351 CF8M	A352 LCB	23	推力球轴承	—		
11	活接螺栓	A193 B7			24	阀杆螺母	A439 D2		
12	螺母	A194 2H			25	轴承压盖	A29 1045 + ENP		

注：1. 可根据不同工况和用户要求选用不同的材料。

2. 阀门密封付可根据用户要求选用不同的密封材料（密封材料有不锈钢、硬质合金、PTFE 等）。

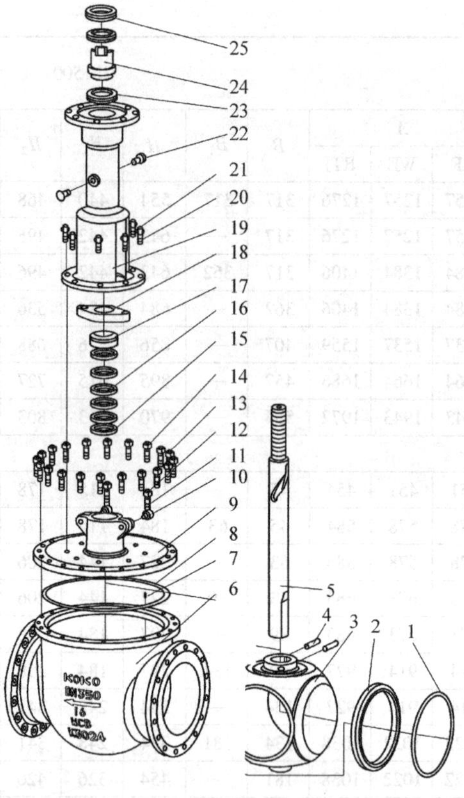

图 3-185　升降杆式球阀结构爆炸图

1—阀座垫片　2—阀座　3—球体　4、10—销轴　5—阀杆　6—阀体　7—限位螺钉　8—垫片　9—阀盖　11—活节螺栓　12、14、21—螺母　13、20—螺柱　15—填料垫　16—填料　17—填料压盖　18—压板　19—支架　22—导向螺钉　23—推力球轴承　24—阀杆螺母　25—轴承压盖

2）动作原理：

① 关闭阀门时，转动手轮，阀杆下降，阀杆上的螺旋导轨与导向销相互作用使阀杆和球体同时转动，使得球体在无摩擦的状态下转动 90°，继续转动手轮，阀杆再次下降使得球体与阀座紧密接触（图 3-166）。

② 开启阀门时，由于导向销和导轨槽之间的相互作用，通过阀杆作用于球体上，使球体脱离阀座后再旋转 90°，开启阀门，阀座与球体之间没有摩擦（图 3-165）。

3）升降杆式球阀的供货范围：升降杆式球阀的供货范围见表 3-164。

表 3-164　升降杆式球阀供货范围

公称尺寸		压力等级 CL					
DN	NPS	150	300	600	900	1500	2500
50×40	2×2½	●/☆	●/☆	●/☆	—	—	—
50	2	●/☆	●/☆	●/☆	●/☆	●/☆	●/☆
80×50	3×2	●/☆	●/☆	●/☆	●/☆	●/☆	●/☆
80	3	●/☆	●/☆	●/☆	●/☆	●/☆	●/☆
100×80	4×3	●/△	●/△	●/△	●/△	●/△	●/☆
100	4	●/△	●/△	●/△	●/△	●/△	●/☆
150×100	6×4	●/△	●/△	●/△	●/△	●/△	●/☆
150	6	●/☆	●/☆	●/☆	●/☆	●/☆	●/☆
200×150	8×6	●/☆	●/☆	●/☆	●/☆	●/☆	●/☆
200	8	●/☆	●/☆	●/☆	●/☆	●/☆	●/☆
250×200	10×8	●/☆	●/☆	●/☆	●/☆	●/☆	—

（续）

公称尺寸		压力等级 CL					
DN	NPS	150	300	600	900	1500	2500
250	10	●/☆	●/☆	●/☆	●/☆	●/☆	—
300×250	12×10	●/☆	●/☆	●/☆	●/☆	●/☆	—
300	12	●/☆	●/☆	●/☆	●/☆	●/☆	—
350×300	14×12	●/☆	●/☆	●/☆	●/☆	●/☆	—
350	14	●/☆	●/☆	●/☆	●/☆	—	—
400×300	16×12	●/☆	●/☆	●/☆	●/☆	—	—
400	16	●/☆	●/☆	●/☆	●/☆	—	—
450×400	18×16	●/☆	●/☆	●/☆	●/☆	—	—
450	18	—	—	—	—	—	—
500×400	20×16	●/☆	●/☆	●/☆	●/☆	—	—
500	20	—	●/☆	●/☆	●/☆	—	—
600×500	24×20	—	●/☆	●/☆	●/☆	—	—

注：●—手动操作；☆—圆锥齿轮操作；△—气动操作；★—电动操作。

4）升降杆式球阀主要外形尺寸如图 3-186 所示和见表 3-165。

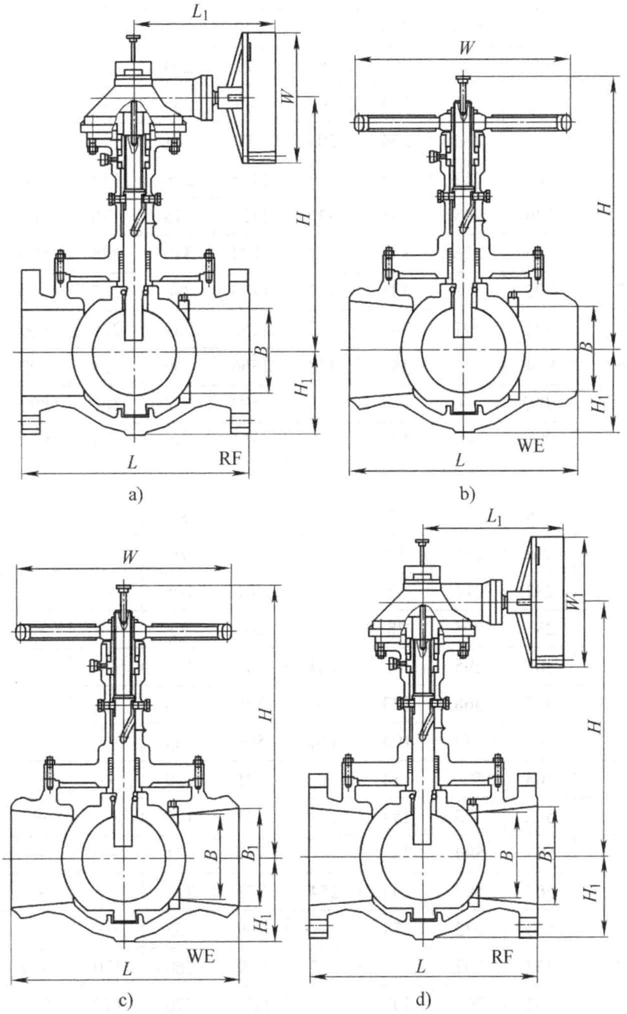

图 3-186　升降杆式球阀结构

a）锥齿轮传动法兰连接全通径升降杆式球阀　b）手动对接焊连接全通径升降杆式球阀

c）手动对接焊连接缩径升降杆式球阀　d）圆锥齿轮传动法兰连接缩径升降杆式球阀

表 3-165 升降杆式球阀主要外形尺寸 (单位：mm)

公称尺寸 DN	NPS	L RF	L WE	B	B_1	H	H_1	L_1	W_1	W	重量/kg RF	重量/kg WE
CL150												
50×40	2×1½	178	—	43	52	378	76	—	—	180	23	—
50	2	178	216	52	—	381	76	—	—	180	27	25
80×50	3×2	203	216	52	78	381	95	—	—	180	32	32
80	3	203	295	78	—	400	95	—	—	200	36	41
100×80	4×3	229	295	78	103	400	114	—	—	200	45	45
100	4	305	368	103	—	508	114	—	—	250	82	100
150×100	6×4	394	473	103	154	508	140	—	—	250	100	127
150	6	403	508	154	—	691	159	—	—	450	172	136
200×150	8×6	457	473	154	203	691	171	—	—	450	177	209
200	8	457	594	203	—	778	171	—	—	450	236	213
250×200	10×8	533	597	203	254	778	203	—	—	600	263	236
250	10	673	673	254	—	989	235	—	—	600	517	453
300×250	12×10	762	762	254	305	989	241	—	—	600	649	522
300	12	762	762	305	—	1178	276	170	500	—	880	780
350×300	14×12	826	565	305	337	1121	278	170	500	—	957	942
350	14	826	826	337	—	1221	349	225	500	—	1030	890
400×300	16×12	902	—	305	387	1178	298	225	800	—	1041	—
400	16	902	991	387	—	1156	349	225	800	—	1610	1510
450×400	18×16	914	—	387	438	1556	349	225	800	—	1619	—
450	18	1092	—	438	—	1594	375	305	800	—	1641	—
500×400	20×26	991	—	387	489	1556	340	305	800	—	1706	—
CL300												
50×40	2×1½	216	—	43	52	378	83	—	—	180	27	—
50	2	216	216	52	—	381	76	—	—	180	32	25
80×50	3×2	282	216	52	78	381	105	—	—	180	36	32
80	3	282	295	78	—	400	95	—	—	200	45	41
100×80	4×3	305	295	78	103	400	127	—	—	200	54	45
100	4	305	368	103	—	508	114	—	—	250	91	100
150×100	6×4	403	473	103	154	508	159	—	—	250	118	127
150	6	403	508	154	—	691	159	—	—	450	172	136
200×150	8×6	502	473	154	203	691	191	—	—	450	191	209
200	8	502	594	203	—	778	171	—	—	450	263	223
250×200	10×8	568	597	203	254	778	222	—	—	600	304	236
250	10	673	673	254	—	989	235	—	—	600	549	453
300×250	12×10	762	762	254	305	989	260	170	500	—	750	557
300	12	762	762	305	—	1178	276	170	500	—	925	818
350×300	14×12	826	—	305	337	1178	292	225	500	—	1086	—
350	14	826	826	337	—	1221	349	225	800	—	993	995
400×300	16×12	902	—	305	387	1221	324	225	800	—	1139	—

（续）

公称尺寸 \ 压力等级		CL300										
DN	NPS	L		B	B_1	H	H_1	L_1	W_1	W	重量/kg	
		RF	WE								RF	WE
400	16	902	991	387	—	1156	349	225	800	—	1674	1510
450×400	18×16	914	914	387	438	1556	356	305	800	—	1728	1732
450	18	—	—	—	—	—	—	—	—	—	—	—
500×400	20×26	991	—	387	489	1556	387	305	800	—	1837	—
500	20	1194	—	489	—	—	—	305	800	—	4364	—
600×500	24×20	1397	—	489	591	—	—	395	1000	—	4695	—
CL600												
50×40	2×1½	292	—	43	52	378	83	—	—	200	34	—
50	2	292	216	52	—	381	83	—	—	200	32	25
80×50	3×2	356	216	52	78	381	105	—	—	250	50	25
80	3	356	295	78	—	492	105	—	—	250	64	50
100×80	4×3	432	295	78	103	492	137	—	—	450	82	54
100	4	432	368	103	—	575	137	—	—	450	118	100
150×100	6×4	559	473	103	154	575	178	—	—	600	168	127
150	6	559	473	154	—	945	178	—	—	600	254	209
200×150	8×6	660	473	154	203	773	210	—	—	800	295	218
200	8	660	660	203	—	933	210	—	—	800	462	395
250×200	10×8	787	787	203	254	985	254	170	500	—	544	445
250	10	787	787	254	—	1197	254	170	500	—	794	680
300×250	12×10	838	838	254	305	1197	279	225	500	—	921	700
300	12	838	838	305	—	1313	292	225	800	—	1275	1098
350×300	14×12	889	—	305	337	1313	302	225	800	—	1456	—
350	14	889	889	337	—	1313	302	225	800	—	1583	1359
400×300	16×12	991	—	305	387	1313	343	305	800	—	1547	—
400	16	991	991	387	—	1156	349	305	800	—	1814	1601
450×400	18×16	1092	—	387	438	1156	371	305	800	—	1932	—
450	18	—	—	438	—	—	—	—	—	—	—	—
500×400	20×26	1194	—	387	489	1156	406	305	800	—	2127	—
500	20	1194	—	489	—	2389	454	305	800	—	4636	—
600×500	24×20	1397	—	489	591	2389	454	395	1000	—	4914	—
CL900												
50	2	371	270	52	—	478	108	—	—	450	59	41
80×50	3×2	384	270	52	78	478	121	—	—	450	64	45
80	3	384	337	78	—	559	121	—	—	600	77	64
100×80	4×3	460	337	78	103	559	146	—	—	600	91	82
100	4	460	368	103	—	699	146	—	—	800	167	100
150×100	6×4	613	473	103	154	699	191	170	500	—	223	127

（续）

公称尺寸 压力等级		CL900										
DN	NPS	*L*		*B*	B_1	*H*	H_1	L_1	W_1	*W*	重量/kg	
		RJ	WE								RF	WE
150	6	613	584	154	—	953	191	170	500	—	395	309
200×150	8×6	740	584	154	203	897	235	225	500	—	491	314
200	8	740	373	203	—	1202	235	225	800	—	630	476
250×200	10×8	841	737	203	254	1202	273	225	800	—	727	479
250	10	841	838	254	—	1326	273	225	800	—	943	717
300×250	12×10	968	—	254	305	1326	305	305	800	—	1025	—
300	12	968	965	305	—	1508	305	305	800	—	1533	1239
350×300	14×12	1038	—	305	337	1508	321	305	800	—	1683	—
350	14	—	—	337	—	—	—	—	—	—	—	—
400×300	16×12	1140	—	305	387	1508	352	305	800	—	1787	—
400	16	1140	—	387	—	1902	379	305	800	—	3094	—
450×400	18×16	1232	—	387	438	1902	394	395	1000	—	3284	—
450	18	—	—	438	—	—	—	—	—	—	—	—
500×400	20×26	1334	—	387	489	1902	429	395	1000	—	3434	—
500	20	—	—	489	—	—	—	—	—	—	—	—
600×500	24×20	1549	—	489	591	2389	473	395	1000	—	5545	—
CL1500												
50	2	371	270	52	—	478	108	—	—	450	59	41
80×50	3×2	473	270	52	78	478	133	—	—	600	86	45
80	3	473	337	78	—	559	133	—	—	600	113	64
100×80	4×3	549	337	78	103	559	155	—	—	800	127	82
100	4	549	546	103	—	746	155	170	500	—	177	123
150×100	6×4	711	473	103	154	746	197	170	500	—	286	136
150	6	711	705	154	—	1145	197	225	500	—	726	585
200×150	8×6	841	832	154	203	1145	241	225	800	—	930	658
200	8	841	—	203	—	1650	241	225	800	—	1274	—
250×200	10×8	1000	991	203	254	1650	292	225	800	—	1418	1386
250	10	1000	—	254	—	1865	292	305	800	—	2032	—
300×250	12×10	1146	—	254	305	1865	337	305	800	—	2313	—
300	12	1146	—	305	—	2207	340	305	800	—	2857	—
350×300	14×12	1276	—	305	337	2207	375	305	800	—	3069	—
CL2500												
50	2	454	—	52	—	481	117	—	—	600	95	—
80×50	3×2	584	—	52	78	481	152	—	—	800	109	—
80	3	584	—	78	—	683	152	225	500	—	177	—
100×80	4×3	683	—	78	103	683	178	225	800	—	236	—
100	4	683	—	103	—	991	178	225	800	—	351	—

（续）

公称尺寸 \ 压力等级		CL2500										
DN	NPS	L		B	B_1	H	H_1	L_1	W_1	W	重量/kg	
		RJ	WE								RF	WE
150×100	6×4	927	—	103	154	991	242	225	800	—	426	—
150	6	927	—	154	—	1115	242	305	800	—	885	—
200×150	8×6	1038	—	154	203	1115	227	305	800	—	1028	—
200	8	1036	—	203	—	1534	276	305	800	—	1676	—

（5）金属密封球阀

1）结构特点：金属密封球阀的球体表面采用超声速喷涂碳化钨或采用羰基法热喷涂镍基纳米粉，使球体表面硬度达到60HRC以上，阀座整体采用硬质材料或堆焊硬质合金，因此在阀门启闭过程中能很好的经受磨损，并承受介质冲刷。由于填料采用柔性石墨，垫片采用柔性石墨不锈钢缠绕式垫片，故能应用高温工况。

浮动球金属密封球阀如图3-187所示及见表3-166。采用了弹性加载结构，在正常关闭情况下确保了球体密封面与阀座密封面之间密合。在高温情况下，能有效补偿内件的热膨胀，避免因高温而导致的卡阻。适合于中小口径高温使用。

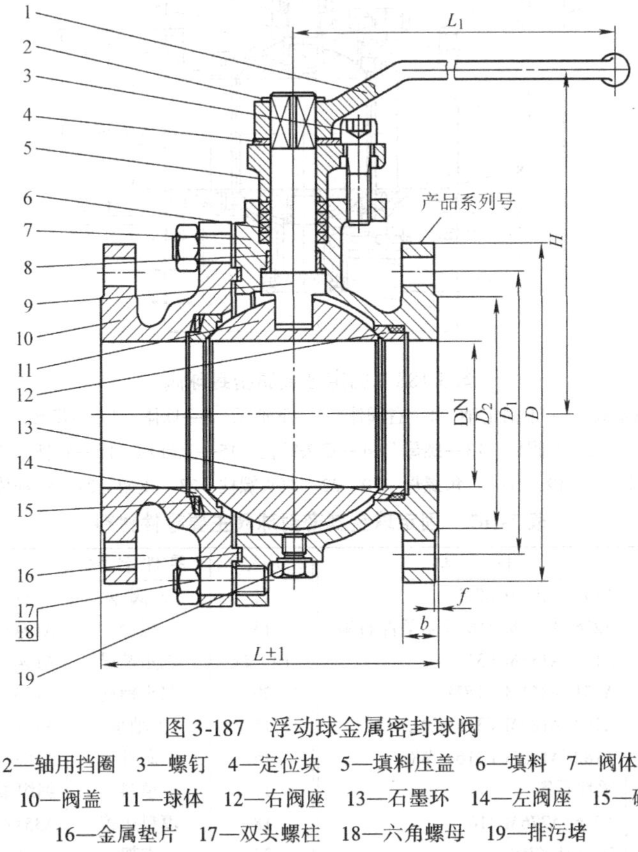

图3-187 浮动球金属密封球阀

1—手柄 2—轴用挡圈 3—螺钉 4—定位块 5—填料压盖 6—填料 7—阀体 8—轴承 9—阀杆 10—阀盖 11—球体 12—右阀座 13—石墨环 14—左阀座 15—碟形弹簧 16—金属垫片 17—双头螺柱 18—六角螺母 19—排污堵

固定球金属密封球阀如图3-188所示及见表3-167。在关闭状态下，靠碟形弹簧的预加载荷和介质的工作压力，将阀座推向球体，实现密封，在高温状态下，依靠两阀座背面的碟形弹簧，能有效的补偿内件的热膨胀，避免因高温而导致的卡阻，适合较大口径及恶劣工况使用。

表 3-166 浮动球金属密封球阀主要零件材料

序号	零件名称	材料	序号	零件名称	材料
1	手柄	A29/A29M 1025	11	球体	A105 + WC
2	轴用挡圈	A29/A29M 1566	12	右阀座	A105 堆焊 812
3	螺钉	A193/A193M B7	13	石墨环	柔性石墨
4	定位块	A29/A29M 1015	14	左阀座	A105 堆焊 812
5	填料压盖	A29/A29M 1025	15	碟形弹簧	Inconel X750
6	填料	柔性石墨 + 不锈钢丝	16	金属垫片	A276/A276M 304 + 金属丝
7	阀体	A216/A216M WCB	17	双头螺柱	A193/A193M B7
8	轴承	ZCuZn38Mn2Pb2	18	六角螺母	A194/A194M 2H
9	阀杆	A473/A473M 420	19	排污堵	A29/A29M 1025
10	阀盖	A216/A216M WCB			

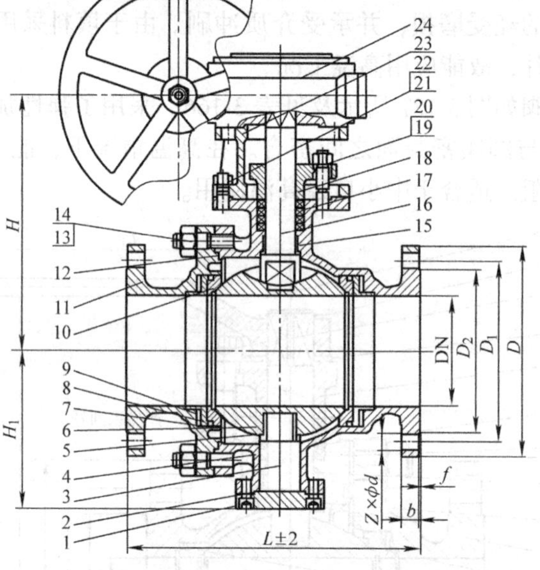

图 3-188 固定球金属密封球阀

1—螺钉 2、12—金属垫圈 3—下固定轴 4—右阀体 5—下轴承 6—球体 7—石墨环 8—压环 9—碟形弹簧 10—阀座 11—左阀体 13—螺母 14—双头螺柱 15—上轴承 16—阀杆 17—填料 18—填料压盖 19、21—六角螺母 20、22—双头螺柱 23—支架 24—蜗杆传动装置

表 3-167 固定球金属密封球阀主要零件材料

序号	零件名称	材料	序号	零件名称	材料
1	螺钉	A193/A193M B8M	11	左阀体	A351/A351M CF8M
2、12	金属垫圈	A276/A276M 316 丝 + 柔性石墨	13	螺母	A194/A194M 8M
3	下固定轴	A182/A182M F316	19、21	六角螺母	A194/A194M 8M
4	右阀体	A351/A351M CF8M	14、20、22	双头螺柱	A193/A193M B8M
5	下轴承	A182/A182M F316 氮化	15	上轴承	A182/A182M F316 氮化
6	球体	A182/A182M F316 + WC	16	阀杆	A182/A182M F316
7	石墨环	柔性石墨	17	填料	编织柔性石墨
8	压环	A276/A276M 316	18	填料压盖	A351/A351M CF8M
9	碟形弹簧	Inconel X750	23	支架	A216/A216M WCB
10	阀座	A182/A182M F316 + STL	24	蜗杆传动装置	组件

2）主要外形尺寸和连接尺寸如图 3-187、图 3-188 所示及见表 3-168。

表3-168　金属密封球阀主要外形尺寸和连接尺寸

公称压力PN	公称尺寸DN		尺寸/mm												重量/kg			
			L		D	D_1	D_2	b	f	$Z\times\phi d$	H							
			法兰	对焊							QF	Q3F	Q6F	Q9F	QF	Q3F	Q6F	Q9F
10	15	—	108	165	95	65	45	14	2	$4\times\phi14$	145		210	346	4.5			
	20	—	117	190	105	75	55	14	2	$4\times\phi14$	152		220	352	5.5			
	25	—	127	216	115	85	65	14	2	$4\times\phi14$	162		235	364	7			
	32	—	140	229	135	100	78	16	2	$4\times\phi18$	175		255	382	11.5			
	40	—	165	241	145	110	85	16	3	$4\times\phi18$	188		280	406	17			
	50	—	178	292	160	125	100	16	3	$4\times\phi18$	205	228	308	430	22	31		
	65	—	190	330	180	145	120	18	3	$4\times\phi18$	222	248	340	460	28	39		
	80	—	203	356	195	160	135	20	3	$4\times\phi18$	242	270	380	494	41	52		
	100	—	229	432	215	180	155	20	3	$8\times\phi18$	265	294	430	538	58	71		
	125	—	356	508	245	210	185	22	3	$8\times\phi18$		322	490	588		103		
	150	—	394	559	280	240	210	22	3	$8\times\phi23$		358	560	644		180		
	200	—	457	660	335	295	265	24	3	$8\times\phi23$		406	640	704		290		
	250	—	533	787	390	350	320	26	3	$12\times\phi23$		468	730	766		400		
	300	—	610	838	440	400	368	26	4	$12\times\phi23$		538	830	830		540		
	350	—	686	889	500	460	428	28	4	$16\times\phi23$		610	940	922		734		
	400	—	762	991	565	515	482	28	4	$16\times\phi25$		682	1060	1020		1005		
	450	—	864	1092	615	565	532	30	4	$20\times\phi25$		755	1180	1114		1372		
	500	—	914	1194	670	620	585	30	4	$20\times\phi25$		832	1300	1204		1880		
	600	—	1067	1397	780	725	685	34	5	$20\times\phi30$		922	1420	1290		2648		
	700	—	1245	1549	895	840	800	38	5	$24\times\phi30$		1015	1540	1375		3828		
	800	—	1372	1778	1010	950	905	42	5	$24\times\phi34$		1110	1650	1448		5462		
16	15	—	108	165	95	65	45	14	2	$4\times\phi14$	145		210	346	4.5			
	20	—	117	190	105	75	55	14	2	$4\times\phi14$	152		220	352	5.5			
	25	—	127	216	115	85	65	14	2	$4\times\phi14$	162		235	364	7			
	32	—	140	229	135	100	78	16	2	$4\times\phi18$	175		255	382	11.5			
	40	—	165	241	145	110	85	16	3	$4\times\phi18$	188		280	406	17			
	50	—	178	292	160	125	100	16	3	$4\times\phi18$	205	228	308	430	22	31		
	65	—	190	330	180	145	120	18	3	$4\times\phi18$	222	248	340	460	28	39		
	80	—	203	356	195	160	135	20	3	$8\times\phi18$	242	270	3801	494	41	52		
	100	—	229	432	215	180	155	20	3	$8\times\phi18$	265	294	430	538	58	71		
	125	—	356	508	245	210	185	22	3	$8\times\phi18$			322	490	588		103	
	150	—	394	559	280	240	210	24	3	$8\times\phi23$			358	560	644		182	
	200	—	457	660	335	295	265	26	3	$12\times\phi23$			406	640	704		292	
	250	—	533	787	405	355	320	30	3	$12\times\phi25$			468	730	766		404	
	300	—	610	838	460	410	375	30	4	$12\times\phi25$			538	830	830		545	
	350	—	686	889	520	470	435	34	4	$16\times\phi25$			610	940	922		745	
	400	—	762	991	580	525	485	36	4	$16\times\phi30$			682	1060	1020		1020	
	450	—	864	1092	640	585	545	40	4	$20\times\phi30$			755	1180	1114		1392	
	500	—	914	1194	705	650	608	44	4	$20\times\phi34$			832	1300	1204		1910	
	600	—	1067	1397	840	770	718	48	5	$20\times\phi41$			922	1420	1290		2688	
	700	—	1245	1549	910	840	788	50	5	$24\times\phi41$			1015	1540	1375		3878	
	800	—	1372	1778	1020	950	898	52	5	$24\times\phi41$			1110	1650	1448		5522	

（续）

公称压力 PN	公称尺寸 DN		尺寸/mm												重量/kg			
			L		D	D_1	D_2	b	f	$Z\times\phi d$	H				手柄	蜗杆	气动	电动
			法兰	对焊							HEQF	HEQ3F	HEQ6F	HEQ9F	HEQF	HEQ3F		
25	15	—	140	165	95	65	45	16	2	$4\times\phi14$		150		218	354	4		
	20	—	152	190	105	75	55	16	2	$4\times\phi14$		158		228	360	5		
	25	—	165	216	115	85	65	16	2	$4\times\phi14$		166		245	374	7.5		
	32	—	178	229	135	100	78	18	2	$4\times\phi18$		180		265	392	11.5		
	40	—	190	241	145	110	85	18	3	$4\times\phi18$		195		290	416	16		
	50	—	216	292	160	125	100	20	3	$4\times\phi18$		216	240	320	442	21	30	
	65	—	241	330	180	145	120	22	3	$8\times\phi18$		234	260	355	475	28	39	
	80	—	283	356	195	160	135	22	3	$8\times\phi18$		252	280	394	508	41	52	
	100	—	305	432	230	190	160	24	3	$8\times\phi23$		278	308	445	552	58	72	
	125	—	381	508	270	220	188	28	3	$8\times\phi25$			345	512	610		104	
	150	—	403	559	300	250	218	30	3	$8\times\phi25$			390	592	676		180	
	200	—	502	660	360	310	278	34	3	$12\times\phi25$			455	690	754		284	
	250	—	568	787	425	370	332	36	3	$12\times\phi30$			528	790	826		390	
	300	—	648	838	485	430	390	40	4	$16\times\phi30$			604	895	895		540	
	350	—	762	889	550	490	448	44	4	$16\times\phi34$			682	1012	994		752	
	400	—	838	991	610	550	505	48	4	$16\times\phi34$			768	1145	1105		1020	
	450	—	914	1092	660	600	555	50	4	$20\times\phi34$			855	1280	1214		1452	
	500	—	991	1194	730	660	610	52	4	$20\times\phi41$			942	1410	1314		2010	
	600	—	1143	1397	845	770	720	56	5	$20\times\phi41$			1030	1530	1400		2850	
	700	—	1346	1549	955	875	815	60	5	$24\times\phi48$			1130	1655	1490		4102	
	800	—	1524	1778	1070	990	930	64	5	$24\times\phi48$			1260	1800	1600		5830	
40	15	—	140	165	95	65	45	16	2	$4\times\phi14$		150		218	354	4		
	20	—	152	190	105	75	55	16	2	$4\times\phi14$		158		228	360	5		
	25	—	165	216	115	85	65	16	2	$4\times\phi14$		166		245	374	7.5		
	32	—	178	229	135	100	78	18	2	$4\times\phi18$		180		265	392	11.5		
	40	—	190	241	145	110	85	18	3	$4\times\phi18$		195		290	416	16		
	50	—	216	292	160	125	100	20	3	$4\times\phi18$		216	240	320	442	21	30	
	65	—	241	330	180	145	120	22	3	$8\times\phi18$		234	260	355	475	28	39	
	80	—	283	356	195	160	135	22	3	$8\times\phi18$		252	280	394	508	41	52	
	100	—	305	432	230	190	160	24	3	$8\times\phi23$		278	308	445	552	58	72	
	125	—	381	508	270	220	488	28	3	$8\times\phi25$			345	512	610		104	
	150	—	403	559	300	250	218	30	3	$8\times\phi25$			390	592	676		180	
	200	—	502	660	375	320	282	38	3	$12\times\phi30$			455	690	754		288	
	250	—	568	787	445	385	345	42	3	$12\times\phi34$			528	790	826		398	
	300	—	648	838	510	450	408	46	4	$16\times\phi34$			604	895	895		552	
	350	—	762	889	570	510	465	52	4	$16\times\phi34$			682	1012	994		765	
	400	—	838	991	655	585	535	58	4	$16\times\phi41$			768	1145	1105		1060	
	450	—	914	1092	680	610	560	60	4	$20\times\phi41$			855	1280	1214		1470	
	500	—	991	1194	755	670	612	62	4	$20\times\phi48$			942	1410	1314		2038	
	600	—	1143	1397	890	795	730	62	5	$20\times\phi54$			1030	1530	1400		2915	
	700	—	1346	1549	995	900	835	68	5	$24\times\phi54$			1130	1655	1490		4168	
	800	—	1524	1778	1135	1030	960	76	5	$24\times\phi58$			1260	1800	1600		5960	

（续）

公称压力 PN	公称尺寸 DN		尺寸/mm												重量/kg			
			L		D	D_1	D_2	b	f	$Z \times \phi d$	H							
			法兰	对焊							HEQF	HEQ3F	HEQ6F	HEQ9F	手柄驱动	蜗杆驱动	气动	电动
63	15	—	165	165	105	75	55	18	2	$4 \times \phi 14$	162		228	364	4.8			
	20	—	190	190	125	90	68	20	2	$4 \times \phi 18$	170		245	376	6			
	25	—	216	216	135	100	78	22	2	$4 \times \phi 18$	180		265	394	9			
	32	—	229	229	150	110	82	24	2	$4 \times \phi 23$	194		290	416	14			
	40	—	241	241	165	125	95	24	3	$4 \times \phi 23$	210		320	446	19			
	50	—	292	292	175	135	105	26	3	$4 \times \phi 23$	232	262	356	478	25	34		
	65	—	330	330	200	160	130	28	3	$8 \times \phi 23$	256	285	398	518	33.5	44		
	80	—	356	356	210	170	140	30	3	$8 \times \phi 23$	278	308	445	560	49	60		
	100	—	406	432	250	200	168	32	3	$8 \times \phi 25$		342	510	618		87		
	125	—	457	508	295	240	202	36	3	$8 \times \phi 30$		390	592	690		125		
	150	—	495	559	340	280	240	38	3	$8 \times \phi 34$		440	676	760		216		
	200	—	597	660	405	345	300	44	3	$12 \times \phi 34$		510	772	838		346		
	250	—	673	787	470	400	352	48	3	$12 \times \phi 41$		600	892	928		478		
	300	—	762	838	530	460	412	54	4	$16 \times \phi 41$		690	1020	1020		664		
	350	—	826	889	595	525	475	60	4	$16 \times \phi 41$		780	1158	1140		918		
	400	—	902	991	670	585	525	66	4	$16 \times \phi 48$		870	1295	1255		1272		
	500	—	1054	1194	800	705	640	70	4	$20 \times \phi 54$		1010	1510	1414		2445		
	600	—	1232	1397	930	820	750	76	5	$20 \times \phi 58$		1110	1635	1505		3500		
100	15	—	165	165	105	75	55	20	2	$4 \times \phi 14$	178		235	372	5			
	20	—	190	190	125	90	68	22	2	$4 \times \phi 18$	186		255	388	6.5			
	25	—	216	216	135	100	78	24	2	$4 \times \phi 18$	197		278	408	9.5			
	32	—	229	229	150	110	82	24	2	$4 \times \phi 23$	212		305	432	14.5			
	40	—	241	241	165	125	95	26	3	$4 \times \phi 23$	232	258	338	464	19.5	28		
	50	—	292	292	195	145	112	28	3	$4 \times \phi 25$	256	285	380	502	28	41		
	65	—	330	330	220	170	138	32	3	$8 \times \phi 25$		312	426	546		54		
	80	—	356	356	230	180	148	34	3	$8 \times \phi 25$		340	476	590		72		
	100	—	432	432	265	210	172	38	3	$8 \times \phi 30$		375	542	650		105		
	125	—	508	508	310	250	210	42	3	$8 \times \phi 34$		430	631	730		152		
	150	—	559	559	350	290	250	46	3	$12 \times \phi 34$		488	722	806		262		
	200	—	660	660	430	360	312	54	3	$12 \times \phi 41$		585	848	912		428		
	250	—	787	787	500	430	382	60	3	$12 \times \phi 41$		680	972	1008		598		
	300	—	838	838	585	500	442	70	4	$16 \times \phi 48$		780	1110	1110		830		
	350	—	889	889	655	560	498	76	4	$16 \times \phi 54$		880	1260	1242		1148		
	400	—	991	991	715	620	558	80	4	$16 \times \phi 54$		970	1395	1355		1590		
160	15	—	216	216	110	75	52	24	2	$4 \times \phi 18$	205		255	390	7			
	20	—	229	229	130	90	62	26	2	$4 \times \phi 23$	215		278	410	9			
	25	—	254	254	140	100	72	28	2	$4 \times \phi 23$	226		305	434	13			
	32	—	279	279	165	115	85	30	2	$4 \times \phi 25$	245	275	335	462	20	32		
	40	—	305	305	175	125	92	32	3	$4 \times \phi 27$	270	300	380	506	27	40		
	50	—	368	368	215	165	132	36	3	$8 \times \phi 25$		340	435	558		58		
	65	—	419	419	245	190	152	44	3	$8 \times \phi 30$		380	494	614		76		
	80	—	381	381	260	205	168	46	3	$8 \times \phi 30$		420	556	670		102		
	100	—	457	457	300	240	200	48	3	$8 \times \phi 34$		465	632	740		148		
	125	—	559	559	355	285	238	60	3	$8 \times \phi 41$		530	732	830		213		
	150	—	610	610	390	318	270	66	3	$12 \times \phi 41$		610	845	930		366		
	200	—	737	737	480	400	345	78	3	$12 \times \phi 48$		720	982	1046		598		
	250	—	838	838	580	485	425	88	3	$12 \times \phi 54$		830	1122	1158		838		
	300	—	965	965	655	570	510	100	3	$16 \times \phi 54$		940	1270	1270		1162		

（续）

公称压力PN（CL）	公称尺寸		尺寸/mm												重量/kg			
			L								H							
	DN	NPS	法兰	对焊	D	D_1	D_2	b	f	$Z\times\phi d$	HEQF	HEQ3F	HEQ6F	HEQ9F	手柄	蜗杆	气动	电动
20（150）	15	½	108	165	89	60.5	35	11.0	1.5/2	4×ϕ15	145		210	346	3.5			
	20	¾	117	190	98	70.0	43	11.5	1.5/2	4×ϕ15	152		220	352	4.5			
	25	1	127	216	108/110	79.5	51	12.5	1.5/2	4×ϕ15/4×ϕ16	162		235	364	6.5			
	32	1¼	140	229	117/120	89.0	64	13.5	1.5/2	4×ϕ15/4×ϕ16	175		255	382	10			
	40	1½	165	241	127/130	98.5	73	15.0	1.5/2	4×ϕ15/4×ϕ16	188		280	406	14			
	50	2	178	292	152/150	120.5	92	16.0	1.5/2	4×ϕ19/4×ϕ20	205	228	308	430	18.5	27.5		
	65	2½	190	330	178/180	139.5	105	18.0	1.5/2	4×ϕ19/4×ϕ20	222	248	340	460	25	36		
	80	3	203	356	190	152.5	127	19.5	1.5/2	4×ϕ19/4×ϕ20	242	270	380	494	36.5	47.5		
	100	4	229	432	229/230	190.5	157	24.0	1.5/2	8×ϕ19/8×ϕ20	265	294	430	538	55	68		
	125	5	356	508	254/255	216.5	186	24.0	1.5/2	8×ϕ22		322	490	588		97		
	150	6	394	559	279/280	241.5	216	26.0	1.5/2	8×ϕ22		358	560	644		165		
	200	8	457	660	343/345	298.5	270	29.0	1.5/2	8×ϕ22		406	640	704		264		
	250	10	533	787	406/405	362.0	324	31.0	1.5/2	12×ϕ25/12×ϕ26		468	730	766		363		
	300	12	610	838	483/485	432.0	381	32.0	1.5/2	12×ϕ25/12×ϕ26		538	830	830		510		
	350	14	686	889	533/535	476.0	413	35.0	1.5/2	12×ϕ29/12×ϕ30		610	940	922		702		
	400	16	762	991	597/600	540.0	470	37.0	1.5/2	16×ϕ29/16×ϕ30		682	1060	1020		974		
	450	18	864	1092	635	578.0	533	40.0	1.5/2	16×ϕ32/16×ϕ33		755	1180	1114		1334		
	500	20	914	1194	699/700	635.0	584	43.0	1.5/2	20×ϕ32/20×ϕ33		832	1300	1204		1850		
	600	24	1067	1397	813/815	749.5	692	48.0	1.5/2	20×ϕ35/20×ϕ36		922	1420	1290		2626		
	700	28	1245	1549	927	863.5	800	72.0	2	28×ϕ35		1015	1540	1375		3816		
	800	32	1372	1778	1060	978.0	915	81.0	2	28×ϕ41		1110	1650	1448		5502		
50（300）	15	½	140	165	95	66.5	35	15.0	1.5/2	4×ϕ15	150		218	354	4			
	20	¾	152	190	117	82.5	43	16.0	1.5/2	4×ϕ19	158		228	360	5.5			
	25	1	165	216	124/125	89.0	51	18.0	1.5/2	4×ϕ19/4×ϕ20	166		245	374	8			

（续）

公称压力 PN (CL)	公称尺寸		尺寸/mm													重量/kg			
			L								H							
	DN	NPS	法兰	对焊	D	D_1	D_2	b	f	$Z\times\phi d$	HEQF	HEQ3F	HEQ6F	HEQ9F	手柄驱动	蜗杆驱动	气动	电动
50 (300)	32	1¼	178	229	133/135	98.5	64	19.5	1.5/2	4×φ19/4×φ20	180		265	392	12			
	40	1½	190	241	156/155	114.5	73	21.0	1.5/2	4×φ22	195		290	416	17			
	50	2	216	292	165	127.0	92	23.0	1.5/2	8×φ19/8×φ20	216	240	320	442	22	31		
	65	2½	241	330	190	149.0	105	26.0	1.5/2	8×φ22	234	260	355	475	30	41		
	80	3	283	356	210	168.5	127	29.0	1.5/2	8×φ22	252	280	394	508	44	55		
	100	4	305	432	254/255	200.0	157	32.0	1.5/2	8×φ22	278	308	445	552	63	77		
	125	5	381	508	279/280	235.0	186	35.0	1.5/2	8×φ22		345	512	610		108		
	150	6	403	559	318/320	270.0	216	37.0	1.5/2	12×φ22		390	592	676		186		
	200	8	502	660	318/380	330.0	270	42.0	1.5/2	12×φ25 12×φ26		455	690	754		292		
	250	10	568	787	445	387.5	324	48.0	1.5/2	16×φ29/16×φ30		528	790	826		402		
	300	12	648	838	521/520	451.0	381	51.0	1.5/2	16×φ32/16×φ33		604	895	895		560		
	350	14	762	889	584/585	514.5	413	54.0	1.5/2	20×φ32/20×φ33		682	1012	994		778		
	400	16	838	991	648/650	571.5	470	58.0	1.5/2	20×φ35/20×φ36			768	1145	1105		1056	
	450	18	914	1092	711/710	628.5	533	61.0	1.5/2	24×φ35/24×φ36			855	1280	1214		1500	
	500	20	991	1194	775	686.0	584	64.0	1.5/2	24×φ35/24×φ36			942	1410	1314		2064	
	600	24	1143	1397	914/915	813.0	692	70.0	1.5/2	24×φ41/24×φ42			1030	1530	1400		2960	
	700	28	1346	1549	1035	940.0	800	86.0	2	28×φ45			1130	1655	1490		4070	
	800	32	1524	1778	1149	1054.0	915	99.0	2	28×φ52			1260	1800	1600		6010	
100 (600)	15	½	165	165	95	66.5	35.0	15.0		4×φ15/4×φ16	178		235	372	4.5			
	20	¾	190	190	118/120	82.5	43.0	16.0		4×φ19/4×φ20	186		255	388	6			
	25	1	216	216	124/125	89.0	51.0	18.0		4×φ19/4×φ20	197		278	408	8.5			
	32	1¼	229	229	133/135	98.5	63.5	21.0		4×φ19/4×φ20	212		305	432	13.5			
	40	1½	241	241	156/155	114.5	73.0	23.0		4×φ22	232	258	338	464	18.5			
	50	2	292	292	165	127.0	92.0	26.0		8×φ19/8×φ20	256	285	380	502	25	50		

（续）

公称压力 PN (CL)	公称尺寸		尺寸/mm													重量/kg			
			L								H							
	DN	NPS	法兰	对焊	D	D_1	D_2	b	f	$Z\times\phi d$	HEQF	HEQ3F	HEQ6F	HEQ9F	手柄驱动	蜗杆驱动	气动	电动
100 (600)	65	2½	330	330	190	149.0	105.0	29.0		$8\times\phi22$		312	426	546		68		
	80	3	356	356	210	168.0	127.0	32.0		$8\times\phi22$		340	476	590		108		
	100	4	432	432	273/275	216.0	157.0	38.5		$8\times\phi25$/$8\times\phi26$		375	542	650		160		
	125	5	508	508	330	266.5	186.0	45.0		$8\times\phi29$/$8\times\phi30$		430	632	730		265		
	150	6	559	559	356/355	292.0	216.0	48.0		$12\times\phi29$/$12\times\phi30$		488	722	806		422		
	200	8	660	660	419/420	349.0	270.0	56.0		$12\times\phi32$/$12\times\phi33$		585	848	912		606		
	250	10	787	787	508/510	432.0	324.0	64.0		$16\times\phi35$/$16\times\phi36$		680	972	1008		808		
	300	12	838	838	559/560	489.0	381.0	67.0		$20\times\phi35$/$20\times\phi36$		780	1110	1110		1090		
	350	14	889	889	603/605	527.0	413.0	70.0		$20\times\phi38$/$20\times\phi39$		880	1260	1242		1546		
	400	16	991	991	686/685	603.0	170.0	77.0		$20\times\phi41$/$20\times\phi42$		970	1395	1355		2000		
	450	18	1092	1092	743/745	654.0	533.0	83.0		$20\times\phi44$/$20\times\phi45$		1030	1498	1432		3050		
	500	20	1194	1194	813/815	724.0	584.0	89.0		$24\times\phi44$/$24\times\phi45$		1115	1615	1520		4370		
	600	24	1397	1397	940	838.0	692.0	102.0		$24\times\phi52$		1240	1765	1635		6250		
	700	28	1549	1549	1073	965.0	800.0	112.0		$28\times\phi55$		1380	1920	1755		8940		
	800	32	1778	1778	1194	1080.0	915.0	118.0		$28\times\phi61$		1520	2090	1890				
150 (900)	25	1	254	254	149/150	101.5	51.0	29.0		$4\times\phi26$	226		305	434				
	32	1¼	279	279	159/160	111.0	63.5	29.0		$4\times\phi26$	245	275	335	462				
	40	1½	305	305	178/180	124.0	73.0	32.0		$4\times\phi29$/$4\times\phi30$	270	300	380	506				
	50	2	368	368	216/215	165.0	92.0	38.5		$8\times\phi26$		340	435	558				
	65	2½	419	419	244/245	190.5	105.0	41.5		$8\times\phi29$/$8\times\phi30$		380	494	614				
	80	3	381	381	241/240	190.5	127.0	38.5		$8\times\phi26$		420	556	670				
	100	4	457	457	292/295	235.0	157.0	44.5		$8\times\phi32$/$8\times\phi33$		465	632	740				
	125	5	559	559	349/350	279.5	186.0	51.0		$8\times\phi35$/$8\times\phi36$		530	732	830				
	150	6	610	610	381/380	317.5	216.0	56.0		$12\times\phi32$/$12\times\phi33$		610	845	930				
	200	8	737	737	470	393.5	270.0	63.5		$12\times\phi39$		720	982	1046				
	250	10	838	838	546/545	470.0	324.0	70.0		$16\times\phi39$		830	1122	1158				

（续）

公称压力 PN (CL)	公称尺寸		尺寸/mm												重量/kg			
			L		D	D_1	D_2	b	f	$Z\times\phi d$	H							
	DN	NPS	法兰	对焊							HEQF	HEQ3F	HEQ6F	HEQ9F	手柄	蜗杆	气动	电动
150 (900)	300	12	965	965	610	533.5	381.0	79.5		$20\times\phi39$		940	1270	1270				
	350	14	1029	1029	641/640	559.0	413.0	86.0		$20\times\phi42$		1040	1418	1400				
	400	16	1130	1130	705	616.0	470.0	89.0		$20\times\phi45$		1140	1565	1525				
	450	18	1219	1219	787/785	686.0	533.0	102.0		$20\times\phi52$		1240	1708	1642				
	500	20	1321	1321	857/855	749.5	584.0	108.0		$20\times\phi56$		1340	1840	1744				
	600	24	1549	1549	1041/1040	901.5	692.0	140.0		$20\times\phi68$		1450	1975	1845				
250 (1500)	40	1½	305	305	178/180	124.0	73	32.0		$4\times\phi29$/$4\times\phi30$		325	420	546				
	50	2	368	368	216/215	165.0	92	38.5		$8\times\phi26$		375	490	612				
	65	2½	419	419	244/245	190.5	105	41.5		$8\times\phi29$/$8\times\phi30$		425	560	680				
	80	3	470	470	267/270	203.0	127	48.0		$8\times\phi32$/$8\times\phi33$		475	642	756				
	100	4	546	546	311/310	241.5	157	54.0		$8\times\phi35$/$8\times\phi36$		530	732	840				
	125	5	673	673	375	292.0	186	73.5		$8\times\phi42$		615	850	948				
	150	6	705	705	394/395	317.5	216	83.0		$12\times\phi39$		730	992	1076				
	200	8	832	832	483/485	393.5	270	92.5		$12\times\phi45$		850	1142	1226				
	250	10	991	991	585	482.5	324	108.0		$12\times\phi52$		980	1310	1365				
	300	12	1130	1130	675	571.5	381	124.0		$16\times\phi54$/$16\times\phi56$		1128	1505	1505				
	350	14	1257	1257	750	635.0	413	133.5		$16\times\phi60$		1260	1685	1668				
	400	16	1384	1374	825	705.0	470	146.5		$16\times\phi67$/$16\times\phi68$		1400	1868	1828				
420 (2500)	50	2	451	451	235	171.5	92	51.0		$8\times\phi29$/$8\times\phi30$		425	560	682				
	65	2½	508	508	267/270	197.0	105	57.5		$8\times\phi32$/$8\times\phi33$		475	642	762				
	80	3	578	578	305/350	228.5	127	67.0		$8\times\phi35$/$8\times\phi36$		540	742	856				
	100	4	673	673	356/355	273.0	157	76.5		$8\times\phi42$		625	860	968				
	125	5	794	794	419/420	324.0	186	92.5		$8\times\phi48$		735	998	1096				
	150	6	914	914	483/485	368.5	216	108.0		$8\times\phi54$/$8\times\phi56$		870	1162	1246				
	200	8	1022	1022	552/550	438.0	270	127.0		$12\times\phi54$/$12\times\phi56$		1005	1335	1418				

（续）

公称压力PN（CL）	公称尺寸		尺寸/mm								H				重量/kg			
			L															
	DN	NPS	法兰	对焊	D	D_1	D_2	b	f	$Z\times\phi d$	HEQF	HEQ3F	HEQ6F	HEQ9F	手柄	蜗杆	气动	电动
42.0（2500）	250	10	1270	1270	673/675	539.5	324	165.5		$12\times\phi67/12\times\phi68$			1185	1562	1600			
	300	12	1422	1422	762/760	619.0	381	184.5		$12\times\phi74/12\times\phi76$			1375	1800	1800			

注：表中以分数表示的数位，分子为 ASME B16.5 法兰尺寸，分母为 GB/T 9113、SH3406 法兰尺寸。

3）主要生产厂家：超达阀门集团股份有限公司、沃福控制科技（杭州）有限公司。

（6）高压锻钢球阀　高压锻钢球阀适用于 CL600、CL800、CL900、CL1500，工作温度 -46 ~180℃（密封圈材料为 RPTFE、MOLON、PEEK 等）或 -46 ~425℃（密封圈材料为金属）的水、蒸汽、油品、硝酸、醋酸等介质的管道上，做切断或接通管路中的介质。

主要外形尺寸与连接尺寸如图 3-189 所示和见表 3-169。

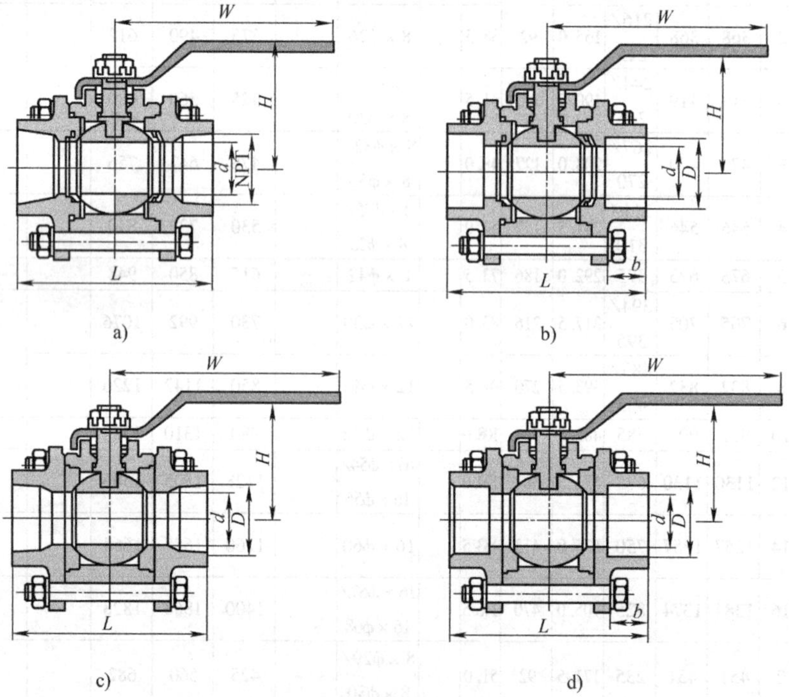

图 3-189　高压锻钢球阀

a）金属密封内螺纹连接三体式浮动球球阀　b）金属密封承插焊连接三体式浮动球球阀

c）非金属密封内螺纹连接三体式浮动球球阀　d）非金属密封承插焊连接三体式浮动球球阀

表 3-169　高压锻钢球阀主要外形尺寸和连接尺寸　（单位：mm）

公称压力级 CL	公称尺寸		尺寸							重量/kg
	DN	NPS	L	d	NPT	D	b	H	W	
600、800	6	1/4	60	6	1/4	14.1	10	44	100	0.8
	10	3/8	60	9	3/8	17.5	10	44	100	1.0
	15	1/2	60	12.5	1/2	22	10	44	100	1.5
	20	3/4	67	17	3/4	27.5	13	49	110	2
	25	1	76	23	1	34.5	13	57	110	5

（续）

公称压力级 CL	公称尺寸		尺 寸							重量/kg
	DN	NPS	L	d	NPT	D	b	H	W	
600、800	32	1 1/4	88	28	1 1/4	43.5	13	78	150	6
	40	1 1/2	98	38	1 1/2	49.5	16	82	160	8
900、1500	6	1/4	65	6	1/4	14.1	10	44	100	0.95
	10	3/8	70	9	3/8	17.5	10	52	100	1.1
	15	1/2	75	12.5	1/2	22	10	62	110	1.7
	20	3/4	90	17	3/4	27.5	13	68	110	2.2
	25	1	100	23	1	34.5	13	78	150	5.7
	32	1 1/4	110	28	1 1/4	43.5	13	91	160	7.2
	40	1 1/2	128	38	1 1/2	49.5	16	102	180	10.8

主要生产厂家：北京竺港阀业有限公司、北京首高高压阀门制造有限公司。

（7）对夹式球阀　对夹式球阀主要采用一体式结构，结构紧凑。根据结构长度的长短分普通型和薄型两种系列。对夹式球阀的结构型式如图3-190所示，其主要零件的材料见表3-170，主要外形尺寸和连接尺寸如图3-189及见表3-171。

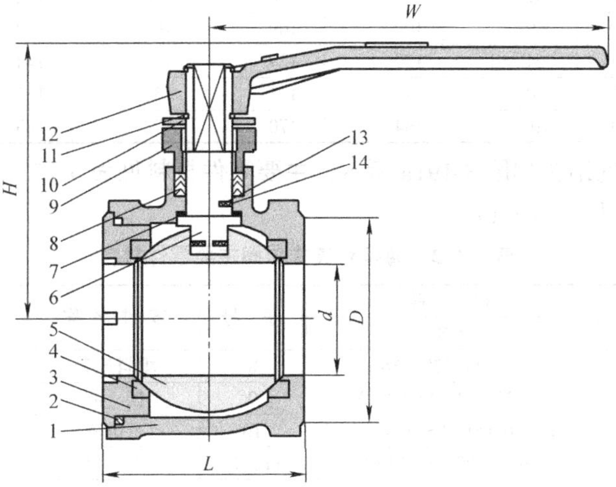

图3-190　对夹式球阀结构

1—阀体　2、7—垫片　3—锁紧盖　4—密封圈　5—球体　6—阀杆　8—填料　9—填料压盖　10—定位块　11—挡圈　12—手柄　13—钢球　14—弹簧

表3-170　对夹式球阀主要零件材料

序 号	零件名称	材 料	
		GB/T	ASTM
1	阀 体	GB/T12230 CF8	A351 CF8
2	垫 片	柔性石墨 + SS	
3	锁紧盖	GB/T1220 12Cr18Ni9	A182 F304
4	密封圈	PTFE/RPTFE/NYLON/PEEK	
5	球 体	GB/T1220 12Cr18Ni9 + NiP	A182 F304 + NiP
6	阀 杆	GB/T1220 12Cr18Ni9	A182 F304
7	垫 片	PTFE + SS	
8	填 料	柔性石墨/PTFE	
9	填料压盖	GB/T12230 CF8	A351 CF8

（续）

序　号	零件名称	材　料	
		GB	ASTM
10	定位块	GB/T700 Q235 + Zn	
11	挡　圈	GB/T1222 65Mn	
12	手　柄	GB/T700 Q235 + Zn	
13	钢　球	A182 F304	
14	弹　簧	A276 304	

表 3-171　对夹式球阀主要连接尺寸和外形尺寸

公称尺寸		尺寸/mm							重量/kg
DN	NPS	*L*	*d*	*D*			*H*	*W*	
				PN10、PN16	PN25	CL150			
15	1/2	40	13	53	53	47	82	140	0.9
20	3/4	45	19	63	63	57	82	180	1.3
25	1	50	25	73	73	66	104	180	1.6
32	1 1/4	60	32	84	84	75	113	200	2.6
40	1 1/2	70	39	94	94	85	122	200	3.8
50	2	80	49	109	109	103	132	250	5
65	2 1/2	110	64	129	129	122	144	300	7.5
80	3	120	80	144	144	135	155	350	11
100	4	140	100	164	170	173	183	450	18.4

薄型对夹式球阀的结构如图 3-191a 所示，主要零件材料见表 3-172，主要外形尺寸和连接尺寸如图 3-191b 所示及见表 3-173。

表 3-172　薄型对夹式球阀主要零件材料

序　号	零件名称	材　料	序　号	零件名称	材　料
		GB			GB
1	阀　体	GB/T12230 CF8	8	填料压盖	GB/T1220 12Cr18Ni9
2	球　体	GB/T1220 12Cr18Ni9 + ENP	9	挡　圈	GB/T1222 65Mn
3	密封圈	PTFE/RPTFE/NYLON/PEEK	10	定位销	GB/T1220 20Cr13
4	锁紧盖	GB/T1220 12Cr18Ni9	11、13	螺　母	GB/T1220 06Cr19Ni10
5	阀　杆	GB/T1220 12Cr18Ni9	12	手　柄	GB/T700 Q235 + Zn
6	垫　片	PTFE + SS	14	钢　球	A182 F304
7	填　料	柔性石墨/PTFE	15	弹　簧	A276 304

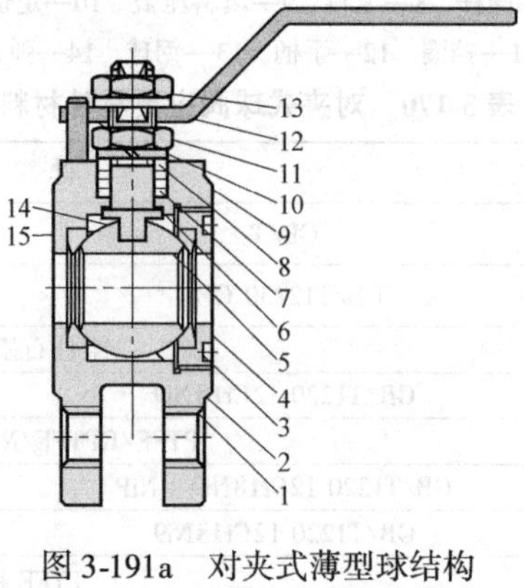

图 3-191a　对夹式薄型球结构

1—阀体　2—球体　3—密封圈　4—锁紧盖　5—阀杆　6—垫片
7—填料　8—填料压盖　9—挡圈　10—定位销　11、13—螺母
12—手柄　14—钢球　15—弹簧

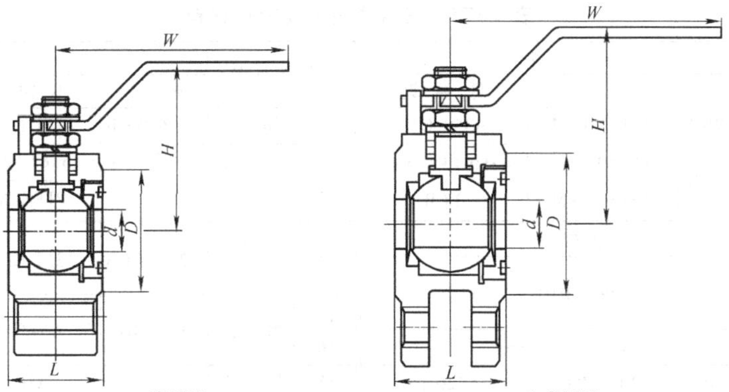

图3-191b　对夹式薄型球阀主要外形尺寸与连接尺寸图

表3-173　薄型对夹式球阀主要外形尺寸与连接尺寸　（单位：mm）

DN		10	15	20	25	32	40	50	65	80	100	125	150	200
L		32	32	38	42	50	60	70	94	118	140	195	225	275
d		10	13	19	25	32	40	50	65	79	100	125	150	200
D	PN16	42	47	58	68	78	88	102	125	138	160	188	212	266
	PN25	42	47	58	68	78	88	102	125	138	160	188	212	274
	PN40	42	47	58	68	78	88	102	125	138	160	188	212	285
H		79	80	85	95	100	105	115	130	145	175	190	220	260
W		150	150	150	170	180	210	230	280	300	400	500	600	700
重量/kg	PN16	1.5	1.8	2.3	2.9	4	6	8	12	14	20	36	47	78

主要生产厂家：北京竺港阀业有限公司。

（8）三通球阀　三通球阀有五种流向，其中T形三通有四种流向、L形三通有两种流向如图3-192所示。上装式浮动球三通球阀的结构如图3-193所示。主要零件材料见表3-174。主要外形尺寸如图3-194所示及见表3-175。

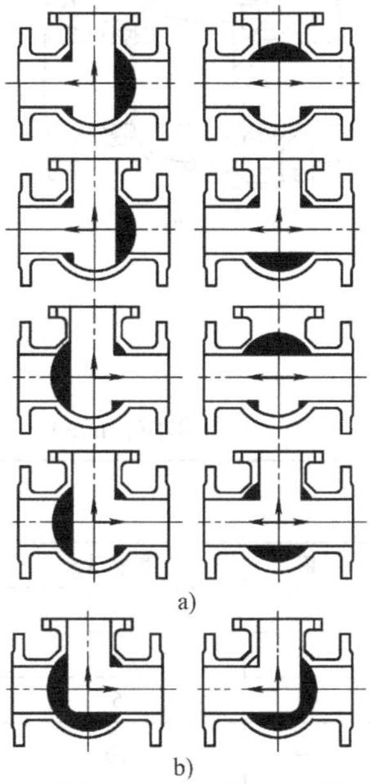

图3-192　三通球阀的流向

a）T形三通

b）L形三通

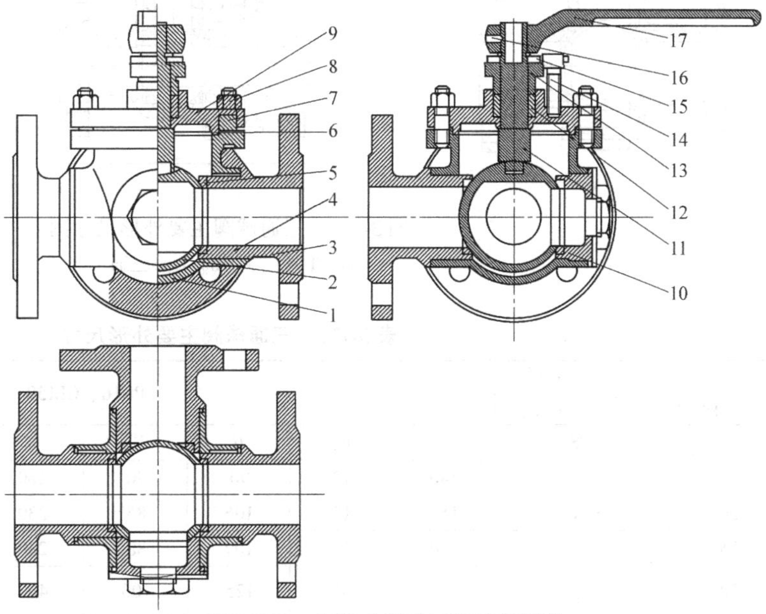

图3-193　上装式浮动三通球阀结构

1—阀体　2—球体　3—O形圈　4—法兰　5—密封圈　6—垫片　7—螺栓　8—螺母　9—阀盖　10—阀座圈　11—阀杆　12—填料　13—填料压盖　14—（限位）螺钉　15—限位块　16—（紧定）螺钉　17—手柄

表 3-174 三通球阀主要零件材料

序号	零件名称	材料			序号	零件名称	材料		
		碳钢	不锈钢	低温钢			碳钢	不锈钢	低温钢
1	阀体	A216 WCB	A315 CF8M	A352 LCB	9	阀盖	A216 WCB	A351 CF8M	A352 LCB
2	球体	A105+ENP	A182 F316/A315 CF8M	A350 LF3/A352 LCB	11	阀杆	A182 F6a	A182 F316	A182 F316
					12	填料	PTFE/柔性石墨		
3	O形圈	氟橡胶			13	填料压盖	A216 WCB	A351 CF8M	A352 LCB
5、10	密封圈	PTFE/RPTFE			14、16	螺钉	A193 B7	A193 B8	A320 L7
6	垫片	柔性石墨+SS							
7	螺柱	A193 B7	A193 B8	A320 L7	15	限位块	A105+ENP		
8	螺母	A194 2H	A194 8	A194 4	17	手柄	Q235A		

注：序号 4 略。

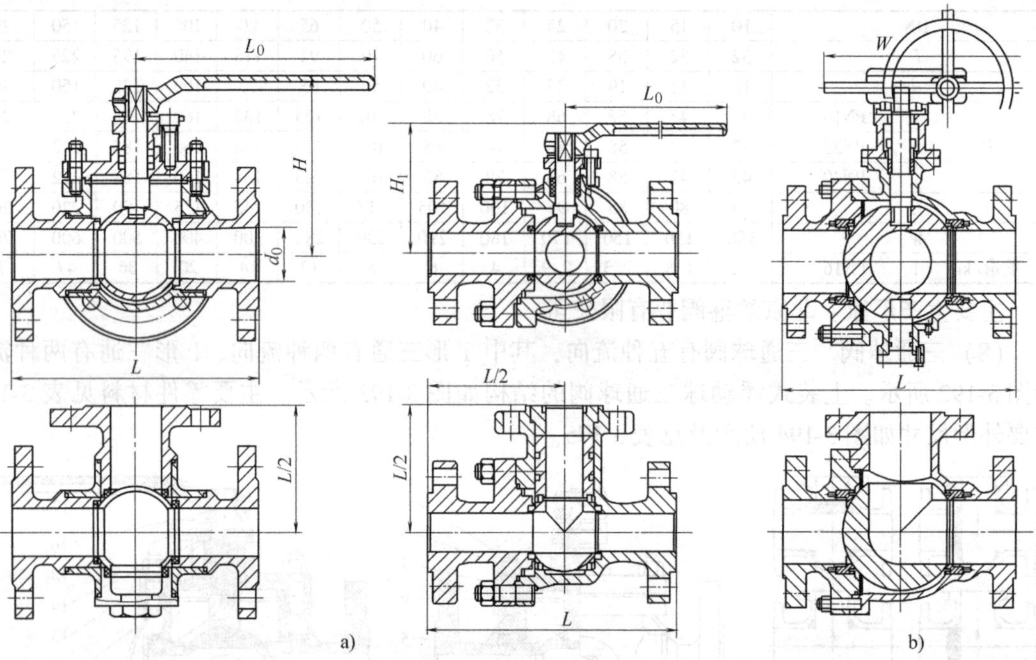

图 3-194 三通球阀主要外形尺寸图

a）T 形三通 b）L 形三通

表 3-175 三通球阀主要外形尺寸 （单位：mm）

公称尺寸		PN16、CL150						
DN	NPS	L	d_0	H	H_1	L_0	W	重量/kg
15	1/2	140	13	90	70	160	—	3
20	3/4	150	15	106	86	230	—	4
25	1	160	25	109	88	230	—	6
32	$1\frac{1}{4}$		32	125	106	400	—	10
40	$1\frac{1}{2}$	210	38	149	132	400	—	14
50	2	220	51	154	137	400	—	20

（续）

公称尺寸＼压力等级		PN16、CL150						
DN	NPS	L	d_0	H	H_1	L_0	W	重量/kg
65	2 1/2	250	64	189	162	700	—	25
80	3	260	76	198	170	700	—	32
100	4	330	102	254	229	1050	—	45
125	5	430	127	273	247	1050	—	—
150	6	510	152	—	—	—	450	—
200	8	580	203	—	—	—	600	—
250	10	670	250	—	—	—	600	—

公称尺寸＼压力等级		PN25、PN40、CL300							
DN	NPS	L	d_0	H	H_2	L_0	W	重量/kg	
								PN25	PN40
15	1/2	140	13	90	70	160	—	3	3
20	3/4	165	15	106	86	230	—	4	4
25	1	165	25	109	88	230	—	6.5	6.5
32	1 1/4	220	32	125	106	400	—	11	11
40	1 1/2	250	38	149	132	400	—	15	15
50	2	260	51	154	137	400	—	21.5	21.5
65	2 1/2	320	64	189	162	700	—	—	—
80	3	320	76	198	170	700	—	35	45
100	4	370	102	254	229	1050	—	49	49
125	5	510	127	273	247	1050	—	—	—
150	6	510	152	—	—	314	—	450	—
200	8	580	203	—	—	430	—	600	—
250	10	670	250	—	—	475	—	600	—

主要生产厂家：超达阀门集团股份有限公司。

（9）四通球阀　四通球阀是针对电力系统冷却器正反向供水的特定工艺过程而设计的，其操作原理如图3-195所示。正向供水时，阀1、3开启，阀2、4关闭。反向供水时阀2、4开启，阀1、3关闭。

1）顶装式四通球阀的结构如图3-196所示。

2）顶装式四通球阀的材料见表3-176。

表3-176　顶装式四通球阀的材料

序号	零件名称	材料			序号	零件名称	材料		
		碳钢	不锈钢	低温钢			碳钢	不锈钢	低温钢
1	阀体	A216 WCB	A351 CF8M	A352 LCB	14	阀盖	A216 WCB	A351 CF8M	A352 LCB
2	锁紧螺母	A105 + ENP	A182 F316	A350 LF3	15	阀杆	A182 F6a Ⅱ	A182 F316	A182 F316
3、11	O形圈	氟橡胶			16	垫片	PTFE + SS		
4、12	螺栓	A193 B7	A193 B8	A320 L7	17	填料垫	A182 F6a Ⅱ	—	A182 F6a Ⅱ
5	底盖	A105 + ENP	A182 F316	A350 LF3	18	填料	柔性石墨/PTFE		
6、13	垫片	柔性石墨 + SS			19	销轴	A182 F6a		
7	下阀杆	A182 F6a Ⅱ	A182 F316	A182 F316	20	活节螺栓	A193 B7	A193 B8	A320 L7
8	球体	A105 + ENP	A182 F316/A351 CF8M	A350 LF3/A352 LCB	21	螺母	A194 2H	A194 8	A194 4
9	密封圈	PTFE/RPTFE			22	填料压盖	A216 WCB	A351 CF8M	A352 LCB
10	阀座	A105 + ENP	A182 F316	A350 LF3	23	键	A29 1025		

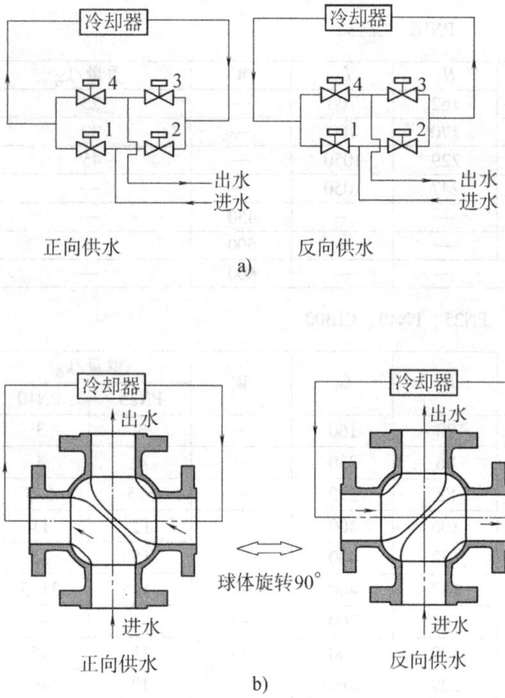

图 3-195 四通球阀替管汇工作原理

a）使用管汇的正向供水与反向供水

b）使用四通球阀的正向供水与反向供水

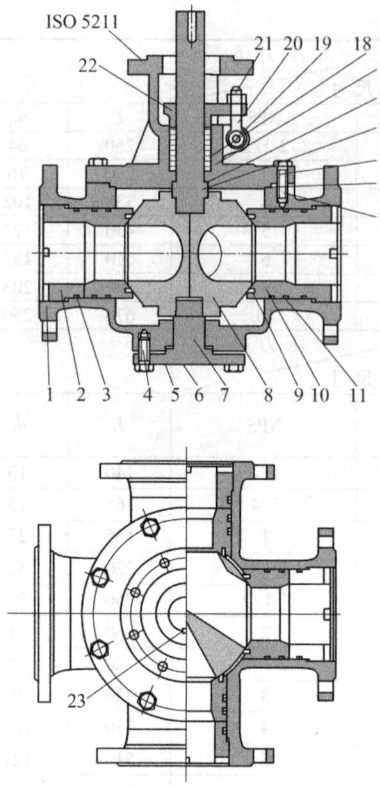

图 3-196 顶装式四通球阀的结构

1—阀体 2—锁紧螺母 3、11—O 形圈 4、12—螺栓 5—底盖 6、13、16—垫片 7—下阀杆 8—球体 9—密封圈 10—阀座 14—阀盖 15—阀杆 17—填料垫 18—填料 19—销轴 20—活节螺栓 21—螺母 22—填料压盖 23—键

3）顶装式四通球阀的主要外形尺寸如图 3-197 所示及见表 3-177。

表 3-177 顶装式四通球阀主要外形尺寸 （单位：mm）

公称尺寸 \ 压力等级		PN10、PN16									
DN	NPS	L	H	A_1	H_1	A_2	H_2	B_0	B_1	B_2	重量/kg 蜗杆传动
50	2	265	220	433	217	405	200	250	106	52	28
65	2 1/2	280	295	433	248	405	260	250	106	52	48
80	3	310	367	433	335	574	320	250	106	52	87
100	4	370	440	520	412	574	400	300	143	80	137
125	5	440	535	520	495	756	500	300	143	80	240
150	6	510	660	520	613	756	600	400	200	108	270
200	8	580	870	520	824	756	800	400	200	108	585
250	10	665	1080	896	1025	1060	1000	600	200	108	765
300	12	760	1200	896	1176	1060	1160	600	200	108	1121
350	14	850	1250	896	1239	1360	1225	800	330	140	1450
400	16	940	1420	910	1388	1360	1350	800	330	140	1780
450	18	1050	1610	910	1596	1360	1575	800	330	140	2435
500	20	1180	1830	910	1725	2910	1750	1000	370	220	3108

（续）

公称尺寸 \ 压力等级		PN25、CL150									
DN	NPS	L	H	A_1	H_1	A_2	H_2	B_0	B_1	B_2	重量/kg 蜗杆传动
50	2	265	390	433	217	405	200	250	106	52	28.5
65	2 1/2	280	420	433	248	405	260	250	106	52	49
80	3	350	490	520	335	574	320	250	106	52	87
100	4	420	570	520	412	574	400	300	143	80	139
125	5	490	680	520	495	756	500	300	143	80	240
150	6	580	830	896	613	756	600	400	200	108	270
200	8	640	1020	896	824	756	800	400	200	108	585
250	10	740	1140	896	1025	1060	1000	600	200	108	765
300	12	820	1220	896	1176	1060	1200	600	200	108	1125
350	14	910	1390	910	1239	1360	1225	800	330	140	1455
400	16	1000	1580	910	1388	1360	1350	800	330	140	1785
450	18	1150	1790	910	1596	1360	1575	800	330	140	2467
500	20	1300	1960	936	1725	2910	1750	1000	370	220	3150

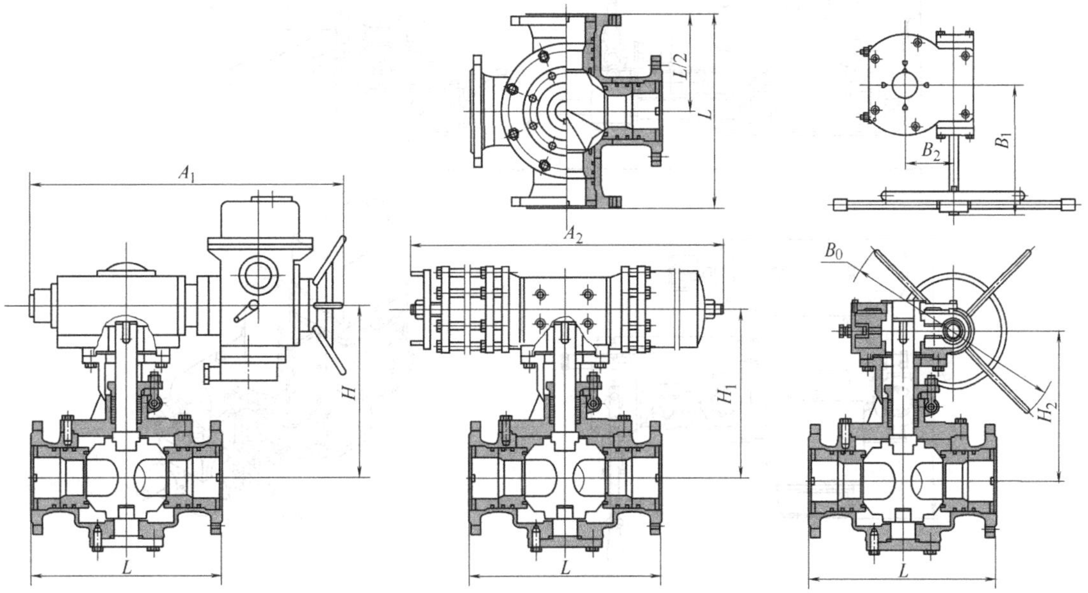

a)　　b)　　c)

图 3-197　顶装式四通球阀的外形尺寸

a）电动四通球阀　b）气动四通球阀　c）蜗杆传动四通球阀

（10）DGOA 系列气液联动执行器　管线球阀常用气液联动执行器，DGOA 系列气液联动执行器的外形图如图 3-198 所示，其结构图如图 3-199 所示。

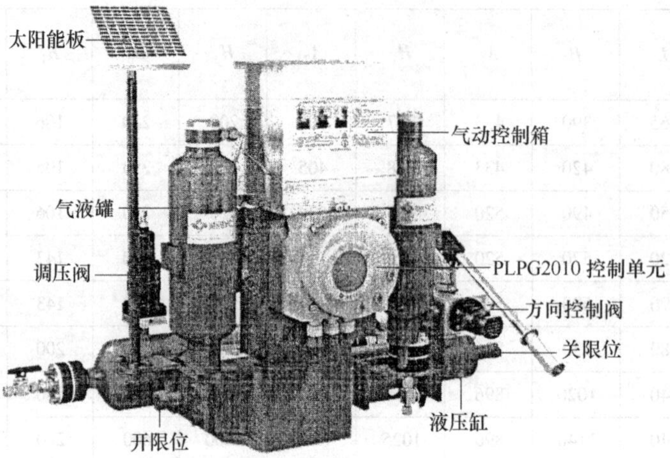

图 3-198　DGOA 系列气液联动执行器外形

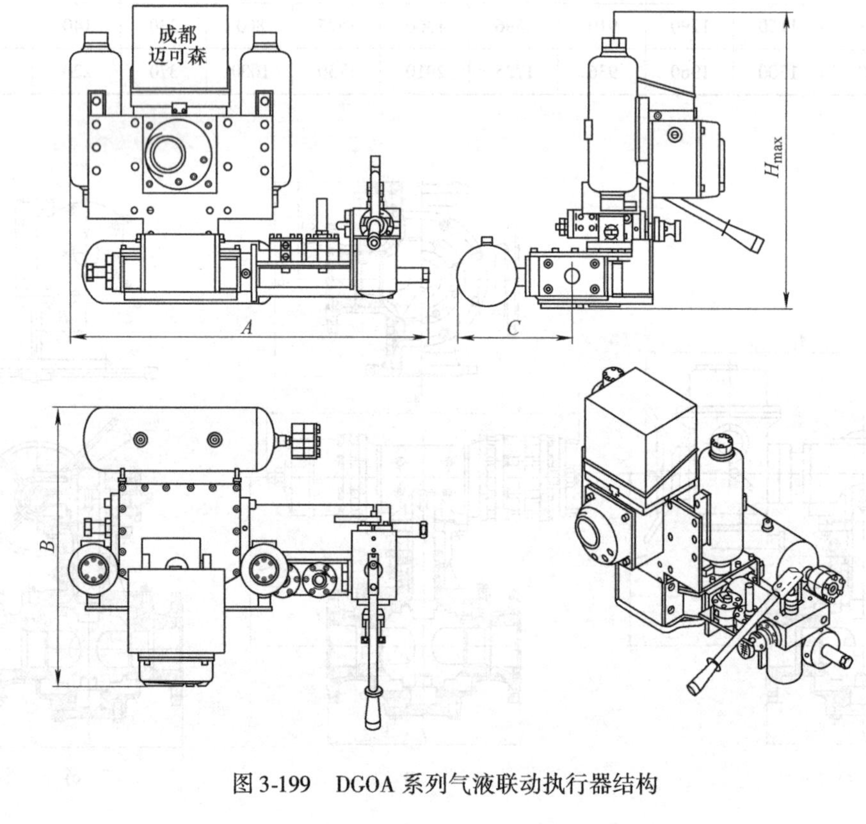

图 3-199　DGOA 系列气液联动执行器结构

1）型号与标记。

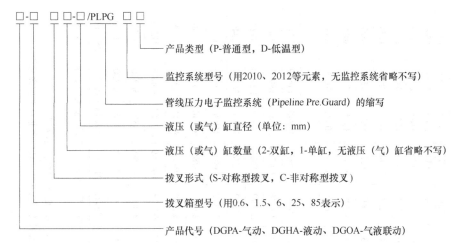

□-□ □ □-□/PLPG □ □

- 产品类型（P-普通型，D-低温型）
- 监控系统型号（用2010、2012等元素，无监控系统省略不写）
- 管线压力电子监控系统（Pipeline Pre.Guard）的缩写
- 液压（或气）缸直径（单位：mm）
- 液压（或气）缸数量（2-双缸，1-单缸，无液压（气）缸省略不写）
- 拨叉形式（S-对称型拨叉，C-非对称型拨叉）
- 拨叉箱型号（用0.6、1.5、6、25、85表示）
- 产品代号（DGPA-气动、DGHA-液动、DGOA-气液联动）

2）参数。

① 气源压力（0.3～16MPa）。

② 气源介质：空气、氮气或非酸性气体（净化天然气）。

③ 输出转矩：单作用 50～250000Nm，双作用 100～550000Nm。

④ 手动：液压式手动泵、可提供独立测试功能的液压手动装置。

⑤ 标准范围：－30～100℃（－20～210℉），可选范围：－55～150℃（－65～300℉）。

⑥ 执行机构防护等级：IP68 全天候户外。

⑦ 防爆等级：Exd IIC T4/T6。

⑧ 不锈钢气控箱：防护等级 IP65。

⑨ 通信/接口：USB/RS232/485。

⑩ 电源供电：高能电池、太阳能、外供电。

⑪ 适用阀门类型：90°角行程，长输天然气管线球阀的紧急关断、ESD 关断。

3）特点。专利设计的平行、双导向拨叉传动箱可为行程的阀门提供较高的开启转矩。平行、双导向杆可以承受横向负载并且对活塞杆起到支撑作用。组合结构轴承可以提供可靠、平稳的运行，并且延长了执行机构的使用寿命。活塞轴承降低了活塞与缸壁之间的摩擦，可以使气缸达到自润滑的效果。导向杆镀层具有高强度抗腐蚀性，使摩擦力降低至最低。气缸壁具有高强度抗腐蚀性和可靠性。内置式导向连接杆设计使气缸结构更为紧密。全封闭、全天候防护碳钢外壳坚固可靠，内部涂层具有防腐功能。外部行程限位螺栓在全程 90°±5°范围内精确可调。低迟滞性和快速响应加强了在调节工况的使用提供非对称和对称式拨叉适用于不同特性的阀门。特殊涂层可用于海上平台和强腐蚀的环境中。可提供用于酸性气体的特殊执行。

4）双导向 DGOA 系列气液联动执行器操作力矩，见表 3-178。

5）主要生产厂家：成都迈可森流体控制设备有限公司。

3.4 截止阀

3.4.1 概述

截止阀是指关闭件（阀瓣）沿阀座中心线移动的阀门。根据阀瓣的这种移动形式，阀座通口的变化是与阀瓣行程成正比例关系。由于该类阀门的阀杆开启或关闭行程相对较短，而且具有非常可靠的切断功能，又由于阀座通口的变化与阀瓣的行程成正比例关系，非常适合

表 3-178 双导向 DGOA 系列气液联动执行器操作力矩

序号	最大操作力矩	压力	3bar			4bar			5bar			6bar			7bar		
		执行器型号	0°	运行	90°	0°	运行	90°	0°	运行	90°	0°	运行	90°	0°	运行	90°
1	5000	DGPA0. 6s-135	451	315	451	601	420	601	752	525	752	902	630	902	1052	735	1052
2		DGPA0. 6s-175	757	530	751	1009	707	1009	1262	883	1262	1514	1060	1514	1766	1237	1766
3		DGPA0. 6s-235	1365	956	1365	1820	1275	1820	2275	1593	2275	2730	1912	2730	3185	2231	3185
4		DGPA0. 6s-280	1940	1358	1940	2586	1811	2586	3233	2263	3233	3880	2716	3880	4527	3169	4527
5	13500	DGPA1. 5s-240	1772	1100	1772	2360	1475	2360	2953	1838	2953	3544	2206	3544	4134	2574	4134
6		DGPA1. 5s-280	2410	1501	2410	3205	2004	3205	4019	3077	4020	4823	3003	4823	5627	3509	5627
7		DGPA1. 5s-335	3450	2150	3450	4603	2805	4603	5755	3582	5755	6904	4298	6904	8055	5011	8055
8		DGPA1. 5s-385	4560	2838	4560	6079	3784	6079	7600	4731	7600	9119	5670	9119	10639	6115	10639
9		DGPA1. 5s-490	7410	4610	7410	9850	6140	9850	12310	7670	12310						
10	70000	DGPA06s-385	8034	5001	8034	10711	6668	10711	13389	8355	13389	16067	10002	16067	18745	11669	18745
11		DGPA06s-490	13013	8001	13013	17351	10851	17351	21688	13501	21688	26025	19926	26025	30364	18963	30364
12		DGPA06s-600	19511	1261	19511	26015	16195	26015	32519	20245	32519	39063	24292	39063	45527	28340	45527
13		DGPA06s-685	25001	15642	25001	33415	20801	33415	41769	26001	41769	50563	31662	50563	56940	36349	56940
14	300000	DGPA25s-490	17937	11161	17937	23916	14889	23916	29895	22889	29895	35867	22312	35867	41890	21045	41890
15		DGPA25s-600	26844	16742	26844	35859	22322	35859	44824	27903	44824	53788	33467	53788	62790	39001	62790
16		DGPA25s-685	35054	21821	35054	46739	29095	46739	58435	44762	58435	70145	43690	70145	81745	50923	81745
17		DGPA25s-835	52011	32440	52011	69432	43225	69432	86890	54921	86890	104689	64823	104689	121583	93046	121583
18	550000	DGPA85s-600	40010	24914	40010	53478	33210	53478	66731	41530	66731	80150	49892	80150	93512	58210	93512
19		DGPA85s-685	52231	32590	52231	68630	42790	68630	870145	54121	870145	104411	6502	104411	121880	75830	121880
20		DGPA85s-980	106991	66592	106991	142559	109130	142559	178190	110931	178190	213809	133113	213809	252013	156710	252013

注：以上数据全部为单气缸执行器输出力矩，双气缸时，力矩加倍，但不能够超出拨叉箱最大允许操作力矩值。成都迈可森公司关于平行、双导向拨叉传动箱 DGPA 系列气动执行器型号编排原则：一个完整平行、双导向拨叉传动箱 DGPA 气动执行器型号由五个部分组成。

1）字母 DGPA 开头（取英文 Double Guide Pneumatic Actuator 各单词第一个字母大写）代表迈可森生产的平行、双导向轴拨叉箱系列气动执行器。

2）双导向轴拨叉传动箱型号用 03S（C）、06S（C）... 等表示。03、06... 等代表拨叉箱规格的大小，其后的 S 代表对称型拨叉箱，C 代表非对称型拨叉箱。

3）气缸数量和气缸直径以“（2）-150”来表示；如果为单气缸，则省略不写。

4）执行器为单动作带弹簧时，则缸径后接“-S”，双作用执行机构没有弹簧时 S 省略不写。

5）如果还需要增加手动操作机构，以“-M”表示。该配置为可选配置。举例：DGPA 06S2-385-S-M d 代表型号为 06 规格、对称式、平行、双导向拨叉箱、单动作带弹簧气动执行器，配双气缸、气缸缸径为 385，有手动操作机构。

于对流量的调节。因此，这种类型的阀门非常适合作为切断或调节及节流使用。

截止阀的阀瓣一旦从关闭位置移开，它的阀座和阀瓣密封面之间就不再有接触，因而它的密封面机械磨损很小，故其密封性能是很好的。缺点是密封面间可能会夹住流动介质中的颗粒。但是，如果把阀瓣做成钢球或瓷球，这个问题也就迎刃而解了。由于大部分截止阀的阀座和阀瓣比较容易修理或更换，而且在修理或更换密封元件时无需把整个阀门从管线上拆卸下来，这在阀门和管线焊成一体的场合是非常适用的。

由于介质通过此类阀门时的流动方向发生了变化，因此截止阀的最小流阻也较高于大多数其他类型的阀门。然而，根据阀体结构和阀杆相对于进、出口通道的布局，这种状况是可以改善的。同时，由于截止阀瓣开与关之间行程小，密封面又能承受多次启闭，因此它很适用于需要频繁开关的场合。

截止阀可用于大部分介质流程系统中。已研制出满足石化、电力、冶金、城建、化工等部门各种用途的多种形式的截止阀。

截止阀的使用极为普遍，但由于开启和关闭力矩较大、结构长度较长，通常公称尺寸都限制在 DN250 以下，也有到 DN400 的，但选用时需特别注意进出口方向。一般 DN150 以下的截止阀介质大都从阀瓣的下方流入，而 DN200 以上的截止阀介质大都从阀瓣的上方流入。这是考虑到阀门的关闭力矩所致。为了减小开启或关闭力矩，一般 DN200 以上的截止阀都设内旁通或外旁通阀门。但是美国石油学会标准 API 623 规定最高公称压力为 CL2500、最大公称尺寸为 NPS12，其公称压力为 CL150 ~ CL1500、公称尺寸为 NPS24。

截止阀最明显的优点是:

1）在开启和关闭过程中，由于阀瓣与阀体密封面间的摩擦力比闸阀小，因而耐磨。

2）开启高度一般仅为阀座通道直径的 1/4，因此比闸阀小得多。

3）通常在阀体和阀瓣上只有一个密封面，因而制造工艺性比较好，便于维修。

但是，截止阀的缺点也是不容忽视的。其缺点主要是流阻系数比较大，因此造成压力损失，特别是在液压装置中，这种压力损失尤为明显。

3.4.2　截止阀的分类

截止阀的种类很多，并且有多种分类方法。

（1）按结构型式分类

1）上螺纹阀杆截止阀。这种截止阀的应用比较普遍。它的阀杆螺纹在壳体的外面，不与工作介质直接接触，这样可以使阀杆螺纹不受介质的侵蚀，同时也便于润滑，操作省力，如图 3-200 所示。

2）下螺纹阀杆截止阀。这种截止阀的阀杆螺纹在阀体内部，与介质直接接触，不仅无法润滑，而且易受介质侵蚀，如图 3-201 所示。

此种结构的截止阀，多用在公称尺寸比较小和介质工作温度不高的地方。

3）直通式截止阀。介质的进出口通道在同一方向上，呈 180°，如图 3-200 和图 3-201 所示。这种形式的截止阀，使流动状态的破坏程度相对较小，因此通过阀门的压力损失也相应减少。

4）角式截止阀。截止阀的进出口通道不在同一方向上而成 90°直角，如图 3-202 所示。这种形式的截止阀，使通过阀门的介质改变流动方向，因此会产生一定的压力降。角式截止阀的最大优点是可以把阀门安装在管路系统的拐角处，这样既节约了 90°弯头，又便于操作。这类阀门在化肥厂的合成氨生产系统中和制冷系统中应用较多。

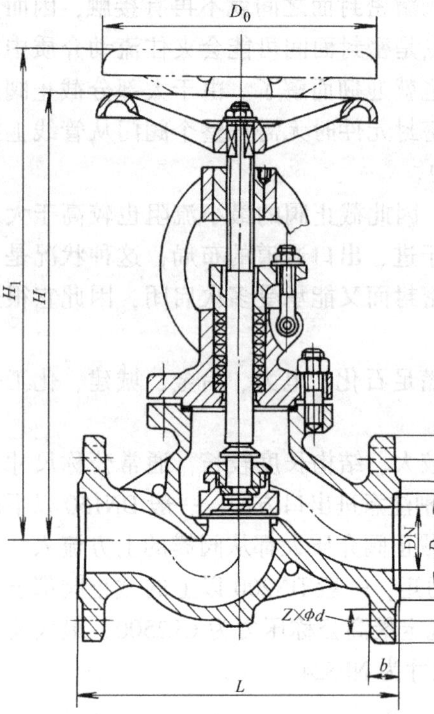

图 3-200　上螺纹阀杆截止阀

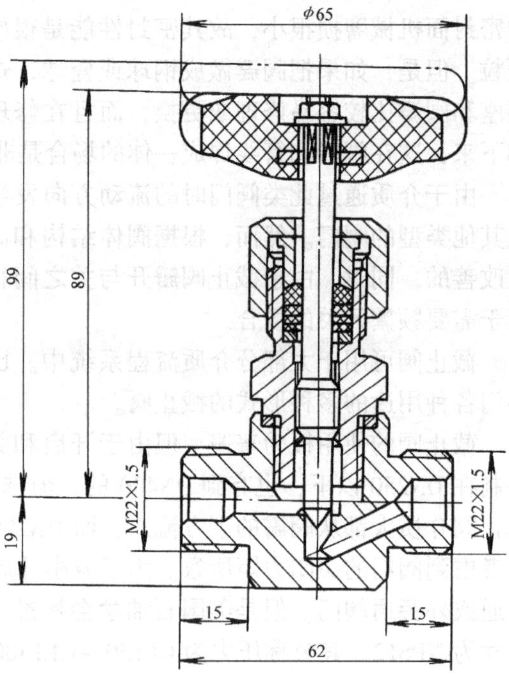

图 3-201　下螺纹阀杆截止阀

5）三通截止阀。具有三个通道的截止阀。通常用于改变介质流动方向和分配介质，如图3-203 所示。

6）直流式截止阀。阀杆和通道成一定角度的截止阀，其阀座密封面与进出口通道有一定角度，阀体可制成整体式，也可制成分体式，如图 3-204 所示。阀体分体式的截止阀用两阀体把阀座夹在中间，既便于制造又便于维修。这类截止阀使流体几乎不改变流动方向，是截止阀中流阻最小的。其安装方式和直通式接近，但应特别注意在管道安装后便于操作。

7）柱塞式截止阀。柱塞式截止阀是常规截止阀的变形。在柱塞阀中，其阀瓣和阀座是按柱塞的原理设计的。把阀瓣设计成柱塞，阀座设计成套环，靠柱塞和套环的配合实现密封。这种阀门的制造工艺简单，套环可以用柔性石墨或聚四氟乙烯制成，密封性好，高低温介质均可使用。该阀主要作开启或关闭用。但是，设计成特殊形的柱塞和套环也可以用于流量调节。这种阀的缺点是启、闭速度慢。如图 3-205 所示。

8）针形截止阀。针形截止阀是作为精确的流量控制用的，通常仅限用于小口径，一般阀座孔的直径比公称尺寸小，如图 3-206 所示。

9）内压自封式阀盖截止阀。主要适用于高温高压的管路系统中，阀体内腔中压力越高阀盖的密封性越好，如图 3-207 所示。

10）螺纹焊接式阀盖截止阀。这种截止阀的阀体与阀盖为螺纹连接，然后再用焊接密封。保证阀体与阀盖的连接处绝无外漏。该种结构多使用于 API602、CL800、CL1500、公称尺寸 DN15 ~ DN50 的锻钢阀门，主要应用于石化和电力行业，如图 3-208 所示。

（2）按密封面材质分类

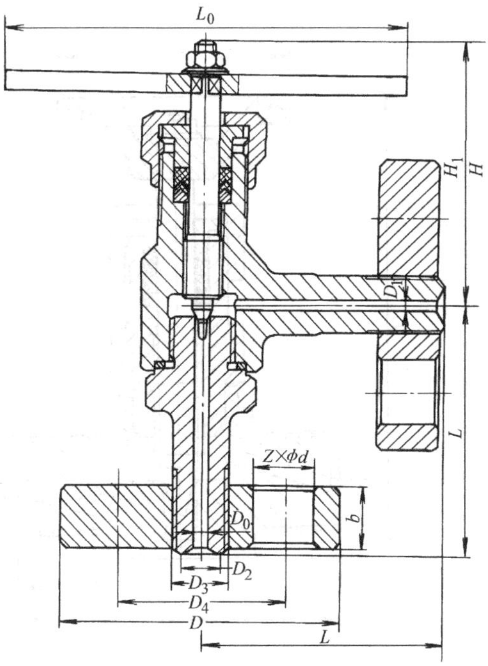

图 3-202　角式截止阀

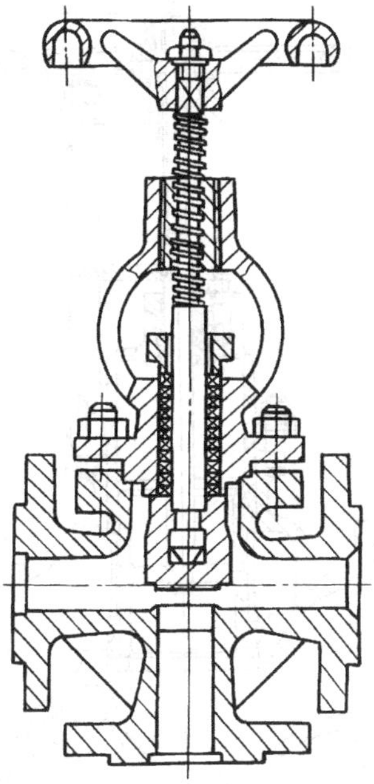

图 3-203　三通截止阀

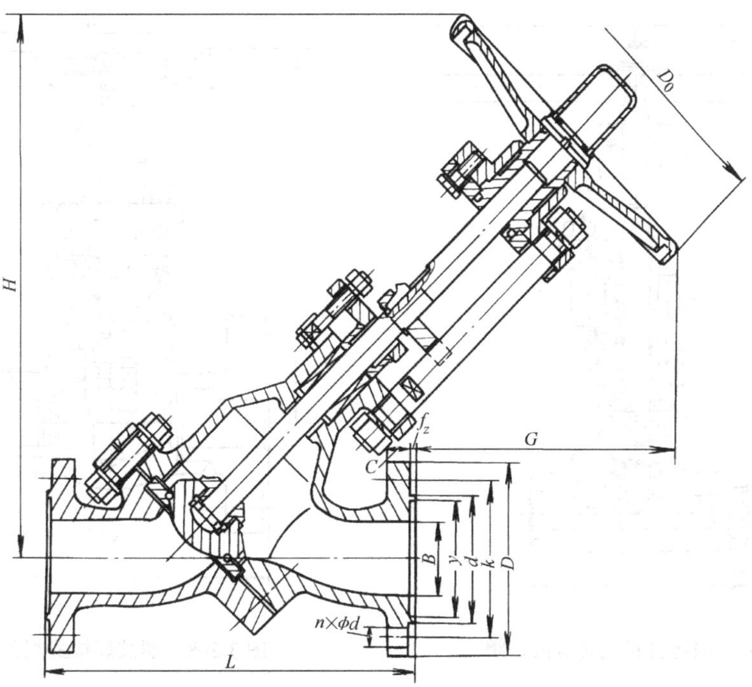

图 3-204　直流式截止阀

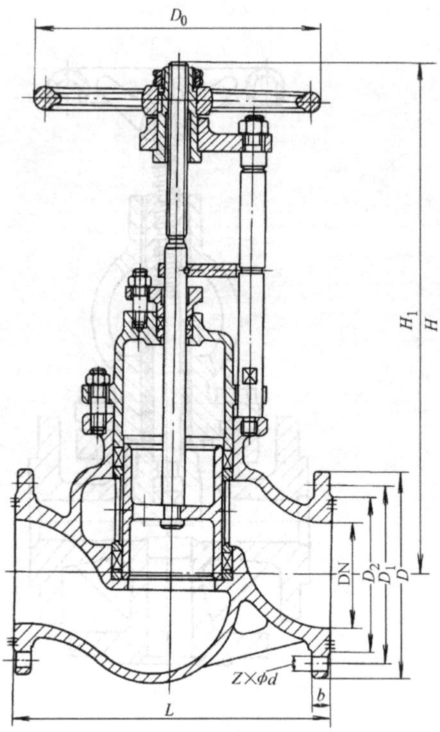

图 3-205　柱塞式截止阀

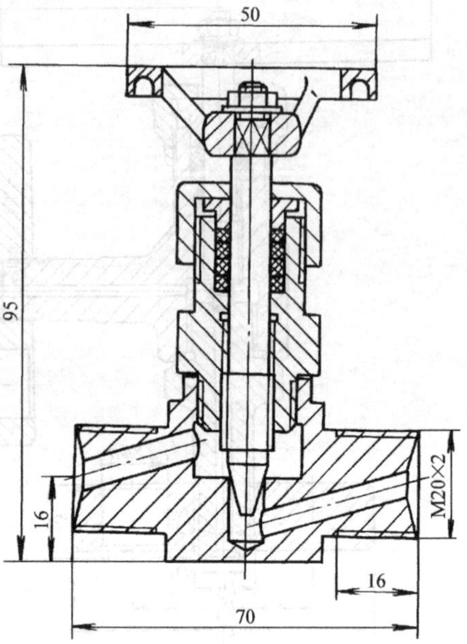

图 3-206　针形截止阀

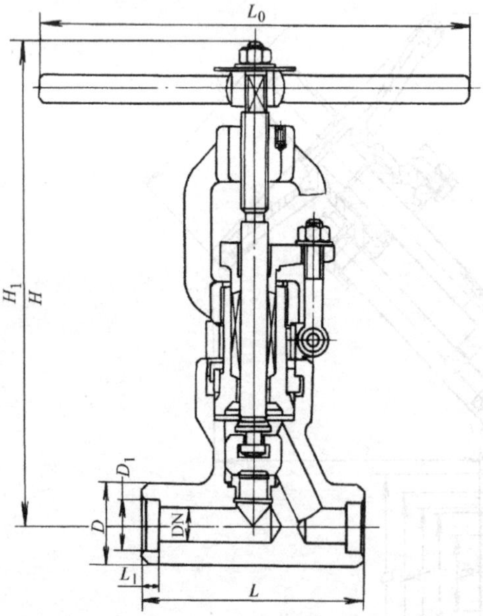

图 3-207　内压自封式阀盖截止阀

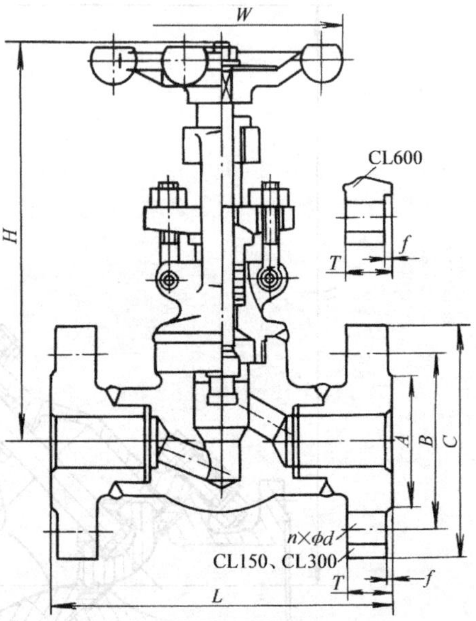

图 3-208　螺纹焊接式阀盖截止阀

1）非金属密封材料截止阀。① 软密封截止阀。密封面材料用聚四氟乙烯、橡胶、尼龙、对位聚苯、柔性石墨等软质材料的截止阀。② 硬密封截止阀。密封面材料用氧化铝、氧化锆等陶瓷材料的截止阀。

2）金属密封材料截止阀。密封副材料由金属材料构成的截止阀。

（3）按密封形式分类

1）平面密封。阀体密封面与阀瓣密封面均由平面构成。这种密封面便于机械加工，制造工艺简单。

2）锥面密封。阀体密封面与阀瓣密封面均制成圆锥形。这种密封副密封省力，亦可靠，介质中的杂物不易落在密封面上。

3）球面密封。阀体密封面制成很小的圆锥面，而阀瓣是可以灵活转动的、硬度较高的球体。这种密封副适用于高温、高压场合。密封省力，且密封可靠、寿命长。这种密封形式只适用于较小口径的阀门。

（4）按工作压力分类

1）真空截止阀：工作压力低于标准大气压的截止阀。

2）低压截止阀：公称压力≤PN16 的截止阀或公称压力级 < CL150 的截止阀。

3）中压截止阀：公称压力 PN25 ~ PN63 或公称压力级 CL150 ~ CL400 的截止阀。

4）高压截止阀：公称压力 PN100 ~ PN800 或公称压力级 CL600 ~ CL4500 的截止阀。

5）超高压截止阀：公称压力≥PN1000 的截止阀。

（5）按工作温度分类

1）高温截止阀：$t>450$℃的截止阀。

2）中温截止阀：120℃ $<t\leqslant 450$℃的截止阀。

3）常温截止阀：-29℃ $\leqslant t<120$℃的截止阀。

4）低温截止阀：-100℃ $<t\leqslant -29$℃的截止阀。

5）超低温截止阀：$t\leqslant -100$℃的截止阀。

（6）按连接方式分类

1）法兰连接截止阀。

2）内螺纹连接截止阀。

3）外螺纹连接截止阀。

4）焊接连接截止阀。

5）夹箍连接截止阀。

6）卡套连接截止阀。

3.4.3 截止阀的密封原理

根据截止阀密封副的材料不同，截止阀可使用金属密封和非金属密封。使用金属密封及非金属陶瓷密封时，不但需要密封比压高，而且需要四周均匀，以达到所需的密封性。根据以上要求，密封副的结构设计有多种，其密封原理及密封力的计算也不尽相同。

（1）平面密封　平面密封的优点是接触面密合时无摩擦，因此对关闭件的导向要求并不重要，对密封面材料抗擦伤的要求也不严格。同时，由于管道应力而使密封面圆度受变形时，也不会影响密封面的密封性能。缺点是介质中的固体颗粒和沉淀物易损伤密封面。其密封原理是当介质从阀瓣下方流入时，所施加的密封力必须等于或大于密封面上所产生的必须比压和介质向上的作用力之和，见式（3-1）~式（3-3）。

$$F_{MZ}\geqslant F_{MF}-F_{MJ} \tag{3-1}$$

$$F_{MF}=\pi\ (D_{MN}+b_M)\ b_M q_{MF} \tag{3-2}$$

$$F_{MJ}=\frac{\pi}{4}\ (D_{MN}+b_M)^2p \tag{3-3}$$

式中 F_{MZ}——施加于密封面上的总作用力；

F_{MF}——密封面上的密封力；

F_{MJ}——密封面上的介质作用力；

D_{MN}——密封面内径；

b_M——密封面宽度；

q_{MF}——密封面必须比压；

p——计算压力，通常取公称压力。

当介质从阀瓣上方流入时，所施加的密封力就等于或大于密封面上所产生的必须比压力和介质的作用力之差，如图3-209所示和式（3-4）：

$$F_{MZ}\geqslant F_{MF}+F_{MJ} \tag{3-4}$$

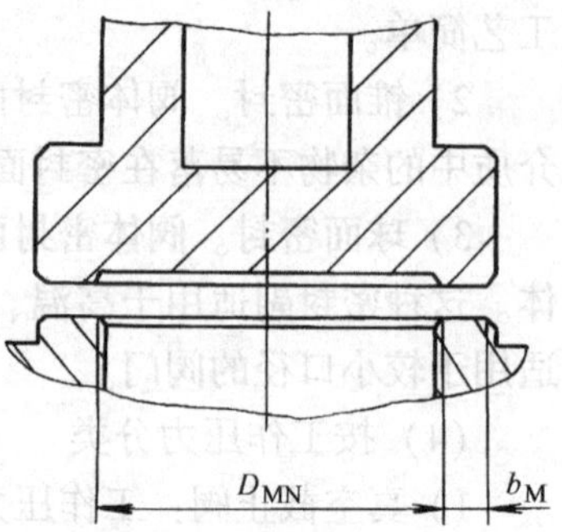

图3-209 平面密封

（2）锥面密封 把密封面做成锥形，使接触面变窄。这种密封在一定的密封力作用下，其密封比压大大增加，密易达到密封。在保证密封的前提下，和平面密封相比，所施加的密封力较小。由于狭窄的密封面不易使阀瓣正确地落在阀座上，为了达到最好的密封性能，必须对阀瓣进行导向。阀瓣进行导向后，就可达到较好的密封性能。阀瓣在阀体中导向时，阀瓣所受到流动介质的侧向推力由阀体承受，而不是由阀杆来承受，这就进一步增强了密封性能和填料密封的可靠性。另一方面，锥形密封是在摩擦的情况下配合，所以密封材料必须能耐擦伤。锥面密封和平面密封相比，受固体颗粒和介质沉淀物的损伤相对少一些，但也不宜在含有固体颗粒和介质沉淀物的介质中使用。这样的密封主要用于没有颗粒的介质中。其密封原理是当介质从阀瓣下方流入时，所施加的密封力必须等于或略大于密封面上所产生的必须比压力和介质向上的作用力之和，如图3-210所示和见式（3-5）~式（3-7）。

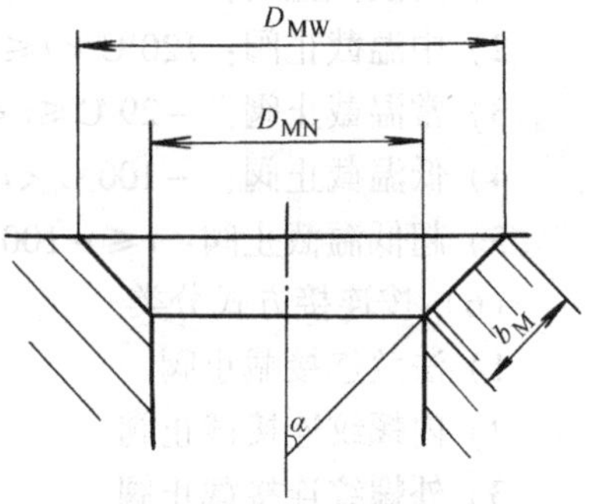

图3-210 锥面密封

$$F_{MZ}\geqslant F_{MF}-F_{MJ} \tag{3-5}$$

$$F_{MF}=\frac{\pi}{4}(D_{MW}^2-D_{MN}^2)\ (1+f_M/\tan\alpha)\ q_{MF} \tag{3-6}$$

$$F_{MJ}=\frac{\pi}{4}(D_{MN}+b_M\sin\alpha)^2p \tag{3-7}$$

式中 F_{MZ}——施加于密封面上的总作用力；

F_{MF}——密封面上的密封力；

F_{MJ}——密封面上的介质作用力；

D_{MW}——密封面外径；

D_{MN}——密封面内径；

f_M——密封面摩擦系数；

α——密封面锥半角；

q_{MF}——密封面必须比压；

b_M——密封面宽度；

p——计算压力，通常取公称压力。

当介质从阀瓣上方流入时，所施加的密封力就等于或大于密封面上所产生的必须比压力和介质的作用力之差，如图 3-210 所示和见式（3-8）。

$$F_{MZ} \geqslant F_{MF} + F_{MJ} \tag{3-8}$$

为了改善锥形密封的强度而又不至牺牲其密封应力，把密封面锥半角做成 15°，这就提供了较宽的密封面，使阀瓣能更容易地与阀座密封。为了达到较高的密封应力，阀座密封面开始与阀瓣接触部分较窄，约 3mm，其余留有的锥度部分可稍长些。当密封负荷增大时，阀瓣滑入阀座的程度加深，因而增加了密封面宽度。这种密封面的设计不像窄密封面那样容易受冲蚀损坏。此外，由于锥形面较长，使阀门的节流特性得到改善。

（3）球面密封　如图 3-211 所示，把阀瓣做成球形，阀座做成锥形。阀瓣的球体在阀杆的孔内能自由转动。因此阀瓣能在阀座上作一定范围的转动而进行调整。由于两密封面的接触几乎成一线，即线密封，故密封应力很高，容易密封。又由于阀瓣球体可使用硬质合金或陶瓷材料，硬度可达到 40～60HRC，而且能耐很高的温度。因此可以做高温截止阀用。缺点是密封面线形接触容易受冲蚀而损坏。所以阀座应选择耐冲蚀的材料。球面密封的截止阀可适用于介质中带有微小固体颗粒的气体或液体。其密封原理是当介质从阀瓣下方流入时，所施加的密封力必须等于或略大于密封面上所产生的必须比压力和介质向上的作用力之和。如图 3-211 所示和见式（3-9）～式（3-11）。

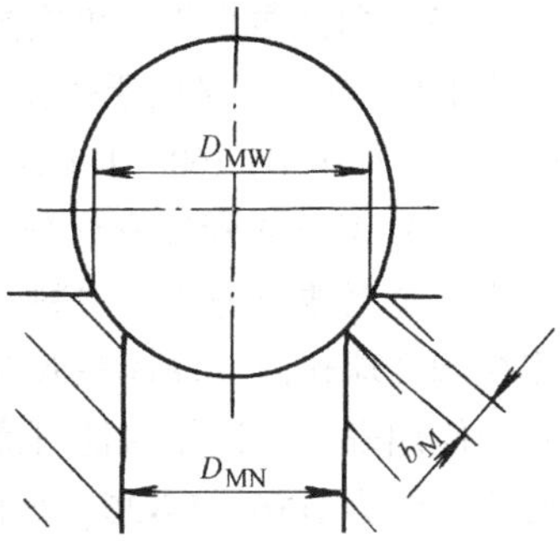

图 3-211　球面密封

$$F_{MZ} \geqslant F_{MF} - F_{MJ} \tag{3-9}$$

$$F_{MF} = \pi D_{MN} q_{MF} \tag{3-10}$$

$$F_{MJ} = \frac{\pi}{4} D_{MN}^2 p \tag{3-11}$$

式中　F_{MZ}——施加于密封面上的总作用力；

F_{MF}——密封面上的密封力；

F_{MJ}——密封面上的介质作用力；

D_{MN}——密封面内径；

q_{MF}——密封面必须比压；

p——计算压力，通常取公称压力。

当介质从阀瓣上方流入时，所施加的密封力必须等于或略大于密封面上所产生的必须比压力和介质向下的作用力之差。如图 3-211 所示和见式（3-12）。

$$F_{MZ} \geqslant F_{MF} + F_{MJ} \tag{3-12}$$

（4）径向密封　如图 3-204 所示。径向密封是指柱塞式截止阀的密封，其密封原理是，在柱塞阀中，其阀瓣和阀座是按柱塞的原理设计的。把阀瓣设计成柱塞，阀座设计成套环，套环的材料可以使用柔性石墨或聚四氟乙烯，阀座由上套环、隔离环和下套环组成，用阀盖压紧。靠柱塞和套环之间的紧密配合来实现密封。

3.4.4　截止阀所适用的场合

截止阀的应用非常广泛，很多场合都应用截止阀。但是，根据截止阀的不同结构型式，所适用的场合也不同。

（1）针形截止阀　是作为精确的流量控制用的。阀瓣通常与阀杆作成一体，它有一个与阀座配合、精度非常高的针状头部。而且针形截止阀阀杆螺纹的螺距比一般普截止阀的阀杆螺纹螺距要细。在通常情况下，针形截止阀阀座孔的尺寸比管道尺寸小。因此，它通常只限于在公称通径小的管线中使用，更多的用于取样阀。

（2）直流式截止阀　直流式截止阀的阀杆和通道成一定的角度，其阀座密封面与进出口通道也有一定的角度，阀体可制成整体式或分开式。阀体分开式截止阀用两阀体把阀座夹在中间，便于维修。这类截止阀使流体几乎不改变流动方向，在截止阀中流阻最小。阀座和阀瓣密封面可堆焊硬质合金，使整个阀门更耐冲刷和腐蚀，非常适合于氧化铝生产工艺流程中的管路控制，同时也适合于有结焦和固体颗粒的管道中。

（3）角式截止阀　角式截止阀的最大优点是可以把阀门安装在管路系统的拐角处，这样既节约了90°弯头，又便于操作。因此，这类阀门最适合在化肥厂的合成氨生产系统中和制冷系统中采用。如J44H-160、J44H-320、L44H-160、L44H-320就完全是为合成氨生产系统而设计的。

（4）钢球或瓷球密封截止阀　该阀的结构特点是阀体分为连体式和分体式，阀瓣为STL硬质合金钢球或为非晶材料经制粉成形、高温烧结、精研制成的瓷球。阀杆下端滚压包络球体在阀杆球孔内，球体在阀杆的球孔内做三维转动时可产生无数条密封线，大大增加了密封面的使用寿命，还能保证可靠的密封。该阀由于受球体密封的限制，一般都用于较小的公称尺寸，约为DN6～DN25。该阀适用于核电厂、火电厂的高温高压蒸汽管路，取样、排污系统的仪表管路及石化、化工系统中的耐温、耐压、耐磨损、耐腐蚀的管路上。

（5）高温高压电站截止阀　该阀的结构特点是阀体与阀盖的连接均采用压力自紧密封式或夹箍式，阀体与管路的连接形式为对接焊连接，阀体材料多采用铬钼钢或铬钼钒钢，密封面大都堆焊硬质合金。因此，该类阀门耐高温高压，抗热性好；密封面耐磨损、耐擦伤、耐腐蚀，密封性能好，寿命长。最适用于火电工业系统、石油化工系统及冶金行业等的高温高压水、蒸汽、油品、过热蒸汽的管路上。

（6）API截止阀　该类截止阀严格按照API 623—2015和ASME B16.34进行设计；阀体与阀盖的连接、填料函、阀杆螺母的安装、上密封等均严格按照API 623进行设计。阀门选材完全符合API 623要求。结构长度符合ASME B16.10；法兰连接尺寸符合ASME B16.5。阀门的检验与试验严格按照API 598进行。因此，该阀广泛适用石油化工管路，在电力、冶金、纺织等系统也适用。

（7）氧气管路用截止阀　该阀严格按氧气管路的要求进行设计。填料箱部分严格密封，外界污物绝对不能进入填料箱内。阀体两端法兰有接地装置，在管路上安装完毕后，应接地，严防静电起火。该阀门的壳体材料为奥氏体不锈钢或铜材，导电好、不易发生静电起火。密封到材料为聚四氟乙烯对阀体本体材料，为软密封，密封性能好，气体检验泄漏量为零。该阀门在组装前严格经四氯化碳脱脂处理，绝对没有油脂和污物，不致引起静电起火。该阀适用于冶金系统的氧气管路，在其他行业的氧气管路上也适用。

（8）石油液化气截止阀　该阀专为石油液化气的管路或装置设计。结构上注意了防火要求。填料采用聚四氟乙烯，密封可靠、绝对无外漏。密封副材料采用聚四氟乙烯或尼龙对阀体本体材料，为软密封，密封可靠。该阀适用于液化石油气管路系统，作为启闭装置，也适用于其他温度≤80℃的管路。

（9）上螺纹阀杆截止阀　该类截止阀的阀杆不与工作介质直接接触。根据壳体材料、密封副材料、填料材料、阀杆材料不同，适用于不同的工况。若阀体、阀盖材料为碳素钢，密封副材料为合金钢，填料为柔性石墨，阀杆材料为 Cr13 系不锈钢，适用于水、蒸汽、油品管路；若阀体和阀盖材料为 12Cr18Ni9 或 06Cr19Ni10，密封副材料为阀体本身材料或硬质合金，填料为聚四氟乙烯，阀杆材料为 14Cr17Ni2，适用于以硝酸为基的腐蚀性介质管路或装置上；若阀体阀盖材料为 06Cr17Ni12Mo2Ti，密封副材料为阀体本身材料或硬质合金，填料为聚四氟乙烯，阀杆材料为 14Cr18Ni11Si4AlTi，适用于以醋酸为基的腐蚀性介质管路或装置上。不过该类截止阀的最大公称尺寸为 DN200，DN200 以上的截止阀要设旁通阀或设计上设置内旁通结构。一般≥DN200 的截止阀的进口端都在阀瓣的上方，即高进低出，这是为了防止关闭时太费力和阀杆过粗的缘故。

（10）下螺纹阀杆截止阀　该类截止阀的阀杆螺纹直接与工作介质接触，直接受介质的浸蚀，使阀杆螺纹易锈蚀、造成启闭费力。此种结构的截止阀其公称尺寸都比较小，一般在 DN6 ~ DN50 之间，大部分用在仪表阀和取样阀。

（11）API 602 锻钢截止阀　该类截止阀按美国石油协会标准 API 602 进行设计，阀体和阀盖为碳钢或不锈钢锻造而成，阀体和阀盖连接有螺栓连接、螺纹连接加焊接，有上螺纹阀杆和下螺纹阀杆之分，密封副材料为 Cr13 钢、不锈耐酸钢对 STL 硬质合金，填料为柔性石墨或聚四氟乙烯，连接方式有法兰、螺纹、承插焊和对接焊，压力等级为 CL800 ~ CL1500，公称尺寸为 NPS¼ ~ NPS2½。广泛地应用于石油化工、电力、化工等部门的装置和管路上，工作介质为蒸汽、油品，腐蚀性介质。结构长度按 ASME B16.10，法兰连接尺寸按 ASME B16.5，焊端尺寸符合 ASME B16.25，承插焊孔尺寸符合 ASME B16.11，螺纹联接端尺寸符合 ASME B1.20.1。

（12）柱塞截止阀　该类柱塞阀属径向密封，由套在磨光柱塞上的两个弹性密封圈来实现。两个弹性密封圈用一个套环隔离开，并通过阀体与阀盖的连接螺栓施加在阀盖上的载荷把柱塞周围的弹性密封圈压牢，保证密封。该阀的材料组合为壳体用碳钢，柱塞用 Cr13 不锈钢，密封圈用柔性石墨，可用于水、蒸汽、油品的管路；若壳体用不锈耐酸钢，柱塞用不锈耐酸钢，密封圈用聚四氟乙烯，适用于酸、碱类腐蚀性介质。该阀的优点是密封可靠，寿命比较长，维修简便；缺点是启闭速度慢。该类阀门广泛应用于城建系统，城市供热中的水、蒸汽管路上。

3.4.5　截止阀的选用原则

截止阀是应用最广的阀类之一，随着球阀和蝶阀的发展，截止阀应用的场合被取代一部分，但从截止阀本身的特点来看，球阀、蝶阀是不能替代的，其选用原则是：

1）高温、高压介质的管路或装置上宜选用截止阀。如火电厂、核电站，石油化工系统的高温、高压管路上选用截止阀为宜。

2）管路上对流阻要求不严的管路上。即对压力损失考虑不大的地方。

3）小型阀门可选用截止阀，如针阀、仪表阀、取样阀、压力计阀等。

4）有流量调节或压力调节，但对调节精度要求不高，而且管路直径又比较小，如公称尺寸≤50mm 的管路上，宜选用截止阀或节流阀。

5）合成氨工业生产中的小化肥和大化肥宜选用公称压力 PN160 或 PN320 的高压角式截止阀或高压角式节流阀。

6）氧化铝拜尔法生产中的脱硅车间、易结焦的管路上，宜选用阀体分开式、阀座可取出的、硬质合金密封副的直流式截止阀或直流式节流阀。

7）城市建设中的供水、供热工程上，公称尺寸较小的管路，可选用截止阀、平衡阀或柱塞阀，如公称尺寸小于DN150的管路上。

3.4.6 截止阀产品介绍

（1）瓷球或硬质合金钢球密封截止阀

1）性能参数和技术标准。

① 公称尺寸：DN6～DN25（NPS1/4～NPS1）。② 公称压力：PN6～PN500（CL150～CL3500）。③ 设计标准：NB/T 47044—2014，DL/T 531—1994，EJ 82—1996，ASME B16.34。④ 结构长度：按样本规定或按用户特殊要求。⑤ 检查与试验标准：NB/T 47044—2014，DL/T 531—1994，GB/T 13927—2008，JB/T 7747—1994，API 598。

2）主要零件材料及其适用介质与工作温度（表3-179）。

表3-179 瓷球或硬质合金钢球密封截止阀主要零件材料及其适用介质与工作温度

材料名称		碳素钢（C）	合金钢（V）	铬镍钛钢（P）	铬镍钼钛钢（R）
零件名称	阀体	Q235A 20 25 A105	12Cr1MoVA 12Cr1Mo1VA F12 F22	06Cr19Ni10 12Cr18Ni9 12Cr18Ni9	06Cr17Ni12Mo2Ti 06Cr17Ni12Mo2Ti
	密封球	高性能瓷球、STL硬质合金			
	阀杆	12Cr13 20Cr13 14Cr17Ni2	20Cr1Mo1VA 25Cr2Mo1VA	12Cr18Ni9 12Cr18Ni9	06Cr17Ni12Mo2Ti
	填料	柔性石墨		柔性石墨、PTFE	
适用介质		水、蒸汽、油品	水、过热蒸汽、油品	海水、蒸汽、强硝酸类	海水、蒸汽、强醋酸类
工作温度/℃		≤425	≤570	≤816	≤816

3）主要外形尺寸、连接尺寸和重量。① JL61型、JF61型主要外形尺寸、连接尺寸和重量如图3-212、图3-213所示及见表3-180。② JL21型、JF21型主要外形尺寸、连接尺寸和重量如图3-214、图3-215所示及见表3-181。③ JL13型、JF13型主要外形尺寸、连接尺寸和重量如图3-216、图3-217所示及见表3-182。④ JL6S1型、JF6S1型主要外形尺寸、连接尺寸和重量如图3-218、图3-219所示及见表3-183。⑤ JL14型主要外形尺寸、连接尺寸和重量如图3-220所示及见表3-184。⑥ JL24型主要外形尺寸、连接尺寸和重量如图3-221所示及见表3-185。⑦ JL6S4型主要外形尺寸、连接尺寸和重量如图3-222所示及见表3-186。

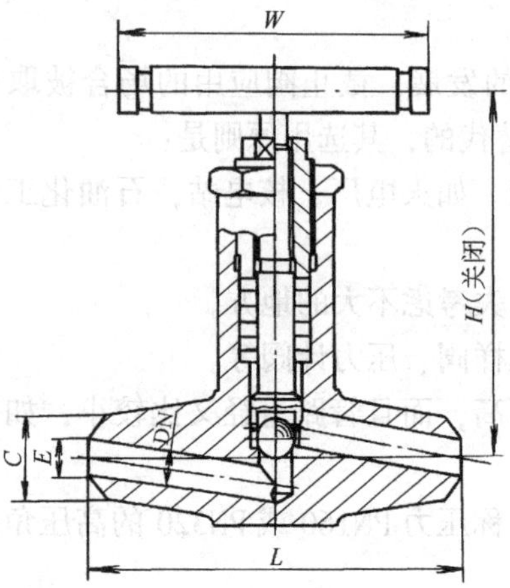

图3-212 JL61型球密封直通式截止阀

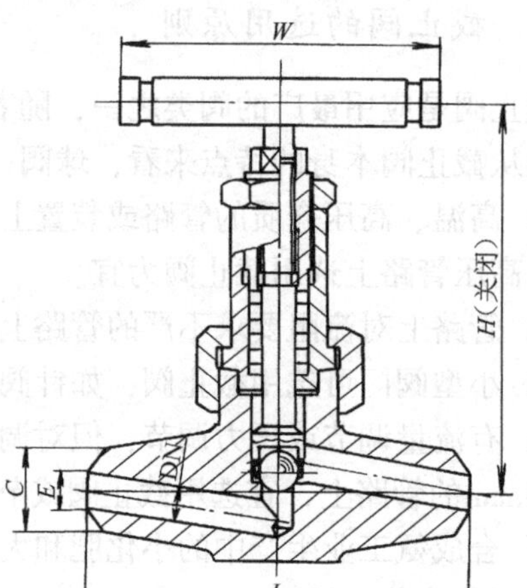

图3-213 JF61型球密封直通式截止阀

表 3-180　JL61 型、JF61 型主要外形尺寸、连接尺寸和重量

公称尺寸		公称压力	主要外形尺寸、连接尺寸/mm					重量
DN	NPS	PN	L	C	E	W	H	/kg
6	1/4	16～500	90	15	8	70	105	0.8
10	3/8		110	19	12	90	123	1.3
15	1/2		140	25	17	120	135	1.6
20	3/4		152	32	22	160	165	2.1
25	1		165	38	27	180	195	2.8

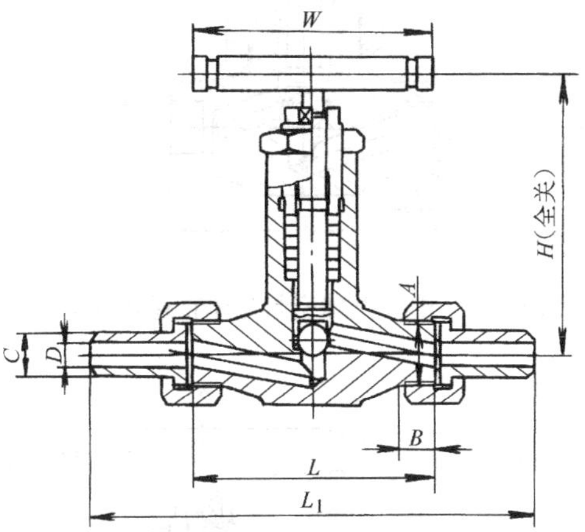

图 3-214　JL21 型球密封直通式截止阀

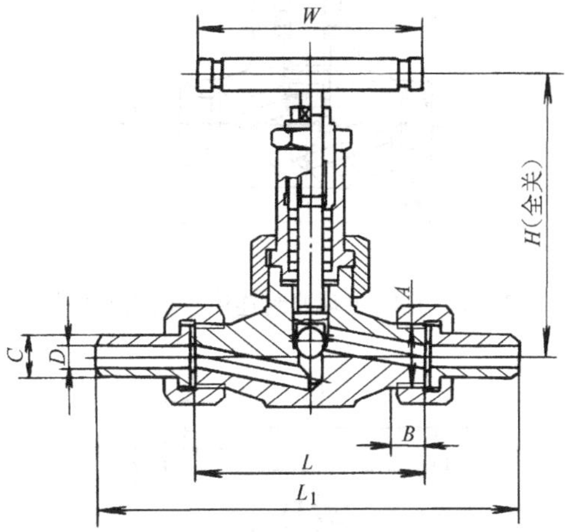

图 3-215　JF21 型球密封直通式截止阀

表 3-181　JL21 型、JF21 型主要外形尺寸连接尺寸和重量

公称尺寸		公称压力	主要外形尺寸、连接尺寸/mm								重量
DN	NPS	PN	L	L_1	A	B	C	D	W	H	/kg
6	1/4	16～500	62	138	M20×1.5	16	12	6	70	105	0.8
10	3/8		76	153	M24×1.5	18	16	10	90	123	1.1
15	1/2		90	180	M30×2	20	22	15	120	135	1.4
20	3/4		100	193	M36×2	22	28	20	160	165	1.8
25	1		105	200	M42×2	24	34	25	180	195	2.0

表 3-182　JL13 型、JF13 型主要外形尺寸、连接尺寸和重量

公称尺寸		公称压力	主要外形尺寸、连接尺寸/mm					重量
DN	NPS	PN	L	A	B	W	H	/kg
6	1/4	16～500	80	Rc1/4	16	70	105	0.65
10	3/8		100	Rc3/8	18	90	123	0.9
15	1/2		110	Rc1/2	20	120	135	1.2
20	3/4		130	Rc3/4	22	160	165	1.6
25	1		140	Rc1	26	180	195	2.0

表 3-183　JL6S1 型、JF6S1 型主要外形尺寸、连接尺寸和重量

公称尺寸		公称压力	主要外形尺寸、连接尺寸/mm					重量
DN	NPS	PN	L	A	B	W	H	/kg
6	1/4	16～500	80	12.3	8	70	105	0.7
10	3/8		100	16.3	9	90	123	0.95
15	1/2		110	22.5	10	120	135	1.1
20	3/4		130	28.5	11	160	165	1.7
25	1		140	34.5	12	180	195	2.2

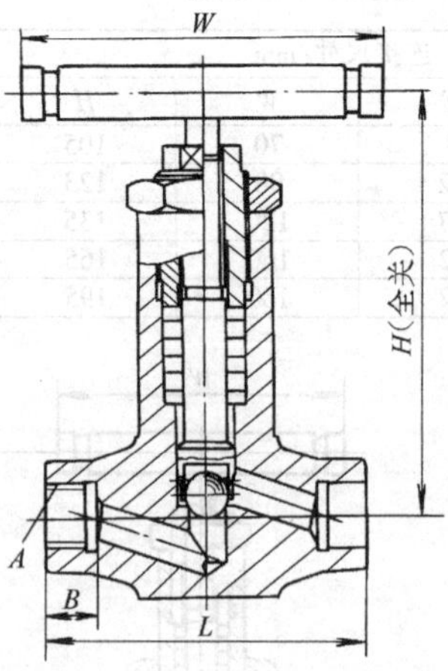

图 3-216 JL13 型球密封连体直通式截止阀

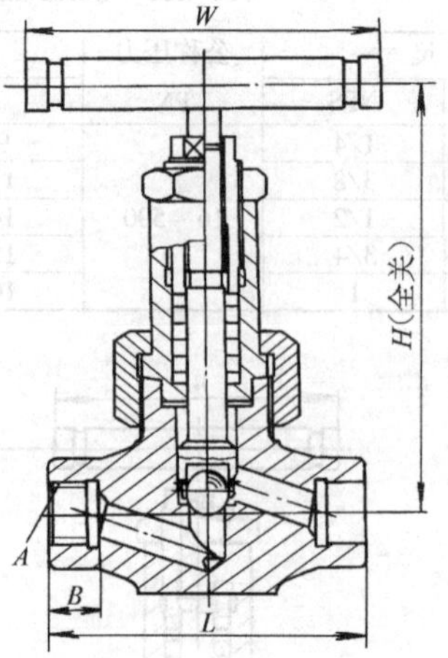

图 3-217 JF13 型球密封分体直通式截止阀

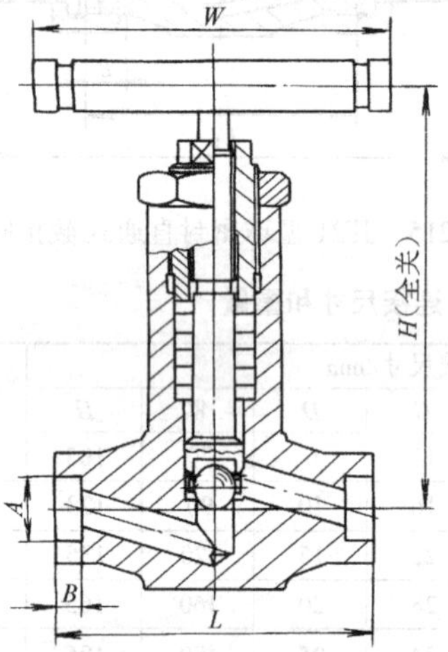

图 3-218 JL6S1 型

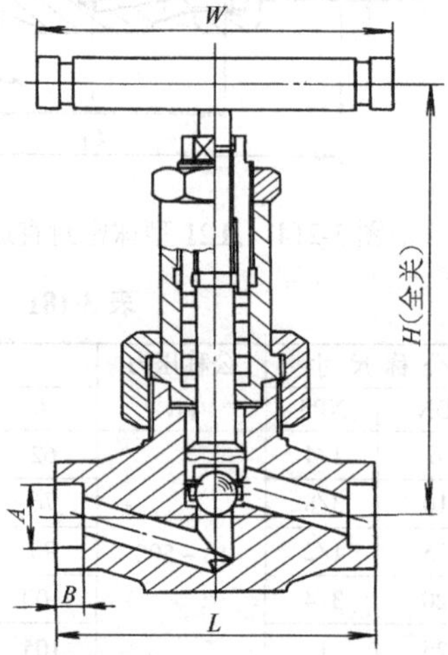

图 3-219 JF6S1 型

表 3-184 JL14 型主要外形尺寸、连接尺寸和重量

公称尺寸		公称压力	主要外形尺寸、连接尺寸/mm					重量
DN	NPS	PN	L	A	B	W	H	/kg
6	1/4	16 ~ 500	40	Rc1/4	16	70	100	0.5
10	3/8		50	Rc3/8	18	90	115	0.8
15	1/2		55	Rc1/2	20	120	125	1.0
20	3/4		65	Rc3/4	22	160	153	1.4
25	1		70	Rc1	26	180	178	1.7

表 3-185 JL24 型主要外形尺寸、连接尺寸和重量

公称尺寸		公称压力	主要外形尺寸、连接尺寸/mm								重量
DN	NPS	PN	L	L_1	A	B	C	D	W	H	/kg
6	1/4	16 ~ 500	40	116	M20 × 1.5	16	12	6	70	100	0.6
10	3/8		50	127	M24 × 1.5	18	16	10	90	115	0.9
15	1/2		55	145	M30 × 2	20	22	15	120	125	1.15
20	3/4		65	158	M36 × 2	22	28	20	160	153	1.5
25	1		70	165	M42 × 2	24	34	25	180	178	1.9

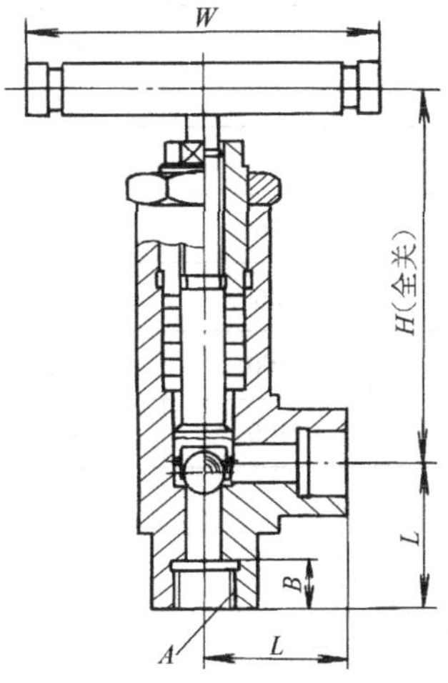

图3-220　JL14型

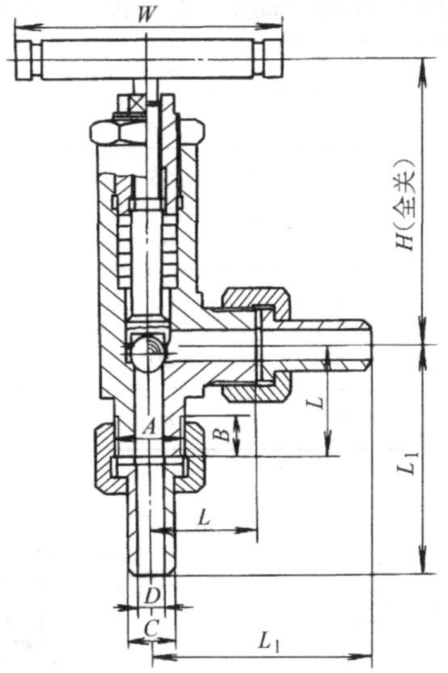

图3-221　JL24型球密封连体角式截止阀

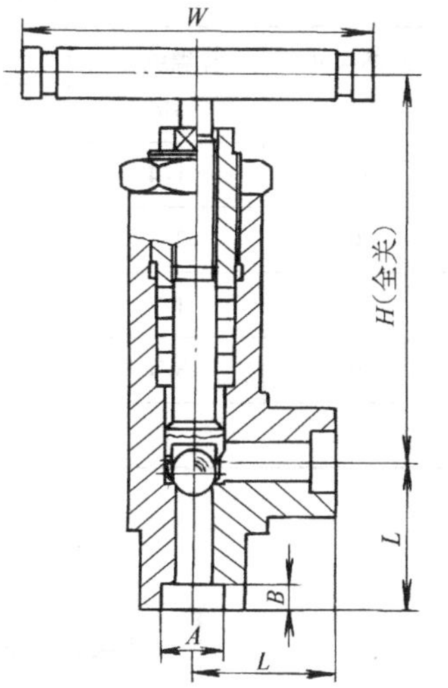

图3-222　JL6S4型球密封连体角式截止阀

表3-186　JL6S4型主要外形尺寸、连接尺寸和重量

公称尺寸		公称压力	主要外形尺寸、连接尺寸/mm					重量
DN	NPS	PN	*L*	*A*	*B*	*W*	*H*	/kg
6	1/4	16~500	40	12.3	8	70	105	0.6
10	3/8		50	16.3	9	90	123	0.95
15	1/2		55	22.5	10	120	135	1.1
20	3/4		65	28.5	11	160	165	1.7
25	1		70	34.5	12	180	195	2.0

(2) 针形截止阀

1) 内螺纹针形截止阀。① 主要性能规范见表3-187。② 主要零件材料见表3-188。③ 主要外形尺寸、连接尺寸和重量如图3-223所示及见表3-189。

表3-187　内螺纹针形截止阀主要性能规范

型　号	公称压力	试验压力 p_s/MPa		工作压力 p/MPa			适用介质	工作温度
	PN	壳体	密封	p_{10}	p_{20}	p_{25}		/℃
J13H-160Ⅲ	160	24	17.6	16	16	14.7	水、油品类 硝酸类	≤250
J13$\frac{Y}{W}$-160ⅢP	160	24	17.6	16	16	—		≤200
J13$\frac{Y}{W}$-63ⅢP	63	9.6	7.04	6.3	6.3			
J13W-160P	160	24	17.6	16	—	—	硝酸类	≤100
J13W-160R	160	24	17.6	16	—	—	醋酸类	≤100

表3-188　内螺纹针形截止阀主要零件材料

零件名称	阀体	阀座、阀瓣	阀盖、压盖螺母	阀杆	填料
J13H-160Ⅲ	25	12Cr18Ni9	25	12Cr18Ni9	油浸石墨石、棉绳、聚四氟乙烯
J13$\frac{Y}{W}$-63ⅢP J13$\frac{Y}{W}$-160ⅢP J13W-160P	12Cr18Ni9		12Cr18Ni9		
J13W-160R	12Cr17Ni12Mo2				

表 3-189 内螺纹针形截止阀主要外形尺寸、连接尺寸和重量

公称尺寸 DN	管螺纹/in Rc	尺寸/mm						重量 /kg
		d	L	D_0	H	H_1		
6	1/4	4	60	65	82	86		0.65
10	3/8	5	60	65	82	86		0.59
15	1/2	5	60	65	82	86		0.54
20	3/4	8	80	80	94	100		1.2
25	1	8	80	80	94	100		1.1

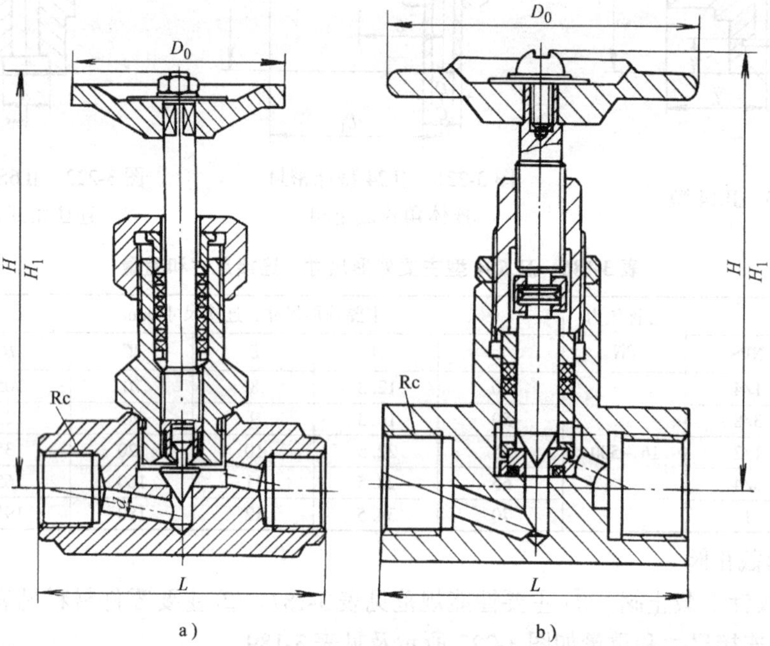

图 3-223 内螺纹针形截止阀

2）J14W-3200 型角式截止阀。① 主要性能规范见表 3-190。② 主要零件材料见表 3-191。③ 主要外形尺寸及连接尺寸如图 3-224 所示。

表 3-190 J14W-3200 型角式截止阀主要性能规范

公称压力 PN	壳体试验压力 p_s/MPa	公称尺寸 DN	适用介质	适用温度 /℃	重量 /kg
3200	330	3	乙烯	≤250	1.8

表 3-191 J14W-3200 型角式截止阀主要零件材料

零件名称	阀体	阀杆	阀杆螺母	填料	手柄
材　料	铬镍钼合金钢	铬不锈钢	铬钼不锈钢	夹石棉聚四氟乙烯	碳　钢

3）J14H-6000 型角式截止阀。① 主要性能规范见表 3-192。② 主要零件材料见表 3-193。③ 主要外形尺寸、连接尺寸和重量如图 3-225 所示及见表 3-194。

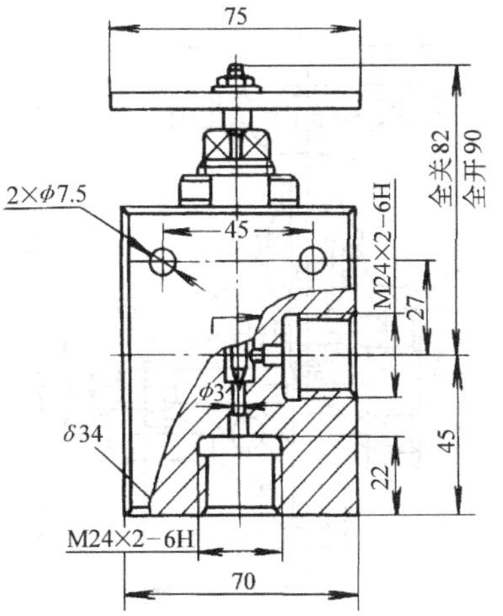

图3-224　角式截止阀

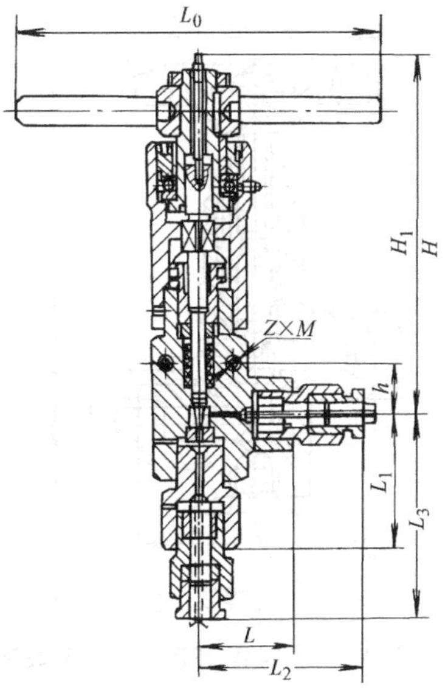

图3-225　角式截止阀

表3-192　J14H-6000型角式截止阀主要性能规范

公称压力　PN	壳体试验压力　p_s/MPa	适用介质	适用温度/℃
6000	660	超高压泵用油、惰性气体	200

表3-193　J14H-6000型角式截止阀主要零件材料

零件名称	阀体、阀底座	阀盖、阀杆螺母	阀　杆	填　料	手　柄
材　料	铬镍钼合金钢	铬钼合金钢	铬不锈钢	聚四氟乙烯	碳　钢

表3-194　J14H-6000型角式截止阀主要外形尺寸、连接尺寸和重量

公称尺寸 DN	尺寸/mm									重量/kg
	L	L_1	L_2	L_3	L_0	h	$Z\times M$	H	H_1	
3	65	90	113	138	250	35	2×M10	245	252	9
6	85	120	135	170	300	45	2×M12	270	282	14

4）外螺纹保温取样阀，外螺纹保温角式取样阀，卡套保温取样阀。① 主要零件材料见表3-195。② 主要外形尺寸、连接尺寸如图3-226～图3-228所示及见表3-196～表3-198。

表3-195　主要零件材料

型　号	材　料
BJ23W-25P、BJ23W-40P、BJ24W-25P、BJ24W-40P	12Cr18Ni9
BJ23W-25R、BJ23W-40R、BJ24W-25R、BJ24W-40R	12Cr18Ni12Mo2
BJ93W-220DR、BJ93W-320DR	316L

表3-196　BJ23W-25P、BJ23W-25R、BJ23W-40P、BJ23W-40R主要外形尺寸、连接尺寸

公称尺寸 DN	管螺纹/in G	尺寸/mm								
		h	h_1	L	D	F	2×G/in	H	H_1	d_0
6	1/2	16	25	64	10.5	6	2×G1/4	80	88	65
10	3/4	20	28	76	14.5	6	2×G1/4	88	102	80
15	1	33	40	110	20.5	6	2×G3/8	102	118	100

注：1in=25.4mm，全书同。

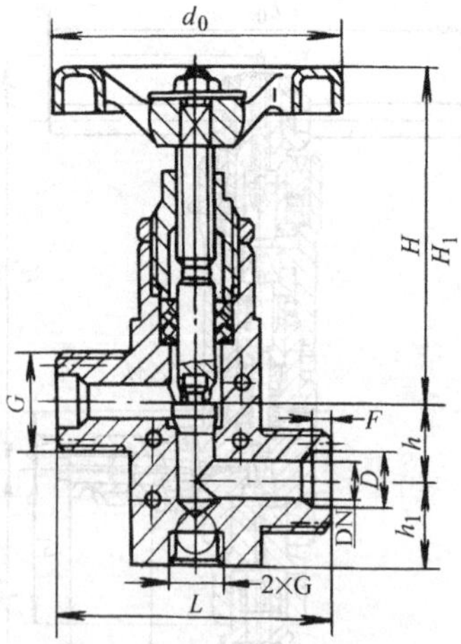

图 3-226 外螺纹连接取样阀

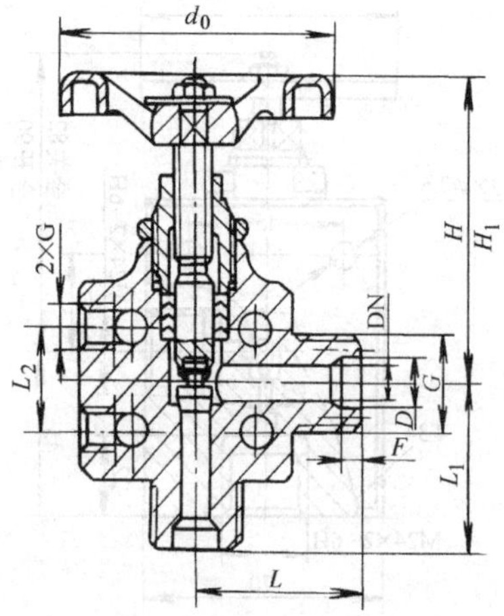

图 3-227 外螺纹连接保温角式取样阀

表 3-197 BJ24W-25P、BJ24W-25R、BJ24W-40P、BJ24W-40R 主要外形尺寸和连接尺寸

公称尺寸 DN	管螺纹 G/in	管螺纹 2×G/in	尺寸/mm L	D	F	L_2	L_1	H	H_1	d_0
6	1/2	2×G1/4	40	10.5	6	30	40	80	92	65
10	3/4	2×G1/4	48	14.5	6	30	48	87	101	80
15	1	2×G3/8	55	20.5	6	30	55	102	118	100

表 3-198 BJ93W-220DR、BJ93W-320DR 主要外形尺寸和连接尺寸

公称尺寸 DN	管螺纹 2×G/in	尺寸/mm L_1	D	D_1	D_2	G	L	H	H_1	d_0
6	2×G1/4	80	22	15.5	10	M28×2	154	94	104	65
10	2×G1/4	100	24	16.5	10	M30×2	154	102	110	80

（3）高压角式截止阀和高压角式节流阀

1）外螺纹角式截止阀，外螺纹角式节流阀。① 主要性能规范见表 3-199。② 主要外形尺寸和连接尺寸如图 3-229 所示及见表3-200。

2）法兰角式截止阀，法兰角式节流阀。① 主要性能规范见表 3-201。② 主要零件材料见表 3-202。③ 主要外形尺寸、连接尺寸和重量如图 3-230 ~ 图 3-232 所示及见表 3-203。

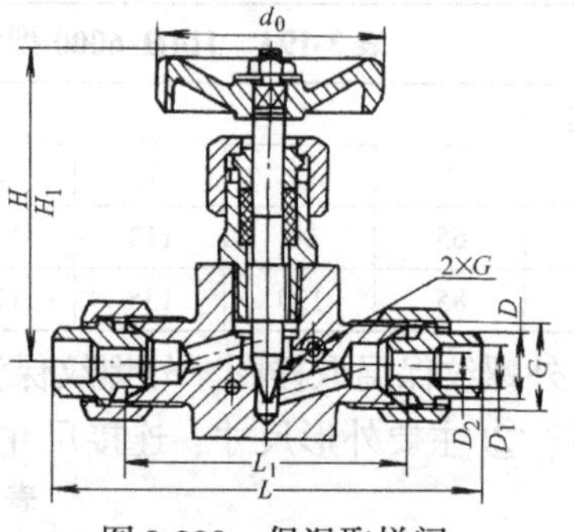

图 3-228 保温取样阀

表 3-199 外螺纹角式截止阀、外螺纹角式节流阀主要性能规范

型号	公称压力 PN	试验压力 p_s/MPa 壳体	密封	适用温度 /℃	适用介质
J/L24H-160	160	24	16	-30~50	氮氢混合气、氨气、液氨、铜氨液、碱液
J/L24H-320	320	48	32		
J/L24Y-160	160	24	16		氮氢气
J/L24Y-320	320	48	35.2		氨

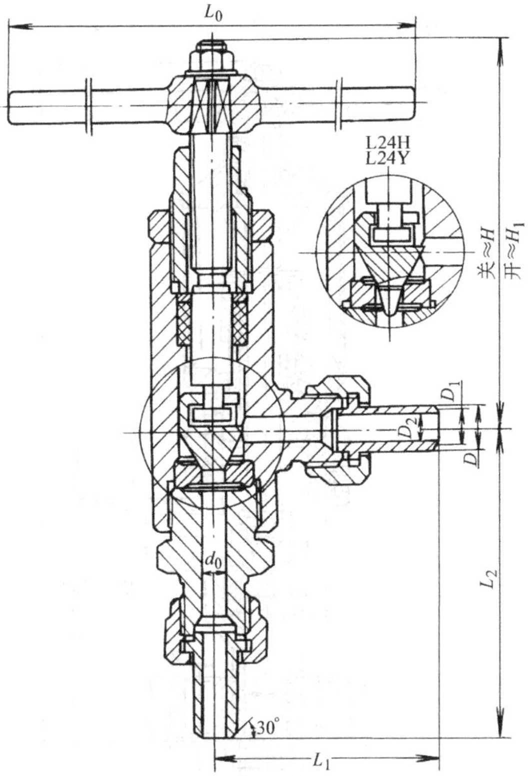

图 3-229　外螺纹角式截止阀和外螺纹角式节流阀

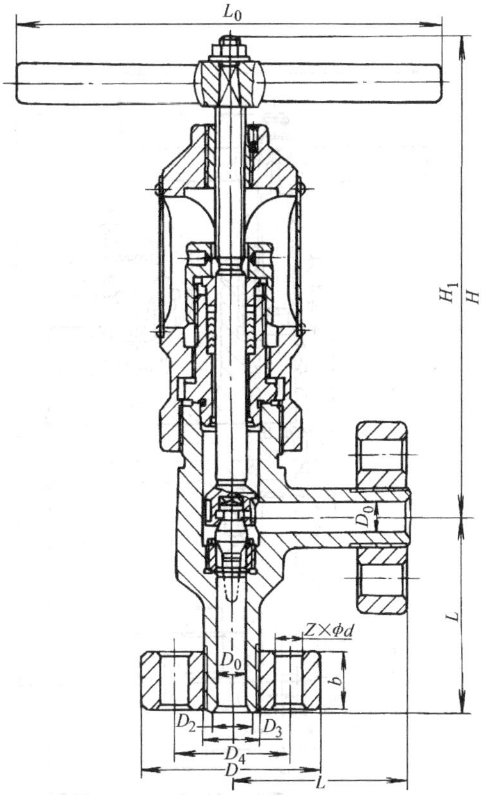

图 3-230　法兰角式截止阀和法兰角式节流阀

表 3-200　外螺纹角式截止阀、外螺纹角式节流阀主要外形尺寸和连接尺寸

型　号	公称尺寸	尺寸/mm								
	DN	L_1	L_2	D_0	D_2	D_1	D	$H\approx$	$H_1\approx$	L_0
J/L 24H-320	3	80	80	—	3	8	14	70	76	100
	6	80	80	—	6	8	14	84	98	100
	3	69	78	—	3	5	8	71	78	100
	6	80	87	—	6	8	12	80	92	150
J/L 24H-160	10	95	119	—	10	12	17	148	162	250
	15	103	134	—	14	16	22	145	162	250
	25	122	157	—	24	26	35	190	212	350
J/L 24Y-160/320	10	130	130	—	11	13	25	200	210	250
	15	140	140	—	15	17	25	195	210	250
	25	165	165	—	23	25	35	225	245	300

表 3-201　法兰角式截止阀、法兰角式节流阀主要性能规范

型　号	公称压力 PN	试验压力 p_s/MPa		工作压力 p/MPa	工作温度 /℃	适 用 介 质
		壳体	密封			
J44H-160、J44Y-160 L44H-160、L44Y-160	160	24	17.6	16	-30 ~ 100	氮氢气、氨等
J44H-220 L44H-220	220	33	24.2	22		
J44H-250 L44H-250	250	37.5	27.5	25		
J44H-320、J44Y-320 L44H-320、L44Y-320	320	48	35.2	32		

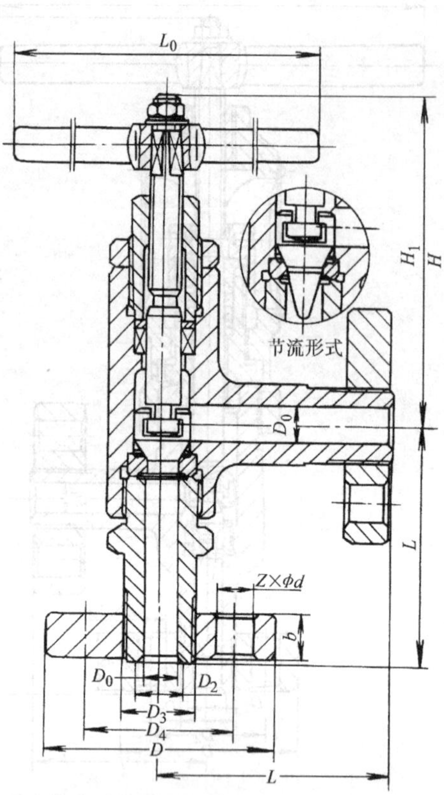

图 3-231　法兰角式截止阀和法兰角式节流阀

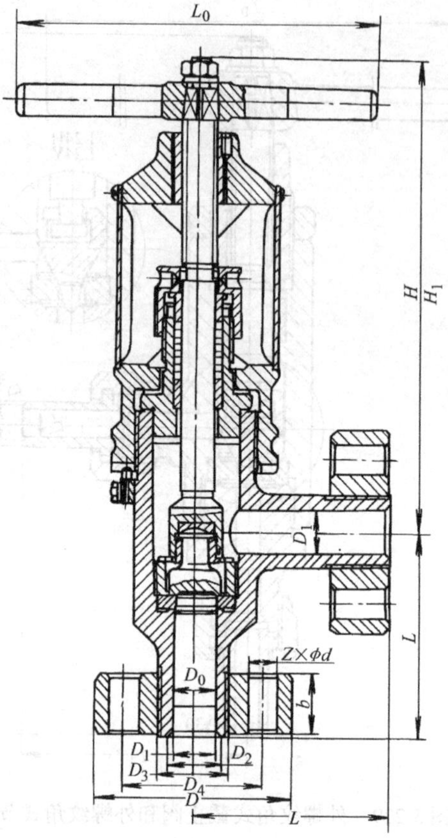

图 3-232　法兰角式截止阀

表 3-202　法兰角式截止阀、法兰角式节流阀主要零件材料

零件名称	阀体	阀盖	阀瓣	阀杆	阀杆螺母	填料	O 形圈
材　料	优质碳钢	铸钢	H：优质碳钢 Y：优质碳钢堆焊硬质合金	铬　钢	黄　铜	聚四氟乙烯	耐热耐氨橡胶

表 3-203　法兰角式截止阀、法兰角式节流阀主要外形尺寸、连接尺寸和重量

公称压力 PN	公称尺寸 DN	尺寸/mm L	D_0	D_1	D_2	D_3	D_4	D	L_0	$Z \times \phi d$	b	H	H_1	重量 /kg
160、220	3	60	3		10	M14×1.5	42	70	100	$3 \times \phi 16$	15	64	70	—
	6	60	6		10	M14×1.5	42	70	150	$3 \times \phi 16$	15	77	91	—
	10	90	10	10	20	M24×2	60	95	200	$3 \times \phi 18$	20	145	162	—
	15	105	16	16	20	M24×2	60	95	200	$3 \times \phi 18$	20	145	162	5
	25	120	20	23	28	M33×2	68	105	300	$3 \times \phi 18$	20	190	212	8
	32	135	28	29	37	M42×2	80	115	300	$4 \times \phi 18$	22	196	224	10
	40	165	38	39	47	M52×2	115	165	500	$6 \times \phi 26$	28	240	278	18
	50	190	49	50	58	M64×3	115	165	650	$6 \times \phi 26$	32	260	305	26
	65	215	60	65	73	M80×3	145	200	650	$6 \times \phi 29$	40	430	490	80
	80	260	75	80	93	M100×3	175	225	720	$6 \times \phi 33$	50	510	590	132
	100	290	95	99	115	M125×4	195	260	850	$6 \times \phi 36$	60	595	685	171
	125	320	115	123	146	M155×4	235	300	1000	$6 \times \phi 39$	25	710	825	317

（续）

公称压力 PN	公称尺寸 DN	尺寸/mm												重量 /kg
		L	D_0	D_1	D_2	D_3	D_4	D	L_0	$Z\times\phi d$	b	H	H_1	
250 320	3	60	3	3	10	$M14\times1.5$	42	70	110	$3\times\phi16$	15	64	70	0.9
	6	60	6	6	10	$M14\times1.5$	42	70	150	$3\times\phi16$	15	77	90	1
	10	90	10	10	18	$M24\times2$	60	95	250	$3\times\phi18$	25	260	286	5
	15	105	16	17	27	$M33\times2$	68	105	250	$3\times\phi18$	30	260	291	5
	25	120	20	22	35	$M42\times2$	80	115	350	$4\times\phi18$	35	318	350	10
	32	135	28	30	41	$M48\times2$	95	135	350	$4\times\phi22$	40	330	376	13
	40	165	38	42	58	$M64\times3$	115	165	450	$6\times\phi26$	50	443	485	19
	50	190	50	53	70	$M80\times3$	145	200	650	$6\times\phi29$	60	531	574	36
	65	215	60	68	90	$M100\times3$	170	225	650	$6\times\phi33$	65	555	596	91
	80	260	75	85	112	$M125\times4$	195	260	850	$6\times\phi36$	80	718	772	154
	100	290	95	103	130	$M155\times4$	235	300	850	$8\times\phi39$	—	598	692	190
	125	320	115	120	155	$M175\times6$	255	330	1000	$8\times\phi42$	—	710	825	320

3）J24H-2500型外螺纹角式截止阀。①主要性能规范见表3-204。②主要零件材料见表3-205。③主要外形尺寸和连接尺寸如图3-233所示。

表3-204　J24H-2500型外螺纹角式截止阀主要性能规范

公称压力　PN	壳体试验压力　p_s/MPa	公称尺寸　DN	适用介质	适用温度/℃	重量/kg
2500	280	10	乙烯	≤250	6
		15			24.6

表3-205　J24H-2500型外螺纹角式截止阀主要零件材料

零件名称	阀体	阀底座、阀杆螺母	阀杆	填料	手柄
材　　料	铬镍钼合金钢	铬钼合金钢	铬不锈钢	夹石棉聚四氟乙烯	碳钢

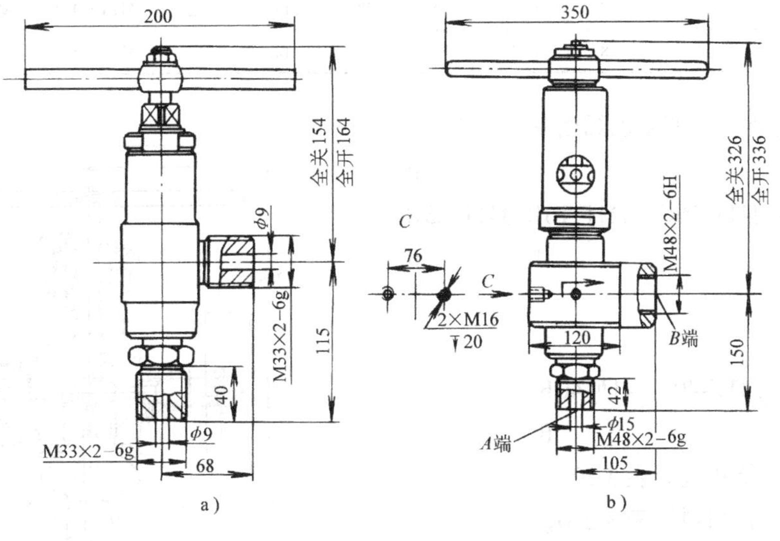

图3-233　外螺纹角式截止阀
a）DN10　b）DN15

4）外螺纹压力计截止阀：①主要性能规范见表3-206。②主要零件材料见表3-207。③主要外形尺寸、连接尺寸和重量如图3-234所示及见表3-208。

表 3-206 外螺纹压力计截止阀主要性能规范

型号	公称压力 PN	试验压力 p_s/MPa		工作温度/℃	适用介质
		密封	壳体		
J29W-320R	320	36.0	48	≤200	尿素、醋酸等
J29H-320 J29H-320P J29W-320P					氮、氢气、氨等

表 3-207 外螺纹压力计截止阀主要零件材料

零件名称	阀体	阀杆	阀底座	填料	填料压盖	手柄
J29H-320	碳钢	铬不锈钢		聚四氟乙烯	碳钢	优质碳钢
J29H-320P J29W-320P	铬镍不锈钢	铬不锈钢	铬镍不锈钢		不锈钢	
J29W-320R	铬镍钼不锈钢					

表 3-208 外螺纹压力计截止阀主要外形尺寸、连接尺寸和重量

型号	公称尺寸 DN	尺寸/mm								重量 /kg
		L_1	D_1	D_2	L_2	H	H_1	M_1	M_2	
J29H-320	3	58	65	50	70	76	88	M14×1.5	M20×1.5	1
	6	58	80	50	70	76	88	M14×1.5	M20×1.5	1.3
J29H-320 J29H-320P J29W-320P	3	58	100	50	70	73	79	M14×1.5	M20×1.5	1.5
	6	58	150	50	70	73	—	M14×1.5	M20×1.5	1.4
J29H-320	3	58	110	50	68	82	—	M20×1.5	M20×1.5	—
J29H-320 J29W-320R	3	58	100	50	70	66	72	M14×1.5	M20×1.5	1.5
	6	58	100	50	70	66	72	M14×1.5	M20×1.5	1.5

（4）普通钢制聚四氟乙烯密封截止阀

1）型号：

P P
J41F-16C、J41F-16R、J41F-25R
R_3 R_3

P
J41F-40、J41F-40R
R_3

2）主要性能规范见表 3-209。

3）主要零件材料见表 3-210。

4）主要外形尺寸、连接尺寸和重量如图 3-235 所示及见表 3-211。

5）主要生产厂家：超达阀门集团股份有限公司。

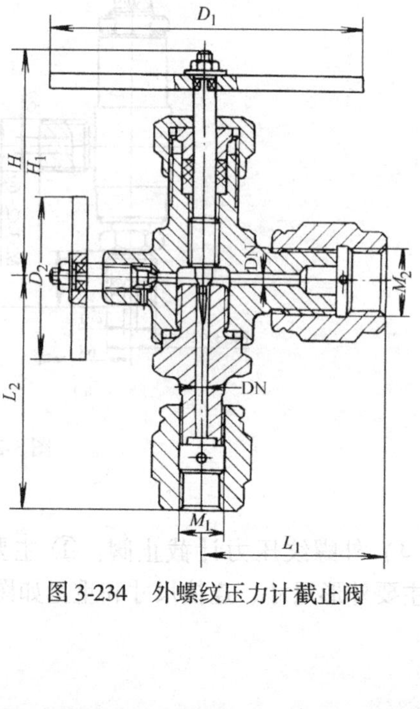

图 3-234 外螺纹压力计截止阀

表 3-209　普通钢制聚四氟乙烯密封截止阀主要性能规范

型　号	公称压力 PN	试验压力 p_s/MPa		工作温度/℃	适用介质
		壳体	密封		
J41F-16C	16	2.4	1.76	≤150	空气、氮气、氨等
J41F-25	25	3.75	2.75		
J41F-40	40	6.0	4.4		
J41F-16P	16	2.4	1.76	≤150	硝酸类
J41F-25P	25	3.75	2.75		
J41F-40P	40	6.0	4.4		
J41F-16R	16	2.4	1.76	≤150	醋酸类
J41F-25R	25	3.75	2.75		
J41F-40R	40	6.0	4.4		
J41F-16R_3	16	2.4	1.76	≤150	尿素等强腐蚀性介质
J41F-25R_3	25	3.75	2.75		
J41F-40R_3	40	6.0	4.4		

表 3-210　普通钢制聚四氟乙烯密封截止阀主要零件材料

零件名称	阀体、阀盖	阀杆、阀瓣	密封面、填料、垫片
J41F-16C、J41F-25、J41F-40	WCB	20Cr13	聚四氟乙烯、增强聚四氟乙烯
J41F-16P、J41F-25P、J41F-40P	ZG1Cr18Ni9Ti	12Cr18Ni9	
J41F-16R、J41F-25R、J41F-40R	ZG1Cr18Ni12Mo2Ti	06Cr17Ni12Mo2Ti	
J41F-16R_3、J41F-25R_3、J41F-40R_3	ZG00Cr17Ni14Mo2	06Cr17Ni12Mo2	

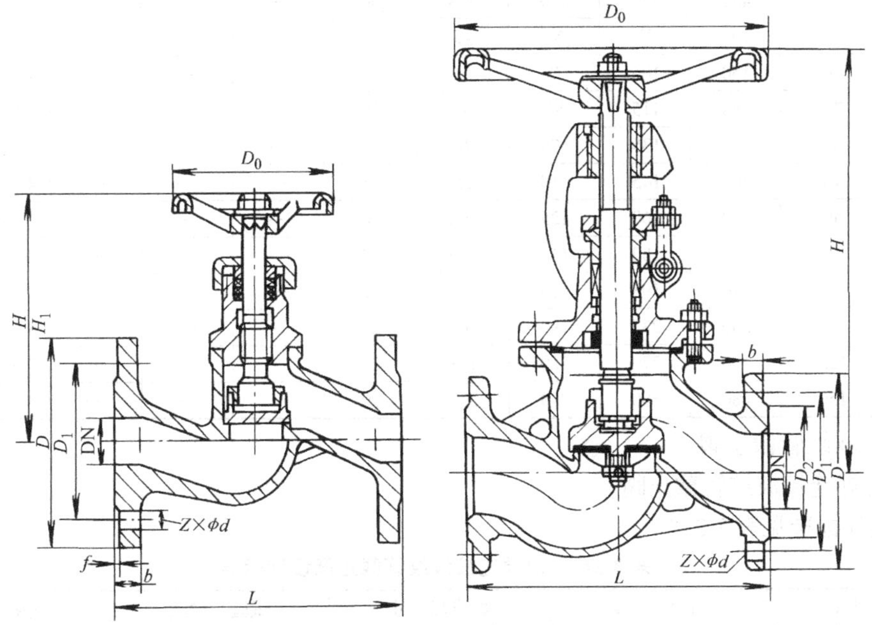

图 3-235　聚四氟乙烯密封截止阀

表 3-211　普通钢制聚四氟乙烯密封截止阀主要外形尺寸、连接尺寸和重量

公称压力 PN	公称尺寸 DN	尺寸/mm									重量 /kg
		L	D	D_1	D_2	b	D_0	H	H_1	$Z\times\phi d$	
16	15	130	95	65	45	14	75	110	119	$4\times\phi14$	2
	20	150	110	75	55	14	75	110	120	$4\times\phi14$	3
	25	160	115	85	65	14	75	116	126	$4\times\phi14$	4
	32	180	135	100	78	15	120	143	160	$4\times\phi18$	6.1
	40	200	145	110	85	16	120	147	168	$4\times\phi18$	8.2

（续）

公称压力 PN	公称尺寸 DN	尺寸/mm									重量 /kg
		L	D	D_1	D_2	b	D_0	H	H_1	$Z\times\phi d$	
16	50	230	160	125	100	16	160	172	194	$4\times\phi18$	11
	65	290	180	145	120	18	—	—	—	$4\times\phi18$	28
	80	310	195	160	135	20	—	—	—	$8\times\phi18$	34
	100	350	210	180	155	20	—	—	—	$8\times\phi18$	43
	125	400	245	210	185	22	—	—	—	$8\times\phi18$	70
	150	480	280	240	210	24	—	—	—	$12\times\phi23$	95
	15	130	95	65	45	16	—	154	—	$4\times\phi14$	5
	20	150	105	75	55	16	—	184	—	$4\times\phi14$	7
25	25	160	115	85	65	16	—	188	—	$4\times\phi14$	9
	32	180	135	100	78	18	—	—	—	$4\times\phi18$	13
	40	200	145	110	85	18	—	292	—	$4\times\phi18$	17
	50	230	160	125	100	20	—	—	—	$4\times\phi18$	20
	65	290	180	145	120	22	—	—	—	$8\times\phi18$	25
	80	310	195	160	135	22	—	—	—	$8\times\phi18$	35
	100	350	230	190	160	24	—	—	—	$8\times\phi23$	50
	125	400	270	220	188	28	—	—	—	$8\times\phi25$	75
	150	480	300	250	218	30	—	—	—	$8\times\phi25$	100
40	15	130	95	65	45	16		—	—	$4\times\phi14$	5
	20	150	105	75	55	16	—	—	—	$4\times\phi14$	7
	25	160	115	85	65	16	—	—	—	$4\times\phi14$	9
	32	180	135	100	78	18	—	—	—	$4\times\phi18$	13
	40	200	145	110	85	18	—	—	—	$4\times\phi18$	17
	50	230	160	125	100	20	—	—	—	$4\times\phi18$	20
	65	290	180	145	120	22	—	—	—	$8\times\phi18$	25
	80	310	195	160	135	22	—	—	—	$8\times\phi18$	35
	100	350	230	190	160	24	—	—	—	$8\times\phi23$	50
	125	400	270	220	188	28	—	—	—	$8\times\phi25$	75
	150	480	300	250	218	30	—	—	—	$8\times\phi25$	100

（5）波纹管截止阀

1）对焊连接波纹管截止阀。

① 设计标准见表 3-212。

表 3-212 对焊连接波纹管截止阀设计标准

设计制造	结构长度	焊连端尺寸	试验与检验	逸散性检漏
GB/T 12235 API 602	GB/T 12221	GB/T 12224	GB/T 13927 GB/T 26480	GB/T 26481

② 主要外形尺寸与连接尺寸锻造壳体波纹管截止阀如图 3-236 及见表 3-213。

表 3-213 锻造壳体主要外形尺寸和连接尺寸 （单位：mm）

公称压力 PN	公称尺寸 DN	L	D_0	H ≈	H_1（开启）≈	D	D_1	D_2
16～40	15	140	140	312	322	35	21	18
	20	152	140	312	322	41	26	23
	25	160	140	312	322	50	31	28

（续）

公称压力 PN	公称尺寸 DN	L	D_0	H ≈	H_1（开启）≈	D	D_1	D_2
16～40	32	180	140	334	346	56	40	37
	40	200	160	367	380	62	46	43
	50	230	200	372	385	76	57	54

铸造壳体波纹管截止阀主要外形尺寸和连接尺寸如图 3-237 及见表 3-214。

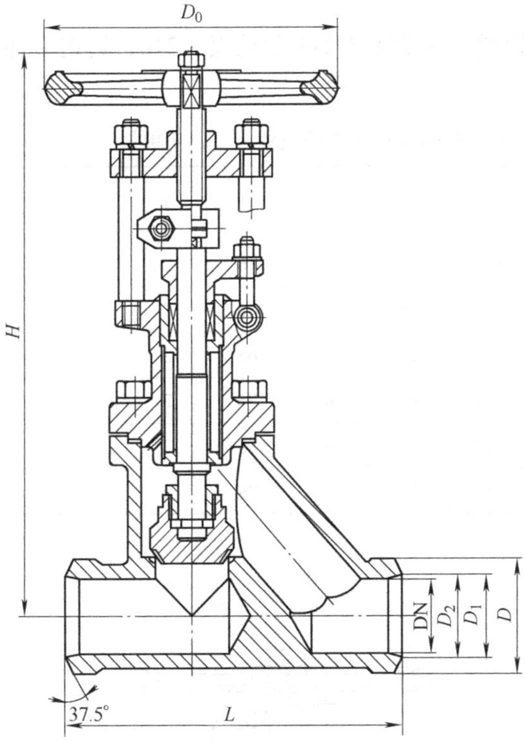

图 3-236　锻造壳体波纹管截止阀

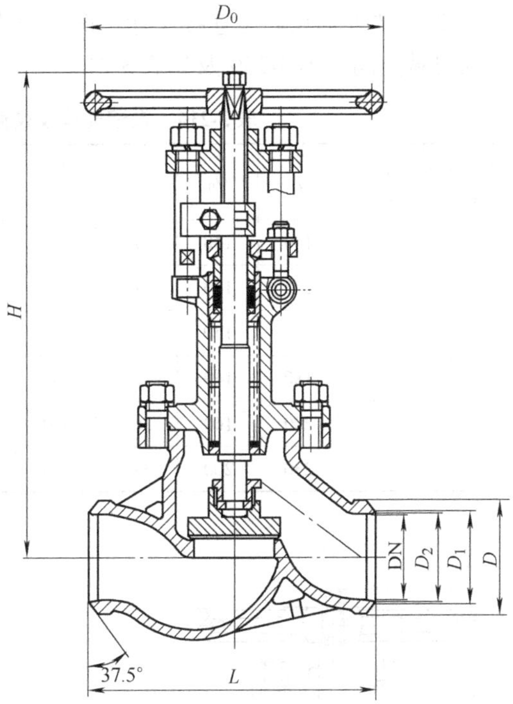

图 3-237　铸造壳体波纹管截止阀

表 3-214　铸造壳体波纹管截止阀　（单位：mm）

公称压力 PN	公称尺寸 DN	L	D_0	H ≈	H_1（开启）≈	D	D_1	D_2
16～40	65	290	250	443.5	462.5	92	70	67
	80	310	250	474	497	105	85	82
	100	350	360	573.5	601.5	132	110	107
	125	400	360	664	699	157	133	130
	150	480	400	706	744	184	160	157
	200	600	500	879	931	238	210	207
	250	730	600	978.5	1044	296	263	260
	300	850	600	1106	1184	348	307	304
	350	980	600	1266	1371	378	342	338
	400	1100	600	1326	1431	439	391	388
	450	1200	600	1705	1705	492	441	437
	500	1250	600	1754	1754	544	492	488

2）法兰连接波纹管截止阀。

① 设计标准见表3-215。

表3-215 法兰连接波纹管截止阀设计标准

设计制造	结构长度	法兰连接尺寸	试验与检验	逸散性检漏
GB/T 12235 API 602	GB/T 12221	GB/T 9113	GB/T 13927 GB/T 26480	GB/T 26481

② 主要外形尺寸与连接尺寸：锻造壳体波纹管截止阀如图3-238及见表3-216，铸造壳体波纹管截止阀如图3-239及见表3-217。

表3-216 锻造壳体波纹管截止阀主要外形尺寸和连接尺寸 （单位：mm）

公称压力 PN	公称尺寸 DN	L	D_0	H ≈	H_1（开启）	D	K	b	n	d	f	C
16～40	15	140	140	312	322	95	65	14	4	46	2	14
	20	152	140	312	322	105	75	14	4	56	2	16
	25	160	140	312	322	115	85	14	4	65	2	16
	32	180	140	334	346	140	100	18	4	76	2	18
	40	200	160	367	380	150	110	18	4	84	2	18
	50	230	200	372	385	165	125	18	4	99	2	20

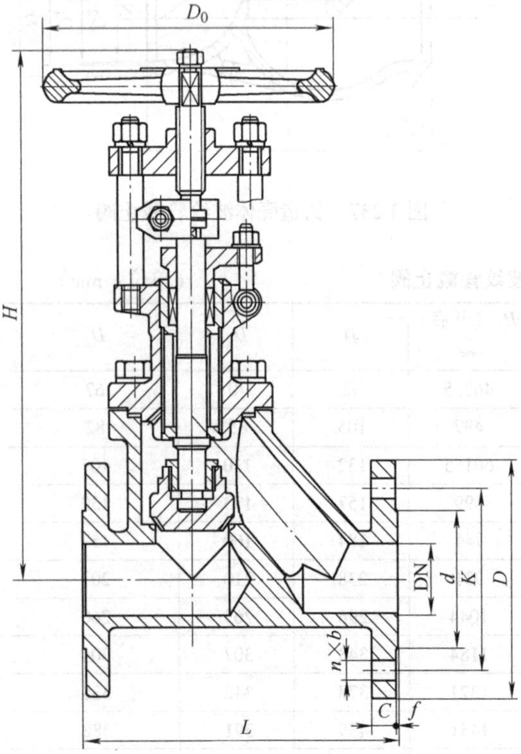

图3-238 锻造壳体波纹管截止阀

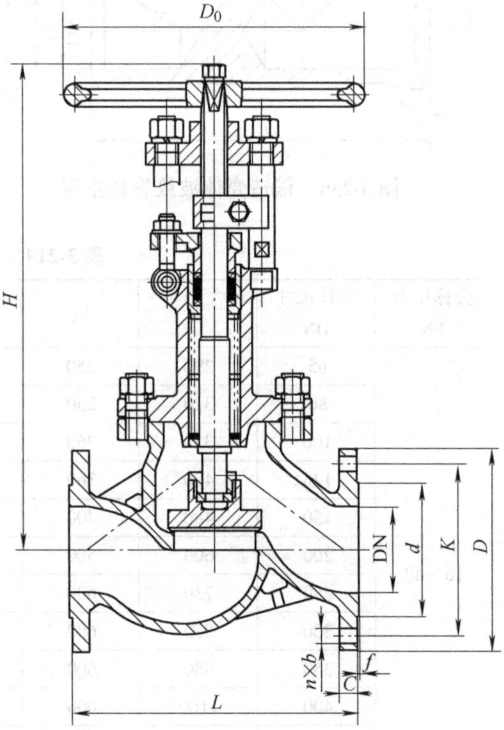

图3-239 铸造壳体波纹管截止阀

表 3-217　铸造壳体波纹管截止阀主要外形尺寸和连接尺寸

公称压力 PN	公称尺寸 DN	L	D_0	$H\approx$	H_1 (开启) $\approx$	D	K	b	n	d	f	C
16	65	290	250	443.5	462.5	185	145	18	4	118	2	20
	80	310	250	474	497	200	160	18	8	132	2	20
	100	350	360	573.5	601.5	220	180	18	8	156	2	22
	125	400	360	664	699	250	210	18	8	184	2	22
	150	480	400	706	744	285	240	22	8	211	2	24
	200	600	500	879	931	340	295	22	12	266	2	24
	250	730	600	978.5	1044	405	355	26	12	319	2	26
	300	850	600	1106	1184	460	410	26	12	370	2	28
	350	980	600	1266	1371	520	470	26	16	429	2	30
	400	1100	600	1326	1431	580	525	30	16	480	2	32
25	450	1200	600	1705	1820	640	585	30	20	548	2	40
	500	1250	600	1754	1880	715	650	33	20	609	2	44
	65	290	250	443.5	462.6	185	145	18	8	118	2	22
	80	310	250	474	497	200	160	18	8	132	2	24
	100	350	360	573.5	601.5	235	190	22	8	156	2	24
	125	400	360	664	699	270	220	26	8	184	2	26
	150	480	400	706	744	300	250	26	8	211	2	28
	200	600	500	879	931	360	310	26	12	274	2	30
	250	730	600	978.5	1044	425	370	30	12	330	2	32
	300	850	600	1106	1184	485	430	30	16	389	2	34
	350	980	600	1266	1371	555	490	33	16	448	2	38
	400	1100	600	1326	1431	620	550	36	16	503	2	40
	450	1200	600	1705	1820	670	600	36	20	548	2	46
	500	1250	600	1754	1880	730	660	36	20	609	2	48
40	65	290	250	443.5	462.5	185	145	18	8	118	2	22
	80	310	250	474	497	200	160	18	8	132	2	24
	100	350	360	573.5	601.5	235	190	22	8	156	2	24
	125	400	360	664	699	270	220	26	8	184	2	26
	150	480	400	706	744	300	250	26	8	211	2	28
	200	600	500	879	931	375	320	30	12	284	2	34
	250	730	600	978.5	1044	450	385	33	12	345	2	38
	300	850	600	1106	1184	515	450	33	16	409	2	42
	350	980	600	1266	1371	580	510	36	16	465	2	46
	400	1100	600	1326	1431	660	585	39	16	535	2	50
	450	1200	600	1705	1820	685	610	39	20	560	2	57
	500	1250	600	1754	1880	755	670	42	20	615	2	57

③ 波纹管截止阀主要零件材料见表3-218。

表3-218 波纹管截止阀主要零件材料

壳体		密封面		波纹管
锻件	铸件	上密封	阀座	
A105	A216 WCB	304/316/316L	304/316/316L	A312 TP304
A182 F 304	A351 CF8	司太立	304/316/316L	A312 TP316
A182 F 316	A351 CF8M	司太立	司太立	A312 TP 316L
A182 F 316L	A351 CF3M	蒙乃尔	蒙乃尔	B622 HAC-276
		哈氏合金 B、C	哈氏合金 B、C	

3）法兰连接波纹管氨阀。

① 设计标准见表3-219。

表3-219 法兰连接波纹管氨阀设计标准

设计制造	结构长度	法兰连接尺寸	试验与检验	逸散性检漏
GB/T 26478	GB/T 12221	GB/T 9113	GB/T 26480	GB/T 26481

② 主要外形尺寸与连接尺寸

法兰连接波纹管氨阀如图3-240、图3-241及见表3-220、表3-221。

表3-220 锻造法兰连接波纹管氨阀主要外形尺寸和连接尺寸

公称压力 PN	公称尺寸 DN	L	D_0	H ≈	H_1 (开启) ≈	D	K	b	n	d	Y	f_1	f_2	C
16～40	15	140	140	312	322	95	65	14	4	46	40	4	3	14
	20	152	140	312	322	105	75	14	4	56	51	4	3	16
	25	160	140	312	322	115	85	14	4	65	58	4	3	16
	32	180	140	334	346	140	100	18	4	76	66	4	3	18
	40	200	160	367	380	150	110	18	4	84	76	4	3	18
	50	230	200	372	385	165	125	18	4	99	88	4	3	20

表3-221 铸造法兰连接波纹管氨阀主要外形尺寸和连接尺寸

公称压力 PN	公称尺寸 DN	L	D_0	H ≈	H_1 (开启) ≈	D	K	b	n	d	Y	f_1	f_2	C
16	65	200	250	443.5	462.5	185	145	18	4	118	110	4	3	20
	80	310	250	474	497	200	160	18	8	132	121	4	3	20
	100	350	360	573.5	601.5	220	180	18	8	156	150	4.5	3.5	22
	125	400	360	664	699	250	210	18	8	184	176	4.5	3.5	22
	150	480	400	706	744	285	240	22	8	211	204	4.5	3.5	24
	200	600	500	879	931	340	295	22	12	266	260	4.5	3.5	24

（续）

公称压力 PN	公称尺寸 DN	L	D_0	H ≈	H_1（开启）≈	D	K	b	n	d	Y	f_1	f_2	C
25	65	290	250	443.5	462.5	185	145	18	8	118	110	4	3	22
	80	310	250	474	497	200	160	18	8	132	121	4	3	24
	100	350	360	573.5	601.5	235	190	22	8	156	150	4.5	3.5	24
	125	400	360	664	699	270	220	26	8	184	176	4.5	3.5	26
	150	480	400	706	744	300	250	26	8	211	204	4.5	3.5	28
	200	600	500	879	931	360	310	26	12	274	260	4.5	3.5	30
40	65	290	250	443.5	462.5	185	145	18	8	118	110	4	3	22
	80	310	250	474	497	200	160	18	8	132	121	4	3	24
	100	350	360	573.5	601.5	235	190	22	8	156	150	4.5	3.5	24
	125	400	360	664	699	270	220	26	8	184	176	4.5	3.5	26
	150	480	400	706	744	300	250	26	8	211	204	4.5	3.5	28
	200	600	500	879	931	375	320	30	12	284	260	4.5	3.5	34

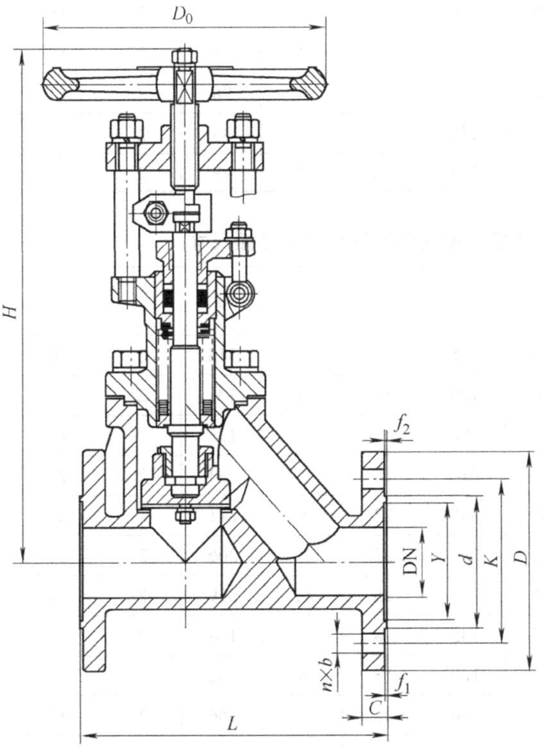

图 3-240　锻造法兰连接波纹管氨阀

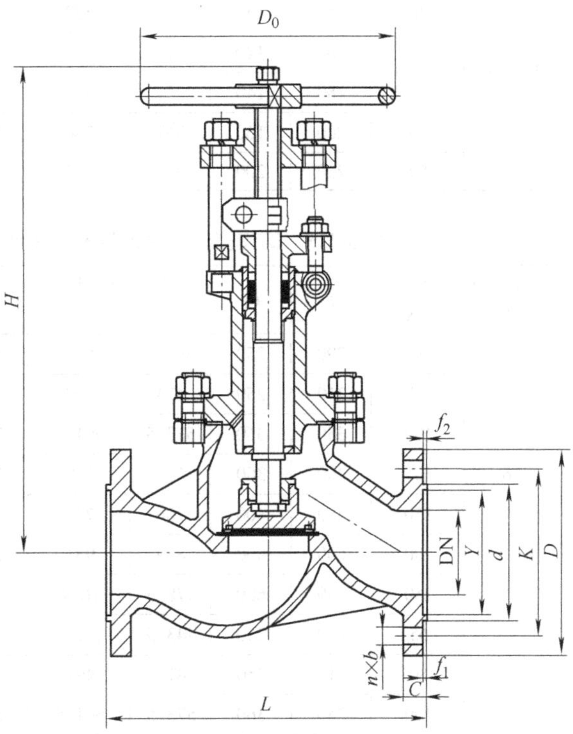

图 3-241　铸造法兰连接波纹管氨阀

③ 波纹管氨阀主要零件材料见表 3-222。

表 3-222 波纹管氨阀主要零件材料

壳体		密封面		波纹管
锻件	铸件	上密封	阀座	
A105	A216 WCB	PTFE/PHB/FEP	304/316/316L	A312 TP304
A182 F 304	A351 CF8	PTFE/PHB/FEP	司太立	A312 TP316
A182 F 316	A351 CF8M			A312 TP316L
A182 F316L	A351 CF3M			B622 HAC-276

4）法兰连接液氯用波纹管截止阀。

① 设计标准见表 3-223。

表 3-223 法兰连接液氯用波纹管截止阀设计标准

设计制造	结构长度	法兰连接尺寸	试验与检验	逸散性检漏
GEST 89/140 第 9 版	GB/T 12221	GB/T 9113	GB/T 26480	GB/T 26481

② 主要外形尺寸与连接尺寸

法兰连接液氯用波纹管截止阀主要外形尺寸与连接尺寸如图 3-242、图 3-243 所示及见表 3-224、表 3-225。

表 3-224 锻造壳体法兰连接液氯用波纹管截止阀主要外形尺寸及连接尺寸

公称压力 PN	公称尺寸 DN	L	D_0	H ≈	H_1（开启）≈	D	K	b	n	d	f	C
16～40	15	140	140	312	322	95	65	14	4	46	2	14
	20	152	140	312	322	105	75	14	4	56	2	16
	25	160	140	312	322	115	85	14	4	65	2	16
	32	180	140	334	346	140	100	18	4	76	2	18
	40	200	160	367	380	150	110	18	4	84	2	18
	50	230	200	372	385	165	125	18	4	99	2	20

表 3-225 铸造壳体法兰连接液氯用波纹管截止阀主要外形尺寸和连接尺寸

公称压力 PN	公称尺寸 DN	L	D_0	H ≈	H_1（开启）≈	D	K	b	n	d	f	C
16	65	290	250	443.5	462.5	185	145	18	4	118	2	20
	80	310	250	474	497	200	160	18	8	132	2	20
	100	350	360	573.5	601.5	220	180	18	8	156	2	22
	125	400	360	664	699	250	210	18	8	184	2	22
	150	480	400	706	744	285	240	22	8	211	2	24
	200	600	500	879	931	340	295	22	12	266	2	24
	250	730	600	978.5	1044	405	355	26	12	319	2	26
25	65	290	250	443.5	462.5	185	145	18	8	118	2	22
	80	310	250	474	497	200	160	18	8	132	2	24
	100	350	360	573.5	601.5	235	190	22	8	156	2	24
	125	400	360	664	699	270	220	26	8	184	2	26
	150	480	400	706	744	300	250	26	8	211	2	28
	200	600	500	879	931	360	310	26	12	274	2	30
	250	730	600	978.5	1044	425	370	30	12	330	2	32

（续）

公称压力 PN	公称尺寸 DN	L	D_0	H ≈	H_1(开启) ≈	D	K	b	n	d	f	C
40	65	290	250	443.5	462.5	185	145	18	8	118	2	22
	80	310	250	474	497	200	160	18	8	132	2	24
	100	350	360	573.5	601.5	235	190	22	8	156	2	24
	125	400	360	664	699	270	220	26	8	184	2	26
	150	480	400	706	744	300	250	26	8	211	2	28

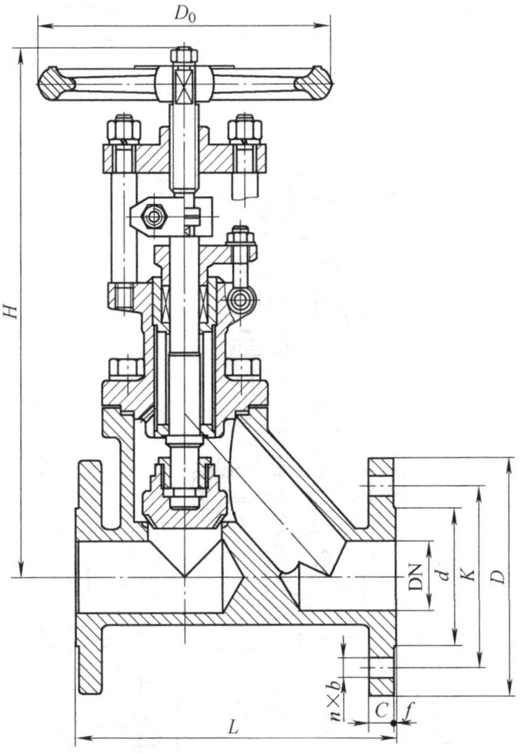

图 3-242　锻造壳体法兰连接液氯用波纹管截止阀

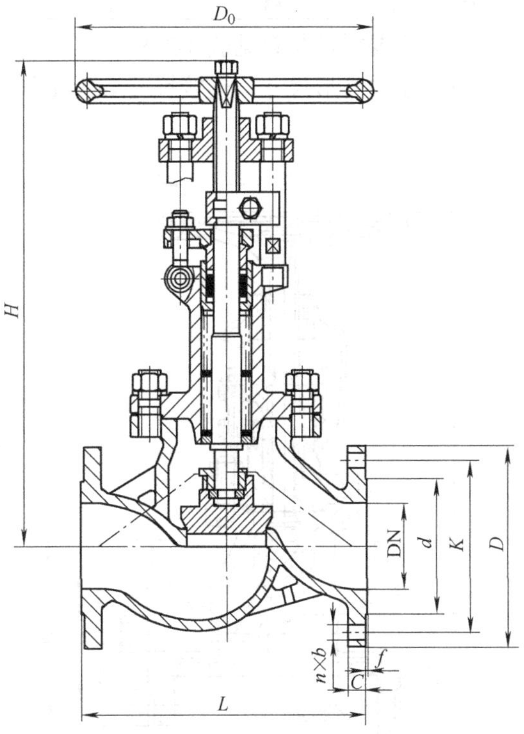

图 3-243　铸造壳体法兰连接液氯用波纹管截止阀

③ 液氯用波纹管截止阀主要零件材料见表 3-226。

表 3-226　液氯用波纹管截止阀主要零件材料

零件名称		材　料	零件名称	材　料
阀体、阀盖	锻件	A350 LF2	波纹管	哈氏合金 C276
	铸件	A352 LCC	阀杆	A276 316L
阀瓣		A350 LF2 I	填料与垫片	PTFE
密封面		司太立 12/司太立 6	螺栓与螺母	L7M/7M

5）主要生产厂家：浙江（杭州）万龙机械有限公司、超达阀门集团股份有限公司。

（6）不锈耐酸钢截止阀

1）型号和主要性能规范见表3-227。

表3-227 不锈耐酸钢截止阀主要性能规范

型 号	公称压力 PN	试验压力 p_s/MPa 壳体	试验压力 p_s/MPa 密封	工作压力 p/MPa	工作温度 /℃	适用介质
J41W-16P	16	2.4	1.76	1.6	≤200	硝酸等
J41W-25P	25	3.75	2.75	2.5		
J41W-40P	40	6.0	4.4	4.0		
J41W-63P	63	9.6	7.04	6.3		
J41W-100P	100	15.0	11.0	10.0		
J41W-160P	160	24.0	17.6	16.0		
J41W-16R	16	2.4	1.76	1.6		醋酸等
J41W-25R	25	3.75	2.75	2.5		
J41W-40R	40	6.0	4.4	4.0		
J41W-63R	63	9.6	7.04	6.3		

2）主要零件材料见表3-228。

3）主要外形尺寸、连接尺寸和重量如图3-244所示及见表3-229。

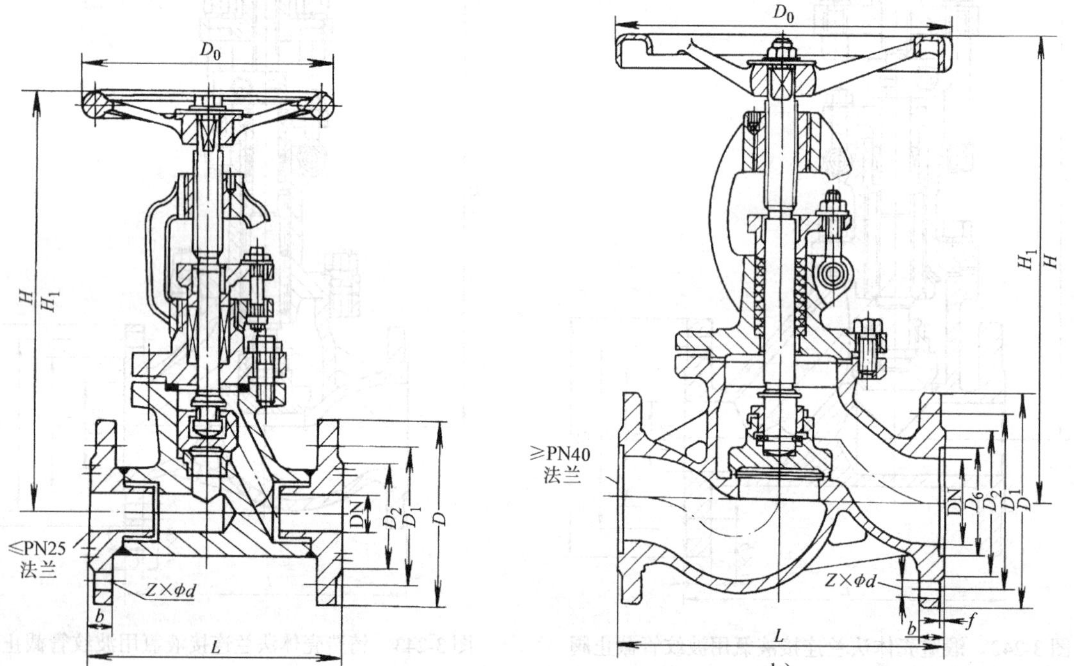

a） b）

图3-244 不锈耐酸钢截止阀

a）DN10～DN25 b）DN32～DN200

表3-228 不锈耐酸钢截止阀主要零件材料

零件名称	阀体、阀盖、阀杆、阀瓣	阀杆螺母	螺栓、螺母	垫 片	填 料	手 轮
J41W-16P、J41W-25P、J41W-40P、J41W-63P、J41W-100P、J41W-160P	铬镍钛钢	铝铁青铜	不锈钢	聚四氟乙烯	浸聚四氟乙烯石棉盘根	灰铸铁、球墨铸铁
J41W-16R、J41W-25R、J41W-40R、J41W-63R	铬镍钼钛钢	铝铁青铜	不锈钢	聚四氟乙烯	浸聚四氟乙烯石棉盘根	灰铸铁、球墨铸铁

4）主要生产厂家：超达阀门集团股份有限公司、中国·保一集团有限公司。

表3-229　不锈耐酸钢截止阀主要外形尺寸、连接尺寸和重量

J41W-16P、J41W-16R

公称尺寸 DN	尺寸/mm									重量/kg
	L	D	D_1	D_2	b	$Z\times\phi d$	H	H_1	D_0	
10	130	90	60	40	14	$4\times\phi14$	198	207	120	4.8
15	130	95	65	45	16	$4\times\phi14$	218	228	120	4.9
20	150	105	75	55	16	$4\times\phi14$	258	272	140	7.0
25	160	115	85	65	16	$4\times\phi14$	275	292	160	8.7
32	190	135	100	78	18	$4\times\phi18$	280	308	160	11.8
40	200	145	110	85	18	$4\times\phi18$	330	354	200	15.9
50	230	160	125	100	18	$4\times\phi18$	350	380	240	23.1
65	290	180	145	120	18	$4\times\phi18$	400	428	280	27.9
80	310	195	160	135	20	$8\times\phi18$	355	390	240	30.1
100	350	215	180	155	20	$8\times\phi18$	415	460	280	41.7
125	400	245	210	185	22	$8\times\phi18$	460	520	320	62.7
150	480	280	240	210	24	$8\times\phi23$	510	580	360	89.8
200	600	335	295	265	26	$12\times\phi23$	710			210

J41W-25P、J41W-25R

公称尺寸 DN	尺寸/mm									重量/kg
	L	D	D_1	D_2	$Z\times\phi d$	b	H	H_1	D_0	
10	130	90	60	40	$4\times\phi14$	16	198	207	120	4.9
15	130	95	65	45	$4\times\phi14$	16	233	241	120	5.0
20	150	105	75	55	$4\times\phi14$	16	275	285	140	6.9
25	160	115	85	65	$4\times\phi14$	16	285	300	160	7.4
32	180	135	100	78	$4\times\phi18$	18	302	327	180	8.5
40	200	145	110	85	$4\times\phi18$	18	355	385	200	12.5
50	230	160	125	100	$4\times\phi18$	20	362	397	240	16
65	290	180	145	120	$8\times\phi18$	22	325	345	280	25
80	310	195	160	135	$8\times\phi18$	22	369	420	280	30
100	350	230	190	160	$8\times\phi23$	24	370	425	320	34.5
125	400	270	220	188	$8\times\phi25$	28	558	608	400	89
150	480	300	250	218	$8\times\phi25$	30	611	692	400	98
200	600	360	310	278	$12\times\phi25$	34	721	806	400	170

J41W-40P、J41W-40R

公称尺寸 DN	尺寸/mm										重量/kg
	L	D	D_1	D_2	D_6	b	$Z\times\phi d$	H	H_1	D_0	
10	130	90	60	40	35	16	$4\times\phi14$	198	207	120	4.9
15	130	95	65	45	40	16	$4\times\phi14$	233	241	120	5.0
20	150	105	75	55	51	16	$4\times\phi14$	275	285	140	7.0
25	160	115	85	65	58	16	$4\times\phi14$	285	300	160	8.7
32	180	135	100	78	66	18	$4\times\phi18$	302	327	160	11.8
40	200	145	110	85	76	18	$4\times\phi18$	355	385	200	16.5
50	230	160	125	100	88	20	$4\times\phi18$	373	391	240	24
65	290	180	145	120	110	22	$8\times\phi18$	408	433	280	33
80	310	195	160	135	121	22	$8\times\phi18$	436	468	320	44
100	350	230	190	160	150	24	$8\times\phi23$	480	520	360	60
125	400	270	220	188	176	28	$8\times\phi25$	558	608	400	89
150	480	300	250	218	204	30	$8\times\phi25$	611	692	400	98
200	600	375	320	282	260	38	$12\times\phi30$	721	806	400	170

（续）

J41W-64P、J41W-63R											
公称尺寸	尺 寸/mm										重量 /kg
DN	L	D	D_1	D_2	D_6	b	$Z\times\phi d$	H	H_1	D_0	
10	170	100	70	50	35	18	4×ϕ14	198	207	120	5.7
15	170	105	75	55	41	18	4×ϕ14	195	210	140	10
20	190	125	90	68	51	20	4×ϕ18	228	248	160	13
25	210	135	100	78	58	22	4×ϕ18	250	275	180	14.5
32	230	150	110	82	66	24	4×ϕ23	325	355	200	19
40	260	165	125	95	76	24	4×ϕ23	360	395	240	25
50	300	175	135	105	88	26	4×ϕ23	410	450	280	35
65	340	200	160	130	110	28	8×ϕ23	450	494	320	48
80	380	210	170	140	121	30	8×ϕ23	485	531	360	56
100	430	250	200	168	150	32	8×ϕ25	537	588	400	125
150	550	340	280	240	204	38	8×ϕ34	646	715	450	157

J41W-100P												
公称尺寸	尺 寸/mm											重量 /kg
DN	L	D	D_1	D_2	D_6	b	f	$Z\times\phi d$	H	H_1	D_0	
15	170	105	75	55	40	20	2	4×ϕ14	148	156	100	3.8
20	190	125	90	68	51	22	2	4×ϕ18	156	161	100	5.2
25	210	135	100	78	58	24	2	4×ϕ18	175	187	120	5.84
32	230	150	110	82	66	24	2	4×ϕ23	200	214	140	10.39
40	260	165	125	95	76	26	3	4×ϕ23	231	252	160	16
50	300	195	145	112	88	28	3	4×ϕ25	262	291	180	22.65

J41W-160P												
公称尺寸	尺 寸/mm											重量 /kg
DN	L	D	D_1	D_2	D_6	b	f	$Z\times\phi d$	H	H_1	D_0	
15	170	110	75	52	40	24	2	4×ϕ18	148	158	100	4.6
20	190	130	90	62	51	26	2	4×ϕ23	156	161	100	7.4
25	210	140	100	72	58	28	2	4×ϕ23	175	187	120	10.1
32	230	165	115	85	66	30	2	4×ϕ25	200	214	140	12.3
40	260	175	125	92	76	32	3	4×ϕ27	231	252	160	15.2
50	300	215	165	132	88	36	3	8×ϕ25	262	291	180	29.71

（7）液化石油气用截止阀

1）型号及主要性能规范见表3-230。

2）主要零件材料见表3-231。

3）主要外形尺寸、连接尺寸和重量如图3-245所示及见表3-232。

表3-230 液化石油气用截止阀型号及主要性能规范

型 号	公称压力 PN	试验压力 p_s/MPa		适用温度/℃	适用介质
		壳体	密封（气）		
J41N-25	2.5	3.75	2.5	-40~80	液化石油气、液氨、二氧化碳、氧气、空气等非腐蚀性流体
J41N-40	4.0	6.0	4.0		

表3-231 液化石油气用截止阀主要零件材料

零件名称	阀体、阀盖	阀 杆	密封面	填 料
材 料	碳 钢	不锈钢	不锈钢与尼龙	聚四氟乙烯

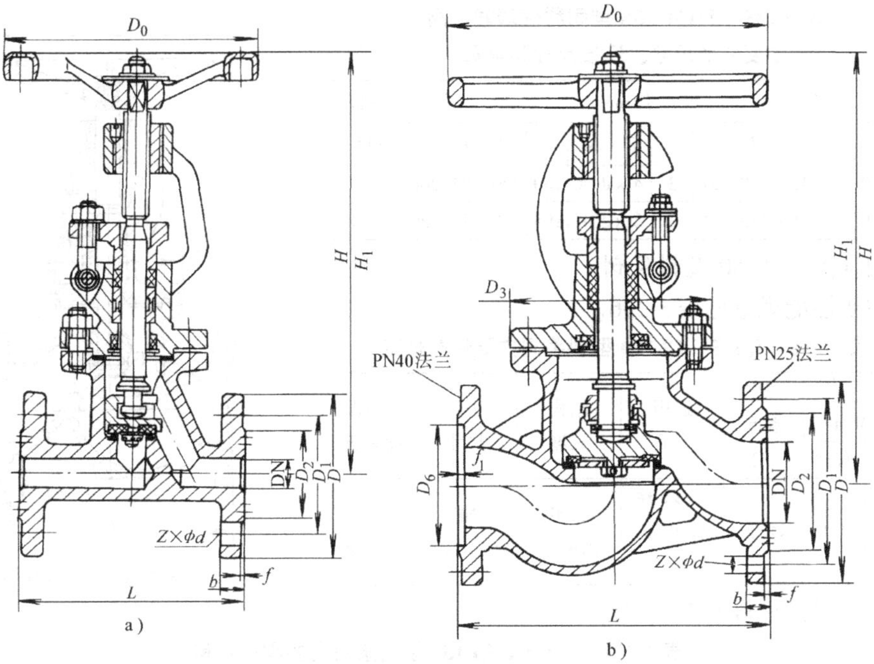

图 3-245　液化石油气用截止阀

a）DN5 ~ DN25　b）DN32 ~ DN200

表 3-232　液化石油气用截止阀主要外形尺寸、连接尺寸和重量

公称尺寸 DN	尺　寸/mm													重量 /kg
	L	D	D_1	D_2	D_6	b	f	f_1	$Z\times\phi d$	H_1	H	D_0	D_3	
15	130	95	65	45	40	16	2	4	$4\times\phi14$	216	207	120	98	—
20	150	105	75	55	51	16	2	4	$4\times\phi14$	231	217	120	110	6.9
25	160	115	85	65	58	16	2	4	$4\times\phi14$	233	219	120	110	7.4
32	190	135	100	78	66	18	2	4	$4\times\phi18$	308	280	160	120	8.5
40	200	145	110	85	76	18	3	4	$4\times\phi18$	354	330	200	135	12.5
50	230	160	125	100	88	20	3	4	$4\times\phi18$	380	350	240	150	16
65	290	180	145	120	110	22	3	4	$8\times\phi18$	428	400	280	175	25
80	310	195	160	135	121	22	3	4	$8\times\phi18$	462	430	320	200	30
100	350	230	190	160	150	24	3	4.5	$8\times\phi23$	506	465	360	230	34.5
125	400	270	220	188	—	28	3	—	$8\times\phi25$	556	502	400	273	89
150	480	300	250	218	—	30	3	—	$8\times\phi25$	615	560	400	330	98
200	600	360	310	278	—	34	3	—	$8\times\phi25$	635	580	360	365	—

注：法兰密封面型式可根据用户订货合同要求制作。

4）主要生产厂家：中国·保一集团有限公司、超达阀门集团股份有限公司。

（8）J41W-25S 型耐稀硫酸截止阀

1）主要性能规范见表 3-233。

2）主要零件材料见表 3-234。

3）主要外形尺寸、连接尺寸和重量如图 3-246 所示及见表 3-235。

表 3-233　J41W-25S 型耐稀硫酸截止阀主要性能规范

公称压力 PN	壳体试验压力 p_s/MPa	适用介质	适用温度 /℃
25	3.8	稀硫酸等腐蚀性介质	≤70

表 3-234　J41W-25S 型耐稀硫酸截止阀主要零件材料

零件名称	阀体、阀盖	阀瓣、阀杆、阀瓣盖	填料、垫片
材　料	铸铬镍钼铜钛耐酸钢	铬镍钼铜钛耐酸钢	聚四氟乙烯

表 3-235　J41W-25S 型耐稀硫酸截止阀
主要外形尺寸、连接尺寸和重量

公称尺寸 DN	尺寸/mm											重量 /kg
	L	D	D_1	D_2	b	f	$Z \times \phi d$	D_z	H	H_1	D_0	
50	230	160	125	100	20	3	$4 \times \phi 18$	160	370	405	240	23.7
80	310	195	160	135	22	3	$8 \times \phi 18$	195	440	475	320	45.1

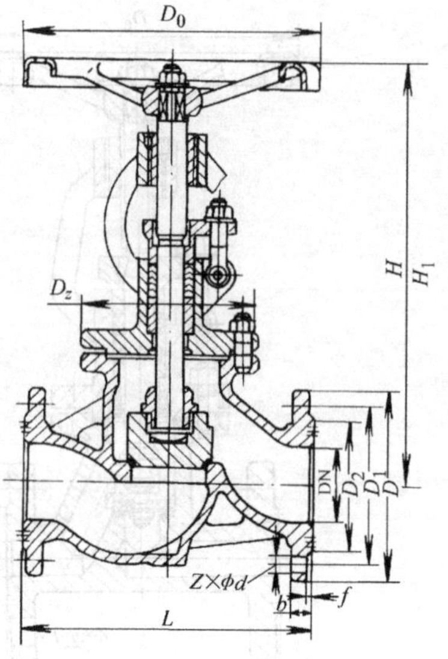

图 3-246　耐稀硫酸截止阀

（9）J_S4_A5Y-CL150 型料浆阀

1）主要性能规范见表 3-236。

表 3-236　J_S4_A5Y-CL150 型料浆阀主要性能规范

压力级	试验压力 p_s/MPa		工作温度 /℃	适用介质	结构长度	法兰尺寸	压力温度等级
	壳体	密封					
CL150	3.0	2.1	≤200	碱性氧化铝料浆	ASME B16.10	NF E29-212	ASME B16.34

2）主要零件材料见表 3-237。

表 3-237　J_S4_A5Y-CL150 型料浆阀主要零件材料

零件名称	阀体、阀盖	阀杆	阀瓣、阀座	阀杆螺母	填　料	手　轮
材料	WCB	铬不锈钢	碳钢堆焊钴铬钨硬质合金	铝青铜	含缓蚀剂石棉	可锻铸铁

3）主要外形尺寸和连接尺寸如图 3-247 所示及见表 3-238。

4）主要生产厂家：超达阀门集团股份有限公司、北京竺港阀业有限公司。

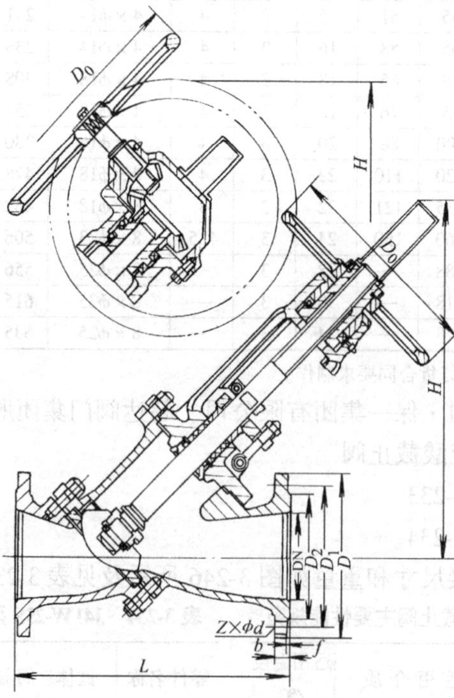

图 3-247　料浆阀

表 3-238　J_S4_A5Y-CL150 型料浆阀主要外形尺寸和连接尺寸

公称尺寸		尺　寸/mm									备　注
DN	NPS	L	D	D_1	D_2	b	$Z\times\phi d$	f	D_0	H	
50	2	230	152	120.6	92	20	4×φ19	2	250	320	—
100	4	350	230	190.5	156	24	8×φ19	2	280	464	—
125	5	400	254	216	190	24	8×φ23	2	320	510	—
150	6	480	280	241.3	215	26	8×φ22	2	360	(710)	通道不缩口、阀体为整体式
150	6	480	280	241.3	215	26	8×φ22	2	360	595	—
200	8	600	343	298.4	270	30	8×φ22	2	500	810	圆锥齿轮传动
250	10	730	406	362	324	31	12×φ26	2	500	920	圆锥齿轮传动

(10) 氧气管路用截止阀

1) 主要性能规范见表 3-239。

表 3-239　氧气管路用截止阀主要性能规范

型　号	公称压力 PN	壳体试验压力 p_s/MPa		气密封试验压力 p_s/MPa	适用温度 /℃	适 用 介 质
		水	气			
J_Y41W-25P J_Y41Y-25P	25	3.8	2.5	2.5	常温	氧气
J_Y41W-40P J_Y41Y-40P	40	6.0	4.0	4.0		

2) 主要零件材料见表 3-240。

表 3-240　氧气管路用截止阀主要零件材料

零件名称	阀体、阀盖、阀瓣	阀　杆	阀杆螺母
材　料	铸铬镍钛不锈钢	铬镍不锈钢	青　铜

3) 主要外形尺寸、连接尺寸和重量如图 3-248、图 3-249 所示及见表 3-241。

4) 主要生产厂家：超达阀门集团股份有限公司、中国·保一集团有限公司。

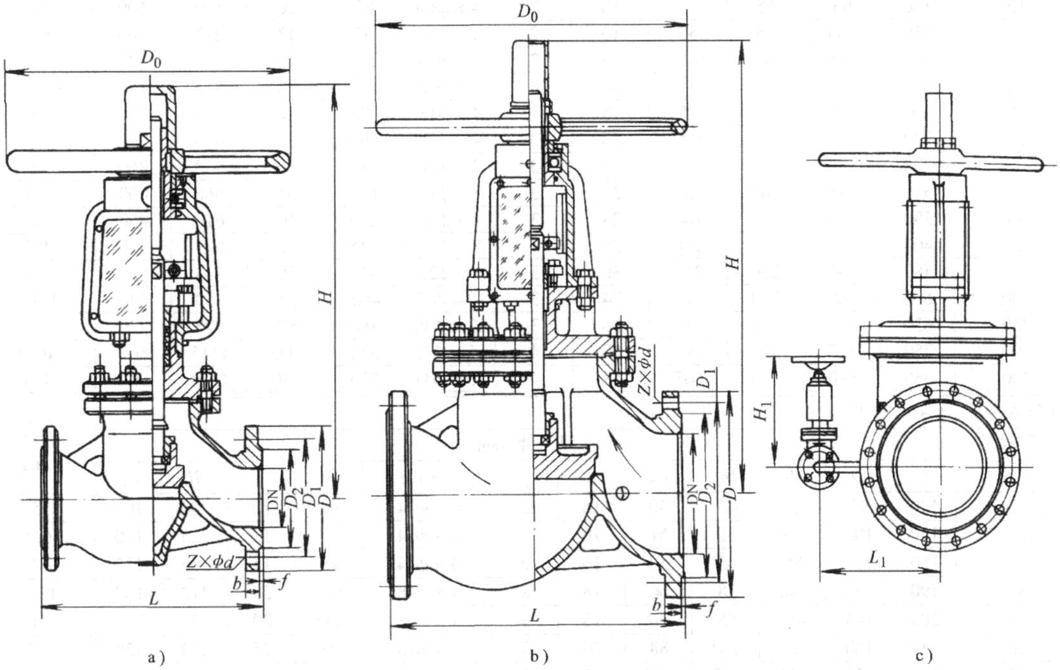

图 3-248　氧气管路用截止阀

a) PN25，DN<200　b) PN25，DN250~DN400　c) 旁通阀的安装位置

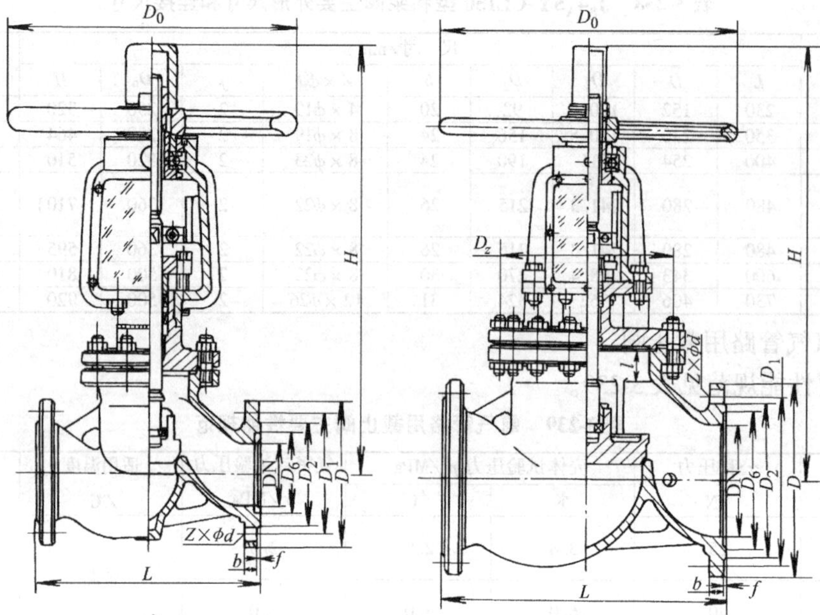

a）　　　　　　　　b）

图 3-249　氧气管路用截止阀

a）PN40，＜DN200　b）PN40，DN250 ~ DN400

表 3-241　氧气管路用截止阀主要外形尺寸、连接尺寸和重量

J_Y41W-25P、J_Y41Y-25P												
公称尺寸	尺　寸/mm											重量
DN	L	D	D_1	D_2	b	f	$Z\times\phi d$	D_z	l	H	D_0	/kg
15	130	95	65	45	16	2	4×φ14	82	10	190	100	5
20	150	105	75	55	16	2	4×φ14	95	13	213	100	6.5
25	160	115	85	65	16	2	4×φ14	98	15	236	125	7
32	190	135	100	78	18	2	4×φ18	120	28	312	180	13.5
40	200	145	110	85	18	3	4×φ18	135	20	328	160	16
50	230	160	125	100	20	3	4×φ18	160	25	450	320	32
65	290	180	145	120	22	3	8×φ18	180	30	530	360	46
80	310	195	160	135	22	3	8×φ18	195	32	560	400	60
100	350	230	190	160	24	3	8×φ23	230	40	618	450	80
125	400	270	220	188	28	3	8×φ25	275	42	675	450	107
150	480	300	250	218	30	3	8×φ25	330	50	743	560	134
200	600	360	310	278	34	3	12×φ25	405	55	850	640	268.7
250	650	425	370	332	36	3	12×φ30	480	80	975	720	449
300	750	485	430	390	40	4	16×φ30	520	100	1115	800	4663
400	950	610	550	505	48	4	16×φ34	650	140	1380	900	177

J_Y41W-40P、J_Y41Y-40P													
公称尺寸	尺　寸/mm												重量
DN	L	D	D_1	D_2	D_6	b	f	$Z\times\phi d$	D_z	l	H	D_0	/kg
15	130	95	65	45	40	16	2	4×φ14	82	10	202	100	5
20	150	105	75	55	51	16	2	4×φ14	95	13	225	100	6.5
25	160	115	85	65	58	16	2	4×φ14	98	15	236	125	7
32	190	135	100	78	66	18	2	4×φ18	120	28	312	180	13.5
40	200	145	110	85	76	18	3	4×φ18	135	20	328	160	16
50	230	160	125	100	88	20	3	4×φ18	160	25	450	320	32
65	290	180	145	120	110	22	3	8×φ18	180	30	530	360	45
80	310	195	160	135	121	22	3	8×φ18	195	32	560	400	60
100	350	230	190	160	150	24	3	8×φ23	230	40	618	450	80

（续）

J_Y41W-40P、J_Y41Y-40P													重量 /kg
公称尺寸 DN	尺　寸/mm												
	L	D	D_1	D_2	D_6	b	f	$Z\times\phi d$	D_z	l	H	D_0	
125	400	270	220	188	176	28	3	$8\times\phi25$	275	42	675	450	105
150	480	300	250	218	204	30	3	$8\times\phi25$	330	50	743	560	134
200	600	375	320	282	260	38	3	$12\times\phi30$	405	55	850	640	266
250	650	445	385	345	313	42	3	$12\times\phi34$	480	80	975	720	491
300	750	510	450	408	364	46	4	$16\times\phi34$	520	100	1115	800	705
400	950	655	585	535	474	58	4	$16\times\phi41$	650	140	1425	900	1234

（11）平衡式截止阀

1）主要性能规范见表 3-242。

表 3-242　平衡式截止阀主要性能规范

型　号	公称压力 PN	试验压力 p_s/MPa		工作压力 p /MPa	工作温度 /℃	适用介质
		密封	壳体			
J46W-25P	25	2.5	3.8	1.8	-40～80	空气、氧气
J46W-40P	40	4.0	6.0	3.0		

2）主要外形尺寸、连接尺寸和重量如图 3-250 所示及见表 3-243。

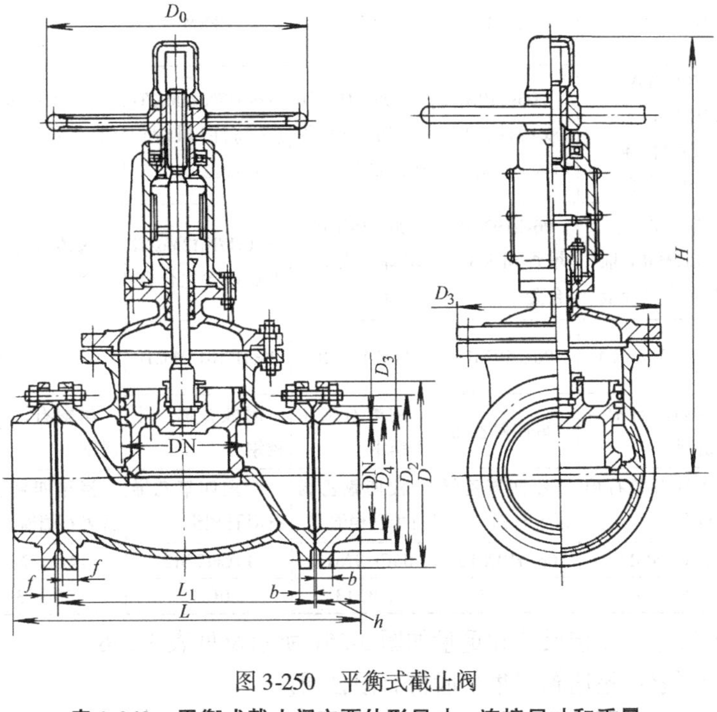

图 3-250　平衡式截止阀

表 3-243　平衡式截止阀主要外形尺寸、连接尺寸和重量

型　号	公称尺寸 DN	尺　寸/mm											重量 /kg
		L	L_1	D	D_2	D_3	D_4	D_0	b	f	h	H	
J46W-25P	250	817	650	425	332	450	265	560	36	3	85	900	370
	300	881	700	485	390	510	325	720	40	4	92	1052	540
	400	1047	820	610	505	630	430	800	48	4	115	1168	872
J46W-40P	250	851	650	445	345	460	265	560	42	3	102	900	413
	300	929	700	510	400	520	325	720	46	4	116	1052	626

（12）钢制截止阀

1）主要性能规范见表3-244。

表3-244 钢制截止阀主要性能规范

压力级 CL	试验压力 p_s/MPa			
	壳体	密封（液）	密封（气）	上密封
150	3.1	2.2	0～0.7	2.2
300	7.8	5.6	0～0.7	5.6
600	15.3	11.2	0～0.7	11.2

阀体材料	CF8	CF8M	CF3	CF3M	WCB	WC6、WC9	LCB
工作温度/℃	≤275	≤275	≤200	-30～200	≤260	≤540	-45～150
适用介质	工艺汽、弱酸类等介质	硝酸、尿素等腐蚀性介质	酸、碱类	尿素、甲铵液等还原性介质	氢氟酸	水、蒸汽、石油及石油制品	氨气、液氨

2）主要零件材料见表3-245。

表3-245 钢制截止阀主要零件材料

零件名称	材料名称						
阀体、阀盖	WCB	WC6、WC9	LCB	CF8	CF8M	CF3	CF3M
阀瓣	蒙乃尔合金	20CrMoV、15Cr1Mo1V（或铸件）堆焊司立合金	06Cr19Ni10（或铸件）堆焊司太立合金	06Cr19Ni10（或铸件）堆焊司太立合金	06Cr17Ni12Mo2Ti（或铸件）堆焊司太立合金	022Cr19Ni10（或铸件）堆焊司太立合金	022CrNi12Mo2（或铸件）堆焊司太立合金
阀座	蒙乃尔合金	20CrMoV、15Cr1Mo1V堆焊司太立合金	06Cr19Ni10堆焊司太立合金	06Cr19Ni10堆焊司太立合金	06Cr17Ni12Mo2Ti堆焊司太立合金	阀体堆焊司太立合金	阀体堆焊司太立合金
阀杆	蒙乃尔合金	20Cr1Mo1V1A	06Cr19Ni10	06Cr19Ni10	06Cr17Ni12Mo2Ti	022Cr19Ni10	022CrNi12Mo2
垫片	聚四氟乙烯	耐高温石棉+不锈钢	聚四氟乙烯	耐酸石棉+不锈钢	耐酸石棉+不锈钢	耐酸石棉+不锈钢	聚四氟乙烯
填料	聚四氟乙烯	柔性石墨石棉+Ni丝	浸四氟乙烯石墨石棉	浸四氟乙烯石墨石棉绳	浸聚四氟乙烯石墨石棉绳	浸聚四氟乙烯石墨石棉绳	柔性石墨石棉+Ni丝
螺栓	14Cr17Ni2	25Cr2Mo1V	06Cr19Ni10	06Cr19Ni10	14Cr17Ni2	14Cr17Ni2	14Cr17Ni2
螺母	20Cr13	35CrMoA	20Cr13	20Cr13	20Cr13	20Cr13	20Cr13

3）主要外形尺寸、连接尺寸和重量如图3-251所示及见表3-246。

4）主要生产厂家：超达阀门集团股份有限公司。

表3-246 钢制截止阀主要外形尺寸、连接尺寸和重量

公称尺寸		尺寸/mm										重量
NPS	DN	d_0	L	D	D_1	D_2	b	f	$Z\times\phi d$	$\approx H$	D_0	/kg
CL150												
1/2	15	15	108	89	60.5	35	10	1.6	4×ϕ15	241	125	—
3/4	20	20	117	98	70	43	11	1.6	4×ϕ15	241	125	—
1	25	25	127	108	79.5	51	12	1.6	4×ϕ15	242	125	—
1¼	32	32	140	117	89	63	13	1.6	4×ϕ15	280	160	—

（续）

公称尺寸		尺　寸/mm										重量
NPS	DN	d_0	L	D	D_1	D_2	b	f	$Z\times\phi d$	$\approx H$	D_0	/kg
CL150												
1½	40	40	165	127	98.5	73	15	1.6	4×ϕ15	286	160	—
2	50	51	203	152	120.5	92	16	1.6	4×ϕ19	368	200	18
2½	65	64	216	178	139.5	105	18	1.6	4×ϕ19	387	200	30
3	80	76	241	190	152.5	127	19	1.6	4×ϕ19	411	250	41
4	100	102	292	229	190.5	157	24	1.6	8×ϕ19	454	250	64
5	125	125	356	254	216	186	24	1.6	8×ϕ22	455	355	86
6	150	152	406	279	241.5	216	26	1.6	8×ϕ22	541	355	113
8	200	203	495	343	298.5	270	29	1.6	8×ϕ22	651	450	115
CL300												
1/2	15	15	152	95	66.5	35	15	1.6	4×ϕ15	241	125	—
3/4	20	20	178	117	82.5	43	16	1.6	4×ϕ19	241	125	—
1	25	25	203	124	89	51	18	1.6	4×ϕ19	283	160	—
1¼	32	32	216	133	98.5	63	19	1.6	4×ϕ19	320	200	—
1½	40	40	229	156	114.5	73	21	1.6	4×ϕ22	322	200	—
2	50	51	267	165	127	92	23	1.6	8×ϕ19	399	200	25
2½	65	64	292	190	149	105	26	1.6	8×ϕ22	438	250	30
3	80	76	318	210	168.5	127	29	1.6	8×ϕ22	464	280	35
4	100	102	356	254	200	157	32	1.6	8×ϕ22	565	355	56
5	125	125	400	279	235	186	35	1.6	8×ϕ22	614	400	96
6	150	152	444	318	270	216	37	1.6	12×ϕ22	717	450	120
8	200	203	559	381	330	270	42	1.6	12×ϕ25	930	500	212

公称尺寸		尺　寸/mm								重量
NPS	DN	L	D	D_1	D_2	f	b	$Z\times\phi d$	D_0	H	/kg
CL600											
1/2	15	165	95	66.5	35	7	22	4×ϕ15	100	156	—
3/4	20	190	118	82.5	43	7	23	4×ϕ19	100	161	—
1	25	216	124	89	51	7	25	4×ϕ19	125	187	—
1¼	32	229	133	98.5	63	7	28	4×ϕ19	160	214	—
1½	40	241	156	114.5	73	7	30	4×ϕ22	160	252	—
2	50	292	165	127	92	7	33	8×ϕ22	180	430	35
2½	65	330	190	149	100	7	36	8×ϕ22	250	480	50
3	80	356	210	168	127	7	39	8×ϕ22	250	530	60
4	100	432	273	216	157	7	45	8×ϕ25	350	650	110
5	125	508	330	266.5	186	7	52	8×ϕ29	350	750	200
6	150	559	356	292	216	7	55	12×ϕ29	450	850	230
8	200	660	419	349	270	7	63	12×ϕ32	500	1050	410

（13）CL150、CL300、CL600 型锻钢截止阀

1）执行标准见表 3-247。

2）主要零件材料见表 3-248。

3）主要外形尺寸、连接尺寸和重量如图 3-252 所示及见表 3-249。

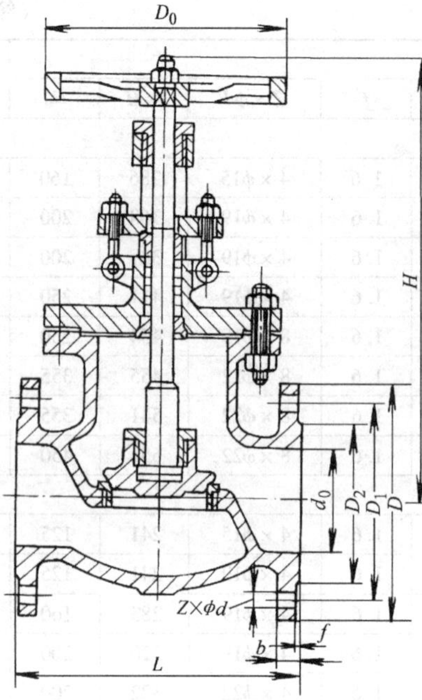

图 3-251 钢制截止阀

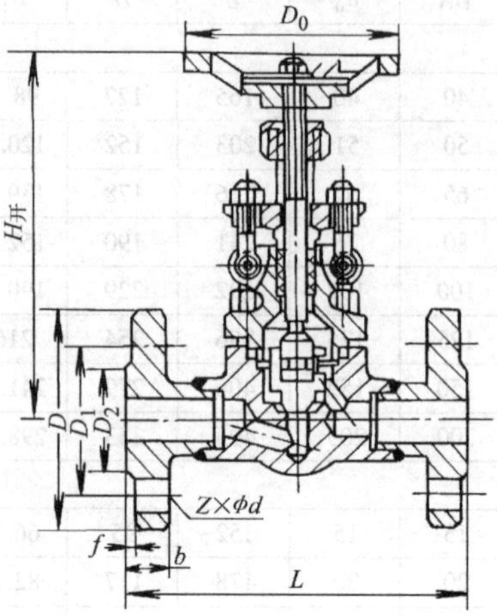

图 3-252 锻钢截止阀

表 3-247 CL150、CL300、CL600 型锻钢截止阀执行标准

项目	设计、制造	连接法兰	检验和试验	结构长度
标准	ASME B16.34、API 602	ASME B16.5	API 598	ASME B16.10

表 3-248 CL150、CL300、CL600 型锻钢截止阀主要零件材料

零件名称	阀体、阀盖	阀杆	阀瓣	阀杆螺母	填料	螺栓
J41 H/Y-CL150/300/CL600	A105、25Mn	420J₁、20Cr13	420J₂、30Cr13	403、12Cr13	柔性石墨、碳纤维	A193-B7、35CrMo
J41 H/Y-CL150/300/CL600 I	A182 F11、15CrMo	420J₁、20Cr13	420J₂、30Cr13	403、12Cr13	柔性石墨、碳纤维	A193-B7、35CrMo
J41 H/Y-CL150/300/CL600 P	A182、F_{304} 06Cr19Ni10	A182 F_{304} 06Cr19Ni10	A182 F_{304} 06Cr19Ni10	A182 F_{304} 06Cr19Ni10	柔性石墨、碳纤维	A193-B7、35CrMo

表 3-249 CL150、CL300、CL600 型锻钢截止阀主要外形尺寸、连接尺寸和重量

压力级	公称尺寸		尺寸/mm									重量 /kg
	DN	NPS	D	D_1	D_2	f	b	L	$Z\times\phi d$	$H_{开}$	D_0	
CL150	15	1/2	89	60.5	35	1.6	11.5	108	$4\times\phi15$	156	100	3.46
	20	3/4	98	70	43	1.6	13	117	$4\times\phi15$	161	100	3.85
	25	1	108	79.5	51	1.6	14.5	127	$4\times\phi15$	187	125	5.72
	32	1¼	117	89	63	1.6	16	140	$4\times\phi15$	214	160	—
	40	1½	127	98.5	73	1.6	17.5	165	$4\times\phi15$	252	160	10.73
	50	2	152	120.5	92	1.6	19.5	203	$4\times\phi19$	291	180	—
CL300	15	1/2	95	66.5	35	1.6	15	152	$4\times\phi15$	156	100	3.66
	20	3/4	117	82.5	43	1.6	16	178	$4\times\phi19$	161	100	5.25
	25	1	124	89	51	1.6	18	203	$4\times\phi19$	187	125	7.24
	32	1/4	133	98.5	63	1.6	19	216	$4\times\phi19$	214	160	—
	40	1½	156	114.5	73	1.6	21	229	$4\times\phi22$	252	160	15.25
	50	2	165	127	92	1.6	23	267	$8\times\phi22$	291	180	—

（续）

压力级	公称尺寸		尺　寸/mm									重量
	DN	NPS	D	D_1	D_2	f	b	L	$Z\times\phi d$	$H_{开}$	D_0	/kg
CL600	15	1/2	95	66.5	35	7	22	165	$4\times\phi15$	156	100	3.82
	20	3/4	118	82.5	43	7	23	190	$4\times\phi19$	161	100	5.41
	25	1	124	89	51	7	25	216	$4\times\phi19$	187	125	7.68
	32	1¼	133	98.5	63	7	28	229	$4\times\phi19$	214	160	10.72
	40	1½	156	114.5	73	7	30	241	$4\times\phi22$	252	160	15.37
	50	2	165	127	92	7	33	292	$8\times\phi22$	291	180	20.05

（14）CL150、CL300、CL600 型低温截止阀

1）执行标准见表 3-250。

表 3-250　CL150、CL300、CL600 型低温截止阀执行标准

项　　目	结 构 长 度	连 接 法 兰
标　　准	ASME B16.10	ASME B16.5

2）主要性能规范见表 3-251。

表 3-251　CL150、CL300、CL600 型低温截止阀主要性能规范

型　号	压力级	常温试验压力 p_s/MPa			低温密封试验压力 p_s/MPa	工作温度及适用介质 /℃		
		壳体	密封（气）	上密封				
DJ41Y-CL150	CL150	3.0	0.4 ~ 0.7	2.2	0.4 ~ 0.7	−46，氨、液氮、丙烷	−101，乙烯、二氧化碳	−196，甲烷、液化天然气
DJ41Y-CL300	CL300	7.5	0.4 ~ 0.7	5.5	0.4 ~ 0.7			
DJ41Y-CL600	CL600	15	0.4 ~ 0.7	11	0.4 ~ 0.7			

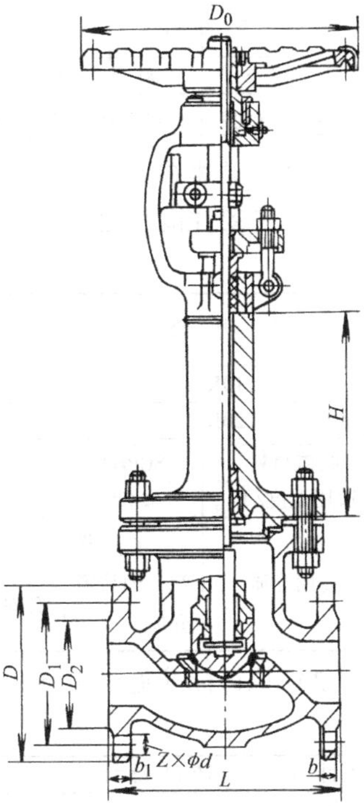

图 3-253　低温截止阀

3）主要零件材料见表 3-252。

4）主要外形尺寸和连接尺寸如图 3-253 所示及见表3-253。

表 3-252　CL150、CL300、CL600 型低温截止阀主要零件材料

零 件 名 称	阀体、阀盖	阀杆、阀瓣	填　　料	支　　架
材　　料	A352-LCB、A352-LC3、A351-CF8	A182-F304	聚四氟乙烯	A216-WCB

表 3-253　CL150、CL300、CL600 型低温截止阀主要外形尺寸和连接尺寸

压力级	公称尺寸		尺　寸/mm									
										H		
	NPS	DN	L	D	D_1	D_2	b	$Z\times\phi d$	D_0	−46℃	−101℃	−196℃
CL150	2	50	203	152	120.5	92	16	$4\times\phi19$	224	110	130	170
	3	80	241	190	152.5	127	19	$4\times\phi19$	250	120	150	190
	4	100	292	229	190.5	157	24	$8\times\phi19$	350	130	160	200
	5	125	356	254	216	186	24	$8\times\phi22$	350	130	160	200
	6	150	406	279	241.5	216	26	$8\times\phi22$	355	140	170	220
	8	200	495	343	298.6	270	29	$8\times\phi22$	400	140	170	220

（续）

压力级	公称尺寸		尺寸/mm							H		
	NPS	DN	L	D	D_1	D_2	b	$Z\times\phi d$	D_0	-46℃	-101℃	-196℃
CL300	2	50	267	165	127	92	23	8×ϕ19	224	110	130	170
	3	80	318	210	168.5	127	29	8×ϕ22	300	120	150	190
	4	100	356	254	200	157	32	8×ϕ22	355	130	160	200
	5	125	400	279	235	186	35	8×ϕ22	355	130	160	200
	6	150	444	318	270	216	37	12×ϕ22	450	140	170	220
	8	200	559	381	330	270	42	12×ϕ25	560	140	170	220
CL600	2	50	292	165	127	92	26	8×ϕ19	250	110	130	170
	3	80	356	210	168	127	32	8×ϕ22	400	120	150	190
	4	100	432	273	216	157	38	8×ϕ25	400	130	160	200
	5	125	508	330	266.5	186	45	8×ϕ29	400	130	160	200
	6	150	559	356	292	216	48	12×ϕ29	560	140	170	220
	8	200	660	419	349	270	56	12×ϕ32	630	140	170	220

5）主要生产厂家：超达阀门集团股份有限公司、圣博莱阀门有限公司。

（15）铸钢截止阀

1）主要性能规范见表3-254。

表3-254 铸钢截止阀主要性能规范

压力级	试验压力 p_s/MPa			
	壳体	密封（液）	密封（气）	上密封
10K	2.4	1.5	0.4~0.7	1.5
20K	5.8	4.0	0.4~0.7	4.0

阀体材料	SCPH2	SCPH21、SCPH32	SCPL1	SCS13A	SCS14A	SCS19A	SCS16A
适用温度/℃	≤425	≤540	-45~150	≤275	≤275	≤200	
适用介质	水、蒸汽、油品等介质	水、蒸汽、石油、石油制品等介质	氨气、液氨等腐蚀性介质	工艺气、弱酸类等介质	硝酸、尿素等腐蚀性介质	酸、碱类腐蚀性介质	尿素、甲铵液等还原性介质

2）执行标准见表3-255。

表3-255 铸钢截止阀执行标准

项目	产品设计	压力温度额定值	结构长度	连接尺寸	检查验收
标准	JIS B2071、JIS B2081	JIS B2071、JIS B2081	JIS B2002	JIS B2212、JIS B2214	JIS B2003

3）主要零件材料见表3-256。

表3-256 铸钢截止阀主要零件材料

零件名称	材料名称						
阀体、阀盖	SCPH2	SCPH21、SCPH32	SCPL1	SCS13A	SCS14A	SCS19A	SCS16A
阀瓣	30Cr13或25钢堆焊司太立合金	20CrMoV、15Cr1Mo1V（或铸件）堆焊司太立合金	06Cr19Ni10（或铸件）堆焊司太立合金	06Cr19Ni10（或铸件）堆焊司太立合金	06Cr17Ni12Mo2（或铸件）堆焊司太立合金	022Cr19Ni10（或铸件）堆焊司太立合金	06Cr17Ni12Mo2（或铸件）堆焊司太立合金
阀座	25（20）钢堆焊司太立合金、20Cr13	20CrMoV、15Cr1Mo1V堆焊司太立合金	06Cr19Ni10堆焊司太立合金	06Cr19Ni10堆焊司太立合金	06Cr17Ni12Mo2堆焊司太立合金	阀体上堆焊司太立合金	阀体上堆焊司太立合金

（续）

零件名称	材料名称						
阀杆	20Cr13	20Cr1Mo1V1A	06Cr19Ni10	06Cr19Ni10	06Cr17Ni12Mo2	022Cr19Ni10	0Cr17Mn13Mo2V
垫片	XB450	耐高温石棉+不锈钢	聚四氟乙烯	耐酸石棉+不锈钢	耐酸石棉+不锈钢	耐酸石棉+不锈钢	聚四氟乙烯
填料	石墨石棉盘根	柔性石墨石棉+Ni丝	浸四氟乙烯石墨石棉	浸四氟乙烯石墨石棉	浸聚四氟乙烯石墨石棉	浸聚四氟乙烯石墨石棉	柔性石墨石棉+Ni丝
螺栓	35CrMoA	25Cr2Mo1V	06Cr19Ni10	06Cr19Ni10	14Cr17Ni2	14Cr17Ni2	14Cr17Ni2
螺母	35	35CrMoA	20Cr13	20Cr13	20Cr13	20Cr13	20Cr13

4）主要外形尺寸、连接尺寸和重量如图 3-254 所示及见表 3-257。

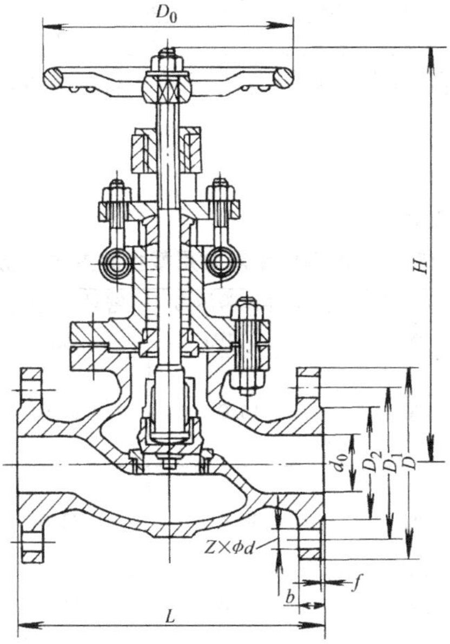

图 3-254　铸钢截止阀

表 3-257　铸钢截止阀主要外形尺寸、连接尺寸和重量

10K												重量/kg
公称尺寸		尺　寸/mm										
DN	NPS	d_0	L	D	D_1	D_2	b	f	$Z\times\phi d$	$\approx H$	D_0	
15	1/2	15	108	95	70	52	12	1	$4\times\phi15$	240	125	
20	3/4	20	117	100	75	58	14	1	$4\times\phi15$	240	125	
25	1	25	127	125	90	70	14	1	$4\times\phi19$	242	125	
32	1¼	32	140	135	100	80	16	2	$4\times\phi19$	175	125	
40	1½	40	165	140	105	85	16	2	$4\times\phi19$	286	160	
50	2	51	203	155	120	100	16	2	$4\times\phi19$	360	200	24
65	2½	64	216	175	140	120	18	2	$4\times\phi19$	380	200	34
80	3	76	241	185	150	130	18	2	$8\times\phi19$	415	250	42
100	4	102	252	210	175	155	18	2	$8\times\phi19$	465	280	70
125	5	127	356	250	220	185	20	2	$8\times\phi23$	515	300	
150	6	152	416	280	240	215	22	2	$8\times\phi23$	545	355	120
200	8	203	495	330	290	265	22	2	$12\times\phi23$	675	400	200

（续）

20K												重量/kg
公称尺寸		尺　寸/mm										
DN	NPS	d_0	L	D	D_1	D_2	b	f	$Z \times \phi d$	$\approx H$	D_0	
15	1/2	13	152	95	70	52	14	1	$4 \times \phi 15$	253	90	
20	3/4	19	178	100	75	58	16	1	$4 \times \phi 15$	298	100	
25	1	25	203	125	90	70	16	1	$4 \times \phi 19$	315	130	
32	1¼	32	216	135	100	80	18	2	$4 \times \phi 19$	300	150	
40	1½	38	229	140	105	85	18	2	$4 \times \phi 19$	352	180	
50	2	51	267	155	120	100	22	2	$8 \times \phi 19$	420	200	32
65	2½	64	292	175	140	120	24	2	$8 \times \phi 19$	465	250	45
80	3	76	318	200	160	135	26	2	$8 \times \phi 23$	490	280	60
100	4	102	356	225	185	160	28	2	$8 \times \phi 23$	590	355	100
125	5	127	400	270	225	195	30	2	$8 \times \phi 25$	690	405	
150	6	152	444	305	260	230	32	2	$12 \times \phi 25$	760	455	190
200	8	203	559	350	305	275	34	2	$12 \times \phi 25$	1070	600	310

5）主要生产厂家：超达阀门集团股份有限公司、保一集团有限公司、北京首高高压阀门制造有限公司。

（16）高温高压电站用截止阀

1）主要性能规范见表3-258。

表3-258　高温高压用电站用截止阀主要性能规范

型　　号	公称压力 PN	壳体试验压力 p_s/MPa	密封试验压力 /MPa	工作温度 /℃	适用介质
J61$_{Y}^{H}$-100 J961$_{Y}^{H}$-100	100	15.0	11.0	≤450	蒸汽
J61$_{Y}^{H}$-200 J961$_{Y}^{H}$-200	200	30.0	22.0	≤450	蒸汽
J61Y-P_{54}100V J961Y-P_{54}100V	100	15.0	11.0	≤540	蒸汽
J61Y-P_{55}100V J961Y-P_{55}100V	10.0	15.0	11.0	≤550	蒸汽
J61$_{Y}^{H}$-250 J961$_{Y}^{H}$-250	250	37.5	27.5	≤450	蒸汽
J61Y-P_{54}140V J961Y-P_{54}140V	140	21.0	15.4	≤540	蒸汽
J61Y-P_{55}140V J961Y-P_{55}140V	140	21.0	15.4	≤550	蒸汽
J61$_{Y}^{H}$-320 J961$_{Y}^{H}$-320	320	48.0	35.2	≤450	蒸汽
J61Y-P_{54}170V J961Y-P_{54}170V	170	25.5	18.7	≤540	蒸汽
J61Y-P_{55}170V J961Y-P_{55}170V	170	25.5	18.7	≤550	蒸汽
J61Y-P_{57}170V J961Y-P_{57}170V	170	25.5	18.7	≤570	蒸汽

2）主要零件材料见表 3-259。

表 3-259　高温高压用电站截止阀主要零件材料

零件名称	阀　体	阀盖、阀瓣	支　架	阀　杆	密封面	阀杆螺母
J61H 型 J961H 型	25　ZG25I WCB	25 20CrMo	ZG25I WCB	20Cr13 38CrMoAlA	铁基硬质合金	ZCuAl9Fe4 ZCuAl9Mn2
J61Y 型 J961Y 型	25　ZG25I WCB	25 20CrMo	ZG25I WCB	20Cr13 38CrMoAlA	钴基硬质合金	ZCuAl9Fe4 ZCuAl9Mn2
J61Y-P_{54}型 J961Y-P_{54}型	12Cr1MoV ZG20CrMoV WC6　WC9	12Cr1Mo1V F12　F22	ZG25I WCB ZG20CrMoV	25Cr2Mo1V 20Cr1Mo1V	钴基硬质合金	ZCuAl9Fe4 ZCuAl9Mn2
J61Y-P_{55}型 J61Y-P_{57}型	12Cr1Mo1V F12　F22 ZG15Cr1Mo1V WC6　WC9	12Cr1Mo1V F12　F22	ZG25I WCB ZG20CrMoV	25Cr2Mo1V 20Cr1Mo1V	钴基硬质合金	ZCuAl9Fe4 ZCuAl9Mn2

3）主要外形尺寸、连接尺寸和重量（图 3-255、图 3-256，表 3-260、表 3-261）。

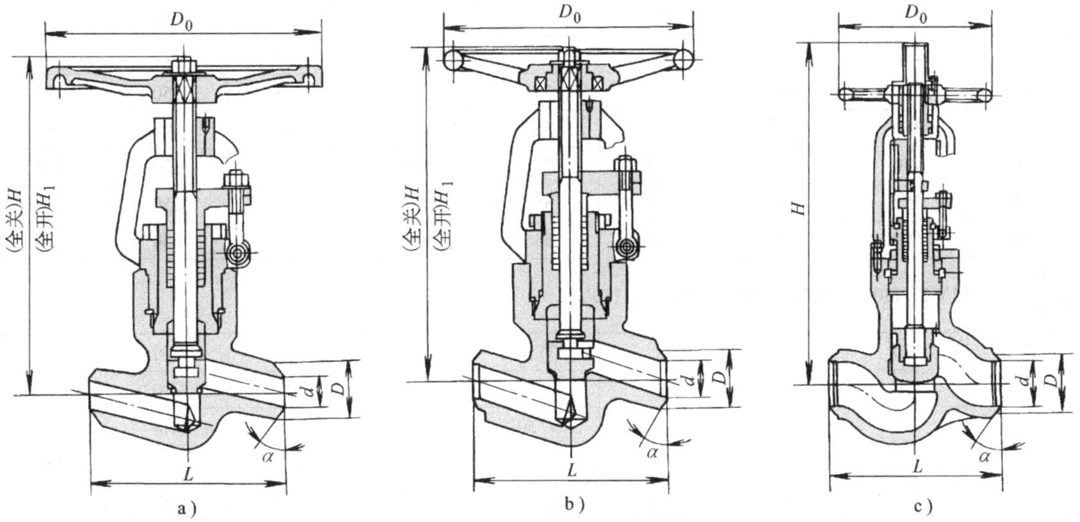

图 3-255　高温高压电站用截止阀

a）DN10 ~ DN32　b）DN40 ~ DN65　c）DN80 ~ DN150

表 3-260　手动电站截止阀主要外形尺寸、连接尺寸和重量

公称尺寸	主要尺寸/mm							重量
DN	L	d	D	α	H	H_1	D_0	/kg
J61$^{H}_{Y}$-100、J61$^{H}_{Y}$-200、J61Y-P_{54}100V、J61Y-P_{55}100V								
10	120	12	20	37°30′	180	192	160	6.3
15	170	17	30	37°30′	210	227	200	9.2
20	170	23	36	37°30′	238	258	240	11.5
25	170	27	42	37°30′	245	267	250	13
32	170	34	48	37°30′	255	282	280	19
40	220	41	60	35°	390	422	320	38

（续）

公称尺寸	主要尺寸/mm							重量
DN	L	d	D	α	H	H_1	D_0	/kg
J61$^{H}_{Y}$-100、J61$^{H}_{Y}$-200、J61Y-P_{54}100V、J61Y-P_{55}100V								
50	250	55	82	35°	415	455	350	56
65	340	69	94	35°	485	540	400	78
80	470	92	110	35°	685	—	500	115
100	550	113	140	35°	780	—	550	180
150	650	150	200	35°	1045	—	600	275
J61$^{H}_{Y}$-250、J61Y-P_{54}140V、J61Y-P_{55}140V								
10	120	12	20	37°30′	180	192	160	6.3
15	170	17	30	37°30′	210	227	200	9.2
20	170	23	36	37°30′	238	258	240	11.5
25	170	26	42	37°30′	245	267	250	13.5
32	170	33	48	37°30′	255	282	280	20
40	220	38	52	35°	390	422	320	40
50	250	53	82	35°	415	455	350	58
65	340	64	94	35°	485	540	400	82
80	470	86	110	35°	685	—	500	118
100	550	105	140	35°	780	—	550	185
150	650	148	200	35°	1045	—	600	282
J61$^{H}_{Y}$-320、J61Y-P_{54}170V、J61Y-P_{55}170V、J61Y-P_{57}170V								
10	120	12	20	37°30′	180	192	160	6.3
15	170	16	30	37°30′	210	227	200	9.5
20	170	22	36	37°30′	238	258	240	11.8
25	170	26	42	37°30′	245	267	250	13.5
32	170	31	48	37°30′	255	282	280	21.5
40	220	36	60	35°	390	422	320	41
50	250	46	82	35°	415	455	350	62
65	340	58	94	35°	485	540	400	86
80	470	80	110	35°	685	—	500	124
100	550	101	140	35°	780	—	550	192
150	650	144	200	35°	1045	—	600	295

表 3-261　电动电站截止阀主要外形尺寸、连接尺寸和重量

公称尺寸	主要尺寸/mm						电动装置		重量
DN	L	d	D	α	H	D_0	DZW 型	SMC 型	/kg
J961$^{H}_{Y}$-100、J961$^{H}_{Y}$-200、J961Y-P_{54}100V、J961Y-P_{55}100V									
10	120	12	20	37°30′	455	200	DZW5	SMC-04	24
15	170	17	30	37°30′	485	200	DZW5	SMC-04	27
20	170	23	36	37°30′	510	200	DZW5	SMC-04	30

（续）

公称尺寸 DN	主要尺寸/mm						电动装置		重量 /kg
	L	d	D	α	H	D_0	DZW 型	SMC 型	
J961$^{H}_{Y}$-100、J961$^{H}_{Y}$-200、J961Y-P_{54}100V、J961Y-P_{55}100V									
25	170	27	42	37°30′	532	250	DZW10	SMC-04	60
32	170	34	48	37°30′	540	250	DZW10	SMC-04	65
40	220	41	60	35°	660	250	DZW15	SMC-03	84
50	250	55	82	35°	685	250	DZW20	SMC-03	98
65	340	69	94	35°	710	250	DZW30	SMC-03	115
80	470	92	110	35°	1000	450	DZW45	SMC-00	197
100	550	113	140	35°	1120	560	DZW90（Ⅰ）	SMC-0	288
150	650	150	200	35°	1350	560	DZW120	SMC-1	382
J961$^{H}_{Y}$-250、J961Y-P_{54}140V、J961Y-P_{55}140V									
10	120	12	20	37°30′	455	200	DZW5	SMC-04	24
15	170	17	30	37°30′	485	200	DZW5	SMC-04	27
20	170	23	36	37°30′	510	200	DZW5	SMC-04	30
25	170	26	42	37°30′	532	250	DZW10	SMC-04	60
32	170	33	48	37°30′	540	250	DZW10	SMC-04	60
40	220	38	52	35°	660	250	DZW15	SMC-03	86
50	250	53	82	35°	685	250	DZW20	SMC-03	100
65	340	64	94	35°	710	250	DZW30	SMC-03	120
80	470	86	110	35°	1000	450	DZW60	SMC-0	202
100	550	105	140	35°	1120	560	DZW90（Ⅰ）	SMC-0	293
150	650	148	200	35°	1350	560	DZW120	SMC-1	390
J961$^{H}_{Y}$-320、J961Y-P_{54}170V、J961Y-P_{55}170V、J961Y-P_{57}170V									
10	120	12	20	37°30′	455	200	DZW5	SMC-04	24
15	170	16	30	37°30′	485	200	DZW5	SMC-04	27
20	170	22	36	37°30′	525	250	DZW10	SMC-04	58
25	170	26	42	37°30′	532	250	DZW10	SMC-04	60
32	170	31	48	37°30′	540	250	DZW10	SMC-04	68
40	220	36	60	35°	660	250	DZW20（Ⅰ）	SMC-03	88
50	250	46	82	35°	685	250	DZW30	SMC-03	105
65	340	58	94	35°	870	450	DZW45	SMC-00	174
80	470	80	110	35°	1000	450	DZW60	SMC-0	208
100	550	101	140	35°	1120	560	DZW120（Ⅰ）	SMC-1	300
150	650	144	200	35°	1470	560	DZW180	SMC-1	510

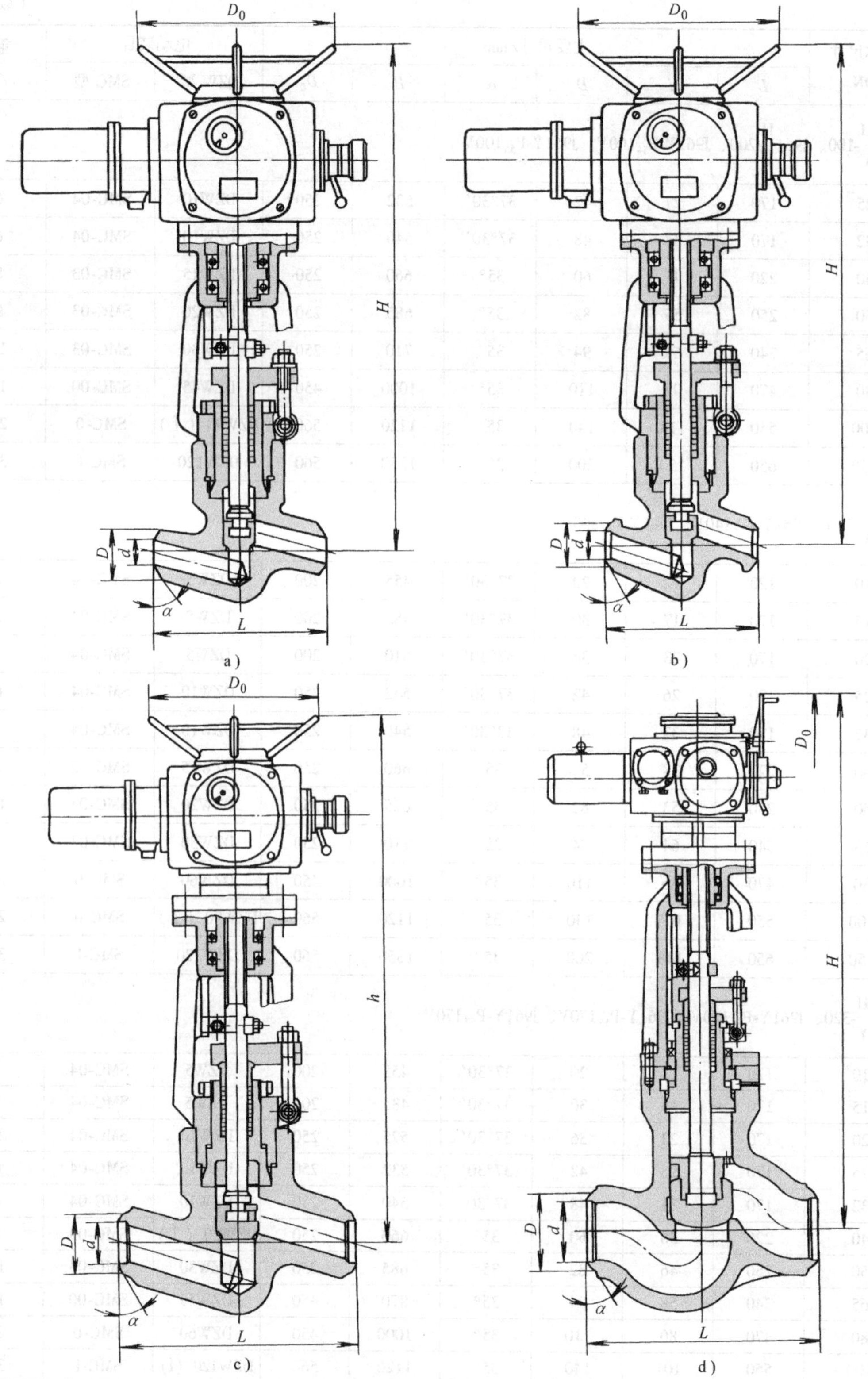

图 3-256　高温高压电站用截止阀

a）DN10～DN25　b）DN32　c）DN40～DN65　d）DN80～DN150

3.5 旋塞阀

3.5.1 概述

旋塞阀是关闭件成柱塞形的旋转阀，通过旋转 90°使阀塞上的通道口与阀体上的通道口相通或分开，实现开启或关闭的一种阀门。阀塞的形状可成圆柱形如图 3-257 所示，圆锥形如图 3-258所示。

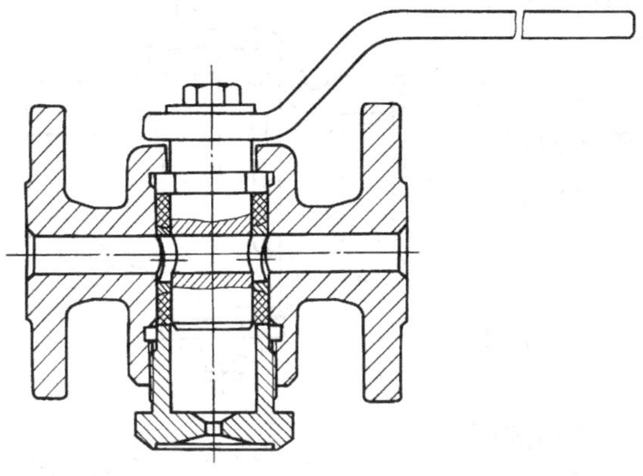

图 3-257　圆柱形旋塞阀

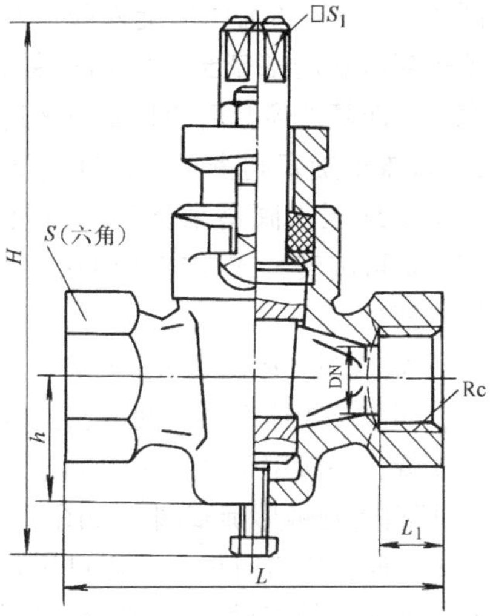

图 3-258　圆锥形旋塞阀

在圆柱形阀塞中，通道一般成矩形；而在锥形阀塞中，通道成梯形。这些形状使旋塞阀的结构变得轻巧，但同时也产生了一定的压力损失。

旋塞阀最适于作为切断和接通介质及分流使用，但是依据使用的性质和密封面的耐冲蚀性，有时也可用于节流。由于旋塞阀密封面之间运动带有擦拭作用，而在全开时可完全防止与流动介质的接触，故它通常也能够用于带悬浮颗粒的介质。

旋塞阀的另一个重要特性是它易于适应多通道结构，以致一个阀可以获得两个、三个，甚至四个不同的流道。这样可以简化管道系统的设计，减少阀门用量及设备中需要的一些连接配件。

旋塞阀广泛地应用于油田、气田开采、输送和精炼设备中，同时也广泛用于石油化工、化工、煤气、天然气、液化石油气、暖通行业及一般工业中。

3.5.2 旋塞阀的分类

旋塞阀的种类很多，并且有多种分类方法。

(1) 按结构型式分

1) 圆柱形旋塞阀的使用在一定程度上要看阀塞与阀体之间产生密封的情况。一般圆柱形旋塞阀经常使用四种密封方法，即利用密封剂、利用阀塞膨胀、使用 O 形密封圈、使用偏心旋塞楔入阀座密封圈。

圆柱形润滑旋塞阀的密封靠阀塞和阀体之间的密封剂来达到。密封剂是用螺栓或注射枪经阀塞杆注入密封面的，因此当阀门在使用时，就可通过注射补充的密封剂来有效地弥补其密封的不足。

由于密封面在全开位置时被保护而不与流动介质接触，所以润滑式旋塞阀特别适用于磨蚀性介质。但润滑式旋塞阀不宜用于节流，这是因为节流时会从露出的密封面上冲掉密封剂，这样阀门每次关闭时，要对阀座的密封进行回复。

该阀的缺点是对密封剂的添加常常需人工来做，采用自动注射虽能克服这一缺点，但需增加添装设备的费用。一旦由于缺乏保养或由于密封剂选得不妥当，或者在密封面之间产生了结晶及阀塞在阀体中不能转动时，这时就必须对阀门进行清理或维修。

图 3-257 所示的圆柱形旋塞阀，在阀体内装有一个聚四氟乙烯套筒和阀塞密封，它用压紧螺母压紧在阀体内，靠阀塞对聚四氟乙烯套筒的膨胀力来达到密封。

2）圆锥形旋塞阀密封副之间的泄漏间隙可通过用力将阀塞更深地压入阀座来调整。当阀塞与阀体紧密接触时，阀塞仍可旋转，或在旋转前从阀座提起旋转 90°，而后再压入密封。

① 紧定式圆锥形旋塞阀，如图 3-259 所示。旋塞阀不带填料，阀塞与阀体密封面间的密封依靠拧紧旋塞下面的螺母来实现，一般用于≤PN6 的场合。

② 填料式圆锥形旋塞阀，如图 3-258 所示。填料式圆锥形旋塞阀阀体内带有填料，通过压紧填料来实现阀塞和阀体密封面之间的密封。这种填料式圆锥形旋塞阀的密封性能较好，大量用于公称压力 1.0 ~ 1.6MPa 的场合。阀体下面的螺钉起到阀塞和阀体之间配合松紧的调节作用。

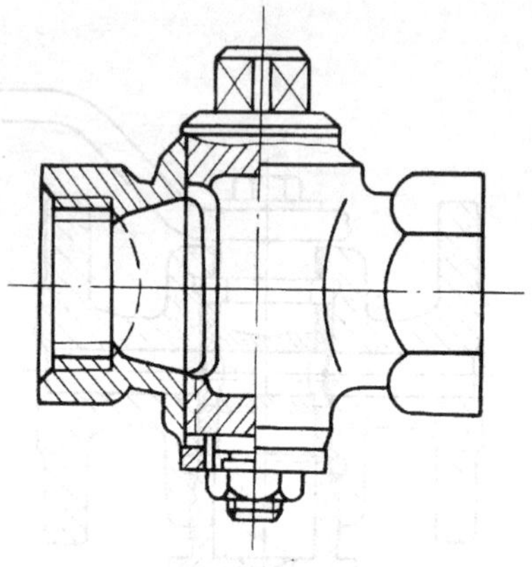

图 3-259　紧定式圆锥形旋塞阀

③ 油封式圆锥形旋塞阀，如图 3-260 所示。油封式圆锥形旋塞阀由于采用了强制润滑，用油枪把密封脂强制注入阀塞和阀体内的油槽，使阀塞和阀体的密封面间形成一层油膜，从而提高旋塞阀的密封性能，并且使开启和关闭阀门时省力，同时亦可防止密封面受到损伤，起到保护密封面的作用。所用润滑脂的成分，可根据工作介质的性质和工作温度而定。该类旋塞阀的公称压力为 CL150 ~ CL300 级，公称尺寸为 DN15 ~ DN300。广泛应用于输油和输气管线。

④ 压力平衡式倒圆锥形旋塞阀，如图 3-261 所示。压力平衡式倒圆锥形旋塞阀的阀塞和阀体之间的密封，主要依靠密封脂和介质本身的压力来实现。其公称压力为 CL150 ~ CL2500，公称尺寸为 DN15 ~ DN900。主要用于石油、天然气的输送管线。

⑤ 聚四氟乙烯套筒密封圆锥形旋塞阀，如图 3-262 所示。为了克服润滑旋塞阀的保养难题，就研制出图 3-262 所示的锥形旋塞阀。在该阀中，阀塞于镶在阀体内的聚四氟乙烯套筒内旋转，聚四氟乙烯套筒避免了阀塞的黏滞。

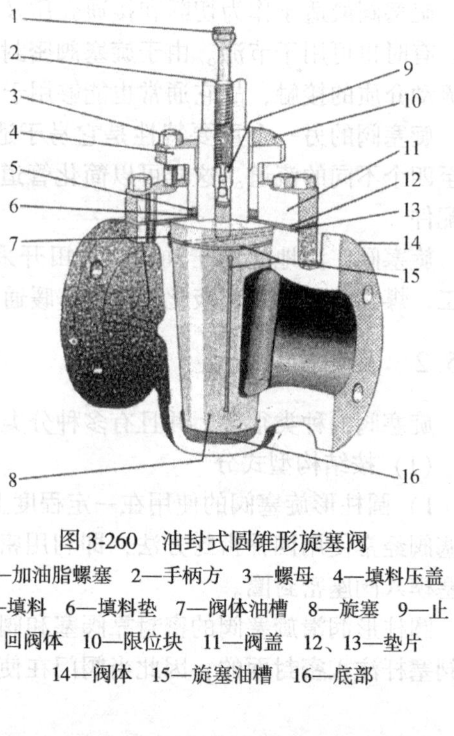

图 3-260　油封式圆锥形旋塞阀

1—加油脂螺塞　2—手柄方　3—螺母　4—填料压盖　5—填料　6—填料垫　7—阀体油槽　8—旋塞　9—止回阀体　10—限位块　11—阀盖　12、13—垫片　14—阀体　15—旋塞油槽　16—底部不过由于密封面积大和密封应力高，操作力矩仍较大。但另一方面，由于密封面积大，即使在密封表面上有某些损坏仍能较好地防止泄漏。正因为如此，这种阀坚固耐用。

由于使用聚四氟乙烯套筒，也可使阀门利用那些在其他场合中由于互相接触会产生黏滞的贵重材料。此外，这种阀很容易在现场进行修理，阀塞也无需进行研磨。

⑥ 三通式或四通式圆锥形旋塞阀，如图 3-263 所示。三通式或四通式锥形旋塞阀多为填料式或油封式锥形旋塞阀。主要多用于需分配介质的场合。

⑦ 高温耐磨旋塞阀，如图 3-264 所示。该类旋塞阀的阀体、阀盖用铬镍钛耐热钢制成，其阀塞用铬钼合金钢制成，其阀座密封圈用铬镍钛耐热钢堆焊硬质合金制成。

开启或关闭时，先用杠杆手柄微微抬起阀塞，然后再用手轮旋转阀塞 90°，达到开启或关闭旋塞阀的目的。该阀的公称压力为 PN16，公称尺寸为 DN50 ~ DN100，工作温度为≤580℃，适用介质为含砂重油。

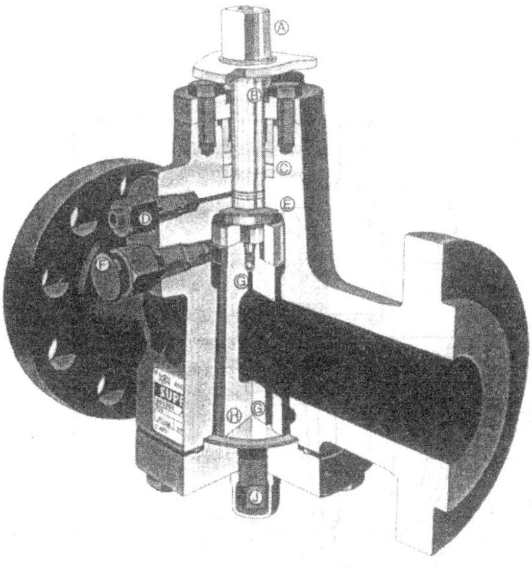

图 3-261 压力平衡式倒锥形旋塞阀
Ⓐ—手柄方 Ⓑ—阀杆 Ⓒ—填料 Ⓓ—注油嘴
Ⓔ—摩擦垫 Ⓕ—注油脂嘴 Ⓖ—旋塞压力平衡孔 Ⓗ—倒锥旋塞 Ⓙ—调整螺钉

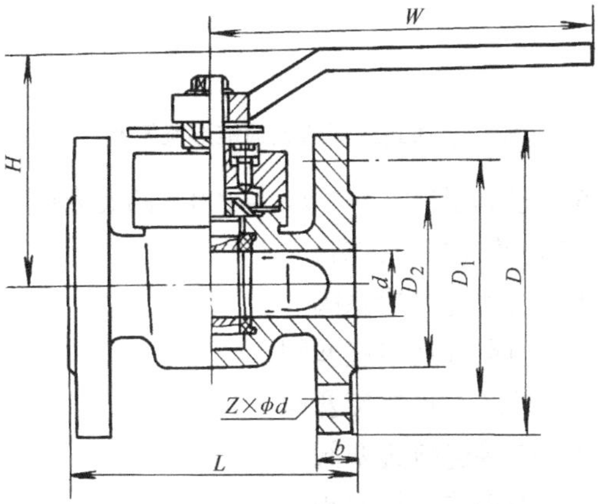

图 3-262 聚四氟乙烯套筒密封圆锥形旋塞阀

（2）按密封面材质分

1）非金属密封材料旋塞阀。密封面材料采用聚四氟乙烯、橡胶、尼龙、对位聚苯、柔性石墨等软质材料的旋塞阀。

2）金属密封材料旋塞阀。密封副材料由金属对金属制成的旋塞阀。

3）油膜密封旋塞阀。密封副之间靠压入的密封脂来实现密封的旋塞阀。

（3）按工作压力分

1）真空旋塞阀：工作压力低于标准大气压的旋塞阀。

2）低压旋塞阀：公称压力≤PN16 或公称压力级 < CL150 的旋塞阀。

3）中压旋塞阀：公称压力 PN25 ~ PN63 或公称压力级 CL150 ~ CL400 的旋塞阀。

4）高压旋塞阀：公称压力 PN100 ~ PN800 或公称压力级 CL600 ~ CL2500 的旋塞阀。

（4）按工作温度分

1）高温旋塞阀：$t>450$℃的旋塞阀。

2）中温旋塞阀：120℃ $<t\leqslant$ 450℃的旋塞阀。

3）常温旋塞阀：−29℃ $\leqslant t \leqslant$ 120℃的旋塞阀。

4）低温旋塞阀：−100℃ $<t<$ −29℃的旋塞阀。

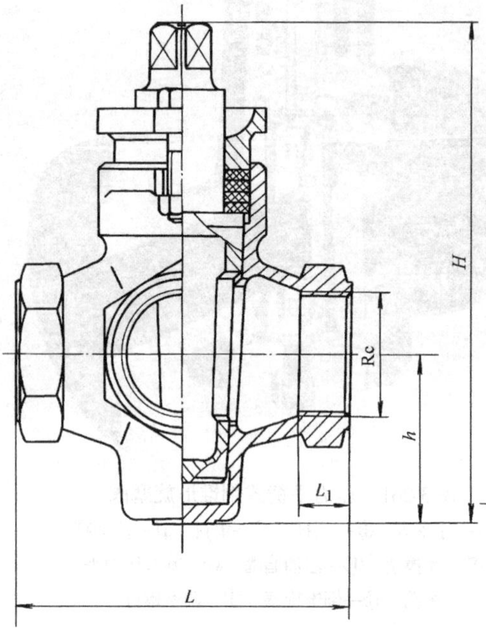

图 3-263 三通式或四通式圆锥形旋塞阀

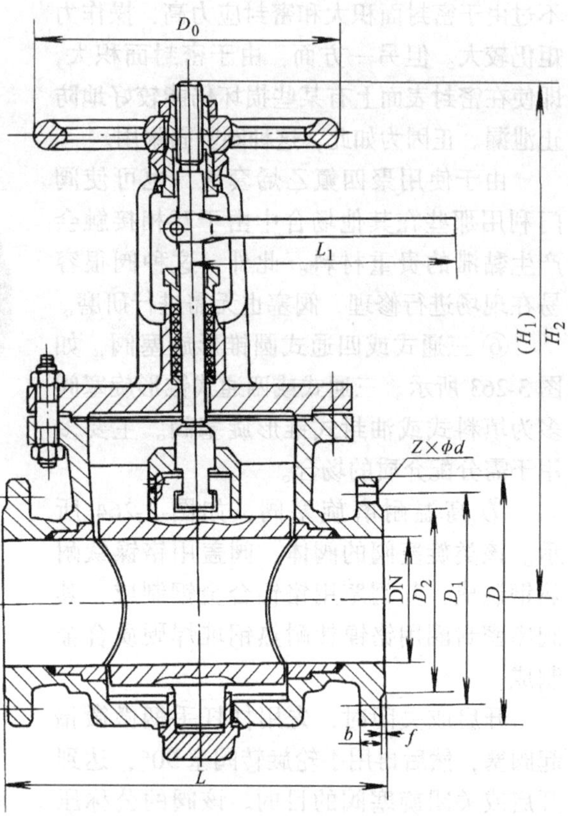

图 3-264 高温耐磨旋塞阀

5）超低温旋塞阀：$t\leqslant-100$℃的旋塞阀。

（5）按连接方式分

1）法兰连接旋塞阀。

2）内螺纹连接旋塞阀。

3）外螺纹连接旋塞阀。

4）焊接连接旋塞阀。

5）夹箍连接旋塞阀。

6）卡套连接旋塞阀。

3.5.3 旋塞阀的密封原理

根据旋塞阀的结构和密封副材料的不同，旋塞阀可利用金属密封、油脂密封和非金属软质材料密封。采用金属密封时，不但需要较低的表面粗糙度和较准确的几何公差，而且需要较高的密封比压，以达到所需的密封性能。采用油脂密封和非金属软质材料密封时，则需要较准确的几何形状。根据以上的要求，密封副的结构设计有许多种，其密封原理也不尽相同。

（1）圆柱形聚四氟乙烯密封旋塞阀　如图 3-257 所示的圆柱形旋塞阀，阀体内装有一个和阀塞相配合的聚四氟乙烯套筒，它用压紧螺母压紧于阀体内的座圈上，其密封是靠阀塞和聚四氟乙烯套筒之间一定的过盈量来实现，也就是阀塞对聚四氟乙烯套筒的挤压力来达到密封。因此，要求阀塞和聚四氟乙烯套筒的表面粗糙度数值一定要小，其几何形状误差也一定要小，才能达到密封所要求的比压。如果阀座套筒需要再次压紧以便使套筒恢复密封，则必须在阀门关闭位置进行，以防止把聚四氟乙烯套筒压入流道内。

（2）紧定式圆锥形旋塞阀　如图 3-259 所示的旋塞阀，阀门不带填料，阀塞与阀体密封面之间靠本体的金属来密封。密封力靠拧紧阀塞下面的螺母实现。为了使较小的预紧力便能达到密封，阀塞和阀体密封面的表面粗糙度数值一定要尽量小，而且几何形状误差也一定要小，锥度配合一定要准，才能使该类旋塞阀易实现密封。该阀易于维修和清理，清理或检修时，拧松下面的螺母，撤出垫圈，阀塞便可从阀体中取出进行清理或维修。奥氏体不锈钢制成的该类旋塞阀，应用于食品行业和医药行业为最佳选择。

（3）填料式圆锥形旋塞阀　如图 3-257 所示的填料式圆锥形旋塞阀，其阀体内带有填料，通过压紧填料来实现阀塞和阀体密封面之间的密封。该类阀是使用非润滑的金属密封件，由于这种密封面之间的摩擦力较高，为保证阀塞在阀体内能够转动自如，所允许的密封载荷要受到限制。因此密封面的泄漏空隙相对较宽，故这种阀只有使用在具有表面张力和粘性较高的液体时才能达到满意的密封。但是，如果在组装前在阀塞上涂一层密封脂，那么这种阀也可以用于潮湿气体，如湿的或含油的压缩空气。这种填料式圆锥形旋塞阀密封性能较好，尤其是外漏的密封性更好，大量用于公称压力 PN10 的场合。阀体下面的螺钉可以起到阀塞和阀体配合松紧的调节作用。

（4）油封式圆锥形旋塞阀　如图 3-260 所示的油封式圆锥形旋塞阀，这种阀的密封靠阀塞和阀体之间的密封剂来达到。密封剂是用螺栓或注射枪经阀塞杆内的止回阀注入阀塞和阀体的密封面的。在阀塞和阀体的密封面上，有贮存密封质的油槽。因此，当阀门在使用时，就可以通过止回阀、油槽来注射补充的密封剂，从而有效地弥补其密封的不足。如果该阀的预紧力不够时，再注射密封剂也不能保证密封时，可拧紧压填料的螺栓来增加预紧力，以保证密封。同样，该阀的阀塞和阀体密封面的表面粗糙度数值要小，其几何形状精度和圆锥形阀塞和阀体的锥度要准确，才能保证用较小的预紧力就能保证密封，从而阀塞在阀体内的转动才能自如。由于密封面在全启位置时被保护而不与流动介质接触，同时损坏的密封面较易修复，所以润滑式旋塞阀特别适用于磨蚀性介质。但是，润滑式旋塞阀不宜用于节流，这是因为节流时会从露出的密封面上冲掉密封剂，这样阀门每次关闭时，都要对阀体密封进行回复。该类阀门最适宜用于油田或气田的分支管上，因为这种管路不用清管，而油田或气田的介质中又含有沙和水，用此阀最适合。

（5）压力平衡式倒圆锥形旋塞阀　如图 3-261 所示的压力平衡式倒圆锥形旋塞阀，阀塞由阀盖中的螺栓对其位置进行调节，而密封剂是从阀杆末端注入阀体的。为了防止介质压力将阀塞推入阀座，阀塞端部开有平衡孔，而阀塞小头的平衡孔内设有介质只能到小头端部的止回阀，它可使介质压力进入阀塞两端的空腔内。如图 3-265 所示。这种阀的密封也是靠阀塞和阀体之间的密封剂来实现的。

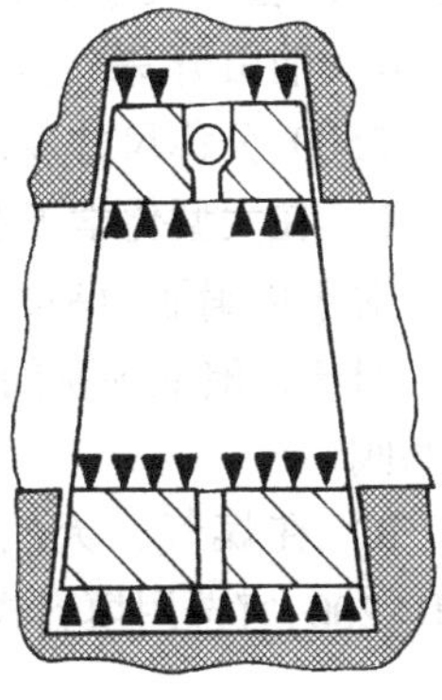
图 3-265　压力平衡式倒圆锥形旋塞阀

这样的设计可使这种旋塞阀适用于很高的压力，可达 CL2500。此时不会由于介质压力将阀塞推向阀座圆锥面而不能操作。能达到如此高的压力还能保持密封，主要取决于阀塞和阀体密封面的加工精度和表面粗糙度。阀塞和阀体密封面的锥度要完全一致，且表面粗糙度的数值一定要在 $Ra0.4\mu m$ 以下，再注入密封脂才能保证达到密封要求。

(6) 聚四氟乙烯套筒密封圆锥形旋塞阀　如图3-262所示的旋塞阀，阀塞在聚四氟乙烯做的阀体内转动，其密封靠压紧阀塞块的螺栓来实现。聚四氟乙烯阀体套筒避免了阀塞的粘滞，也克服了润滑旋塞阀保养难的问题。但由于密封面积大和密封应力高，操作力矩仍较高。另一方面，由于密封面积大，即使在密封面上有某些损坏仍能较好地防止泄漏。由于使用了聚四氟乙烯套筒，也可将阀门应用在由于密封面相互接触会产生粘滞的贵重材料的那些场合中。

3.5.4　旋塞阀所适用的场合

由于旋塞阀的关闭件是成柱塞形的旋转阀，通过旋转90°使阀塞上的通道与阀体上的通道相合或分开，达到启闭阀门的作用，所以旋塞阀最适用于快速启闭的场合；另外，由于旋塞阀的结构特点所致，它主要用于切断和接通介质及分配和改变介质流动方向的场合；但依据使用的性质和密封面的耐冲蚀性，有时也可应用于节流的场合；另外，由于旋塞阀密封面之间运动带有擦拭作用，而且在全启时可以完全防止与流动介质的接触，故通常也能用于带悬浮颗粒的介质；旋塞阀的另一个重要特性是它易于适应多通道结构，以致一个阀门可以获得两个、三个，甚至四个不同的流道，这样可以简化管道系统的设计，用一个阀替代几个阀，减少阀门的用量及设备中需要的一些连接配件。

旋塞阀广泛地应用于油田和气田的开采、输送和精炼设备中；同时也广泛地应用于石油化工、化工、天然气、液化石油气、煤气、暖通行业以及食品工业、制药工业系统中。

无润滑式带衬套的旋塞阀，应用于石油化工、化工等行业，尤其用在不允许使用润滑剂的介质中。

3.5.5　旋塞阀的选用原则

根据旋塞阀的结构特点和设计上所能达到的功能，建议按下列原则选用：

1）用于分配介质和改变介质流动方向，其工作温度≤300℃、公称压力≤PN16、公称尺寸≤DN300，建议选用多通路旋塞阀。

2）牛奶、果汁、啤酒等食品企业及制药厂等的设备和管路上，建议选用奥氏体不锈钢制的紧定式圆锥形旋塞阀。

3）油田开采、天然气田开采、管道输送的支管、精炼和清洁设备中，公称压力级≤CL300、公称尺寸≤DN300、工作温度≤340℃，建议选用油封式圆锥形旋塞阀。

4）油田开采、天然气田开采、管道输送的支管、精炼和清洁设备中，公称压力级≤CL2500、公称尺寸≤DN900、工作温度≤340℃，建议选用压力平衡式倒圆锥形旋塞阀。

5）在大型化学工业中，含有腐蚀性介质的管路和设备上，要求开启或关闭速度较快的场合，对于以硝酸为基的介质，可选用12Cr18Ni9不锈钢制的聚四氟乙烯套筒密封圆锥形旋塞阀；对于以醋酸为基的介质，可选用06Cr17Ni12Mo2不锈钢制的聚四氟乙烯套筒密封圆锥形旋塞阀。

6）在煤气、天然气、暖通系统的管路中和设备上，当公称压力≤PN10、公称尺寸≤DN200，宜选用填料式圆锥形旋塞阀。

3.5.6　旋塞阀产品介绍

(1) 油封式圆锥形旋塞阀

1）结构（图3-266）。

2）主要性能规范（表3-262）。

3）主要零件材料（表3-263）。

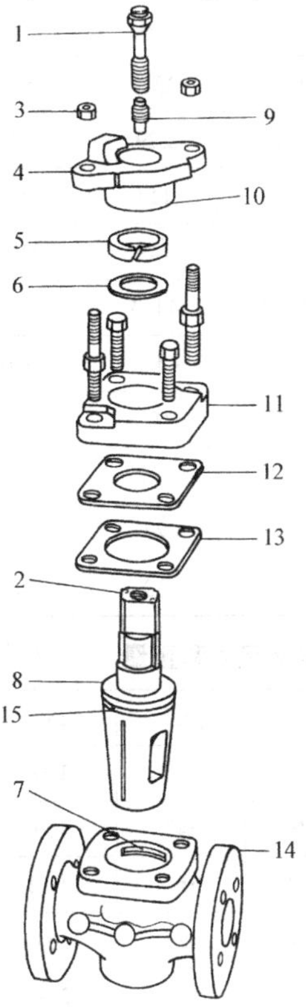

图3-266 油封式圆锥形旋塞阀

1—密封剂注射螺栓 2—指针 3—螺母 4—填料压盖 5—填料 6—填料垫 7—密封脂槽 8—阀塞 9—止回阀 10—挡块 11—阀盖 12—阀盖垫片 13—垫片 14—阀体 15—密封脂槽

表3-262 主要性能规范

公称压力 CL	试验压力/MPa			最高工作温度/℃	适用介质
	壳体	密封（水）	密封（气）		
150	3.0	2.2	0.4~0.7	≤340	油品、天然气
300	7.5	5.5	0.4~0.7	≤340	油品、天然气

4）主要外形尺寸、连接尺寸和重量。

①CL150法兰连接长系列和螺纹连接（图3-267、表3-264）。②CL150法兰连接短系列（图3-268、表3-265）。③CL300法兰连接（DN15~DN100）、螺纹连接（DN15~DN80）、承插焊连接（DN15~DN50）（图3-269、表3-266）。④CL300法兰连接（DN150~DN300）蜗杆传动（图3-270、表3-267）。

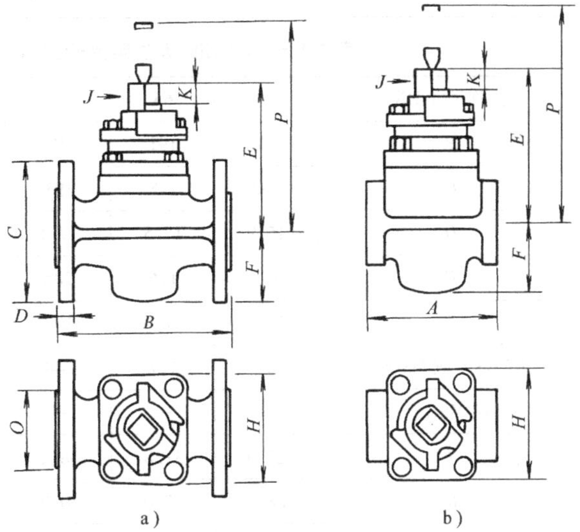

图3-267 油封式圆锥形旋塞阀

a）法兰连接油封式圆锥形旋塞阀

b）螺纹连接油封式圆锥形旋塞阀

表3-263 油封式圆锥形旋塞阀主要零件材料

零件名称	阀体	阀塞	阀盖	中法兰垫片	中法兰连接螺栓	手柄
材料	WCB	WCB或球墨铸铁	WCB	不锈钢带柔性石墨缠绕式垫片	碳钢	碳钢

表 3-264 CL150 法兰连接长系列和螺纹连接主要外形尺寸、连接尺寸和重量

（单位：mm）

公称尺寸 DN	15	20	25	40	50	65	80	100	150
A	95	95	111	133	165	191	203	—	—
B	130	130	140	165	203	222	241	305	394
C	89	98.4	108	127	152	178	191	229	279
D	9.53	12.7	11.1	17.5	19.1	19.1	22.2	25.4	25.4
E	100	100	114	152	176	207	229	245	327
F	48	48	49	70	81	102	114	140	187
H	71	71	78	105	125	138	149	219	289
J	19.1	19.1	22.2	27.0	31.8	38.1	44.3	47.6	50.8
K	19.8	19.8	21.4	28.6	27.0	30.2	44.5	46.0	54.0
O	34.9	42.9	50.8	73.0	92.1	105	127	157	216
P	157	157	171	210	265	297	327	343	449
重量（螺纹）/kg	3.2	3.2	5.0	8.1	13	23	27	—	—
重量（法兰）/kg	3.6	3.6	6.3	10	19	25	32	54	104

表 3-265 CL150 法兰连接短尺寸主要外形尺寸、连接尺寸和重量

（单位：mm）

公称尺寸 DN	50	65	80	100	150	200	250	300
B	178	191	203	229	267	292	330	356
C	152	178	191	229	279	343	406	483
D	15.9	17.5	19.1	23.8	25.4	30.2	30.2	31.8
E	152	176	208	230	293	327	364	—
F	71.0	87.0	102	114	160	179	219	289
H（MSW 或 MSO）	105	127	144	149	279	343	381	—
H（MSG）	—	—	—	—	—	479	516	544
J	27.0	31.8	38.1	41.3	50.8	50.8	50.8	—
K	28.6	27.0	30.2	44.5	54.0	54.0	54.0	—
O	92.1	105	127	157	216	270	324	381
P（MSW 或 MSO）	225	265	297	324	414	449	483	—
P（MSG）	—	—	—	—	—	486	536	597
R	—	—	—	—	—	310	310	310
S	—	—	—	—	—	105	105	105
T	—	—	—	—	—	613	676	718
U（中心到扳手端）	318	381	457	559	1020	1020	—	—
手动/kg	13	18	25	36	86	118	181	—
蜗杆传动/kg	—	—	—	—	—	150	200	277

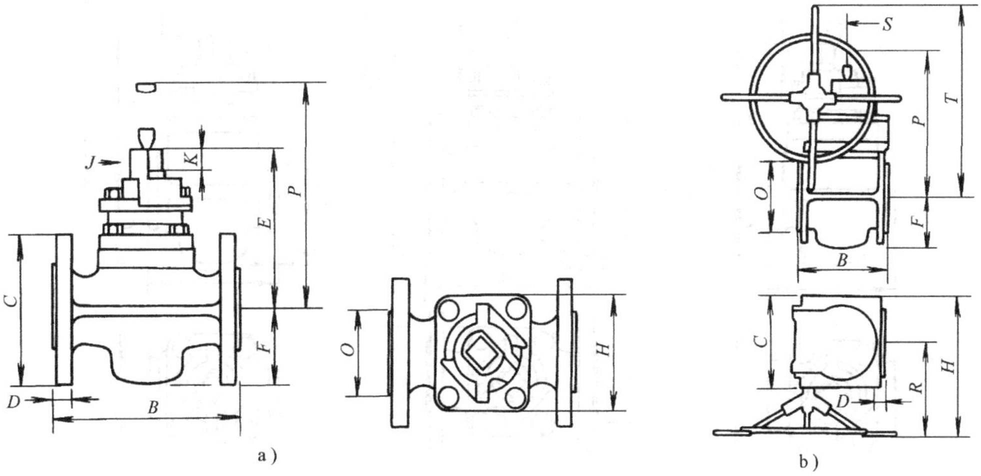

图 3-268　手动及蜗杆传动油封式圆锥形旋塞阀
a) 手动　b) 蜗杆传动

表 3-266　CL300 法兰连接、螺纹连接、承插焊连接主要外形尺寸、连接尺寸和重量

（单位：mm）

公称尺寸 DN	15	20	25	40	50	65	80	100
A(螺纹、承插焊)	95	95	111	133	165	191	203	—
B(法兰)	140	140	159	191	216	241	283	305
C	95.3	117	124	156	165	191	210	254
D	14.3	15.9	17.5	20.6	22.2	25.4	28.6	31.8
E	100	100	114	144	176	207	229	245
F	37	37	49	65	81	102	114	140
H(螺纹、承插焊)	71	71	78	104	125	138	149	—
H(法兰)	78	78	78	105	125	138	149	149
J	19.1	19.1	22.0	27.0	31.8	38.1	41.3	47.6
K	19.8	19.8	21.4	28.6	27.0	30.2	44.5	46.0
O	34.9	42.9	50.8	73.0	92.1	105	127	157
P	157	157	171	210	265	297	325	343
中心到手柄端	152	152	229	318	381	457	559	711
ZDIA $^{+0.25}_{-0.00}$	21.72	27.05	33.78	48.64	61.11	—	—	—
ZA	9.53	12.7	12.7	12.7	15.9	—	—	—
重量(螺纹、承插焊)/kg	3.2	3.2	4.5	8.2	13	23	27	—
重量(法兰)/kg	3.6	3.6	6.3	14	18	27	38	75

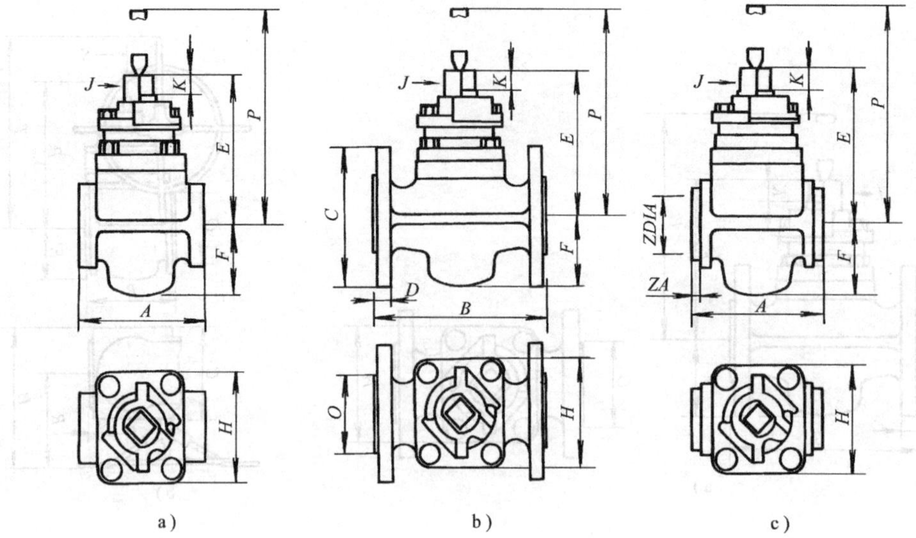

图 3-269　油封式圆锥形旋塞阀

a) 螺纹连接　b) 法兰连接　c) 承插焊连接

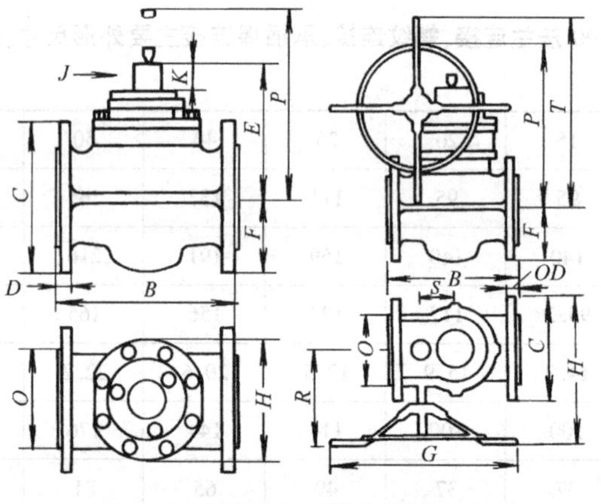

图 3-270　蜗杆传动圆锥形旋塞阀

表 3-267　CL300 法兰连接蜗杆传动主要外形尺寸、连接尺寸和重量　（单位：mm）

公称尺寸 DN	150	150	200	250	300
B	403	403	419	457	502
C	318	318	381	445	521
D	36.5	36.5	41.3	47.6	50.8
E	283	—	—	—	—
F	159	159	194	194	260
G	—	578	578	578	578
H	260	441	508	508	549
J	50.8	—	—	—	—
K	54.0	—	—	—	—
O	216	216	270	324	381
P	403	468	506	500	564
R	—	308	308	308	324
S	—	105	105	105	133
T	—	589	624	624	686
中心到手柄端	1020	—	—	—	—
重量/kg	111	136	213	240	346

(2) 压力平衡式旋塞阀

1) 产品压力级和规格范围(表 3-268)。

表 3-268　压力平衡式旋塞阀产品压力级和规格范围

DN	15	20	25	40	50	80	100	150	200	250	300	350	400	450	500	600	650	750	900
NPS	1/2	3/4	1	1½	2	3	4	6	8	10	12	14	16	18	20	24	26	30	36
ASME 150					●	●	●	●	●	●	●								
ASME 150	●	●	●	●	●														
ASME 150					●	●	●	●	●	●	●								
ASME 150										●	●	●	●	●	●	●		●	●
ASME 300								●	●	●	●								
ASME 300				●	●	●	●												
ASME 300								●	●	●	●	●	●	●	●	●		●	●
ASME 600	●	●	●	●	●	●	●	●	●	●	●								
ASME 600								●	●	●	●	●	●	●	●	●	●	●	●
ASME 800	●	●	●	●	●														
ASME 900	●	●	●	●	●	●	●	●	●	●	●								
ASME 900											●	●	●	●	●	●			
ASME 1500	●	●	●	●	●	●	●	●											
ASME 1500								●	●	●	●	●	●	●					
ASME 2500	●	●	●	●	●	●	●	●	●	●	●								
API 2000					●	●	●												
API 3000					●	●	●												
API 5000					●	●	●												

2) 主要性能规范(表 3-269)。

表 3-269　压力平衡式旋塞阀主要性能规范

公称压力	试验压力/MPa			最高工作温度/℃	适用介质
	壳体	密封(水)	密封(气)		
CL150	3.0	2.2	0.4～0.7	≤340	油品、天然气
CL300	7.5	5.5	0.4～0.7	≤340	油品、天然气
CL600	15.0	11.0	0.4～0.7	≤340	油品、天然气

3) 主要零件材料(表 3-270)。

表 3-270　压力平衡式旋塞阀主要零件材料

零件名称	阀体	阀塞	阀盖	中法兰垫片	中法兰连接螺栓	手柄
材料	WCB	WCB 或 Cr13 不锈钢	WCB	不锈钢带柔性石墨缠绕式垫片	合金钢	碳钢

4) 主要外形尺寸、连接尺寸和重量。CL150 短结构(图 3-271、表 3-271)。CL150 文丘里型(图 3-272、表 3-272)。CL150 文丘里型，DN250～DN900(图 3-273、表 3-273)。CL300 短结构(图 3-274、表 3-274)。CL300 标准型，DN150～DN300(图 3-275、表 3-275)。CL300 文丘里型(图 3-276、表 3-276)。CL300 文丘里型(图 3-277、表 3-277)。CL600 标准型(图 3-278、表 3-278)。CL600 标准型(图 3-279、表 3-279)。CL600 文丘里型(图 3-280、表 3-280)。CL600 文丘里型(图 3-281、表 3-281)。

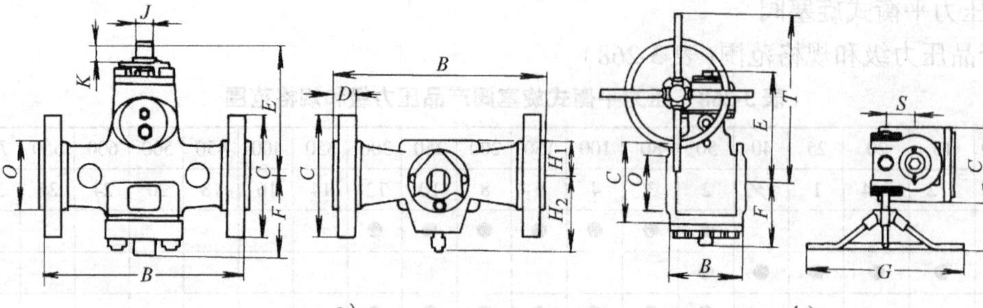

a) b)

图 3-271 压力平衡式倒圆锥形旋塞阀

a)手动压力平衡式倒圆锥形旋塞阀 b)蜗杆传动压力平衡式倒圆锥形旋塞阀

表 3-271 CL150 短结构主要外形尺寸、连接尺寸和重量 [单位:mm(in)]

DN (NPS)	50 (2)	80 (3)	100 (4)	150 (6)	200 (8)	250 (10)	300 (12)
B	178 (7)	203 (8)	229 (9)	267 (10.5)	292 (11.5)	330 (13)	356 (14)
C	152 (6)	191 (7.5)	229 (9)	279 (11)	343 (13.5)	406 (16)	483 (19)
D	19.1 (0.75)	23.8 (0.94)	23.8 (0.94)	25.4 (1)	28.6 (1.12)	30.2 (1.19)	31.8 (1.25)
E	178 (7)	219 (8.63)	235 (9.25)	220 (8.66)	370 (14.6)	550 (21.6)	480 (18.2)
F	118 (4.63)	161 (6.34)	179 (7.05)	209 (8.23)	264 (10.4)	311 (12.2)	359 (14.1)
G	— —	— —	— —	— —	560 (21.2)	578 (22.8)	660 (25)
H_1	56 (2.2)	85 (3.35)	93 (3.66)	102 (4)	145 (5.70)	145 (5.70)	195 (7.70)
H_2	95 (3.74)	106 (4.17)	133 (5.24)	130 (5.12)	— —	— —	— —
J	19 (0.75)	25.3 (1)	25.3 (1)	28.5 (1.12)	— —	— —	— —
K	25 (0.98)	26 (1.02)	26 (1.02)	34 (1.34)	— —	— —	— —
K	32 (1.26)	34 (1.34)	34 (1.34)	42 (1.65)	— —	— —	— —
O	92.1 (3.63)	127 (5)	157 (6.19)	216 (8.5)	270 (10.6)	324 (12.8)	381 (15)
R	— —	— —	— —	— —	243 (9.6)	324 (12.8)	335 (13.2)
S	— —	— —	— —	— —	86 (3.39)	133 (5.24)	138 (5.43)
T	— —	— —	— —	— —	601 (23.6)	660 (25.9)	751 (29.6)
*U*①	495 (19.5)	685 (27)	685 (27)	913 (35.9)	— —	— —	— —
重量/kg	19	33	52	80	158	245	350

① 旋塞中心到手柄末端长度。

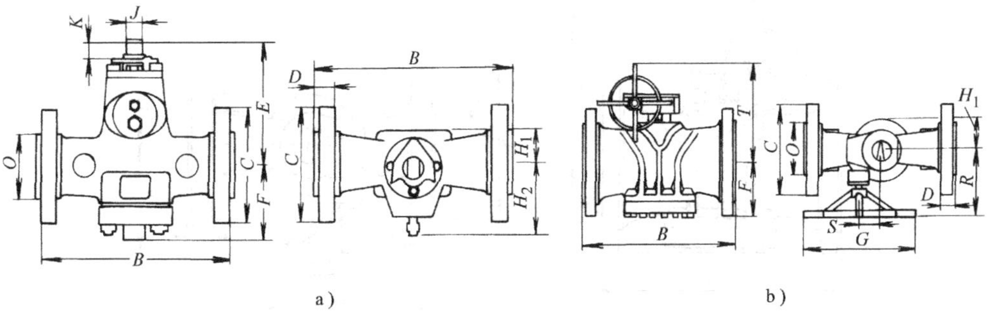

图 3-272　压力平衡式倒圆锥形旋塞阀

a) 手动压力平衡式倒圆锥形旋塞阀　b) 蜗杆传动压力平衡式倒圆锥形旋塞阀

表 3-272　CL150 文丘里型(DN50 ~ DN300)主要外形尺寸、连接尺寸和重量

[单位:mm(in)]

DN (NPS)	50 (2)	80 (3)	100 (4)	150 (6)	200 (8)	250 (10)	300 (12)
B	203 (8)	241 (9.5)	305 (12)	394 (15.5)	457 (18)	533 (21)	610 (24)
C	152 (6)	191 (7.5)	229 (9)	279 (11)	343 (13.5)	406 (16)	483 (19)
D	19.1 (0.75)	23.8 (0.94)	23.8 (0.94)	25.4 (1)	28.6 (1.12)	30.2 (1.19)	31.8 (1.25)
E	178 (7)	219 (8.63)	235 (9.25)				
F	118 (4.63)	161 (6.34)	179 (7.05)				
G	— —	— —	— —				
H_1	56 (2.2)	85 (3.35)	93 (3.66)				
H_2	95 (3.74)	106 (4.17)	133 (5.24)		— —	— —	— —
J	19 (0.75)	25.3 (1)	25.3 (1)	28.5 (1.12)	— —	— —	— —
K	25 (0.98)	26 (1.02)	26 (1.02)	34 (1.34)	— —	— —	— —
K	32 (1.26)	34 (1.34)	34 (1.34)	42 (1.65)	— —	— —	— —
O	92.1 (3.63)	127 (5)	157 (6.19)	216 (8.5)	270 (10.6)	324 (12.8)	381 (15)
R	— —	— —	— —	— —			
S	— —	— —	— —	— —			
T	— —	— —	— —	— —			
*U*①	495 (19.5)	685 (27)	685 (27)	913 (36)	— —	— —	— —

① 旋塞中心到手柄末端长度。

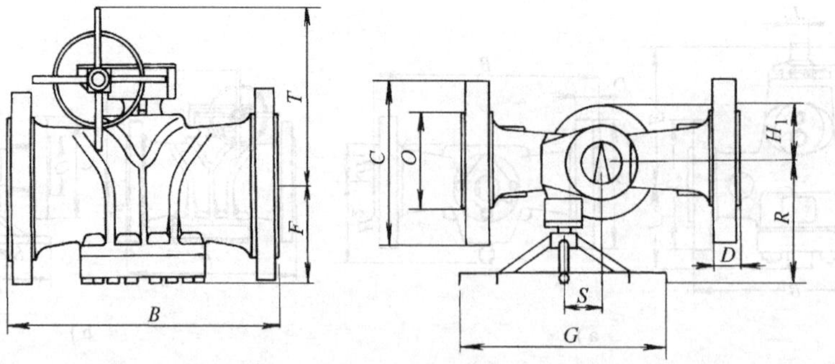

图 3-273 压力平衡式倒圆锥形旋塞阀

表 3-273 CL150 文丘里型(DN250 ~ DN900)主要外形尺寸、连接尺寸和重量

[单位:mm(in)]

DN (NPS)	250 (10)	300 (12)	350 (14)	400 (16)	450 (18)	500 (20)	600 (24)	750 (30)	900 (36)
B	533 (21)	610 (24)	686 (27)	762 (30)	864 (34)	914 (36)	1067 (42)	1295 (51)	1600 (63)
C	406 (16)	483 (19)	533 (21)	597 (23.5)	635 (25)	698 (27.5)	813 (32)	984① (38.75)	1168① (46)
D	30.2 (1.19)	31.8 (1.25)	34.9 (1.38)	36.5 (1.44)	39.7 (1.56)	42.9 (1.69)	47.6 (1.87)	74.7① (2.94)	90.4① (3.56)
F	351 (13.8)	392 (15.4)	375 (14.8)	392 (15.4)	416 (16.4)	467 (18.4)	516 (20.3)	—	—
G	660 (26)	787 (31)	814 (32)	814 (32)	560 (22)	508 (20)	508 (20)	—	—
H_1	173 (6.8)	222 (8.75)	284 (11.2)	265 (10.4)	295 (11.6)	318 (12.5)	376 (14.8)	—	—
O	324 (12.8)	381 (15)	413 (16.3)	470 (18.5)	533 (21)	584 (23)	692 (27.3)	857 (33.75)	— —
R	268 (10.6)	437 (17.2)	415 (16.3)	365 (14.4)	445 (17.5)	435 (17.1)	435 (17.1)	—	—
S	137 (5.4)	195 (7.68)	137 (5.4)	137 (5.4)	53.5 (2.1)	60 (2.4)	60 (2.4)	—	—
T	738 (29.1)	837 (33)	845 (33.3)	825 (32.5)	765 (30.1)	785 (30.8)	800 (31.5)	—	—
重量/kg	350	475	670	785	885	966	1856	—	—

① 见标准 MSS SP-44。

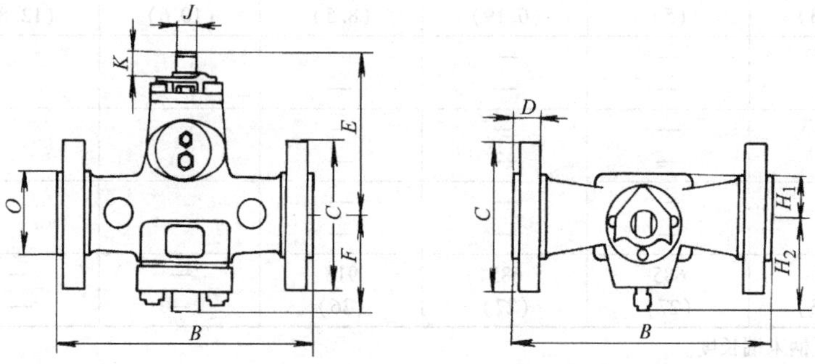

图 3-274 压力平衡式倒圆锥形旋塞阀

表 3-274　CL300 短结构主要外形尺寸、连接尺寸和重量　[单位：mm(in)]

DN (NPS)	40 (1.5)	50 (2)	80 (3)	100 (4)
B	191 (7.5)	216 (8.5)	283 (11.1)	305 (12)
C	156 (6.13)	165 (6.5)	210 (8.25)	254 (10)
D	20.6 (0.81)	22.2 (0.88)	28.6 (1.13)	31.8 (1.25)
E	169 (6.65)	178 (7)	219 (8.63)	235 (9.25)
F	106 (4.17)	118 (4.63)	143 (5.63)	165 (6.5)
H_1	52 (2.05)	56 (2.2)	85 (3.35)	93 (3.66)
H_2	104 (4.09)	105 (4.13)	116 (4.57)	133 (5.24)
J	19 (0.75)	19 (0.75)	25.3 (1)	25.3 (1)
K	25 (0.98)	25 (0.98)	26 (1.02)	26 (1.02)
K	32 (1.26)	32 (1.26)	34 (1.34)	34 (1.34)
O	73 (2.88)	92.1 (3.63)	127 (5)	157 (6.19)
U①	495 (19.5)	495 (19.5)	685 (27)	685 (27)
重量/kg	16	21	38	60

① 旋塞中心到手柄末端长度。

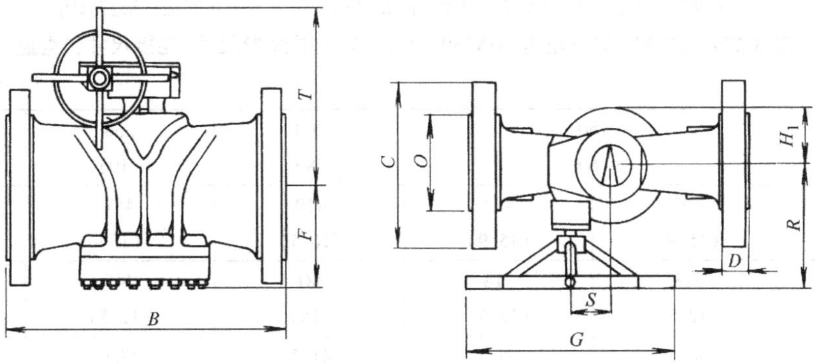

图 3-275　压力平衡式倒圆锥形旋塞阀

表 3-275 CL300 标准型（DN150～DN300）主要外形尺寸、连接尺寸和重量

［单位：mm（in）］

DN （NPS）	150 （6）	200 （8）	250 （10）	300 （12）
B	403 （15.9）	502 （19.8）	568 （22.4）	711 （28）
C	318 （12.5）	381 （15）	445 （17.5）	521 （20.5）
D	36.5 （1.44）	41.3 （1.63）	47.6 （1.88）	50.8 （2）
F	222 （8.9）	302 （11.9）	351 （13.8）	360 （14.2）
G	559 （22）	559 （22）	660 （26）	508 （20）
H_1	137 （5.4）	162 （6.4）	173 （6.8）	206 （8.1）
O	216 （8.5）	270 （10.6）	324 （12.8）	381 （15）
R	244 （9.6）	244 （9.6）	268 （10.6）	358 （14.1）
S	111 （4.4）	111 （4.4）	137 （5.4）	60 （2.4）
T	578 （22.8）	624 （24.6）	738 （29.1）	651 （25.6）
重量/kg	178	276	356	508

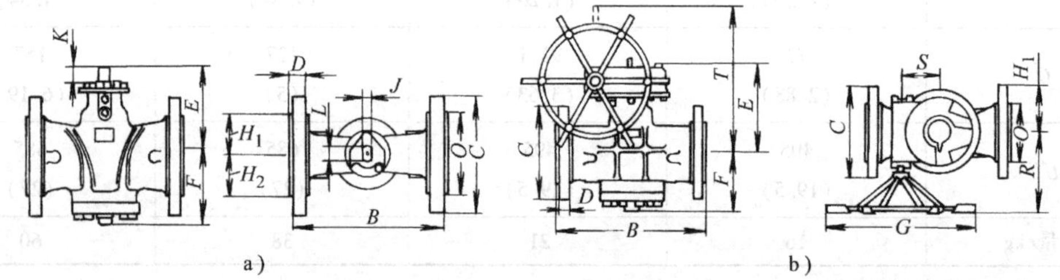

图 3-276 压力平衡式倒圆锥形旋塞阀

a）手动压力平衡式倒圆锥形旋塞阀 b）蜗杆传动压力平衡式倒圆锥形旋塞阀

表 3-276 CL300 文丘里型（DN150～DN300）主要外形尺寸、连接尺寸和重量

［单位：mm（in）］

DN （NPS）	150 （6）		200 （8）	250 （10）	300 （12）
B	403 （15.9）	403 （15.9）	419 （16.5）	457 （18）	502 （19.8）
C	318 （12.5）	318 （12.5）	381 （15）	445 （17.5）	521 （20.5）
D	36.5 （1.44）	36.5 （1.44）	41.3 （1.63）	47.6 （1.88）	50.8 （2）

（续）

DN (NPS)	150 (6)		200 (8)	250 (10)	300 (12)
E	362 (14.3)	— —	— —	— —	— —
F	187 (7.36)	187 (7.36)	248 (9.76)	300 (11.8)	392 (15.4)
G	— —	578 (22.8)	578 (22.8)	578 (22.8)	787 (31)
H_1	102 (4.02)	102 (4.02)	127 (5.0)	190.5 (7.5)	222 (8.75)
H_2	102 (4.02)	— —	— —	— —	— —
J	28.5 (1.12)	— —	— —	— —	— —
K	42 (1.65)	— —	— —	— —	— —
K	34 (1.34)	— —	— —	— —	— —
O	216 (8.5)	216 (8.5)	270 (10.6)	324 (12.8)	381 (15)
R	— —	308 (12.1)	308 (12.1)	308 (12.1)	437 (17.2)
S	— —	104 (4.09)	105 (4.13)	105 (4.13)	195 (7.68)
T	— —	509 (20)	579 (22.8)	614 (24.2)	837 (33)
*U*①	913 (35.9)	— —	— —	— —	— —
重量/kg	101	121	192	281	508

① 旋塞中心到手柄末端长度。

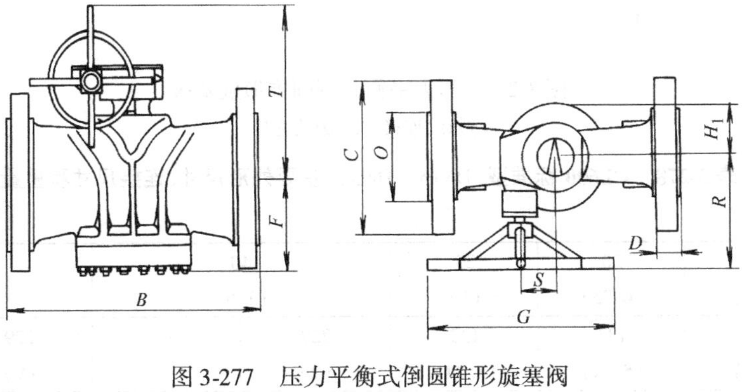

图 3-277　压力平衡式倒圆锥形旋塞阀

表 3-277 CL300 文丘里型(DN350 ~ DN900)主要外形尺寸、连接尺寸和重量

[单位:mm(in)]

DN (NPS)	350 (14)	400 (16)	450 (18)	500 (20)	600 (24)	750 (30)	900 (36)
B	762 (30)	838 (33)	914 (36)	991 (39)	1143 (45)	1397 (55)	1727 (68)
C	584 (23)	648 (25.5)	711 (28)	775 (30.5)	914 (36)	1092 (43)	1270 (50)
D	54 (2.13)	57.2 (2.25)	60.3 (2.38)	63.5 (2.5)	69.9 (2.75)	92 (3.62)	104.6 (4.12)
F	378 (14.9)	392 (15.4)	416 (16.4)	470 (18.5)	525 (20.7)	—	—
G	660 (26)	560 (22)	560 (22)	814 (32)	814 (32)	—	—
H_1	283 (11.1)	263 (10.4)	279 (11)	321 (12.6)	376 (14.8)	—	—
O	413 (16.3)	470 (18.5)	533 (21)	584 (23)	692 (27.3)	857 (33.75)	1022.4 (40.25)
R	465 (18.3)	445 (17.5)	445 (17.5)	500 (19.7)	500 (19.7)	—	—
S	60 (2.4)	53.5 (2.1)	53.5 (2.1)	53.5 (2.1)	53.5 (2.1)	—	—
T	755 (29.7)	720 (28.3)	765 (30.1)	940 (37)	970 (38.2)	—	—
重量/kg	796	902	1097	1576	2060	—	—

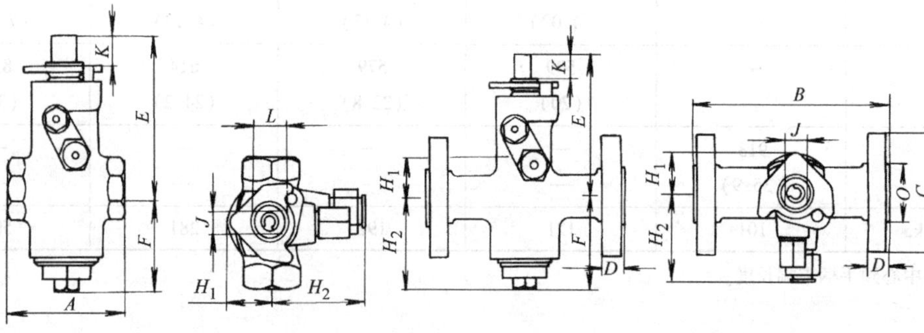

a)　　　　b)

图 3-278 压力平衡式倒圆锥形旋塞阀

a)螺纹连接 b)法兰连接

表 3-278 CL600 标准型(DN15 ~ DN50)主要外形尺寸、连接尺寸和重量

[单位:mm(in)]

DN (NPS)	15 (0.5)	20 (0.75)	25 (1)	40 (1.5)		50 (2)	
A	89 (3.5)	133 (5.24)	133 (5.24)	229 (9)	— —	229 (9)	— —

（续）

DN （NPS）	15 （0.5）	20 （0.75）	25 （1）	40 （1.5）		50 （2）	
B	— —	— —	— —	— —	— —	292 （11.5）	— —
B	165 （6.5）	190 （7.48）	216 （8.5）	— —	241 （9.5）	— —	292 （11.5）
B	164 （6.46）	190 （7.48）	216 （8.5）	— —	241 （9.5）	— —	295 （11.6）
C	95.3 （3.75）	117 （4.63）	124 （4.88）	— —	156 （6.13）	— —	165 （6.5）
D	20.6 （0.81）	22.3 （0.88）	23.9 （0.94）	— —	28.6 （1.13）	— —	31.8 （1.25）
D	19.9 （0.78）	22.3 （0.88）	23.9 （0.94）	— —	28.6 （1.13）	— —	33.3 （1.31）
E	104 （4.09）	127 （5）	127 （5）	176 （6.93）	169 （6.65）	176 （6.93）	157 （6.2）
F	76 （3）	97 （3.82）	97 （3.82）	116 （4.57）	106 （4.17）	116 （4.57）	106 （4.2）
H_1	31 （1.22）	36 （1.42）	36 （1.42）	56 （2.2）	52 （2.04）	56 （2.2）	65 （2.6）
H_2	68 （2.68）	76 （3）	76 （3）	105 （4.13）	104 （4.09）	105 （4.13）	90 （3.5）
J	13 （0.51）	17 （0.67）	17 （0.67）	19 （0.75）	19 （0.75）	19 （0.75）	19 （0.75）
K	19 （0.75）	24 （0.94）	24 （0.94）	25 （0.98）	25 （0.98）	25 （0.98）	25 （0.98）
K	24 （0.94）	29 （1.14）	29 （1.14）	32 （1.26）	32 （1.26）	32 （1.26）	32 （1.26）
L	19 （0.75）	22.2 （0.87）	22.2 （0.87）	27 （1.06）	27 （1.06）	27 （1.06）	27 （1.06）
O	34.9 （1.37）	42.9 （1.69）	50.8 （2）	— —	73 （2.87）	92 （3.62）	92 （3.62）
O	51 （2.01）	64 （2.52）	70 （2.76）	— —	90.5 （3.56）	108 （4.25）	108 （4.25）
*U*①	261 （10.3）	261 （10.3）	261 （10.3）	495 （19.5）	495 （19.5）	495 （19.5）	495 （19.5）
*Z*②	21.7 （0.86）	27.1 （1.07）	33.8 （1.33）	48.6 （1.92）	61.1 （2.41）	— —	— —
*ZA*③	9.53 （0.38）	12.7 （0.5）	12.7 （0.5）	12.7 （0.5）	15.9 （0.63）	— —	— —
重量/kg	2.5/5.3	6.8/9.0	6.8/10	22	19.5	21/24.5	21.3

① 旋塞中心到手柄末端长度。

② 承插焊孔直径。

③ 承插焊孔深度。

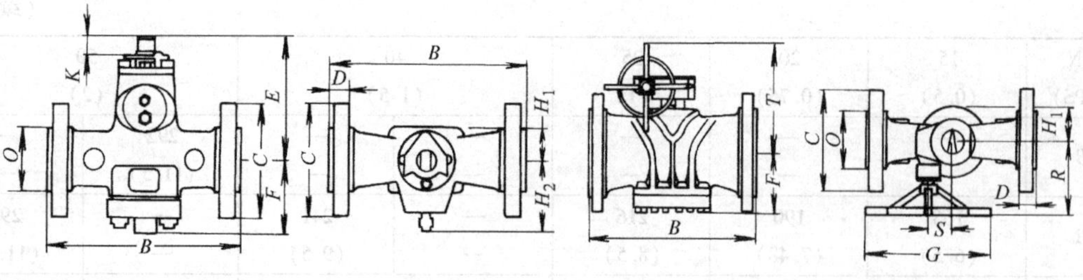

图 3-279 压力平衡式倒圆锥形旋塞阀

a) 手动 b) 蜗杆传动

表 3-279 CL600 标准型(DN80 ~ DN300)主要外形尺寸、连接尺寸和重量

[单位:mm(in)]

DN (NPS)	80 (3)	100 (4)	150 (6)	200 (8)	250 (10)	300 (12)
B	356 (14)	432 (17)	559 (22)	660 (26)	787 (31)	838 (33)
B	356 (14)	432 (17)	559 (22)	660 (26)	787 (31)	838 (33)
B	359 (14.1)	435 (17.1)	562 (22.1)	664 (26.1)	791 (31.1)	841 (33.1)
C	210 (8.25)	273 (10.75)	356 (14)	419 (16.5)	508 (20)	559 (22)
D	38.2 (1.50)	44.5 (1.75)	54.0 (2.13)	62.0 (2.44)	70.0 (2.76)	73 (2.88)
D	39.7 (1.56)	46.0 (1.81)	55.6 (2.19)	63.6 (2.5)	71.4 (2.81)	74.6 (2.94)
E	217 (8.54)	232 (9.13)	— —	— —	— —	— —
F	143 (5.63)	165 (6.5)	248 (9.75)	298 (11.8)	313 (12.3)	375 (14.8)
G	— —	— —	578 (22.8)	788 (31)	788 (31)	559 (22)
H_1	85 (3.35)	93 (3.66)	146 (5.75)	193 (7.6)	210 (8.25)	216 (8.5)
H_2	116 (4.57)	133 (5.24)	— —	— —	— —	— —
K	26 (1.02)	26 (1.02)	— —	— —	— —	— —
K	34 (1.34)	34 (1.34)	— —	— —	— —	— —
O	127 (5)	157 (6.18)	216 (8.5)	270 (10.6)	324 (12.8)	381 (15)

（续）

DN (NPS)	80 (3)	100 (4)	150 (6)	200 (8)	250 (10)	300 (12)
O	146 (5.75)	175 (6.89)	241 (9.49)	302 (11.9)	356 (14)	413 (16.3)
R	— —	— —	324 (12.8)	437 (17.2)	437 (17.2)	390 (15.4)
S	— —	— —	133 (5.25)	195 (7.68)	195 (7.68)	53.6 (2.1)
T	— —	— —	568 (22.4)	745 (29.3)	775 (30.5)	704 (27.7)
*U*①	685 (27)	915 (36)	— —	— —	— —	— —
重量/kg	41/46	51/85	168/254	284/406	412/584	488/620

① 旋塞中心到手柄末端长度。

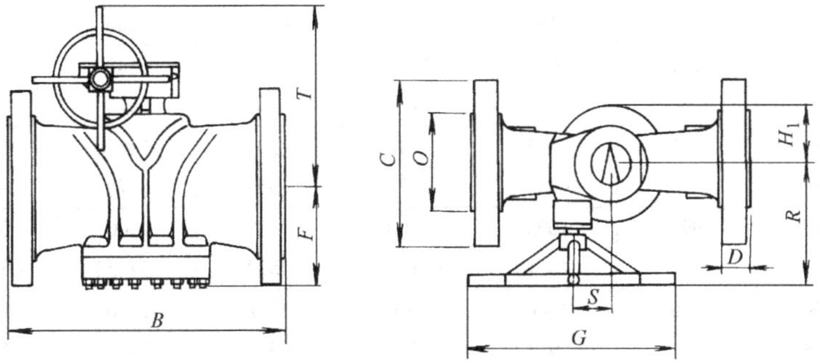

图 3-280 压力平衡式倒圆锥形旋塞阀

表 3-280 CL600 文丘里型(DN150 ~ DN300)主要外形尺寸、连接尺寸和重量

[单位:mm(in)]

DN (NPS)	150 (6)	200 (8)	250 (10)	300 (12)	DN (NPS)	150 (6)	200 (8)	250 (10)	300 (12)
B	559 (22)	660 (26)	787 (31)	838 (33)	H_1	117 (4.6)	127 (5)	208 (8.19)	222 (8.74)
B	559 (22)	660 (26)	787 (31)	838 (33)	*O*	216 (8.5)	270 (10.6)	324 (12.8)	381 (15)
B	562 (22.1)	664 (26.1)	791 (31.1)	841 (33.1)	*O*	241 (9.5)	306 (12)	355 (14)	413 (16.3)
C	356 (14)	419 (16.5)	508 (20)	559 (22)	*R*	308 (12.1)	308 (12.1)	437 (17.2)	437 (17.2)
D	54 (2.13)	62 (2.44)	70 (2.75)	73 (2.88)	*S*	104 (4.09)	104 (4.09)	195 (7.7)	195 (7.7)
D	55.6 (2.19)	63.6 (2.5)	71.4 (2.81)	74.6 (2.94)	*T*	515 (20.3)	580 (22.8)	742 (29.2)	773 (30.4)
F	187 (7.36)	247 (9.72)	306 (12.0)	335 (13.2)	重量/kg	150	304	437	435/616
G	578 (22.8)	578 (22.8)	788 (31)	788 (31)					

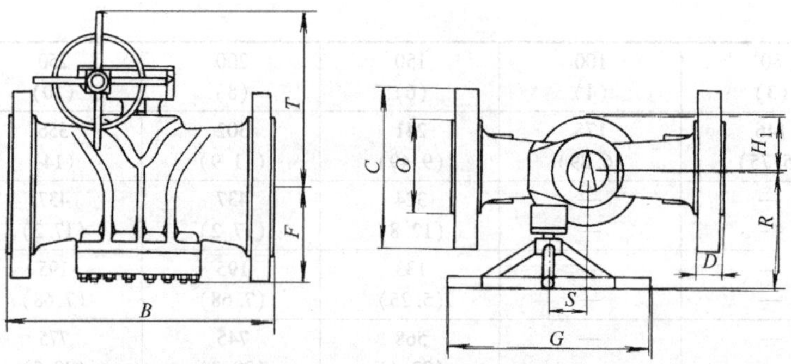

图 3-281 压力平衡式倒圆锥形旋塞阀

表 3-281 CL600 文丘里型(DN350~DN900)主要外形尺寸、连接尺寸和重量

[单位:mm(in)]

DN (NPS)	350 (14)	400 (16)	450 (18)	500 (20)	600 (24)	650 (26)	750 (30)	900 (36)
B	889 (35)	991 (39)	1092 (43)	1194 (47)	1397 (55)	1448 (57)	1651 (65)	2083 (82)
B	889 (35)	991 (39)	1092 (43)	1194 (47)	1397 (55)	1448 (57)	1651 (65)	2083 (82)
B	892 (35.1)	994 (39.1)	1095 (43.1)	1200 (47.2)	1407 (55.4)	1460 (57.5)	1664 (65.5)	2098 (82.6)
C	603 (23.8)	686 (27)	743 (29.3)	813 (32)	940 (37)	1016 (40)	1130 (44.5)	1314.5 (51.75)
D	76.2 (3)	82.5 (3.25)	89.0 (3.5)	95.4 (3.75)	108 (4.25)	114.3 (4.5)	120.6 (4.75)	130.3 (5.13)
D	77.8 (3.06)	84.1 (3.31)	90.5 (3.56)	98.5 (3.88)	112.7 (4.44)	120.8 (4.75)	127 (5)	138.2 (5.44)
F	375 (14.8)	429 (16.9)	464 (18.3)	477 (18.8)	496 (19.5)	496 (19.5)	—	—
G	814 (32)	814 (32)	814 (32)	814 (32)	660 (26)	660 (26)	—	—
H_1	246 (9.69)	268 (10.6)	296 (11.7)	381 (15)	432 (17)	432 (17)	—	—
O	413 (16.3)	470 (18.5)	533 (21)	584 (23)	692 (27.2)	749 (29.5)	857 (33.75)	1022.4 (40.25)
O	457 (18)	508 (20)	575 (22.6)	635 (25)	749 (29.5)	810 (31.9)	917 (36.1)	1092.2 (43)
R	500 (19.7)	500 (19.7)	500 (19.7)	530 (20.9)	585 (23)	585 (23)	—	—
S	53.5 (2.1)	53.5 (2.1)	53.5 (2.1)	97 (3.8)	237 (9.3)	237 (9.3)	—	—
T	825 (32.5)	845 (33.3)	900 (35.4)	945 (37.2)	870 (34.3)	870 (34.3)	—	—
重量/kg	864	1168	1653	1850	2161	—	—	—

5）主要生产厂家：浙江福瑞科流控机械有限公司。

3.6 隔膜阀

3.6.1 概述

隔膜阀是在阀体和阀盖内装有一挠性隔膜或组合隔膜，其关闭件是与隔膜相连接的一种压缩装置。阀座可以是如图 3-282 所示的堰形，也可以是如图 3-283 所示的成为直通流道的管壁。

隔膜阀的优点是其操纵机构与介质通路隔开，不但保证了工作介质的纯净，同时也防止管路中介质冲击操纵机构工作部件的可能性。此外，阀杆处不需要采用任何形式的单独密封，除非在控制有害介质中作为安全设施使用。

隔膜阀中，由于工作介质接触的仅仅是隔膜和阀体，两者均可以采用多种不同的材料，因此该阀能理想地控制多种工作介质，尤其适合带有化学腐蚀性或悬浮颗粒的介质。

隔膜阀的工作温度通常受隔膜和阀体衬里所使用材料的限制，它的工作温度范围大约为 -50 ~ 175℃。

隔膜阀结构简单，只由阀体、隔膜和阀盖组合件三个主要部件构成。该阀易于快速拆卸和维修，更换隔膜可以在现场及短时间内完成。

操纵机构和介质通路隔开使隔膜阀不仅适用于食品和医药卫生工业生产，而且也适用于一些难以输送的和危险的介质。更多种人造合成橡胶和工程塑料的应用，以及更广泛地选择阀体衬里材料，使隔膜阀在现代工业的各个领域都得到广泛的应用。

3.6.2 隔膜阀的分类

隔膜阀的种类很多，而且有多种分类方法，但由于隔膜阀的用途主要取决于阀体衬里材料和隔膜材料，所以就从以下几方面分类。

(1) 按结构型式分类

1) 堰式隔膜阀。堰式隔膜阀如图 3-282 所示，只需用较小的操作力和较短的隔膜行程即可启闭阀门，因此减少了隔膜的挠变量，延长了隔膜的寿命，减少了维修和停机时间，降低了生产成本。使用最为广泛。

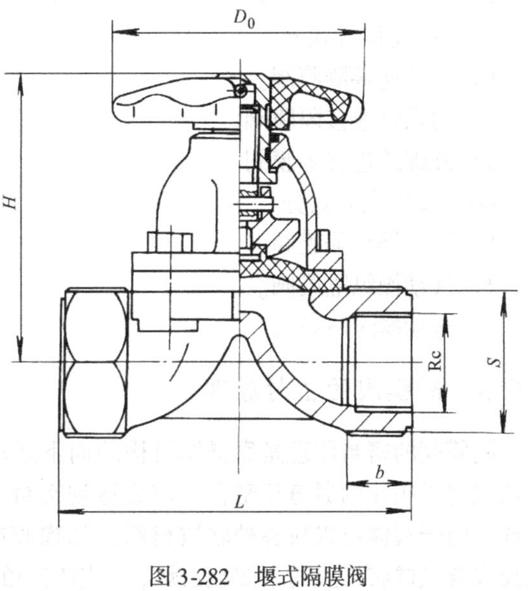

图 3-282　堰式隔膜阀

隔膜的材料可以是人造合成橡胶或者带有合成橡胶衬里的聚四氟乙烯。隔膜与承压套相连，承压套再与带螺纹的阀杆相连，关闭阀门时，隔膜被压下，与阀体堰形构造密封，或者与阀门内腔轮廓密封，或者与阀体内的某一部位密封，这取决于阀门的内部结构设计。

标准的堰式隔膜阀也可以使用于真空中，不过用于高真空时，隔膜必须特殊增强。

堰式隔膜阀在关闭至接近 2/3 开启位置时，也可以用于流量控制。但是，为了防止密封面受到腐蚀物质和在液体介质中引起气蚀损害，应尽量避免在接近关闭位置时进行流量控制。

2）直通式隔膜阀。如图 3-283 所示。这种结构的隔膜阀，由于没有堰，流体在阀门内腔直流。基于该阀的这一特点，它特别适用于某些黏性流体、水泥浆及沉淀性流体。

直通式隔膜阀相对于堰式隔膜阀来说，隔膜的行程较长。因此，这种结构使隔膜选择合成橡胶材料的范围受到了限制。

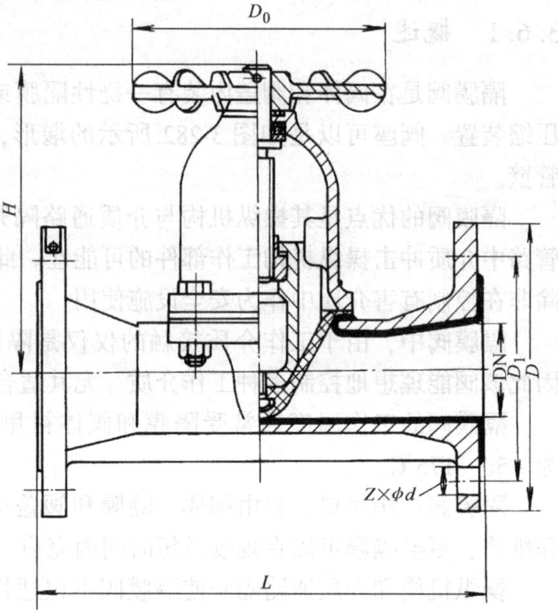

图 3-283　直通式隔膜阀

（2）按密封副的材质分

1）阀体衬耐酸搪瓷，隔膜用氯丁橡胶及聚四氟乙烯的隔膜阀。

2）阀体衬聚四氟乙烯，隔膜用氯丁橡胶及聚四氟乙烯的隔膜阀。

3）阀体不加衬阀体材料为铸铁、铸钢、不锈钢、钝钛，隔膜用氯丁橡胶或耐酸碱橡胶的隔膜阀。

4）阀体衬多种橡胶，隔膜用氯丁橡胶的隔膜阀。

（3）按工作压力分

1）真空隔膜阀：工作压力低于标准大气压的隔膜阀。

2）低压隔膜阀：公称压力≤PN16 或公称压力级≤CL150 的隔膜阀。

（4）按工作温度分

1）常温隔膜阀：$-29℃ \leq t \leq 120℃$的隔膜阀。

2）低温隔膜阀：$-100℃ < t < -29℃$的隔膜阀。

（5）按连接方式分

1）法兰连接隔膜阀。

2）内螺纹连接隔膜阀。

3）外螺纹连接隔膜阀。

（6）按操纵方式分

1）手动操纵隔膜阀。

2）气动操纵隔膜阀。

3）电动操纵隔膜阀。

3.6.3　隔膜阀的密封原理

隔膜阀的密封原理是靠操作机构的向下运动压下隔膜或隔膜组合件与堰式的衬里阀体或直通式衬里阀体的通道相密合，使之达到密封。密封比压的大小靠关闭件向下的压力大小来实现。由于阀体可以衬各种软质材料，如橡胶或聚四氟乙烯等；隔膜也是软质材料制成，如橡胶或合成橡胶衬里的聚四氟乙烯，故用较小的密封力就能达到完全密封。

隔膜阀只有阀体、隔膜和阀盖组合件三个主要部件。隔膜把下部阀体内腔与上部阀盖内腔隔开，使位于隔膜上方的阀杆、阀杆螺母、阀瓣、气动控制机构、电动控制机构等零部件不与介质接触，且不会产生介质外漏，省去了填料函的密封结构。

3.6.4 隔膜阀所适用的场合

隔膜阀是一种特殊形式的截断阀，其启闭件是一块用软质材料制成的隔膜，它将阀体内腔与阀盖内腔隔开。

由于受阀体衬里工艺和隔膜制造工艺的限制，较大的阀体衬里和较大的隔膜制造工艺都很难，故隔膜阀不宜用于较大的管径，一般应用在≤DN200 以下的管路上。

由于受隔膜材料的限制，隔膜阀适用于低压及温度不高的场合。一般不要超过 180℃。

由于隔膜阀具有良好的防腐性能，故一般多用于腐蚀性介质的装置和管路上。

由于隔膜阀的使用温度适用介质受隔膜阀阀体衬里材料和隔膜材料的限制，隔膜阀阀体衬里材料推荐使用的温度和适用的介质见表 3-282；隔膜阀隔膜材料推荐使用的温度和适用的介质见表 3-283。

表 3-282　隔膜阀阀体衬里材料推荐使用的温度和适用介质

衬里材料（代号）	使用温度/℃	适用介质
硬橡胶（NR）	-10~85	盐酸、30%硫酸、50%氢氟酸、80%磷酸、碱、盐类、镀金属溶液、氢氧化钠、氢氧化钾、中性盐水溶液、10%次氯酸钠、湿氯气、氨水、大部分醇类、有机酸及醛类等
软橡胶（BR）	-10~85	水泥、黏土、煤渣灰、颗粒状化肥及磨损性较强的固态流体、各种浓度稠黏液等
氯丁胶（CR）	-10~85	动植物油类、润滑剂及 pH 变化范围很大的腐蚀性泥浆等
丁基胶（IIR）	-10~120	有机酸、碱和氢氧化合物、无机盐及无机酸、元素气体、醇类、醛类、醚类、酮类、酯类等
聚全氟乙丙烯塑料（FEP）	≤150	除熔融碱金属、元素氟及芳香烃类外的盐酸、硫酸、王水、有机酸、强氧化剂、浓稀酸交替、酸碱交替和各种有机溶剂等
聚偏氟乙烯塑料（PVDF）	≤100	
聚四氟乙烯和乙烯共聚物（ETFE）	≤120	
可熔性聚四氟塑料（PFA）	≤180	
聚三氟氯乙烯塑料（PCTFE）	≤120	
搪瓷	≤100 切忌温差急变	除氢氟酸、浓磷酸及强碱外的其他低度耐蚀性介质
铸铁无衬里	使用温度按隔膜材料定	非腐蚀性介质
不锈钢无衬里		一般腐蚀性介质

注：表中百分数均指质量分数。

表 3-283　隔膜阀隔膜材料推荐使用的温度和适用介质

隔膜材料（代号）	使用温度/℃	适用介质
氯丁胶（CR）	-10~85	动植物油类、润滑剂及 pH 变化范围很大的腐蚀性泥浆等
天然胶（Q 级）	-10~100	无机盐、净化水、污水、无机稀酸类
丁基胶（B 级）	-10~120	有机酸、碱和氢氧化合物、无机盐及无机酸、元素气体、醇类、醛类、醚类、酮类、酯类等

（续）

隔膜材料（代号）	使用温度/℃	适　用　介　质
乙丙胶（EPDM）	≤120	盐水、40%硼水、5%~15%硝酸及氢氧化钠等
丁腈胶（NBR）	-10~85	水、油品、废气及治污废液等
聚全氟乙丙烯塑料（FEP）	-10~150	除熔融碱金属、元素氟及芳香烃类外的盐酸、硫酸、王水、有机酸、强氧化剂、浓稀酸交替、酸碱交替和各种有机溶剂等
可熔性聚四氟乙烯塑料（PFA）	≤180	
氟橡胶（FPM）	-10~150	耐介质腐蚀性高于其他橡胶，适用于无机酸、碱、油品、合成润滑油及臭氧等

注：表中百分数均指质量分数。

3.6.5　隔膜阀的选用原则

1）根据隔膜阀的压力-温度等级和流量特性曲线选择。

①隔膜阀的压力-温度等级曲线（图3-284）。②堰式隔膜阀的流量特性曲线（图3-285）。

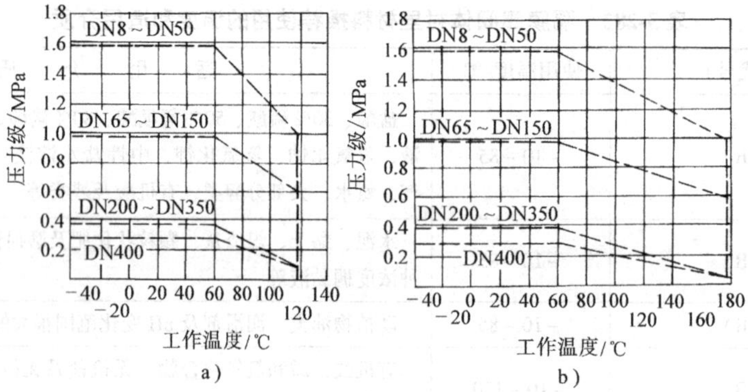

图3-284　隔膜阀的压力-温度等级曲线

a）衬胶隔膜阀的压力-温度等级曲线

b）衬聚四氟乙烯隔膜阀的压力-温度等级曲线

2）各种腐蚀性介质管路上，工作温度≤180℃、公称压力≤PN16、公称尺寸≤DN200，推荐的衬里材料见表3-282，推荐的隔膜材料见表3-283。

3）研磨颗粒性介质选择堰式隔膜阀。

4）黏性流体、水泥浆及沉淀性介质选择直通式隔膜阀。

5）除了特定品种外，隔膜阀不宜使用在真空管路和真空设备上。

6）食品工业和医药卫生工业生产的设备上和管路上宜选用隔膜阀。

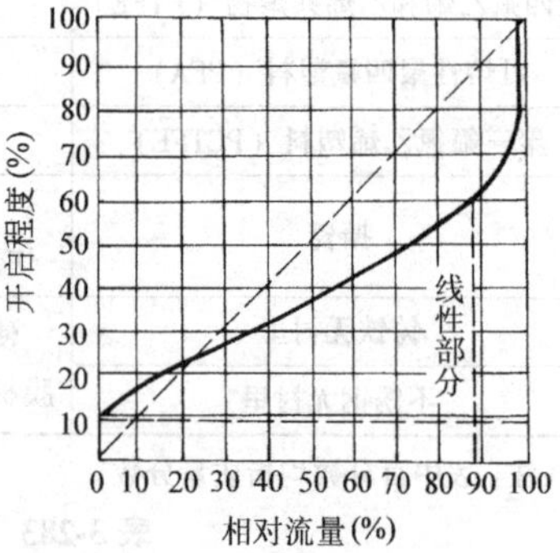

图3-285　堰式隔膜阀的流量特性曲线

3.6.6　隔膜阀产品介绍

（1）G41C-6型衬搪瓷隔膜阀

1）主要性能规范（表3-284）。

表3-284　G41C-6型衬搪瓷隔膜阀主要性能规范

公称压力PN	试验压力 p_s/MPa		工作压力 p/MPa		适用介质	工作温度 t/℃
	壳　体	密　封	DN15～DN150	DN200、DN250		
6	0.9	0.66	0.6	0.4	一般腐蚀性流体	≤100

2）主要零件材料（表3-285）。

表3-285　G41C-6型衬搪瓷隔膜阀主要零件材料

零件名称	阀　体	阀盖、阀瓣	阀　杆	隔　膜	手　轮
材　料	HT200（衬耐酸搪瓷）	HT200	35	氯丁橡胶及氟塑料	HT200

3）主要外形尺寸、连接尺寸和重量（图3-286、表3-286）。

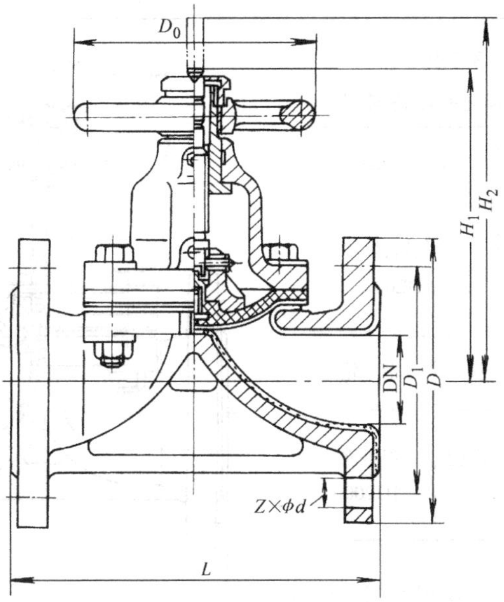

图3-286　主要外形尺寸、连接尺寸

表3-286　主要外形尺寸、连接尺寸和重量

公称尺寸DN	尺　寸/mm							重量/kg
	L	D_1	D	D_0	$Z\times\phi d$	H_1	H_2	
15	125	65	95	100	$4\times\phi14$	105	112	3
20	135	75	105	100	$4\times\phi14$	116	125	3.8
25	145	85	115	120	$4\times\phi14$	123	137	5.6
32	160	100	135	120	$4\times\phi18$	134	152	7
40	180	110	145	140	$4\times\phi18$	155	175	8.9
50	210	125	160	140	$4\times\phi18$	171	191	12.2
65	250	145	180	200	$4\times\phi18$	206	240	20
80	300	160	195	200	$4\times\phi18$	220	260	26
100	350	180	215	280	$8\times\phi18$	272	324	38.3
125	400	210	245	280	$8\times\phi18$	338	406	64
150	460	240	280	320	$8\times\phi18$	380	460	87
200	570	295	335	400	$8\times\phi23$	506	626	143
250	680	350	390	500	$12\times\phi23$	590	726	262

（2）衬氟塑料隔膜阀

1）主要性能规范（表3-287）。

表3-287　衬氟塑料隔膜阀主要性能规范

型　号	公称压力 PN	试验压力 p_s/MPa		工作压力 p/MPa		适 用 介 质	工作温度 t/℃
		密　封	壳　体	DN15～DN150	DN200、DN250		
$G41F_{46}$-6	6	0.66	0.9	0.6	0.4	强腐蚀性流体	-50～150
G41F-6							≤120
$G41F_3$-6							-50～120
$G41F_3$-10	10	1.1	1.5	≤1.0			
$G41F_{46}$-10							-50～150

2）主要零件材料（表3-288）。

表3-288　衬氟塑料隔膜阀主要零件材料

零件名称	阀　　体	阀盖、阀瓣
材　　料	灰铸铁 HT200（衬多种氟塑料）	灰铸铁 HT200

零件名称	阀　杆	隔　膜	手　轮
材　　料	碳钢35	氯丁橡胶及氟塑料	灰铸铁 HT200

3）主要外形尺寸、连接尺寸和重量（图3-287、表3-289）。

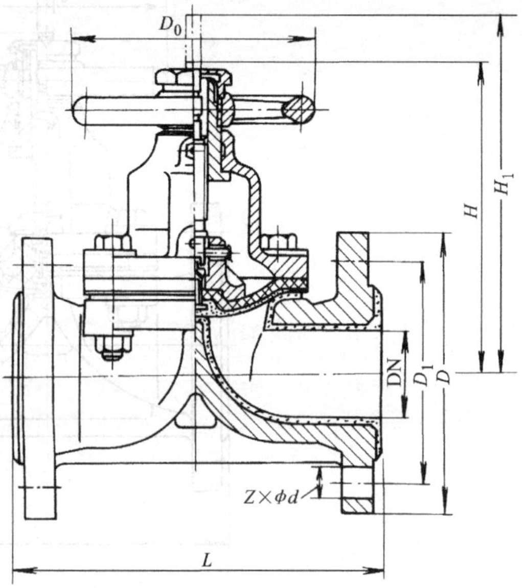

图3-287　衬氟塑料隔膜阀

表3-289　衬氟塑料隔膜阀主要尺寸及重量

公称尺寸 DN	尺　寸/mm							重量 /kg
	L	D_1	D	D_0	$Z\times\phi d$	H	H_1	
G41F-6、$G41F_{46}$-6、$G41F_3$-6								
15	125	65	95	60	4×φ18	90	97	4
20	135	75	105	70	4×φ18	95	104	4.5
25	145	85	115	120	4×φ14	125	139	5
32	160	100	135	120	4×φ18	136	154	7
40	180	110	145	140	4×φ18	163	183	9
50	210	125	160	140	4×φ18	175	210	14
65	250	145	180	200	4×φ18	215	249	20
80	300	160	195	200	4×φ18	230	270	26

（续）

公称尺寸 DN	尺　寸/mm							重量 /kg
	L	D_1	D	D_0	$Z \times \phi d$	H	H_1	
G41F-6、G41F$_{46}$-6、G41F$_3$-6								
100	350	180	215	280	8×ϕ18	282	334	40
125	400	210	245	320	8×ϕ18	340	408	62
150	460	240	280	320	8×ϕ22	382	462	83
200	570	295	335	400	8×ϕ22	509	629	152
250	680	350	390	500	12×ϕ22	610	746	245

公称尺寸 DN	尺　寸/mm							重量 /kg
	L	D	D_1	H_1	H_2	D_0	$Z \times \phi d$	
G41F$_3$-10、G41F$_{46}$-10								
15	125	95	65	105	111	100	4×ϕ14	3.5
20	135	105	75	116	126	100	4×ϕ14	4
25	145	115	85	116	135	120	4×ϕ14	5.5
32	160	135	100	121	154	120	4×ϕ18	8
40	180	145	110	136	176	140	4×ϕ18	10.5
50	210	160	125	156	195	140	4×ϕ18	14
65	250	180	145	169	234	200	4×ϕ18	23
80	300	195	160	200	256	200	4×ϕ18	29
100	350	215	180	270	322	280	8×ϕ18	46
125	400	245	210	338	406	320	8×ϕ18	70
150	460	280	240	370	450	320	8×ϕ23	95
200	570	335	295	478	598	400	8×ϕ23	170

（3）G41W-6、G41W-10、G41W-10A 型隔膜阀

1）主要性能规范（表 3-290）。

表 3-290　G41W-6、G41W-10、G41W-10A 型隔膜阀主要性能规范

型　号	公称压力 PN	试验压力 p_s/MPa		工作压力 p/MPa	工作温度 t/℃	适用介质
		密　封	壳　体			
G41W-6	6	0.66	0.9	0.6	≤100	非腐蚀性流体
G41W-10	10	1.0	1.5	1.0		
G41W-10A						氧化性腐蚀介质

2）主要零件材料（表 3-291）。

表 3-291　G41W-6、G41W-10、G41W-10A 型隔膜阀主要零件材料

零件名称	阀体、阀盖、阀瓣	阀　杆	隔　膜	手　轮
G41W-6 G41W-10	HT200	35	氯丁橡胶	HT200
G41W-10A	钝钛	钛合金	耐酸碱橡胶	

3）主要外形尺寸、连接尺寸和重量（图 3-288、表 3-292）。

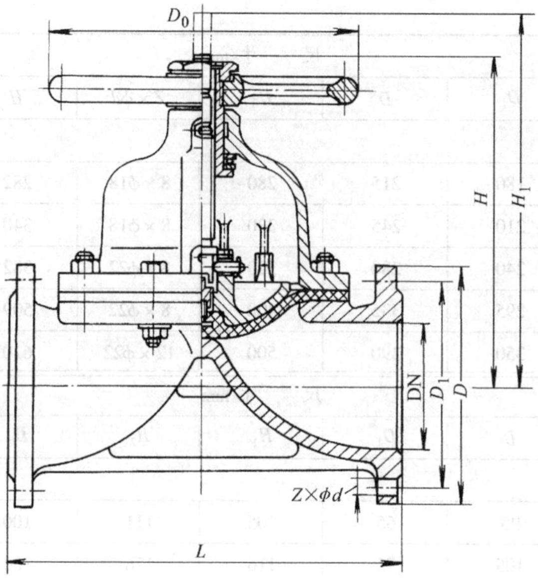

图 3-288　隔膜阀

表 3-292　G41W-6、G41W-10、G41W-10A 型隔膜阀主要尺寸及重量

型　号	公称尺寸 DN	尺寸/mm							重量 /kg
		L	D_1	D	D_0	$Z\times\phi d$	H	H_1	
G41W-6	25	145	85	115	120	4×φ14	120	134	4.5
	32	160	100	135	120	4×φ18	132	150	7.0
	40	180	110	145	140	4×φ18	152	172	8.5
	50	210	125	160	140	4×φ18	169	195	11.5
	65	250	145	180	200	4×φ18	203	237	18
	80	300	160	195	200	4×φ18	218	258	24
	100	350	180	215	280	8×φ18	269	321	38
	125	400	210	245	320	8×φ18	335	403	59.5
	150	460	240	280	320	8×φ23	378	458	78.0
	200	570	295	335	400	8×φ23	506	626	142
	250	680	350	390	500	12×φ23	585	721	240
	300	790	400	440	560	12×φ23	684	764	330
	350	900	460	500	560	16×φ23	708	868	370
	400	1000	515	565	640	16×φ25	852	1062	580
G41W-10 G41W-10A	25	145	85	115	120	4×φ14	120	134	4.5
	32	160	100	135	120	4×φ18	132	150	7.0
	40	180	110	145	140	4×φ18	152	172	8.5
	50	210	125	160	140	4×φ18	169	195	11.5
	65	250	145	180	200	4×φ18	203	237	18
	80	300	160	195	200	4×φ18	218	258	24
	100	350	180	215	280	8×φ18	269	321	38
	125	400	210	245	320	8×φ18	335	403	59.5
	150	460	240	280	320	8×φ23	378	458	78

（4）G41J-6、G41J-10 型衬胶隔膜阀

1）主要性能规范（表 3-293）。

表 3-293　G41J-6、G41J-10 型衬胶隔膜阀主要性能规范

型　号	公称压力 PN	试验压力 p_s/MPa		工作压力 p/MPa			适 用 介 质	工作温度 t/℃
		壳　体	密　封	DN25 ~ DN150	DN200 ~ DN400	DN400		
G41J-6	6	0.9	0.66	0.6	0.4	0.25	一般腐蚀性流体	≤80
G41J-10	10	1.5	1.1	1.0				

2）主要零件材料（表 3-294）。

表 3-294　G41J-6、G41J-10 型衬胶隔膜阀主要零件材料

零件名称	阀　　体	阀盖、阀瓣	阀　　杆	隔　　膜	手　　轮
材　　料	灰铸铁（衬硬橡胶）	灰铸铁	碳钢 35	氯丁橡胶	灰铸铁 HT200

3）主要外形尺寸、连接尺寸和重量（图 3-289、表 3-295）。

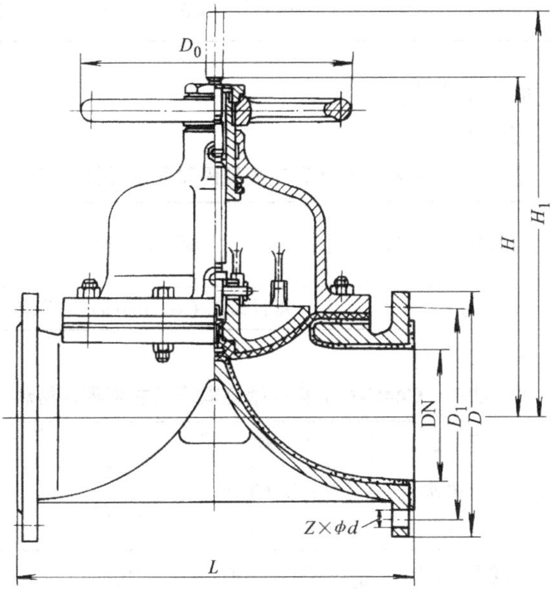

图 3-289　衬胶隔膜阀

表 3-295　G41J-6、G41J-10 型衬胶隔膜阀主要尺寸及重量

型　号	公称尺寸 DN	尺　寸/mm							重量 /kg
		L	D_1	D	D_0	$Z\times\phi d$	H	H_1	
G41J-6	25	145	85	115	120	$4\times\phi14$	121	135	4.5
	32	160	100	135	120	$4\times\phi18$	132	150	7
	40	180	110	145	140	$4\times\phi18$	156	176	9
	50	210	125	160	140	$4\times\phi18$	169	195	12
	65	250	145	180	200	$4\times\phi18$	202	236	18
	80	300	160	195	200	$4\times\phi18$	216	256	24.5
	100	350	180	215	280	$8\times\phi18$	270	322	38.5
	125	400	210	245	320	$8\times\phi18$	338	406	60
	150	460	240	280	320	$8\times\phi23$	384	464	78.5
	200	570	295	335	400	$8\times\phi23$	518	638	143
	250	680	350	390	500	$12\times\phi23$	598	734	240
	300	790	400	440	560	$12\times\phi23$	698	778	334
	350	900	460	500	560	$16\times\phi23$	723	883	371
	400	1000	515	565	640	$16\times\phi25$	868	1078	584

（续）

型　号	公称尺寸 DN	尺寸/mm L	D_1	D	D_0	$Z\times\phi d$	H	H_1	重量 /kg
G41J-10	25	145	85	115	120	$4\times\phi14$	121	135	4.5
	32	160	100	135	120	$4\times\phi18$	132	150	7
	40	180	110	145	140	$4\times\phi18$	156	176	9
	50	210	125	160	140	$4\times\phi18$	169	195	12
	65	250	145	180	200	$4\times\phi18$	202	236	18.5
	80	300	160	195	200	$4\times\phi18$	216	256	24.5
	100	350	180	215	280	$8\times\phi18$	270	322	38.5
	125	400	210	245	320	$8\times\phi18$	338	406	60.5
	150	460	240	280	320	$8\times\phi23$	384	464	78.5

（5）G44C-6 型真空搪瓷隔膜阀

1）主要性能规范（表 3-296）。

表 3-296　G44C-6 型真空搪瓷隔膜阀主要性能规范

公称压力 PN	工作压力 p/MPa	适用介质	工作温度 t/℃
6	0.6	短暂真空（≤1.0MPa）的蒸馏水	≤100

2）主要零件材料（表 3-297）。

表 3-297　G44C-6 型真空搪瓷隔膜阀主要零件材料

零件名称	阀　体	阀　盖	阀　瓣	阀　杆	隔　膜	手　轮
材　料	灰铸铁 HT200（衬普通搪瓷）	灰铸铁 HT200	灰铸铁 HT200（与隔膜连接）	碳钢 35	氯丁橡胶	灰铸铁 HT200

3）主要外形尺寸、连接尺寸和重量（图 3-290、表 3-298）。

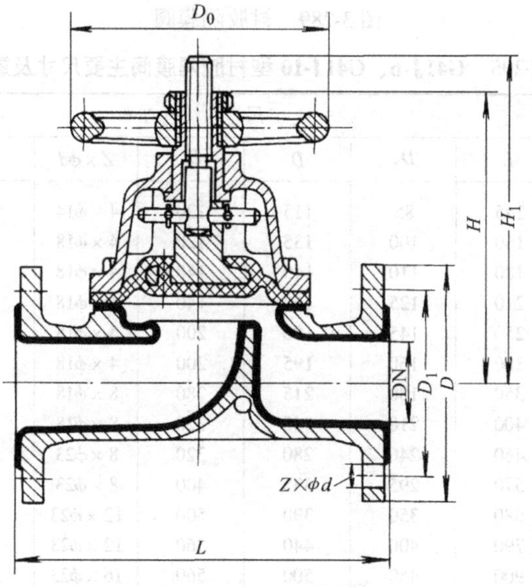

图 3-290　真空搪瓷隔膜阀

表 3-298　G44C-6 型真空搪瓷隔膜阀主要尺寸及重量

公称尺寸 DN	尺寸/mm							重量 /kg
	L	D_1	D	D_0	$Z\times\phi d$	H	H_1	
50	230	110	140	160	$4\times\phi14$	177	194	12
80	310	150	185	200	$4\times\phi18$	222	246	23
125	400	200	235	280	$8\times\phi18$	312	342	56

(6) G44SP-10 型 Y 形角式隔膜阀

1）主要性能规范（表 3-299）。

表 3-299　G44SP-10 型 Y 形角式隔膜阀主要性能规范

公称压力 PN	试验压力 p_s/MPa		工作温度 t/℃	适用介质
	壳体	密封		
10	1.5	1.1	-30~100	酸、碱等腐蚀性介质

2）主要零件材料（表 3-300）。

表 3-300　G44SP-10 型 Y 形角式隔膜阀主要零件材料

零件名称	阀体、阀瓣、阀盖	阀体衬里	隔膜	阀杆	阀杆螺母	手轮
材料	铸铁	耐腐蚀涂层	合成橡胶	不锈钢	青铜	可锻铸铁

3）主要外形尺寸、连接尺寸和重量（图 3-291、表 3-301）。

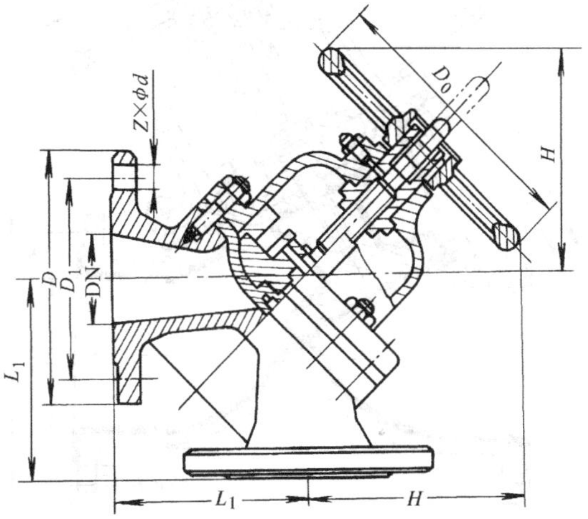

图 3-291　Y 形角式隔膜阀

表 3-301　G44SP-10 型 Y 形角式隔膜阀主要尺寸及重量

公称尺寸 DN	尺寸/mm						重量 /kg
	L_1	D_1	D	$Z\times\phi d$	D_0	H	
25	100	85	115	$4\times\phi14$	120	80	4.5
32	105	100	140	$4\times\phi18$	120	100	6.5
40	115	110	150	$4\times\phi18$	120	100	8
50	125	125	165	$4\times\phi18$	120	110	13
65	145	145	185	$4\times\phi18$	200	160	19
80	155	160	200	$8\times\phi18$	200	160	25
100	175	180	220	$8\times\phi18$	250	212	36
125	200	210	250	$8\times\phi18$	320	220	50
150	225	240	285	$8\times\phi22$	320	255	72

（7）G45J-6 型直流式衬胶隔膜阀

1）主要性能规范（表 3-302）。

表 3-302　G45J-6 型直流式衬胶隔膜阀主要性能规范

公称压力 PN	试验压力 p_s/MPa		工作压力 p/MPa		适用介质	工作温度 t/℃
	壳体	密封	DN50 ~ DN150	DN200、DN250		
6	0.9	0.66	0.6	0.4	一般腐蚀性流体	≤80

2）主要零件材料（表 3-303）。

表 3-303　G45J-6 型直流式衬胶隔膜阀主要零件材料

零件名称	阀体、阀瓣	阀盖	阀杆	隔膜	手轮
材料	HT200（衬硬橡胶）	HT200	35	氯丁橡胶	HT200

3）主要外形尺寸、连接尺寸和重量（图 3-292、表 3-304）。

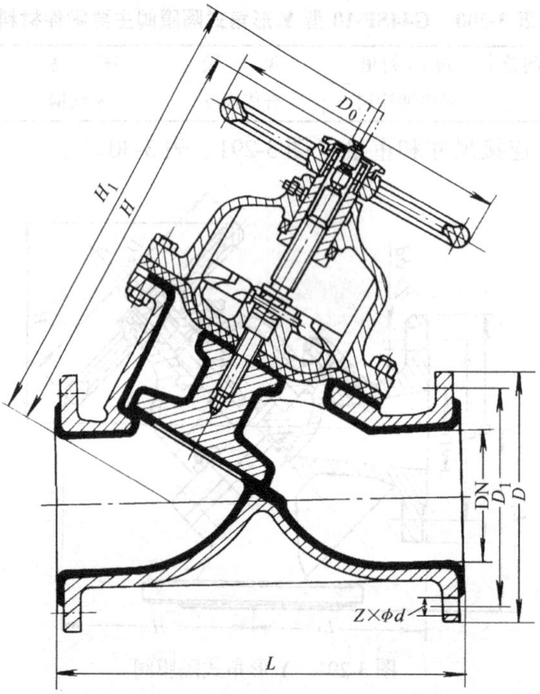

图 3-292　直流式衬胶隔膜阀

表 3-304　G45J-6 型直流式衬胶隔膜阀主要尺寸及重量

公称尺寸 DN	尺寸/mm							重量 /kg
	L	D_1	D	D_0	$Z\times\phi d$	H	H_1	
50	210	125	160	140	4 × φ18	213	229	14
80	300	160	195	200	4 × φ18	281	305	30
100	350	180	215	280	8 × φ18	332	362	42.3
150	460	240	280	320	8 × φ23	450	496	80
200	570	295	335	400	8 × φ23	594	654	150.2
250	680	350	390	500	12 × φ23	695	771	236.3

（8）G46W-10 型直通式隔膜阀

1）主要性能规范（表 3-305）。

表 3-305　G46W-10 型直通式隔膜阀主要性能规范

公称压力 PN	试验压力 p_s/MPa		工作压力 p/MPa		适用介质	工作温度 /℃
	壳　体	密　封	DN25～DN150	DN200		
10	1.5	1.1	1.0	0.6	非腐蚀性流体	≤100

2）主要零件材料（表 3-306）。

表 3-306　G46W-10 型直通式隔膜阀主要零件材料

零件名称	阀体、阀盖、阀瓣	阀　杆
材　　料	HT200	35
零件名称	隔　膜	手　轮
材　　料	氯丁橡胶	HT200

3）主要外形尺寸、连接尺寸和重量（图 3-293、表 3-307）。

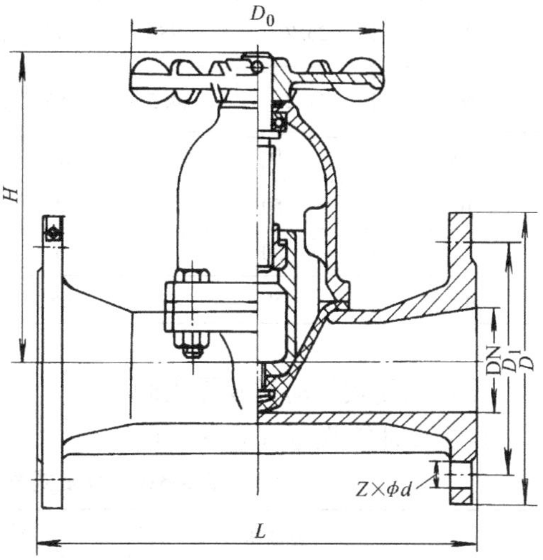

图 3-293　直通式隔膜阀

表 3-307　G46W-10 型直通式隔膜阀主要尺寸　（单位：mm）

DN	L	D_1	D	D_0	$Z\times\phi d$	H
25	128	80	108	120	4×ϕ16	146
40	—	—	—	—	—	—
50	190	120.5	152	120	4×ϕ19	163
65	—	—	—	—	—	—
80	250	152	191	230	4×ϕ19	220
100	305	190.5	230	280	8×ϕ19	262
125	352	216	254	280	8×ϕ22	290
150	405	242	278	360	8×ϕ22	371
200	521	298	342	370	8×ϕ22	410

注：该系列产品尚可按引进装置不同国家的标准制造。

（9）GM 系列高真空隔膜阀

1）主要性能参数（表 3-308）。

表 3-308　GM 系列高真空隔膜阀主要性能参数

适用范围 /Pa	阀门总体漏率 /（Pa/s）	工作介质	介质温度/℃		承受正压力 /Pa
			丁腈橡胶隔膜	氟橡胶隔膜	
10^{-5}～7×10^5	≤10^{-7}	空气及非腐蚀性气体	-25～80	-30～150	7×10^5

2）主要外形尺寸和连接尺寸（图3-294、表3-309）。

表3-309 GM系列高真空隔膜阀主要尺寸

（单位：mm）

DN	D_1	D_2	D_3
10	12.2	14	$30^{0}_{-0.13}$
25	26.2	28	$40^{0}_{-0.16}$
40	41.2	44.5	$55^{0}_{-0.19}$

DN	D_0	L
10	50	62
25	80	86
40	80	105

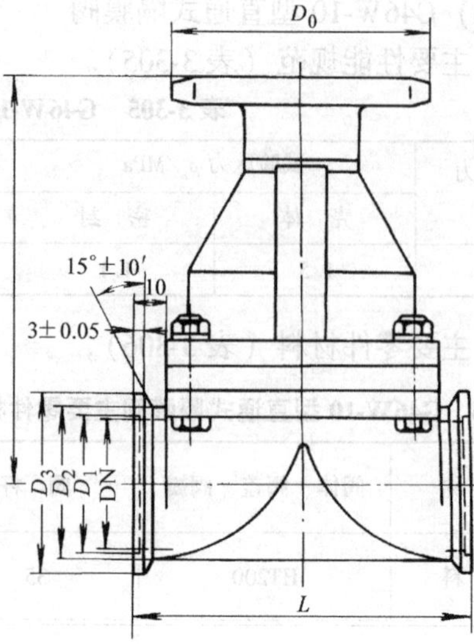

图3-294 高真空隔膜阀

（10）往复式气动衬胶隔膜阀

1）主要性能规范（表3-310）。

表3-310 往复式气动衬胶隔膜阀主要性能规范

型号	公称压力 PN	试验压力 p_s/MPa		适用介质	工作温度 /℃
		壳体	密封		
EG641J-6	6	0.9	0.66	一般腐蚀性流体	≤100
EG641J-10	10	1.5	1.1		
EG641J-16	16	2.4	1.76		

2）主要零件材料（表3-311）。

表3-311 往复式气动衬胶隔膜阀主要零件材料

零件名称	阀体	阀盖、阀瓣	气缸、气缸盖	螺杆、阀杆、指示杆	隔膜、薄膜	薄膜压板
材料	灰铸铁 HT200（衬多种橡胶）	灰铸铁 HT200	铸铝 ZL102	碳钢 35	氯丁橡胶	Q235-A

3）主要外形尺寸、连接尺寸和重量（图3-295、表3-312）。

表3-312 往复式气动衬胶隔膜阀主要尺寸及重量

型号	公称尺寸 DN	尺寸/mm							气动执行机构				重量 /kg
		L	D_1	D	D_0	$Z\times\phi d$	H	B	代号 ES	耗气量 /cm^3	气源压力 /MPa	气源接头 Rc/in	
EG641J-16	20	121	75	105	140	4×ϕ13.5	345	168	54	163.87	0.3	1/8	5.6
	25	131	85	115	140	4×ϕ13.5	350	168	54	196.65	0.3~0.4	1/8	6.8
	32	150	100	140	140	4×ϕ17.5	363	260	55	229.4	0.3~0.4	1/4	7.7
	40	163	110	150	140	4×ϕ17.5	430	260	55	1458.5	0.3~0.4	1/4	13.9
	50	194	125	165	140	4×ϕ17.5	440	260	55	3162.7	0.3~0.4	1/4	24.5

（续）

型　号	公称尺寸 DN	尺　寸/mm							气动执行机构				重量 /kg
		L	D_1	D	D_0	$Z\times\phi d$	H	B	代号 ES	耗气量 /cm³	气源压力 /MPa	气源接头 Rc/in	
EG641J-10	65	220	145	185	140	4 × ϕ17.5	455	260	55	3243	0.3 ~ 0.4	1/4	29
	80	258	160	200	165	8 × ϕ17.5	607	425	56	6636.8	0.4 ~ 0.5	1/4	63
	100	309	180	220	280	8 × ϕ17.5	810	425	57	6948	0.4 ~ 0.5	3/8	66
	125	362	210	250	280	8 × ϕ17.5	820	425	57	7374.2	0.4 ~ 0.5	3/8	75
	150	412	240	285	280	8 × ϕ22	926	549	58	10652	0.5	3/8	125
EG641J-6	200	529	295	340	280	8 × ϕ22	1010	549	58	16715	0.6	3/8	206

注：1. 气动形式的隔膜阀尚可附装反馈信号、限位器或定位器等装置，以适应自控、程控或调节流量的需要。
2. 气动阀门的反馈信号采用无触点传感技术。
3. 该系列阀门系引进英国 Saunders 阀门专有技术产品。
4. 采用薄膜式推进气缸替代活塞式气缸，排除了活塞环易损漏而导致无法推动阀门启闭的弊端。
5. 当气源发生故障时，尚可操作手轮使阀门启闭。

（11）往复式气动隔膜阀

1）主要性能规范（表 3-313）。

表 3-313　往复式气动隔膜阀主要性能规范

型　号	公称压力 PN	试验压力 p_s/MPa		适 用 介 质	工作温度 /℃
		壳　体	密　封		
EG641W-6	6	0.9	0.66	非腐蚀性介质	≤100
EG641W-10	10	1.5	1.1		
EG641W-16	16	2.4	1.76		

2）主要零件材料（表 3-314）。

表 3-314　往复式气动隔膜阀主要零件材料

零件名称	阀体、阀盖、阀瓣	螺杆、阀杆、指示杆	隔膜、薄膜	薄膜压板
材　　料	HT200	碳钢 35	氯丁橡胶	Q235-A

3）主要外形尺寸、连接尺寸及重量（图 3-296、表 3-315）。

表 3-315　往复式气动隔膜阀主要尺寸及重量

型　号	公称尺寸 DN	尺　寸/mm						气动执行机构				重量 /kg
		L	D_1	D	D_0	$Z\times\phi d$	B	代号 ES	耗气量 /cm³	气源压力 /MPa	气源接头 Rc/in	
EG641W-16	20	117	75	105	140	4 × ϕ13.5	168	54	163.87	0.3	1/8	5.6
	25	127	85	115	140	4 × ϕ13.5	168	54	196.65	0.3 ~ 0.4	1/8	6.8
	32	146	100	140	140	4 × ϕ17.5	260	55	229.4	0.3 ~ 0.4	1/4	7.7
	40	159	110	150	140	4 × ϕ17.5	260	55	1458.5	0.3 ~ 0.4	1/4	13.6
	50	190	125	165	140	4 × ϕ17.5	260	55	3162.7	0.3 ~ 0.4	1/4	24

（续）

型　号	公称尺寸DN	尺寸/mm						气动执行机构				重量/kg
		L	D_1	D	D_0	$Z\times\phi d$	B	代号ES	耗气量/cm^3	气源压力/MPa	气源接头Rc/in	
	65	216	145	185	140	$4\times\phi17.5$	260	55	3243	0.3～0.4	1/4	28.7
	80	254	160	200	165	$8\times\phi17.5$	318	56	6636.8	0.4～0.5	1/4	62.5
EG641W-10	100	305	180	220	280	$8\times\phi17.5$	425	57	6948	0.4～0.5	3/8	66
	125	356	210	250	280	$8\times\phi17.5$	425	57	7374.2	0.4～0.5	3/8	75
	150	406	240	285	280	$8\times\phi22$	549	58	10652	0.5	3/8	125
EG641W-6	200	521	295	340	280	$8\times\phi22$	549	58	16715	0.6	3/8	205

注：1. 气动形式的隔膜阀尚可附装反馈信号、限位器或定位器等装置，以适应自控、程控或调节流量的需要。

2. 气动阀门的反馈信号采用无触点传感技术。

3. 该系列阀门系引进英国 Saunders 阀门专有技术产品。

4. 采用薄膜式推进气缸替代活塞式气缸，排除了活塞环易损漏而导致无法推动阀门启闭的弊端。

5. 当气源发生故障时，尚可操作手轮使阀门启闭。

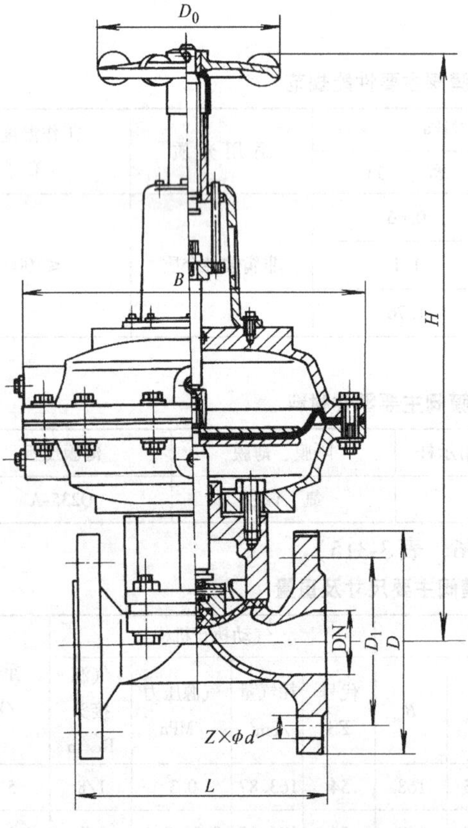

图 3-295　往复式气动衬胶隔膜阀

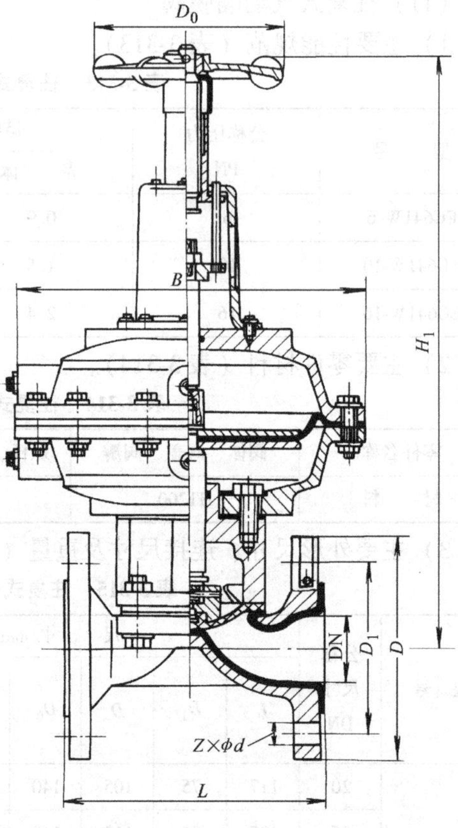

图 3-296　往复式气动隔膜阀

（12）无手动操作往复式气动衬胶隔膜阀

1）主要性能规范（表 3-316）。

2）主要零件材料（表 3-317）。

表 3-316　无手动操作往复式气动衬胶隔膜阀主要性能规范

型　号	公称压力 PN	试验压力 p_s/MPa		适用介质	工作温度 /℃
		壳　体	密　封		
EG641J (MS) -6	6	0.9	0.66	一般腐蚀性流体	≤100
EG641J (MS) -10	10	1.5	1.1		
EG641J (MS) -16	16	2.4	1.76		

表 3-317　无手动操作往复式气动衬胶隔膜阀主要零件材料

零件名称	阀　体	阀盖、阀瓣	气缸、气缸盖
材　料	灰铸铁 HT200（衬多种橡胶）	灰铸铁 HT200	铸铝 ZL102
零件名称	阀　杆	隔膜、薄膜	薄膜压板
材　料	碳钢 35	氯丁橡胶	Q235-A

3）主要外形尺寸、连接尺寸和重量（图 3-297、表 3-318）。

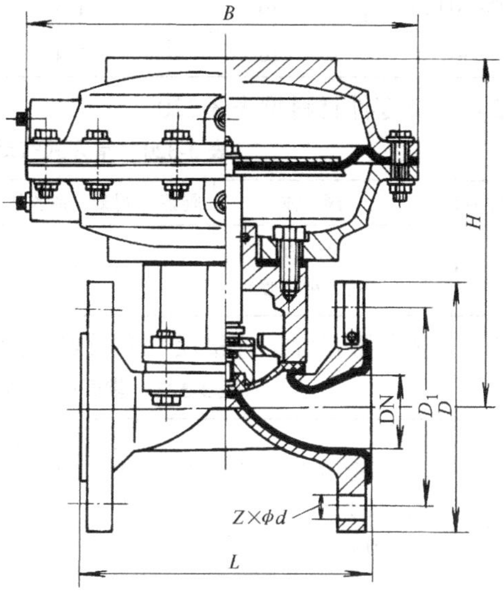

图 3-297　无手动操作往复式气动衬胶隔膜阀

表 3-318　无手动操作往复式气动衬胶隔膜阀主要尺寸及重量

型　号	公称尺寸 DN	尺寸/mm						气动执行机构				重量 /kg
		L	D_1	D	$Z\times\phi d$	H	B	代号 ES	耗气量 /cm^3	气源压力 /MPa	气源接头 Rc/in	
EG641J (MS) -16	20	121	75	105	4×ϕ13.5	142	168	54	163.87	0.3	1/8	5.1
	25	131	85	115	4×ϕ13.5	144	168	54	196.65	0.3～0.4	1/8	6.6
	32	150	100	140	4×ϕ17.5	209	260	55	229.4	0.3～0.4	1/4	7.2
	40	163	110	150	4×ϕ17.5	227	260	55	1458.5	0.3～0.4	1/4	13.5
	50	194	125	165	4×ϕ17.5	231	260	55	3162.7	0.3～0.4	1/4	23.5
EG641J (MS) -10	65	220	145	185	4×ϕ17.5	252	260	55	3243	0.3～0.4	1/4	28
	80	258	160	200	8×ϕ17.5	285	425	56	6636.8	0.4～0.5	1/4	57.2
	100	309	180	220	8×ϕ17.5	360	425	57	6948	0.4～0.5	3/8	61
	125	362	210	250	8×ϕ17.5	370	425	57	7374.2	0.4～0.5	3/8	70
	150	412	240	285	8×ϕ22	462	549	58	10652	0.5	3/8	120
EG641J (MS) -6	200	529	295	340	8×ϕ22	544	549	58	16715	0.6	3/8	198

注：1. 气动阀门的反馈信号采用无触点传感技术。

2. 该系列阀门系消化吸收英国 Saunders 阀门专有技术产品。

（13）常开式气动衬胶隔膜阀

1）主要性能规范见表3-319。

表3-319 常开式气动衬胶隔膜阀主要性能规范

型号	公称压力 PN	试验压力 p_s/MPa		适用介质	工作温度 /℃
		壳体	密封		
EG6$_K$41J-6	6	0.9	0.66	一般腐蚀性流体	≤100
EG6$_K$41J-10	10	1.5	1.1		
EG6$_K$41J-16	16	2.4	1.76		

2）主要零件材料见表3-320。

表3-320 常开式气动衬胶隔膜阀主要零件材料

零件名称	阀体	阀盖、阀瓣、薄膜压头	气缸、气缸盖	螺杆、阀杆、指示杆	隔膜、薄膜
材料	HT200（衬多种橡胶）	HT200	ZL102	35	氯丁橡胶

3）主要外形尺寸、连接尺寸和重量如图3-298所示、见表3-321。

表3-321 常开式气动衬胶隔膜阀主要尺寸及重量

型号	公称尺寸 DN	尺寸/mm							气动执行机构				重量 /kg
		L	D_1	D	D_0	$Z\times\phi d$	H	B	代号 ES	耗气量 /cm^3	气源压力 /MPa	气源接头 Rc/in	
EG6$_K$41J-16	20	121	75	105	140	4×φ13.5	343	168	68	163.87	0.3	1/8	6.3
	25	131	85	115	140	4×φ13.5	345	168	68	196.65	0.3~0.4	1/8	7.3
	32	150	100	140	140	4×φ17.5	363	260	68	229.4	0.3~0.4	1/8	8.3
	40	163	110	150	140	4×φ17.5	430	260	69	1458.7	0.3~0.4	1/4	14.3
	50	194	125	165	140	4×φ17.5	575	260	70	3162.7	0.3~0.4	1/4	26
EG6$_K$41J-10	65	220	145	185	140	4×φ17.5	588	260	70	3243	0.3~0.4	1/4	30.8
	80	258	160	200	165	8×φ17.5	769	425	71	6636.8	0.4~0.5	3/8	64.9
	100	309	180	220	280	8×φ17.5	816	425	71	6948	0.4~0.5	3/8	70.3
	125	362	210	250	280	8×φ17.5	820	425	71	7374.2	0.4~0.5	3/8	80.7
	150	412	240	285	280	8×φ22	920	549	72	10652	0.5	3/8	131.2
EG6$_K$41J-6	200	529	295	340	280	8×φ22	1010	549	72	16715	0.6	3/8	212

注：1. 气动形式的隔膜阀尚可附装反馈信号、限位器或定位器等装置，以适应自控、程控或调节流量的需要。

2. 气动阀门的反馈信号采用无触点传感技术。

3. 该系列阀门系引进英国Saunders阀门专有技术产品。

4. 采用薄膜式推进气缸替代活塞式气缸，排除了活塞环易损漏而导致无法推动阀门启闭的弊端。

5. 当气源发生故障时，尚可操作手轮使阀门启闭。

（14）常闭式气动衬胶隔膜阀

1）主要性能规范见表3-322。

2）主要零件材料见表3-323。

3）主要外形尺寸、连接尺寸和重量如图3-299所示、见表3-324。

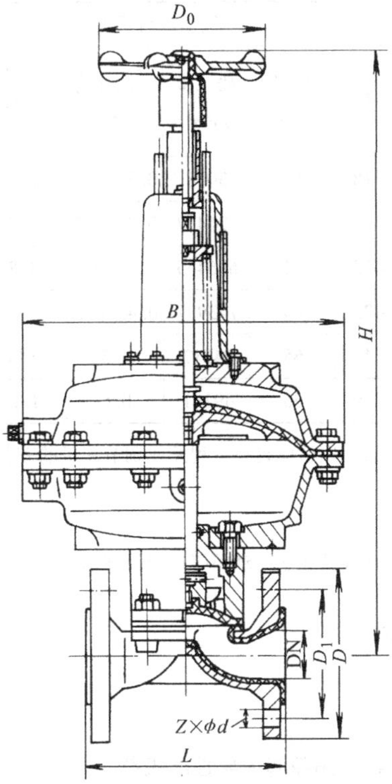

图 3-298　常开式气动衬胶隔膜阀

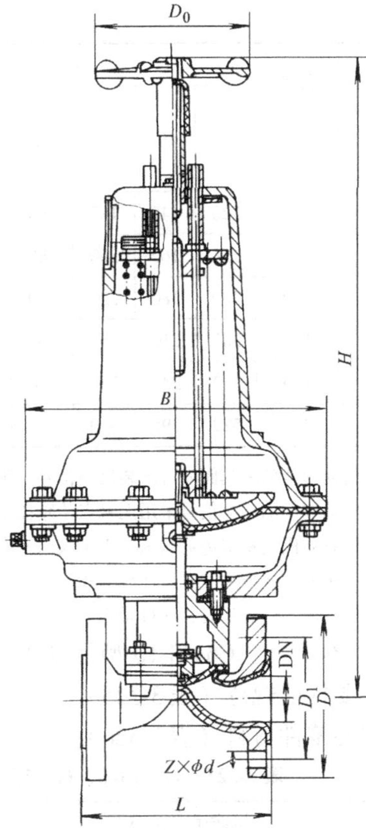

图 3-299　常闭式气动衬胶隔膜阀

表 3-322　常闭式气动衬胶隔膜阀主要性能规范

型　　号	公称压力 PN	试验压力 p_s/MPa		适用介质	工作温度 /℃
		壳　　体	密　　封		
$EG6_B41J$-6	6	0.9	0.66	一般腐蚀性流体	≤100
$EG6_B41J$-10	10	1.5	1.1		
$EG6_B41J$-16	16	2.4	1.76		

表 3-323　常闭式气动衬胶隔膜阀主要零件材料

零件名称	阀　体	阀盖、阀瓣、薄膜压头	气缸、气缸盖	螺杆、阀杆、压簧杆	隔膜、薄膜
材　　料	HT200（衬多种橡胶）	HT200	ZL102	35	氯丁橡胶

表 3-324　常闭式气动衬胶隔膜阀主要尺寸及重量

型　号	公称尺寸 DN	尺　　寸/mm							气动执行机构				重量 /kg
		L	D_1	D	D_0	$Z\times\phi d$	H	B	代号 ES	耗气量 /cm^3	气源压力 /MPa	气源接头 Rc/in	
$EG6_B41J$-16	20	121	75	105	120	4×φ13.5	—	168	61	163.87	0.3	1/8	7.2
	25	131	85	115	120	4×φ13.5	394	168	61	196.65	0.3～0.4	1/8	8.9
	32	150	100	140	120	4×φ17.5	400	168	61	229.4	0.3～0.4	1/8	10.6
	40	163	110	150	165	4×φ17.5	485	260	62	1425.7	0.3～0.4	1/4	19.5
	50	194	125	165	165	4×φ17.5	635	318	63	2284.1	0.3～0.4	1/4	34.9

（续）

型号	公称尺寸DN	尺寸/mm							气动执行机构				重量/kg
		L	D_1	D	D_0	$Z\times\phi d$	H	B	代号ES	耗气量/cm^3	气源压力/MPa	气源接头Rc/in	
$EG6_B41J$-10	65	220	145	185	165	$4\times\phi17.5$	650	318	63	3048	0.3～0.4	1/4	39.9
	80	258	160	200	165	$8\times\phi17.5$	660	318	63	3244.7	0.4～0.5	1/4	51.9
	100	309	180	220	280	$8\times\phi17.5$	816	425	64	6964.5	0.4～0.5	3/8	93.2
	125	362	210	250	280	$8\times\phi17.5$	825	425	64	7439.7	0.4～0.5	3/8	105.3
	150	412	240	285	310	$8\times\phi22$	1013	549	65	14912	0.5	3/8	184.5
$EG6_B41J$-6	200	529	295	340	483	$8\times\phi22$	1300	749	66	49161	0.6	1/2	407.4

注：1. 气动形式的隔膜阀尚可附装反馈信号、限位器或定位器等装置，以适应自控、程控或调节流量的需要。
2. 气动阀门的反馈信号采用无触点传感技术。
3. 该系列阀门系引进英国Saunders阀门专有技术产品。
4. 采用薄膜式推进气缸替代活塞式气缸，排除了活塞环易损漏而导致无法推动阀门启闭的弊端。
5. 当气源发生故障时，尚可操作手轮使阀门启闭。

（15）G641J-6、G641J-10型往复式气动衬胶隔膜阀

1）主要性能规范（表3-325）。

2）主要零件材料（表3-326）。

表3-325 G641J-6、G641J-10型往复式气动衬胶隔膜阀主要性能规范

公称压力PN	试验压力 p_s/MPa		工作压力 p/MPa		适用介质	工作温度/℃
	壳体	密封	DN25～DN150	DN200		
6	0.9	0.66	0.6	0.4	一般腐蚀性流体	≤80
10	1.5	1.1	1.0	0.4		

表3-326 G641J-6、G641J-10型往复式气动衬胶隔膜阀主要零件材料

零件名称	阀体	阀盖、阀瓣	气缸、气缸盖	螺杆、活塞杆	隔膜
材料	灰铸铁（衬硬橡胶）	灰铸铁	灰铸铁	碳钢	氯丁橡胶

3）主要外形尺寸、连接尺寸和重量（图3-300、表3-327）。

表3-327 G641J-6、G641J-10型往复式气动衬胶隔膜阀主要尺寸及重量

型号	公称尺寸DN	尺寸/mm								气动装置			重量/kg
		L	D_1	D	D_0	$Z\times\phi d$	H	H_1	B	耗气量/cm^3	气源压力/MPa	气源接头/mm	
G641J-6	25	145	85	115	120	$4\times\phi14$	250	—	94	2.395×10^2	0.4	M10×1	—
	32	160	100	135	140	$4\times\phi18$	—	—	120	6.082×10^2	0.4	M12×1.25	—
	40	180	110	145	140	$4\times\phi18$	—	—	120	6.082×10^2	0.4	M12×1.25	—
	50	210	125	160	160	$4\times\phi18$	379	405	185	1.235×10^3	0.4～0.5	M12×1.25	25
	65	250	145	180	—	$4\times\phi18$	—	—	—	—	0.4～0.5	M16×1.5	31.1

（续）

型　号	公称尺寸DN	尺　寸/mm								气动装置			重量/kg
		L	D_1	D	D_0	$Z\times\phi d$	H	H_1	B	耗气量/cm^3	气源压力/MPa	气源接头/mm	
G641J-6	80	300	160	195	240	$4\times\phi18$	483	523	245	3.725×10^3	0.4～0.5	M16×1.5	62.4
	100	350	180	215	280	$8\times\phi18$	565	617	330	9.458×10^3	0.4～0.5	M16×1.5	93.7
	125	400	210	245	320	$8\times\phi18$	664	732	380	1.409×10^4	0.4～0.5	M20×1.5	125
	150	460	240	280	320	$8\times\phi23$	750	830	—	2.868×10^4	0.5	M20×1.5	213.6
	200	570	295	335	400	$8\times\phi23$	930	1050	—	4.019×10^4	0.5	M20×1.5	248.3
G641J-10	25	145	85	115	120	$4\times\phi14$	250	—	94	2.395×10^2	0.4～0.5	M10×1	—
	32	160	100	135	140	$4\times\phi18$	—	—	120	6.082×10^2	0.4～0.5	M12×1.25	—
	40	180	110	145	140	$4\times\phi18$	—	—	120	6.082×10^2	0.4～0.5	M12×1.25	—
	50	210	125	160	160	$4\times\phi18$	379	405	223	2.467×10^3	0.5	M12×1.25	25
	65	250	145	180	—	$4\times\phi18$	—	—	—	—	0.5	M16×1.5	31.1
	80	300	160	195	240	$4\times\phi18$	483	523	330	8.759×10^3	0.5	M16×1.5	62.4
	100	350	180	215	280	$8\times\phi18$	565	617	380	1.609×10^4	0.5	M20×1.5	93.7
	125	400	210	245	320	$8\times\phi18$	668	734	440	2.055×10^4	0.5	M20×1.5	125
	150	460	240	280	320	$8\times\phi23$	771	851	515	4.873×10^4	0.5～0.6	M20×1.5	213.6
	200	570	295	335	500	$8\times\phi23$	968	1078	620	1.232×10^5	0.5～0.6	M30×2	248.3

注：1. 气动形式的隔膜阀尚可附装反馈信号、限位器或定位器等装置，以适应自控、程控或调节流量的需要。
2. 气动阀门的反馈信号采用无触点传感技术。
3. 当气源发生故障时，尚可操作手轮使阀门启闭。

（16）G941J-6、G941J-10 型电动衬胶隔膜阀

1）主要性能规范（表 3-328）。

2）主要零件材料（表 3-329）。

表 3-328　主要性能规范

公称压力PN	试验压力 p_s/MPa		工作压力 p/MPa		适用介质	工作温度/℃
	壳　体	密　封	DN25～DN150	DN200～DN300		
6	0.9	0.66	0.6	0.4	一般腐蚀性介质	≤80
10	1.5	1.1	1.0	—		

表 3-329　主要零件材料

零件名称	阀　体	阀盖、阀瓣、手轮	隔　膜	阀　杆
材　料	HT200（衬硬橡胶）	HT200	氯丁橡胶	35

3）主要外形尺寸、连接尺寸和重量（图 3-301、表 3-330）。

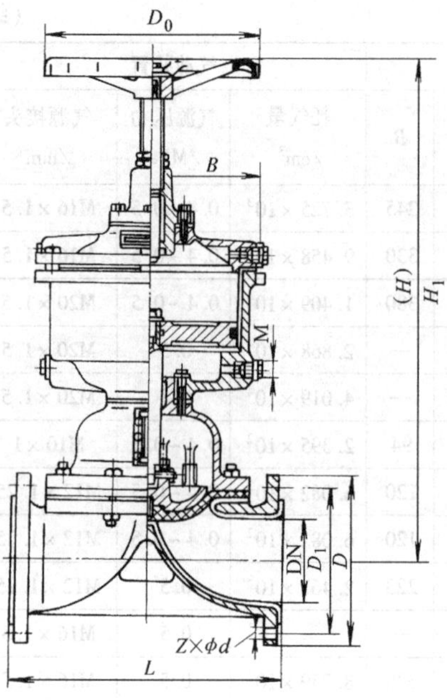

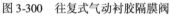

图 3-300 往复式气动衬胶隔膜阀

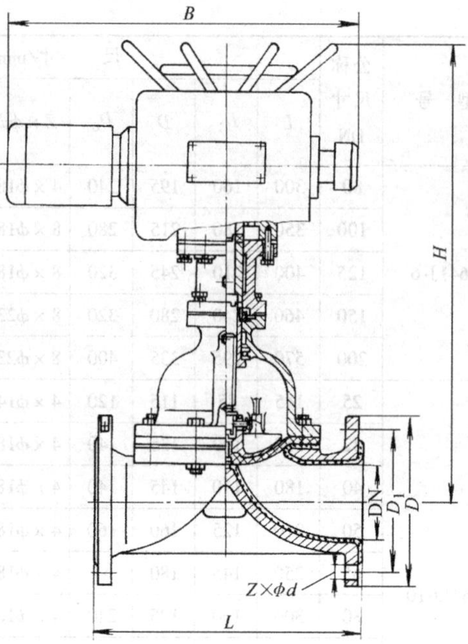

图 3-301 电动衬胶隔膜阀

表 3-330 主要外形尺寸、连接尺寸和重量

公称尺寸 DN	尺寸/mm						电动装置				阀门启闭时间 /s	重量 /kg
	L	D_1	D	$Z \times \phi d$	H	B	型号	输出力矩 /(N·m)	电动机功率 /kW	转速 /(r/min)		
25	145	85	115	4×φ14	445	461	Z5-18/16	50	0.18	18	17	40
32	160	100	135	4×φ18	457	461	Z5-18/16	50	0.18	18	20	42
40	180	110	145	4×φ18	466	461	Z5-18/16	50	0.18	18	14	45
50	210	125	160	4×φ18	480	461	Z5-18/16	50	0.18	18	20	50
65	250	145	180	4×φ18	517	478	Z10-18/16	150	0.25	18	28	60
80	300	160	195	4×φ18	539	513	Z10-36/25	150	0.37	36	16	70
100	350	180	215	8×φ18	576	461	Z10-36/25	100	0.37	36	17	80
125	400	210	245	8×φ18	634	513	Z15-18/25	150	0.37	18	32	104
150	460	240	280	8×φ23	660	480	Z15-18/25	150	0.37	18	53	125
200	570	295	335	8×φ23	860	505	Z15-36/25	150	0.55	36	33	180
250	680	350	390	12×φ23	—	—	—	—	—	36	—	—
300	790	400	440	12×φ23	1003	785	ZD30-36a	300	1.5	36	45	434

注：1. 当电源发生故障时，尚可操作手柄使阀门启闭。但必须严格按刻度标记，首先切换手柄的位置，然后方可操作；反之，切换手柄后，方可电动（亦可按合同规定，提供可自动切换的电动装置）。

2. 该系列阀门均按 GB/T 12239—2008《通用阀门 隔膜阀》中 PN10 压力级制造。

3.7　核电站用阀门

3.7.1　阀门的工作条件和对阀门的要求

（1）核动力装置的主要类型　在图 3-302 中表示出了核电厂由核能转变为电能过程的原理图。

一回路冷却剂将反应堆中铀棒内发出的热量传入蒸汽发生器，并在这里将热量传给二回路的工作介质。用蒸汽发生器产生的蒸汽推动汽轮机，带动发电机的转子转动而产生电能。第一个回路是反应堆回路，第二个回路是蒸汽发生器回路。

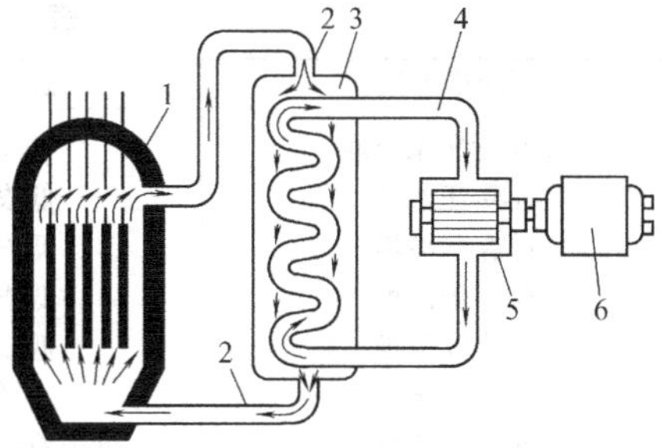

图 3-302　核能转变为电能过程的原理图
1—反应堆　2—一回路　3—蒸汽发生器
4—二回路　5—汽轮机　6—发电机

（2）名词解释　水-水反应堆——有压水和沸水反应堆两种。在压水反应堆内，水既用来做慢化剂，又用来作冷却剂，在任何正常运行工况下，以及从一种工况过渡到另一种工况时，水的最高温度总低于与冷却剂回路内可能出现的最低压力下相应的饱和温度。在沸水反应堆内，则利用规定工作压力下相应的饱和温度的汽水混合物作慢化剂和冷却剂。

石墨水冷（铀-石墨）反应堆：在这种反应堆内，石墨用来做慢化剂，水、汽-水混合物或过热蒸汽用来作为冷却剂，它们是沿着布置在堆芯石墨块内的平行工艺管道流动着，这些工艺管道用冷却剂的进口联管和出口联管相互连接起来。

蒸汽发生器：它是由外壳和壳体内的管系所组成的设备，用来生产蒸汽的，在其中靠一回路冷却剂来加热和汽化二回路内的给水而产生蒸汽。

稳压器：用来保持压水反应堆一回路内的工作压力不变的设备，靠采用蒸汽垫或气体垫来补偿一回路充水因温度变化而引起的水容积变化。

一回路：压水反应堆的主循环回路，它是由反应堆、蒸汽发生器（热交换器）、主循环泵、阀门和连接这些设备的管路以及稳压系统等所组成。石墨-水冷反应堆的一回路由反应堆内的工艺管道、联管、分离汽包、驱使冷却剂在回路内实现强制复合循环的水泵、阀门和连接回路设备的管路等所组成。

一回路系统：包括主循回路及辅助系统，如冷却剂的上充、排放和净化系统，回路内其他独立工艺回路的加热和冷却系统，放射性废物从一回路排放和贮存系统等。

二回路：它是由蒸汽发生器或分离汽包到汽轮机前主汽阀的蒸汽管路、凝结水管路、给水管路、抽汽管路和蒸汽减压管路及其所有设备组成。

试验反应堆二回路：它是由接受一回路热量的有关设备和管路等组成的。

（3）核动力装置的特性　阀门的主要尺寸参数和性能参数，在很大程度上取决于核动力装置工艺过程的容量参数和力学参数，而这些参数又主要取决于核动力装置本身的功率规模和类型。

核动力装置上的反应堆，根据裂变物质的分布情况可分成均匀堆和非均匀堆。在均匀堆中裂变物质以一种类似悬浮体的溶液状态均匀地分布在堆芯内。在非均匀反应堆中，裂变物质以管、棒或片的块状形式分布在工艺管道内。按反应堆慢化剂材料，反应堆可分成石墨堆、轻水堆、重水堆和有机堆。根据冷却剂的类型不同，它又分成气冷堆、轻水堆、重水堆、液态金属堆和有机堆。反应堆主要靠热中子、快中子或中能中子进行工作，其中快中子反应堆不需要慢化剂。

表3-331给出了几种可能的反应堆类型。在当代世界上主要采用的是热中子反应堆，但它们并不能解决发展动力所面临的全部问题，而快中子反应堆则是一种更有发展前途的堆型。

表3-331 反应堆类型及特性

反应堆类型	燃料	慢化剂	冷却剂
石墨-常压水冷堆	天然铀	石墨	水
石墨-压水堆	低浓缩铀	石墨	水
石墨-气冷堆	低浓缩铀	石墨	气体
石墨-钠冷堆	低浓缩铀	石墨	钠
水-水反应堆	低浓缩铀	水	水
重水堆	天然铀	重水	水或重水
重水-有机堆	低浓缩铀或天然铀	重水	碳氢化合物
有机堆	低浓缩铀	碳氢化合物	碳氢化合物
重水均匀堆	天然铀	重水	重水
轻水均匀堆	高浓缩铀	轻水	轻水
快中子非均匀堆	高浓缩铀、钍或钚	—	液态金属
快中子均匀堆	铀或钚	—	蒸汽或气体

按结构特点反应堆可分为压力壳式和压力管式两种。现今核动力中的主要堆型为热中子壳式压水堆或沸水堆、壳式石墨慢化或重水慢化气冷热中子反应堆及压力管式的石墨水冷反应堆、重水或沸腾轻水冷却重水慢化反应堆等。

在俄罗斯用下列符号表示反应堆的类型和功率。例如：BB3P-440表示电功率为440MW的水-水动力反应堆；PБMK-1000表示电功率为1000MW的压力管式大功率石墨-沸水反应堆；БH-600表示电功率为600MW的快中子反应堆。

压力壳式反应堆的外壳是直径为3.5～4m、高为15～18m的钢制压力容器，能承受内压10.0～18.0MPa。在这种压力容器内安装了反应堆芯，它由释热元件组装成为释热组件所组成，释热元件是装有二氧化铀芯块的锆管。释热元件发出的热量靠流过反应堆芯的高压水载出。水也作为慢化中子慢化剂。具有各种不同的方法把热量传输到汽轮机，将热能转换为机械能，最后变为电能。一般是靠水将热量传送到蒸汽发生器，在蒸汽发生器的二次侧产生蒸汽，送到汽轮机（双回路系统），或者在反应堆堆芯内直接产生蒸汽（单回路系统），后一种情况是沸水堆系统，它的压力容器的设计压力为6.0～8.0MPa。表3-332给出了压力壳式水-水反应堆所采用的一些参数。

表3-332 带压力壳式水-水反应堆的核动力装置的主要参数

参数	型号			
	BB3P-210	BB3P-365	BB3P-440	BB3P-1000
热功率/MW	760	1320	1375	3000
电功率/MW	210	365	440	1000
反应堆压力壳内的压力/ MPa	10.0	10.5	12.5	16.0
入口/出口冷却剂在蒸汽发生器的温度/℃	273/252	280/252	301/268	322/289
饱和蒸汽温度/℃	236	238	259	278
饱和蒸汽压力/MPa	3.2	3.3	4.7	6.4
汽轮机前的饱和蒸汽压力/MPa	2.9	2.9	4.5	6.0
给水温度/℃	189	195	226	220
汽轮机数目	3	5	2	2

压力管式反应堆没有坚固的外部压力容器，释热元件是装在压力管内，高压水从中流过。在压力管之间放置了中子慢化剂-石墨或被冷却的重水。压力管式反应堆与压力壳式反应堆相比有它的优点和缺点。压力管式反应堆的尺寸比压力壳式反应堆要大得多，正因为它是由很多尺寸较小的同一形式构件所组成，因此它们的生产安排就比较容易，并在生产上能保证精密的加工工艺和可靠的检验。靠增加同样的构件的数量，使压力管式反应堆的单堆功率可达2000MW。单堆功率小的压力壳式反应堆所需要的费用比压力管式的要少。

在表3-333内给出了俄罗斯别洛雅尔斯克核电站功率为286MW和530MW及这一系列生产的更大功率反应堆的参数，这类反应堆是压力管式石墨-冷水反应堆。

表3-333 压力管式石墨-冷水反应堆核动力装置的主要参数

参数		别洛雅尔斯克核电站		РБМК1000
		1号堆	2号堆	
功率/MW	热功率	286	532	3200
	电功率	100	200	1000
汽轮机前的蒸汽压力/MPa		9.0	9.0	7.0
蒸汽温度/℃		520	520	284
汽轮机台数		1	2	2

快中子反应堆不应有慢化剂，因此可用液态钠作为冷却剂。当钠和水相接触时会引起爆炸。钠能很快氧化并有起火危险。因此，引出堆内热量一般采用三回路系统。在第一个回路内，冷却剂是液态钠，它预热后进入反应堆芯。液态钠的堆芯入口温度为300℃，而堆芯出口温度为500℃。在别洛雅尔斯克核电站三期工程中的快堆，根据设计参数，进入堆芯的液态钠，温度为375~410℃，而导出堆芯时钠的温度为545~580℃，在第一回路内的钠具有放射性，它必须利用热交换器将热量传给第二回路内的冷却剂（也是液态钠）。在别洛雅尔斯克电站的蒸汽发生器内，产生压力为13.7MPa的过热蒸汽，在汽轮机前的蒸汽压力为12.7MPa，温度为505~540℃。表3-334中列出钠冷快中子反应堆的特性。

表3-334 快中子反应堆核动力装置的主要参数

参数		型号		
		БН-60	БН-350	БН-600
功率/MW	热功率	60	1000	1430
	电功率	12	350	600
反应堆出口的钠温度/℃		550~600	500	580
汽轮机前的蒸汽温度/℃		540	440	540
汽轮机前的蒸汽压力/MPa		9.0	5.0	12.7
循环的环路数		2	6	3

很多国家，如法、英、意，石墨气冷堆获得了很大的发展，它们是用二氧化碳气体作为工质。英国所有核动力就是立足于这种类型的反应堆。美国主要是建造压水反应堆和沸水反应堆，并设计建造快中子反应堆，表3-335中列出了国外某些不同类型核动力装置的主要参数。

表 3-335 国外某些核动力装置的主要参数

国名	装置名称	功率/MW		一回路冷却剂			汽轮机前的蒸汽参数	
		热功率	电功率	介质	压力/MPa	温度/℃	压力/ MPa	温度/℃
美国	印第安角-2	2758	902	水	15.7	313	5.1	260
	德累斯顿-2	2527	809	水	70	302	6.65	280
	恩里哥-费米-1	200	65	钠	0.84	462	4.22	407
英国	唐瑞 PFR	600	250	钠	0.68	560	16.2	538
	丹季尼斯-B	3000	1320	二氧化碳	3.45	670	16.3	566
德国	布龙斯比特 KKB	2292	806	水	7.1	286	6.7	281
	菲利浦斯堡-1KKP	2572	900	水	7.1	285	6.85	281
俄罗斯	别洛雅尔斯克-1	286	100				9.0	520
	别洛雅尔斯克-2	530	200				9.0	520
	BB3P-440	1375	440	水	12.5	301/268	4.5	226
	BB3P-1000	3000	1000	水	16.0	322/289	6.0	220

3.7.2 安全等级

美国核协会（ANS）的 N-18 委员会制定了四个安全等级，描述了电站的全部运行工况。美国核协会的用语与 ASME 规范第Ⅲ卷中的用语稍有不同，但它们都指的是同一工况。ANS 和 ASME 所描述的四种工况见表 3-336。

表 3-336 ANS 和 ASME 所描述的四种工况

工况	ANS	ASME
Ⅰ	正常运行	正常运行
Ⅱ	中等频率的事故	失常
Ⅲ	稀有事故	紧急事故
Ⅳ	极限事故	偶然事故

工况Ⅰ包括所有正常运行情况，也包括设计功率范围内的温度和（或）压力的瞬变过程。工况Ⅱ包括预计会经常发生的偏离正常运行的情况，因此，设计应能够经得起这种工况，而又不影响运行（工况Ⅱ的情况下不需要被迫停堆，即使被迫停堆，也不需要对机械损坏进行维修）。工况Ⅲ包括小机率的被迫停堆，这时需要对机械损坏进行较小的维修，但要保证不能严重损坏结构的完整性。工况Ⅳ是概率极小的偶然事故，它可包括严重的结构损坏，而且可包括需要顾及公众的健康和安全。这些工况与下列的安全等级有关：

1 级安全：1 级安全（SC-1）适用于反应堆冷却剂系统的设备，这些设备故障会引起工况Ⅲ或Ⅳ，失去反应堆冷却剂。这里所说的“失去反应堆冷却剂”系指冷却剂的损失率超过了正常的反应堆冷却剂补给系统的容量。

2 级安全：2 级安全（SC-2）适用于安全系统的结构和设备。这里所说的安全系统是用于停堆、冷却堆芯。冷却另一个安全系统或冷却安全壳的系统，以及封闭、减少或控制事故时排放的放射性系统。这个安全等级分成两个分等级，称为 2a 级安全和 2b 级安全。

2a 级安全：2a 级安全适用于安全壳和安全系统的设备或有反应堆冷却水流过的部分，这些反应堆冷却水直接来自反应堆冷却剂系统或安全壳内的集水坑。

2b 级安全：2b 级安全适用于 2 级安全的所有其他设备。应注意：这两个分等级允许像热交换器之类的多室容器同时属于两个安全等级。因此，设计者可把整个容器规定为一个最高的规范等级，或把容器的各个独立部分规定为不同的规范等级。

3级安全：3级安全（SC-3）适用于不属于1级或2级安全的设备，这些设备故障会导致放射性气体向周围环境排放，而这些放射性气体通常是贮存在设备内以待衰变的。

根据这些叙述，表3-337中给出了ANS的N-18委员会的安全等级和ASME规范第Ⅲ卷的规范等级之间的逻辑关系。

表3-337 N-18和ASME第Ⅲ卷的安全等级

N-18的安全等级	ASME第Ⅲ卷的规范等级
1	1
2a	2和MC①
2b	3
3	3

① Metal Containment（金属安全壳）的缩写。

由于ASME规范的限制，各个规范等级不包括设计压力处在大气压力至0.1MPa（表压）范围内的容器。对于这类大型容器，建议设计者采用美国国家标准学会ANSI B 96·1、美国石油学会API 620、API 650或美国水道学会AWWA-D100中最适合于所指定的容器标准。对于这些标准，必须加上抗地震和焊接检验的附加要求。

3.7.3 阀门在回路和系统内的配置

阀门在核动力装置的所有回路、管道、动力设备、存储缸、各种容器和水池，以及与利用或传送液体和气体介质有关的部件上均有配置。装置的功率越大、管道的直径越大、介质的压力和温度越高，则因设备或管道损坏和事故而造成的后果就越严重，在这些系统上安装阀门的作用就更加重要，对阀门的强度、密封性能和可靠性也就提出更高的要求。

阀门可安装在以下系统上：一回路的稳压系统（如果冷却剂不汽化），水的净化系统，反应堆的补水和事故冷却系统，排污系统，除气和抽气系统，燃料运输和贮存系统，反应堆装置的定期去活性系统，以及当石墨作慢化剂时的石墨砌体的充气系统等。

图3-303和图3-304为BB3P-440和BB3P-1000反应堆装置的系统图和辅助系统图。由图可见，包括在这些系统内的有：装有主闸阀的主循环管路、辅助管路、疏水排放管路、净化凝结水管路、工艺水管路及其他管路。这样，在反应堆装置上采用了不同等级、不同类型和不同形式的阀门，它们在不同条件下工作，并有不同的公称尺寸。

核动力装置上的阀门可分成一回路系统阀门、高压和中压参数的动力回路阀门（二回路阀门）及辅助系统和管路阀门。一回路阀门具有最重要的意义和最大的公称尺寸，并在最复杂的条件下工作。因此，不论是在材料的化学成分和力学性能方面，还是在结构的密封性和可靠性方面，都提出了一系列的特殊要求。当一回路内的水或蒸汽流过阀门时，对它们的个别部件可造成放射性污染。放射性水平取决于进入工作介质内的腐蚀产物的固体颗粒的数量，因此，主回路管道及其阀门都是用耐蚀钢制造的。所有的连接方式都采用焊接，而采用法兰连接的只是极个别的情况。由于主回路具有高放射性，所以主回路的部件，其中包括阀门，它们的内腔应当具有非常简单的形状。使能进行精心加工、清洗和排水。二回路介质具有低放射性，但这个回路的管道也应要求精心制作，在回路内的阀门同样采用焊接连接。

布置在反应堆内的所有阀门都是处于特别复杂的条件下。反应堆大厅具有严格的制度，它的所有房间根据对允许工作人员的进入条件分成三类：第一类是在工作期间不允许进入的

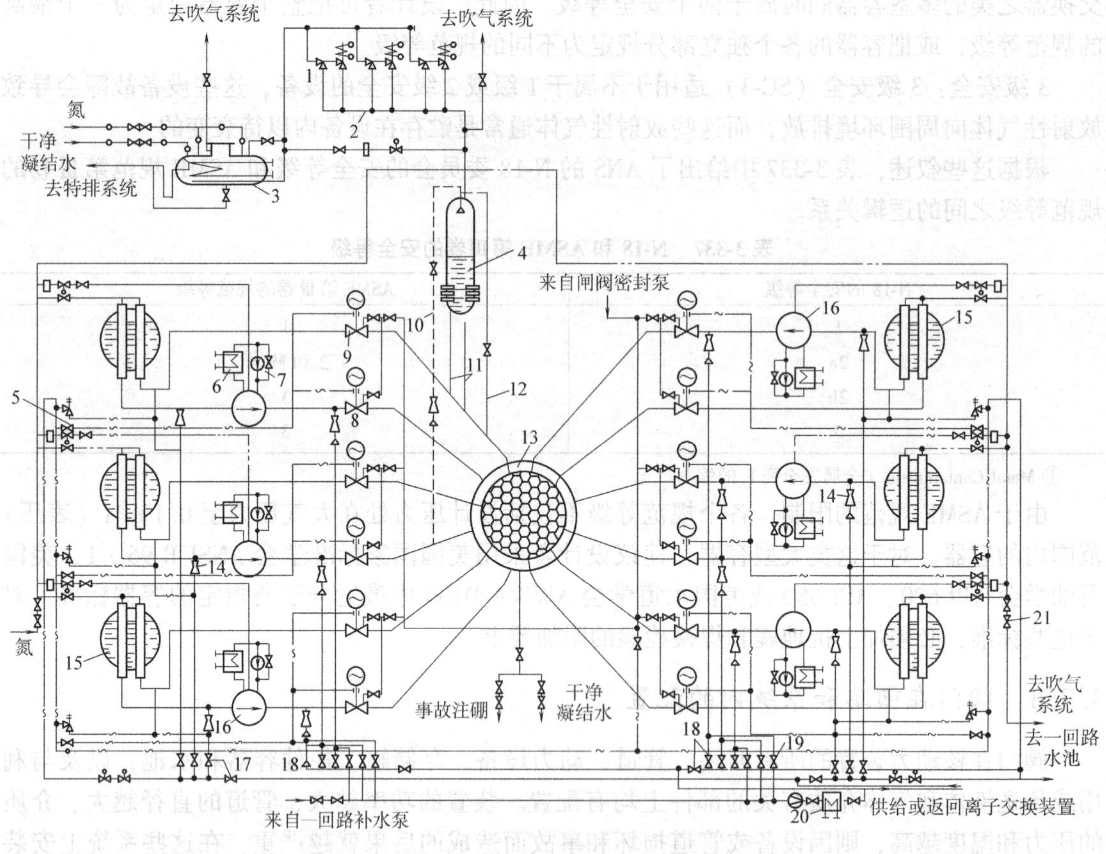

图 3-303 BB3P-440 反应堆一回路系统图

1—安全阀 2—蒸汽联管 3—排放箱 4—稳压器 5—集漏管线的截止阀 6、7—主循环泵自冷却回路上的热交换器和泵 8、9—在一回路入口管和出口管路上作切断用的主闸阀 10—喷淋管路 11—稳压器与主回路热端的连接管路 12—溢流管路 13—反应堆 14—节流装置 15—蒸汽发生器 16—主循环泵 17—主回路回水截止阀 18—主回路吹洗用的截止阀 19—一个环路的加热和停堆冷却用截止阀 20—预热和停堆冷却用的热交换器 21—泄漏信号装置

房间——非操作间，第二类是经特殊批准在短时间内允许进入的房间——半操作间；第三类是操作间，即在工作期内工作人员可经常进入的房间。

实际上所有系统都设置了阀门，其中应用最广的是闸阀、截止阀、止回阀和安全阀。为了按备用原则来提高可靠性，很多阀门都是成对工作并串联放置着。大量的阀门设有电动装置和其他类型的驱动装置。切断阀、调节阀、保护阀、安全阀、节流阀和其他类型的阀门应用广泛。核电站、试验和研究用核反应堆及其装置的安全运行和建造规程规定了在一定的管段上需要安装相应种类的阀门。在蒸汽、水和气体的引入和引出管路上应设置切断阀。在稳压器、蒸汽发生器上及在单回路装置的分离汽包上至少应设置两个安全阀，其中一个是供检验用的阀。

在稳压器、分离汽包和一回路的其他容器上，以及蒸汽发生器上只能设置脉冲式安全阀。而且辅助阀应是直接作用式，其公称尺寸不应小于 DN15 。并配有电磁驱动机构进行开启和关闭。在其他情况下，可允许设置公称尺寸不小于 DN20 的杠杆-重锤式或弹簧式安全阀。安全阀应安装在设备的管接头上或直接与设备连接的管段上，中间不能有关闭件。

在石墨-水冷堆上，如有过热蒸汽管道时，脉冲式安全阀应安装在过热蒸汽管道的出口联

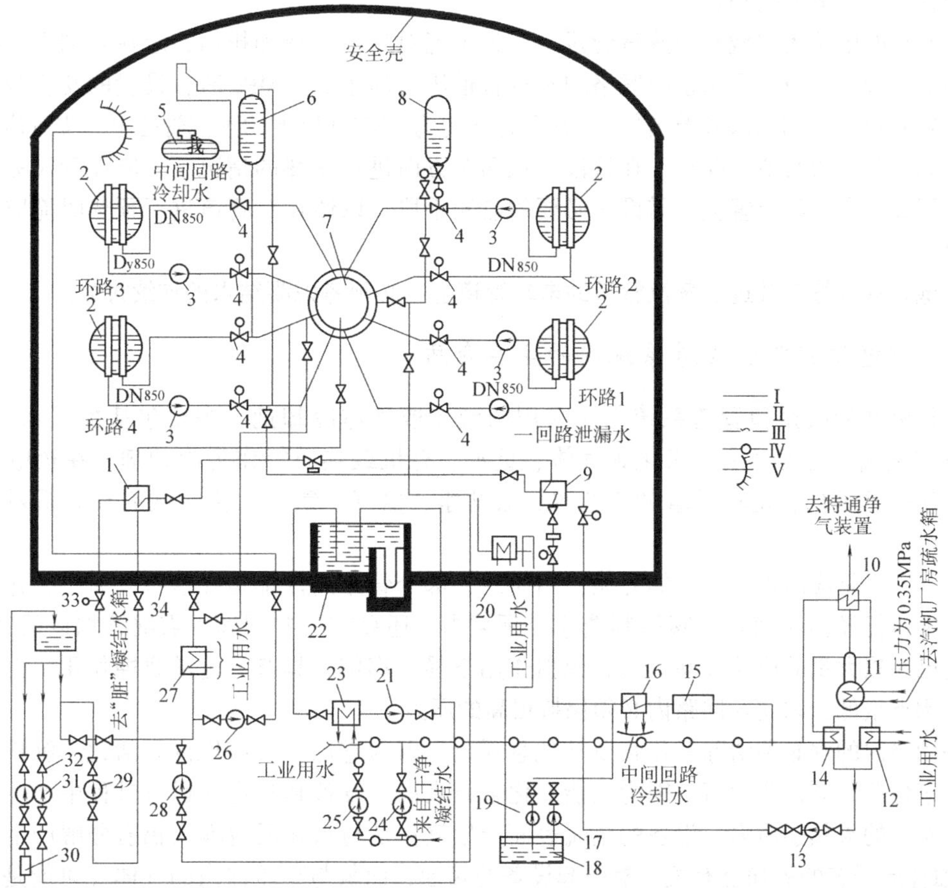

图 3-304 BB3P-1000 反应堆装置系统及辅助系统

1—硼事故注入回路热交换器 2—蒸汽发生器 3—主循环泵 4—切断用的主闸阀 5—排放箱 6—稳压器 7—反应堆 8—事故冷却水箱 9—一回路过滤器回路上的热交换器 10—补水脱氧器的余汽冷却器 11—一回路补水脱氧器 12—一回路补水预热器 13—补水泵 14—一回路补水冷却器 15—特排水净化过滤器（$p=2.0$MPa） 16—一回路净化预热器 17—集漏水水泵 18—集漏水箱 19—集漏水辅助泵 20—一回路集漏水冷却器 21—存储水池停堆冷却回路泵 22—存储水池 23—存储水池停堆冷却换热器 24—净凝结水泵 25—净凝结水辅助泵 26—喷淋泵 27—事故冷却换热器 28—事故冷却泵 29—事故硼注入泵 30—特排水净化过滤器（$p=0.6$MPa） 31—存储水池充水泵 32—送硼溶液净化用水泵 33—事故硼溶液箱 34—集水坑 Ⅰ—主循环管路 Ⅱ—辅助管路 Ⅲ—疏排水管路 Ⅳ—净凝结水管路 Ⅴ—喷淋装置的喷嘴

管上或主停汽阀前的蒸汽管道上。

在那些工作压力低于流入介质压力的设备和管道上，应设置自动减压装置，并在它们的低压侧安装压力检测装置及安全阀。在安全阀与被保护的设备之间不允许再设置任何关闭机构。在泵的出口管线上安装止回阀时，它应设置在泵与容器的切断阀之间。在结水管上应设置切断用的截止阀或闸阀和止回阀，而止回阀应布置在截止机构之前。在给水管路上还应设置调节阀。

安全运行和建造规程规定了必须设置检验 排放阀的一系列具体条件。在两个闸阀之间的管段最低点，应设有排放管，并装有供排放和排污用的切断阀。为了排出空气，在管道上应装备两种阀——节流阀和切断阀。

在所有能用关闭件截断的蒸汽管段上，为了能对它们预热和排污，应在两端点处设有带截止阀的支管，当与一回路系统联络的蒸汽管道压力高于2.2 MPa时，设置的支管应有两个串联放置的阀门（切断阀和节流阀）。在公称压力为PN200以上的蒸汽管路上，支管应串联设置切断阀和调节阀及节流孔板。在管段可从两个方向进行预热的情况下，应在管段的两端都设置排污管。在排污装置上，需设置必要的监测手段，以便在对管道进行预热时能监督其工作状况。

在饱和蒸汽管道及过热蒸汽管道的末端管道上，必须考虑凝结水的连续排放。

3.7.4 核电站回路和管道系统内的主要介质

在核电站的回路和管道系统内所采用的液体或气体冷却剂，主要包括加压水、蒸汽、液态钠和氦气。也可采用二氧化碳气体、重水、有机载热质等作为冷却剂。在核电站各种不同系统的管道内，也输送着如工艺水、去盐水、氮气、氩气、化学试剂及一系列其他专用介质。

水和蒸汽是应用得最广泛的介质，因而绝大部分管路阀件都是在这些介质中工作的。电站的长期运行经验表明：在阀门制造这个领域内，还存在一些问题，需继续加以研究改进，但目前已积累大量的成功经验。水在辐射作用下易于离解，具有一定的腐蚀作用。由于水在常压下沸点很低，因此在回路内必须保持很高的压力。

一回路内的水必须清除氧化物及其他悬浮物，因为它们在反应堆内要活化，沉积在管壁上不利于传热。同样要除氧，因为它能氧化金属表面。设备和管道在运行过程中产生的氧化物要比水中的天然杂质多。设备的金属表面产生氧化是与水在反应堆内辐射分解产生具有腐蚀-浸蚀性原子态的氧和氢有关，氧引起设备的腐蚀，而氢与稳压器内的气体（可能是氮、氦或蒸汽）进行反应。如果杂质（在一回路水内的腐蚀产物）的含量很多，它们在反应堆、蒸汽发生器、水泵和阀门等设备内进行沉淀，这会使设备的工作性能变坏，提高了它们的放射性水平，并造成检修困难。

液体介质在阀门内可产生流体动力作用，形成水击、振动。因汽蚀磨损而产生金属点腐蚀及其他现象。除压力和温度外，介质流动速度也影响到上述现象的强度。表3-338内给出了核电站循环管路内冷却剂的流速，而动力装置内水和蒸汽一般所采用的流速列于表3-339。

表3-338 核电站循环管路内冷却剂的流速

冷 却 剂	管道材料	介质流速/（m/s）
加压水	碳素钢	2～4
	奥氏体钢	8～12
重水	奥氏体钢	8～12
汽水混合物	奥氏体钢	10～15

当冷却剂为液态钠时，一回路内阀门的工作条件就更复杂了。蒸汽参数越高，核电站的经济性就越好，因此，也必须相应地提高冷却剂的温度。液态金属冷却剂与水不同，它不需要很高的压力就能获得很高的温度。从可供使用的液态金属冷却剂中（铅、汞、钠、锡及其他）只有钠获得了实际的应用。重液态金属冷却剂的缺点是它对很多结构材料都有强侵蚀性，密度过高，多数具有毒性。

表3-339 动力装置内水和蒸汽一般所采用的流速

介 质	流速/（m/s）	介 质	流速/（m/s）
进入汽轮机的过热蒸汽		压力母管内的水	
高压	40~60	补水母管	2.5~4
中压	60~70	凝结水、生水母管	2~3
中间过热蒸汽	35~50	泵吸水母管内的水	0.6~1.5
低压蒸汽	40~70	排水和溢流母管内的水	1~2
饱和蒸汽	20~40	燃气和空气	10~20
进入减压装置的蒸汽	60~90		

钠的熔点不高（97.8℃），沸点下的液体密度为0.93g/cm^2。钠的沸点为883℃。其腐蚀性相对来讲并不大。在室温下空气中的氧就与钠相互起作用，但在表面迅速形成氧化膜，使得这种相互作用过程不再继续，而随着温度的提高，这种过程的强度急剧增加。钠与水的相互作用非常强烈，当换热器的连接处不严密时，或者当回路尚未完全吹干就往里充钠时，在反应堆内水与钠有可能发生接触。在钠与水大面积接触时可能引起爆炸，因为钠与水反应的结果会释放出巨大的热量和气态氢。当温度在400℃以下时，钠不与氮起作用，在600℃以下时，也不与碳酸起作用。

钠通过反应堆芯时成为放射性的，但二回路的钠为非放射性的。液态钠与其他液态金属冷却剂相比具有良好的热物理性能，并对大多数相接触的结构材料具有最小的侵蚀性。

在回路内液态钠的温度为450~600℃，图3-305给出了液态钠在核电站管路各段的温度分布。在快中子反应堆上钠在反应堆出口的温度分别为550~600℃和580℃。由于蒸汽温度日益提高，使得最新核装置上的钠温度也逐渐接近900℃。因此，阀门的设计人员和生产技术人员也应完成相应的研制工作。在钠回路内的工作压力一般并不高（$p=1.5$MPa），而且二回路内的压力一般高于一回路（反应堆回路）内的压力，这是为了避免在管道密封受破坏时一回路内的放射性钠往二回路漏流。为了输送回路内的钠使之循环，消耗的功率并不大。

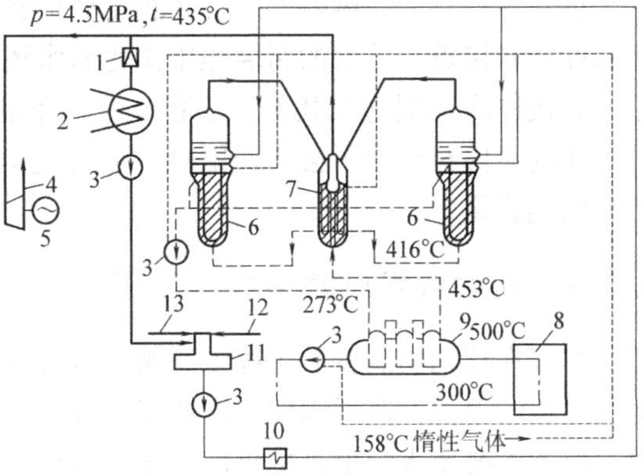

图3-305 核电站液态钠在管路各段的温度分布
—·—·—回路内的钠 ----中间回路的钠
——蒸汽 ——给水 ----燃气
1—降压减压装置 2—冷凝器 3—泵 4—引到淡化装置 5—汽轮机 6—蒸发器 7—蒸汽过热器 8—反应堆 9—热交换器 10—回热加热器 11—脱氧器 12—输入补给水 13—凝结水返回

液态钠要求对氧和碳清除得特别干净，因氧会加速腐蚀过程，而碳在结构钢特别是奥氏体钢中有产生渗碳作用的危险，往钢里渗碳会使钢脆化，因为渗碳作用是沿晶界进行的。碳可从润滑油、泵和阀门的密封填料及由石墨材料制成的系统其他部件中进入钠内。当氧在系统内的含量不超过0.01%时，即使在钠的流动条件下比静态下腐蚀增加一些，但对耐蚀钢都不会造成任何现实的危险。如钠中的含氧量超过0.02%时，即使在长期静置下也会对钢产生不允许的脆化。

在稳压器内的工业纯氮中，含有一定数量的氧，它会引起液态金属冷却剂的氧化，因此，一回路内的冷却剂要保持连续清洗。

运行时从钠中去除氧是在冷阱和热阱内进行的。在冷阱内，当温度接近于钠的熔点温度时，钠的氧化物就沉淀出来。在热阱内，锆强烈地从钠中吸取氧，并形成相应的氧化物留在热阱内，然后挂接在锆的表面上。

液态钠是一种很好的还原剂，清除金属表面后能促进那些固态相互共熔金属的扩散过程，因此，在互相接触的金属构件之间，在温度比通常焊接温度低很多的情况下即发生冷焊（自粘接）过程。这种现象可发生在阀门结构的零件之间（截止阀和其他阀门），当它们长期处于力的作用下，并且随着温度和作用力的提高，互相粘接的牢固程度也会增大。

液态金属冷却剂具有高导热性，因此，在液态钠中工作的阀门比在水或气体冷却剂的阀门更易承受热冲击。由于一回路的钠具有放射性，因此，对于阀门结构提出了相应的密封要求，并限制采用含有某些在这种情况下不允许有的金属元素（钴）的钢和合金。

氦对金属不产生腐蚀，并具有良好的传热性能。但氦很昂贵，并且流动性大，易于泄漏，因而使应用氦作冷却剂的规模受到一定限制。

二氧化碳气体（CO_2）在温度为500℃时辐照，会分解成CO和O，而氧能引起金属的腐蚀。如果系统内存在着蒸汽，它能和CO_2的分解产物起反应并释放出氢气，这时即不宜采用那些在氢作用下有脆化倾向的材料或与氢起反应的材料。

重水（D_2O）的热中子俘获截面几乎是普通水的七百分之一，其他物理性能与普通清洁水的性能相接近，重水的腐蚀作用比普通水还要小。

有机体冷却剂（二联苯、三联苯等）不腐蚀结构材料。因此，选择在有机体冷却剂介质中工作的零件材料就不会遇到困难，但是它们在中子作用不会分解，并释放出氢气，而氢会使结构钢脆化。

3.7.5 电站对阀门的要求

由于在核动力装置的系统中，阀门故障可能引起严重的后果，所有参与阀门制造过程和运行过程的单位，应对阀门工作的安全可靠性按照自己所参与的范围和职能承担相应的责任。对阀门的主要要求应由订货单位（设计单位）明确规定，订货单位负责正确选择阀门的类型。阀门设计者应研制出能完全满足订货要求的结构，设计者应对所采用的结构方案负责，其中最重要的方案应和用户协商确定。

制造厂必须供应合格产品，完全满足由阀门设计人员制定的产品要求。制造厂对提供的产品质量负责。安装单位应完全按照阀门的结构特点（介质的流向、衬垫或填料的材料、紧固件材料等）安装在设计所规定的位置上，它对全部安装工作的质量负责。运行单位和运行人员应遵守阀门的运行规程，负责按时进行技术维护和检修。

为了制造出高质量的阀门，并对它们进行进一步的改善，所有参加制造与运行的单位必须共同合作。为了能满足其功能和运行条件等诸方面的综合要求，创造出适当的结构，必须在设计和加工工艺方面采取有效措施：如选择适当的材料、编制零件的正确制造工艺、制造出可靠的部件等。只有那些有条件的企业和专业化单位才许可制造用于核动力装置上的阀门，它们必须按照规程、各种标准和技术条件，具有保证高质量地完成任务和技术手段。

在美国，设计和生产核电站用阀门的许可证，只授予那些有能力保证生产高质量阀门的工厂，它们必须按照《美国机械工程师学会（ASME）锅炉和压力容器规范》进行设计和制造。为此，它们必须具有丰富的经验、技术高超的工人和高精度的设备。这些工厂有权在他们的产品上打上相应的质量标记（标记N）。为了获得使用这种标记的权利，制造厂必须与具有全权在生产过程中检验产品质量的机构签订合同，并由这个检验机构的代表在该厂的成品上打上标记N。

由于阀门工作的参数和介质及所完成的功能不同，在管路上安装的地点、操作和运行条件又不一样，使得对不同类型、不同等级和不同形式的阀门必须提出不同要求。考虑到阀门及其服务对象的功能，对每种阀门产品都要提出一套明确的要求。对阀门的共同要求可归纳如下：

1）强度和刚度。能承受持久的和短时间的压力、作用力和转矩，而不出现明显的弹性和塑性变形，以保证产品能正常工作。

2）耐久性。在预定的时期内，在首次故障之前能以给定的概率无故障地或以允许的故障率完成自己功用的能力。

3）对于工作介质具有耐蚀性。

4）循环寿命。以给定的概率，在首次故障之前，完成给定的循环动作次数的能力。

5）外密封和内密封，即对外部介质能密封，对被阀瓣所截断的两段管道能密封。

6）采用所要求的驱动装置和能源（电、水、汽、油、压缩空气）。

7）保证给定的动作速度。

8）能安装在所要求的位置上。

9）规定与管道的连接方式（焊接、法兰连接、端面接头连接或卡套连接）。

10）操作简单方便。能在操纵人员方便的位置上，用规定的操作力，手动操作阀门。

11）结构的工艺性。制造耗费最少的人力和资金。

12）维修方便。耗费最短的时间、最少的劳力和资金就能恢复阀门的工作能力。

13）尽量减少用材及减轻阀门重量。

14）真空密封性能。

15）阀瓣和阀座等部件材料的耐冲蚀性。

16）具有备用手动驱动机构。

17）带手动就地操纵和遥控操作的阀门，应有阀瓣位置指示器。

18）遥控操纵的阀门应有终端位置信号器。

19）将阀瓣停止在任意位置上的可能性。

20）有调整关闭和开启动作持续时间的可能性。

21）无人维护，即阀门不进行技术维护、调整、定期加油等就能完成自己的职能。

22）无噪声、无振动。

23）无易激活的合金元素（如钴及其他某些元素）。

24）当阀门长期处于关闭或开启位置后，能保证可靠的动作。

25）介质易于从阀门的内腔排放的可能性。

26）当向阀门充注介质时有排放空气的可能性。

27）不应有难于清洗的滞留区和内腔。

28）具有清洗内腔用的可拆卸的手孔盖。

29）为了更换损坏的产品有远距拆卸和安装阀门的可能性。

按照规程，设备、管道及它们的部件（其中包括阀门）的设计和制造、安装和检修的技术条件，应由各主管设计单位及生产厂的主管部门共同协同汇总、拟定和审批。同时，提出的设计和技术条件，应完全符合设计单位的要求。

如在设备的制造、安装、修理或运行过程中，需对原设计进行修改，那么事先必须取得这些设备原设计单位的同意。

设备应与规定形式的说明书和安装运行规程一起提供给订货单位。阀门的说明书应由制造厂提供，而规程应由相应的安装和设计单位制定。

公称尺寸大于DN20的阀门，如用合金钢制造，在说明书上应有制造主要零件（阀体、阀盖和紧固件）所用的材料牌号、公称尺寸、公称压力或工作压力和介质温度等。在阀体的显著位置钉上标牌，标牌的内容包括：制造厂的名称或商标、出厂年月、设备编号、公称尺寸、公称压力或工作压力和工作温度，壳体试验压力、密封试验压力。在阀体上应标明介质流向的箭头。在手轮上标明手轮开关的转动方向。

设计单位应对阀门设计、强度计算和材料选择的正确性及是否符合规程等负责。而对阀门制造、安装和检修的质量负责是完成相应工作的单位。

规程对包括阀门在内的设备规定了下列一般要求。

阀门应在设计要求的使用期限内能安全可靠地运行。应规定对母体金属和焊接接头能用无损检测方法进行检查，能进行擦拭、清洗排放和检修。如果根据设备和管道的布置条件或辐照条件，按规程用现有的手段不能完成就地检查金属状况时，则应采用专门的装置和方法来保证完成上述检查。

对于设备和管道的所有部件，凡运行人员能接近的部位，如果其外壁温度高于45℃，则必须进行绝热保温，使绝热层外表面的温度不高于45℃。在运行过程中需要检查和测量金属变形的管段，应安装可拆卸的绝热层。阀门应安装在便于维护和检修的地点。必要时应设立扶梯和平台。对于要求操作力大或远距离操作维护的阀门，应设置机械驱动装置或电动装置。为降低上述操作力，在二回路的管道上，可设置旁通管路，能减小闸板前后的压差。在主回路的设备和管道上不允许采用铸铁阀门。

由核动力装置设计单位提出的阀门设计的技术要求，除上述要求外，还应包括下列内容：

1）阀门的主要参数：等级、所要求的结构型式、公称尺寸DN、公称压力PN、流量系数K_v、控制方式、驱动装置类型、气动或液动的工作介质、动作时间、所要求的流体阻力系数值、密封性能。

2）运行条件：介质及其性质、工作压力和工作温度、工作压力和工作温度的可能波动值、化学成分、侵蚀性和放射性水平、阀门的主要用途和它在系统中的安装位置、动作频率（启、闭时间）、可利用度、运行期限、工作年限（一般为25~40年），所要求的可靠性指标、维护和检修的可能性。

3）附加要求：可能出现的偏离于正常运行条件（冷水进入加热过的阀门内而发生的阀内热冲击），要求在电源和压缩空气参数发生偏离等的不同情况下，都能保证达到阀门必要的开启和关闭位置，地震作用于带阀门系统的可能性等，阀门必须能排空、清理、清洗和放射性去污。

由阀门的设计单位制定的技术文件随阀门一起支付用户。其内容应包括为设计、安装和运行单位选型及正确的安装使用阀门所必须的全部资料，其中包括如布局、阀门的连接尺寸、主要零件的材料，以及它们的热处理和所采用的防护涂层，不同形式的试验方法、范围及结果。

3.7.6　阀门各部件所用的材料

（1）结构材料　钢是核动力装置阀门所采用的主要材料，相关规程不允许在核动力装置的设备（反应堆、蒸汽发生器、容器和泵壳等）和管道上采用铸铁阀门。铸铁材料仅限于用在次要的、轻载荷的驱动机构零件上，以及辅助系统内非关键性阀门的制造上。青铜可用在阀杆螺母、轴套和阀门的驱动轴轴套上。对于那些不需要执行规程的地方（辅助系统上供低压、冷态介质和小公称尺寸的管道和设备等）除钢制阀门外，也可以安装其他材料的阀门。

核动力装置工艺循环回路上的所有环节无事故地工作是极重要的和必要的，这就促使人们小心谨慎地对待其经济性问题，虽然采用比钢更廉价的材料会更经济些，但在强度和耐磨性方面就不如钢了。结构材料应保证阀门零件在工作介质温度下的持久强度，应具有在给定介质下的耐磨性和耐蚀性，以及热稳定性和耐热性。根据阀门工作的条件和作用，对零件的主要材料提出了一整套要求。

温度是决定阀门工作条件和选择零件材料的最重要因素之一。在表 3-340 中给出了核动力装置上采用的某些材料的极限温度。一般地说，阀门的阀体材料应与它相连接的管道材料相同，因此，对阀体材料与管道材料的基本要求也是一致的。但是，也可能有例外，如辅助管道上的阀门。

表 3-340　核动力装置上所采用的材料和它们的应用范围

材　料	应用范围	t_{max}/℃
奥氏体耐蚀钢	一回路的管道和阀门	600
珠光体低合金钢	单回路反应堆装置的过热蒸汽管路和阀门	500
碳　钢	单回路和双回路反应堆装置的饱和蒸汽管道、凝结水-给水管道、阀门	350
钛合金	冷却系统的阀门	250
镍合金	液态金属反应堆的阀门	800

一回路管道是用耐腐蚀的奥氏体钢 12Cr18Ni10Ti 制造的，也可以采用珠光体钢，但在内表面要用 12Cr18Ni10Ti 钢做衬里。按照水冷却剂的参数，管道材料本来可以用珠光体钢，但为了保证具有高的耐蚀性，则必须采用奥氏体钢。水冷核动力装置的堆外管道是用碳钢或用珠光体低合金钢制作的，因为介质的参数允许采用这些钢。

核动力装置上钢的强度不仅在常温工作介质下应当得到保证，而且在高温下持续工作时应得到保证。由于介质直接与阀体、阀瓣和阀杆相接触，因而它们的温度可达到与介质相同的温度。用下列力学性能可评价钢的强度：①抗拉强度 R_m，断裂时材料所能承受的最大应力。屈服强度 R_{eL}，相应于残余伸长 0.2% 的应力。②蠕变极限 R_k，金属或合金在高温环境中，长时间受到一定大小载荷的作用所产生的缓慢而连续的变形。一般蠕变极限取 10^4h 后的 1% 或 1×10^{-6}［mm/（mm·h）］。③持久极限 R_{CH}，在给定的持久条件下于 10^5h（或 10^4h）内导致试件破坏的应力。

钢的塑性是按断裂时的伸长率、断面收缩率和冲击韧度来评定的。

断裂时的伸长率 A 是以断裂时试件长度的伸长量与其原长之比的百分比表示，试验时取试件的标距与直径之比为 10：1（A_{10}）或 5：1（A_5）。

断面收缩率 Z 是试件在断裂时横断面的收缩量与试件初始截面的比值，以百分比表示。

材料的冲击韧性可以用冲击吸收功 J 表示，它表征材料抵抗动载荷的能力，并以断裂时消耗在试件断裂处每单位横截面上的能量来确定。

当确定零件的变形时，可用下列特征参数：抗拉弹性模量 E，当材料的长度增加一倍时在材料内应产生的公称应力。切变模量 $G=E/[2+(1+\mu)]$，式中 μ 是泊松比，钢的 $\mu=0.25\sim0.33$。

对于高参数蒸汽所选用的绝大多数钢和合金不具有均衡组织。一般在选择它们的化学成分和热处理方法时，主要考虑保证具有最高的持久强度极限。因此，随着时间的推移，将发生组织向均衡状态趋近和改变材料力学性能的情况。这种老化过程会随着温度的提高和持续时间的增长而加速。由于这种因素作用的结果就产生了金属的热脆性。力学性能的改变和热脆性趋势一般按材料在室温下冲击韧性的变化来评价。当选择阀门材料时，特别是处在与液态金属冷却剂钠相接触的金属，更应考虑到这种特性。因为和金属作用的钠流可以改变金属的塑性。

在阀门上产生的热应力提高了由于介质压力作用而产生的应力，但是如果把机械应力和热应力简单的相加是不对的，必须将它们分别进行估算。

加热-冷却交替的形式，频繁的温度循环作用在金属上的结果，能产生热疲劳，由于温度的循环交替而破坏金属。对于普通钢，短时间作用的热应力不会有危险，但多次重复能产生损伤。持久极限并不表明材料能承受持久作用的循环应力。因为具有持久极限高的材料，但如果其持久塑性低，在热应力循环次数很少时就可能受到破坏。应力集中对塑性材料造成的危险性较小。

当选择钢和其他材料时，材料的下列工艺性具有重要的意义：铸造性，材料获得复杂形状、高质量、高密度铸件的可能性，在其内部介质压力作用下铸件的密封性能。可焊性，材料具有焊接连接的可能性，其焊缝应具有足够的强度，无缩松、脆性等缺陷。可加工性，不采用特殊方法，而采用刀具加工的可能性，能用普通的加工方法即能获得高质量的加工表面。可锻性，材料具有使用锻造和热压来制造零件毛坯的可能性。研磨性，当材料相互研磨或与第三种物体研磨时不出现裂纹。无需特别延长研磨时间就能获得表面粗糙度不低于 $Ra0.1\mu m$。

此外，材料应允许采用零件表面热硬化和化学-热硬化的可能性（淬火、渗碳、渗氮等）。

材料的物理特性可由钢和其他材料的下列性能来评价：耐蚀性，零件材料能抵抗介质化学作用的能力。耐磨性，在给定条件（温度、有润滑剂、磨料等）下，当零件与其连接的部件相摩擦时，材料能保持零件的尺寸和形状的能力。耐侵蚀性，零件材料具有抗介质汽蚀作用的能力，以防止汽蚀作用破坏零件。

在某些情况下，对金属还提出了如不磁化、不具有某些合金元素或合金组分如钴和其他具有活性很强和半衰期很长的元素。

根据规程，当阀体需要与管道连接时，其材料应具有可焊性、足够的强度和塑性，以保证设备在给定条件下能长期可靠的工作，其中还必须考虑在介质作用下金属性能所发生的变化，规程将所用的材料限制在表 3-341 上所规定的温度极限内。

材料与半成品的质量与性能应满足相应的标准和技术条件的要求。并应有供应厂的合格证，在产品合格证上应注明所进行的热处理方法。阀门制造厂应对制造阀门所需的材料和半成品进行进厂质量检查。对于奥氏体钢的半成品和材料还应检查抗晶腐蚀的能力。

供阀门制造、安装和检修用的材料和半成品应打上不同的标志，标志在产品完全制造好以前一直保留，它应能确定材料的牌号和炉号。

表 3-341　材料规范表（适用 ASTM 标准）

第 1 组材料

材料组号 No.	通用名称	锻件		铸件		板材		棒材		管件	
		标准号	牌号	标准号	牌号	标准号	牌号	标准号	牌号	标准号	牌号
1.1	C-Si	A105	—	A216	WCB	A515	70	A105	—	—	—
	C-Mn-Si	A350	LF2	—	—	A516	70	A350	LF2	A672	C70
	C-Mn-Si	—	—	—	—	A537	Cl. 1	A696	C	A672	B70
	3½Ni	A350	LF3	—	—	—	—	A350	LF3	—	—
	C-Mn-Si-V	A350	LF6 Cl. 1	—	—	—	—	A350	LF6 Cl. 1	—	—
1.2	C-Si	—	—	—	—	—	—	—	—	A106	C
	2½Ni	—	—	A352	LC2	A203	B	—	—	—	—
	3½Ni	—	—	A352	LC3	A203	E	—	—	—	—
	C-Mn-Si	—	—	A216	WCC	—	—	—	—	—	—
	C-Mn-Si	—	—	A352	LCC	—	—	—	—	—	—
	C-Mn-Si-V	A350	LF6 Cl. 2	—	—	—	—	A350	LF6 Cl. 2	—	—
1.3	C	—	—	—	—	—	—	A675	70	—	—
	C-Si	—	—	A352	LCB	A515	65	—	—	A672	B65
	2½Ni	—	—	—	—	A203	A	—	—	—	—
	3½Ni	—	—	—		A203	D	—	—	—	—
	C-Mn-Si	—	—	—	—	A516	65	—	—	A672	C65
	C-½Mo	—	—	A217	WC1	—	—	—	—	—	—
	C-½Mo	—	—	A352	LC1	—	—	—	—	—	—
1.4	C	—	—	—	—	—	—	A675	60	—	—
	C	—	—	—	—	—	—	A675	65	—	—
	C-Si	—	—	—	—	A515	60	—	—	A106	B
	C-Si	—	—	—	—	—	—	—	—	A672	B60
	C-Mn-Si	A350	LF1	—	—	A516	60	A350	LF1	A672	C60
	C-Mn-Si	—	—	—	—	—	—	A696	B	—	—
1.5	C-½Mo	A182	F1	—	—	A204	A	A182	F1	A691	CM-70
	C-½Mo	—	—	—	—	A204	B	—	—	—	—
1.6	½Cr-½Mo	—	—	—	—	A387	2Cl. 1	—	—	A691	½CR
	½Cr-½Mo	—	—	—	—	A387	2Cl. 2	—	—	—	—
1.7	C-½Mo	—	—	—	—	—	—	—	—	A691	CM-75
	½Cr-½Mo	A182	F2	—	—	—	—	A182	F2	—	—
	Ni-½Cr-½Mo	—	—	A217	WC4	—	—	—	—	—	—
	¾Ni-Mo-¾Cr	—	—	A217	WC5	—	—	—	—	—	—
1.8	1Cr-½Mo	—	—	—	—	A387	12Cl. 2	—	—	—	—
	1¼Cr-½Mo-Si	—	—	—	—	A387	11Cl. 1	—	—	A691	1¼CR
	2¼Cr-1Mo	—	—	—	—	A387	22Cl. 1	—	—	A691	2¼CR
	2¼Cr-1Mo	—	—	—	—	—	—	—	—	A335	P22
	2¼Cr-1Mo	—	—	—	—	—	—	—	—	A369	FP22
1.9	1¼Cr-½Mo-Si	A182	F11 Cl. 2	—	—	A387	11Cl. 2	A182	F11 Cl. 2	—	—
	1¼Cr-½Mo	—	—	A217	WC6	—	—	A739	B11	—	—
1.10	2¼Cr-1Mo	A182	F22 Cl. 3	A217	WC9	A387	22Cl. 2	A182	F22 Cl. 3	—	—
	2¼Cr-1Mo	—	—	—	—	—	—	A739	B22	—	—
1.11	3Cr-1Mo	A182	F21	—	—	A387	21Cl. 2	A182	F21	—	—
	Mn-½Mo	—	—	—	—	A302	A&B	—	—	—	—
	Mn-½Mo-½Ni	—	—	—	—	A302	C	—	—	—	—
	Mn-½Mo-¾Ni	—	—	—	—	A302	D	—	—	—	—
	C-Mn-Si	—	—	—	—	A537	CL2	—	—	—	—
	C-½Mo	—	—	—	—	A204	C	—	—	—	—

（续）

材料组号 No.	通用名称	锻件		铸件		板材		棒材		管件	
		标准号	牌号	标准号	牌号	标准号	牌号	标准号	牌号	标准号	牌号
第1组材料											
1.12	5Cr-½Mo	—	—	—	—	A387	5Cl. 1	—	—	A691	5CR
	5Cr-½Mo	—	—	—	—	A387	5Cl. 2	—	—	A335	P5
	5Cr-½Mo	—	—	—	—	—	—	—	—	A369	FP5
	5Cr-½Mo-Si	—	—	—	—	—	—	—	—	A335	P5b
1.13	5Cr-½Mo	A182	F5a	A217	C5	—	—	A182	F5a	—	—
1.14	9Cr-1Mo	A182	F9	A217	C12	—	—	A182	F9	—	—
1.15	9Cr-1Mo-V	A182	F91	A217	C12A	A387	91Cl. 2	A182	F91	A335	P91
1.16	C-½Mo	—	—	—	—	—	—	—	—	A335	P1
	C-½Mo	—	—	—	—	—	—	—	—	A369	FP1
	1Cr-½Mo	—	—	—	—	A387	12Cl. 1	—	—	A691	1CR
	1Cr-½Mo	—	—	—	—	—	—	—	—	A335	P12
	1Cr-½Mo	—	—	—	—	—	—	—	—	A369	FP12
	1¼Cr-½Mo-Si	—	—	—	—	—	—	—	—	A335	P11
	1¼Cr-½Mo-Si	—	—	—	—	—	—	—	—	A369	FP11
1.17	1Cr-½Mo	A182	F12 Cl. 2	—	—	—	—	A182	F12 Cl. 2	—	—
	5Cr-½Mo	A182	F5	—	—	—	—	A182	F5	—	—
	9Cr-2W-V	A182	F92	—	—	—	—	A182	F92	A335	P92
1.18	9Cr-2W-V	—	—	—	—	—	—	—	—	A369	PP92
第2组材料											
2.1	18Cr-8Ni	—	—	A351	CF3	—	—	—	—	—	—
	18Cr-8Ni	A182	F304	A351	CF8	A240	304	A182	F304	A312	TP304
	18Cr-8Ni	A182	F304H	A351	CF10	A240	304H	A182	F304H	A312	TP304H
	18Cr-8Ni	—	—	—	—	—	—	A479	304	A358	304
	18Cr-8Ni	—	—	—	—	—	—	A479	304H	A376	TP304
	18Cr-8Ni	—	—	—	—	—	—	—	—	A376	TP304H
	18Cr-8Ni	—	—	—	—	—	—	—	—	A430	FP304
	18Cr-8Ni	—	—	—	—	—	—	—	—	A430	FP304H
2.2	16Cr-12Ni-2Mo	—	—	A351	CF3M	—	—	—	—	—	—
	16Cr-12Ni-2Mo	A182	F316	A351	CF8M	A240	316	A182	F316	A312	TP316
	16Cr-12Ni-2Mo	A182	F316H	A351	CF10M	A240	316H	A182	F316H	A312	TP316H
	16Cr-12Ni-2Mo	—	—	—	—	—	—	A479	316	A358	316
	16Cr-12Ni-2Mo	—	—	—	—	—	—	A479	316H	A376	TP316
	16Cr-12Ni-2Mo	—	—	—	—	—	—	—	—	A376	TP316H
	16Cr-12Ni-2Mo	—	—	—	—	—	—	—	—	A430	FP316
	16Cr-12Ni-2Mo	—	—	—	—	—	—	—	—	A430	FP316H
	18Cr-8Ni	—	—	A351	CF3A	—	—	—	—	—	—
	18Cr-13Ni-3Mo	A182	F317	—	—	A240	317	—	—	A312	TP317
	18Cr-13Ni-3Mo	A182	F317H	A351	CF8A	A240	317H	—	—	A312	TP317H
	19Cr-10Ni-3Mo	—	—	A351	CG8M	—	—	—	—	—	—
	19Cr-10Ni-3Mo	—	—	A351	CG3M	—	—	—	—	—	—
2.3	18Cr-8Ni	A182	F304L	—	—	A240	304L	A182	F304L	A312	TP304L
	18Cr-8Ni	—	—	—	—	—	—	A479	304L	—	—
	16Cr-12Ni-2Mo	A182	F316L	—	—	A240	316L	A182	F316L	A312	TP316L
	16Cr-12Ni-2Mo	—	—	—	—	—	—	A479	316L	—	—
	18Cr-13Ni-3Mo	A182	F317L	—	—	—	—	A182	F317L	—	—
2.4	18Cr-10Ni-Ti	A182	F321	—	—	A240	321	A182	F321	A312	TP321
	18Cr-10Ni-Ti	A182	F321H	—	—	A240	321H	A479	321	A312	TP321H
	18Cr-10Ni-Ti	—	—	—	—	—	—	A182	F321H	A358	321
	18Cr-10Ni-Ti	—	—	—	—	—	—	A479	321H	A376	TP321
	18Cr-10Ni-Ti	—	—	—	—	—	—	—	—	A376	TP321H
	18Cr-10Ni-Ti	—	—	—	—	—	—	—	—	A430	FP321
	18Cr-10Ni-Ti	—	—	—	—	—	—	—	—	A430	FP321H

（续）

材料组号 No.	通用名称	锻件		铸件		板材		棒材		管件	
		标准号	牌号	标准号	牌号	标准号	牌号	标准号	牌号	标准号	牌号
第 2 组材料											
2.5	18Cr-10Ni-Cb	A182	F347	—	—	A240	347	A182	F347	A312	TP347
	18Cr-10Ni-Cb	A182	F347H	—	—	A240	347H	A182	F347H	A312	TP347H
	18Cr-10Ni-Cb	A182	F348	—	—	A240	348	A182	F348	A312	TP348
	18Cr-10Ni-Cb	A182	F348H	—	—	A240	348H	A182	F348H	A312	TP348H
	18Cr-10Ni-Cb	—	—	—	—	—	—	A479	347	A358	TP347
	18Cr-10Ni-Cb	—	—	—	—	—	—	A479	347H	A376	TP347
	18Cr-10Ni-Cb	—	—	—	—	—	—	A479	348	A376	TP347H
	18Cr-10Ni-Cb	—	—	—	—	—	—	A479	348H	A376	TP348
	18Cr-10Ni-Cb	—	—	—	—	—	—	—	—	A376	TP348H
	18Cr-10Ni-Cb	—	—	—	—	—	—	—	—	A430	FP347
	18Cr-10Ni-Cb	—	—	—	—	—	—	—	—	A430	FP347H
2.6	23Cr-12Ni	—	—	—	—	—	—	—	—	A312	TP309H
	23Cr-12Ni	—	—	—	—	A240	309H	—	—	A358	309H
2.7	25Cr-20Ni	A182	F310H	—	—	A240	310H	A182	F310H	A312	TP310H
	25Cr-20Ni	—	—	—	—	—	—	A479	310H	A358	310H
2.8	20Cr-18Ni-6Mo	A182	F44	A351	CK3MCuN	A240	S31254	A182	F44	A312	S31254
	20Cr-18Ni-6Mo	—	—	—	—	—	—	A479	S31254	A358	S31254
	22Cr-5Ni-3Mo-N	A182	F51	A351	CD3MN	A240	S31803	A182	F51	A789	S31803
	22Cr-5Ni-3Mo-N	—	—	—	—	—	—	A479	S31803	A790	S31803
	25Cr-7Ni-4Mo-N	A182	F53	—	—	A240	S32750	A182	F53	A789	S32750
	25Cr-7Ni-4Mo-N	—	—	—	—	—	—	A479	S32750	A790	S32750
	24Cr-10Ni-4Mo-V	—	—	A351	CE8MN	—	—	—	—	—	—
	24Cr-10Ni-4Mo-V	—	—	—	CD4MCuN	—	—	—	—	—	—
	25Cr-5Ni-2Mo-3Cu	—	—	A995	1B	—	—	—	—	—	—
	25Cr-7Ni-3.5Mo-W-Cb	—	—	A995	CD3MW-CuN	—	—	—	—	—	—
	25Cr-7Ni-3.5Mo-W-Cb	—	—	—	6A	—	—	—	—	A789	S32760
	25Cr-7.5Ni-3.5Mo-N-Cu-W	A182	F55	—	—	A240	S32760	A479	S32760	A790	S32760
2.9	23Cr-12Ni	—	—	—	—	A240	309S	—	—	—	—
	25Cr-20Ni	—	—	—	—	A240	310S	A479	310S	—	—
2.10	25Cr-12Ni	—	—	A351	CH8	—	—	—	—	—	—
	25Cr-12Ni		—	A351	CH20	—	—	—	—	—	—
2.11	18Cr-10Ni-Cb	—	—	A351	CF8C	—	—	—	—	—	—
2.12	25Cr-20Ni	—	—	A351	CK20	—	—	—	—	—	—
第 3 组材料											
3.1	35Ni-35Fe-20Cr-Cb	B462	N08020	—	—	B463	N08020	B462	N08020	—	—
	35Ni-35Fe-20Cr-Cb	—	—	—	—	—	—	B473	N08020	B464	N08020
	35Ni-35Fe-20Cr-Cb	—	—	—	—	—	—	—	—	B468	N08020
3.2	99Ni	B564	N02200	—	—	B162	N02200	B160	N02200	B161	N02200
	99Ni	—	—	—	—	—	—	—	—	B163	N02200
3.3	99Ni-Low C	—	—	—	—	B162	N02201	B160	N02201	—	—
3.4	67Ni-30Cu	B564	N04400	—	—	B127	N04400	B164	N04400	B165	N04400
	67Ni-30Cu	—	—	A494	M-35-1	—	—	—	—	B163	N04400
	67Ni-30Cu-S	—	—	A494	M-35-1	—	—	B164	N04405	—	—
3.5	72Ni-15Cr-8Fe	B564	N06600	—	—	B168	N06600	B166	N06600	—	—
	72Ni-15Cr-8Fe	—	—	—	—	—	—	—	—	B163	N06600
3.6	33Ni-42Fe-21Cr	B564	N08800	—	—	B409	N08800	B408	N08800	B163	N08800

（续）

第3组材料

材料组号 No.	通用名称	锻件		铸件		板材		棒材		管件	
		标准号	牌号	标准号	牌号	标准号	牌号	标准号	牌号	标准号	牌号
3.7	65Ni-28Mo-2Fe	B462	N10665	—	—	B333	N10665	B335	N10665	—	—
	65Ni-28Mo-2Fe	—	—	—	—	—	—	B462	N10665	B622	N10665
	65Ni-28Mo-2Fe	B564	N10665	—	—	—	—	—	—	—	—
	64Ni-29.5Mo-2Cr-2Fe-Mn-W	B462	N10675	—	—	B333	N10675	B335	N10675	—	—
	64Ni-29.5Mo-2Cr-2Fe-Mn-W	—	—	—	—	—	—	B462	N10675	B622	N10675
	64Ni-29.5Mo-2Cr-2Fe-Mn-W	B564	N10675	—	—	—	—	—	—	—	—
3.8	54Ni-16Mo-15Cr	B462	N10276	—	—	B575	N10276	B462	N10276	—	—
	54Ni-16Mo-15Cr	—	—	—	—	—	—	B574	N10276	B622	N10276
	54Ni-16Mo-15Cr	B564	N10276	—	—	—	—	—	—	—	—
	60Ni-22Cr-9Mo-3.5Cb	B564	N06625	—	—	B443	N06625	B446	N06625	—	—
	62Ni-28Mo-5Fe	—	—	—	—	B333	N10001	B335	N10001	B622	N10001
	70Ni-16Mo-7Cr-5Fe	—	—	—	—	B434	N10003	B573	N10003	—	—
	61Ni-16Mo-16Cr	—	—	—	—	B575	N06455	B574	N06455	B622	N06455
	42Ni-21.5Cr-3Mo-2.3Cu	B564	N08825	—	—	B424	N08825	B425	N08825	B423	N08825
	55Ni-21Cr-13.5Mo	B462	N06022	—	—	B575	N06022	B462	N06022	B622	N06022
	55Ni-21Cr-13.5Mo	B564	N06022	—	—	—	—	B574	N06022	—	—
	55Ni-23Cr-16Mo-1.6Cu	B462	N06200	—	—	B575	N06200	B574	N06200	B622	N06200
	55Ni-23Cr-16Mo-1.6Cu	B564	N06200	—	—	—	—	—	—	—	—
3.9	47Ni-22Cr-9Mo-18Fe	—	—	—	—	B435	N06002	B572	N06002	B622	N06002
	21Ni-30Fe-22Cr-18Co-3Mo-3W	—	—	—	—	B435	R30556	B572	R30556	B622	R30556
3.10	25Ni-47Fe-21Cr-5Mo	—	—	—	—	B599	N08700	B672	N08700	—	—
3.11	44Fe-25Ni-21Cr-Mo	—	—	—	—	B625	N08904	B649	N08904	B677	N08904
3.12	26Ni-43Fe-22Cr-5Mo	—	—	—	—	B620	N08320	B621	N08320	B622	N08320
	47Ni-22Cr-20Fe-7Mo	—	—	—	—	B582	N06985	B581	N06985	B622	N06985
	46Fe-24Ni-21Cr-6Mo-Cu-N	B462	N08367	A351	CN3MN	B688	N08367	B462	N08367	—	—
	46Fe-24Ni-21Cr-6Mo-Cu-N	—	—	—	—	—	—	B691	N08367	—	—
	58Ni-33Cr-8Mo	B462	N06035	—	—	B575	N06035	B462	N06035	B622	N06035
	58Ni-33Cr-8Mo	B564	N06035	—	—	—	—	B574	N06035	—	—
3.13	49Ni-25Cr-18Fe-6Mo	—	—	—	—	B582	N06975	B581	N06975	B622	N06975
	Ni-Fe-Cr-Mo-Cu-Low C	B564	N08031	—	—	B625	N08031	B649	N08031	B622	N08031
3.14	47Ni-22Cr-19Fe-6Mo	—	—	—	—	B582	N06007	B581	N06007	B622	N06007
	40Ni-29Cr-15Fe-5Mo	B462	N06030	—	—	B582	N06030	B462	N06030	—	—
	40Ni-29Cr-15Fe-5Mo	—	—	—	—	—	—	B581	N06030	B622	N06030
3.15	42Ni-2Fe-21Cr	B564	N08810	—	—	B409	N08810	B408	N08810	B407	N08810
	Ni-Mo	—	—	A494	N-12MV	—	—	—	—	—	—
	Ni-Mo-Cr	—	—	A494	CW-12MW	—	—	—	—	—	—
3.16	35Ni-19Cr-1¼Si	—	—	—	—	B536	N08330	B511	N08330	B535	N08330
3.17	29Ni-20½Cr-3½Cu-2½Mo	—	—	A351	CN7M	—	—	—	—	—	—
3.18	72Ni-15Cr-8Fe	—	—	—	—	—	—	—	—	B167	N06600
3.19	57Ni-22Cr-14W-2Mo-La	B564	N06230	—	—	B435	N06230	B572	N06230	B622	N06230

（续）

第 4 组材料					
螺栓材料规范①					
标准号	牌号	注	标准号	牌号	注
A193	—	② ③	B164	—	⑩～⑫
A307B	—	④ ⑤	B166	—	⑩ ⑪
A320	—	② ③ ⑥	B335	N10665	⑩
A354	—	—	B335	N10675	⑩
A449	—	⑦ ⑧	B408	—	⑩～⑫
A453	651and 660	⑨	B473	—	⑩
A540	—	—	B574	N10276	⑩
A564	630	⑦	B574	N06022	⑩
			B637	N07718	⑩

注：1. 用户有责任确保螺栓材料的使用不超管理法规规定的限定。
2. 满足于 ASTM 要求的 ASME 锅炉与压力容器规范第Ⅱ卷的材料也可以使用。
3. 关于材料的范围、限制和特殊要求在压力-温度额定值表 2 中有规定。

① 不允许螺栓材料进行补焊。

② 奥氏体钢螺栓材料，经碳化物固溶处理但未经应变硬化，是 ASTM A193 中的 1 级或 1A 级，推荐使用 ASTM A194 相应材料的螺母。

③ 奥氏体钢螺栓材料，经碳化物固溶处理和变形硬化，是 ASTM A193 中的 2 级、2B 级或 2C 级，推荐使用 ASTM A194 相应材料的螺母。

④ 关于强度应用的限制见 ASME B16. 34—2013 中 5. 1. 2。

⑤ 不能应用于较小规格或钻孔的螺栓。

⑥ 预定用于低温的铁素体钢螺栓材料，推荐使用 ASTM A194 牌号 7 的螺母。

⑦ 与淬火加回火钢螺栓一起使用的螺母是 ASTM A194 牌号 2 和 2H。

⑧ 对螺栓的力学性能要求应与螺栓的要求相同。

⑨ 这些是适合与奥氏体不锈钢阀门材料配用在高温工艺的螺栓材料。

⑩ 螺母可以是相同的材料或可以使 ASTM A194 相应牌号的材料。

⑪ 若生产者对最终加热或锻造成的这些零件没有按同一标准中的其他允许条件要求做试验，并证明其最终的拉伸、屈服、延伸等性能等于或大于作为其他允许条件之一的要求，对锻件质量不得认可。

⑫ 如材料未经退火、固溶退火或热精整。其最高工作温度定在 260℃（500℉），因为在蠕变断裂温度范围内淬火对设计应力有不利影响。

随着核动力装置工作参数的不断提高，研制出供阀门零件用的新材料，在这些材料适应的温度极限范围内，对新材料在下列力学性能方面提出了一定的要求，即抗拉强度、屈服强度、伸长率、断面收缩率、蠕变、持久强度、疲劳强度、脆性临界温度、老化和循环疲劳的结果而产生的脆性临界温度的剪切、持久塑性。

（2）垫片材料　常用的垫片有非金属垫片、半金属垫片和金属垫片。非金属垫片也称软垫片，如石棉橡胶板、橡胶、聚四氟乙烯等。软垫片用于温度、压力都不高的场合。半金属垫片由金属材料和非金属材料组合而成，如柔性石墨复合垫、缠绕式垫片、金属包覆垫片等。半金属垫片比非金属垫片承受的温度、压力范围较广。金属垫片全部由金属制作，有波形垫、齿形垫、椭圆形环垫、八角形环垫、透镜垫、锥面垫等。金属垫片用于高温、高压场合。

1）非金属垫片使用条件见表 3-342。

表 3-342 非金属垫片使用条件

名　　称	代　　号	压力等级 PN	适用温度范围/℃
天然橡胶	NR	20	-50~90
氯丁橡胶	CR	20	-40~100
丁腈橡胶	NBR	20	-30~110
丁苯橡胶	SBR	20	-30~100
乙丙橡胶	EPDM	20	-30~130
氟 橡 胶	Viton	20	-50~200
石棉橡胶板	XB350　XB450	20	≤300
耐油石棉橡胶板	NY400	$p \cdot t \leqslant 650\text{MPa} \cdot ℃$	
聚四氟乙烯	PTFE	20	-196~260
改性或填充聚四氟乙烯	RPTFE	50	-196~260

2）半金属垫片使用条件。

① 柔性石墨复合垫见表 3-343。

表 3-343 柔性石墨复合垫使用条件

芯板及包边材料	压 力 等 级	适用温度/℃
低碳钢	PN20~PN110（CL150~CL600）	450
0Cr18Ni9	PN20~PN110（CL150~CL600）	650①

① 用于氧化性介质时≤450℃。

② 金属包覆垫片见表 3-344。

表 3-344 金属包覆垫片使用条件

包覆金属材料	硬度 HBW	填 充 材 料	压 力 等 级	适用温度/℃
纯铝板 L_3	40	石棉橡胶板	PN20~PN150（CL150~CL900）	200
纯铜板 T_3	60			300
镀锡薄钢板	90			400
镀锌薄钢板	90			400
08F	90			400
06Cr19Ni10	187			500
022Cr19Ni10	187			500
022Cr17Ni12Mo2	187			500

注：也可采用其他材料。

③ 缠绕式垫片见表 3-345。

表 3-345 缠绕式垫片使用条件

金属带材料①	非金属带材料	压 力 等 级	适用温度/℃
06Cr19Ni10	柔性石墨	PN20~PN260（CL150~CL1500）	650②
06Cr17Ni12Mo2	柔性石墨		650②
022Cr17Ni12Mo2	聚四氟乙烯		260

① 也可用其他金属带材。

② 用于氧化性介质时≤450℃。

④ 齿形组合垫见表 3-346。

表 3-346 齿形组合垫使用条件

齿形环垫材料①	覆盖层材料①	压 力 等 级	适用温度/℃	剖　面
10 或 08	柔性石墨	PN20~PN420（CL150~CL2500）	450	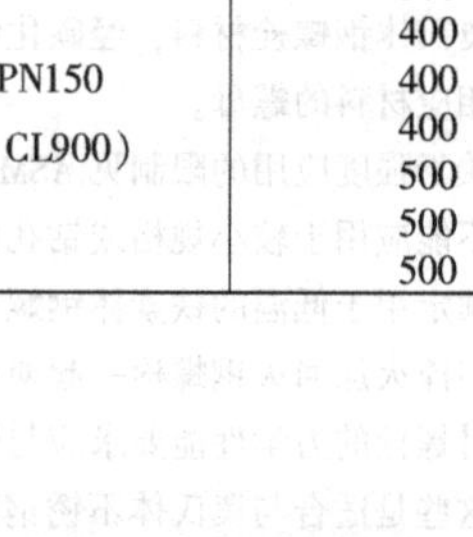
06Cr13	柔性石墨		540②	
06Cr19Ni10	柔性石墨		650②	
06Cr17Ni12Mo2	聚四氟乙烯		260	

① 也可以采用其他材料。

② 用于氧化介质≤450℃。

3）金属垫片见表 3-347。

表 3-347　金属垫片使用条件

材　料②	$HBW^{①}_{max}$	压力等级	适用温度/℃
10 或 08	120	PN20 ~ PN420（CL150 ~ CL2500）	450
06Cr13	170		540
06Cr19Ni10	160		600
06Cr17Ni12Mo2			600

① 金属环垫材料的硬度值应比法兰材料的硬度值低 30 ~ 40HBW。

② 也可以采用其他材料。

4）ASME B16.20—2012《管道法兰用金属垫片——环垫、缠绕式垫片和包覆垫片》。

① 金属环垫见表 3-348。

表 3-348　金属环垫的材料和最高硬度

金属环垫材料	标　号	最高硬度		标记举例
		HBW	HRB	
软　铁	D	90	56	R51D①
低碳钢	S	120	68	R51S①
(4 ~ 6) Cr-0.5Mo	F5②	130	72	R51F5①
410 型	S410	170	86	R51S410①
304 型	S304	160	83	R51S304①
316 型	S316	160	83	R51S316①
347 型	S347	160	83	R51S347①

① 这个号的前面应是环号后面紧跟的是材料号。

② F5 标号仅表示其化学元素的质量分数按 ASTM A182/A182M—2013 的要求。

② 缠绕式垫片见表 3-349。

表 3-349　缠绕式垫片材料的色标和缩写

材　料	缩　写	色　标	材　料	缩　写	色　标
	金属缠绕带材料			金属缠绕带材料	
碳　钢	CRS	银色	Ni-Cr-Fe		
304SS	304	黄色	Inconel 600	INC 600	金色
304Lss	304L	无色	Grade 600		
309ss	309	无色	Ni-Cr-Fe-Cb		
310ss	310	无色	Inconel 625	INC 625	金色
316Lss	316L	绿色	Grade 625		
347ss	347	蓝色	Ni-Cr-Fe-Ti		
321ss	321	绿蓝色	Inconel X-750	INX	无色
430ss	430	无色	Grade X-750		
Ni-Cu			Ni-Fe-Cr		
Monel 400	MON	橙色	Incolo Y 800	IN 800	白色
Grade 400			Grade 800		
Ni 200	Ni	红色	Ni-Fe-Cr-Mo-Cu		
Ti	Ti	紫色	Incolo Y 825	IN 825	白色
20Cb-3 合金	A-20	黑色	Grade 825		
Ni-Mo			Zr	ZIRC	无色
HastelloY B	HAST B	棕色	温石棉	ASB	无色条
Grade B2			聚四氟乙烯	PTFE	白色条
Ni-Mo-Cr			片状石墨	Mfgr's	粉红色条
HastelloY C	HAST C	米色	柔性石墨	F. G.	灰色条
Grade C-276			陶瓷	CER	浅绿色条

③ 包覆垫片材料及缩写见表3-350。

表3-350 包覆垫片的材料标记和缩写

材料成分	材料	缩写
	金属	
AL	铝	AL
CRS	碳钢	CS
CU	铜	CU
Ni-Mo（Grade B2）	Hastelloy B	HAST B
Ni-Mo-Cr（Grade C-276）	Hastelloy C	HAST C
Ni-Cr-Fe（Grade 600）	Inconel 600	INC 600
Ni-Cr-Fe-Cb（Grade 625）	Inconel 625	INC 625
Ni-Fe-Cr（Grade 800）	Inconel 800	IN 800
Ni-Cr-Fe-Ti（Grade X-750）	Inconel X-750	INX
Ni-Cu（Grade 400）	Monel	MON
Nickel 200	镍	NI
Soft Iron	软铁	Soft Iron
Ni-Cr	不锈钢	3-digit
Ta	钽	TANT
Ti	钛	TI
	材料	缩写
	填充材料	
	石棉	ASB
	陶瓷	CER
	柔性石墨	F. G.
	聚四氟乙烯	PTFE

包覆垫片应用举例

由304型金属外壳和柔性石墨填充材料的ASME B16.5 CL150 NPS2½垫片，标记为：

2½-150-304/F. G.

（制造厂商标）

由碳素钢外壳和陶瓷填充材料的ASME B16.47B系列CL300 NPS30垫片标记为：

30-300-CS/CER

ASME B16.47B

（制造厂商标）

（3）填料　填料是动密封的填充材料，用来填充填料箱空间以防止介质经由阀杆和填料箱空间泄漏。填料密封是阀门产品的关键部位之一，要想达到好的密封效果，一方面是填料自身的材质、结构要适应介质工况的需要；另一方面则是合理的填料安装方法和从填料函的结构上考虑来保证可靠的密封。在要求更严格的场合，还可应用波纹管密封。

① 对填料自身的要求：a. 降低填料对阀杆的摩擦力；b. 防止填料对阀杆和填料函的腐蚀；c. 适应介质工况的需要。

② 常用填料的品种：国外资料介绍用于各种工况条件下的品种达40余种，而在通用阀门中最常用的不过几种或十几种。a. 填料型。即橡胶石棉填料：XS250F、XS350F、XS450F、XS550F；油浸石棉填料：YS250F、YS350F、YS450F；浸聚四氟乙烯石棉填料；柔性石墨编织填料，根据增强材料的不同可分别耐温300℃、450℃、600℃、650℃、850℃；聚四氟乙烯编织填料；半金属编织填料，以夹有不锈钢丝、铜丝的石棉作芯子，外表用夹铜丝、不锈钢丝、蒙乃尔丝，因科镍尔丝的石棉线编织起来，根据用途其表面用石墨、云母、二硫化钼润滑剂处理，也有以石棉为芯用润滑的涂石墨的铜箔扭制而成。b. 成形填料。即压制成形的填料，其品种

有：尼龙；橡胶；聚四氟乙烯；填充聚四氟乙烯（增强聚四氟乙烯），增强材料为玻璃纤维，一般为8%～15%玻璃纤维，JB/T 5209—1991 填充聚四氟乙烯为：聚四氟乙烯+20%玻璃纤维+5% MoS_2、聚四氟乙烯+20%玻璃纤维+5%石墨；柔性石墨环。

③ 安装注意事项：a. 填料型填料切断时呈45°切口、安装时每圈切口相错120°。b. 在高压下使用聚四氟乙烯成型填料时，要注意冷流特性。c. 单独使用柔性石墨环密封效果不好，应与柔性石墨编织填料或YS450（视温度情况）组合使用，填料函中间装柔性石墨环，两端装编织填料，也可隔层安装，即一层柔性石墨，一层编织填料，也可在填料函中间放隔环，隔环上下分别装两组组合装配填料。d. 石墨对阀杆、填料函壁有腐蚀，使用中应选择加缓蚀剂的盘根。e. 柔性石墨在王水、浓硫酸、浓硝酸等介质不适用。f. 填料函的尺寸精度、表面粗糙度值，阀杆的尺寸精度和表面粗糙度值是影响成型填料密封性能的关键。

3.7.7 核电站阀门主要产品介绍

1. 核电站用截止阀

(1) 核电用波纹管及中间引漏截止阀

1) 核2级、核3级用电动波纹管截止阀。

① 技术参数见表3-351。

② 主要结构如图3-306所示。

表3-351　核2级、核3级用电动波纹管截止阀主要性能参数

公称压力	PN	10
壳体试验压力/MPa	p_s	1.5倍额定压力
密封试验压力/MPa	p_t	1.1倍额定压力
气密封试验压力/MPa	—	0.4～0.7
动作时间/s	≤10	
安全等级	核（安全）2级、核（安全）3级	
抗震要求	SSE	
质保等级	QA1	
工作介质	废气、空气	

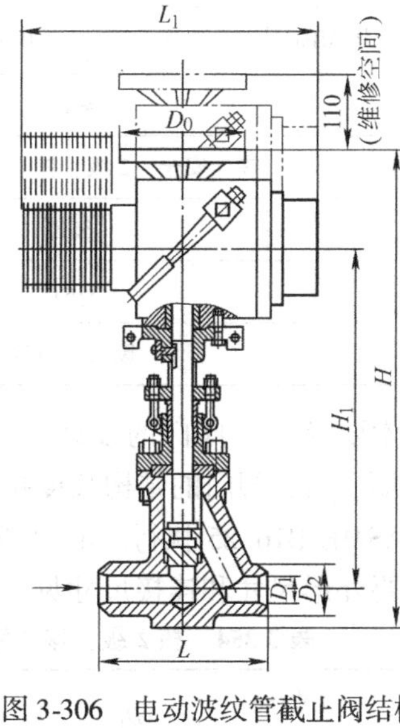

图3-306　电动波纹管截止阀结构

③ 技术要求：a. 阀门的设计、试验、检验和制造按ASME BPVC规范Ⅲ-NC—1995二级设备标准执行。b. 阀门的结构长度按GB/T 12221—2005或ASME B16.10执行。c. 阀门的焊接坡口按ASME B16.25执行。d. 焊接端坡口尺寸也可根据厂家订货的管道确定。

④ 主要外形尺寸和连接尺寸见表3-352。

表3-352　核2级、核3级用电动波纹管截止阀主要外形尺寸和连接尺寸

公称尺寸DN \ 尺寸/mm	D_1	D_2	D_0	L	L_1	H	H_1	重量/kg
15	14	42	220	140	462	612	430	47
20	18	42	220	152	462	612	430	45

（续）

尺寸/mm 公称尺寸 DN	D_1	D_2	D_0	L	L_1	H	H_1	重量/kg
25	23	52	220	165	462	648	454	56
32	30	52	220	184	462	648	454	54
40	37	76	220	203	462	716	509	66
50	45	76	220	229	462	716	509	64

2）核2级、核3级用手动波纹管截止阀。

① 技术参数见表3-353。

② 主要结构如图3-307所示。

表3-353 核2级、核3级用手动波纹管截止阀主要性能参数

公称压力	PN	10
壳体试验压力/MPa	p_s	1.5倍额定压力
密封试验压力/MPa	p_t	1.1倍额定压力
气密封试验压力/MPa	—	0.4～0.7
动作时间/s	≤10	
安全等级	核（安全）2级、核（安全）3级	
抗震要求	SSE	
质保等级	QA1	
工作介质	废气、空气	

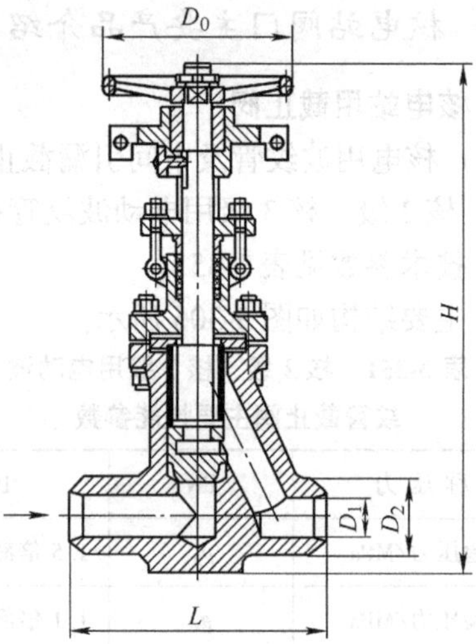

图3-307 手动波纹管截止阀结构

③ 技术要求：a. 阀门的设计、试验、检验和制造按ASME BPVC规范Ⅲ-NC—1995二级设备标准执行。b. 阀门的结构长度按GB/T 12221—2005或ASME B16.10执行。c. 阀门的焊接坡口按ASME B16.25执行。d. 焊接端坡口尺寸也可根据厂家订货的管道确定。

④ 主要外形尺寸和连接尺寸见表3-354。

表3-354 核2级、核3级用手动波纹管截止阀主要外形尺寸和连接尺寸

尺寸/mm 公称尺寸 DN	D_1	D_2	D_0	L	H	重量/kg
15	14	42	220	140	474	13
20	18	42	220	152	474	12
25	23	52	220	165	503	22
32	30	52	220	184	503	21
40	37	76	220	203	513	33
50	45	76	220	229	513	31

3）核2级、核3级用PN16电动波纹管截止阀。

① 主要技术参数见表3-355。

② 主要结构如图3-308所示。

表 3-355　PN16 电动波纹管截止阀主要性能参数

公称压力	PN	16
壳体试验压力/MPa	p_s	1.5 倍额定压力
密封试验压力/MPa	p_t	1.1 倍额定压力
气密封试验压力/MPa		0.4～0.7
动作时间/s	≤10	
安全等级	核（安全）2 级、核（安全）3 级	
抗震要求	SSE	
质保等级	QA1	
工作介质	废气、空气	

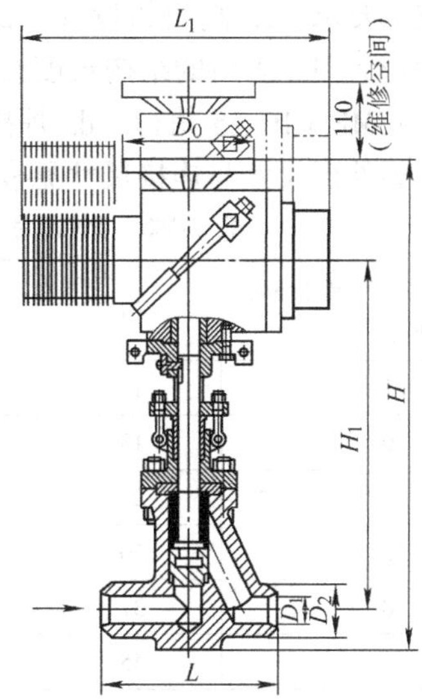

图 3-308　PN16 电动波纹管截止阀结构

③ 技术要求：a. 阀门的设计、试验、检验和制造按 ASME BPVC 规范Ⅲ-NC—1995 二级设备标准执行。b. 阀门的结构长度按 GB/T 12221—2005 或 ASME B16.10 执行。c. 阀门的焊接坡口按 ASME B16.25 执行。d. 焊接端坡口尺寸也可根据厂家订货的管道确定。

④ 主要外形尺寸和连接尺寸见表 3-356。

表 3-356　PN16 电动波纹管截止阀主要外形尺寸和连接尺寸

公称尺寸 DN \ 尺寸/mm	D_1	D_2	D_0	L	L_1	H	H_1	重量/kg
15	14	42	220	140	462	612	430	47
20	18	42	220	152	462	612	430	45
25	23	52	220	165	462	648	454	56
32	30	52	220	184	462	648	454	54
40	37	76	220	203	462	716	509	66
50	45	76	220	229	462	716	509	64

4）核 2 级、核 3 级用 PN16 手动波纹管截止阀。

① 技术参数见表 3-357。

② 主要结构如图 3-309 所示。

表 3-357　PN16 手动波纹管截止阀主要性能参数

公称压力	PN	16
壳体试验压力/MPa	p_s	1.5 倍额定压力
密封试验压力/MPa	p_t	1.1 倍额定压力
气密封试验压力/MPa		0.4～0.7
动作时间/s	≤10	
安全等级	核（安全）2 级、核（安全）3 级	
抗震要求	SSE	
质保等级	QA1	
工作介质	废气、空气	

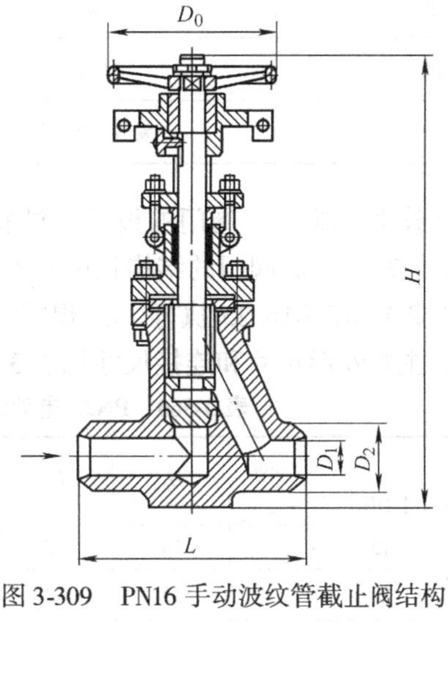

图 3-309　PN16 手动波纹管截止阀结构

③ 技术要求：a. 阀门的设计、试验、检验和制造按 ASME BPVC 规范Ⅲ-NC—1995 二级设备标准执行。b. 阀门的结构长度按 GB/T 12221—2005 或 ASME B16.10 执行。c. 阀门的焊接坡口按 ASME B16.25 执行。d. 焊接端坡口尺寸也可根据厂家订货的管道确定。

④ 主要外形尺寸与连接尺寸见表 3-358。

表 3-358　PN16 手动波纹管截止阀主要外形尺寸和连接尺寸

公称尺寸 DN ＼ 尺寸/mm	D_1	D_2	D_0	L	H	重量/kg
15	14	42	220	140	474	13
20	18	42	220	152	474	12
25	23	52	220	165	503	22
32	30	52	220	184	503	21
40	37	76	220	203	513	33
50	45	76	220	229	513	31

5）核 2 级、核 3 级用 PN25 电动波纹管截止阀。

① 主要技术参数见表 3-359。

② 主要结构如图 3-310 所示。

表 3-359　PN25 电动波纹管截止阀主要性能参数

公称压力	PN	25
壳体试验压力/MPa	p_s	1.5 倍额定压力
密封试验压力/MPa	p_t	1.1 倍额定压力
气密封试验压力/MPa		0.4～0.7
动作时间/s	≤10	
安全等级	核（安全）2 级、核（安全）3 级	
抗震要求	SSE	
质保等级	QA1	
工作介质	废气、空气	

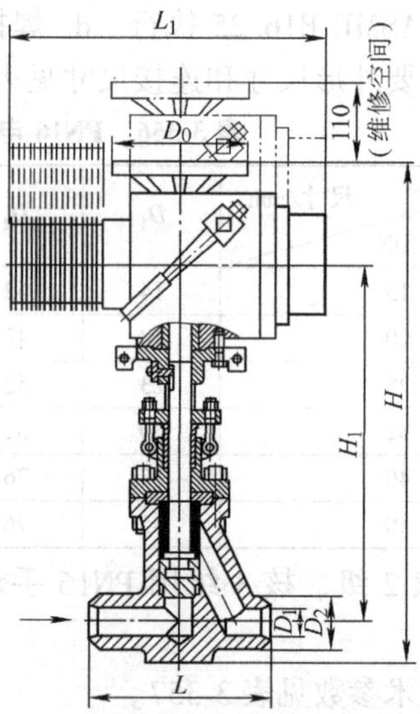

图 3-310　PN25 电动波纹管截止阀结构

③ 技术要求：a. 阀门的设计、试验、检验和制造按 ASME BPVC 规范Ⅲ-NC—1995 二级设备标准执行。b. 阀门的结构长度按 GB/T 12221—2005 或 ASME B16.10 执行。c. 阀门的焊接坡口按 ASME B16.25 执行。d. 焊接端坡口尺寸也可根据厂家订货的管道确定。

④ 主要外形尺寸和连接尺寸见表 3-360。

表 3-360　PN25 电动波纹管截止阀主要外形尺寸和连接尺寸

公称尺寸 DN ＼ 尺寸/mm	D_1	D_2	D_0	L	L_1	H	H_1	重量/kg
15	14	42	220	152	462	612	430	47
20	18	42	220	178	462	612	430	45

（续）

公称尺寸 DN \ 尺寸/mm	D_1	D_2	D_0	L	L_1	H	H_1	重量/kg
25	23	52	220	203	462	648	454	56
32	30	52	220	216	462	648	454	54
40	37	76	220	229	462	716	509	66
50	45	76	220	267	462	716	509	64

6）核 2 级、核 3 级用 PN25 手动波纹管截止阀。

① 技术参数见表 3-361。

② 手动波纹管截止阀的结构如图 3-311 所示。

表 3-361　PN25 手动波纹管截止阀主要性能参数

公称压力	PN	25
壳体试验压力/MPa	p_s	1.5 倍额定压力
密封试验压力/MPa	p_t	1.1 倍额定压力
气密封试验压力/MPa		0.4 ~ 0.7
动作时间/s	≤10	
安全等级	核（安全）2 级、核（安全）3 级	
抗震要求	SSE	
质保等级	QA1	
工作介质	废气、空气	

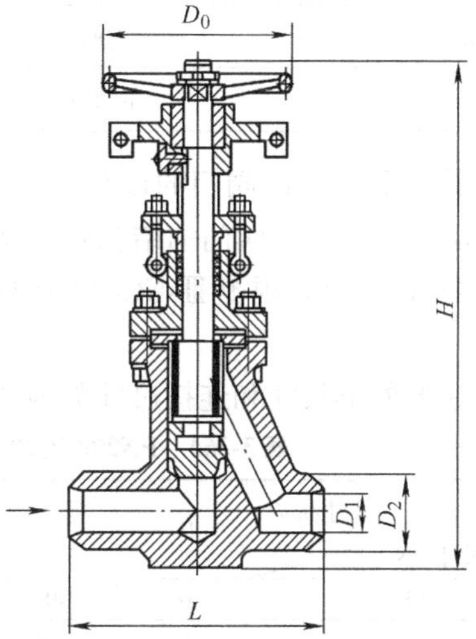

图 3-311　PN25 手动波纹管截止阀结构

③ 技术要求：a. 阀门的设计、试验、检验和制造按 ASME BPVC 规范Ⅲ-NC—1995 二级设备标准执行。b. 阀门的结构长度按 GB/T 12221—2005 或 ASME B16.10 执行。c. 阀门的焊接坡口按 ASME B16.25 执行。d. 焊接端坡口尺寸也可根据厂家订货的管道确定。

④ 主要外形尺寸和连接尺寸见表 3-362。

表 3-362　PN25 手动波纹管截止阀主要外形尺寸和连接尺寸

公称尺寸 DN \ 尺寸/mm	D_1	D_2	D_0	L	H	重量/kg
15	14	42	220	152	474	13
20	18	42	220	178	474	12
25	23	52	220	203	503	22
32	30	52	220	216	503	21
40	37	76	220	229	513	33
50	45	76	220	267	513	31

7）核 2 级、核 3 级用 PN200 电动中间引漏截止阀。

① 技术参数见表 3-363。

② 电动中间引漏截止阀结构如图 3-312 所示。

表 3-363 PN200 电动中间引漏截止阀主要性能参数

公称压力	PN	200
壳体试验压力/MPa	p_s	1.5 倍额定压力
密封试验压力/MPa	p_t	1.1 倍额定压力
气密封试验压力/MPa		0.4～0.7
动作时间/s	≤10	
安全等级	核（安全）2 级、核（安全）3 级	
抗震要求	SSE	
质保等级	QA1	
工作介质	含硼水	

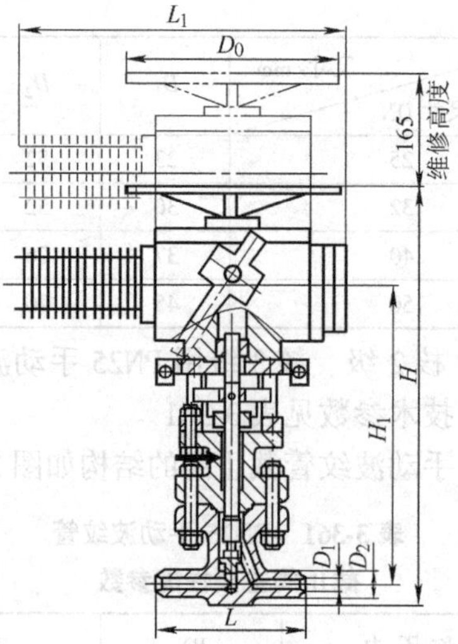

图 3-312 PN200 电动中间引漏截止阀结构

③ 技术要求：a. 阀门的设计、制造、检验和试验按 ASME BPVC 规范Ⅲ-NC—1995 二级设备的规定执行。b. 阀门的结构长度按 GB/T 12221—2005 或 ASME B16.10 执行。c. 阀门的焊口按 ASME BPVC 规范Ⅲ-NC-4250 执行。d. 焊接端的具体尺寸将根据厂家的订货管道来确定。

④ 主要外形尺寸和连接尺寸见表 3-364。

表 3-364 PN200 电动中间引漏截止阀主要外形尺寸和连接尺寸

公称尺寸 DN \ 尺寸/mm	D_1	D_2	L	L_1	H	H_1	D_0	重量/kg
15	14	48	216	558	701	538	450	120
20	19	48	229	558	701	538	450	120
25	23	72	254	558	807	644	450	172.5
32	32	72	279	558	807	644	450	171
40	36	80	305	558	883	655	450	171.8
50	40	80	368	558	883	655	450	171

8）核 2 级、核 3 级用 PN200 中间引漏截止阀。

① 技术参数见表 3-365。

② 手动中间引漏截止阀结构如图 3-313 所示。

表 3-365 PN200 中间引漏截止阀主要性能参数

公称压力	PN	200
壳体试验压力/MPa	p_s	1.5 倍额定压力
密封试验压力/MPa	p_t	1.1 倍额定压力
气密封试验压力/MPa		0.4～0.7
动作时间/s	≤10	
安全等级	核（安全）2 级、核（安全）3 级	
抗震要求	SSE	
质保等级	QA1	
工作介质	含硼水	

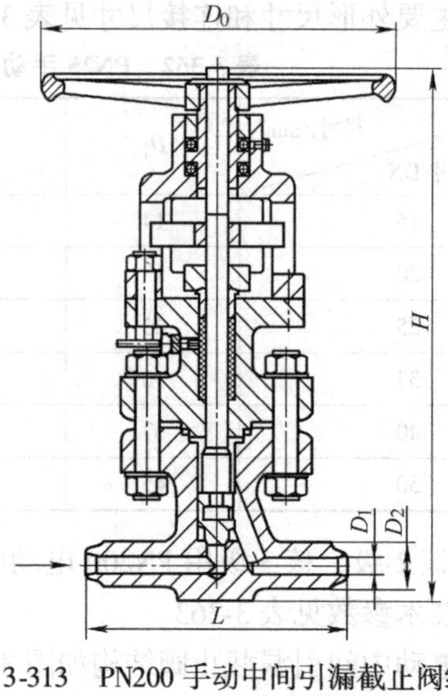

图 3-313 PN200 手动中间引漏截止阀结构

③ 技术要求：a. 阀门的设计、制造、检验和试验按 ASME BPVC 规范Ⅲ-NC—1995 二级设备的规定执行。b. 阀门的结构长度按 GB/T 12221—2005 或 ASME B16.10 执行。c. 阀门的焊口按 ASME BPVC 规范Ⅲ-NC-4250 执行。d. 焊接端的具体尺寸将根据厂家的订货管道来确定。

④ 主要外形尺寸和连接尺寸见表 3-366。

表 3-366　PN200 手动中间引漏截止阀主要外形尺寸和连接尺寸

公称尺寸 DN \ 尺寸/mm	D_1	D_2	L	H	D_0	重量/kg
15	14	48	216	545	220	57.5
20	19	48	229	545	220	57.5
25	23	72	254	676	400	116.2
32	30	72	279	676	400	114.7
40	36	80	305	702	450	119.8
50	40	80	368	702	450	119.2

9）核 2 级、核 3 级用 PN250 电动中间引漏截止阀。

① 技术参数见表 3-367。

② PN250 电动中间引漏截止阀结构如图 3-314 所示。

表 3-367　PN250 电动中间引漏截止阀主要性能参数

公 称 压 力	PN	250
壳体试验压力/MPa	p_s	1.5 倍额定压力
密封试验压力/MPa	p_t	1.1 倍额定压力
气密封试验压力/MPa		0.4～0.7
动作时间/s	≤10	
安全等级	核（安全）2 级、核（安全）3 级	
抗震要求	SSE	
质保等级	QA1	
工作介质	含硼水	

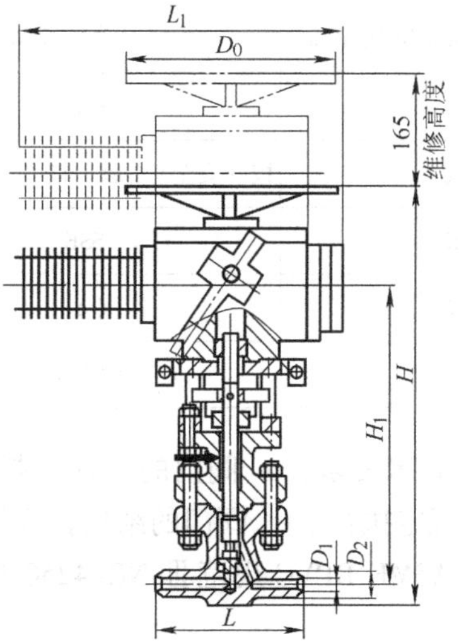

图 3-314　PN250 电动中间引漏截止阀结构

③ 技术要求：a. 阀门的设计、制造、检验和试验按 ASME BPVC 规范Ⅲ-NC—1995 二级设备的规定执行。b. 阀门的结构长度按 GB/T 12221—2005 或 ASME B16.10 执行。c. 阀门的焊口按 ASME BPVC 规范Ⅲ-NC-4250 执行。d. 焊接端的具体尺寸将根据厂家的订货管道来确定。

④ 主要外形尺寸与连接尺寸见表 3-368。

表 3-368　PN250 电动中间引漏截止阀主要外形尺寸与连接尺寸

公称尺寸 DN \ 尺寸/mm	D_1	D_2	L	L_1	H	H_1	D_0	重量/kg
15	14	48	216	558	701	538	450	120
20	19	48	229	558	701	538	450	120

（续）

公称尺寸 DN \ 尺寸/mm	D_1	D_2	L	L_1	H	H_1	D_0	重量/kg
25	23	72	254	558	807	644	450	172.5
32	32	72	279	558	807	644	450	171
40	36	80	305	558	883	655	450	171.8
50	40	80	368	558	883	655	450	171

10）核2级、核3级用PN250手动中间引漏截止阀。

① 技术参数见表3-369。

② PN250手动中间引漏截止阀结构如图3-315所示。

表3-369　PN250手动中间引漏截止阀主要性能参数

公称压力	PN	250
壳体试验压力/MPa	p_s	1.5倍额定压力
密封试验压力/MPa	p_t	1.1倍额定压力
气密封试验压力/MPa		0.4～0.7
动作时间/s	≤10	
安全等级	核（安全）2级、核（安全）3级	
抗震要求	SSE	
质保等级	QA1	
工作介质	含硼水	

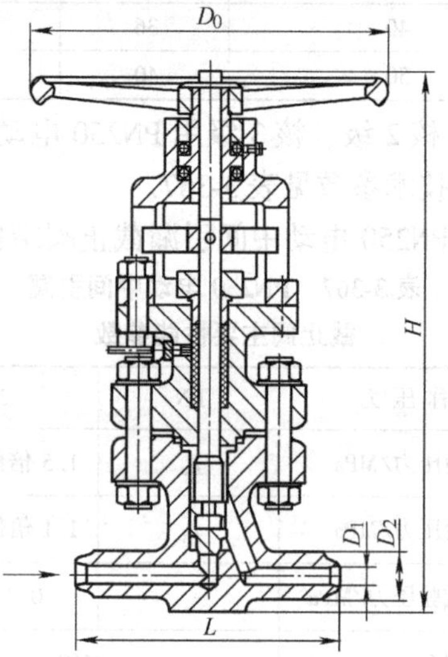

图3-315　PN250手动中间引漏截止阀结构

③ 技术要求：a. 阀门的设计、制造、检验和试验按ASME BPVC规范Ⅲ-NC—1995二级设备的规定执行。b. 阀门的结构长度按GB/T 12221—2005或ASME B16.10执行。c. 阀门的焊口按ASME BPVC规范Ⅲ-NC-4250执行。d. 焊接端的具体尺寸将根据厂家的订货管道来确定。

④ 主要外形尺寸与连接尺寸见表3-370。

表3-370　PN250手动中间引漏截止阀主要外形尺寸与连接尺寸

公称尺寸 DN \ 尺寸/mm	D_1	D_2	L	H	D_0	重量/kg
15	14	48	216	545	220	57.5
20	19	48	229	545	220	57.5
25	23	72	254	676	400	114.7
32	30	72	279	676	400	116.2
40	36	80	305	702	450	119.2
50	40	80	368	702	450	119.8

11）核 2 级、核 3 级用 PN320 电动中间引漏截止阀。

① 技术参数见表 3-371。

② PN320 电动中间引漏截止阀结构如图 3-316 所示。

表 3-371　PN320 电动中间引漏截止阀主要性能参数

公 称 压 力	PN	320
壳体试验压力/MPa	p_s	1.5 倍额定压力
密封试验压力/MPa	p_t	1.1 倍额定压力
气密封试验压力/MPa		0.4～0.7
动作时间/s	≤10	
安全等级	核（安全）2 级、核（安全）3 级	
抗震要求	SSE	
质保等级	QA1	
工作介质	含硼水	

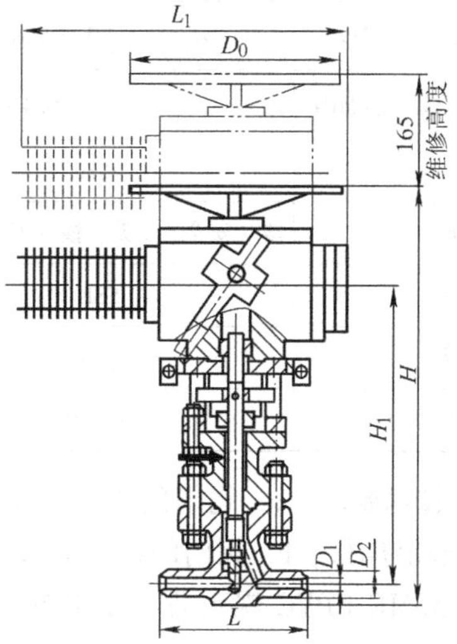

图 3-316　PN320 电动中间引漏截止阀结构

③ 技术要求：a. 阀门的设计、制造、检验和试验按 ASME BPVC 规范Ⅲ-NC—1995 二级设备的规定执行。b. 阀门的结构长度按 GB/T 12221—2005 或 ASME B16.10 执行。c. 阀门的焊口按 ASME BPVC 规范Ⅲ-NC-4250 执行。d. 焊接端的具体尺寸将根据厂家的订货管道来确定。

④ 主要外形尺寸与连接尺寸见表 3-372。

表 3-372　PN320 电动中间引漏截止阀主要外形尺寸与连接尺寸

公称尺寸 DN \ 尺寸/mm	D_1	D_2	L	L_1	H	H_1	D_0	重量/kg
15	14	48	264	558	701	538	450	121
20	19	48	273	558	701	538	450	121
25	23	72	308	558	807	644	450	174
32	32	72	349	558	807	644	450	169.2
40	36	80	384	558	818	655	450	171
50	40	80	279	558	818	655	450	116.2

12）核 2 级、核 3 级 PN320 手动中间引漏截止阀。

① 技术参数见表 3-373。

② PN320 手动中间引漏截止阀结构如图 3-317 所示。

表 3-373 PN320 手动中间引漏截止阀主要性能参数

公称压力	PN	320
壳体试验压力/MPa	p_s	1.5 倍额定压力
密封试验压力/MPa	p_t	1.1 倍额定压力
气密封试验压力/MPa		0.4～0.7
动作时间/s	≤10	
安全等级	核（安全）2 级、核（安全）3 级	
抗震要求	SSE	
质保等级	QA1	
工作介质	含硼水	

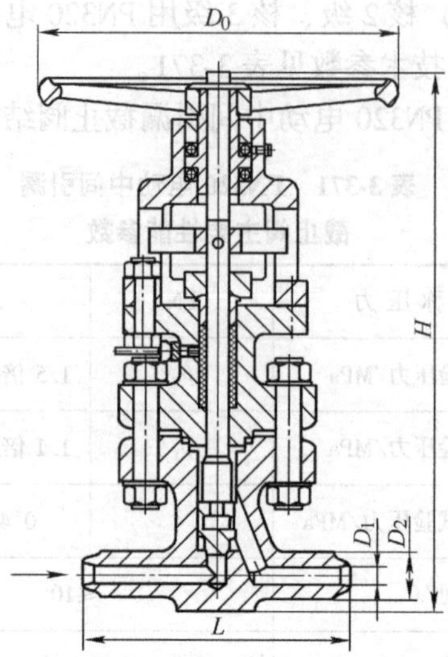

图 3-317 PN320 手动中间引漏截止阀结构

③ 技术要求：a. 阀门的设计、制造、检验和试验按 ASME BPVC 规范Ⅲ-NC—1995 二级设备的规定执行。b. 阀门的结构长度按 GB/T 12221—2005 或 ASME B16.10 执行。c. 阀门的焊口按 ASME BPVC 规范Ⅲ-NC-4250 执行。d. 焊接端的具体尺寸将根据厂家的订货管道来确定。

④ 主要外形尺寸与连接尺寸见表 3-374。

表 3-374 PN320 手动中间引漏截止阀主要外形尺寸与连接尺寸

尺寸/mm 公称尺寸 DN	D_1	D_2	L	H	D_0	重量/kg
15	14	48	264	545	220	58.5
20	19	48	273	545	220	58.5
25	23	72	308	676	400	116.2
32	30	72	349	676	400	113
40	36	80	384	702	450	119
50	40	80	279	702	450	116.2

13）核 2 级、核 3 级用 PN420 电动中间引漏截止阀。

① 技术参数见表 3-375。

② PN420 电动中间引漏截止阀结构如图 3-318 所示。

表 3-375 PN420 电动中间引漏截止阀主要性能参数

公称压力	PN	420
壳体试验压力/MPa	p_s	1.5 倍额定压力
密封试验压力/MPa	p_t	1.1 倍额定压力
气密封试验压力/MPa		0.4～0.7
动作时间/s	≤10	
安全等级	核（安全）2 级、核（安全）3 级	
抗震要求	SSE	
质保等级	QA1	
工作介质	含硼水	

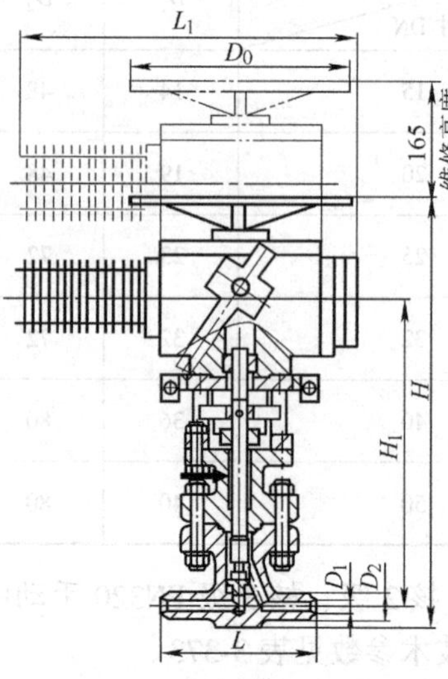

图 3-318 PN420 电动中间引漏截止阀结构

③ 技术要求：a. 阀门的设计、制造、检验和试验按 ASME BPVC 规范Ⅲ-NC—1995 二级设备的规定执行。b. 阀门的结构长度按 GB/T 12221—2005 或 ASME B16. 10 执行。c. 阀门的焊口按 ASME BPVC 规范Ⅲ-NC-4250 执行。d. 焊接端的具体尺寸将根据厂家的订货管道来确定。

④ 主要外形尺寸与连接尺寸见表 3-376。

表 3-376　PN420 电动中间引漏截止阀主要外形尺寸与连接尺寸

公称尺寸 DN \ 尺寸/mm	D_1	D_2	L	L_1	H	H_1	D_0	重量/kg
15	14	48	264	558	701	538	450	121
20	19	48	273	558	701	538	450	121
25	23	72	308	558	807	644	450	174
32	30	72	349	558	807	644	450	169. 2

14）核 2 级、核 3 级用 PN420 手动中间引漏截止阀。

① 技术参数见表 3-377。

② PN420 手动中间引漏截止阀结构如图 3-319 所示。

表 3-377　PN420 手动中间引漏截止阀主要性能参数

公 称 压 力	PN	420
壳体试验压力/MPa	p_s	1. 5 倍额定压力
密封试验压力/MPa	p_t	1. 1 倍额定压力
气密封试验压力/MPa		0. 4 ~ 0. 7
动作时间/s	≤10	
安全等级	核(安全)2 级、核(安全)3 级	
抗震要求	SSE	
质保等级	QA1	
工作介质	含硼水	

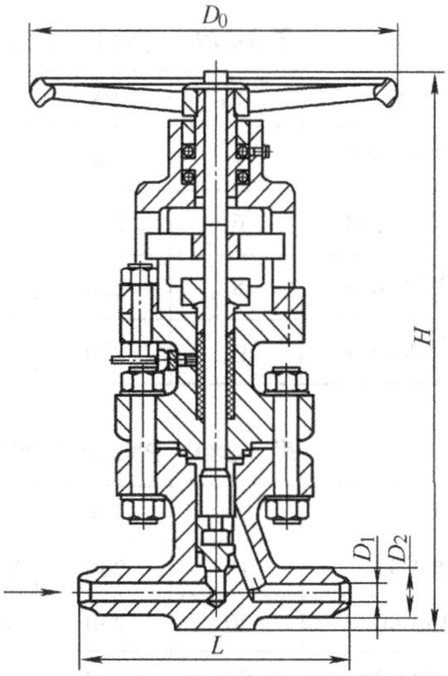

图 3-319　PN420 手动中间引漏截止阀结构

③ 技术要求：a. 阀门的设计、制造、检验和试验按 ASME BPVC 规范Ⅲ-NC—1995 二级设备的规定执行。b. 阀门的结构长度按 GB/T 12221—2005 或 ASME B16. 10 执行。c. 阀门的焊口按 ASME BPVC 规范Ⅲ-NC-4250 执行。d. 焊接端的具体尺寸将根据厂家的订货管道来确定。

④ 主要外形尺寸及连接尺寸见表 3-378。

表 3-378　PN420 手动中间引漏截止阀主要外形尺寸及连接尺寸

公称尺寸 DN \ 尺寸/mm	D_1	D_2	L	H	D_0	重量/kg
15	14	48	264	545	220	58. 5
20	19	48	273	545	220	58. 5
25	23	72	308	676	400	116. 2
32	30	72	349	676	400	113

注：额定压力-材料在 −29 ~ 38℃时的最高工作压力。

(2) 核电站用小型手动截止阀

1) PN230 锥面密封手动角式截止阀如图 3-320 所示及见表 3-379。

2) PN230 平面密封角式手动截止阀如图 3-321 所示及见表 3-380。

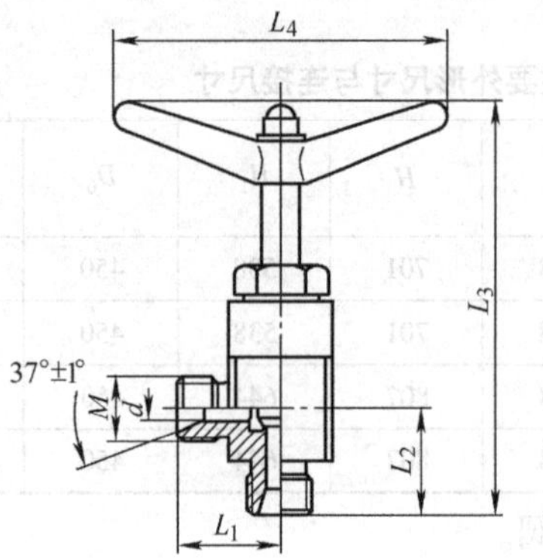

图 3-320 PN230 锥面密封手动角式截止阀

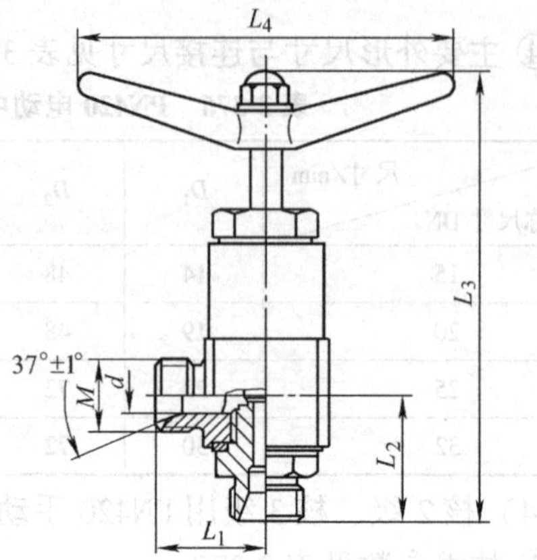

图 3-321 PN230 平面密封角式手动截止阀

表 3-379 PN230 锥面密封手动角式截止阀主要性能参数和连接尺寸 (单位：mm)

代　　号	DN	PN	介　　质	M	使用温度/℃	d	L_1	L_2	L_3	L_4
Y5703$^{G}_{B}$-90/001	4	230	空气、氮气	M14×1.5	−25~45	4	28	26	108	84
Y5703$^{G}_{B}$-90/002	6	230	空气、氮气	M18×1.5	−25~45	6	28	26	108	84
Y5703$^{G}_{B}$-90/003	8	230	空气、氮气	M20×1.5	−25~45	8	31	31	120	120
Y5703$^{G}_{B}$-90/004	10	230	空气、氮气	M22×1.5	−25~45	10	31	31	120	120

表 3-380 PN230 平面密封角式手动截止阀主要性能参数和连接尺寸 (单位：mm)

代　　号	DN	PN	介　　质	M	使用温度/℃	d	L_1	L_2	L_3	L_4
Y5708A-90	15	230	空气、氮气	M27×1.5	−25~45	14	46	61	210	160
Y5715A-90	20	230	空气、氮气	M36×1.5	−25~45	19	47	64.5	216	160
Y5724A-90	25	230	空气、氮气	M39×1.5	−25~45	24	53	73	225	160
Y5711A-90	32	230	空气、氮气	M52×2	−25~45	31	56	82.5	253	160

3) PN345 锥面密封角式手动截止阀如图 3-322 所示及见表 3-381。

4) PN230 平面密封硝酸用角式手动截止阀如图 3-323 所示及见表 3-382。

表 3-381 PN345 锥面密封角式手动截止阀主要性能参数和连接尺寸 (单位：mm)

代　　号	DN	PN	介　　质	M	使用温度/℃	d	L_1	L_2	L_3	L_4
Y5703$^{G}_{B}$-90/001	4	345	空气、氮气	M14×1.5	−25~45	4	28	26	108	84
Y5703$^{G}_{B}$-90/002	6	345	空气、氮气	M18×1.5	−25~45	6	28	26	108	84
Y5704$^{G}_{B}$-90/003	8	345	空气、氮气	M20×1.5	−25~45	8	31	29	132	120
Y5704$^{G}_{B}$-90/004	10	345	空气、氮气	M22×1.5	−25~45	10	31	29	132	120

（续）

代　号	DN	PN	介　质	M	使用温度/℃	d	L_1	L_2	L_3	L_4
Y5708B-90	15	345	空气、氮气	M27×1.5	-25~45	14	46	72	200	160
Y5715B-90	20	345	空气、氮气	M36×1.5	-25~45	19	47	45.5	200	160
Y572B_4-90	25	345	空气、氮气	M39×1.5	-25~45	24	49	50	205	160
Y5711B-90	32	345	空气、氮气	M52×2	-25~45	31	57	55.5	214	160

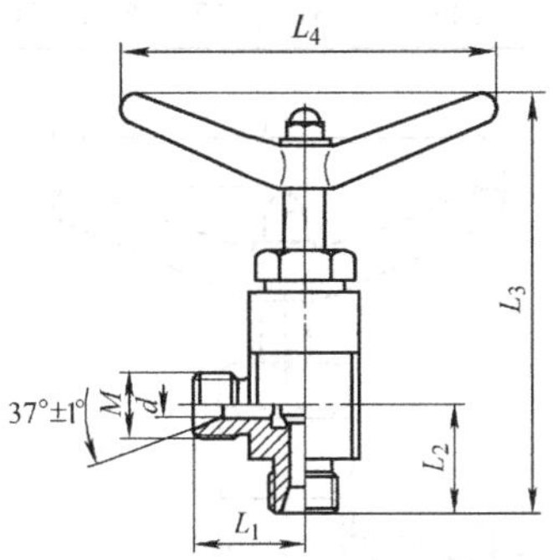

图 3-322　PN345 锥面密封角式手动截止阀

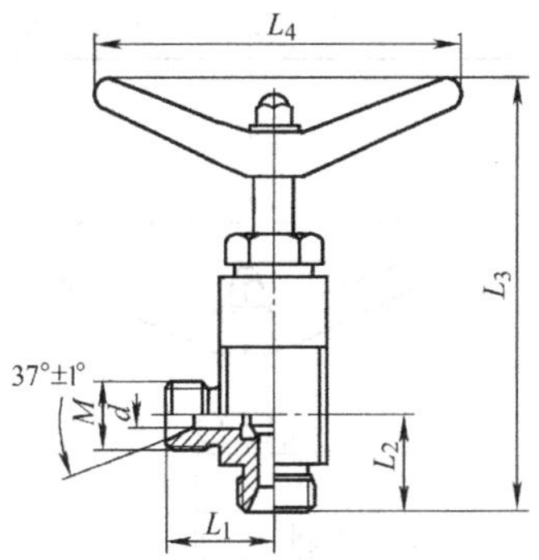

图 3-323　PN230 平面密封硝酸用角式手动截止阀

表 3-382　PN230 平面密封硝酸用角式手动截止阀主要性能参数和连接尺寸

（单位：mm）

代　号	DN	PN	介　质	M	使用温度/℃	d	L_1	L_2	L_3	L_4
Y5707A-90/001	4	230	硝酸、四氧化二氮	M14×1.5	±45	4	28	26	117	84
Y5707A-90/002	6	230	硝酸、四氧化二氮	M18×1.5	±45	6	28	26	117	84
Y5707A-90/003	8	230	硝酸、四氧化二氮	M20×1.5	±45	8	31	31	120	120
Y5707A-90/004	10	230	硝酸、四氧化二氮	M22×1.5	±45	10	31	31	120	120
Y5725A-90	15	230	硝酸、四氧化二氮	M27×1.5	±45	14	41	36	151.5	120
Y5726A-90	20	230	硝酸、四氧化二氮	M36×1.5	±45	19	47	41.5	191.5	160
Y5727A-90	25	230	硝酸、四氧化二氮	M39×1.5	±45	24	56	51	202.5	160
Y5728A-90	32	230	硝酸、四氧化二氮	M52×2	±45	31	60	57.5	222.5	160

5）PN230 锥面密封硝酸用角式手动截止阀如图 3-324 所示及见表 3-383。

6）PN1200 锥面密封角式手动截止阀如图 3-325 所示及见表 3-384。

表 3-383　PN230 锥面密封硝酸用角式手动截止阀主要性能参数和连接尺寸

（单位：mm）

代　号	DN	PN	介　质	M	使用温度/℃	d	L_1	L_2	L_3	L_4
Y5707B-90/001	4	230	硝酸、四氧化二氮	M14×1.5	±45	4	28	26	117	84
Y5707B-90/002	6	230	硝酸、四氧化二氮	M18×1.5	±45	6	28	26	117	84
Y5707B-90/003	8	230	硝酸、四氧化二氮	M20×1.5	±45	8	31	31	120	120

（续）

代　　号	DN	PN	介　　质	M	使用温度/℃	d	L_1	L_2	L_3	L_4
Y5707B-90/004	10	230	硝酸、四氧化二氮	M22×1.5	±45	10	31	31	120	120
Y5725B-90	15	230	硝酸、四氧化二氮	M27×1.5	±45	14	39	36	149	120
Y5726B-90	20	230	硝酸、四氧化二氮	M36×1.5	±45	19	45	41	157	120
Y5727B-90	25	230	硝酸、四氧化二氮	M39×1.5	±45	24	49	51	201	160
Y5728B-90	32	230	硝酸、四氧化二氮	M52×2	±45	31	57	57.5	212.5	160

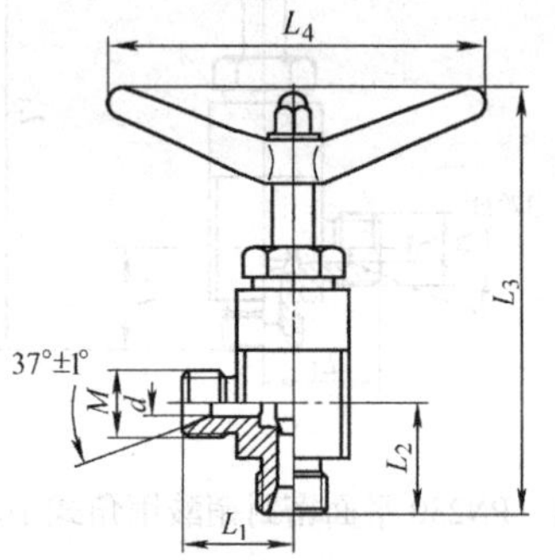

图 3-324　PN230 锥面密封硝酸用角式手动截止阀

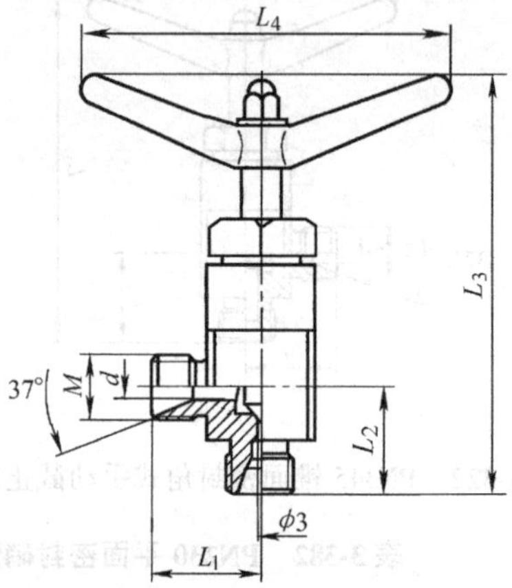

图 3-325　PN1200 锥面密封角式手动截止阀

表 3-384　PN1200 锥面密封角式手动截止阀主要性能参数和连接尺寸　（单位：mm）

代　　号	DN	PN	介　　质	M	使用温度/℃	d	L_1	L_2	L_3	L_4
KJ21-1/001	6	1200	水、油	M18×1.5	常温	4	27	24	115	84
KJ21-1/002	10	1200	水、油	M22×1.5	常温	8	27	24	115	84

7）PN345 锥面密封角式手动节流阀如图 3-326 所示及见表 3-385。

8）PN345 平面密封角式手动截止阀如图 3-327 所示及见表 3-386。

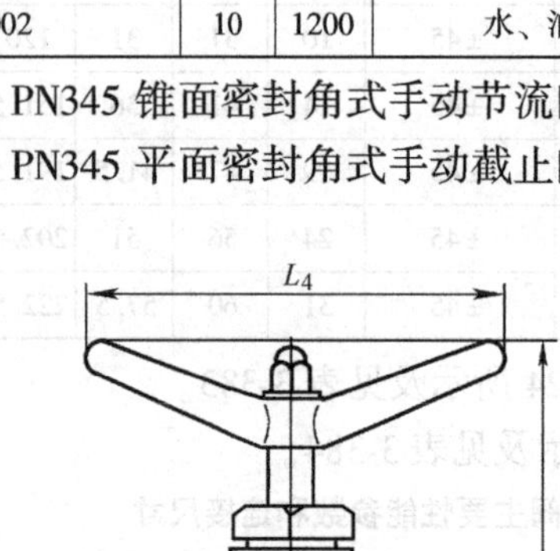

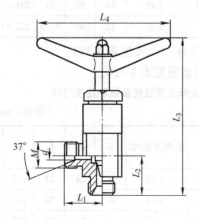

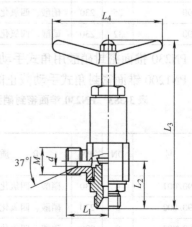

图 3-326　PN345 锥面密封角式手动节流阀

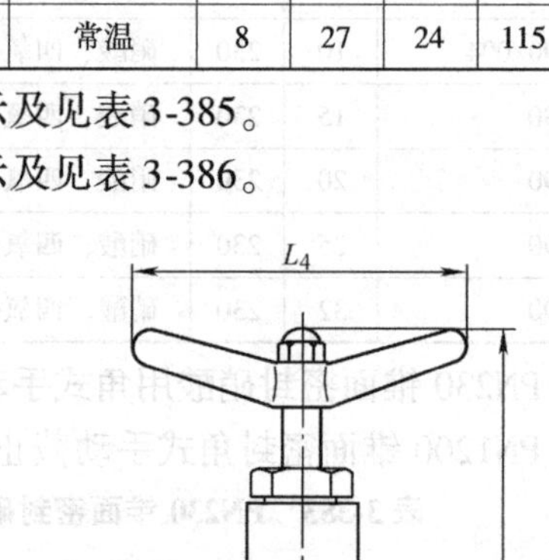

图 3-327　PN345 平面密封角式手动截止阀

表 3-385　PN345 锥面密封角式手动节流阀主要性能参数和连接尺寸　（单位：mm）

代　号	DN	PN	介　质	M	使用温度/℃	d	L_1	L_2	L_3	L_4
KJ23-1/001	4	345	空气、氮气	M14×1.5	−25～45	4	28	26	115	84
KJ23-1/002	6	345	空气、氮气	M18×1.5	−25～45	6	28	26	115	84
KJ23-1/003	8	345	空气、氮气	M20×1.5	−25～45	8	31	29	140	120
KJ23-1/004	10	345	空气、氮气	M22×1.5	−25～45	10	31	29	140	120
KJ23-1/005	15	345	空气、氮气	M27×1.5	−25～45	14	46	42	220	160

表 3-386　PN345 平面密封角式手动截止阀主要性能参数和连接尺寸　（单位：mm）

代　号	DN	PN	介　质	M	使用温度/℃	d	L_1	L_2	L_3	L_4
1TY21-2A	6	345	空气、氮气	M18×1.5	±40	6	31	42.5	146	84
1TY21-2B	8	345	空气、氮气	M20×1.5	±40	8	31	42.5	146	84
1TY21-2C	10	345	空气、氮气	M22×1.5	±40	10	31	42.5	146	84

9）PN230 角式手动开关如图 3-328 所示及见表 3-387。

表 3-387　PN230 角式手动开关主要性能参数

代　号	DN	PN	介　质	使用温度/℃
1TY21-1	6	230	空气、氮气	±45

（3）核电用各类波纹管截止阀

1）压水反应堆用 PN25 手动操纵和远距离操纵的波纹管截止阀如图 3-329 所示。

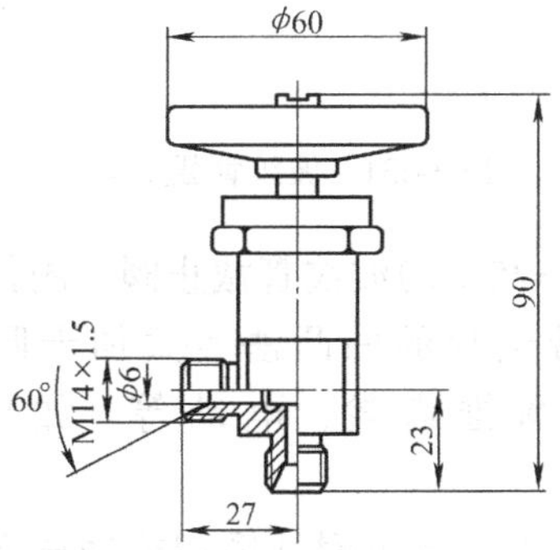

图 3-328　PN230 角式手动开关

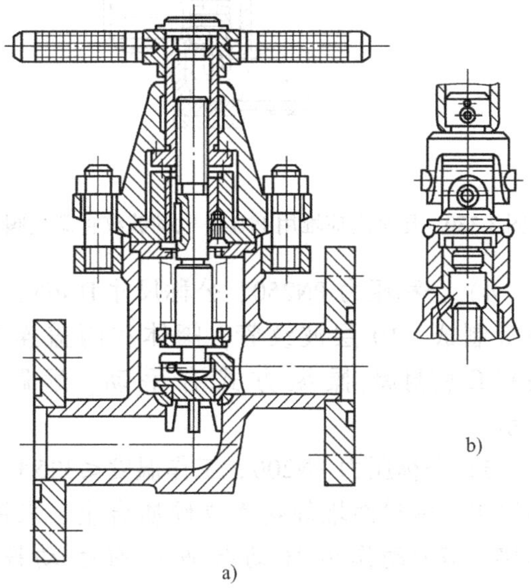

图 3-329　压水反应堆用 PN25 手动操纵和远距离操纵的波纹管截止阀

a）手动操纵　b）远距离操纵

2）压水反应堆用 PN140 电动波纹管截止阀如图 3-330 所示。

3）公称压力 PN40、工作温度≤200℃、公称尺寸 DN50 的波纹管截止阀、阀体材料 CF8、密封圈材料 PTFE，依靠弹簧片固定在阀瓣上，阀盖与阀体密封采用 PTFE 垫片加 Ω 密封焊，采用多层波纹管，阀杆螺母带推力轴承，与管道采用焊接连接如图 3-331 所示。

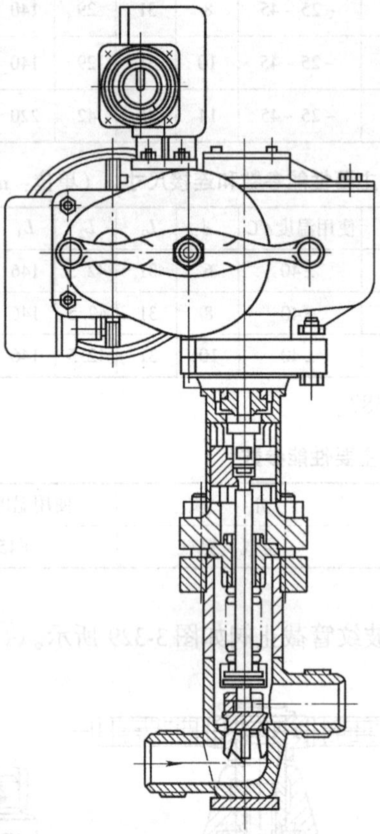

图 3-330　压水反应堆用 PN140 电动波纹管截止阀

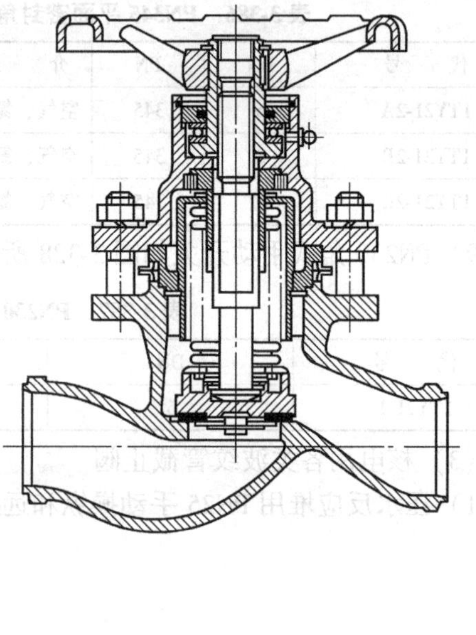

图 3-331　波纹管截止阀

4）公称压力 PN250，公称尺寸 DN65，工作温度≤325℃的波纹管截止阀，阀体采用厚壁管制成、10 层波纹管，阀体和阀盖连接是靠不带垫片的凹凸法兰式加半圆环，并备有 Ω 密封焊，操纵方式有手动、远距离操纵、圆锥齿轮、电动等，如图 3-332 所示。

5）公称压力 PN200，工作温度≤325℃，阀门主要零件是由耐蚀锻钢或冲压而成，锥面密封、密封面堆焊司太立硬质合金。采用六层波纹管加填料，阀体与阀盖采用无垫片连接。双向动作的气动装置备有手动操作，以备压缩空气失压时使用如图 3-333 所示。

6）用于液态金属冷却剂所用的阀门，其阀体采用锻焊结构，阀杆与阀盖间的动连接密封采用冷冻固封填料，阀座和阀瓣密封面堆焊司太立硬质合金，阀体与阀盖采用无垫片法兰连接加 Ω 密封焊，在波纹管密封之外又加上阀盖与阀杆之间上部的堆焊密封，如图 3-334 所示。

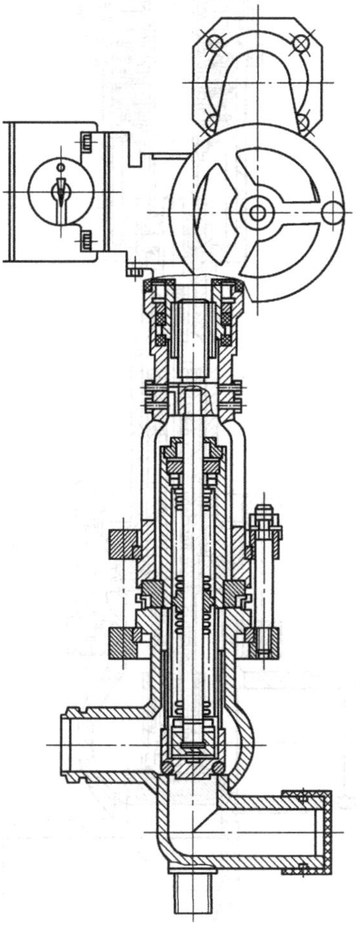

图 3-332　电动波纹管截止阀

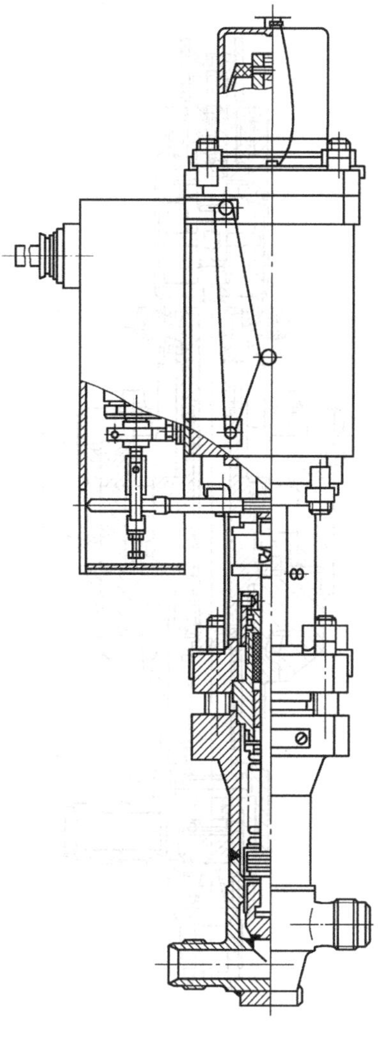

图 3-333　气动波纹管截止阀

7）公称压力 PN250、公称尺寸 DN150、工作温度≤325℃，阀体与阀盖连接采用带垫片的法兰连接加 Ω 形密封焊，采用两个扇形块连接阀杆与阀瓣，阀门设有远距离的关闭件终端位置指示器。当气动驱动机构失压时，靠一组碟形弹簧将阀门关闭，用驱动机构上的限位螺栓来调整开启时的阀瓣行程，从而限定了波纹管的伸缩范围。操作空气的压力为 4.5MPa±0.5MPa。它采用了特殊结构以便不压缩碟形弹簧也能开启阀门，如图 3-335 所示。

8）小口径波纹管截止阀如图 3-336 所示。

9）Z 型直通式波纹管截止阀如图 3-337 所示。

10）带碟形弹簧和气动装置的常开截止阀如图 3-338 所示。

2. 核电站用闸阀

1）水-水反应堆核动力装置使用的电动主切断闸阀，该阀使用在核动装置-回路上使用的

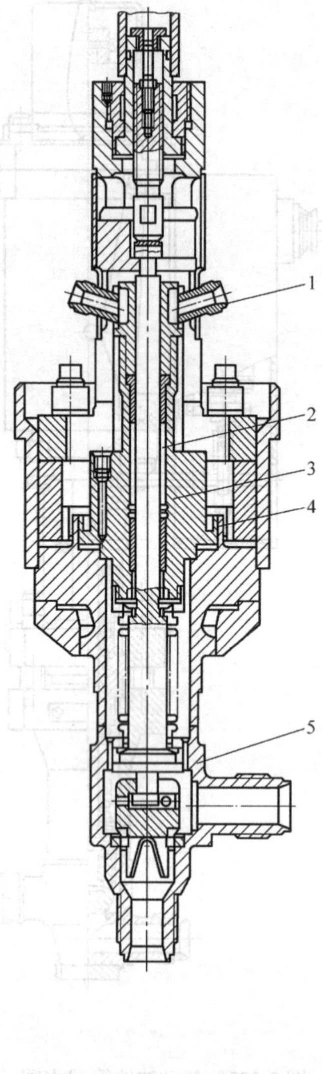

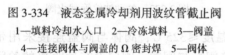

图 3-334 液态金属冷却剂用波纹管截止阀

1—填料冷却水入口 2—冷冻填料 3—阀盖 4—连接阀体与阀盖的 Ω 密封焊 5—阀体

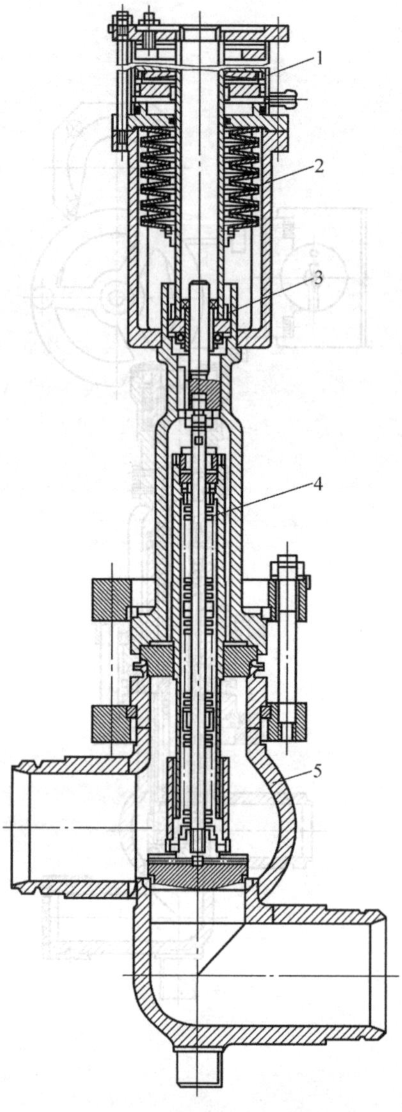

图 3-335 气动驱动的波纹管常闭截止阀

1—单向作用的气动驱动装置 2—碟形弹簧 3—手动操作螺母 4—波纹管装配件 5—阀体

主闸阀-明杆楔式双闸板闸阀。阀体与阀盖均为焊接件，其连接采用法兰。考虑到可能的温度波动、阀体变形、阀腔内产生蒸汽、因热管道的热量而使阀体内的水加热等诸因素，在面向反应堆侧的闸板腔室内设置了卸载装置，它可做成节流装置或止回阀的形式。此卸载装置是一串节流孔板，可使水从阀体流回反应堆内。在每个循环环路上安装两套闸阀。

主切断闸阀的阀体与阀盖的法兰连接处采用两套垫片密封，将泄漏水从两者中间引出排放，阀杆的填料密封在填料内设有中间空腔，从这里可以引出通过下部填料泄漏出来的介质。阀杆上设有上密封，当阀门处于全开状态时防止介质外漏。

该配备了 20kW 的电动机，能远距离操作，也能就地操作，闸阀的电动关闭时间为 85s，手动关闭时间为 32min 如图 3-339 所示。

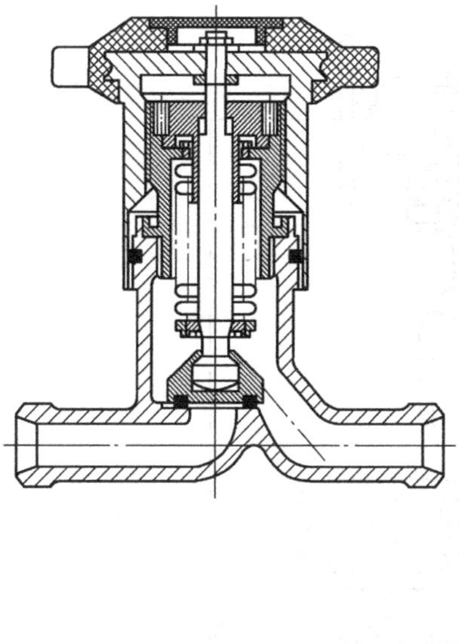

图 3-336　小口径波纹管截止阀

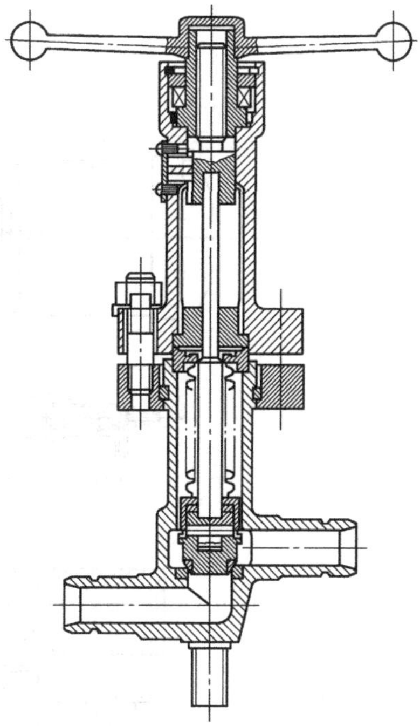

图 3-337　Z 型直通式波纹管截止阀

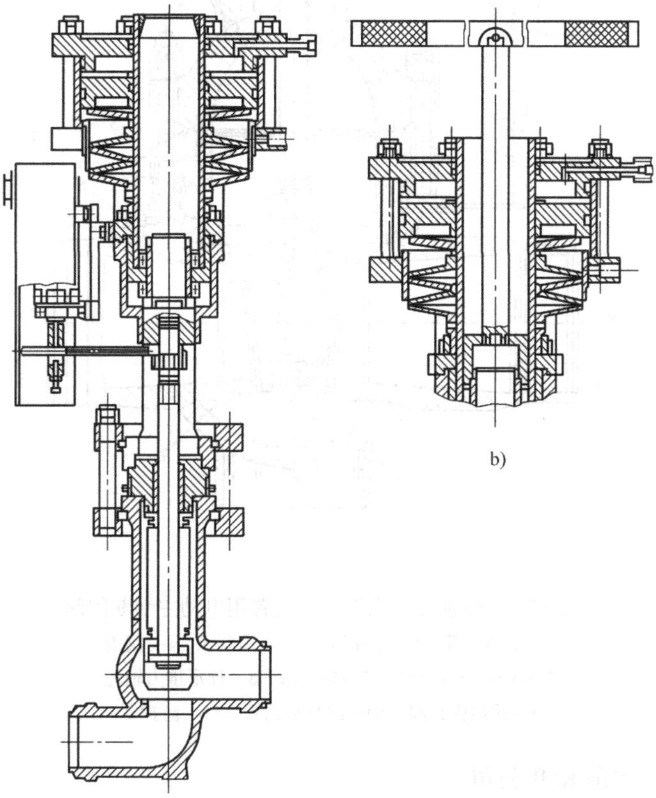

a)

b)

图 3-338　带碟形弹簧和气动装置的常开截止阀

a）阀门装置　b）使用套筒扳手的阀门手动操作装置

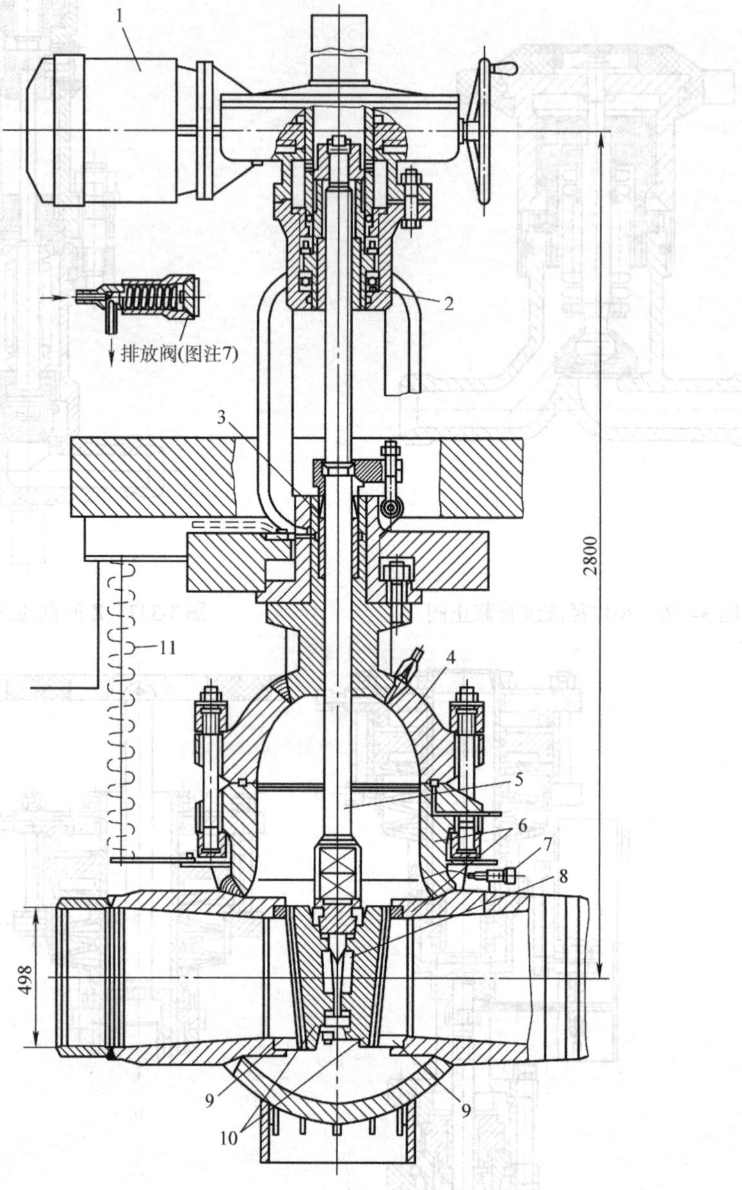

图 3-339　水-水反应堆核动力装置用电动主切断闸阀

1—电动装置　2—行程部件　3—填料函　4—阀盖

5—阀杆　6—阀体　7—排放阀　8—球形推力轴瓦

9—阀体密封圈　10—圆盘形闸板　11—防护罩

主要生产厂家：德国 KSB 公司。

2）大功率石墨慢化沸水堆核电厂供换料机用的闸阀。该阀只能在不大于 8.0MPa 的压力下工作，开启或关闭阀门只能在闸板上的压降不大于 0.1MPa 时进行，为了保证可靠的密封性和工作的耐久性要求，截止机构由两个闸阀串接而成，并从两个闸阀之间的内腔导出可能出现的漏流。当闸阀处于关闭状态时，保证有一个强制的压紧力使闸板的密封面紧紧地压在阀座上；当闸板启动之前，闸板应脱离阀座，并在开启与关闭过程中，在移动闸板时使两个圆盘不互相牵制。

阀杆的光杆部分与提升螺纹是用铰链结合结构连在一起，它可在阀盖柱箱上的沟槽内靠滚轮上下移动，因而保证在不拆卸填料从而也不破坏换料机内腔密封的条件下能拆卸闸阀内所有的驱动部件。可避免把不利的径向力传给阀杆的光杆部分如图 3-340 所示。

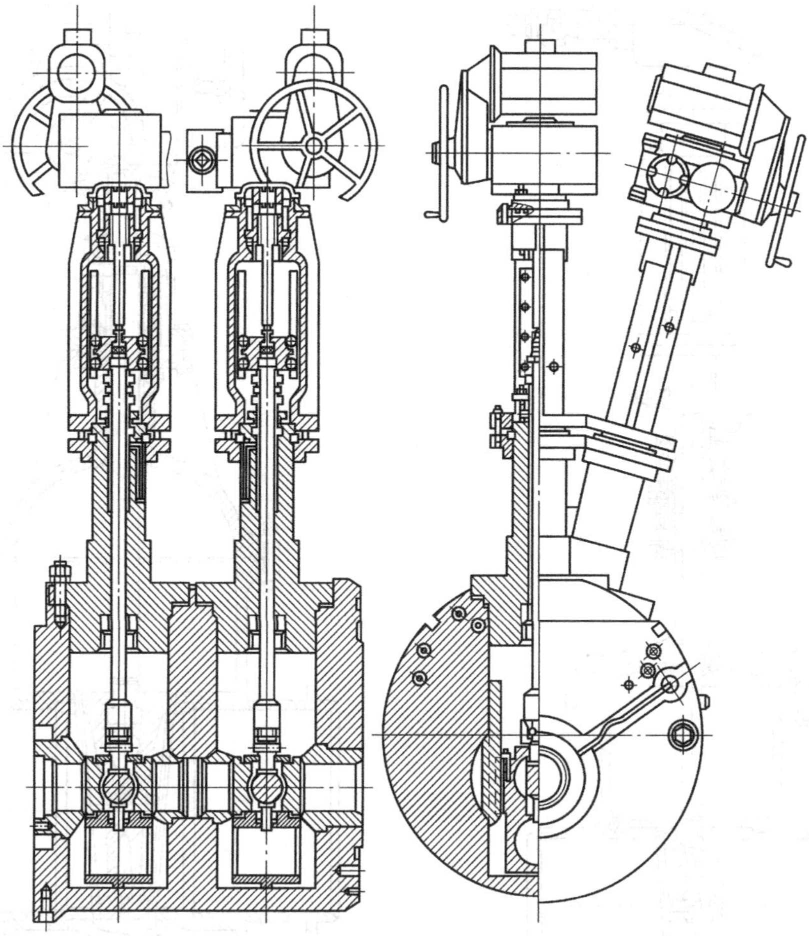

图 3-340　大功率石墨慢化沸水堆核电厂供换料机用的闸阀

主要生产厂家：德国 KSB 公司。

3）快中子反应堆核动力装置用水冷冷冻固封填料的闸阀，冷冻固封填料用流动的冷水冷却，为了提高冷冻填料工作的可靠性，在结构上作成相互独立的多节填料部件。为了在加热和冷却闸阀时降低热应力，阀体的壁厚应最小，并尽可能在不同的截面上壁厚值相等。为了阀体-阀盖法兰连接不受到破坏，在螺母下放置了可补偿套，同时又规定在法兰外缘添加了一道密封焊如图 3-341 所示。

主要生产厂家：德国 KSB 公司。

4）供压水堆核动力装置用弹性闸板楔式闸阀，阀体由铸造而成，弹性闸板能补偿阀体可能出现的变形。三套填料装置可使渗漏减至最低值如图 3-342 所示。

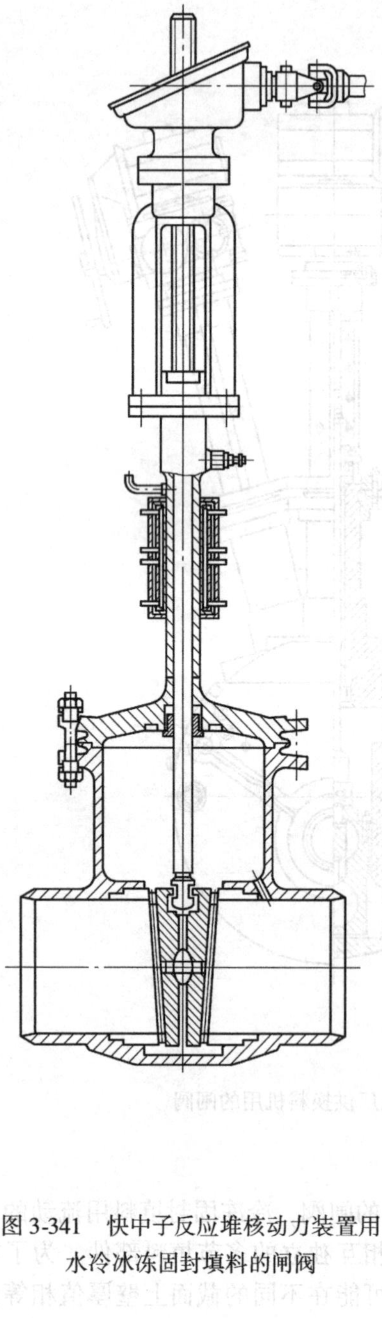

图 3-341 快中子反应堆核动力装置用水冷冰冻固封填料的闸阀

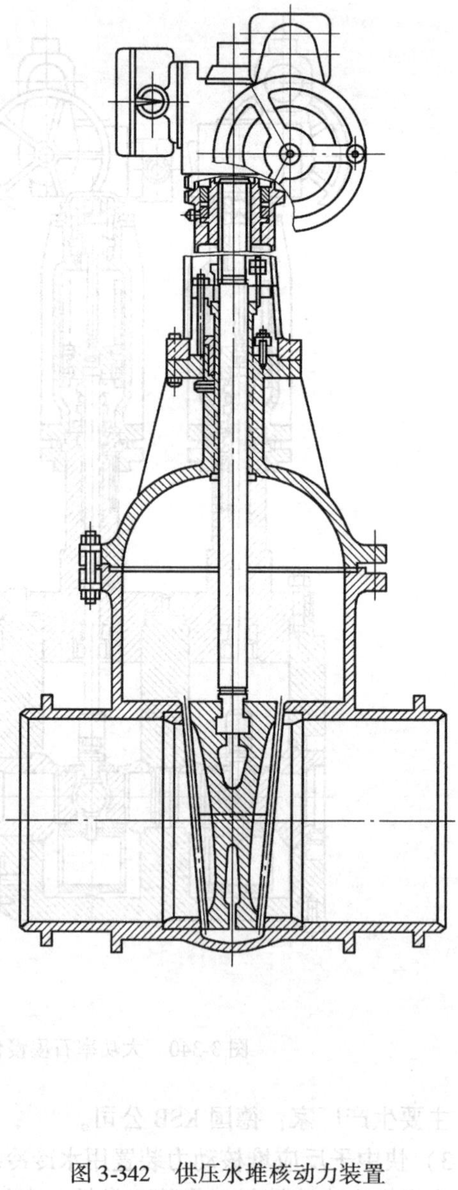

图 3-342 供压水堆核动力装置用弹性闸板楔式闸阀

5）水-水动力堆机组用的 PN160、DN500 的闸阀。在阀体与阀盖之间的无法兰内压自紧密封之外又增加了一套薄膜密封，并从两者之间设有引漏管，这种结构的特点是在给定的工作参数下，与其他闸阀相比，其重量和尺寸都小很多如图 3-343 所示。

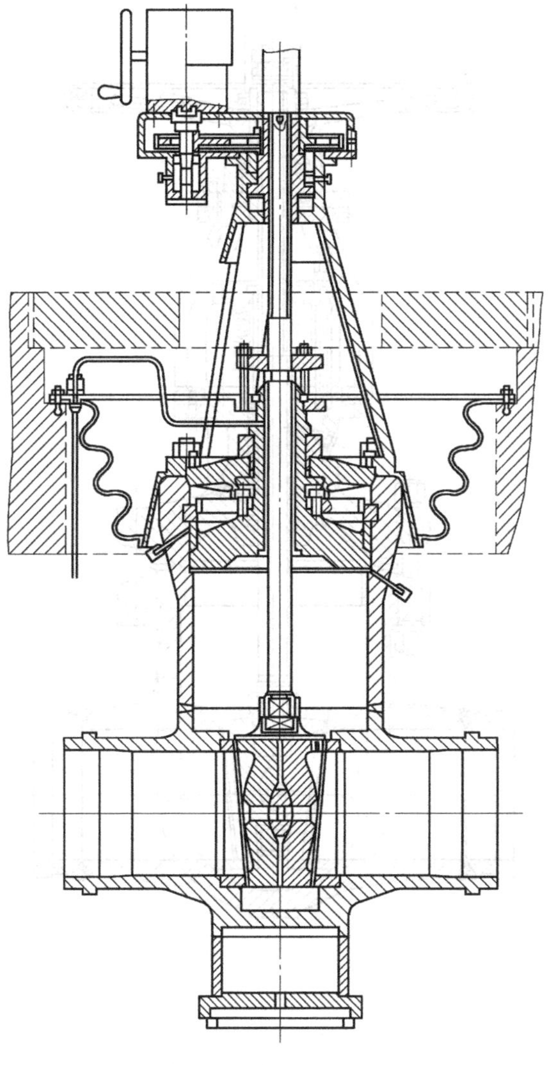

图 3-343　水-水动力堆机组用内压自紧密封阀盖加薄膜密封闸阀

6）双闸板螺栓连接阀盖钢制闸阀，该闸阀阀体阀盖采用螺栓连接加 Ω 密封焊，其填料部位采用一种结构型式来形成固定的压力，保证填料密封如图 3-344 所示。

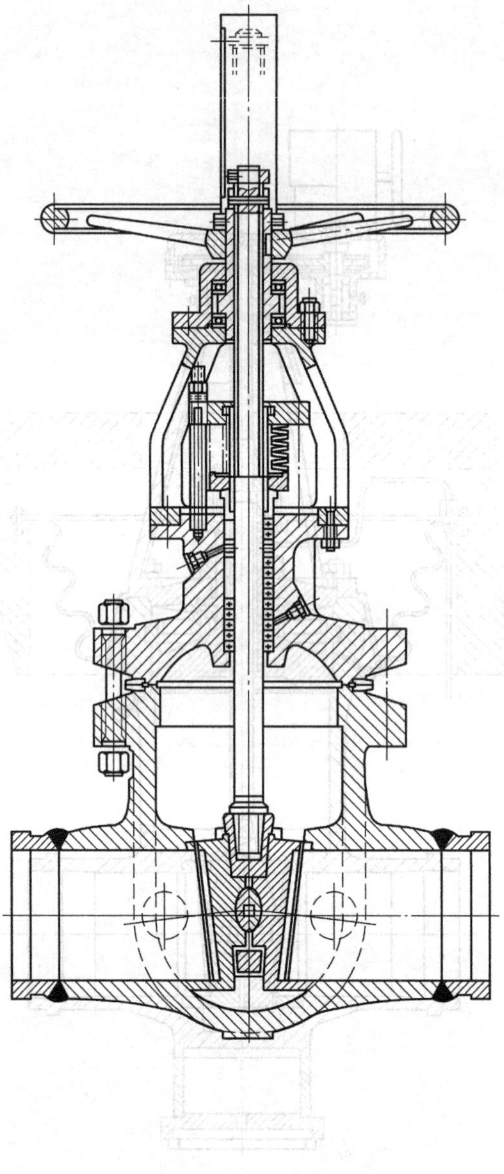

图 3-344 双闸板螺栓连接阀盖钢制闸阀

主要生产厂家：德国格斯特拉（GESTRA）公司。

7）行程部件上带碟形弹簧的闸阀。由于加热时阀杆长度的改变可能造成闸板在阀体内被楔住，当阀杆冷却时，在闸阀关闭件上的密封有可能遭到破坏。为了限制阀杆上的轴向力，在闸阀的行程部件上设置了碟形弹簧，避免了阀杆冷却时闸阀密封受到破坏，如图 3-345 所示。

主要生产厂家：德国格斯特拉（GESTRA）公司。

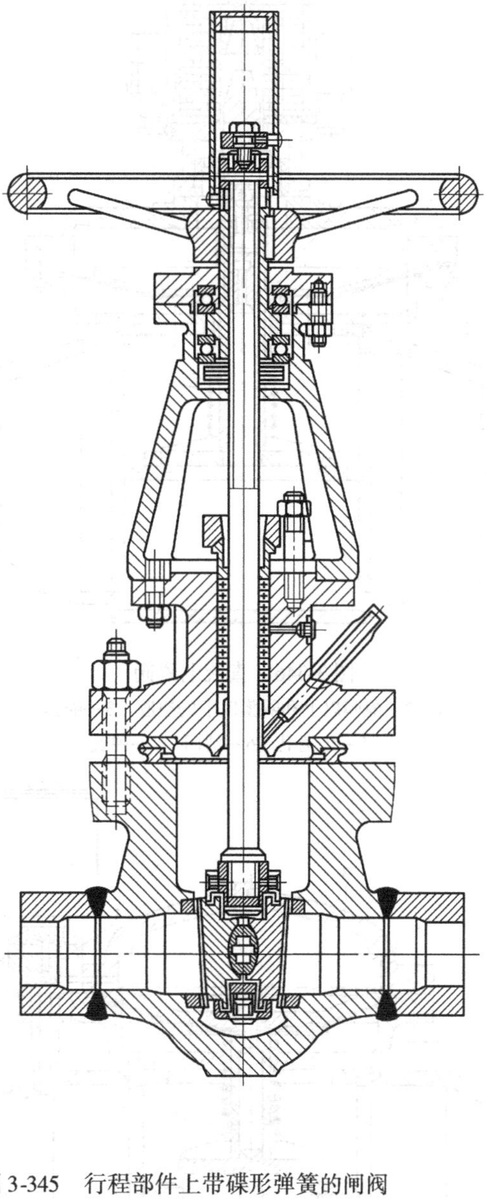

图 3-345　行程部件上带碟形弹簧的闸阀

3. 核电站用蝶阀

当介质压力在 4. 0MPa 以下，工作温度在 100～150℃，而公称尺寸（DN3000）较大时，一般采用蝶阀。如在核电厂的冷却系统中采用中线蝶阀和偏心蝶阀。

4. 电磁阀

电磁阀与电动阀门相比具有动作时间较短（根据不同结构和公称尺寸，其动作时间一般从零点几秒到 3s 不等），尺寸较小，重量较轻，能用交、直流电源来操作。直流电磁阀如图 3-346和图 3-347 所示。

5. 其他阀门

调节阀、安全阀、蒸汽疏水阀、止回阀见本书相关章节。

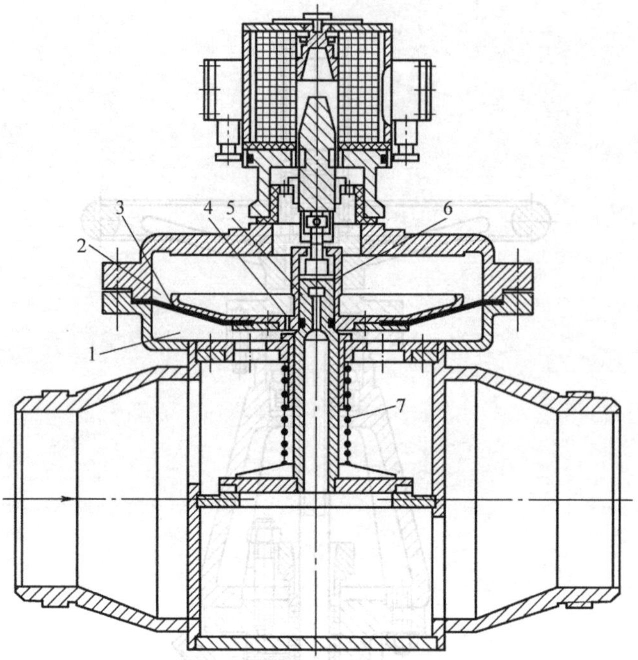

图 3-346　直流电磁阀

1、2—隔膜以上和隔膜以下的空腔　3—隔膜

4、5—连通孔　6—活门　7—弹簧

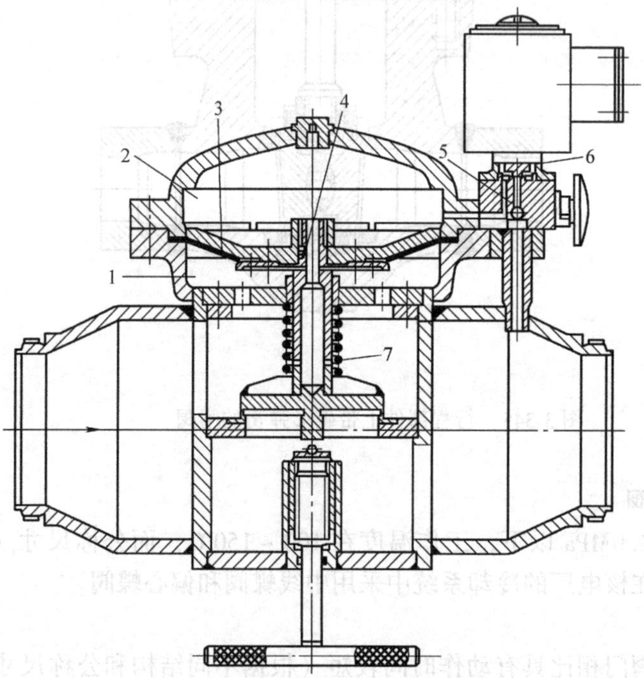

图 3-347　供凝结水使用的电磁阀

1、2—隔膜以上和隔膜以下的空腔　3—隔膜

4、5—连通孔　6—活门　7—弹簧

第 4 章　各种自动阀门的选择

依靠介质（液体、气体、蒸汽）本身的能力而自行启闭的阀门，如安全阀、蒸汽疏水阀、减压阀、止回阀、调节阀、水力控制阀、紧急切断阀等。它可以调节、控制管路中介质的流量和压力，防止介质倒流，分离介质等功能，可根据各类阀的不同功能与作用原理去选择。

4.1　安全阀

4.1.1　概述

安全阀用在受压设备、容器或管路上，作为超压保护装置。当设备、容器或管路内的压力升高超过允许值时，阀门自动开启，继而全量排放，以防止设备、容器或管路内的压力继续升高；当压力降低到规定值时，阀门应自动及时关闭，从而保护设备、容器或管路的安全运行。

安全阀可以由阀门进口的系统压力直接驱动，在这种情况下是由弹簧或重锤提供的机械载荷来克服作用在阀瓣下方的介质压力。它们还可以由一个机构来先导驱动，该机构通过释放或施加一个关闭力来使安全阀开启或关闭。因此，按照上述驱动模式将安全阀分为直接作用式和先导式。

安全阀可以在整个开启高度范围或在相当大的开启高度范围内比例开启，也能在一个微小的开启高度范围内比例开启，然后突然开启到全开位置。因此，可以将安全阀分为比例式和全启式。

安全阀的结构、应用和公称尺寸的确定应受到规范的约束，或者应得到法定机关的同意。在不同的规范之间，其约束条款及有关定义可能不同。在应用安全阀时，必须遵循其适用规范的要求。

由于安全阀是一种自动阀门，在结构和性能参数方面与通用阀门有许多不同之处。有些专用的名词术语易于混淆，为了使广大读者更清楚地了解安全阀，并能正确选用，以下将一些主要名词术语予以说明。

（1）安全阀名词术语

1）安全阀。一种自动阀门。它不借助任何外力，而是利用介质本身的力来排出一额定数量的流体，以防止系统内压力超过预定的安全值；当压力恢复正常后，阀门再行关闭并阻止介质继续流出。

2）直接载荷式安全阀。一种由直接作用的机械载荷，如重锤、杠杆加重锤或弹簧来克服阀瓣下介质压力所产生作用力的安全阀。

3）带动力辅助装置的安全阀。该安全阀借助一个动力辅助装置，可以在低于正常开启压力下开启。即使该辅助装置失灵，此类安全阀仍能满足标准要求。

4）带补充载荷的安全阀。这种安全阀在其进口处压力达到开启压力前始终保持有一增强密封的压力。该附加力（补充载荷）可由外来能源提供，而在安全阀达到开启压力时应可靠地释放。其大小应这样设定，即假定该附加力未释放时，安全阀仍能在进口压力不超过国家法规规定的开启压力百分数的前提下达到额定排量。

5）先导式安全阀。一种依靠从导阀排出介质来驱动或控制的安全阀。该导阀本身应是符合标准要求的直接载荷式安全阀。

6）比例式安全阀。一种在整个开启高度范围或在相当大的开启高度范围内比例开启或关闭的安全阀。

7）全启式安全阀。一种仅在微小开启高度范围内比例开启，随后就突然开启到全开位置的安全阀。开启高度不小于1/4流道直径。

8）微启式安全阀。一种仅用于液体介质的直接作用式安全阀。开启高度在1/40～1/20流道直径范围内。

9）开启压力（整定压力）。安全阀阀瓣在运行条件下开始升起时的进口压力，在该压力下，开始有可测量的开启高度，介质呈可由视觉或听觉感知的连续排放状态。

10）排放压力。阀瓣达到规定开启高度时的进口压力。排放压力的上限需服从国家有关标准或规范的要求。

11）超过压力。排放压力与开启压力之差，通常用开启压力的百分数来表示。

12）回座压力。排放后阀瓣重新与阀座接触，即开启高度变为零时的进口压力。

13）启闭压差。开启压力与回座压力之差，通常用回座压力与开启压力的百分比来表示，只有当开启压力很低时才用两者压力差来表示。

14）背压力。安全阀出口处的压力。

15）额定排放压力。标准规定排放压力的上限值。

16）密封试验压力。进行密封试验的进口压力，在该压力下测量通过关闭件密封面的泄漏率。

17）开启高度。阀瓣离开关闭位置的实际升程。

18）流道面积。阀瓣进口端到关闭件密封面间流道的最小截面积，用来计算无任何阻力影响时的理论排量。

19）流道直径。对应于流道面积的直径。

20）帘面积。当阀瓣在阀座上方升起时，在其密封面之间形成的圆柱面形或圆锥面形通道面积。

21）排放面积。阀门排放时流体通道的最小截面积。对于全启式安全阀，排放面积等于流道面积；对于微启式安全阀，排放面积等于帘面积。

22）理论排量。流道截面积与安全阀流道面积相等的理想喷管的计算排量。

23）排量系数。实际排量与理论排量的比值。

24）额定排量系数。排量系数与减低系数（取0.9）的乘积。

25）额定排量。实际排量中允许作为安全阀使用基准的那一部分。

26）当量计算排量。压力、温度、介质性质等条件与额定排量的适用条件相同时，安全阀的计算排量。

27）频跳。安全阀阀瓣迅速异常地来回运动，在运动中阀瓣接触阀座。

28）颤振。安全阀阀瓣迅速异常地来回运动，在运动中阀瓣不接触阀座。

（2）有关安全阀型号编制的说明　标准的安全阀型号通常按照JB/T 308—2004《阀门型号编制方法》来编制；对于低温（低于-46℃）、保温（带加热套）、带波纹管的和抗硫（抗硫化氢腐蚀）安全阀，分别在类型代号“A”和“GA”前加“D”“B”“W”和“K”来表示。

4.1.2　安全阀的分类

安全阀的种类很多，但通常按以下方法进行分类。

（1）按结构型式分类　根据结构特点或阀瓣最大开启高度与阀座直径之比（h/d），安全阀一般可以分为以下几种。

1）杠杆重锤式安全阀。如图4-1所示，重锤的作用力通过杠杆放大后加载于阀瓣。在阀门开启和关闭过程中载荷的大小不变，因此由阀杆传来的力基本上是不变的。其缺点是对振动较敏感，且回座性能较差。这种结构的安全阀只能用在固定设备上，重锤的重量一般不应超过60kg，以免操作困难。

2）弹簧式安全阀。利用压缩弹簧的力来平衡阀瓣的压力，并使其密封的安全阀，如图4-2所示。

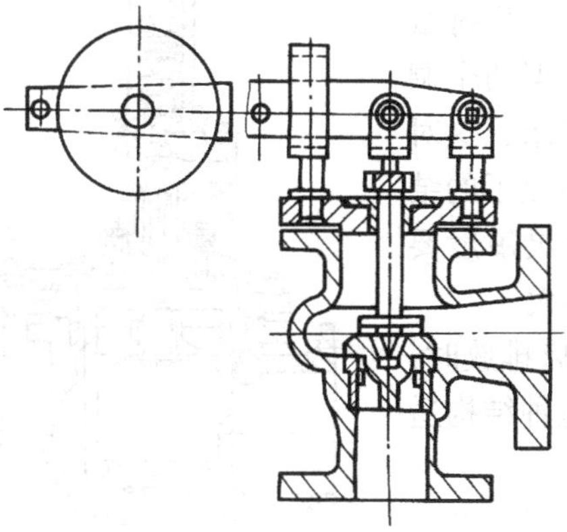

图4-1　杠杆重锤式安全阀

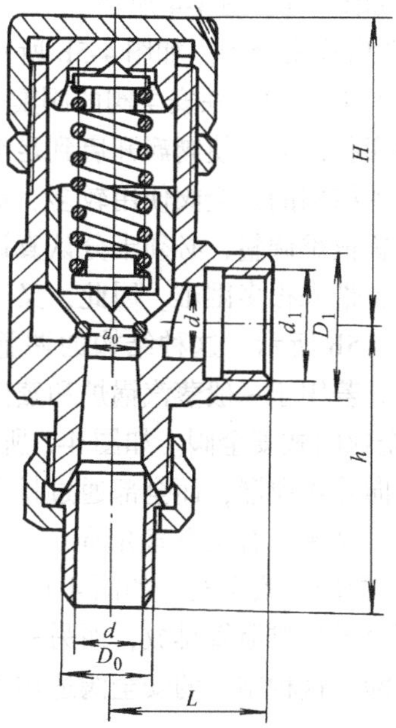

图4-2　弹簧式安全阀

该类安全阀的优点在于比重锤式安全阀轻便，灵敏度高，安装位置没有严格限制。缺点是作用在阀杆上的力随弹簧的变形而产生变化；同时，当温度较高时，应注意弹簧的隔热和散热。这类安全阀的弹簧作用力一般不应超过20000N；过大、过硬的弹簧不适于精确的工作。

3）脉冲式安全阀，又称先导式安全阀。它把主阀和辅阀设计在一起，通过辅阀的脉冲作用带动主阀动作。这种结构通常用于大口径、大排量及高压系统。脉冲式安全阀如图4-3所示，图4-3a为主阀部分，图4-3b为辅阀部分。

图4-4为大直径输水管路上用的脉冲式安全阀，它也是由主阀和辅阀组成。辅阀为口径很小的直接载荷式安全阀，它与主阀相连接。当系统超压时，辅阀首先开启，排放介质，从而驱动或控制主阀阀瓣开启，大量排放介质。

4）微启式安全阀。阀瓣的开启高度为阀座通径的1/40～1/20，即安全阀的阀瓣开启高度很小，适用于液体介质和排量不大的场合。由于液体介质是不可压缩的。少量排出即可使压

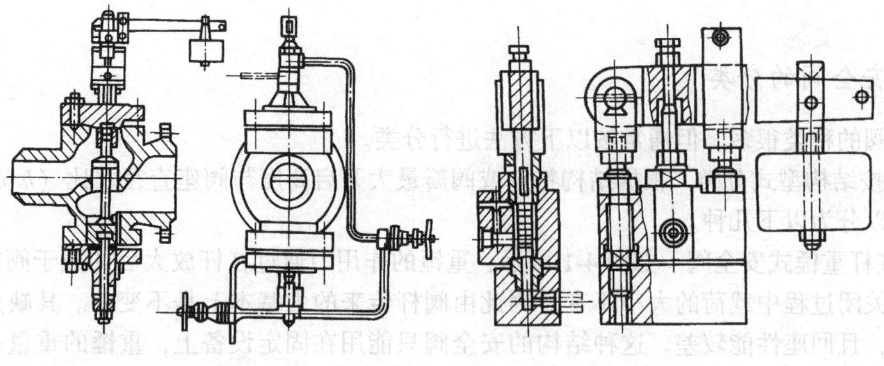

图4-3 脉冲式安全阀

a) 主阀部分 b) 辅阀部分

力下降，如图4-1、图4-4所示。

5）全启式安全阀。如图4-5b所示，阀瓣的开启高度为阀座通径的1/4～1/3。在安全阀的阀瓣处设有反冲盘，借助于气体介质的膨胀冲力，使阀瓣开启到足够的高度，从而达到排量要求。这种结构的安全阀使用较多，灵敏度亦较高，但两个调节环的位置很难调整，必须十分认真调整才能达到要求，这对初次使用者带来很多困难。因此，又开发了一种被简化了的结构，如图4-5b所示。这种结构的调整较为方便，但灵敏度要稍受影响。若用于一般蒸汽锅炉和蒸汽管路上影响不大。

6）全封闭式安全阀。如图4-2所示，安全阀开启排放时，介质不会向外界泄漏，而全部通过排泄管排放掉。这种结构适用于易燃、易爆、有毒有害介质。

7）半封闭式安全阀。如图4-1所示，安全阀开启排放时，介质一部分通过排泄管排放，而另一部分从阀盖与阀杆的配合处向外泄漏。这种结构的安全阀适用于一般蒸汽和对环境无污染的介质。

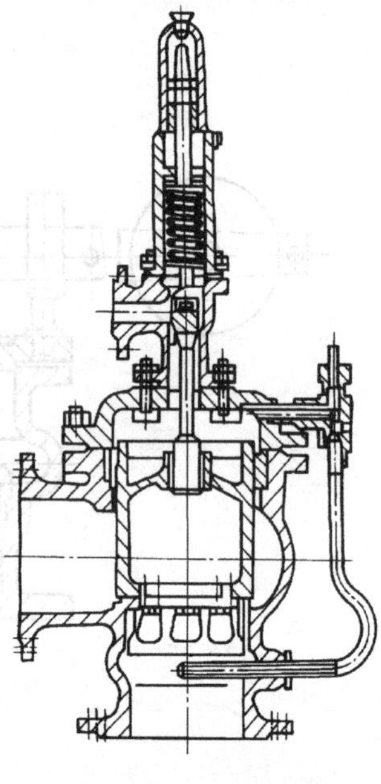

图4-4 脉冲式安全阀

8）敞开式安全阀。如图4-6所示，安全阀开启排放时，介质不引到管道或容器内，而直接由阀瓣上方排放到大气中。这种安全阀适用于对环境无污染的介质。

9）先导式安全阀。如图4-7所示，先导式安全阀由一个主阀和一个先导阀组成。主阀是真正的安全阀，而先导阀的作用是感受压力系统的压力并使主阀开启和关闭。主阀包括阀体和关闭件及一个驱动机构。驱动机构可以和阀体做成一体，也可以置于阀体之外。主阀还可以由一个直接作用式安全阀附加一个驱动机构组成。先导式安全阀还可以设计成在正常运行条件下作为控制阀，而在异常运行条件下作为安全阀使用，如图4-8所示。

此外，从安全阀的外部结构上还可以分为有扳手和无扳手安全阀、有散热片和无散热片安全阀、有波纹管和无波纹管安全阀等几类。有扳手的安全阀在紧急情况下，可以由人工泄压；有散热片的安全阀适用于介质温度在300℃以上的场合；有波纹管的安全阀适用于腐蚀性介质或背压波动较大的场合。

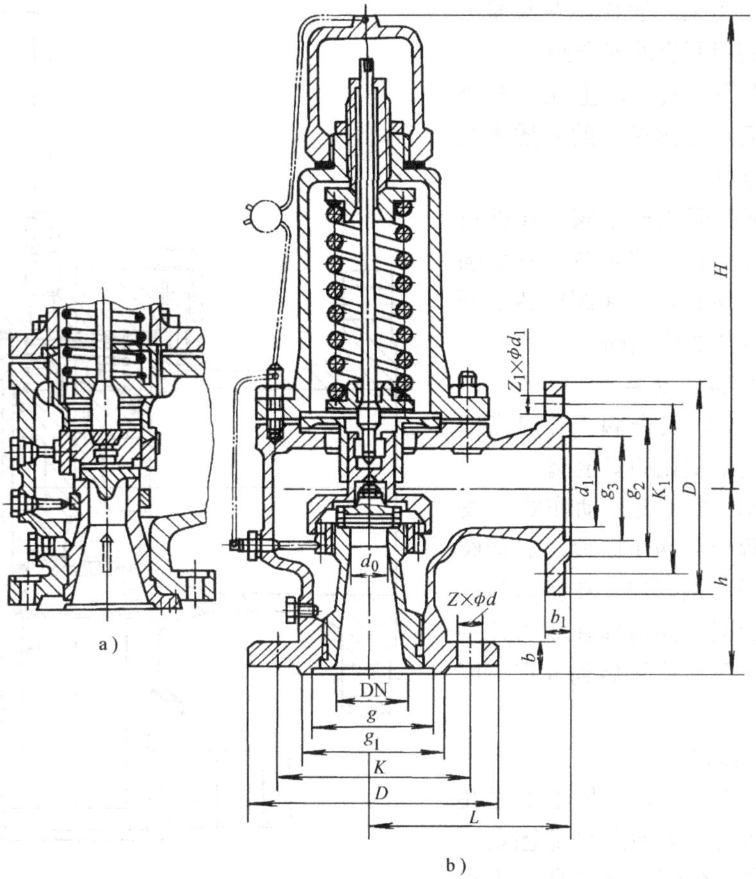

图 4-5　全启式安全阀

a）改进前结构　b）改进后结构

（2）按密封副的材料分类

1）硬质合金对硬质合金密封副。适用于高温高压的场合，尤其是高温高压的过热蒸汽。

2）铬 13 型钢对铬13型钢密封副。适用于一般场合下的饱和蒸汽和过热蒸汽，或温度低于 450℃其他介质的容器或管路上。

3）阀座密封面为铬 13 型钢，阀瓣密封面为硬质合金。适用于高压蒸汽及流速比较大、易对密封面造成冲刷的其他介质。

4）阀座密封面为合金钢，阀瓣密封面为聚四氟乙烯。适用于石油或天然气介质，密封要求严格，但工作温度低于 150℃的场合。

5）密封副为奥氏体不锈钢。这种安全阀的阀体，阀盖多为奥氏体不锈钢，应用于介质中含有酸、碱等腐蚀性成分的场合。

（3）按作用原理分类

1）直接作用式安全阀。直接依靠介质

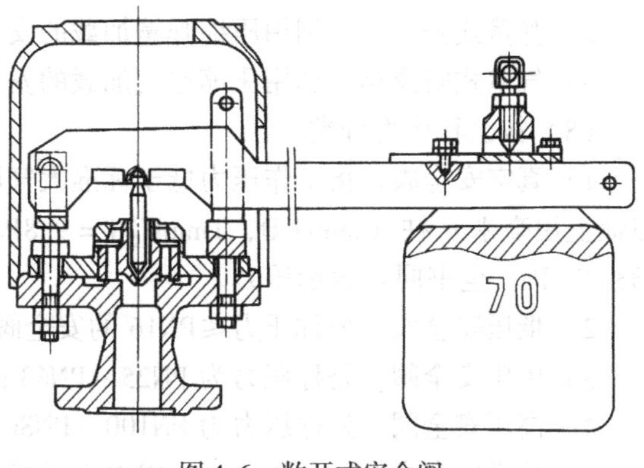

图 4-6　敞开式安全阀

压力产生的作用力来克服作用在阀瓣上的机械载荷使阀门开启的安全阀。

2）先导式安全阀。由主阀和导阀组成，主阀依靠从导阀排出的介质来驱动或控制的安全阀。

3）带补充载荷式安全阀。在进口压力达到开启压力前始终保持有一增强密封的附加力，该附加力在阀门达到开启压力时可靠释放的安全阀。

（4）按动作特性分类

1）比例作用式安全阀。开启高度随压力升高而逐渐变化的安全阀。

2）两段作用式（突跳动作式）安全阀。开启过程分为两个阶段，起初阀瓣随压力升高而比例开启，在压力升高一个不大的数值后，阀瓣即在压力几乎不再升高的情况下急速开启到规定高度的安全阀。

（5）按开启高度分类

1）微启式安全阀。开启高度在1/40～1/20流道直径范围内的安全阀。

2）全启式安全阀。开启高度不小于1/4流道直径的安全阀。

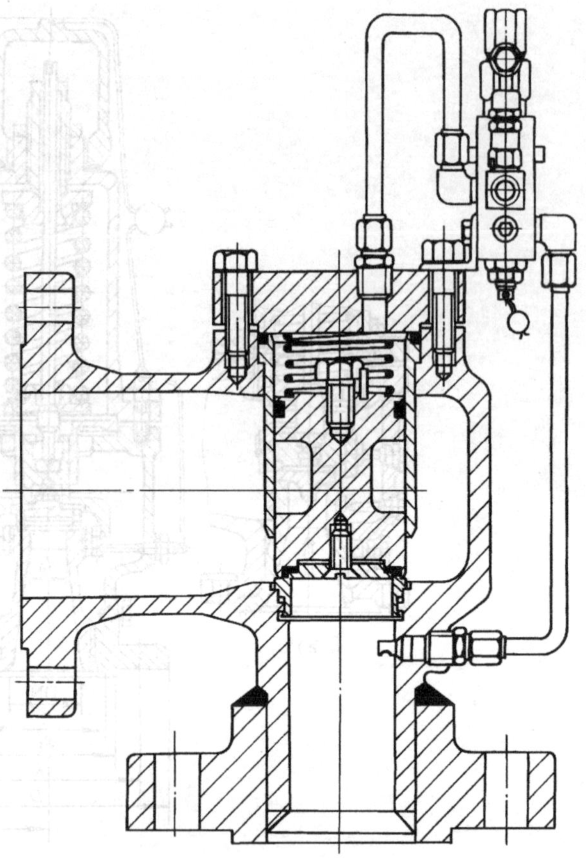

图4-7 先导式安全阀

3）中启式安全阀。开启高度介于微启式和全启式之间的安全阀。

（6）按有无背压平衡机构分类

1）背压平衡式安全阀。利用波纹管、活塞或膜片等平衡背压作用的元件，使阀门开启前背压对阀瓣上下两侧的作用相互平衡的安全阀。

2）常规式安全阀。不带背压平衡元件的安全阀。

（7）按阀瓣加载方式分类

1）重锤式或杠杆重锤式安全阀。利用重锤直接加载或利用重锤通过杠杆加载的安全阀。

2）弹簧式安全阀。利用压缩弹簧加载的安全阀。

3）气室式安全阀。利用压缩空气加载的安全阀。

（8）按公称压力分类

1）真空安全阀。指工作压力低于标准大气压的安全阀。绝对压力小于0.1MPa的安全阀，习惯上用毫米水柱（mmH_2O，$1mmH_2O=9.8Pa$，全书同）或毫米汞柱（mmHg，1mmHg＝133.322Pa，全书同）表示压力。

2）低压安全阀。公称压力≤PN16的安全阀。

3）中压安全阀。公称压力为PN25～PN63的安全阀。

4）高压安全阀。公称压力为PN100～PN800的安全阀。

5）超高压安全阀。公称压力≥PN1000的安全阀。

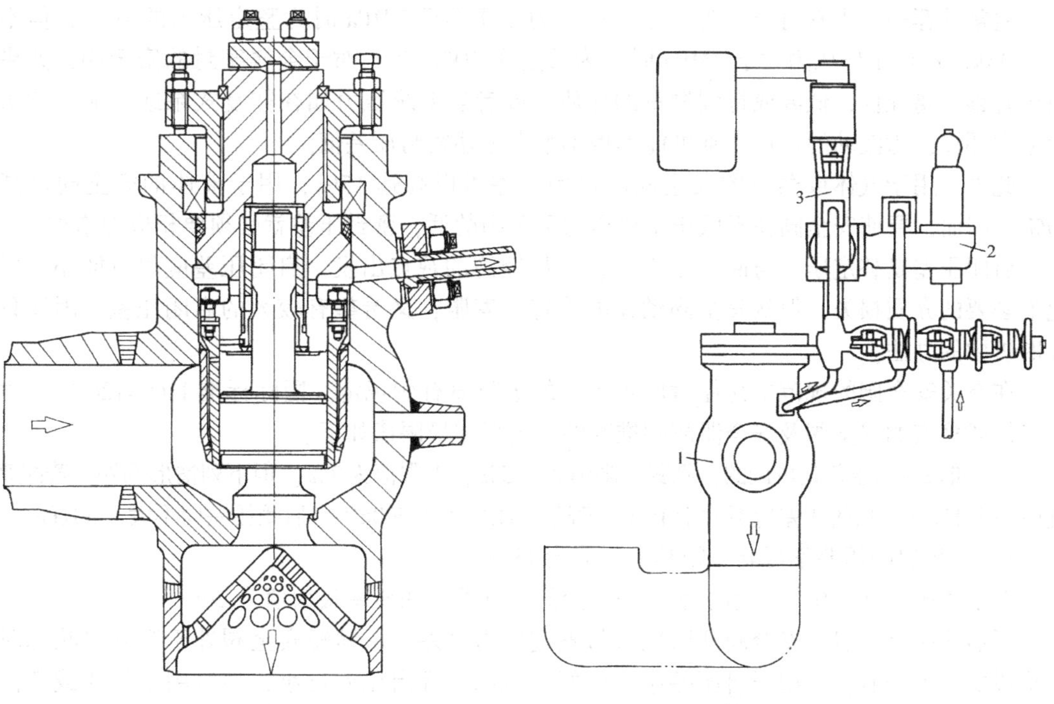

图4-8 可作控制阀的先导式安全阀

a) 主阀 b) 主阀和导阀

1—主阀 2、3—导阀

(9) 按介质工作温度分类

1) 常温安全阀。$-29℃\leq t\leq 120℃$的安全阀。

2) 高温安全阀。$t>450℃$的安全阀。

3) 中温安全阀。$120℃<t\leq 450℃$的安全阀。

4) 低温安全阀。$-100℃<t<-29℃$的安全阀。

5) 超低温安全阀。$t\leq -100℃$的安全阀。

(10) 按与管道连接的方式分类

1) 法兰连接安全阀。阀体上带有法兰，与管道采用法兰连接的安全阀。

2) 螺纹连接安全阀。阀体上带有内螺纹或外螺纹，与管道采用螺纹连接的安全阀。

3) 焊接连接安全阀。阀体上带有焊口，与管道采用对接焊或承插焊连接的安全阀。

4.1.3 安全阀的密封、开启原理

(1) 直接作用式 这种安全阀是直接依靠介质压力产生的作用力来克服作用在阀瓣上的机械载荷使安全阀开启的，作用在阀瓣上的机械载荷主要来自重锤、重锤加杠杆或压缩弹簧，这种几乎是固定的机械载荷。要想保证安全阀的密封性能，势必阀座密封面和阀瓣密封面的平整度和表面粗糙度有严格的要求。虽然对于压缩弹簧加载的安全阀，可以通过调整弹簧力来达到密封，但密封压差又有严格的要求。密封压差是整定压力同工作压力之差。密封压差必须足够高，以保证足够的密封力，从而在装置正常运行时达到密封。密封压差还应小于启闭压差，以确保安全阀在高于工作压力下开启。

通常推荐的最小密封压差为，当工作压力小于等于7MPa时为整定压力的10%，但不得小于35kPa；当工作压力大于7MPa时，为整定压力的7%。对于金属密封的安全阀，如果使用于有毒、腐蚀性、低温或特别贵重的介质，或者当系统压力如在往复式泵或压缩机的出口管道中那样，为波动的情形，则可能不得不增大上述密封压差值。

此外，用于气体或蒸汽的安全阀的启闭压差可以高达15%；用于液体的安全阀可高达20%。因而，要使安全阀在不低于工作压力下关闭的话，密封压差就必须要相应地增加。

启闭压差是整定压力与回座压力之差。从经济的观点出发，启闭压差应尽可能小，以避免不必要的介质损失。但从安全阀动作的稳定性着眼，又希望有较大的启闭压差。因而只好采取折中的办法。

在有关安全阀的规范中往往对启闭压差的极限值有所规定。国际标准ISO 4126中，对用于气体或蒸汽的安全阀及安全泄放阀推荐的启闭压差极限值如下。

1）如果启闭压差是可调的，则其下限值为2.5%，上限值为7%。但下列情形例外：若阀座孔直径小于15mm，启闭压差应不大于15%。若整定压力小于300kPa，启闭压差应不大于30kPa。

2）如果启闭压差不可调，则其上限值为15%。

在上述国际标准中，对用于液体的安全阀，推荐启闭压差最大值为20%。

开启压差是全启式安全阀开启压力与整定压力之差。从缩短安全阀处于微开启状态时动作阶段的观点来看，希望开启压差小一些好。但如果开启压差过小，则对用于气体或蒸汽的安全阀来说，密封面处的泄漏就可能引起安全阀过早地突跳开启。由于此时的流量还不足以使安全阀保持在全启状态，结果安全阀将接连不断地快速开启和关闭。在实际应用中，依安全阀的结构不同，用于气体或蒸汽的全启式安全阀的开启压差在1%～5%范围内；而用于液体的安全阀的开启压差可在6%～20%之间变化。

综上所述，安全阀不但对密封有严格的要求，而且对整定压力、回座压力、开启压力、排放压力等都有严格的要求。这就要求在安全阀的制造过程中，为了保证安全阀的密封和动作的灵敏性，不但要求阀座密封面和阀瓣密封面的平整度和表面粗糙度有严格的要求，其表面粗糙度的数值在*Ra*0.2μm以下，还对弹簧的制造尺寸、材料、热处理有严格的要求。必须保证弹簧的制造完全符合设计图样的要求，这样才能保证安全阀的所有性能。

（2）先导式安全阀　先导式安全阀是由一个主阀（安全阀）和一个先导阀（直接作用式安全阀）组成，主阀是真正的安全阀，而先导阀是用来感受受压系统的压力并使主阀开启和关闭。

要保证先导式安全阀的密封性能和其他各项性能指标，不但对主阀的阀座密封面和阀瓣密封面的平整度和表面粗糙度有严格的要求。而且对先导阀的阀座密封面和阀瓣密封面的平整度和表面粗糙度亦有严格的要求，同时对压缩弹簧的几何尺寸、材料、热处理也有严格的要求。这样才能满足密封比压的要求。

要保持主阀的关闭力，以及操纵主阀和先导阀，能量可能来自系统介质、一个外部的能源，或者来自这两者。当系统压力开始超过一个整定的极限值时，先导阀或者通过除去或减少关闭力而让系统介质迫使主阀开启；或者产生一个力来使主阀开启。当系统压力降低以后，先导阀再重新产生关闭力，或者将开启力消除。按照这样的开启和关闭模式，能够在安全阀开启之前保持一个大的关闭力。因此，先导式安全阀甚至在运行压力接近整定压力的情况下也能保持高度的密封性能。

先导式安全阀在即将开启之前关闭力的大小可能是不受限制的，但对于某些结构的先导式安全阀也可能是通过选择加以限制的。所谓关闭力是有限的，指的是一旦先导阀失效时，系统压力能够在允许的超过压力范围内使主阀开启。对于关闭力有限的先导式安全阀，其安装要求通常不像具有无限关闭力的先导式安全阀那样严格。

操作介质的获得，从容易得到的观点出发，最可靠的莫过于系统介质本身了。但是，先导阀却必须设计成能适应于处在操作条件下的该种介质。

而另一方面，在使用系统介质本身有困难的场合，选择外部操作介质则可能简化先导式安全阀的设计。这样的操作介质通常有压缩空气、液体，也可以采用电能操作。

主阀操作原理：主阀可以设计成随其先导阀被供给能量或失去能量而开启的两种形式。若采用供能开启原理。当万一发生事故使先导阀失去能量时，将使主阀保持关闭。因此，在这种场合采用系统介质作为操作介质是最安全的。不过，某些规范也允许采用外部操作介质，只要这些操作介质系由几个独立的能源供给，或者只要先导式安全阀载荷是有限的。若采用失能开启原理，依先导式安全阀设计结构不同，先导阀失能将使主阀在低于或等于整定压力时自动开启。于是，在这种情况下，主阀的失效保护操作将不受操作介质的影响。

先导阀的操作原理：先导阀可以设计成随着它被供给能量或失去能量而使主阀开启（排放）的两种形式。若采用供能释放原理，当万一发生事故而失去能量时，将使主阀保持关闭。因此，在这种场合使用的先导式安全阀采用系统介质作为操作介质是最安全的。不过，某些规范也允许采用外部操作介质，只要这些操作介质系由几个独立的能源供给，或者只要先导式安全阀的载荷是有限的。若采用失能释放原理，失能将使主阀开启。于是在这种情况下，先导阀的失效保护操作将不受操作介质的影响。

1）由系统介质操作的主阀。按照主阀的不同操作原理，允许有若干种不同的结构设计。图 4-9 ~ 图 4-12 所示的先导式安全阀为典型的代表性结构。前两种先导式安全阀系按照失能开启原理操作，而后两种先导式安全阀系按照供能开启原理操作。

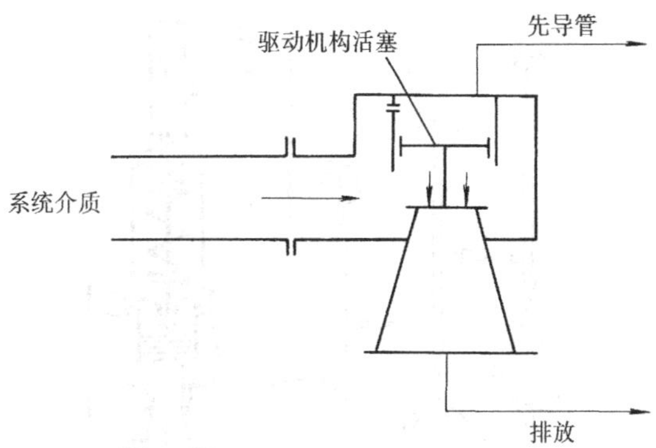

图 4-9　失能开启（介质压力）先导式安全阀之一

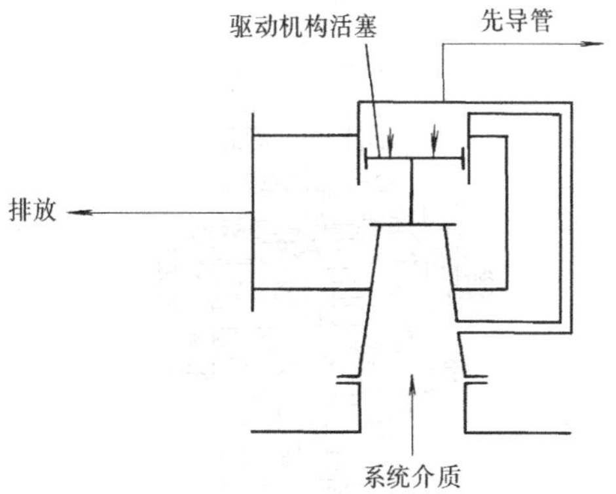

图 4-10　失能开启（介质压力）先导式安全阀之二

这些先导式安全阀的关闭力是以三种方法提供的：其一，由直接作用在阀瓣上的介质压力提供，如图 4-9 及图 4-10 所示；其二，由弹簧提供，如图 4-12 所示；其三，由作用在先导阀活塞上的介质压力提供，如图 4-11 所示。这后一类先导式安全阀的先导阀活塞必须配有有效的密封圈，能够在先导式安全阀关闭时的最大管线压力下保持密封。

2）由外部介质操纵的主阀。在图4-13～图4-15所示的先导式安全阀中，弹簧加载主阀的驱动机构是由外部介质供给能源的。图4-13、图4-15所使用的能源为压缩空气，图4-14所使用的是电能。

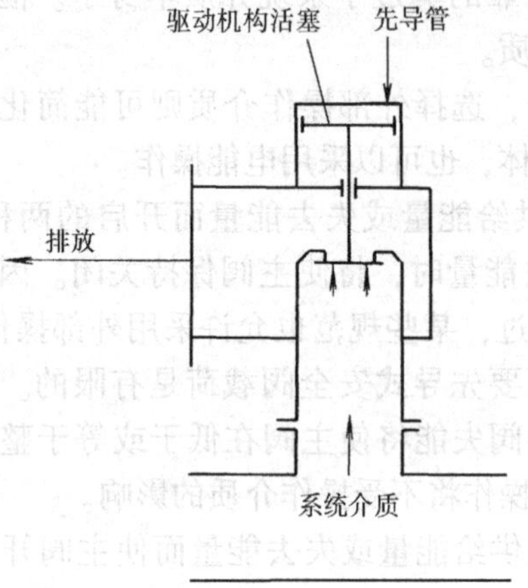

图4-11 供能开启先导式安全阀之一

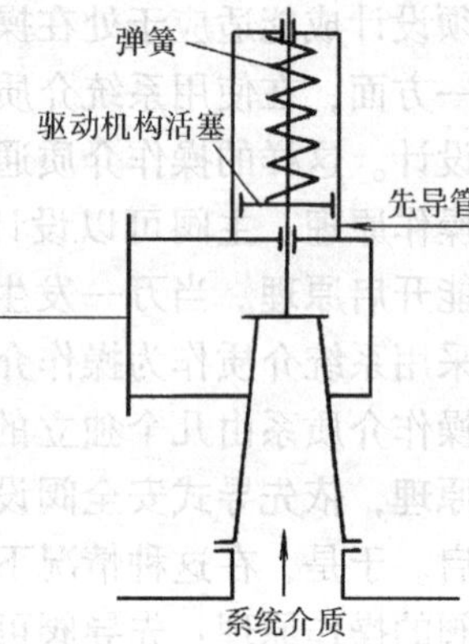

图4-12 供能开启先导式安全阀之二

图4-13所示的先导式安全阀按失能开启原理操纵。其驱动机构由一个气动马达组成，在正常运行条件下，气动马达对阀杆施加一个向下的推力，同弹簧一起使安全阀保持关闭，并达到密封。当运行压力达到整定压力时，气动马达则产生一个提升力，并同作用在阀瓣下方的介质压力一道使安全阀开启。一旦气动马达能源断绝时，安全阀将如同一个直接作用式安全阀那样开启。

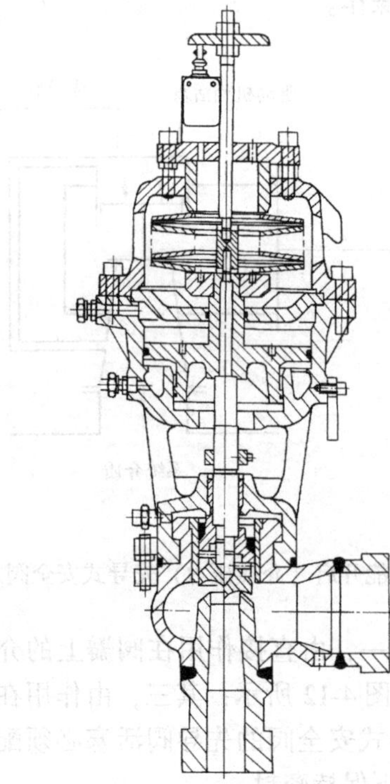

图4-13 失能开启（气动）先导式安全阀

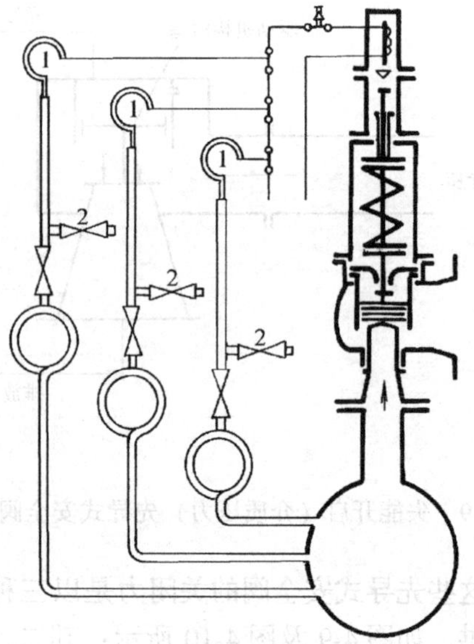

图4-14 失能开启（电动）先导式安全阀

图 4-14 所示的先导式安全阀同样是按失能开启原理操作。在正常运行压力下，电磁铁通电施力于阀杆并同主弹簧一起使安全阀保持关闭，并达到密封。当运行压力达到整定压力时，电磁铁失电，先导式安全阀像直接作用式安全阀一样开启。

图 4-15 所示的先导式安全阀按供能开启原理操作。在这种场合，先导式安全阀的关闭力仅由弹簧提供。并保持密封。当运行压力达到整定压力时，由空气操纵的提升马达被供能。由此产生的提升力正好使由弹簧产生的关闭力减小到使作用在阀瓣下方的介质力能将安全阀开启的程度。这种先导式安全阀是这样设计的，即当提升马达失效时，介质压力仍然可以在允许超压的范围内使阀门开启。

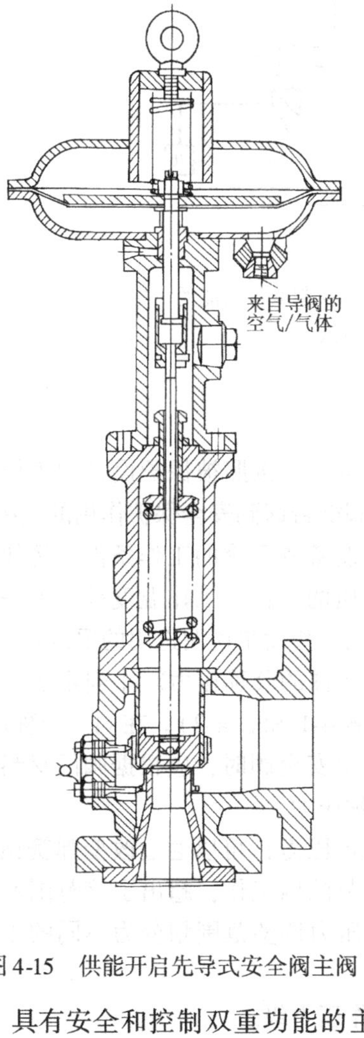

图 4-15　供能开启先导式安全阀主阀

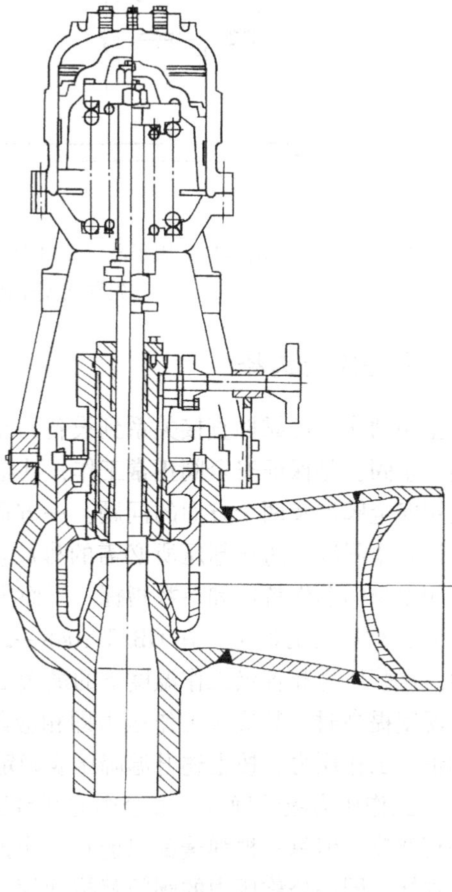

图 4-16　具有安全和控制双重功能的主阀

3）具有安全和控制双重功能的主阀。安全阀的功能还可以同控制阀的功能结合起来，图 4-16所示用于蒸汽发电设备的高压旁路安全阀就是一例。其主阀配备一个液压为动力的驱动机构，按失能开启原理操作。与此同时，位于液压控制管线上的先导阀则以失能释放原理操作。

图 4-17 所示为图 4-16 所示安全阀的典型安装方式。当发电设备正常运行时，安全阀作为一个自动高压旁通阀工作，向再热系统供汽。再热系统则通过一个低压旁通阀同冷凝器连接，并由一个直接向大气排放的单独安全阀来保护。如果由于汽轮机卸载而使高压系统中的压力

突然升高时，安全先导阀使驱动机构失能。于是，蒸汽压力在一个对驱动机构活塞作开启方向作用的弹簧的帮助下使主阀迅速开启。

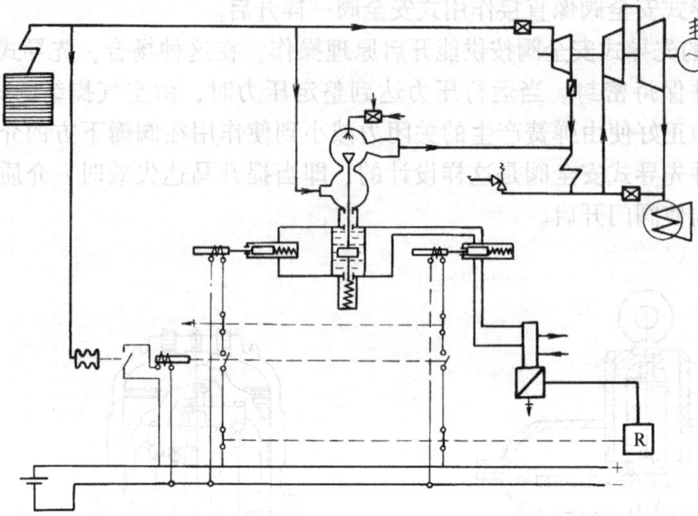

图 4-17　用于蒸汽发电设备、具有安全和控制双重功能的先导式安全阀的典型安装方式

4.1.4　安全阀的选择

安全阀动作的可靠性直接关系到设备乃至人身的安全。而按照被保护设备的工作条件正确选用安全阀，是保证安全阀正常工作，甚至关系安全阀能否起到安全保护作用的先决条件。

选用安全阀涉及两个方面的问题：一方面是被保护设备或系统的工作条件，例如工作压力、允许超压限度、防止超压所必需的排放量、工作介质的特性、工作温度等；另一方面则是安全阀本身的动作特性和参数指标。下面主要从安全阀的角度来说明选用的要点：

（1）公称压力的确定　在 GB/T 1048—2005《管道元件的公称压力》中规定了阀门的公称压力。试验压力和各级工作温度下的最大工作压力（表 4-1 和表 4-2）。在同一公称压力下，当工作温度提高时，其最大工作压力即相应降低。在选用安全阀时，应根据阀门材料、工作温度和最大工作压力，按上述升温降压表确定阀门的公称压力。

（2）工作压力级的确定　安全阀的开启压力（即整定压力）可以通过改变弹簧预紧压缩量来进行调节。但每一根弹簧都只能在一定的开启压力范围内工作，超出了该范围就要另换弹簧。这样，同一公称压力的阀门就按弹簧设计的开启压力调整范围划分为不同的工作压力级，见表 4-3。

选用安全阀时，应根据所需开启压力值确定阀门工作压力级。

（3）通径的选取　安全阀通径应根据必需排放量来确定。就是使所选用安全阀的额定排量大于并尽可能接近必需排量。当发生异常超压时，防止过分超压的必需排放量，由系统或设备的工作条件及引起超压的原因等因素决定。而安全阀的额定排量按下列公式计算。

1）安全阀的排量计算。

① 介质为气体。当阀门出口绝对压力与进口绝对压力之比 σ 小于或等于临界压力比 σ^* 时，

$$W_r = 10K_{dr}CAp_{dr}\sqrt{\frac{M}{ZT}} \tag{4-1}$$

$$C = 3.948 \times \sqrt{\kappa\left(\frac{2}{\kappa+1}\right)^{\frac{\kappa+1}{\kappa-1}}} \tag{4-2}$$

表 4-1　碳素钢制阀门

公称压力 PN	试验压力（用低于100℃的水）p_s/MPa	介质工作温度/℃						
		至 200	250	300	350	400	425	450
		最大工作压力 p/MPa						
		20	25	30	35	40	42	45
1	0.2	0.1	0.1	0.1	0.07	0.06	0.06	0.05
2.5	0.4	0.25	0.23	0.2	0.18	0.16	0.14	0.11
4	0.6	0.4	0.37	0.33	0.29	0.26	0.23	0.18
6	0.9	0.6	0.55	0.5	0.44	0.38	0.35	0.27
10	1.5	1.0	0.92	0.82	0.73	0.64	0.58	0.45
16	2.4	1.6	1.5	1.3	1.2	1.0	0.9	0.7
25	3.8	2.5	2.3	2.0	1.8	1.6	1.4	1.1
40	6.0	4.0	3.7	3.3	3.0	2.8	2.3	1.8
63	9.6	6.3	5.9	5.2	4.7	4.1	3.7	2.9
100	15.0	10.0	9.2	8.2	7.3	6.4	5.8	4.5
160	24.0	16.0	14.7	13.1	11.7	10.2	9.3	7.2
200	30.0	20.0	18.4	16.4	14.6	12.8	11.6	9.0
250	35.0	25.0	23.0	20.5	18.2	16.0	14.5	11.2
320	43.0	32.0	29.4	26.2	23.4	20.5	18.5	14.4

表 4-2　含钼不少于 0.4%的钼钢及铬钼钢制阀门

公称压力 PN	试验压力（用低于100℃的水）p_s/MPa	介质工作温度/℃								
		至 350	400	425	450	475	500	510	520	530
		最大工作压力 p/MPa								
		35	40	42	45	47	50	51	52	53
1	0.2	0.1	0.09	0.09	0.08	0.07	0.06	0.05	0.04	0.04
2.5	0.4	0.25	0.23	0.21	0.2	0.18	0.14	0.12	0.11	0.09
4	0.6	0.4	0.36	0.34	0.32	0.28	0.22	0.2	0.17	0.14
6	0.9	0.6	0.55	0.51	0.48	0.43	0.33	0.3	0.26	0.22
10	1.5	1.0	0.91	0.86	0.81	0.71	0.55	0.5	0.43	0.36
16	2.4	1.6	1.5	1.4	1.3	1.1	0.9	0.8	0.7	0.6
25	3.8	2.5	2.3	2.1	2.0	1.8	1.4	1.2	1.1	0.9
40	6.0	4.0	3.6	3.4	3.2	2.8	2.2	2.0	1.7	1.4
63	9.6	6.3	5.8	5.5	5.2	4.5	3.5	3.2	2.8	2.3
100	15.0	10.0	9.1	8.6	8.1	7.1	5.5	5.0	4.3	3.6
160	24.0	16.0	14.5	13.7	13.0	11.4	8.8	8.0	6.9	5.7
200	30.0	20.0	18.2	17.2	16.2	14.2	11.0	10.0	8.6	7.2
250	35.0	25.0	22.7	21.5	20.2	17.7	13.7	12.5	10.8	9.0
320	43.0	32.0	29.1	27.5	25.9	22.7	17.6	16.0	13.7	11.5

表 4-3　(单位：MPa)

公称压力 PN	工作压力级									
16	>0.06～0.1	>0.1～0.16	>0.16～0.25	>0.25～0.4	>0.4～0.5	>0.5～0.6	>0.6～0.8	>0.8～1.0	>1.0～1.3	>1.3～1.6
25	>1.3～1.6	>1.6～2.0	>2.0～2.5	—	—	—	—	—	—	—
40	>1.3～1.6	>1.6～2.0	>2.0～2.5	>2.5～3.2	>3.2～4.0	①	—	—	—	—
		>1.6～2.0	>2.0～2.5	>2.5～3.2	>3.2～4.0	②	—	—	—	—
63	>2.5～3.2	>3.2～4.0	>4.0～5.0	>5.0～6.4	—	—	—	—	—	—
100	>4.0～5.0	>5.0～6.4	>6.4～8.0	>8.0～10.0	—	—	—	—	—	—
160	>10.0～13.0	>13.0～16.0	—	—	—	—	—	—	—	—
320	>16.0～19.0	>19.0～22.0	>22.0～25.0	>25.0～29.0	>29.0～32.0	—	—	—	—	—

① 有 PN25 系列时，采用本行。

② 无 PN25 系列时，采用本行。

$$p_{dr} = 1.1 p_s + 0.1 \tag{4-3}$$

式中　W_r——额定排量（kg/h）；

K_{dr}——额定排量系数；

C——气体特性系数，为等熵指数 κ 的函数，其圆整数值见表 4-4；

A——流道面积（mm^2）；

p_{dr}——绝对额定排放压力（MPa）；

M——气体摩尔质量（kg/kmol）；

T——排放时阀进口绝对温度（K）；

Z——气体压缩系数，根据介质的对比压力和对比温度确定，如图 4-18 所示；

κ——等熵指数，见表 4-4；

p_s——整定压力（MPa）。

临界压力比 σ^* 按式（4-4）计算或查表 4-5。

$$\sigma^* = \left(\frac{2}{\kappa+1}\right)^{\frac{\kappa}{\kappa-1}} \tag{4-4}$$

当 $\sigma > \sigma^*$ 时，按式（4-1）计算的额定排量应乘以排量的背压修正系数 K_b。K_b 按式（4-5）计算或查表 4-6。

$$K_b = \sqrt{\frac{\frac{2\kappa}{\kappa-1}\left[\left(\frac{p_b}{p_{dr}}\right)^{\frac{2}{\kappa}} - \left(\frac{p_b}{p_{dr}}\right)^{\frac{\kappa+1}{\kappa}}\right]}{\kappa\left(\frac{2}{\kappa+1}\right)^{\frac{\kappa+1}{\kappa-1}}}} \tag{4-5}$$

② 介质为蒸汽。阀门出口绝对压力与进口绝对压力之比 σ 小于或等于临界压力比 σ^*。当 $p_{dr} \leqslant 11$MPa 时，

$$W_r = 5.25 / K_{dr} A p_{dr} K_{sh} \tag{4-6}$$

当 11MPa $< p_{dr} \leqslant 22$MPa 时，

$$W_r = 5.25 A p_{dr}\left(\frac{27.644 p_{dr} - 1000}{33.242 p_{dr} - 1061}\right) K_{sh} \tag{4-7}$$

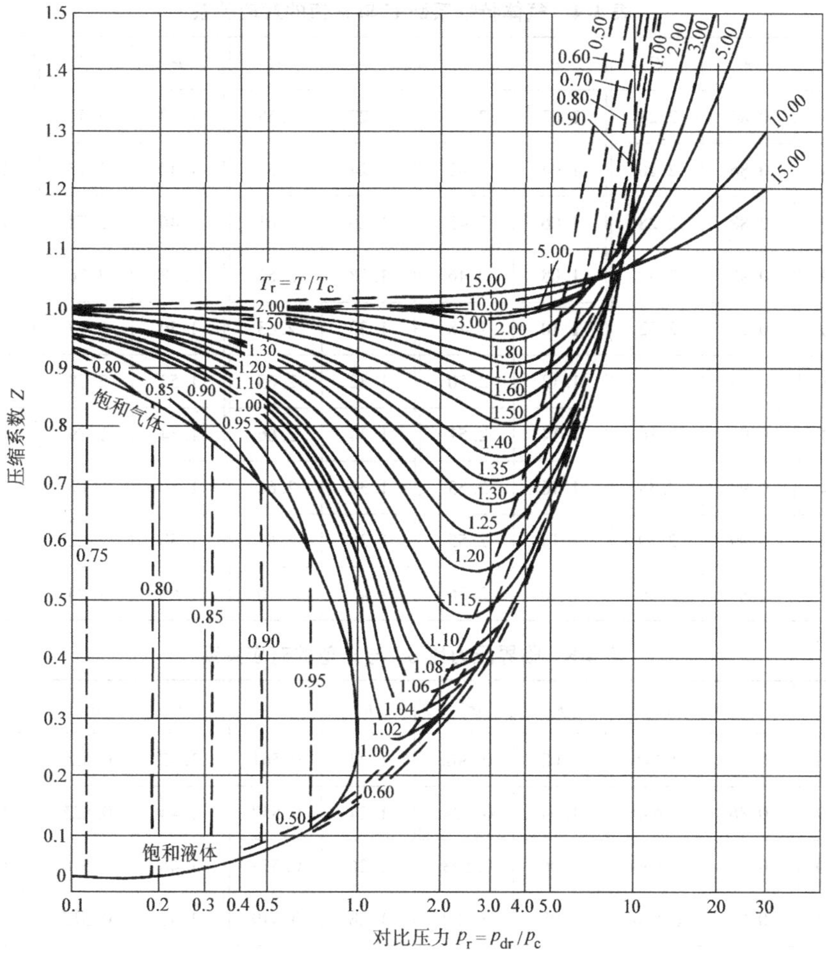

图 4-18　压缩系数 Z 与对比压力 p_r 和对比温度 T_r 的关系

p_c—介质临界点绝对压力（MPa）　T_c—介质临界点热力学温度（K）

$$p_{dr} = 1.03p_s + 0.1$$

式中　p_{dr}——绝对额定排放压力（MPa）；

K_{sh}——过热修正系数，见表 4-7。

③ 介质为液体。

$$W_r = K_{dr}A\frac{\sqrt{\Delta p\rho}}{0.1964} \tag{4-8}$$

$$\Delta p = p_{dr} - p_b \tag{4-9}$$

$$p_{dr} = 1.2p_s$$

式中　Δp——阀前后压差（MPa）；

ρ——介质密度（kg/m^3）；

p_{dr}——绝对额定排放压力（MPa）；

p_b——阀门出口压力（MPa）。

上述各式中的安全阀额定排量系数 K_{dr} 与阀的结构、开启高度、流体排放通道部分的形状和尺寸等诸多因素有关，其精确值应在阀门制成后通过试验测定。在设计阶段，可参照以往

表 4-4 气体特性系数 C 与 κ 值的对应关系

κ	C	κ	C	κ	C	κ	C	κ	C	κ	C
0.40	1.65	0.84	2.24	1.02	2.41	1.22	2.58	1.42	2.72	1.62	2.84
0.45	1.73	0.86	2.26	1.04	2.43	1.24	2.59	1.44	2.73	1.64	2.85
0.50	1.81	0.88	2.28	1.06	2.45	1.26	2.61	1.46	2.74	1.66	2.86
0.55	1.89	0.90	2.30	1.08	2.46	1.28	2.62	1.48	2.76	1.68	2.87
0.60	1.96	0.92	2.32	1.10	2.48	1.30	2.63	1.50	2.77	1.70	2.89
0.65	2.02	0.94	2.34	1.12	2.50	1.32	2.65	1.52	2.78	1.80	2.94
0.70	2.08	0.96	2.36	1.14	2.51	1.34	2.66	1.54	2.79	1.90	2.99
0.75	2.14	0.98	2.38	1.16	2.53	1.36	2.68	1.56	2.80	2.00	3.04
0.80	2.20	0.99	2.39	1.18	2.55	1.38	2.69	1.58	2.82	2.10	3.09
0.82	2.22	1.001	2.40	1.20	2.56	1.40	2.70	1.60	2.83	2.20	3.13

表 4-5 临界压力比 σ^* 与 κ 值的对应关系

κ	σ^*	κ	σ^*	κ	σ^*	κ	σ^*	κ	σ^*	κ	σ^*
0.40	0.788	0.84	0.645	1.02	0.602	1.22	0.561	1.42	0.525	1.62	0.494
0.45	0.769	0.86	0.640	1.04	0.598	1.24	0.557	1.44	0.522	1.64	0.491
0.50	0.750	0.88	0.635	1.06	0.593	1.26	0.553	1.46	0.518	1.66	0.488
0.55	0.732	0.90	0.630	1.08	0.589	1.28	0.549	1.48	0.515	1.68	0.485
0.60	0.716	0.92	0.625	1.10	0.585	1.30	0.546	1.50	0.512	1.70	0.482
0.65	0.700	0.94	0.621	1.12	0.581	1.32	0.542	1.52	0.509	1.80	0.469
0.70	0.684	0.96	0.616	1.14	0.576	1.34	0.539	1.54	0.506	1.90	0.456
0.75	0.670	0.98	0.611	1.16	0.572	1.36	0.535	1.56	0.503	2.00	0.444
0.80	0.656	0.99	0.609	1.18	0.568	1.38	0.532	1.58	0.500	2.10	0.433
0.82	0.651	1.001	0.606	1.20	0.564	1.40	0.528	1.60	0.497	2.20	0.422

类似结构的阀门确定，或按表 4-8 选取。

2）安全阀流道尺寸及公称尺寸的确定。在式（4-1）、式（4-6）~式（4-8）中，令额定排量等于被保护设备的安全泄放量，即可计算出安全阀必须的流道面积 A。安全阀的流道直径

$$d_0 = \sqrt{\frac{4A}{\pi}} \tag{4-10}$$

可按表 4-9 选取稍大而又接近计算值的流道直径标准值；根据实际使用需要，可以选用非标准的 d_0 值。

流道直径 d_0 确定后，即可按表 4-9 或者按 ASME B146.1、ГОСТ 12532 等标准中规定的对应关系确定安全阀的公称尺寸。安全阀阀座喉部截面积 A_1 按喉部直径 d_0 计算，见表 4-10。

表 4-6　排量的背压力修正系数 K_b

σ	等熵指数 κ																		
	0.4	0.5	0.6	0.7	0.8	0.9	1.001	1.1	1.2	1.3	1.4	1.5	1.6	1.7	1.8	1.9	2.0	2.1	2.2
	排量的背压力修正系数 K_b																		
0.45																	1.00	0.999	0.999
0.50												1.000	1.000	0.999	0.999	0.996	0.994	0.992	0.989
0.55									0.999	1.000	0.999	0.997	0.994	0.991	0.989	0.983	0.979	0.975	0.971
0.60							1.000	0.999	0.997	0.993	0.989	0.983	0.978	0.972	0.967	0.961	0.955	0.950	0.945
0.65						0.999	0.995	0.989	0.982	0.974	0.967	0.959	0.951	0.944	0.936	0.929	0.922	0.915	0.909
0.70			0.999	0.999	0.993	0.985	0.975	0.964	0.953	0.943	0.932	0.922	0.913	0.903	0.895	0.886	0.879	0.871	0.864
0.75		1.000	0.995	0.983	0.968	0.953	0.938	0.923	0.909	0.896	0.884	0.872	0.861	0.851	0.841	0.832	0.824	0.815	0.808
0.80	0.999	0.985	0.965	0.942	0.921	0.900	0.881	0.864	0.847	0.833	0.819	0.806	0.794	0.783	0.773	0.764	0.755	0.747	0.739
0.82	0.992	0.970	0.944	0.918	0.894	0.872	0.852	0.833	0.817	0.801	0.787	0.774	0.763	0.752	0.741	0.732	0.723	0.715	0.707
0.84	0.979	0.948	0.917	0.888	0.862	0.839	0.818	0.799	0.782	0.766	0.752	0.739	0.727	0.716	0.706	0.697	0.688	0.680	0.672
0.86	0.957	0.919	0.884	0.852	0.800	0.779	0.769	0.742	0.727	0.712	0.700	0.688	0.677	0.667	0.667	0.658	0.649	0.641	0.634
0.88	0.924	0.881	0.842	0.809	0.780	0.755	0.733	0.714	0.697	0.682	0.668	0.655	0.644	0.633	0.624	0.615	0.606	0.599	0.592
0.90	0.880	0.831	0.791	0.757	0.728	0.703	0.681	0.662	0.645	0.631	0.619	0.605	0.594	0.584	0.575	0.566	0.558	0.551	0.544
0.92	0.820	0.769	0.727	0.693	0.664	0.640	0.619	0.601	0.585	0.571	0.559	0.547	0.537	0.527	0.519	0.511	0.504	0.497	0.490
0.94	0.739	0.687	0.647	0.614	0.587	0.565	0.545	0.528	0.514	0.501	0.489	0.479	0.470	0.461	0.453	0.446	0.440	0.434	0.428
0.96	0.628	0.579	0.542	0.513	0.489	0.469	0.452	0.438	0.425	0.414	0.404	0.395	0.387	0.380	0.373	0.367	0.362	0.357	0.352
0.98	0.462	0.422	0.393	0.371	0.353	0.337	0.325	0.314	0.306	0.296	0.289	0.282	0.277	0.271	0.266	0.262	0.258	0.254	0.251
1.00	0.000	0.000	0.000	0.000	0.000	0.000	0.000	0.000	0.000	0.000	0.000	0.000	0.000	0.000	0.000	0.000	0.000	0.000	0.000

表 4-7 过热修正系数 K_{sh}

绝对压力 /MPa	饱和温度 /℃	进口温度/℃																
		150	160	170	180	190	200	210	220	230	240	250	260	270	280	290	300	310
		过热修正系数 K_{sh}																
0.2	120	1.00	1.00	1.00	1.00	1.00	0.99	0.98	0.97	0.96	0.95	0.94	0.93	0.92	0.91	0.90	0.89	0.89
0.3	133	1.00	1.00	1.00	1.00	1.00	0.99	0.98	0.97	0.96	0.95	0.94	0.93	0.92	0.91	0.90	0.89	0.89
0.4	144	1.00	1.00	1.00	1.00	1.00	0.99	0.98	0.97	0.96	0.95	0.94	0.93	0.92	0.91	0.90	0.90	0.89
0.5	152	1.00	1.00	1.00	1.00	1.00	0.99	0.98	0.97	0.96	0.95	0.94	0.93	0.92	0.91	0.90	0.90	0.89
0.6	159		1.00	1.00	1.00	1.00	0.99	0.99	0.98	0.96	0.95	0.94	0.93	0.92	0.92	0.91	0.90	0.89
0.7	166			1.00	1.00	1.00	0.99	0.99	0.98	0.97	0.96	0.95	0.94	0.93	0.92	0.92	0.90	0.89
0.8	170			1.00	1.00	1.00	1.00	0.99	0.98	0.97	0.96	0.95	0.94	0.93	0.92	0.92	0.90	0.89
0.9	175				1.00	1.00	1.00	0.99	0.98	0.97	0.96	0.95	0.94	0.93	0.92	0.92	0.90	0.89
1.0	180				1.00	1.00	1.00	0.99	0.98	0.97	0.96	0.95	0.94	0.93	0.92	0.92	0.90	0.89
1.1	184					1.00	1.00	0.99	0.99	0.97	0.96	0.95	0.94	0.93	0.92	0.92	0.90	0.89
1.2	188					1.00	1.00	0.99	0.99	0.98	0.97	0.95	0.94	0.93	0.92	0.92	0.90	0.90
1.3	182						1.00	1.00	0.99	0.98	0.97	0.96	0.94	0.93	0.92	0.92	0.91	0.90
1.4	195						1.00	1.00	0.99	0.98	0.97	0.96	0.95	0.94	0.93	0.92	0.91	0.90
1.5	198						1.00	1.00	0.99	0.98	0.97	0.96	0.95	0.94	0.93	0.92	0.91	0.90
1.6	201						1.00	1.00	0.99	0.98	0.97	0.96	0.95	0.94	0.93	0.92	0.91	0.90
1.7	204							1.00	0.99	0.99	0.98	0.96	0.95	0.94	0.93	0.92	0.91	0.90
1.8	207							1.00	1.00	0.99	0.98	0.96	0.95	0.94	0.93	0.92	0.91	0.90
1.9	210							1.00	1.00	0.99	0.98	0.97	0.95	0.95	0.93	0.92	0.91	0.90
2.0	212								1.00	0.99	0.98	0.97	0.96	0.95	0.93	0.92	0.91	0.90
2.1	215								1.00	0.99	0.98	0.97	0.96	0.95	0.94	0.92	0.91	0.90
2.2	217								1.00	0.99	0.98	0.97	0.96	0.96	0.94	0.93	0.92	0.91
2.3	220								1.00	0.99	0.98	0.97	0.96	0.96	0.94	0.93	0.92	0.91
2.4	222									1.00	0.99	0.98	0.96	0.96	0.94	0.93	0.92	0.91
2.6	220									1.00	0.99	0.98	0.97	0.96	0.94	0.93	0.92	0.91
2.8	230									1.00	0.99	0.99	0.97	0.96	0.95	0.93	0.92	0.91
3.0	234										0.99	0.99	0.98	0.96	0.95	0.94	0.93	0.91
3.2	237										1.00	0.99	0.98	0.96	0.96	0.94	0.93	0.92
3.4	241										1.00	0.99	0.98	0.97	0.96	0.95	0.93	0.92
3.6	244											1.00	0.98	0.97	0.96	0.95	0.93	0.92
3.8	247											1.00	0.99	0.97	0.96	0.96	0.94	0.93
4.0	250											1.00	0.99	0.98	0.97	0.96	0.94	0.93
4.2	253												0.99	0.98	0.97	0.96	0.94	0.93
4.4	258												0.99	0.98	0.97	0.96	0.94	0.93
4.6	259												1.00	0.99	0.97	0.96	0.95	0.94
4.8	261												1.00	0.99	0.98	0.97	0.95	0.94
5.0	264													0.99	0.98	0.97	0.95	0.94
5.2	266													0.99	0.98	0.97	0.96	0.94
5.4	269													1.00	0.99	0.97	0.96	0.95

（续）

绝对压力 /MPa	饱和温度 /℃	进口温度/℃																
		320	330	340	350	360	370	380	390	400	410	420	430	440	450	460	470	480
		过热修正系数 K_{sh}																
0.2	120	0.88	0.87	0.86	0.86	0.85	0.84	0.83	0.83	0.82	0.82	0.81	0.80	0.80	0.79	0.79	0.78	0.77
0.3	133	0.88	0.87	0.86	0.86	0.85	0.84	0.84	0.83	0.82	0.82	0.81	0.80	0.80	0.79	0.79	0.78	0.78
0.4	144	0.88	0.87	0.86	0.86	0.85	0.84	0.84	0.83	0.82	0.82	0.81	0.80	0.80	0.79	0.79	0.78	0.78
0.5	152	0.88	0.87	0.87	0.86	0.85	0.84	0.84	0.83	0.82	0.82	0.81	0.80	0.80	0.79	0.79	0.78	0.78
0.6	159	0.88	0.87	0.87	0.86	0.85	0.84	0.84	0.83	0.82	0.82	0.81	0.80	0.80	0.79	0.79	0.78	0.78
0.7	166	0.88	0.87	0.87	0.86	0.85	0.84	0.84	0.83	0.82	0.82	0.81	0.80	0.80	0.79	0.79	0.78	0.78
0.8	170	0.88	0.88	0.87	0.86	0.85	0.85	0.84	0.83	0.82	0.82	0.81	0.80	0.80	0.79	0.79	0.78	0.78
0.9	175	0.88	0.88	0.87	0.86	0.85	0.85	0.84	0.83	0.83	0.82	0.81	0.80	0.80	0.79	0.79	0.78	0.78
1.0	180	0.88	0.88	0.87	0.86	0.85	0.85	0.84	0.83	0.83	0.82	0.81	0.80	0.80	0.79	0.79	0.78	0.78
1.1	184	0.88	0.88	0.87	0.86	0.85	0.85	0.84	0.83	0.83	0.82	0.81	0.80	0.80	0.79	0.79	0.78	0.78
1.2	188	0.89	0.88	0.87	0.86	0.85	0.86	0.84	0.83	0.83	0.82	0.81	0.81	0.80	0.79	0.79	0.78	0.78
1.3	182	0.89	0.88	0.87	0.86	0.86	0.86	0.84	0.83	0.83	0.82	0.81	0.81	0.80	0.80	0.79	0.78	0.78
1.4	195	0.89	0.88	0.87	0.86	0.86	0.86	0.84	0.83	0.83	0.82	0.81	0.81	0.80	0.80	0.79	0.78	0.78
1.5	198	0.89	0.88	0.87	0.86	0.86	0.86	0.84	0.84	0.83	0.82	0.81	0.81	0.80	0.80	0.79	0.78	0.78
1.6	201	0.89	0.88	0.88	0.87	0.86	0.86	0.84	0.84	0.83	0.82	0.82	0.81	0.80	0.80	0.79	0.78	0.78
1.7	204	0.89	0.88	0.88	0.87	0.86	0.86	0.84	0.84	0.83	0.82	0.82	0.81	0.80	0.80	0.79	0.78	0.78
1.8	207	0.89	0.88	0.88	0.87	0.86	0.86	0.84	0.84	0.83	0.82	0.82	0.81	0.80	0.80	0.79	0.78	0.78
1.9	210	0.89	0.88	0.88	0.87	0.86	0.86	0.85	0.84	0.83	0.82	0.82	0.81	0.80	0.80	0.79	0.78	0.78
2.0	212	0.89	0.89	0.88	0.87	0.86	0.86	0.85	0.84	0.83	0.82	0.82	0.81	0.80	0.80	0.79	0.78	0.78
2.1	215	0.90	0.89	0.88	0.87	0.86	0.86	0.85	0.84	0.83	0.82	0.82	0.82	0.80	0.80	0.79	0.78	0.78
2.2	217	0.90	0.89	0.88	0.87	0.86	0.86	0.85	0.84	0.83	0.83	0.82	0.82	0.80	0.80	0.79	0.78	0.78
2.3	220	0.90	0.89	0.88	0.87	0.86	0.86	0.85	0.84	0.84	0.83	0.82	0.82	0.80	0.80	0.79	0.79	0.78
2.4	222	0.90	0.89	0.88	0.87	0.86	0.86	0.85	0.84	0.84	0.83	0.82	0.82	0.80	0.80	0.79	0.79	0.78
2.6	220	0.90	0.89	0.88	0.87	0.87	0.86	0.85	0.84	0.84	0.83	0.82	0.82	0.81	0.80	0.79	0.79	0.78
2.8	230	0.90	0.89	0.88	0.87	0.87	0.86	0.85	0.84	0.84	0.83	0.82	0.82	0.81	0.80	0.79	0.79	0.78
3.0	234	0.90	0.90	0.89	0.88	0.87	0.86	0.85	0.84	0.84	0.83	0.82	0.82	0.81	0.80	0.79	0.79	0.78
3.2	237	0.91	0.90	0.89	0.88	0.87	0.86	0.85	0.84	0.84	0.83	0.82	0.82	0.81	0.80	0.79	0.79	0.79
3.4	241	0.91	0.90	0.89	0.88	0.87	0.86	0.85	0.84	0.84	0.83	0.82	0.82	0.81	0.80	0.80	0.79	0.79
3.6	244	0.91	0.90	0.90	0.88	0.87	0.86	0.86	0.84	0.84	0.83	0.83	0.82	0.81	0.81	0.80	0.79	0.79
3.8	247	0.91	0.90	0.90	0.88	0.87	0.87	0.86	0.85	0.84	0.83	0.83	0.82	0.81	0.81	0.80	0.79	0.79
4.0	250	0.92	0.90	0.90	0.89	0.88	0.87	0.86	0.86	0.84	0.83	0.83	0.82	0.81	0.81	0.80	0.79	0.79
4.2	253	0.92	0.91	0.90	0.89	0.88	0.87	0.86	0.86	0.84	0.84	0.83	0.82	0.81	0.81	0.80	0.79	0.79
4.4	258	0.92	0.91	0.90	0.89	0.88	0.87	0.86	0.86	0.84	0.84	0.83	0.82	0.81	0.81	0.80	0.80	0.79
4.6	259	0.92	0.91	0.90	0.89	0.88	0.87	0.86	0.86	0.85	0.84	0.83	0.82	0.82	0.81	0.80	0.80	0.79
4.8	261	0.93	0.92	0.90	0.89	0.88	0.87	0.86	0.86	0.85	0.84	0.83	0.82	0.82	0.81	0.80	0.80	0.79
5.0	264	0.93	0.92	0.91	0.89	0.88	0.87	0.87	0.86	0.85	0.84	0.83	0.83	0.82	0.81	0.80	0.80	0.79
5.2	266	0.93	0.92	0.91	0.90	0.89	0.88	0.87	0.86	0.85	0.84	0.83	0.83	0.82	0.81	0.81	0.80	0.79
5.4	269	0.93	0.92	0.91	0.90	0.89	0.88	0.87	0.86	0.85	0.84	0.84	0.83	0.82	0.81	0.81	0.80	0.79

（续）

绝对压力/MPa	饱和温度/℃	进口温度/℃															
		490	500	510	520	530	540	550	560	570	580	590	600	610	620	630	640
		过热修正系数 K_{sh}															
0.2	120	0.77	0.76	0.76	0.75	0.75	0.74	0.74	0.73	0.73	0.73	0.72	0.72	0.71	0.71	0.70	0.70
0.3	133	0.77	0.76	0.76	0.75	0.75	0.74	0.74	0.73	0.73	0.73	0.72	0.72	0.71	0.71	0.70	0.70
0.4	144	0.77	0.76	0.76	0.75	0.75	0.74	0.74	0.73	0.73	0.73	0.72	0.72	0.71	0.71	0.70	0.70
0.5	152	0.77	0.76	0.76	0.75	0.75	0.74	0.74	0.74	0.73	0.73	0.72	0.72	0.71	0.71	0.70	0.70
0.6	159	0.77	0.76	0.76	0.75	0.75	0.74	0.74	0.74	0.73	0.73	0.72	0.72	0.71	0.71	0.70	0.70
0.7	166	0.77	0.76	0.76	0.76	0.75	0.74	0.74	0.74	0.73	0.73	0.72	0.72	0.71	0.71	0.70	0.70
0.8	170	0.77	0.77	0.76	0.76	0.75	0.75	0.74	0.74	0.73	0.73	0.72	0.72	0.71	0.71	0.70	0.70
0.9	175	0.77	0.77	0.76	0.76	0.75	0.75	0.74	0.74	0.73	0.73	0.72	0.72	0.71	0.71	0.70	0.70
1.0	180	0.77	0.77	0.76	0.76	0.75	0.75	0.74	0.74	0.73	0.73	0.72	0.72	0.71	0.71	0.71	0.70
1.1	184	0.77	0.77	0.76	0.76	0.75	0.75	0.74	0.74	0.73	0.73	0.72	0.72	0.71	0.71	0.71	0.70
1.2	188	0.77	0.77	0.76	0.76	0.75	0.75	0.74	0.74	0.73	0.73	0.72	0.72	0.71	0.71	0.71	0.70
1.3	182	0.77	0.77	0.76	0.76	0.75	0.75	0.74	0.74	0.73	0.73	0.72	0.72	0.71	0.71	0.71	0.70
1.4	195	0.77	0.77	0.76	0.76	0.75	0.75	0.74	0.74	0.73	0.73	0.72	0.72	0.71	0.71	0.71	0.70
1.5	198	0.77	0.77	0.76	0.76	0.75	0.75	0.74	0.74	0.73	0.73	0.72	0.72	0.71	0.71	0.71	0.70
1.6	201	0.77	0.77	0.76	0.76	0.76	0.75	0.74	0.74	0.73	0.73	0.72	0.72	0.71	0.71	0.71	0.70
1.7	204	0.77	0.77	0.76	0.76	0.76	0.75	0.74	0.74	0.73	0.73	0.72	0.72	0.71	0.71	0.71	0.70
1.8	207	0.77	0.77	0.76	0.76	0.76	0.75	0.74	0.74	0.73	0.73	0.72	0.72	0.72	0.71	0.71	0.70
1.9	210	0.77	0.77	0.76	0.76	0.76	0.75	0.74	0.74	0.73	0.73	0.72	0.72	0.72	0.71	0.71	0.70
2.0	212	0.77	0.77	0.76	0.76	0.76	0.75	0.74	0.74	0.73	0.73	0.72	0.72	0.72	0.71	0.71	0.70
2.1	215	0.77	0.77	0.76	0.76	0.76	0.75	0.74	0.74	0.73	0.73	0.72	0.72	0.72	0.71	0.71	0.70
2.2	217	0.77	0.77	0.76	0.76	0.76	0.75	0.74	0.74	0.73	0.73	0.72	0.72	0.72	0.71	0.71	0.70
2.3	220	0.77	0.77	0.77	0.76	0.76	0.75	0.74	0.74	0.73	0.73	0.72	0.72	0.72	0.71	0.71	0.70
2.4	222	0.77	0.77	0.77	0.76	0.76	0.75	0.74	0.74	0.73	0.73	0.72	0.72	0.72	0.71	0.71	0.70
2.6	220	0.78	0.77	0.77	0.76	0.76	0.75	0.74	0.74	0.73	0.73	0.73	0.72	0.72	0.71	0.71	0.70
2.8	230	0.78	0.77	0.77	0.76	0.76	0.75	0.75	0.74	0.73	0.73	0.73	0.72	0.72	0.71	0.71	0.70
3.0	234	0.78	0.77	0.77	0.76	0.76	0.75	0.75	0.74	0.73	0.73	0.73	0.72	0.72	0.71	0.71	0.70
3.2	237	0.78	0.77	0.77	0.76	0.76	0.75	0.75	0.74	0.74	0.73	0.73	0.72	0.72	0.71	0.71	0.70
3.4	241	0.78	0.77	0.77	0.76	0.76	0.75	0.75	0.74	0.74	0.73	0.73	0.72	0.72	0.71	0.71	0.70
3.6	244	0.78	0.77	0.77	0.76	0.76	0.75	0.75	0.74	0.74	0.73	0.73	0.72	0.72	0.71	0.71	0.70
3.8	247	0.78	0.78	0.77	0.76	0.76	0.75	0.75	0.74	0.74	0.73	0.73	0.72	0.72	0.71	0.71	0.70
4.0	250	0.78	0.78	0.77	0.76	0.76	0.75	0.75	0.74	0.74	0.73	0.73	0.72	0.72	0.71	0.71	0.70
4.2	253	0.78	0.78	0.77	0.77	0.76	0.75	0.75	0.74	0.74	0.73	0.73	0.72	0.72	0.71	0.71	0.71
4.4	258	0.78	0.78	0.77	0.77	0.76	0.75	0.75	0.74	0.74	0.73	0.73	0.72	0.72	0.72	0.71	0.71
4.6	259	0.78	0.78	0.77	0.77	0.76	0.75	0.75	0.74	0.74	0.73	0.73	0.72	0.72	0.72	0.71	0.71
4.8	261	0.78	0.78	0.77	0.77	0.76	0.76	0.75	0.75	0.74	0.74	0.73	0.73	0.72	0.72	0.71	0.71
5.0	264	0.79	0.78	0.77	0.77	0.76	0.76	0.75	0.75	0.74	0.74	0.73	0.73	0.72	0.72	0.71	0.71
5.2	266	0.79	0.78	0.77	0.77	0.76	0.76	0.75	0.75	0.74	0.74	0.73	0.73	0.72	0.72	0.71	0.71
5.4	269	0.79	0.78	0.77	0.77	0.76	0.76	0.75	0.75	0.74	0.74	0.73	0.73	0.72	0.72	0.71	0.71

（续）

绝对压力/MPa	饱和温度/℃	进口温度/℃																
		150	160	170	180	190	200	210	220	230	240	250	260	270	280	290	300	310
		过热修正系数 K_{sh}																
5.6	271													1.00	0.99	0.98	0.96	0.95
5.8	273													—	0.99	0.98	0.96	0.95
6.0	276													—	0.99	0.98	0.97	0.95
6.2	278													—	0.99	0.99	0.97	0.96
6.4	280														1.00	0.99	0.97	0.96
6.6	282														—	0.99	0.97	0.96
6.8	284														—	0.99	0.98	0.96
7.0	286														—	0.99	0.98	0.97
7.5	290															1.00	0.99	0.97
8.0	295															—	0.99	0.98
8.5	299																1.00	0.98
9.0	303																—	0.99
9.5	307																—	0.99
10.0	311																	1.00
10.5	314																	—
11.0	318																	
11.5	321																	
12.0	324																	
12.5	327																	
13.0	331																	
13.5	333																	
14.0	336																	
14.5	338																	
15.0	342																	
15.5	344																	
16.0	347																	
16.5	350																	
17.0	352																	
17.5	354																	
18.0	357																	
18.5	359																	
19.0	361																	
19.5	364																	
20.0	366																	
20.5	368																	
21.0	370																	
21.5	372																	
22.0	374																	

（续）

绝对压力/MPa	饱和温度/℃	进口温度/℃																
		320	330	340	350	360	370	380	390	400	410	420	430	440	450	460	470	480
		过热修正系数 K_{sh}																
5.6	271	0.94	0.92	0.91	0.90	0.89	0.88	0.87	0.86	0.85	0.84	0.84	0.83	0.82	0.81	0.81	0.80	0.79
5.8	273	0.94	0.93	0.91	0.90	0.89	0.88	0.87	0.86	0.85	0.85	0.84	0.83	0.82	0.82	0.81	0.80	0.80
6.0	276	0.94	0.93	0.92	0.90	0.89	0.88	0.87	0.86	0.85	0.85	0.84	0.83	0.82	0.82	0.81	0.80	0.80
6.2	278	0.94	0.93	0.92	0.91	0.90	0.88	0.88	0.87	0.86	0.85	0.84	0.83	0.82	0.82	0.81	0.80	0.80
6.4	280	0.95	0.94	0.92	0.91	0.90	0.89	0.88	0.87	0.86	0.85	0.84	0.83	0.83	0.82	0.81	0.80	0.80
6.6	282	0.95	0.94	0.92	0.91	0.90	0.89	0.88	0.87	0.86	0.85	0.84	0.84	0.83	0.82	0.81	0.80	0.80
6.8	284	0.95	0.94	0.94	0.91	0.90	0.89	0.88	0.87	0.86	0.85	0.84	0.84	0.83	0.82	0.81	0.81	0.80
7.0	286	0.95	0.94	0.94	0.92	0.90	0.89	0.88	0.87	0.86	0.86	0.84	0.84	0.83	0.82	0.81	0.81	0.80
7.5	290	0.96	0.95	0.94	0.92	0.91	0.90	0.89	0.88	0.87	0.86	0.85	0.84	0.83	0.82	0.81	0.81	0.80
8.0	295	0.96	0.96	0.94	0.93	0.91	0.91	0.89	0.88	0.87	0.86	0.85	0.84	0.83	0.83	0.82	0.81	0.80
8.5	299	0.97	0.96	0.95	0.93	0.92	0.91	0.90	0.88	0.87	0.86	0.85	0.84	0.83	0.83	0.82	0.81	0.81
9.0	303	0.98	0.97	0.96	0.94	0.93	0.91	0.90	0.89	0.88	0.87	0.86	0.84	0.84	0.83	0.82	0.81	0.81
9.5	307	0.98	0.97	0.97	0.95	0.93	0.92	0.90	0.89	0.88	0.87	0.86	0.85	0.84	0.83	0.82	0.82	0.81
10.0	311	0.99	0.97	0.97	0.96	0.94	0.92	0.91	0.90	0.88	0.87	0.86	0.85	0.85	0.84	0.83	0.82	0.81
10.5	314	0.99	0.98	0.97	0.97	0.95	0.93	0.92	0.90	0.89	0.88	0.87	0.86	0.85	0.84	0.83	0.82	0.81
11.0	318	1.00	0.98	0.98	0.97	0.95	0.94	0.92	0.91	0.89	0.88	0.87	0.86	0.85	0.84	0.83	0.82	0.81
11.5	321	1.00	0.98	0.98	0.97	0.96	0.94	0.92	0.91	0.89	0.88	0.87	0.86	0.85	0.84	0.83	0.82	0.81
12.0	324	—	0.99	0.98	0.97	0.96	0.94	0.92	0.91	0.89	0.88	0.87	0.86	0.85	0.84	0.83	0.82	0.81
12.5	327	—	0.99	0.98	0.97	0.97	0.95	0.93	0.91	0.90	0.88	0.87	0.86	0.85	0.84	0.83	0.82	0.81
13.0	331		1.00	0.98	0.97	0.97	0.96	0.93	0.91	0.90	0.88	0.87	0.86	0.85	0.84	0.83	0.82	0.81
13.5	333			0.99	0.97	0.96	0.96	0.93	0.91	0.90	0.88	0.87	0.86	0.85	0.84	0.83	0.82	0.81
14.0	336			0.99	0.97	0.96	0.96	0.93	0.91	0.90	0.88	0.87	0.86	0.85	0.83	0.82	0.82	0.81
14.5	338			1.00	0.98	0.96	0.96	0.94	0.92	0.90	0.88	0.87	0.86	0.84	0.83	0.82	0.81	0.80
15.0	342			1.00	0.98	0.96	0.96	0.94	0.92	0.90	0.88	0.87	0.86	0.84	0.83	0.82	0.81	0.80
15.5	344				0.99	0.97	0.96	0.94	0.92	0.90	0.88	0.87	0.86	0.84	0.83	0.82	0.81	0.80
16.0	347				1.00	0.97	0.96	0.95	0.92	0.90	0.88	0.87	0.86	0.84	0.83	0.82	0.81	0.80
16.5	350				—	0.97	0.96	0.95	0.92	0.90	0.88	0.87	0.86	0.84	0.83	0.82	0.80	0.79
17.0	352				—	0.97	0.96	0.95	0.92	0.90	0.88	0.88	0.86	0.84	0.82	0.81	0.80	0.79
17.5	354				—	0.98	0.96	0.94	0.93	0.90	0.88	0.86	0.86	0.83	0.82	0.81	0.80	0.79
18.0	357				—	0.99	0.96	0.94	0.93	0.90	0.88	0.86	0.86	0.83	0.82	0.80	0.79	0.78
18.5	359					1.00	0.96	0.94	0.93	0.90	0.88	0.86	0.86	0.83	0.81	0.80	0.79	0.78
19.0	361					1.00	0.96	0.94	0.93	0.90	0.88	0.85	0.84	0.82	0.81	0.80	0.79	0.78
19.5	364						0.96	0.94	0.92	0.90	0.87	0.85	0.83	0.82	0.80	0.79	0.79	0.77
20.0	366						0.97	0.93	0.92	0.90	0.87	0.85	0.83	0.81	0.80	0.79	0.78	0.76
20.5	368						0.98	0.93	0.92	0.90	0.87	0.85	0.83	0.81	0.79	0.78	0.77	0.76
21.0	370						1.00	0.93	0.91	0.90	0.87	0.84	0.82	0.80	0.79	0.78	0.76	0.75
21.5	372							0.94	0.91	0.90	0.88	0.84	0.82	0.80	0.78	0.77	0.76	0.74
22.0	374							0.94	0.90	0.90	0.88	0.83	0.81	0.79	0.78	0.76	0.75	0.74

（续）

绝对压力 /MPa	饱和温度 /℃	进口温度/℃															
		490	500	510	520	530	540	550	560	570	580	590	600	610	620	630	640
		过热修正系数 K_{sh}															
5.6	271	0.79	0.78	0.78	0.77	0.76	0.76	0.75	0.75	0.74	0.74	0.73	0.73	0.72	0.72	0.71	0.71
5.8	273	0.79	0.78	0.78	0.77	0.76	0.76	0.75	0.75	0.74	0.74	0.73	0.73	0.72	0.72	0.71	0.71
6.0	276	0.79	0.78	0.78	0.77	0.76	0.76	0.75	0.75	0.74	0.74	0.73	0.73	0.72	0.72	0.71	0.71
6.2	278	0.79	0.78	0.78	0.77	0.76	0.76	0.75	0.75	0.74	0.74	0.73	0.73	0.72	0.72	0.71	0.71
6.4	280	0.79	0.78	0.78	0.77	0.77	0.76	0.75	0.75	0.74	0.74	0.73	0.73	0.72	0.72	0.71	0.71
6.6	282	0.79	0.78	0.78	0.77	0.77	0.76	0.75	0.75	0.74	0.74	0.73	0.73	0.72	0.72	0.71	0.71
6.8	284	0.79	0.79	0.78	0.77	0.77	0.76	0.76	0.75	0.74	0.74	0.73	0.73	0.72	0.72	0.71	0.71
7.0	286	0.79	0.79	0.78	0.77	0.77	0.76	0.76	0.75	0.74	0.74	0.73	0.73	0.72	0.72	0.71	0.71
7.5	290	0.79	0.79	0.78	0.78	0.77	0.76	0.76	0.75	0.75	0.74	0.74	0.73	0.73	0.72	0.72	0.71
8.0	295	0.80	0.79	0.78	0.78	0.77	0.76	0.76	0.75	0.75	0.74	0.74	0.73	0.73	0.72	0.72	0.71
8.5	299	0.80	0.79	0.78	0.78	0.77	0.77	0.76	0.75	0.75	0.74	0.74	0.73	0.73	0.72	0.72	0.71
9.0	303	0.80	0.79	0.79	0.78	0.77	0.77	0.76	0.76	0.75	0.74	0.74	0.73	0.73	0.72	0.72	0.71
9.5	307	0.80	0.80	0.79	0.78	0.78	0.77	0.76	0.76	0.75	0.75	0.75	0.73	0.73	0.72	0.72	0.71
10.0	311	0.80	0.80	0.79	0.78	0.78	0.77	0.76	0.76	0.75	0.75	0.75	0.74	0.73	0.73	0.72	0.71
10.5	314	0.81	0.80	0.79	0.78	0.78	0.77	0.77	0.76	0.75	0.75	0.75	0.74	0.73	0.73	0.72	0.72
11.0	318	0.81	0.80	0.79	0.78	0.78	0.77	0.77	0.76	0.75	0.75	0.75	0.74	0.73	0.72	0.72	0.72
11.5	321	0.81	0.80	0.79	0.78	0.78	0.77	0.76	0.76	0.75	0.75	0.75	0.74	0.73	0.72	0.72	0.71
12.0	324	0.81	0.80	0.79	0.78	0.78	0.77	0.76	0.76	0.75	0.74	0.74	0.73	0.73	0.72	0.72	0.71
12.5	327	0.80	0.80	0.79	0.78	0.77	0.77	0.76	0.75	0.75	0.74	0.74	0.73	0.73	0.72	0.71	0.71
13.0	331	0.80	0.79	0.79	0.78	0.77	0.76	0.76	0.75	0.75	0.74	0.74	0.73	0.72	0.72	0.71	0.71
13.5	333	0.80	0.79	0.78	0.78	0.77	0.76	0.76	0.75	0.74	0.74	0.74	0.73	0.72	0.71	0.71	0.70
14.0	336	0.80	0.79	0.78	0.77	0.77	0.76	0.75	0.75	0.74	0.73	0.73	0.72	0.72	0.71	0.71	0.70
14.5	338	0.80	0.79	0.78	0.77	0.76	0.76	0.75	0.74	0.74	0.73	0.73	0.72	0.71	0.71	0.70	0.70
15.0	342	0.79	0.78	0.78	0.77	0.76	0.75	0.75	0.74	0.73	0.73	0.73	0.72	0.71	0.71	0.70	0.70
15.5	344	0.79	0.78	0.77	0.77	0.76	0.75	0.74	0.74	0.73	0.73	0.73	0.71	0.71	0.70	0.70	0.69
16.0	347	0.79	0.78	0.77	0.76	0.76	0.75	0.74	0.73	0.73	0.72	0.72	0.71	0.70	0.70	0.69	0.69
16.5	350	0.78	0.78	0.77	0.76	0.75	0.74	0.74	0.73	0.72	0.72	0.72	0.71	0.70	0.70	0.69	0.68
17.0	352	0.78	0.77	0.76	0.76	0.75	0.74	0.73	0.73	0.72	0.71	0.71	0.70	0.70	0.69	0.69	0.68
17.5	354	0.78	0.77	0.76	0.75	0.74	0.74	0.73	0.72	0.72	0.71	0.71	0.70	0.69	0.69	0.68	0.68
18.0	357	0.77	0.76	0.76	0.75	0.74	0.73	0.73	0.72	0.71	0.71	0.71	0.69	0.69	0.68	0.68	0.67
18.5	359	0.77	0.76	0.76	0.74	0.74	0.73	0.72	0.71	0.71	0.70	0.70	0.69	0.68	0.68	0.67	0.67
19.0	361	0.77	0.76	0.75	0.74	0.73	0.73	0.72	0.71	0.70	0.70	0.70	0.68	0.68	0.67	0.67	0.66
19.5	364	0.76	0.75	0.74	0.73	0.72	0.72	0.71	0.70	0.70	0.69	0.69	0.68	0.67	0.67	0.66	0.66
20.0	366	0.76	0.74	0.74	0.73	0.72	0.72	0.70	0.70	0.69	0.68	0.68	0.67	0.67	0.66	0.66	0.65
20.5	368	0.75	0.74	0.73	0.72	0.71	0.71	0.70	0.69	0.68	0.68	0.68	0.66	0.66	0.66	0.65	0.64
21.0	370	0.74	0.73	0.72	0.71	0.70	0.70	0.69	0.68	0.68	0.67	0.67	0.66	0.66	0.65	0.64	0.64
21.5	372	0.73	0.72	0.71	0.71	0.70	0.69	0.68	0.67	0.67	0.66	0.66	0.65	0.64	0.64	0.63	0.63
22.0	374	0.73	0.72	0.71	0.70	0.69	0.69	0.67	0.67	0.66	0.65	0.65	0.64	0.64	0.63	0.62	0.62

表 4-8 安全阀额定排量系数 K_{dr}

安全阀类型	全启式安全阀	微启式安全阀	
		开启高度$\geq\frac{1}{40}d_0$	开启高度$\geq\frac{1}{20}d_0$
额定排量系数 K_{dr}	0.7 ~ 0.8	0.07 ~ 0.08	0.14 ~ 0.16

注：d_0—安全阀流道直径。

表 4-9 安全阀公称尺寸 DN 与流道直径 d_0 （单位：mm）

DN		15	20	25	32	40	50	65	80	100	150	200
d_0	全启式				20	25	32	40	50	65	100	125
	微启式	12	16	20	25	32	40	50	65	80		

表 4-10 安全阀阀座喉部截面积

形式	PN	公称尺寸 DN	15	20	25	32	40	50	80	100	150	200
全启式	16 40 63	阀座喉径 d_0/mm				20	25	32	50	65	100	125
		喉部截面积 A/mm^2				314	491	804	1963	3318	7854	12270
		开启高度 h/mm	$\geq\frac{1}{4}d_0$									
	100	阀座喉径 d_0/mm				20	25	32	40	50	80	
		喉部截面积 A/mm^2				314	491	804	1257	1963	5027	
		开启高度 h/mm	$\geq\frac{1}{4}d_0$									
	160 320	阀座喉径 d_0/mm				15	20					
		喉部截面积 A/mm^2				177	314					
		开启高度 h/mm	$\geq\frac{1}{4}d_0$									
微启式	16 25 40 63	阀座喉径 d_0/mm	12	16	20	25	32	40	65	80		
		喉部截面积 A/mm^2	113	201	314	491	804	1257	3318	5027		
		开启高度 h/mm	$\geq\frac{1}{40}d_0$							$\geq\frac{1}{20}d_0$		
	160 320	阀座喉径 d_0/mm	8			12	14					
		喉部截面积 A/mm^2	50			113	154					
		开启高度 h/mm	$\geq\frac{1}{20}d_0$									

（4）安全阀的额定排放压力 安全阀的额定排放压力按 GB/T 12243—2005《弹簧直接载荷式安全阀》的规定。蒸汽用安全阀的排放压力应小于或等于开启压力的 1.03 倍；空气或其他气体用安全阀的排放压力应小于或等于开启压力的 1.10 倍；水或其他液体用安全阀的排放压力应小于或等于开启压力的 1.20 倍。

（5）安全阀的额定排量 安全阀的额定排量也可以从表 4-10 ~ 表 4-15 中查得。对于空气和蒸汽，表中所列数值仅当排放时安全阀出口与进口的绝对压力之比小于或等于临界压力比时才适用。

双联安全阀的公称尺寸系指 Y 形接头的进口通径。SA37H 型双连微启式安全阀是在一个 Y 形接头上装设两个同样规格的 A47H 型安全阀而构成的；SA38Y 型双联全启式安全阀是在一个 Y 形接头上装设两个同样规格的 A48Y 型安全阀而构成的。

表 4-11 全启式安全阀额定排量 （单位：kg/h）

整定压力 p_s/MPa	额定排放压力(绝) $p_p+0.1$ /MPa	阀座喉径 d_0/mm									
		15	20	25	32	40	50	65	80	100	125
0.06	0.166		322	503	824	1289	2012	3400	5150	8050	12580
0.08	0.188		365	570	933	1459	2280	3850	5840	9120	14240
0.10	0.210		407	637	1043	1630	2550	4300	6520	10190	15910
0.13	0.243		471	737	1206	1886	2950	4980	7540	11790	18410
0.16	0.276		535	837	1370	2140	3350	5660	8570	13390	20900
0.20	0.320		620	970	1590	2480	3880	6560	9930	15520	24300
0.25	0.375		727	1137	1862	2910	4550	7680	11640	18190	28400
0.3	0.43		834	1304	2135	3340	5210	8810	13350	20900	32600
0.4	0.54		1047	1637	2680	4190	6540	11060	16760	26200	40900
0.5	0.65		1260	1971	3230	5050	7880	13320	20180	31500	49300
0.6	0.76		1474	2304	3770	5900	9210	15570	23600	36900	57600
0.7	0.87		1687	2640	4320	6750	10540	17830	27000	42200	65900
0.8	0.98		1900	2970	4870	7610	11880	20100	30400	47500	74300
0.9	1.09		2114	3300	5410	8460	13210	22300	33800	52900	82600
1.0	1.20		2330	3640	5960	9320	14540	24600	37200	58200	90900
1.1	1.31		2540	3970	6500	10170	15880	26800	40700	63500	99300
1.2	1.42		2750	4310	7050	11020	17210	29100	44100	68900	107600
1.3	1.53		2970	4640	7600	11880	18540	31300	47500	74200	115900
1.4	1.64		3180	4970	8140	12730	19880	33600	50900	79500	124300
1.5	1.75		3390	5310	8690	13590	21200	35900	54300	84900	132600
1.6	1.86		3610	5640	9230	14440	22500	38100	57700	90200	140900
1.8	2.08		4030	6310	10330	16150	25200	42600	64600	100900	
2.0	2.30		4460	6970	11420	17850	27900	47100	71400	111600	
2.2	2.52		4890	7640	12510	19560	30500	51600	78200	122200	
2.5	2.85		5530	8640	14150	22120	34500	58400	88500	138200	
2.8	3.18		6170	9640	15790	24700	38500	65200	98700	154200	
3.2	3.62		7020	10980	17970	28100	43900	74200	112400	175600	
3.6	4.06		7870	12310	20200	31500	49200	83200	126000	196900	
4.0	4.50		8730	13640	22340	34900	54500	92200	139700	218000	
4.5	5.05		9790	15310	25100	39200	61200	103500	156800		
5.0	5.60		10860	16980	27800	43500	67900	114700	173800		
5.5	6.15		11920	18650	30500	47700	74500	126000	190900		
6.0	6.70		12990	20300	33300	52000	81200	137300	208000		
6.4	7.14		13840	21600	35500	55400	86500	146300	222000		
7.0	7.80		15120	23600	38700	60600	94500	159800	242000		
8.0	8.9		17260	27000	44200	69100	107900	182400	276000		
9.0	10.0		19390	30300	49700	77600	121200	205000	310000		
10.0	11.1	12130	21500	33700	55100	86200	134500	227000	345000		
11.0	12.2	13330	23660								
13.0	14.4	15740	27900								
16.0	17.7	19350	34300								
19.0	21.0	22950	40700								
22.0	24.3	26600	47100								
25.0	27.6	30200	53500								
29.0	32.0	35000	62000								
32.0	35.3	38600	68400								

注：工作介质：空气；工作温度：$T=300°K$；超过压力：10%；额定排量系数，$K_{dr}=0.75$。

表 4-12 全启式安全阀额定排量 （单位：kg/h）

整定压力 p_k/MPa	额定排放压力(绝) $p_p+0.1$/MPa	阀座喉径 d_0/mm 20	25	32	40	50	65	80	100	125
0.06	0.162	196	307	503	786	1227	2070	3140	4910	7670
0.08	0.182	221	345	565	883	1380	2330	3530	5520	8620
0.10	0.203	246	385	630	985	1540	2600	3940	6150	9610
0.13	0.234	284	443	726	1135	1770	2995	4540	7090	11080
0.16	0.265	321	502	822	1286	2010	3390	5140	8030	12550
0.20	0.306	371	580	950	1484	2320	3920	5940	9270	14490
0.25	0.358	434	678	1110	1737	2710	4580	6950	10850	16950
0.3	0.409	496	775	1270	1984	3100	5240	7930	12400	19370
0.4	0.512	620	970	1589	2480	3880	6550	9930	15520	24200
0.5	0.615	745	1165	1908	2980	4660	7870	11930	18640	29100
0.6	0.718	867	1355	2220	3470	5420	9150	13870	21700	33900
0.7	0.821	991	1550	2540	3970	6200	10470	15870	24800	38700
0.8	0.924	1105	1728	2830	4420	6910	11670	17690	27600	43200
0.9	1.027	1229	1921	3150	4920	7680	12980	19670	30700	48000
1.0	1.13	1349	2110	3450	5400	8430	14250	21600	33700	52700
1.1	1.23	1464	2290	3750	5860	9150	15460	23400	36600	57200
1.2	1.34	1595	2490	4080	6380	9970	16840	25500	39900	62300
1.3	1.44	1705	2670	4370	6830	10660	18010	27300	42600	66600
1.4	1.54	1824	2850	4670	7300	11400	19260	29200	45600	71300
1.5	1.65	1949	3050	4990	7800	12180	20600	31200	48700	76100
1.6	1.75	2070	3230	5290	8270	12920	21800	33100	51700	80700
1.8	1.95	2300	3590	5880	9190	14350	24300	36800	57400	
2.0	2.16	2540	3970	6500	10170	15880	26800	40700	63500	
2.2	2.37	2790	4360	7140	11160	17420	29400	44600	69700	
2.5	2.67	3130	4900	8020	12540	19580	33100	50100	78400	
2.8	2.98	3490	5460	8940	13980	21800	36900	55900	87400	
3.2	3.40	3980	6220	10190	15930	24900	42000	63700	99500	
3.6	3.81	4460	6970	11410	17840	27900	47100	71300	111400	
4.0	4.22	4940	7720	12640	19750	30800	52100	79000	123400	
4.5	4.74	5550	8670	14200	22200	34700	58600	88800		
5.0	5.25	6150	9620	15740	24600	38400	64900	98400		
5.5	5.76	6750	10560	17290	27000	42200	71300	108100		
6.0	6.28	7380	11530	18880	29500	46100	77900	118000		
6.4	6.69	7870	12310	20200	31500	49200	83100	126000		
7.0	7.31	8610	13460	22000	34500	53800	90900	137800		
8.0	8.34	9880	15450	25300	39500	61800	104300	158100		
9.0	9.37	11160	17450	28600	44700	69800	117900	178700		
10.0	10.4	12460	19480	31900	49900	77900	131600	199400		

注：工作介质：饱和水蒸气；超过压力：3%；额定排量系数，$K_{dr}=0.75$。

表 4-13　微启式安全阀额定排量　（单位：kg/h）

整定压力 p_k/MPa	额定排放压力(绝) p_p+0.1 /MPa	阀座喉径 d_0/mm 12	16	20	25	32	40	50	65	80
0.06	0.166	12.3	22.0	34.3	53.7	88	275	430	726	1099
0.08	0.188	14.0	24.9	38.9	60.8	99	312	486	824	1248
0.10	0.210	15.6	27.8	43.4	68.0	111	348	543	920	1392
0.13	0.243	18.1	32.2	50.2	78.6	129	402	628	1064	1608
0.16	0.276	20.6	36.6	57.0	89.6	146	457	714	1208	1824
0.20	0.320	23.8	42.4	66.2	103	170	530	824	1400	2120
0.25	0.375	27.9	49.7	77.5	122	198	621	968	1640	2480
0.3	0.43	32.0	57.0	88.8	139	228	712	1112	1880	2850
0.4	0.54	40.2	71.5	112	174	286	894	1396	2360	3580
0.5	0.65	48.4	86.4	134	210	344	1077	1680	2840	4300
0.6	0.76	56.6	101	157	246	402	1258	1968	3320	5030
0.7	0.87	64.7	115	180	282	461	1440	2250	3800	5760
0.8	0.98	73.0	130	202	317	519	1624	2540	4280	6490
0.9	1.09	81.1	144	226	353	578	1808	2820	4770	7220
1.0	1.20	89.3	159	248	388	635	1984	3100	5250	7940
1.1	1.31	97.6	174	271	424	694	2170	3380	5730	8670
1.2	1.42	106	188	294	459	752	2350	3670	6210	9400
1.3	1.53	114	202	317	495	810	2540	3950	6690	10140
1.4	1.64	122	217	339	530	869	2710	4240	7170	10860
1.5	1.75	130	232	362	566	928	2900	4530	7650	11600
1.6	1.86	138	246	385	602	984	3080	4810	8130	12320
1.8	2.08	155	275	430	673	1102	3450	5380	9100	13760
2.0	2.30	171	305	476	744	1218	3810	5940	10060	15200
2.2	2.52	187	334	521	816	1336	4180	6510	11020	16720
2.5	2.85	212	378	590	922	1512	4720	7370	12460	18880
2.8	3.18	237	421	658	1029	1688	5260	8220	13900	21000
3.2	3.62	270	479	749	1171	1920	5990	9360	15820	24000
3.6	4.06	302	538	840	1312	2150	6720	10500	17760	26900
4.0	4.50	335	596	930	1456	2380	7460	11630	19680	29800
4.5	5.05			1044						
5.0	5.60			1160						
5.5	6.15			1272						
6.0	6.70			1384						
6.4	7.14			1480						

注：工作介质：空气；温度：$T=300°K$；超过压力：10%。

表 4-14 微启式安全阀额定排量 （单位:kg/h）

整定压力 p_k/MPa	额定排放压力(绝) $p_p+0.1$ /MPa	阀座喉径 d_0/mm				
		40	50	65	80	100
0.06	0.162	167	262	442	670	1048
0.08	0.182	188	294	497	753	1176
0.10	0.203	210	328	554	840	1312
0.13	0.234	242	378	639	968	1512
0.16	0.265	274	428	724	1096	1712
0.20	0.306	317	494	836	1264	1976
0.25	0.358	370	578	976	1480	2310
0.3	0.409	423	661	1120	1688	2650
0.4	0.512	530	827	1400	2120	3310
0.5	0.615	636	992	1680	2540	3980
0.6	0.718	739	1152	1952	2960	4620
0.7	0.821	846	1320	2230	3380	5290
0.8	0.924	944	1472	2490	3780	5900
0.9	1.027	1048	1640	2770	4200	6560
1.0	1.13	1152	1800	3040	4610	7200
1.1	1.23	1248	1952	3300	5000	7810
1.2	1.34	1360	2130	3590	5450	8510
1.3	1.44	1456	2270	3840	5820	9100
1.4	1.54	1560	2430	4110	6230	9730
1.5	1.65	1664	2600	4390	6660	10400
1.6	1.75	1760	2750	4660	7060	11020
1.8	1.95	1960	3060	5180	7840	12260
2.0	2.16	2170	3380	5730	8670	13550
2.2	2.37	2380	3720	6280	9520	14880
2.5	2.67	2670	4180	7060	10700	16720
2.8	2.98	2980	4660	7870	11920	18640
3.2	3.40	3400	5300	8960	13600	21200
3.6	3.81	3800	5940	10040	15200	23800
4.0	4.22	4220	6580	11120	16880	26300

注:工作介质:饱和水蒸气;超过压力:3%。

表 4-15　微启式安全阀额定排量　（单位：kg/h）

整定压力 p_k/MPa	额定排放压力 p_p/MPa	阀座喉径 d_0/mm							
		12	16	20	25	32	40	65	80
0.06	0.066	370	659	1030	1608	2630	8240	21800	33000
0.08	0.088	428	761	1189	1856	3040	9510	25100	38100
0.10	0.110	478	850	1329	2080	3400	10640	28100	42600
0.13	0.143	546	970	1515	2370	3880	12130	32000	48500
0.16	0.176	605	1076	1680	2620	4300	13460	35500	53800
0.20	0.220	676	1203	1880	2940	4810	15050	39800	60200
0.25	0.275	756	1346	2100	3290	5380	16800	44400	67300
0.3	0.33	828	1474	2300	3600	5900	18400	48600	73700
0.4	0.44	957	1704	2660	4150	6810	21300	56200	85000
0.5	0.55	1070	1904	2970	4650	7610	23800	62800	95100
0.6	0.66	1171	2090	3260	5090	8340	26100	68800	104200
0.7	0.77	1264	2250	3520	5500	9000	28200	74300	112600
0.8	0.88	1352	2410	3760	5880	9620	30100	79400	120300
0.9	0.99	1430	2550	3980	6230	10210	31900	84200	127600
1.0	1.10	1512	2690	4200	6570	10760	33700	88800	134600
1.1	1.21	1584	2820	4410	6890	11290	35300	93100	141100
1.2	1.32	1656	2940	4600	7200	11780	36900	97300	147400
1.3	1.43	1728	3060	4790	7490	12260	38300	101200	153400
1.4	1.54	1790	3180	4980	7780	12730	39800	105000	159200
1.5	1.65	1856	3300	5140	8050	13180	41200	108700	164800
1.6	1.76	1912	3390	5320	8310	13610	42600	112300	170200
1.8	1.98	2030	3600	5640	8820	14430	45100	119100	180500
2.0	2.20	2140	3800	5940	9290	15220	47600	125600	190400
2.2	2.42	2240	3980	6230	9740	15960	49900	131700	199200
2.5	2.75	2390	4240	6650	10380	17010	53200	140400	213000
2.8	3.08	2530	4500	7030	10990	18000	56300	148600	225000
3.2	3.52	2700	4800	7520	11750	19280	60200	158800	241000
3.6	3.96	2870	5090	7980	12460	20400	63800	168800	255000
4.0	4.40	3020	5370	8410	13140	21500	67300	177600	269000
4.5	4.95			8910					
5.0	5.50			9400					
5.5	6.05			9860					
6.0	6.60			10300					
6.4	7.04			10630					

注：工作介质：水；超过压力：10%；出口压力：大气压。

(6)安全阀材质的确定　确定安全阀的材质应考虑工作温度、工作压力、介质性质和经济性等多种因素。

1)壳体常用材料及其使用温度范围。

① 国产材料(表4-16)。

表4-16　国产材料及其使用温度范围

名　称	铸件		锻件		说　明
	牌　号	使用温度/℃	牌　号	使用温度/℃	
灰铸铁①	HT200　HT250 HT300　HT350	-15~250	—	—	用于≤PN16的低压阀门
黑心可锻铸铁②	KTH300-06 KTH330-08 KTH350-10 KTH370-12	-15~250	—	—	用于≤PN25的中低压阀门
球墨铸铁③	QT350-22 QT400-18 QT400-15 QT450-10 QT500-7 QT600-3 QT700-2 QT800-2 QT900-2	-30~350	—	—	用于≤PN40的中低压阀门
碳素钢④	WCA、WCB、WCC	-29~425	20、25、35、40	-29~425	用于中高压阀门，Q345、30Mn常用来代ASTM A105
			Q345　30Mn	-40~450	
低温碳钢	(LCB)	-46~345	—	—	用于低温阀
合金钢	(WC6) (WC9)	-29~595 -29~595	15CrMo⑤ 25Cr2MoV	-29~595 -29~595	用于非腐蚀性介质的高温高压阀
	(C5) (C12)	-29~650	1CrMo	-29~650	用于腐蚀性介质的高温高压阀
奥氏体不锈钢	ZG00Cr18Ni10⑥ ZG0Cr18Ni9 ZG1Cr18Ni9 ZG0Cr18Ni9Ti ZG1Cr18Ni9Ti ZG0Cr18Ni12Mo2Ti ZG1Cr18Ni12Mo2Ti ZG1Cr17Mn9Ni14Mo3Cu2N ZG1Cr18Mn13Mo2CuN	-196~816	022Cr19Ni10⑦ 06Cr19Ni10 12Cr18Ni9 06Cr19Ni10 12Cr18Ni9 (022Cr17Ni12Mo2) 06Cr17Ni12Mo2	-196~816	用于腐蚀性介质

（续）

名　称	铸　件		锻　件		说　明
	牌　号	使用温度/℃	牌　号	使用温度/℃	
奥氏体不锈钢	CF8 CF8M CF3 CF3M CF8C (CN7M)	-29 ~ 816 -29 ~ 816 -29 ~ 425 -29 ~ 425 -29 ~ 816	(F304) (F316) (F304L) (F316L) (F321) B462	-29 ~ 816 -29 ~ 816 -29 ~ 425 -29 ~ 450 -29 ~ 816	用于腐蚀性介质
蒙乃尔合金	—	—	(NCu28-2.5-1.5)	-29 ~ 450	主要用于含氢氟介质
铸铜合金	ZCuSn3Zn11Pb4⑧ 3-11-4 锡青铜 ZCuSn5Pb5Zn5 5-5-5 锡青铜 ZCuSn10P1 10-1 锡青铜 ZCuSn10Zn2 10-2 锡青铜 ZCuAl9Mn2 9-2 铝青铜 ZCuAl10Fe3 10-3 铝青铜 ZCuZn25Al6Fe3Mn3 25-6-3-3 铝黄铜 ZCuZn38Mn2Pb2 38-2-2 锰黄铜 ZCuZn33Pb2 33-2 铝黄铜 ZCuZn16Si4 16-4 硅黄铜	-273 ~ 200	—	—	主要用于氧气管路

注：凡带（　）号的材料，国内厂家可制造，但还未列入国家标准或部标准。

① 见 GB/T 12226《通用阀门　灰铸铁件技术条件》。

② 见 GB/T 9440《可锻铸铁件》。

③ 见 GB/T 12227《通用阀门　球墨铸铁件技术条件》。

④ 见 GB/T 12228《通用阀门　碳素钢锻件技术条件》；GB/T 12229《通用阀门　碳素钢铸件技术条件》。

⑤ 见 GB/T 3077《合金结构钢》。

⑥ 见 GB/T 12230《通用阀门　不锈钢铸件技术条件》。

⑦ 见 GB/T 1220《不锈钢棒》。

⑧ 见 GB/T 12225《通用阀门　铜合金铸件技术条件》。

② 美国 ASTM 材料（表 4-17）。

表 4-17　美国 ASTM 材料及其使用温度范围

ASME B16.34 材料分类号	标准钢号	锻　件		铸　件		说　明
		代　号	使用温度/℃	代　号	使用温度/℃	
1.1	碳钢	A105	-29 ~ 425	A216-WCB	-29 ~ 425	1. A105、WCB、WCC 长时期处在 425℃以上高温时，碳钢的碳化相可能变成石墨相
1.2	碳钢	—	—	A216-WCC	-29 ~ 425	
	2-1/2Ni	—	—	A352-LC2	-29 ~ 345	

（续）

ASME B16.34 材料分类号	标准钢号	锻件		铸件		说明
		代号	使用温度/℃	代号	使用温度/℃	
1.2	3-1/2Ni	A350-LF3	−29~370	A352-LC3	−29~345	2. F1、WC1 长时期处在470℃以上高温时，碳钼钢的碳化物相可能变为石墨相 3. WC1、WC4、WC5、WC6、WC9、C5、C12 仅用于正火和回火材料 4. CF8 使用温度或焊接温度超过260℃，不得采用含铅牌号的材料 5. F304、F316、CF8M、F321、F347、CF8C、F348、CH8、CH20、F310、CK20 如果含碳量超过或等于0.04%，温度超过540℃才使用 6. F310 工作温度565℃或大于上述温度者，必须保证晶粒不低于 ASTMNo.6 的规定
1.3	碳钢	—	—	A352-LCC	−46~345	
1.4	碳钢	A350-LF1	−29~345	—	—	
1.5	C-1/2Mo	A182-F1	−29~455	A217-WC1	−29~455	
		—	—	A352-LC1	−59~345	
1.7	1/2Cr-1/2Mo	A182-F2	−29~538	—	—	
	Ni-Cr-1/2Mo	—	—	A217-WC4	−29~540	
	Ni-Cr-1Mo	—	—	A217-WC5	−29~565	
1.9	1Cr-1/2Mo	A182-F12	−29~595	—	—	
	1-1/4Cr-1/2Mo	A182-F11	−29~595	A217~WC6	−29~595	
1.10	2-1/4Cr-1Mo	A182-F22	−29~595	A217-WC9	−29~595	
1.11	3Cr-1Mo	A182-F21	−29~595	—	—	
1.13	5Cr-1/2Mo	A182-F5a	−29~650① ~538②	—	—	
		A182-F5	−29~650① ~538②	—	—	
1.14	9Cr-1Mo	A182-F9	−29~650① ~538②	A217~C12	−29~650	
2.1	18Cr-8Ni	A182-F304	−254~800① ~538②	—	—	
		A182-F304H	−254~800① ~538②	—	—	
				A351-CF3	−254~425	
				A351-CF8	−254~538	
2.2	16Cr-12Ni-2Mo	A182-F316	−254~800① ~538②	—	—	
		A182-F316H	−254~800① ~538②	—	—	
	18Cr-13Ni-3Mo	—	—	A351-CF3A	−254~345	
		—	—	A351-CF8A	−254~345	
	18Cr-9Ni-2Mo	—	—	A351-CF3M	−254~425	
		—	—	A351-CF8M	−254~538① ~538②	
2.3	18Cr-8Ni	A182-F304L	−254~425	—	—	
	18Cr-12Ni-2Mo	A182-F316L	−254~450	—	—	
2.4	18Cr-10Ni-Ti	A182-F321	−254~538	—	—	

（续）

ASME B16.34 材料分类号	标准钢号	锻件		铸件		说明
		代号	使用温度/℃	代号	使用温度/℃	
2.4	18Cr-10Ni-Ti	A182-F321H	-254～800① ～538②	—	—	7. B462、B160-No2200 仅用于退火材料 8. CN-7M 仅用于固溶处理的材料
2.5	10Cr-10Ni-Nb	A182-F347	-254～538	—	—	
		A182-F347H	-254～450	—	—	
		A182-F348	-254～538	—	—	
		A182-F348H	-254～450	—	—	
2.6	20Cr-12Ni	—	—	A351-CH8	-29～800① ～540②	
		—	—	A351-CH20	-29～800① ～540②	
2.7	25Cr-20Ni	A182-F310	—	A351-CK20	-29～800① ～540②	
3.1	Cr-Ni-Fe-Mo	B462	-29～450	A351-CN-7M	-29～450	
3.2	镍合金 200	B160-No2200	-29～450	—	—	

① 仅适用对焊连接阀门。

② 适用法兰连接阀门。

2）常用内件材料的组合（表 4-18、表 4-19）。

表 4-18　常用内件材料的组合

序号	阀杆	阀瓣（闸板等）	阀座面
1	13% Cr	13% Cr	13% Cr
2	13% Cr	13% Cr	司太立合金
3	13% Cr	司太立合金	13% Cr
4	13% Cr	13% Cr	蒙乃尔合金
5	13% Cr	司太立合金	司太立合金
6	17-4PH	司太立合金	司太立合金
7	蒙乃尔合金	蒙乃尔合金	蒙乃尔合金
8	304(304L)	304(304L)	304(304L)
9	316(316L)	316(316L)	316(316L)
10	321	321	321
11	20 号合金	20 号合金	20 号合金
12	17-4PH	17-4PH	17-4PH
13	哈氏合金 B、C	哈氏合金 B、C	哈氏合金 B、C

表 4-19　耐磨损、耐擦伤性能

阀瓣密封面 \ 阀座密封面	304 不锈钢	316 不锈钢	青铜	因科镍尔	蒙乃金	哈氏合金 B	哈氏合金 C	钛 75A	镍	20 号合金	416 型（硬）	440 型（硬）	17-4PH	6 号合金（Co-Cr）	化学镀镍	镀铬	铝青铜
304SS			✓				✓				✓	✓	✓	✓	✓	✓	✓
316SS			✓				✓				✓	✓	✓	✓	✓	✓	✓
青铜	✓	✓	*	*	*	*	*	*	*	*	✓	✓	✓	✓	✓	✓	✓

（续）

阀瓣密封面 阀座密封面	304不锈钢	316不锈钢	青铜	因科镍尔	蒙乃金	哈氏合金B	哈氏合金C	钛75A	镍	20号合金	416型(硬)	440型(硬)	17-4PH	6号合金(Co-Cr)	化学镀镍	镀铬	铝青铜
因科镍尔			*				✓		✓	✓	✓	✓	✓	✓	✓	✓	*
蒙乃尔			*				✓	✓	✓	✓	✓	✓	✓	*	✓	✓	*
哈氏合金 B			*				✓	✓	*	✓	✓	✓	✓	*	✓	*	*
哈氏合金 C	✓	✓	*	✓	✓	✓	✓	✓	✓	✓	✓	✓	✓	*	✓	*	*
钛 75A			*														
镍			*	✓	✓	*	✓	✓			✓	✓	✓	*	✓	✓	*
20 号合金			*	✓	✓	✓	✓	✓			✓	✓	✓	*	✓	✓	*
416 型(硬)	✓	✓	✓	✓	✓	✓	✓	✓	✓	✓	✓	✓	✓	*	*	*	*
440 型(硬)	✓	✓	✓	✓	✓	✓	✓	✓	✓	✓	*	✓	*	*	*	*	*
17-4PH	✓	✓	✓	✓	✓	✓	✓	✓	✓	✓	✓	*		*	*	*	*
6 号合金(Co-Cr)	✓	✓	✓	✓	*	*	*	*	*	*	*	*	*	✓	*	*	*
化学镀镍	✓	✓	✓	✓	✓	✓	✓	✓	✓	✓	*	*	*	*		*	*
镀铬	✓	✓	✓	✓	✓	✓	✓	✓	✓	✓	*	*	*	*	*		*
铝青铜	✓	✓	✓	*	*	*	*	*	*	*	*	*	*	*	*	*	

注：*—满意；✓—尚好；无记号表示不良。

3）内件材料的使用温度（表 4-20）。

表 4-20　内件材料的使用温度

材　　料	下限/℃(℉)	上限/℃(℉)	材　　料	下限/℃(℉)	上限/℃(℉)
304 型不锈钢	-268(-450)	538(1000)	440 型不锈钢 60RC	-29(-20)	427(800)
316 型不锈钢	-268(-450)	538(1000)	17-4PH	-40(-40)	427(800)
青铜	-273(-460)	232(450)	6 号合金(Co-Cr)	-273(-460)	816(1500)
因科镍尔合金	-240(-400)	649(1200)	化学镀镍	-268(-450)	427(800)
K 蒙乃尔合金	-240(-400)	482(900)	镀铬	-273(-460)	316(600)
蒙乃尔合金	—	—	丁腈橡胶	-40(-40)	93(200)
哈斯脱洛依合金 B	—	371(700)	氟橡胶	-23(-10)	204(400)
哈斯脱洛依合金 C	—	538(1000)	聚四氟乙烯	-268(-450)	232(450)
钛合金	—	316(600)	尼龙	-73(-100)	93(200)
镍基合金	-198(-325)	316(600)	聚乙烯	-73(-100)	93(200)
20 号合金	-46(-50)	316(600)	氯丁橡胶	-40(-40)	82(180)
416 型不锈钢 40RC	-29(-20)	427(800)			

4）常用密封面材料的适用介质（表 4-21）。

表 4-21　常用密封面材料的适用介质

密封面材料	使用温度/℃	硬　　度	公称尺寸/mm	适 用 介 质
青铜	-273~232	60BHN	0~100	水、空气、气体、饱和蒸汽等
316SS	-268~538	14RC(最大)	全部	蒸汽、水、油、气体等轻微腐蚀且无冲蚀的介质

（续）

密封面材料	使用温度/℃	硬　度	公称尺寸/mm	适用介质
17-4PH	-40 ~ 400	40 ~ 45HRC	全部	具有轻微腐蚀但有冲蚀的介质
13%Cr	-101 ~ 400	37 ~ 42HRC	全部	具有轻微腐蚀但有冲蚀的介质
司太立合金	-268 ~ 650	40 ~ 45HRC（室温）	6 ~ 50（整铸）	具有冲蚀和腐蚀的介质
		38HRC（650℃）	≥25（堆焊）	具有轻微冲蚀和腐蚀的介质
蒙乃尔合金K、S	-240 ~ 482 -240 ~ 482	27 ~ 35HRC 30 ~ 38HRC	全部	碱、盐、食品、不含空气的酸溶剂等
哈氏合金B、C	371	14HRC	全部	腐蚀性矿酸、硫酸、磷酸、湿HCl气，强氧化性介质
	538	23HRC		无氯酸溶液、强氧化性介质
20号合金	-45.6 ~ 316、 -253 ~ 427	铸锻	全部	氧化性介质和各种浓度的硫酸

5）建议零件选用的材质。

① 碳素钢制安全阀用于公称压力≤PN320，工作温度-29 ~ 450℃的水、蒸汽、空气、氢气、氨气、氮气及石油产品等介质的碳素钢制安全阀，其主要零件材料按表4-22选用。

表4-22　主要零件材料

零件名称	材料		
	名　称	牌　号	标准号
阀体、阀盖、阀座、启闭件、支架、法兰、摇杆、压紧螺母	碳素铸钢	WCA、WCB、WCC	GB/T 12229
	优质碳素钢	20、25、30、35	GB/T 699
	低合金结构钢	Q345	GB/T 3428
阀杆	铬不锈钢	12Cr13、20Cr13、30Cr13	GB/T 1220
销轴	优质碳素钢	35、45	GB/T 699
气缸、活塞	铬不锈钢	12Cr13、20Cr13、30Cr13	GB/T 1220
膜片	奥氏体不锈钢	12Cr18Ni9	
弹簧	弹簧钢	50CrVA、30W4Cr2VA、60Si2Mn、60Si2MnA	GB/T 1222
	不锈钢丝	12Cr18Ni9	
过滤网	奥氏体不锈钢	12Cr18Ni9、06Cr19Ni10、12Cr17Ni12Mo2Ti、12Cr18Ni9	
阀座、启闭件的密封面	不锈钢	TDCr1a-x、TDCr16-x、	GB/T 984
		12Cr13、20Cr13、	GB/T 1220
		1Cr18Ni9Ti（奥132）、	—
		1Cr18Ni9Ti（奥137）	—
	铬锰合金		—
	铬锰合金和铬钼合金		—

（续）

零件名称	材料		
	名称	牌号	标准号
阀座、启闭件的密封面	钴铬钨合金	TDCoCr1-x、TDCoCr2-x、TDCoCr3-x	GB/T 984
	钴铬钨合金	粉 201、粉 202	—
	喷焊铁基合金粉末①	FFe-1、FFe-2、FFe-3、FFe-4、FFe-5	GB
	聚四氟乙烯	SFB-1、SFB-2、SFB-3	HG2—534
	聚四氟乙烯	SFBN-1、SFBN-2、SFBN-3	HG2—535
阀杆螺母	铸铝青铜	ZCuAl9Mn2、ZCuAl9Fe4Ni4Mn2	
	铸铝黄铜	ZCuZn25Al6Fe3Mn3	
螺柱、螺栓	优质碳素钢	25、35	GB/T 699
	合金结构钢	30CrMo、35CrMo	YB6
螺母	优质碳素钢	35、45	GB/T 699
垫片	不锈钢与柔性石墨缠绕	12Cr13 和 xB450、12Cr18Ni9 和 xB450	
	波形垫	08	GB/T 708
填料	聚四氟乙烯	SFT-1、SFT-2、SFT-3、SFT-4	HG2—538
	浸聚四氟乙烯	—	—
	无石棉填料	—	—
	无石棉填料	—	—
	柔性石墨	—	—
手柄	可锻铸铁	KTH330-08、KTH350-10	GB/T 12227
	球墨铸铁	QT400-15、QT450-10	GB/T 12227
	碳钢	Q275	GB/T 700
	碳钢	WCC	GB/T 12229

① 用于≤PN160。

② 高温钢制安全阀。用于公称压力≤PN160，温度≤550℃的蒸汽及石油产品等介质的高温钢制阀门，其主要零件材料按表 4-23 选用。蒸汽性质修正系数 C 见表 4-24。

表 4-23　主要零件材料

零件名称	材料		
	名称	牌号	标准号
阀体、阀盖、摇杆	铬钼铸钢	ZGCr5Mo	
	铬钼钒铸钢	ZG20CrMoV、ZG15CrMo1V	JB/T 2640
	铬钼钢	1Cr5Mo	GB/T 1221
	铬钼钒钢	12CrMoV、12Cr1MoVA	GB/T 3077
启闭件阀座	铬镍钛铸钢	ZG1Cr18Ni9Ti	GB/T 2100
	铬镍钛钢	12Cr18Ni9	GB/T 1221
销轴	铬不锈钢	12Cr13、20Cr13	GB/T 1221
阀杆	铬硅钼钢	42Cr9Si2、40Cr10Si2Mo	GB/T 1221
	铬硅钒钢	25Cr2MoV、25Cr2Mo1V	GB/T 3077
弹簧	弹簧钢	30W4Cr2VA	GB/T 1222

（续）

零件名称	材料		
	名　称	牌　号	标准号
过滤网	奥氏体不锈钢	12Cr18Ni9、12Cr18Ni9、06Cr19Ni10、12Cr17Ni12Mo2、12Cr18Ni9、12Cr18Ni9	YB/T 541
阀座、启闭件的密封面	铬镍硅合金和	—	—
	铬镍硅钼合金	TDCoCr-x、TDCoCr2-x、TDCoCr3-x	GB/T 984
	钴铬钨合金	粉 201、粉 202	—
阀杆螺母	铸铝青铜	ZCuAl9Mn2、ZCuAl9Fe4Ni4Mn2	GB/T 1176
	铸铝黄铜	ZCuZn25Al6Fe3Mn3	
双头螺栓螺母	铬钼钒钢	25Cr2MoV、25Cr2Mo1V	GB/T 3077
	铬钼钢	30CrMo、35CrMo	
垫片	耐热钢板	06Cr19Ni10、12Cr18Ni9	YB/T 541
填料	柔性石墨	—	—
	耐高温无石棉填料	—	—
手柄	可锻铸铁	KTH330-08、KTH350-10	GB/T 5679
	球墨铸铁	QT400-15、QT450-10	GB/T 12227
	碳钢	WCC	GB/T 12229

表 4-24　蒸汽性质修正系数 *C*

绝对压力/MPa	温度/℃										
	饱和温度	300	320	340	360	380	400	420	440	460	480
0.5	1.005	0.896	0.879	0.864	0.849	0.835	0.822				
1.0	0.987	0.901	0.884	0.868	0.853	0.838	0.825				
1.5	0.977	0.906	0.888	0.872	0.856	0.841	0.828				
2.0	0.972	0.912	0.893	0.876	0.860	0.845	0.830	0.817	0.804	0.792	0.780
2.5	0.969	0.918	0.898	0.880	0.863	0.848	0.833	0.819	0.806	0.793	0.782
3.0	0.967	0.924	0.903	0.885	0.867	0.851	0.836	0.822	0.808	0.795	0.783
4.0	0.965	0.934	0.915	0.894	0.875	0.857	0.841	0.826	0.813	0.799	0.787
5.0	0.966	0.953	0.927	0.904	0.884	0.865	0.848	0.832	0.817	0.803	0.790
6.0	0.968	0.953	0.941	0.911	0.891	0.872	0.854	0.838	0.822	0.808	0.794
7.0	0.971	0.958	0.954	0.924	0.901	0.881	0.861	0.844	0.827	0.812	0.798
8.0	0.975	0.967	0.956	0.937	0.912	0.888	0.868	0.850	0.833	0.817	0.802
9.0	0.980		0.962	0.957	0.926	0.897	0.876	0.856	0.838	0.822	0.807
10.0	0.986		0.971	0.961	0.936	0.909	0.883	0.863	0.844	0.827	0.811
12.0	0.999			0.975	0.964	0.926	0.903	0.876	0.857	0.838	0.818
14.0	1.016			1.002	0.980	0.956	0.920	0.893	0.868	0.846	0.828
16.0	1.036				1.000	0.938	0.942	0.907	0.883	0.858	0.838
18.0	1.063				1.038	1.004	0.972	0.929	0.895	0.873	0.848
20.0	1.094					1.028	1.006	0.953	0.914	0.885	0.861
22.0	1.129					1.072	1.033	0.982	0.932	0.900	0.872
24.0							1.059	1.016	0.958	0.915	0.885

（续）

绝对压力/MPa	温度/℃										
	饱和温度	300	320	340	360	380	400	420	440	460	480
26.0							1.099	1.055	0.982	0.935	0.899
28.0							1.167	1.096	1.013	0.956	0.913
30.0								1.132	1.047	0.977	0.931
32.0								1.169	1.089	1.009	0.952
34.0									1.136	1.032	0.968
36.0									1.191	1.063	0.989
38.0										1.098	1.016
40.0										1.137	1.037
42.0											1.064
44.0											1.092
46.0											1.122

绝对压力/MPa	温度/℃										
	500	520	540	560	580	600	620	640	660	680	700
0.5											
1.0											
1.5											
2.0	0.768										
2.5	0.770										
3.0	0.774	0.763	0.748	0.742	0.730	0.721	0.712	0.703	0.695	0.687	0.679
4.0	0.775	0.763	0.755	0.744	0.735	0.725	0.715	0.705	0.696	0.688	0.680
5.0	0.778	0.766	0.755	0.747	0.737	0.723	0.717	0.708	0.697	0.689	0.681
6.0	0.781	0.769	0.758	0.747	0.739	0.729	0.719	0.710	0.698	0.690	0.682
7.0	0.785	0.772	0.761	0.749	0.739	0.731	0.721	0.708	0.702	0.691	0.683
8.0	0.789	0.776	0.763	0.752	0.741	0.731	0.719	0.710	0.701	0.692	0.684
9.0	0.792	0.779	0.766	0.754	0.743	0.733	0.722	0.711	0.702	0.693	0.685
10.0	0.796	0.782	0.769	0.757	0.745	0.735	0.724	0.712	0.703	0.695	0.686
12.0	0.805	0.789	0.775	0.762	0.750	0.739	0.728	0.718	0.706	0.697	0.688
14.0	0.811	0.797	0.782	0.768	0.755	0.743	0.732	0.722	0.711	0.699	0.691
16.0	0.819	0.803	0.787	0.774	0.760	0.748	0.736	0.725	0.714	0.704	0.693
18.0	0.828	0.810	0.794	0.779	0.766	0.752	0.740	0.728	0.717	0.707	0.697
20.0	0.835	0.818	0.801	0.786	0.770	0.757	0.744	0.732	0.720	0.710	0.700
22.0	0.849	0.827	0.808	0.793	0.777	0.761	0.749	0.736	0.724	0.713	0.702
24.0	0.861	0.837	0.815	0.797	0.783	0.766	0.752	0.740	0.727	0.716	0.705
26.0	0.871	0.848	0.825	0.804	0.786	0.772	0.756	0.741	0.731	0.719	0.708
28.0	0.883	0.853	0.834	0.811	0.793	0.776	0.762	0.747	0.735	0.720	0.710
30.0	0.895	0.867	0.838	0.821	0.799	0.781	0.763	0.753	0.735	0.724	0.715
32.0	0.908	0.877	0.849	0.824	0.805	0.787	0.770	0.753	0.742	0.729	0.715
34.0	0.923	0.888	0.859	0.835	0.812	0.792	0.775	0.757	0.746	0.729	0.718
36.0	0.941	0.899	0.869	0.842	0.818	0.798	0.780	0.761	0.750	0.734	0.723
38.0	0.956	0.913	0.878	0.850	0.823	0.804	0.785	0.765	0.750	0.739	0.726
40.0	0.972	0.927	0.888	0.858	0.832	0.807	0.790	0.769	0.754	0.742	0.725
42.0	0.995	0.944	0.901	0.868	0.839	0.815	0.792	0.774	0.758	0.745	0.729
44.0	1.012	0.954	0.914	0.876	0.846	0.821	0.800	0.778	0.762	0.748	0.731
46.0	1.035	0.971	0.924	0.888	0.854	0.828	0.805	0.785	0.766	0.753	0.738

（7）其他事项　选用安全阀时，还应确定下列事项：

1）封闭式或开放式。封闭式安全阀的阀盖和罩帽等是封闭的。具有两重作用：一种是仅仅为了保护内部零件，防止灰尘等外界杂物侵入，而不要求气密性；另一种是为了防止有毒、易燃等类介质溢出或为了回收介质而采用的，故要求气密性。当选用封闭式并要求做出口侧气密性试验时，应在订货时说明。气密试验压力为 0.4 ~0.7MPa。

开放式安全阀由于阀盖是敞开的，因而有利于降低弹簧腔室温度，主要用于蒸汽等介质的场合。

2）是否带提升扳手。若要求对安全阀做定期开启试验时，应选用带提升扳手的安全阀。当介质压力达到开启压力的 75% 以上时，可利用提升扳手将阀瓣从阀座上略为提起，以检查阀门开启的灵活性。

（8）特殊结构安全阀的选用

1）带散热器安全阀。用于介质温度较高的场合，以便降低弹簧腔室的温度。一般当封闭式安全阀使用温度超过 300℃时，以及开放式安全阀使用温度超过 350℃时，应选用带散热器的安全阀。

2）波纹管安全阀。主要用于下列两种情形：

① 用于平衡背压。背压平衡式波纹管安全阀的波纹管有效直径等于阀门密封面平均直径。因而在阀门开启前背压对阀瓣的作用力处于平衡状况，背压变化不会影响开启压力。当背压是变动的，其变化量超过整定压力的 10% 时，应选用这种安全阀。

② 用于腐蚀性介质场合。利用波纹管把弹簧及导向机构等与介质隔离，从而防止这些重要部位因受介质腐蚀而失效。

（9）安全阀订货须知　订购安全阀应注明下列各项：

1）安全阀的型号、公称尺寸。

2）安全阀工作压力级或开启压力（整定压力）值。

3）有下列要求者应加注明：封闭式安全阀要求做出口侧密封试验的；不锈钢安全阀要求做晶间腐蚀试验的。

规格表中没有的以及特殊要求的安全阀，订货时另应注明以下各项：

1）安全阀开启压力（整定压力）及最大允许超过压力（或排放压力）。

2）必需排量及拟装设阀门数量。

3）使用介质及其密度（液体）或相对分子质量（气体蒸汽）。

4）进口介质温度。

5）阀门背压。

6）其他要求，如是否封闭式，是否带扳手等。

4.1.5　安全阀的运输和存放

安全阀从出厂到安装使用之前如果搬运和存放欠妥当，也会对阀门性能带来有害的影响，甚至使阀门遭受损伤。安全阀一般应装箱运输，并在箱内加以固定。运送时，应避免剧烈振动。应存放在干燥通风的室内。无论在运输或存放期间，其进出口都应堵塞。

4.1.6　安全阀的安装

（1）进口管的装设　安全阀必须垂直安装，并且最好直接安装在容器或管道的接头上，而不另设进口管。当必须装设进口管时，进口管的内径应不小于安全阀的进口通径。管的长度要尽可能小，以减少管道阻力和安全阀排放反作用力对于容器接头的力矩。

通常要求安全阀排放时，进口管道中的压力降不超过阀门启闭压差（开启压力与回座压力之差）的50%。一般取不大于开启压力的2%～3%。进口管道阻力过大时，会导致阀门振荡（频繁启闭）和排量不足。

进口管道是否需加支撑，可以根据安全阀排气反作用力对于管道的力矩大小来决定。设安全阀向大气排放，其出口排气速度为声速，则排气反作用力（N）可按式（4-11）计算：

$$F = 9.8\left[10\psi\frac{K_{dr}}{0.9}A(p_p + p_a) - 10p_aA_c\right] \tag{4-11}$$

$$\psi = \sqrt{2(\kappa+1)\left(\frac{2}{\kappa+1}\right)^{\frac{\kappa+1}{\kappa-1}}}$$

式中 K_{dr}——安全阀额定排量系数；

A——阀座喉部截面积(m^2)；

A_c——排出口截面积(m^2)；

p_p——排放压力(MPa)；

p_a——大气压力(MPa)；

κ——等熵指数。

对于空气： $\kappa = 1.41$，$\psi = 1.27$；

对于饱和水蒸气：$\kappa = 1.135$，$\psi = 1.24$；

对于过热水蒸气：$\kappa = 1.31$，$\psi = 1.25$。

（2）排放管的装设 为了尽可能减小对安全阀动作和性能的影响，装设排放管时应注意下列各点：

1）排放管的内径应不小于安全阀排出口通径。排放管的阻力应尽可能小。在排放时，排放管道中的阻力压降应小于阀门开启压力值的10%，以避免造成过大背压，影响阀门动作。

2）管道应加以适当的支撑，以防止管道应力（包括热应力）附加到安全阀上。

3）原则上一个安全阀单独使用一根排放管较好。当两个以上安全阀共用一根集合管时，集合管要有足够的排放面积，在排放管导入集合管处，流向的转折应尽可能小。

4）应设置适当的排泄孔，防止雨、雪、冷凝液等积聚在排放管中。

5）安全阀与进口管和排放管的连接螺栓应均匀拧紧，以防止对阀门产生附加应力。

4.1.7 安全阀的调整

（1）开启压力（整定压力）的调整 在规定的工作压力范围内，可以通过旋转调整螺杆，改变弹簧预紧压缩量来对开启压力进行调整。拆去阀门罩帽，将锁紧螺母拧松后，即可对调整螺杆进行调整。首先将进口压力升高，使阀门起跳一次，若开启压力偏低，则按顺时针方向旋紧调整螺杆；若开启压力偏高，则按逆时针方向旋松之。当调整到所需要的开启压力后，将锁紧螺母拧紧，装上罩帽。

若所要求的开启压力超出了弹簧工作压力范围，则需要调换另一根工作压力范围合适的弹簧，然后进行调整。在调换弹簧后，应改变铭牌上的相应数据。

在调节开启压力时，下列几点应加以注意。

1）当介质压力接近开启压力（达到开启压力的90%以上）时，不应旋转调整螺杆，以免阀瓣跟着旋转，而损伤密封面。

2）为保证开启压力值准确，调整时用的介质条件，如介质种类、介质温度，应尽可能接近实际工作条件。介质种类改变，特别是从液相变为气相时，开启压力常有所变化。工作温度提高时，开启压力则有所降低。故在常温下调整而用于高温时，常温下的整定压力值应略大于要求的开启压力值。

（2）排放压力和回座压力的调整 开启压力调整好以后，若排放压力或回座压力不符合要求，则可以利用阀座上的调节圈来进行调整。拧下调节圈固定螺钉，从露出的螺孔中插入一根细铁棍之类的工具，即可拨动调节圈上的轮齿，使调节圈左右转动。当调节圈向右做逆时针方向旋转时，其位置升高，排放压力和回座压力都将有所降低；反之，当调节圈向左做顺时针方向旋转时，其位置降低，排放压力和回座压力都将有所提高。每一次调整时，调节圈转动的幅度不宜过大（一般在五齿以内）。每一次调整后，都应将固定螺钉拧紧，使螺钉端部位于调节圈两齿之间的凹槽内，以防止调节圈转动，但不得对调节圈产生侧向压力。然后进行动作试验。为了安全起见，在拨动调节圈以前，应使安全阀进口压力适当降低（一般应低于开启压力的90%），以防止在调整时阀门突然开启，发生事故。

必须注意，进行安全阀排放压力和回座压力试验，只有当气源的流量大到足够使阀门全开启时（即达到安全阀的额定排放量时）才有可能。而通常用来校验安全阀开启压力的试验台容量都很小，这时阀门不可能达到全开启，其回座压力也是虚假的。在这样的试验台上校准开启压力时，为了使起跳动作明显，通常把调节圈调在比较高的位置，但在阀门的实际操作条件下这是不合适的，必须重新调整调节圈的位置。

（3）铅封 安全阀全部调整完毕后，应进行铅封，以防止随意改变已调整好的状况。安全阀出厂时，除特别指定的情形外，通常是用常温空气按工作压力级的上限（即高压）值进行调整的。故用户一般需要根据实际工作条件重新加以调整。然后重新加以铅封。

4.1.8 安全阀的选用原则

1）蒸汽锅炉安全阀，一般选用全启式弹簧安全阀。

2）液体介质用安全阀，一般选用微启式弹簧安全阀。

3）空气或其他气体介质用安全阀，一般选用全启式弹簧安全阀。

4）液化石油气汽车槽车或液化石油气铁路罐车用安全阀，一般选用全启式内装安全阀。

5）采油油井出口（采油树）用安全阀，一般选用先导式安全阀。

6）蒸汽发电设备的高压旁路安全阀，一般选用具有安全和控制双重功能的先导式安全阀。

4.1.9 安全阀常见故障及其消除方法

安全阀选择或使用不当，会造成阀门故障。这些故障如不及时消除，则会影响阀门的功效和寿命，甚至不能起到安全保护作用。常见的故障有：

1）阀门泄漏。即在设备正常工作压力下，阀瓣与阀座密封面间发生超过允许程度的渗漏。其原因可能是：

① 脏物落到密封面上。可使用提升扳手将阀门开启几次，把脏物冲去。

② 密封面损伤。应根据损伤程度，采用研磨或车削后研磨的方法加以修复。修复后应保证密封面平整度，其表面粗糙度应不高于 $Ra0.2\mu m$。

③ 由于装配不当或管道载荷等原因，使零件的同心度遭到破坏。应重新装配或排除管道附加的载荷。

④ 阀门开启压力与设备正常工作压力太接近，以致密封面比压力过低。当阀门受振动或

介质压力波动时更容易发生泄漏。应根据设备强度条件对开启压力进行适当的调整。

⑤ 弹簧松弛，从而使整定压力降低，并引起阀门泄漏。可能是由于高温或腐蚀等原因所造成，应根据原因采取更换弹簧、甚至调换阀门（如果属于选用不当的话）等措施。如果仅仅是由于调整不当所引起，则只需把调整螺杆适当拧紧。

2）阀门启闭不灵活清脆。其主要原因可能是：

① 调节圈调整失当，致使阀门开启过程拖长或回座迟缓。应重新加以调整。

② 内部运动零件有卡阻现象，这可能是由于装配不当、脏物混入或零件腐蚀等原因所造成。应查明原因消除之。

③ 排放管道阻力过大，排放时建立起较大背压，使阀门开启不足。应减小排放管道阻力。

3）开启压力值变化。安全阀调整好以后，其实际开启压力相对于整定值允许有一定的偏差。按照 GB/T 12243—2005 的规定，这个允许偏差值当整定压力 ≤1.0MPa 时，为 ±0.02MPa；当整定压力 >1.0MPa 时，为整定压力值的 ±2%。超出上述允差范围则认为是不正常的。造成开启压力值变化的原因可能有：

① 工作温度变化引起。例如：当阀门在常温下调整而用于高温下时，开启压力常常有所降低。这可以通过适当旋紧螺杆来加以调节。但如果是属于选型不当致使弹簧腔室温度过高时，则应调换适当型号的（如带散热器的）阀门。

② 弹簧腐蚀引起。应调换弹簧。在介质具有强腐蚀性的场合，应当选用表面包覆氟塑料的弹簧或选用带波纹管隔离机构的安全阀。

③ 背压变动引起。当背压变化量较大时，应选用背压平衡式波纹管安全阀。

④ 内部运动零件有卡阻现象。应检查消除之。

4）阀门振荡。即阀瓣频繁启闭。其可能的原因如下：

① 阀门排放能力过大（相对于必需排量而言）。应当使所选用阀门的额定排量尽可能接近设备的必需排放量。

② 进口管道口径太小或阻力太大。应使进口管内径不小于阀门进口通径，或者减小进口管道阻力。

③ 排放管道阻力过大，造成排放时过大的背压。应降低排放管道阻力。

④ 弹簧刚度太大。应改用刚度较小的弹簧。

⑤ 调节圈调整不当，使回座压力过高。应重新调整调节圈位置。

4.1.10 安全阀产品介绍

（1）波纹管弹簧全启式安全阀

1）主要性能规范（表 4-25）。

表 4-25 波纹管弹簧全启式安全阀主要性能规范

型号	壳体试验压力 /MPa	开启压力范围 p_k/MPa	密封压力 /MPa	排放压力 /MPa	启闭压差 /MPa	开启高度 /mm	适用温度 /℃	适用介质
WA42Y-16C	2.4	0.1～1.6	$90\% p_k$	$\leqslant 1.1p_k$	$\leqslant 15\% p_k$	$\geqslant \frac{1}{4}d_0$	≤300	水、蒸汽、油品等
WA42Y-16P							≤200	硝酸等
WA42Y-40P	6.0	1.3～4.0					≤300	水、蒸汽、油品等
							≤200	硝酸等

2）主要零件材料（表 4-26）。

表 4-26　波纹管弹簧全启式安全阀主要零件材料

零件名称	阀　体	阀　盖	阀杆、阀瓣、导向套、反冲盘	阀瓣、阀座密封面	弹　簧
WA42Y-16C	WCB	QT450-10	20Cr13	堆焊硬质合金	50CrVA
WA42Y-16P WA42Y-40P	ZG1Cr18Ni9Ti	QT450-10	12Cr18Ni9		50CrVA 喷涂氟塑料

3）主要外形尺寸和连接尺寸（图 4-19、表 4-27）。

表 4-27　波纹管弹簧全启式安全阀主要尺寸　（单位：mm）

DN	L	L_1	D	D_1	D_2	b	f	$Z\times\phi d$	DN′	D'	D_1'	D_2'	b'	f'	$Z'\times\phi d'$	$H\approx$	d_0
WA42Y-16C、WA42Y-16P																	
40	130	115	145	110	85	16	3	$4\times\phi18$	50	160	125	100	16	3	$4\times\phi18$	340	25
50	145	130	160	125	100	16	3	$4\times\phi18$	65	180	145	120	18	3	$4\times\phi18$	344	32
80	170	150	195	160	135	20	3	$8\times\phi18$	100	215	180	155	20	3	$8\times\phi18$	530	50
100	205	185	230	180	155	20	3	$8\times\phi18$	125	245	210	185	22	3	$8\times\phi18$	605	65
150	255	230	280	240	210	24	3	$8\times\phi23$	175	310	270	240	26	3	$8\times\phi23$	730	100
200	305	280	335	295	265	26	3	$12\times\phi25$	225	365	325	295	26	3	$12\times\phi23$	1140	150

DN	L	L_1	D	D_1	D_2	D_6	b	f	$Z\times\phi d$	DN′	D'	D_1'	D_2'	b'	f'	$Z'\times\phi d'$	$H\approx$	d_0
WA42Y-40P																		
40	130	115	145	110	85	76	18	3	$4\times\phi18$	50	160	125	100	16	3	$4\times\phi18$	340	25
50	145	130	160	125	100	88	20	3	$4\times\phi18$	65	180	145	120	18	3	$4\times\phi18$	337	32
80	170	150	195	160	135	121	22	3	$8\times\phi18$	125	245	210	185	22	3	$8\times\phi18$	545	50
100	205	185	230	190	160	150	24	3	$8\times\phi23$	150	280	240	210	24	3	$4\times\phi23$	705	65
150	225	230	300	250	218	204	30	3	$8\times\phi25$	200	335	295	265	26	3	$8\times\phi23$	900	100
200	305	280	375	320	282	260	38	3	$12\times\phi30$	250	405	355	320	30	3	$12\times\phi25$	1150	150

（2）液氨用内装式安全阀

1）主要零件材料（表 4-28）。

表 4-28　液氨用内装式安全阀主要零件材料

零件名称	阀体、支架、阀瓣	阀　杆	上导向套	弹　簧	密封垫
NA42F-25 YANA42F-25	碳　钢	铬不锈钢	青铜 球墨铸铁	铬钒钢	聚四氟乙烯

2）主要外形尺寸、连接尺寸和重量（图 4-20、表 4-29）。

表 4-29　液氨用内装式安全阀主要尺寸及重量

公称尺寸 DN	尺　寸/mm										重　量 /kg
	L	D	D_1	D_2	D'	d_0	b	f	$Z\times\phi d$	$H\approx$	
50	95	160	125	100	70	34	20	3	$4\times\phi18$	380	—
80	99	235	190	149	105	52	25	4.5	$8\times\phi22$	501	21.3

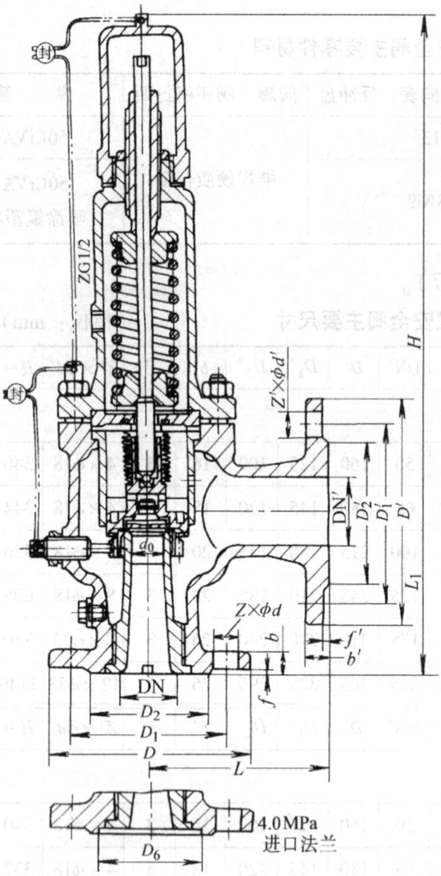

图 4-19 波纹管弹簧全启式安全阀

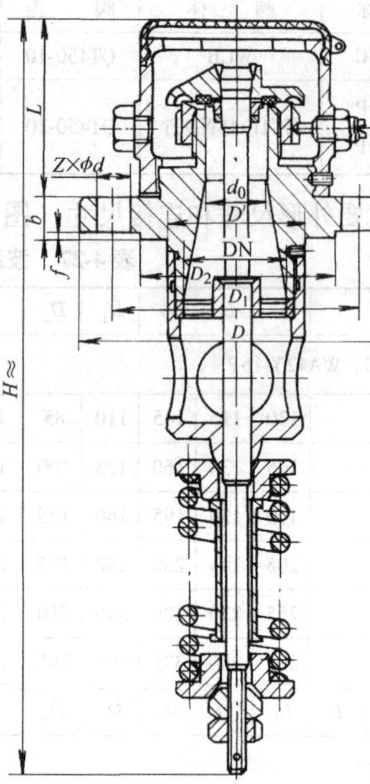

图 4-20 液氨用内装式安全阀

(3) 弹簧封闭全启式安全阀

1) 主要性能规范（表 4-30）。

表 4-30 弹簧封闭全启式安全阀主要性能规范

型号	公称压力 PN	强度试验压力/MPa	弹簧压力级/MPa					适用温度/℃	适用介质
A42H-160 A42Y-160	160	24.0	>10.0~13.0	>13.0~16.0	—	—	—	≤150	空气、氮氢混合气
A42Y-160P									硝酸类腐蚀性气体
A42H-320	320	48.0	>16.0~19.0	>19.0~22.0	>22.0~25.0	>25.0~29.0	>29.0~32.0		空气、氮氢混合气
A42Y-320P									硝酸类腐蚀性气体

2) 主要零件材料（表 4-31）。

表 4-31 弹簧封闭全启式安全阀主要零件材料

零件名称	阀体	阀瓣、阀座、阀杆、反冲盘、导向套、调节圈	弹簧	阀盖、法兰	密封面
A42H-160 A42H-320	40	20Cr13	50CrVA	35	20Cr13
A42Y-160					硬质合金
A42Y-160P A42Y-320P	12Cr18Ni9		50CrVA 包覆氟塑料	20Cr13	

3）主要外形尺寸、连接尺寸和重量（图 4-21、表 4-32）。

（4）安全溢流阀

1）主要性能规范（表 4-33）。

2）主要零件材料（表 4-34）。

3）主要外形尺寸、连接尺寸和重量（图 4-22、表 4-35）。

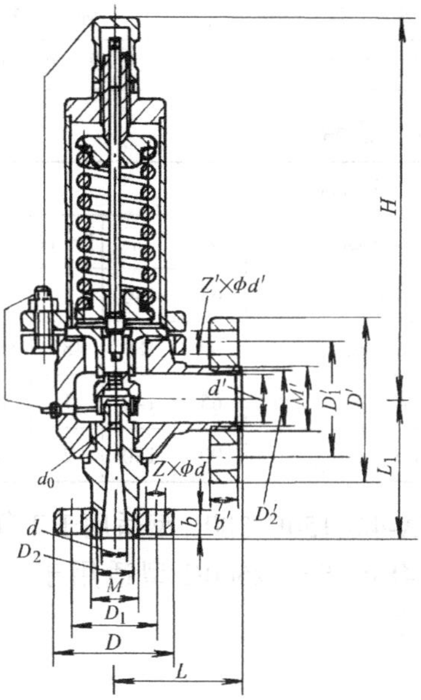

图 4-21　弹簧封闭全启式安全阀

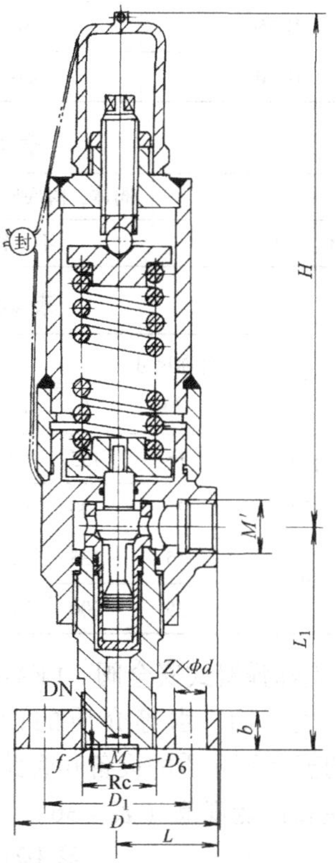

图 4-22　安全溢流阀

表 4-32　弹簧封闭全启式安全阀主要尺寸及重量

型　号	公称尺寸 DN	尺　寸/mm																		重量 /kg
		d_0	d	d'	D	D_1	M	D_2	b	$Z \times \phi d$	D'	D_1'	M'	D_2'	b'	$Z' \times \phi d'$	L	L_1	H	
A42Y-160	32	15	29	50	115	80	M42×2	37	22	4×ϕ18	165	115	M64×3	59	32	6×ϕ26	150	150	390	34
	40	20	39	65	165	115	M52×2	47	28	6×ϕ26	200	145	M80×3	74	40	6×ϕ29	165	165	437	47
	50	25	50	80	165	115	M64×3	59	32	6×ϕ26	225	170	M100×3	94	50	6×ϕ33	180	180	445	62
A42H-320	32	15	30	50	135	95	M48×2	41	25	4×ϕ22	165	115	M64×3	59	32	6×ϕ26	150	150	394	60
A42H-160 A42Y-160P	32	15	32	50	115	80	M42×2	37	22	4×ϕ18	165	115	M64×3	59	28	6×ϕ26	150	150	300	55
	40	20	40	65	165	115	M52×2	47	28	4×ϕ22	200	145	M80×3	73	28	6×ϕ26	180	180	340	60
	50	25	50	80	200	145	M64×3	59	32	6×ϕ26	225	170	M100×3	94	32	6×ϕ26	165	155	370	65
A42H-320 A42Y-320P	15	8	15	29	105	68	M33×2	27	20	3×ϕ18	115	80	M42×2	37	22	4×ϕ18	95	100	235	20
	32	15	32	50	135	95	M48×2	41	25	4×ϕ22	165	115	M64×3	59	28	6×ϕ26	150	150	300	50
	40	20	40	65	165	115	M64×3	59	32	6×ϕ26	200	145	M80×3	74	32	6×ϕ26	180	180	340	60
	50	25	50	80	200	145	M80×3	74	40	6×ϕ29	225	170	M100×3	94	32	6×ϕ26	165	155	370	65

表 4-33 安全溢流阀主要性能规范

型号	公称压力 PN	开启压力分级/MPa	工作温度/℃	适用介质
AY42H-160	160	6.3~16.0	200	水、油品等
AY42H-250	250	10.0~25.0		
AY42H-400	400	20.0~40.0		

表 4-34 安全溢流阀主要零件材料

零件名称	阀体、阀底座、阀座、阀瓣	阀盖	弹簧
材料	不锈钢	焊接件	弹簧钢

表 4-35 安全溢流阀主要尺寸及重量

型号	公称尺寸 DN	尺寸/mm											重量 /kg
		D	D_1	M	D_6	f	$Z\times\phi d$	b	L	L_1	Rc/in	H	
AY42H-160 AY42H-250	15	135	95	M48×2	25	1.8	4×ϕ22	25	65	140	1	329	16.5
	25	200	145	M80×3	38	2.4	6×ϕ29	40	90	180	485	51.6	
AY42H-400	15	135	95	M48×2	25	1.8	4×ϕ22	25	65	140	1	369	18.4
	25	200	145	M80×3	38	2.4	6×ϕ29	40	90	180	2	485	51.6

（5）美标弹簧式安全阀 LFA-41C150C/1500C、LFA-42C150C/300C 型适用于工作温度≤300℃的空气、油、水等介质的设备和管路上；LFA-48sC150C/2500C 型适用于工作温度≤450℃的蒸汽等介质的设备和管路上，作为超压保护装置。

1）主要性能规范（表 4-36）。

表 4-36 美标弹簧式安全阀主要性能规范

压力级 CL	公称压力 PN	强度试验压力 /MPa	工作压力/MPa			
150	20	3	>1~1.3	>1.3~1.6	>1.6~2	
300	50	7.5	>2~2.5	>2.5~3.2	>3.2~4	>4~5
400	68	10.2	>5~6	>6~6.8	—	—
600	100	15	>6.4~8	>8~10	—	—
900	150	23	>10~13	>13~15	—	—
1500	250	38	>15~20	>20~25	—	—
2500	420	63	>25~32	>32~42	—	—

注：选用时，应根据所需整定压力值确定阀门工作压力级。

2）主要零件材料（表 4-37）。

表 4-37 美标弹簧式安全阀主要零件材料

零件名称	阀体、阀盖、散热器	阀座、阀瓣	调节圈、导向套、阀杆	弹簧	调整螺管
材料	WCB	20Cr13，密封面堆焊钴基硬质合金	20Cr13	50CrVA	35

3）主要外形尺寸和连接尺寸（图 4-23、表 4-38）。

表4-38　美标弹簧式安全阀主要尺寸　（单位：mm）

型号	公称尺寸 DN	尺寸					
		L	D	D_1	$Z\times\phi d$	H	L_1
LFA-41C150C	25	100	110	80	$4\times\phi16$	280	100
LFA-41BC300C	15	90	95	65	$4\times\phi16$	265	90
	20	115	120	85	$4\times\phi20$	300	100
	25	100	125	90	$4\times\phi20$	325	110
	40	110	155	115	$4\times\phi22$	396	115
LFA-41BC600	65	172	190	150	$8\times\phi22$	685	155
LFA-41BC1500	45	125	—	—	—	—	125
LFA-42C150C	40	121	130	100	$4\times\phi16$	307	125
	50	124	155	120	$4\times\phi20$	355	135
	80	165	190	155	$4\times\phi20$	478	155
	100	210	250	190	$8\times\phi20$	613	195
	150	240	280	240	$8\times\phi22$	794	240
LFA-42C300C	40	121	155	115	$4\times\phi22$	346	125
	50	124	165	125	$8\times\phi20$	386	130
	100	210	255	200	$8\times\phi22$	730	195
LFA-48sC150C	150	241	280	240	$8\times\phi22$	856	240
LFA-48sC600C	100	210	275	215	$8\times\phi26$	881	200
LFA-48sC2500C	40	165	205	146	$4\times\phi32$	675	140

（6）弹簧封闭带扳手全启式安全阀

1）主要性能规范（表4-39）。

表4-39　弹簧封闭带扳手全启式安全阀主要性能规范

型号	公称压力 PN	壳体试验压力/MPa	弹簧压力级/MPa													工作温度/℃	适用介质
A44Y-16C	16	2.4	0.1~0.13	0.13~0.16	0.16~0.2	0.2~0.25	0.25~0.3	0.3~0.4	0.4~0.5	0.5~0.6	0.6~0.7	0.7~0.8	0.8~1.0	1.0~1.3	1.3~1.6	≤300	空气、石油气等
A44Y-40	40	6.0	1.3~1.6	1.6~2.0	2.0~2.5	2.5~3.2	3.2~4.0	—	—	—	—	—	—	—	—		
A44Y-63	63	9.6	3.2~4.0	4.0~5.0	5.0~6.4	—	—	—	—	—	—	—	—	—	—		
A44Y-100	100	15.0	5.0~6.4	6.4~8.0	8.0~10.0	—	—	—	—	—	—	—	—	—	—		

2）主要零件材料（表4-40）。

表4-40　弹簧封闭带扳手全启式安全阀主要零件材料

零件名称	阀　体	阀座、调节圈、反冲盘、阀瓣、导向套、阀杆	弹　簧	阀　盖	密封面
材　料	WCB	20Cr13	50CrVA	碳钢或球墨铸铁	堆焊硬质合金

3）主要外形尺寸、连接尺寸和重量（图4-24、表4-41）。

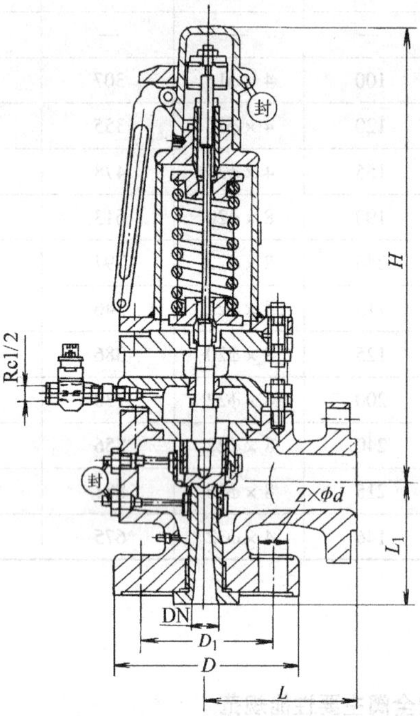

图4-23　美标弹簧安全阀

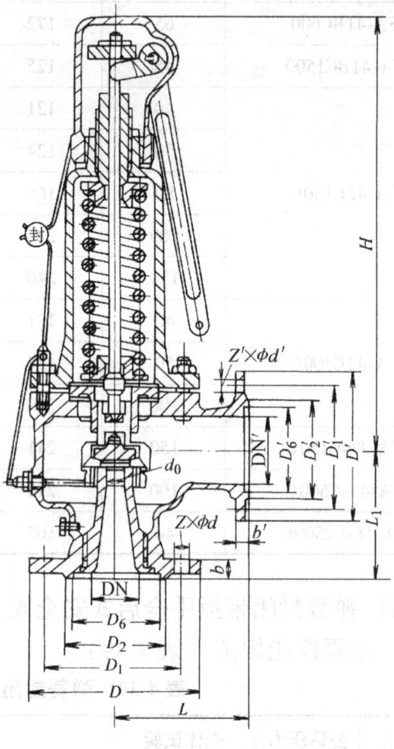

图4-24　弹簧封闭带扳手全启式安全阀

表4-41　弹簧封闭带扳手全启式安全阀主要尺寸及重量

公称尺寸 DN	尺寸/mm															重量 /kg
	d_0	D	D_1	D_2	b	$Z\times\phi d$	DN′	D'	D_1'	D_2'	b'	$Z'\times\phi d'$	L	L_1	H	
A44Y-16C[①]																
32	20	140	100	78	18	$4\times\phi18$	40	150	110	88	16	$4\times\phi18$	115	100	290	—
40	25	150	110	84	18	$4\times\phi18$	50	165	125	99	20	$4\times\phi18$	120	110	300	25
50	32	165	125	99	20	$4\times\phi18$	65	185	145	118	20	$4\times\phi18$	135	120	345	30
80	50	200	160	132	20	$8\times\phi18$	100	220	180	156	22	$8\times\phi18$	170	135	495	65
100	65	220	180	158	22	$8\times\phi18$	125	250	210	184	22	$8\times\phi18$	205	160	610	80
150	100	285	240	212	24	$8\times\phi22$	175	315	270	242	26	$8\times\phi22$	250	210	900	135
200	150	335	295	265	26	$8\times\phi23$	225	405	355	320	30	$8\times\phi25$	305	260	990	—

（续）

公称尺寸 DN	尺寸/mm																重量/kg
	d_0	D	D_1	D_2	D_6	b	$Z\times\phi d$	DN′	D'	D_1'	D_2'	b'	$Z'\times\phi d'$	L	L_1	H	
A44Y-40②																	
32	20	140	100	78	66	18	4×φ18	40	150	110	84	18	4×φ18	115	100	290	—
40	25	150	110	84	76	18	4×φ18	50	165	125	99	20	4×φ18	120	110	300	25
50	32	165	125	99	88	20	4×φ18	65	185	145	118	20	4×φ18	135	120	345	30
80	50	200	160	132	121	22	8×φ18	100	235	190	156	22	8×φ18	170	135	495	70
100	65	235	190	158	150	24	8×φ23	125	250	210	184	22	8×φ18	205	160	610	95
150	100	300	250	212	204	28	8×φ25	175	315	270	242	26	8×φ22	250	210	900	155

公称尺寸 DN	尺寸/mm																	重量/kg
	d_0	D	D_1	D_2	D_6	b	$Z\times\phi d$	DN′	D'	D_1'	D_2'	D_6'	b'	$Z'\times\phi d'$	L	L_1	H	
A44Y-63③																		
32	20	155	110	78	66	24	4×φ22	40	150	110	88	76	18	4×φ18	130	110	300	—
40	25	170	125	88	76	24	4×φ22	50	165	125	102	88	20	4×φ18	135	120	345	32
50	32	180	135	102	88	26	8×φ23	65	185	145	122	110	22	8×φ18	160	130	495	35
80	50	210	170	140	121	30	8×φ23	80	230	195	160	150	24	8×φ23	175	160	620	70
100	65	250	200	168	150	32	8×φ25	125	270	220	188	176	28	8×φ25	195	195	675	115
A44Y-100③																		
32	20	155	110	78	66	24	4×φ22	40	150	110	88	76	18	4×φ18	130	110	300	—
40	25	170	125	95	76	26	4×φ22	50	165	125	100	88	20	4×φ18	135	120	345	—
50	32	195	145	112	88	28	8×φ26	65	185	145	122	110	22	8×φ18	160	130	495	35

① 进出口法兰均采用光滑式密封面。

② 进口法兰采用凹凸式密封面，出口法兰采用光滑式密封面。

③ 进出口法兰均采用凹凸式密封面。

（7）弹簧封闭全启式安全阀

1）主要性能规范（表 4-42）。

表 4-42　弹簧封闭全启式安全阀主要性能规范

型　号	公称压力 PN	强度试验压力/MPa	弹簧压力级/MPa					工作温度/℃	适用介质
A44H-160	160	24.0	10～13	13～16	—	—	—	≤150	空气、石油气等
A44Y-160P									腐蚀性气体
A44H-320	320	48.0	16～19	19～22	22～25	25～29	29～32		空气、石油气等
A44Y-320P									腐蚀性气体

2）主要零件材料（表4-43）。

表4-43 弹簧封闭全启式安全阀主要零件材料

零件名称	阀体	阀座、阀瓣、导向套	弹簧	法兰	扳手、保护罩
A44H-160 A44H-320	40	20Cr13	50CrVA	35	ZG200-400
A44Y-160P A44Y-320P	12Cr18Ni9	12Cr18Ni9	50CrVA 包覆氟塑料	20Cr13	ZG200-400

3）主要外形尺寸、连接尺寸和重量（图4-25、表4-44）。

表4-44 弹簧封闭全启式安全阀主要尺寸及重量

公称尺寸	尺寸/mm																		重量
DN	d_0	DN	DN′	D	D_1	M	D_2	b	$Z\times\phi d$	D'	D_1'	M'	D_2'	b'	$Z'\times\phi d'$	L	L_1	H	/kg
A44H-160、A44Y-160P																			
32	15	32	50	115	80	M42×2	37	22	4×φ18	165	115	M64×3	59	28	6×φ26	150	150	320	57
40	20	40	65	165	115	M52×2	47	28	4×φ22	200	145	M80×3	73	28	6×φ26	180	180	360	62
50	25	50	80	200	145	M64×3	59	32	6×φ26	225	170	M100×3	94	32	6×φ26	165	155	390	68
A44H-320、A44Y-320P																			
15	8	15	29	105	68	M33×2	27	20	3×φ18	115	80	M42×2	37	22	4×φ18	95	100	245	22
32	15	32	50	135	95	M48×2	41	25	4×φ22	165	115	M64×3	59	28	6×φ26	150	150	320	57
40	20	40	65	165	115	M64×3	59	32	6×φ26	200	145	M80×3	74	32	6×φ26	180	180	360	62
50	25	50	80	200	145	M80×3	74	40	6×φ29	225	170	M100×3	94	32	6×φ26	165	155	390	68

（8）弹簧微启式安全阀

1）主要性能规范（表4-45）。

表4-45 弹簧微启式安全阀主要性能规范

型号	公称压力PN	壳体试验压力/MPa	弹簧压力级①/MPa	主要性能参数				开启高度/mm ≥	适用介质	适用温度/℃ ≤	额定排量系数 K_{dr}
				整定压力/MPa	密封试验压力/MPa	排放压力/MPa ≤	回座压力/MPa ≥				
A47H-16C A47H-16Q A47H-16 A47Y-16C	16	2.4	0.1~0.13	0.10	0.06	0.103	0.06	$\geqslant\frac{1}{20}$喉径	蒸汽、空气、水	350（铸铁阀体为250）	约0.16
			0.13~0.16	0.13	0.09	0.134	0.09				
			0.16~0.2	0.16	0.144	0.165	0.12				
				0.20	0.16	0.206	0.16				
			0.2~0.25	0.25	0.21	0.258	0.21				
			0.25~0.3	0.30	0.26	0.309	0.26				
			0.3~0.4	0.40	0.36	0.412	0.36				
			0.4~0.5	0.50	0.45	0.515	0.45				

（续）

型号	公称压力 PN	壳体试验压力 /MPa	弹簧压力级① /MPa	主要性能参数 整定压力 /MPa	密封试验压力 /MPa	排放压力 /MPa ≤	回座压力 /MPa ≥	开启高度 /mm ≥	适用介质	适用温度 /℃ ≤	额定排量系数 K_{dr}
A47H-16C A47H-16Q A47H-16 A47Y-16C	16	2.4	0.5~0.6	0.60	0.54	0.618	0.54	$\geqslant\frac{1}{20}$喉径	蒸汽、空气、水	350（铸铁阀体为250）	约0.16
			0.6~0.7	0.70	0.63	0.721	0.63				
			0.7~0.8	0.80	0.72	0.824	0.72				
			0.8~1.0	1.0	0.90	1.03	0.90				
			1.0~1.3	1.3	1.17	1.34	1.17				
			1.3~1.6	1.6	1.44	1.65	1.44				
A47H-25	25	3.8	1.3~1.6	1.3	1.17	1.34	1.17				
			1.6~2.0	1.6	1.44	1.65	1.44				
				2.0	1.80	2.06	1.80				
			2.0~2.5	2.5	2.25	2.58	2.25				
A47H-40 A47Y-40	40	6.0	1.6~2.0	1.6	1.44	1.65	1.44				
			2.0~2.5	2.0	1.80	2.06	1.80				
				2.5	2.25	2.58	2.25				
			2.5~3.2	3.2	2.88	3.30	2.88				
			3.2~4.0	4.0	3.60	4.12	3.60				
A47H-63	63	9.6	2.5~3.2	2.5	2.25	2.58	2.25				
			3.2~4.0	3.2	2.88	3.30	2.88				
				4.0	3.60	4.12	3.60				
			4.0~5.0	5.0	4.50	5.15	4.50				
			5.0~6.4	6.4	5.76	6.59	5.76				

① 部分生产厂弹簧压力级分档不相同。

2）主要零件材料（表 4-46）。

表 4-46　弹簧微启式安全阀主要零件材料

零件名称	阀体	调节圈、阀座、导向套、阀瓣	阀杆	调节螺杆	弹簧	密封面	阀盖
A47H-16C A47H-25 A47H-40 A47H-63	WCB	ZG20Cr13 或 20Cr13	20Cr13	20Cr13 或 35	50CrVA	20Cr13	WCB 或球墨铸铁
A47Y-16C A47Y-40	WCB	ZG20Cr13 或 20Cr13	20Cr13	20Cr13 或 35	50CrVA	硬质合金	WCB 或球墨铸铁
A47H-16Q	球墨铸铁	ZG20Cr13 或 20Cr13	20Cr13	20Cr13 或 35	50CrVA	20Cr13	球墨铸铁
A47H-16	灰铸铁	ZG20Cr13 或 20Cr13	20Cr13	20Cr13 或 35	50CrVA	20Cr13	灰铸铁

3）主要外形尺寸、连接尺寸和重量（图 4-26、表 4-47）。

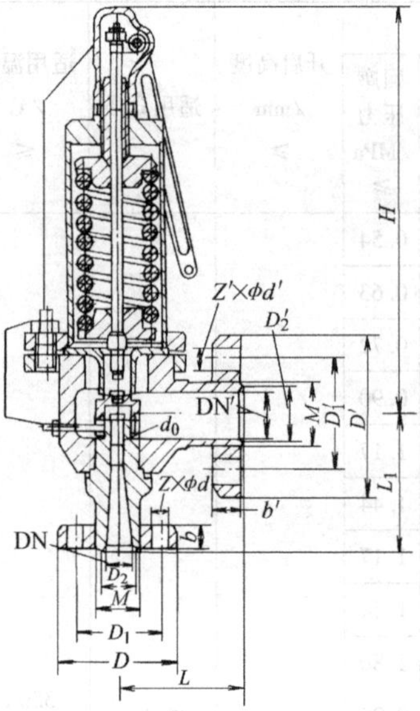

图 4-25 弹簧封闭全启式安全阀

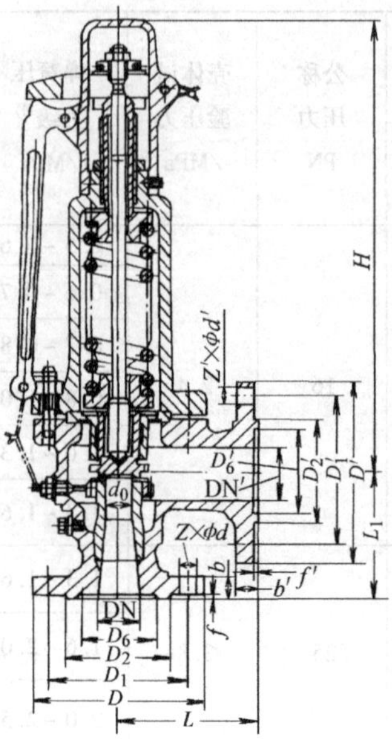

图 4-26 弹簧微启式安全阀

表 4-47 弹簧微启式安全阀主要尺寸及重量

公称尺寸 DN	尺寸/mm																	重量/kg
	d_0	D	D_1	D_2	b	$Z\times\phi d$	DN'	D'	D_1'	D_2'	b'	$Z'\times\phi d'$	L② 系列 1	L② 系列 2	$L_1$② 系列 1	$L_1$② 系列 2	H	
A47H-16C、A47H-16Q、A47H-16、A47Y-16C①																		
25	20	115	85	68	14	4×φ14	25	115	85	68	14	4×φ14	—	100	—	85	230	10
32	25	140	100	78	18	4×φ18	32	140	100	76	18	4×φ18	115	115	100	100	310	16
40	32	150	110	84	18	4×φ18	40	150	110	84	18	4×φ18	120	120	110	105	360	20
50	40	165	125	99	18	4×φ18	50	165	125	99	18	4×φ18	135	130	120	115	410	25
80	65	200	160	132	20	8×φ18	80	200	160	132	20	8×φ18	170	160	135	135	440	52
100	80	220	180	158	22	8×φ18	100	220	180	158	22	8×φ18	170②	170	160	160	515	70
A47H-25①																		
25	20	115	85	68	16	4×φ14	25	115	85	68	16	4×φ14	—	100	—	85	—	10
32	25	140	100	76	16	4×φ18	32	140	100	76	16	4×φ18	—	115	—	100	212	13
40	32	150	110	84	18	4×φ18	40	150	110	84	18	4×φ18	120	120	110	110	295	20
50	40	165	125	99	18	4×φ18	50	165	125	99	18	4×φ18	135	130	120	115	410	25
80	65	200	160	132	22	8×φ18	80	200	160	132	20	8×φ18	170	160	135	135	440	52
100	80	220	180	158	24	8×φ18	100	220	180	158	22	8×φ18	170	170	160	160	515	70

（续）

公称尺寸 DN	尺寸/mm																		重量 /kg
	d_0	D	D_1	D_6	D_2	b	$Z\times\phi d$	DN′	D'	D_1'	D_2'	b'	$Z'\times\phi d'$	L② 系列 1	L② 系列 2	$L_1$② 系列 1	$L_1$② 系列 2	H	
A47H-40、A47Y-40③																			
25	20	115	85	58	65	16	4×φ14	25	115	85	68	14	4×φ14	—	100	—	85	230	10
32	25	140	100	66	76	18	4×φ18	32	140	100	76	18	4×φ18	115	115	100	100	269	14
40	32	150	110	76	84	18	4×φ18	40	150	110	84	18	4×φ18	120	120	110	110	281	19
50	40	165	125	88	99	20	4×φ18	50	165	125	99	20	4×φ18	135	130	120	115	320	25
80	65	200	160	121	132	22	8×φ18	80	200	160	132	20	8×φ18	170	160	135	135	480	70
100	80	235	190	150	156	24	8×φ22	100	220	180	156	20	8×φ18	170②	170③	160	160	580	78

公称尺寸 DN	尺寸/mm																	重量 /kg
	d_0	D	D_1	D_2	D_6	b	$Z\times\phi d$	d'	D'	D_1'	D_2'	D_6'	b'	$Z'\times\phi d'$	L	L_1	H	
A47H-63④																		
50	32	180	135	102	88	26	4×φ22	50	165	125	102	88	20	4×φ17.5	160	130	394	29.7

① 进出口法兰均为光滑式密封面。

② 开封高压阀门有限公司按系列 2，其余生产厂按系列 1。

③ 进口法兰为凹凸式密封面，出口法兰为光滑式密封面。

④ 进出口法兰均为凹凸式密封面。

（9）弹簧全启式安全阀

1）主要性能规范（表 4-48）。

表 4-48　弹簧全启式安全阀主要性能规范

<table>
<tr><th rowspan="2">型　号</th><th rowspan="2">公称压力 PN</th><th rowspan="2">试验压力 /MPa</th><th rowspan="2">弹簧压力级① /MPa</th><th colspan="4">主要性能参数</th><th rowspan="2">开启高度 /mm ≥</th><th rowspan="2">适用介质</th><th rowspan="2">适用温度 /℃ ≤</th><th rowspan="2">额定排量系数 K_{dr}</th></tr>
<tr><th>整定压力 /MPa</th><th>密封试验压力 /MPa</th><th>排放压力 /MPa ≤</th><th>回座压力 /MPa ≥</th></tr>
<tr><td rowspan="11">A48Y-16C
A48Y-16Q
A48H-16C
A48H-16Q</td><td rowspan="11">16</td><td rowspan="11">2.4</td><td>0.1~0.13</td><td>0.10</td><td>0.06</td><td>0.103</td><td>0.06</td><td rowspan="11">$\frac{1}{4}$喉径</td><td rowspan="11">蒸汽、空气</td><td rowspan="11">350（球墨铸铁阀体为 250）</td><td rowspan="11">约 0.75</td></tr>
<tr><td rowspan="2">0.13~0.16</td><td>0.13</td><td>0.09</td><td>0.134</td><td>0.09</td></tr>
<tr><td>0.16</td><td>0.144</td><td>0.165</td><td>0.12</td></tr>
<tr><td>0.16~0.2</td><td>0.20</td><td>0.16</td><td>0.206</td><td>0.16</td></tr>
<tr><td>0.2~0.25</td><td>0.25</td><td>0.21</td><td>0.258</td><td>0.21</td></tr>
<tr><td>0.25~0.3</td><td>0.30</td><td>0.26</td><td>0.309</td><td>0.26</td></tr>
<tr><td>0.3~0.4</td><td>0.40</td><td>0.36</td><td>0.412</td><td>0.36</td></tr>
<tr><td>0.4~0.5</td><td>0.50</td><td>0.45</td><td>0.515</td><td>0.45</td></tr>
<tr><td>0.5~0.6</td><td>0.60</td><td>0.54</td><td>0.618</td><td>0.54</td></tr>
<tr><td>0.6~0.7</td><td>0.70</td><td>0.63</td><td>0.721</td><td>0.63</td></tr>
<tr><td>0.7~0.8</td><td>0.80</td><td>0.72</td><td>0.824</td><td>0.72</td></tr>
</table>

（续）

型号	公称压力 PN	壳体试验压力 /MPa	弹簧压力级① /MPa	主要性能参数 整定压力 /MPa	密封试验压力 /MPa	排放压力 /MPa ≤	回座压力 /MPa ≥	开启高度 /mm ≥	适用介质	适用温度 /℃ ≤	额定排量系数 K_{dr}
A48Y-16C A48Y-16Q A48H-16C A48H-16Q	16	2.4	0.8～1.0	1.0	0.90	1.03	1.90	$\frac{1}{4}$喉径	蒸汽、空气	350（球墨铸铁阀体为250）	约0.75
			1.0～1.3	1.3	1.17	1.34	1.17				
			1.3～1.6	1.6	1.44	1.65	1.44				
A48Y-25	25	3.8	1.6～2.0	1.6	1.44	1.65	1.44				
				2.0	1.80	2.06	1.80				
			2.0～2.5	2.5	2.25	2.58	2.25				
A48Y-40	40	6.0	1.6～2.0	1.6	1.44	1.65	1.44				
			2.0～2.5	2.0	1.80	2.06	1.80				
				2.5	2.25	2.58	2.25				
			2.5～3.2	3.2	2.88	3.30	2.88				
			3.2～4.0	4.0	3.60	4.12	3.60				
A48Y-63 A48Y-63I	6	9.6	2.5～3.2	2.5	2.25	2.58	2.25				
			3.2～4.0	3.2	2.88	3.30	2.88				
				4.0	3.60	4.12	3.60				
			4.0～5.0	5.0	4.50	5.15	4.50				
			5.0～6.4	6.4	5.76	6.59	5.76				
A48Y-100 A48Y-100I	100	15.0	4.0～5.0	4.0	3.60	4.12	3.60				
			5.0～6.4	5.0	4.50	5.15	4.50				
				6.4	5.76	6.59	5.76				
			6.4～8.0	8.0	7.20	8.24	7.20				
			8.0～10.0	10.0	9.00	10.3	9.00				

① 部分生产厂弹簧压力级分档不完全相同。

2）主要零件材料（表4-49）。

表4-49 弹簧全启式安全阀主要零件材料

零件名称	阀体	阀座、调节圈、反冲盘、导向套	阀瓣、阀杆	阀盖	扳手、保护罩	弹簧	阀座、阀瓣密封面
A48Y-16C A48Y-25 A48Y-40 A48Y-63 A48Y-100	WCB	ZG20Cr13或20Cr13	20Cr13	铸钢或球墨铸铁		50CrVA	堆焊钴基硬质合金
A48H-16C	WCB						
A48H-16Q	球墨铸铁			球墨铸铁			
A48Y-16Q	球墨铸铁			球墨铸铁			堆焊钴基硬质合金
A48Y-63I	铬钼钢	不锈钢		WCB	碳钢	合金弹簧钢	堆焊钴基硬质合金
A48Y-100I	铬钼钢	不锈钢		铬钼钢	碳钢	合金弹簧钢	堆焊钴基硬质合金

3）主要外形尺寸、连接尺寸和重量（图 4-27、表 4-50）。

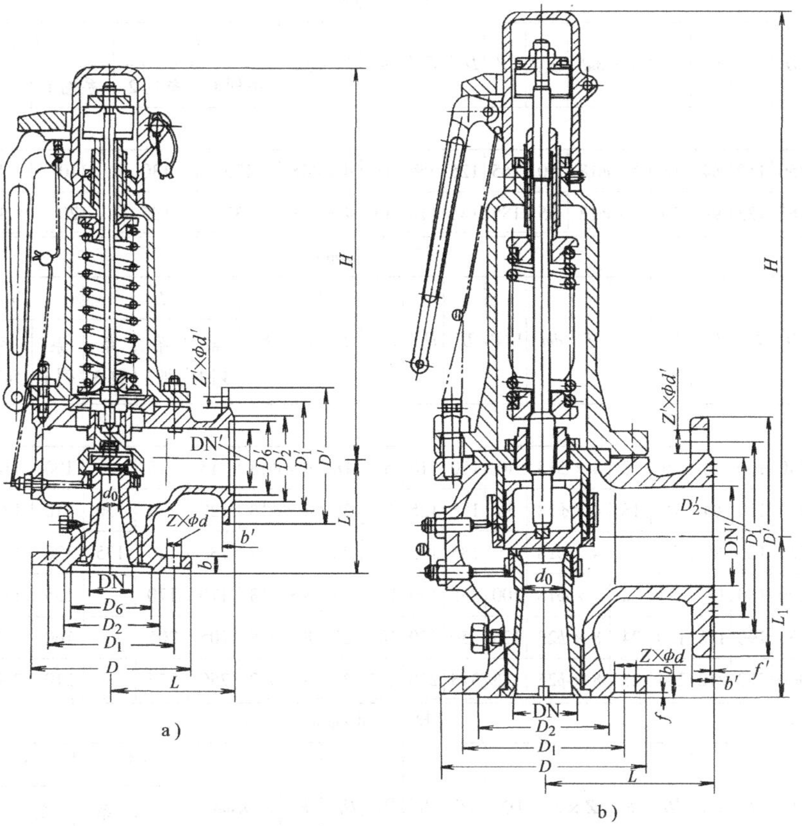

图 4-27　弹簧全启式安全阀
a）单调节圈式　b）双调节圈式

表 4-50　弹簧全启式安全阀主要尺寸及重量

公称尺寸 DN	尺寸/mm																	重量 /kg
	d_0	D	D_1	D_2	b	$Z\times\phi d$	DN′	D'	D_1'	D_2'	b'	$Z'\times\phi d'$	L② 系列 1	L② 系列 2	$L_1$② 系列 1	$L_1$② 系列 2	H	
A48Y-16C、A48Y-16Q、A48H-16C、A48H-16Q①																		
25	15	115	85	68	16	$4\times\phi14$	32	140	100	76	16	$4\times\phi14$		100		95	200	13
32	20	140	100	78	18	$4\times\phi18$	40	150	110	88	16	$4\times\phi18$	115	115	100	130	278	16
40	25	150	110	84	18	$4\times\phi18$	50	165	125	99	20	$4\times\phi18$	120	130	110	115	285	20
50	32	165	125	99	20	$4\times\phi18$	65	185	145	118	20	$4\times\phi18$	135	145	120	130	332	25
80	50	200	160	132	20	$8\times\phi18$	100	220	180	156	22	$8\times\phi18$	170	170	135	150	478	52
100	65	220	180	158	22	$8\times\phi18$	125	250	210	184	22	$8\times\phi18$	205	205	160	185	590	75
150	100	285	240	212	24	$8\times\phi22$	175	315	270	242	26	$8\times\phi22$	250	255	210	230	850	130
200	150	335	295	265	26	$12\times\phi23$	225	405	355	320	30	$12\times\phi25$	305		260		980	160
250	150	405	355	320	30	$12\times\phi26$	350	520	470	429	30	$16\times\phi26$	350		320		1000	350
300	200	460	410	370	34	$12\times\phi26$	400	580	525	485	40	$16\times\phi30$	370		350		1220	550

（续）

公称尺寸 DN	尺寸/mm												L		L_1			重量 /kg
	d_0	D	D_1	D_2	b	$Z\times\phi d$	DN′	D'	D_1'	D_2'	b'	$Z'\times\phi d'$	系列1	系列2	系列1	系列2	H	
A48Y-25①																		
40	25	150	110	84	18	4×φ18	50	165	125	99	16	4×φ18	120	130	110	120	330	20
50	32	165	125	99	20	4×φ18	65	185	145	118	18	4×φ18	135	135	120	120	340	25

公称尺寸 DN	尺寸/mm													L			L_1				重量 /kg
	d_0	D	D_1	D_2	D_6	b	$Z\times\phi d$	DN′	D'	D_1'	D_2'	b'	$Z'\times\phi d'$	系列1	系列2	系列3	系列1	系列2	系列3	H	
A48Y-40②																					
32	20	140	100	78	66	18	4×φ18	40	150	110	84	18	4×φ18	115	115		100	110		278	16
40	25	150	110	84	76	18	4×φ18	50	165	125	99	20	4×φ18	120	130	130	110	120	120	285	20
50	32	165	125	99	88	20	4×φ18	65	185	145	118	20	4×φ18	135	145	135	120	130	120	332	25
80	50	200	160	132	121	22	8×φ18	100	235	190	156	22	8×φ18	170	170	—	135	150	—	478	52
100	65	235	190	158	150	24	8×φ23	125	250	210	184	22	8×φ18	205	205	—	160	185	—	590	75
150	100	300	250	212	204	28	8×φ25	175	315	270	242	26	8×φ22	250	255	—	210	230	—	850	130

公称尺寸 DN	尺寸/mm														L②		$L_1$②			重量 /kg
	d_0	D	D_1	D_2	D_6	b	$Z\times\phi d$	DN′	D'	D_1'	D_2'	D_6'	b'	$Z'\times\phi d'$	系列1	系列2	系列1	系列2	H	
A48Y-63、A48Y-63I③																				
32	20	150	110	82	66	24	4×φ23	40	145	110	85	76	18	4×φ18	130	130	110	110	285	28
40	25	165	125	95	76	24	4×φ23	50	160	125	100	88	20	4×φ18	135	130	120	120	332	30
50	32	175	135	105	88	26	4×φ23	65	180	145	120	110	22	8×φ18	160	155	130	130	478	35
80	50	210	170	140	121	30	8×φ23	100	230	195	160	150	24	8×φ23	175	175	160	160	630	70
100	65	250	200	168	150	32	8×φ25	125	270	220	188	176	28	8×φ25	220	195	200	195	680	130

公称尺寸 DN	尺寸/mm																	重量 /kg
	d_0	D	D_1	D_2	D_6	b	$Z\times\phi d$	DN′	D'	D_1'	D_2'	D_6'	b'	$Z'\times\phi d'$	L	L_1	H	
A48Y-100、A48Y-100I③																		
32	20	150	110	82	66	24	4×φ23	40	145	110	85	76	18	4×φ18	130	110	285	28
40	25	165	125	95	76	26	4×φ23	50	160	125	100	88	20	4×φ18	135	120	540	39
50	32	195	145	112	88	28	4×φ25	65	180	145	120	110	22	8×φ18	160	130	618	58
80	50	230	180	148	121	34	8×φ25	100	230	190	160	150	24	8×φ23	175	160	730	96
100	65	265	210	172	150	38	8×φ30	125	270	220	188	176	28	8×φ25	220	200	892	179
150	100	350	290	250	204	46	12×φ34	200	375	320	282	260	38	12×φ30	285	260	1252	456
200	125	430	360	312	260	54	12×φ41	250	445	385	345	313	42	12×φ34	350	320	1350	594

① 进出口法兰均采用光滑式密封面。

② 进口法兰采用凹凸式密封面，出口法兰采用光滑式密封面。

③ 进出口法兰均采用凹凸式密封面。

(10) 先导式安全阀

1) 特点

① 导阀为无流动调节式。

② 能在非常接近设定压力下无泄漏地操作。

③ 采用聚四氟乙烯等软密封材料，密封可靠、维修简单。

④ 阀的正常动作不受背压影响。无需波纹管。

⑤ 可在使用中设定开启压力，易于调节。

2) 主要性能规范。

公称压力：PN210 ~ PN350（3000 ~ 5000lbf/in^2）。

公称尺寸（进口直径）：DN25 ~ DN200（NPS1 ~ NPS8）。

设定压力范围：0.1 ~ 25MPa。

使用温度范围：-54 ~ 250℃。

适用介质：油品、天然气。

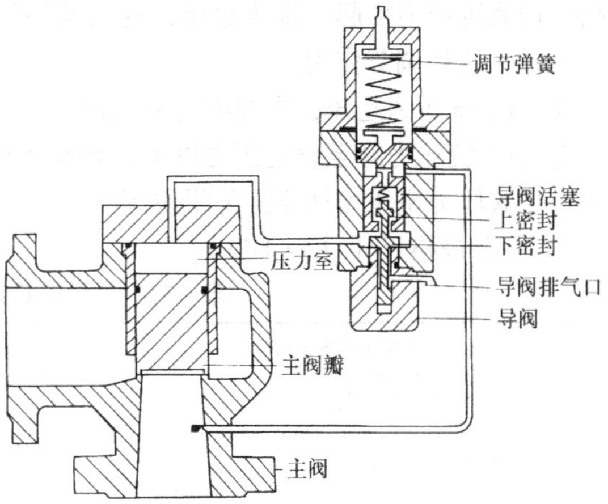

图 4-28　主阀处于关闭状态

3) 主要零件材料。

主阀体：WCB、不锈钢。

导阀：不锈钢。

活塞：不锈钢。

密封件：丁腈橡胶、氟橡胶、聚四氟乙烯。

先导管：奥氏体不锈钢。

4) 工作原理（图 4-28 ~ 图 4-30）。

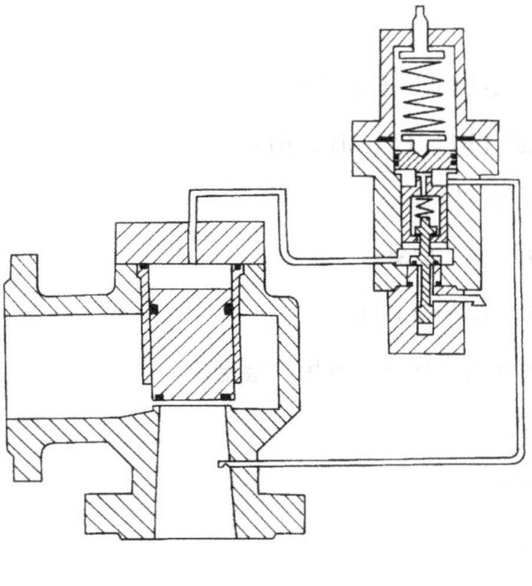

图 4-29　主阀处于部分开启状态

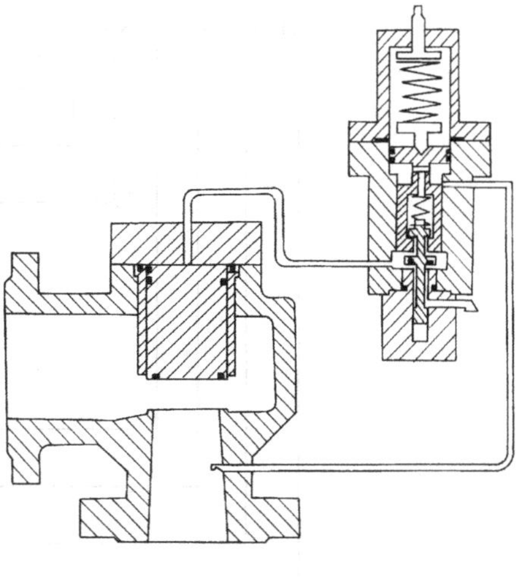

图 4-30　主阀处于全启状态

① 当系统压力低于阀的设定压力时，介质压力经导阀上密封传入主阀压力室，作用在主阀瓣上，产生向下力，关闭主阀。

② 当系统压力增加接近设定压力时，导阀活塞提升而上密封关闭，此时导阀下密封仍在关闭。系统压力再稍有增加，下密封微启，主阀压力室内压力通过导阀排气口排出。

③ 当系统压力达到和稍高于设定压力时，导阀下密封开启，主阀压力室压力迅速下降，主阀瓣被系统压力推起，排放超压，这又使导阀活塞趋于下降。此反馈作用可使主阀瓣浮于某一位置，达到调节作用。

④ 当系统压力超压，主阀瓣达到全启。

⑤ 当系统压力降至设定压力以下，导阀下密封关闭。进一步降压至回座压力时，上密封开启，主阀压力室压力恢复，关闭主阀。

5）主要规格尺寸（表4-51）。

表4-51　先导式安全阀主要规格尺寸

进出口径/DN×DN（NPS×NPS）	喉部面积/cm^2（API代号）
25×50（1×2）	0.71（D）　1.26（E）　1.98（F）
40×50（$1\frac{1}{2}$×2）	0.71（D）　1.26（E）　1.98（F）
40×80（$1\frac{1}{2}$×3）	3.24（G）　5.06（H）
50×80（2×3）	3.24（G）　5.06（H）　8.30（J）
80×100（3×4）	8.30（J）　11.85（K）　18.40（L）
100×150（4×6）	18.40（L）　23.22（M）　27.99（N）　41.16（P）
150×200（6×8）	71.29（Q）　103.22（R）
200×250（8×10）	167.74（T）

6）先导式安全阀产品型号表示方法。

DAJ ×× ×× × ×× × ×

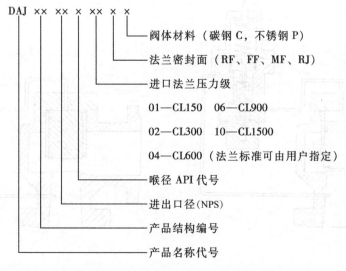

- × —阀体材料（碳钢C，不锈钢P）
- × —法兰密封面（RF、FF、MF、RJ）
- ×× —进口法兰压力级
  - 01—CL150　06—CL900
  - 02—CL300　10—CL1500
  - 04—CL600（法兰标准可由用户指定）
- × —喉径API代号
- ×× —进出口径(NPS)
- ×× —产品结构编号
- DAJ —产品名称代号

示例：10型，进出口径为DN40×DN80，喉部面积代号为H，进口法兰压力级为CL300，法兰密封面为凸面，阀体材料为不锈钢的调节型先导式安全阀，表示为DAJ10-$1\frac{1}{2}$×3H02RFP。

(11) 液压驱动安全阀

1) 主要技术参数(表4-52)。

表4-52　液压驱动安全阀主要技术参数

项　　目	数　　值
公称尺寸　NPS	$2\frac{1}{16}$ ~ $4\frac{1}{16}$
最大控制压力/lbf · in^{-2} (MPa)	5000 (35)
阀内腔工作压力/lbf · in^{-2} (MPa)	2000 ~ 10000 (14 ~ 70)

2) 主要特点和作用原理。

① 该阀包括安全阀和液压驱动装置两部分，它是采油井上安全系统的执行部件。

② 通过注入高压油进入中心杆的上面空腔，从而压缩下部的弹簧打开阀门。

③ 遇到井口装置承受危险压力时，控制机构由传感器传递的信号卸去液压缸中的压力，使弹簧推阀杆机构关闭阀门及井口装置，确保后级设备的安全。

④ 法兰连接尺寸执行 API 6A。

⑤ 结构长度执行 ASME B16. 10。

3) 主要结构及零部件名称(图4-31)。

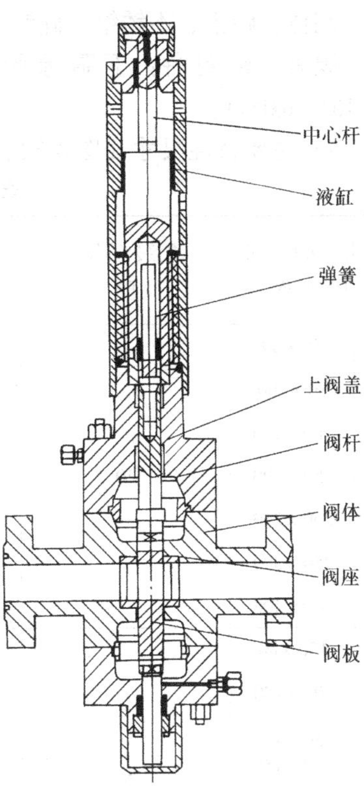

图4-31　液压驱动安全阀

(12) 先导式呼吸阀

1) 应用范围。

① 用于石油、化工、天然气、航运等工业的贮罐的准确低压保护。

② 贮罐的贮存温度为 -162 ~ 149℃，呼阀的整定压力为 0. 007 ~ 0. 34MPa。

2) 先导式呼阀的特点及整定压力。

① 呼阀阀瓣背负着由更大直径膜片构成的气室，在呼阀开启以前，永保持着数倍于升举力的压紧力，密封可靠。

② 导阀提供了准确的压力保护。

③ 启闭压差可以由导阀加以调节。

④ 不受背压影响，整定压力稳定。

⑤ 在整定点阀瓣全启，保证了排量。

⑥ 整定压力 0. 007 ~ 0. 34MPa。

3) 重力式呼阀的特点。

① 采用双重软密封结构(海绵橡胶垫和 O 形圈)，保证了可靠的低压密封，减少了物料损失或污染。

② 重力阀瓣，结构简单、维修容易。

③ 不锈钢内件，耐腐蚀、运行可靠。

④ 标准真空整定点为 22mmH_2O (22Pa)。

4) 主要零件材料。

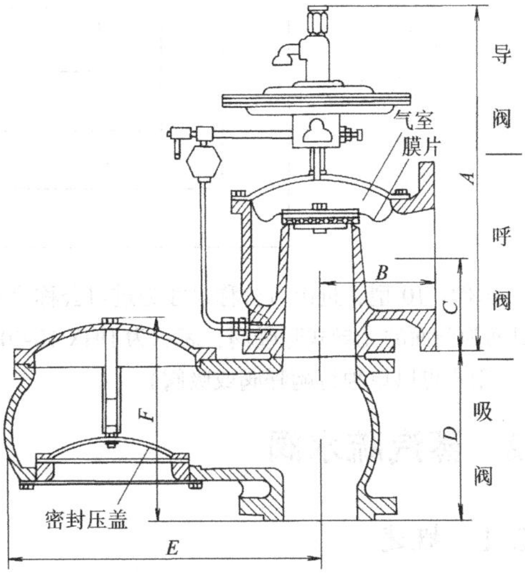

图4-32　先导式呼吸阀

阀体：碳钢、不锈钢、硅铝合金。

膜片、密封件：丁腈橡胶（-54～121℃）；氟橡胶（-54～149℃）；聚四氟乙烯（-162～160℃）。

5）主要特性尺寸（图4-32、表4-53）。

表4-53　先导式呼吸阀主要特性尺寸

	进出口公称尺寸 DN×DN	法兰公称压力 PN	喉部面积 /cm²	外形尺寸/mm			重量/kg	
				A（D）	B（E）	C（F）	钢	铝
呼阀	50×80	20	14.8	492	131	99	24	11
	80×100		33.3	530	151	119	37	14
	100×150		56.4	598	180	144	53	19
	150×200		126.2	674	239	175	83	29
	200×250		234.8	748	285	210	134	48
	250×300		329.0	832	318	241	186	66
	300×400		542.0	941	364	302	251	89
吸阀	100×80	20	75.5	223	441	281	69	22
	100×100							
	150×100 150×150		154.1	242	550	306	90	32
	200×150 200×200		249.0	313	710	390	143	51
	300×250 300×300		522.1	420	852	520	240	85

6）先导式呼吸阀产品型号表示方法。

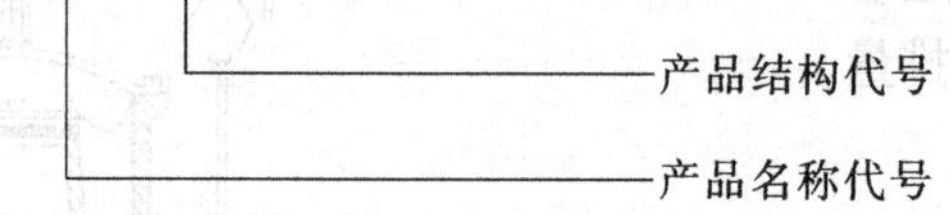

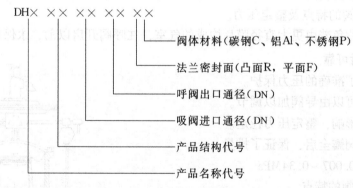

示例：10型，进出口公称尺寸为进口公称尺寸为DN200/出口公称尺寸为DN250，阀体材料为铝，法兰密封面为凸面的先导式呼吸阀，表示为DHX 10-2025-RA1。

（用户可以单独订购呼阀或吸阀）

4.2　蒸汽疏水阀

4.2.1　概述

各种工业生产工艺流程上的设施，包括商业设施和住宅设施等，广泛地使用着煤气、自来水、蒸汽、压缩空气、油品等介质。目前，使用这些介质的装置及向这些装置输送介质的设备已成为生产、生活中不可缺少的部分。然而，在输送这些介质的管路和装置内，除了所需的介质外，还混有无用的或有害的介质，并且在整个输送过程中这些有害介质还会不断地产生和形成。例如：在生产压缩空气的空压机气缸内或管道内，就不可避免地要产生无用且有害的凝结水，在输送蒸汽的管道内也必然会产生这种凝结水。因此，为了保证装置的工作效率和安全运转，最重要的是及时排除这些无用且有害的介质，仅输送装置内需要的介质，保证装置的消耗和使用。

从液体介质里排除气体，从气体介质里排除液体，或从气体介质里排除其他无用气体，并防止主要介质逸漏。这种尽力防止有用介质逸出而排除异质、异相流体的操作称为疏水工程。利用人工也可以完成这种操作，但要达到高效工作并彻底排除异体是不可能的。因此，要求这项工作能自动高效地进行，其所需装置称为疏水装置或疏水阀。

疏水意味着设计一种装置，让有害的、不需要的介质通过，而另一种需要的介质被装置阻住。基于这样一种原理，采用疏水工程这个词，并作为技术术语开始使用。顾名思义，就是在需要蒸汽的装置上，设计一种机构阻止蒸汽逸漏，而把不需要的凝结水自动排除的装置，人们称它为蒸汽疏水阀。

在使用蒸汽的有关设备上，由于蒸汽的潜热被释放而凝结成水，即凝结水，被蒸汽疏水阀自动地与蒸汽分开，并排除到设备之外。这种疏水阀既可以说是一种自动阀门，也是一种节能装置。

蒸汽疏水阀是自动地排除蒸汽设备中凝结水的疏水器，也叫阻汽排水阀，或单纯叫疏水阀。把蒸汽疏水阀概括一下，可以得出这样的概念，它是依靠某种方法，自动操作，准确判别出蒸汽和水，同时进行闭、开动作的阀门。

蒸汽疏水阀排放凝结水最基本的原理就是利用蒸汽和水的重量差和温度差来实现疏水的目的。

（1）蒸汽疏水阀的功能　使用和利用蒸汽的设备上只需要蒸汽。在这种设备内肯定要产生凝结水，凝结水则成为有害的流体，同时还混入了空气和其他不可凝气体，成为引起设备产生故障和降低性能的原因。在这种情况下，蒸汽疏水阀最重要的功能有以下三个方面：

1）能迅速排除产生的凝结水。

2）防止蒸汽泄漏。

3）排除空气及其他不可凝气体。

（2）排除凝结水的必要性

1）防止水击。首先，从安全角度看，如果蒸汽管路中有凝结水，高速流动的蒸汽推动积结在一起的凝结水，使凝结水在管壁和阀门及蒸汽使用设备上进行强烈的撞击，而且往往带来很大冲击力。这种现象称为水击，也称水击作用或水锤作用。当水击很强时，会造成管道转弯处和阀门损伤或破坏。其次，水击现象并不仅是由于有凝结水的原因。由于锅炉安装和使用上的不当，有时是锅炉里的水进入蒸汽里，被带入输送管路。所以，若锅炉结构上有缺陷或使用不当，会造成锅炉的水位过高，因此锅炉供应的蒸汽湿度过大，凝结水形成速度加快，这也是造成水击的一个原因。

一般，锅炉供应的饱和蒸汽中，湿度应在4%以下；如果是6%，湿度就大了；如若到10%，湿度就过大了。在湿度大或过大的情况下，就有必要修改锅炉的结构或解决安装上的问题。

无论如何，蒸汽管路中产生的凝结水（包括锅炉里混入水）就是产生水击事故的原因，所以从安全角度看，有必要排除凝结水。

2）防止降低蒸汽使用设备的效率。用蒸汽做功的蒸汽设备（特别是换热器等间接加热的装置），都是为了有效地利用蒸汽（饱和蒸汽）的潜热。在这些装置内滞留过多的凝结水与加热面进行接触，妨碍了蒸汽与加热面接触，使换热器等蒸汽使用设备的效率显著降低（图4-33）。另外，设备上、下加热不均匀也会影响产品质量，使蒸汽使用设备的运转效率显著降低，设备性能也会降低。

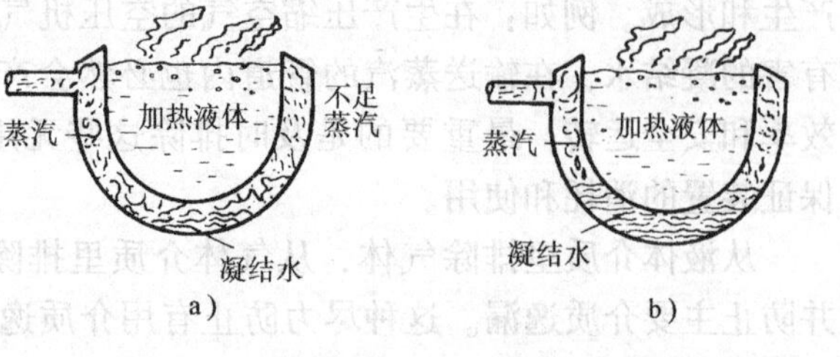

图4-33 加热过程产生凝结水对换热效率的影响
a）通过蒸汽的面积减少 b）凝结水充满

蒸汽使用设备内产生的凝结水是饱和蒸汽使用之后的状态。因为它只有显热，所以不再具有加热作用。为了不使加热效率降低，并持续保证加热效果，必须不断地排除设备内产生的凝结水。

综上所述，为了使用蒸汽和保证蒸汽使用设备的运转效率，必须及时排除凝结水。

3）防止腐蚀蒸汽使用设备内部。水和空气中的氧与设备接触，会发生化学反应，使铁锈蚀。因此，从防止设备腐蚀的角度来看，也必须排除凝结水。

4）防止蒸汽使用设备的损伤。由于蒸汽和凝结水的温度不同，设备内的凝结水使设备局部产生温差，往往损伤设备。因此，从设备保养上看，也必须排除凝结水。

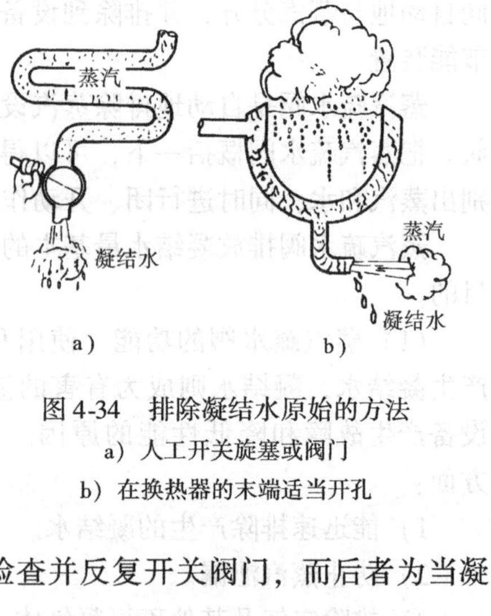

图4-34 排除凝结水原始的方法
a）人工开关旋塞或阀门
b）在换热器的末端适当开孔

以上说明了排除凝结水的必要性。以前，排除凝结水是依靠手工操作，反复开关旋塞或阀门，以排除不断产生的凝结水（图4-34a或图4-34b）。在换热器的末端适当开孔，经常性地排除凝结水。前者是靠人工检查并反复开关阀门，而后者为当凝结水量不定时会造成凝结水滞留或大量漏汽。

因此，蒸汽使用设备无论如何也需自动地排除凝结水，并阻止蒸汽泄漏，这就是有待研究开发的蒸汽疏水阀（图4-35）。

（3）排除空气的必要性 如前所述，蒸汽疏水阀是以排除凝结水为主要目的的。然而，还必须有排除空气的能力。当空气混入蒸汽使用设备时，必须排除空气。

1）防止腐蚀蒸汽使用设备内部。设备内如果混入空气，凝结水和空气中的氧起化学反应，造成对铁的腐蚀，这是危险的和不经济的，所以必须排除。

图4-35 原始的蒸汽疏水阀

2）防止降低蒸汽使用设备的运转效率。设备内蒸汽的潜热使被加热物加热，蒸汽则冷却，凝结成水，在管壁周围形成凝结水层（参看

图 4-36)。但是，若设备内部一旦混入空气，由于空气是不可凝气体（即不能液化），所以设备内管壁上的凝结水层内侧又形成空气层（图 4-36b)，且空气的热导率极小，比保温材料还小（表 4-54)，因而使蒸汽和被加热物之间的换热能力显著降低。

表 4-54　主要物质的热导率（常温）　[单位：kJ/（m·K)]

物　质	热导率	物　质	热导率	物　质	热导率
铝	203.5	玻璃	0.58～0.93	冰	1.8
铅	34.9	混凝土	0.70～1.40	水银	7.56
铁	46.5～58	砖	0.47～0.93	水	0.59
金	308	砂	1.76～2.44	酒精	0.59～0.93
银	419	陶器	1.05	石油	0.12～0.13
铜	348.9～395.4	煤	0.14	空气	0.023
青铜	40.7～64	石棉	0.18～0.21	碳酸气	0.015
镍	58	锅垢	1.16～3.49	一氧化碳	0.023
木材（与木纹垂直)	0.14～0.20	煤烟子	0.07～0.16	氧气	0.024
木材（与木纹平行)	0.29～0.41	棉花	1.08	氢气	0.18

混入空气的另一个大问题是蒸汽和空气的性质不大相同，一旦混入空气且滞留，就变成蒸汽和空气的混合物，由于温度下降，使换热能力降低。如果蒸汽是饱和蒸汽，它的温度是由压力决定的。一般，蒸汽使用设备运转时的压力是由压力表显示的。由于混入了空气，形成了蒸汽与空气的混合物，这时的温度就会比该压力相对应的温度低。

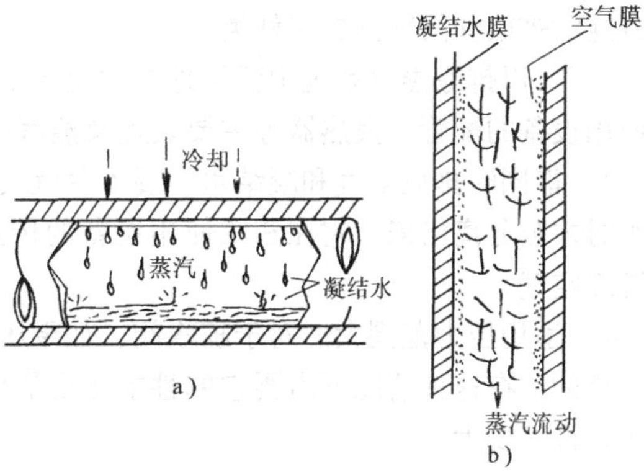

图 4-36　凝结水的形成过程
a）水平管凝结水的形成过程　b）垂直管空气层的形成

此时，温度降低的程度随空气混合率的提高而逐渐显著（表 4-55)。因此，如果蒸汽中一旦混入空气，就不能依据压力来推断温度了。假如必须推断蒸汽-空气混合物的温度，则蒸汽的分压就是压力计所显示的压力减去空气的分压所得的数值。这样，温度降低了，蒸汽作为载热体和动力源的能力也就降低了。

如上所述，蒸汽使用设备里混入了空气，当没有得到彻底排除时，蒸汽疏水阀本身会发生以后要讲到的空气气堵及其他故障，如：

表 4-55　空气混合率和蒸汽温度的关系　（单位：℃）

空气混合率（体积分数%）	压力/MPa			
	0.1	0.2	0.4	0.8
0	119.6	132.9	151.1	174.5
10	116.3	129.3	147.2	169.6
20	112.7	125.5	142.9	165.3
40	104.3	116.3	132.9	154.0

1）空气中的氧气腐蚀设备的内部。

2）传热面形成的空气层降低了传热效率，蒸汽分压的降低引起蒸汽温度的降低，又使运转效率降低，给蒸汽使用设备带来极大的危害。因此，防止空气混进设备内部十分必要，如有空气混入，必须进行排除。

蒸汽疏水阀不仅能排除凝结水，而且还应能排除空气，即必须兼有排气功能。可是，混入装置内部的空气全部由蒸汽疏水阀排除，在结构上是不可能的。为了避免空气引起的故障，蒸汽疏水阀所具有的排气能力只不过是辅助手段，作为大量排除空气的方法，是由开口弯管或手动空气排放阀、自动空气排放阀与蒸汽疏水阀并用。

（4）对蒸汽疏水阀的要求　以上所述是蒸汽使用设备上安装疏水阀的必要性。以下概括说明对于疏水阀的功能、节能措施、运转、保养管理等各方面都有哪些具体要求。

1）排除凝结水时不泄漏蒸汽。排除凝结水时不泄漏蒸汽是疏水阀最基本的条件。因此，尽管它是排除与蒸汽分离而积存的凝结水装置，但并不称为凝结水疏水阀，而称为蒸汽疏水阀。疏水阀动作准确、灵敏是指对凝结水产生开、闭的情况而言。即排除凝结水时，疏水阀全开，迅速排放；排放结束时又能迅速关闭，防止宝贵的蒸汽泄漏。这是疏水阀的主要性能。也就是说，疏水阀只有全开和全关两种情况，若其开关动作迟缓，开关不到位，会引起节流作用，易造成疏水阀整体损坏，同时也是泄漏蒸汽最主要的原因。

如上所述，疏水阀的动作原则上是全开或全关，即开、关动作。根据种类的不同，还可能有连续排放和间歇排放两种类型。

2）可以排除蒸汽系统中任何地方的全部凝结水。疏水阀必须具备能高效、准确地排除蒸汽使用设备的配管、换热器等主要装置及蒸汽系统任何部位所产生的凝结水。

3）能同时排放空气和凝结水。混入蒸汽设备中的空气，最初是混在蒸汽里，在蒸汽凝结成水时才被分离出来。它在蒸汽使用设备的传热面上形成空气层，严重影响热传导，因此必须排除空气。

4）适用压力范围大。对于疏水阀，如果压力稍有变动其性能就受到影响，甚至停止动作是不行的，在这种情况下需要它的性能不受影响，并能适应于任何压力。同时要求疏水阀的背压允许度要大。

5）容易检修和保养。这项要求和疏水阀的结构有关。要求疏水阀结构简单，活动部件少。为了使阀的动作零部件不产生应力，应尽量选用适宜的材料，更重要的是其结构要易于加工。总之，蒸汽疏水阀在管理上应无需设专职人员经常进行保养工作，也就是说要减少维修工作量。

6）实用性高。疏水阀应体积小、重量轻、寿命高、价格低，并且不因空气或蒸汽的障碍而丧失排水能力，发生空气气堵及蒸汽汽锁等事故。

（5）主要名词术语　由于蒸汽疏水阀是一种自动阀门，在结构、工作原理和性能参数方面与通用阀门有许多不同之处，有些专用的名词术语易于混淆，为了使广大读者更清楚地了解蒸汽疏水阀，并能正确选用，以下将一些主要的名词术语予以说明。

1）有关压力的术语（表4-56）。

表　4-56

术　语	单　位	定　义
最高允许压力	MPa	在给定温度下蒸汽疏水阀壳体能够持久承受的最高压力
工作压力	MPa	在工作条件下蒸汽疏水阀进口端的压力
最高工作压力	MPa	在正确动作条件下，蒸汽疏水阀进口端的最高压力，它由制造厂给定

（续）

术　语	单　位	定　义
最低工作压力	MPa	在正确动作情况下，蒸汽疏水阀进口端的最低压力
工作背压	MPa	在工作条件下，蒸汽疏水阀出口端的压力
最高工作背压	MPa	在最高工作压力下，能正确动作时蒸汽疏水阀出口端的最高压力
背压率	%	工作背压与工作压力的百分比
最高背压率	%	最高工作背压与最高工作压力的百分比
工作压差	MPa	工作压力与工作背压的差值
最大压差	MPa	工作压力与工作背压的最大差值
最小压差	MPa	工作压力与工作背压的最小差值

2）有关温度的术语（表 4-57）。

表　4-57

术　语	单　位	定　义
工作温度	℃	在工作条件下蒸汽疏水阀进口端的温度
最高工作温度	℃	与最高工作压力相对应的饱和温度
最高允许温度	℃	在给定压力下蒸汽疏水阀壳体能持久承受的最高温度
开阀温度	℃	在排水温度试验时，蒸汽疏水阀开启时的进口温度
关阀温度	℃	在排水温度试验时，蒸汽疏水阀关闭时的进口温度
排水温度	℃	蒸汽疏水阀能连续排放热凝结水的温度
最高排水温度	℃	在最高工作压力下蒸汽疏水阀能连续排放热凝结水的最高温度
过冷度	℃	凝结水温度与相应压力下饱和温度之差的绝对值
开阀过冷度	℃	开阀温度与相应压力下饱和温度之差的绝对值
关阀过冷度	℃	关阀温度与相应压力下饱和温度之差的绝对值
最大过冷度	℃	开阀过冷度中的最大值
最小过冷度	℃	关阀过冷度中的最大值

3）有关排量的术语（表 4-58）。

表　4-58

术　语	单　位	定　义
冷凝结水排量	kg/h	在给定压差和 20℃条件下蒸汽疏水阀 1h 内能排出凝结水的最大重量
热凝结水排量	kg/h	在给定压差和温度下蒸汽疏水阀 1h 内能排出凝结水的最大重量

4）有关漏汽量和负荷率的术语（表4-59）。

表 4-59

术 语	单 位	定 义
漏汽量	kg/h	单位时间内蒸汽疏水阀漏出新鲜蒸汽的量
无负荷漏汽量	kg/h	蒸汽疏水阀前处于完全饱和蒸汽条件下的漏汽量
有负荷漏汽量	kg/h	给定负荷率下蒸汽疏水阀的漏汽量
无负荷漏汽率	%	无负荷漏汽量与相应压力下最大热凝结水排量的百分比
有负荷漏汽率	%	有负荷漏汽量与试验时间内实际热凝结水排量的百分比
负荷率	%	试验时间内的实际热凝结水排量与试验压力下最大热凝结水排量的百分比

4.2.2 蒸汽疏水阀的分类

蒸汽疏水阀的种类很多，但通常按以下方法进行分类。

（1）按启闭件的驱动方式分类　蒸汽疏水阀可分为三类，即由凝结水液位变化驱动的机械型蒸汽疏水阀；由凝结水温度变化驱动的热静力型蒸汽疏水阀；由凝结水动态特性驱动的热动力型蒸汽疏水阀。

1）机械型蒸汽疏水阀。

① 密闭浮子式蒸汽疏水阀，如图4-37所示。为由壳体内凝结水的液位变化导致启闭件的开关动作的蒸汽疏水阀。

② 开口向上浮子式蒸汽疏水阀，如图4-38所示。为由浮子内凝结水的液位变化导致启闭件的开关动作的蒸汽疏水阀。

③ 开口向下浮子式蒸汽疏水阀，如图4-39所示。为由浮子内凝结水的液位变化导致启闭件的开关动作的蒸汽疏水阀。

2）热静力型蒸汽疏水阀。

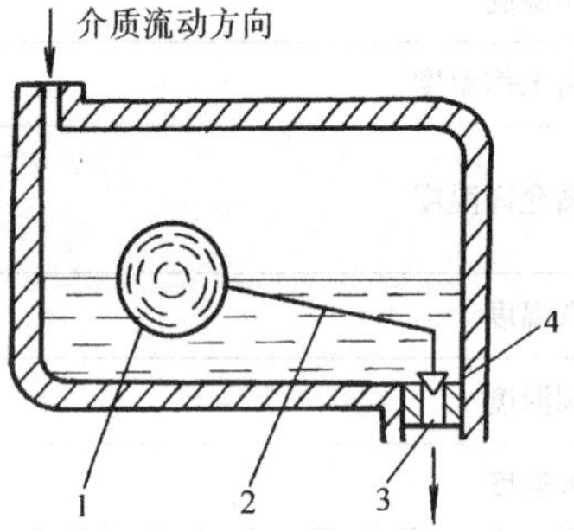

图4-37　密闭浮子式蒸汽疏水阀
1—密闭浮子　2—杠杆　3—阀座　4—启闭件

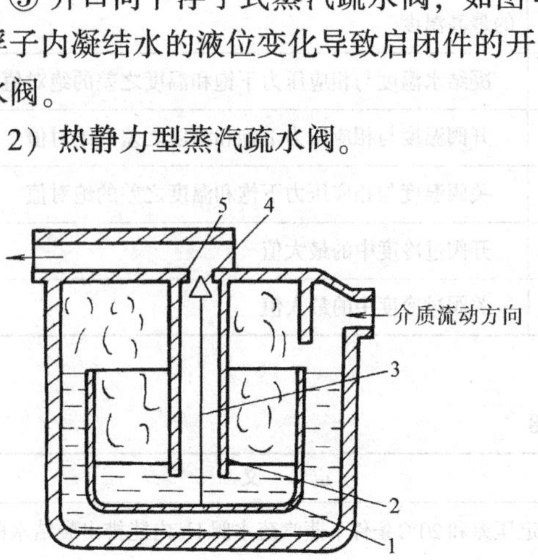

图4-38　开口向上浮子式蒸汽疏水阀
1—浮子（桶形）　2—虹吸管　3—顶杆　4—启闭件　5—阀座

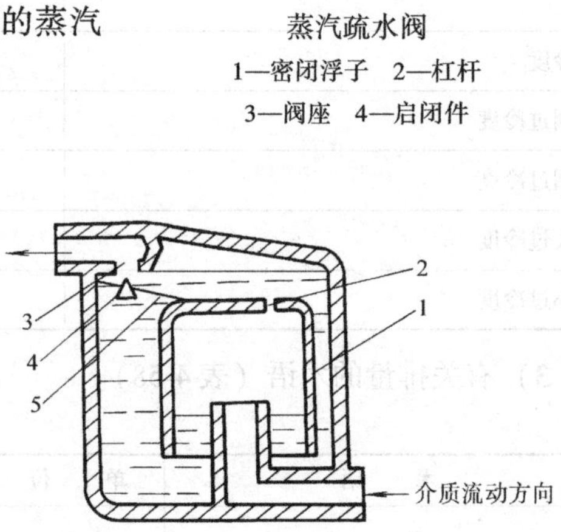

图4-39　开口向下浮子式蒸汽疏水阀
1—浮子　2—放气孔　3—阀座　4—启闭件　5—杠杆

① 蒸汽压力式蒸汽疏水阀，如图 4-40 所示。为由凝结水的压力与可变形元件内挥发性液体的蒸汽压力之间的不平衡驱动启闭件的开关动作的蒸汽疏水阀。

② 双金属片式或热弹性元件式蒸汽疏水阀，如图 4-41 所示。为由凝结水的温度变化引起双金属片或热弹性元件变形驱动启闭件的开关动作的蒸汽疏水阀。

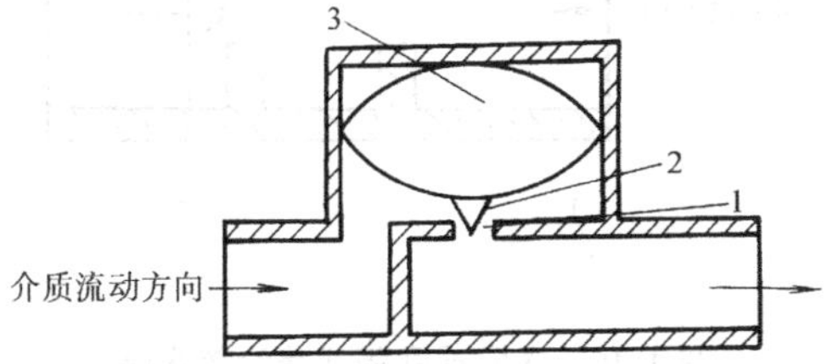

图 4-40　蒸汽压力式蒸汽疏水阀
1—阀座　2—启阀件
3—可变形元件

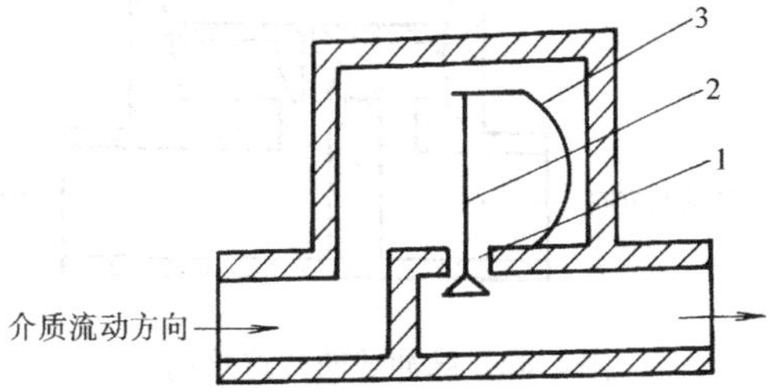

图 4-41　双金属片式或热弹性元件式蒸汽疏水阀
1—阀座　2—启闭件　3—双金属片

③ 液体或固体膨胀式蒸汽疏水阀，如图 4-42 所示。为由凝结水的温度变化而作用于热膨胀系数较大的元件上，以驱动启闭件的开关动作的蒸汽疏水阀。

3）热动力型蒸汽疏水阀。

① 圆盘式蒸汽疏水阀，如图 4-43 所示。它是利用热动力学特性，即当凝结水排放到较低的压力区时会发生二次蒸发，并在黏度、密度等方面存在差异。由进口和压力室之间的压差变化而导致启闭件的开关动作的蒸汽疏水阀。

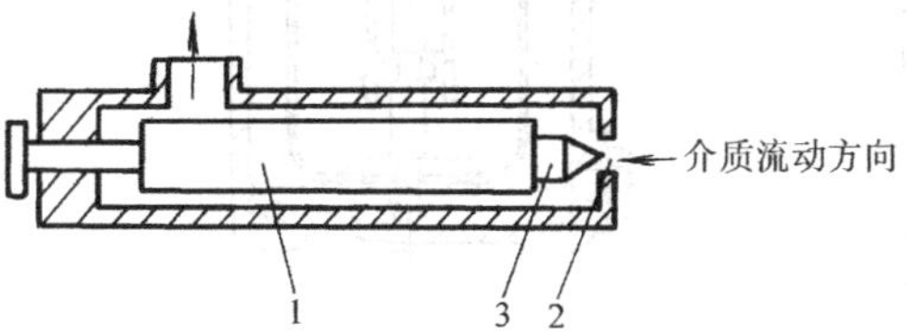

图 4-42　液体或固体膨胀式蒸汽疏水阀
1—可膨胀元件　2—阀座
3—启闭件

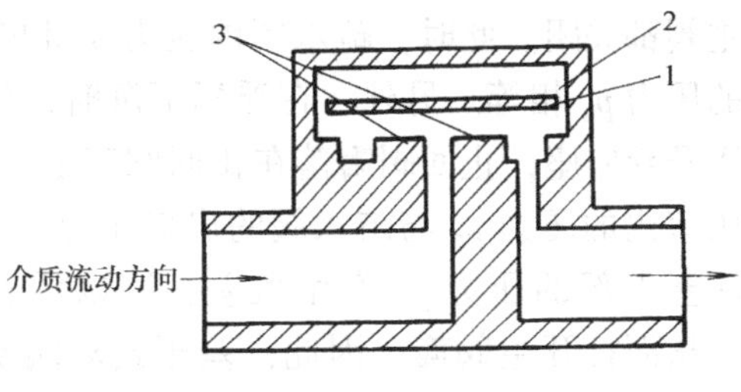

图 4-43　圆盘式蒸汽疏水阀
1—启闭件　2—压力室
3—阀座

② 脉冲式蒸汽疏水阀，如图 4-44 所示。是利用热动力学特性，当凝结水排放到较低的压力区时会发生二次蒸发，并在黏度、密度等方面存在差异，由进口和压力室之间的压差变化而导致启闭件的开关动作的蒸汽疏水阀。

③ 迷宫或孔板式蒸汽疏水阀，如图 4-45 所示。是由节流孔控制凝结水的排放量，并使热凝结水汽化而减少蒸汽的流出。

（2）按结构型式分

1）机械型蒸汽疏水阀。

① 浮桶式蒸汽疏水阀，如图 4-46 所示。桶状浮子的开口朝上配置。开始通汽时，产生的凝结水被蒸汽压力推动，流入疏水阀内部吊桶的四周，随着凝结水量的增加又逐渐流入桶内。当浮桶内贮存的水达到所规定的数量时，浮桶失去了浮力，便下沉，从而打开了连接在浮桶

上的阀瓣，浮桶内的水通过集水管，由疏水阀的出口排除。当浮桶内的凝结水大部分被排除之后，浮桶又恢复了浮力，向上浮起，关闭蒸汽疏水阀。

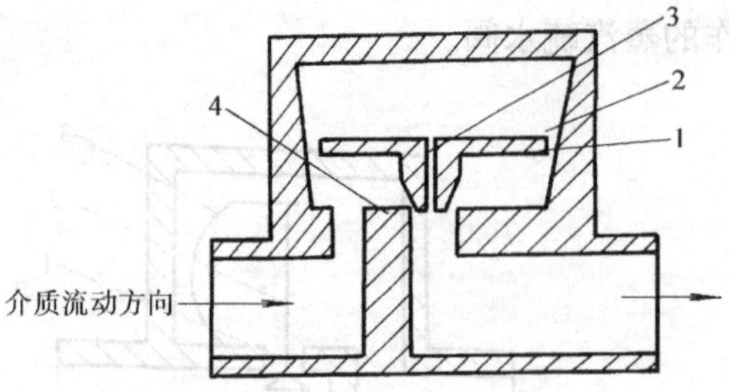

图4-44 脉冲式蒸汽疏水阀

1—启闭件 2—压力室

3—泄压孔 4—阀座

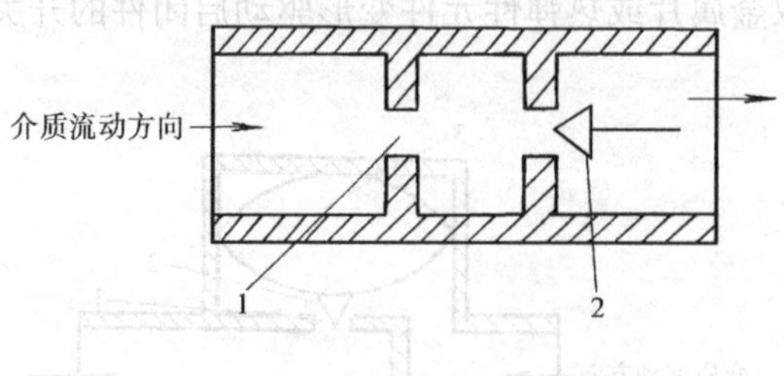

图4-45 迷宫或孔板式蒸汽疏水阀

1—节流孔（一个或一个以上）

2—可（任意）调节的启闭件

这样，根据凝结水的流入量，及时地使浮桶下沉（开阀排放凝结水）或上浮（关阀停止排放凝结水），实现离合动作，间断地排除凝结水。

② 差压式双阀瓣浮桶式蒸汽疏水阀，如图4-47a所示。变压室是由活塞和圆筒围成的空间所构成。活塞上面是主阀瓣。主阀瓣空心口的下端成为与浮桶直接相连并同时动作的先导阀的导向座。当浮桶上浮时，先导阀瓣与导向座密合，并把活塞往上推，同时使主阀瓣与主阀座密合，先导阀和主阀都关闭。此时，疏水阀内压力 p_1 和变压室内的压力 p_2 相等。另外，在浮桶下沉时，先导阀瓣离开导向座，止回阀瓣落在止回阀座上。这时，变压室内的压力 p_2 与疏水阀的出口压力 p_3 相等，与活塞上部的压力 p_1 产生压差，所以活塞被推下，从而打开主阀瓣。因此，差压式双阀瓣疏水阀依靠先导阀的作用就能打开较大的主阀。与直动式相比，使用同一尺寸、同一重量的浮桶，便可产生非常大的排水能力（图4-47b、c）。

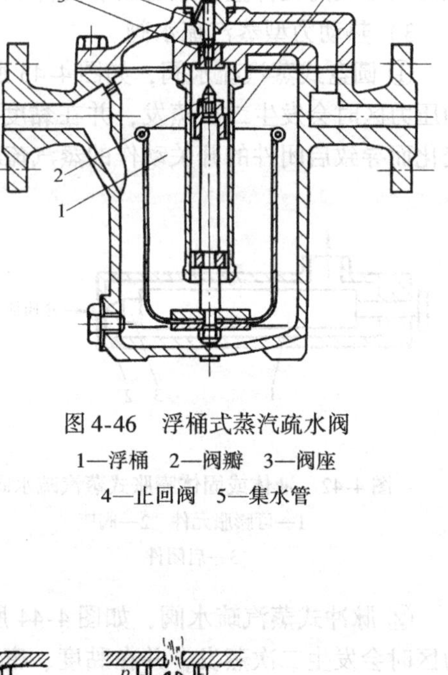

图4-46 浮桶式蒸汽疏水阀

1—浮桶 2—阀瓣 3—阀座

4—止回阀 5—集水管

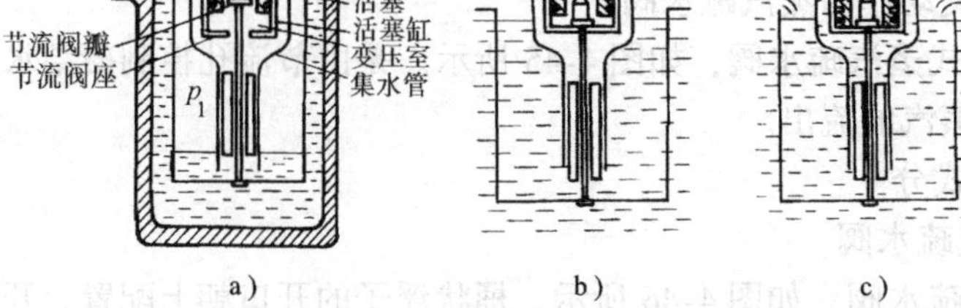

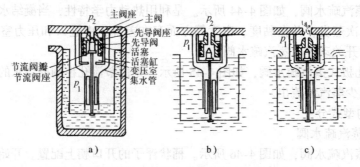

图4-47 差压双阀瓣蒸汽疏水阀（活塞）的动作原理

a）差压双阀瓣蒸汽疏水阀的结构简图 b）关闭时的状态 c）开启排水时的状态

③ 倒吊桶式蒸汽疏水阀，如图 4-48 ~ 图 4-50 所示。这种结构的浮桶，开口朝下设置，所以称为倒吊桶式或反浮桶式。倒吊桶的形状正好呈吊钟形，所以也称为钟形浮子式。

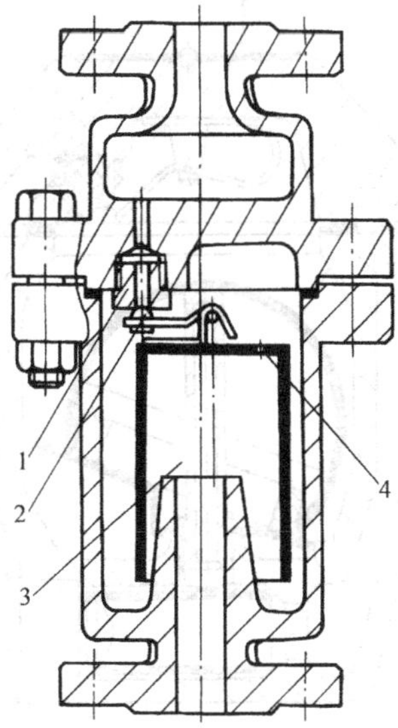

图 4-48　杠杆倒吊桶式蒸汽疏水阀

1—阀座　2—阀瓣　3—倒吊桶　4—排气孔

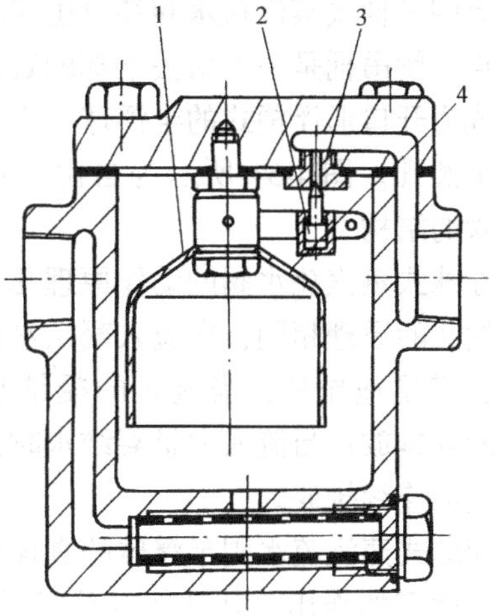

图 4-49　杠杆倒吊桶式蒸汽疏水阀

1—倒吊桶　2—阀瓣　3—阀座　4—排气孔

倒吊桶有单阀瓣（单阀直动式及单阀瓣杠杆增幅式）和压差双阀瓣结构，如图 4-50 所示。单纯说倒吊桶式是指单阀瓣杠杆增幅式，如图 4-48、图 4-49 所示。

以下用单阀瓣杠杆增幅式来说明倒吊桶式蒸汽疏水阀的结构原理。

如图 4-48 所示，在倒吊桶上设有通气口。开始通蒸汽时，吊桶下沉，打开与吊桶、杠杆连接在一起的阀瓣密封处，使之全开；通入蒸汽后，蒸汽使用设备内的空气进入疏水阀，经排气孔由排水阀排出；接着就有凝结水流入，先在吊桶内蓄满，然后通过吊桶下缘流到外部，由排水阀排出。这样，当空气排出之后其空间由凝结水所代替，使疏水阀内部充满了凝结水。凝结水排除后，蒸汽进入；蒸汽充满吊桶后，使吊桶恢复了浮力，开始上浮，于是关闭疏水阀。另外，在吊桶上浮时，其吊桶内的下部还残留有凝结水，在设计上保留有水封，所以蒸汽不会泄漏。此后，吊桶内的蒸汽从吊桶上部的排气口徐徐外溢，成为凝结水，所以进入吊桶内的蒸汽并不妨碍凝结水的流入，即使有空气

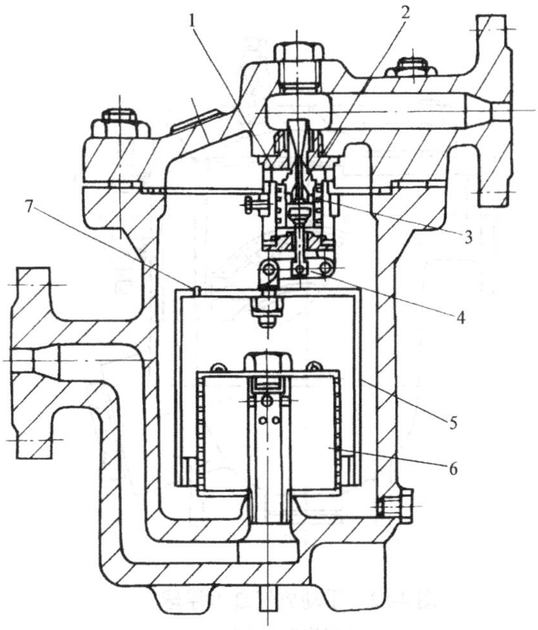

图 4-50　活塞杠杆倒吊桶式蒸汽疏水阀

1—主阀座　2—主阀瓣　3—导阀瓣　4—杠杆

5—倒吊桶　6—过滤网　7—排气孔

进入，这些空气也要通过排气口汇集到疏水阀的顶部，待再次动作时和凝结水一起由排水阀排出。

④ 自由半浮球式蒸汽疏水阀。这种蒸汽疏水阀兼有倒吊桶式蒸汽疏水阀和自由浮球式疏水阀的优点。倒吊桶是一个切去下部的真球状密闭浮球，成为开口形浮桶式的半浮球，再在其最顶部开一个圆孔。图4-51所示为自由半浮球式蒸汽疏水阀的结构。

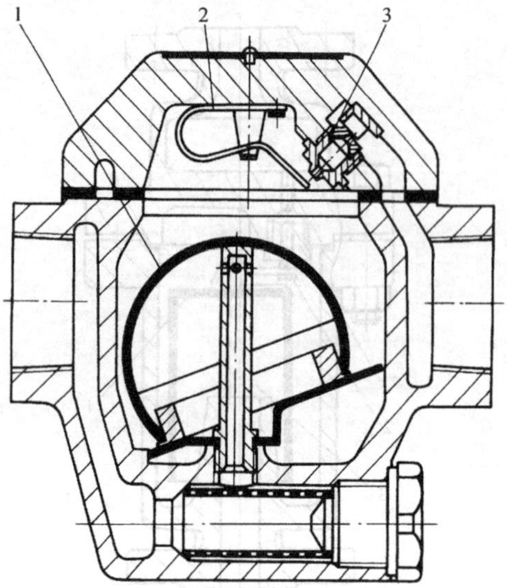

图4-51 自由半浮球式蒸汽疏水阀的结构
1—半浮球 2—双金属片 3—阀座

半浮球式蒸汽疏水阀的动作原理几乎和一般的倒吊桶式的原理相同，在流入凝结水量很少的时候，就零星地排放；当流入的凝结水量中等时，就间歇排放；当流入大量凝结水时，就进行最大限度的连续排放。

半浮球式蒸汽疏水阀半浮球的真球状部分能完全起到阀瓣的作用，其动作部分只是半浮球，而发射管和发射台只是支持半浮球的必要部件，因此有结构简单、便于维修的优点。

⑤ 自由浮球式蒸汽疏水阀，这类蒸汽疏水阀也称为自由浮子式或无杠杆浮球式。因为是将圆形浮子无约束地放置在疏水阀的阀体内部，所以设计时将浮球本身作为完成开关动作的阀瓣。如图4-52～图4-54所示，球形浮子可以自由上升或下降，从而起到阀瓣的作用，实现开、闭阀动作。在阀盖上部还设置了空气排放阀。

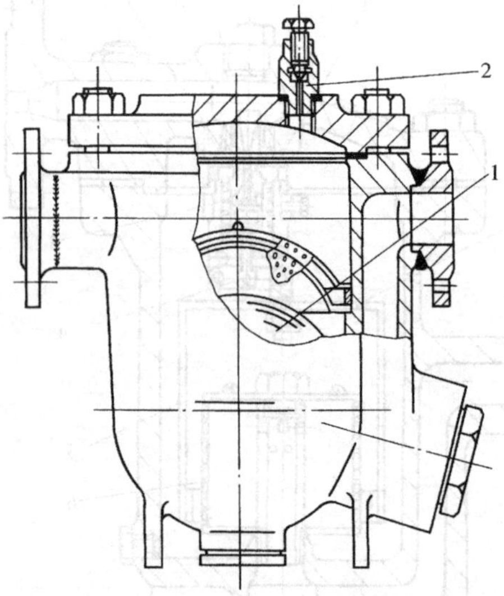

图4-52 手动放气自由浮球式蒸汽疏水阀
1—浮球 2—手动放气阀

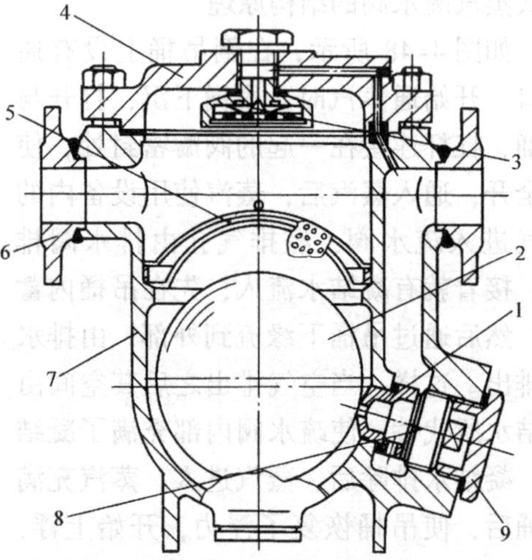

图4-53 自动放气自由浮球式蒸汽疏水阀
1—阀座 2—浮球 3—自动放气阀 4—阀盖 5—过滤网 6—焊接法兰 7—阀体 8—调整螺塞 9—螺塞堵

最初，空气排放阀的双金属片因温度低而呈凹状，空气排放口是开着的。开始通气时，进入疏水阀的空气由空气排放阀排出，随后流入的低温凝结水使浮球上浮，离开阀座的排水口，随之由此排放凝结水。凝结水的温度逐渐升高，空气排放阀的双金属片反弯，从而关闭空气排放阀，于是浮球就随着凝结水的流入量而上下动作并随着凝结水负荷实现自动调节排放。一旦凝结水停止流入，浮球就下降，并和阀座排水口相接触，从而关闭疏水阀。这时，阀座排水口低于阀体内凝结水的水面，所以蒸汽不会从阀座排水口泄漏。

当再一次有凝结水流入时，疏水阀内部的水位上升，浮球离开阀座而上升，疏水阀打开，排除凝结水。随着凝结水流入量的多少，使浮球上下动作，实现按比例连续排水，并反复循环这一动作。

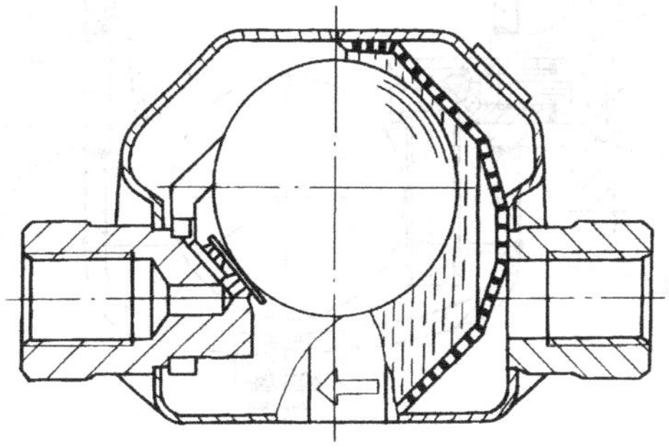

图4-54　小型自由浮球式蒸汽疏水阀

⑥ 杠杆浮球式蒸汽疏水阀。这类蒸汽疏水阀有单阀座式和双阀座式两种。在此，用双阀座来说明其动作原理，并附带说明与单阀座式的区别。

杠杆浮球式蒸汽疏水阀如图4-56所示。随着疏水阀内凝结水量的变化，浮球有时上升，有时下降，依靠浮球杠杆的增幅装置，开关排水阀瓣，且能控制其开度。图4-55所示为双阀座结构，作用在阀瓣上的开阀力 F_1 及关阀方向的力 F_2 分别为

$$F_1 = A_1 p \qquad F_2 = A_2 p$$

设计给定　$A_1 \approx A_2$

$$F_1 \approx F_2$$

因此，F_1 和 F_2 互相抵消了，所以稍有一点外力即可开闭阀门，用小型阀门即可得到大容量的连续排水。另外，在阀体上部设置了自动空气排放阀。

开始通蒸汽时，阀体上部的自动空气排放阀打开，空气迅速排出。低温凝结水流入时，浮球上浮，打开阀门排除凝结水，凝结水的温度逐渐上升，当凝结水的温度接近饱和温度时，自动空气排放阀关闭，凝结水流入疏水阀，使浮球保持上升的位置，并继续保持开阀状态。如果凝结水停止流入，则浮球下降，并关闭蒸汽疏水阀。

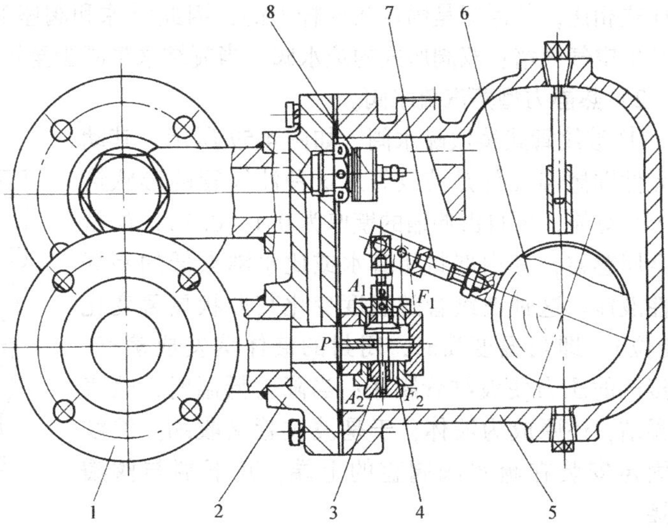

图4-55　双阀座杠杆浮球式蒸汽疏水阀
1—焊接法兰　2—阀盖　3—阀瓣　4—阀座　5—阀体
6—浮球　7—杠杆　8—自动空气排放阀

单阀座式杠杆浮球疏水阀如图4-56～图4-58所示。它与双阀座相比，由于只有一个阀座，为了要加大排放凝结水的能力，必须增大阀座面积，因此开阀所需要的力也要增加，所以必须加大浮球，这就使蒸汽疏水阀的体积增加了。因此，双阀座式是对单阀座式的改进。

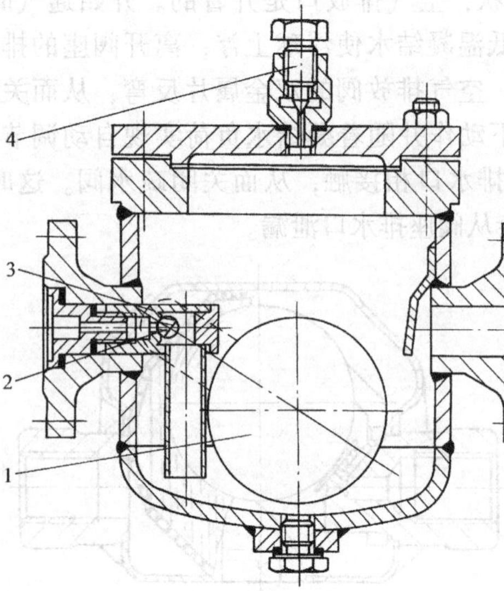

图 4-56 杠杆浮球式蒸汽疏水阀

1—浮球 2—阀瓣 3—阀座

4—手动空气排放阀

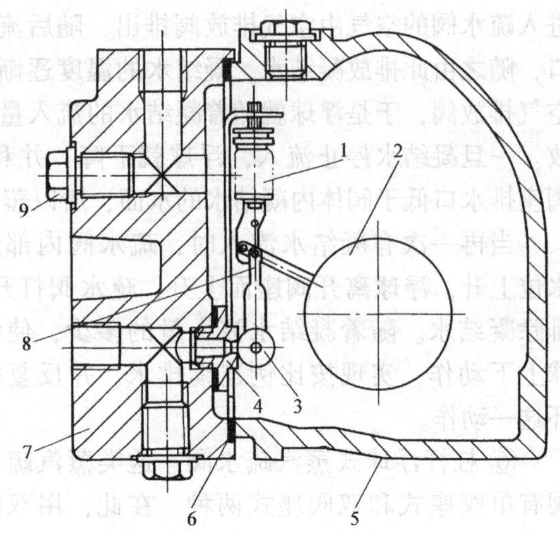

图 4-57 波纹管杠杆浮球式蒸汽疏水阀

1—波纹管 2—浮球 3—阀瓣 4—阀座

5—阀体 6—密封垫片 7—阀盖

8—杠杆 9—螺塞

杠杆浮球式蒸汽疏水阀的特点如下：作为一种大排量的疏水阀，其体积比较小；和自由浮球式相比，其浮球是固定在杠杆上的，因此浮球和阀座的耐用性好；内装空气排放阀，不会产生空气气堵；双阀座式的疏水阀，当凝结水量减少至极少时，往往会泄漏蒸汽。

2）热静力型蒸汽疏水阀。

① 波纹管式蒸汽疏水阀，如图 4-59 所示。其动作元件即感温元件是波纹管。这种波纹管的形状恰似个小灯笼，可自由伸缩的壁厚为 0.1 ~ 0.2mm 的密封金属容器，其内部封闭着水或比水沸点低的易挥发性液体。这种波纹管随温度变化其形状显著变化(变位)，即当温度高时，闭封的液体蒸发成蒸气，靠蒸气的压力使波纹管膨胀；当降为低温时，蒸气又凝结，还原成为液体，于是波纹管又收缩。波纹管固定安装在疏水阀阀盖的上端，其下端与阀瓣连接。

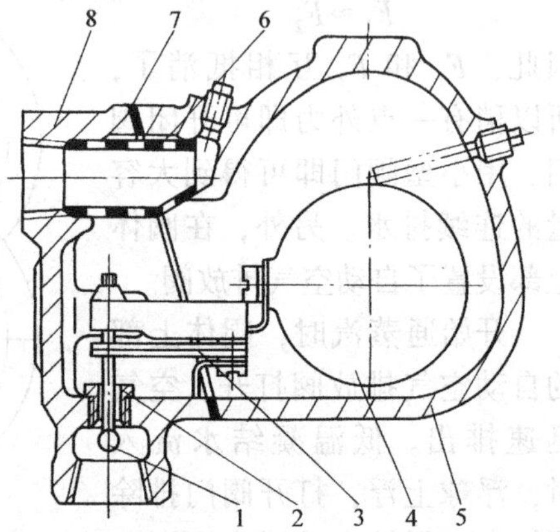

图 4-58 双金属杠杆浮球式

蒸汽疏水阀

1—阀瓣 2—阀座 3—双金属片

4—浮球 5—阀体 6—过滤网

7—密封垫片 8—阀盖

这种疏水阀的动作原理是：开始通蒸汽时为常温状态，波纹管内部封闭的液体没有汽化，波纹管收缩呈开阀状态，因此流入疏水阀的空气和大量的低温凝结水通过阀座孔由出口排出，凝结水的温度很快上升；随着温度的变化，波纹管感温，同时其内部封闭的液体汽化产生蒸气压力，使体积膨胀、波纹管伸长，并使阀瓣接近阀座，于是当疏水阀内流入近似饱和温度的水或高温凝结水后，波纹管进一步膨胀，呈关阀状态。

疏水阀内的凝结水温度一旦降至设定的开阀温度，按照温度的变化，波纹管则成比例地收缩，打开阀门。这一动作反复进行，就实现了开闭阀动作，从而排除凝结水。

② 双金属片式蒸汽疏水阀。其感温元件是双金属片。双金属片是由受热后膨胀程度差异较大的两种金属（特殊合金）薄板粘合在一起制成的，所以温度一旦发生变化，热膨胀系数大的金属比热膨胀系数小的金属伸缩较大，使这种粘合的金属薄板产生较大的弯曲。双金属片能将温度变化转换成弯曲形状的变化，它不是像波纹管那样的密封形容器，而是板状，从而具有足够的机械强度，且耐冲击力较强。所以不仅用于蒸汽疏水阀，在其他领域也得到广泛的应用。

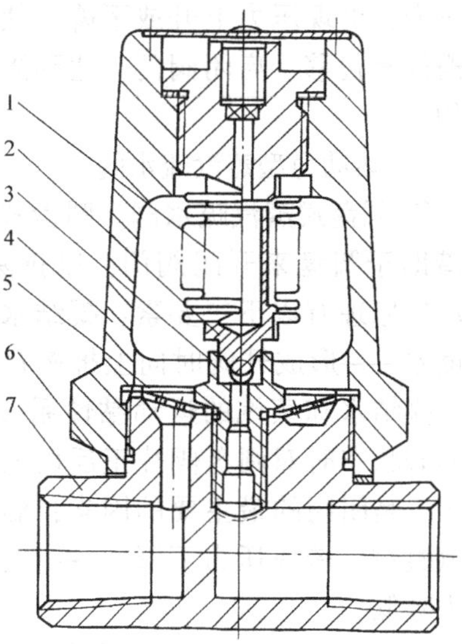

图 4-59　波纹管式蒸汽疏水阀
1—波纹管　2—阀瓣　3—阀座
4—阀盖　5—过滤网　6—密封垫片　7—阀体

在用于蒸汽疏水阀的场合，有四种不同的双金属片组合在一起。一种是把数枚长方形的双金属片组合在一起，成为悬臂梁式的矩形双金属片式，如图 4-60 所示；第二种是以一片 C 形的双金属片作为热敏元件的单片双金属片式，如图 4-61 所示；第三种是把数个圆形的双金属片组合在一起，形成圆板双金属片式的温调疏水阀，如图 4-62 所示；第四种是由一组棱形的双金属片组合在一起的简支梁式的双金属片式疏水阀，该种双金属片的变形曲线和饱和蒸汽曲线相似，是比较理想的，该种形式的疏水阀如图 4-63 所示。

③ 膜盒式蒸汽疏水阀，如图 4-64 所示。主要启闭元件是金属膜盒，膜盒内的光感温液体根据工况选用。当膜盒在周围不同温度的蒸汽和凝结水作用下，使感温液发生气液之间的态变，出现压力上升或下降。使膜片带动阀瓣往复位移，启闭疏水阀，达到阻蒸汽排水的目的。

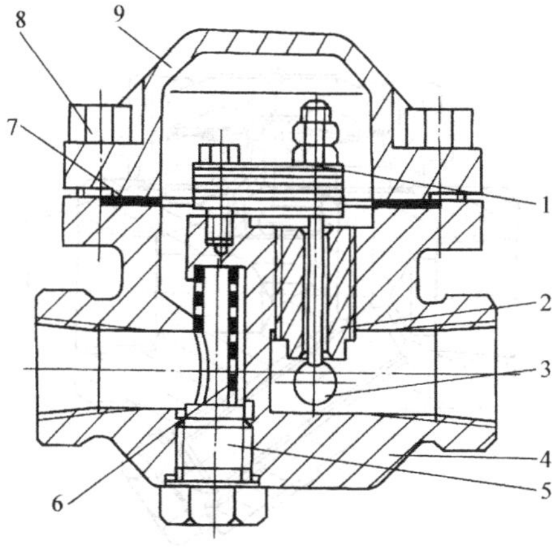

图 4-60　悬臂梁双金属片式蒸汽疏水阀
1—矩形双金属片　2—阀座　3—阀瓣
4—阀体　5—螺塞　6—过滤网　7—密封垫片　8—螺栓　9—阀盖

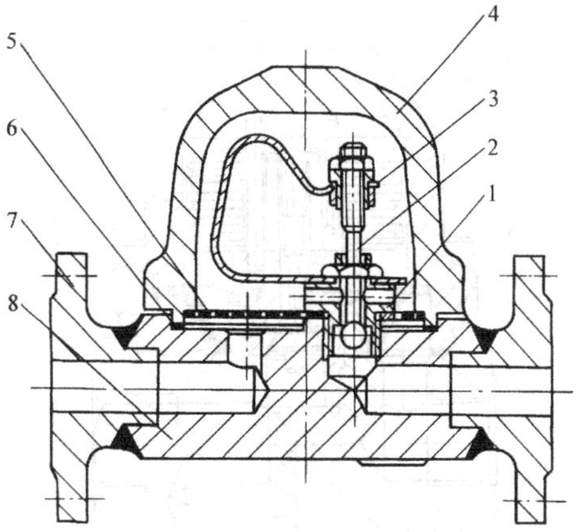

图 4-61　C 形单片双金属片式蒸汽疏水阀
1—阀座　2—阀瓣　3—C 形双金属片
4—阀盖　5—过滤网　6—密封垫片
7—焊接法兰　8—阀体

④ 隔膜式蒸汽疏水阀，如图 4-65 所示。该阀的下体和上体之间设有耐高温的膜片，膜片下的碗形体中充满感温液。根据不同的工况选用不同的感温液。当膜片在周围不同温度的蒸

汽和凝结水作用下，使感温液发生气液之间的态变，出现压力上升或下降，使膜片带动阀瓣往复位移、启闭阀门，达到阻汽排水的目的。

3）热动力型蒸汽疏水阀。

① 圆盘式蒸汽疏水阀。圆盘式蒸汽疏水阀借助于圆盘来开闭阀门，以排除凝结水。其动作原理有以下三要素：凝结水和蒸汽的密度差——形成开阀时向上推圆盘阀片的力量；凝结水和蒸汽的运动黏性系数差——转变闭阀状态时对圆盘阀片正反两面产生动力作用，是闭阀的最主要的因素；温度降低使蒸汽凝结，造成压力下降——使变压室内的压力降低。

如图 4-66 所示，它的活动零件只有一个圆盘阀片，所以结构简单。设有圆盘阀片的中间室称为变压室，借助于变压室内的压力降进行开阀。使变压室压力下降有不同的方法，如大气冷却式（自然冷却式）和蒸汽加热凝结水冷却式（蒸汽夹套型）或空气保温式（空气夹套型）（图 4-67），但其动作原理则区别不大，所以按大气冷却式的动作原理加以说明。

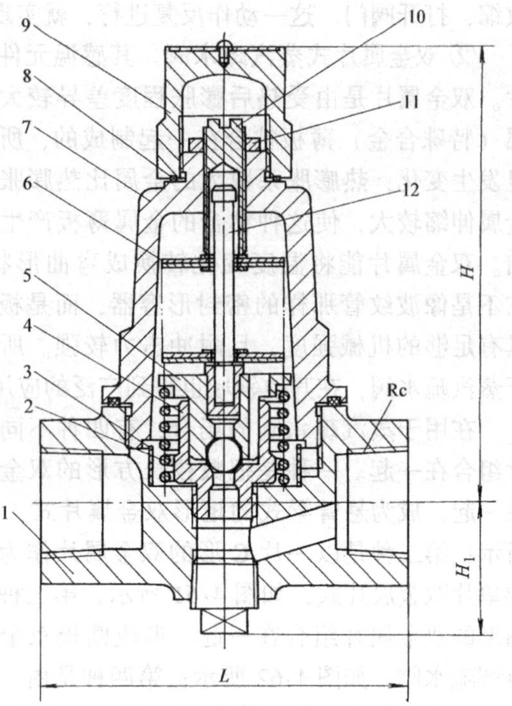

图 4-62 圆板形双金属片式蒸汽疏水阀

1—阀体 2—弹簧 3—过滤网 4—阀座 5—阀瓣组件（阀瓣、密封钢球） 6—双金属片 7—阀盖 8—密封垫片 9—阀罩 10—调节螺栓 11—锁紧螺母 12—心杆

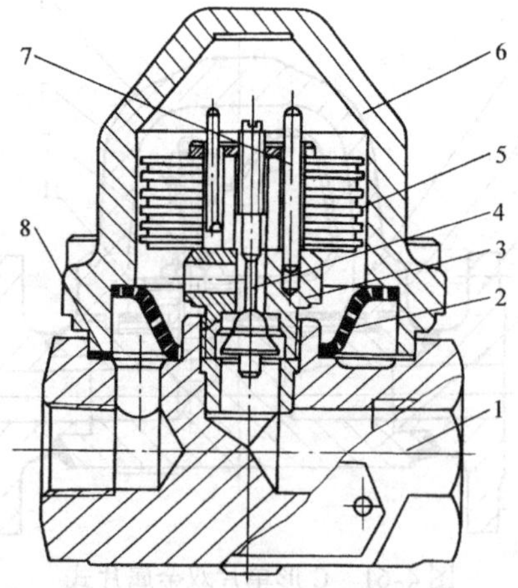

图 4-63 棱形双金属片式蒸汽疏水阀

1—阀体组合件 2—过滤网 3—阀座 4—阀瓣 5—棱形双金属片 6—阀盖 7—导向杆 8—密封垫片

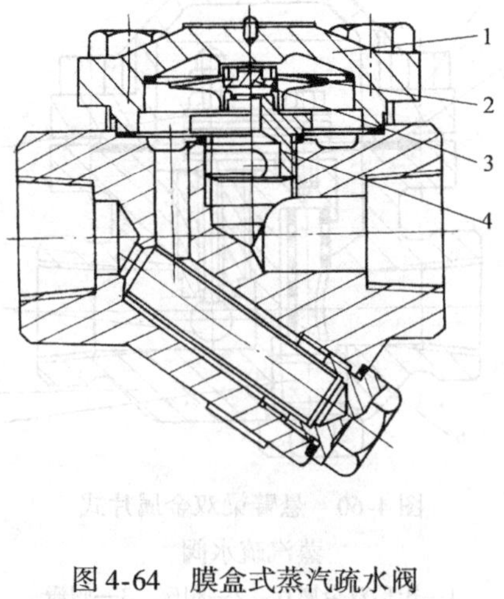

图 4-64 膜盒式蒸汽疏水阀

1—阀盖 2—膜片 3—阀瓣 4—阀座

a. 大气冷却圆盘式蒸汽疏水阀。如图4-68所示，开始通蒸汽时，空气和凝结水流入疏水阀内，通过进口喷嘴将圆盘阀片往上推，从出口喷嘴排除凝结水，然后蒸汽进入疏水阀。由于蒸汽从圆盘阀片下面流过的速度比凝结水流过的速度大得多，根据伯努利定理，圆盘阀片下面的压力降低，在圆盘阀片上的关闭力作用下，使疏水阀关闭。

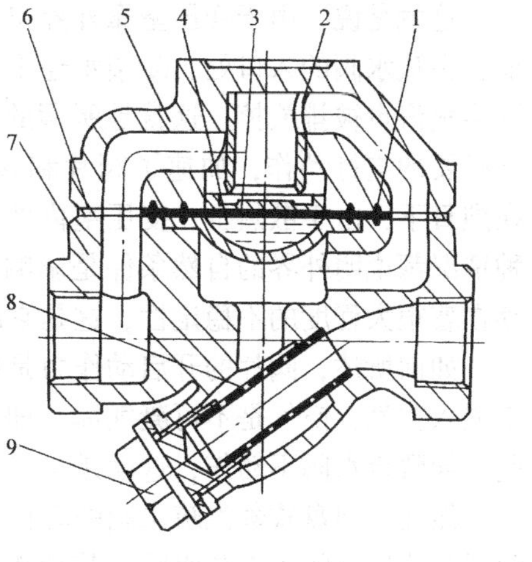

图4-65　隔膜式蒸汽疏水阀
1—隔膜　2—阀座　3—阀瓣　4—感温液　5—阀盖　6—密封垫片　7—阀体　8—过滤网　9—螺塞

在闭阀的一瞬间，变压室内的压力几乎与入口压力相等。由于圆盘阀片上方的全面积承受了该压力，而圆盘阀片下方只承受进口压力的面积不会超过入口喷嘴的面积，所以将阀片向下压的力大，因此关闭阀门。

闭阀时，进入变压室的蒸汽向接触阀盖外侧的空气散热，随着阀盖散热，变压室内的蒸汽渐渐凝结成凝结水，因此压力渐渐降低。当变压室内的压力降至某一程度之后，尽管圆盘阀片承受向下压力的受压面积大，也不能阻止推动圆盘阀片向上的力，于是阀片抬起，继而开阀，将关阀后积聚在疏水阀入口处的凝结水从出口排除。当凝结水流动的时候，凝结水的冲击力将阀片冲开。

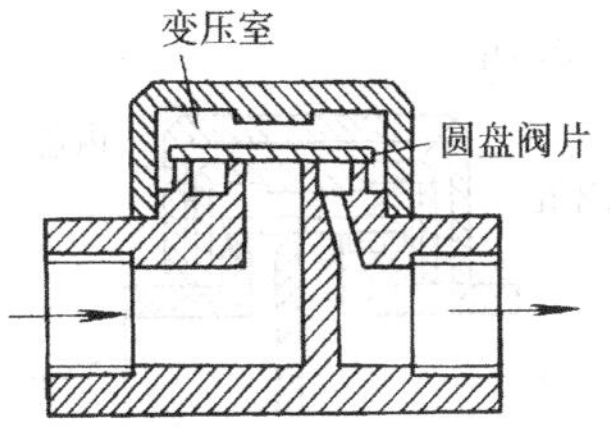

图4-66　圆盘式蒸汽疏水阀结构简图

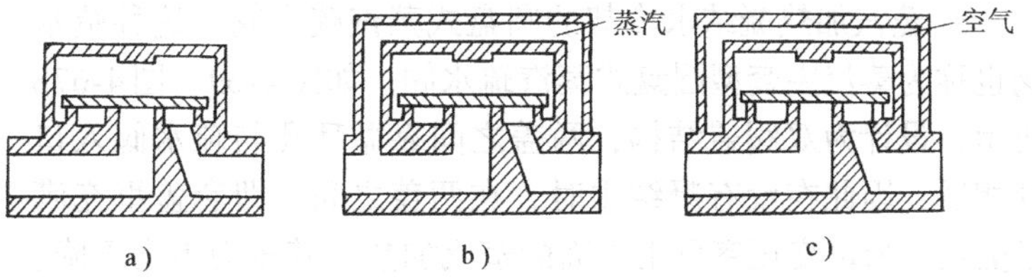

图4-67　圆盘式蒸汽疏水阀的不同冷却保温形式
a）大气冷却式　b）蒸汽加热凝结水冷却式　c）空气保温式

当滞留的凝结水全部排除后，流入蒸汽。蒸汽对阀片的冲击力比凝结水小得多，且如前所述，由于蒸汽的流速高，使阀片下方的压力降低，从而闭阀。可是，实际上凝结水在原生蒸汽到来之前已成为接近饱和温度的凝结水，当流经阀片下方时，形成了二次蒸汽，从而关闭阀门，所以蒸汽损失较小。在重复这一过程的同时，仅把产生出来的凝结水排除出去，从而发挥了蒸汽疏水阀的作用。

以上所述的圆盘式疏水阀，由于变压室冷却使室内的压力下降，从而开阀。变压室内压力下降，并不是因为气体本身的压力降低，而是由于变压室内的蒸汽凝结使压力下降。一般在疏水阀的压力范围内，蒸汽的蒸发潜热并没有多大差别，所以即使入口压力发生变化，几乎不会引起动作温度的下降，一般温差仅在3～5℃之间，因而可以说这种疏水阀是十分灵敏的。可是，就大气冷却式圆盘式蒸汽疏水阀来说，由于变压室是靠大气（自然）而不是靠凝结水冷却，因此冷

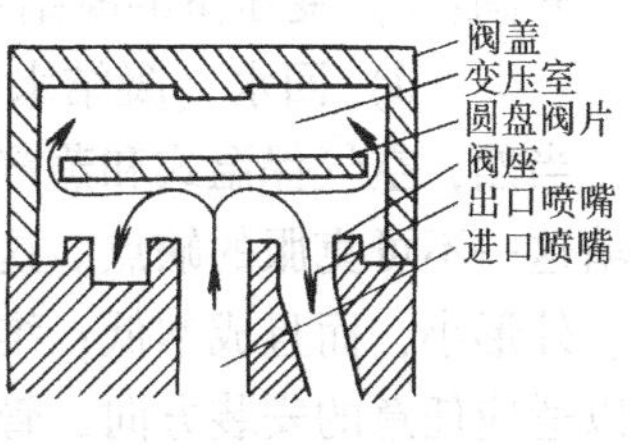

图4-68　大气冷却圆盘式蒸汽疏水阀动作原理

却速度太快，动作过于灵敏，这就不是优点反而是缺点了。

这就是说，由于变压室靠外界空气冷却快，所以开阀的频率太高，特别是雨天和寒冷季节，在疏水阀的入口处，凝结水还未产生积蓄或还未完全形成滞留时就会产生开阀动作，使许多蒸汽也被排放掉。这就是所谓的阀片空打现象，造成蒸汽的浪费较大。由于阀片经常做不必要的空打动作，加速了阀片和阀座的磨损，缩短了疏水阀的寿命。反之，夏季高温时，在烈日下，由于散热少，变压室内的压力不下降，即使滞留有凝结水，也不会开阀。上述两种情况都说明外界的自然条件是影响阀片开闭动作的主要因素之一。所以，在开闭动作方面存在着很大程度的不稳定性，这是它的缺点之一。

如前所述，阀片的开启动作力是由于变压室内的蒸汽凝结而压力下降所产生的。若蒸汽中混入空气，空气是不可凝气体，即使变压室靠外界大气冷却下来，其压力也不会下降，为此会导致疏水阀不动作，这就是空气气堵现象，也是这种疏水阀的缺点之一。

然而，圆盘式蒸汽疏水阀的动作原理与重力毫无关系，因此其安装位置不限。也可以说，除圆盘式以外的蒸汽疏水阀，其动作都与重力有关，所以应限定在水平位置上安装。而圆盘式却可以安装成垂直或倾斜的位置，所以它有不限定安装位置这一突出优点。

b. 空气保温圆盘式蒸汽疏水阀。这种疏水阀也称为空气夹套型圆盘式蒸汽疏水阀。上述外界冷却式的变压室，其压力降低是依靠外界空气，即依靠自然界，因此会有空打或不动作的缺点。为了克服这些缺点，在变压室内盖的外面再设置一个外盖，成为双盖结构，其间密封了空气，即设置空气夹套，使变压室因有空气夹套而隔热，这样就不会产生寒冷时的空打或夏季高温时动作不良的状况，如图4-67c所示。

c. 蒸汽加热凝结水冷却的圆盘式蒸汽疏水阀。这种疏水阀也称为蒸汽夹套型圆盘式蒸汽疏水阀。如图4-69、图4-67b所示，设计为双阀盖结构，两盖之间靠循环孔与疏水阀入口处相通，因此在没有凝结水时，在两盖之间，即套盖里充满了蒸汽，所以变压室可由外面的蒸汽加热，其压力不会下降，也不会开阀。当疏水阀入口滞留了凝结水时，套盖之间也充满了凝结水，变压室由于凝结水的冷却而引起压力下降从而开阀。

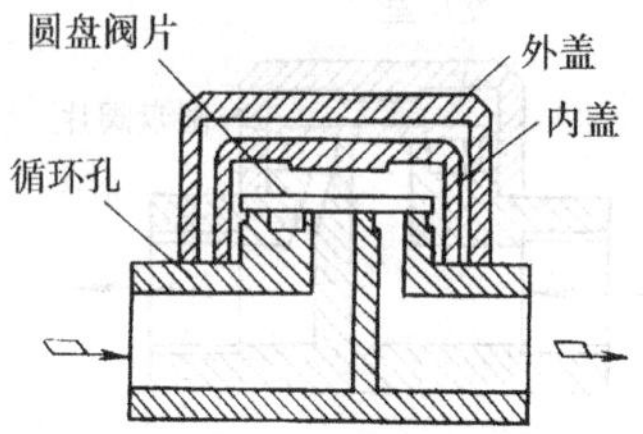

图4-69 蒸汽加热凝结水冷却圆盘式蒸汽疏水阀

上述凝结水的滞留和变压室压力的下降是完全一致的，排除凝结水后（充满蒸汽时）与变压室压力的上升也保持一致，因此也可以说蒸汽加热凝结水冷却式圆盘式蒸汽疏水阀应用了蒸汽疏水阀的原理。蒸汽加热凝结水冷却式的动作原理如下：

闭阀：a）阀片下的蒸汽流速增大→静压降低→闭阀力；

b）变压室的蒸汽加热→变压室压力上升。

开阀：c）变压室的凝结水冷却→变压室的压力降低→开阀力；

d）回水（凝结水）的冲击力。

当然，空气保温式和蒸汽保温凝结水冷却式都与重力毫无关系，可是都有容易产生空气气堵这一不可克服的缺点。这种疏水阀的特征如下：其活动部件仅有一个阀片，因此结构简单、外形小，而且成本低；维修简单；温度及压力的使用范围广，不必按使用要求进行调整；可以适应任意的安装方向，管道安装简便；在垂直配管上若出口向下安装时，一般情况下不必担心发生冻裂；背压限制在50%以下，动作压差限制在0.03MPa以上（关于这点以后将讲述）；常发生空打和不动作的现象（在大气冷却式的场合）；有时产生空气气堵；没有蒸汽泄漏就不会关阀，所以有一定的蒸汽损失；疏水阀阀体内分离为蒸汽层和液体层，由于蒸汽层会放热，所以也会有蒸汽损失；排放凝结水时，噪声大。

d. 带排除冷空气装置的蒸汽保温凝结水冷却的圆盘式蒸汽疏水阀。如上所述，在圆盘式蒸汽疏水阀的变压室里，由于蒸汽的凝结引起压力下降，从而产生开阀动作，所以当变压室里混入空气后，由于空气是非凝结性气体，因此即使温度降低了，压力也不会降低，因而就产生了不开阀的空气气堵现象。这种缺点特别是在蒸汽使用设备刚开始起动时最突出，因此为了防止空气气堵这一弊病，经进一步研究，制造出了带防止空气气堵装置的蒸汽加热凝结水冷却式圆盘式蒸汽疏水阀。

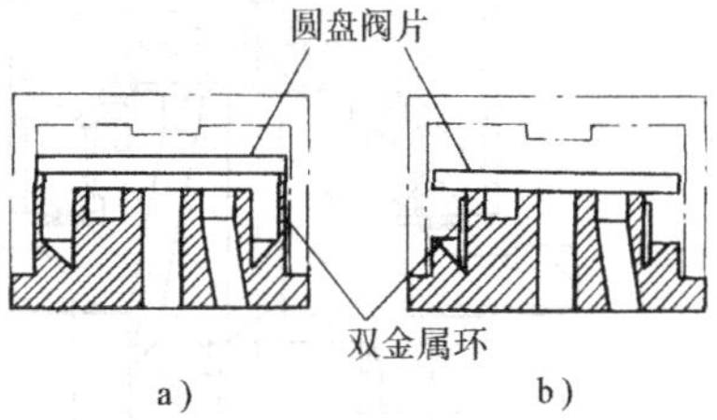

图 4-70　蒸汽加热凝结水冷却式圆盘式蒸汽疏水阀的空气气堵防止装置
a）低温时（开始起动时或发生空气气堵时）　b）正常运转时

这种疏水阀如图 4-70 所示，在阀座的周围设置了双金属环。关于双金属，以上已进行了说明。双金属环的圆周方向留有间隙，可随温度变化而胀开和收缩。图 4-72 所示就是使用双金属环的实例。双金属环可沿圆锥面上下移动，因此蒸汽使用设备在开始起动时，低温的凝结水和空气的混合流体大量流入疏水阀；起动时双金属环因冷却而收缩，并沿斜面向上推挤，因此阀片被抬起，靠双金属环收缩的力开阀，使大量的低温凝结水和空气被强制性排放（图 4-70a）。

另外，当凝结水完全排除干净后，高温的蒸汽流入，使双金属环加热膨胀而胀开并沿斜面滑下，不再妨碍阀片落在阀座上。此时其动作与普通的圆盘式蒸汽疏水阀一样，阀片落在阀座上而关闭阀门（图 4-70b）。然后，疏水阀内流入了凝结水，使变压室的压力下降，从而打开阀门，排除凝结水。凝结水排除后，流入蒸汽，使变压室的压力上升，再次闭阀，这就是这种疏水阀的动作过程。

若万一发生空气气堵，待温度充分下降后，双金属环因冷却收缩，而沿斜面上推，抬起阀片，强制开阀（图 4-70a），迅速将空气排除，疏水阀就可以重新正常工作了。

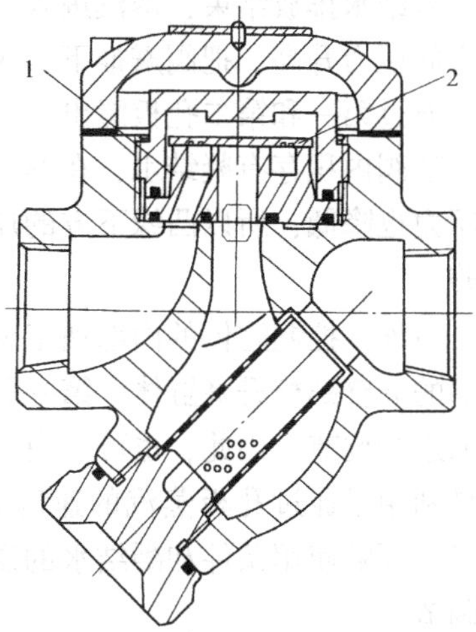

图 4-71　活阀座圆盘式蒸汽疏水阀
1—阀座　2—阀片

上述四种圆盘式蒸汽疏水阀中，圆盘式与孔板式相比有结构简单、故障少等优点。所以，在热动力型疏水阀中，圆盘式蒸汽疏水阀使用最广。

各种圆盘式蒸汽疏水阀的典型结构如图 4-71 ~ 图 4-73 所示。

② 脉冲式蒸汽疏水阀。这种疏水阀是在阀瓣上设置了孔板，接通疏水阀出口，所以称孔板式。如图 4-74 所示，带有凸缘且具有通孔的纵向形阀瓣及控制缸为主要零件。阀瓣的通孔被称为第二级孔板，阀瓣凸缘与控制缸间的间隙为第一级孔板。这种疏水阀即使处在关闭状态，也会通过第一和第二级节流孔板与出口相通，即它是不完全闭锁结构。

开始通汽时，空气先通过第一和第二级孔板排放出去。当凝结水通过第一级孔板时，其压力要较之在气体状态下有显著降低，因此阀瓣凸缘上部压力室的压力降低，凸缘下部的压力把阀瓣向上推起，使主阀口打开，排放凝结水。

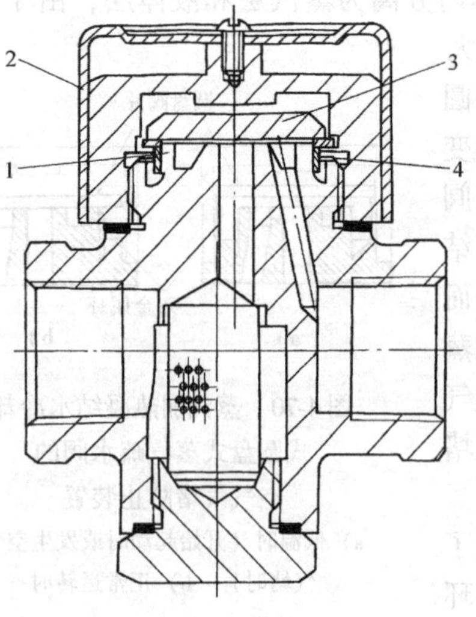

图 4-72 固定阀座带双金属环放气装置的圆盘式蒸汽疏水阀

1—阀座 2—保温罩 3—阀片 4—双金属环

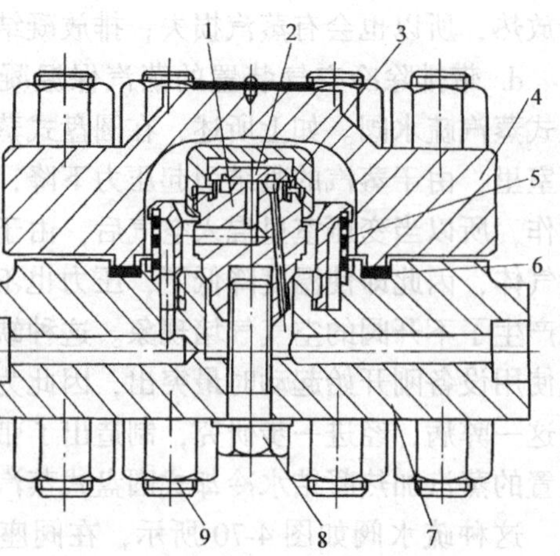

图 4-73 高压圆盘式蒸汽疏水阀

1—阀座 2—阀片 3—双金属环 4—阀盖 5—过滤网 6—密封垫片 7—阀体 8—阀座拉紧螺栓 9—螺栓

凝结水排放结束，蒸汽进入。蒸汽通过第一级孔板后，其压力降较小，所以凸缘上部压力室的压力升高，把阀瓣推下，关闭疏水阀。但是，虽然疏水阀处于关闭状态，蒸汽也会不断地通过第一和第二孔板漏出。

若阀内积存有凝结水，在蒸汽通过第一孔板时，其压力下降很大，阀瓣凸缘上方压力室的压力也降低，所以凸缘下方的压力将阀瓣推上去，从而开阀，于是达到反复排除凝结水的目的。

另外，控制缸体的内部加工成锥度很小的倒锥面，靠上部的调整螺杆升降缸体。第一孔板的间隙，可根据使用要求进行调节。因此，也可以说，孔板式蒸汽疏水阀的原理是利用了通过孔板蒸汽的速度和凝结水的再蒸发作用，所以必须随使用条件和凝结水的温度变化，靠调整螺杆进行调节。

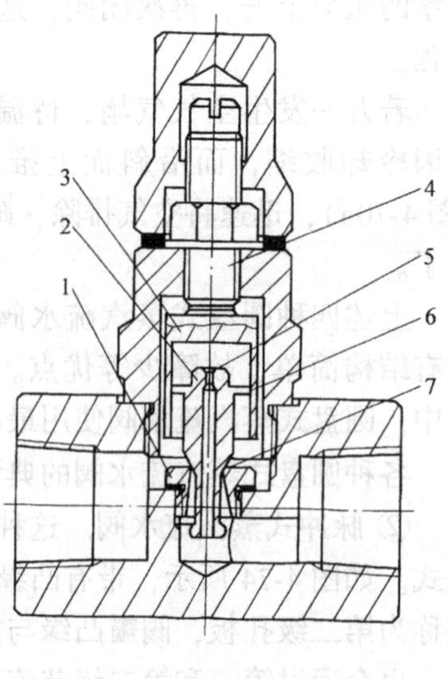

图 4-74 脉冲式蒸汽疏水阀

1—阀座 2—阀瓣 3—控制缸 4—调整螺纹 5—第二节流孔 6—第一节流孔 7—主阀口

脉冲式蒸汽疏水阀的特点如下：

a）借助于孔板的作用可以自动排除空气，从而可防止空气气堵。

b）同样，由于孔板的作用，可以防止蒸汽汽锁。

c）体积非常小。

d）负荷小时，会泄漏蒸汽。

e）由于是用小而精密的零件组装而成，有容易产生故障的倾向。

③ 孔板式蒸汽疏水阀，如图 4-75 所示。孔板式蒸汽疏水阀是根据不同的排水量，选择不同口径的孔板，即可达到排放凝结水的目的。其结构简单，但需计算出准确的

凝结水排量，选择不好孔板，不是凝结水排不净，就是漏气。

（3）按公称压力分类

1）低压蒸汽疏水阀。公称压力≤PN16 的蒸汽疏水阀。

2）中压蒸汽疏水阀。公称压力为 PN25～PN63 的蒸汽疏水阀。

3）高压蒸汽疏水阀。公称压力为 PN100～PN800 的蒸汽疏水阀。

（4）按介质工作温度分类

1）中温蒸汽疏水阀。120℃ $<t\leq$450℃。

2）高温蒸汽疏水阀。$t>$450℃的蒸汽疏水阀。

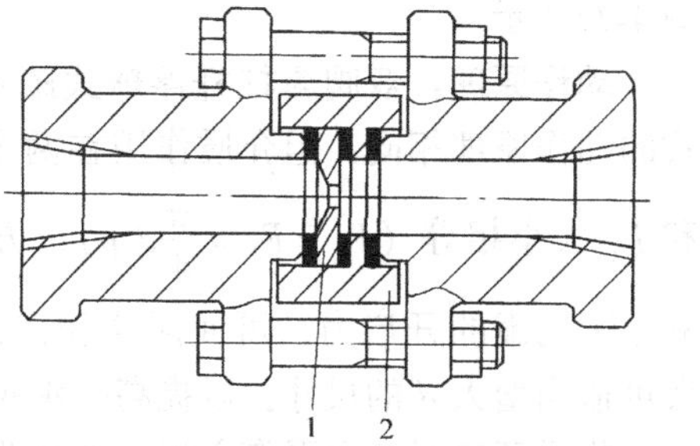

图 4-75 孔板式蒸汽疏水阀
1—孔板 2—阀体

（5）按阀体材料分类

1）铸铁蒸汽疏水阀。阀体材料为灰铸铁、可锻铸铁、球墨铸铁的蒸汽疏水阀。

2）碳素钢蒸汽疏水阀。阀体材料为 WCB 碳素钢铸钢或 A105 锻钢的蒸汽疏水阀。

3）耐热钢蒸汽疏水阀。阀体材料为 12Cr1MoV、15Cr1Mo1V、12Cr5Mo 或 WC6、WC9 的蒸汽疏水阀。

4）不锈钢蒸汽疏水阀。阀体材料为 20Cr13、12Cr18Ni9、06Cr17Ni12Mo2 的蒸汽疏水阀。

（6）按与管道连接方式分类

1）法兰连接蒸汽疏水阀。阀体上带有法兰，与管道采用法兰连接的蒸汽疏水阀，如图 4-53和图 4-55 所示。

2）螺纹连接蒸汽疏水阀。阀体上带有内螺纹，与管道采用螺纹连接的蒸汽疏水阀，如图 4-74和图 4-75 所示。

3）焊接连接蒸汽疏水阀。阀体上带有焊口，与管道采用焊接连接的蒸汽疏水阀，如图 4-73所示。

4.2.3 蒸汽疏水阀的动作原理和临界开启时的力平衡方程

（1）杠杆浮球式疏水阀 杠杆浮球式疏水阀的启闭件形式和受力图如图 4-76 所示。

动作原理：浮球是液位敏感元件，阀瓣是执行元件。液位上升时，浮球通过杠杆带动阀瓣使阀开启；液位下降，浮球通过杠杆使阀瓣到位，阀瓣在介质压力$\frac{1}{4}\pi d^2 p$ 的作用下使阀关闭并密封。

临界开启时的力平衡方程（背压为零）：

$$(F-W)(a+b)=\left(\frac{1}{4}\pi d^2 p-W_1\right)a \quad (4\text{-}12)$$

式中 F——浮球所受浮力（N）；

W——浮球和杠杆的重量折合在球心的等效力（N）；

W_1——阀瓣重力（N）；

p——介质压力（MPa）；

d——阀瓣密封面的作用直径（mm）；

a、b——力臂（mm）。

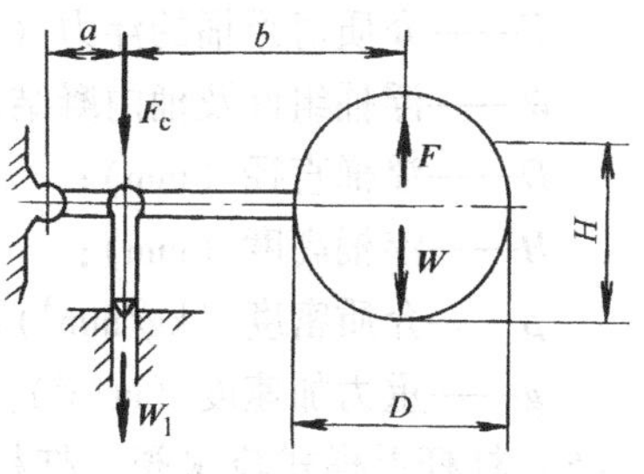

图 4-76 杠杆浮球式蒸汽疏水阀

（2）双阀瓣杠杆浮球式疏水阀　双阀瓣杠杆浮球式疏水阀的启闭件形式和受力图如图4-77所示。

动作原理：双阀瓣杠杆浮球式疏水阀与杠杆浮球式的动作原理相同，但介质作用在两个阀瓣上的力 F_c 和 F_1 大小相等（$F_c = F_1 = \frac{\pi}{4}d^2p$）、方向相反。这样，减小了阀瓣的开启力，可使浮球和杠杆相应减小，或者可适当增大 d 的尺寸，以提高疏水阀的排放能力。

临界开启时的力平衡方程（背压为零）：

$$(F - W)\ b = W_1 a \tag{4-13}$$

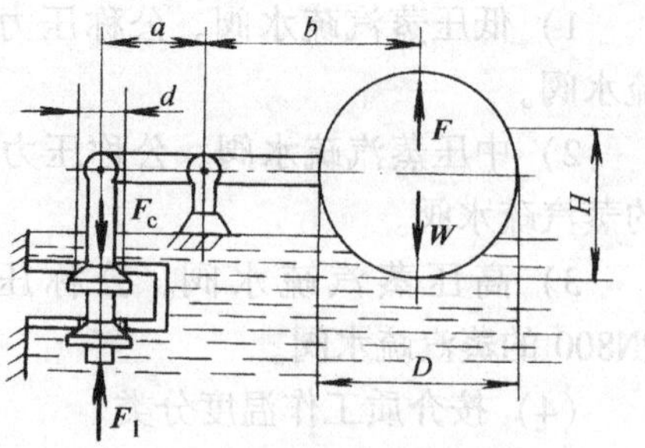

图4-77　双阀座杠杆浮球式蒸汽疏水阀

（3）自由浮球式疏水阀　自由浮球式疏水阀的启闭件形式和受力图如图4-78所示。

动作原理：自由浮球既是液位敏感元件，又是动作执行元件。由于阀座轴线与水平面有夹角 α（即偏座），使球径起到了杠杆作用。液位上升，浮力产生的力矩使阀开启；液位下降，浮球落到一定位置后，在介质压力 p 的作用下靠向阀座，使阀关闭并密封。

临界开启时的力平衡方程（背压为零）：

$$(F - W)\ a\cos\alpha = \left[\frac{\pi}{4}d^2p - (F - W)\ \sin\alpha\right]\frac{d}{2}$$

$$a = \frac{D}{2}\cos\beta \tag{4-14}$$

式中　a——力臂（mm）；

W——浮球重量（N）。

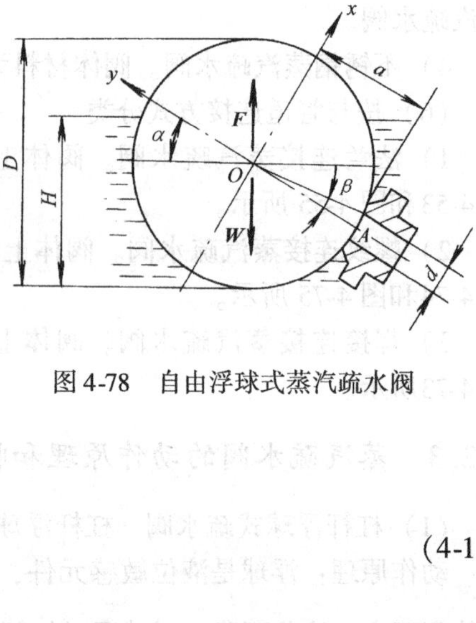

图4-78　自由浮球式蒸汽疏水阀

（4）浮桶式疏水阀　浮桶式疏水阀的启闭件形式和受力图如图4-79所示。

动作原理：浮桶是液位敏感元件，浮桶的升、降带动阀瓣做启闭动作。

临界开启时的力平衡方程（背压为零）：

$$F_c + F = W \tag{4-15}$$

$$F_c = \frac{\pi}{4}d^2p$$

$$F = \frac{\pi}{4}D^2H\rho g \tag{4-16}$$

式中　F_c——介质压力 p 作用在阀瓣上的力（N）；

F——介质对浮桶的浮力（N）。

W——浮桶组件及桶内凝结水的重力和（N）；

D——浮桶直径（mm）；

H——浮桶高度（mm）；

ρ——介质密度（kg/mm^3）；

g——重力加速度（m/s^2）。

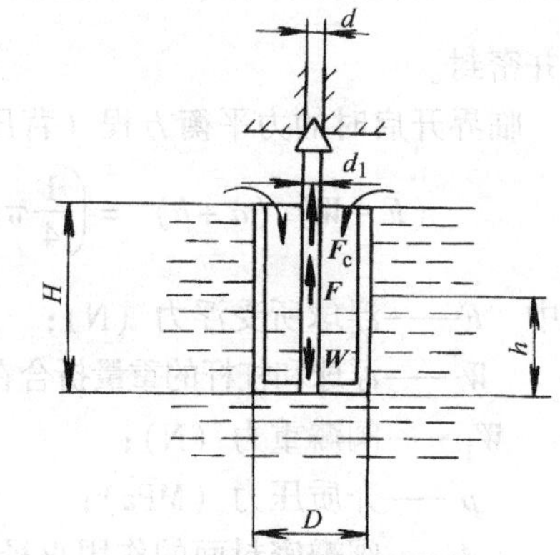

图4-79　浮桶式蒸汽疏水阀

（5）杠杆浮桶式疏水阀　杠杆浮桶式疏水阀的启闭件形式和受力图如图4-80所示。

动作原理：杠杆浮桶式是在浮桶的基础上增设了杠杆，加长了浮力的作用力矩，在同等条件下可按杠杆比减小浮桶体积。

临界开启时的力平衡方程（背压为零）：

$$(W-F)(a+b)=\frac{\pi}{4}d^2bp \tag{4-17}$$

式中 F——介质对浮桶的浮力（N）；

W——浮桶组件、杠杆及桶内凝结水的重量折合于浮桶竖直轴线上的等效力（N）。

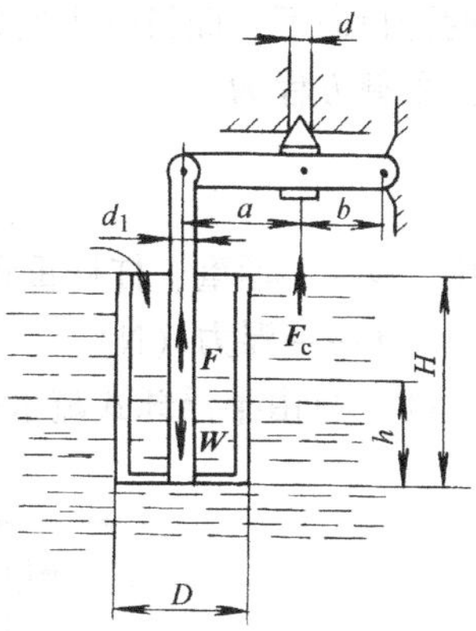

图4-80 杠杆浮桶式蒸汽疏水阀

（6）活塞浮桶式疏水阀 活塞浮桶式疏水阀的启闭件形式和受力图如图4-81所示。

动作原理：活塞浮桶式疏水阀的液位敏感元件是浮桶，动作执行元件是活塞、主阀、导阀和副阀等。当浮桶处于最低位置时，是主阀的开启状态，此时副阀 A 也处于开启状态，导阀 B 处于封闭状态，凝结水由主阀孔 d 排放。

进入疏水阀的凝结水量减少时，浮桶内凝结水位下降，当作用于浮桶的浮力大于浮桶组件的重力与桶内凝结水重力的和时，浮桶上升并开启导阀 B。导阀 B 开启后凝结水进入缸内，主阀瓣在活塞的推动下迅速上升并关闭主阀孔，此时凝结水由副阀孔 d_1 排放。

如果进入疏水阀的凝结水量继续减少，浮桶将继续上升，副阀瓣 A 在浮桶推动下继续上升直至关闭副阀。此时整个疏水阀处于关闭状态。

疏水阀的开启过程和关闭过程依次相反。

1）当浮桶内凝结水上升，浮桶开始下降时，疏水阀首先开启副阀 A。如果进入疏水阀的凝结水量不太大，d_1 足以排放时，疏水阀将长时间处于副阀排放状态。

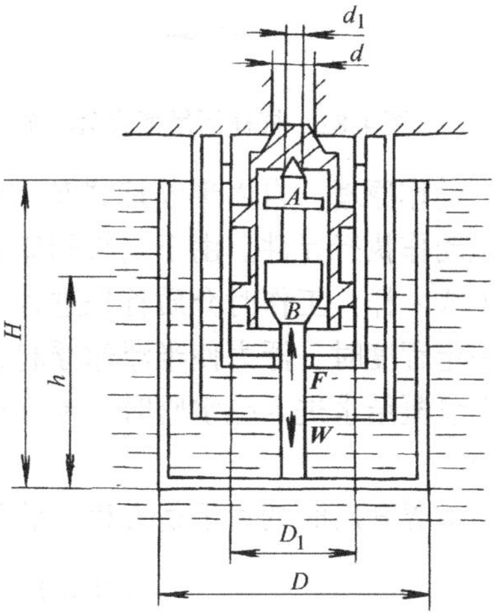

图4-81 活塞浮桶式蒸汽疏水阀

副阀即将开启时的力平衡方程（背压为零）：

$$F+\frac{\pi}{4}d_1^2p=W \tag{4-18}$$

式中 F——浮桶所受浮力（N）；

W——浮桶组件及浮桶内凝结水的重力和（N）；

d_1——副阀瓣密封面作用直径（mm）。

2）如果进入疏水阀的凝结水量很大，以至副阀不能及时排出，浮桶内凝结水量将增加，浮桶继续下降，直至关闭导阀 B 并使其密封，切断缸内的压力源，至使缸内凝结水压力迅速降低（因 d_1 通向大气），活塞在介质压力 p 的作用下打开主阀。此时整个疏水阀呈开启状态，大量凝结水由主阀孔 d 排放。

（7）杠杆倒吊桶式疏水阀 杠杆倒吊桶式疏水阀的启闭件形式和受力图如图4-82所示。

动作原理：倒吊桶式疏水阀的动作原理和浮桶式基本相同，在形式上仅液面敏感元件之

一的开口向下，而另一个的开口向上。杠杆倒吊桶式是开口向下浮子式之一，其临界开启时的力平衡方程为

$$(W-F)\ (a+b)\ =\frac{\pi}{4}d^2pb \tag{4-19}$$

式中 W——桶重、杠杆重和阀瓣重折合在桶轴线上的等效力（N）；

F——浮力（N）。

（8）自由半浮球式疏水阀　自由半浮球式疏水阀的启闭件形式和受力图如图4-83所示。

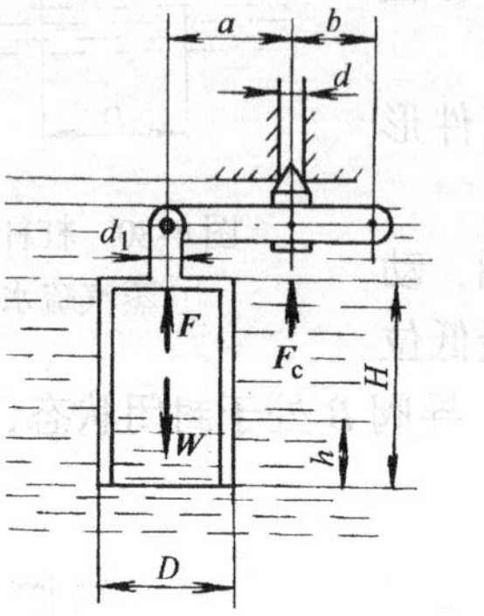

图4-82　杠杆倒吊桶式蒸汽疏水阀

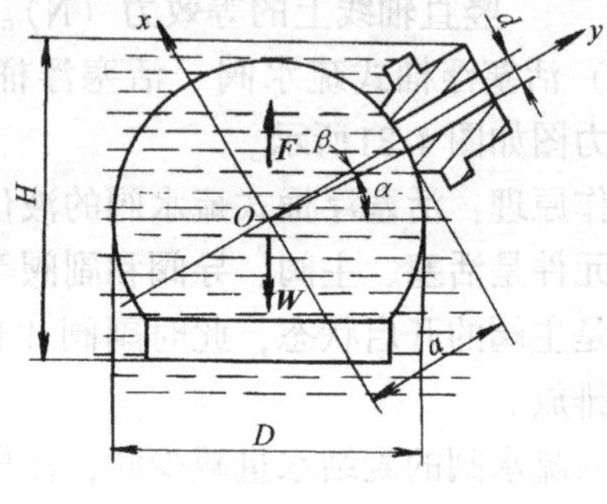

图4-83　自由半浮球式蒸汽疏水阀

动作原理：自由半浮球式疏水阀属于开口向下浮子式。自由半浮球既是液位敏感元件，也是动作执行元件。由于它与阀座有一定的偏心，所以也具有杠杆作用。它与其他开口向下浮子式一样，工作时介质首先进入半浮球，然后再从下方溢出。当半浮球内的蒸汽体积增加到一定程度时，浮力使半浮球浮起，在介质压力 p 的作用下，半浮球靠向阀座并有效地密封。当大量凝结水进入疏水阀时，半浮球内蒸汽体积减小，半浮球在自身重力作用下下落并开启阀门。

临界开启时的力平衡方程（背压为零）为

$$a\ (W-F)\ \cos\alpha=\left[\frac{\pi}{4}d^2p-\ (W-F)\ \sin\alpha\right]\frac{d}{2}$$

$$a=\frac{D}{2}\cos\beta \tag{4-20}$$

式中 W——半浮球组件重力（N）；

F——介质对半浮球的浮力（N）；

a——力臂（mm）。

（9）膜盒式疏水阀　膜盒式疏水阀的启闭件形式和受力图如图4-84所示。

动作原理：膜盒式疏水阀是以低沸点液体为热敏材料、靠低沸点液体的蒸汽压力驱动阀瓣做启闭动作。蒸汽或接近饱和温度的凝结水的温度能使膜盒内液体的饱和蒸汽压力作用于膜片内的力大于介质作用于膜片外的力，膜盒膨胀，推动阀瓣关闭阀座孔。

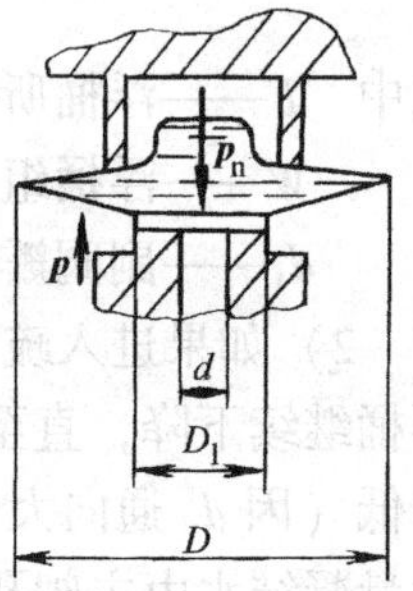

图4-84　膜盒式蒸汽疏水阀

低温的凝结水不足以维持膜盒内的压力，膜片回缩使阀瓣开启。阀瓣即将开启时的力平衡方程（背压为零）为

$$F_b + F_y = F_n \tag{4-21}$$

式中　F_b——使膜盒变型所需要的力（N），其值取决于膜片材料；

F_y——介质压力 p 作用于膜盒外的力（N）；

F_n——低沸点液体的饱和蒸汽压力作用于膜盒内的力（N）。

（10）隔膜式疏水阀　隔膜式疏水阀的启闭件形式和受力图如图 4-85 所示。

动作原理：隔膜式疏水阀与膜盒式疏水阀的动作原理相同，其临界开启时的力平衡方程为（背压为零）

$$F_o + F_p = F_n \tag{4-22}$$

式中　F_p——介质压力 p 作用于阀瓣上的力（N）；

F_o——使隔膜变形需要的力（N），其值取决于隔膜材料；

F_n——填充液压力作用于阀瓣上的力（N）。

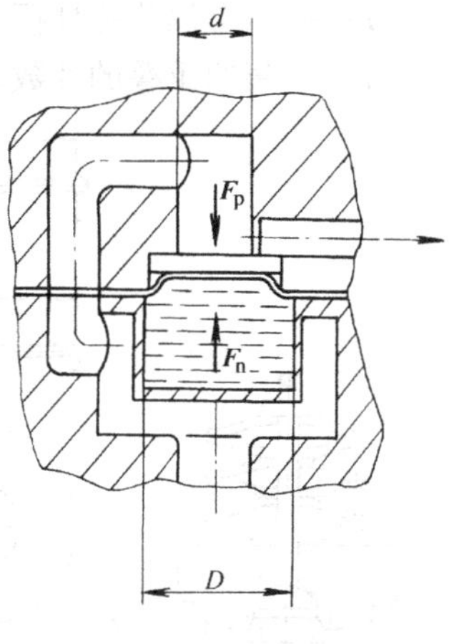

图 4-85　隔膜式蒸汽疏水阀

选择不同的填充液，在阀瓣上方增设弹簧等，都可调整排水过冷度。

（11）波纹管式疏水阀　波纹管式疏水阀的启闭件形式和受力图如图 4-86 所示。

动作原理：波纹管内充入低沸点的填充液，高温凝结水使波纹管伸长，推动阀瓣关闭阀座孔。低温凝结水使波纹管内没有足够的压力，波纹管收缩并开启阀瓣。其临界开启时的力平衡方程为（背压为零）

$$\frac{\pi}{4}D^2 p_n = \frac{\pi}{4}(D^2 - d^2)\ p + LK \tag{4-23}$$

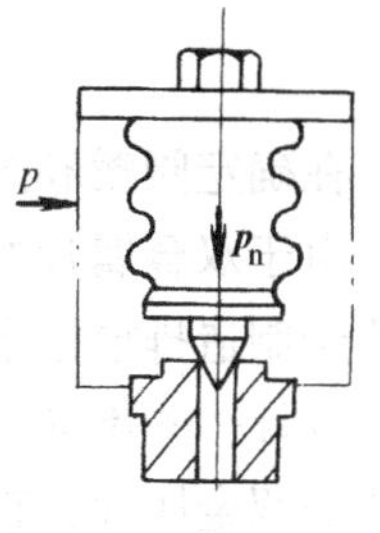

图 4-86　波纹管式蒸汽疏水阀

式中　p_n——波纹管内填充液压力（MPa）；

L——波纹管恢复自由状态的距离（mm）；

D——波纹管有效直径（mm）；

K——波纹管刚度（N/mm）。

（12）双金属片式疏水阀　双金属片式疏水阀的启闭件形式和受力图如图 4-87所示。

动作原理：双金属片式疏水阀是利用双金属片的感温变形来开启和关闭阀瓣。调整每组双金属片的片数，可增加热拉力以适应高压条件下工作。调整双金属片的组数，可增加有效变形量，以提高疏水阀的温度敏感性。

双金属片可制作成许多形状，一些基本形状的双金属片在临界开启时的力平衡方程式（背压为零）如下。

1）悬臂梁形：

$$\frac{\pi}{4}d^2 p = \frac{K(T - T_0)\ EBS^2}{4L}n \tag{4-24}$$

2）简支梁形：

$$\frac{\pi}{4}d^2 p = \frac{K(T - T_0)\ EBS^2}{L}n \tag{4-25}$$

3）环形：

$$\frac{\pi}{4}d^2 p = K(T - T_0)\ ES^2 n \tag{4-26}$$

式中 K——双金属片比弯曲；

$T-T_0$——温度差（K）；

L——双金属片有效长度（mm）；

S——双金属片厚度（mm）；

B——双金属片宽度（mm）；

E——双金属片弹性模量（MPa）；

n——每组重叠的片数。

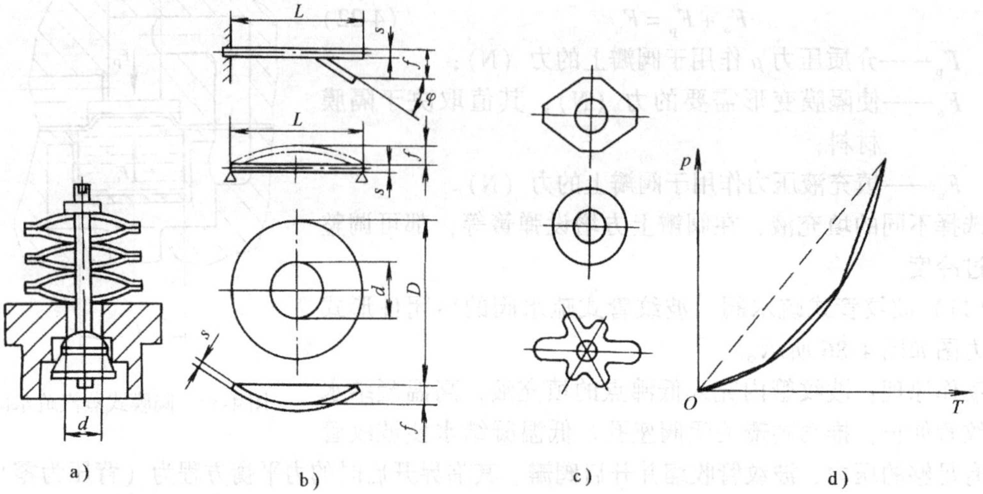

图 4-87 双金属片式蒸汽疏水阀

在确定阀瓣和阀座的冷间隙时，还要涉及双金属片的其他性能。

由于双金属片的热特性仅与介质温度有关（与介质压力无关），所以上述形状的双金属片仅适于制造排放指定温度的凝结水的疏水阀。

设计一些不同形状或不同组合的双金属片可适当弥补上述缺点，如棱形、星形、爪形等形状的双金属片，在工作中较长部位首先变形参与工作，其余部分随着温度升高而依次参加工作；或同形状不同尺寸（如矩形）的双金属片的有序组合，使它们在工作中依次参与工作。这些形式都能使双金属片的热特性不同程度地逼近蒸汽的温压曲线。图 4-87d 是爪形双金属片热特性示意图。图中温度坐标的起点是 100℃；弧线表示蒸汽温、压特性；双金属片的各爪依次参加工作，使温、压特性曲线由直线变成了折线。

（13）脉冲式疏水阀 脉冲式疏水阀的启闭件形式和受力图如图 4-88 所示。

动作原理：脉冲式疏水阀的动作原理是靠凝结水和蒸汽通过二级节流孔时的不同热力学性质开启和关闭阀瓣。疏水阀处于关闭状态时的力平衡方程为（背压为零）：

$$\frac{\pi}{4}(D^2-d^2)\,p_A+W=\frac{\pi}{4}(D^2-d_1^2)\,p_1 \tag{4-27}$$

式中 p_A——中间室压力（MPa）；

p_1——入口介质压力（MPa）；

W——阀瓣重力（N）。

不同温度的凝结水或蒸汽通过二级节流孔（节流孔 1 和节流孔 2）在中间室 A 产生的压力 p_A 也不同。p_A 随介质温度的增高而增大，特别是在接近饱和温度时，其变化更大。

当蒸汽通过二级节流孔板时，中间室的压力 p_A 作用于阀瓣上方的力大于 p_1 作用于阀瓣下方的力，此时阀瓣向下关闭阀座孔 d_1，但仍有一定量的蒸汽通过节流孔 2 排出。这是设计允许的。

当一定过冷度的凝结水通过二级孔板时，中间室压力减小。当作用在阀瓣上方的力（包括阀瓣重力）小于作用在阀瓣下方的力时阀瓣开启。

将控制缸制成上大下小的锥形可随阀瓣的起、落自动调节节流孔 1 的过流面积 S_1（它实际上是一个圆环），进而调节了中间室的压力 p_A。这个调节过程是随着通过孔板的介质状态的变化而自动进行的。

$$S_1 = \frac{\pi}{4}\left(D_2^2 - D^2\right) \tag{4-28}$$

在特殊情况下，当接近饱和温度的凝结水或气、液二相流同时通过二级节流孔时，阀瓣可以随时自动调整位置而悬浮着。

精确地计算用汽设备的凝结水产生量，使之与二级节流孔的孔径相匹配，完全可能使通过 d 损失的蒸汽减少到最小，以至小于疏水阀最大排量的 1%。

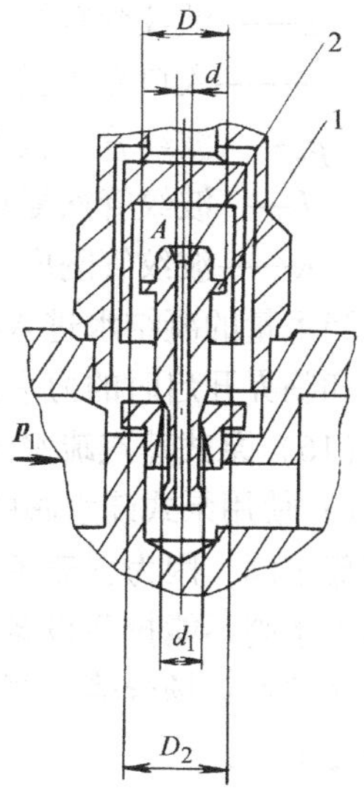

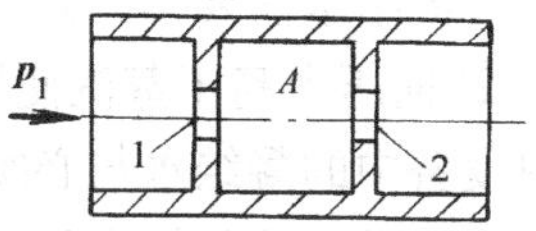

图 4-88　脉冲式蒸汽疏水阀
1、2—节流孔

（14）圆盘式疏水阀　圆盘式疏水阀的启闭件形式和受力图如图 4-89所示。

动作原理：圆盘式疏水阀与脉冲式的动作原理相同，它由 d 和 d_1 构成了二级串联节流孔板，A 为中间室。圆盘形的阀瓣既是压力敏感元件又是动作的执行元件。蒸汽或接近饱和温度的凝结水都能产生足够的作用力使阀瓣关闭。而一定过冷度的凝结水不能产生足够的作用力使阀片关闭，阀维持开启状态，疏水阀连续排放凝结水。

阀盖向外散热或阀瓣下方工作介质的温度降低都会使 p_A 下降，处于关闭状态的疏水阀在介质压力作用下开启阀瓣。临界开启时的力平衡方程（背压为零）为

$$\frac{\pi}{4}d^2 p = \frac{\pi}{4}D^2 p_A \tag{4-29}$$

式中　p——入口介质压力（MPa）；

p_A——中间室压力（MPa）。

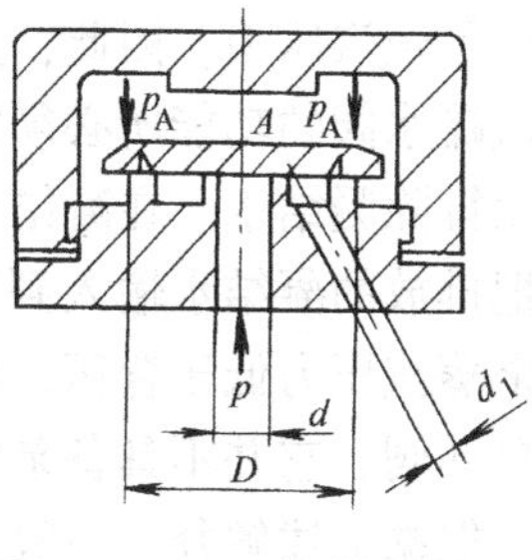

图 4-89　圆盘式蒸汽疏水阀

（15）波纹管脉冲式疏水阀　波纹管脉冲式疏水阀的启闭件形式和受力图如图 4-90 所示。

动作原理：由二级串联孔板产生的脉冲式疏水阀在主阀孔 d_1 关闭后，d 仍继续排放介质，以维持中间室的压力 p_A，因此一定量的蒸汽损失是不可避免的。在第二级节流孔 d 上设一个波纹管，便形成了一个副阀。接近饱和温度的凝结水或蒸汽的温度使波纹管伸长并关闭副阀孔 d，阻止蒸汽损失。一定过冷度的凝结水的温度使波纹管收缩开启副阀 d，此时副阀可排放少量的凝结水。副阀临界开启时的力平衡方程（背压为 0）为

$$\frac{\pi}{4}\left(D^2 - d^2\right) p = \frac{\pi}{4}D^2 p_n + LK \tag{4-30}$$

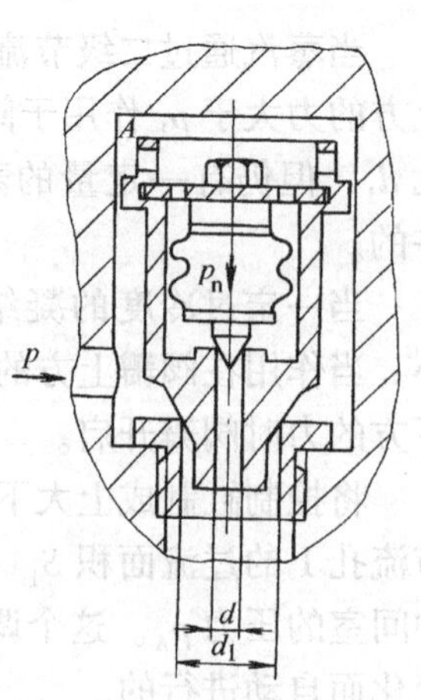

图 4-90 波纹管脉冲式蒸汽疏水阀

式中 D——波纹管有效直径（mm）；

p——入口介质压力（MPa）；

p_n——波纹管内压力（MPa）；

L——波纹管恢复自由状态的距离（mm）；

K——波纹管刚度（N/mm）。

当大量的凝结水进入疏水阀时主阀便会开启，主阀瓣的动作原理和临界开启时的力平衡方程的形式与脉冲式相同。

（16）泵式蒸汽疏水阀

1）使用泵式疏水阀的理由。蒸汽设备上使用的特殊疏水阀是泵式疏水阀，因为它兼备泵的功能而得名。当蒸汽设备上使用的蒸汽疏水阀不能排除设备内部的凝结水时，或者是向不可能输送凝结水的特殊场合输送凝结水时，可以用泵式疏水阀。这些特殊的场合如下：

① 有些蒸汽设备所需要的蒸汽压力比大气压低，如蒸发器等，即使用“真空蒸汽”的装置，其凝结水需要排放到外界，即将凝结水从真空区排放到大气中。

② 向压力高于蒸汽使用设备蒸汽压力的地方排放凝结水。例如：压力为 0.1MPa 的蒸汽使用设备中的凝结水与必须使用 0.7MPa 的蒸汽使用设备中的凝结水共同使用一条凝结水回收管时，输送这些凝结水就要使凝结水由低压区排放到高压区。

③ 使用低压蒸汽的装置所产生的凝结水，升高到相当于该压力的水头高度以上时。例如：压力为 0.05MPa（换算成水头为 5m）的蒸汽设备所排出的凝结水，需要排到高度为 9m 处时（换算成压力为 0.09MPa），类似必须向高处扬水的场合。

④ 使用的蒸汽压力在大气压上下变动时，向大气中排放这些凝结水的场合。

在以上四种场合下，蒸汽疏水阀的能力是不可能达到的。蒸汽疏水阀是用来为蒸汽设备排除凝结水的，也就是说，在有凝结水滞留的时候才具有开阀功能。开阀时，排放凝结水的能量是蒸汽压力。因此，蒸汽疏水阀的入口（用汽设备内）蒸汽压力应比出口压力高，这是蒸汽疏水阀的功能所必须的条件。具有这种进出口压力差，就不用外加能量而靠本身的能量自动排除凝结水。在凝结水排放到大气的场合，疏水阀入口处的蒸汽压力必须高于大气压力。在把排放的凝结水输入到凝结水回收管或回收罐等场合，对于疏水阀出口处有“背压”时，如果蒸汽压力低于背压，疏水阀就不能动作。其结论必然是蒸汽疏水阀本身是靠自力来动作的自动阀，它并不具备泵的功能。

根据上述解释，一般蒸汽疏水阀是不适用于①～④情况的蒸汽使用设备的。在这种使用蒸汽疏水阀进行排放和输送凝结水均不可能的条件下，能够用于这种场合的疏水阀就是泵式疏水阀。泵式疏水阀从广义上讲属于蒸汽疏水阀，而从狭义上考虑，说它是特殊的蒸汽疏水阀也不过份，实际上它不是蒸汽疏水阀。

如前所述，蒸汽疏水阀是靠自力动作的自动阀，泵式疏水阀其动作原理显然与之不同，它是靠蒸汽压力或压缩空气而动作的压力泵，通常称为自动泵。其动作必须用蒸汽和压缩空气作为能源，这种能源称为操作用气体。泵式疏水阀的操作用气体，使用压缩空气效率高，但需要配置空气压缩机及其配管，除了成本高以外，空气中的氧气溶于凝结水，造成对凝结水回收装置的腐蚀，还会带来其他弊病。所以锅炉供汽设备和使用蒸汽设备应使用蒸汽作为操作用气体。

泵式疏水阀按其使用目的和用途而有不同的名称。例如：用于从真空领域向大气或高压区域排放凝结水的场合称为“真空疏水阀”；把低处的凝结水提升到高处的称为“扬水疏水阀”（升降疏水阀）。虽然因用途不同而名称各异，但作为泵式疏水阀，其动作原理和结构并没有什么变化。

另外，在必须使用泵式疏水阀时，也可以使用涡轮泵取代。然而，对于蒸汽使用设备，若其操作用气采用蒸汽，并且是在一般情况下输送凝结水，则还是采用泵式疏水阀更为适宜。而且使用涡轮泵还需特备电动机等设备。以下将泵式疏水阀与涡轮泵加以对比。

① 作为操作用气的蒸汽就在产生凝结水的管路上，接通蒸汽管即可使用（而泵是用电动机驱动，需要另备电动机和电器配线装置）。

② 疏水阀本身可以随凝结水的流入量自动调节排放，所以无需其他自控装置（而泵则需要进行水面控制和开停自动控制）。

③ 不必考虑凝结水的温度，即使是饱和状态的高温凝结水或反之是低温的凝结水，都可以泵出（而泵当温度高时，因汽蚀等原因易发生故障，从而降低排放凝结水的能力，因此要随凝结水的温度而改变泵的安装高度）。

④ 操作时不需要用电，即使有易爆性气体存在，使用时也不会发生爆炸（泵则需要防爆型电动机和电器开关）。

⑤ 结构简单，动作准确可靠，故障少，在安全管理上不需要太多劳力和费用。另外，在安装上也无需特殊技术。

2）泵式疏水阀的动作原理。泵式疏水阀阀瓣的切换是靠浮子的沉浮。浮子的升降主要有两种形式，即吊桶型和浮球型。

① 吊桶型泵式疏水阀。吊桶型泵式疏水阀的动作是由流入、升压、排出和均压四个程序组成的，如图 4-91 所示。

a. 流入程序：疏水阀入口处的压力呈均等状态，凝结水借助其重力打开入口处的止回阀，并流入疏水阀内通过浮桶的四周流到浮桶内。

b. 升压程序：随着吊桶内的凝结水增加，吊桶的浮力减少，吊桶下沉。由于吊桶的重力，使杠杆机构下压，打开蒸汽阀，同时均压阀关闭。操作用蒸汽开始流入，疏水阀内的压力逐渐上升。

c. 排出程序：一旦疏水阀内的压力比其出口处的背压高，就打开出口止回阀，凝结水通过排放管排出。操作用的蒸汽压力必须比出口处的背压高 0.1MPa 以上。随着凝结水的排出，浮桶逐渐恢复了浮力，开始上浮，通过杠杆机构使打开均压阀的力不断增加。

d. 均压程序：由浮桶浮力产生的开启均压阀的力克服了内外压差所形成的闭阀力的瞬间，均压阀打开，同时蒸汽排放阀关闭，操作用蒸汽停止供给，疏水阀内充满的蒸汽通过均压阀溢出并进行排气，使内部压力逐渐降低，直至与入口压力均等，又转入流入程序。

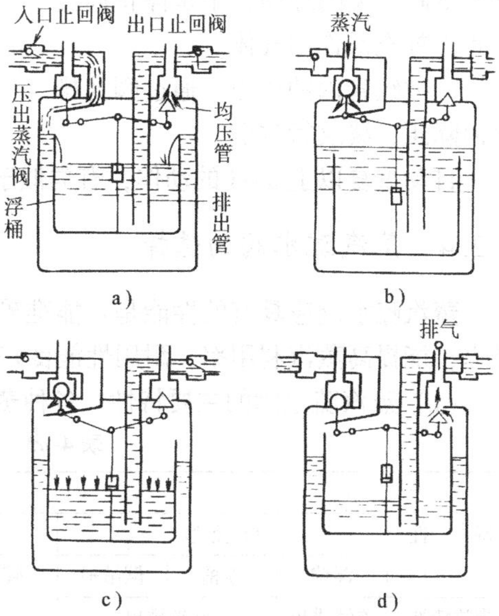

图 4-91　泵式疏水阀（吊桶式）的动作原理
a）流入程序　b）升压程序
c）排出程序　d）均压程序

自动重复上述程序，有类似于泵的功能。

② 浮球型泵式疏水阀。其动作原理如图 4-92 所示。这种阀是为了把凝结水收集罐里的凝结水送往高处的凝结水回收管，作为扬水用疏水阀使用。

a. 首先打开操作用气体给气管的进气阀（图 4-92），操作用气体流入操作装置。

b. 操作用气体的压力压缩波纹管，给气阀关闭，排气阀打开。

c. 接着打开疏水阀的入口阀（球形蝶阀，图 4-92），凝结水自然流下，通过进口止回阀流入阀体内。

d. 残存的气体甲随着阀体内的水面上升，由排汽阀排到外部，同时气体乙也通过空气阀与气体甲一起排到外部。

e. 随着水面上升，浮子上浮，推上开关杆，打开球阀，操作用气体输入波纹管内。

f. 波纹管内的压力一旦上升，排气阀关闭，给气阀打开，操作用气体导入阀体，压力开始上升。

g. 阀体 E 内的压力上升，凝结水经出口处的止回阀压送到外部，并输送到高处的凝结水回收管里。

h. 凝结水排出后，阀体内的水位从浮子箱的下端降下来时，浮子箱内的凝结水向下流到阀体内，随之，浮子下降，关闭球阀，于是停止向波纹管内补充操作用气体。

i. 波纹管内的压力，通过阀孔排气而降压，波纹管收缩。

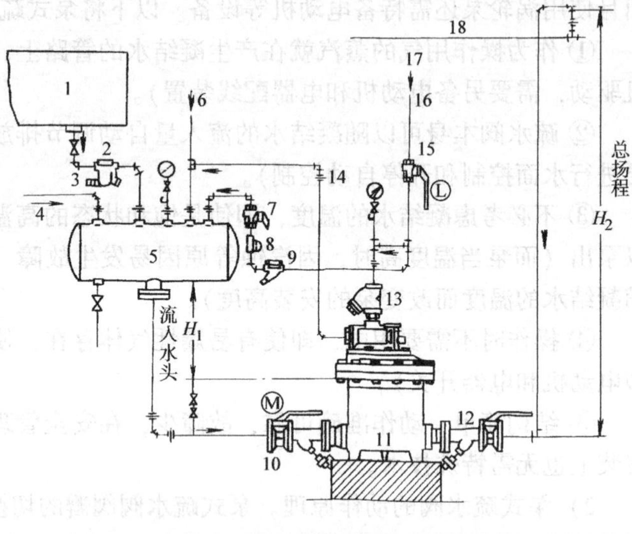

图 4-92　泵式疏水阀的一般使用方法(凝结水回收)

1—蒸汽使用设备　2—自由浮球式蒸汽疏水阀　3—自动冻结防止阀　4—凝结水流入口　5—通大气的凝结水贮罐　6—通向大气口　7—球阀或蝶阀　8—窥视器　9—圆盘式蒸汽疏水阀(操作用气体使用蒸汽)　10、15—球形蝶阀　11—泵式疏水阀　12—过滤器　13—过滤器　14—$1^1/_4$in 排气管　16—$1^1/_4$in 给气管　17—操作用气体(空气或蒸汽)　18—凝结水回收管

自动重复以上 a ~ i 的动作，有类似于泵的功能。

4.2.4　蒸汽疏水阀的选择

蒸汽疏水阀应具有的性能是：能准确无误地排除凝结水，不泄漏蒸汽，具有排除空气的能力，能提高蒸汽利用率，耐用性能良好，背压容许范围大，抗水击能力强，容易维修等。

(1) 蒸汽疏水阀的主要特性　各种蒸汽疏水阀的主要特性见表 4-60。

表 4-60　蒸汽疏水阀的主要特性

特性		分类							
		机械型			热静力型			热动力型	
		浮球	浮桶	倒吊桶	膜盒	双金属片	波纹管	圆盘	脉冲
排放特性		连续排出	间歇排出		间歇排出			间歇排出	接近间歇排出
启闭速度	开启	快		较快		慢		较快	
	关闭							快	

（续）

特性	分类							
	机械型			热静力型			热动力型	
	浮球	浮桶	倒吊桶	膜盒	双金属片	波纹管	圆盘	脉冲
排水温度	接近饱和温度			低于饱和温度，过冷度一般为 10～30℃			稍低于饱和温度，过冷度一般为 6～8℃	
最高允许背压	高，不低于进口压力的 80%			较低，不低于进口压力的 30%			中，不低于进口压力的 50%	低，不低于进口压力的 25%
排空气能力	要设置排空气装置	有自动排空气能力		有自动排空气能力			高压时要设置排空气装置	有自动排空气能力
蒸汽损失情况	易损失蒸汽	不易损失蒸汽		不易损失蒸汽			易损失蒸汽	
凝结水排量	大			中			小	
耐水锤性能	不耐水锤	耐水锤		不耐水锤	耐水锤	不耐水锤	耐水锤	
冻结	易冻结，要有防冻措施			不易冻结	安装在垂直管道上，要有防冻措施	不易冻结	安装在垂直管道上，要有防冻措施	不易冻结
安装角度	只限水平安装			只限水平安装	水平、垂直安装均可	只限水平安装	水平、垂直安装均可	只限水平安装
耐用性	不耐用	耐用		不耐用	耐用	不耐用	不耐用	
凝结水显热的利用	不能利用			可以利用			不能利用	
体积	大			小			小	

（2）各种蒸汽疏水阀的主要优缺点（表 4-61）

表 4-61 各种蒸汽疏水阀的主要优缺点

型式		优点	缺点
机械型	浮桶式	动作准确，排放量大，不泄漏蒸汽，抗水击能力强	排除空气能力差，体积大，有冻结的可能，疏水阀内的蒸汽层有热量损失
	倒吊桶式	排除空气能力强，没有空气气堵和蒸汽汽锁现象，排量大，抗水击能力强	体积大，有冻结的可能
	杠杆浮球式	排量大，排除空气性能良好，能连续（按比例动作）排除凝结水	体积大，抗水击能力差，疏水阀内蒸汽层有热损失，排除凝结水时有蒸汽卷入
	自由浮球式	排量大，排空气性能好，能连续（按比例动作）排除凝结水，体积小，结构简单，浮球和阀座易互换	抗水击能力比较差，疏水阀内蒸汽有热损失，排除凝结水时有蒸汽卷入
热静力型	波纹管式	排量大，排空气性能良好，不泄漏蒸汽，不会冻结，可控制凝结水温度，体积小	反应迟钝，不能适应负荷的突变及蒸汽压力的变化，不能用于过热蒸汽，抗水击能力差，只适用于低压的场合
	圆板双金属式	排量大，排空气性能良好，不会冻结，不泄漏蒸汽，动作噪声小，无阀瓣堵塞事故，抗水击能力强可利用凝结水的显热	很难适应负荷的急剧变化，不适应蒸汽压力变动大的场合，在使用中双金属的特性有变化
	圆板双金属温调式	凝结水显热利用好，节省蒸汽，不泄漏蒸汽，动作噪声小，随蒸汽压力变化变动性能好	不适用于大排量

（续）

型式		优点	缺点
热动力型	孔板式	体积小，重量轻，排空气性能良好，不易冻结，可用于过热蒸汽	不适用于大排量，泄漏蒸汽，易有故障，背压容许度低（背压限制在30%）
	圆盘式	结构简单，体积小，重量轻，不易冻结，维修简单，可用于过热蒸汽，安装角度自由，抗水击能力强，可排饱和温度的凝结水	空气流入后不能动作，空气气堵多，动作噪声大，背压允许度低（背压限制在50%），不能在低压（0.03MPa以下）使用，阀片有空打现象，蒸汽层放热有热损失，蒸汽有泄漏，不适用于大排量

（3）各种蒸汽疏水阀蒸汽损失的难易（表4-62）

表4-62　各种蒸汽疏水阀蒸汽损失的难易

蒸汽损失原因	易损失蒸汽的类型	不易损失蒸汽的类型	蒸汽损失原因	易损失蒸汽的类型	不易损失蒸汽的类型
动作特点决定了在闭阀之前要泄漏蒸汽	圆盘式	双金属式 浮桶式 倒吊桶式	疏水阀内部蒸汽层散热造成蒸汽损失	圆盘式 浮球式 浮桶式	双金属式 倒吊桶式
排放凝结水时有可能卷入蒸汽	圆盘式 浮球式	双金属式 浮桶式 倒吊桶式	不能利用凝结水显热造成蒸汽损失	圆盘式 浮球式 吊桶式	双金属式 波纹管式

（4）选用蒸汽疏水阀还应考虑的要素

1）疏水阀的额定排水量等于蒸汽使用设备的凝结水产生量乘以选用倍率。选用倍率见表4-63。

表4-63　选用倍率推荐值

使用场合	使用要求		选用倍率
分气缸下部	在各种压力下应能迅速排除凝结水		3
蒸汽主管	每100m管路或控制阀前、管路转弯、主管末端等处应设疏水点		3
支管	支管长度大于或等于5m处的各种控制阀前应设疏水点		3
气水分离器	在气水分离器的下部疏水		3
伴热管	一般伴热管为DN15，在小于或等于50m处设疏水点		2
暖风机	压力不变时		3
	压力可调时	<0.1MPa	2
		0.1～0.2MPa	2
		0.2～0.6MPa	3
单路盘管加热液体	快速加热		3
	不需快速加热		2
多路并联盘管加热液体			2
烘干室（箱）	压力不变时		2
	压力可调时		3

（续）

使用场合	使用要求		选用倍率
溴化锂制冷设备蒸发器	单效，压力≤0.1MPa		2
	双效，压力≤1MPa		3
浸在液体中的加热盘管	压力不变时		2
	压力可调时	0.1～0.2MPa	2
		>0.2MPa	3
	虹吸排水		5
列管式换热器	压力不变时		2
	压力可调时	<0.1MPa	2
		0.1～0.2MPa	2
		>0.2MPa	3
夹套锅	必须在夹套锅上方设排空气阀		3
单效多效蒸发器	凝结水量	<21t/h	3
		>20t/h	2
层压机	应分层疏水		3
消毒柜	柜上方设排气阀		3
回转干燥圆桶	表面线速度	<30m/s	5
		30～80m/s	8
		80～100m/s	10
二次蒸汽罐	罐体直径应保证二次蒸汽速度≤5m/s，且罐体上部要设排空气阀		3

2）疏水阀的技术参数，如公称压力、公称尺寸、最高允许压力、最高允许温度、最高工作压力、最低工作压力、最高背压率、凝结水排量等应符合蒸汽管网的工况条件。

在凝结水回收系统中，若利用工作背压回收凝结水时，应当选用背压率较高的疏水阀，如机械型疏水阀。

如果用汽设备不允许积存凝结水，则应当选用能连续排出饱和凝结水的疏水阀，如浮球式疏水阀。

在凝结水回收系统中，如果要求用汽设备既排出饱和凝结水，又能及时排除不凝性气体时，应当选用有排水、排气双重功能的疏水阀。

用汽设备工作压力经常波动时，应当选用不需调整工作压力的疏水阀。

（5）各种蒸汽供热设备推荐采用的蒸汽疏水阀类型（表4-64）

表4-64 各种蒸汽供热设备推荐采用的蒸汽疏水阀类型

蒸汽供热设备		推荐采用的蒸汽疏水阀类型
蒸汽主管、伴热管、蒸汽夹套		圆盘式、浮球式
气水分离器		浮球式
暖风机、热风机组		浮球式
采暖用散热器		波纹管式、双金属片式、膜盒式
换热器	蒸汽进口装有温度调节阀	浮球式
	蒸汽进口不装温度调节阀	双金属片式、浮球式

（续）

蒸汽供热设备		推荐采用的蒸汽疏水阀类型
蒸发器		浮球式、敞口向下浮子式
夹套锅		双金属片式
浸在液槽中加热盘管	蒸汽进口装有温度调节阀	浮球式
	蒸汽进口不装温度调节阀	双金属片式、膜盒式
滚筒烘干机		浮球式（带防汽锁装置）、双金属片式
熨平机		圆盘式、双金属片式、膜盒式
干洗机		浮球式
烘干室（箱）		浮球式
消毒器		波纹管式、双金属片式
硫化机		浮球式、敞口向下浮子式
层压机		圆盘式、双金属片式
低于大气压力的蒸汽供热设备		泵式疏水阀

（6）蒸汽疏水阀的选用要求

1）根据实际使用工况确定蒸汽疏水阀入口与出口的压差。蒸汽疏水阀的入口压力是指蒸汽疏水阀入口处可能达到的最低工作压力；蒸汽疏水阀的出口压力则指蒸汽疏水阀后可能形成的最高工作背压。当排入大气时，实际压差按蒸汽疏水阀入口压力决定。

2）根据蒸汽供热设备在正常工作时可能产生的凝结水量，乘以选用修正系数 K，然后对照蒸汽疏水阀的排水量进行选择。

3）凝结水量可用以下方法计算：

① 管线运行时产生的凝结水量：

$$q_m = q_0 L\left(1 - \frac{Z}{100}\right) \tag{4-31}$$

式中 q_m——凝结水量（kg/h）；

q_0——光管产生的凝结水量［kg/（m·h）］；

L——疏水点间的距离（m）；

Z——保温效率（%）。

② 加热设备运行时产生的凝结水量：

$$q_m = \frac{V\rho c\Delta T}{Ht} \tag{4-32}$$

式中 q_m——凝结水量（kg/h）；

V——被加热液体的体积（m^3）；

ρ——液体的密度（kg/m^3）；

c——液体的比热容［J/（kg·℃）］；

ΔT——液体温升（℃）；

H——蒸汽潜热（J/kg）；

t——加热时间（h）。

4）表 4-63 中推荐了常见工况选用倍率的数值，供参考。

5）各种类型的蒸汽疏水阀结构及原理有所不同，性能也不尽相同，因此使用的场合也不同，在选用时可根据不同的使用场所选择不同的蒸汽疏水阀，可参照表 4-64。

4.2.5　蒸汽疏水阀的安装

（1）安装注意事项

1）安装前清洗管路设备，除去杂质，以免堵塞。

2）蒸汽疏水阀应尽量安装在用汽设备的下方和易于排水的地方。

3）蒸汽疏水阀应安装在易于检修的地方，并尽可能集中排列，以利于管理。

4）各个蒸汽加热设备应单独安装蒸汽疏水阀。

5）旁路管的安装不得低于蒸汽疏水阀。

6）安装时，注意阀体上箭头方向与管路内介质流动方向应一致。

7）蒸汽疏水阀进口和出口管路的介质流动方向应有 4% 的向下坡度，而且管路的公称尺寸不小于蒸汽疏水阀的公称尺寸。

8）一个蒸汽疏水阀的排水能力不能满足要求时，可并联安装几个蒸汽疏水阀。

9）用在可能发生冻结的地方，必须采取防冻措施。

（2）安装形式　如图 4-93～图 4-96 所示。

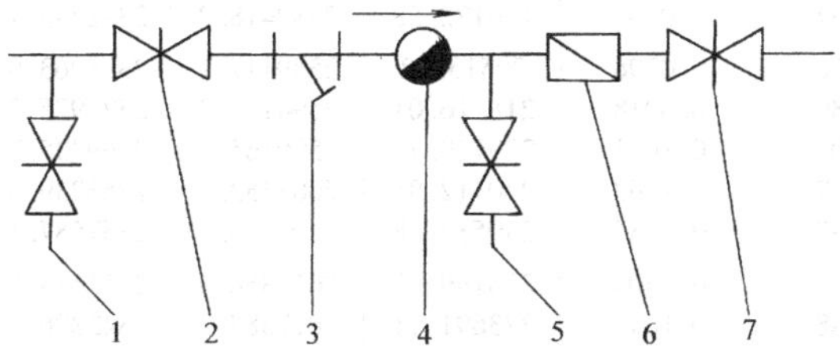

图 4-93　不带旁通管

1—冲洗（放气）管　2—截断阀　3—过滤器　4—蒸汽疏水阀　5—检查管　6—止回阀　7—截断阀

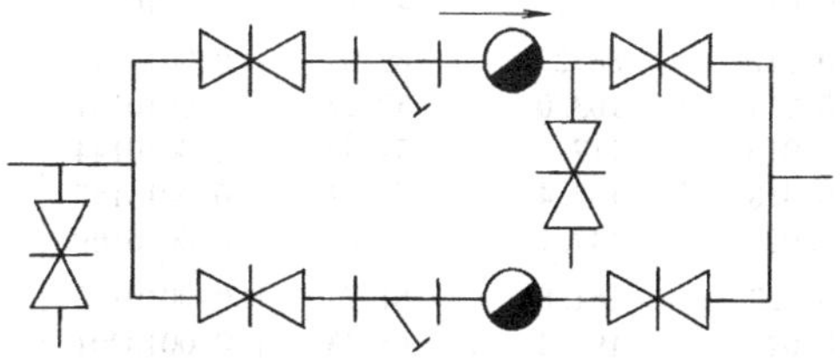

图 4-94　并联安装

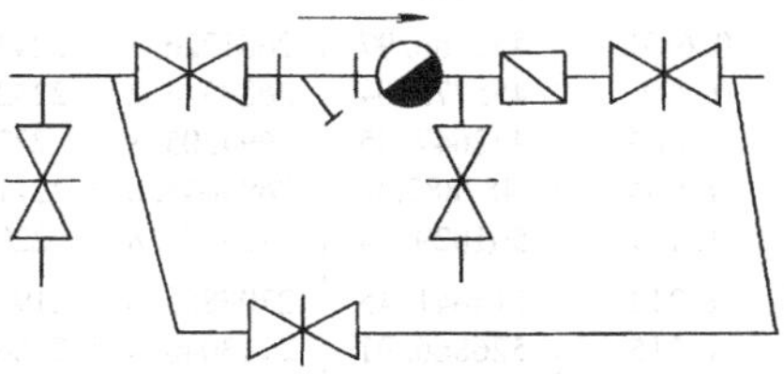

图 4-95　带旁通管

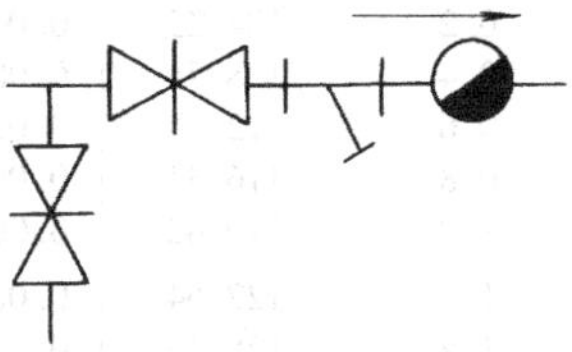

图 4-96　直通大气

1）蒸汽疏水阀出口和进口各安装一截断阀，以便于检修和清洗。

2）如果蒸汽疏水阀本身无防逆装置，可根据具体情况安装止回阀。

3）冲洗管的作用是排除用气设备中的空气和冲洗管路，在设备停止使用时，还可放出系统内的积水。

4）检查管的作用是检查蒸汽疏水阀的情况。

5）旁通管的主要作用是在设备起动时排放大量凝结水；在必须连续运行的设备上，当蒸汽疏水阀发生故障检修时，可稍许开启，暂时作为蒸汽疏水阀使用。

6）冲洗管、检查管和旁通管在正常运行中应严密关闭并均应视具体使用条件而定，尽量不设置，以免由于操作失误和没有及时关闭而造成大量的蒸汽损耗。

4.2.6 饱和蒸汽的性质（表4-65）

表4-65 饱和蒸汽的性质

压力		饱和（沸腾）温度	比容/（m^3/kg）		密度/（kg/m^3）	比焓/（J/kg）		
						拥有热量		蒸发热（蒸汽的潜热）
$p_{绝对}$ /MPa	h /mmHg	t /℃	饱和水 v'	饱和蒸汽 v''	饱和蒸汽 γ	饱和水 i'	饱和蒸汽 i''	$r=i''-i'$
0.001	7.36	6.700	0.0010001	131.6	0.0076	28177.164	2512498.6	2484321.5
0.002	14.71	17.202	0.0010013	68.25	0.0147	72180.432	2531757.9	2459577.5
0.003	22.07	23.771	0.0010027	46.50	0.0215	99603.972	2543481	2443877.1
0.004	29.42	28.641	0.0010040	35.43	0.0282	119951.82	2552273.2	2432321.4
0.005	36.78	32.55	0.0010052	28.70	0.0348	136280.34	2559390.8	2423110.5
0.006	44.13	35.82	0.0010064	24.17	0.0414	149929.3	2565252.3	2415323
0.007	51.49	38.66	0.0010074	20.90	0.0478	161777.95	2570276.5	2408498.6
0.008	58.84	41.16	0.0010083	18.43	0.0542	172244.95	2574882	2402637.1
0.009	66.20	43.41	0.0010093	16.50	0.0606	181623.38	2579068.8	2397445.5
0.010	73.50	45.45	0.0010101	14.94	0.0669	190122.58	2582418.2	2392295.7
0.012	88.27	49.05	0.0010117	12.58	0.0796	205153.2	2589117.1	2383963.9
0.014	103.0	52.17	0.0010131	10.89	0.0918	218216.01	2594141.2	2375925.2
0.016	117.7	54.93	0.0010144	9.602	0.1041	229729.71	2599165.4	2369435.7
0.018	132.4	57.41	0.0010157	8.597	0.1163	240112.98	2603352.2	2363239.3
0.020	147.1	59.66	0.0010169	7.787	0.1284	249533.28	2607120.3	2357587.1
0.022	161.8	61.73	0.0010180	7.121	0.1404	258199.95	2610888.4	2352688.5
0.026	191.2	65.43	0.0010201	6.088	0.1643	273691.11	2617587.3	2343896.2
0.030	220.7	68.67	0.0010220	5.323	0.1878	287214.48	2623030.2	2335815.8
0.040	294.2	75.41	0.0010261	4.065	0.2462	315475.38	2634334.5	2318859.2
0.050	367.8	80.86	0.0010296	3.299	0.3030	338335.3	2643545.5	2305210.2
0.060	441.3	85.45	0.0010327	2.781	0.3596	357594.58	2651081.7	2293487.2
0.070	514.9	89.45	0.0010355	2.408	0.4153	374425.52	2657780.6	2283355.1
0.080	588.4	92.99	0.0010381	2.124	0.4708	389288.66	2663642.1	2274353.5
0.090	662.0	96.18	0.0010405	1.903	0.5255	402728.29	2668666.3	2265938.1
0.10	735.6	99.09	0.0010428	1.725	0.5797	414995.61	2673271.8	2258276.2
0.12	0.2	104.25	0.0010468	1.454	0.6878	436766.97	2681226.7	2244459.8
0.14	0.4	108.74	0.0010505	1.259	0.7943	455775.04	2688344.2	2232569.2
0.16	0.6	112.73	0.0010538	1.110	0.9009	472647.85	2694205.8	2221558
0.18	0.8	116.33	0.0010570	0.9953	1.004	487887.8	2699648.6	2211760.8
0.20	1.0	119.62	0.0010600	0.9018	1.109	501829.84	2704672.8	2202843
0.22	1.2	122.64	0.0010627	0.8249	1.212	514641.45	2708859.6	2194218.2
0.24	1.4	125.46	0.0010653	0.7603	1.315	526866.91	2713046.4	2186179.5
0.26	1.6	128.08	0.0010679	0.7054	1.418	537794.46	2716814.5	2179020.1
0.28	1.8	130.55	0.0010702	0.6581	1.519	548387.06	2720163.9	2171776.9
0.30	2.0	132.88	0.0010725	0.6170	1.621	558351.64	2723513.4	2165161.8
0.32	2.2	135.08	0.0010747	0.5806	1.722	567771.94	2726444.1	2158672.2
0.34	2.4	137.18	0.0010768	0.5486	1.823	576773.56	2729374.9	2152601.4
0.36	2.6	139.18	0.0010789	0.5198	1.924	585314.64	2731887	2146572.4
0.38	2.8	141.09	0.0010809	0.4941	2.024	593478.9	2734399	2140920.1
0.40	3.0	142.92	0.0010828	0.4709	2.124	601350.08	2736911.1	2135561.1
0.42	3.2	144.58	0.0010847	0.4498	2.223	608970.06	2739004.5	2130034.5
0.44	3.4	146.38	0.0010865	0.4306	2.322	616338.82	2741097.9	2124759.1
0.46	3.6	148.01	0.0010884	0.4130	2.421	623372.65	2743191.3	2119818.7
0.48	3.8	149.59	0.0010901	0.3968	2.520	630071.53	2745284.7	2115213.2
0.50	4.0	151.11	0.0010918	0.3818	2.619	636561.07	2746959.4	2110398.4

（续）

压力		饱和（沸腾）温度	比容/（m^3/kg）		密度/（kg/m^3）	比焓/(J/kg)		
						拥有热量		蒸发热（蒸汽的潜热）
$p_{绝对}$ /MPa	h /mmHg	t /℃	饱和水 v'	饱和蒸汽 v''	饱和蒸汽 γ	饱和水 i'	饱和蒸汽 i''	$r = i'' - i'$
0.52	4.2	152.59	0.0010935	0.3680	2.717	643008.74	2748634.2	2105625.5
0.54	4.4	154.02	0.0010951	0.3551	2.816	649163.34	2750308.9	2101145.6
0.56	4.6	155.41	0.0010967	0.3431	2.914	655150.46	2751983.6	2096833.2
0.58	4.8	156.76	0.0010983	0.3320	3.012	661011.98	2753658.3	2092646.4
0.60	5.0	158.08	0.0010998	0.3215	3.110	666747.9	2755333	2088585.1
0.62	5.2	159.36	0.0011013	0.3117	3.208	672400.08	2756589.1	2084189.1
0.64	5.4	160.61	0.0011028	0.3025	3.301	677842.92	2757845.1	2080002.2
0.66	5.6	161.82	0.0011042	0.2938	3.404	683118.28	2759519.8	2076401.6
0.68	5.8	163.01	0.0011056	0.2857	3.500	688351.78	2760775.9	2072424.2
0.70	6.0	164.17	0.0011070	0.2779	3.598	693334.08	2762031.9	2068697.9
0.72	6.2	165.31	0.0011084	0.2706	3.695	698358.24	2763288	2064929.8
0.74	6.4	166.42	0.0011098	0.2638	3.791	703131.19	2764125.3	2060994.2
0.76	6.6	167.50	0.0011111	0.2571	3.890	707778.54	2765381.4	2057602.9
0.78	6.8	168.57	0.0011125	0.2509	3.986	712467.75	2766637.4	2054169.7
0.80	7.0	169.61	0.0011139	0.2449	4.083	717031.36	2767474.8	2050443.5
0.82	7.2	170.63	0.0011152	0.2393	4.179	721469.37	2768730.8	2047261.5
0.84	7.4	171.63	0.0011165	0.2338	4.277	725991.12	2769568.2	2043577.1
0.86	7.6	172.62	0.0011177	0.2288	4.371	730303.52	2770824.2	2040520.7
0.88	7.8	173.58	0.0011189	0.2239	4.466	734532.19	2771661.6	2037129.5
0.90	8.0	174.53	0.0011202	0.2191	4.564	738760.86	2772498.9	2033738.1
0.92	8.2	175.47	0.0011215	0.2145	4.665	742863.92	2773336.3	2030472.4
0.94	8.4	176.38	0.0011227	0.2102	4.757	746841.38	2774173.6	2027332.3
0.96	8.6	177.28	0.0011238	0.2060	4.854	750776.97	2775011	2024234.1
0.98	8.8	178.17	0.0011250	0.2020	4.951	754670.7	2775848.4	2021177.7
1.00	9.0	179.04	0.0011262	0.1981	5.048	758606.29	2776685.7	2018079.5
1.1	10	183.20	0.0011318	0.1806	5.537	776860.74	2780453.8	2003593.1
1.2	11	187.08	0.0011373	0.1662	6.017	794110.35	2783384.6	1989274.3
1.3	12	190.71	0.0011425	0.1540	6.494	810271.4	2786315.4	1976044
1.4	13	194.13	0.0011476	0.1436	6.964	825553.22	2788827.4	1963274.2
1.5	14	197.36	0.0011524	0.1344	7.440	839997.68	2790920.8	1950923.2
1.6	15	200.43	0.0011571	0.1263	7.918	853939.72	2793014.2	1939074.5
1.7	16	203.36	0.0011618	0.1190	8.403	867086.28	2794689	1927602.8
1.8	17	206.16	0.0011662	0.1126	8.881	879814.15	2796363.7	1916549.6
1.9	18	208.82	0.0011706	0.1067	9.372	891955.87	2797619.7	1905663.9
2.0	19	211.38	0.0011749	0.1015	9.852	903595.17	2798875.8	1895280.7
2.1	20	213.85	0.0011791	0.09681	10.329	914941.4	2799713.1	1884771.7
2.2	21	216.23	0.0011832	0.09249	10.812	925785.21	2800550.5	1874765.3
2.3	22	218.53	0.0011873	0.08854	11.294	936377.82	2801387.8	1865010
2.4	23	220.75	0.0011914	0.08490	11.778	946761.08	2802225.2	1855464.2
2.5	24	222.90	0.0011953	0.08153	12.265	956767.53	2802643.9	1845876.4
2.6	25	224.98	0.0011992	0.07842	12.750	966397.17	2803062.6	1836665.5
2.7	26	227.01	0.0012030	0.07556	13.235	975943.08	2803481.2	1827538.2
2.8	27	228.97	0.0012067	0.07285	13.727	985028.43	2803899.9	1818871.5
2.9	28	230.89	0.0012104	0.07036	14.212	994071.92	2803899.9	1809828
3.0	29	232.73	0.0012141	0.06800	14.706	1002780.4	2803899.9	1801119.5

（续）

压力		饱和（沸腾）温度	比容/（m³/kg）		密度/（kg/m³）	比焓/（J/kg）		
						拥有热量		蒸发热（蒸汽的潜热）
$p_{绝对}$ /MPa	h /mmHg	t /℃	饱和水 v'	饱和蒸汽 v''	饱和蒸汽 γ	饱和水 i'	饱和蒸汽 i''	$r=i''-i'$
3.1	30	234.57	0.0012178	0.06580	15.198	1010107.3	2803899.9	1793792.6
3.2	31	236.34	0.0012215	0.06373	15.691	1020113.8	2803899.9	1783786.1
3.3	32	238.07	0.0012251	0.06178	16.186	1027859.4	2803899.9	1776040.5
3.4	33	239.76	0.0012286	0.05994	16.683	1036233.3	2803899.9	1767666.6
3.5	34	241.41	0.0012321	0.05822	17.176	1043978.5	2803481.2	1759493.7
3.6	35	243.03	0.0012356	0.05658	17.674	1051724.1	2803062.6	1751338.5
3.7	36	244.61	0.0012390	0.05502	18.175	1059302.2	2803062.6	1743760.4
3.8	37	246.16	0.0012425	0.05354	18.678	1066671	2802643.9	1735972.9
3.9	38	247.68	0.0012458	0.05213	19.183	1073914.2	2802225.2	1728311
4.0	39	249.17	0.0012492	0.05079	15.689	1081241.1	2801806.5	1720565.4
4.2	41	252.07	0.0012560	0.04830	20.704	1095434.3	2800550.5	1705116.2
4.4	43	254.85	0.0012626	0.04603	21.725	1109208.9	2799713.1	1690504.2
4.6	45	257.56	0.0012693	0.04394	22.758	1122397.3	2798038.4	1675641.1
4.8	47	260.17	0.0012760	0.04202	23.798	1135292.6	2796782.4	1661489.8
5.0	48	262.70	0.0012826	0.04026	24.839	1147811.2	2795107.6	1647296.4
5.5	54	268.69	0.0012896	0.03640	27.473	1178039.9	2794689	1616649.1
6.0	59	274.29	0.0013147	0.03312	30.273	1206803.2	2790502.2	1583699
6.5	64	279.54	0.0013306	0.03036	32.938	1233975.5	2779616.5	1545641
7.0	69	284.48	0.0013664	0.02795	35.778	1259933.7	2773336.3	1513402.6
7.5	74	289.17	0.0013625	0.02587	38.655	1284970.7	2766637.4	1481666.7
8.0	79	293.62	0.0013786	0.02404	41.597	1309003	2759519.8	1450516.8
8.5	84	297.86	0.0013950	0.02242	44.603	1331821	2751983.6	1420162.6
9.0	89	301.91	0.0014114	0.02095	47.733	1354471.6	2744028.7	1389557.1
9.5	94	305.80	0.0014283	0.01964	50.916	1376326.7	2735655.1	1359328.4
10.0	99	309.53	0.0014452	0.01845	54.201	1397721.3	2726862.8	1329141.5
10.5	104	313.11	0.0014623	0.01739	57.504	1418487.8	2718070.5	1299591.7
11.0	109	316.57	0.0014801	0.01640	60.976	1438668.2	2708859.6	1270191.4
11.5	114	319.90	0.0014987	0.01549	64.558	1459183.5	2698811.2	1239627.7
12.0	119	323.14	0.0015176	0.01465	68.260	1479782.5	2688762.9	1208980.4
13.0	129	329.29	0.0015568	0.01315	76.047	1519096.6	2666991.6	1147895
14.0	139	335.08	0.0015994	0.01185	84.390	1558368.8	2643964.2	1085595.4
15.0	149	340.55	0.0016461	0.01068	93.634	1597682.8	2618424.7	1020741.9
16.0	159	345.74	0.0016975	0.00963	103.84	1637876.1	2590791.8	952915.7
17.0	169	350.66	0.001755	0.00869	115.07	1677232	2559390.8	882158.8
18.0	179	355.35	0.001820	0.00780	128.21	1681418.8	2523803	842384.2
19.0	189	359.82	0.001903	0.00697	143.5	1764317.5	2484028.4	719710.9
20.0	199	364.09	0.002004	0.00616	162.3	1812884.4	2436717.6	623833.2
21.0	209	368.16	0.002141	0.00537	186.2	1867731.4	2377265	509533.6
22.0	219	372.04	0.002385	0.00449	222.7	1943931.2	2294785	350853.8
22.565	224.65	374.15	0.00318	0.00318	314.5	2116846	2116846	0

注：1. 本表摘自日本机械学会修订蒸汽表。

2. 本表以压力为基准。

3. i——比焓；r——蒸发热。

4.2.7　过热蒸汽的性质（表 4-66）

表 4-66　过热蒸汽的性质（1）

绝对压力 /MPa（饱和温度/℃）		蒸汽温度 /℃						
		100	120	140	160	180	200	220
0.01	v	17.54	18.48	19.43	20.37	21.31	22.26	23.20
	i	2687.5×10^3	2729.4×10^3	2764×10^3	2802.6×10^3	2841×10^3	2879.7×10^3	2918.6×10^3
(45.45)	s	8.457×10^3	8.557×10^3	8.652×10^3	8.743×10^3	8.83×10^3	8.914×10^3	8.994×10^3
0.02	v	8.754	9.230	9.704	10.18	10.65	11.12	11.59
	i	2686.3×10^3	2724.8×10^3	2763.3×10^3	2801.8×10^3	2840.3×10^3	6879.3×10^3	2918.2×10^3
(59.66)	s	8.135×10^3	8.235×10^3	8.331×10^3	8.422×10^3	8.509×10^3	8.593×10^3	8.673×10^3
0.05	v	3.486	3.676	3.871	4.062	4.253	4.442	4.632
	i	2682.1×10^3	2721.8×10^3	2760.8×10^3	2799.7×10^3	2838.7×10^3	2878×10^3	2916.9×10^3
(80.86)	s	7.703×10^3	7.806×10^3	7.903×10^3	7.996×10^3	8.084×10^3	8.167×10^3	8.249×10^3
0.06	v	2.900	3.062	3.223	3.383	3.542	3.700	3.858
	i	2680.8×10^3	2720.6×10^3	2759.9×10^3	2799.3×10^3	2838.2×10^3	2839.9×10^3	2916.5×10^3
(85.45)	s	7.616×10^3	7.72×10^3	7.818×10^3	7.91×10^3	7.998×10^3	8.083×10^3	8.164×10^3
0.08	v	2.168	2.291	2.413	2.533	2.653	2.772	2.891
	i	2677.9×10^3	2718.5×10^3	2758.3×10^3	2798×10^3	2837×10^3	2876.8×10^3	2916.3×10^3
(92.99)	s	7.477×10^3	7.583×10^3	7.682×10^3	7.775×10^3	7.864×10^3	7.949×10^3	8.03×10^3
0.10	v	1.729	1.829	1.927	2.023	2.120	2.216	2.311
	i	2674.9×10^3	2716.4×10^3	2756.6×10^3	2796.4×10^3	2836.1×10^3	2875.5×10^3	2915.3×10^3
(99.09)	s	7.368×10^3	7.476×10^3	7.557×10^3	7.67×10^3	7.759×10^3	7.761×10^3	7.926×10^3
0.12	v		1.520	1.602	1.684	1.764	1.844	1.924
	i		2714.3×10^3	2754.9×10^3	2795.1×10^3	2834.9×10^3	2874.7×10^3	2914.4×10^3
(104.25)	s		7.387×10^3	7.489×10^3	7.583×10^3	7.673×10^3	7.759×10^3	7.841×10^3
0.14	v		1.300	1.371	1.441	1.510	1.579	1.648
	i		2712.2×10^3	2753.2×10^3	2793.9×10^3	2834×10^3	2873.8×10^3	2913.6×10^3
(108.74)	s		7.311×10^3	7.414×10^3	7.509×10^3	7.6×10^3	7.686×10^3	7.768×10^3
0.16	v		1.134	1.197	1.259	1.320	1.380	1.441
	i		2709.7×10^3	2751.6×10^3	2792.6×10^3	2832.8×10^3	2873×10^3	2912.8×10^3
(112.73)	s		7.245×10^3	7.349×10^3	7.445×10^3	7.537×10^3	7.623×10^3	7.705×10^3
0.18	v		1.006	1.062	1.117	1.172	1.226	1.280
	i		2707.6×10^3	2749.9×10^3	2790.9×10^3	2831.5×10^3	2871.7×10^3	2911.9×10^3
(116.33)	s		7.187×10^3	7.291×10^3	7.389×10^3	7.480×10^3	7.567×10^3	7.65×10^3
0.20	v		0.9028	0.9539	1.004	1.053	1.102	1.151
	i		2705.5×10^3	2748.2×10^3	2789.7×10^3	2830.7×10^3	2870.9×10^3	2911.1×10^3
(119.62)	s		7.133×10^3	7.239×10^3	7.338×10^3	7.43×10^3	7.517×10^3	7.6×10^3

（续）

绝对压力/MPa（饱和温度/℃）		100	120	140	160	180	200	220
0.30	v			0.6294	0.6639	0.6976	0.7308	0.7637
	i			2739.4×10^{3}	2782.5×10^{3}	2824.8×10^{3}	2866.3×10^{3}	2906.9×10^{3}
(132.88)	s			7.035×10^{3}	7.138×10^{3}	7.233×10^{3}	7.322×10^{3}	7.407×10^{3}
0.40	v				0.4938	0.5197	0.5452	0.5702
	i				2775.4×10^{3}	2819×10^{3}	2861.3×10^{3}	2902.7×10^{3}
(142.92)	s				6.992×10^{3}	7.09×10^{3}	7.181×10^{3}	7.267×10^{3}
0.50	v				0.3916	0.4129	0.4337	0.4540
	i				2767.5×10^{3}	2812.7×10^{3}	2856.2×10^{3}	2898.5×10^{3}
(151.11)	s				6.875×10^{3}	6.976×10^{3}	7.07×10^{3}	7.158×10^{3}
0.60	v				0.3232	0.3416	0.3593	0.3766
	i				2759.9×10^{3}	2806.4×10^{3}	2850.8×10^{3}	2894.3×10^{3}
(158.11)	s				6.776×10^{3}	6.881×10^{3}	6.977×10^{3}	7.067×10^{3}
0.70	v					0.2907	0.3062	0.3212
	i					2799.7×10^{3}	2845.8×10^{3}	2889.7×10^{3}
(164.17)	s					6.798×10^{3}	6.897×10^{3}	6.989×10^{3}
0.80	v					0.2524	0.2663	0.2797
	i					2793×10^{3}	2840.3×10^{3}	2885.1×10^{3}
(168.61)	s					6.725×10^{3}	6.827×10^{3}	6.92×10^{3}
0.90	v					0.2226	0.2352	0.2474
	i					2786.3×10^{3}	2834.5×10^{3}	2880.5×10^{3}
(174.53)	s					6.659×10^{3}	6.763×10^{3}	6.858×10^{3}
1.0	v					0.1987	0.2103	0.2215
	i					2779.2×10^{3}	2829×10^{3}	2875.9×10^{3}
(179.04)	s					6.598×10^{3}	6.705×10^{3}	6.802×10^{3}
1.2	v						0.1729	0.1826
	i						2817.3×10^{3}	2866.3×10^{3}
(187.08)	s						6.601×10^{3}	6.703×10^{3}
1.4	v						0.1462	0.1548
	i						2804.7×10^{3}	2856.2×10^{3}
(194.13)	s						6.509×10^{3}	6.616×10^{3}

(续)

绝对压力/MPa(饱和温度/℃)		蒸汽温度/℃						
		240	260	280	300	320	350	400
0.01	v	24.14	25.08	26.03	26.97	27.91	29.32	31.68
	i	2957.6×10^3	2996.9×10^3	3036.7×10^3	3076.5×10^3	3116.2×10^3	3176.5×10^3	3278.7×10^3
(45.45)	s	9.072×10^3	9.147×10^3	9.22×10^3	9.29×10^3	9.359×10^3	9.458×10^3	9.615×10^3
0.02	v	12.07	12.54	13.01	13.48	13.95	14.66	15.84
	i	2957.5×10^3	2996.9×10^3	3036.3×10^3	3076×10^3	3116×10^3	3176.4×10^3	3278.3×10^3
(59.66)	s	8.752×10^3	8.827×10^3	8.899×10^3	8.970×10^3	9.039×10^3	9.138×10^3	9.296×10^3
0.05	v	4.821	5.010	5.199	5.388	5.577	5.860	6.332
	i	2956.3×10^3	2995.7×10^3	3035.4×10^3	3075.2×10^3	3115.4×10^3	3176.1×10^3	3277.8×10^3
(80.86)	s	8.327×10^3	8.403×10^3	8.475×10^3	8.547×10^3	8.615×10^3	8.714×10^3	8.872×10^3
0.06	v	4.016	4.174	4.332	4.489	4.647	4.883	5.276
	i	2955.9×10^3	2995.6×10^3	3035.4×10^3	3075.2×10^3	3115.4×10^3	3176×10^3	3277.8×10^3
(85.45)	s	8.243×10^3	8.318×10^3	8.475×10^3	8.546×10^3	8.53×10^3	8.63×10^3	8.788×10^3
0.08	v	3.010	3.129	3.247	3.365	3.484	3.661	3.956
	i	2955.5×10^3	2994.8×10^3	3034.6×10^3	3074.8×10^3	3115×10^3	3175.3×10^3	3277.4×10^3
(92.99)	s	8.109×10^3	8.184×10^3	8.257×10^3	8.328×10^3	8.397×10^3	8.497×10^3	8.655×10^3
0.10	v	2.406	2.501	2.596	2.691	2.786	2.928	3.164
	i	2954.6×10^3	2994.4×10^3	3034.2×10^3	3074.4×10^3	3114.6×10^3	3174.9×10^3	3277.4×10^3
(99.09)	s	8.005×10^3	8.081×10^3	8.154×10^3	8.225×10^3	8.294×10^3	8.394×10^3	8.552×10^3
0.12	v	2.004	2.083	2.162	2.242	2.321	2.439	2.636
	i	2953.8×10^3	2993.6×10^3	3033.7×10^3	3073.5×10^3	3114.1×10^3	3174.8×10^3	3277×10^3
(104.25)	s	7.920×10^3	7.996×10^3	8.069×10^3	8.14×10^3	8.209×10^3	8.309×10^3	8.467×10^3
0.14	v	1.716	1.785	1.853	1.920	1.988	2.090	2.259
	i	2953.4×10^3	2993.1×10^3	3032.9×10^3	3073.1×10^3	3113.7×10^3	3174.4×10^3	3276.6×10^3
(108.74)	s	7.847×10^3	7.924×10^3	7.997×10^3	8.068×10^3	8.137×10^3	8.238×10^3	8.346×10^3
0.16	v	1.501	1.560	1.620	1.680	1.739	1.828	1.976
	i	2952.5×10^3	2992.7×10^3	3032.5×10^3	3072.7×10^3	3112.9×10^3	3174×10^3	3276.5×10^3
(112.73)	s	7.785×10^3	7.861×10^3	7.935×10^3	8.006×10^3	8.076×10^3	8.176×10^3	8.334×10^3
0.18	v	1.333	1.386	1.439	1.492	1.545	1.624	1.750
	i	2951.7×10^3	2991.9×10^3	3032×10^3	3072.3×10^3	3112.5×10^3	3173.6×10^3	3276.2×10^3
(116.33)	s	7.73×10^3	7.806×10^3	7.88×10^3	7.951×10^3	8.021×10^3	8.121×10^3	8.279×10^3
0.20	v	1.199	1.247	1.295	1.342	1.390	1.461	1.580
	i	2951.3×10^3	2991.5×10^3	3031.7×10^3	3071.9×10^3	3112×10^3	3173.2×10^3	3275.8×10^3
(119.62)	s	7.68×10^3	7.756×10^3	7.831×10^3	7.902×10^3	7.971×10^3	8.072×10^3	8.23×10^3

（续）

绝对压力/MPa（饱和温度/℃）		蒸汽温度/℃						
		240	260	280	300	320	350	400
0.30	v	0.7962	0.8280	0.8608	0.8928	0.9248	0.9726	1.052
	i	2947.5×10^3	2988.1×10^3	3028.7×10^3	3069.3×10^3	3110×10^3	3171.5×10^3	3274.5×10^3
(132.88)	s	7.488×10^3	7.565×10^3	7.64×10^3	7.712×10^3	7.782×10^3	7.882×10^3	8.041×10^3
0.40	v	0.5949	0.6194	0.6438	0.6680	0.6922	0.7282	0.7880
	i	2944.2×10^3	2985.1×10^3	3026.2×10^3	3066.8×10^3	3107.9×10^3	3169.4×10^3	3272.8×10^3
(142.92)	s	7.35×10^3	7.428×10^3	7.503×10^3	7.576×10^3	7.646×10^3	7.748×10^3	7.907×10^3
0.50	v	0.4741	0.4939	0.5136	0.5332	0.5526	0.5816	0.6296
	i	2940.4×10^3	2981.8×10^3	3023.3×10^3	3064.3×10^3	3105.8×10^3	3167.7×10^3	3271.6×10^3
(151.11)	s	7.241×10^3	7.321×10^3	7.396×10^3	7.47×10^3	7.54×10^3	7.642×10^3	7.803×10^3
0.60	v	0.3935	0.4103	0.4268	0.4432	0.4595	0.4838	0.5240
	i	2936.6×10^3	2978.9×10^3	3020.4×10^3	3062.2×10^3	3103.7×10^3	3165.6×10^3	3269.9×10^3
(158.11)	s	7.151×10^3	7.232×10^3	7.308×10^3	7.383×10^3	7.453×10^3	7.556×10^3	7.717×10^3
0.70	v	0.3360	0.3505	0.3648	0.3790	0.3930	0.4140	0.4486
	i	2932.9×10^3	2975.6×10^3	3017.8×10^3	3059.7×10^3	3101.2×10^3	3164×10^3	3268.2×10^3
(164.17)	s	7.075×10^3	7.156×10^3	7.234×10^3	7.308×10^3	7.38×10^3	7.483×10^3	7.644×10^3
0.80	v	0.2928	0.3056	0.3183	0.3308	0.3432	0.3616	0.3920
	i	2929.1×10^3	2972.2×10^3	3014.9×10^3	3056.8×10^3	3099×10^3	3161.9×10^3	3267×10^3
(168.61)	s	7.007×10^3	7.09×10^3	7.168×10^3	7.243×10^3	7.315×10^3	7.419×10^3	7.581×10^3
0.90	v	0.2592	0.2707	0.2821	0.2933	0.3044	0.3209	0.3480
	i	2925.3×10^3	2968.9×10^3	3012×10^3	3054.3×10^3	3096.5×10^3	3160.2×10^3	3265.3×10^3
(174.53)	s	6.947×10^3	7.03×10^3	7.11×10^3	7.185×10^3	7.258×10^3	7.362×10^3	7.525×10^3
1.0	v	0.2323	0.2428	0.2531	0.2633	0.2733	0.2883	0.3128
	i	2921.1×10^3	2965.5×10^3	3009.1×10^3	3051.8×10^3	3094.5×10^3	3158.1×10^3	3264×10^3
(179.04)	s	6.893×10^3	6.977×10^3	7.061×10^3	7.133×10^3	7.206×10^3	7.311×10^3	7.474×10^3
1.2	v	0.1919	0.2009	0.2097	0.2183	0.2268	0.2394	0.2600
	i	2913.2×10^3	2958.4×10^3	3002.8×10^3	3046.7×10^3	3089.8×10^3	7154.3×10^3	3260.7×10^3
(187.08)	s	6.796×10^3	6.883×10^3	6.965×10^3	7.042×10^3	7.116×10^3	7.222×10^3	7.387×10^3
1.4	v	0.1630	0.1709	0.1786	0.1861	0.1935	0.2044	0.2223
	i	2904.8×10^3	2951.3×10^3	2996.9×10^3	3041.3×10^3	3085.3×10^3	3150.1×10^3	3257.7×10^3
(194.13)	s	6.712×10^3	6.801×10^3	6.885×10^3	6.964×10^3	7.039×10^3	7.146×10^3	7.312×10^3

（续）

绝对压力/MPa（饱和温度/℃）		蒸汽温度/℃					
		220	240	260	280	300	320
1.6	v	0.1339	0.1413	0.1484	0.1553	0.1620	0.1685
	i	2845.8×10^{3}	2896×10^{3}	2944.2×10^{3}	2990.6×10^{3}	3035.8×10^{3}	3080.2×10^{3}
(200.43)	s	6.537×10^{3}	6.638×10^{3}	6.729×10^{3}	6.815×10^{3}	6.895×10^{3}	6.971×10^{3}
1.8	v	0.1176	0.1244	0.1309	0.1371	0.1432	0.1491
	i	2834.9×10^{3}	2887.2×10^{3}	2936.0×10^{3}	2984.4×10^{3}	3030.4×10^{3}	3075.6×10^{3}
(200.15)	s	6.466×10^{3}	6.57×10^{3}	6.664×10^{3}	6.752×10^{3}	6.834×10^{3}	6.911×10^{3}
2.0	v	0.1045	0.1108	0.1168	0.1226	0.1282	0.1336
	i	2823.6×10^{3}	2878×10^{3}	2929.1×10^{3}	2977.7×10^{3}	3024.5×10^{3}	3070.6×10^{3}
(211.38)	s	6.399×10^{3}	6.507×10^{3}	6.604×10^{3}	6.694×10^{3}	6.777×10^{3}	6.856×10^{3}
2.2	v	0.09369	0.09970	0.1026	0.1107	0.1158	0.1208
	i	2811.9×10^{3}	2868.2×10^{3}	2920.3×10^{3}	2971×10^{3}	3019.1×10^{3}	3065.6×10^{3}
(216.23)	s	6.335×10^{3}	6.449×10^{3}	6.549×10^{3}	6.641×10^{3}	6.726×10^{3}	6.806×10^{3}
2.5	v		0.08631	0.09149	0.09637	0.1010	0.1056
	i		2853.7×10^{3}	2909×10^{3}	2960.9×10^{3}	3010.3×10^{3}	3058×10^{3}
(222.90)	s		6.366×10^{3}	6.742×10^{3}	6.567×10^{3}	6.655×10^{3}	6.737×10^{3}
2.8	v		0.07573	0.08058	0.08511	0.08940	0.09353
	i		2838.2×10^{3}	2896.4×10^{3}	2950×10^{3}	3001.1×10^{3}	3050×10^{3}
(228.27)	s		6.29×10^{3}	6.371×10^{3}	6.5×10^{3}	6.59×10^{3}	6.674×10^{3}
3.0	v		0.06982	0.07450	0.07883	0.08292	0.08684
	i		2827.3×10^{3}	2887.6×10^{3}	2942.9×10^{3}	2994.8×10^{3}	3044.6×10^{3}
(232.75)	s		6.241×10^{3}	6.356×10^{3}	6.458×10^{3}	6.55×10^{3}	6.636×10^{3}
3.5	v			0.06226	0.06624	0.06994	0.07845
	i			2865×10^{3}	2924.1×10^{3}	2979.3×10^{3}	3031.2×10^{3}
(341.41)	s			6.25×10^{3}	6.326×10^{3}	6.457×10^{3}	6.546×10^{3}
4.0	v			0.05301	0.05675	0.06017	0.06837
	i			2840.3×10^{3}	2904.4×10^{3}	2962.6×10^{3}	3017×10^{3}
(249.17)	s			6.152×10^{3}	6.27×10^{3}	6.373×10^{3}	6.467×10^{3}
4.5	v			0.04571	0.04931	0.05253	0.05551
	i			2813.5×10^{3}	2883.4×10^{3}	2945.4×10^{3}	3002.4×10^{3}
(256.22)	s			6.056×10^{3}	6.185×10^{3}	6.295×10^{3}	6.393×10^{3}
5.0	v				0.04329	0.04638	0.04921
	i				2860.8×10^{3}	2927.4×10^{3}	2987.3×10^{3}
(262.70)	s				6.185×10^{3}	6.221×10^{3}	6.324×10^{3}

（续）

绝对压力/MPa（饱和温度/℃）		蒸汽温度/℃					
		220	240	260	280	300	320
6.0 (274.29)	v				0.03409	0.03707	0.03968
	i				2810.6×10^3	2888.5×10^3	2955.5×10^3
	s				5.944×10^3	6.082×10^3	6.197×10^3
7.0 (284.48)	v					0.03027	0.03279
	i					2844.5×10^3	2920.7×10^3
	s					5.948×10^3	6.072×10^3
8.0 (293.62)	v					0.02500	0.02754
	i					2793.4×10^3	2882.6×10^3
	s					5.812×10^3	5.965×10^3
9.0 (301.91)	v						0.02335
	i						2839.9×10^3
	s						5.851×10^3
10.0 (309.53)	v						0.01988
	i						2790.9×10^3
	s						5.733×10^3
12.0 (323.14)	v						
	i						
	s						
15.0 (340.55)	v						
	i						
	s						
20.0 (364.09)	v						
	i						
	s						
25.0	v						
	i						
	s						
30.0	v						
	i						
	s						

（续）

绝对压力/MPa（饱和温度/℃）		350	380	400	450	500	550	600
1.6	v	0.1782	0.1877	0.1940	0.2094	0.2247	0.2398	0.2549
	i	3146.4×10^3	3211.3×10^3	3254.8×10^3	3362.8×10^3	3471.3×10^3	3580.6×10^3	3691.1×10^3
(200.43)	s	7.08×10^3	7.182×10^3	7.25×10^3	7.402×10^3	7.547×10^3	7.684×10^3	7.815×10^3
1.8	v	0.1578	0.1663	0.1719	0.1858	0.1994	0.2129	0.2263
	i	3142.2×10^3	3207.9×10^3	3251.5×10^3	3360.3×10^3	3469.2×10^3	3578.9×10^3	3689.8×10^3
(200.15)	s	7.02×10^3	7.124×10^3	7.19×10^3	7.345×10^3	7.491×10^3	7.629×10^3	7.759×10^3
2.0	v	0.1415	0.1492	0.1543	0.1669	0.1792	0.1914	0.2035
	i	3138×10^3	3204.6×10^3	3248.5×10^3	3357.8×10^3	3467.1×10^3	3577.2×10^3	3688.2×10^3
(211.38)	s	6.967×10^3	7.071×10^3	7.137×10^3	7.294×10^3	7.44×10^3	7.579×10^3	7.709×10^3
2.2	v	0.1281	0.1353	0.1399	0.1514	0.1627	0.1738	0.1848
	i	3133.8×10^3	3200.8×10^3	3245.2×10^3	3355.3×10^3	3465×10^3	3575.5×10^3	3686.9×10^3
(216.23)	s	6.918×10^3	7.023×10^3	7.09×10^3	7.248×10^3	7.395×10^3	7.533×10^3	7.664×10^3
2.5	v	0.1121	0.1185	0.1226	0.1328	0.1428	0.1527	0.1624
	i	3127.5×10^3	3195.8×10^3	3240.6×10^3	3351.5×10^3	3462.1×10^3	3573×10^3	3684.8×10^3
(222.90)	s	6.851×10^3	6.958×10^3	7.025×10^3	7.185×10^3	7.333×10^3	7.472×10^3	7.603×10^3
2.8	v	0.09949	0.1053	0.1090	0.1182	0.1272	0.1316	0.1448
	i	3121.3×10^3	3190.4×10^3	3235.6×10^3	3347.8×10^3	3459.1×10^3	3570.5×10^3	3682.7×10^3
(228.27)	s	6.791×10^3	6.899×10^3	6.968×10^3	7.128×10^3	7.277×10^3	7.417×10^3	7.549×10^3
3.0	v	0.09249	0.09791	0.1015	0.1101	0.1185	0.1268	0.1350
	i	3116.7×10^3	3186.6×10^3	3232.2×10^3	3345.3×10^3	3457×10^3	3568.8×10^3	3681×10^3
(232.75)	s	6.754×10^3	6.863×10^3	6.932×10^3	7.094×10^3	7.244×10^3	7.383×10^3	7.516×10^3
3.5	v	0.07845	0.0823	0.08634	0.09388	0.1012	0.1084	0.1155
	i	3105.8×10^3	3177.4×10^3	3223.8×10^3	3338.6×10^3	3451.6×10^3	3564.2×10^3	3677.3×10^3
(341.41)	s	6.669×10^3	6.781×10^3	6.852×10^3	7.016×10^3	7.167×10^3	7.308×10^3	7.442×10^3
4.0	v	0.06791	0.07221	0.07499	0.08170	0.08819	0.09453	0.1008
	i	3094×10^3	3167.7×10^3	3215.5×10^3	3331.9×10^3	3446.6×10^3	3560×10^3	3673.9×10^3
(249.17)	s	6.593×10^3	6.711×10^3	6.78×10^3	6.929×10^3	7.1×10^3	7.243×10^3	7.377×10^3
4.5	v	0.05970	0.06363	0.06616	0.07223	0.07807	0.08376	0.08935
	i	3082.3×10^3	3158.1×10^3	3206.7×10^3	3325.2×10^3	3441.1×10^3	3555.8×10^3	3670.1×10^3
(256.22)	s	6.525×10^3	6.643×10^3	6.716×10^3	6.886×10^3	7.041×10^3	7.185×10^3	7.32×10^3
5.0	v	0.05311	0.05675	0.05908	0.06467	0.06998	0.07515	0.08021
	i	3070.6×10^3	3148×10^3	3197.9×10^3	3318.5×10^3	3435.7×10^3	3551.2×10^3	3666.4×10^3
(262.70)	s	6.461×10^3	6.583×10^3	6.658×10^3	6.831×10^3	6.987×10^3	7.132×10^3	7.268×10^3

注：表头"蒸汽温度/℃"横跨 350～600 各列。

（续）

绝对压力/MPa（饱和温度/℃）		蒸汽温度/℃ 350	380	400	450	500	550	600
6.0	v	0.04320	0.04642	0.04845	0.05327	0.05783	0.06222	0.06651
	i	3045.5×10^3	3127.5×10^3	3179.9×10^3	3304.6×10^3	3424.8×10^3	3542.5×10^3	3658.8×10^3
(274.29)	s	6.345×10^3	6.474×10^3	6.553×10^3	6.732×10^3	6.893×10^3	7.04×10^3	7.177×10^3
7.0	v	0.03607	0.03901	0.04084	0.04513	0.04914	0.05299	0.05672
	i	3018.7×10^3	3106.6×10^3	3161.5×10^3	3290.8×10^3	3413.5×10^3	3533.2×10^3	3651.7×10^3
(284.48)	s	6.241×10^3	6.378×10^3	6.461×10^3	6.646×10^3	6.811×10^3	6.961×10^3	7.1×10^3
8.0	v	0.03069	0.03343	0.03511	0.03901	0.04262	0.04606	0.04937
	i	2990.6×10^3	3084.4×10^3	3141.8×10^3	3276.2×10^3	3402.2×10^3	3524×10^3	3644.2×10^3
(293.62)	s	6.143×10^3	6.29×10^3	6.377×10^3	6.57×10^3	6.738×10^3	6.891×10^3	7.032×10^3
9.0	v	0.02646	0.02906	0.03064	0.03425	0.03755	0.04066	0.04366
	i	2960.9×10^3	3061×10^3	3121.7×10^3	3261.1×10^3	3390.9×10^3	3514.8×10^3	3636.2×10^3
(301.91)	s	6.05×10^3	6.208×10^3	6.299×10^3	6.499×10^3	6.673×10^3	6.828×10^3	6.971×10^3
10.0	v	0.02303	0.02555	0.02705	0.03043	0.03348	0.03635	0.03909
	i	2928.7×10^3	3036.7×10^3	3100.7×10^3	3246×10^3	3379.2×10^3	3505.6×10^3	3628.7×10^3
(309.53)	s	5.96×10^3	6.129×10^3	6.226×10^3	6.434×10^3	6.612×10^3	6.771×10^3	6.916×10^3
12.0	v	0.01774	0.02022	0.02162	0.02468	0.02738	0.02987	0.03222
	i	2855.8×10^3	2984.8×10^3	3056.8×10^3	3214.6×10^3	3354.9×10^3	3486.3×10^3	3613.2×10^3
(323.14)	s	5.779×10^3	5.982×10^3	6.091×10^3	6.317×10^3	6.504×10^3	6.669×10^3	6.819×10^3
15.0	v	0.01199	0.01472	0.01609	0.01889	0.02125	0.02337	0.02535
	i	2711×10^3	2894.3×10^3	2983.5×10^3	3164.4×10^3	3317.2×10^3	3457×10^3	3588.9×10^3
(340.55)	s	5.477×10^3	5.765×10^3	5.9×10^3	6.16×10^3	6.364×10^3	6.539×10^3	6.695×10^3
20.0	v		0.00865	0.01030	0.01303	0.01509	0.01686	0.01847
	i		2682.9×10^3	2832.4×10^3	3072.7×10^3	3250.6×10^3	3405.5×10^3	3547.9×10^3
(364.09)	s		5.355×10^3	5.584×10^3	5.926×10^3	6.165×10^3	6.358×10^3	6.387×10^3
25.0	v		0.00257	0.00637	0.00944	0.01137	0.01294	0.01434
	i		1959×10^3	2602.9×10^3	2967.6×10^3	3179.5×10^3	3351.5×10^3	3505.2×10^3
	s		4.209×10^3	5.186×10^3	5.706×10^3	5.99×10^3	6.205×10^3	6.387×10^3
30.0	v		0.00189	0.00306	0.00700	0.00891	0.01035	0.01159
	i		1842.2×10^3	2192.2×10^3	2843.3×10^3	3104.1×10^3	3296.3×10^3	3461.6×10^3
	s		4.012×10^3	4.538×10^3	5.478×10^3	5.828×10^3	6.069×10^3	6.264×10^3

注：1. 摘自日本机械学会过热蒸汽表。

2. v—1kg 蒸汽所具有的容积（m^3）；i—1kg 蒸汽所拥有的热量（焓，J）；s—1kg 蒸汽所拥有的以 K 表示的热量（熵，J/K）。

4.2.8　蒸汽疏水阀产品介绍

(1) 内螺纹连接自由浮球式蒸汽疏水阀

1) 主要性能规范（表4-67）。

表4-67　内螺纹连接自由浮球式蒸汽疏水阀主要性能规范

公称压力 PN	壳体试验压力/MPa	最高工作压力/MPa	最高工作温度/℃		最高背压率(%)	漏汽率(%)	过冷度/℃	适用介质
			铸铁	铸钢				
16	2.4	1.6	200	350	85~90	<0.5	0	蒸汽、凝结水

2) 排水量（表4-68）。

表4-68　内螺纹连接自由浮球式蒸汽疏水阀排水量　（单位：kg/h）

公称尺寸 DN	最高工作压力/MPa	阀座号	压差/MPa					
			0.15	0.4	0.8	1.0	1.2	1.6
15 20 25	0.15	3N1.5	300					
	0.4	3N4	163	250				
	0.8	3N8	117	202	285			
	1.0	3N10	88	119	165	190		
	1.2	3N12	81	114	160	182	189	
	1.6	3N16	66	88	118	125	134	148
15 20 25 40 50	0.15	5N1.5	766					
	0.4	5N4	463	627				
	0.8	5N8	360	495	715			
	1.0	5N10	275	455	650	705		
	1.2	5N12	290	397	552	615	645	
	1.6	5N16	245	370	510	555	585	620
25 32 40 50	0.15	7N1.5	3150					
	0.4	7N4	1687	2412				
	0.8	7N8	1125	1620	2180			
	1.0	7N10	950	1320	1850	2050		
	1.2	7N12	900	1287	1422	1800	1940	
	1.6	7N16	770	1230	1450	1580	1700	1920

3) 主要零件材料（表4-69）。

表4-69　内螺纹连接自由浮球式蒸汽疏水阀主要零件材料

零件名称	阀体、阀盖	浮球、阀座、滤网	双金属片
S11H-16 CS11H-16	灰铸铁	不锈钢	特殊不锈双金属
CS11H-16C	碳素铸钢		

4）主要外形尺寸、连接尺寸和重量（图4-97、表4-70）。

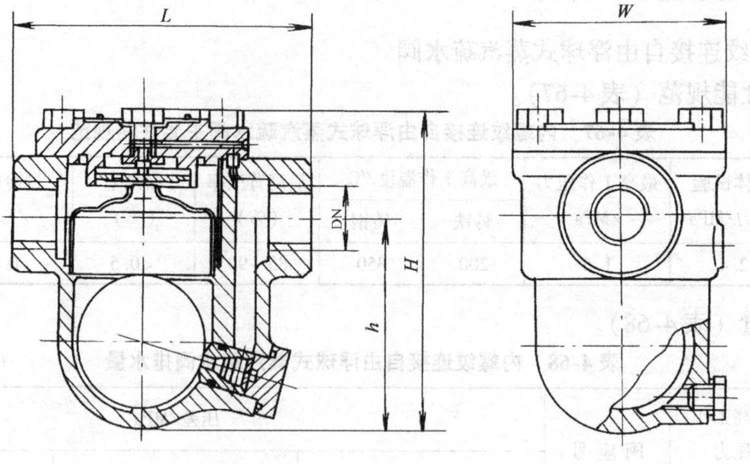

图4-97 外形尺寸、连接尺寸

表4-70 主要尺寸及重量

<table>
<tr><th rowspan="4">型　号</th><th rowspan="4">公称尺寸
DN</th><th colspan="15">浮　球　系　列　代　号</th></tr>
<tr><th colspan="5">3N</th><th colspan="5">5N</th><th colspan="5">7N</th></tr>
<tr><th colspan="4">尺寸/mm</th><th rowspan="2">重量
/kg</th><th colspan="4">尺寸/mm</th><th rowspan="2">重量
/kg</th><th colspan="4">尺寸/mm</th><th rowspan="2">重量
/kg</th></tr>
<tr><th>L</th><th>W</th><th>H</th><th>h</th><th>L</th><th>W</th><th>H</th><th>h</th><th>L</th><th>W</th><th>H</th><th>h</th></tr>
<tr><td rowspan="6">CS11H-16
CS11H-16C</td><td>15</td><td rowspan="3">120</td><td rowspan="3">84</td><td rowspan="3">128</td><td rowspan="3">77</td><td>2.8</td><td rowspan="3">150</td><td rowspan="6">113</td><td rowspan="6">166</td><td rowspan="6">98</td><td>6</td><td></td><td></td><td></td><td></td><td></td></tr>
<tr><td>20</td><td>3</td><td>6.1</td><td></td><td></td><td></td><td></td><td></td></tr>
<tr><td>25</td><td>3.1</td><td>6.2</td><td rowspan="3">270</td><td rowspan="4">200</td><td rowspan="4">308</td><td rowspan="4">215</td><td>17</td></tr>
<tr><td>32</td><td rowspan="3"></td><td rowspan="3"></td><td rowspan="3"></td><td rowspan="3"></td><td></td><td rowspan="3">160</td><td>6.3</td><td>18</td></tr>
<tr><td>40</td><td></td><td>6.4</td><td>18.5</td></tr>
<tr><td>50</td><td></td><td>6.5</td><td>290</td><td>19</td></tr>
</table>

（2）自由浮球式蒸汽疏水阀

1）主要性能规范（表4-71）。

表4-71 自由浮球式蒸汽疏水阀主要性能规范

<table>
<tr><th>型　号</th><th>公称压力
PN</th><th>壳体试验
压力
p_s/MPa</th><th>最高工作
压力
/MPa</th><th>最高工作
温度
/℃</th><th>最高允许
温度
/℃</th><th>漏汽率
（%）</th><th>最高背
压率
（%）</th><th>适用介质</th></tr>
<tr><td>CS41H-16C</td><td>16</td><td>2.4</td><td>1.6</td><td>203</td><td>425</td><td rowspan="4"><0.5</td><td rowspan="4">>80</td><td rowspan="4">蒸汽、凝结水</td></tr>
<tr><td>CS41H-25</td><td>25</td><td>3.75</td><td>2.5</td><td>225</td><td>425</td></tr>
<tr><td>CS41H-40</td><td>40</td><td>6.0</td><td>4.0</td><td>250</td><td>425</td></tr>
<tr><td>CS41H-160I</td><td>160</td><td>24</td><td>8.0</td><td>475</td><td>475</td></tr>
</table>

2）排水量（表4-72）。

表4-72　自由浮球式蒸汽疏水阀排水量　（单位：kg/h）

型号	压差/MPa	公称尺寸/mm			
		15～25	25～50	50、80	80、100
CS41H-16C CS41H-40	0.15	1110	5640	19500	27600
	0.25	1000	5350	18000	25100
	0.4	950	4700	17000	22700
	0.6	810	3590	14300	18200
	1.0	660	3190	11870	16600
	1.6	550	2740	9180	12900
CS41H-40	2.5	420	2210	8000	10700
	3.8	330	1650	6590	8360

型号	公称尺寸DN	最高工作压力/MPa	阀座号	压差/MPa					
				0.15	0.4	0.8	1.0	1.2	1.6
CS41H-16C	15 20 25	0.15	3N1.5	300	—	—	—	—	—
		0.4	3N4	163	250	—	—	—	—
		0.8	3N8	117	202	285	—	—	—
		1.0	3N10	88	119	165	190	—	—
		1.2	3N12	81	114	160	182	189	—
		1.6	3N16	66	88	118	125	134	148
	15 20 25 40 50	0.15	5N1.5	766	—	—	—	—	—
		0.4	5N4	463	627	—	—	—	—
		0.8	5N8	360	495	715	—	—	—
		1.0	5N10	275	455	650	705	—	—
		1.2	5N12	290	397	552	615	645	—
		1.6	5N16	245	370	510	555	585	620
	25 32 40 50	0.15	7N1.5	3150	—	—	—	—	—
		0.4	7N4	1687	2412	—	—	—	—
		0.8	7N8	1125	1620	2180	—	—	—
		1.0	7N10	950	1320	1850	2050	—	—
		1.2	7N12	900	1287	1422	1800	1940	—
		1.6	7N16	770	1230	1450	1580	1700	1920
	40 50 65 80 100	0.15	7.5N1.5	10800	—	—	—	—	—
		0.4	7.5N4	6120	8500	—	—	—	—
		0.8	7.5N8	3600	5200	6700	—	—	—
		1.0	7.5N10	3100	4500	5900	6300	—	—
		1.2	7.5N12	3150	4050	5200	5700	6100	—
		1.6	7.5N16	2520	3510	4500	4860	5350	5850

3）主要零件材料（表4-73）。

表 4-73 自由浮球式蒸汽疏水阀主要零件材料

零件名称	阀体、阀盖	阀座、球、过滤网
CS41H-16C CS41H-25 CS41H-40	碳素铸钢（WCB）	奥氏体不锈钢
CS41H-160I	铬钼铸钢	奥氏体不锈钢

4）主要外形尺寸、连接尺寸和重量（图 4-98、图 4-99、表 4-74）。

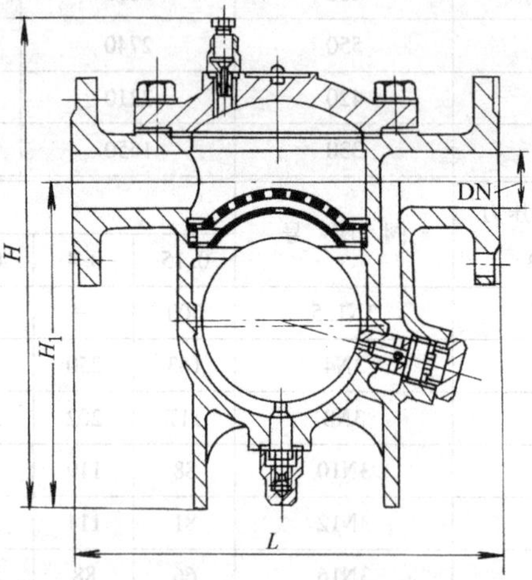

图 4-98 外形尺寸、连接尺寸

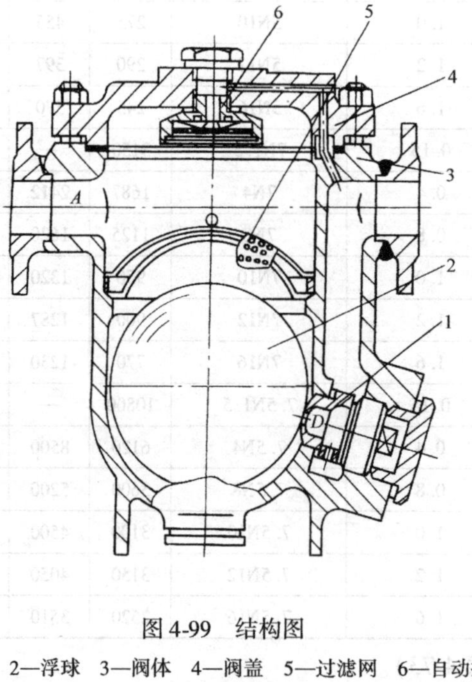

图 4-99 结构图

1—阀座 2—浮球 3—阀体 4—阀盖 5—过滤网 6—自动排气阀

表 4-74　自由浮球式蒸汽疏水阀主要外形尺寸、连接尺寸和重量　（单位：mm）

型号		CS41H-16、CS41H-16C				CS41H-40			
浮球系列代号	公称尺寸 DN	尺寸 *L*	尺寸 *H*	尺寸 H_1	重量 /kg	尺寸 *L*	尺寸 *H*	尺寸 H_1	重量 /kg
3N	15	210	128	77	6	—	—	—	—
	20				6.5				
	25	230			7				
5N	15	230	166	98	9	230	175	100	11.5
	20				10				12.5
	25				11				13.5
	32				11.5				
	40				12				14.5
	50				13				15.5
7N	25	320	308	215	21	320	308	215	24
	32				23				26
	40				24				28
	50				25				29
7.5N	40	490	440	338	65	490	440	338	69
	50				66				70
	65				67				71
	80				68				72
	100				69				73

（3）自由半浮球式蒸汽疏水阀

1）主要性能规范（表 4-75）。

表 4-75　自由半浮球式蒸汽疏水阀主要性能规范

公称压力 PN	壳体试验压力/MPa	最高工作压力 /MPa	最高工作温度 /℃	最高背压率 (%)	适用介质
16	2.4	1.6	210	85	蒸汽、凝结水

2）排水量（表 4-76）。

表 4-76　自由半浮球式蒸汽疏水阀排水量　（单位：kg/h）

型号	压差/MPa 0.01	0.05	0.1	0.2	0.3	0.4	0.5	0.6	0.8	1.0	1.2	1.4	1.6
CS45H-16-LAA4	1518	3394	4800	6788	8314	9600	—	—	—	—	—	—	—
CS45H-16-LAA8	1229	2749	3888	5498	6734	7776	8694	9524	10997	—	—	—	—
CS45H-16-LAA12	971	2172	3072	4344	5321	6144	6869	7525	8689	9715	10642	—	—
CS45H-16-LAA16	744	1663	2325	3326	4074	4704	5259	5761	6652	7438	8148	8800	9408
CS45H-16-LA4 CS45H-16-A4	634	1036	1340	1778	2059	2240	—	—	—	—	—	—	—
CS45H-16-LA6 CS45H-16-A6	446	753	960	1281	1417	1600	1720	1772	—	—	—	—	—
CS45H-16-LA10 CS45H-16-A10	323	559	693	906	1096	1250	1325	1366	1458	1522	—	—	—
CS45H-16-LA16 CS45H-16-A16	200	368	475	546	657	750	795	833	920	987	1038	1085	1146
CS45H-16-LB6 CS45H-16-B6	192	350	425	539	649	740	784	809	—	—	—	—	—
CS45H-16-LB10 CS45H-16-B10	128	235	296	406	484	544	591	627	702	758	—	—	—

（续）

型　号	压差/MPa												
	0.01	0.05	0.1	0.2	0.3	0.4	0.5	0.6	0.8	1.0	1.2	1.4	1.6
CS45H-16-LB16 CS45H-16-B16	75	139	176	241	288	324	353	375	420	455	483	505	522
CS45H-16-LC10 CS45H-16-C10	72	132	167	228	272	306	333	353	395	427	—	—	—
CS45H-16-LC16 CS45H-16-C16	52	96	122	167	200	225	245	260	292	316	335	351	363

3）主要零件材料（表4-77）。

表4-77　自由半浮球式蒸汽疏水阀主要零件材料

零件名称	阀体、阀盖	喷嘴、半浮球、发射台、导流管、过滤网、配重环	双金属片
材料	灰铸铁	不锈钢	RSN210
	碳素钢	不锈钢	RSN210

4）主要外形尺寸、连接尺寸和重量（图4-100、表4-78）。

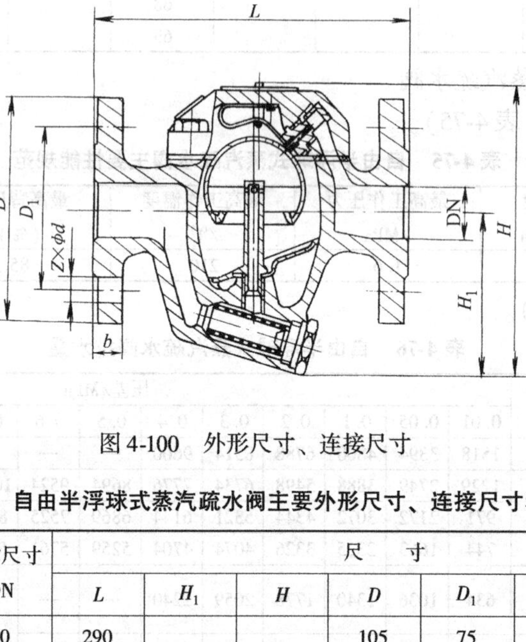

图4-100　外形尺寸、连接尺寸

表4-78　自由半浮球式蒸汽疏水阀主要外形尺寸、连接尺寸和重量　（单位：mm）

型　号	公称尺寸 DN	尺寸 L	H_1	H	D	D_1	$Z\times\phi d$	b	重量/kg
CS45H-16-LA	20	290	115	214	105	75	$4\times\phi13.5$	16	16~18
	25	310			115	85			
	32	320	130	229	140	100	$4\times\phi17.5$	18	
	40				150	110			
	50				165	125		20	
CS45H-16-LB	15	230	105	180	95	65	$4\times\phi13.5$	14	8.5~9.5
	20				105	75		16	
	25				115	85			

（续）

型　　号	公称尺寸 DN	尺　　寸					
		L	D	D_1	b	$Z \times \phi d$	H
CS45H-16C	15	170	95	65	14	$4 \times \phi 14$	134
	20	170	105	75	14	$4 \times \phi 14$	134
	25	230	115	85	14	$4 \times \phi 14$	146
	32	270	135	100	16	$4 \times \phi 18$	193
	40	270	145	110	16	$4 \times \phi 18$	193
	50	270	160	125	16	$4 \times \phi 18$	193

（4）内螺纹连接自由半浮球式蒸汽疏水阀

1）主要性能规范（表 4-79）。

表 4-79　内螺纹连接自由半浮球式蒸汽疏水阀主要性能规范

公称压力 PN	壳体试验压力 /MPa	最高工作压力 /MPa	最高工作温度 /℃	适 用 介 质	漏汽率 (%)	最高背压率 (%)
16	2.4	1.6	220	蒸汽、凝结水	<0.5	85

2）主要零件材料（表 4-80）。

表 4-80　内螺纹连接自由半浮球式蒸汽疏水阀主要零件材料

零 件 名 称	阀体、阀盖	喷嘴、半浮球、发射台、导流管、过滤网、配重环	双 金 属 片
CS15H-16	灰铸铁	不锈钢	RSN 210
CS15H-16C	碳素锈钢		

3）排水量（表 4-81）。

表 4-81　内螺纹连接自由半浮球式蒸汽疏水阀排水量　　（单位：kg/h）

型　　号	公称尺寸 DN	最高工作压力 /MPa	阀座号	压差/MPa			
				0.3	0.6	1.0	1.6
CS15H-16 CS15H-16C	15、20、25	0.3	3B3	320	—	—	—
		0.6	3B6	228	270	—	—
		1.0	3B10	154	180	219	
		1.6	3B16	95	115	145	170
	15、20、25、32、40、50	0.3	5B3	720	—	—	—
		0.6	5B6	480	590		
		1.0	5B10	210	310	415	
		1.6	5B16	180	225	297	410
	20、25、32、40、50	0.3	6B3	1270	—	—	—
		0.6	6B6	900	1010		
		1.0	6B10	570	700	940	—
		1.6	6B16	320	360	460	570
	25、32、40、50	0.3	7B3	2250	—	—	—
		0.6	7B6	1530	1940	—	—
		1.0	7B10	1260	1620	1900	—
		1.6	7B16	910	1380	1540	1820

（续）

型号	压差/MPa												
	0.01	0.05	0.1	0.2	0.3	0.4	0.5	0.6	0.8	1.0	1.2	1.4	1.6
S15H-16-LAA_4	1518	3394	4800	6788	8314	9600	—	—	—	—	—	—	—
S15H-16-LAA_8	1229	2749	3888	5498	6734	7776	8694	9524	10997	—	—	—	—
S15H-16-LAA_{12}	971	2172	3072	4344	5321	6144	6869	7525	8689	9715	10642	—	—
S15H-16-LAA_{16}	744	1663	2325	3326	4074	4704	5259	5761	6652	7438	8148	8800	9408
S15H-16-LA_4	634	1036	1340	1778	2059	2240	—	—	—	—	—	—	—
S15H-16-LA_6	446	753	960	1281	1417	1600	1720	1772	—	—	—	—	—
S15H-16-LA_{10}	323	559	693	906	1096	1250	1325	1366	1458	1522	—	—	—
S15H-16-LA_{16}	200	368	475	546	657	750	795	833	920	987	1038	1085	1146
S15H-16-LB_6	192	350	425	539	649	740	784	809	—	—	—	—	—
S15H-16-LB_{10}	128	235	296	406	484	544	591	627	720	758	—	—	—
S15H-16-LB_{16}	75	139	176	241	288	324	353	375	420	455	483	505	522
S15H-16-LC_{10}	72	132	167	228	272	306	333	353	395	427	—	—	—
S15H-16-LC_{16}	52	96	122	167	200	225	245	260	292	316	335	351	363

4）主要外形尺寸、连接尺寸和重量（图4-101、表4-82）。

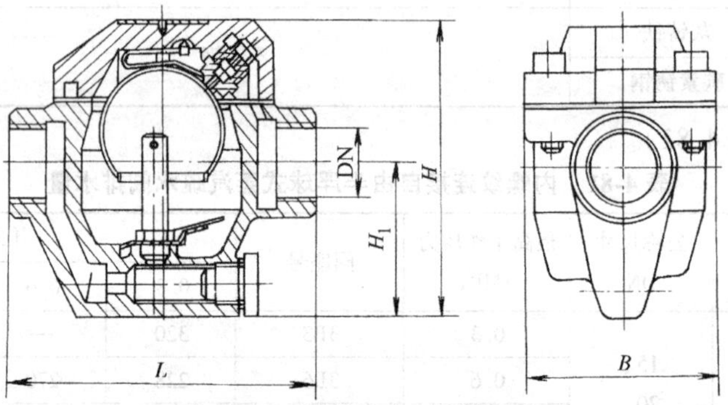

图4-101　外形尺寸、连接尺寸

表4-82　内螺纹连接自由半浮球式蒸汽疏水阀主要尺寸及重量　（单位：mm）

型号	浮球系列代号	公称尺寸 DN	尺寸				重量/kg
			L	H_1	H	B	
CS15H-16 CS15H-16C	3B	15	120	60	113	78	2.4
		20					2.5
		25					2.6
	5B	15	150	88	157	100	5.4
		20					5.5
		25					5.6
		32					5.7
		40					6
		50					6.5

（续）

型　号	浮球系列代号	公称尺寸 DN	尺　寸				重量 /kg
			L	H_1	H	B	
CS15H-16 CS15H-16C	6B	20	270	120	208	172	10
		25					11
		32					12
		40					13
		50					14
	7B	25	300	168	272	220	20
		32					21
		40					22
		50					23
CS15H-16-LAA		50、65、80、100	400	195	360	320	31
CS15H-16-LA		20、25、32、40	205	115	214	158	13.6
CS15H-16-LB		15、20、25	170	92	170	120	7.5
CS15H-16-LC		15、20、25	120	70	130	90	3

（5）GS 型杠杆浮球式蒸汽疏水阀

1）主要性能规范（表 4-83）。

表 4-83　GS 型杠杆浮球式蒸汽疏水阀主要性能规范

公称压力	PN20	最高工作温度/℃	209
壳体试验压力/MPa	3.0	最高允许温度/℃	425
最高工作压力/MPa	1.8	工作介质	蒸汽、凝结水

2）主要零件材料（表 4-84）。

表 4-84　GS 型杠杆浮球式蒸汽疏水阀主要零件材料

零件名称	阀体、阀盖	阀瓣、阀座	浮　球
材料	碳素钢	不锈钢	奥氏体不锈钢

3）排水量（图 4-102、表 4-85）。

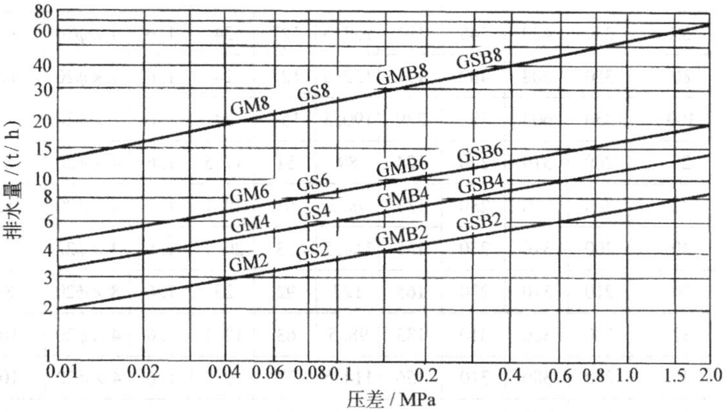

图 4-102　杠杆浮球式蒸汽疏水阀排量曲线

表 4-85　GS 型杠杆浮球式蒸汽疏水阀排水量　　（单位：t/h）

压力/MPa		0.01	0.02	0.04	0.06	0.08	0.1	0.2	0.4	0.6	0.8	1	1.5	2.0	2.5	4.0	5.0
型号	GS2	2	2.5	3	3.4	3.7	4	4.5	5.5	6	5.5	7	8	8.5	9.4	10.5	2
	GS4	3.4	4	5	5.5	5.7	6	6.5	9	9	10	12	13	14	15	16	18
	GSB6	5	5.6	7	7.5	8	8.5	10	13	14	15	16	17	20	25	34	39
	GSB8	13	16	20	22	25	28	31	40	45	50	52	60	68	76	88	96

注：法兰连接尺寸执行美国标准 ASME B16.5。

4）主要外形尺寸、连接尺寸和重量（图 4-103、表 4-86）。

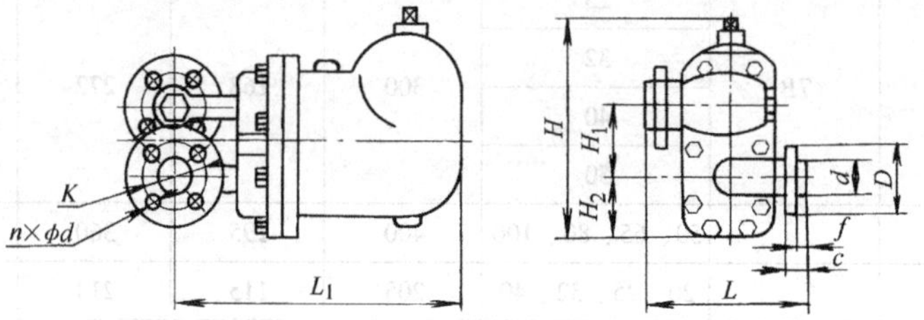

图 4-103　杠杆浮球式蒸汽疏水阀

表 4-86　GS 型杠杆浮球式蒸汽疏水阀主要外形尺寸、连接尺寸和重量　　（单位：mm）

型号	公称尺寸 DN	L	L_1	H	D	K	d	c	f	$n\times\phi d$	H_1	H_2	重量/kg
GS2（CL150）	25	200	310	230	108	79.5	51	14.5	1.6	$4\times\phi16$	83	59	
	32	200	310	230	117	89	64	15.9	1.6	$4\times\phi16$	83	59	
	40	200	310	230	127	98.5	73	17.5	1.6	$4\times\phi16$	83	59	
	50	210	310	230	152	120.5	92	19.1	1.6	$4\times\phi20$	83	59	
GS4（CL150）	32	200	380	310	117	89	64	15.9	1.6	$4\times\phi16$	105	90	39.52
	40	200	380	310	127	98.5	73	17.5	1.6	$4\times\phi16$	105	90	39.86
	50	200	380	310	152	120.5	92	19.1	1.6	$4\times\phi20$	105	90	40.04
GSB6（CL150）	40	270	439	345	127	98.5	73	17.5	1.6	$4\times\phi16$	130	88	
	50	270	439	345	152	120.5	92	19.5	1.6	$4\times\phi20$	130	88	
	65	270	439	345	178	139.5	105	22.5	1.6	$4\times\phi20$	130	88	
	80	270	439	345	191	152.5	127	24	1.6	$4\times\phi20$	130	88	
GSB8（CL150）	80	350	608	482	191	152.5	127	24	1.6	$4\times\phi20$	174	120	
	100	350	608	482	229	190.5	157	24	1.6	$8\times\phi20$	174	120	
GS2（CL300）	25	200	310	230	124	89	51	17.5	1.6	$4\times\phi20$	83	59	
	32	200	310	230	133	98.5	63	19.1	1.6	$4\times\phi20$	83	59	
	40	200	310	230	156	114.5	73	20.7	1.6	$4\times\phi22$	83	59	
	50	210	310	230	165	127	92	23	1.6	$8\times\phi20$	83	59	
GS4（CL300）	32	200	380	310	133	98.5	63	19.1	1.6	$4\times\phi20$	105	90	
	40	200	380	310	156	114.5	73	20.7	1.6	$4\times\phi22$	105	90	
	50	200	380	310	165	127	92	23	1.6	$8\times\phi20$	105	90	

（续）

型　号	公称尺寸 DN	L	L_1	H	D	K	d	c	f	$n\times\phi d$	H_1	H_2	重量 /kg
GSB6（CL300）	40	270	439	345	156	114.5	73	20.7	1.6	$4\times\phi22$	130	88	
	50	270	439	345	165	127	92	23	1.6	$8\times\phi20$	130	88	
	65	270	439	345	191	149	105	26	1.6	$8\times\phi22$	130	88	
	80	270	439	345	210	168	127	29	1.6	$8\times\phi22$	130	88	
GSB8（CL300）	80	350	608	482	210	168	127	29	1.6	$8\times\phi23$	174	120	
	100	350	608	482	254	200	157	32	1.6	$8\times\phi22$	174	120	

（6）差压敞口向下浮子式蒸汽疏水阀

1）主要性能规范（表4-87）。

表4-87　差压敞口向下浮子式蒸汽疏水阀主要性能规范

型　号	工作压力 /MPa	工作温度 /℃	最大排量 /（kg/h）	工作介质	型　号	工作压力 /MPa	工作温度 /℃	最大排量 /（kg/h）	工作介质
ER105-3	0.05～0.3	220	1000～2000	蒸汽、凝结水	ER120-16	0.05～1.6	220	2000～8000	蒸汽、凝结水
ER105-7	0.05～0.7	220	650～1800		ER25-25	0.05～2.5	425	1200～4000	
ER105F-3	0.05～0.3	220	1000～2000		ER25-45	0.05～4.5	425	750～3000	
ER105F-7	0.05～0.7	220	650～1800		ER25-65	0.05～6.5	425	500～2200	
ER110-5	0.05～0.5	220	1000～2400		ER25W-25	0.05～2.5	425	1200～4000	
ER110-12	0.05～1.2	220	650～3600		ER25W-45	0.05～4.5	425	750～3000	
ER116-7	0.05～0.7	300	1000～2800		ER25W-65	0.05～6.5	425	500～2200	
ER116-16	0.05～1.6	300	650～2500		ER32-105	0.05～10.0	425	750～3800	
ER116-16L	0.05～1.6	300	1000～4000		ER34-120	0.05～12.0	425	7500～4000	
ER120-8	0.05～0.8	220	3000～9000						

2）主要零件材料（表4-88）。

3）排水量（图4-104）。

表4-88　差压敞口向下浮子式蒸汽疏水阀主要零件材料

零件名称	材　料
阀体	铬钼钢 碳素钢
阀盖	铬钼钢 碳素钢
阀座	不锈钢
阀瓣	不锈钢
浮子	不锈钢
导阀瓣	不锈钢
过滤网	不锈钢
连接螺栓	铬钼钢 碳素钢
螺塞	碳素钢
导套	不锈钢

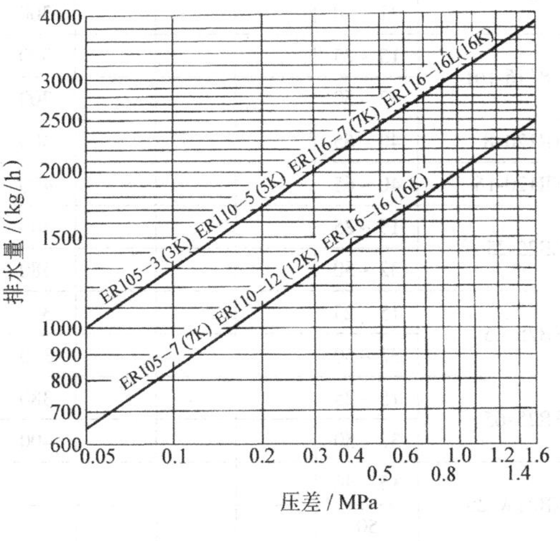

图4-104　差压敞口向下浮子式蒸汽疏水阀排水量曲线

4）主要外形尺寸、连接尺寸和重量（图 4-105、表 4-89）。

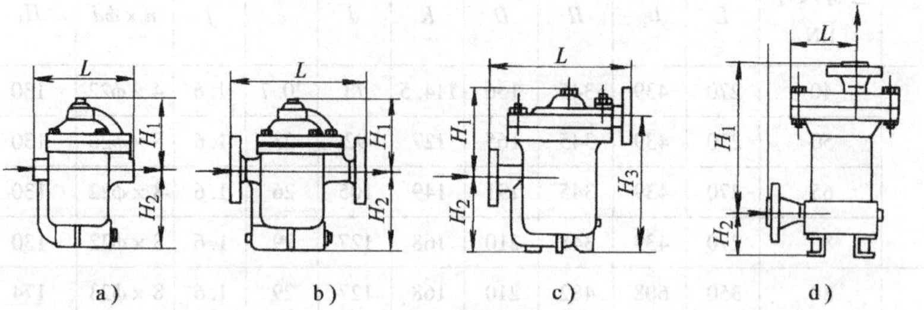

图 4-105 差压敞口向下浮子式蒸汽疏水阀

a）ER105 b）ER105F ~ ER110，ER116 ~ ER120 c）ER25 d）ER32 ~ ER34

表 4-89 差压敞口向下浮子式蒸汽疏水阀主要外形尺寸、连接尺寸和重量

（单位：mm）

型号	公称尺寸 DN	螺纹连接			法兰连接				承插焊连接				重量 /kg
		L	H_1	H_2	L	H_1	H_2	H_3	L	H_1	H_2	H_3	
ER105-3	20 ~ 40	190	155	134									10.2
ER105-7	20 ~ 40	190	155	134									10.2
ER105F-3	15 ~ 25				254	155	134						13.6
	32 ~ 50				260	155	134						15.1
ER105F-7	15 ~ 25				254	155	134						13.6
	32 ~ 50				260	155	134						15.1
ER110-5	15 ~ 25				254	220	140						16.1
	32 ~ 50				280	210	130						18.1
ER110-12	15 ~ 25				254	220	140						16.1
	32 ~ 50				280	210	130						18.1
ER116-7	15 ~ 25				300	220	131						19
	32 ~ 50				300	180	167						23
ER116-16	15 ~ 25				300	220	131						19
	32 ~ 50				300	180	167						23
ER116-16L	15 ~ 25				300	220	131						19
	32 ~ 50				300	180	167						23
ER120-8	40 ~ 65				400	220	217						46
ER120-16	40 ~ 65				400	220	217						46
ER25-25	15 ~ 25				340	210	180	345					48
	32 ~ 50				380	210	180	345					55
ER25-45	15 ~ 25				345	210	180	345					48
	32 ~ 50				380	210	180	345					55
ER25-65	15 ~ 25				380	210	180	345					48
	32 ~ 50				400	210	180	345					55
ER25W-25	15 ~ 40								340	210	180	345	45
	50								380	210	180	345	45
ER25W-45	15 ~ 40								340	210	180	345	45
	50								380	210	180	345	45

（续）

型 号	公称尺寸 DN	螺纹连接			法兰连接				承插焊连接				重量 /kg
		L	H_1	H_2	L	H_1	H_2	H_3	L	H_1	H_2	H_3	
ER25W-65	15～40								340	210	180	345	45
	50								380	210	180	345	45
ER32-105	15～50				280	630	190						
ER34-120	15～50				280	690	190						

注：连接法兰尺寸按 GB/T 9113、ASME B16.5 标准执行。

（7）杠杆敞口向下浮子式蒸汽疏水阀

1）主要性能规范（表 4-90）。

表 4-90 杠杆敞口向下浮子式蒸汽疏水阀主要性能规范

型 号	工作压力 /MPa	工作温度 /℃	最大排量 /（kg/h）	工作介质	型 号	工作压力 /MPa	工作温度 /℃	最大排量 /（kg/h）	工作介质
ES-3	0.01～0.3	350	300	蒸汽、凝结水	ES8N-16	0.01～1.6	220	300	蒸汽、凝结水
ES5-7	0.01～0.7	350	240		ES10F-8	0.01～0.8	220	900	
ES5-16	0.01～1.6	350	150		ES10F-16	0.01～1.6	220	600	
ES8N-8	0.01～0.8	220	500		ES10-16	0.01～1.6	220	600	

2）主要零件材料（表 4-91）。

3）排水量（图 4-106）。

表 4-91 杠杆敞口向下浮子式蒸汽疏水阀主要零件材料

零件名称	材 料
阀体	球墨铸铁
阀盖	球墨铸铁
阀座	不锈钢
阀瓣	不锈钢
吊桶	不锈钢
支架	不锈钢
控制架	不锈钢
过滤网	不锈钢
螺栓	碳钢

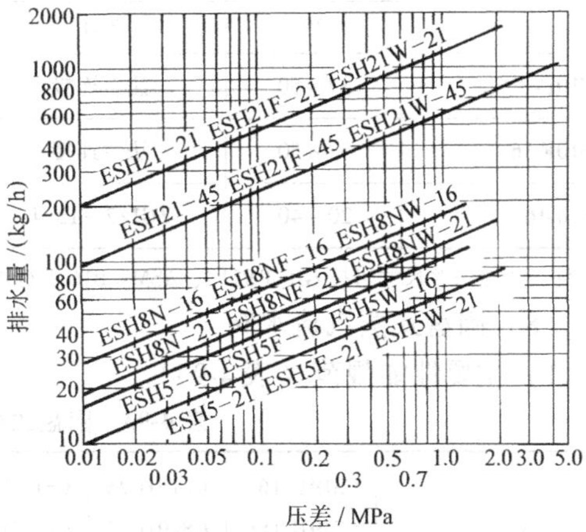

图 4-106 杠杆敞口向下浮子式蒸汽疏水阀排水量曲线

4）主要外形尺寸、连接尺寸和重量（图 4-107、表 4-92）。

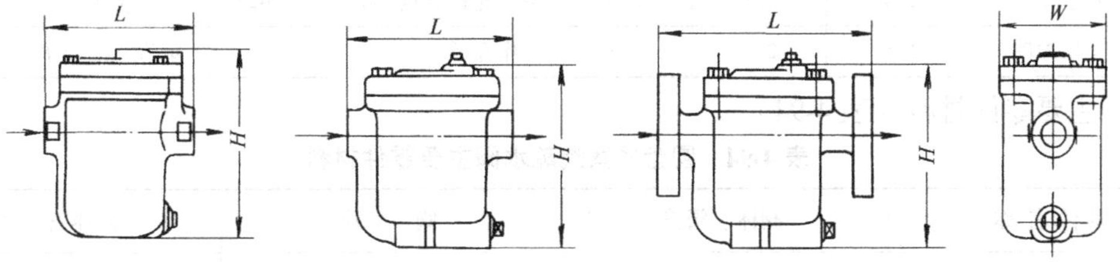

a) b) c) d)

图 4-107 杠杆敞口向下浮子式蒸汽疏水阀

a）ES5 b）ES8N，ES10 c）ES10F d）各种形式左侧视图

表 4-92 杠杆敞口向下浮子式蒸汽疏水阀主要外形尺寸、连接尺寸和重量

（单位：mm）

型号	公称尺寸 DN	连接方式/in	外形尺寸 L	H	W	重量 /kg
ES5-3	15	ZG1/2	103	126	75	1.9
	20	ZG3/4	105	126	75	2.0
	25	ZG1	109	126	75	2.1
ES5-7	15	ZG1/2	103	126	75	1.9
	20	ZG3/4	105	126	75	2.0
	25	ZG1	109	126	75	2.1
ES5-16	15	ZG1/2	103	126	75	1.9
	20	ZG3/4	105	126	75	2.0
	25	ZG1	109	126	75	2.1
ES8N-8	15	ZG1/2	130	146	100	3.7
	20	ZG3/4	130	146	100	3.7
	25	ZG1	135	146	100	3.9
ES8N-16	15	ZG1/2	130	146	100	3.7
	20	ZG3/4	130	146	100	3.7
	25	ZG1	135	146	100	3.9
ES10F-8	32～50	法兰连接	260	236	120	14.2
ES10F-16	32～50	法兰连接	260	236	120	14.2
ES10-16	20～40	ZG1/2～13/4	190	236	120	9.3

注：连接法兰尺寸可按 GB/T 9113、ASME B16.5 标准执行。

（8）圆盘式蒸汽疏水阀

1）主要性能规范（表 4-93）。

表 4-93 圆盘式蒸汽疏水阀主要性能规范

型号	CS19H-16C CS49H-16C CS69H-16C	CS19H-25 CS49H-25 CS69H-25	CS19H-40 CS49H-40 CS69H-40	型号	CS19H-16C CS49H-16C CS69H-16C	CS19H-25 CS49H-25 CS69H-25	CS19H-40 CS49H-40 CS69H-40
公称压力 PN	16	25	40	最高工作温度/℃	203	210	247
壳体试验压力/MPa	2.4	3.8	6.0	最高允许温度/℃	425	425	425
最高工作压力/MPa	1.5	2.3	3.8	工作介质	蒸汽、凝结水		

2）主要零件材料（表 4-94）。

表 4-94 圆盘式蒸汽疏水阀主要零件材料

零件名称	阀体、阀盖	阀 片	阀体密封面
材料	碳素钢	不锈钢	喷焊铁基粉

3）排水量（表 4-95）。

表 4-95　圆盘式蒸汽疏水阀排水量　　(单位：kg/h)

型　号	公称尺寸 DN	压　差　/MPa						
		0.05	0.15	0.4	0.6	1.0	1.6	2.5
CS19H-16C CS49H-16C CS69H-16C	15，20	150	280	400	475	600	800	
	25	550	650	900	1200	1700	2100	
	32，40，50	1717	1828	2536	2701	3202	3581	
CS19H-25 CS49H-25 CS69H-25	15～25	56		119		321	470	534
	32，40，50	1800	2050	2600	3000	3500	4300	5000
CS19H-40 CS49H-40 CS69H-40	15～25	56		119		321	470	534
	32，40，50	1800	2050	2600	3000	3500	4300	5000

4）主要外形尺寸、连接尺寸和重量（图 4-108、表 4-96）。

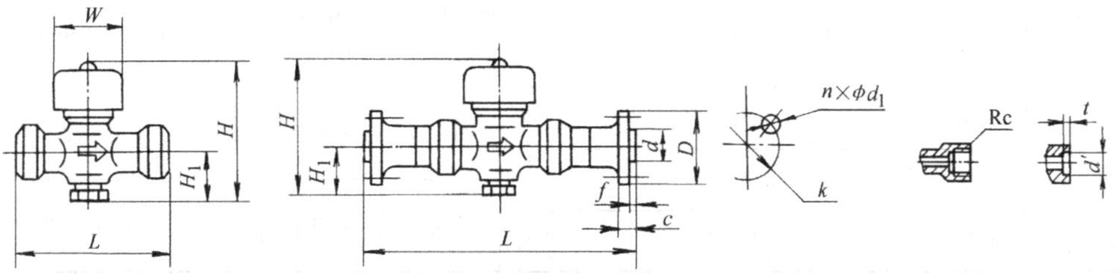

图 4-108　圆盘式蒸汽疏水阀

表 4-96　圆盘式蒸汽疏水阀主要外形尺寸、连接尺寸和重量　　(单位：mm)

型　号	公称尺寸 DN	螺纹连接				承插焊连接					重量 /kg	法兰连接									重量 /kg
		Rc	L	H	H_1	L	H	H_1	d'	t		L	H	H_1	D	k	d	c	f	$n\times\phi d_1$	
CS19H-16C CS49H-16C CS69H-16C	15	1/2	75	57	35	75	57	35	23	7	1.23	150	57	35	95	65	46	14	2	$4\times\phi14$	3.13
	20	3/4	85	60	43	85	60	43	28	7	1.32	150	60	43	105	75	56	16	2	$4\times\phi14$	3.70
	25	1	95	68	50	95	68	50	33	10	1.67	160	68	50	115	85	65	16	3	$4\times\phi14$	4.78
	32	1¼	130	90	80	130	90	80	42	12	6.7	230	90	80	140	100	76	18	3	$4\times\phi18$	10.8
	40	1½	130	90	80	130	90	80	52	12	6.9	230	90	80	150	110	84	18	3	$4\times\phi18$	10.84
	50	2	140	95	87	140	95	87	62	12	7.7	230	95	87	160	125	99	20	3	$4\times\phi18$	13.62
CS19H-25 CS49H-25 CS69H-25	15	1/2	75	61	41	75	61	41	23	9	1.23	170	61	41	95	65	46	14	2	$4\times\phi14$	3.13
	20	3/4	85	64	45	85	64	45	28	12	1.32	170	64	45	105	75	56	16	2	$4\times\phi14$	3.70
	25	1	95	68	45	95	68	45	33	15	1.67	210	68	45	115	85	65	16	3	$4\times\phi14$	4.78
	32	1¼	130	81	56	130	81	56	40	15	6.7	270	81	56	140	100	76	18	3	$4\times\phi18$	11.7
	40	1½	130	81	56	130	81	56	50	15	6.82	270	81	56	150	110	84	18	3	$4\times\phi18$	11.82
	50	2	140	89	64	140	89	64	60	20	7.62	270	89	64	160	125	99	20	3	$4\times\phi18$	14.14
CS19H-40 CS49H-40 CS69H-40	15	1/2	75	61	41	75	61	41	23	9	1.23	170	61	41	95	65	46	14	2	$4\times\phi14$	3.13
	20	3/4	85	64	45	85	64	45	28	12	1.32	170	64	45	105	75	56	16	2	$4\times\phi14$	3.70
	25	1	95	68	45	95	68	45	33	15	1.67	210	68	45	115	85	65	16	3	$4\times\phi14$	4.78
	32	1¼	130	81	56	130	81	56	40	15	6.7	270	81	56	140	100	76	18	3	$4\times\phi18$	11.7
	40	1½	130	81	56	130	81	56	50	15	6.82	270	81	56	150	110	84	18	3	$4\times\phi18$	11.82
	50	2	140	89	64	140	89	64	60	20	7.62	270	89	64	160	125	99	20	3	$4\times\phi18$	14.14

(9) 高压圆盘式蒸汽疏水阀

1) 主要性能规范（表4-97）。

表4-97 高压圆盘式蒸汽疏水阀主要性能规范

型号	HRF3 HR3 HRW3	HRF150 HRW150	CS49H-160V CS69H-160V	型号	HRF3 HR3 HRW3	HRF150 HRW150	CS49H-160V CS69H-160V
公称压力 PN	63	160	160	最高工作温度/℃	270	340	340
壳体试验压力/MPa	9.6	24	24	最高允许温度/℃	500	550	500
最高工作压力/MPa	5.6	15	15	工作介质	蒸汽、凝结水		

2) 主要零件材料（表4-98）。

表4-98 高压圆盘式蒸汽疏水阀主要零件材料

材料		HRF3 HR3 HRW3	HRF150 CS49H-160V HRW150 CS69H-160V	材料		HRF3 HR3 HRW3	HRF150 CS49H-160V HRW150 CS69H-160V
零件名称	阀体	铬钼钢	铬钼钒钢	零件名称	阀片	不锈钢	不锈钢
	阀盖	铬钼钢	铬钼钒钢		外阀盖	铬钼钢	铬钼钒钢
	阀座	不锈钢	不锈钢				

3) 排水量（表4-99）。

表4-99 高压圆盘式蒸汽疏水阀排水量

HRF150、HRW150、CS49H-160V、CS69H-160V												
压力/MPa	4.0	5.0	6.0	7.0	8.0	9.0	10	11	12	13	14	15
排水量/（kg/h）	390	430	460	490	510	530	554	562	575	585	595	602
HRF3、HRW3、HR3												
压力/MPa	0.3	0.6	1.0	1.6	2.0	2.4	3.0	3.5	4.0	4.5	5.0	5.5
排水量/（kg/h）	135	205	270	350	400	440	500	550	600	650	690	715

注：公称尺寸 DN10 ~ DN25。

4) 主要外形尺寸、连接尺寸和重量（图4-109、图4-110、表4-100）。

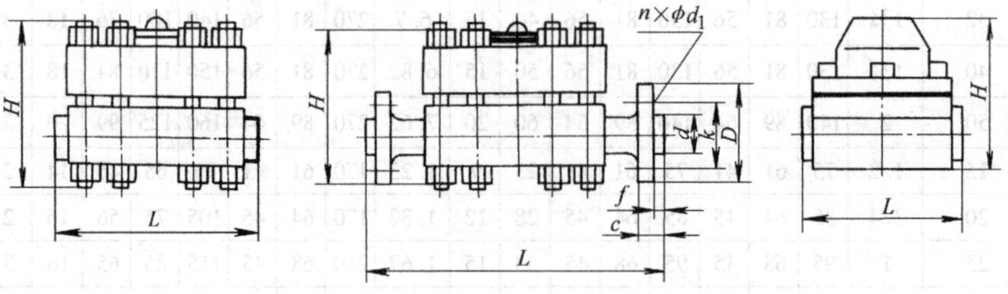

图4-109 HR $\frac{F}{W}$ 型高压圆盘式蒸汽疏水阀

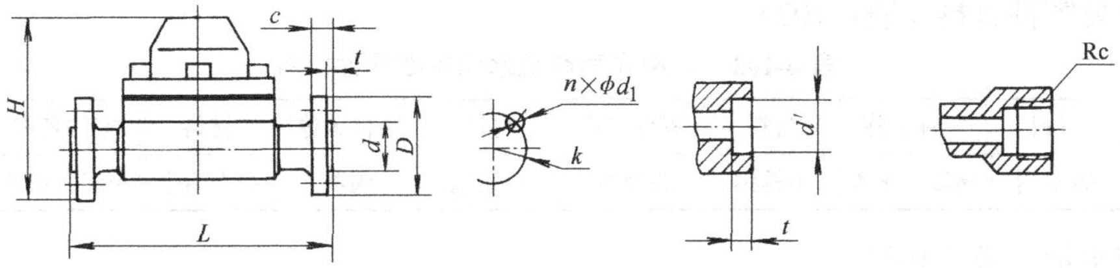

图 4-110　HR3 型高压圆盘式蒸汽疏水阀

表 4-100　高压圆盘式蒸汽疏水阀主要外形尺寸、连接尺寸和重量　（单位：mm）

型　号	公称尺寸 DN	承插焊连接				螺纹连接			法兰连接								重量 /kg
		L	*H*	*t*	*d'*	*L*	*H*	Rc/in	*L*	*H*	$n\times\phi d_1$	*D*	*k*	*d*	*c*	*f*	
HRF3	15								220	146	$4\times\phi15$	95	66.5	35	15	1.6	
	20								230	157	$4\times\phi19$	118	82.5	43	16	1.6	
	25								240	160	$4\times\phi19$	124	89	51	18	1.6	
HRW3	15	130	124	7.8	22.2												
	20	130	124	7.7	27.7												
	25	130	124	7.5	34.5												
HR3	15					130	124	1/2									
	20					130	124	3/4									
	25					130	124	1									
HRF150 CS49H-160V	15								400	185	$4\times\phi18$	110	75	52	32	2	
	20								400	190	$4\times\phi23$	130	90	63	32	2	
	25								400	195	$4\times\phi23$	140	100	72	32	2	
	32								400	207.5	$4\times\phi25$	165	115	85	32	2	
	40								400	212.5	$4\times\phi27$	175	125	92	32	3	
	50								400	232.5	$8\times\phi25$	215	165	132	36	3	
HRW150 CS69H-160V	15	220	185	14	22.2												30
	20	220	185	14	27.7												34
	25	220	185	14	34.5												38
	32	320	185	14	43												
	45	320	185	14	50												
	50	320	185	16	62												

注：法兰连接尺寸执行美国标准 ASME B16.5。

（10）脉冲式蒸汽疏水阀

1）主要性能规范（表 4-101）。

表 4-101　脉冲式蒸汽疏水阀主要性能规范

公称压力 PN	25	最高工作温度/℃	210
壳体试验压力/MPa	3.8	最高允许温度/℃	425
最高工作压力/MPa	2.3	工作介质	蒸汽、凝结水

2）主要零件材料（表4-102）。

表 4-102 脉冲式蒸汽疏水阀主要零件材料

零件名称	材料	零件名称	材料	零件名称	材料	零件名称	材料	零件名称	材料
阀体、阀盖	碳素钢	阀瓣、阀座	不锈钢	控制缸	不锈钢	阀罩	粉末冶金	阀座、垫片	紫铜

3）排水量（表4-103）。

表 4-103 脉冲式蒸汽疏水阀排水量表（单位：kg/h）

公称尺寸 DN		15	20	25	40	50	公称尺寸 DN		15	20	25	40	50
压差/MPa	0.15	253	600	1180	1680	2050	压差/MPa	0.6	471	960	1560	2580	3420
	0.2	319	660	1260	1730	2280		0.7	486	1020	1620	2620	3600
	0.3	366	780	1320	2220	2580		0.8	531	1080	1680	2760	3720
	0.4	418	840	1380	2400	2940		0.9	598	1140	1710	3000	3970
	0.5	424	900	1440	2520	3180		1.0	605	1260	1860	3060	4200

4）主要外形尺寸、连接尺寸和重量（图4-111、表4-104）。

表 4-104 脉冲式蒸汽疏水阀主要外形尺寸、连接尺寸和重量

公称尺寸	DN	15	20	25	40	50
	NPS	1/2	3/4	1	1½	2
L	mm	67	76	86	108	120
A		16	22	22.5	35	42
B		32	38	45	63	76
H		84	96	104.2	137	157
重量/kg		0.6	1.1	1.6	3.8	6.1

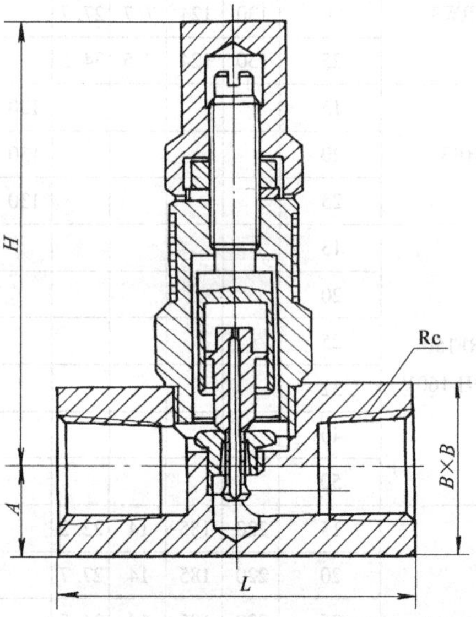

图 4-111 外形尺寸、连接尺寸

（11）双金属片式蒸汽疏水阀

1）主要性能规范（表4-105）。

表 4-105 双金属片式蒸汽疏水阀主要性能规范

型号	CS17H-16C CS47H-16C CS67H-16C	CS17H-25 CS47H-25 CS67H-25	CS17H-40 CS47H-40 CS67H-40	CS47H-63I CS67H-63I	CS47H-100I CS67H-100I
公称压力 PN	16	25	40	63	100
壳体试验压力/MPa	2.4	3.8	6.0	9.6	15
最高工作压力/MPa	1.5	2.3	3.8	5.6	8.7
最高工作温度/℃	203	220	247	280	300
最高允许温度/℃	425	425	425	450	500
工作介质	蒸汽、凝结水				

2）主要零件材料（表4-106）。

表4-106 双金属片式蒸汽疏水阀主要零件材料

型号		17 16C CS47H-25 67 40	CS$^{47}_{67}$H-$^{63I}_{100I}$	型号		17 16C CS47H-25 67 40	CS$^{47}_{67}$H-$^{63I}_{100I}$
零件名称	阀体	碳钢	铬相钢	零件名称	阀座	不锈钢	不锈钢
	阀盖	碳钢	铬相钢		热敏元件	不锈热双金属	不锈热双金属
	阀芯	不锈钢	不锈钢		过滤网	不锈钢	不锈钢

3）排水量（图4-112、图4-113）。

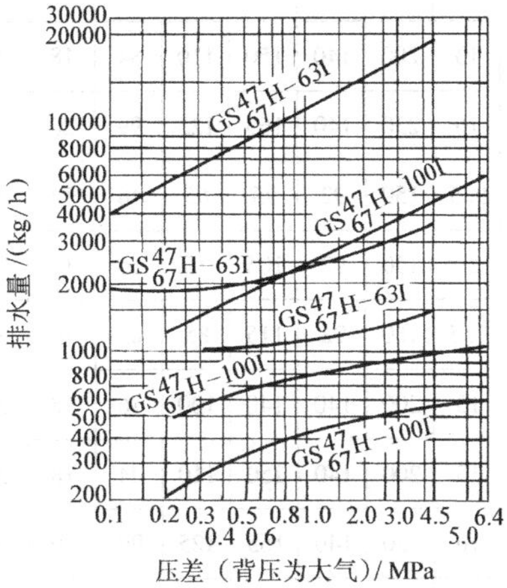

图4-112 双金属蒸汽疏水阀排量曲线

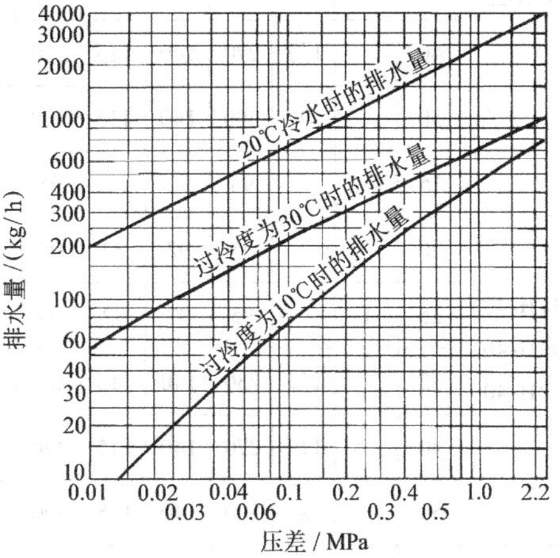

图4-113 双金属蒸汽疏水阀过冷度10℃、30℃及20℃冷时的排量曲线

4）主要外形尺寸和连接尺寸（图4-114、表4-107）。

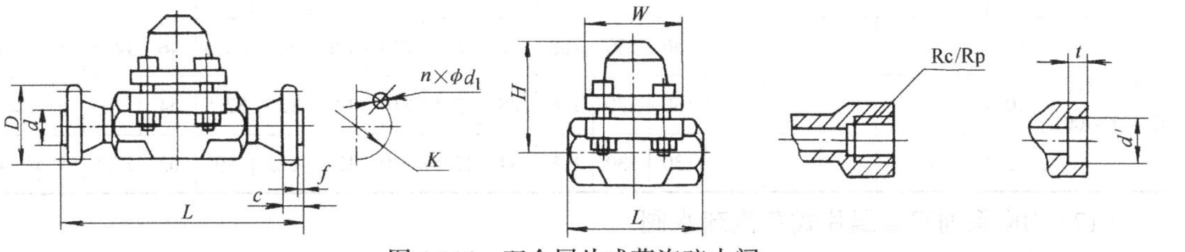

图4-114 双金属片式蒸汽疏水阀

表4-107 双金属片式蒸汽疏水阀主要外形尺寸和连接尺寸 （单位：mm）

型号	公称尺寸DN	螺纹连接					承插焊连接					法兰连接							
		Rp/in	Rc/in	L	H	W	L	H	W	d'	t	L	H	D	K	d	c	f	$n\times\phi d_1$
CS17H-16C CS47H-16C CS67H-16C	15	1/2		95	92	82	95	92	82	22	9.5	150	92	95	65	46	14	2	$4\times\phi14$
	20	3/4		95	92	82	95	92	82	27	12.5	150	92	105	75	56	16	2	$4\times\phi14$
	25	1		95	92	82	95	92	82	34	7.5	160	92	115	85	65	16	3	$4\times\phi14$
	32		1¼	230	140	115	230	140	115	42	13	200	140	140	100	76	18	3	$4\times\phi18$
	40		1½	270	140	115	270	140	115	48	13	200	140	150	110	84	18	3	$4\times\phi18$
	50		2	300	140	115	300	140	115	61	16	230	140	165	125	99	20	3	$4\times\phi18$

(续)

型　号	公称尺寸 DN	螺纹连接					承插焊连接					法兰连接							
		Rp /in	Rc /in	L	H	W	L	H	W	d'	t	L	H	D	K	d	c	f	$n\times\phi d_1$
CS17H-25 CS47H-25 CS67H-25	15	1/2		95	92	82	95	92	82	22	9.5	150	92	95	65	46	14	2	$4\times\phi14$
	20	3/4		95	92	82	95	92	82	27	12.5	150	92	105	75	56	16	2	$4\times\phi14$
	25	1		95	92	82	95	92	82	34	7.5	160	92	115	85	65	16	3	$4\times\phi14$
	32		1¼	230	140	115	230	140	115	42	13	200	140	140	100	76	18	3	$4\times\phi18$
	40		1½	270	140	115	270	140	115	48	13	200	140	150	110	84	18	3	$4\times\phi18$
	50		2	300	140	115	300	140	115	61	16	230	140	165	125	99	20	3	$4\times\phi18$
CS17H-40 CS47H-40 CS67H-40	15	1/2		95	92	82	95	92	82	22	9.5	150	92	95	65	46	14	2	$4\times\phi14$
	20	3/4		95	92	82	95	92	82	27	12.5	150	92	105	75	56	16	2	$4\times\phi14$
	25	1		95	92	82	95	92	82	34	7.5	160	92	115	85	65	16	3	$4\times\phi14$
	32		1¼	230	140	115	230	140	115	42	13	200	140	140	100	76	18	3	$4\times\phi18$
	40		1½	270	140	115	270	140	115	48	13	200	140	150	110	84	18	3	$4\times\phi18$
	50		2	300	140	115	300	140	115	61	16	230	140	165	125	99	20	3	$4\times\phi18$
CS47H-63I CS67H-63I	15						130	130	108	22	9.5	210	130	105	75	47	18	2	$4\times\phi14$
	20						130	130	108	27.5	12.5	210	130	125	90	58	20	2	$4\times\phi18$
	25						130	130	108	34.5	12.5	230	130	140	100	68	22	2	$4\times\phi18$
CS47H-100I CS67H-100I	15						130	130	108	22	9.5	210	130	95	66.5	46	14.5	5	$4\times\phi16$
	20						130	130	108	28	12.5	210	130	120	82.5	54	16	5	$4\times\phi20$
	25						130	130	108	34	12.5	230	130	125	89	62	17.5	5	$4\times\phi20$

（12）BK 系列双金属片式蒸汽疏水阀

1）主要性能规范（表 4-108）。

表 4-108　BK 系列双金属片式蒸汽疏水阀主要性能规范

型　号	BK15	BK27	BK28	型　号	BK15	BK27	BK28
公称压力 PN	40	63	100	最高工作温度/℃	247	280	300
壳体试验压力/MPa	6.0	9.6	15	最高允许温度/℃	425	450	500
最高工作压力/MPa	3.8	5.6	8.7	工作介质	蒸汽、凝结水		

2）主要零件材料（表 4-109）。

表 4-109　BK 系列双金属片式蒸汽疏水阀主要零件材料

零件名称	阀体、阀盖	阀芯、阀座	热敏元件
材　料	碳钢、铬钼钢	不锈钢	不锈热双金属

3）排水量（图 4-115）。

4）主要外形尺寸、连接尺寸和重量（图 4-116、表 4-110）。

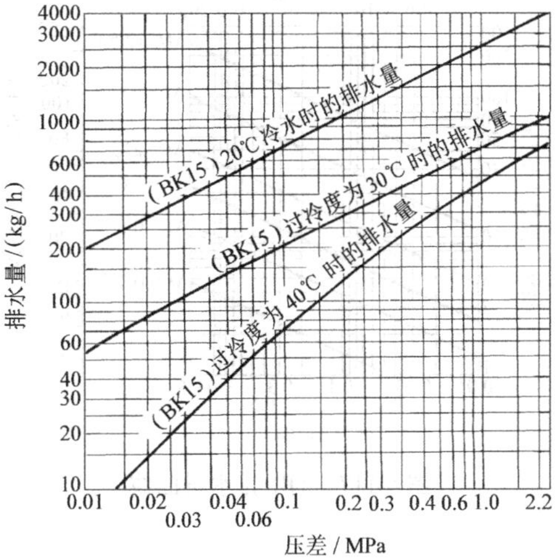

图 4-115　BK 系列双金属片式蒸汽疏水阀排量曲线

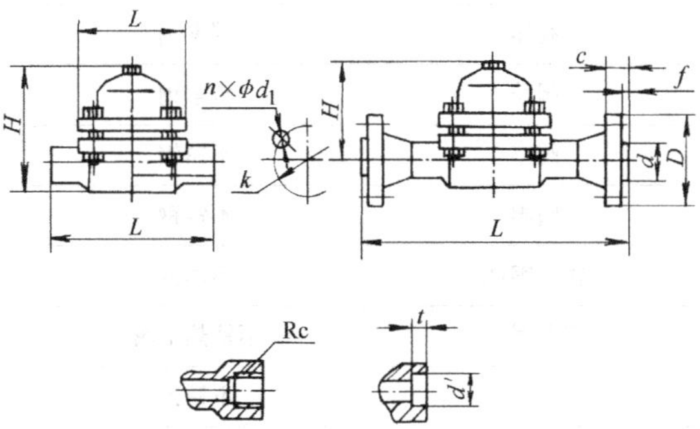

图 4-116　BK 系列双金属片式蒸汽疏水阀

表 4-110　BK 系列双金属片式蒸汽疏水阀主要外形尺寸、连接尺寸和重量　（单位：mm）

型　号	公称尺寸 DN	螺纹连接			承插焊连接				重量 /kg	法兰连接								重量 /kg
		Rc /in	L	H	L	H	d'	t		L	H	D	k	d	c	f	$n\times\phi d_1$	
BK151（螺纹） BK154（法兰） BK156（承插焊）	15	1/2	95	92	95	92	22	9.5	2.7	150	92	95	65	46	14	2	$4\times\phi14$	4.3
	20	3/4	95	92	95	92	27	12.5	2.8	150	92	105	75	56	16	2	$4\times\phi14$	4.6
	25	1	95	92	95	92	34	7.5	2.9	160	92	115	85	65	16	3	$4\times\phi14$	5.3
	32	1¼	230	140	230	140	42	13		200	140	140	100	76	18	3	$4\times\phi18$	
	40	1½	270	140	270	140	48	13		200	140	150	110	84	18	3	$4\times\phi18$	
	50	2	300	140	300	140	61	16		230	140	165	125	99	20	3	$4\times\phi18$	
BK274（法兰） BK276（承插焊）	15				150	130	22	12.5		210	157	105	75	47	18	2	$4\times\phi14$	
	20				135	130	27	12.5		210	169	130	90	58	20	2	$4\times\phi18$	
	25				250	130	34	12.5		230	174	140	100	68	22	2	$4\times\phi18$	
BK284（法兰） BK286（承插焊）	15				130	130	22	9.5		210	152	95	66	46	14	7	$4\times\phi16$	
	20				130	130	28	12.5		210	164	120	82	54	16	7	$4\times\phi20$	
	25				130	130	34	12.5		230	167	125	89	62	17	7	$4\times\phi20$	

（13）双金属片式温调蒸汽疏水阀

1）主要性能规范（表 4-111）。

表 4-111　双金属片式温调蒸汽疏水阀主要性能规范

公称压力 PN	壳体试验压力 /MPa	最高工作压力 /MPa	最高工作温度 /℃	最高允许温度 /℃	适用介质
16	2.4	1.6	350	425	水、蒸汽
20	3.0	2.0	350	425	水、蒸汽

2）主要零件材料（表4-112）。

3）排水量（图4-117～图4-125）。

表4-112 双金属片式温调蒸汽疏水阀主要零件材料

零件名称	材料
阀体	碳素钢
阀盖	碳素钢
阀座	不锈钢
阀瓣	不锈钢
密封钢球	不锈钢
双金属片	不锈热金属
弹簧	不锈钢
过滤网	不锈钢

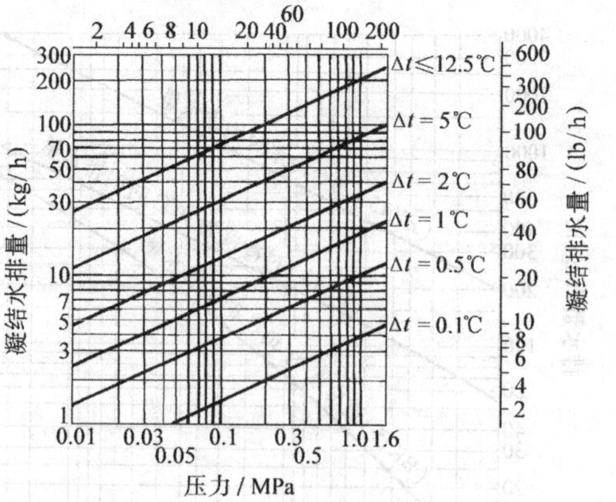

图4-117 TB1排水量曲线

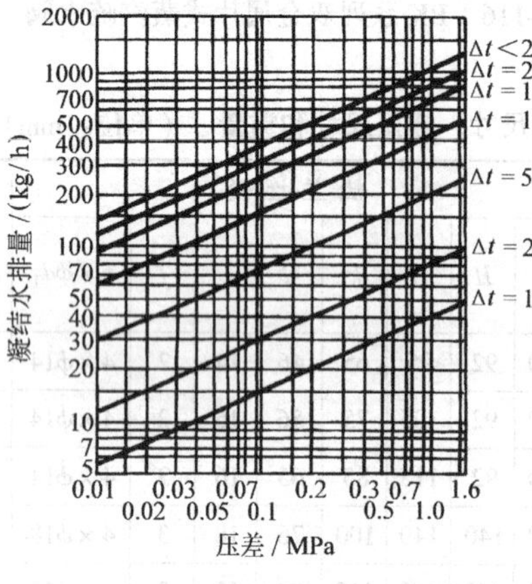

图4-118 TB3排水量曲线

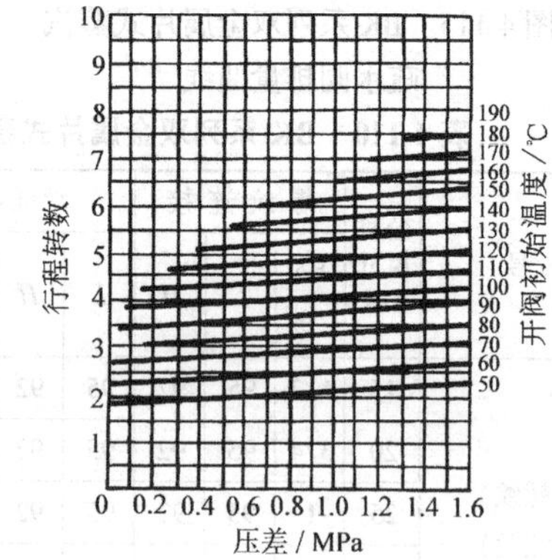

图4-119 TB3开阀初始温度

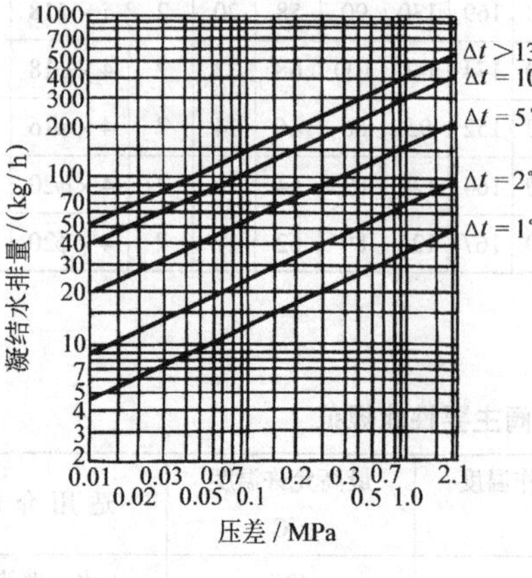

图4-120 TB5排水量曲线

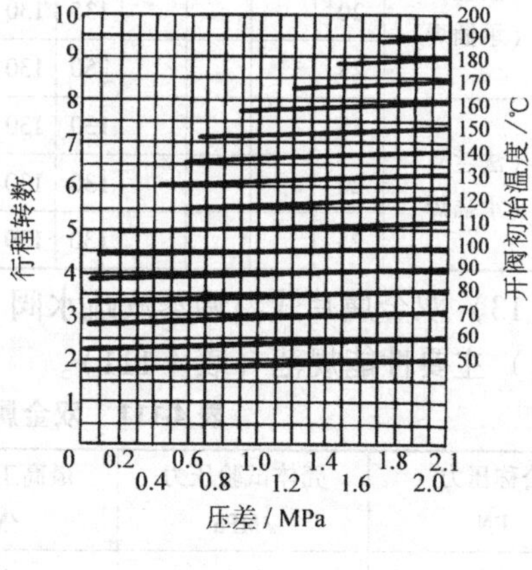

图4-121 TB5开阀初始温度

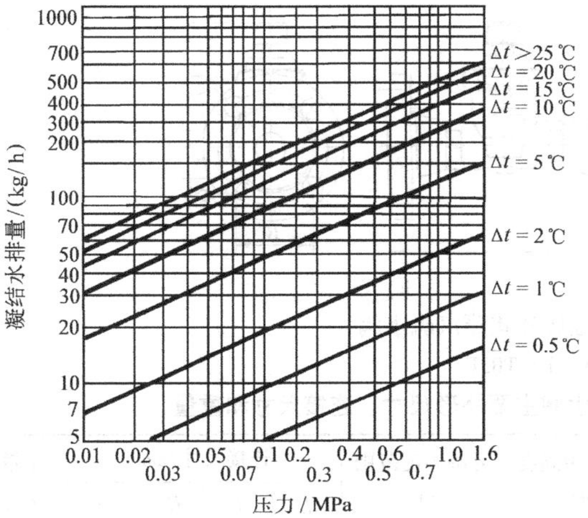

图 4-122　TB6 排水量曲线

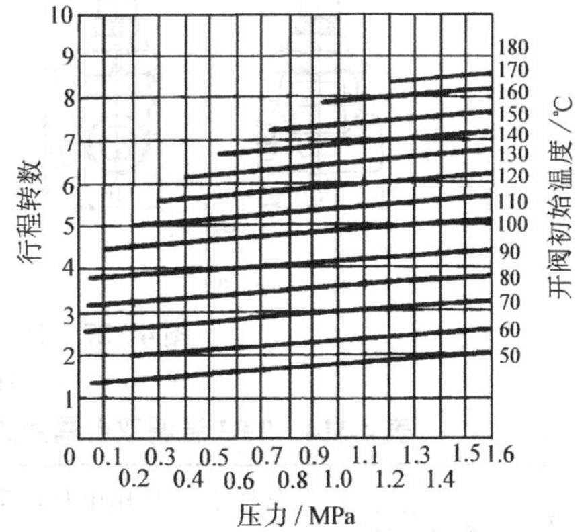

图 4-123　TB6 开阀初始温度

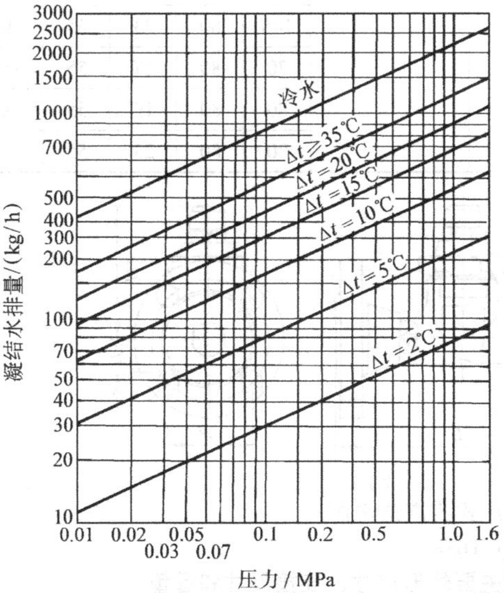

图 4-124　TB11 排水量曲线

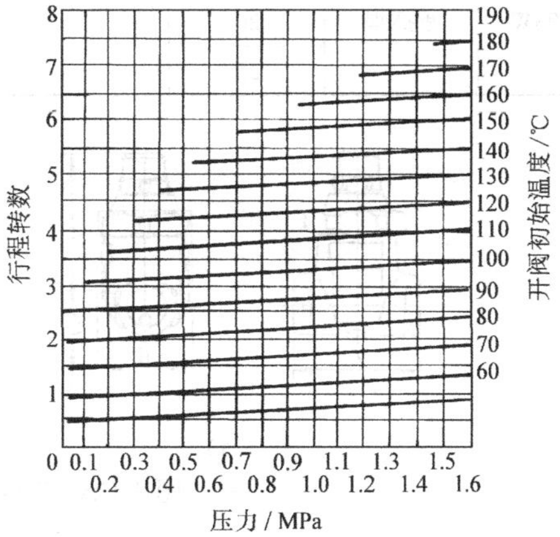

图 4-125　TB11 开阀初始温度

4）主要外形尺寸、连接尺寸和重量（图 4-126～图 4-130、表 4-113～表 4-117）。

表 4-113　TB1 温调双金属片式蒸汽疏水阀主要外形尺寸、连接尺寸和重量

型　号	公称尺寸		连接形式	连接尺寸/mm		重量/kg
	DN	NPS		L	W	
TB1	8	1/4	螺纹连接	70	38	0.35
	10	3/8	螺纹连接	70	38	0.35

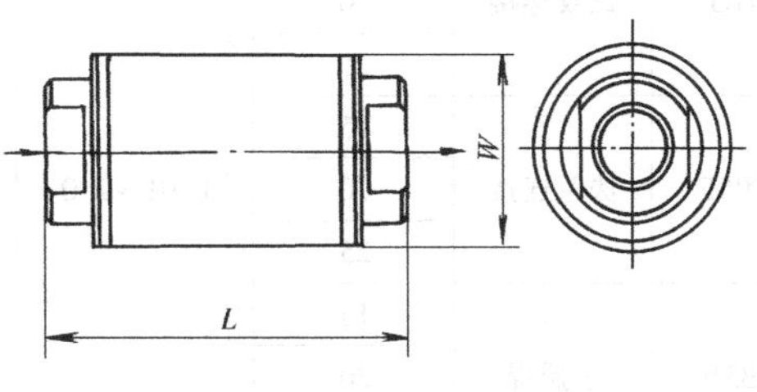

图 4-126　TB1 温调双金属片式蒸汽疏水阀

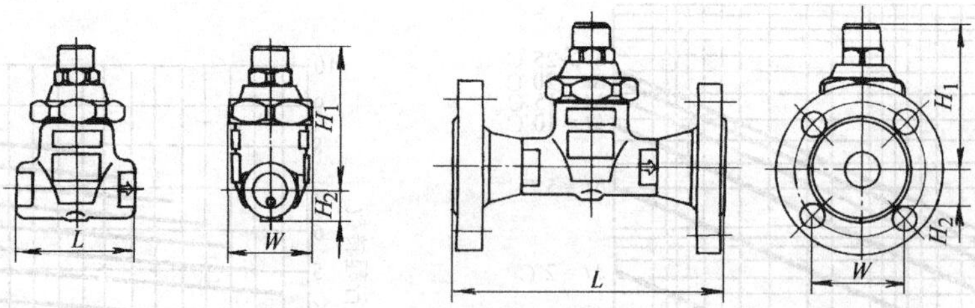

a) b)

图 4-127 TB3 温调双金属片式蒸汽疏水阀

a) TB3，TB3W b) TB3F

表 4-114 TB3 温调双金属片式蒸汽疏水阀主要外形尺寸、连接尺寸和重量

型 号	连接形式	公称尺寸 DN	使用压力范围 /MPa	最高使用温度 /℃	可调温度范围 /℃	连接尺寸/mm				重量 /kg
						L	H_1	H_2	W	
TB3	螺纹连接	15	0.01～1.6	350	50～190	70	80	17	55	0.8
		20				80	80	19	55	0.9
		25				80	80	23	55	1.0
TB3F	法兰连接	15				145	80	17	55	2.4
		20				145	80	19	55	2.9
		25				145	80	23	55	4.0
TB3W	承插焊	15				70	80	17	55	0.8
		20				80	80	19	55	0.9
		25				80	80	23	55	1.0

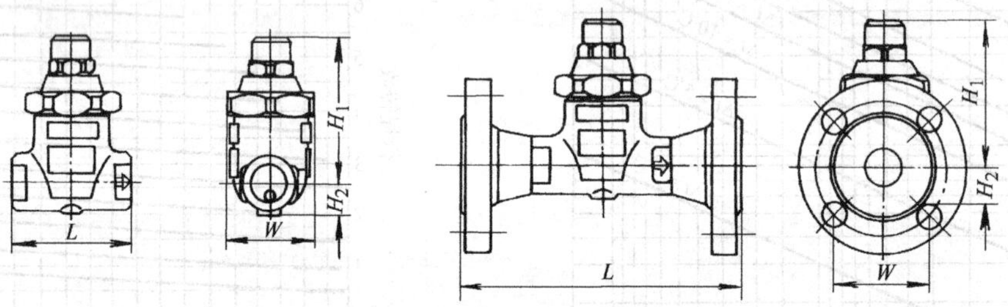

a) b)

图 4-128 TB5 温调双金属片式蒸汽疏水阀

a) TB5，TB5W b) TB5F

表 4-115 TB5 温调双金属片式蒸汽疏水阀主要外形尺寸、连接尺寸和重量

型 号	连接形式	公称尺寸 DN	使用压力范围 /MPa	最高使用温度 /℃	可调温度范围 /℃	连接尺寸/mm				重量 /kg
						L	H_1	H_2	W	
TB5	螺纹连接	15	0.01～2.0	350	50～200	70	80	17	55	0.8
		20				80	80	19	55	0.9
		25				80	80	23	55	1.0
TB5F	法兰连接	15				145	80	17	55	2.4
		20				145	80	19	55	2.9
		25				145	80	23	55	4.0
TB5W	承插焊	15				70	80	17	55	0.8
		20				80	80	19	55	0.9
		25				80	80	23	55	1.0

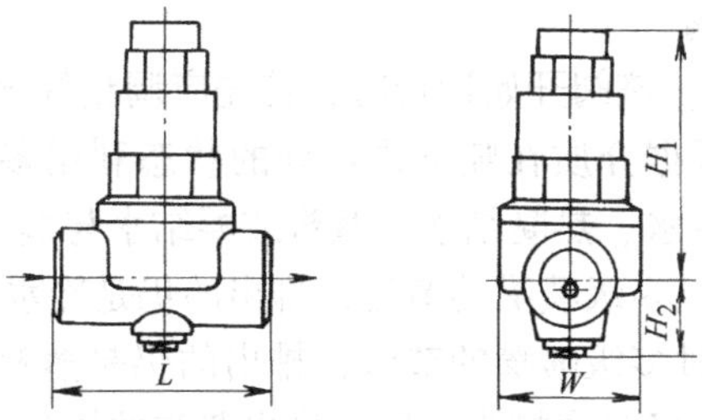

图 4-129　TB6 温调双金属片式蒸汽疏水阀

表 4-116　TB6 温调双金属片式蒸汽疏水阀主要外形尺寸和连接尺寸

型　号	连接形式	公称尺寸 NPS	最大压力 /MPa	最高温度 /℃	可调温度范围 /℃	连接尺寸/mm			
						L	H_1	H_2	W
TB6	螺纹连接	1/2	1.6	220	50～180	90	106	35	58
		3/4				90	106	35	58
		1				95	110	35	58
TB6F	法兰连接	1/2	1.6	220	50～180	220	106	35	58
		3/4				220	106	35	58
		1				220	106	35	58
TB6W	承插焊	1/2	1.6	300	50～180	90	106	35	58
		3/4				90	106	35	58
		1				95	110	35	58

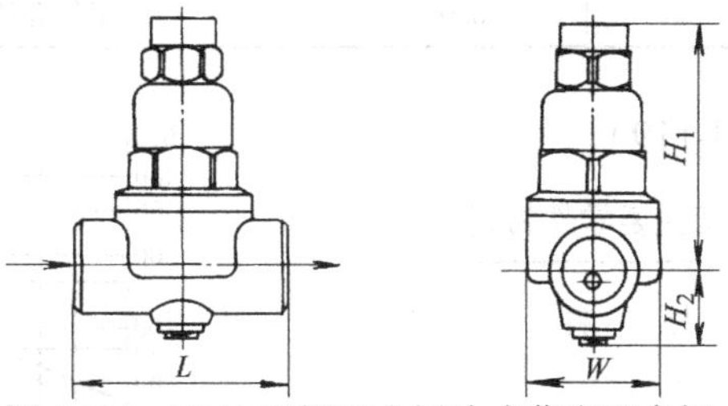

图 4-130　TB11 温调双金属片式蒸汽疏水阀

表 4-117　TB11 温调双金属片式蒸汽疏水阀主要外形尺寸和连接尺寸

型　号	连接形式	公称尺寸 NPS	最大压力 /MPa	最高温度 /℃	可调温度范围 /℃	连接尺寸/mm			
						L	H_1	H_2	W
TB11	螺纹连接	1/2	1.6	220	60～190	90	106	35	58
		3/4				90	106	35	58
		1				95	110	35	58
TB11F	法兰连接	1/2	1.6	220	60～190	220	106	35	58
		3/4				220	106	35	58
		1				220	106	35	58
TB11W	承插焊	1/2	1.6	300	60～190	90	106	35	58
		3/4				90	106	35	58
		1				95	110	35	58

（14）ZK 系列疏水调节阀

1）工作原理及使用说明。该阀开始运行时，首先应调整好该阀工作位置，运行后不需再次调整。以后的凝结水排量根据介质在喷嘴进口处的状态利用多级喷嘴的节流作用，由该阀自行调节。介质状态可以是冷水、热凝结水、蒸汽或凝结水与蒸汽的混合物。

① 当介质为冷水时，通过多级喷嘴的节流，排出的仍是冷水，且体积不变。

② 当介质为蒸汽时，通过多级喷嘴的节流，排出的仍是蒸汽，但由于该阀存在很大的压力降，蒸汽进入多级喷嘴后，经多次扩张，所以排出蒸汽的体积有明显膨胀。

③ 当介质为凝结水时，凝结水在多级喷嘴内经过多次连续扩张，又由于该阀存在的巨大压力降，从而使部分凝结水转变为二次蒸汽，该阀排出凝结水与蒸汽的混合物。转变为二次蒸汽的量取决于凝结水温度、阀门压力降以及阀瓣的开启高度。当阀瓣开启高度过大时，不会产生二次蒸汽。

该疏水调节阀应根据其在管路系统中的不同作用安装在管路适当位置。当管路系统是利用该阀使凝结水转变成二次蒸汽时，该阀前应安装有蒸汽疏水阀。

2）用途。该疏水调节阀是蒸汽供热设备及蒸汽管路上的重要配件，也是节能产品。它可以利用多级喷嘴的节流作用，通过降压使热凝结水转变为二次蒸汽，从而使凝结水得到二次利用。此外，该阀还可用于冷水排放、液面控制、最小流量控制等管线系统中。

3）主要性能规范（表 4-118）。

表 4-118 ZK 系列疏水调节阀主要性能规范

公称压力 PN	160	最大压差/MPa	10.0
壳体试验压力/MPa	24.0	最高工作温度/℃	345
最高工作压力/MPa	16.0	工作介质	凝结水、蒸汽

4）主要零件材料（表 4-119）。

表 4-119 ZK 系列疏水调节阀主要零件材料

零件名称	材料
阀体、支架	合金钢铸件
多级喷嘴	不锈钢
阀瓣	耐热耐酸钢
阀座	耐热耐酸钢
阀杆	不锈钢

5）排量（图 4-131）。

6）主要外形尺寸、连接尺寸和重量（图 4-132、表 4-120）。

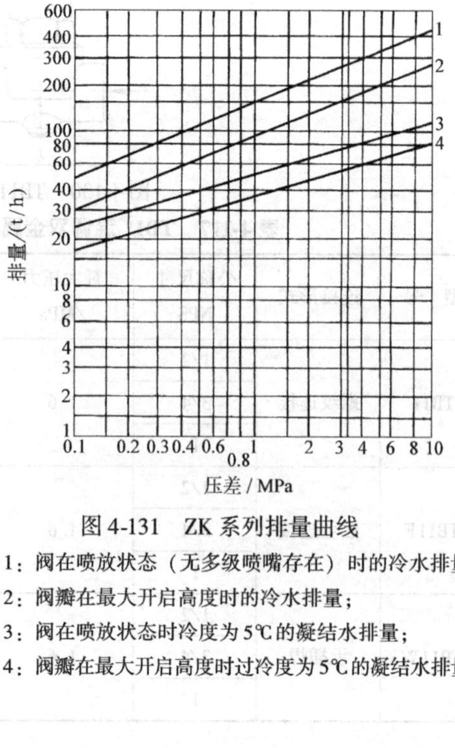

图 4-131 ZK 系列排量曲线

曲线 1：阀在喷放状态（无多级喷嘴存在）时的冷水排量；
曲线 2：阀瓣在最大开启高度时的冷水排量；
曲线 3：阀在喷放状态时冷度为 5℃ 的凝结水排量；
曲线 4：阀瓣在最大开启高度时过冷度为 5℃ 的凝结水排量。

表 4-120　ZK 系列疏水调节阀主要外形尺寸、连接尺寸和重量

（单位：mm）

公称尺寸 DN	d	D	y	k	f_2	c
80	138	230/210	129	180/168	3/5	33/27
100	162	265/255	159	210/200	3/5	37/32
150	218	355/320	217	290/270	3/5	47/37

$n\times\phi d_1$	L	L_1	H	H_1	重量/kg
$8\times\phi26$ / $8\times\phi22$	380	190	424	499/489	
$8\times\phi30$ / $8\times\phi22$	430	215	542	610	
$12\times\phi33$ / $12\times\phi22$	550	275	745	1024	

注：表中 D、k、f_2、c、$n\times\phi d_1$、H_1 尺寸为美国标准 ASME B16.5 尺寸/德国样机尺寸。

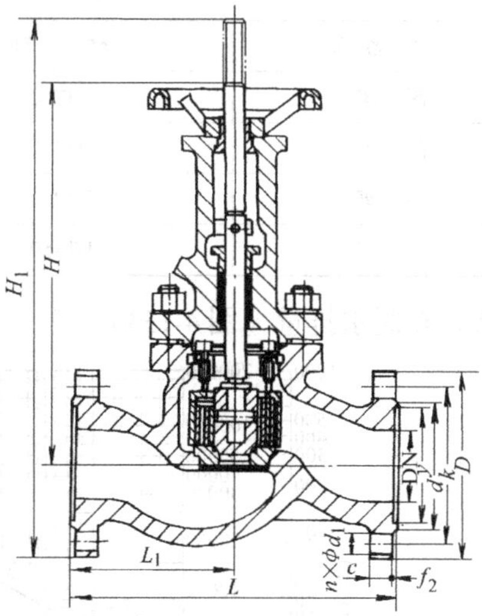

图 4-132　ZK 系列疏水调节阀

（15）GK 系列疏水调节阀

1）工作原理及使用说明。该阀在运行时，首先应调整好该阀工作状态，运行后不需再次调整。以后的凝结水排量根据介质在喷嘴进口处的状态，利用喷嘴的节流作用，由阀门自行调节。介质为冷水时，经过喷嘴节流排出的仍是冷水，且体积不变；介质为蒸汽时，经过喷嘴节流，由于存在压力降，蒸汽扩张，排出的蒸汽体积明显膨胀；介质为热凝结水时，通过降压凝结水达到饱和状态发生气化，出口处将产生二次闪蒸，排出的为蒸汽和凝结水的混合物。如需改变工况，可通过手轮调整。

该阀用于流量调节时，可通过转动手轮调整到所需排量，依据排量曲线表选择适当的压差和排量。

该阀用于二次蒸汽转化时，阀瓣的开启高度应控制在排量为该阀最大排量的 15% 以内。

该阀在背压和真空状态下也能平稳运行，但阀门入、出口压差不能超过最大压差限制。

在选用该阀时，阀内流体流速不应超过 3.3m/s，否则应选用大一规格。

2）用途。本疏水调节阀是蒸汽供热设备及蒸汽管路上的重要配件，为节能产品。它用于管线中调节流量，也可利用喷嘴的节流作用，通过降压使饱和凝结水转化为二次蒸汽，再回收利用二次蒸汽。它还可用于冷水排放、液面控制、最小流量控制等管线中，广泛地适用于石油、化工、氧化铝生产、建材、电力、造纸、纺织等部门的用汽设备管线中。

3）主要性能规范（表 4-121）。

表 4-121　GK 系列疏水调节阀主要性能规范

公称压力 PN	16	最高工作温度/℃	250
壳体试验压力/MPa	2.4		
最高工作压力/MPa	1.6	最高允许温度/℃	250
最大工作压力/MPa	0.5		
最高蒸汽压力/MPa	0.5	工作介质	蒸汽、凝结水

4）主要零件材料（表 4-122）。

表 4-122 GK 系列疏水调节阀主要零件材料

零件名称	材　料	零件名称	材　料
阀　体	HT250	阀　杆	20Cr13
阀　盖	HT250	手　轮	QT400-18
阀　座	HT250	窥视器	HT250
阀　瓣	HT250	窥视玻璃	无碱铝硅酸盐玻璃

5）热凝水排量（图 4-133）。

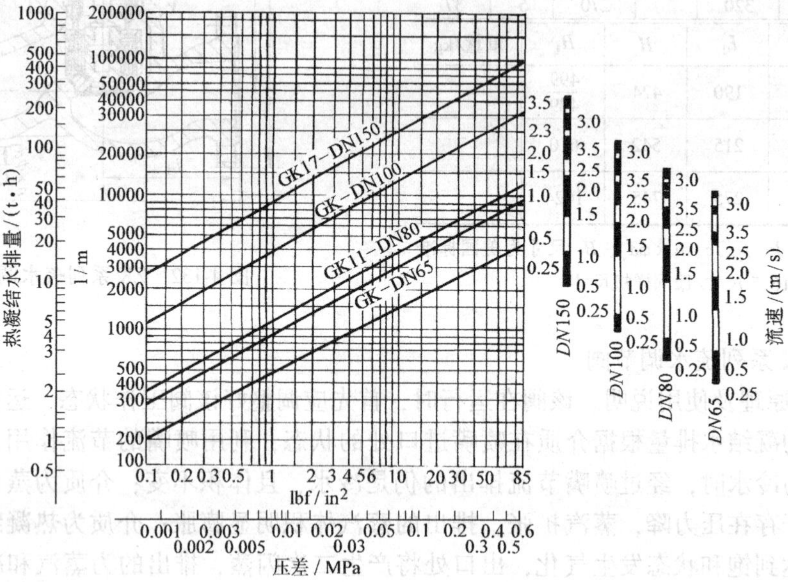

图 4-133 热凝结水排量曲线

6）主要外形尺寸、连接尺寸和重量（图 4-134、表 4-123）。

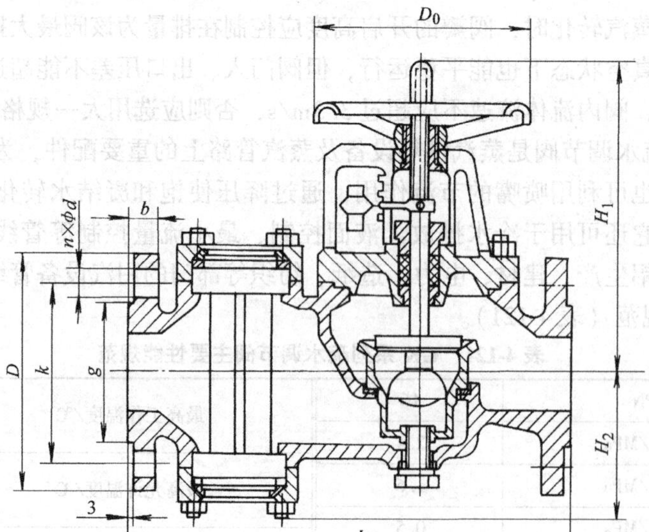

图 4-134 GK 系列疏水调节阀

表 4-123　GK 系列疏水调节阀主要外形尺寸、连接尺寸和重量　（单位：mm）

公称尺寸 DN	L	H_1	H_2	D_0	D	b	k	g	$n\times\phi d$
80	420	300	155	200	191	26	152.5	127	$4\times\phi22$
100	620	440	220	320	229	26	190.5	157	$8\times\phi22$
150	900	630	285	350	285	26	241.5	216	$8\times\phi22$

注：B 为宽度尺寸。

（16）VK16 窥视器

1）用途。该窥视器是蒸汽管路上的主要配件之一，通过窥视器可检查换热器出口处的流体状态是蒸汽还是凝结水。该窥视器还可用于检查管线中疏水阀的工作状况，反映出疏水阀动作是否正常，是否有漏汽或水阻现象，以便于疏水阀的调整和维修。

2）工作原理及使用说明。该窥视器的关键零件是折流套，利用折流套的折流作用，通过窥视器观察凝结水在折流套中的液面深度，即可判断换热器出口端的流体状态或判断疏水阀是否正常工作，如图 4-135 所示。

按窥视器标牌上的箭头方向，可将其安装在水平管线或垂直管线上，但垂直安装时只能安装在介质流向为由上向下的管线上。

窥视器应安装在换热器出口端和管路中疏水阀入口端。

示意图	原理说明
	此时疏水阀正常工作，窥视器的折流套被浸在水平面里。当设备开始运行时，在水面上可能出现一些微小气泡或漩涡，但此类现象可忽略
	当蒸汽通过窥视器时，蒸汽将凝结水向下压低一定距离，可见蒸汽存在于折流套与水面之间。凝结水与蒸汽共存，导致折流套中产生大的漩涡 产生这种现象的原因主要是由于蒸汽疏水阀动作失效漏汽
	窥视器折流套内充满凝结水，此时如果窥视器是被安装在换热器口处，则应马上将凝结水返回换热器。产生这种现象的原因可能是在管线运行前向换热器内补充了冷水改变了其工作状态所致。如果窥视器是被安装在疏水阀前，产生此种现象的原因可能是由于蒸汽疏水阀凝结水排量不够或其动作失效产生水阻所致

图 4-135　VK16 窥视器工作原理

3）主要性能规范（表 4-124）。

表 4-124 VK16 窥视器主要性能规范

公称压力 PN	40	最高工作温度/℃	250
壳体试验压力/MPa	6.0	工作介质	凝结水、蒸汽
最高工作压力/MPa	3.6		

4）主要零件材料（表 4-125）。

表 4-125 VK16 窥视器主要零件材料

零件名称	材料	零件名称	材料	零件名称	材料	零件名称	材料
阀体、阀盖	碳素钢铸件	折流套	灰铸铁	玻 璃	无碱铝硅酸盐玻璃	云母盘	云 母

5）主要外形尺寸、连接尺寸和重量（图 4-136、表 4-126）。

表 4-126 VK16 窥视器主要外形尺寸、连接尺寸和重量 （单位：mm）

公称尺寸 DN	L	L_1	D	k
40	200±2	100	150	110
50	230±2	115	165	125
d	y	c	f	$n\times\phi d_1$
84	$\frac{76}{74.7}$	20	3	$4\times\phi18$
102	$\frac{88}{93.7}$	20	3	$8\times\phi18$

注：1. B 为宽度尺寸，即两压盖端面之间的距离（包括螺栓头部高度尺寸）。
2. 尺寸 y 为国标尺寸/德国样机尺寸。

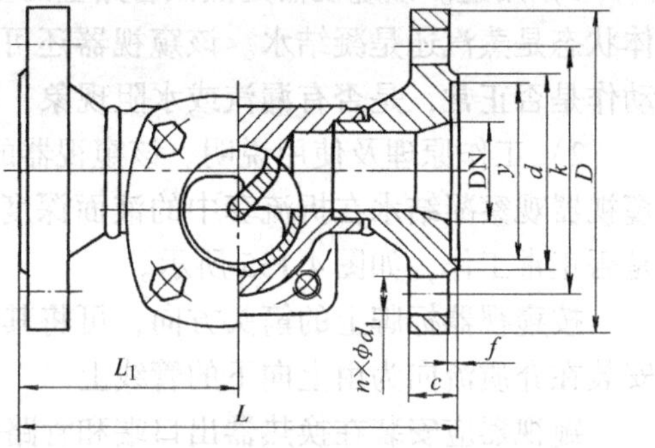

图 4-136 VK16 窥视器

（17）DR、DL 系列凝结水回收装置

1）用途。DL 型可以把凝结水输送到锅炉给水箱中或其他使用场合；DR 型可以直接将凝结水输送到锅炉中去。

2）主要性能规范（表 4-127）。

表 4-127 DR、DL 系列凝结水回收装置主要性能规范

型 号	DR-250	DR-500	DR-1300	DR-3000	DR-6000
最大输送量/(kg/h)	500	1000	2500	4500	10000
最大送回锅炉量/(kg/h)	250	500	1300	3000	6000
净 重/kg	70	85	155	430	720
加压气体最大压力/MPa	1.6				
最大扬程/m	120				
加压气体最小需要压力/MPa	最大锅炉压力+载荷阻力+0.3				
型 号	DL-500	DL-1000	DL-2500	DL-4500	DL-10000
最大输送量/(kg/h)	500	1000	2500	4500	10000
净 重/kg	68	80	145	415	700
加压气体最大压力/MPa	1.2				
最大输出压力/MPa	1.0				
加压气体最小需要压力/MPa	载荷阻力+0.3				

3）蒸汽消耗量（图 4-137）。

4）空气消耗量（图 4-138）。

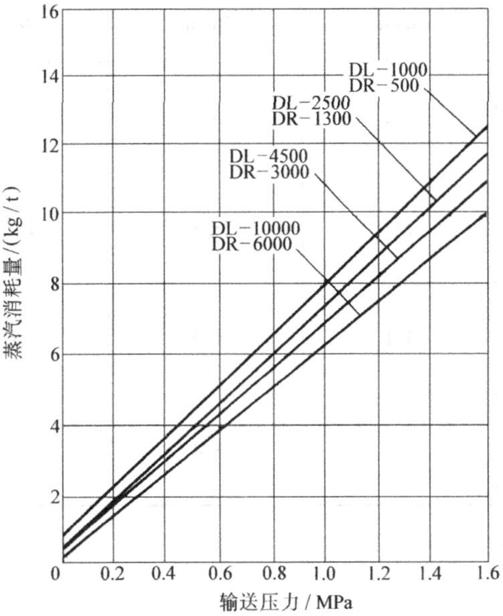

图 4-137　蒸汽消耗量曲线

（图表所示为阀杆提升至全升程 3/4 处热凝结水的最大排量）

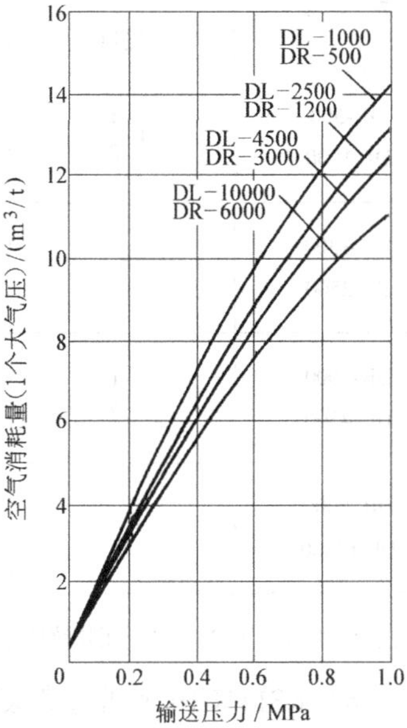

图 4-138　空气消耗量曲线

5）主要外形尺寸（图 4-139、表 4-128）。

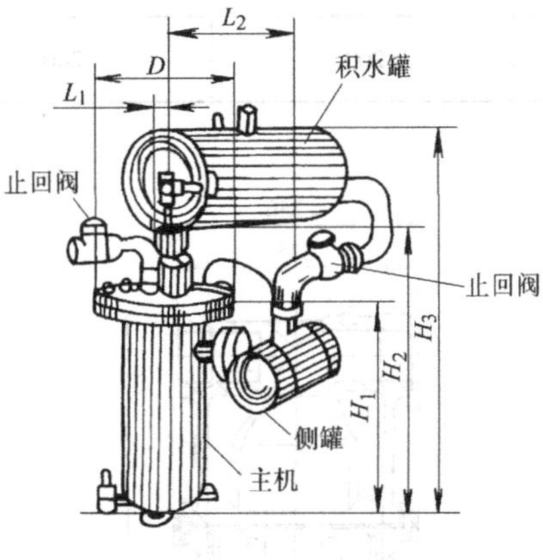

图 4-139　DL 系列凝结水回收装置

表 4-128　DR、DL 系列凝结水回收装置主要外形尺寸

型　号	尺　寸　/mm					
	D	H_1	H_2	H_3	L_1	L_2
DR-250 DL-500	265	660	860	1160	0	185
DR-500 DL-1000	320	480	630	1100	70	330
DR-1300 DL-2500	430	580	730	1400	95	400
DR-3000 DL-4500	605	650	840	1500	120	555
DR-6000 DL-10000	675	900	1100	1800	155	585

6）配管尺寸（表 4-129）。

表 4-129　DR、DL 系列凝结水回收装置配管尺寸

型　号	凝结水进出口管螺纹 Rc/in		加压气体管螺纹 Rc/in	排气管螺纹 Rc/in	大气开放口管螺纹 Rc/in
	进口	出口			
DR-250 DL-500	3/4	3/4	1/2	3/8	1

（续）

型号	凝结水进出口管螺纹 Rc/in		加压气体管螺纹 Rc/in	排气管螺纹 Rc/in	大气开放口管螺纹 Rc/in
	进口	出口			
DR-500 DL-1000	$1\frac{1}{2}$	1	1/2	3/8	1
DR-1300 DL-2500	2	$1\frac{1}{4}$	1/2	3/8	$1\frac{1}{2}$
DR-3000 DL-4500	$2\frac{1}{2}$	2	3/4	1/2	2
DR-6000 DL-10000	3	2	3/4	3/4	2

注：Rc 2 或小于 Rc 2 管子用螺纹联接；Rc $2\frac{1}{2}$或大于 Rc $2\frac{1}{2}$管子用法兰连接。

（18）KS11H-16 型带分离装置空气疏水阀

1）主要性能规范（表 4-130）。

表 4-130 KS11H-16 型带分离装置空气疏水阀主要性能规范

公称压力 PN	试验压力 /MPa	最高工作压力 /MPa	最高工作温度 /℃	最高允许温度 /℃
16	2.4	1.6	200	200

2）主要零件材料（表 4-131）。

表 4-131 KS11H-16 型带分离装置空气疏水阀主要零件材料

零件名称	上阀体、下阀体	浮子、杠杆、阀瓣、阀座
材 料	碳素钢	不锈钢

3）压差、排量的关系（表 4-132）。

表 4-132 KS11H-16 型带分离装置空气疏水阀压差-排量表

压差/MPa	0.05	0.4	0.8
排量/（kg/h）	65	260	350
压差/MPa	1.2	1.6	
排量/（kg/h）	420	480	

注：公称尺寸 DN50。

4）主要外形尺寸（图 4-140）。

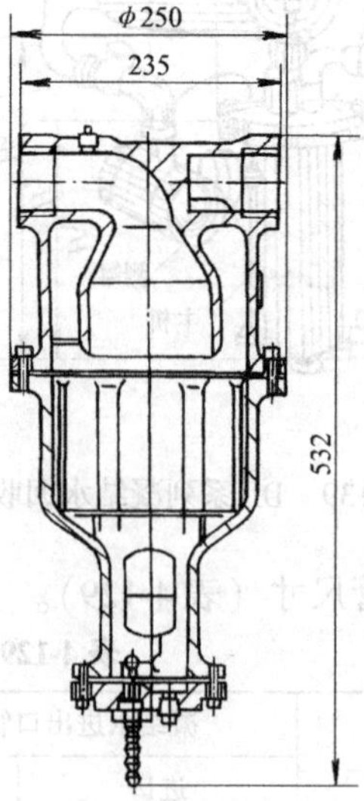

图 4-140 带分离装置空气疏水阀

4.3　减压阀

4.3.1　概述

减压阀是通过调节，将进口压力减至某一需要的出口压力，并依靠介质本身的能量，使出口压力自动保持稳定的阀门。

从流体力学的观点看，减压阀是一个局部阻力可以变化的节流元件，即通过改变节流面积，使流速及流体的动能改变，造成不同的压力损失，从而达到减压的目的。然后依靠控制与调节系统的调节，使阀后压力的波动与弹簧力相平衡，使阀后压力在一定的误差范围内保持恒定。

（1）减压阀的名词术语　减压阀也是一种自动阀门，在结构和性能参数方面与通用阀门有许多不同之处，有些专用的名词术语，易于混淆，为了使广大读者更清楚地了解减压阀，并能正确选用，现将减压阀的主要名词术语予以说明。

1）直接作用式减压阀。利用出口压力变化，直接控制阀瓣运动的减压阀。

2）先导式减压阀。由主阀和导阀组成，出口压力的变化通过放大来控制主阀动作的减压阀。

3）薄膜式减压阀。采用膜片作为敏感元件来带动阀瓣运动的减压阀。

4）活塞式减压阀。采用活塞作为敏感元件来带动阀瓣运动的减压阀。

5）波纹管式减压阀。采用波纹管作为敏感元件来带动阀瓣运动的减压阀。

6）静态密封。出口流量为零时，减压阀的密封状态。

7）动态密封。出口介质截止断流时，减压阀的密封状态。

8）调压特性。进口压力一定，连续调节出口压力时，减压阀的卡阻和振动现象。

9）压力特性。稳定流动状态下，出口流量一定，进口压力改变时，出口压力与进口压力的函数关系。

10）流量特性。稳定流量状态下，进口压力不变，出口压力与流量的函数关系。

11）最大流量。在给定的出口压力下，当其偏差在规定范围内所能达到的流量上限。

12）压力特性偏差值。出口流量一定，进口压力变化时，出口压力的变化值。

13）流量特性偏差值。稳定流量状态下，当进口压力一定时，减压阀流量的变化所引起的出口压力的变化值。

14）最低进口工作压力。一定流量下，为保持出口压力达到给定值所需的最低进口压力。

15）最高进口工作压力。常温下为公称压力，各温度下为阀门材料允许的最大工作压力。

16）工作温度。减压阀进口端的介质温度。

17）最小压差。减压阀进口压力与出口压力的最小差值。

18）出口压力。减压阀出口端的介质压力。

19）进口压力。减压阀进口端的介质压力。

（2）减压阀的性能要求

1）在给定的弹簧压力级范围内，使出口压力在最大值与最小值之间能连续调整，不得有卡阻和异常振动。

2）对于软密封的减压阀，在规定时间内不得有渗漏；对于金属密封的减压阀，其渗漏量应不大于最大流量的0.5%。

3）出口流量变化时，直接作用式的出口压力偏差值不大于20%；先导式不大于10%。

4）进口压力变化时，直接作用式的出口压力偏差值不大于10%；先导式不大于5%。

5）通常，减压阀的阀后压力 p_c 应小于阀前压力的0.5倍，即 $p_c<0.5p_1$。

减压阀的应用范围比较广泛，在蒸汽、压缩空气、工业用气、水、油和许多其他液体介质的设备和管路上均可使用。介质流经减压阀出口处的量，一般用质量流量 q_m（kg/s）或体积流量 q_V（m^3/s）表示。

4.3.2 减压阀的分类

减压阀的分类方法很多，根据减压阀的动作原理大致可分为直接作用式（自力式）和间接作用式（他力式）两大类。直接作用式减压阀，即利用介质本身的能量来控制所需的压力。间接作用式减压阀，即利用外界的动力，如气压、液压或电气等来控制所需的压力。这两类相比，前者结构比较简单，后者精度较高。目前，我国大量生产和使用的都是直接作用式减压阀。

（1）按结构形式分类

1）先导活塞式减压阀，如图4-141所示。它是通过活塞来平衡压力，带动阀瓣运动，实现减压的。

这类减压阀体积小，活塞所允许的行程较大，但由于活塞在缸体中的摩擦力较大，因此灵敏度比薄膜式减压阀低。另外，其制造工艺要求严格，特别是活塞、活塞环、缸体、副阀等零件，由于用在蒸汽减压阀上，这些零件受热后的膨胀间隙不易控制，易产生卡住或漏气现象，更影响它的灵敏度。尽管如此，这种结构的减压阀仍使用很广，特别是当介质温度较高时，薄膜式减压阀由于耐高温的薄膜材料难以解决，仍大量选用活塞式减压阀。对于水、空气等介质也可选用。

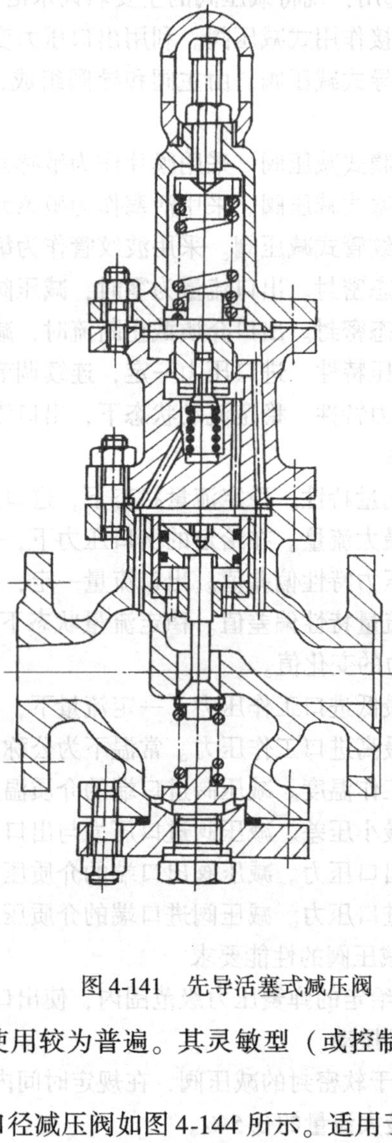

图4-141 先导活塞式减压阀

2）直接作用薄膜式减压阀，如图4-142所示。这种减压阀采用薄膜作为敏感元件来带动阀瓣运动，达到减压、稳压的目的。

薄膜式减压阀的敏感度较高，因为它没有活塞的摩擦力。与活塞式减压阀相比，薄膜的行程比较小，且容易损坏；一般薄膜用橡胶或聚四氟乙烯制造，因此使用温度受到限制。当工作温度和工作压力较高时，薄膜就需用铜或奥氏体不锈钢制造。所以，薄膜式减压阀在水、空气等温度与压力不高的条件下使用较为普遍。其灵敏型（或控制型）空气（或煤气）减压阀如图4-143所示。

适用于空气、煤气、水和一般液体的简单小口径减压阀如图4-144所示。适用于蒸汽和其他气体的简单小口径减压阀如图 4-145 所示。正作用式减压阀如图 4-146 所示。反作用式减压阀如图 4-142 所示。卸荷式减压阀如图 4-147 所示。

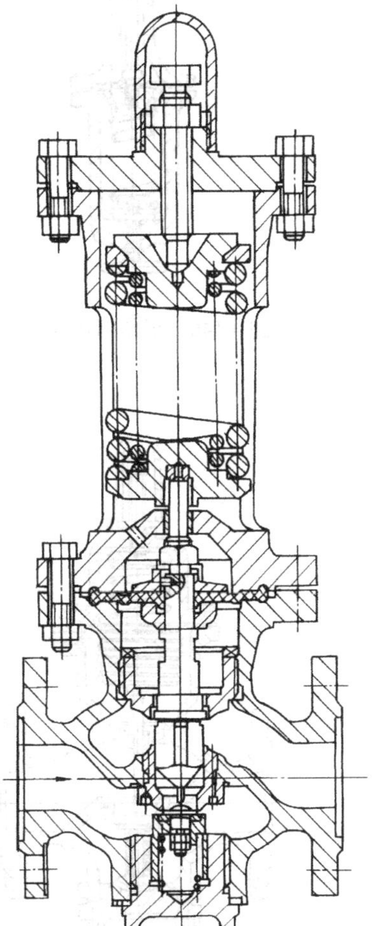

图 4-142　直接作用薄膜式减压阀

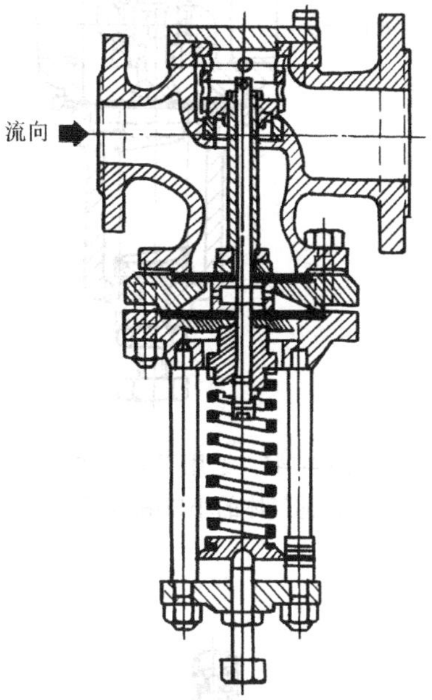

图 4-143　灵敏型（或控制型）空气（或煤气）减压阀

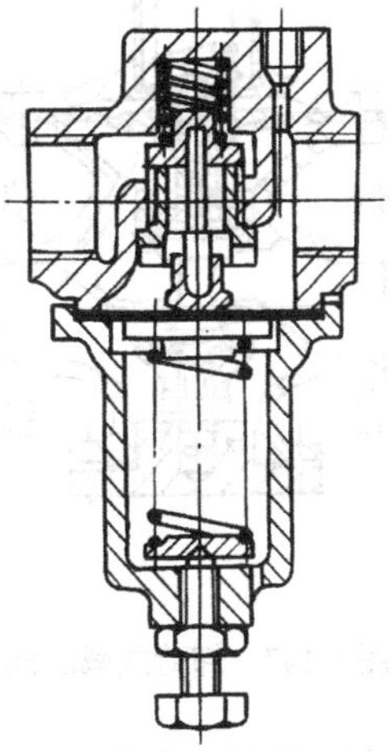

图 4-144　小口径减压阀

3）直接作用波纹管式减压阀，如图 4-148 所示。波纹管式减压阀的敏感度亦较高。因为它也没有活塞的摩擦力。与薄膜式减压阀相比，波纹管的行程比较大，且不容易损坏；又由于波纹管一般都用奥氏体不锈钢制造，故可用在工作温度和工作压力较高的水、空气、蒸汽等装置和管路上。但波纹管的制造工艺较为复杂，因此比薄膜式减压阀价格较高。

4）先导薄膜式减压阀，如图 4-148 ~ 图 4-150 所示。与直接作用薄膜式减压阀相同，只不过在薄膜上腔的压力不是由弹簧来控制，而是由旁路调节阀控制，且其动作敏感性更高。

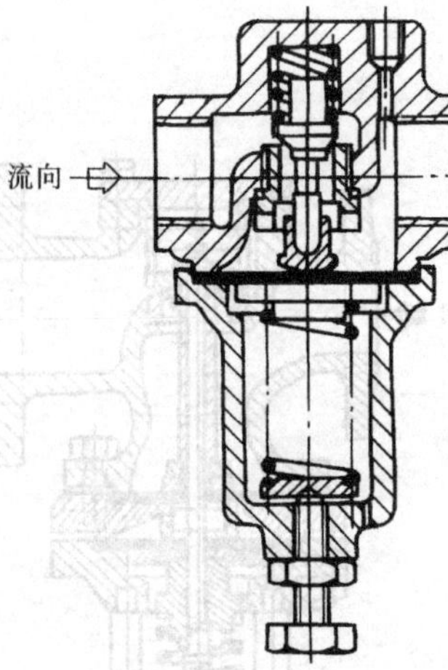

图 4-145　适用于蒸汽或其他气体的小口减压阀

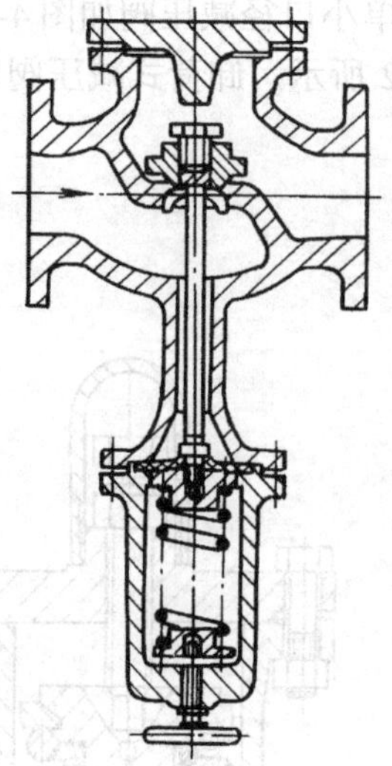

图 4-146　正作用式减压阀

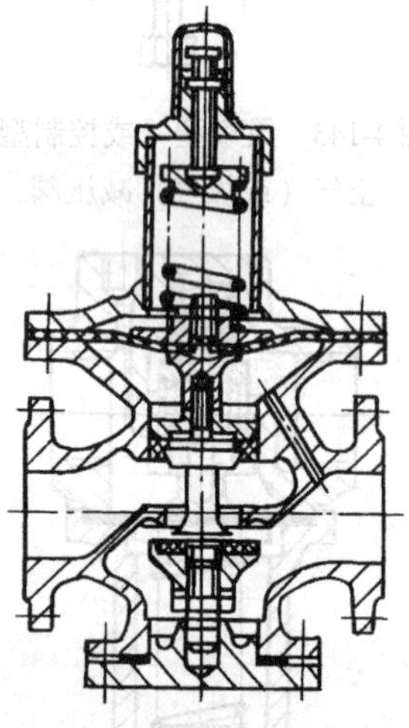

图 4-147　卸荷式减压阀

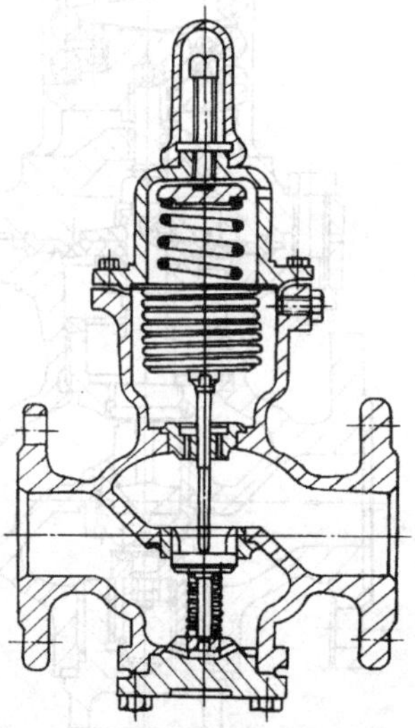

图 4-148　直接作用波纹管式减压阀

5）气泡式减压阀，如图 4-151 所示。为依靠阀后介质进入气泡内的压力来平衡压力的减压阀。气泡式减压阀一般用于常温空气管道。其结构比较简单，与先导薄膜式减压阀有相同的特点，灵敏度较好。但是，由于充气阀和其他连接部件在长期使用过程中难免有泄漏现象，这就直接影响了减压阀阀后的压力，使其难于保持稳定状态。

6）组合式减压阀，如图 4-152 所示。组合式减压阀由主阀、导阀、截止阀组成。主阀是薄膜式减压阀，导阀也是薄膜式减压阀。组合式减压阀具有薄膜式减压阀的一切特点。

7）杠杆式减压阀，如图 4-153 和图 4-154 所示。杠杆式减压阀是通过杠杆上的重锤来平衡压力的减压阀。

8）先导波纹管式减压阀，如图 4-155 所示。

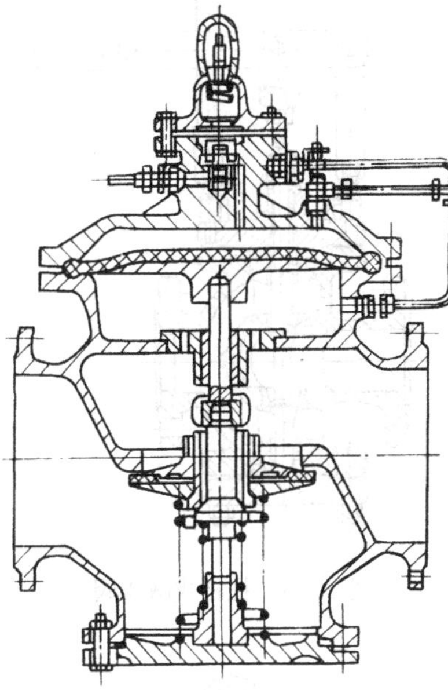

图 4-149　先导外控薄膜式减压阀

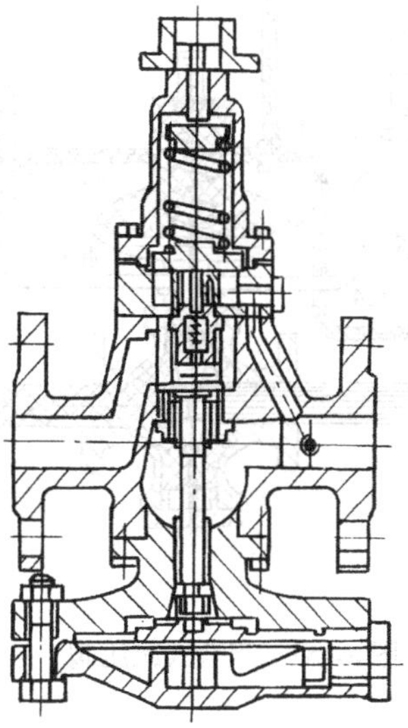

图 4-150　先导内控薄膜式减压阀

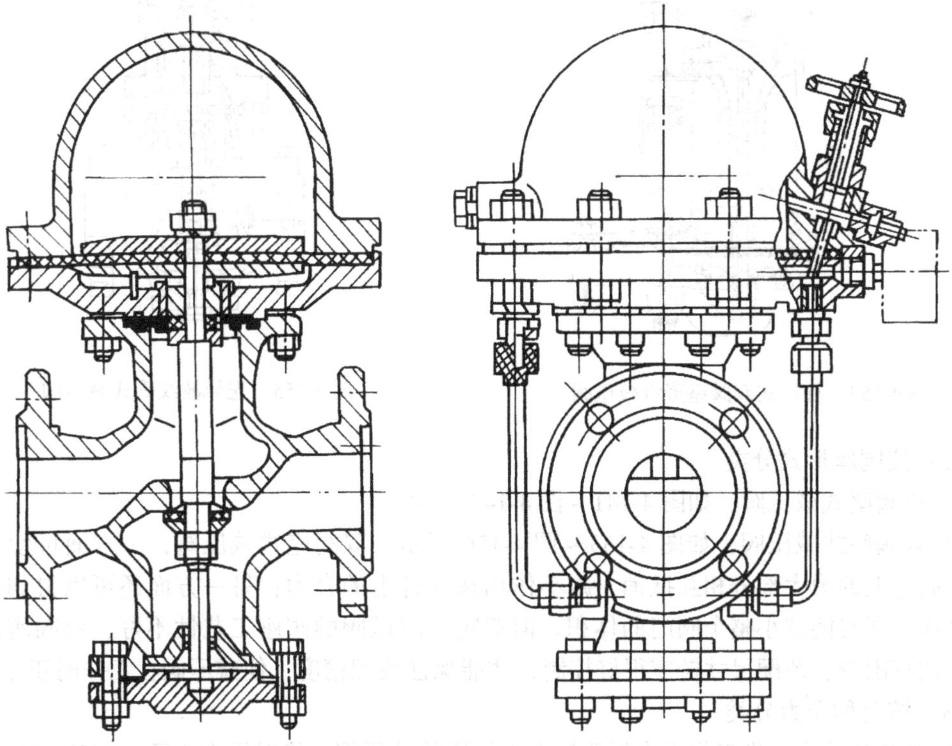

图 4-151　气泡式减压阀

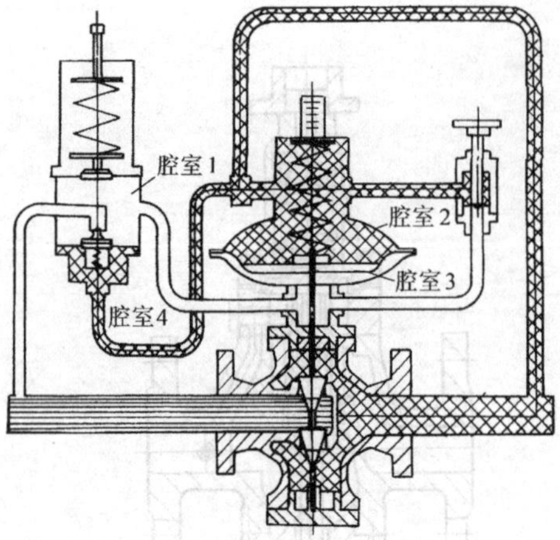

图 4-152 组合式减压阀

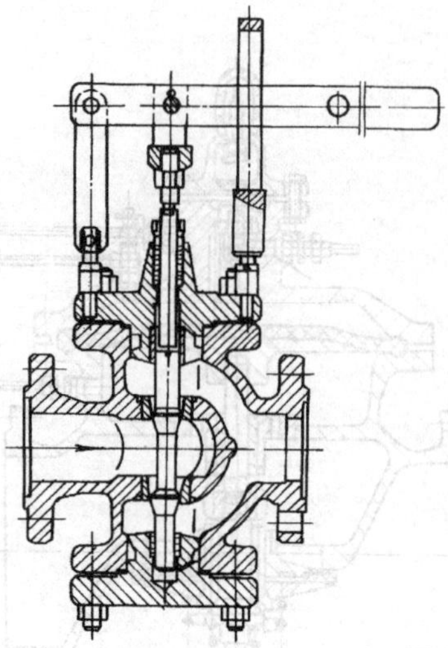

图 4-153 杠杆式减压阀

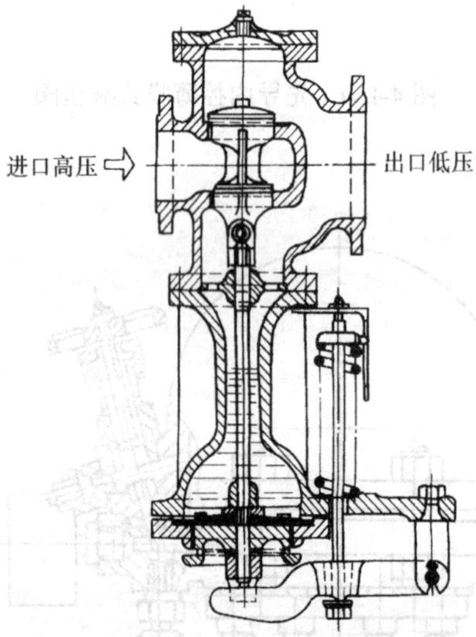

图 4-154 杠杆式双阀座蒸汽减压阀

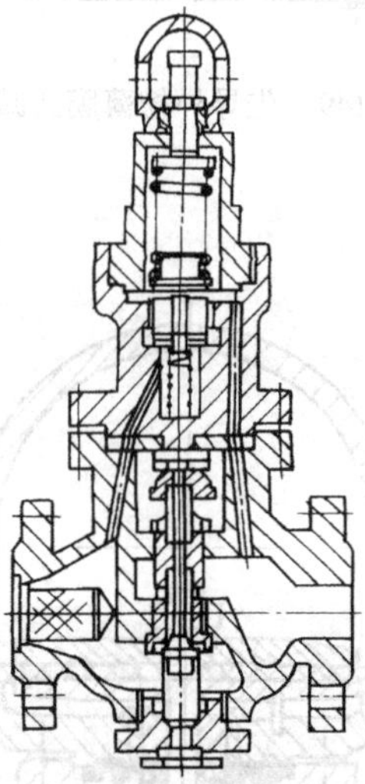

图 4-155 先导波纹管式减压阀

（2）按阀座形式分类

1）单阀座式减压阀，如图 4-141 ~ 图 4-143 所示。

2）双阀座式减压阀，如图 4-153 ~ 图 4-156 所示。双阀座式减压阀，一方面可使作用在上、下阀座上的力大部分相互抵消，减小作用在阀杆上的合力；另一方面还可以得到较大的通道面积，同时能减小整个阀门的体积。但双阀座减压阀的阀座工艺性不好，双阀座的加工和研磨比较困难；装配尺寸链应很好控制，才能保证装配精度，使减压阀在工作时正常稳定。

（3）按公称压力分类

1）真空减压阀。指工作压力低于标准大气压的减压阀。绝对压力小于 0.1MPa 的减压阀，习惯上用毫米水柱（mmH_2O）或毫米汞柱（mmHg）表示压力。

2）低压减压阀。公称压力≤PN16 的减压阀。

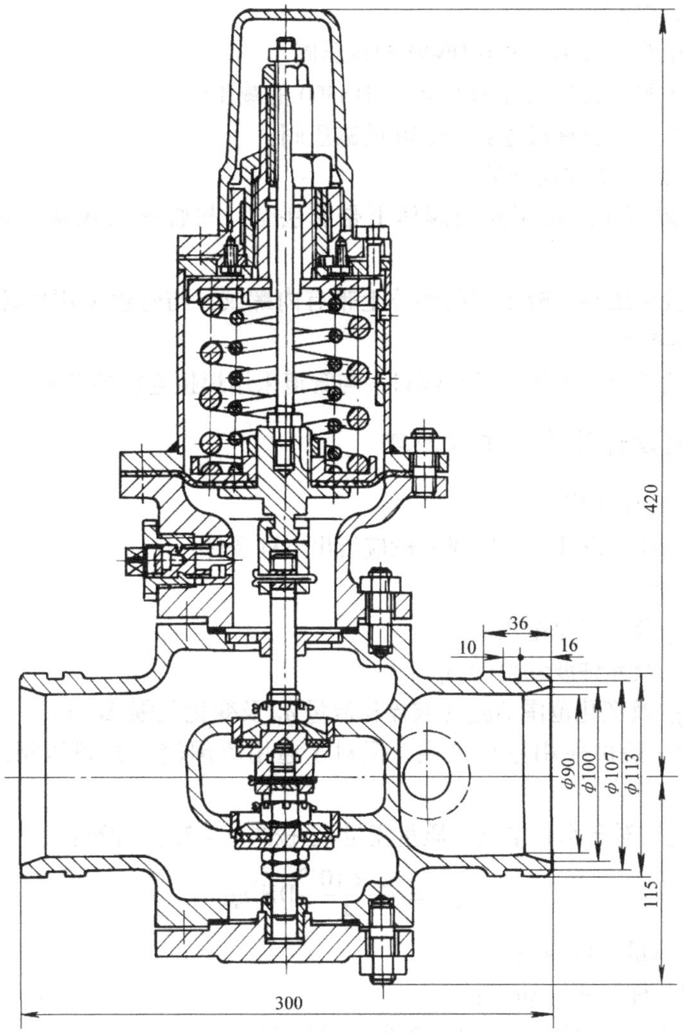

图 4-156　双阀座式减压阀

3）中压减压阀。公称压力为 PN25 ~ PN63 的减压阀。

4）高压减压阀。公称压力为 PN100 ~ PN800 的减压阀。

5）超高压减压阀。公称压力≥PN1000 的减压阀。

（4）按介质工作温度分类

1）常温减压阀。$-29℃ \leqslant t \leqslant 120℃$ 的减压阀。

2）高温减压阀。$t > 450℃$ 的减压阀。

3）中温减压阀。$120℃ < t \leqslant 450℃$ 的减压阀。

4）低温减压阀。$-100℃ \leqslant t < -29℃$ 的减压阀。

5）超低温减压阀。$t < -100℃$ 的减压阀。

（5）按阀体材料分类

1）非金属材料减压阀。如玻璃钢减压阀、塑料减压阀。

2）金属材料减压阀。指阀体、阀盖材料为铜合金、铝合金、钛合金、蒙乃尔合金、灰铸铁、可锻铸铁、球墨铸铁、碳素钢、低合金钢、高合金钢、耐热钢、不锈耐酸钢等的减压阀。

（6）按公称尺寸分类

1）小口径减压阀。公称尺寸≤DN40 的减压阀。

2）中口径减压阀。公称尺寸为 DN50 ~ DN300 的减压阀。

3）大口径减压阀。公称尺寸≥DN350 的减压阀。

（7）按与管道的连接方式分类

1）法兰连接减压阀。减压阀的阀体上带有法兰，与管道采用法兰连接的减压阀，如图 4-146、图 4-147 所示。

2）内螺纹连接减压阀。减压阀的阀体上带有内螺纹，与管道采用内螺纹连接的减压阀，如图 4-144、图 4-145 所示。

3）焊接连接减压阀。阀体上带有焊口，与管道采用焊接连接的减压阀，如图 4-156所示。

4.3.3 减压阀的设计计算与工作原理

（1）减压阀的设计计算

1）设计已知条件。设计减压阀时一般应给出下列条件：

① 介质种类及性质；

② 进口压力 p_1 及其变化范围 Δp_1；

③ 出口压力 p_2 及允许波动范围 Δp_2；

④ 质量流量 q_m 及变化范围 Δq_m（或体积流量 q_V 及变化范围 Δq_V）。

减压阀的流量一般由使用单位提供，但对于通用范围较广的减压阀，亦可用下列方法计算。

a. 质量流量 q_m。对于水和空气，质量流量 q_m 按式（4-33）计算：

$$q_m = \frac{\pi \times 10^{-6}}{4} \mathrm{DN}^2 u\rho \qquad (4\text{-}33)$$

式中 q_m——质量流量（kg/s）；

DN——阀门公称尺寸（mm）；

u——介质的流动速度（m/s），按表 4-133 选取；

ρ——介质的密度（kg/m³）。

对于蒸汽，质量流量 q_m 按式（4-34）计算：

$$q_m = \frac{\pi \times 10^{-6} \mathrm{DN}^2 u}{4\nu} \qquad (4\text{-}34)$$

式中 ν——蒸汽的比体积（m³/kg）。

b. 体积流量 q_V。

$$q_V = \frac{W}{\rho} \qquad (4\text{-}35)$$

表 4-133 介质的流动速度 *u*

介　质	压力/MPa	流动速度 u/(m/s)	介　质	压力/MPa	流动速度 u/(m/s)
液体		1 ~ 3	低压蒸汽	≤1.6	20 ~ 40
低压气体	≤0.8	2 ~ 10	中压蒸汽	2.5 ~ 6.3	40 ~ 60
中压气体	>0.8	10 ~ 20	高压蒸汽	≥10	60 ~ 80

2）主阀流通面积及主阀瓣开启高度的计算。

① 主阀瓣流通面积的计算。

a. 液体介质。对于不可压缩的流体，如水和其他液体介质，根据流量的基本方程可得出主阀的流通面积：

$$A_z = \frac{707q_m}{\mu\sqrt{\Delta p_z \rho}} = \frac{707Q}{\mu\sqrt{\dfrac{\Delta p_z}{\rho}}} \tag{4-36}$$

$$\Delta p_z = p_1 - p_2 \tag{4-37}$$

式中　A_z——主阀的流通面积（mm^2）；

μ——流量系数，见表 4-134；

Δp_z——减压阀进口和出口的压差（MPa）；

p_1——减压阀进口压力（MPa）；

p_2——减压阀出口压力（MPa）。

b. 理想气体。

当 $\sigma \leqslant \sigma^*$ 时，主阀的流通面积：

$$A_z = \frac{3.13\times10^3 q_m}{\mu\sqrt{g\kappa\left(\dfrac{2}{\kappa+1}\right)^{\frac{\kappa+1}{\kappa-1}}\dfrac{p_1}{\nu_j}}} \tag{4-38}$$

表 4-134　流量系数

介　质	水	空　气	煤　气	蒸　气
μ	0.5	0.7	0.6	0.8

$$\sigma = \frac{\kappa_c}{\kappa_j}$$

$$\sigma^* = \left(\frac{2}{\kappa+1}\right)^{\frac{\kappa}{\kappa-1}}$$

$$\kappa = \frac{c_p}{c_V}$$

式中　σ——减压阀的减压比；

σ^*——临界压力比；

κ——等熵指数；

c_p——比定压热容［J/（kg·K）］；

c_V——比定容热容［J/（kg·K）］；

g——重力加速度（m/s^2）；

ν_j——进口处流体在 p_1 绝对压力下的比体积（m^3/kg）。

当 $\sigma > \sigma^*$ 时，主阀的流通面积：

$$A_z = \frac{3.13\times10^3 q_m}{\mu\sqrt{2g\dfrac{\kappa}{\kappa-1}\left(\dfrac{p_1}{\nu_j}\right)\left[\left(\dfrac{p_2}{p_1}\right)^{\frac{2}{\kappa}} - \left(\dfrac{p_2}{p_1}\right)^{\frac{\kappa+1}{\kappa}}\right]}} \tag{4-39}$$

σ^*、κ 等量数值见表 4-135。

表 4-135 σ^*、κ 等数表

介 质	σ^*	κ	$\sqrt{2g\frac{\kappa}{\kappa-1}}$	$\sqrt{g\kappa\left(\frac{2}{\kappa+1}\right)^{\frac{\kappa+1}{\kappa-1}}}$
饱和蒸汽	0.577	1.135	12.84	1.99
过热蒸汽及三原子气体	0.546	1.3	9.22	2.09
双原子气体(空气、煤气)	0.528	1.4	8.29	2.15
单原子气体	0.498	1.667	7.00	2.27

c. 干饱和蒸汽，$\sigma \leqslant \sigma^*$。

当 $p_j \leqslant 11\text{MPa}$ 时，主阀的流通面积：

$$A_z = 685.7\frac{q_m}{\mu p_j} \tag{4-40}$$

当 $11\text{MPa} \leqslant p_j \leqslant 22\text{MPa}$ 时，主阀的流通面积：

$$A_z = 685.7\frac{q_m}{\mu p_j}\left(\frac{33.242p_j - 1061}{27.644p_j - 1000}\right) \tag{4-41}$$

d. 空气或其他真实气体。

当 $\sigma \leqslant \sigma^*$ 时，主阀的流通面积：

$$A_z = \frac{91.2q_m}{\mu p_j\sqrt{\kappa\left(\frac{2}{\kappa+1}\right)^{\frac{\kappa+1}{\kappa-1}}\frac{M}{ZT}}} \tag{4-42}$$

式中 M——气体的摩尔质量（kg/kmol）；

T——减压阀进口热力学温度（K）；

Z——压缩系数，如图 4-157 所示，对于通常试验条件下的空气取 1。

用式（4-36）~式（4-42）计算的流通面积仅是理论值。实际上，为了改善调节性能，选用的流通面积比理论计算值大 2~4 倍，主阀的实际流通面积为

$$A_z = \frac{\pi}{4}D_t^2 \tag{4-43}$$

式中 A_z——主阀的实际流通面积（mm^2）；

D_t——主阀的通道直径（mm）。

为了满足上述要求，通常根据不同介质按经验选取主阀的通道直径：液体介质为 D_t = DN；蒸汽介质为 D_t =0.8DN；空气介质为 D_t =0.6DN。GB/T 12246 的规定，先导式减压阀主阀的通道直径一般不小于 0.8DN。

② 主阀瓣开启高度的计算。主阀瓣开启后，与阀座形成一个环形面积，此面积应大于或等于主阀瓣的流通面积。对于不同形式的阀瓣采用不同的方法计算主阀瓣的开启高度。

a. 平面密封阀瓣。如图 4-158 所示，理论开启高度为

$$H_z = \frac{A_z}{\pi D_t} \tag{4-44}$$

式中 H_z——主阀瓣的理论开启高度（mm）。

选定实际开启高度时，应大大超过理论开启高度 H_z 值，一般可取为

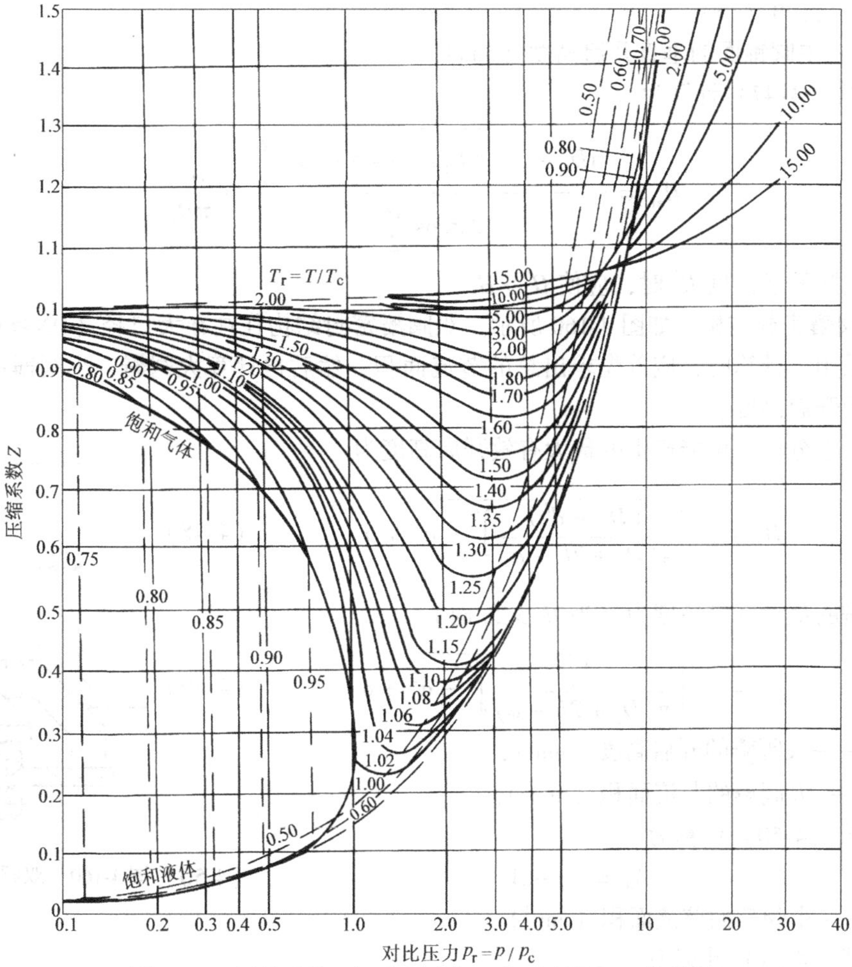

图 4-157　压缩系数 z 与对比压力 p_r 和对比温度 T_r 的关系

注：p_c—介质临界点绝对压力（MPa）　T_c—介质临界点绝对温度（K）

p—减压阀进口处介质绝对压力（MPa）

$$H_z' = \frac{D_t}{4} > H_z \tag{4-45}$$

式中　H_z'——主阀瓣的实际开启高度（mm）。

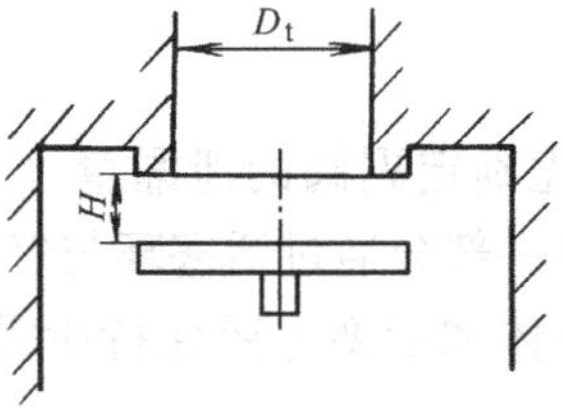

图 4-158　平面密封阀瓣

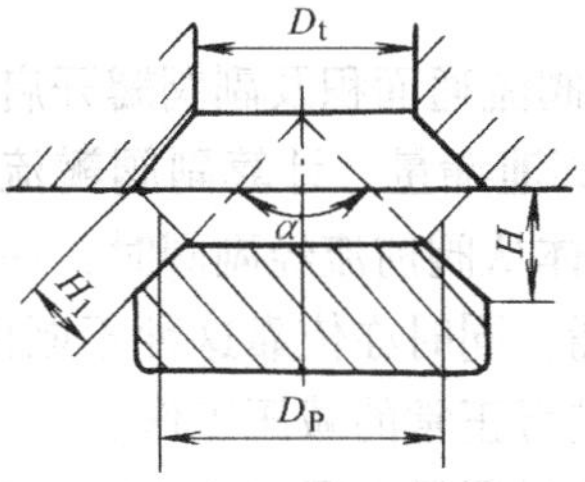

图 4-159　锥面密封阀瓣

b. 锥面密封阀瓣。如图 4-159 所示，理论开启高度为

$$H_z = \frac{H_{z1}}{\sin\dfrac{\alpha}{2}} \tag{4-46}$$

式中 α——锥角（°）；

H_{z1}——主阀锥面的垂直开启高度（mm）。

H_{z1}按式（4-47）计算为

$$H_{z1}=\frac{\pi D_t-\sqrt{(\pi D_t)^2-4\pi A_z\cos\frac{\alpha}{2}}}{2\pi\cos\frac{\alpha}{2}}\approx\frac{A_z}{\pi D_t} \tag{4-47}$$

选定实际开启高度H'_z时，应使$H'_z>H_z$。

c. 双阀瓣密封结构。如图4-160所示。双阀瓣密封结构往往在大口径（DN≥150mm）的减压阀上采用。计算时，应首先求出总的节流面积，然后再计算大阀瓣、小阀瓣的节流面积以及它们的开启高度。

从结构上分析，可能产生的最大有效开启高度为

$$H'_z=\sqrt{\left[\frac{(D_t^2-d^2)}{4(D_t+2b-a)}\right]^2-a^2}+a \tag{4-48}$$

大阀瓣的最大开启高度为（当$H_z>2a$时）

$$H_d=\sqrt{\left[\frac{A_d}{\pi(D_t+2b-a)}\right]^2-a^2}+a \tag{4-49}$$

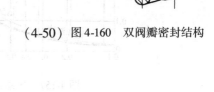

式中 H_d——大阀瓣的开启高度（mm）；

A_d——大阀瓣的节流面积（mm^2）。

A_d按式（4-50）计算为

$$A_d=A_z-A_c \tag{4-50}$$

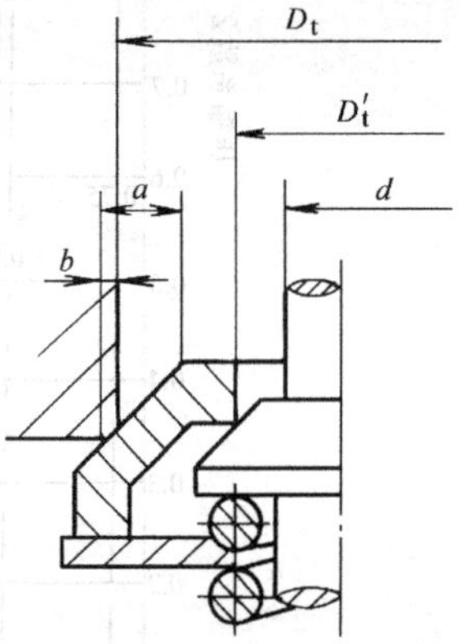

图4-160 双阀瓣密封结构

式中 A_c——小阀瓣的节流面积（mm^2）。

A_c按式（4-51）计算为

$$A_c=\frac{\pi}{\sqrt{2}}H_c\left(D'_t-\frac{H_c}{2}\right) \tag{4-51}$$

式中 H_c——小阀瓣的开启高度（mm）。

H_c可根据流量的最小范围由设计选定。设计时，应使最大有效开启高度$H'_z>H_d$。而总的开启高度为

$$H_z=H_d+H_c \tag{4-52}$$

3）副阀流通面积及副阀瓣开启高度的计算。

① 副阀泄漏量。计算副阀瓣流通面积之前，必须首先确定副阀的泄漏量（即副阀的流量）。当流体从阀前流经副阀时，一部分通过副阀阀杆；另一部分通过活塞环与气缸的间隙向低压端泄漏。同时亦依靠这种不断的流体消耗而使副阀腔体和活塞上腔保持所需的压力p_h，否则无法进行正常的减压工作。

副阀的泄漏量由通过活塞环的泄漏量和副阀阀杆的泄漏量两部分组成，即

$$q_f=q_{f1}+q_{f2} \tag{4-53}$$

式中 q_f——通过副阀的泄漏量（kg/s）；

q_{f1}——通过活塞环的泄漏量（kg/s）；

q_{f2}——通过副阀阀杆的泄漏量（kg/s）。

对于活塞环和副阀阀杆，它们的进口压力均为 p_n，出口压力均为 p_2。出口压力 p_2 的临界值 p_L 按式（4-54）计算为

$$p_L = \frac{0.85p_h}{\sqrt{z_1} + 1.5} \tag{4-54}$$

式中　p_L——临界压力（MPa）；

p_h——作用于活塞上腔的绝对压力（MPa）；

z_1——活塞环数。

p_h 可按图 4-161 所示的受力情况计算如下：

$$p_h = p_2 + \frac{(p_1 - p_2)A_t + F_m - F_{zl} - F_h}{A_h} \tag{4-55}$$

$$A_t = \frac{\pi}{4}D_t^2$$

$$F_m = f_1F_1 \tag{4-56}$$

$$F_1 = qB_1 \tag{4-57}$$

$$q = \frac{\frac{\Delta}{h}E}{7.08\frac{D_h}{h}\left(\frac{D_h}{h} - 1\right)^3} \tag{4-58}$$

$$B_1 = \pi D_h b z_1 \tag{4-59}$$

$$F_{zt} = \lambda_1 H + F_a \tag{4-60}$$

$$A_h = \frac{\pi}{4}D_h^2 \tag{4-61}$$

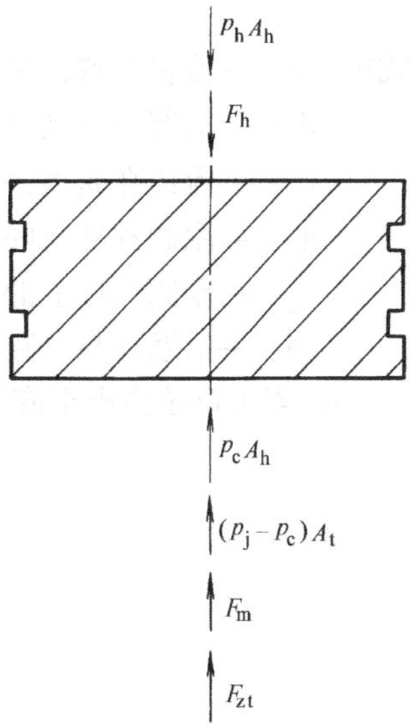

图 4-161　作用在活塞上的力

式中　A_t——主阀瓣通道面积（mm^2）；

F_m——活塞环的摩擦力（N）；

F_{zt}——主阀瓣弹簧作用力（N）；

F_h——活塞和主阀瓣的重力（N）；

A_h——活塞面积（mm^2）；

f_1——摩擦系数，取 0.2；

F_1——活塞环对气缸壁的作用力（N）；

q——活塞环对气缸壁的比压（MPa）；

B_1——活塞环和气缸的接触面积（mm^2）；

Δ——活塞环处于自由状态和工作状态时缝隙之差（mm）；

h——活塞环的径向厚度（mm）；

E——活塞环的弹性模数（MPa），当采用铸铁时可取 1×10^5；

D_h——活塞直径（mm），一般取 $1.5D_t$；

b——活塞环的宽度（mm）；

λ_1——主阀瓣弹簧的刚度（N/mm）；

H——主阀瓣开启高度（mm）；

F_a——主阀瓣弹簧安装负荷（N），近似为 $1.2F_h$。

有时，对作用于活塞上腔的压力 p_h 亦可按经验取进、出口压力的平均值，即

$$p_h = \frac{1}{2}(p_1 + p_2) \tag{4-62}$$

泄漏量按两种情况分别计算如下。

a. 当出口压力大于临界压力，即 $p_2 > p_L$ 时：

$$W_{f1} = 3.13 \times 10^{-3}\mu A_1 \sqrt{\frac{g(p_h^2 - p_2^2)}{z_1 p_h \nu_h}} \tag{4-63}$$

$$W_{f2} = 3.13 \times 10^{-3}\mu A_2 \sqrt{\frac{g(p_1^2 - p_2^2)}{z_2 p_h \nu_h}} \tag{4-64}$$

$$A_1 = \pi D_h \delta \tag{4-65}$$

式中 μ——流量系数，见表4-134；

A_1——活塞环与气缸之间的间隙面积（mm^2）；

ν_h——流体在 p_h 绝对压力下的比体积（mm^3/kg）；

A_2——副阀阀杆与阀座之间的最大间隙面积（mm^2），按配合公差计算；

z_2——副阀阀杆上的迷宫槽数；

δ——活塞环与气缸之间的间隙（mm），一般取 $\delta = 0.03$。

b. 当出口压力小于或等于临界压力，即 $p_2 \leqslant p_L$ 时：

$$q_{f1} = 3.13 \times 10^{-3}\mu A_1 \sqrt{\frac{g p_h}{(z_1 + 1.5)\nu_h}} \tag{4-66}$$

$$q_{f2} = 3.13 \times 10^{-3}\mu A_2 \sqrt{\frac{g p_h}{(z_1 + 1.5)\nu_h}} \tag{4-67}$$

② 副阀流通面积。副阀的泄漏量（即其流量）确定后，便可以进行流通面积的计算。计算原理与主阀瓣相同。

a. 液体介质。

$$A_f = \frac{707 q_f}{\mu\sqrt{\Delta p_f \rho}} = \frac{707 q_f}{\mu\sqrt{\dfrac{\Delta p_f}{\rho}}} \tag{4-68}$$

$$\Delta p_f = p_h - p_2$$

式中 A_f——副阀的流通面积（mm^2）；

Δp_f——副阀的压力差（MPa）；

q_f——副阀的体积泄漏量（m^3/s）。

b. 理想气体。

当 $\sigma_f \leqslant \sigma^*$ 时，副阀的流通面积为

$$A_f = \frac{3.13 \times 10^{-3} q_f}{\mu\sqrt{g\kappa\left(\dfrac{2}{\kappa+1}\right)^{\frac{\kappa+1}{\kappa-1}}\dfrac{p_h}{\nu_h}}} \tag{4-69}$$

$$\sigma_f = p_2/p_h$$

式中 σ_f——副阀的减压比。

当 $\sigma_f > \sigma^*$ 时，副阀的流通面积为

$$A_f = \frac{3.13 \times 10^3 q_m}{\mu \sqrt{2g \frac{\kappa}{\kappa - 1} \frac{p_h}{\nu_h} \left[\left(\frac{p_c}{p_h} \right)^{\frac{2}{\kappa}} - \left(\frac{p_c}{p_h} \right)^{\frac{\kappa+1}{\kappa}} \right]}} \tag{4-70}$$

c. 干饱和蒸汽，$\sigma_f \leqslant \sigma^*$。

当 $p_h \leqslant 11\text{MPa}$ 时，副阀的流通面积为

$$A_f = 685.7 \frac{q_m}{\mu p_h} \tag{4-71}$$

当 $11\text{MPa} \leqslant p_h \leqslant 22\text{MPa}$ 时，副阀的流通面积：

$$A_f = 685.7 \frac{q_m}{\mu p_h} \left(\frac{33.242 p_h - 1061}{27.644 p_h - 1000} \right) \tag{4-72}$$

d. 空气或其他真实气体。

当 $\sigma_f \leqslant \sigma^*$ 时，副阀的流通面积为

$$A_f = \frac{91.2 q_m}{\mu p_h \sqrt{\kappa \left(\frac{2}{\kappa + 1} \right)^{\frac{\kappa+1}{\kappa-1}} \frac{M}{ZT}}} \tag{4-73}$$

用式（4-68）~式（4-73）计算的流通面积仅是理论值，实际流通面积为

$$A_f' = \frac{\pi}{4} d_f^2 \tag{4-74}$$

式中　d_f——副阀阀座直径（mm），由设计给定。

实际取值时，应该使 $A_f' > A_f$。

③ 副阀瓣开启高度。副阀瓣通常采用锥面密封，开启高度可按下式计算：

$$H_f = \frac{H_{f1}}{\sin \frac{\alpha}{2}} \tag{4-75}$$

$$H_{f1} = \frac{\pi d_f - \sqrt{(\pi d_f)^2 - 4\pi A_f \cos \frac{\alpha}{2}}}{2\pi \cos \frac{\alpha}{2}} \approx \frac{A_f}{\pi d_f} \tag{4-76}$$

式中　H_f——副阀瓣开启高度（mm）；

H_{f1}——副阀瓣开启后密封锥面间的垂直距离（mm）。

在结构设计时，应使实际开启高度 $H_f' > H_f$。

4）弹簧的计算。减压阀弹簧主要包括主阀瓣弹簧、副阀瓣弹簧和调节弹簧等。计算时，应首先确定弹簧的最大工作负荷，据此再确定弹簧钢丝的直径。亦可以根据结构情况先选定标准弹簧，然后进行核算。有关弹簧的基本计算公式和数据见 GB/T 1239《普通圆柱螺旋弹簧》。

① 调节弹簧的负荷。从力的平衡关系可以得出调节弹簧的负荷为

$$F_f = p_c \left(A_m - \frac{\pi}{4} d_f^2 \right) + pj \frac{\pi}{4} d_f^2 + F_{fa} + \lambda_f H_f \tag{4-77}$$

$$A_m = 0.262 (D_m^2 + D_m d_m + d_m^2) \tag{4-78}$$

式中　F_f——调节弹簧的负荷（N）；

F_{fa}——副阀瓣弹簧的安装负荷（N），取副阀瓣重力的 1.2 倍；

λ_f——副阀弹簧的刚度（N/mm）；

A_m——受压膜片的有效面积（mm^2）。

D_m——膜片有效直径（mm）；

d_m——调节弹簧垫块直径（mm）。

② 调节弹簧的尺寸。调节弹簧的负荷确定后，可根据 GB/T 1239《普通圆柱螺旋弹簧》来计算和选定弹簧的钢丝直径、圈数、刚度、间距、自由长度等，并验算材料的切应力。

5）膜片的计算。减压阀的膜片（薄膜）通常是一侧受介质出口压力 p_c 的作用，另一侧受调节弹簧力的作用，两者保持平衡，如图 4-162 所示，膜片材料可根据介质的特性选择金属（铜、不锈钢等）和橡胶等。

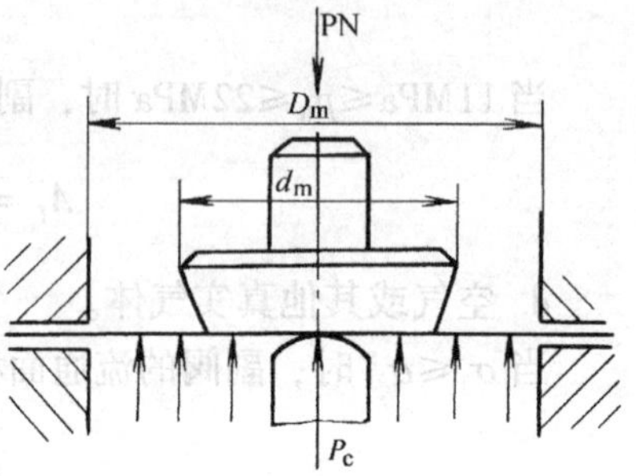

图 4-162 膜片的受力

有关金属和橡胶膜片强度的计算，推荐下述方法，仅供设计者参考。

① 金属膜片。对于无中间夹持圆板的金属膜片，其应力可参考式（4-79）计算：

$$\sigma_m = 0.423\sqrt[3]{Ep_2^2\frac{D_m}{\delta_m}} \tag{4-79}$$

式中 σ_m——金属膜片的应力（MPa）；

E——材料的弹性模量（MPa），对于钢为 2.2×10^5MPa，对于黄铜为 1.2×10^5MPa；

D_m——膜片直径（mm）；

δ_m——膜片的厚度（mm），当材料为 1Cr18Ni9Ti、D_m 为 25～60mm 时，一般取 0.1～0.3mm。

金属膜片的挠度按式（4-80）计算：

$$f_m = 0.662\sqrt[3]{\frac{p_2D_m}{2E\delta_m}} \tag{4-80}$$

式中 f_m——金属膜片的挠度（mm）。

② 橡胶膜片。橡胶膜片的厚度可参考式（4-81）计算：

$$\delta_m = \frac{0.7p_2A_{mz}}{\pi D_m[\tau]} \tag{4-81}$$

式中 A_{mz}——膜片的自由面积（mm）；

$[\tau]$——橡胶材料的许用切应力（MPa），可参照表 4-136 选取。

表 4-136 橡胶的许用切应力 $[\tau]$ （单位：MPa）

材　料	扯断强度	最大厚度/mm		
		2.7	5	7
带夹层的橡胶	5	3	2.4	2.1
氯丁橡胶	10～12	4～5		

6）减压阀静态特性偏差值的验算。先导式减压阀的性能主要取决于副阀的性能，实际上是把副阀当作反作用式减压阀的性能来考虑。

① 流量特性偏差值。稳定流动状态下，当进口压力一定时，减压阀流量变化所引起的出口压力变化值即为流量特性偏差值。其值按式（4-82）验算：

$$\Delta p_{cl} = -\frac{\lambda_f + \lambda_t}{A_m - A_f}\Delta H_f \tag{4-82}$$

式中　Δp_{cl}——流量特性偏差的计算值（MPa）；

λ_t——调节弹簧刚度（N/mm）；

ΔH_f——由于流量改变而引起的副阀瓣开启高度变化值（mm）。

对于先导式减压阀，GB/T 12246《先导式减压阀》标准要求的流量特性负偏差值见表 4-137。

经验算的流量特性偏差值应小于或等于标准规定的偏差值。

② 压力特性偏差值。出口流量一定，进口压力改变时，出口压力的变化值即为压力特性偏差值。其值按式（4-83）验算：

$$\Delta p_{cy} = -\frac{A_f}{A_m - A_f}\Delta p_1 \tag{4-83}$$

式中　Δp_{cy}——压力特性偏差的计算值（MPa）；

Δp_1——进口压力的变化值（MPa）。

对于先导式减压阀，GB/T 12246《先导式减压阀》要求的压力特性偏差值见表 4-138。

表 4-137　GB/T 12246 规定的流量特性负偏差值

（单位：MPa）

出口压力 p_2	偏　差　值
<1.0	0.10
1.0～1.6	0.15
>1.6～3.0	0.20

表 4-138　GB/T 12246 规定的压力特性偏差值

（单位：MPa）

出口压力 p_2	偏　差　值
<1.0	±0.05
1.0～1.6	±0.06
>1.6～3.0	±0.10

经验算的压力特性偏差值应小于或等于标准规定的偏差值。

7）先导式减压阀设计的基本要求。GB/T 12246《先导式减压阀》标准对零部件的设计及材料的选用提出了一些具体要求。

① 零部件要求。

a）阀体两端连接法兰的流道直径应相同，且与公称尺寸一致。

b）阀体底部应设有排泄孔，并用螺塞堵封。

c）主阀座喉部直径一般不小于 0.8DN。

d）导阀瓣采用锥面密封，其密封面宽度不大于 0.5mm。

e）导阀瓣上端面与膜片应有 0.1～0.3mm 的间隙。

f）弹簧的设计制造应按 GB/T 1239《圆柱螺旋弹簧》中二级精度的规定。其调节弹簧压力级按表 4-139 的规定。

表 4-139　调节弹簧压力级分档　（单位：MPa）

公称压力 PN	出口压力 p_2	弹簧压力级	公称压力 PN	出口压力 p_2	弹簧压力级
16	0.1～1.0	0.05～0.5	40	0.1～2.5	0.1～1.0
		0.5～1.0			1.0～2.5
25	0.1～1.6	0.1～1.0	63	0.1～3.0	0.1～1.0
		1.0～1.6			1.0～3.0

g）弹簧指数（中径和钢丝直径之比）应在 4～9 范围内选取。

h）弹簧两端应各有不少于 3/4 圈的支承面，支承圈不应小于一圈。

i）弹簧的工作变形量应在全变形量的20%~80%范围内选取。

② 材料要求。除了下面规定的材料外，其他经试验证明确实不降低使用性能和寿命的材料允许代用。

a）阀体、上、下阀盖的材料应按GB/T 12226《通用阀门 灰铸铁件技术条件》、GB/T 1348《球墨铸铁件》、GB/T 12228《通用阀门 碳素钢锻件技术条件》、GB/T 12229《通用阀门 碳素钢铸件技术条件》及GB/T 12230《通用阀门 奥氏体钢铸件技术条件》的规定。

b）其他主要零件的材料应按表4-140规定选取或按订货合同的规定。

表4-140 主要零件的材料

主要零件名称	PN16			PN25~PN63		
	材料					
	名称	牌号	标准号	名称	牌号	标准号
阀座、阀瓣	铬不锈钢	20Cr13	GB/T 1220	铬不锈钢	20Cr13	GB/T 1220
活塞气缸	铜 不锈钢	ZQSn6-6-3 ZQA19-4 20Cr13	GB/T 1176 GB/T 1220	铬不锈钢	20Cr13	GB/T 1220
膜片 波纹管	锡青铜 铍青铜	QSn6.5-0.1				
主弹簧	弹簧钢	50CrVA	GB/T 1222	弹簧钢	50CrVA Co40CrNiMo 30W4Cr2V	GB/T 1222
调节弹簧	弹簧钢	60Si2Mn	GB/T 1222	弹簧钢	60Si2Mn 50CrVA	GB/T 1222

（2）减压阀的工作原理

1）直接作用薄膜式减压阀，如图4-142所示。当出口侧压力增加，薄膜向上运动，阀开度减小，流速增加，压降增大，阀后压力减小；当出口侧压力下降。薄膜向下运动，阀开度增大，流速减小，压降减小，阀后压力增大。阀后的出口压力始终保持由整定调节螺钉整定的恒压。

2）直接作用波纹管式减压阀，如图4-148所示。当出口侧压力增加，波纹管带动阀瓣向上运动，阀开度减小，流速增加，压降增大，阀后压力减小；当出口侧压力下降，波纹管带动阀瓣向下运动，阀开度增大。流速减小，压降减小，阀后压力增大，阀后的出口压力始终保持由整定调节螺钉整定的恒压。

3）先导活塞式减压阀，如图4-141所示。拧动调节螺钉，顶开导阀阀瓣，介质从进口侧进入活塞上方，由于活塞面积大于主阀瓣面积，推动活塞向下移动，使主阀打开，由阀后压力平衡调节弹簧的压力改变导阀的开度，从而改变活塞上方的压力，控制主阀瓣的开度，使阀后的压力保持恒定。

4）先导薄膜式减压阀，如图4-150所示。当调节弹簧处于自由状态时，主阀和导阀都是关闭的。顺时针转动手轮时，导阀膜片向下，顶开导阀，介质经过导阀至主阀片上方，推动主阀，使主阀开启，介质流向出口，同时进入导阀膜片的下方，出口压力上升至与所调弹簧力保持平衡。如出口压力增高，导阀膜片向上移动，导阀开度减小。同时进入主阀膜片下方介质减少，压力下降，主阀的开度减小，出口压力降低达到新的平衡，反之亦然。

5）气泡式减压阀，如图4-151所示。依靠阀内介质进入气泡的压力来平衡压力的减压阀。

该减压阀薄膜上腔的压力由旁路调节阀控制，当出口压力升高时，出口端的介质压力通过旁路调节阀，进入膜片的下方，使膜片向上，带动阀瓣运动，阀的开度减小。当出口端的压力下降时，气泡内的压力就向下压膜片，膜片带动阀瓣运动，使阀的开度增大，从而使压力上升。出口压力总保持在预先整定的恒压。

6）组合式减压阀，如图4-152所示。减压阀由主阀、导阀、截止阀组成。当调节弹簧处于自由状态时，主阀和导阀呈关闭状态。拧动调节螺钉，由介质推开导阀，同时进入腔室1与调节弹簧的压力保持平衡，进入主阀橡胶薄膜腔室2，使橡胶膜片向上，打开主阀，介质流向出口（此时截止阀打开，保持腔室2一定的压力），出口介质再反馈至橡胶薄膜上方腔室3和导阀下方腔室4。当出口压力增高时，传导阀的膜片上移，导阀的开度减小，使腔室1的介质压力下降，同时腔室2的压力也下降，主阀橡胶薄膜下移，主阀的开度减小，出口压力下降，达到新的平衡，反之亦然。

7）杠杆式减压阀，如图4-153和图4-154所示。该减压阀通过杠杆上的重锤平衡压力。其动作原理是当杠杆处于自由状态时，双阀座的阀瓣和阀座处于关闭状态。在进口压力作用下，向上推阀瓣，出口端形成压力，通过杠杆上的平衡重锤，调整重量传达到所需的出口压力。当出口压力超过给定压力时，由于介质压力作用于上阀座上的力比作用于下阀座上的力大，形成一定压差，使阀瓣向下移动，减小节流面积，出口压亦随之下降；反之亦然，达到新的平衡。

8）先导波纹管式减压阀，如图4-155所示。拧动调节螺栓，顶开导阀阀瓣，介质从进口侧进入波纹管的上方，由于波纹管面积大于主阀瓣面积，推动波纹管向下移动，使主阀打开，由阀后压力平衡装置的压力改变导阀开度，从而改变波纹管上方的压力，控制主阀瓣的开度，使阀后的压力保持平衡。

4.3.4 减压阀所适用的场合

减压阀是一种自动阀门，是调节阀的一种。它是通过启闭件的节流，将进口压力降至某一需要的出口压力，并能在进口压力及流量变动时，利用介质本身的能量保持出口压力基本不变的阀门。

减压阀按动作原理分为直接作用式减压阀和先导式减压阀。直接作用式减压阀是利用出口压力的变化直接控制阀瓣的运动。波纹管直接作用式减压阀适用于低压、中小口径的蒸汽介质、薄膜直接作用式减压阀适用于中低压、中小口径的空气、水介质。先导式减压阀由导阀和主阀组成，出口压力的变化通过导阀放大来控制主阀阀瓣的运动。先导活塞式减压阀，适用于各种压力、各种口径、各种温度的蒸汽、空气和水介质。若用不锈耐酸钢制造，可适用于各种腐蚀性介质。先导波纹管式减压阀，适用于低压、中小口径的蒸汽、空气等介质。先导薄膜式减压阀适用于中压、低压，中小口径的蒸汽或水等介质。

各类减压阀的性能对比见表4-141。

表4-141 各类减压阀的性能对比

性能			精度	流通能力	密封性能	灵敏性	成本
类型	直接作用式	波纹管	低	中	中	中	中
		薄膜	中	小	好①	高	低
	先导式	活塞	高	大	中	低	高
		波纹管	高	大	中	中	高
		薄膜	高	中	中	高	较高

① 采用非金属材料，如聚四氟乙烯、橡胶等。

4.3.5 减压阀的选用原则

1）减压阀进口压力的波动应控制在进口压力给定值的80%～105%，如超过该范围，减压阀的性能会受影响。

2）通常减压阀的阀后压力应小于阀前压力的0.5倍。

3）减压阀的每一档弹簧只在一定的出口压力范围内适用，超出范围应更换弹簧。

4）在介质工作温度比较高的场合，一般选用先导活塞式减压阀或先导波纹管式减压阀。

5）介质为空气或水（液体）的场合，一般宜选用直接作用薄膜式减压阀或先导薄膜式减压阀。

6）介质为蒸汽的场合，宜选用先导活塞式减压阀或先导波纹管式减压阀。

7）为了操作、调整和维修的方便，减压阀一般应安装在水平管道上。

4.3.6 减压阀产品介绍

（1）Y12T-10T型供水系统减压阀

1）主要性能规范（表4-142）。

表4-142 Y12T-10T型供水系统减压阀主要性能规范

公称压力 PN	适用介质	工作温度 /℃	出口压力/MPa		
			公称尺寸/in		
			1/2、3/4、1	$1^{1}/_{4}$、$1^{1}/_{2}$、2	$2^{1}/_{2}$、3、4
10	水	≤70	0.05～0.3	0.1～0.4	0.1～0.5

2）主要零件材料（表4-143）。

表4-143 Y12T-10T型供水系统减压阀主要零件材料

零件名称	体壳	膜	弹簧
材料	黄铜	橡胶	合金钢

3）主要外形尺寸和连接尺寸（图4-163、表4-144）。

表4-144 Y12T-10T型供水系统减压阀主要尺寸 （单位：mm）

公称尺寸DN		15	20	25	32	40	50
尺寸	D	92	104	127	155	180	204
	H	197	209	252	318	391	460
	H_1	69	75	82	92	99	109

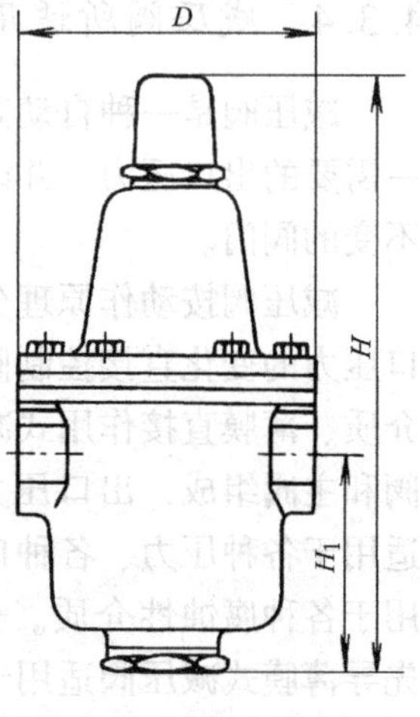

图4-163 供水系统减压阀

（2）CY13H-16型蒸汽减压阀

1）主要性能规范（表4-145）。

表4-145 CY13H-16型蒸汽减压阀主要性能规范

最高使用压力/MPa	最高使用温度/℃	使用压力范围/MPa	减压调压范围/MPa	最大减压比	最小压差/MPa	压力偏差/MPa	密封性
1.6	220	0.1～1.6	0.035～1.2	20:1	0.07	≤0.03	关阀压力上升≤0.03MPa

2）主要零件材料（表4-146）。

表4-146　CY13H-16型蒸汽减压阀主要零件材料

零件名称	阀体、上阀盖、下阀盖	波纹管	调节弹簧	主阀弹簧、锁紧弹簧	阀瓣、主副阀座
材　料	铜合金	不锈钢	硅锰钢	不锈钢	不锈钢

3）流量特性（图4-164）。

4）压力使用范围（图4-165）。

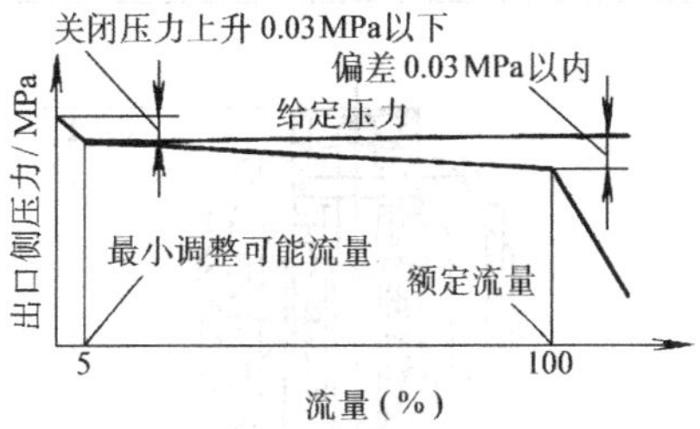

图4-164　流量特性

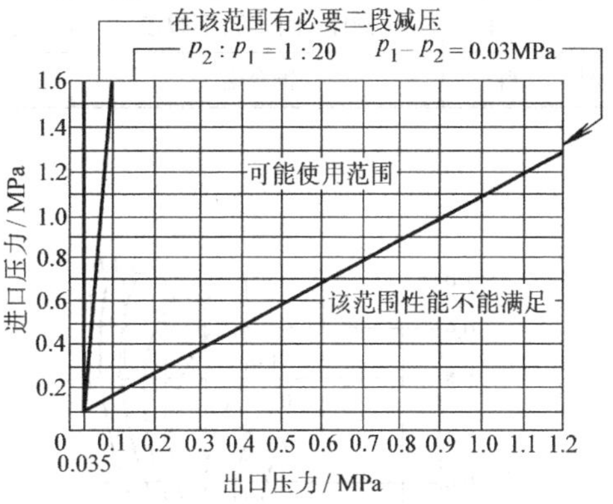

图4-165　压力使用范围

5）主要外形尺寸和连接尺寸（图4-166、表4-147）。

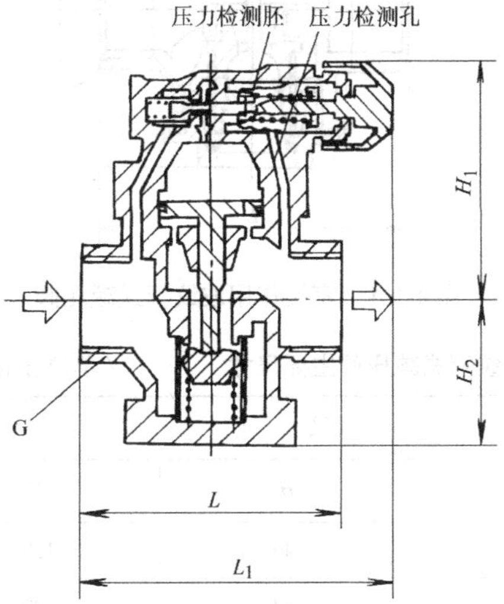

图4-166　蒸汽减压阀

表4-147　CY13H-16型蒸汽减压阀主要尺寸

（单位：mm）

公称尺寸 DN	管螺纹 G/in	尺寸			
		L	L_1	H_1	H_2
15	1/2	90	127	87	58
20	3/4	95	130	87	58
25	1	100	132	87	58
32	$1^1/_4$	130	155	111	73
40	$1^1/_2$	130	155	111	73
50	2	140	157	121	79

（3）CY14H-16型直接作用波纹管式减压阀。

1）主要性能规范（表4-148）。

2）主要零件材料（表4-149）。

3）流量特性曲线（图4-167）。

4）主要外形尺寸和连接尺寸（图4-168、表4-150）。

表 4-148 CY14H-16 型直接作用波纹管式减压阀主要性能规范

最高使用压力/MPa	最高使用温度/℃	使用压力范围 p_1/MPa	减压调节范围 p_2/MPa	最大减压比 p_1/p_2	最小压差 Δp/MPa	压力特性 $\Delta p_2 p$/MPa	密封性
1.6	≤220	0.1~1.6	0.05~0.1	10:1	0.07	≤5% p_2 (≤0.06MPa)	关阀后压力回升值≤0.07MPa

表 4-149 CY14H-16 型直接作用波纹管式减压阀主要零件材料

零件名称	阀体、上阀盖、下阀盖	阀座、阀杆、锁紧弹簧、主阀弹簧	调节弹簧	波纹管
材料	铜合金	不锈钢	铬钒钢	锡青铜

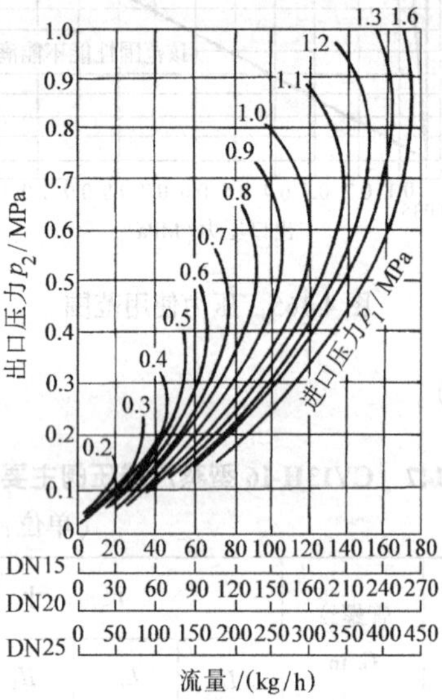

图 4-167 流量特性曲线

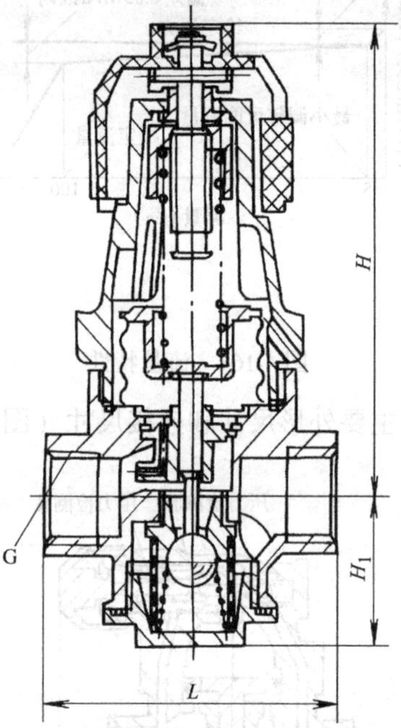

图 4-168 直接作用波纹管式减压阀

表 4-150 CY14H-16 型直接作用波纹管式减压阀主要尺寸 (单位:mm)

公称尺寸 DN	管螺纹 G/in	尺寸		
		L	H_1	H
15	1/2	90	44	137
20	3/4	90	44	137
25	1	100	55	137

(4) 外螺纹直接作用薄膜式减压阀

1) 主要性能规范(表 4-151)。

2) 主要零件材料(表 4-152)。

3) 主要外形尺寸、连接尺寸和重量(图 4-169、表 4-153)。

表 4-151　外螺纹直接作用薄膜式减压阀主要性能规范

型　号	进口压力 /MPa	试验压力 /MPa	出口压力 /MPa	出口压力偏差值 (%)	进口压力与出口压力之差/MPa
Y22N-16T	≤1.6	2.4	0.02～1.0	10	≥0.1
Y22N-40T	≤4.0	6	0.1～2.5	10	

表 4-152　外螺纹直接作用薄膜式减压阀主要零件材料

零件名称	阀　体	上阀盖、下阀盖、阀杆	膜　片	密封圈	弹　簧
材　料	铜	不锈钢	丁腈橡胶	尼　龙	硅锰钢

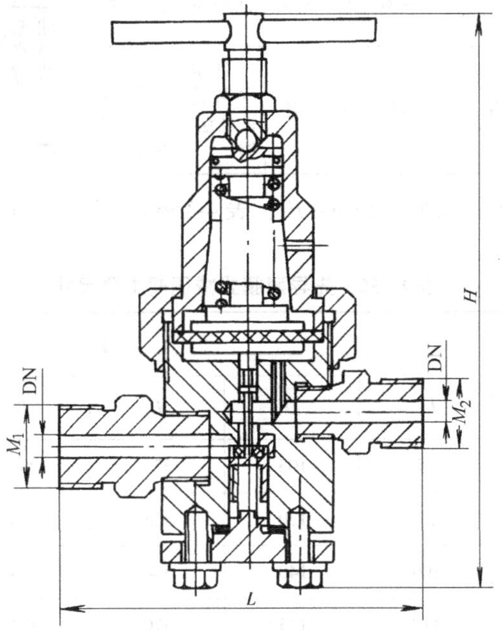

图 4-169　外螺纹直接作用薄膜式减压阀

表 4-153　外螺纹直接作用薄膜式减压阀主要尺寸及重量　（单位：mm）

型　号	Y22N-16T					Y22N-40T				
公称尺寸 DN	尺　寸				重量 /kg	尺　寸				重量 /kg
	L	H	M_1	M_2		L	H	M_1	M_2	
6	100	150	M16×1.5	M16×1.5	1	100	150	M22×1.5	M18×1.5	1.2
8	110	150	M18×1.5	M18×1.5	1.5	110	150	M24×1.5	M20×1.5	1.7
10	125	170	M22×1.5	M22×1.5	2	125	170	M27×2	M22×1.5	2.2
15	160	210	M27×2	M27×2	5	160	210	M36×2	M30×2	5.5

(5) 先导薄膜式减压阀

1) 主要性能规范（表4-154）。

表4-154　先导薄膜式减压阀主要性能规范

公称压力 PN	进口工作压力及温度		出口压力 /MPa	出口压力偏差值 (%)
	压力/MPa	对应温度/℃		
16	≤1.76	≤230	0.02～1.5	±0.5
40		≤325	0.02～39	

2) 主要零件材料（表4-155）。

表4-155　先导薄膜式减压阀主要零件材料

零件名称	阀体、上阀盖、下阀盖	主副阀瓣、主副阀座、活塞	主弹簧	调节弹簧	活塞环	膜　片
Y42H-16	灰铸铁	不锈钢	铬钒钢	硅锰钢	合金耐磨铸铁硅锰钢	合金耐磨铸铁不锈钢带
Y42H-40	碳素铸钢					

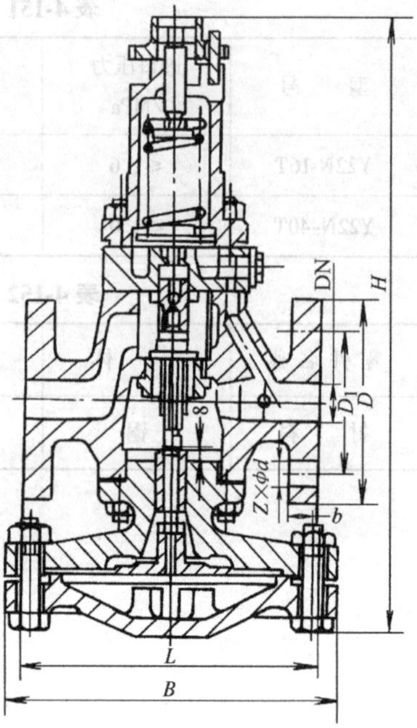

图4-170　先导薄膜式减压阀

3) 主要外形尺寸和连接尺寸（图4-170、表4-156）。

表4-156　先导薄膜式减压阀主要尺寸　　（单位：mm）

公称尺寸 DN	尺　寸						
	L	D_1	D	H	B	b	$Z\times\phi d$
20	160±1.0	75	105	325	200	16	4×φ13.5
25	180±1.0	85	120	325	274	16	4×φ13.5
32	200±1.5	100	140	364	274	18	4×φ17.5
40	220±1.5	110	115	370	274	18	4×φ17.5
50	250±1.5	125	165	413	304	20	4×φ17.5

(6) 直接作用弹簧薄膜式减压阀

1) 主要性能规范（表4-157）。

表4-157　直接作用弹簧薄膜式减压阀主要性能规范

型　号	进口压力 /MPa	试验压力 /MPa	出口压力 /MPa		动静压差 /MPa	出口压力偏差值
Y42X-16 Y42X-16Q	≤1.6	2.4	DN≤50	0.1～0.8	0.1	±15%
			DN≥65	0.2～0.8		
Y42X-25	≤2.5	3.8	DN≤50	0.15～1.2	0.15	±20%
			DN≥65	0.25～1.2		

2）主要零件材料（表 4-158）。

表 4-158　直接作用弹簧薄膜式减压阀主要零件材料

零件名称	阀体、阀盖、弹簧罩	阀杆、阀座
Y42X-16Q	球墨铸铁	不锈钢
Y42X-25 Y42X-16C	铸钢	
Y42X-16	灰铸铁	
Y42F-16		
零件名称	**膜片、密封圈**	**弹　　簧**
Y42X-16Q	丁腈橡胶	硅锰钢、铬钒钢
Y42X-25 Y42X-16C		
Y42X-16		
Y42F-16	塑　　料	

3）主要外形尺寸、连接尺寸和重量（图 4-171、表 4-159）。

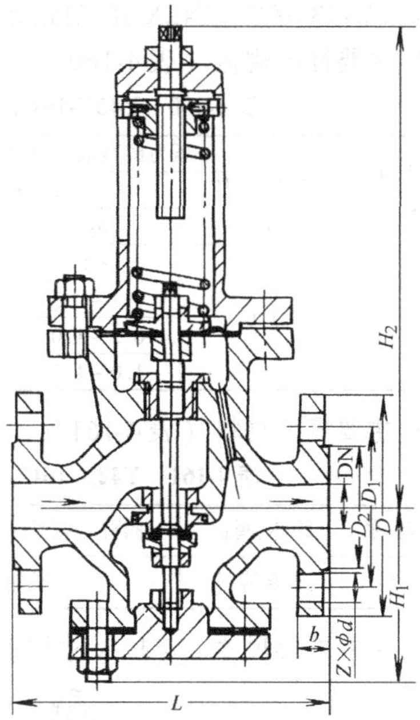

图 4-171　直接作用弹簧薄膜式减压阀

表 4-159　直接作用弹簧薄膜式减压阀主要尺寸及重量

公称压力 PN	公称尺寸 DN	尺寸/mm L 系列 1	尺寸/mm L 系列 2	D	D_1	D_2	b	$Z\times\phi d$	H_1	H_2	重量 /kg
16	20	160	160	105	75	55	16	$4\times\phi14$	65	275	12
	25	200	180	115	85	65	18	$4\times\phi18$	105	280	16
	32	200	200	135	100	78	18	$4\times\phi18$	105	280	17
	40	250	220	145	110	85	20	$4\times\phi18$	105	290	22
	50	250	250	160	125	100	20	$4\times\phi18$	105	300	25
	65	250	280	180	145	120	20	$4\times\phi18$	120	310	26
	80	310	310	195	160	135	22	$8\times\phi18$	155	380	55
	100	310	350	215	180	155	24	$8\times\phi18$	155	380	57
	125	400	400	245	210	185	26	$8\times\phi18$	200	530	95
	150	400	450	280	240	210	28	$8\times\phi23$	200	530	98
	200	500	550	335	295	265	30	$12\times\phi23$	230	650	170
25	20	160		105	75	5	18	$4\times\phi14$	85	235	
	25	180		115	85	65	16	$4\times\phi14$	100	300	17
	32	200		140	100	76	18	$4\times\phi18$	108	300	18
	40	220		150	110	84	18	$4\times\phi18$	110	310	26
	50	250		165	125	99	20	$4\times\phi18$	116	320	30
	65	280		180	145	118	22	$8\times\phi18$	140	340	37
	80	310		200	160	132	24	$8\times\phi18$	155	380	58
	100	350		235	190	156	24	$8\times\phi22$	165	380	60
	125	400		270	220	184	26	$8\times\phi26$	190	530	98
	150	450		300	250	211	28	$8\times\phi26$	215	530	115

(7) Y42X-16C、Y42X-16 型先导薄膜式减压阀

1) 主要性能规范(表4-160)。

表4-160 Y42X-16C、Y42X-16 型先导薄膜式减压阀主要性能规范

公称压力 PN	压力调整范围/MPa			进口与出口压力差 /MPa	适用介质	工作温度 /℃
	进口压力 p_1	出口压力 p_2	误差			
16	1.6	<1	0.20	≥0.2	水、气	≤50
		0.1~0.3	0.1			
		0.3~1.0	0.08			
		1.0~1.2	0.06			

2) 主要零件材料(表4-161)。

表4-161 Y42X-16C、Y42X-16 型先导薄膜式减压阀主要零件材料

零件名称	阀体、阀盖	阀杆、密封圈、副阀瓣	调节弹簧	密封环	薄膜	膜片
材料	碳素铸钢	不锈钢	硅锰钢	橡胶	氯丁橡胶	铬镍钛钢

3) 主要外形尺寸、连接尺寸和重量(图4-172、表4-162)。

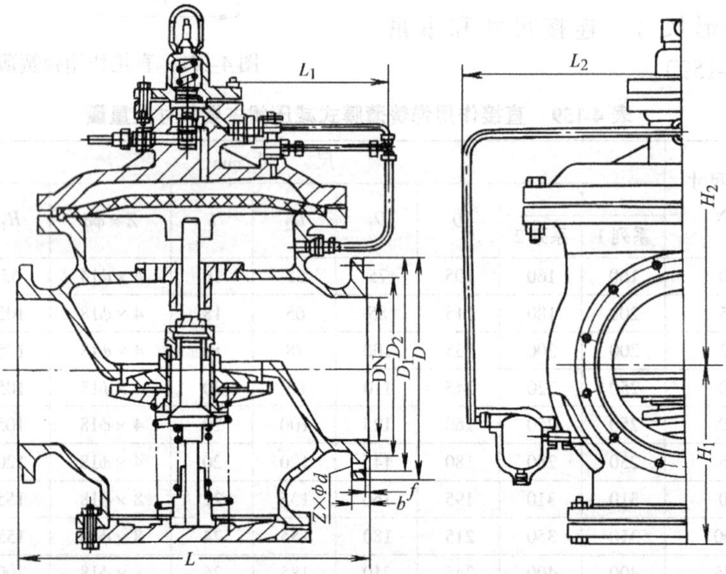

图4-172 先导薄膜式减压阀

表4-162 Y42X-16C、Y42X-16 型先导薄膜式减压阀主要尺寸及重量

公称尺寸 DN	尺寸/mm											重量 /kg
	L	D	D_1	D_2	b	f	$Z\times\phi d$	H_1	H_2	L_1	L_2	
125	400	245	210	185	26	3	$8\times\phi18$	180	415	—	—	—
150	450	280	240	210	28	3	$8\times\phi23$	180	415	—	—	—
200	500	335	295	265	30	3	$12\times\phi23$	225	475	—	—	—
250	600	405	355	320	34	4	$12\times\phi25$	250	510	—	—	—
300	750	460	410	375	36/30	4	$12\times\phi25$	349	820	435	455	560

4）主要生产厂家：沈阳盛世高中压阀门有限公司。

（8）先导活塞式减压阀

1）主要性能规范（表 4-163）。

表 4-163　先导活塞式减压阀主要性能规范

型　号	公称压力 PN	壳体试验压力 /MPa	进口参数		出口压力 /MPa	出口压力偏差 /MPa	适用介质
			温度/℃	压力/MPa			
Y43H-16	16	2.4	<200	1.6	0.05～1.0	±0.05	蒸汽
			200	1.5			
Y43H-16Q			<250	1.6			
			250	1.5			
Y43H-16C			—	—			
Y43H-25	25	3.75	200	2.5	0.05～1.6	±0.07	
			250	2.3			
			350	1.8			

2）主要零件材料（表 4-164）。

表 4-164　先导活塞式减压阀主要零件材料

零件名称	阀体、上阀盖、下阀盖	主副阀瓣、主副阀座、活塞	主副弹簧	调节弹簧	膜　片	活塞环
材料	WCB	不锈钢	铬钒钢	硅锰钢	不锈钢带	合金耐磨铸铁

3）主要外形尺寸、连接尺寸和重量（图 4-173、表 4-165）。

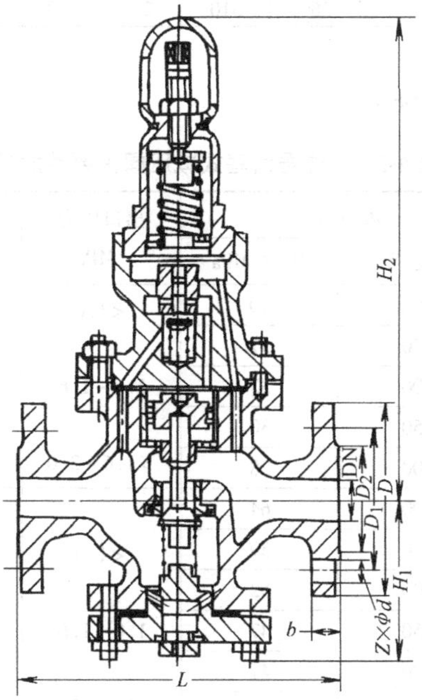

图 4-173　先导活塞式减压阀

表 4-165　先导活塞式减压阀主要尺寸及重量

公称压力 PN	公称尺寸 DN	尺寸/mm L 系列1	系列2	D	D_1	D_2	b	$Z\times\phi d$	H_1	H_2	重量 /kg
16	15		140	95	65	45	14	$4\times\phi14$	—	—	—
	20	160	160	105	75	55	16	$4\times\phi14$	70	285	11
	25	200	180	115	85	65	18	$4\times\phi18$	100	290	16
	32	200	200	135	100	78	18	$4\times\phi18$	100	290	17
	40	250	220	145	110	85	20	$4\times\phi18$	105	310	22
	50	250	250	160	125	100	20	$4\times\phi18$	105	310	24
	65	250	280	180	145	120	20	$4\times\phi18$	105	310	25
	80	310	310	195	160	135	22	$8\times\phi18$	160	340	50
	100	310	350	215	180	155	24	$8\times\phi18$	160	340	52
	125	400	400	245	210	185	26	$8\times\phi18$	195	375	88
	150	400	450	280	240	210	28	$8\times\phi23$	195	375	94
	200	500	550	335	295	265	30	$12\times\phi23$	225	475	151
25	15	140		95	65	45	16	$4\times\phi14$	—	—	—
	20	160		105	75	55	16	$4\times\phi14$	—	—	—
	25	180		115	85	65	16	$4\times\phi14$	100	310	16
	32	200		140	100	76	18	$4\times\phi18$	108	320	17
	40	220		150	110	84	18	$4\times\phi18$	110	325	25
	50	250		165	125	99	20	$4\times\phi18$	116	330	30
	65	280		185	145	118	22	$8\times\phi18$	140	355	36
	80	310		200	160	132	24	$8\times\phi18$	155	375	51
	100	350		235	190	156	24	$8\times\phi22$	165	385	54
	125	400		270	220	184	26	$8\times\phi26$	190	430	94
	150	450		300	250	211	28	$8\times\phi26$	215	450	112
	200	500		360	310	274	30	$12\times\phi26$	250	520	170

（9）先导活塞式减压阀

1）主要性能规范（表 4-166）。

表 4-166　先导活塞式减压阀主要性能规范

公称压力 PN	壳体试验压力 /MPa	进口参数 温度/℃	进口参数 压力/MPa	出口压力 /MPa	出口压力偏差值 /MPa	适用介质
40	6.0	200	40	<1.0	±0.03～0.05	蒸汽
		250	37	1.0～1.6	±0.05～0.07	
		300	33			
		350	30			
		400	28	>1.6～3.0	±0.07～0.1	
63	9.6	200	64	<1.0	±0.03～0.05	
		250	59			
		300	52			
		350	47	1.0～1.6	±0.05～0.07	
		400	41			
		425	37	>1.6～3.0	±0.07～0.1	
		450	29			

2）蒸汽流量表（表 4-167）。

表 4-167　先导活塞式减压阀蒸汽流量表（计算值）

进口压力/MPa	减压压力/MPa	绝对压力 ε	公称尺寸 DN						
			25	32	40	50	65	80	100
			蒸汽流量/(kg/h)						
2.9	0.6~1.4	<ε	1545.9	2527.9	4786.8	7584.8	11580.8	19094.2	19094.2
	2.0	0.7	1416.8	2315.2	4383.5	6947.7	10608	17485.4	17485.4
	2.7	0.93	788.8	1289	2440.6	3868.2	5906.2	9735.3	9735.3
3.7	0.7~1.8	<ε	1958.1	3201.9	6063.3	9607.4	14669	24186	24186
	2.5	0.68	1626.5	2983.8	5649.4	8954.1	13671.5	22535	22535
	3.0	0.816	1517.5	2477.9	4691.7	7436.1	11353.8	18714.7	18714.7
4.1	0.8~2.0	<ε	2164	3538.9	6701.5	10618.7	16213.1	2673.9	26731.9
	2.5	0.62	2099.3	3432.3	6498.7	10300.1	15726.7	25922.6	25922.6
	3.0	0.74	1900.2	3106.8	5882.3	9323.2	14235.1	23464	23464
4.7	0.9~2.3	<ε	2473.4	4044.5	7658.9	12135.6	18529.3	30550.7	30550.7
	2.5	0.54	2463.5	4027.8	7626.1	12087.1	18455.1	30420	30420
	3.0	0.65	2359.6	3857.9	7304.6	11577.4	17676.9	29137.2	29137.2
5.2	1.0~2.6	<ε	2731.1	4465.8	8456.7	13399.8	20459.4	33733	33733
	3.0	0.58	2698.6	4411.6	8352.9	13238.9	20213.9	33318.9	33318.9

3）主要零件材料（表 4-168）。

表 4-168　先导活塞式减压阀主要零件材料

零件名称	阀体、上阀盖、下阀盖	主副阀瓣、主副阀座、活塞	主副弹簧	调节弹簧	膜　片	活塞环
材料	碳素铸钢	不锈钢	铬钒钢	硅锰钢	不锈钢带	合金耐磨铸铁

4）主要外形尺寸、连接尺寸和重量（图 4-174、表 4-169）。

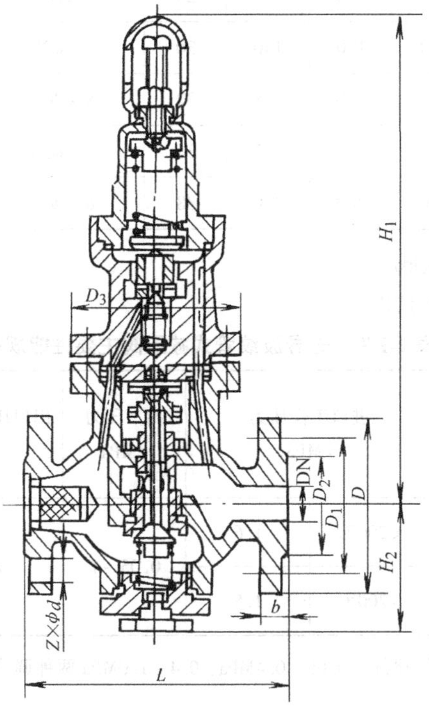

图 4-174　先导活塞式减压阀

表 4-169 先导活塞式减压阀主要尺寸及重量

公称压力 PN	公称尺寸 DN	尺寸/mm									重量 /kg
		L	D	D_1	D_2	b	$Z\times\phi d$	D_3	H_1	H_2	
40	25	200	115	85	65	16	$4\times\phi14$	130	110	370	18
	32	220	135	100	78	18	$4\times\phi18$	135	120	380	23
	40	240	145	110	85	18	$4\times\phi18$	150	125	395	28
	50	270	160	125	100	20	$4\times\phi18$	160	130	405	33
	65	300	180	145	120	22	$8\times\phi18$	180	140	410	40
	80	330	195	160	135	22	$8\times\phi18$	200	165	445	54
	100	380	230	190	160	24	$8\times\phi23$	200	170	455	60
	125	450	270	220	188	28	$8\times\phi25$	245	195	475	100
	150	500	300	250	218	30	$8\times\phi25$	260	195	475	115
63	25	200	135	100	78	22	$4\times\phi18$	130	110	370	23
	32	220	150	110	82	24	$4\times\phi23$	135	125	380	28
	40	240	165	125	95	24	$4\times\phi23$	150	130	395	34
	50	270	175	135	105	26	$4\times\phi23$	160	135	405	40
	65	300	200	160	130	28	$8\times\phi23$	180	145	410	52
	80	330	210	170	140	30	$8\times\phi23$	200	170	445	68
	100	380	250	200	168	32	$8\times\phi25$	200	175	455	78
	125	450	295	240	202	36	$8\times\phi30$	245	195	475	115
	150	500	340	280	240	38	$8\times\phi34$	260	195	475	130

（10）先导波纹管式减压阀

1）主要性能规范（表 4-170）。

表 4-170 先导波纹管式减压阀主要性能规范

公称压力 PN	试验压力/MPa		进口工作压力 /MPa		出口压力 /MPa	出口压力偏差值 /MPa	适用介质	工作温度 /℃
	壳体	密封						
16	2.4	1.6	<200℃	1.6	0.05~1	±0.05	蒸汽、空气	常温
			>200℃	1.5				

注：每种规格的先导波纹管式减压阀备有 0.05~0.4MPa、0.4~1.0MPa 两种调节弹簧来调节各种不同的减压压力，用户根据出口压力选用。

2）蒸汽、空气流量表（表 4-171）。

表 4-171　先导波纹管式减压阀蒸汽、空气流量表（计算值）

进口工作压力 /MPa	减压压力 /MPa	蒸汽流量/(kg/h) 公称尺寸 DN					空气流量/(kg/h) 公称尺寸 DN				
		20	25	32	40	50	20	25	32	40	50
0.3	0.1	127.1	198.6	325.4	508.4	794.4	141.9	222	363.60	568.2	888
0.4	0.1~0.2	168	262.5	430.1	672	1050	189.2	296	484.8	757.6	1184
0.6	0.1~0.3	249	389	637.4	996	1556.2	283.8	444	727.2	1136.4	1776
	0.4	244.1	381.4	625	976.6	1525.8	272.3	426.1	697.6	1090.4	1704.3
0.8	0.1~0.4	329.4	514.6	843.1	1317.4	2058.3	378.4	592	969.6	1515.2	2368
	0.5	329.9	512.2	839.2	1311.2	2048.7	370.4	579.6	949.2	1483.3	2318.2
	0.6	302.8	473.1	706.3	1103.6	1724.3	335.3	524.6	859.2	1342.6	2098.3
1.1	0.1~0.5	449.4	702.2	1150.5	1797.6	2808.3	520.3	814	1333.2	2083.4	3256
	0.7	446	696.9	1141.8	1784.1	2787.5	507.3	793.7	1330	2031.5	3174.9
	0.9	373.7	583.9	956.7	1494.8	2335.5	412.7	645.7	1057.5	1652.6	2582.8
1.5	0.1~0.7	608.9	951.4	1558	2435.6	3805.5	709.5	1110	1818	2841	4440
	1	597	932.8	1528.3	2387.9	3731.1	608.9	1065.2	1744.6	2726.3	4280.1

3）主要零件材料（表 4-172）。

表 4-172　先导波纹管式减压阀主要零件材料

零件名称	阀体、上阀盖、下阀盖	主副阀瓣、主副阀座	波纹管、膜片	主弹簧	调节弹簧
材料	铸铁	不锈钢	不锈钢带	铬钒钢	硅锰钢

4）主要外形尺寸、连接尺寸和重量（图 4-175、表 4-173）。

表 4-173　先导波纹管式减压阀主要尺寸及重量

公称尺寸 DN	尺寸/mm									重量 /kg
	L	D	D_1	D_2	b	$Z\times\phi d$	D_3	H_1	H_2	
20	160	105	75	55	16	$4\times\phi14$	102	76	274	14
25	180	115	85	65	16	$4\times\phi14$	102	74	278	15
32	200	135	100	78	18	$4\times\phi18$	126	95	290	16
40	230	145	110	85	18	$4\times\phi18$	155	105	310	21.5
50	250	160	125	100	20	$4\times\phi18$	155	105	310	26.5
65	260	180	145	120	20	$4\times\phi18$	160	125	325	31.5

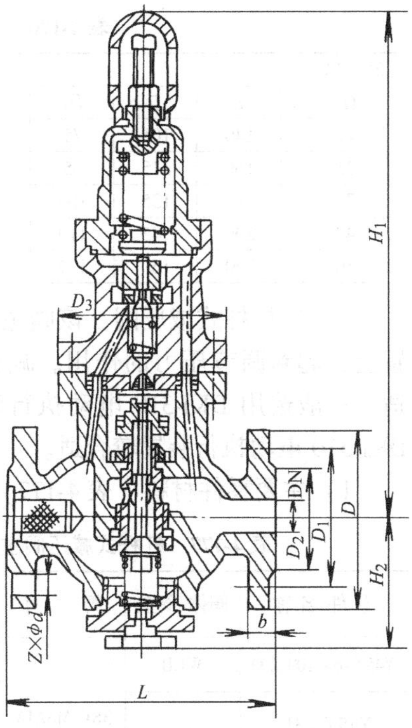

图 4-175　先导波纹管式减压阀

（11）直接作用波纹管式减压阀

1）主要性能规范（表 4-174）。

表 4-174 直接作用波纹管式减压阀主要性能规范

公称压力 PN	试验压力 /MPa	进口压力 /MPa	出口压力 /MPa
10	1.5	1.0~0.25	0.4~0.05
公称压力 PN	进口压力与出口压力的最小压力差 /MPa		适用介质
10	≥0.2		蒸汽、空气、水

2）主要零件材料（表 4-175）。

表 4-175 直接作用波纹管式减压阀主要零件材料

零件名称	阀体、阀盖	阀瓣、密封圈	波纹管
材料	灰铸铁	ZCuZn40Pb2	12Cr18Ni9
零件名称	阀杆	调节弹簧	辅弹簧
材料	20Cr13	60Si2Mn	50CrVA

3）主要外形尺寸、连接尺寸和重量（图 4-176、表 4-176）。

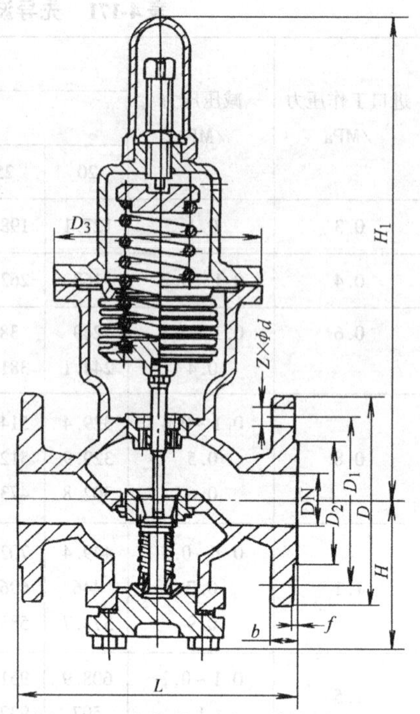

图 4-176 直接作用波纹管式减压阀

表 4-176 直接作用波纹管式减压阀主要尺寸及重量

公称尺寸 DN	尺寸/mm L	D	D_1	D_2	D_3	b	f	H	H_1	$Z\times\phi d$	重量 /kg
20	140	105	75	55	136	16	2	87	293	$4\times\phi14$	6.5
25	160	115	85	65	136	16	2	87	293	$4\times\phi14$	8.5
32	180	135	100	78	136	18	2	92	293	$4\times\phi18$	11
40	200	145	110	85	136	18	3	100	303	$4\times\phi18$	14
50	230	160	125	100	136	20	3	106	308	$4\times\phi18$	16.5

（12）杠杆式减压阀 该阀主要配套在减温减压装置上，起到调节压力的作用。减压比一般用 0.6 较合适。一般选用 DKJ-310 电动执行装置，DN500 阀选用 DKJ-510 电动执行装置较合适。

1）主要零件材料（表 4-177）。

表 4-177 杠杆式减压阀主要零件材料

零件名称	阀体、阀盖	阀杆	阀瓣	阀座
Y45Y-63、100、200	WCB	38CrMoAlA	20Cr13	12Cr18Ni9
Y45Y-63I、100I、200I	ZG20CrMo		12Cr18Ni9	

2）主要外形尺寸、连接尺寸和重量（图 4-177、表 4-178）。

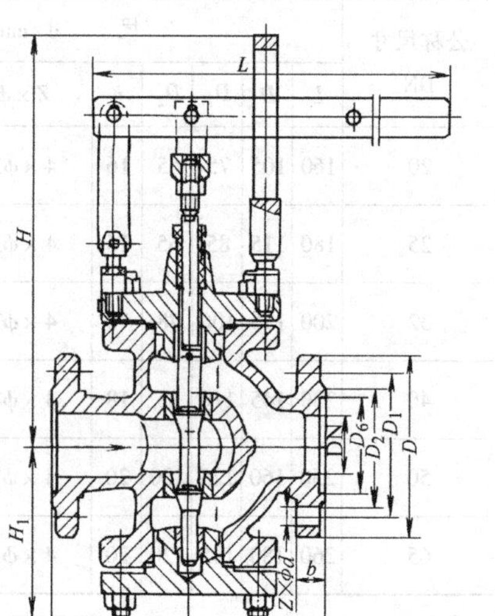

图 4-177 杠杆式减压阀

表 4-178　杠杆式减压阀主要尺寸及重量

公称压力 PN	公称尺寸 DN	尺寸/mm											重量 /kg
		D_6	D_2	D_1	D	b	H	H_1	L	L_1	L_2	$Z\times\phi d$	
100	50	88	112	145	195	28	515	200	565	150	150	$4\times\phi25$	56.97
	80	121	150	180	230	34	555	220	650	190	190	$8\times\phi25$	102.5
	100	150	172	210	265	38	582	245	800	200	20	$8\times\phi30$	145
	150	204	250	290	350	46	654	318	800	225	225	$12\times\phi34$	211.5
	200	260	312	360	430	54	725	355	800	250	250	$12\times\phi41$	338
	250	313	382	430	500	60	750	390	800	275	275	$12\times\phi41$	406.37
200	50	97	165	203	260	48	540	225	565	190	190	$8\times\phi30$	80
63	300	364	412	460	530	54	918	475		355	395	$16\times\phi41$	567
	400	474	525	585	670	66	1080	660	1000	400	550	$16\times\phi48$	1114
40	500	576	612	670	755	62	1636	800	1000	450	680	$20\times\phi48$	2024

（13）杠杆式减温减压阀　该阀主要配套在减温减压装置上，用于调节压力与温度。调节压力时，减压比一般用到 0.6 时较合适；调节温度时，要与节水分配阀配套使用。电动执行机构一般选用 DKJ-310。

1）主要零件材料（表 4-179）。

表 4-179　杠杆式减温减压阀主要零件材料

零件名称	阀体、阀盖	阀杆	阀瓣	阀座
WY45Y-63、100	WCB	38CrMoAlA	20Cr13	12Cr18Ni9
WY45Y-63I、100I	ZG20CrMo		12Cr18Ni9	

2）主要外形尺寸、连接尺寸和重量（图 4-178、表 4-180）。

表 4-180　杠杆式减温减压阀主要尺寸及重量

公称压力 PN	公称尺寸 DN	尺寸/mm			重量 /kg
		D	H	H_1	
100	50	10	515	260	57.17
	80	20	555	305	105.8
	100	20	582	320	154
	150	32	654	400	215
	200	32	725	420	352.8
	250	32	750	455	421
63	300	31	918	574.5	593
	400	50	1080	750	1138

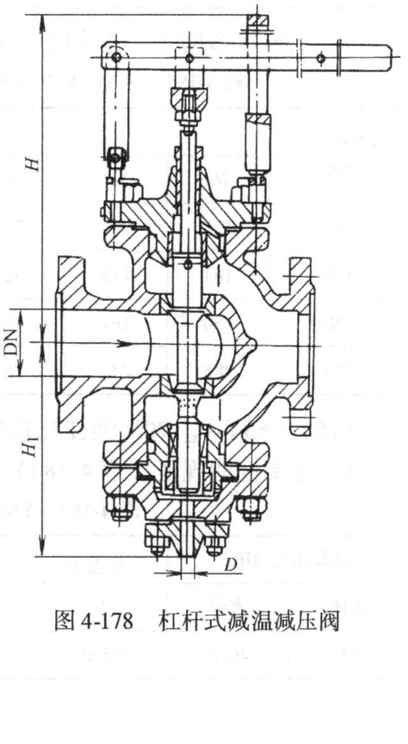

图 4-178　杠杆式减温减压阀

(14) WY65Y-P_{54}100V、WY65Y-P_{55}170V 型减温减压阀

1) 节流孔罩选型(表4-181)。

表4-181 节流孔罩选型

序号	公称尺寸DN			
	80	100	150	225
	流通面积/mm²			
1	1472	4800	4500	12460
2	1276	4000	5100	11300
3	1079	3500	5600	10200
4	981	3000	6200	9150
5	754	2500	6800	8160
6	628	2000	7600	7230
7	440	—	8400	—
8	—	—	9200	—
9	—	—	10000	—
10	—	—	10800	—

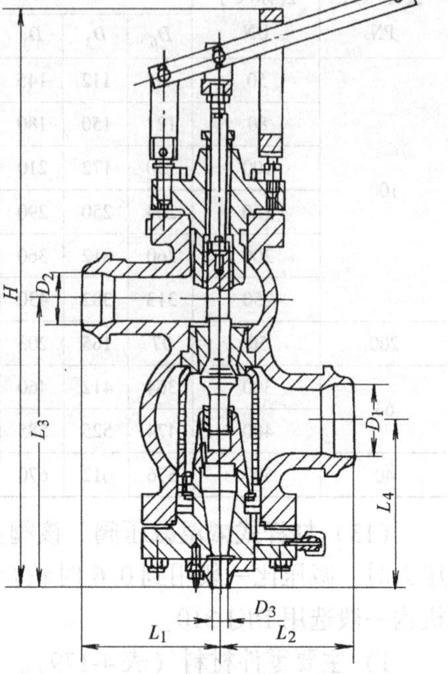

图4-179 WY65Y-P_{54}100V、WY65Y-P_{55}170V 型减温减压阀

2) 主要零件材料(表4-182)。

表4-182 WY65Y-P_{54}100V、WY65Y-P_{55}170V 型减温减压阀主要零件材料

零件名称	阀体	节流孔罩	阀盖	喷嘴、阀瓣、阀座	阀杆
材料	ZG20CrMo	12Cr18Ni9	12Cr1MoV	12Cr18Ni9	38CrMoAlA

3) 主要外形尺寸、连接尺寸和重量(图4-179、表4-183)。

表4-183 WY65Y-P_{54}100V、WY65Y-P_{55}170V 型减温减压阀主要尺寸及重量

公称尺寸DN	尺寸/mm								重量/kg
	D_1	D_2	D_3	L_1	L_2	L_3	L_4	H	
80	125	80	31	300	300	521	261	1390	529
100	164	113	32	300	300	628	363	1280	406
150	230	164	46	350	350	758	418	1576	566.8
225	285	232	75	425	425	896	476	1770	770

(15) Y65Y-P_{54}170V 型杠杆式减压阀

1) 主要性能规范(表4-184)。

表4-184 Y65Y-P_{54}170V 型杠杆式减压阀主要性能规范

试验压力/MPa		工作温度/℃	阀门最大行程/mm	阀门最大流量/(t/h)	配用电动装置	工作介质
壳体	密封					
63	46.2	≤540	25	3	DKJ-310	蒸汽等

2）主要零件材料（表 4-185）。

表 4-185　Y65Y-P_{54}170V 型杠杆式减压阀主要零件材料

零件名称	阀　体	进出口管	阀　杆	上导套体
材　料	12Cr1MoV			

3）主要外形尺寸、连接尺寸和重量（图 4-180、表 4-186）。

表 4-186　Y65Y-P_{54}170V 型杠杆式减压阀主要尺寸

公称尺寸 DN	尺寸/mm							重量 /kg
	D_1	M_1	D_2	M_2	L_1	L_2	H	
20	26	M48×3	20	M48×3	130	160	520	20.15
25	32	M56×3	26	M48×3	130	160	520	20.5

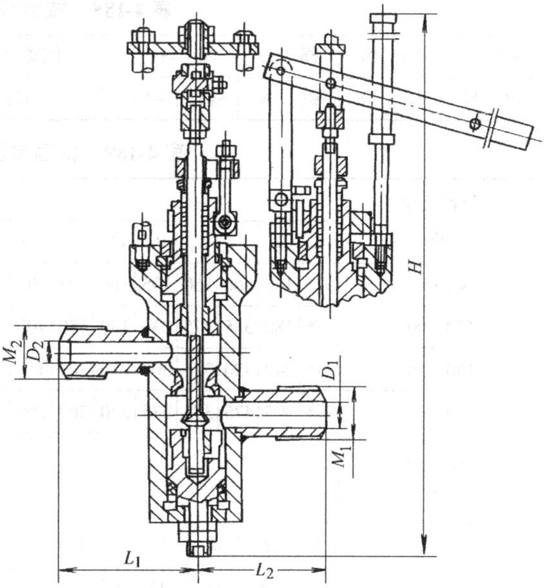

图 4-180　Y65Y-P_{54}170V 型杠杆式减压阀

（16）减温减压阀　减温减压阀装于蒸汽和减温水管道中，使蒸汽经减温、减压后其流量、压力和温度达到一定参数。蒸汽的减温和减压都在减温减压阀内进行，蒸汽经节流圈节流降压后与阀底部喷入呈雾状的减温水混合减温，再经消声器节流后扩容至所需流量、压力和温度。

减温减压阀的设计、制造依据 NB/T 47044—2014《电站阀门》、GB/T 10868—2005《电站减温减压阀技术条件》，亦可根据用户进出口蒸汽参数另行设计。

1）主要性能规范（表 4-187）。

表 4-187　减温减压阀主要性能规范

型号	公称尺寸 DN	公称压力 PN	蒸汽流量 /(t/h)	强度试验压力/MPa
C9z43H-40	80/150	40	8	6
	100/200	40	14	6
	150/250	40	25	6
	200/300	40	28	6

型号	进口压力 /MPa	出口压力 /MPa	进口温度 /℃	出口温度 /℃	适用介质
C9z43H-40	2.5	0.7	400	190	蒸汽
	2.5	0.7	400	190	蒸汽
	2.5	0.7	400	190	蒸汽
	2.5	0.7	400	190	蒸汽

2）主要零件材料（表 4-188）。

3）主要外形尺寸、连接尺寸和重量（图 4-181、表 4-189）。

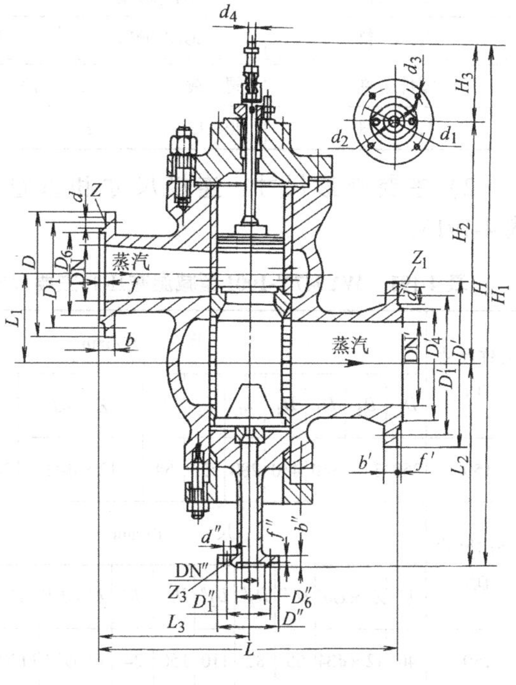

图 4-181　减温减压阀

表 4-188 减温减压阀主要零件材料

零件名称	阀 体	阀 盖	阀 杆	阀瓣、阀座、节流圈	填 料	紧固件
材 料	碳 钢	碳 钢	铬钼铝钢	Cr13 系不锈钢	橡胶石棉铜丝盘根	碳 钢

表 4-189 减温减压阀主要尺寸及重量

公称尺寸 DN	尺寸/mm																				
	L	L_1	L_2	L_3	D	D_1	D_6	DN	b	f	d	DN′	D'	D_1'	D_4'	b'	f'	d'	DN″	D''	D_1''	D_6''
80/150	525	155	360	250	195	160	121	80	20	4	18	150	300	250	203	30	4.5	25	25	115	85	58
100/200	575	180	385	275	230	190	150	100	24	4.5	23	200	375	320	259	38	4.5	30	25	115	85	58
150/250	675	240	420	325	300	250	204	150	30	4.5	25	250	445	385	312	42	4.5	34	50	160	125	88
200/300	775	305	475	375	375	320	260	200	38	4.5	30	300	510	450	363	46	4.5	54	50	160	125	88

公称尺寸 DN	尺寸/mm											孔 数			重量 /kg
80/150	b''	f''	d''	d_1	d_2	d_3	d_4	H	H_1	H_2	H_3	Z	Z_1	Z_3	
100/200	16	4	14	118	95	M10	M16×1.5	930	990	430	140	8	8	4	236
150/250	16	4	14	118	95	M10	M16×1.5	980	1240	455	140	8	12	4	254
200/300	20	4	18	118	95	M10	M16×1.5	1050	1110	490	140	8	12	4	382

注：H_1 是开启电动执行机构后的阀门总高度。

(17) WY947Y-100I 型减温减压阀

1) 主要零件材料（表 4-190）。

表 4-190 WY947Y-100I 型减温减压阀主要零件材料

零件名称	阀体、阀盖	阀 杆
材 料	ZG20CrMo	38CrMoAlA

零件名称	阀 瓣	阀 座	喷 嘴
材 料	20Cr13	12Cr18Ni9	20Cr13

2) 主要外形尺寸、连接尺寸和重量（图 4-182、表 4-191）。

表 4-191 WY947Y-100I 型减温减压阀主要尺寸及重量

公称尺寸 DN	尺寸/mm										
	D_1	D_2	D_3	D_4	L_1	L_2	b	$Z\times\phi d$	D_1'	D'_2	D_3'	D_4'
150	260	312	360	430	280	253	54	12×ϕ41	204	250	290	350

公称尺寸 DN	尺寸/mm											重量 /kg
	b'	$Z'\times\phi d'$	D_1''	D_2''	D_3''	D_4''	b''	$Z''\times\phi d''$	H	H_1	H_2	
150	46	12×ϕ34	66	82	110	150	24	4×ϕ23	1170	400	723	313

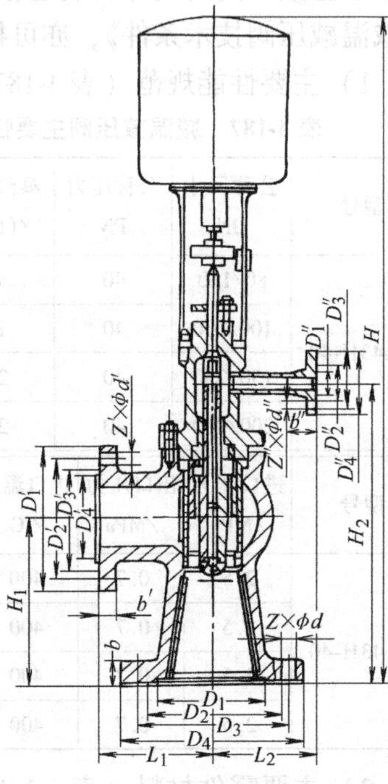

图 4-182 WY947Y-100I 型减温减压阀

（18）减压稳压阀　该阀采用卸荷机构减小了进口压力变化对减压阀出口压力的影响，同时加大了出口压力的作用面积，即加大了敏感元件的作用面积，从而减小了阀门出口压力偏差，提高了减压阀的稳压精度。

1）主要性能规范（表 4-192）。

表 4-192　减压稳压阀主要性能规范

型　　号	进口压力 /MPa	试验压力 /MPa	出口压力 /MPa	出口压力偏差	工作温度 /℃	适 用 介 质
YW42$_{X}^{F}$-16	≤1.6	2.4	0.1～0.8	≤5%	≤70	水、空气
YW42$_{X}^{F}$-25	≤2.5	3.8	0.1～1.2			

2）主要零件材料（表 4-193）。

表 4-193　减压稳压阀主要零件材料

型　　号	阀体、上盖、下盖	阀座、卸荷活塞
YW42$_{X}^{F}$-16	灰铸铁	不锈钢
YW42$_{X}^{F}$-25	铸　　钢	

型　　号	膜　　片	调节弹簧和阀座弹簧
YW42$_{X}^{F}$-16	丁腈橡胶	铬钒钢
YW42$_{X}^{F}$-25		

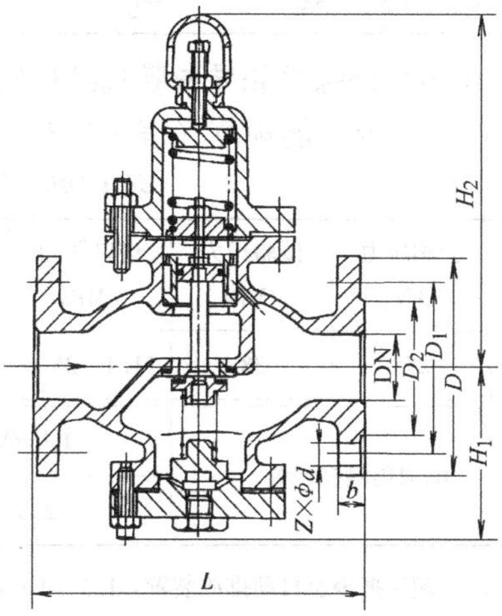

图 4-183　减压稳压阀

3）主要外形尺寸和连接尺寸（图 4-183、表 4-194）。

表 4-194　减压稳压阀主要尺寸

公称尺寸 DN	尺　　寸/mm							
	L	D	D_1	D_2	b	$Z\times\phi d$	H_1	H_2
YW42$_{X}^{F}$-16								
20	160	105	75	85	16	4×ϕ14	85	220
25	180	115	85	68	16	4×ϕ14	100	245
32	200	135	100	78	18	4×ϕ18	100	245
40	220	145	110	88	18	4×ϕ18	105	260
50	250	160	125	102	20	4×ϕ18	105	260
65	280	180	145	122	20	4×ϕ18	105	260
80	310	195	160	133	22	8×ϕ18	160	380
100	350	215	180	158	24	8×ϕ18	160	380
125	400	245	210	184	26	8×ϕ18	200	500
150	450	260	240	212	28	8×ϕ23	200	500
200	500	335	295	268	30	12×ϕ23	260	650

(续)

公称尺寸 DN	尺寸/mm							
	L	D	D_1	D_2	b	$Z\times\phi d$	H_1	H_2
YW42 $^{F}_{X}$-25								
20	160	105	75	58	16	$4\times\phi14$	85	230
25	180	115	85	68	16	$4\times\phi14$	100	265
32	200	135	100	78	18	$4\times\phi18$	100	265
40	220	145	110	88	18	$4\times\phi18$	105	270
50	250	160	125	102	20	$4\times\phi18$	110	280
65	280	180	145	122	22	$4\times\phi18$	115	285
80	310	195	160	133	22	$8\times\phi18$	310	410
100	350	230	180	158	24	$8\times\phi22$	360	420

(19) 外螺纹先导薄膜式减压阀

1) 主要性能规范(表4-195)。

表4-195 外螺纹先导薄膜式减压阀主要性能规范

	公称压力 PN	试验压力 /MPa	进口压力 /MPa	出口压力 /MPa	流量/(m^3/h)	误差 /MPa	工作温度 /℃	适用介质
主机	255	38	21.4~25.5	1.0~4.0	1200(p_2=3.5MPa)	±15%p_2	≤70	空气

电加热温控装置	电压/V	加热功率/W	控制温度/℃	总耗电量/W
	220	400	25±5	≤500

注:超压报警及自动排放装置:1.2~4.0MPa范围内调定。

2) 气路原理图(图4-184)。

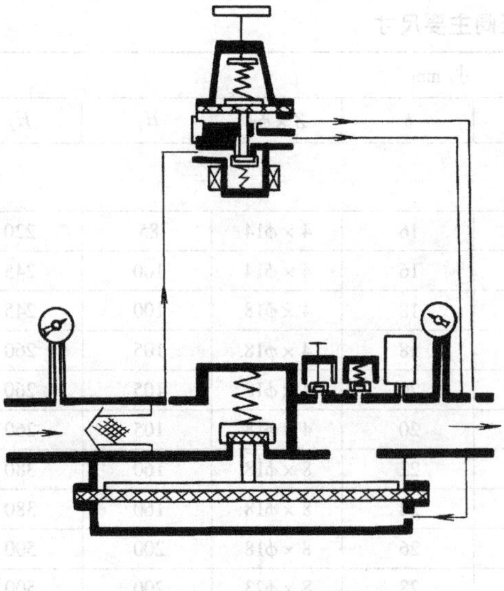

图4-184 气路原理图

3) 电控原理图(图4-185)。

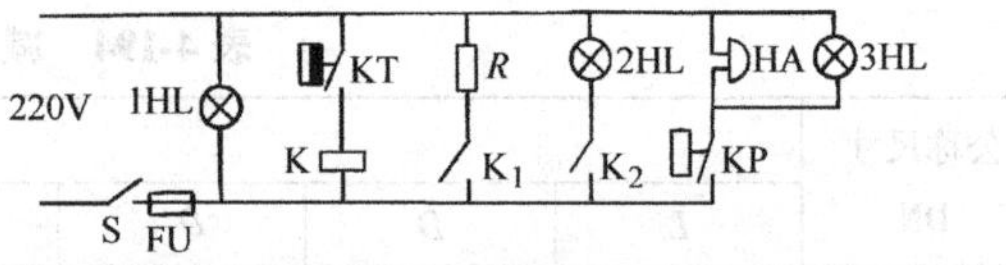

图4-185 电控原理图

(KT、*R*、KP安装在主机上;1HL红、2HL黄、3HL绿)

4) 主要零件材料(表4-196)。

表4-196 外螺纹先导薄膜式减压阀主要零件材料

零件名称	阀体、阀盖	副阀体、副阀盖
材料	铸青铜	铜

零件名称	主阀杆、副阀杆	弹簧	膜片
材料	不锈钢	硅锰钢	橡胶

5) 主要外形尺寸、连接尺寸和重量(表4-197)。

表4-197　外螺纹先导薄膜式减压阀主要尺寸及重量

公称尺寸 DN		连接尺寸/mm×mm		总长/mm	高/mm	重量/kg
进　口	出　口	进　口	出　口			
15	32	ϕ25×5	ϕ40×4	396	363	31

（20）先导活塞式减压阀

1）主要性能规范（表4-198）。

表4-198　外螺纹先导薄膜式减压阀主要性能规范

型　号	进口压力/MPa	试验压力/MPa	出口压力/MPa	出口压力偏差值/MPa	工作温度/℃	进出口压力差/MPa	适用介质
Y43F-16 Y43X-16Q	≤1.6	2.4	0.05～1.1	0.05	≤70	≥0.15	空气
Y43F-25 Y43X-25	≤2.5	3.8	0.1～1.6	0.07			
Y43F-40	≤4.0	6.0	0.1～2.5	0.1			

2）主要零件材料（表4-199）。

3）结构图（图4-186）。

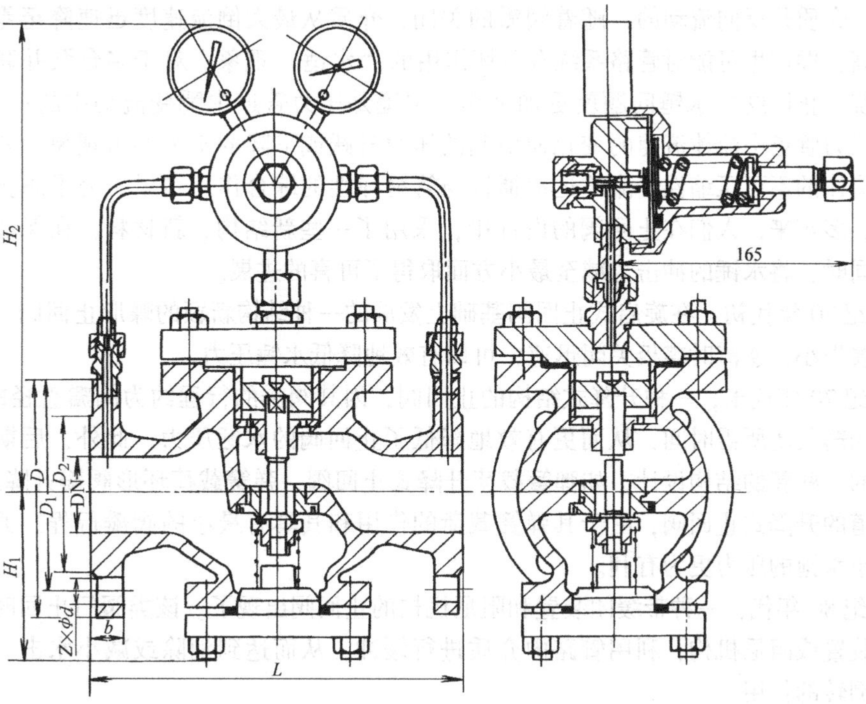

图4-186　先导活塞式减压阀

表 4-199 主要零件材料

<table>
<tr><th>零件名称</th><th>主阀体、上盖、下盖</th><th>导阀体</th><th>阀座、阀杆</th><th>膜片、密封圈</th><th>弹簧</th></tr>
<tr><td>Y43X-16Q</td><td>球墨铸铁</td><td rowspan="5">铜</td><td rowspan="5">铬不锈钢</td><td rowspan="2">丁腈橡胶</td><td rowspan="5">硅锰铜</td></tr>
<tr><td>Y43X-25</td><td>铸钢</td></tr>
<tr><td>Y43F-16</td><td>灰铸铁</td><td rowspan="3">塑料</td></tr>
<tr><td>Y43F-25</td><td rowspan="2">铸钢</td></tr>
<tr><td>Y43F-40</td></tr>
</table>

4.4 止回阀

4.4.1 概述

止回阀又称为逆流阀、逆止阀、背压阀和单向阀。这类阀门是靠管路中介质本身的流动产生的力而自动开启和关闭的，属于一种自动阀门。止回阀用于管路系统，其主要作用是防止介质倒流、防止泵及其驱动电动机反转，以及容器内介质的泄放。止回阀还可用于给其中的压力可能升至超过主系统压力的辅助系统提供补给的管路上。

止回阀根据材质的不同，可以适用于各种介质的管路上。

止回阀安装在管路上，即成为这一完整管路的流体部件之一，其阀瓣启闭过程就要受它所处系统瞬变流动状态所影响；反过来，阀瓣的关闭特性又对流体流动状态产生反作用。止回阀的工作特点是载荷变化大，启闭频率小，一投入关闭或开启状态，使用周期便很长，且不要求运动部件运动。但一旦有“切换”要求，则必须动之灵活，这一要求较常见的机械运动更为苛刻。由于止回阀在大多数实际使用中，定性地被确定用于快速关闭，而在止回阀关闭的瞬间，介质是反向流动的，随着阀瓣的关闭，介质从最大倒流速度迅速降至零，而压力则迅速升高，即产生可能对管路系统有破坏作用的“水锤”现象。对于多台泵并联使用的高压管路系统，止回阀的水锤问题就更加突出。水锤是压力管道中瞬变流动中的一种压力波，它是由于压力管道中流体流速的变化而引起的压力升跃或下降的水力冲击现象。其产生的物理原因是流体的不可压缩性、流体运动惯性与管材弹性的综合作用结果。为了防止管道中的水锤隐患，多年来，人们在止回阀的设计中，采用了一些新结构、新材料，在保证止回阀使用性能的同时，将水锤的冲击力减至最小方面取得了可喜的进展。

20 世纪 70 年代初，在旋启式止回阀基础上发展的一种结构新颖的蝶形止回阀，其正向流动时阻力损失小，逆流时蝶板关闭迅速，可以有效地降低水锤压力。

20 世纪 70 年代末，一种升降式结构的止回阀，因其阀瓣的行程约为阀瓣直径的 1/3，大大减小了阀瓣关闭所需时间，从而更有效地降低了止回阀的水锤压力。此外，后期升降式止回阀出现的一些新的结构设计，如弹簧载荷升降式止回阀、弹簧载荷环形阀瓣升降式止回阀、多环形流道的升降式止回阀，由于其弹簧载荷的作用和其具有最小的阀瓣行程，关闭更为迅速，对减小水锤的压力更为有利。

20 世纪 80 年代，一种带缓闭装置和阻尼机构的止回阀出现了。该类阀门止回时在阀门上设有缓冲装置或阻尼机构，利用管路内介质进行缓冲，从而达到消除或减小水击、保护管路和防止泵倒转的作用。

20 世纪 90 年代，无磨损球形止回阀、高效无声止回阀，对夹消声止回阀等新结构的相继问世，对进一步消除水锤、降低噪声起到了更有效的作用。

近年来，人们不仅研究出了止回阀防水锤所采用的一些新结构，而且在减小止回阀的流阻上也找到了一些可行的合理的措施，如改进阀腔的形状设计，减小阀门通道的收缩比，注意流道设计的顺畅，减小介质通过阀门时的涡流、扰动等。为了进一步减小止回阀的体积、重量、振动，消除水锤、噪声、流阻，提高密封性，止回阀将向管道化和带阻尼机构的方向发展。

4.4.2　止回阀的分类

止回阀几乎是所有泵站不可缺少的机械元件，其种类也是很多的。

(1) 按结构型式分类　根据止回阀结构及其关闭件与阀座的相对位移方式，止回阀可分为：

1）旋启式止回阀。这类止回阀的关闭件—阀瓣绕置于阀座外的销轴旋转，如图4-187所示。图4-187a为最普遍的单瓣式止回阀，公称尺寸一般为DN50～DN500；图4-187b为大口径的多瓣式止回阀，公称尺寸一般为≥DN600。

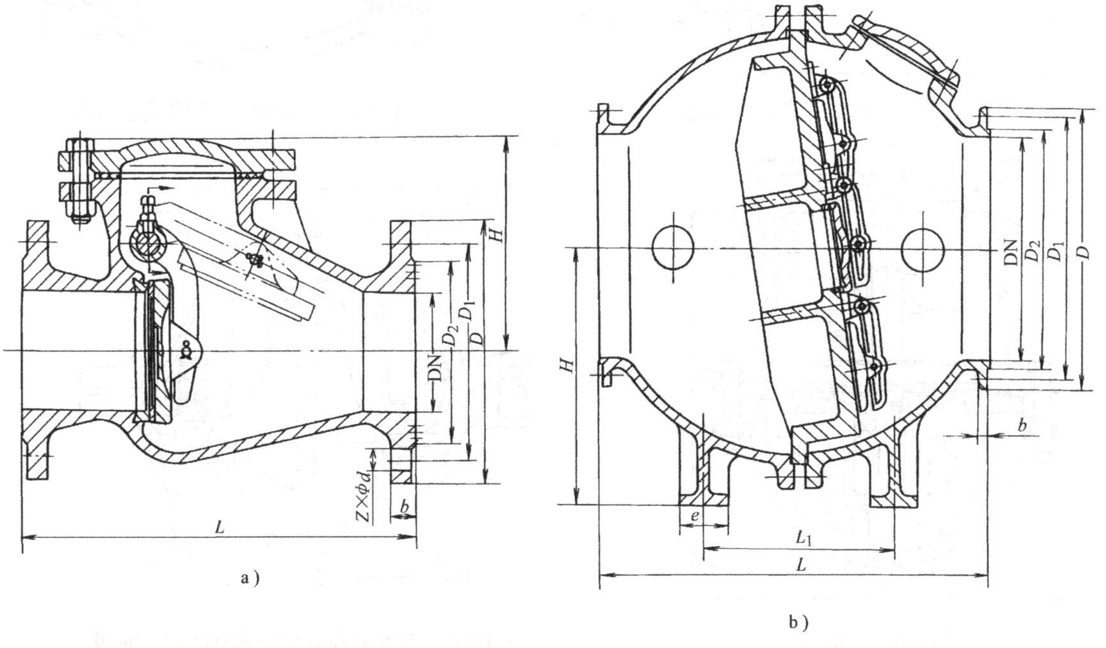

图4-187　旋启式止回阀

a）单瓣旋启式止回阀　b）多瓣旋启式止回阀

旋启式止回阀是目前国内使用最普遍的止回阀之一。

2）升降式止回阀。这类止回阀的关闭件—阀瓣沿着阀体中腔轴线移动，如图4-188～图4-196所示。图4-188和图4-189系只能用于水平管道安装的升降式止回阀；图4-190为专门用于泵吸入管底部的升降式止回阀；图4-191和图4-192系用于垂直管道的升降式止回阀；图4-193和图4-194系兼用于水平管道和垂直管道的升降式止回阀，图4-195和图4-196系多环形流道升降式止回阀，该类止回阀具有最小的阀瓣行程，因此关闭更为迅速；图4-191所示的是弹簧载荷环形阀瓣升降式止回阀，它与通常结构的升降式止回阀相比，阀瓣行程更小，加之弹簧载荷的作用，使阀门关闭迅速，因此更利于降低水锤压力；图4-192所示的阀门系特别设计，用于介质倒流十分迅速的系统，它采用了减速阻尼装置，在关闭的最后阶段起作用，另外还采用了一定形状的关闭件，因而这种止回阀的冲击压力很小；图4-193所示的阀门，其关闭件可以在提升起的阀杆上自由升降，因此既可用作止回阀，也可用作截止阀；图4-189所示的球型阀瓣升降式止回阀，在球状阀瓣与其导轨之间存在较大的间隙，因而适用于有脏物的场合，即使脏物进入关闭件的运动导轨，关闭件也不会卡死或关闭缓慢。

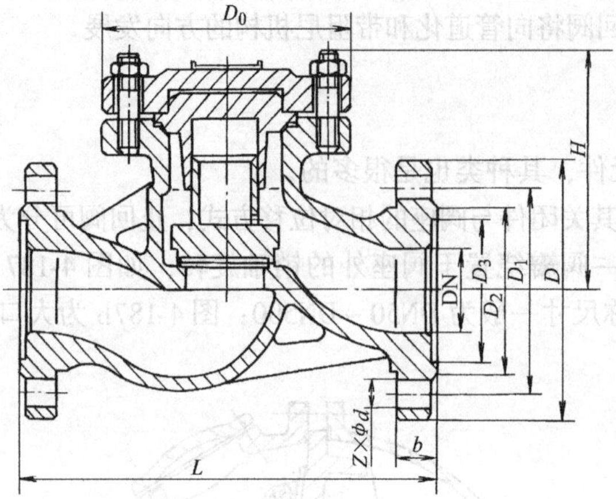

图 4-188　升降式止回阀

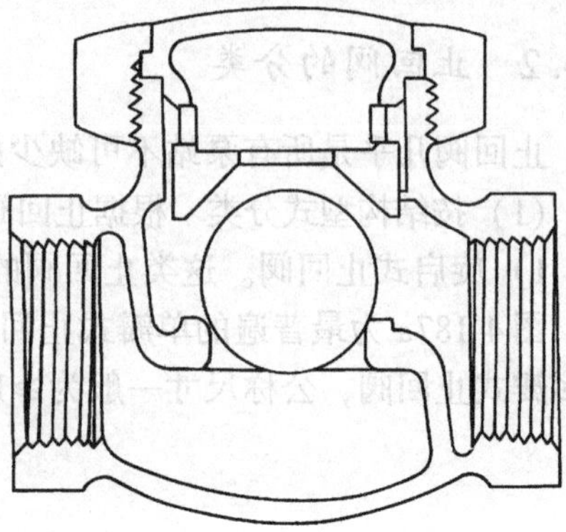

图 4-189　球型阀瓣升降式止回阀

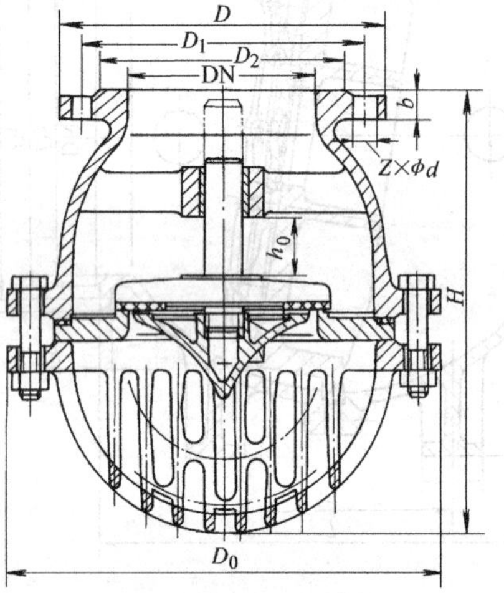

图 4-190　底阀

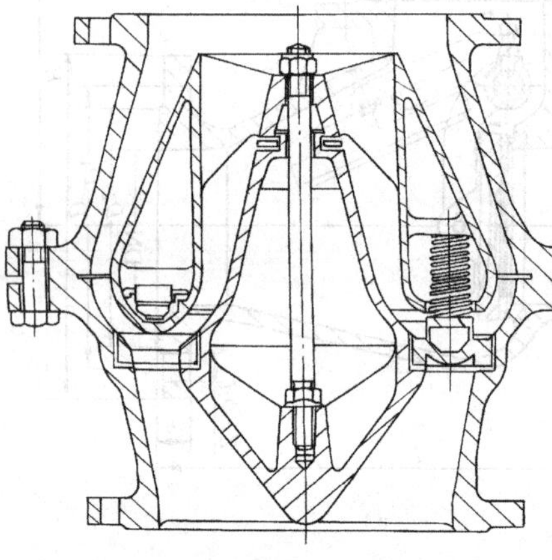

图 4-191　弹簧载荷环形阀瓣升降式止回阀

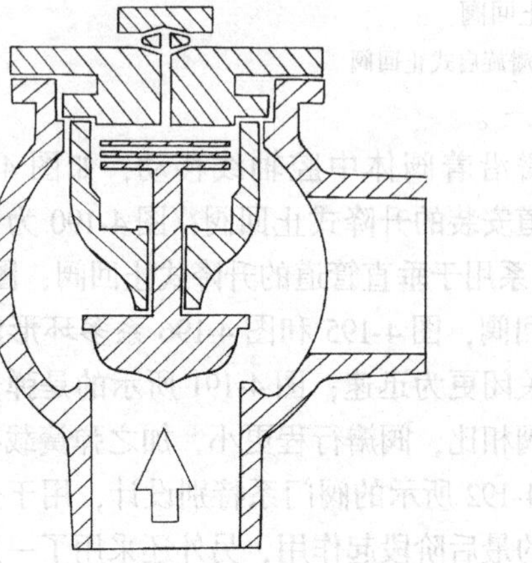

图 4-192　角式升降式止回阀

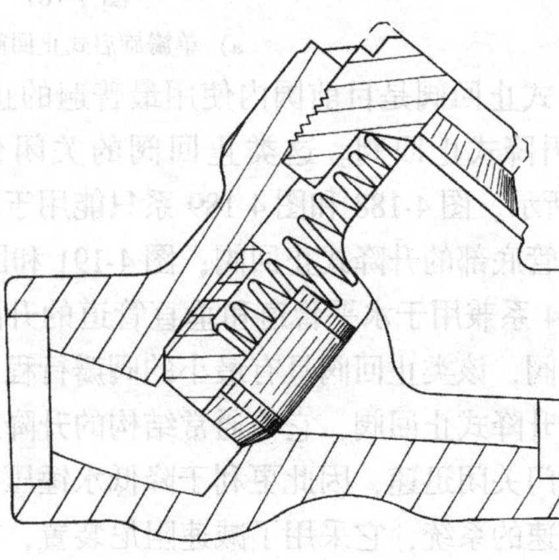

图 4-193　倾斜式柱塞阀瓣升降式止回阀

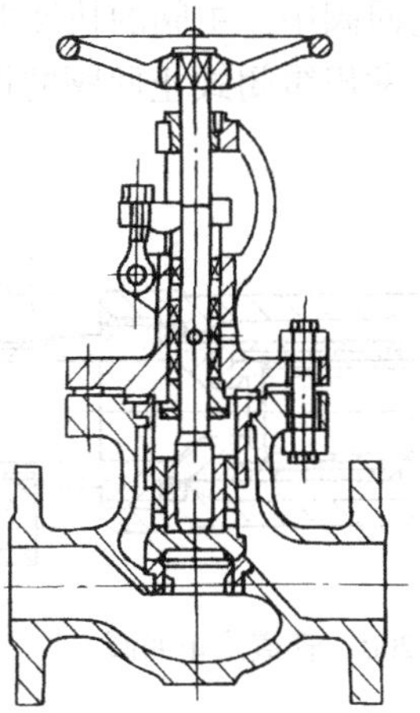

图 4-194　止回截止阀

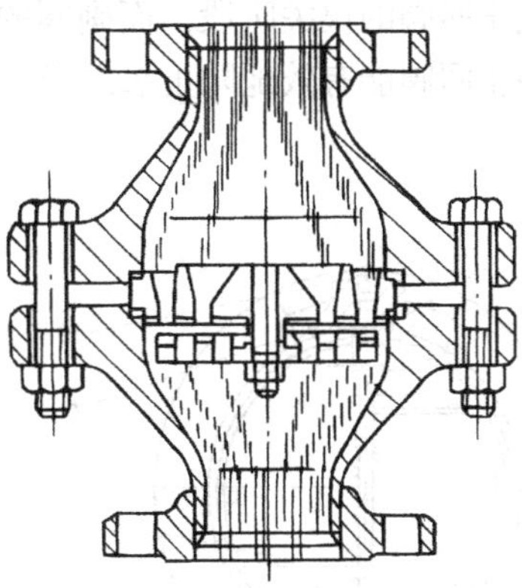

图 4-195　多环形流道升降式止回阀

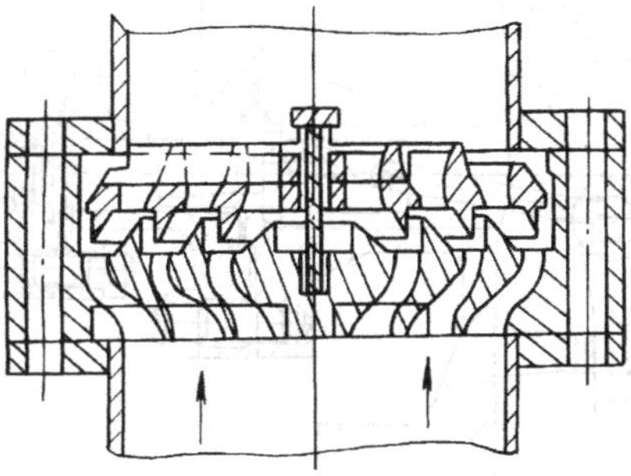

图 4-196　多环形流道对夹式止回阀

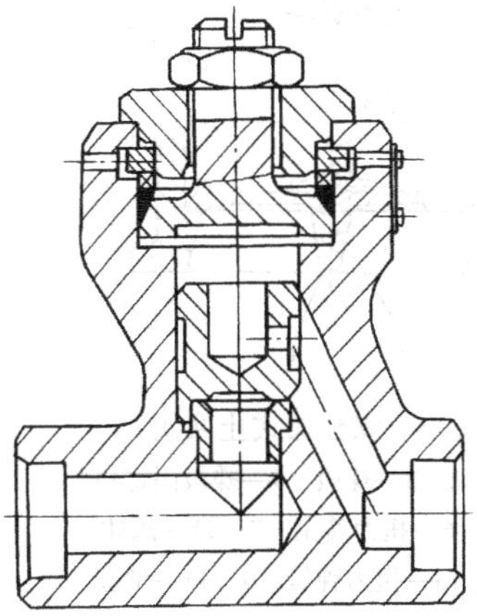

图 4-197　内压自紧密封式阀盖升降式止回阀

用于高压系统的内压自紧密封式阀盖的升降式止回阀如图 4-197 所示。它主要用于高压系统，压力越高，阀盖的密封性能越好。

3）蝶式止回阀。蝶式止回阀是阀瓣围绕阀座内的销轴旋转的止回阀，如图 4-198 和图 4-199 所示。该种止回阀结构相对比较简单，但只能安装在水平管道上，密封性能较差。

4）管道式止回阀，如图 4-200 所示，为阀瓣沿着阀体中心线滑动的止回阀，这种止回阀体积较小、重量较轻、加工工艺性好，但流体阻力系数比旋启式止回阀略大。

5）空排止回阀，如图 4-201 所示。这是一种特殊用途的止回阀，用于锅炉给水泵的出口，以防介质倒流及空排作用。

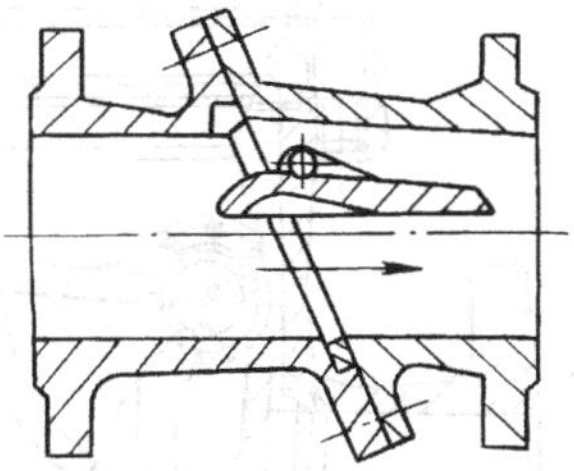

图 4-198　蝶式止回阀

6）缓闭式止回阀，在某些特殊情况下，如管路压力经常发生变化，或有特殊要求时，在蝶形止回阀上、旋启式止回阀上、升降式止回阀上设置缓冲装置，形成缓闭式止回阀。图 4-192 所示是带缓闭装置的角式升降式止回阀。这种阀适用于介质倒流十分迅速的系统，它能大大减小水击压力。图 4-202 所示为旋启式带缓闭装置的止回阀。这种形式的止回阀有两种。一种是摇杆穿出阀体外，摇杆固定在阀盖上（上支式）；一种是摇杆固定在阀体上（阀体内凸台式），但不穿出体外。另一种形式的旋启式带缓闭装置的止回阀如图 4-203a 所示。图 4-203b 是它缓闭装置的放大剖面图，图 4-203c 是另一种结构的缓闭装置。在这种止回阀中，主阀的快速关闭相当于常规缓闭式止回阀的快关阶段，而副阀的缓慢关闭，则相当于常规缓闭式止回阀的慢关阶段。因此，这种止回阀能有效地防止水击产生。

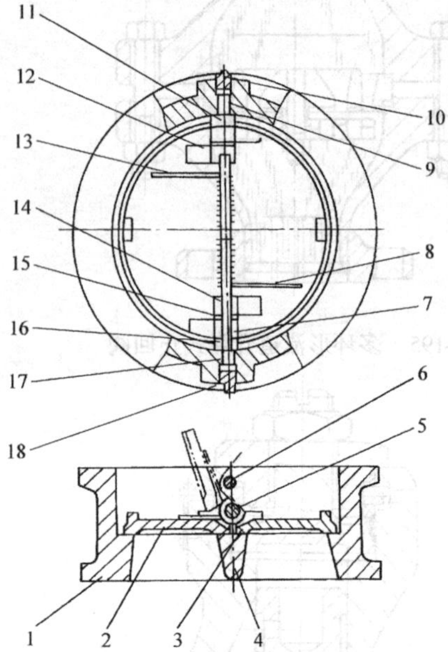

图 4-199 双板蝶式止回阀

1—阀体 2、3—蝶板 4—蝶板固定块 5—转轴 6—扭力簧销 7、11—阀体支承 8、13—扭力弹簧 9、17—轴套 10、18—堵头 12、14—蝶板支承 15—垫圈 16—套

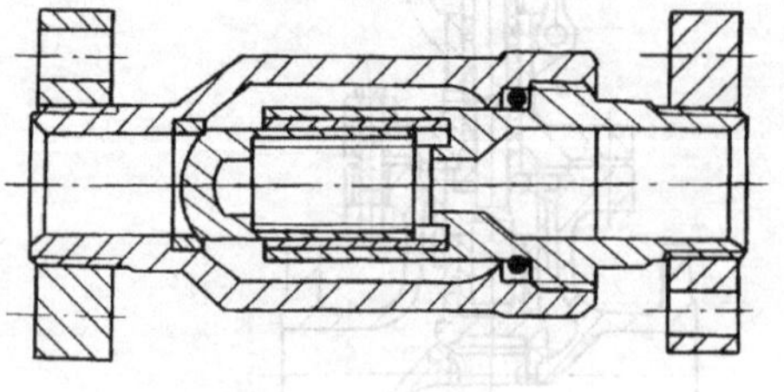

图 4-200 管道式止回阀

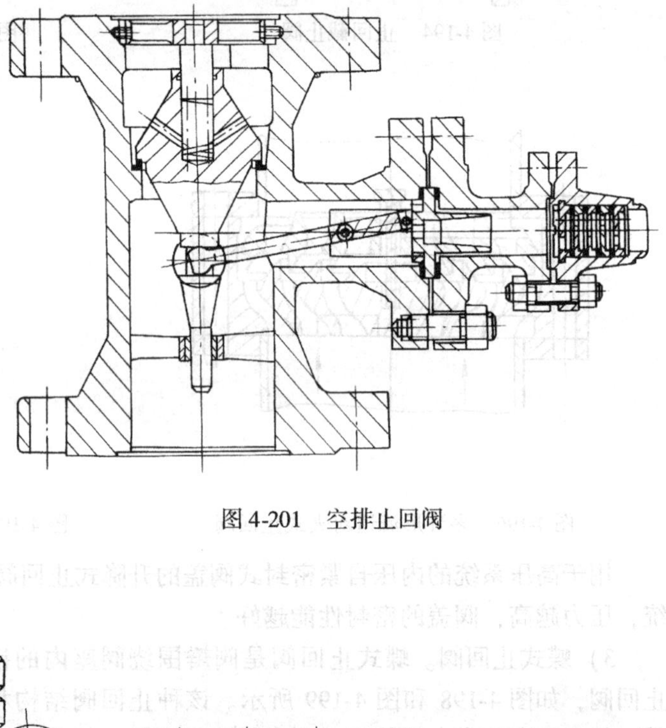

图 4-201 空排止回阀

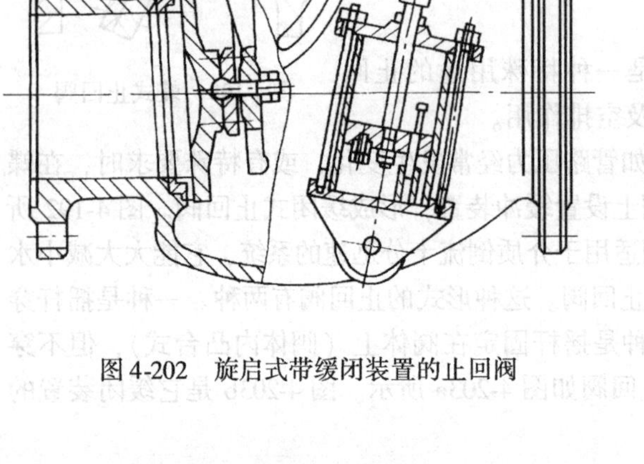

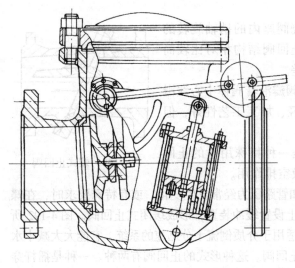

图 4-202 旋启式带缓闭装置的止回阀

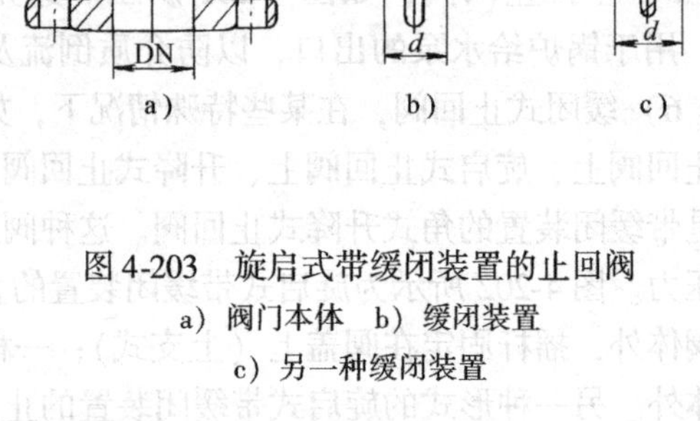

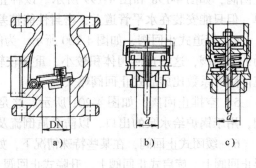

图 4-203 旋启式带缓闭装置的止回阀

a）阀门本体 b）缓闭装置

c）另一种缓闭装置

图4-204所示为带缓闭装置的蝶式止回阀。该阀安装在管路上，以防止介质逆流及由于逆流关闭而产生过大的压力上升（水击）。当介质正向流动时，在介质压力作用下，蝶板开启，随即平衡锤助开，使阀处在微阻情况下工作；当介质逆向流动时，由于反向介质的作用，使蝶板从全开位置开始关闭。蝶板的前三分之二行程为快关段，后三分之一行程为缓冲减振关闭段。减振关闭过程为：蝶板上的触销推动避振缸上的活塞，缸内介质（避振缸内存有介质）通过节流口流出，调节活塞可以改变避振缸内介质排出的速度，即改变避振缸内活塞和蝶板向关闭方向移动的快慢，也就是蝶板两阶段关闭，且关闭时间可调，从而达到消除水击、减轻振动、保护管路和防止泵倒转的目的。

7）隔膜式止回阀。隔膜式止回阀是一种新的结构型式，尽管它的使用受到温度和压力的限制，但由于防水击性能好，近年发展较快。

图4-205所示为隔膜式止回阀的几种结构型式。图4-205a适用于各种不同流量与流速的系统，水击压力比传统的旋启式止回阀小得多；图4-205b是锥形隔膜式止回阀，这种阀门是对夹在管道两法兰之间。该阀的关闭极为迅速；图4-205c是环形编织隔膜式止回阀，这种止回阀采用了褶皱的环状橡胶隔膜，关闭速度极快，但其使用范围通常受压差（$\Delta p<1\text{MPa}$）和温度（$t<70℃$）的限制；图4-205d所示的隔膜式止回阀，其关闭件是一个一端为扁平形的弹性套管，当介质逆流时，套管的扁平端闭合。

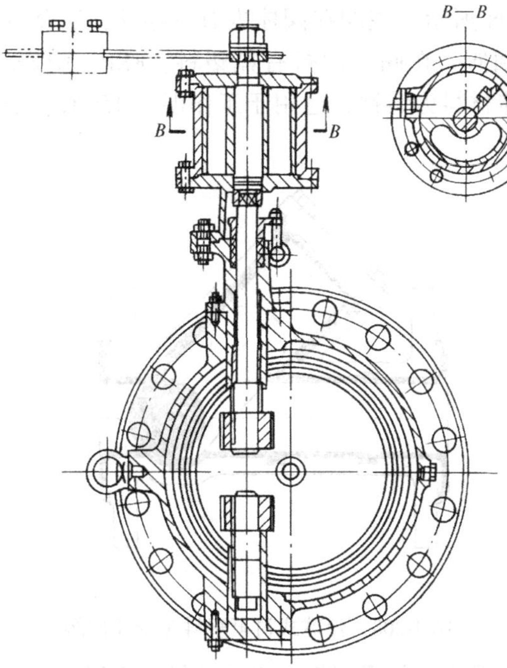

图4-204　带缓闭装置的蝶式止回阀

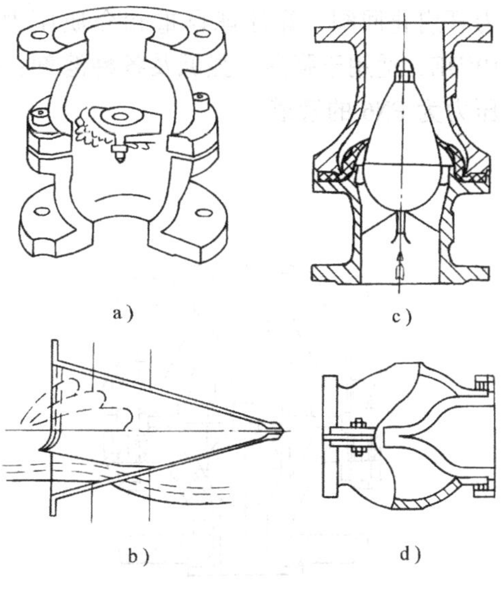

图4-205　隔膜式止回阀
a）隔膜式止回阀　b）锥形隔膜式止回阀
c）环形编织隔膜式止回阀　d）梭形隔膜式止回阀

8）无磨损球形止回阀，如图4-206所示。该阀有单球与多球之分，DN200～DN400为单球；DN450～DN1000为多球。阀球体内部是钢，外部包裹一层橡胶，左右阀体、隔板、导柱均为钢制。阀门靠腔体的（橡胶）球实现开启和关闭。开启时球体在介质压力作用下沿导柱滚动，关闭时也在介质压力作用下沿导柱滚动实现密封。但对于多球的阀门，不可能关闭时球体都密封，球体密封有先后之分，这就起到缓闭和降低水击的作用。该止回阀的水击值仅为旋启式止回阀的45%，因此适用于水击值要求严格的地方。

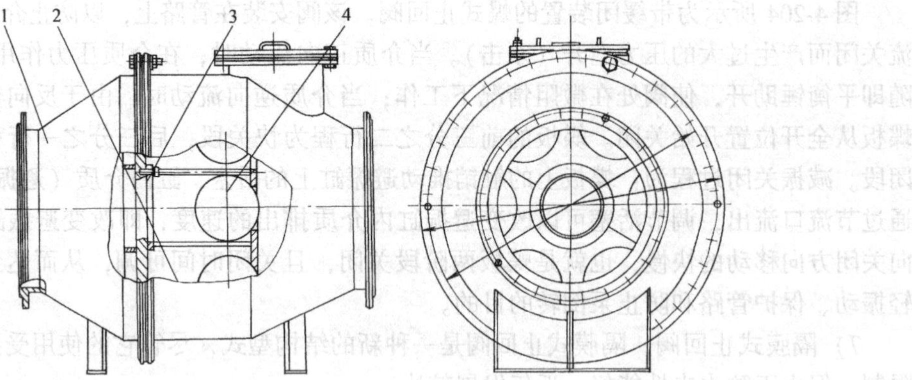

图 4-206 无磨损球形止回阀

1—左阀体 2—右阀体 3—导向柱 4—球体

9）浮球式衬氟塑料止回阀，如图 4-207 所示。该阀在阀体内有一浮球，靠介质压力打开和关闭止回阀。在阀体内衬有氟塑料、FEP、ETFE 和 PVDE，适用于强酸、强碱及各种溶剂。阀体本体材料为铸铁，适用于工作温度 150℃、公称压力 PN6 的管道。

10）浮球式衬氟塑料 Y 形止回阀，如图 4-208 所示。该阀在阀体内有一浮球，靠介质压力开启止回阀，靠浮球自重和介质压力关闭止回阀。在阀体内衬有氟塑料、FEP、ETFE 和 PVDE，适用于强酸、强碱及各种溶剂；阀体本体材料为铸铁，适用于工作温度 150℃、公称压力为 PN6 的管道。

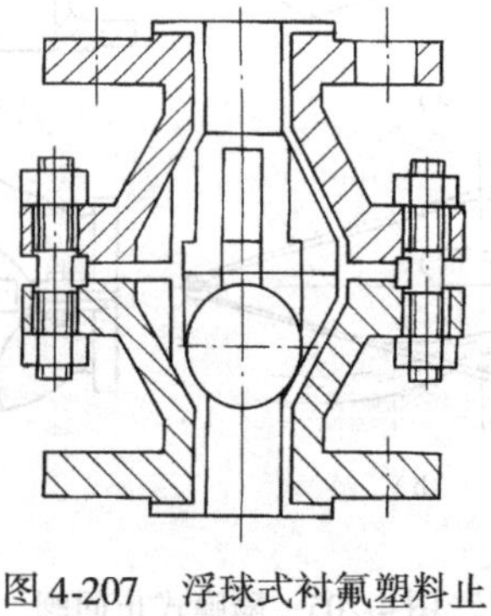

图 4-207 浮球式衬氟塑料止回阀

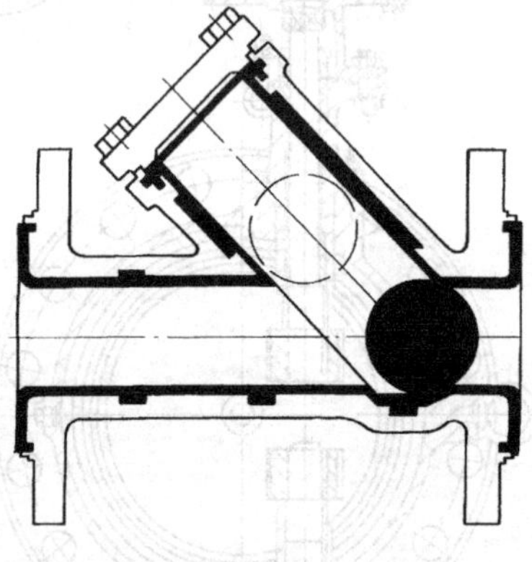

图 4-208 浮球式衬氟塑料 Y 形止回阀

11）高效无声止回阀，如图 4-209 所示。该阀具有阀瓣重量轻、动作灵敏、行程较短、结构长度短、压力损失在可允许的范围内、关闭时无冲击、无噪声等特点。阀门只有阀瓣一个零件动作，动作时压缩螺旋弹簧，但螺旋弹簧不与介质直接接触，因而寿命长。阀门所有零件均为碳钢和不锈钢制造，阀座和阀瓣密封面为不锈钢。因此可在高温下使用。阀门的设计制造符合 API 6D 或 DIN 标准，结构长度符合 API 594 和 API 6D，因此可以使用到长输管线上。阀门的介质流动方向如图 4-209 中箭头所示。靠介质压力压阀瓣，压缩弹簧 2，即可开启。开启行程较短，最快开启时间仅为 0.15s，而且关闭时冲击和噪声都较小。阀门结构长度短，可安装于管道任何位置，垂直安装与水平安装均可。

该阀可设计成各种压力等级，公称尺寸的范围是 DN300 ~ DN1000。法兰连接尺寸可按 DIN、ASME、API、MSS、BS 制造。

12）调流缓冲止回阀，如图 4-210 所示。该阀主要用于介质为水的管道上和泵的出口处，能完成调节流量、止回、截止三种功能。阀门可全流量范围内调节，调节时水流平稳，摩擦小，噪声低；止回时在阀门上设有缓冲缸，利用管路内介质进行缓冲，从而达到消除或减小水击、保护管路和防止泵倒转的作用。

该阀适用于公称压力 PN10、工作温度小于或等于 80℃、工作介质为水或油的管路上；公称尺寸 DN250 ~ DN1000。

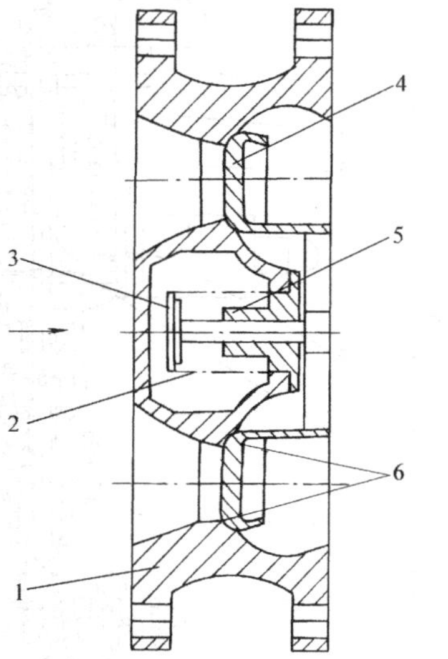

图 4-209　高效无声止回阀
1—阀体　2—螺旋弹簧　3—行程限位　4—阀瓣圆环　5—导向套　6—阀座

13）带气动关闭装置的旋启式止回阀，如图 4-211 所示。该阀气动关闭装置在主管线中既没有压力也没有流体的情况下也能可靠地关闭阀门，它是为安全起见先行关闭的。二位五通电磁阀 4 通电，使压缩空气进入活塞 3 的底部，从而压缩弹簧 6，使顶杆 2 向上与连接件分离，所以阀瓣 1 处于完全自由状态，可以自由开启。在断电的情况下，二位五通电磁阀使压缩空气进入活塞 3 的上部，这时活塞下部的空气完全排出。活塞上部的压缩空气与受压弹簧将使活塞和顶杆 2 推摇臂杆，使阀门处于关闭位置。利用这种简单的运动，使顶杆 2 和摇臂固定在一起，使阀门在关闭状态发挥其最大的能力。二位五通电磁阀通常安装在环境温度不超过 50℃ 的条件下。阀盖和阀体的连接仍然采用内压自封式，利用密封环、压紧环、对开环、螺栓和螺母把阀盖拉紧在拉紧盖上，内部压力越高，密封性能越好。支架焊接在阀盖上，阀体和阀瓣密封面堆焊硬质材料，保证阀门的耐磨、耐冲刷和耐蚀性能。

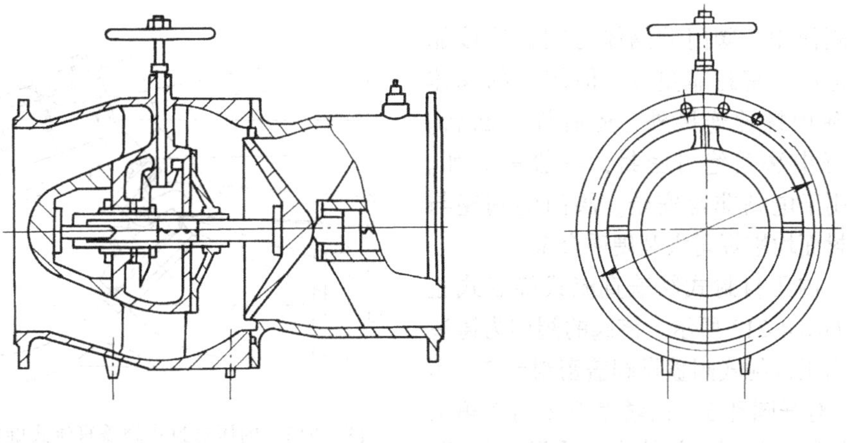
图 4-210　调流缓冲止回阀

14）带气动装置的旋启式止回阀，如图 4-212 所示。该阀可有两种作用，当活塞与活塞杆处于缸体上部的时候，阀门可作为旋启式止回阀用，靠介质的作用力就可开启阀门，介质反向流动时阀门就自动关闭；当活塞与活塞杆处于缸体下部时，就可关闭止回阀，阀门可作

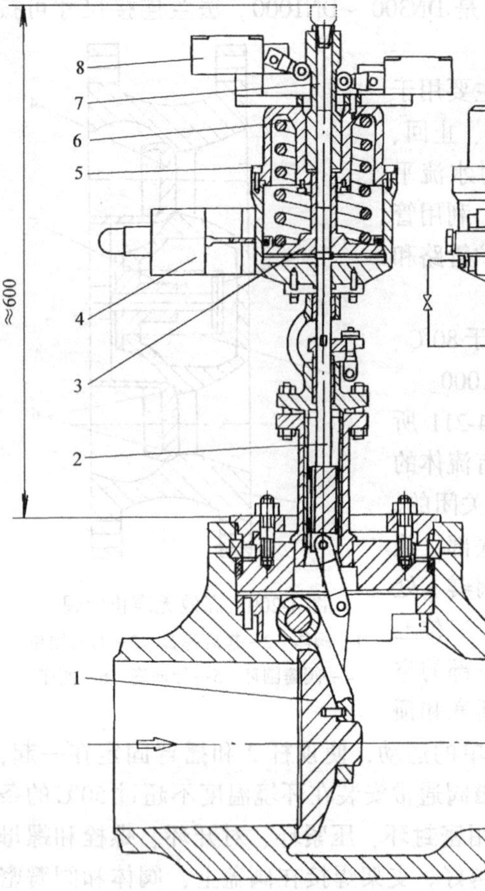

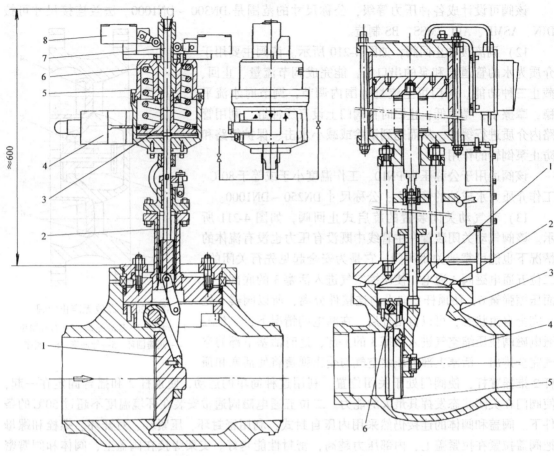

图 4-211 带气动关闭装置的旋启式止回阀

1—阀瓣 2—顶杆 3—活塞 4—二位五通电磁阀 5—螺钉 6—弹簧 7—行程挡块 8—行程开关

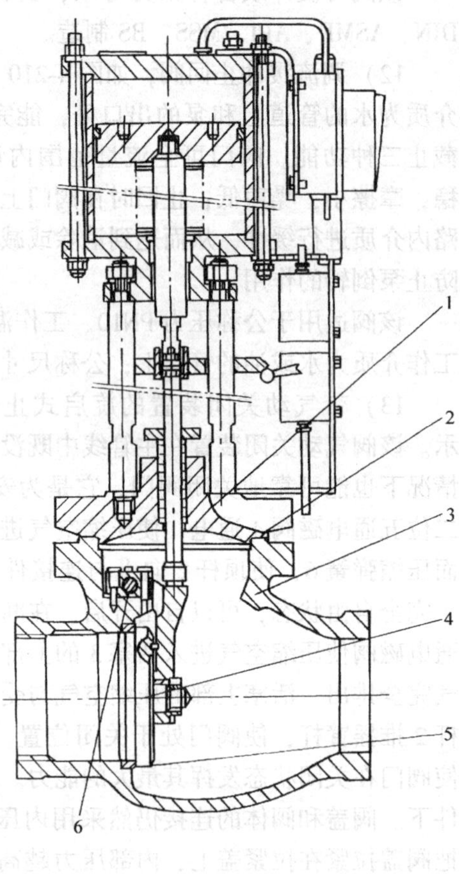

图 4-212 带气动装置的旋启式止回阀

1—阀盖 2—阀盖垫片 3—阀体 4—阀瓣 5—阀体密封圈 6—销钉

为闭止阀使用。阀门的阀体与阀盖连接靠螺栓与螺母，密封靠垫片。但阀门的阀体与阀盖除用螺栓连接外，还有焊接凸台。为了保证中法兰绝对密封，一般都焊死。这样，用于电站非常安全。阀门的阀座与阀瓣密封面均堆焊司太利硬质合金。

15）内压自封式阀盖直流式旋启式止回阀，如图 4-213 所示。该阀的阀体为铸造而成。内压自封式阀盖靠阀盖密封环 7、压紧环 4、对开圆环 5、拉紧盖板 2 用六角头螺栓 3 拉紧预密封，阀体内介质压力越高，密封性能越好。阀座和阀瓣密封面均焊硬质合金，使阀门耐冲刷、耐磨损、耐腐蚀。当介质从阀瓣下方流过时，靠介质压力打开阀瓣，使介质通过；反之，当介质逆流时，靠介质压力和阀瓣自重关闭阀门，阻止介质流

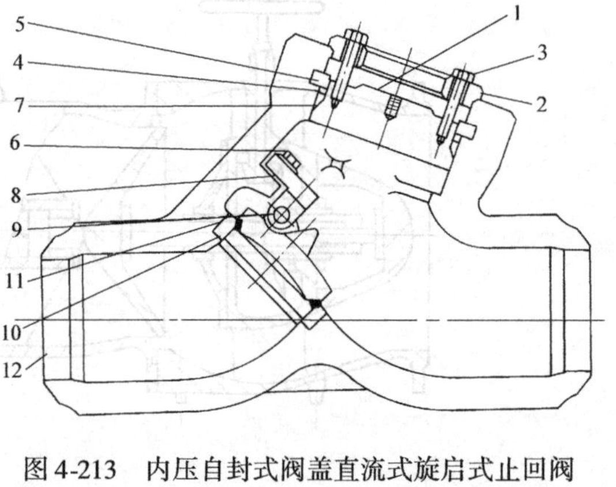

图 4-213 内压自封式阀盖直流式旋启式止回阀

1—阀盖 2—阀盖拉紧盖板 3—六角头螺栓 4—阀盖密封环压紧环 5—对开圆环 6—杠杆螺钉 7—阀盖密封环 8—杠杆 9—销轴 10—阀座密封环 11—阀瓣 12—阀体

动。阀门和管路的连接为对接焊连接。

16）带最小流量喷嘴的旋启式止回阀，如图 4-214所示。该阀喷嘴的尺寸通常是主管线公称尺寸的 1/3，所以公称尺寸 DN300 的主管应该使用公称尺寸 DN100 的最小流量喷嘴。喷嘴的长度通常等于喷嘴的外径，法兰连接也适用同样的长度。止回阀的结构长度可以改变。自封式阀盖靠密封环、密封压环、对开环用螺栓、螺母拉紧在拉紧盖上，压力越高密封越好。阀体密封面、阀瓣密封面堆焊硬质材料，并经过仔细地研磨，使关闭时密封良好又耐磨、耐冲蚀、耐腐蚀。阀瓣靠连接杆和销轴连接在阀体内，使阀门不致于从销轴处渗漏。

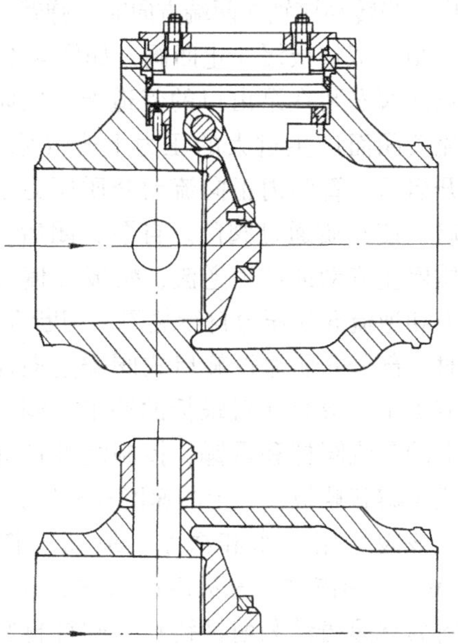

图 4-214　带最小流量喷嘴的旋启式止回阀

17）对夹式消声止回阀，如图 4-215 所示。该阀除具有结构长度短、结构合理、重量轻、密封性能好和流阻比同类进口产品小等优点外，还可有效地消除噪声、防止水击发生，并能采取水平或垂直方向安装。阀体材料为可锻铸铁，阀杆为不锈钢，阀瓣密封面为聚四氟乙烯，靠弹簧和介质压力关闭阀门。

该阀适用于公称压力 PN16、工作温度小于或等于 100℃、介质为水的管路上。

18）对夹薄型止回阀，如图 4-216 所示。该阀利用在阀体上的槽、穿销钉来固定阀瓣，靠介质的压力开启和关闭。阀体材质为碳钢或不锈钢，密封面为铬不锈钢或钴铬钨硬质合金。

该阀适用于公称压力 PN20 ~ PN50，工作温度小于或等于 425℃ 的液体、气体、蒸汽及腐蚀性液体的管道上；公称尺寸 DN50 ~ DN350，结构长度 L 仅为 20 ~ 46mm。

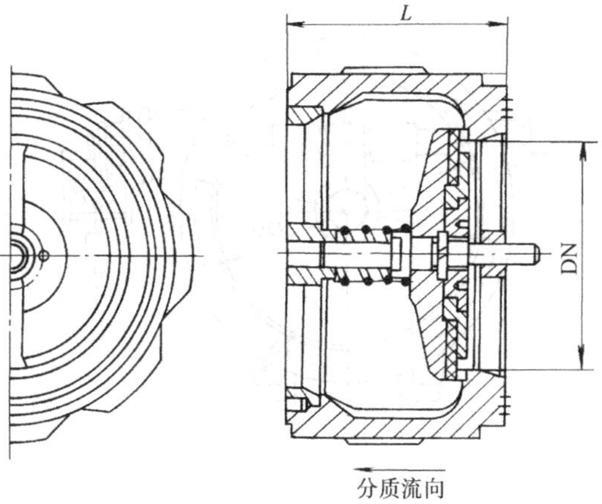

图 4-215　对夹式消声止回阀

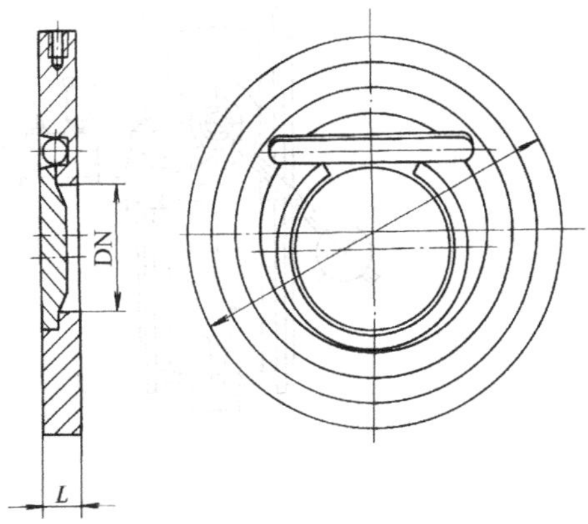

图 4-216　对夹薄型止回阀

19）用于气体的双板止回阀，如图 4-217 所示。该止回阀的控制系统是由使用水平器、一个附加轴 3 和阀板 8 连接。当翻转时，在阀门入口处，控制介质的压力。强制阀板 8 去转轴 3 克服弹簧 4 的阻力而保持流通部分的开启。当压力减少时，弹簧 4 强制阀板转到它原来关闭的位置。

阀门由使其偏离掣子来实行检查，并用动力头转动阀板，水平器附加到轴3上，使之阀板8连续开启。当转动该轴在两端方向时，弹簧4肯定是自动转动阀板8及动力头到常规位置。

20）双蝶板缓冲止回阀，如图4-218所示。该止回阀安装在泵出口的管道上，以防止介质逆流关闭而产生过大的压力上升（水击）。当泵开启后，管路内正向流动介质压力推动蝶板开启，使介质通过阀门。自泵关闭后，管路内介质停止流动或产生逆流，蝶板（偏心）靠自重力和逆流介质压力自行关闭，切断介质主流。同时，部分介质通过旋启式阀瓣逆向流动，从而减少了逆流介质对蝶板的冲击。调节缓冲装置上的节流阀杆和重锤，控制缓冲性能，使旋启式阀瓣和蝶板按一定的速度和程序关闭。

该阀适用于水和海水，最高工作压力为1.0MPa。阀体材料为灰铸铁和耐蚀铸铁，蝶板材料为球墨铸铁和耐蚀铸铁，阀杆材料为不锈钢；最大公称尺寸可达DN2200。

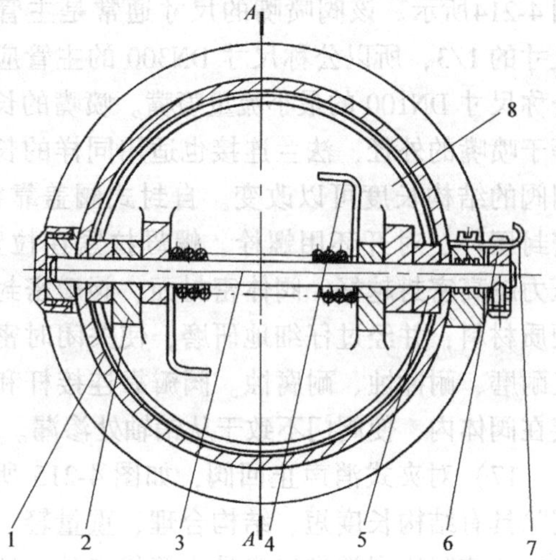

图4-217 用于气体的双板止回阀

1—阀体 2—转轴支撑 3—转轴 4—扭力弹簧 5—蝶板支撑 6—限位块 7—限位支柱 8—阀板

21）电动缓闭式蝶形止回阀，如图4-219所示。该止回阀在阀瓣的下游侧设有抵抗体，以防止流体逆流时对止回阀的冲击。该抵抗体在顺流情况下抵抗小，而在逆流情况下抵抗增大。抵抗体即是摆动式阀瓣，它是由各种形式的墙状体和许多摆动式小阀瓣式圆孔组成的。当逆流量很少时，可使止回阀闭锁，并减少压力上升，防止冲击现象的产生。即使在吐出管路比较短的场合，也可防止由于止回阀的闭锁迟缓而引起的压力上升及冲击现象，进而也能有效地保护泵及联动装置的安全。

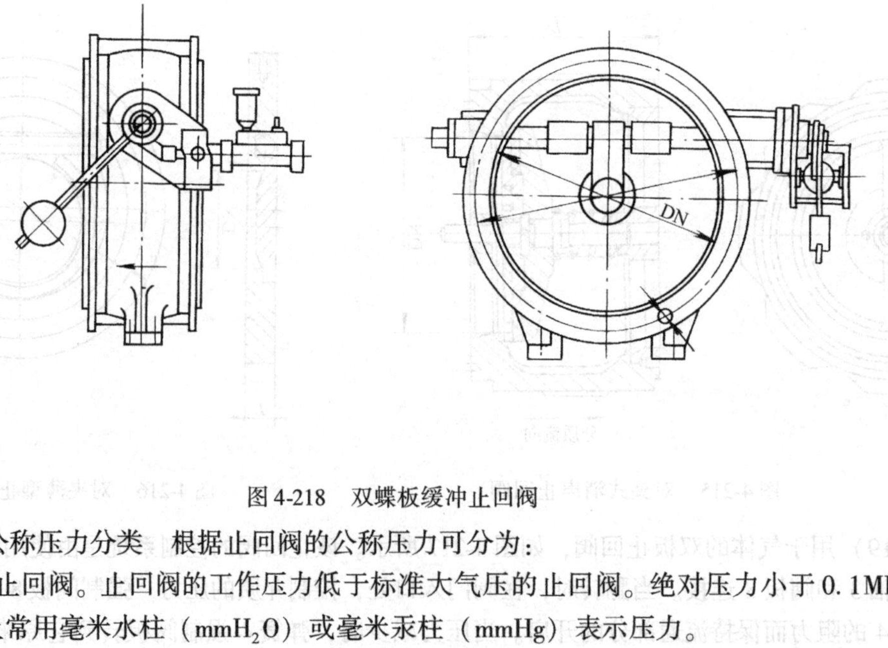

图4-218 双蝶板缓冲止回阀

（2）按公称压力分类 根据止回阀的公称压力可分为：

1）真空止回阀。止回阀的工作压力低于标准大气压的止回阀。绝对压力小于0.1MPa的阀门，习惯上常用毫米水柱（mmH_2O）或毫米汞柱（mmHg）表示压力。

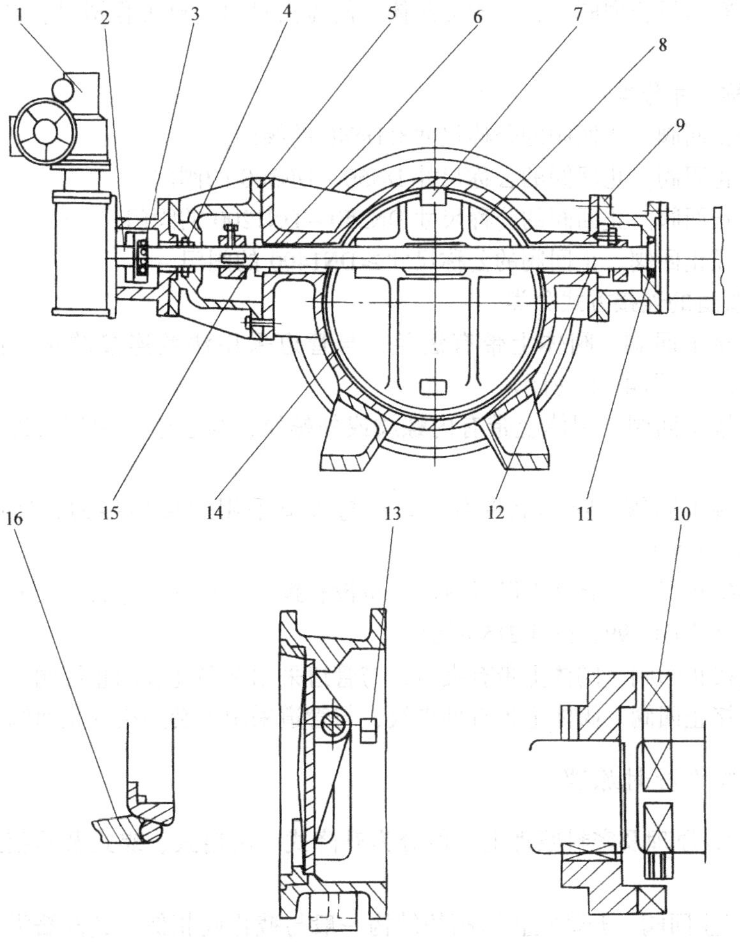

图 4-219　电动缓闭式蝶形止回阀

1—电动装置　2—离合器轴　3—电动装置离合器　4、6—左轴承　5—左支架　7、8—蝶板　9—右支架　10—阀门离合器　11—右轴承　12—右轴套　13—限位块　14—阀体　15—蝶板限位块　16—阀座

2）低压止回阀。公称压力≤PN16 的止回阀。

3）中压止回阀。公称压力 PN25 ~ PN63 的止回阀。

4）高压止回阀。公称压力 PN100 ~ PN800 的止回阀。

5）超高压止回阀。公称压力≥PN1000 的止回阀。

（3）按介质工作温度分类

1）常温止回阀。止回阀的工作温度在 $-29℃ \leq t \leq 120℃$ 的阀门。

2）高温止回阀。止回阀的工作温度 $t > 450℃$ 的阀门。

3）中温止回阀。止回阀的工作温度在 $120℃ < t \leq 450℃$ 的阀门。

4）低温止回阀。止回阀的工作温度在 $-100℃ \leq t < -29℃$ 的阀门。

5）超低温止回阀。止回阀的工作温度 $t < -100℃$ 的阀门。

（4）按阀体材料分类

1）非金属材料止回阀。止回阀的阀体、阀盖材料为陶瓷、玻璃钢、工程塑料等的阀门。

2）金属材料止回阀。止回阀的阀体、阀盖材料为铜合金、铝合金、钛合金、镍合金、蒙乃尔合金、铸铁、碳素钢、低合金钢、高合金钢、不锈钢的阀门。

3）金属材料衬里止回阀。止回阀的阀体、阀盖内衬铅、衬工程塑料、衬搪瓷、衬陶瓷等的阀门。

（5）按公称尺寸分类

1）小口径止回阀。止回阀的公称尺寸≤DN40 的阀门。

2）中口径止回阀。止回阀的公称尺寸 DN50～DN300 的阀门。

3）大口径止回阀。止回阀的公称尺寸 DN350～DN1200 的阀门。

4）特大口径止回阀。止回阀的公称尺寸≥DN1400 的阀门。

（6）按与管道的连接方式分类

1）法兰连接止回阀。阀体上带有法兰，与管道采用法兰连接的止回阀，如图 4-202、图 4-206、图 4-218、图 4-219 所示。

2）螺纹连接止回阀。阀体上带有内螺纹或外螺纹，与管道采用螺纹连接的止回阀，如图 4-212所示。

3）焊接连接止回阀。阀体上带有焊口，与管道采用焊接连接的止回阀，如图 4-211、图 4-213、图 4-214 所示。

4）对夹连接止回阀。阀体上既没有法兰也没有螺纹，与管道连接采用对夹在管道两法兰之间的止回阀，如图 4-199、图 4-215 所示。

5）夹箍连接止回阀。阀体上带有夹口，与管道采用夹箍连接的止回阀。

6）卡套连接止回阀。阀体上带有外螺纹，与管道采用卡套连接的止回阀。

4.4.3 止回阀的密封原理

止回阀从设计原理及密封原理上一般分为升降式、旋启式、蝶式及隔膜式几种类型。其密封原理如下。

（1）升降式止回阀 升降式止回阀的结构一般与截止阀相似，其阀瓣沿着通道中心线升降。其密封原理是：对于立式升降止回阀，关闭时靠自重，一旦阀瓣关闭后，靠介质逆流时的压力对阀瓣作用，形成密封压力，这个压力越高，阀瓣与阀座密封面上的密封比压越高，密封越容易。相反，介质压力越低，阀瓣与阀座密封面上的密封比压越低，密封越不容易。为了保证密封，就必须保证密封面的实际比压要大于保证密封的必须比压，但还要小于材料所允许的许用比压。这样，对于工作压力较高的立式升降止回阀而言，设计时，密封面根据材料的许用比压就可以设计得宽些；相反，对于工作压力较低的立式升降止回阀来说，由于工作压力低，密封力必然小，要保证足够的密封比压，就需把密封面设计得窄些。对于直通式止回阀，由于一般只能安装在水平管路上，阀瓣不可能靠自重关闭止回阀，这样只能加一个压缩弹簧，靠压缩弹簧的弹力，一但停泵时，把阀瓣压向阀座，再靠工作介质压力保证密封。这样，在计算密封力时，就要把弹簧力加上，不能只靠工作介质压力来计算密封比压。升降式止回阀流体阻力较大，这是因为在介质流动过程中，要拐一 S 形的弯路，但动作可靠。由于结构关系，只适用于较小口径的场合。

（2）旋启式止回阀 旋启式止回阀的阀瓣绕阀体内的转轴旋转，转轴的轴线必须和阀体密封面在一个平面上，才能保证关闭时达到密封。旋启式止回阀一般只能安装在水平管路上。使用时，靠介质的工作压力把阀瓣冲开，此时止回阀便开启，介质通过；关闭时，靠介质逆流和阀瓣的自重，阀瓣绕阀体内转轴旋转，从而使阀瓣和阀座密合，达到关闭止回阀的目的。一旦旋启式止回阀关闭，其密封力就形成，这个密封力就是反向介质压力作用在阀瓣上的力，密封比压也就形成，也就能保证旋启式止回阀的密封。管道介质工作压力越高，密封力越大，密封比压也就越大，越容易保证密封；相反，管道介质工作压力越低，密封力也就越小，密封比压也就越低，不易保证密封。这时，为了保证密封比压，只能把密封面设计得窄些，才能保证达到密封。但应注意：在介质工作压力很高时，其密封力必然很大，密封比压也就很高。要保证实际密封比压大于必须的密封比压，同时一定要小于材料所允许的许用比压，只有这样，才能既保证了密封，又安全可靠。

旋启式止回阀一般都水平安装，这样在开启过程中，介质流道基本呈一直线，故流体阻力小于升降式止回阀。由于结构上的原因，旋启式止回阀适用于较大口径的场合。旋启式止回阀根据阀瓣的数目可分为单瓣旋启式、双瓣旋启式及多瓣旋启式三种。单瓣旋启式止回阀一般适用于中等口径的场合。大口径管路选用单瓣旋启式止回阀时，为减少水击压力，最好采用能减小水击压力的缓闭式止回阀。双瓣旋启式止回阀适用于大中口径的管路。对夹双瓣旋启式止回阀结构较小，重量较轻，是一种有发展前途的产品。多瓣旋启式止回阀只适用于低压、大口径的管路。

(3) 蝶式止回阀　蝶式止回阀的结构类似于蝶阀，其密封原理近似于蝶阀。蝶式止回阀分两种，一种是单板，一种是双板。单板蝶式止回阀的密封原理更接近于蝶阀，蝶阀关闭时是靠阀杆传递到蝶板的力矩，而单板蝶式止回阀是靠介质逆流时产生的偏心力矩而完成的。单板蝶式止回阀开启时靠介质的顺流，克服蝶板自重产生的力矩，冲开蝶板，达到开启的目的；而当停泵时，没有介质正向流动，靠蝶板自重产生的力矩关闭蝶式止回阀。再靠介质回流时的压力产生的密封比压达到密封。此时应注意压力较高的蝶式止回阀，其密封面宽度应宽些；压力较低的蝶式止回阀，其密封面宽度应窄些。总之，要保证密封面上的实际比压大于保证密封的必须比压。且应小于材料允许的许用比压，这样既能保证有效的密封，而且还安全。对于双板的蝶式止回阀，靠介质顺流时的压力克服弹簧的扭力矩而开启，靠扭弹簧所产生的扭力矩而关闭，再靠介质逆流时的压力产生的密封比压达到密封。双板式蝶式止回阀和单板式蝶式止回阀一样，当介质工作压力较高时密封面的宽度要设计得较宽些，介质工作压力较低时密封面的宽度应设计得较窄些。只有这样才能既保证密封性能，又不至把密封面破坏。

蝶式止回阀结构较简单。根据管路情况，既可以垂直安装，又可以水平安装，其安装方式比较灵活。又由于可以做成对夹式，这样其外形尺寸较小，重量较轻。其流体阻力较小，水击压力也较小。但蝶式止回阀由于结构原因，不能作成高的工作压力，只适用于中低压的场合。

(4) 隔膜式止回阀　隔膜式止回阀有多种形式，均采用隔膜作为启闭件。其密封原理是：当介质正向流动时，靠介质压力冲开隔膜，介质通过，达到开启隔膜式止回阀的目的；当停泵时，没有介质正向流动，隔膜靠自身的弹力紧抱阀芯，达到关闭隔膜式止回阀的目的。关闭后的隔膜式止回阀，再靠介质逆流时的压力，把隔膜压紧阀芯，产生密封力，使隔膜式止回阀达到密封的目的。工作介质压力越高，其密封性能越好。由于隔膜式止回阀的隔膜是用橡胶或工程塑料制成，因此不能使用在工作压力较高的管路上，一般公称压力仅在1.6MPa以下，过高的工作压力会损坏隔膜，使止回阀失效。隔膜式止回阀的隔膜材料还使止回阀受温度的限制，一般隔膜式止回阀的介质工作温度不能超过150℃。否则会使隔膜损坏、止回阀失效。

由于隔膜式止回阀防水击性能好、结构简单、制造成本较低，近年来在低压止回阀方面发展较快、应用较广。

(5) 球形止回阀　球形止回阀的阀瓣是包覆橡胶或工程塑料的球体，因此其密封性能可靠。球形止回阀根据其公称通径的大小，有单球和多球之分。其密封原理是：当开泵时，介质正向流动产生的介质压力推动球体运动，沿导柱离开阀座密封面，止回阀便开启，介质通过；当停泵时，介质反向流动的压力推动球体沿导柱滚到阀座密封面，关闭止回阀，靠工作介质的压力，使球体阀瓣和阀座密封面间产生一定的密封比压，保证止回阀的密封，达到阻止介质逆流的目的。由于球形止回阀的球体阀瓣和阀座密封面接触的面较窄，接近于线密封，因此只要球体的圆度高，易于达到密封。因为密封面窄，在相同的介质工作压力下，线密封比面密封的密封比压大，因此密封可靠。但球形止回阀的密封件球体包覆橡胶或工程塑料，因此工作温度受到材料的限制，一般介质工作温度在150℃以下。

由于球形止回阀可以采用单球密封和多球密封，因此公称尺寸可以做成很大，其范围在DN200～DN1200。

4.4.4 止回阀所适用的场合

使用止回阀的目的是防止介质的逆流，一般在泵的出口都要安装止回阀。另外，在压缩机的出口也要安装止回阀。总之，为了防止介质逆流，在设备、装置或管路上都应安装止回阀。

一般在公称尺寸DN50的水平管路上都选用立式升降止回阀。直通式升降止回阀在水平管路和垂直管路上都可安装。底阀一般只安装在泵进口的垂直管路上，并且介质自下而上流动。

旋启式止回阀可以做成很高的工作压力，可达PN420，而且公称尺寸也可做到很大，最大可达DN2000以上。根据壳体及密封件的材质不同，可以适用任何工作介质和任何工作温度范围。介质为水、蒸汽、气体、腐蚀性介质、油品、食品、药品等。介质工作温度范围在-196～800℃。

旋启式止回阀的安装位置不受限制，通常安装于水平管路上，但也可以安装于垂直管路或倾斜管路上。

蝶式止回阀的适用场合是低压大口径，而且安装场合受到限制。因为蝶式止回阀的工作压力不能做到很高，但公称尺寸可以做到很大，可以达到DN2000以上，但公称压力都在PN63以下。蝶式止回阀可以做成对夹式，一般都安装在管路的两法兰之间，采用对夹连接的形式。

蝶式止回阀的安装位置不受限制，可以安装在水平管路上，也可以安装在垂直管路或倾斜管路上。

隔膜式止回阀适用于易产生水击的管路上，隔膜可以很好地消除介质逆流时产生的水击。由于隔膜式止回阀的工作温度和使用压力受到隔膜材料的限制，一般多使用在低压常温管路上，特别适于自来水管路上。一般介质工作温度在-29～120℃，工作压力<1.6MPa，但隔膜式止回阀可以做到较大的口径，公称尺寸最大可到DN2000以上。

隔膜式止回阀由于其防水击性能优异，结构又比较简单，制造成本又较低，所以近年来应用较多。

球形止回阀由于密封件是包覆橡胶的球体，因此密封性能好、运行可靠、抗水击性能好；又由于密封件可以是单球，又可以做成多球，因此可以做成大口径。但它的密封件是包覆橡胶的空心球体，不适用于高压管路，只适用于中低压的管路上。

由于球形止回阀的壳体材料可以用不锈钢制作，密封件的空心球体可以包覆聚四氟乙烯工程塑料，所以在一般腐蚀性介质的管路上也可应用。

该类止回阀的工作温度在-101～150℃，其公称压力≤PN40，公称尺寸范围在DN200～DN2000。

4.4.5　止回阀的选择原则

大多数止回阀系根据对最小冲击压力或无冲击关闭所需要的关闭速度及其关闭速度特性做定性的估价来进行选择的。这种选择方法不一定精确，但根据经验，在大多数使用场合可以得到能接受的结果。

(1) 不可压缩性流体用止回阀　用于不可压缩性流体的止回阀，主要根据其在关闭时不会因为倒流引起突然关闭而导致产生不可接受的高冲击压力的性能来进行选择。将此类阀门选作低压力降阀来使用，通常仅为第二种考虑。

对这种止回阀来说，第一步是对所需要的关闭速度进行估评。

儒可夫斯基确定的阀门快速关闭时管路中的静压力升高为

$$\Delta p = av\rho/B \tag{4-84}$$

$$a = \frac{K}{\frac{\rho}{B}\left(1 + \frac{KDC}{Be}\right)} \tag{4-85}$$

式中　Δp——相对于正常压力的压力升值（MPa）；

v——中断流束的速度（m/s）；

a——压力波传递速度（m/s）；

ρ——液体密度（kg/m^3）；

K——液体弹性模量（MPa）；

D——管路内径（m）；

e——管壁厚度（m）；

C——管路限流系数，对非限流管路取 1.0；

B——常数。

在使用 D/e 之比为 35 的钢管和水介质时，压力波速度约为 1200m/s，当瞬时速度变化为 1m/s 时，静压的增量为 $\Delta p = 1.2\text{MPa}$。

第二步是选择可能满足所需要的关闭速度的止回阀类型。

(2) 压缩性流体用止回阀　尽管压缩性流体管路选用止回阀的目的在于使阀瓣的撞击减小到最小程度，但可以根据不可压缩性流体用止回阀的类似选择方法来进行选择。但是，非常大的输送管道，其压缩性介质的冲击力也可能变得十分可观。

如果介质流波动范围很大，则用于压缩性流体的止回阀可使用一减速装置。此装置在关闭件的整个位移过程中都起作用，以防止对其端部产生快速连续的锤击。

如果介质流连续不断地快速停止和启动，如压缩机的出口那样，则使用升降式止回阀。此止回阀使用一个可承受弹簧载荷的轻量阀瓣，阀瓣的升程不高。

(3) 止回阀尺寸的确定　止回阀应确定相应的尺寸，这样正常的流体就可使关闭件稳定地保持开启。为了获得最大的关闭时间，止回阀应尽可能在顺流介质的速度开始减缓之后马上开始关闭。为了使得在这种情况下能确定阀门尺寸，阀门制造商必须提供选定尺寸的资料数据。图 4-220 给出了这种资料数据的例子。其中针对流体给出了压力降；阀门的全开位置标记在流体标引曲线上。这里给出流体标引 $W\sqrt{V}/A$，式中 W 为流速（m/s）、V 为比体积（m^3/kg）、A 为流通面积（m^2）。图 4-220 中还有显示某一特定阀门尺寸的通孔面积表格。这样，就找到给定流速下阀门全开时的阀

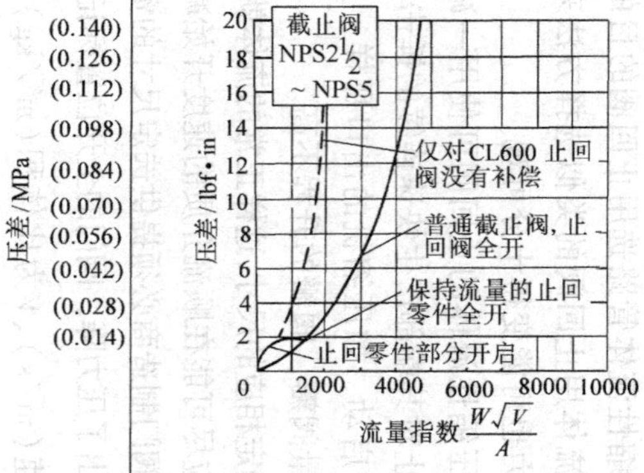

截止阀NPS2½~NPS5					
阀口面积 /in²					
尺寸/in	压力级 CL				
	300	600	900	1500	2500
$2\frac{1}{2}$	–	4.9	–	4.0	2.8
3	4.9	7.1	6.5	5.9	4.0
4	7.1	12.6	11.8	10.3	6.5
5	12.6	19.6	17.7	15.0	10.3

截止阀NPS6~NPS14					
阀口面积 /in²					
尺寸 NPS	压力级 CL				
	300	600	900	1500	2500
6	19.6	28.3	26.0	22.7	15.0
8	28.3	48.7	44.2	38.5	26.0
10	48.7	74.6	69.1	60.1	41.3
12	74.6	108.4	97.2	84.5	58.4
14	–	130.1	117.9	101.6	–

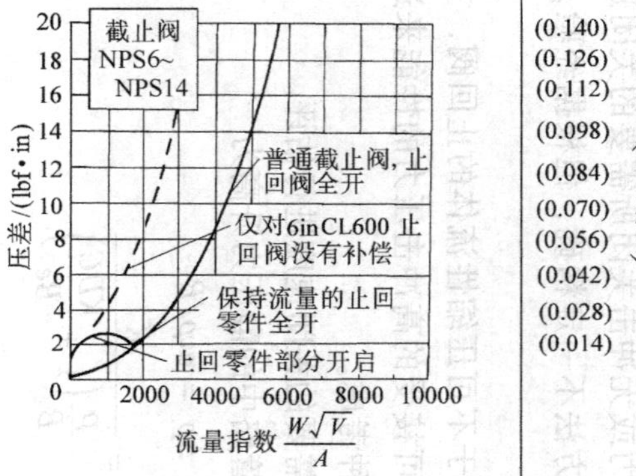

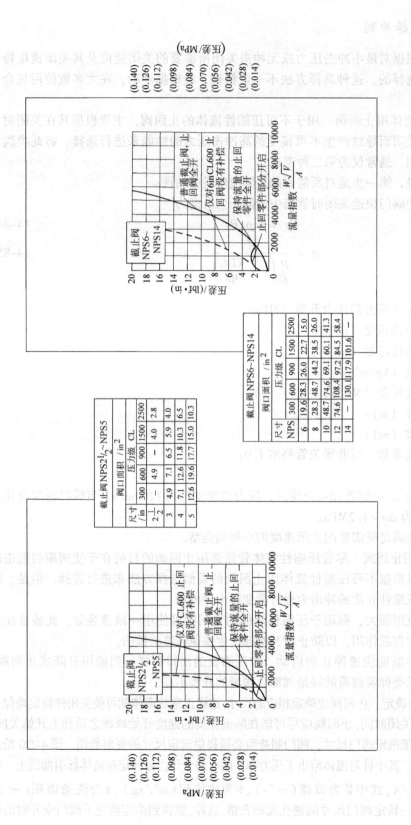

图 4-220 止回阀尺寸选定数据

门尺寸大小。

(4) 止回阀类型的选择

1) 对于 DN50 以下的高中压止回阀，宜选用立式升降止回阀和直通式升降止回阀。

2) 对于 DN50 以下的低压止回阀，宜选用蝶式止回阀、立式升降止回阀和隔膜式止回阀。

3) 对于大于 DN50、小于 DN600 的高中压止回阀，宜选用旋启式止回阀。

4) 对于大于 DN200、小于 DN1200 的中低压止回阀，宜选用无磨损球形止回阀。

5) 对于大于 DN50、小于 DN2000 的低压止回阀，宜选用蝶式止回阀和隔膜式止回阀。

6) 对于要求关闭时水击冲击比较小或无水击冲击的管路，宜选用缓闭式旋启式止回阀和缓闭式蝶形止回阀。

7) 对于水泵进口管路，宜选用底阀。

(5) 止回阀的操作　止回阀的操作方式应避免发生如下情况：

1) 因止回阀关闭而造成过分高的冲击压力。

2) 阀门关闭件快速振荡动作。

为了避免因关闭止回阀而形成的过高冲击压力，阀门必须关闭迅速，从而防止形成极大的倒流速度。该倒流速度就是形成冲击压力的原因，故止回阀的关闭速度应与顺流介质的衰减速度正确匹配。

但是，顺流介质的衰减速度在液体系统可能变化很大。举例来说，如果液体系统采用一组并联泵，而其中的一台突然失效，则在该失效泵出口处的止回阀就必须几乎在同时关闭。另外，如果液体系统只有一台泵，而此泵突然失灵，又如输送管较长，而且出口端的背压及泵送压头较低，则关闭速度较小的止回阀就比较好。

止回阀的活动零件若磨损过快，则会导致阀门过早失灵。为了防止这种情况发生，必须避免关闭件产生快速振荡动作。这种关闭件的快速振荡动作可以通过对一迫使关闭件稳定地对付介质停止流动的介质速度选定阀门来予以避免。

这种理想的情况不是经常可以获得的。例如：假使顺流介质的速度变化范围很大，则最小的流速就不足以迫使关闭件稳定停止。在这种情况下，关闭件的运动可在其动作行程的一定范围内用阻尼器来加以抑制。如果介质为脉动流，则止回阀应尽可能置于远离脉动源的地方。关闭件的快速振荡也可能是由极度的介质扰动而引起，凡是存在这种情况之处，止回阀应该安置在介质扰动最小的地方。

因此，选择止回阀首先是掌握该止回阀所处的工况条件。

(6) 快关止回阀的确定　在实际使用中，大多数止回阀只能定性地被用于快速关闭。以下各条可以作为判断依据。

1) 关闭件从全开到关闭位置的行程应该尽可能短。由此可知，从关闭速度这一点看，口径较小的闭门较之口径较大的同类结构的止回阀，关闭速度较大。

2) 止回阀应在介质倒流之前，在最大可能的介质顺流速度下，从全开位置开始关闭，以得到最大的关闭时间。

3) 关闭件的惯性应尽可能地小，但关闭力应适当地加大，以保证对顺流介质的降速做出最快的反应。从低惯性这一点出发，关闭件可以考虑用轻质材料制造，如铝或钛。为了兼得轻质材料的关闭件和高的关闭力，由关闭件的重量所产生的关闭力可用弹簧力来予以增强。

4) 在关闭件周围，延迟关闭件自由关闭动作的限制因素，应予以去除。

4.4.6 止回阀产品介绍

（1）内螺纹连接低压止回阀

1）主要性能规范（表4-200）。

表4-200 内螺纹连接低压止回阀主要性能规范

型号	公称压力 PN	试验压力/MPa 壳体	试验压力/MPa 密封	适用温度 /℃	适用介质
H11T-10	10	1.5	1.1	≤200	水、蒸汽
H11H-10				≤100	水、蒸汽、油品
H11W-10				≤100	油品
H11X-10				≤50	水
H11H-16	16	2.4	1.76	≤200	水、蒸汽、油品
H11W-16				≤100	油品
H11F-16				≤150	水、油品
H11T-16				≤200	水、蒸汽
H11W-16P				-20～150	硝酸类
H11W-16R				-20～150	醋酸类

2）主要零件材料（表4-201）。

3）主要外形尺寸、连接尺寸和重量（图4-221、表4-202）。

表4-201 内螺纹连接低压止回阀主要零件材料

零件名称	阀体、阀盖、阀瓣	密封圈
H11T-10、H11T-16	灰铸铁	黄铜
H11H-10、H11H-16		不锈钢
H11W-10、H11W-16		
H11X-10		橡胶
H11F-16		氟塑料
H11W-16P	ZG12Cr18Ni9Ti	
H11W-16R	ZG07Cr19Ni11Mo2	

零件名称	衬套	垫片
H11T-10、H11T-16	黄铜	橡胶石棉板
H11H-10、H11H-16		
H11W-10、H11W-16		
H11X-10		
H11F-16		
H11W-16P		聚四氟乙烯
H11W-16R		

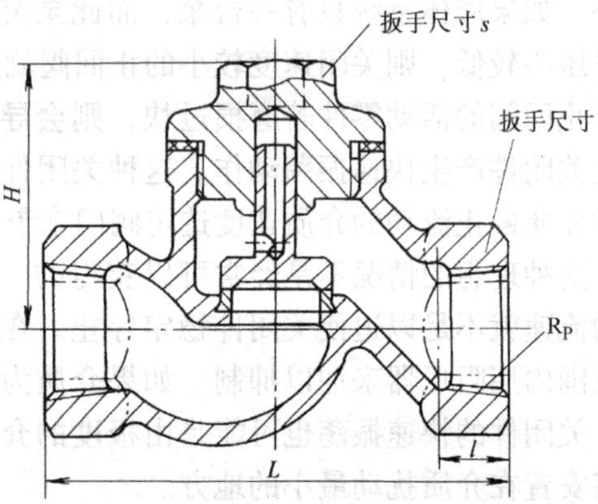

图4-221 内螺纹连接低压止回阀

表4-202 内螺纹连接低压止回阀主要尺寸及重量

公称尺寸 DN	管螺纹 Rp /in	尺寸/mm L	l	s	s_0	H	重量 /kg
15	1/2	90	14	27	30	60	0.6
20	3/4	100	16	27	36	62	0.8
25	1	120	18	30	46	75	1.5
32	1¼	140	20	36	55	84	2.0
40	1½	170	22	36	60	95	3.2
50	2	200	24	46	75	109	5.0
65	2½	260	26	50	90	128	7.5

（2）内螺纹连接黄铜止回阀

1）主要性能规范（表 4-203）。

2）主要零件材料（表 4-204）。

表 4-203　内螺纹连接黄铜止回阀主要性能规范

无脉动工作压力/MPa	饱和蒸汽	0.69
	常温水、油、气	1.03

表 4-204　内螺纹连接黄铜止回阀主要零件材料

零件名称	阀体、阀盖	阀　瓣	阀杆、螺母
402	黄　铜	聚四氟乙烯	黄　铜
403		黄　铜	—

3）主要外形尺寸和连接尺寸（图 4-222、表 4-205）。

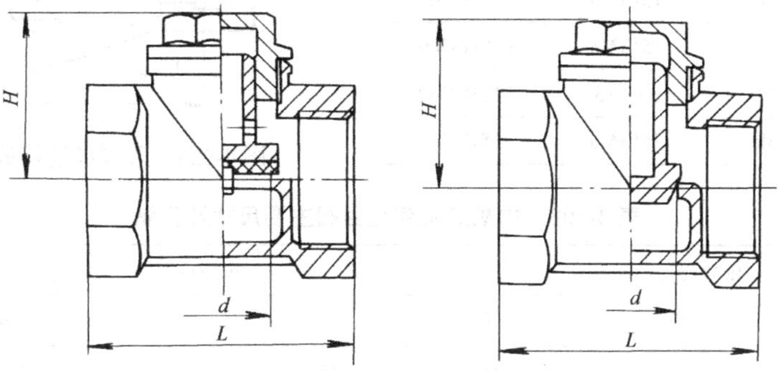

a）　　b）

图 4-222　内螺纹连接黄铜止回阀

a）402　b）403

表 4-205　内螺纹连接黄铜止回阀主要尺寸

阀门代号		402				403			
公称尺寸		尺　寸/mm							
NPS	DN	管螺纹 Rp	L	d	H	管螺纹 Rp	L	d	H
1/2	15	按 ISO 228 或 BS 21 标准	46	12.8	28.5	按 ISO 228 或 BS 21 标准	46	14	28.5
3/4	20		54	17	32		54	18	32
1	25		67	21	39.5		67	23	39.5

（3）内螺纹连接锻钢止回阀

1）主要性能规范（表 4-206）。

表 4-206　内螺纹连接锻钢止回阀主要性能规范

型　号	公称压力 PN	试验压力/MPa		工作温度/℃	适 用 介 质
		壳　体	密　封		
H11$_{Y}^{H}$-25	25	3.8	2.5	≤450	蒸汽、水油品等
H11$_{Y}^{H}$-40	40	6	4.0		
H11$_{Y}^{H}$-63	63	9.6	6.3		
H11$_{Y}^{H}$-100	100	15	10		
H11$_{Y}^{H}$-160	160	24	16		

2）主要零件材料（表4-207）。

3）主要外形尺寸、连接尺寸和重量（图4-223、表4-208）。

表4-207 内螺纹锻钢止回阀主要零件材料

零件名称	H11 H/Y-25/40/63/100/160	H11 H/Y-25/40/63/100/160 I	H11 H/Y-25/40/63/100/160 P
	材料		
阀体	25Mn	15CrMo	12Cr18Ni9
阀盖	25Mn	15CrMo	12Cr18Ni9
阀瓣	30Cr13	30Cr13	12Cr18Ni9
螺栓	35CrMo	35CrMo	35CrMo

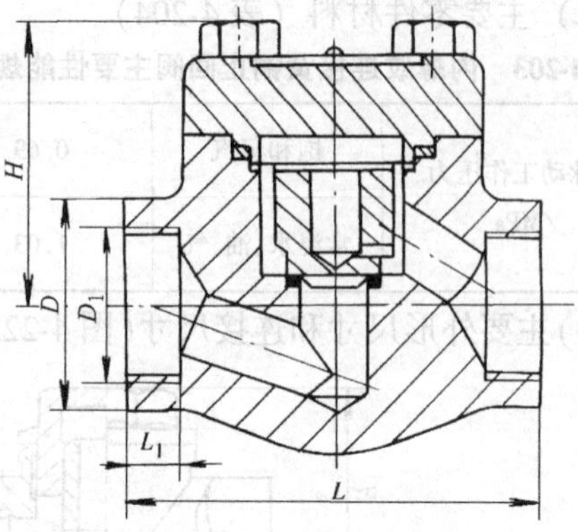

图4-223 外螺纹连接锻钢止回阀

表4-208 内螺纹锻钢止回阀主要尺寸及重量

公称尺寸 DN	锥管螺纹 Rc /in	尺寸/mm				重量 /kg
		L	L_1	D	H	
15	1/2	80	16	34	47.5	1.2
20	3/4	90	18	40	52.5	1.6
25	1	100	22	50	62.5	2.4
32	1¼	120	22	58	78	3.75
40	1½	140	24	66	92	5.5
50	2	170	25	78	106	6.5

（4）气液两相止回阀　气液两相止回阀用于非腐蚀性的气—液两相介质，防止阀门一侧的气体进入另一侧的液体中，气体可作为液体管路的吹扫气体。

1）主要性能规范（表4-209）。

2）主要零件材料（表4-210）。

3）主要外形尺寸和连接尺寸（图4-224）。

表4-209 气液两相止回阀主要性能规范

公称压力 PN	试验压力/MPa		适用介质	适用温度/℃
	壳体	密封		
40	6.9	4.4	空气、水	-40~80

表4-210 气液两相止回阀主要零件材料

零件名称	阀体	阀瓣	阀盖	密封垫	垫片
材料	碳钢	铬不锈钢	球墨铸铁	聚四氟乙烯	橡胶石棉板

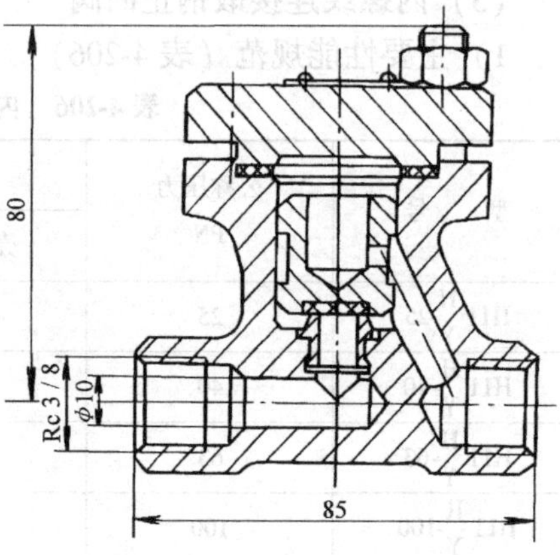

图4-224 气液两相止回阀

（5）螺纹连接超高压锥面止回阀

1）主要性能规范（表 4-211）。

表 4-211　螺纹连接超高压锥面止回阀主要性能规范

公称尺寸 DN	公称压力 PN	壳体试验压力 /MPa	适用介质	适用温度 /℃
3	3200	330	乙烯	≤250

2）主要零件材料（表 4-212）。

表 4-212　螺纹连接超高压锥面止回阀主要零件材料

零件名称	阀体、阀盖	阀　瓣	弹　簧
材　料	铬镍钼合金钢	铬不锈钢	弹簧钢

3）主要外形尺寸和连接尺寸（图 4-225）。

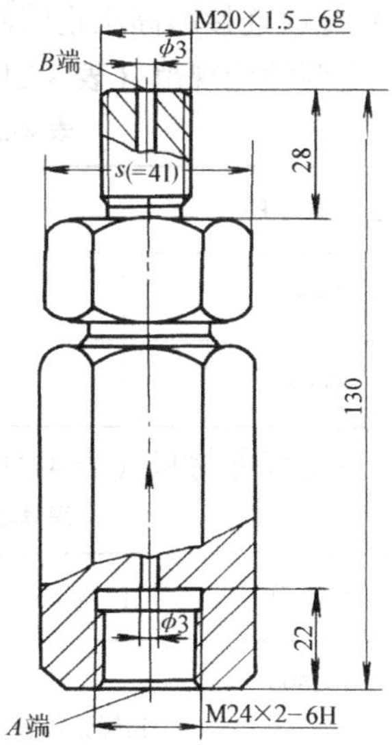

图 4-225　螺纹连接超高压锥面止回阀

（6）螺纹连接超高压锥面形球面形止回阀

1）主要性能规范（表 4-213）。

表 4-213　螺纹连接超高压锥面形球面形止回阀主要性能规范

公称压力 PN	壳体试验压力 /MPa	适用介质	适用温度 /℃
250	38	乙　烯	≤250

2）主要零件材料（表 4-214）。

表 4-214　螺纹连接超高压锥面形球面形止回阀主要零件材料

零件名称	阀体、接头	钢　球	阀　盖	导向套
材　料	铬镍钼合金钢	轴承钢	铬钼合金钢	铬不锈钢

3）主要外形尺寸、连接尺寸和重量（图 4-226、表 4-215）。

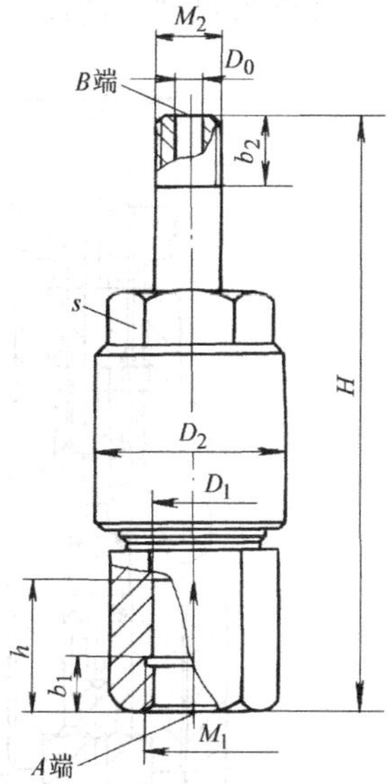

图 4-226　螺纹连接超高压锥面形球面形止回阀

表 4-215　螺纹连接超高压锥面形球面形止回阀主要尺寸及重量

型　号	公称尺寸 DN	尺　寸/mm										重量（包括附件）/kg
		D_0	D_1	M_1	M_2	b_1	b_2	h	D_2	s	H	
球面形 H12W-2500	10	9	30	M33×2	M20×1.5	28	30	60	75	65	195	4.8
	15	15	45	M48×2	M33×2	30	35	70	75	65	315	14.5
锥面形 H11W-2500	15	15	45	M48×2	M33×2	30	35	70	105	80	315	14.5

(7) 螺纹连接超高压止回阀

1) 主要性能规范（表4-216）。

表4-216　螺纹连接超高压止回阀主要性能规范

公称压力 PN	壳体试验压力/MPa	适用介质	适用温度/℃
2500	280	超高压泵用油,惰性气体	≤250
6000	660		≤200

2) 主要零件材料（表4-217）。

表4-217　螺纹连接超高压止回阀主要零件材料

零件名称	阀体、阀盖	阀瓣	阀座	弹簧	钢球	导向套
H12H-2500 H12H-6000	铬镍钼合金钢	铬不锈钢	铬钼合金钢	弹簧钢	轴承钢	铬不锈钢

3) 主要外形尺寸、连接尺寸和重量（图4-227、表4-218）。

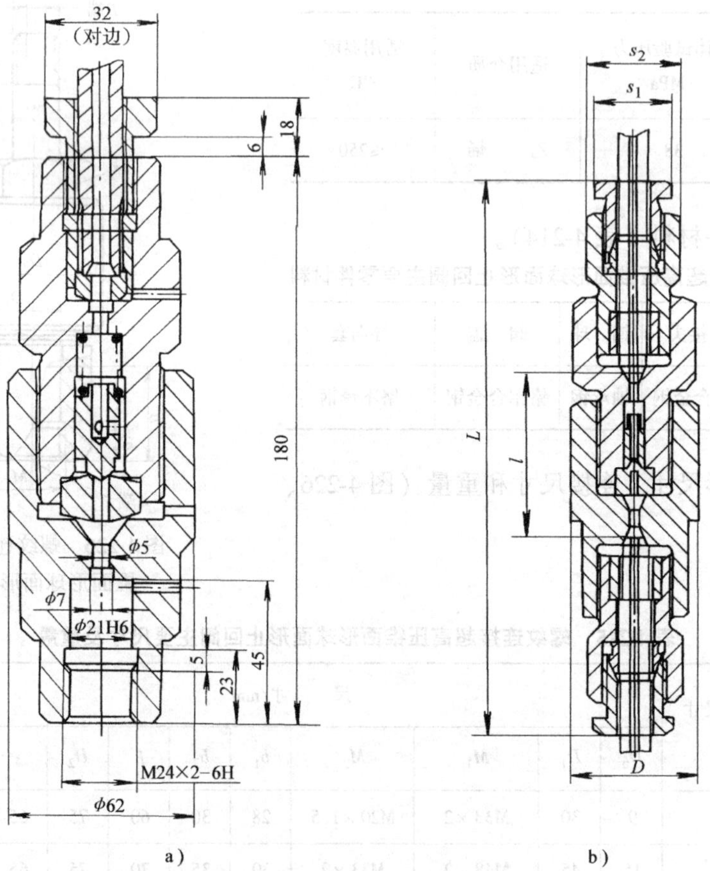

图4-227　螺纹连接超高压止回阀

表 4-218　螺纹连接超高压止回阀主要尺寸及重量

型　　号	公称尺寸 DN	尺　　寸/mm					重量 /kg
		D	L	l	s_1（对边）	s_2（对边）	
H12H-6000	3	56	232	68	30	36	2.6
	6	80	295	95	41	50	6.2
H12H-2500		图 4-227					3

（8）内螺纹连接锻钢止回阀

1）执行标准（表 4-219）。

表 4-219　API 602 内螺纹连接锻钢止回阀执行标准

项　目	设计制造	连接尺寸	检查试验
标　准	ASME B 16.34	ASME B 2.1	API 598

2）主要性能规范（表 4-220）。

表 4-220　API 602 内螺纹连接锻钢止回阀主要性能规范

公称压力级	试验压力/MPa		工作温度 /℃	适 用 介 质	
	壳体	密封			
CL800	19.5	14.3	≤425	C	水、蒸汽、油品
				P	腐蚀性介质

注：C 表示壳体材料为碳素钢，P 表示壳体材料为奥氏体不锈钢。

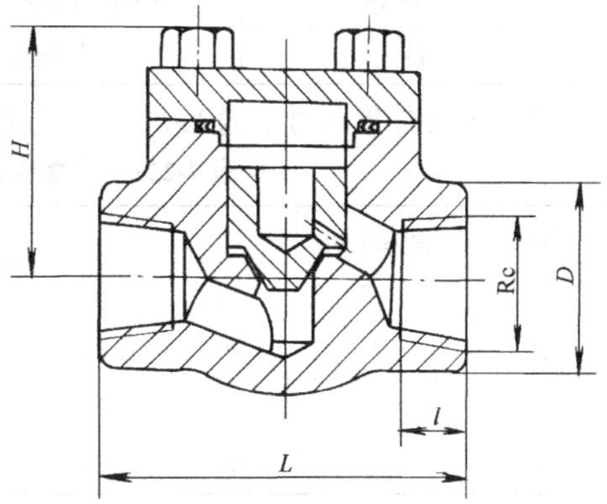

图 4-228　美标内螺纹连接锻钢止回阀

3）主要零件材料（表 4-221）。

4）主要外形尺寸、连接尺寸和重量（图 4-228、表 4-222）。

表 4-221　API 602 内螺纹连接锻钢止回阀主要零件材料

零 件 名 称	H11H-CL800 H11Y-CL800	H11H-CL800I H11Y-CL800I	H11H-CL800P H11Y-CL800P
	材　　料		
阀　　体	A105	A182/A182M-F11	A182/A182M-F304
	25Mn	15CrMo	06Cr19Ni10
阀　　盖	A105	A182/A182M-F11	A182/A182M-F304
	25Mn	15CrMo	06Cr19Ni10
阀　　瓣	A276/A276M-420	A276/A276M-420	A182/A182M-F304
	30Cr13	30Cr13	06Cr19Ni10
螺　　栓	A193/A193M-B7		
	35CrMo		

表 4-222　API 602 内螺纹连接锻钢止回阀主要尺寸及重量

公称尺寸		锥管螺纹 NPT /in	尺　　寸/mm				重　量 /kg
DN	NPS		L	l	D	H	
15	1/2	1/2	80	16	34	47.5	1.25
20	3/4	3/4	90	18	40	52.5	1.6
25	1	1	100	22	50	62.5	2.4
32	1¼	1¼	120	22	58	78	3.75
40	1½	1½	140	24	66	92	5.5
50	2	2	170	25	78	106	7.6

（9）内螺纹连接升降式止回阀

1）主要性能规范（表 4-223）。

表 4-223 内螺纹连接升降式止回阀主要性能规范

公称压力 PN	试验压力/MPa		工作压力/MPa	适用介质	工作温度/℃
	壳体	密封			
2.5	0.4	0.3	0.25	水	≤50

2）主要零件材料（表 4-224）。

表 4-224 内螺纹连接升降式止回阀主要零件材料

零件名称	阀体、阀瓣、阀罩	轴套	垫片
材料	灰铸铁	黄铜	石棉橡胶板

3）主要外形尺寸、连接尺寸和重量（图 4-229、表 4-225）。

表 4-225 内螺纹连接升降式止回阀主要尺寸及重量

公称尺寸 DN	管螺纹 Rp /in	尺寸/mm							重量/kg
		D_1	L	s	h	h_0	D_0	$H≈$	
50	2	70	24	75	28	16	154	160	4
65	2½	92	26	90	30	20	190	191	6.5
80	3	102	30	105	34	25	215	216	9.5

（10）内螺纹连接直通升降式止回阀

1）主要性能规范（表 4-226）。

表 4-226 内螺纹连接直通升降式止回阀主要性能规范

型号	公称压力 PN	试验压力/MPa		工作温度/℃	适用介质
		壳体	密封		
H11H-40	40	6	4.4	≤425	水、蒸汽、油品等
H11H-160	160	24	18		

2）主要零件材料（表 4-227）。

表 4-227 内螺纹连接直通升降式止回阀主要零件材料

零件名称	阀体、阀盖	阀座、密封圈	弹簧	垫片
材料	优质钢	不锈钢	弹簧钢	橡胶石棉板

3）主要外形尺寸、连接尺寸和重量（图 4-230、表 4-228）。

表 4-228 内螺纹连接直通升降式止回阀主要尺寸及重量

公称尺寸 DN	锥管螺纹 Rc /in	主要外形尺寸/mm				重量 /kg
		L		h	ϕ	
		系列 1	系列 2			
15	1/2	110	100	15	50	0.8
20	3/4	120	120	16	60	1.5
25	1	140	130	18	68	2.1
32	1¼	160	150	20	82	3.1
40	1½	190	170	22	95	4.8
50	2	235	190	25	110	6

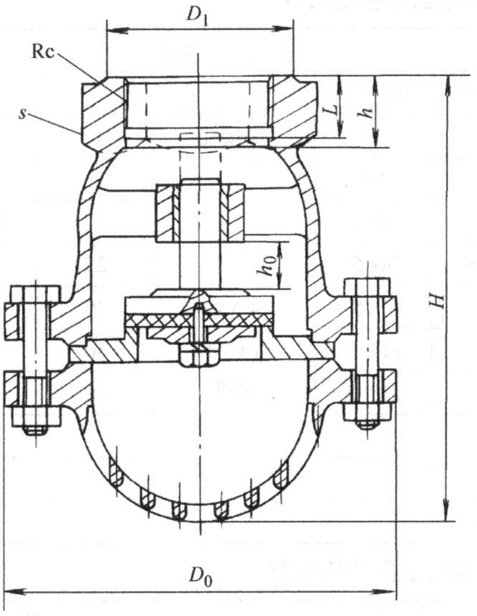

图 4-229　内螺纹连接升降式底阀

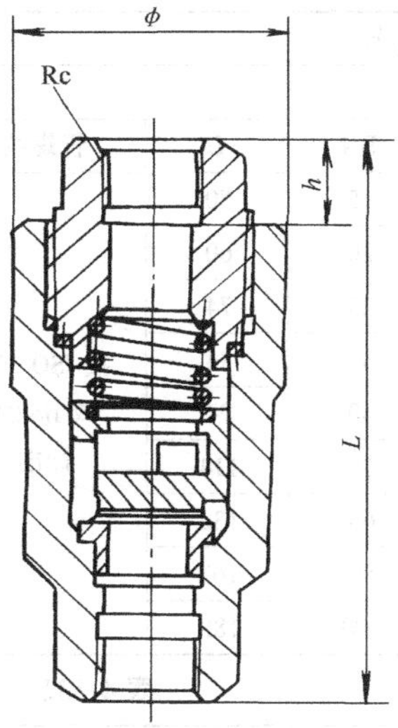

图 4-230　内螺纹连接直通升降式止回阀

(11) 内螺纹连接旋启式铜止回阀

1) 主要性能规范 (表 4-229)

表 4-229　内螺纹连接旋启式铜止回阀主要性能规范

无脉动工作压力/MPa	饱和蒸汽	0.69
	常温水、油、气	1.03

2) 主要零件材料 (表 4-230)。

表 4-230　内螺纹连接旋启式铜止回阀主要零件尺寸

零件名称	阀体、阀盖、阀瓣、摇杆、轴、螺栓、螺母	盖垫片
材料	黄铜	聚四氟乙烯

3) 主要外形尺寸、连接尺寸和重量 (图 4-231、表 4-231)。

(12) 外螺纹连接升降式止回阀

1) 主要性能规范 (表 4-232)。

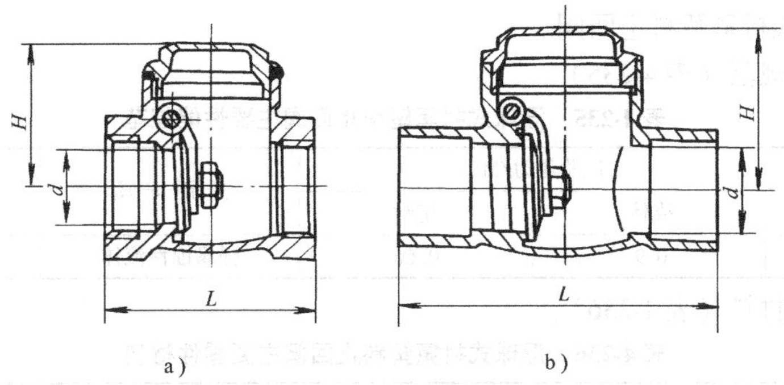

图 4-231　内螺纹连接旋启式铜止回阀

a) 401　b) 404

表 4-231 内螺纹连接旋启式铜止回阀主要尺寸

阀门代号		401				404			
公称尺寸		尺寸/mm							
NPS	DN	*L*	管螺纹	*d*	*H*	*L*	焊接孔	*d*	*H*
1/2	15	50	按 ISO 228 或 BS 21 标准	13	35	55	按 ANSI B16、18 标准	13	35
3/4	20	60		19	40	74.5		19	39.5
1	25	74		25	47.5	90.5		25	47.5
1¼	32	84		30	53	99.5		30	53
1½	40	94		36	60	114.5		36	60
2	50	114		46	70	138.5		46	70
2½	65	132		65	82				
3	80	162		80	99				
4	100	188		100	116				

表 4-232 外螺纹连接升降式止回阀主要性能规范

型 号	公称压力 PN	试验压力/MPa		工作压力 /MPa	适用介质	工作温度 /℃
		壳体	密封			
H21W-40P	40	6.0	4.0	4.0	硝酸	≤100
H21W-40R					醋酸	

2）主要零件材料（表 4-233）。

表 4-233 外螺纹连接升降式止回阀主要零件材料

零件名称	H21W-40P	H21W-40R
阀体、阀盖、接头、阀瓣	12Cr18Ni9	06Cr17Ni12Mo2
双头螺柱、接头螺母	14Cr17Ni2	14Cr17Ni2

3）主要外形尺寸、连接尺寸和重量（图 4-232、表 4-234）。

表 4-234 外螺纹连接升降式止回阀主要尺寸及重量

公称尺寸 DN	尺寸/mm							重量 /kg
	L	L_1	l	D	D_1	D_3	H	
15	186	93	26	16	22	82	80	2.329
20	214	107	31	22	28	95	100	3.42
25	236	113	32	27	34	98	110	5.34

（13）浮球式衬氟塑料止回阀

1）主要性能规范（表 4-235）。

表 4-235 浮球式衬氟塑料止回阀主要性能规范

公称压力 PN	试验压力/MPa		适用介质	工作温度 /℃
	壳体	密封		
6	0.9	0.66	强腐蚀性流体	≤150

2）主要零件材料（表 4-236）。

表 4-236 浮球式衬氟塑料止回阀主要零件材料

零件名称	上阀体、下阀体	（密封）球
材料	铸铁 HT200（衬氟塑料）	氟塑料

3）主要外形尺寸、连接尺寸和重量（图 4-233、表 4-237）。

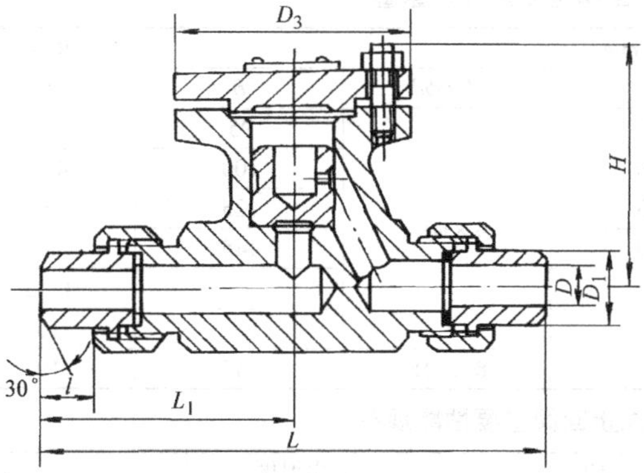

图 4-232　外螺纹连接升降式止回阀

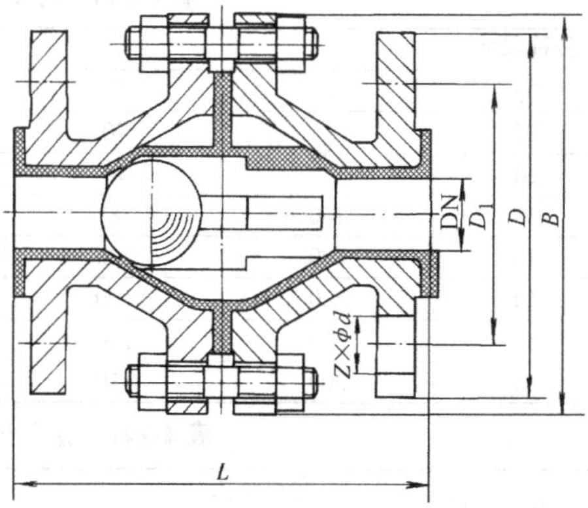

图 4-233　浮球式衬氟塑料止回阀

表 4-237　浮球式衬氟塑料止回阀主要尺寸及重量

公称尺寸 DN	尺寸/mm					重量 /kg
	L	D_1	D	$Z \times \phi d$	B	
25	152	90	125	4 × φ19	137	6
40	178	105	140		170	10
50		120	155		188	13.5
65	190	140	175		210	18
80	203	150	185	8 × φ19	232	21
100	267	175	210		296	40
125	—	—	—		—	—
150	394	240	280	8 × φ23	438	90

（14）浮球式衬胶止回阀

1）主要性能规范（表 4-238）。

2）主要零件材料（表 4-239）。

3）主要外形尺寸、连接尺寸和重量（图 4-234、表 4-240）。

（15）法兰连接升降式止回阀

1）主要性能规范（表 4-241）。

2）主要零件材料（表 4-242）。

3）主要外形尺寸、连接尺寸和重量（图 4-235、表 4-243）。

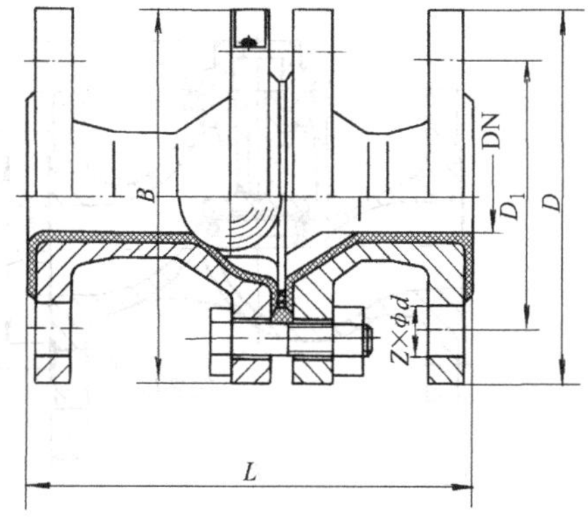

图 4-234　浮球式衬胶止回阀

表 4-238　浮球式衬胶止回阀主要性能规范

公称压力 PN	试验压力/MPa		适 用 介 质	工作温度 /℃
	壳体	密封		
10	1.5	1.1	一般腐蚀性流体	≤80

表 4-239　浮球式衬胶止回阀主要零件材料

零 件 名 称	上阀体、下阀体	（密封）球
材料	铸铁 HT200（衬硬橡胶）	氯丁橡胶

表 4-240 浮球式衬胶止回阀主要尺寸及重量

公称尺寸 DN	尺寸/mm					重量/kg
	L	D_1	D	$Z\times\phi d$	B	
15	150	70	95	4×φ18	95	4
20		75	100		100	4.3
25	160	90	125		125	5
40	190	105	140		145	7
50	220	120	155		—	11.5
65	270	140	175		—	16
80	300	150	185	8×φ18	240	19

表 4-241 法兰连接升降式止回阀主要性能规范

型号	公称压力 PN	试验压力/MPa		适用温度/℃	适用介质
		壳体	密封		
H41T-10	10	1.5	1.1	≤200	水、蒸汽
H41W-10				≤100	油品、煤气
H41H-10					油品、蒸汽、水
H41T-16	16	2.4	1.76	≤200	水、蒸汽
H41W-16				≤100	油品
H41H-16				≤200	水、蒸汽、油品
H41H-16C				≤425	

表 4-242 法兰连接升降式止回阀主要零件材料

零件名称	阀体、阀盖、阀瓣	密封圈	衬套	垫片
H41T-10、H41T-16	灰铸铁	黄铜	黄铜	橡胶石棉板
H41H-10、H41H-16		铬不锈钢		
H41W-10、H41W-16		灰铸铁		
H41H-16C	碳钢	不锈钢	—	

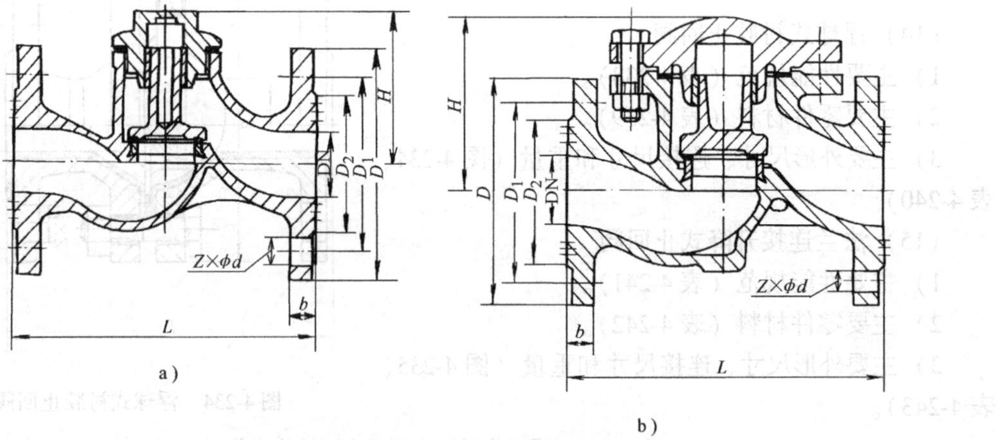

图 4-235 法兰连接升降式止回阀

a) DN15 ~ DN65 b) DN80 ~ DN200

表 4-243 法兰连接升降式止回阀主要尺寸及重量

公称尺寸 DN	尺寸/mm							重量/kg
	L	D	D_1	D_2	b	$Z\times\phi d$	H	
15	130	95	65	45	14	4×φ14	58	1.9
20	150	105	75	55	16	4×φ14	63	2.7

（续）

公称尺寸 DN	尺寸/mm							重量/kg
	L	D	D_1	D_2	b	$Z\times\phi d$	H	
25	160	115	85	65	16	$4\times\phi14$	71	3.3
32	180	135	100	78	18	$4\times\phi18$	84	5.0
40	200	145	110	85	18	$4\times\phi18$	96	6.3
50	230	160	125	100	20	$4\times\phi18$	115	8.9
65	290	180	145	120	20	$4\times\phi18$	145	13.2
80	310	195	160	135	22	$8\times\phi18$	156	24
100	350	215	180	155	24	$8\times\phi18$	170	48
125	400	245	210	185	26	$8\times\phi18$	201	60
150	480	280	240	210	28	$8\times\phi23$	238	95
200	600	335	295	265	30	$12\times\phi23$	268	120

（16）法兰连接升降式止回阀

1）主要性能规范（表 4-244）。

表 4-244　法兰连接升降式止回阀主要性能规范

型　　号	公称压力 PN	试验压力/MPa		工作温度 /℃	工作压力 /MPa	适用介质
		壳　体	密　封			
H41W-16P	16	2.4	1.76	≤100	1.6	硝酸类腐蚀性介质
H41W-16R						醋酸类腐蚀性介质
H41W-16A				≤150		氧化性腐蚀介质
H41W-25P	25	3.75	2.75	≤100	2.5	硝酸类腐蚀性介质
H41W-25R						醋酸类腐蚀性介质
H41W-25A				≤150		氧化性腐蚀介质
H41W-40P	40	6.0	4.0	≤100	4.0	硝酸类腐蚀性介质
H41W-40R						醋酸类腐蚀性介质

2）主要零件材料（表 4-245）。

表 4-245　法兰连接升降式止回阀主要零件材料

零件名称	阀　体	阀　盖	阀　瓣	导　套	垫　片
H41W-16P、H41W-25P、H41W-40P	铬镍钛不锈钢			—	聚四氟乙烯
H41W-16R、H41W-25R、H41W-40R	铬镍钼钛不锈钢				
H41W-16A、H41W-25A	纯钛	碳钢	钛合金	纯钛	

3）主要外形尺寸、连接尺寸和重量（图 4-236、表 4-246）。

表 4-246　法兰连接升降式止回阀主要尺寸及重量

公称尺寸 DN	尺　寸/mm							重量 /kg
	L	D	D_1	D_2	$Z\times\phi d$	b	H	
H41W-16P、H41W-16R、H41W-16A								
15	130	95	65	45	$4\times\phi14$	14	77	3
20	150	105	75	55	$4\times\phi14$	14	77	4
25	160	115	85	65	$4\times\phi14$	16	80	5
32	180	135	100	78	$4\times\phi18$	16	85	7
40	200	145	110	85	$4\times\phi18$	16	95	9
50	230	160	125	100	$4\times\phi18$	16	105	10
65	290	180	145	120	$4\times\phi18$	18	120	20
80	310	195	160	135	$8\times\phi18$	20	130	30
100	350	215	180	155	$8\times\phi18$	20	140	39
125	400	245	210	185	$8\times\phi18$	22	155	50
150	180	280	240	210	$8\times\phi23$	24	180	70
200	600	335	295	265	$12\times\phi23$	26	215	161

（续）

公称尺寸 DN	尺寸/mm							重量 /kg
	L	D	D_1	D_2	$Z\times\phi d$	b	H	
H41W-25P、H41W-25R、H41W-25A								
15	130	95	65	45	$4\times\phi14$	16	77	4
20	150	105	75	55	$4\times\phi14$	16	77	5
25	160	115	85	65	$4\times\phi14$	16	80	6
32	180	135	100	78	$4\times\phi18$	18	85	9
40	200	145	110	85	$4\times\phi18$	18	95	12
50	230	160	125	100	$4\times\phi18$	20	105	16
65	290	180	145	120	$8\times\phi18$	22	120	24
80	310	195	160	135	$8\times\phi18$	22	130	37
100	350	230	190	160	$8\times\phi23$	24	140	47
125	400	270	220	188	$8\times\phi25$	28	155	70
150	480	300	250	218	$8\times\phi25$	30	180	100
200	600	360	310	278	$12\times\phi30$	34	215	190

公称尺寸 DN	尺寸/mm								重量 /kg
	L	D	D_1	D_2	D_6	$Z\times\phi d$	b	H	
H41W-40P、H41W-40R									
15	130	95	65	45	40	$4\times\phi14$	16	77	4
20	150	105	75	55	51	$4\times\phi14$	16	77	5
25	160	115	85	65	58	$4\times\phi14$	16	80	6
32	180	135	100	78	66	$4\times\phi18$	18	85	9
40	200	145	110	85	76	$4\times\phi18$	18	95	12
50	230	160	125	100	88	$4\times\phi18$	20	105	16
65	290	180	145	120	110	$8\times\phi18$	22	120	24
80	310	195	160	135	121	$8\times\phi18$	22	130	37
100	350	230	190	160	150	$8\times\phi23$	24	140	47
125	400	270	220	188	176	$8\times\phi25$	28	155	70
150	480	300	250	218	204	$8\times\phi25$	30	180	100
200	600	375	300	282	260	$12\times\phi30$	38	215	190

4）主要生产厂家：超达阀门集团股份有限公司、中国·保一集团有限公司。

（17）法兰连接升降式止回阀

1）主要性能规范（表4-247）。

表4-247 法兰连接升降式止回阀主要性能规范

型号	公称压力 PN	试验压力/MPa		工作温度 /℃	适用介质
		壳体	密封		
H41Y-25、H41H-25	25	3.8	2.8	≤425	水、蒸汽、油品等
H41H-25Q				≤350	
H41Y-40、H41H-40	40	6.0	4.4	≤425	
H41H-40Q				≤350	
H41Y-63、H41H-63	63	9.6	7.04	≤425	
H41Y-100、H41H-100	100	15.0	11.0		

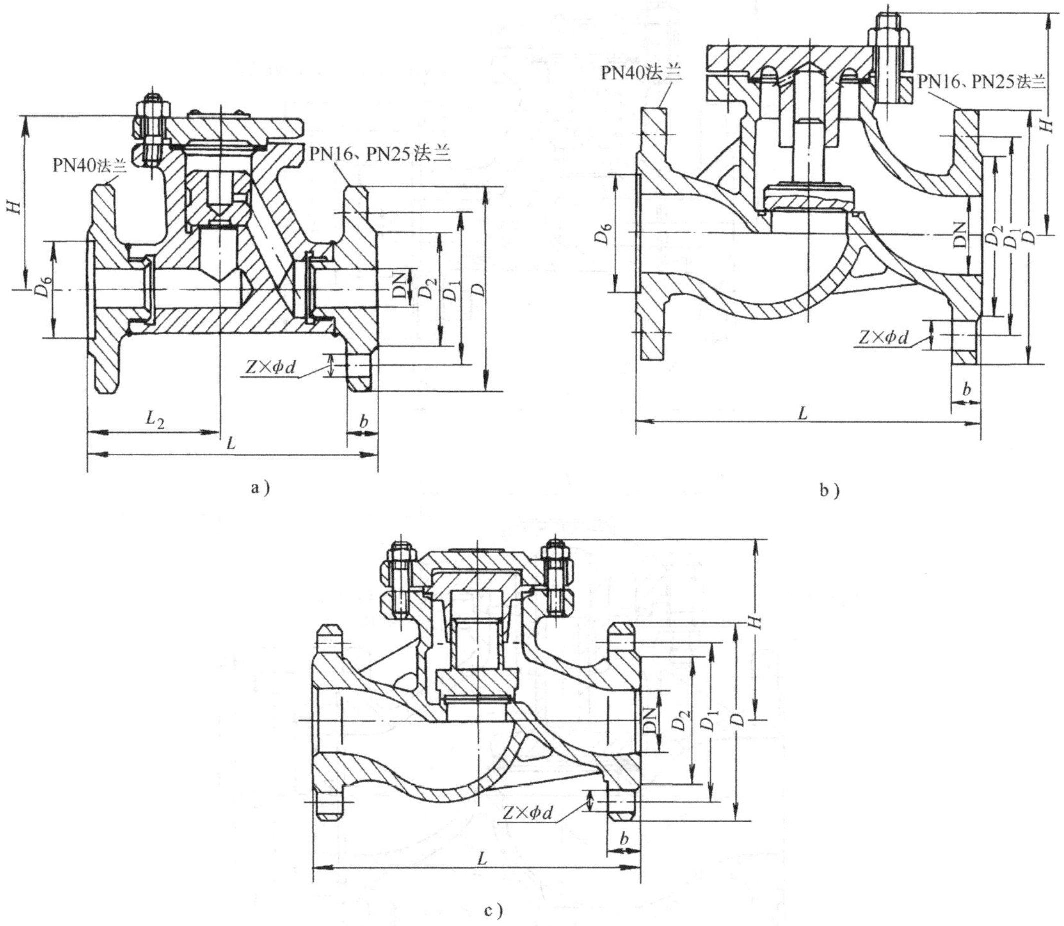

图 4-236　法兰连接升降式止回阀

a）H41W-25$_{R}^{P}$、H41W-40$_{R}^{P}$、DN15 ~ DN25 不锈耐酸钢小口径止回阀

b）H41W-16$_{R}^{P}$、H41W-25$_{R}^{P}$、H41W-40$_{R}^{P}$、DN32 ~ DN200 不锈耐酸钢升降式止回阀

c）H41W-16A、H41W-25A 特殊合金钢升降式止回阀

2）主要零件材料（表 4-248）。

表 4-248　法兰连接升降式止回阀主要零件材料

零件名称	阀体、阀盖	阀瓣、阀座	垫　片	螺　栓
H41Y-25、H41Y-40 H41Y-63、H41Y-100	碳钢	碳钢堆焊硬质合金	橡胶石棉板	优质碳钢
H41H-25、H41H-40 H41H-63、H41H-100		铬不锈钢或碳钢堆焊铬不锈钢		
H41H-25Q、H41H-40Q	球墨铸铁			

3）主要外形尺寸、连接尺寸和重量（图 4-237、表 4-249）。

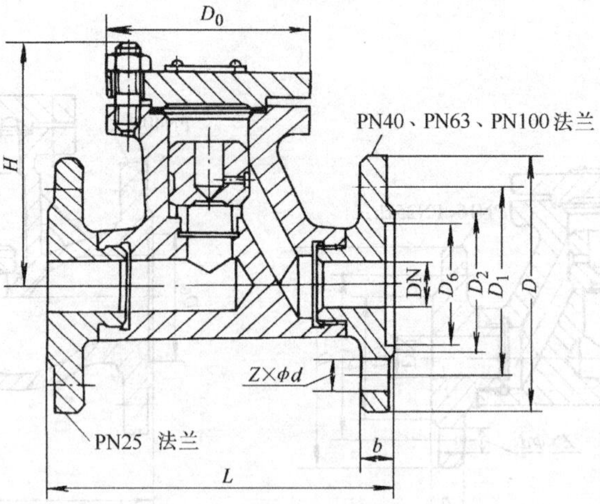

a）

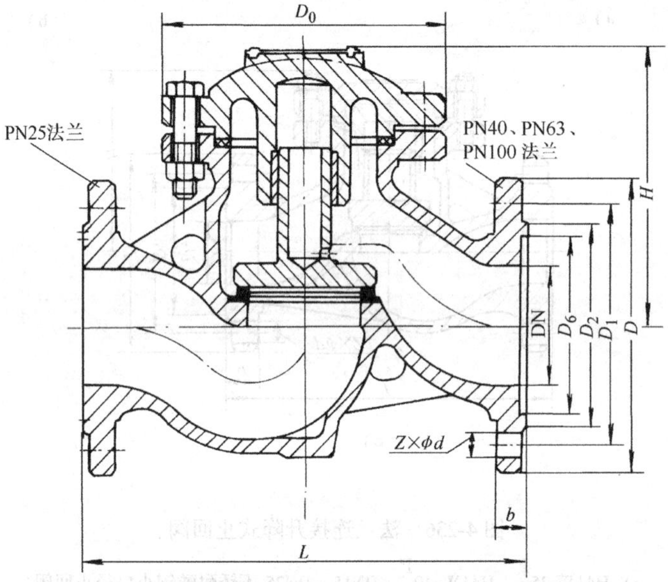

b）

图 4-237 法兰连接升降式止回阀

a）≤DN25 b）≥DN32

表 4-249 法兰连接升降式止回阀主要尺寸及重量

公称尺寸 DN	尺寸/mm								重量 /kg
	L	D	D_1	D_2	b	$Z\times\phi d$	D_0	H	
H41H-25、H41H-25Q、H41Y-25									
10	130	90	60	40	16	4×φ14	82	110	3.0
15	130	95	65	45	16	4×φ14	82	100	3.4
20	150	105	75	55	16	4×φ14	95	80	5.0
25	160	115	85	65	16	4×φ14	98	80	5.64
32	180	135	100	78	18	4×φ18	120	120	9.1
40	200	145	110	85	18	4×φ18	135	140	11.8
50	230	160	125	100	20	4×φ18	145	145	14.4
65	290	180	145	120	22	4×φ18	175	160	23.0
80	310	195	160	135	22	8×φ18	200	175	30.0

（续）

公称尺寸 DN	尺寸/mm								重量 /kg
	L	D	D_1	D_2	b	$Z \times d$	D_0	H	
H41H-25、H41H-25Q、H41Y-25									
100	350	230	190	160	24	8×φ23	230	195	44.4
125	400	270	220	188	28	8×φ25	270	222	65.0
150	480	300	250	218	30	8×φ25	330	255	99.3
200	600	360	310	278	34	12×φ25	405	312	190

公称尺寸 DN	尺寸/mm									重量 /kg
	L	D	D_1	D_2	D_6	b	$Z \times \phi d$	D_0	H	
H41H-40、H41H-40Q、H41Y-40										
10	130	90	60	40	35	16	4×φ14	82	80	3.0
15	130	95	65	45	40	16	4×φ14	82	80	3.4
20	150	105	75	55	51	16	4×φ14	95	100	4.8
25	160	115	85	65	58	16	4×φ14	98	110	5.54
32	180	135	100	78	66	18	4×φ18	120	120	9.1
40	200	145	110	85	76	18	4×φ18	135	140	11.8
50	230	160	125	100	88	20	4×φ18	145	145	14.4
65	290	180	145	120	110	22	8×φ18	175	160	22.86
80	310	195	160	135	121	22	8×φ18	200	170	30.0
100	350	230	190	160	150	24	8×φ23	230	195	44.4
125	400	270	220	188	176	28	8×φ25	270	225	65.5
150	480	300	250	218	204	30	8×φ25	330	255	99.3
200	600	375	320	282	260	38	12×φ30	405	318	147.1

公称尺寸 DN	尺寸/mm									重量 /kg
	L	D	D_1	D_2	D_6	b	D_0	H	$Z \times \phi d$	
H41H-63、H41Y-63										
10	170	100	70	50	35	18	84	75	4×φ14	5.5
15	170	105	75	55	40	20	84	75	4×φ14	7
20	190	125	90	68	51	22	120	110	4×φ18	11
25	210	135	100	78	58	24	120	125	4×φ18	13
32	230	150	110	82	66	24	145	152	4×φ23	14
40	260	165	125	95	76	24	160	168	4×φ23	20
50	300	175	135	105	88	26	175	170	4×φ23	23
65	340	200	160	130	110	28	195	188	8×φ23	37
80	380	210	170	140	121	30	220	205	8×φ23	46
100	430	250	200	168	150	32	245	230	8×φ25	68
H41H-100、H41Y-100										
10	170	100	70	50	35	18	84	75	4×φ14	5.5
15	170	105	75	55	40	20	100	100	4×φ14	7
20	190	125	90	68	51	22	120	110	4×φ18	11
25	210	135	100	78	58	24	120	125	4×φ18	13
32	230	150	110	82	66	24	135	140	4×φ23	14
40	260	165	125	95	76	26	160	170	4×φ23	25
50	300	195	145	112	88	38	185	185	4×φ25	28
65	340	220	170	138	110	32	200	200	8×φ25	42
80	380	230	180	148	121	34	225	235	8×φ25	65
100	430	265	210	172	150	38	260	265	8×φ30	95

(18) 法兰连接升降式止回阀

1) 主要性能规范(表4-250)。

表4-250 法兰连接升降止回阀主要性能规范

型 号	公称压力 PN	试验压力/MPa 密封	气密封	壳体	工作温度 /℃	适用介质
H41Y-25I	25	2.75	0.6	3.75	≤550	蒸汽、水、油品等
H41Y-40I	40	4.4	0.6	6.0		
H41Y-63I	63	7	0.6	9.6		
H41Y-100I	100	11.0	0.6	15.0		

2) 主要零件材料(表4-251)。

表4-251 法兰连接升降止回阀主要零件材料

零件名称	阀体、阀盖、阀瓣	阀体、阀瓣密封面	垫片	螺栓
材料	铬钼钢	硬质合金	钢带石棉缠绕式垫片	铬钼钒钢

3) 主要外形尺寸、连接尺寸和重量(图4-238、表4-252)。

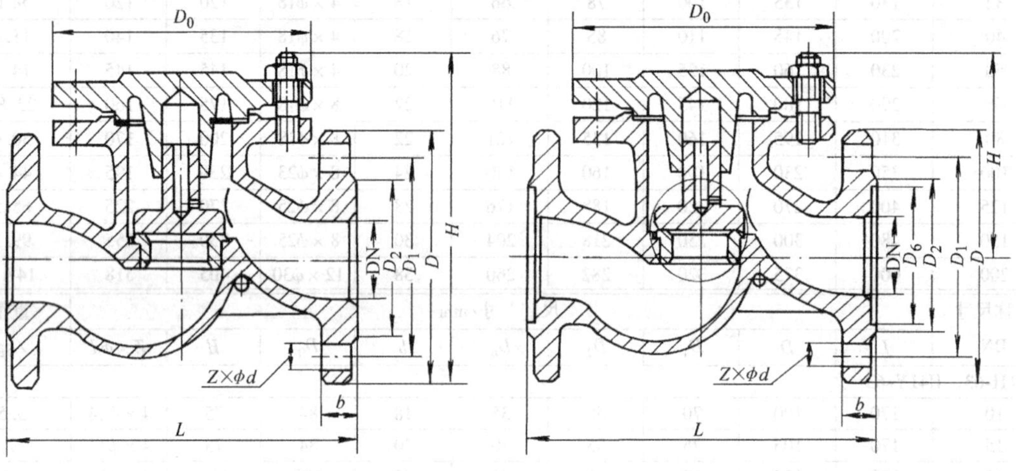

图4-238 法兰连接升降式止回阀

a) PN25 b) ≥PN40

表4-252 法兰连接升降止回阀主要尺寸及重量

公称尺寸 DN	尺寸/mm L	D	D_1	D_2	b	H	$Z\times\phi d$	重量 /kg
H41Y-25I								
20	150	105	75	55	16	64	4×φ14	5.6
25	160	115	85	65	16	68	4×φ14	6
32	180	135	100	78	18	79	4×φ18	9.1
40	200	145	110	85	18	98	4×φ18	11.8
50	230	160	125	100	20	110	4×φ18	15.8
65	290	180	145	120	22	160	8×φ18	23
80	310	195	160	135	22	170	8×φ18	30
100	350	230	190	160	24	195	8×φ23	44.4
125	400	270	220	188	28	225	8×φ25	65.5
150	480	300	250	218	30	255	8×φ25	99.3
200	600	360	310	278	34	—	12×φ25	—

（续）

公称尺寸 DN	尺寸/mm								重量 /kg
	L	D	D_1	D_2	D_6	b	H	$Z\times\phi d$	
H41Y-40I									
20	150	105	75	55	51	16	105	$4\times\phi14$	5.5
25	160	115	85	65	58	16	120	$4\times\phi14$	6
32	180	135	100	78	66	18	130	$4\times\phi18$	8
40	200	145	110	85	76	18	135	$4\times\phi18$	12
50	230	160	125	100	88	20	149	$4\times\phi18$	13
65	290	180	145	120	110	22	164	$8\times\phi18$	17
80	310	195	160	135	121	22	169	$8\times\phi18$	23
100	350	230	190	160	150	24	194	$8\times\phi23$	32
125	400	270	220	188	176	28	225	$8\times\phi25$	66.5
150	480	300	250	218	204	30	255	$8\times\phi25$	99.3
200	600	375	320	282	260	38	—	$12\times\phi30$	—
H41Y-63I									
20	190	125	90	68	51	20	110	$4\times\phi18$	11
25	210	135	100	78	58	22	125	$4\times\phi18$	13
32	230	150	110	82	66	24	152	$4\times\phi23$	14
40	260	165	125	95	76	24	168	$4\times\phi23$	20
50	300	175	135	105	88	26	170	$4\times\phi23$	23
65	340	200	160	130	110	28	188	$8\times\phi23$	37
80	380	210	170	140	121	30	205	$8\times\phi23$	46
100	430	250	200	168	150	32	230	$8\times\phi25$	68
125	500	295	240	202	176	36	—	$8\times\phi30$	—
H41Y-100I									
20	190	125	90	68	51	22	110	$4\times\phi18$	11
25	210	135	100	78	58	24	125	$4\times\phi18$	13
32	230	150	110	82	66	24	140	$4\times\phi23$	14
40	260	165	125	95	76	26	170	$4\times\phi23$	25
50	300	195	145	112	88	28	180	$4\times\phi25$	28
65	340	220	170	138	110	32	200	$8\times\phi25$	42
80	380	230	180	148	121	34	235	$8\times\phi25$	65
100	430	265	210	172	150	38	265	$8\times\phi30$	95

4）主要生产厂家：超达阀门集团股份有限公司、保一集团有限公司、浙江福瑞科流控机械有限公司。

（19）法兰连接保温夹套升降式止回阀

1）主要性能规范（表4-253）。

表4-253 法兰连接保温夹套升降式止回阀主要性能规范

产品型号	试验压力/MPa		适用介质		适用温度 /℃
	壳体	密封	P	R	
BH41W-25$^{P}_{R}$	3.8	2.8	尿素、硝酸类	尿素、醋酸类	≤200
BH41W-40$^{P}_{R}$	6.0	4.4			
BH41W-63$^{P}_{R}$	9.6	7.0			

2）主要零件材料（表 4-254）。

表 4-254 法兰连接保温夹套升降式止回阀主要零件材料

型号	BH41W-25P、BH41W-40P、BH41W-63P	BH41W-25R、BH41W-40R、BH41W-63R
材料	ZG1Cr18Ni9Ti、12Cr18Ni9	ZGCr18Ni12Mo2Ti、06Cr17Ni12Mo2

3）主要外形尺寸和连接尺寸（图 4-239、表 4-255）。

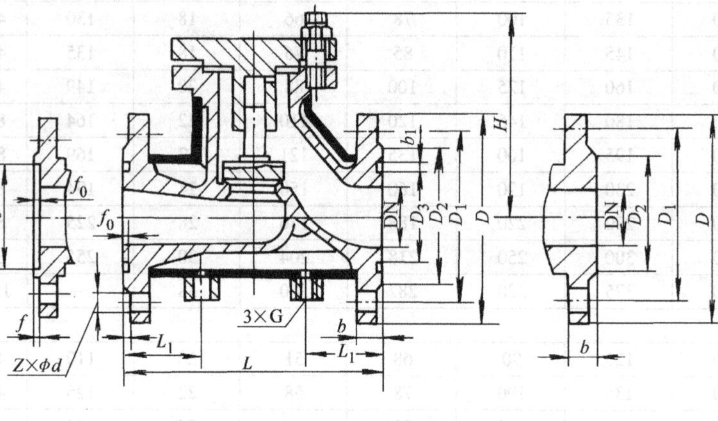

图 4-239 法兰连接保温夹套升降式止回阀

表 4-255 法兰连接保温夹套升降式止回阀主要尺寸（单位：mm）

公称尺寸 DN	L	D	D_1	D_2	D_3	b_1	f_0	b	D_6	L_1	3×G/in	$Z\times\phi d$	H	备注
15	130	105	75	55	—	—	—	16	—	40	1/2	4×ϕ14	—	*
	130	105	75	55	35	8	4	16	—	40	1/2	4×ϕ14	—	* *
	130	105	75	55	—	—	4	16	51	40	1/2	4×ϕ14	—	* * *
20	150	115	85	65	—	—	—	16	—	45	1/2	4×ϕ14	120	*
	150	115	85	65	42	8	4	16	—	45	1/2	4×ϕ14	120	* *
	150	115	85	65	—	—	4	16	58	45	1/2	4×ϕ14	120	* * *
25	160	135	100	78	—	—	—	18	—	52	1/2	4×ϕ18	126	*
	160	135	100	78	50	8	4	18	—	52	1/2	4×ϕ18	126	* *
	160	135	100	78	—	—	4	18	66	52	1/2	4×ϕ18	126	* * *
32	190	145	110	85	—	—	—	18	—	55	1/2	4×ϕ18	—	*
	190	145	110	85	60	8	4	18	—	55	1/2	4×ϕ18	—	* *
	190	145	110	85	—	—	4	18	76	55	1/2	4×ϕ18	—	* * *
40	200	160	125	100	—	—	—	20	—	60	1/2	4×ϕ18	145	*
	200	160	125	100	72	8	4	20	—	60	1/2	4×ϕ18	145	* *
	200	160	125	100	—	—	4	20	88	60	1/2	4×ϕ18	145	* * *
50	230	180	145	120	—	—	—	22	—	60	1/2	8×ϕ18	170	*
	230	180	145	120	94	8	4	22	—	60	1/2	8×ϕ18	170	* *
	230	180	145	120	—	—	4	22	110	60	1/2	8×ϕ18	170	* * *
65	290	195	160	135	—	—	—	22	—	—	—	8×ϕ18	—	*
	290	195	160	135	105	8	4	22	—	—	—	8×ϕ18	—	* *
	290	195	160	135	—	—	4	22	121	—	—	8×ϕ18	—	* * *
80	310	230	190	160	—	—	—	24	—	85	1/2	8×ϕ23	190	*
	310	230	190	160	128	11	4.5	24	—	85	1/2	8×ϕ23	190	* *
	310	230	190	160	—	—	4.5	24	150	85	1/2	8×ϕ23	190	* * *

注：法兰形式：*光滑式，* *榫槽式，* * *凹凸式。

（20）法兰连接轴流式止回阀

1）主要性能规范（表 4-256）。

表 4-256　法兰连接轴流式止回阀主要性能规范

型　号	公称压力 PN	试验压力/MPa		工作压力 /MPa	工作温度 /℃	适用介质
		密封	壳体			
HC41X-10	10	1.0	1.5	1.0	≤100	水、油品
HC41X-16P HC41F-16P	16	1.76	2.4			硝酸类
HC41X-16R HC41F-16R						醋酸类

2）主要零件材料（表 4-257）。

表 4-257　法兰连接轴流式止回阀主要零件材料

零件名称	阀体、阀盖	阀梭	副阀体	阀座、垫片
HC41X-10	HT200	ABS 塑料	—	丁腈橡胶
HC41X-16P	ZG12Cr18Ni9Ti			氟橡胶
HC41F-16P				聚四氟乙烯
HC41X-16R	ZG08Cr19Ni11Mo2			氟橡胶
HC41F-16R				聚四氟乙烯

3）主要外形尺寸和连接尺寸（图 4-240、表 4-258）。

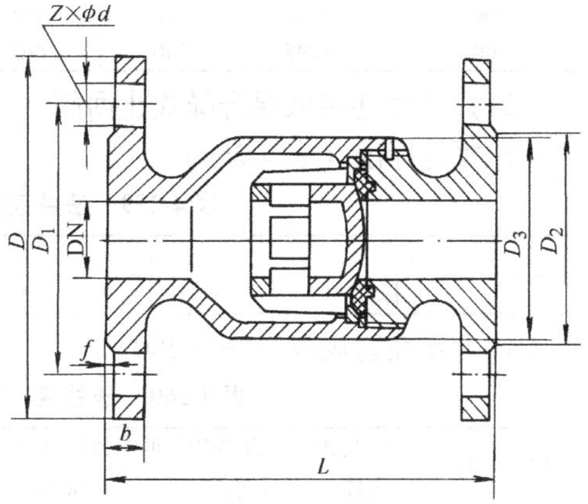

图 4-240　法兰连接轴流式止回阀

表 4-258　法兰连接轴流式止回阀主要尺寸　（单位：mm）

公称尺寸 DN	L	D	D_1	D_2	D_3	f	b	$Z\times\phi d$
HC41X-10								
200	400	340	295	265	324	3	26	$8\times\phi22$
250	450	395	350	320	400	3	28	$12\times\phi22$
300	500	445	400	368	465	4	28	$12\times\phi22$
350	550	505	460	428	552	4	30	$16\times\phi22$
400	600	565	515	482	632	4	32	$16\times\phi26$
450	650	615	565	532	700	4	32	$20\times\phi26$
500	700	670	620	585	800	4	34	$20\times\phi26$
600	800	780	725	685	940	5	36	$20\times\phi30$
700	900	895	840	800	1100	5	40	$24\times\phi30$
800	1000	1010	950	905	1250	5	44	$24\times\phi34$
HC41X-16P、HC41F-16P、HC41X-16R、HC41F-16R								
15	108	95	65	45	40	3	14	$4\times\phi14$
20	117	105	75	55	44	3	14	$4\times\phi14$
25	127	115	85	65	47	3	14	$4\times\phi14$
32	140	135	100	78	64	3	16	$4\times\phi18$
40	165	145	110	85	77	3	16	$4\times\phi18$
50	203	160	125	100	94	3	16	$4\times\phi18$
HC41X-16P、HC41F-16P、HC41X-16R、HC41F-16R								
65	216	180	145	120	116	3	18	$4\times\phi18$
80	241	195	160	135	126	3	20	$8\times\phi18$
100	292	215	180	155	168	3	20	$8\times\phi18$
125	330	245	210	185	200	3	22	$8\times\phi18$

（续）

公称尺寸 DN	L	D	D_1	D_2	D_3	f	b	$Z\times\phi d$
HC41X-16P、HC41F-16P、HC41X-16R、HC41F-16R								
150	356	280	240	210	242	3	24	$8\times\phi23$
200	495	335	295	265	315	3	26	$12\times\phi23$
250	622	405	355	320	386	3	30	$12\times\phi25$
300	698	460	410	375	462	4	30	$12\times\phi25$
350	787	520	470	435	535	4	34	$16\times\phi25$
400	914	580	525	485	608	4	36	$16\times\phi30$
500	978	705	650	608	755	4	44	$20\times\phi34$
600	1295	840	770	718	903	5	48	$20\times\phi41$

（21）法兰连接低温升降式止回阀

1）执行标准（表4-259）。

表4-259 法兰连接低温升降式止回阀执行标准

项　目	结构长度	连接法兰
标准	ASME B 16.10	ASME B 16.5

2）主要性能规范（表4-260）。

表4-260 法兰连接低温升降式止回阀主要性能规范

型　号	常温试验压力/MPa		低温密封试验压力/MPa	工作温度及适用介质		
	壳体	密封（低）				
DH41Y-CL150	3.0	0.4～0.7	0.4～0.7	－46℃，氨、液氮、丙烷	－101℃，乙烯、二氧化碳	－196℃，甲烷、液化天然气
DH41Y-CL300	7.67	0.4～0.7	0.4～0.7			

3）主要零件材料（表4-261）。

表4-261 法兰连接低温升降式止回阀主要零件材料

零件名称	阀体、阀盖、阀瓣	双头螺柱	垫片
材料	A352/A352M-LCC、A352-LC3、A351/A351M-CF8	A182/A182M-F304	石棉板

4）主要外形尺寸和连接尺寸（图4-241、表4-262）。

5）主要生产厂家：超达阀门集团股份有限公司。

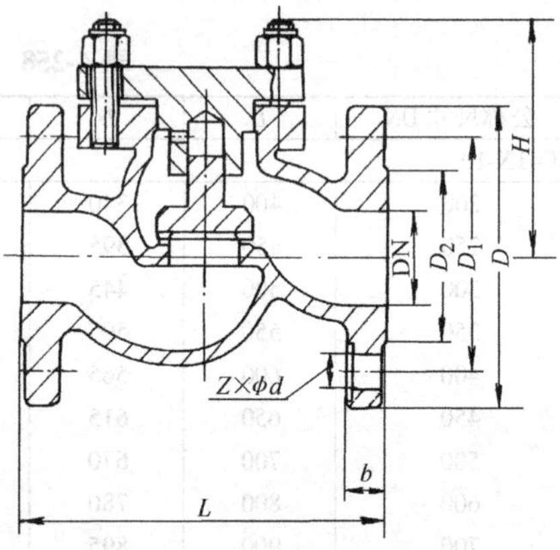

图4-241 法兰连接低温升降式止回阀

表4-262 法兰连接低温升降式止回阀主要尺寸

型　号	公称尺寸		L	D	D_1	D_2	b	$Z\times\phi d$	H
	NPS	DN							
DH41Y-CL150	1/2	15	108	89	60.3	35	11.5	$4\times\phi15$	68
	3/4	20	117	98	69.8	43	11.5	$4\times\phi15$	70
	1	25	127	108	79.4	51	11.5	$4\times\phi15$	70
	1½	40	165	127	98.4	73	14.5	$4\times\phi15$	83
DH41Y-CL300	1/2	15	152	95	66.5	35	15	$4\times\phi15$	—
	3/4	20	178	117	82.5	43	16	$4\times\phi19$	—
	1	25	203	124	89	51	18	$4\times\phi19$	—
	1½	40	229	156	114.5	73	21	$4\times\phi22$	—

(22) 法兰连接升降式止回阀

1) 主要性能规范(表4-263)。

表4-263 法兰连接升降式止回阀主要性能规范

型号	公称压力PN	试验压力/MPa		适用温度/℃	适用介质
		壳体	密封		
H41N-25	25	3.8	2.8	-40~80	液化石油气、液氨等
H41N-40	40	6.0	4.4		

2) 主要零件材料(表4-264)。

表4-264 法兰连接升降式止回阀主要零件材料

主要零件	阀体、阀盖	阀瓣	阀杆	密封面
材料	碳钢	碳钢	铬不锈钢	不锈钢与尼龙

3) 主要外形尺寸、连接尺寸和重量(图4-242、表4-265)。

4) 主要生产厂家:中国·保一集团有限公司。

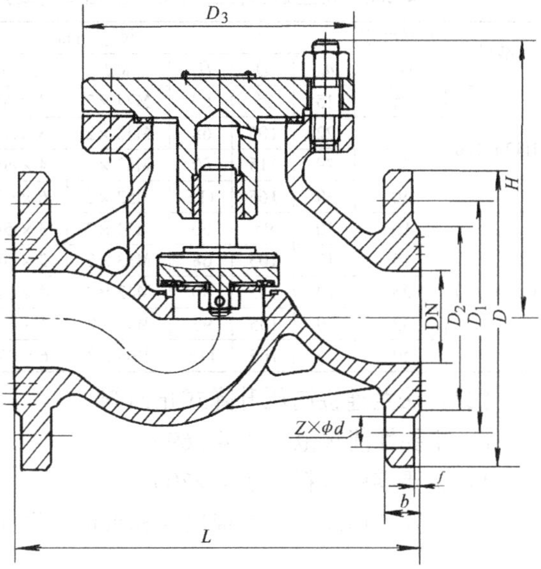

图4-242 法兰连接升降式止回阀

表4-265 法兰连接升降式止回阀主要尺寸及重量

公称尺寸DN	尺寸/mm									重量/kg
	L	D	D_1	D_2	b	f	$Z\times\phi d$	H	D_3	
15	130	95	65	45	16	2	4×φ14	100	—	5
20	150	105	75	55	16	2	4×φ14	105	—	7
25	160	115	85	65	16	2	4×φ14	115	110	9
32	190	135	100	78	18	2	4×φ18	120	120	10
40	200	145	110	85	18	3	4×φ18	140	135	15
50	230	160	125	100	20	3	4×φ18	150	150	20
65	290	180	145	120	22	3	8×φ18	160	175	25
80	310	195	160	135	22	3	8×φ18	175	200	32
100	350	230	190	160	24	3	8×φ23	200	230	57
125	400	270	220	188	28	3	8×φ25	230	273	—
150	480	300	250	218	30	3	8×φ25	265	330	—
200	600	360	310	278	34	3	12×φ25	300	365	—

(23) 法兰连接高压升降式止回阀

1) 主要性能规范(表4-266)。

表4-266 法兰连接高压升降式止回阀主要性能规范

型号	公称压力PN	试验压力/MPa			工作温度/℃	适用介质
		壳体	密封(液)	密封(气)		
H42Y-160	160	24	17.6	0.6	≤200	氨、液氨、氮氢混合气等
H42Y-320	320	48	35.2	0.6		

2) 主要零件材料(表4-267)。

表4-267 法兰连接高压升降式止回阀主要零件材料

零件名称	上下阀体、法兰	阀瓣、阀座	弹簧	弹簧座
材料	碳素钢	不锈钢、堆焊硬质合金	弹簧钢	不锈钢

3）主要外形尺寸、连接尺寸和重量（图4-243、表4-268）。

表4-268　法兰连接高压升降式止回阀主要尺寸及重量

型号	公称尺寸	尺寸/mm							重量
	DN	d_0	D	D_1	Md	$Z\times\phi d$	b	L	/kg
H42Y-160	15	15	95	60	M24×2	3×φ18	20	240	5.5
	25	22	105	68	M33×2	3×φ18	20	262	7.5
	32	29	115	80	M42×2	4×φ18	22	285	10
	40	39	165	115	M52×2	6×φ26	28	285	19.5
H42Y-320	10	10	95	60	M24×2	3×φ18	20	234	5.5
	15	17	105	68	M33×2	3×φ18	20	240	6
	25	22	115	80	M42×2	4×φ18	22	262	8.5
	32	29	135	95	M48×2	4×φ22	25	285	12
	40	42	165	115	M64×3	6×φ26	32	316	21

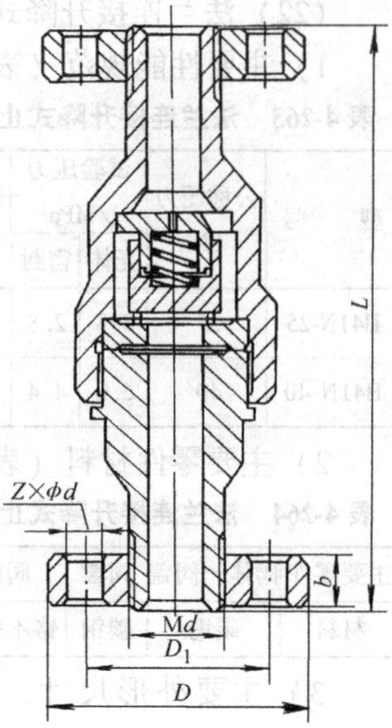

图4-243　法兰连接高压升降式止回阀

（24）法兰连接高压升降式止回阀

1）主要性能规范（表4-269）。

2）主要零件材料（表4-270）。

3）主要外形尺寸、连接尺寸和重量（图4-244、表4-271）。

表4-269　法兰连接高压升降式止回阀主要性能规范

型　号	公称压力 PN	试验压力/MPa		工作压力 /MPa	工作温度 /℃	适用介质
		密封	壳体			
H42Y-160	160	16	24	16	≤200	氢、氮、氨液氮碱液
H42Y-320	320	32	48	32		
H42W-220R	220	22	32	22		尿素、甲胺
H42W-320R	320	32	48	32		

表4-270　法兰连接高压升降式止回阀主要零件材料

零件名称	阀体、阀瓣	阀座	弹簧
H42Y-160、H42Y-320	碳钢	铬钢	硅锰钢
H42W-220R、H42W-320R	铬镍钼不锈钢		

表4-271　法兰连接高压升降式止回阀主要尺寸及重量

H42Y-160、H42Y-220R								重量
公称尺寸	尺寸/mm							/kg
DN	D_0	D_1	D	d_0	b	$Z\times\phi d$	L	
10	135	60	95	12	20	3×φ18	232	12
15	190	68	105	17	20	3×φ18	288	12
25	190	68	105	22	20	3×φ18	325	29
32	210	80	115	29	22	4×φ18	350	43
40	265	115	165	39	28	6×φ26	460	95
50	330	115	165	48	32	6×φ26	505	115
65	365	145	200	68	40	6×φ29	564	156
80	430	170	225	74	50	6×φ33	700	246
100	500	195	260	93	60	6×φ36	750	292
125	515	235	300	119	75	8×φ39	789	351

H42Y-320、H42W-320R								重量
公称尺寸	尺寸/mm							/kg
DN	D_0	D_1	D	d_0	b	$Z\times\phi d$	L	
10	135	60	95	10	20	3×φ18	232	12.2
15	190	68	105	17	20	3×φ18	288	12.2
25	190	80	115	22	22	4×φ18	325	33.1
32	225	95	135	32	25	4×φ22	350	46
40	295	115	165	42	32	6×φ26	460	110
50	370	145	200	53	40	6×φ29	505	130
65	390	170	225	68	50	6×φ33	564	211
80	480	195	260	85	60	6×φ36	700	341
100	500	235	300	103	75	8×φ39	750	380
125	515	255	330	120	78	8×φ42	789	435

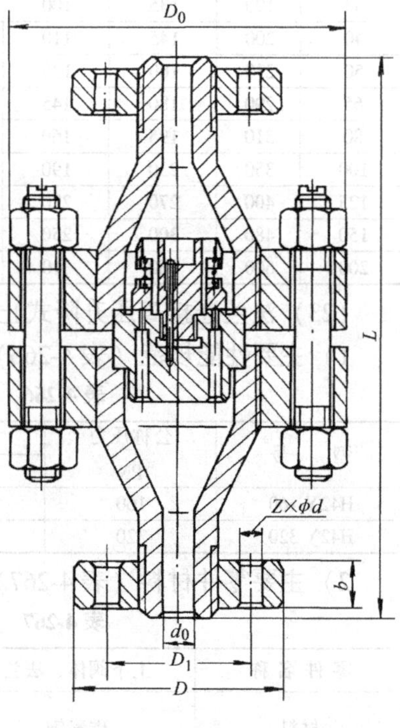

图4-244　法兰连接高压升降式止回阀

(25) 法兰连接衬胶旋启式止回阀

1) 主要性能规范（表 4-272）。

2) 主要零件材料（表 4-273）。

表 4-272　法兰连接衬胶旋启式止回阀主要性能规范

公称压力 PN	试验压力/MPa		工作压力/MPa		工作温度 /℃	适用介质
	壳体	试验	DN25 ~ DN200	DN250、DN300		
6	0.9	0.66	0.6	0.4	≤80	一般腐蚀性流体

表 4-273　法兰连接衬胶旋启式止回阀主要零件材料

零件名称	上阀体、下阀体	阀　　瓣
材料	灰铸铁（衬硬橡胶）	氯丁橡胶（内垫碳钢）

3) 主要外形尺寸、连接尺寸及重量（图 4-245、表 4-274）。

表 4-274　法兰连接衬胶旋启式止回阀主要尺寸及重量

公称尺寸 DN	尺寸/mm					重量 /kg
	L	D_1	D	$Z\times\phi d$	B	
25	160	85	115	$4\times\phi13.5$	128	6
40	200	110	150	$4\times\phi17.5$	160	8
50	230	125	165	$4\times\phi17.5$	178	10
65	290	145	180	$4\times\phi17.5$	205	20
80	310	160	200	$4\times\phi17.5$	230	25
100	350	180	220	$8\times\phi17.5$	255	30
125	400	210	250	$8\times\phi17.5$	305	50
150	480	240	285	$8\times\phi22$	345	65
200	500	295	340	$8\times\phi22$	415	95
250	550	350	395	$12\times\phi22$	490	137
300	620	400	445	$12\times\phi22$	—	—

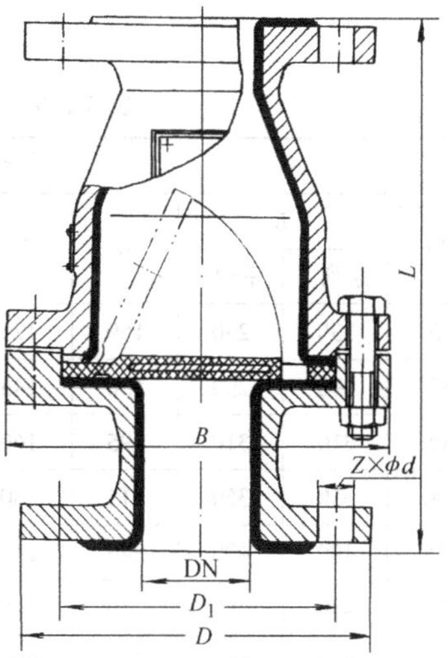

图 4-245　法兰连接衬胶旋启式止回阀

(26) 法兰连接低压旋启式止回阀

1) 主要性能规范（表 4-275）。

表 4-275　法兰连接低压旋启式止回阀主要性能规范

型　　号	公称压力 PN	试验压力/MPa		工作压力 /MPa	工作温度 /℃	适用介质
		壳体	密封			
H44W-10	10	1.5	1.1	1.0	≤100	油品
H44T-10				1.0	≤200	水、蒸汽

2) 主要零件材料（表 4-276）。

表 4-276　法兰连接低压旋启式止回阀主要零件材料

零件名称	阀体、阀盖、阀瓣	摇　杆	密封圈	销　　轴	垫　　片
H44W-10	灰铸铁	球墨铸铁或可锻铸铁	阀体本身材料	钢	橡胶石棉板
H44T-10			黄铜		

3) 主要外形尺寸、连接尺寸和重量（图 4-246、表 4-277）。

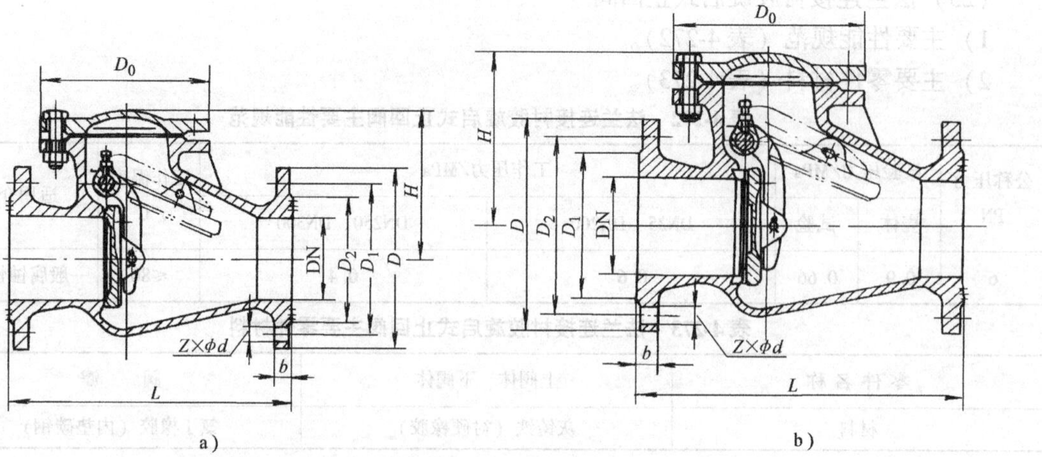

图 4-246　法兰连接低压旋启式止回阀

a）H44WW-10　b）H44T-10

表 4-277　法兰连接低压旋启式止回阀主要尺寸及重量

公称尺寸 DN	尺寸/mm								旁通阀尺寸/mm			重量 /kg
	L		D	D_1	D_2	b	$Z\times\phi d$	H	L_1	DN	d_0	
	系列 1	系列 2										
50	230	230	160	125	100	20	$14\times\phi18$	137	—	—	—	19
65	290	290	180	145	120	20	$4\times\phi18$	142	—	—	—	31
80	310	310	195	160	135	22	$4\times\phi18$	161	—	—	—	39
100	350	350	215	180	155	22	$8\times\phi18$	178	—	—	—	50
125	400	400	245	210	185	24	$8\times\phi18$	203	—	—	—	68
150	480	480	280	240	210	24	$8\times\phi23$	233	—	—	—	98
200	500	500	335	295	265	26	$8\times\phi23$	262	—	—	—	133
250	600	550	390	350	320	28	$12\times\phi23$	299	—	—	—	200
300	700	620	440	400	368	28	$12\times\phi23$	350	—	—	—	248
350	800	720	500	460	428	30	$16\times\phi23$	392	—	—	—	340
400	900	820	565	515	482	32	$16\times\phi25$	448	485	80	200	450
450	1000	—	615	565	332	32	$20\times\phi25$	485	510	80	200	600
500	1100	980	670	620	585	34	$20\times\phi25$	525	540	100	200	800
600	1300	1300	780	725	685	36	$20\times\phi30$	608	600	100	200	1250

注：旁通阀根据订货需要，一般不带；L_1 为旁通阀至止回阀中心的距离，d_0 为旁通阀手轮直径。

（27）缓闭式止回阀

1）主要性能规范（表 4-278）。

表 4-278　缓闭式止回阀主要性能规范

公称压力 PN	试验压力/MPa		工作压力 /MPa	工作温度 /℃	适用介质
	壳体	密封			
10	1.5	1.0	1.0	≤80	水

2）主要零件材料（表 4-279）。

表 4-279　缓闭式止回阀主要零件材料

零件名称	阀体、阀瓣、液压缸、活塞	摇杆	摇杆轴
材料	灰铸铁	球墨铸铁	不锈钢
零件名称	阀体密封圈、缓闭调节阀体	阀瓣密封圈	
材料	锰黄铜	橡胶	

3）主要外形尺寸、连接尺寸和重量（图 4-247、表 4-280）。

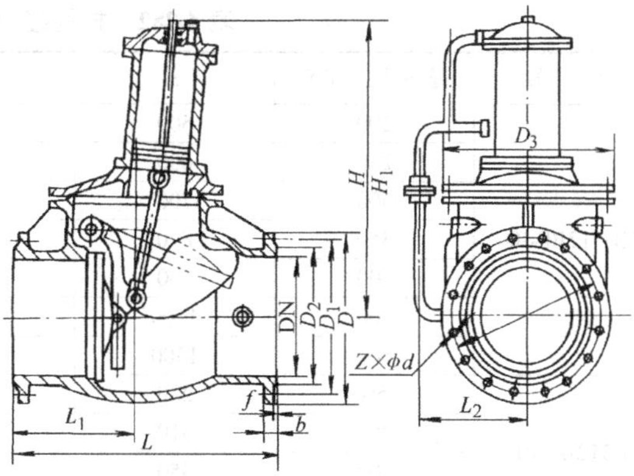

图 4-247　缓闭式止回阀

表 4-280　缓闭式止回阀主要尺寸及重量

公称尺寸 DN	尺寸/mm												重量/kg	生产厂
	L	L_1	L_2	D	D_1	D_2	D_3	b	f	$Z\times\phi d$	H	H_1		
200	495	230	250	340	295	268	395	26	3	8 × φ22	630	770	148	白湖阀门有限公司
250	622	280	270	396	350	320	445	28	3	12 × φ22	700	880	205	
300	698	310	300	445	400	370	505	28	4	12 × φ22	810	1020	292	
350	787	360	330	505	460	430	565	30	4	16 × φ22	880	1130	381	
400	914	420	350	565	515	482	615	32	4	16 × φ26	970	1250	507	
500	1100	510	440	670	620	585	760	34	4	20 × φ26	1140	1480	853	
600	1295	610	480	780	725	685	845	36	5	20 × φ30	1280	1670	1224	
200	500	—	—	335	295	265	—	26	3	8 × φ23	—	—	—	沃福控制科技（杭州）有限公司
250	600	—	—	390	350	320	—	28	3	12 × φ23	—	—	—	
300	700	—	—	440	400	368	—	28	4	12 × φ23	—	—	—	
350	800	—	—	500	460	428	—	30	4	16 × φ23	—	—	—	
400	900	≈350	—	565	515	482	—	32	4	16 × φ25	≈1030	—	—	
500	1100	≈420	—	670	620	585	—	34	4	20 × φ25	≈1118	—	—	
600	1300	≈480	—	780	725	685	—	36	5	20 × φ30	≈1198	—	—	

（28）挠性缓闭式止回阀

1）主要性能规范（表 4-281）。

表 4-281　挠性缓闭式止回阀主要性能规范

公称压力 PN	缓 闭 时 间	工作温度/℃	水锤峰值压力	适 用 介 质
10	可在 3 ~ 60s 以下范围内调节	0 ~ 80	≤1. 2PN	净水、源水、污水等

2）主要外形尺寸和连接尺寸（图 4-248、表 4-282）。

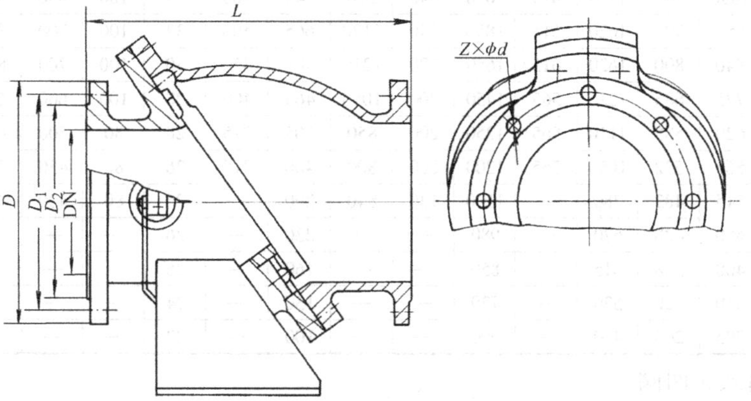

图 4-248　挠性缓闭式止回阀

表 4-282 挠性缓闭式止回阀主要尺寸 （单位：mm）

型 号	公称尺寸 DN	L	D	D_1	D_2	$Z\times\phi d$
HH512BF-10	200	500	340	295	268	$8\times\phi22$
	250	600	395	350	320	$12\times\phi22$
	300	700	445	400	370	$12\times\phi22$
	350	800	505	460	430	$16\times\phi22$
	400	900	565	515	482	$16\times\phi26$
	500	1100	670	620	585	$20\times\phi26$
	600	1300	780	725	685	$20\times\phi30$
H512BF-10	50	230	165	125	102	$4\times\phi17.5$
	80	310	200	160	133	$8\times\phi17.5$
	100	350	220	180	158	$8\times\phi17.5$
	150	480	285	240	212	$8\times\phi22$

注：型号 HH512BF-10 相当于 HH44X-10；型号 H512BF-10 相当于 H44X-10。

（29）无磨损球形止回阀

1）主要性能规范（表 4-283）。

表 4-283 无磨损球形止回阀主要性能规范

公称压力 PN	适 用 介 质	适用温度/℃
10	水	≤60

2）主要零件材料（表 4-284）。

表 4-284 无磨损球形止回阀主要零件材料

零 件 名 称	阀体、球架	球 体
材料	碳钢	碳钢包橡胶

3）主要外形尺寸和连接尺寸（图 4-249、表 4-285）。

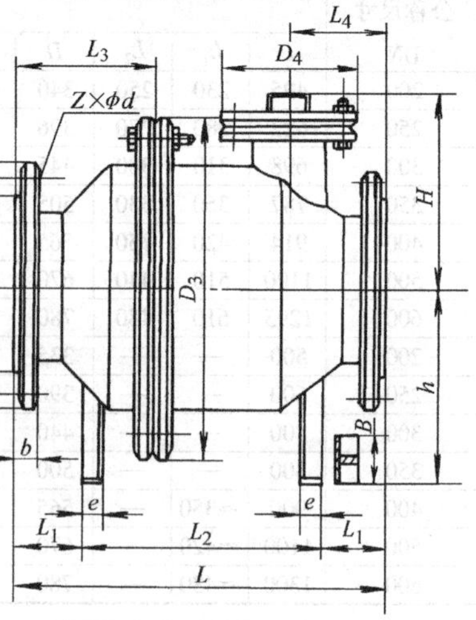

图 4-249 无磨损球形止回阀

表 4-285 无磨损球形止回阀主要尺寸 （单位：mm）

公称尺寸 DN	D	D_1	D_2	D_3	D_4	L	L_1	L_2	L_3	L_4	b	e	B	h	H	$Z\times\phi d$
1000	1220	1160	1115	1915	615	2250	340	1570	800	600	34	100	900	1050	1139	$28\times\phi34$
900	1110	1050	1005	1775	615	2050	340	370	740	500	34	100	800	950	969	$28\times\phi34$
800	1010	950	905	1620	615	1850	340	1170	665	500	32	100	800	850	919	$24\times\phi34$
700	875	840	800	1620	615	1650	220	1210	505	450	30	100	700	850	919	$24\times\phi30$
600	780	725	685	1220	565	1450	200	1050	465	400	28	100	600	650	709	$20\times\phi30$
500	670	620	585	1110	565	1250	200	850	505	315	28	80	500	600	659	$20\times\phi25$
450	615	565	532	1060	565	1200	200	800	400	315	26	80	450	570	609	$20\times\phi25$
400	565	515	482	780	—	1100	130	840	290	—	26	80	400	450	—	$16\times\phi23$
350	500	460	428	670	—	980	—	—	230	—	26	—	—	—	—	$16\times\phi23$
300	440	400	368	615	—	850	—	—	160	—	26	—	—	—	—	$12\times\phi23$
250	390	350	320	520	—	730	—	—	130	—	24	—	—	—	—	$12\times\phi23$
200	335	295	265	440	—	600	—	—	100	—	22	—	—	—	—	$8\times\phi23$

（30）旋启式止回阀

1）主要性能规范（表 4-286）。

表 4-286　旋启式止回阀主要性能规范

型　号	公称压力 PN	试验压力 /MPa		工作温度 /℃	适 用 介 质	工作温度/℃					
						120	200	350	425	450	550
		壳体	密封			最高工作压力/MPa					
H44Y-40I	40	6.0	4.0	≤550	水、蒸汽、油品	—	4.0	4.0	3.4	—	1.0
H44M-40	40	6.0	4.0	≤450	二甲苯	—	—	—	—	1.8	—
H44Y-40P	40	6.0	4.0	≤120	苯菲尔溶液	3.7	—	—	—	—	—
H44W-40P	40	6.0	4.0	-20~150	硝酸类	—	—	—	—	—	—
H44W-40R	40	6.0	4.0	-20~150	醋酸类	—	—	—	—	—	—
H44Y-40P_I	40	6.0	4.0	≤550	蒸汽、空气、油品	—	4.0	—	—	—	2.2
H44W-40P_I	40	6.0	4.0	≤550	蒸汽、空气、油品	—	4.0	—	—	—	2.2
H44Y-63P_I	63	9.6	6.3	≤550	蒸汽、空气、油品	—	6.4	—	—	—	3.6
H44Y-63I	63	9.6	6.3	≤550	水、蒸汽、油品	—	—	5.3	4.6	—	1.6

2）主要零件材料（表 4-287）。

表 4-287　旋启式止回阀主要零件材料

零件名称	阀体、阀盖、摇杆	阀　瓣	销　轴	螺　栓	螺　母	垫　片
H44Y-40I H44Y-64I	铬钼铸钢	铬镍钛铸钢	铬不锈钢	铬钼钒钢	铬钼钢	不锈钢带与石棉板
H44M-40	碳素铸钢	碳素铸钢	优质碳钢	优质碳钢	优质碳钢	不锈钢带与石棉板
H44Y-40P	铬镍钛铸钢	铬镍钛铸钢	铬镍钢	铬镍钢	不锈钢	不锈钢带与石棉板
H44W-40P	铬镍钛铸钢	铬镍钛铸钢	铬镍钢	铬镍钢	不锈钢	聚四氟乙烯
H44W-40R	铬镍钼钛铸钢	铬镍钼钛铸钢	—	—	—	聚四氟乙烯
H44Y-40P_I	铬镍钛耐热钢	铬镍钛耐热钢	—	—	—	—
H44W-40P_I	铬镍钛耐热钢	铬镍钛耐热钢	—	—	—	—
H44Y-63P_I	铬镍钛耐热钢	铬镍钛耐热钢	—	—	—	—

3）主要外形尺寸、连接尺寸和重量（图 4-250、表 4-288）。

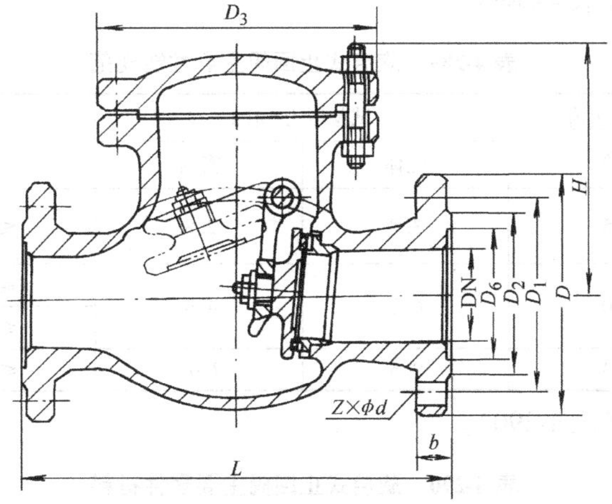

图 4-250　旋启式止回阀

表 4-288　旋启式止回阀主要尺寸及重量

公称尺寸 DN	L	D	D_1	D_2	D_6	b	$Z\times\phi d$	D_3	H	重量 /kg
H44Y-40I、H44M-40、H44Y-40P、H44Y-40P_I、H44W-40P_I、H44W-40P、H44W-40R										
50	230	160	125	100	88	20	$4\times\phi18$	185	172	20
65	290	180	145	120	110	22	$8\times\phi18$	210	182	30

（续）

公称尺寸 DN	尺寸/mm									重量 /kg
	L	D	D_1	D_2	D_6	b	$Z\times\phi d$	D_3	H	
H44Y-40I、H44M-40、H44Y-40P、H44Y-40P$_1$、H44W-40P$_1$、H44W-40P、H44W-40R										
80	310	195	160	135	121	22	$8\times\phi18$	210	192	35
100	350	230	190	160	150	24	$8\times\phi23$	260	217	50
125	400	270	220	188	176	28	$8\times\phi25$	295	250	75
150	480	300	250	218	204	30	$8\times\phi25$	330	270	105
200	550①	375	320	282	260	38	$12\times\phi30$	390	320	160
250	650	445	385	345	313	42	$12\times\phi34$	445	365	240
350	850	570	510	465	422	52	$16\times\phi34$	615	518	352
H44Y-63I、H44Y-63P$_1$										
50	300	175	135	105	88	26	$4\times\phi23$	200	177	27
65	340	200	160	130	110	28	$8\times\phi23$	225	197	37
80	380	210	170	140	121	30	$8\times\phi23$	250	212	53
100	430	250	200	168	150	32	$8\times\phi25$	315	248	90
125	500	295	240	202	176	36	$8\times\phi30$	365	298	135
150	550	340	280	240	204	38	$8\times\phi34$	410	330	187
200	650	405	345	300	260	44	$12\times\phi34$	480	385	212
250	775	470	400	352	313	48	$12\times\phi41$	565	445	403

① H44W-40P、H44W-40R 的 $L=600$mm。

4）主要生产厂家：超达阀门集团股份有限公司。

（31）旋启式止回阀

1）主要性能规范（表4-289）。

表4-289 旋启式止回阀主要性能规范

型　号	公称压力 PN	试验压力/MPa		工作温度 /℃	适用介质
		壳体	密封		
H44H-25 H44H-25Q	25	3.8	2.8	≤350	水、蒸汽、油品
H44H-40	40	6.0	4.4	≤425	
H44H-40Q				≤350	
H44H-63	63	9.6	7.04	≤450	

2）主要零件材料（表4-290）。

表4-290 旋启式止回阀主要零件材料

零件名称	阀体、阀盖、阀瓣、摇杆	销　轴	密封面	垫　片
H44H-25、H44H-40、H44H-63	碳素铸钢	不锈钢	不锈钢	橡胶石棉板
H44H-25Q、H44H-40Q	球墨铸铁			

3）主要外形尺寸、连接尺寸和重量（图4-251、表4-291）。

4）主要生产厂家：中国·保一集团有限公司。

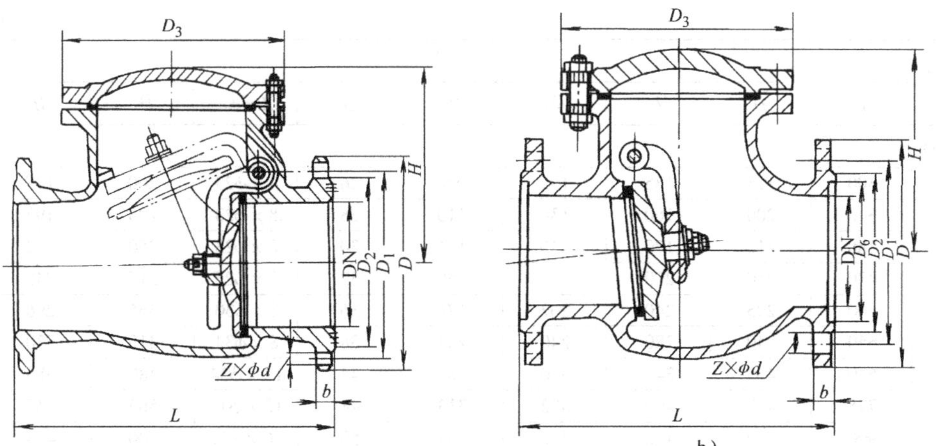

a)　　　　b)

图 4-251　旋启式止回阀

a) PN25　b) PN40、PN63

表 4-291　旋启式止回阀主要尺寸及重量

公称尺寸	尺寸/mm								重量
DN	L	D	D_1	D_2	b	$Z\times\phi d$	D_3	H	/kg
H44H-25、H44H-25Q									
25	160	115	85	65	16	$4\times\phi14$	—	—	—
32	180	135	100	78	18	$4\times\phi18$	—	—	—
40	200	145	110	85	18	$4\times\phi18$	—	150	18
50	230	160	125	100	20	$4\times\phi18$	185	160	21.3
65	290	180	146	120	22	$8\times\phi18$	215	175	28.1
80	310	195	160	135	22	$8\times\phi18$	235	185	37.6
100	350	230	190	160	24	$8\times\phi23$	270	220	56.7
125	400	270	220	188	28	$8\times\phi25$	340	248	92
150	480	300	250	218	30	$8\times\phi25$	375	276	129.5
200	550	360	310	276	34	$12\times\phi25$	435	350	210
250	650	435	370	332	36	$12\times\phi30$	515	410	294
300	750	485	430	390	40	$16\times\phi30$	550	430	367
350	850	550	490	448	44	$16\times\phi34$	—	466	410
400	950	610	550	505	48	$16\times\phi34$	67	560	461
500	1150	730	660	610	52	$20\times\phi41$	—	—	850

公称尺寸	尺寸/mm									重量
DN	L	D	D_1	D_2	D_6	b	$Z\times\phi d$	D_3	H	/kg
H44H-40、H44H-40Q										
25	160	115	85	65	58	16	$4\times\phi14$	—	—	—
32	180	135	100	78	66	18	$4\times\phi18$	—	—	—
40	200	145	110	85	76	18	$4\times\phi18$	—	—	—
50	230	160	125	100	88	20	$4\times\phi18$	185	169	22
65	290	180	145	120	110	22	$8\times\phi18$	215	175	29
80	310	195	160	135	121	22	$8\times\phi18$	235	185	38
100	350	230	190	160	150	24	$8\times\phi23$	270	220	57
125	400	270	220	188	176	28	$8\times\phi25$	340	248	91
150	480	300	250	218	204	30	$8\times\phi25$	375	270	129
200	550	375	320	282	260	38	$12\times\phi30$	450	342	213
250	650	445	385	345	313	42	$12\times\phi34$	525	401	297
300	750	510	450	408	364	46	$16\times\phi34$	550	423	362
350	850	570	510	465	422	52	$16\times\phi34$	—	430	400
400	950	655	585	535	474	58	$16\times\phi41$	670	447	450

（续）

公称尺寸 DN	尺寸/mm									重量/kg
	L	D	D_1	D_2	D_6	b	$Z\times\phi d$	D_3	H	
H44H-64										
50	300	175	135	105	88	26	$4\times\phi23$	200	177	27
65	340	200	160	130	110	28	$8\times\phi23$	225	197	37
80	380	210	170	140	121	30	$8\times\phi23$	250	212	57
100	430	250	200	168	150	32	$8\times\phi25$	315	248	89
125	500	295	240	202	176	36	$8\times\phi30$	365	296	135
150	550	340	280	240	204	38	$8\times\phi34$	410	330	184
200	650	405	345	300	260	44	$12\times\phi34$	480	385	266
250	775	470	400	352	313	48	$12\times\phi41$	565	445	396
300	900	530	460	412	364	50	$16\times\phi41$	600	474	643
350	1025	595	525	475	422	60	$16\times\phi41$	—	—	—
400	1150	670	585	525	474	65	$16\times\phi48$	730	616	1234
700	1450	1010	910	844	768	80	$24\times\phi54$	1145	1075	3071

（32）排渣旋启式止回阀

1）主要性能规范（表4-292）。

2）主要零件材料（表4-293）。

3）主要外形尺寸、连接尺寸和重量（图4-252、表4-294）。

表4-292 排渣旋启式止回阀主要性能规范

型号	公称压力 PN	试验压力/MPa	
		壳体	密封
PH44H-10C	10	1.5	1.1
PH44H-16C	16	2.4	1.76
PH44H-25	25	3.8	2.8

型号	工作温度/℃	工作压力/MPa	适用介质
PH44H-10C	≤200	1.0	灰渣水混合物，渣水比>1:6，最大粒度≤50mm
PH44H-16C		1.6	
PH44H-25		2.5	

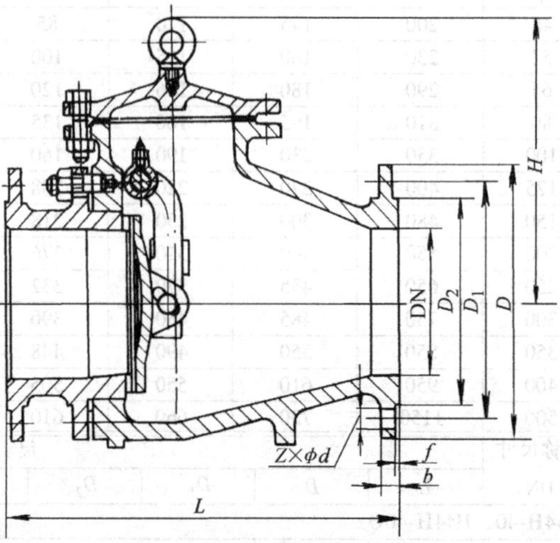

图4-252 排渣旋启式止回阀

表4-293 排渣旋启式止回阀主要零件材料

零件名称	阀体、阀盖	阀瓣	紧固件
材料	铸钢	铸钢+不锈钢	Q235A

表4-294 排渣旋启式止回阀主要尺寸及重量

型号	公称尺寸 DN	尺寸/mm								重量/kg
		L	D	D_1	D_2	$Z\times\phi d$	b	f	H	
PH44H-10C	80	241	200	160	132	$8\times\phi18$	20	3	260	48
	100	292	220	180	156	$8\times\phi18$	20	3	270	63
	150	356	285	240	212	$8\times\phi22$	22	3	290	120

（续）

型　号	公称尺寸 DN	尺寸/mm L	D	D_1	D_2	$Z \times \phi d$	b	f	H	重量 /kg
PH44H-10C	200	495	340	295	268	$8\times\phi22$	22	3	345	200
	250	622	395	350	320	$12\times\phi22$	24	3	412	250
	300	698	445	400	370	$12\times\phi22$	26	3	468	320
	350	787	505	460	430	$16\times\phi22$	28	4	524	400
	400	900	565	515	482	$16\times\phi26$	30	4	600	517
	450	918	615	565	532	$20\times\phi26$	32	4	670	610
	500	978	670	620	585	$20\times\phi26$	34	4	750	705
PH44H-16C	80	241	200	160	132	$8\times\phi18$	20	3	260	48
	100	292	220	180	156	$8\times\phi18$	20	3	270	63
	150	356	285	240	212	$8\times\phi22$	24	3	290	130
	200	495	340	295	268	$12\times\phi22$	24	3	345	210
	250	622	405	355	320	$12\times\phi26$	26	3	412	260
	300	698	460	410	370	$12\times\phi26$	28	4	468	330
	350	787	520	470	429	$16\times\phi26$	30	4	524	415
	400	900	580	525	480	$16\times\phi30$	32	4	600	532
	450	918	640	585	548	$20\times\phi30$	34	4	670	625
	500	978	715	650	609	$20\times\phi30$	36	4	750	720
PH44H-25	80	318	200	160	132	$8\times\phi18$	24	3	260	48
	100	356	235	190	156	$8\times\phi22$	24	3	270	65
	150	444	300	250	212	$8\times\phi26$	28	3	290	140
	200	535	360	310	278	$12\times\phi26$	30	3	345	230
	250	622	425	370	335	$12\times\phi30$	32	4	412	280
	300	711	485	430	390	$16\times\phi30$	34	4	648	350
	350	838	555	490	450	$16\times\phi33$	38	4	524	440
	400	864	620	550	505	$16\times\phi36$	40	4	600	550
	450	978	670	600	555	$20\times\phi36$	42	4	670	650
	500	1016	730	660	615	$20\times\phi36$	44	4	750	745

（33）低温旋启式止回阀

1）主要性能规范（表 4-295）。

表 4-295　低温旋启式止回阀主要性能规范

型　号	公称压力 PN	试验压力/MPa		试验温度 /℃	试验介质		工作温度 /℃	适用介质
		壳体	密封		密封	壳体		
DH44Y-40N	40	6.0	4.4	20	氮气	水	-40	乙烯、丙烯等
DH44Y-40P							-180	

2）主要零件材料（表 4-296）。

表 4-296　低温旋启式止回阀主要零件材料

零件名称	阀体、阀盖	摇杆、阀杆	阀　座	螺　栓	销　轴	螺　母	垫　片
DH44Y-40N	铸 06 铝铌铜氮钢	铸铬镍钢	铬镍钢	铬钼钢	铬不锈钢		蜡浸石棉橡胶板
DH44Y-40P	铸铬镍钢		铬镍钢		铬镍钢	铅黄铜	

3）主要外形尺寸、连接尺寸和重量（图 4-253、表 4-297）。

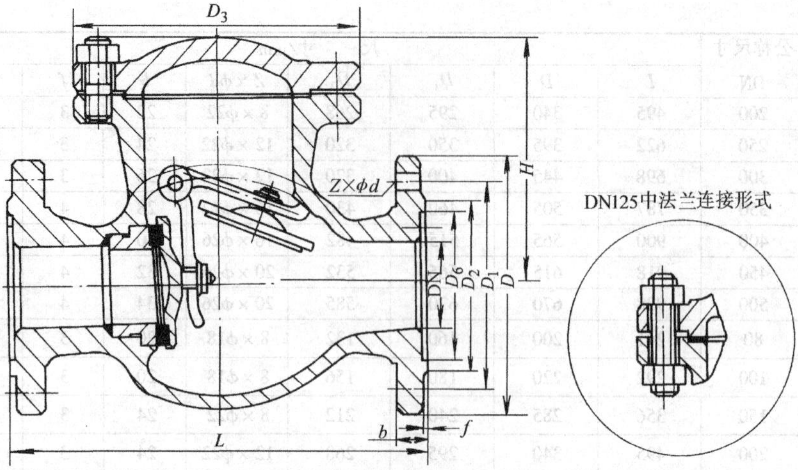

图 4-253　低温旋启式止回阀

表 4-297　低温旋启式止回阀主要尺寸及重量

公称尺寸 DN	尺　寸/mm										重量 /kg
	L	D	D_1	D_2	D_6	b	f	$Z\times\phi d$	D_3	H	
50	230	160	125	100	88	20	3	$4\times\phi18$	185	160	19
80	310	195	160	135	121	22	3	$8\times\phi18$	235	185	34
100	350	230	190	160	150	24	3	$8\times\phi23$	270	220	50
150	480	300	250	218	204	30	3	$8\times\phi25$	375	276	131
200	550	375	320	282	260	38	3	$12\times\phi30$	450	342	213
400	950	655	585	535	474	58	4	$16\times\phi41$	670	447	452

4）主要生产厂家：超达阀门集团股份有限公司。

（34）API 6D 旋启式止回阀

1）主要性能规范（表 4-298）。

表 4-298　API 6D 旋启式止回阀主要性能规范

压力级		CL150	CL300	CL400	CL600	CL900	CL1500	CL2500
试验压力/MPa	壳体	3.1	7.8	10.3	15.3	23.1	39.0	64.6
	密封	2.2	5.6	7.6	11.2	16.8	28.5	47.4

阀体材料	WCB（C）	CF8（P）	OF8M（R）	WC6、WC9（V）
工作温度/℃	≤425	≤100	≤100	≤540
适用介质	水、蒸汽、油品	硝酸类	醋酸类	水、蒸汽

2）执行标准（表 4-299）。

表 4-299　API 6D 旋启式止回阀执行标准

项　目	设计制造	压力—温度额定值	结构长度	连接尺寸	检验与试验
标准	API 6D	ASME B 16.34	API 6D	ASME B 16.5	API 6D

3）主要零件材料（表 4-300）。

表 4-300　API 6D 旋启式止回阀主要零件材料

零件名称	阀体、阀盖、摇杆	阀瓣	阀　座	垫　片	螺　栓	螺　母
材　料	WCB	WCB 堆 Cr13 或硬质合金	25 堆 Cr13 或硬质合金	软铁、XB450	ASTM A193 B7	ASTM A194 2H
	CF8	CF8 堆硬质合金	304 堆硬质合金	聚四氟乙烯板	14Cr17Ni2	20Cr13

（续）

零件名称	阀体、阀盖、摇杆	阀瓣	阀　座	垫　片	螺　栓	螺　母
材　料	CF8M	CF8M 堆硬质合金	316 堆硬质合金	聚四氟乙烯板	14Cr17Ni2	20Cr13
	WC6、WC9	WC6、WC9 堆硬质合金	20CrMoV 堆硬质合金	不锈钢＋耐酸石棉缠绕垫	25Cr1Mo1V	35CrMoA

4）主要外形尺寸、连接尺寸和重量（图 4-254、表 4-301）。

5）主要生产厂家：超达阀门集团股份有限公司、中国·保一集团有限公司。

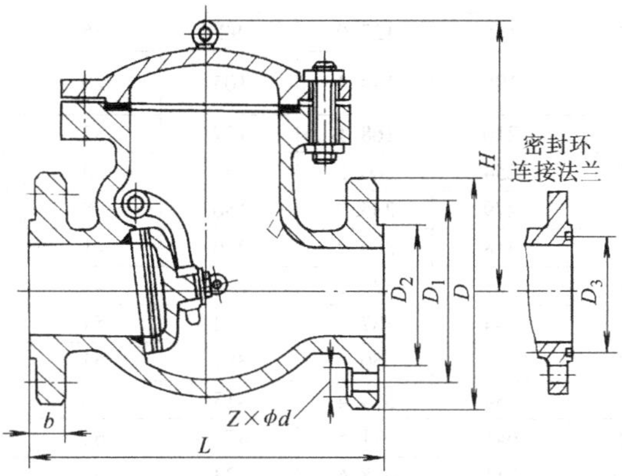

图 4-254　API 6D 旋启式止回阀

表 4-301　API 6D 旋启式止回阀主要尺寸及重量

公称尺寸		尺　寸/mm							重量
DN	NPS	L	D	D_1	D_2	b	$Z\times\phi d$	H	/kg
CL150									
50	2	203	152	120.6	92	19	4×φ19	161	17
65	2½	216	178	139.7	105	22	4×φ19	180	23
80	3	241	190	152.4	127	24	4×φ19	190	33
100	4	292	229	190.5	157	24	8×φ19	203	44
125	5	330	254	215.9	186	24	8×φ22	229	62
150	6	356	279	241.3	216	25	8×φ22	257	78
200	8	495	343	298.4	270	29	8×φ22	292	137
250	10	622	406	362.0	324	30	12×φ25	355	207
300	12	698	483	431.8	381	32	12×φ25	396	279
350	14	787	533	476.2	413	35	12×φ29	445	387
400	16	864	597	539.8	470	37	16×φ29	490	446
450	18	978	635	577.8	533	40	16×φ32	520	621
500	20	978	698	635.0	584	43	20×φ32	546	770
CL300									
50	2	267	165	127.0	92	22	8×φ19	178	20
65	2½	292	190	149.4	105	25	8×φ22	190	24
80	3	318	210	168.1	127	29	8×φ22	216	40
100	4	356	254	200.2	157	32	8×φ22	241	51
125	5	400	279	235.0	186	35	8×φ22	267	65
150	6	444	318	269.7	216	37	12×φ22	305	90
200	8	533	381	330.2	270	41	12×φ25	368	175
250	10	622	444	387.4	324	48	16×φ29	394	210

（续）

公称尺寸		尺 寸/mm							重量
DN	NPS	L	D	D_1	D_2	b	$Z\times\phi d$	H	/kg
CL300									
300	12	711	521	450.8	381	51	$16\times\phi32$	445	286
350	14	838	584	514.4	413	54	$20\times\phi32$	470	400
400	16	864	648	571.5	470	57	$20\times\phi35$	533	550
450	18	978	711	628.6	533	60	$24\times\phi35$	584	700
500	20	1016	775	685.8	584	64	$24\times\phi35$	610	860
CL400									
50	2	292	165	127.0	92	25	$8\times\phi19$	190	24
65	2½	330	190	149.4	105	29	$8\times\phi22$	203	36
80	3	356	210	168.1	127	32	$8\times\phi22$	229	50
100	4	406	254	200.2	157	35	$8\times\phi25$	267	65
125	5	457	279	235.0	186	38	$8\times\phi25$	292	90
150	6	495	318	269.7	216	41	$12\times\phi25$	330	175
200	8	597	381	330.2	270	48	$12\times\phi29$	381	210
250	10	673	444	387.4	324	54	$16\times\phi32$	406	286
300	12	762	521	450.8	381	57	$16\times\phi35$	457	400
350	14	889	584	514.4	413	60	$20\times\phi35$	508	550
400	16	902	648	571.5	470	64	$20\times\phi38$	546	700
450	18	1016	711	628.6	533	67	$24\times\phi38$	597	860
500	20	1054	775	685.8	584	70	$24\times\phi41$	635	1100

公称尺寸		尺 寸/mm①										重量
DN	NPS	L		D	D_1	D_2		D_3	b	$Z\times\phi d$	H	/kg
		系列1	系列2			系列1	系列2	系列3				
CL600												
50	2	292	295	165	127.0	92	108	82.6	25	$8\times\phi19$	203	34
65	2½	330	334	190	149.4	100	127	101.6	29	$8\times\phi22$	229	45
80	3	356	359	210	168.1	127	146	123.8	32	$8\times\phi22$	235	63
100	4	432	435	273	215.9	157	175	149.2	38	$8\times\phi25$	286	114
125	5	508	511	330	266.7	186	210	181.0	44	$8\times\phi29$	292	160
150	6	559	562	356	292.1	216	241	211.1	48	$12\times\phi29$	330	207
200	8	660	664	419	349.2	270	302	269.9	56	$12\times\phi32$	381	387
250	10	787	791	508	431.8	324	356	323.8	64	$16\times\phi35$	457	580
300	12	838	842	559	489.0	381	413	381.0	67	$20\times\phi35$	584	778
350	14	889	892	603	527.0	413	457	419.1	70	$20\times\phi38$	635	986
400	16	991	—	686	603	470	—	—	76	$20\times\phi41$	584	—

公称尺寸		尺 寸/mm								重量
DN	NPS	L	D	D_1	D_2	D_3	b	$Z\times\phi d$	H	/kg
CL900										
50	2	372	216	165.1	124	95.2	38	$8\times\phi25$	216	40
65	2½	422	244	190.5	137	108.0	41	$8\times\phi29$	254	60
80	3	384	241	190.5	156	123.8	38	$8\times\phi25$	292	88
100	4	461	292	235.0	181	149.2	44	$8\times\phi32$	318	122
125	5	562	349	279.4	216	181.0	51	$8\times\phi35$	343	157
150	6	613	381	317.5	241	211.1	56	$12\times\phi32$	368	297
200	8	740	470	393.7	308	269.9	64	$12\times\phi38$	432	550
250	10	842	546	469.9	362	323.8	70	$16\times\phi38$	546	860
300	12	969	610	533.4	419	381.0	79	$20\times\phi38$	660	1390

（续）

公称尺寸		尺　寸/mm									重量
DN	NPS	*L*	*D*	D_1	D_2	D_3	*b*	$Z \times \phi d$	*H*	*d*	/kg
CL1500											
65	2½	419	244	190.5	137	107.95	41.5	8×ϕ29	193	57	45
80	3	470	267	203.2	168	136.52	48.0	8×ϕ32	246	66	70
100	4	546	311	241.3	194	161.92	54.0	8×ϕ35	288	87	115
125	5	678	375	292.1	229	193.68	73.5	8×ϕ42	324	108	195
150	6	705	394	317.5	248	211.12	83.0	12×ϕ39	373	128	250
200	8	832	483	393.7	318	269.88	92.9	12×ϕ45	466	175	470
250	10	991	585	482.6	371	323.85	108.0	12×ϕ51	536	216	820
CL2500											
65	2½	508	267	196.8	149	111.12	57.5	8×ϕ32	255	45	98
80	3	578	305	228.6	168	127.00	67	8×ϕ35	315	58	120
100	4	673	356	273.0	203	157.18	76.5	8×ϕ42	360	80	240
125	5	794	419	323.8	241	190.50	92.5	8×ϕ48	418	103	410
150	6	914	483	368.3	279	228.60	108	8×ϕ54	465	124	590
200	8	1022	550	438.1	340	279.40	127	12×ϕ54	555	170	990
250	10	1270	675	539.7	425	342.90	165.5	12×ϕ67	630	210	1750

① 系列 1 为采用凸面法兰的数据，系列 2 为采用密封环连接法兰的数据。

（35）API 6D 低温旋启式止回阀

1）执行标准（表 4-302）。

表 4-302　API 6D 低温旋启式止回阀执行标准

项　目	结构长度	连接法兰	检查和试验
标准	API 6D	ASME B16.5	API 6D、BS6364

2）主要性能规范（表 4-303）。

表 4-303　API 6D 低温旋启式止回阀主要性能规范

型　号	压力级	常温试验压力/MPa		低温密封试验压力/MPa	工作温度及适用介质		
		壳体	密封（气）				
DH44Y-CL150	CL150	3.0	2.2	0.55～0.69	-46℃，氨、液氮、丙烷	-101℃，乙烯、二氧化碳	-196℃，甲烷、液化天然气
DH44Y-CL300	CL300	7.5	5.5	0.55～0.69			
DH44Y-CL600	CL600	15.0	11.0	0.55～0.69			

3）主要零件材料（表 4-304）。

表 4-304　API 6D 低温旋启式止回阀主要零件材料

零件名称	阀体、阀盖、阀瓣、摇杆	
材料	A352/A352M-LCC、A352/A352M-LC3、A351/A351M-CF8	
零件名称	销轴、螺母	双头螺母
材料	A182/A182M-F304	Cr-Mo 钢

4）主要外形尺寸和连接尺寸（图 4-255、表 4-305）。

5）主要生产厂家：超达阀门集团股份有限公司、中国·保一集团有限公司、圣博莱阀门有限公司。

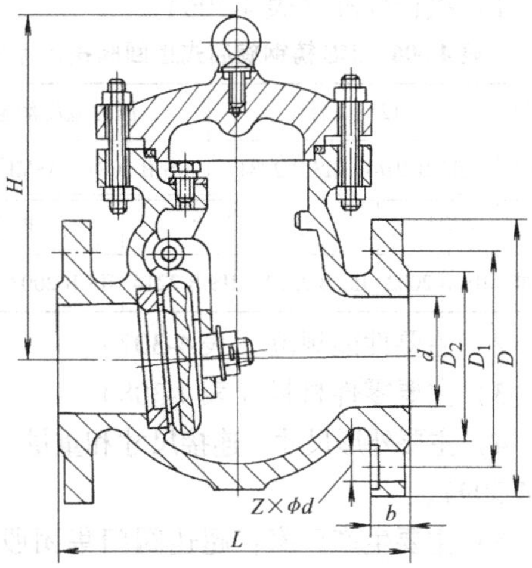

图 4-255　API 6D 低温旋启式止回阀

表 4-305 API 6D 低温旋启式止回阀主要尺寸

压力级	公称尺寸		尺寸/mm							
	NPS	DN	d	L	D	D_1	D_2	b	H	$Z\times\phi d$
CL150	1½	40	38	165	127	98.4	73	14.5	154	$4\times\phi15$
	2	50	51	203	152	120.6	92	16	175	$4\times\phi19$
	2½	65	64	216	178	139.7	105	17.5	177	$4\times\phi19$
	3	80	76	241	191	152.4	127	24.0	191	$4\times\phi19$
	4	100	102	292	229	190.5	157	24.0	222	$8\times\phi19$
	6	150	152	356	279	241.3	216	25.5	325	$8\times\phi22$
	8	200	203	495	343	298.4	270	29.0	383	$8\times\phi22$
	10	250	254	622	406	361.9	324	30.5	448	$12\times\phi25$
	12	300	305	698	483	431.8	381	32.0	540	$12\times\phi25$
	14	350	357	787	535	476.2	413	35.0	560	$12\times\phi29$
CL300	1½	40	38	241	156	114.3	73	21.0	172	$4\times\phi22$
	2	50	51	267	165	127	92	22.5	198	$8\times\phi19$
	2½	65	64	292	191	149	105	25.5	204	$8\times\phi22$
	3	80	76	318	210	168.3	127	29.0	222	$8\times\phi22$
	4	100	102	356	254	200	157	32	277	$8\times\phi22$
	6	150	152	445	318	269.9	216	37.0	346	$12\times\phi22$
	8	200	203	533	381	330	270	42.0	412	$12\times\phi25$
	10	250	254	622	445	387.5	324	48.0	465	$16\times\phi29$
	12	300	305	711	520	451	381	51.0	562	$16\times\phi32$
CL600	1½	40	38	241	156	114.5	73	30		$4\times\phi22$
	2	50	51	292	165	127	92	33		$8\times\phi19$
	2½	65	64	330	190	149	100	36		$8\times\phi22$
	3	80	76	356	210	168	127	39		$8\times\phi22$
	4	100	102	432	273	216	157	45		$8\times\phi25$
	6	150	152	559	356	292	216	55		$12\times\phi29$
	8	200	200	660	419	349	270	63		$12\times\phi32$
	10	250	248	787	508	432	324	71		$16\times\phi35$
	12	300	298	838	559	489	381	74		$20\times\phi35$

（36）JIS 铸钢旋启式止回阀

1）执行标准（表 4-306）。

表 4-306 JIS 铸钢旋启式止回阀执行标准

项目	设计	压力温度额定值
标准	JIS B 2074、JIS B 2084	JIS B 2084、ASME B 16.34

项目	结构长度	法兰尺寸	检查验收
标准	JIS B 2002	JIS B 2212、JIS B 2214	JIS B 2003、API 598

2）主要性能规范（表 4-307）。

3）主要零件材料（表 4-308）。

4）主要外形尺寸、连接尺寸和重量(图 4-256、表 4-309)。

5）主要生产厂家：超达阀门集团股份有限公司。

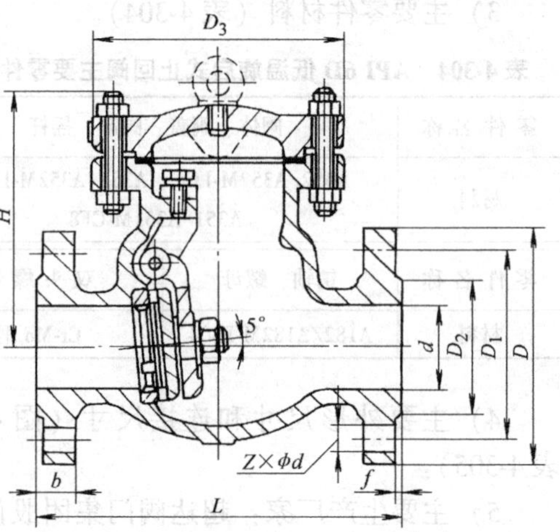

图 4-256 JIS 铸钢旋启式止回阀

表 4-307　JIS 铸钢旋启式止回阀主要性能规范

压力级	试验压力/MPa		壳体材料							
			SCPH2、WCB		SCS13A、CF8		SCS14A、CF8M		SCPH21、SCPH32	
	壳体	密封	工作温度/℃	适用介质	工作温度/℃	适用介质	工作温度/℃	适用介质	工作温度/℃	适用介质
10K	2.4	1.5	≤425	水、蒸汽、油品	≤100	硝酸类	≤100	醋酸类	≤540	水、蒸汽
20K	5.8	4.0								
63K	16.0	11.8								

表 4-308　JIS 铸钢旋启式止回阀主要零件材料

零件名称	阀体、阀盖	阀座	阀瓣	垫片	螺栓
材料	SCPH2、WCB	25 堆 20Cr13 或 20Cr13	ZG25 Ⅱ 堆 20Cr13	XB450	35CrMo
	SCS13A、CF8	06Cr19Ni10（堆硬质合金）	ZG03Cr18Ni10（堆硬质合金）	耐酸石棉 + 不锈钢缠绕垫	14Cr17Ni2
	SCS14A、CF8M	06Cr17Ni12Mo2Ti（堆硬质合金）	ZG06Cr17Ni12Mo2（堆硬质合金）		
	SCPH21、SCPH32	20CrMo、15Cr1Mo1V（堆硬质合金）	ZG20CrMoV、ZG15Cr1Mo（堆硬质合金）	石墨 + 不锈钢缠绕垫	25Cr2MoVA

表 4-309　JIS 铸钢旋启式止回阀主要尺寸及重量

公称尺寸		尺寸/mm									重量
DN	NPS	d	L	D	D_1	D_2	b	f	H	$Z\times\phi d$	/kg
10K											
25	1	25	127	125	90	70	14	1	80	4×ϕ19	—
40	1½	38	165	140	105	85	16	2	145	4×ϕ19	—
50	2	51	203	155	120	100	16	2	160	4×ϕ19	17
65	2½	64	216	175	140	120	18	2	175	4×ϕ19	25
80	3	76	241	185	150	130	18	2	185	8×ϕ19	29
100	4	102	292	210	175	155	18	2	215	8×ϕ19	47
125	5	127	330	250	210	185	20	2	240	8×ϕ23	—
150	6	154	356	280	240	215	22	2	325	8×ϕ23	85
200	8	203	495	330	290	265	22	2	383	12×ϕ23	150
250	10	254	622	400	355	325	24	2	430	12×ϕ25	240
300	12	305	698	445	400	370	24	3	490	16×ϕ25	350
20K											
40	1½	38	241	140	105	85	22	2	155	4×ϕ19	—
50	2	51	267	155	120	100	22	2	185	8×ϕ19	24
65	2½	64	292	175	140	120	24	2	200	8×ϕ19	33
80	3	76	318	200	160	135	26	2	220	8×ϕ23	45
100	4	102	356	225	185	160	28	2	240	8×ϕ23	70
125	5	127	400	270	225	195	30	2	270	8×ϕ25	—
150	6	152	444	305	261	230	32	2	346	12×ϕ25	150
200	8	203	533	350	305	275	34	2	412	12×ϕ25	230
250	10	254	622	430	380	345	38	2	440	12×ϕ27	390
300	12	305	711	480	430	395	40	3	530	16×ϕ27	520

公称尺寸	尺寸/mm									重量
DN	L	D	D_1	D_2	D_3	b	f	$Z\times\phi d$	H	/kg
63K										
200	737	425	360	290	480	60	2	12×ϕ33	400	395

(37) 旋启式多瓣止回阀

1) 主要性能规范(表4-310)。

表4-310　旋启式多瓣止回阀主要性能规范

型　号	公称压力 PN	试验压力/MPa		适用介质	工作温度/℃
		壳　体	密　封		
H45X-2.5	2.5	0.4	0.275	水	≤80
H45X-6	6	0.9	0.66	水	≤80
H45X-10	10	1.5	1.1	水	≤80
H45T-10	10	1.5	1.1	水、蒸汽	≤200

2) 主要零件材料(表4-311)。

3) 主要外形尺寸、连接尺寸和重量(图4-257、表4-312)。

表4-311　旋启式多瓣止回阀主要零件材料

零件名称	阀体、阀盖、阀门、隔板	摇　杆	密封圈	销　轴	垫　片
材料	灰铸铁	球墨铸铁	黄铜、橡胶	钢	橡胶石棉板

表4-312　旋启式多瓣止回阀主要尺寸及重量

型　号	公称尺寸 DN	尺寸/mm											旁通阀尺寸/mm			$Z\times\phi d$ /mm	重量 /kg
		L	D	D_1	D_2	b	f	ϕ	H	B	L_1	l	B_1	d_N	d_0		
H45X-2.5 H45X-6 H45X-10	800	1000	1010	950	905	44	5	1550	780	400	640	150	916	100	200	$24\times\phi34$	4077
	1000	1200	1220	1160	1115	46	4	1915	985	500	570	180	1102	100	200	$28\times\phi34$	5571
	1200	1400	1400	1340	1295	40	5	2295	1180	600	718	200	1270	100	200	$32\times\phi34$	9870
	1400	1600	1620	1560	1510	44	5	2600	1310	700	830	240	1455	100	200	$36\times\phi34$	12870
	1600	1800	1820	1760	1710	48	5	2840	1450	800	936	280	1615	150	240	$40\times\phi34$	17650
	1800	2000	2045	1970	1910	50	5	2915	1500	1000	1000	320	1640	150	240	$44\times\phi41$	23698
H45T-10	800	1500	1010	950	905	44	5	1740	930	500	720	180	1035	150	320	$24\times\phi34$	4220
	900	1700	1110	1050	1005	46	5	1995	1020	550	800	200	1180	150	320	$28\times\phi34$	6009
	1000	1900	1220	1160	1115	50	5	2235	1170	600	860	220	1352	200	320	$28\times\phi34$	8454
H45X-2.5 H45X-6	1200	1400	1400	1340	1295	40	5	2350	1320	600	719	200	1320	100	240	$32\times\phi34$	5700
	1400	1600	1620	1560	1510	44	5	2655	1475	700	830	240	1520	100	240	$36\times\phi34$	11200
	1600	1800	1820	1760	1710	48	5	2895	1625	800	936	280	1670	150	360	$40\times\phi34$	15000
	1800	2000	2045	1970	1910	50	5	2970	1660	1000	1000	320	1690	150	360	$44\times\phi41$	18720
H45X-10	700	—	895	840	800	40	5	—	—	—	—	—	—	—	—	$24\times\phi30$	—
	800	1500	1010	950	905	44	5	1820	970	500	720	180	1085	150	280	$24\times\phi34$	5140
	900	1700	1110	1050	1005	46	5	2015	1035	550	800	200	1185	150	280	$28\times\phi34$	5140
	1000	1900	1220	1160	1115	50	5	2290	1190	600	860	220	1380	200	280	$28\times\phi36$	7610
H45T-10	700	1650	—	840	—	—	—	—	—	—	—	—	—	—	—	$24\times\phi33$	1176
	800	1850	—	950	—	—	—	—	—	—	—	—	—	—	—	$24\times\phi33$	1822
	900	2050	—	1050	—	—	—	—	—	—	—	—	—	—	—	$28\times\phi33$	2463
	1000	2250	—	1160	—	—	—	—	—	—	—	—	—	—	—	$28\times\phi36$	2891
	1200	2100	—	1380	—	—	—	—	—	—	—	—	—	—	—	$28\times\phi39$	4239

（续）

型　号	公称尺寸 DN	尺寸/mm											旁通阀尺寸/mm			Z×φd /mm	重量 /kg
		L	D	D_1	D_2	b	f	ϕ	H	B	L_1	l	B_1	d_N	d_0		
H45T-10	800	1500	—	950	—	—	—	—	—	—	—	—	—	—	—	24×φ34	3489
	900	1900	—	1160	—	—	—	—	—	—	—	—	—	—	—	28×φ34	5900

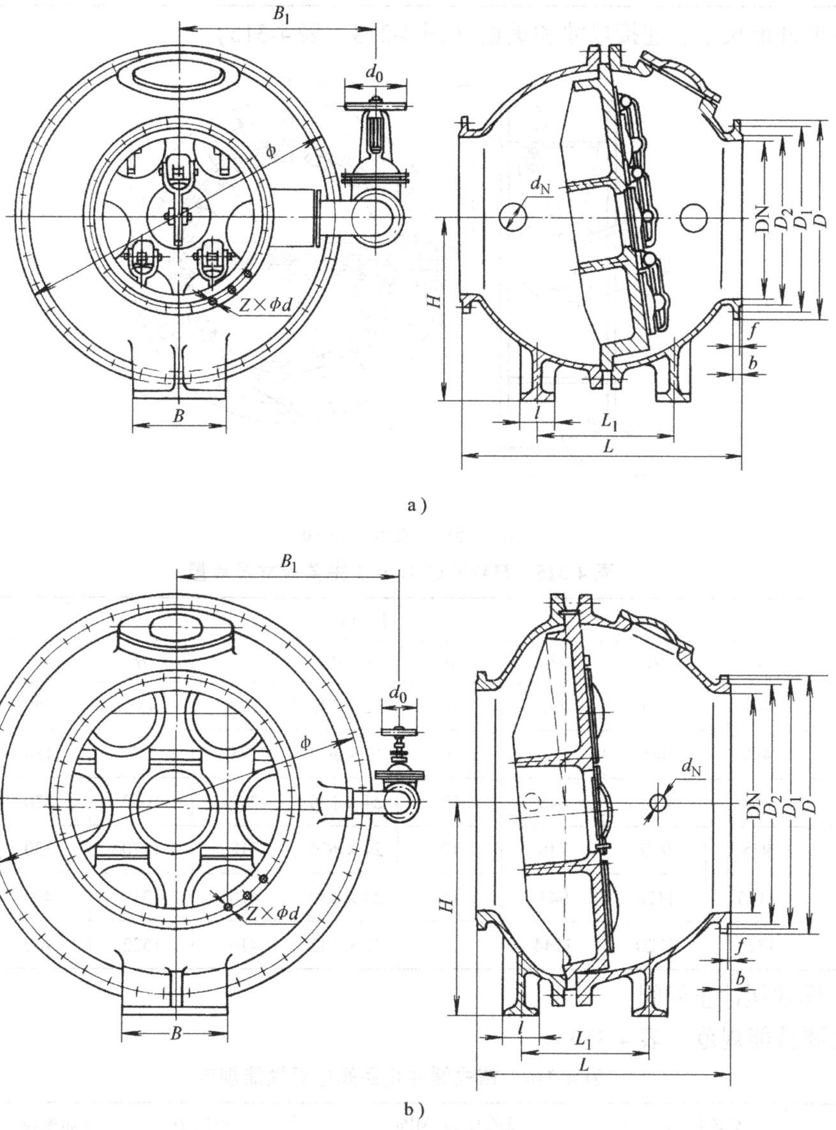

a）

b）

图4-257　旋启式多瓣止回阀

a）H45X-2.5、H45X-6　b）H45X-10

（38）风道止回阀　该阀用于核电站排风系统，也适用于一般工业管路的通风系统。

1）主要性能规范（表4-313）。

2）主要零件材料（表4-314）。

表 4-313　风道止回阀主要性能规范

公称压力 PN	开启压力 /Pa（mmH_2O）	内漏率 /（$m^3 \cdot h^{-1} \cdot m^{-2}$）	外漏率 /（$m^3 \cdot h^{-1} \cdot m^{-2}$）	使用温度 /℃
0.1	≤350（35）	≤40	≤0.1	107

表 4-314　风道止回阀主要零件材料

零件名称	阀　体	蝶　板	阀　杆	轴承支座
材料	Q235A	Q235A、LC4	20Cr13、40Cr	40Cr

3）主要外形尺寸、连接尺寸和重量（图 4-258、表 4-315）。

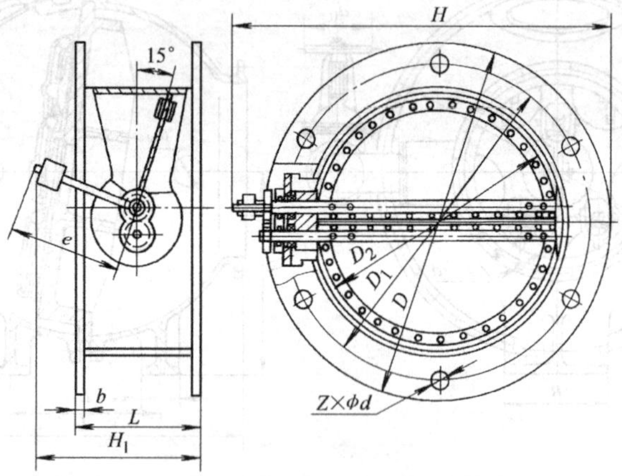

图 4-258　风道止回阀

表 4-315　H47X C/D-0.1 主要尺寸及重量

公称尺寸 DN	尺　寸/mm								重量 /kg
	D	D_1	D_2	b	$Z \times \phi d$	L	H	e	
300	440	395	292	10	12 × ϕ22	178	485	150	32
360	490	445	—	10	12 × ϕ22	178	542	150	38
700	860	810	648	12	24 × ϕ26	292	1067	330	172
800	975	920	748	12	24 × ϕ30	318	1170	330	192
1000	1175	1120	944	16	28 × ϕ30	410	1319	400	321
1200	1375	1320	1144	16	32 × ϕ33	410	1522	400	434

（39）蝶式缓冲止回阀

1）主要性能规范（表 4-316）。

表 4-316　蝶式缓冲止回阀主要性能规范

型　号	公称压力 PN	试验压力/MPa		工作压力 /MPa	介质温度 /℃	适用介质
		壳体	密封			
H47X-2.5	2.5	0.4	0.275	0.25	≤80	水、油品
H47X-6	6	0.9	0.66	0.6		
H47X-10	10	1.5	1.1	1.0		

（续）

型　号	公称压力 PN	试验压力/MPa		工作压力 /MPa	介质温度 /℃	适用介质
		壳体	密封			
H_H47X-2.5	25	0.4	0.275	0.25	≤80	海水
H_H47X-6	6	0.9	0.66	0.6		
H_H47X-10	10	1.5	1.1	1.0		

2）主要零件材料（表4-317）。

表4-317　蝶式缓冲止回阀主要零件材料

零件名称	阀　体	蝶　阀	密　封　圈	阀轴	填料
材料	灰铸铁	灰铸铁、铸钢、球墨铸铁	丁腈耐油橡胶、氯丁橡胶	不锈钢	橡胶

3）主要外形尺寸、连接尺寸和重量（图4-259、表4-318）。

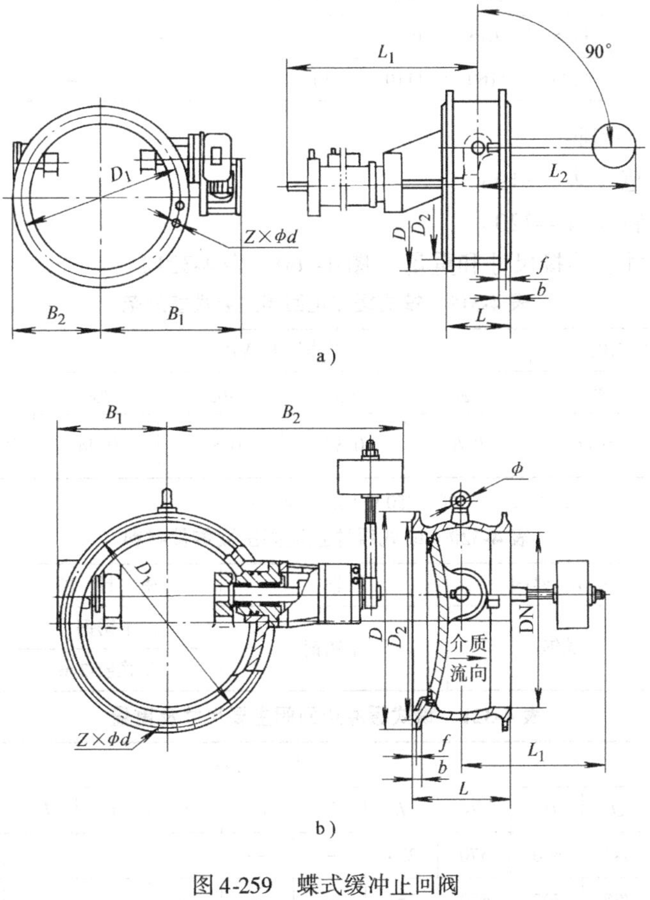

图4-259　蝶式缓冲止回阀

a）PN＝0.25MPa、PN＝0.6MPa　b）PN＝1.0MPa

表4-318　蝶式缓冲止回阀主要尺寸及重量

公称尺寸 DN	公称压力 PN	尺寸/mm											重量 /kg
		D	D_1	D_2	L	L_1	L_2	b	f	B_1	B_2	$Z\times\phi d$	
H47X-2.5、H47X-6、H_H47X-2.5、H_H47X-6													
1000	6	1175	1120	1080	550	1095	735	36	5	915	610	28×ϕ30	1389
1200	2.5	1405	1340	1295	630	1306	1200	40	5	955	702	32×ϕ33	1729
1400	2.5	1630	1560	1510	710	1230	1000	44	5	1230	845	36×ϕ36	2400

（续）

公称尺寸 DN	尺寸/mm											重量 /kg
	L	L_1	D	D_1	D_2	b	f	B_1	B_2	ϕ	$Z\times\phi d$	
H47X-10、H_H47X-10												
300	270	500	445	400	370	28	4	250	600	35	$12\times\phi22$	215
350	290		505	460	430	30		310	715		$16\times\phi22$	260
400	310		565	515	482	32		325	730		$16\times\phi26$	295
450	330		615	565	532	32		350	750		$20\times\phi26$	345
500	350		670	620	585	34		380	780	40		435
600	390		780	725	685	36		415	815		$20\times\phi30$	575
700	430	800	895	840	800	40	5	—	—		$24\times\phi30$	—
800	470		1015	950	905	44		—	—		$24\times\phi33$	—
900	510		1115	1015	1005	46		—	—		$28\times\phi33$	—
1000	550		1230	1160	1110	50		—	—		$28\times\phi36$	—

（40）蝶式缓冲止回阀

1）主要性能规范（表4-319）。

2）主要零件材料（表4-320）。

3）主要外形尺寸、连接尺寸和重量（图4-260、表4-321）。

表4-319 蝶式缓冲止回阀主要性能规范

公称压力 PN	试验压力/MPa		工作压力/MPa				适用介质	介质温度 /℃
	壳体	密封	p_{20}	p_{25}	p_{30}	p_{35}		
6	0.9	0.66	0.6	0.55	0.50	0.44	含微量粉尘空气	≤350

注：p_{20}、p_{25}、p_{30}、p_{35}表示在200、250、300、350℃下的工作压力。

表4-320 蝶式缓冲止回阀主要零件材料

零件名称	阀体、蝶阀	轴	密封圈	填料
$H_1$47R-6C	碳钢	不锈钢	不锈钢	柔性石墨
$H_2$47R-6C			氟橡胶-246	

表4-321 蝶式缓冲止回阀主要尺寸及重量

型号	公称尺寸 DN	尺寸/mm											重量 /kg
		D	D_1	D_2	L	L_1	L_2	b	f	B_1	B_2	$Z\times\phi d$	
$H_1$47R-6C、$H_2$47R-6C	500	645	600	570	229	—	—	—	—	—	—	$20\times\phi22$	—
	600	755	705	670	267	—	—	—	—	—	—	$20\times\phi26$	—
	700	860	810	775	292	—	—	—	—	—	—	$24\times\phi26$	—
	800	975	920	880	318	1465	1000	32	3	1233	628	$24\times\phi30$	881
	900	1075	1020	980	330	—	—	—	—	—	—	$24\times\phi30$	—
	1000	1175	1120	1080	410	1465	1000	36	3	1170	790	$28\times\phi30$	1170
$H_1$47R-6R	1200	1405	1340	1295	470	—	—	—	—	—	—	$32\times\phi33$	—
	1400	1630	1560	1510	530	—	—	—	—	—	—	$36\times\phi36$	—

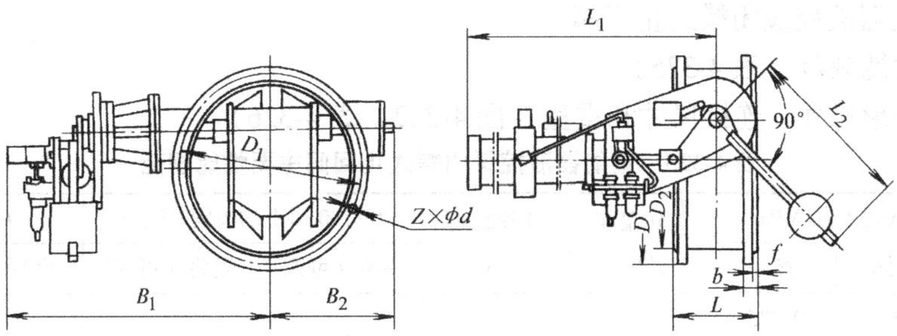

图 4-260　蝶式缓冲止回阀

(41) 蝶式缓冲止回阀

1) 主要性能规范（表 4-322）。

2) 主要零件材料（表 4-323）。

3) 主要外形尺寸、连接尺寸和重量（图 4-261、表 4-324）。

表 4-322　蝶式缓冲止回阀主要性能规范

公称压力 PN	试验压力/MPa		工作压力/MPa		适用介质	介质温度/℃
	壳体	密封	p_{20}	p_{25}		
6	0.9	0.66	0.6	0.55	热空气	≤250

注：p_{20}、p_{25}表示在工作温度 200℃、250℃下的工作压力。

表 4-323　蝶式缓冲止回阀主要零件材料

零件名称	阀体、蝶板	轴	密封圈	填料
材料	碳钢	不锈钢	氟橡胶-246	柔性石墨

表 4-324　$H47X_F$-6C 主要尺寸及重量

公称尺寸 DN	尺寸/mm											重量/kg
	D	D_1	D_2	L	L_1	L_2	b	f	B_1	B_2	$Z\times\phi d$	
500	645	600	570	229	—	—	—	—	—	—	20×φ22	—
600	755	705	670	267	—	—	—	—	—	—	20×φ26	—
700	860	810	775	292	—	—	—	—	—	—	24×φ26	—
800	975	920	880	318	—	—	—	—	—	—	24×φ30	—
900	1075	1020	980	330	—	—	—	—	—	—	24×φ30	—
1000	1175	1120	1080	410	1000	1000	36	3	1170	707	28×φ30	1030
1200	1405	1340	1295	470	—	—	—	—	—	—	32×φ33	—
1400	1630	1560	1510	530	—	—	—	—	—	—	36×φ36	—
1600	1830	1760	1710	600	—	—	—	—	—	—	40×φ36	—
1800	2045	1970	1920	670	—	—	—	—	—	—	40×φ39	—

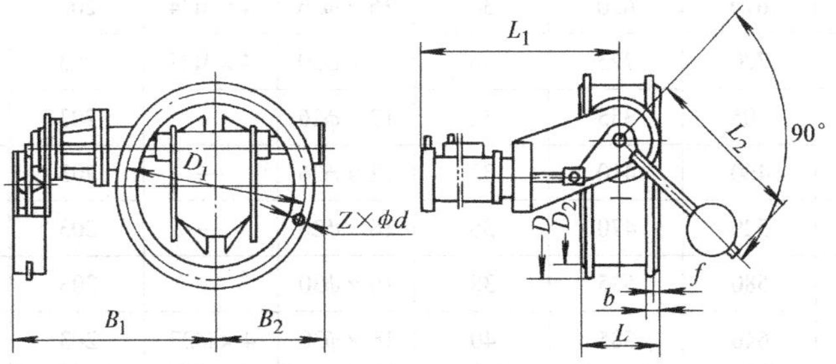

图 4-261　蝶式缓冲止回阀

(42) 蓄能器液控缓闭蝶式止回阀

1) 主要性能规范(表4-325)。

2) 主要外形尺寸,连接尺寸和重量(图4-262、表4-326)。

表4-325 蓄能器液控缓闭蝶式止回阀主要性能规范

公称压力 PN	试验压力/MPa		工作温度 /℃	开阀时间 /s	DN700 以上的关阀时间/s		关阀角度/(°)	
	壳体	密封			快关(可调)	慢关(可调)	快关角度	慢关角度
2.5	0.375	0.275	≤80	15~70	2~25	6~30	60±8	60±8
6	0.9	0.66						
10	1.5	1.1						

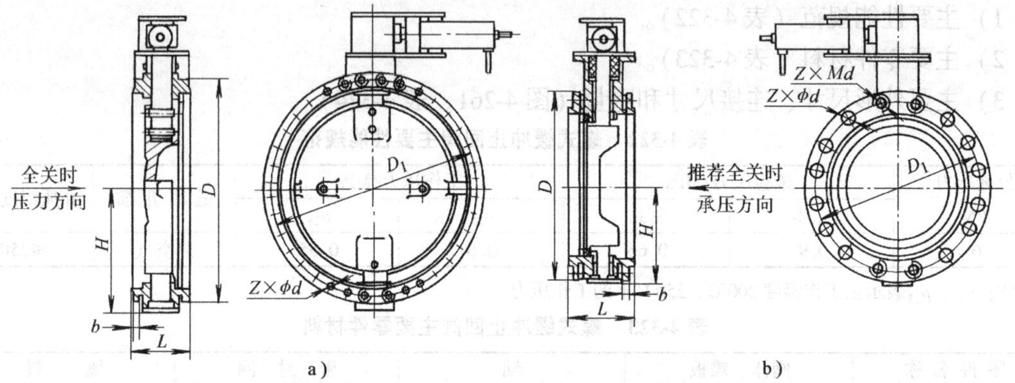

图4-262 蓄能器液控缓闭蝶式止回阀

a) HHXDF47FK-10 b) HHXDF504FK-10、HHXDF504FK-16

表4-326 蓄能器液控缓闭蝶式止回阀主要尺寸及重量

公称压力 PN	公称尺寸 DN	尺寸/mm							重量 /kg
		D	D_1	b	$Z\times\phi d$	$Z\times Md$	L	H	
HHXDF504FK-10、HHXDF504FK-16									
10	250	395	350	28	12×φ22	—	203	640	85
	300	445	400	28	12×φ22	—	203	705	113
	350	505	460	30	16×φ22	—	203	804	143
	400	565	515	32	16×φ26	—	203	875	186
	450	615	565	32	16×φ26	4×M24	203	954	230
	500	670	620	34	16×φ26	4×M24	203	998	275
	600	780	725	36	16×φ30	4×M27	203	1189	375
16	250	405	355	32	12×φ26	—	203	640	85
	300	460	410	32	12×φ26	—	203	705	113
	350	520	470	36	16×φ26	—	203	804	143
	400	580	525	38	16×φ30	—	203	875	186
	450	640	585	40	16×φ30	4×M27	203	954	230
	500	715	650	42	16×φ33	4×M30	203	998	275
	600	840	770	48	16×φ36	4×M33	203	1189	375

（续）

公称尺寸 DN	尺寸/mm							重量 /kg	开启单程 90°时间/s
	L	D	D_1	H	b	$Z\times\phi d$	$Z\times Md$		
HHXDF47FK-10									
700	305	895	840	1265	40	$18\times\phi30$	6×M27	783	30
800	305	1015	950	1392	44	$18\times\phi33$	6×M30	844	
900	305	1115	1050	1632	46	$22\times\phi33$	6×M30	1535	50
1000	305	1230	1160	1767	50	$22\times\phi36$	6×M33	1735	
1200	381	1455	1380	2073	56	$26\times\phi39$	6×M36	1967	50
1400	381	1675	1590	2319	62	$30\times\phi42$	6×M39	2905	
1500	381	1785	1700	2493	66	$30\times\phi42$	6×M39	3421	
1600	381	1915	1820	2653	68	$32\times\phi48$	8×M45	4000	57
1800	457	2115	2020	2844	70	$34\times\phi48$	10×M45	4820	
2000	457	2325	2230	2908	74	$36\times\phi48$	12×M45	5247	
2200	508	2550	2440	3437	80	$44\times\phi56$	8×M52	5654	49

（43）定压止回阀

1）主要性能规范（表4-327）。

2）主要零件材料（表4-328）。

3）主要外形尺寸、连接尺寸和重量（图4-263、表4-329）。

表4-327　定压止回阀主要性能规范

公称压力 PN	试验压力/MPa		最高工作压力 /MPa
	壳体	密封	
25	3.8	2.75	2.5

公称压力 PN	适用介质	工作温度/℃
25	油品、液化石油气等	-40～130

表4-328　定压止回阀主要零件材料

零件名称	阀体、阀瓣、摇杆	活塞杆、销轴
材料	碳素铸钢	不锈钢

零件名称	弹簧	Yx形密封圈	垫　片
材料	硅锰钢	丁腈橡胶	石棉橡胶板

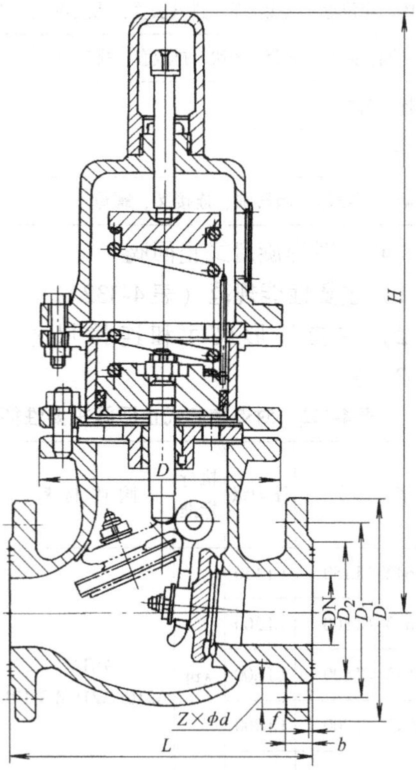

图4-263　定压止回阀

表 4-329　定压止回阀主要尺寸及重量

公称尺寸 DN	尺寸/mm L	D	D_1	D_2	b	f	$Z \times \phi d$	D_3	H	重量 /kg
50	230	160	125	100	20	3	$4\times\phi18$	185	435	33.3
80	310	195	160	135	22	3	$8\times\phi18$	235	570	54.6
100	350	230	190	160	24	3	$8\times\phi23$	270	825	100.5
150	480	300	250	218	30	3	$8\times\phi25$	375	1052	220
200	550	360	310	278	34	3	$12\times\phi25$	410	1330	366.5 384.5
250	650	425	370	332	36	3	$12\times\phi30$	490	1400	478.2

（44）排空止回阀

1）主要性能规范（表 4-330）。

2）主要零件材料（表 4-331）。

3）主要外形尺寸和连接尺寸（图 4-264）。

表 4-330　排空止回阀主要性能规范

公称压力 PN	壳体试验压力 /MPa	工作压力 /MPa	适用介质	工作温度 /℃
200	30.0	20.0	水	≤160

表 4-331　排空止回阀主要零件材料

零件名称	材料
阀体、定位轮、连接法兰、排气法兰、法兰盖	碳素铸钢
导向轴、拨叉、轴套、滑块、排放套、排气盘	不锈钢
螺栓、螺柱	铬钼钢
衬套	铸铝青铜
阀瓣、阀瓣体、阀瓣轴、连接叉、螺母	优质碳素钢

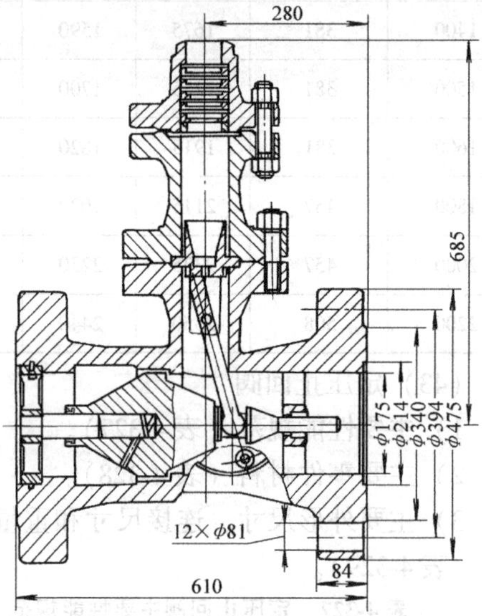

图 4-264　排空止回阀

（45）对焊旋启式止回阀

1）主要性能规范（表 4-332）。

2）主要外形尺寸和连接尺寸（图 4-265、表 4-333）。

表 4-332　对焊旋启式止回阀主要性能规范

型号	压力级	执行标准	阀体材料	适用温度 /℃	适用介质
H64Y-CL150	CL150	API	ASTM-A216/A216M WCB	≤425	油品、蒸汽、水
H64Y-CL300	CL300				
H64Y-CL600	CL600				
H64Y-CL900	CL900				
H64Y-CL1500	CL1500				

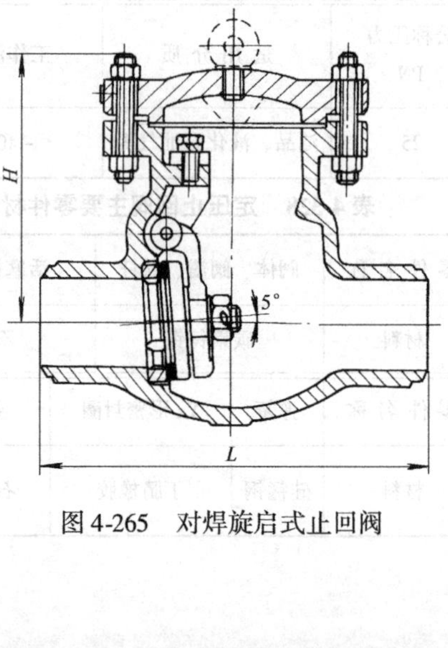

图 4-265　对焊旋启式止回阀

表4-333 对焊旋启式止回阀主要尺寸 (单位：mm)

型号		H64Y-CL150		H64Y-CL300		H64Y-CL600		H64Y-CL900		H64Y-CL1500	
公称尺寸		*L*	*H*	*L*	*H*	*L*	*H*	*L*	*H*	*L*	*H*
DN	NPS										
50	2	203	152	267	165	292	180			368	290
80	3	241	180	318	205	356	235	381	292	470	347
100	4	292	200	356	225	432	270	457	346	546	391
150	6	356	250	444	272	559	330	610	444	705	515
200	8	495	295	533	330	660	400	737	526	832	650
250	10	622	334	622	360	787	438	838	620	991	737
300	12	698	368	711	406	838	478	965	720	1130	875

(46) 内压自封式阀盖对焊旋启式止回阀

1) 主要性能规范（表4-334）。

2) 执行标准（表4-335）。

3) 主要零件材料（表4-336）。

4) 主要外形尺寸、连接尺寸和重量（图4-266、表4-337）。

表4-334 内压自封式阀盖对焊旋启式止回阀主要性能规范

壳体材料	CL1500	CL2000	CL2500	CL3500	适用温度/℃
	工作压力/MPa				
ASTM A216/A216M WCB	26.0	34.7	43.4	60.7	38
	14.5	19.3	24.1	33.7	427
ASTM A217/A217M WC1	24.4	32.5	40.7	57.0	38
	17.1	22.8	28.5	40.0	454
ASTM A217/A217M WC6	26.4	35.2	43.9	61.5	38
	6.3	8.45	10.6	14.8	552
ASTM A217/A217M WC9	26.4	35.2	43.9	61.5	38
	4.0	5.3	6.6	9.3	593

表4-335 内压自封式阀盖对焊旋启式止回阀执行标准

项目	制造验收	结构长度	阀体焊接坡口
标准	E101和NB/T 47044	E101和ASME B16.10	ASME B16.25或用户提供尺寸

表4-336 内压自封式阀盖对焊旋启式止回阀主要零件材料

零件名称	阀体	阀座	阀瓣、摇杆	阀盖	销轴	密封环
材料	WCB	25	WCB	25	14Cr17Ni2	软钢、05F
	WC1	15CrMoA	WC1	15CrMoA		
	WC6	12Cr1MoVA	WC6	12Cr1MoVA	20Cr1Mo1V1A	
	WC9		WC9			

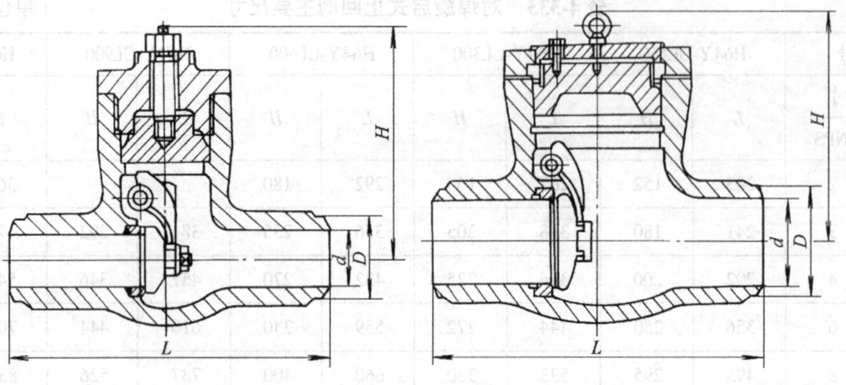

a）　　　　b）

图 4-266　内压自封式阀盖对焊旋启式止回阀

a）DN65 ~ DN100　b）DN125 ~ DN450

表 4-337　内压自封式阀盖对焊旋启式止回阀主要尺寸及重量

型　号	公称尺寸		尺　寸/mm					重量/kg
	NPS	DN	*D*	*d*	*d'*	*L*	*H*	
H64Y-CL1500	2½	65	96	56	55	254	250	35
	3	80	98	64	68	305	300	45
	4	100	124	84	90	406	350	80
	5	125	146	100	109	483	425	115
	6	150	202	126	134	559	400	180
	8	200	256	158	176	711	490	270
	10	250	310	200	219	864	540	430
	12	300	350	250	259	991	650	630
	14	350	386	280	284	1067	710	810
H64Y-CL2000	2½	65	88	50	52	330	240	40
	3	80	102	60	62	368	305	60
	4	100	124	80	80	457	315	95
	5	125	168	88	100	533	380	110
	6	150	202	118	122	610	425	160
	8	200	256	148	160	762	480	330
	10	250	310	180	200	914	570	540
	12	300	338	222	237	1041	570	800
	14	350	386	254	260	1118	680	930
H64Y-CL2500	3	80	106	56	56	368	270	70
	4	100	130	75	73	457	385	110
	5	125	154	86	88	533	410	130
	6	150	200	104	104	610	455	180
	8	200	250	136	127	762	555	380
	10	250	310	162	162	914	615	730

（续）

型　号	公称尺寸		尺　寸/mm					重量/kg
	NPS	DN	*D*	*d*	*d'*	*L*	*H*	
H64Y-CL2500	12	300	338	210	211	1041	715	1120
	14	350	386	234	224	1118	790	1495
	16	400	436	264	264	1245	815	1950
	18	450	490	304	304	1397	815	2400

（47）对夹升降式止回阀

1）主要性能规范（表 4-338）。

2）主要外形尺寸、连接尺寸和重量（图 4-267、表 4-339）。

表 4-338　对夹升降式止回阀主要性能规范

公称压力 PN		产　品　型　号						
10		H71H-10C	H71W-10P	H71W-10P$_8$	H71W-10P$_3$	H71W-10R	H71W-10R$_8$	H71W-10R$_3$
16		H71H-16C	H71W-16P	H71W-16P$_8$	H71W-16P$_3$	H71W-16R	H71W-16R$_8$	H71W-16R$_3$
25		H71H-25	H71W-25P	H71W-25P$_8$	H71W-25P$_3$	H71W-25R	H71W-25R$_8$	H71W-25R$_3$
40		H71H-40	H71W-40P	H71W-40P$_8$	H71W-40P$_3$	H71W-40R	H71W-40R$_8$	H71W-40R$_3$
主要零件材料	阀体	WCB	ZG 12Cr18Ni9	CF8	CF3	06Cr17Ni-12Mo2	CF8M	CF3M
	阀瓣 阀座	铬不锈钢	12Cr18Ni9	06Cr19Ni10（304）	022Cr19Ni10（304L）	06Cr17Ni-12Mo2	06Cr17Ni-12Mo2（316）	022Cr17Ni14-Mo2（316L）
适用工况	适用介质	水、蒸汽、油品等	硝酸等腐蚀性介质		强氧化性介质	醋酸等腐蚀性介质		尿素等腐蚀性介质
	工作温度/℃	≤450	≤200					
试验压力	壳体	1.5 额定压力						
	密封	1.1 额定压力						

表 4-339　对夹升降式止回阀主要尺寸及重量

公称压力 PN	10			16			25			40		
公称尺寸 DN	尺寸/mm		重量/kg	尺寸/mm		重量/kg	尺寸/mm		重量/kg	尺寸/mm		重量/kg
	L	*D*		*L*	*D*		*L*	*D*		*L*	*D*	
15	16	53	0.3	16	53	0.3	16	53	0.3	16	53	0.3
20	19	63	0.5	19	63	0.5	19	63	0.5	19	63	0.5
25	22	73	0.7	22	73	0.7	22	73	0.8	22	73	0.8
32	28	84	1.1	28	84	1.2	28	84	1.3	28	84	1.3
40	32	94	1.4	32	94	1.5	32	94	1.6	32	94	1.8
50	40	109	2.1	40	109	2.2	40	109	2.3	40	109	2.6

（续）

公称压力 PN	10			16			25			40		
公称尺寸	尺寸/mm		重量	尺寸/mm		重量	尺寸/mm		重量	尺寸/mm		重量
DN	*L*	*D*	/kg	*L*	*D*	/kg	*L*	*D*	/kg	*L*	*D*	/kg
65	46	129	2.9	46	129	3.1	46	129	3.3	46	129	3.6
80	50	144	3.7	50	144	4.0	50	144	4.4	50	144	4.8
100	60	164	4.8	60	164	5.2	60	170	5.6	60	170	5.9
125	90	194	7.8	90	194	8.6	90	198	9.2	90	198	9.8
150	106	220	10.6	106	220	11.6	106	228	12.5	106	228	13.6

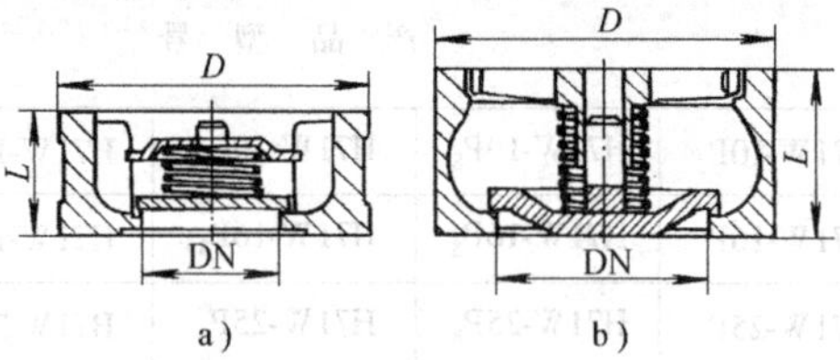

图 4-267 对夹升降式止回阀

a）DN15～DN80 b）DN100～DN200

（48）对夹立式止回阀

1）主要性能规范（表 4-340）。

2）主要零件材料（表 4-341）。

3）主要外形尺寸、连接尺寸和重量（图 4-268、表 4-342）。

表 4-340 对夹立式止回阀主要性能规范

型号	公称压力 PN	试验压力/MPa	
		壳体	密封
H72H-160	160	24	17.6
H72H-320	320	48	35.2

型号	工作温度/℃	适用介质
H72H-160	-29～50	氮氢混合气、氨液、铜氨液、硷液等
H72H-320		

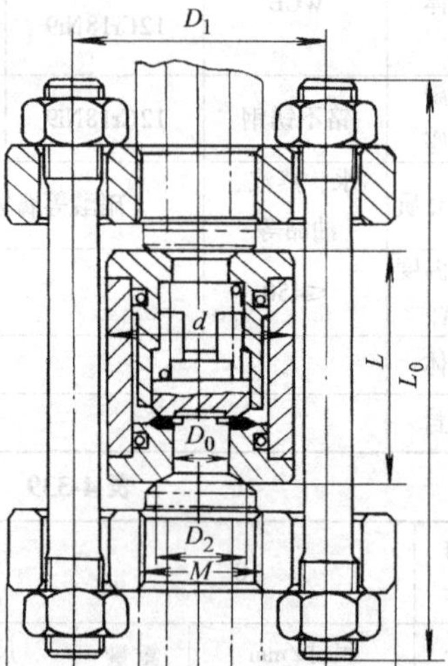

图 4-268 对夹立式止回阀

表 4-341 对夹立式止回阀主要零件材料

零件名称	法兰、阀盖	阀瓣、阀座	弹簧	O 形圈	阀体、双头螺栓	螺母
材料	碳钢	不锈钢	硅锰钢	丁腈橡胶	铬钢	碳钢

表 4-342　对夹立式止回阀主要尺寸及重量

公称尺寸 DN	尺寸/mm							重量 /kg
	D	M	D_2	D_0	L_0	d	L	
H72H-160								
15	95	M24×2	20	16	145	42	60	5
25	105	M33×2	28	23	155	50	65	10
32	115	M42×2	37	29	175	62	80	15
40	165	M52×2	42	39	215	72	90	20
50	165	M64×3	58	50	245	88	115	30
65	200	M80×3	73	65	300	115	140	45
80	225	M100×3	93	80	345	135	160	60
H72H-320								
10	95	M24×2	20	10	145	42	60	3
15	105	M33×2	27	17	155	50	65	5
25	115	M42×2	35	22	175	62	80	10
32	135	M48×2	41	30	200	72	90	15
40	165	M60×3	58	42	245	88	115	20
50	200	M80×3	70	58	300	115	140	30
65	215	M100×3	90	68	345	135	160	45
80	260	M125×4	112	85	395	165	185	60
100	300	M155×4	130	100	450	190	195	111
125	330	M175×6	155	110	480	210	205	144
200	400	M215×6	193	130	545	255	220	227

(49) 对夹圆片式止回阀

1) 主要性能规范（表 4-343）。

表 4-343　对夹圆片式止回阀主要性能规范

型　号	公称压力 PN	试验压力/MPa	
		壳体	密封
H74J-10	10	1.5	1.1
H74J-16	16	2.4	1.8

型　号	工作压力 /MPa	适用介质	适用温度 /℃
H74J-10	1.0	水、蒸汽、油品、硝酸类、醋酸类	-46~135
H74J-16	1.6		

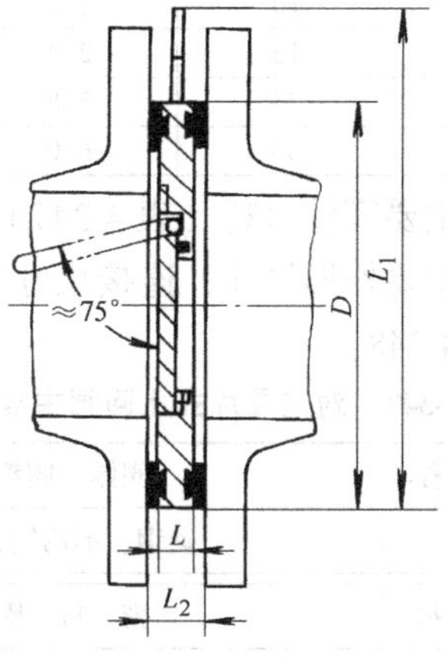

图 4-269　对夹圆片式止回阀

2）主要零件材料（表4-344）。

3）主要外形尺寸、连接尺寸和重量（图4-269、表4-345）。

表4-344 对夹圆片式止回阀主要零件材料

零件名称	阀体、阀板、轴	密封圈
材料	碳钢、不锈钢、青钢、铝合金、聚乙烯、聚丙烯、四氟乙烯	丁腈橡胶、氟化橡胶、食品橡胶、天然橡胶

表4-345 对夹圆片式止回阀主要尺寸及重量

公称压力 PN	公称尺寸 DN	尺寸/mm				重量 /kg	公称尺寸 DN	尺寸/mm				重量 /kg
		D	L	L_1	L_2			D	L	L_1	L_2	
10，16	40	85	23	125	16	0.8	350	428/435	47	468	40	41
	50	100	23	140	16	1.3	400	482	52	522	45	55
	65	120	23	160	16	1.6	450	532/545	57	572	50	78
	80	135	23	175	16	3.0	500	585/608	73	625	55	90
	100	155	23	195	16	5.4	600	685/718	76	725	68	180
	125	185	23	225	16	6.6	700	800/788	86	860	78	250
	150	210	25	250	18	7.8	800	905/898	98	965	90	390
	200	265	31	305	24	10	900	1005/998	113	1065	105	510
	250	320	37	360	30	18	1000	1115/1110	123	1175	115	600
	300	368/375	42	408	35	30	—	—	—	—	—	—

注：表中尺寸 D 的上、下数字分别为PN10、PN16时的止回阀最大外圆直径。

(50) 对夹圆片式止回阀

1）主要性能规范（表4-346）。

表4-346 对夹圆片式止回阀主要性能规范

型号	公称压力 PN	试验压力/MPa		适用温度/℃		适用介质
		壳体	密封	金属密封	软密封	
H74-10	10	1.5	1.1	≤400	≤120（最高≤250）	油、水、酸碱等液体
H74-16	16	2.4	1.8			
H74-25	25	3.8	2.8			
H74-40	40	6.0	4.4			

2）主要零件材料（表4-347）。

3）主要外形尺寸、连接尺寸和重量（图4-270、表4-348）。

表4-347 对夹圆片式止回阀主要零件材料

零件名称	阀体、阀瓣
材料	碳钢、不锈钢、铜
零件名称	密封圈
材料	丁腈橡胶、三元乙丙橡胶、聚四氟乙烯

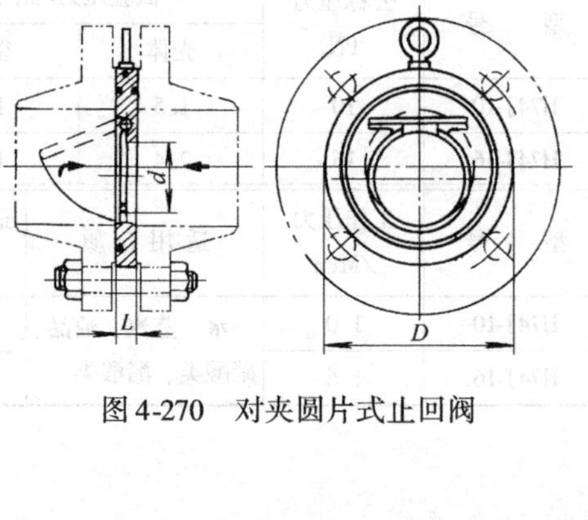

图4-270 对夹圆片式止回阀

表 4-348 对夹圆片式止回阀主要尺寸及重量

公称尺寸 DN	尺寸/mm							重量 /kg
	L		d	D				
	Ⅰ型	Ⅱ型		PN10	PN16	PN25	PN40	
50	14.5	22	25	109	109	109	109	1.2
65	14.5	22	38	129	129	129	129	1.6
80	14.5	22	46	144	144	144	144	2.2
100	14.5	24	71.5	164	164	170	170	2.7
125	16	26	95	194	194	196	196	3.8
150	19	29	114	221	221	226	226	5.8
200	29	43	140	275	275	286	293	14
250	29	43	188	330	331	343	355	17.5
300	38	50	216	380	386	403	420	27
350	41	52	263	440	446	460	477	41.5
400	51	62	305	491	498	517	549	60
450	51	62	356	541	558	567	574	74
500	65	80	406	596	620	627	631	116
600	70	90	482	698	737	734	750	178

注：Ⅰ型适于流速稳定的工况，Ⅱ型是在Ⅰ型基础上增加了弹簧装置。

(51) 对夹和法兰连接双瓣旋启式止回阀

1) 主要性能规范、主要零件材料（表 4-349）。

2) 阀门流阻系数 K（图 4-271）。

3) 主要外形尺寸、连接尺寸和重量（图 4-272、表 4-350）。

4) 主要生产厂家：超达阀门集团股份有限公司。

表 4-349 对夹和法兰连接双瓣旋启式止回阀主要性能规范、主要零件材料

公称压力 PN		产品型号						
10		H76H-10C	H76W-10P	H76W-10P$_8$	H76W-10P$_3$	H76W-10R	H76W-10R$_8$	H76W-10R
		H46H-10C	H46W-10P	H46W-10P$_8$	H46W-10P$_3$	H46W-10R	H46W-10R$_8$	H46W-10R
16		H76H-16C	H76W-16P	H76W-16P$_8$	H76W-16P$_3$	H76W-16R	H76W-16R$_8$	H76W-16R
25		H76H-25	H76W-25P	H76W-25P$_8$	H76W-25P$_3$	H76W-25R	H76W-25R$_8$	H76W-25R
40		H76H-40	H76W-40P	H76W-40P$_8$	H76W-40P$_3$	H76W-40R	H76W-40R$_8$	H76W-40R
主要零件材料	阀体	WCB	ZG12Cr18Ni9Ti	CF8	CF3	ZG03Cr-19Ni110Mo2	CF8M	CF3M
	阀瓣、阀座、弹簧	20Cr13	06Cr18Ni11Ti	06Cr19Ni10 (304)	022Cr19Ni10 (304L)	07Cr17Ni 12Mo2	06Cr17Ni12-Mo2 (316)	022Cr17Ni12-Mo2 (316L)
适用工况	适用介质	水、蒸汽、油品等	硝酸等腐蚀性介质		强氧化性介质	醋酸等腐蚀性介质		尿素等腐蚀性介质
	工作温度 /℃	≤450	≤200					

（续）

公称压力PN	产品型号						
10	H76H-10C	H76W-10P	H76W-10P$_8$	H76W-10P$_3$	H76W-10R	H76W-10R$_8$	H76W-10R
	H46H-10C	H46W-10P	H46W-10P$_8$	H46W-10P$_3$	H46W-10R	H46W-10R$_8$	H46W-10R
16	H76H-16C	H76W-16P	H76W-16P$_8$	H76W-16P$_3$	H76W-16R	H76W-16R$_8$	H76W-16R
25	H76H-25	H76W-25P	H76W-25P$_8$	H76W-25P$_3$	H76W-25R	H76W-25R$_8$	H76W-25R
40	H76H-40	H76W-40P	H76W-40P$_8$	H76W-40P$_3$	H76W-40R	H76W-40R$_8$	H76W-40R
试验压力/MPa 壳体	1.5						
试验压力/MPa 密封	1.1						

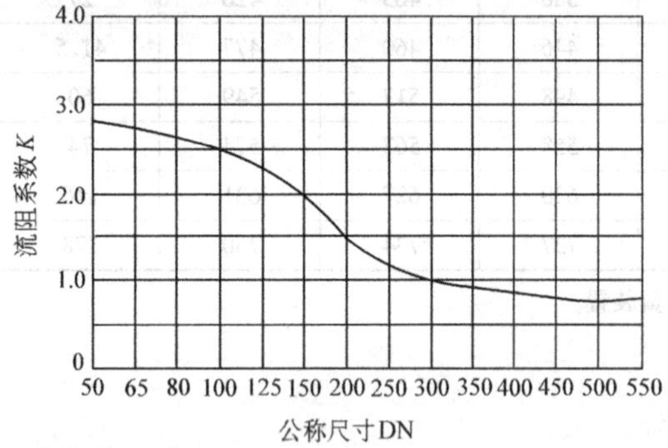

图4-271 阀门流阻系数K

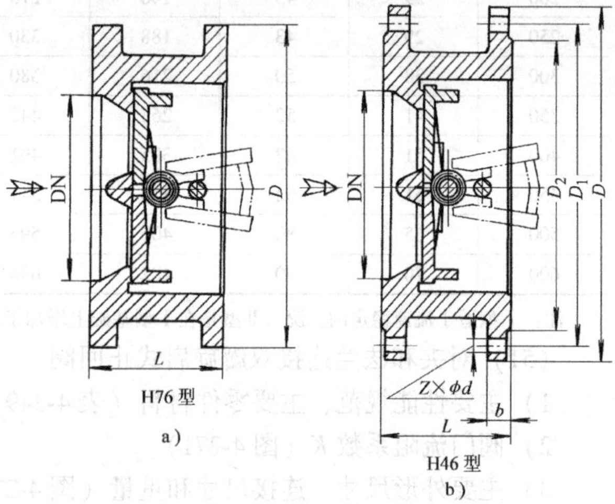

图4-272 对夹和法兰连接双瓣旋启式止回阀

a）H76 b）H46

表4-350 对夹和法兰连接双瓣旋启式止回阀主要尺寸及重量

公称压力PN	10			16			25			40		
公称尺寸DN	尺寸/mm		重量/kg	尺寸/mm		重量/kg	尺寸/mm		重量/kg	尺寸/mm		重量/kg
	L	*D*		*L*	*D*		*L*	*D*		*L*	*D*	
H76型												
50	60	109	1.8	60	109	1.8	60	109	2	60	109	2.4
65	67	129	2.6	67	129	2.6	67	129	3.2	67	129	3.8
80	73	144	3.6	73	144	4.2	73	144	4.8	73	144	5.6
100	73	164	4.8	73	164	5.2	73	170	6	78	170	7.5
125	83	194	6.3	83	194	6.7	83	198	9	83	198	11
150	98	220	8.7	98	220	9.4	98	228	12	98	228	15
200	127	275	16.5	127	275	18.7	127	288	22	127	293	27
250	146	330	26.2	146	333	29.4	146	343	38	146	355	48
300	181	380	42.3	181	388	48.5	181	403	54	181	420	78
350	184	440	58	184	448	66	184	460	80	222	480	116
400	198	493	76	198	498	90	198	520	118	232	549	152
450	203	543	98	203	558	130	—	—	—	—	—	—
500	219	598	120	219	630	186	—	—	—	—	—	—
600	222	698	235	222	734	298	—	—	—	—	—	—

（续）

公称压力 PN	公称尺寸 DN	尺寸/mm						重量 /kg
		L	D	D_1	D_2	b	$Z\times\phi d$	
H46 型								
10	800	305	1010	950	905	44	$24\times\phi30$	360
	1000	432	1220	1160	1115	50	$28\times\phi30$	480
	1200	524	1450	1380	1325	56	$32\times\phi36$	620

（52）对夹双瓣旋启式止回阀

1）主要性能规范（表 4-351）。

2）主要零件材料（表 4-352）。

3）主要外形尺寸、连接尺寸和重量（图 4-273、表 4-353）。

表 4-351 对夹双瓣旋启式止回阀主要性能规范

型号	公称压力 PN	试验压力/MPa		介质温度 /℃	适用介质
		壳体	密封		
H76X-10	10	1.5	1.1	-10～150	淡水、污水、海水、空气、蒸汽、食品、药品、各种油类、酸类
H76X-16	16	2.4	1.76		
H76X-10	10	1.5	1.1	-46～135	
H76X-16	16	2.4	1.76	≤50	水及其他非腐蚀性介质
H76X-10	10	1.5	1.1	-20～50	水

表 4-352 对夹双瓣旋启式止回阀主要零件材料

生产单位	阀体	阀瓣	阀瓣轴	密封圈	弹簧
超达阀门集团股份有限公司	铸铁、碳钢等	铸铜、球墨铸铁、不锈钢	不锈钢	丁腈氯丁、乙丙等橡胶	弹簧钢、不锈钢
	灰铸铁	球墨铸铁	不锈钢	橡胶	40Cr13
	灰铸铁	灰铸铁	—	—	

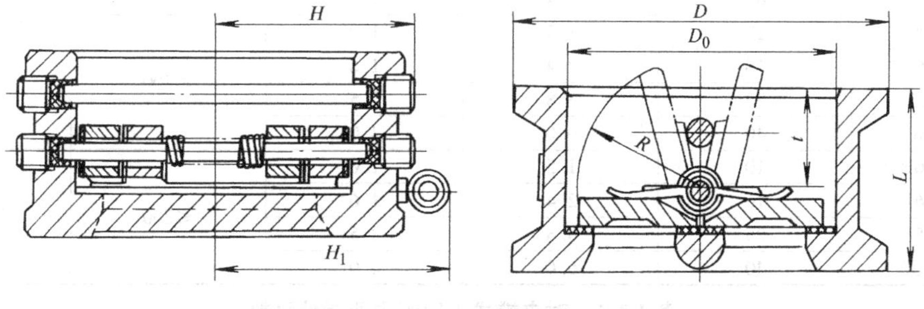

图 4-273 对夹双瓣旋启式止回阀

表 4-353 对夹双瓣旋启式止回阀主要尺寸及重量

公称尺寸 DN		50	65	80	100	125	150	200	250	300	350	400	450	500	600
尺寸 /mm	L	43	46	64	64	70	76	89	114	114	127	140	152	152	178
	R	28.8	36.1	43.4	52.8	65.7	78.6	104.4	127	147	173	198	217.8	241	298
	t	19	20	28	26	30	31	33	45	45	50	54	58	58	73
	D	107	127	142	162	192	218	273	328	378	438	489	$\frac{539}{555}$	594	695
	D_0	69	84	103	121	—	180	250	—	—	—	—	—	—	—
重量/kg		1.5	2.4	3.6	5.7	7.3	9.0	17	26	42	55	75	107	111	165

（续）

公称尺寸 DN		50	65	80	100	125	150	200	250	300	350	400	450	500	600	700	800	900	1000
尺寸/mm	L	54	67	67	73	86	98	127	146	181	184	191	203	219	222	280	300	320	355
	D_0	60	73	89	110	141	168	219	273	324	356	418	457	526	626	672	778	878	914
	D	101	121	131	158	187	212	267	322	372	420	483	532	588	688	802	908	1008	1044
	H_1	—	—	—	112	—	141	178	206	238	268	288	—	357	407	472	525	590	608
	H_2	—	—	—	84	—	111	144	172	196	221	241	—	—	—	—	—	—	—
重量/kg		—	—	—	4	—	9	12	17	40	—	—	—	133	161	—	—	—	406

注：生产厂家：超达阀门集团股份有限公司。

（53）对夹蝶式止回阀

1）主要性能规范（表4-354）。

2）主要零件材料（表4-355）。

3）主要外形尺寸、连接尺寸和重量（图4-274、表4-356）。

表4-354 对夹蝶式止回阀主要性能规范

型号	公称压力 PN	试验压力/MPa		工作温度/℃	适用介质
		密封	强度		
H77X-10C	10	1.0	1.5	≤100（丁腈橡胶）≤225（氟橡胶）	水、油品、气体
H77X-16C	16	1.6	2.4		
H77X-25	25	2.5	3.8		
H77X-40	40	4.0	6.0		
H77H-16C	16	1.6	2.4	≤425	
H77H-25	25	2.5	3.8		
H77H-40	40	4.0	6.0		
H77H-63	63	6.4	9.6		
H77Y-63I	25	2.5	3.8	≤550	
H77Y-40I	40	4.0	6.0		
H77Y-63I	63	6.4	9.6		
H77W-10C	10	1.5	1.0	≤400	
H77W-16C	16	2.4	1.6		
H77W-25	25	3.8	2.5		
H77W-40	40	6.0	4.0		
H77W-10P	10	1.5	1.0	≤200	硝酸等
H77W-16P	16	2.4	1.6		
H77W-25P	25	3.8	2.5		
H77W-40P	40	6.0	4.0		

表4-355 对夹蝶式止回阀主要零件材料

零件名称	材料				
	H77X-10C H77X-16 H77X-25 H77X-40	H77H-16C H77H-25 H77H-40 H77H-64	H77Y-25I H77Y-40I H77Y-64I	H77W-10C H77W-16C H77W-25 H77W-40	H77W-10P H77W-16P H77W-25P H77W-40P
阀体、阀板	铸钢 WCB		铬钼钢	铸钢 WCB	12Cr18Ni9
阀杆	20Cr13	不锈钢		20Cr13	
阀门密封副	—	堆焊合金钢	堆焊硬质合金	—	—
助关弹簧	12Cr18Ni9	耐热合金			12Cr18Ni9

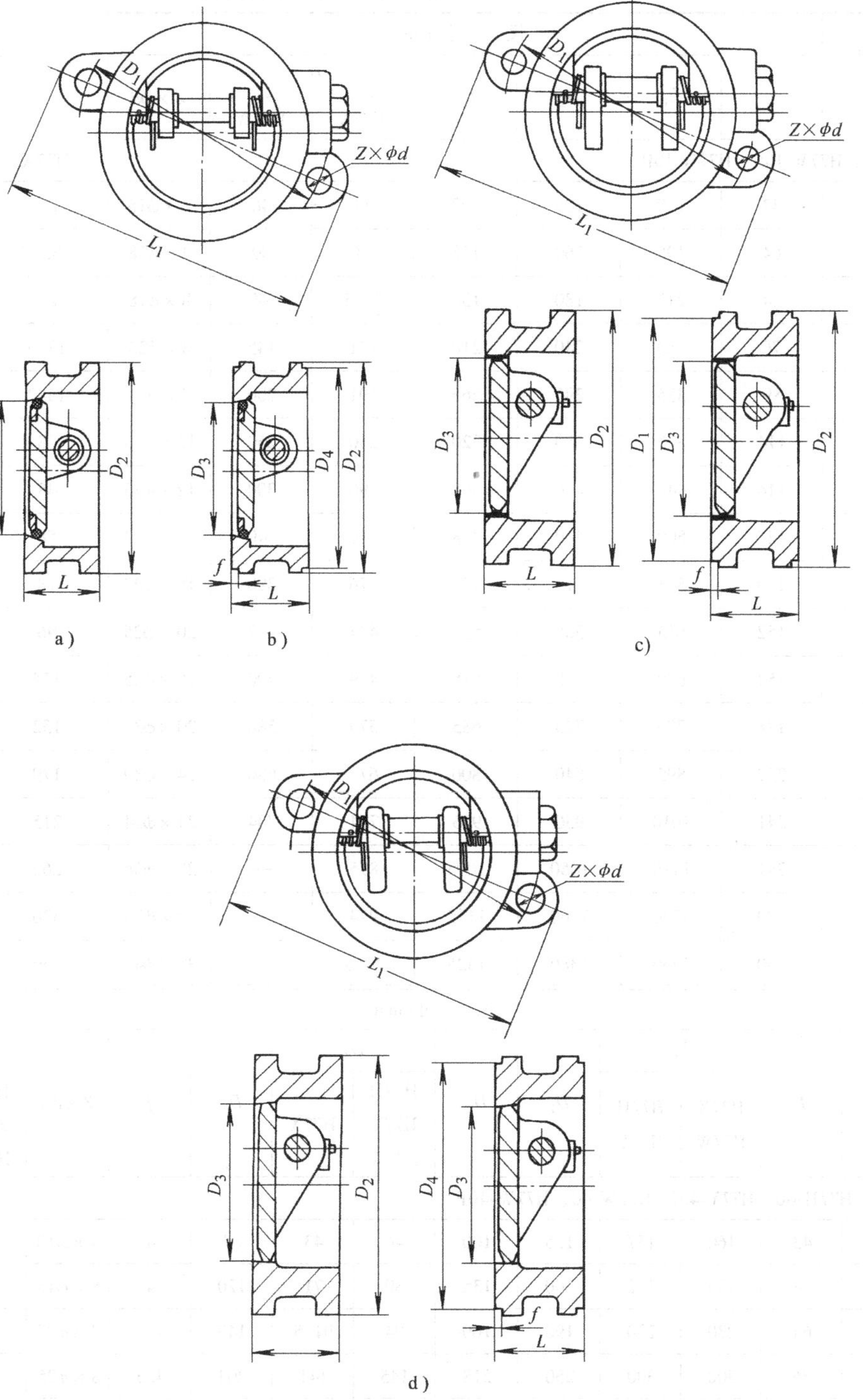

图 4-274　对夹蝶式止回阀

a) H77X-16C　b) H77X-40　c) H77H
H77Y　d) H77W

（注：b) 型号中“16C”上方印“10C”，下方印“25”。）

表 4-356 对夹蝶式止回阀主要尺寸及重量

公称尺寸 DN	尺寸/mm							重量/kg	
	L	L_1	D_1	D_2	D_3		$Z\times\phi d$		
					H77X	H77W			
H77X-10C、H77W-10C、H77W-10P								H77X	H77X
50	43	160	125	100	43	46	$4\times\phi18$	1.5	1.5
80	64	195	160	135	71	80	$4\times\phi18$	3.7	3.7
100	64	215	180	155	91.5	94	$8\times\phi18$	4.8	5.8
150	76	280	240	210	141	145	$8\times\phi23$	12.3	10.6
200	89	335	295	265	191	200	$8\times\phi23$	15.2	15.2
250	114	390	350	320	230	250	$12\times\phi23$	28	28
300	114	440	400	368	290	300	$12\times\phi23$	45	41
350	127	500	460	428	340	340	$16\times\phi23$	58	58
400	140	565	515	482	376	390	$16\times\phi23$	78	78
450	152	615	565	532	427	427	$20\times\phi25$	96	100
500	152	670	620	585	479	490	$20\times\phi25$	124	152
600	178	780	725	685	579	588	$20\times\phi30$	152	216
700	229	895	840	800	675	686	$24\times\phi30$	179	230
800	241	1010	950	905	774	784	$24\times\phi34$	215	331
900	241	1110	1050	1005	875	—	$28\times\phi34$	265	—
1000	300	1220	1160	1115	974	—	$28\times\phi34$	320	—
1200	360	1450	1380	1325	1165	—	$32\times\phi41$	360	—

公称尺寸 DN	尺寸/mm										重量/kg	
	L	L_1		D_1	D_2	D_3		D_4	f	$Z\times\phi d$	H77H H77Y H77W	H77X
		H77X H77W	H77H H77Y			H77H H77Y H77W	H77X					
H77X-40、H77H-40、H77Y-40I、H77W-40、H77W-40P												
50	43	160	157	125	100	46	43	87	4	$4\times\phi18$	1.8	2.3
80	64	195	192	160	135	80	71	120	4	$8\times\phi18$	4.2	4.2
100	64	230	230	190	160	94	91.5	149	4.5	$8\times\phi23$	6	5.3
150	76	300	300	250	218	145	141	203	4.5	$8\times\phi25$	11	13.5
200	89	375	376	320	282	200	191	259	4.5	$12\times\phi30$	19	19
250	114	445	445	385	345	250	230	312	4.5	$12\times\phi34$	34	34
300	114	510	510	450	408	300	290	363	4.5	$16\times\phi34$	48	48
350	127	570	570	510	465	340	340	421	5	$16\times\phi34$	66	66
400	140	655	655	585	535	390	376	473	5	$16\times\phi41$	85	85

（续）

公称尺寸 DN	尺 寸/mm								重量 /kg
	L	L_1	D_1	D_2	D_3	D_4	f	$Z\times\phi d$	
H77H-63、H77Y-63I									
50	43	145	125	102	46	87	4.0	$4\times\phi23$	1.8
80	64	210	170	136	80	120	4.0	$8\times\phi23$	4.2
100	64	250	200	160	94	149	4.5	$8\times\phi25$	6.2
150	76	340	280	219	145	203	4.5	$8\times\phi34$	11.3
200	89	405	345	280	200	259	4.5	$12\times\phi34$	19.6
250	114	470	400	340	250	312	4.5	$12\times\phi41$	34.8
300	114	530	460	390	300	363	4.5	$16\times\phi41$	48.5
350	127	595	525	450	340	421	5.0	$16\times\phi41$	67.6
400	140	665	585	505	390	473	5.0	$16\times\phi48$	86.8

公称尺寸 DN	尺 寸/mm								重量 /kg	
	L	L_1		D_1	D_2	D_3		$Z\times\phi d$		
		H77X H77W	H77H			H77X	H77H H77W		H77X	H77H H77W
H77X-16C、H77H-16C、H77W-16C、H77W-16P										
50	43	160	157	125	100	43	46	$4\times\phi18$	1.5	1.5
80	64	195	192	160	135	71	80	$8\times\phi18$	3.7	3.7
100	64	215	216	180	155	91.5	94	$8\times\phi18$	4.8	5.8
150	76	280	280	240	210	141	145	$8\times\phi23$	12.3	10.6
200	89	335	335	295	265	191	200	$12\times\phi23$	15.2	15.2
250	114	405	405	355	320	230	250	$12\times\phi25$	28	28
300	114	460	460	410	375	290	300	$12\times\phi25$	45	41
350	127	520	520	470	435	340	340	$16\times\phi25$	58	58
400	140	580	581	525	485	376	390	$16\times\phi30$	78	78
450	152	640	640	585	545	427	427	$20\times\phi30$	96	100
500	152	705	706	650	608	479	490	$20\times\phi34$	124	152
600	178	840	840	770	718	579	588	$20\times\phi41$	152	216
700	229	910	910	840	788	675	686	$24\times\phi41$	179	230
800	241	1020	1020	950	898	774	784	$24\times\phi41$	215	331

公称尺寸 DN	尺 寸/mm								重量 /kg	
	L	L_1		D_1	D_2	D_3		$Z\times\phi d$		
		H77X H77W	H77H H77Y			H77W H77H H77Y	H77X		H77X	H77H H77Y H77W
H77X-25、H77H-25、H77Y-25I、H77W-25、H77W-25P										
50	43	160	157	125	100	46	43	$4\times\phi18$	1.5	
80	64	195	192	160	135	80	171	$8\times\phi18$	3.7	

（续）

公称尺寸 DN	尺寸/mm								重量/kg	
H77X-25、H77H-25、H77Y-25I、H77W-25、H77W-25P										
	L	L_1		D_1	D_2	D_3		$Z \times \phi d$	H77X	H77H H77Y H77W
		H77X H77W	H77H H77Y			H77W H77H H77Y	H77X			
100	64	230	230	190	160	94	91.5	$8 \times \phi 23$	4.8	
150	76	300	300	250	218	145	141	$8 \times \phi 25$	12.3	
200	89	360	360	310	278	200	191	$12 \times \phi 25$	16.6	
250	114	425	426	370	332	250	230	$12 \times \phi 30$	31	
300	114	485	486	430	390	300	290	$16 \times \phi 30$	47	
350	127	550	550	490	448	340	340	$16 \times \phi 34$	62	
400	140	610	610	550	505	390	376	$16 \times \phi 34$	83	

注：H77H 无 DN400 规格。

（54）卡箍升降角式止回阀

1）主要性能规范（表 4-357）。

2）主要零件材料（表 4-358）。

3）主要外形尺寸和连接尺寸（图 4-275、表 4-359）。

表 4-357 卡箍升降角式止回阀主要性能规范

型号		H82H-250	H82H-320	H82H-350	H82H-400
公称压力 PN		250	320	350	400
试验压力/MPa	密封	27.5	35.2	38.5	44
	强度	37.5	48	52.5	60
工作压力/MPa		25	32	35	40
适用介质		水、蒸汽、油品			
工作温度/℃		≤120			

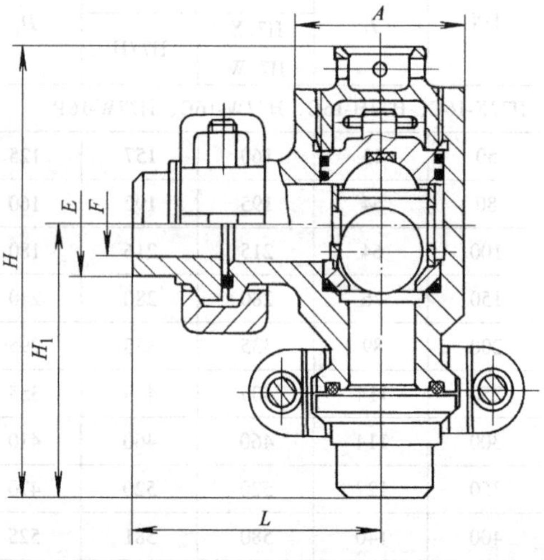

图 4-275 卡箍升降角式止回阀

表 4-358 卡箍升降角式止回阀主要零件材料

零件名称	阀体	阀盖	阀芯	阀座	双头螺栓
材料	35	45	20Cr13	12Cr18Ni9	40Cr

表 4-359 卡箍升降角式止回阀主要尺寸 （单位：mm）

公称压力 PN	公称尺寸 DN	A	L	H	H_1	E	F
250	50	140	230	350	213	76	45
320	50	142	230	350	213	76	45
350	50	142	230	370	265	89	45
	65	142	230	370	265	89	61
400	50	146	230	370	265	92	45
	65	146	230	370	265	96	60

（55）缓闭式液动止回阀

1）主要性能规范（表 4-360）。

2）主要零件材料（表 4-361）。

3）主要外形尺寸、连接尺寸和重量（图 4-276、表 4-362）。

表 4-360　缓闭式液动止回阀主要性能规范

公称压力 PN	试验压力/MPa		适用介质	工作温度 /℃
	壳体	试验		
10	1.5	1.1	水	≤65

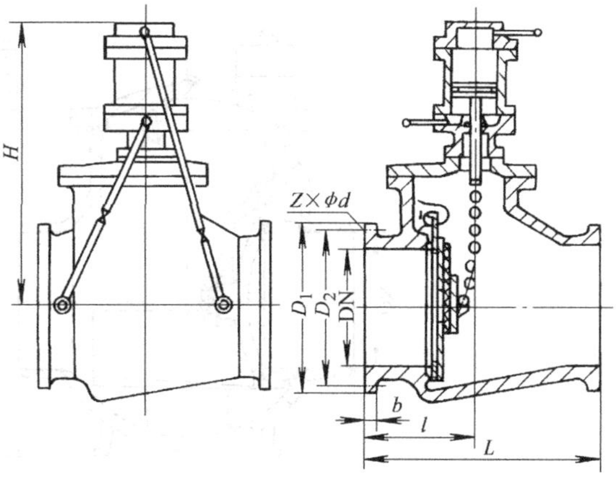

图 4-276　缓闭式液动止回阀

表 4-361　缓闭式液动止回阀主要零件材料

零件名称	阀体、阀盖、缸、缸盖	活塞杆	活塞	阀体密封圈	大小阀瓣密封圈
材料	铸铁	不锈钢	铝合金	锰黄铜	橡胶

表 4-362　缓闭式液动止回阀主要尺寸及重量

公称尺寸 DN	尺寸/mm							重量 /kg
	D_1	D_2	$Z\times\phi d$	L	l	b	H	
250	395	330	12 × ϕ22	550	190	28	725	325
300	445	400	12 × ϕ22	620	230	28	775	395
350	505	460	16 × ϕ22	720	260	30	815	465
400	565	515	16 × ϕ26	820	320	32	865	536
500	670	620	20 × ϕ26	1100	390	34	935	605

（56）通球止回阀

1）主要性能规范（表 4-363）。

2）主要零件材料（表 4-364）。

3）主要外形尺寸、连接尺寸和重量（图 4-277、表 4-365）。

表 4-363　通球止回阀主要性能规范

公称压力 PN	试验压力/MPa		工作压力 /MPa	适用介质	工作温度 /℃
	壳体	密封			
63	9.6	7.04	0.03 ~ 6.4	原油、成品油、水、非腐蚀性液体	-25 ~ 100

表 4-364　通球止回阀主要零件材料

零件名称	阀体、阀盖、阀瓣、阻尼缸	平衡锤	阻尼缸叶片	导向套
材料	碳素铸钢	铸铁	碳素锻钢	碳素钢板

表 4-365　通球止回阀主要尺寸及重量

公称尺寸 DN	尺寸/mm					重量 /kg
	L	B	B_1	H	H_0	
350	889	752	1024	759	400	980
400	902	806	1061	798	425	1235

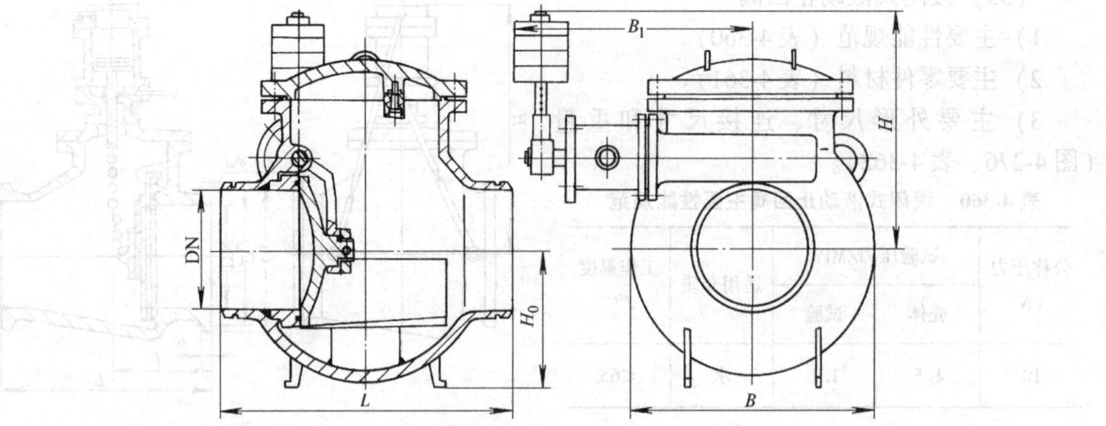

图 4-277 通球止回阀

(57) 角式旋启式止回阀

1) 主要性能规范（表 4-366）。

2) 主要零件材料（表 4-367）。

3) 主要外形尺寸、连接尺寸和重量（图 4-278）。

表 4-366 角式旋启式止回阀主要性能规范

公称压力 PN	试验压力/MPa		工作压力 /MPa	工作温度 /℃	适用介质
	密封	壳体			
63	6.3	9.6	6.3	≤80	水

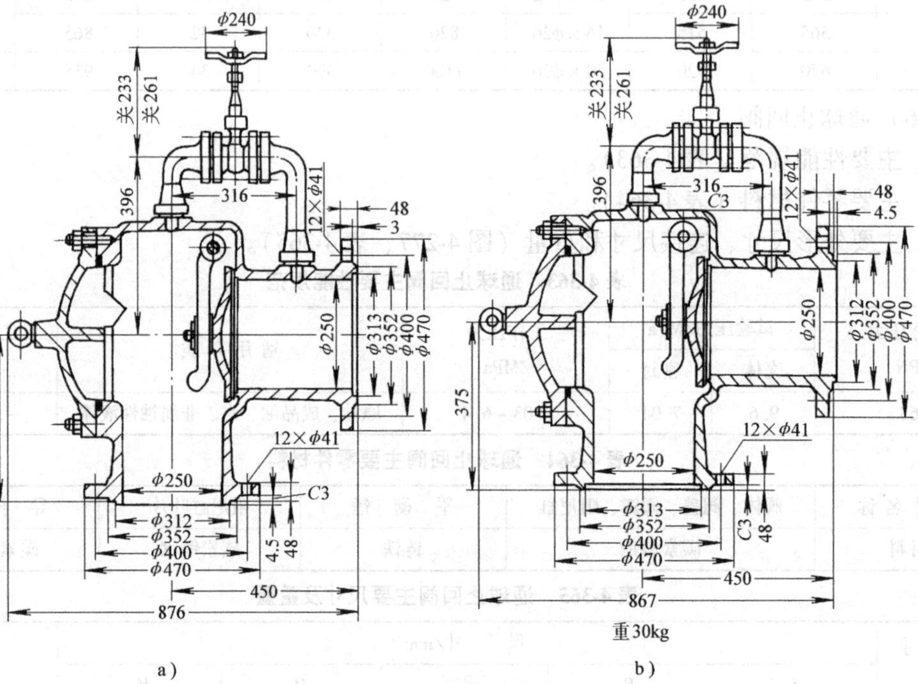

图 4-278 角式旋启式止回阀

a) 80FH64 b) 80FH64A

表 4-367 主要零件材料

零件名称	阀体、阀盖、阀瓣、摇杆	销轴	螺栓	螺母	O 形圈
材料	碳素铸钢	不锈钢	铬钼钢	优质碳钢	耐油橡胶

(58) 直流旋启式止回阀

1) 主要参数、尺寸及重量(图 4-279、表 4-368)。

2) 主要零件材料(表 4-369)。

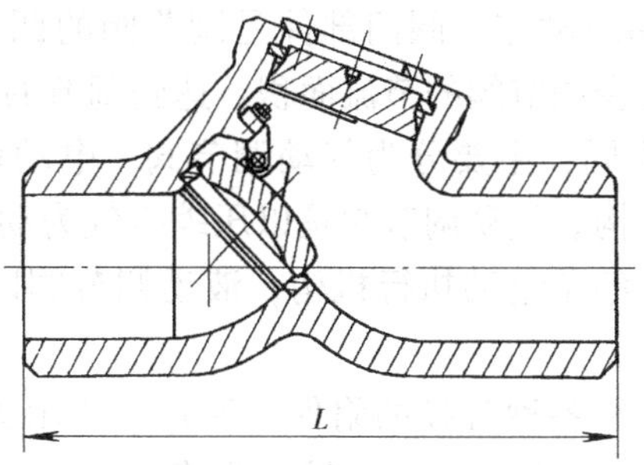

图 4-279 直流旋启式止回阀

表 4-368 直流旋启式止回阀主要尺寸、重量及参数

压力级 \ 公称尺寸	DN	80	100	150	200	250	300	350	400	450	500	550
	NPS	3	4	6	8	10	12	14	16	18	20	22
CL600	L/mm	254	304	457	584	711	812	889	990	1092	1193	1397
	重量/kg	48	67	110	205	325	480	600	800	1490	1675	2300
	流量系数 K_V	110	170	380	680	1060	1530	2080	2720	3430	4240	5130
CL900	L/mm	304	—	508	660	787	914	990	1092	1181	1244	1422
	重量/kg	90	100	245	425	675	900	1125	1600	2000	2700	4100
	流量系数 K_V	100	160	350	630	980	1420	1925	2515	3180	3925	4750
CL1500	L/mm	304	406	558	711	863	990	1066	1193	1346	1473	1752
	重量/kg	70	115	250	470	800	1350	1800	2200	2600	3400	3950
	流量系数 K_V	95	150	330	580	910	1310	1780	2330	2945	3635	4400

表 4-369 直流旋启式止回阀主要零件材料

零件名称	阀体、阀座、阀瓣、阀盖	摇杆	摇杆轴	阀瓣垫圈	垫片
材料	A-105 A-182-F316	A-216-WCB A-315-CF8M	A-182-F6a-Ⅱ A564-630	A-105 A-182-F316	金属缠绕垫片

4.5 调节阀

调节阀又称控制阀，它是过程系统中用动力操作去改变流体流量的装置。国际电工委员会（IEC）对调节阀［国外称控制阀（Control Valve）］的定义为：“工业过程控制系统中由动力操作的装置形成的终端元件，它包括一个阀部件，内部有一个改变过程流体流率的组件。阀体部件又与一个或多个执行机构相连接。执行机构用来响应控制元件送来的信号。”可见，调节阀是由执行机构和阀门部件两部分组成。

执行机构是调节阀的驱动装置，它按信号压力的大小产生相应的推力，使推杆产生相应的位移，从而带动调节阀的阀芯动作。阀门部件是调节阀的调节部分，它直接与介质接触，通过执行机构推杆的位移，改变调节阀的节流面积，达到调节的目的。

调节阀按其能源的方式不同，主要分为气动调节阀、电动调节阀、液动调节阀三大类。它们的差别在于所配的执行机构。气动调节阀是以压缩空气为动力源，配的是气动执行机构；电动调节阀以电为动力源，配的是电动执行机构；液动调节阀以液压为动力源，配的是液动执行机构。

根据需要，调节阀可以配用各种各样的附件，使它的使用更方便，功能更完善，性能更好，这些附件有阀门定位器、手轮机构、电气转换器等。

4.5.1 调节阀的分类

调节阀的种类繁多。随着各类成套设备工艺流程和性能的不断改进，调节阀的种类还在不断增加，且有多种分类方法。

（1）按自力式和驱动式分类

1）自力式调节阀。利用被调介质（液体、空气、蒸汽、天然气等）自身能量，实现介质温度、压力、流量自动调节的阀门。如自力式压力调节阀、自力式温度调节阀、自力式差压调节阀、自力式微压调节阀等。

2）驱动式调节阀。借助手动、电动、气动来操纵的调节阀。如气动调节阀、电动调节阀、（电）液动调节阀、智能调节阀、手动调节阀等。

（2）按主要技术参数分类

1）按公称尺寸分类：

① 小口径调节阀。公称尺寸≤PN40 的调节阀。

② 中口径调节阀。公称尺寸 DN50 ~ DN300 的调节阀。

③ 大口径调节阀。公称尺寸≥DN350 的调节阀。

2）按公称压力分类：

① 真空调节阀。工作压力低于标大气压的调节阀。

② 低压调节阀。公称压力≤PN16 的调节阀。

③ 中压调节阀。公称压力为 PN25 ~ PN63 的调节阀。

④ 高压调节阀。公称压力为 PN100 ~ PN800 的调节阀。

⑤ 超高压调节阀。公称压力≥PN1000 的调节阀。

3）按工作介质温度分类：

① 高温调节阀。$t>450℃$ 的调节阀。

② 中温调节阀。$120℃<t\leqslant450℃$ 的调节阀。

③ 常温调节阀。$-29℃ \leq t \leq 120℃$ 的调节阀。

④ 低温调节阀。$-100℃ \leq t < -29℃$ 的调节阀。

⑤ 超低温调节阀。$t < -100℃$ 的调节阀。

4）按阀体材料分类：

① 非金属材料调节阀。如陶瓷调节阀、玻璃钢调节阀、塑料调节阀等。

② 金属材料调节阀。如铜合金调节阀、铝合金调节阀、铅合金调节阀、钛合金调节阀、蒙乃尔合金调节阀、哈氏合金调节阀、铸铁调节阀、碳素铸钢调节阀、低合金钢调节阀、高合金钢调节阀、不锈钢调节阀等。

③ 金属阀体衬里调节阀。如衬铅调节阀、衬聚四氟乙烯调节阀、衬搪瓷调节阀、衬橡胶调节阀等。

5）按与管道的连接方式分类：

① 法兰连接调节阀。阀体上带有法兰，与管道采用法兰连接的调节阀。

② 螺纹连接调节阀。阀体上带有内螺纹或外螺纹，与管道采用螺纹连接的调节阀。

③ 焊接连接调节阀。阀体上带有焊口，与管道采用焊接连接的调节阀。

④ 夹箍连接调节阀。阀体上带有夹口，与管道采用夹箍连接的调节阀。

⑤ 卡套连接调节阀。用卡套与管道连接的调节阀。

6）按操纵方式分类：

① 手动调节阀。借助手轮、手柄、杠杆或链轮等，由人力来操纵的调节阀。当需要传递较大力矩时，可采用蜗杆、锥齿轮、直齿轮等减速装置。

② 电动调节阀。用电动机或其他电气装置操纵的调节阀。

③ 气动调节阀。借助空气的压力来操纵的调节阀。

（3）按用途和作用分类

1）流量自动调节的调节阀。升压设备压送到管道的液体的流量，可借助流量变送器测量。变送器的标准输出信号传送给调节器，调节器发生的控制信号通过阀门定位器作用在调节阀上。当有扰动作用时，如果管路中的流量下降，那么调节器使调节阀开大，直到回复为原来的流量。

2）液面自动调节阀。罐中的液面高度的信号，由变送器传送给调节器，输出值与给定值在调节器中比较，调节器输出信号作用于调节阀。当液面增高时，流量减少；相反，当液面下降时，流量增加。

3）压力自动调节的调节阀。使系统或罐中的压力保持恒定的调节阀。

4）温度自动调节的调节阀。使工艺过程保持一定温度的调节阀。

（4）按结构型式分类

1）气动调节阀。

① 按气动执行机构的形式分类：

a）薄膜执行机构。又分直装式（正作用和反作用）及侧装式（正作用和反作用）。

b）活塞执行机构。又分比例式（正作用和反作用）和二位式。

c）长行程执行机构。

d）滚动薄膜执行机构。

② 按调节形式分类：a）调节型；b）切断型；c）调节切断型。

③ 按移动型式分类：a）直行程；b）角行程。

④ 按阀芯形状分类：a）平板形阀芯；b）柱塞形阀芯；c）窗口形阀芯；d）套筒形阀芯；e）多级形阀芯；f）偏旋形阀芯；g）蝶形阀芯；h）球形阀芯。

⑤ 按流量特性分类：a）直线；b）等百分比；c）抛物线；d）快开。

⑥ 按上阀盖形式分类：a）普通型；b）散（吸）热型；c）长颈型；d）波纹管密封型。

2）电动调节阀。

① 按电动执行机构的形式分类：a）角行程；b）直行程；c）多回转式。

② 按附件形式分类：a）伺服放大器；b）限位开关。

③ 按流量特性分类：a）直线；b）等百分比；c）抛物线；d）快开。

④ 按上盖形式分类：a）普通型；b）散（吸）热型；c）长颈型；d）波纹管密封型。

3）手动调节阀。按阀芯形状分类：圆锥形；柱塞形；窗口形；套筒形；多级形；偏旋形；蝶形；球形或半球形。

4）（电）液动调节阀。

5）智能调节阀。

4.5.2 调节阀的名词术语

（1）调节分类术语　调节阀分类术语见表4-370。

表4-370 调节阀分类术语

编号	名词术语	说　明
1	自力式调节阀	依靠被调介质（液体、空气、蒸汽、天然气）本身的能力、实现介质温度、压力、流量自动调节的阀门
2	驱动式调节阀	借助手动、电力、气压或液压来操纵的调节阀
3	气动调节阀	以压缩空气为动力，由控制器的信号调节流体通路的面积，以改变流体流量的执行器
4	电动调节阀	以电力为动力、由控制器的信号调节流体通路的面积，以改变流体流量的执行器
5	自力式温度调节阀	利用传感器内特殊液体对温度的敏感性，通过毛细管的传递来推阀芯做线性变化，从而达到控制阀的开度随温度变化而变化，控制介质的流量
6	蝶阀	启闭件（蝶板）绕固定轴旋轴的阀门
7	中线蝶阀	蝶板的回转轴线（阀杆轴线）位于阀体的中心线和蝶板的密封截面上的蝶阀
8	单偏心蝶阀	蝶板的回转轴线（阀杆轴线）位于阀体的中心线上，且与蝶板密封截面形成一个尺寸偏置的蝶阀
9	双偏心蝶阀	蝶板的回转轴线（阀杆轴线）与蝶板密封截面形成一个尺寸偏置，并与阀体中心线形成另一个尺寸偏置的蝶阀
10	三偏心蝶阀	蝶板的回转轴线（阀杆轴线）与蝶板密封面形成一个尺寸偏置，并与阀体中心线形成另一个尺寸偏置，阀体密封面中心线与阀座中心线（阀体中心线）形成一个角偏置的蝶阀
11	球阀	启闭件（球体）绕垂直于通路的轴线旋转的阀门
12	浮动球球阀	球体不带有固定轴的球阀
13	固定球球阀	球体带有固定轴的球阀
14	弹性球球阀	球体上开有弹性槽的球阀
15	V形开口调节球阀	球体为带有V形开口的半球球阀

（2）调节阀结构与零部件术语　调节阀结构与零部件术语见表 4-371。

表 4-371　调节阀结构与零部件术语

编号	名词术语	说　明
1	结构长度	直通式为进、出口端之间的距离，角式为进口（或出口）端到出口（或进口）端轴线的距离
2	结构型式	各类调节阀在结构和几何形状上的主要特征
3	直通式	进、出口轴线重合或相互平行的阀体形式
4	角式	进、出口轴线相互垂直的阀体形式
5	直流式	通路成一直线，阀杆位置与阀体通路轴线成锐角的阀体形式
6	三通式	具有三个通路方向的阀体形式
7	T 形三通式	塞子（或球体）的通路呈 T 形的三通式
8	L 形三通式	塞子（或球体）的通路呈 L 形的三通式
9	平衡式	利用介质压力平衡，减小阀杆轴向力的结构
10	杠杆式	采用杠杆带动启闭件的结构型式
11	常开式	无外力作用时，启闭件自动外于开启位置的结构型式
12	常闭式	无外力作用时，启闭件自动处于关闭位置的结构型式
13	保温式	带有蒸汽加热夹套的各种调节阀
14	波纹管密封式	用波纹管作阀杆主要密封的各种调节阀
15	阀体	与管道（或设备装置）直接连接，并控制介质流通的调节阀主要零件
16	阀盖	与阀体相连并与阀体（或通过其他零件，如隔膜等）构成压力控制的主要零件
17	启闭件	用于调节或截断介质流通零件的统称，如阀芯、阀瓣、蝶板等
18	阀芯、阀瓣	调节阀、节流阀、蝶阀等阀门中的启闭件
19	阀座	安装在阀体上，与启闭件组成密封副的零件
20	密封面	启闭件与阀座（阀体）紧密贴合，起密封作用的两个接触面
21	阀杆	将启闭力传递到启闭件上的主要零件
22	阀杆螺母	与阀杆螺纹构成运动副的零件
23	填料函	在阀盖（或阀体）上，充填填料，用来阻止介质由阀杆处泄漏的一种结构
24	填料箱	填充填料，阻止介质由阀杆处泄漏的零件
25	填料压盖	用以压紧填料达到密封的零件
26	填料	装入填料函（或填料箱）中，阻止介质从阀杆处泄漏的填充物
27	填料垫	支承填料，保持填料密封的零件
28	支架	在阀盖或阀体上，用于支承阀杆螺母和传动机构的零件
29	上密封	当阀门全开时，阻止介质向填料函处渗漏的一种密封结构
30	阀杆头部尺寸	阀杆与手轮、手柄或其他操纵机构装配连接部位的结构尺寸
31	阀杆端部尺寸	阀杆与启闭件连接部位的结构尺寸
32	连接槽尺寸	启闭件与阀杆装配连接部位的结构尺寸
33	连接形式	调节阀与管道或设备装置的连接所采用的各种方式，如法兰连接、螺纹连接、焊接连接等
34	电动装置	用电力启闭或调节阀门的驱动装置
35	气动装置	用气体压力调节或启闭阀门的驱动装置
36	液动装置	用液体压力调节或启闭阀门的驱动装置
37	电-液动装置	用电力和液体压力调节或启闭阀门的驱动装置
38	气-液动装置	用气体压力和液体压力调节或启闭调节阀的驱动装置
39	蜗杆传动装置	用蜗杆机构调节或启闭阀门的装置

（续）

编号	名词术语	说　明
40	圆柱齿轮传动装置	用圆柱齿轮机构调节或启闭阀门的装置
41	圆锥齿轮传动装置	用圆锥齿轮机构调节或启闭阀门的装置
42	垂直板式蝶阀	蝶板与阀体通路轴线垂直的蝶阀
43	斜板式蝶阀	蝶板与阀体通路轴线成一倾斜角度的蝶阀
44	球体	球阀中的启闭件
45	蝶板	蝶阀中的启闭件
46	V形开口球体	V形开口调节球阀中的启闭件
47	调节螺套	调节阀中调节弹簧压缩量的套筒式零件
48	弹簧座	调节阀中支承弹簧的零件
49	导向套	调节阀中对阀瓣起导向作用的零件
50	调节弹簧	调节阀中用来调定出口压力的弹簧
51	复位弹簧	调节阀中，用来对启闭件起复位作用的弹簧
52	膜片	调节阀中起平衡阀前、阀后压力作用的零件

（3）调节阀性能及其他术语　调节阀性能及其他术语见表4-372。

表4-372　调节阀性能及其他术语

编号	名词术语	说　明
1	主要性能参数	表示调节阀主要参数，如公称压力、公称尺寸、工作温度等
2	公称压力	是一个用数字表示的与压力有关的标示代号，是供参考用的一个方便的圆整数
3	公称尺寸	是管道系统中为所有附件所通用的用数字表示的尺寸，以区别用螺纹或外径表示的那些零件。公称尺寸是供参考用的一个方便的圆整数，与加工尺寸呈不严格的关系
4	工作压力	调节阀在适用介质温度下的压力
5	工作温度	调节阀在适用介质下的温度
6	适用介质	调节阀能适用的介质
7	适用温度	调节阀适用介质的温度范围
8	壳体试验	对调节阀阀体和阀盖等连接而成的整个阀门外壳进行的压力试验。目的是检验阀体和阀盖的致密性，以及包括阀体与阀盖连接处在内的整个壳体的耐压能力
9	壳体试验压力	调节阀进行壳体试验时规定的压力
10	密封试验	检验启闭件和阀体密封副密封性能的试验
11	密封试验压力	调节阀进行密封试验时规定的压力
12	上密封试验	检验阀杆与阀盖密封副密封性能的试验
13	渗漏量	做调节阀密封试验时，在规定的持续时间内，由密封面间渗漏的介质量
14	吻合度	密封副径向最小接触宽度与密封副中的最小密封面宽度之比
15	类型	按用途或主要结构特点对调节阀的分类
16	型号	按类型、控制方式、阀结构型式、公称压力、作用方式等对调节阀的编号
17	主要外形尺寸	调节阀的开启和关闭高度、执行机构的外形尺寸、手轮直径及连接尺寸等
18	连接尺寸	调节阀和管道连接部位的尺寸
19	执行机构	接受控制器的信号，将信号转换成位移，并以此驱动阀的仪表
20	阀	由执行机构驱动，直接与流体接触，并用来调节流体流量的组件
21	基本误差	调节阀的实际上升、下降特性曲线，与规定特性曲线之间的最大极限偏差
22	回差	同一输入信号上升和下降的两相应行程值间的最大差值
23	死区	输入信号正、反方向的变化，不致引起阀杆行程有任何可察觉变化的有限区间
24	行程	为改变流体的流量，阀内组件从关闭位置算起的线位移或角位移

（续）

编号	名词术语	说　明
25	额定行程	规定全开位置上的行程
26	相对行程	给定开度上的行程与额定行程之比
27	固有可调比	最大与最小可控流量系数的比值。可控流量系数应在固有流量特性斜率不大于规定的相对行程范围内取定
28	阀额定容量	在规定的试验压力条件下，试验流体通过调节阀额定行程时的流量
29	流量系数	在规定条件下，即阀的两端压差为 0.1MPa，介质密度为 $1g/cm^3$ 时，某给定行程时流经调节阀以 m^3/h 或 t/h 计的流量数
30	额定流量系数	额定行程时的流量系数值
31	相对流量系数	某给定开度的流量系数与额定流量系数之比
32	固有流量特性	相对流量系数和对应的相对行程之间的固有关系
33	直线流量特性	理论上，相对行程等量增加，引起相对流量系数等量增加的一种固有流量特性
34	等百分比流量特性	理论上，相对行程等量增加，引起相对流量系数等百分比增加的一种固有流量特性
35	调压阀	自动调节燃气出口压力，使其稳定在某一压力范围的降压设备
36	直接作用式调压阀	敏感元件感受的力，用于直接驱动调节机构
37	间接作用式调压阀	敏感元件和调节机构的受力元件是相隔分开的，敏感元件所受的力经中间放大环节，直到足以驱动调节机构动作
38	指挥器	间接作用式调压阀中，用于实现自动调节的辅助调节设备
39	进口压力	调压阀进口处，按规定的测压法所测得的压力值
40	出口压力	调压阀出口处按规定的测压法所测得的压力值
41	最大进口压力	在规定的压力范围内，所允许的最高进口压力值
42	最小进口压力	在规定的压力范围内，所允许的最低进口压力值
43	最大出口压力	在规定的稳压精度范围内，所允许的最高出口压力
44	最小出口压力	在规定的稳压精度范围内，所允许的最低出口压力
45	额定出口压力	调压阀出口压力在规定范围内的某一选定值
46	稳压精度	调压阀出口压力偏离额定值的极限偏差，与额定出口压力的比值
47	关闭压力	当调压阀流量逐渐减小，其流量等于零时，输出侧所达到的稳定的压力值
48	额定流量	在规定的进口压力范围内，当进口压力为 p_{1min}，其出口压力在稳压精度范围内下限值时的流量
49	静特性曲线	在规定的进口压力范围内，固定进口压力 p_1 为某一值时，出口压力 p_2 随流量变化的关系曲线
50	压力回差	当流量一定时，在规定的进口压力 p_1 范围内升高和降低的往返过程中，同一进口压力 p_1 下，所得到的两个相应出口压力 p_2 位之差
51	调压器综合流量系数	在额定流量工况下的流量系数
52	固有可调比	在规定的极限偏差内，最大流量系数与最小流量系数之比
53	阻塞流	不可压缩或可压缩流体在流过调节阀时，所能达到的极限或最大流量状态。无论是何种液体，在固定的入口（上游）条件下，压差增大而流量不进一步增大，就表明是阻塞流
54	临界压差比	压差与入口绝对压力之比。它对所有可压缩流体的控制阀尺寸方程式都有影响。当达到此最大比值就会出现阻塞流

4.5.3　调节阀的型号编制方法

（1）型号编制方法　调节阀的型号应表示出调节阀执行器大类，执行机构形式、执行机构特征、阀结构型式、公称压力、作用方式等要素。调节阀型号的标准化对调节阀的设计、选用、经销等提供了方便。

调节阀型号由七个单元组成：

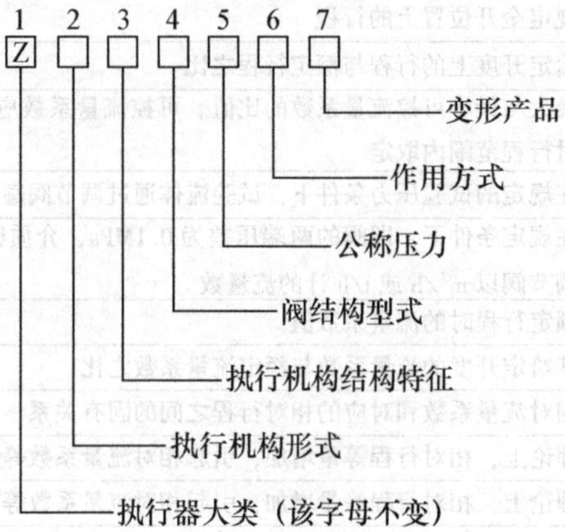

含义如下：

1—执行器大类。字母Z代表执行器。

2—执行机构形式。用大写汉语拼音字母表示，见表4-373。

表4-373　执行机构形式

结构形式	代号
气动薄膜执行机构	M
气动薄膜多弹簧执行机构	H
气动深波纹执行机构	N
气动活塞执行机构	S
气动长行程执行机构	SL
电动执行机构（可逆电动机式直行程）	AZ
电动执行机构（可逆电动机式角行程）	AJ
电动执行机构（DDZ-Ⅱ型系列、直行程）	KZ
电动执行机构（DDZ-Ⅱ型系列、角行程）	KJ
电动执行机构（多转型）	FD

3—执行机构特征。用大写英文字母表示，见表4-374。

表4-374　执行机构结构特征

执行机构结构特征	代号
正作用	A
反作用	B

4—阀结构型式。用大写英文字母表示，见表4-375。

表4-375　阀结构型式

阀结构型式	代号	阀结构型式		代号
单阀座	P	球阀		O
单阀座（精小型）	JP	V形开口球阀		V
双阀座	N	隔膜阀		T
套筒阀	M	阀体分离阀		U
套筒阀（精小型）	JM	三通阀	分流	X
偏心旋转阀	Z		合流	Q
角型阀	S	高压差阀		K
蝶阀	W	食品阀		F

5—公称压力。压力值用阿拉伯数字表示。

6—作用方式。用大写英文字母表示，见表4-376。

7—变形产品。用大写汉语拼音字母表示，见表4-377。

表4-376　作用方式

作用方式	代　号
气开（电开）	K
气关（电关）	B

表4-377　变形产品

变形产品	代　号
高　温　型	G
低　温　型	D
波纹管密封型	W

（2）调节阀型号编制方法示例

例1：气动薄膜执行机构，执行机构特征为正作用式，阀结构型式为双座阀，公称压力为PN16，作用方式为气开。高温型调节阀：

ZMAN-16KG　气动薄膜高温双座调节阀

例2：电动执行机构（可逆电动机式、角行程），阀结构型式为V形开口球阀，公称压力为PN63，作用方式为电开式（或电关式）调节球阀：

ZAJV-63K(B)

例3：电动执行机构（可逆电动机式、角行程），阀结构型式为蝶阀，公称压力为PN16，作用方式为电开式（或电关式）调节蝶阀：

ZAJW-16K(B)

例4：气动薄膜多弹簧执行机构，执行机构结构特征为反作用式，阀结构型式为精小型套筒阀，公称压力为PN160，作用方式为气开，变形产品为波纹管密封式调节阀：

ZHBJM-160KW

例5：气动活塞执行机构，执行机构结构特征为正作用式，阀结构型式为单阀座，公称压力为PN40，作用方式为气关，变形产品为低温型的调节阀：

ZSAP-40DB

4.5.4　调节阀的选择

1. 调节阀类型的选择

（1）调节阀结构型式的选择

1）从使用功能上选择调节阀：

① 调节功能：要求调节阀动作平稳；开度比较小时调节性能好；选好所需的流量特性；满足可调比；阻力小、流量比大（阀的额定流量参数与公称尺寸之比）；调节速度快。

② 泄漏量与切断压差。这两者是不可分割、互相关联的两个因素。泄漏量应满足工艺要求，且有密封面可靠性的保护措施；切断压差（调节阀关闭时的压差）必须提出，让所选调节阀有足够的输出力来克服，否则会导致选择执行机构过大或过小。

③ 防堵。调节阀所通过的介质即使是干净的，也存在堵塞问题。这是由于管路内的氧化皮等脏物被介质带入调节阀内，造成堵塞，所以应考虑调节阀的防堵性能。通常角行程的调节阀，比直行程的调节阀防堵性能好得多，故易堵塞的场合建议选用角行程调节阀。

④ 耐蚀。包括耐冲蚀、汽蚀、腐蚀，主要涉及调节阀材料的选择和使用寿命，同时涉及经济性问题。应该选择调节阀具有好的抗腐蚀性，且价格又合理。

⑤ 耐压与耐温。这涉及调节阀的公称压力、工作温度的选择。主要是恰当地选择调节阀的主体材料和内件材料。如铸铁最高工作压力为1.6MPa、最高工作温度为200℃；碳素钢的最高工作压力为42.0MPa、最高工作温度为425℃；奥氏体钢的最高工作压力为32.0MPa、工作温度范围为-196~600℃；耐热钢（钼的质量分数不少于0.4%的钼钢及铬钼钢）最高工作压力为42.0MPa、最高工作温度为570℃。

2）综合经济效果确定调节阀类型。在满足上述使用功能的要求中，适用的调节阀有几类。此时便应综合经济效果确定某一调节阀类型。为此，至少应考虑以下四个问题：高的可靠性、使用寿命长、维修方便，有足够的备品备件、产品性能价格比适宜。

3）调节阀类型的选择顺序。根据调节阀的功能优劣和上述原则，调节阀的选择顺序如下：全功能超轻型调节阀→V形开口球阀→蝶阀→套筒调节阀→单座调节阀→双座调节阀→偏心旋转阀→O形球阀→角式调节阀→三通阀→隔膜阀。

（2）执行机构的选择

1）输出力的考虑。执行机构不论是哪种类型，它的输出力都是用于克服负荷的有效力。负荷主要是指不平衡力和不平衡力矩，加上摩擦力、密封力、重力等有关的力作用。

为了使调节阀能正常工作，配用的执行机构要能产生足够的输出力，来克服各种阻力，以保证严密的密封性能或灵敏的开启。

对双作用的气动、电液、电动执行机构，一般都没有复位弹簧。作用力的大小与它的运动方向无关。因此，选择执行机构的关键在于弄清最大的输出力或电动机的转动力矩。

对于单作用气动执行机构，输出力与阀门的开度有关，调节阀上出现的力，也将影响运动特性。因此，要求在整个调节阀的开度范围建立力平衡。如果执行机构的输出力为F，它的力平衡方程式为

$$F = F_t + F_o + F_f + F_w \tag{4-86}$$

式中　F_t——作用在阀芯上的不平衡力；

F_o——调节阀全闭时，阀芯对阀座的密封所附加的压紧力；

F_f——阀杆所受的摩擦力；

F_w——阀芯等各种活动部件的重力。

采用波纹管调节阀时，还应该考虑波纹管随阀门开度而变化的阻力。

式（4-86）中各种力的大小和方向，将随执行机构的类型而变化。下面讨论一些典型执行机构的输出力。

① 气动薄膜式执行机构的输出力。有弹簧的气动薄膜执行机构，由于薄膜室信号压力所产生的推力，大部分被弹簧反力所平衡，因此，有效输出力比无弹簧型要小。

目前调节阀使用的弹簧，其作用力的范围有0.02~0.06MPa、0.02~0.1MPa、0.04~0.2MPa、0.06~0.1MPa、0.06~0.18MPa等多种。分别调整各种弹簧范围的启动压力，可使执行机构具有不同的输出力。不同的弹簧压力范围与不同的有效面积的薄膜相匹配之后，可得到不同的输出力，见表4-378。表中给出的输出力为近似值。

② 活塞式执行机构的输出力。常见的活塞式执行机构有单向和双向两种作用方式。双向活塞执行机构在结构上是没有弹簧的。由于没有弹簧反作用力，因此，它的输出力比薄膜执行机构大，常用来做大口径、高压差调节阀的执行机构。

表 4-378 气动薄膜执行机构的输出力 （单位：N）

弹簧范围 $p_r/10^5$ Pa	膜片有效面积 A_e/cm^2					
	200	280	400	630	1000	1600
0.8(0.2~1)	400	560	800	1260	2000	3200
1.6(0.4~2)	800	1120	1600	2520	4000	6400
0.4(0.2~0.6)	1200	1680	2400	3780	6000	9600
0.4(0.6~1)	1200	1680	2400	3780	6000	9600

输出力的大小主要决定于活塞直径，见表 4-379。

表 4-379 活塞执行机构的输出力

活塞直径/mm	100	150	200	250	300	350
最大输出力/N	3530	7950	14140	22100	31800	43300

③ 不平衡力和不平衡力矩。介质通过调节阀时，阀芯受到静压和动压的作用，产生使阀芯上下移动的轴向力和阀芯旋转的切向力。对于直线位移的调节阀来说，轴向力直接影响阀芯位移与执行机构信号力的关系，因此，阀芯所受到的轴向合力，称为不平衡力。对于角位移的调节阀，如蝶阀、V 形开口球阀、偏旋阀等，影响其角位移的是阀板轴受到的切向合力矩，称为不平衡力矩。

影响不平衡力和不平衡力矩的因素很多，如阀的结构型式、公称尺寸、介质物理状态等。如果工艺介质及调节阀都已确定，不平衡力或不平衡力矩，主要与阀前压力和调节阀前后的压差有关，也与介质与阀芯的相对流向有关。

对于双座阀、三通阀、隔膜阀等，都可按上述介绍的方法计算不平衡力。对蝶阀、偏旋阀、V 形开口球阀的不平衡力矩也有其计算公式，常见计算公式见表 4-380。

表 4-380 各种调节阀的不平衡力和允许压差计算公式

调节阀形式	工作状态	不平衡力（力矩）计算公式	允许压差计算式（$p_2 \neq 0$）
直通单座、角形	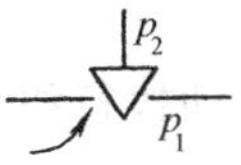	$F_t=\frac{\pi}{4}(d_g^2\Delta p+d_s^2p_2)$	$p_1-p_2=\frac{F-F_0-\frac{\pi}{4}d_s^2p_2}{\frac{\pi}{4}d_g^2}$
	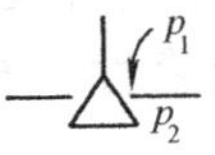	$F_t=-\frac{\pi}{4}(d_g^2\Delta p-d_s^2p_1)$	$p_1-p_2=\frac{F-F_0+\frac{\pi}{4}d_s^2p_1}{\frac{\pi}{4}d_g^2}$
直通双座	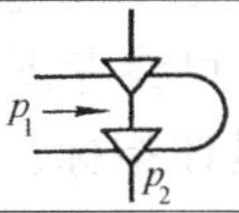	$F_t=\frac{\pi}{4}[(d_{g1}^2-d_{g2}^2)\Delta p+d_s^2p_2]$	$p_1-p_2=\frac{F-F_0-\frac{\pi}{4}d_s^2p_2}{\frac{\pi}{4}(d_{g1}^2-d_{g2}^2)}$
	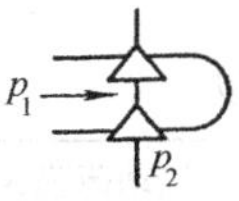	$F_t=-\frac{\pi}{4}[(d_{g1}^2-d_{g2}^2)\Delta p-d_s^2p_2]$	$p_1-p_2=\frac{F-F_0+\frac{\pi}{4}d_s^2p_2}{\frac{\pi}{4}(d_{g1}^2-d_{g2}^2)}$
三通（合流）	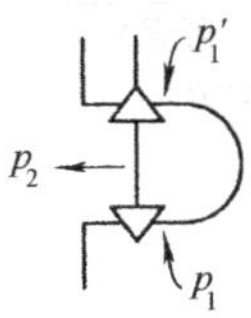	$F_t=\frac{\pi}{4}[d_g^2(p_2-p_1')+d_s^2p_1']$	$p_1-p_1'=\frac{\pm(F-F_0)-\frac{\pi}{4}d_s^2p_1'}{\frac{\pi}{4}d_g^2}$
三通（分流）	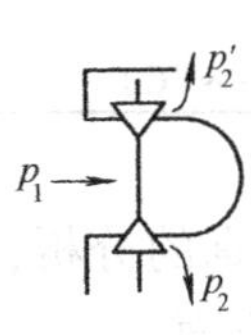	$F_t=\frac{\pi}{4}[d_g^2(p_2-p_2')+d_s^2p_2']$	$p_2-p_2'=\frac{\pm(F-F_0)-\frac{\pi}{4}d_s^2p_2'}{\frac{\pi}{4}d_g^2}$

（续）

调节阀形式	工作状态	不平衡力（力矩）计算公式	允许压差计算式（$p_2 \neq 0$）
隔膜	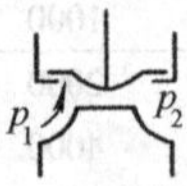	$F_t = \frac{\pi}{8} d_g^2 (p_1 + p_2)$	$p_1 + p_2 = \frac{F - F_0}{\frac{\pi}{8} d_g^2}$
蝶阀	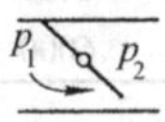	$M = \xi D_g^3 \Delta p$	$p_1 - p_2 = \frac{M'}{D_g^2 \left(\xi D_g + Jf \frac{d}{2} \right)}$

注：D_g—蝶阀口径（m）；d_g—阀芯直径（m）；d_s—阀杆直径（m）；d_{g1}—双座阀的上阀芯直径（m）；d_{g2}—双座阀的下阀芯直径（m）；F—执行机构的输出力（N）；F_0—全关时阀座的压紧力（N）；M—蝶阀的不平衡力矩（N·m）；M'—蝶阀的输出力矩（N·m）；ξ—蝶阀的转矩系数；J—推力系数；f—阀板轴与轴承的摩擦系数。

④ 允许压差的计算。调节阀两端的压差 Δp 增大时，其不平衡力或不平衡力矩也随之增大。当执行机构的输出力小于不平衡力时，它就不能在全行程范围内实现输入信号和阀芯位移的准确关系。由于对确定的执行机构，其最大输出力是固定的，故调节阀应限制在一定的压差范围内工作，这个压差范围就称为允许压差，用［Δp］表示。

调节阀一般均使用流开状态，所以允许压差也就是指调节阀处于流开状态时的允许压差。制造厂所列的允许压差，一般均为 $p_2 = 0$ 的数据，选用时需要注意。

另外，必须注意的是：调节阀摩擦力的大小，要看调节阀的结构、填料的材质、工作压力的大小来决定可否忽略。对于一些公称尺寸较大的调节阀，例如 DN200mm 笼式调节阀，其摩擦力高达 1000N 以上，就不能不考虑。

阀座压紧力 F_0 的大小，决定于阀芯与阀座是金属密封接触，还是软密封接触。对于金属密封接触的调节阀，F_0 一般取相当于 $p_0 = 0.005\text{MPa}$ 乘以薄膜有效面积 A_c 的力。然后把已确定的执行机构输出力 F，以及各种具体结构和使用情况的调节阀的不平衡力 F_t 的计算公式代入，便能得到允许压差［Δp］的计算公式。

2）选用执行机构的参考图表。在执行机构中，使用最多的是气动执行机构，其次是电动执行机构，液动执行机构应用较少，而智能式执行机构可以说刚刚进行开发。因此，选择执行机构，着眼点就放在气动和电动执行机构的比较上。主要考虑可靠性、安全性、经济性、灵敏度等诸方面的问题。

从使用能源及输出力大小（即推力的大小）的角度看，选用时可参考图 4-280 从各项性能方面进行比较，表 4-381 ~ 表 4-383 还列出电动执行机构的各项具体指标、输出力（力矩）及各种主要性能。

表 4-381　电动执行机构与气动薄膜执行机构的比较

序　号	比较项目	电动执行机构	气动薄膜执行机构
1	可靠性	差（电器元件故障多）	高（简单、可靠）
2	驱动能源	简单、方便	另设气源装置
3	价格	高	低
4	推力	大	小
5	刚度	大	小
6	防火防爆	差（严加防护、防爆装置）	好
7	工作环境温度范围	小（-10 ~ 55℃）	大（-40 ~ 80℃）

（3）阀的选择

1）工艺条件的考虑。在选择阀门之前，要对控制过程进行认真的分析，收集足够的数据，了解系统对调节阀的要求，包括操作性能、可靠性、安全性等方面。

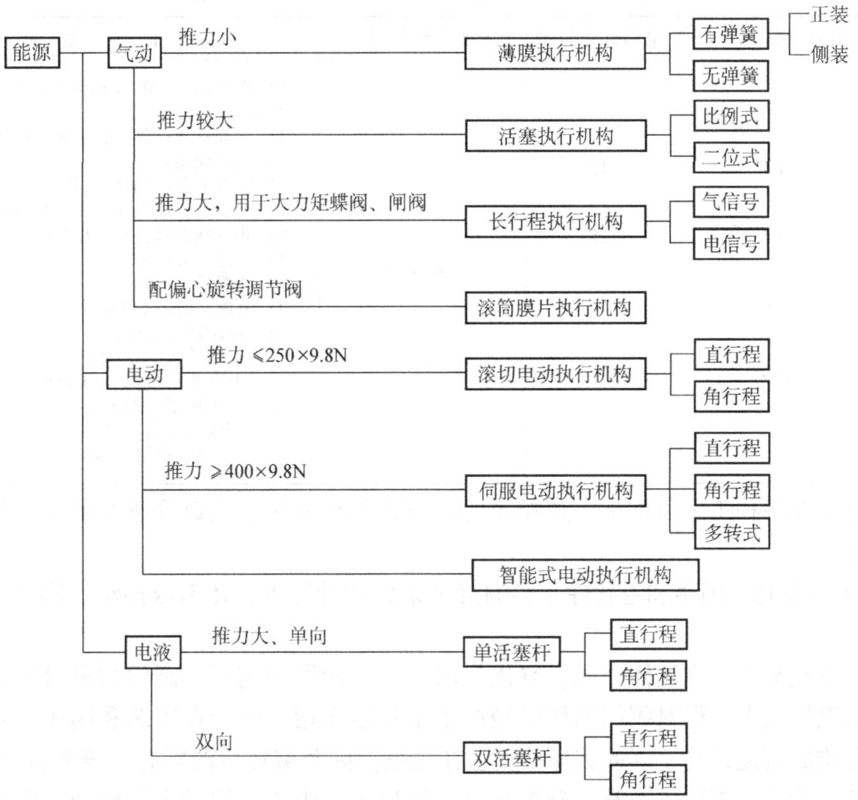

图 4-280　执行机构类型选择图

选择调节阀要选择适用，或选其较为适用且成本较低。如果使用条件要求不高，有数种类型都可以使用，则以考虑成本高低为准则；如果使用条件要求较高，则可供选择的类型不多；如果在比较极端情况下（如介质是腐蚀性泥浆，又在高压条件下工作，工作介质含有较大的磨蚀性颗粒，且有闪蒸作用），那么找到真正恰当的调节阀较难。

表 4-382　DKZ 型电动执行机构主要技术参考数

规格	输出轴推力/N（kgf）	输出轴行程/mm	主 要 性 能
1100	392 (40)	10	1）输入信号：4～20mA DC（Ⅱ型） 0～10mA DC（Ⅱ型） 2）输入电阻：250Ω（Ⅲ型）、200Ω（Ⅱ型） 3）输入通道：三个 4）精度：±2.5% 5）出轴移动速度：1.6mm/s 6）电源电压：220V，50Hz 7）使用环境温度： 伺服放大器：0～50℃ 执行机构：-25～60℃ 8）使用环境相对湿度： （温度 25℃±5℃时） 伺服放大器：≤85% 执行机构：≤95%
1200		16	
1300		25	
2100	981 (100)	10	
2200		16	
2300		25	
3100	2452 (250)	10	
3200		16	
3300		25	
4300	6276 (640)	25	
4400		40	
4500		60	
5400	15690 (1600)	40	
5500		60	
5600		100	

表 4-383 DKJ 型电动执行机构主要技术参数

型号	输出轴力矩/（N·m）	电动机功率/W	出轴每转时间/s	主 要 性 能
DKJ-210	100	10	100±20	1）输入信号：0~10mA（直流）（Ⅱ型）、4~20mA（Ⅲ型） 2）出轴有效位移：0°~90°（转角） 3）输入通道：3 个 4）输入电阻：200Ω（Ⅱ型）、250Ω（Ⅲ型） 5）灵敏度：150μA（Ⅱ型）、240μA（Ⅲ型） 6）非线性误差：≤±1.5%、±2.5% 7）压差：≤1.5% 8）纯滞后：≤1s 9）电源：220V，50Hz 10）使用环境温度： 伺服放大器 0~45℃ 电动执行机构 -10~55℃ 11）使用环境相对湿度： 伺服放大器≤85% 电动执行机构≤95%
DKJ-310	250	25		
DKJ-410	600	60		
DKJ-510	1600	160		

下面讨论在各种工艺条件下，选择阀门时应该如何考虑；当碰到复杂的综合情况时，又该如何解决。

① 闪蒸和空化。闪蒸和空化除了影响流量系数的计算外，还造成振动、噪声和对材料的破坏。

闪蒸和空化只产生在液体介质。空化作用的第一阶段是闪蒸。阀门的出口压力保持在液体的饱和蒸汽压之下，但对阀门内件已经产生了侵蚀作用。由于在阀芯和阀座密封面的接触线附近，介质的流速最高，因此破坏就发生在这里。闪蒸破坏后的阀芯外表面有一道道磨痕。在空化的第二阶段，阀后压力升高到饱和蒸汽压以上，由于气泡的突然破裂，所有的能量集中在破裂点，产生极大的冲击力，可高达几千牛顿，因此严重地撞击和破坏阀芯、阀座和阀体，这种破坏作用称为汽蚀。这种作用如同砂子喷在阀芯表面，把固体表层撕裂，形成一个粗糙的、渣孔般的外表面。

空化产生的破坏作用是十分严重的。在高压差恶劣条件的空化情况下，硬度很高的阀芯和阀座密封面，也只能使用很短的时间。在这种情况下，选择调节阀应有适当的方法和措施。

a. 从压差上考虑避免空化的发生。由于没有一种材料能长期经受空化的破坏作用，因此，关键在于避免空化作用的产生。选择调节阀时要选压力恢复系数小的阀门，如球阀、蝶阀等，见表 4-384。

表 4-384 压力恢复系数 F_L 和临界压差比 X_T

阀的种类	阀芯形式	流动方向	F_L	X_T
单座阀	柱塞型	流开	0.90	0.72
	柱塞型	流闭	0.80	0.55
	窗口型	任意	0.90	0.75
	套筒型	流开	0.90	0.75
	套筒型	流闭	0.80	0.70
双座阀	柱塞型	任意	0.85	0.70
	窗口型	任意	0.90	0.75
角形阀	柱塞型	流开	0.90	0.72
	柱塞型	流闭	0.80	0.65
	套筒型	流开	0.85	0.65
	套筒型	流闭	0.80	0.60

（续）

阀的种类	阀芯形式	流动方向	F_L	X_T
球阀	O形球阀(孔径为0.8d)	任意	0.55	0.15
	V形球阀	任意	0.57	0.25
偏旋阀	柱塞型	任意	0.85	0.61
蝶阀	60°全开	任意	0.68	0.38
	90°全开	任意	0.55	0.20

产生空化时的最小压差(临界压差)Δp_T 为：$\Delta p_T = F_L^2(p_1 - p_{vc})$。

空化作用产生的同时，会产生阻塞流。阀门的压力恢复系数 F_L 小，则 Δp_T 也小。要使调节阀不产生空化，选用的 Δp 要小于 Δp_T。如果由于工艺条件的限制，必须使 $\Delta p > \Delta p_T$ 时，可以考虑使用两个调节阀串联起来工作，使每个调节阀的压差 Δp 都小于 Δp_T，这样就能避免空化，避免气蚀破坏。

必须指出：当调节阀的压差 Δp 小于2.5MPa时，即使产生汽蚀现象，对材质破坏的情况也并不严重，因此不需要采取特殊措施。如果压差较大，就要设法避免和解决气蚀问题。例如，对角形调节阀采用侧进介质时，阀芯的寿命就比底进介质时长，因为避免了密封面的直接冲刷。另外，在阀前或阀后装限流孔板，也可以吸收一些压力损失。

b. 从材料上考虑。一般材料越硬，抗蚀能力越强。人们长期以来一直在寻找具有高抗蚀性能的材料，但至今仍很难找到合适的材料，能长时间抵御严重空化作用而不受损坏。因此，在有空化作用的情况下，应该考虑到阀芯、阀座易于更换。目前制造阀芯、阀座的材料很多，但若从抗空化的角度来考虑。国内外最广泛使用的是司太立硬质合金（一种含钴、铬、钨的合金），硬度可达45HRC以上；硬化工具钢的硬度可达60HRC以上；钨碳钢的硬度可达70HRC以上。钨碳钢因硬度高而抗蚀能力更强。但从另一角度来看，钨碳钢又极易脆裂。当用司太立硬质合金时，可在某些奥氏体不锈钢基体（如06Cr19Ni10）上进行堆焊或喷焊，形成硬化表面。按照不同的使用条件，硬化表面可局限于阀座、阀芯和阀座的密封面，如图4-281a、b所示；也可以是整个表面，如图4-281c所示，或阀芯导柱处，如图4-281d所示进行硬化处理。

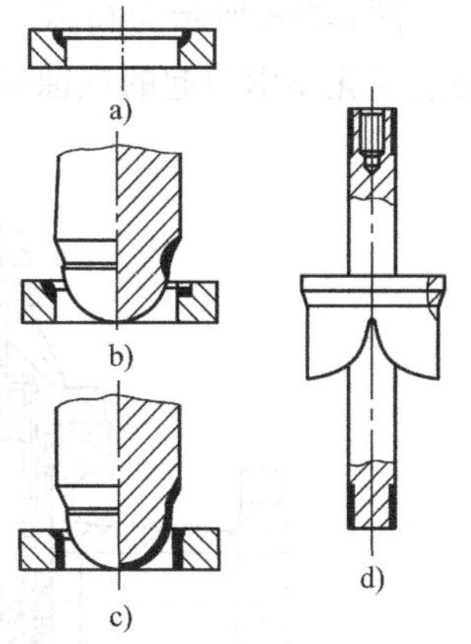

图4-281　阀座、阀芯表面堆焊示意图

a）阀座密封面　b）阀芯、阀座密封面　c）阀座、阀芯整个表面　d）阀芯密封面和导柱

c. 从结构上考虑。可设计特殊结构的阀芯、阀座，以避免气蚀的破坏作用。其基本原理是使高速介质在通过阀芯、阀座时，每一点的压力都高于在该温度下的饱和蒸汽压，或者使介质本身相互冲撞，在通道间导致高度湍流，使调节阀中介质的动能由于相互摩擦而变为热能，因而减少气泡的形成。

图4-282示出多级阀芯调节阀结构。它采用逐级降压原理，把调节阀的总压差分成几个小压差，逐级降压，使每一级都不超过临界压差。

图4-283所示为带有锥孔的阀芯。图4-284为带有阶梯孔的套筒。图4-285为一种多孔式阀芯调节阀。这些调节阀结构是利用介质的多孔节流原理，减少气蚀的发生。这些调节阀的结构特点是：在调节阀的套筒壁上或阀芯上，开有许多形状特殊的孔。当介质从各对小孔喷射进去后，介质在套筒中心相互碰撞。碰撞时由于消耗了能量，起缓冲作用。另一方面，气泡的破裂发生在套筒中心，这样就避免了对阀芯和套筒的直接破坏。

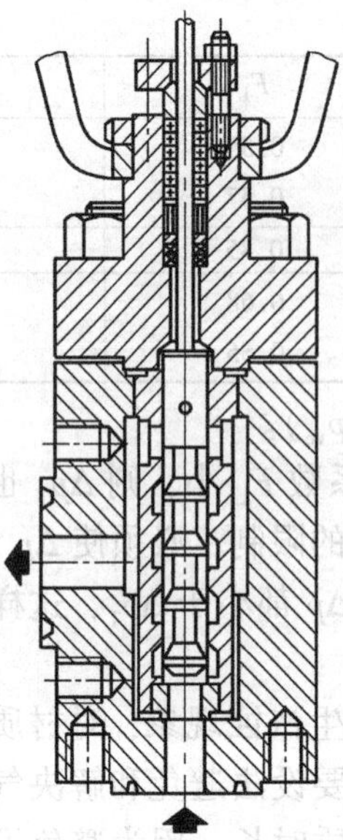

图 4-282　多级阀芯调节阀

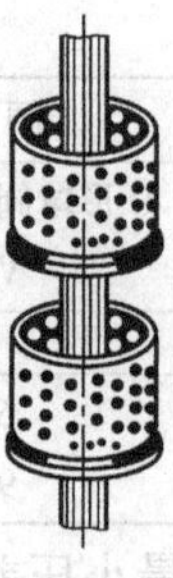

图 4-283　锥孔阀芯

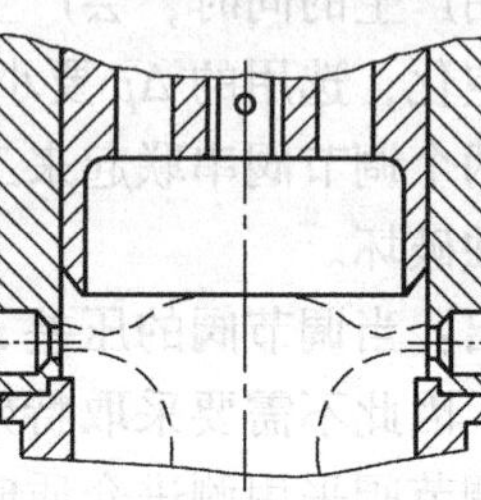

图 4-284　阶梯孔套筒

图 4-286 所示为阀芯、阀座之间的巷道式结构。在高压差时，这些结构能降低介质流速，防止空化作用引起的汽蚀破坏。

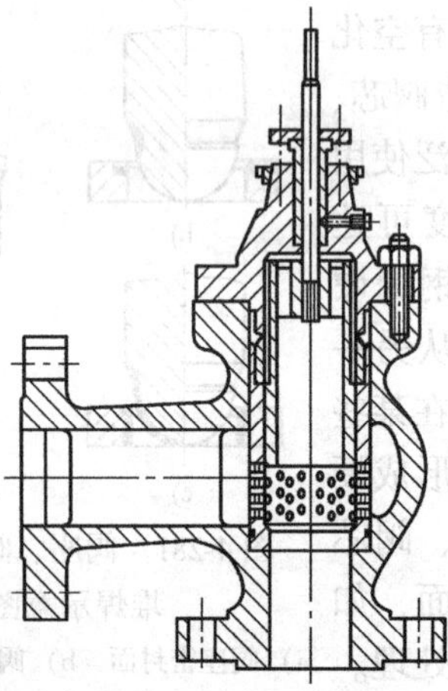

图 4-285　多孔式阀芯调节阀

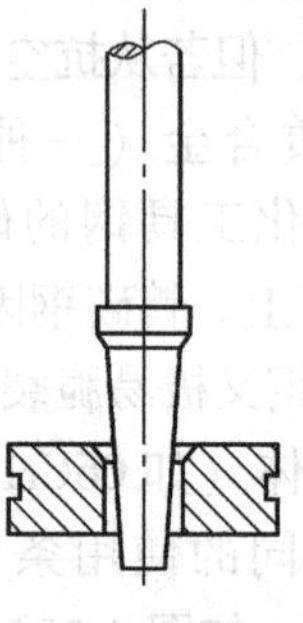

图 4-286　巷道式阀芯

② 磨损。阀芯、阀座和介质直接接触，由于不断节流和切断流量，当介质流速高，而且含有固体颗粒时，磨损是非常严重的。

固体颗粒冲击的磨损作用，和颗粒的动能有关，而动能的大小又取决于介质的流动速度和颗粒的大小。根据物理学的理论，磨损破坏程度和颗粒的质量成正比，而和介质的流速的平方成正比，可见速度的影响之大。

当介质是含有高浓度磨损性颗粒的悬浮液时，阀芯、阀座接合面每一次关闭，都会受到严重的摩擦。由于颗粒的一次次被压而使密封副磨损。时间稍长就会出现密封不严的情况。

在选择阀门时，要注意磨损的情况，应采取适当的措施和解决方法。

a. 流道要光滑。流线形的阀体结构，能防止颗粒的直接撞击，能避免涡流并减少磨损。使介质平行于阀座结合面和阀柱塞表面的流动状况是最理想的。流动方向的改变要缓慢。

b. 采用硬度较高的内件。内件材料硬度越高，抗磨损能力越大。内件的结构要有利于保护结合表面。图 4-287 示出结构比较合理的套筒，因为套筒能够沿着接合面分配磨蚀性介质。

c. 选择恰当的材料。压降低时，可采用弹性材料；压降高时，可采用特殊结构的调节阀内件，使介质流速减缓下来。材料的选择取决于颗粒的大小和硬度、冲击角度、温度、流速、弹性等特性。金属的抗磨损能力不如陶瓷和陶瓷合金（如碳化硼、碳化钨、碳化硅、氮化硅、氧化锆）。陶瓷材料的密度越高越好。

其他可用的方法还有：把硼渗到碳化钼和碳化钨中；表面层用化学蒸汽处理的氰化钛（TiCN），电镀 TiB_2、镀 ENP。如果表面层厚度达到 25～60μm，就有很高的抗磨性。碳化物的比例越大，耐磨性能越好。

有的耐磨损材料虽然不是最好，但比稀有金属便宜，因此从经济的角度看，可以考虑使用，如一些不锈钢、因科镍尔（Inconel）及其合金。

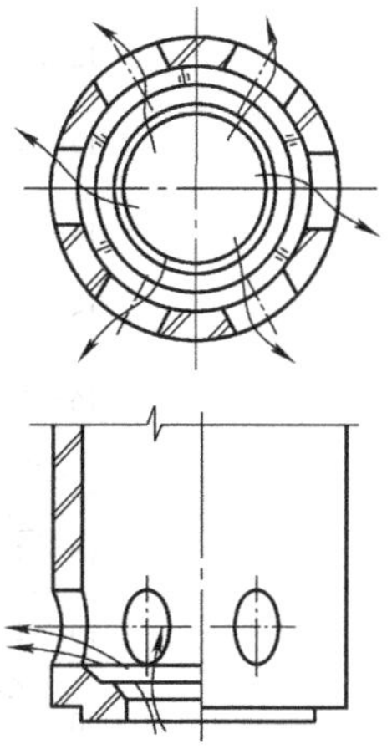

图 4-287　结构合理的套筒

有弹性衬里的阀门，用得最多的是如图 4-288～图 4-290 所示的隔膜阀、蝶阀、球阀等类型。在苛刻的工作条件下，可以用特殊的角形阀，如图 4-291 所示的弯管排浆阀，可避免排出口的磨损。在有磨损的工艺条件下，阀门结构一定要合理，要利用介质的附着和脱离原理，保护结合面部分，减少其磨损，消除排出口的涡流。阀座密封面要窄一些，这样，容易把附着在上面的固体颗粒压碎。

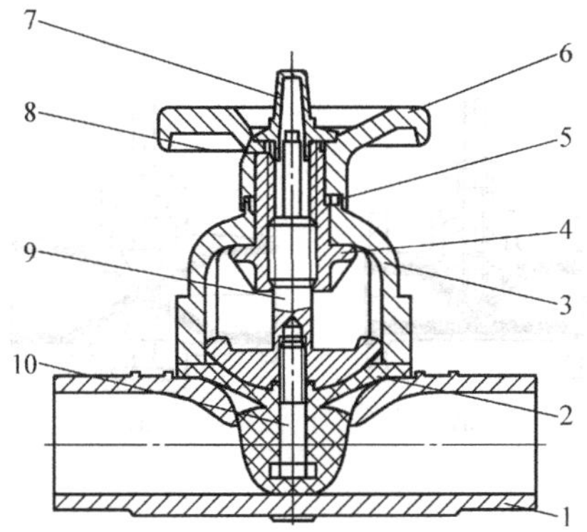

图 4-288　手动平底直通式隔膜阀

1—阀体　2—隔膜密封头　3—阀盖　4—阀杆螺母　5、8—密封环　6—手轮　7—阀罩　9—阀杆压紧头　10—螺钉

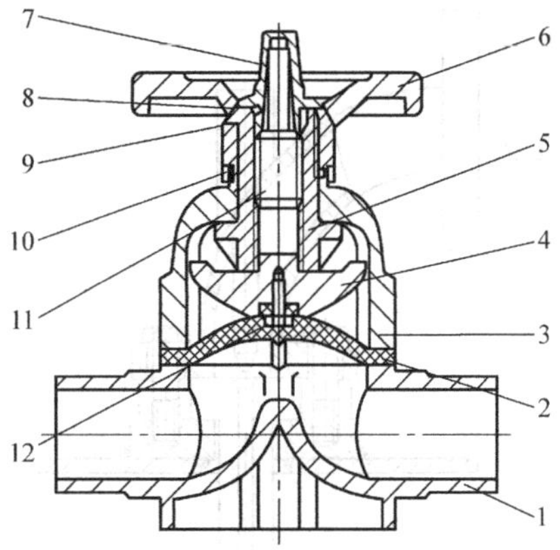

图 4-289　手动堰式隔膜阀

1—阀体　2—隔膜　3—阀盖　4—隔膜压紧块　5—阀杆螺母　6—手轮　7—罩盖　8、10—密封圈　9—压紧螺母　11—阀杆　12—连接螺钉

③ 腐蚀。在腐蚀的介质中工作的调节阀，要求结构越简单越好。因为便于增加衬里，特别是比较贵重的特殊衬里。阀门类型的选择应能适用于所用的腐蚀介质。可选用奥氏体不锈钢或双相不锈钢、特殊合金（哈氏合金、因科镍尔、蒙乃尔等）的单座、双座调节阀，或选用隔膜阀、管夹阀（图 4-292）、加衬蝶阀、球阀等类型。蝶阀可以用铸造合金制造或进行电镀处理。球阀和角阀可以用棒材或锻件制造，密封圈可以用增强聚四氟乙烯（RTFE）。角阀可以衬有钽或其他耐腐材料。如果镀层太薄则不起耐腐作用。如果介质是极强的有机酸或无

机酸，则可以用全钛调节阀。

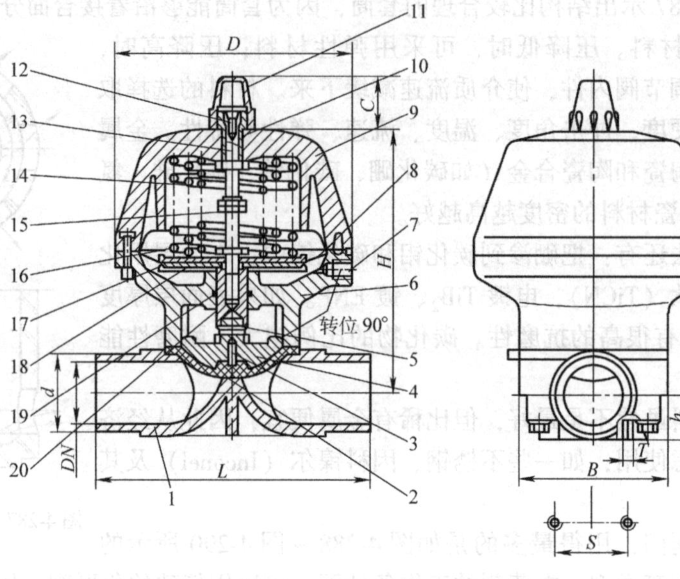

图 4-290 气动薄膜控制开启弹簧关闭隔膜阀

1—阀体 2—隔膜 3—螺钉 4—隔膜底托 5—销钉 6—下气缸体 7—进气接头 8—薄膜 9—罩体 10—轴套 11—罩盖 12—螺钉 13—小轴 14—小弹簧 15—连接螺母 16—大弹簧 17—中弹簧 18—支持隔膜板 19—O 形圈 20—连接套

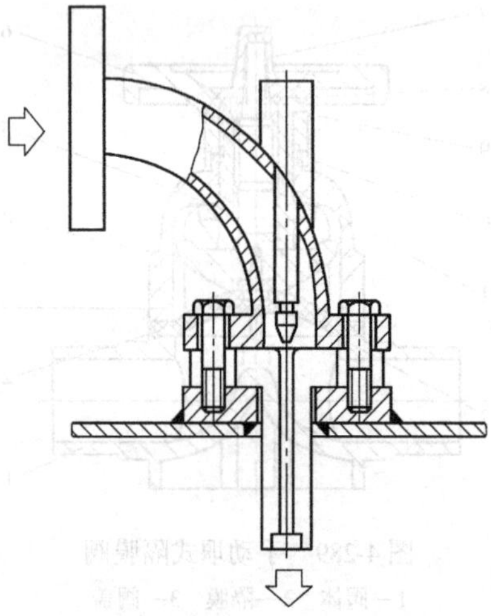

图 4-291 长弯管排浆阀

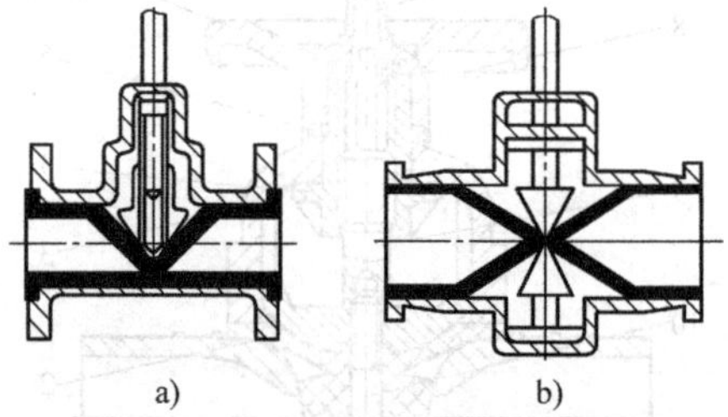

图 4-292 管夹阀示意图

a) 单动压杆式 b) 双动压杆式

④ 高压差。首先要考虑调节阀阀芯、阀座表面的材料。这些材料必须能经受介质的高速和高的压力的影响。结构上导向要好，要保证流动平面的稳定，除动态力的影响外，还要消除造成执行机构不稳定的因素。

最广泛使用的阀门是节流阀。角式节流阀或 Y 形节流阀，平衡式的阀内件能降低对执行机构的要求。没有平衡式阀内件时，可以用流开式，因为它最稳定。如果排出介质有腐蚀性，最好用流闭式。因为用流开式时，介质会损坏主要的零件。

在高压差的作用下，很容易使液体产生闪蒸和空化作用，因此要选用一些防空化调节阀。

⑤ 高温。选择调节阀时，主要考虑采用具有高温强度的壳体材料和内件材料，如 WC6、

WC9，或奥氏体不锈钢、双向不锈钢、因科镍尔等。所用材料不能因高温作用而黏结、塑变、蠕变。间隙不能太小。温度极高时，适用的阀型有节流阀（包括角式阀和Y形阀）、蝶阀（高温蝶阀的工作温度可高达450～1000℃）。阀体结构可考虑带有散热片、阀内件采用热硬性材料。如果温度已超过金属所能承受的温度范围（1090～1200℃），可考虑采用有陶瓷衬里的特殊阀门、还可以采用冷却套结构，通循环水冷却。使其内部金属保持在许用应力范围之内。

⑥ 低温。当温度低于－29℃时，要选用耐低温的壳体材料及内件材料。在－196～－29℃的低温范围，要求壳体材料及内件材料要有足够的冲击韧性。必须用特殊手段保持阀门的热容量，使其免受冷却载荷的作用，同时还要使其填料箱部位的温度保持在0℃以上。图4-292的低温阀结构，有奥氏体不锈钢上阀盖，装有高度隔热的冷箱。从上阀盖中可以拆出阀芯和阀座，维修方便。

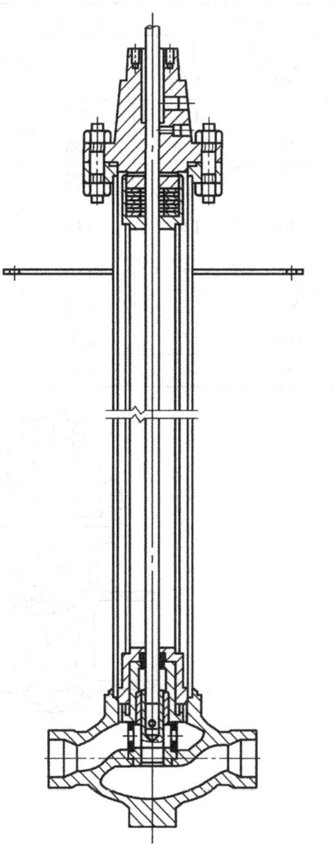
图4-293　带冷箱的低温阀

节流阀、Y形阀、角式阀、蝶阀、球阀可以利用特制的真空套，减少热传递。用于深冷（－101～260℃）的乙烯、液化天然气、液氢、液氦时，上阀盖的颈长要保证填料箱的温度在0℃以上。具体结构尺寸如图4-293所示和见表4-385。

要有预防异常升压的措施。阀门关闭后，阀腔内会残留一部分液体。随着时间的增加，这些残留在阀腔里的液体，会渐渐吸收大气中的热量，回升到常温并重新汽化。汽化后，其体积急剧膨胀，约增加600倍之多，因而产生极高的压力，并作用于阀体内部，这种情况称异常升压。这是低温阀门特有的现象。例如液化天然气在－162℃时的压力为0.2～0.4MPa，当温度回升到20℃时，压力增加到29.3MPa。发生异常升压现象时，会使闸板紧压在阀座上，导致闸板不能开启。这时，高压会将中法兰垫片冲出或冲坏填料；也可能引起阀体、阀盖变形，使阀座密封性显著下降；甚至阀盖破裂，造成严重事故。

为防止异常升压现象发生，一般低温阀门在结构上采用以下措施：

a）设置泄压孔（又称压力平衡孔）或排气孔，即在弹性闸板或双闸板进口侧，钻一小孔，或球阀通向进口端安装一安全阀，其安全的整定压力，为壳体材料常温时最高工作压力的1.33倍。作为阀体内腔和进口侧的压力平衡孔——泄压孔，如图4-294所示。当阀腔压力升高时，气体可以通过小孔排出。这种方法比较简单，目前已被广泛采用。

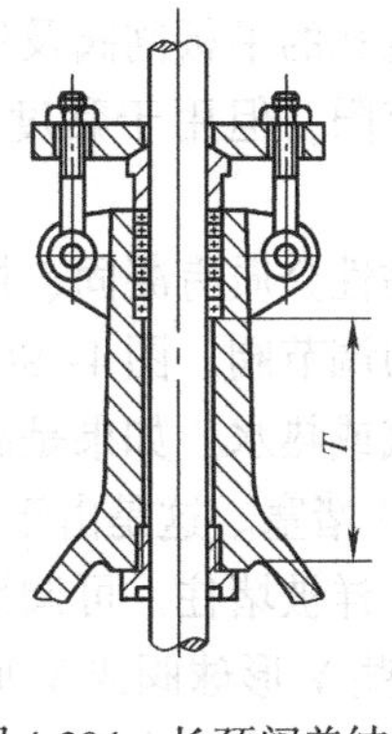

图4-294　长颈阀盖结构

采用泄压孔防止异常升压，在阀体设计时，应有指示介质流向的箭头。安装时，要注意泄压孔的位置，保证泄压孔通向介质进口端的一侧。泄压孔开设在闸板上时，更要注意。

泄压孔开设位置视阀门结构而定，有的在阀体上，如图4-295a所示；有的在闸板上，如图4-295b、c所示。

表 4-385　长颈阀盖颈部长度

温度/℃		> -60	> -100	< -100	温度/℃		> -60	> -100	< -100
公称尺寸		颈部长度 T/mm			公称尺寸		颈部长度 T/mm		
DN	NPS				DN	NPS			
15	1/2	90	110	130	200	8	140	170	220
20	3/4	100	110	140	250	10	150	180	240
25	1	100	120	150	300	12	150	180	240
40	1½	110	130	160	350	14	160	190	250
50	2	110	130	170	400	16	160	190	250
80	3	120	150	190	450	18	160	190	250
100	4	130	160	200	500	20	170	200	260
150	6	140	170	220	600	24	170	200	260

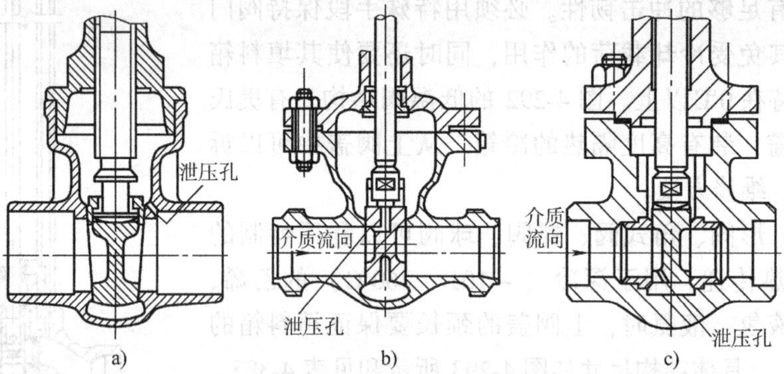

图 4-295　泄压孔

a）在阀体上　b）在闸板上部　c）在闸板下部

b）在阀门上设置引出管或安装安全阀，以排出异常高压。一般是在阀盖上安装一只保证阀体强度的安全阀。当压力升高到壳体材料常温时的额定工作压力的 1.33 倍时，安全阀启跳，排出异常高压，保证阀体安全。也可以在阀体下部安装排气阀，将阀体中的残液排尽，以预防异常升压的发生。也可以把球阀进口端的活塞阀座，设计成在壳体材料常温时的最高工作压的 1.33 倍时，腔内介质压力能把进口端的活塞阀座推开，排出过高压力。也可在球阀进口端的球体上，安装一安全阀。安全阀的整定压力为壳体材料常温时最高工作压力的 1.33 倍。超过此压力时，安全阀起跳，排出异常高压、保证壳体安全。

⑦ 黏性介质。对于黏性极高的液体，调节阀的流路结构越简单越好。这样，容量损失不会太大，有助于实现预定的设计要求。适用于黏性介质的调节阀有球阀、V 形球阀、隔膜阀、带导流孔的平板闸阀及偏旋阀。这些阀一般都适用于高黏度的液体介质。管夹阀的应用场合虽然有限，但用于黏度很大的泥浆液时性能却很好，它的 K_v 值是随系统静压的变化而变化的。

黏性介质有凝固、快速结晶、结冰等危险。所以，在操作黏性介质时，可以利用有保温夹套的调节阀。图 4-296 所示的保温夹套阀中，阀体和阀盖的外围有一个夹套。夹套的空间可通蒸汽或热水。如果是高温工作的调节阀，可用高温填料，如柔性石墨或碳纤维编织填料。

⑧ 堵塞。这是由于固体颗粒或纤维物通过节流孔所造成的。在开度很小时，阀门会像过滤器一样被堵住。可调性最佳、最理想的孔形，是在所有开度时，能成为方形或等边三角形（如一些 V 形球阀或 V 形旋塞阀）。如果由于某些原因，各种解决方法不能令人满意，那么，节流孔两侧的压力损失可以用顶箱（图 4-297），或串联孔的办法降低下来。把两个或更多的

考虑变速驱动。

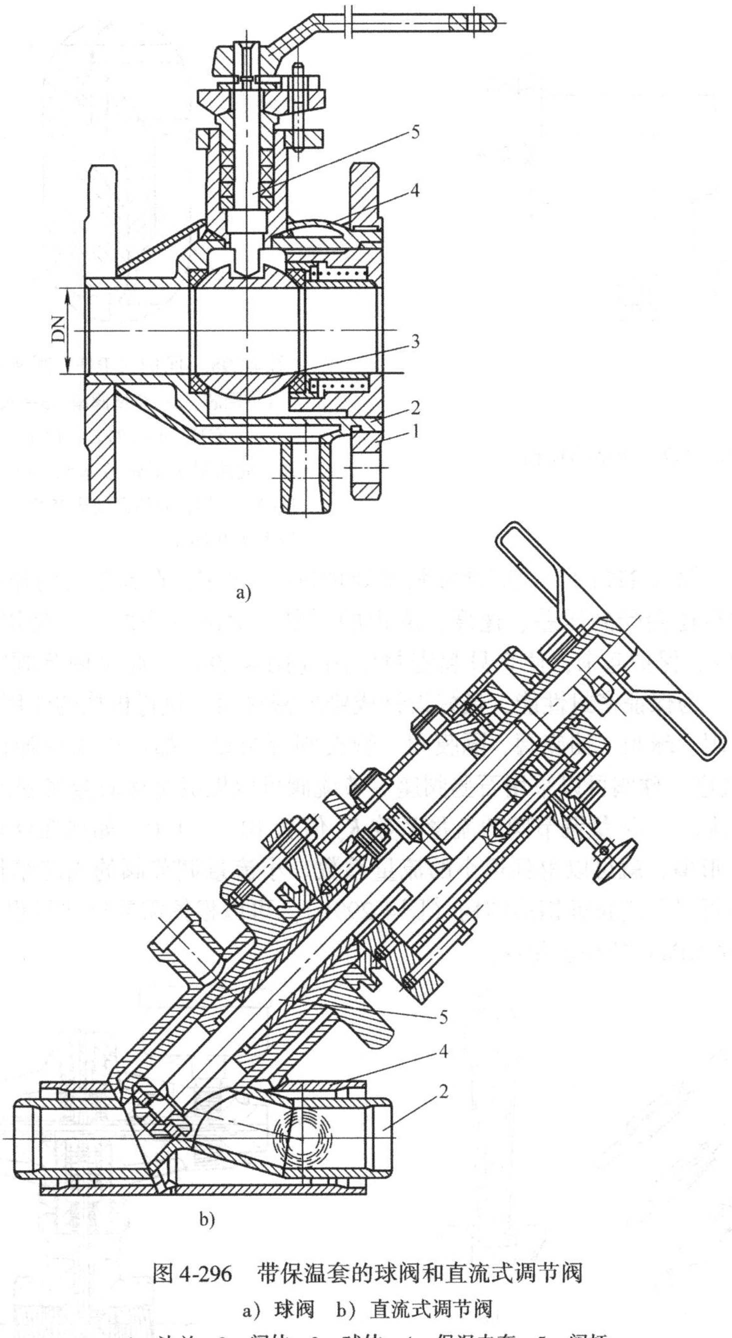

图 4-296　带保温套的球阀和直流式调节阀

a）球阀　b）直流式调节阀

1—法兰　2—阀体　3—球体　4—保温夹套　5—阀杆

阀门串联安装，用一个共同的信号操作，可实现串联节流。标准的节流阀有两个串联孔，虽然形状不理想，但在较低的流量和较小的颗粒时，能把颗粒挤碎。如果颗粒较大，而且介质又有磨蚀性的情况下，除了堵塞，还有磨损，选择阀门产生了双重难题。在用泵驱动时，可考虑变速驱动。

⑨ 阀座、阀瓣密封副泄漏。选择调节阀时，减少密封副泄漏量的最佳方法之一，是考虑采用弹性材料制造的阀座。也可以选用一种由聚四氟乙烯（PTFE）或柔性石墨加工的软密封座。为了保证强度，常对材料进行增加强度处理，如在聚四氟乙烯中添加石墨、金属粉末，

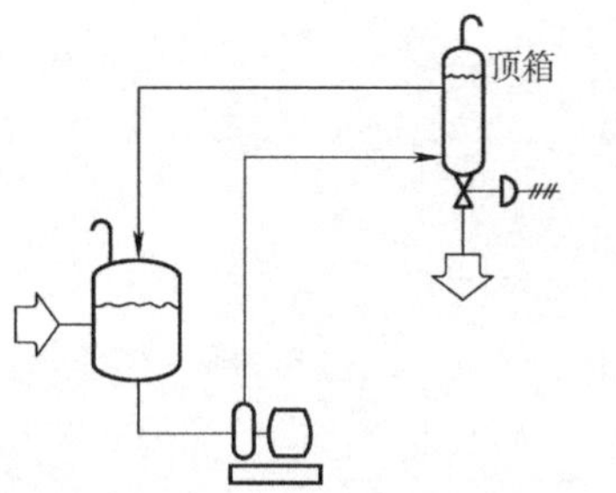

图 4-297　防堵的顶箱

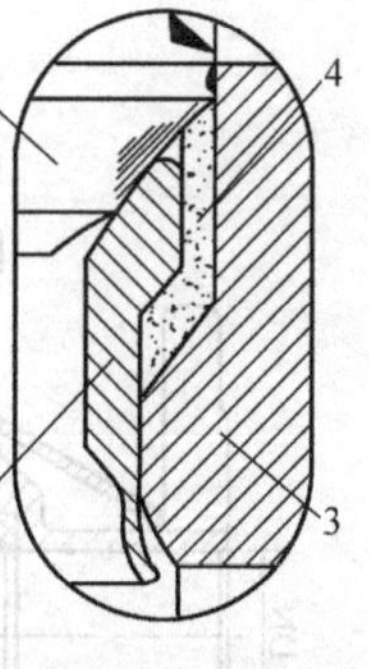

图 4-298　保护式 PTFE 阀座密封
1—阀芯　2—金属阀座　3—阀座室环　4—PTFE 密封环
注：此阀用于锅炉给水泵，防空化、低噪声，操作介质温度达 250℃，入口压力达 40MPa。

成为增强聚四氟乙烯（RTFE）。没有增加强度处理过的 PTFE，在预紧力的作用下，会产生冷流变形。这些材料还会受到压差、速度、磨损的限制。解决方法之一，是用一个金属座套，把 PTFE 镶入槽内，保护起来，使它只起密封作用（图 4-298）。如果调节阀阀芯、阀座要求金属对金属密封，为保证密封性能，最好设计成锥形密封面，执行机构的作用力要足够大。

节流阀、蝶阀、球阀、偏旋阀、隔膜阀、管夹阀等类型，都可以采用弹性材料和聚四氟乙烯（PTFE）阀座。球阀可以采用石墨阀座。节流阀可以做成金属对金属密封。

⑩ 小流量控制。小流量调节阀的流量系数 K_v 值从 10^{-5} ~1.0，如果在球形调节阀的阀芯上铣出小槽和 V 形槽，就可以得到很小的流量系数。小流量调节阀的阀芯结构可铣出小斜槽（图 4-299a），也可以采用长锥销形结构（图 4-299b）。可以根据需要挑选行程短、功率大、压差大（可高达 400MPa）的小流量阀。

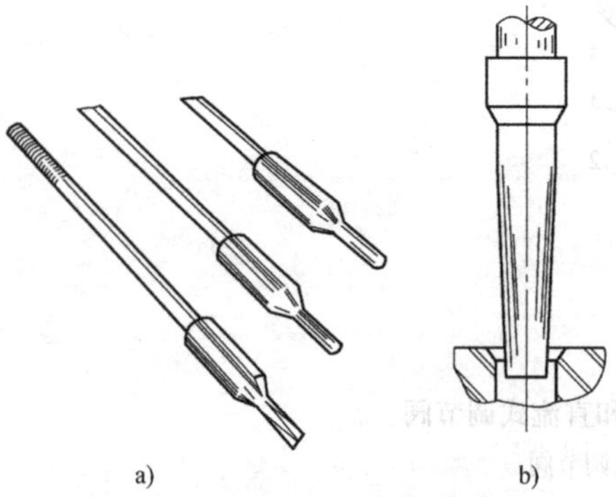

图 4-299　小流量调节阀的阀芯
a）阀芯上有小斜槽　b）阀芯上有小锥度（在 1.5 ~4.5mm 的长销上，磨出一个小锥度，用于 DN6 ~ DN25 的阀体）

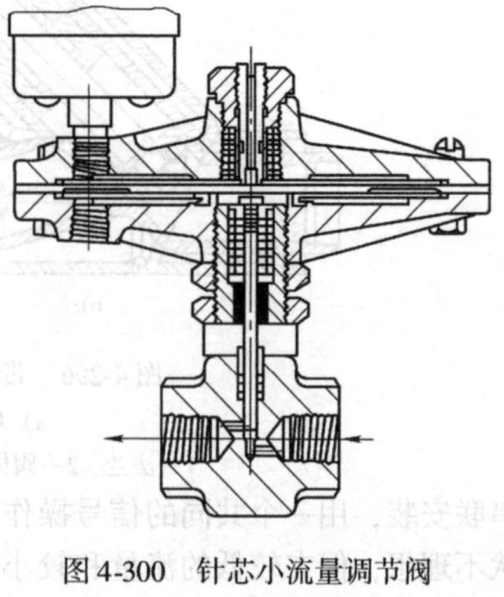

图 4-300　针芯小流量调节阀

各种小流量调节阀的行程都很小，因此精确定位十分重要，对摩擦和空程的要求也比别的阀门严格。当 K_v 值变得很小时，计算 K_v 值已变得毫无意义。当改变流动条件或阀门行程时，流过通道的介质会从层流变成瞬时湍流，因此计算过程成为试凑的过程。图 4-300 和图 4-301示出两种比较特殊的小流量调节阀，一种利用针形阀阀芯进行控制，一种则安装侧装式执行机构，行程都很小而且可调。

⑪ 闪蒸、空化、磨损、堵塞同时出现。在选择调节阀时，碰到这种情况是很棘手的。闪蒸介质会使磨损颗粒的速度加快，下游流道上的各种固体材料将要承受颗粒的猛烈冲击，使下游管道成为被破坏的目标。这时流动的介质已经是一种三相流体。这种类型的介质很复杂。如果颗粒稍大，还存在堵塞问题。能防止空化作用的阀门流道都很狭窄，更易堵塞。有些多级阀芯的防空化阀门，只能用于颗粒较小、较软的场合，否则就要想出其他的解决方法。如果介质还有腐蚀性，问题就更加难以解决。

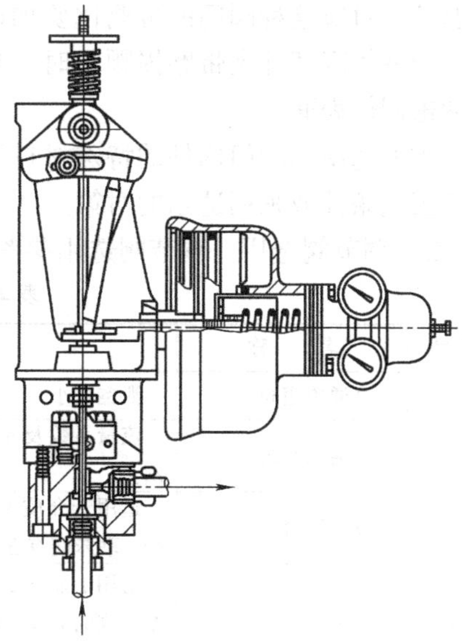

图 4-301　侧装式执行机构小流量调节阀

为了解决这些问题，已经研制了一些特殊结构的阀门，如图 4-302 所示的长弯管排浆阀，图 4-302 所示的直流式节流阀。高压排浆阀在某些使用条件下是行之有效的。关键在于阀内件材料应能经受冲击、磨损

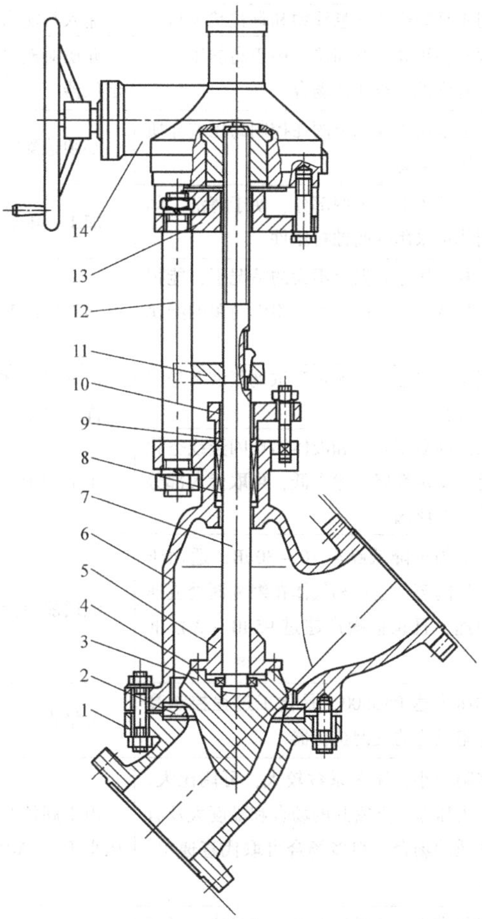

图 4-302　齿轮传动分体直流式节流阀

1—左阀体　2—阀座　3—阀瓣　4—对开圆环　5—阀瓣盖　6—右阀体　7—阀杆　8—填料　9—填料压盖　10—填料压板　11—导向块　12—支柱　13—连接盘　14—手动装置

和腐蚀。对应这种阀门的可调比要加以限制，因为开度太小，不利于颗粒的流动，也容易堵塞。当液体闪蒸并夹带磨损颗粒时，要注意这一点。要把液体直接排到出口或液池中，不让它冲击固体表面。

当所选用的阀门内件的特殊材料仍不能满足工艺要求时，就很难找到合适的阀门，必须改变工艺条件或采用适当的对策。

2）调节阀选用。调节阀选用参考表4-386。

表4-386 调节阀选用参考表

序号	名　称	主要优点	应用注意事项
1	直通单座阀	泄漏量小	阀前后压差较小
2	直通双座阀	流量系数及允许使用压差比同口径单座阀大	耐压较低
3	波纹管密封阀	适用于介质不允许外漏的场合，如氰氢酸、联苯醚有毒物	耐压较低
4	隔膜阀	适用于强腐蚀、高黏度，或含有悬浮颗粒及纤维的流体。在允许压差范围内可做切断阀用	耐压、耐温较低，适用于对流量特性要求不严的场合（近似快开）
5	小流量阀	适用于小流量和要求泄漏量小的场合	
6	角形阀	适用于高黏度或含悬浮物和颗粒状物料	输入与输出管道成角形安装
7	高压阀（角形）	结构较多级高压阀简单，用于高静压、大压差、有汽蚀、空化的场合	介质对阀芯的不平衡力较大，必须选配定位器
8	多级高压阀	基本上解决以往调节阀在控制高压差介质时寿命短的问题	必须选配定位器
9	阀体分离阀	阀体可拆为上、下两部分，便于清洗。阀芯、阀体可采用耐腐蚀衬压件	加工、配装要求较高
10	三通阀	在两管道压差和温差不大的情况下，能很好地代替两个二通阀，并可用作简单的配比调节	两流体的温差 $\Delta t < 150℃$
11	蝶阀	适用于大口径、大流量和浓稠浆液及悬浮颗粒的场合	流体对阀体的不平衡力矩大，一般蝶阀允许压差小
12	套筒阀（笼式阀）	适用阀前后压差大和液体出现闪蒸或空化的场合，稳定性好，噪声低，可取代大部分直通单、双座阀	不适用于含颗粒介质的场合
13	低噪声阀	比一般阀可降低噪声10~30dB，适用于液体产生闪蒸、空化和气体在缩流面处流速超过声速，且预估噪声超过95dB（A）的场合	流通能力为一般阀1/3~1/2，价格贵
14	超高压阀	公称压力达PN3500，是化工过程控制高压聚合釜反应的关键执行器	价格贵
15	偏心旋转阀（凸轮挠曲阀）	流路阻力小，流量系数较大，可调比大。适用于大压差、严密封的场合和黏度大及有颗粒介质的场合。很多场合可取代直通单、双座圈	由于阀体是无法兰的，一般只能用于耐压小于6.3MPa的场合
16	球阀（O形、V形）	流路阻力小，流量系数大，密封好，可调范围大。适用于高黏度、含纤维、石油、天然气和污秽流体的场合	价格较贵，O形球阀一般作二位调节用。V形球阀作连续调节用

（续）

序号	名　　称	主 要 优 点	应用注意事项
17	卫生阀（食品阀）	流路简单，无缝隙、死角积存物料，适用于啤酒、蕃茄酱及制药、日化工业	耐压低
18	二位式二（三）通切断阀	几乎无泄漏	仅作位式调节用
19	低压降比（低 s 值）阀	在低 s 值时有良好的调节性能	可调比 $R\approx10$
20	塑料单座阀	阀体、阀芯为聚四氟乙烯，用于氯气、硫酸、强碱等介质	耐压低
21	全钛阀	阀体、阀芯、阀座、阀盖均为钛材，耐多种无机酸、有机酸	价格贵
22	锅炉给水阀	耐高压，为锅炉给水专用阀	

2. 调节阀作用方式的选择

（1）气动调节阀的作用方式　由于气动执行机构有正、反两种作用方式，而阀也有正装和反装两种方式，因此，实现气动调节阀的气开、气关就有四种组合方式，如图 4-303 和表 4-387所示。

对于双座调节阀和 DN25 以上的单座调节阀，若用图 4-303a、b 两种形式，即执行机构采用正作用式，通过变换阀的正、反装来实现气关和气开。DN25 以下的直通单座调节阀，以及隔膜阀、三通阀等，由于阀只能正装，因此，只有通过变换执行机构的正、反作用来实现气开或气关，即按图 4-303a、c 的组合形式。

表 4-387　气动执行器组合方式表

序号	执行机构	调节阀	气动执行器
图 4-307a	正	正	气关
图 4-307b	正	反	气开
图 4-307c	反	正	气开
图 4-307d	反	反	气关

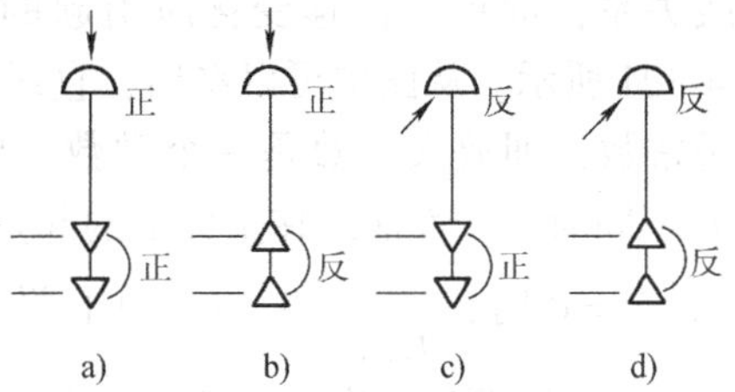

图 4-303　气动执行机构的组合方式
a）正-正组合　b）正-反组合
c）反-正组合　d）反-反组合

（2）作用方式的选择　选择作用方式主要是选择气开或者选择气关。考虑的出发点主要是三方面。

1）从工艺生产的安全角度考虑。考虑原则是信号压力中断时，应保证设备或操作人员的安全。如果调节阀在信号中断时处于打开位置时危害性小，则应该选用气开式；反之则用气关式。例如：加热炉的燃料气或燃料油要采用气开式调节阀。没有压力信号时应切断进炉燃料，避免炉温过高而造成事故。对调节进入设备工艺介质流量的调节阀，若介质是易燃气体，应选用气开式，以防爆炸。又如：化肥厂的碳化固定副塔的液位调节阀，为了保证发生事故时，调节阀能在全开位置，使固定副塔不会满液位带水，造成高压机事故，应考虑采用气关式调节阀。

2）从介质的特性上考虑。如果介质为易结晶的物料，要选用气关式，以防堵塞。换热器通过调节载体的流量来保持冷介质的出口温度。如果冷介质温度太高，会结焦或分离，影响操作或损坏设备，这时调节阀就要选择气开式。

3）从保证产品质量、经济损失最小的角度考虑。在发生事故时，尽量减少原料及动力消耗，但要保证产品质量。例如：在蒸馏塔控制系统中，进料调节阀常用气开式，没有气压就关闭，停止进料，以免浪费；回流量调节阀则可用气关式，在没有气压信号时打开，保证回流量；当调节加热用的蒸汽量及塔顶产品时，也采用气开式。

3. 调节阀特性的选择

（1）流量特性的选择

1）理想的流量特性。调节阀的流量特性，是指介质流过阀门的相对流量与相对位移（阀门的相对开度）之间的关系。

一般来说，改变调节阀的阀芯与阀座之间的流通截面积，便可以控制流量。但实际上，由于多种因素的影响，如在节流面积变化的同时，还发生阀前、阀后压差的变化，而压差的变化又将引起流量的变化。为了便于分析，先假定阀前、阀后的压差不变，然后再引伸到真实情况进行研究。前者称为理想流量特性，后者称为工作流量特性。

理想流量特性又称固有流量特性，它不同于阀的结构特性。阀的结构特性是指阀芯位移与介质通过的截面积之间的关系，不考虑压差的影响，纯粹由阀芯大小和几何形状所决定；而理想流量特性则是阀前、阀后压差保持不变的特性。理想流量特性主要有直线、等百分比（对数）、抛物线及快开等四种。

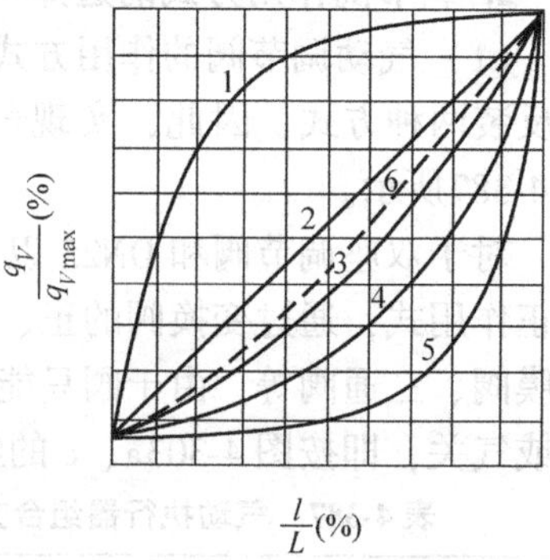

图 4-304 理想流量特性

1—快开 2—直线 3—抛物线 4—等百分比 5—双曲线 6—修正抛物线

① 直线流量特性。是指调节阀的相对流量与相对位移成直线关系，即单位位移变化所引起的流量变化是常数，如图 4-304 所示。从图中可以看出，直线特性调节阀的曲线斜率是常数，即放大系数是一个常数。要注意的是：当可调比 R 不同时，特性曲线在坐标上的起点是不同的。当 $R=30$，$\frac{l}{L}=0$ 时，$\frac{q_V}{q_{V\max}}=0.33$。为了便于分析和计算，假设 $R=\infty$，即可调比无穷大，则特性曲线从坐标原点为起点，这时位移变化 10% 所引起的流量变化总是 10%，但相对流量的变化量是不同的。以行程的 10%、50% 及 80% 三点为例，若位移变化量都是 10%，则

在 10% 时，流量的相对变化值为$\frac{20-10}{10}\times100\%=100\%$；

在 50% 时，流量相对变化值为$\frac{60-50}{50}\times100\%=20\%$；

在 80% 时，流量相对变化值为$\frac{90-80}{80}\times100\%=12.5\%$。

可见，直线特性的调节阀在开度小时，流量相对变化值大、灵敏度高，但不易控制，甚至发生振荡；而在大开度时，流量相对变化值小，但调节缓慢，不够及时。直线流量特性的阀芯形状如图 4-305 所示的线条 2。

② 等百分比（对数）流量特性。等百分比流量特性也称为对数流量特性。它是指单位相对位移变化，所引起的相对流量变化，与此点的相对流量成正比关系。即调节阀的放大系数是变化的，它随相对流量的增大而增大。相对位移与相对流量成对数关系，所以也称对数流

量特性。在半对数坐标上，可以得到一条直线；而在直角坐标上，则得到一条对数曲线，如图4-304所示的4。

为了和直线流量特性进行比较，同样以行程的10%、50%和80%三点进行研究。当行程变化10%、50%和80%时，流量变化分别为1.91%、7.3%和20.4%，而它们的流量相对变化值却都为40%。

等百分比流量特性在小开度时，调节阀放大系数小，调节平稳缓和；在大开度时，放大系数大，调节灵敏有效。从图4-304还可以看出，等百分比特性在直线特性下方，因此在同一位移时，直线调节阀通过的流量，要比等百分比大。

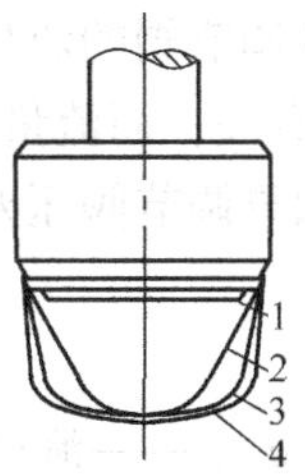

图4-305　不同流量特性的阀芯形状
1—快开　2—直线
3—抛物线　4—等百分比

③ 抛物线特性。抛物线流量特性，是指单位相对位移的变化所引起的相对流量变化，与此点的相对流量值的平方根成正比关系。

在直角坐标上为一条抛物线，如图4-304所示的线条3。它介于直线及对数曲线之间。

为了弥补直线流量特性在小开度时调节性能差的缺点，在抛物线基础上派生出一种修正抛物特性，如图4-304所示的线条6。它在相对位移30%及相对流量20%这段区间内为抛物线关系，而在此以上的范围是线性关系。

抛物线特性的阀芯形状如图4-305所示的线条3。

④ 快开特性。这种流量特性在开度较小时，就有较大的流量；随开度的增大，流量很快就达到最大；此后再增加开度，流量变化很小，故称快开特性。其特性曲线如图4-304中的线条1。

快开特性的阀芯形式是平板形的，如图4-305所示的线条1。它的有效位移一般为阀座直径的1/4；当位移再增大时，调节阀的流通面积就不再增大，失去调节作用。快开特性调节阀适用于快速启闭的切断阀，或双位调节系统。

除上述流量特性外，还有一种双曲线流量特性，如图4-304所示的线条5。这种特性较为少用。

各种阀门都有自己特定的流量特性。如图4-306所示，隔膜阀的流量特性接近于快开特性，所以它的工作段应在位移的60%以下；蝶阀的流量特性接近于等百分比特性。选择阀门时应该注意各种阀门的流量特性。

对隔膜阀和蝶阀，由于它们的结构特点，不可能用改变阀芯的曲面形状来改变其特性。因此，要改善其流量特性，只能通过改变阀门定位器反馈凸轮的外形来实现。

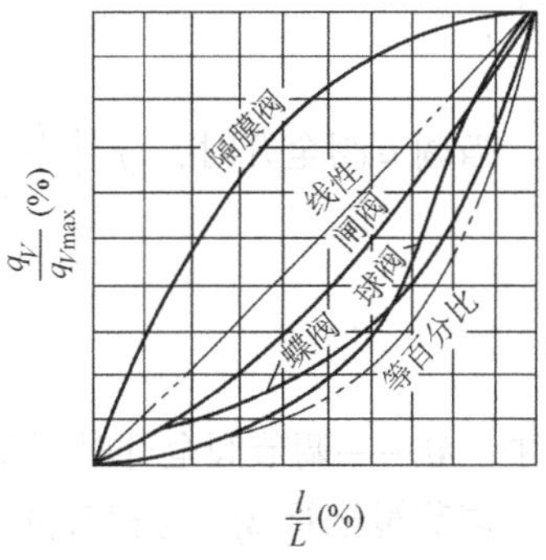

图4-306　各种阀门的流量特性

2）工作流量特性。在实际生产过程中，调节阀的阀前、阀后的压力总是变化的，这时的流量特性称为工作流量特性。因为调节阀往往和工艺设备、管路等串联或并联使用，流量因阻力的变化而变化。在实际工作中，因阀门前后压力的变化，使理想流量特性畸变成工作特性。

① 串联管路的工作流量特性。图4-307所示为串联管路。从图中可知：系统的总压差Δp_s，等于管路系统（除调节阀外的全部设备和管道）的压差Δp_Σ，与调节阀的压差Δp_v之和，即$\Delta p_s = \Delta p_v + \Delta p_\Sigma$。

从调节阀的流量方程式可知，流过调节阀的流量 q_V 和流量系数 K_v 有关，而流量系数又随阀门开度而变。

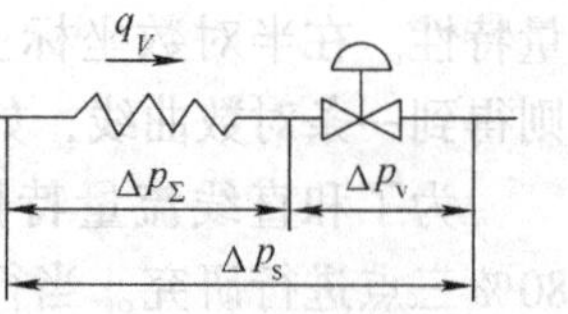

图 4-307 串联管路

如果调节阀压差恒定，即 Δp_v 不变，则

$$\frac{q_V}{q_{V\max}}=\frac{K_v}{K_{vF}} \tag{4-87}$$

式中 $q_{V\max}$——流过调节阀的最大流量；

K_{vF}——阀全开时的流量系数。

由式（4-87）得

$$K_v = K_{vF}\frac{q_V}{q_{V\max}} = K_{vF}f\left(\frac{l}{L}\right)$$

$$q_V = K_{vF}f\left(\frac{l}{L}\right)\sqrt{\frac{\Delta p_v}{\rho}}$$

如果流过管路、设备的流量为 q'_V，则

$$q'_V = K_{vG}\sqrt{\frac{\Delta p_\Sigma}{\rho}}$$

式中 K_{vG}——管路和设备的流量系数。

显然，由介质的连续性和能量守恒定律可知：

$$q'_V = q_V$$

故

$$K_{vF}f\left(\frac{l}{L}\right)\sqrt{\frac{\Delta p_v}{\rho}} = K_{vG}\sqrt{\frac{\Delta p_\Sigma}{\rho}}$$

将式（4-87）代入上式，整理后得

$$\Delta p_v = \frac{\Delta p_s}{\left(\frac{1}{M}-1\right)f^2\left(\frac{l}{L}\right)+1} \tag{4-88}$$

其中，

$$M=\frac{K_{vG}^2}{K_{vG}^2+K_{vF}^2}$$

当调节阀全开时，$f^2\left(\frac{l}{L}\right)=1$，则阀上压差 Δp_{vM} 为

$$\Delta p_{vM} = M\Delta p_s$$

则

$$M=\frac{\Delta p_{vM}}{\Delta p}$$

式中 M——调节阀全开时压差与系统总压差的比值，即等于 s 值。

调节阀压差 Δp_v 与相对位移（即相对行程 l/L）及 s 值之间的关系如下：

$$\Delta p_v = \frac{\Delta p_s}{\left(\frac{1}{s}-1\right)f^2\left(\frac{l}{L}\right)+1} \tag{4-89}$$

式（4-89）表示了调节阀压差的变化规律。利用它可以推算出相对流量与相对位移的关系式，即调节阀的工作流量特性。

以 $q_{V\max}$ 表示管道阻力等于零时调节阀全开流量，以 q_{V100} 表示存在管路阻力时调节阀的全开流量，则可得到下面方程：

$$\frac{q_V}{q_{V\max}}=f\left(\frac{l}{L}\right)\sqrt{\frac{\Delta p_v}{\Delta p_s}}$$

即

$$\frac{q_V}{q_{V\max}}=f\left(\frac{l}{L}\right)\sqrt{\frac{1}{\left(\frac{1}{s}-1\right)f^2\left(\frac{l}{L}\right)+1}} \tag{4-90}$$

$$\frac{q_V}{q_{V100}}=f\left(\frac{l}{L}\right)\sqrt{\frac{1}{(1-s)f^2\left(\frac{l}{L}\right)+s}} \tag{4-91}$$

式（4-90）和式（4-91）分别为串联管路时，以 $q_{V\max}$ 及 q_{V100} 作为参比值的工作流量特性。这时，对于理想流量特性为直线及等百分比特性的调节阀，在不同的 s 值时，工作特性畸变情况如图 4-308 和图 4-309 所示。

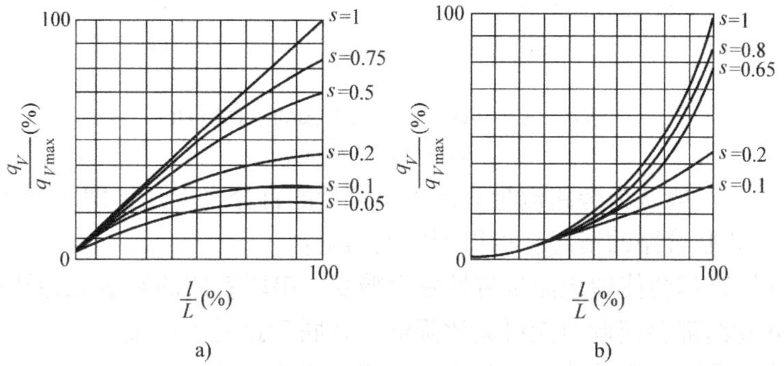

图 4-308　串联管道时调节阀的工作特性
（以 $q_{V\max}$ 为参比值）
a）线性　b）等百分比

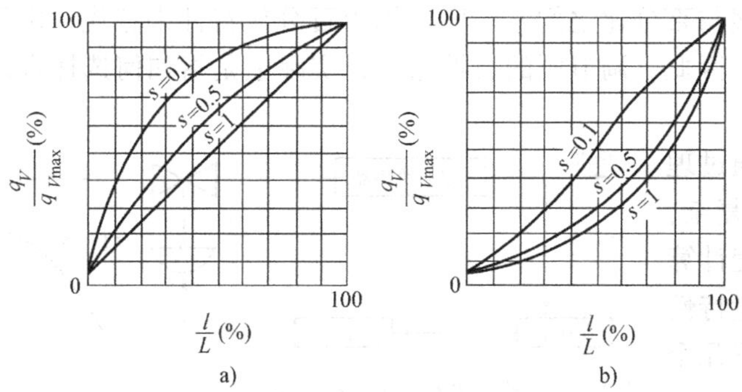

图 4-309　串联管道时调节阀的工作特性
（以 q_{V100} 为参比值）
a）线性　b）等百分比

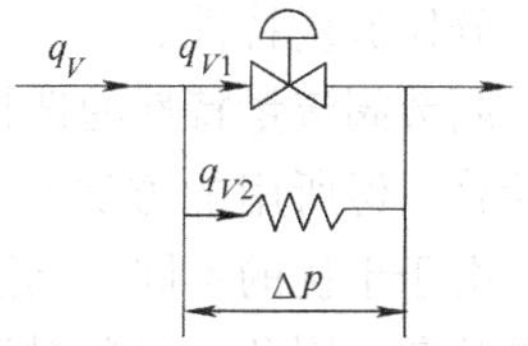

图 4-310　并联管路

② 并联管路时的工作流量特性。有的调节阀装有旁路，便于手动操作和维护。当生产能力提高，或其他原因引起调节阀的最大流量满足不了工艺生产的要求时，可以把旁路打开一些。这时调节阀的理想流量特性就成为工作流量特性。显然，管路的总流量是调节阀流量与旁路流量之和。图 4-310 为一并联管路。理想流量特性为直线及等百分比的调节阀，在不同的 X 值时，工作流量特性如图 4-311 所示。由图 4-311 可以看出，打开旁路的调节方法是不好

的。虽然调节阀本身的流量特性变化不大，但可调比大大降低了；同时，系统中总有并联管路阻力的影响，调节阀上的压差会随流量的增加而降低，这就使系统的可调比下降得更多。这将使调节阀在整个行程内变化时，所能控制的流量变化很小，甚至几乎不起作用。

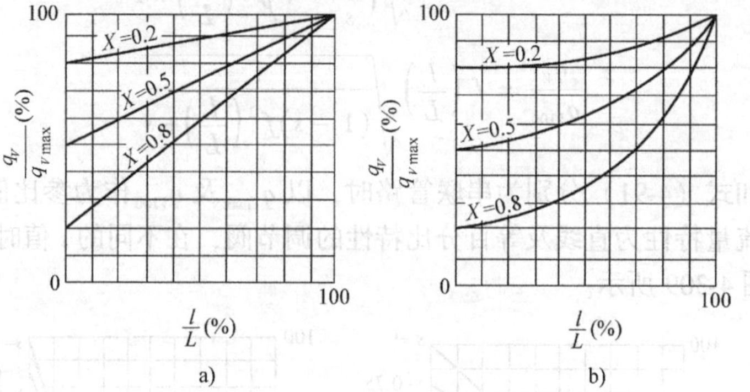

图 4-311 并联管路时调节阀的工作特性

a）线性 b）等百分比

根据实践经验，一般认为旁路流量只能为总流量的百分之十几，即 X 值不能低于 0.8。

综合上述串、并联管路的情况，可得到四点结论：

a）串、并联管路都会使理想流量特性发生畸变，串联管路的影响尤为严重。

b）串、并联管路都会使调节阀可调比降低，并联管路更为严重。

c）串联管路使系统总流量减少，并联管路使系统总流量增加。

d）串联管路调节阀开度小时，放大系数增加，开度大时则减少。并联管路调节阀的放大系数，在任何开度下总比原来的减少。

③ 流量特性的选择原则。生产过程中，常用调节阀的理想流量特性有直线、等百分比和快开三种。抛物线流量特性介于直线与百分比之间，一般可用等百分比特性来替代。快开特性主要用于二位调节及程序控制中。因此，调节阀的特性选择，实际上是指如何选择直线和等百分比流量特性。

调节阀流量特性的选择，可以通过理论计算，但所用的方法和方程都很复杂，而且由于干扰的不同，高阶响应方程计算就更繁杂。因此，目前对调节阀流量特性的选择，多采用经验准则。可从以下几个方面来考虑。

a. 从调节系统的调节质量分析并选择。图 4-312 示出换热器的自动调节系统，它是由对象、变送器、调节仪表及调节阀等环节组成的。

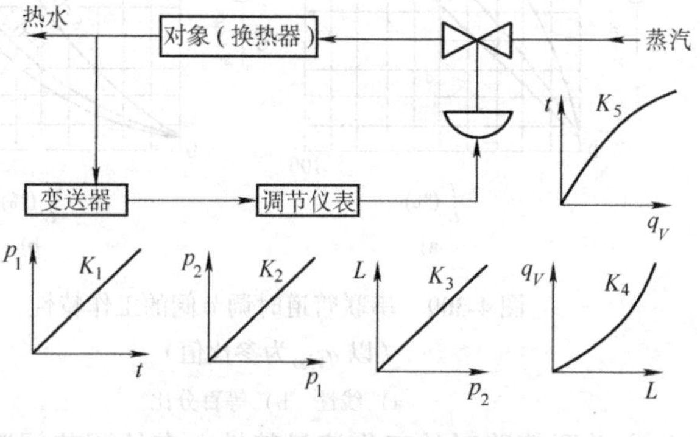

图 4-312 换热器调节系统

K_1—变送器的放大系数 K_2—调节仪表的放大系数

K_3—执行机构的放大系数 K_4—调节阀的放大系数

K_5—调节对象的放大系数

在负荷变动的情况下，为使调节系统仍能保持预定的品质指标，希望总的放大系数在调节系统的整个操作范围内保持不变。通常，变送器、调节仪表（已经整定）和执行机构的放大系数，总是随着操作条件、载荷的变化而变化，所以对象的特性往往是非线性的。因此，要适当选择调节阀特性，以阀的放大系数的变化来补偿对象放大系数的变化，使系统总的放大系数保持不变，或近似不变，从而提高调节系统的质量。因此，调节阀流量特性的选择原则应为 K_4K_5 = 常数。

对于放大系数随载荷的增大而变小的对象，假如选择放大系数随载荷加大而变大的等百分比特性调节阀，便能使两者抵消，合成的结果使总放大系数保持不变，近似于线性。当调节对象的放大系数为线性时，则应采用直线流量特性的调节阀，使系统总的放大系数保持不变。对于传热有关的温度对象，当载荷增加而放大系数减少时，选用等百分比特性调节阀比较恰当。

b. 从工艺配管情况考虑并选择。调节阀总是与管路、设备等连在一起使用。由于系统配管情况的不同，配管阻力的存在，使调节阀的压力损失发生变化。因此，调节阀的工作特性与理想特性也不同，必须根据系统的特点，来选择所希望的工作特性，然后再考虑工艺配管情况，选择相应的理想特性。可参照表 4-388 选定。

表 4-388 考虑工艺配管状况

配管状况	$s=1\sim0.6$		$s=0.6\sim0.3$		$s<0.3$
阀的工作特性 阀的理想特性	直线 直线	等百分比 等百分比	直线 等百分比	等百分比 等百分比	使用低 s 值调节阀

从表 4-388 可以看出：当 $s=1\sim0.6$ 时，所选的理想特性与工作特性一致。当 $s=0.6\sim0.3$ 时，若要求工作特性是线性，理想特性应选等百分比的。这是因为理想特性为等百分比的阀，当 $s=0.6\sim0.3$ 时，已经畸变的工作特性接近于线性；当要求的工作特性为等百分比时，其理想曲线应比它更凹一些。此时，可通过阀门定位器凸轮外廓曲线来补偿，或采用双曲线特性来解决，当 $s<0.3$ 时，直线特性已严重畸变为快开特性，不利于调节；即使是等百分比理想特性，工作特性也已经严重偏离理想特性，接近于直线特性。虽然仍能调节，但它的调节范围已大大减小，所以一般不希望 s 值小于 0.3。确定阀阻比 s 的大小，应从两方面考虑；首先应考虑调节性能；s 值越大，工作特性畸变越小，对调节越有利；但 s 值越大，说明调节阀上的压力损失越大，会造成不必要的动力消耗，从节省能源的角度考虑，极不合算。一般设计时取 $s=0.3\sim0.5$。对于高压系统，考虑到节约动力，允许 s 为 0.15；对于气体介质，因阻力损失小，一般 s 值都大于 0.5。

其次为了节能并改善控制质量，应生产低 s 值调节阀，也称低压降比调节阀。它利用特殊的阀芯轮廓曲线和套筒窗口形状，使调节阀在 $s=0.1$ 时，其安装流量特性（即工作流量特性）为线性或等百分比，以补偿对象的非线性特性，或非等百分比特性。

c. 从负荷变化情况分析和选择　直线特性调节阀在小开度时流量相对变化值大，过于灵敏，容易振荡，阀芯、阀座也易于破坏。在 s 值小、载荷变化幅度大的场合不宜采用。等百分比特性调节阀的放大系数，随阀门行程的增加而增加，流量相对变化值是恒定不变的。因此，它对载荷波动有较强的适应性，无论在全载荷或半载荷生产时，都能很好地调节；从制造的角度看也不困难。所以在生产过程中，等百分比特性调节阀是用得最多的一种。

根据调节系统的特点，选择工作流量特性见表 4-389。如果由于缺乏某些条件，按表 4-389 选择工作流量特性有困难时，可按下述原则选择理想（固有）流量特性：如果调节阀流量特性对系统的影响很小，可以任意选择；如果 s 值很小，或由于设计依据不足，调节阀公称尺寸选择偏大时，则应选择等百分比流量特性。

表 4-389　工作流量特性选择

系统及被调参数	干　扰	流量特性	说　明
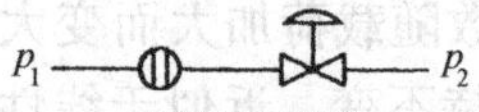 流量控制系统	给定值	直线	变送器带开方器
	p_1，p_2	等百分比	
	给定值	快开	变送器不带开方器
	p_1，p_2	等百分比	
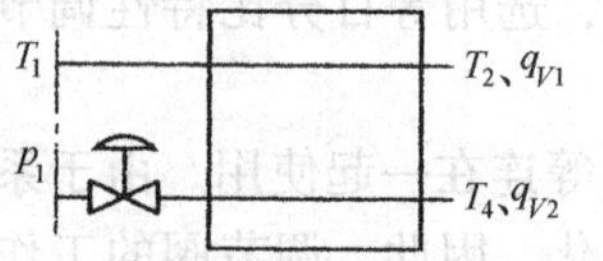 p_1、T_2 温度控制系统	给定值 T_1	直线	
	p_1、p_2、T_3、T_4、q_{V1}	等百分比	
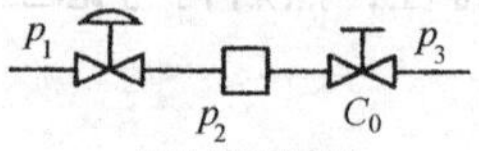 压力控制系统	给定值 p_1、p_3、C_0	直线	液体
	给定值 p_1、C_0	等百分比	气体
	p_3	快开	
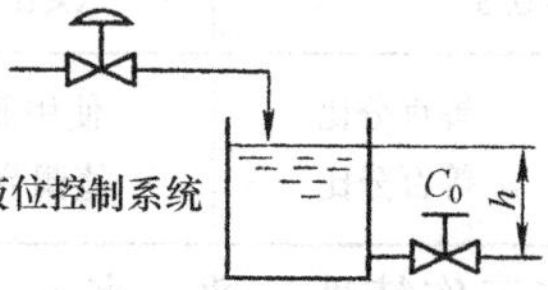 液位控制系统	给定值	直线	
	C_0	直线	
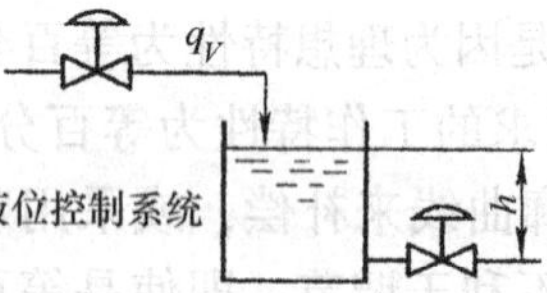 液位控制系统	给定值	等百分比	
	q_V	直线	

（2）静态特性和动态特性　图 4-313 所示的自动调节系统，是由变送器、调节器、调节阀和调节对象等环节组成的，可以用图 4-314 所示的方块图表示。这是一个闭环系统，当有干扰产生后，原来的平衡状态被破坏，被调参数发生变化。通过变送器的检测、调节器的调节和调节阀的动作，克服干扰的影响。

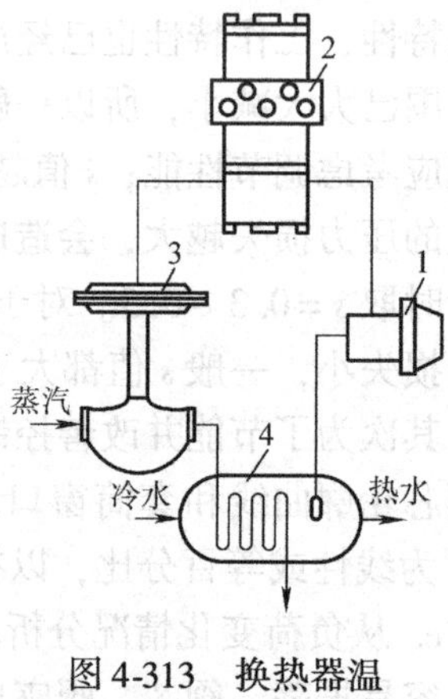

图 4-313　换热器温度调节系统

1—温度变送器　2—调节器　3—调节阀　4—换热器

判断一个自动调节系统质量好坏的依据，就是阶跃干扰作用后，被调参数的过渡过程，也就是被调参数随时间而变化的过程。质量指标主要有最大极限偏差 A、余差 C、衰减 B/B'（图 4-315）。这些质量指标主要取决于自动调节系统的特性，而自动调节系统的特性又是每个环节的综合。各个环节的特性有静态和动态两种特性。所谓静态特性，是指每个环节的输入与输出的关系，与时间无关。所谓动态特性，就是干扰发生后，各环节随时间而变化的状态。在自动调节系统中，选择调节阀要考虑这些特性。

图 4-315 中，各环节用传递函数表示如图 4-316 所示。这个系统的传递函数可表示为

$$W(s)=\frac{Y(s)}{X(s)}=\frac{W_1(s)W_2(s)W_3(s)}{1+W_1(s)W_2(s)W_3(s)W_4(s)}$$

这样，根据系统的传递函数，就可以合理设计自动调节系统，正确确定自动调节系统的参数，保证系统的运行条件最佳。

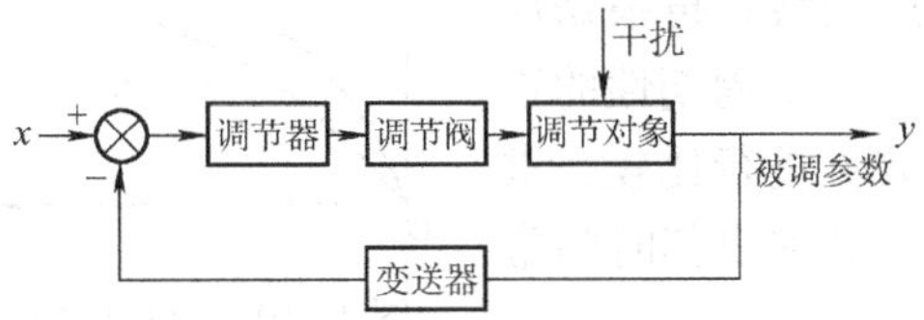

图 4-314　调节系统的方块图

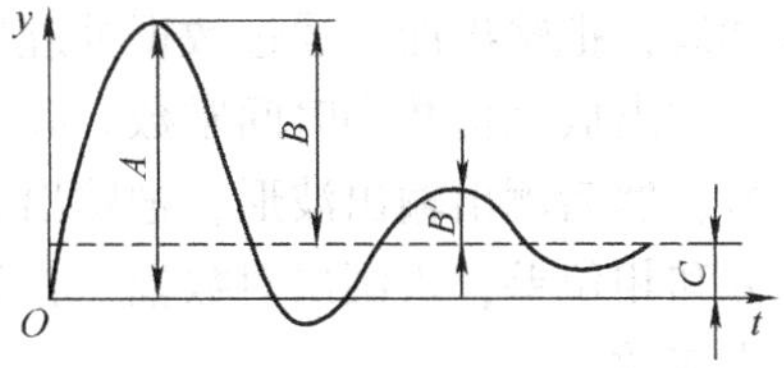

图 4-315　被调参数的过渡过程

1）静态特性。

① 执行机构的静态特性（图 4-317）。它表示静态平衡时，信号压力与阀杆位移的关系。对一个确定的执行机构，是一个固有的特性。若设 Δp 为执行机构输入的变化量，Δl 为 Δp 所引起的执行机构的位移量，则 Δl 和 Δp 之间的关系是不变的。对任何气动薄膜执行机构，它基本是由薄膜的大小及弹簧的刚度所决定的一个静态常数。

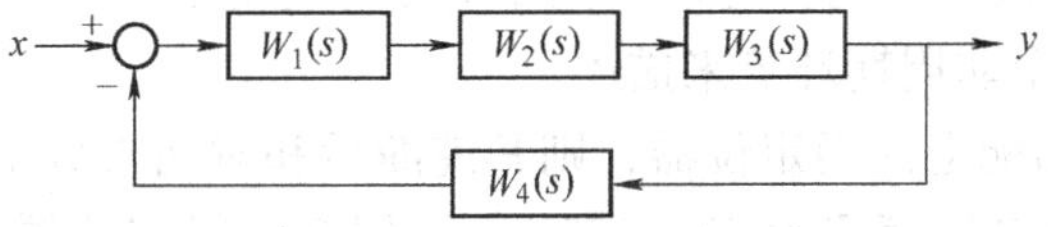

图 4-316　传递函数图

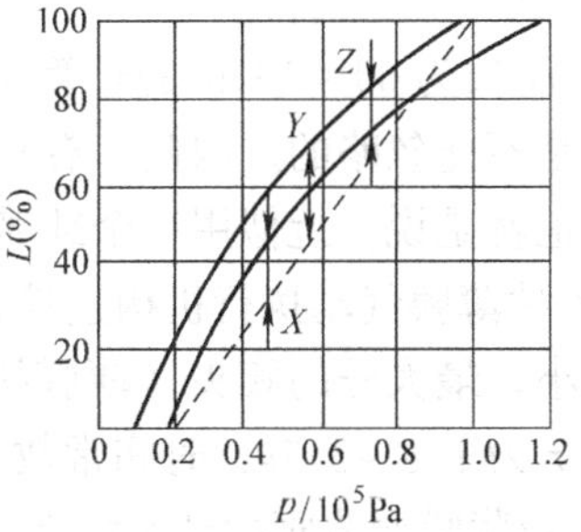

图 4-317　执行机构静态特性

弹簧刚度的变化，薄膜有效面积的变化，以及阀杆与填料之间的摩擦，会使执行机构产生非线性极限偏差和正反行程变差。这可以由执行机构的静态特性曲线来表示。图 4-317 中的虚线表示执行机构的理想线性特性，而实线分别代表正行程和反行程。X 和 Y 分别表示正行程和反行程的非线性极限偏差，Z 表示正、反行程变差。通常一个气动执行机构的非线性极限偏差小于 ±4%；正、反行程变差小于 ±2.5%。如配上阀门定位器，都可以小于 1%。所以安装阀门定位器能改善执行机构的静态特性。

② 调节阀的静态特性。它的静态特性是指输入的压力信号和介质输出流量在静态平衡状态下的关系。

2）动态特性。

① 执行机构的动态特性。各种执行机构的动态特性都是表示动态平衡时，信号压力与阀杆位移的关系。以气动薄膜执行机构为例，从调节器到执行机构膜头间的引压管线，可以当成膜头的一部分。引压管线可以近似地认为是单容环节，而膜头空间也是一个气容，将两个气容合并考虑，用图 4-318 来表示。

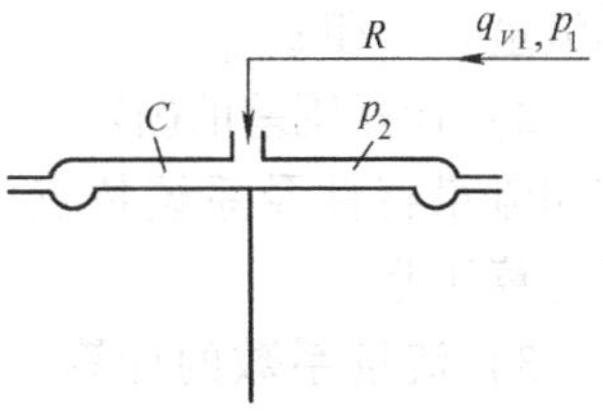

图 4-318　膜头阻容环节

气动执行机构的动态特性为一阶滞后环节。时间常数 T，因膜头的大小及引压管的长短粗细而不同，从数秒到数十秒之间。当执行机构接受调节器来的阶跃信号之后，膜头充气或推杆动作的过渡过程如图 4-319 所示。

多年来，人们不断对气动执行机构进行研究。研究方法包括阶跃法、脉冲法、频率法。

所谓阶跃法，就是让输入作一阶跃变化，测出推杆的输出位移随时间变化的过程；再求出放大倍数和时间常数。所谓脉冲法，是输入一个矩形脉冲波，把输出曲线通过数据处理后，绘出反应曲线；再根据反应曲线，求出放大倍数和时间常数。频率法则是输入一个周期性的正弦波信号，然后测出输出波形；把输出波形与输入波形进行比较，求出辐值差和相位差；再画出对数幅、相频率特性；最后求出其时间常数和放大倍数。

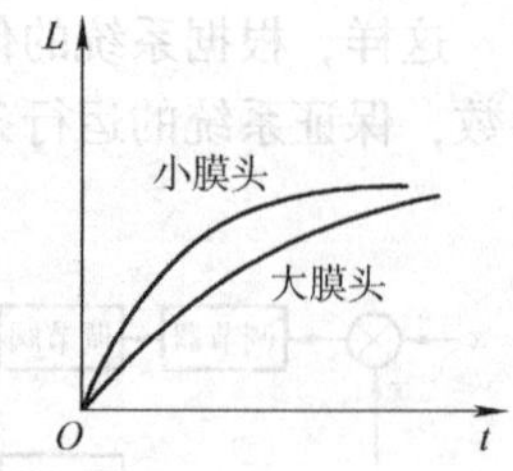

图 4-319 执行机构推杆动作图

根据多年的研究，已得到如下的结论。

a）各种薄膜气动执行机构在连接长管路后，不仅时间常数 T 增加，而且产生纯滞后（时间为 τ）。对最大号的薄膜执行机构，连接60～300m 的长管路后，τ 为3.3～9.5s，T 为56.3～119s。

b）各种薄膜气动执行机构连接长管路后，是一个纯滞后环节加一个非周期环节，其传递函数可用 $\frac{K}{1+T_s}e^{-\tau s}$ 来描述。因为各种管路虽然是一个气阻，但由于它的容积较大（例如：内径为6mm 而长为60～300m 的长管路，其相应容积已为1696～8482cm^3），往往是膜头容积的若干倍，是不能忽略的。因此，有长管路的薄膜执行机构，可以由两个容积来考虑，即为二阶环节。也就是说，近似用一个纯滞后环节和一个非周期环节来描述。

c）各种薄膜气动执行机构连接长管路后，如配上阀门定位器，则其纯滞后和时间常数都能显著减小。最大号的膜头（薄膜执行机构）如果接管仍为60～300m，但配有阀门定位器，则纯滞后 τ 为1.8～3.7s，时间常数 T 为19.6～20.1s。可见已经改善许多。

② 气动薄膜调节阀的动态特性。

用计算法可以求出不同流量特性的各种尺寸的调节阀的流量随时间变化的曲线。也可以用作图法，先测出执行机构行程与时间关系曲线，再作出流量与时间的关系曲线。图4-320表示一个中等尺寸气动薄膜调节阀的流量随时间变化的曲线。

4. 调节阀口径的选择

调节阀口径的选择和确定，主要依据流量系数。从工艺提供数据到计算出流量系数、到调节阀口径的确定，需要经过以下几个步骤：

1）计算流量的确定。根据现有的生产能力、设备的载荷及介质的状况，决定计算流量 $q_{V\max}$ 和 $q_{V\min}$。

2）计算压差的确定。根据已选择的调节阀流量特性及系统特点，选定 s 值，然后计算压差。

3）流量系数的计算。按照工作情况，判定介质的性质及阻塞流情况，选择恰当的计算公式或图表。根据已决定的计算流量和计算压差，求取最大和最小流量时的 K_v 最大值和最小值。根据阻塞流的情况，

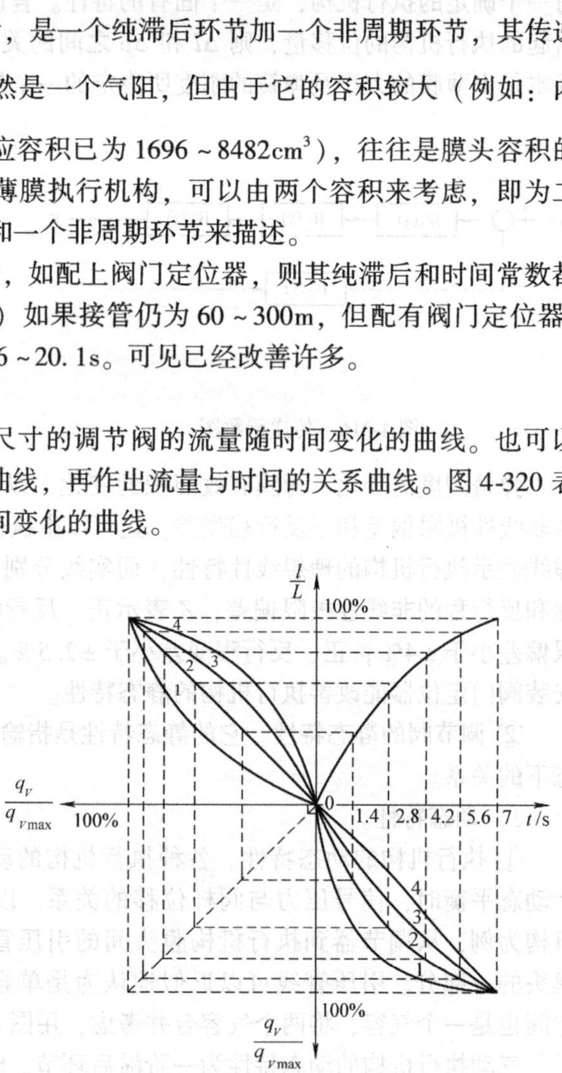

图 4-320 流量随时间的变化曲线
1—快开流量特性 2—直线流量特性
3—抛物线流量特性 4—等百分比流量特性

必要时进行噪声预估计算。

4）流量系数 K_v 值的选用。根据已经求取的 K_v 最大值，进行放大或圆整。在所选用的产品型号标准系列中，选取大于 K_{vmax} 值，并与其最接近的那一级 K_v 值。

5）调节阀开度验算。一般要求最大计算流量时的开度不大于 90%，最小计算流量时的开度不小于 10%。

6）调节阀实际可调比的验算。调节阀一般要求实际可调比不小于 10。

7）阀座直径和公称直径的决定。验证妥当之后，根据 K_v 值来确定。

（1）计算流量的确定　在计算 K_v 值时，要按最大流量 $q_{V\max}$ 来考虑，但也应注意富裕量不能过大。如果不知道 $q_{V\max}$ 值，可按正常流量进行计算。目前的设计往往考虑裕量过大，使计算的 K_v 值偏大，阀门口径选得偏大。这不但造成经济上的浪费，而且使调节阀经常在小开度下工作，使可调比减小，调节性能变坏，严重时甚至会引起振荡，因而大大降低了调节阀的寿命。

在选择最大计算流量时，应根据设备载荷的变化，以及工艺设备的生产能力来合理确定。对于调节质量要求高的场合，更应从现有的工艺条件来选择最大流量。但是，也要注意不能片面强调调节质量，以致载荷变化或生产力稍有提高，调节阀就不能适用而需更换。也就是说，应当兼顾当前与未来在一定范围内扩大生产能力。由这两方面的因素，合理地确定计算流量。如果按近期的生产需要考虑，可选择最大流量；如果考虑扩大生产的需要，可选用调节阀内件可以更换，即 K_v 值可以改变的调节阀。

另一方面，调节阀在制造时，K_v 值就有 ±(5～10)% 的误差。调节阀所通过的动态最大流量，大于静态最大流量。从经济角度出发，也要考虑到 s 值的影响。因此，最大计算流量可以取为静态最大流量的 1.15～1.5 倍。

当然，也可以参考泵和压缩机等流体输送机械的能力，来确定最大计算流量。有时可综合各种方法来确定。

为了避免盲目性，下面介绍一种根据正常情况的流量条件进行放大的方法。

令
$$n = \frac{q_{V\max}}{q_{Vn}} \tag{4-92}$$
$$m = \frac{K_{v\max}}{K_{vn}} \tag{4-93}$$

式中　n——流量放大倍数；

m——流量系数放大倍数；

$q_{V\max}$——最大流量；

q_{Vn}——正常条件下的流量；

$K_{v\max}$——最大流量系数；

K_{vn}——正常条件下的流量系数。

从调节阀的基本流量方程，可求出：

$$\frac{q_{V\max}}{q_{Vn}} = \frac{K_{v\max}\sqrt{\Delta p_{q_{V\max}}}}{K_{vn}\sqrt{\Delta p_n}}$$

简化为
$$n = m\sqrt{\frac{\Delta p_{q_{V\max}}}{\Delta p_n}} \tag{4-94}$$

设系统的压力损失总和为 Δp_s，上式右边分子、分母各除以 Δp_s 后，整理后得

$$m = n\sqrt{\frac{s_n}{s_{q_{V\max}}}} \tag{4-95}$$

式（4-95）的 $s_{q_{V\max}}$ 是最大流量情况下的阀阻比。如果要求得 m 值，必须求 $s_{q_{V\max}}$，而这与工艺设备有关。有下面常见的两种情况。

1）调节阀的上下游都有恒压点。对这种工艺对象，主要是系统的摩擦力影响了调节阀的压力损失。因此，只要知道正常的阀压力损失 Δp_n 和正常的阀阻比 s_n，由于上下游有恒压点，根据总摩擦阻力不变和阻力损失与流量平方成正比两个条件，可以得到

$$\Delta p_s = \Delta p_{q_{V\max}} + \left(\frac{q_{V\max}}{q_{Vn}}\right)^2 (\Delta p_s - \Delta p_n)$$

两边除以 Δp_s，整理后得

$$s_{q_{V\max}} = \frac{\Delta p_{q_{V\max}}}{\Delta p_s} = 1 - n^2(1 - s_n) \tag{4-96}$$

2）调节阀装在风机或离心泵出口，阀下游有恒压点。这种工艺对象中，调节阀压力损失随流量变化的原因，除系统摩擦阻力的影响外，还要考虑到风机及泵的出口压力也随流量而变化。当流量增加时，离心风机或泵的出口压头都会有变化。当流量从 q_{Vn} 增大到 $q_{V\max}$ 时，如果它的压力损失为 Δh，则系统的总压力损失中，还要考虑 Δh 这一项。计算公式为

$$s_{q_{V\max}} = \left(1 - \frac{\Delta h}{\Delta p_s}\right) - n^2(1 - s_n) \tag{4-97}$$

求出 $s_{q_{V\max}}$ 之后，便可以求出流量系数放大倍数 m。

对其他类型的工艺对象，不再一一讨论。

（2）计算压差的确定　要使调节阀能起到调节作用，就必须在阀前、阀后有一定的压差。阀门的压差占整个系统压差的比值越大，则调节阀流量特性的畸变就越小，调节性能就能够得到保证。但是，阀前、阀后产生的压差越大，即阀门的压力损失越大，所消耗的动力也越多。因此，必须兼顾调节性能及能源消耗，合理地选择计算压差。

系统总压差，是指系统中包括调节阀在内的与流量有关的动能损失，包括由弯头、管路、节流装置、换热器、手动阀等局部阻力所造成的压力损失。

选择调节阀的计算压差，主要根据工艺管路、设备等组成系统的压降及其变化情况来选择的。其步骤如下：

1）选择系统的两个恒压点，把调节阀前、后最接近的两个压力基本稳定的设备，作为系统的计算范围。

2）计算系统内各项设备或管件的局部阻力（调节阀除外）所引起的压力损失总和 Δp_Σ，按最大流量分别进行计算，求出它们的压力损失总和。阻力计算是一项比较繁琐而复杂的工作。

3）选取 s 值。s 值是调节阀全开时的压差 Δp_v 和系统的压力损失总和 Δp_s 之比。这个阀阻比（或称压降比）的数学表达式为

$$s = \frac{\Delta p_v}{\Delta p_v + \Delta p_\Sigma} \tag{4-98}$$

一般不希望 s 值小于 0.3，常选 $s=0.3\sim0.5$。对于高压系统，考虑到节约动力消耗，允许降低 s 值到 0.15。如果 s 值小于 0.15，只能选用新型的低 s 值调节阀。对于气体介质，由于阻力损失较小，调节阀上压差所占的分量较大，s 值一般都大于 0.5；但在低压及真空系统中，

由于允许压力损失较小，所以仍在0.3~0.5之间为宜。

4）求取调节阀计算压差Δp_v。按求出的Δp_Σ及选定的s值，由式（4-99）求Δp_v：

$$\Delta p_v = \frac{s\Delta p_\Sigma}{1-s} \tag{4-99}$$

考虑到系统设备中静压经常波动，影响调节阀压差的变化，使s值进一步下降。如锅炉的给水系统，锅炉压力波动就会影响调节阀压差的变化。此时计算压差，还应增加系统设备中静压p的5%~10%，即

$$\Delta p_v = \frac{s\Delta p_\Sigma}{1-s} + (0.05 \sim 0.1)p \tag{4-100}$$

在计算三通阀时，计算流量是以三通阀分流前，或合流后的总流量作为计算流量。计算压差为三通阀的一个通道关闭、另一个通道流过计算流量时的阀两端压差。当用换热器旁路调节系统时，取阀的计算压差等于换热器的阻力损失。

必须注意：在确定计算压差时，要尽量避免空化作用和噪声。

（3）调节阀开度的验算　根据流量和压差计算得到K_v值，并按制造厂提供的各类调节阀的标准系列，选取调节阀的口径后，考虑到选用时要圆整，因此，对工作时的阀门开度应该进行验算。

一般最大流量时，调节阀的开度应在90%左右。最大开度过小，说明调节阀选得过大，它经常在小开度下工作。可调比缩小，造成调节性能的下降和经济上的浪费。一般不希望最小开度小于10%，否则阀芯和阀座由于开度太小，受介质冲蚀严重，特性变坏，甚至失灵。

不同的流量特性，其相对开度和相对流量的对应关系是不一样的。理想特性和工作特性又有差别。因此验算开度时，应按不同特性进行。

调节阀在串联管路的工作条件下，传统的开度验算公式如下：

由式（4-91）变换可得

$$f\left(\frac{l}{L}\right) = \sqrt{\frac{s}{s + \left(\frac{q_{V100}}{q_V}\right)^2 - 1}} \tag{4-101}$$

当流过调节阀的流量$q_V = q_{Vi}$时，则

$$f\left(\frac{l}{L}\right) = \sqrt{\frac{s}{s + \frac{1000K_v^2\Delta p}{q_{Vi}^2\rho} - 1}} \tag{4-102}$$

式中　K_v——所选用的调节阀的流量系数（标准系列）；

Δp——调节阀全开时的压差，即计算压差（bar）（$1\text{bar} = 10^5\text{Pa}$）；

ρ——介质密度（g/cm^3）；

q_{Vi}——被验算开度处的流量（m^3/h）。

若理想流量特性为直线时，$R=30$，有

$$f\left(\frac{l}{L}\right) = \frac{1}{30} + \frac{29}{30}\frac{l}{L} \tag{4-103}$$

若理想流量特性为等百分比时，$R=30$，有

$$f\left(\frac{l}{L}\right) = 30^{\left(\frac{l}{L}-1\right)} \tag{4-104}$$

分别将式（4-103）和式（4-104）代入式（4-102），求得验算公式如下：

理想流量特性为直线的开度K为

$$K \approx \left[1.03 \times \sqrt{\frac{s}{s+\left(\frac{K_v^2 \Delta p}{q_{Vi}^2 \rho}-1\right)}}-0.03\right] \times 100\% \tag{4-105}$$

理想流量特性为等百分比的开度K为

$$K \approx \left[\frac{1}{1.48} \lg \sqrt{\frac{s}{s+\left(\frac{K_v^2 \Delta p}{q_{Vi}^2 \rho}-1\right)}}+1\right] \times 100\% \tag{4-106}$$

这里的调节阀放大系数m，是指圆整后选定的K_v值与计算的$K_{v计}$值的比，即

$$m=\frac{K_v}{K_{v计}} \tag{4-107}$$

m值的取定由多种因素决定。根据所给的计算条件、采用的流量特性、选择的工作开度，以及考虑扩大生产的因素，可以取不同的m值。

根据不同开度（l/L）计算的m值，列于表4-390。

表4-390　m计算值

R	m \ $K=\frac{l}{L}$	0.1	0.2	0.3	0.4	0.5	0.6	0.7	0.8	0.9
30	直线	7.69	4.41	3.09	2.38	1.94	1.63	1.41	1.24	1.11
	等百分比	21.4	15.2	10.8	7.70	5.48	3.90	2.77	1.97	1.41
	平方根	4.61	2.62	1.90	1.53	1.32	1.18	1.10	1.04	1.01
	抛物线	14.3	8.35	5.46	3.85	2.86	2.21	1.76	1.43	1.18
50	直线	8.47	4.63	3.18	2.43	1.96	1.64	1.42	1.24	1.11
	等百分比	33.8	22.9	15.5	10.4	7.07	4.78	3.23	2.19	1.48
	平方根	4.85	2.68	1.92	1.54	1.32	1.18	1.10	1.04	1.01
	抛物线	19.4	10.2	6.28	4.25	3.07	2.32	1.81	1.46	1.20

注：$\frac{l}{L}$为相对行程，即开度。

按m值进行开度计算的公式如下：

直线流量特性时

$$K=\frac{l}{L}=\frac{R-m}{(R-1)m} \tag{4-108}$$

等百分比流量特性时

$$K=\frac{l}{L}=1-\frac{\lg m}{\lg R} \tag{4-109}$$

抛物线流量特性时

$$K=\frac{l}{L}=\frac{\sqrt{\frac{R}{m}}-1}{\sqrt{R}-1} \tag{4-110}$$

快开特性时

$$K = \frac{l}{L} = 1 - \sqrt{\frac{R(m-1)}{m(R-1)}} \tag{4-111}$$

如果用正常流量计算 K_v 值，要先确定调节阀的正常工作开度，并根据所选用的调节阀的流量特性，从表 4-390 中查出 m 值，得到放大后的流量系数 K_v（等于 $mK_{v计}$）；然后按所选的调节阀系列 K_v 值圆整。设圆整后的流量系数为 K'_v，则实际放大系数为 m'（$m' = K'_v/K_{v计}$）。根据所选的调节阀流量特性，从式（4-108）～式（4-111）中选择恰当的公式进行开度验算。

（4）可调比的验算　目前国内外的调节阀，理想的可调比一般只有 $R=30$ 和 $R=50$ 两种。考虑到在选用调节阀口径时，对 K_v 值的圆整和放大；特别是使用时，对最大开度和最小开度的限制，都会使可调比下降，一般 R 值都在 10 左右。此外，还受到工作流量特性畸变的影响，使实际可调比 R'下降。在串联管路阻力下，$R' \approx R\sqrt{s}$。因此，可调比的验算可按近似公式（4-112）计算：

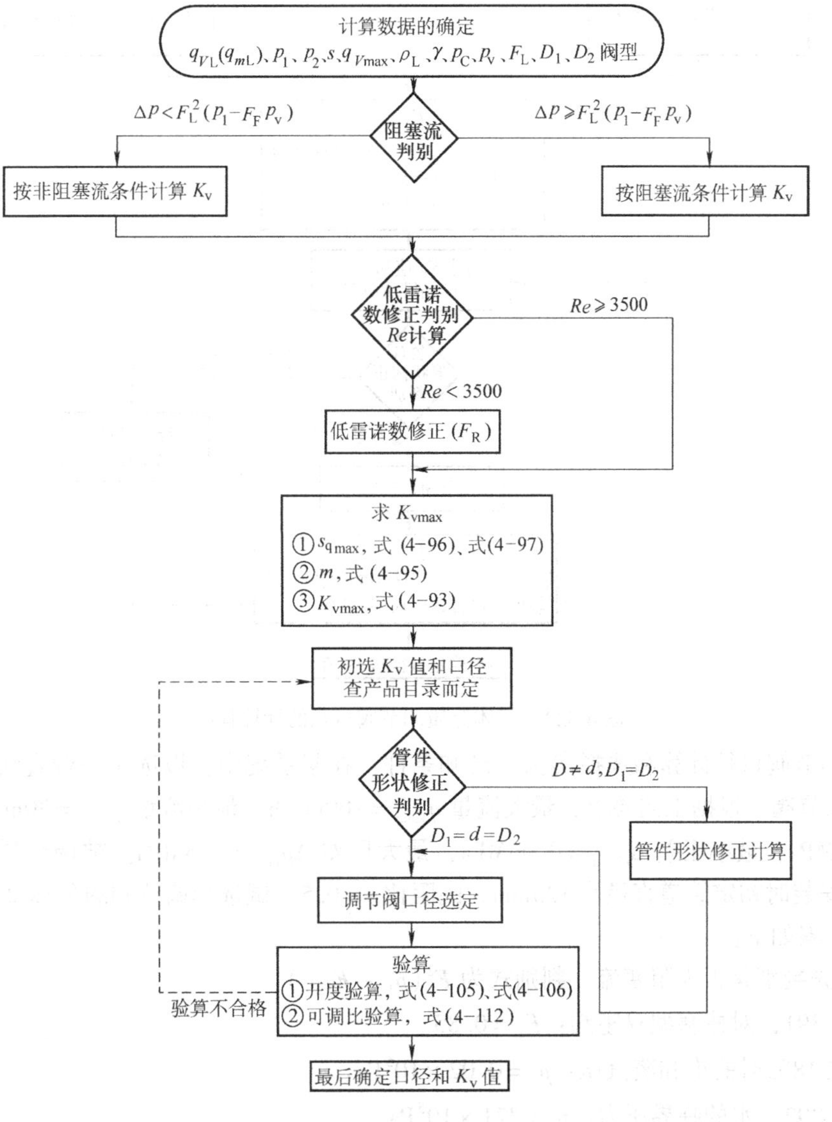

图 4-321　液体介质调节阀口径的计算程序

$$R' \approx 10\sqrt{s} \tag{4-112}$$

从式（4-112）可知，当 $s \geqslant 0.3$ 时，$R' \geqslant 5.5$，说明调节阀实际可调的最大流量 $q_{V\max}$，等于或大于最小流量 $q_{V\min}$ 的5.5倍。在一般生产中，最大流量与最小流量之比为3左右。

当选用的调节阀不能同时满足工艺上最大流量和最小流量的调节要求时，除增加系统压力外，可以采用两个调节阀进行分程控制来满足可调比的要求。

图4-321和图4-322分别表示液体和气体（蒸汽）介质时，调节阀口径计算和选择的程序。

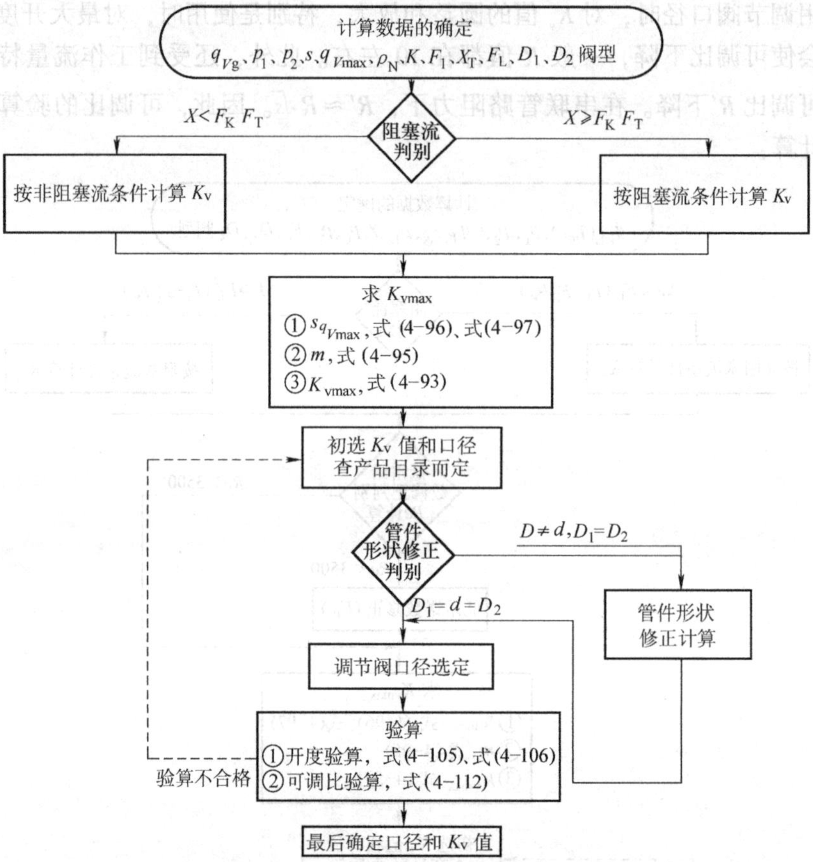

图4-322 气体介质调节阀口径的计算程序

（5）调节阀口径计算和选择实例　已知条件：在某系统中，拟选用一台直线流量特性的直通双座调节阀。根据工艺要求，最大流量 $q_{V\max} = 100\text{m}^3/\text{h}$，最小流量 $q_{V\min} = 30\text{m}^3/\text{h}$，阀前压力 $p_1 = 0.8\text{MPa}$，最小压差 $\Delta p_{\min} = 0.06\text{MPa}$，最大压差 $\Delta p_{\max} = 0.5\text{MPa}$。被调介质是水，水温为18℃，安装时初定管道直径为125mm，阀阻比 $s = 0.5$。试选择调节阀的公称直径。

求解步骤如下：

1）首先判别是否为阻塞流。判别式为 $F_L^2(p_1 - F_F p_v)$。

查表4-391，对柱塞型双座阀：$F_L = 0.85$。

查水在18℃时的饱和蒸汽压：$p_v = 0.02 \times 10^5\text{Pa}$。

查表4-392，水的临界压力：$p_c = 221 \times 10^5\text{Pa}$。

查图4-323，临界压力比：$F_F = 0.95$。

故 $F_L^2 = (p_1 - F_F p_v) = 0.85^2 \times (800 - 0.95 \times 0.02)\text{kPa} = 587\text{kPa}$

因为 $\Delta p < F_L(p_1 - F_F p_v)$，所以不会产生阻塞流。

表 4-391　压力恢复系数 F_L 和临界压差比 X_T

阀的类型	阀芯形式	流动方向	F_L	X_T
单座阀	柱塞型	流开	0.90	0.72
	柱塞型	流闭	0.80	0.55
	窗口型	任意	0.90	0.75
	套筒型	流开	0.90	0.75
	套筒型	流闭	0.80	0.70
双座阀	柱塞型	任意	0.85	0.70
	窗口型	任意	0.90	0.75
角形阀	柱塞型	流开	0.90	0.72
	柱塞型	流闭	0.80	0.65
	套筒型	流开	0.85	0.65
	套筒型	流闭	0.80	0.60
球阀	O 形球阀(孔径为 0.8d)	任意	0.55	0.15
	V 形球阀	任意	0.57	0.25
偏旋阀	柱塞型	任意	0.85	0.61
蝶阀	60°全开	任意	0.68	0.38
	90°全开	任意	0.55	0.20

表 4-392　部分物料的临界压力 p_c 和临界温度 T_c

名称	分子式	$p_c/(\times 10^5\text{Pa})$	T_c/K	名称	分子式	$p_c/(\times 10^5\text{Pa})$	T_c/K
氩	Ar	49.7	150.8	氢	H_2	13.9	33.2
氯	Cl_2	77.9	417	水	H_2O	221	647.3
氟	F_2	53.1	144.3	氨	NH_3	114	405.6
氯化氢	HCl	83.9	324.6	二氧化碳	CO_2	74.7	304.2

2）流量系数的计算：按表 4-393 进行流量系数计算：

$$K_v = 10q_{V\max}\sqrt{\frac{\rho_L}{\Delta p_{\min}}} = 10 \times 100 \times \sqrt{\frac{1}{60}} = 129$$

3）初选阀门公称尺寸。根据 K_v 为 129，查直通双座调节阀产品样本，得相应流量系数为 K_v = 160（圆整数），初选 DN100。

4）不必进行管路形状修正计算。因为管路直径（125mm）与调节阀公称尺寸（DN100）之比为 1.25，小于 1.5。

5）验算开度：

① 按传统的验算公式验算：

最大开度

$$K_{\max} = \left[1.03\sqrt{\frac{s}{s + \left(\dfrac{K_v^2 \Delta p_{\min}}{q_{Vi}^2 \rho} - 1\right)}} - 0.03\right] \times 100\%$$

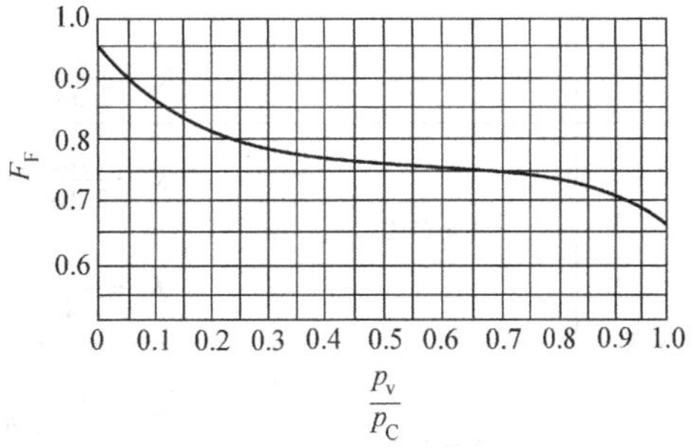

图 4-323　F_F 与 p_v/p_C 的关系

$$=\left[1.03\times\sqrt{\frac{0.5}{0.5+\left(\frac{160^2\times0.6}{100^2\times1}-1\right)}}-0.03\right]\times100\% = 68.8\%$$

表 4-393　流量系数计算公式汇总表（膨胀系数法）

流　体	判别条件	计算公式	符号及单位
液体	一般	$K_v=10q_{VL}\sqrt{\frac{\rho_L}{\Delta p}}$ $K_v=\frac{10^{-2}q_{mL}}{\sqrt{\Delta p\rho_L}}$	q_{VL}——液体体积流量（m^3/h） q_{Vg}——气体标准状态体积流量（m^3/h） q_{mL}——液体质量流量（kg/h） p_1——阀前绝对压力（kPa） p_2——阀后绝对压力（kPa） Δp——阀前后压差（kPa） p_v——饱和蒸汽压（kPa） ρ_L——液体密度（g/cm^3） ρ_N——气体标准状态密度（kg/m^3） ρ_1——蒸汽阀前密度（kg/m^3） Z——压缩因数 y——膨胀系数 $y=1-\frac{X}{3F_\kappa X_T}$ X——压差比，$X=\frac{\Delta p}{p_1}$ ρ_e——两相流的有效密度（kg/m^3） ρ_m——两相流的人口密度（kg/m^3） ρ_g——气体密度（ρ_1、T_1 条件下） q_{ms}——蒸汽质量流量（kg/h） q_{mg}——气体质量流量（kg/h） X_T——临界压差比 F_L——压力恢复系数 F_κ——等熵系数 $F_\kappa=\kappa/1.4$ κ——气体等熵指数（对空气 $\kappa=1.4$） F_F——临界压力比系数 M——相对分子量 G——对空气的相对密度
液体	闪蒸和空化 $\Delta p\geqslant\Delta p_T$	$K_v=10q_{VL}\sqrt{\frac{\rho_L}{\Delta p_T}}$ $\Delta p_T=F_L^2\ (p_1-F_Fp_v)$	
液体	低雷诺数	$K_v=\frac{K'_v}{F_R}$ $K'_v=10q_{VL}\sqrt{\frac{\rho_L}{\Delta p}}$	
气体	$X<F_\kappa X_T$	$K_v=\frac{q_{Vg}}{5.19p_1y}\sqrt{\frac{T_1\rho_NZ}{X}}$ $K_v=\frac{q_{Vg}}{24.6p_1y}\sqrt{\frac{T_1MZ}{X}}$ $K_v=\frac{q_{Vg}}{4.57p_1y}\sqrt{\frac{T_1GZ}{X}}$	
气体	$X\geqslant F_\kappa X_T$	$K_v=\frac{q_{Vg}}{2.9p_1}\sqrt{\frac{T_1\rho_NZ}{\kappa X_T}}$ $K_v=\frac{q_{Vg}}{13.9p_1}\sqrt{\frac{T_1MZ}{\kappa X_T}}$ $K_v=\frac{q_{Vg}}{2.58p_1}\sqrt{\frac{T_1GZ}{\kappa X_T}}$	
蒸汽	$X<F_\kappa X_T$	$K_v=\frac{q_{ms}}{3.16y}\sqrt{\frac{1}{Xp_1\rho_s}}$ $K_v=\frac{q_{ms}}{1.1p_1y}\sqrt{\frac{T_1Z}{XM}}$	
蒸汽	$X\geqslant F_\kappa X_T$	$K_v=\frac{q_{ms}}{1.78}\sqrt{\frac{1}{\kappa X_Tp_1\rho_s}}$ $K_v=\frac{q_{ms}}{0.62p_1}\sqrt{\frac{T_1Z}{\kappa X_TM}}$	
两相流	液体与非液化气体	$K_v=\frac{q_{mg}+q_{mL}}{3.16\sqrt{\Delta p\rho_e}}$ $\rho_e=\frac{q_{mg}+q_{mL}}{W_g/\rho_gy^2+W_L/\rho_L10^3}$	
两相流	液体与蒸汽	$K_v=\frac{q_{mg}+q_{mL}}{3.16F_L\sqrt{\rho_mp_1\ (1-F_F)}}$ $\rho_m=\frac{q_{mg}+q_{mL}}{q_{mg}/\rho_s+q_{mL}/\rho_L10^3}$	

最小开度

$$K_{\min} = \left[1.03 \times \sqrt{\frac{0.5}{0.5 + \left(\frac{160 \times 0.6}{30^2 \times 1} - 1\right)}} - 0.03\right] \times 100\% = 14.8\%$$

② 按放大系数法验算开度：

$$m = \frac{K_v}{K_{v计}} = \frac{160}{129} = 1.24$$

$$K = \frac{l}{L} = \frac{R - m}{(R - 1)m} = \frac{30 - 1.24}{(30 - 1) \times 1.24} = 79\%$$

说明两种开度验算都是合格的，最大开度小于90%，最小开度大于10%。

6）实际可调比 R' 的验算：

$$R' = 10\sqrt{s} = 10\sqrt{0.5} = 7$$

而

$$\frac{q_{V\max}}{q_{V\min}} = \frac{100}{30} = 3.3$$

因为 $R' > \frac{q_{V\max}}{q_{V\min}}$，所以满足要求。

结论：所选用的 VN 双座调节阀 DN100（K_v 值为 160）是适用的。

5. 调节阀材料的选择

调节阀材料的选择是十分重要的。因为调节阀直接与各种介质接触，从干净的空气到各种腐蚀性介质，从纯净的介质到含有颗粒的多项介质；工作温度可从 -269℃ 到 600℃ 以上；工作压力可从真空到 350MPa。大多数阀门在使用时都没有什么特殊要求，但也有许多调节阀在使用时是有特殊要求的。铸铁、碳钢和低合金钢是最一般、最常用的材料，但在腐蚀性工作介质条件下就不适用，要考虑使用奥氏体不锈钢、双相不锈钢或特殊合金和非金属材料。

调节阀所用材料一般可分成以下三大类：

1）用承压件或控压件的材料，如阀体、阀盖、蝶板、球体等。

2）调节阀内件材料，如阀座、阀芯、密封圈、套筒、阀杆等。

3）各种非金属材料，如衬里、隔膜、陶瓷、垫片、填料、O 形圈等。

(1) 承压件或控压件材料　这一类零件主要有阀体、阀盖、蝶板、球体等。选择材料的依据是调节阀的工作压力、工作温度、介质特性（腐蚀、磨损）。这些零件材料的选择可参考表 4-394 和表 4-395。下面介绍几种常用的壳体材料。

1）灰铸铁。灰铸铁只适用于工作温度在 -15～250℃之间，公称压力 PN≤1.6MPa 的低压调节阀。我国常用的灰铸铁牌为 HT200。在下述工作条件下、阀体和阀盖不能选用灰铸铁材料。

表 4-394　可以使用的阀体衬里和材料

材　料	一般用途	球形阀	蝶阀[①]	整体球	旋塞阀	隔膜阀
标准金属铸铁	1）一般场合 2）轻微腐蚀	√	√	到 DN300	√	√
球墨铸铁	1）到 343℃（650℉） 2）最大到 3）降低费用	√	√	到 DN300	√	√

（续）

材　料	一般用途	球形阀	蝶阀①	整体球	旋塞阀	隔膜阀
青铜和铝青铜	1）缓和场合 2）深冷 3）氧	✓	阀板到 DN300	到 DN100	到 DN50	✓
铝	1）重量轻 2）深冷	—	—	到 DN100	到 DN50	✓
钢	一般场合	✓	✓	✓	✓	✓
合金钢	高温 315～565℃（600～1050℉）	✓	—	—	—	—
不锈钢	1）深冷 2）565～650℃（1050～1200℉） 3）腐蚀性场合	✓	到 DN300	到 DN400	到 DN300	✓
衬里弹性材料	1）腐蚀场合 2）严密切断	—	✓	—	✓③	✓
塑料②	腐蚀性	—	—	—②、④	✓②	✓②
聚四氟乙烯	严重的腐蚀性	DN25～DN50	DN100～DN300	DN50～DN200	DN50～DN300	✓（带聚四氟乙烯覆盖层的隔膜）
玻璃		—	—	—	—	✓
耐腐蚀阀体合金						
因康镍合金⑤	化学品用	DN25～DN100	—	—	—	—
蒙乃尔合金⑤	化学品用	DN25～DN100	—	—	—	—
哈氏合金⑤	化学品用	DN25～DN100	—	—	—	—
合金 20⑤	化学品用	DN25～DN100	—	—	—	—
钛⑤	化学品用	DN25～DN100	—	—	—	—
玻璃⑤	化学品用	—	—	到 DN100	—	—

注：✓—可用于所有的口径；——不适用或采购长期拖延。

① 可用各种浇注成形合金或板材来制造。

② 旋塞阀、球阀及隔膜阀，可采用整体的聚氯乙烯阀门。球阀和旋塞阀也可采用玻璃纤维阀门。

③ 特殊的阀体分离式旋塞阀也可以用防腐蚀的金属衬里。

④ 有些聚四氟乙烯球面覆盖层的球阀是可用的。

⑤ 通常是优先采用衬里的铸铁阀体，因为它的价格低廉。

表 4-395　国产阀体组件常用材料

阀类型	阀内件名称	材　料	使用温度/℃	公称压力 PN	备　注
一般单、双座阀，角形阀，三通阀	阀体、阀盖	HT200	−15～250	16	
		WCB	−29～425	16、20、25 40、50、64	
		CF8、CF8M、CF3、CF3M	−196～600 带散热片		
	阀杆、阀芯、阀座	12Cr18Ni9	−46～570		
	垫片	06Cr19Ni10＋石墨缠绕式垫片	−46～570		
	密封填料	V 形聚四氟乙烯	−196～170		

（续）

阀类型	阀内件名称	材料	使用温度/℃	公称压力PN	备注
高温单、双座阀，角形阀，三通阀	阀体、阀盖	WC6，WC9	250～450 阀盖带散热片	16、20、25 40、50、63	
		CF8、CF8M、CF3、CF3M	450～600 阀盖加长颈和散热片		只有直通单、双座有此产品
	阀杆、阀芯、阀座	12Cr18Ni9	250～600		
	垫片	06Cr19Ni10＋石墨缠绕式垫片			
	密封填料	柔性石墨			
低温单、双座阀	阀体、阀盖	CF8、CF8M、CF3、CF3M	－60～－250 阀盖加长颈和散热片	16、20、25 40、50、63	
	阀杆、阀芯、阀座	12Cr18Ni9	－60～－250		
	垫片	06Cr19Ni10＋PTFE缠绕式垫片			
	密封填料	V形聚四氟乙烯			
高压角形阀	阀体、阀盖	锻钢（25钢或40钢）A105、CF8、CF8M、CF3、CF3M	－29～450	2200、3200	
			250～450 阀盖带散热片		
	阀芯	YG6、X、YG8可淬硬钢渗铬 12Cr18Ni9、06Cr17Ni12Mo2堆焊钴铬钨合金	－40～450		
	阀杆	20Cr13、12Cr18Ni9			
	阀座	20Cr13、可淬硬钢			
	密封填料	V形聚四氟乙烯			
蝶阀	阀体、阀板	HT200	－15～250	1、2.5、6、10、16 20、25、40 50、63 100、150	
		CF8、CF8M、CF3、CF3M	－40～－200		
	阀体	ZG2Cr5Mo 阀体外部可采用耐热纤维板	200～600		
	阀板、主轴	12Cr1MoV、12Cr18Ni9			
	轴承	GH132及GH132渗铬			
	密封填料	高硅氧纤维（$SiO_2$96%以上）			
	阀体	WCB 与介质接触的内层为耐热混凝土，外层为硅酸铝纤维或高硅氧纤维	600～800		
	主轴	Cr22Ni4N、Cr25Ni20Si2、Cr25Ni20			
	阀板	Cr19Mn12Si2N			
	轴承	GH132及GH132渗铬			
波纹管密封阀	阀体、阀盖	CF8、CF8M、CF3、CF3M	－196～250	10、16、20 25、40、50 63	
	阀杆、阀芯、底座、波纹管	12Cr18Ni9			
	密封填料	V形聚四氟乙烯（加在波纹管上部）	－60～250		
小流量阀	阀体、阀杆、阀芯	12Cr18Ni9		1000	
	垫片	08，10钢			
	密封材料	V形聚四氟乙烯			

① 介质为水蒸气或含水分大的空气中。

② 在易燃、易爆的介质中。

③ 在环境温度低于 -10℃的场合。

④ 调节阀内介质在伴热蒸汽中断时，会产生冻结的场合。

2）碳素钢铸件。碳素钢铸件是阀体、阀盖应用最广的材料，用得最多的牌号是 WCB，还有一些含铬、镍、钼的低合金钢。这些钢号的压力-温度额定值都应符合 GB/T 12224—2005 或 ASME B16.34—2013 的要求。

3）奥氏体不锈钢。奥氏体不锈钢可以用于腐蚀性介质中。钢中含有一定量的铬、镍等合金元素，在不同的腐蚀介质中，具有一定的抗腐蚀能力。在腐蚀性介质和复杂工况下工作的调节阀，材料选择参见表 4-396。

表 4-396 抗腐蚀材料

材料名称 介质名称	碳钢	铸铁	304 或 302 不锈钢	316 不锈钢	青铜	蒙乃尔合金 (Monel)	哈氏合金 B (Hastelloy-B)	哈氏合金 C (Hastelloy-C)	奥氏体不锈钢 Durimet 20	钛材	钴基合金 6	416 不锈钢	440C 硬质不锈钢	17—4 pH 硬质不锈钢
乙醛 CH_3CHO	A	A	A	A	A	A	I·L	A	A	I·L	I·L	A	A	A
醋酸(无空气)	C	C	B	B	B	B	A	A	A	A	A	C	C	B
醋酸(含空气)	C	C	A	A	A	A	A	A	A	A	A	C	C	B
醋酸、蒸汽	C	C	A	A	B	B	I·L	A	B	A	A	C	C	B
丙酮 CH_3COCH_3	A	A	A	A	A	A	A	A	A	A	A	A	A	A
乙炔	A	A	A	A	I·L	A	A	A	A	I·L	A	A	A	A
醇	A	A	A	A	A	A	A	A	A	A	A	A	A	A
硫酸铝	C	C	A	A	B	B	A	A	A	A	I·L	C	C	I·L
氨	A	A	A	A	C	A	A	A	A	A	A	A	A	I·L
氯化铵	C	C	B	B	B	B	A	A	A	A	B	C	C	I·L
硝(酸)铵	A	C	A	A	C	C	A	A	A	A	A	C	B	I·L
磷酸铵	C	C	A	A	B	B	A	A	B	A	A	B	B	I·L
硫酸铵	C	C	B	A	B	A	A	A	A	A	A	C	C	I·L
亚硫酸铵	C	C	A	A	C	C	I·L	A	A	A	A	B	B	I·L
苯胺 $C_6H_5NH_2$	C	C	A	A	C	B	A	A	A	A	A	C	C	I·L
苯	A	A	A	A	A	A	A	A	A	A	A	A	A	A
苯(甲)酸 C_6H_5COOH	C	C	A	A	A	A	I·L	A	A	A	I·L	A	A	A
硼酸	C	C	A	A	A	A	A	A	A	A	A	B	B	I·L
丁烷	A	A	A	A	A	A	A	A	A	I·L	A	A	A	A
氯化钙	B	B	C	B	C	A	A	A	A	A	I·L	C	C	I·L
次氯酸钙	C	C	B	B	B	B	C	A	A	A	I·L	C	C	I·L
苯酚 C_6H_5OH(石炭酸)	B	B	A	A	A	A	A	A	A	A	A	I·L	I·L	I·L
二氧化碳(干)	A	A	A	A	A	A	A	A	A	A	A	A	A	A
二氧化碳(湿)	C	C	A	A	B	A	A	A	A	A	A	A	A	A
二硫化碳	A	A	A	A	C	B	A	A	A	A	A	B	B	I·L
四氯化碳	B	B	B	B	A	A	B	A	A	A	I·L	C	A	I·L
碳酸 H_2CO_3	C	C	B	B	B	A	A	A	A	I·L	I·L	A	A	A
氯气(干)	A	A	B	B	B	A	A	A	A	C	B	C	C	C
氯气(湿)	C	C	C	C	C	C	C	B	C	A	B	C	C	C
液氯	C	C	C	C	B	C	C	A	B	C	B	C	C	C
铬酸 H_2CrO_4	C	C	C	B	C	A	C	A	C	A	B	C	C	C
焦炉气	A	A	A	A	B	B	A	A	A	A	A	A	A	A
硫酸铜	C	C	B	B	B	C	I·L	A	A	A	I·L	A	A	A
乙烷	A	A	A	A	A	A	A	A	A	A	A	A	A	A

（续）

材料名称 / 介质名称	碳钢	铸铁	304 或 302 不锈钢	316 不锈钢	青铜	蒙乃尔合金（Monel）	哈氏合金 B（Hastelloy-B）	哈氏合金 C（Hastelloy-C）	奥氏体不锈钢 Durimet 20	钛材	钴基合金 6	416 不锈钢	440C 硬质不锈钢	17—4 pH 硬质不锈钢
醚	B	B	A	A	A	A	A	A	A	A	A	A	A	A
氯乙烷 C_2H_5Cl	C	C	A	A	A	A	A	A	A	A	A	B	B	I·L
乙烯	A	A	A	A	A	A	A	A	A	A	A	A	A	A
乙二醇	A	A	A	A	A	A	I·L	I·L	A	I·L	A	A	A	A
氯化铁	C	C	C	C	C	C	C	B	C	A	B	C	C	I·L
甲醛 HCHO	B	B	A	A	A	A	A	A	A	A	A	A	A	A
甲酸 HCO_2H	I·L	C	B	B	A	A	A	A	A	C	B	C	C	B
氟利昂（湿）	B	B	B	A	A	A	A	A	A	A	A	I·L	I·L	I·L
氟利昂（干）	B	B	A	A	A	A	A	A	A	A	A	I·L	I·L	I·L
糠醛	A	A	A	A	A	A	A	A	A	A	A	B	B	I·L
汽油精制	A	A	A	A	A	A	A	A	A	A	A	A	A	A
盐酸（含空气）	C	C	C	C	C	C	A	B	C	C	B	C	C	C
盐酸（无空气）	C	C	C	C	C	C	A	B	C	C	B	C	C	C
氢氟酸（含空气）	B	C	C	B	C	C	A	A	B	C	B	C	C	C
氢氟酸（无空气）	A	C	C	B	C	A	A	A	B	C	I·L	C	C	I·L
氢气	A	A	A	A	A	A	A	A	A	A	A	A	A	A
过氧化氢 H_2O_2	I·L	A	A	A	C	A	B	B	A	A	I·L	B	B	I·L
硫化氢（液体）	C	C	A	A	C	C	A	A	B	A	A	C	C	I·L
氢氧化镁	A	A	A	A	B	A	A	A	A	A	A	A	A	I·L
甲乙酮（丁酮）	A	A	A	A	A	A	A	A	A	I·L	A	A	A	A
天然气	A	A	A	A	A	A	A	A	A	A	A	A	A	A
硝酸	C	C	A	B	C	C	C	B	A	A	C	C	C	B
草酸	C	C	B	B	B	B	A	A	A	B	B	B	B	I·L
氧气	A	A	A	A	A	A	A	A	A	A	A	A	A	A
甲醇	A	A	A	A	A	A	A	A	A	A	A	A	B	A
磷酸（含空气）	C	C	A	A	C	C	A	A	A	B	A	C	C	I·L
磷酸（无空气）	C	C	A	A	C	B	A	A	A	B	A	C	C	I·L
磷酸蒸气	C	C	B	B	C	C	A	I·L	A	B	C	C	C	I·L
苦味酸 $(NO_2)_3C_6H_2OH$	C	C	A	A	C	C	A	A	A	I·L	I·L	B	B	I·L
氯化钾	B	B	A	A	B	B	A	A	A	A	I·L	C	C	I·L
氢氧化钾	B	B	A	A	B	A	A	A	A	A	I·L	B	B	I·L
丙烷	A	A	A	A	A	A	A	A	A	A	A	A	A	A
松香，松脂	B	B	A	A	A	A	A	A	A	I·L	A	A	A	A
醋酸钠	A	A	B	A	A	A	A	A	A	A	A	A	A	A
碳酸钠	A	A	A	A	A	A	A	A	A	A	A	B	B	A
氯化钠	C	C	B	B	A	A	A	A	A	A	A	B	B	B
铬酸钠	A	A	A	A	A	A	A	A	A	A	A	A	A	A
氢氧化钠	A	A	A	A	C	A	A	A	A	A	A	B	B	A
次氯酸钠	C	C	C	C	B-C	B-C	C	A	B	A	I·L	C	C	I·L
硫代硫酸钠	C	C	A	A	C	C	A	A	A	A	I·L	B	B	I·L
二氯化锡 $SnCl_2$	B	B	C	A	C	B	A	A	A	A	I·L	C	C	I·L
硬脂酸 $CH_3(CH_2)_{16}CO_2H$	A	C	A	A	B	B	A	A	A	A	B	B	B	I·L
硫酸盐溶液（Black）	A	A	A	A	C	A	A	A	A	A	A	I·L	I·L	I·L
硫	A	A	A	A	C	A	A	A	A	A	A	A	A	A

（续）

材料名称 介质名称	碳钢	铸铁	304 或 302 不锈钢	316 不锈钢	青铜	蒙乃尔合金（Monel）	哈氏合金 B（Hastelloy-B）	哈氏合金 C（Hastelloy-C）	奥氏体不锈钢 Durimet 20	钛材	钴基合金 6	416 不锈钢	440C 硬质不锈钢	17—4 pH 硬质不锈钢
二氧化硫（干）	A	A	A	A	A	A	B	A	A	A	A	B	B	I·L
三氧化硫（干）	A	A	A	A	A	A	B	A	A	A	A	B	B	I·L
硫酸（含空气）	C	C	C	C	C	C	A	A	A	B	B	C	C	C
硫酸（无空气）	C	C	C	C	B	B	A	A	A	B	B	C	C	C
亚硫酸	C	C	B	B	B	C	A	A	A	A	B	C	C	I·L
焦油	A	A	A	A	A	A	A	A	A	A	A	A	A	A
三氯乙烯	B	B	B	A	A	A	A	A	A	A	A	B	B	I·L
松节油	B	B	A	A	A	B	A	A	A	A	A	A	A	A
醋	C	C	A	A	B	A	A	A	A	I·L	A	C	C	A
水，锅炉供水	B	C	A	A	C	A	A	A	A	A	A	B	A	A
水，蒸馏水	A	A	A	A	A	A	A	A	A	A	A	B	B	I·L
海水	B	B	B	B	A	A	A	A	A	A	A	C	C	A
氯化锌	C	C	C	C	C	C	A	A	A	A	B	C	C	I·L
硫酸锌	C	C	A	A	B	A	A	A	A	A	A	B	B	I·L

注：A—推荐使用；B—小心使用；C—不能使用；I·L—缺乏资料。

4）抗温度变化的合金钢。如果在钢中加入镍、铬、铜等元素，就具有抗低温的能力；如果在钢中加入镍、铬、钼、钒等元素，就具有抗高温的能力。例如：蒙乃尔合金（Ni65%、Cu32%）耐氯离子腐蚀，工作温度≤200℃；哈氏合金（Ni65%～69%、Cr15%～17%、Mo16%～18%）耐稀硫酸腐蚀，工作温度≤700℃；因科镍尔合金（Ni≥72%、Cr14%～17%、Fe6%～10%），工作温度≤700℃。

5）特殊合金和贵金属。对腐蚀性非常强的酸类（如硫酸、磷酸等）介质，要使用特殊合金，如哈氏合金（Hastelloy-B、Hastelloy-C）、蒙乃尔合金（MONEL400、MONELK500）、奥氏体铁素体双相不锈钢 CD4MCU、F51、F53、F55 等材料。

在硝酸和沸腾的盐酸介质中，可用钽合金；在高温的浓盐酸及强酸中可使用钛，所有零件都是用钛制成的；抗海水腐蚀的合金，有蒙乃尔合金和软金属合金 $AlMO_3$。

6）塑料。对于强腐蚀性介质，如氯气、硫酸、强碱等介质，壳体材料可用塑料，其他零件也可以选用塑料，如聚四氟乙烯（PTFE）。这是全塑阀门，已为化工、石油等工业广泛采用。

（2）内件材料　调节阀的内件包括阀芯、阀座、阀杆、套筒、上密封座、导向套等零件。这些零件的表面绝对不能有磕碰划伤。否则调节阀就无法实现调节功能。

选择调节阀内件材料的主要依据是耐磨性、耐腐蚀性及耐温性等。

1）耐磨性。阀座和阀芯材料的磨损，会引起阀门的泄漏，改变了流量特性。如果磨损严重，会形成新的一条小流路。甚至把阀内件的薄壁穿透。

磨损的基本形式可能是固体颗粒的研磨、高速介质的冲刷、空化产生的汽蚀等作用。为了提高耐磨性，必须提高表面硬度。在有闪蒸和空化的情况下，应该采取有效的方法：当调节阀内件较小时，可以用整体的硬质合金；也可以用特殊的方法，在母体材料上堆焊成喷焊硬质合金。

各种阀内件的主要材料见表 4-395。

2）耐蚀性。介质的腐蚀特性是如何选择材料的重要因素。表 4-396 列出与某种介质接触而发生反应时，应如何选择材料。但是，表中的推荐并不是绝对的，因为材料的适应性还与介质的浓度、温度、压力、杂质等因素有关，该表只能作为一个参考。

在考虑腐蚀性时还要注意下面几点：

① 对强腐蚀性介质，选择耐腐蚀材料必须根据介质的种类、浓度、温度、压力等具体条件来进行选择。

② 阀内件与壳体应分别对待。壳体内壁节流速度小，允许其腐蚀率可以大一些，大约为 1mm/a；而阀内件受介质高速冲刷，腐蚀会使泄漏加剧，其腐蚀率要控制在 0.1mm/a 之内。

③ 选择耐腐蚀材料，要参照一些比较成功的应用实例，必须了解工艺条件。许多工厂都有比较成功的阀内件材料应用经验，要注意收集这些经验并加以使用。

3）耐温性。

① 耐高温材料。这是指阀内件材料的工作温度高于 450℃以上。用于高温的调节阀内件材料，应该考虑抗拉强度、屈服极限、蠕变（450℃以上）、热硬性、冲击强度及老化；同时还要考虑到抗锈蚀、热处理温度及塑性变形。

在高温下工作的材料，其屈服极限和抗拉、抗压强度都降低，在 450℃以上还会发生“蠕变”，即材料在承受的载荷下连续地变形；当应力低于此给定温度下的屈服强度时，还会发生塑变。

由于温度升高，会使可动零件之间的间隙变小、卡住和粘结。温度的循环变化，对调节阀的垫片、填料及导向套都会产生不良影响。

热硬性很重要，它使材料保持高温硬度，防止阀座密封面受损，还能防止塑变。

材料还必须具有抗锈蚀能力，以防高温时调节阀内件表面层被分层剥落。

塑性变形是和温度、选用的材料、硬度及载荷有关。高温会使金属退火或软化，增加塑性变形趋势。塑性变形的不良影响，是使调节阀被卡住，接合面损伤，操作力增大。

② 耐低温材料。在低温下工作的材料，要保证其低温性能；主要是保证其低温冲击韧性。阀门内件必须有足够的低温冲击韧性，才能防止断裂。碳钢和低合金钢在低于 -20℃时，会很快失去冲击韧性。所以，使用温度应控制在 -29℃和 -46℃。使用在 -46℃时的碳钢和低合金钢，必须做低温冲击试验。只有冲击试验合格，才能使用、含镍的质量分数为 3.5% 的镍钢，可以使用到 -101℃；含镍量 9% 的镍钢，可以使用到 -196℃。奥氏体不锈钢、镍、蒙乃尔合金、哈氏合金、钛、铝合金及青铜，可以使用到 -262℃。

（3）非金属材料　这一类材料主要是用于调节阀执行机构的膜片、填料、垫片、O 形密封圈，并可制作各种衬里。下面仅简单介绍弹性材料——橡胶和其他一些非金属材料。

1）橡胶。橡胶主要用于制造执行机构的膜片、活塞环、阀座环、O 形密封圈等。材料的选用可以根据工作介质、工作压力、工作温度等因素来确定，根据特性和用途可直接从表 4-397 选取。

表 4-397　橡胶的种类和优缺点

类型	橡胶品种（代号）	化学组成	优　点	缺　点
通用橡胶	天然(NR)	以橡胶烃(聚异戊二烯)为主,另含少量蛋白质、树脂酸、无机盐与杂质	强伸性高,抗撕性优良,耐磨性良好,加工性能良好,易与其他材料粘合	耐氧及耐臭氧性差,耐油、耐溶剂性差,不适用于 100℃以上
	丁苯(SBR)	丁二烯(70% ~75%)和苯乙烯(25% ~30%)的共聚物	耐磨性较突出,耐老化和耐热性超过天然胶,其他物理力学性能与天然胶接近	加工性能较天然胶差,特别是自粘性差,生胶强度低
	异戊(IR)(又称合成天然胶)	聚异戊二烯,全为橡胶烃	有天然胶的大部分优点,吸水性低,电绝缘性好,耐老化性优于天然胶	成本较高,弹性比天然胶低,加工性能较差

（续）

类型	橡胶品种（代号）	化学组成	优　点	缺　点
通用橡胶	顺丁(BR)	聚丁二烯（其中顺式1,4结构占90%以上）	弹性与耐磨性优良，耐寒性较好，易与金属粘合	加工性能、自粘性差，抗撕性差
	丁基(IIR)	异丁烯与少量异戊二烯(0.6%～3.3%)的共聚物	耐老化性、气密性及耐热性优于一般通用胶，吸振及阻尼特性良好，耐酸、碱、耐一般无机介质及动植物油脂	弹性大，加工性能差，包括硫化慢，难粘，耐光老化性能差，动态生热大
	氯丁(CR)	聚氯丁二烯	物理力学性能良好，耐氧、耐臭氧及耐候性良好，耐油性及耐溶剂性较好	密度大，相对成本高，电绝缘性差，加工时易粘辊、易焦烧及易粘膜
	丁腈(NBR)	丁二烯(60%～82%)与丙烯腈(18%～40%)的共聚物	耐油性及耐气体介质性优良，耐热性较好，最高可达150℃，气密性和耐水性良好	耐寒性及耐臭氧性较差，加工性不好
特种橡胶	聚氨酯(UR)	聚氨基甲酸酯	耐磨性高于其他各种橡胶，抗拉强度最高可达35MPa，耐油性优良	耐水性差，耐酸、碱性差，高温性能差，动态生热大
	三元乙丙(EPDM)	乙烯、丙烯及二烯类的三元共聚物	耐臭氧性及耐候性都极好，耐热可达170℃左右，耐低温达-50℃，电绝缘性能良好，耐极性溶剂和无机介质好，包括水及高温蒸汽	硫化缓慢，黏着性很差
	聚硫	三氯乙烷和多硫化钠的缩聚物	耐油及耐各种介质性能特别高，耐老化、耐臭氧及耐候性良好	力学性能较差，变形大

注：不同橡胶的使用温度范围是不同的，使用时不要超过它的极限温度。

2）其他非金属材料。其他非金属材料有工程塑料、陶瓷、有机玻璃等。它们的主要用途及适用温度范围参见表4-398。

表4-398　衬里和隔膜材料

名　称	使用场合
氯丁橡胶	对于一般的酸、碱、盐类均有很好的耐腐蚀性。并适用于某些有机溶剂，如汽油、甘油、乙醇等。其耐油性次于丁腈橡胶，适用温度为-50～107℃
聚四氟乙烯(PTFE)	具有优异的化学稳定性。适用较高温度的浓酸、浓碱和强氧化剂，与大多数有机溶剂都无作用。适用温度为-200～260℃，分解温度为415℃
天然橡胶	对氧化剂、矿物油和大多数有机溶剂的作用不稳定，耐氧化能力差。但对于酸、碱有相当的耐蚀能力。适用温度-30～65℃
低压聚乙烯	对非氧化性的酸、碱有很高的耐蚀能力。室温条件，不溶于大部分有机溶剂。温度高于70℃时，能溶于脂肪族、芳香族及其卤素衍生物。适用温度为<80℃
聚苯硫醚	有良好的耐热性。常温下不溶于任何溶剂。对大多数的酸、碱是稳定的，但不耐强氧化性酸，如浓硝酸、王水等。适用温度为<250℃
刚玉陶瓷	能耐无机酸、碱和各种有机化合物的侵蚀。常温下，也能耐氢氟酸、浓碱之类介质的侵蚀。这是一般工业陶瓷所不能达到的。使用温度为<200℃
酚醛增强塑料	对中等浓度的酸具有很好的耐蚀能力，有良好的耐油性。在无腐蚀的条件下能经住200℃的长时间作用
聚全氟乙丙烯（简称F-46）	除少数介质，如熔融碱金属、发烟硝酸、氧化氮以外，几乎能耐所有的化学介质，包括硝酸、王水等的腐蚀。耐温性低于聚四氟乙烯，能在200℃下长期使用。适用温度为-260～204℃

4.5.5　调节阀产品介绍

1. ZXG 系列气动薄膜笼式单座调节阀

ZXG 系列气动薄膜笼式单座调节阀是一种压力平衡型调节阀，采用笼式套筒导向、单座密封结构，配用多弹簧执行机构，流道呈 S 流线型，选用进口 MA43 系列平衡密封环。整体具有工作平稳、允许压差大、流量特性精确、噪声低等特点。特别适用于允许泄漏小、阀前后压差较大的工作场合。

该系列产品有标准型、散热型、低温型、调节切断型、波纹管密封型等多种型式。产品公称压力等级有 PN16、PN40、PN63、PN100；公称尺寸范围为 DN20 ~ DN200；适用介质温度为 -150 ~ 250℃、泄漏量符合 ANSI/FCI 70-2：2006 中Ⅳ级、Ⅴ级、Ⅵ级；流量特性有直线、等百分比。

(1) 结构型式　ZXGO 标准型：工作温度 -29 ~ 200℃，泄漏量等级为Ⅳ级，结构型式如图 4-324 所示。

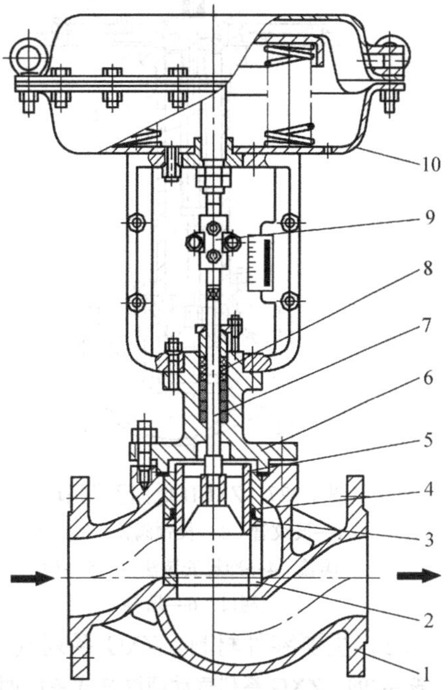

图 4-324　ZXGO 标准型调节阀

1—阀体　2—阀座　3—套筒　4—平衡密封环　5—阀芯　6—阀盖　7—阀杆　8—填料　9—对夹指示盘　10—执行机构

ZXGG 散热型：阀盖增设散热片，介质工作温度 -60 ~ 250℃，泄漏等级为Ⅴ级，结构型式如图 4-325 所示。

ZXGV 型波纹管密封型：对移动的阀杆形成完全密封，杜绝介质外漏，介质工作温度 -29 ~ 200℃，泄漏等级为Ⅴ级，结构型式如图 4-326。

ZXGD 低温型：采用长颈阀盖加波纹管密封结构。对移动阀杆形成完全密封，杜绝介质外漏，介质工作温度达 -150℃，泄漏等级为Ⅴ级，结构型式如图 4-327 所示。

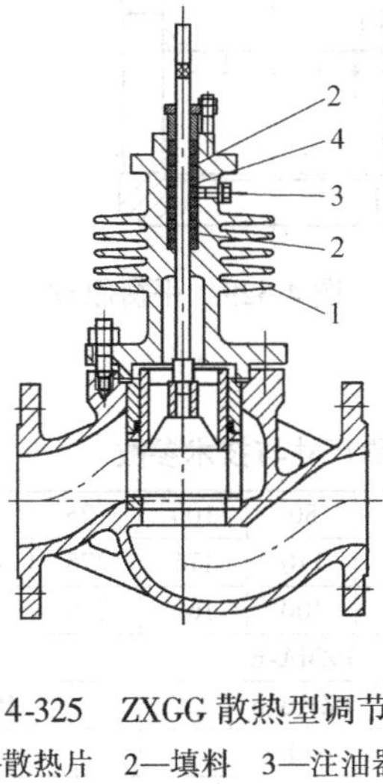

图 4-325　ZXGG 散热型调节阀

1—散热片　2—填料　3—注油器口　4—隔套

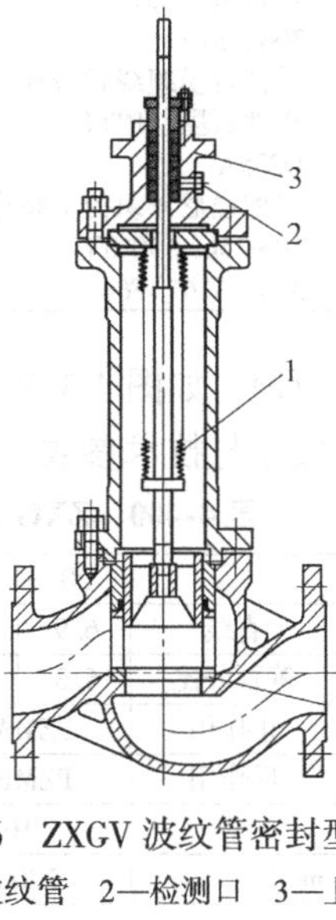

图 4-326　ZXGV 波纹管密封型调节阀

1—波纹管　2—检测口　3—上阀盖

ZXGQ调节切断型软密封结构，介质工作温度达 −29 ~ 200℃，泄漏量等级达Ⅵ级，阀芯如图4-328所示。

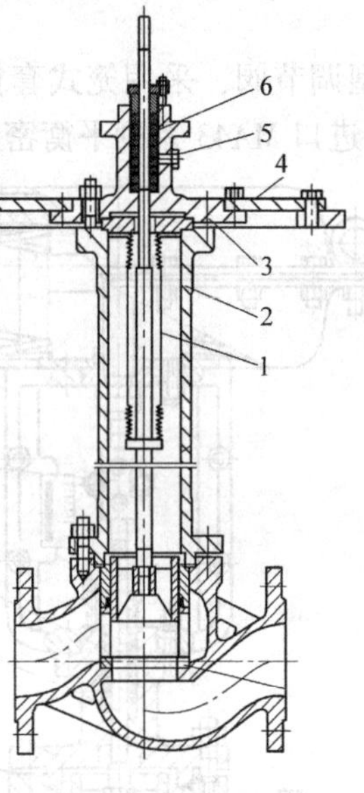

图4-327 ZXGD低温型调节阀

1—波纹管 2—长颈阀盖 3—上阀盖 4—冷箱安装法兰 5—检测口 6—填料

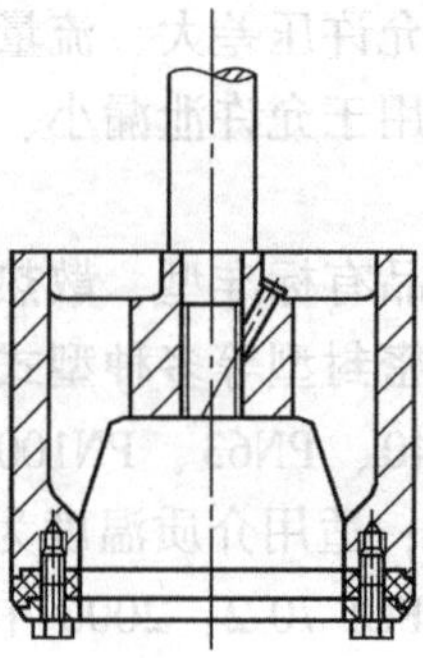

图4-328 ZXGQ型调节切断型软密封结构的阀芯

（2）主要零件材料 ZXG系列气动薄膜笼式单座调节阀主要零件的材料见表4-399。

表4-399 ZXG系列气动薄膜笼式单座调节阀主要零件的材料

零件名称	材料
阀体、阀盖	WCB、CF8、CF8M、CF3、CF3M
阀芯、阀座	F304、F316；F304 + PTFE，F316 + PTFE；F304 + STL，F316 + STL
平衡密封环	1.4310 + D31
波纹管	304、316
垫片	柔性石墨缠绕式垫片、PTFE
填料	柔性石墨、PTFE
膜盖	Q235A
波纹膜片	夹增强尼龙织物丁腈橡胶
弹簧	60Si2Mn、50CrV
阀杆、推杆	304、316、F6a

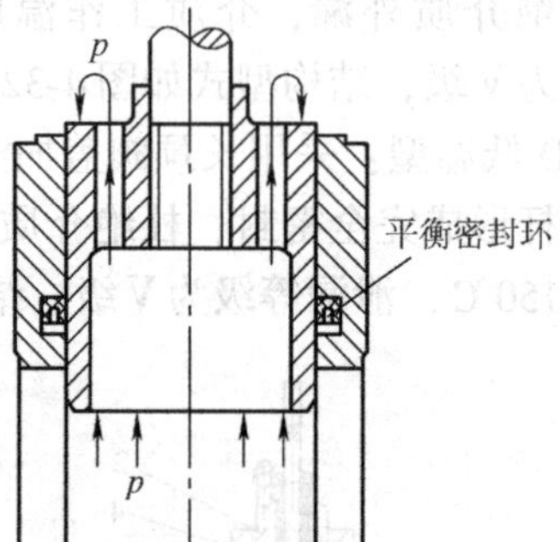

图4-329 平衡原理

（3）平衡原理 如图4-329所示。

（4）公称尺寸与技术参数 见表4-400。

表4-400 ZXG系列气动薄膜笼式单座调节阀公称尺寸与技术参数

公称尺寸 DN		20	25	32	40	50	65	80	100	125	150	200
额定流量系数 K_v	直线	6.9	11	17.6	27.5	44	69	110	176	275	440	690
	等百分比	6.3	10	16	25	40	63	100	160	250	400	630
执行机构型号	正作用	PZMA-4		PZMA-5			PZMA-6			PZMA-7		
	反作用	PZMB-4		PZMB-5			PZMB-6			PZMB-7		
额定行程 L/mm		16		25			40			60		
膜片有效面积 A_e/mm²		28000		40000			60000			100000		

（续）

公称压力 PN	16、40、63、100
固有流量特性	直线、等百分比
固有可调比 R	50
信号范围 p_r/kPa	20～100、40～200、80～240
气源压力 p_s/MPa	0.14、0.25、0.28、0.40

（5）主要性能指标　见表 4-401。

表 4-401　ZXG 系列气动薄膜笼式单座调节阀主要性能指标

序号	项　目			标准型调节阀		散热、低温型调节阀	
				不带定位器	带定位器	不带定位器	带定位器
1	基本误差＜（%）			±5	±1	±15	±4
2	回差＜（%）			3	1	10	3
3	死区＜（%）			3	0.4	8	1
4	始终点偏差＜（%）	气开	始点	±2.5	±1	±6	±2.5
			终点	±5		±15	
		气关	始点	±5		±15	
			终点	±2.5		±6	
5	额定行程偏差＜（%）			+2.5	+2.5	+6	+2.5

注：本产品性能指标贯彻 GB/T 4213。

（6）阀体和阀盖材料的压力-温度额定值　见表 4-402。

表 4-402　阀体和阀盖材料的压力-温度额定值　（单位：MPa）

温度/℃ \ 公称压力	PN16		PN40		PN63	
	WCB	CF8	WCB	CF8	WCB	CF8
-196～-29	—	1.6	—	4.0	—	6.4
-29～100	1.6	1.6	4.0	4.0	6.4	6.4
150	1.6	1.6	4.0	4.0	6.4	6.4
200	1.6	1.6	4.0	4.0	6.4	6.4
250	1.4	1.5	3.6	3.8	5.6	6.0
300	1.25	1.4	3.2	3.6	5.0	5.6
350	1.1	1.32	2.8	3.4	4.5	5.3
400	1.0	1.25	2.5	3.2	4.0	5.0
425	0.9	1.2	2.2	3.07	3.6	4.84
450	0.67	1.15	1.7	2.95	2.65	4.68
500	—	1.05	—	2.65	—	4.25
425	—	0.99	—	2.46	—	3.92
560	—	0.9	—	2.2	—	3.6

（7）阀体、阀盖、内件、填料的压力-温度曲线　如图 4-330 所示。

（8）调节阀工作温度范围及阀座泄漏等级

1）阀体材质为 WCB，见表 4-403。

表 4-403　阀体材料为 WCB 调节阀的工作温度范围及阀座泄漏等级

阀　体	WCB						
阀芯	304	304＋增强 PTFE	304	304	304	304	304＋STL
阀座	F304	F304	F304	F304	F304	F304	F304＋STL
平衡密封环	1.4310＋D31						
填料	PTFE	PTFE/石墨＋PTFE	石墨＋PTFE	石墨＋PTFE	波纹管＋PTFE	波纹管＋石墨	波纹管＋石墨

（续）

阀　体	WCB						
垫片	F4/V6590	F4/V6590	柔性石墨/不锈钢带缠绕	柔性石墨/不锈钢带缠绕	F4/V6590	柔性石墨/不锈钢带缠绕	柔性石墨/不锈钢带缠绕
上阀盖形式	标准型	标准型	标准型	散热型	波纹管密封型	波纹管密封型	散热型
泄漏等级	Ⅳ级	Ⅵ级	Ⅳ级	Ⅳ级	Ⅳ级	Ⅳ级	Ⅴ级
阀座泄漏量/（L/h）	$10^{-4}\times K_v$	微气泡级	$10^{-4}\times K_v$	$10^{-4}\times K_v$	$10^{-4}\times K_v$	$10^{-4}\times K_v$	$1.8\times10^{-7}\times\Delta p\times D$
温度范围/℃	−29～160	−29～180	120～200	−29～250	−29～200	−29～250	−29～250

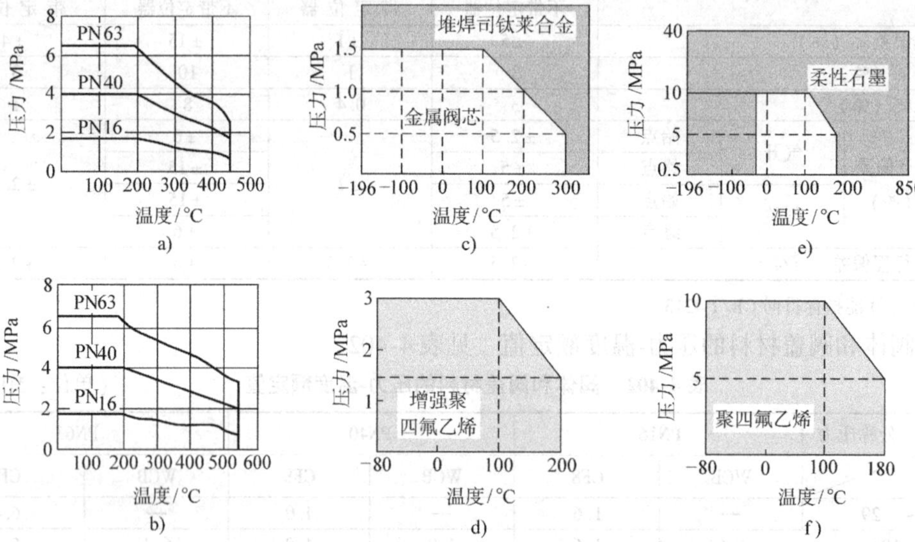

图4-330　阀体、阀盖、内件、填料的压力-温度曲线

a）WCB压力-温度额定值曲线　b）CF8压力-温度额定值曲线　c）金属阀芯压力-温度额定值曲线　d）RPTFE压力-温度额定值曲线　e）柔性石墨填料压力-温度额定值曲线　f）PTFE填料压力-温度额定值曲线

2）阀体材料为CF8，见表4-404。

表4-404　阀体材料为CF8调节阀的工作温度范围及阀座泄漏量等级

阀　体	CF8							CF8M	
阀芯	304	304+增强PTFE	304	304	304	304	304+STL	316	316+STL
阀座	F304	F304	F304	F304	F304	F304	F304+STL	F316	F316+STL
平衡密封环	1.4310+D31								
填料	PTFE	PTFE/石墨+PTFE	石墨+PTFE	石墨+PTFE	波纹管+PTFE	波纹管+石墨	波纹管+石墨	波纹管+石墨	波纹管+石墨
垫片	F4/V6590	F4/V6590	柔性石墨/不锈钢带缠绕	柔性石墨/不锈钢带缠绕	F4/V6590	柔性石墨/不锈钢带缠绕	柔性石墨/不锈钢带缠绕	LF2	LF2
上阀盖形式	标准型	标准型	标准型	散热型	波纹管密封型	波纹管密封型	散热型	低温型	低温型
泄漏等级	Ⅳ级	Ⅵ级	Ⅳ级	Ⅳ级	Ⅳ级	Ⅳ级	Ⅴ级	Ⅳ级	Ⅴ级
阀座泄漏量/（L/h）	$10^{-4}\times K_v$	微气泡级	$10^{-4}\times K_v$	$10^{-4}\times K_v$	$10^{-4}\times K_v$	$10^{-4}\times K_v$	$1.8\times10^{-7}\times\Delta p\times D$	$10^{-4}\times K_v$	$1.8\times10^{-7}\times\Delta p\times D$
温度范围/℃	−29～160	−29～180	−40～200	−60～250	−29～200	−60～250	−60～250	−150～−60	−150～−60

（9）流量特性曲线　如图4-331所示。

（10）各种固有流量特性相对行程下的相对流量数值 $R50$　见表4-405。

（11）允许压差

1）气关式（正作用）金属密封型Z×G系列调节阀允许压差，见表4-406。

2）气开式（反作用）金属密封型Z×G系列调节阀允许压差，见表4-407。

3）气关式（正作用）非金属密封型Z×G系列调节阀允许压差，见表4-408。

4）气开式（反作用）非金属密封型Z×G系列调节阀允许压差，见表4-409。

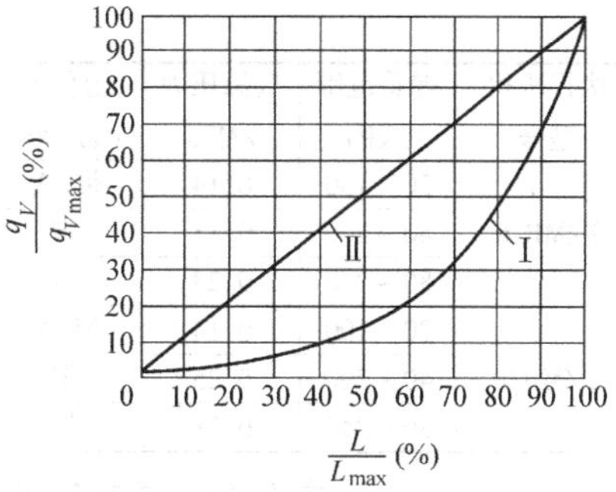

图4-331　Z×G系列调节阀流量特性曲线

Ⅰ—等百分比　Ⅱ—直线

表4-405　各种固有流量特性相对行程下的相对流量值 $R50$　（%）

$q_V/q_{V\max}$ \ $L/L_{\max}$ 特性	0	10	20	30	40	50	60	70	80	90	100
直线	2	11.8	21.6	31.4	41.2	51	60.8	70.6	80.4	90.2	100
等百分比	2	3	4.37	6.5	9.6	14.1	20.9	30.9	45.7	67.6	100

表4-406　气关式(正作用)金属密封Z×G系列调节阀允许压差　（单位:MPa）

执行机构型号	弹簧范围/kPa	气源压力/MPa	定位器(带/否)	阀座直径 d_N/mm 20	25	32	40	50	65	80	100	125	150	200
PZMA-4	20～100	0.14	否	1.51	0.80									
			带	9.09	4.80									
	40～200	0.25	带	10.0	6.80									
	80～240	0.4	带	10.0	10.0									
PZMA-5	20～100	0.14	否			0.83	0.69	0.54						
			带			5.01	4.14	3.26						
	40～200	0.25	带			7.10	5.87	4.62						
	80～240	0.4	带			10.0	10.0	10.0						
PZMA-6	20～100	0.14	否						0.68	0.55	0.43			
			带						4.09	3.30	2.63			
	40～200	0.25	带						5.79	4.68	3.73			
	80～240	0.4	带						10.0	10.0	8.13			
PZMA-7	20～100	0.14	否									0.60	0.50	0.37
			带									3.62	3.01	2.25
	40～200	0.25	带									5.14	4.27	3.19
	80～240	0.4	带									10.0	9.30	6.96

表4-407　气开式(反作用)金属密封Z×G系列调节阀允许压差　（单位:MPa）

执行机构型号	弹簧范围/kPa	气源压力/MPa	定位器(带/否)	阀座直径 d_N/mm 20	25	32	40	50	65	80	100	125	150	200
PZMB-4	20～100	0.14	带、否	1.51	0.80									
	40～200	0.25	带	9.09	4.80									
	80～240	0.28	带	10.0	10.0									
PZMB-5	20～100	0.14	带、否			0.83	0.69	0.54						
	40～200	0.25	带			5.01	4.11	3.26						
	80～240	0.28	带			10.0	10.0	8.70						

（续）

执行机构型号	弹簧范围/kPa	气源压力/MPa	定位器（带/否）	阀座直径 d_N/mm										
				20	25	32	40	50	65	80	100	125	150	200
PZMB-6	20～100	0.14	带、否						0.68	0.55	0.43			
	40～200	0.25	带						4.09	3.30	2.63			
	80～240	0.28	带						10.9	8.82	7.03			
PZMB-7	20～100	0.14	带、否									0.60	0.50	0.37
	40～200	0.25	带									3.62	3.01	2.25
	80～240	0.28	带									9.67	8.04	6.02

表 4-408　气关式（正作用）非金属密封型 Z×G 系列调节阀允许压差　（单位：MPa）

执行机构型号	弹簧范围/kPa	气源压力/MPa	定位器（带/否）	阀座直径 d_N/mm										
				20	25	32	40	50	65	80	100	125	150	200
PZMA-4	20～100	0.14	否	3.00	2.00									
			带	3.00	3.00									
	40～200	0.25	带	3.00	3.00									
	80～240	0.4	带	3.00	3.00									
PZMA-5	20～100	0.14	否			2.09	1.72	1.35						
			带			3.00	3.00	3.00						
	40～200	0.25	带			3.00	3.00	3.00						
	80～240	0.4	带			3.00	3.00	3.00						
PZMA-6	20～100	0.14	否						1.70	1.37	1.09			
			带						3.00	3.00	3.00			
	40～200	0.25	带						3.00	3.00	3.00			
	80～240	0.4	带						3.00	3.00	3.00			
PZMA-7	20～100	0.14	否									1.51	1.25	0.94
			带									3.00	3.00	2.82
	40～200	0.25	带									3.00	3.00	3.00
	80～240	0.4	带									3.00	3.00	3.00

表 4-409　气开式（反作用）非金属密封型 Z×G 系列调节阀允许系列　（单位：MPa）

执行机构型号	弹簧范围/kPa	气源压力/MPa	定位器（带/否）	阀座直径 d_N/mm										
				20	25	32	40	50	65	80	100	125	150	200
PZMB-4	20～100	0.14	带、否	3.00	2.00									
	40～200	0.25	带	3.00	3.00									
	80～240	0.28	带	3.00	3.00									
PZMB-5	20～100	0.14	带、否			2.09	1.72	1.35						
	40～200	0.25	带			3.00	3.00	3.00						
	80～240	0.28	带			3.00	3.00	3.00						
PZMB-6	20～100	0.14	带、否						1.70	1.37	1.09			
	40～200	0.25	带						3.00	3.00	3.00			
	80～240	0.28	带						3.00	3.00	3.00			
PZMB-7	20～100	0.14	带、否									1.51	1.25	0.94
	40～200	0.25	带									3.00	3.00	2.82
	80～240	0.28	带									3.00	3.00	3.00

（12）主要外形尺寸及重量

1）公称压力 PN16、PN40 标准型、散热型、波纹管密封型主要外形尺寸及重量，如图 4-332所示和见表 4-410。

2）公称压力 PN63、PN100 标准型、散热型、波纹管密封型主要外形尺寸及重量，如图 4-333所示和见表 4-411。

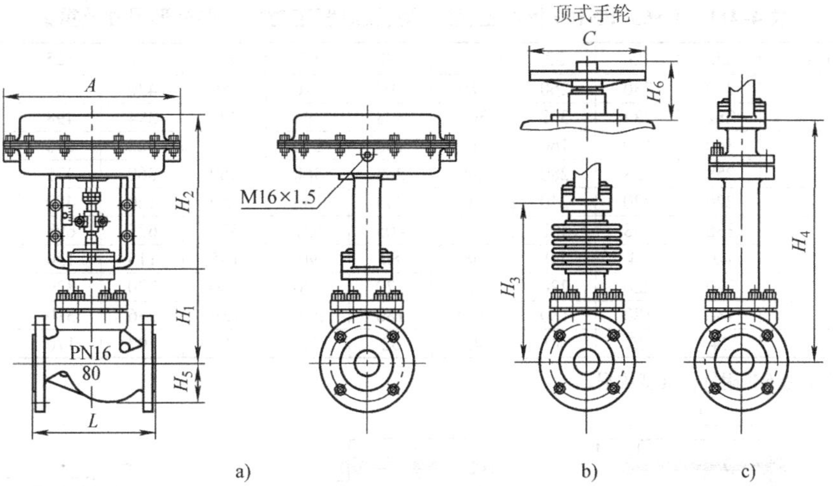

图 4-332　主要外形尺寸图

a) 标准型　b) 高温散热型　c) 波纹管密封型

表 4-410　PN16、PN40 标准型、散热型、波纹管密封型主要外形尺寸　(单位:mm)

公称尺寸 DN	20	25	32	40	50	65	80	100	125	150	200
L	150	160	180	200	230	290	310	350	400	480	600
A	282	282	308	308	308	394	394	394	498	498	498
H_1	128	128	152	152	160	205	200	208	273	333	364
H_2	258	258	280	280	280	360	360	360	435	435	435
H_3	208	208	224	228	228	334	334	342	408	453	482
H_4	338	338	402	402	405	627	628	635	698	702	728
H_5	42	48	56	64	76	85	100	110	126	148	188
C	220	220	220	220	220	270	270	270	320	320	320
H_6	180	180	180	180	180	236	236	236	310	310	310
重量/kg	21	22	24	32	38	62	67	83	132	160	245

注：表中重量为不带附件标准型数据。

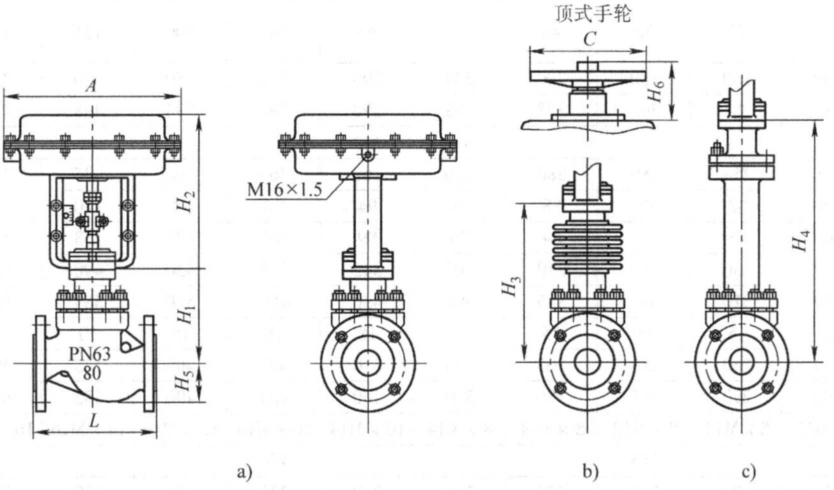

图 4-333　主要外形尺寸图

a) 标准型　b) 高温散热型　c) 波纹管密封型

3) 公称压力 PN16、PN40 低温型主要外形尺寸及重量，如图 4-334 所示及见表 4-412。

表 4-411 PN63、PN100 标准型、散热型、波纹管密封型主要外形尺寸及重量（单位：mm）

公称尺寸 DN	20	25	32	40	50	65	80	100	125	150	200
L	230	230	260	260	300	340	380	430	500	550	650
A	282	282	308	308	308	394	394	394	498	498	498
H_1	140	140	160	160	180	210	210	220	290	340	370
H_2	258	258	280	280	280	360	360	360	435	435	435
H_3	220	220	240	240	240	350	350	360	420	470	500
H_4	338	338	402	402	405	627	628	635	698	702	728
H_5	48	54	60	68	80	90	105	115	130	155	195
C	220	220	220	220	220	270	270	270	320	320	320
H_6	180	180	180	180	180	236	236	236	310	310	310
重量/kg	24	25	30	42	52	78	82	102	170	190	285

注：表中重量为不带附件标准型数据。

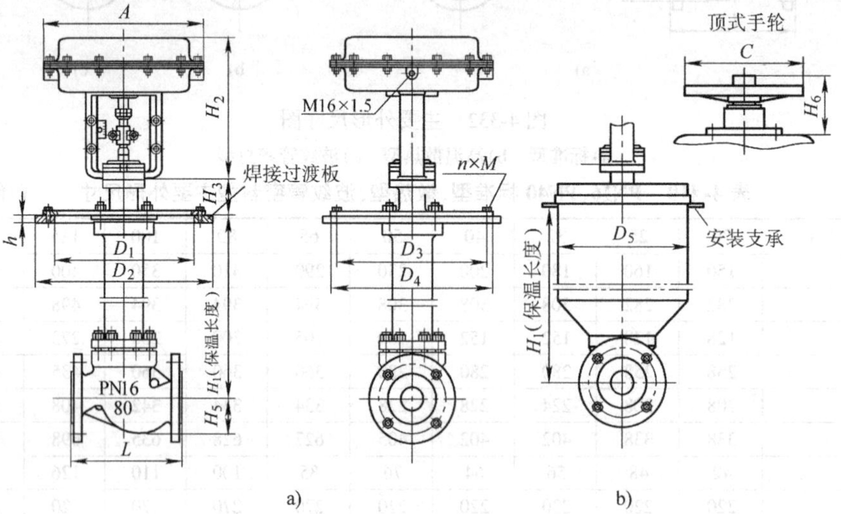

图 4-334 主要外形尺寸图

a) 连接板安装型 b) 浮动套安装型（DN20 ~ DN100）

表 4-412 PN16、PN40 低温型主要外形尺寸及重量（单位：mm）

公称尺寸 DN	20	25	32	40	50	65	80	100	125	150	200
L	150	160	180	200	230	290	310	350	400	480	600
A	282	282	308	308	308	394	394	394	498	498	498
H_1	700										
H_2	258	258	280	280	280	360	360	360	435	435	435
H_3	88	88	88	88	88	94	94	94	110	110	110
H_5	42	48	56	64	76	89	100	122	133	160	197
D_1	230	230	250	270	305	342	375	430	490	556	665
D_2	310	310	335	355	390	430	465	520	585	660	770
h	15	15	15	15	15	18	18	18	20	20	20
D_3	260	260	285	305	340	370	405	460	525	590	700
D_4	290	290	315	335	370	400	435	490	555	630	740
$n \times M$	8 × M12	8 × M12	8 × M12	8 × M14	8 × M14	10 × M14	10 × M14	12 × M16	14 × M16	16 × M16	18 × M16
D_5	285					470			—		
C	220	220	220	220	220	270	270	270	320	320	320
H_6	180	180	180	180	180	236	236	236	310	310	310
重量/kg	40	48	52	60	68	90	105	143	210	282	315

注：保温长度以 700mm 为例，表中重量为 PN16 数据。

4）公称压力 PN63、PN100 低温型主要外形尺寸及重量，如图 4-335 所示及见表 4-413。

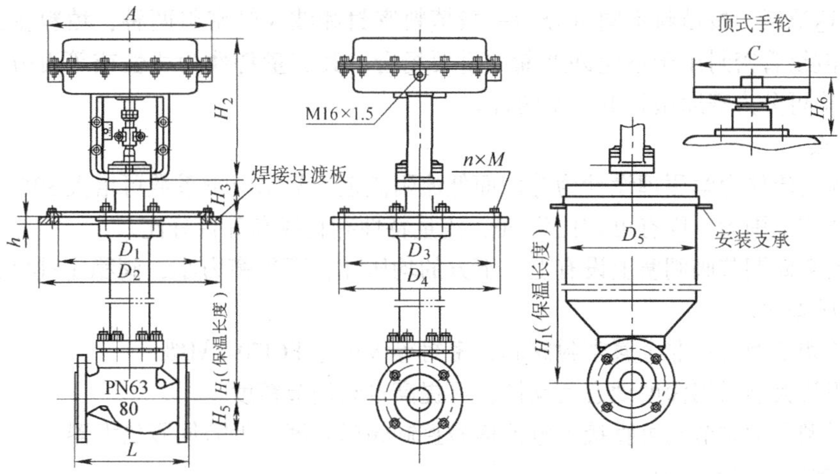

a)　　　　　　b)

图 4-335　主要外形尺寸图

a) 连接板安装型　b) 浮动套安装型

表 4-413　PN63、PN100 低温型主要外形尺寸及重量　（单位：mm）

公称尺寸 DN	20	25	32	40	50	65	80	100	125	150	200
L	230	230	260	260	300	340	380	430	500	550	650
A	282	282	308	308	308	394	394	394	498	498	498
H_1	700										
H_2	258	258	280	280	280	360	360	360	435	435	435
H_3	88	88	88	88	88	94	94	94	110	110	110
H_5	42	48	56	64	76	89	100	122	133	160	197
D_1	270	270	305	342	375	430	490	556	665	665	765
D_2	355	355	390	430	465	520	585	600	770	770	890
h	15	15	15	18	18	18	20	20	20	20	20
D_3	305	305	340	370	405	460	525	590	700	700	805
D_4	335	335	370	400	435	490	555	630	740	740	845
$n\times M$	8×M14	8×M14	8×M14	10×M14	10×M14	12×M16	14×M16	16×M16	18×M16	18×M16	18×M16
D_5	285					470		—			
C	220	220	220	220	220	270	270	270	320	320	320
H_6	180	180	180	180	180	236	236	236	310	310	310
重量/kg	40	48	52	60	68	90	105	143	210	282	315

注：保温长度以 700mm 为例，表中重量为 PN63 数据。

（13）主要生产厂家　浙江（杭州）万龙机械有限公司、沃福控制科技（杭州）有限公司。

2. ZAZP、ZAZM 型电动单座、套筒调节阀

ZAZ、ZAZM 型电动单座、套筒调节阀，接受调节仪表来的直流电信号，改变被调介质流量，使被控工艺参数保持在给定值。广泛应用于电力、冶金、化工、石油、轻纺、制药、造纸等行业的生产自动化控制。

本系列产品的公称尺寸 DN20～DN200，公称压力 PN10、PN16、PN40、PN63，工作温度范围为 -29～450℃，接受信号为 DC0～10mA 或 DC4～20mA。其中电动单座调节阀适用于压差较小、介质粘度较大或稍有颗粒杂质的场合。电动套筒调节阀适用于压差较大的场合。按调节阀内件密封部分材料分又有金属对金属，非金属对金属密封两种，非金属对金属关闭时密封等级可达Ⅵ级，按填料不同可分为一般填料密封和波纹管密封两种，填料密封适用于一般场合，而波纹管密封用于不允许外漏的重要场合。其流量特性为线性或等百分比。配用不同的执行机构可分为普通型和电子型两种。

（1）特点

1）阀体按流体力学原理设计为等截面低流阻流道，额定流量系数可增大30%。

2）可调节范围大，固有可调比为50，流量特性有直线和等百分比。

3）电动套筒调节阀阀塞上设有上、下方的均压孔，不平衡力小，阀稳定性好，套筒互换性强，使用压差大。

4）调节切断型采用非金属密封阀芯，密封等级可达FCI70-2Ⅵ级。

5）伺服放大器采用深度动态负反馈，可提高自动调节精度。

6）电子型电动调节阀可直接由电流信号控制阀门开度，无需伺服放大器。

（2）主要零件材料　见表4-414。

表4-414　ZAZP、ZAZM型电动单座、套筒调节阀主要零件材料

零件名称	材　料	零件名称	材　料
阀体、阀盖	HT200、WCB、CF8	推杆、衬套	F6a
阀芯	304 + STL或304 + RPTFE	垫片	柔性石墨/不锈钢缠绕式垫片、304、10
填料	柔性石墨、PTFE	波纹管	304、316

（3）主要技术参数　见表4-415。

表4-415　ZAZP、ZAZM型电动单座、套筒调节阀主要技术参数

公称尺寸DN		20				25	32	40	50	65	80	100	125	150	200
（阀座直径 *dn*）		(10)	(12)	(15)	(20)										
额定流量系数 K_v	直线	1.8	2.8	4.4	6.9	11	17.6	27.5	44	69	110	176	275	440	690
	等百分比	1.6	2.5	4	6.3	10	16	25	40	63	100	160	250	400	630
额定行程/mm		16					25			40			60		
公称压力PN		10、16、40、63													
固有流量特性		直线、等百分比													
固有可调比		50													
允许泄漏量	单座	金属密封：Ⅳ级　非金属密封：Ⅵ级													
	套筒	金属密封：Ⅱ级　非金属密封：Ⅵ级													
工作温度 *t*/℃		−20～200　−40～250　−40～450　−60～450													
信号范围(DC)/mA		0～10　4～20													
作用方式		电关式　电开式													
使用环境温度/℃		电动调节阀：−20～70℃　伺服放大器：0～50℃													
使用环境湿度		电动调节阀：≤95%　伺服放大器：≤85%													
电源电压		220V　50Hz　380V　50Hz　24AC/DC													

（4）配套用电动执行机构有关技术参数　见表4-416。

表4-416　ZAZP、ZAZM型电动单座、套筒调节阀配套用电动执行机构有关技术参数

公称尺寸DN		20	25	32	40	50	65	80	100	125	150	200
电动执行机构型号	普通型	ZAZ-60 DKZ-310		ZAZ-60 DKZ-310			DKZ-410			DKZ-410 DKZ-510		
	电子型	JHZAZ1		JHZAZ2			JHZAZ3			JHZAZ3		
电动执行机构推力/N	普通型	400 4000		400 4000			6400			6400 16000		
	电子型	2000		4000			6000			8000		

（续）

公称尺寸 DN		20	25	32	40	50	65	80	100	125	150	200
全行程时间/s	普通型	12.5		20			32			48		
	电子型	30		30			48			60		
消耗功率/W	普通型	28					35					
	电子型	6		15			25			40		

注：表中数据仅为常规配置，具体选用根据主要参数及用户要求而定。

(5) 允许压差

1）电动单座调节阀允许压差　见表 4-417。

2）电动套筒调节阀允许压差　见表 4-418。

表 4-417　电动单座调节阀允许压差　（单位：MPa）

推力/N ＼ 公称尺寸 DN	20				25	32	40	50	65	80	100	125	150	200
	10	12	15	20										
400	3.90	2.71	1.73	0.95	0.62	0.37	0.24	0.15						
2000	6.40	6.40	6.40	4.87	3.11									
4000	6.40	6.40	6.40	6.40	6.11	3.73	2.39	1.53						
6000									1.38	0.91	0.54			
6400									1.45	0.95	0.61	0.40	0.28	0.15
8000												0.50	0.34	0.19
16000												0.98	0.68	0.38

表 4-418　电动套筒调节阀允许压差　（单位：MPa）

推力/N ＼ 公称尺寸 DN	20	25	32	40	50	65	80	100	125	150	200
400	1.94	1.62	1.31	1.08	0.88						
2000	6.40	6.40									
4000	6.40	6.40	6.40	6.40	6.40						
6000						6.40	6.40	6.40			
6400						6.40	6.40	6.40	6.40	6.40	6.40
8000									6.40	6.28	4.59
16000									6.40	6.40	6.40

注：允许压差值若大于公称压力，则取公称压力值。

(6) 主要性能指标　见表 4-419。

表 4-419　ZAZP、ZAZM 型电动单座、套筒调节阀主要性能指标

序　号	项　目	单 座 阀	套 筒 阀
1	基本误差（%）	±2.5	
2	回差（%）	2.0	
3	死区（%）	3.0	
4	额定行程偏差（%）	+2.5	
5	额定流量系数偏差（%）	±10	
6	固有流量特性	符合 IEC 60534-1、GB/T 4213—2008 中规定的斜率偏差	

(7) 基本结构

1）ZAZP 型电动单座调节阀基本结构如图 4-336 所示。

2）ZAZM 型电动套筒调节阀基本结构如图 4-337 所示。

(8) 阀体及阀盖结构　如图 4-338 所示。

(9) 阀体及阀芯材料压力-温度额定值　如图 4-339 所示。

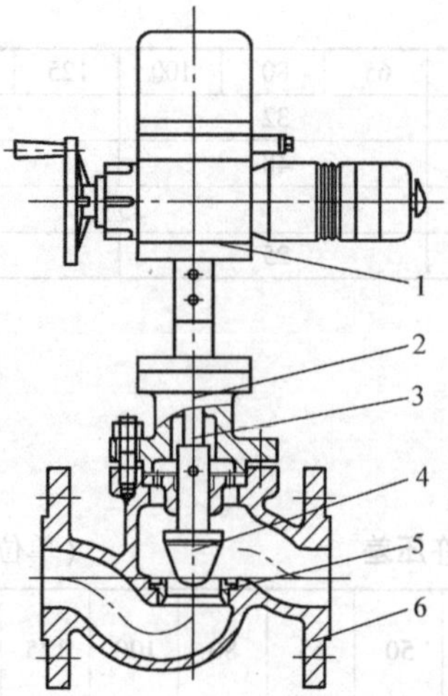

图 4-336 ZAZP 型电动单座调节阀基本结构

1—电动执行机构（普通型） 2—阀盖
3—阀杆 4—阀芯 5—阀座 6—阀体

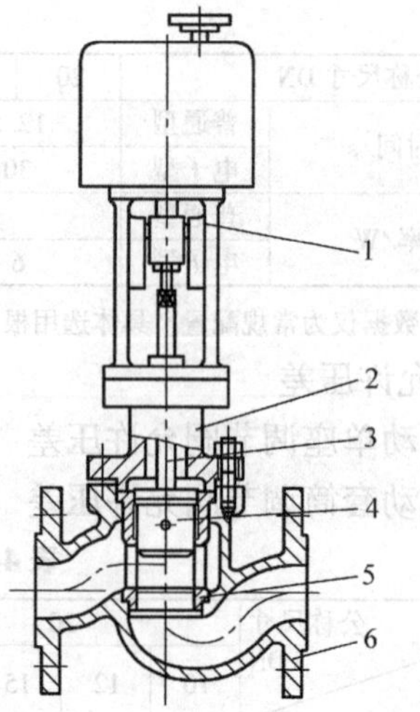

图 4-337 ZAZM 型电动套筒调节阀基本结构

1—电动执行机构（电子式） 2—阀盖
3—阀杆 4—阀塞 5—套筒 6—阀体

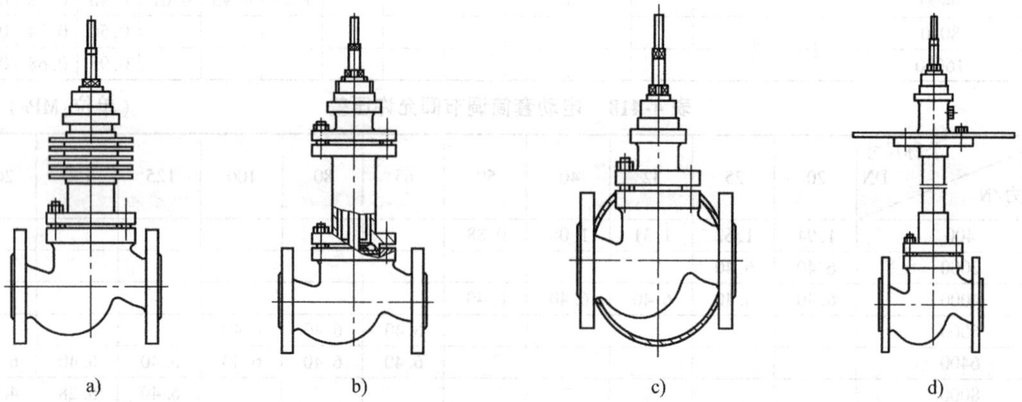

a) b) c) d)

图 4-338 阀体及阀盖结构

a）散热型 b）波纹管密封型 c）夹套保温型 d）低温型

（10）主要外形尺寸及重量

1）普通型主要外形尺寸及重量如图 4-340 所示及见表 4-420。

2）电子型主要外形尺寸及重量如图 4-341 所示及见表 4-421。

表 4-420 普通型主要外形尺寸及重量 （单位：mm）

公称尺寸 DN		20	25	32	40	50	65	80	100	125	150	200
A				460				530			630	
B				230				230			260	
H_1				490				540			625	
L		150	160	180	200	230	290	310	350	400	480	600
H_2		175	180	215	218	230	280	285	315	400	460	540
H_3		53	57.5	70	75	82.5	92.5	100	110	125	142.5	170
重量/kg	PN16 PN40	50	52	54	56	58	75	87	95	132	135	155
	PN63	53	56	58	65	68	84	110	129	177	180	210

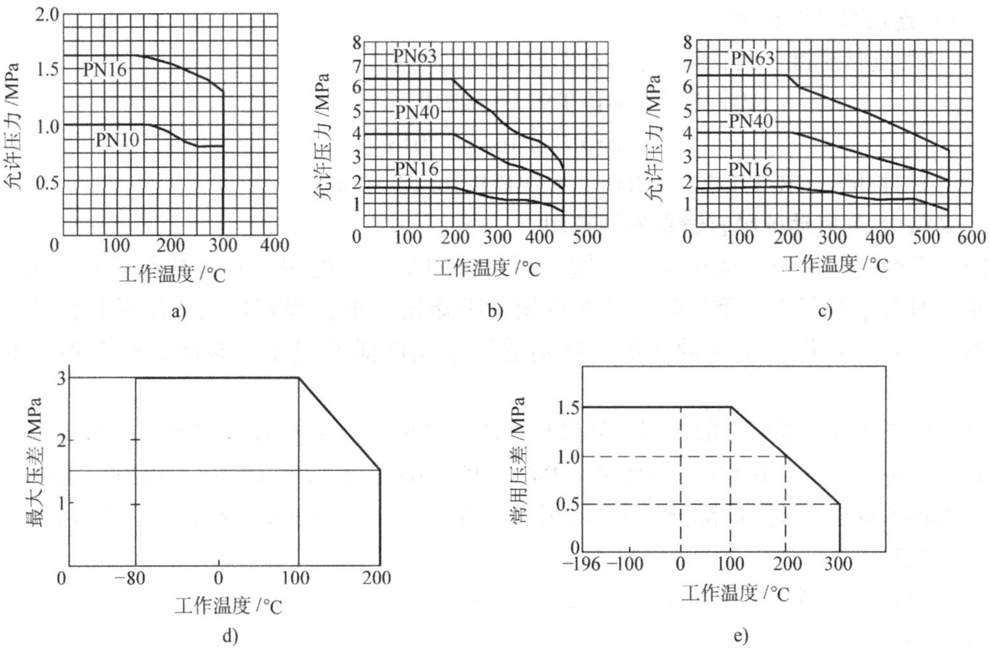

图 4-339　阀体及阀芯材料压力-温度额定值

a）铸铁阀体 HT200　b）碳素铸钢阀体 WCB　c）奥氏体不锈钢阀体 CF8

d）增强聚四氟乙烯阀芯 RPTFE　e）司太立硬质合金阀芯

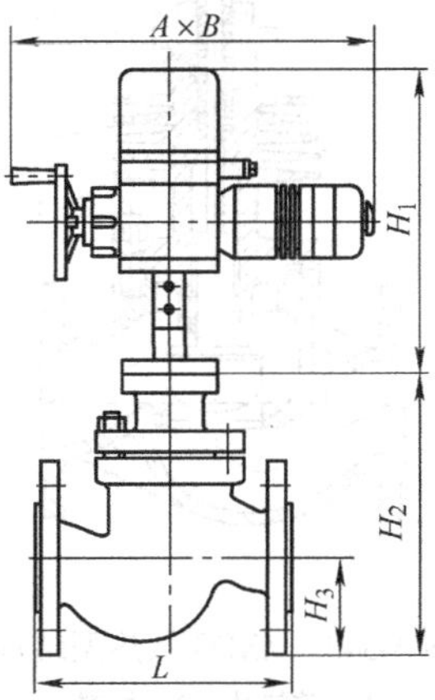

图 4-340　普通型外形图

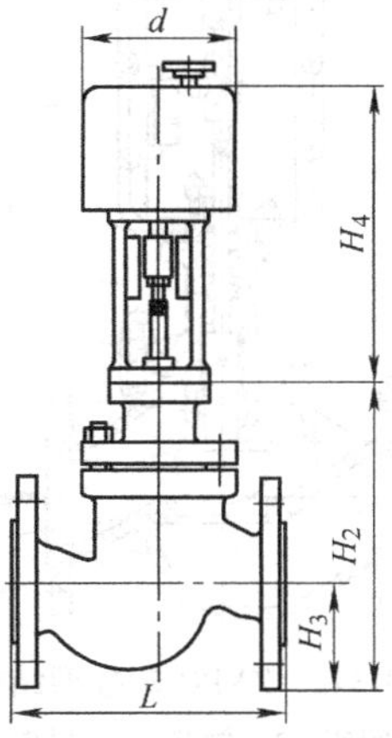

图 4-341　电子型外形图

表 4-421　电子型主要外形尺寸及重量　（单位：mm）

公称尺寸 DN		20	25	32	40	50	65	80	100	125	150	200
d		$\phi155$		$\phi162$			$\phi170$					
H_4		290		325			380					
L		150	160	180	200	230	290	310	350	400	480	600
H_2		175	180	215	218	230	280	285	315	400	460	540
H_3		53	58	70	75	82	92	100	110	125	142	170
重量/kg	PN16 PN40	10	12	15	17	18	34	46	54	76	79	100
	PN63	13	16	19	26	27	43	69	85	120	125	150

（11）连接尺寸及标准

1）法兰连接标准：铸铁法兰：GB/T 17241

铸钢法兰：GB/T 9113—2010

ASME B 16.5—2013

2）结构长度：GB/T 12221—2005、ASME B 16.10—2009

3. ZXP 系列气动薄膜直通单座调节阀

ZXP 系列气动薄膜直通单座调节阀采用顶导向结构，配用多弹簧执行机构，流道呈 S 流线型。具有结构紧凑、重量轻、动作灵敏、压降损失小、阀容量大、流量特性精确、维护方便等优点，可用于苛刻的工况，特别适用于允许泄漏量小，阀前后压差不大的工作场合。

该系列产品有标准型、散热型、低温型、调节切断型、波纹管密封型、夹套保温型等多种形式。产品公称压力有 PN16、PN40、PN63、PN100；公称尺寸 DN20 ~ DN200；适用介质温度为 -196 ~ 560℃；泄漏量符合 FCI 70-2 中Ⅳ、Ⅴ、Ⅵ级；流量特性有直线、等百分比。

（1）类型

1）ZXPO 标准型：工作温度 -29 ~ 200℃，泄漏等级符合 FCI 70-2 标准Ⅳ级。具体结构如图 4-342 所示。

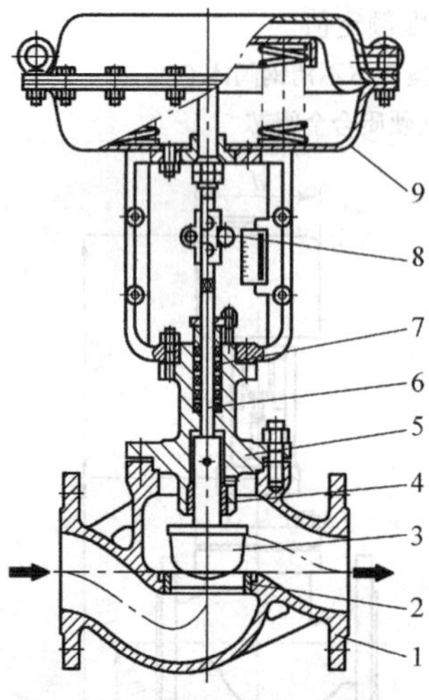

图 4-342 ZXPO 标准型结构

1—阀体 2—阀座 3—阀芯 4—导向套 5—阀盖 6—阀杆 7—填料 8—对夹指示盘 9—执行机构

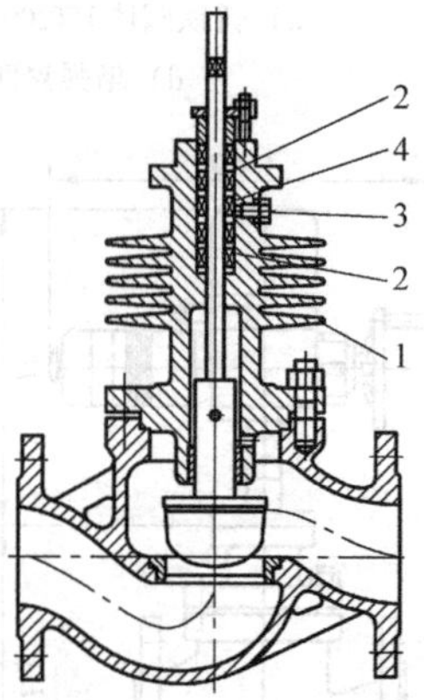

图 4-343 ZXPG 散热型结构

1—散热片 2—填料 3—注油器口 4—隔套

2）ZXPG 散热型：在阀盖上增设散热片，可用于介质工作温度 -60 ~ 450℃的场合。具体结构如图 4-343 所示。

3）ZXPV 波纹管密封型：对阀杆形成完全密封，杜绝介质外漏。具体结构如图 4-344 所示。

4）ZXPD 低温型：采用长颈阀盖加波纹管密封结构，可用于 -196℃的冷场合。具体结构如图 4-345 所示。

5）ZXPQ 调节切断型：阀芯采用非金属密封结构，密封材料可用 PTFE，密封等级可达 FCI-70-2 标准Ⅵ级。具体阀芯结构如图 4-346 所示。

6）ZXPJ 夹套保温型：带有不锈钢保温夹套，用于介质冷却后易结晶，易凝固造成堵塞的场合。具体结构如图 4-347 所示。

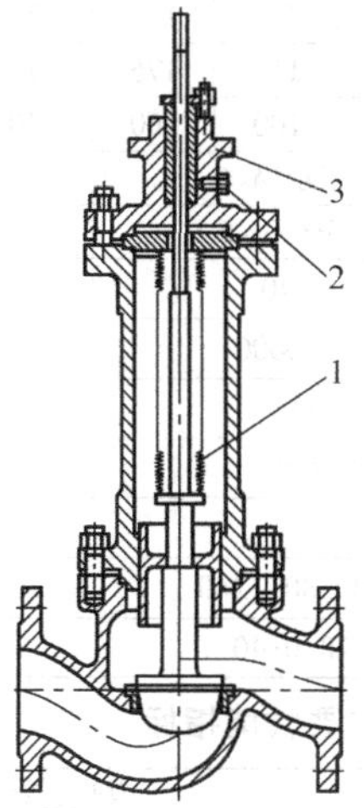

图4-344 ZXPV波纹管密封型结构
1—波纹管 2—检测口 3—上阀盖

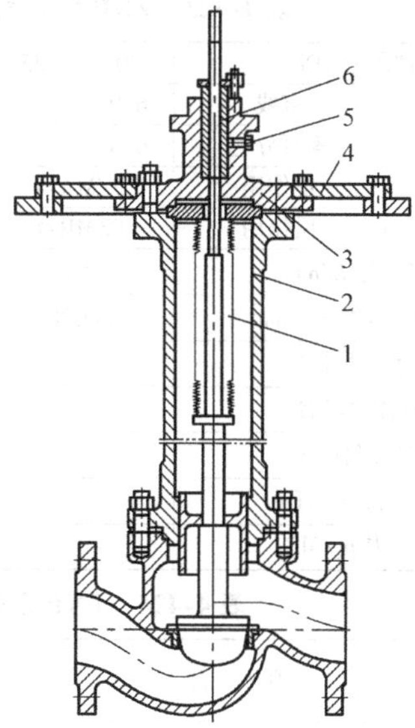

图4-345 ZXPD低温型结构
1—波纹管 2—长颈阀盖 3—上阀盖 4—冷箱安装法兰 5—检测口 6—密封填料

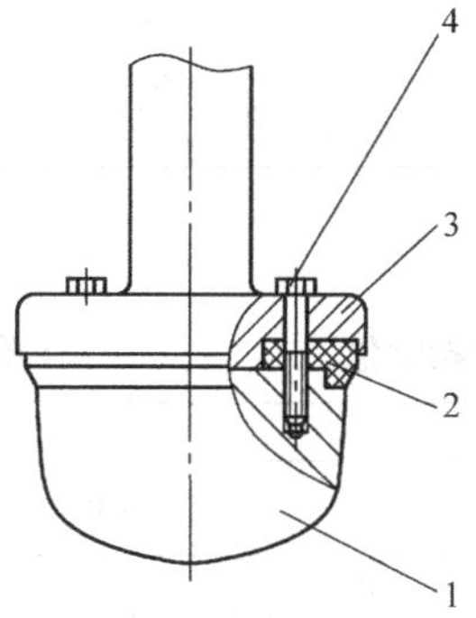

图4-346 ZXPQ型阀芯结构
1—调节头 2—非金属密封面 2—密封座 4—连接螺钉

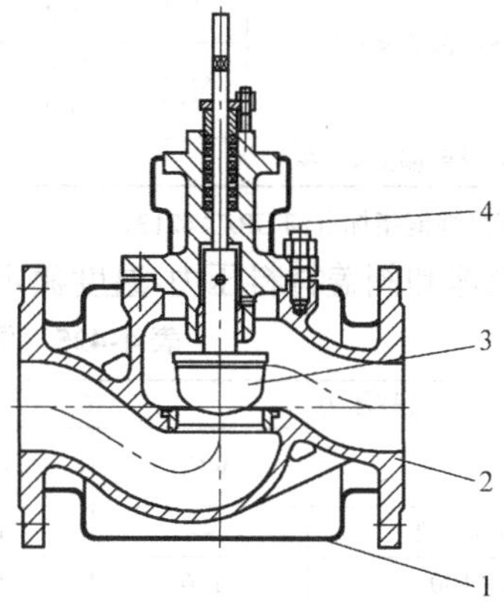

图4-347 ZXPJ夹套保温型结构
1—保温夹套 2—阀体 3—阀芯 4—阀盖

7）ZXPF衬塑型：单座型调节阀与介质部位衬有F46，填料部位采用聚四氟乙烯+波纹管密封，适用于强腐蚀介质的自动控制。

（2）主要零件材料 见表4-422。

表4-422 ZXP系列气动薄膜直通单座调节阀主要零件材料

零件名称	材 料	零件名称	材 料
阀体、阀盖	WCB、CF8	波纹膜片	夹增强尼龙织物丁腈橡胶
阀芯、阀座	304、304+PTFE、304+STL	弹簧	60Si2Mn、50CrV
填料	PTFE、柔性石墨	膜盖	Q235A
波纹管	304	阀杆、推杆	F304、F6a
垫片	柔性石墨/奥氏体不锈钢缠绕式垫片、PTFE		

(3)公称尺寸与技术参数 见表4-423。

(4)主要性能指标 见表4-424。

表 4-423 ZXP 系列气动薄膜直通单座调节阀公称尺寸与技术参数

公称尺寸 DN		20	25	32	40	50	65	80	100	125	150	200
额定流量系数 K_v	直线	6.9	11	17.6	27.5	44	69	110	176	275	440	690
	等百分比	6.3	10	16	25	40	63	100	160	250	400	630
执行机构型号	正作用	PZMA-4		PZMA-5			PZMA-6			PZMA-7		
	反作用	PZMB-4		PZMB-5			PZMB-6			PZMB-7		
额定行程 L/mm		16		25			40			60		
膜片有效面积 A_e/mm^2		28000		40000			60000			100000		
公称压力 PN		16、40、63、100										
固有流量特性		直线　等百分比										
固有可调比 R		50										
信号范围 p_r/kPa		20～100、40～200、80～240										
气源压力 p_s/MPa		0.14、0.25、0.28、0.40										

表 4-424 ZXP 系列气动薄膜直通单座调节阀主要性能指标

序号	项目			标准型调节阀		散热、低温型调节阀	
				不带定位器	带定位器	不带定位器	带定位器
1	基本误差＜(%)			±5	±1	±15	±4
2	回差＜(%)			3	1	10	3
3	死区＜(%)			3	0.4	8	1
4	始终点偏差＜(%)	气开	始点	±2.5	±1	±6	±2.5
			终点	±5		±15	
		气关	始点	±5		±15	
			终点	±2.5		±6	
5	额定行程偏差＜(%)			+2.5	+2.5	+6	+2.5

注：本产品性能指标贯彻 GB/T 4213。

（5）阀体和阀盖材料压力-温度额定值　见表 4-425。

表 4-425 阀体和阀盖材料压力-温度额定值　　（单位：MPa）

温度/℃ ＼ 公称压力 PN	16		40		63	
	WCB	CF8	WCB	CF8	WCB	CF8
-196～-2	—	1.6	—	4.0	—	6.4
-2～100	1.6	1.6	4.0	4.0	6.4	6.4
150	1.6	1.6	4.0	4.0	6.4	6.4
200	1.6	1.6	4.0	4.0	6.4	6.4
250	1.4	1.5	3.6	3.8	5.6	6.0
300	12.5	1.4	3.2	3.6	5.0	5.6
350	1.10	1.32	2.8	3.4	4.5	5.3
400	1.00	1.25	2.5	3.2	4.0	5.0
425	0.90	1.20	2.2	3.07	3.6	4.84
450	0.67	1.15	1.7	2.95	2.65	4.68
500	—	1.05	—	2.65	—	4.25
425	—	0.99	—	2.46	—	3.92
560	—	0.9	—	2.2	—	3.6

（6）阀体、内件、填料材料压力-温度曲线　如图 4-348 所示。

（7）调节阀整机工作温度范围及阀座泄漏量

1）阀体材料为 WCB，见表 4-426。

2）阀体材料为 CF8，见表 4-427。

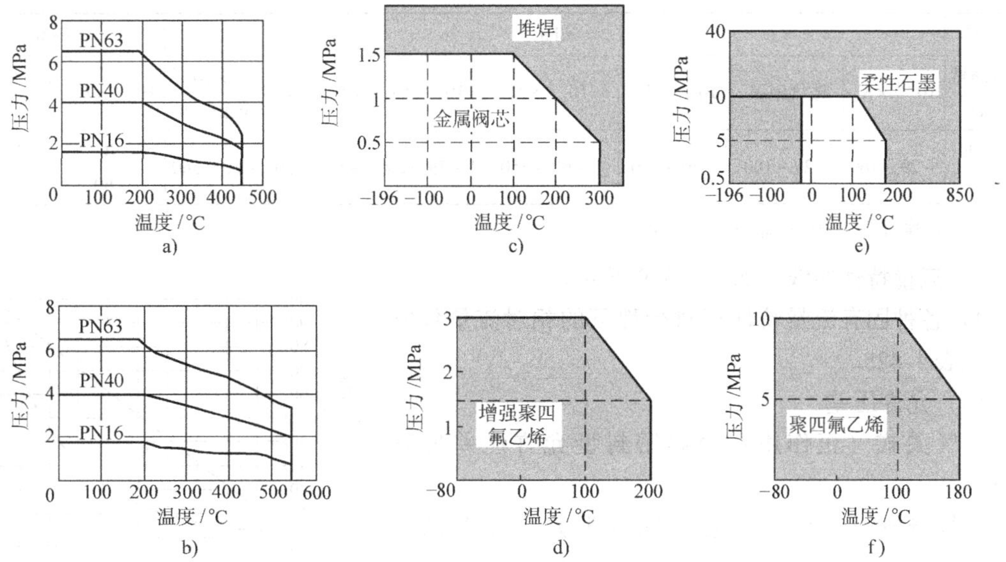

图4-348　阀体、内件、填料材料压力-温度曲线

a）阀体材料 WCB　b）阀体材料：CF8　c）金属阀芯：堆焊 STL

d）非金属阀芯：RPTFE　e）填料：柔性石墨　f）填料：PTFE

表4-426　阀体材料为 WCB 调节阀整机工作温度范围及阀座泄漏量

阀　体	WCB						
阀芯	304	304 + RPTFE	304	304	304	304	304 + STL
阀座	F304	F304	F304	F304	F304	F304	F304 + STL
填料	PTFE	PTFE/石墨 + PTFE	石墨 + PTFE	石墨 + PTFE	波纹管 + PTFE	波纹管 + 石墨	波纹管 + 石墨
垫片	F4/V6590	F4/V6590	柔性石墨/不锈钢缠绕	柔性石墨/不锈钢缠绕	F4/V6590	柔性石墨/不锈钢缠绕	柔性石墨/不锈钢缠绕
上阀盖形式	标准型	标准型	标准型	散热型	波纹管密封型	波纹管密封型	散热型
泄漏等级	Ⅳ级	Ⅵ级	Ⅳ级	Ⅳ级	Ⅳ级	Ⅳ级	Ⅴ级
阀座泄漏量/（L/h）	$10^{-4} \times K_v$	微气泡级	$10^{-4} \times K_v$	$10^{-4} \times K_v$	$10^{-4} \times K_v$	$10^{-4} \times K_v$	$1.8 \times 10^{-7} \times \Delta p \times D$
温度范围/℃	−29 ~ 160	−29 ~ 180	120 ~ 200	−29 ~ 450	−29 ~ 200	−29 ~ 450	−29 ~ 450

表4-427　阀体材料为 CF8 调节阀整机工作温度范围及阀座泄漏量

阀　体	CF8							CF8M	
阀芯	304	304 + RPTFE	304	304	304	304	304 + STL	316	316 + STL
阀座	F304	F304	F304	F304	F304	F304	F304 + STL	F316	F316 + STL
填料	PTFE	PTFE/石墨 + PTFE	石墨 + PTFE	石墨 + PTFE	波纹管 + PTFE	波纹管 + 石墨	波纹管 + 石墨	波纹管 + 石墨	波纹管 + 石墨
垫片	F4/V6590	F4/V6590	柔性石墨/不锈钢带缠绕	柔性石墨/不锈钢带缠绕	F4/V6590	柔性石墨/不锈钢带缠绕	柔性石墨/不锈钢带缠绕	PTFE/不锈钢带缠绕	PTFE/不锈钢带缠绕
上阀盖形式	标准型	标准型	标准型	散热型	波纹管密封型	波纹管密封型	散热型	低温型	低温型
泄漏等级	Ⅳ级	Ⅵ级	Ⅳ级	Ⅳ级	Ⅳ级	Ⅳ级	Ⅴ级	Ⅳ级	Ⅴ级

（续）

阀　体	CF8							CF8M	
阀座泄漏量/(L/h)	$10^{-4}\times K_v$	微气泡级	$10^{-4}\times K_v$	$10^{-4}\times K_v$	$10^{-4}\times K_v$	$10^{-4}\times K_v$	$1.8\times10^{-7}\times\Delta p\times D$	$10^{-4}\times K_v$	$1.8\times10^{-7}\times\Delta p\times D$
温度范围/℃	-29~160	-29~180	-40~200	-60~450	-29~200	-60~450	-60~560	-196~-60	-196~-60

注：D—阀座直径（mm）；Δp—压差（kPa）。

（8）流量特性曲线　如图4-349所示。

（9）各种固有流量特性相对行程下的相对流量数值 $R50$　见表4-428。

（10）允许压差

1）气关式（正作用）金属密封型允许压差见表4-429。

2）气开式（反作用）金属密封型允许压差见表4-430。

3）气关式（正作用）非金属密封型允许压差见表4-431。

4）气开式（反作用）非金属密封型允许压差见表4-432。

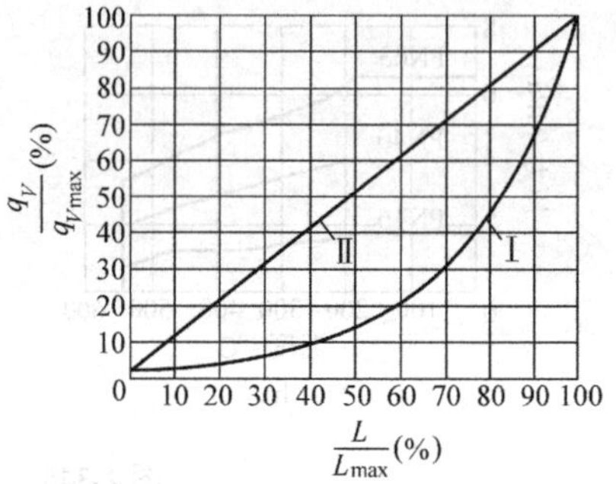

图4-349　流量特性曲线

Ⅰ—等百分比　Ⅱ—直线

表4-428　各种固有流量特性相对行程下的相对流量数值 $R50$

$q_V/q_{V\max}$ \ $L/L_{\max}$ 特性	0	10	20	30	40	50	60	70	80	90	100
直线	2	11.8	21.6	31.4	41.2	51	60.8	70.6	80.4	90.2	100
等百分比	2	3	4.37	6.5	9.6	14.1	20.9	30.9	45.7	67.6	100

表4-429　气关式(正作用)金属密封型允许压差　(单位:MPa)

执行机构型号	弹簧范围/kPa	气源压力/MPa	定位器(带/否)	公称尺寸DN 20	25	32	40	50	65	80	100	125	150	200
PZMA-4	20~100	0.14	否	0.95	0.61									
			带	2.55	1.63									
	40~200	0.25	带	3.34	2.14									
	80~240	0.4	带	6.52	4.17									
PZMA-5	20~100	0.14	否			0.49	0.32	0.20						
			带			1.31	0.84	0.54						
	40~200	0.25	带			1.72	1.10	0.71						
	80~240	0.4	带			3.36	2.15	1.37						
PZMA-6	20~100	0.14	否						0.18	0.12	0.08			
			带						0.49	0.32	0.21			
	40~200	0.25	带						0.65	0.43	0.27			
	80~240	0.4	带						1.26	0.83	0.53			
PZMA-7	20~100	0.14	否									0.09	0.06	0.03
			带									0.23	0.16	0.09
	40~200	0.25	带									0.30	0.21	0.12
	80~240	0.4	带									0.58	0.40	0.22

表 4-430　气开式(反作用)金属密封型允许压差　(单位:MPa)

执行机构型号	弹簧范围/kPa	气源压力/MPa	定位器(带/否)	公称尺寸 DN										
				20	25	32	40	50	65	80	100	125	150	200
PZMB-4	20~100	0.14	带、否	0.95	0.61									
	40~200	0.25	带	2.55	1.63									
	80~240	0.28	带	5.73	3.67									
PZMB-5	20~100	0.14	带、否			0.49	0.32	0.20						
	40~200	0.25	带			1.31	0.84	0.54						
	80~240	0.28	带			2.95	1.89	1.21						
PZMB-6	20~100	0.14	带、否						0.18	0.12	0.08			
	40~200	0.25	带						0.49	0.32	0.21			
	80~240	0.28	带						1.11	0.73	0.47			
PZMB-7	20~100	0.14	带、否									0.09	0.06	0.03
	40~200	0.25	带									0.23	0.16	0.09
	80~240	0.28	带									0.52	0.36	0.20

表 4-431　气关式(正作用)非金属密封型允许压差　(单位:MPa)

执行机构型号	弹簧范围/kPa	气源压力/MPa	定位器(带/否)	公称尺寸 DN										
				20	25	32	40	50	65	80	100	125	150	200
PZMA-4	20~100	0.14	否	1.20	0.76									
			带	2.78	1.78									
	40~200	0.25	带	3.00	2.29									
	80~240	0.4	带	3.00	3.00									
PZMA-5	20~100	0.14	否			0.62	0.39	0.25						
			带			1.44	0.92	0.59						
	40~200	0.25	带			1.85	1.18	0.76						
	80~240	0.4	带			3.00	2.23	1.42						
PZMA-6	20~100	0.14	否						0.23	0.15	0.10			
			带						0.54	0.36	0.23			
	40~200	0.25	带						0.69	0.46	0.29			
	80~240	0.4	带						1.30	0.86	0.55			
PZMA-7	20~100	0.14	否									0.11	0.08	0.04
			带									0.25	0.17	0.10
	40~200	0.25	带									0.32	0.22	0.13
	80~240	0.4	带									0.60	0.42	0.23

表 4-432　气开式(反作用)非金属密封型允许压差　(单位:MPa)

执行机构型号	弹簧范围/kPa	气源压力/MPa	定位器(带/否)	公称尺寸 DN										
				20	25	32	40	50	65	80	100	125	150	200
PZMB-4	20~100	0.14	带、否	1.19	0.76									
	40~200	0.25	带	2.78	1.78									
	80~240	0.28	带	3.00	3.00									
PZMB-5	20~100	0.14	带、否			0.62	0.39	0.25						
	40~200	0.25	带			1.44	0.92	0.59						
	80~240	0.28	带			3.00	1.97	1.26						
PZMB-6	20~100	0.14	带、否						0.23	0.15	0.10			
	40~200	0.25	带						0.54	0.36	0.23			
	80~240	0.28	带						1.15	0.76	0.49			
PZMB-7	20~100	0.14	带、否									0.11	0.07	0.04
	40~200	0.25	带									0.25	0.17	0.10
	80~240	0.28	带									0.54	0.37	0.21

(11) 主要外形尺寸及重量

1）公称压力 PN16、PN40 标准型、散热型、波纹管密封型主要外形尺寸及重量，如图 4-350所示及见表4-433。

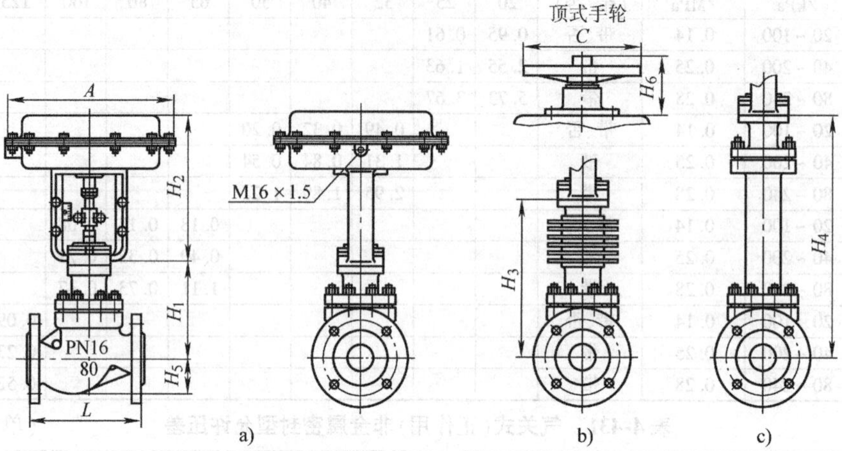

图 4-350 PN16、PN40 标准型、散热型、波纹管密封型外形尺寸图

a）标准型 b）高温散热型 c）波纹管密封型

表 4-433 PN16、PN40 标准型、散热型、波纹管密封型主要外形尺寸及重量 （单位：mm）

公称尺寸 DN	20	25	32	40	50	65	80	100	125	150	200
L	150	160	180	200	230	290	310	350	400	480	600
A	282	282	308	308	308	394	394	394	498	498	498
H_1	128	128	152	152	160	205	200	208	273	333	364
H_2	258	258	280	280	280	360	360	360	435	435	435
H_3	208	208	224	228	228	334	334	342	408	453	482
H_4	338	338	402	402	405	627	628	635	698	702	728
H_5	42	48	56	64	76	85	100	110	126	148	188
C	220	220	220	220	220	270	270	270	320	320	320
H_6	180	180	180	180	180	236	236	236	310	310	310
重量/kg	21	22	24	32	38	62	67	83	132	160	245

注：表中重量为不带附件标准型数据。

2）公称压力 PN63、PN100 标准型、散热型、波纹管密封型主要外形尺寸及重量，如图 4-351所示及见表4-434。

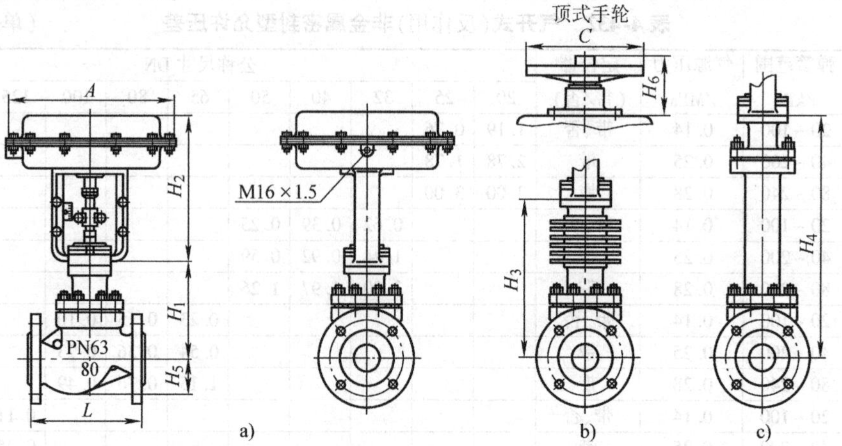

图 4-351 PN63、PN100 标准型、散热型、波纹管密封型外形尺寸图

a）标准型 b）高温散热型 c）波纹管密封型

表 4-434　PN63、PN100 标准型、散热型、波纹管密封型主要外形尺寸及重量（单位：mm）

公称尺寸 DN	20	25	32	40	50	65	80	100	125	150	200
L	230	230	260	260	300	340	380	430	500	550	650
A	282	282	308	308	308	394	394	394	498	498	498
H_1	140	140	160	160	180	210	210	220	290	340	370
H_2	258	258	280	280	280	360	360	360	435	435	435
H_3	220	220	240	240	240	350	350	360	420	470	500
H_4	338	338	402	402	405	627	628	635	698	702	728
H_5	48	54	60	68	80	90	105	115	130	155	195
C	220	220	220	220	220	270	270	270	320	320	320
H_6	180	180	180	180	180	236	236	236	310	310	310
重量/kg	24	25	30	42	52	78	82	102	170	190	285

注：表中重量为不带附件标准型数据。

3）夹套保温型主要外形尺寸及重量，如图 4-352 所示及见表 4-435。

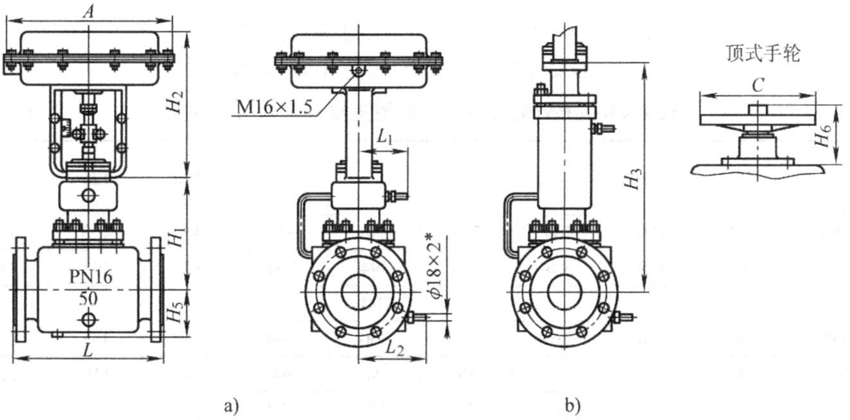

图 4-352　夹套保温型主要外形尺寸图
a）夹套保温型　b）波纹管密封夹套保温型

表 4-435　夹套保温型主要外形尺寸及重量　（单位：mm）

公称尺寸 DN	20	25	32	40	50	65	80	100	125	150	200
L	230	230	260	260	300	340	380	430	500	550	650
A	282	282	308	308	308	394	394	394	498	498	498
H_1	152	152	177	177	183	221	221	230	315	355	385
H_2	258	258	280	280	280	360	360	360	435	435	435
H_3	220	220	240	240	240	350	350	360	420	470	500
H_5	75	81	89	95	109	121	133	146	160	180	210
L_1	101	101	108	108	108	123	123	123	140	140	140
L_2	126	126	126	130	141	156	170	180	200	220	265
C	220	220	220	220	220	270	270	270	320	320	320
H_6	180	180	180	180	180	236	236	236	310	310	310
法兰规格	40	40	50	65	80	100	125	150	200	250	300
重量/kg	26	27	35	44	56	84	88	109	185	202	305

注：表中重量为 *PN*16 数据。

4）公称压力 PN16、PN40 低温型主要外形尺寸及重量，如图 4-353 所示及见表 4-436。

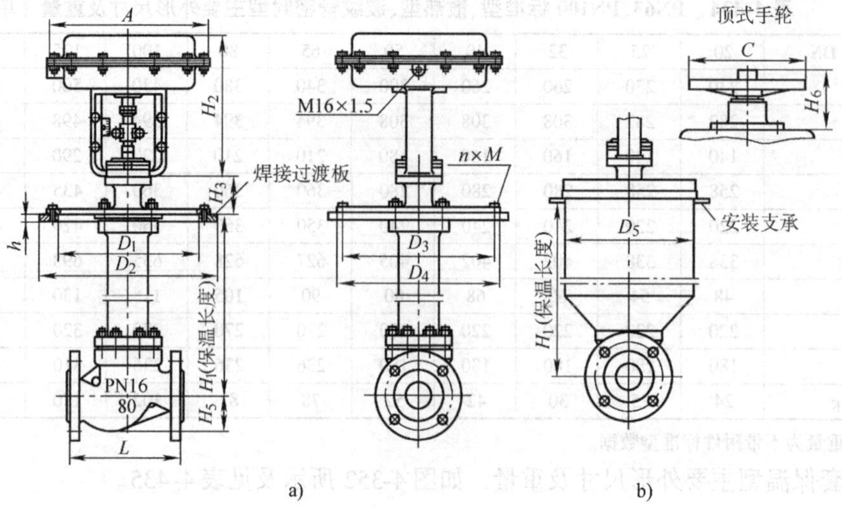

图 4-353 PN16、PN40 低温型主要外形尺寸图

a) 连接板安装型 b) 浮动套安装型(DN20 ~ DN100)

表 4-436 PN16、PN40 低温型主要外形尺寸及重量 (单位：mm)

公称尺寸 DN	20	25	32	40	50	65	80	100	125	150	200
L	150	160	180	200	230	290	310	350	400	480	600
A	282	282	308	308	308	394	394	394	498	498	498
H_1	700										
H_2	258	258	280	280	280	360	360	360	435	435	435
H_3	88	88	88	88	88	94	94	94	110	110	110
H_5	42	48	56	64	76	89	100	122	133	160	197
D_1	230	230	250	270	305	342	375	430	490	556	665
D_2	310	310	335	355	390	430	465	520	585	660	770
h	15	15	15	15	15	18	18	18	20	20	20
D_3	260	260	285	305	340	370	405	460	525	590	700
D_4	290	290	315	335	370	400	435	490	555	630	740
$n \times M$	8 × M12	8 × M12	8 × M12	8 × M14	8 × M14	10 × M14	10 × M14	12 × M16	14 × M16	16 × M16	18 × M16
D_5	285					470			—		
C	220	220	220	220	220	270	270	270	320	320	320
H_6	180	180	180	180	180	236	236	236	310	310	310
重量/kg	40	48	52	60	68	90	105	143	210	282	315

注：保温长度以 700mm 为例，表中重量为 PN16 数据。

5）公称压力 PN63、PN100 低温型主要外形尺寸及重量，如图 4-354 所示及见表 4-437。

表 4-437 PN63、PN100 低温型主要外形尺寸及重量 (单位：mm)

公称尺寸 DN	20	25	32	40	50	65	80	100	125	150	200
L	230	230	260	260	300	340	380	430	500	550	650
A	282	282	308	308	308	394	394	394	498	498	498
H_1	700										
H_2	258	258	280	280	280	360	360	360	435	435	435

（续）

公称尺寸DN	20	25	32	40	50	65	80	100	125	150	200
H_3	88	88	88	88	88	94	94	94	110	110	110
H_5	42	48	56	64	76	89	100	122	133	160	197
D_1	270	270	305	342	375	430	490	556	665	665	765
D_2	355	355	390	430	465	520	585	600	770	770	890
h	15	15	15	18	18	18	20	20	20	20	20
D_3	305	305	340	370	405	460	525	590	700	700	805
D_4	335	335	370	400	435	490	555	630	740	740	845
$n \times M$	8×M14	8×M14	8×M14	10×M14	10×M14	12×M16	14×M16	16×M16	18×M16	18×M16	18×M16
D_5	285					470		—			
C	220	220	220	220	220	270	270	270	320	320	320
H_6	180	180	180	180	180	236	236	236	310	310	310
重量/kg	40	48	52	60	68	90	105	143	210	282	315

注：保温长度以700mm为例，表中重量为PN63数据。

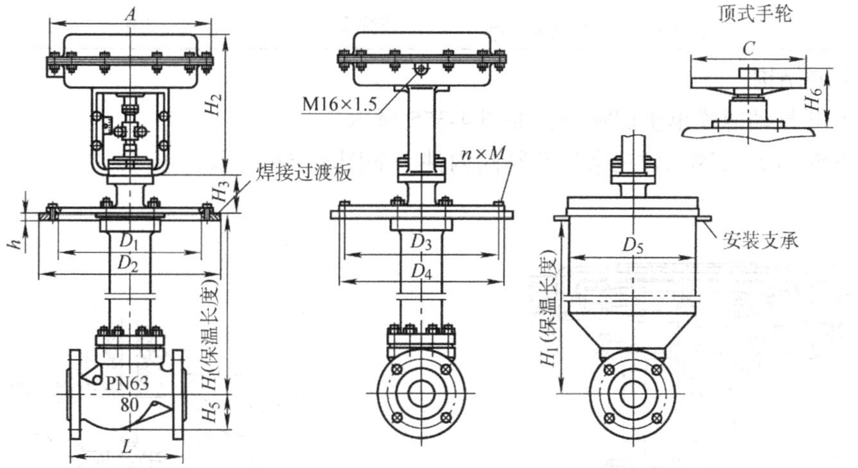

图4-354　PN63、PN100低温型主要外形尺寸图

a）连接板安装型　b）浮动套安装型（DN20～DN80）

4. ZMQ、ZSQ型气动薄膜（活塞）切断阀

ZMQ、ZSQ型气动薄膜（活塞）切断阀采用顶导向结构，配用多弹簧执行机构。具有结构紧凑、重量轻、动作灵敏、介质通道呈S流线型、压降损失小、阀容量大、折装方便等优点。

切断阀接受来自调节仪表的信号，切断、开启或改变介质流向，达到对压力、流量、温度或液位等工艺参数自动控制。广泛应用于石油、化工、冶金、电力、轻工、纺织等行业的生产过程自动控制和远程控制系统中。

本系列产品有薄膜式、活塞式两种。阀体结构有单座、套筒、双座（二位三通）三种，密封形式有填料密封和波纹管密封两种，产品公称压力有PN10、PN16、PN40、PN63四种，公称尺寸有DN20～DN200，适用介质温度为－60～450℃，泄漏量符合FCI-70-2标准Ⅳ级或Ⅵ级，流量特性为快开。

(1) 特点

1) 切断阀采用多弹簧执行机构与调节机构用三根立柱与阀盖相连，整个高度可减小约30%，重量可减轻约30%。

2) 阀体流道按流体力学原理设计成等截面低流阻流道，额定流量系数增大约30%。

3) 阀内密封部分有金属密封和非金属密封两种。金属密封为堆焊硬质合金，非金属密封为PTFE制作，关闭时密封性能优良。

4) 平衡型阀内件提高了切断阀的许用压差。

5) 波纹管密封型对阀杆形成完全密封，杜绝了介质的外漏。

6) 活塞式执行机构，操作力大，使用压差大。

(2) 主要零件材料 见表4-438。

表4-438 ZMQ、ZSQ型气动薄膜（活塞）切断阀主要零件材料

主要零件	材料	主要零件	材料
阀体、密封套筒	HT200、WCB、CF8、CF8M	弹簧	60Si2Mn、50CrV
阀芯、阀座	304、316、304 + STL	阀杆、推杆	F6a、F304
套筒、阀塞	F304、F316、F304 + STL	阀芯、阀塞（非金属）	RPTFE
填料	PTFE、柔性石墨		
波纹膜片	丁腈橡胶夹增强涤纶织物	波纹管	304

(3) 主要结构

1) ZMQP气动薄膜单座切断阀，如图4-355所示。

2) ZMQN气动薄膜二位三通切断阀阀内件，如图4-356所示。

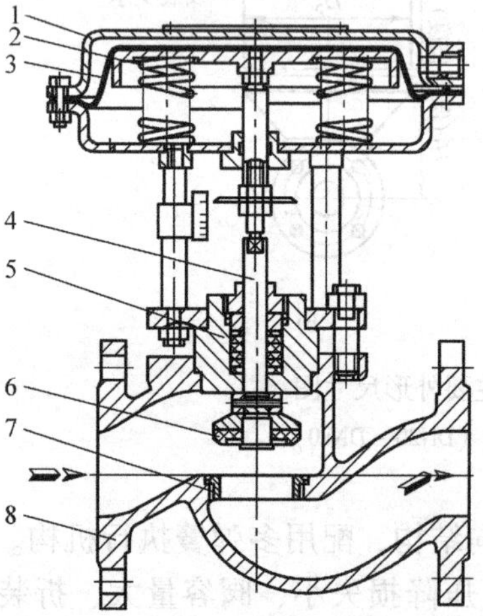

图4-355 ZMQP气动薄膜单座切断阀

1—膜盖 2—弹簧 3—膜片 4—阀杆 5—密封套筒 6—阀芯 7—阀座 8—阀体

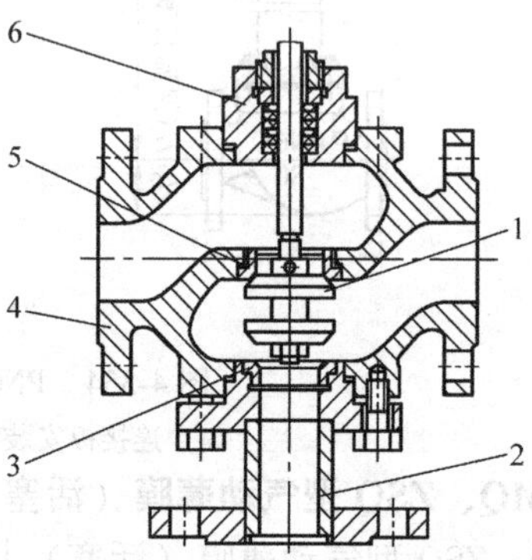

图4-356 ZMQN气动薄膜二位三通切断阀阀内件

1—阀芯 2—接管 3—阀座 4—阀体 5—上阀座 6—填料箱

3) ZMQP波纹管密封切断阀阀内件，如图4-357所示。

4) 气动活塞式执行机构，如图4-358所示。

5) Ⅱ型活塞式执行机构，如图4-359所示。

6) ZMQM气动薄膜套筒切断阀内件，如图4-360所示。

(4) 主要技术参数和性能指标 见表4-439。

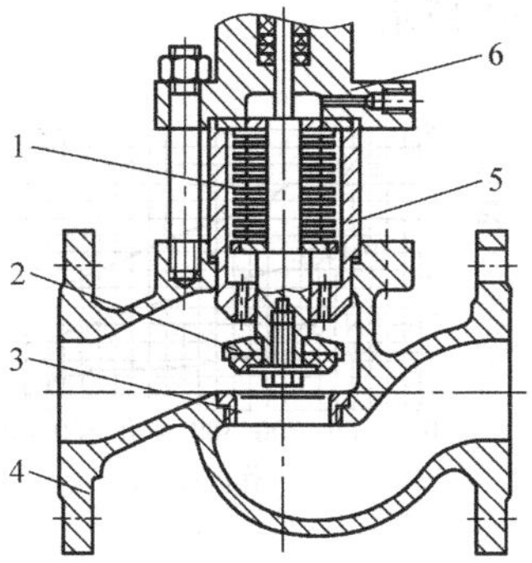

图 4-357　ZMQP 波纹管密封切断阀阀内件
1—波纹管　2—阀瓣　3—阀座
4—阀体　5—导向套　6—阀盖

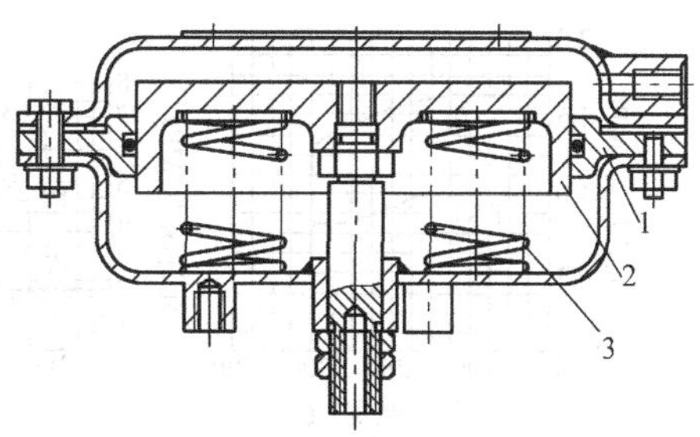

图 4-358　气动活塞式执行机构
1—缸体（含 O 形密封圈）
2—活塞　3—弹簧

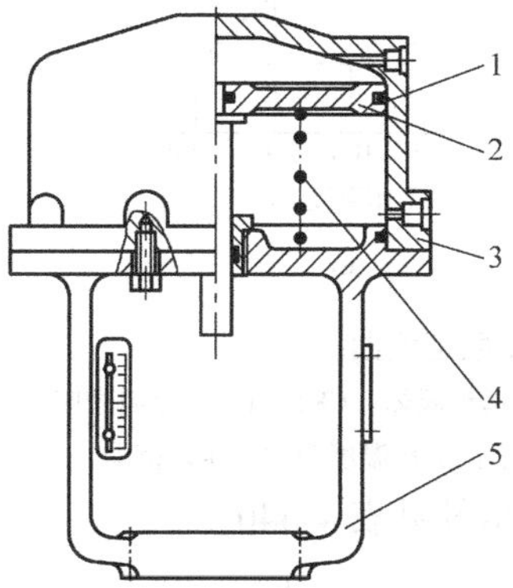

图 4-359　Ⅱ型活塞执行机构
1—O 型密封圈　2—活塞　3—缸体　4—弹簧　5—支架

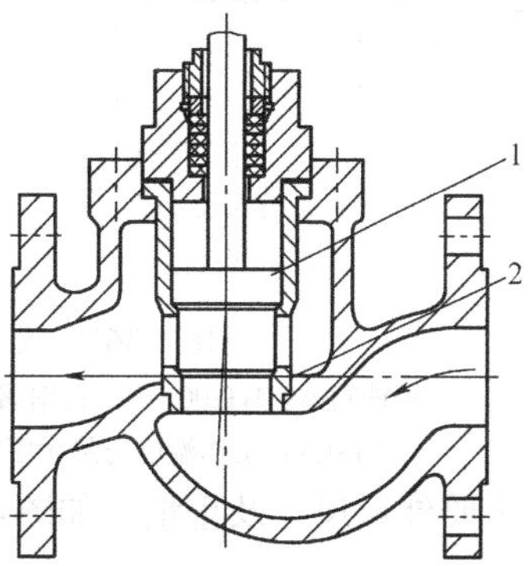

图 4-360　ZMQM 气动薄膜套筒切断阀内件
1—阀塞　2—套筒

表 4-439　ZMQ、ZSQ 型气动薄膜（活塞）切断阀主要技术参数和性能指标

公称尺寸 DN		15	20	25	32	40	50	65	80	100	125	150	200
额定流量系数 K_v	单座、双座	5	7	11	20	30	48	75	120	190	300	480	760
	套筒			11	20	30	48	75	120	190	300	480	760
公称压力 PN		10、16、40、63											
额定行程/mm		8				12		20		25	40		50
有效面积 /mm^2	ZMQ 型	10000				20000		40000			60000		100000
	ZSQ 型	10000			12500			16000			25000		
允许泄漏量	金属密封 L/h	一般：10^{-4} × 阀额定容量；严密型：单、双座：1.2×10^{-7}，套筒 5×10^{-6} × 阀额定容量											
	非金属密封	Ⅵ级											
允许压差 /MPa	ZMQ$^{P}_{N}$正作用	6.4	5.09	2.91	1.85	2.18	1.33	1.52	0.99	0.62	0.60	0.69	0.39
	ZMQ$^{P}_{N}$反作用	6.4	6.4	3.88	2.47	2.91	1.77	2.03	1.32	0.83	0.80	0.92	0.52
	ZSQ$^{P}_{N}$	6.4	6.1	3.5	2.3	3.0	1.9	1.9	1.5	0.93	0.84	0.65	0.47
	Z$^{M}_{S}$QM	公称压力											
信号压力 /kPa	ZMQ	0 或 250											
	ZSQ	0 或 400 ~ 600											

注：1. 本产品性能指标贯彻 GB/T 4213—2008。
2. 表中允许压差值若大于公称压力则取公称压力值，小于等于公称压力值则不变。
3. 表中允许值为使用标准气缸值，可配用不同的气缸提高允许压差。

（5）阀体及阀芯材料压力-温度额定值曲线　如图 4-361 所示。

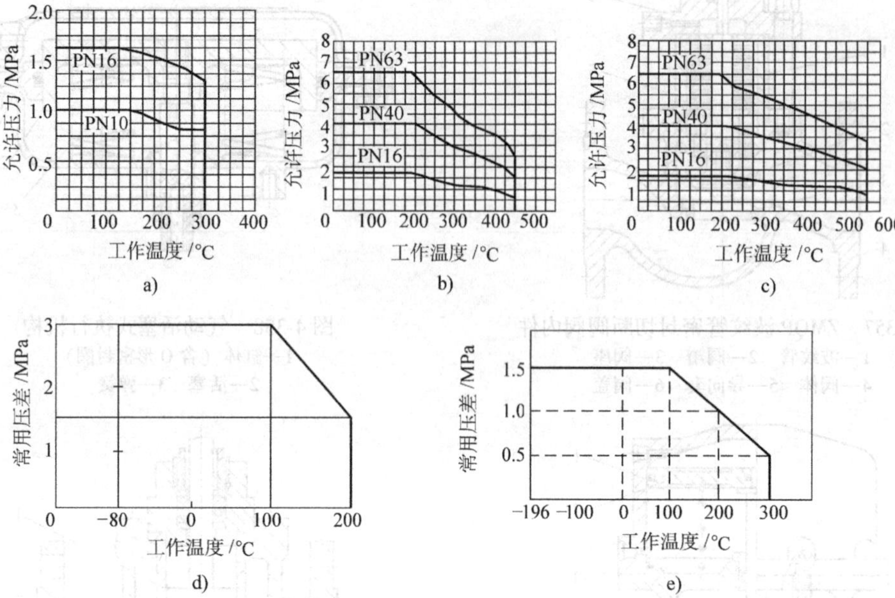

图 4-361　阀体及阀芯材料压力-温度额定值曲线

a）铸铁阀体：HT200　b）铸钢阀体：WCB　c）奥氏体不锈钢阀体：CF8　d）非金属阀座（RPTFE）：工作温度与最大压差范围　e）堆焊 STL 阀座：工作温度与常用压差范围

（6）主要外形尺寸及重量　如图 4-362、图 4-363 所示及见表 4-440。

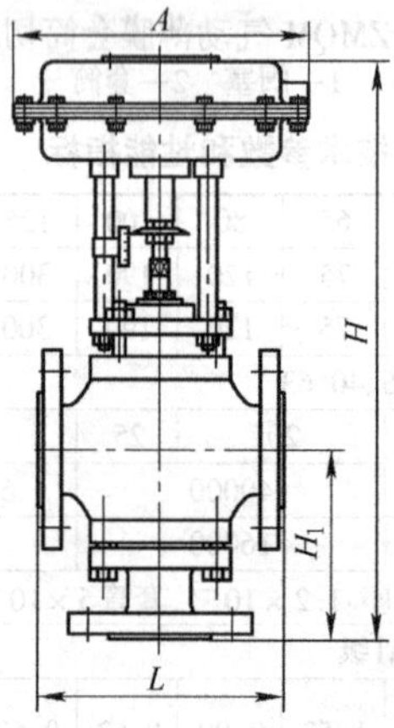

图 4-362　二位三通切断阀外形图

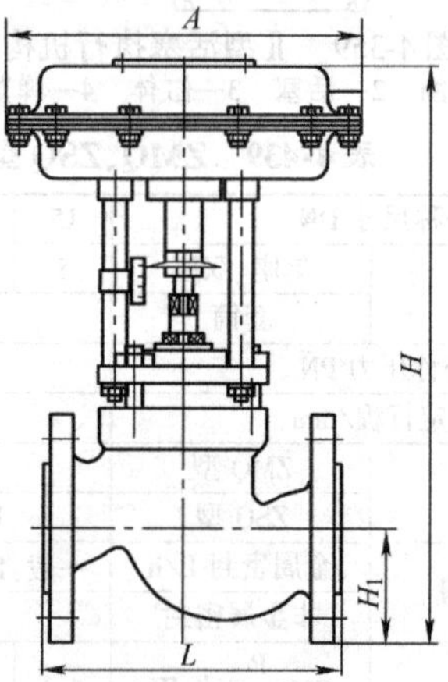

图 4-363　单座切断阀外形图

表 4-440　切断阀主要外形尺寸及重量　（单位：mm）

公称尺寸 DN		15	20	25	32	40	50	65	80	100	125	150	200
A			φ196			φ232			φ308			φ394	φ498
L	PN16、PN40	130	150	160	180	200	230	290	310	350	400	480	600
	PN63	210	230	230	260	260	300	340	380	430	500	550	650
H	PN16、PN40	305	340	345	370	380	390	475	490	500	765	825	927
	PN63	320	350	354	372	382	397	473	475	517	805	882	815
	波纹管密封型	375	409	414	431	441	468	555	570	613	855	915	1017
H_1	PN16、PN40	50	53	58	70	75	83	93	100	110	125	143	170
	PN63	60	65	70	77.5	85	90	100	85	125	148	170	208

（续）

公称尺寸 DN		15	20	25	32	40	50	65	80	100	125	150	200
H_1	PN16	115	115	121	130	140	153	178	190	200	260	320	360
	PN40	125	125	130	140	150	160	185	200	220	280	320	380
	PN63	150	150	160	170	180	200	230	250	282	310	430	480
H	PN16、PN40	404	415	428	448	448	468	561	578	590	886	1008	1120
	PN63	365	430	498	528	528	530	535	540	600	890	1208	1305
	波纹管密封型	395	465	478	509	509	548	641	658	670	976	1098	1210
重量/kg	标准型	10	10	12	15	18	23	35	45	60	75	90	120
	波纹管密封型	12	12	14	17	20	26	38	48	64	79	95	125

5. ZX 型新系列气动薄膜三通调节阀

ZX 型新系列气动薄膜三通调节阀采用圆筒形薄壁窗口形阀芯导向，不同于柱塞形阀芯的衬套导向，配用多弹簧执行机构。具有结构简单，重量轻、体积小、折装方便等优点。广泛应用于精确控制气体、液体等介质，使工艺参数如压力、流量、温度、液位保持在给定值。适合于把一种介质通过三通阀分成两路流出或是把两种流体经三通阀合并成一种介质的场合。

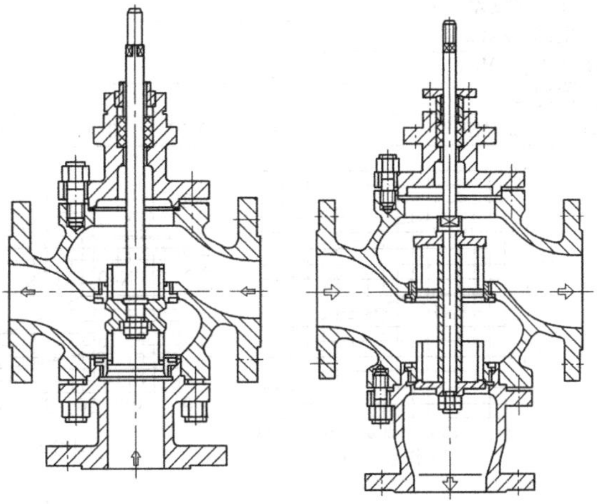

a) b)

图 4-364 ZX 型新系列气动薄膜三通调节阀
a）三通合流阀 b）三通分流阀

本系列产品有三通合流及三通分流两种。公称压力为 PN16、PN40、PN63。公称尺寸为 DN25 ~ DN200。适用介质温度为 -60 ~ 450℃，泄漏量符合 FCI-70-2 中Ⅳ级，流量特性有直线、抛物线两种。

（1）结构特点

1）介质对阀芯作用方向都处于流开状态，故阀能稳定工作。

2）除上阀盖处衬套导向外，阀芯侧面与阀座内表面也有导向作用，导向面积大，工作可靠。

3）执行机构采用多弹簧结构，高度减小 30%，重量减轻 30%。

（2）主要结构 如图 4-364 所示。

（3）主要零件材料 见表 4-441。

表 4-441 ZX 型新系列气动薄膜三通调节阀主要零件材料

主要零件	材料	主要零件	材料
阀体、阀盖	HT200、WCB、CF8	膜盖	Q235A
阀芯、阀座	304	阀杆、推杆	F304、F6aⅡ
波纹膜片	丁腈橡胶夹增强涤纶织物	衬套	F6aⅡ
填料	PTFE、柔性石墨	垫片	无石棉橡胶板，柔性石墨/奥氏体不锈钢带缠绕式垫片
弹簧	60Si2Mn、50CrV		

（4）公称尺寸与技术参数 见表 4-442。

（5）阀体材料压力-温度额定值 如图 4-365 所示。

表 4-442　ZX 型新系列气动薄膜三通调节阀公称尺寸与技术参数

公称尺寸 DN		25	32	40	50	65	80	100	125	150	200
额定流量系数 K_v	合流	8.5	13	21	34	53	85	135	210	340	535
	分流	8.5	13	21	34	53	85	135	210	340	535
		可用合流结构替代									
额定行程 L/mm		16	25			40			60		
膜片有效面积 A_e/mm^2		28000	40000			60000			100000		
公称压力 PN		16、40、63									
固有流量特性		直线、抛物线									
固有可调比 R		30									
工作温度 t/℃		普通型：铸铁 -29 ~ 200　铸钢 -40 ~ 250　铸不锈钢 -60 ~ 250 散热型：铸钢 -40 ~ 450　铸不锈钢 -60 ~ 450									
两种介质温度差 t/℃		铸铁≤150，铸钢、铸不锈钢≤200									
信号范围 p_r/kPa		40 ~ 200									
气源压力 p_s/MPa		0.14 ~ 0.4									
允许泄漏量		10^{-4} × 阀额定容量									
允许压差 Δp/MPa		0.86	0.75	0.48	0.31	0.27	0.18	0.11	0.12	0.09	0.05

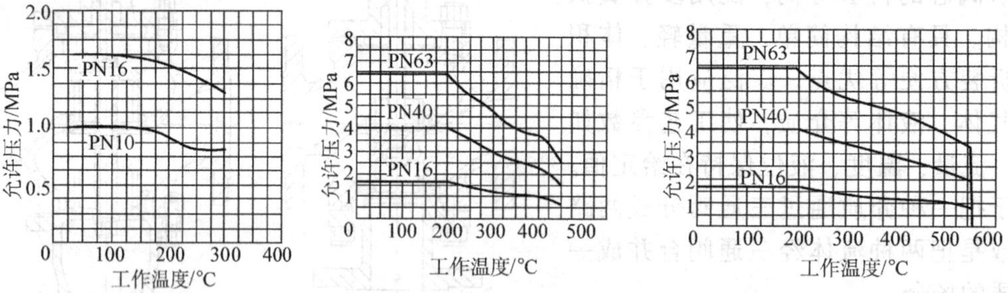

a)　　　　　　b)　　　　　　c)

图 4-365　阀体材料压力-温度额定值曲线

a）铸铁阀体：HT200　b）碳素铸钢阀体：WCB

c）铸造奥氏体不锈钢阀体：CF8

（6）主要外形尺寸与重量　如图 4-366 所示及见表 4-443。

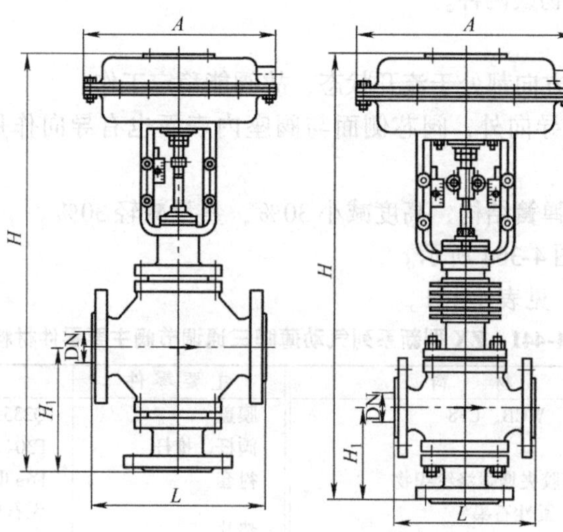

a)　　　　　　b)

图 4-366　主要外形尺寸图

a）标准型　b）高温型

表 4-443　三通调节阀主要外形尺寸及重量　（单位：mm）

公称尺寸 DN			25	32	40	50	65	80	100	125	150	200
A			282	306	306	306	394	394	394	498	498	498
H_1	PN16		121	130	140	153	178	190	200	260	320	360
	PN40		130	140	150	160	185	200	220	280	320	380
	PN63		160	170	180	200	230	250	282	310	430	480
H	普通型	PN16 PN40	490	480	540	580	710	730	750	895	1005	1045
		PN63	560	561	596	630	760	798	876	892	1200	1263
	高温型		600	615	650	670	850	870	900	1040	1330	1370
重量/kg	普通型	PN16 PN40	21	23	33	36	64	72	92	155	193	286
		PN63	25	28	40	45	74	85	112	180	243	336
	高温型		重量增加 5% ~10%									

注：1. 本表高温型的高度与重量以 PN16 为依据。

2. 带手轮机构高度应增加 152（DN20 ~ DN50）、182（DN65 ~ DN100）、253（DN125 ~ DN200）。

6. ZXM 系列气动薄膜直通套筒调节阀

ZXM 系列气动薄膜直通套筒调节阀是一种压力平衡式调节阀，采用套筒导向、压力平衡式双密封面阀芯结构，配用多弹簧执行机构，流道呈 S 流线型。调节阀具有工作平稳、允许压差大、流量特性精确、噪声低等特点，特别适用于流量大，阀前后压差较大，泄漏量要求不是很严的场合。

本系列产品有标准型、散热型、低温型、调节切断型、波纹管密封型等。公称压力有 PN16、PN40、PN63，公称尺寸为 DN20 ~ DN200，适用介质温度为 -196 ~560℃。泄漏量符合 FCI-70-2 中Ⅱ级、Ⅳ级、Ⅴ级、Ⅵ级；流量特性有直线、等百分比。

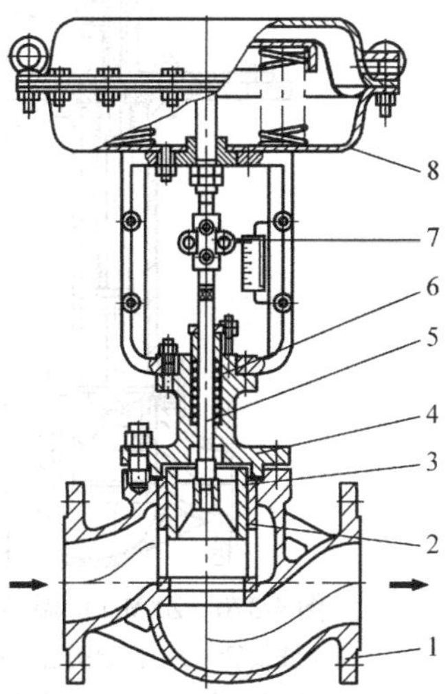

图 4-367　ZXMO 标准型调节阀

1—阀体　2—套筒　3—阀芯　4—阀盖　5—阀杆　6—填料　7—对夹指示盘　8—执行机构

（1）类型

1）ZXMO 标准型：工作温度为 -29 ~200℃，泄漏等级为Ⅱ级、Ⅳ级。具体结构如图 4-367 所示。

2）ZXMG 散热型：阀盖上设有散热片，可用于介质温度在 -60 ~450℃的场合。具体结构如图 4-368 所示。

3）ZXMV 波纹管密封型：对阀杆形成完全的密封，杜绝介质从阀杆处泄漏，具体结构如图 4-369 所示。

4）ZXMD 低温型：采用长颈阀盖加波纹管密封结构，可用于 -196℃的深冷场合。具体结构如图 4-370 所示。

5）ZXMQ 调节切断型：非金属密封结构阀芯可达 FCI-70-2 标准Ⅴ级、Ⅵ级密封。具体结构如图 4-371 所示。

（2）主要零件材料　见表 4-444。

（3）主要性能指标　见表 4-445。

（4）公称尺寸与技术参数　见表 4-446。

（5）阀体、阀盖材料压力-温度额定值　见表 4-447。

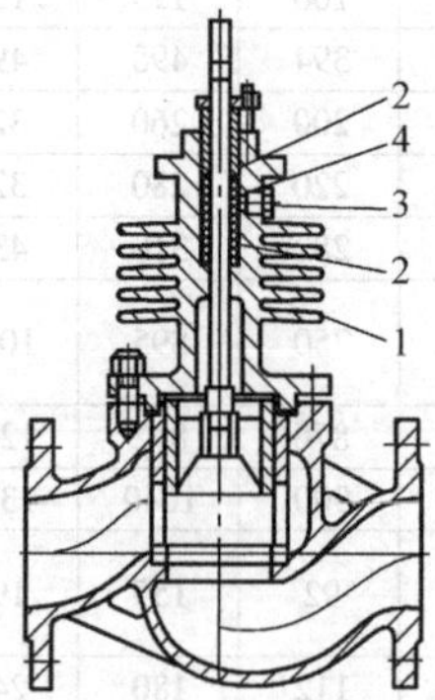

图 4-368 ZXMG 散热型调节阀
1—散热片 2—填料 3—注油器口 4—隔环

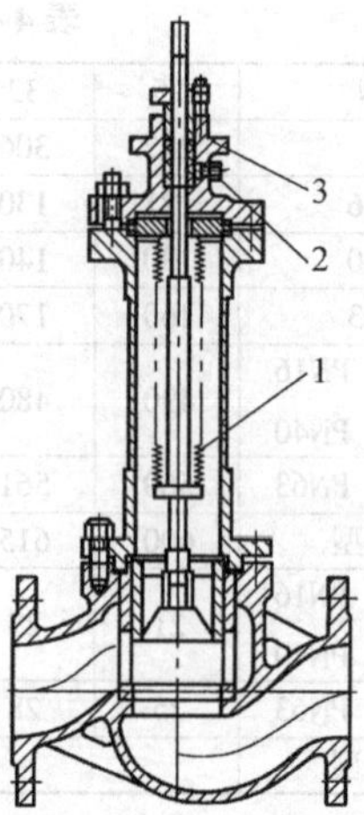

图 4-369 ZXMV 波纹管密封型调节阀
1—波纹管 2—检测口 3—上阀盖

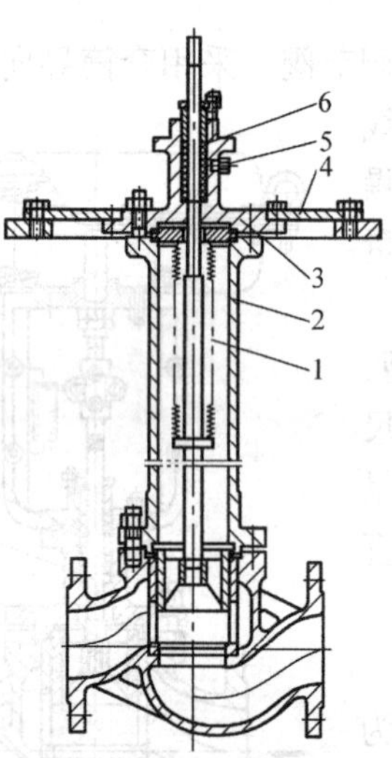

图 4-370 ZXMD 低温型调节阀
1—波纹管 2—长颈阀盖 3—上阀盖
4—冷箱安装法兰 5—检测口 6—填料

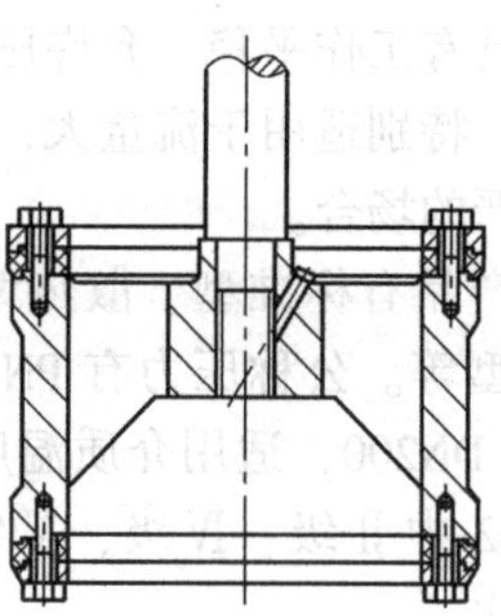

图 4-371 ZXMQ 调节切断型调节阀阀芯

表 4-444 ZXM 系列气动薄膜直通套筒调节阀主要零件材料

零件名称	材料	零件名称	材料
阀体、阀盖	WCB、CF8	膜盖	Q235A
阀芯、阀座	F304、F304 + PTFE、F304 + STL	波纹膜片	丁腈橡胶加增强尼龙织物
填料	PTFE、柔性石墨	弹簧	60Si2Mn、50CrV
波纹管	304		
垫片	柔性石墨/奥氏体不锈钢带缠绕 PTFE	阀杆、推杆	304、F304、F6a

表 4-445 ZXM 系列气动薄膜直通套筒调节阀主要性能指标

项目	标准型调节阀		散热、低温型调节阀	
	不带定位器	带定位器	不带定位器	带定位器
基本误差 < (%)	±5	±1	±15	±4
回差 < (%)	3	1	10	3
死区 < (%)	3	0.4	8	1

（续）

项　目			标准型调节阀 不带定位器	标准型调节阀 带定位器	散热、低温型调节阀 不带定位器	散热、低温型调节阀 带定位器
始终点偏差 <（%）	气开	始点	±2.5	±1	±6	±2.5
		终点	±5		±15	
	气关	始点	±5		±15	
		终点	±2.5		±6	
额定行程偏差 <（%）			+2.5	+2.5	+6	+2.5

表 4-446　ZXM 系列气动薄膜直通套筒调节阀公称尺寸与技术参数

公称尺寸 DN		20	25	32	40	50	65	80	100	125	150	200
额定流量系数 K_v	直线	6.9	11	17.6	27.5	44	69	110	176	275	440	690
	等百分比	6.3	10	16	25	40	63	100	160	250	400	630
执行机构型号	正作用	PZMA-4		PZMA-5			PZMA-6			PZMA-7		
	反作用	PZMB-4		PZMB-5			PZMB-6			PZMB-7		
额定行程 L/mm		16		25			40			60		
膜片有效面积 A_e/mm²		28000		40000			60000			100000		
公称压力 PN		16、40、63、100										
固有流量特性		直线　等百分比										
固有可调比 R		50										
信号范围 p_r/kPa		20～100、40～200、80～240										
气源压力 p_s/MPa		0.14、0.25、0.28、0.40										

表 4-447　阀体、阀盖材料压力-温度额定值　　（单位：MPa）

温度/℃ ＼ 公称压力 PN	16 WCB	16 CF8	40 WCB	40 CF8	63 WCB	63 CF8
-196～-29	—	1.6	—	4.0	—	6.4
-29～100	1.6	1.6	4.0	4.0	6.4	6.4
150	1.6	1.6	4.0	4.0	6.4	6.4
200	1.6	1.6	4.0	4.0	6.4	6.4
250	1.4	1.5	3.6	3.8	5.6	6.0
300	1.25	1.4	3.2	3.6	5.0	5.6
350	1.1	1.32	2.8	3.4	4.5	5.3
400	1.0	1.25	2.5	3.2	4.0	5.0
425	0.9	1.2	2.2	3.07	3.6	4.84
450	0.67	1.15	1.7	2.95	2.65	4.68
500	—	1.05	—	2.65	—	4.25
525	—	0.99	—	2.46	—	3.92
560	—	0.9	—	2.2	—	3.6

（6）阀体、内件、填料压力-温度额定值曲线　如图 4-372 所示。

（7）调节阀工作温度范围及阀座泄漏量

1）阀体材质为 WCB 的工作温度范围及阀座泄漏量，见表 4-448。

2）阀体材质为 CF8 的工作温度范围及阀座泄漏量，见表 4-449。

表 4-448　阀体材质为 WCB 的工作温度范围及阀座泄漏量

阀　体	WCB						
阀芯	304	304 + RPTFE	304	304	304	304	304 + STL
阀座	F304	F304	F304	F304	F304	F304	F304 + STL
填料	PTFE	PTFE/石墨 + PTFE	石墨 + PTFE	石墨 + PTFE	波纹管 + PTFE	波纹管 + 石墨	波纹管 + 石墨

（续）

阀　体	WCB						
垫片	F4/V6590	F4/V6590	柔性石墨/不锈钢缠绕	石墨/不锈钢缠绕	F4/V6590	石墨/不锈钢缠绕	石墨/不锈钢缠绕
上阀盖形式	标准型	标准型	标准型	散热型	波纹管密封型	波纹管密封型	散热型
泄漏等级	Ⅱ/Ⅳ级	Ⅴ/Ⅵ级	Ⅱ/Ⅳ级	Ⅱ/Ⅳ级	Ⅱ/Ⅳ级	Ⅱ/Ⅳ级	Ⅳ/Ⅴ级
阀座泄漏量/(L/h)	$0.5\% \times K_v$	$1.8\times10^{-7}\times\Delta p\times D$	$0.5\% \times K_v$	$0.5\% \times K_v$	$0.5\% \times K_v$	$0.5\% \times K_v$	$10^{-4}\times K_v$
	$10^{-4}\times K_v$	微气泡级	$10^{-4}\times K_v$	$10^{-4}\times K_v$	$10^{-4}\times K_v$	$10^{-4}\times K_v$	$1.8\times10^{-7}\times\Delta p\times D$
温度范围/℃	-29～160	-29～180	120～200	-29～450	-29～200	-29～450	-29～450

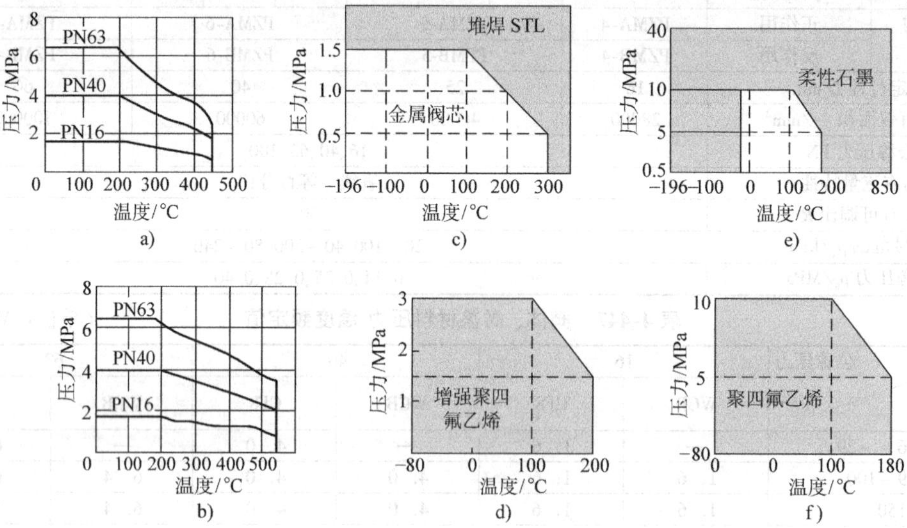

图 4-372　阀体、内件、填料压力-温度额定值曲线

a) 阀体材料 WCB　b) 阀体材料 CF8　c) 内件材料：金属阀芯堆焊 STL

d) 内件材料：非金属阀芯 RPTFE　e) 柔性石墨填料　f) PTFE 填料

表 4-449　阀体材质为 CF8 的工作温度范围及阀座泄漏量

阀　体	CF8								
阀芯	304	304 + RPTFE	304	304	304	304	304 + STL	304	304 + STL
阀座	F304	F304	F304	F304	F304	F304	F304 + STL	F304	F304 + STL
填料	PTFE	PTFE/石墨 + PTFE	石墨 + PTFE	石墨 + PTFE	波纹管 + PTFE	波纹管 + 石墨	波纹管 + 石墨	波纹管 + 石墨	波纹管 + 石墨
垫片	F4/V6590	F4/V6590	柔性石墨/不锈钢带缠绕	柔性石墨/不锈钢带缠绕	F4/V6590	柔性石墨/不锈钢带缠绕	柔性石墨/不锈钢带缠绕	LF2	LF2
上阀盖形式	标准型	标准型	标准型	散热型	波纹管密封型	波纹管密封型	散热型	低温型	低温型
泄漏等级	Ⅱ/Ⅳ级	Ⅴ/Ⅵ级	Ⅱ/Ⅳ级	Ⅱ/Ⅳ级	Ⅱ/Ⅳ级	Ⅱ/Ⅳ级	Ⅳ/Ⅴ级	Ⅱ/Ⅳ级	Ⅳ/Ⅴ级
阀座泄漏量/(L/h)	$0.5\% \times K_v$	$1.8\times10^{-7}\times\Delta p\times D$	$0.5\% \times K_v$	$0.5\% \times K_v$	$0.5\% \times K_v$	$0.5\% \times K_v$	$10^{-4}\times K_v$	$0.5\% \times K_v$	$10^{-4}\times K_v$
	$10^{-4}\times K_v$	微气泡级	$10^{-4}\times K_v$	$10^{-4}\times K_v$	$10^{-4}\times K_v$	$10^{-4}\times K_v$	$1.8\times10^{-7}\times\Delta p\times D$	$10^{-4}\times K_v$	$1.8\times10^{-7}\times\Delta p\times D$

（续）

阀　体	CF8								
温度范围 /℃	-29～160	-29～180	-40～200	-60～450	-29～200	-60～450	-60～560	-196～-60	-196～-60

注：Δ*p*—压差（kPa）；*D*—阀座直径（mm）。

（8）调节阀的流量特性曲线　如图 4-373 所示。

（9）各种固有流量特性相对行程下的相对流量数值（可调比 *R*50），见表 4-450。

（10）允许压差

1）气关式（正作用）金属密封型允许压差，见表 4-451。

2）气开式（反作用）金属密封型允许压差，见表 4-452。

3）气关式（正作用）非金属密封型允许压差，见表 4-453。

4）气开式（反作用）非金属密封型允许压差，见表4-454。

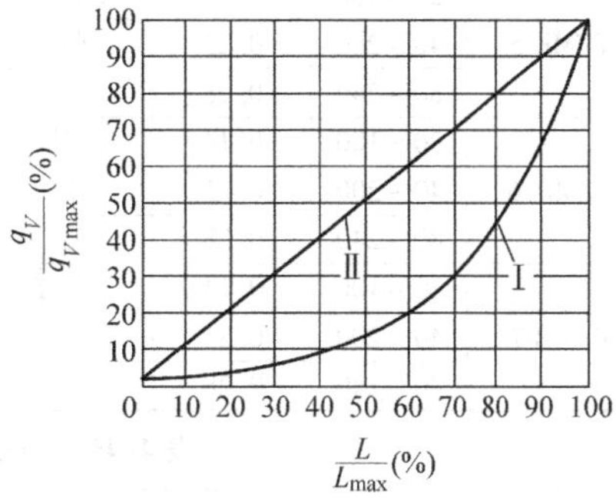

图 4-373　流量特性曲线

Ⅰ—等百分比　Ⅱ—直线

（11）主要外形尺寸与重量

1）公称压力 PN16、PN40 标准型、散热型、波纹管密封型主要外形尺寸及重量，如图 4-374 所示及见表 4-455。

表 4-450　各种固有流量特性相对行程下的相对流量数值 *R*50　（%）

$q_V/q_{V\max}$ \ $L/L_{\max}$ 特　性	0	10	20	30	40	50	60	70	80	90	100
直线	2	11.8	21.6	31.4	41.2	51	60.8	70.6	80.4	90.2	100
等百分比	2	3	4.37	6.5	9.6	14.1	20.9	30.9	45.7	67.6	100

表 4-451　气关式(正作用)金属密封型允许压差　(单位:MPa)

执行机构型号	弹簧范围 /kPa	气源压力 /MPa	定位器 (带/否)	公称尺寸 DN										
				20	25	32	40	50	65	80	100	125	150	200
PZMA-4	20～100	0.14	否	1.27	1.06									
			带	3.81	3.18									
	40～200	0.25	带	5.41	4.50									
	80～240	0.4	带	10.0	9.81									
PZMA-5	20～100	0.14	否			1.13	0.93	0.76						
			带			3.40	2.80	2.29						
	40～200	0.25	带			4.82	3.96	3.24						
	80～240	0.4	带			10.0	8.63	7.06						
PZMA-6	20～100	0.14	否						0.92	0.76	0.61			
			带						2.78	2.29	1.85			
	40～200	0.25	带						3.94	3.24	2.62			
	80～240	0.4	带						8.58	7.06	5.72			
PZMA-7	20～100	0.14	否									0.86	0.72	0.54
			带									2.58	2.16	1.63
	40～200	0.25	带									3.66	3.07	2.32
	80～240	0.4	带									7.97	6.68	5.05

表 4-452 气开式(反作用)金属密封型允许压差 (单位:MPa)

执行机构型号	弹簧范围/kPa	气源压力/MPa	定位器(带/否)	公称尺寸 DN										
				20	25	32	40	50	65	80	100	125	150	200
PZMB-4	20~100	0.14	否/带	1.27	1.06									
	40~200	0.25	带	3.81	3.18									
	80~240	0.28	带	10.0	8.48									
PZMB-5	20~100	0.14	否/带			1.13	0.93	0.76						
	40~200	0.25	带			3.40	2.80	2.29						
	80~240	0.28	带			9.08	7.46	6.11						
PZMB-6	20~100	0.14	否/带						0.92	0.76	0.61			
	40~200	0.25	带						2.78	2.29	1.85			
	80~240	0.28	带						7.40	6.11	4.94			
PZMB-7	20~100	0.14	否/带									0.86	0.72	0.54
	40~200	0.25	带									2.58	2.16	1.63
	80~240	0.28	带									6.89	5.78	4.37

表 4-453 气关式(正作用)非金属密封型允许压差 (单位:MPa)

执行机构型号	弹簧范围/kPa	气源压力/MPa	定位器(带/否)	公称尺寸 DN										
				20	25	32	40	50	65	80	100	125	150	200
PZMA-4	20~100	0.14	否	1.98	1.65									
			带	3.00	3.00									
	40~200	0.25	带	3.00	3.00									
	80~240	0.4	带	3.00	3.00									
PZMA-5	20~100	0.14	否			1.77	1.45	1.19						
			带			3.00	3.00	2.86						
	40~200	0.25	带			3.00	3.00	3.00						
	80~240	0.4	带			3.00	3.00	3.00						
PZMA-6	20~100	0.14	否						1.44	1.19	0.96			
			带						3.00	2.86	2.31			
	40~200	0.25	带						3.00	3.00	3.00			
	80~240	0.4	带						3.00	3.00	3.00			
PZMA-7	20~100	0.14	否									1.34	1.12	0.85
			带									3.00	2.71	2.04
	40~200	0.25	带									3.00	3.00	2.73
	80~240	0.4	带									3.00	3.00	3.00

表 4-454 气开式(反作用)非金属密封型允许压差 (单位:MPa)

执行机构型号	弹簧范围/kPa	气源压力/MPa	定位器(带/否)	公称尺寸 DN										
				20	25	32	40	50	65	80	100	125	150	200
PZMB-4	20~100	0.14	否/带	1.98	1.65									
	40~200	0.25	带	3.00	3.00									
	80~240	0.28	带	3.00	3.00									
PZMB-5	20~100	0.14	否/带			1.77	1.45	1.19						
	40~200	0.25	带			3.00	3.00	2.86						
	80~240	0.28	带			3.00	3.00	3.00						
PZMB-6	20~100	0.14	否/带						1.44	1.19	0.96			
	40~200	0.25	带						3.00	2.86	2.31			
	80~240	0.28	带						3.00	3.00	3.00			
PZMB-7	20~100	0.14	否/带									1.34	1.12	0.85
	40~200	0.25	带									3.00	2.71	2.04
	80~240	0.28	带									3.00	3.00	3.00

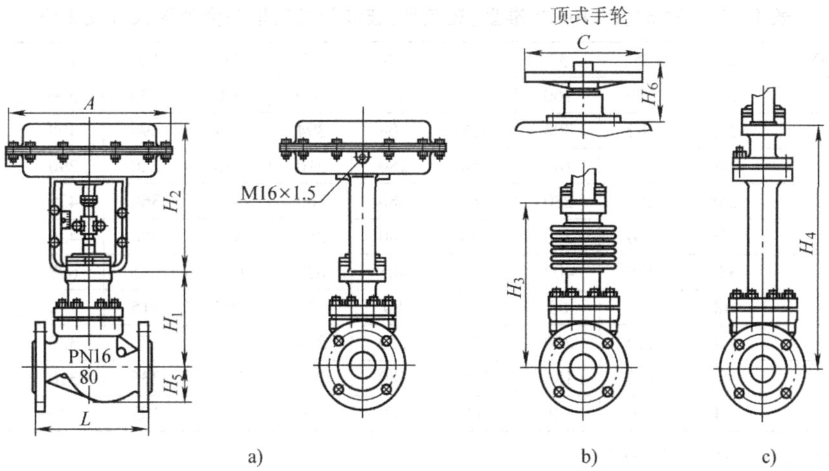

图 4-374　PN16、PN40 标准型、散热型、波纹管密封型主要外形尺寸图

a）标准型　b）高温散热型　c）波纹管密封型

表 4-455　PN16、PN40 标准型、散热型、波纹管密封型主要外形尺寸及重量（单位：mm）

公称尺寸 DN	20	25	32	40	50	65	80	100	125	150	200
L	150	160	180	200	230	290	310	350	400	480	600
A	282	282	308	308	308	394	394	394	498	498	498
H_1	128	128	152	152	160	205	200	208	273	333	364
H_2	258	258	280	280	280	360	360	360	435	435	435
H_3	208	208	224	228	228	334	334	342	408	453	482
H_4	338	338	402	402	405	627	628	635	698	702	728
H_5	42	48	56	64	76	85	100	110	126	148	188
C	220	220	220	220	220	270	270	270	320	320	320
H_6	180	180	180	180	180	236	236	236	310	310	310
重量/kg	21	22	24	32	38	62	67	83	132	160	245

注：表中重量为不带附件标准型数据。

2）公称压力 PN63、PN100 标准型、散热型、波纹管密封型主要外形尺寸及重量，如图 4-375所示及见表 4-456。

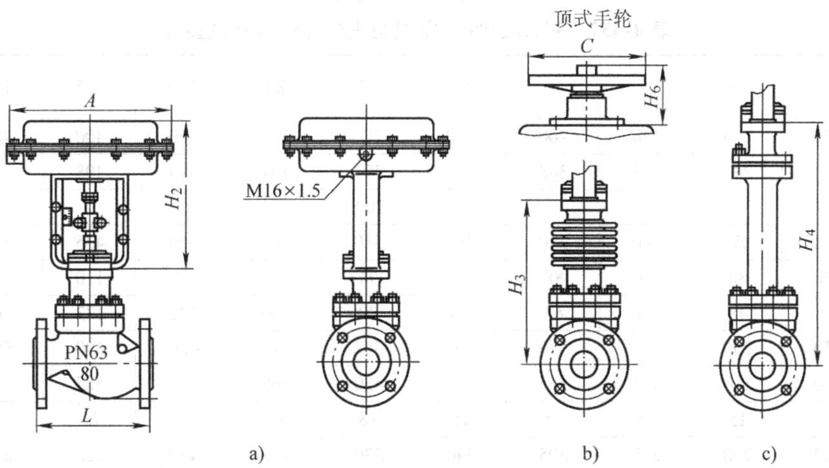

图 4-375　主要外形尺寸图

a）标准型　b）高温散热型　c）波纹管密封型

表 4-456 PN63、PN100 标准型、散热型、波纹管密封型主要外形尺寸及重量（单位：mm）

公称尺寸 DN	20	25	32	40	50	65	80	100	125	150	200
L	230	230	260	260	300	340	380	430	500	550	650
A	282	282	308	308	308	394	394	394	498	498	498
H_1	140	140	160	160	180	210	210	220	290	340	370
H_2	258	258	280	280	280	360	360	360	435	435	435
H_3	220	220	240	240	240	350	350	360	420	470	500
H_4	338	338	402	402	405	627	628	635	698	702	728
H_5	48	54	60	68	80	90	105	115	130	155	195
C	220	220	220	220	220	270	270	270	320	320	320
H_6	180	180	180	180	180	236	236	236	310	310	310
重量/kg	24	25	30	42	52	78	82	102	170	190	285

注：表中重量为不带附件标准型数据。

3）公称压力 PN16、PN40 低温型主要外形尺寸及重量，如图 4-376所示及见表 4-457。

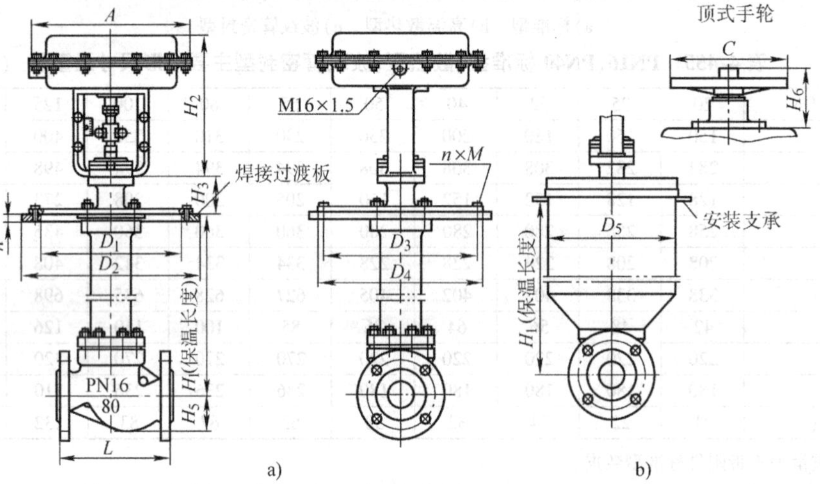

图 4-376 主要外形尺寸图

a) 连接板安装型 b) 浮动套安装型（DN20～DN200）

表 4-457 PN16、PN40 低温型主要外形尺寸及重量（单位：mm）

公称尺寸 DN	20	25	32	40	50	65	80	100	125	150	200
L	150	160	180	200	230	290	310	350	400	480	600
A	282	282	308	308	308	394	394	394	498	498	498
H_1	700										
H_2	258	258	280	280	280	360	360	360	435	435	435
H_3	88	88	88	88	88	94	94	94	110	110	110
H_5	42	48	56	64	76	89	100	122	133	160	197
D_1	230	230	250	270	305	342	375	430	490	556	665
D_2	310	310	335	355	390	430	465	520	585	660	770
h	15	15	15	15	15	18	18	18	20	20	20
D_3	260	260	285	305	340	370	405	460	525	590	700
D_4	290	290	315	335	370	400	435	490	555	630	740
$n \times M$	8×M12	8×M12	8×M12	8×M14	8×M14	10×M14	10×M14	12×M16	14×M16	16×M16	18×M16

（续）

公称尺寸 DN	20	25	32	40	50	65	80	100	125	150	200
D_5	285					470			—		
C	220	220	220	220	220	270	270	270	320	320	320
H_6	180	180	180	180	180	236	236	236	310	310	310
重量/kg	40	48	52	60	68	90	105	143	210	282	315

注：保温长度以 700mm 为例，表中重量为 PN16 数据。

4）公称压力 PN63、PN100 低温型主要外形尺寸及重量，如图 4-377所示及见表 4-458。

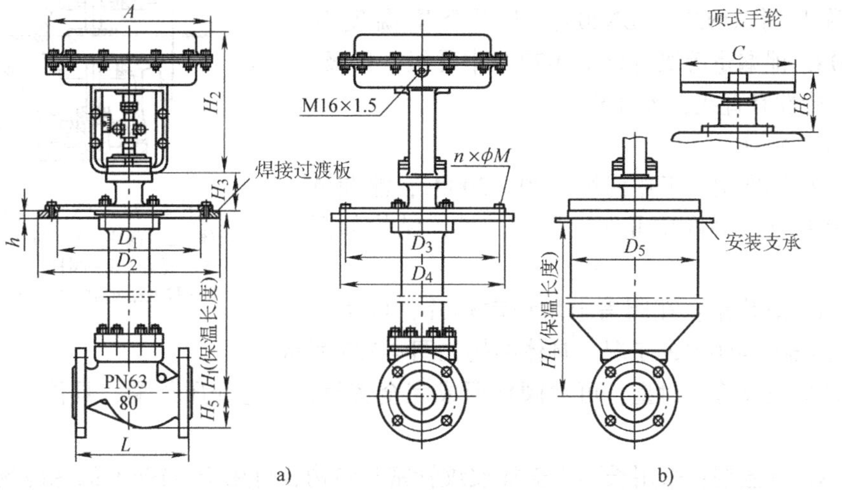

图 4-377　主要外形尺寸图

a）连接板安装型　b）浮动套安装型（DN20～DN80）

表 4-458　PN63、PN100 低温型主要外形尺寸及重量　（单位：mm）

公称尺寸 DN	20	25	32	40	50	65	80	100	125	150	200
L	230	230	260	260	300	340	380	430	500	550	650
A	282	282	308	308	308	394	394	394	498	498	498
H_1	700										
H_2	258	258	280	280	280	360	360	360	435	435	435
H_3	88	88	88	88	88	94	94	94	110	110	110
H_5	42	48	56	64	76	89	100	122	133	160	197
D_1	270	270	305	342	375	430	490	556	665	665	765
D_2	355	355	390	430	465	520	585	600	770	770	890
h	15	15	15	18	18	18	20	20	20	20	20
D_3	305	305	340	370	405	460	525	590	700	700	805
D_4	335	335	370	400	435	490	555	630	740	740	845
$n\times\phi M$	8×M14	8×M14	8×M14	10×M14	10×M14	12×M16	14×M16	16×M16	18×M16	18×M16	18×M16
D_5	285					470		—			
C	220	220	220	220	220	270	270	270	320	320	320
H_6	180	180	180	180	180	236	236	236	310	310	310
重量/kg	40	48	52	60	68	90	105	143	210	282	315

注：保温长度以 700mm 为例，表中重量为 PN63 数据。

7. ZXN系列气动薄膜直通双座调节阀

ZXN系列气动薄膜直通双座调节阀采用双导向结构，配用多弹簧执行机构。具有结构紧凑、重量轻、动作灵敏、压力损失小、允许高压差、阀容量大、流量特性精确、维护方便等优点，可用于苛刻的工作条件。特别适用于阀前后压差较大、泄漏量要求不高的场合。

该系列产品有标准型、散热型、低温型、波纹管密封型、夹套保温型等。其公称压力有PN16、PN40、PN63，公称尺寸DN20～DN200；适用介质温度为-196～560℃；泄漏量等级符合FCI-70-2中Ⅱ级、Ⅳ级、Ⅴ级，流量特性有直线，等百分比。

（1）结构类型

1）ZXNO标准型：工作温度-29～200℃，泄漏量等级符合FCI-70-2-2006中Ⅱ级、Ⅳ级。具体结构如图4-378所示。

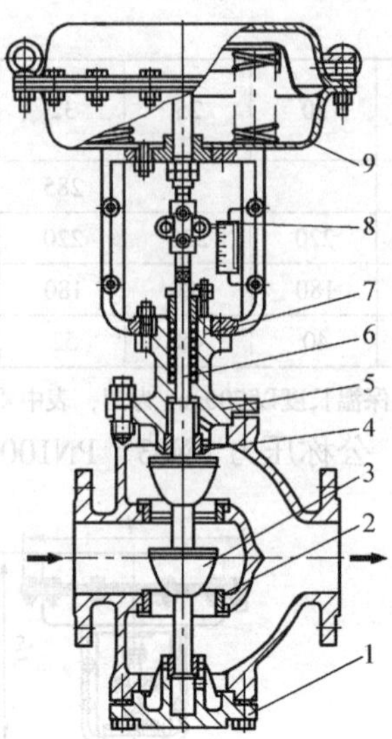

图4-378 ZXNO标准型
1—阀体 2—阀座 3—阀芯 4—导向套 5—阀盖 6—阀杆 7—填料 8—对夹指示盘 9—执行机构

2）ZXNG散热型：在阀盖上增设散热片，可用于介质温度在-60～450℃的工况。具体结构如图4-379所示。

3）ZXNV波纹管密封型：可对阀杆形成完全密封，杜绝介质外漏，具体结构如图4-380所示。

4）ZXND低温型：采用长颈阀盖加波纹管密封结构，可用于-196℃的深冷场合。具体结构如图4-381所示。

5）ZXNJ夹套保温型：带有不锈钢保温夹套，用于介质冷却后易结晶，凝固造成堵塞的场合。具体结构如图4-382所示。

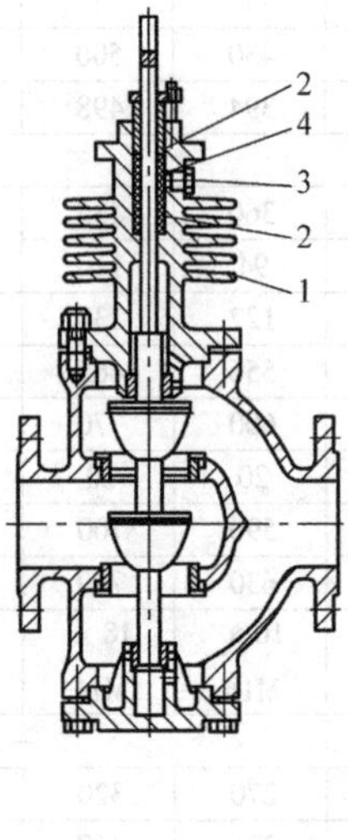

图4-379 ZXNG散热型
1—散热片 2—填料 3—注油器口 4—隔环

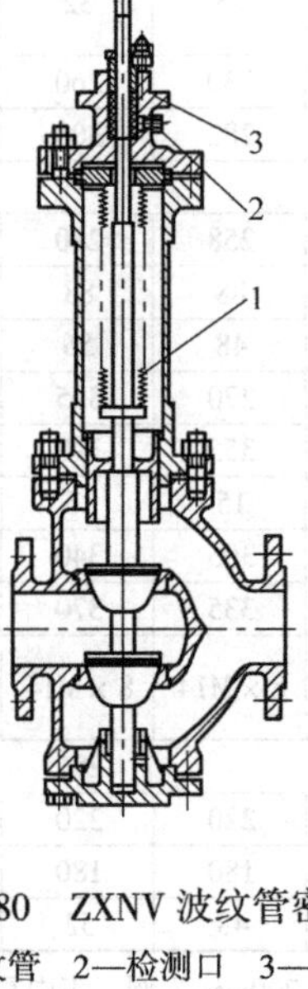

图4-380 ZXNV波纹管密封型
1—波纹管 2—检测口 3—上阀盖

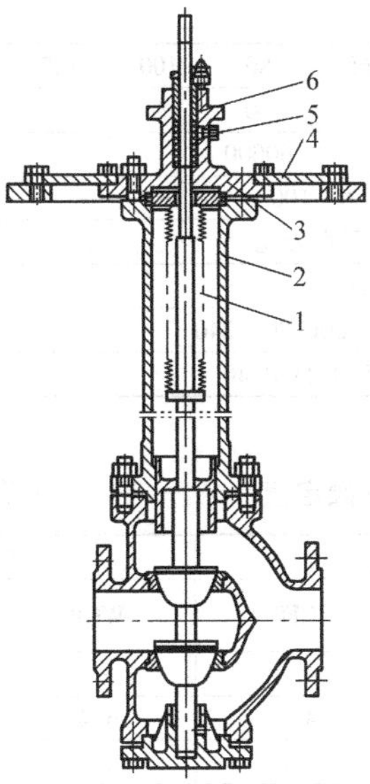

图 4-381　ZXND 低温型

1—波纹管　2—长颈阀盖　3—上阀盖　4—冷箱安装法兰　5—检测口　6—填料

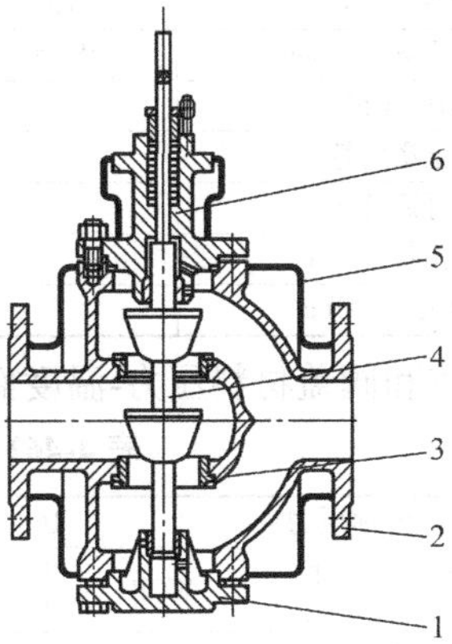

图 4-382　ZXNJ 夹套保温型

1—下端盖　2—阀体　3—阀座　4—阀芯　5—保温夹套　6—阀盖

（2）主要零件材料　见表 4-459。

表 4-459　ZXN 系列气动薄膜直通双座调节阀主要零件材料

零件名称	材　料	零件名称	材　料
阀体、阀盖	WCB、CF8	膜盖	Q235A
阀芯、阀座	304、304 + STL	波纹膜片	丁腈橡胶夹增强尼龙织物
填料	PTFE、柔性石墨	弹簧	60Si2Mn、50CrV
波纹管	304	阀杆、推杆	304、F304、F6a
垫片	柔性石墨/奥氏体不锈钢带缠绕、PTFE		

（3）主要性能指标　见表 4-460。

表 4-460　ZXN 系列气动薄膜直通双座调节阀主要性能指标

序号	项　目			标准型调节阀		散热、低温型调节阀	
				不带定位器	带定位器	不带定位器	带定位器
1	基本误差 <（%）			±5	±1	±15	±4
2	回差 <（%）			3	1	10	3
3	死区 <（%）			3	0.4	8	1
4	始终点偏差 <（%）	气开	始点	±2.5	±1	±6	±2.5
			终点	±5		±15	
		气关	始点	±5		±15	
			终点	±2.5		±6	
5	额定行程偏差 <（%）			+2.5	+2.5	+6	+2.5

（4）公称尺寸与技术参数　见表 4-461。

表 4-461　ZXN 系列气动薄膜直通双座调节阀公称尺寸与技术参数

公称尺寸 DN		20	25	32	40	50	65	80	100	125	150	200
额定流量系数 K_v	直线	7.6	12.1	19.4	30.3	48.3	75.9	121	193.6	302.5	484	759
	等百分比	6.9	11	17.6	27.5	44	69.3	110	176	275	440	693
执行机构型号	正作用	PZMA-4		PZMA-5			PZMA-6			PZMA-7		
	反作用	PZMB-4		PZMB-5			PZMB-6			PZMB-7		

（续）

公称尺寸 DN	20	25	32	40	50	65	80	100	125	150	200
额定行程 L/mm	16		25			40			60		
膜片有效面积 A_e/mm^2	28000		40000			60000			100000		
公称压力 PN	16、40、63、100										
固有流量特性	直线　等百分比										
固有可调比 R	50										
信号范围 p_r/kPa	20～100、40～200、80～240										
气源压力 p_s/MPa	0.14、0.25、0.28、0.40										

（5）阀体和阀盖材料压力-温度额定值　见表4-462。

表4-462　阀体和阀盖材料压力-温度额定值　（单位：MPa）

温度/℃ ＼ 公称压力 PN	16		40		63	
	WCB	CF8	WCB	CF8	WCB	CF8
-196～-29	—	1.6	—	4.0	—	6.4
-29～100	1.6	1.6	4.0	4.0	6.4	6.4
150	1.6	1.6	4.0	4.0	6.4	6.4
200	1.6	1.6	4.0	4.0	6.4	6.4
250	1.4	1.5	3.6	3.8	5.6	6.0
300	1.25	1.4	3.2	3.6	5.0	5.6
350	1.1	1.32	2.8	3.4	4.5	5.3
400	1.0	1.25	2.5	3.2	4.0	5.0
425	0.9	1.2	2.2	3.07	3.6	4.84
450	0.67	1.15	1.7	2.95	2.65	4.68
500	—	1.05	—	2.65	—	4.25
525	—	0.99	—	2.46	—	3.92
560	—	0.9	—	2.2	—	3.6

（6）阀体、阀芯、填料材料的压力-温度额定值曲线　如图4-383所示。

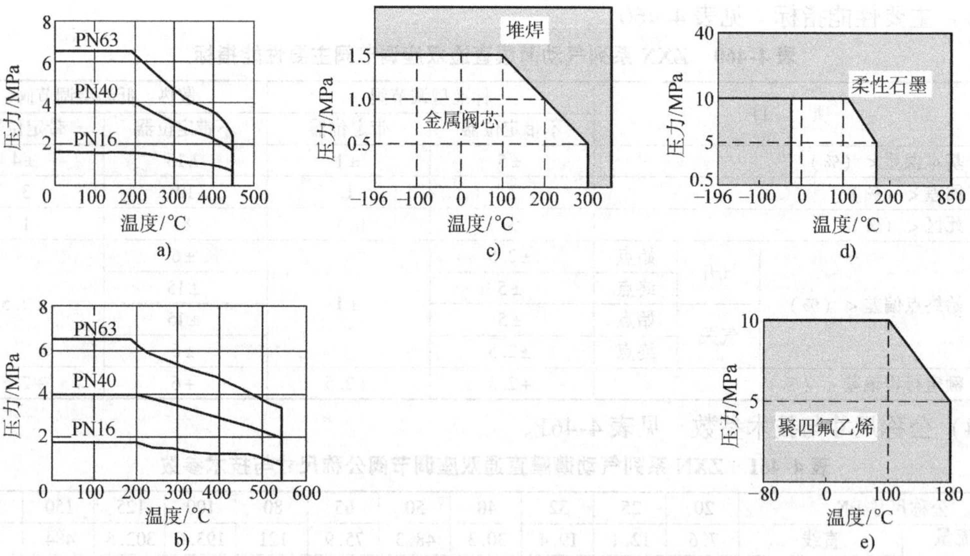

图4-383　阀体、阀芯、填料材料的压力-温度额定值曲线

a）阀体材料 WCB　b）阀体材料 CF8　c）阀芯材料金属堆焊 STL

d）填料材料柔性石墨　e）填料材料 PTFE

(7) 调节阀工作温度范围及阀座泄漏量等级

1) 阀体材料为WCB，见表4-463。

表4-463 阀体材料为WCB工作温度范围及阀座泄漏量等级

阀体	WCB						
阀芯	304	304+STL	304	304	304	304	304+STL
阀座	F304	F304+STL	F304	F304	F304	F304	F304+STL
填料	PTFE	PTFE/石墨+PTFE	石墨+PTFE	石墨+PTFE	波纹管+PTFE	波纹管+石墨	波纹管+石墨
垫片	F4/V6590	F4/V6590	石墨/不锈钢缠绕	石墨/不锈钢缠绕	F4/V6590	石墨/不锈钢缠绕	石墨/不锈钢缠绕
上阀盖形式	标准型	标准型	标准型	散热型	波纹管密封型	波纹管密封型	散热型
泄漏等级	Ⅱ/Ⅳ级	Ⅳ/Ⅴ级	Ⅱ/Ⅳ级	Ⅱ/Ⅳ级	Ⅱ/Ⅳ级	Ⅱ/Ⅳ级	Ⅳ/Ⅴ级
阀座泄漏量/(L/h)	$0.5\% K_v$	$10^4 \times K_v$	$0.5\% K_v$	$0.5\% K_v$	$0.5\% K_v$	$0.5\% K_v$	$10^{-4} \times K_v$
	$10^{-4} \times K_v$	$1.8 \times 10^{-7} \times \Delta p \times D$	$10^{-4} \times K_v$	$10^{-4} \times K_v$	$10^{-4} \times K_v$	$10^{-4} \times K_v$	$1.8 \times 10^{-7} \times \Delta p \times D$
温度范围/℃	-29~160	-29~180	120~200	-29~450	-29~200	-29~450	-29~450

2)阀体材料为CF8，见表4-464。

表4-464 阀体材料为CF8工作温度范围及阀座泄漏量等级

阀体	CF8								
阀芯	304	304+STL	304	304	304	304	304+STL	304	304+STL
阀座	F304	F304+STL	F304	F304	F304	F304	F304+STL	F304	F304+STL
填料	PTFE	PTFE/石墨+PTFE	石墨+PTFE	石墨+PTFE	波纹管+PTFE	波纹管+石墨	波纹管+石墨	波纹管+石墨	波纹管+石墨
垫片	F4/V6590	F4/V6590	柔性石墨/不锈钢带缠绕	柔性石墨/不锈钢带缠绕	F4/V6590	柔性石墨/不锈钢带缠绕	柔性石墨/不锈钢带缠绕	LF2	LF2
上阀盖形式	标准型	标准型	标准型	散热型	波纹管密封型	波纹管密封型	散热型	低温型	低温型
泄漏等级	Ⅱ/Ⅳ级	Ⅳ/Ⅴ级	Ⅱ/Ⅳ级	Ⅱ/Ⅳ级	Ⅱ/Ⅳ级	Ⅱ/Ⅳ级	Ⅳ/Ⅴ级	Ⅱ/Ⅳ级	Ⅳ/Ⅴ级
阀座泄漏量/(L/h)	$0.5\% K_v$	$10^{-4} \times K_v$	$0.5\% K_v$	$0.5\% K_v$	$0.5\% K_v$	$0.5\% K_v$	$10^{-4} \times K_v$	$0.5\% K_v$	$10^{-4} \times K_v$
	$10^{-4} \times K_v$	$1.8 \times 10^{-7} \times \Delta p \times D$	$10^{-4} \times K_v$	$10^{-4} \times K_v$	$10^{-4} \times K_v$	$10^{-4} \times K_v$	$1.8 \times 10^{-7} \times \Delta p \times D$	$10^{-4} \times K_v$	$1.8 \times 10^{-7} \times \Delta p \times D$
温度范围/℃	-29~160	-29~180	-40~200	-60~450	-29~200	-60~450	-60~560	-196~-60	-196~-60

注：Δp—阀前后压差（kPa）；D—阀座直径（mm）。

(8) ZXN系列调节阀流量特性 如图4-384所示。

(9) 各种固有流量特性相对行程下的相对流量数值$R50$ 见表4-465。

(10) 允许压差

1) 气关式（正作用）金属密封型允许压差，见表4-466。

2) 气开式（反作用）金属密封型允许压差，见表4-467。

(11) 主要外形尺寸及重量

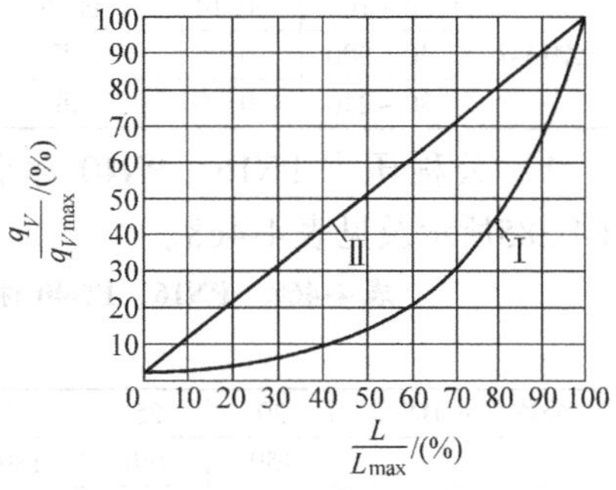

图4-384 调节阀流量特性

Ⅰ—等百分比 Ⅱ—直线

表 4-465　各种固有流量特性相对行程下的相对流量数值 *R*50　（%）

$q_V/q_{V\max}$ \ $L/L_{\max}$ 特性	0	10	20	30	40	50	60	70	80	90	100
直线	2	11.8	21.6	31.4	41.2	51	60.8	70.6	80.4	90.2	100
等百分比	2	3	4.37	6.5	9.6	14.1	20.9	30.9	45.7	67.6	100

表 4-466　气关式（正作用）金属密封型允许压差　（单位：MPa）

执行机构型号	弹簧范围 /MPa	气源压力 /MPa	定位器（带/否）	公称尺寸 DN 20	25	32	40	50	65	80	100	125	150	200
PZMA-4	20～100	0.14	否	0.92	0.72									
			带	5.50	4.33									
	40～200	0.25	带	6.40	6.14									
	80～240	0.40	带	6.40	6.40									
PZMA-5	20～100	0.14	否			0.73	0.58	0.46						
			带			4.40	3.49	2.77						
	40～200	0.25	带			6.24	4.94	3.92						
	80～240	0.40	带			6.40	6.40	6.40						
PZMA-6	20～100	0.14	否						0.55	0.44	0.35			
			带						3.27	2.64	2.10			
	40～200	0.25	带						4.63	3.75	2.98			
	80～240	0.40	带						6.40	6.40	6.40			
PZMA-7	20～100	0.14	否									0.48	0.40	0.30
			带									2.90	2.41	1.80
	40～200	0.25	带									4.11	3.42	2.55
	80～240	0.40	带									6.40	6.40	5.56

表 4-467　气开式（反作用）金属密封型允许压差　（单位：MPa）

执行机构型号	弹簧范围 /MPa	气源压力 /MPa	定位器（带/否）	公称尺寸 DN 20	25	32	40	50	65	80	100	125	150	200
PZMA-4	20～100	0.14	否、带	0.92	0.72									
	40～200	0.25	带	5.51	4.33									
	80～240	0.40	带	6.40	6.40									
PZMA-5	20～100	0.14	否、带			0.73	0.58	0.46						
	40～200	0.25	带			4.41	3.49	2.77						
	80～240	0.40	带			6.40	6.40	6.40						
PZMA-6	20～100	0.14	否、带						0.55	0.44	0.35			
	40～200	0.25	带						3.27	2.65	2.11			
	80～240	0.40	带						6.40	6.40	5.63			
PZMA-7	20～100	0.14	否、带									0.48	0.40	0.30
	40～200	0.25	带									2.90	2.41	1.81
	80～240	0.40	带									6.40	6.40	4.82

1）公称压力 PN16、PN40 标准型、散热型、波纹管密封型主要外形尺寸及重量，如图 4-385所示及见表 4-468。

表 4-468　PN16、PN40 标准型、散热型、波纹管密封型主要外形尺寸及重量

（单位：mm）

公称尺寸 DN	20	25	32	40	50	65	80	100	125	150	200
L	150	160	180	200	230	290	310	350	400	480	600
A	282	282	308	308	308	394	394	394	498	498	498
H_1	155	155	175	180	200	235	250	260	330	350	420

（续）

公称尺寸 DN	20	25	32	40	50	65	80	100	125	150	200
H_2	258	258	280	280	280	360	360	360	435	435	435
H_3	235	235	247	256	268	364	384	394	465	470	540
H_4	364	364	425	430	445	660	680	690	748	740	780
H_5	110	110	130	135	145	175	195	210	265	280	345
C	220	220	220	220	220	270	270	270	320	320	320
H_6	180	180	180	180	180	236	236	236	310	310	310
重量/kg	24	26	28	37	43	67	71	88	136	168	260

注：表中重量为不带附件标准型数据。

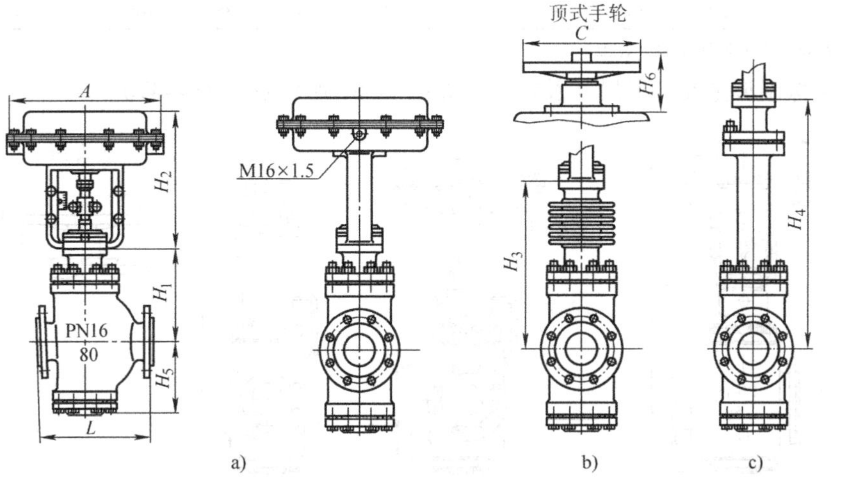

图 4-385 主要外形尺寸图

a）标准型 b）高温散热型 c）波纹管密封型

2）公称压力 PN63、PN100 标准型、散热型、波纹管密封型主要外形尺寸及重量，如图 4-386所示及见表 4-469。

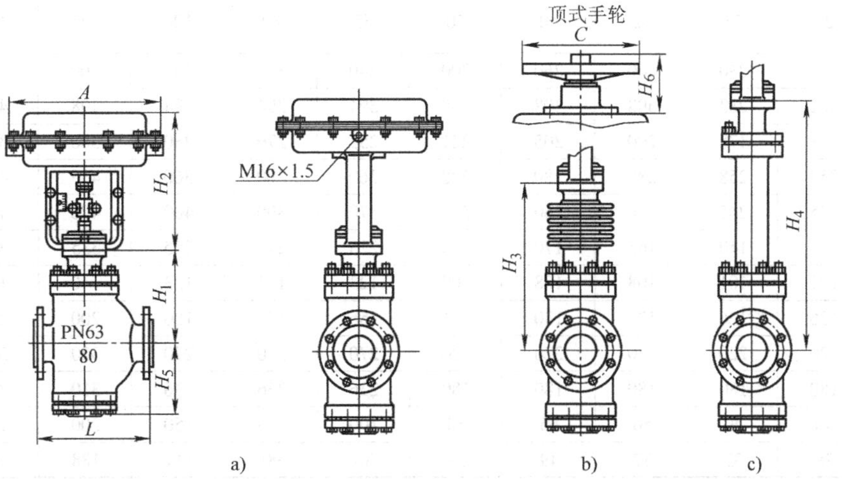

图 4-386 主要外形尺寸图

a) 标准型 b) 高温散热型 c) 波纹管密封型

表 4-469　PN63、PN100 标准型、散热型、波纹管密封型主要外形尺寸及重量（单位：mm）

公称尺寸 DN	20	25	32	40	50	65	80	100	125	150	200
L	230	230	260	260	300	340	380	430	500	550	650
A	282	282	308	308	308	394	394	394	498	498	498
H_1	165	165	175	185	205	245	255	270	335	365	430
H_2	258	258	280	280	280	360	360	360	435	435	435
H_3	245	245	263	268	278	381	390	400	470	485	540
H_4	355	355	425	435	450	665	680	700	740	750	795
H_5	140	140	165	170	180	225	245	265	335	360	430
C	220	220	220	220	220	270	270	270	320	320	320
H_6	180	180	180	180	180	236	236	236	310	310	310
重量/kg	27	30	35	47	58	84	88	109	179	202	305

注：表中重量为不带附件标准型数据。

3）夹套保温型主要外形尺寸及重量，如图 4-387 所示及见表 4-470。

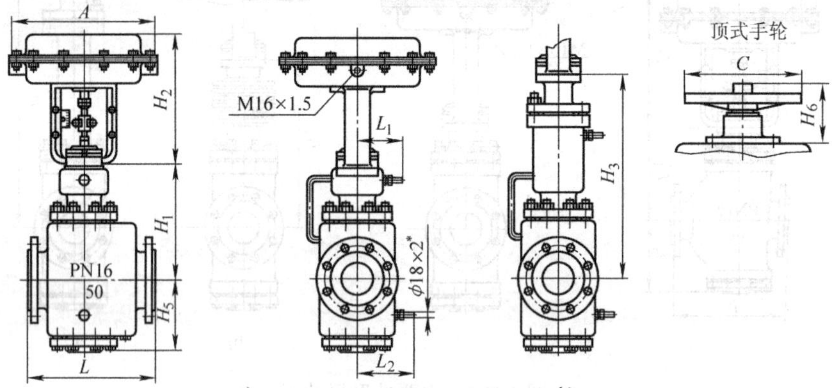

a)　　b)

图 4-387　夹套保温型主要外形尺寸图

a）夹套保温型　b）波纹管密封、夹套保温型

表 4-470　夹套保温型主要外形尺寸及重量　（单位：mm）

公称尺寸 DN	20	25	32	40	50	65	80	100	125	150	200
L	230	230	260	260	300	340	380	430	500	550	650
A	282	282	308	308	308	394	394	394	498	498	498
H_1	178	178	200	205	221	255	270	280	366	375	440
H_2	258	258	280	280	280	360	360	360	435	435	435
H_3	245	245	250	260	270	370	390	400	470	485	540
H_5	140	140	165	170	180	225	245	265	335	360	430
L_1	101	101	108	108	108	123	123	123	140	140	140
L_2	126	126	126	130	141	156	170	180	200	220	265
C	220	220	220	220	220	270	270	270	320	320	320
H_6	180	180	180	180	180	236	236	236	310	310	310
法兰规格	40	40	50	65	80	100	125	150	200	250	300
重量/kg	28	32	37	49	59	86	90	111	188	205	315

注：表中重量为 PN16 数据。

4）公称压力 PN16、PN40 低温型主要外形尺寸及重量，如图 4-388 所示及见表 4-471。

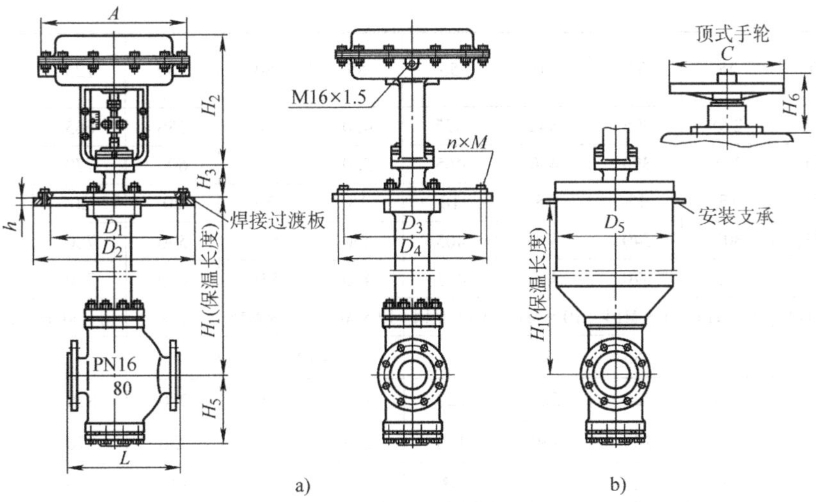

图 4-388　主要外形尺寸图

a) 连接板安装型　b) 浮动套安装型(DN20 ~ DN100)

表 4-471　PN16、PN40 低温型主要外形尺寸及重量　(单位:mm)

公称尺寸 DN	20	25	32	40	50	65	80	100	125	150	200
L	150	160	180	200	230	290	310	350	400	480	600
A	282	282	308	308	308	394	394	394	498	498	498
H_1	700										
H_2	258	258	280	280	280	360	360	360	435	435	435
H_3	69	69	78	78	78	94	94	94	110	110	110
H_5	110	110	130	135	145	175	195	210	265	280	345
D_1	230	230	250	270	305	342	375	430	490	556	665
D_2	310	310	335	355	390	430	465	520	585	660	770
h	15	15	15	15	15	18	18	18	20	20	20
D_3	260	260	285	305	340	370	405	460	525	590	700
D_4	290	290	315	335	370	400	435	490	555	630	740
$n \times M$	8 × M12	8 × M12	8 × M12	8 × M14	8 × M14	10 × M14	10 × M14	12 × M16	14 × M16	16 × M16	18 × M16
D_5	285					470			—		
C	220	220	220	220	220	270	270	270	320	320	320
H_6	180	180	180	180	180	236	236	236	310	310	310
重量/kg	42	51	55	65	74	95	110	149	218	295	325

注:保温长度以 700mm 为例,表中重量为 PN16 数据。

5) 公称压力 PN63、PN100 低温型主要外形尺寸与重量,如图 4-389 所示及见表 4-472。

表 4-472　PN63、PN100 低温型主要外形尺寸与重量　(单位:mm)

公称尺寸 DN	20	25	32	40	50	65	80	100	125	150	200
L	230	230	260	260	300	340	380	430	500	550	650
A	282	282	308	308	308	394	394	394	498	498	498
H_1	700										
H_2	258	258	280	280	280	360	360	360	435	435	435
H_3	88	88	88	88	88	94	94	94	110	110	110
H_5	140	140	165	170	180	225	245	265	335	360	430

（续）

公称尺寸 DN	20	25	32	40	50	65	80	100	125	150	200
D_1	270	270	305	342	375	430	490	556	665	665	765
D_2	355	355	390	430	465	520	585	600	770	770	890
h	15	15	15	18	18	18	20	20	20	20	20
D_3	305	305	340	370	405	460	525	590	700	700	805
D_4	335	335	370	400	435	490	555	630	740	740	845
$n \times M$	8×M14	8×M14	8×M14	10×M14	10×M14	12×M16	14×M16	16×M16	18×M16	18×M16	18×M16
D_5	285					470		—			
C	220	220	220	220	220	270	270	270	320	320	320
H_6	180	180	180	180	180	236	236	236	310	310	310
重量/kg	40	48	52	60	68	90	105	143	210	282	315

注：保温长度以 700mm 为例，表中重量为 PN63 数据。

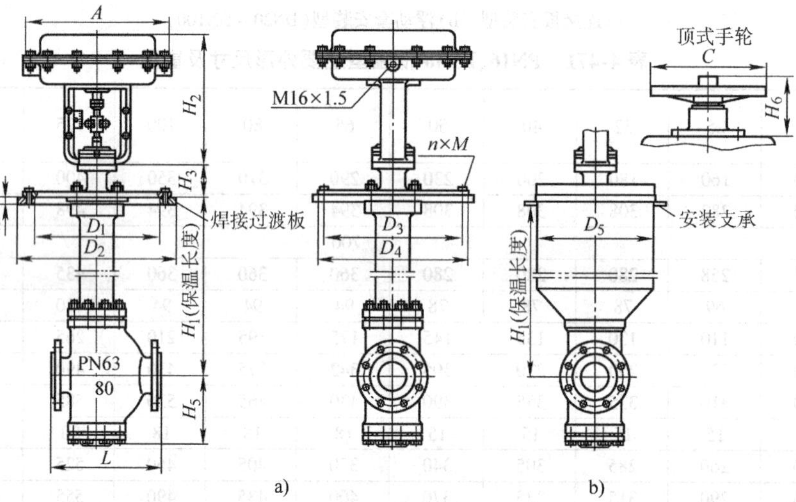

图 4-389 主要外形尺寸图

a）连接板安装型 b）浮动套安装型（DN20 ~ DN80）

8. ZZY 型自力式压力调节阀

ZZY 型自力式压力调节阀无需外加能源，利用被调介质自身能量为动力源，引入执行机构控制阀芯位置，改变两端的压差和流量，使阀前（或阀后）压力稳定。具有动作灵敏、密封性好、压力设定点波动小等优点，广泛的应用于气体、液体及蒸汽介质减压稳压或泄压稳压的自动控制。

本系列产品有单座（ZZYP）、套筒（ZZYM）、双座（ZZYN）三种结构；执行机构有薄膜式、活塞式两种；作用型式有减压用阀后压力调节（B 型）和泄压用阀前压力调节（K 型）。公称压力有 PN16、PN40、PN63；公称尺寸范围 DN20 ~ DN300；泄漏量等级符合 FCI-70-2：2006 中Ⅱ级、Ⅳ级、Ⅵ级；流量特性为快开；压力分段调节从 15 ~ 2500kPa，可按需要组合满足用户工况要求。

（1）结构特点

1）自力式压力调节阀无需外加能源，能在无电、无气的场所工作，既方便又节约了能源。

2）压力分段范围细且又相互交叉，调节精度高。

3）压力设定值在运行期间可连续设定。

4）对阀后压力调节，阀前压力与阀后压力之比可为 10∶1 ~ 10∶8。

5）橡胶膜片式检测、执行机构检测精度高，动作灵敏。

6）采用压力平衡机构，使调节阀反应灵敏，控制精确。

（2）结构型式及工作原理

1）ZZY 自力式调节阀结构，如图 4-390 所示。

2）阀后压力调节（B 型）的调节阀的工作原理，如图 4-391 所示。

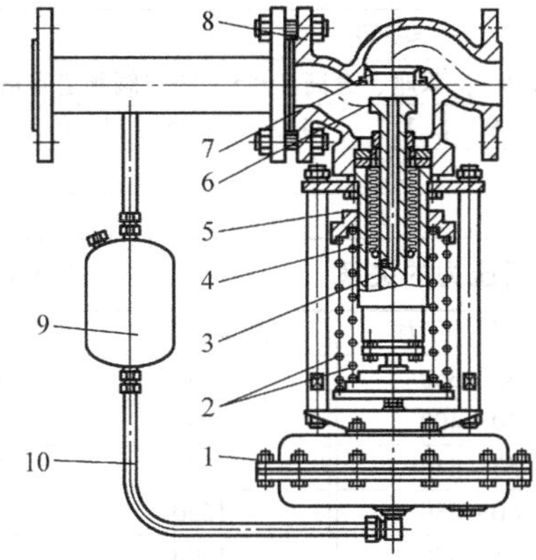

图 4-390　自力式压力调节阀结构

1—执行机构　2—弹簧　3—阀杆　4—波纹管　5—设定值调节盘　6—阀芯　7—阀座　8—阀体　9—冷凝器　10—导压管

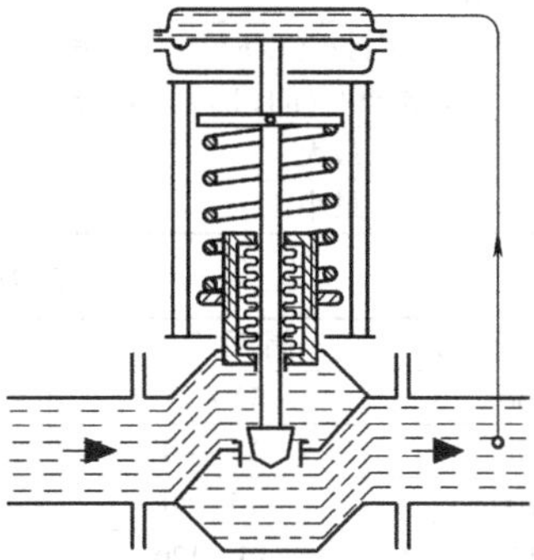

图 4-391　阀后压力调节（B 型）工作原理

（3）主要零件材料　见表 4-473。

表 4-473　ZZY 型自力式压力调节阀主要零件材料

零件名称	材　　料	零件名称	材　　料
阀体	WCB、CF8、CF8M	膜盖	Q235A、Q235A 涂 PTFE、不锈钢
阀芯	304、316	填料	PTFE、柔性石墨
阀座	F304、F316	橡胶膜片	丁腈橡胶、三元乙丙、氟橡胶
阀杆	304、F304、316、F316		

（4）阀体材料压力-温度额定值曲线　如图 4-392 所示。

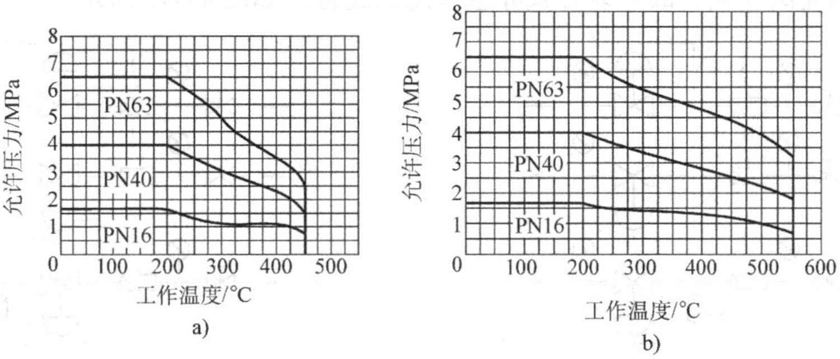

图 4-392　阀体材料压力-温度额定值曲线

a）WCB　b）CF8

（5）主要技术参数和性能指标　见表 4-474。

（6）阀后压力调节阀其阀前压力与阀后压力的关系　见表 4-475。

表 4-474　ZZY 型自力式压力调节阀主要技术参数和性能指标

公称尺寸 DN		20	25	32	40	50	65	80	100	125	150	200	250	300
额定流量系数 K_v		7	11	20	30	48	75	120	190	300	480	760	1100	1750
额定行程/mm		8		10		14	20		25	40		50	60	70
公称压力 PN		16、40、63												
压力调节范围/kPa		15 ~ 50　40 ~ 80　60 ~ 100　80 ~ 140　120 ~ 180　160 ~ 220　200 ~ 260　240 ~ 300　280 ~ 350　330 ~ 400　380 ~ 450　430 ~ 500　480 ~ 560　540 ~ 620　600 ~ 700　680 ~ 800　780 ~ 900　880 ~ 1000　950 ~ 1500　1000 ~ 2500												
流量特性		快开												
调节精度（%）		±5												
使用温度/℃		≤350												
允许泄漏量	硬密封/（L/h）	单座：≤10^{-4}阀额定容量（Ⅳ级）；双座、套筒：≤5×10^{-3}阀额定容量（Ⅱ级）												
	软密封/（mL/h）	0.15	0.30	0.45	0.60	0.90	1.7	4.0	6.75	11.10	16.0			
减压比	最大	10												
	最小	1.25												

表 4-475　阀前压力与阀后压力的关系　　（单位：kPa）

阀前压力	阀后压力	阀前压力	阀后压力	阀前压力	阀后压力
30	15 ~ 24	450	45 ~ 360	900	90 ~ 720
50	15 ~ 40	500	50 ~ 400	950	95 ~ 760
100	15 ~ 80	550	55 ~ 440	1000	100 ~ 800
150	15 ~ 120	600	60 ~ 480	1250	125 ~ 1000
200	20 ~ 160	650	65 ~ 520	1500	150 ~ 1200
250	25 ~ 200	700	70 ~ 560	2000	200 ~ 1600
300	30 ~ 240	750	75 ~ 600	2500	250 ~ 2000
350	35 ~ 280	800	80 ~ 640	3000	300 ~ 2400
400	40 ~ 320	850	85 ~ 680		

（7）自力式压力调节阀作用方式的确定　自力式压力调节阀（K 型）为控制阀前压力的调节阀。其初始位置的阀芯在关闭位置，当阀前压力逐渐升高，阀逐渐打开，直至阀前压力稳定在要求的给定值。

自力式压力调节阀（B 型）为控制阀后压力的调节阀。其初始位置的阀芯在开启位置，当阀后压力逐渐升高时，阀逐渐关闭，直至阀后压力稳定在要求的给定值。

（8）安装方式　ZZY 型自力式压力调节阀，由于它利用介质自身的压力去操作执行机构，即在执行机构内充满介质，故安装方式亦应与此相配合，如图 4-393 所示。

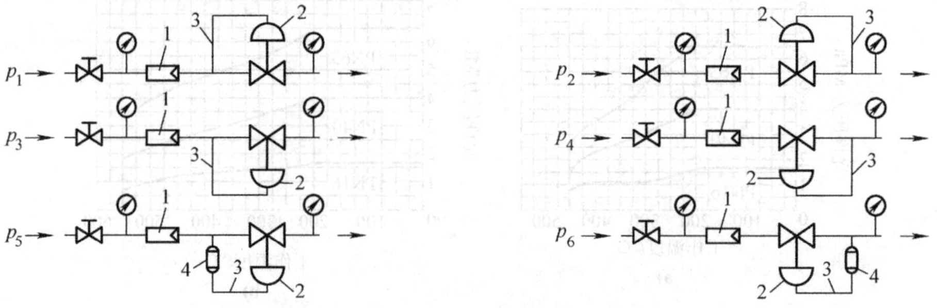

图 4-393　ZZY 型自力式调节安装方式图

1—过滤器　2—自力式调节阀　3—导压管 $\phi14\times2$　4—冷凝器

在安装时取压点设在距离调节阀适当的位置，压开型调节阀应大于 2 倍管道直径，压闭型调节阀应大于 6 倍管道直径。

在安装冷凝器时应注意冷凝器的位置，使其高于膜头而低于工艺管道，以保证冷凝器内充满冷凝液。

（9）安装方式说明

P1：调节气体，阀前压力调节（K 型），过滤器（1）可不安装。

P2：调节气体，阀后压力调节（B 型），过滤器（1）可不安装。

P3：调节液体，阀前压力调节（K 型），对于非清洁流体，应装过滤器（1）。

P4：调节液体，阀后压力调节（B 型），对于非清洁流体，应装过滤器（1）。

P5：调节蒸汽，阀前压力调节（K 型），应装冷凝器（4），建议装过滤器（1）。

P6：调节蒸汽，阀后压力调节（B 型），应装冷凝器（4），建议装过滤器（1）。

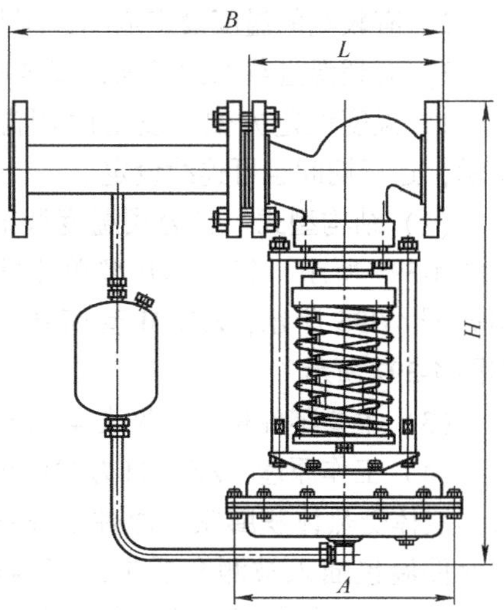

图 4-394　主要外形尺寸

（10）主要外形尺寸与重量　如图 4-394 所示及见表 4-476。

表 4-476　ZZY 型自力式压力调节阀主要外形尺寸与重量　（单位：mm）

<table>
<tr><td colspan="3">公称尺寸 DN</td><td>20</td><td>25</td><td>32</td><td>40</td><td>50</td><td>65</td><td>80</td><td>100</td><td>125</td><td>150</td><td>200</td><td>250</td><td>300</td></tr>
<tr><td colspan="3">法兰接管尺寸 B</td><td colspan="2">383</td><td colspan="2">512</td><td>603</td><td colspan="2">862</td><td>1023</td><td colspan="2">1380</td><td>1800</td><td>2000</td><td>2200</td></tr>
<tr><td colspan="3">法兰端面距 L</td><td>150</td><td>160</td><td>180</td><td>200</td><td>230</td><td>290</td><td>310</td><td>350</td><td>400</td><td>480</td><td>600</td><td>730</td><td>850</td></tr>
<tr><td rowspan="12">压力调节范围/kPa</td><td rowspan="2">15 ~ 140</td><td>H</td><td colspan="2">475</td><td colspan="2">520</td><td>540</td><td colspan="2">710</td><td>780</td><td>840</td><td>880</td><td>915</td><td>940</td><td>1000</td></tr>
<tr><td>A</td><td colspan="2">280</td><td colspan="11">308</td></tr>
<tr><td rowspan="2">280 ~ 500</td><td>H</td><td colspan="2">455</td><td colspan="2">500</td><td>520</td><td colspan="2">690</td><td>760</td><td>800</td><td>870</td><td>880</td><td>900</td><td>950</td></tr>
<tr><td>A</td><td colspan="13">230</td></tr>
<tr><td rowspan="2">120 ~ 300</td><td>H</td><td colspan="2">450</td><td colspan="2">490</td><td>510</td><td colspan="2">680</td><td>750</td><td>790</td><td>860</td><td>870</td><td>890</td><td>940</td></tr>
<tr><td>A</td><td colspan="5">176</td><td colspan="3">194</td><td colspan="5">280</td></tr>
<tr><td rowspan="2">480 ~ 1000</td><td>H</td><td colspan="2">445</td><td colspan="3">480</td><td colspan="2">670</td><td>740</td><td>780</td><td>850</td><td>860</td><td>880</td><td>930</td></tr>
<tr><td>A</td><td colspan="5">176</td><td colspan="3">194</td><td colspan="5">280</td></tr>
<tr><td rowspan="2">600 ~ 1500</td><td>H</td><td colspan="2">445</td><td colspan="2">570</td><td>600</td><td colspan="2">820</td><td>890</td><td colspan="2">950</td><td>1000</td><td>1100</td><td>1200</td></tr>
<tr><td>A</td><td colspan="2">85</td><td colspan="11">96</td></tr>
<tr><td rowspan="2">1000 ~ 2500</td><td>H</td><td colspan="2">445</td><td colspan="2">570</td><td>600</td><td colspan="2">820</td><td>890</td><td colspan="2">950</td><td>1000</td><td>1100</td><td>1200</td></tr>
<tr><td>A</td><td colspan="2">85</td><td colspan="11">96</td></tr>
<tr><td colspan="3">重量/kg</td><td colspan="2">26</td><td colspan="2">37</td><td>42</td><td>72</td><td>90</td><td>114</td><td>130</td><td>144</td><td>180</td><td>200</td><td>250</td></tr>
<tr><td colspan="3">导压管接头螺纹</td><td colspan="13">M16 × 1.5</td></tr>
</table>

9. ZZW 型自力式温度调节阀

ZZW 型自力式温度调节阀无需外加能源，利用被调介质自身能量实现温度自动调节。其公称压力有 PN16、PN40、PN63；温度调节范围从 0 ~ 270℃，温度控制器连接接头为 G1 外螺纹；法兰 PN16、PN40 采用 GB/T 9113；PN63 采用 JB/T 79；PN16 为凸面法兰，PN40、PN63 为凹凸面法兰，阀体法兰为凹面，结构长度按 GB/T 12221—2005 的规定。

（1）结构特点

1）自力式温度调节阀有 ZZWP 单座，ZZWM 套筒两种结构，有用于加热调节（B 型）和用于冷却调节（K 型）两种结构可供选择。

2）有较宽的温度设定范围，调节方便。

3）有超温过载保护措施，安全可靠。

4）温度设定方便，设定时用温度刻度盘指示，运行期间也可连续设定。

（2）结构型式　自力式温度调节阀的结构如图4-395所示，其ZZWP型单座式调节阀结构如图4-396所示，ZZWM套筒式调节阀结构如图4-397所示。

（3）主要零件材料　见表4-477。

（4）工作原理　ZZW自力式温度调节阀是根据液体受热体积膨胀的原理工作的，温度检测元件温包插入被测介质中，当温度升高时，温包内工作液体体积增大，使密封室内的压力增高，迫使波纹管向上移动，推动弹簧向上位移，从而使推杆、阀芯也向上移动，关小阀门，使被调介质温度向设定值方向靠拢，阀芯便停留在新的位置上，即阀芯的位移正比于被测温度的变化量，形成一定的比例调节特性。

（5）阀体材质压力-温度额定值曲线　如图4-398所示。

（6）调节阀应用举例　如图4-399所示。

（7）主要技术参数和性能指标　见表4-478。

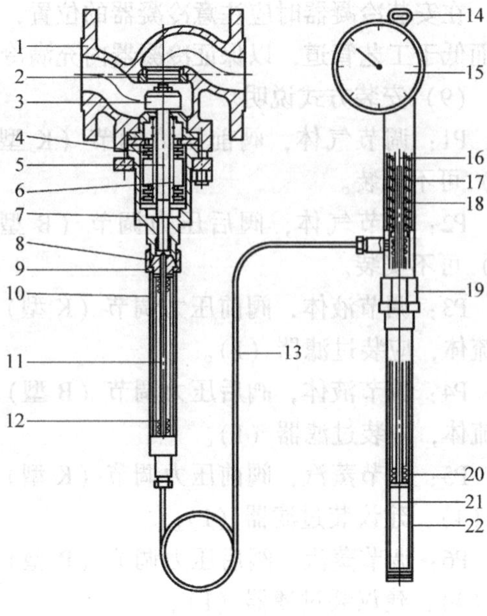

图4-395　ZZW型自力式温度调节阀结构

1—阀体　2—阀座　3—阀芯　4—平衡波纹管　5—阀杆　6—弹簧　7—阀盖　8—阀帽　9—接头　10—操作元件　11—操作元件的针杆　12—操作金属波纹管　13—毛细管　14—温度点调节钥匙　15—温度设定度盘　16—连杆　17—超温安全装置　18—长丝杆　19—安装接头　20—波纹管　21—温度传感器（温包）　22—护套

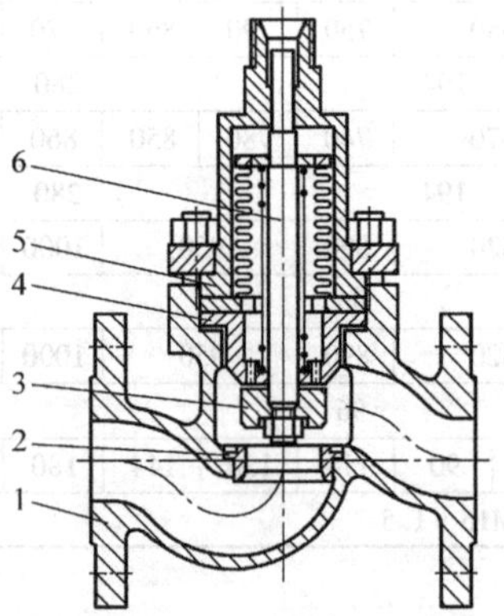

图4-396　自力式温度单座调节阀

1—阀体　2—阀座　3—阀芯　4—导向套　5—阀盖　6—阀杆

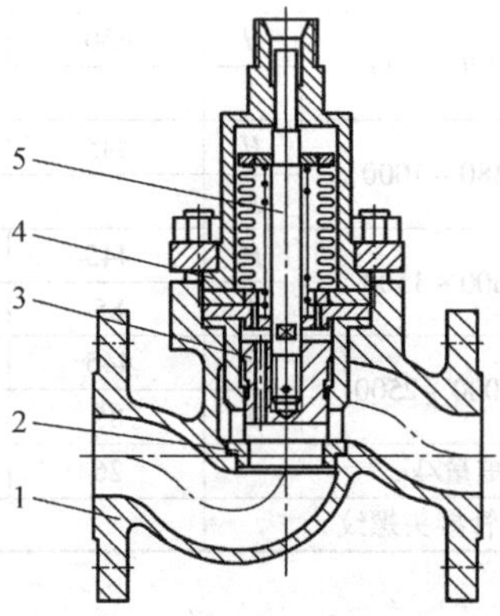

图4-397　自力式温度套筒调节阀

1—阀体　2—套筒　3—阀芯　4—阀盖　5—阀杆

表4-477　ZZW型自力式温度调节阀主要零件材料

零件名称	材料		零件名称	材料	
阀体	WCB、CF8	CF8M	平衡波纹管	304	
阀座	F304	F316	温包	H62	304
阀芯	304	316	毛细管	H62	304
波纹管套	304	316	接头	1035	304

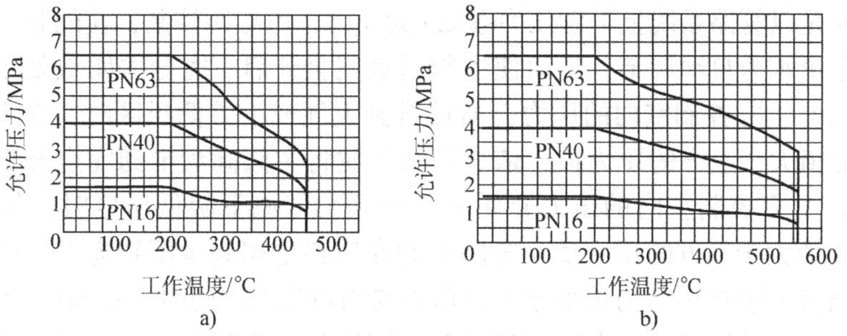

图 4-398　阀体材质压力-温度额定值曲线

a) 阀体材料为 WCB　b) 阀体材料为 CF8

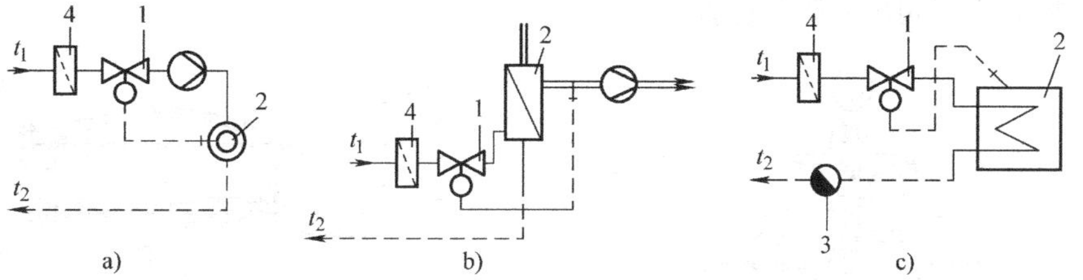

图 4-399　温度调节阀应用举例图

a) 夹套加热式冷却　b) 风管温度加热　c) 蒸汽加热容器或房间

1—ZW 自力式温度调节阀　2—工艺过程设备（或房间）　3—蒸汽凝水器　4—过滤器

表 4-478　ZZW 型自力式温度调节阀主要技术参数和性能指标

公称尺寸 DN		15	20	25	32	40	50	65	80	100	125	150	200	250
公称压力 PN		16　40												
额定流量系数 K_v	单座	5	7	11	20	30	48	75	120	190	300	480	760	1100
	双座			12	22	33	53	83	132	209	330	528	836	1210
	套筒			11	20	30	48	75	120	190	300	480	760	1100
额定行程/mm		6			8	10	14		20				35	
允许最大压差/MPa		1.6								1.5		0.5		
温度调节范围/℃		0～70、50～120、100～170、150～220、200～270												
调节精度(%)		±5												
允许超载值/℃		分别为上述温度调节范围上限加 50												
使用环境温度/℃		-40～80												
安装接头/in		G1												
毛细管长度/m		3、5												
允许泄漏量	硬密封/(L/h)	双座、套筒：5×10^{-3} × 阀额定容量(Ⅱ级)、单座：10^{-4} × 阀额定容量(Ⅳ级)												
	软密封/(mL/min)	0.15	0.15	0.15	0.30	0.30	0.45	0.60	0.90	1.70	4.0	4.0	6.75	11.10

4.6　水力控制阀

4.6.1　概述

水力控制阀是利用水压控制的阀门，一般分为隔膜型和活塞型两类。它由一个主阀（图 4-400、图 4-401）及其附设导管、导阀、针阀、球阀和压力表等组成。根据使用目的、功能及用途的不同，只要改变附设导管的连接和导阀，就可以演变成遥控浮球阀、减压阀、缓闭止回阀、流量控制阀、泄压阀、水力电动控制阀等多种阀门。

水力控制阀是以管路系统上下游压力差 Δp 为动力，由导阀控制，使隔膜（活塞）液压式差动操作，完全由水力自动调节，从而使主阀阀盘完全开启、完全关闭或处于调节状态。当进入隔膜（活塞）上方控制室内的压力介质被排到大气或下游低压区时，作用在阀盘底部和隔膜下方的压力值大于上方的压力值，依靠管路介质将主阀阀盘推到完全开启的位置；当进入隔膜（活塞）上方控制室内的压力介质不能排到大气或下游低压区时，作用在隔膜（活塞）上方的压力值大于下方的压力值，管路中的介质将主阀阀盘压到完全关闭的位置；当隔膜（活塞）上方控制室内的压力值处于入口压力与出口压力之间时，主阀阀盘处于调节状态，其调节位置取决于附设管路系统中针阀和可调导阀的联合控制作用。可调导阀可以通过下游的出口压力并随它的变化而自动调节其自身阀口的开度，从而改变隔膜（活塞）上方控制室的压力值，控制主阀阀盘的调节位置。

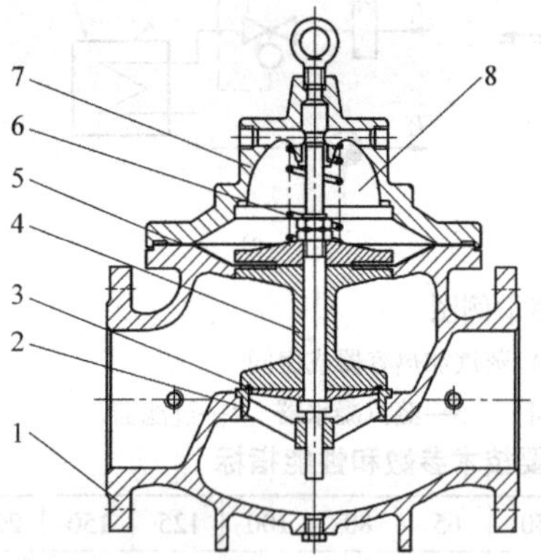

图 4-400 主阀（隔膜型）结构
1—阀体 2—阀座 3—密封圈 4—阀盘 5—膜片 6—弹簧 7—阀盖 8—控制室

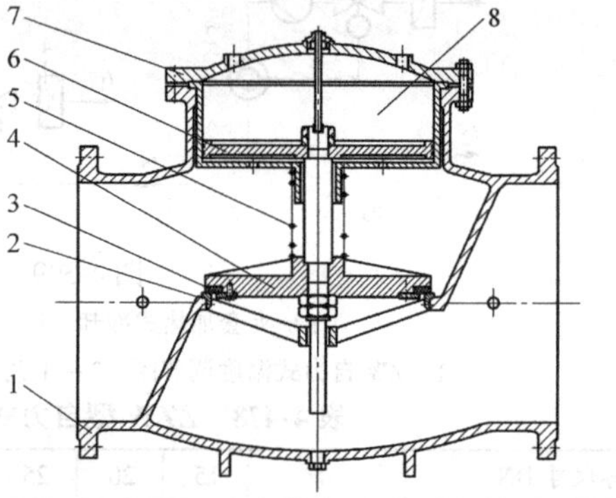

图 4-401 主阀（活塞型）结构
1—阀体 2—阀座 3—密封圈 4—阀盘 5—弹簧 6—活塞 7—阀盖 8—控制室

4.6.2 水力控制阀的分类

（1）按结构型式分类 如图 4-402 所示。

（2）按用途分类

1）水位控制阀。主要控制水池、水塔中的水位，主要型号和名称如图 4-403 所示。

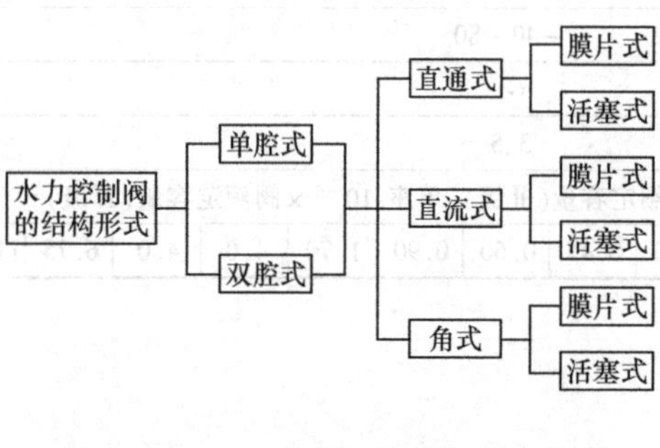

图 4-402 水力控制阀按结构型式分类

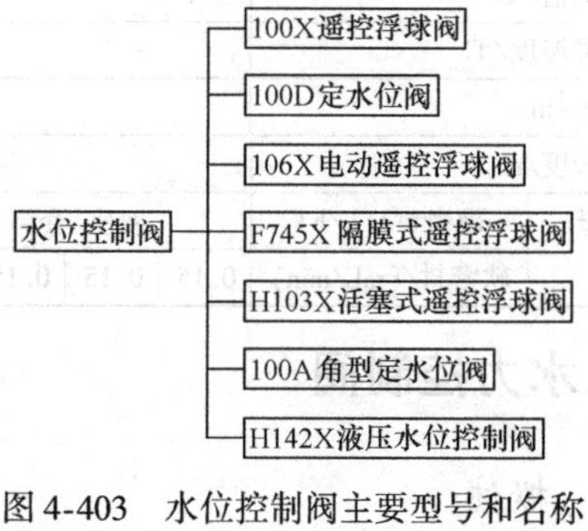

图 4-403 水位控制阀主要型号和名称

2）减压阀。将较高进口压力减小到某一需要的出口压力，并依靠介质自身的能量，使出口压力自动保持稳定的阀门，主要型号和名称如图 4-404 所示。

3）水用安全阀（泄压/持压阀）。当给水管路系统中的压力超过设定压力时，阀门自动开启泄压，保护管线安全，主要型号和名称如图 4-405 所示。

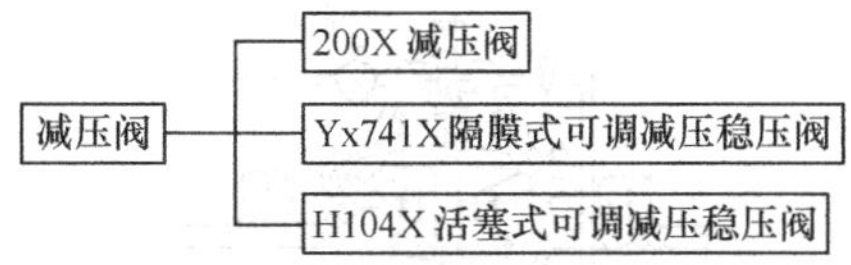

图 4-404 减压阀主要型号和名称

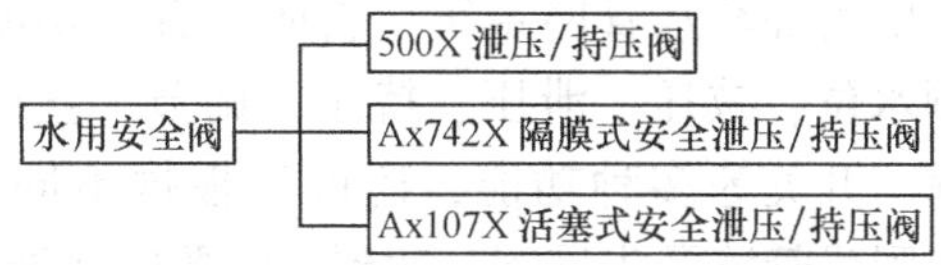

图 4-405 水用安全阀主要型号和名称

4）止回阀。安装在给水系统的水泵出口，防止介质倒流，并消除水击，主要型号和名称如图 4-406 所示。

5）电动开关阀。以电磁阀作为先导阀，根据电信号，遥控开启和关闭给水管路系统，可取代用来开启和关闭的闸阀和蝶阀的大型电动装置，并可实现远程控制，主要型号和名称如图 4-407 所示。

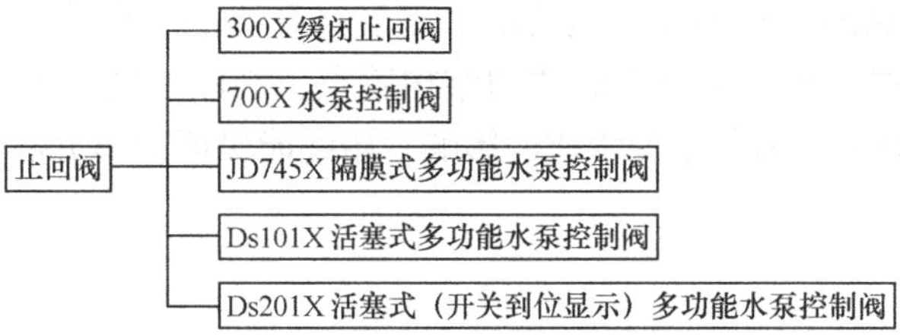

图 4-406 止回阀主要型号和名称

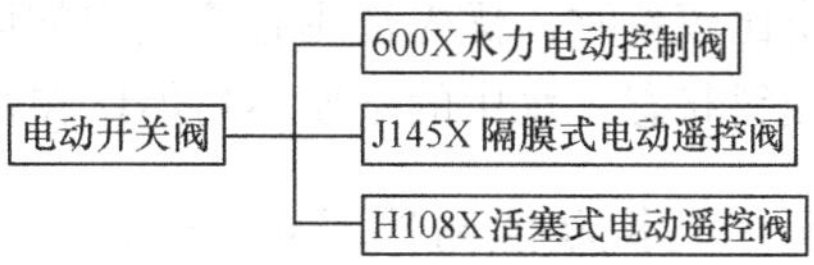

图 4-407 电动开关阀主要型号和名称

6）400X 流量控制阀。将过大的流量限制在一个预定值，并将上游的高压减为所需要的下游低压。

7）800X 压差旁通平衡阀。用于空调系统供水管、回水管或集水器、分水器之间，控制供水管、回水管或集水器、分水器之间的压差为设定值。

8）900X 紧急关闭阀。用于消防用水与生活用水并联的供水系统中，自动调配供水方向。

9）JM744X 膜片式快开排泥阀。安装在沉淀池底部池壁外，用以排除池底沉淀的泥沙和污物。

10）JM742X 隔膜式池底卸泥阀。安装在沉淀池的底部，排除池底的泥沙和污物。

4.6.3 水力控制阀的工作原理

水力控制阀的工作原理如图 4-408 ~ 图 4-410 所示。

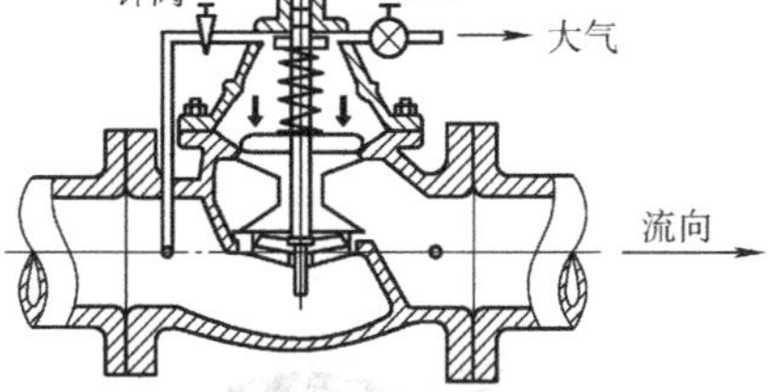

图 4-408 水力控制阀的工作原理——关闭状态

当主阀进口端水压分别进入阀体及控制室，且控制管路上的球阀同时关闭时，主阀处于关闭状态。

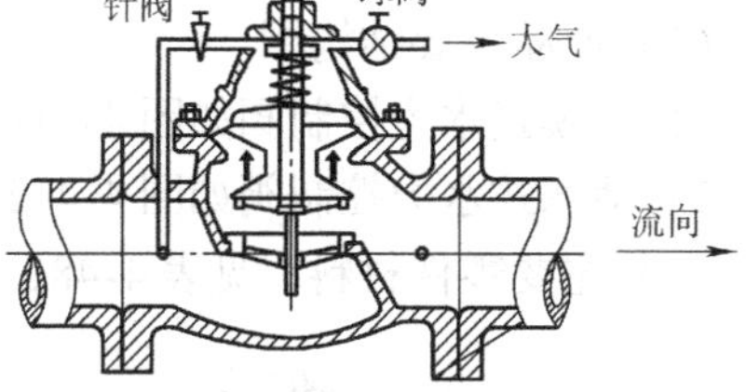

图 4-409 水力控制阀的工作原理——全开状态

当控制管路上的球阀全打开后，控制室内的水压全部释放到大气中，则主阀处于全开状态。

4.6.4 水力控制阀所适用的场合

水力控制阀是利用管网中水的压力控制阀门的开启、关闭及开度大小的阀门，是一种既省人力，又节约能源的自动阀门。广泛地应用于水力灌溉、高层建筑、消防系统、市政给排水、电力等给水管网系统。它所具有的功能有自动控制水位、减压、泄压、持压、调节、止回、消除水锤、开关等多种功能，还可以根据不同的需要，改变附设管路及先导阀，达到所需要的功能。

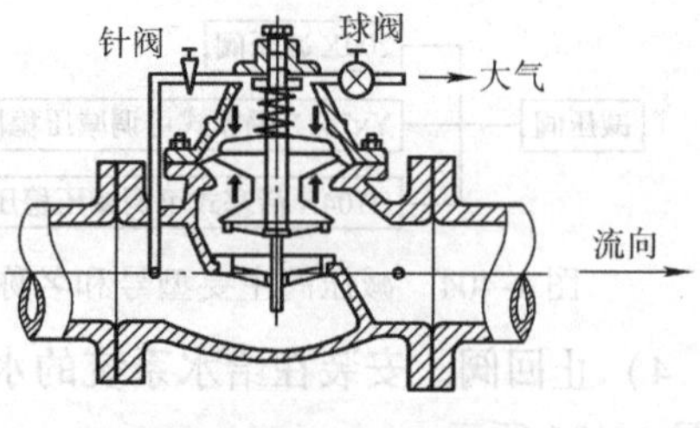

图4-410 水力控制阀的工作原理——调节状态
调节控制管路上的球阀，使流经针阀与球阀的水流达到平衡，此时主阀处于调节状态。

4.6.5 水力控制阀的选用原则

（1）型号的选择 选择水力控制阀的型号，主要根据用途去选择，当确定了用途、介质、温度和工作压力后，在4.6.2的（2）中选择所需要的型号。在4.6.6中，有各种型号水力控制阀的详细介绍。

（2）结构型式的选择 选择水力控制阀的结构型式，主要取决于管路系统中的水质。当水质比较差时，优先选用直流式中的膜片式结构，由于直流式的结构特点，阀座在阀体内腔呈倾斜状态，水中的杂质不易停留在密封面上，因此不受水质的影响，始终能保证动作灵活。

4.6.6 水力控制阀产品介绍

1. 直通式水力控制阀

（1）应用标准 见表4-479。

表4-479 直通式水力控制阀采用标准

项　目	标准代号	项　目	标准代号
质量保证	ISO 9001 API Q1	连接法兰	GB/T 17241.6，GB/T 9113
设计	Q/YYF03	铸钢件外观质量	JB/T 7927
检验与试验	GB/T 13927，API 598		

（2）性能规范 见表4-480。

表4-480 直通式水力控制阀性能规范

项　目		性能要求		
公称压力 PN		10	16	25
壳体试验压力/MPa	液	1.5倍材料在-29~38℃时额定压力		
密封试验压力/MPa	液	1.1倍材料在-29~38℃时额定压力		
低压密封试验/MPa	气	0.4~0.7		
工作温度/℃		≤80		
适用介质		水及物理、化学性质类似于水的介质		

（3）产品主要结构图

1）隔膜式水力控制阀如图4-411所示。

2）活塞式水力控制阀如图4-412所示。

（4）主要零件材料 见表4-481。

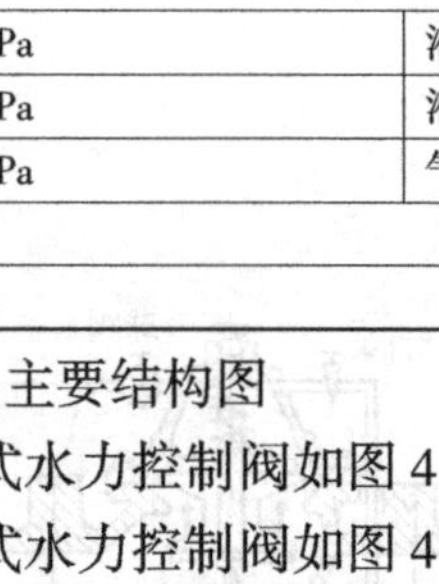

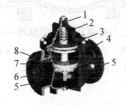

图4-411 隔膜式水力控制阀
1—阀盖 2—弹簧 3—膜片压板 4—膜片 5—阀杆 6—阀盘 7—O形密封圈 8—O形密封圈压板

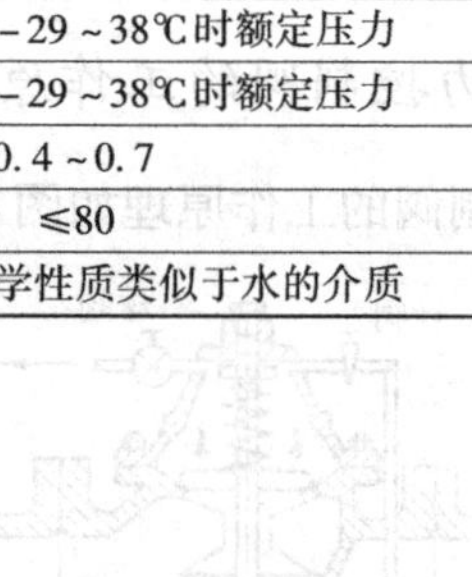

图4-412 活塞式水力控制阀
1—阀盖 2—缸套 3—活塞 4—密封圈 5—阀杆 6—弹簧 7—阀盘 8—密封垫 9—阀座 10—密封压板 11—阀体

表 4-481　直通式水力控制阀主要零件材料

序号	隔膜式		序号	活塞式	
	零件名称	材　料		零件名称	材　料
1	阀盖	灰铸铁、球墨铸铁、碳钢、不锈钢	1	阀盖	灰铸铁、球墨铸铁、碳钢、不锈钢
2	弹簧	弹簧钢、不锈钢	2	缸套	不锈钢
3	膜片压板	灰铸铁、球墨铸铁、碳钢、不锈钢	3	活塞	球墨铸铁
4	膜片	丁腈尼龙强化橡胶、三元乙丙尼龙强化橡胶	4	密封圈	丁腈橡胶、三元乙丙橡胶
5	阀杆	20Cr13	5	阀杆	20Cr13
6	阀盘	灰铸铁、球墨铸铁、碳钢、铜、不锈钢	6	弹簧	弹簧钢、不锈钢
7	O 形密封圈	丁腈橡胶、三元乙丙橡胶	7	阀盘	球墨铸铁
8	O 形圈压板	灰铸铁、球墨铸铁、碳钢、不锈钢	8	密封垫	丁腈橡胶、三元乙丙橡胶
9	阀座	铜合金、不锈钢	9	阀座	铜合金、不锈钢
10	阀体	灰铸铁、球墨铸铁、碳钢、不锈钢	10	密封压板	球墨铸铁
			11	阀体	灰铸铁、球墨铸铁、碳钢

（5）主要产品介绍

1）100X 遥控浮球阀。

① 产品概述。100X 隔膜式遥控浮球阀是兼具多种功能的水力操作式阀门。主要安装于水池或高架水塔的进水口处，当水位达到设定的高度时，主阀由浮球导阀控制关闭进水口停止供水；当水位下降后，主阀由浮球开关控制打开进水口向水池注水，实现自动补水。液位控制精确，不受水压干扰；100X 隔膜式遥控浮球阀可随水池的高度及使用空间任意位置安装，维护、调试、检查方便、密封可靠，使用寿命长。隔膜式阀门性能可靠、强度高、动作灵活适用于公称尺寸 DN450 以下的管道。公称尺寸 DN500 以上的建议使用活塞式。

② 产品外观图和结构简图如图 4-413 所示。

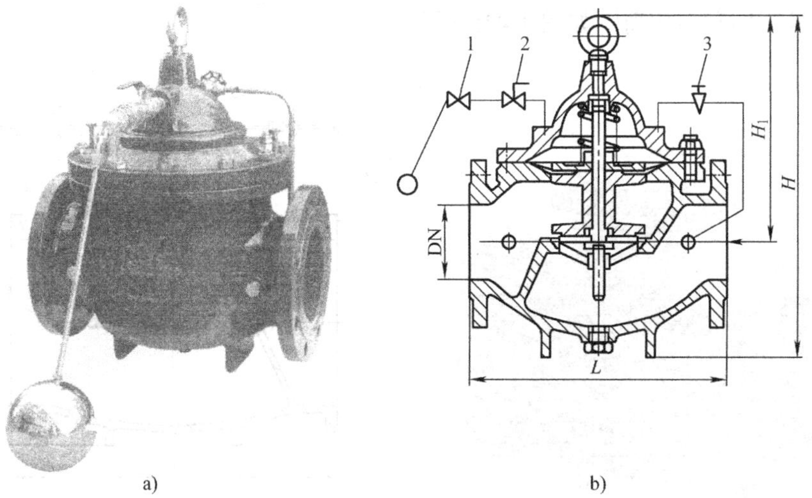

a)　　b)

图 4-413　外观图和结构简图

a）产品外观图　b）结构简图

1—浮球导阀　2—球阀　3—针形阀

③ 典型安装示意图如图 4-414 所示。

④ 主要外形尺寸见表 4-482。

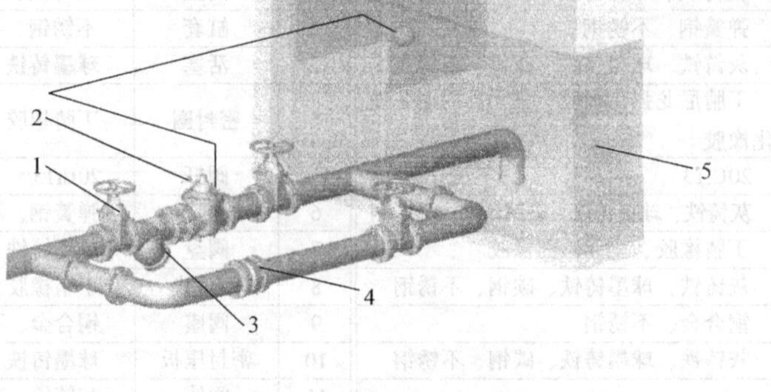

图 4-414 典型安装示意图

1—弹性阀座闸阀 2—100X 遥控浮球阀

3—过滤器 4—H41X 止回阀 5—水箱

表 4-482 直通式水力控制阀主要外形尺寸 （单位：mm）

公称尺寸 DN		20	25	32	40	50	65	80	100	125	150	200	250	300	350	400	450
尺寸	L	150	160	180	200	203	216	241	292	330	356	495	622	698	787	914	978
	H_1	179	179	179	210	210	215	245	305	365	415	510	560	658	696	735	735
	H	212	212	212	265	265	310	350	460	520	570	840	890	1030	1090	1150	1150

2）100X 活塞式遥控浮球阀。

① 产品概述。100X 活塞式遥控浮球阀适用于公称尺寸不小于 DN500 的管道中，该阀的阀盘与活塞通过阀杆连接为一体，利用浮球导阀的启闭来控制敏感元件活塞的上下运动而达到主阀的启闭。该阀使用安全可靠、调试方便、寿命长。

② 产品外观图和结构简图如图 4-415 所示。

a）

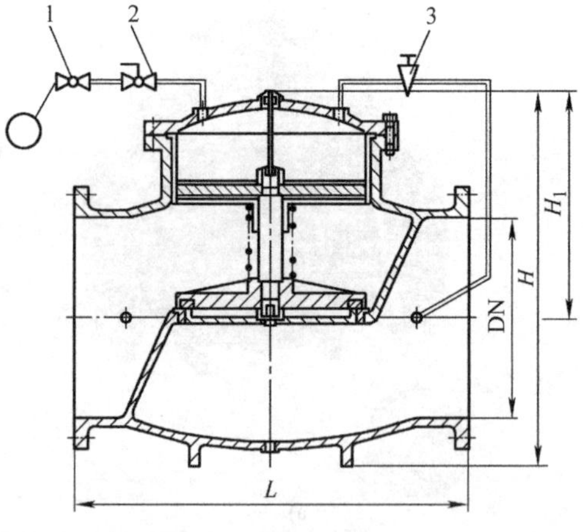

b）

图 4-415 100X 活塞式遥控浮球阀外观图和结构简图

a）产品外观图 b）结构简图

1—浮球导阀 2—球阀 3—针形阀

③ 典型安装示意图如图 4-416 所示。

④ 主要外形尺寸见表 4-483。

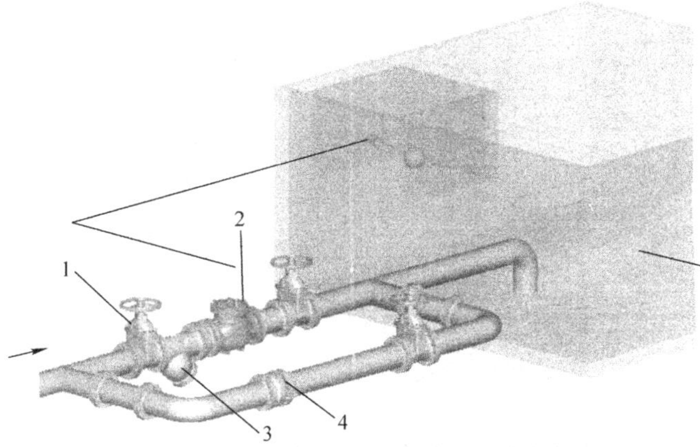

图 4-416　100X 活塞式遥控浮球阀典型安装示意图

1—弹性阀座密封闸阀　2—100X 活塞式遥控浮球阀

3—过滤器　4—H44X 止回阀　5—水箱

表 4-483　100X 活塞式遥控浮球阀主要外形尺寸　（单位：mm）

公称尺寸 DN		500	600	700	800
尺寸	L	1075	1230	1300	1450
	H_1	620	695	930	950
	H	750	850	1120	1150

3）100D 定水位阀。

① 产品概述。100D 定水位阀，是一种隔膜式调节水箱和水塔液面高度的阀门。阀门由浮球控制，当液面达到设定高度时阀门通过相关结构将信号传递给水泵，水泵停止供水；当液面低于设定位置时水泵自动启动供水。该阀动作平稳，有效防止开泵水锤和停泵水锤的产生，避免管道产生过高的压力。适用于水箱、水塔的自动供水系统。该阀保养简单、灵活耐用、液位控制准确度高，水位不受水压干扰且关闭紧密不漏水，性能可靠。

② 产品外观图和结构简图如图 4-417 所示。

a)

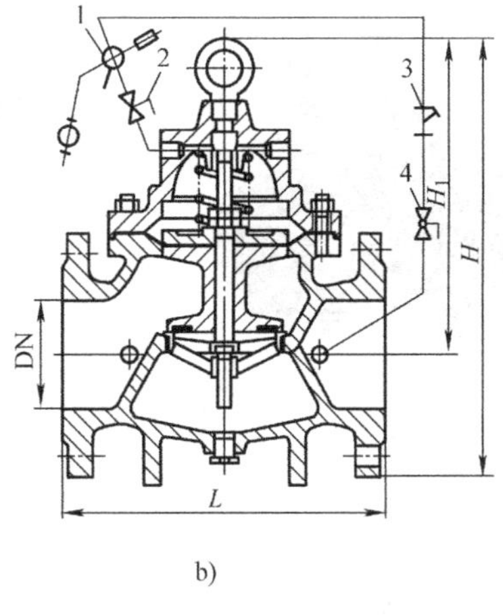

b)

图 4-417　100D 定水位阀外观图和结构简图

a）产品外观图　b）结构简图

1—导阀　2、4—球阀　3—过滤器

③ 典型安装示意图如图 4-418 所示。

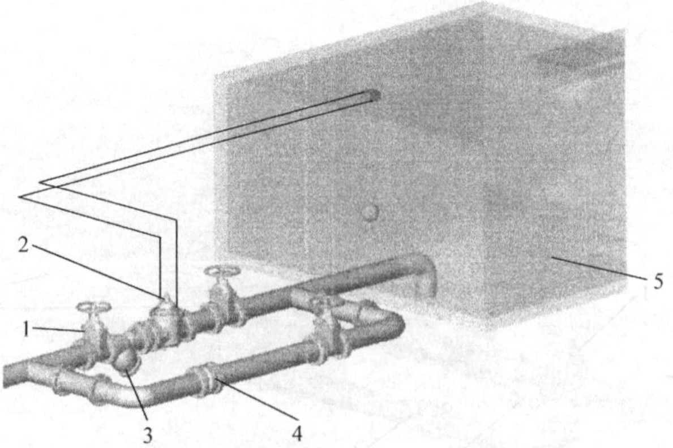

图 4-418 100D 定水位阀典型安装示意图

1—弹性阀座闸阀 2—100D 定水位阀 3—过滤器

4—H41X 止回阀 5—水箱

④ 主要外形尺寸见表 4-484。

表 4-484 100D 定水位阀主要外形尺寸 （单位：mm）

公称尺寸 DN		20	25	32	40	50	65	80	100	125	150	200	250	300	350	400	450
尺寸	L	150	160	180	200	203	216	241	292	330	356	495	622	698	787	914	978
	H	212	212	212	265	265	310	350	460	520	570	695	780	905	1025	1080	1030
	H_1	179	179	179	210	210	215	245	305	365	415	510	560	658	696	735	735

4）106X 电动遥控浮球阀。

① 产品概述。106X 电动遥控浮球阀是在 100X 遥控浮球阀的基础上安装了常开（常闭）型电磁阀电控装置，使该阀具有双保险作用，即使停电或电浮球失灵，也能控制水位，绝不会让水位超过规定的位置，电动浮球阀可以设置启闭水位，解决主阀频繁启闭。该阀广泛用于高层建筑、城市生活用水、消防、工矿企业的水池、水塔的进水管道中。

② 产品外观图和结构简图如图 4-419 所示。

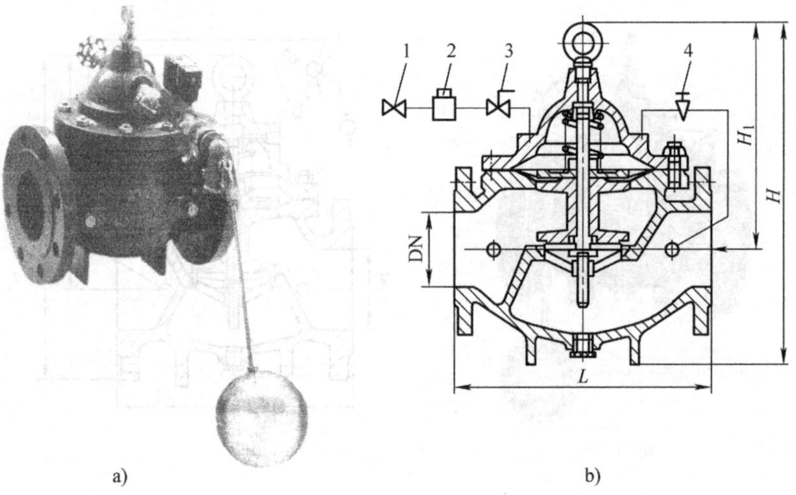

图 4-419 106X 电动遥控浮球阀外观图和结构简图

a）产品外观图 b）结构简图

1—浮球导阀 2—电磁阀 3—球阀 4—针形阀

③ 典型安装示意图如图 4-420 所示。

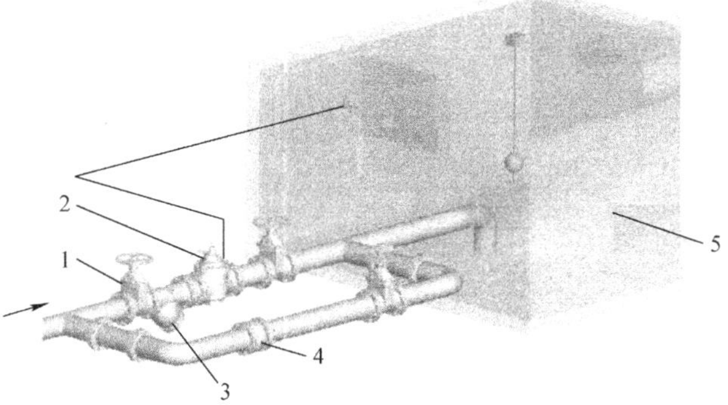

图 4-420　106X 电动遥控浮球阀典型安装示意图

1—弹性阀座闸阀　2—106X 电动遥控浮球阀

3—过滤器　4—H41X 止回阀　5—水箱

④ 主要外形尺寸见表 4-485。

表 4-485　106X 电动遥控浮球阀主要外形尺寸　（单位：mm）

公称尺寸 DN		20	25	32	40	50	65	80	100	125	150	200	250	300	350	400	450
尺寸	L	150	160	180	200	203	216	241	292	330	356	495	622	698	787	914	978
	H_1	179	179	179	210	210	215	245	305	365	415	510	560	658	696	735	735
	H	212	212	212	265	265	310	350	460	520	570	840	890	1030	1090	1150	1150

5）200X 减压阀。

① 产品概述。200X 减压阀，是一种利用介质自身能量来调节与控制管路压力的智能型阀门。200X 减压阀用于生活给水、消防给水及其他工业给水系统，通过调节减压导阀，即可调节主阀的出口压力。出口压力不因进口压力、进口流量的变化而变化，安全可靠地将出口压力维持在设定值上，并可根据需要调节设定值以达到减压目的。该阀减压精确，性能稳定、安全可靠、安装调节方便，使用寿命长。

② 产品外观图和结构简图如图 4-421 所示。

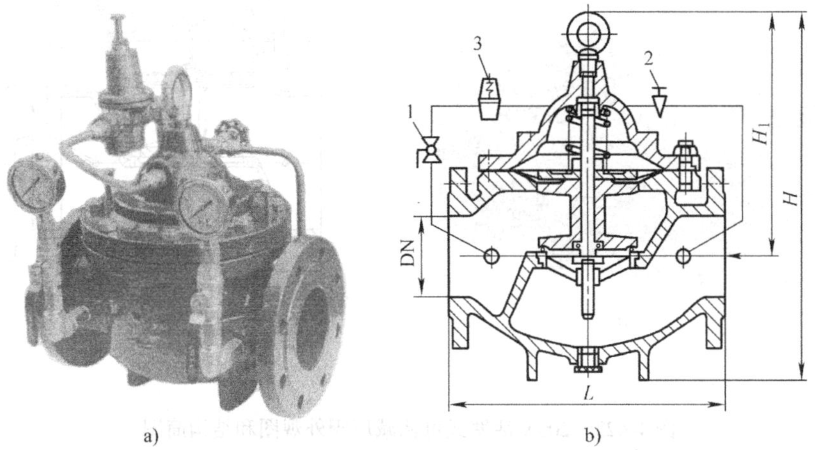

图 4-421　200X 减压阀外观图和结构简图

a）产品外观图　b）结构简图

1—球阀　2—针形阀　3—减压导阀

③ 典型安装示意图如图 4-422 所示。

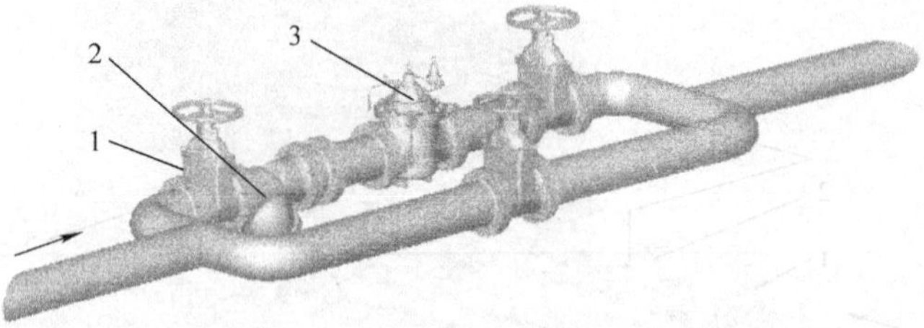

图 4-422 200X 减压阀典型安装示意图
1—弹性阀座密封闸阀 2—过滤器 3—200X 减压阀

④ 主要外形尺寸见表 4-486。

表 4-486 200X 减压阀主要外形尺寸 （单位：mm）

公称尺寸 DN		20	25	32	40	50	65	80	100	125	150	200	250	300	350	400	450
尺寸	L	150	160	180	200	203	216	241	292	330	356	495	622	698	787	914	978
	H_1	179	179	179	210	210	215	245	305	365	415	510	560	658	696	735	735
	H	342	342	342	395	395	405	430	510	560	585	675	730	760	840	910	910

6）200X 活塞式可调减压阀。

① 产品概述。200X 活塞式可调减压阀适用于管道公称尺寸大于 DN500 的水系统中。根据下游所需的压力，将上游不稳定的高压介质，减压到符合规定的下游压力。该规定压力事先在导阀上设定，通过导阀的启闭来控制活塞的上下运动，从而达到下游压力的稳定。

② 产品外观图和结构简图如图 4-423 所示。

a)

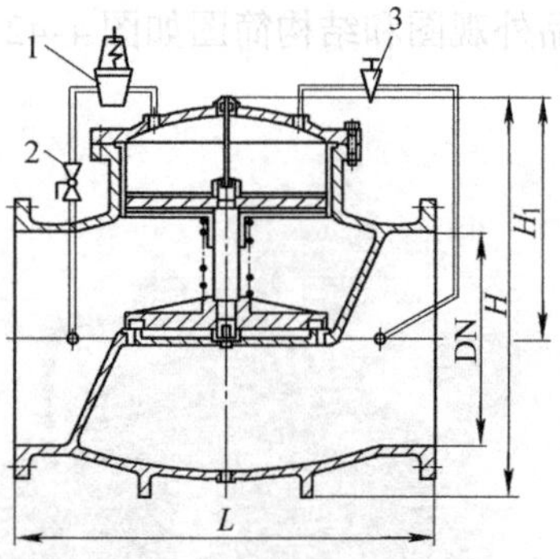

b)

图 4-423 200X 活塞式可调减压阀外观图和结构简图
a）产品外观图 b）结构简图
1—导阀 2—球阀 3—针形阀

③ 典型安装示意图如图 4-424 所示。

④ 主要外形尺寸见表 4-487。

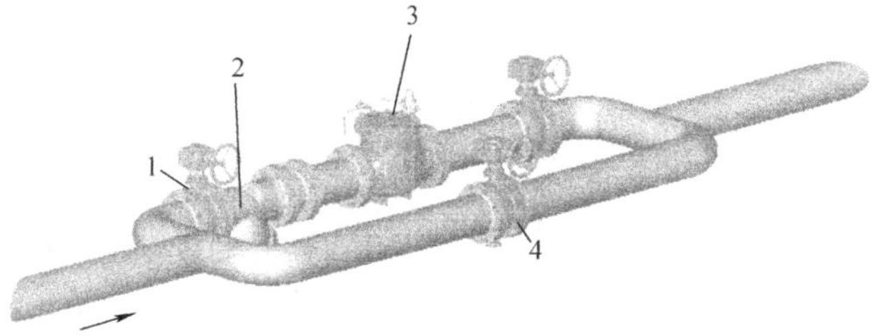

图 4-424　200X 活塞式可调减压阀典型安装示意图

1、4—蝶阀　2—过滤器　3—200X 活塞式减压阀

表 4-487　200X 活塞式可调减压阀主要外形尺寸　（单位：mm）

公称尺寸 DN		500	600	700	800
尺寸	L	1075	1230	1300	1450
	H_1	620	695	930	950
	H	750	850	1120	1150

7）300X 缓闭止回阀。

① 产品概述。300X 缓闭式止回阀是安装在高层建筑给水系统以及其他给水系统的水泵出口处，防止介质倒流、水锤及水击现象的智能型阀门。该阀兼具电动阀、止回阀和水锤消除器三种功能，可有效地提高供水系统的安全可靠性，并将缓开、速闭、缓闭消除水锤的技术原理一体化，防止开泵水锤和停泵水锤的产生。只需操作水泵电动机启闭按钮，阀门即可按照水泵操作规程自动实现启闭，流量大，压力损失小。适用于公称尺寸 DN500 以下的阀门。

② 产品外观图和结构简图如图 4-425 所示。

a)

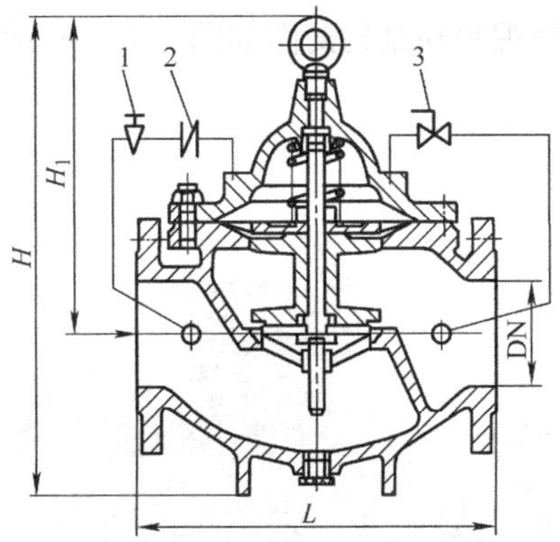

b)

图 4-425　300X 缓闭止回阀产品外观图和结构简图

a）产品外观图　b）结构简图

1—针形阀　2—单向阀　3—球阀

③ 典型安装示意图如图 4-426 所示。

④ 主要外形尺寸见表 4-488。

表 4-488　300X 缓闭止回阀主要外形尺寸　（单位：mm）

公称尺寸 DN		20	25	32	40	50	65	80	100	125	150	200	250	300	350	400	450
尺寸	L	150	160	180	200	203	216	241	292	330	356	495	622	698	787	914	978
	H_1	106	106	106	137	137	145	178	232	286	318	413	502	600	638	677	677
	H	172	172	172	225	225	270	289	375	420	570	722	769	906	1025	1027	1027

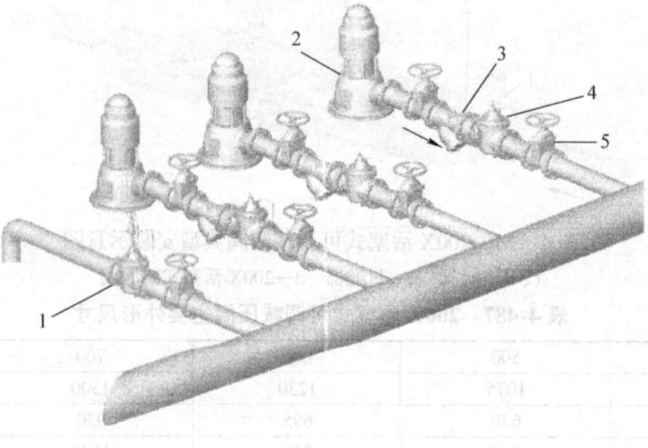

图 4-426　300X 缓闭止回阀典型安装示意图

1—500X 泄压阀　2—水泵　3—过滤器

4—300X 缓闭止回阀　5—弹性阀座闸阀

8）300X 活塞式缓闭止回阀。

① 产品概述。300X 活塞式缓闭止回阀，该阀利用液压控制原理，通过管道中介质自身的压力来实现活塞的上下运动，从而控制主阀的启闭。其主阀盘关闭的快慢是靠调节出口球阀的开度来实现的。

我公司生产的活塞式仅限于 DN500 以上，公称尺寸 DN500 以下的阀为隔膜式。

② 产品外观图和结构简图如图 4-427 所示。

a）

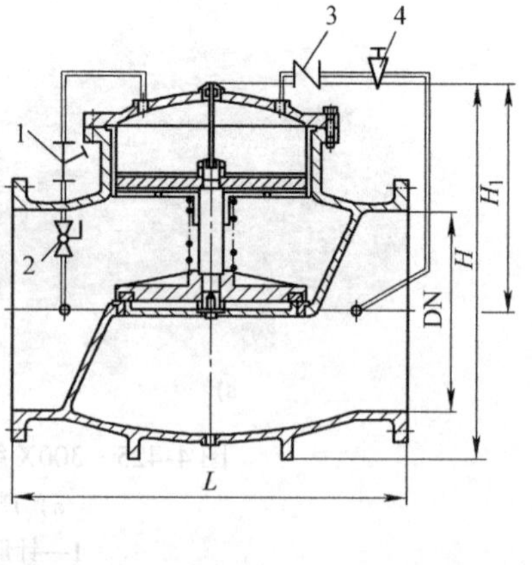

b）

图 4-427　300X 活塞式缓闭止回阀外观图和结构简图

a）产品外观图　b）结构简图

1—过滤器　2—球阀　3—止回阀　4—针形阀

③ 典型安装示意图如图 4-428 所示。

④ 主要外形尺寸见表 4-489。

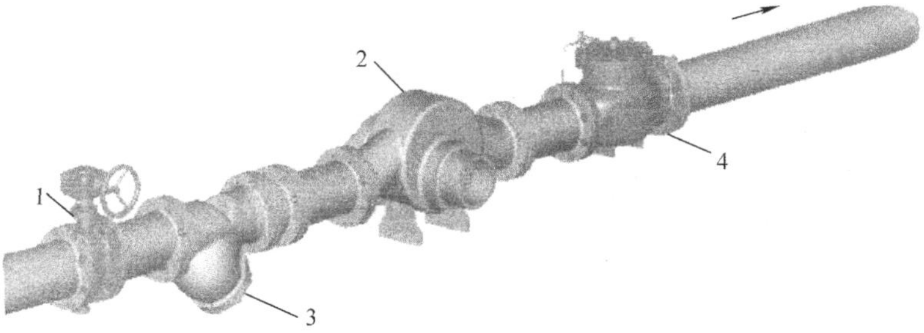

图 4-428　300X 活塞式缓闭止回阀典型安装示意图

1—蝶阀　2—水泵　3—过滤器　4—300X 活塞式缓闭止回阀

表 4-489　300X 活塞式缓闭止回阀主要外形尺寸　(单位：mm)

公称尺寸 DN		500	600	700	800
尺寸	L	1075	1230	1300	1450
	H_1	620	695	930	950
	H	750	850	1120	1150

9）400X 流量控制阀。

① 产品概述。400X 流量控制阀，是一种采用高精度先导式方式控制流量的多功能阀门。适用于配水管需控制流量和压力的管路中，保持预定流量不变，将过大流量限制在一个预定值，并将上游高压适当减低，即使主阀上游的压力发生变化，也不会影响主阀下游的流量。该阀一改常规节流阀使用孔板或纯机械地减小流域面积的原理，利用相关导阀，最大限度地减少能量在节流过程中的损失。如遇紧急情况 400XA 流量控制阀可以完全截止流量，避免损失。控制灵敏度高，安全可靠，调试简便，使用寿命长。

② 产品外观图和结构简图如图 4-429 所示。

a)

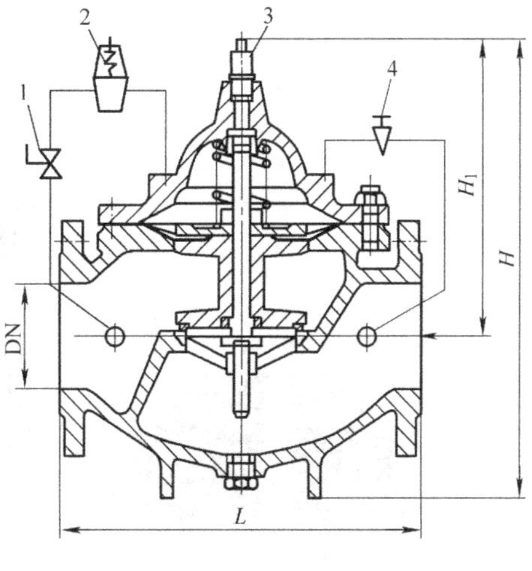

b)

图 4-429　400X 流量控制阀外观图和结构简图

a) 产品外观图　b) 结构简图

1—球阀　2—导阀　3—流量调节器　4—针形阀

③ 典型安装示意图如图 4-430 所示。

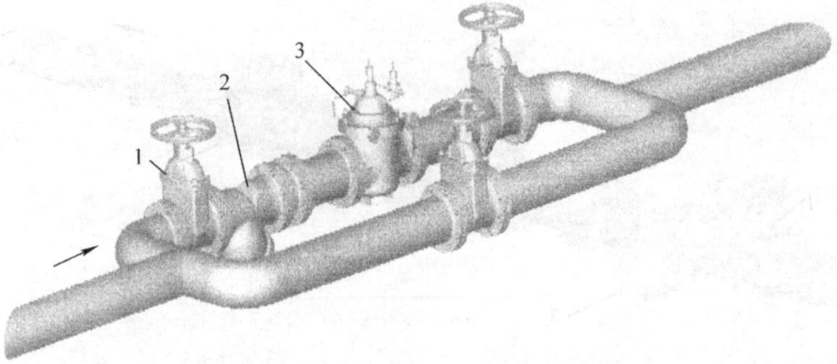

图 4-430 400X 流量控制阀典型安装示意图
1—弹性阀座闸阀 2—过滤器 3—400X 流量控制阀

④ 主要外形尺寸见表 4-490。

表 4-490 400X 流量控制阀主要外形尺寸 （单位：mm）

公称尺寸 DN		20	25	32	40	50	65	80	100	125	150	200	250	300	350	400	450
尺寸	L	150	160	180	200	203	216	241	292	330	356	495	622	698	787	914	978
	H_1	247	247	247	278	278	298	313	350	365	420	450	470	490	526	570	570
	H	342	342	342	395	395	405	430	510	560	585	675	730	760	840	910	910

10）500X 泄压/持压阀。

① 产品概述。500X 泄压/持压阀主要用于消防或其他供水系统中，以防止系统超压或维持消防供水系统的压力。消防泵关闭后还可以减小水锤的冲击，也可用于大型供水系统的水锤消除装置。并且在阀门控制系统的进口处装有一个自清洁滤网，利用流体特性，使比重较大、直径较大的悬浮颗粒不会进入控制系统，确保系统循环畅通无阻，使阀门能安全可靠地运行。系统动作平稳，强度高，使用寿命长。

② 产品外观图和结构简图如图 4-431 所示。

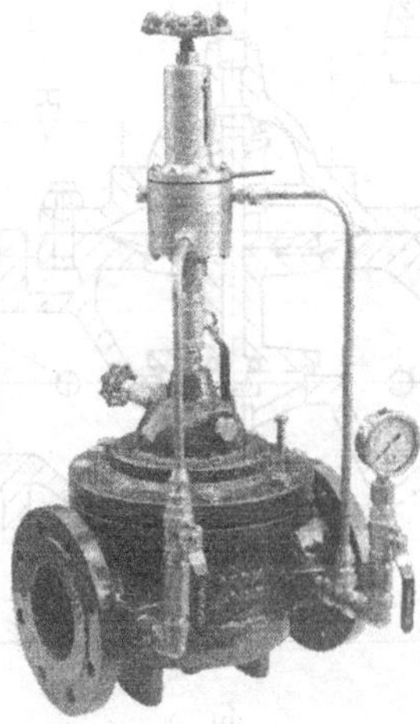

a）

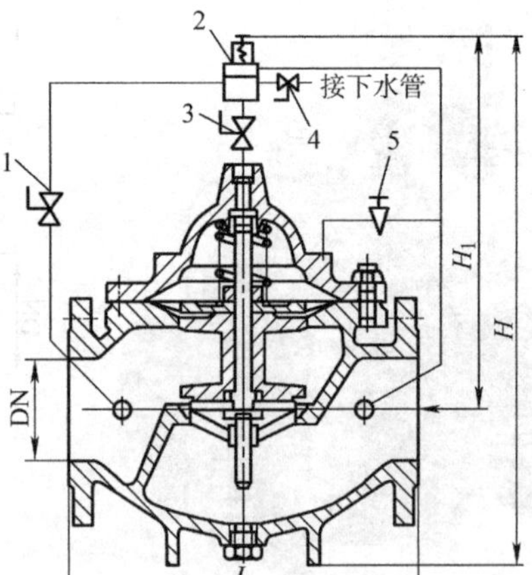

b）

图 4-431 500X 泄压/持压阀外观图和结构简图
a）产品外观图 b）结构简图
1、3、4—球阀 2—泄压导阀 5—针形阀

③ 典型安装示意图如图 4-432 所示。

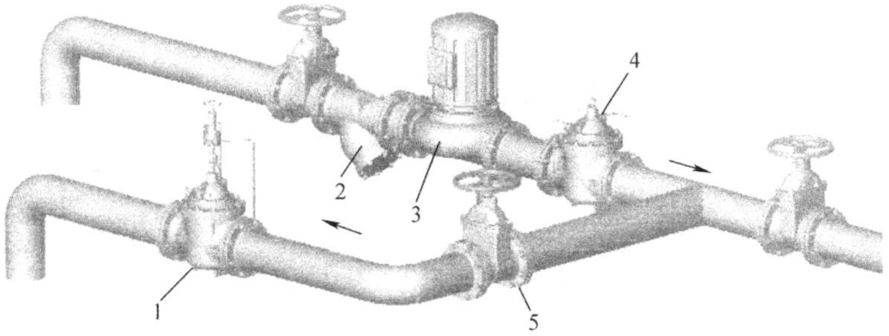

图 4-432　500X 泄压/持压阀典型安装示意图

1—500X 泄压阀　2—过滤器　3—水泵

4—300X 缓闭止回阀　5—弹性阀座闸阀

④ 主要外形尺寸见表 4-491。

表 4-491　500X 泄压/持压阀主要外形尺寸　　（单位：mm）

公称尺寸 DN		20	25	32	40	50	65	80	100	125	150	200	250	300	350	400	450
尺寸	L	150	160	180	200	203	216	241	292	330	356	495	622	698	787	914	978
	H_1	463	463	463	516	516	520	537	596	653	709	805	855	953	990	1030	1030
	H	557	557	557	610	610	625	642	750	808	864	1135	1185	1325	1385	1445	1445

11）500X 活塞式安全泄压阀。

① 概述。500X 活塞式安全泄压阀，是一种稳定上游压力于某一固定值的专用阀门，根据实际使用情况，事先在先导阀上设定固定值。当上游压力高于设定值时，先导阀自动打开，活塞上腔压力降低，主阀打开。泄压维持上游压力稳定。

② 产品外形图和结构简图如图 4-433 所示。

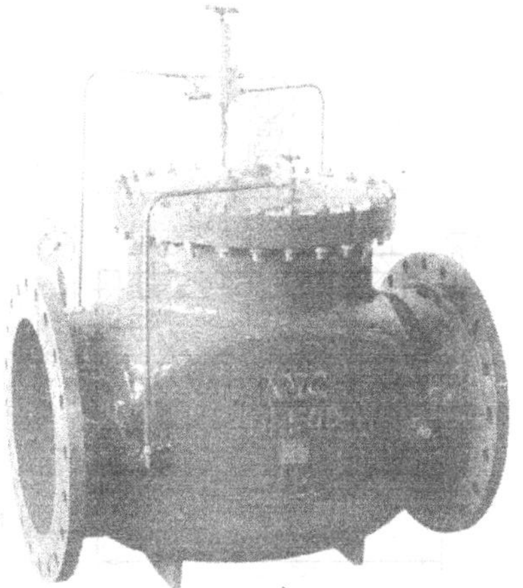

a)

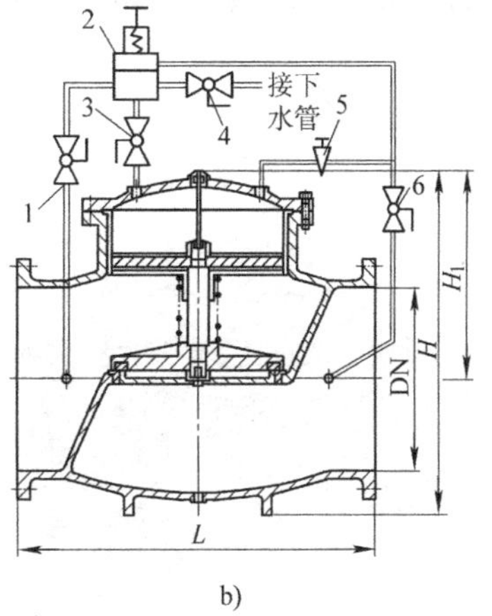

b)

图 4-433　500X 活塞式安全泄压阀外观图和结构简图

a）产品外观图　b）结构简图

1、3、4、6—球阀　2—泄压导阀　5—针形阀

③ 典型安装示意图如图 4-434 所示。

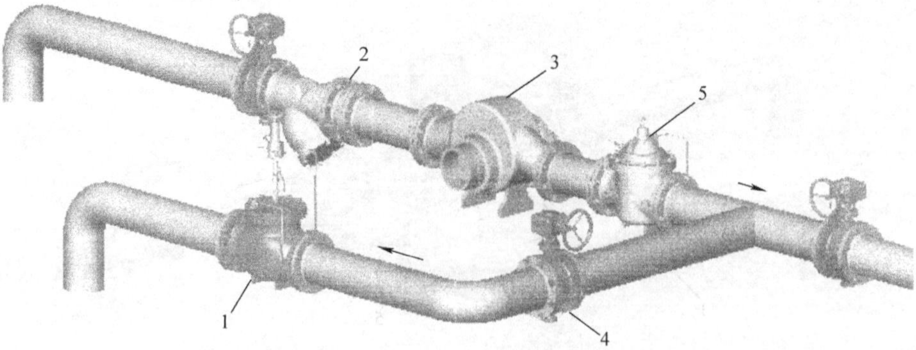

图 4-434　500X 活塞式安全泄压阀典型安装示意图
1—500X 活塞式泄压阀　2—过滤器　3—水泵
4—蝶阀　5—300X 活塞式缓闭止回阀

④ 主要外形尺寸见表 4-492。

表 4-492　500X 活塞式安全泄压阀主要外形尺寸　（单位：mm）

公称尺寸 DN		500	600	700	800
尺寸	L	1075	1230	1300	1450
	H_1	620	695	930	950
	H	750	850	1120	1150

12）600X 水力电动控制阀。

① 产品概述。600X 电动控制阀是一种以电磁阀为向导阀的水力操作式阀门。常用于给排水及工业系统中的自动控制，控制反应准确快速，根据电信号遥控开启和关闭管路系统，实现远程操作。并可取代闸阀和蝶阀用于大型电动操作系统。阀门关闭速度可调，平稳关闭而不产生压力波动。该阀门体积小，重量轻，维修简单，使用方便，安全可靠。电磁阀可选用交流电 220V，或直流电 24V，还可根据各种场合选用常开或常闭型。

② 产品外形图和结构简图如图 4-435 所示。

a)

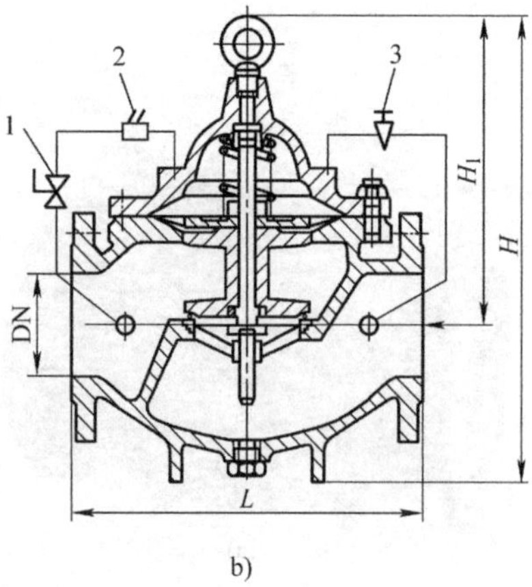

b)

图 4-435　600X 水力电动控制阀外观图和结构简图
a）产品外观图　b）结构简图
1—球阀　2—电磁阀　3—针形阀

③ 典型安装示意图如图 4-436 所示。

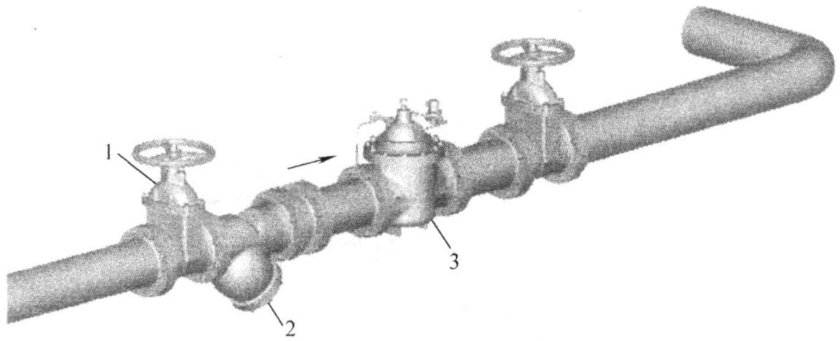

图 4-436　600X 水力电动控制阀典型安装示意图

1—弹性阀座闸阀　2—过滤器　3—600X 电动控制阀

④ 主要外形尺寸见表 4-493。

表 4-493　600X 水力电动控制阀主要外形尺寸　（单位：mm）

公称尺寸 DN		20	25	32	40	50	65	80	100	125	150	200	250	300	350	400	450
尺寸	*L*	150	160	180	200	203	216	241	292	330	356	495	622	698	787	914	978
	H_1	269	269	269	300	300	288	310	340	380	410	440	460	480	516	560	560
	H	342	342	342	395	395	385	420	500	540	575	665	720	750	830	900	900

13）700X 水泵控制阀。

① 产品概述。700X 水泵控制阀，是一种安装在高层建筑以及其他给水系统的水泵出口处，防止介质倒流的止回类阀门。当水泵即将停止供水前，阀门先行缓慢关闭 90% 左右，防止突然停泵而产生的水锤和水击声；当水泵完全停止后，阀门再完全关闭，防止泵出的水回流，有效地保护水泵，免受回流的冲击而产生反转。该产品是水泵出口必不可少的保护装置。阀门呈流线型设计，通过电磁阀的导控实现准确的启闭，使用安全可靠，有效地防止水锤和水击声，使用寿命长，安装、维修方便。

② 产品外观图和结构简图如图 4-437 所示。

a)

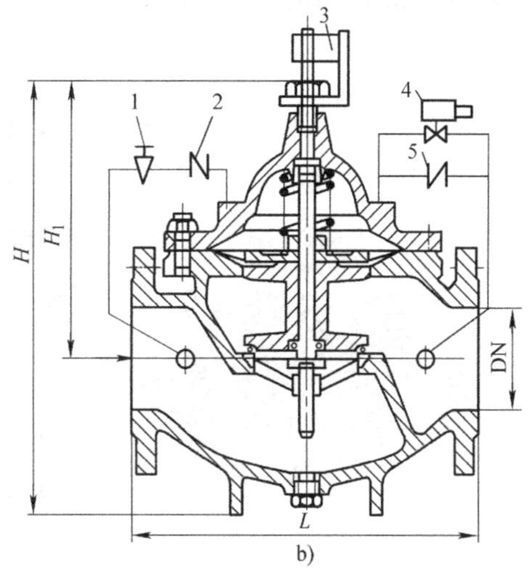

b)

图 4-437　700X 水泵控制阀外观图和结构简图

a）产品外观图　b）结构简图

1—针形阀　2、5—止回阀　3—行程开关　4—电磁阀

③ 典型安装示意图如图 4-438 所示。

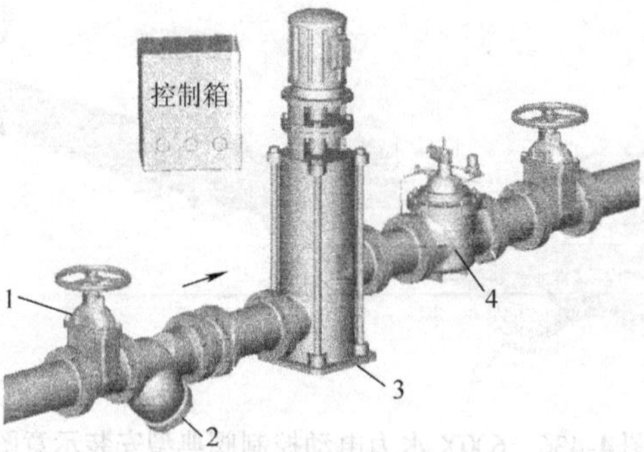

图 4-438 700X 水泵控制阀典型安装示意图

1—弹性阀座闸阀 2—过滤器 3—泵 4—700X 水泵控制阀

④ 主要外形尺寸见表 4-494。

表 4-494 700X 水泵控制阀主要外形尺寸 （单位：mm）

公称尺寸 DN		50	65	80	100	125	150	200	250	300	350	400	450
尺寸	L	203	216	241	292	330	356	495	622	698	787	914	978
	H_1	160	180	200	270	310	320	370	430	480	525	580	635
	H	395	405	430	510	560	585	675	730	760	840	910	910

14）800X 压差旁通平衡阀。

① 产品概述。800X 压差平衡阀是一种用于空调系统供/回水之间以平衡压差的阀门。该阀门可提高系统的利用率，保持压差的精确恒定值，并可最大限度地降低系统的噪声，以及过大压差对设备造成的损坏。800X 压差平衡阀优越于其他平衡阀的地方在于它没有执行机构，完全靠介质自身的压力差来达到平衡系统的功能，节约能源及安装空间，是一种智能型阀门。

② 产品外观图和结构简图如图 4-439 所示。

a)

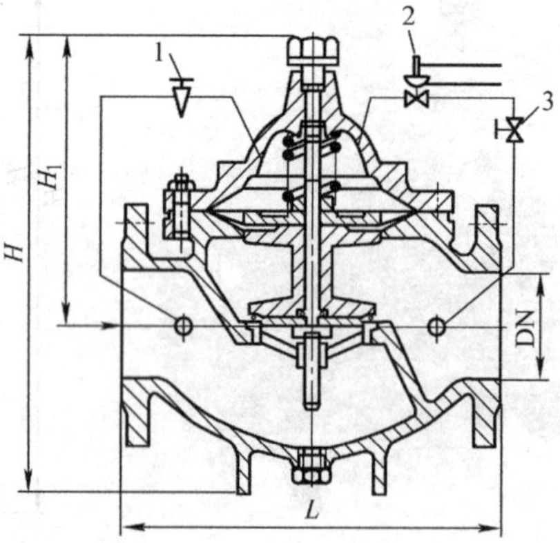

b)

图 4-439 800X 压差旁通平衡阀外观图和结构简图

a）产品外观图 b）结构简图

1—针形阀 2—压差导阀 3—球阀

③ 典型安装示意图如图 4-440 所示。

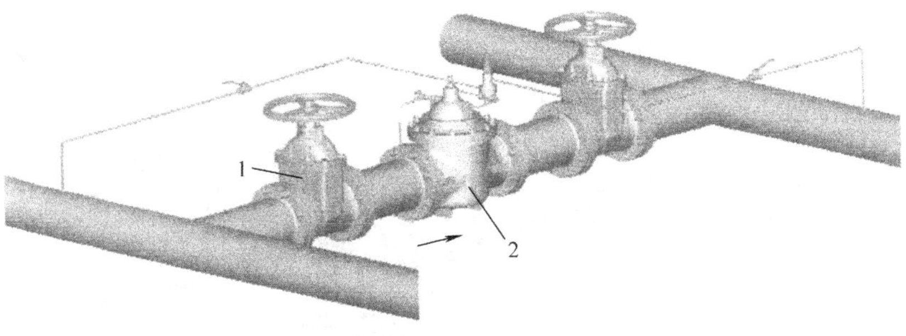

图 4-440　800X 压差旁通平衡阀典型安装示意图

1—弹性阀座闸阀　2—800X 差压旁通平衡阀

④ 主要外形尺寸见表 4-495。

表 4-495　800X 压差旁通平衡阀主要外形尺寸　（单位：mm）

公称尺寸 DN		50	65	80	100	125	150	200	250	300	350	400	450
尺寸	L	203	216	241	292	330	356	495	622	698	787	914	978
	H_1	160	180	200	270	310	320	370	430	480	525	580	635
	H	610	625	642	750	808	864	1135	1185	1325	1385	1445	1445

15）900X 紧急关闭阀。

① 产品概述。900X 紧急关闭阀，是一种在消防用水与生活用水并联的供水系统中用来调配供水方向的阀门。当火灾发生时，消防急需大量用水，900X 紧急关闭阀立即切断生活用水，确保足够的消防用水；当消防停止用水，压力减小时，阀门自动打开，呈常开状态，恢复生活供水。该阀使系统无需另设专门的消防单独供水管网，大大地节约了建设成本和用水量。阀门控制灵敏度高，安全可靠，调试简便，使用寿命长。

② 产品外观图和结构简图如图 4-441 所示。

a)

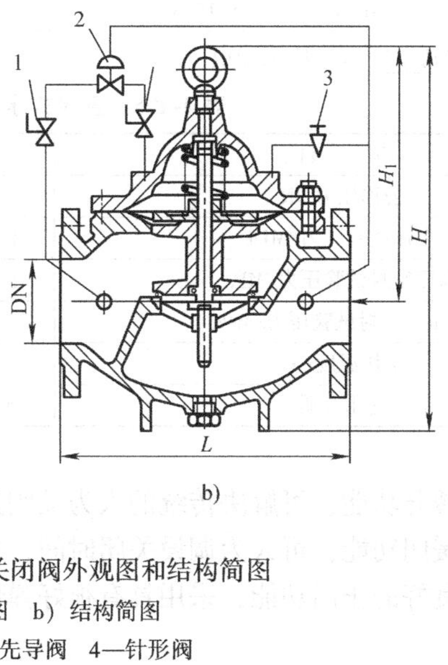

b)

图 4-441　900X 紧急关闭阀外观图和结构简图

a）产品外观图　b）结构简图

1、3—球阀　2—先导阀　4—针形阀

③ 典型安装示意图如图 4-442 所示。

④ 主要外形尺寸见表 4-496。

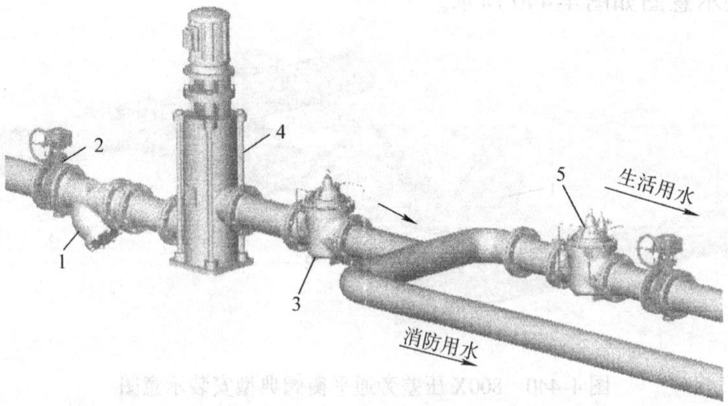

图 4-442　900X 紧急关闭阀典型安装示意图

1—过滤器　2—蝶阀　3—300X 止回阀　4—泵　5—900X 紧急关闭阀

表 4-496　900X 紧急关闭阀主要外形尺寸　（单位：mm）

公称尺寸 DN		20	25	32	40	50	65	80	100	125	150	200	250	300	350	400	450
尺寸	L	150	160	180	200	203	216	241	292	330	356	495	622	698	787	914	978
	H_1	247	247	247	278	278	298	313	350	365	420	450	470	490	526	570	570
	H	342	342	342	395	395	405	430	510	560	585	675	730	760	840	910	910

2. 直流式水力控制阀

（1）应用标准　见表 4-497。

表 4-497　直流式水力控制阀采用标准

项　目	标 准 代 号	项　目	标 准 代 号
质量保证	ISO 9001 APIQ1	连接法兰	GB/T 17241.6、GB/T 9113
设计	Q/YYF03	铸钢件外观质量	JB/T 7927
检验与试验	GB/T 13927，AP1598		

（2）性能规范　见表 4-498。

表 4-498　直流式水力控制阀性能规范

项　目	性 能 要 求		
公称压力 PN	10	16	25
壳体试验压力/MPa	1.5 倍 -29 ~ 38℃时额定压力		
高压密封试验压力/MPa	1.1 倍 -29 ~ 38℃时额定压力		
低压气密封试验压力/MPa	0.4 ~ 0.7		
工作温度/℃	≤80		
适用介质	水及物理、化学性质类似于水的介质		

（3）特点

1）具有缓开功能，可解决传统的人为关阀开泵。

2）具有缓闭功能，可人为调设关闭时间，自动实现缓闭、消除水锤。

3）具有良好的止回功能，采用具有很好弹性和高耐磨性橡胶做密封材料，关闭后可达到滴水不漏。

4）动作灵敏，不会出现失控现象。

5）无需人为操作，在管网运行的全过程中均为自动工作。

6）维修保养方便，无需从管道上整台拆除阀，在修理时找准故障原因，只需局部检修。
7）该阀内外及所有易腐蚀件均采用静电喷塑处理，长期用于污水中不会生锈。
8）在管路中立卧安装均可性能不变。

（4）主阀流量曲线图　如图 4-443 所示。

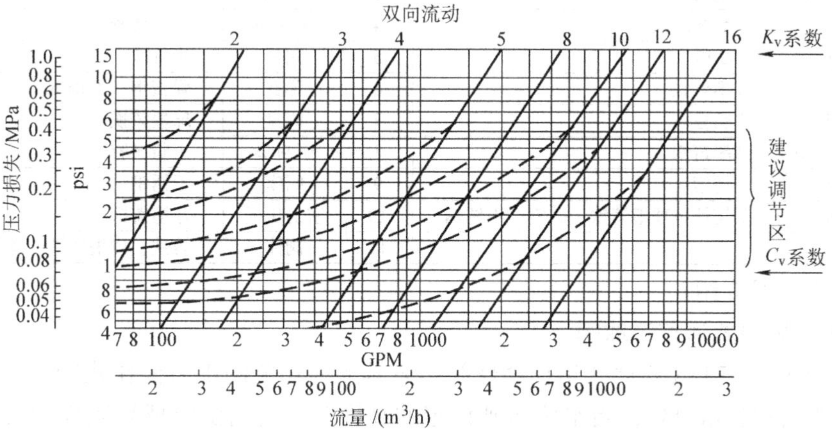

图 4-443　直流式水力控制阀主阀流量曲线图

（5）直流式水力控制阀结构　如图 4-444 所示。

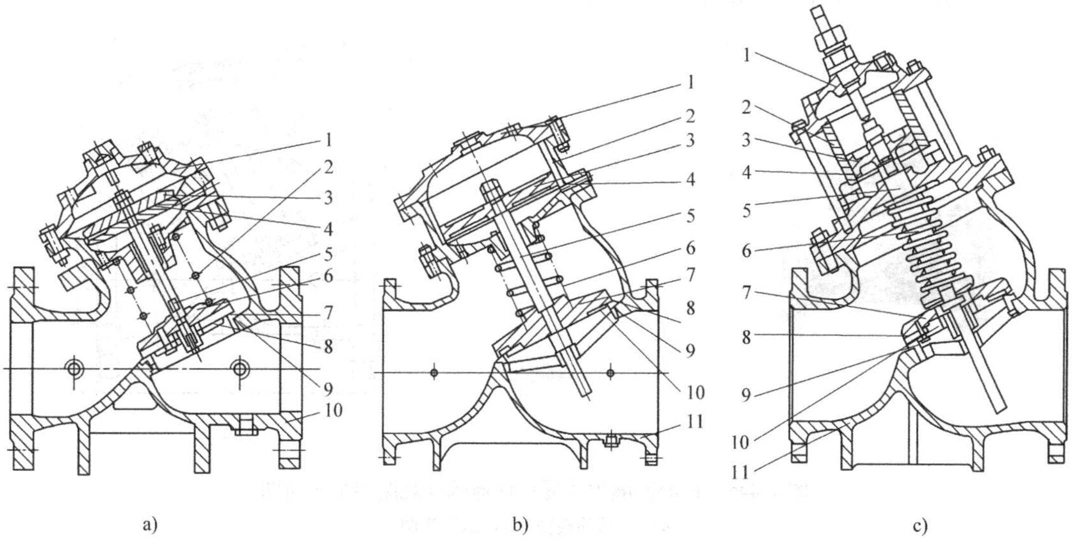

图 4-444　直流式水力控制阀结构

a）隔膜式结构　b）H103X 活塞式遥控浮球阀、H104X 活塞式可调减压稳压阀、AX107X 活塞式安全泄压/持压阀、H108X 活塞式电动遥控阀　c）DS^{101}_{201}X 活塞式多功能水泵控制阀

（6）主要零件材料　见表 4-499。

表 4-499　直流式水力控制阀主要零件材料

序号	隔膜式		序号	活塞式	
	零件名称	材　料		零件名称	材　料
1	阀盖	灰铸铁、球墨铸铁、碳钢、不锈钢	1	阀盖	灰铸铁、球墨铸铁、碳钢、不锈钢
2	弹簧	弹簧钢、不锈钢	2	缸套	不锈钢
3	膜片压板	球墨铸铁	3	活塞	球墨铸铁
4	膜片	丁腈橡胶	4	密封圈	丁腈橡胶
5	阀杆	20Cr13	5	阀杆	20Cr13
6	阀瓣	球墨铸铁	6	弹簧	弹簧钢、不锈钢
7	密封垫	丁腈橡胶	7	阀盘	球墨铸铁
8	密封垫压板	球墨铸铁	8	密封垫	丁腈橡胶
9	阀座	不锈钢	9	阀座	不锈钢
10	阀体	灰铸铁、球墨铸铁、碳钢、不锈钢	10	密封压板	球墨铸铁
			11	阀体	铸铁、球墨铸铁、碳钢

（7）主要产品介绍

1）F745X 隔膜式遥控浮球阀。

① 产品概述。F745X 隔膜式遥控浮球阀是兼具多种功能的水力操作式阀门。主要安装于水池或高架水塔的进水口处，当水位达到设定的高度时，主阀由浮球导阀控制关闭进水口停止供水；当水位下降后，主阀由浮球导阀控制打开进水口向水池注水，实现自动补水。液位控制精确，不受水压干扰；隔膜式遥控浮球阀可随水池的高度及使用空间任意位置安装，维护、调试、检查方便、密封可靠，使用寿命长。隔膜式阀门性能可靠、强度高、动作平稳，适用于 DN600 以下的管道。

② 产品外观图和结构简图如图 4-445 所示。

a)

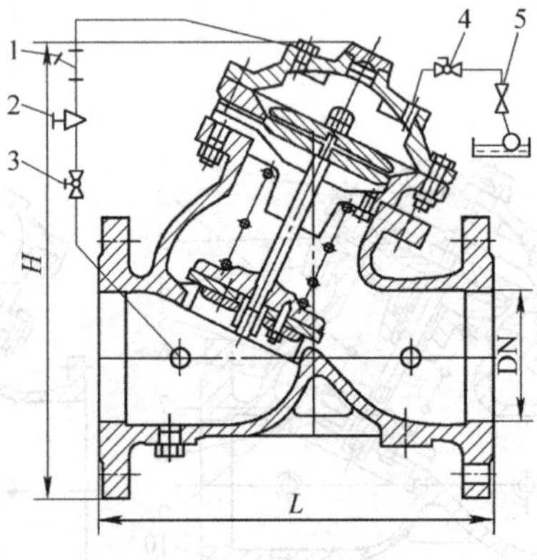

b)

图 4-445　F745X 隔膜式遥控浮球阀外观图和结构简图

a）产品外观图　b）结构简图

1—过滤器　2—针形阀　3、4—球阀　5—浮球导阀

③ 典型安装示意图如图 4-446 所示。

④ 主要外形尺寸见表 4-500。

表 4-500　F745X 隔膜式遥控浮球阀主要外形尺寸　　（单位：mm）

公称尺寸 DN		50	65	80	100	125	150	200	250	300	350	400	450	500	600
尺寸	*L*	203	216	241	292	330	356	457	533	610	686	762	864	914	1067
	H	293	328	364	418	481	543	673	729	927	957	1188	1218	1256	1600

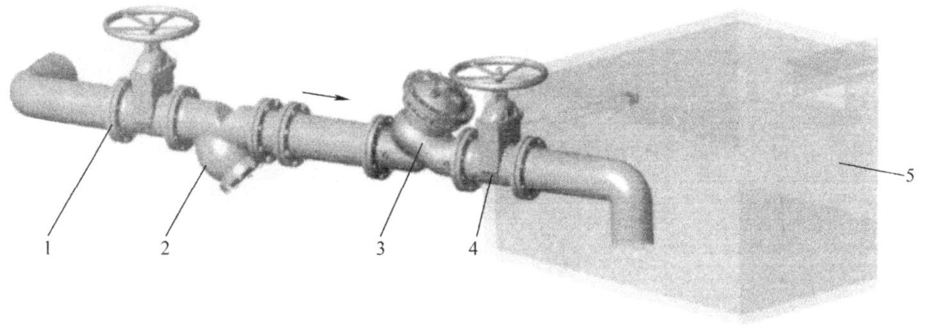

图 4-446　F745X 隔膜式遥控浮球阀典型安装示意图

1、4—弹性阀座闸阀　2—过滤器　3—F745X 隔膜式遥控浮球阀　5—水箱

2）H103X 活塞式遥控浮球阀。

① 产品概述。活塞式遥控浮球阀是兼具多种功能的水力操作式阀门。主要安装于水池或高架水塔的进水口处，当水位达到设定的高度时，主阀由浮球导阀控制关闭进水口停止供水；当水位下降后，主阀由浮球导阀控制打开进水口向水池注水，实现自动补水。液位控制精确，不受水压干扰；活塞式遥控浮球阀可随水池的高度及使用空间任意位置安装，维护、调试、检查方便、密封可靠，使用寿命长。活塞式阀门性能可靠、强度高、动作平稳，适用于 DN600 以上的管道。

② 产品外观图和结构简图如图 4-447 所示。

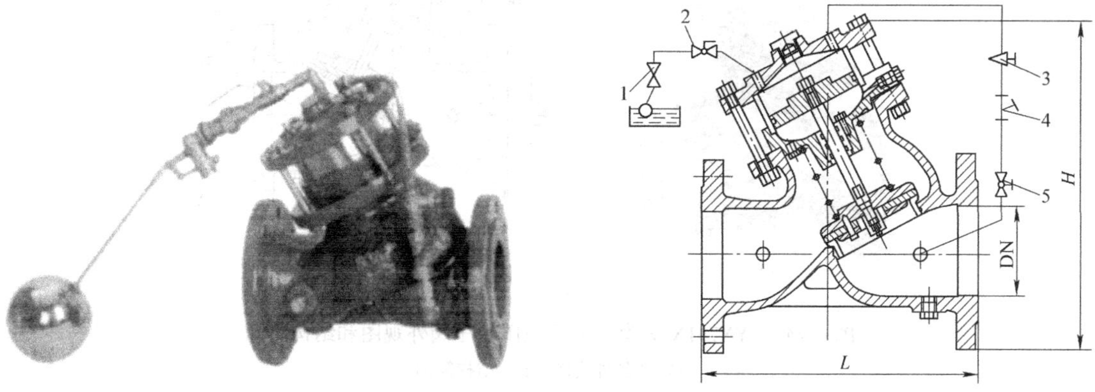

a)　　b)

图 4-447　H103X 活塞式遥控浮球阀外观图和结构简图

a）产品外观图　b）结构简图

1—浮球导阀　2、5—球阀　3—针形阀　4—过滤器

③ 典型安装示意图如图 4-448 所示。

④ 主要外形尺寸见表 4-501。

表 4-501　H103X 活塞式遥控浮球阀主要外形尺寸　（单位：mm）

公称尺寸 DN		50	65	80	100	125	150	200	250	300	350	400	450	500	600	700	800	900	1000	1200	1400
尺寸	*L*	203	216	241	292	330	356	457	533	610	686	762	864	914	1067	1300	1450	1650	1800	2000	2350
	H	293	328	364	418	481	543	673	729	927	957	1188	1218	1600	1800	2000	2300	2600	2700	2860	3200

3）YX741X 隔膜式可调减压稳压阀。

① 产品概述。隔膜可调式减压稳压阀是安装于高层建筑给排水系统管道上，将进口压力

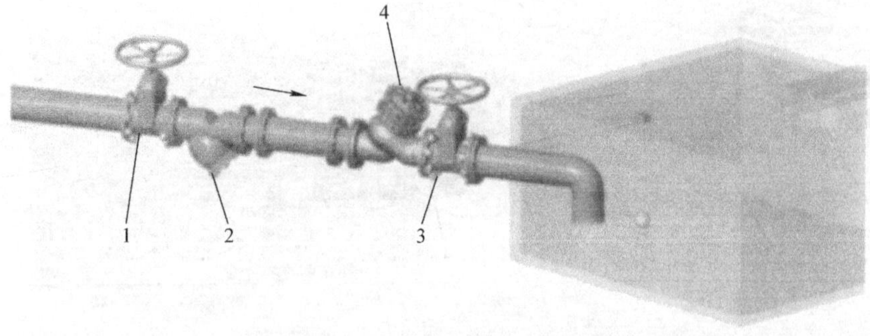

图 4-448 H103X 活塞式遥控浮球阀典型安装示意图

1、3—弹性阀座闸阀 2—过滤器 4—H103X 活塞式遥控浮球阀

减至某一需要的出口压力的特种阀门。该阀门依靠本身能量使出口压力保持稳定在设定值，即出口压力不因进口压力及流量的变化而变化，并且在阀门控制系统的进口处装有一个自清洁滤网，利用流体特性，使比重较大、直径较大的悬浮颗粒不会进入控制系统，确保系统循环畅通无阻，使阀门能安全可靠地运行。系统动作灵敏，使用寿命长。

② 产品外观图和结构简图如图 4-449 所示。

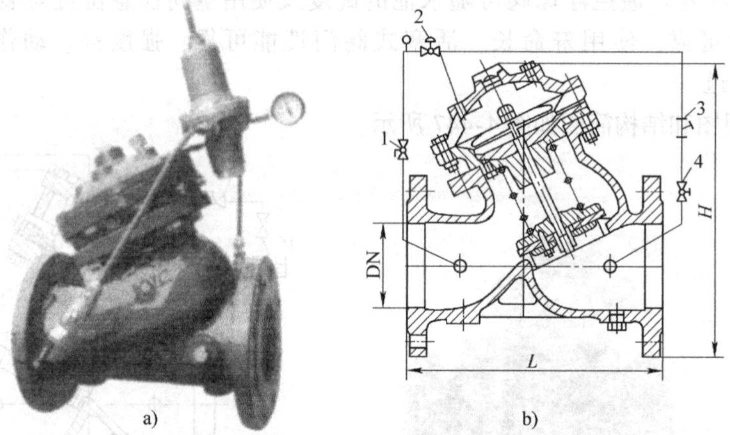

图 4-449 YX741X 隔膜式可调减压稳压阀外观图和结构简图

a）产品外观图 b）结构简图

1、4—球阀 2—泄压导阀 3—过滤器

③ 典型安装示意图如图 4-450 所示。

④ 主要外形尺寸见表 4-502。

表 4-502 YX741X 隔膜式可调减压稳压阀主要外形尺寸 （单位：mm）

公称尺寸 DN		50	65	80	100	125	150	200	250	300	350	400	450	500	600
尺寸	*L*	203	216	241	292	330	356	457	533	610	686	762	864	914	1067
	H	300	337	467	520	580	640	778	889	1010	1037	1264	1294	1324	1600

4）H104X 活塞式可调减压稳压阀。

① 产品概述。活塞式可调式减压稳压阀是安装于高层建筑给排水系统管道上，将进口压力减至某一需要的出口压力的特种阀门。该阀门依靠本身能量使出口压力保持稳定在设定值，即出口压力不因进口压力及流量的变化而变化，并且在阀门控制系统的进口处装有一个自清洁滤网，利用流体特性，使比重较大、直径较大的悬浮颗粒不会进入控制系统，确保系统循

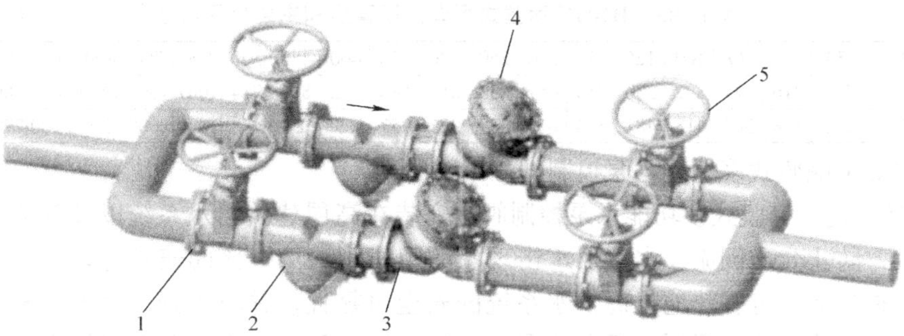

图 4-450　YX741X 隔膜式可调减压稳压阀典型安装示意图

1、5—弹性阀座闸阀　2—过滤器　3、4—YX741X 隔膜式可调减压稳压阀

环畅通无阻，使阀门能安全可靠地运行。系统动作平稳，强度高，使用寿命长。

② 产品外观图和结构简图如图 4-451 所示。

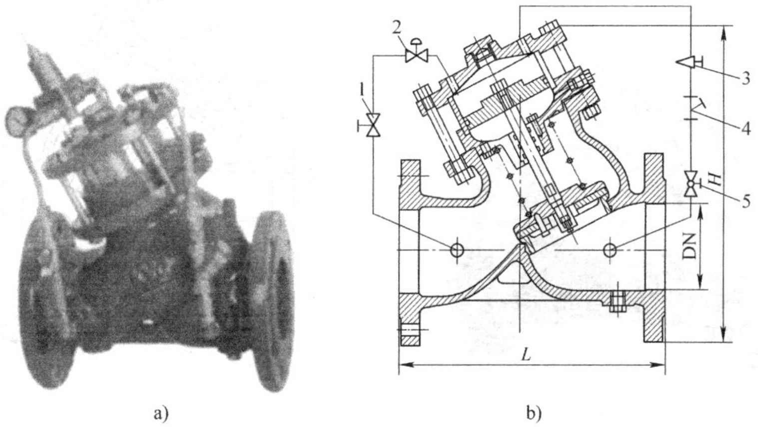

图 4-451　H104X 活塞式可调减压稳压阀外观图和结构简图

a）产品外观图　b）结构简图

1、5—球阀　2—减压导阀　3—针形阀　4—过滤器

③ 典型安装示意图如图 4-452 所示。

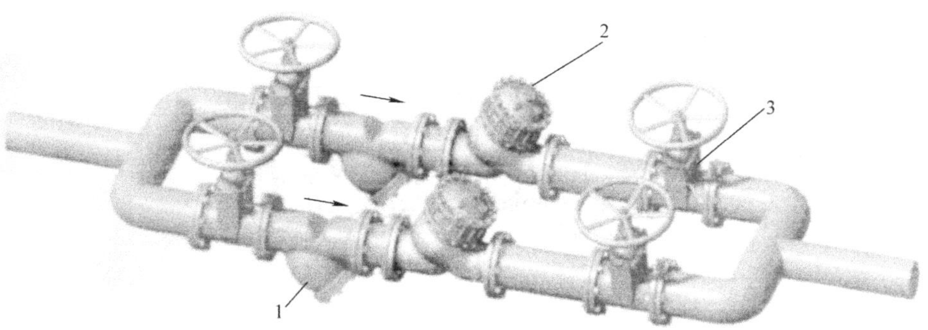

图 4-452　H104X 活塞式可调减压稳压阀典型安装示意图

1—过滤器　2—H104X 活塞式可调减压稳压阀　3—弹性阀座闸阀

④ 主要外形尺寸见表 4-503。

表 4-503　H104X 活塞式可调减压稳压阀主要外形尺寸　　（单位：mm）

公称尺寸 DN		50	65	80	100	125	150	200	250	300	350	400	450	500	600	700	800	900	1000	1200	1400
尺寸	L	203	216	241	292	330	356	457	533	610	686	762	864	914	1067	1300	1450	1650	1800	2000	2350
	H	293	328	364	418	481	543	673	729	927	957	1188	1218	1600	1800	2000	2300	2600	2700	2860	3200

5）JD745X 隔膜式多功能水泵控制阀。

① 产品概述。隔膜式多功能水泵控制阀是安装在高层建筑给水系统以及其他给水系统的水泵出口处，防止介质倒流、水锤及水击现象的智能型阀门。该阀兼具电动阀、止回阀和水锤消除器三种功能，可有效地提高供水系统的安全可靠性。并将缓开、速闭、缓闭消除水锤的技术原理一体化，防止开泵水锤和停泵水锤的产生。只需操作水泵电动机启闭按钮，阀门即可按照水泵操作规程自动实现启闭，流量大、压力损失小。隔膜式适用于600 口径以下的阀门。

② 产品外观图和结构简图如图 4-453 所示。

a)

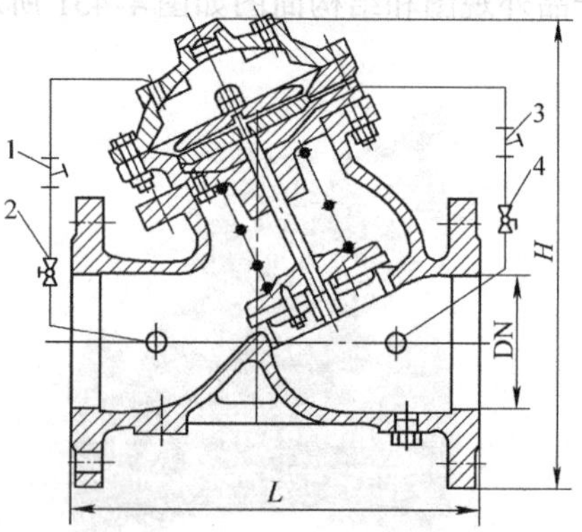

b)

图 4-453　JD745X 隔膜式多功能水泵控制阀外观图和结构简图

a）产品外观图　b）结构简图

1、3—过滤器　2、4—球阀

③ 典型安装示意图如图 4-454 所示。

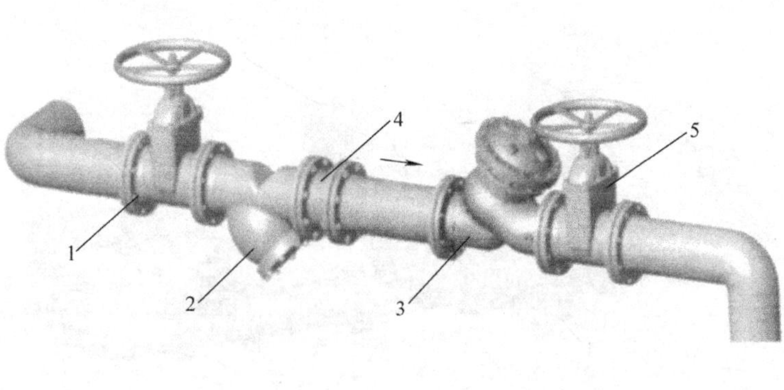

图 4-454　JD745X 隔膜式多功能水泵控制阀典型安装示意图

1、5—弹性阀座闸阀　2—过滤器　3—JD745X 隔膜式多功能水泵控制阀　4—软接头

④ 主要外形尺寸见表 4-504。

表 4-504　JD745X 隔膜式多功能水泵控制阀主要外形尺寸　　(单位：mm)

公称尺寸 DN		50	65	80	100	125	150	200	250	300	350	400	450	500	600
尺寸	*L*	203	216	241	292	330	356	457	533	610	686	762	864	914	1067
	H	293	328	364	418	481	543	673	729	927	957	1188	1218	1256	1600

6）$DS_{201}^{101}X$ 活塞式多功能水泵控制阀。

① 产品概述。活塞式多功能水泵控制阀是安装在大口径给水管网系统的水泵出口处，防止介质倒流、水锤及水击现象的智能型阀门。该阀兼具电动阀、止回阀和水锤消除器三种功能，可有效地提高供水系统的安全可靠性。双腔室、双阀瓣结构可使阀门在停泵后迅速关闭 90%（防止回流介质导致水泵反转），再缓慢关闭其余 10%（消除破坏性水锤）活塞式阀门性能可靠、强度高、动作平稳，防止开泵水锤和停泵水锤的场合。只需操作水泵电动机启闭按钮，阀门即可按照水泵操作规程自动实现启闭，流量大、压力损失小。

DS201X 仅在 DS101X 主阀的基础上加装开关到位行程开关。

② 产品外观图和结构简图如图 4-455 所示。

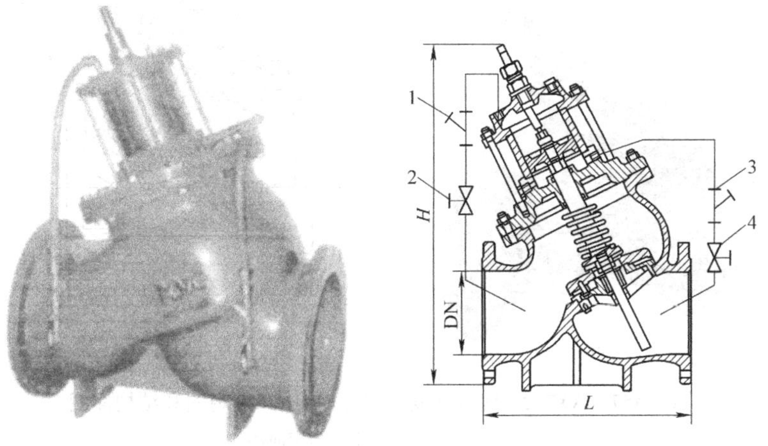

a)　　b)

图 4-455　$DS_{201}^{101}X$ 活塞式多功能水泵控制阀外观图和结构简图

a）产品外观图　b）结构简图

1、3—过滤器　2、4—球阀

③ 典型安装示意图如图 4-456 所示。

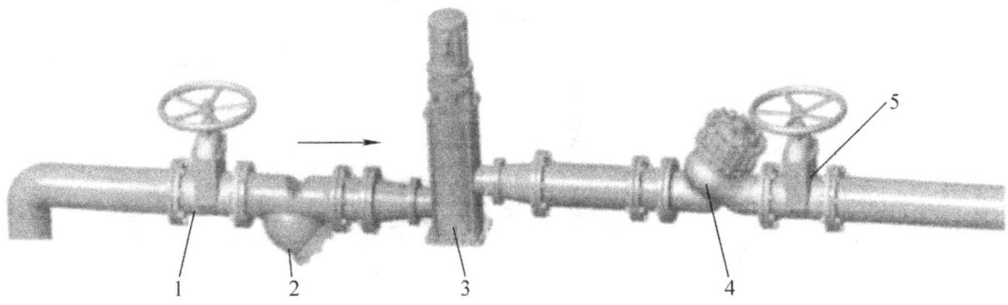

图 4-456　$DS_{201}^{101}X$ 活塞式多功能水泵控制阀典型安装示意图

1、5—弹性阀座闸阀　2—过滤器　3—泵　4—$DS_{201}^{101}X$ 活塞式多功能水泵控制阀

④ 主要外形尺寸见表 4-505。

表 4-505 $DS^{101}_{201}X$ 活塞式多功能水泵控制阀主要外形尺寸 （单位：mm）

公称尺寸 DN		50	65	80	100	125	150	200	250	300	350	400	450	500	600	700	800	900	1000	1200	1400
尺寸	*L*	203	216	241	292	330	356	457	533	610	686	762	864	914	1067	1300	1450	1650	1800	2000	2350
	H	293	328	364	418	481	543	673	729	927	957	1188	1218	1600	1800	2000	2300	2600	2700	2860	3200

7）AX742X 隔膜式安全泄压/持压阀。

① 产品概述。安装在高层建筑、消防给水系统以及其他给水系统的管道上，当给水管路中压力超过泄压阀设定压力时，泄压阀自动开启快速泄压，保护管线的安全，也可作持压阀用，保障主阀上游的供水压力。能准确保持不变的安全设定压力，一旦超压，泄压阀迅速打开，及时泄压。关闭平稳可靠，消除压力余波。

② 产品外观图和结构简图如图 4-457 所示。

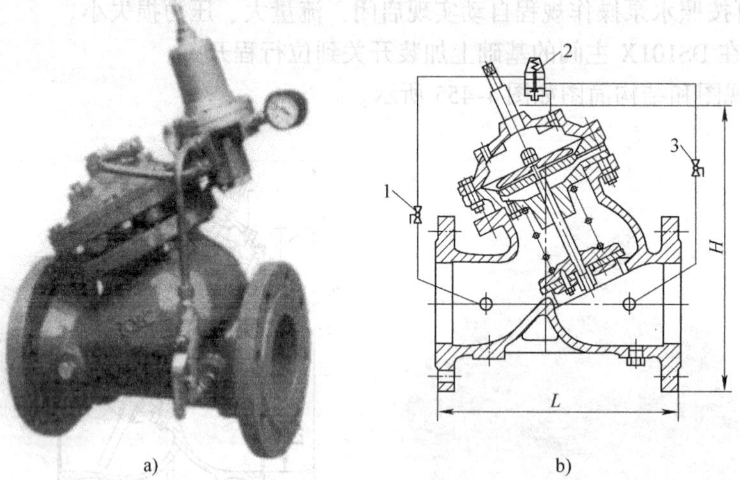

图 4-457 AX742X 隔膜式安全泄压/持压阀外观图和结构简图

a）产品外观图 b）结构简图

1、3—球阀 2—泄压导阀

③ 典型安装示意图如图 4-458 所示。

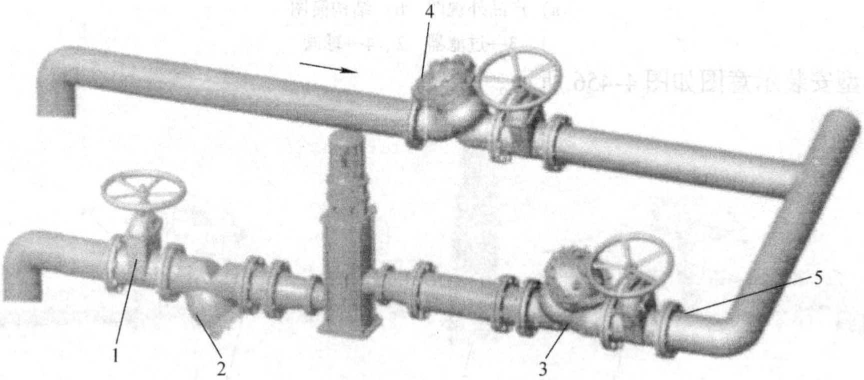

图 4-458 AX742X 隔膜式安全泄压/持压阀典型安装示意图

1、5—弹性阀座闸阀 2—过滤器 3—JD745X 隔膜式多功能水泵控制阀

4—AX742 隔膜式安全泄压阀

④ 主要外形尺寸见表 4-506。

表 4-506　AX742X 隔膜式安全泄压/持压阀主要外形尺寸　（单位：mm）

公称尺寸 DN		50	65	80	100	125	150	200	250	300	350	400	450	500	600
尺寸	*L*	203	216	241	292	330	356	457	533	610	686	762	864	914	1067
	H	300	337	467	520	580	640	778	889	1010	1037	1264	1294	1324	1600

8）AX107X 活塞式安全泄压/持压阀。

① 产品概述。安装在高层建筑、消防给水系统以及其他给水系统的管道上，当给水管路中压力超过泄压阀设定压力时，泄压阀自动开启快速泄压，保护管线的安全，也可作持压阀用，保障主阀上游的供水压力。能准确保持不变的安全设定压力，一旦超压，泄压阀迅速打开，及时泄压。关闭平稳可靠，消除压力余波。

② 产品外观图和结构简图如图 4-459 所示。

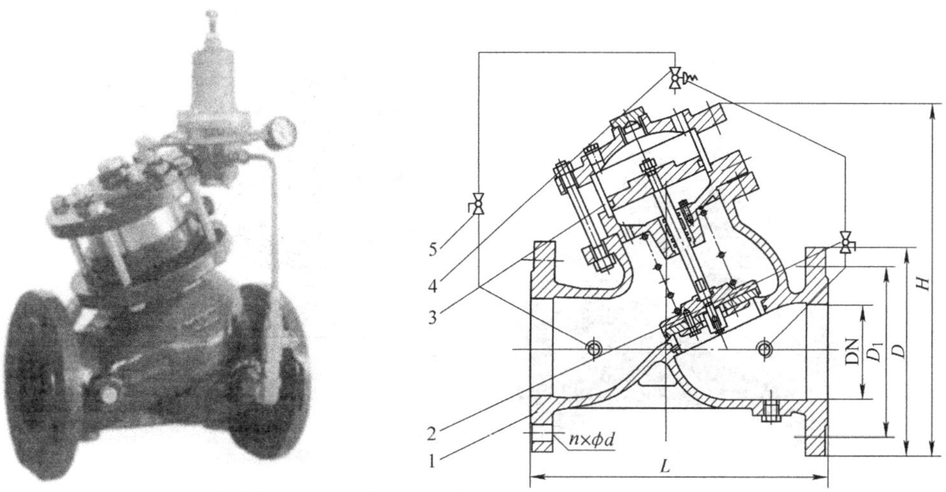

a)　b)

图 4-459　AX107X 活塞式安全泄压/持压阀外观图和结构简图

a）产品外观图　b）结构简图

1—阀体　2、5—球阀　3—缸套　4—导阀

③ 典型安装示意图如图 4-460 所示。

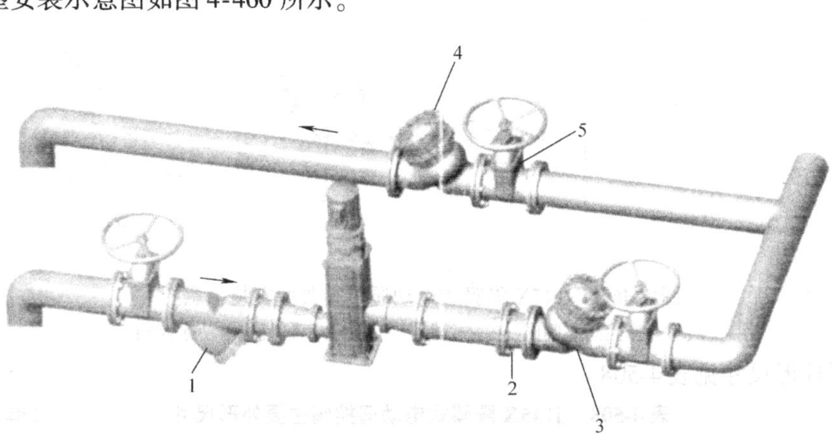

图 4-460　AX107X 活塞式安全泄压/持压阀典型安装示意图

1—过滤器　2—软接头　3—JD745X　4—H107X 活塞式安全泄压/持压阀　5—弹性阀座闸阀

④ 主要外形尺寸见表 4-507。

表 4-507 AX107X 活塞式安全泄压/持压阀主要外形尺寸 （单位：mm）

公称尺寸 DN		50	65	80	100	125	150	200	250	300	350	400	450	500	600	700	800	900	1000
尺寸	*L*	203	216	241	292	330	356	457	533	610	686	762	864	914	1067	1300	1450	1650	1800
	H	300	337	467	520	580	640	778	889	1010	1037	1264	1294	1324	1600	1750	1900	2100	2400

9）J145X 隔膜式电动遥控阀

① 产品概述。安装在各类给水系统的管道上，根据电信号或手动操作，使阀门打开或关闭。准确快速地控制反应。关闭速度可调，阀门平稳关闭而不会产生压力波动。先导阀采用二通电磁阀，维护简单。

② 产品外观图和结构简图如图 4-461 所示。

a)

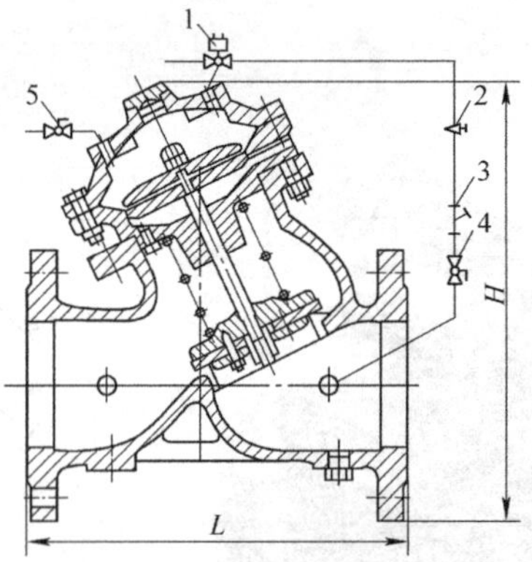

b)

图 4-461 J145X 隔膜式电动遥控阀外观图和结构简图

a）产品外观图 b）结构简图

1—电磁导阀 2—针形阀 3—过滤器 4、5—球阀

③ 典型安装示意图如图 4-462 所示。

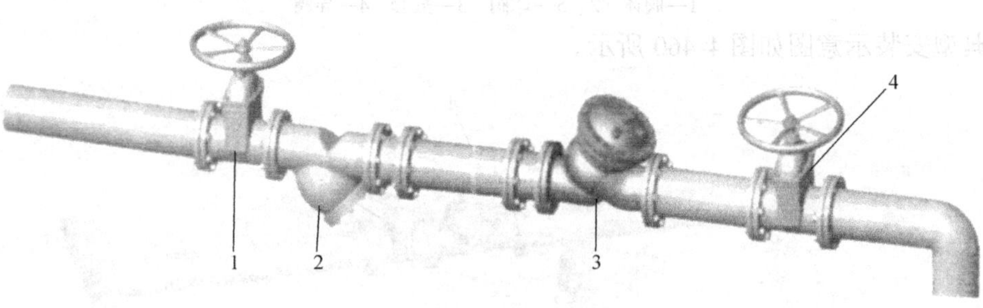

图 4-462 J145X 隔膜式电动遥控阀典型安装示意图

1、4—弹性阀座闸阀 2—过滤器 3—J145X 隔膜式电动遥控阀

④ 主要外形尺寸见表 4-508。

表 4-508 J145X 隔膜式电动遥控阀主要外形尺寸 （单位：mm）

公称尺寸 DN		50	65	80	100	125	150	200	250	300	350	400	450	500	600
尺寸	*L*	203	216	241	292	330	356	457	533	610	686	762	864	914	1067
	H	320	367	400	452	522	592	696	810	943	1200	1230	1230	1270	1600

10）H108X 活塞式电动遥控阀。

① 产品概述。安装在各类给水系统的管道上，根据电信号或手动操作，使阀门打开或关闭。准确快速地控制反应。关闭速度可调，阀门平稳关闭而不会产生压力波动。先导阀采用二通电磁阀，维护简单。

② 产品外观图和结构简图如图 4-463 所示。

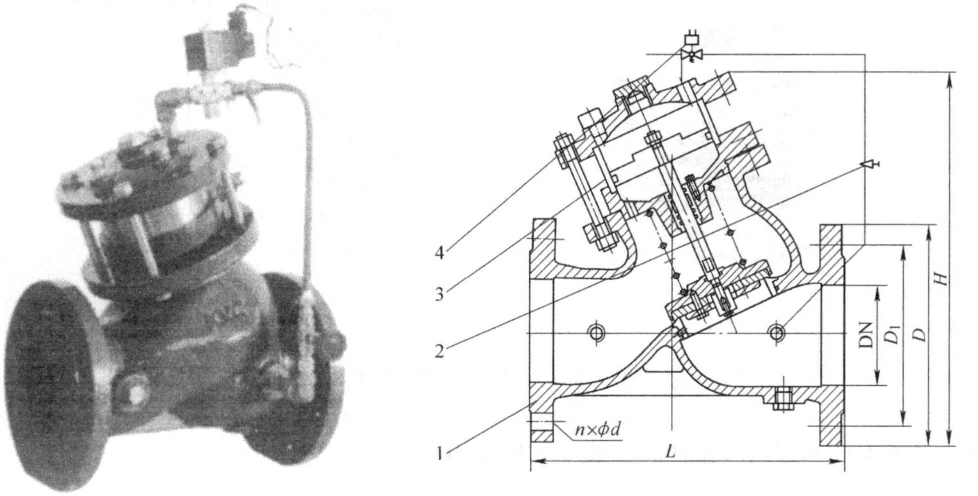

a)　　　　b)

图 4-463　H108X 活塞式电动遥控阀外观图和结构简图

a）产品外观图　b）结构简图

1—阀体　2—针形阀　3—缸套　4—电磁阀

③ 典型安装示意图如图 4-464 所示。

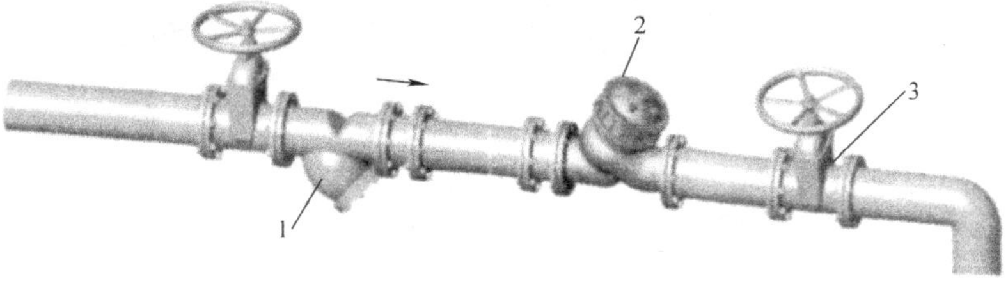

图 4-464　H108X 活塞式电动遥控阀典型安装示意图

1—过滤器　2—H108X 活塞式电动遥控阀　3—弹性阀座闸阀

④ 主要外形尺寸见表 4-509。

表 4-509　H108X 活塞式电动遥控阀主要外形尺寸　　（单位：mm）

公称尺寸 DN		50	65	80	100	125	150	200	250	300	350	400	450	500	600	700	800	900	1000
尺寸	*L*	203	216	241	292	330	356	457	533	610	686	762	864	914	1067	1300	1450	1650	1800
	H	320	367	400	452	522	592	696	810	943	1200	1230	1230	1270	1600	1750	1900	2100	2400

3. H142X 液压水位控制阀

1）产品概述。H142X 液压水位控制阀，是一种自动控制水箱、水塔液面高度的水力控制阀。当水面下降超过预设值时，浮球阀打开，活塞上腔室压力降低，活塞上下形成压差，在此压差作用下阀瓣打开进行供水作业；当水位上升到预设高度时，浮球阀关闭，活塞上腔室压力不断增大致使阀瓣关闭停止供水。如此往复自动控制液面在设定高度，实现自动供水功能。

2）产品外观图和结构简图如图4-465所示。

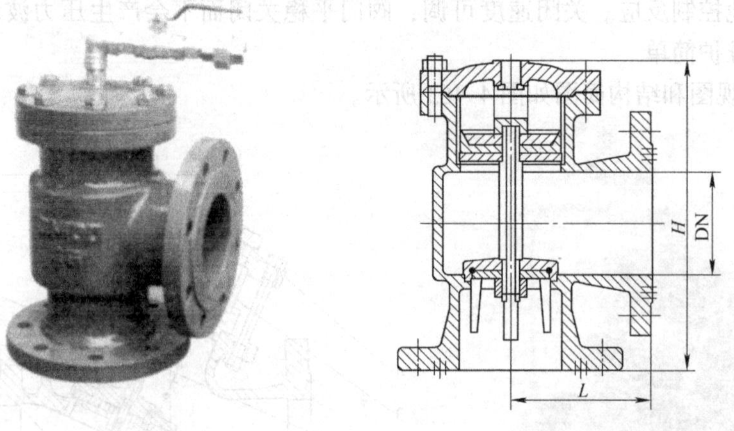

a） b）

图4-465 H142X液压水位控制阀外观图和结构简图

a）产品外观图 b）结构简图

3）典型安装示意图（整体式安装）如图4-466所示。

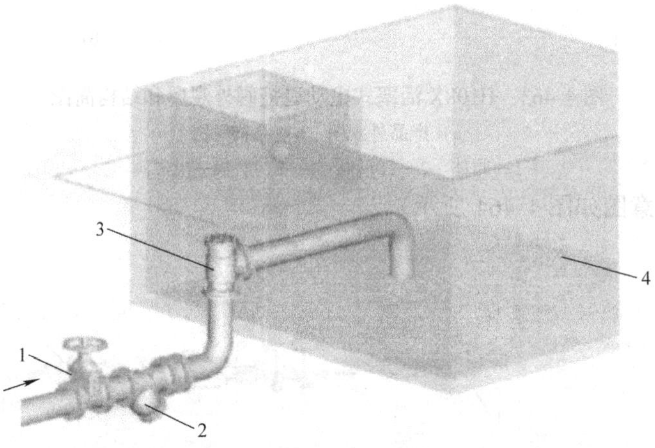

图4-466 H142X液压水位控制阀典型安装示意图

1—弹性阀座闸阀 2—过滤器 3—H142X液压水位控制阀 4—水箱

4）主要外形尺寸见表4-510。

表4-510 H142X液压水位控制阀主要外形尺寸（单位：mm）

公称尺寸DN		40	50	65	80	100	125	150	200	250	300	350
尺寸	*L*	107	115	125	135	146	165	180	215	255	285	325
	H	235	243	258	280	307	358	400	490	576	663	750

4. 100A角型定水位阀

1）产品概述。100A角型定水位阀，是一种隔膜式调节水箱和水塔液面高度的阀门。阀门由一特殊强化尼龙膜片将其分为上下两个腔室，当液面达到设定位置时，浮球导阀关闭，上腔压力大于下腔，阀门关闭，即停止供水；当液面下降超过预设位置时，浮球导阀开启，上腔压力小于下腔压力，阀门开启，阀门向池内供水。角型定水位阀安装方便，可省去管道弯头，节省安装空间。该阀保养简单、灵活耐用、液位控制准确度高，水位不受水压干扰且关闭紧密不漏水，性能可靠、成本低。浮球可随水池的高度和距离安装。

2）产品外观图和结构简图如图 4-467 所示。

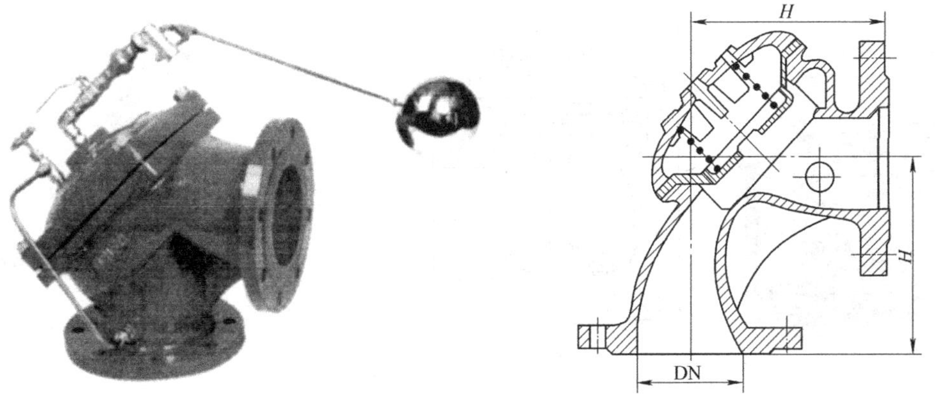

a)　　b)

图 4-467　100A 角型定水位阀外观图和结构简图

a）产品外观图　b）结构简图

3）典型安装示意图如图 4-468 所示。

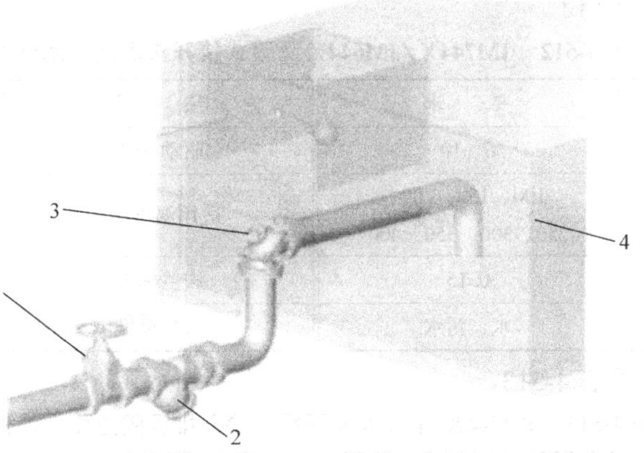

图 4-468　100A 角型定水位阀典型安装示意图

1—弹性阀座闸阀　2—过滤器　3—100A 角型定水位阀　4—水箱

4）主要外形尺寸见表 4-511。

表 4-511　100A 角型定水位阀主要外形尺寸　（单位：mm）

公称尺寸 DN		50	65	80	100	125	150	200	250	300
尺寸	*H*	125	145	155	175	200	225	275	325	375

5. JM744X/JM644X 快开排泥阀

1）产品概述。JM744X、JM644X 隔膜式液压、气动快开排泥阀，是一种由液压源或气动源作执行机构的角型截断类阀门。通常成排安装在沉淀池底部外侧壁，用以排除池底沉淀的泥砂和污物。该阀由尼龙强化橡胶隔膜将阀门分为两个腔室，接通液压或气动源，采用电动或手动二位四通换向阀控制，实现快速排泥。该阀将隔膜代替活塞，无运动摩擦，更适用于泥浆等颗粒介质，大大提高了阀门的使用寿命。

2）产品外观图和结构简图如图 4-469 所示。

3）典型安装示意图如图 4-470 所示。

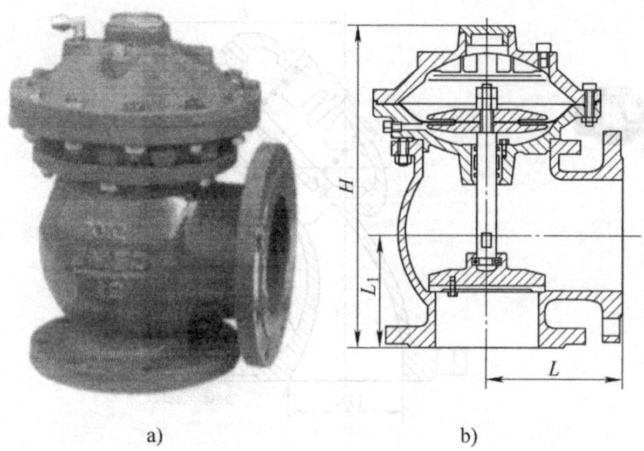

a) b)

图 4-469 JM744X/JM644X 快开排泥阀外观图和结构简图

a）产品外观图 b）结构简图

图 4-470 JM744X/JM644X 隔膜式快开排泥阀典型安装示意图

1—弹性阀座闸阀 2—JM744X/JM644X 隔膜式快开排泥阀

4）技术参数见表 4-512。

表 4-512 JM744X/JM644X 隔膜式快开排泥阀技术参数

项 目	要 求	项 目	要 求
公称压力 PN	6、10	驱动介质	清水、气
公称尺寸 DN	100、150、200、250、300、350、400	适用温度/℃	0～80
最低驱动压力/MPa	0.15	法兰标准	GB/T 17241.6；GB/T 9113
适用介质	水、污水	试验标准	GB/T 13927；AP1598

5）主要零件材料见表 4-513。

表 4-513 JM744X/JM644X 隔膜式快开排泥阀主要零件材料

零件名称	材 料
阀体、阀盖	灰铸铁、球墨铸铁、碳素钢
膜片压板、阀盘	球墨铸铁、青铜
阀杆	不锈钢
膜片	尼龙强化橡胶

6）主要外形尺寸见表 4-514。

表 4-514 JM744X/JM644X 隔膜式快开排泥阀主要外形尺寸 （单位：mm）

公称尺寸 DN		100	150	200	250	300	350	400
尺寸	L	160	190	225	260	280	315	340
	L_1	120	150	190	220	260	300	340
	H	370	440	530	615	785	880	970

6. JM742X 型隔膜式池底卸泥阀

1）产品概述。该产品安装在各类沉淀水池的底部，通过换向阀的控制排除池底的泥沙及污物。

2）技术参数见表 4-515。

表 4-515　JM742X 型隔膜式池底卸泥阀主要技术参数

公称压力 PN	10
启闭动作压力/MPa	0.15 ~ 0.6
隔膜传动介质	清水、空气
适用介质	原水、清水、污水
工作温度/℃	0 ~ 80

3）产品外观图和结构简图如图 4-471 所示。

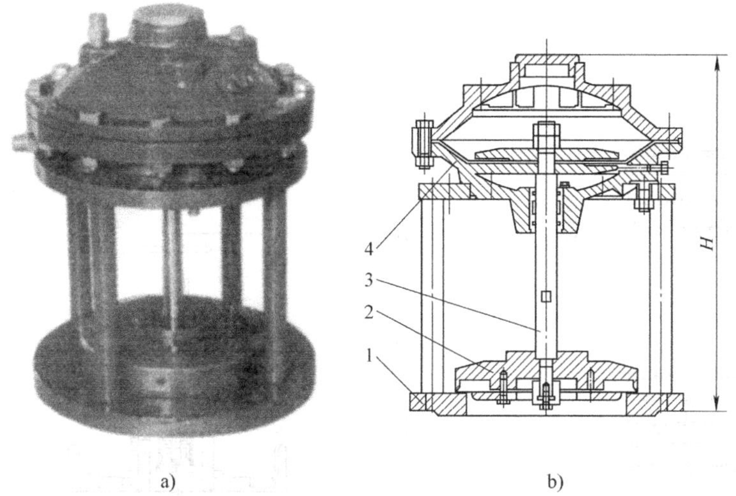

图 4-471　JM742X 型隔膜式池底卸泥阀外观图和结构简图
a）产品外观图　b）结构简图
1、3—阀体　2—阀瓣　4—隔膜传动机构

4）典型安装示意图如图 4-472 所示。

5）主要零件材料见表 4-516。

表 4-516　JM742X 型隔膜式池底卸泥阀主要零件材料

零 件 名 称	材　　料
阀体、阀盖	灰铸铁、球墨铸铁、碳素钢
膜片压板、阀盘	球墨铸铁、青铜
阀杆	不锈钢
膜片	尼龙强化橡胶

6）主要外形尺寸见表 4-517。

表 4-517　JM742X 型隔膜式池底卸泥阀主要外形尺寸

（单位：mm）

公称尺寸 DN		100	150	200	250	300	350	400
尺寸	H	260	375	250	525	585	600	680

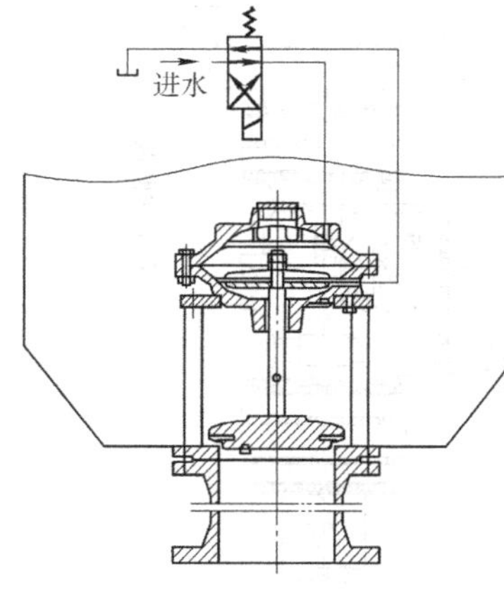

图 4-472　JM742X 型隔膜式池底卸泥阀典型安装示意图

4.6.7　主要生产厂家

主要生产厂家：超达阀门集团股份有限公司。

4.7 油气管道关键阀门——调压装置

油气管道关键阀门——调压装置如图4-473所示，包括安全切断阀、监控调压阀和工作调压阀。

4.7.1 安全切断阀

安全切断阀的结构如图4-474和图4-475所示，包括指挥器（导阀）和主阀。

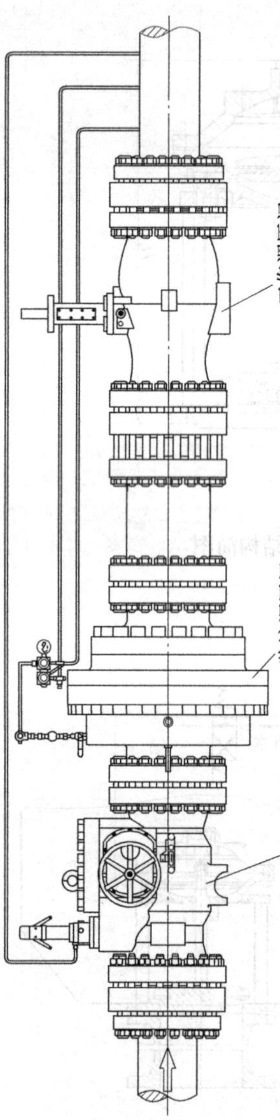

图4-473 油气管道关键阀门——调压装置

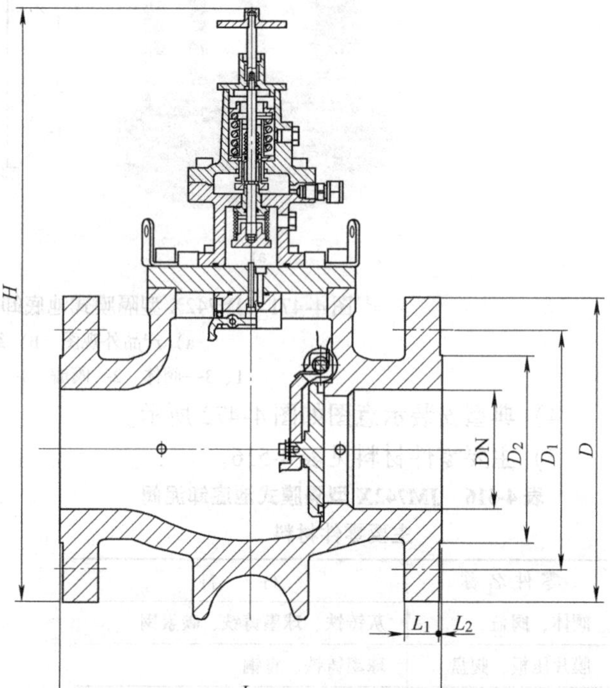

图4-474 安全切断阀（DN25～DN150）结构

1. 工作原理

安全切断阀由出口压力来控制指挥器（导阀）动作，从而实现切断气体向下游输送的功能。

“超压切断”功能，即当安全切断阀下游信号采集点处的压力超出弹簧所设定的范围后，采集点处的压力信号反馈给指挥器（导阀），使指挥器（导阀）的活塞向上移动，从而使拉杆脱扣，重锤向下冲击撞针，撞针向下移动，使得挂钩与翻板脱开，翻板向下关闭阀门，从而切断气体向下游输送，保护下游设备及管道的安全。

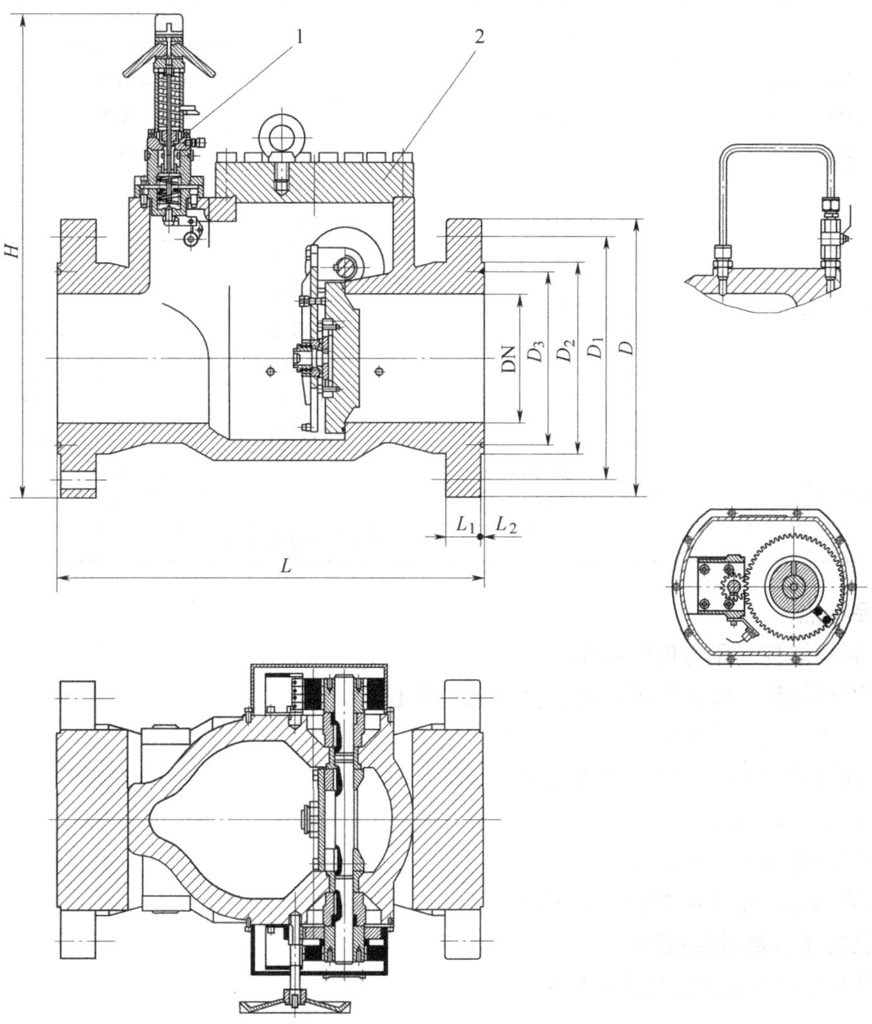

图 4-475　安全切断阀（DN200 ~ DN300）结构

1—指挥器（导阀）　2—主阀

“欠压切断”功能，即当安全切断阀下游信号采集点处的压力低于弹簧所设定的范围后，采集点处的压力信号反馈给指挥器（导阀），使指挥器（导阀）活塞向下移动，从而使拉杆脱扣，重锤向下冲击撞针，撞针向下移动，使得挂钩与翻板脱开，翻板向下关闭阀门，从而切断气体向下游的输送，保护下游设备及管道的安全。

该阀还具备远程控制和就地控制切断功能。

2. 主要性能规范

安全切断阀的主要性能规范见表 4-518。

表 4-518　主要性能规范

项　目	性能规范		
公称尺寸	DN25、DN50、DN80、DN100、DN150、DN200、DN250、DN300		
公称压力	CL150、CL300、CL600、CL900		
试验压力/MPa	壳体（水压）	额定压力的 1.5 倍	
	外密封	额定压力的 1.1 倍	
	内密封	0.01 额定压力的 1.1 倍	
超压切断精度等级	按 EN 14382：2005	AG1～AG5	
欠压切断精度等级		AG1～AG5	
响应时间/s		≤1.0	
流量系数/（m^3/h）	K_V	DN25	10
		DN50	40
		DN80	102
		DN100	160
		DN150	360
		DN200	640
		DN250	1000
		DN300	1440
适用温度范围/℃	WCB	-29～60	
	LCC	-46～60	
适用介质	天然气和非腐性气体		

3. 产品特点

1）全通径结构，压力损失较小。

2）易维护修理，可在线更换阀内件，且部件较少。

3）带一体化压力平衡阀。

4）可选择远程控制和阀位远程指示。

5）切断响应精度高。

6）最高流速不大于 80m/s。

7）满足 SIL-norm（功能安全）要求。

4. 产品技术参数设定范围

产品技术参数设定范围见表 4-519。

表 4-519　产品技术参数设定范围

指挥器型号	弹簧编号及颜色		超压切断	欠压切断	切断精度
	序　号	颜　色	设定范围/MPa		AG
951	1	红	0.1～1	—	20/10
	2	橙	0.5～2		5/2.5
	3	黄	1.5～4.5		2.5/1
	4	绿	4～7		1
	5	兰	6～9		1
	6	紫	8～11		1
	7	黑	—	0.01～0.3	20/10
	8	白		0.1～0.5	

（续）

指挥器型号	弹簧编号及颜色		超压切断	欠压切断	切断精度
	序　号	颜　色	设定范围/MPa		AG
952	1	红	1～4		2.5/1
	2	橙	3～6		1
	3	黄	5～8		1
	4	绿	7～10		1
	5	蓝	9～11		1
	6	银灰	—	0.1～0.5	20/10

5. 主要零件材料

主要零件材料见表 4-520。

表 4-520　主要零件材料

零件名称	材　料
阀体	A216 WCB、A352 LCC
阀板	A105、A182 F316、HP659-1
弹簧	55CrSi、X750、A276 316
阀板轴	A276 420
密封材料	增强聚四氟乙烯、丁腈橡胶、氟橡胶
指挥器（导阀）	A216 WCB、A352 LCC、A105、A350 LF2、A182 F316

6. 主要外形尺寸和连接尺寸

主要外形尺寸和连接尺寸如图 4-474、图 4-475 所示及见表 4-521。

表 4-521　主要外形尺寸和连接尺寸

公称压力 CL	公称尺寸 DN/NPS	主要尺寸/mm								连接螺栓	
		L	L_1	L_2	D	D_1	D_2	D_3	H	规格	数量
150 (RF)	25/1	170	12.7	2	110	79.4	50.8	—	330	M14	4
	50/2	230	17.5	2	150	120.7	92.1	—	360	M16	4
	80/3	280	22.3	2	190	152.4	127.0	—	420	M16	4
	100/4	320	22.3	2	230	190.5	157.2	—	460	M16	8
	150/6	430	23.9	2	280	241.3	215.9	—	720	M20	8
	200/8	725	27.0	2	345	298.5	269.9	—	750	M20	8
	250/10	730	28.6	2	405	362.0	323.8	—	810	M24	12
	300/12	850	30.2	2	485	431.8	381.0	—	880	M24	12
300 (RF)	25/1	170	15.5	2	125	88.9	50.8	—	330	M16	4
	50/2	230	20.4	2	165	127.0	92.1	—	360	M16	8
	80/3	290	27.0	2	210	168.3	127.0	—	420	M20	8
	100/4	330	30.2	2	255	200.0	157.2	—	460	M20	8
	150/6	440	35.0	2	320	269.9	215.9	—	720	M20	12
	200/8	725	39.7	2	380	330.2	269.9	—	750	M24	12
	250/10	775	46.1	2	445	387.4	323.8	—	810	M27	16
	300/12	850	49.3	2	520	450.8	381.0	—	880	M30	16

（续）

公称压力 CL	公称尺寸 DN/NPS	主要尺寸/mm								连接螺栓	
		L	L_1	L_2	D	D_1	D_2	D_3	H	规格	数量
600 (RF)	25/1	180	17.5	7	125	88.9	50.8	—	330	M16	4
	50/2	250	25.4	7	165	127.0	92.1	—	360	M16	8
	80/3	310	31.8	7	210	168.3	127.0	—	420	M20	8
	100/4	350	38.1	7	275	215.9	157.2	—	470	M24	8
	150/6	470	47.7	7	355	292.1	215.9	—	730	M27	12
	200/8	725	55.6	7	420	349.2	269.9	—	770	M30	12
	250/10	775	63.5	7	510	431.8	323.8	—	840	M33	16
	300/12	900	66.7	7	560	489.0	381.0	—	900	M33	20
900 (RJ)	50/2	368	38.1	7.92	215	165.1	124	R24	385	M24	8
	80/3	381	38.1	7.92	240	190.5	156	R31	435	M24	8
	100/4	457	44.5	7.92	290	235.0	181	R37	480	M30	8
	150/6	610	55.6	7.92	380	317.5	241	R45	745	M30	12
	200/8	813	63.5	7.92	470	393.7	308	R49	800	M36×3	12
	250/10	838	69.9	7.92	545	469.9	362	R53	860	M36×3	16
	300/12	965	79.4	7.92	610	533.4	419	R57	930	M36×3	20

7. 指挥器型号、压力取样点配管连接尺寸

指挥器的型号、压力取样点配管连接尺寸见表4-522。

表4-522 指挥器型号、压力取样点配管连接尺寸

公称尺寸 DN/NPS	指挥器（导阀）型号	配管材料	配管直径/mm
25/1	951	奥氏体不锈钢管	$\phi10\times1.5$
50/2~150/6			$\phi12\times1.5$
150/6~300/12	952		$\phi12\times1.5$

8. 压力取样点安装位置

如图4-476和图4-477所示，安全切断阀（SSV）的压力取样点为工作阀门（PCV或PV）后（5~8）×管线公称尺寸的距离。

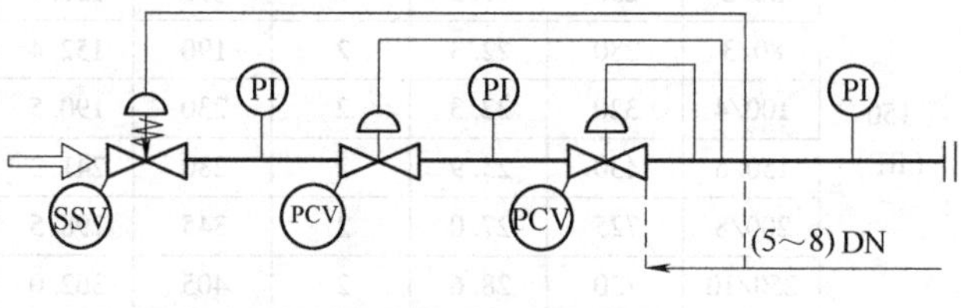

图4-476 压力取样点安装位置（一）

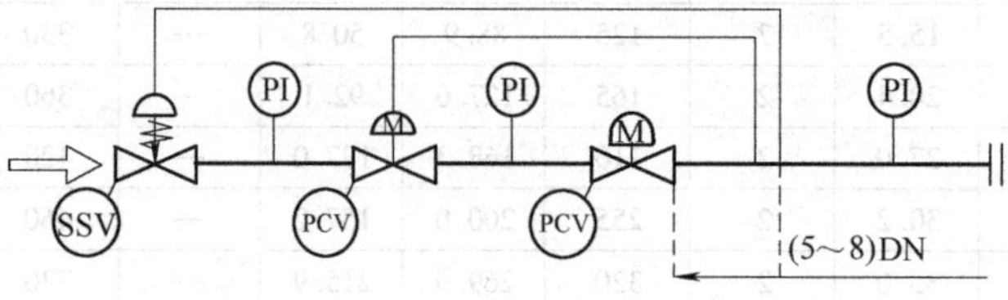

图4-477 压力取样点安装位置（二）

9. 产品订货选型

产品订货选型可参照图4-478。

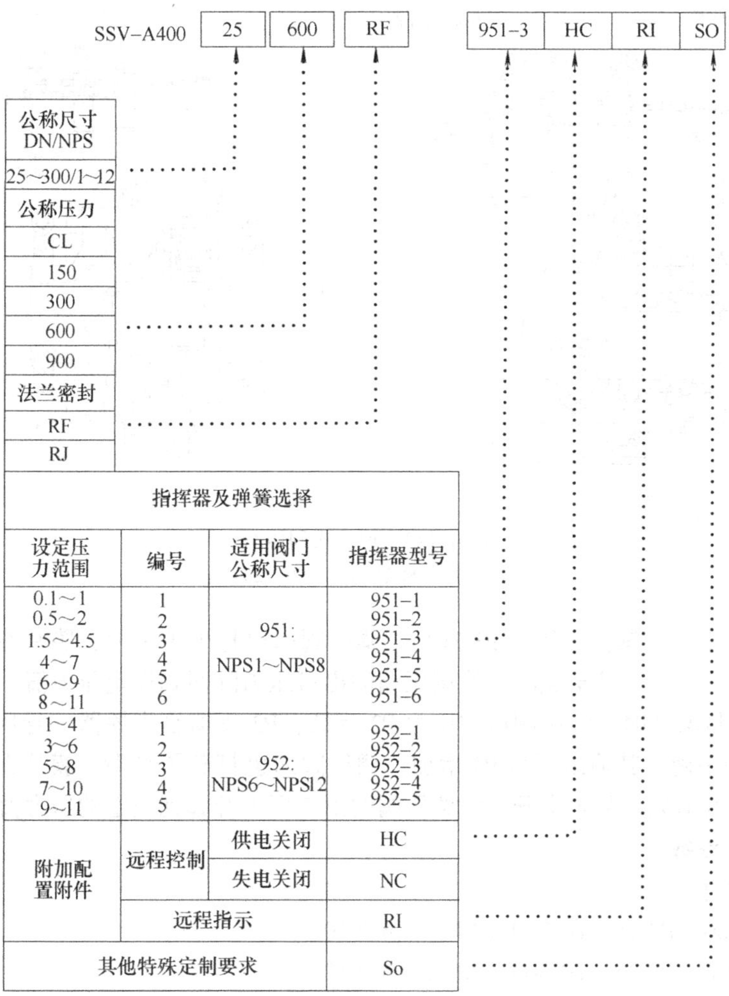

图4-478 产品订货选型指南

4.7.2 轴流式调压阀（监控调压阀）

1. 产品结构

轴流式调压阀结构如图4-479所示。主要由阀体、前置指挥器（导阀）、控制指挥器（导阀）、膜片、阀瓣套筒、弹簧、阀座等部件组成。

前置指挥器（导阀）的作用是为控制指挥器（导阀）提供一个稳定的进口压力，消除输气管线压力不稳定对控制指挥器（导阀）调压的影响。

控制指挥器（导阀）的作用是调节和稳定调压阀的出口压力。当控制指挥器（导阀）将调压阀的出口压力给定后，还能够在用气量发生变化时，使调压阀的出口压力稳定在5%以内。

2. 工作原理

管网的进口压力经前置指挥器（导阀）稳压后进入控制指挥器（导阀），控制指挥器调压后，输出P3进入阀后腔，推动膜片，克服弹簧作用力，使阀口打开，实现减压和稳定流量的输出。

当下游用气量减小时，调压阀后的压力P2升高，P2反馈给指挥器（导阀），使控制指挥

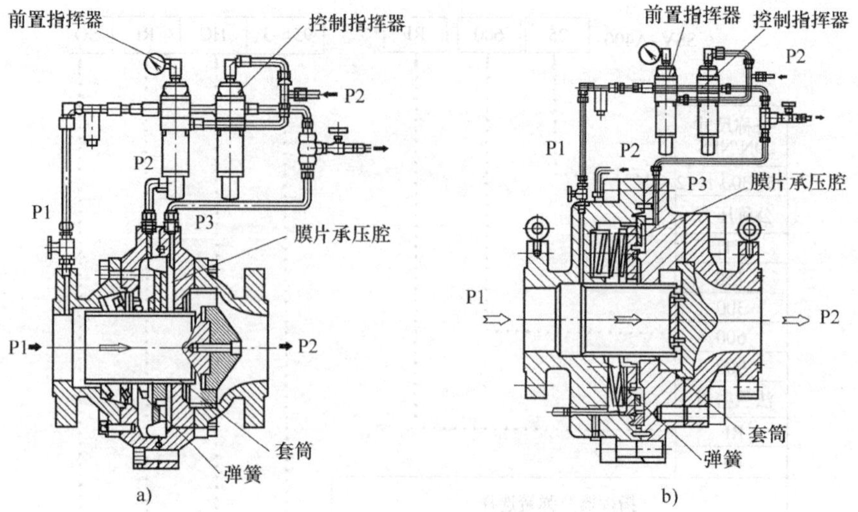

图 4-479 轴流式调压阀

a) GPR-A100 型 b) GPR-A200 型

器（导阀）失去平衡，其输出压力 P3 减小，调压阀内也打破了平衡，膜片在弹簧和 P2 的作用下，使阀口开度变小，甚至关闭，使调压阀的出口压力降回到设定压力值。

当下游用气量增加时，调压阀后的压力 P2 降低，P2 反馈给指挥器（导阀），使控制指挥器（导阀）失去平衡，其输出压力 P3 增加，调压阀内也打破了平衡，膜片在弹簧和 P2 的作用下，使阀门开度增大，甚至全开，使调压阀的出口压力升起到设定的压力值。

3. 主要技术参数

（1）公称尺寸

1）GPR-A100，DN25 ~ DN250（NPS1 ~ NPS10）。

2）GPR-A200，DN25 ~ DN300（NPS1 ~ NPS12）。

（2）公称压力

1）GPR-A100，CL150 ~ CL600。

2）GPR-A200，CL150 ~ CL900。

（3）执行标准

1）产品标准：EN334。

2）压力-温度额定值标准：ASME B16. 34。

3）连接法兰标准：ASME B16. 5。

4）结构长度标准：EN334、ASME B16. 10。

5）材料标准：ASTM。

（4）工作温度　工作温度为 −29 ~ 60℃、−46 ~ 60℃。

（5）阀体材料　阀体材料为 A105、A350 LF2、A216 WCB、A352 LCC。

（6）适用介质　适用介质为天然气及非腐蚀性气体。

（7）应用场合　长输管线输气站、城市燃气调压站、工业用气等对于出口压力的控制。

（8）防爆/防护等级　防爆/防护等级为 E×dⅡBT4、IP65。

4. 产品特点

1）轴流式结构，流通能力强。

2）调节范围大，调节精准，经久耐用。

3）GPR-A200 型滚动膜片设计，更适合作为全开启状态下的自力式监控调压阀工况使用，GPR-A100 型板式有 R 角度的膜片设计，更适合不断调节下的自力式工作调压阀的工况使用。

4）阀瓣套筒材质为奥氏体不锈钢并进行抛光处理，使阀瓣套筒更好地滑动和耐腐蚀。

5）可配出口变径减噪声装置和内部减噪声装置。

6）标准的就地阀位指示器。

7）可配备阀位传感变送器。

8）提供故障开阀和故障关阀两种模式。

5. 产品主要性能规范

产品主要性能规范见表 4-523。

表 4-523　主要性能规范

项　　目	性能指标		
最大进口压力/MPa	12		
出口压力范围/MPa	0.1～11.0		
稳压精度等级	AC1～AC5		
关闭压力等级	SG2.5～SG10		
关闭压力区等级	SZ2.5～SZ10		
入口与出口最小压差/MPa	0.5		
控制指挥器（导阀）940/942 弹簧范围	弹簧序号	弹簧颜色	弹簧范围/MPa
	2	红	0.1～0.5
	3	橙	0.4～1.2
	4	黄	1.0～2.0
	5	绿	1.5～3.0
	6	蓝	2.5～5.5
	7	紫	4.5～8.0
	8	黑	7.0～11.0

6. 流量系数 *KG* 值

流量系数 *KG* 值见表 4-524。

表 4-524　流量系数 *KG* 值

公称尺寸 DN/NPS	*KG* 值/（m^3/h）	
	$\rho_n=0.83kg/m^3$	$\rho_n=0.77kg/m^3$
25/1	550	570
50/2	2200	2280
80/3	5610	5820
100/4	8800	9130
150/6	19800	20550
200/8	37400	38820
250/10	55000	57090
300/12	96500	98070

7. 主要零部件材料

主要零部件材料见表 4-525。

表 4-525 主要零部件材料

主要零部件名称	材 料
阀体	A105、A350 LF2
阀瓣套筒	A182 F316
弹簧	55CrSi、X750、A276 316
膜片	丁腈橡胶
密封材料	增强聚四氟乙烯、丁腈橡胶、氟橡胶
指挥器（导阀）	铝合金、A105、A350 LF2、A182 F316

8. 主要外形尺寸和连接尺寸

轴流式调压阀（监控调压阀）的外形尺寸和连接尺寸如图 4-480 所示并见表 4-526。

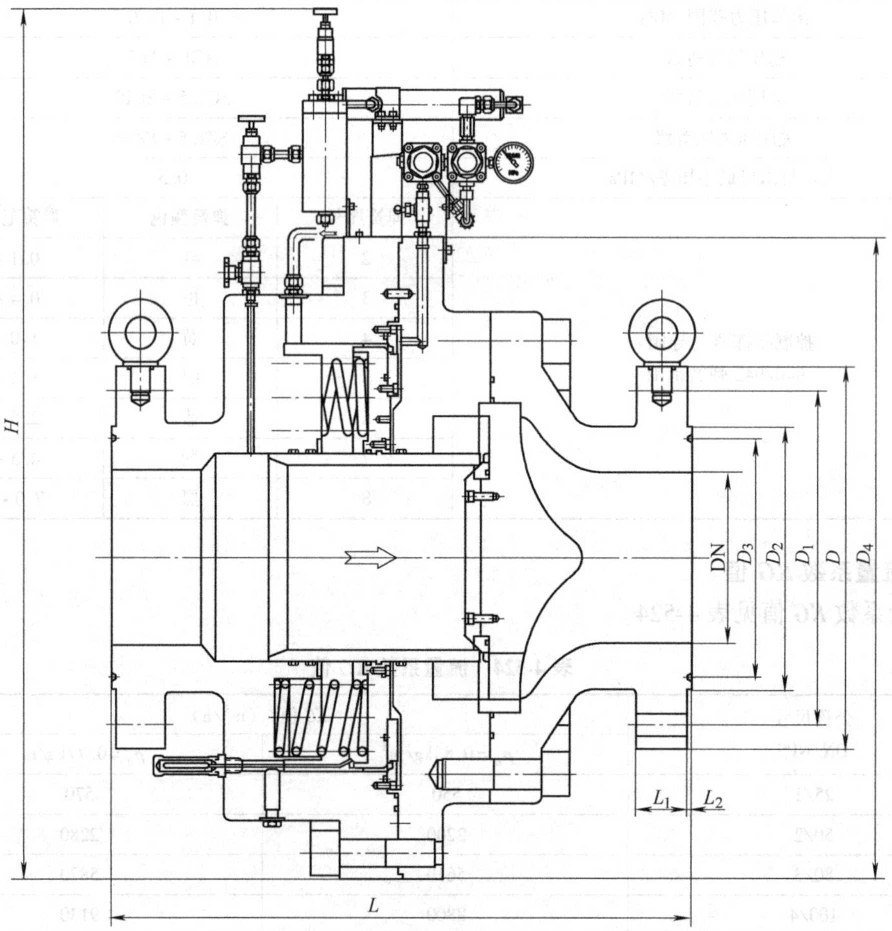

图 4-480 轴流式调压阀结构

根据用户工况需求，可定制出口变径减低噪声装置和内部降低噪声装置。

产品型号为：GPR-A100b 和 GPR-A200b。

表 4-526　主要外形尺寸和连接尺寸

型号和公称压力 CL	公称尺寸 DN/NPS	主要尺寸/mm								连接螺栓	
		L	L_1	L_2	D	D_1	D_2	D_4	H	规格	数量
GPR-A100a/GPR-A200a 150 (RF)	25/1	197	12.7	2	110	79.4	50.8	330	580	M14	4
	50/2	267	17.5	2	150	120.7	92.1	420	670	M16	4
	80/3	317	22.3	2	190	152.4	127.0	510	760	M16	4
	100/4	368	22.3	2	230	190.5	157.2	580	830	M16	8
	150/6	473	23.9	2	280	241.3	215.9	670	920	M20	8
	200/8	568	27.0	2	345	298.5	269.9	780	1030	M20	8
	250/10	708	28.6	2	405	362.0	323.8	840	1090	M24	12
	300/12	775	30.2	2	485	431.8	381.0	920	1170	M24	12
GPR-A100a/GPR-A200a 300 (RF)	25/1	197	15.5	2	125	88.9	50.8	330	580	M16	4
	50/2	267	20.4	2	165	127.0	92.1	420	670	M16	8
	80/3	317	27.0	2	210	168.3	127.0	510	760	M20	8
	100/4	368	30.2	2	255	200.0	157.2	580	830	M20	8
	150/6	473	35.0	2	320	269.9	215.9	670	920	M20	12
	200/8	568	39.7	2	380	330.2	269.9	780	1030	M24	12
	250/10	708	46.1	2	445	387.4	323.8	840	1090	M27	16
	300/12	775	49.3	2	520	450.8	381.0	920	1170	M30	16
GPR-A100a/GPR-A200a 600 (RF)	25/1	210	17.5	7	125	88.9	50.8	330	580	M16	4
	50/2	286	25.4	7	165	127.0	92.1	420	670	M16	8
	80/3	337	31.8	7	210	168.3	127.0	510	760	M20	8
	100/4	394	38.1	7	275	215.9	157.2	580	830	M24	8
	150/6	508	47.7	7	355	292.1	215.9	670	920	M27	12
	200/8	610	55.6	7	420	349.2	269.9	780	1030	M30	12
	250/10	752	63.5	7	510	431.8	323.8	840	1090	M33	16
	300/12	819	66.7	7	560	489.0	381.0	920	1170	M33	20

注：DN300/NPS12 仅限于 GPR-A200a 和 GPR-A200b 型。

型号和公称压力 CL	公称尺寸 DN/NPS	主要尺寸/mm									连接螺栓	
		L	L_1	L_2	D	D_1	D_2	D_3 环号	D_4	H	规格	数量
GPR-A200a 900 (RJ)	25/1	254	28.6	6.35	150	101.6	71.5	R16	410	660	M24	4
	50/2	368	38.1	7.92	215	165.1	124	R24	505	755	M24	8
	80/3	381	38.1	7.92	240	190.5	156	R31	600	850	M24	8
	100/4	457	44.5	7.92	290	235.0	181	R37	675	925	M30	8
	150/6	610	55.6	7.92	380	317.5	241	R45	770	1020	M30	12
	200/8	737	63.5	7.92	470	393.7	308	R49	850	1100	M36×3	12
	250/10	838	69.9	7.92	545	469.9	362	R53	940	1190	M36×3	16
	300/12	965	79.4	7.92	610	533.4	419	R57	1030	1280	M36×3	20

9. 压力取样点配管连接尺寸

压力取样点配管连接尺寸见表4-527。

表4-527 压力取样点配管连接尺寸

公称尺寸 DN/NPS	配管材料	前置指挥器配管直径/mm	主阀配管直径/mm	控制指挥器配管直径/mm
25/1～150/6	奥氏体不锈钢	$\phi12\times1.5$	$\phi12\times1.5$	$\phi12\times1.5$
200/8～300/12			$\phi16\times2.0$	

10. 压力取样点安装位置

如图4-481和图4-482所示，轴流式调压阀（监控调压阀）（PCV）的压力取样点为工作阀门（PCV或PV）后（5-8）×管道公称尺寸的距离（5～8）×DN。

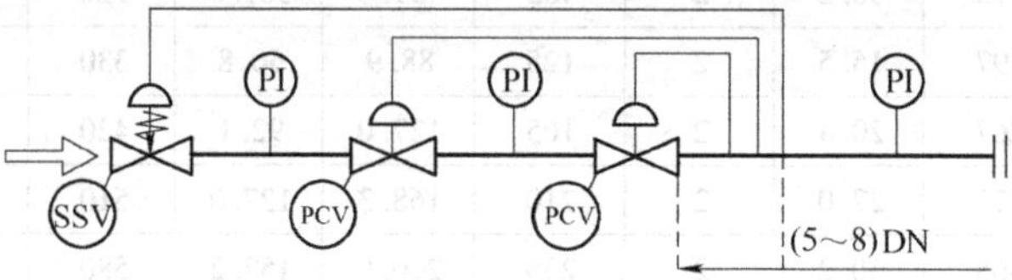

图4-481 压力取样点安装位置（一）

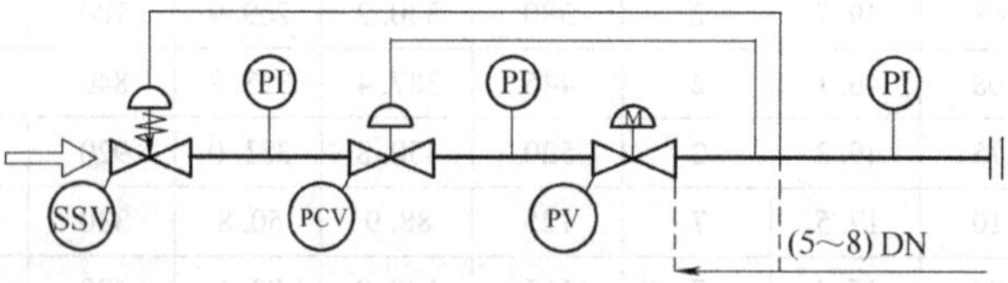

图4-482 压力取样点安装位置（二）

11. 产品订货选型

产品订货选型可参照图4-483。

4.7.3 轴流式调节阀（工作调压阀）

1. 主要技术参数

1）公称尺寸：DN50～DN500（NPS2～NPS20）。

2）公称压力：CL150～CL900。

3）执行标准：IEC60534、GB/T 17213.1～.15、JB/T 7387。

4）设计温度：-29～150℃、-46～150℃。

5）阀体材料：A105、A350 LF2、A352 LCC。

6）调节精度：≤±1（%）。

7）调节回差：≤±1（%）。

8）泄漏等级：符合FC1-70-2、IEC60534-4并优于Ⅳ级、Ⅵ级。

9）适用介质：天然气、原油、成品油及其他非腐蚀性气体和液体。

10）防爆/防护等级：ExdⅡBT4/IP65。

11）应用场合：用于长输管线输油、输气站、调压站，对于出口压力、流量的精确控制。

2. 产品技术特点

（1）轴流式 是指流体到控制以前在阀体的内体和外体之间有一轴向对称的流道，具有

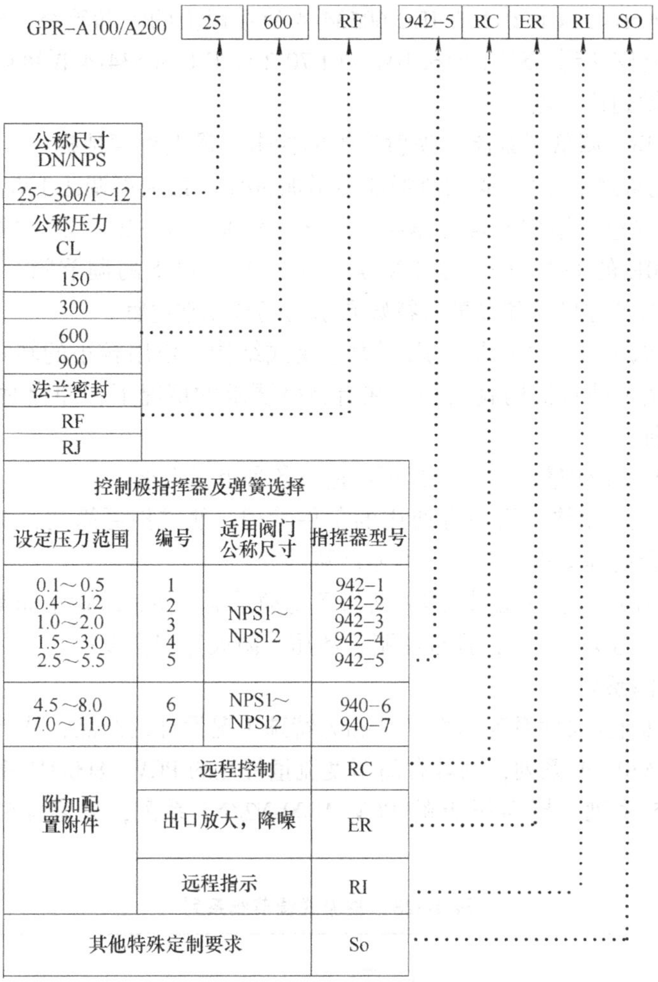

图 4-483　产品订货选型指南

呈流线型并均匀对称的自由流通路径，完全避免了间接流和流向不必要的改变，因此，大大降低流体局部高流速、噪声、紊流、喷射流的形成，提高了阀门的稳定性。轴流式设计与传统设计相比，最大限度地提高了单位直径上的流通能力。

（2）高可靠性、高性能、低维护

1）高可靠性：

① 所有壳体的壁厚的计算和连接螺栓的计算都符合 ASME B16. 34 的要求；壳体壁厚还符合 GB 26640 强制性标准中表 2 的规定。

② 全系列产品铸件均采用金属模具，最大限度的提高铸造质量。

③ 壳体铸件采用 20 张以上射线无损检验，不留存余角，验收标准达到 ASME B16. 34 强制性附录 I 的规定。

④ 所有动、静密封副均采用高性能的平衡密封图（Lip seal），对于 CL600 以上的轴流式调节阀所有非金属密封材料均具有抗内爆减压功能。

2）高性能，能满足高压、高压差等苛刻工况条件的应用。

① A800 轴流式调节阀独特的密封系统具有无与伦比的可靠性密封记录，使得阀门在全压力、全压差条件下 100% 双向严密关闭，主密封副经过 20 万次以上带压动作后测试，仍能够

完全达到 ASME B16.104/FCI 70-2 或 IEC 60534-4 Ⅵ级以上的泄漏等级，经过 50 万次以上带压动作后测试，仍能够达到 ASME B16.104/FCI 70-2 或 IEC 60534-4 Ⅳ级以上的泄漏等级，即使是超期使用也能做到这一点。

② 对称轴向流道，降低了紊流、喷射流等的冲击，最大程度地提高了单位流通面积下的流通能力 K_V 位，比常规 GLOBE 阀的流通能力增加 30%，最大可调比 100 : 1。

③ 轴流式调节阀整体结构非常的紧凑，对于 DN500（NPS20）以上的大尺寸调节阀，其高度仅相当于 GLOBE 的 1/2，即使是 DN500（NPS 20）以下的调节阀，其高度也仅相当于 GLOBE 阀的 2/3，对公称尺寸和重量有特殊要求的场合非常适宜。

④ 轴流式调节阀全系列产品均采用压力平衡式结构，使用较小的转矩就可以快速动作，且输入力矩小，所需的执行机构就很小。在有特殊要求的情况下，冲程时间较短，是压缩机喘振控制的最佳选择。

3）低维护，低的工作量维护，使其更加适应各种市场需求。

① 采用模块化设计结构，更少且通用的备件管理，使维护更简便，能为用户实现“零”库存管理。专业制造使其交货期更短，可随订随供。

② 稳定可靠的连接，独立密封的 45°斜齿条传动系统，使其维护量非常低。

③ 产品符合 API 6D 的规定，具有注脂、泄压、防火等安全设计。

3. 轴流式调节阀系列

轴流式调节阀具有全尺寸系列标准产品和为特殊工况设计的产品，从具有大流通能力、高压力恢复率的 PCV A800-W 系列，到具有高精度流量特性的 PCV A800-H1 系列，直至高压差下的 PCV A800-H2/H5 系列、超高压级的 PCV A800-N2/N5 系列，见表 4-528 和如图 4-484 ~ 图 4-487所示。

表 4-528 轴流式调节阀系列

型号	名称
PCV A800-W	窗口式带钻孔套筒
PCV A800-H1	单级钻孔套筒
PCV A800-H2/H5	二级钻孔套筒至五级钻孔套筒
PCV A800-N2/N5	二级串行至五级串行阀芯

4. 产品执行的技术标准

产品执行的技术标准见表 4-529。

表 4-529 产品执行的技术标准

项目	标准
产品标准	IEC 60534
调节阀计算标准	ISA 75.01、ISA75.05、ISA75.11、ISA75.17
材料标准	ASTM、EN1503
泄漏等级标准	IEC 60534-4、ASME B16.104/FC1 70-2
强度计算	ASME B16.34、EN12516
连接法兰	ASME B16.5
结构长度	AP16D、ASME B16.10
仪表安全	IEC 61508、IEC61511
驱动装置连接	ISO5210

型　　号	PCV A800-W				
结构特点	采用窗口式调节套筒，具备高精度等百分比和线性的流量特性，以及满足大流通能力所需的流量特性				
阀体材质	ASTM A352 LCC/LCB				
等百分比流量特性窗口	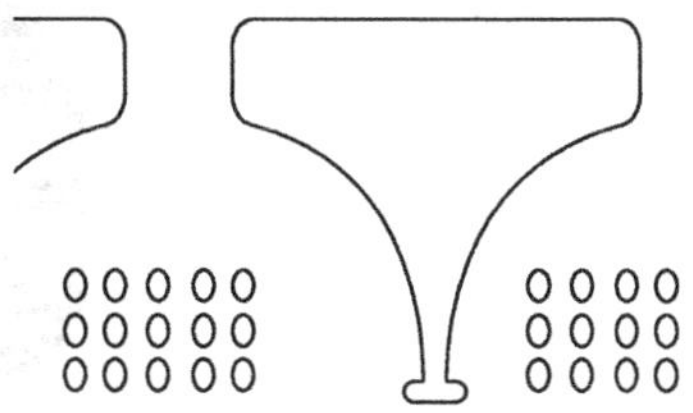				
线性流量特性窗口	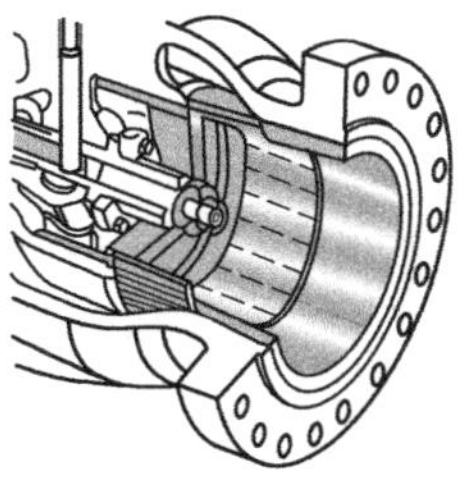				
公称尺寸	CL300	CL600	CL900	CL1500	CL2500
DN50	●	●	○	○	○
DN80	●	●	○	○	○
DN100	●	●	○	○	○
DN150	●	●	○	○	○
DN200	●	●	○	○	○
DN250	●	●	○	○	○
DN300	●	●	○	○	○
DN350	●	●	○	○	○
DN400	●	●	○	○	○
DN500	●	●	○	○	○
DN600	●	●	○	○	○

图 4-484　PCV A800-W 窗口式带钻孔套筒

型　　号	PCV A800-H1				
结构特点	采用小孔式调节套筒，具备高精度等百分比和线性的流量特性，除了对气体介质有一个较好控制外，还可以降低噪声级数				
阀体材质	ASTM A352 LCC/LCB				
等百分比流量特性分布的小孔调节套筒					
线性流量特性分布的小孔套筒	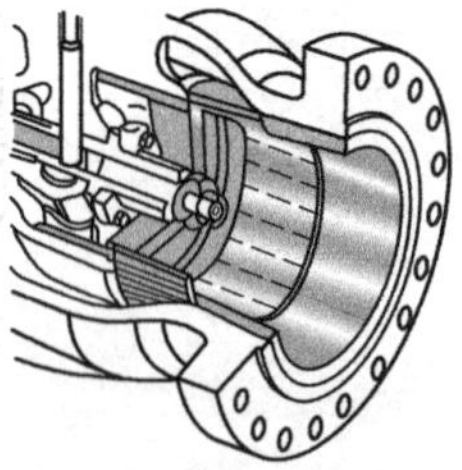				
公称尺寸	CL300	CL600	CL900	CL1500	CL2500
DN50	●	●	●	○	○
DN80	●	●	●	○	○
DN100	●	●	●	○	○
DN150	●	●	●	○	○
DN200	●	●	●	○	○
DN250	●	●	●	○	○
DN300	●	●	●	○	○
DN350	●	●	○	○	○
DN400	●	●	○	○	○
DN500	●	●	○	○	○
DN600	●	●	○	○	○

图 4-485　PCV A800-H1 单级钻孔套筒

型　号	A800-H2/H5				
结构特点	采用小孔式多级调节套筒，最高可达 5 级降压，将压力与噪声有效的分配到每一级的套筒上				
阀体材质	ASTM A352 LCC/LCB				
线性流量特性分布的小孔套筒					
等百分比流量特性分布的小孔调节套筒	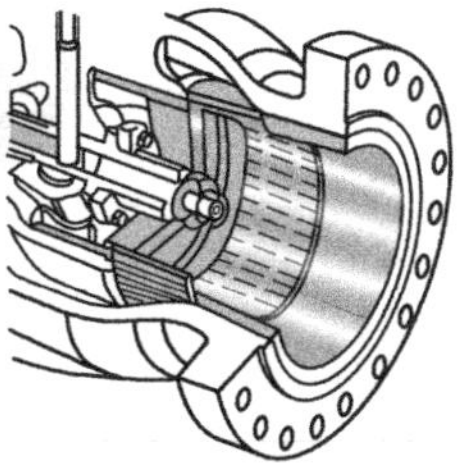				
公称尺寸	CL300	CL600	CL900	CL1500	CL2500
DN50	○	●	●	●	○
DN80	○	●	●	●	○
DN100	○	●	●	●	○
DN150	○	●	●	●	○
DN200	○	●	●	●	○
DN250	○	●	●	●	○
DN300	○	●	●	●	○
DN350	○	●	●	●	○
DN400	○	●	●	●	○
DN500	○	●	●	●	○
DN600	○	●	●	●	○

图 4-486　PCV A800-H2/H5 二级钻孔套筒至五级钻孔套筒

型　号	PCV A800-N2/N5
结构特点	采用串级阀芯，适用于 CL1500 以上，即便是高含沙天然气或原油都可以轻易通过
阀体材质	ASTM A352 LCC/LCB
等百分比流量特性的串级阀芯	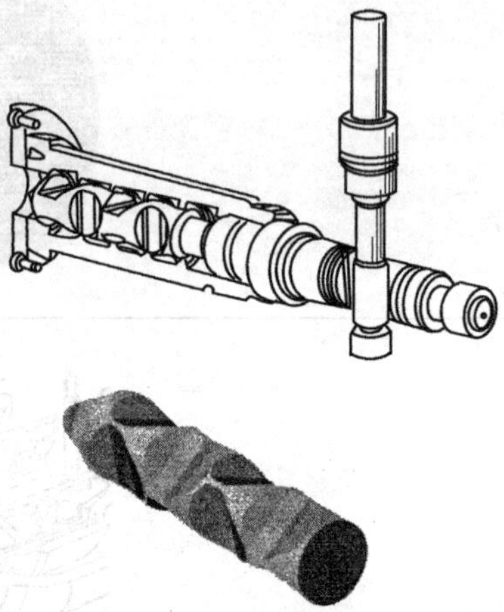

公称尺寸	CL300	CL600	CL900	CL1500	CL2500
DN50	●	●	●	●	●
DN80	●	●	●	●	●
DN100	●	●	●	●	●
DN150	●	●	●	●	●
DN200	●	●	●	●	●
DN250	○	○	○	○	○
DN300	○	○	○	○	○
DN350	○	○	○	○	○
DN400	○	○	○	○	○
DN500	○	○	○	○	○
DN600	○	○	○	○	○

注：其中●表示正在制造中的系列产品，○表示可以做特品处理的系列产品。

图 4-487　PCV A800 N2/N5 二级串行至五级串行阀芯

5. 基本技术性能指标

基本技术性能指标见表 4-530。

表 4-530　基本技术性能指标

项　　目	技术性能指标	项　　目	技术性能指标
基本误差	±1%	适用介质	天然气、液化气、石油及液化化工产品
回差	1%	适用温度	−46～150℃
死区	0.6%	可调比	100∶1
额定行程偏差	1%	允许压差	满足公称压力为全压差

6. 主要外形尺寸和连接尺寸

主要外形尺寸和连接尺寸如图 4-488 并见表 4-531。

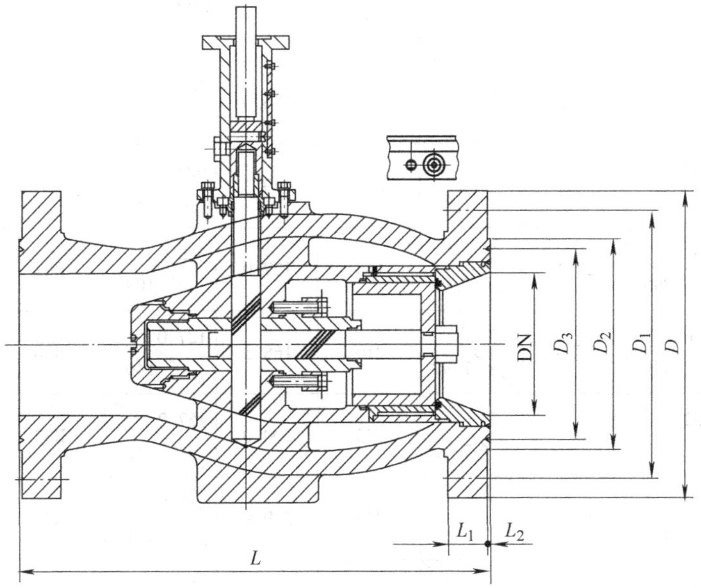

图 4-488　轴流式调节阀结构

表 4-531　轴流式调节阀主要外形尺寸和连接尺寸

公称压力 CL	公称尺寸 DN/NPS	主要尺寸/mm							连接螺栓	
		L(RF) / L(RJ)	L_1	L_2	D	D_1	D_2(RF) / R_2(RJ)	D_3 环号	规格	数量
150 (RF)	50/2	292	17.5	2	150	120.7	92.1 / —	—	5/8	4
	80/3	356	22.3	2	190	152.4	127.0 / —	—	5/8	4
	100/4	432	22.3	2	230	190.5	157.2 / —	—	5/8	8
	150/6	394	23.9	2	280	241.3	215.9 / —	—	3/4	8
	200/8	457	27.0	2	345	298.5	269.9 / —	—	3/4	8

(续)

公称压力 CL	公称尺寸 DN/NPS	主要尺寸/mm L(RF) / L(RJ)	L_1	L_2(RF) / L_2(RJ)	D	D_1	D_2(RF) / D_2(RJ)	D_3 环号	连接螺栓 规格	数量
150 (RF)	250/10	533	28.6	2 / —	405	362.0	323.8 / —	—	7/8	12
	300/12	610	30.2	2 / —	485	431.8	381.0 / —	—	7/8	12
	350/14	686	33.4	2 / —	535	476.3	412.8 / —	—	1	12
	400/16	762	35.0	2 / —	595	539.8	469.9 / —	—	1	16
	500/20	914	41.3	2 / —	700	635.0	584.2 / —	—	1⅛	20
	600/24	1067	46.1	2 / —	815	749.3	692.2 / —	—	1/4	20
300 (RF)	50/2	292 / 295	20.4	2 / 7.92	165	127.0	92.1 / 108	R23	5/8	8
	80/3	356 / 359	27.0	2 / 7.92	210	168.3	127.0 / 146	R30	3/4	8
	100/4	432 / 435	30.2	2 / 7.92	255	200.0	157.2 / 175	R37	3/4	8
	150/6	403 / 419	35.0	2 / 7.92	320	269.9	215.9 / 241	R45	3/4	12
	200/8	502 / 518	39.7	2 / 7.92	380	330.2	269.9 / 302	R49	7/8	12
	250/10	568 / 584	46.1	2 / 7.92	445	387.4	323.8 / 356	R53	1	16
	300/12	648 / 664	49.3	2 / 7.92	520	450.8	381.0 / 413	R57	1⅛	16
	350/14	762 / 778	52.4	2 / 7.92	585	514.4	412.8 / 457	R61	1⅛	20
	400/16	838 / 854	55.6	2 / 7.92	650	571.5	469.9 / 508	R65	1¼	20
	500/20	991 / 1010	62.0	2 / 9.53	775	685.8	584.2 / 635	R73	1/4	24
	600/24	1143 / 1165	68.3	2 / 11.13	915	812.8	692.2 / 749	R77	1½	24

（续）

公称压力 CL	公称尺寸 DN/NPS	主要尺寸/mm							连接螺栓	
		L(RF)/L(RJ)	L_1	L_2(RF)/L_2(RJ)	D	D_1	D_2(RF)/D_2(RJ)	D_3 环号	规格	数量
400（RF、RJ）	50/2	292/295	25.4	7/	165	127.0	92.1/108		5/8	8
	80/3	356/359	31.8	7/	210	168.3	127.0/146		3/4	8
	100/4	432/435	35.0	7/7.92	255	200.0	157.2/175	R37	7/8	8
	150/6	495/498	41.3	7/7.92	320	269.9	215.9/241	R45	7/8	12
	200/8	597/600	47.7	7/7.92	380	330.2	269.9/302	R49	1	12
	250/10	673/676	54.0	7/7.92	445	387.4	323.8/356	R53	1 1/8	16
	300/12	762/765	57.2	7/7.92	520	450.8	381.0/413	R57	1 1/4	16
	350/14	826/829	60.4	7/7.92	585	514.4	412.8/457	R61	1 1/4	20
	400/16	902/905	63.5	7/7.92	650	571.5	469.9/508	R65	1 3/8	20
	500/20	1054/1060	69.9	7/9.53	775	685.8	584.2/635	R73	1 1/2	24
	600/24	1232/1241	76.2	7/11.13	915	812.8	692.2/749	R77	1 3/4	24
600（RF、RJ）	50/2	292/295	25.4	7/7.92	165	127.0	92.1/108	R23	5/8	8
	80/3	356/359	31.8	7/7.92	210	168.3	127.0/146	R30	3/4	8
	100/4	432/435	38.1	7/7.92	275	215.9	157.2/175	R37	7/8	8
	150/6	559/562	47.7	7/7.92	355	292.1	215.9/241	R45	1	12
	200/8	660/664	55.6	7/7.92	420	349.2	269.9/302	R49	1 1/8	12
	250/10	787/791	63.5	7/7.92	510	431.8	323.8/356	R53	1 1/4	16
	300/12	838/841	66.7	7/7.92	560	489.0	381.0/413	R57	1 1/4	20
	350/14	889/892	69.9	7/7.92	605	527.0	412.8/457	R61	1 3/8	20
	400/16	991/994	76.2	7/7.92	685	603.2	469.9/508	R65	1 1/2	20
	500/20	1194/1200	88.9	7/9.53	815	723.9	584.2/635	R73	1 5/8	24
	600/24	1397/1407	101.6	7/11.13	940	838.2	692.2/749	R77	1 7/8	24

（续）

公称压力 CL	公称尺寸 DN/NPS	主要尺寸/mm							连接螺栓	
		L(RF) / L(RJ)	L_1	L_2(RF) / L_2(RJ)	D	D_1	D_2(RF) / D_2(RJ)	D_3 环号	规格	数量
900 (RF、RJ)	50/2	368 / 371	38.1	7 / 7.92	215	165.1	92.1 / 124	R24	⅞	8
	80/3	381 / 384	38.1	7 / 7.92	240	190.5	127.0 / 156	R35	⅞	8
	100/4	457 / 460	44.5	7 / 7.92	290	235.0	157.2 / 181	R39	1⅛	8
	150/6	610 / 613	55.6	7 / 7.92	380	317.5	215.9 / 241	R46	1⅛	12
	200/8	737 / 740	63.5	7 / 7.92	470	393.7	269.9 / 308	R49	1⅜	12
	250/10	838 / 841	69.9	7 / 7.92	545	469.9	323.8 / 362	R53	1⅜	16
	300/12	965 / 968	79.4	7 / 7.92	610	533.4	381.0 / 419	R57	1⅜	20
	350/14	1029 / 1038	85.8	7 / 11.13	640	558.8	412.8 / 467	R62	1½	20
	400/16	1130 / 1140	88.9	7 / 11.13	705	616.0	469.9 / 524	R66	1⅝	20
	500/20	1321 / 1334	108.0	7 / 12.70	855	749.3	584.2 / 648	R74	2	20
	600/24	1549 / 1568	139.7	7 / 15.88	1040	901.7	692.2 / 772	R78	2½	20
1500 (RF、RJ)	50/2	368 / 371	38.1	7 / 7.92	215	165.1	92.1 / 124	R24	⅞	8
	80/3	470 / 473	47.7	7 / 9.53	265	203.2	127.0 / 168	R35	1⅛	8

公称压力 CL	公称尺寸 DN/NPS	主要尺寸/mm							连接螺栓	
		L	L_1	L_2	D	D_1	D_2	D_3 环号	规格	数量
1500 (RF、RJ)	100/4	549	54.0	7.92	310	241.3	194	R39	1¼	8
	150/6	711	82.6	9.53	395	317.5	248	R46	1⅜	12
	200/8	841	92.1	11.13	485	393.7	318	R50	1⅝	12
	250/10	1000	108.0	11.13	585	482.6	371	R54	1⅞	12
	300/12	1146	123.9	14.27	675	571.5	438	R58	2	16
	350/14	1276	133.4	15.88	750	635.0	489	R63	2¼	16
	400/16	1407	146.1	17.48	825	704.8	546	R67	2½	16
	500/20	1686	177.8	17.48	985	831.8	673	R75	3	16
	600/24	1972	203.2	20.62	1170	990.6	794	R79	3½	16

（续）

公称压力 CL	公称尺寸 DN/NPS	主要尺寸/mm							连接螺栓	
		L	L_1	L_2	D	D_1	D_2	D_3 环号	规格	数量
2500（RJ）	50/2	454	50.9	7.92	235	171.4	133	R26	1	8
	80/3	584	66.7	9.53	305	228.6	168	R32	1¼	8
	100/4	683	76.2	11.13	355	273.0	203	R38	1½	8
	150/6	927	108.0	12.70	485	368.3	279	R47	2	8
	200/8	1038	127.0	14.27	550	438.2	340	R51	2	8
	250/10	1292	165.1	17.48	675	539.8	425	R55	2½	12
	300/12	1445	184.2	17.48	760	619.1	495	R60	2¾	12

7. 主传动件及核心零件的工艺处理

为了提高齿条、阀芯、套筒等零件的抗磨损和抗冲蚀的性能，这些零件全部经过超强镀膜处理，表面硬度可以达到 HV 1100，可以在荷刻工况下保持其稳定性和使用寿命。

8. 产品应用范围

轴流式调节阀（工作调压阀）广泛的应用于世界各地的油气生产过程：生产、处理、运输、储存和分配。流体介质从原油到炼厂产品，从高油气比的多相流体到含砂的天然气，以及从饮水到腐蚀性极强、杂质含量高的生产污水。

可随撬装装置配套，也可独立订货。

天然气调压系统（撬）如图 4-489 和图 4-490 所示。

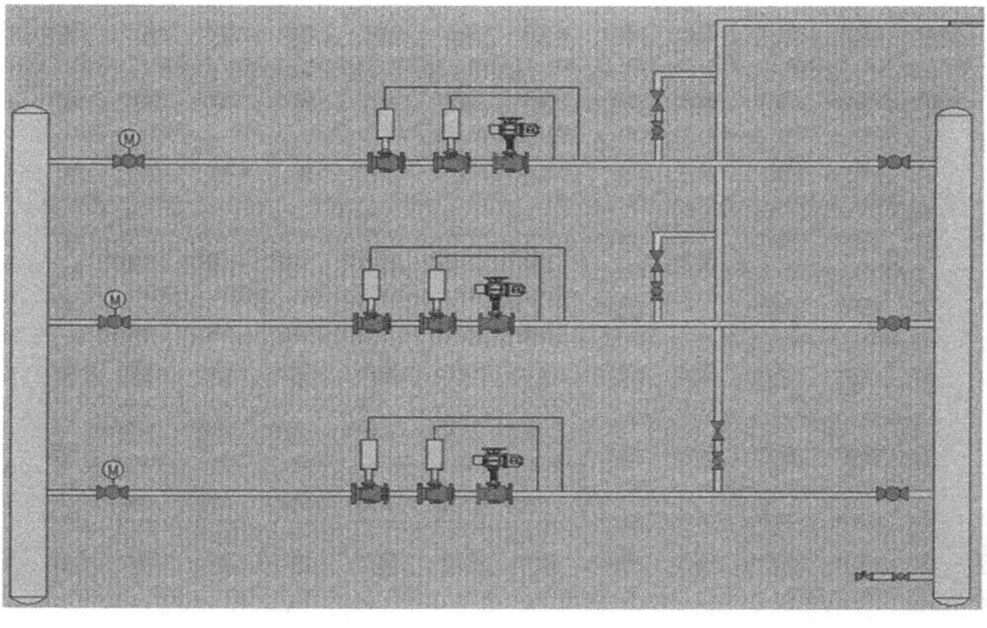

SSV + SSV + PV

图 4-489　天然气调压系统（撬）

SSV + PCV + PV

图 4-490　天然气调压系统（撬）外观图

9. 主要生产厂家

天津贝特尔流体控制阀门有限公司。

第5章　相关技术资料

5.1　我国现行的阀门标准（表5-1～表5-6）

表5-1　基础标准

序号	标准代号	标准名称
1	GB/T 1047—2005	管道元件DN（公称尺寸）的定义和选用
2	GB/T 1048—2005	管道元件PN（公称压力）的定义和选用
3	GB/T 9124—2010	钢制管法兰　技术条件
4	GB/T 11698—2008	船用法兰连接金属阀门的结构长度
5	GB 12220—1989①	通用阀门　标志
6	GB/T 12221—2005	金属阀门　结构长度
7	GB/T 12222—2005	多回转阀门驱动装置的连接
8	GB/T 12223—2005	部分回转阀门驱动装置的连接
9	GB/T 12224—2005	钢制阀门　一般要求
10	GB/T 12250—2005	蒸汽疏水阀　术语、标志、结构长度
11	GB/T 17186—1997②	钢制管法兰连接强度计算方法
12	GB/T 17241. 7—1998	铸铁管法兰　技术条件
13	GB/T 21465—2008	阀门　术语
14	JB/T 106—2004	阀门的标志和涂漆
15	JB/T 308—2004	阀门　型号编制方法
16	JB/T 450—2008	锻造角式高压阀门　技术条件
17	JB/T 2203—1999	弹簧直接载荷式安全阀　结构长度
18	JB/T 2205—2013	减压阀　结构长度
19	JB/T 2231. 5—2013	往复活塞压缩机零部件　第5部分：气阀安装尺寸
20	JB/T 2765—1981	阀门　名词术语
21	JB/T 2768—2010	阀门零部件　高压管子、管件和阀门端部尺寸
22	JB/T 7298—2006	出油阀偶件　主要尺寸和安装尺寸
23	JB/T 7928—1999	工业阀门　供货要求
24	JB/T 8530—2014	阀门电动装置型号编制方法
25	JB/T 10507—2005	阀门用金属波纹管
26	NB/T 47037—2013	电站阀门型号编制方法
27	NB/T 47044—2014	电站阀门
28	DL/T 641—2015	电站阀门电动执行机构

① 新版GB/T 12220—2015《工业阀门　标志》，2016年2月1日实施。

② 新版GB/T 17186. 1—2015《管法兰连接计算方法　第1部分，基于强度和刚度的计算方法》，2016年7月1日实施。

表5-2　材料标准

序号	标准代号	标准名称
1	GB/T 10044—2006	铸铁焊条及焊丝
2	GB/T 12225—2005	通用阀门　铜合金铸件技术条件
3	GB/T 12226—2005	通用阀门灰铸铁件技术条件
4	GB/T 12227—2005	通用阀门球墨铸铁件技术条件
5	GB/T 12228—2006	通用阀门碳素钢锻件技术条件
6	GB/T 12229—2005	通用阀门碳素钢铸件技术条件
7	GB/T 12230—2005	通用阀门不锈钢铸件技术条件
8	GB/T 20078—2006	铜和铜合金—锻件
9	JB/T 5263—2005	电站阀门铸钢件技术条件

（续）

序号	标准代号	标准名称
10	JB/T 5300—2008	工业用阀门材料　选用导则
11	JB/T 6438—2011	阀门密封面等离子弧堆焊技术要求
12	JB/T 7248—2008	阀门用低温钢铸件技术条件
13	JB/T 7744—2011	阀门密封面等离子弧堆焊用合金粉末
14	CB 1207—1992	925 高强度钢锻件技术条件
15	CB 1249—1994	鱼雷用 ZAlSi7Mg 高强度铸造铝合金

表 5-3　产品标准

序号	标准代号	标准名称
1	GB/T 584—2008	船用法兰铸钢截止阀
2	GB/T 585—2008	船用法兰铸钢截止止回阀
3	GB/T 586—2015	船用法兰铸钢止回阀
4	GB/T 587—2008	船用法兰青铜截止阀
5	GB/T 588—2009	船用法兰青铜截止止回阀
6	GB/T 589—2015	船用法兰青铜止回阀
7	GB/T 590—2008	船用法兰铸铁截止阀
8	GB/T 591—2008	船用法兰铸铁截止止回阀
9	GB/T 592—2015	船用法兰铸铁止回阀
10	GB/T 593—1993	船用法兰青铜、铸铁填料旋塞
11	GB/T 594—2008	船用外螺纹锻钢截止阀
12	GB/T 595—2008	船用外螺纹青铜截止阀
13	GB/T 596—2008	船用外螺纹青铜截止止回阀
14	GB 597—1983	船用外螺纹青铜止回阀
15	GB/T 598—1980	船用外螺纹青铜填料旋塞
16	GB/T 599—1996	船用外螺纹青铜泄放旋塞
17	GB/T 1241—2008	船用外螺纹锻钢截止止回阀
18	GB/T 1850—2008	船用外螺纹重块式快关阀
19	GB/T 1852—2015	船用法兰铸钢蒸汽减压阀
20	GB/T 1853—2008	船用法兰铸钢舷侧截止止回阀
21	GB/T 1951—2008	船用低压外螺纹青铜截止阀
22	GB/T 1952—1980	船用低压外螺纹青铜止回阀
23	GB/T 1953—2008	船用低压外螺纹青铜截止止回阀
24	GB/T 3036—1994	船用中心型蝶阀
25	GB/T 3037—1994	船用双偏心型蝶阀
26	GB/T 4213—2008	气动调节阀
27	GB/T 5744—2008	船用快关阀
28	GB/T 8464—2008	铁制和铜制螺纹连接阀门
29	GB/T 12232—2005	通用阀门法兰连接铁制闸阀
30	GB/T 12233—2006	通用阀门　铁制截止阀与升降式止回阀
31	GB/T 12234—2007①	石油、天然气工业用螺柱连接阀盖的钢制闸阀
32	GB/T 12235—2007②	石油、石化及相关工业用钢制截止阀和升降式止回阀
33	GB/T 12236—2008	石油、化工及相关工业用的钢制旋启式止回阀
34	GB/T 12237—2007	石油、石化及相关工业用的钢制球阀
35	GB/T 12238—2008	法兰和对夹连接弹性密封蝶阀
36	GB/T 12239—2008	工业阀门　金属隔膜阀
37	GB/T 12240—2008	铁制旋塞阀
38	GB/T 12241—2005	安全阀　一般要求
39	GB/T 12243—2005	弹簧直接载荷式安全阀
40	GB/T 12244—2006	减压阀　一般要求
41	GB/T 12246—2006	先导式减压阀

（续）

序号	标准代号	标准名称
42	GB/T 13852—2009	船用液压控制阀技术条件
43	GB/T 13932—1992	通用阀门　铁制旋启式止回阀
44	GB/T 14087—2010	船用空气瓶安全阀
45	GB/T 19672—2005	管线阀门　技术条件
46	GB/T 20173—2013	石油天然工业　管道输系统　管道阀门
47	GB/T 20910—2007	热水系统用温度压力安全阀
48	GB/T 21384—2008	电热水器用安全阀
49	GB/T 21385—2008	金属密封球阀
50	GB/T 21386—2008	比例式减压阀
51	GB/T 21387—2008	轴流式止回阀
52	GB/T 21412.4—2013	石油天然气工业　水下生产系统的设计与操作　第 4 部分：水下进口装置和采油树设备
53	GB/T 22130—2008	钢制旋塞阀
54	GB/T 22653—2008	液化气体设备用紧急切断阀
55	GB/T 22654—2008	蒸汽疏水阀　技术条件
56	GB/T 23300—2009	平板闸阀
57	GB/T 24917—2010	眼镜阀
58	GB/T 24918—2010	低温介质用紧急切断阀
59	GB/T 24920—2010	石化工业用钢制压力释放阀
60	GB/T 24922—2010	隔爆型阀门电动装置技术条件
61	GB/T 24923—2010	普通型阀门电动装置技术条件
62	GB/T 24924—2010	供水系统用弹性密封闸阀
63	GB/T 24925—2010	低温阀门　技术条件
64	GB/T 26478—2011	氨用截止阀和升降式止回阀
65	GB/T 27734—2011	压力管道用聚丙烯（PP）阀门　基本尺寸　公制系列
66	GB/T 28270—2012	智能型阀门电动装置
67	GB/T 28494—2012	热塑性塑料截止阀
68	GB/T 28636—2012	采暖与空调系统水力平衡阀
69	GB/T 28776—2012	石油和天然气工业用钢制闸阀、截止阀和止回阀（≤DN100）
70	GB/T 28778—2012	先导式安全阀
71	GB/T 29462—2012	电站堵阀
72	GB/T 30210—2013	飞机　高空空气充气阀
73	JB/T 5298—1991	管线用钢制平板闸阀
74	JB/T 5299—2013	液控止回蝶阀
75	JB/T 5345—2005	变压器用蝶阀
76	JB/T 5916—2013	袋式除尘器用电磁脉冲阀
77	JB/T 6441—2008	压缩机用安全阀
78	JB/T 6446—2004	真空阀门
79	JB/T 6900—1993	排污阀
80	JB/T 7065—2004③	变压器用压力释放阀
81	JB/T 7223—2011	小型制冷系统用两位三通电磁阀
82	JB/T 7230—2013	热泵用四通电磁换向阀
83	JB/T 7245—1994	制冷装置用截止阀
84	JB/T 7252—1994	阀式孔板节流装置
85	JB/T 7310—2014	装载机用减压阀式先导阀
86	JB/T 7352—2010	工业过程控制系统用电磁阀

（续）

序号	标准代号	标准名称
87	JB/T 7387—2014	工业过程控制系统用电动控制阀
88	JB/T 7550—2007	空气分离设备用切换蝶阀
89	JB/T 7746—2006	紧凑型钢制阀门
90	JB/T 7747—2010	针形截止阀
91	JB/T 8053—2011	小型制冷系统用双稳态电磁阀
92	JB/T 8473—2014	仪表阀组
93	JB/T 8527—1997[④]	金属密封蝶阀
94	JB/T 8592—2013	家用和类似用途电自动控制器　电磁四通换向阀
95	JB/T 8691—2013	无阀盖刀形闸阀
96	JB/T 8692—2013	烟道蝶阀
97	JB/T 8937—2010	对夹式止回阀
98	JB/T 9081—1999	空气分离设备用低温截止阀和节流阀　技术条件
99	JB/T 9576—2000	大中型水轮机进水阀门系列
100	JB/T 9624—1999	电站安全阀　技术条件
101	JB/T 10529—2005	陶瓷密封阀门　技术条件
102	JB/T 10530—2006	氧气用截止阀
103	JB/T 10648—2006	空调与冷冻设备用制冷剂截止阀
104	JB/T 10673—2006	撑开式金属密封阀门
105	JB/T 10674—2006	水力控制阀
106	JB/T 10675—2006	水用套筒阀
107	JB/T 10768—2007	空调水系统用电动阀门
108	JB/T 10830—2008	液压电磁换向阀
109	JB/T 11048—2010	自力式温度调节阀
110	JB/T 11049—2010	自力式压力调节阀
111	JB/T 11057—2010	旋转阀　技术条件
112	JB/T 11150—2011	波纹管密封钢制截止阀
113	JB/T 11152—2011	金属密封提升式旋塞阀
114	JB/T 11175—2011	石油、天然气工业用清管阀
115	JB/T 11340. 1—2012	阀控式铅酸蓄电池安全阀　第1部分：安全阀
116	JB/T 11483—2013	高温掺合阀
117	JB/T 11484—2013	高压加氢装置用阀门　技术规范
118	JB/T 11485—2013	小口径铜制电动阀
119	JB/T 11486—2013	冶金除鳞系统用最小流量阀
120	JB/T 11487—2013	波纹管密封钢制闸阀
121	JB/T 11488—2013	钢制衬氟塑料闸阀
122	JB/T 11489—2013	放料用截止阀
123	JB/T 11490—2013	汽轮机用快速关闭蝶阀
124	JB/T 11491—2013	撬装式燃气减压装置
125	JB/T 11492—2013	燃气管道用铜制球阀和截止阀
126	JB/T 11493—2013	变压器用闸阀
127	JB/T 11494—2013	氧化铝疏水专用阀
128	JB/T 11495—2013	水封逆止阀
129	JB/T 11496—2013	冶金除鳞系统用喷射阀
130	JB/T 11522—2013	空调与冷冻设备用球阀
131	JB/T 11596—2013	冶金用尘气切断阀
132	JB/T 11597—2013	冶金用煤气总管切断阀
133	GJB 2136—1994	军用小氧气瓶阀通用规范

（续）

序号	标准代号	标准名称
134	GJB 3305—1998	潜艇核动力装置安全阀通用规范
135	GJB 3370—1998	飞机电液流量伺服阀通用规范
136	GJB 4039—2000	低温球阀通用规范
137	GJB 4194—2001	飞机液压系统油液采样阀通用规范
138	GJB 4251—2001	军用轻便球阀通用规范
139	GJB 5167—2003	潜艇核动力装置安全1、2、3级不锈钢阀门规范
140	GJB 5294—2004	核动力装置用双功能引导式安全阀规范
141	GJB 5354—2005	潜艇核动力装置主闸阀规范
142	GJB 5874—2006	数字式电磁阀通用规范
143	CB 304—1992	法兰铸铁直角安全阀
144	CB/T 314—1994	法兰青铜节流阀
145	CB/T 465—1995	法兰铸铁闸阀
146	CB/T 466—1995	法兰铸钢闸阀
147	CB/T 467—1995	法兰青铜闸阀
148	CB/T 601—1992	自闭式放泄阀
149	CB/T 624—1995	水减压阀
150	CB/T 3191—2013	船用高压手动球阀
151	CB/T 3196—1995	法兰铸钢海水截止阀
152	CB/T 3197—1995	法兰铸钢海水截止止回阀
153	CB/T 3265—1994	液位计自闭阀
154	CB/T 3475—2013	防浪阀
155	CB/T 3557—1995	船用防火风阀
156	CB/T 4329—2013	撞击式法兰铸钢截止止回阀
157	QB/T 1199—2014	浮球阀
158	HG 3157—2005	液化气体罐车用弹簧安全阀
159	HG 3158—2005	液化气体罐车用紧急切断阀
160	HG/T 21551—1995	柱塞式放料阀
161	DL/T 530—1994（2005）	水力除灰排渣阀技术条件
162	DL/T 531—1994（2005）	电站高温高压截止阀、闸阀技术条件
163	DL/T 906—2004	仓泵进、出料阀
164	DL/T 923—2005	火力发电用止回阀技术条件
165	SY/T 0511. 1—2010	石油储罐呼吸阀
166	SY/T 0511. 2—2010	石油储罐液压安全阀
167	SY/T 5835—2011	压裂用井口球阀
168	YB/T 4072—2007	高炉热风阀
169	YB/T 4156—2007	干熄焦旋转排出阀
170	YB/T 4157—2007	高温连杆式切断蝶阀
171	CJ/T 25—1999	供热用手动流量调节阀
172	CJ/T 153—2001	自含式温度控制阀
173	CJ/T 154—2001	给排水用缓闭止回阀通用技术要求
174	CJ/T 167—2002	多功能水泵控制阀
175	CJ/T 179—2003	自力式流量控制阀
176	CJ/T 196—2004	膜片式快开排泥阀
177	CJ/T 216—2013	给排水用软密封闸阀
178	CJ/T 217—2013	给水管道复合式高速进排气阀
179	CJ/T 219—2005	水力控制阀
180	CJ/T 282—2008	蝶形缓闭止回阀
181	CJ/T 283—2008	偏心半球阀
182	JC/T 1001—2006	水泥工业用热风阀

① 同时现行的还有 GB/T 12234—2007/XG1—2011，《石油、天然气工业用螺栓连接阀盖的钢制闸阀》第1号修改单。

② 同时现行的还有 GB/T 12235—2007/XG1—2011，《石油、天然气工业用钢制截止阀的升降式止回阀》第1号修改单。

③ 新版 JB/T 7065—2015《变压器用压力释放阀》，2016年3月1日实施。

④ 新版 JB/T 8527—2015《金属密封蝶阀》，2016年3月1日实施。

表 5-4 阀门零部件标准

序号	标准代号	标 准 名 称
1	JB/T 93—2008	阀门零部件扳手、手柄和手轮
2	JB/T 1308.3—2011	PN2500 超高压阀门和管件 第 3 部分：管子端部
3	JB/T 1308.4—2011	PN2500 超高压阀门和管件 第 4 部分：带颈接头
4	JB/T 1308.5—2011	PN2500 超高压阀门和管件 第 5 部分：凹穴接头
5	JB/T 1308.6—2011	PN2500 超高压阀门和管件 第 6 部分：锥面垫、锥面盲垫
6	JB/T 1308.7—2011	PN2500 超高压阀门和管件 第 7 部分：螺套
7	JB/T 1308.8—2011	PN2500 超高压阀门和管件 第 8 部分：内外螺母
8	JB/T 1308.9—2011	PN2500 超高压阀门和管件 第 9 部分：接头螺母
9	JB/T 1308.10—2011	PN2500 超高压阀门和管件 第 10 部分：外螺母
10	JB/T 1308.11—2011	PN2500 超高压阀门和管件 第 11 部分：内外螺套
11	JB/T 1308.12—2011	PN2500 超高压阀门和管件 第 12 部分：定位环
12	JB/T 1308.13—2011	PN2500 超高压阀门和管件 第 13 部分：法兰
13	JB/T 1308.14—2011	PN2500 超高压阀门和管件 第 14 部分：双头螺柱
14	JB/T 1308.15—2011	PN2500 超高压阀门和管件 第 15 部分：阶端双头螺柱
15	JB/T 1308.16—2011	PN2500 超高压阀门和管件 第 16 部分：螺母
16	JB/T 1308.17—2011	PN2500 超高压阀门和管件 第 17 部分：异径管
17	JB/T 1308.18—2011	PN2500 超高压阀门和管件 第 18 部分：异径接头
18	JB/T 1308.19—2011	PN2500 超高压阀门和管件 第 19 部分：等径三通、等径四通
19	JB/T 1308.20—2011	PN2500 超高压阀门和管件 第 20 部分：异径三通、异径四通
20	JB/T 1308.21—2011	PN2500 超高压阀门和管件 第 21 部分：弯管
21	JB/T 1700—2008	阀门零部件 螺母、螺栓和螺塞
22	JB/T 1701—2010	阀门零部件 阀杆螺母
23	JB/T 1702—2008	阀门零部件 轴承压盖
24	JB/T 1703—2008	阀门零部件 衬套
25	JB/T 1708—2010	阀门零部件 填料压盖、填料压套和填料压板
26	JB/T 1712—2008	阀门零部件 填料和填料垫
27	JB/T 1718—2008	阀门零部件 垫片和止动垫圈
28	JB/T 1726—2008	阀门零部件 阀瓣盖和对开圆环
29	JB/T 1741—2008	阀门零部件 顶心
30	JB/T 1749—2008	阀门零部件 氨阀阀瓣
31	JB/T 1754—2008	阀门零部件 接头组件
32	JB/T 1757—2008	阀门零部件 卡套、卡套螺母
33	JB/T 1759—2010	阀门零部件 轴套
34	JB/T 2769—2008	阀门零部件 高压螺纹法兰
35	JB/T 2772—2008	阀门零部件 高压盲板
36	JB/T 2776—2010	阀门零部件 高压透镜垫
37	JB/T 5208—2008	阀门零部件 隔环
38	JB/T 5210—2010	阀门零部件 上密封座
39	JB/T 5211—2008	阀门零部件 闸阀阀座

（续）

序号	标准代号	标准名称
40	JB/T 6617—1993	阀门用柔性石墨填料环　技术条件
41	JB/T 6686—1993	12 角头法兰面螺栓
42	JB/T 6687—1993	12 角法兰面螺母

表 5-5　阀门检验与验收标准

序号	标准代号	标准名称
1	GB/T 12242—2005	压力释放装置　性能试验规范
2	GB/T 12245—2006	减压阀　性能试验方法
3	GB/T 12251—2005	蒸汽疏水阀　试验方法
4	GB/T 13927—2008	工业阀门　压力试验
5	GB/T 17213. 4—2005	工业过程控制阀　第 4 部分：检验和例行试验
6	GB/T 20967—2007	无损检测　目视检测　总则
7	GB/T 22652—2008	阀门密封面堆焊工艺评定
8	GB/T 26479—2011	弹性密封部分回转阀门　耐火试验
9	GB/T 26480—2011	阀门的试验和检验
10	GB/T 26481—2011	阀门的逸散性试验
11	GB/T 26482—2011	止回阀　耐火试验
12	GB 26640—2011	阀门壳体最小壁厚尺寸要求规范
13	GB/T 28777—2012	石化工业用阀门的评定
14	JB/T 5296—1991	通用阀门　流量系数和流阻系数的试验方法
15	JB/T 6439—2008	阀门受元件磁粉探伤检验
16	JB/T 6440—2008	阀门受压铸钢件射线照相检测
17	JB/T 6899—1993	阀门的耐火试验
18	JB/T 6902—2008	阀门液体渗透检查方法
19	JB/T 6903—2008	阀门锻钢件超声波检查方法
20	JB/T 7069—2004	变压器用压力释放阀　试验导则
21	JB/T 7174. 2—2004	柴油机喷油泵出油阀偶件　性能试验方法
22	JB/T 7760—2008	阀门填料密封　试验规范
23	JB/T 7927—2014	阀门铸钢件外观质量要求
24	JB/T 8729—2013	液压多路换向阀
25	JB/T 9092—1999	阀门的检验与试验
26	JB/T 9730—2011	柴油机喷油嘴偶件、柱塞偶件、出油阀偶件　金相检验
27	JB/T 9736—2013	喷油嘴偶件、柱塞偶件、出油阀偶件　磁粉探伤方法
28	JB/T 51181—2000	喷油泵出油阀偶件可靠性考核　评定方法、台架试验方法及失效判定
29	JB/T 57208—1994	阀门定位器　可靠性要求考核方法
30	JB/T 57209—1994	电磁阀　可靠性要求与考核方法
31	JB/T 57218—1994	气动调节阀　可靠性要求与考核方法
32	JB/T 58351—1999	气动换向阀可靠性考核规范
33	CB/T 3600—2005	船用平衡阀
34	SY/T 4102—2013	阀门检查与安装规范
35	SY/T 5027—2007	石油钻采设备用气动元件
36	SY/T 5095—1993	石油钻采设备用气动元件　换向阀试验方法
37	SY/T 5096—1993	石油钻采设备用气动元件　调压阀试验方法
38	SY/T 6400—1999	气举阀性能试验方法
39	SH/T 3064—2003	石油化工钢制通用阀门选用、检验及验收
40	MT/T 572—1996	矿用液压多路换向阀试验方法

表 5-6　阀门静压寿命试验规程

序号	标准代号	标准名称
1	JB/T 8858—2004	闸阀　静压寿命试验规程
2	JB/T 8859—2004	截止阀　静压寿命试验规程
3	JB/T 8860—2004	旋塞阀　静压寿命试验规程
4	JB/T 8861—2004	球阀　静压寿命试验规程
5	JB/T 8862—2014	阀门电动装置寿命试验规程
6	JB/T 8863—2004	蝶阀　静压寿命试验规程

5.2　我国阀门行业目前常用的国际标准和国外先进标准(表 5-7～表 5-17)

表 5-7　国际标准

序号	标准代号	标准名称
1	ISO 7-1: 1994/COR. 1: 2007 (勘误)	密封连接螺纹的管螺纹　第 1 部分：尺寸、公差与标记
2	ISO 7-2: 2000	密封连接螺纹的管螺纹　第 2 部分：极限量规检验
3	ISO 68-1: 1998	一般用途螺纹　基本牙型　第 1 部分：米制螺纹
4	ISO 68-2: 1998	一般用途螺纹　基本牙型　第 2 部分：英制螺纹
5	ISO 228-1: 2000	非螺纹密封连接的管螺纹　第 1 部分：标记、尺寸和公差
6	ISO 228-2: 1987	非螺纹密封连接的管螺纹　第 2 部分：极限量规检验
7	ISO 261: 1998	一般用途的米制螺纹　直径与螺距系列
8	ISO 262: 1998	一般用途的米制螺纹　螺钉、螺栓和螺母的尺寸系列选择
9	ISO 263: 1973	吋制螺纹直径与螺距系列及螺钉、螺栓和螺母的选用系列、直径范围 0.06～6in
10	ISO 724: 1993	一般用途米制螺纹基本尺寸
11	ISO 965-1: 1998	一般用途米制螺纹公差　第 1 部分：原理和基础数据
12	ISO 965-2: 1998	一般用途米制螺纹、公差　第 2 部分：一般用途内螺纹和外螺纹极限尺寸中等质量
13	ISO 965. 3: 1998	一般用途米制螺纹公差　第 3 部分：螺纹装配的偏差
14	ISO 965. 4: 1998	一般用途米制螺纹公差　第 4 部分：热浸镀锌外螺纹的极限尺寸、与其相配的内螺纹镀锌后攻丝、内螺纹的公差带位置为 H 或 G
15	ISO 965. 5: 1998	一般用途米制螺纹公差　第 5 部分：与镀锌前公差带位置为 h 最大尺寸的热沉镀锌外螺纹相配的内螺纹的极限尺寸
16	ISO 1502: 1996	一般用途米制螺纹量规和量规检验
17	ISO 2016: 1981	铜管用毛细管焊接接头　组装尺寸和试验
18	ISO 2901: 1993	米制梯形螺纹　基本牙型和最大实体牙型
19	ISO 2902: 1977	米制梯形螺纹　通用方案
20	ISO 2903: 1993	米制梯形螺纹　公差
21	ISO 2904: 1977	米制梯形螺纹　基本尺寸
22	ISO 4126-1: 2013	过压保护安全装置　第 1 部分：安全阀
23	ISO 4126-2: 2003	过压保护安全装置　第 2 部分：爆破片安全装置
24	ISO 4126-3: 2006	过压保护安全装置　第 3 部分：安全阀与爆破片安全装置的组合
25	ISO 4126-4: 2013	过压保护安全装置　第 4 部分：先导式安全阀
26	ISO 4126-5: 2013	过压保护安全装置　第 5 部分：可按安全压力释放系统（CSPRS）
27	ISO 4126-6: 2004	过压保护安全装置　第 6 部分：爆破片安全装置的应用、选择和安装
28	ISO 4126-7: 2013	过压保护安全装置　第 7 部分：通用数据
29	ISO 5208: 2008	工业阀门——阀门的压力试验
30	ISO 5210: 1991	工业阀门——多回转阀门驱动装置连接
31	ISO 5211: 2001	工业阀门——部分回转阀门驱动装置的连接
32	ISO 5752: 1982	法兰连接管道系统用金属阀门——结构长度
33	ISO 5996: 1984	铸铁闸阀
34	ISO 6002: 1992	螺柱连接钢制闸阀

（续）

序号	标准代号	标准名称
35	ISO 6552:1980（2009）	自动蒸汽疏水阀　术语定义
36	ISO 6553:1980	自动蒸汽疏水阀　标志
37	ISO 6554:1980	自动蒸汽疏水阀　结构长度
38	ISO 6704:1982（1983）	自动蒸汽疏水阀　分类
39	ISO 6708:1995	管道元件　公称尺寸 DN 的定义和选用
40	ISO 6948:1981	自动蒸汽疏水阀产品性能试验
41	ISO 7005-1:2011	金属法兰　第 1 部分：钢法兰
42	ISO 7005-2:1988	金属法兰　第 2 部分：铸铁法兰
43	ISO 7005-3:1988	金属法兰　第 3 部分：铜合金及合成材料法兰
44	ISO 7121:2006	工业用钢制球阀
45	ISO 7259:1988	埋地用按钮操纵的铸铁闸阀
46	ISO 7268:1983（1984）	管道元件　公称压力的定义
47	ISO 7483:1991（1995）	符合 ISO 7005 法兰用垫片尺寸
48	ISO 7841:1988	自动蒸汽疏水阀——蒸汽泄漏量的测试方法
49	ISO 7842:1988	自动蒸汽疏水阀——排水量的测试方法
50	ISO 8233:1988	热塑性塑料阀门——力矩测试方法
51	ISO 8242:1989	受压管道用聚丙烯（PP）阀门　基本尺寸　米制系列
52	ISO 8659:1989	热塑性塑料阀门，疲劳强度试验方法
53	ISO 9393-1:2004	工业用热塑性塑料阀门　压力试验方法和要求　第 1 部分总则
54	ISO 9393-2:2005	工业用热塑性塑料阀门　压力试验方法和要求　第 2 部分：试验条件和基本要求
55	ISO 9635-1:2006	农业灌溉设备，灌溉阀　第 1 部分，一般要求
56	ISO 9635-2:2006	农业灌溉设备，灌溉阀　第 2 部分，隔离阀
57	ISO 9635-3:2006	农业灌溉设备，灌溉阀　第 3 部分，止回阀
58	ISO 9635-4:2006	农业灌溉设备，灌溉阀　第 4 部分，空气阀
59	ISO 9635-5:2006	农业灌溉设备，灌溉阀　第 5 部分，调节阀
60	ISO 9644:2008	农业灌溉设备，灌溉阀的压力泄漏试验方法
61	ISO 10417:2004	石油天然气工业井下安全阀系统设计、安装、操作和修整
62	ISO 10423:2003	石油天然气工业——钻探和生产设备—井口装置和采油树设备
63	ISO 10432:2004	石油天然气工业——倾斜孔设备—地下安全阀设备
64	ISO 10434:2004	石油、石化及相关工业用螺栓连接阀盖的钢制闸阀
65	ISO 10497:2010	阀门试验——火灾型式试验的需求
66	ISO 10631:2013	通用金属蝶阀
67	ISO 10933:1997	燃气分配系统用聚乙烯（PE）阀门
68	ISO 12149:1999	螺栓连接阀盖的通用钢制截止阀
69	ISO 13623:2009	石油天然气工业——管道输送系统
70	ISO 13847:2013	石油天然气工业——管道输送系统—管道的焊接
71	ISO 14313:2007（2009）	石油天然气工业——管道输送系统—管线阀门
72	ISO 14723:2009	石油天然气工业——管道输送系统—海底管道阀
73	ISO 15590-3:2004	石油天然气工业——管道输送系统用进气弯头、管件和法兰　第 3 部分：法兰
74	ISO 15649:2001	石油天然气工业——管道
75	ISO 15761:2013	石油天然气工业用公称尺寸≤DN100 的钢制闸阀、截止阀和止回阀
76	ISO 15848-1:2006	工业阀门、散逸性介质泄漏的测量、试验和鉴定程序　第 1 部分：阀门型式试验的分类和鉴定程序
77	ISO 15848-2:2006	工业阀门、散逸性介质泄漏的测量、试验和鉴定程序　第 2 部分：阀门产品验收试验
78	ISO 16135:2006	工业阀门——热塑性材料球阀
79	ISO 16136:2006	工业阀门——热塑性材料蝶阀
80	ISO 16137:2006	工业阀门——热塑性材料止回阀
81	ISO 16138:2006	工业阀门——热塑性材料隔膜阀

（续）

序号	标准代号	标准名称
82	ISO 16139:2006	工业阀门——热塑性材料闸阀
83	ISO 17292:2004	石油、石化工业用金属球阀
84	ISO 21787:2006	工业阀门——热塑性材料截止阀

表5-8　美国机械工程师学会标准

序号	标准代号	标准名称
	ASME	
1	A112.4.14:2004（2010）	制铅业用手动90°开启截止阀
2	A112.14.1:2003（2012）	回水阀门
3	B1.1:2003	统一吋制螺纹
4	B1.3M:2007（R2012）	螺纹尺寸验收的检测体系—吋制和米制螺纹（UN、UNR、UNJ、M和MJ）
5	B1.5:1997（2009）	爱克母（ACME）螺纹
6	B1.7M:1984（R2001）	螺纹的术语、定义和字母符号
7	B1.8:1988（2011）	短牙爱克母螺纹
8	B1.12:1987（R1998）	5级过盈配合螺纹
9	B1.13M:2005（2010）	M形米制螺纹
10	B1.20.1:2013	通用管螺纹
11	B1.20.3:1976（R1998）	干密封管螺纹（吋制）
12	B1.20.5:1991（R1998）	干密封管螺纹的检测（吋制）
13	B1.20.7:1991（R1998）	软管接头螺纹（吋制）
14	B4.3:1978（R1999）	米制尺寸产品通用公差
15	B16.1:2010	灰铸铁管法兰和法兰管件
16	B16.3:2011	可锻铸铁制螺纹管件
17	B16.4:2011	灰口铸铁制螺纹管件
18	B16.5:2013	法兰和法兰管件
19	B16.9:2012	锻钢制对焊连接管件
20	B16.10:2009	阀门结构长度
21	B16.11:2011	承插焊和螺纹连接锻造管件
22	B16.12:2009	铸铁螺纹连接排水管件
23	B16.15:2013	青铜铸造螺纹连接管件CL150和CL250
24	B16.18:2012	铸造铜合金钎焊连接压力管件
25	B16.20:2012	法兰用金属垫圈：环接螺旋垫和套接垫圈
26	B16.21:2011	管法兰用非金属平口垫片
27	B16.22:2013	锻造铜和铜合金钎焊连接压力管件
28	B16.23:2002	DWV类铸铜合金钎焊连接排水管件
29	B16.24:2011	CL150、CL300、CL400、CL600、CL900、CL1500和CL2500铸铜合金管法兰和法兰管件
30	B16.25:2012	对焊连接端
31	B16.26:2013	外接铜管用铸钢合金管件
32	B16.28:1994	锻钢对接焊弧形弯头和回转管
33	B16.29:2012	DWV锻铜和铜合金钎焊连接排水管接头
34	B16.33:2012	125psi及以下的气体管路系统用手动金属气阀（NPS$1/_2$～NPS2）
35	B16.34:2013	法兰、螺纹和焊接端连接的阀门
36	B16.36:2009	孔板法兰
37	B16.38:2005	气体分配系统用手动大型金属阀（NPS$2^1/_2$～NPS12，≤125psi）
38	B16.39:2006	可锻铸铁制螺纹管件
39	B16.40:2013	气体分配系统中的手动热塑性气体开关和阀门
40	B16.42:2011	CL150和CL300球墨铸铁管法兰和法兰管件
41	B16.44:2012	≤5psi地上管道系统用手动金属阀门
42	B16.45:2006	苏文特排水系统用铸铁管件

（续）

序号	标准代号 ASME	标准名称
43	B16.47:2011	大口径钢制法兰
44	B16.48:2010	钢制管线盲板
45	B16.49:2012	传输和分配系统用工厂预制锻钢对焊感应管弯头
46	B16.50:2013	锻铜和铜合金钎焊连接压力管件
47	B40.6:1994	限压阀
48	N278.1:1975（R1992）	功能规范标准—与安全相关的自动和机动阀门
49	PTC25:2008	压力释放装置性能试验规范
50	BPVC-Ⅰ:2011	第Ⅰ卷　动力锅炉建造规则
51	BPVC-ⅡA:2011	第Ⅱ卷A篇　铁基材料
52	BPVC-ⅡB:2011	第Ⅱ卷B篇　非铁基材料
53	BPVC-ⅡC:2011	第Ⅱ卷C篇　焊条、焊丝及填充材料
54	BPVC-ⅡD:2011	第Ⅱ卷D篇　材料性能
55	BPVC-Ⅲ:2011	第Ⅲ卷第1册　核动力装置设备制造准则分卷NB—1级部件 分卷NB—2级部件 分卷NB—3级部件 分卷NE—MC级部件 分卷NG—支承件 分卷NG—堆芯支承结构 分卷NH—高温1级部件
56	BPVC-Ⅲ:2011	第Ⅲ卷第2册—混凝土反应堆压力容器和安全壳规范
57	BPVC-Ⅲ:2011	第Ⅲ卷第3册—废核燃料和高位放射性材料和废料的贮存和运输包装用安全容器系统
58	BPVC-Ⅴ:2011	无损检测
59	BPVC-Ⅷ:2011	第Ⅷ卷1册　压力容器建造规则
60	BPVC-Ⅷ:2011	第Ⅷ卷第2册　压力容器另一规则
61	BPVC-Ⅷ:2011	第Ⅷ卷第3册　高压容器建造另一规则
62	BPVC-Ⅸ:2011	第Ⅸ卷　焊接和钎焊评定
63	BPVC-Ⅹ:2011	第Ⅹ卷　纤维增强塑料压力容器
64	BPVC-Ⅺ:2011	第Ⅺ卷　核动力厂部件在役检验规则

表5-9　美国石油学会标准

序号	标准代号 API	标准名称
1	Q1:2013	石油、石化和天然气工业质量纲要规范
2	6AV1:2013	海上作业的井口水面安全阀和水下安全阀验证试验
3	6A:2014	井口装置和采油树设备规范
4	6D:2014	石油天然气工业—管道输送系统—管线阀门
5	6FA:2011	阀门耐火试验
6	6FC:2009	带自动倒密封座的阀门耐火试验
7	6FD:2008	止回阀防火试验
8	11V1:2008	气举阀、孔板、回流阀和隔板阀
9	14A:2012	石油天然气工业钻采设备用井下安全阀设备规范
10	14B:2010	石油天然气工业用井下安全阀的设计安装、维修和操作
11	14H:2007	海面安全阀和水下安全阀的安装、维护和修理
12	20A:2013	石油和天然气用碳钢、合金钢、不锈钢和镍合金铸件
13	20B:2013	石油和天然气用钢自由锻件
14	20C:2013	石油和天然气用钢模锻件

(续)

序号	标准代号	标准名称
	API	
15	20E:2013	石油和天然气用合金钢和碳钢螺栓
16	510:2006	压力容器检验规程：维护检测、鉴定、修理和更换
17	520-1:2008	精炼厂泄压装置的尺寸、选型和安装 第1部分：尺寸和选型
18	520-2:2003	精炼厂泄压装置的尺寸、选型和安装 第2部分：安装
19	521:2014	压力释放和减压系统指南
20	526:2012	法兰连接钢制泄压阀
21	527:2007	泄压阀的阀座密封件
22	553:2012	炼油控制阀
23	574:2003 (2009)	管、阀门及管件的检验
24	576:2003 (2009)	压力释放设备的检验
25	589:1998	评价阀杆填料的火灾试验
26	591:2008	炼油阀门的用户验收程序
27	594:2010	法兰式、凸耳式、对夹式和对焊连接止回阀
28	598:2009	阀门检测与试验
29	599:2013	法兰、螺纹和焊接端连接金属旋塞阀
30	600:2015	石油天然气工业用螺栓连接阀盖钢制闸阀
31	602:2009	公称尺寸≤DN100石油天然气工业用钢制闸阀、截止阀和止回阀
32	603:2013	法兰和对焊端螺栓连接阀盖的耐腐蚀闸阀
33	607:2010	90°旋转软密封座阀门防火试验
34	608:2012	法兰、螺纹和对焊连接的金属球阀
35	609:2009	双法兰凸耳和对夹式蝶阀
36	621:2010	金属闸阀、截止阀和止回阀的检修
37	622:2011	炼油阀门填料防泄漏型式试验
38	623:2015	石油天然气工业用螺栓连接阀盖钢制截止阀
39	624:2014	用于短时排放的配备石墨填料的升降式阀杆阀门的型式试验
40	941:2008	用于石油精炼厂和石化厂高温、高压氢气工况的钢

表5-10 美国阀门与管件协会标准

序号	标准代号	标准名称
	MSS	
1	SP-6:2013	管法兰及阀门和管件端法兰的接触面标准精度
2	SP-9:2013	青铜、铁和钢制法兰的孔口平面
3	SP-25:2013	阀门、管件、法兰和管接头的标准标记方法
4	SP-42:2013	CL150法兰端和对焊端连接的耐腐蚀闸阀、截止闸、角阀和止回阀
5	SP-43:2013	锻造不锈钢制对焊管件
6	SP-44:2010 (2011)	钢制管道法兰
7	SP-51:2012	CL150LW耐腐法兰和铸造法兰管件
8	SP-53:2012	阀门、法兰、管件和其他管道元件用铸钢件和锻钢件质量标准—磁粉检验方法
9	SP-54:2013	阀门、法兰、管件和其他管道元件用铸钢件和锻钢件质量标准—射线照相检验方法
10	SP-55:2011	阀门、法兰、管件和其他管道元件用铸钢件质量标准—表面缺陷评定的目视检验方法
11	SP-60:2012	连接排渣管和排渣阀法兰接头
12	SP-61:2013	钢制阀门压力试验
13	SP-67:2011	蝶阀
14	SP-68:2011	偏心设计高压蝶阀
15	SP-70:2011	法兰和螺纹连接灰口铸铁闸阀
16	SP-71:2011 (2013)	法兰和螺纹连接灰口铸铁旋启式止回阀
17	SP-72:2010	法兰或对焊连接通用球阀

（续）

序号	标准代号	标 准 名 称
	MSS	
18	SP-73:2003	铜和铜合金压力管件的铜焊接头
19	SP-75:2008	高强度、锻造、对焊管件规范
20	SP-78:2011	法兰端和螺纹端铸铁旋塞阀
21	SP-79:2011	承插焊式缩径接头
22	SP-80:2013	青铜闸阀、截止阀、角阀和止回阀
23	SP-81:2013	无阀盖法兰连接不锈钢刀形闸阀
24	SP-82:1992	阀门压力试验方法
25	SP-83:2006	CL3000 承插焊和螺纹连接钢管活接头
26	SP-85:2011	法兰和螺纹连接灰铸铁截止阀和角阀
27	SP-86:2009（2011）	阀门、法兰、管件和驱动装置标准中的米制数据的使用指南
28	SP-87:1991（R1996）	核 1 级管道用对焊连接管件
29	SP-88:2010	隔膜阀
30	SP-90:2000	管道支架的术语指南
31	SP-91:2009	阀门手动操作指南
32	SP-92:2012	MSS 阀门用户指南
33	SP-93:2008	阀门、法兰、管件及其他管道附件用铸钢件质量标准——液体渗透检验方法
34	SP-94:2008	阀门、法兰、管件及其他管路附件的铁素体、马氏体铸钢件质量标准—超声检验方法
35	SP-95:2006	模锻管接头和大管塞
36	SP-96:2011	阀门及管件术语指南
37	SP-97:2012	承插焊、螺纹和对接焊端整体加固锻造支管座管件
38	SP-98:2012	阀门、消防栓和管件的内部保护性涂层
39	SP-99:2010	仪表阀门
40	SP-100:2009	核设施用隔膜阀隔膜的鉴定要求
41	SP-101:1989（R2001）	部分回转阀门驱动装置—法兰、驱动元件尺寸和性能特征
42	SP-102:1989（R2001）	多回转阀门驱动装置—法兰、驱动元件尺寸和性能特征
43	SP-104:2012	锻铜焊接接头压力管件
44	SP-105:2010	仪表阀门的应用标准
45	SP-106:2012	CL125、CL150 和 CL300 铸造铜合金法兰和法兰管件
46	SP-108:2012	软密封铸铁偏心旋塞阀
47	SP-109:2012	焊制的铜焊连接压力接头
48	SP-110:2010	螺纹、承插焊、钎焊、环搭、扩口连接的球阀
49	SP-111:2012	灰铸铁和球墨铸铁制排渣口套管
50	SP-112:2010	铸件表面粗糙度目测和触感方法质量评定
51	SP-113:2012	排渣机械和排渣阀的连接接头
52	SP-114:2007	CL150 和 CL1000 的耐腐蚀螺纹和承插焊管件
53	SP-115:2010	燃气用过流阀
54	SP-116:2011	饮用水系统用管线阀门及管件
55	SP-117:2011	波纹管密封截止阀和闸阀
56	SP-118:2007（2012）	紧凑型法兰、无法兰、螺纹和焊接端钢制截止阀和止回阀
57	SP-119:2010	工厂制造的锻制承插端焊接管件
58	SP-120:2011	升降杆式阀杆钢制阀门柔性石墨填料系统—设计要求
59	SP-121:2006	升降杆式阀杆钢制阀门鉴定试验方法
60	SP-122:2012	塑料工业用球阀
61	SP-123:2013	铜制水管用有色金属制螺纹和钎焊接头
62	SP-124:2012	开口套管
63	SP-125:2010	弹簧加载中心导向的灰铸铁和球墨铸铁止回阀
64	SP-126:2013	弹簧加载中心导向钢制管线止回阀

（续）

序号	标准代号 MSS	标准名称
65	SP-128:2012	球墨铸铁闸阀
66	SP-129:2003（2007）	铜-镍材料承插焊管件和接头
67	SP-130:2013	波纹管密封仪表阀门
68	SP-131:2010	手动金属气配阀
69	SP-132:2010	压缩填料系统仪表阀门
70	SP-133:2010	低压燃气用过流阀
71	SP-134:2012	包括阀体/加长阀盖的低温阀门
72	SP-135:2010	高压钢制刀形闸阀
73	SP-136:2007	球墨铸铁制旋启式止回阀

表 5-11 美国水道协会标准

序号	标准代号 AWWA	标准名称
1	C115:2011	用于可锻铸铁或灰口铸铁螺纹法兰的可锻铸铁法兰管
2	C207:2013	NPS4～NPS144（DN100～DN3600）供水系统用钢制管法兰
3	C500:2009	供水系统用金属密封闸阀
4	C501:1992	铸铁水闸门
5	C504:2010	橡胶阀座密封蝶阀
6	C507:2011	NPS6～NPS48（DN150～DN1200）球阀
7	C508:2009（2011）	NPS2～NPS24（DN50～DN600）旋启式止回阀
8	C509:2009	供水系统用软密封闸阀
9	C510:2007	防回流双止回阀
10	C512:2007	给水装置用放气阀、空气/真空和混合空气阀
11	C517:2009	弹性密封铸铁偏心旋塞阀
12	C540:2002	阀门和电闸门的动力驱动装置
13	C550:2013	阀门和给水栓用防护性内部涂层
14	C560:2007	铸铁闸阀
15	C800:2012	地下管道阀门和管件

表 5-12 美国材料与试验协会标准

序号	标准代号 ASTM	标准名称
1	A20/A20M:2013	压力容器用钢板材料通用要求
2	A27/A27M:2013	通用碳素钢铸件
3	A29/A29M:2012（2013）	热轧碳钢和合金钢棒通用要求
4	A36/A36M:2012	碳素结构钢技术规范
5	A47/A47M:1999（2009）	铁素体可锻铸铁件
6	A48/A48M:2003（2012）	灰铸铁件
7	A53/A53M:2012	无镀层热浸的、镀锌的、焊接的无缝钢管技术规范
8	A105/A105M:2013	管道部件用碳素钢锻件
9	A106/A106M:2013	高温用无缝碳素钢管
10	A108:2013	优质冷轧碳素钢棒技术规范
11	A126:2004（2009）	阀门、法兰和管件用灰铸铁件
12	A128/A128M:1993（2007）	奥氏体锰钢铸件
13	A148/A148M:2008a	高强度结构钢铸件
14	A181/A181M:2013	锻制碳素钢管一般要求
15	A182/A182M:2013	高温锻制或轧制合金钢和不锈钢管法兰、锻制管件、阀门及零件
16	A193/A193M:2010（2012）	高温设备用合金钢和不锈钢螺栓材料
17	A194/A194M:2013	高温或高压或高温高压螺栓用碳钢及合金钢螺母标准规范

（续）

序号	标准代号 ASTM	标 准 名 称
18	A203/A203M: 2012	压力容器用镍合金钢板规范
19	A216/A216M: 2012	高温用适合于熔焊的碳素钢铸件规范
20	A217/A217M: 2012	适合高温承压零件用合金钢和马氏体不锈钢铸件
21	A220/A220M: 1999（2009）	珠光体可锻铸
22	A227/A227M: 2006（2011）	机械弹簧冷拔钢丝
23	A230/A230M: 2005（2011）	阀门用油回火优质碳素弹簧钢丝
24	A232/A232M: 2005（2011）	阀门用优质铬钒合金弹簧钢丝
25	A266/A266M: 2013	压力容器用碳素钢锻件
26	A276: 2013	不锈钢棒材和型材
27	A278/A278M: 2001（R2011）	适用于250℃容器部件用灰铸铁件的技术规范
28	A297/A297M: 2010	高温用铬铁及铬镍铁合金钢铸件
29	A307: 2012	抗拉强度为6000psi的碳素钢螺栓和螺柱的技术规范
30	A312/A312M: 2014	无缝和焊接奥氏体不锈钢管
31	A320/A320M: 2011	高温用铬铁及铬镍铁合金钢铸件
32	A327/A327M: 2011	铸铁冲击试验方法
33	A335/A335M: 2011	高温用铁素体合金钢无缝管
34	A336/A336M: 2010	压力容器与高温部件用合金钢锻件规范
35	A350/A350M: 2013	要求进行韧性试验的管道部件用碳素钢与低合金钢锻件技术规范
36	A351/A351M: 2013a	承压零件用奥氏体及奥氏体铁素体铸钢件技术规范
37	A352/A352M: 2006（2012）	低温承压零件用铁素体和马氏体钢铸件规范
38	A355: 1989（2012）	渗氮用合金钢棒
39	A369/A369M: 2011	高温用锻制镗孔碳素钢和铁素体合金钢管
40	A372/A372M: 2013	薄壁压力容器用碳钢及合金钢锻件
41	A380: 2006	不锈钢零件、设备和系统的清洗和除垢
42	A395/A395M: 1999（2009）	高温用铁素体球墨铸铁承压铸件
43	A403/A403M: 2013	锻制奥氏体不锈钢管件
44	A436: 1984（2011）	奥氏体灰口铸铁件
45	A437/A437M: 2012	高温用经特殊处理的涡轮用合金钢螺栓材料
46	A439: 1983（2009）	奥氏体球墨铸铁件
47	A447/A447M: 1993（R2003）	高温用镍铬铁合金钢铸件（25～12级）
48	A473: 2013	不锈钢和耐热钢锻件
49	A479/A479M: 2013	合金钢棒材和型材
50	A484/A484M: 2013	不锈钢及耐热钢棒材、钢坯及锻件一般要求
51	A487/A487M: 1993（2012）	承压铸钢件
52	A494/A494M: 2004	镍和镍合金铸件
53	A522/A522M: 2013	低温用锻制或轧制含镍8%或9%的合金钢法兰、管件、阀门和零件规范
54	A536: 1984（R2009）	球墨铸铁件
55	A564/A564M: 2013	热轧及冷精轧时效硬化处理过的不锈钢棒材和型材技术规范
56	A571/A571M: 2001（2011）	适用于低温压力容器零件的奥氏体球墨铸铁件
57	A582/A582M: 2005	热轧或冷精轧的高速切削的不锈钢及耐热钢棒
58	A653/A653M: 2007（2013）	热浸处理的镀锌铁合金或镀锌薄钢板的标准规范
59	A671: 2010	常温和较低温用电熔焊钢管
60	A672: 2009	中温高压用电熔焊钢管
61	A694/A694M: 2013	高压管路用锻造碳钢和合金钢法兰、管件、阀门及其他部件
62	A696: 1990a（2012）	压力管道部件专用热锻或冷精轧碳素钢棒
63	A703/A703M: 2013	受压部件用铸钢件
64	A743/A743M: 2013	一般用耐腐蚀铬铁及镍铬铁合金铸件
65	A744/A744M: 2010（2011）	严酷条件下使用的耐腐蚀镍铬铁合金铸件

（续）

序号	标准代号	标 准 名 称
	ASTM	
66	A747/A747M:2012	沉淀硬化不锈钢铸件
67	A757/A757M:2010	低温承压设备及其他设备用铁素体和马氏体钢铸件
68	A781/A781M:2014	一般工业用一般要求的钢和合金铸件
69	A874/A874M:1998（2009）	适用于低温使用的铁素体球墨铸铁件
70	A877/A877M:2010（2012）	阀门弹簧质量等级的铬-硅合金钢丝标准规范
71	A878/A878M:2005	阀门弹簧质量等级的改进的铬-硅合金钢丝的标准规范
72	A890/A890M:2013	一般用途铁-铬-镍-钼双相（奥氏体-铁素体）耐蚀合金标准规范
73	A897/A897M:2006	等温淬火球墨铸铁
74	A961/A961M:2013	管道用钢法兰、锻件、阀门和管件的通用要求标准规范
75	A965/A965M:2013	高压和高温零件用奥氏体钢锻件技术规范
76	A988/A988M:2013	高温设备用热等静压冲压的不锈钢法兰、管件、阀门和零件用标准规范
77	A989/A989M:2013	高温设备用热等静压冲压的合金钢法兰、管件、阀门和零件标准规范
78	A995/A995M:2013	用于承压零件的奥氏体—铁素体（双相）不锈钢铸件标准规范
79	B16:2005	自动车床用易切削黄铜线材、棒材和带材
80	B21/B21M:2012	海军黄铜棒材和型材
81	B61:2008	蒸汽或阀门用青铜铸件
82	B62:2009	复合青铜或高铜黄铜铸件
83	B127:2005	镍铜合金板（UNS No4400）中厚板
84	B165:1993（2003）	无缝镍铜合金管
85	B167:2005	镍铬铁（UNS No6600、6601、6603、6690、6693、6025、6045）及镍、铬、钴、钼合金（UNS No6617）无缝管
86	B168:2011	镍铬铁合金（UNS No6600、6601、6603、6690、6693、6025、6045）和镍、铬、钴、钼合金（UNS No6617）中厚板、薄板和带材
87	B294:2010	硬质合金硬度的测定方法
88	B367:2013	钛和钛合金铸件
89	B443:2000（2009）	镍铬钼铌合金（UNS No6625）及镍铬钼硅合金（UNS No6219）中厚板、薄板和带材
90	B462:2010（2013）	腐蚀性高温用锻造或轧制的合金管法兰、锻件配件、阀门和零件标准规范
91	B473:2002	UNS No8020、8024、8026 镍合金棒和线材标准规范
92	B562:1999	镀黄金定义的标准规范
93	B564:2011（2013）	镍合金锻件
94	B567:1998（2009）	用 β 射线反向散射法测量镀层厚度的试验方法
95	B568:1998（2009）	用 X 射线光度法测量镀层厚度的试验方法
96	B584:2013	普通用铜合金砂型铸件
97	B611:2013	硬质合金耐磨性的试验方法
98	B618:2011a	铝合金熔模铸件
99	B622:2004a	镍与镍钴合金无缝钢管
100	B637:2012e1	高温设备用沉淀淬火镍合金棒、锻件及锻造坯的制备
101	B670:2002	高温用沉淀硬化的镍合金（UNS No7718）板、薄板及带材
102	B686:2011	高强度铝合金铸件
103	B748:1990（2010）	用扫描电子显微镜测量横截面金属涂层厚度的方法
104	B763:2013	阀门用铜合金砂型铸件
105	B795:2013	测定粉末冶金零件中合金铁杂质或非合金铁含量（%）的标准试验方法
106	B796:2007	低合金粉末冶金零件的非金属夹杂物含量的测定方法
107	B806:2008a	通用铜合金永久铸模铸件
108	B824:2011	铜合金铸件

（续）

序号	标准代号 ASTM	标准名称
109	B834:2013	压力强化粉末冶金铁镍铬钼和镍铬钼钶（Nb）合金管法兰、管件、阀门和零件标准规范
110	B899:2013	与有色金属和合金相关术语
111	C71:2012b	与耐火材料相关的术语
112	C904:2001（2012）	耐化学腐蚀的非金属材料术语
113	C1129:2012	通过给裸体阀门及法兰增加热绝缘材料评估保温热量的标准实施规程
114	D395:2003	橡胶压缩变形性能
115	D412:1998（R2002）	橡胶拉伸性能
116	D471:1998	液体对橡胶性能的影响
117	D573:2004	橡胶在空气炉变质
118	D865:1999	橡胶在空气中加钽变质（试管法）
119	D1319:2009	橡胶试验温度
120	D1414:1994（2013）	O 形橡胶密封圈的试验方法
121	D1415:1988（1999）	橡胶性能——国际硬度
122	D1418:2001a	橡胶和乳胶命名
123	D2240:2004	橡胶性能——硬度计硬度
124	E6:2009b（2011）	机械试验方法的有关术语
125	E8/E8M:2013	金属材料抗拉试验方法
126	E9:1989a（2000）	室温下金属材料的压缩试验法
127	E10:2012	金属材料布氏硬度的测试方法
128	E18:2012	金属材料洛氏硬度与洛氏表面硬度的测试方法
129	E21:2009	金属材料的高温抗拉试验方法
130	E23:2012	金属材料 V 形缺口冲击试验方法
131	E45:2013	钢中杂质含量的测定
132	E53:2007	铜的化学分析试验方法
133	E92:1982（2004）e2	金属材料维氏表面硬度试验方法
134	E94:2004	射线照像检验的标准方法
135	E140:2012（2013）	金属硬度换算表
136	E164:2013	焊缝的超声检验
137	E165:2012	液体渗透检验的测试方法
138	E186:1998	壁厚 51mm～114mm 的铸钢件标准射线参考照片
139	E190:1992（2003）	焊缝韧性的定向弯曲试验方法
140	E273:2010	纵向焊接的管和管道的超声波检验
141	E280:1998	壁厚 114mm～305mm 铸钢件的标准参考射线照片
142	E428:2005	超声检验用钢试块的制造和控制标准
143	E446:2004	厚度小于 51mm 的铸钢件参考射线照片
144	E479:1991（2006）	泄漏试验规范的准备
145	E605:1993（2011）	喷涂到构件上耐火材料厚度和密度的试验方法
146	E689:2010	球墨铸铁件参考射线照片
147	E709:2008	磁粉检验的标准推荐操作方法
148	E767:1996（R2001）	连接体冲击试验标准测试方法
149	E1008:2003	地热和其他高温液体设备用泄压阀的安装、检验及维修的实施规程
150	E1030:2005	金属铸件的 X 射线照相检验方法
151	E1032:2012	焊接件的 X 射线照相检验
152	E1316:2013	无损检测术语
153	E1920:2003	热喷涂涂层金相照片的制备导则
154	F36:1999（2009）	垫片材料的压缩性及回弹性试验方法
155	F37:2006	垫片材料密封性的试验方法

（续）

序号	标准代号	标 准 名 称
	ASTM	
156	F704:2001	管道系统法兰接头用螺栓长度选用标准
157	F885:2011	美国标准直管螺纹 1/4in ~ 2in 青铜截止阀的阀壳尺寸
158	F992:2011	阀门标牌
159	F993:2011	阀门锁紧装置
160	F1020:2011	船用盲板阀
161	F1030:1986（2008）	阀门操作器的选择
162	F1098:2010	公称尺寸 NPS2 ~ NPS24 蝶阀包装箱尺寸
163	F1139:1988（2010）	蒸汽疏水阀和排水管
164	F1155:2010	管道系统材料的选择与应用标准
165	F1271:1990（2012）	船上储罐用液体过压保护装置溢流阀
166	F1311:1990（2012）	大直径碳钢法兰
167	F1335:2004	高温设备用标定压力复合管道及配件
168	F1370:1992（2011）	船上给水系统用减压阀
169	F1373:2012	气体分配系统组件用自动阀的周期寿命测定
170	F1394:1992（2012）	从气体分配系统阀门产生的粒子成分的测定方法
171	F1508:2010	用于蒸汽、气体和液体设备的角式泄压阀
172	F1545:2009	有塑料内衬的铁合金管、管件和法兰
173	F1565:2013	蒸汽设备用减压阀
174	F1792:2010	氧气用特殊阀门
175	F1793:2010	空气或氮气用自动截止阀（节流阀）
176	F1794:2010	气体（除氧气）和液体系统用手动截止阀
177	F1795:2013	空气或氮气系统用减压阀
178	F1802:2010	溢流阀性能测试方法
179	F1970:2005	聚氯乙烯（PVC）或氯化聚氯乙烯（CPVC）系统中使用的专用工程配件、管件或阀门
180	F1985:1999（2011）	气动球形控制阀
181	F2138:2012	天然气设备用过流阀
182	F2215:2008	轴承、阀门和轴承设备用钢球
183	F2324:2013	预清洗喷雾器阀的试验方法
184	G40:2013	磨损和腐蚀的相关术语
185	G111:1997（2013）	高温或高压或高温高压环境中的腐蚀试验

表 5-13 欧盟标准

序号	标准代号	标 准 名 称
	EN	
1	19:2002	工业阀门—金属阀门标志
2	161:2001	气体燃烧器和燃气具自动关闭阀
3	215-1:1987	恒温散热器阀 第 1 部分：要求和试验方法
4	215-2:1986	恒温散热器阀 第 2 部分：连接尺寸和细节
5	331:1998（2011）	建筑物燃气设备用手动操作球阀和封闭底锥形旋塞阀
6	334:2005	进口压力≤100bar 的气体调压阀
7	558:2008（2012）	工业阀门 法兰管路系统使用的金属阀门结构长度
8	593:2010（2011）	工业阀门 金属蝶阀
9	736-1:1995	阀门术语 第 1 部分：阀门类型定义
10	736-2:1997	阀门术语 第 2 部分：阀门零部件定义
11	736-3:2008	阀门术语 第 3 部分：术语定义
12	917:1997	塑料管系统热塑性阀门抗内压和泄漏密封性试验方法
13	1074-1:2000	供水用阀门 适用性要求和恰当的鉴定试验 第 1 部分：一般要求

（续）

序号	标准代号 EN	标 准 名 称
14	1074-2:2000	供水用阀门　适用性要求和恰当的鉴定试验　第 2 部分：隔离阀
15	1074-3:2000	供水用阀门　适用性要求和恰当的鉴定试验　第 3 部分：止回阀
16	1074-4:2000	供水用阀门　适用性要求和恰当的鉴定试验　第 4 部分：气体阀门
17	1074-5:2001	供水用阀门　适用性要求和恰当的鉴定试验　第 5 部分：控制阀
18	1092-1:2007	法兰及其连接件按 PN 标注的管子、阀门、管件用圆形法兰　第 1 部分：钢法兰
19	1092-2:1997	法兰及其连接件按 PN 标注的管子、阀门、管件和附件用圆形法兰　第 2 部分：铸铁法兰
20	1092-3:2003	阀门及其连接件按 PN 标注的管子、阀门、管件和附件用圆形法兰　第 3 部分：铜合金法兰
21	1092-4:2002	阀门及其连接件按 PN 标注的管子、阀门、管件和附件用圆形法兰　第 4 部分：铝合金法兰
22	1171:2002	工业阀门　铸铁闸阀
23	1213:2000	建筑用阀建筑物内便携式供水用铜合金截止阀试验和要求
24	1267:2012	阀门用水作试验介质的流阻试验
25	1349:2009	工业过程控制阀
26	1488:2000	建筑阀——膨胀组—试验和要求
27	1489:2000	建筑阀——压力安全阀—试验和要求
28	1490:2000	建筑阀——温度压力组合泄压阀—试验和要求
29	1491:2000	建筑阀——膨胀阀—试验和要求
30	1503-1:2000	阀门——阀体、阀盖和盖板材料—第 1 部分：欧洲标准中规定的钢材
31	1503-2:2000	阀门——阀体、阀盖和盖板材料—第 2 部分：非欧标准中规定的钢材
32	1503-3:2000	阀门——阀体、阀盖和盖板材料—第 3 部分：欧洲标准中规定的铸铁
33	1503-4:2002	阀门——阀体、阀盖和盖板材料—第 4 部分：欧洲标准中规定的铜合金
34	1531:1994	包括启动气阀的调节气阀
35	1567:2000（2009）	建筑阀——水减压阀和组合水减压阀——试验和要求
36	1555-4:2011	供给气体燃料用塑料管道系统聚乙烯（PE）　第 4 部分：阀门
37	1626:2009	低温容器　低温设备用阀
38	1705:1997	塑料管道系统热塑性阀门外部鼓风后阀门完整性试验方法
39	1759-1:2004	法兰及其连接件——圆形管法兰、阀门、管件和附件　Class 标注第 1 部分钢法兰 NPS1/2 ~ 24
40	1759-3:2003	法兰及其连接件——圆形管法兰、阀门、管件和附件　Class 标注第 3 部分铜合金法兰
41	1759-4:2003	法兰及其连接件——圆形管法兰、阀门、管件和附件　Class 标注第 4 部分铝合金法兰
42	1983:2006	工业阀门　钢制球阀
43	1984:2010	工业阀门　钢制闸阀
44	10434:2004	石油天然气工业用螺栓连接阀盖的钢制闸阀
45	12266-1:2003	工业阀门　阀门试验 第 1 部分：压力试验、试验程序和验收标准强制要求
46	12266-2:2012	工业阀门　阀门试验 第 2 部分：试验、试验程序和验收标准补充要求
47	12266-3:1995	工业阀门　交货技术条件 第 3 部分：试验程序和验收标准
48	12288:2010	工业阀门——铜合金闸阀
49	12334:2001	工业阀门——铸铁止回阀
50	12351:2010	工业阀门——带法兰连接的阀门防护罩
51	12380:2002	排水系统用进气阀——要求、试验方法和合格评定
52	12516-1:2005	工业阀门——壳体强度设计—第 1 部分：钢制阀门壳体强度的列表法
53	12516-2:2004	工业阀门——壳体强度设计—第 2 部分：钢制阀门壳体强度的计算方法
54	12516-3:2002	工业阀门——壳体强度设计—第 3 部分：试验方法
55	12567:2000	工业阀门——液化天然气用隔离阀、适用性试验规范

（续）

序号	标准代号 EN	标 准 名 称
56	12569：1999	工业阀门——石化和石油化学工业用阀门试验和要求
57	12627：1999	工业阀门——对焊连接钢制闸阀
58	12760：1999	阀门—承插焊连接钢制阀门
59	12982：2000	工业阀门——对焊连接阀门端-端、中心-端结构长度
60	13152：2003	液化石油气瓶阀试验和规范——自动关闭阀
61	13153：2003	液化石油气瓶阀试验和规范——手动阀
62	13175：2003	液化石油气（LPG）罐阀和配件的试验和规范
63	13327：1998	工业阀门——热塑性材料止回阀
64	13397：2001	工业阀门——金属材料隔膜阀
65	13547：2007	工业阀门——铜合金球阀
66	13648-1：2009	低温容器过压保护安全装置 第1部分：低温安全阀
67	13709：2010	工业阀门——钢制截止阀、球形截止阀和止回阀
68	13774：2003	最大工作压力≤1.6MPa的气体分配系统用阀性能要求
69	13789：2010	工业阀门——铸铁截止阀
70	13942：2009	石油和天然气工业——管线输系统—管线阀门（ISO 14313：1999mod）
71	13953：2007	液化石油气（LPG）用移动式可填充储气瓶泄压阀
72	13959：2006（2008）	公称尺寸DN6～DN250防污止回阀E族A、B、C、D型
73	14129：2004	液化石油气（LPG）罐用泄压阀
74	14141：2003	天然气管道输送阀——试验和性能要求
75	14341：2001	工业阀门——钢制止回阀
76	14382：2005＋A1：2009	气体调节站和设施用安全装置——进口压力达100bar的气体安全切断装置
77	26553：1991	蒸汽疏水阀 标志
78	26554：1991	法兰连接蒸汽疏水阀结构长度
79	26704：1991	蒸汽疏水阀 分类
80	26948：1991	蒸汽疏水阀性能试验方法
81	27841：1991	蒸汽疏水阀漏汽量测定试验方法
82	27842：1991	蒸汽疏水阀排水量测定试验方法
83	28233：1990	热塑性塑料阀门——力矩试验方法
84	28659：1990	热塑性塑料阀门——疲劳强度试验方法
85	45510-7-2：2000	发电站设备 设备和系统采购指南第7-2部分：管道系统和阀门、锅炉和高压管道阀
86	45512：1994	管道系统和阀门 锅炉和高压管道阀包括安全阀采购指南
87	45513：1994	管道系统和阀门 高压管道包括支架采购指南
88	60534-1：2005	工业过程控制阀 第1部分控制阀术语和总则
89	60534-2-1：2011	工业过程控制阀 第2-1部分：流通能力、安装条件下介质流量的校准公式
90	60534-2-3：1998	工业过程控制阀 第2-3部分：流通能力试验程序
91	60534-3-1：2000	工业过程控制阀 第3-1部分：法兰连接二通阀、球型、直通式和角式控制阀的面-面、中心-面结构长度
92	60534-3-2：2001	工业过程控制阀第3-2部分旋转控制阀（除蝶阀外）的结构长度
93	60534-3-3：1998	工业过程控制阀第3-3部分对焊连接二通阀、球型、直通式控制阀结构长度（IEC 60534-3-3：1998）
94	60534-4：1998	工业过程控制阀第4部分检验和常规试验
95	ISO 4126-1：2013	过压保护安全装置—第1部分：安全阀
96	ISO 4126-4：2013	过压保护安全装置—第4部分：先导式安全阀
97	ISO 5210：1996	工业阀门——多回转阀门驱动装置的连接
98	ISO 5211：2001	工业阀门——部分回转阀门驱动装置的连接
99	ISO 10297：2002	可运输的气瓶阀门——型式试验及规范
100	ISO 10434：2004	石油和天然气工业用螺栓连接阀盖钢制闸阀
101	ISO 10497：2010	阀门试验——防火型式试验要求

表 5-14 英国国家标准

序号	标准代号 BS	标 准 名 称
1	10:2009	管子、阀门和管件用的法兰和螺栓
2	341-3:2002	可运输气体容器的阀门——阀门出口接头
3	341-4:2004	可运输气体容器的阀门——泄压装置
4	1010-2:2006	给排水设施用排放旋塞和截止阀规范—第 2 部分：排放旋塞和地面上用截止阀
5	1212-1:2013	浮子阀 第 1 部分：活塞型浮子阀（铜合金阀体）（不含浮子）规范
6	1212-2:2013	浮子阀 第 2 部分：隔膜型浮子阀（铜合金阀体）（不含浮子）规范
7	1212-3:2013	浮子阀 第 3 部分：供冷水用隔膜型塑料阀体浮子操作阀（不含浮子）
8	1552:1995（2011）	家庭用气体压力到 200 毫巴的一类、二类和三类燃气锥形旋塞阀
9	1560-3-2:1990（2011）	管子、阀门和管件（Class 标识）用圆法兰：钢、铸铁、铜合金法兰，铸铁法兰规范
10	1968:1953（2007）	球阀（铜）用浮子规范
11	2767:1991	散热器用手工操作铜合金阀规范
12	3457:1973	水龙头与截止阀座材料规范
13	5158:1989（R2012）	铸铁旋塞阀
14	5159:1989	通用铸铁和碳钢球阀
15	5163:2004	供水系统用铸铁闸阀、实用编码
16	5353:1999（2012）	钢制旋塞阀
17	5433:1976（2012）	供水用地下闸阀
18	5998:1983（R2007）	钢阀铸件的质量等级
19	6023:1981（1991）	蒸汽疏水阀 技术术语
20	6364:1984（2007）	低温阀门
21	6675:1986（2012）	供水用辅助工作阀（铜合金）
22	6683:1985（2012）	阀门的安装和使用指南
23	7296-1:1990（R2005）	液压动力插装式阀 第 1 部分：二通镶套滑动阀
24	7438:1991（R2012）	弹簧加载钢和铜合金单阀瓣水用止回阀
25	7461:1991（R2011）	带有流量调节、闭路开关指示、闭合位置指示开关或气体流控制的电动自动气体截止阀
26	7478:1991	恒温散热器阀的选择和使用指南

表 5-15 德国国家标准

序号	标准代号 DIN	标 准 名 称
1	3202-4:1982	内螺纹连接阀门结构长度
2	3202-5:1984	管螺纹连接阀门结构长度
3	3223:2012	阀门专用扳手
4	3223/A1:2002	阀门用操作键—修改件
5	3230-4:1977	阀门交货技术条件：饮用水阀的检验和要求
6	3230-5:1984	阀门交货技术条件：燃气装置及其管道阀门的检验和要求
7	3230-6:1987	阀门交货技术条件：可燃液体用阀的试验方法和要求
8	3320-1:1984	安全阀，安全切断阀的定义、涂漆和标志
9	3338:1987	多回转阀门驱动装置 驱动件的尺寸（C 形）

(续)

序号	标准代号 DIN	标准名称
10	3339: 1984	阀门　阀体组成材料
11	3352-1: 1979	闸阀　一般信息
12	3352-2: 1980	钢制闸阀，同形结构系列
13	3356-1: 1982	截止阀　通用数据
14	3357-1: 1989	金属球阀—般要求和试验方法
15	3357-4: 1981	有色金属全通径球阀
16	3357-5: 1981	有色金属缩径球阀
17	3358: 1982	直线阀门驱动装置连接尺寸
18	3444: 1997	用于焊接端和螺纹端的管路附件用防护盖
19	3500: 2012	饮用水系统用公称压力 PN10 的活塞式闸阀
20	3502: 2002	供水系统用 PN10 Y 型两通截止阀，DVGW 技术规则
21	3543-1: 1984	金属旁通阀　检验和要求
22	3543-2: 1984	金属旁通截止阀　尺寸
23	3548-1: 1993	法兰连接蒸汽疏水阀
24	25803: 1995	工业阀门——铜合金止回阀

表 5-16　法国国家标准

序号	标准代号 NF	标准名称
1	E27-215: 1976	带六角螺母锁紧螺钉
2	E27-432: 1984	凸肩对接米制螺纹金属螺塞，六角头与平垫片
3	E27-433: 1984	六角头与 O 形圈密封的凸肩对接米制螺纹金属螺塞
4	E27-434: 1984	用内六角圆柱头与平垫片密封的凸肩对接米制螺纹金属螺塞
5	E27-435: 1986	用内六角圆柱头与 O 形圈密封的凸肩对接米制螺纹金属螺塞
6	E29-000: 1996	管道元件　公称压力的定义和选择
7	E29-001: 1995	管道元件　公称尺寸的定义和选择
8	E29-008: 1972	23% 镍和 4% 锰奥氏体球墨合金铸铁管道系统的温度和压力限制
9	E29-009: 1972	20% 镍和 2% 铬奥氏体球墨铸铁管道系统的温度和压力限制
10	E29-011: 2006	管道的术语和定义
11	E29-019: 2009	工业阀门　可拆卸的螺纹连接法兰规范
12	E29-042-1: 2000	法兰及其连接——螺栓连接　第 1 部分：螺栓连接的选择
13	E29-042-2: 2002	法兰及其连接——螺栓连接　第 2 部分：钢制法兰（PN 标识）螺栓材料
14	E29-043: 2005	工业管道、锅炉和压力容器法兰用非合金钢或合金钢螺栓规范
15	E29-171: 2009	入口压力达 10.0MPa 的气体调压器
16	E29-175: 2009	气体压力调压站用安全装置　入口压力达 10.0MPa 的气体安全关闭装置
17	E29-179: 2002	入口压力达 10.0MPa 的气体压力调节器和相关安全装置用合成橡胶
18	E29-200-1: 2002	法兰及其连接——用 PN 标注的阀门、管件和附件用圆形法兰—第 1 部分：钢法兰
19	E29-200-2: 1997	法兰及其连接——用 PN 标注的阀门、管件和附件用圆形法兰—第 2 部分：铸铁法兰
20	E29-200-4: 2002	法兰及其连接——用 PN 标注的阀门、管件和附件用圆形法兰—第 4 部分：铝合金法兰
21	E29-204: 2008	工业管道锻制钢法兰和圆环、材料、力学性能、制造和试验

（续）

序号	标准代号 NF	标准名称
22	E29-220: 2008	工业管道用连接器和带法兰的可拆密封规范
23	E29-300-3: 2003	阀门　外壳设计强度　第 3 部分：实验方法
24	E29-301-1: 2000	工业阀门——对接焊端阀门的结构长度
25	E29-302-1: 2008	工业阀门——用于法兰管道系统　第 1 部分　PN 标识金属阀门结构长度
26	E29-302-2: 2008	工业阀门——法兰管道系统　第 2 部分　Class 标识金属阀门结构长度
27	E29-303-1: 2000	阀门——阀体、阀盖和盖板用材料　第 1 部分　欧洲标准中规定的钢材
28	E29-303-2: 2000	阀门——阀体、阀盖和盖板用材料　第 2 部分　欧洲标准中未规定的钢材
29	E29-303-3: 2000	阀门——阀体、阀盖和盖板用材料　第 3 部分　欧洲标准中规定的铸铁
30	E29-303-4: 2003	阀门——阀体、阀盖和盖板用材料　第 4 部分　欧洲标准中规定的铜合金
31	E29-304: 1999	工业阀门　法兰连接阀门用防护罩
32	E29-305: 1999	工业阀门　对焊端连接钢制阀门
33	E29-306-1: 1995	阀门　术语　第 1 部分：阀门类型的定义
34	E29-306-2: 1997	阀门　术语　第 2 部分：阀门零部件的定义
35	E29-306-3: 2008	阀门　术语　第 3 部分：术语的定义
36	E29-308: 1985	工业阀门　技术规范和协调订货证明书式样
37	E29-309: 2001	工业阀门　操作元件尺寸的控制方法
38	E29-310: 2002	通用工业阀门标记
39	E29-311-1: 2003	工业阀门——阀门试验　第 1 部分：压力试验、试验程序和验收准则　强制性要求
40	E29-311-2: 2003	工业阀门——阀门试验　第 2 部分：试验、试验程序和验收标准　补充规定
41	E29-313: 1990	工业阀门——可压缩介质流量的测定
42	E29-316-1: 2000	供水用阀门——适用性要求和鉴定试验　第 1 部分：一般要求
43	E29-316-2: 2000	供水用阀门——适用性要求和鉴定试验　第 2 部分：隔离阀
44	E29-316-3: 2000	供水用阀门——适用性要求和鉴定试验　第 3 部分：止回阀
45	E29-316-4: 2000	供水用阀门——适用性要求和鉴定试验　第 4 部分：空气阀
46	E29-316-5: 2001	供水用阀门——适用性要求和鉴定试验　第 5 部分：控制阀
47	E29-317: 1999	工业阀门——石化和石油化学工业阀门试验和要求
48	E29-318: 2000	工业阀门——LNG 隔离阀　适用性和验证试验规范
49	E29-319: 2003	最大工作压力≤1.6MPa 的气配系统用阀门—性能要求
50	E29-321: 1999	阀门——用水做试验介质的流阻试验
51	E29-330: 2000	工业阀门——钢制闸阀
52	E29-332: 2003	工业阀门——铸铁闸阀
53	E29-334: 2003	工业阀门——铜合金闸阀
54	E29-335: 2003	石油和天然气工业用公称尺寸 DN≤100 的钢制闸阀、截止阀和止回阀
55	E29-350: 2003	工业阀门——钢制截止阀、球形截止阀和止回阀
56	E29-354: 2003	工业阀门——铸铁截止阀
57	E29-372: 2001	工业阀门——铸铁止回阀
58	E29-373: 1984	工业阀门——公称压力为 PN16、PN20、PN25、PN40、PN50、PN100 的法兰连接钢制旋启式止回阀
59	E29-383: 1981（R2001）	工业阀门——旁通闸阀
60	E29-401: 1996（R2001）	工业阀门——多回转阀门驱动装置附件

（续）

序号	标准代号 NF	标准名称
61	E29-402:2001	工业阀门——部分回转阀门驱动装置附件
62	E29-408:1992（R2006）	工业阀门——电力驱动装置规范
63	E29-409:1992（R2006）	工业阀门——气动和液压驱动装置规范
64	E29-410:1990	工业阀门——安全阀技术术语定义
65	E29-411:1988	工业阀门——安全阀的初步设计、流量计算、试验、标记与调节
66	E29-412:1990	工业阀门——安全阀性能和流量试验
67	E29-413:1989	工业阀门——安全阀和爆破片装置、理论流量计算
68	E29-414:1992	工业阀门——安全阀、安全阀类型 S、G1、L1、L2 的流量计算示例
69	E29-417-2:2003	过压保护安全装置　第 2 部分：爆破片安全装置
70	E29-430:2009	工业阀门、金属蝶阀
71	E29-440:1992	蒸汽疏水阀　分类
72	E29-441:1992	蒸汽疏水阀　标记
73	E29-442:1992（R2002）	法兰连接蒸汽疏水阀结构长度
74	E29-443:1992（R2002）	蒸汽疏水阀、产品和性能试验
75	E29-444:1992（R2002）	蒸汽疏水阀、漏汽量测定试验方法
76	E29-445:1992（R2002）	蒸汽疏水阀、排水量测定试验方法
77	E29-453:2009	工业过程控制阀
78	E29-465:1986（R2006）	工业阀门　铜铝球阀规范
79	E29-466:1987（R2006）	工业阀门　黄铜球阀规范
80	E29-492:2002	工业阀门　金属隔膜阀
81	E29-650:1992（R2007）	气瓶、阀门出口连接
82	E29-670:1998	可运输气瓶、气瓶阀门、管件
83	E29-671:1981	气瓶、阀杆锥螺纹和气缸颈尺寸　总则
84	E29-672-1:1999	气瓶阀门连接用 17E 锥螺纹　第 1 部分：规范
85	E29-672-2:1999	气瓶、阀门与气瓶的连接用 17E 锥螺纹　第 2 部分：检验量规
86	E29-674-1:1996	可运输气瓶、阀门与气瓶的连接用 25E 锥螺纹　第 1 部分：规范
87	E29-674-2:1996	可运输气瓶、阀门与气瓶连接用 25E 锥螺纹　第 2 部分：量规检验
88	E29-686-1:2002	气瓶——连接气瓶阀门平行螺纹　第 1 部分：规范
89	E29-686-2:2002	气瓶——连接气瓶阀门平行螺纹　第 2 部分：检验量规
90	E29-690/A2:2001	可运输气瓶　气瓶阀门型式试验和规范
91	E29-690:1996	可运输气瓶　气瓶阀　型式试验和规范
92	E29-691/A1:1999	可运输气瓶　工业和医用气瓶和阀用保护帽　设计、结构和试验
93	E29-691/A2:2000	可运输气瓶　工业和医用气瓶阀保护罩的设计、结构和试验
94	E29-691:1996	可运输气瓶　工业和医用气瓶用阀保护罩设计、安装和试验
95	E29-694:2001	可运输气瓶　气瓶阀、生产、试验和检验
96	E29-695:2001	可运输气瓶　不可再充填的气瓶阀原型试验和规范
97	E29-901-1:2001	法兰及其连接——Class 标识法兰用垫片　第 1 部分非金属平垫片
98	E29-901-2:2001	法兰及其连接——Class 标识法兰用垫片　第 2 部分与钢法兰一起使用的缠绕式垫片
99	E29-901-3:2001	法兰及其连接——Class 标识法兰用垫片　第 3 部分非金属 PTFE 包覆垫片

（续）

序号	标准代号 NF	标准名称
100	E29-901-4:2001	法兰及其连接——Class标识法兰用垫片　第4部分与钢法兰一起使用的波纹形　平的或带槽的金属和嵌条金属垫片
101	E29-901-5:2001	法兰及其连接——Class标识法兰用垫片　第5部分与钢法兰一起使用的金属环垫圈
102	E29-902-1:1997	法兰及其连接——PN标识法兰用垫片的尺寸　第1部分有或无衬套的非金属平填片
103	E29-902-2:2005	法兰及其连接——PN标识法兰用垫片　第2部分与钢法兰一起使用的缠绕式垫片
104	E29-902-3:1997	法兰及其连接——PN标识法兰用垫片　第3部分非金属聚四氟乙烯封装垫
105	E29-902-4:1997	法兰及其连接——PN标识法兰用垫片　第4部分与钢法兰一起使用的波纹形　平的或开槽的金属和填充金属垫片
106	J25-215:1969	造船工业　航海、船用阀门附件、轴径和螺纹
107	J25-220:1969	造船工业　航海、船用阀门附件、阀杆和手轮用方
108	J25-255:1969	造船工业　航海、船用阀门附件蝶形手轮尺寸互换性
109	J25-274:1969	造船工业　航海、船用阀门附件扳手
110	J25-308:1969	造船工业　船用阀门附件填料箱　填料压盖尺寸和互换性
111	J25-310:1969	造船工业　船用阀门附件用填料压盖和螺母的填料箱
112	J25-500:1958	造船工业　海水专用阀门　通用规范
113	J25-505:1958	造船工业　海水专用阀门　阀体端部结构
114	J25-510:1958	造船工业　海水专用阀、下螺纹截止阀·样式Ⅰ操作机构零件一览表
115	J25-513:1958	造船工业　海水专用阀、自由滑动式连接阀·样式Ⅱ操作机构零件一览表
116	J25-516:1958	造船工业　海水专用阀、下螺纹截止阀、止回阀·样式Ⅲ操纵装置零件一览表
117	J25-519:1958	造船工业　海水专用阀．下螺纹截止阀、止回阀．样式Ⅳ操纵装置零件一览表
118	J25-522:1958	造船工业　海水专用阀、舱底阀、总成通用尺寸
119	J25-526:1958	造船工业　海水专用阀．船弦排水阀．总成通用尺寸
120	J41-410:1957	造船工业“基士顿”阀门总则
121	J41-415:1957	造船工业“基士顿”阀门　总成　通用尺寸
122	J41-416:1957	造船工业“基士顿”阀门　公称孔径50～175mm、零件术语
123	J41-417:1957	造船工业“基士顿”阀门　公称孔径200～500mm、零件术语
124	J41-420:1957	造船工业“基士顿”阀门　公称孔径50～175mm、阀体
125	J41-421:1957	造船工业　公称孔径200～500mm“基士顿”　阀门　阀体
126	J41-425:1957	造船工业“基士顿”阀门　阀盖
127	J41-430:1957	造船工业“基士顿”阀门　阀瓣
128	J41-435:1957	造船工业“基士顿”阀门　阀座密封圈
129	J41-440:1957	造船工业“基士顿”阀门　阀杆
130	J41-445:1957	造船工业“基士顿”阀门　上导杆、调整垫
131	J41-446:1957	造船工业“基士顿”阀门　下导杆
132	J41-450:1957	造船工业“基士顿”阀门　填料箱、填料压盖和衬套
133	J41-455:1957	造船工业“基士顿”阀门　手轮、操纵手柄
134	J41-460:1957	造船工业“基士顿”阀门　止动帽
135	J41-465:1957	造船工业“基士顿”阀门　螺栓和螺母
136	J41-470:1957	造船工业“基士顿”阀门　加工、调节
137	J41-606:1993	造船工业、消防水管　消防阀
138	J42-205:1993	造船工业、用止回阀的泄压系统．通用制造条件

表 5-17 日本工业标准

序号	标准代号 JIS	标 准 名 称
1	B0100: 2013	阀门术语汇编
2	B0205-1: 2001	ISO 通用米制螺纹 第1部分：基本轮廓
3	B0205-2: 2001 (R2011)	ISO 通用米制螺纹 第2部分：总图
4	B0205-3: 2001 (R2011)	ISO 通用米制螺纹 第3部分：螺钉、螺栓和螺母的尺寸选择
5	B0205-4: 2001 (R2011)	ISO 通用米制螺纹 第4部分：基本尺寸
6	B2001: 1987	阀门公称尺寸和孔径
7	B2002: 1987	阀门的结构长度
8	B2003: 1994	阀门的检验总则
9	B2004: 1994	阀门的标志总则
10	B2005-1: 2012	工业过程控制阀 第1部分：控制术语和一般条件
11	B2005-2-1: 2005 (2009)	工业过程控制阀 第2-1部分：流通能力—安装条件流量校准公式
12	B2005-2-3: 2004 (2008)	工业过程控制阀 第2-3部分：流通能力—试验过程
13	B2005-2-4: 2004 (2008)	工业过程控制阀 第2-4部分：流通能力第4节：固有流量特性及其变化范围
14	B2005-3-1: 2005 (2009)	工业过程控制阀 第3-1部分：法兰端两通、球型、直通型、角型控制阀结构长度
15	B2005-3-2: 2005 (2009)	工业过程控制阀 第3-2部分：除蝶阀外旋转控制阀结构长度
16	B2005-3-3: 2005 (2009)	工业过程控制阀 第3-3部分：对焊两通、球型、直通控制阀结构长度
17	B2005-5: 2004 (2008)	工业过程控制阀 第5部分：标志
18	B2005-6-1: 2004 (2008)	工业过程控制阀 第6部分：定位器连接到控制阀执行机构的安装细节．第1节：线型执行机构上定位器的安装
19	B2005-6-2: 2005 (2009)	工业过程控制阀 第6部分第2节定位器安装到控制阀上的安装细则．安装在回转执行机构上的定位器
20	B2005-7: 2004 (2008)	工业过程控制阀 第7部分：控制阀数据表
21	B2005-8-1: 2004 (2008)	工业过程控制阀 第8部分：噪声第1节：气体流经控制阀产生噪声的实验室测量
22	B2007: 1993 (R2005)	工业过程控制阀 检验和常规试验
23	B2011: 2003	青铜闸阀、截止阀、角阀和止回阀
24	B2011 AMD1: 2004	青铜闸阀、截止阀、角阀和止回阀（修改件1）
25	B2031: 2013	灰口铸铁阀
26	B2032: 2013	对夹式橡胶阀座蝶阀
27	B2051: 2013	10K 可锻铸铁螺纹阀
28	B2062: 1994 (2013)	水道闸阀
29	B2071: 2000 (2009)	钢制阀门
30	B2205: 1991 (R2011)	管法兰的计算基础
31	B2206: 1995 (R2010)	铝合金管法兰的计算基础
32	B2207: 1995 (R2011)	具有全平面垫片铝合金管法兰的计算基础
33	B2205 AMD1: 2006	管法兰计算基础（修改件1）
34	B2206 AMD1: 2006	铝合金管法兰计算基础（修改件1）
35	B2207 AMD1: 2006	具有全平面垫片铝合金管法兰计算基础（修改件1）
36	B2220: 2012	钢管法兰
37	B2239: 2013	铸铁管法兰
38	B2290: 1998 (R2013)	真空技术：法兰尺寸
39	B2291: 1994 (2011)	21.0MPa 液压用可拆卸平焊管法兰
40	B2293: 2000 (2009)	真空技术、管道配件、装配尺寸
41	B2404: 2006 (R2010)	管法兰用薄垫片尺寸
42	B2407: 1995 (R2005)	O 形密封圈保护环
43	B8210: 2009	蒸汽锅炉和压力容器、弹簧载荷安全阀
44	B8225: 2012	安全阀、排放系数的测定方法
45	B8244: 2004 (2008)	液化乙炔气瓶阀
46	B8245: 2004 (2013)	液化石油气瓶阀
47	B8246: 2004 (2013)	高压气瓶阀
48	B8373: 1993 (2013)	气动系统——二通电磁操纵阀
49	B8374: 1993 (2011)	气动系统——三通电磁操纵阀
50	B8375-1: 2000 (2012)	气动流体动力——五通方向控制阀 第1部分：无电连接安装界面
51	B8375-2: 2000 (2012)	气动流体动力——五通方向控制阀 第2部分：带任选电气连接器安装界面

（续）

序号	标准代号	标准名称
	JIS	
52	B8375-3:2000（2009）	气动流体动力——五通方向控制阀　第3部分：阀功能传送代码系统
53	B8376:1994（2011）	气动用速度控制阀
54	B8380:2002（2011）	气动流体动力——控制阀和其他元件端口和控制机构的鉴定
55	B8386:2000	液压流体动力——阀门、压差/流体特性的测定
56	B8387:2000（2009）	液压流体动力——四通通气阀和四通方向控制阀、尺寸02、03、05卡箍尺寸
57	B8400-1:2003（2012）	气体流体动力——18～26mm五孔定向控制阀　第1部分：无电连接的安装界面
58	B8401:1999（2013）	蒸汽疏水阀
59	B8410:2004（2011）	水管用泄压阀
60	B8471:2004（2013）	水道电磁阀
61	B8472:2008（2013）	蒸汽管道电磁阀
62	B8473:2007（2012）	燃油管道电磁阀
63	B8605:2002（2011）	制冷剂截止阀
64	B8652:2002	电动液压比例安全阀和减压阀的试验方法
65	B8653:2002	电动液压比例节流阀试验方法
66	B8654:2002	电动液压比例串联型流量控制阀试验方法
67	B8655:2002	电动液压比例串联型定向流量控制阀试验方法
68	B8656:2002	电动液压比例旁通流量控制阀试验方法
69	B8657:2002	电动液压比例定向旁通流量控制阀试验方法
70	B8659-1:2013	液压流体动力——电气调节液压控制阀　第1部分：四通直流控制阀试验方法
71	B8659-2:2002（2011）	液压流体动力——电气调节液压控制阀　第2部分：三通流量控制阀试验方法
72	B8664:2008	液压流体动力——压力控制阀（不含减压阀）、泄压阀、节流阀和止回阀、安装表面
73	B8665:2001（2010）	液压流体动力——阀门安装表面和筒式阀腔的识别准则
74	B8666:2001（2010）	液压流体动力——缩径阀
75	F3056:1995（2012）	船用底阀
76	F3057:1996（2012）	青铜立式排水口止回阀
77	F3058:1996（2012）	铸钢立式排水口止回阀
78	F3059:1996（2012）	青铜下螺纹立式排水口止回阀
79	F3060:1996（2012）	铸铜下螺纹立式排水口止回阀
80	F7211:2004	造船工业——5K阀门玻璃管液位表
81	F7212:2004	造船工业——自动关闭阀门的玻璃管液位表
82	F7213:1996	造船工业——阀用16K水位表
83	F7216:2010	造船工业——油位表用自闭阀
84	F7300:2009	造船工业——阀门和旋塞的应用
85	F7301:1997（2007）	造船工业——青铜制5K截止阀
86	F7302:1997（2007）	造船工业——青铜制5K角阀
87	F7303:1996（2007）	造船工业——16K青铜制截止阀
88	F7304:1996（2007）	造船工业——16K青铜制角阀
89	F7305:1996（2007）	造船工业——5K铸铁制截止阀
90	F7306:1996（2007）	造船工业——5K铸铁制角阀
91	F7307:1996（2007）	造船工业——10K铸铁制截止阀
92	F7308:1996（2007）	造船工业——10K铸铁制角阀
93	F7309:1996（2007）	造船工业——16K铸铁制截止阀
94	F7310:1996（2007）	造船工业——16K铸铁制截止阀
95	F7311:1996（2007）	造船工业——5K铸钢截止阀
96	F7312:1996（2007）	造船工业——5K铸钢角阀
97	F7313:1996（2007）	造船工业——20K铸钢截止阀
98	F7314:1996（2007）	造船工业——20K铸钢角阀
99	F7315:1996（2007）	造船工业——30K铸钢截止阀
100	F7316:1996（2007）	造船工业——30K铸钢角阀
101	F7317:1996（2007）	造船工业——40K铸钢截止阀
102	F7318:1996（2007）	造船工业——40K铸钢角阀
103	F7319:1996（2007）	造船工业——10K铸钢截止阀
104	F7320:1996（2007）	造船工业——10K铸钢角阀
105	F7329:1996（2007）	造船工业——40K锻钢截止阀

（续）

序号	标准代号	标准名称
	JIS	
106	F7330:1996（2007）	造船工业——40K锻钢角阀
107	F7333:1996（2007）	造船工业——铸铁软管阀
108	F7334:1996（2007）	造船工业——青铜软管阀
109	F7335:1996	造船工业——软管连接件和管件
110	F7336:1996（2007）	造船工业——锻钢制球形空气阀
111	F7337:1996（2007）	造船工业——锻钢制角形空气阀
112	F7340:1996（2007）	造船工业——铸钢制球形空气阀
113	F7341:2010	造船工业——锻钢制100K压力计阀
114	F7343:1996（2007）	造船工业——20K青铜制压力计旋塞
115	F7346:1996（2007）	造船工业——5K青铜制截止阀（油任阀盖型）
116	F7347:1996（2007）	造船工业——5K青铜制角阀（油任阀盖型）
117	F7348:1996（2007）	造船工业——16K青铜制截止阀（油任阀盖型）
118	F7349:1996（2007）	造船工业——16K青铜制角阀（油任阀盖型）
119	F7350:1996（2007）	造船工业——船体铸钢制角阀
120	F7351:1996（2007）	造船工业——5K青铜制下螺纹截止止回阀
121	F7352:1996（2007）	造船工业——5K青铜制下螺纹截止止回角阀
122	F7353:1996（2007）	造船工业——5K铸铁制下螺纹截止止回阀
123	F7354:1996（2007）	造船工业——5K铸铁制下螺纹角式截止止回阀
124	F7356:1996（2007）	造船工业——5K青铜制升降式止回阀
125	F7358:1996（2007）	造船工业——5K铸铁制升降式截止止回阀
126	F7359:1996（2007）	造船工业——5K铸铁制升降式止回阀
127	F7360:1996（2007）	造船工业——船体铸钢闸阀
128	F7363:1996（2007）	造船工业——5K铸铁制闸阀
129	F7364:1996（2007）	造船工业——10K铸铁制闸阀
130	F7365:1996（2007）	造船工业——船体铸钢制截止阀
131	F7366:1996（2007）	造船工业——10K铸钢制闸阀
132	F7367:1996（2007）	造船工业——5K青铜制升降杆式闸阀
133	F7368:1996（2007）	造船工业——10K青铜制升降杆式闸阀
134	F7369:1996（2007）	造船工业——16K铸铁制闸阀
135	F7371:1996（2007）	造船工业——5K青铜制旋启式止回阀
136	F7372:1996（2007）	造船工业——5K铸铁制旋启式止回阀
137	F7373:1996（2007）	造船工业——10K铸铁制旋启式止回阀
138	F7375:1996（2007）	造船工业——10K铸铁制下螺纹截止止回阀
139	F7376:1996（2007）	造船工业——10K铸铁制下螺纹角式截止止回阀
140	F7377:1996（2007）	造船工业——16K铸铁制下螺纹截止止回阀
141	F7378:1996（2007）	造船工业——16K铸铁制下螺纹角式截止止回阀
142	F7379:1996（2007）	造船工业——30K黄铜制齿咬合接头截止阀
143	F7381:2010	造船工业——5K青铜制法兰旋塞阀
144	F7387:2010	造船工业——16K青铜制旋塞阀
145	F7388:1996（2007）	造船工业——20K青铜制截止阀
146	F7389:1996（2007）	造船工业——20K青铜制角阀
147	F7390:2010	造船工业——锁紧旋塞
148	F7398:2010	造船工业——燃油罐自闭式排油阀
149	F7399:2002（2010）	造船工业——燃油罐紧急切断阀
150	F7400:1996（2007）	造船工业——阀和旋塞通用检验要求
151	F7403:1996（2007）	造船工业——船体青铜制截止阀
152	F7404:1996（2007）	造船工业——船体青铜制角阀
153	F7409:1996（2007）	造船工业——16K青铜制下螺纹截止止回阀

（续）

序号	标准代号	标 准 名 称
	JIS	
154	F7410:1996（2007）	造船工业——16K 青铜制下螺纹角式截止止回阀
155	F7411:1996（2007）	造船工业——5K 青铜制下螺纹截止止回阀（油任连接阀盖）
156	F7412:1996（2007）	造船工业——5K 青铜制下螺纹角式截止止回阀（油任连接阀盖）
157	F7413:1996（2007）	造船工业——16K 青铜制下螺纹截止止回阀（油任连接阀盖）
158	F7414:1996（2007）	造船工业——16K 青铜制下螺纹角式截止止回阀（油任连接阀盖）
159	F7415:1996（2007）	造船工业——5K 青铜制升降式截止止回阀（油任连接阀盖）
160	F7416:1996（2007）	造船工业——5K 青铜制升降式角型截止止回阀（油任连接阀盖）
161	F7417:1996（2007）	造船工业——16K 青铜制升降式截止止回阀（油任连接阀盖）
162	F7418:1996（2007）	造船工业——16K 青铜制升降式角型截止止回阀（油任连接阀盖）
163	F7421:1996（2007）	造船工业——20K 锻钢制截止阀
164	F7422:1996（2007）	造船工业——20K 锻钢制角阀
165	F7425:2006（2012）	造船工业——铸铁阀门
166	F7426:2008（2012）	造船工业——铸钢阀门
167	F7427:2012	造船工业——青铜制阀门
168	F7471:1996（2007）	造船工业——10K 铸钢制下螺纹截止止回阀
169	F7472:1996（2007）	造船工业——10K 铸钢制下螺纹角式截止止回阀
170	F7473:1996（2007）	造船工业——20K 铸钢制下螺纹截止止回阀
171	F7474:1996（2007）	造船工业——20K 铸钢制下螺纹角式截止止回阀
172	F7475:1996（2007）	造船工业——铸钢制角式气阀
173	F7480:1996（2007）	造船工业——橡胶阀座蝶阀
174	F7490:1998	造船工业——5K 球墨铸铁制截止阀
175	F7491:1999	造船工业——5K 球墨铸铁制角阀
176	F7492:1999	造船工业——5K 球墨铸铁制下螺纹角式截止止回阀
177	F7493:1999	造船工业——5K 球墨铸铁制下螺纹截止止回阀
178	F7494:2000	造船工业——10K 球墨铸铁制截止阀
179	F7495:2000	造船工业——10K 球墨铸铁制下螺纹截止止回阀
180	F7496:2000	造船工业——10K 球墨铸铁制角阀
181	F7496ERRATUM1:2001	造船工业——10K 球墨铸铁制角阀．勘误 1
182	F7496ERRATUM2:2002	造船工业——10K 球墨铸铁制角阀．勘误 2
183	F7497:2000	造船工业——10K 球墨铸铁制截止阀
184	F7498:2001	造船工业——16K 球墨铸铁制截止阀
185	F7499:2001	造船工业——16K 球墨铸铁制下螺纹截止止回阀
186	F7500:2001	造船工业——16K 球墨铸铁制角阀
187	F7504:2001	造船工业——16K 球墨铸铁制下螺纹角式截止止回阀
188	F7505:2006	造船工业——球墨铸铁阀
189	F7804:2000（2012）	造船工业——5K 船用铜合金管法兰
190	F7805:2013	船排气管用钢法兰基本尺寸
191	F7806:1996（R2012）	造船工业——船用 280K 和 350K 承插焊管法兰
192	S2120:2000（2010）	气体阀门

5.3 我国阀门行业现行国家标准等同、等效或非等效的国外先进标准（表5-18）

表 5-18

我国现行国家标准		等同、等效或非等效的国外标准	
代 号	名 称	代 号	名 称
GB 12220—1989	通用阀门 标志	ISO 5209:1977	通用阀门 标志
GB/T 12221—2005	金属阀门 结构长度	ISO 5752:1982	法兰连接金属阀门的结构长度
GB/T 12222—2005	多回转阀门 驱动装置的连接	ISO 5210:1996	多回转阀门驱动装置的连接
GB/T 12223—2005	部分回转阀门 驱动装置的连接	ISO 5211:2001	部分回转阀门驱动装置的连接
GB/T 12241—2005	安全阀 一般要求	ISO 4126:2004	过压保护安全装置
GB/T 12247—1989①	蒸汽疏水阀 分类	ISO 6704:1982	蒸汽疏水阀 分类
GB/T 12250—2005	蒸汽疏水阀 术语、标志、结构长度	ISO 6552:1982 ISO 6553:1980 ISO 6554:1980	蒸汽疏水阀 术语 蒸汽疏水阀 标志 蒸汽疏水阀 结构长度
GB/T 12251—2005	蒸汽疏水阀 试验方法	ISO 6948:1981	蒸汽疏水阀出厂检验和工作特性试验
GB/T 12224—2005	钢制阀门 一般要求	ASME B16.34:2004	法兰、螺纹和焊接连接的阀门
JB/T 7927—2014	阀门铸钢件外观质量要求	MSS SP55:2001	阀门、法兰、管件及其他管件的铸钢件质量标准—表面缺陷评定的目视检验方法
GB/T 12226—2005	通用阀门灰铸铁件技术条件	BS-EN 1503-3:2000	阀门、阀体、阀盖和盖板材料 欧洲标准中规定的铸铁
GB/T 12228—2006	通用阀门碳素钢锻件技术条件	ASTM A105/A105M:2005 ASTM A182/A182M:2006	管路附件用碳钢锻件技术规范 常用管路碳钢锻件规范
GB/T 12229—2005	通用阀门碳素钢铸件技术条件	ASTM A216/A216M:2004 ASTM A703/A703M:2004	高温用可溶焊碳钢铸件 受压铸钢件技术条件
GB/T 12230—2005	通用阀门奥氏体钢铸件技术条件	ASTM A351/A351M:2004 ASTM A703/A703M:2004	高温用奥氏体钢铸件规范 受压铸钢件技术条件
GB/T 12242—2005	压力释放装置 性能试验规范	ASME PTC25:2001	压力释放装置性能试验规范
GB/T 12245—2006	减压阀 性能试验方法	JIS B8410:2004	水道用减压阀
GB/T 12232—2005	通用阀门法兰连接铁制闸阀	ISO 5996:1984	铸铁闸阀
GB/T 12234—2007	石油、天然气工业用螺栓连接阀盖的钢制闸阀	API 600:2001 ISO 10434:2004	石油、石化及相关工业用螺栓连接阀盖的钢制闸阀
GB/T 12235—2007	石油、石化及相关工业用钢制截止阀和升降式止回阀	ASME B16.34:2004	法兰、螺纹和焊接连接的阀门
GB/T 12236—2008	石油、化工及相关工业用的钢制旋启式止回阀	ISO 14313:2007	石油天然气工业—管线输送系统—管线阀门
GB/T 12237—2007	石油、石化及相关工业用的钢制球阀	ISO 7121:2006	工业用通用钢制球阀
GB/T 12238—2008	法兰和对夹连接弹性密封蝶阀	BS 5155—1992	一般用途的铸铁和碳钢蝶阀
GB/T 12239—2008	工业阀门 金属隔膜阀	BS 5156—1992	一般用途的隔膜阀
GB/T 12240—2008	铁制旋塞阀	API 593—1981	球墨铸铁法兰旋塞网
GB/T 12243—2005	弹簧直接载荷式安全阀	JIS B8210:1994	蒸汽锅炉和压力容器、弹簧载荷式安全阀
GB/T 12244—2006	减压阀 一般要求	JIS B8410:2004	水管用减压阀
GB/T 12246—2006	先导式减压阀	JIS B8410:2004	水管用减压阀

① 新版 GB/T12247—2015《蒸汽疏水阀 分类》，2016 年 7 月 1 日实施。

5.4　常用计量单位换算（表 5-19）

表　5-19

量的名称	单位制	单位名称	单位符号	换算关系
长度	米制	微米	μm	10^{-6}m
		毫米	mm	10^{-3}m
		厘米	cm	10^{-2}m
		分米	dm	10^{-1}m
		米	m	基本单位
	英制	英寸	in	25.4mm；1/12ft
		英尺	ft	0.3048m；12in
面积	米制	平方毫米	mm^2	$10^{-6}m^2$
		平方厘米	cm^2	$10^{-4}m^2$
		平方分米	dm^2	$10^{-2}m^2$
		平方米	m^2	基本单位
	英制	平方英寸	in^2	$6.4516\times10^{-4}m^2$
		平方英尺	ft^2	$0.09290304m^2$，$144in^2$
体积	米制	立方毫米	mm^3	$10^{-9}m^3$
		立方厘米	cm^3	$10^{-6}m^3$
		立方分米	dm^3	$10^{-3}m^3$
		立方米	m^3	基本单位
		毫升	mL	10^{-3}L；$10^{-6}m^3$
		厘升	cL	10^{-2}L；$10^{-5}m^3$
		分升	dL	10^{-1}L；$10^{-4}m^3$
		升	L	基本单位；$10^{-3}m^3$
	英美制	立方英寸	in^3	$16.387064\times10^{-6}m^3$
		立方英尺	ft^3	$0.02831685m^3$，$1728in^3$
		加仑（英）	gal（UK）	$4.546092\times10^{-3}m^3$
		加仑（美）	gal（US）	$3.785412\times10^{-3}m^3$；$231in^3$
质量	米制	毫克	mg	10^{-6}kg
		厘克	cg	10^{-5}kg
		分克	dg	10^{-4}kg
		克	g	10^{-3}kg
		千克（公斤）	kg	基本单位
	英美制	盎司	oz	1/16lb；0.028349523kg
		磅	lb	0.45359237kg；16oz
		吨（英）	l.t	1016.047kg；2240lb
		吨（美）	s.t	907.1847kg；2000lb
密度	米制	克每立方厘米	g/cm^3	$10^3kg/m^3$
		千克（公斤）每立方米	kg/m^3	基本单位；$0.06243lb/ft^3$
		吨每立方米	t/m^3	$10^3kg/m^3$
		千克（公斤）每升	kg/L	$10^3kg/m^3$
		工程质量单位每立方米	$kgf\cdot s^2/m^4$	
	英制	磅每立方英尺	lb/ft^3	$16.01846kg/m^3$

（续）

量的名称	单位制	单位名称	单位符号	换算关系
速度	米制	厘米每秒	cm/s	0.01m/s
		米每秒	m/s	基本单位
	英制	英尺每秒	ft/s	0.3048m/s
加速度	米制	厘米每秒平方	cm/s^2	$10^{-2}m/s^2$
		米每秒平方	m/s^2	基本单位
	英制	英尺每秒平方	ft/s^2	$0.3048m/s^2$
角速度	米制	弧度每秒	rad/s	基本单位
角加速度	米制	弧度每二次方秒	rad/s^2	
频率	米制	赫［兹］	Hz	1/s
力、重力	米制	克力	gf	$9.80665\times10^{-3}N$
		千克（公斤）力	kgf	9.80665N
		吨力	tf	9806.65N
		牛［顿］	N	基本单位
		达因	dyn	$10^{-5}N$；$1.02\times10^{-6}kgf$
	英制	磅力	lbf	4.448222N；0.4536kgf
力矩	米制	牛［顿］米	N·m	基本单位
功、能	米制	焦耳	J	基本单位
		千克（公斤）力米	kgf·m	9.80665J
		尔格	erg	$10^{-7}J$
		瓦特秒	W·s	1J
		瓦特小时	W·h	367.1kgf·m；3600J
		千瓦特小时	kW·h	367.1×10^3kgf·m；3600×10^3J
	英制	磅力英尺	磅力·英尺 lbf·ft	0.1383kgf·m；1.35582J
功率	米制	瓦［特］	W	基本单位
		千瓦［特］	kW	1000W；102kgf·m/s；1.36PS
	英制	马力［英］	hp	745.7W；76kgf·m/s；1.014PS
转动惯量	米制	克二次方厘米	$g\cdot cm^2$	
		千克（公斤）二次方米	$kg\cdot m^2$	
热力学温度	米制	开［尔文］	K	$1K=t_C+273.15$，$1K=1℃$
摄氏温度	米制	摄氏度	℃	$t_C=\frac{5}{9}(t_F-32)$
华氏温度	英制	华氏度	℉	$t_F=\frac{9}{5}t_C+32$
体积流量	米制	立方米每秒	m^3/s	基本单位
		立方米每分	m^3/min	$1/60m^3/s$
		立方米每小时	m^3/h	$1/3600m^3/s$
		升每秒	L/s	$10^{-3}m^3/s$
		升每分	L/min	$10^{-3}/60m^3/s$
		升每小时	L/h	$10^{-3}/3600m^3/s$

（续）

量的名称	单位制	单位名称	单位符号	换算关系
质量流量	米制	千克（公斤）每秒	kg/s	基本单位
	其他	千克（公斤）每分	kg/min	1/60kg/s
		千克（公斤）每小时	kg/h	1/3600kg/s
		吨每秒	t/s	10^3kg/s
		吨每分	t/min	10^3/60kg/s
		吨每小时	t/h	10^3/3600kg/s
压力、正应力 压强、切应力	米制	帕［斯卡］	Pa	1N/m^2
		兆帕［斯卡］	MPa	1N/mm^2
	其他	工程大气压 千克（公斤）力每二次方厘米	at （kgf/cm^2）	1at = 1kgf/cm^2 = 9.80665 × 10^4Pa
		标准大气压	atm	101325Pa
		巴	bar	10^5Pa
		毫米汞柱	mmHg	133.322Pa
		毫米水柱	mmH$_2$O	9.80665Pa
	英制	磅力每平二次英尺	lbf/ft^2	4.8826kgf/m^2
		磅力每平二次英寸	lbf/in^2	0.07031kgf/cm^2 = 6894.76Pa = 0.0689476MPa
（动力） 粘度	米制	帕［斯卡］秒	Pa · s	
	其他	厘泊	cP	10^{-3}Pa · s
		千克（公斤）力秒每二次方米	kgf · s/m^2	9.80665Pa · s
		泊	P	0.1Pa · s
运动粘度	米制	二次方米每秒	m^2/s	
		厘沲	cst	10^{-6}m^2/s
热量	米制	焦耳	J	
	其他	卡	cal	4.1868J
		千卡	kcal	4.1868 × 10^3J
	英制	英热单位	Btu	0.252kcal≈1055.056J
比热容	米制	焦耳每千克(公斤)开[尔文]	J/（kg · K）	4.1868 × 10^{-3}J/（kg · K）
	其他	千卡每千克（公斤）摄氏度	kcal/（kg · ℃）	
热容	米制	焦耳每开［尔文］ （焦耳每摄氏度）	J/K （J/℃）	
传热系数	米制	瓦特每二次方米开［尔文］	W/（m^2 · K）	
	其他	卡每平方厘米秒摄氏度	cal（cm^2 · s · ℃）	4.1868 × 10^4W/（m^2 · K）
热导率	米制	瓦特每米开［尔文］	W/（m · K）	4.1868 × 10^2W/（m · K）
	其他	卡每厘米秒 · 摄氏度	cal（cm · s · ℃）	

5.5 气体物理常数（表 5-20）

表 5-20

气体		相对分子质量 M_r	气体常数 R		等熵指数 κ p:大气压 $T=273K$ $=462°R$	临界温度 T_c		p_c 临界压力（绝对）	
			$\frac{J}{kg \cdot K}$	$\frac{ft \cdot lbf}{lb \cdot °R}$		K	°R	MPa	lbf/in^2
乙炔	C_2H_2	26.078	318.88	59.24	1.23	309.09	556.4	6.237	904.4
空气		28.96	287.10	53.35	1.40	132.4	238.3	3.776	547.5
氨	NH_3	17.032	488.17	90.71	1.31	405.6	730.1	11.298	1638.2
氩	Ar	39.949	208.15	38.08	1.65	150.8	271.4	4.864	705.3
苯	C_6H_6	78.108	106.45	19.78	—	561.8	1011.2	4.854	703.9
丁烷 *n*	C_4H_{10}	58.124	143.04	26.58	—	425.2	765.4	3.506	508.4
丁烷 *i*	C_4H_{10}	58.124	143.04	26.58	—	408.13	734.6	3.648	529.0
乙烯	C_4H_{10}	56.108	148.18	27.54	—	419.55	755.2	3.926	569.2
二氧化碳	CO_2	44.011	188.91	35.10	1.30	304.2	547.6	7.385	1070.8
二硫化碳	CS_2	76.142	109.19	20.29	—	546.3	983.3	7.375	1069.4
一氧化碳	CO	28.011	296.82	55.16	1.40	133.0	239.4	3.491	506.2
硫氧化碳	COS	60.077	138.39	25.72	—	375.35	675.6	6.178	895.9
氯气	Cl_2	70.914	117.24	21.79	1.34	417.2	751.0	7.698	1116.3
氰(乙二腈)	C_2N_2	52.038	159.77	29.69	—	399.7	719.5	5.894	854.6
乙烷	C_2H_6	30.070	276.49	51.38	1.20	305.42	549.8	4.884	708.2
乙烯	C_2H_4	28.054	296.46	55.07	1.25	282.4	508.8	5.070	735.2
氦气	He	4.003	2076.96	385.95	1.63	5.2	9.4	0.229	33.22
氢气	H_2	2.016	4124.11	766.36	1.41	33.3	59.9	1.295	187.7
氯化氢	HCl	36.465	228.01	42.37	1.39	324.7	584.5	8.307	1204.4
氢晴酸	HCN	27.027	307.63	57.16	—	456.7	822.1	5.394	782.1
硫化氢	H_2S	34.082	243.94	45.33	1.33	373.53	672.4	9.013	1306.8
甲烷	CH_4	16.034	518.24	98.36	1.31	190.7	343.3	4.629	671.2
氯化甲基	CH_3Cl	50.491	164.66	30.60	—	416.2	749.4	6.669	667.0
氖气	Ne	20.183	411.94	76.55	1.64	44.4	79.9	2.654	384.8
氧化氮	NO	30.008	277.06	51.48	1.39	180.2	324.4	6.541	948.5
氮气	N_2	28.016	296.76	55.15	1.40	126.3	227.8	3.383	490.6
一氧化二氮	N_2O	44.016	188.89	35.10	1.28	309.7	557.5	7.267	1053.7
氧气	O_2	32.000	259.82	48.28	1.40	154.77	278.6	5.080	736.6
二氧化硫	SO_2	64.066	125.77	24.11	1.28	430.7	775.3	7.885	1143.3
丙烷	C_3H_8	44.097	188.54	35.04	—	370.0	666.0	4.256	617.15
丙烯	C_3H_6	42.081	197.56	36.71	—	364.91	656.8	4.621	670.1
甲苯	C_7H_8	92.134	90.24	16.77	—	593.8	1068.8	4.207	610.0
水汽	H_2O	18.016	461.48	85.75	1.33 *	647.3	1165.1	22.129	3208.8
二甲苯	C_8H_{10}	106.16	78.32	14.55	—	—	—	—	—

5.6　各种标准碳钢(铸)压力-温度额定值对照曲线(图 5-1)

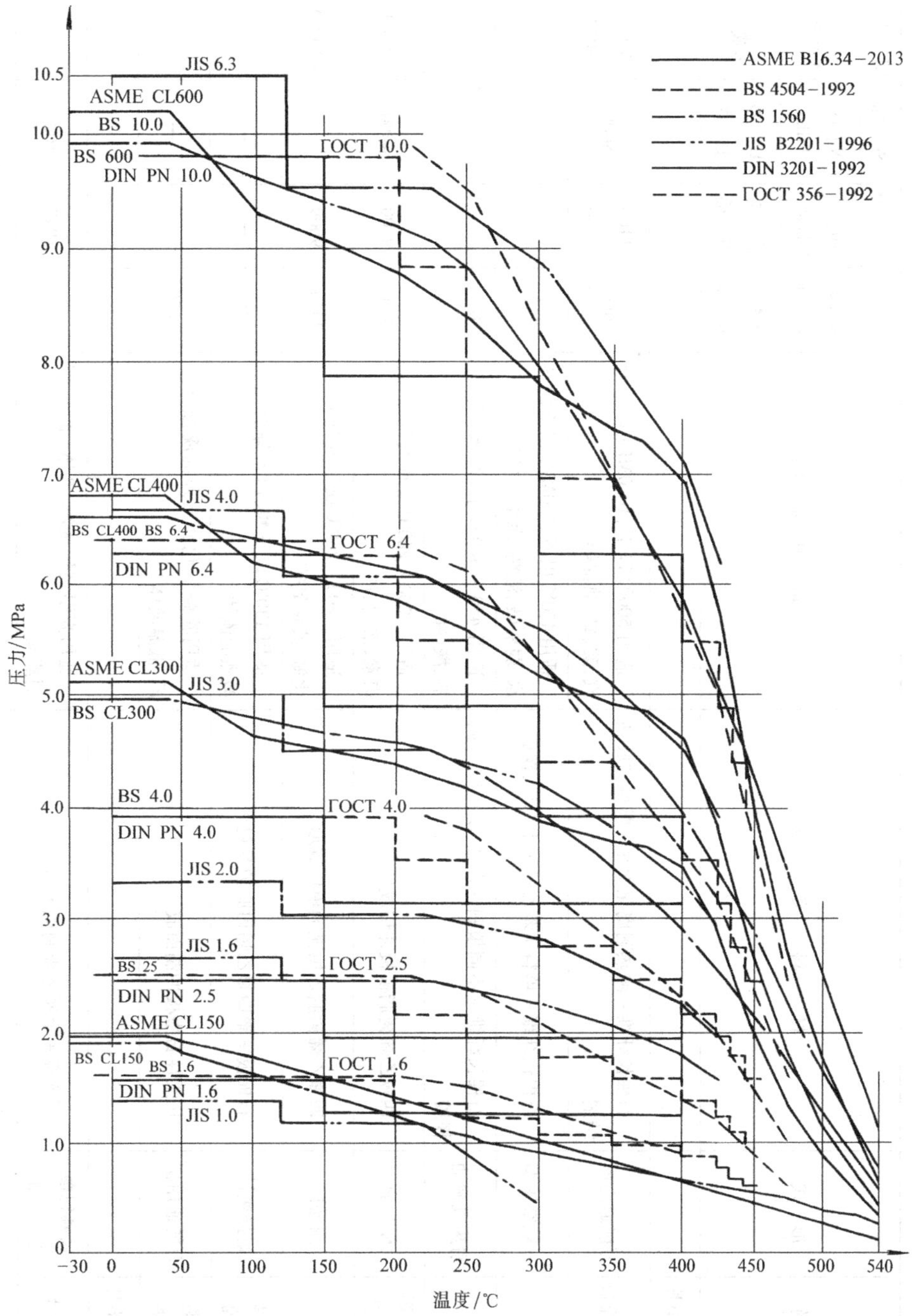

图 5-1　各种标准碳钢(铸)压力-温度额定值对照曲线

5.7 引进装置中阀门常用垫片(表 5-21)

表 5-21

编号	名称	形式	材料组成	适用范围	国外常用代号					
					Nippon Valqua 日本华尔卡	Nippon Asbestos 日本石棉	Nippon Pillar 日本皮拉	Garlock 卡勒克	Johns-Manville JM(佳斯迈威)	John Crane 约翰克兰
一、	非金属垫片									
1.	压缩石棉板	万能通用型	石棉长纤维+耐热耐腐化学品+特殊橡胶粘结剂	适用500℃以下、10.0MPa以下蒸汽、酸、碱、热油等	1500	1100 1000	5000	7021 7022	60 61	33 2150
		一般常用型	石棉长纤维+填料+苯乙烯+丁二烯,橡胶	适用450℃以下、7.0MPa以下的热水、弱酸碱、酒精、海水、空气	221	—	—	—	—	—
		耐热或耐油	石棉长纤维+不同填料+苯乙烯+丁二烯,橡胶	适用450~500℃水、海水、空气、盐、酸、碱	921 930	—	—	—	—	—
2.	四氟乙烯垫片	耐腐	四氟乙烯树脂模板冲切成形	适用-200~260℃各种腐蚀液体、卤素、溶剂、油	7010	9000	4400	35404	—	—
		耐酸碱	四氟乙烯树脂加填充剂模压成形	适用-200~260℃腐蚀性气体、液化氮、液化氧等	7020	9009	—	GYLON	—	—
3.	四氟包夹石棉	耐强腐蚀	石棉板+聚四氟乙烯树脂护套包夹	适用130℃以下酸、卤素等腐蚀性激烈的流体	7030	—	—	—	—	—
4.	石墨密封垫	万能通用型	用柔性石墨板冲制而成	适用除强氧化介质外的腐蚀性介质、低温液体	VF30	—	—	—	—	—
二、	半金属垫片									
1.	包覆垫片	金属包覆石棉	石棉板+金属薄板制成护套	适用高温高压蒸汽、气体、油气、溶剂蒸气	520	1840	1020	—	923	—
2.	缠绕式垫片	石棉不锈钢缠绕垫	石棉带与不锈钢带(V形或W形SuS304)缠绕而成	适用高温高压蒸汽、油气、溶剂蒸气	590	1804	2000 2100	555	911	—

（续）

编号	名称	形式	材料组成	适用范围	国外常用代号					
					Nippon Valqua	Nippon Asbestos	Nippon Pillar	Garlock	Johns-Manville	John Crane
					日本华尔卡	日本石棉	日本皮拉	卡勒克	JM(佳斯迈威)	约翰克兰
		带外环缠绕垫	石棉带与不锈钢带缠绕而成＋外环（低碳钢或不锈钢）	适用高温高压蒸汽、油气、溶剂蒸气	591	1834	2000 OR 2100 OR	555	913	—
		带内环缠绕垫	石棉带与不锈钢带缠绕而成＋内环（低碳钢或不锈钢）	适用高温高压蒸汽、油气、溶剂蒸气	592	1804-R	2000 1R 2100 1R	555	—	—
		带内外环缠绕垫	石棉带与不锈钢带缠绕而成＋内外环（低碳钢或不锈钢）	适用高温高压蒸汽、油气、溶剂蒸气	596	1834-R	2000 10R 2100 10R	555	—	—
		石墨不锈钢缠绕垫	石墨带与不锈钢带（V形或W形SUS304）缠绕而成	适用－200～500℃除高温氧化、强氧化外的其他流体	6590	—	—	—	—	—
		带外环缠绕垫	石墨带不锈钢带缠绕而成＋外环（低碳钢或不锈钢）	适用－200～500℃除高温氧化、强氧化外的其他流体	6591	—	—	—	—	—
		带内环缠绕垫	石墨带不锈钢带缠绕而成＋内环（低碳钢或不锈钢）	适用－200～500℃除高温氧化、强氧化外的其他流体	6592	—	—	—	—	—
		带内外环缠绕垫	石墨带与不锈钢带缠绕而成＋内外环（低碳钢或不锈钢）	适用－200～500℃除高温氧化、强氧化外的其他流体	6596	—	—	—	—	—
		四氟不锈钢缠绕垫	四氟乙烯带与不锈钢带（V形或W形SUS304）缠绕而成	适用300℃以下各种腐蚀流体	7590	9090	2500	555	—	—
			四氟乙烯带与不锈钢带缠绕而成＋外环（低碳钢碳钢或不锈钢）	适用300℃以下各种腐蚀流体	7591	—	—	—	—	—
			四氟乙烯带与不锈钢带缠绕而成＋内环（低碳钢或不锈钢）	适用300℃以下各种腐蚀流体	7592	—	—	—	—	—
			四氟乙烯带与不锈钢带缠绕而成＋内外环（低碳钢或不锈钢）	适用300℃以下各种腐蚀流体	7596	—	—	—	—	—
三、	金属类垫片	波纹形金属密封垫片	将各种金属的两面按一定要求削成波纹形	用于高压蒸汽、气体	500	1880-S	1220	—	900	—
		平面式	将各种金属材料削成规定尺寸平面形状	用于高压蒸汽、气体	560	1850-P	1420	—	940	—
		环形接合密封垫片	将各种金属材料加工成截面椭圆形、八角形、透镜形、双锥形、API-RX. BX形等密封垫	用于高温高压蒸汽、气体、热油、溶剂蒸气等	550	1850-V	1520A	—	950	—

5.8 引进装置中阀门常用填料(表 5-22)

表 5-22

编号	名称	材料组成	适用范围	国外常用代号					
				Nippon Valqua 日本华尔卡	Nippon Asbestos 日本石棉	Nippon Pillar 日本皮拉	Garlock 卡勒克	Johns Manville JM(佳斯迈威)	John Crane 约翰克兰
一、	石棉类								
1.	石棉绳填料								
	浸四氧树脂石棉绳	石棉纤维拈成线,浸渍四氟乙烯树脂	适合 260℃ 以下各种化学药品溶剂、蒸气	7101	—	—	—	—	—
	含石墨石棉绳	将浸渍润滑剂石棉纤维拈成线,再加以石墨处理	适合 150℃ 以下蒸气、水、一般液压油	127	—	—	—	—	—
2.	石棉线编织填料								
	浸渍耐热润滑剂	将浸渍耐热润滑剂的石棉线编织成形,然后加石墨处理,或云母处理	适应 300℃ 以下蒸汽、热水、一般化学药品	135(125)	—	—	—	255	816
	浸渍耐酸润滑剂	将耐酸润滑剂处理后的石棉线编织成形,然后加石墨处理,或云母处理	适合 200℃ 以下烯无机酸、氨、碱性溶液	136	—	—	—	—	—
	加耐高温,耐油粘结剂	将长纤维石棉线编织成形,然后用特殊粘结剂粘结,或云母处理	适合 350℃ 以下油,石油系碳化氢、蒸气、一般气体	139	3900	—	176	270	804-D
	浸渍四氟树脂	将石棉纤维粘成线,浸渍四氟乙烯树脂	适合 -200 ~ 260℃ 以下各种化学药品溶剂、蒸气	7101	—	—	—	—	—
		将石棉纤维拈成线,浸渍四氟乙烯树脂。编织成形,用矿物油处理	适合 200℃ 以下各种化学药品溶剂、蒸气	7132	—	—	—	—	—
		将石棉纤维拈成线,浸渍四氟乙烯树脂。编织成形,用氟油处理	适合 260℃ 以下各种化学药品溶剂、蒸气	7133	9075-b	4513	5862	2024	C-06 C-07
		将石棉纤维拈成线,浸渍四氟乙烯树脂编织成形,用硅油处理	适合 260℃ 以下各种化学药品溶剂、蒸气	7133Fo	—	—	—	—	—
	用金属线补强	(石棉纤维 + 耐热粘结剂 + 石墨 + 不锈钢丝)编织,用石墨或其他润滑剂处理	适合 550℃ 以下高温高压过热蒸汽,高温油	1271	2913	313	—	—	550 551

（续）

编号	名称	材料组成	适用范围	国外常用代号					
				Nippon Valqua	Nippon Asbestos	Nippon Pillar	Garlock	Johns Manville	John Crane
				日本华尔卡	日本石棉	日本皮拉	卡勒克	JM(佳斯迈威)	约翰克兰
		（石棉纤维+耐热粘结剂+石墨+蒙乃尔金属丝）编织，用石墨或其他润滑剂处理	适合550℃以下高温高压过热蒸汽、高温油	1272	2921	315	—	—	—
		（石棉纤维+耐热粘结剂+石墨+镍铬铁+耐热合金丝）编织，用石墨或其他润滑剂处理	适合650℃以下高温高压过热蒸汽、高温油	1273	2920	316	—	3123	187-1
3.	高温用棉状填料	（石棉纤维+耐热润滑剂+石墨）制成棉状，加覆盖层	适合450℃以下轻油、重油，液压油，蒸汽	1240	2990	—	930	C-R-620	SS-3J
4.	石棉袋编填料	（石棉+石墨+耐热填充剂）制成棉状混合物，外用石棉线编织方袋形，再用石墨作表面处理，再施加防腐处理	适合350℃以下用热水、蒸汽、海水，下水道污水，工业废液、盐类水溶液弱酸、弱碱、动植物油等接触30MPa以下阀杆密封	1290	—	—	—	—	—
二、	橡塑料类								
1.	四氟乙烯编织填料	将100%四氟乙烯树脂纤维编织成形，再浸渍四氟乙烯树脂悬浮液，用特殊润滑剂处理	适合260℃以下各种化学药品溶剂、蒸气	7233	9034	4505	5733	—	C-1045 C-1046
2.	混四氟乙烯编织填料	将混有四氟乙烯纤维的石棉线，浸渍四氟乙烯树脂后，编织成袋形结构，加润滑剂处理		7332	—	—	—	—	—
3.	塑料填密环	将四氟乙烯树脂棒模制成V形填密件		7631	9020-V	4260	8764	Chempac-V	Chemlonc-VU
4.	用橡胶制成的填密环	将橡胶制成V形填密件		2631	2661	—	—	V-Ring	—
三、	石墨类								
	纯石墨模压制	用纯石墨模压制而成	适合气态酸碱、卤素气体、天然气、油气、溶剂	VF-10	2200	6610	—	—	—
四、	其他	另外还有纤维类、植物纤维类、橡胶类、金属类，由于用量不大、不一一介绍							

5.9 美国材料试验协会（ASTM）标准钢材化学成分（质量分数）及

表 5

钢号	名称	化学成分（质量分数）（%）								
		C	Si	Mn	P≤	S≤	Cr	Ni	Mo	其他
ASTM A27/A27M—2013 N-1	普通低、中、强度碳素钢铸钢	≤0.25	≤0.80	≤0.75	0.05	0.06	—	—	—	
N-2	普通低、中、强度碳素钢铸钢	≤0.35	≤0.80	≤0.60	0.05	0.06	—	—	—	
U-60-30	普通低、中、强度碳素钢铸钢	≤0.25	≤0.80	≤0.75	0.05	0.06	—	—	—	
60-30	普通低、中、强度碳素钢铸钢	≤0.30	≤0.80	≤0.60	0.05	0.06	—	—	—	
65-35	普通低、中、强度碳素钢铸钢	≤0.30	≤0.80	≤0.70	0.05	0.06	—	—	—	
70-36	普通低、中、强度碳素钢铸钢	≤0.35	≤0.80	≤0.70	0.05	0.06	—	—	—	
70-40	普通低、中、强度碳素钢铸钢	≤0.25	≤0.80	≤1.20	0.05	0.06	—	—	—	
ASTM A105/A105M—2013	管道用碳素钢锻件	≤0.35	≤0.35	0.60~1.05	0.040	0.050	—	—	—	
ASTM A181/A181M—2013 Class 60 Class 70	一般管道用碳素钢锻件（普通碳素结构钢）	≤0.35	≤0.35	≤1.10	0.050	0.050	—	—	—	
ASTM A182/A182M:2014 F1	高温用合金钢（铁素体钢）	≤0.28	0.15~0.35	0.60~0.90	0.045	0.045	—	—	0.44~0.65	
F2	高温用合金钢（铁素体钢）	≤0.21	0.10~0.60	0.30~0.80	0.040	0.040	0.50~0.81	—	0.44~0.65	
F5	高温用合金钢（铁素体钢）	≤0.15	≤0.50	0.30~0.60	0.030	0.030	4.0~6.0	≤0.50	0.44~0.65	
F5a	高温用合金钢（铁素体钢）	≤0.25	≤0.50	≤0.60	0.040	0.030	4.0~6.0	≤0.50	0.44~0.65	
F6a	高温用合金钢（铁素体钢）	≤0.15	≤1.00	≤1.00	0.040	0.030	11.5~13.50	≤0.50	—	
F9	高温用合金钢（铁素体钢）	≤0.15	0.50~1.00	0.30~0.60	0.030	0.030	8.0~10.0	—	0.90~1.10	
F11	高温用合金钢（铁素体钢）	0.10~0.20	0.50~1.00	0.30~0.80	0.040	0.040	1.00~1.50	—	0.44~0.65	
F12	高温用合金钢（铁素体钢）	0.10~0.20	0.10~0.60	0.30~0.80	0.040	0.040	0.80~1.25	—	0.44~0.65	
F21	高温用合金钢（铁素体钢）	≤0.15	≤0.50	0.30~0.60	0.040	0.040	2.65~3.35	—	0.80~1.06	
F22	高温用合金钢（铁素体钢）	≤0.15	≤0.50	0.30~0.60	0.040	0.040	2.00~2.50	—	0.87~1.13	

力学性能（表 5-23）

-23

力　学　性　能　≥							相应国内牌号	相应日本JIS 牌号
R_m /kis(MPa)	R_{eL} /kis(MPa)	A (%)	Z (%)	硬　度				
				HB	HRC	HV		
70(483)	36(248)	22.0	30				GB25 25Mn	G4051-S25C S28C
70(483)	40(276)	25.0	35.0	≤192			16Mo(YB)	G3213-SFHV12B
70(483)	40(276)	25.0	30.0	≤192				
70(483)	40(276)	20.0	35.0	≤217			1Cr5Mo(GB)	G3213-SFHV25
90(621)	65(448)	22.0	50.0	≤248			(2Cr5Mo)	
70(483)	40(276)	20.0	45.0	≤223			1Cr13(GB)	G4303-SUS410
85(586)	55(379)	20.0	40.0	≤217				
70(483)	40(276)	20.0	30.0	≤207			15CrMo(YB)	G3213-SFHV23B
70(483)	40(276)	20.0	30.0	≤207			15CrMo(YB)	G3213-SFHV22B
75(517)	45(310)	20.0	30.0	≤207				
75(517)	45(310)	20.0	30.0	≤207			25Cr2Mo1VA (YB)	G3213-SFHV24B

钢　号	名　称	化　学　成　分　（质量分数）　（%）								
		C	Si	Mn	P≤	S≤	Cr	Ni	Mo	其他
F304	高温用合金钢（奥氏体钢）	≤0.08	≤1.00	≤2.00	0.040	0.030	18.00~20.00	8.00~11.00	—	
F304H	高温用合金钢（奥氏体钢）	0.04~0.10	≤1.00	≤2.00	0.040	0.030	18.00~20.00	8.00~11.00	—	
F304L	高温用合金钢（奥氏体钢）	≤0.035	≤1.00	≤2.00	0.040	0.030	18.00~20.00	8.00~13.00	—	
F310	高温用合金钢（奥氏体钢）	≤0.15	≤1.00	≤2.00	0.040	0.030	24.00~26.00	19.00~22.00	—	
F316	高温用合金钢（奥氏体钢）	≤0.08	≤1.00	≤2.00	0.040	0.030	16.00~18.00	10.00~14.00	2.00~3.00	
F316H	高温用合金钢（奥氏体钢）	0.04~0.10	≤1.00	≤2.00	0.040	0.030	16.00~18.00	10.00~14.00	2.00~3.00	
F316L	高温用合金钢（奥氏体钢）	≤0.035	≤1.00	≤2.00	0.040	0.030	16.00~18.00	10.00~15.00	2.00~3.00	
F321	高温用合金钢（奥氏体钢）	≤0.08	≤1.00	≤2.00	0.030	0.030	≥17.00	9.00~12.00	—	
F321H	高温用合金钢（奥氏体钢）	0.04~0.10	≤1.00	≤2.00	0.030	0.030	≥17.00	9.00~12.00	—	
F347	高温用合金钢	≤0.08	≤1.00	≤2.00	0.030	0.030	17.00~20.00	9.00~13.00	—	
F347H	高温用合金钢	0.04~0.10	≤1.00	≤2.00	0.030	0.030	17.00~20.00	9.00~13.00	—	
F348	高温用合金钢	≤0.08	≤1.00	≤2.00	0.030	0.030	17.00~20.00	9.00~13.00	—	
F348H	高温用合金钢	0.04~0.10	≤1.00	≤2.00	0.030	0.030	17.00~20.00	9.00~13.00	—	
ASTM A193/A193M—2014a B16	合金钢螺栓（合金钢）	0.36~0.44	0.15~0.35	0.45~0.70	0.035	0.040	0.80~1.15	—	0.50~0.65	V0.25~0.35
B7	合金钢螺栓（合金钢）	0.37~0.49	0.15~0.35	0.65~1.10	0.035	0.040	0.75~1.20	—	0.15~0.25	
B8	合金钢螺栓（不锈耐热钢）	≤0.08	≤1.00	≤2.00	0.045	0.030	18.00~20.00	8.00~10.50	—	
B8C	合金钢螺栓（不锈耐热钢）	≤0.08	≤1.00	≤2.00	0.045	0.030	17.00~19.00	9.00~13.0	—	
B8M	合金钢螺栓（不锈耐热钢）	≤0.08	≤1.00	≤2.00	0.045	0.030	16.00~18.00	10.00~14.00	2.00~3.00	
B8T	合金钢螺栓（不锈耐热钢）	≤0.08	≤1.00	≤2.00	0.045	0.030	17.00~19.0	9.00~12.0	—	Ti≥0.40
ASTM A194/A194M—2014a 2H	碳钢和合金钢螺母（普通碳素钢）	≤0.40	—	—	0.040	0.050	—	—	—	
4	碳钢和合金钢螺母（合金结构钢）	0.40~0.50	0.15~0.35	0.70~0.90	0.035	0.040	—	—	0.20~0.30	
8	碳钢和合金钢螺母（不锈耐热钢）	≤0.08	≤1.00	≤2.00	0.045	0.030	18.00~20.00	8.00~10.50	—	

（续）

力学性能 ≥							相应国内牌号	相应日本 JIS 牌号
R_m /kis(MPa)	R_{eL} /kis(MPa)	A (%)	Z (%)	硬度 HB	HRC	HV		
75(517)	30(207)	30	50				06Cr19Ni10(GB/T)	G4303-SUS304
75(517)	30(207)	30	50					
70(483)	25(172)	30	50				022Cr19Ni10 (GB/T)	G4303-SUS304L
75(517)	30(207)	30	50					G4303-SUS310S
75(517)	30(207)	30	50				06Cr17Ni12Mo2 (GB/T)	G4303-SUS316
75(517)	30(207)	30	50					
70(483)	25(172)	30	50				022Cr17Ni12Mo2 (GB/T)	G4303-SUS316L
75(517)	30(207)	30	50				06Cr19Ni10 (GB/T)	G4303-SUS321
75(517)	30(207)	30	50					
75(517)	30(207)	30	50				12Cr18Ni11Nb (GB/T)	G4303-SUS347
75(517)	30(207)	30	50					
75(517)	30(207)	30	50					
75(517)	30(207)	30	50					
125(862)	105(724)	18	50				40Cr2MoV (YB 旧)	G4107-SNB16
125(862)	105(724)	16	50				35CrMo(YB)	G4105-SCM3 G4105-SCM435
75(517)	30(207)	30	50	≤223			06Cr19Ni10(GB/T)	G4303-SUS304
75(517)	30(207)	30	50				12Cr18Ni11Nb(GB)	G4303-SUS347
75(517)	30(207)	30	50				06Cr17Ni12Mo2 (GB/T)	G4303-SUS316
							06Cr19Ni10(GB/T)	G4303-SUS321
				248 ~352			45(GB)	G4051-S45C
				248 ~352			(40Mn) (35CrMo)	
				126 ~223			06Cr19Ni10(GB/T)	G4303-SUS304

钢号	名称	化学成分（质量分数）（%）								
		C	Si	Mn	P≤	S≤	Cr	Ni	Mo	其他
8M	碳钢和合金钢螺母	≤0.08	≤1.00	≤2.00	0.045	0.030	16.00~18.00	10.00~14.00	2.00~3.00	
ASTM A216/A216M—2014 WCA	高温部件用焊接碳素钢铸钢	≤0.25	≤0.60	≤0.70	0.040	0.045	≤0.40	≤0.50	≤0.25	Cu≤0.50 V≤0.30
WCB	高温部件用焊接碳素钢铸钢	≤0.30	≤0.60	≤1.00	0.040	0.045	≤0.40	≤0.50	≤0.25	Cu+Cr+Ni+Mo+V≤1.00
WCC	高温部件用焊接碳素钢铸钢	≤0.25	≤0.60	≤1.20	0.040	0.045	≤0.40	≤0.50	≤0.25	
ASTM A217/A217M—2014 WC1	合金钢铸件（合金结构钢）	0.25	0.60	0.50~0.80	0.040	0.045	≤0.35	≤0.50	0.45~0.65	W≤0.10 Cu≤0.50
WC4	合金钢铸件（合金结构钢）	0.20	0.60	0.50~0.80	0.040	0.045	0.50~0.80	0.70~1.10	0.45~0.65	
WC5	合金钢铸件（合金结构钢）	0.20	0.60	0.40~0.70	0.040	0.045	0.50~0.90	0.60~1.00	0.90~1.20	
WC6	合金钢铸件（合金结构钢）	0.20	0.60	0.50~0.80	0.040	0.045	1.00~1.50	≤0.50	0.45~0.65	
WC9	合金钢铸件（合金结构钢）	0.18	0.60	0.40~0.70	0.040	0.045	2.00~2.75	≤0.50	0.90~1.20	
CA15	合金钢铸件（不锈耐热铜）	0.15	1.50	<1.00	0.040	0.040	11.50~14.00	≤1.00	≤0.50	
C5	合金钢铸件（不锈耐热铜）	≤0.20	≤0.75	0.40~0.70	0.04	0.045	4.00~6.50	≤0.50	0.45~0.65	Cu≤0.50
C12	合金钢铸件（不锈耐热铜）	0.20	0.35~0.65	1.00	0.040	0.040	8.00~10.00	0.50	0.90~1.20	
ASTM A234/A234M—2005 WP_1	中温和稍高温用的锻碳钢和合金钢管件	≤0.28	0.10~0.50	0.30~0.90	0.045	0.045	—	—	0.44~0.65	
WP_{11}		≤0.20	0.50~1.00	0.30~0.80	0.040	0.040	1.00~1.50	—	0.44~0.65	
WP_{12}		≤0.20	≤0.60	0.30~0.80	0.045	0.045	0.80~1.25	—	0.44~0.65	
WP_{22}		≤0.15	≤0.50	0.30~0.60	0.040	0.040	1.90~2.60	—	0.87~1.13	
WP_5		≤0.15	≤0.50	0.30~0.60	0.040	0.030	4.00~6.00	—	0.44~0.65	
WP_7		≤0.15	0.50~1.00	0.30~0.60	0.030	0.030	6.00~8.00	—	0.44~0.65	
WP_9		≤0.15	0.25~1.00	0.30~0.60	0.030	0.030	8.00~10.00	—	0.90~1.10	
WPE		≤0.28	0.10~0.50	0.30~0.90	0.045	0.045	—	—	0.44~0.65	
WPR		≤0.20	—	0.40~1.06	0.045	0.050	—	1.60~2.24	—	Cu0.7~4.25

（续）

力学性能 ≥							相应国内牌号	相应日本 JIS 牌号
R_m /kis(MPa)	R_{eL} /kis(MPa)	A (%)	Z (%)	硬度 HB	硬度 HRC	硬度 HV		
				126 ~223			0Cr18Ni12Mo2 Ti（GB）	G4303-SUS316
60(414)	30(207)	24	35					G5151-SCPH1
70(483)	36(248)	22	35					G5151-SCPH2
70(483)	40(276)	22	35					
65(448)	35(241)	24	35					G5151-SCPH11
70(483)	40(276)	20	35					
70(483)	40(276)	20	35					
70(483)	40(276)	20	35				(ZG20CrMoV)	G5151-SCPH21
70(483)	40(276)	20	35				(Z15Cr1Mo1V)	G5151-SCPH32
90(621)	72(495)	18	30				ZG1Cr13	G5151-SCS1
90(621)	60(414)	18	35				ZG2Cr5Mo	G5151-SCPH61
90(621)	60(414)	18	35					
70(483)	40(276)	25	36	≤192				
70(483)	40(276)	20	30	≤192				
70(483)	40(276)	20	30	≤192				
75(517)	45(310)	20	30	≤192				
70(483)	40(276)	20	35	≤192				
70(483)	40(276)	20	35	≤192				
85(586)	55(379)	20	40	≤223				

钢号	名称	化学成分（质量分数）（%）								
		C	Si	Mn	P≤	S≤	Cr	Ni	Mo	其他
ASTM A276/A276M—2013 304	不锈、耐热钢棒，型材	≤0.08	≤1.00	≤2.00	0.045	0.030	18.00~20.00	8.00~10.50	—	
304L	不锈、耐热钢棒，型材	≤0.03	≤1.00	≤2.00	0.045	0.030	18.00~20.00	8.00~12.00	—	
310	不锈、耐热钢棒，型材	≤0.25	≤1.50	≤2.00	0.045	0.030	24.00~26.00	19.00~22.00	—	
316	不锈、耐热钢棒，型材	≤0.08	≤1.00	≤2.00	0.045	0.030	16.00~18.00	10.00~14.00	2.00~3.00	
316L	不锈、耐热钢棒，型材	≤0.03	≤1.00	≤2.00	0.045	0.030	16.00~18.00	10.00~14.00	2.00~3.00	
321	不锈、耐热钢棒，型材	≤0.08	≤1.00	≤2.00	0.045	0.030	17.00~19.00	9.00~12.00	—	Ti≥0.4
347	不锈、耐热钢棒，型材	≤0.08	≤1.00	≤2.00	0.045	0.030	17.00~19.00	9.00~13.00	—	Nb-Ta≥0.8
403	不锈、耐热钢棒，型材	≤0.15	≤0.50	≤1.00	0.040	0.030	11.50~13.00	—	—	
410	不锈、耐热钢棒，型材	≤0.15	≤1.00	≤1.00	0.040	0.030	11.50~13.50	—	—	
420	不锈、耐热钢棒，型材	>0.15	≤1.00	≤1.00	0.040	0.030	12.00~14.00	—	—	
430	不锈、耐热钢棒，型材	≤0.12	≤1.00	≤1.00	0.040	0.030	16.00~18.00	—	—	
440C	不锈、耐热钢棒，型材	0.95~1.20	≤1.00	≤1.00	0.040	0.030	16.00~18.00	—	≤0.75	
ASTM A296/A296M—2005 CF8	一般用铁-铬，铁-铬-镍，镍基耐蚀铸钢	≤0.08	≤2.00	≤1.50	0.04	0.04	18.0~21.0	8.00~11.0	—	
CF20	一般用铁-铬，铁-铬-镍，镍基耐蚀铸钢	≤0.20	≤2.00	≤1.50	0.04	0.04	18.0~21.0	8.00~11.0	—	
CF8M	一般用铁-铬，铁-铬-镍，镍基耐蚀铸钢	≥0.08	≤2.00	≤1.50	0.04	0.04	18.0~21.0	9.00~12.0	2.0~3.0	
CF8C	一般用铁-铬，铁-铬-镍，镍基耐蚀铸钢	≤0.08	≤2.00	≤1.50	0.04	0.04	18.0~21.0	9.00~12.0	—	
CH20	一般用铁-铬，铁-铬-镍，镍基耐蚀铸钢	≤0.20	≤2.00	≤1.50	0.04	0.04	22.0~26.0	12.00~15.0	—	
CK20	一般用铁-铬，铁-铬-镍，镍基耐蚀铸钢	≤0.20	≤2.00	≤2.00	0.04	0.04	23.0~27.0	19.0~22.0	—	
CA15	一般用铁-铬，铁-铬-镍，镍基耐蚀铸钢	≥0.15	≤1.50	≤1.00	0.04	0.04	11.5~14.0	≤1.00	≤0.5	

（续）

力学性能 ≥							相应国内牌号	相应日本 JIS 牌号
R_m /kis(MPa)	R_{eL} /kis(MPa)	A (%)	Z (%)	硬度				
				HB	HRC	HV		
75(517)	30(207)	40	50				06Cr19Ni10 (GB/T)	G4303-SUS304
75(517)	30(207)	40	50				022Cr19Ni10 (GB/T)	G4303-SUS304L
75(517)	30(207)	40	50					
75(517)	30(207)	40	50				06Cr17Ni12Mo2 (GB/T)	G4303-SUS316
75(517)	30(207)	40	50				022Cr17Ni12Mo2 (GB/T)	G4303-SUS316L
75(517)	30(207)	40	50				06Cr19Ni10 (GB/T)	G4303-SUS321
75(517)	30(207)	40	50				12Cr18Ni11Nb (GB/T)	G4303-SUS347
100(690)	80(552)	15	45				12Cr13(GB/T)	G4303-SUS403
100(690)	80(552)	15	45				12Cr13(GB/T)	G4303-SUS410
							20Cr13(GB/T)	G4303-SUS420J1
							12Cr17(GB/T)	G4303-SUS430
							9Cr18(GB)	G4303-SUS440C
65(448)	28(195)	35					ZG0Cr18Ni9	JISG5121—SCS13 SCS13A
70(483)	30(207)	30						JISG5121-SCS12
70(483)	30(207)	30					ZG0Cr18Ni 12Mo2Ti	JISG5121-SCS14 SCS14A
70(483)	30(207)	30						JISG5121-SCS21
70(483)	30(207)	30						JISG5121-SCS17
65(448)	28(195)	30						JISG5121-SCS18
90(621)	65(448)	18	30				ZG1Cr13	JISG5121-SCS1

（续）

钢号	名称	化学成分（质量分数）（%）								
		C	Si	Mn	P≤	S≤	Cr	Ni	Mo	其他
CA40	一般用铁-铬，铁-铬-镍，镍基耐蚀铸钢	0.20~0.40	≤1.50	≤1.00	0.04	0.04	11.5~14.0	≤1.00	≤0.5	
CF3	一般用铁-铬，铁-铬-镍，镍基耐蚀铸钢	≤0.03	≤2.00	≤1.50	0.04	0.04	17.0~21.0	8.0~12.0	—	
CF3M	一般用铁-铬，铁-铬-镍，镍基耐蚀铸钢	≤0.03	≤1.50	≤1.50	0.04	0.04	17.0~21.0	9.0~13.0	2.0~3.0	
M35	一般用铁-铬，铁-铬-镍，镍基耐蚀铸钢（蒙万尔）	≤0.35	≤2.00	≤1.50	0.03	0.03	—	余量	—	Cu26.0-33.0 Fe3.50
ASTM A320/A320M—2014 L7，L7M	低温合金钢螺栓	0.38~0.48	0.15~0.35	0.75~1.00	0.035	0.040	0.80~11.0	—	0.15~0.25	
B8，B8A	低温合金钢螺栓	≤0.08	≤1.00	≤2.00	0.045	0.030	18.00~20.00	8.00~10.50	—	
ASTM A350/A350M—2013 LF_1	管道用碳素钢，低合金钢锻件	≤0.30	0.15~0.30	0.75~1.05	0.035	0.040	—	—	—	
LF_2	管道用碳素钢，低合金钢锻件	≤0.30	0.15~0.30	≤1.35	0.035	0.040	—	—	—	
LF_3	管道用碳素钢，低合金钢锻件	≤0.20	0.20~0.35	≤0.90	0.035	0.040	—	3.25~3.75	—	
LF_5	管道用碳素钢，低合金钢锻件	≤0.30	0.20~0.35	≤1.35	0.035	0.040	—	1.0~2.0	—	
LF_9	管道用碳素钢，低合金钢锻件	≤0.20	—	0.40~1.06	0.035	0.040	—	1.60~2.24	—	Cu0.75~1.25
ASTM A351/A351M—2014 CF_3	高温用奥氏体铸钢	≤0.03	≤2.00	≤1.50	0.040	0.040	17.0~21.0	8.0~12.0	—	
CF3A	高温用奥氏体铸钢	≤0.03	≤2.00	≤1.50	0.040	0.040	17.0~21.0	8.0~12.0	—	
CF8	高温用奥氏体铸钢	≤0.08	≤2.00	≤1.50	0.040	0.040	18.0~21.0	8.0~11.0	—	
CF8A	高温用奥氏体铸钢	≤0.08	≤2.00	≤1.50	0.040	0.040	18.0~21.0	8.0~11.0	—	
CF3M	高温用奥氏体铸钢	≤0.03	≤1.50	≤1.50	0.040	0.040	17.0~21.0	9.0~13.0	2.0~3.0	
CF8M	高温用奥氏体铸钢	≤0.08	≤1.50	≤1.50	0.040	0.040	18.0~21.0	9.0~12.0	2.0~3.0	
CF8C	高温用奥氏体铸钢	≤0.08	≤2.00	≤1.50	0.040	0.040	18.0~21.0	9.0~12.0		

（续）

力学性能 ≥							相应国内牌号	相应日本 JIS 牌号
R_m /ksi(MPa)	R_{eL} /ksi(MPa)	A (%)	Z (%)	硬度				
				HB	HRC	HV		
100(690)	70(483)	15	25				ZG2Cr13	JISG5121-SCS2
65(448)	28(195)	35					ZG00Cr18Ni10	JISG5121-SCS19 SCS19A
70(483)	30(207)						ZG00Cr17Ni14Mo2	JISG5121-SCS16 SCS16A
65(448)	30(207)	25						
(862)	(724)	16	50					
60(414)	30(207)	25	38					
70(483)	36(248)	22	30					
70(483)	40(276)	25	50					
70(483)	30(207)	35					ZG00Cr18Ni10	JISG5121-SCS19、SCS19A
77(530)	35(241)	35						
70(483)	30(207)	35					ZG0Cr18Ni9	JISG5121-SCS13、SCS13A
77(530)	35(241)	35						
70(483)	30(207)	30					ZG00Cr17Ni 14Mo2	JISG5121-SCS16、SCS16A
70(483)	30(207)	30					ZG0Cr18Ni 12Mo2Ti	JISG5121-SCS14、SCS14A
70(483)	30(207)	30						JISG5121-SCS21

钢 号	名 称	化 学 成 分 （质量分数） （%）								
		C	Si	Mn	P≤	S≤	Cr	Ni	Mo	其他
CH8	高温用奥氏体铸钢	≤0.08	≤1.50	≤1.50	0.040	0.040	22.0~26.0	12.0~15.0	—	
CH10	高温用奥氏体铸钢	≤0.10	≤2.00	≤1.50	0.040	0.040	22.0~26.0	12.0~15.0	—	
CH20	高温用奥氏体铸钢	≤0.20	≤2.00	≤1.50	0.040	0.040	22.0~26.0	12.0~15.0	—	
CK20	高温用奥氏体铸钢	≤0.20	≤1.75	≤1.50	0.040	0.040	23.0~27.0	19.00~22.0	—	
CF10MC	高温用奥氏体铸钢	≤0.10	≤1.50	≤1.50	0.040	0.040	15.0~18.0	13.0~16.0	1.75~2.25	
CN7M	高温用奥氏体铸钢	≤0.07	≤1.50	≤1.50	0.040	0.040	19.0~22.0	27.5~30.5	2.0~3.0	Cu3.0~4.0
ASTM A352/A352M—2012 LCA	低温压力部件用铁素体型铸钢	≤0.25	≤0.60	≤0.70	0.04	0.045	—	—	—	
LCB	低温压力部件用铁素体型铸钢	≤0.30	≤0.60	≤1.00	0.04	0.045	—	—	—	
LCC	低温压力部件用铁素体型铸钢	≤0.25	≤0.60	≤1.20	0.04	0.045	—	—	—	
LC1	低温压力部件用铁素体型铸钢	≤0.25	≤0.60	0.50~0.80	0.04	0.045	—		0.45~0.65	
LC2	低温压力部件用铁素体型铸钢	≤0.25	≤0.60	0.50~0.80	0.04	0.045		2.00~3.00	—	
LC2-1	低温压力部件用铁素体型铸钢	≤0.22	≤0.50	0.55~0.75	0.04	0.045	1.35~1.85	2.50~3.50	0.30~0.60	
LC3	低温压力部件用铁素体型铸钢	≤0.15	≤0.60	0.50~0.80	0.04	0.045	—	3.00~4.00	—	
LC4	低温压力部件用铁素体型铸钢	≤0.15	≤0.60	0.50~0.80	0.04	0.045		4.00~5.00		
（ASTM A356）Gr2	合金结构钢	0.13~0.19	0.20~0.40	0.40~0.70	0.040	0.040	—	—	0.40~0.55	
Gr9	合金结构钢	0.08~0.15	0.17~0.37	0.40~0.70	<0.035	<0.035	0.90~1.20	—	1.00~1.20	V0.15~0.25
（ASTM A405）P24	合金结构钢	0.08~0.15	0.17~0.37	0.40~0.70	<0.035	<0.035	0.90~1.20	—	1.00~1.20	V0.15~0.25

（续）

力学性能 ≥							相应国内牌号	相应日本 JIS 牌号
R_m /ksi(MPa)	R_{eL} /ksi(MPa)	A (%)	Z (%)	硬度 HB	硬度 HRC	硬度 HV		
65(448)	28(195)	30						
70(483)	30(207)	30						
70(483)	30(207)	30						JISG5121-SCS17
65(448)	28(195)	30	—					JISG5121-SCS18
70(483)	30(207)	20	—					
62(425)	25(172)	35	—					JISG5121-SCS23
				低温冲击吸收功/J				
60(414)	30(207)	24	35	-32℃下 18				
70(483)	36(248)	22	35	-46℃下 18				JISG5152-SCPL1
70(483)	40(276)	22	35	-46℃下 20				
65(448)	35(241)	24	35	-60℃下 18				JISG5152-SCPL11
70(483)	40(276)	24	35	-73℃下 20				JISG5152-SCPL21
105(724)	80(551)	18	30	-73℃下 41				
70(483)	40(276)	24	35	-101℃ 20				JISG5152-SCPL31
70(483)	40(276)	24	35	-112℃ 20				
							16Mo(YB)	
							15CrMoIV(YB)	
							15CrMoIV(YB)	

钢号	名称	化学成分（质量分数）（%）								
		C	Si	Mn	P≤	S≤	Cr	Ni	Mo	其他
ASTM A479—2014 304	合金钢棒材和型材	≤0.08	≤1.00	≤2.00	0.045	0.030	18.00~20.00	8.00~10.50		N≤0.100
304H	合金钢棒材和型材	0.04~0.10	≤1.00	≤2.00	0.045	0.030	18.00~20.00	8.00~10.50		
304L	合金钢棒材和型材	≤0.03	≤1.00	≤2.00	0.045	0.030	18.00~20.00	8.00~12.0		N≤0.100
310S	合金钢棒材和型材	≤0.08	≤1.50	≤2.00	0.045	0.030	24.00~26.0	19.00~22.0		
316	合金钢棒材和型材	≤0.08	≤1.00	≤2.00	0.045	0.030	16.00~18.0	10.00~14.0	2.00~3.00	N≤0.100
316H	合金钢棒材和型材	0.04~0.10	≤1.00	≤2.00	0.040	0.030	16.00~18.00	10.00~14.0	2.00~3.00	
316L	合金钢棒材和型材	≤0.03	≤1.00	≤2.00	0.045	0.030	16.00~18.0	10.00~14.0	2.00~3.00	N≤0.100
321	合金钢棒材和型材	≤0.08	≤1.00	≤2.00	0.045	0.030	17.00~19.0	9.00~12.0		Ti≤0.40
321P	合金钢棒材和型材	0.04~0.10	≤1.00	≤2.00	0.040	0.030	17.00~19.0	9.00~12.0		Ti0.16~0.70
347	合金钢棒材和型材	≤0.08	≤1.00	≤2.00	0.045	0.030	17.00~19.0	9.00~13.0		
347H	合金钢棒材和型材	0.04~0.10	≤1.00	≤2.00	0.040	0.030	17.00~19.0	9.00~13.0		
348	合金钢棒材和型材	≤0.08	≤1.00	≤2.00	0.045	0.030	17.00~19.0	9.00~13.0		Co0.20 Ta≤0.01
348H	合金钢棒材和型材	0.04~0.10	≤1.00	≤2.00	0.040	0.030	17.00~19.0			Co0.20
403	合金钢棒材和型材	≤0.15	≤0.50	≤1.00	0.040	0.030	11.50~13.0			
410	合金钢棒材和型材	≤0.15	≤1.00	≤1.00	0.040	0.030	11.50~13.50			
430	合金钢棒材和型材	≤0.12	≤1.00	≤1.00	0.040	0.030	16.0~18.0			
ASTM A564/A564M—2013 630	不锈耐热钢	≤0.07	≤1.00	≤1.00	0.04	0.03	15.00~17.50	3.00~5.00		Cu3.0~5.00

注：1. 化学成分指质量分数。

2. 1kis = 1000lbf/in^2，1lbf/in^2 = 6894.76Pa。

（续）

力　学　性　能　≥							相应国内标准	相应日本 JIS 牌号
R_m /ksi(MPa)	R_{eL} /ksi(MPa)	A (%)	Z (%)	硬　度				
				HB	HRC	HV		
75(515)	30(205)	30	40					
75(515)	30(205)	30	40					
70(485)	25(170)	30	40					
75(515)	30(205)	30	40					
85(585)	65(450)	30	60					
75(515)	30(205)	30	40					
70(485)	25(170)	30	40					
75(515)	30(205)	30	40					
75(515)	30(205)	30	40					
75(515)	30(205)	30	40					
75(515)	30(205)	30	40					
75(515)	30(205)	30	40					
70(485)	40(275)	20	45	223				
70(485)	40(275)	20	45	223				
70(485)	40(275)	20	45	192				
				363	38			

5.10 日本国家标准（JIS）钢材、铸铁、铸铜化学成分（质量分数）及

表 5

牌号	名称	化学成分（质量分数）（%）								
		C	Si	Mn	P≤	S≤	Cr	Ni	Mo	其他
JISG3201-78 SF35A, SF40A	碳素钢锻材	0.35 ~0.4					—	—	—	
SF45A, SF50A	碳素钢锻材	0.45 ~0.5					—	—	—	
SF55A, SF60A	碳素钢锻材	≤0.60	0.15 ~0.50	0.30 ~1.20	0.030	0.035	—	—	—	
SF55B, SF60B	碳素钢锻材	≤0.6					—	—	—	
SF65B	碳素钢锻材	≤0.65					—	—	—	
JISG3203-82 SFVAF1	高温压力容器用合金钢锻钢品	≤0.30	≤0.35	0.60 ~0.90	0.030	0.030	—	—	0.45 ~0.65	
SFVAF2	高温压力容器用合金钢锻钢品	≤0.20	≤0.60	0.30 ~0.80	0.030	0.030	0.50 ~0.80	—	0.45 ~0.65	
SFVAF12	高温压力容器用合金钢锻钢品	≤0.20	≤0.60	0.30 ~0.80	0.030	0.030	0.80 ~1.25	—	0.45 ~0.65	
SFVAF5A	高温压力容器用合金钢锻钢品	≤0.15	≤0.50	0.30 ~0.60	0.030	0.030	4.00 ~6.00	—	0.45 ~0.65	
SFVAF5B	高温压力容器用合金钢锻钢品	≤0.15	≤0.50	0.30 ~0.60	0.030	0.030	4.00 ~6.00	—	0.45 ~0.65	
SFVAF9	高温压力容器用合金钢锻钢品	≤0.15	0.50 ~1.00	0.30 ~0.60	0.030	0.030	8.00 ~10.0		0.90 ~1.10	
JISG3213-77 SFHV12A	高温压力容器用合金钢锻材	0.10 ~0.20	0.10 ~0.50	0.30 ~0.80	0.035	0.035	—	—	0.44 ~0.65	
SFHV12B	高温压力容器用合金钢锻材	≤0.28	0.15 ~0.35	0.60 ~0.90	0.035	0.035	—	—	0.44 ~0.65	
SFHV13A	高温压力容器用合金钢锻材	0.10 ~0.20	0.10 ~0.30	0.30 ~0.61	0.035	0.035	0.50 ~0.81	—	0.44 ~0.65	
SFHV13B	高温压力容器用合金钢锻材	≤0.21	0.10 ~0.60	0.30 ~0.80	0.035	0.035	0.50 ~0.81		0.44 ~0.65	
SFHV22A	高温压力容器用合金钢锻材	≤0.15	≤0.50	0.30 ~0.61	0.035	0.035	0.80 ~1.25	—	0.44 ~0.65	
SFHV22B	高温压力容器用合金钢锻材	0.10 ~0.20	0.10 ~0.60	0.30 ~0.80	0.035	0.035	0.80 ~1.25	—	0.44 ~0.65	
SFHV23A	高温压力容器用合金钢锻材	≤0.15	0.50 ~1.00	0.30 ~0.60	0.030	0.030	1.00 ~1.50	—	0.44 ~0.65	
SFHV23B	高温压力容器用合金钢锻材	0.10 ~0.20	0.50 ~1.00	0.30 ~0.80	0.030	0.030	1.00 ~1.50		0.44 ~0.65	
SFHV24A	高温压力容器用合金钢锻材	≤0.15	≤0.50	0.30 ~0.60	0.030	0.030	1.90 ~2.60	—	0.87 ~1.13	
SFHV24B	高温压力容器用合金钢锻材	≤0.15	≤0.50	0.30 ~0.60	0.030	0.030	2.00 ~2.50	—	0.87 ~1.13	

力学性能（表 5-24）

-24

热处理状态	力学性能 ≥ R_m /MPa	R_{eL} /MPa	A (%)	E (%)	冲击值	硬度 HB	HRC	HV	相应国内牌号	相应美国 ASTM 牌号
	480 ~658	274	18	35						
	480 ~658	274	18	35						
	480 ~658	274	18	35						
	412 ~589	245	18	40					12Cr5Mo(GB)	
	480 ~658	274	18	35					12Cr5Mo(GB)	
	588 ~755	382	18	40						
	480	274	25	35					16Mo(YB)	A182-F1
	480	274	20	30					15CrMo(YB)	A182-F12
	480	274	20	30					15CrMo(YB)	A182-F11
	480	274	20	30					25Cr2Mo1VA (YB)	A182-F22

牌　号	名　称	化 学 成 分 （质量分数） （%）								
		C	Si	Mn	P≤	S≤	Cr	Ni	Mo	其他
SFHV25	高温压力容器用合金钢锻材	≤0.15	≤0.50	0.30~0.60	0.030	0.030	4.00~6.00	—	0.44~0.65	
SFHV26A	高温压力容器用合金钢锻材	≤0.15	0.25~1.00	0.30~0.60	0.030	0.030	8.00~10.00	—	0.90~1.10	
SFHV26B	高温压力容器用合金钢锻材	≤0.15	0.50~1.00	0.30~0.60	0.030	0.030	8.00~10.00	—	0.90~1.10	
JISG4051-79 S10C	优质碳素钢	0.08~0.13	0.15~0.35	0.30~0.60	0.030	0.035	≤0.20	≤0.20		Cu≤0.30
S12C	优质碳素钢	0.10~0.15	0.15~0.35	0.30~0.60	0.030	0.035	≤0.20	≤0.20		Cu≤0.30
S15C	优质碳素钢	0.13~0.18	0.15~0.35	0.30~0.60	0.030	0.035	≤0.20	≤0.20		Cu≤0.30
S17C	优质碳素钢	0.15~0.20	0.15~0.35	0.30~0.60	0.030	0.035	≤0.20	≤0.20		Cu≤0.30
S20C	优质碳素钢	0.18~0.23	0.15~0.35	0.30~0.60	0.030	0.035	≤0.20	≤0.20		Cu≤0.30
S22C	优质碳素钢	0.20~0.25	0.15~0.35	0.30~0.60	0.030	0.035	≤0.20	≤0.20		Cu≤0.30
S25C	优质碳素钢	0.22~0.28	0.15~0.35	0.30~0.60	0.030	0.035	≤0.20	≤0.20		Cu≤0.30
S28C	优质碳素钢	0.25~0.31	0.15~0.35	0.60~0.90	0.030	0.035	≤0.20	≤0.20		Cu≤0.30
S30C	优质碳素钢	0.27~0.33	0.15~0.35	0.60~0.90	0.030	0.035	≤0.20	≤0.20		Cu≤0.30
S33C	优质碳素钢	0.30~0.36	0.15~0.35	0.60~0.90	0.030	0.035	≤0.20	≤0.20		Cu≤0.30
S35C	优质碳素钢	0.32~0.38	0.15~0.35	0.60~0.90	0.030	0.035	≤0.20	≤0.20		Cu≤0.30
S38C	优质碳素钢	0.35~0.41	0.15~0.35	0.60~0.90	0.030	0.035	≤0.20	≤0.20		Cu≤0.30
S40C	优质碳素钢	0.37~0.43	0.15~0.35	0.60~0.90	0.030	0.035	≤0.20	≤0.20		Cu≤0.30
S43C	优质碳素钢	0.40~0.46	0.15~0.35	0.60~0.90	0.030	0.035	≤0.20	≤0.20		Cu≤0.30
S45C	优质碳素钢	0.42~0.48	0.15~0.35	0.60~0.90	0.030	0.035	≤0.20	≤0.20		Cu≤0.30
S48C	优质碳素结构钢	0.45~0.51	0.15~0.35	0.60~0.90	0.030	0.035	≤0.20	≤0.20		Cu≤0.30
S50C	优质碳素结构钢	0.47~0.53	0.15~0.35	0.60~0.90	0.030	0.035	≤0.20	≤0.20		Cu≤0.30
S53C	优质碳素结构钢	0.50~0.56	0.15~0.35	0.60~0.90	0.030	0.035	≤0.20	≤0.20		Cu≤0.30
S55C	优质碳素结构钢	0.52~0.58	0.15~0.35	0.60~0.90	0.030	0.035	≤0.20	≤0.20		Cu≤0.30

（续）

热处理状态	力学性能 ≥								相应国内牌号	相应美国ASTM牌号
	R_m/MPa	R_{eL}/MPa	A(%)	Z(%)	冲击值	硬度 HB	HRC	HV		
	480	274	25	35					12Cr5Mo (GB)	A182-F5
正火(900～950℃) 退火(－900℃)	314 —	206 —	33 —	— —		109～156 109～149			10(GB)	
正火(880～930℃) 退火(－880℃)	373	235	30	—		111～167				
	—	—	—	—		111～149			15(GB)	
正火(870～920℃) 退火(－860℃)	402	245	28	—		116～174				
	—	—	—	—		114～153			20(GB)	
正火(860～910℃) 退火(－850℃)	441	265	27	—		123～183				
	—	—	—	—		121～156			25(GB)	A105
正火(850～900℃) 退火(－840℃) 调质:有效直径30mm	471	284	25	—		137～197			25(GB)	A105
	539	333	23	57	108	152～212			30	
正火(840～890℃) 退火(－830℃) 调质:有效直径32mm	510	304	23	—		149～207				
	569	392	22	55	98.1	167～235			35	
正火(830～880℃) 退火(－820℃) 调质:有效直径35mm	510	324	22	—		156～217				
	608	441	20	50	88	179～255			40	
正火(820～870℃) 退火(－810℃) 调质:有效直径37mm	569	343	20	—		167～229				
	686	490	17	45	78	201～269			45	A194-2H
正火(810～860℃) 退火(－800℃) 调质:有效直径40mm	608	363	18	—		179～235				
	735	539	15	40	69	212～277			50	
正火(800～850℃) 退火(－790℃) 调质:有效直径42mm	647	392	15	—	—	183～255				
	785	588	14	35	59	229～285			55	

牌号	名称	化学成分（质量分数）（%）								
		C	Si	Mn	P≤	S≤	Cr	Ni	Mo	其他
S58C	优质碳素结构钢	0.55~0.61	0.15~0.35	0.60~0.90	0.030	0.035	≤0.20	≤0.20		Cu≤0.30
S09CK	优质碳素结构钢	0.07~0.12	0.10~0.35	0.30~0.60	0.025	0.025	≤0.20	≤0.20		Cu≤0.25
S15CK	优质碳素结构钢	0.13~0.18	0.15~0.35	0.30~0.60	0.025	0.025	≤0.20	≤0.20		Cu≤0.25
S20CK	优质碳素结构钢	0.18~0.23	0.15~0.35	0.30~0.60	0.025	0.025	≤0.20	≤0.20		Cu≤0.25
JISG4105-79 SCM415	铬钼合金结构钢	0.13~0.18	0.15~0.35	0.60~0.85	0.030	0.030	0.90~1.20	≤0.25	0.15~0.30	Cu≤0.30
SCM418	铬钼合金结构钢	0.16~0.21	0.15~0.35	0.60~0.85	0.030	0.030	0.90~1.20	≤0.25	0.15~0.30	Cu≤0.30
SCM420	铬钼合金结构钢	0.18~0.23	0.15~0.35	0.60~0.85	0.030	0.030	0.90~1.20	≤0.25	0.15~0.30	Cu≤0.3
SCM421	铬钼合金结构钢	0.17~0.23	0.15~0.35	0.70~1.00	0.030	0.030	0.90~1.20	≤0.25	0.15~0.30	Cu≤0.3
SCM430	铬钼合金结构钢	0.28~0.33	0.15~0.35	0.60~0.85	0.030	0.030	0.90~1.20	≤0.25	0.15~0.30	Cu≤0.30
SCM432	铝钼合金结构钢	0.27~0.37	0.15~0.35	0.30~0.60	0.030	0.030	1.00~1.50	≤0.25	0.15~0.30	Cu≤0.30
SCM435	铬钼合金结构钢	0.33~0.38	0.15~0.35	0.60~0.85	0.030	0.030	0.90~1.20	≤0.25	0.15~0.30	Cu≤0.30
SCM440	铬钼合金结构钢	0.38~0.43	0.15~0.35	0.60~0.85	0.030	0.030	0.90~1.20	≤0.25	0.15~0.30	Cu≤0.30
SCM445	铬钼合金结构钢	0.43~0.48	0.15~0.35	0.60~0.85	0.030	0.030	0.90~1.20	≤0.25	0.15~0.30	Cu≤0.30
SCM822	铬钼合金结构钢	0.20~0.25	0.15~0.35	0.60~0.85	0.030	0.030	0.90~1.20	≤0.25	0.35~0.45	Cu≤0.30
JISG4107 SNB7	高温螺栓用合金钢	0.38~0.48	0.20~0.35	0.75~1.00	0.040	0.040	0.80~1.10		0.15~0.25	
SNB16	高温螺栓用合金钢	0.36~0.44	0.20~0.35	0.45~0.70	0.040	0.040	0.80~1.10		0.50~0.65	V0.25~0.35
JISG4303-4307 SUS302	标准不锈钢（奥氏体型）	≤0.15	≤1.00	≤2.00	0.045	0.030	17.00~19.00	8.00~10.00		
SUS304	标准不锈钢（奥氏体型）	≤0.08	≤1.00	≤2.00	0.045	0.030	18.00~20.00	8.00~10.50		
SUS304L	标准不锈钢（奥氏体型）	≤0.030	≤1.00	≤2.00	0.045	0.030	18.00~20.00	9.00~13.00		
SUS310S	标准不锈钢（奥氏体型）	≤0.08	≤1.50	≤2.00	0.045	0.030	24.00~26.00	19.00~22.00		

（续）

热处理状态	力学性能 ≥								相应国内牌号	相应美国 ASTM 牌号
	R_m /MPa	R_{eL} /MPa	A (%)	Z (%)	冲击值	硬度 HB	HRC	HV		
正火(800～850℃) 退火(－790℃) 调质:有效直径42mm	647 785	392 588	15 14	— 35	— 59	183～255 229～285				
退火(－900℃) 调质	192	245	21	55	137	121～179				
退火(－880℃) 调质	490	343	20	50	118	143～235				
退火(－860℃) 调质	539	392	18	45	98.1	159～241				
淬火,回火	834	—	16	40	69	235～321				
淬火,回火	883	—	15	40	69	248～331				
	932	—	14	40	59	262～352			20CrMo(YB)	
淬火,回火	981	—	14	35	59	285～375				
淬火,回火	834	686	18	55	108	241～302			30CrMo(YB)	
淬火,回火	883	736	16	50	88	255～321				
淬火,回火	932	785	15	50	78	269～332			35CrMo(YB)	A193-B7
淬火,回火	981	834	12	45	59	285～352				
淬火,回火	1030	883	12	40	39	302～363				
淬火,回火	1030	—	12	30	59	302～415				
									40Cr2MoV (YB 旧)	A193-B16
固溶或淬火(1010～1150℃急冷)	520	206	40	60		<187	<90	<200	12Cr18Ni9(GB)	
固溶或淬火(1010～1150℃急冷)	520	206	40	60		<187	<90	<200	06Cr19Ni10(GB)	A182-F304
固溶或淬火(1010～1150℃急冷)	481	177	40	60		<187	<90	<200	06Cr19Ni10(GB)	A182-F304L
固溶或淬火(1030～1180℃急冷)	520	206	40	50		≤187	≤90	≤200		A182-F310

牌　号	名　称	化学成分（质量分数）（%）								
		C	Si	Mn	P≤	S≤	Cr	Ni	Mo	其他
SUS316	标准不锈钢（奥氏体型）	≤0.08	≤1.00	≤2.00	0.045	0.030	16.00 ~18.00	10.00 ~14.00	2.00 ~3.00	
SUS316L	标准不锈钢（奥氏体型）	≤0.03	≤1.00	≤2.00	0.045	0.030	16.00 ~18.00	12.00 ~15.00	2.00 ~3.00	
SUS321	标准不锈钢（奥氏体型）	≤0.08	≤1.00	≤2.00	0.045	0.030	17.00 ~19.00	9.00 ~13.00		Ti≥5×C
SUS347	标准不锈钢（奥氏体型）	≤0.08	≤1.00	≤2.00	0.045	0.030	17.00 ~19.00	9.00 ~13.00		Nb≥10×C
SUS403	标准不锈钢（马氏体钢）	≤0.15	≤0.50	≤1.00	0.040	0.030	11.50 ~13.00	≤0.60		
SUS410	标准不锈钢（马氏体钢）	≤0.15	≤1.00	≤1.00	0.040	0.030	11.50 ~13.50	≤0.60		
SUS420J$_1$	标准不锈钢（马氏体钢）	0.16 ~0.25	≤1.00	≥1.00	0.040	0.030	12.00 ~14.00	≤0.60		
SUS420J$_2$	标准不锈钢（马氏体钢）	0.26 ~0.40	≥1.00	≥1.00	0.040	0.030	12.00 ~14.00	≤0.60		
SUS430	标准不锈钢铁素体钢	≥0.12	≥0.75	≥1.00	0.040	0.030	16.00 ~18.00	≥0.60		
SUS440C	标准不锈钢（马氏体钢）	0.95 ~1.20	≥1.00	≥1.00	0.040	0.030	16.00 ~18.00	≥0.60	≥0.75	—
JISG5121-80 SCS1	标准不锈钢铸钢	≥0.15	≥1.50	≥1.00	0.040	0.040	11.50 ~14.00	≥1.00		

（续）

热处理状态	力学性能 ≥								相应国内牌号	相应美国 ASTM 牌号
	R_m /MPa	R_{eL} /MPa	A (%)	Z (%)	冲击值	硬度				
						HB	HRC	HV		
固溶或淬火(1010~1150℃急冷)	520	206	40	60		≤187	≤90	<200	06Cr17Ni12Mo2 (GB/T)	A182-F316
固溶或淬火(1010~1150℃急冷)	481	177	40	60		≤187	≤90	<200	022Cr17Ni12Mo2 (GB/T)	A182-F316L
固溶或淬火(920~1150℃急冷)	520	206	40	50		≤187	≤90	<200	06Cr19Ni10 (GB/T)	A182-F321
固溶或淬火(980~1150℃急冷)	520	206	40	50		≤187	≤90	≤200	06Cr18Ni11Nb (GB/T)	A182-F347
固溶或淬火(950~1000℃油冷) 回火(700~750℃急冷)	588	393	25	55		≤170			12Cr13(GB)	A276-403
退火(800~900℃慢冷或750℃急冷)						≤183				
固溶或淬火(950~1000℃油冷) 回火(700~750℃急冷)	540	343	25	55		≤159			12Cr13(GB)	A276-410 A182-F6a
退火(800~900℃慢冷或750℃空冷)	—	—	—	—		≥183				
固溶或淬火(920~980℃油冷) 回火(600~750℃急冷)	638	442	20	50		≥192			20Cr13(GB)	A276-420
退火(800~900℃慢冷或750℃空冷)	—	—	—	—		≥223				
固溶或淬火(920~980℃油冷) 回火(600~750℃急冷)	736	540	12	40		≥217			30Cr13(GB)	
退火(800~900℃慢冷或750℃空冷)						≥235				
退火(780~850℃空冷或慢冷)	451	206	22	50		≥183			10Cr17(GB)	A276-430
固溶或淬火(1010~1070℃油冷) 回火(100~180℃空冷)							≥58		95Cr18(GB)	A276-440C
退火(800~920℃慢冷)						≥255				
淬火(≥950℃油冷或空冷) 回火(680~740℃空冷或缓冷)	539	343	18	40		163~229			ZG15Cr13(GB)	CA15
淬火(≥950℃油冷或空冷) 回火(590~700℃空冷或缓冷)	618	451	16	30		179~241				

牌号	名称	化学成分（质量分数）（%）								
		C	Si	Mn	P≤	S≤	Cr	Ni	Mo	其他
SCS2	标准不锈钢铸钢	0.16~0.24	≤1.50	≤1.00	0.040	0.040	11.50~14.00	≤1.00	—	—
SCS12	标准不锈钢铸钢	≤0.20	≤2.00	≤2.00	0.040	0.040	18.00~21.00	8.00~11.00	—	—
SCS13	标准不锈铸钢	≤0.08	≤2.00	≤2.00	0.040	0.040	18.00~21.00	8.00~11.00		—
SCS13A	标准不锈钢铸钢	≤0.08	≤2.00	≤1.50	0.040	0.040	18.00~21.00	8.00~11.00		—
SCS14	标准不锈钢铸钢	≤0.08	≤2.00	≤2.00	0.040	0.040	17.00~20.00	10.00~14.00	2.00~3.00	—
SCS14A	标准不锈钢铸钢	≤0.08	≤1.50	≤1.50	0.040	0.040	18.00~21.00	9.00~12.00	2.00~3.00	—
SCS15	标准不锈钢铸钢	≤0.08	≤2.00	≤2.00	0.040	0.040	17.00~20.00	10.00~14.00	1.75~2.75	Cu1.00~2.50
SCS16	标准不锈钢铸钢	≤0.03	≤1.50	≤2.00	0.040	0.040	17.00~20.00	12.00~16.00	2.00~3.00	—
SCS16A	标准不锈钢铸钢	≤0.03	≤1.50	≤1.50	0.040	0.040	17.00~21.00	9.00~13.00	2.00~3.00	—
SCS17	标准不锈钢铸钢	≤0.20	≤2.00	≤2.00	0.040	0.040	22.00~26.00	12.00~15.00	—	—
SCS18	标准不锈钢铸钢	≤0.20	≤2.00	≤2.00	0.040	0.040	23.00~27.00	19.00~22.00	—	—
SCS19	标准不锈钢铸钢	≤0.03	≤2.00	≤2.00	0.040	0.040	17.00~21.00	8.00~12.00	—	—
SCS19A	标准不锈钢铸钢	≤0.03	≤2.00	≤1.50	0.040	0.040	17.00~21.00	8.00~12.00	—	—
SCS21	标准不锈钢铸钢	≤0.08	≤2.00	≤2.00	0.040	0.040	18.00~21.00	9.00~12.00		Nb+Ta≥10×C%≥1.35
SCS23	标准不锈钢铸钢	≤0.07	≤2.00	≤2.00	0.040	0.040	19.00~22.00	27.50~30.50	2.00~3.00	Cu3.00~4.00
SCS24	标准不锈钢铸钢	≤0.07	≤1.00	≤1.00	0.040	0.040	15.50~17.50	3.00~5.00		Cu2.50~4.00 Nb+Ta0.15 0.45
JISG5151-78 SCPH1	高温高压用铸件	≤0.25	≤0.60	≤0.70	0.040	0.040	≤0.25	≤0.50	≤0.25	Cu≤0.50
SCPH2	高温高压用铸件	≤0.30	≤0.60	≤1.00	0.040	0.040	≤0.25	≤0.50	≤0.25	Cu≤0.50
SCPH11	高温高压用铸件	≤0.25	≤0.60	0.50~0.80	0.040	0.040	≤0.35	≤0.50	0.45~0.65	Cu≤0.50 W≤0.10
SCPH21	高温高压用铸件	≤0.20	≤0.60	0.50~0.80	0.040	0.040	1.00~1.50	≤0.50	0.45~0.65	Cu≤0.50 W≤0.10
SCPH22	高温高压用铸件	≤0.25	≤0.60	0.50~0.80	0.040	0.040	1.00~1.50	≤0.50	0.90~1.20	Cu≤0.50 W≤0.10

（续）

热处理状态	力学性能 ≥								相应国内牌号	相应美国ASTM牌号
	R_m /MPa	R_{eL} /MPa	A (%)	Z (%)	冲击值	硬度 HB	HRC	HV		
淬火(≥950℃油冷或空冷)回火(680~740℃空冷或缓冷)	588	392	16	35		170~235			ZG20Cr13	CA40
固溶处理(1030~1150℃急冷)	481	206	28	—		≤183				CF20
固溶处理(1030~1150℃急冷)	441	186	30	—		≤183			ZG03Cr18Ni10	CF8
固溶处理(1030~1150℃急冷)	481	206	33	—		≤183				
固溶处理(1030~1150℃急冷)	441	186	28	—		≤183			ZG07Cr19Ni11Mo2	CF8M
固溶处理(1030~1150℃急冷)	481	206	33	—		≤183				
固溶处理(1030~1150℃急冷)	441	186	28	—		≤183				
固溶处理(1030~1150℃急冷)	392	177	33	—		≤183			ZG00Cr17Ni14Mo2	CF3M
固溶处理(1030~1160℃急冷)	481	206	33	—		≤183				
固溶处理(1050~1150℃急冷)	481	206	28	—		≤183				CH-20
固溶处理(1070~1180℃急冷)	451	196	28	—		≤183				CK-20
固溶处理(1030~1150℃急冷)	392	186	33	—		≤183			ZG03Cr18Ni10	CF3
固溶处理(1030~1150℃急冷)	481	206	33	—		≤183				
固溶处理(1030~1150℃急冷)	481	206	28	—		≥183				CF8C
固溶处理(1070~1180℃急冷)	392	167	30	—		≥183				CN7M
固溶处理(1020~1080℃急冷)时效硬化(475 525×90分空冷)	1236	1030	6	—		≥375				
	411	206	24	35						A216-WCA
	481	245	22	35						A216-WCB
	441	245	25	40						A217-WC1
	481	274	20	35					(ZG20CrMoV)	A217-WC6
	550	343	18	35						

牌号	名称	化学成分（质量分数）（%）								
		C	Si	Mn	P≤	S≤	Cr	Ni	Mo	其他
SCPH23	高温高压用铸件	≤0.20	≤0.60	0.50~0.80	0.040	0.040	1.00~1.50	≤0.50	0.90~1.20	V0.15~0.25 Cu≤0.50 W≤0.10
SCPH32	高温高压用铸件	≤0.20	≤0.60	0.50~0.80	0.040	0.040	2.00~2.75	≤0.50	0.90~1.20	Cu≤0.50 W≤0.10
SCPH61	高温高压用铸件	≤0.20	≤0.75	0.50~0.80	0.040	0.040	4.00~6.50	≤0.50	0.45~0.65	Cu≤0.50 W≤0.10
JISG5152-78 SCPL1	低温高压用铸钢	≤0.30	≤0.60	≤1.00	0.040	0.040	≤0.25	≤0.50		Cu≤0.5
SCPL11	低温高压用铸钢	≤0.25	≤0.60	0.50~0.80	0.040	0.040	≤0.35	≤0.50	0.45~0.65	Cu≤0.5
SCPL21	低温高压用铸钢	≤0.25	≤0.60	0.50~0.80	0.040	0.040	≤0.35	2.00~3.00	—	Cu≤0.5
SCPL31	低温高压用铸钢	≤0.15	≤0.60	0.50~0.80	0.040	0.040	≤0.35	3.00~4.00	—	Cu≤0.5
JISG4801-77 SUP3	弹簧钢	0.75~0.90	0.15~0.35	0.30~0.60	0.035	0.035	—	—	—	—
SUP4	弹簧钢	0.90~1.10	0.15~0.35	0.30~0.60	0.035	0.035	—	—	—	—
SUP6	弹簧钢	0.55~0.65	1.50~1.80	0.70~1.00	0.035	0.035	—	—	—	—
SUP7	弹簧钢	0.55~0.65	1.80~2.20	0.70~1.00	0.035	0.035	—	—	—	—
SUP9	弹簧钢	0.50~0.60	0.15~0.35	0.65~0.95	0.035	0.035	0.65~0.95	—	—	—
SUP9A	弹簧钢	0.55~0.65	0.15~0.35	0.70~1.00	0.035	0.035	0.70~1.00	—	—	—
SUP10	弹簧钢	0.45~0.55	0.15~0.35	0.65~0.95	0.035	0.035	0.80~1.10	—	—	V0.15~0.25
SUP11A	弹簧钢	0.55~0.65	0.15~0.35	0.70~1.00	0.035	0.035	0.70~1.00	—		B>0.0005
SUP2	弹簧钢	0.62~0.70	0.17~0.37	0.50~0.80	0.040	0.040	≤0.25	≤0.25		
JIS G4404-83 SKS4	耐冲击工具用钢	0.45~0.55	≤0.35	≤0.50	0.030	0.030	0.50~1.00	—	—	W0.50~1.00 NiCu≤0.25
SKS41	耐冲击工具用钢	0.35~0.45	≤0.35	≤0.50	0.030	0.030	1.00~1.50	—	—	W2.50~3.50 NiCu≤0.25
SKS43	耐冲击工具用钢	1.00~1.10	≤0.25	≤0.30	0.030	0.030	—	—	—	V0.10~0.25 NiCu≤0.25
SKS44	耐冲击工具用钢	0.80~0.90	≤0.25	≤0.30	0.030	0.030	—	—	—	V0.10~0.25 NiCu≤0.25
SKD4	热作模具钢	0.25~0.35	≤0.40	≤0.60	0.030	0.030	2.00~3.00	—	—	V0.30~0.50 W5.00~6.00 NiCu≤0.25

（续）

热处理状态	力学性能 ≥								相应国内牌号	相应美国ASTM牌号
	R_m/MPa	R_{eL}/MPa	A(%)	Z(%)	低温冲击值	硬度 HB	HRC	HV		
	550	343	15	35						
	481	274	20	35					(ZG15Cr1Mo1V)	A217-WC9
	588	392	20	35					ZG2Cr5Mo	A217-C5
	451	245	24	35	-46℃下 2kg·m					A352-LCB
	451	245	24	35	-60℃下 2kg·m					A352-LC1
	451	275	24	35	-73℃下 2kg·m					A352-LC2
	451	275	24	35	-101℃下 2kg·m					A352-LC3 A352-LC4
淬火(830~860℃油冷) 回火(450~500℃)	1079	834	8	—		341~401				
淬火(830~860℃油冷) 回火(450~500℃)	1128	883	7	10		352~415				
淬火(830~860℃油冷) 回火(480~530℃)	1226	1079	9	20		363~429				
淬火(830~860℃油冷) 回火(490~540℃)	1226	1079	9	20		363~429				
淬火(830~860℃油冷) 回火(460~510℃)	1226	1079	9	20		363~429				
淬火(830~860℃油冷) 回火(460~520℃)	1226	1079	9	20		363~429				
淬火(840~870℃油冷) 回火(470~540℃)	1226	1079	10	30		363~429				
淬火(830~860℃油冷) 回火(460~520℃)	1226	1079	9	20		363~429				
退火(740~780℃) 回火(150~200℃)						≤201	>56			
退火(760~820℃) 回火(150~200℃)						<217	>53			
退火(750~800℃) 回火(150~200℃)						<217	>63			
退火(730~780℃) 回火(150~200℃)						<207	>60			
退火(800~850℃) 回火(600~650℃)										

（续）

牌号	名称	化学成分(质量分数)(%)						壁厚/mm
		C	Si	Mn	P≤	S≤	其他	
JISG5501-56 FC10	灰铸铁	—	—	—	—	—	—	40 以上、50 以下
FC15	灰铸铁	—	—	—	—	—	—	4 以上、8 以下
								8 以上、15 以下
								15 以上、30 以下
								30 以上、50 以下
FC20	灰铸铁	—	—	—	—	—	—	4 以上、8 以下
								8 以上、15 以下
								15 以上、30 以下
								30 以上、50 以下
FC25	灰铸铁	—	—	—	—	—	—	4 以上、8 以下
								8 以上、15 以下
								15 以上、30 以下
								30 以上、50 以下
FC30	灰铸铁	—	—	—	—	—	—	8 以上、15 以下
								15 以上、30 以下
								30 以上、50 以下
FC35	灰铸铁	—	—	—	—	—	—	15 以上、30 以下
								30 以上、50 以下
JISG5502-61 FCD40	球墨铸铁	—	—	—	—	—	—	—
FCD45	球墨铸铁	—	—	—	—	—	—	—
FCD55	球墨铸铁	—	—	—	—	—	—	—
FCD70	球墨铸铁	—	—	—	—	—	—	
JISG5702-69 FCMB28	可锻铸铁	—	—	—	—	—	—	—
FCMB32	可锻铸铁	—	—	—	—	—	—	—
FCMB35	可锻铸铁	—	—	—	—	—	—	—
FCMB37	可锻铸铁	—	—	—	—	—	—	

（续）

力　学　性　能						相　应 国内牌号	相应美国 ASTM 牌号
抗拉强度 R_m/MPa	最大载荷 /N	挠　度 /mm	硬　度 /HB	屈服强度 R_{eL}/MPa	伸长率 A(%)		
≥98.1	≥6860	≥3.5	<201	—	—	—	—
≥186	≥1764	≥2.0	<241	—	—	HT150(GB)	—
≥167	≥3920	≥2.5	<223	—	—		
≥147	≥7840	≥4.0	<212	—	—		
≥127	≥16660	>6.0	<201	—	—		
≥235	≥1960	>2.0	<255	—	—	HT200(GB)	A126-ClassA
≥216	≥4410	>3.0	<235	—	—		
≥196	≥8820	>4.5	<223	—	—		
≥162	≥19600	>6.5	<217	—	—		
≥275	≥2156	>2.0	<269	—	—	HT250(GB)	A126-ClassB
≥255	≥4900	>3.0	<248	—	—		
≥245	≥9800	>5.0	<241	—	—		
≥216	≥22540	>7.0	<229	—	—		
≥304	≥5390	≥3.5	≤269	—	—	HT300(GB)	—
≥294	≥10780	≥5.5	≤262	—	—		
≥265	≥25480	≥7.5	≤248	—	—		
≥343	≥11760	≥3.5	≤277	—	—	HT350(GB)	—
≥314	≥28420	≥7.5	≤269	—	—		
≥392	—	—	—	≥274	≥12	QT400-18(GB)	—
≥441	—	—	—	≥294	≥5	QT450-10(GB)	—
≥539	—	—	—	≥372	≥2	QT500-7(GB)	—
≥686	—	—	—	≥470	≥1	QT700-2(GB)	—
≥274	—	—	≤163	≥167	≥5	KT300-06(GB)	—
≥314	—	—	≤163	≥186	≥8	KT330-08(GB)	—
≥343	—	—	≤163	≥206	≥10	KT350-10(GB)	—
≥363	—	—	≤163	≥216	≥14	KT370-12(GB)	—

牌　　号	名　　称	化 学 成 分 (质					
		Cu	Zn	Mn	Fe	Al	Sn
JISH5102-66 HBSC$_1$	高强度黄铜铸件	55.0～60.0	其余	≤1.5	0.5～1.5	0.5～1.5	≤1.0
HBSC$_2$	高强度黄铜铸件	55.0～60.0	其余	≤3.5	0.5～2.0	0.5～2.0	≤1.0
HBSC$_3$	高强度黄铜铸件	≥55.0	其余	2.5～5.0	2.0～4.0	3.0～6.0	≤0.5
JISH5111-66 BC$_1$	青铜铸件	79.0～83.0	8.0～12.0	—	—	—	2.0～4.0
BC$_2$	青铜铸件	86.0～90.0	3.0～5.0	—	—	—	7.0～9.0
BC$_3$	青铜铸件	86.5～89.5	1.0～3.0	—	—	—	9.0～11.0
BC$_6$	青铜铸件	81.0～87.0	4.0～7.0	—	—	—	4.0～6.0
BC$_7$	青铜铸件	87.0～90.0	3.0～5.0	—	—	—	5.0～7.0
JISH3423-66 B2BF1	锻造用黄铜棒	58.0～62.0	其余	—	—	—	—
B2BF2	锻造用黄铜棒	57.0～61.0	其余	—	—	—	—
JISH3424-67 NBSB1	镍黄铜棒	61.0～64.0	其余	—	—	—	0.7～1.5
NBSB2	镍黄铜棒	59.0～62.0	其余	—	—	—	0.5～1.0
JISH3425-67 HBSB1	高强度黄铜棒	56.0～61.0	其余	≤1.5	≤1.0	—	≤1.0
HBSB2	高强度黄铜棒	56.0～60.0	其余	≤2.5	≤1.0	—	≤1.5
HBSB3	高强度黄铜棒	55.0～59.0	其余	≤3.0	≤1.5	—	≤1.0

注：化学成分指质量分数。

（续）

量分数）　（%）				力学性能≥			相　应 国内牌号	相应美国 ASTM 牌号
Ni	Pb	Si	不纯物	抗拉强度 R_m/MPa	伸长率 （%）	屈服强度 R_{eL}/MPa		
≤1.0	≤0.4	≤0.1		440	20	—	—	ASTMB147 A110yNo7A
≤1.0	≤0.4	≤0.1		500	18	—	—	ASTMB147 A110yNo. 8A
—	≤0.2	≤0.1		700	10	—	—	ASTMB147 A110yNo8B
—	3.0~7.0	≤2.0		170	15	—	—	ASTMB145-52 A110yNo5A
—	≤1.0	—	≤1.0	250	20	—	ZQSn8—4	ASTMB143-52 A110yNo1B
—	≤1.0	—	≤1.0	250	15	—	ZCuSn10Zn2	ASTMB143-52 A110yNo1A
—	3.0~6.0	—	≤2.0	200	15	—	ZCuSn5Pb5Zn5	ASTMB62-52
—	1.0~3.0	—	≤1.5	220	18	—	—	ASTMB61-52
—	≤1.0	—	Fe + Sn≤0.8	320	15	—	—	ASTMB283-56 ForgingBrass
—	0.5~2.5	—	Fe + Sn≤1.5	320	15	—	—	
—	—	—	Fe + Sb≤0.8	350	20	—	—	ASTMB21-58 A110y. B. C.
—	—	—	Fe + Sb≤1.0	350	20	—	—	
—	≤0.8	—		450	20	—	—	ASTMB138-58 A110yA. B
—	≤0.8	—		500	20	—	HMn57-3-1	
—	≤0.8	≤1.0		500	20	—	—	

5.11 引进装置常用材料中各国钢号近似对照(表 5-25)

表 5-25

(一) 碳素结构钢

美国	日本	法国	德国	中国
1010(AISI SAE) G10100(UNS)	G4051-S10C(JIS)	CC10(NF) XC10	C10(DIN)1.0301(W-Nr) CK10(DIN)1.1121(W-Nr)	10 (GB)
1015(AISI SAE) G10150(UNS)	G4051-S15C(JIS)	XC12(NF)	C15(DIN)1.0401(W-Nr) CK15(DIN)1.1141(W-Nr)	15 (GB)
1020(AISI SAE)	G4051-S20C(JIS)	CC20(NF)	C22(DIN)1.0402(W-Nr) CK22(DIN)1.1151(W-Nr)	20 (GB)
A105-77(锻)(ASTM) 1025(AISI SAE) G10250(UNS)	G4051-S25C(JIS) G4051-S28C(JIS)	CC28(NF) XC25		25 (GB)
1030(AISI SAE) G10300(UNS)	G4051-S30C(JIS)	CC30(NF)		30 (GB)
1035(AISI SAE) G10350(UNS)	G4051-S35C(JIS)	XC38(NF)	C35(DIN)1.0501(W-Nr) CK35(DIN)1.1181(W-Nr)	35 (GB)
1040(AISI SAE) G10400(UNS)	G4051-S40C(JIS)	XC42(NF)		40 (GB)
A194-2H(ASTM) 1045(AISI SAE) G10450(UNS)	G4051-S45C(JIS)	XC45(NF)	C45(DIN)1.0503(W-Nr) CK45(DIN)1.1191(W-Nr)	45 (GB)
1050(AISI SAE) G10500(UNS)	G4051-S50C(JIS)	CC50(NF) XC50	CK53(DIN)1.1210(W-Nr)	50 (GB)
1055(AISI SAE) G10550(UNS)	G4051-S55C(JIS)	XC55(NF) CC55	Cf56(DIN)1.1214(W-Nr)	55 (GB)
1060(AISI SAE) G10600(UNS)	$SWRH_4B$(JIS)	C60(NF) XC60	C60(DIN)1.0601(W-Nr) CK60(DIN)1.1221(W-Nr)	60 (GB)
C1115(AISI) 1115(SAE)	G3101-SB46(JIS)	12M5(NF)	14Mn4(DIN)1.0915(W-Nr)	15Mn (GB)

（续）

美　国	日　本	法　国	德　国	中　国
1022(SAE)C1022(AISI) G10220(UNS)				20Mn　(GB)
1033(SAE) C1033(AISI)				30Mn　(GB)
A194-4(ASTM) C1036(AISI) 1036(SAE)			40Mn4(DIN)1.5038(W-Nr)	40Mn　(GB)
1053(AISI) G10530(UNS)				50Mn　(GB)
A216-WCA(铸)(ASTM) WCB(铸)	G5151-$SCPH_1$(铸)(JIS) G5151-$SCPH_2$(铸)(JIS)			
（二）合金结构钢				
5115(SAE) G51150(UNS)	G4104-SCr415(JIS) SCr21(JIS 旧)	12C3(NF)	15Cr3(DIN)1.7015 (W-Nr) (EC60)	15Cr　(yB)
5120(AISI,SAE) G51200(UNS)	G4104-SCr420(JIS) SCr22(JIS 旧)	18Cr(NF)	20Cr4(DIN)1.7031(W-Nr)	20Cr　(yB)
5130(AISI,SAE) G51300(UNS)	SCr2(JIS)	32C4(NF)	34Cr4(DIN)1.7033 (W-Nr) (VC-135)	30Cr　(yB)
5135(AISI,SAE) G51350(UNS)	SCr1(JIS)	38C4(NF)	37Cr4(DIN)1.7034(W-Nr)	35Cr　(yB)
5140(AISI,SAE) G51400(UNS)	G4104-SCr440(JIS) SCr4(JIS 旧)	42C4(NF)	41Cr4(DIN)1.7035 (W-Nr) (VC140)	40Cr　(yB)
5145,5147(AISI,SAE) G51450,G51470(UNS)	G4104-SCr445(JIS) SCr5(JIS 旧)	45C4(NF)		45Cr　(yB)
5150,5152(AISI,SAE) G51500(UNS)		50C4(NF)		50Cr　(yB)

（续）

美　国	日　本	法　国	德　国	中　国
4017(AISI,SAE) A182-F1(锻) A302Gr,A(ASTM) A356Gr,2 A204Gr-A,B,C	G3213-SFHV12B(锻)(JIS)		15Mo3(DIN)1.5415(W-Nr)	16Mo　(yB)
4119(SAE)		12CD4(NF)	13CrMo44(DIN) 1.7335(W-Nr)	12CrMo(yB)
A387Gr.B A182-F11,F12(锻)(ASTM)	STT42,STB42,STC42(JIS) G3213-SFHV23B,SFHV22B(JIS)锻	12CD4(NF)	16CrMo44(DIN) 1.7337(W-Nr)	15CrMo(yB)
4119(SAE)4118(AISI,SAE) G41180(UNS)	G4105-SCM420(JIS) G4105-SCM22(JIS 旧)	18CD4(NF)	20CrMo5(DIN) 1.7264(W-Nr)(ECM0100)	20CrMo(yB)
		25CD4(NF)	25CrMo4(DIN)1.7218 (W-Nr) (VCMo125)	25CrMo(YB 旧)
4130(AISI,SAE)	G4105-SCM430(JIS) G4105-SCM2(JIS 旧)			30CrMo(yB)
E4132(AISI)E4135(AISI) G41350(UNS) A193-B7(ASTM)	G4105-SCM435(JIS) G4105-SCM3(JIS 旧) G4107 SNB7	35CD4(NF)	34CrMo4(DIN)1.7220 (W-Nr) (VCMo135)	35CrMo(yB)
4140(AISI,SAE) G41400(UNS)	G4105-SCM4(JIS 旧)	42CD4(NF)	42CrMo4(DIN)1.7225 (W-Nr) (VCMo140)	42CrMo(yB)
		20CDV6(NF)	24CrMoV55(DIN)1.7733(W-Nr)	24CrMoV(yB)
			13CrMoV42(DIN)7709(W-Nr)	12Cr1MoV(yB)
A356-Gr9(ASTM) A405-P24				15CrMo1V(yB 旧)
A193-B16(ASTM)	G4107-SNB16			40Cr2MoV(yB 旧)
A217-WC1(铸)(ASTM)	G5151-SCPH11(铸)(JIS)			
A217-WC6(铸)(ASTM)	G5151-SCPH21(铸)(JIS)			ZG20CrMoV
A217-WC9(铸)(ASTM)	G5151-SCPH32(铸)(JIS)			ZG15Cr1Mo1V

（续）

美　国	日　本	法　国	德　国	中　国
A217-C5（铸）（ASTM）	G5151-SCPH61（铸）（JIS）			ZG2Cr5Mo
A182-F5（锻）（ASTM） 501（AISI）502（AISI） 51501（SAE） S50100（UNS）S50200（UNS）	G3213-SFHV25（锻）（JIS） G3203-SFVAF5A（锻）（JIS） G3203-SFVAF5B	Z12CD5（NF）	12CrMo19 5（DIN） 1.7362（W-Nr）	1Cr5Mo（GB）
（三）不锈钢				
410S（AISI） S41008（UNS）		Z6CB（NF）	X7Cr13（DIN） 4000（W-Nr）	0Cr13（GB）
430（AISI）51430（SAE） CB-30（ACI）S43000（UNS） A276-430（ASTM）	JISG4303-SUS430（JIS）	Z8C17，Z10C17， Z12C18（NF）	X8Cr17（DIN）1.4016（W-Nr）	10Cr17（GB）
403（AISI） S40300（UNS） A276-403，410（ASTM） A182-F6a	JISG4303-SUS403（JIS） SUS410	Z12C13（NF）	X10Cr13（DIN）1.4006（W-Nr）	12Cr13（GB）
420（AISI）51210（SAE） CA-15　S42000（UNS） A276-420（ASTM）	JISG4303-SUS420J1（JIS）	Z20C13（NF）	X20Cr13（DIN）1.4021（W-Nr）	20Cr13（GB）
420～（AISI） CA-40（ACI）	JISG4303-SUS420J2（JIS）	Z30C13（NF）		30Cr13（GB）
		Z40C13（NF）	X40Cr13（DIN）1.4034（W-Nr）	40Cr13（GB）
A276-440C（ASTM）	JISG4303-SUS440C（JIS）			9Cr18（GB）
304（AISI）30304（SAE） CF-8（ACI）S30400（UNS） A182-F304A276-304 A193-B8，A194-8， A320-B8，B8A（ASTM）	JISG4303-SUS304（JIS）	Z6CN18-10（NF）	X5CrNi18　9（DIN） 1.4301（W-Nr）	06Cr19Ni10（GB）

（续）

美　国	日　本	法　国	德　国	中　国
A351-CF8（铸）（ASTM） A296-CF8（铸）	JISG5121-SCS13（铸）（JIS） SCS13A			ZG0Cr18Ni9
302（AISI）30302（SAE） CF-20（ACI）S30200（UNS）	JISG4303-SUS302（JIS）	Z12CN18-10（NF）	X12CrNi18　8（DIN） 1. 4300（W-Nr）	12Cr18Ni9（GB）
321（AISI）30321（SAE） S32100（UNS） A182-F321 A193-B8T（ASTM） A276-321	JISG4303-SUS321（JIS）	Z10CNT18-11（NF）	X10CrNiTi18　9（DIN） 1. 4541（W-Nr）	06Cr19Ni10（GB）
A182-F316 A276-316（ASTM） A193-B8M A194-8M	JISG4303-SUS316（JIS）	Z8CNDT17-12（NF）	X10CrNiMoTi18　10（DIN） 1. 4571（W-Nr） X10CrNiMoTi18　12（DIN） 1. 4573（W-Nr）	06Cr17Ni12Mo2Ti（GB）
A351-CF8M（铸）（ASTM） A296-CF8M（铸）	JISG5121-SCS14（铸）（JIS） SCS14A			ZG0Cr18Ni12Mo2Ti
347（AISI）30347（SAE） S34700（UNS） A182-F347 A193-B8C（ASTM） A276-347	JISG4303-SUS347（JIS）	Z6CNNb 18-10（NF）	X10CrNiNb18　9（DIN） 1. 4550（W-Nr）	12Cr18Ni11Nb（GB）
（四）超低碳不锈钢				
304L（AISI）30304L（SAE） S30403（UNS） A182-F304L（ASTM） A276-304L	G4303-SUS304L（JIS）	Z2CN18-10（NF）	X3CrNi18　9（DIN） 1. 4306（W-Nr）	022Cr18Ni10

（续）

美　国	日　本	法　国	德　国	中　国
A351-CF3（铸） A296-CF3（铸）（ASTM）	G5121-SCS19（铸）（JIS） SCS19A			ZG00Cr18Ni10
316L（AISI）30316L（SAE） S31603（UNS） A182-F316L A276-316L（ASTM）	G4303-SUS316L（JIS）	Z2CND17-12（NF）	X2CrNiMo18. 10（DIN） 1. 4404　（W-Nr）	022Cr17Ni14Mo2
A351-CF3M，（铸） A296-CF3M（铸）（ASTM）	G5121-SCS16 SCS16A（铸）（JIS）			ZG00Cr17Ni14Mo2

（五）低温钢

美　国	日　本	法　国	德　国	中　国	适应温度/℃
A352-LCB（铸）（ASTM）	G5152-SCPL$_1$（铸）（JIS）			JB/T 7428—2006 LCB	-46
A350-LF2（锻）（ASTM）					
A352-LC$_1$（铸）（ASTM）	G5152-SCPL$_{11}$（铸）（JIS）				-60
A352-LC$_2$（铸）（ASTM）	G5152-SCPL$_{21}$（铸）（JIS）			JB/T 7428—2006 LC2	-73
A352-LC$_3$/LC$_4$（铸）（ASTM）	G5152-SCPL$_{31}$（铸）（JIS）			JB/T 7428—2006 LC3/LC4	-101
A350-LF3（锻）（ASTM）					
A351-CF8（铸） A296-CF8（铸）（ASTM）	SCS13 G5121-SCS13A（铸）（JIS）			ZG0Cr18Ni9	-196
A351-CF8M（铸） A296-CF8M（铸）（ASTM）	SCS14 G5121-SCS14A（铸）（JIS）			ZG0Cr18Ni12Mo2Ti	-196
A182-F304（锻）（ASTM）	G4303-SUS304（锻）（JIS）			0Cr18Ni9	-196
A182-F316（锻）（ASTM）	G4303-SUS316（锻）（JIS）			0/1 Cr18Ni12Mo2Ti	-196

（续）

美　国	日　本	法　国	德　国	中　国
（六）弹簧钢				
C1065（AISI）　1065（SAE） G10650（UNS）	G4801-SUP_2　（JIS）	XC_{65}（NF）	CK67（DIN）1.1231（W-Nr）	65　（YB）
1084（AISI，SAE）　G10840（UNS）	G4801-SUP_3　（JIS）			85　（YB）
9260（AISI，SAE）G92600（UNS）	G4801-SUP_6　（JIS）		$60SiMn_6$（DIN）0908（W-Nr）	60Si2Mn（YB 旧）
9260（AISI，SAE）G92600（UNS）	G4801-SUP_7　（JIS）		65Si7（DIN）1.0906（W-Nr）	63Si2Mn（YB 旧）
6150（AISI）　G65100（UNS）	G4801-SUP_{10}　（JIS）		$50CrV_4$（DIN）1.8159（W-Nr）（VCV150）	$50CrV_A$（YB）
（七）灰铸铁				
	JISG5501-FC15			HT150　（GB）
ASTMA126-ClassA	JISG5501-FC20			HT200　（GB）
ASTMA126-ClassB	JISG5501-FC25			HT250　（GB）
	JISG5501-FC30			HT300　（GB）
	JISG5501-FC35			HT350　（GB）
（八）球墨铸铁				
	JISG5502-FCD40			QT400—17（GB）
	JISG5502-FCD45			QT420—10（GB）
（九）可锻铸铁				
ASTMA47-32510	JISG5702-FCMB28			KTH300—6（GB）

（续）

美　　国	日　　本	法　　国	德　　国	中　　国
	JISG5702-FCMB32			KTH330—8（GB）
	JISG5702-FCMB35			KTH350—10（GB）
	JISG5702-FCMB37			KTH370—12（GB）
（十）黄青铜铸件				
ASTMB147-A110y　No. 7A	JISH5102-$HBSC_1$			
ASTMB147-A110y　No. 8A	JISH5102-$HBSC_2$			
ASTMB147-A110y　No. 8B	JISH5102-$HBSC_3$			
ASTMB145-A110y　No. 5A	JISH5111-BC_1			
ASTMB143-A110y　No. 1B	JISH5111-BC_2			ZCuSn8Zn4
ASTMB143-A110y　No. 1A	JISH5111-BC_3			ZCuSn10Zn2
ASTMB62-’52	JISH5111-BC_6			ZCuSn5Zn5. 5
ASTMB61-’52	JISH5111-BC_7			
（十一）黄铜棒				
ASTMB283-Forging Brass	JISH3423-B_2BF1；B_2BF_2			
ASTMB21-A110yA、B、C	JISH3424-NBSB1；$NBSB_2$			
ASTMB138-A110yA，B	JISH3425-HBSB1；$HBSB_2$；$HBSB_3$			

5.12 美国机械工程师学会标准 ASME B16.34—2013 压力-温度额定值（表5-26）

表 5-26 ［单位：bar（表压）］

压力级	最高工作温度 摄氏度/℃	A216-WCB① A105①②	A217-WC6③④ A182-F11③⑤	A217-WC9③④ A182-F22⑤	A217-C5③ A182-F5a	A217-C12A A182-F91	A182-F304⑥ A182-F304H A351-CF10 A351-CF3⑦ A351-CF8⑥	A182-F316⑥ A182-F317⑥ A351-CF3M⑧ A351-CF10M A351－CF8M⑥
CL150	-29～38	19.6	19.8	19.8	20.0	20.0	19.0	19.0
	50	19.2	19.5	19.5	19.5	19.5	18.3	18.4
	100	17.7	17.7	17.7	17.7	17.7	15.7	16.2
	150	15.8	15.8	15.8	15.8	15.8	14.2	14.8
	200	13.8	13.8	13.8	13.8	13.8	13.2	13.7
	250	12.1	12.1	12.1	12.1	12.1	12.1	12.1
	300	10.2	10.2	10.2	10.2	10.2	10.2	10.2
	325	9.3	9.3	9.3	9.3	9.3	9.3	9.3
	350	8.4	8.4	8.4	8.4	8.4	8.4	8.4
	375	7.4	7.4	7.4	7.4	7.4	7.4	7.4
	400	6.5	6.5	6.5	6.5	6.5	6.5	6.5
	425	5.5	5.5	5.5	5.5	5.5	5.5	5.5
	450	4.6	4.6	4.6	4.6	4.6	4.6	4.6
	475	3.7	3.7	3.7	3.7	3.7	3.7	3.7
	500	2.8	2.8	2.8	2.8	2.8	2.8	2.8
	538	1.4	1.4	1.4	1.4	1.4	1.4	1.4
	550	—	1.4	1.4	1.4	1.4	1.4	1.4
	575	—	1.4	1.4	1.4	1.4	1.4	1.4
CL300	-29～38	51.1	51.7	51.7	51.7	51.7	49.6	49.6
	50	50.1	51.7	51.7	51.7	51.7	47.8	48.1
	100	46.6	51.5	51.5	51.5	51.5	40.9	42.2
	150	45.1	49.7	50.3	50.3	50.3	37.0	38.5
	200	43.8	48.0	48.6	48.6	48.6	34.5	35.7
	250	41.9	46.3	46.3	46.3	46.3	32.5	33.4
	300	39.8	42.9	42.9	42.9	42.9	30.9	31.6
	325	38.7	41.4	41.4	41.4	41.4	30.2	30.9
	350	37.6	40.3	40.3	40.3	40.3	29.6	30.3
	375	36.4	38.9	38.9	38.9	38.9	29.0	29.9
	400	34.7	36.5	36.5	36.5	36.5	28.4	29.4
	425	28.8	35.2	35.2	35.2	35.2	28.0	29.1
	450	23.0	33.7	33.7	33.7	33.7	27.4	28.8
	475	17.4	31.7	31.7	27.9	31.7	26.9	28.7
	500	11.8	25.7	28.2	21.4	28.2	26.5	28.2
	538	5.9	14.9	18.4	13.7	25.2	24.4	25.2
	550	—	12.7	15.6	12.0	25.0	23.6	25.0
	575	—	8.8	10.5	8.9	24.0	20.8	24.0

注：1bar＝0.1MPa。

① 长期处在高于425℃工况，碳钢的碳化物相可能转化为石墨，允许，但不推荐长期用于高于425℃工况。

② 高于455℃仅应用于镇静钢。

③ 仅用于正火加回火材料。

④ 超过595℃不使用。

⑤ 允许，但不推荐长期用于高于595℃。

⑥ 在温度超过538℃时，仅当碳含量等于或高于0.04%时才使用。

⑦ 超过425℃不使用。

⑧ 超过455℃不使用。

5.13　各种合金的高温硬度（图 5-2）

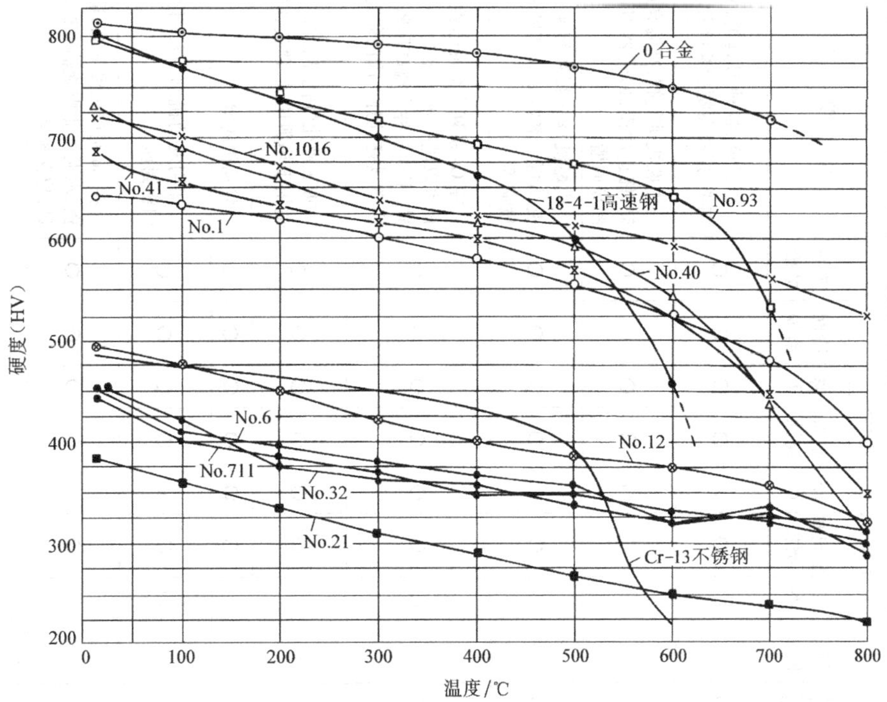

图 5-2　各种合金的高温硬度

5.14　司太立耐热耐磨硬质合金的物理力学性能（表 5-27）

表　5-27

名　称	物　理　性　能				力　学　性　能			
	相对密度	熔　点 /℃	比热容 /[J/(kg·℃)]	热膨胀系数 (50～600℃) /[μm/(m·℃)]	弹性模量 /MPa	抗拉强度 /MPa	抗压强度 /MPa	硬　度① (常温)
№1	8.48	1265	393.5592	13.8	253500	780	1610	54HRC(G)
№6	8.42	1290	422.8668	14.9	210000	940	1730	44HRC(G)
№12	8.47	1285	410.3064	14.4	204000	990	1810	47HRC(G)
№21	8.30	1350	422.8668	14.9		820		33HRC(D) (45HRC)
№25	9.13	1410	385.1856	14.8	240000	1030		20HRC (41HRC)
№32	8.68	1300		14.1		790	2040	42HRC(G)
№711	8.06	1265		13.6		540	1590	40HRC(G)
№1016	9.00	1265		12.0		630	1680	57HRC(G)
O 合金	8.79	1270	389.3724	13.0		440		61HRC(G)
№40	7.80	1038				210		57HRC(G)
№41	8.14	1066				380		51HRC(G)
哈氏合金 C	8.94	1290	385.1856	13.7	180000	750		96HRB(D) (35HRC)
№90	7.35	1310	460.548	14.9		630		47HRC(D) 56HRC(G)
№93	7.77	1178	460.548	12.8		630		57HRC(D) 62HRC(G)

注：力学性能是试验的结果。

① G—气焊；D—由包覆电弧焊接造成的余量厚度；(　)内的数值表示加工硬化后的硬度。

5.15 司太立耐热耐磨硬质合金的化学成分和用途(表 5-28)

表 5-28

类别	名称	化学成分(质量分数,%) Co	Cr	W	C	Fe	Ni	其他	硬度[3] HRC	制品种类、用途、特性[4] 铸棒	电弧棒	管垫圈棒	粉末	金属间磨损	冲击	水点腐蚀	腐蚀	冷间磨损	热间磨损	主要用途
钴基合金	司太立® №1	其余	30	12	2.5	3[1]	—	—	G54 D46	○	○		○	○	×	○	○	○	○	密封环、各种刀具类,粉碎机,轴类,搅拌器螺旋桨叶片、套管
钴基合金	司太立® №6	其余	28	4	1	3[1]	—	—	G44 D37	○	○	○	○	○	○	○	○	○	○	内燃机排气阀,高温高压阀,套筒,修边冲模,回转器刀具,钢材制导向槽
钴基合金	司太立® №12	其余	29	8	1.35	3[1]	—	—	G47 D40	○	○	○	○	○	○	○	○	○	○	内燃机排气阀和阀座,推出模板,轴套,熔融玻璃切断和成形,喷嘴等
钴基合金	司太立® №21	其余	27	—	0.25	2[1]	2.5	Mo:5	T25 D33	○	○	○	○	○	○	○	○	○	○	在 Co 系列中耐冲击性能最强,也可以进行加工硬化,耐蚀性优异,用于各种高温高压阀、锻模热冲模、热剪切机、阀门研磨棒
钴基合金	海因斯合金® №25	其余	20	15	0.1	3[1]	10	Mn:1.5	T20		○	○		○	○	○	○	○	○	加工硬化性优异,耐冲击性好,适用于热剪切机、顶尖、锻模
钴基合金	司太立® №32	其余	26	12	1.8	—	22	—	G44	○				○	○	○	○	○	○	发动机阀等
钴基合金	司太立(MA320)® №1016	其余	32	17	2.5	3[1]	—	—	G58	○			○	○	×	○	○	○	○	船用发动机阀,石油化工用阀门密封座
钴基合金	O 合金	其余	30	14	2.2	3[1]	—	Mo:5	G61	○				○	×	○	○	○	○	在 Co 基中硬度最高,适用于陶瓷、水泥工业螺旋输送机,各种刀具,拉深模等
镍钴合金	司太立®№711[2]	Co + Ni 其余	27	W + Mo 10	2.7	23	—	—	G40	○										各种刀具、挖掘钻、挤压螺旋、链锯,各种阀门类

（续）

名称		化学成分（质量分数，%）							硬度③ HRC	制品种类、用途、特性④										主要用途
		Co	Cr	W	C	Fe	Ni	其他		铸棒	电弧棒	管垫圈棒	粉末	金属间磨损	冲击	水点腐蚀	腐蚀	冷间磨损	热间磨损	
镍基合金	海因斯合金Ⓡ №40	—	15	—	0.75	4	其余	Si:4 B:3.5	G57	○			○	○	×	O	O	O	O	除盐酸外，在腐蚀性气体中耐蚀性优异，适用于泵的柱塞阀门的柱塞、钢丝卷扬绞车
	海因斯合金Ⓡ №41	—	12	—	0.35	3	其余	Si:3.5 B:2.5	G51	○			○	○	△	O	O	○	○	除盐酸外，在腐蚀性气体中耐磨性优异，适用于刮刀、叶片、拉丝模等
	哈斯特洛伊耐蚀高镍合金Ⓡ C	—	16	4.5	0.1	5	其余	Mo:17	DH_RB96 (H_RC37)		○	○		○	O	○	O	△	○	可以利用加工硬化。高炉料斗的座面，锻模底座修边冲模、热剪切机等
铁合金	海因斯Ⓡ №90	—	26	—	2.5	其余	—	Mn:1 Si:1.5	D47		○	○		△	○	○	△	O	○	高炉料斗，各种粉碎机零件，各种输送机零件、铲斗类
	海因斯（MA101）Ⓡ№93	6	17	—	3	其余	—	Mo:16 其他:2	G62	○	○			○	×	O	○	O	○	砖成形模具，铸型型芯、刮刀、煤炭输送机等
	海因斯Ⓡ №94	—	31	—	3.5	其余	—	Mn:1 Mo:1 Si:0.7	D61 S50		○	○		△	△	O	△	O	○	土木建筑机械、采石机械、泥浆泵壳体、矿石粉碎机滚轮
WC系	MC501	WC＋哈斯特洛伊耐蚀高镍合金							H_RA G91	○				O	×	○	O	O	O	腐蚀严重且磨损剧烈的螺旋类，挖掘钻等
	MC502	WC＋司太立							H_RA G91	○				O	×	O	O	O	O	同上。导辊、煤脱水用离心分离机，挖掘机及铲斗

注：作为喷镀专用的自溶性粉末合金，有海因斯司太立耐热耐磨硬质合金№157、№158。

① 最大。

② 正在申请专利。

③ G—气体焊接；D—包覆电弧焊接；T—TIG焊接；S—隐弧焊。

④ O—非常优异；○—好；△—可以使用；×—不适。

5.16　天然橡胶及合成橡胶的性质（表 5-29）

表 5

材料代号名称	规格代号、商品名称及其他	化学式	密度 d (20℃) /(g/cm³)	最高使用温度 θ_{max} /℃	比定压热容 c_p (20℃) /[J/(kg·℃)]	热导率 λ(20℃) /[J/(m·h·℃)]
66A-1 天然橡胶（软质）	未硫化橡胶在室温下流动，软质橡胶含硫量约为2%	聚异戊二烯	0.923	150	2135.268	514.9764
66A-2 天然橡胶（硬质）	在橡胶原料中加入大量的硫（32%）进行硫化，使交连结合部数目增多，成为硬质胶	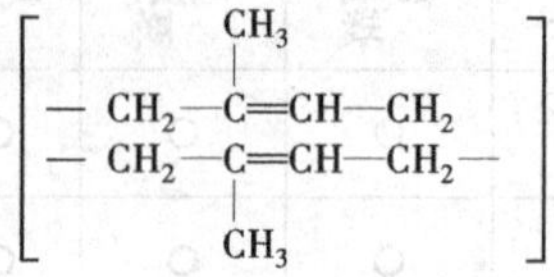	1.173	使用温度 60 软化温度 50～93	1423.512	(25℃) 586.152
66A-3 盐酸天然橡胶或氯化天然橡胶		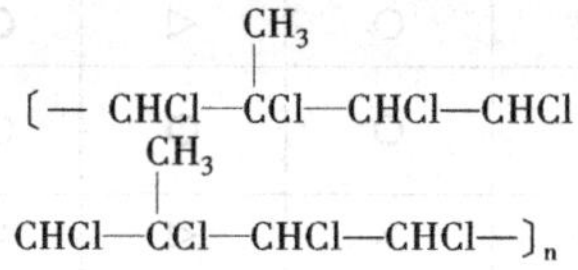	1.64	变形温度 60	1632.852～1800.324	460.548
66B-1 丁腈橡胶（软质）	别布橡胶合成橡胶 OR 丁腈橡胶丁二烯橡胶（GR·A）	丙烯酸和丁二烯的共聚物	0.96～1.00	160		921.096
66B-2 丁腈橡胶（硬质）			0.96			
66C-1 苯乙烯橡胶（软质）	丁钠橡胶合成橡胶 OS	丁二烯和苯乙烯的共聚物	0.93～0.98	160		
66C-2 苯乙烯橡胶（硬质）			0.94	100		
66D 丁二烯、异丁烯合成橡胶		丁二烯 78% 异丁烯 22%	0.93	100～150		
66E 氯丁橡胶	氯丁橡胶 CR（GR.M）	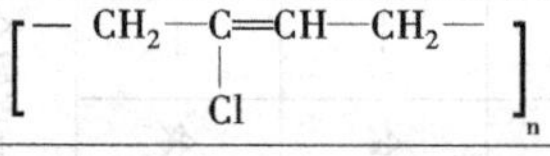	1.15～1.23	150	1758.456	293.076～837.36
66F 石棉填充橡胶	接头石棉垫（Valqua221#，1500 等）	在石棉纤维中，填入合成橡胶或天然橡胶粘合剂构成，石棉纤维含 65% 以上，橡胶 10%	≈1.75	350		石棉 ≈586.152
66G 丁基橡胶	丁基橡胶 合成橡胶-HH	异戊二烯和异丁烯的共聚物	0.91	160		
66H 聚硫化橡胶	聚硫橡胶（GR·P）	多硫化碳酸钠和有基二氯基酸的反应物	1.3～1.6	110		
66I 氯磺化聚乙烯合成橡胶	海波隆			100		
66K 氟橡胶	Kel-f 橡胶 Poly FBFBA，VitonA	Kel-f 是三氟氯化乙烯与氟化聚偏乙烯的共聚物，VitanA 是氟化丙烯与氟化聚偏氯乙烯的共聚物	2.14	Viton 200		
66L 硅橡胶		将 $(CH_3)_2SiO_2$ 加水分解而得 将 $(CH)_2Si(OH)_2$ 缩合成长锁状	0.97～1.40	280		
66M 聚胺酯橡胶	乌尔科兰·依科兰①（弹性橡胶）	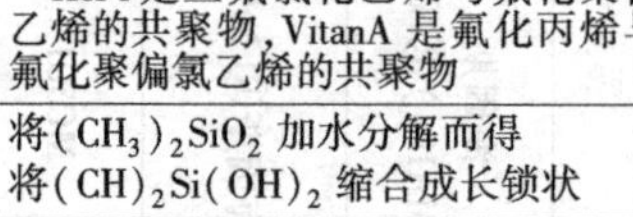	1.26～1.28	100	1884.06	1406.7

① 商品名。注：1. 表中成分均指质量分数。2. 1mil = 0.0254mm。

-29

热膨胀系数 α (20℃) /℃$^{-1}$	电阻率 ρ(20℃) /Ω·cm	拉伸弹性模量 E(18℃) /MPa	抗拉强度 R_m /MPa	抗压强度 σ_y /MPa	肖氏硬度 HS	伸长率 δ (%)	用途举例	
(25℃) 220			2.5~3.2		20~95	290~600	除氧化剂、有机溶剂及油脂以外，可耐其他药品的稀薄水溶液，泊松比为 0.5，n_D1.5264	
50	10^{14}~10^{17}	2300~3700	7~63	70~105	70~95	1~50	抗剪强度为 53~113MPa，吸水率为 0.01%，(耐老化性)耐药品性良好，绝缘强度为 15~50kV/mm，电容率为 2.8~8.0F/m，工作性能好	
120~130	2.5×10^{13}	700~1300	20~36		70~80 80~110	0.5~22	可耐酸耐碱，不燃烧，适用于防蚀涂层和粘接剂，热稳定性不好，抗弯强度为 65~115MPa，吸水率为 0.1~0.3，成形温度为 140~170℃	
130~200	10^{10}~10^{12}		15~30		10~100	300~800	耐油性、耐磨性特别优异，气体不穿透性也很优异，适用于真空装置的密封垫圈等	油罐、管、阀门等的衬里，脆化温度为 -35~-45℃，n_D1.521
		2400	74			3.5		
	10^{15}		20~35		10~100	530~800	耐老化性，耐寒、耐热性，耐磨性优异，与天然橡胶相比虽然热可塑性差，但耐透气性和不吸水性能优异	n_D1.5339~1.5348
		1700~2250	40~60		70~95	5		硬质的调和：丁二烯 75%，苯乙烯 25%，硫含量为制品的 20%~30%
			12.5~32		15~90	250~600		
200~220	10^9~10^{13}	70~500	7~60		15~95	250~1050	将 α 型加热硫化成 μ 型。μ 型的耐油性、耐老化性比天然橡胶优异，绝缘强度为 20~55kV/mm，电容率为 6~9F/m，n_D1.353	
			纵 90 横 27				耐热性、耐药品性及强度优异。适用于介质为蒸汽、酸、碱、油、药品、空气等处理装置的垫圈，在非金属垫圈中用途最广	
			4~20		15~90	800	耐氧性、耐酸性、耐动植物油性及气体的不穿透性均比天然橡胶优异。n_D1.508~1.509	
	10^6~10^9		5~14		40~100	300~700	耐油性、耐臭氧性优异，但力学性能和工艺性能比其他天然橡胶和合成橡胶差。聚硫橡胶可在 -40~-80℃范围内使用。绝缘强度为 20kV/mm，电容率为 7.5~20F/m	
							耐药品性、耐大气腐蚀性、耐热性、耐磨性良好，但气体易于渗透	
	10^{13}~10^{14} (kel-f1.13×10^{14})		16.8		70	325~450	耐热性、耐药品性优异，耐电压对于 kel-f600V/mil，对于 VitonA250~750V/mil②	
	1.5×10^{11}		3.5~9.6		A 60	75~300	耐热、耐寒性能优异，但耐药品性和弹性比其他橡胶差，耐电压 500V/mil，电容率为 4.6~9.8F/m	
20 (100℃) 180~200		10~100	40~46.5		65~94		体积磨耗损失为 40%~60%，韧性高、弹性高，可以注入成型，制品的尺寸稳定性高，扯断伸长率为 690%~870%	

5.17 司太立耐热耐磨硬质合金 No.1、No.6 的耐蚀性（表 5-30）

表 5-30

气体	浓度（%）	温度[①]/℃	18—8 不锈钢[②]	司太立[②] No.1	司太立[②] No.6
醋酸	5	R	A	A	A
		B	A	A	A
	50	R	A	A	A
		B	A	A	A
	80	R	A	A	A
		B	D	A	A
硝酸	10	R	A	A	A
		B	C	A	A
	60	R	A	A	A
		B	E	E	E
	65	B	E	E	E
磷酸	10	R	B	A	A
		B	B	A	A
	38	B	D	B	A
	85	R	B	A	A
		66	B	A	A
		B	E	E	E
硫酸	10	R	C	A	A
		B	E	D	E
	50	R	D	A	A
		B	E	D	E
	90	R	A	A	A
	95	B	D	E	E
铬酸	10	R	B	A	A
		B	C	E	E
盐酸	2	R	B	B	A
		66		D	C
	10	R	E	D	D
		B	E	D	D
	37	R	E	C	E
		B	E	E	E
氯化亚铁	5	R	C	A	B
	10	R	D	B	B
		B	E	E	E
氯化亚铜	10	R	E	A	B
		B	E	E	E
氢氧化钠	10	R	A	A	A
		B	D	C	D
氯气	干	R	C	A	A
	湿	R	D	A	A

注：海因斯司太立 No. 12 的耐蚀性与 No. 6 大致相同。

① R—室温；B—沸点。

② A—0. 1mm/a 以下；B—1. 07mm/a 以下；C—3. 05mm/a 以下；D—10. 67mm/a 以下；E—10. 67mm/a 以上。

5.18 氟树脂特性(表 5-31)

表 5-31

特性	测定条件		四氟乙烯 TFE	玻璃纤维			石墨		玻璃纤维15% 二硫化钼5%	玻璃纤维20% 石墨5%	青铜60%	碳素纤维		特殊碳素纤维	
				15%	20%	25%	15%	30%				10%	15%	20%	15%
密度/(g/cm^3)	25℃		2.17	2.23	2.24	2.26	2.16	2.16	2.28	2.21	3.95	2.09	2.04	2.00	2.03
热导率/[J/(m·h·℃)]			837.36	1214.172	1256.04	1423.512	1423.512	1465.38	1172.304	1297.904	1674.72	1674.72	1674.72	—	—
热膨胀系数/(10^{-3}/℃)	25~100℃	MD	11	11	10	9	10	8	12	14	9	17	14	—	—
		CD	10	8	7	6	8	6	7	5	7	7	5	—	—
	25~150℃	MD	12	12	11	10	11	9	13	14	10	19	16	—	—
		CD	11	8	8	7	9	7	7	5	7	7	5	—	—
	25~200℃	MD	14	13	12	11	12	10	14	15	11	21	18	—	—
		CD	12	9	9	7	9	7	8	6	9	8	6	—	—
	25~250℃	MD	17	14	13	13	14	12	17	17	13	24	22	—	—
		CD	16	10	10	9	11	7	9	7	10	10	7	—	—
抗拉强度/MPa	JISK6891		33.0	29.0	23.4	22.0	20.0	13.1	17.8	16.1	17.0	24.5	21.0	15.5	—
伸长率(%)	JISK6891		350	340	338	310	325	130	300	220	220	300	280	300	—
抗压强度/MPa	0.2%残余变形,24℃	MD	—	—	8.5	—	—	10.5	8.7	11.2	—	—	—	—	—
		CD	7.3	7.4	7.6	8.0	10.0	10.6	8.4	10.0	12.2	—	11.6	14.2	—
	1%变形,24℃	MD	—	—	6.3	—	—	5.8	7.0	7.0	—	—	—	—	—
		CD	4.4	5.0	6.0	8.0	7.0	9.5	6.6	6.6	10.0	—	8.0	9.1	9.7
	25%变形,24℃	MD	—	—	25.4	—	—	32.3	31.2	36.0	—	—	—	—	—
		CD	28.0	28.0	28.3	29.0	30.0	31.0	28.6	30.0	44.0	—	44.6	34.8	49.0
压缩弹性率/MPa		MD	—	—	—	—	—	—	—	—	—	—	—	—	—
		CD	0.57×10^3	0.88×10^3	0.96×10^3	1.06×10^3	0.78×10^3	0.91×10^3	0.87×10^3	1.05×10^3	1.13×10^3	0.80×10^3	0.95×10^3	920.0	940.0
抗弯强度(弹性率)/MPa	ASTMD-790	CD	$0.35\sim0.63\times10^3$	2.18×10^3	1.90×10^3	1.67×10^3	—	2.20×10^3	1.69×10^3	1.95×10^3	1.38×10^3	1.24×10^3	—	—	—

（续）

特性	测定条件		四氟乙烯 TFE	玻璃纤维			石墨		玻璃纤维15% 二硫化钼5%	玻璃纤维20% 石墨5%	青铜60%	碳素纤维		特殊碳素纤维	
				15%	20%	25%	15%	30%				10%	15%	20%	15%
压缩蠕变 1. 变形率(%)	ASTM D-621 14.0MPa, 25℃, 24h	MD	9.5	8.8	8.5	7.9	5.0	3.6	7.1	6.8	4.5	4.2	3.3	2.0	1.4
		CD	—	—	—	—	—	—	—	6.7	4.9	—	—	—	—
	7.0MPa, 25℃, 24h	MD	4.8	4.4	3.6	3.5	3.1	1.8	2.5	2.1	2.1	—	1.6	—	—
		CD	—	—	—	—	—	—	—	—	—	—	—	—	—
2. 永久变形(%)	1.4MPa, 25℃, 24h	MD	7.0	6.9	6.7	6.2	3.8	2.5	4.8	3.6	2.0	2.3	2.4	1.5	0.9
		CD	—	—	11.5	—	—	—	—	3.9	2.3	—	—	—	—
	7.0MPa, 25℃, 24h	MD	4.6	3.8	3.5	3.3	3.0	1.6	2.9	1.8	1.8	—	0.8	—	—
		CD	—	—	—	—	—	—	—	—	—	—	—	—	—
硬度(HS)			58	58	59	60	58	62	63	63	67	63	64	65	67
摩擦系数(动)			0.22	0.24	0.24	0.26	0.23	0.25	0.24	0.25	0.24	0.27	0.29	—	—
摩擦系数(静)			0.045	0.065	0.073	0.085	0.058	0.065	0.073	0.085	0.090	—	—	—	—
摩擦系数/(mm/km)(0.1MPa)	采用65hrs铃木式试验机进行检测		2×10^{-2}	1.2×10^{-5}	1.1×10^{-5}	1.0×10^{-5}	6.7×10^{-5}	2.0×10^{-5}	1.0×10^{-5}	0.5×10^{-5}	0.7×10^{-5}	0.4×10^{-5}	1.0×10^{-5}	—	—
绝缘强度/(kV/mm)	JIS D2120(油中)		46.4	17.4	15.5	13.7	4.1	1.5	20.2	10.2	—	—	—	—	—
电容率 F	JIS D6911	10^3Hz	2.06	2.64	2.91	2.94	—	—	3.45	7.18	—	—	—	—	—
		10^6Hz	2.06	2.80	2.77	2.89	—	—	3.24	6.99	—	—	—	—	—
吸水率(%)	3.2mmt24H ASTM D570		>0.01	0.015	0.014	0.013	0	0.010	0.010	0.016	0	—	—	—	—

注：1. MD表示与成形加工呈平行方向；CD表示与成形加工呈垂直方向。

2. 该表也包括以氟树脂生产厂家的数据为依据的数值。表中的数值是在一定的环境条件下的实验数据，由于环境条件不同，会有不少差异（该表的数值不是标准值）。

3. 材料成分均指质量分数。

5.19 金属材料的耐蚀性（表 5-32）

表 5-32

腐蚀剂		腐蚀条件		碳素钢	铸铁	不锈钢					青铜	镍	锰	哈氏合金B	哈氏合金C	镍铬铁耐热合金	钛	锆
		质量分数（%）	温度/℃			SUS304	SUS316	SUS440C	SUS630 (17-4PH)	20C-30N								
丙酮		100	常温	A	A	A	A	A	A	A	A	A	A	A	A	A	A	A
			100	A	A	A	A	A	A	A	A	A	A	A	A	A	A	A
乙炔		100	常温	A	A	A	A	A	A	A	A	A①	A	A	A	A	A	A
			100	A	A	A	A	A	A	A	—	—	—	A	A	A	—	—
乙醛			常温	A	A	A	A	A	A	A	A	A	A	—	A	A	—	A
苯胺		100	常温	A	A	A	A	A ~ B	A ~ B	A	C	A ~ B	A ~ B	A	A	A	A	A
亚硫酸气	干		常温	A	A	A	A	A	A	A	—	—	—	—	A	A	A	—
			100	A	A	A	A	A	A	A	—	—	—	—	A	A	A	—
	湿	5	常温	C	C	A	A	A	—	A	—	C	—	A	A	A	B	—
		全浓度	100	C	C	C	B	—	—	A	B	C	C	A	A	A	C	—
乙醇	乙基	全浓度	常温	A ~ B	A ~ B	A	A	A	A	A	A	A	A	A	A	A	A	A
	甲基	全浓度	常温	A ~ B	A ~ B	A	A	A	A	A	A	A	A	A	A	A	A	A
安息香酸		全浓度	常温	C	C	A ~ B	A ~ B	A ~ B	A ~ B	A ~ B	A ~ B	A ~ B	A ~ B	A	A	A ~ B	A	A
氨		100（无水）	常温	A	A	A	A	A	A	A	A	A ~ B	A ~ B	A	A	A	A	A
氨湿蒸汽			常温	A	A	A	A	A	A	A	C	C	C	A	A	A	A	—
			70	B	B	A	A	—	—	A	C	C	C	A ~ B	A	A	A	—
硫（熔融）		100		A	A	A	A	A	A	A	C	A	A	—	A	A	—	—
乙烷				A	A	A	A	A	A	A	A	A	A	A	A	A	A	A
乙烯				A	A	A	A	A	A	A	A	A	A	A	A	A	A	A
甘醇			30	A	A	A	A	A ~ B	A	A	A ~ B	—	—	A	A	—	A	A
氯化锌		5	常温	C	C	C②	B②	C	C	A	B	A ~ B	A ~ B	A ~ B	A ~ B	—	A	A
			沸腾	C	C	C②	C②	C	C	A	B	—	A ~ B	A ~ B	A ~ B	—	A	A
氯化铝		5	常温	C	C	A	A	—	A	A	C	B	A ~ B	—	A	A ~ B	A	A
		1	常温	C	C	A	A	C	—	A	B	A	A	A	A	A	A	A
氯化铵		10	沸腾	C	C	C	B	C	—	A ~ B	C	A ~ B	A ~ B	A	A	A ~ B	A	A
		28	沸腾	C	C	C	B	C	—	A ~ B	C	A ~ B	A ~ B	A	A	A ~ B	—	A
		50	沸腾	C	C	C	B	C	—	A ~ B	C	A ~ B	A ~ B	—	A	A ~ B	—	—
氯化硫（干）				C	C	C	C	C	C	A ~ B	A ~ B	A ~ B	A ~ B	A ~ B	A	A ~ B	—	—
氯化乙基		5	常温	C	C	A	A	B	—	A	A ~ B	A	A	A	A	A	A	A
氯化乙烯		100	常温	A③	A ~ B	A③	A③	A③	A③	A③	A	A	A	A	A	A	A	—
氯化钙		0 ~ 60	常温	A ~ B	A ~ B	A ~ B	A ~ B	A ~ B	A ~ B	A ~ B	A	A	A	A	A	A	A	A

（续）

腐蚀剂		腐蚀条件		碳素钢	铸铁	不锈钢					青铜	镍	锰	哈氏合金B	哈氏合金C	镍铬铁耐热合金	钛	锆
		质量分数（%）	温度/℃			SUS304	SUS316	SUS440C	SUS630（17-4PH）	20C-30N								
氯化银			常温	C	C	C	C	C	C	B	C	A～B	A～B	C	A～B	—	A	—
氯化第一锡		5	常温	C	C	C	B	C	C	A～B	C	C	C	A～B	A～B	C	—	A
氯化第二铁		5	常温	C	C	C	B	C	C	A～B	C	C	C	A～B	A～B	C	A	C
氯化钠				C	C	B	A～B	B	B	A	A～B	A	A	A	A	A	A	A
盐酸		1～5	<30	C	C	C	B	C	C	B	B	B	B	A	A	B	A～B	A
			<50	C	C	C	C	C	C	B	C	B	B	A	B	B	B	A
			沸腾	C	C	C	C	C	C	C	C	C	C	A	C	C	C	A
		5～10	<30	C	C	C	C	C	C	B	B	B	B	A	A	B	B	A
			<70	C	C	C	C	C	C	C	C	C	C	A	B	C	C	A
			沸腾	C	C	C	C	C	C	C	C	C	C	A	C	C	C	A
		10～20	<30	C	C	C	C	C	C	C	C	C	B	A	A	B	C	A
			<70	C	C	C	C	C	C	C	C	C	C	A	B（<50℃）	C	C	A
			沸腾	C	C	C	C	C	C	C	C	C	C	B	C	C	C	B
		>20	<30	C	C	C	C	C	C	C	C	C	C	A	C	C	C	A
			<80	C	C	C	C	C	C	C	C	C	C	—	C	C	C	A
			沸腾	C	C	C	C	C	C	C	C	C	C	A	C	C	C	B
氯	干		<30	A	A	A	A	A	A	A	A	A	A	A	—	A	C	A
	湿		<30	C	C	C	C	C	C	—	A	—	—	A	—	—	A	—
海水			常温	C	C	A[4]	A[5]	C[5]	A[5]	A[5]	A[5]	—	A	A	A	—	A	A
过氧化氢		<30	常温	—	—	A	A	A～B	A～B	A	C	A	A	A	A	A	A	A
苛性钠		<10	<30	A	A	A	A	A	A	A	B	A	A	A	A	A	A	A
			<90	A～B	A～B	A	A	A	A	A	B	A	A	A	A	A	A	A
			沸腾	—	—	A	A	A	A	A	B	A	A	A	A	A	A	A
		10～30	<30	A	A	A	A	A	A	A	B	A	A	A	A	A	A	A
			<100	A	A	A	A	A	A	A	C	A	A	A	A	A	A	A
			沸腾	—	—	B	B	—	—	A	C	A	A	A	A	A	—	—
		30～50	<30	A	A	A	A	A	A	A	C	A	A	A	A	A	—	—
			<100	B	B	A	A	—	B	A	C	A	A	A	A	A	—	—
			沸腾	—	—	—	—	—	—	—	C	A	A	A	A	A	—	—
		50～70	<30	C	C	B	B	—	—	B	C	A	A	A	A	A	—	—
			<80	C	C	—	—	—	—	—	C	A	A	A	A	A	—	—
			沸腾	C	C	—	—	—	—	—	C	A	A	A	A	A	—	—
		70～100	≤260	—	—	B	B	—	—	B	—	A	B	B	B	B	—	—

（续）

腐蚀剂	腐蚀条件		碳素钢	铸铁	不锈钢					青铜	镍	锰	哈氏合金B	哈氏合金C	镍铬铁耐热合金	钛	锆
	质量分数（%）	温度/℃			SUS304	SUS316	SUS440C	SUS630(17-4PH)	20C-30N								
苛性钠	100	≤480	—	—	C	C	—	—	C		A	B	B	B	B	—	—
甲酸	<10	常温	C	C	A	A	C	B	A	C	—	A~B	A	A	A~B	—	A
柠檬酸	5	<70	C	C	A~B	A	A	A	A	C	A~B	A~B	A	A	A	A	A
	15	常温	C	C	A~B	A	B	A~B	A	C	A~B	A~B	A	A	A	A	A
		沸腾	C	C	A~B	A	B	—	A	C	A~B	A~B	A	A	A~B	A	A~B
	浓	沸腾	C	C	C	B	—	—	A	C	—	—	A	A	—	A	—
杂酚油			A	A	A	A	A	A	A	C	A	A	A	A	A	—	—
铬酸	5	<66	C	C	B	B	C	—	A~B	C	C	C	—	A~B	A~B	A	A
	10	沸腾	C	C	C	C	C	—	—	C	C	C	—	A~B	B	A	A
	浓	沸腾	C	C	C	C	C	—	—	C	C	C	—	—	—	A	A
铬酸钠			—	—	A	A	—	A	—	A	A	A	—	—	A	—	—
醋酸	≤10	≤30	C	C	A	A	A~B	A	A	B~C	A	A	A	A	A	A	A
		沸腾	C	C	A	A	—	—	A	B~C	—	A~B	A	A	A	A	A
	10~20	<60	C	C	A	A	—	—	A	—	A	—	—	A	—	A	A
		沸腾	C	C	A	A	—	—	A	—	—	—	—	A	—	A	A
	20~50	<60	C	C	A	A	—	—	A	—	A	A	A	A	—	A	A
		沸腾	C	C	A	A	—	—	A	—	—	—	A	A	—	A	A
	50~	<60	C	C	A	A	—	—	A	—	—	—	A	A	—	A	A
	99.5	沸腾	C	C	A	A	—	—	A	—	—	—	A	A	—	A	A
	无水	常温	C	C	A~B	A	—	—	A	—	—	—	A	A	—	A	A
醋酸钠			A~B	A~B	A~B	A~B	A~B	A~B	A~B	A~B	A~B	A~B	A~B	A~B	A~B	A	A
次亚氯酸钠	<20	常温	C	C	C	B	C	C	B	C	C	C	—	A	C	A	A
四氯化碳			B	B	A	A	B	A	A	A	A	A	A	A	A	A	A
草酸	5	常温	C	C	A~B	A~B	A~B	A~B	A	—	C	A~B	A	A	A	A~B	A
	10	常温	C	C	A~B	A~B	A~B	A~B	A	—	C	A~B	A	A	A	C	A
		沸腾	C	C	C	A~B	C	C	A	—	C	A~B	B	A	A	C	A
	≤0.5	≤30	C	C	A	A	A	A	A	C	C	C	C	A	A	A	A
		≤60	C	C	A	A	A	A	A	C	C	C	C	A	A	A	A
		沸腾	C	C	A	A	A	A	A	C	C	C	C	A	A	A	A
	0.5~20	≤30	C	C	A	A	A	A	A	C	C	C	C	A	A	A	A
		≤60	C	C	A	A	A	A	A	C	C	C	C	A	—	A	A
		沸腾	C	C	A	A	—	—	A	C	C	C	C	A	—	A	A
	20~40	≤30	C	C	A	A	A	A	A	C	C	C	C	A	A	A	A
		≤60	C	C	A	A	—	—	A	C	C	C	C	A	—	A	A
		沸腾	C	C	A	A	—	—	A	C	C	C	C	—	—	C	A

（续）

腐蚀剂	腐蚀条件 质量分数（%）	腐蚀条件 温度/℃	碳素钢	铸铁	不锈钢 SUS304	不锈钢 SUS316	不锈钢 SUS440C	不锈钢 SUS630 (17-4PH)	不锈钢 20C-30N	青铜	镍	锰	哈氏合金B	哈氏合金C	镍铬铁耐热合金	钛	锆
硝酸	40～70	≤30	C	C	A	A	A	A	A	C	C	C	C	—	—	A	A
		≤60	C	C	A	A	—	—	A	C	C	C	C	—	—	A	A
		沸腾	C	C	B	B	—	—	B	C	C	C	C	—	—	C	A
	70～80	≤30	C	C	B	A	A～B	A～B	A	C	C	C	C	—	—	A	A
		≤60	C	C	A	A	—	—	B	C	C	C	C	—	—	A	A
		沸腾	C	C	C	C	—	—	C	C	C	C	C	—	—	C	A
	80～95	≤30	C	C	A	A	—	—	A	C	C	C	C	—	—	A	A
		≤60	C	C	A	A	—	—	B	C	C	C	C	—	—	A	A
		沸腾	C	C	C	C	—	—	C	C	C	C	C	—	—	—	—
	≥95	≤30	A	—	A	A	—	—	A	—	—	—	—	—	—	A	A
硝酸银			C	C	A	A	A～B	A～B	A	C	C	C	A～B	A～B	—	A	A
氢氧化钾	5	常温	A～B	A～B	A	A	A～B	A	A	B	A	A	A～B	A	A～B	A	A
	27	沸腾	A～B	A～B	A	A	A～B	—	A～B	B	A	A	A～B	A～B	A～B	C	A
	50	沸腾	—	—	B	A	—	—	A～B	—	A	A	A～B	A～B	A～B	C	A
氢氧化镁	浓	常温	A	A	A	A	A	A	A	A	A	A	A	A	A	A	A
氢	100	常温	A	A	A	A	A	A	A	A	A	A	A	A	A	A	A
水银	100	沸腾	A	A	A	A	A	A	A	C	A～B	A～B	A	A	A	—	—
硬脂酸	浓	50	—	C	A	A	A～B	A～B	A	C	A～B	A～B	A	A	A～B	A	—
焦油	浓	常温	A	A	A	A	A	A	A	A	A	A	A	A	A	A	A
碳酸钠	全浓度	常温	A	A	A	A	A	A	A	A	A	A	A	A	A	A	A
硫代硫酸钠	20	常温	C	C	A～B	A～B	—	—	A	—	—	B	A	A	—	—	—
松节油			B	B	A	A	—	—	A	A	—	B	A	A	A	A	A
三氯乙烯			A～B	A～B	A	A	A	A	A	A	A	A	A	A	A	A	A
二氧化碳 干		常温	A	A	A	A	A	A	A	A	A	A	A	A	A	A	A
二氧化碳 湿			C	C	A	A	A	A	A	B	—	—	—	A	A	A	A
二硫化碳			A	A	A	A	B	—	A	C	—	B	A	A	A	A	A
苦味酸			C	C	A～B	A～B	A～B	A～B	A	C	C	C	C	A	A～B	—	—
氟酸	混入蒸气		C	C	C	C	C	C	C	C	C	A～B	A	B	C	C	C
	未混空气		C	C	C	A	C	C	C	C	C	A	A	A～B	C	C	C
氟里昂 干			A～B	A～B	A	A	A	A	A	A	—	A	A	A	—	A	—
氟里昂 湿			B	B	B	A	—	—	A	A	—	A	A	A	—	A	—
丙烷			A	A	A	A	A	A	A	A	A	A	A	A	A	A	A
丁烷			A	A	A	A	A	A	A	A	A	A	A	A	A	A	A
汽油			A	A	A	A	A	A	A	A	A	A	A	A	A	A	A

（续）

腐蚀剂	腐蚀条件		碳素钢	铸铁	不锈钢					青铜	镍	锰	哈氏合金B	哈氏合金C	镍铬铁耐热合金	钛	锆
	质量分数（%）	温度/℃			SUS304	SUS316	SUS440C	SUS630(17-4PH)	20C-30N								
硼酸			C	C	A	A	B	A	A	A~B	A~B	A~B	A	A	A~B	A	A
甲醛			B	B	A	A	A	A	A	A	A	A	A	A	A	A	A
乳品			—	—	A	A	—	—	A	—	—	—	A	A	—	—	—
丁酮			A	A	A	A	A	A	A	A	A	A	A	A	A	A	A
硫化氢	湿		B~C	C	A~B	A~B	—	A	B	C	C	—	—	A	B	A	—
硫化氢	≤0.25	≤30	C	C	A	A	C	—	A	A~B	C	A	A	A	—	—	A
硫化氢	≤0.25	≤60	C	C	A	A	C	A~B	A	A~B	C	A	A	A	—	—	A
硫化氢	≤0.25	沸腾	C	C	—	—	C	A~B	A	C	C	A	A	A	—	—	A
硫化氢	0.5~5	≤30	C	C	B	B	C	—	A	C	C	C	A	A	C	C	A
硫化氢	0.5~5	≤60	C	C	C	B	C	—	A	C	C	C	A	A	C	C	A
硫化氢	0.5~5	沸腾	C	C	C	C	C	—	A	C	C	C	A	A	C	C	A
硫化氢	5~25	≤30	C	C	C	B~C	C	C	A	C	C	C	A	A	C	C	A
硫化氢	5~25	≤50	C	C	C	C	C	C	A	C	C	C	A	A	C	C	A
硫化氢	5~25	沸腾	BC	C	C	C	C	C	B(>80℃)	C	C	C	A	B	C	C	A
硫化氢	25~50	≤30	C	C	C	C	C	C	A	C	C	C	A	A	C	C	A
硫化氢	25~50	≤50	C	C	C	C	C	C	A	C	C	C	A	A	C	C	A
硫化氢	25~50	沸腾	C	C	C	C	C	C	C	C	C	C	B	C	C	C	—
硫酸	50~60	≤30	C	C	C	C	C	C	A	C	C	C	A	A	C	C	A
硫酸	50~60	≤60	C	C	C	C	C	C	B	C	C	C	A	B	C	C	A
硫酸	50~60	沸腾	C	C	C	C	C	C	C	C	C	C	B	C	C	C	A~B
硫酸	60~75	≤30	C	C	C	C	C	C	A	C	C	C	A	A	C	C	A~B
硫酸	60~75	≤60	C	C	C	C	C	C	B	C	C	C	A	B	C	C	A~B
硫酸	60~75	沸腾	C	C	C	C	C	C	C	C	C	C	B	C	C	C	C
硫酸	75~95	≤30	B	C	B	B	C	C	A	C	C	C	A	—	—	—	A
硫酸	75~95	≤50	C	—	C	B	C	C	B	C	C	C	A	—	—	—	A
硫酸	75~95	沸腾	C	—	C	C	C	C	C	C	C	C	—	—	—	—	—
硫酸	95~100	≤30	A(>98%)	—	A(>98%)	A(>98%)	—	—	A	—	C	C	A	A	—	—	—
硫酸	95~100	≤50	B(>98%)	—	B(>98%)	B(>98%)	C	C	A~B	—	C	C	A	B~C	—	—	—
硫酸	95~100	沸腾	—	—	—	—	—	—	C	—	C	C	C	C	—	—	—
硫酸	5	常温	—	—	A	A	—	—	A	A	A~B	A~B	A	A	A~B	—	—
硫酸锌	饱和	常温	—	—	A	A	—	—	A	A	—	—	A	A	A~B	—	—
硫酸锌	25	沸腾	—	—	A	—	—	—	A	B	—	—	A	A	—	—	—
硫酸铵	1~5	常温	—	—	A	A	—	—	A	—	A	A	A	A	A	A	A
硫酸铜	<25	<100	—	—	—	—	—	—	A	—	—	—	—	A	—	A	A

（续）

腐蚀剂	腐蚀条件 质量分数（%）	腐蚀条件 温度/℃	碳素钢	铸铁	不锈钢 SUS304	不锈钢 SUS316	不锈钢 SUS440C	不锈钢 SUS630 (17-4PH)	不锈钢 20C-30N	青铜	镍	锰	哈氏合金B	哈氏合金C	镍铬铁耐热合金	钛	锆
磷酸	≤65	≤30	C	C	A(＞50%)	A	—	—	A	—	—	—	A	A	A(＞50%)	—	A
		≤70	C	C	A⑥	A⑥	—	—	A⑥	—	—	A⑥	A	A	—	A(＞25%)	A
		沸腾	C	C	A～B	A	—	—	A	—	—	—	A	A	—	—	A(＞50%)
	65～85	≤30	C	C	C	A	—	—	A	—	—	B	A	—	—	—	—
		≤90	C	C	C	A	—	—	A	—	—	B	A	—	—	—	—
		沸腾	C	C	C	C	—	—	A	—	—	C	A～B	—	—	—	—

注：1. 表中A、B、C分别表示耐蚀性优异、良好、尚可，“—”表示未进行试验。

2. 选自《化工机械材料便览》。

① 铜及铜合金当存在水分时会爆炸。

② 有产生凹痕和应力腐蚀龟裂的可能性。

③ 存在水分则应为“C”。

④ 钽的质量分数在30%以上时，在沸腾状态下成为“B”或“C”。

⑤ 有可能发生孔蚀。

⑥ 蒙乃尔合金时，未混入空气时的数据。

5.20 与管道连接形式的测定基准（表5-33）

表 5-33

使用条件	连接形式 螺纹连接 管螺纹	螺纹连接 活接头	法兰连接 全面座	法兰连接 平面座 大	法兰连接 平面座 小	法兰连接 凹凸法兰	法兰连接 榫槽连接	焊接 梯形槽连接	焊接 承插焊	焊接 对接焊	焊接 钎焊
温度、压力											
高温高压	×	×	×	×	△	○	●	●	●	●	×
中温中压	△	○	×	○	●	●	●	○	○	○	○
常温高压	●	●	×	△	○	●	○	○	○	×	×
低压	●	●	●	●	●	△	○	×	○	×	○
低温	△	×	×	●	●	○	○	×	○	○	○
温度、压力变动	×	×	×	×	△	○	○	●	●	●	○
气体	○	○	○	○	●	●	●	●	○	●	○
爆炸性	△	△	×	×	×	○	●	●	●	●	○
液体	●	●	●	●	●	○	○	●	○	○	●
浸透性	△	△	×	×	△	○	●	●	●	●	●
其他											
放射能	×	×	×	×	×	×	×	×	●	●	×
口径											
＜25mm	●	●	○	○	○	×	×	×	●	×	●
＜50mm	●	○	●	●	●	△	△	○	●	○	●
＜100mm	●	×	●	●	●	○	○	●	△	●	×
＞100mm	×	×	●	●	●	●	●	●	×	●	×
与管路连接的难易性	×	●	●	●	●	○	△	○	×	×	×
经济性	●	△	●	●	●	○	○	△	○	○	○

注：1. ●—适合；○—良好；△—可以；×—不适。

2. 本表也适用于阀盖的连接形式。

5.21　填料的类别及特点（表 5-34、表 5-35）

表 5-34　填料的类别

分　类	种　　类	名　　称	分　类	种　　类	名　　称
编织填料（编织）	石棉编织填料	石墨处理石棉编织填料	模压填料（成型）	聚四氟乙烯树脂成形填料	聚四氟乙烯 V 形填料 聚四氟乙烯 O 形密封圈 聚四氟乙烯矩形填料
		浸聚四氟石棉编织填料			
	聚四氟乙烯树脂纤维填料	聚四氟纤维编织填料		橡胶成形填料	V 形填料 U 形填料 O 形密封圈 （其他）
	石墨纤维填料	石墨纤维编织填料			
	半金属性编织填料	金属丝石棉编织填料			
模压填料（成型）	塑料密封填料	石墨处理石棉模压填料	金属填料	金属箔填料	铝箔填料 铅箔填料
		石墨处理模压密封填料		金属丝填料	金属丝缠绕填料

表 5-35　填料的特点

填　　料	特　　点	结　　构	主要用途
石墨处理石棉编织填料	用较低的紧固压力就可以取得良好的密封性能。但用于 200℃ 以上温度时，气密性较差	用经热润滑油和石墨处理过的石棉编织而成	广泛用于水、蒸汽、油制品等低温低压的场合
浸聚四氟石棉编织填料	在常温范围内气密性最优异，且摩擦系数低，耐蚀性良好	用经聚四氟乙烯微粒处理过的石棉编织而成	腐蚀性介质及各种气体
聚四氟纤维编织填料	在常温范围内气密性最优异，且摩擦系数低，耐蚀性良好	用经聚四氟乙烯微粒处理过的聚四氟乙烯纤维编织而成	腐蚀性介质及各种气体
半金属性编织填料（加入金属丝的石棉编织填料）	因使用金属丝进行增强，故耐压耐热性优异	用经铜丝、不锈钢丝、蒙乃尔合金丝或因科纳尔镍铬铁耐热耐蚀合金丝等金属丝进行增强的石棉编织而成。一般是由线状石棉和石墨作为内心	广泛用于高温、高压场合
石墨处理石棉模压填料	气密性优异 与半金属性编织填料或金属箔填料组合使用的情况较多	在石墨和线状石棉中填加若干粘合剂而成	适用于渗透性强的液体介质或气体
石墨处理模压密封填料	具有弹性、自润滑性、耐热性和耐药品性 在高温和极低的温度下，几乎不改变其物理性能	用高纯度的石墨成形	适用于强腐蚀性介质以外的所有介质
铝箔填料	因在常温下气密性差，故一般与石墨处理石棉模压填料组合使用	将用润滑油和石墨处理过的铝箔加工成棒状，再模压成形	油类介质

5.22 垫片的类别及特点（表5-36、表5-37）

表5-36 垫片的类别

分类	种类	名称
非金属垫片	橡胶类垫片	橡胶垫片（NR、NBR、CR、氟橡胶等） 加布橡胶垫片 橡胶成形垫片（包括O形圈）
	有机纤维质垫片	耐油垫片
	软木质垫片	软木垫片
	合成树脂类垫片	实心垫片（PTFE、PVC等） 成形垫片（PTFE、PVC等） 聚四氟乙烯树质（PTFE）包覆垫片 聚四氟乙烯树质（PTFE）
	石棉密封垫片	石棉密封垫片
	石棉织布垫片	橡胶石棉织布垫片 橡胶石棉织布带
	石墨垫片	石墨垫片 石墨垫片带
	密封胶	液体垫片 垫片胶膏
半金属性垫片	金属包覆石棉垫片	金属包覆石棉垫片
	缠绕式垫片	缠绕式垫片
金属垫片	金属环垫片	八角形环连接垫片 椭圆形环连接垫片 BX形环连接垫片
	扁形金属垫片	扁形金属垫片
	锯齿形垫片	锯齿形垫片
	异形金属垫片	透镜式垫圈 三角形垫圈 双圆锥式垫圈 马鞍形垫圈
	圆形金属垫片	圆形金属垫片
	空心金属O形圈	空心金属O形圈
	波形金属垫片	波形金属垫片

注：NR—Natural Rubber[$CH_2=C(CH_3)CH=CH_2$]$_n$ 天然橡胶；
NBR—Nitrile-Butadiene Rubber, Nitrile Rubber 丁腈橡胶；
CR—Chloroprene Rubber[$CH_2=CClCH=CH_2$]$_n$ 氯丁（二烯）橡胶；
PTFE—Polytetrafluoroethylene[$CF_2=CF_2$]$_n$ 聚四氟乙烯；
PVC—Polyvinyl Chloride[$CH_2=CHCL$]$_n$ 聚氯乙烯。

表5-37 垫片的特点

种类	优点	缺点	结构	断面形状
石棉密封垫片	1. 使用温度范围广 2. 耐药品性较好 3. 使用压力范围广 4. 有柔软性 5. 使用简单 6. 价格便宜	1. 受热后易变硬 2. 由于粘合剂的种类不同，其特性有所变化 3. 致密性差，有渗透泄漏	将石棉纤维和橡胶粘合剂混合，加热加压；压成厚纸状，成形为片状垫片	
聚四氟乙烯树脂实心垫片	1. 耐药品性能优异 2. 能耐低温 3. 不污染介质 4. 电气绝缘性能好	1. 高温时易软化 2. 弹性差 3. 在高的紧固压力下易变形 4. 热膨胀系数大	纯聚四氟乙烯树脂或加入填充剂 把四氟板材冲制成需要的形状	
聚四氟乙烯树脂包覆垫片	1. 与四氟实心垫片优点相同 2. 压缩性、复原性好 3. 因是软质材料，故也可用于玻璃、GL管、石墨制器械中	1. 高温时软化，耐热性差 2. 制造时对尺寸和形状有限制 3. 不适用于高压	将有弹性的石棉密封垫片材料作为中心，在其外周包覆聚四氟乙烯树脂制成的垫片	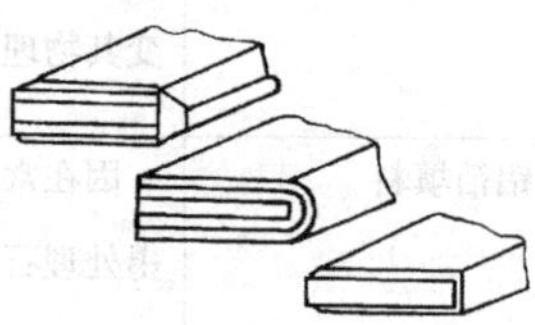

（续）

种　类	优　　点	缺　　点	结　　构	断　面　形　状
金属包覆石棉垫片	1. 耐热性好 2. 强度高	1. 不易配研 2. 对气体的密封可靠性差	将石棉板或石棉绳作为中心，在其外周用金属薄板包覆的垫片	
缠绕式垫片	1. 耐热性好 2. 强度高 3. 复原性好 4. 密封性好 5. 表面不需进行精加工 6. 使用简单	异形垫片制作困难	将金属带和石棉弹性材料、聚四氟乙烯树脂条、石墨条等缠绕成螺旋状的垫片，有基本形、带内环形、带外环形、带内外环形四种	
扁形金属垫片	1. 可在高温高压下使用 2. 强度高 3. 比金属密封环价格低	1. 必须对密封表面进行精加工 2. 需要大的紧固力 3. 复原性差	将金属平板进行冲制或用机械加工方法制成	
金属密封环	1. 具有从极低温至高温、由真空至高压的最大使用范围 2. 密封可靠性高	与扁形金属垫片的缺点相同	把实心金属加工成断面形状为八角状或椭圆状的金属环	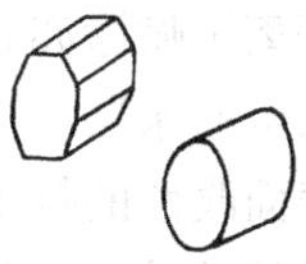
锯齿形垫片	1. 可在高温高压下使用 2. 因接触面积小，故压紧力比扁形金属垫片低	1. 与扁形金属垫片的缺点相同 2. 法兰密封面易受损伤	用机械加工把金属平板切削成断面为锯齿形的金属垫片	
高温垫片（Thermiculite）	1. 完全不受氧化作用影响 2. 化学相容性超过石墨 3. 应用温度从低温到982℃ 4. 防火安全 5. 多种金属材料可选择 6. 压力范围 CL150～CL2500	异形垫片制作困难	1. 冲刺加强板材 2. 缠绕垫片 3. 齿型垫片覆面材料	

主要生产厂家：成都蜀封机电有限公司。该公司主要生产 GB/T 4622.2—2008 缠绕式垫片、管法兰用垫片尺寸；GB/T 29463.2—2012 管壳式热交换器用缠绕式垫片；GB/T 9128—2003 钢制管法兰用金属环垫；GB/T 9126—2008 管法兰用非金属平垫片；GB/T 29463.3—2012 管壳式热交换器用作金属软垫片；HG/T 20606—2009 钢制管法兰用非金属平垫片（PN 系列）；HG/T 20610—2009 钢制管法兰用缠绕式垫片（PN 系列）；HG/T 20611—2009 钢制管

法兰用具有覆盖层的齿形组合垫（PN 系列）；HG/T 20612—2009 钢制管法兰用金属环垫（PN 系列）；HG/T 20627—2009 钢制管法兰用非金属平垫片（class 系列）；HG/T 20631—2009 钢制管法兰用缠绕式垫片（class 系列）；HG/T 20632—2009 钢制管法兰用具有覆盖层的齿形组合垫（class 系列）；HG/T 20633—2009 钢制管法兰用金属环垫（class 系列）；NB/T 47024—2012 非金属垫片；NB/T 47025—2012 缠绕垫片；JB/T 2776—2010 PN160 ~ PN320 透镜垫。

5.23 喷涂技术及涂层特点

5.23.1 超声速喷涂技术及涂层特点

超声速喷涂是利用燃气与氧气的混合体在高压下被送至位于喷枪出口的点燃区并点燃，形成高温高速焰流（一般3000℃左右），将粉末在载体的作用下被送到焰流中加热加速后经喷枪口喷出，喷射到基体表面沉积形成小孔隙，低氧化、高结合力、低残余应力的高质量涂层。其燃烧焰流速可达1500 ~ 2000m/s 以上，涂层结合强度高于同等火焰喷涂设备，可达 70MPa，气孔率≤1%，超声速喷涂基体温度较低（150℃以下），工作不发生变形。

5.23.2 等离子喷涂技术及涂层特点

等离子喷涂是采用由直流电驱动的等离子电弧作为热源，将陶瓷、合金、金属等材料加热到熔融或丰熔融状态，并以高速喷向经过预处理的工件表面而形成附着牢固的表面层的方法。等离子喷涂亦有用于阀门密封面的喷涂，也有用于医疗用途，在人造骨骼表面喷涂一层数十微米的涂层，作为强化人造骨骼及加强其亲和力的方法。等离子喷涂是一种材料表面强化和表面改性的技术。等离子设备的火焰温度可达 8000℃以上，到目前为止，等离子可喷涂的材料种类最多，范围最广，几乎可适用所有的金属基体。等离子喷焊涂层属于冶金结合，能喷涂其他设备所不能喷涂的涂层，等离子喷涂涂层气孔率≤1%。

5.23.3 亚声速喷涂技术及涂层特点

CP-1000 喷涂枪特殊的射吸式进气和螺旋式进气结构，使之能在有限的乙炔压力下，极大限度地提高燃烧效率，扩大了高速火焰喷涂的材料范围；它的气体加速结构，使粒子的飞行速度大大提高，可达 150 ~ 300m/s（速度与粒子的质量和粒度有关），即比常规火焰喷涂提高了4 ~ 5 倍，比常压等离子喷涂提高了 1 ~ 2 倍，因而涂层的结合强度高、气孔率≤3% ~ 5%。亚音速喷枪不仅操作简单轻便，而且可选配不同角度的内孔接长管，更好地喷涂工件内孔。

5.23.4 电弧喷涂技术及涂层特点

高性能超声速电弧喷涂设备（TLAS-400C），该设备采用目前世界公认的先进技术——双雾化、封闭式喷嘴，喷出的雾化粒子温度更高、飞行速度快（达到 350m/s）、涂层致密、均匀；涂层结合强度高、孔隙率≤1% ~ 3%、丝材即经济又环保，并且该设备还具有送丝稳定等特点。

5.23.5 应用举例

1. 阀门球体和阀座

固定球阀球体如图 5-3 所示，浮动球阀球体和阀座如图 5-4 所示。

图 5-3　固定球阀球体

图 5-4　浮动球阀球体和阀座

2. 阀杆和轴类

固定球阀阀杆如图 5-5 所示，各种轴类如图 5-6 所示。

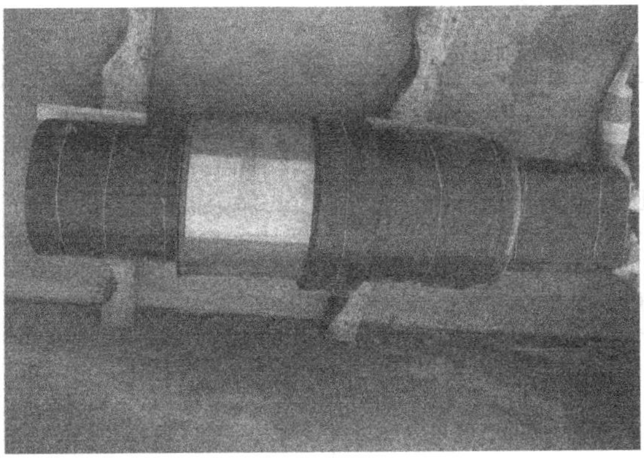

图 5-5　固定球阀阀杆

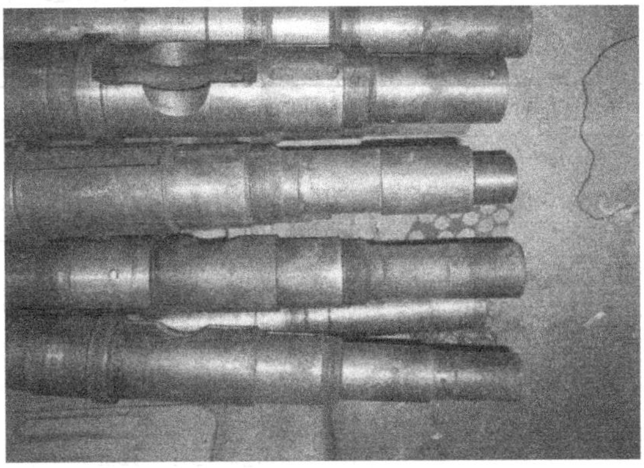

图 5-6　各种轴类

3. 火电厂锅炉配件

火电厂锅炉配件（一）如图 5-7 所示，火电厂锅炉配件（二）如图 5-8 所示。

图 5-7　火电厂锅炉配件（一）

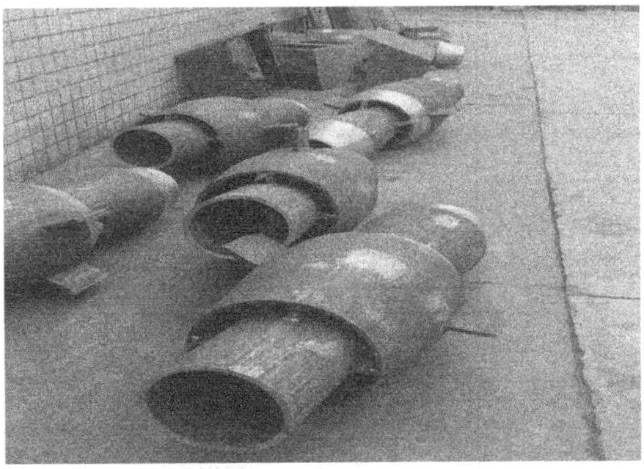

图 5-8　火电厂锅炉配件（二）

4. 水闸门长效防腐

水闸门长效防腐（一）如图 5-9 所示，水闸门长效防腐（二）如图 5-10 所示。

图 5-9 水闸门长效防腐（一）

图 5-10 水闸门长效防腐（二）

主要生产厂家：四川卡亘贝森机械有限公司。

5.24 防锈油、剂的种类和用途（表 5-38）

表 5-38 防锈油、剂的种类和用途

名称	代号	要求性能	用途	备注
清除指纹型防锈油 JIS Z 1804	NP-0	湿润 168h 指纹去除性 合格	清除指纹，工序间和工序前处理，短期防锈用	各种混合油 MIL-C-15074
	NP-1	盐水喷雾 336h 加速风化 600h	原材料、机械外部、室外、海上运输防锈等	硬膜，常温用 MIL-C-16173
溶剂稀释型防锈油 JIS Z 1801	NP-2	湿润 720h 盐水喷雾 168h 包装贮存 12m	机械外表面及零件等的室内长期防锈	软膜，常温用 MIL-C-16173
	NP-3	湿润 720h 包装贮存 6m 水置换性 合格	水浸湿的物件、机械内部，前处理用	软膜，常温用 MIL-C-16173
	NP-19	湿润 720h 盐水喷雾 168h 包装贮存 12m	原料、机械外表面、零件等的室内长期防锈	硬膜、透明、常温用 MIL-C-16173
防锈石蜡油 JIS Z 1802	NP-4	盐水喷雾 240h 加速风化 288h 融点 70℃	高精度加工面，室外短期、室内长期防锈用	硬膜，加温使用
	NP-5	盐水喷雾 144h 加速风化 288h 融点 65℃	高精度加工面，室外（温和）短期、室内长期防锈用	硬膜，加温使用
	NP-6	湿润 720h 包装贮存 12m 融点 55℃	轴承、一般零件室内长期防锈用	软膜，常温或加温使用 MIL-C-11796

（续）

名　　称	代　号	要 求 性 能	用　　途	备　　注
防锈润滑油 JIS Z 1803	NP-7	湿润　720h 盐水喷雾　48h	机械、零件的防锈兼润滑，室内中期防锈用	中质油，常温用 MIL-L-3150
	NP-8	湿润　192h 流动点　－20℃	防锈兼润滑，短期防锈用	轻质油，常温用
	NP-9	湿润　192h 流动点　－30℃	精密机器的防锈兼润滑，短期防锈用	极轻质油，低、常温用 VV-L-800
	NP-10	湿润　480h 盐水浸渍　20h 酸中和性　合格	发动机内防锈兼润滑，室内中期防锈用	发动机油，低、常温用 MIL-L-21260
防锈润滑脂 JIS Z 1805	NP-11	盐水喷雾　72h 氧化稳定性　0.7 可闻度　合格	滚动轴承，低、高压用	低、高温润滑脂 MIL-G-3278
气化性防锈油 JIS Z 1806	NP-20	湿润　192h 水置换性　合格 气化性　合格	发动机、滚筒式传动装置等密闭装置内用	接触、气化性防锈 MIL-P-46002 MIL-I-23310

5.25 防锈油、剂的选择基准（表 5-39）

表 5-39　防锈油、剂的选择基准

项　　目			NP-0	NP-1	NP-2	NP-3	NP-4	NP-6	NP-7,8,9	NP-10	NP-11	NP-19
防锈期间	室内	2 年	—	○	—	—	○	—	—	—	—	—
		1 年	—	—	○	—	—	○	—	—	—	○
		6 个月	—	—	—	○	—	—	○	○	○	—
		3 个月	○	—	—	—	—	—	—	—	—	—
	室外	1 年	—	○	—	—	—	—	—	—	—	—
		6 个月	—	—	—	—	—	—	—	—	—	—
		3 个月	—	—	—	—	○	—	—	—	—	○
作业性（涂敷）		难	—	○	—	—	○	○	—	—	○	○
		易	○	—	○	○	—	—	○	○	—	—
去除性		难	—	○	—	—	○	○	—	—	○	○
		易	○	—	○	○	—	—	○	○	—	—
涂层的状态		干燥性	—	○	—	—	—	—	—	—	—	○
		半干燥性	—	—	—	—	○	—	—	—	—	—
		不干燥	○	—	○	○	—	○	○	○	○	—
		润滑脂状	—	—	—	—	—	○	—	—	○	—
		油　状	○	—	—	—	—	—	○	○	—	—
透明性		不透明	—	○	○	—	○	○	—	—	—	—
		半透明	○	—	—	○	—	—	○	○	○	—

注：○宜选用。

5.26 主要防锈涂料(表5-40)

表5-40 主要防锈涂料

涂料名称	标准代号JIS	类别	主要漆料	主要防锈颜料	特点
一般用防锈漆	K-5621	1类	干性油	红色氧化铁及少量的防锈颜料	防锈效果不太好，在条件不苛刻的场所使用，价格低
		2类	漆		
铅丹防锈漆	K-5622	1类	干性油	铅丹	防锈效果好，最适用于工厂涂装；干燥性、作业性差
		2类	漆		干燥性良好，但防锈效果比第1类略差
氧化亚铅防锈漆	K-5623	1类	干性油	氧化亚铅	防锈效果好，一般用，大多必须在现场调和氧化亚铅颜料
		2类	漆		干燥性良好，但防锈效果比第1类略差
碱性铬酸铅防锈漆	K-5624	1类	干性油	碱式铬酸铅	防锈效果好，一般用，也可用于表面涂装
		2类	漆		干燥性良好，但防锈效果比第1类略差
碳氮化铅防锈漆	K-5625	1类	干性油	碳氮化铅	防锈效果好，最适用于表面涂装、补修
		2类	漆		干燥性良好，但防锈效果比第1类略差
锌粉防锈漆	K-5626	1类	干性油	锌粉氧化锌	防锈效果比铅丹油漆略差，多作为特殊用途
		2类	漆		干燥性良好，但防锈效果比第1类略差
铬酸锌防锈漆	K-5627	2类A	漆	铬酸锌 氧化锌	具有速干性，适用于轻金属表面涂层
		2类B	漆	铬酸锌 氧化锌 红色氧化铁	具有速干性，用于铸铁表面，但防锈效果不佳，适用于一般装置的内部
铅丹铬酸锌防锈漆	K-5628	2	漆	铬酸锌 铅丹	具有速干性，适于铸铁表面，防锈效果比铬酸锌防锈漆好，适于一般用
金属表面处理涂料（短期户外用磷化底漆）	K-5633	1类	漆	铬酸锌 (Z.T.O)	用于金属表面，在涂漆前，将漆料和防锈液混合，附着性好，但耐暴露性差，必要时按期重涂该涂料
金属表面处理涂料（长期户外用磷化底漆）	K-5633	2类	漆	铬酸锌 (Z.T.O)	作为预涂底漆使用于现场表面。在涂漆前，将漆料和烯料混合。耐暴露性好，可耐暴露3个月左右
焦油环氧树脂涂料	K-5664	1类	漆	—	环氧树脂量最大，耐油性、耐药性好
		2类	漆		环氧树脂量中等，具有耐油性、耐药性
		3类	漆		环氧树脂量少，除油、药品以外的其他场合都可适用
富锌漆	—	—	漆	锌粉	具有速干性，防锈效果好，最适用于工厂设备涂漆，耐暴露性好
环氧树脂底漆	—	—	漆	各种防锈颜料	耐水、耐药性好，最适于用作高性能防蚀涂漆

（续）

涂料名称	标准代号 JIS	类　别	主要漆料	主要防锈颜料	特　　点
聚胺酯树脂底漆	—	—	漆	各种防锈颜料	耐水、耐药性好，冬季低温时性能优良，最适于防蚀涂漆用
聚氯乙烯树脂底漆	—	—	漆	各种防锈颜料	耐暴露性、耐水性、耐海水性好，可用于厚涂层防蚀涂装
氯化橡胶类树脂底漆	—	—	漆	各种防锈颜料	耐暴露性、耐水性好，适于沿海、污染地区的防蚀涂装

参 考 文 献

[1] 陆培文．实用阀门设计手册［M］．北京：机械工业出版社，2007.
[2] 陆培文．调节阀实用技术［M］．北京：机械工业出版社，2006.
[3] Д. Ф. 古列维奇，等．核动力装置用的阀门［M］．肖隆水，译．北京：原子能出版社，1988.
[4] K. C. 利什．核电站系统和设备［M］．丁作义，译．北京：原子能出版社，1985.
[5] 铸铁阀门编篡委员会．铸铁阀门［M］．周烨，译．北京：机械工业出版社，1993.
[6] 中井多喜雄．蒸汽疏水阀［M］．李坤英，译．北京：机械工业出版社，1989.